U0315987

■ 孙传尧 主编 ■

矿产资源高效加工与综合利用

——第十一届选矿年评

（上册）

北 京
冶 金 工 业 出 版 社
2016

内 容 提 要

第十一届选矿年评总结了2006～2014年近十年来国内外选矿理论、选矿工艺技术、选矿设备、选矿药剂、选矿过程控制、选矿厂节能与环保、矿业经济以及选矿厂经营管理等领域的新成果，对其现状、新动态和发展趋势做了系统全面的评述。

本书共分5篇51章，主要对以下方面进行了评述：矿物的解离、物理分选、浮选、化学选矿、生物提取、矿物材料制备和二次资源加工的选矿综合评述，黑色金属、有色金属、贵金属、稀有金属、非金属、放射性金属、化工原料矿石及煤炭等十几种矿产资源的选矿评述，工艺矿物学、选矿设备、自动化、选矿药剂、矿物材料、环保、特殊选矿方法及选矿厂设计等选矿专题评述，六大洲及世界主要矿业国家的洲际与国家、地区的选矿评述，以及2014年第27届国际矿物加工大会论文综述。

本书内容新颖、涉及面广，便于读者从不同的角度快捷地了解近年来国内外矿物加工及矿产资源综合开发利用领域的最新状况、最新成果和最新发展态势，可供矿业开发、矿产资源综合利用和矿物加工领域的科研和工程设计人员、企业的领导及工程技术人员、高等学校及中等专业学校的师生参考阅读。

图书在版编目(CIP)数据

矿产资源高效加工与综合利用：第十一届选矿年评．上册/孙传尧主编．—北京：冶金工业出版社，2016.6

ISBN 978-7-5024-7276-4

Ⅰ.①矿…　Ⅱ.①孙…　Ⅲ.①选矿　②选矿机械　Ⅳ.①TD9　②TD45

中国版本图书馆CIP数据核字(2016)第129836号

出 版 人　谭学余
地　　址　北京市东城区嵩祝院北巷39号　邮编　100009　电话　(010)64027926
网　　址　www.cnmip.com.cn　电子信箱　yjcbs@cnmip.com.cn
责任编辑　徐银河　美术编辑　吕欣童　版式设计　孙跃红
责任校对　石　静　责任印制　牛晓波
ISBN 978-7-5024-7276-4
冶金工业出版社出版发行；各地新华书店经销；三河市双峰印刷装订有限公司印刷
2016年6月第1版，2016年6月第1次印刷
210mm×297mm；47印张；1544千字；736页
255.00元

冶金工业出版社　投稿电话　(010)64027932　投稿信箱　tougao@cnmip.com.cn
冶金工业出版社营销中心　电话　(010)64044283　传真　(010)64027893
冶金书店　地址　北京市东四西大街46号(100010)　电话　(010)65289081(兼传真)
冶金工业出版社天猫旗舰店　yjgycbs.tmall.com

《矿产资源高效加工与综合利用——第十一届选矿年评》

作 者 名 录

第一篇 选矿综合评述	选矿综合评述总论	胡岳华	中南大学
	第 1 章　矿物的解离	欧乐明　邓海波　刘晓文	中南大学
	第 2 章　物理分选	卢东方　伍喜庆	中南大学
	第 3 章　浮　选	覃文庆　张国范　孙　伟 刘润清	中南大学
	第 4 章　化学选矿	冯其明　石　晴　许向阳	中南大学
	第 5 章　生物提取	刘学端　王　军　曾伟民	中南大学
	第 6 章　矿物材料制备	欧阳静　杨华明	中南大学
	第 7 章　二次资源加工	易龙生　孙　伟　刘润清 刘　维	中南大学
第二篇 各种矿产资源 的选矿评述	第 8 章　铜矿石选矿	胡保拴　余江鸿　王李鹏 黄建芬　袁　艳　柏亚林 文书明　邓久帅	西北矿冶研究院 昆明理工大学
	第 9 章　铅锌矿石选矿	李成必　王立刚　王荣生 刘万峰	北京矿冶研究总院
	第 10 章　钨矿石选矿	王中明 周晓彤 刘　方 付广钦	北京矿冶研究总院 广州有色金属研究院 北京矿冶研究总院 广州有色金属研究院
	第 11 章　锡矿石选矿	邓久帅　文书明	昆明理工大学
	第 12 章　钼矿石选矿	袁致涛　张其东　李丽匣 郝海青　马龙秋	东北大学
	第 13 章　锰矿石选矿	李茂林　周光华　易　峦	长沙矿冶研究院
	第 14 章　镍矿石选矿	于传兵　周少珍　于　洋 胡志凯　宋　磊	北京矿冶研究总院
	第 15 章　铁矿石选矿	李茂林　黄晓燕　刘国伟	长沙矿冶研究院
	第 16 章　煤矿选矿	谢广元　沙　杰　宋树磊 桂夏辉　王大鹏　夏文成	中国矿业大学(徐州)
	第 17 章　稀土矿石选矿	韩跃新　朱一民	东北大学

第二篇 各种矿产资源的选矿评述	第 18 章　非金属矿石选矿	宋少先　周文波　高惠民 金俊勋　田晶晶　李洪强 雷绍民　裴振宇　钟乐乐 任子杰　赵云良　李宏亮 刘　佳　陈天星　张凌燕	武汉理工大学
	第 19 章　贵金属矿石选矿	印万忠　姚　金	东北大学
	第 20 章　稀有金属矿石选矿	高玉德　刘敏娉　万　丽	广州有色金属研究院
	第 21 章　铝镁矿石选矿	郑桂兵　朱阳戈　胡晓星 崔　强	北京矿冶研究总院
	第 22 章　磷矿石选矿	张　覃 池汝安 刘志红　李龙江　黄小芬 卯　松　邱跃琴　沈智慧 阮耀阳 李先海	贵州大学 武汉工程大学 贵州大学 武汉工程大学 贵州大学
	第 23 章　铬矿石选矿	孙炳泉　陈　洲	中钢集团马鞍山矿山研究院有限公司
	第 24 章　化工原料矿石选矿	钱押林　何　漪　杨小芹 马树江	中蓝连海设计研究院
	第 25 章　铀矿石选矿	刘志超　李　广　马　嘉 唐宝彬　强录德	核工业北京化工冶金研究院
第三篇 选矿专题评述	第 26 章　工艺矿物学	肖仪武	北京矿冶研究总院
	第 27 章　破碎磨矿	王泽红　苏全磊　宁国栋 周鸭羊	东北大学
	第 28 章　选矿设备	梁殿印　卢世杰　史帅星 冉红想　王青芬	北京矿冶研究总院
	第 29 章　选矿药剂	刘广义　郑　晓　钟　宏	中南大学
	第 30 章　选矿厂自动化	周俊武 徐　宁 王庆凯　赵建军　余　刚	北京矿冶研究总院 北矿智云科技（北京）有限公司 北京矿冶研究总院
	第 31 章　辐射分选	李　广　刘志超　马　嘉 唐宝彬　强录德	核工业北京化工冶金研究院
	第 32 章　细粒选矿	焦　芬	中南大学
	第 33 章　超导分选	郑　其　车小奎　严　波 段　锦	北京有色金属研究总院
	第 34 章　选矿厂尾矿综合利用及环境保护	傅平丰　邹安华　孙春宝 倪　文	北京科技大学

第三篇 选矿专题评述	第35章　矿物材料	谭　琦　冯安生　郭珍旭 赵　毅　刘　岩　岳铁兵	中国地质科学院郑州矿产综合利用研究所
	第36章　矿业经济	付松武　杨松荣	中国黄金集团建设有限公司
	第37章　选矿数模与过程仿真	杨英杰	中南大学
	第38章　化学选矿	罗仙平　冯　博　梁长利	江西理工大学
	第39章　生物冶金技术	温建康　陈勃伟　武　彪 莫晓兰　刘　学　尚　鹤 刘兴宇　周桂英　刘美林 张明江	北京有色金属研究总院
	第40章　洁净煤技术	涂亚楠　孙美洁　徐志强	中国矿业大学(北京)
	第41章　选矿厂设计	雷存友　胡根华　余　浔 赵岩森　褚力新	中国瑞林工程技术有限公司
	第42章　尾矿库及尾矿输送	印万忠	东北大学
第四篇 洲际与主要矿业国家选矿评述	第43章　俄罗斯和独联体国家选矿	吴卫国　陈经华　郑桂兵 卢烁十　胡杨甲　罗思岗	北京矿冶研究总院
	第44章　北美洲国家选矿	高志勇	中南大学
	第45章　南美洲国家选矿	孙春宝　寇　珏　邹安华 李正要　邹文杰　王培龙 王成铁	北京科技大学
	第46章　澳大利亚选矿	李育彪　宋少先	武汉理工大学
	第47章　欧洲国家选矿	韩跃新　李文博 杨小生	东北大学 Mineral Processing Laboratory, Geological Survey of Finland
	第48章　非洲国家选矿	刘殿文　宋凯伟　张　驰 申培伦　李　飞　闫守凯 章晓林　文书明	昆明理工大学
	第49章　亚洲国家(不含中国和独联体)选矿	张一敏 包申旭	武汉科技大学 武汉理工大学
	第50章　中国选矿	尚衍波　罗科华　肖巧斌 张　杰　张云海	北京矿冶研究总院
第五篇 国际矿物加工大会论文综述	第51章　第27届国际矿物加工大会论文综述	夏晓鸥　朱阳戈　刘建远 魏德洲　韩跃新 何晓娟　张忠汉 李茂林　张国旺 陈代雄　董艳红	北京矿冶研究总院 东北大学 广州有色金属研究院 长沙矿冶研究院 湖南有色金属研究院

《矿产资源高效加工与综合利用——第十一届选矿年评》

审稿专家名录

（按姓氏笔画）

主要编辑人员

前　言

由25个参编单位、百余名专家学者经过两年多努力，共同完成的《矿产资源高效加工与综合利用——第十一届选矿年评》一书，与读者见面了。这是我国矿物加工学术界及工程技术领域又一件很有意义的事情。

选矿年评最初由中国选矿科技情报网发起，后与中国有色金属学会选矿学术委员会、中国矿业联合会选矿委员会等学术组织合办，是我国选矿工作者独创并已形成传统的、影响力较大的跨部门、跨行业的学术活动。早在1980年12月25~26日，在江西西华山钨矿召开的全国选矿科技情报网成员单位会议首次提出举办选矿年评报告会的倡议，得到全网成员的一致赞同，并委托中国选矿科技情报网的依托单位北京矿冶研究总院负责承办。

从1981年12月在北京召开的首届选矿年评会算起，至今已跨越了35年。在过去的35年间，国内外的矿业形势几经起伏跌宕，选矿工作者也历经了磨炼。各位同行在密切关注国内外矿业发展宏观形势的同时，更加关注国内外选矿理论、选矿工艺技术、选矿设备、选矿药剂、选矿过程控制、选矿厂节能与环保、矿业经济以及选矿厂经营管理等领域出现的新成果和新动态，并不断解决科研、设计、教学和生产实践中出现的新问题。在这方面，历届选矿年评会及选矿年评论文集，以其独特的方式和作用被选矿界的同行所认同。

在国内外种类繁多的学术期刊以及各种不同类型的学术会议上，每年都会出现大量的选矿科技文献或信息。对于大多数选矿工作者，通常无精力、也无暇花费大量的时间去全面检索那些繁杂的专业文献并梳理和评述；即使是互联网技术高度发展的今天，专业工作者平时得到的信息也只是局部的、有限的，特别是位于边远地区的一些企业，由于条件所限，往往不能及时、全面地了解国内外矿物加工领域的最新动态和信息，影响了企业的科技进步。选矿年评会和年评论文集恰好弥补了这一不足。在每一届年评会召开之前，选矿学术委员会都要召集有关专家、学者商定年评的选题，然后组织一批知名的专家、学者，或向某一领域较熟悉的青年科技骨干征稿。他们在检索大量文献的基础上，经过精心筛选和消化整理，结合个人的见解分专题写出年评论文，再经编辑汇集成论文集。在每届选矿年评会上，都要选择一些典型的年评论文在大会上报告。可见，少数专家学者的辛勤劳动，使选矿界的同行及广大读者广泛受益。因此，选矿年评会和年评论文集一直深受广大选矿工作者、企业家和专家学者的青睐。每届选矿年评会出版的论文集更是选矿界同行所喜爱的文献资料，也是不少著名专家、学者每届必读、必收藏的文献。

第十一届选矿年评会及年评选题是2013年12月武汉的学术会议确定的。与2006年11月在成都举行的《当代世界的矿物加工技术与装备——第十届选矿年评》相比，本届年评及论文集有几个新特点：(1) 时间跨度大，涉及的参考文献时间节点是2006～2014年；(2) 内容多，全书共51章，字数达280万字，翻了一番；(3) 包含了2014年10月在智利召开的第27届国际矿物加工大会的论文综述。

第十届与第十一届选矿年评活动中间相隔长达十年。在此期间，编者及主要撰稿人员忙于承办2008年北京第24届国际矿物加工大会，还要参加2010年、2012年和2014年分别在澳大利亚、印度和智利召开的三届国际矿物加工大会。此外，还有一项更重要的工作是编撰出版了《选矿工程师手册》。因此，本届年评未能提前几年举办，这是一个遗憾。对此，本人深表歉意。

衷心感谢年评论文作者和审稿专家所付出的艰辛努力和作者所在单位的大力支持，感谢冶金工业出版社的大力协助，使本书能在第十一届选矿年评会召开前夕顺利出版。在本书的编辑出版过程中，北京矿冶研究总院刘耀青、敖宁、朱阳戈等同志作出了许多贡献，在此一并致谢。

由于编者水平有限，选矿年评论文集错漏之处，敬请作者及广大读者批评指正。

矿物加工科学与技术国家重点实验室主任
中国矿业联合会选矿委员会主任委员
中国有色金属学会选矿学术委员会主任委员
北京矿冶研究总院院研究员、中国工程院院士

2016年4月于北京

总 目 录

上 册

下 册

目　　录

第一篇　选矿综合评述

第二篇　各种矿产资源的选矿评述

第一篇　选矿综合评述

选矿综合评述总论

矿产资源是一种不可再生的自然资源，是人类生存和发展不可缺少的物质基础。矿产资源的拥有量及其开发利用水平，已成为象征各国综合国力并影响其发展的重要因素。矿产资源的保障程度关系到国民经济长期稳定发展和国家安全。

表1为我国国民生产总值与金属资源总量的关系，从中可以看出，从2000～2010年，我国国民生产总值增长了4.45倍，10种有色金属生产总量和钢产量分别增长了4.28倍和4.88倍。2012～2014年，我国国民生产总值增长了1.2倍，10种有色金属生产总量和钢产量分别增长了1.2倍和0.9倍。尽管如此，我国矿产资源人均消费量还很低，只有经济发达国家人均消费量的几分之一到几十分之一。目前我国正进入快速工业化阶段，资源的人均消费量及消费总量仍将高速增长，我国未来发展的资源压力巨大。根据国家提出的经济发展目标，2020年GDP较2000年翻两番，一般需要用矿产资源至少翻一番或略多来保证。在2050年我国要达到中等发达国家水平，金属资源的消耗量将达到高峰，将是目前的数倍，国家经济发展对矿产资源的需求巨大。

表1　我国国民生产总值与金属资源总量的关系

年　份	十种有色金属总产量/万吨	钢铁总产量/亿吨	国民生产总值GDP/亿元
1980	108	0.35	6619
1990	239	0.6535	17400
2000	731.8	1.285	89404
2005	1632	3.494	182321
2010	3135	6.27	397983
2010/2000	4.28	4.88	4.45

另一方面，我国矿产资源储量增长缓慢，远远赶不上产量的增长，造成资源保证程度急剧下降。表2表明了近年来我国主要金属进口量的情况，大宗金属如铁、铜、铝的原料从国外进口的比例大于60%。金属矿产资源的缺口很大，将成为制约我国经济发展的主要障碍。对国外矿产资源的依赖程度越来越高，将威胁国家安全。

表2　大宗矿产的进口比例　(%)

金　属	铁	铝	铜	镍	铅	锌	锡
2011年	63	61	83.2	83.3	27.3	28.7	
2013年	70.3	62	85.4	82.1	32.16	27.7	46.8

我国金属矿产资源总量不少，但禀赋差，主要特点是品位低、多金属共生、复杂难处理，难以得到有效利用；金属矿产资源和二次金属资源综合利用率低；单位国民生产总值能耗高、矿石消耗高、污染大。主要问题是：

(1) 现有选冶技术不能有效利用已探明的低品位金属资源，使经济可利用的金属资源量大幅度减少。采用传统技术，经济可利用的金属资源储量只占已探明资源量的50%左右，部分金属仅为20%～30%。如铁矿石保有资源量576亿吨，含铁平均品位为33%，其中经济基础储量只有167亿吨，而难以冶炼的钒钛共生铁矿达120亿吨，高磷铁矿近40亿吨，还有大量的极难选的赤铁矿、褐铁矿、菱铁矿石；锰矿平均品位只有22%，富矿石（品位大于25%）只占总储量的6.7%；铜资源量为6270万吨，而储量只有约2600万吨；我国铝土矿资源储量25.03亿吨，80%以上属于中低铝硅比（4~8）矿。

（2）传统选冶技术对复杂多金属矿的综合利用率低，进一步造成了资源保证程度下降。我国丰富的矿产资源中单一矿少，复杂多金属共生矿多，共生矿占矿产资源的80%左右。我国最大的多金属矿，湖南柿竹园多金属矿含钼、铋、钨、铅、锌、萤石、硫等。广西大厂系含锡、铅、锌、锑的多金属共生矿。金川镍矿是世界上著名的多金属共生矿，除镍以外，还伴生有铜、钴、金、银、硫、铂族金属等18种有价元素；攀枝花五大矿区钒钛磁铁矿（铁、钒、钛等共生）总储量96.6亿吨，含铁31亿吨，含TiO_2 8.73亿吨，占全国的90.50%，含V_2O_5 1579万吨，占全国的63%，另含铬、钴、镍、铜等。白云鄂博稀土铁矿（铁、铼、铌等共生）工业总储量16亿吨，含铁5亿多吨，氧化物稀土远景储量1亿吨，工业储量4300万吨，占世界的50%，位居世界第一位；铌远景储量660万吨，钍总储量22万吨，占全国77.3%，居世界第二位；在青海柴达木盆地有盐湖33个，主要盐湖中，各种盐类储量为石盐1000亿吨，氯化钾3.7亿吨，氯化镁29亿吨，氯化锂1392万吨，氧化硼1200万吨，芒硝12.23万吨，天然碱47.6亿吨及溴29.18万吨等，其中镁占全国储量的68.17%，锂占全国储量的66.14%。经初步测算，资源的潜在价值为10万亿元以上。

采用现有技术，经济可利用的金属资源储量只占已探明资源量的50%左右，部分金属仅为20%~30%。主金属采选冶回收率：有色金属矿山为40%~60%，铁矿山为75.0%；伴、共生金属的综合回收率有色金属为35%，黑色金属为30%；尾矿资源的利用量不到10%，伴生金属难以回收利用或利用率很低。

（3）二次金属资源的循环利用率低。世界先进国家中铜、铝、铅的再生利用比例达到了50%以上。目前我国二次金属资源的利用率还不到20%。西方发达国家多数金属循环利用比例超过60%，部分金属甚至超过90%。但我国铜、铝、铅、锌主要有色金属的循环比例分别只有32%、35%、33%和5%。

（4）资源开发与生态环境发展不协调造成资源浪费和环境破坏。

此外，金属资源的过度开发，带来高能耗、废水、废气及废渣大量排放和生态环境的破坏。目前，我国选冶废水年排放总量大约为42亿吨，废水循环利用率一般低于70%；有色金属工业每年的二氧化硫排放量约65万吨，硫回收率一般低于60%；全国矿山采矿活动每年排放尾矿或固体废弃物量约14.54亿吨，利用率一般低于20%。

为了解决复杂低品位多金属矿产资源高效清洁利用问题，需要创建新的矿产资源利用方法，发展低品位与复杂难处理共生矿生态化高效利用新技术和二次资源精细化加工技术。近几年来，国内外在矿物加工基础理论、应用技术等方面取得了显著成就，解决了一些矿物资源加工利用难题。如在钨钼铋锡萤石复杂多金属矿高效分离方面，针对柿竹园多复杂金属矿有用矿物品种多、组分复杂、共生关系密切、嵌布粒度细等特点，经过国内多家单位历经十年科技攻关，形成了以主干全浮流程为基础、螯合新型浮选剂为核心技术的钨钼铋萤石复杂多金属矿综合选矿新技术——柿竹园法，为柿竹园多金属矿矿产资源大规模开发奠定了良好基础。尽管如此，柿竹园多金属矿各有用金属的综合回收利用水平仍较单一金属矿低，需要发展复杂铜锡钨多金属资源的高效利用技术及装备、尾矿中细粒钨和低品位伴生锡资源综合回收关键技术、伴生萤石的综合回收技术。在铅锌铜镍等复杂多金属矿高效资源分离方面，加拿大、俄罗斯、澳大利亚、芬兰等国主要进行了以下几个方面的研究：研制新型浮选药剂强化矿物浮选与分离，如加拿大开发了多种新型含镁脉石抑制剂（羧基亚硫酸盐等），提高了镍精矿质量，对原矿性质变化适应性较好；开发强化浮选技术，如俄罗斯、加拿大等采用充空气、充氮、声波、电磁波、电化学等预处理浮选前矿浆，强化矿物与浮选药剂的有效作用，强化浮选分离过程；采用电位调控技术和设备提高复杂多金属硫化矿分离效果，如澳大利亚马塔比公司通过调控矿浆电位、pH值实现了铜-铅-锌硫化矿的浮选分离。同时，国内多家研究单位也开展了大量的基础研究与生产应用，对于复杂低品位铅锌铜矿石的回收和分离有许多突破。

选矿综合年评就是通过查阅国内外选矿领域的文献资料（论文、专利、专著等），系统地介绍一定时间段内，国内外选矿理论研究和技术开发方面的新进展，使我国选矿科技工作者在解决我国复杂低品位多金属矿产资源高效清洁利用问题时，及时了解国内外选矿理论和技术发展动态，促进我国选矿科学技术的进步。

2000～2004 年选矿综合年评，是针对 2000～2004 年间国内外选矿领域在基础研究、技术开发和设备研制等方面取得的成果进行了综合评述，分粉碎工程、重选、磁选、浮选、等部分分别介绍。近十年过去了，由于矿产资源越来越复杂难处理，国内外选矿科技工作者在选矿科学研究、工艺和装备开发等方面，开展了大量研究，取得了一系列新的成果，系统总结和评述这些年来选矿科技方面的成果，可使国内选矿科技工作者广泛了解选矿各领域在基础研究、技术开发和设备研制等方面的研究进展。本次综合年评，收集的是 2006～2014 年的文献资料，主要内容有：破碎工艺与装备、磨矿工艺与装备、分级工艺与装备、超细粉碎工艺与装备、工艺矿物学，重选工艺与装备、磁电选矿工艺与装备、综合力场分选工艺与装备，浮选界面化学、浮选工艺、浮选装备、浮选动力学、浮选过程检测与控制、重金属、贵金属及稀有稀散金属化学选矿、非金属矿化学选矿，矿物生物提取的菌种选育、铜矿生物选矿、黄金生物选矿、铀生物选矿、其他矿种生物选矿、矿物应用属性材料、矿物超细加工、矿物表面改性、矿物结构改性、选矿固体废弃物的加工、选冶废水的循环利用、二次金属资源的加工等矿物加工各领域的理论、方法、工艺与装备的新进展等方面。希望对国内选矿工作者，从事选矿科学研究、工艺和装备开发有借鉴作用。

第1章　矿物的解离

矿石中有用矿物与脉石之间及有用矿物彼此之间的粉碎解离，是矿物加工分选作业的前提条件。矿物的解离工艺包括破碎、磨矿和超细磨矿。近年来，有关矿物解离的理论、工艺和装备研究获得了众多研究者的关注，取得了很大的进展。

1.1　破碎工艺与装备研究进展

破碎工艺与装备的发展对降低选矿厂功耗，提高生产效率和生产指标至关重要。本章分析了2006～2014年间国内外破碎工艺与装备研究领域最重要的进展，包括主要破碎、筛分设备的最新研究动态，最大规格设备的关键技术特点和应用情况，并分析了破碎工艺与装备的发展动向和特点。

目前，我国90%以上的能源、80%以上的工业原料和70%以上的农业生产资料都来自于矿产资源[1]。在矿物原料加工与利用过程中，破碎和磨矿占整个选矿厂功耗的60%以上。因为磨机的效率只有1%，破碎机的效率达10%[2]。因此，将碎磨功耗前移，达到碎磨过程中“多碎少磨”的技术目标，是选矿厂增产增收、节能降耗的关键。通过优化破碎工艺流程、采用先进的破碎筛分设备以提高破碎效率，达到降低破碎产品粒度和破碎功耗，对选矿厂降低功耗、增加经济效益至关重要。

近年来，新型碎磨设备不断问世，目的是获得更大的破碎比，获得更细粒级的破碎产品，以降低入磨物料粒度，节能降耗，同时进行结构创新，采用新技术、新材料对传统设备进行改进，以提高其可靠性、耐久性，改善性能，提高效率[3]。筛分设备作为工业生产中的一种常用机械，主要用于矿业、煤炭、冶金等部门的筛选作业。在交通、水电、化工、建材、电力等行业也得到非常广泛的应用。为了适应快速发展需要，各筛分设备制造企业和科研单位借鉴国内外的最新成果，进行了自主创新，获得一系列成果，研制了一系列结构新颖、适合不同需要的产品，如寄生式节能振动筛、亚共振双质体节能振动筛、离心筛、辊式筛分机、摆动筛及智能筛等，不仅丰富了我国筛分设备市场，也为使用单位提供了更广的选择空间。通过不断开发创新，改进设备结构，使用新材料，实现了筛分设备的大型化、自动化，筛分效率得到不断提高。

1.1.1　破碎设备

1.1.1.1　颚式破碎机

1858年埃里·布雷克（El. Blake）取得专利权，制造双肘板颚式破碎机。由于该破碎机具有构造简单、工作可靠、制造容易、维修方便等优点而得到广泛应用[4]。

日本神户制钢有限公司基于层压破碎原理，研制开发颚式破碎机层压腔形，从而大大提高了破碎机生产率，改善了破碎产品质量[5]。

美卓集团C系列颚式破碎机的分体组装式机架设计和根据不同部位受力情况进行选材，为C系列颚式破碎机功率输入或破碎力输入变得更大创造了条件；同时双铁楔块排矿口调整机构设计和电机与破碎机一体化安装，为C系列颚式破碎机功率输入或破碎力输入变得更大提供了运行操作保证。这就使得C系列颚式破碎机具有质量轻、处理能力大、结实耐用及操作维修简单的特征[6]。

北京矿冶研究总院林运亮等人与上海多灵沃森机械设备有限公司合作开发了PED低矮可拆式颚式破碎机，该机是一种适于井下特殊条件下作业的新型颚式破碎机。

多灵沃森机械设备有限公司的戎吉华高级工程师集多年实践经验，设计了目前国内最大的1200mm×1500mm复摆颚式破碎机[7]。

沈阳黄金学院与辽宁红透山机械厂联合研制的SAEP-25型双动颚式破碎机，其破碎比可达12，与同规格旧型颚式破碎机对比，生产能力提高 60% ~100%，电耗降低 30% ~50%。以往颚式破碎机的优化设计，绝大多数是以动颚运动特征作为目标函数，以得到最优的动颚运动轨迹。

近年来，有人提出对颚式破碎机的转速进行优化，以得到最大的生产率[8]。通过机构优化、转速优化、破碎腔优化的设计，浙江双金机械集团有限公司设计出新型 750mm×1060mm 颚式破碎机，大大提高了生产效率[9]。

另一种双腔颚式破碎机具有两个破碎腔，可在双工作行程下运行，不存在空行程的能量消耗，因而大大提高了处理矿量，单位功耗大幅度降低[10]。

振动颚式破碎机是俄罗斯 Механобр 研制的，该机利用不平衡振动器产生的离心惯性力和高频振动实现破碎。振动破碎从理论来讲也是一种高效的破碎方式，此破碎方式可以达到多碎少磨、高效节能的目的，具有很多优点，破碎比可提高 2 ~3 倍，可以在给满矿情况下启动及停车，通过调节设备的工作参数，可以得到不同粒度的产品，尤其适用于坚硬难破碎脆性物料，具有很好的发展前途[11]。

颚式破碎机多设有针对性的过载保护措施，发展至今，常用的主要有肘板折断法、飞轮限矩保护、液压保护等几种方法[12]。动颚板的磨损主要是由于物料与颚板的挤压而形成的，而且由磨损带来的经济损失也很大，因此加强抗磨材料的研发，同时注意设备的正确使用和维护，是减少矿山机械磨损、延长其使用寿命的有效措施[13]。通过调整高锰钢的成分，在常规水韧处理后，再合金化的高锰钢 ZGMn10Gr2 比 ZGMn13 高 50% 左右，若 ZGMn10Gr2 再采用沉淀强化处理后，其耐磨性比常规水韧处理时可提高 50% 左右[14]。

1.1.1.2　旋回破碎机

旋回破碎机也称粗碎圆锥破碎机，破碎腔深度大，工作连续，因而生产能力大，单位电耗低。近年来，随着矿山规模的不断扩大，大型化设备成为矿山设备未来发展趋势，旋回破碎机随着需求的变化也向这一方向发展。在具有国际先进水平的粗碎旋回破碎机中，芬兰 Metso Minerals 公司开发了新的 Superior60-110E 粗碎旋回破碎机，该机重新设计了星形架，采用整体下部机体和新的物料驻留边衬，摆频从原 514r/min 增加到 600r/min，在保持生产能力不变的情况下质量减少 20%，并减少了安装和运输成本[15]；山特维特公司推出了世界上装机功率最大的液压旋回破碎机，功率达到 1100kW，处理能力达到了 6160 ~10940t/h，进料口尺寸为 1650mm×4410mm，排矿口尺寸为 200 ~305mm，机器总重达到了 748t；国内中信重工正在研发 PXZ1500、PXZ1700 大型旋回破碎机[16]；杭州山虎机械有限公司制造的给料口 1600mm 重型液压旋回破碎机，为目前国内最大型旋回破碎机，该机显著特点是采用双电动机驱动[17]。

1.1.1.3　高压辊磨机

20 世纪 80 年代 Schöenert 教授基于层压粉碎理论研制发明了高压辊磨机。高压辊磨机作为一种超细碎设备，具有单位能耗钢耗低、产品粒度分布均匀、设备作业率高等特点[18]。当矿石硬度大，破碎、磨矿性能不好时，比较适合采用高压辊磨工艺，高压辊磨的节能优势体现得非常明显。使用高压辊磨机的最大破碎比可以达到 10 以上，是常规破碎机的 2.0 ~2.5 倍，处理能力是常规破碎机的 1.5 ~2.3 倍。至今，有 3000 多台高压辊磨机成功应用于建材、矿山、冶金等行业。山东能源临沂矿业集团莱芜煤机公司开发的 2PGCL-1500×3000 型大型双齿辊破碎机于 2012 年 4 月 26 日负载试车成功[19]，入料粒度达 1500mm，最大处理能力达 6000t/h。河北钢铁集团司家营二期工程采用了德国 KHD 公司的 RP170-180、山东黄金集团山岛金矿采用了德国 KHD 公司的 RP140-110、金堆城钼业公司采用了德国 Koppern 公司的 150-100 高压辊磨机。国内大中型矿山纷纷设计上马高压辊磨机，国内相关设备制造公司也纷纷加大了高压辊磨机的研发与生产力度[20]。

1.1.1.4　圆锥破碎机

圆锥破碎机目前仍然是金属矿山中细碎作业的主要设备。为了降低最终破碎产品粒度，提高破碎效率和降低能耗，大底锥角、大摆程、高摆频、优化的破碎腔型和内部结构是中细碎圆锥破碎机的发展方向。目前世界最大规格的圆锥破碎机是芬兰 Metso Minerals 公司制造的 MP1250 圆锥破碎机，安装功率为 932.5kW。其次是丹麦 FL SmidthExcell 公司的 Raptor XL1100 圆锥破碎机，其最大安装功率为 895kW，最大给料粒度为 620mm，在闭合边排料口为 35mm 的情况下生产能力可达 2000t/h[19]。Sandvik 圆锥破碎机动锥坡度陡，平行带短，采用小偏向运行，处理能力大，但产粉率低。Nordberg 圆锥破碎机动锥坡度缓，平行带长，采用大偏向、高频率运行，处理能力偏小，产粉率高[21]。

惯性圆锥破碎机是一种具有独特原理和结构的新型节能超细破碎设备，能实现物料的选择性破碎，满足“多碎少磨”工艺的要求。该机不仅破碎比大，产品粒度细而均匀，而且单位电耗低，能破碎任何硬度的脆性物料[22]。北京凯特破碎机有限公司生产的惯性圆锥破碎机以其先进的破碎理论、独特的设计思路、合理的机械结构和优良的性能，代表了当前世界圆锥破碎机的最高水平[23]。

1.1.1.5 分级破碎机

分级破碎机在工作过程中，物料（一般是原煤）由带式输送机均匀地运到并滑落在破碎机齿辊上方，符合规定粒度的物料从齿辊间以及梳齿板间直接落下，然后被下面的带式输送机转走，而超出规定粒度的物料经过两齿辊进行破碎。分级破碎设备在工作原理上具有处理能力大的技术优势，可以降低破碎过程的能耗[24]。鉴于分级破碎技术的节能优势，国内多家单位对分级破碎技术展开了研究，设计了多款分级破碎设备，但是由于目前国内缺乏分级破碎技术的理论支持，无法很好地满足分级破碎设备处理能力提高、能耗降低的技术需求，因此制约了分级破碎设备的系列化及大型化发展[25]。

1.1.2 筛分设备

根据结构和运动特点，在选矿工业中常用的筛子可分为以下几种类型：

（1）固定筛。包括固定格子筛、固定条筛和悬臂条筛。由于其构造简单，不需要动力，所以在选矿工艺中广泛用于大块矿石的筛分。

（2）筒形筛。包括圆筒筛、圆锥筛和角锥筛。主要用于建筑工业筛分和清洗碎砂子，也常用在选矿工艺中作洗矿脱泥用。

（3）振动筛。包括机械振动筛和电力振动筛两种。属于前者的有惯性振动筛、自定中心振动筛、直线振动筛和共振筛；属于后者的有电振动筛。下面分类别对筛分设备的研究进展进行评述。

1.1.2.1 振动筛

A 常规振动筛

目前使用的各类振动筛普遍存在的问题，一是设备大型化后，结构强度不易保证，致使侧板撕裂、激振梁断裂等故障较多；二是筛分效率不高，尤其是对潮湿细粒级矿物的筛分，极易造成堵孔和糊孔现象，筛分效率降低。目前，筛分设备研究从以下几个方面进行改进。

（1）结构改进及新材料的使用，延长了使用寿命。YKR/ZRK 型振动筛采用筛箱加强型结构设计，有效延长筛机使用寿命[26]。目前常用振动筛的筛网支撑装置结构设计不够合理，容易造成筛网损坏。通过在扁铁上卡接开有卡槽的橡胶条，卡槽的形状和大小均与扁铁相匹配，并将扁铁均匀地固定在横梁上，能够防止橡胶条滑落，有效防止筛网磨损[27]。通过对筛网进行改进，同样改善筛网的磨损情况，李锁柱等人研制了一种弧形筛筛网，弧形结构的多条筛条所形成的弧形内表面为工作筛面，磨损情况得到改善[28]。最近开发出的弹性转杆筛板，解决了弹性杆筛条与安装孔磨损的问题[29]。程培俊发明了一种复合橡塑振动筛板，筛板金属骨架表面和长方形通孔内壁外均包裹一层橡胶层，利用橡胶高弹性、高韧性以及耐磨性的特性，提高了整体筛板的使用寿命和筛分效率[30]。

（2）优化筛面结构，增大筛面振幅，提高了透筛率。针对常规筛面没有二次振动、物料易卡孔而影响筛分效率的问题，在筛面与支承梁间安装弹簧，安装浮动支承横梁的弹簧可以是橡胶剪切弹簧、复合弹簧或螺旋弹簧[31]。侧护板与筛板之间和筛板与筛板之间的缝隙处镶有非金属弹性材料条，实现筛面二次振动，可清理筛孔的筛分作业[32]。研究人员还开发出可张紧式线性筛板，具有开孔率高，弹性好，透筛率高，不堵孔，张紧、更换和维护方便的特点[33]。彭友合研制了一种梳齿形阶梯振动筛，通过梳齿和阶梯两种结构组合，使得 6mm 以下潮湿黏性物料的筛分轻松完成，最小筛分尺寸做到了 2mm[34]。还有振幅递加式椭圆香蕉筛，各段筛面上是椭圆运动轨迹，并且筛面倾角小的出料端振幅大，而筛面倾角大的入料端振幅小，使物料在出料端筛面段不积堆、不堵孔、透筛率高、处理量大[35]。通过增大筛面的抛射强度，也可提高物料对筛面的穿透能力。徐文彬等人开发出了一种大抛射强度振动筛，物料对筛面的穿透能力强、抛射强度大；另外，筛面在随振动器振动的同时，在承重梁的作用下还能够产生“呼吸”的运动状态，具有自清理功能[36]。

（3）筛面运动轨迹复杂化，振动频率多样化，提高了筛分效率。针对不同粒度组成的物料，或不同黏湿度的物料，采取不同筛分工艺方法，才能最大限度地提高筛分效率和取得最好的筛分效果。近年来，随着制造水平的提高，计算机辅助设计的广泛应用，所开发的振动筛运动轨迹复杂化。李素妍等人开发出了一种螺旋轨迹振动筛[37]，通过两套激振源的合理组合，还能实现筛面的球形轨迹振动，使筛箱产生球形运动轨迹[38]。杨永柱等人开发出了变运动轨迹复合振网筛，有效提高振网筛的处理能力和筛分效率[39]。通过振动频率多样化，可提高振动筛的筛分效率。黄涛等人开发出了变频率振动筛，该振动筛具有变频方便、成本较低的特点[40]。侯勇俊等人开发了一种双频振动筛，提高了筛分效率[41]。

（4）设备的大型化。杨永柱等人开发了带有强迫同步的自同步圆或椭圆振动筛，在振动器无需大型化的前提下，可实现振动筛的大型化[42]。王海生开发出了可整体拆卸的椭圆振动器，提高了振动筛的筛分效率和生产能力[43]。

B　高频振动筛

对于细粒矿石的筛分,高频低振幅的筛分方式很有效,其筛分频率在1200～3600 r/min。郭金生研制了多线击打高频振网筛,该振网筛采用多线多点进行振动[44,45]。王琦玮等人开发的高频振网筛,采用双向振动臂,提高了振动筛的振动频率和筛分效率[46]。振动筛也逐渐向大型化发展,彭友合研制出特大型高频振动筛,在筛箱中间设计了一块中板,使得筛箱变为双通道,能够制造宽度达到2400mm的特大型高频振动筛[47]。

C　几种新型振动筛

寄生式节能振动筛设置一用于承载破碎机的基座，该基座通过弹性支撑机构支撑，振动厢体设置在基座下方，破碎机破碎腔出口与振动厢体进口相适应，利用破碎机破碎运动时偏心轴激振力所产生的副作用完成筛分作业[48]。

亚共振双质体节能振动筛，该振动筛包括上质体和下质体，上、下质体通过一组激振弹簧组和板弹簧组相连，上质体上设置振动电机，振动电机产生激振力驱动上质体振动，上质体通过激振弹簧组带动下质体振动，形成一个敏感的亚共振系统[49]。

1.1.2.2　摆动筛

摆动筛，相比于直线振动筛，筛分效率和处理能力得到有效提高[50]。

智能振动筛即智能防堵孔振动筛，在振动筛筛箱的给料端和排料端设置有振动电机，在筛面上发生堆料或堵孔现象时，振动电机能自动启动实现对筛面的清理作业[51]。使筛分系统在最大处理量下运转而不至于损坏筛分设备[52]。

1.1.2.3　其他类型的筛分设备

大型弛张筛：弛张筛可干式筛分黏度较大的难筛物料，并能大大提高振动筛的稳定性和整体寿命[53]。离心筛：通过快速转动圆柱形或圆锥形筛面获得离心力，对颗粒物料进行分级[54]。带筛分段的筛：洗圆筒及圆筒筛洗机满足部分金属矿物（如锰矿）的洗矿和分级要求[55]。辊式筛分机：相邻的滚筒之间具有高度差，通过选择垫片厚度规格及数量改变某一滚筒的高度，进而调整滚筒之间的间隙[56]。

1.1.3　破碎筛分一体设备

随着城市化进程的加速，以及全球基础设施建设的巨大需求，破碎筛分联合设备得到了长足的发展。R700S移动反击式破碎设备[57]，适应建筑工地废弃物现场处理的趋势，能实现将大块物料破碎成粒度较均匀的粒度，方便清除与运输，称为适合城市建筑物拆除现场破碎的“迷你怪兽”。该设备采用了静液力驱动及PLC控制的设计，破碎设备的发动机工作转速可以稳定在最经济的2000r/min且输出扭矩恒定，保证破碎主机不论负荷如何变化，即使遇到超硬难破的物料，也能通过电磁阀的切换，使液力驱动泵充分利用发动机输出的扭矩；设备的稳定性更是能胜任各种恶劣的工作环境。真正的发动机后置，不但缩短了破碎仓出口到皮带出料口的距离，方便清除缠绕的钢筋等破碎建筑垃圾常见的堵塞物，同时后置机舱良好的通风冷却系统也保证了发动机稳定的工作表现。

1.1.4　破碎筛分工艺

1.1.4.1　利用预先筛分，检查筛分或预选，减少破碎磨矿处理量

为了减少破碎、磨矿的处理量，依据原矿性质或生产需要，充分发挥预先筛分、检查筛分的作用，

或预先抛除废石，使循环负荷更低，节约生产成本。山东金岭铁矿于2006年年底，对预先筛分作业进行升级改造，采用YA1842型圆振动筛替换了2YA1530型振动筛[58]。宋春丽等人针对山东某金矿露天开采矿石采用预先筛分处理[59]。白云鄂博主东矿选矿厂采用中碎闭路（粗碎在采场），中碎后采用干选预选抛废，细碎采用高压辊磨机，辊压破碎后产品进入磨矿仓的破碎工艺为最佳流程[60]。

近年来发展起来的分级破碎技术，是目前新型节能破碎技术，其技术特点是通过破碎齿的特殊设计，只对大于粒度要求的物料进行破碎，实现对物料的分级破碎[25,61,62]。

1.1.4.2　降低磨矿给矿粒度，多碎少磨

多碎少磨，依旧是破碎筛分工艺流程改进的目标。贵港市金地矿业有限责任公司龙头山金矿选矿厂针对该矿特硬矿石的特点，采用三段两闭路破碎工艺流程，其产品粒度由原来的-12mm降到-10mm[63]。

目前，不少选矿厂在第三段破碎、第四段破碎、自磨或半自磨的顽石破碎作业，选用高压辊磨机作为设备，取得了良好的应用效果[64,65]。陕西金堆城钼业公司是国内首家引进高压辊磨机用于碎矿作业的有色金属矿山，公司在原三段一闭路破碎流程和磨浮流程之间增设高压辊磨作业，进行第四段破碎[66]。美国的Newmont铜金矿公司现在澳大利亚Boddington的金矿调试运行4台大型HPGR高压辊磨机，磨辊的直径为2.4m，宽1.65m。2008年3月在Anglo Platinum公司的Mogalakwena Noah选矿厂投入运行了高压辊磨机，用于细破碎矿石硬度非常大的Platreef铀金矿，取代了原来的自磨/半自磨工艺[67]。

1.2　磨矿工艺与设备

磨矿是矿物加工过程中必不可少的工序，其目的是通过对原矿的磨矿加工，使原矿中共生的有价矿物成分与脉石成分解离成相对独立的单体，或多种有价成分之间及与脉石之间解离成相对独立的单体，用物理选矿方法将有用组分分离成单独的精矿。因此，针对不同矿种和矿山磨矿工艺的研究和应用历来受到重视。

1.2.1　磨矿工艺

近年来，磨矿工艺主要包括阶段磨矿工艺、自磨和半自磨工艺、高压辊磨—球磨工艺等，发展和应用推广较快。

1.2.1.1　选择性磨矿分级预选工艺

冯其明等人[68]介绍了所研发的“铝土矿选择性磨矿—聚团浮选脱硅”工艺及其在中州铝业公司工业应用的效果。该工艺充分利用铝土矿的选择性碎解特性进行选择性磨矿，使磨矿产品中粗粒级的铝硅比提高，将粗粒级直接作为精矿，再通过选择性聚团浮选处理细粒级，产出细粒浮选精矿，与粗粒精矿合并。

王翠花等人[69]报道了某石英-萤石矿的选择性磨矿分级预选工艺。由于目的矿物和脉石矿物的硬度差值较大，通过在磨矿分级的中间过程中简单地设置筛分设备，提前甩去难磨、低品位的脉石，减少进入浮选的矿量，提高球磨机的处理能力，从而达到节能降耗的目的。

1.2.1.2　一段磨矿工艺

西部矿业公司锡铁山铅锌矿，由于铅矿物的嵌布粒度比较粗，与其他矿物的嵌布关系比较简单，原矿采用一段闭路磨矿工艺[70]。云天化国际化工富瑞分公司磨矿系统采用一段闭路磨矿[71]。

在一段闭路磨矿工艺中，有时还会增加一次控制分级，以达到合格的单体解离度以满足后续选别作业。山东招金矿业金翅岭金矿将原磨矿工艺由一次闭路磨矿系统改造为一段磨矿、一段检查分级、一段控制分级的闭路磨矿分级系统[72]。

1.2.1.3　二段磨矿工艺

当矿石嵌布粒度较细，要求磨矿细度达到-0.074mm粒级含量大于75%以上方能获得较好选别指标的矿石，通常需采用二段磨矿工艺。两段磨矿的突出优点是能够得到较细的产品，能在不同磨碎段进行粗磨和细磨，且产品粒度组成均匀，过粉碎现象少。二段闭路球磨工艺是选矿厂目前应用最广泛的磨矿工艺。一般情况下，一段磨矿采用格子型球磨机和螺旋分级机组成闭路，二段磨矿采用溢流型球磨机和旋流器分级组成闭路。

刘世旭[73]介绍了云南大红山铜矿采用一段磨矿与两段磨矿的对比研究。同规格的磨机，在处理中等偏硬矿石物料时，两段磨矿的单位生产能力比一段磨矿高 0.1～0.2t/(m^3·h)，系统生产能力可提高 7%左右，两段闭路磨矿的产品粒度特性优于一段闭路磨矿。

1.2.1.4　棒磨＋球磨工艺

棒磨＋球磨工艺属于两段磨矿工艺，其中的第一段磨矿采用开路棒磨机，或棒磨机＋球磨机，第二段磨矿采用溢流型球磨机。

我国最大的铜镍矿甘肃金川有色金属公司选矿厂二选矿车间处理能力达到 9000t/d，现行原则流程是两段磨矿，阶段浮选，其中一段磨矿由棒磨机和球磨机组成[74]。柿竹园钨钼铋多金属矿的 1000t/d 选矿厂采用了棒磨＋球磨工艺，其中一段磨矿采用一台螺旋分级机作为棒磨机的检查分级和球磨机的预先分级，二段磨矿采用溢流型球磨机[75]。陆朝波[76]介绍了广西华锡集团车河选矿厂应对原矿锡品位波动的技术措施，其磨矿工艺组成为棒磨＋球磨工艺。

1.2.1.5　阶段磨矿阶段选别

常用的阶段磨浮流程是两段磨浮流程，其可能方案有三种：粗精矿再磨流程、中矿再磨流程和尾矿再磨流程。随着富矿资源的减少，为了从贫细矿物资源中有效地分离、富集有用矿物，阶段磨矿阶段选别工艺日趋受到重视。如粗精矿再磨流程[77～81]、中矿再磨流程[82,83]、尾矿再磨流程[84～86]。

1.2.1.6　自磨工艺和半自磨工艺

A　单一自磨工艺

自磨机（autogeneous mill）是以被粉碎物料本身作为粉磨介质的磨机，与球（棒）磨机相比，自磨机的给矿粒度大，一般为 200～300mm，破碎比大，能取代中、细碎及一段磨矿，简化碎磨流程。湿式自磨机处理含水含泥高的矿石时，可免去洗矿作业，简化破碎筛分流程，具有明显的优越性[87]。

B　半自磨＋球磨流程

半自磨＋球磨流程，又称 SAB 流程（SA：半自磨机，semi-autogeneous mill；B：球磨机，ball mill）。2006 年在加拿大温哥华召开了第四届国际自磨/半自磨会议，出版了四卷论文集[88]，会议论文集 116 条题录已在《国外金属矿选矿》杂志 2007 年第二期上翻译发表[89]，文集大量介绍了国外半自磨工艺的发展和应用现状。2011 年第五届国际自磨/半自磨会议在加拿大温哥华举行[90]，并拟定 2015 年举行第六届会议。

为了解决自磨机中难磨粒子的问题，提高磨碎效率，在自磨机中加入少量钢球（球径 80～180mm），这时称为半自磨机。半自磨机的钢球充填率一般为 6%～12%，总的物料充填率不超过 30%～40%。转速率为 70%～80%，破碎比可达 100～150。因为半自磨工艺有处理能力大、节省破碎磨矿能耗、降低粉尘污染、流程简单等优点，国外半自磨工艺发展迅速，20 世纪 80 年代以后新建的大型选矿厂多数采用了半自磨工艺，成为选矿领域的常规工艺[91～95]。

C　半自磨＋闭路球磨＋顽石细碎

半自磨＋闭路球磨＋顽石细碎流程，又称 SABC 流程（SA：半自磨机，semi-autogeneous mill；B：球磨机，ball mill；C：圆锥破碎机，cone crusher）。SABC 流程同时采用了两种强化磨矿措施，即半自磨和从磨机中引出砾石进行破碎，可有效解决难磨临界粒度物料的积累问题。它是目前比较流行的流程，近年来世界上许多大型金属矿山采用这种流程，比如澳大利亚的 Cadia 金矿、智利的 Escondida 铜矿（四期）、巴西 Sossego 铜矿及美国 Kennecott 铜矿（改造）等，是目前国外大型选矿厂推广应用最多的流程[96～99]。

1.2.1.7　高压辊磨—球磨工艺

应用高压辊压机符合“多碎少磨”的原则，高压辊磨机早在我国水泥工业获得了广泛应用[100]。温平[101]介绍了 ϕ4.8m×9.5m 球磨机与辊压机联合水泥粉磨系统的改造。1995 年 8 月，Krupp Polgsius 公司生产的 ϕ2.4m×1.4m PoLycom 型高压辊磨机，用于美国的 Cyprus Sierita 铜矿，开始在冶金行业受到普遍关注。近年来，澳大利亚的 One steel 磁铁矿选矿厂、俄罗斯 Zapadnoye 金矿选矿厂、澳大利亚 Boddington Gold Mine 金矿等均采用了高压辊磨机粉碎矿石[102]。我国于 2007 年年初在马钢集团南山矿业公司凹山选矿厂率先引进一台德国产的高压辊磨机粉碎铁矿石[103]。2013 年 8 月，中铝河南分公司氧化铝厂高压辊磨机项目投产，经实际生产检验，该高压辊磨机磨出的高铝矿石粒度小于 -8mm 的合格率达到 85% 以上，投入正常生产后可提高格子型球磨机、管磨机产能 20%，大幅降低能耗[104]。高压辊磨—球磨工艺的经济性，可与半自磨—球磨工艺竞争[105]。高压辊磨—球磨工艺也是选矿行业的发展方向。

1.2.2 磨矿设备

1.2.2.1 设备大型化

近年来，磨矿设备的大型化是磨矿设备发展的一个重要标志。到目前为止，全世界已经有多台大型自磨/半自磨机在生产中应用。表 1-1 列出了近年采用大型自磨/半自磨机的部分国内外矿山的情况。

表 1-1　近年采用大型自磨/半自磨机的部分国内外矿山[94,106~109]

规格($D \times L$)/m×m	台数	功率/kW	制造厂	安装国家	矿　山	投产时间/年份
13.41×7.92		31000	美卓			设计
12.8×7.6		28000	美卓			设计
12.2×10.9	6	22500	中信重工	澳大利亚	SINO 铁矿	2011
12.19×7.32	1	21983	美卓	秘鲁	铜矿	2008
12.19×7.56	1	21983	美卓	智利	铜矿	2008
12.19×7.77	1	21983	美卓	智利	铜矿	2007
11.58×7.56	2	21983	美卓	巴拿马	铜金矿	2008
11.58×13.32	2	22583	美卓	瑞典	Aitik 铜矿	2009
11.58×7.01	1	19389	美卓	加拿大	金矿	2006
10.97×5.41	1	12677	美卓	加拿大	钼矿	2006
10.36×5.72	1	11920	中信重工	中国	德兴铜矿	2011
10.36×6.71	2	16000	中信重工	中国	袁家村铁矿	2013
10.36×5.49	3	11000	中信重工	中国	袁家村铁矿	2013
9.75×4.72	2	8195	中信重工	中国	普朗铜矿	2014（建设）
8.8×4.8	1	6000	中信重工	中国	乌山铜钼矿	2009
11.0×5.4	1	12686	中信重工	中国	乌山铜钼矿二期	2014（建设）
10.37×5.19	1	10500	中信重工	中国	甲玛铜矿二期	2014（建设）
10.98×6.71	1	15000		中国	雄村铜矿	2014（建设）
8.8×4.8	1	6000	北方重工	中国	大红山铁矿扩产	2010
8.8×4.8	1	6000	北方重工	中国	临沧矿业铁矿	2014

注：部分资料来源于互联网。

2009 年 7 月，我国自主研发、完全拥有知识产权的中信重工生产的当时世界最大的首台 ϕ7.93m×13.6m 溢流型球磨机制造成功并交付澳大利亚 SINO 铁矿项目。2010 年由中信重工机械股份有限公司成功研制的当时世界最大、最先进的 ϕ12.2m×10.9m 自磨机也已交付澳大利亚 SINO 铁矿项目[110]。

国外磨矿设备大型化的发展也同样迅速。芬兰美卓公司最新制造的 ϕ12.8m×7.6m、28MW 半自磨机，单台设备日生产能力可达 10 万吨，也属世界最大规格的半自磨机。美卓矿机现在已能设计和制造 ϕ13.41m×7.92 m（有效研磨长度为 7.32m）、驱动功率为 31MW（环形电机驱动）的半自磨机。世界最大规格的长筒型半自磨机规格为 ϕ9.76m×10.37m，采用环形电机驱动，功率为 16500kW，用于秘鲁。环形电机也应用到了球磨机上，如智利 Lagnna Seca 铜矿，生产能力为 110000t/d，采用 SABC 流程，一台 11.58m×6.10m 半自磨机，由一台 19110kW 环形电动机传动。配套的是 3 台 7.62m×12.34m 球磨机，每台球磨机由一台 13230kW 环形电动机传动[111]。在智利一个铜矿中安装的美卓矿机生产 ϕ7.93m×12.3m 球磨机是国外目前投入使用最大的球磨机，安装功率为 13400kW，为无齿轮传动。美卓已设计出直径为 ϕ8.25m×13.4m 的球磨机，安装功率高达 16418kW。到 2013 年年底，世界上最大的单台半自磨球磨（1 台半自磨机 +2 台球磨机）的磨矿系列处理能力将达到 126000t/d，单台半自磨机的装机功率为 28000kW，单台球磨机的装机功率为 22000kW[112~114]。

国外最大的高压辊磨机是由德国的 Krupp Polysius 公司制造的，规格为 ϕ2400mm × 1650mm，其对高硬度矿石的磨碎效果尤为突出，同比节能达 30% 以上，已在秘鲁的 Cerro Verde 铜钼选矿厂应用，生产能力达到 2900t/h。我国合肥水泥研究设计院肥西节能设备厂生产的高压辊磨机的最大规格为 ϕ2400mm × 1800mm，装机功率 6300kW，最大处理能力可达 2660t/h[115]。

1.2.2.2　磨矿新设备

A　滚动轴承球磨机

传统球磨机滑动轴承的理论摩擦功耗约占安装功率的 29%，滚动轴承的理论摩擦功耗是滑动轴承的 1%。因此，用滚动轴承代替滑动轴承是磨机节能的重要途径。但受各方面条件的制约，滚动轴承在大型磨机的应用仍然有限[116]。

B　中心传动球磨机

吴志强等人[117]介绍了大型球磨机传动系统的一种新型设计，通过采用中心传动的方式，提高了传动系统的工作效率，具有结构简单、装配方便和节能显著等特点，而且进一步改善了传动系统的润滑效果。中心传动球磨机的效率一般比边缘传动球磨机高 6%。高宇宏[118]介绍了球磨机新型传动机构星形减速器的设计。星轮减速机可实现球磨机的多档转速，简化球磨机传动机构成为中心传动。

C　筒辊磨

筒辊磨作为一种新型节能粉磨设备，综合了辊压机的节能效果、立式磨的结构紧凑及球磨机的运转可靠性等优点。目前该类设备主要用于水泥工业[119]，赵绪平[120]等人介绍了筒辊磨的开发与研究。

1.2.2.3　磨矿介质与衬板

磨矿机衬板材料的发展也是一个重要方向，也可以达到节能降耗的目的。尚焕成[121]介绍了球磨机磁性衬板的研究及应用。李固成[122]等人介绍了国产化高铬铸铁衬板在特大型球磨机上的应用。许兴军[123]等人介绍了大直径锻造矿用耐磨钢球的研制。通过对高碳低合金钢材料进行成分分析，研制出一种适合生产高碳低合金钢锻造磨球的新工艺。许兴军[124]介绍了高碳铬 GCr15 高耐磨性磨球的开发。王鹏[125]介绍了一种新形状的多功能磨矿介质专利，其两端为半球、中间为半径高的圆柱。多功能磨矿介质磨矿时为点、线、面接触，冲击、磨剥物料效率都高于圆球。

1.2.2.4　磨矿过程检测与控制

生产过程中原料和产品的准确计量是技术管理的重要前提。计量用电子皮带秤、核子皮带秤已在我国选矿行业应用普及[126,127]。

优化磨矿操作参数，如球直径、球磨时间、配料比、喂球的质量（%）和数量及球充填率（%）、球粒度分布等，来达到更好的磨矿效果，也可以起到节能降耗的目的。

矿用在线粒度分析仪是选矿生产过程中矿浆关键参数的自动检测装置，在有色、黑色、黄金等选矿工业得到广泛应用。目前，有代表性的粒度分析仪器是美国丹佛自动化公司的 PSM400 超声波粒度分析仪、芬兰奥托昆普公司 PSI200 粒度分析仪、马鞍山矿山研究院研制的 CLY-2000 型在线粒度分析仪、北京矿冶研究总院研制的 BPSM-Ⅱ在线粒度分析仪。其中 PSM400、CLY-2000 型都是基于超声波原理的产品，而 PSI200、BPSM-Ⅱ型都是基于线性检测原理直接测量粒度分布的仪器[128,129]。

磨机负荷检测、磨矿分级过程中 PLC 控制、综合自动化系统研究应用等均获得发展[130~134]。

1.2.3　磨矿设计试验技术与磨矿理论研究

1.2.3.1　磨矿设计试验技术研究

目前预测磨矿流程单位功耗主要有三类方法：以 Bond 为基础的方法、以专有的测试（如 SPI、SMC）为基础的模型的方法、复杂的群体平衡/粉碎模型/分级模型的方法。所有预测磨矿流程单位功耗的方法都是经验式的。

选矿研究者从矿石本身的碎磨特性研究入手，测定矿石的碎磨特性参数，建立了矿石碎磨的选择性函数和碎裂函数。然后用计算机仿真技术的各种模型来按比例放大和设计半自磨回路和球磨回路。目前，已经用于商业服务的有加拿大 SGS 法、澳大利亚 OMC（Orway Mineral Consultants Ltd）公司法、澳大利亚昆士兰大学矿物研究中心（JKMRC）法、美卓（Metso）公司总体平衡模拟法（PBM）[135~137]。

1.2.3.2 磨矿理论研究

关雅梅等人[138]研究了自磨机半自磨机的参数确定计算方法，提出自磨机磨矿功耗计算基本上有三种方法：相似计算、半经验公式计算和应用球磨机的理论公式计算，并列举了相关公式。姬建钢等人[139]介绍了功耗法在半自磨机选型中的应用。

侯英等人[140]研究了磨矿动力学参数对磨矿速度的影响。尹海等人[141]研究了转速率对磨矿细度的影响。采用变频器改变实验室型球磨机转速，对大红山铜矿进行磨矿试验研究。董为民等人[142]研究了超临速球磨机磨矿介质运动学规律，得出了超临速球磨机磨矿介质的运动轨迹方程、对矿石的冲击速度、冲击力公式和冲击次数等。袁东等人[143]研究了磨矿效果回归模型。

1.3 分级工艺与设备

在选矿工艺过程中，分级是极为重要的一个准备作业。分级能有效地将粗细颗粒分开，这样既避免了细粒矿物的过粉碎，减少不必要的能耗，又能使粗粒矿物成为返砂返回磨机得到有效的粉碎。分级的好坏直接影响到磨矿机生产能力、产品质量以及后续选别作业精矿品位与回收率等技术经济指标的高低。

1.3.1 分级工艺

分级工艺可分为重力水力分级、离心力水力分级和高频细筛三大类。水力分级为颗粒在水中受到重力或离心力的作用，达到按沉降末速分布的分级方法，主要包括螺旋分级机、水力旋流器、风力分级机等。细筛分级是严格按照颗粒粒度尺寸大小进行的分级作业[144]。近年来选矿分级工艺的改造，都是为了使分级过程能够更好而且稳定的进行。

1.3.1.1 螺旋分级机分级

使用中小型球磨机的选矿厂，出于经济性和生产稳定性考虑，一段磨矿闭路分级仍均倾向于使用螺旋分级机。刘曙等人[145]报道了水力旋流器在程潮选矿厂一段磨矿分级系统的工业试验。程潮选矿厂一段闭路磨矿系统共 6 个系列，1～4 系列为 $\phi2.7m \times 3.6m$ 球磨机与 $\phi2000mm$ 双螺旋分级机构成的闭路系统。

1.3.1.2 水力旋流器分级

水力旋流器是一种高效率的分级、脱泥设备。由于它的构造简单，便于制造，处理量大，在国内外已广泛使用，主要缺点是消耗动力较大。

一段磨矿用大型球磨机的选矿厂，分级设备有采用水力旋流器的趋势。杨海波等人[146]报道，鲁南矿业公司选矿厂设计有 4 个系列，采用阶段磨选 + 反浮选提质降硅的多段选别工艺流程，阶段磨选中，一段分级设备逐渐更换为海王旋流器有限公司生产的 FX500-GT 新型旋流器，取得了良好的效果，一段磨选分级溢流粒度下降，磨矿功耗降低 4.48kW · h/t－0.074mm，磨矿效率提高 0.68t－0.074mm/(m^3 · h)。王永刚[147]报道了酒钢选矿厂一次分级由双螺旋分级机改为旋流器的效果分析，采用 $\phi500mm$ 旋流器 2 台代替双螺旋分级机，磨矿分级循环负荷大幅度提高，一次分级粒度明显变细。于涛[148]报道了辽宁排山楼金矿一段磨矿原采用 $\phi3.2m \times 4.5m$ 格子型球磨机和 $\phi2400mm$ 沉没式螺旋分级机组成闭路，试验了在一段磨矿采用 $\phi500mm$ 水力旋流器代替螺旋分级机，处理量可提高，但电费比分级机高 3.5 倍，且生产矿浆泄漏故障导致停车时间长，故认为不合理。

二段磨矿多采用溢流型球磨机和旋流器分级组成闭路[149]。张振平等人[150]介绍了大直径 $\phi710mm$ 旋流器在三山岛金矿二段磨矿分级中的应用参数优化。

1.3.1.3 细筛分级

细筛分级是严格按照颗粒粒度尺寸大小进行的分级作业，它可以解决水力分级中大密度有用矿物易过磨泥化、小密度脉石矿物未单体解离的问题。

钟君[151]报道了长沙矿冶研究院研制的 GPS1410-3 高频振动细筛的应用。攀西某钒钛磁铁矿采用 GPS1410-3 型高频振动细筛替代原旋流筛进行二段磨矿分级，改造后筛分量效率平均达 72.70%，质效率达 53.34%。唐山陆凯公司研制的 MVS 型电磁振动高频振网筛在多家铁矿使用[152～154]。赵平等人[155]报道了湖北鑫鹰公司开发的 HGZS 型叠层高频振动细筛在钼钨选矿中的应用。周忠堂等人[156]介绍了美国

Derrick重叠式高频振动细筛在云锡大屯氧化锡矿中的运用。王连生等人[157]介绍了美国 Derrick 高频振动细筛在尖山铁矿选矿技术改造中的应用与效果。德瑞克高频细筛还在峨口铁矿选矿厂应用良好，取代了原有的三台尼龙筛和五台高频振网筛，降低了磨机的循环负荷，使三段磨机的作用得到了有效的发挥[158]。

1.3.1.4　多种分级设备联合分级

还原铁项目要求的钒钛磁铁矿全铁品位不能低于 56%。新疆普昌钒钛磁铁矿选矿厂精矿品位一直在 53% ~55%，刘维廉等人[159]为此开展了精矿再磨再选和流程考察工作。根据流程考察结果找出了问题并提出了两种技改方案，第一种为用高频细筛代替水力旋流器，结果显示效果不佳；第二种即水力旋流器与高频细筛配合使用，形成二次分级，最终与二段球磨形成闭路循环，实现稳产全铁品位不低于 56% 的目的，为还原铁提供了优质原料。

国外对分级机搭配使用大部分是靠模拟技术完成的，D. Stefka 等人介绍了模拟积分在动态分级系统中的应用，以及一种新的模拟方法（ISFM）对分级组合的应用[160]。

1.3.2　分级设备

1.3.2.1　分级设备大型化与耐磨组件发展

由中国北方重工研制的世界上最大的螺旋分级机 2FC38 为双螺旋 ϕ3800mm，在云南景东等矿山与 ϕ3.6m 球磨机配套使用良好[108]。

大直径水力旋流器由于分离粒度 d_{50}较粗，主要用于与大型球磨机组成一段闭路磨矿。国外最大规格的水力旋流器（不包括重介质旋流器）为美国克瑞伯斯（Krebs）公司 ϕ838mm（33 英寸）[179]。国内威海市海王旋流器公司[161]设计有最大规格为 ϕ850mm，其最大给料粒度达 22mm，给料压力在 0.03 ~0.15MPa 时，处理量可达 500 ~900m^3/h。

水力旋流器由于受到离心力原理的限制，设备大型化也已走到极限。与此同时，由于回转半径越小则离心力越大，分离粒度 d_{50}较细，小直径旋流器的强化分级作用更受重视。如 ϕ150mm 水力旋流器，最大给料粒度为 1.5mm，给料压力在 0.05 ~0.4MPa 时，处理量为 11 ~20m^3/h，但分离粒度较细，为 0.020 ~0.074mm。ϕ50mm 和 ϕ25mm 小直径聚氨酯水力旋流器在非金属矿选矿获得了应用[162]。为增加处理量，通常将多台小直径旋流器组成机组使用。

目前，我国最大的细筛设备单机筛面总面积可达 18m^2 左右[163]。细筛设备有很多，其中具有代表性的类型主要有：(1) 筛框与筛网同时振动类型，如美国 Derrick 叠层筛、我国湖北鑫鹰的 HGZS 叠层筛等；(2) 电磁振动器振网类型，如我国 GPS 高频振动筛、MVS 高频振网筛等。

细筛的型号有多种，国内主要应用的高频振动细筛有：(1) 长沙矿冶研究院研制的 GPS-900-3 型高频细筛；(2) 广州有色金属研究院研制的 GYX 型高频振动细筛；(3) 唐山陆凯科技有限公司研制的 MVS 型电磁振动高频振网筛；(4) 湖北鑫鹰公司开发的 HGZS 型叠层高频振动细筛等。国外主要应用美国德瑞克（Derrick）高频振动细筛[164]，Derrick 细筛在国内钨锡矿山应用也屡获好评。

在分级设备耐磨材料方面，翟晓巍等人[165]报道了螺旋分级机小叶片用耐磨铸铁的研究，加入铬锰的高合金耐磨铸铁可大幅延长使用寿命。广东省云浮硫铁矿用聚氨酯改造小叶片，使用寿命比原铸铁片提高 300% 以上[166]。长沙矿冶研究院矿冶装备公司生产的 CZ 型旋流器内衬采用了与乌克兰合作研制的 CNU 耐磨材料[167]。湖北鑫鹰公司研制了防堵耐磨聚氨酯筛网和长筒形铝合金电振动器，在攀钢集团矿业有限公司密地选矿厂与德瑞克筛对比试验，效果良好[168,169]。

1.3.2.2　分级过程控制

分级过程的稳定和自动化是决定效率的重要因素，因此分级过程的自动化稳定控制同样是分级作业的重要发展方向。于庆强[170]介绍了哈图金矿利用变频器控制水力旋流器给矿泵的矿浆流量。赵静[171]等人进行了水力旋流器自动控制系统的研究。通过引进可调沉砂口直径旋流器，实现了旋流器沉砂粒度的闭环控制回路。刘维生[172]研究开发了电磁振动高频振网筛数字控制系统，采用嵌入式集成软件、Client/Server 结构，通过 Modbus 协议与控制主板进行通信，实现对高频振网筛的控制和数据处理。

1.3.2.3　新型分级设备

近几年研发的新型分级设备有：复合式圆筛螺旋分级机[173]、双侧排料螺旋分级机[174]、斜窄流螺旋分级机[175]、固连式螺旋分级机[176]、离心蜗壳预分级旋流器[177,178]。美国 Krebs 公司的新型 gMAX 水力旋流器[179]、DXFDZS 复振高频细筛[180]、高效二次流分级筛[181]等。

1.3.3 分级理论

刘军霞等人[182]报道了螺旋分级过程数学模型研究及应用。在已有螺旋分级机基本模型的基础上，利用 RBF 神经网络建立螺旋分级机的数学模型，并用遗传算法对神经网络进行优化。赵立新等人[183]介绍了不同湍流模型在旋流器数值模拟中的应用。蒋明虎等人[184]研究了锥角对水力旋流器压力场和速度场的影响。

黄伟生等人[185]研究了旋流器结构参数对白钨浮选给矿分级的影响。旋流器的结构参数如沉砂口与溢流口直径比例 d_S/d_{OV}，决定了分级作业各产物的产率。沉砂口直径相对越大，则沉砂产率越大。

1.4 超细粉碎工艺与装备

粉碎是矿物加工生产中的重要环节。根据颗粒粉碎过程中所形成的产品粒度特征及这一过程中所用粉碎设备施力方式的差别，可将物料粉碎分为四个阶段：破碎（crushing，产品最大块粒度 350 ~ 5mm）、磨矿（grinding，1 ~ 0.074mm）、超细粉碎（supperfine grinding，0.074 ~ 0.001mm）、超微粉碎（micropowering，-0.001mm）。

随着矿业开发程度的进一步加深，目前矿物加工作业所面临的矿物性质更加复杂、难选。而矿物选别的前提条件是有用矿物与脉石矿物的解离，为了达到复杂组成矿物中有用矿物的解离粒度，要求磨矿作业生产出越来越细的磨矿产品。如澳大利亚 Xstrata McArthur River 铅锌矿和 Zinifex Century 锌矿为了达到有用矿物的解离粒度，浮选给矿粒度已经小于 8μm[186]。国内以铁矿为例，目前为了获得高品位铁精矿，磁铁矿精矿的粒度有的达到 -38μm 占 95%。我国著名的钼精矿生产基地栾川钼矿，其辉钼矿的解离度基本在 30μm 左右。所以超细粉碎技术越来越受到技术人员的重视。目前多种超细粉碎工艺与设备已经成功应用于铁矿、钼矿、铜矿、金矿、铅锌矿等矿石的选矿。

一般情况下，做到超细粉碎阶段，需要进行三段磨矿，甚至四段磨矿。前面的粗磨和细磨阶段通常采用球磨机，后面的超细磨阶段则采用超细粉碎设备。超细粉碎设备中占主导地位的是搅拌磨，包括立式搅拌磨和卧式搅拌磨。立式搅拌磨也称塔磨机（tower mill）[187]，是一种垂直安装、带有搅拌装置的细磨设备，通常与分级机组成闭路磨矿。

卧式搅拌磨的主要代表类型为 Isa 磨机[188]。磨机内设有转动的轴及螺旋盘，轴与电机、减速机相联结，给矿矿浆通过泵从进料口给入磨机，磨机内的螺旋盘搅动介质与矿物，采用水平高速搅动研磨剥蚀的原理，使得矿物单体解离。磨矿产品通过离心力分离出来，介质留在磨机内。

1.4.1 超细粉碎工艺

1.4.1.1 国内超细粉碎工艺应用

张国旺等人[189]介绍了长沙矿冶研究院研制的 JM 型立式螺旋搅拌磨机在难处理铁矿、钼矿、金矿、铝土矿中的典型应用实例。金翅岭金矿采用球磨机和搅拌磨进行细磨的技术指标对比，可使浸出率大于 90%[190]。柿竹园有色金属公司弱磁选铁粗精矿含铁 38.05%，细度为 -0.074mm 占 70%，2005 年采用 JM 型立式螺旋搅拌磨后，再磨细度达到 -38μm 占 95.10%，铁精矿品位达到 65.20%[191]。在洛钼集团选钼三公司，将传统的溢流型再磨球磨机改为 JM 型立式螺旋搅拌磨机，钼精矿品位从 46.12% 提高到 49.88%，最高达到 54.44%，选矿回收率由 79.79% 提高到 84.19%[192]。王漪靖等人[193]报道了 JM-1200 型立式螺旋搅拌磨机应用于金堆城钼业集团有限公司百花岭选矿厂钼精选段的结果。郭灵敏[194]报道了搅拌磨用于德兴铜矿粗精矿细磨试验。卢世杰等人[195]报道了新疆某铁矿选矿厂采用外购铁精粉再磨—反浮的工艺流程，采用 KLM 型立磨机和水力旋流器形成闭路作业，经过一次粗选、一次扫选、三次精选的浮选流程后，铁精矿的品位由 59% ~60% 提高到 64% ~65%。张洪建[196]报道了塔磨机在四川省某铁矿矿山铁精矿细磨中的应用实践。

1.4.1.2 国外超细粉碎工艺应用

Karara 磁铁矿位于澳大利亚中西部，矿物平均嵌布粒度为 27.51μm，脉石矿物平均嵌布粒度为

45.38μm。试验室试验和半工业试验表明，矿石磨到 P_{80} = 35μm 时才能达到有用矿物和脉石矿物单体解离，获得精矿品位 68.2% 的技术指标。进行了塔磨机与艾萨磨机功耗对比试验，在获得相同 P_{80} 粒度时，前者功耗少于后者。设计采用球磨粗磨—塔磨一次细磨—塔磨二次细磨工艺[197]。

Copperton（科伯顿）选矿厂位于美国犹他州盐湖城，日处理原矿石 18 万吨，是世界最大的选矿厂之一。磨矿粒度为 -0.074mm 粒级占 80%，浮选粗精矿再磨，三段磨矿机为立磨机，磨矿粒度为 -30μm 粒级占 80%。产出混合铜精矿含铜 23% ~25%，铜回收率 88%，钼回收率 63%[198]。

瑞士矿务集团 Xstrata 技术公司 Mount Isa 锌选矿厂使用 3 台 M3000 型 Isa 磨机，获得 P_{80} 粒度为 12μm 的铅粗选给矿[199]。2005 年吉尔吉斯斯坦 Kumtor 金矿应用了 M10000 型 Isa 磨机代替球磨机或塔磨机的闭路粉磨，从 -135μm 占 80% 开路磨至 -62μm 占 80%[200]。C. Rule 等人[201]介绍了 Isa 磨机在南非英美铂公司的应用情况。O. Celep 等人[202]采用实验室型立式搅拌磨将银厂尾矿进行超细粉碎。在适当的条件下，可以得到细度小于 5μm 的磨料。

1.4.2 超细粉碎设备

1.4.2.1 国内超细粉碎设备

国内应用于选矿领域的超细粉碎设备主要有长沙矿冶研究院研制的 JM 系列立式螺旋搅拌磨机[203]，北京矿冶研究总院研发的 KLM 立式搅拌磨和 GJ5 ×2 大型双槽高强度搅拌磨机[204]，以及其他大型超细搅拌磨机。

张国旺等人[205]介绍了 JM 系列立式螺旋搅拌磨机的研发和应用情况。吴建明等人[206]介绍了 GJ5 ×2 大型双槽高强度搅拌磨机的研发。袁树礼等人[207]以 GJ5 ×2 大型双槽高强度搅拌磨机的技术为基础，又开发了新型单槽高强度搅拌磨机。赵国锋等人[208]介绍了一种中国矿业大学（北京）研发的新型卧式搅拌磨机 WJM-80。徐宏彤等人[209]介绍了新型锥摆式搅拌细磨机的研制，该机搅拌锥以偏角 α 转动，增加了对物料挤压、剪切和磨损，磨粉效率提高，但未见有应用报道。

1.4.2.2 国外超细粉碎设备

澳大利亚、美国、德国和加拿大均有专门研究机构和研究人员，进行了大量矿物加工细磨设备和工艺技术研究。主要有 3 种具有代表性的先进搅拌磨机：

（1）盘式搅拌元件的 Isa 磨机，澳大利亚 Isamill 公司和德国 Netzsch 公司共同研制[210]。第一台 Isa 磨机 M500 型（200kW）于 1992 年应用于澳大利亚 Mount Isa 矿山的 Hilton 铅锌选矿厂。2009 年研发了 M50000 型（8000kW）。

（2）螺旋形搅拌器的立式磨机（verti mill），芬兰美卓（Metso）公司生产[211]，可处理粒度小于 6mm 的给料，研磨至小于 20μm 的产品，标准配置磨机规格从 15HP（11kW）到 3000HP（2240kW）。

（3）棒形搅拌元件的 Stirred Media Detritor（SMD）磨机，Metso 公司生产[211]，可使用低成本的磨矿介质如陶瓷珠和河砂等，正常生产功耗范围 20 ~100kW · h/t，最大磨机功率已达 1100kW。

1.4.3 超细粉碎理论研究

随着数值模拟等新研究方法的不断应用，超细粉碎的研究已从单纯的试验研究走向了磨矿机理与磨机内微观动态研究，这对超细粉碎设备的研发及设计优化具有重要意义[212]。

张国旺[213]使用计算流体力学软件 CFX 对超细搅拌磨的流场进行了模拟。肖骁等人[214]比较了垂直搅拌磨和球磨机对磁铁矿解离的影响。试验过程中用激光粒度分析仪、矿物解离度分析仪（MLA）、扫描电镜分别来测量颗粒的粒度分布、矿物解离度和新生成的 -38μm 矿物颗粒的断面形貌。结果表明，搅拌磨能有选择性地提高磁铁矿的解离度，在搅拌磨中新生成的 -38μm 产品的磁铁矿解离度比在球磨机中要高 8.1%。张仁丙等人[215]进行了基于磨矿动力学的 GN8 磨机超细磨矿能耗研究。以石英为原料，研究磨机在不同叶轮转速条件下输入能量 E 的数学关系。

郝静如等人[216]用有限元流体动力学分析软件对其研制的鼠笼式搅拌磨内浆液流体场进行了计算。结果表明，在搅拌器转子所在位置沿半径方向内、外各存在一个具有高速度梯度的环形区域，该区域是磨矿效果显著的主要工作区域。A. L. Hinde 等人[217]提出了一种简化的方法来模拟粉碎过程。X. Ye 等人[218]

研究了搅拌磨对辉铜矿表面的清洗作用及对后面的浮选作业所产生的影响时，恢复粗细颗粒的回收率就需要添加额外的捕收剂。Matt Sinnott 等人[219,220]通过 DEM 的方法对中试规模的具有螺旋搅拌器与棒形搅拌器的立式磨机进行了研究。对介质流态、能量吸收率及分布、设备磨损、相关流动结构、混合及输送效率进行了分析。Alex Jankovic 等人[221]通过大量实验室和半工业试验研究了搅拌磨对产品粒度分布的影响。把矿石超细粉碎到 20μm 以下可以得到比给矿粒度分布窄的产品。

C. T. Jayasundara 等人[222]用 DEM 的数值模拟方法，对一个简化了的只充填介质的卧式搅拌磨，进行了不同特性介质在磨机内的流动状态研究。从介质的速度分布、空间分布、碰撞频率、碰撞强度及驱动介质运动的能量消耗方面分析了介质在磨机内的流动状态。Matthew D. Sinnott 等人[223]用 DEM 模拟的方法，对螺旋立式搅拌磨内介质形状、对介质流态及能量利用率的影响进行了研究。在使用不同形状介质（球形与块形介质）进行模拟的情况下，得到了搅拌磨内介质输送、应力分布、能量耗散及磨损等方面的区别。

1.5 工艺矿物学

工艺矿物学不仅为选矿或冶金工艺提取其中某种有用元素的工艺流程提供依据，而且为利用矿物的物理性质、化学性能等特征进行矿物材料的开发利用以及为工业固体废弃物（固体尾矿、冶金渣等）的综合治理和其深加工提供依据。工艺矿物学的发展已成为促进我国经济发展的一种重要科学技术手段[224]。

工艺矿物学通过对矿石中矿物（元素）的赋存状态、矿物的嵌布粒度特征、镶嵌关系的研究，为矿石的可处理性提供矿物学评价，对矿山的生产流程作矿物学考察与分析，为矿山的选矿流程和冶金工艺提供宏观矿物学依据。我国铝土矿铝硅比小于 5 的低品位铝土矿分离难、氧化铝提取效率低、铝电解能耗高；通过对我国铝工业面临难题的研究，突破选矿领域表面组分和性质相似的矿物间分离的难题，构建了铝土矿中矿物晶体结构、化学组成与表面润湿性、电性、可浮性的相互关系，建立了系统的铝矿物分离浮选药剂分子组装和界面作用力理论，实现我国低品位铝土矿资源的高效利用，扩大了铝土矿可利用资源量两倍以上[225]。针对我国铜锌镍钛等主要战略有色金属难处理矿产资源具有共同的矿物学特点，即大多是类质同象、同金属多矿相、高碱性脉石的多金属共生氧化矿，通过系统地研究难处理矿产资源中有用金属的赋存状态、矿物间镶嵌关系和矿物表面矿相再构机理，为难处理矿产资源分离工艺提取提供基础理论依据。通过计算白钨矿、萤石和方解石三种含钙矿物的晶面层间断裂键数，来验证和预测矿物的解离性质，通过计算矿物表面钙质点数和质点未饱和键数，从更微观和直观的角度来研究矿物的表面性质，并为解释矿物的实际浮选行为提供理论依据[226]。通过新疆羟硅铍石型铍矿矿石的工艺矿物学研究，发现有用元素铍的赋存状态主要以羟硅铍石为主，且羟硅铍石存在于萤石脉之中，这些认识为矿石的分选方法和工艺条件提供了理论依据，同时提供了成因矿物学依据和找矿标志，扩大了矿床储量，使目前有经济价值的铍矿物增至五种[227]。探测微生物-矿物作用前后界面物种的组成和物态的变化，直接分析浸矿过程，结合透射电镜、扫描电镜、扫描隧道显微镜、原子力显微镜等，原位观测微生物-矿物作用过程中界面形貌、结构特征，探索界面结构特征与微生物-矿物作用的内在联系，为微生物-矿物多相界面相互作用理论研究提供最直接的微观实验数据，推进相关理论研究的深层次发展，从而揭示生物有机体调控或代谢产物诱导矿物氧化分解的本质[228]。通过基因组学及蛋白质组学技术，对硫氧化系统中功能基因及主要蛋白质进行分析，揭示微生物浸矿体系细胞与矿物表面间的物质和能量传输规律，并最终建立硫化矿生物浸出化学-生物学机制。

通过对尾矿和冶金渣等工业固体废弃物进行工艺矿物学分析[229~232]，并利用各种矿物加工和冶金方法进行探索，寻求资源回收的可能，在尽可能回收的前提下，对固体尾矿和冶金渣进行材料深加工，不仅实现固体废弃物的综合治理，并且实现经济上的增值。例如香花岭地区尾矿综合利用研究、铝土矿选矿尾砂综合利用、钨矿尾砂工艺矿物学研究、梅山钢渣处理制酸污水及钢渣后续利用研究（钢渣工艺矿物学部分）和宝钢含锌尘泥工艺矿物学研究等。

将矿物的晶体化学、矿物物理学、量子矿物学与工艺矿物学紧密结合，使这门应用学科不仅在选、冶、加工工艺等为提取其中某种有用元素发挥作用，而且为促进新兴矿物材料和技术的发展提供强大的理论基础。例如，通过锑对氧化锡掺杂优化实现重晶石基导电粉末的性能调控，导电性能增强 2 ~ 3 倍，矿物基体附加值提升 10 倍[233]。

矿物学研究的每一个阶段都以新技术和新理论的引导为标志。工艺矿物学的研究更是如此。QEMSCAN（Quantitative Evaluation of Mineralsby Scanning Electronic Microscopy）系统由 X 射线能谱确定矿物的成分，由背散射电子像区分矿物相。矿物的自动识别由其软件中的 SIP（Species Identification Program）完成，它为一个矿物能谱成分数据库，能谱分析数据与此数据库中数据比对，从而识别矿物。QEMCSCAN 可自动测定解离度、矿物嵌布粒度、矿物相对含量等工艺矿物学参数，同时可编程得到研究者感兴趣的参数。

MLA（mineral liberation analyser）矿物自动检测系统是目前世界上最先进的工艺矿物学参数自动定量分析测试系统，由澳大利亚昆士兰大学 JK 矿物学研究中心（JKMRC）开发研制[234]。MLA 矿物自动检测系统由 FEI Quanta200 扫描电镜、EDAX 射线能谱议和 MLA Suite 软件构成，它利用背散射电子图像区分矿相和微区 X 射线衍射技术进行多点分析，对扫描电镜的工作距离进行了优化，使所得到的背散射像更加清晰，增加了矿物签定的准确性。MLA 系统能快速、准确地测定样品中的矿物组成及含量、元素赋存状态、产品磨矿粒度分布等工艺矿物学数据，可以实现对选矿厂工艺流程合理性的快速评估，为企业改进生产工艺、提高资源回收率提供技术依据。目前，国内外很多大型厂矿、研究院和大学装备了 MLA。

工艺矿物学参数自动测定系统的出现，是工艺矿物学领域所取得的最大成就。这些系统的出现不仅使解离度测定实现了自动化，也使解离度测定的准确性和可重现性得到了很大提高。

深入的基础理论研究与先进测试手段的应用是工艺矿物学发展的基础，因此应加强基础理论的研究和先进测试手段的应用。与此同时，进一步促进工艺矿物学研究与地质勘探、采矿、选矿、冶金以及材料加工等生产工艺更大程度地融合，保证矿物资源的高效利用。建立高效的数字化 QEMSCAN 和 MLA 系统，快速准确地获得工艺矿物学参数，建立数学模型为生产工艺流程服务。

参考文献

[1] 王淀佐，邱冠周，胡岳华．资源加工学[M]．北京：科学出版社，2005.

[2] 罗秀建．采用高效节能超细破碎设备，优化选厂破碎工艺流程[C]//中国有色金属学会．2011 中国矿产资源综合利用与循环经济发展论坛．赣州，2011：38-42.

[3] 赵昱东．金属矿山破碎和磨矿设备的进展[J]．矿业快报，2008，24(12)：23-26.

[4] 孙永宁，葛继，关航健．现代破碎理论与国内破碎设备的发展[J]．江苏冶金，2007，35(5)：5-8.

[5] 吕超刘，王世明．计算机辅助破碎设备先进设计发展现状与趋势[J]．中南大学学报（自然科学版），2013，44(增刊)：323-326.

[6] 伏雪峰．现代 C 系列颚式破碎机的结构与性能[J]．矿山机械，2008，36(15)：91-94.

[7] 王森．现代破碎理论与国内破碎机的发展[J]．新疆有色金属，2008(8)：106-108.

[8] 郎世平．颚式破碎机的转速和生产率[J]．砾石，2010（6）：69-71.

[9] 郎世平．新型颚式破碎机设计与工业试验[J]．金属矿山，2011(增刊)：425-426.

[10] 罗红萍，母福生．双腔颚式破碎机运动学特性研究[J]．矿山机械，2006，34(1)：30-31.

[11] 刘全军，姜美光．碎矿与磨矿技术发展及现状[J]．云南冶金，2012，41(5)：21-28.

[12] 赵亮培．颚式破碎机的液压过载保护研究[J]．液压与气动，2008（1）：48-50.

[13] 张会改，姚强，李卫．矿山主要机械表面的磨损与防护[J]．技术与市场，2013，20(9)：120.

[14] 邓利民．复杂颚式破碎机的结构改进[J]．科学之友，2011(13)：9-10.

[15] 吴建明．国际粉碎工程领域的新进展[J]．有色设备，2007(1)：4-7.

[16] 丁瑞芳．大型露天矿开采及破碎装备的发展[J]．矿山机械，2012，40(6)：1-3.

[17] 郎世平．旋回破碎机现状及发展趋势[J]．矿业装备，2012(5)：48-51.

[18] 罗主平，刘建华．高压辊磨机在我国金属矿山的应用与前景展望（一）[J]．现代矿业，2009(2)：33-37.

[19] 吴建明，袁树礼，周宏喜，等．粉碎技术进展[J]．有色金属（选矿部分），2013(增刊)：1-11.

[20] 王绍平．近年来我国选矿技术发展回顾[J]．现代矿业，2010(6)：101-102.

[21] 苏兴国，王长艳．Sandvik 与 Nordbeg 圆锥破碎机的应用实践[J]．金属矿山，2009(7)：84-85.

[22] 唐威．惯性圆锥破碎机的研究与发展[J]．世界有色金属，2006(2)：22-25.

[23] 周惠文，唐威．惯性圆锥破碎机在金属矿山的研究应用[J]．有色金属（选矿部分），2006(4)：25-27.

[24] 潘永泰，路迈西王，亓愈，等. 煤用破碎设备的现状与评价[J]. 选煤技术，2006(5):57-60.
[25] 潘永泰. 国内外大型分级破碎机应用现状与技术异同[J]. 选煤技术，2009(4):31-34.
[26] 晏宏，刘鸿滨. YKR/ZRK 型振动筛：中国，CN202845301U[P/OL]. 2013-08-16.
[27] 沈大金，汪其根. 用于振动筛的筛网支撑装置：中国，CN202006172U[P/OL]. 2011-10-12.
[28] 李锁柱，何德生，傅宏亮，等. 选煤用弧形筛筛网：中国，CN202621457U[P/OL]. 2012-12-26.
[29] 徐文彬，李素妍. 弹性转杆筛板：中国，CN201815476U[P/OL]. 2011-05-04.
[30] 程培俊. 一种选煤机用复合橡塑振动筛板：中国，CN103331259A[P/OL]. 2013-07-03.
[31] 徐文彬. 浮动筛面振动筛：中国，CN202199499U[P/OL]. 2012-04-25.
[32] 徐文彬. 筛面二次振动大型振动筛：中国，CN201768687U[P/OL]. 2011-03-23.
[33] 徐文彬. 可张紧式线性筛板：中国，CN102284422A[P/OL]. 2011-12-21.
[34] 彭友合. 一种梳齿形阶梯振动筛：中国，CN203030501U[P/OL]. 2012-07-03.
[35] 徐文彬. 振幅递加式椭圆香蕉筛：中国，ZL200820138456. 4[P/OL]. 2008-09-02.
[36] 徐文彬. 大抛射强度振动筛：中国，2013102398038A[P/OL]. 2013-06-18.
[37] 李素妍，徐文彬. 一种螺旋轨迹振动筛：中国，CN101690930A[P/OL]. 2010-04-07.
[38] 徐文彬. 一种球形轨迹振动筛：中国，CN201500643U[P/OL]. 2010-06-09.
[39] 杨永柱. 变运动轨迹复合振网筛：中国，CN201565417U[P/OL]. 2010-09-01.
[40] 黄涛，杨永柱. 变频率振动筛：中国，CN201940360U[P/OL]. 2011-08-24.
[41] 侯勇俊，方潘. 一种双频振动筛：中国，CN202316288U[P/OL]. 2012-07-11.
[42] 杨永柱. 带有强迫同步的自同步圆或椭圆振动筛：中国，CN102284416A[P/OL]. 2011-12-21.
[43] 王海生. 大型多层椭圆轨迹等厚振动筛：中国，CN201692933U[P/OL]. 2011-01-05.
[44] 郭金生. 多线击打高频振网筛：中国，CN2010202252752U[P/OL]. 2010-06-11.
[45] 徐文彬. 高频平动细筛：中国，ZL200820134346. 9[P/OL]. 2009-11-04.
[46] 王琦玮，孙海军. 高频振网筛：中国，ZL200820007462. 6[P/OL]. 2008-12-03.
[47] 彭友合. 特大型高频振动筛：中国，CN202860825U[P/OL]. 2013-04-10.
[48] 朱兴良. 一种寄生式节能振动筛：中国，CN202845308U[P/OL]. 2013-04-03.
[49] 张恩林，李光明，郑永成，等. 亚共振双质体节能振动筛：中国，CN102744203A[P/OL]. 2012-10-24.
[50] Xiao J，Tong X. Characteristics and efficiency of a new vibrating screen with a swing trace[J]. Particuology，2013，11(5)：601-606.
[51] 黄涛，于运波，杨继伟. 智能防堵孔振动筛：中国，CN102225392A[P/OL]. 2011-10-26.
[52] Antila K，Heman H，Peltonen M. Method for controlling a screening machine and a screening machine[J/OL]. Google Patents，2011.
[53] 王海生. 大型弛张筛：中国，CN201728190U[P/OL]. 2011-02-02.
[54] Walton O，Dreyer C，Riedel E. Centrifugal Size-Separation Sieve for Granular Materials，2012.
[55] 邓永椿，陈洋辉. 带晒分段的筛洗圆筒及圆筒筛洗机：中国，CN202343432U[P/OL]. 2012-07-25.
[56] 高洪铁，施荣，宋宇. 可调节间隙的辊式筛分机：中国，CN2011204151746[P/OL]. 2011-02-07.
[57] 佚名. 破碎设备——建筑垃圾的终结者[J]. 建筑机械，2012(14):74-80.
[58] 张乐元，王博，张伟. 山东金岭铁矿筛分系统优化改造[J]. 现代矿业，2010(2):121-122.
[59] 宋春丽，任向军，王治方. 某金矿原矿预先筛分改造[J]. 昆明理工大学学报（自然科学版），2013，38(专辑):1-3.
[60] 温贵，刘亚峰，樊学豹. 白云鄂博主东矿选厂破碎工艺研究[J]. 包钢科技，2009，35(增刊)：37-40.
[61] 王保强，潘永泰，亓愈，等. 分级破碎技术节能设计方法[J]. 选煤技术，2011(2):27-29.
[62] 宋亮，潘永泰，滕海燕. SSC1000 分级破碎机在王家塔选煤厂的应用[J]. 选煤技术，2012(3):43-45.
[63] 姚让彪，谢庆华，王夏来，等. 龙头山金矿破碎工艺流程改造及设备选型实践[J]. 黄金，2014，35(2)：54-56.
[64] 韩基祥，吴小同. 高压辊磨机在矿石选矿破碎中的应用[J]. 中国矿业，2010，19(增刊):341-344.
[65] 秦恒浩，宋晓刚. 高压辊磨机给料系统的改造与应用[J]. 矿山机械，2011，39(8)：156-157.
[66] 王军，刘亚峰，李富田. 高压辊磨机在选矿流程中的作用[J]. 包钢科技，2008，34(增刊)：43-45.
[67] 韩基样，吴小同. 高压辊磨机在矿石选矿破碎中的应用[J]. 中国矿业，2010，19(增刊)：341-344.
[68] 冯其明，卢毅屏，欧乐明，等. 铝土矿的选矿实践[J]. 金属矿山，2008，338(10)：1-4.
[69] 王翠花，支永勋，李学忠. 选择性磨矿在萤石矿选矿工艺中的应用[J]. 化工矿物与加工，2013(6)：37-39.
[70] 窦洪伟，魏盛甲. 锡铁山铅锌矿选矿技术进展评述[J]. 金属矿山，2005，345(3)：31-33.
[71] 屠建春，瞿仁静. 闭路磨矿工艺在富瑞化工的成功应用[J]. 云南冶金，2009，38(3)：21-23.

[72] 冯金敏，毕凤琳，冯玉华，等．氰化细磨工艺研究与应用[J]．矿业工程，2011，9(3)：35-37.
[73] 刘世旭，潘继芬．一段磨矿与两段磨矿的对比研究[J]．矿冶，2013，22(2)：52-54.
[74] 鲁培兴，浅谈球磨机在金川选矿厂的应用现状和发展趋势[J]．矿山机械，2012，40(4)：1-4.
[75] 黄易柳，柿竹园多金属矿 1000t/d 选厂选矿工艺设计与实践[J]．湖南有色金属，2000，16(6)：9-12.
[76] 陆朝波，朱文涛，原矿锡品位波动对车河选矿厂影响及应对措施[J]．有色金属（选矿部分），2014(4)：44-47.
[77] 刘运财，邬顺科，张康生．凡口铅锌矿近十年选矿技术进展[J]．矿冶工程，2007，27(4)：39-41.
[78] 刘洪均，孙春宝，赵留成，等．乌努格吐山铜钼矿选矿工艺[J]．金属矿山，2012，436(10)：82-85.
[79] 兰希雄，李品福，何庆浪．都龙锌锡多金属矿再磨工艺的研究及应用[J]．有色金属（选矿部分），2012(5)：28-31.
[80] 徐忠敏，沈述保，李学强，等．氰化磨矿浸出工艺优化试验研究[J]．黄金科学技术，2013，21(5)：140-144.
[81] 黄红军，江锋，孙伟．转炉渣中铜的阶段磨矿——阶段回收新工艺研究[J]．矿业研究与开发，2013，33(3)：36-39.
[82] 彭会清，胡海祥，李骥，等．浮选中矿选择性分级再磨工艺机理研究[J]．矿业研究与开发，2010(5)：29-34.
[83] 姜振胜，余俊，安平．中矿再磨提高低品位胶磷矿选矿回收率试验研究[J]．化工矿物与加工，2013（10)：4-6.
[84] 陈明学．齐大山铁矿阶段磨选工艺发展及改进探讨[J]．现代矿业，2011，505(5)：100-101.
[85] 李爱军．锂辉石尾矿再选再磨工艺流程改造[J]．新疆有色金属，2013(增刊 2)：111-112.
[86] 云硫尾矿再选技改项目试生产[J]．化工矿物与加工，2013(4)：49.
[87] 贾增良，谭玉林，王训艳，等．湿式自磨机与水力旋流器闭路流程实践[J]．矿山机械，2006，36(1)：28-29.
[88] SAG 2006，Vancouver，Canada：Department of Mining Engineering University of British Columbia，2006.
[89] 李长根，2006 年国际自磨/半自磨会议论文集题录[J]．国外金属矿选矿，2007(2)：41-42.
[90] SAG 2011，Vancouver，Canada：Department of Mining Engineering University of British Columbia，2011.
[91] Callow M I，Moon A G. Types and Characteristics of Grinding Equipment and Circuit Flowsheets[C]. A LMular，D N Halbe，D J Barratt. Minerl Processing Plant Design，Practice，and Control Proceedings. Vancouver：SME，2002：698-709.
[92] 艾满乾，李电辉，付文姜．半自磨工艺应用实践[J]．黄金，2012，33(8)：43-45.
[93] 邓禾淼，冬瓜山铜矿提高半自磨机处理能力的生产实践[J]．有色金属（选矿部分)，2010(4)：36-38.
[94] 张光烈，我国自磨/半自磨技术新进展[J]．矿业装备，2011(3)：46-53.
[95] 曾野，云南大红山铁矿 400 万 t/a 选矿厂半自磨系统设计[J]．工程建设，2013，45(3)：41-46.
[96] 杨世亮，杨保东，李隆德，等．SABC 工艺在国内生产实践中的探索[J]．黄金，2013，34(3)：53-57.
[97] 洪建华．2.25 万 t/d SABC 工艺在德兴铜矿的应用[J]．有色金属（选矿部分)，2011(增刊 1)：124-126.
[98] 王万芳，扎贵云，韩强．五龙沟选矿厂碎磨工艺改造应用[J]．青海国土经略，2012(5)：80-81.
[99] 杨征和，张萌，袁亦扬．云南金鼎 3000t/d 锌矿 SABC 流程及设备选型分析[J]．矿业机械，2013，41(12)：1-4.
[100] 张永龙，王虔虔，吴国强．“大辊压机小球磨机”水泥联合粉磨系统的实践[J]．节能环保，2013(11)：61-63.
[101] 温平．ϕ4.8m×9.5m 球磨机与辊压机联合水泥粉磨系统的改造[J]．中国水泥，2014(1)：82-84.
[102] 赵昱东．高压辊磨机在国内外金属矿山的应用现状和发展前景[J]．矿业机械，2011，39(11)：65-68.
[103] 罗主平，刘建华．高压辊磨机在我国金属矿山的应用与前景展望（一）[J]．现代矿业，2009，478(2)：33-37.
[104] 中铝河南分公司氧化铝厂利用水泥工业高压辊磨机破碎高铝矿石[J]．有色设备，2013(6)：23.
[105] Vanderbeek J L，et al. HPGR implementation at Cerro Verde[C]. SAG2006，Ⅱ-45.
[106] 美卓公司官网，http：//www. metso. com.
[107] 中信重工集团有限公司官网，http：//www. citichmc. com.
[108] 北方重工集团有限公司官网，http：//www. china-sz. com.
[109] Markstrom S. Commissioning and operation of the SAG mills at the aitik expansion project[C]//SAG 2011. Vancouver，Canada：Department of Mining Engineering University of British Columbia，2011：62.
[110] 俞章法．粉磨设备大型化是必然的发展趋势[J]．矿山机械，2009(13)：79-82.
[111] Paul Diaz P，Jimenez M. Laguna Seca throughput increase since start up[C]//SAG 2006，Ⅰ-27.
[112] 吴建明．粉碎设备大型化的现状和发展特点[J]．矿业装备，2012(12)：40-45.
[113] 胡瑞彪，黄光洪，陈典助，等．有色金属大型高效选矿设备的发展与应用[J]．湖南有色金属，2011，27(1)：52-56.
[114] 杨松荣．半自磨（自磨）工艺的选择及应用[J]．有色金属（选矿部分)，2013(增刊)：41-49.
[115] 合肥水泥研究设计院肥西节能设备厂官网，http：//www. gunyaji. com.
[116] 包永明，马斌．滚动轴承球磨机在某选矿厂的应用[J]．现代矿业，2011，509(9)：109-110.
[117] 吴志强，袁锋．大型节能球磨机中心传动系统的设计[J]．矿山机械，2011，39(12)：78-79.
[118] 高宇宏．球磨机新型传动机构的设计[J]．装备机械，2009(3)：48-52.
[119] 傅俊．筒辊磨预粉磨系统的应用[J]．中国水泥，2004(7)：41-42.

[120] 赵绪平，姚长盛，朱丹．筒辊磨的开发与研究[J]．机床与液压，2008，36(10)：257-259.

[121] 尚焕成．浅谈球磨机磁性衬板的研究及应用[J]．铜业工程，2010，104(2)：70-73.

[122] 李固成，屈青山，韩书臣，等．高铬铸铁衬板在特大型球磨机上的国产化应用[J]．中国铸造装备与技术，2008(1):32-34.

[123] 许兴军，徐胜．大直径锻造矿用耐磨钢球的研制[J]．金属热处理，2013，38(1)：47-49.

[124] 许兴军．高碳铬 GCr15 高耐磨性磨球的开发[J]．现代冶金，2012(2)：27-29.

[125] 王鹏．选矿磨矿介质生产研究应用的思考[J]．金属矿山，2010，403(1)：132-134.

[126] 顾世双．核子皮带秤和电子皮带秤的比较[J]．衡器，2011，40(6)：49-54.

[127] 赖镜文．基于核子秤计量的磨矿自动给矿系统改造实践[J]．黄金，2012，33(4)：34-38.

[128] 曾云南．现代选矿过程粒度在线分析仪的研究进展[J]．有色设备，2008(4)：5-10.

[129] 德国新帕泰克有限公司官网，http：//www. sympatec. net. cn.

[130] 汤健，赵立杰，岳恒，等．磨机负荷检测方法研究综述[J]．控制工程，2010(9):565-570.

[131] 冯立琴，徐应军．磨矿分级过程的自动控制[J]．甘肃冶金，2012，34(6)：123-126.

[132] 俞国庆，王文田，苏宁．PLC 控制系统在磨矿分级中的应用[J]．中国矿山工程，2007，36(2)：9-11.

[133] 杨志刚，张杰，李艳姣．磨矿过程综合自动化系统[J]．河北联合大学学报，2014，36(1)：66-70.

[134] 董飞，陈夕松，金郑华．一种实用的磨矿多模型预测控制策略研究[J]．工业控制计算机，2008(2):16-17.

[135] Stephen Morrell Design of AG/SAG mill circuits using the SMC test[C]//SAG2006，Ⅳ-279.

[136] Andre Meken, et al. Digging into a large testing database[C]//SAG2006，Ⅳ-331.

[137] 刘洪均，王彪，赵留成，等．自磨机/半自磨机功耗测试技术及其应用[J]．有色金属（选矿部分），2013(2)：40-43.

[138] 关雅梅，刘万年．自磨半自磨磨机的参数确定[J]．中国矿业，2008，17(3)：47-50.

[139] 姬建钢，潘劲军，董节功，等．功耗法在半自磨机选型中的应用[J]．矿山机械，2013，41(2)：83-86.

[140] 侯英，丁亚卓，印万忠，等．磨矿动力学参数对磨矿速度的影响[J]．东北大学学报（自然科学版），2013，34(5)：708-711.

[141] 尹海，庄故章，王春梅．转速率对磨矿细度的影响[J]．矿冶，2013，22(1)：30-32.

[142] 董为民，文书明，刘道玉，等．超临速球磨机磨矿介质运动学规律研究[J]．有色金属（选矿部分），2006(2)：33-35.

[143] 袁东，董为民，任海．磨矿效果回归模型的试验性研究[J]．新技术新工艺，2012(9)：40-42.

[144] 万小金，杜建明．选矿物料分级技术与设备的研究进展[J]．云南冶金，2012，40(6)：13-19.

[145] 刘曙，万选志，黄向阳．水力旋流器在程潮选厂一段磨矿分级系统的工业试验[J]．现代矿业，2011，510(10)：93-95.

[146] 杨海波，王德明，孙玉伟，等．新型旋流器在鲁南矿业磨矿分级中的应用[J]．现代矿业，2010，490(2)：125-126.

[147] 王永刚．一次分级由双螺旋分级机改为旋流器的效果分析[J]．金属矿山，2003，321(3)：20-22.

[148] 于涛．一段闭路磨矿分级旋流器和分级机的工业实践[J]．矿业快报，2006，444(6)：312-313.

[149] 李淑艳．浅析南芬选矿厂水力旋流器替代螺旋分级机的应用实践[J]．本钢技术，2009(6)：20-22.

[150] 张振平，高永生，郭忠田，等．大直径旋流器在三山岛金矿磨矿分级中的应用[J]．现代矿业，2009，487(11)：110-111.

[151] 钟君．GPS1410-3 高频振动细筛在攀西某钒钛磁铁矿流程改造中的应用[J]．现代矿业，2012，521(9)：101-104.

[152] 曹青少，周弘强．MVS 高频振网筛在首钢矿业的试验与应用[J]．金属矿山，2006，336(12)：78-79.

[153] 王旭伟，王素玲．MVS 电磁高频振动细筛在酒钢选矿厂的试验研究[J]．矿业工程，2006，4(1)：29-30.

[154] 朱国庆，常慕远，王奉水．MVS 高频筛在连木沁选厂应用实践[J]．现代矿业，2013，527(3)：128-138.

[155] 赵平，常学勇，彭团儿，等．高频振动细筛在钼钨选矿中的应用[J]．现代矿业，2012，513(1)：101-103.

[156] 周忠堂．德瑞克重叠式高频振动细筛在云锡大屯氧化锡矿中的运用[J]．四川有色金属，2009(10):33-36.

[157] 王连生，徐建红．德瑞克高频振动细筛在尖山铁矿增产增效工艺改造中的应用[J]．金属矿山，2006(增刊)：340-343.

[158] 郭晗曙．DERRICK 高频细筛在峨口铁矿选矿生产中的应用与实践[J]．中国矿业，2009，18(增刊)：291-294.

[159] 刘维廉，满遂邦，何辉．高频细筛在普昌钒钛磁铁矿选厂的应用[J]．现代矿业，2011(2)：100-101.

[160] Rokach L. Taxonomy for characterizing ensemble methods in classification tasks：A review and annotated bibliography[J]. Comput. Stat. Data Anal. 2009，53(12)：4046-4072.

[161] 威海市海王旋流器有限公司官网，http：//www. wh-hw. com.

[162] 袁纳，陈强，李航．小口径水力旋流器在高岭土选矿中的应用[J]．中国非金属矿工业导刊，2006，58(6)：37-39.
[163] 陆凯科技官网，http：//www. lk-t. com. cn.
[164] 美国德瑞克（Derrick）公司官网：http：//www. derrickcorp. com.
[165] 翟晓巍，任立军．螺旋分级机小叶片用耐磨铸铁的研究[J]．冶金设备，2007(特刊):6-8.
[166] 邓舒惟．选矿设备螺旋分级机螺旋小叶片改造[J]．广东化工，2013，40(16)：170，192.
[167] 长沙矿冶研究院矿冶装备公司官网，http：//www. chinakyzb. com.
[168] 湖北鑫鹰环保科技有限公司官网，http：//www. xinyingtec. com.
[169] 李金，刘伟．HGZS叠层高频振动细筛应用试验[C]//山东金属学会，2012：528-531.
[170] 于庆强．水力旋流器在一段磨矿分级作业中的应用[C]//新疆有色金属，2011(2):51-52.
[171] 赵静，李世厚，赵国荣．水力旋流器自动控制系统的研究[J]．矿山机械，2006，34(4)：68-70.
[172] 刘维生．电磁振动高频振网筛数字控制系统[J]．金属矿山，2010，407(5)：131-132.
[173] 冯成建．新型高效率螺旋分级机的研制及生产实践[J]．矿产综合利用，2007(5)：43-47.
[174] 王祥，周兴龙，张晓明．螺旋分级机溢流排矿方式的改进[J]．金属矿山，2011(4)：123-125.
[175] 陈家栋，黄云平，富文彬，等．斜窄流螺旋分级机的研制与工业试验[J]．金属矿山，2007(10)：101-103.
[176] 卢其宜，赵阳．固连式螺旋分级机[J]．矿山机械，2007，34(1)：147.
[177] 刘培坤，王磊，王德明，等．新型离心蜗壳预分级旋流器在磨矿分级中的应用[J]．中国矿业，2009，18(增刊7)：410-414.
[178] 刘恒柏，周於成，朱江．新型旋流器在磨矿分级回路中的应用[J]．有色金属（选矿部分），2011(4):55-57.
[179] 美国克瑞伯斯（Krebs）公司官网，http：//www. flsmidth. com.
[180] 李红文，赵言勤．DXFDZS1014复振高频细筛在歪头山铁矿马选工艺改造中的应用[J]．矿冶工程，2011，31(4)：66-68.
[181] 张云生，陈常州，湛含辉．高效二次流分级筛在城郊选煤厂的工业性试验[J]．选煤技术，2009(6):13-15.
[182] 刘军霞，阳春华，王雅琳．螺旋分级过程数学模型研究及应用[J]．计算机工程与应用，2010，46(4)：230-232.
[183] 赵立新，朱宝军．不同湍流模型在旋流器数值模拟中的应用[J]．石油机械，2008，36(5)：56-60.
[184] 蒋明虎，刘道友，赵立新，等．锥角对水力旋流器压力场和速度场的影响[J]．化工机械，2011，38(5)：572-576.
[185] 黄伟生，谢家文，邓海波．旋流器结构参数对白钨浮选给矿分级的影响[J]．中国钨业，2013，28(6)：17-20.
[186] 高明炜，李长根，崔洪山．细磨和超细磨工艺的最新进展[C]//第23届国际矿物加工大会．土耳其：伊斯坦布尔，2006.
[187] 胡岳华，冯其明．矿物资源加工技术与设备[M]．北京：科学出版社，2006：496-497.
[188] 余永富，余侃萍，陈雯．国外部分选矿厂介绍及细粒级磨机的应用对比[J]．矿冶工程，2011，31(5)：26-31.
[189] 张国旺，肖骁，李自强，等．大型立式螺旋搅拌磨机在金属矿山选矿中的应用[C]//第九届中国钢铁年会论文集，2013：1-8.
[190] 张国旺，肖骁，肖守孝，等．搅拌磨在难处理金属矿细磨中的应用[J]．金属矿山，2010(12):86-89.
[191] 张国旺，李自强，李晓东，等．立式螺旋搅拌磨矿机在铁精矿再磨中的应用[J]．金属矿山，2008(5)：93-95.
[192] 张国旺，杨剑波，石德俊，等．立式螺旋搅拌磨矿机的研制及其在钼矿再磨擦洗作业中的应用[J]．有色金属（选矿部分）,2009(1)：23-27.
[193] 王漪靖，俞国庆．立式螺旋搅拌磨机在钼精选泡沫擦洗中的应用[J]．矿冶工程，2011，31(2)：57-60.
[194] 郭灵敏．德兴铜矿JM-260型立式搅拌磨机粗精矿细磨试验研究[J]．矿山机械，2011，39(4)：77-80.
[195] 卢世杰，周宏喜，何建成，等．KLM型立式螺旋搅拌磨机的研究与应用[J]．有色金属工程，2014，4(2)：69-72.
[196] 张洪建．塔磨机在铁精矿细磨中的应用[J]．有色金属设计，2012，39(4)：7-9.
[197] 王薛芬．从Karara磁铁矿项目设计看细磨设备的发展[J]．现代矿业，2009，484(8)：50-52.
[198] 尹启华．大型铜矿山发展趋势[J]．有色金属（选矿部分），2007(6)：46-49.
[199] Anonymous. IsaMill-Jameson Cell Circuits Offer Quick Flotation with Less Contamination[J]. Engineering and Mining Journal, 2006(4)：64-69.
[200] Peasel J, Anderson G, Curry D, et al. Autogenous and Inert Milling Using the Isa Mill[A]. Proceedings of Fourth International Autogenous and Semiautogenous Grinding Technology 2006 (Vol. 2)[C]. Vancouver, Canada, 2006：230-244.
[201] Rule C, de Waal H. IsaMillTM Design Improvements and Operational Performance at Anglo Platinum[C]//Met-Plant, 2011, Perth. Western Australia.
[202] Celep O, Yazici E Y. Ultra fine grinding of silver plant tailings of refractory ore using vertical stirred media mill[J]. Transactions of Nonferrous Metals Society of China, 2013(23)：3412-3420.

[203] 长沙矿冶研究院矿冶装备公司官网，http：//www. chinakyzb. com.

[204] 北京矿冶研究总院官网，http：//www. bgrimm-mat. com.

[205] 张国旺，赵湘，肖骁，等. 大型立磨机研发及其在金属矿山选矿中的应用[J]. 有色金属（选矿部分），2013(增刊):191-205.

[206] 吴建明，曹永新. GJ5 ×2 大型双槽高强度搅拌磨机的开发与应用[J]. 有色金属（选矿部分），2009(3):46-51.

[207] 袁树礼，吴建明，杨俊平，等. 大型单槽高强度搅拌磨机的研制及在石墨行业的应用[J]. 中国非金属矿工业导刊，2013(2):37-39.

[208] 赵国锋，王新文，胡章胜，等. 新型卧式超细搅拌磨机的结构原理研究与中试应用[J]. 矿山机械，2011，39(2)：82-85.

[209] 徐宏彤，邱益，程琴. 新型锥摆式搅拌细磨机的研制[J]. 机械研究与应用，2007，20(1)：84-85.

[210] Isamill 公司官网，http：//www. isamill. com.

[211] 美卓公司官网，http：//www. metso. com.

[212] 崔瑞，李茂林，王光辉，等. 国内外矿用搅拌磨的应用及研究现状[J]. 矿山机械，2012，40(12)：4-10.

[213] 张国旺. 超细搅拌磨机的流场模拟和应用研究[D]. 长沙：中南大学，2005.

[214] Xiao Xiao，Guowang Zhang，Qiming Feng，et al. The liberation effect of magnetite fine ground by vertical stirred mill and ball mill[J]. Minerals Engineering，2012(34)：63-69.

[215] 张仁丙，李茂林，郑霞玉，等. 基于磨矿动力学的 GN8 磨机超细磨矿能耗研究[J]. 中国矿业，2013，22(11)：116-118.

[216] 郝静如，米洁，黄小龙. 鼠笼式搅拌磨机性能研究及参数优化[J]. 机械设计与研究，2004，20(6)：67-70.

[217] Hinde A L，Kalala J T. The application of a simplified approach to modelling tumbling mills，stirred media mills and HPGR’s[J]. Minerals Engineering，2009(22)：633-641.

[218] Ye X，Gredelj S，Skinner W，et al. Evidence for surface cleaning of sulphide minerals by attritioning in stirred mills[J]. Minerals Engineering，2010(23)：937-944.

[219] Matt Sinnott，Paul W Cleary，Rob Morrison. Analysis of stirred mill performance using DEM simulation：Part 1-Media motion，energy consumption and collisional environment[J]. Minerals Engineering，2006(19)：1537-1550.

[220] Paul W Cleary，Matt Sinnott，Rob Morrison. Analysis of stirred mill performance using DEM simulation：Part 2- Coherent flow structures，liner stress and wear，mixing and transport[J]. Minerals Engineering，2006(19)：1551-1572.

[221] Alex Jankovic，Steve Sinclair. The shape of product size distributions in stirred mills[J]. Minerals Engineering，2006(19)：1528-1536.

[222] Jayasundara C T，Yang R Y，Yu A B，et al. Discrete particle simulation of particle flow in IsaMill-Effect of grinding medium properties[J]. Chemical Engineering Journal，2008(135)：103-112.

[223] Matthew D Sinnott，Paul W Cleary. Is media shape important for grinding performance in stirred Mill[J]. Minerals Engineering，2011(24)：138-151.

[224] 彭明生，刘晓文，刘羽，等. 工艺矿物学近十年的主要进展[J]. 矿物岩石地球化学通报，2012，31(3)：210-217.

[225] Hu Y H，Sun W，Liu W L. Interfacial chemistry in flotation of diasporic bauxite[C]// XXV International Mineral Processing Congress(1). Carlton South：Australasian Institute of Mining and Metallurgy，2010：2-18.

[226] Gao Z Y，Sun W，Hu Y H，et al. Anisotropic Surface Broken Bond Properties and Wettability of Calcite and Fluorite Crystal [J]. Transactions of Nonferrous Metals Society of China，2012，22(5)：1203-1208.

[227] 刘晓文，毛小西，刘庄，等. 羟硅铍石型铍矿的工艺矿物学研究[J]. 矿物学报，2010，30(SI)：61-63.

[228] 罗焱杰，张成桂，刘元东，等. 氧化亚铁硫杆菌中铜代谢相关两个基因的差异[J]. 生物技术，2009，19(2)：9-11.

[229] 白俊智，林国梁，邓宇扬，等. 从尾矿中回收利用矿物材料的可行性研究[J]. 矿物学报，2010，30(SI)：67-68.

[230] 孟宇群，胡志刚，代淑娟，等. 微细粒浸染包裹含砷金矿石金的回收[J]. 有色金属（选矿部分），2006，5：17-19.

[231] 唐朝军，董发勤，代群威，等. 嗜酸氧化硫硫杆菌对中低品位磷矿的浸磷效率研究[J]. 矿物学报，2011，31(2)：280-283.

[232] 张伟，董发勤，代群威. 微生物富集铀[J]. 铀矿冶，2005，24(4)：198-202.

[233] Hu Y H，Zhang H H，Yang H M. Synthesis and Electrical Property of Antimony-doped Tin Oxide Powders with Barite Matrix [J]. Journal of Alloys and Compounds，2008，453：292-297.

[234] MLA systems[EB/OL]. Julius Kruttschnitt Mineral Research Centre，http：//www. jkmrc. uq. edu. au/

第 2 章　物理分选

物理分选法是人类出于生活和生产的需要，开始对矿物进行加工处理时，最早使用的方法。物理分选中，由于依据物料的某一种或两种物理性质，还可分为若干不同的分选方法，主要有以下几种：

（1）重力选矿法，简称重选。它是根据不同密度（粒度、形状）的物料在分选介质（水、空气及密度大于水的介质）中，因其具有不同的运动状态，进行分选的方法。重选法广泛应用于煤炭、钨、锡、金和其他金属矿石的分选。稀有金属矿石和非金属矿石也常使用重选。

（2）磁力选矿法，简称磁选。它是利用矿物之间的磁性差别，在不均匀磁场中，使磁性不同的物料得以分离的一种选矿方法。主要用于分选强磁性及部分弱磁性矿物。如黑色金属矿石（铁矿石、锰矿石）的选别；有色和稀有金属矿石的精选；从非金属矿物原料中除去含铁杂质，以及用磁选法净化生产和生活用水等。

随着国家环保要求的提高，物理分选再次引起选矿工作者的重视，重、磁选设备和工艺方面的研究工作呈逐年增加趋势，而矿物分选难度的增大，导致同时利用物料磁性、密度差异进行综合力场装备和工艺研发成为新的研究热点。下面对其进行一一介绍。

2.1　重选工艺与装备

近年来，国内外科技工作者围绕提高重选装备分选精确度、增大处理能力及重选与其他工艺的联合使用等方面进行了大量的研究，其目的是利用重选工艺强化复杂难选细粒级高密度矿物的回收，提高精矿的品质。

2006 年至今，重选领域的科技论文发表数量整体呈现上升趋势，其中，摇床和离心选矿方面的研究（流膜选矿）是重选领域的热点，强化细粒级中高密度矿物回收、提高重选过程中的分选精确度成为主要研究内容。而在工艺方面，试验人员则越来越重视重选工艺与其他工艺，如磁选、浮选工艺的联合使用。

2.1.1　重选理论

2.1.1.1　摇床的设计与仿真

针对单层传统摇床重选效率低、占地面积大的问题，郭年琴等人[1]采用 Solidworks 三维机械设计软件设计出一种三层悬挂式摇床，并采用 ADAMS 软件对其进行了动力学仿真分析，对不同冲程、冲次条件下的摇床速度和加速度进行分析，得到了摇床运动参数与配重块之间的关系。

吴专等人[2]采用 Solidwords 软件对 LYN(S)-1100×500 摇床进行三维建模和优化设计，采用 Mastercam 软件对关键部件——床面进行数控加工设计，并在南通 V1100B 型加工中心上进行数控加工，优化设计后的新产品被全国多家选矿科研院所使用，效果良好。

2.1.1.2　离心选矿机的动力学和分选机理研究

刘祚时等人[3]以流体动力学基本方程和单流体模型为基础，对立式离心选矿机分选锥内的矿浆流膜在径向、切向和轴向进行动力学分析，通过一定的简化假设和理论计算，分别建立了流化床在径向、切向和轴向的计算模型。温雪峰等人[4]以 Falcon SB 离心分选机为例，建立了球形颗粒在离心分选机分层区和分选区的动力学方程。

2.1.1.3　跳汰机的分层及运动机理研究

韦国峰等人[5]运用位能学说等相关理论，通过动筛跳汰机床层分层剖析试验，阐述了床层松散度对动筛跳汰机分选效果的影响。韩会军等人[6]用解析法对机械动筛跳汰机的筛体进行运动学研究，利用 Matlab 求解机械动筛跳汰机筛体的运动方程。王兴宇等人[7]通过三维建模软件 Pro/Engineer 对 GDT 系列机械动筛跳汰机进行三维建模，利用 ABAQUS 软件对其进行了运动学分析。杨威等人[8]分别利用粒度和密度分布，得到不同粒度与密度组合下煤炭颗粒体积分数。魏树海等人[9]根据固体颗粒在液体中的全面受力分析，提出并论证了广义浮力是跳汰分层的根本动力和理论基础。匡亚莉等人[10]在模型跳汰实验系统上，利用高速摄像机和动态分析软件，以 100 帧/秒的速度拍摄了跳汰过程的颗粒运动图像，研究了两个密度、两个粒度颗粒在 60 余组实验条件下的运动过程，得到多组颗粒运动曲线。

2.1.1.4 国外重选理论进展

D. Boucher 等人[11]为了研究颗粒在重力分选过程中的运动规律，对实验室型螺旋溜槽分选过程中的颗粒运动进行研究，采用 PEPT（Positron Emission Particle Tracking）颗粒追踪技术对不同粒径和密度示踪颗粒的运动轨迹进行追踪，通过记录颗粒的运动轨迹及其对应的时间，确定不同粒级和密度示踪颗粒的分布情况和运动速度，PEPT 技术在颗粒运动可视化研究方面展现出强大的功能和发展潜力，能够在重力选矿研究中提供数据，实现颗粒运动的可视化。

Stephen Viduka 等人[12,13]将 CFD 和 DEM 技术相结合对跳汰过程中流体运动、颗粒分布规律等进行模拟和仿真研究，并对跳汰过程中不同密度和粒度颗粒的运动轨迹进行描述和分析。Kunihiro Hori 等人[14]为提高不同塑料颗粒的分离效率，在跳汰机上进行分选试验研究，结果表明，脉动水流的流速是影响分选效率的主要因素。Tetsuya Yamamoto 等人[15]对立式离心机中的颗粒分级行为进行研究，并对其中流体行为进行仿真分析。C. Raghu Kumar 等人[16]考察了上升水流速、给料速度和矿浆密度等对细粒级煤分级机分选效率的影响，采用数学方法对试验数据进行分析处理，并对设备的分级效率进行了评估。Jean-Sébastien Kroll-Rabotin 等人[17]为了解决 Falcon 离心机工业分选指标难预测的问题，提出通过引入连续多项式方程的方法得到鲁棒控制模型，可以实现 Falcon 离心机工业分选指标的预测。Xuesong Wang 等人[18]在不同离心力强度及冲洗水速度条件下，对流化床离心分选机流场分布进行模型的构建和仿真分析，所获得的结果与流场实际测定结果一致。M. A. Doheim 等人[19]采用欧拉方程和湍流模型对螺旋溜槽分选过程中颗粒的速度、分布率和分选效果进行仿真分析，并将预测数据和试验情况进行了比较，研究表明，RNG K-ε 湍流模型仿真结果与试验数据可以较好地吻合。K. P. Galvin 等人[20]构建了离心力倾斜板模型，考察不同离心力及倾斜板倾角情况下，颗粒的运动和分离情况。R. D. Pascoe 等人[21]基于 QEMSCAN 技术提高对重选分选效率的认识，QEMSCAN 技术可以对原矿及选矿产品的矿物学如矿物组成、颗粒尺寸和解离度等进行分析和计算，研究结果表明，这一技术可用于预测重选分选效率。Gajanan Kapure 等人[22]采用滑移速度模型对铬铁矿在流化床密度分选机（floatex density separator）中的分选行为进行仿真研究，模型预测结果与试验结果仅有 5% 左右的误差，由此可知，滑移速度模型可用于重选过程中分选行为研究和分选性能预测。

2.1.2 新型重选设备

2.1.2.1 大型离心选矿设备

王键敏等人[23]介绍了新研制的 SLon-2400 离心选矿机，该设备的主要技术参数见表 2-1。

表 2-1 SLon-2400 离心选矿机主要技术参数

转鼓直径/mm	转鼓转速/r·min^{-1}	给矿粒度/mm	给矿浓度/%	干矿处理量/t·h^{-1}
2400	105~250	-0.074 占 90%	15~40	3.5~4
电机功率/kW	冲洗水压强/MPa	气压/MPa	主机质量/t	主机外形尺寸/mm×mm×mm
22	0.4~0.6	0.4~0.6	12	3700×2300×4200

2.1.2.2 悬振锥面选矿机

杨波等人[24]介绍了一种新型矿泥选矿设备——悬振锥面选矿机。悬振锥面选矿机的原理为：行走电动机驱动主动轮带动从动轮在圆形轨道上做圆周运动，从而带动分选面做匀速圆周运动；同时，振动电动机驱动偏心锤做圆周运动，使分选面产生有规律的振动，当搅拌均匀的矿浆经矿浆补水管补水后从给矿器进入分选面粗选区时，矿浆流即呈扇形铺展开来并向周边流动，在其流动过程中流膜逐渐由厚变薄，流速也随之逐渐降低，矿粒群在自身重力和旋回振动产生的剪切斥力作用下，在分选面上适度地松散、分层，分选面的转动，以及渐开线洗涤水、精矿冲洗水的分选作用，将不同密度的矿物依次带进尾矿槽、中矿槽和精矿槽。

2.1.2.3 “重离振”选矿机

于殿宝等人[25]在综合分析重力、离心力与振动力的基础上，将这三种力进行有效组合，设计一种新型的选矿设备，对这种设备的结构特点和原理进行了论述。

“重离振”选矿机的特点：（1）直接引入了重力、离心力、振动力，同时对矿物进行选别，并且选别是连续的，设备占地面积小；（2）选别在深水层和封闭的圆锥筒中进行，基本消除部分表面紊流对细小重矿物回收的不利影响，采用了振动力选矿，矿浆中的物料得到了较好的松散，床层松散度大大提高；（3）由于分选区内离心力与振动力的同时引进，使设备在较短的时间内连续完成分选过程；解决了间断性作业问题，提高了处理能力。

2.1.2.4 回流分选机

K. P. Calvin 等人[26]介绍了一种新型重选设备逆流分选机（reflux classifier），对其分选机理及研究进展进行了介绍，并使用实验室型逆流分选机对某煤矿进行分选，研究了给矿矿浆密度和浓度对设备分选效果的影响。

2.1.3 重选工艺

为解决某锡矿石选矿厂螺旋溜槽预富集尾矿中锡金属损失率大的问题，叶雪均等人[27]采用锯齿波跳汰机代替螺旋溜槽，结果表明：对进一步提高重选预选抛尾率和降低重选预选 -0.074mm 粒级的金属损失率具有明显的效果。王美娇等人[28]主要介绍了凤凰矿业分公司选矿厂采用双室跳汰机取代螺旋溜槽选别作业，高密度细粒级矿石的试验研究以及在生产中的应用和效果。罗小苟等人[29]采用螺旋溜槽分级—磨矿相配合工艺，进行李楼镜铁矿试验研究，可以在粗磨条件下首先获得一部分精矿，提高了选矿效率。陈国庆[30]介绍了在硫化镍选矿尾矿中引入螺旋溜槽进行重选作业，可以有效地降低尾矿镍品位，提高选矿技术指标。

曾小波等人[31]采用一次粗选、一次扫选、摇床重选工艺流程，对原矿含 $SrSO_4$ 36.15% 的西南某沉积-改造型低品位锶矿进行处理，结果表明：可获得品位 $SrSO_4$ 78.15%、回收率 80.90% 的锶精矿。曾茂青等人[32]对某高含铅矾的氧化铅矿开展了单一摇床、单一螺旋溜槽、单一浮选和浮选—摇床重选四种流程的探索对比试验，确定单一摇床重选流程是较为合理的选铅工艺，原矿经摇床重选全流程选别后，可获得产率为 5.26%、含铅 42.50%、回收率为 64.43% 的铅精矿。边颖等人[33]对湖北某石煤钒矿的磨矿细度和摇床重选工艺技术参数进行了研究，在磨矿细度为 -0.074mm 占 63% 的情况下，按试验确定的工艺技术参数，采用一次粗选、一次扫选、摇床重选流程处理，可抛出产率为 12.99%、V_2O_5 品位为 0.21% 的尾矿，从而显著降低浸矿酸耗和生产成本。盖艳武等人[34]以河南某铝硅比为 3 左右的低品位铝土矿为研究对象，通过摇床分选、干扰摇床分选，对该低品位铝土矿的重选可行性进行试验研究。刘玫华等人[35]针对某锡矿品位低的特点，采用了螺旋溜槽、跳汰机和摇床三种不同的重选设备进行了抛尾试验研究。范海宝等人[36]对某铁矿分选尾矿进行了选铁试验，采用螺旋溜槽—摇床联合流程可得到品位为 38.26%、产率为 3.95% 的精矿产品。李文军等人[37]采用摇床重选工艺对含 Cr_2O_3 23.47% 的菲律宾某铬矿，进行了试验研究，最终选别指标为精矿产率 57.19%，Cr_2O_3 品位为 37.46%，回收率为 88.78%。

R. G. 理查德[38]介绍了凯尔西离心跳汰机在细粒矿物回收方面的应用，重点应用领域包括矿砂、锡矿、金矿和镍矿的分选，其他应用领域包括铁矿、贱金属矿、铬铁矿、铂族金属矿和白钨矿等。武俊杰[39]针对陕西省某金矿的矿石性质，采用尼尔森选矿机对该矿石进行了重选回收金。李华[40]用 SLon 离心选矿机对微细粒级赤铁矿进行选别效果试验研究，结果表明，SLon 离心选矿机可以大幅度提高微细粒赤铁矿的回收指标。石凤野等人[41]引进了国外先进的重选工艺设备——尼尔森选矿机替代混汞工艺，用于金滩矿业公司改扩建工程，整个工艺设计更加优化和完善，并取得了良好的经济效益和社会效益。

王灿霞[42]采用新型盘式流膜选矿机对广西凤凰山选锡尾矿进行选矿试验研究，经过一次选别可以得到品位为 1.34%、回收率为 46.97% 的锡粗精矿。秦广林[43]采用悬振锥面选矿机对广西大厂细泥锡尾矿进行工业试验研究，有效回收了尾矿中的目的矿物。甘峰睿[44]以云南大红山摇床铁尾矿为研究对象，采用悬振锥面选矿机对其处理，结果表明，该设备在细粒重选方面展现明显优势。

G. Ofori-Sarpong 等人[45]对某金矿在不同磨矿设备下进行磨矿试验，然后采用离心选矿机进行重选富集，试验研究表明，不同磨矿产品重选富集比存在一定差异。A. K. Mukherjee 等人[46]通过跳汰试验提高铁精矿的品位，探讨了不同粒度和密度的颗粒在设备中的分选行为，研究表明，影响分选效率的阶段为矿物呈流化床阶段，通过优化跳汰机上升水流的速度可以提高跳汰的分选效率。Daniel Amariei 等人[47]采用逆流分选机首次进行细粒级铁矿的回收，获得了良好的分选指标。M. Greenwood 等人[48]采用干式尼尔森离心机对含 WO_3 为 1% 的原矿进行选矿试验研究。

2.2　磁电选矿工艺与装备

我国黑色金属资源普遍具有贫、细、杂的特点，为了提高我国黑色金属矿石的利用效率，近几年来，科研工作者针对黑色金属如铁、铬、锰回收利用难点，进行了大量的理论研究、设备研制和工艺试验等科研工作，很大程度上促进了磁电选矿工艺和装备的发展。

2006 年至今，磁电选矿领域的科技论文发表数量呈逐年上升趋势，研究人员对磁选方法的运用和研究越来越重视。其中，磁选装备方向的研究是磁电选矿领域的热点，高梯度磁选方面的研究较弱磁选方向多，作为高梯度磁选设备的重要部件之一——磁介质的研究，也越来越受到重视。在磁选工艺方面，试验人员则越来越重视磁选工艺与其他联合流程，来解决贫、细、杂黑色金属矿物难以高效分选的问题。

2.2.1　磁选理论

颗粒在磁选设备中的受力分析研究是磁选理论研究中的重要内容之一，张应强等人[49]从磁流体 Bernonuli 方程、应力张量方程和牛顿定律出发，应用楔形磁极建立竖直向上的磁浮力，构建出非磁性矿粒在磁流体静力分选中动力学模型。魏红港等人[50]从分析感应辊分选间隙磁场特性入手，分别求解出磁场强度 H 和磁场梯度 grad H 函数曲线，通过对矿粒的受力分析求解出脱离角与辊体转速 ω 和矿粒比磁化系数 χ_0 的关系，建立了单颗粒弱磁性矿物运动轨迹数学模型。库建刚等人[51]以攀枝花密地选矿厂使用 ϕ1050mm × 3000mm 弱磁选机的粗选作业为例，运用传统的磁分离理论对不同粒级磁性矿粒的回收率进行预测。刘鹏等人[52]为了建立气固流态化磁选过程中颗粒群的相互作用模型，优化了高梯度磁选设备工作参数，在单颗粒微粉煤比磁化率一定的条件下，通过对高梯度磁选中单颗粒球形微粉煤的动力学分析，建立了气固流态化分选过程中的单颗粒煤粉运动的动态数学模型。

随着计算机性能的提高和仿真技术的发展，通过使用大型有限元分析软件，对特定磁场进行仿真计算和可视化分析，为磁选机的结构优化和设计制造提供参考依据，已经成为磁选研究中的主要内容。张义顺等人[53]基于 Magnet 软件模拟辊式磁选机单环磁系、四级拼接磁系（无轭铁）、八级拼接磁系（有/无轭铁）的磁力线及磁感应强度分布情况，得出各磁系磁场沿磁辊表面周向变化趋势及磁感应强度与分选行程变化函数关系；考察了单元磁性颗粒在受力平衡条件下，其密度同比磁化率的比值与各磁系磁感应强度函数关系，综合分析得出不同磁系类型下矿物的分选标准。郑霞裕等人[54]利用 ANSYS 软件模拟了不同的磁介质排列组合方式下磁介质周围的磁场特征。另外，还对高梯度磁选机磁介质饱和磁化强度对磁介质聚磁性能的影响进行研究。曹晓畅等人[55]利用计算流体力学（CFD）数值模拟方法对高梯度磁选机内部的流场进行分析，观察料浆在不同结构内部的流场，对尾料箱和精料管的结构进行改进设计，为立环磁选机的内部结构优化设计提供理论依据。

磁介质是高梯度磁选机的主要组成部分，对产生高磁场梯度的聚磁介质的研究是磁选领域的主要研究内容之一。李文博等人[56]为探究新设计的一种异形聚磁介质在高梯度强磁选机分选实践中的效果，进行了等间隙等丝径圆棒介质与异形介质、等间隙不同丝径圆棒介质和等间隙不同丝径异形介质的对比分选试验，并对等间隙等丝径圆棒介质和异形介质的选别精矿进行了粒度分析，结果表明：异形介质的高梯度强磁选机对细粒铁矿物的回收能力更强，具有降低目的矿物回收粒度下限的效果。刘磊等人[57]对鞍山式贫赤铁矿石进行高梯度磁选试验，研究在介质棒间隙与直径相同的组合排布下，介质棒直径对分选指标的影响，结果表明：随着介质棒直径的增加，介质棒对细颗粒的捕收磁力减小，非磁性颗粒的机械夹杂减弱，分选指标得到提高。丁利等人[58]运用“单元介质”分析法，进行棒介质脉动高梯度磁选微细粒赤铁矿试验，分别研究 2mm 和 3mm 棒介质的介质丝层数对高梯度磁选指标的影响，结果表明：随棒介质层数的增加，高梯度磁选指标明显提高。

S. Mohanty 等人[59]采用 CFD 技术对湿式高梯度磁选机的分选过程进行仿真研究，对磁性颗粒在磁介质中的捕获概率进行了预测，预测结果和实验室试验结果基本吻合。Luzheng Chen[60]对高梯度磁选机磁场方向对分选性能的影响进行研究，对水平磁系和垂直磁系高梯度磁选机的分选性能进行比较，结果表明：垂直磁系高梯度磁选机磁漏较小，在相同能耗下能够产生更强的磁场强度，因此，能够提高磁性颗粒的回收效率。Jan F. Stener 等人[61]对超声波技术在湿式弱磁磁选机中的应用进行研究，研究结果表明：超声波能够有效地深入到物料层，但不会明显影响到颗粒运动速度，随着物料浓度的升高，超声波在物料层中的作用深度降低。S. K. Baik 等人[62]采用有限元分析方法对用于水处理的超导磁选机磁场进行仿真分析，比较了在高背景场强下（大于 6T），放置或不放置磁介质时，磁性颗粒受到的磁力差异，并对磁场分布进行了 2-D 和 3-D 仿真计算和研究。Veerendra Singh 等人[63]对磁性颗粒在干式磁辊分选机的分选行为和运动轨迹进行研究，结果表明：除了颗粒尺寸、颗粒的比磁化系数、磁辊转速和场强外，颗粒的形状也是影响其被捕获的重要因素。

2.2.2　新型磁选设备

2.2.2.1　大型磁选设备

山东华特磁电科技股份有限公司于 2010 年下半年成功研制了大筒径高效 ϕ1800mm 湿式永磁磁选机。ϕ1800mm 湿式永磁磁选机主要由磁系调整机置、机架、传动机构、给矿箱、槽体、磁滚筒、精矿箱构成。

赣州金环磁选设备有限公司最新研制的最大型号脉动高梯度磁选机 SLon-4000，具有处理量大、性能稳定、操作维护方便、能耗低和占地面积小等优点，SLon-4000 脉动高梯度磁选机仍主要由脉动机构、激磁线圈、铁轭、转环、各种矿斗和水斗组成。

2.2.2.2　新型高梯度磁选机

王晓明等人[64]介绍一种新近研制的 YZC 永磁高梯度磁选机，该设备采用钕铁硼材料作为磁源，利用对极式磁路，产生约 0.8T 背景场强。根据分选矿物性质，导磁介质可以选用导磁不锈钢棒或钢毛，介质表面磁场强度高，磁场梯度大，分选介质表面磁场强度可达到 1.3T，能有效分选出非金属料浆中的微细粒弱磁性矿物。

李小静等人[65]介绍了 CRIMM 型双箱往复式永磁高梯度磁选机的工作原理、结构和技术参数，指出该机可用于非金属矿加工中去除微细粒弱磁性杂质，并已在长石、高岭土、霞石等非金属矿选矿中获得应用。

2.2.2.3　新型干式磁选机

刘向民等人[66]为满足非金属矿干式除铁的需要，在系列 SLon 立环脉动高梯度磁选机的基础上，新设计、制造了 SLon-1000 干式振动高梯度磁选机。该机除继承了系列 SLon 立环脉动高梯度磁选机的先进性外，还具备干式振动给矿、干式连续分选的全新特点。

程坤等人[67]针对我国矿石具有“贫、细、杂”的特点，为解决矿区地处干旱缺水或严寒地区，以及水资源日益短缺、环境保护等问题，研制出一种新型干式磁选设备——干式弱磁场气流悬浮磁选机（简称“悬浮磁选机”）。

2.2.2.4　超导磁选机

2009 年，山东华特磁电科技股份有限公司、潍坊新力超导磁电科技有限公司与中国科学院高能物理所合作研制国内外首台套 ϕ300mm 的液氦零挥发 5.5T 双筒式高梯度超导磁选机[68]，于 2012 年 3 月研制成功并进行了大量选矿试验，取得了良好的效果。该超导磁选机主要适用于高岭土、钾钠长石、高纯石英等非金属矿的除铁提纯。

2.2.2.5　新型磁选柱

陈广振等人[69]针对磁选柱在生产中存在的问题，开发研制了新型磁选设备——磁选环柱。磁选环柱主要由给矿斗、分选筒、溢流管、电磁铁环轭构成的粗选区磁系，励磁线圈构成的精选区磁系，锥形导向杆，给水管，精矿排矿管，尾矿排矿管，电控装置等构成。另外，在分选筒内部设有一个内筒，以内筒上边缘为界，将分选筒内部分为上部区域和下部区域，上部区域为粗选区，下部区域为精选区。电磁铁环轭磁系设在分选筒的上部区域。每组电磁铁环轭的内侧设置偶数个电磁铁极头，其目的在于将给矿矿浆中的磁性颗粒吸到分选筒周边区域，实现粗选；锥形导向杆的作用是防止给矿直接进入粗选区分选筒的中心区域，因为这一区域磁场力作用比较弱，容易造成尾矿品位过高。励磁线圈磁系设在分选筒的下部区域。在分选筒的外侧下部设有切向给水管，在精选环腔和内筒的底部分别设有精矿排矿管和尾矿排矿管。精选区的目的在于对粗选区选出的磁性产品作进一步精选。

实验室试验结果表明，该设备结构合理，原理独特，可以作为粗选设备使用抛弃合格尾矿，也可以作为精选设备使用获得高品位磁铁矿精矿，与传统磁选柱相比较，给矿粒度范围可拓宽到0～0.7mm，耗水量降低40%左右，经济技术指标良好。

廖锦等人[70]介绍了立式脉冲磁选机提取超级铁精矿的试验研究，它利用一种新型弱磁场电磁式磁重选矿设备解决强磁性矿物磁团聚夹杂问题，适于强磁性矿物的分选提纯，特别适合于磁选精选作业。其工作过程为：强磁性颗粒在由磁场产生的脉冲振荡磁场中，形成细长的横向磁链，在脉冲振荡磁场作用下，细长的横向磁链产生团聚-松散交替过程，每秒达数十次，在沉降过程中受逆向上升清洗水流作用，不断排除夹杂其中的脉石及连生体，不断得到提纯。脉石及连生体在上升水流作用下向上运动经溢流槽排出形成尾矿，高品位的磁性精矿向下运动经沉砂出口排出。在给矿铁品位62.00%的条件下，获得了精矿铁品位71.86%、回收率50.78%的超级铁精矿。

袁致涛等人[71]介绍了复合磁场精选机的组成、基本原理以及对丹东某矿实验室小型试验和实际应用的分选结果。复合磁场精选机主要由分选单元，即分选柱和控制单元两部分组成。分选柱包括分选筒和磁系。分选筒上部有溢流槽和给矿管，底部有冲洗水管和沉砂口，该设备的磁系由多个线圈组成，部分线圈形成的磁场为恒定，其余线圈形成的磁场为脉动，从而在分选区内形成复合磁场。磁系由自上而下排列的5个线圈组成，控制单元用来实现在磁系内部产生复合磁场。ϕ600mm复合磁场精选机分选含铁品位60.00%左右的铁精矿，可获得含铁品位62.60%的最终铁精矿，尾矿品位12.00%，取得了较好的效果。

2.2.3 磁选工艺

黄会春等人[72]用SLon-4000磁选机代替螺旋溜槽，从攀钢选钛厂尾矿中再回收钛，在给矿TiO_2品位为6.20%的情况下，可获得TiO_2品位为13.22%、TiO_2回收率为61.88%的钛粗精矿，TiO_2回收率比采用螺旋溜槽时提高了50%以上。熊大和[73]介绍了SLon立环脉动高梯度磁选机在赤铁矿、钛铁矿、铬铁矿以及锰矿石、钨矿石选矿和在非金属矿除铁提纯工业中的应用情况。吴文红[74]以某赤铁矿为研究对象，采用阶段磨矿—强磁—反浮选工艺流程处理该矿样，在原矿品位为30.43%的情况下，可获得铁品位为64.02%、回收率为50.96%的选别指标。刘述仁等人[75]以含铁25.55%的赤泥为研究对象，考察了不同的焙烧温度、焙烧时间、炭粉加入量和添加剂用量等因素对分选结果的影响，得出了最佳的实验条件。在该实验条件下，经还原—磁选得到铁品位为86.35%的铁精矿，铁的回收率为87.32%。邱廷省等人[76]以某含TFe 48.91%的鲕状铁矿为研究对象，采用还原焙烧—阶段磨矿—阶段磁选—反浮选的工艺流程进行处理，最终获得了铁品位为61.30%、回收率为80.43%的铁精矿。

孙伟等人[77]以某铜品位为0.42%、全铁品位为33.35%的铜镜铁矿为研究对象，对浮铜尾矿采用一次粗选、再磨、一次精选的磁选工艺流程选铁，最终铁精矿的铁品位为58.35%、回收率为76.72%。缑明亮等人[78]对陕西某镜铁矿矿石进行选矿试验研究，根据矿石性质进行了单一强磁选、单一重选以及重选+强磁联合工艺对比试验研究。结果表明：采用单一重选工艺，细粒镜铁矿损失大，回收率低，不适合该矿石特性，采用单一强磁选及重磁联合工艺均可获得较好的选矿指标，在原矿含铁30.60%的情况下，获得的铁精矿品位在62%以上，回收率大于83%。朱成峰等人[79]对某含TFe 20.66%的浮选尾矿进行再选可行性研究，试验最终确定工艺流程为阶段磨矿—阶段磁选—磁选精矿正浮选的选矿工艺流程，获得了铁品位为63.50%，产率为9.35%，铁回收率在30%以上的铁精矿。朱国庆等人[80]对新疆某铜铁矿进行选矿试验研究，铜浮选尾矿含TFe 46.33%的条件下，进行磁选试验，最终获得了含铁67.12%、铁回收率为76.39%的铁精矿。

刘长森等人[81]对云南安益钛磁铁矿进行选矿试验研究，采用“弱磁粗选—磁筛精选”流程，控制磨矿细度为 -0.074mm 含量为50%，在原矿中 TFe 品位为21.26%、TiO_2 品位为6.33%条件下，可获得 TFe 和 TiO_2 品位分别为53.89%和13.35%、回收率分别为62.23%和51.69%的指标。艾年华[82]针对马坑铁矿细粒磁铁矿分别进行一段磨矿—弱磁粗选—磁筛精选和两段磨矿—弱磁粗选—磁筛精选试验研究，采用干式抛尾—阶段磨矿—弱磁选—磁场筛精选—筛下再磨再选流程，当原矿含铁33.04%时，可获得铁品位65.24%、回收率为80.48%的综合铁精矿。张颖新等人[83]分别采取舞阳矿业有限责任公司8台铁矿选矿厂弱磁粗选精矿、高频细筛筛下产物及最终精矿样品进行实验室磁筛精选试验，结果表明：弱磁选粗精矿或高频细筛筛下产物隔除 +0.3mm 粗颗粒后用磁筛进行一次精选，可直接获得铁品位、作业产率、铁作业回收率分别在66%、82%、94%以上的合格铁精矿。

刘恒发等人[84]采用永磁滚筒磁选机针对辽宁含 TiO_2 2.67%的极贫钛铁矿矿石进行选矿试验研究，确定了破碎—粗粒抛尾—粗磨—重选—细磨—磁选的选矿工艺流程，并最终得到 TiO_2 的品位和回收率分别为26.04%和54.24%的综合钛精矿。张丛香等人[85]论述了从贫磁铁矿分选尾矿中回收铁精矿新工艺，某地贫磁铁矿尾矿经圆盘回收机回收后，粗精矿品位18.21%，针对粗精矿进行“预选—阶段磨矿—单一磁选”工艺流程选别处理，可获得最终品位为64.98%～67.21%、产率为20%左右，金属回收率71.5%以上的铁精矿。

Kyoung-oh Jang 等人[86]对澳大利亚某针铁矿进行焙烧—强磁试验研究，研究结果表明：（1）焙烧虽然能够脱除矿样中的水分和部分杂质，但不能明显提高铁的品位。（2）针铁矿经过焙烧作业处理后，通过磁选能够明显提高精矿中的含铁品位。Jungah Kim 等人[87]采用磁化焙烧—磁选工艺进行低品位红土镍矿回收镍试验研究，结果表明，焙烧温度、磁选给矿浓度和背景场强是影响镍回收的主要因素，经过磁化焙烧—磁选工艺流程处理，可以将镍品位从1.5%提高至2.9%，镍回收率为48%。Qiang Wang 等人[88]采用湿式高梯度磁选机对重金属离子 Au^{3+} 进行回收，研究了分散剂三甲基磷酸盐及 pH 值对分选效果的影响，研究表明，随着三甲基磷酸盐浓度的增加，重金属离子回收率提高，随着 pH 值的升高重金属离子回收率降低。S. Tripathy 等人[89]采用干式高梯度辊式磁选机进行褐铁矿的分选试验研究，在背景磁场强度、磁辊转速和给料速度最佳条件下，当给料 TFe 品位为35.90%时，可获得 TFe 品位为51.2%、回收率为97.8%的选矿指标。

2.3　综合力场设备与工艺

综合力场设备，包括磁力和离心力结合、磁力和重力结合、磁力和脉动流场结合、重力和离心力结合等，其目的是通过综合力场的运用，充分利用颗粒物理性质（粒度和密度等）的差异，强化矿物的分选精度，并配合使用重磁、重浮和浮磁等联合流程，利用矿物不同的物理和表面化学性质差异来提高矿物的分选精确度。

2.3.1　综合力场设备

2.3.1.1　*磁力螺旋溜槽*

伍喜庆等人[90]在普通螺旋溜槽的槽面上附加磁场，设计出磁力螺旋溜槽（MSC）。与普通螺旋溜槽相比，MSC 使磁性物料能够得到更有效的回收，其选矿的原理是：当磁性矿物经过磁场时，在磁场力的作用下，磁性成分被吸引（不要吸住）到溜槽的底部从而进入二次环流，利用二次环流将磁性物料运到溜槽内部，进入精矿中。对纯的磁铁矿试验的结果表明：磁场强度、溜槽螺旋圈数和给矿浓度等因素都对磁力螺旋溜槽的性能产生影响；尤其是磁场能够有效地减少尾矿中磁性成分的含量，提高磁性成分的回收率，增大磁性铁的回收率，对含铁25.4%、含锌5.9%的高炉瓦斯泥进行处理，精矿中锌的品位从5.9%降低到1.8%。

2.3.1.2　*旋流磁力分选机*

史佩伟等人[91]为了进一步提高选矿工艺流程中磁性矿物的分选效率，对磁铁矿分选机理进行探索，研究出一种新型旋流磁力分选机，其特点是利用多种分选力场（包括磁力、浮力、重力、离心力、旋流水动力等），可以实现贫矿提纯或者高效回收。

2.3.1.3 旋流高梯度磁选机

卢东方等人[92]介绍旋流高梯度磁选机的基本结构，使用 Fluent 有限体积和 ANSYS 有限元分析软件分别对设备内的流体分选力场、磁力场进行仿真分析。其特点为：（1）利用了颗粒物理性质的差异，即粒度、密度和比磁化系数的差异，磁力和离心力在同一方向上的叠加，增大了磁性颗粒与非磁性颗粒的受力差异，进而可提高不同性质物料的分选性。（2）在分选流场中施加背景磁场强条件下，磁性颗粒发生的磁团聚相当于增大了磁性颗粒的粒径，有利于磁性颗粒在离心力作用下向分选腔内壁运动。（3）可根据物料物理性质的差异，通过调节旋流高梯度磁选机的离心力和背景场强，调节颗粒所受力的比例，使不同颗粒的物理性质差异达到最大化利用。（4）由于整个分选过程是在强紊动的离心力场中进行，因此夹杂现象会大大缓解，有利于精矿品位的提高。（5）旋流高梯度磁选机具有大分选腔、可宽粒度范围分选的特点，因此堵塞现象不会出现。

2.3.1.4 斜环永磁高梯度磁选机

伍喜庆等人[93]研发一种新型斜环永磁高梯度磁选机，该磁选机为永磁磁系，分选环为倾斜配置且分选环倾斜角度和转速可调；分选时，磁介质在底部磁场区捕收磁性矿粒，旋转到顶部非磁场区冲洗卸矿。研究结果表明：调节分选环的倾斜角度可改变磁性矿粒所受各作用力的大小，从而调节磁选粒度的下限和磁选作业的回收率；当原矿铁品位为 17.81% 时，经一次磁选可获得回收率为 65.05%、全铁品位为 29.53% 的磁选精矿。

2.3.1.5 周期式高梯度离心磁选机

为了提高磁性精矿的品位，陈禄政等人[94]提出一种新的高梯度磁选方法——离心高梯度磁选，用于分选细粒级磁性矿石。

该设备的分离特点包括以下两个方面：（1）旋转磁介质的搅拌作用，使矿浆中的颗粒保持分散状态，另外，旋转的磁介质使颗粒受到流体的剪切力和离心力作用，因此，可以实现磁性颗粒的选择性捕获。（2）矿浆中颗粒穿过磁介质矩阵的实际时间随着磁介质旋转速度的提高和流体穿过磁介质流速的降低而延长，这将能够明显提高颗粒和磁介质的碰撞几率，大大提高磁性颗粒被磁介质捕获的机会，因此，可以实现提高磁性颗粒回收率的目的。

2.3.1.6 连续式高梯度离心磁选机

Johannes Lindner 等人[95]介绍了一种新型离心力和高梯度磁力结合的分选设备，设备通过设置在分选腔中的磁介质收集磁性颗粒，在离心力作用下，磁性颗粒向分选腔内壁运动，磁性颗粒最终在冲洗水作用下离开分选腔。试验表明，只有将高的背景场强和低的旋转速度配合使用，设备才能表现出好的分选性能。

2.3.1.7 超声复合力场弱磁磁选机

陈炳炎等人[96]介绍了超声复合力场磁选机的结构、原理和分选过程，超声复合力场磁选机主要由磁系、超声波发生装置、不锈钢圆筒、给矿头、顺流槽、尾矿调节装置、冲洗水管和传动装置等组成。对某地钒钛磁铁矿的选别试验结果表明：该磁选机是一种选别精度较高的磁选设备，在处理钒钛磁铁矿时，与同类型的普通磁选机相比，在回收率相近的情况下，精矿品位可提高 1% ~2%。

2.3.1.8 超声波高梯度磁选机

陈镇方等人[97]在高梯度磁选机上配置超声系统，自制了一台超声波高梯度磁选机。通过在高梯度磁选机上加载超声波试验，探索超声波频率和功率对磁选指标的影响，试验得出结论，低频段超声波能够显著提高精矿品位，而高频段效果不明显，原因是低频超声波在相同的功率下振动越强烈，分选过程中产生的“空化”效益越容易，从而能够瞬间使磁性矿物剥离磁介质表面，从而能够打开磁团聚，使脉石随冲洗水流入尾矿中。超声波功率不是越大越好，而是存在最佳值，通过大量的对比实验，对于全铁品位 33% 的包钢浮选稀土尾矿（主要为褐铁矿），在磁场中加载频率 28kHz、输出功率 120W 的超声波进行分选试验，所获得的铁精矿品位达到 46.25%，回收率为 61.20%，结果说明，磁场中加载超声波有利于在回收率接近的情况下提高铁精矿的品位。

2.3.1.9 磁力浮选机

常富强等人[98]介绍了一种实用型选矿设备磁力浮选机，浮选装置主要由浮选槽、刮板、磁力滚筒组成。磁力浮选机在云南某高硫铜矿的浮选试验的应用表明：它可以有效地减少进入铜精矿的磁铁矿含量，减少精选作业中石灰的用量，避免了石灰加入的有害影响，获得铜精矿品位 28.46%、铜回收率 97.72% 的良好指标。

2.3.2　综合力场分选工艺

饶宇欢等人[99]采用 SLon 立环脉动高梯度磁选机作为粗选、重选作为精选的工艺流程分选内蒙古某黑钨矿矿石，对 WO_3 品位 0.14% 的原矿，得到 WO_3 品位 31.35%、回收率 82.92% 的钨精矿；姜磊等人[100]针对印度果阿地区含 TFe 42.11% 的赤铁矿矿石采用强磁选机及离心机进行分选试验研究，当磨矿细度为 -0.074mm 占 88% 时，可获得铁品位大于 60%、回收率大于 48% 的铁精矿。白丽梅等人[101]对张家口地区鲕状赤铁矿进行强磁—重选试验研究，采用“阶段磨矿—强磁选抛尾—重选”的工艺流程，结果表明：在原矿铁品位 47.66%，磨矿细度为 -0.074mm 占 95% 条件下，经强磁和重选后，可获得铁品位 61.01%、回收率为 47.85% 的铁精矿。肖军辉等人[102]采用弱磁—强磁—摇床工艺流程，进行湖北十堰低品位钨钛多金属矿的选矿试验研究，当原矿含 TFe 25.64%、TiO_2 6.22%、WO_3 0.26% 时，可获得铁品位 62.76%、回收率 56.20% 的铁精矿，WO_3 品位为 65.01%、回收率为 49.67% 的钨精矿，TiO_2 品位为 48.10%、回收率为 71.01% 的钛铁矿，实现了有价元素铁、钛、钨的综合回收；吴金龙[103]采用强磁选—离心分选工艺对海南石碌北山贫铁矿进行分选研究，铁品位平均 40.37% 的原矿经过处理，能够获得铁品位为 62.98% 和总铁回收率为 75.65% 的最终铁精矿；周瑶等人[104]针对钨细泥选矿回收率较低的问题，进行钨细泥浮选—尾矿离心机分选试验、磁选—重选联合流程及摇床试验，结果表明：高梯度磁选机粗选—快速微细摇床精选可以明显提高钨精矿指标，钨精矿品位由 19.07% 提高到 30.26%，作业回收率由 15.60% 提高到 54.35%；高玉德等人[105]针对细粒低品位钽铌稀土矿，采用“磁选—重选”联合工艺进行试验研究，当给矿含 $(Ta+Nb)_2O_5$ 44.13%、REO 0.092%，全流程试验可获得含 $(Ta+Nb)_2O_5$ 3.44%、REO 12.85% 的钽铌稀土精矿，回收率 $(Ta+Nb)_2O_5$ 44.13%、REO 57.27%；张军等人[106]对云南某铁矿进行的选矿试验结果表明，阶段选别中采用弱磁选—强磁选—重选工艺流程，能使铁精矿品位达到 62.15%，回收率达到 87.14%，比现有生产工艺精矿品位提高了 3.8 个百分点，回收率提高了 17.96 个百分点。

王仁东等人[107]介绍了云南某大型硫化金矿床的矿石性质、试验工艺，对该矿石进行重选（加拿大 Falcon 离心机）—浮选—粗精矿再磨再精选的联合工艺试验研究，并分析了 Falcon 离心机在联合工艺中的作用。李伟等人[108]针对某铜选矿厂尾矿选别工艺存在的问题，采用浮选—重选—浮选—重选的工艺，对原有重选—浮选—重选工艺进行了改造，铋、钨及锡回收率分别提高了 21.15%、4.12%、15.07%，钨锡得到较有效的分离，并提高了金、银等贵金属的回收率。周源等人[109]采用“预先脱硫浮选—离心机重选富集—黑钨细泥粗精矿再浮选”工艺流程处理含 WO_3 0.26% 的黑钨矿，最终可获得含 WO_3 品位为 38.01%、回收率为 64.27% 的钨精矿。黄伟等人[110]对某矿床为大型花岗岩的钽铌矿进行了选矿试验研究，以回收其中的有用矿物钽铌铁矿、铌钽铁矿和细晶石，矿石经两段磨矿、两段选别、粗选采用单一重选法得粗精矿，精选采用重选—浮选—重选工艺流程，得到品位为 6.89% 的钽铌精矿，其回收率为 57.482%，精矿经水冶除钨、锡、硅等杂质后得到钽铌渣，其中 Ta_2O_5 的含量为 29.0%，对原矿的回收率为 53.487%。代淑娟等人[111]以辽宁某金矿为研究对象，试验进行单一浮选流程及重选—重选尾再磨浮选流程试验，结果表明：在重选磨矿细度 -0.074mm 含量为 69.3% 时，获得重选精矿金品位 59.7g/t，重选回收率 46.03%；在重选尾再磨细度 -0.074mm 含量为 88.5% 时，获得浮选精矿金品位 19.3g/t，浮选回收率 38.16%，重浮总精矿金品位 30.48g/t，金总回收率 84.19%。金俊勋等人[112]对南阳某低品位难选蓝晶石矿采用脱泥—浮选—重选工艺进行选矿试验研究，探索了磨矿、脱泥、浮选的适宜工艺条件，采用蓝晶石含量为 22% 的原矿，通过浮选—重选工艺流程，最终获得 Al_2O_3 含量超过 55% 的蓝晶石精矿。袁来敏[113]针对西藏某高品位高氧化率难选氧化铅矿进行选矿试验研究，试验结果表明：采用“螺旋溜槽重选—尾矿硫化铅浮选—氧化铅浮选”工艺可获得铅品位 47.40%、回收率 79.87% 的重选铅精矿，铅品位 61.52%、回收率 4.02% 的硫化铅精矿，铅品位 63.98%、回收率 13.11% 的氧化铅精矿。

高湘海等人[114]介绍了磁选—浮选联合流程在黑钨细泥回收中的工业应用情况，通过对工艺流程和操作参数优化，使黑钨细泥得到有效回收，其中精矿品位提高了12. 65%，回收率提高了6. 14%。陈文辉等人[115]根据某高磷鲕状赤铁矿磨矿分级产品中铁在各粒级中的分布差异，采用粗细分级—磁选工艺，分别进行弱磁—强磁选，获得了TFe品位为46. 8%、回收率为82%的磁选粗精矿，对粗精矿再磨后进行一次粗选、两次精选反浮选，获得TFe品位为54. 5%、回收率为68. 3%的铁精矿。王全亮等人[116]研究了某尾矿的工艺矿物学性质及回收铁精矿、硫精矿的工艺流程，通过采用螺旋溜槽预富集 + 磨矿 + 弱磁选 + 强磁选 + 浮选硫 + 反浮选硅工艺回收铁、硫，可获得TFe 62. 58%、回收率32. 63%的铁精矿，硫品位37. 57%、回收率10. 84%的硫精矿。B. Klein等人[117]采用浮重联合流程对Eskay Creek金矿进行选矿试验研究，浮选尾矿进行离心机重选后（重选精矿产率小于5%），将重选精矿再磨返回浮选作业能够明显提高金的回收率。Filiz Oruc等人[118]采用水力旋流器预富集—Falcon离心机分选工艺回收微细粒煤，通过优化两段旋流预富集和离心机操作参数，可以将煤尾矿中的灰分从65%降低至40% ~45%，热量从7310. 8kJ/kg提高至17656. 3kJ/kg。

参 考 文 献

[1] 郭年琴，王胜平，郭晟. 新型3层悬挂式摇床三维设计及运动学仿真分析[J]. 矿山机械，2013，41(3):96-100.

[2] 吴专，冯子佳，乐育生. 基于Solidoworks和Mastercam的LYN(S)-1100×500摇床的设计与加工[J]. 科技视界，2013:60-61.

[3] 刘祚时，王纯. 立式离心选矿机分选锥流化床动力学分析计算[J]. 矿山机械，2013，41(10):79-84.

[4] 温雪峰，潘彦军，何亚群，等. Falcon选矿机的分选机理及其应用[J]. 中国矿业大学学报，2006，35(3):341-346.

[5] 韦国峰，田海英，赵欣，等. 床层松散度对动筛跳汰机分选效果的影响[J]. 选煤技术，2007(4):23-24.

[6] 韩会军，翟红，王多琎，等. 机械动筛跳汰机筛体的运动学分析[J]. 矿山机械，2009，37(19):85-88.

[7] 王兴宇，翟红，王多琎，等. 基于三维模型的机械动筛跳汰机运动学分析[J]. 煤矿机械，2009，30(9):87-89.

[8] 杨威，韩清，兰恒琮. 跳汰分层的数学模型[J]. 科技咨询导报，2007(5):247-248.

[9] 魏树海，郭德. 跳汰分层机理的研究与探讨[J]. 煤炭加工与综合利用，2014(3):7-15.

[10] 匡亚莉，解京选，戈军，等. 跳汰过程中25和13mm颗粒运动的数学模型[J]. 中国矿业大学学报，2010，39(6):837-864.

[11] Boucher D，Deng Z，Leadbeater T，et al. PEPT studies of heavy particle flow within a spiral concentrator[J]. Minerals Engineering，2014，62：120-128.

[12] Viduka S，Feng F，Hapgood K，et al. CFD-DEM investigation of particle separations using a sinusoidal jigging profile[J]. Advanced Powder Technology，2013，24(2):473-481.

[13] Viduka S，Feng Y，Hapgood K，et al. Discrete particle simulation of solid separation in a jigging device[J]. International Journal of Mineral Processing，2013，123：108-119.

[14] Hori K，Tsunekawa M，Hiroyoshi N，et al. Optimum water pulsation of jig separation for crushed plastic particles[J]. International Journal of Mineral Processing，2009，92(3-4):103-108.

[15] Yamamoto T，Shinya T，Fukui K，et al. Classification of particles by centrifugal separator and analysis of the fluid behavior [J]. Advanced Powder Technology，2011，22(2):294-299.

[16] Kumar C，Bhoja S，Tripathy S，et al. Classification performance evaluation of floatex density separator for coal fines[J]. Fuel，2013，108：303-310.

[17] Kroll-Rabotin J，Sanders R. Implementation of a model for Falcon separation units using continuous size-density distributions [J]. Minerals Engineering，2014，62：138-141.

[18] Wang X S，Miles N，Kingman S. Numerical study of centrifugal fluidized bed separation[J]. Minerals Engineering，2006，19 (10):1109-1114.

[19] Doheim M A，Abdel Gawad A，Mahran G，et al. Numerical simulation of particulate-flow in spiral separators：Part Ⅰ. Low solids concentration(0. 3% & 3% solids) [J]. Applied Mathematical Modelling，2013，37(1-2):198-215.

[20] Galvin K P，Dickinson J. Particle transport and separation in inclined channels subject to centrifugal forces[J]. Chemical Engineering Science，2013，87：294-305.

[21] Pascoe R D，Power M，Simpson B. QEMSCAN analysis as a tool for improved understanding of gravity separator performance [J]. Minerals Engineering，2007，20(5):487-495.

[22] Kapure G，Kari C，Rao S，et al. The feasibility of a slip velocity model for predicting the enrichment of chromite in a Floatex density separator[J]. International Journal of Mineral Processing，2007，82(2):86-95.

[23] 王键敏. 大型离心机选别细粒级赤铁矿的工业试验[J]. 金属矿山，2011(增刊):395-399.
[24] 杨波，肖日鹏，刘杰，等. 悬振锥面选矿机回收细粒锡石试验研究[J]. 矿冶，2014，23(2):73-76.
[25] 于殿宝. 运用重力、离心力和振动力连续选矿的选矿机研究分析[J]. 有色金属（选矿部分），2013(5):58-61.
[26] Galvin K P, Zhou J, Walton K. Application of closely spaced inclined channels in gravity separation of fine particles[J]. Minerals Engineering, 2010, 23(4):326-338.
[27] 叶雪均，吕炳军，丰章发，等. 锯齿波跳汰机回收细粒级锡矿石的试验与应用[J]. 金属矿山，2009(2):134-150.
[28] 王美娇，陈锦全，周德炎，等. 双室跳汰机选别细粒级矿石的研究及应用[C]//2009 年金属矿产资源高效选冶加工利用和节能减排技术及设备学术研讨与技术成果推广交流暨设备展示会，2009：5-8.
[29] 罗小苟，李志勇，杨学方. 螺旋溜槽在镜铁矿选矿中的应用研究[C]//第十六届山西省、海南省、广东省、四川省、山东省、河北省矿山学术交流会，2009：2-5.
[30] 陈国庆. 螺旋溜槽在硫化镍矿物选矿中的应用[J]. 有色矿冶，2010，26(5):52-59.
[31] 曾小波，刘人辅，张新华. 西南某沉积-改造型低品位锶资源选矿试验研究[J]. 矿产综合利用，2012(6):33-36.
[32] 曾茂青，乐智广，孙玉秀. 高铅矾的氧化铅矿选矿工艺研究[J]. 矿产综合利用，2013(1):34-39.
[33] 边颖，张一敏，包申旭，等. 含钒石煤选矿预富集技术[J]. 金属矿山，2013(9):94-99.
[34] 盖艳武，丁行标，刘敏，等. 某低品位铝土矿的重选可行性试验研究[J]. 矿山机械，2012，40(12):83-85.
[35] 刘玫华，刘四清，曹烨，等. 某低品位锡矿重选抛尾工艺研究[J]. 矿产保护与利用，2009(3):34-36.
[36] 范海宝，郭吉才，谢鹏，等. 某铁矿尾矿选铁试验研究[J]. 山东冶金，2013，35(3):47-48.
[37] 李文军，曹飞，岳铁兵，等. 菲律宾某铬矿选矿试验研究[J]. 矿产保护与利用，2013(1):24-27.
[38] 理查德 R G，魏明安，林森. 凯尔西（Kelsey）离心跳汰机的应用[J]. 国外金属矿选矿，2006(1):13-15.
[39] 武俊杰. 陕西省某金矿尼尔森选金试验研究[J]. 贵金属，2013，34(3):28-31.
[40] 李华. SLon 离心选矿机在微细粒赤铁矿选矿方面的应用[J]. 江西有色金属，2008，22(4):28-30.
[41] 石凤野，王彦慧. 尼尔森重选设备在金滩矿业公司的应用[J]. 黄金，2013，34(3):58-60.
[42] 王灿霞. 新型盘式流膜选矿机分选广西凤凰山矿细泥锡尾矿试验研究[D]. 昆明：昆明理工大学，2008.
[43] 秦广林，王灿霞，杨波. 悬振锥面选矿机处理华锡长坡选厂细泥锡尾矿试验研究[J]. 矿冶，2011，20(2):34-48.
[44] 甘峰睿. 悬振锥面选矿机分选大红山摇床铁尾矿试验研究[D]. 昆明：昆明理工大学，2009.
[45] Ofori-Sarpong G, Amankwah R. Comminution environment and gold particle morphology: effects on gravity concentration[J]. Minerals Engineering, 2011, 24(6):590-592.
[46] Mukherjee A K, Bhattacharjee D, Mishra B. Role of water velocity for efficient jigging of iron ore[J]. Minerals Engineering, 2006, 19: 952-959.
[47] Amariei D, Michaud D, Paquet G, et al. The use of a Reflux Classifier for iron ores: Assessment of fine particles recovery at pilot scale[J]. Minerals Engineering, 2014, 62: 66-73.
[48] Greenwood M, Langlois R, Waters K. The potential for dry processing using a Knelson Concentrator[J]. Minerals Engineering, 2013, 45: 44-46.
[49] 张应强，魏镜弢，吴张永. 非磁性矿粒在磁流体静力分选中的力学模型[J]. 有色金属（选矿部分），2013(4):49-52.
[50] 魏红港，冉红想. GCG 型强磁选机高梯度磁场中弱磁性矿粒动力学分析[J]. 有色金属（选矿部分），2014(2):77-81.
[51] 库建刚，陈辉煌，何逵. 磁偶极子力在弱磁选过程中的作用[J]. 金属矿山，2013(12):52-60.
[52] 刘鹏，焦红光. 高梯度磁选中单颗粒微粉煤的动力学分析[J]. 矿山机械，2012，40(8):86-90.
[53] 张义顺，史长亮，马娇，等. 辊式磁选机典型磁系结构磁场特性分析[J]. 矿业研究与开发，2013，33(3):96-99.
[54] 郑霞裕，李茂林，崔瑞，等. 基于 ANSYS 的高梯度磁选机磁场特性影响因素分析[J]. 金属矿山，2013(7):139-143.
[55] 曹晓畅，韩立发. 基于 CFD 数值模拟的磁选机内部结构的优化设计[J]. 东莞理工学院学报，2013，20(1):46-50.
[56] 李文博，汤玉，韩跃新，等. 聚磁介质几何特征对高梯度强磁选效果的影响[J]. 金属矿山，2013(11):123-125.
[57] 刘磊，岳铁兵，郭珍旭，等. 介质棒排布对细粒高梯度磁选指标的影响[J]. 中国矿业，2014，23(1):104-108.
[58] 丁利，陈禄政，黄建雄，等. 棒介质层数对高梯度磁选指标的影响[J]. 矿冶，2014，23(1):9-13.
[59] Mohanty S, Das B, Mishra B. A preliminary investigation into magnetic separation process using CFD[J]. Minerals Engineering, 2011, 24(15):1651-1657.
[60] Chen L Z. Effect of magnetic field orientation on high gradient magnetic separation performance[J]. Minerals Engineering, 2011, 24(1):88-90.
[61] Stener J F, Carlson J, Palsson B, et al. Evaluation of the applicability of ultrasonic velocity profiling in conditions related to wet low intensity magnetic separation[J]. Minerals Engineering, 2014, 62: 2-8.
[62] Baik S K, Ha D, Ko R, et al. Magnetic field analysis of high gradient magnetic separator via finite element analysis[J]. Physi-

ca C: Superconductivity, 2012, 480: 111-117.

[63] Singh V, Nag S, Tripathy S. Particle flow modeling of dry induced roll magnetic separator[J]. Powder Technology, 2013, 244: 85-92.

[64] 王晓明. YZC 型永磁高梯度磁选机的研制[J]. 有色金属（选矿部分），2013(5):62-77.

[65] 李小静，周岳远，曹传辉，等. CRIMM 型双箱往复式永磁高梯度磁选机研制及应用[J]. 非金属矿，2008，31(1): 47-48.

[66] 刘向民，陈剑. 新型 SLon-1000 干式振动高梯度磁选机研制[J]. 非金属矿，2006，29(6):32-34.

[67] 程坤，杨琳琳，张宗华. 悬浮磁选机选别某铁矿的试验研究[J]. 矿冶，2008，17(2):20-23.

[68] 孙仲元. 中国采选技术十年回顾与展望[J]. 机电与自动化技术，2013: 600-604.

[69] 陈广振，赵通林，陈中航. 新型磁选设备——磁选环柱的研制[J]. 金属矿山，2006(11):65-68.

[70] 廖锦，吴城材. LMC 立式脉冲磁选机提取超级铁精矿的研究[J]. 金属矿山，2008(增刊):403-405.

[71] 袁致涛，李艳军，韩跃新. 复合磁场精选机的研制与试验[J]. 金属矿山，2006(3):65-67.

[72] 黄会春，何桂春，王洪彬，等. SLon-4000 磁选机回收攀钢钛尾矿中钛的工业试验[J]. 金属矿山，2013(8):104-107.

[73] 熊大和. SLon 立环脉动高梯度磁选机在多种金属矿选矿中的应用[J]. 矿产保护与利用，2013(6):51-56.

[74] 吴文红. 某细粒嵌布赤铁矿选矿试验[J]. 现代矿业，2013(3):98-100.

[75] 刘述仁，于站良，谢刚，等. 从拜耳法赤泥中回收铁的试验研究[J]. 轻金属，2014(2):14-22.

[76] 邱廷省，张卫星，方夕辉，等. 某难选鲕状铁矿石选矿试验[J]. 金属矿山，2013(3):77-81.

[77] 孙伟，王毓华，于福顺，等. 从含铜镜铁矿中分选镜铁矿的试验研究[J]. 矿产综合利用，2014(1):35-39.

[78] 缑明亮，孙阳. 陕西某镜铁矿选矿工艺技术研究[J]. 矿产综合利用，2014(1):49-56.

[79] 朱成峰，周咏，田艳红. 某赤铁矿浮选尾矿再选试验[J]. 现代矿业，2014(2):171-173.

[80] 朱国庆，郭顺磊，王奉水. 新疆某铜铁矿综合回收试验[J]. 现代矿业，2014(2):33-36.

[81] 刘长淼，吴东印，王守敬，等. 云南安益钛磁铁矿选铁试验研究[J]. 中国矿业，2014，23(2):119-129.

[82] 艾年华. 磁场筛在马坑铁矿选矿中的应用[J]. 现代矿业，2013(6):151-187.

[83] 张颖新，雷晴宇，于岸洲. 磁筛应用于八台铁矿选矿厂的试验研究[J]. 金属矿山，2013(2):115-117.

[84] 刘恒发. LILO 磁选机在某极贫钛铁矿磁选抛尾中的应用研究[C]//第九届中国钢铁年会论文集，2013: 1-5.

[85] 张丛香，齐双飞，钟刚. 从贫磁铁矿尾矿中回收铁精矿新工艺的研究[J]. 矿业工程，2014，12(1):24-27.

[86] Jang K, Nunna R, Hapugoda S, et al. Bruckard. chemical and mineral transformation of a low grade goethite ore by dehydroxylation, reduction roasting and magnetic separation[J]. Minerals Engineering, 2014, 60: 14-22.

[87] Kim J, Dodbiba G, Tanno H, et al. Calcination of low-grade laterite for concentration of Ni by magnetic separation[J]. Minerals Engineering, 2010, 23(4):282-288.

[88] Qiang Wang, Yueping Guan, Xiufeng Ren, et al. Rapid extraction of low concentration heavy metal ions by magnetic fluids in high gradient magnetic separator[J]. Separation and Purification Technology, 2011, 82: 185-189.

[89] Tripathy S, Banerjee P, Suresh N. Separation analysis of dry high intensity induced roll magnetic separator for concentration of hematite fines[J]. Powder Technology, 2014, 264: 527-535.

[90] 伍喜庆，黄志华. 磁力螺旋溜槽及其对细粒磁性物料的回收[J]. 中南大学学报（自然科学版），2007，38(6): 1083-1087.

[91] 史佩伟，王晓明，梁殿印. 旋流磁力分选机的研究及应用[J]. 矿冶，2012，21(3):70-73，78.

[92] 卢东方，王毓华，何平波，等. 旋流高梯度磁选机的原理及分选性能预测[J]. 中南大学学报（自然科学版），2014，45(1):1-8.

[93] 伍喜庆，米夏夏，杨斌. 斜环永磁高梯度磁选机的原理及应用[J]. 中南大学学报（自然科学版），2011，142(9): 2538-2542.

[94] 陈禄政，徐国栋，黄健雄. 周期式离心高梯度磁选的原理及分选细粒钛铁矿的试验[J]. 昆明理工大学学报（自然科学版），2013，38(1):28-31.

[95] Lindner J, Nirschl H. A hybrid method for combining high-gradient magnetic separation and centrifugation for a continuous process[J]. Separation and Purification Technology, 2014, 131: 27-34.

[96] 陈炳炎，闫武. 超声复合力场磁选机的研制[J]. 矿产综合利用，2008(1):47-49.

[97] 陈镇方. 超声波辅助高梯度磁选的试验研究[D]. 包头：内蒙古科技大学，2010.

[98] 常富强，刘全军，宋龑. 磁力浮选机在云南高硫铜矿选矿中的应用[J]. 矿冶，2012，21(3):74-78.

[99] 饶宇欢，王勇平. SLon 磁选机-重选工艺分选某黑钨矿的试验研究[J]. 中国矿业，2011，20(10):88-91.

[100] 姜磊，康凯，王小宇，等. 磁选-重选联合流程分选印度某赤铁矿试验[J]. 现代矿业，2014(2):158-159.

[101] 白丽梅，牛福生，吴根，等．鲕状赤铁矿强磁-重选工艺的试验研究[J]．矿业快报，2008(5):26-28.
[102] 肖军辉，樊珊萍，王振，等．湖北低品位钨钛多金属矿综合回收试验研究[J]．稀有金属，2013，37(4):656-665.
[103] 吴金龙．某细粒级赤铁矿的强磁离心工艺试验研究[D]．赣州：江西理工大学，2011.
[104] 周瑶，汪义兰．某选厂细泥浮选尾矿钨回收工艺优化研究[J]．中国钨业，2014，29(1):29-32.
[105] 高玉德，邱显扬，韩兆元，等．细粒级低品位钽铌稀土矿选矿工艺研究[J]．中国钨业，2013，28(4):26-28.
[106] 张军，张宗华．云南细粒红铁矿的选别工艺研究[J]．金属矿山，2007(7):33-35.
[107] 王仁东，尤腾胜．采用加拿大 Falcon 选矿机重选硫化金矿的工艺研究[J]．矿业快报，2008(2):41-42.
[108] 李伟．提高云锡卡房铜选厂尾矿锡、钨、铋、金、银回收率的生产实践[J]．矿冶，2013，22(2):33-36.
[109] 周源，胡文英．某低品位黑钨细泥浮-重-浮联合流程分选试验研究[J]．有色金属科学与工程，2013，4(5):58-63.
[110] 黄伟，董天颂，汤玉和，等．某花岗岩型钽铌矿选矿研究[J]．材料研究与应用，2014，8(1):62-66.
[111] 代淑娟，胡志刚，韩佳宏，等．某金矿浮选及重选-浮选试验研究[J]．矿山机械，2013，41(10):93-96.
[112] 金俊勋，高惠民，王树春，等．南阳某低品位蓝晶石矿选矿试验研究[J]．非金属矿，2011，34(6):32-35.
[113] 袁来敏．西藏某氧化铅矿重选浮选工艺研究[J]．矿冶，2014，23(1):18-20，30.
[114] 高湘海，肖宏，雷晓明．磁选-浮选联合流程在黑钨细泥回收中的应用研究[J]．有色金属（选矿部分），2013(4):24-26.
[115] 陈文辉，陈广，何晓太，等．高磷鲕状赤铁矿分级磁选-反浮选试验研究[J]．矿冶工程，2013，33(5):46-49.
[116] 王全亮，戴艳萍，胡斌．重选-磁选-反浮选回收某铁尾矿中的铁、硫试验研究[J]．湖南有色金属，2013，29(2):18-22，54.
[117] Klein B，Altun N，Ghaffari H，et al. A hybrid flotation-gravity circuit for improved metal recovery[J]. International Journal of Mineral Processing，2010，94：159-165.
[118] Oruc F，Ozge S，Sabah E. An enhanced-gravity method to recover ultra-fine coal from tailings：Falcon concentrator[J]. Fuel，2010，89：2433-2437.

第3章　浮　　选

为了从贫细矿物资源中有效地分离、富集有用矿物，充分合理地利用资源，同时解决环境问题，选矿科技工作者开始综合利用多学科的知识与新成就寻找新的学科起点，开发新的浮选科学技术，以实现矿产资源的综合利用。近年来，选矿及其相邻学科的科技工作者在选矿学科及交叉学科领域，进行了大量的基础理论与工艺技术的研究，取得了许多新进展。

3.1　浮选界面化学

界面化学是研究物质在多相体系中表面的特征和表面发生的物理和化学过程及其规律的科学。矿物浮选是利用矿物表面物理化学性质的差异，通过添加特定浮选药剂的方法来扩大物料间润湿性的差别，有选择性地富集一种或几种目的物料，从而达到脉石矿物分离的一种选别技术，它是在固液气三相体系中完成的。体系中的界面化学主要包括不同浮选体系中，矿物表面性质变化、矿物与药剂相互作用、矿物颗粒之间相互作用等规律。

浮选体系中固-液-气界面相互作用：固-液界面相互作用主要是矿物及脉石矿物与水之间的相互作用，涉及矿物与水之间的界面相互作用，是矿物表面水化膜厚度、矿物表面性质变化等因素的表征；液-液界面相互作用主要是浮选药剂与水之间的相互作用；固-固界面相互作用指的是矿物颗粒与颗粒间相互作用；固-气界面相互作用关系到矿物及脉石矿物在水相中与气泡之间的界面相互作用；矿物与浮选药剂之间的界面相互作用关系到浮选药剂的吸附方式、吸附强度和选择性，即作用机理。

浮选界面化学是复杂矿物高效分选的基础和前提，下面对近年来在浮选界面化学方面取得的进展进行评述。

3.1.1　硫化矿固液界面电子传递机制与浮选电位的调控

3.1.1.1　硫化矿-磨矿-浮选体系界面电化学相互作用的研究

A　硫化矿-磨矿界面电化学相互作用

矿物的表面特性是界面现象中最重要的一种特性，矿物的表面特性很复杂，包括表面键的断裂、表面电性、表面离子状态、表面溶解性以及表面结构和化学组成等，这些表面特性与矿物可浮性具有直接的关系，因此通过改变矿物表面的某些特性可以达到分离矿物及改善浮选效果的目的。

硫化矿的磨矿一般采用湿式球磨，硫化矿物进行湿式球磨时，硫化矿物之间、硫化矿物与磨矿介质之间会发生原电池相互作用，对捕收剂在硫化矿物表面的作用过程会产生较大的影响，进而影响硫化矿物的浮选分离效果。磨矿体系对硫化矿表面电化学反应的影响可以归结为以下几个方面：

(1) 磨矿行为改变了矿物的表面性质，在矿物表面产生缺陷，引入杂质，使得表面电子能级产生变化，影响到矿物的电极电位，同时也改变了表面的活性。

(2) 磨矿介质的某些组分直接参与矿物表面氧化还原反应，影响表面产物。

(3) 腐蚀电偶的作用在新生表面与未磨剥表面之间、矿物与矿物之间、矿物与介质之间、不同性质的表面之间，因为各自的电位不同而形成腐蚀电偶。

胡岳华等人[1]的研究表明，机械力因素影响电极电位的变化，当方铅矿、黄铁矿受到不同介质的机械力作用时，随着介质的改变及机械力大小的改变，其电位发生变化。量子化学计算表明机械力作用下，表面电子结构发生改变，导致与药剂作用的机制发生改变。研究发现磨矿过程中机械力-表面缺陷-表面能级之间的相互关联，通过控制磨矿化学环境进行矿物界面特性调控，进而对矿物表面与药剂相互作用乃至最终浮选行为进行调控。

顾帼华等人[2,3]的研究结果表明，黄铁矿和黄铜矿在铁介质和不锈钢介质磨矿体系中，矿物电极表面产生阴极电流，磨矿介质为阳极，被氧化，生成铁的羟基配合物，覆盖在矿物表面，削弱了体系中药剂与矿物之间的吸附作用。不同磨矿气氛造成磨机中氧化还原气氛不同，影响硫化矿物表面性质。

何发钰等人[4]论述了国内外关于磨矿环境对硫化矿物表面形态与性质、矿浆化学性质及其浮选行为的影响。在硫化矿物的磨矿-浮选体系中，磨矿过程是一个复杂的物理、化学和物理化学过程，存在着力学、电化学和机械力化学等多种作用因素，共同影响着硫化矿物的表面形态与性质、矿浆的溶液化学性质和硫化矿物的浮选行为。通过改变磨矿介质和在磨机中添加药剂等多种方式调控磨矿环境，可使硫化矿物的浮选分离得到改善。

Peng 等人[5,6]的研究表明，在磨矿时产生的三价铁的氧化物是影响方铅矿浮选的主要因素。有人在研究磨矿对闪锌矿的活化作用时发现，磨剥行为使 Fe^{2+} 取代闪锌矿的 Zn^{2+}，改变了矿物的表面性质，恶化了闪锌矿的浮选。用 XPS 研究磨矿后方铅矿、闪锌矿表面发现，方铅矿、闪锌矿表面都有含铁化合物出现，且它们的特征峰随磨矿时间延长而增强。另外对硫化铜矿、毒砂的研究都表明，磨矿矿浆中铁离子影响硫化矿的可浮性。

Huang 等人[7]利用 XPS 技术研究了磨矿环境对毒砂表面性质和可浮性的影响，结果表明，磨矿介质的电化学活性越强，毒砂表面的亲水氧化铁和氧化物越多，这些亲水物质降低细粒级毒砂的可浮性。

Wei 等人[8]的研究表明：非铁质磨机的氧化性磨矿环境可提高铅回收率，但由于矿石氧化产生的铜离子对闪锌矿的活化而降低了浮选选择性。相反，传统铁质磨机磨矿则导致铅回收率下降，而选择性提高，铁质磨机磨矿时铅回收率降低可能是由铁氧化物在矿物表面覆盖而造成的，而且对粗粒矿物的抑制更明显。

B 硫化矿浮选过程中的电化学行为

在进行硫化矿物浮选分离的试验研究过程中发现：矿浆电位、矿浆 pH 值和体系组分浓度对控制硫化矿物间的浮选分离起重要作用，而矿浆电位是硫化矿浮选过程中控制的关键因素[9]。硫化矿物浮选体系的基本性质是电化学性质，硫化矿物具有半导体性质，巯基类捕收剂具有氧化还原性，在硫化矿-液相界面上涉及电荷传递反应，因此硫化矿物与黄药类捕收剂的作用是电化学过程。

经过多年的研究，已经形成了硫化矿电化学浮选的理论体系，这里不再赘述。近年来，研究的体系以丁黄药、Z-200、巯基苯骈噻唑[10]、乙硫氮、丁胺黑药、苯胺黑药[11]、硫醇、石灰[12]等为主，主要针对黄铜矿[13]、方铅矿、黄铁矿、铁闪锌矿、脆硫锑铅矿、镍黄铁矿[14,15]、磁黄铁矿[16]、辉钼矿等矿物[17]的电化学行为，用电化学机理解释了矿物的浮选行为及其与药剂作用的机理，为硫化矿的电位调控浮选提供了基础。但是，这些研究大部分都是利用矿物电极或金属电极进行的，对于矿浆电化学特性的研究基本没有进行在线检测，而是利用矿浆的上清液进行检测，因为纯矿物电极并不能从内部结构和导电特性上代表矿浆体系，从而造成数据的偏差较大。所以，如何利用纯矿物电极更好地代替矿浆体系是进一步研究的方向[18]。

硫化矿浮选过程中矿物间的电化学行为也得到了进一步的研究。G. Urbano[19]用比较伏安法研究了方铅矿和闪锌矿之间氧化作用的相互影响。由于与锌和镉的硫化矿间存在伽伐尼作用，闪锌矿精矿中的方铅矿氧化程度减小，而闪锌矿和其他矿物的氧化程度增加。与纯方铅矿对比发现，闪锌矿中的方铅矿在更高的电位下才会氧化，证明与其他矿物组合减小了方铅矿的反应活性。精矿中方铅矿的存在使闪锌矿氧化反应发生，这在纯闪锌矿中通常难以观测到。

3.1.1.2 浮选过程硫化矿物表面和界面半导体结构研究

硫化矿物的浮选行为与其半导体性质有密切关系。几乎所有金属硫化矿物都有半导电性，电子在矿物内部和表面分裂成不同的能级，形成价带、导带和禁带。硫化矿物的半导体类型、电子与空穴密度比、温差电动势、表面电子能级、半导体费米能级和边缘能级等对硫化矿物表面与药剂的作用都有重要影响。

随着计算机模拟技术的发展，通过计算对矿物的结构、表面以及选矿药剂研究的报道较多。近年来，通过应用密度泛函理论进行理论计算，对矿物内部结构、表面微观性质、选矿药剂分子进行分析，解释选矿过程中所表现出来的宏观现象，阐述选别的反应机理并对药剂的合成与开发提供指导[20]。

陈建华等人[21~25]采用量子理论、热动力学和电化学等方法揭示了晶格缺陷对硫化矿物晶体结构和性质的影响，晶格缺陷对硫化矿物表面性质和浮选药剂分子吸附性能的影响，晶格缺陷对硫化矿物表面吸附热动力学行为的影响，以及晶格缺陷对硫化矿物表面性质、氧化、捕收和抑制电化学行为的影响。

R. Edelbro 等人[26]研究了闪锌矿、黄铜矿和黄铁矿的体相电子结构，闪锌矿是直接带隙半导体，禁带宽度 2.23eV；黄铜矿属于导体矿物，黄铁矿是间接带隙半导体，禁带宽度 0.51eV，根据三种矿物晶体结构解释了它们在浮选和浸出过程中的差异。Jiaqi Jin 等人[27]利用分子动力学模拟研究了界面水结构及其动态特性，揭示了黄铁矿表面原子与界面水分子相互作用力较弱，是黄铁矿未氧化的（100）面和富硫（100）面在没有氢氧化铁存在时具有疏水性的主要原因。而存在氢氧化铁时，氢氧化铁与界面水分子的静电和氢键作用是黄铁矿在宏观上表现为亲水性的主要原因。G. U. von oertzen 等人[28]采用密度泛函理论（DFT）平面波赝势方法计算理想黄铁矿（100）表面的结构弛豫、原子的 Mulliken 布居以及电子结构，并解释黄铁矿体相中电荷分布异常的原因，从浮选角度分析表面结构和性质对黄铁矿浮选行为的影响。

3.1.1.3　复杂多金属硫化矿浮选电位控制技术的研究

耿志强[29]根据电位调控浮选理论基础，以黄铜矿为研究对象，开展了复杂铜钼共生矿石的电位调控浮选新技术研究。陈勇[30]对单矿物镍黄铁矿和黄铜矿在外控电位下以及原生电位下浮选行为的研究，找出了外控电位下和原生电位下黄铜矿和镍黄铁矿人工混合矿分离的最佳电位区间和浮选矿浆环境。

Chris Plackowski 等人[31]研究了硫砷铜矿在电位控制环境中的浮选行为以及乙黄药和二异丁基二硫代次膦酸钠的吸附行为，发现氧化还原电位高时（+516mV）硫砷铜矿的浮选回收率最高，随着矿浆电位的降低回收率降低，当电位降到 -400mV 时回收率最低，说明利用电化学参数能有效控制硫砷铜矿的可浮性。

利用硫化矿磨矿-浮选矿浆中固有的电化学行为（氧化还原反应）能够引起的电位变化，通过调节传统的浮选操作因素，如使用改变矿浆 pH 值的药剂用量及用法等改善浮选过程。在铅峒山铅锌多金属硫化矿的浮选体系中[32]，高 pH 值和低矿浆电位有利于方铅矿的浮选，同时有利于促进闪锌矿和黄铁矿的自身氧化并使其受到抑制。张丽荣等人[33]用硫化钠调节电位，得到辉钼矿浮选的最佳矿浆电位为 190 ~ 300mV，回收率最高可达 88.69%，钼粗精矿品位最高可达到 11.60%。徐其红[34]采用高效捕收剂 QX，用低石灰用量调节矿浆电位、pH 值，进行分步优先中矿再磨精选闭路试验可以得到铜品位 18.43%、回收率 87.54% 的铜精矿。

3.1.2　硫化矿与浮选药剂界面相互作用

3.1.2.1　浮选剂的结构与浮选性能

了解捕收剂的结构与浮选性能的关系，对探索浮选机理、指导设计和合成新型捕收剂具有非常重要的作用，这是人们研究硫化矿浮选机理的一个重要方向。

胡岳华等人[35]将分子轨道理论和能带理论应用于硫化矿浮选机理研究，发现硫化矿物表面电子结构中价带和导带能级大小影响最终表面产物形式，药剂分子的前线轨道是决定药剂选择性的关键因素之一。

孙伟等人[36]通过前线轨道的相关参数作为选择黄铜矿捕收剂的依据，为药剂的筛选提供一种新的标准。利用密度泛函理论计算黄铜矿捕收剂的前线轨道的性质——最高占据分子轨道（HOMO）能量、HOMO 形状以及药剂组成原子的 HOMO 密度。结果表明这三项参数综合起来可以评价黄铜矿捕收剂的选择性能。

刘广义等人[37,38]采用普遍化微扰理论和密度泛函理论，分析了新型选铜捕收剂（ECTC 等）在中弱碱性条件下优先选铜的机理。徐斌[39]通过捕收剂几何构型方面的研究发现：就羰基硫原子共价键的键长而言，丁黄药捕收铜的选择性不如 N-乙基-N′-异丙氧羰基硫脲（EICTU）和 Z-200；另外由二面角的大小可知，EICTU 的—N—C(═S)—N—C(═O)—O—、Z-200 的—N—C(═S)—O—、丁黄药的—O—C(═S)—S—官能团均容易形成共轭大 π 键。焦芬[10]通过量子化学计算得到，巯基苯骈噻唑（MBT）以硫酮分子形式存在时更稳定，氮原子和其五元环外的硫原子所带 Mulliken 电荷为负值，给电子能力强，而五元环内的硫原子所带 Mulliken 电荷为正值，供电子能力弱，因此，硫酮分子上反应活性位点为氮原子和环外硫原子。

H. Yekeler[40]利用密度泛函第一性原理研究了三种巯基苯并噻唑（MBT）的量化性质，药剂分子的活性由HOMO位置、HOMO能量、原子的Mulliken电荷布居和静电位决定，并用这些性质很好地解释了三种药剂的捕收性能。B. Bag[41]运用量子化学计算研究了乙黄药、丙黄药、异丙黄药、异丁黄药、戊黄药与铜离子的交互作用，通过总交互能、最高占据轨道能、电荷密度、结合能、偶极运动等量化参数分析表明戊黄药最容易与铜离子作用，并且与试验结果一致。Hailstörm[42]研究了乙基、庚基钠和钾黄药的分子结构，比较发现利用密度泛函理论下的局域密度近似（LDA）函数，分子优化结构与实验值最为接近。

3.1.2.2 *矿物与药剂作用机理*

药剂在矿物表面的作用方式，总的说来可分为以下几类：

（1）分子吸附。它是指捕收剂在矿物表面以分子的形式吸附。这一类氧化矿捕收剂主要有羧酸类、胺类等，分子吸附主要取决于药剂在水中水解形成弱碱或弱酸分子，这些水解产生的药剂分子通过范德华力吸附于矿物表面。

（2）化学吸附[43~48]。化学吸附机理认为捕收剂离子或分子的特性基与矿物表面的离子、原子或分子发生键合的电子转移形成定向排列。其特点是能量大（约在1电子/摩尔），或者说吸附热高（几十千焦/摩尔），吸附分子与矿物表面距离小，药剂分子与矿物间发生键合的电子关系，吸附力本质上是化学力。化学吸附一般具有选择性，吸附比较牢固，不易解吸，通常随着温度升高（在一定范围内）吸附量升高。

（3）表面化学反应。即化学吸附进一步发展，常常在矿物表面发生化学反应。表面化学反应与化学吸附的主要区别是前者的反应产物在表面上构成独立的相。

（4）同名离子的交换吸附。这个概念是从瓦克和柯克斯提出的离子交换模型演变而来，主要是说明药剂在矿浆中以离子的形式作用，并且与水中的OH^-发生竞争吸附，由此决定浮选过程发生与否。

（5）药剂在矿物表面或矿浆中反应产物的吸附。研究发现，浮选药剂与矿物表面的作用不像上面讨论的那样简单，不仅药剂原有组分与矿物本身作用，在多数情况下还包括一系列复杂的反应过程。例如，矿物与空气成分反应，与矿浆中氧及各种难免成分的反应等，使矿物表面发生改变；浮选药剂与矿物作用时，还包括许多副反应、氧化还原反应、催化反应以及在矿物表面不同位置和不同阶段的各种类型的反应等。

（6）双电层吸附[49~53]。双电层吸附理论认为在矿浆体系中矿物-水界面荷电后形成阳离子层和阴离子层，目前被广泛接受的是斯特恩双电层理论。在这一吸附模型中，捕收剂浓度低时以单个离子的状态吸附，浓度高时以半胶团状态吸附，一部分未解离的分子靠同矿物间及非极性基间的范德华力与捕收剂离子共吸附于矿物表面；当捕收剂离子烃链较大、链间作用较强或极性基与矿物间有化学亲和力时，也即有所谓的特性吸附力时，不但可在紧密层中吸附，而且吸附量可大至超过内层的相反电荷，从而强烈改变电位大小，甚至引起表面电荷符号的改变[54]。

3.1.2.3 *浮选药剂与矿物表面作用的研究方法*

矿物与药剂作用机理的研究有很多，但大多是通过等温吸附曲线、动电位、接触角、红外光谱、X光电子能谱、荧光探针[47]、原子力显微镜[55~58]等方法研究得到的。以上这些方法都不能对药剂在矿物表面吸附的全过程进行完整的实时的测定。石英晶体微天平QCM-D(quartz crystal microbalance with dissipation)可以对药剂在矿物表面的吸附全过程进行实时测定，而且作为压电效应在质量测定中的高精度应用技术，QCM-D的测定精度可以达到纳米级。它不仅可以得到表面吸附膜的质量变化和厚度变化，还可以得到该吸附膜的黏弹性质并可推测该吸附膜的结构特征，从而得到药剂的作用吸附机理和规律。寇珏等人[59]的研究结果表明：QCM-D比Zeta电位更精确和明显地测定出不同胺类捕收剂在石英表面的吸附差别，因此对研究浮选药剂的吸附机理有重大的参考价值。

高志勇借助原子力显微镜（AFM）观察并研究了三种含钙矿物晶体常见暴露面的微观形貌，并借此讨论了晶面的解理特性和溶解行为。然后通过接触角测量，采用三种探针液体蒸馏水、甲酰胺、二碘甲烷研究了三种含钙矿物晶体常见暴露面的润湿性。借助几何平均方程等几种表面能的拟合计算方法，得到了常见暴露面的表面自由能，并分析了表面自由能及其分量和表面断裂键性质的关系。

近年来，引入了量子化学计算方法和动力学模拟方法，以便更好、更快地了解浮选和浮选机理。王振等人通过对捕收剂分子在矿物解理面作用进行分子动力学模拟发现，CPC阳离子在氧化钼｛100｝、磷灰石｛010｝表面的吸附能分别为448.86kJ/mol和420.16kJ/mol，表明CPC阳离子更易与氧化钼颗粒发生吸附。郭静楠等人采用分子动力学模拟研究了分子与一水硬铝石和高岭石表面的相互作用，结果表明药剂分子与一水硬铝石晶面实现紧密结合。

Andrew Hung[60]计算了甲基黄药离子的结构和性质特点，并研究了它在 FeS_2 {110} 和 {111} 面的吸附行为，结果表明甲基黄药容易和黄铁矿 {100} 面上的四配位铁原子、{111} 面上的桥位硫原子发生作用，黄药将在含有缺陷的黄铁矿表面发生化学吸附。徐斌[39]通过对 S-苄基-N-乙氧羰基硫氮酯（BITCM）在矿物表面吸附的分子模拟研究发现：通过吸附能的比较可知，BITCM 分子在方铅矿 {100} 面、闪锌矿 {110} 面、黄铁矿 {100} 面上的最稳定吸附构型均为羰基硫和羰基氧同时吸附，且 BITCM 在方铅矿表面的吸附最容易发生。

综合诊断红外反射技术[61]能直观地测量矿物表面吸附浮选药剂粒子的种类和数量。黄铁矿与闪锌矿接触时，黄药在黄铁矿表面的吸附完全受到抑制，而闪锌矿表面形成黄原酸铅的多分子层结构。黄铁矿与黄铜矿接触时，双黄药在黄铁矿表面的生成受到抑制，而黄铜矿表面的双黄药的生成量增加了 2.5 倍。

3.1.3 氧化矿的界面化学

3.1.3.1 氧化矿物晶体结构与表面性质及浮选行为研究

关于矿物晶体表面化学性质与浮选行为的关系，目前国内外科研工作者主要侧重于表面断裂键、表面能、润湿性及吸附性等方面的研究。通过计算矿物表面的断裂键数和表面能可预测矿物的解理性质和晶体习性，并间接解释其润湿性和吸附性。通过分析矿物表面活性质点的排布特点，借助计算机模拟可探讨矿物不同暴露面与浮选剂的作用差异，揭示浮选机理。

A 矿物表面断裂键性质研究

Hu 等人[62]的研究表明，一水硬铝石、高岭石、伊利石和叶蜡石的等电点与零电点随其排列顺序依次减小，其电化学性质和矿物的表面性质与 Al—O 键断裂为 Si—O 键密切相关。高岭土的晶体结构、晶体化学以及表面性质，指出软质高岭土的结晶度指数高于硬质高岭土，并且浮选性能也较为优良。

刘晓文[63]系统分析了一水硬铝石及高岭石、伊利石、叶蜡石等含硅脉石矿物的晶体结构，计算了各个矿物的表面断裂键数，并借此分析了四种矿物的解理特性以及各晶面的润湿性差异与浮选行为的关系。

高志勇[64]分析了白钨矿、方解石和萤石三种含钙矿物的晶体结构，三种含钙矿物晶体的解理性质和晶体习性与矿物表面的电性、层间距、断裂键密度和表面能有关。Rai 等人[65]利用分子动力学模拟证实了油酸根离子与锂辉石 {110} 面的作用能较 {001} 面负值更大，作用更强。

B 矿物表面能研究

矿物的表面自由能与矿物润湿性、吸附性和界面动力学特征直接相关。目前，科研工作者主要借助计算机模拟来计算矿物表面能。针对氧化矿不同结晶方向的表面能，近年来有很多研究。

Oviedo 等人[66]计算了锡石（SnO_2）四个晶面 {110}、{100}、{101}、{001} 的表面能，分别为 $1.04J/m^2$、$1.14J/m^2$、$1.33J/m^2$、$1.72J/m^2$，表明 {110} 面是最稳定的晶面。Perron 等人[67]计算了金红石（TiO_2）四个晶面 {110}、{100}、{101}、{001} 的表面能，分别为 $0.89J/m^2$、$1.12J/m^2$、$1.39J/m^2$、$1.65J/m^2$，各晶面表面能大小顺序与锡石一致，这是由于金红石与锡石具有相近的晶体结构，皆属四方晶系。

白钨矿 {112} 解理面和方解石 {104} 解理面的表面自由能、极性分量、极性分量所占表面自由能比例皆为前者大于后者，与二者的 Ca—O 断裂键的数目及键能差异有关[64]。Gao[68]还计算了方解石解理 6 个表面和萤石解理的 3 个表面的键能密度，认为方解石常见解理晶面是 {10-14}、{21-34} 和 {01-18}，{111} 是萤石的常见解理面，并得出了表面断裂键密度和表面能的线性关系。

C 矿物表面吸附性研究

近年来，有研究表明，矿物表面活性质点密度及其空间方位分布可能是影响药剂分子在矿物表面吸附行为的关键因素。关于水分子及有机小分子捕收剂在矿物不同晶面上的吸附行为，英国巴斯大学的 Steve Parker 和伦敦大学学院 Nora de Leeuw 的研究小组进行了大量的计算机模拟研究工作。他们的研究思路可概括为：切割并建模矿物的一系列晶面，然后探寻并确定水分子和小分子捕收剂在这些晶面上的最小能量吸附模型并计算吸附能。

以云母为例，Satoshi Nishimura 等人[69]研究了十二胺盐酸盐在云母底面的吸附特性，通过矿物表面动电位、吸附等温线和接触角的测量，得出在矿物表面动电位显著下降时的十二胺盐酸盐浓度下，云母表面吸附等温线和接触角升高，此时在云母表面形成十二胺双层吸附。Mark Rutland 等人[70]研究了矿浆 pH 值对十二胺在云母表面吸附的影响。结果表明在低 pH 值（pH 值小于 8）条件下，矿浆中十二胺以十二胺阳离子的形式存在，十二胺阳离子主要以静电作用吸附在云母阴离子电荷处，使云母表面有些位置没有被捕收剂吸附；在 pH 值为 8 ~9 范围内，十二胺主要是以十二胺阳离子和十二胺分子的形式存在，十二胺阳离子和十二胺分子同时吸附在云母表面，使云母表面所有位置都被捕收剂吸附，形成紧密的单分子层吸附，疏水基暴露在云母表面使云母疏水。

3.1.3.2 *微细粒氧化矿物界面相互作用力*

DLVO 理论和扩展 DLVO（EDLVO）理论表明：浮选矿浆体系中颗粒间的总作用位能与颗粒大小、形状、颗粒间距离、颗粒表面电位、电解质浓度、大分子浮选剂相对分子质量、吸附厚度、矿浆温度等因素有关。利用 DLVO 理论和扩展 DLVO 理论可以较好地解释不同浮选矿浆体系中颗粒间的相互作用：如铝土矿浮选体系中同性颗粒间、异性颗粒间的凝聚和分散行为，微生物浸矿中微生物和矿粒间的吸附行为，铁矿物、锰矿物和脉石以及各种脉石之间的凝聚和分散行为[71]。

Liu[72]研究了铝土矿浮选体系中同性颗粒间以及异性颗粒间的凝聚和分散行为，并认为颗粒的凝聚作用是低 pH 值条件下浮选的主要影响因素。Monfared[73]研究了纳米硅颗粒在方解石表面吸附的吸附平衡、动力学以及热动力学，并用 DLVO 解释了影响两种颗粒间相互作用的因素主要有：表面电性、颗粒粒径、表面润湿性。

张国范等人[74]从 DLVO 理论方面探讨钛辉石和钛铁矿之间的相互作用。随着矿物表面电负性降低、润湿性减弱及矿物颗粒的粒径减小，两种矿物之间的引力增大。DLVO 理论计算结果表明[75]：当 pH 值为 5.9 时，两种矿物颗粒间的总相互作用能为负值，表现为相互吸引，微细粒级的钛辉石会在钛铁矿表面上黏附，使钛铁矿的回收率显著降低；当 pH 值为 8.5 时，由于静电排斥能大，总相互作用能表现为较强的排斥力，微细粒钛辉石不能黏附在钛铁矿表面。Yin[76]研究了白钨矿颗粒大小和颗粒间相互作用对浮选的影响。根据试验结果以及 EDLVO 理论可知细颗粒与粗粒产生界面作用，使体系能量降低从而降低回收率。在对钨矿预脱铁—脱泥—黑白钨混浮新工艺及机理研究的过程中，通过扩展 DLVO 理论计算白钨矿和矿泥的相互作用能[77]，结果表明，白钨矿和矿泥间的 EDLVO 势能总为负，表现为白钨矿和矿泥的相互吸引行为，矿泥罩盖于钨矿表面，影响钨矿浮选。

冯博等人[78]通过计算得到 pH 值为 9 时，无 CMC 存在条件下，黄铁矿与蛇纹石之间的相互作用能为负值，表明二者之间存在较强的相互吸引作用，容易发生异相凝聚。加入 CMC 后，蛇纹石和黄铁矿的相互作用能变为正值，二者之间存在较强的相互排斥作用，不会发生异相凝聚。

在 pH 值为 9、六偏磷酸钠用量为 100mg/L 的条件下，蛇纹石与滑石和绿泥石在相当大的距离范围内，颗粒之间的相互总作用能表现为斥力，这是因为六偏磷酸钠的加入使蛇纹石颗粒的表面动电位由正变负，导致蛇纹石与滑石、绿泥石表面电荷相同，由于静电作用相互排斥，使罩盖在滑石、绿泥石颗粒表面的蛇纹石脱落下来，六偏磷酸钠起到分散蛇纹石的作用[79]。

朱阳戈等人[80]通过计算得到细粒钛铁矿与粗粒钛铁矿相互作用的势能曲线，若不考虑疏水作用力，则细粒矿物与载体间的相互作用存在较高能垒，细粒矿物难以黏附在载体表面；而加入油酸钠后，细粒矿物与载体矿物表面疏水，疏水作用力的产生使二者之间由排斥力转变为吸引力，粗细矿粒间易于黏附。可见，疏水作用力是该体系中细粒钛铁矿向载体黏附的前提，在钛铁矿自载体浮选中起到至关重要的作用。

3.2 浮选工艺

3.2.1 硫化矿浮选工艺

对于单一金属硫化矿的选矿工艺，近些年的研究重点是如何实现有用矿物选择性解离和提高微细粒级浮选回收率[81~97]。含两种或两种以上金属硫化矿的浮选工艺研究工作，主要侧重于金属硫化矿的分离[98~100]。

现有的多金属硫化矿浮选工艺都是在优先浮选和混合浮选工艺基础上发展起来的，主要包括部分优先浮选流程、部分混合浮选流程、等可浮浮选流程、粗细分选流程、分支串流浮选流程、异步浮选流程及快速浮选流程等[99,101,81,102~106]。

3.2.1.1　铜硫浮选工艺

铜硫分离过程中对硫的抑制侧重于低碱条件，同时为了安全高效回收硫，活化剂的发展也趋向于非酸活化[107~112]。德兴铜矿[107]以Mac-12为捕收剂、DP-3为二段铜硫分离抑制剂的低碱度浮选工艺，使铜硫分离取得了很好的效果，得到铜精矿品位24.16%、回收率88.60%的选别指标。李晓波[111]对安徽某铜硫矿进行研究，提出在低碱度条件下，采用BK-301与LP-01(1∶2)组合捕收剂，经过优先浮铜、原浆无活化选硫的铜硫分离浮选工艺流程，可获得铜精矿含铜18.46%，回收率72.16%，硫精矿含硫48.14%，回收率93.72%的良好指标。

对于复杂难选铜硫矿一般采用先浮可浮性较好的铜矿物，然后对铜硫进行混合浮选—浮选分离的浮选工艺。穆国红[109]针对某低品位铜矿石，采用一段粗磨（-0.074mm占51%）丢尾、闪速浮铜、铜硫混浮再磨分选流程，得到铜品位31.17%和回收率93.53%、伴生金回收率52.17%的铜精矿和含硫43.2%、回收率44.31%的硫精矿。艾光华、周源、魏宗武[112]针对江西某难选铜矿石，采用铜部分优先浮选、混选精矿再磨分选流程，较大幅度地提高了分选指标，获得铜品位21.15%、回收率83.62%的铜精矿和硫品位38.86%、回收率63.31%的硫精矿。罗斯伯里铜选矿厂针对其复杂的含砷铜矿，采用再磨铜粗精矿至10μm达到对铜最大选择性的方法以降低有害成分砷取得较好的经济指标[113~115]。

3.2.1.2　硫化铜铅锌矿浮选工艺

目前国内处理铜铅锌矿多金属硫化矿的工艺流程有：全优先浮选工艺流程、混合浮选流程、闪速浮选流程、等可浮流程、选冶联合等[116]。邓传宏等人[117]针对蒙自白牛厂银多金属矿矿石复杂、难选的矿石特性，在工程设计中采用了铅锌闪速浮选新技术，取得了理想的技术经济效果。陈建明等人[118]对广西某富银铅锌矿进行选矿试验研究，采用两次粗选工艺流程，第一次粗选优先选出大部分品位较高的铅锌矿物，第二次粗选选出品位较低的铅锌矿物，第二次粗选精矿经两次精选后与第一次粗选精矿合并进行第三、第四次精选。朱一民[119]对青海某地铜铅锌矿采用最常规的无毒捕收剂、抑制剂和常规的铜铅锌依次浮选流程，替代了以往的复杂浮选流程和氰化物抑制。

陈代雄等人[101,120~122]采用部分混合浮选流程对西藏墨竹工卡的铜铅锌硫化矿进行处理，铜铅混浮时结合中矿再磨，铜铅分离时采用活性碳脱药，结合CMC、Na_2SO_3和Na_2SiO_3的组合药剂抑铅，取得了良好的选矿指标。K.M.阿松奇克[123]对乌兹别克斯坦汉吉兹铜铅锌硫化矿采用铜铅混浮进行处理，铜铅混浮时采用丁黄药和黑药作为混合捕收剂，用硫酸锌抑制闪锌矿，铜铅分离前用活性炭、硫化钠结合洗矿脱药，然后在酸性pH值条件下用亚硫酸钠抑制方铅矿，用黄药捕收硫化铜矿物。

通过调控矿浆电位调控硫化矿浮选体系中矿物表面的润湿性，一直以来都是实现硫化矿浮选分离的重要手段[124~126]。罗仙平、王淀佐等人[127]对某矿物嵌布粒度细，且锌矿物主要为铁闪锌矿的铜铅锌硫化矿进行了电位调控浮选研究，实现了铜、铅、锌矿物的较好分离。程琍琍等人[128]对新疆某矿物嵌布异常复杂的铜铅锌硫化矿采用电位调控浮选技术，结合全优先流程，用石灰调节矿浆电位，以LP-01、SN-9号+苯胺黑药、丁黄药分别捕收铜、铅、锌矿物，使用$ZnSO_4$+YN的组合药剂抑锌，取得了良好的浮选指标。

云南某铅锌矿浮选矿浆中存在大量的Zn^{2+}、Fe^{2+}等金属离子，这些离子的存在会导致铅锌矿物分选难度增加。冯忠伟[129]采用在矿浆自然酸碱性（酸性）下浮选铅锌矿物的无碱工艺。对于铜矿物以黄铜矿为主的硫化铜锌矿浮选分离易于实现[130,131]；但对于存在氧化铜矿物或者次生硫化铜矿物的矿石，由于体系中有Cu^{2+}，导致该类矿石铜锌分离困难[132]。覃文庆[133]对蒙自的含铅银锌矿石开发了新的电化学技术，用NNDDC和DDTC作为捕收剂，通过控制pH值和矿浆电位获得铅、银品位分别为55%、1800g/t，回收率86.5%、65%的铅精矿和锌品位42.5%、回收率91.25%的锌精矿。

3.2.1.3　硫化铜镍矿浮选分离

在硫化镍矿的浮选过程中，如何降低精矿中氧化镁的含量和消除含镁硅酸盐矿物对含镍矿物浮选的不利影响，是近十年来硫化镍矿浮选研究的重点，并出现了一些新的工艺流程，如脱泥—浮选工艺、阶段磨矿—阶段选别流程、分速浮选法[134~139]、浮选—磁选联合流程[140~143]、闪速浮选法[144~147]等。

赵开乐等人[148]对我国四川丹巴铜镍矿采用一种多糖抑制剂KGM进行处理，该抑制剂有效地抑制了矿样中的滑石，与CMC比较KGM显著地提高了铜镍矿的回收率。在工业试验中，粗磨产品通过一次粗选、三次精选、两次扫选，以及再磨之后的一次粗选、两次精选、一次扫选流程，添加KGM为抑制剂不仅很好地实现了铜、镍矿的分离，而且使得现场镍的回收率提高了18.15%，铜的回收率提高了18.02%。

云南金平镍矿[149]使用MIBC作为起泡剂进行预先脱泥，避免了浮选过程中矿泥增大矿浆黏度、包裹细粒硫化矿物等现象，提高了浮选指标。金川镍选矿厂[150]进行了闪速浮选工业试验，获得了较好指标。博茨瓦纳的塞莱比-皮克威矿山的矿石中，镍黄铁矿与磁黄铁矿呈交互粒状集合体产出，两者之比达到1∶14，难以采用单一浮选方法使有用矿物得到有效利用，而由于镍黄铁矿和磁黄铁矿都有磁性，采用碱性浮选—浮尾磁选—磁精磨选的工艺流程可以获得较高的回收率[151]。

对金川镍矿三矿区矿石采取“阶段磨矿—阶段选别—中矿返回再选”工艺，可获得精矿品位大于6%、镍金属回收率83%的良好指标[152]。

3.2.1.4 钼-铋-锑浮选工艺

单一硫化钼矿选矿工艺一般采用粗磨粗选—再磨再选的浮选工艺，对于铜钼矿常采用优先浮选和混合浮选两种方法[153~165]。魏党生[166]针对广东某铜钼矿采用“铜钼硫硫化矿全浮—抑硫浮铜钼—铜钼分离”的浮选工艺，所得的分选指标较好。对于含碳镍钼矿，这种矿石除含有价金属镍、钼等外，还含有丰富的铂族金属、稀土金属和大量的石墨，矿物以超细粒度与黄铁矿共生，无法用传统的选矿方法分离镍和钼。孙伟等人[167]采用粗磨产品两次粗选三次精选、再磨的中间精矿两次精选、中矿顺序返回流程处理该矿石，可以获得钼品位2.21%、回收率84.53%的钼粗精矿。陈代雄等人[168]采用脱碳—镍钼混合浮选工艺进行了镍钼矿的选矿试验，在选矿前先进行脱碳，镍钼矿混合浮选回收率基本稳定在75%左右。

对于硫化锑矿的浮选工艺，一般采用混合浮选工艺和优先浮选工艺[99,106,169~171]。吉庆军[172]以甘肃某金锑矿为研究对象，采用优先浮锑工艺，经过一次粗选、两次精选、一次扫选，金浮选经过两次粗选、四次精选、一次扫选，闭路试验可获得锑精矿品位50.67%、回收率78.43%；金精矿含金60.89g/t、回收率80.52%的选矿指标。朱一民[173]针对某地低品位含锑矿石，通过浮选脱碳后，进行辉锑矿的浮选。

Irina Pestryak等人[174]针对蒙-俄合资额尔登特矿业公司铜钼矿，具有较高的次生氧化铜矿和伴生黄铁矿以及低碳矿物质、分选难度较大等特点，采用浮选—生物湿法冶金相结合的工艺流程。矿石研磨至$-74\mu m$含量为72%~75%，细菌浸出硫化浮选尾矿，pH值为2.1~2.3浸出3天，使得总铜回收率增加0.8%。

铋常与铅、铜、锡、锑、钨等有色金属共生，在浮选过程中常采用混合浮选分离工艺[175~178]。邱显扬等人[179]针对云南个旧某铜铋矿，采用硫化矿混浮—粗精矿抑硫浮铋铜—铋铜分离的全浮选工艺流程，最终获得了含铜18.66%、回收率33.27%的铜精矿和含铋21.70%、回收率44.37%的铋精矿。叶雪均等人[180]针对江西某铜铋多金属矿石采用铜铋混合浮选—铜铋分离浮选工艺，实现了铜和铋的高效无氰分离，获得良好选矿指标。李爱民[181]针对宁化行洛坑钨矿伴生钼铜铋硫化矿的浮选分离指标较差的现象，采用优先浮钼—铜铋混浮—铜铋分离—铋粗精矿再浸出回收铋新工艺，获得了铋品位62.37%、铋回收率60.09%的铋精矿。广西某铜铋硫化矿现场原工艺采用“铜铋混浮—铜铋分离”进行分选，混合精矿进行铜铋分离时铋矿物抑制困难，铜铋分离效果差，周贺鹏[182]采用铜铋等可浮浮选工艺对其进行了分选。

3.2.2 非硫化矿浮选工艺

3.2.2.1 铝土矿浮选工艺进展

铝土矿浮选工艺主要有正浮选工艺和反浮选工艺，其中正浮选工艺在近些年已经得到广泛的推广应用。为了解决正浮选工艺中粗粒难浮的问题，研究者提出了浓缩浮选、粗细分选等工艺[183~185]。其中铝土矿“选择性磨矿—聚团浮选脱硅工艺”利用铝土矿的选择性碎解特性，通过选择性磨矿和选择性聚团浮选，强化铝硅分离，粗细粒级铝矿物兼收，并大幅度减少浮选药剂用量，提高处理能力[92,186~188]。该工艺在对不同产地、不同铝硅比的各种规模铝土矿的选矿脱硅中，均获得了良好的技术指标[189]。“选择性磨矿—聚团浮选脱硅工艺”在中国铝业中州分公司的生产应用中，对铝硅比为5.5左右和3.5左右的铝土矿选矿脱硅，均取得了良好的效果，为拜尔法生产氧化铝提供了可靠的优质原料，为解决优质铝土矿资源短缺问题，提供了一个有效的解决途径[190]。

针对铝土矿浮选过程的特点，中南大学开发出"铝土矿选择性脱泥—阳离子反浮选脱硅"工艺并进行了工业试验，试验结果表明，原矿铝硅比5.88的铝土矿，经反浮选后，精矿铝硅比为10.12，氧化铝回收率为82.40%。精矿用拜耳法处理，预脱硅率达到43%，精矿的浸出、赤泥沉降压缩性能好，管道结疤速度低，氧化铝产品质量好[191]。

Xia Liuyin 等人[192]针对渑池铝硅比5.7的中低铝硅比铝土矿，以 Gemini 为捕收剂、淀粉为抑制剂，采用预先脱泥反浮选工艺流程，获得了精矿铝硅比9.8，Al_2O_3 回收率71.73%的最终浮选指标。该流程与烧结为主的铝土矿富集或烧结加拜耳法的传统铝土矿处理工艺相比，大大降低了铝土矿脱硅的能耗，为我国低铝硅比铝土矿的应用探索了一条新的思路。

卢毅屏等人[193]对山西某铝土矿进行了提铝降铁试验研究，结果表明：采用一粗一精一扫浮选、一次高梯度强磁选联合流程处理该矿石，可以将 Al_2O_3 品位从64.80%提高到72.57%，回收率达86.86%；Fe_2O_3 含量从3.28%降至1.81%，去除率达57.20%。

魏党生[194]对某地高铁铝土矿石，采用强磁选—阴离子反浮选工艺进行了铝铁综合回收试验研究，最终获得了 Al_2O_3 含量超过68%、回收率超过70%的铝精矿，以及铁品位超过56%、回收率超过54%的铁精矿。

黄光红等人[195]对某高铁铝土矿石采用磨矿（-0.074mm 占72%）—强磁粗选—强磁粗精矿再磨（-0.038mm占90%）—强磁精选—强磁精矿反浮选提铁脱铝工艺处理，最终获得了高品质的铁精矿，磁选尾矿与反浮选尾矿合并即为铝精矿。

3.2.2.2 铜铅锌氧化矿浮选工艺

白铅矿和孔雀石常采用硫化-黄药法即可获得较好的分选指标，而对于以菱锌矿为主的氧化锌矿浮选工艺则有硫化-胺法、硫化-黄药法、脂肪酸直接浮选法、絮凝-浮选法、重选-浮选联合流程[196,197]以及焙烧-浮选[198,199]等工艺，其中硫化-胺法工艺应用较为成熟[200]。对于云南兰坪氧化锌矿，由于其含泥量大，在采用硫化-胺法浮选工艺时，需要预先脱泥，这导致25%左右的金属损失。中南大学冯其明[201]采用氧化铅锌矿原浆浮选技术成功实现了不脱泥浮选，工业试验获得的主要技术指标为：原矿含锌6.5%~7.5%，锌氧化率88%，氧化锌精矿含锌18%~20%，锌总回收率80%。孙伟等人[202]以云南省沧源县某深度氧化且锌主要以异极矿形式存在的难选铅锌矿石为研究对象，进行了丁黄药直接浮选方铅矿、硫化-丁黄药浮选白铅矿、硫化-苯硫酚浮选异极矿的工艺技术条件研究。

对于某些难处理氧化铜，例如高钙镁难处理氧化铜矿，在昆明理工大学、北京矿冶研究总院和云南铜业（集团）有限公司共同完成的国家"十五"科技攻关项目和国家财政部重大产业技术转化项目"难处理高钙镁氧化铜矿高效选冶新技术"中首次提出了结合氧化铜可选的观点。针对高氧化率和中低结合率的矿石，采用单一浮选工艺，针对高氧化率、高结合率和高钙镁"三高"矿石，采用选冶联合流程，并开发了氧化铜矿"细磨矿—共活化—强捕收"的新工艺技术。首次提出了相转移活化、硫化促进活化、微溶解活化和相变活化的系统活化理论，自主研发了新型活化剂，大幅度提高了浮选指标；开发了新型螯合组合捕收剂，协同强化氧化铜矿捕收。

3.2.2.3 金属碳酸盐浮选工艺

具有开采价值的碳酸盐金属矿物主要有菱锌矿、菱锰矿、菱铁矿等。对于菱锌矿和菱锰矿浮选，它们与石灰石、白云石的分离是分选过程中的技术难点[203~207]。氧化锰矿由于密度大且具有一定的磁性，因此其分选一般采用重选和磁选，而对于某些难处理锰矿石，人们越来越多地开始考虑采用浮选来进行分离，但对于菱锰矿与石灰石的分离目前仍然难以很好实现[208~212]。S. H. Hosseini[213]以 KAX 和 DDA 为捕收剂，研究了伊朗 Angooran 地区的菱锌矿的浮选行为。两种药剂单一使用菱锌矿的回收率均低于40%。当两种药剂以一定比例联合使用时，大大增加了药剂在矿物表面的吸附，达到了浮选回收率96.6%的良好指标。

曹学锋等人[214]以油酸为主要捕收剂、SDBS 为增效剂、水玻璃为石英等硅酸盐矿物的抑制剂、碳酸钠为矿浆 pH 值调整剂，针对某地低品位碳酸锰矿进行浮选分离。

3.2.2.4 含钙矿物浮选工艺

有价含钙矿物主要有白钨矿、萤石、磷灰石等，白云石和石灰石常常作为脉石矿物存在。

萤石矿浮选的难点在于氟化钙与碳酸钙两种含钙矿物的分离，随着矿石中碳酸钙含量的增加，其分选难度增加，现有浮选工艺主要采用酸化水玻璃对碳酸钙进行抑制[215~229]。邓海波[230]针对某原矿 CaF_2 品位 17.32% 的石英型萤石矿，使用自制新型耐低温捕收剂 DW-1，获得了萤石精矿 CaF_2 品位 98.37%、回收率为 80.12% 的良好指标，S. Song 等人[231]对墨西哥某萤石矿的浮选研究，发现萤石浮选中萤石、石英和方解石的颗粒在水溶液中容易形成多相凝聚，不利于萤石的分选。他们采用 CMC 为分散剂，有效地实现了萤石与脉石矿物的分离，在精矿品位保持 98% 的情况下，回收率从 72% 提高到了 78.5%。

张国范[232]针对我国某地浮钨尾矿中萤石被强烈抑制的特点，对萤石纯矿物及实际矿进行了浮选试验研究，开发出能有效恢复萤石可浮性的新型活化剂 ANF-1。

磷矿浮选涉及磷灰石与含硅矿物、白云石等矿物之间的分离，目前仍以正-反浮选[233~242]或双反浮选工艺为主[243-247]。葛英勇等人[248]对远安低品位胶磷矿采用阴离子捕收剂反浮镁、阳离子捕收剂反浮硅的双反浮选工艺。承德地区具有丰富的磁铁矿资源，矿石储量 10 亿吨左右，但品位极低，Shi Shuaixing 等人[249]将原矿磁选后的尾矿进行浮选获得 P_2O_5，磷灰石 +0.25mm 占 50% 以上，采用 JJF160m^3 浮选机，有效地解决了粗颗粒的循环问题，P_2O_5 品位从 2.12% 提高到 30.68%，回收率达到了 47.97%。

孙伟[250]针对某胶磷矿的性质，采用双反浮选工艺流程，首先在酸性条件下用阴离子捕收剂 B-1 反浮选脱镁，脱镁精矿再在碱性条件下用阳离子捕收剂 B-2 脱除硅酸盐杂质，最终获得的磷精矿的品位为 32.69%，回收率高达 81.76%，含 MgO 1.53%。

孙传尧、邱显扬等人在《复杂难处理钨矿高效分离关键技术及工业化应用》中提出的类质同象富钼变种白钨矿选矿新技术，采用特效的磁黄铁矿浮选药剂和钼钨类质同象白钨矿的特效捕收剂以及“浮钼—强化脱硫—高效回收钼钨类质同象白钨矿”的全浮选工艺流程，解决了伴生有磁黄铁矿的低品位钼钨类质同象白钨矿的浮选技术难题。

3.2.2.5 铁矿浮选工艺研究进展

由于磁铁矿的天然可浮性差，浮选速度小，通常采用反浮选工艺对脉石矿物进行浮选来提高铁品位。铁矿石中的主要脉石是石英和硅酸盐矿物。目前采用的磁铁矿反浮选流程有两种：(1) 阳离子捕收剂反浮选石英和硅酸盐；(2) 阴离子捕收剂反浮选活化了的石英。

近年来，为了满足市场的要求，围绕“提铁降硅”，许多单位和厂矿做了大量的研究开发工作，并采用了不同的技术方案对选矿厂进行了卓有成效的技术改造，取得了显著的效果，使我国的磁铁矿品位由 65.00% 左右提高到 68.50% 左右，SiO_2 由 8% ~9% 降至 4% 以下[251]。

张凌燕等人对青海某微细粒嵌布磁铁矿采用磁选—反浮选联合工艺，最终精矿铁品位为 67.42%，铁回收率为 56.92%[252]。

刘军等人对某贫磁铁矿进行阶段磨矿—弱磁选—反浮选流程试验，其选别指标为：精矿产率 36.58%，铁品位 69.94%，铁回收率 83.63%[253]。

酒钢对磁化焙烧—磁选铁精矿进行反浮选工业试验，给矿品位为 56.53%，浮选流程为一次粗选、一次精选、四次扫选，试验结果为：铁精矿品位 61.82%，尾矿品位 24.20%，精矿回收率 93.98%[254]。

我国铁矿石储量中赤铁矿占有较大比例，特点是品位低、嵌布粒度细、含泥量高，因而选矿难度大。鲕状赤铁矿是国内外公认的最难选铁矿石，其储量约占全国铁矿石储量 1/9[255]。目前，国内外对鲕状赤铁矿选矿研究包括：磁化焙烧—磁选—反浮选、弱磁—强磁—反浮选、选择性絮凝脱泥—强磁抛尾—阳离子反浮选等工艺。张汉泉等人[256]针对铁品位为 43.76%、磷含量为 0.84% 的鄂西鲕状赤铁矿进行磁化焙烧—磁选—反浮选试验研究获得了铁品位 58.95%、综合回收率 80%、磷含量 0.50% 的铁精矿。陈新林等人[257]对鞍山式贫赤铁矿采用了弱磁—强磁—反浮选的工艺，获得了铁品位 67.81%、含硫 0.019%、回收率 65.68% 的铁精矿。关翔等人[258]对某难选赤铁矿采用弱磁—强磁—强磁—阳离子反浮选流程，获得了混合精矿产率 41.89%、铁品位（TFe）62.07%、铁回收率（TFe）65.01% 的指标。刘有才等人[259]针对永州某地高泥细粒的贫赤铁矿，采用选择性絮凝脱泥—强磁抛尾—阳离子反浮选组合新技术，进行了选矿工艺研究阳离子反浮选，获得了品位为 59.8%、回收率为 94.2% 的铁精矿。

3.2.2.6　其他氧化矿

石英与长石浮选分离仍然以氢氟酸法（又称有氟有酸法）、无氟有酸法为主，近些年来虽然研究者对无氟无酸法开展了大量的研究工作，但实际应用还有待进一步完善。浮选细粒级黑钨矿的处理工艺主要有选择性絮凝—浮选工艺[235~237]、强磁选—浮选工艺[238,239]以及重选—黑钨细泥浮选联合工艺[240,241]。

3.2.3　金属混合矿浮选工艺

在现有的多金属矿浮选过程中，有价金属往往以硫化矿和氧化矿两种形式存在，目前针对这类资源一般采用先浮硫化矿后浮氧化矿的浮选工艺。

文书明、张文彬等人针对云南东川新矿区、迪庆羊拉、新疆拜城的超过200万吨的混合铜矿，采用“低能耗碎磨矿—硫化铜自活化浮选—结合铜桥联浮选—钙镁反浮选—酸浸提铜”的方法进行处理。

乔吉波[242]针对某复杂难选铜铅锌多金属矿样采用先选硫化矿后选氧化矿的原则流程，确定了“铜铅混浮—铜铅分离—再浮锌—选氧化铅”的浮选工艺，实现了有价矿物铜铅锌矿的有效分离目标。刘万峰[243]针对河北张家口某铅矿中硫化铅、氧化铅含量都高的特点采用“先浮硫化铅—脱泥—再浮氧化铅”流程。

赵平等人[244]针对某高氧化率钼矿采用硫化钼和氧化钼混合浮选全浮选流程。赵平等人[245]针对某含金氧化钼矿，采用优先浮选辉钼矿，将金富集到硫化钼精矿中，然后再浮选氧化钼矿物，硫化钼精矿经脱药抑制辉钼矿后氰化浸出回收金的工艺流程，使矿石中钼和金得到综合回收。

陈代雄[246]针对伊朗某难选氧化锑采用“先硫后氧”和“浮重结合”的选矿流程，其中硫化锑矿采用常规浮选工艺，粗粒氧化锑矿采用重选工艺，细粒氧化锑矿采用浮选工艺。

3.3　浮选设备

目前浮选设备的发展呈现出以下趋势：

（1）浮选设备的大型化。随着选矿厂日处理量的增大，单槽容积大于100m^3的浮选设备已经大量进入工业应用，目前世界上最大规格的在研浮选机容积超过500m^3，最大规格的浮选柱容积达220m^3，国内最大规格的浮选机容积达320m^3，也是当今世界上用于工业生产的最大容积的浮选机。

（2）浮选设备的节能降耗，是近期浮选研究的热点。通过叶轮结构设计和外加充气等方式，使浮选的效率提高，同时降低浮选机的电耗和减少了浮选机部件的磨损。

（3）浮选设备的多样化。粗粒、细粒浮选设备得到快速的发展，复合力场的引入，大大增强了浮选机对不同可浮性矿物浮选的适应性。

（4）自动化控制程度越来越高。

（5）设备的研究开发借助于仿真模拟软件。计算流体力学技术（CFD）在浮选机设计研发中的作用越来越重要[265~268]。

目前国内外具有代表性的浮选设备开发及供应商主要有芬兰的Outotec公司、美国的Flsmidth公司、瑞典的Metso公司及我国的北京矿冶研究总院（BGRIMM）等。较为典型的浮选机有TankCell系列、Wemco系列、RCS系列及北京矿冶研究总院的KYF系列浮选机。

3.3.1　浮选机

3.3.1.1　OK-TankCell型浮选机

奥图泰（Outotec）在浮选机的应用和研发上已有50多年的历史，研究和开发TankCell浮选机始于1990年，目前有13种型号，有效容积5~500m^3。奥图泰浮选机应用极其广泛，有超过4000台奥图泰浮选机装配于世界各地，300m^3 TankCell浮选机是目前世界上应用的最大规格的浮选机之一[269~271]，而现在奥图泰已经设计出最大规格为500m^3浮选机。

3.3.1.2　Wemco型浮选机

Wemco型浮选机是由Dorr-oliver Emico公司（2007年被美国FLsmidth兼并）研制的自吸气机械搅拌式浮选机。SuperCells和Wemco1+1是其代表性产品，其结构特点为：采用圆筒形的槽体结构，圆锥形的通气引流管和泡沫集中器（推泡器），其通气机构远离槽底，降低了分散罩和转子的磨损，其转子可倒置使用从而实现磨损端与未磨损端的互换使用[3]，可以有效提高细粒级矿物的回收率，气、水及能量消耗较低[272]。

Wemcol +1 型浮选机规格相比于 SuperCells 型浮选机要小得多，Wemcol +1 目前最大有效容积为 84.96m^3[269]。SuperCells 型 130m^3 浮选机总装机量已超过 400 台，有效容积为 257m^3 的 SuperCells 浮选机也已经在南美投入使用[270,273]，2009 年，两台 SupercellsTM-300 浮选机在美国犹他州力拓 Kennecml Coppenon 选矿厂试车成功，并成功应用于该选矿厂铜钼混选流程。目前 SuperCells 型浮选机最大有效容积已达到 350m^3[269]。

Flsmidth 公司另一代表性浮选机为 Dorr-Oliver 浮选机，其为充气式机械搅拌浮选机，结构类似于奥图泰浮选机，该机规格为 0.1～330m^3[269]。

3.3.1.3 RSCTM 浮选机

RCS(reactor cell system) 浮选机是由瑞典 Mesto 公司开发研制的充气式机械搅拌浮选机。RCS 够提供用于现代化矿石处理工厂的全系列浮选设备，浮选槽容积为 5～200m^3。其特有的深叶片机构（DV）[274]的叶轮配置有独特的垂直式叶片设计，叶片具有成形下边缘和空气分散装置。这样的机构设计使矿浆产生强大的流向槽壁的径向流，并产生流向叶轮下面的强回流，避免矿粒在槽底沉积，同时还能为叶轮下部提供强力的矿浆回流以减少打磨作用，垂直扩散式叶片能够促进矿浆的径向流动，可消除槽内矿浆的旋转效应。

3.3.1.4 KYF 浮选机和 XCF 浮选机

KYF 浮选机和 XCF 浮选机是北京矿冶研究总院研制成功的一种高效浮选设备，目前应用于实际生产的最大单槽容积为 320m^3[275]，已设计生产出的单槽最大容积为 560m^3。KYF 浮选机和 XCF 浮选机是充气搅拌式浮选机，KYF 浮选机和 XCF 浮选机可以单独使用也可以联合使用，联合使用时 XCF 浮选机作为吸入槽，KYF 浮选机作为直流槽[276]。KYF 浮选机和 XCF 浮选机在国内应用较为广泛，一般情况下 KYF 系列大型浮选机会与 XCF 浮选机联合使用，目前该型号浮选机已应用于内蒙古乌努格吐山铜钼矿、大冶选矿厂、包钢集团、中铝中州分公司、酒泉钢铁集团等大型选矿厂[277]。2010 年 KYF-320m^3 充气机械搅拌式浮选机在江西铜业股份有限公司德兴铜矿大山选矿厂完成工业试验，指标优于预期结果，目前 KYF-320m^3 浮选机已在国内外使用 62 台，该系列浮选机在节能降耗及浮选指标提高方面效果突出[278]。

3.3.1.5 JJF 型浮选机

JJF 型浮选设备为北京矿冶研究总院设计制造的自吸气机械搅拌浮选机。目前 JJF 型浮选机最大有效容量已达 200m^3。JJF 型浮选机矿浆液面稳定，便于自动控制，但其不能自动吸浆，不便于流程连接，大都用于阶梯式配置[279]。JJF 型浮选机在国内应用也较为广泛，2009 年 JJF-130m^3 浮选机在冬瓜山铜矿试车成功，在原矿品位相当的情况下，精矿铜品位高 0.22%，尾矿铜品位低 0.07%，回收率高 3.82%，浮选效率高 3.70%，浮选机浮选性能优于国外某品牌浮选机，证明浮选机浮选效果好，满足设计要求[280]。

3.3.1.6 其他浮选机

除以上几种较为典型的浮选设备外，北京矿冶研究总院还设计制造了 GF 浮选机、BF 浮选机、YX 闪速浮选机、CLF 粗颗粒浮选机。GF 浮选机为自吸气机械搅拌式浮选机，目前单槽最大容积为 50m^3。YX 闪速浮选机是针对磨矿回路中已单体解离的有用矿物而研制的浮选设备，其可以尽早回收已单体解离的有用矿物，防止有用矿物过磨，降低磨矿回路负荷，其特点是槽体浅，规格有 2m^3、4m^3、6m^3、8m^3。CLF 浮选机是针对粗粒矿物而研制的浮选设备，槽内设有格子板，矿浆循环好，不沉槽，可以带负荷启动，可实现水平配置和阶梯配置。一般浮选机最佳浮选粒度在 10～100μm，而 CLF 浮选机可将入选矿物粒度提高到 1mm，但是却不影响细粒级矿物的捕收[277]。

3.3.2 浮选柱

浮选柱结构简单，占地面积小，安全节能，浮选动力学稳定，小而分布均匀，气泡-颗粒浮选界面充足，富集比大、回收率高、浮选速度快，适合于微细粒级矿物的选别并且易于实现自动化控制和大型化。中南大学和中国矿业大学等研究单位在浮选柱发泡方式、气泡弥散、矿物颗粒与气泡相互作用的理论研究方面做了大量工作[281~286]。目前浮选柱越来越受到人们的关注。

3.3.2.1　Jameson 浮选柱

澳大利亚研发的 Jameson 浮选柱为射流浮选柱，在煤泥浮选中应用较广，在澳大利亚煤泥浮选中几乎占据主导地位，在有色金属选矿厂也有应用，国内一些选煤厂也有装备[287]。

3.3.2.2　CPT 浮选柱

加拿大研发的 CPT 浮选柱是一种逆流浮选设备。2010 年羊拉铜矿一选矿厂引进两台 CPT 浮选柱，以浮选柱二段精选代替原七台 KYF/XCF 系列浮选机三段精选作业流程，铜精矿品位从 15.34% 提高到 17.68%，回收率由 77.66% 提高到 82.97%[288]。Oh-Hyung Hana、Min-Kyu Kima、Byoung-Gon Kim 等人利用改进后的 CPT 浮选柱对 Hwa-Sun 煤矿无烟煤进行了浮选实验研究，采用 CPT 浮选柱后精煤回收率为 85%，灰分去除率 81%，远高于传统设备的分选指标[289]。

3.3.2.3　KYZ 浮选柱

KYZ 浮选柱是由北京矿冶研究总院研发，目前有 KYZB 和 KYZE 两个型号，二者基本结构相似，不同点在于 KYZB 采用空气直接喷射发生气泡，KYZE 采用矿气混合发生气泡。KYZ 系列浮选柱主要由柱体、给矿装置、气泡发生系统、液位控制系统、泡沫喷淋水系统等构成。KYZ 系列浮选机柱直径为 0.6 ~ 4.3m，柱高为 12m，在国内应用较为广泛。

河南嵩县某钼业公司采用 KYZ4308B 型浮选柱，可获得最终钼精矿平均品位不小于 49%，浮选作业回收率大于 80% 的指标。2009 年云南某磷矿工业试验结果表明，采用 KYZ 浮选柱，可使原矿品位为 23% 的磷矿品位提高到 29%，MgO 品位降至 1.5% 以下[290,291]。

3.3.2.4　旋流-静态微泡浮选柱

旋流-静态微泡浮选柱已广泛应用于煤泥浮选及矿泥处理中。任向军等人利用旋流-静态微泡浮选柱对某含金矿泥进行了实验研究，生产实践表明：采用旋流-静态微泡浮选柱单独浮选矿泥后，尾矿金品位下降 0.02g/t，浮选回收率提高 0.83%[292]。刘洋等人采用中国矿业大学研制的旋流-静态微泡浮选柱对山东某含金矿泥进行半工业试验研究，在矿泥金品位为 2.21g/t 左右的情况下，获得了金品位为 98.98g/t 左右、金回收率为 88.15% 左右的金精矿，比浮选机半工业试验的金精矿品位高约 15g/t，回收率高约 15%[293]。旋流-静态微泡浮选柱在浮选细粒钛铁矿及磁铁矿方面效果也比较好，可以获得较高的回收率和精矿品位[291,295]。

3.3.2.5　CCF 浮选柱

CCF 浮选柱由长沙有色冶金研究设计院研制，是一种逆流充气式浮选柱。该柱采用新型外置式气泡发生器，单位容积处理能力大[296]。洛钼集团对 5000t/d 选矿车间精选工艺进行较大规模改造，采用 CCF 浮选柱进行精选后续作业，51% 高品位钼精矿产量得到了大幅度提高，取得了较为满意的效果[297]。金堆城钼业公司对百花岭选矿厂原有的精选工艺流程进行改进，用 5 台 CCF 浮选柱代替原有 22 台 BF 浮选机。CCF 浮选柱的应用，简化了工艺流程，提高了自动化操作程度。在确保精选段回收率不降低的前提下，钼精矿品位由原来的 52.36% 提高至 57.58%[298]。

3.3.3　浮选设备在其他领域的应用

3.3.3.1　再生资源利用

浮选设备在再生资源利用领域主要集中应用在废纸脱墨及塑料浮选。浮选是废纸脱墨处理的重要环节，由于浮选脱墨技术的发展，浮选脱墨设备也不断发展和创新。目前国内外常见的脱墨浮选机有 SWEMAC 立柱式浮选机、Lamort 对流式浮选机、Escher Wyss 阶梯扩散式浮选机、Voith 多喷射器椭圆型浮选机等。在塑料浮选中，浮选设备主要用于回收如聚氯乙烯、聚碳酸酯、聚丙烯酯等可回收利用的塑料废弃物，研究的重点多集中在机理研究方面，浮选机相关报道较少。

3.3.3.2　水处理

浮选设备在水处理领域主要应用于水中油团及固体悬浮物的分离，在废水除油中应用尤其广泛。国内很多厂家针对水处理浮选的特点研制出了形式各异的浮选设备，水处理中浮选组分较小，浮选设备主要是实现微气泡浮选。刘炯天等人提出了以旋流-静态微泡浮选柱为核心的水处理工艺，较高的含气率和较小的气泡可增大除油效率[299,300]。欧乐明等人[301]采用气浮法对锌浸出液中油酸钠的脱除进行了研究，在优化条件下油酸钠脱除率达到91.69%，Zn^{2+}保留率为92.94%。

3.4 浮选动力学

浮选过程是一个相当复杂的物理化学过程，受到诸多内外因素的影响，而浮选动力学正是研究在各种影响因素下浮选过程随时间的变化规律。在理论方面，浮选动力学为研究气泡水化膜提供了新的途径，以便探明化学药剂与水动力因素对气泡水化膜力学性质影响的机理，寻找优化控制泡沫稳定性参数的科学途径，建立高效泡沫控制浮选的新理论和技术。同时在浮选实践方面，可以通过建立浮选动力学模型来辅助理解浮选过程的本质，并通过研究浮选动力学来改善浮选工艺流程、改进浮选设备的设计、完善浮选试验的研究方法以及实现浮选槽和浮选回路的最佳控制。

3.4.1 浮选动力学基础

浮选过程的速率可由矿粒向气泡的附着速率决定。就粒子间的相互作用来说，浮选过程与化学过程类似，因此浮选速率方程也可由化学速率方程类推，它的基本形式为[302]：

$$\frac{dc}{dt} = -Kc^n \tag{1}$$

式中，c为在任何指定时刻，矿浆中被浮矿物的浓度；K为速率常数；n为浮选级数，一般认为针对粗粒级矿物n值较大，而细粒级矿物n值较小。

后来随着物料“品种”概念的提出，研究者将注意力投到了浮选速率常数K值的变化上。由于浮选物料由不同K值的品种组成，所以，具有较大浮选速率常数的品种先浮出，而浮选机中剩余物料的平均K值就会随着浮选时间延长而逐步降低，即K值是时间的函数。

目前浮选动力学理论模型基本上基于“碰撞黏附理论”。近年来，随着最先进的高速摄影技术和图像技术，使得观察不同化学环境条件下矿浆体系中气泡群与颗粒的碰撞、吸附、脱附以及气泡与气泡/颗粒结合体之间兼并再富集的过程成为可能。于是，当前浮选动力学着重研究不同影响参数条件下，气泡水化膜的力学性质，寻找控制矿浆体系中泡沫稳定性的化学条件参数与水动力学参数；并利用浮选手段考察常规条件下以及特殊气泡水化膜性质条件下矿物的浮选动力学行为，研究气泡兼并与富集过程与浮选效率之间的影响关系。同时，将观测到的数据以现代数学、物理及流体力学方法与数值模拟（CFD）相结合，模拟浮选体系中气泡水化膜力学性质对泡沫稳定性能产生的影响，从而确定优化浮选动力学参数的合理途径。

Sun Wei、Hu Yuehua 等人[303~306]探索了用高速摄影仪等手段观察矿浆中气泡性质及颗粒间相互作用规律的一套成熟方法，认为浮选过程中产生的颗粒聚集现象主要来源于空化气泡及气核的形成以及气泡间的桥联作用；同时，以闪锌矿为研究对象，用同样的方法研究了矿浆在不同药剂添加量、CO_2溶解量、搅拌强度的条件下气泡与颗粒间的相互作用规律及浮选行为，认为黄药的添加在浮选过程中起到了起泡剂的作用，CO_2的溶解通过形成空化气泡及气核促进了颗粒的聚集，适当的搅拌强度使得浮选动力学参数得到优化从而促进了整个浮选过程，并以此为依据设计了一种高能量输入的搅拌叶轮，且证明对浮选过程中颗粒的聚集及浮选效果是有促进作用的。

Z. Huang 等人[307]通过采用高速摄影仪直接观察气泡与矿物颗粒的碰撞，分析了气泡上升速度、吸附罩盖度以及气泡捕捉颗粒数的关系，提出了一种判别气泡捕收效率的全新试验方法，为从微观角度分析浮选动力学提供了新的途径。闫红杰、孙伟等人[308]通过对矿粒与气泡发生的碰撞、黏附及脱附的微观过程进行定量描述，建立了浮选过程中待浮矿粒在气泡与液相中的输运方程，得到实验室CPT浮选柱中平均碰撞速率为2.156×10^8次/($m^3\cdot s$)，以及对应浮选工况下的平均碰撞概率为0.017，捕获概率为0.904，脱附概率为0.097。

3.4.2 浮选动力学的应用

浮选动力学在选矿实践中同样应用广泛[309]。首先，可以从选矿实践中提炼并建立浮选动力学实用性模型，通过比较模型模拟结果与现场实际指标差异来判别该动力学模型的适用性，并以此来指导同类型矿物的实际选别；其次，依据浮选动力学理论，可对矿物浮选行为进行描述、对所使用的浮选药剂的价值及选矿工艺流程的合理性进行评价与解释，并给出相应的改进方案；最后，浮选设备的动力学研究可以指导浮选机内外环境的改善及浮选机的优化设计。

Emad Abkhoshk 等人[310]利用模糊逻辑方法从粒度方面研究了煤泥浮选动力学。发现在 96.5% 的置信水平，粒径差异对浮选动力学常数影响极大，而在 95% 的置信水平，粒径差异对精煤理论最大回收率影响甚微。邱显扬、邓海波等人[311]进行了菱锌矿加温硫化浮选动力学研究，研究了温度和硫化钠两因素对菱锌矿浮选回收率的影响。王爱丽等人[312]用混合浮选药剂对盐湖钾镁硫酸盐混矿中的氯化钠进行了浮选动力学研究，应用离散型三参数快慢浮两速率常数模型计算得到氯化钠残留率随浮选时间的变化规律。何丽萍[313]对铜铅锌硫化矿进行了系统的浮选动力学分析与研究，在所选取的最佳浮选条件下，对黄铜矿、方铅矿及闪锌矿单矿物浮选试验结果进行拟合。邱仙辉[314]对铜锌难选硫化矿浮选动力学进行了研究，对实验室配置的高效黄铜矿捕收剂 QP-02 优先快速浮选黄铜矿进行浮选动力学研究，结果表明 QP-02 浮选黄铜矿的速度明显快于闪锌矿。

B. Rezai 等人[315]针对伊朗某石英矿矿样先进行了矿石表面粗糙度的测定，再通过分批刮泡浮选试验考察了不同粒级的石英矿样的表面粗糙度（A）与浮选速率常数（K）的相关关系。安茂燕[316]等人针对低阶煤浮选困难的问题，采用煤质分析和筛分试验研究了低阶煤的可浮性。在此基础上进行了低阶煤浮选速度试验，得到低阶煤浮选速率模型。李俊旺等人[317]根据浮选动力学基本原理，对方铅矿和黄铁矿的浮选动力学特性进行了分析，基于总体平衡理论的分速浮选模型可以较好地模拟方铅矿和黄铁矿的浮选过程，浮选回收率模型拟合值与试验值之间的相关系数平均达到 0.999。

依据浮选动力学理论，可对特定矿物浮选行为进行描述、对所使用的浮选药剂的价值及选矿工艺流程的合理性进行评价与解释，并给出相应的改进方案。Heinrich Schubert[318]研究了叶轮旋转所造成的紊流对浮选动力学各参数及其变化规律的影响，发现了粗粒级与细粒级颗粒的最佳分离效率是在不同叶轮输入功率的条件下达到的。对粗粒级叶轮输入功率使得矿浆刚好分散即可，对细粒级则是要保证叶轮输入功率与矿浆动力学黏度的比值尽可能高。因此，在处理粒级范围较宽的矿物时，将粗细粒级分开处理才能达到各自的最佳分离效果。

李艳、胡岳华等人[319]采用改进的 Hallimond 管结合电解浮选法研究不同粒级的高岭石浮选行为，通过数据分析建立了浮选速率常数 K 和这些影响因素的多元回归模型，并对回归方程和回归系数进行显著性检验。发现对于不同粒级的高岭石，电解浮选速率均随电流强度的增大而增大；当电流强度相同时，细颗粒在孔径小的阴极时浮选速率较大，而粗颗粒在孔径大的阴极时浮选速率较大；浮选速率常数 K 与这些影响因素之间存在明显的线性相关关系。

金会心等人[320]对织金新华含稀土磷矿浮选动力学进行了研究，利用所推导出的反浮选速率模型来描述含稀土磷矿物（以 ΣREO 表示）和脉石矿物（以 MgO 表示）回收率随时间变化的规律，并以修正的动力学参数-浮选速率常数 kmod 和选择性指数 SI 来衡量含稀土磷矿物和脉石矿物分选效果的好坏。

于洋等人[321]根据浮选动力学基本原理，对白钨矿、黑钨矿及萤石的浮选动力学特性进行了分析。结果表明浮选速度常数 k 值在浮选过程中是不断变化的。调整剂柠檬酸可显著扩大矿物浮游速度之间的差异。

邱廷省[322]等人通过纯矿物浮选动力学试验，研究了黄铜矿与闪锌矿在捕收剂 QPJD2 体系中的浮选动力学行为。研究表明，黄铜矿、闪锌矿在合适的矿浆体系中，浮选速度差异较明显，可以利用其浮选速度的差异结合流程结构优化实现铜锌高效分离。

S. kelebek 等人[323]应用 Agar 的经典一级动力学模型 $R = R\infty\ (1 - \exp^{-Kt})$ 和 Kelsall 的两参数快慢浮动力学模型研究了镍黄铁矿和磁黄铁矿的堆积氧化特性，发现由于金属离子的活化作用和多硫化物的疏水作用促进了浮选。同时过度氧化使快浮颗粒变成慢浮颗粒，慢浮颗粒变成了不浮的矿物颗粒，从而造成了浮选精矿的损失。

在浮选过程中，浮选机的浮选动力学是浮选机研制过程中极其重要的参数，它对浮选效果的好坏有着直接的影响，因此，许多学者从不同角度对浮选机的浮选动力学进行了分析研究，并对浮选机与浮选柱的改进方案提出了自己的见解。王燕玲[324]以西曲、西铭原生煤泥为试验研究对象，通过窄粒级煤泥浮选动力学试验，研究分析了浮选机不同叶轮转速和充气量情况下浮选动力学的变化规律及对动力学参数的影响。结果表明，针对0.5～1mm窄粒级煤泥，在保持其他条件不变仅改变浮选机叶轮转速及充气量的情况下，叶轮转速与充气量二者一高一低即能有效地优化和提高煤泥的浮选动力学参数。

黄光耀[325]针对微细粒级白钨矿（－19μm）浮选较难回收的技术难题，对水平充填介质浮选柱进行了浮选动力学研究，研究表明浮选速率常数与表观气体速率、气泡群直径大小、气泡与矿物颗粒的碰撞、黏附、脱落概率有关，揭示了气泡直径的减小有利于微细粒矿物颗粒的浮选速率常数的增大，优化设计浮选柱以产生更多的适宜的微气泡来增加微细粒矿物颗粒的浮选速率常数。

韩伟[326]以镍矿的浮选为试验对象，对JFC-150型浮选机的浮选动力学进行了深入系统的研究，通过考察浮选机内部多相流动特性来研究流体动力学参数对浮选动力学参数的影响，并在8种不同叶轮转速、9种不同浮选充气压力下分析研究了各参数之间的规律关系及对浮选机浮选动力学的影响。根据动力学研究结果，为优化浮选机浮选动力学内外环境及浮选机的设计提供了参考依据。

沈政昌等人[327]在概率模型的基础上，建立了充气式浮选机的充气速率、紊流强度的浮选动力学模型，采用KYF充气式浮选机对冬瓜山矿样进行浮选试验，分析了充气量和转速对浮选效果的影响，试验数据的误差分析结果表明了所建模型的合理性。

陈东等人[328]通过对浮选过程动力学分析及矿物分选对大型浮选机槽内各区域要求的讨论，浮选机要实现大型、高效、节能，必须保证浮选槽内能充入足量空气，叶轮要能在较低压头的条件下，产生大的矿浆流量，定子应有利于将叶轮产生的旋转矿流变成径向矿流，尽量扩大运输区的高度，建立一个相对稳定的分离区和平稳的泡沫层，缩短泡沫驻留时间。

3.5　浮选过程检测与控制

浮选过程检测与控制是指为满足各选矿厂的生产需求，而使用的连续监测和自动控制技术。其实施方法主要是采用合适的检测仪表、控制器以及执行单元为硬件基础，配合操作人员的参与来实现。传统的选矿工艺，是人工凭借经验来调节各选矿变量，对关键因素的控制既不准确又不及时，造成生产难以达到理想指标，且增加工人劳动强度[329]。自动化检测可以及时反馈浮选过程中各参数的变化，自动调节可以根据反馈的结果及时准确地调整浮选相关参数，检测与自动化控制不仅可以提升选矿指标，降低能耗，而且有利于改善劳动条件。

3.5.1　浮选过程检测与控制系统

近年来，随着计算机技术的发展，国内外选矿厂自动化程度越来越高，选矿厂的检测与控制系统也分为三个不同层次。按照复杂程度、硬件要求及性能依次分为：稳定控制、监督控制、最优控制。

3.5.2　浮选过程控制的因素及技术

浮选过程控制的主要目标是保持合格的最终精矿品位、尽量提升有用成分的回收率、减少药剂消耗和提高浮选效率。目前主要控制的浮选过程因素有加药量、浮选矿浆pH值、浮选槽液位和充气量[330]。

3.5.2.1　基于泡沫信息的综合检测分析技术

浮选泡沫体是由大量的大小不一、形状各异、灰度值不同的矿化气泡组成的，包含大量与浮选过程变量及浮选结果有关的信息，浮选泡沫图像处理技术在浮选过程控制上的应用，显著地提高了工艺指标和自动化程度。

泡沫的移动速度、大小以及颜色对于浮选控制策略来说是三个很关键的参数。通常，泡沫的移动速度可以表征浮选机的刮泡量，泡沫的大小和纹理可以表征所给药剂量是否合适，泡沫的颜色和亮度可以描述精矿的品位和回收率[331,332]。

在泡沫信息的采集与分析方面，国内外一些科研院所和技术公司开发了一些具有各自特色的系统[333]，北京矿冶研究总院开发出了BFIPS-Ⅰ型浮选泡沫图像分析系统，可以依据泡沫图像计算出浮选泡沫大小、个数、稳定性、移动速度、颜色、纹理等特征参数。瑞典SGS公司开发了一款专用的浮选泡沫状态分析仪 METcam-FC，可实时地采集泡沫的上述信息，并通过无线网络与控制系统进行信息传输。美国 KSX 公司开发的浮选泡沫图像分析系统可以完成对浮选设备、浮选作业、浮选系列乃至浮选流程完整的泡沫图像在线分析，完全替代过去靠人工徒步往返观察的模式。

浮选过程的控制中最难的步骤为建立模型，国内外研究者设计与建立了多种参考模型和计算方法[334~338]。在泡沫信息处理时，由于气泡尺寸受浮选机中温度、气体密度等环境因素影响，模型建立中应该考虑这些环境因素与泡沫尺寸的函数关系。陈青采用 ARMA 模型进行动态纹理建模，根据结果原则来识别浮选工况。根据实际泡沫图像处理的需要，刘金平建立了泡沫图像变换域系数的统计分布模型，解决了泡沫图像偏色、噪声大、气泡大小难以准确测量、表面随机纹理缺乏有效表征方法等难题，优化了泡沫图像的辨识度和准确度。针对矿物浮选过程精矿品位在线检测困难的问题，王雅琳分析泡沫各特征与精矿品位之间的关系，利用主成分分析法与改进的 BP 神经网络训练算法，建立精矿品位的预测模型。

在药剂的用量及运行状态通过泡沫识别与分析方面，刘金平[339]基于自适应学习的动态表面泡沫大小的分布特征，利用核密度估计，获取概率密度函数（PDF）和累积分布函数（CDF）对气泡大小普及统计数据的影响，提出了试剂的质量评价在线运行状态识别方法。朱建勇[340]基于概率密度函数研究了一种新型试剂用量预测控制方法实现利用气泡大小来判定铜粗选的指标。

3.5.2.2 *矿浆 pH 值检测与控制。*

长期在线检测矿浆 pH 值一直是检测技术的难题，设备方面，由于矿浆具有腐蚀性、易结钙，传统的玻璃电极 pH 计探头经常由于结钙等问题而失效，且不易清理，北京矿冶研究总院自动化所研制的 BPHM—I 型 pH 计具有电极阻抗低、机械强度高、抗结垢、耐高温等特点，带有自清洗装置能够有效解决矿浆在线测量的问题，并已在多个选矿厂中得到了很好的应用[341]。

针对浮选矿浆 pH 值难以在线检测的问题，任会峰以铝土矿浮选生产过程为研究背景。在分析铝土矿浮选工艺机理基础上，讨论了泡沫图像与矿浆 pH 值的定性关系。研究了泡沫颜色、形态和纹理等特征提取方法，实现了多种工况下 pH 值的连续在线检测，并用于浮选工业现场，指导生产操作，取得了比较理想的效果[342]。

为了使矿浆 pH 值保持在一个期望的生产状态，中南大学的研究人员[343]基于浮选泡沫表面视觉信息提出了一种新的矿浆 pH 值控制方法，分别采用基于泡沫视觉信息的自适应遗传混合神经网络 AG-HNN 和自适应遗传 PID（AG-PID）控制方法建立了矿浆 pH 值预测模型和 pH 值控制模型，基于所建立预测和控制模型对浮选药剂用量进行调整，解决了浮选矿浆 pH 值波动问题。工业浮选现场的实验结果表明该方法可以使矿浆 pH 值保持在一个期望的范围内，有效提高浮选性能。

3.5.2.3 *药剂加药量的检测与控制技术*

药剂添加主要采用程控设备，包括电磁阀自动加药机和计量泵式加药机[344]。通过在线检测矿浆浓度与矿浆流量计算出干矿量，通过预先设定的药剂用量计算出药剂的流量，加药机给药，实现加药的闭环控制。

电磁阀式自动加药机是利用孔口流的基本原理和间断加药方式，在一定周期内先把药液间断地加入流量缓冲器内，然后通过管道连续地流到加药点。因精度高、结构简单紧凑的特点在国内应用普遍。计量泵是一种流量可在动态和静态进行调节的往复泵，能够测定输送液体的流量，且精度高。还可以按照工艺流程的需要连续输入各种腐蚀性和非腐蚀性液体。

3.5.2.4 *浮选液位与充气量检测与控制技术*

浮选液位自动控制系统由浮选机专用液位测量装置、气动执行机构和锥形阀、液位控制器和上位机监控系统组成，该自控系统可以完成整个浮选流程集中控制任务，并可以实现对多槽浮选作业的液位和充气量的自动调节[345,346]。浮选槽液位检测的装置有吹气式、电容式和静压式液位计、浮球杆式激光液位计和超声波液位变送器[347]。

3.5.3 浮选过程控制的发展趋势

浮选过程控制的发展趋势如下：

(1) 传感器技术的智能化、数字化、虚拟化。近年来，传感器技术得到很快的发展，工业中也出现了不少新型传感器，但是近年来对产品质量的要求越来越高，例如传感器的稳定性、精确性、及时性和可重复性。这些因素对于为过程控制提供可靠数据是极为有用的。传感器的智能化、数字化为控制装置之间实现网络连接提供了条件，凭借现场总线技术成功地实现多方向、多变量的数据传输，逐一替代老式的单变量和单方向的直接输入输出的设备装置。虚拟化技术则是以通用的硬件平台为基础，完全依靠软件技术来实现传感器特定的硬件功能。这些对于缩短产品开发周期以及降低成本，都是非常有必要的。

(2) 自动控制理论、方法的改进及其优化。浮选工艺并不是一个简单的工业过程，因为它包含了很多难处理、复杂的自动化技术难点，例如控制系统容易出现的非线性、时变、易超调、多变量和随机干扰等特点。这样就要求控制单元具有强鲁棒性和适应性，随着智能化控制技术的不断迈进，将会有更多、更优化的控制策略应用在浮选生产流程中。以下几个控制策略将引导过程控制技术的发展方向[348]：1) 模型预测控制，主要是根据某些选矿过程的模型不易准确搭建而引进来的。试验结果比较理想，特别是在鲁棒性和稳定性的出色体现。因此，它将成为未来选矿自动控制领域中很重要的一种控制策略。2) 最优控制，它的最根本功能就是让选矿厂利用最少的资源成本来获得最大的经济利益，通过寻找最优的过程参数组合，使其浮选指标达到最优。在国内外的一些矿山企业中，集散控制系统已经得到了广泛应用，但是基于集散控制系统中设定值的优化将是今后的一个发展方向。

(3) 向“智能化矿山”迈进。由于计算机技术、网络技术以及自动化技术的不断发展，矿山行业的信息化方向应该向综合化、数字化、多功能领域发展。从实际的行业出发，应该把以网络信息技术作为核心的数字矿山当做信息化发展的方向和目标[349]。矿山信息化主要表现在生产过程控制、经营管理系统的搭建以及生产安全的监控，强化统筹规划，对选矿厂的每个职能、每个系统之间的信息流通逐渐完善，“信息孤岛”问题才能被有效地解决。同时对相关软件的开发力度应增强，加快对矿山领域内的高科技 IT 人才的重点培养和加大其引进力度。

参考文献

[1] 董青海，孙伟，胡岳华，等．黄铁矿浮选过程的机械电化学行为研究[J]．矿冶工程，2006，26：32-36.

[2] 刘玉林．磨矿对黄铁矿和黄铜矿浮选行为的影响研究[D]．长沙：中南大学，2010.

[3] 钟素娇．磨矿对方铅矿和闪锌矿浮选行为的影响研究[D]．长沙：中南大学，2006.

[4] 何发钰，孙传尧，宋磊．磨矿环境对硫化矿物浮选的影响[J]．中国工程科学，2006，8：92-102.

[5] Peng Y，Grano S，Fornasiero D，et al. Control of grinding conditions in the flotation of galena and its separation from pyrite[J]. International Journal of Mineral Processing，2003，70(70):67-82.

[6] Peng Y，Grano S，Fornasiero D，et al. Control of grinding conditions in the flotation of chalcopyrite and its separation from pyrite[J]. International Journal of Mineral Processing，2003，69：87-100.

[7] Huang G，Grano S，Skinner W. Galvanic interaction between grinding media and arsenopyrite and its effect on flotation：part II. effect of grinding on flotation[J]. International Journal of Mineral Processing，2006，78(3):198-213.

[8] Wei Y H，Zhou G Y. Effects of grinding measure on complex Pb/Zn ore flotation[J]. Nonferrous Metals，2007，59(4)：131-136.

[9] 覃文庆，姚国成，顾帼华，等．硫化矿物的浮选电化学与浮选行为[J]．中国有色金属学报，2011，21：2669-2677.

[10] 焦芬．复杂铜锌硫化矿浮选分离的基础研究[D]．长沙：中南大学，2013.

[11] 刘之能．黑药体系铅锌锑硫化矿的浮选电化学研究[D]．长沙：中南大学，2009.

[12] 程琍琍，孙体昌．高碱条件下的闪锌矿表面电化学反应机理及其浮选意义[J]．中国矿业，2011.

[13] 董艳红．硫化铜铅矿物浮选分离的电化学机理研究[D]．长沙：中南大学，2011.

[14] 赵磊，王虹，王忠锋，等．浅析硫化镍矿的电化学浮选[J]．现代矿业，2012.

[15] 尹冰一．低品位硫化镍矿中主要硫化矿的浮选行为及电化学研究[D]．长沙：中南大学，2009.

[16] 张芹，胡岳华，徐兢，等．磁黄铁矿与乙硫氮相互作用电化学浮选红外光谱的研究[J]．有色金属（选矿部分），2006.

[17] 夏忠勇．不同海拔下铅锌硫化矿浮选电化学行为研究[D]．北京有色金属研究总院，2013.

[18] 霍明春，贾瑞强．硫化矿电化学浮选研究现状及进展[J]．云南冶金，2010，39(1):30-35.

[19] Urbano G，Meléndez A M，Reyes V E，et al. Galvanic interactions between galena-sphalerite and their reactivity[J]. International Journal of Mineral Processing，2007，82(3):148-155.

[20] 何桂春，蒋巍，项华妹，等．密度泛函理论及其在选矿中的应用[J]．有色金属科学与工程，2014，5：62-66.
[21] 陈建华．硫化矿物浮选晶格缺陷理论[M]．长沙：中南大学出版社，2012.
[22] 王檑．晶格缺陷对方铅矿电子结构及浮选行为影响的第一性原理研究[D]．南宁：广西大学，2010.
[23] 陈建华，曾小钦，陈晔，等．含空位和杂质缺陷的闪锌矿电子结构的第一性原理计算[J]．中国有色金属学报，2010，20：765-771.
[24] 蓝丽红．晶格缺陷对方铅矿表面性质、药剂分子吸附及电化学行为影响的研究[D]．南宁：广西大学，2012.
[25] 陈晔．晶格缺陷对闪锌矿半导体性质及浮选行为影响的第一性原理研究[D]．南宁：广西大学，2009.
[26] Edelbro R, Sandstrom A, Paul J. Full potential calculations on the electron bandstructures of Sphalerite, Pyrite and Chalcopyrite[J]. Applied Surface Science, 2003, 206(1):300-313.
[27] Jin J, Miller J D, Dang L X, et al. Effect of surface oxidation on interfacial water structure at a pyrite (100) surface as studied by molecular dynamics simulation[J]. International Journal of Mineral Processing, 2015: 64-76.
[28] von Oertzen G U, Jones R T, Gerson A R. Electronic and optical properties of Fe, Zn and Pb sulfides[J]. Physics and Chemistry of Minerals, 2005(6):1245-1247.
[29] 耿志强．复杂铜钼共生矿石电位调控浮选与分离新技术及机理研究[D]．长沙：中南大学，2010.
[30] 陈勇．黄铜矿-镍黄铁矿浮选电化学行为研究[D]．北京有色金属研究总院，2011.
[31] Nguyen A V, Plackowski C, Bruckard W J. Surface characterisation, collector adsorption and flotation response of enargite in a redox potential controlled environment[J]. Minerals Engineering, 2014, 65(6):61-73.
[32] 魏俊英．电位调控浮选在铅峒山铅锌矿的应用研究[D]．西安：西安建筑科技大学，2006.
[33] 张丽荣．辉钼矿电位调控浮选分离技术研究[D]．沈阳：东北大学，2008.
[34] 徐其红．硫化铜矿电位调控浮选试验研究[D]．赣州：江西理工大学，2011.
[35] 胡岳华，孙伟．Electrochemistry of flotation of sulphide minerals[M]. Tsinghua & Springer, 2009.
[36] 孙伟，杨帆，胡岳华，等．前线轨道在黄铜矿捕收剂开发中的应用[J]．中国有色金属学报，2009，19：1524-1532.
[37] 刘广义，钟宏，戴塔根．乙氧羰基硫代氨基甲酸酯弱碱性条件下优先选铜[J]．中国有色金属学报，2006，16：1108-1114.
[38] 刘广义，钟宏，戴塔根．中碱度条件下乙氧羰基硫脲浮选分离铜硫[J]．中国有色金属学报，2009，16：389-396.
[39] 徐斌．黝铜矿型铜铅锌硫化矿浮选新药剂及其综合回收新工艺研究[D]．长沙：中南大学，2013.
[40] Yekeler H, Yekeler M. Predicting the efficiencies of 2-mercaptobenzothiazole collectors used as chelating agents in flotation processes: a density-functional study[J]. Journal of Molecular Modeling, 2006, 12(6):763-768.
[41] Bag B, Das B, Mishra B K. Geometrical optimization of xanthate collectors with copper ions and their response to flotation[J]. Minerals Engineering, 2011, 24(8):760-765.
[42] Pär Hellström, Sven Öberg, Fredriksson A, et al. A theoretical and experimental study of vibrational properties of alkyl xanthates[J]. Spectrochimica Acta Part A Molecular & Biomolecular Spectroscopy, 2006, 65(3-4):887-895.
[43] 狄宁，肖静晶，刘广义，等．N-丁氧丙基-N′-乙氧羰基硫脲对硫化矿物的浮选行为与吸附机理[J]．中国有色金属学报，2014，24：561-568.
[44] 张云海，吴熙群，曾克文，等．铝土矿反浮选脱硅中 BK501 抑制剂的研制与应用[J]．金属矿山，2006：41-44.
[45] 王进明，王毓华，余世磊，等．十二烷基硫酸钠对黄锑矿浮选行为的影响及作用机理[J]．中南大学学报（自然科学版），2013，44：3955-3962.
[46] 赵卫夺，曾子高，肖松文．新型捕收剂 EA-715 浮选分离白钨矿的行为及作用机理研究[J]．矿冶工程，2011，31：41-44.
[47] 王振，刘润清，孙伟，等．油酸钠浮选钼酸钙及其吸附行为[J]．中国有色金属学报，2013，23：2993-2998.
[48] 黄建平，钟宏，邱显杨，等．环己甲基羟肟酸对黑钨矿的浮选行为与吸附机理[J]．中国有色金属学报，2013，23：2033-2039.
[49] 赵声贵，钟宏，刘广义．季铵盐捕收剂对铝硅矿物的浮选行为[J]．金属矿山，2007(2):45-47.
[50] 刘长淼，曹学锋，陈臣，等．十二叔胺系列捕收剂对石英的浮选性能研究[J]．矿冶工程，2009，29：37-39.
[51] 张云海，魏德州，曾克文，等．选择性抑制剂 BK501A 在铝土矿反浮选脱硅中的应用[J]．有色金属（选矿部分），2007：42-45.
[52] 顾帼华，朴正杰，邹毅仁，等．阴离子淀粉对铝硅酸盐矿物浮选的影响及机理研究[J]．矿冶工程，2010，30：28-34.
[53] 顾帼华，邹毅仁，胡岳华，等．阴离子淀粉对一水硬铝石和伊利石浮选行为的影响[J]．中国矿业大学学报，2008，37：864-867.

[54] 何书明，谢海云，姜亚雄，等．氧化矿捕收剂在矿物表面的作用机理研究进展[J]．矿冶，2013，22：9-13.

[55] 比辛格 M C. 利用成像 X 射线光电子能谱法分析浮选过程中的矿物表面化学性质[J]．国外金属矿选矿，2007(7)：34-41.

[56] 邱仙辉，孙传尧，于洋．磷酸酯淀粉在黄铜矿及方铅矿表面吸附研究[J]．有色金属（选矿部分），2014(3):86-90.

[57] 张钊，冯启明，王维清，等．阴阳离子捕收剂在长石与石英表面的吸附特性[J]．中南大学学报（自然科学版），2013，44：1312-1318.

[58] 刘建东，孙伟．BP 系列捕收剂对氧化钼和脉石矿物浮选性能研究[J]．矿冶工程，2013，33：40-43.

[59] 寇珏，孙体昌，Tao D，等．胺类捕收剂在磷矿脉石石英反浮选中的应用及机理[J]．IM&P 化工矿物与加工，2010，12-16.

[60] Hung A，Yarovsky I，Russo S P. Density-functional theory studies of xanthate adsorption on the pyrite FeS2（110）and（111）surfaces[J]. Journal of Chemical Physics，2003，118(13):6022-6029.

[61] Mielczarski E，Mielczarski J A. Infrared spectroscopic studies of galvanic effect influence on surface modification of sulfide minerals by surfactant adsorption[J]. Environ Sci Technol，2005，39(16):6117-6122.

[62] Hu Y，Liu X，Xu Z. Role of crystal structure in flotation separation of diaspore from kaolinite，pyrophyllite and illite. Minerals Engineering，2003，16(3):219-227.

[63] 刘晓文．一水硬铝石和层状硅酸盐矿物的晶体结构与表面性质研究[D]．长沙：中南大学，2004.

[64] 高志勇．三种含钙矿物晶体各向异性与浮选行为的关系及机理研究[D]．长沙：中南大学，2013.

[65] Rai B，Sathish P，Tallwar J，et al. A molecular dynamics study of the interaction of oleate and dodecylammonium chlorides surfactants with complex aluminosilicate minerals[J]. Journal of Colloid and Interface Science，2011，362(2):510-516.

[66] Oviedo J，Gillan M J. Energetics and structure of stoichiometric SnO_2 surfaces studied by first-principles calculations. Surface Science，2000，463(2):93-101.

[67] Perron H，Domain C，Roques J，et al. Optimisation of accurate rutile TiO_2（110），（100），（101）and（001）surface models from periodic DFT calculations[J]. Theoretical Chemistry Accounts，2007，117(4):565-574.

[68] Gao Z Y，Sun W，Hu Y H，Liu X W. Surface energies and appearances of commonly exposed surfaces of scheelite crystal[J]. Transactions of Nonferrous Metals Society of China，2013，23(7):2147-2152.

[69] Nishimura S，Scales P J，Biggs S，et al. An electrokinetic study of the adsorption of dodecylammonium amine surfactants at the muscovitemica water interface[J]. Langmuir，2000，16：690-694.

[70] Rutland M，Waltermo A，Claesson P. pH-dependent interactions of mica surfaces in aqueous dodecylammonium/dodecylamine solutions[J]. Langmuir，1992，8：176-183.

[71] 张裕书，闫武，龚文琪．DLVO 理论及其在浮选中的应用[C]．循环经济与矿产综合利用技术发展研讨会，2009：1-4.

[72] Liu J，Wang X，Lin C L，et al. Significance of particle aggregation in the reverse flotation of kaolinite from bauxite ore[J]. Minerals Engineering，2015，78：58-65.

[73] Dehghan M A，Ghazanfari M H，Jamialahmadi M，et al. Adsorption of silica nanoparticles onto calcite：equilibrium，kinetic，thermodynamic and DLVO analysis[J]. Chemical Engineering Journal，2015，281：334-344.

[74] 张国范，王丽，冯其明，等．钛辉石与钛铁矿颗粒间相互作用的影响因素[J]．中国有色金属学报，2010，20：339-345.

[75] 张国范，王丽，冯其明，等．钛辉石对钛铁矿浮选行为的影响[J]．中国有色金属学报，2009，19(6):1124-1129.

[76] Yin W Z，Wang J Z. Effects of particle size and particle interactions on scheelite flotation[J]. Transactions of Nonferrous Metals Society of China，2014，24(11):3682-3687.

[77] 赵磊．钨矿预脱铁—脱泥—黑白钨混浮新工艺及机理研究[D]．长沙：中南大学，2010.

[78] 冯博，冯其明，卢毅屏．羧甲基纤维素在蛇纹石/黄铁矿浮选体系中的分散机理[J]．中南大学学报（自然科学版），2013，44：2644-2649.

[79] 张明洋．硫化矿浮选体系中多矿相镁硅酸盐矿物的同步抑制研究[D]．长沙：中南大学，2011.

[80] 朱阳戈，张国范，冯其明，等．微细粒钛铁矿的自载体浮选[J]．中国有色金属学报，2009，19(3):554-560.

[81] 李洋，王娇皎，陈广振．鞍山某磁选铁精矿阳离子反浮选试验[J]．金属矿山，2013(9):67-69.

[82] 周源，吴燕玲．白钨浮选的研究现状[J]．中国钨业，2013(1):19-24.

[83] 张兴旺，张芹，黄莉丽，等．程潮铁精矿浮选降硫试验研究[J]．金属矿山，2009(6):91-94.

[84] 曾克文，刘俊星，周凯，等．低铝硅比铝土矿选矿试验研究[J]．有色金属（选矿部分），2008(5):1-4.

[85] 杨大伟，孙体昌，徐承焱，等．鄂西某高磷鲕状赤铁矿提铁降磷选矿试验研究[J]．金属矿山，2009(10):81-83.

[86] 沈慧庭，黄晓毅，包玺琳，等．高磷铁精矿降磷试验研究[J]．中国矿业，2011(1):82-86.

[87] 邓强，陈文祥，余红林，等．贵州某难选褐铁矿选矿试验研究[J]．金属矿山，2009(2):67-70.

[88] 窦源东，李守生，刘云杰，等．河北某低品位难选萤石矿浮选工艺研究[J]．金属矿山，2009(10):104-107.

[89] 张晋霞，冯雅丽，孙海军，等．某地低品位难选萤石矿选矿试验研究[J]．矿山机械，2011(1):95-98.

[90] 彭志兵，刘三军，肖巍，等．某铝土矿正浮选试验研究[J]．有色金属（选矿部分），2013(1):40-44.

[91] 胡义明，刘军，张永．某微细粒赤铁矿选矿工艺研究[J]．金属矿山，2010(4):64-67.

[92] 卢毅屏，丁明辉，冯其明，等．山西某铝土矿提铝降铁试验研究[J]．金属矿山，2012(1):100-103.

[93] 朱阳戈，张国范，冯其明，等．微细粒钛铁矿的自载体浮选[J]．中国有色金属学报，2009，19(3):554-560.

[94] 崔广文，王京发，杨硕，等．细粒难浮煤泥浮选试验研究[J]．洁净煤技术，2013(6):1-4.

[95] 高利坤．细粒难选金红石矿分步浮选工艺及理论研究[D]．昆明：昆明理工大学，2009.

[96] 邢方丽，肖宝清．新疆某低品位铜镍矿选矿试验研究[J]．有色金属（选矿部分），2010(1):20-25.

[97] 叶威，邱显扬，胡真，等．多金属硫化矿的综合回收进展[J]．材料研究与应用，2011(4):253-257.

[98] 程建国．复杂铅锑银锌多金属硫化矿浮选分离工艺研究[J]．有色金属（选矿部分），2013(6):17-22.

[99] 王云，张丽军．复杂铜铅锌多金属硫化矿选矿试验研究[J]．有色金属（选矿部分），2007(6):1-6.

[100] 陈代雄，田松鹤．复杂铜铅锌硫化矿浮选新工艺试验研究[J]．有色金属（选矿部分），2003(2):1-5.

[101] 李成秀，文书明．多金属硫化矿浮选研究的新进展[J]．国外金属矿选矿，2004，41(1):8-12.

[102] 陈宁，朱军，邢相栋．多金属硫化矿综合回收进展[J]．甘肃冶金，2009，31(2):35-37.

[103] 陈宁，朱军，邢相栋．多金属硫化矿综合回收进展[J]．甘肃冶金，2009，31(2):35-37.

[104] 常宝乾，张世银，李天恩．复杂难选铜铅锌银多金属硫化矿选矿工艺研究[J]．有色金属（选矿部分），2010(1):15-19.

[105] 戴新宇，王昌良，李成秀，等．含铜锡复杂多金属硫化矿选矿试验技术研究[C]//复杂难处理矿石选矿技术——全国选矿学术会议论文集，2009.

[106] 余世磊．黄锑矿硫化浮选理论与工艺研究[D]．长沙：中南大学，2013.

[107] 詹信顺，钟宏，刘广义．低碱度铜硫分离高效抑制剂的研究[J]．有色金属（选矿部分），2009(2):36-40.

[108] 何桂春，吴艺鹏，冯金妮．低碱环境铜硫分离研究进展[J]．有色金属科学与工程，2012，3(3):47-50.

[109] 穆国红．低品位铜矿选矿工艺研究[J]．有色金属（选矿部分），2008(3):16-19.

[110] 周菁，朱一民．复杂难选钼铜硫多金属矿选矿技术研究[J]．有色金属（选矿部分），2009，4：003.

[111] 李晓波，夏国进，余夏静，等．某复杂铜硫矿低碱度铜硫分离的工艺研究[J]．矿冶工程，2011(4):59-62.

[112] 艾光华，周源，魏宗武．提高某难选铜矿石回收率的选矿新工艺研究[J]．金属矿山，2008(11):46-48.

[113] Plackowski C，Nguyen A V，Bruckard W J. A critical review of surface properties and selective flotation of enargite in sulphide systems[J]. Minerals Engineering，2012，30：1-11.

[114] Long G，Peng Y，Bradshaw D. Flotation separation of copper sulphides from arsenic minerals at Rosebery copper concentrator [J]. Minerals Engineering，2014，66-68：207-214.

[115] Ma X，Bruckard W J. Rejection of arsenic minerals in sulfide flotation — a literature review[J]. International Journal of Mineral Processing，2009，93(2):89-94.

[116] 欧乐明，廖乾，刘旭．某铜铅锌矿合理选矿工艺的研究[C]//复杂难处理矿石选矿技术——全国选矿学术会议论文集，2009.

[117] 邓传宏．铅锌浮选新技术在白牛厂银多金属矿的应用[J]．有色金属设计，2006(2):13-21.

[118] 陈建明，黄红军，覃文庆，等．难选铅锌硫化矿浮选新工艺的研究[J]．矿冶工程，2007(3):41-44.

[119] 朱一民．某地低品位铜铅锌银矿绿色环保选矿试验研究[J]．矿冶工程，2011(1):24-26.

[120] 陈代雄，杨建文，李观奇，等．高海拔地区复杂铜铅锌多金属硫化矿浮选试验研究及应用[J]．有色金属（选矿部分），2009(6):1-6.

[121] 陈代雄，杨建文，李晓东．高硫复杂难选铜铅锌选矿工艺流程试验研究[J]．有色金属（选矿部分），2011(1):1-5.

[122] 李碧平，陈代雄，薛峰，等．西藏宝翔纳如松铜铅锌多金属矿浮选工艺研究[J]．湖南有色金属，2009(5):1-6.

[123] 阿松奇克 K M，李孜，肖力子．汉吉兹矿床的多金属矿石选矿工艺的制定[J]．国外金属矿选矿，2008(6):39-41.

[124] 霍明春，贾瑞强．硫化矿电化学浮选研究现状及进展[J]．云南冶金，2010，39(1):30-35.

[125] 罗仙平，王淀佐，孙体昌，等．某铜铅锌多金属硫化矿电位调控浮选试验研究[J]．金属矿山，2006(6):30-34.

[126] 程琍琍，罗仙平，孙体昌，等．某铜铅锌硫化矿电位调控优先浮选研究[J]．中国矿业，2011(6):88-92.

[127] 冯忠伟．富含可溶性盐高硫铅锌矿无碱浮选工艺研究[J]．金属矿山，2009(8):45-48.

[128] Bulatovic S M. Handbook of flotation reagents：chemistry，theory and practice：flotation of sulfide ores. Vol. 1. 2007.

[129] 孙小俊，顾帼华，李建华，等．捕收剂 CSU31 对黄铜矿和黄铁矿浮选的选择性作用[J]．中南大学学报（自然科学

版), 2010, 41(2):406-410.
[130] Lascelles D, Finch J A. Quantifying accidental activation. Part I. Cu ion production[J]. Minerals Engineering, 2002, 15(8):567-571.
[131] 王虹. 含镁硅酸盐矿物在硫化铜镍矿浮选分离体系中的行为机理研究[D]. 长沙: 中南大学, 2009.
[132] 廖乾. 金川低品位镍矿矿物学特性及选矿工艺技术研究[D]. 长沙: 中南大学, 2010.
[133] Qing W, He M, Chen Y. Improvement of flotation behavior of Mengzi lead-silver-zinc ore by pulp potential control flotation[J]. Transactions of Nonferrous Metals Society of China, 2008, 18(4):949-954.
[134] 龙涛. 硫化铜镍矿浮选中镁硅酸盐矿物强化分散—同步抑制的理论及技术研究[D]. 长沙: 中南大学, 2012.
[135] 王虹, 邓海波. 蛇纹石对硫化铜镍矿浮选过程影响及其分离研究进展[J]. 有色矿冶, 2008(4):19-23.
[136] 罗仙平, 冯博, 周贺鹏, 等. 铜镍硫化矿选矿技术进展[J]. 有色金属 (选矿部分), 2013(S1):12-14.
[137] 梁冬梅. 云南金平硫化铜镍矿石选矿试验研究[D]. 昆明: 昆明理工大学, 2009.
[138] 廖乾. 金川低品位镍矿矿物学特性及选矿工艺技术研究[D]. 长沙: 中南大学, 2010.
[139] 朱宾, 韦新彦, 霍锡晓. 广西某低品位铜镍矿选矿试验研究[J]. 现代矿业, 2012(10):31-34.
[140] 梁冬梅. 云南金平硫化铜镍矿石选矿试验研究[D]. 昆明: 昆明理工大学, 2009.
[141] 李长玖, 陈玉明, 黄旭日, 等. 镍矿的处理工艺现状及进展[J]. 矿产综合利用, 2012(6):8-11.
[142] 雷梅芬. 微细粒难选铜镍硫化矿浮选新工艺及机理研究[D]. 赣州: 江西理工大学, 2011.
[143] 梁冬梅, 杨波. 硫化铜镍矿的研究进展[J]. 现代矿业, 2009(8):14-16.
[144] 罗仙平, 冯博, 周贺鹏, 等. 铜镍硫化矿选矿技术进展[J]. 有色金属 (选矿部分), 2013(S1):12-14.
[145] 邓杰. 低品位硫化镍矿中含镍硫化矿物同步疏水的理论与技术研究[D]. 长沙: 中南大学, 2012.
[146] 梁冬梅. 云南金平硫化铜镍矿石选矿试验研究[D]. 昆明: 昆明理工大学, 2009.
[147] 张秀品. 金川二矿区富矿与龙首矿矿石混合浮选新工艺研究[D]. 昆明: 昆明理工大学, 2006.
[148] 赵开乐, 等. 某富镁贫铜镍矿石选矿新工艺研究[J]. 金属矿山, 2013, 42(12):73-77.
[149] Antoine F M B, Oaitse M. An assessment of pentlandite occurrence in the run of mine ore from BCL mine (Botswana) and its impact on the flotation yield. [J]. Southern African Base Metals Conference. 2007, 15(8):57-76.
[150] 刘明宝, 印万忠. 中国硫化镍矿和红土镍矿资源现状及利用技术研究[J]. 有色金属工程, 2011(5):25-28.
[151] 叶力佳. 安徽某低品位铜钼矿石的选矿试验研究[J]. 有色金属 (选矿部分), 2009(1):4-8.
[152] 王洪忠. 斑岩铜矿铜钼分离工艺研究[J]. 金属矿山, 2009(9):108-112.
[153] 谢卫红. 富家坞难选铜钼矿浮选工艺研究[J]. 有色金属 (选矿部分), 2010(5):17-20.
[154] 魏党生. 广东某铜钼矿浮选工艺研究[J]. 有色金属 (选矿部分), 2009(2):5-10.
[155] 王立刚. 含次生铜的铜钼矿选矿试验研究[J]. 有色金属 (选矿部分), 2009(6):7-10.
[156] 王立刚, 刘万峰, 孙志健, 等. 蒙古某铜钼矿选矿工艺技术研究[J]. 有色金属 (选矿部分), 2011(1):10-13.
[157] 李迎国, 曹进成. 某大型斑岩型铜钼矿选矿试验研究[J]. 有色金属 (选矿部分), 2005(1):14-17.
[158] 谷志君, 王越, 苏凯, 等. 某大型铜钼矿铜钼可浮性研究[J]. 有色金属 (选矿部分), 2009(2):1-4.
[159] 周峰, 孙春宝, 刘洪均, 等. 某低品位铜钼矿低碱度浮选工艺研究[J]. 金属矿山, 2011(3):80-83.
[160] 俞娟, 杨洪英, 周长志, 等. 某难选铜钼混合矿分离浮选试验研究[J]. 有色金属 (选矿部分), 2008(6):6-8.
[161] 樊建云. 某铜钼矿石浮选工艺试验研究[J]. 中国钼业, 2009(1):15-17.
[162] 雷贵春. 某铜钼矿铜钼分离工艺试验研究[J]. 中国钼业, 2004(5):18-21.
[163] 宋磊. 铜钼硫复杂共生矿石选矿新工艺研究[J]. 有色金属 (选矿部分), 2012(2):35-38.
[164] 魏党生. 高铁铝土矿综合利用工艺研究[J]. 有色金属 (选矿部分), 2008(6):14-18.
[165] 孙伟, 王振, 曹学锋, 等. 某镍钼矿浮选试验研究[J]. 金属矿山, 2012(1):97-99.
[166] 陈代雄, 唐美莲, 薛伟, 等. 高碳钼镍矿可选性试验研究[J]. 湖南有色金属, 2006(6):9-11.
[167] Lager T, 晋阳. 含锑矿石的选矿现状[J]. 国外金属矿选矿, 1990(8):1-9.
[168] 胡真, 邹坚坚, 陈志强, 等. 贵州某硫化锑矿选矿实验研究[J]. 材料研究与应用, 2011(4):300-303.
[169] 陈代雄, 胡波, 杨建文, 等. 无铅活化剂锑浮选新工艺研究[J]. 有色金属 (选矿部分), 2011(6):67-71.
[170] 吉庆军. 甘肃某金锑矿选矿试验研究[J]. 矿产保护与利用, 2012(2):45-47.
[171] 朱一民, 周菁. 某地锑矿矿物性质及浮选研究[J]. 中国矿山工程, 2010(4):13-15.
[172] 王国生, 徐晓萍, 高玉德. 从钼多金属矿中回收钼铋的研究[J]. 材料研究与应用, 2011(4):304-308.
[173] 朱璐. 黄沙坪低品位多金属矿浮选回收白钨的试验研究[J]. 中国矿山工程, 2011(4):20-21.
[174] Pestryak I, Morozov V, Baatarhuu J. Improvement of copper-molybdenum ore beneficiation using a combined flotation and bio-hydrometallurgy method[J]. International Journal of Mining Science and Technology, 2013, 23(1):41-46.

[175] 邱显扬，王成行，胡真，等. 极低品位微细粒自然铋的浮选工艺研究[J]. 矿冶工程，2011(2):29-31.
[176] 田松鹤. 柿竹园多金属矿硫化矿浮选工艺研究[J]. 湖南有色金属，2006(3):9-13.
[177] 邱显扬，王成行，胡真，等. 极低品位微细粒自然铋的浮选工艺研究[J]. 矿冶工程，2011(2):29-31.
[178] 叶雪均，邱树敏. 江西某铜铋多金属矿石无氰铜铋分离浮选试验[J]. 金属矿山，2009(12):80-82.
[179] 李爱民. 行洛坑钨矿伴生钼铜铋浮选分离新工艺研究[J]. 金属矿山，2012(4):74-78.
[180] 周贺鹏，雷梅芬，罗礼英，等. 广西某铜铋硫化矿选矿新工艺研究[J]. 矿业研究与开发，2013(1):52-55.
[181] 曾克文，刘俊星，周凯，等. 低铝硅比铝土矿选矿试验研究[J]. 有色金属（选矿部分），2008(5):1-4.
[182] 王鹏，石建军，李银文，等. 河南低品位铝土矿磨矿试验研究[J]. 轻金属，2011(S1):54-56.
[183] 杨菊，方启学，黄国智，等. 铝土矿选矿脱硅新工艺研究[J]. 有色金属（选矿部分），2001(6):10-14.
[184] 邓传宏，卢毅屏，张晶. 低铝硅比堆积型细泥铝土矿活化浮选脱硅研究[J]. 矿冶工程，2011，31(3):62-65.
[185] 冯其明，卢毅屏，欧乐明，等. 铝土矿的选矿实践[J]. 金属矿山，2008(10):1-4.
[186] 卢毅屏. 铝土矿选择性磨矿——聚团浮选脱硅研究[D]. 长沙：中南大学，2012.
[187] 冯其明，卢毅屏，欧乐明，等. 铝土矿的选矿实践[J]. 金属矿山，2008(10):1-4.
[188] 邱冠周，伍喜庆，王毓华，等. 近年浮选进展[J]. 金属矿山，2006(1):41-52.
[189] 魏党生. 高铁铝土矿综合利用工艺研究[J]. 有色金属（选矿部分），2008(6):14-18.
[190] 黄光洪，马士强，彭雪清，等. 一种高铁铝土矿的选矿方法：中国，CN101417260A[P]. 2009-04-29.
[191] 周怡玫，严志明，汤小军，等. 从四川某铅锌矿尾矿中回收氧化锌的选矿工艺研究[J]. 有色金属（选矿部分），2008(1):11-15.
[192] Xia L, Zhong H, Liu G. Flotation techniques for separation of diaspore from bauxite using Gemini collector and starch depressant[J]. Transactions of Nonferrous Metals Society of China, 2010, 20(3):495-501.
[193] 鲁格诺夫 V，刘汉钊，木子. 氧化铅锌矿石选矿新工艺研究[J]. 国外金属矿选矿，2001(2):25-28.
[194] Li Y, Wang J, Wei C, et al. Sulfidation roasting of low grade lead-zinc oxide ore with elemental sulfur[J]. Minerals Engineering, 2010, 23(7):563-566.
[195] 张国范，崔萌萌，朱阳戈，等. 水玻璃对菱锌矿与石英浮选分离的影响[J]. 中国有色金属学报，2012(12):3535-3541.
[196] 冯其明，张国范. 氧化锌矿原浆浮选新技术[J]. 中国基础科学，2011(1):25-27.
[197] 孙伟，张祥峰，刘加林，等. 云南沧源某氧化铅锌矿浮选工艺研究[J]. 金属矿山，2012(3):78-81.
[198] 蒲雪丽. 云南某低品位氧化锌矿浮选试验研究[D]. 昆明：昆明理工大学，2008.
[199] 宋振国. 磨矿过程物理化学因素对几种碳酸盐矿物浮选的影响[D]. 沈阳：东北大学，2009.
[200] 赵晖. 某高氧化率铅锌矿选矿试验研究[D]. 昆明：云南大学，2010.
[201] 梁杰，胡琼，鱼鹏涛. 贵州低品位氧化铅锌矿的赋存状态与利用方法研究[J]. 贵州大学学报（自然科学版），2009(5):59-61.
[202] 罗娜，张国范，冯其明，等. 菱锰矿与方解石浮选行为及其机理研究[J]. 有色金属（选矿部分），2012(4):41-45.
[203] 罗娜. 菱锰矿与方解石浮选分离研究[D]. 长沙：中南大学，2012.
[204] 冯雅丽，杨志超，李浩然，等. 菱锰矿与石英浮选行为及其机理研究[J]. 东北大学学报（自然科学版），2014(6):903-907.
[205] 罗娜，张国范，朱阳戈，等. 六偏磷酸钠对菱锰矿与方解石浮选分离的影响[J]. 中国有色金属学报，2012(11):3214-3220.
[206] 虞力，胡义明，皇甫明柱，等. 某低品位菱锰矿选矿试验研究[J]. 现代矿业，2014(3):7-10.
[207] 曹学锋，卢建安，张刚. 某低品位碳酸锰矿石浮选工艺研究[J]. 金属矿山，2013(5):99-101.
[208] 基延科 Л A，肖力子，崔洪山. 从碳酸盐矿石中浮选萤石[J]. 国外金属矿选矿，2008(1):22-23.
[209] 李洪帅. 多金属共生萤石矿浮选分离试验及机理探讨[D]. 昆明：昆明理工大学，2011.
[210] 叶峰宏，刘全军，邓荣东，等. 贵州某低品位萤石选矿试验研究[J]. 非金属矿，2012 (3):32-34.
[211] 谢春妹，刘志红，常浩，等. 贵州某萤石矿浮选试验研究[J]. 金属矿山，2009(1):89-91.
[212] 宋翔宇，赵新昌，徐会存，等. 某地萤石矿浮选工艺及机理研究[J]. 矿冶工程，2004(3):28-31.
[213] Hosseini S H, Forssberg E. Physicochemical studies of smithsonite flotation using mixed anionic/cationic collector[J]. Minerals Engineering, 2007, 20(6):621-624.
[214] 陈斌，周晓四，李志章. 某萤石矿石的浮选试验研究[J]. 云南冶金，2004(3):14-17.
[215] 涂文懋，高惠民，管俊芳，等. 细粒难选萤石矿选矿试验研究[J]. 非金属矿，2008(3):25-28.
[216] 陈文胜，刘炯天，李小兵，等. 旋流-静态微泡浮选柱浮选萤石的影响因素分析[J]. 金属矿山，2008(5):100-102.

[217] 任海洋. 抑制剂对萤石与方解石浮选分离的影响及机理研究[D]. 长沙: 中南大学, 2013.
[218] 朱建光. 萤石浮选的几个问题[J]. 国外金属矿选矿, 2004(6):4-9.
[219] 张旺. 萤石与方解石浮选分离研究[D]. 长沙: 中南大学, 2013.
[220] 曹海英. 萤石与方解石及石英的浮选分离[D]. 赣州: 江西理工大学, 2013.
[221] 刘志红, 常浩, 谢春妹, 等. 萤石与重晶石浮选分离试验研究[J]. 化工矿物与加工, 2009(9):12-13.
[222] 李名凤, 高惠民, 史文涛, 等. 重晶石-萤石型萤石矿综合利用试验研究[J]. 中国矿业, 2012(11):113-115.
[223] 张国范, 邓红, 魏克帅, 等. 酸化水玻璃对萤石与方解石浮选分离作用研究[J]. 有色金属 (选矿部分), 2014(1): 80-82.
[224] 邓海波, 任海洋, 许霞, 等. 石英型萤石矿的浮选工艺和低温捕收剂应用研究[J]. 非金属矿, 2012(5):25-27.
[225] 张国范, 魏克帅, 朱阳戈, 等. 浮钨尾矿萤石的活化与浮选分离[J]. 化工矿物与加工, 2011(9):6-8.
[226] 陈云峰, 黄齐茂, 潘志权. 磷矿浮选捕收剂的研究进展[J]. 武汉工程大学学报, 2011(2):76-80.
[227] 杨晓军, 刘成光, 余新文, 等. 磷矿正反浮选捕收剂: 中国, CN102580859B[P]. 2012-07-18.
[228] 魏以和, 李小东, 熊刚, 等. 磷矿正反浮选产品粒度分布与存在问题分析(Ⅰ)——清水流程实验[J]. 化工矿物与加工, 2007(6):1-4.
[229] 姜振胜, 张革利, 安平, 等. 一种处理胶磷矿正反浮选选矿废水的方法: 中国, CN102020377A[P]. 2011-04-20.
[230] 钱押林, 郑世波, 杨勇, 等. 一种胶磷矿的反正浮选工艺: 中国, CN102744152A[P]. 2012-10-24.
[231] Song S, et al. Improving fluorite flotation from ores by dispersion processing[J]. Minerals Engineering, 2006, 19(9): 912-917.
[232] 王仁宗, 熊良峰. 一种胶磷矿正-反浮选捕收剂及其制备方法: 中国, CN102259063A[P]. 2011-11-30.
[233] 张贤敏, 袁耀瑜, 杨荣宝, 等. 一种胶磷矿正反浮选脱泥工艺: 中国, CN102671758A[P]. 2012-09-19.
[234] 刘江林, 曾波, 熊明金. 一种磷矿除镁的方法: 中国, CN101049584A[P]. 2007-10-10.
[235] 魏以和. 一种磷矿浮选工艺: 中国, CN103817012A[P]. 2007-08-22.
[236] 蒋远华, 杨晓勤, 刘晓, 等. 中低品位胶磷矿的选矿方法: 中国, CN1806931A[P]. 2006-07-26.
[237] 张国范, 冯寅, 朱阳戈, 等. 钙、镁离子对磷灰石与白云石浮选行为的影响[J]. 化工矿物与加工, 2011(7):1-4.
[238] 曾小波. 胶磷矿双反浮选工艺及泡沫行为调控研究[D]. 武汉: 武汉理工大学, 2006.
[239] 葛英勇, 甘顺鹏, 曾小波. 胶磷矿双反浮选工艺研究[J]. 化工矿物与加工, 2006(8):8-10.
[240] 赵凤婷. 双反浮选工艺在胶磷矿选别中的应用[J]. 磷肥与复肥, 2010(2):70-72.
[241] 葛英勇, 季荣, 袁武谱. 远安低品位胶磷矿双反浮选试验研究[J]. 矿产综合利用, 2008(6):7-10.
[242] 孙伟, 陈臣, 刘令. 某硅钙质胶磷矿双反浮选试验研究[J]. 化工矿物与加工, 2011(9):1-2.
[243] 黄万抚, 张小冬. 钨矿细泥选矿工艺发展[J]. 有色金属科学与工程, 2013(5):54-57.
[244] 胡文英, 余新阳. 微细粒黑钨矿浮选研究现状[J]. 有色金属科学与工程, 2013(5):102-107.
[245] 罗礼英. 黑钨矿螯合类捕收剂的浮选性能评价[D]. 赣州: 江西理工大学, 2013.
[246] 周晓彤, 邓丽红, 廖锦. 白钨浮选尾矿回收黑钨矿的强磁选试验研究[J]. 中国矿业, 2010(4):64-67.
[247] 陈玉林. 强磁分选黑白钨新工艺在柿竹园的工业化应用[J]. 中国钨业, 2013(4):34-36.
[248] 刘龙飞. 黑钨细泥重—浮联合工艺试验研究[D]. 赣州: 江西理工大学, 2012.
[249] Shuaixing S, et al. Recovery of phosphorite from coarse particle magnetic ore by flotation[J]. International Journal of Mineral Processing, 2015, 142: 10-16.
[250] 付广钦. 细粒级黑钨矿的浮选工艺及浮选药剂的研究[D]. 长沙: 中南大学, 2010.
[251] 袁致涛, 韩跃新. 铁矿选矿技术进展及发展方向[J]. 有色矿金, 2006(22):10-15.
[252] 张凌燕, 郑光军, 管俊芳, 等. 青海某微细粒嵌布磁铁矿选矿试验研究[J]. 中国矿业, 2007(8):52-55.
[253] 刘军, 景巍. 某贫磁铁矿选矿工艺研究[J]. 现代矿业, 2010(5):92-94.
[254] 唐晓玲. 反浮选工艺是提高酒钢弱磁精矿品质的有效途径[J]. 金属矿山, 2007(1):35-39.
[255] 蒋文利. 赤铁矿选矿工艺流程研究与探讨[J]. 中国矿业, 2014(1):110-114.
[256] 张汉泉, 等. 鲕状赤铁矿磁化焙烧-磁选-反浮选降磷试验[J]. 武汉工程大学学报, 2011(3):30-32.
[257] 陈新林. 某贫赤铁矿选矿试验研究[J]. 有色矿冶, 2009(5):21-24.
[258] 关翔. 新疆某难选赤铁矿选矿工艺的探讨[J]. 中国矿业, 2011(1):87-92.
[259] 刘有才, 林清泉, 等. 永州某高泥细粒贫赤铁矿选矿工艺研究[J]. 矿冶工程, 2013(6):42-45.
[260] 乔吉波, 郭宇, 王少东. 某复杂难选铜铅锌多金属矿选矿工艺研究[J]. 有色金属 (选矿部分), 2012(3):4-6.
[261] 刘万峰. 河北某难选铅矿石选矿试验研究[J]. 有色金属 (选矿部分), 2009(3):10-13.
[262] 赵平, 邵伟华, 张艳娇, 等. 某难选钼矿混合浮选试验研究[J]. 金属矿山, 2009(9):98-101.

[263] 赵平，赵健伟，常学勇．含金氧化钼矿石选矿试验研究[J]．黄金，2008(7):41-43.

[264] 陈代雄．伊朗某难选氧化锑矿选矿新工艺研究[J]．有色金属（选矿部分），2007(2):5-9.

[265] Hassan Fayed，Saad Ragab. CFD analysis of two-phase flow in WEMCO-300m^3 supercell[C]. SME/CMA Annual Meeting & Exhibit February，2013.

[266] Hassan Fayed，Saad Ragab. CFD analysis of two-phase flow in a self aerated flotation machine[C]. SME/CMA Annual Meeting & Exhibit February，2012.

[267] Koh P T L，Schwarz M P. Modelling attachment rates of multi-sized bubbles with particles in a flotation cell[J]. Minerals Engineering，2008(21):989-993

[268] 沈政昌，卢世杰，史帅星，等．基于 CFD 和 PIV 方法的单相 KYF 浮选机流场分析研究[J]．有色金属（选矿部分），2013(2):41-57，67.

[269] Deepak Malhotra，Patrick Taylor，Erik Spiller，et al. Recent advances in mineral processing design[M]. SME，2009: 169-179.

[270] K. 卡斯蒂尔．浮选的进展[J]．国外金属矿选矿，2006(4):10-13.

[271] 邹志毅．奥图泰 TankCell 浮选机及其应用[J]．现代矿业，2011(7):28-32.

[272] 王彩芬，庄振东．国内外几种常用搅拌式浮选机的发展与应用[J]．现代矿业，2009(5):33-35.

[273] 赵显东．金属矿用浮选设备的进展[J]．矿业快报，2007(11):7-10.

[274] A. A. 拉符涅科．浮选设备的生产现状与主要发展方向[J]．国外金属矿选矿，2007(12):4 -12.

[275] 卢世杰，李晓峰．浮选设备发展趋势[C]//中国有色金属学会第七届学术年会，2008: 154-157.

[276] 黄应，杨钊雄．XCF 11/KYFII 型浮选机组在凡口铅锌矿的应用[J]．金属矿山，2011(8):166-168.

[277] 王彩芬，庄振东．国内外几种常用搅拌式浮选机的发展与应用[J]．现代矿业，2009(5):33-35.

[278] 张建一，李晓峰，杨丽君．320m^3 充气机械搅拌式浮选机工业试验研究[J]．有色金属（选矿部分），2011(增刊): 181-183.

[279] 胡岳华，冯其明．矿物资源加工技术与设备[M]．北京，科学出版社，2006: 225-227.

[280] 杨丽君．JJF-130m^3 机械搅拌式浮选机工业试验研究[J]．有色金属（选矿部分），2009(1):27-30.

[281] 覃文庆，王佩佩，任浏祎，等．颗粒气泡的匹配关系对细粒锡石浮选的影响[J]．中国矿业大学学报，2012，43(3): 420-424.

[282] 李艳，孙伟，胡岳华．气泡性质对高岭石浮选行为的影响[J]．中国有色金属学报，2009，19(8):1498-1504.

[283] 闫红杰，毛成，孙伟，等．浮选过程颗粒输运行为数值模拟[J]．中国有色金属学报，2014，24(2):552-560.

[284] 黄光耀，陈雯，冯其明，等．浮选柱内微孔发泡器发泡性能研究[J]．金属矿山，2010，10: 129-133.

[285] 陈泉源，张泾生，王淀佐，等．高气泡表面积通量浮选柱浮选硫化铜矿参数的研究[J]．有色金属，2006，58(4): 48-53.

[286] 欧乐明，张文才，冯其明，等．水平充填介质浮选柱中气含率研究[J]．有色金属（选矿部分），2014(2):65-69.

[287] 焦红光，涂必训，梁增田．应用 Jameson 浮选槽分选无烟煤泥的实践[J]．煤炭工程，2007(8):95-97.

[288] 王冲．CPT 浮选柱在铜选厂的应用实践 [J]，云南冶金，2014，43(1):25-32.

[289] Oh-Hyung Hana，Min-Kyu Kima，Byoung-Gon Kim，et al. Fine coal beneficiation by column flotation[J]. Fuel Processing Technology，2014，126: 49-59.

[290] 刘惠林，杨保东，向阳春，等．浮选柱的研究应用及发展趋势[J]．有色金属（选矿部分），2011(增刊1):202-207.

[291] 史帅星，张跃军，刘承帅，等．KYZ 浮选柱的应用[C]//全国选矿学术会议论文集，2009.

[292] 任向军，牛桂强，杨玉杰，等．旋流-静态微泡浮选柱在处理矿泥中的应用[J]．中国矿山工程，2012，41(5): 31-34.

[293] 刘洋，曹亦俊，黄根，等．旋流-静态微泡浮选柱分选某金矿泥的半工业试验[J]．金属矿山，2012(3):82-85.

[294] Haijun Zhang，Jiongtian Liu，Yongtian Wang，et al. Cyclonic-static micro-bubble flotation column[J]. Minerals Engineering，2013，45: 1-3.

[295] Guixia Fan，Jiongtian Liu，Yijun Cao，et al. Optimization of fine ilmenite flotation performed in a cyclonic-static micro-bubble flotation column[J]. Physicochem. Probl. Miner. Process，2014，50(2):823-834.

[296] 樊晓鹏．CCF 浮选柱在金川铜镍硫化矿选矿中的应用研究[D]．西安：长安大学，2006.

[297] 宋念平，找长中，张宗合，等．洛钼集团 5000t/d 精选 CCF 浮选柱应用[J]．中国钼业，2011，35(3):22-25.

[298] 王金玮，刘学军，张晓峰．CCF 浮选柱与 BF 浮选机在钼精选中的差异[J]．现代矿业，2011(5):109-112.

[299] 马力强，刘炯天，岳广傲，等．旋流-静态微泡浮选柱净化含油废水试验研究[J]．中国矿业大学学报，2009，38(4):554-557.

[300] Ran Jincai, Liu Jiongtian, Zhang Chunjuan, et al. Experimental investigation and modeling of flotation column for treatment of oily wastewater[J]. International Journal of Mining Science and Technology, 2013, 23: 665-668.
[301] 欧乐明，秦大梅，万丽，等. 气浮法脱除模拟锌浸出液中的油酸钠[J]. 金属矿山，2013(6):80-83.
[302] 胡岳华. 矿物浮选[M]. 长沙：中南大学出版社，2014.
[303] Sun W, Hu Y, Liu R. Bubble size measurement in three-phase system using photograph technology[J]. Journal of Central South University of Technology, 2005, 12(6):677-681.
[304] Sun W, Hu Y, Dai J, et al. Observation of fine particle aggregating behavior induced by high intensity conditioning using high speed CCD[J]. Transactions of Nonferrous Metals Society of China, 2006, 16(1):198-202.
[305] Sun W, Xie Z, Hu Y, et al. Effect of high intensity conditioning on aggregate size of fine sphalerite[J]. Transactions of Nonferrous Metals Society of China, 2008, 18(2):438-443.
[306] Sun W, Deng M, Hu Y. Fine particle aggregating and flotation behavior induced by high intensity conditioning of a CO_2 saturation slurry[J]. Mining Science and Technology (China), 2009, 19(4):483-488.
[307] Huang Z, Legendre D, Guiraud P. A new experimental method for determining particle capture efficiency in flotation[J]. Chemical Engineering Science, 2011, 66(5):982-997.
[308] 闫红杰，毛成，孙伟，等. 浮选过程颗粒输运行为数值模拟[J]. 中国有色金属学报，2014, 24(2):552-560.
[309] 夏青，岳涛. 浮选动力学研究进展[J]. 有色金属科学与工程，2012, 3(2):46-51.
[310] Emad Abkhoshk, Mohanmmad Kor. A study on the effect of particle size on coal floation kinetics using fuzzy logic[J]. Expert Systems with Applications, 2010, 37: 5201-5207.
[311] 邱显扬，李松平，邓海波，等. 菱锌矿加温硫化浮选动力学研究[J]. 有色金属（选矿部分），2007(1):24-26.
[312] 王爱丽，张全有. 氯化钠浮选动力学研究[J]. 化工矿物与加工，2007(3):5-7.
[313] 何丽萍. 铜铅锌硫化矿浮选动力学研究[D]. 赣州：江西理工大学，2009.
[314] 邱仙辉. 铜锌难选硫化矿高效浮选分离理论与应用[D]. 赣州：江西理工大学，2009.
[315] Rezai B, Rahimi M, Aslani M R, et al. Relationship between surface roughness of minerals and their flotation kinetics[J]. Mineral Processing Technology, 2010(12):232-238.
[316] 安茂燕，焦小莉，周璐，等. 低阶煤可浮性及浮选速率模型研究[J]. 洁净煤技术，2012, 18(1):9-12.
[317] 李俊旺，孙传尧，袁闯，等. 会泽铅锌硫化矿异步浮选新技术研究[J]. 金属矿山，2011(11):83-91.
[318] Schubert H. On the optimization of hydrodynamics in fine particle flotation[J]. Minerals Engineering, 2008, 21(12-14):930-936.
[319] 李艳，孙伟，胡岳华. 气泡性质对高岭石浮选行为的影响[J]. 中国有色金属学报，2009(8):1498-1504.
[320] 金会心，李军旗，吴复忠. 织金新华含稀土磷矿浮选动力学及三维图形表征[J]. 中国稀土学报，2011(4):239-247.
[321] 于洋，李俊旺，孙传尧，等. 黑钨矿、白钨矿及萤石异步浮选动力学研究[J]. 有色金属（选矿部分），2012,(4):16-22.
[322] 邱廷省，邱仙辉，尹艳芬，等. 铜锌硫化矿浮选分离过程及动力学分析[J]. 矿冶工程，2013, 33(2):44-47, 51.
[323] Kelebek S, Nanthakumar B. Characterization of stockpile oxidation of pentlandite and pyrrhotite through kinetic analysis of their flotation[J]. International Journal of Mineral Processing, 2007, 84(1-4):69-80.
[324] 王燕玲. 扩展煤浮选粒度上限的初步研究[D]. 太原：太原理工大学，2007.
[325] 黄光耀. 水平充填介质浮选柱的理论与应用研究[D]. 长沙：中南大学，2009.
[326] 韩伟. 浮选机内多相流动特性及浮选动力学性能的数值研究[D]. 兰州：兰州理工大学，2009.
[327] 沈政昌，陈东. 充气式浮选机浮选动力学模型研究[J]. 有色金属（选矿部分），2006(1):22-25.
[328] 陈东，董干国，张建一，等. 大型浮选机浮选流体动力学特性探讨及设计原则研究[J]. 有色金属（选矿部分），2010(1):33-37.
[329] 李振兴，文书明，罗良烽. 选矿过程自动检测与自动化综述[J]. 云南冶金，2008, 37(3):20-24.
[330] 李晓岚，曾云南. 选矿自动化技术的新进展[J]. 金属矿山，2006(6):61-64.
[331] 何桂春，黄开启. 浮选指标与浮选泡沫数字图像关系研究[J]. 金属矿山，2008(8):96-101.
[332] Aldrich C, Marais C, Shean B J, et al. Online monitoring and control of froth flotation systems with machine vision: A review [J]. International Journal of Mineral Processing, 2010, 96(1-4):1-13.
[333] Runge K, et al. A correlation between visiofroth™ measurements and the performance of a flotation cell. in Ninth Mill Operators' Conference[C]. 2007.
[334] Bergh L G, Yianatos J B. The long way toward multivariate predictive control of flotation processes[J]. Journal of Process ControlSpecial Issue on Automation in Mining[J]. Minerals and Metal Processing, 2011, 21(2):226-234.

[335] Nesset J E, J A Finch. Bubble size as a function of some situational variables in mechanical flotation machines [J]. Journal of Central South University, 2014, 21(2):720-727.

[336] 陈青，朱俊宇，唐朝晖，等. 动态纹理建模在硫浮选工况的识别分析[J]. 计算机与应用化学，2013(10)：1117-1121.

[337] 刘金平. 泡沫图像统计建模及其在矿物浮选过程监控中的应用[D]. 长沙：中南大学，2013.

[338] 王雅琳，欧文军，阳春华，等. 基于 PCA 和改进 BP 神经网络的浮选精矿品位在线预测 [Z]. 中国北京：20107.

[339] Liu J, Gui W, Tang Z, et al. Recognition of the operational statuses of reagent addition using dynamic bubble size distribution in copper flotation process[J]. Minerals Engineering, 2013, 45: 128-141.

[340] Zhu J, Gui W, Yang C, et al. Probability density function of bubble size based reagent dosage predictive control for copper roughing flotation[J]. Control Engineering Practice, 2014, 29(8): 1-12.

[341] 尚海洋，赵宇，卞宁. 浮选过程 pH 的控制[J]. 矿冶，2010，19(4):91-94.

[342] 任会峰. 基于泡沫图像的铝土矿浮选 pH 值软测量及应用[D]. 长沙：中南大学，2012.

[343] 唐朝晖，刘金平，陈青，等. 基于预测模型的浮选过程 pH 值控制[J]. 控制理论与应用，2013，30(7):885-890.

[344] 李思，李世厚. 浮选自动加药机的研究概况[J]. 矿产保护与利用，2011(3):54-58.

[345] 韩中园，黄宋魏，王雪，等. 搅拌式矿浆浓度检测系统的研究与设计[J]. 重庆理工大学学报（自然科学），2013(12):91-94.

[346] 喻玲玲. 浮选机液位和充气量自动控制系统的应用[J]. 有色冶金设计与研究，2008(5):33-35.

[347] 荣国强，刘炯天，王永田，等. 大型浮选设备矿浆液位检测控制系统的研究[J]. 中国矿业，2007(5):51-54.

[348] 秦虎，刘志红，黄宋魏. 碎矿磨矿及浮选自动化发展趋势[J]. 云南冶金，2010，39(3):13-16.

[349] 蒋京名，王李管. DIMINE 矿业软件推动我国数字化矿山发展[J]. 中国矿业，2009(10):90-92.

第 4 章　化学选矿

随着传统矿产资源的日益减少，资源形势的不断恶化与选矿成本的不断增加，人们已面临复杂难处理矿产资源的综合利用问题。针对复杂难处理矿产资源具有的贫、细、杂等特点，单纯依靠传统的物理选矿方法难以达到提高资源综合利用效率、降低选矿成本的目标，为了合理开发利用矿产资源，适应社会与经济发展的需要，化学选矿的地位将变得日益重要。

4.1　重金属化学选矿

4.1.1　铜

自 1968 年以来，铜溶剂萃取技术的长足进展极大促进了从废石、贫铜矿、氧化矿等物料中回收铜的化学选矿技术的发展。从废石、贫铜矿、氧化矿等物料中回收铜的化学浸出—萃取—电积工艺技术简单，工艺成熟，产品质量高，环境污染小，而且投资额少、运营成本低，因而此种提铜工艺在国内外得到广泛的推广应用[1]。浸出—萃取—电积工艺的基本原则流程如图 4-1 所示。

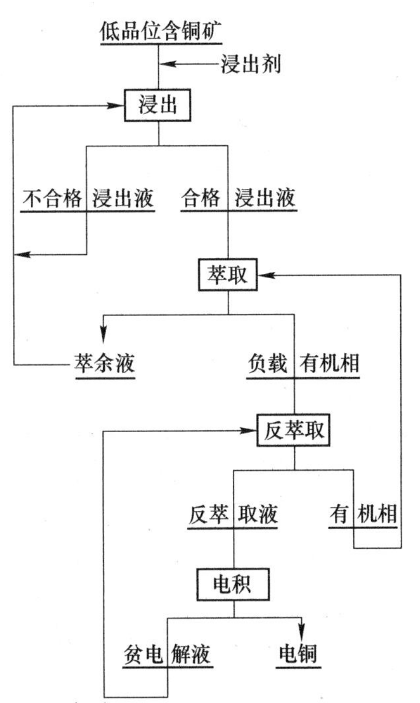

图 4-1　浸出—萃取—电积工艺原则流程

根据浸出体系的不同，铜浸出方式主要包括酸浸、氨浸、氯浸、电化学浸出以及强化浸出，其中酸浸技术已在生产上得到广泛应用，其他技术则主要处于实验室研究阶段。目前，铜溶浸过程中存在的主要问题有：（1）黄铜矿酸浸过程容易产生钝化现象，难以有效浸出；（2）大型灰岩型氧化铜矿的矿石类型复杂、钙镁含量高，难以通过酸浸实现有效回收。

近些年，针对这些问题开展了大量的基础理论与应用研究，取得的主要进展有：（1）揭示了硫与硫化物的存在是导致黄铜矿发生钝化现象的主要原因，并提出了通过控制溶液电位或添加 Ag^+ 的方法提高黄铜矿的浸出速率；（2）开发了新型的氨浸混合配体体系处理灰岩型铜矿，优化了常温常压氨浸提取工艺，并且在此基础上研发了“氨浸—萃取—电积”工艺。

4.1.1.1　铜溶浸技术的发展

A　酸浸

针对黄铜矿难以有效浸出的问题，研究人员通过对黄铜矿的酸浸试验，发现硫与硫化物的存在是黄铜矿表面发生钝化的主要诱因。常温条件下硫酸或 Fe^{3+} 浸出黄铜矿的过程中都存在明显的“钝化”现象，舒荣波等人[2]通过试验表明矿物浸出产物硫更有可能是“钝化”的原因所在。浸出过程中铜、铁离子的释放，导致原有晶体结构的坍缩，S—S、S 与内层矿物之间以一种致密的化学键合方式紧固在一起，形成 H^+、Fe^{3+}（均为水合态离子）难以渗透的薄膜。

卢毅屏等人[3]通过循环伏安法和恒电位 I-t 曲线研究了黄铜矿特殊的电化学分解行为，发现当阴极负电位达到一定值，Fe^{3+} 被完全还原出来并形成稳定的固体产物 Cu_2S，这种中间物质不容易脱落，且在氧化电位下能发生较快的阳极氧化反应，但是随后又形成钝化层 Cu_xS。因而为浸出过程营造还原性环境可以有效改变浸出效果。

Córdoba 等人[4]在 68℃ 条件下考察了溶液电位对黄铜矿浸出的影响，得到结论：当浸出液的起始电位分别为 300mV、400mV 与不小于 500mV（vs. Ag/AgCl）的条件下浸出，前 5 天铜的浸出率分别为大于

80%、大于 90% 和小于 40%。Vilcáez 等人[5]认为当溶液电位大于 450mV(vs. Ag/AgCl)，黄铜矿是被溶液中的 Fe^{3+} 直接氧化，当溶液电位小于 450mV(vs. Ag/AgCl)，黄铜矿首先形成中间产物，中间产物再进一步被氧化释放铜离子。Vilcáez 和 Inoue[6]认为黄铜矿的溶解包含阴极还原和阳极氧化两个过程：当溶液中初始 Fe^{3+} 浓度较高时，黄铜矿的氧化速率大于还原速率；相反，溶液中初始 Fe^{2+} 浓度较高时，黄铜矿的还原速率大于氧化速率。因此，黄铜矿在低的 $[Fe^{3+}]/[Fe^{2+}]$ 或者低的溶液电位条件下浸出时，铜的释放速率是由 Fe^{2+} 浓度控制，而不是 Fe^{3+} 浓度控制，因为 Fe^{2+} 的存在对辉铜矿的形成是至关重要的[5,6]。

Ag^+ 的存在能显著提高黄铜矿中铜的浸出率[7,8]。Córdoba 等人[8]在 35℃ 条件下研究了 Ag^+ 和溶液电位对黄铜矿浸出的影响。当浸出电位控制在 600mV(vs. Ag/AgCl)、不添加 Ag^+ 时，铜的浸出率小于 3%，而当向溶液中添加 1g Ag/kg Cu 的 Ag^+ 时，铜的浸出率大于 90%。同时，当溶液中存在 1g Ag/kg Cu 的 Ag^+，铜的浸出率随着浸出电位的增加而提高。

当 Ag^+ 吸附到黄铜矿表面，Ag^+ 与黄铜矿晶格中的 S^{2-} 形成 Ag_2S，从而使黄铜矿晶格中的铜和铁释放到溶液中，Fe^{3+} 存在时，Ag_2S 又被溶液中的 Fe^{3+} 或溶解 O_2 氧化成 Ag^+ 和 S^0，实现 Ag^+ 的循环利用[8,9]。

舒荣波等人[10]通过试验证明，对云南大红山黄铜矿而言，Fe^{2+} 比 Fe^{3+} 浸出更有效。这可能是由于 Fe^{2+} 营造了强还原性环境，在这种强还原性条件下，Fe^{2+} 在黄铜矿表面的吸附为 O_2 与黄铜矿之间的电子传递提供了有效途径。

由于矿石性质、品位和赋存状态的差异，酸浸工艺包括堆浸、柱浸、槽浸和搅拌浸出等。堆浸是铜酸浸的主要方式之一，它具有浸出速度快、浸出率高、耗酸低等优点。影响堆浸的因素有很多，主要有颗粒粒径、浸堆高度、筑堆的方式等，优化这些工艺参数能提高浸出率和浸出速率。

黄瑞强等人[11~13]通过试验发现，堆浸铜浸出速度较快，在同样粒度情况下，相对于其他的浸出方式，堆浸铜浸出率较高、耗酸低、铁浸出率也较低，且细泥产生的干扰也小。习泳等人[14]在氧化铜堆浸试验中，发现矿石粒级大小与浸出率之间基本呈二次线性关系。王少勇等人[15]在分析高泥矿堆渗透性影响因素实验的基础上，提出采用水洗—分级工艺，成功地将浸堆的渗透系数增加为原矿的 8~50 倍，并且使综合浸出率由不到 10% 提高到 63.98%。帕迪利亚等人[16]通过对铜矿堆浸工艺的优化发现，浸堆的高度和操作时间能够相互影响。王贻明等人[17]提出降低排土场浸堆的微细颗粒（5mm 以下粉矿）的含量，改变筑堆的方式，改善堆体的孔隙结构分布，可以有效减少微细颗粒渗滤沉淀对堆体孔隙率及渗透性的影响，提高浸出效果。黎湘虹等人[18,19]等也做了类似工作。此外，针对堆浸过程中矿石表面容易发生结垢而影响浸出率的问题，严佳龙等人[20]对云南某高泥高碱铜矿石酸法堆浸工艺展开研究，发现结垢物以 $CaSO_4$ 为主，其产生的原因是浸出过程源源不断地生成 Ca^{2+} 并引入 SO_4^{2-}，并且验证了防垢剂通过螯合增溶和晶体畸变作用对于矿石结垢产生有效抑制。梁建龙等人[21]在对某低品位、细粒度的含钴、铜尾矿的浸出研究中，发现使用 LN3 做黏合剂造粒后，大大提高了矿石渗透性，提高了浸出率的同时降低了酸耗。

目前，柱浸的研究主要集中于矿石的粒级分布，尤其是含泥量对于浸出过程的影响，并且提出了不同的方案来解决由于含泥量高造成浸出率低的问题。缪秀秀等人[22]在方柱浸试验中发现：矿物含泥特性对矿柱渗透性有较大影响，尤其是浸矿初期影响显著；沉淀物的阻塞对矿柱渗透性影响不显著。武彪[23]等人对西藏玉龙铜矿氧化带矿石进行全粒级柱浸和洗矿—矿砂柱浸—矿泥搅拌浸出试验，可有效提高铜的浸出率。丁显杰等人[24]以煤和活性炭组合为催化剂，通过柱浸试验，研究了喷淋强度对永平低品位原生硫化铜矿酸法浸出的影响。严佳龙等人[25]在对云南羊拉铜矿氧化铜矿的柱浸扩大试验中，考察了不同粒径矿石的铜、铁浸出效果以及酸耗的变化。

此外，研究者们对槽浸、搅拌浸出的研究也取得一定的进展。高保胜等人[26]在对某高含泥的氧化铜矿石的分粒级酸法浸出试验中，发现其中 0.295~1mm 粒级的矿石可用槽浸工艺进行浸出，铜的浸出率可达 70.27%。招国栋等人[27]在对湖南水口山含泥高碱性低品位氧化铜矿的搅拌浸出试验中，发现常规条件下浸出率只有 60% 左右的矿石采用加温搅拌浸出后浸出率可达 80% 左右。孙敬锋等人[28]研究了在常温常压下用硫酸搅拌浸出内蒙古某含泥量较高的氧化铜矿石。杜计划[29]针对安徽岳西某处氧化铜矿进行了搅拌酸浸工艺参数优化试验研究。

B 氨浸和氯浸

由于大型灰岩型氧化铜矿具有矿石类型复杂、钙镁含量高的特点，采用酸浸处理该类矿石存在酸耗大、污染重等难点，因此，部分研究者针对该类矿石进行了氨浸研究。氨浸的进展主要为：（1）研究了新型的氨浸混合配体体系；（2）优化了常温常压氨浸提取工艺，并且在此基础上研发了“氨浸—萃取—电积”新技术。

张豫[30]在氨堆浸处理高钙镁低品位氧化铜矿石工艺的生产实践中得出结论：采用“氨堆浸—萃取—电积”工艺处理高钙镁氧化铜矿石，从技术、经济上都具有一定的可行性和合理性。马建业等人[31]研究了云南汤丹高碱性低品位氧化铜矿尾矿在 $NH_3 \cdot H_2O$-$(NH_4)_2CO_3$ 体系中的浸出。

招国栋等人[32]以湖南柏坊铜矿的尾砂为研究对象，针对高碱性低品位氧化铜矿，采用$(NH_4)_2CO_3$-NH_3-H_2O 体系进行堆浸。毛莹博等人[33]针对新疆滴水氧化铜矿进行氨浸试验研究，对影响铜浸出的各个因素进行了全面系统考察。方建军等人[34]研究了云南东川汤丹难处理氧化铜矿常温常压氨浸的影响因素，确定了常温常压氨浸工艺的最佳浸出条件。刘殿文等人[35]对东川汤丹难处理高钙镁氧化铜矿研发了高效“常温常压氨浸萃取—电积—浸渣浮选”的选冶联合新技术。周晓东等人[36]考察微波对低品位难选氧化铜矿氨浸影响的试验表明：微波辐照氨浸的总铜浸出率明显高于非微波条件下的浸出率，同时微波对难选氧化铜矿的氨浸具有明显的催化作用；在常规（非微波条件）浸出过程中，每一段时间用微波辐照浸出一次，也能大大提高矿样的铜浸出率，但所需的总浸出时间也相应增加。

氯浸主要针对复杂硫化矿的浸出。黄敏等人[37]利用氯化铁在酸性环境下的氧化性将硫化矿浸出，再通过置换、过滤、结晶、萃取等工序，有效地分离了矿物中的有价金属铅、锌、铜、银和金，综合回收了氯化铁和硫黄。

C 其他强化浸出

针对铜矿尾砂中的铜难以回收的问题，研究人员采用引入电化学选矿和超声强化浸出的方式都得到了较好的指标。

将电化学引入铜浸出过程，可以有效地从铜矿尾砂及低品位铜矿中回收铜。张运奇等人[38]研究了采用电化学浸出法对铜矿尾砂及低品位铜矿的综合利用，使铜的提取率高达96.2%。张杰等人[39]进行的超声强化尾砂氨浸试验表明，超声强化作用下形成的冲击波、微射流能创造新的活性表面，并能改善浸出“死区”内的传质效果，显著地提高了尾砂浸出速率和总浸出率。秦佳等人[40,41]探究表面活性剂对铜矿石的浸出影响的试验表明：表面活性剂特有的双亲分子结构能在界面发生定向吸附使溶液表面张力降低，以此增强溶液润湿及渗透矿石的能力从而提升铜离子浸出率。Padilla 等人[42]研究了在硫酸-氧压的体系中浸出黄铜矿，氧气分压升高时会显著增加铜溶解率，但同时会使选择性降低。

4.1.1.2 铜有机萃取剂的发展

从含铜物料中回收铜的化学浸出—萃取—电积工艺能取得现在的发展状况，与铜的高效有机萃取剂研究发展所取得的成就是分不开的。

关于萃取剂 N902 的研究在铜的萃取剂中占有很大的比重，在多数的试验研究中 N902 表现出了较高的萃取率和较好的选择性。刘述平等人[43]采用国产萃取剂 N902 从铜锌铁多金属矿高硫酸含量浸出液中萃取分离 Cu^{2+}，研究验证了以 N902 为萃取剂从高铜、高锌及较高硫酸含量的溶液中萃取分离铜可以获得较好的工艺指标。余力等人[44~46]在对铜浸出液的萃取条件试验，得出的最优萃取结果是以 N902 作萃取剂。徐建林等人[47]采用 N902 萃取剂从氯化铵体系浸出液中萃取分离二价铜，考察了萃取剂浓度、萃取相比和振荡时间对铜萃取率的影响。

此外，关于萃取剂 M5640、LIX984 及 ZJ988 等的研究也显示了其对铜萃取分离的可行性。俞小花等人[48]研究用 M5640-煤油萃取体系从高铜高锌硫酸溶液中分离 Cu^{2+} 的过程。侯新刚等人[49]以低品位铜矿的酸性浸出液作为研究对象，研究了 M5640 和 LIX984 两种新型铜萃取剂萃取铜分离铁的性能。陈永强等人[50]在用不同萃取剂从氨性溶液中分离铜、钴的研究中发现，用 LIX984N 和 LIX54-100 从氨性溶液中萃取分离铜、钴，技术上都是可行的，且 LIX54-100 更为经济。姚绪杰等人[51]关于合成的 5 种席夫碱（schiff bases）的研究表明，萃取温度和萃取时间对铜离子萃取率的影响不明显，大部分 Schiff 碱仅在高 pH 值范围内有较好的萃取性能，并且 DHAA 2，3，4-三羟基苯甲醛的萃取效果与 N902 相当。而在阐明铜萃取剂的主要成分羟酮肟和羟醛肟的化学结构的基础上，罗忠岩等人[52]研究了多取代酚类抗氧化剂对自由基的抗氧化作用和抗氧化机理，发现铜萃取剂 ZJ988 与 LIX984N 的抗氧化稳定性相同。

4. 1. 1. 3　铜地下溶浸的发展

随着选矿技术和设备的进步，铜化学选矿的新工艺得到了一定的发展。王卉[53]介绍了原地爆破溶浸湿法提铜技术开采铜矿峪矿 5 号矿体低品位难选氧化铜矿，此技术具有“孔网布液、静态渗透、注浆封底、综合收液”的特色。巫銮东等人[54]对玉龙铜矿Ⅱ矿体铜矿资源采用堆浸—搅拌浸出—萃取—电积的工艺回收铜金属，发现对玉龙铜矿平均品位在 3. 5% 以上的富氧化铜矿资源采用现有工艺流程能够实现生产的连续化和稳定化，浸出率可达 90% 以上；对Ⅱ矿体 3 号线的氧化矿经过搅拌浸出浓密洗涤，铜回收率可达 95% 以上，电积阴极铜质量已达到 GB/T 467—1997 中一级铜的标准。刘殿文等人[35]对东川汤丹难处理高钙镁氧化铜矿研发了“常温常压氨浸萃取—电积—浸渣浮选”的高效选冶联合新技术。

4. 1. 2　锌

近年来，锌的化学选矿主要针对低品位的氧化锌矿与含锌渣尘开展了大量的研究工作，拟解决锌铁尖晶石与硅酸锌矿等难溶矿物的有效浸出问题，以及高碱性脉石型氧化锌矿的清洁高效利用问题。目前已取得的主要进展有：（1）针对难处理的锌铁尖晶石及硅酸锌矿石等在常温常压下浸出时存在浸出率低、选择性差等问题，提出了采用多种加压酸浸方式得到了较好的效果，包括稀酸浸出、二段加压浸出等；（2）针对难处理的高碱性脉石型氧化锌矿，改变了氨浸和碱浸工艺的配体局限在 NH_3、Cl^-、OH^- 的现状，提出了多种新型配体，如碱性 Ida^{2-}-Glu^{2-}-H_2O 混配体系、碱性谷氨酸钠体系等，并在此基础上发展“浸出—萃取—电积”新技术。

4. 1. 2. 1　酸浸技术的发展

锌的酸浸一般可分为直接酸浸和加压酸浸。直接酸浸常用来处理菱锌矿等氧化锌矿，而加压酸浸则用来处理难浸的锌铁尖晶石和硅酸锌矿石等。

A　直接酸浸

对锌矿石进行直接酸浸是较为常见的一种化学选矿方法。研究者们通过对直接酸浸过程进行热力学和动力学的分析，对浸出过程的反应和机理有了更为深入的了解和阐述。

唐双华[55]通过对氧化锌的酸浸过程进行热力学和动力学分析，发现氧化锌的酸浸属放热反应，具有很大的热力学推动力。杨大锦等人[56]也通过对低品位氧化锌矿在酸浸过程中的主要化学反应分析，发现反应都能向生成硫酸锌的方向进行，低品位氧化锌矿的浸出速率主要由低品位氧化锌矿的物理化学性质所决定。覃文庆等人[57]针对高硅天然氧化锌矿常规酸浸时存在的矿浆难压滤、液固比过小、锌浸出回收率低等问题，用动力学分析了酸度、加酸方式、固液比、粒度及温度因素对锌浸出率的影响。

此外，研究者们在对直接酸浸试验过程中因素影响的研究也取得了一定的进展。阙绍娟等人[58]对锌焙砂进行了一段酸性浸出试验研究，发现初始酸度和液固比是影响浸出的最重要因素。贺山明等人[59]也做了类似的工作。周军[60]通过研究采用硫酸渗滤浸出技术直接处理伴生金属锗的氧化锌矿资源，发现在最佳试验条件下锗具有较高的浸出率，而铁、二氧化硅在整个试验过程中浸出率较低。李荣兴等人[61]对低品位氧化锌矿进行了常温浸出性能试验研究，锌的浸出率可达 95. 23% ~93. 80%，达到锌的理论浸出率。

黄钾铁矾法炼锌工艺也有报道[62,63]。黄钾铁矾法炼锌工艺实质是通过高温高酸浸出，把锌焙砂中的铁酸锌分解，提高锌的浸出率，可使锌的浸出率大于 98%，铁的浸出率达到 70% ~90%，浸出液中铁的含量达到 30g/L 左右。程柳等人对国内某厂黄钾铁矾法炼锌所产生的矿渣进行了浸出试验，采用浓硫酸浸出其中的锌，最后锌的浸出率达 98% 以上。

B　加压酸浸

加压酸浸是另一种较为常见的锌精矿酸浸方法。加压酸浸具有缩短浸出时间、强化浸出过程、提高浸出率的优点。加压酸浸过程的主要进展有：（1）从热力学上说明了氧压浸出用于处理高铁硫化锌精矿具有优越性，并证实了氧化铅锌矿加压酸浸过程遵循“未反应核缩减”模型；（2）针对加压酸浸中的浸出率低、选择性不好与对象难处理等问题，采用了多种方式，如用稀酸浸出、采用二段加压浸出等，取得了较好的效果。

谢克强[64]分析了高铁硫化锌精矿氧压酸浸过程的热力学。贺山明[65]对于高硅氧化铅锌矿加压酸浸中锌的浸出反应动力学进行了研究，发现氧化铅锌矿加压酸浸过程遵循“未反应核缩减”模型，浸出过程属于固体膜层扩散控制。

研究者们通过使用加压酸浸的方式解决了浸出中存在的浸出率低、选择性差与对象难处理等问题。Š. Langová 等人[66]研究了用盐酸对锌铁尖晶石中锌的选择性浸出，发现加压稀酸浸出时锌的浸出率可达 93%，较强酸浸出有一定的优越性。

王吉坤等人[67,68]研究了高铟高铁硫化锌精矿加压酸浸提取锌铟，采用二段加压浸出，既可以保证高的锌、铟浸出率，又能够实现锌、铟与铁的选择性浸出，降低浸出液的酸度。此外，徐红胜等人[69]针对硅酸锌矿石的加压酸浸进行了试验，发现酸浓度是硅酸锌的浸出过程中最重要的影响参数，锌、铁和硅的浸出率都会随着硫酸浓度的增加而逐渐增加。魏昶等人[70]试验测定了加压硫酸浸出硅酸锌矿石过程中影响锌和硅的浸出率的参数，在最优条件下，锌的浸出率可以高达 99.25%，同时仅有 0.20% 的硅被浸出。李存兄等人[71]采用加压酸浸技术对广西某地高硅氧化锌矿进行处理，在最佳工艺条件下，锌浸出率可达 97% 以上，SiO_2 截留率大于 99.2%。

4.1.2.2　碱浸和氨浸技术的发展

针对高碱性脉石型复杂低品位氧化锌矿，酸浸工艺很难经济有效地处理该类矿物，为此，科研工作者开发了氨浸及碱浸工艺，利用配合物的形成在碱性体系选择性浸锌，避免了碱性脉石的大量浸出，取得了较好的效果。近年来，氨浸和碱浸的主要进展为：（1）提出“锌拜耳法”来处理锌矿得到了较好的指标；（2）改变了氨浸和碱浸工艺的配体局限在 NH_3、Cl^-、OH^- 的现状，提出了多种新型配体，如碱性 Ida^{2-}-Glu^{2-}-H_2O 混配体系、碱性谷氨酸钠体系等。

近年来，锌的碱浸工艺也得到了快速的发展，研究者们对碱浸工艺进行了大量的改进。中南大学赵中伟在锌碱浸工艺的研究中取得了大量的成果。他将处理氧化铝矿物的拜耳法移植于氧化锌矿的湿法处理形成“锌拜耳法”，用浓碱浸出氧化锌矿，然后降低温度或浓度使锌以氢氧化锌的形式析出，析出母液经浓缩处理后返回浸出矿，锌的浸出率达到 95.1%，硅的浸出率为 45.5%。他还发现氧化锌矿在高温、长时间和强机械活化作用下生成难溶产物 Na_2ZnSiO_4 是导致锌浸出率降低的主要原因。他还在氢氧化钠溶液中通过机械活化的方式从难选的硅酸锌（异极矿）中浸出锌的研究中，发现添加氧化钙可以有效抑制二氧化硅的浸出，但锌的浸出几乎是不受影响的[72,74]。

此外，窦爱春[75]针对低品位难选冶的高碱性脉石型氧化锌矿，提出了采用碱性 Ida^{2-}-Glu^{2-}-H_2O 混配体系处理氧化锌矿的新工艺。任晋[76]针对传统冶金难以处理低品位氧化锌矿的现状，提出了碱性谷氨酸钠体系处理氧化锌矿的新工艺。

氨浸法也是一种较为常见的锌的化学选矿方法，它具有原料广、净化负担轻、工艺流程短等优点[77]。近年来，氨浸法得到了大力的发展。

影响氨浸法的因素有很多，研究者们在这方面进行了大量的研究。杨建广等人[78]对低品位氧化锌矿在 NH_3-NH_4Cl-H_2O 体系的浸出动力学进行了研究，探明了矿石粒度、反应温度、铵离子浓度和氨浓度对锌的浸出效率的影响规律模型。杨声海等人[79]研究了用氯化铵溶液浸出氧化锌矿过程中反应条件对锌浸出率的影响，发现以菱锌矿、水锌矿等形式存在的锌基本上完全浸出，而以硅酸锌、铁酸锌形式存在的则不能浸出。刘志雄、凌江华等人[80,81]也进行了类似的工作。张玉梅等人[82]研究了超声波辐射对兰坪低品位氧化锌矿氨浸过程的影响规律，研究表明：当反应温度和浸出剂浓度较低，NH_4Cl 与 NH_4OH 的摩尔浓度比较大时，超声波辐射的强化作用显著。

研究者们通过对氨浸工艺的改进，促进了氨浸技术的发展。王书民等人[84]研究高铁硫化锌矿精矿高氧催化氧化氨浸工艺的最佳工艺条件。结果表明，经一级浸取锌、铜、镉的浸出率分别可以达到 93%、94%、91%，浸取液中不含铁；经二级浸取后，锌、铜、镉等有效成分的浸取率将达到预期效果。蒋崇文等人[85]采用氨-碳酸氢铵溶液从低品位氧化锌矿中浸出制备氧化锌，净化液经过蒸氨和焙烧制得的氧化锌含量为 99.53%（以氧化锌计）。该方法具有工艺简单、能耗低、浸出率较高、浸出过程对环境较友好等优点。刘亚川等人[86]对某难选低品位氧化锌矿的氨法浸出进行了研究，发现以 NH_3-NH_4Cl 为浸出剂，在适宜的条件下浸出该低品位氧化锌矿，锌的浸出率可达 87.51%。该浸出过程所需温度为 35℃左右，能耗较低。乐卫和等人[87]以 NH_3-NH_4Cl 体系浸出广西河池某高碱性氧化锌矿，锌浸出率可达 89.3%。

4.1.2.3　锌浸出—萃取—电积工艺的进展

近几年研究的锌矿浸出新工艺主要为浸出—萃取—电积与（循环）浸出—净化—电积（MACA 法）、焙烧—水浸、氧压催化强化浸出、与沉淀联合应用工艺等。

凌江华等人[88]针对传统酸法炼锌工艺难以经济利用矿石中的有价金属，而且除铁、硅的过程复杂的难题，使用了"氨浸—萃取—电积"工艺来处理云南兰坪难选低品位氧化锌矿。鲁兴武等人[89]采用"酸浸（或二段浸出）—净化—萃取电积"工艺从某中低品位氧化锌矿中回收锌，锌浸出率可以达到 92% 以上。王瑞祥[90]首次提出了"（循环）浸出—净化—电积"MACA 法处理高碱性脉石氧化锌矿的新工艺，该工艺不需要富集过程即可电积，废电解液返回配制浸出剂，而且常温操作，直流电耗低，实属一种清洁和低能耗的湿法炼锌新方法。

张亚莉[91]针对银的铁酸锌型低品位氧化锌矿提出了"低温焙烧—水浸提锌"的工艺，浸出液经除铁后返回锌冶炼系统净化工序，水浸渣用氯盐一步浸出铅银。在锌提取阶段，比较直接酸浸和焙烧—水浸两种方案发现，采用焙烧—水浸提锌效果较好。杨龙[92]针对难以冶炼的高杂质、低品位锌的氧化矿物，采用经硫酸浸出后用溶剂萃取—传统湿法工艺进行处理。王书民等人[93]为了克服高铁闪锌矿现行冶炼工艺不能同时满足锌的高提取率和铁的低提取率的要求，提出了高铁闪锌矿精矿的高氧催化氧化氨浸工艺。俞小花等人[94]提出了一种处理高铟高铁硫化锌精矿的工艺氧压催化酸浸，达到了锌和铟的共同浸出，并实现与铁初步的分离。

此外，刘清等人[95]提出了贫杂氧化锌矿"碱浸—沉淀法"制备锌精矿和铅精矿新工艺，确定了硫化钠沉淀铅、锌的工艺参数，通过小型综合试验验证了该工艺的工业化可行性。杨际幸[96]提出采用"沉锌—沉钙—再浸出"工艺处理低浓度含锌浸出液。

4.1.3　镍

从世界范围看，开采的镍资源有硫化矿和红土镍矿两类，目前约有 70% 的镍是从硫化镍矿中提取的。然而，随着世界镍硫化矿资源的日益枯竭，低品位红土镍矿的开发和综合利用逐渐成为研究热点。

红土镍矿资源为硫化镍矿岩体经风化、淋滤和沉积后形成的地表风化壳矿床，矿石自然类型以褐铁矿型和腐岩型为主，工业类型为硅酸镍矿石，镍元素主要以硅酸盐矿物形式赋存，因此采用传统选矿工艺难以回收红土镍矿中的镍资源，这严重制约了红土镍矿的有效利用。

红土镍矿矿床由三层组成：上层含铁较高，镍与褐铁矿共生在一起，称之为褐铁矿型红土镍矿；下层硅酸盐矿物比较富集，镍与硅酸盐矿物共生，形成硅镁镍矿，称之为硅镁镍矿型红土镍矿；褐铁矿和硅镁镍矿之间的部分称之为过渡型红土镍矿。由于红土镍矿的成分复杂、矿石性质多变迥异，目前研究表明，采用火法冶金工艺处理红土镍矿制取镍铁产品是最有效方法，但火法冶金过程中的相变转化影响着镍铁产品的富集回收。

目前，研究较多并得到工业应用的主要是高压酸浸（HPAL，PAL）和还原焙烧氨浸（CARON 工艺）两种工艺，但两种工艺都存在着一定的问题。CARON 工艺的浸出率低，且能耗高，大大限制了此法的发展应用。HPAL 工艺对于镍的品位低、镁铝含量高和泥质含量高的红土镍矿，该工艺硫酸的消耗量比较大，处理起来并不经济；基础建设投资大、高温高压操作条件苛刻，工程化方面存在一些问题，例如高压釜结垢，影响连续化生产；加压浸出需用高盐度水，而高盐度水对设备、管道及阀门的腐蚀较为严重。

针对传统焙烧工艺的缺陷，近几年学者们主要做了如下研究：（1）活化焙烧，通过活化焙烧对矿石进行预处理，使部分矿相的晶型改变，导致矿物原有结构崩塌，使得比表面积和孔隙增加，有利于后续的浸出过程；（2）加盐焙烧，碱金属盐或氯化铵使金属氧化物的晶格点阵发生畸变，以及使还原产物产生微孔、加速还原气体的内扩散，从而使得以类质同象形式赋存于铁氧化物中的镍暴露出来；（3）直接还原焙烧，在红土镍矿中配加一定质量的还原剂、熔剂和其他添加剂，制成红土镍矿含碳球团，利用直接还原的方式生产含镍粒铁，有效地除掉粒铁中所含的硫。

在浸出方面，主要的研究进展为：（1）酸浸方面，除了采用传统的硫酸作为浸出剂外，采用盐酸浸出并用抗坏血酸做还原剂，镍的浸出率高达95%以上；（2）碱浸方面，探索了一次浸出两次洗涤工艺和高浓度碱浸红土镍矿提硅工艺；（3）高压浸出方面，探索了加碱预处理酸浸物料、十二烷基苯磺酸钠除垢、硝酸高压浸出等工艺；（4）其他方面，主要是研究了加入高能物理场的复合能场的方法和微波水热法以及加温法。

4.1.3.1　焙烧工艺的发展

在镍矿的焙烧方面，研究者们对镍矿焙烧过程中还原剂、添加剂等因素对镍矿焙烧的影响机理做了深入的探讨。在焙烧工艺方面主要是提出了加入不同添加剂的焙烧、活化焙烧和直接还原焙烧等新工艺。

A　加入添加剂焙烧工艺

不同的添加剂会对焙烧产生不同的影响，研究者们通过热力学、动力学等的分析对添加剂的影响机理有了较明确的阐述。孙体昌[97]采用石煤和无烟煤进行的对比实验发现，用石煤作还原剂所得镍铁精矿中镍、铁品位均高于相同用量的无烟煤所得到的镍、铁品位，但镍、铁的回收率比相同用量的无烟煤要低。石剑锋[98]以硅镁型和褐铁矿型红土镍矿为研究对象，采用硫酸化焙烧—水浸工艺，对硫酸钠在硫酸化焙烧过程中的影响机理进行了研究。卢杰[99]则研究了硫酸钠对红土镍矿在氢气和甲烷气氛下的还原性。此外，石剑锋等人[100]研究了硫酸氢铵焙烧红土镍矿的机理。通过对反应的热力学分析，发现提高低温焙烧温度能促进蛇纹石与硫酸氢铵的反应，但会抑制橄榄石与硫酸氢铵的反应。

加入添加剂可以有效地提高焙烧后镍的浸出率。史唐明[101]研究了添加含硫添加剂强化红土镍矿固态还原焙烧。单质硫（S）、硫酸钙（$CaSO_4$）、硫化钠（Na_2S）、磁黄铁矿（FeS）、硫酸钠（Na_2SO_4）五种含硫添加剂可以强化红土镍矿还原焙烧—分离效果，其中硫酸钠（Na_2SO_4）效果最为显著。王志坚等人[102]添加硫酸钠的硫酸化焙烧，得到了同样的理想效果。胡宝磊等人[103]采用硫酸铵焙烧—水浸工艺，镍浸出率为82.99%，钴浸出率为84.56%。彭俊等人[104]针对现行镍钼矿处理工艺存在的钼镍需要分别提取的缺陷，提出镍钼矿加钙氧化焙烧—低温硫酸化焙烧—水浸提取镍钼的新工艺。通过对贵州遵义镍钼矿的研究试验，在最佳工艺条件下，钼的浸出率为97.33%，镍的浸出率为93.16%。李光辉等人[105]发现配加钠盐焙烧可改善红土镍矿的还原—磁选效果，显著提高磁性产品的镍、铁品位及回收率。符芳铭等人[106]使用氯化铵氯化焙烧方法处理红土镍矿实现了选择性氯化。使用水浸时，将镍、钴和锰等有价金属浸出，而铁和镁很少浸出。为了降低焙烧成本，阮书锋等人[47]用烟煤作还原剂选择性还原焙烧低品位红土镍矿可以获得较好的经济效益。

B　活化焙烧工艺和直接还原工艺

李金辉等人[107]采用活化焙烧红土矿的处理方法，通过焙烧之后，可以在较短的时间、较低的酸度以及较低的反应温度下达到在其他相对苛刻的浸出条件下相同的镍浸出率，同时，在一定程度下抑制了铁的浸出，有利于后续的净化富集工序。

煤基直接还原工艺处理红土镍矿是红土镍矿冶炼的一个非常重要的方法，而红土镍矿的含水量很高，一般含有25%~30%（质量分数）的游离水和结晶水，使高温还原熔炼过程能耗过高，而且将导致生产过程无法顺利进行，在冶炼过程中需要对其进行干燥处理。张建良[108]对脱水过程机理进行了深入的研究，发现红土镍矿在升温过程中存在4个质量损失台阶，红土镍矿的还原过程也可分为3个阶段。此外，毛瑞等人[109]研究了红土镍矿直接还原生产含镍粒铁脱硫工艺。以红土镍矿为原料，配加还原剂、熔剂和添加剂 MnO 制成含碳球团，在高温下进行还原和熔分，制取含镍粒铁。脱硫率由51.4%增至77.6%，脱硫效果明显提高，且添加 MnO 对粒铁中镍、铁品位和镍、铁回收率影响较小。

4.1.3.2　浸出工艺的发展

对于含镍矿物的浸出处理，根据浸出剂的选择分为酸浸和碱浸，根据浸出方式又分为加压浸出和常压浸出。

A　酸浸

近年来，研究者们对镍酸浸过程进行了大量的热力学和动力学分析。苏秀珠[110]考察了微波酸浸过程的动力学，得到镍的浸出过程受表面化学反应控制，钴的浸出过程受内扩散控制。王刚等人[111]研究了硫酸浸出蛇纹石动力学，蛇纹石的硫酸浸出属液-固多相反应过程，硫酸浸出蛇纹石矿中的镍时，硫酸浓度、浸出温度和矿石粒径对镍浸出率有显著影响，搅拌速度对镍浸出率影响较小，所研究的蛇纹石酸浸提镍过程遵循未反应收缩核模型的动力学规律，浸出过程受化学反应控制。罗伟等人[112]对硫酸进出体系动力学进行计算得出镍和锰的活化能分别为 53. 9kJ/mol 和 69. 4kJ/mol。李金辉等人[113]研究盐酸浸出体系，通过热力学计算分析结果表明，矿物中存在的各矿相（除 Fe_2O_3）常压下均能与盐酸发生反应，并且随着温度的升高反应平衡常数逐渐降低。

通过对常规酸浸工艺的改进，研究者们获得了较好的工艺指标。在常压酸浸领域，李建华等人[114]针对金川表外低品位氧化镍矿提出了酸法制粒堆浸工艺。范兴祥等人[115]对硫酸酸浸工艺进行改进，采用稀硫酸两段逆流浸泡法从红土镍矿中浸出镍。在最佳条件下，镍浸出率在 78% 以上，酸耗在 64t/t 镍左右，效果较为理想。罗伟等人[116]发现，采用硫酸常压酸浸工艺处理红土矿，采用低温（90℃左右）并延长浸出时间有助于提高镍的浸出率。刘瑶等人[117]采用常压硫酸（盐酸）浸出工艺，很容易从腐殖土矿中溶解镍。佘宗华[118]采用浸出—中和—沉镍工艺，处理印度尼西亚 Manuran 岛的腐殖土矿也是可行的。周晓文等人[119]采用常压酸法处理定南某红土镍矿，镍的综合回收率可达到 75% 以上，将氢氧化亚镍沉淀加入浓硫酸蒸发结晶，得到的结晶硫酸镍达到国家 GB 6392—1986 二级品的要求。

R. G. McDonald[120]对红土矿先进行磨矿和分级处理，将磨细后的矿浆与洗涤液和硫酸按一定的比例在加热的条件下反应，将矿石中的镍浸出进入溶液，再采用碳酸钙进行中和处理，过后进行液固分离。高岩[121]研究了常压盐酸浸出工艺提取红土镍矿中的镍钴镍、钴、锰、铁、镁的浸出率分别达到 93. 94%、60. 5%、94%、56%、94%。符芳铭[122]探讨了盐酸对云南沅江地区的红土镍矿进行浸出的工艺条件，镍的浸出率达到 93. 94%。符芳铭[123]又用抗坏血酸作还原剂，用稀盐酸浸出红土镍矿，镍浸出率达 95%。

除了处理红土镍矿，车小奎[124]采用硫酸常压浸出硅镍矿，浸出贵液中镍的浸出率为 86% 左右，浸渣中含镍 0. 12% 左右。王宝全等人[125]对碳酸钠焙烧后的褐铁矿型红土镍矿碱浸渣采用常压硫酸浸出，镍、钴和铁的浸出率分别达 99. 2%、99. 5%、97. 8%。

B 碱浸和氨浸

姜波等人[126]根据镍、铜浸出率与时间的关系，通过拟合计算得出了氨浸过程的动力学方程，结果符合内扩散控制模型。部分氧化镍以类质同相形态进入硅酸镁矿物晶格中，这部分镍在氨-铵盐-水体系下不能浸出是镍浸出率偏低的主要原因。此外，牟文宁等人[127]通过正交试验得到红土镍矿高浓度碱浸提硅的优化条件为浸出过程采用一次浸出两次洗涤的工艺，SiO_2 的提取率可达 85% 以上。红土镍矿经高浓度碱浸后，镍、镁、铁等元素在渣中得到了富集，其中镍含量可达 2. 89%。可见，采用高浓度碱浸红土镍矿提硅技术可行，为红土镍矿的高附加值综合利用开辟了一条新的途径。

C 加压浸出

针对加压浸出常出现的高压釜易结垢、高酸对设备腐蚀较大等问题，研究者们对加压浸出的工艺作了一定的改进，取得了较好的效果。高压酸浸红土镍矿的研究，浸出温度均在 250 ~ 280℃，在此温度下，压力较高，对高压釜要求较高，存在安全隐患。汪云华[128]对传统高压酸浸（HPAL）工艺进行改进，在反应初始充入一定量的氧气，在较低温度下浸出澳大利亚干型红土镍矿。镍、钴浸出率分别为 99. 83%、90. 44%，与 250℃不充入氧气时的镍、钴浸出率大致相当。翟秀静等人[129]研究了红土镍矿高压酸浸过程中反应器结垢问题，发现十二烷基苯磺酸钠可以减小矿浆表面张力和黏度。张永禄等人[130]采用碱性预处理方法处理红土镍矿，在混合酸介质中加压浸出，工艺具有良好的稳定性，镍与钴浸出率分别保持在 95% 和 80% 左右。马保中[131]采用硝酸对红土镍矿加压浸出工艺进行了中试研究。镍、钴浸出率分别为 84. 50% 和 83. 92%，而铁浸出率低至 1. 08%，实现了镍（钴）与铁之间的高效分离，且工艺稳定性良好。

此外，对于镍钼矿的浸出，朱军等人[132]在焙烧温度为 500 ~ 550℃，焙烧时间为 4h 的条件下，实现了钼、镍硫化物向氧化物的转化，最终镍的浸出率可达 97. 18%，钼的总浸出率可达 92. 72%。另外，张邦胜[133]提出了一种加压酸浸—常压碱浸—萃取相结合的全湿法处理镍钼矿的新工艺。在加压酸浸时，钼的转化率可以达到 98. 3% 以上，镍的浸出率达到 98. 7%。经过碱浸—萃取后钼镍综合回收率达 92% 以上。

D 其他浸出工艺

近年来，研究者们通过改变浸出过程的物理条件来提高浸出效果。韩朝辉等人[134]采用功率为 40kW 的高能物理场的复合能场来强化镍的浸出。

微波水热法是镍矿浸出的一种新方法。翟秀静[135]采用微波方法浸出，镍、铁浸出率和反应体系的温度随着微波辐射功率的提高而增加，得到镍的浸出率为99%。赵艳等人[136]进一步研究水热体系微波浸出工艺，微波水热浸出体系与普通水热浸出体系相比，镍和钴的浸出效果更好。

此外，张仪等人[137]采用加温方法解决了红土镍矿极易泥化、板结，直接入堆浸出，渗透性差，镍浸出率很低的问题。薛娟琴等人[138]在浸出体系中加入硫代硫酸盐，发现镍的浸出率随着 $Na_2S_2O_3$ 浓度的增加而增大。随着温度的升高，镍浸出率增大，但是当温度高于70℃后，浸出率的提高不明显。罗永吉等人[139]通过试验，发现含镍蛇纹石矿在常压下使用硫酸搅拌浸出是可行的，硫酸对镍和铁的浸出具有很好的选择性。

4.1.3.3 新工艺的发展

A 离析

为了降低焙烧过程的高污染、高能耗问题，很多研究者研究了氯化离析提镍工艺。镍红土矿氯化离析主要是通过将其中的有价金属氯化，然后使氯化物在还原剂表面得到还原和富集。这个复杂的化学变化过程主要是受到还原剂用量、离析温度、离析时间、升温制度和外界添加剂等的影响。

贺振江等人[140]通过试验得出还原剂的用量为6%左右、氯化剂用量（以氯元素计）为8%、离析温度在1000℃、离析时间为60min、升温过程中在600℃保温40min和添加0.1%的铁粉是最佳的氯化离析条件。肖军辉等人[141]采用离析—磁选工艺，结果也非常理想。陈晓鸣[142]对元江硅酸镍矿进行了半工业试验，取得了理想的试验指标。采用原矿粉磨添加氯化剂、还原剂团球、离析焙烧磁选的新工艺，可以得到品位10.33%、回收率87.22%的镍精矿。

B 萃取和沉淀

李玲等人[143]发现氨基磷酸树脂的功能团结构能较好的合成，对镍和铁的分离有显著效果，具有较好的应用前景，能够应用于离子交换法提取镍，解决回收贫杂溶液中镍的难题，该树脂很有发展前景。姜承志[144]以Span80为表面活性剂，TBP为流动载体，Na_2S 为内相试剂，采用乳状液膜法，其对镍的提取效果可达80%以上。

在沉淀工艺方面，王玲等人[145]以 $Na_2S \cdot 9H_2$ 做沉淀剂，常温常压下，对初步除铁后的红土镍矿酸溶浸出液中镍、钴等有价金属进行富集回收，镍、钴等有价金属富集回收率高，方法简单，便于操作，特别是与高浓度的镁有效分离，获得了高品位镍精矿。齐建云[146]对某进口红土镍矿进行研究，用硫酸在常压下浸出，控制一定条件，镍浸出率可达78.62%。

4.1.4 其他重金属化学选矿

4.1.4.1 铅

难选氧化铅矿是指与氢氧化铁、氢氧化锰及其他围岩紧密共生的砷铅矿、磷氯铅矿、铅矾及某些已严重被氢氧化铁所浸染或在矿石中含有大量原生矿泥和赭土的氧化铅矿。这类矿石的选别采用一般的方法不易得到好结果，对于这类矿石的研究，已从机械选矿方法逐步转入化学选矿方法，主要包括烟化法和酸浸法。

烟化法方案根据具体情况而定[147]，一般情况下，先通过机械选矿的方法，加以初步富集，然后将比较少量的物料用烟化法处理比较适宜。若在浮选给矿中有许多黏土质矿泥和氧化铁，则矿石在细磨以前预先除去矿泥（$-5\mu m$）是非常必要的，因为这部分矿泥会大量消耗药剂，并严重影响精矿质量，这时泥质部分可考虑用烟化法处理。

在盐酸介质中浸出铅矿物是当前处理深度氧化铅矿石的常用方法，刘智林[148]用盐酸浸出某氧化泥化铅锌矿，铅回收率为14.22%。由于 $PbCl_2$ 的溶解度较高，仍有相当多的铅金属以 Pb^{2+} 状态赋存于其饱和溶液中，且此方法存在经济成本较高及设备防腐的问题。

4.1.4.2 锑

多年来，为了提高细粒氧化锑矿的选矿回收率，国内外学者进行了许多试验研究探索，主要包括细粒氧化锑矿的浮选、化学选矿、选冶联合工艺等几个研究方向，但至今仍处于实验室研究阶段。

锑化学选矿工艺主要为还原焙烧—碱浸—电积[149]。周淑珊研究了以黄锑华为主的氧化锑矿的还原焙烧—碱浸矿浆电积法提取锑。对黄锑华进行还原焙烧，转变为低价锑的氧化物，再对比进行酸法浸出与碱法浸出，发现碱浸速度快、浸出率高，电积含锑浸出液得到最终产品海绵锑的质量也较好。

国内外学者对化学选矿过程的机理进行了相关研究。Pavel Raschman[150]研究了自然辉锑矿在 $Na_2S + NaOH$ 溶液中的溶解动力学，通过 SPPM 模型确定了浸出速率控制步骤，动力学参数计算结果表明，浸出过程受固液界面 Sb_2S_3 与 Na_2S 的化学反应和微孔扩散控制。经典的 SPPM 模型结果比 SCM-PDC 模型结果差，但 SPPM 模型能更好地反映过程参数（颗粒尺寸、温度、Na_2S 浓度）对浸出的影响。

4.1.4.3　钴

由于各种钴原料的成分及含量差异，钴的提取方法较多，综合起来可以归为两类：一类是火法—湿法联合流程，即钴原料经火法预处理，使钴初步富集，然后通过湿法提取；另一类是全湿法流程，即钴原料经湿法浸出、脱除杂质制备纯净钴溶液和制备得到钴及其化合物。

A　酸浸

目前钴酸浸主要采用硫酸浸出。兰玮锋[151]针对非洲刚果某氧化型水钴矿，进行两段浸出，浸出渣中钴质量分数小于0.5%，钴浸出率达99%。刘俊[152]以 Na_2SO_3 为还原剂，从水钴矿还原酸浸液中提取铜和钴，研究了还原剂种类及用量、浸出温度、硫酸浓度等因素对水钴矿还原酸浸过程中有价金属铜和钴浸出率的影响。

处理水钴矿主要的工艺流程为硫酸浸出—净化除铁—萃取分离—草酸钙沉淀。浸出过程一般为非选择性，大量铁及其他杂质一同浸出，必须采用专门工序净化除铁。同时，萃取分离中萃取设备占地面积大，设备复杂，需要大量萃取剂。草酸氨沉淀钴时产生大量含铵根离子废水，其处理也是个难题，且整个处理工艺流程较长。针对现有处理工艺所存在的不足，郭学益[153]以刚果（金）某含铜较高的水钴矿为原料，进行还原酸浸—旋流电积选择性提取铜和钴的新工艺研究，对浸出液进行了旋流电积提取铜和钴的探索实验研究，得到纯度分别为99.95%、99.97%的电积铜、钴产品，铜、钴的直收率分别达到98.23%和94.54%。

B　加压氨浸

在传统酸法浸出钴矿的过程中，大量杂质进入浸出液，净化过程复杂，除杂剂、酸碱消耗量大。而对于铜含量较高，导致浸出液萃铜不能一次萃净的矿物，尤为复杂。在氨性体系中，浸出具有选择性，可有效减少钙、镁、铁等离子进入浸出液，净化及分离过程简单。氨浸液经萃铜后，再蒸氨得到纯度较高的钴化合物，蒸氨所得氨和铵盐返回浸出。与传统酸法处理钴矿过程相比，钴化合物的后续处理过程可明显减少废水排放量。

廖元杭[154]基于质量平衡和电荷平衡的双平衡电算指数法研究了 Co(Ⅱ)与 NH_3、Cl^-、OH^- 等多种配体的配合平衡规律，通过计算绘制了热力学平衡图，揭示了体系中各物质的平衡浓度与氨水浓度和氯离子浓度之间的关系。结果表明，在该体系中唯一存在的固相物质为 $Co(OH)_2$，试验验证了热力学计算结果，两者之间的偏差仅为10.13%。

刘建华[155]以刚果某钴铜氧化矿为原料，采用加压氨浸工艺在 NH_3-NH_4^+-H_2O 体系中浸出钴、铜，分析了各因素对钴、铜浸出率的影响。结果表明：提高 c_{NH_3}/c_{Me} 有利于形成稳定性高的钴、铜氨配合离子；降低 $c_{SO_4^{2-}}/c_{SO_3^{2-}}$，提高体系 pH 值可降低还原剂还原电位。钴浸出率可达到95.2%，铜浸出率可达到95.8%。浸出液后续处理工艺简单，氨及铵盐可实现闭路循环，对环境友好。

C　铵盐焙烧—浸出

目前硫酸浸出、加压氨浸均可实现氧化铜钴矿中铜钴的回收利用，主要存在的问题是：硫酸浸出耗酸大，回收后产生高浓度硫酸铵废水污染环境；加压氨浸虽然氨可以循环利用，但投资和实际生产成本均较高。因此，开发成本低且无废水排出的工艺是氧化铜钴矿处理的重要课题。

张明珠[156]采用铵盐焙烧—浸出—沉淀工艺，循环利用氯化铵从刚果某铜钴氧化矿中回收铜钴，试验研究表明：在最佳工艺技术条件下，铜钴回收率分别为90%、95%，氯化铵可从饱和的沉淀母液中冷却结晶出来，循环用于氧化铜钴矿的处理，整个过程不会产生废水，也不会污染空气，可实现氧化铜钴矿的低温少废高效开发利用。其焙烧机理为：该铜钴氧化矿在低于320℃时形成中间产物 $Co(NH_3)_6CuCl_5$，该中间产物在320℃时转化成可溶的 $CoCl_2$、$CuCl_2$。

D　其他工艺

王亚雄[157]针对云南某钴土矿的特点，开发了 SO_2 浸出—离子浮选—溶剂萃取工艺，并用以综合提取钴、锰、铜、镍等有价金属。结果表明，锰回收率大于97%，钴总回收率大于95%，镍总回收率大于90%。

郑雅杰[158]针对青海某地高砷钴矿，比较传统工艺和硝酸氧化硫酸浸出。采用常规的硫酸浸出时钴浸出率仅为16.86%；采用硫酸化焙烧后硫酸浸出工艺，钴浸出率为67.48%；采用硝酸氧化硫酸浸出，钴浸出率为96.35%。这是因为该矿石中钴主要以类质同象形式存在于砷和铁的化合物中，硝酸能使矿石在溶液中发生分解，有利于钴的浸出。

李光辉[159]等人在二氟化铵作用下用柠檬酸浸出某红土矿中的钴，钴主要与锰和硅酸盐矿物共生。30g/L柠檬酸、10g/L二氟化铵室温下处理该矿石时钴浸出率为84.5%，仅用30g/L柠檬酸处理时钴浸出率为29.1%，这是因为二氟化铵溶解硅酸盐矿物，钴从中解离，浸出率提高。

4.2　贵金属化学选矿

近几年来，贵金属特别是金银的化学选矿主要取得了以下几个方面的进展：（1）针对难浸金矿直接氰化浸出浸出率低的问题，在浸出前对矿石进行焙烧、碱性预处理或加入防膜剂、催化剂等预处理方式，可提高金浸出率。（2）通过在氰化浸出过程中，对温度、氧气和粒度等的条件进行控制以及加入氨水、氢氧化钠等助浸剂，可提高浸出速率和浸出率并降低氰化物的消耗。（3）针对氰化法存在的环境污染和人身危害的问题，清洁提金技术获得了较大的发展，主要体现在：通过加入添加剂的方式解决硫脲法提金过程中硫脲消耗大的问题；铁、氧气等因素对硫代硫酸盐法浸金过程的影响；新的ZLT（一种氧化性有机物）氯化提金体系的发现。

4.2.1　难浸金矿预处理技术的发展

难浸金矿石是指矿石经细磨后仍有相当一部分金不能用常规氰化法有效浸出的金矿石。这类矿石难浸出的原因很多，一般认为造成难浸的矿物学原因有以下几种：（1）矿石中含有氰化难溶解含金矿物及化合物；（2）矿石中含有黄铁矿、砷黄铁矿等包裹金的矿物；（3）在焙烧或氰化过程中，铁、铅、锑等氧化物或砷、硫化物的沉淀物在金粒表面产生薄膜，薄膜的形成阻止金的溶解等。这些原因造成了难浸金矿必须经过特殊的处理才能得到较高的回收率[160]。为了有效地从难处理金矿中回收金，国内外开展了大量的预处理研究。

针对含砷、含锑的难浸金矿，研究者们发现在浸出前，对这类矿石采用碱性预处理、加入防膜剂和催化剂等的预处理方法，可以显著提高浸出指标。Oktay Celep 等人[161]在处理含锑难浸金银矿时发现，直接氰化浸出只获得了金49%和银18%的提取率，在温度80℃、氢氧化钠浓度5mol/L、矿石粒度5μm的条件下对矿石进行碱性预处理，银的浸出率由18%提高到90%，金的浸出率也提高了20%～30%。王婷等人[162]在对甘肃天水某砷硫铅质金矿的研究中发现，砷硫铅质金矿在氰化浸出前，加入防膜剂、活化剂可提高金浸出率。李学强等人[163]针对某含砷难处理金银精矿提出“催化氧化酸浸湿法冶金”新工艺，采用 HNO_3 作为催化剂、SAA为活化剂、氧气为氧化剂，通过控制温度与压力预处理后进行氰化提金，回收率可由常规的13%～56%提高到92%～95%。金世斌等人[164]用难处理金矿石和精矿在不同条件下进行焙烧—焙砂氰化浸金试验发现，三氧化二锑不对氰化浸金产生不利影响，但会对焙烧后焙砂的氰化浸金产生不利影响。田树国等人[165]在对高砷难选冶的金矿进行碱浸预处理脱砷时，加入双氧水和高锰酸钾等助剂辅助氢氧化钠碱浸脱砷，取得了很好的效果。薛光等人[166,167]通过研究发现，金精矿中砷的含量通常控制在0.1%以下，随着砷含量的增加，金、银的氰化浸出率逐渐降低。砷质量分数为0.45%的金精矿，在焙烧时加入矿样量4%～5%的硫酸钠，可使金、银的氰化浸出率分别达到95%和60%以上。

在处理其他类型的难浸金矿时，在浸出前采用焙烧、碱氨预处理等方法，可显著提高金的浸出率。张锦祥等人[168]采用“碱氨预处理＋氰化浸出”的柱浸法来处理新疆哈密某难选金矿，金浸出率可达到80.91%。新疆某难选金矿浮选精矿的常规氰化金的回收率仅达40.82%，张立征等人[169]通过对某金精矿进行两段焙烧预氧化处理后再氰化浸出，金的氰化回收率可达到 91.42% 以上。方夕辉等人[170]针对某难浸银精矿铜含量高、嵌布特性复杂、常规工艺浸出率低的特点，提出石灰 + 硫酸铵预处理一段不磨二段再磨强化浸出工艺，获得了 74% 以上的浸出率，比现场指标提高了 9%，具有实际指导意义。吴在玖[171]采用焙烧—酸浸—氰化工艺综合回收复杂金精矿中的金、银、铜时发现：焙烧温度、焙烧时间、焙烧添加剂种类和用量对金、银、铜浸出率影响显著。

4.2.2 氰化提金工艺的发展

氰化法仍然是目前最普遍采用的提金方法，氰化法包括渗滤氰化、搅拌氰化、堆浸、炭浆法、炭浸法、全泥氰化等。针对氰化过程中如何提高浸出速率，进一步提高浸出率，降低氰化物消耗的问题，研究者们主要进行了以下两个方面的研究：（1）浸出条件如温度、氧气、粒度等对浸出过程的影响；（2）在氰化提金过程中加入氨水、氢氧化钠等助浸剂来提高金的浸出指标。下面对以上氰化法的发展作一简单评述。

4.2.2.1 渗滤氰化和搅拌氰化工艺的发展

渗滤氰化和搅拌氰化是氰化提取金银较为常用的两种方法。渗滤氰化设备简单，投资少，见效快，溶剂消耗少，省电，且氰化后的矿浆不必进行浓缩和过滤。搅拌氰化法有机械化程度高、浸出时间短和浸出率高的特点。

崔毅琦等人[172]通过对氰化物浸银过程的推导计算，发现只要氧化剂的氧化电位（U）大于 −0.3097V，在氧化剂参与下氰化物浸银反应在热力学上就能够发生。滕云等人[173]针对查干银矿床进行了氰化浸出方法的试验研究，确定了适合于该矿石的最佳氰化条件，在该条件下银的浸出率为 54% ~ 67%。黄卫平、陈庆根等人[174,175]也做了类似工作。王吉青等人[176]在采用边磨边浸、富氧氰化工艺处理山东金洲的金精矿时发现，在一段磨矿加入适量的氨水，可以强化银金矿浸出，提高金、银的浸出率，抑制铜浸出和提高氰化钠的有效利用率。与不加氨水相比，金氰化浸出率提高了 0.47%，银浸出率提高了 5.33%，铜浸出率降低了 6.50%。罗仙平等人[177]为提高某氧化金矿金银的浸出率，针对矿石的特性，提出采用过氧化钙强化氰化浸出的工艺进行处理，与原工艺相比，金、银的浸出率明显提高，分别提高了 5% 和 9% 左右，经济效益十分明显。

4.2.2.2 堆浸工艺的发展

氰化堆浸法提金具有金回收率高、对矿石适应性强、能就地产金、工艺简单、操作容易、生产成本低等特点，至今仍是低品位金矿浸出生产的主要方法。其处理 0.5 ~ 3g/t 的低品位矿石，金的回收率可达 50% ~ 80%。

在黄金堆浸工艺的设计与应用中，矿石因素、氰化溶液浓度、温度、喷淋强度、溶解中氧等诸多因素需要合理把握与控制，这些因素将直接影响黄金堆积工艺的应用效果；因此，合理把握与控制影响黄金堆浸工艺应用的多种因素，可更好地指导工业实践，发挥堆浸工艺的最大功能，使低品位金矿、含金废石以及尾矿等矿石资源中的金能有效地提取并得到最大化的利用[178]。魏宗武等人[179]通过对贵州某氧化金矿进行正交堆浸试验，得出影响金浸出效果的因素依次为：矿石粒度 > 浸出时间 > NaCN 用量 > 石灰用量。在紫金山金矿选矿厂，贺日应[180]通过对影响堆浸效果的矿堆高度、入堆矿石粒度、喷淋液 NaCN 浓度及 pH 值、贵液 NaCN 浓度及 pH 值、喷淋制度、喷淋强度等主要工艺参数进行优化研究，进一步确定了堆浸工业生产合理的工艺参数。石英、余忠宝等人也做了类似的研究工作[181~183]。

尹江生等人[184]针对 1985 年建立的某 200t/d 金矿选矿厂，采用了尾矿制粒堆浸方法，使矿山在不增加地勘费的情况下，增加了黄金产量。齐蕊霞等人[185]通过实验发现，采用酸浸铜、氰化浸金的堆浸工艺方案对陇南铜金矿石进行浸出回收铜、金，得到较好的效果，铜的浸出率达 86.82%，金的浸出率达 82.10%，酸耗 38kg/t，氰化物耗量 0.32kg/t。杜立斌、巫汉泉等人[186,187]也进行了类似工作。

4.2.2.3 炭浆法的发展

炭浆法一般是指氰化浸出完成之后，一价金氰化物[$KAu(CN)_2$]再用炭吸附的工艺过程。它是近 30 年才发展起来的，成为金的水冶新工艺。炭浆法主要适用于矿泥含量高的含金氧化矿石。

常宁市龙鑫矿业公司采选冶规模为 400t/d 的黄金矿山，近年来随着原矿性质发生了变化，采用原有全泥氰化—锌粉置换工艺，回收率只有70%左右；而用制粒堆浸—炭吸附提金，回收率不到50%。公司通过技术改造，采用炭浆法代替原有全泥氰化—锌粉置换工艺，金的回收率提高近10%，每年多创利润210万元[188]。王婷等人[162]在研究甘肃天水某砷硫铅质金矿时发现，该矿石直接采用炭浆工艺氰化浸出率为5%～10%，浸出速度相当缓慢。采用NaOH及H_2O_2氧化12～15h后，在氰化过程中加入防膜剂及活化剂，氰化浸出率有较大幅度提高并且浸出速度加快。

4.2.2.4 炭浸法的发展

炭浸法和炭浆法一样是近年间发现的一种湿法冶金新工艺。两者原理相同，国外的学者认为两种工艺的差异在于：炭浆法是浸出和炭吸附两道工序分先后单独进行；而炭浸法则是浸出和炭吸附两道工序合二为一，同时进行。矿石中含砷、锑、铜等杂质高和耗氧金矿石使用炭浸法更为优越。

某碳质金矿自20世纪70年代以来，都采用浮选—金精矿焙烧—氰化提金工艺，金回收率均为60%左右，致使此矿床多年来未得以开发利用。马晶等人[189]针对矿石中存在石墨、有机碳及金的赋存状态，进行多因素工艺条件优化，最终研究采用预处理—氰化炭浸提金工艺，预处理—氰化炭浸金浸出率比直接氰化炭浸金浸出率提高5%以上。采用炭浸工艺提金，为了使金充分暴露，以便与CN^-接触而溶解，一般要求细磨矿，国内炭浸厂磨矿细度多在-0.074mm占90%以上，这样通常需要两段磨矿，才能达到要求的细度。在夏家店金矿设计生产时，根据矿石性质采用了粗磨矿下炭浸提金，金浸出率平均达到了94.26%，氰化钠用量平均262.7g/t，大大低于一般生产用量[190]。

4.2.2.5 全泥氰化工艺的发展

全泥氰化法浸出提金适用于细粒-微细粒、分散、氧化的石英脉型金矿石，该方法具有工艺成熟、指标稳定、回收率高、对矿石针对性强、就地产金的优点。

近年来，一些选矿厂进行了全泥氰化工艺的改进，金的浸出率和回收率得到了明显的提高。杨长颖等人[191]通过对某难处理金矿进行试验研究发现，采用全泥氰化+浮选的两段回收方法，取得了金浸出率64.78%、回收率为93.05%较理想的技术指标。关通[192]针对山东某金矿矿石风化严重、具有多孔状结构的细粒自然金的特点，在金品位为4.45g/t的情况下，采用全泥氰化浸出工艺，可获得金浸出率为97.30%的指标。刘国英等人[193]对河北省某氧化石英脉型金矿采用全泥氰化浸金工艺，将原矿磨矿细度确定为-0.074mm占85%，加入石灰对金矿石进行碱预处理，再加入氰化钠浸金，取得了浸出率为96.89%，吸附率为99.55%的试验指标。

在全泥氰化过程中加入助浸剂，可加速金的浸出，提高金的浸出率。刘孝柱等人[194]以灰岩型含碳微细粒金矿为研究对象进行了全泥氰化及添加助浸剂强化浸出的试验研究。毕凤琳等人[195]针对该矿石采用正交析因法，进行全泥氰化优化控制条件选择，最终确定NaOH为碱浸药剂，并获得了最优的工艺参数。张晓平、白鹤天等人[196,197]也进行了类似的工作。

4.2.2.6 其他方法的发展

树脂矿浆法是当今比较先进的无过滤提金技术，树脂具有吸附速率快、吸附容量大、可在常温常压下解吸等特性，在黄金生产中已逐步得到应用。树脂与传统的活性炭相比具有抗污染能力强、耐磨能力强、容易再生、效率高等优势。虽然树脂矿浆法较炭浆法有许多优势，但树脂矿浆法受提金专用树脂性能、树脂解吸工艺及设施等因素制约。柴胡栏子金矿选矿厂处理规模为150t/d，采用树脂矿浆法，与原有的全泥氰化锌粉置换工艺相比，浸出率提高了6.06%，金的选矿总回收率提高了5.58%，选矿厂的经济效益也得到了较大的提高[198]。安徽省霍山县东溪金矿原有提金工艺是炭浆法，金银浸出率和回收率都不高，吉林省冶金研究院在该金矿进行了树脂矿浆法提金工艺的工业试验，金的浸出率达到97.29%，吸附率99.95%；银的浸出率66.67%，吸附率99.66%[199]。针对树脂矿浆法所具有的缺点，韩春国等人[200]对D370型、201×4型和201×7型树脂从氰化贵液中吸附金、银的吸附容量以及选择性吸附能力进行了对比试验，发现D370型树脂对金、银吸附容量大，选择性好，能够在常温常压下进行解吸，有良好的解吸效果。

超细磨在造纸涂料、塑料、橡胶、印刷油墨和石油化工等行业得到了广泛应用，微米级或亚微米级的粉末加工技术日臻成熟。随着超细磨技术的发展和提高，许多学者开展了利用超细磨打开硫化物包裹，使金解离的研究，并获得了不同程度的进展。蓝碧波[201]对某难处理金精矿进行了超细磨—氰化浸金的试验研究，得到了最优工艺条件，在此试验条件下，金浸出率可达93.70%。某低品位金矿石具有低硫半氧化微细粒浸染的特点，采用常规磨矿氰化浸出金的浸出率为70%左右，脉石包裹金基本没有得到回收。罗增鑫[202]针对此矿石采用超细磨技术，使连生体得到充分解离，联合全泥浸出提金工艺，得到了浸出率为94.33%的良好指标，与常规氰化浸出相比金浸出率提高了近25%。

在某些特定的矿山，研究者们提出了富氧浸出的新工艺。某氧化金矿位于高原地区，海拔高，空气中氧气含量低，采用常规的氰化工艺，浸出周期较长，这将影响到矿山的经济效益。为了保证金回收率，缩短金的浸出周期，胡敏等人[203]提出了"氧化金矿石富氧浸出新工艺"，金的吸附率可达99.14%，与常规浸出相比，富氧浸出时间可以缩短一倍，而且实验过程中氰化钠用量只需要常规浸出的一半。

4.2.3 清洁提金技术的发展

尽管氰化法提金技术成熟、操作简单、成本低，但其剧毒性给人类生态环境和生命安全带来极大危害，同时它还不能直接处理某些难浸矿石，随着这些难于直接氰化的难处理金矿的日益增多，无氰提金方法的研究也相应活跃起来，并且已有以下几个方面的进展：(1) 通过加入添加剂（如CL）方式解决了硫脲法浸金过程中硫脲消耗大的问题；(2) 发现铁、氧气、六偏磷酸钠等因素在硫代硫酸盐体系下对金的浸出有较大影响；(3) 发现了一种由氧化性有机物ZLT和氯化钠组成的ZLT氯化法浸金体系，可解决无机氯化法成本较高的问题。

4.2.3.1 硫脲法

硫脲法是非氰提金法研究较多的一种方法。近年来，许多金银矿山对原有的硫脲工艺进行了改进，以获得更好的指标和效益。某铁锰型金银矿为低品位难处理矿，直接用硫脲浸出金银时，金、银浸出率分别为46.25%和18.37%，硫脲消耗12g/t。曾亮等人[204]发现，通过将矿样加热到90℃并加入硫铁矿和浓硫酸进行浸锰预处理后，在pH值为1.5、电位300mV、亚硫酸钠6g、浸出时间4h的最佳浸出条件下，金、银浸出率分别为98%，45%，硫脲消耗仅为6g/t。罗斌辉、和晓才等人[205,206]也进行了类似的工作。董岁明等人[207]对某富硫高砷金精矿进行了加添加剂CL硫脲浸金试验研究。结果表明，添加剂CL可以改善硫脲浸金过程，降低浸出所需的硫脲浓度，提高金浸出率，可使该金精矿的金浸出率达到89%以上。

4.2.3.2 硫代硫酸盐法

D. Feng和J. S. J. van Deventer在用硫代硫酸盐法提取金银上做了大量的研究。他们通过大量试验发现：在硫代硫酸盐体系中黄铁矿、赤铁矿、金属铁和铁离子的存在会严重影响金的浸出[208~210]；用硫代硫酸盐从黄铁矿精矿和硫化矿石中提取金的体系中加入少量的二氧化锰，可以不增加硫代硫酸盐的消耗量而提高金的浸出率和浸出速率[211]；在纯金的硫代硫酸盐体系中，氧气的存在会减少金的溶解浸出而氮气泡的存在会大幅度增加金的溶解[212]；硫代硫酸盐的类型显著影响矿石中金的浸出，金与不同的硫代硫酸盐的溶解行为决定着金的提取率[213]；在硫代硫酸铵盐浸出纯金和硫化金矿两种体系中，正磷酸钠和六偏磷酸钠都可以提高金的浸出率[214]。J. A. 希思等人[215]也通过实验发现，三价铁的EDTA和草酸盐的配合物，与硫代硫酸盐的反应活性都很低，而且在加入硫脲作为浸出催化剂时，可以提高金的浸出速率。实验还表明，黄铁矿和磁黄铁矿的存在会还原铁的配合物，金的浸出率显著降低。

国内的研究者们对硫代硫酸盐法的研究也取得了不少进展。郑若锋等人[216]采用覆膜—铜氨硫代硫酸盐滴淋堆浸提金工艺对四川某高寒地区400t氧化型金矿石进行野外试验，获得了金回收率60.8%的良好指标。彭会清等人[217]对安徽某磁选厂的尾矿回收金采用绿色环保的硫代硫酸盐法浸金工艺，通过试验得到了浸金的最佳工艺条件，在此条件下金浸出率达到90%以上。张卿[218]将超声强化作用于硝酸催化氧化过程，并与硫代硫酸盐浸金相结合，提出一种含砷难处理金矿湿法浸金新工艺。结果表明：采用超声强化，可以使硝酸根离子传质过程加速，显著加快硝酸催化氧化进程，降低反应温度，同时超声场下硝酸氧化与硫代硫酸盐浸金的结合可以破坏或溶解矿物表面的单质硫或钝化膜，大大减缓单质硫对后续提金的抑制作用，提高金的浸出率，金浸出率可由常规氰化浸出的13.94%提高到85.6%。

4.2.3.3 氯化法

氯化法又称为液氯化法或水化法，泛指应用具有氧化性能的氯化物提取金的一类方法，它包括液氯法、次氯酸盐法、高温氯化法等。但由于上述许多无机氯化法提金工艺都存在成本较高的问题，故难以真正替代氰化法提金工艺。

氯化法在近年来有了一定的创新。石嵩高等人[219]研究出一种由氧化性有机物 ZLT 和 NaCl 新组成的 ZLT 氯化法浸金溶液体系，该体系具有极强的氧化能力，能将单质金氧化成可溶性的氯金配合离子 $[AuCl_4]^-$，在这个基础上，针对多种不同特性的金、银原料开展了相应的 ZLT 提金工艺研究试验，使 ZLT 法可广泛地应用于处理含金银的氧化矿石、原生矿石、低品位多金属矿石、高砷高石墨碳质型难处理金矿石以及含高品位金、银的铜铅电解阳极泥等多种类型原料。

4.3　稀有稀散金属化学选矿

近年来，稀有稀散金属特别是钒和稀土领域，化学选矿取得了不错的进展，以下从钒和稀土两个方面进行评述。

4.3.1　钒

钒是我国优势矿产，主要存在于钒钛磁铁矿、含钒石煤和含钒黏土等矿物中。钒钛磁铁矿中的钒，可通过磁选等方式选出富含钒的钛磁铁矿，然后在炼铁的过程中加以回收。含钒石煤和含钒黏土矿物中的钒，则需要通过更为复杂的化学选矿工艺，如焙烧法、离子交换法或者酸法加以提炼[220]。

近年来，为提高含钒精矿品位，为冶炼提供高品位提钒原料，使国内低品位含钒资源得到充分利用，钒的化学选矿工艺获得了极大的发展。以下将按石煤提钒技术的发展、含钒黏土矿提钒技术的发展、其他难处理含钒矿物技术发展和提钒新工艺的发展四个方面进行评述。

4.3.1.1　*石煤提钒技术的发展*

由于石煤物质组成、矿物嵌布状态、钒赋存方式等均极为复杂，不同矿物之间分离困难，钒富集比低。因此，通过单纯的常规选矿方法从石煤中回收钒难以实现，目前从石煤中提取钒主要采取的是火法和湿法冶金相结合的方法，即先焙烧后浸出，使钒由固相转入液相，然后从溶液中制得产品的方法。石煤提钒最早采用的工艺为添加氯化钠焙烧—水浸工艺，该工艺污染严重，且钒回收率低。为了探究石煤提钒过程的机理和解决传统提钒工艺的诸多弊端，近几年来研究人员做了大量的研究工作。

石煤提钒的两个关键步骤为焙烧和浸出，焙烧的目的是将石煤原矿中 V(Ⅲ)和 V(Ⅳ)转化为高价态 V(Ⅴ)，并转化为溶解性较好的存在形式（可溶性钒酸盐），以便于后续工段的浸出。同时破坏含钒矿物的晶格，使钒从矿物中充分地暴露出来。

A　*焙烧*

a　空白焙烧

SiO_2 和有机质是构成石煤的主要物质，在无盐空白焙烧下具有强还原性的有机质会抑制低价钒的氧化。另外，矿石中一些还原性物质，如黄铁矿等在低温时发生氧化还原反应所需的自由能远小于低价钒氧化为高价钒所需的自由能，因此，低温时主要是这些还原性物质的氧化反应。当温度升高至 850℃时，钒浸出率最高[221]。

在石煤的空白焙烧中，有机碳、黄铁矿及三价钒和四价钒的氧化反应，在热力学上都可以自发进行，有机质、黄铁矿的氧化反应在热力学比三价钒和四价钒的氧化反应更易进行。石煤空白焙烧过程中，有机碳、黄铁矿的存在，不利于低价钒的氧化，若预先脱碳或脱除黄铁矿，则有利于钒的氧化，提高焙烧转化率[222]。

b　氧化焙烧

近年来，众多研究者们对石煤氧化焙烧的过程有了更深入的了解。何东升[223,224]在石煤氧化焙烧过程中发现，随焙烧温度的提高，会先后发生有机质氧化、黄铁矿氧化、方解石分解、石英相变等。焙烧温度超过 800℃时，颗粒之间开始发生轻度“熔融”黏结现象，焙烧温度提高，物料“烧结”。陈铁军等人[225]在石煤流态化焙烧氧化过程中发现：在氧化焙烧初期，处于层状结构中的钒的初始核心形成的几何形呈平面片状不断生长，相界面增大，钒的氧化反应速率不断加快。汪平等人[226]发现在所测焙烧温度时间范围内，石煤中钒的氧化反应受扩散动力学控制，其表观活化能为 347kJ/mol，与试验得到的 Arrhenius 线性图数据基本一致。

为了改进传统氧化焙烧的不足，提高指标，何东升等人[227]提出了造球—氧化焙烧—碱浸法提钒工艺，将原矿干磨后，在圆盘造球机上造球，球团直径为7～12mm。将球团在100℃的温度下烘干后，放入马弗炉中焙烧，将焙烧后的球团研碎后进行浸出，取得了良好的指标。陈铁军[228]提出了循环氧化法提钒工艺，即先加入低钠复合添加剂进行氧化焙烧，在两段水浸后增加稀酸浸出工艺，然后将酸浸液亚铁沉钒后作为中间产品返回再氧化焙烧，最后通过水浸回收钒的循环氧化法石煤提钒的新工艺。张小云[229]采用微波焙烧工艺，促进了矿样的龟裂，使其可以在较低 H_2SO_4 用量、较短浸出时间得到较高的 V_2O_5 浸出率。于鲸等人[230]改进了这一工艺，在石煤中加入混合添加剂混匀后在用微波处理，得到钒浸出率达90.5%。该方法比较简单，环境污染较小，钒浸出率较高。冯雅丽等人[231]提出了流态化焙烧工艺，更易实现矿物的"适度"焙烧，不易形成烧结，从而更有利于钒的浸出，钒浸出率可提高至90%以上。朱军等人[232]对流态化焙烧料进行混酸处理，得到钒浸出率可达88.26%。

在氧化剂方面的研究也取得了一定的成果，选择二氧化锰为氧化剂，得到 V_2O_5 的浸出率可达74.5%，比起传统的钠化焙烧工艺高出10%以上，而且该工艺能源消耗量低，无废气产生[233]。采用复合添加剂（Na_2SO_4、NaCl、Na_2CO_3 的质量比为7：1：11）焙烧提钒，使钒的焙烧转化程度也得到较大的提高[234]。赵强等人[235]添加6%石灰石+4%白云石的条件下焙烧石煤，也可以有效地从石煤中提取钒，经济及环保效益显著。此外，为了充分利用石煤焙烧过程产生的热能，Zhenlei Cai[236]提出了软锰矿与石煤混合焙烧浸出提钒工艺。

c　加盐焙烧

加盐焙烧是提钒工艺中最主要的焙烧方法。石煤中加入石灰高温加热焙烧，加入氧化钙的作用首先是当低价钒转化成高价钒后，高价钒再与碳酸钙反应生成偏钒酸钙盐，钙的添加量应该适当，避免反应末期生成硅酸三钙包裹钒导致钒的回收率降低[221]；其次，加氧化钙也会起到一定的固氯作用，氧化钙会和焙烧过程中产生的HCl和 Cl_2 反应生成氯化钙；最后，氧化钙同时也会吸收大部分的 CO_2，生成石膏，进一步减少焙烧过程中产生的有害气体[237]。另外，除了加入氧化钙外，也有研究发现碳酸盐的加入也能促进钒的氧化[238]。

在传统钠化焙烧基础上，肖彩霞等人[237]提出了石煤加钙固氯化钠焙烧提钒新工艺。加入一定量的石灰可使焙烧过程产生的HCl和 Cl_2 与石煤中的铁、铝、钙等结合生成难挥发的化合物而被固化，从而大大减轻石煤提钒钠化焙烧烟气净化的负担。付利攀[238]提出了碳酸盐法焙烧工艺，认为碳酸盐复合添加剂的配比为5% $MgCO_3$ +4% CaF_2 时，其焙烧效果较传统钠化焙烧效果明显要好。

B　浸出

对于石煤浸出过程的探索，研究者们也做了一些研究。魏昶等人[239]探索了粒度对浸出率的影响机理，发现原料粒度越细，碳颗粒也就相应降低，碳颗粒越小越容易吸附在原料颗粒表面上，阻碍了硫酸向颗粒内部扩散，使化学反应难以进行，因而钒的浸出率就下降。何东升等人[224]发现影响钒浸出率的主要因素是 H_2SO_4 浓度、浸出温度、浸出时间和液固比，搅拌速度对钒浸出率影响不大。钒浸出率与含钒伊利石晶体结构破坏程度相关，晶体结构破坏程度越大，钒浸出率越高。

a　改进的传统浸出工艺

为了解决常压浸出条件下钒浸出率偏低、浸出速度慢等问题，李许玲等人[240]提出了石煤加压碱浸工艺。石煤钒矿在850℃下焙烧4h，再进行加压碱浸，当烧碱用量为4%、温度170℃（压强为0.75MPa）、时间2h的浸出条件下钒浸出率能够达到70%以上。徐亚飞等人[241]采用硫酸熟化浸出工艺可以从我国湘西石煤矿中浸出钒，且浸出率可达94%。在熟化硫酸的基础上，邢学永[242]提出了两段逆流浸出流程，矿石中钒总浸出率可达94%左右。

除了传统的硫酸浸出，冯其明等人[243]提出了HF浸出法，在含钒铝硅酸盐矿物晶体结构未被破坏时，其中的钒无法被浸出。而采用HF浸出后，破坏了含钒铝硅酸盐矿物晶体结构，浸出率可达到97.91%。NH_4F 的加入也可以大幅提高硫酸酸浸的浸出率[244]。

另外，Minting Li[245]提出了加亚铁盐高压酸浸石煤提钒工艺，钒的浸出率为76%，经过两段萃取后回收率高于90%。工艺优点为浸出时间短（常压浸出需要16～20h）、钒回收率高（常压浸出和焙烧浸出的回收率分别为50%和70%左右）。但是缺点是对设备要求较高。

b　直接浸出工艺

由于焙烧过程往往会产生高污染、高能耗等问题，近几年很多用直接浸出工艺被提出。

吴海鹰等人[246]提出硫酸直接浸出中加入2%含氟助浸剂，硫酸浸出钒的浸出率可从80%提高到93%；用P204+磺化煤油作萃取剂，经过10级逆流萃取V_2O_5，钒的萃取率仍保持在99%以上，氟几乎不被萃取。普世坤等人[247]将钒矿破碎后在硫酸溶液中用氯酸钠进行氧化浸出，钒的浸出率可达到96%以上。为了使钒充分氧化，陈文祥[248]提出了分段氧化浸出提钒新工艺，钒的浸出率可达91.52%。居中军等人[249]采用硫酸活化常压浸出石煤提钒工艺，在优化工艺条件下钒的浸出率可达94%以上。陈文祥等人[250]采用热压氧化浸出的工艺也取得了很好的指标。万洪强等人[251]采用石煤钒矿拌酸熟化浸出新工艺钒浸出率达87.8%。

直接浸出可以通过加入助浸剂提高钒的浸出率。梁建龙等人[252]加助浸剂LK每吨原矿2kg，加入2% LN3黏合剂或组合用量0.5% LN1+1.55LN3，硫酸用量18%，柱浸20天的条件下，浸出率可达92%以上。杨晓等人[253]加入助浸剂CX能有效地破坏含钒云母的结构，钒浸出率可达90%以上，比硫酸直接浸钒浸出率高18.74%以上。

4.3.1.2　含钒黏土矿提钒技术发展

近几年研究者们除了对石煤提钒做了大量研究之外，也有研究者对含钒黏土矿提钒做了很多探索。

马胜芳[254]研究了钙化焙烧的机理，应用钙化焙烧法从黏土钒矿中提钒，当分别采用CaO、$CaCO_3$和$Ca(OH)_2$作为添加剂时，钒矿中钒化合物分别转化为$Ca_2NaLiCrV_3O_{12}$、$Ca_3LiMgV_3O_{12}$和$Ca_2KMg_2V_3O_{12}$。经过酸碱浸泡后，钒的浸出率提高。李浩然[255]对硫酸浸出黏土矿中钒的动力学进行了研究，发现该过程控制步骤是固膜扩散控制，浸出速率由最慢的固膜扩散速率决定。

有关含钒黏土矿提钒新工艺的探索，主要有马胜芳[256]提出的黏土钒矿钙化焙烧氨浸新工艺，其经试验获得了回收率高于90%的指标。杨用龙[257]提出含钒黏土矿两段浸出提钒工艺钒浸取率达到了80%以上。叶国华[258]提出了黏土钒矿不磨直接酸浸提钒工艺，钒的浸出率高达92.58%，浸出效果理想。

4.3.1.3　其他难处理含钒矿物技术发展

对于低品位沉积泥质岩型含磷钒矿，直接酸浸抛尾的方法是可行的，浸出率比传统钠化焙烧工艺提高10%以上[259]。该工艺能源消耗量极低，无废气产生，符合现代冶金的要求。对于硅质岩钒矿，适宜的焙烧添加剂为苛化泥，适宜的焙烧温度为850℃，适宜的添加量为6%，适宜的焙烧时间为3h。该工艺具有成本低、无污染等优点，有良好的经济效益、环保效益和社会效益[260]。对于高磷钒矿的浸出可以采用直接硫酸浸出法处理[261]。对于高硅高碳钒矿，基本工艺流程为球磨—浸出—萃取—氧化—沉钒—煅烧，可取得良好指标[262]。

4.3.1.4　提钒新工艺发展

为了除去高硅石煤碱浸料中的硅，控制初步除硅终点pH值为9.5，萃取相比为（O/A）为1∶4，洗脱液采用pH值为10的Na_2CO_3溶液。反萃剂采用NaCl+NaOH溶液或NH_4Cl+NH_4OH溶液。该工艺避免了硅杂多酸的生成，除硅率可达99.58%[263]。

当石煤中铁含量较高时，为了除去石煤中的铁，吴海鹰等人[264]研究了两段沉钒法制备五氧化二钒工艺，最终产品五氧化二钒含量达99%以上，产品铁含量低于0.1%以下。黄云生等人[265]以陕西某石煤酸浸含钒上清液为原料，先用石灰乳中和、硫代硫酸钠还原预处理，采用P204+TBP+磺化煤油萃取体系萃取富集、纯化五氧化二钒浸出液。高峰等人[266]提出的氯化钙沉钒—碳酸铵浸出从石煤浸出液中分离富集钒工艺，也获得了钒的总回收率大于90%的优良指标。除了常规的酸法沉钒，姜德强等人[267]采用碱性沉钒工艺，即在常温下，往酸性含钒溶液加入氨水使pH值约等于8或往碱性含钒溶液加入铵盐从而使钒产生化学结晶沉淀的工艺获得了很好的指标。Pu Hong[268]采用共沉淀—碱性焙烧—水浸法提取石煤酸浸液中的钒，同样获得了很好的指标。

湖北某钒冶炼厂，采用无盐焙烧—酸浸—离子交换—沉钒—煅烧工艺生产精钒。离子交换解析时用NaOH溶液，对解析液在常温下加入农用氯化铵沉钒。沉钒率稳定在99%以上，偏钒酸铵烧得率上升至68.0%~73.5%，精钒产品质量达到YB/T 5304—2006标准98级要求[267]。

4.3.2　稀土

稀土元素在地壳中的赋存状态主要有三种：独立矿物：例如氟碳铈矿、独居石矿、混合型稀土矿；伴生稀土矿：稀土元素以类质同象置换的形式，分散于造岩矿物和稀有金属矿物中；风化壳淋积型稀土矿：稀土元素呈离子状态被吸附于某些矿物的表面或颗粒间，这类矿物主要是各种黏土矿物、云母类矿物[269]。

风化壳淋积型稀土矿是我国特有的稀土矿产资源，广泛分布于我国南方等省区。对于吸附在黏土矿物上的稀土离子，采用重选、磁选、浮选等常规的物理选矿方法无法使吸附的稀土离子富集为相应的稀土矿物精矿。化学选矿方法是提取此类稀土矿物的唯一技术。化学选矿方法主要分为浸矿和提取两步，首先把稀土从矿石中浸出，然后再从浸出液中提取稀土。经过多年的发展，浸出技术得到不断提高、改善，逐渐形成了系统的风化壳淋积型稀土矿浸出工艺体系，下面将详细介绍其化学选矿技术研究进展。

对于独立矿物以及混合型稀土矿（稀土元素在混合型稀土矿物中仍然以独立矿物存在，不同混合型稀土矿中各独立矿物的配比不同），通常采用物理选矿的方法得到矿物精矿，再经化学处理得到供冶炼使用的化学精矿；对于伴生稀土矿选矿，以贵州磷矿形式为主的伴生稀土矿物通常在磷矿选矿中采用物理选矿的方法除杂，稀土元素在杂质中得到富集，进而采用化学选矿的方法得到稀土化学精矿；随着资源综合利用的发展，从某些低品位稀土矿和其他矿物物理选矿的尾矿中提取稀土的研究也日益增多。下面将简要介绍其研究进展。

4.3.2.1　风化壳淋积型稀土矿化学选矿研究进展

A　低品位风化壳淋积型稀土矿浸出

低品位风化壳淋积型稀土矿浸出的关键是离子相的稀土从黏土矿物上脱附下来，与阴离子形成配离子从而进入浸出液。专门针对稀土元素离子脱附的机理的研究表明，不同稀土元素离子的脱附能力与其离子水化能大小有关：低水化能浸出剂浸出率更低；硫酸盐浸出效果强于盐酸盐。有研究者通过对比几种浸出剂的浸出效果认为，硫酸铵作为浸出剂是比较合适的[270]。若采用硫酸铵浸出，其浸出过程有一个浸出剂的最佳流速可使浸出率最大，即传质效果较佳的条件[271]。有研究报道采用复合铵盐作浸出剂的效果优于单一铵盐[272]，这可能是由于复合铵盐的不同阴离子与稀土元素阳离子形成了多配体的缘故。浸出剂的物理化学性质会引起稀土离子负载相—黏土矿物表面 ζ 电势发生变化。有研究表明使用铵盐浸取时，铵盐溶液浓度、液固比均对黏土矿物表面 ζ 电势有影响[273]，其中液固比越大，黏土矿物颗粒表面 ζ 电势越大，铵离子与黏土矿物接触的数量增大，可以促进稀土离子的脱附。

低品位风化壳淋积型稀土矿浸出过程中动力学研究的报道集中在浸出过程的控制步骤研究方面，这主要是针对提高传质效果而进行的。研究表明在不同的浸取条件（如淋洗剂质量分数、淋洗液固比、淋洗速度、矿石粒度等）、浸取剂（如复合铵盐、助浸剂 LPF、氨氮废水与抑杂剂 QXY-01 等）下，浸取过程的控制步骤和描述此过程的物理模型均有所不同[274~278]。例如，使用复合浸取剂浸出时，浸取水动力学服从达西定律，浸出过程为多孔固层扩散控制，可以用范德姆特方程描述[279,280]。浸出流速对浸出传质效果影响很大，此外装矿高度对浸出过程传质效果也有较大影响。

以上述脱附机理和传质效果的研究为基础，提出了低品位风化壳淋积型稀土矿浸出的新技术，包括助浸（田菁胶助浸、配合助浸）、强化浸出（超声波强化浸出、磁场强化浸出）等技术手段[281]。另外，采用羧甲基田菁胶比单一采用田菁胶浸出效果更好，浸出剂消耗更少[282]。而配合助浸研究结果表明，采用乙酰丙酮、柠檬酸三铵、酒石酸、LPD、LPF 均能促进稀土的浸出[272]。在浸出过程中添加某些试剂可以降低浸出过程的传质阻力系数，从而减少浸出剂在浸取交换过程中的传质阻力，提高稀土浸出过程的传质效果，这是强化浸出的理论基础[283]。利用超声波的空化作用可有效强化稀土矿中稀土的浸出，从而提高稀土浸出率并缩短矿物中稀土总量的分析时间。有研究表明，超声法较常规搅拌法对稀土的浸取效率高，但两种方法对杂质的浸出率却相近[284]。在磁场条件下稀土矿的浸出、沉淀行为的研究表明，磁化处理之后浸出率、沉降速率均有所提高，药剂消耗降低[285,286]。

B　低品位风化壳淋积型稀土矿浸出液除杂

浸出过程中去除杂质离子的理论研究与技术开发集中在浸出过程中分离铝和抑制铝方面。有研究表明铝离子在浸取过程中会与稀土离子共同浸出，且是可浸出离子中含量最多的离子[279,287]。针对风化壳淋积型稀土矿浸取稀土的动力学研究表明，稀土的浸取和铝的浸取均为典型的液-固非均相反应，浸取过程较好地符合收缩未反应芯模型，稀土浸取为固膜扩散控制，铝浸取过程受化学反应控制，而且铝浸取的表观活化能远高于稀土浸取表观活化能，铝浸取速率远低于稀土浸取速率。因而可以认为浸取过程中稀土与铝存在分离作用[288]。这是分离铝的理论基础。专门针对稀土与铝的浸出行为的研究表明，稀土元素的浸出行为受矿石性质影响较大，而铝的浸出行为受浸出剂 pH 值影响较大[274]。

新发展的抑杂浸出技术是采用某些抑杂剂与稀土矿中的铝、铁等离子发生反应，形成新的稳定的化合物[275]，采用抑杂剂 QXY-01 和 QWJ-05 作为抑杂剂均取得了铝抑制率在90%以上，稀土浸出率在96%以上[274,276]。配合助浸也可以抑制铝离子的浸出，研究表明采用乙酰丙酮、柠檬酸三铵、酒石酸、LPD、LPE、LPF 均能促进稀土的浸出[289]。

在萃取法处理浸出液过程中，萃取前除杂也是防止金属杂质离子影响后续萃取工艺的重要手段[286]，此外新的萃取剂和萃取工艺也有相关报道。目前大多稀土淋出液萃取分离过程中存在三相乳化物，有研究认为这种乳化现象除流比控制不当的原因外，主要是由于淋出液中的无机（典型的如 Al^{3+}）及有机杂质引起的[290]。有研究者在萃取过程中采用 HCl 做反萃酸，从萃取相优先洗脱 Al^{3+} 等杂质，取得了不错的效果[291]。另有研究表明精矿溶解料直接水解除铝是可行的[292]。新报道的预分离萃取法是首先用少量级数对待分离的原料进行预先分离，然后再流入级数较多的、进行相邻元素间分离的细分离工艺[293,294]。从稀土淋出液萃取稀土的试剂有二-2-乙基己基磷酸、Cyanex301、TOPS99、PC88A、CYANEX® 272、CYANEX® 302、CYANEX923、CYANEX921、ALAMINE336、ALIQUAT336 等，研究发现混合萃取剂相比单一萃取剂并没有显著的更好的萃取效果[295,296]。

在使用沉淀法处理浸出液过程中除杂的研究体现在采用优先沉淀浮选法。对浸出液沉淀浮选进行的溶液化学研究表明，风化壳淋积型稀土矿浸出液杂质（如 Al^{3+}、Fe^{3+} 等）可通过优先沉淀浮选，以氢氧化物或焦磷酸盐或聚磷酸沉淀形式全部有效除去[297]。

邱建宁开发了一种能解决离子型稀土矿浸出母液除杂和浓缩的工艺。该技术有效解决了目前离子型矿浸出母液除杂和浓缩的难题。工艺主体路线为：使离子型稀土浸取液流经装有 GX 稀土专用材料的吸附柱，优先吸附稀土浸出液中的铁、铝等杂质，吸附后液不含铁、铝，而稀土、钙、镁、硅等保留在吸附后液中；然后再经过一次稀土专用材料的吸附，吸附其中的稀土，钙、镁、硅等杂质不被吸附，从而实现稀土的分离、富集，得到纯净稀土浓缩液[298]。

采用非沉淀法从稀土矿浸出液中除杂的方法还有离子交换法、液膜法[295,299]。近年来少见此类相关报道，在此不做介绍。

4.3.2.2 氟碳酸盐矿物化学选矿研究进展

目前处理氟碳酸盐矿物的主要方法为氧化焙烧—酸浸—沉淀（或萃取）技术[300]，如氧化焙烧—硫酸浸出—复盐沉淀、氧化焙烧—硫酸浸出—萃取分离、氧化焙烧—盐酸浸出—碱分解—盐酸浸铈等。在这些技术中，焙烧—浸出工序必不可少，焙烧不但能耗及运行成本较高，而且在焙烧过程中氟元素以气相形式逸出，在浸出过程中氟会溶解从而进入废液。这样的结果是既浪费了氟资源，又造成了大气污染和水污染[301,302]。因此，近年来针对氟碳铈矿焙烧、浸出过程中氟的走向和固氟抑氟的基础研究与技术开发逐渐增多，发现采用 CaO 抑制氟的逸出取得了较好的效果[301]；浸出过程动力学的研究集中在浸出控制步骤方面，浸出过程中抑氟、固氟的新技术有铝盐配位分离氟法、低温焙烧—低温盐酸催化浸出法以及两步酸浸工艺[303~307]。

4.3.2.3 混合型稀土精矿化学选矿研究进展

以包头稀土矿为代表的混合型稀土矿主要采用浮选的办法去除大量的伴生矿物和脉石矿物，然后采用化学选矿的方法，分解氟碳铈矿和独居石矿，得到混合氯化稀土、混合硝酸稀土、混合硫酸稀土或混合氧化稀土，再进行沉淀或萃取分离。目前处理混合型稀土矿物精矿的工艺主要有酸法（主要是硫酸化焙烧法）、碱法（主要是烧碱法、纯碱法）和新近发展的氯化法（主要是碳热氯化法）三种。在上述工艺中，酸法、碱法、氯化法在焙烧过程、氯化过程中均有氟的逸出，造成氟的浪费和污染，因此近年来关于混合型稀土矿分解的焙烧过程（主要是硫酸化焙烧和碳酸钠焙烧）、高温氯化过程中抑氟固氟的研究日益增多，主要是 $CaO-NaCl-CaCl_2$ 体系焙烧、氢氧化钠浓碱液直接分解混合型稀土矿、浓硫酸低温焙烧[301,308,309]、$AlCl_3$ 脱氟—碳热氯化法、$SiCl_4$ 脱氟—碳热氯化法等[310~312]。此外，混合型稀土矿浸出过程的研究亦有发展，并提出了配合浸出这一新工艺[313,314]；萃取过程中稀土元素与萃取剂的作用研究也有报道[315~317]。

4.3.2.4　伴生稀土矿磷矿化学选矿研究进展

磷矿中伴生的微量稀土元素是一种潜在的、具有很高开发利用价值的稀土资源。以贵州织金新华含稀土磷矿床为例，稀土元素主要以类质同象形式存在于磷灰石晶格中，稀土元素的含量与胶磷矿密切相关[318]。这种结构导致稀土极不易从磷矿中单独选取[319]。目前磷矿中伴生的稀土元素主要采用浮选法和酸浸—萃取法进行分离和富集。酸浸主要采用硝酸、硫酸和混酸等酸性介质，而从酸浸液中提取稀土元素则多采用有机溶剂萃取和树脂吸附工艺。近年来针对磷矿中伴生稀土提取的研究集中在磷矿酸解过程中稀土的反应机理、酸解动力学研究、酸解过程中稀土走向和分布方面[320]。工业生产中利用湿法磷酸工艺的返回酸浸出稀土的研究日益增多[321~323]。液膜法提取稀土的研究停留在实验室阶段，未有工业应用[324,325]。萃取剂的研究往往与萃取工艺流程结合在一起，国内外的研究均有较多发展[326~328]。

4.3.2.5　稀土矿综合利用化学选矿研究进展

随着单一稀土矿品位下降，处理困难，采用化学选矿技术从某些低品位稀土矿和其他矿物物理选矿的尾矿中提取稀土的研究也有相关报道。从以黄铁矿为主的低品位稀土矿中浸出稀土元素的研究表明，在浸出剂中加入硫酸铁可以浸出矿石中的稀土元素[329]。而在处理含低品位稀土的钛铁矿时发现，采用 K^+ 和 Al^{3+} 可以使钛铁矿晶格张力增大而遭到破坏，释放出稀土元素[330]。从尾矿及其他难处理资源中，如离子型稀土尾矿、赤泥盐酸浸出液、混合型稀土矿重选尾矿、稀土与天青石共伴生矿中提取稀土的研究也有一定进展[331~334]。此外，利用天然气进行北方稀土精矿焙烧、采用浓硫酸和活化剂熟化—焙烧—浸出的方法综合回收利用稀土精矿中的稀土、钽铌、铍等资源也有报道[335,336]。

4.4　非金属矿选矿

非金属矿产品是现代工业的重要基础材料，也是支撑现代高新技术产业的原辅材料和节能、环保、生态等功能性材料，在现代经济和社会发展中扮演越来越重要的角色。

非金属矿最突出的特点是矿种多。目前，世界上开发利用的非金属矿产有 200 余种（包括宝玉石），我国已发现有经济价值的非金属矿产有 100 多种。非金属矿产的又一个突出特点是各矿种的性质差异很大，共性很少。物性和价值的天壤之别，决定其采矿、选矿、加工方法千差万别。再加上多数非金属矿是以有用矿物集合体或岩石为利用对象，在选矿作业中，保护有用矿物晶体，保持矿物的使用价值不降低，成为确定选矿工艺和设备选型的主要原则，因此，非金属矿选矿比其他固体矿产复杂得多。

非金属矿选矿方法按照分离物料手段的不同，可分为物理法、化学法、综合法等。目前，由于工艺成本和技术积累优势，基于矿物比重、磁性和可浮性差异的物理方法依然是非金属矿选别的主流技术，不过，由于材料产业的发展和后续应用，对材料纯度等性能提出了更高的要求，一些化学提纯工艺得到了更多的重视，成为进一步提升产品品质的重要和必要的技术手段，是传统物理选矿方法的重要补充。综合两类技术的特点，考虑成本和技术衔接，形成了一些综合性流程，成为非金属矿选矿方法的一个重要趋势。

在非金属矿的矿物加工过程中，化学选矿方法已成为提升产品品级的必要手段。常用于提高产品纯度、去除致色物质的方法有酸浸、煅烧、配合、碱浸等技术。武汉理工大学罗国清、高惠民等人[337]针对吉林某低品位硅藻土矿的矿物组成，进行了选矿提纯试验研究。结果表明，该矿主要由蛋白石及其变种以及少量石英、长石、高岭石等杂质矿物组成；通过条件试验确定了擦洗和酸浸的最佳试验条件，采用擦洗—沉降分级—酸浸流程获得了 SiO_2 含量 82.45%、Fe_2O_3 含量 0.72% 的硅藻土精矿。Osman Şan 等人[338]对用于多孔陶瓷材料的硅藻土原料进行提纯处理，采用盐酸（5mol/L）在 75℃温度下酸浸 12h，可以除去除石英和鳞石英以外的物相，酸浸 1h，比表面可从 $189m^2/g$ 增大到 $222m^2/g$，酸浸 12h 后，SiO_2 含量可达95%。该材料在1300℃烧结，可获得孔隙率达48%的多孔结构。

中国地质科学院矿产资源研究所的于波、熊宇华等人[339]以大埔洋子湖矿山高岭土原矿为研究对象，通过选矿试验，确定了合理的选矿工艺。原矿除砂试验后精矿产率33.57%，SiO_2 含量由69.48%降低到51.08%，Al_2O_3 含量由20.27%提高到32.13%。对精矿进行除铁增白，使 Fe_2O_3 含量由1.38%降低到0.66%，烧成白度由66.7%提高至86.1%。经过选矿后的高岭土产品达到陶瓷用高岭土TC-2级国家标准。高岭土选矿中产生的尾矿经过进一步选矿，可使其 K_2O+Na_2O 含量由6.33%提高到7.22%，Fe_2O_3 含量由0.59%降低到0.13%，可作为长石原料应用于陶瓷工业。在增白试验中，根据该矿山资源为低钛高铁型的特点，采用磁选与化学漂白相结合的工艺进行除铁增白。其中，磁选增白设备采用SLon100高梯度磁选机，其后采用硫酸、硫代硫酸钠和草酸进行化学漂白30min。中国地质大学于吉顺、管俊芳等人[340]对湖北通城高岭土资源的加工与漂白进行了试验研究。结果表明，湖北通城高岭土的白度主要受 TFe_2O_3 含量影响，与有机质无关，并且白度与 TFe_2O_3 含量呈反线性相关。通过化学方法对通城高岭土进行除铁增白试验，一次除铁率可达50%，白度也有明显增加，化学分析进一步证明该地区高岭土白度与 TFe_2O_3 含量呈反线性相关。

刘思、高惠民等人[341]在对某高岭土尾矿进行工艺矿物学研究的基础上，按照擦洗—分级—棒磨—分级—高梯度强磁选—反浮选—酸擦洗原则流程对其进行石英砂提纯的选矿试验，获得了粒度为0.6～0.1mm、SiO_2 含量达到99.91%、Fe_2O_3 含量为79.88μg/g的高白石英砂产品，并结合选矿试验和工艺矿物学研究结果，针对将来的实际生产提出了不仅可产出高白石英砂，还可获得陶瓷原料、普通石英砂、高岭土等副产品的推荐工艺流程。吴照洋、刘新海等人[342]取江西某地粉石英矿为原料，通过擦洗、分级脱泥、磁选、浮选、酸洗、煅烧等处理工艺，得到 SiO_2 含量不小于99.93%，铁、铝等杂质含量低，满足电子及电器工业用要求的硅微粉。该研究认为，采用草酸和盐酸混合酸，可以发挥其协同效应，降低粉石英中的铝含量。申保磊、王娜等人[343]针对云南某天然石英砂岩矿石，采用筛分、擦洗、摇床、磁选、煅烧等多种工艺方法进行选矿提纯试验研究，探索得出生产较高纯度石英砂的最优方案。结果表明：采用筛分、擦洗、摇床和煅烧组合选矿工艺。可使石英砂的 SiO_2 质量分数提高到99.7%以上，研究表明，物理选矿后进行煅烧，可进一步提高石英砂的纯度，硫酸酸浸同样可以提高石英砂纯度，但与煅烧样品相比，提高效果不是很显著。申保磊、郑水林等人[344]认为，化学处理法虽然成本较高，但在加工高纯石英原料时，仍是最有效的、必须采用的方法，可供选择的酸有盐酸、硝酸、硫酸、氢氟酸等4种。每种酸除杂效果存在差异，但是，一般来说，单一酸的酸浸效果没有混合酸好，其原因在于有害成分常呈矿物集合体形式，而不是纯矿物的简单组合，采用混合酸浸出能发挥不同酸之间的协同效应，达到更好的除杂效果。

武汉理工大学雷绍民等人[345]在对重晶石粗精矿进行超细粉碎的基础上，对超细磨矿后的重晶石进行化学提纯处理，即采用浓硫酸、氢氟酸和配合剂在一定时间和温度下进行酸浸提纯，然后经水洗、干燥后，对粉体的白度、细度、比表面积和化学含量进行检测，结果表明，精制提纯后，白度可达92.0%，硫酸钡含量可达97.20%。李雪琴等人[346]针对经重选、磨矿、浮选得到的富含赤泥且选别过程中的次生铁导致精矿白度不高并略呈红色的重晶石精矿进行提纯处理，以提高产品附加值。实验采用浓硫酸和配合剂进行酸浸，其中，采用浓硫酸将 Fe^{3+} 从重晶石精矿中溶解，配合剂来配合溶解出的 Fe^{2+}，防止其再氧化。此外，实验采用碱法浸出，以氢氧化钠为碱浸出剂，去除重晶石中的其他致色物质如 SiO_2、SiO_3^{2-}。结果表明，重晶石化学含量从提纯前的95.60%提高到97.29%，主要致色物 Fe^{3+} 全部去除，其他致色物明显降低。

王程、雷绍民等人[347]对湖北随州小林低品位风化白云母进行了选矿试验研究。采用螺旋选矿机粗选、摇床分选、再磨和摇床再选、化学提纯等处理技术，获得云母品位大于30%、白度大于80%、Fe_2O_3 含量较低的白云母精矿。在化学提纯阶段，选用草酸和硫酸混合酸，其中草酸和铁离子易于形成配合物，也可以降低硫酸用量。此外，根据云母中赋存碳酸盐这一特点，化学处理过程中也引入了少量盐酸。随后，加入钠盐加热处理，减少硅酸盐含量，使得云母表面光滑且富有光泽。赵平、张艳娇等人[348]对某常压烧结陶瓷级碳化硅微粉进行提纯实验研究，发现原料中铁和单质硅对陶瓷性能的影响尤其显著，游离石英和碳对产品质量也有一定的影响；采用单一的方法很难达到产品质量要求，试验中利用浮选法除碳，选矿和化学处理联合方法除铁，碱常温浸出和高温烧结水溶除硅，取得了较好的效果。

Mahdi Gharabaghi 等人[349]对含钙质脉石的磷灰石矿的选矿中有机酸酸浸实例进行了综述，该文认为，酸浸溶解影响因素的基础是确定反应时间、反应温度、液固比、有机酸种类、酸的浓度以及颗粒粒度等主要参数数值。采用酸浸方法，P_2O_5 可提高30%左右；酸浸时间、速率和效果直接取决于磷灰石矿石特性；酸的浓度一般为4% ~15%不等；此外，该文还对酸浸温度的影响、技术经济性等进行了分析。R. P. Orosco 等人[350]采用氯化法和酸浸法来对阿根廷的四种滑石样品进行除铁提纯。研究表明，氯化法可有效去除滑石中的氧化铁（形成氯化铁而挥发去除），在氯化前，采用10%的盐酸容易进行预处理，除去碳酸盐成分和少量铁杂质，在此基础上进行氯化，效果更好。处理后，滑石白度明显增大。

中南大学谢贞付、王毓华等人[351]对湖南某地石英砂的高纯化进行了浮选试验以及浮选—酸浸试验研究。浮选处理难以去除铁、钛、锂等杂质，而采用酸浸除杂，以盐酸和氢氟酸（质量比为2∶1）来处理浮选精矿，可以达到较好的除杂效果，去除铝、钙、铁等杂质较明显。结果表明，采用浮选—酸浸技术方案可将石英砂中主要杂质含量由 205.475×10^{-6} 降低至 62.900×10^{-6}，石英砂纯度由99.9795%提高到99.9936%。

参考文献

[1] 叶雪均，罗仙平，严群. 化学选矿评述[C]//2001年第九届选矿年评学术会议，厦门，2001.

[2] 舒荣波，阮仁满，温建康. 云南大红山铜矿化学浸出研究[J]. 矿产综合利用，2008(2):6-9.

[3] 卢毅屏，蒋小辉，冯其明，等. 常温酸性条件下黄铜矿的电化学行为[J]. 中国有色金属学报，2007(3):465-470.

[4] Córdoba E M，Mu Oz J A，Blázquez M L，et al. Leaching of chalcopyrite with ferric ion. Part Ⅰ：General aspects[J]. Hydrometallurgy，2008，93(3):81-87.

[5] Vilcáez J，Yamada R，Inoue C. Effect of pH reduction and ferric ion addition on the leaching of chalcopyrite at thermophilic temperatures[J]. Hydrometallurgy，2009，96(1):62-71.

[6] Vilcáez J，Inoue C. Mathematical modeling of thermophilic bioleaching of chalcopyrite[J]. Miner. Eng.，2009，22(11)：951-960.

[7] Johnson D B，Okibe N，Wakeman K，et al. Effect of temperature on the bioleaching of chalcopyrite concentrates containing different concentrations of silver[J]. Hydrometallurgy，2008，94(1):42-47.

[8] Córdoba E M，Mu Oz J A，Blázquez M L，et al. Leaching of chalcopyrite with ferric ion. Part Ⅲ：Effect of redox potential on the silver-catalyzed process[J]. Hydrometallurgy，2008，93(3):97-105.

[9] Li Y，Kawashima N，Li J，et al. A review of the structure，and fundamental mechanisms and kinetics of the leaching of chalcopyrite[J]. Adv Colloid Interface Sci，2013，197-198：1-32.

[10] 舒荣波，阮仁满，温建康. 低电位化学浸出云南大红山黄铜矿[J]. 矿产综合利用，2008(4):3-6.

[11] 黄瑞强，曹桂萍. 新疆祁连铜矿氧化铜矿石浸出小型试验研究［Z］. 中国黑龙江哈尔滨：2009，4.

[12] Qin W，Zhang Y，Li W，et al. Simulated small-scale pilot heap leaching of low-grade copper sulfide ore with selective extraction of copper[J]. Transactions of Nonferrous Metals Society of China，2008，18(6):1463-1467.

[13] 李强，周平，庄故章，等. 云南某低品位氧化铜矿酸浸试验研究[J]. 云南冶金，2009(4):15-17.

[14] 习泳，吴爱祥，朱志根，等. 堆浸工艺中氧化铜矿石粒级与浸出率相关性研究[J]. 金属矿山，2006(9):49-52.

[15] 王少勇，吴爱祥，王洪江，等. 高含泥氧化铜矿水洗-分级堆浸工艺[J]. 中国有色金属学报，2013(1):229-237.

[16] G. A. 帕迪利亚，张兴仁，李长根. 试论堆浸工艺的优化[J]. 国外金属矿选矿，2008(11):36-39.

[17] 王贻明，吴爱祥，左恒，等. 微粒渗滤沉积作用对铜矿排土场渗流特性的影响[J]. 中国有色金属学报，2007(12)：2074-2078.

[18] 黎湘虹，黎澄宇，王卉. 鑫泰含泥氧化铜矿制粒预处理堆浸工艺[J]. 有色金属，2009(1):86-90.

[19] 袁明华，冯萃英. 高泥质氧化铜矿酸浸试验研究[J]. 云南冶金，2009(1):20-22.

[20] 严佳龙，吴爱祥，王洪江，等. 酸法堆浸中矿石结垢及防垢机理研究[J]. 金属矿山，2010(10):68-71.

[21] 梁建龙，刘惠娟，王清良，等. 地表氧化铜矿酸法制粒堆浸试验研究[J]. 矿业研究与开发，2012(5):37-39.

[22] 缪秀秀，刘金枝，吴爱祥. 方柱浸铜试验研究及其数值分析[J]. 矿冶工程，2012(6):74-77.

[23] 武彪，谢昆，张兴勋，等. 玉龙铜矿氧化矿石合理浸出工艺研究[J]. 金属矿山，2010(12):54-57.

[24] 丁显杰，张卫民. 催化条件下喷淋强度对低品位原生硫化铜矿酸法柱浸的影响[J]. 现代矿业，2009(4):29-31.

[25] 严佳龙，王洪江，吴爱祥，等．羊拉铜矿氧化铜矿柱浸扩大试验研究[J]．矿冶工程，2011(2):79-82.
[26] 高保胜，王洪江，吴爱祥，等．某铜矿高含泥氧化铜矿槽浸实验研究[J]．矿业研究与开发，2010(4):18-21.
[27] 招国栋，吴超，伍衡山．高碱性低品位氧化铜矿搅拌浸出研究[J]．矿业研究与开发，2010(3):55-57.
[28] 孙敬锋，廖璐，李红立，等．某氧化铜矿石的硫酸搅拌浸出试验研究[J]．湿法冶金，2014(2):101-103.
[29] 杜计划．氧化铜矿石的酸浸试验研究[J]．国外金属矿选矿，2006(9):37-38.
[30] 张豫．高钙镁低品位氧化铜矿石氨堆浸提铜的生产实践[J]．有色金属（冶炼部分），2012(6):14-16.
[31] 马建业，刘云清，胡惠萍，等．汤丹氧化铜矿石尾矿在氨水-碳酸铵溶液中的浸出试验研究[J]．湿法冶金，2012(1):20-24.
[32] 招国栋，吴超，伍衡山．含铜尾砂的浸出及其动力学研究[J]．矿业研究与开发，2006，26(5):30-33.
[33] 毛莹博，方建军，文娅，等．新疆滴水高氧化率泥质氧化铜矿氨浸试验研究[J]．矿产保护与利用，2012(3):20-23.
[34] 方建军，李艺芬，鲁相林，等．低品位氧化铜矿石常温常压氨浸工艺影响因素研究与工业应用结果[J]．矿冶工程，2008，28(3):81-83.
[35] 刘殿文，方建军，文书明，等．难处理高钙镁氧化铜矿高效选冶新技术[J]．中国有色金属，2008(13)：77.
[36] 周晓东，张云梅，李理．微波辐照氨浸氧化铜矿的试验研究[J]．红河学院学报，2007，5(2):31-33.
[37] 黄敏，成诚．铅锌铜银金多金属精矿氯化浸出综合回收工艺[J]．化学工程与装备，2012(6):99-101.
[38] 张运奇，方正，陈阳国．铜矿尾砂及低品位铜矿的电化学浸出[J]．化学工程与装备，2009(5):10-12.
[39] 张杰，吴爱祥，陈学松．铜矿尾砂超声强化浸出试验研究[J]．矿业快报，2007，23(10):25-28.
[40] 秦佳，毛明发，刘春霖，等．表面活性剂对铜矿石浸出的影响研究[J]．矿冶工程，2013(5):115-118.
[41] 吴爱祥，艾纯明，王贻明，等．表面活性剂强化铜矿石浸出[J]．北京科技大学学报，2013(6):709-713.
[42] Padilla R，Vega D，Ruiz M C. Pressure leaching of sulfidized chalcopyrite in sulfuric acid-oxygen media[J]. Hydrometallurgy，2007，86(1-2):80-88.
[43] 刘述平，李博，王昌良，等．铜锌铁溶液萃取分离铜的试验研究[J]．矿产综合利用，2011(6):16-19.
[44] 余力．高泥氧化铜矿浸出萃取试验研究[D]．昆明：昆明理工大学，2013.
[45] 罗凤灵．硫酸钴浸出液中用N902萃取铜生产试验研究[J]．云南冶金，2011(4):33-36.
[46] 朱萍，王正达，袁媛，等．N902萃取铜的选择性研究[J]．稀有金属，2006(4):484-489.
[47] 徐建林，史光大，钟庆文，等．从铜氨溶液中萃取分离铜的试验研究[J]．矿产综合利用，2008(5):7-9.
[48] 俞小花，谢刚，杨大锦，等．高铜高锌硫酸溶液中铜的萃取分离[J]．有色金属，2008(2):51-54.
[49] 侯新刚，哈敏，薛彩红．用溶剂萃取法铜铁分离的研究[J]．甘肃科技，2008(4):37-39.
[50] 陈永强，邱定蕃，王成彦，等．从氨性溶液中萃取分离铜、钴的研究[J]．矿冶，2003(3):61-63.
[51] 姚绪杰，饶小平，王宗德，等．脱氢枞胺水杨醛类席夫碱（Schiff Bases）对铜离子萃取性能的研究[J]．江西农业大学学报，2007(3):461-465.
[52] 罗忠岩，徐创亮，刘亚建，等．铜萃取剂的抗氧化试验研究[J]．矿产综合利用，2013(4):40-43.
[53] 王卉．铜矿峪铜矿原地爆破浸出湿法提铜技术[J]．采矿技术，2006(3):170-172.
[54] 巫銮东．西藏玉龙铜矿氧化矿资源综合回收试验研究[J]．采矿技术，2011(1):94-96.
[55] 唐双华．低品位氧化锌矿浸出萃取工艺基础研究[D]．长沙：中南大学，2008.
[56] 杨大锦，谢刚，李荣兴，等．低品位氧化锌矿锌浸出性能及浸出过程动力学研究[J]．中国稀土学报，2006，24:147-149.
[57] 覃文庆，唐双华，厉超．高硅低品位氧化锌矿的酸浸动力学[J]．矿冶工程，2008，28(1):62-66.
[58] 阙绍娟，陈燕清，马少健，等．锌焙砂一段酸性浸出试验研究[J]．矿产保护与利用，2011(2):24-27.
[59] 贺山明，王吉坤，李勇．氧化铅锌矿直接硫酸浸出[J]．有色金属，2011(2):163-167.
[60] 周军．贵州低品位含锗氧化铅锌矿硫酸浸出工艺研究[J]．现代机械，2011(4):60-61.
[61] 李荣兴，谢刚，杨大锦，等．低品位氧化锌矿的搅拌浸出试验研究[J]．中国稀土学报，2006，24：464-466.
[62] 张文琴．黄钾铁矾法炼锌工艺在青海高海拔地区的可行性[J]．中国有色冶金，2011，40(4):28-29.
[63] 程柳，谢涛，卢安军，等．黄钾铁矾法炼锌矿渣中锌的提取条件试验[J]．广西师范学院学报（自然科学版），2011，28(1):50-53.
[64] 谢克强．高铁硫化锌精矿和多金属复杂硫化矿加压浸出工艺及理论研究[D]．昆明：昆明理工大学，2006.
[65] 贺山明，王吉坤，阎江峰，等．高硅氧化铅锌矿加压酸浸中锌的浸出动力学[J]．中国有色冶金，2011，40(1):63-66.
[66] Langová Š，Leško J，Matýsek D. Selective leaching of zinc from zinc ferrite with hydrochloric acid[J]. Hydrometallurgy，2009，95(3-4):179-182.

[67] 王吉坤，彭建蓉，杨大锦，等．高铟高铁闪锌矿加压酸浸工艺研究[J]．有色金属（冶炼部分），2006(2):30-32.

[68] 王吉坤，周廷熙．高铁硫化锌精矿加压浸出研究及产业化[J]．有色金属（冶炼部分），2006(2):24-26，44.

[69] Xu H S，Wei C，Li C，et al. Sulfuric acid leaching of zinc silicate ore under pressure[J]. Hydrometallurgy，2010，105(1-2):186-190.

[70] 魏昶，李存兄，徐红胜，等．Pressure leaching of zinc silicate ore in sulfuric acid medium[J]．中国有色金属学报（英文版），2010，20(5):918-923.

[71] 李存兄，魏昶，樊刚，等．高硅氧化锌矿加压酸浸处理[J]．中国有色金属学报，2009(9):1678-1683.

[72] 赵中伟，贾希俊，陈爱良，等．氧化锌矿的碱浸出[J]．中南大学学报（自然科学版），2010，41(1):39-43.

[73] 赵中伟，龙双，陈爱良，等．难选高硅型氧化锌矿机械活化碱法浸出研究[J]．中南大学学报（自然科学版），2010，41(4):1246-1250.

[74] Zhao Z，Long S，Chen A，et al. Mechanochemical leaching of refractory zinc silicate (hemimorphite) in alkaline solution [J]. Hydrometallurgy，2009，99(3-4):255-258.

[75] 窦爱春．碱性亚氨基二乙酸盐体系处理低品位氧化锌矿的基础理论及工艺研究[D]．长沙：中南大学，2012.

[76] 任晋．碱性谷氨酸钠体系处理低品位氧化锌矿的基础理论和工艺[D]．长沙：中南大学，2010.

[77] 张保平，唐谟堂．氨浸法在湿法炼锌中的优点及展望[J]．江西有色金属，2001，15(4):27-28.

[78] 杨建广，王瑞祥，唐谟堂，等．Leaching kinetics of low grade zinc oxide ore in NH_3-NH_4Cl-H_2O system[J]．中南工业大学学报（英文版），2008，15(5):679-683.

[79] 杨声海，李英念，巨少华，等．用 NH_4Cl 溶液浸出氧化锌矿石[J]．湿法冶金，2006(4):179-182.

[80] 刘志雄，尹周澜，胡慧萍，等．含硫化锌的低品位氧化锌矿氧化氨浸工艺研究 [J]．中国稀土学报，2012，30:899-905.

[81] 凌江华．低品位氧化锌矿和高铁闪锌矿 NH_3-$(NH_4)_2SO_4$ 体系浸出的研究[D]．长沙：中南大学，2011.

[82] 张玉梅，李洁，陈启元，等．超声波辐射对低品位氧化锌矿氨浸行为的影响[J]．中国有色金属学报，2009，19(5):960-966.

[83] 曹琴园，李洁，陈启元，等．机械活化对氧化锌矿碱法浸出及其物化性质的影响[J]．过程工程学报，2009(4):669-675.

[84] 王书民，樊雪梅，张国春，等．高铁闪锌矿精矿高氧催化氧化氨浸工艺试验[J]．有色金属，2011，63(2):155-158.

[85] 蒋崇文，罗艺，钟宏．低品位氧化锌矿氨-碳酸氢铵浸出制备氧化锌工艺的研究[J]．精细化工中间体，2010(3):53-56.

[86] 刘亚川，刘述平，李博，等．低品位氧化锌矿的氨—铵盐浸出研究[J]．矿产综合利用，2008(2):3-6.

[87] 乐卫和，衷水平，王瑞祥．高碱性氧化锌矿氨性浸出研究[J]．有色冶金设计与研究，2010，31(4):10-12.

[88] 凌江华，尹周澜，胡慧萍，等．兰坪低品位氧化锌矿氨性体系浸出的研究[C]//中国化学会全国化学热力学和热分析学术会议论文集，2010.

[89] 鲁兴武，程亮，易超，等．从低品位氧化锌矿中回收锌[J]．有色金属（冶炼部分），2013(5):20-23.

[90] 王瑞祥．MACA 体系中处理低品位氧化锌矿制取电锌的理论与工艺研究[D]．长沙：中南大学，2009.

[91] 张亚莉．铁酸锌型含银低品位氧化锌矿处理新工艺与理论研究[D]．长沙：中南大学，2012.

[92] 杨龙．溶剂萃取-传统湿法炼锌工艺联合处理氧化锌矿[J]．中国有色冶金，2007(4):16-18.

[93] 王书民，樊雪梅，陈凤英．高铁闪锌矿精矿高氧氨浸工艺的理论研究[J]．商洛学院学报，2011(2):28-31.

[94] 俞小花，谢刚，杨大锦，等．高铟高铁硫化锌精矿氧压酸浸工艺的研究 [Z]．中国山东济南：2006，4.

[95] 刘清，赵由才，招国栋．氢氧化钠浸出-两步沉淀法制备铅锌精矿新工艺[J]．湿法冶金，2010(1):32-36.

[96] 杨际幸．碱性 Ida ~ (2-)-Glu ~ (2-)-H_2O 体系处理低品位氧化锌矿的研究[D]．长沙：中南大学，2011.

[97] 孙体昌，及亚娜，蒋曼．煤种对红土镍矿中镍选择性还原的影响机理[J]．北京科技大学学报，2011，33(10):1197-1203.

[98] 石剑锋，王志兴，胡启阳，等．硫酸钠对红土镍矿硫酸化焙烧的影响[C]//全国冶金物理化学学术会议论文集，2012.

[99] 卢杰．硫酸钠对红土镍矿在氢气和甲烷气氛下的还原性研究[D]．太原：太原理工大学，2013.

[100] 石剑锋．硫酸氢铵焙烧红土镍矿工艺研究[D]．长沙：中南大学，2012.

[101] 史唐明．含硫添加剂强化红土镍矿固态还原焙烧的研究[D]．长沙：中南大学，2012.

[102] 王志坚．硫酸化焙烧处理镍钼矿的工艺研究[J]．湖南有色金属，2009，25(2):25-27.

[103] 胡宝磊，周雍茂．红土镍矿硫酸铵焙烧-水浸实验研究[J]．现代冶金，2013(3):11-14.

[104] 彭俊，王学文，王明玉，等．从镍钼矿中提取镍钼的工艺[J]．中国有色金属学报，2012，22(2):553-559.

[105] 李光辉，饶明军，姜涛，等．红土镍矿钠盐还原焙烧-磁选的机理[J]．中国有色金属学报，2012(1):274-280.

[106] 符芳铭，胡启阳，李新海，等．氯化铵-氯化焙烧红土镍矿工艺及其热力学计算[J]．中南大学学报（自然科学版），2010(6):2096-2102.

[107] 李金辉，李新海，胡启阳，等．活化焙烧强化盐酸浸出红土矿的镍[J]．中南大学学报（自然科学版），2010，41(5):1691-1697.

[108] 张建良，毛瑞，黄冬华，等．红土镍矿脱水机理及还原过程动力学[J]．中国有色金属学报，2013(3):843-851.

[109] 毛瑞，张建良，黄冬华，等．红土镍矿直接还原生产含镍粒铁脱硫试验研究[J]．矿冶工程，2013(1):69-73.

[110] 苏秀珠．微波辅助硫酸浸出低品位红土镍矿研究[D]．武汉：武汉工程大学，2010.

[111] 王刚，于少明，曹星辰，等．蛇纹石酸浸提镍过程动力学研究[J]．中国有色冶金，2012，41(6):68-71.

[112] Luo W，Feng Q，Ou L，et al. Kinetics of saprolitic laterite leaching by sulphuric acid at atmospheric pressure[J]. Minerals Engineering，2010，23(6):458-462.

[113] 李金辉．氯盐体系提取红土矿中镍钴的工艺及基础研究[D]．长沙：中南大学，2010.

[114] 李建华．金川低品位氧化镍矿的酸法制粒堆浸工艺研究[J]．铀矿冶，2007，26(3):161-165.

[115] 范兴祥，汪云华，董海刚，等．澳大利亚某红土镍矿硫酸泡浸试验研究[J]．湿法冶金，2013(1):13-15.

[116] Luo W，Feng Q，Ou L，et al. Fast dissolution of nickel from a lizardite-rich saprolitic laterite by sulphuric acid at atmospheric pressure[J]. Hydrometallurgy，2009，96(1):171-175.

[117] 刘瑶，丛自范．腐植土层镍红土矿常压硫酸浸出[J]．有色矿冶，2008(2):34-36.

[118] 佘宗华，刘健忠，宁顺明．从印尼含镍红土矿中浸出镍、钴工艺试验研究[J]．湿法冶金，2011(2):120-123.

[119] 周晓文．常压酸浸法从含镍红土矿中提取镍的研究[D]．赣州：江西理工大学，2009.

[120] McDonald R G，Whittington B I. Atmospheric acid leaching of nickel laterites review. Part Ⅱ. Chloride and bio-technologies [J]. Hydrometallurgy，2008，91(1):56-69.

[121] 高岩，李鹏举．常压盐酸浸出红土镍矿的研究[J]．有色矿冶，2012(4):28-31.

[122] 符芳铭，胡启阳，李金辉，等．低品位红土镍矿盐酸浸出实验研究[J]．湖南有色金属，2008，24(6):9-12.

[123] 符芳铭，胡启阳，李新海，等．稀盐酸溶液还原浸出红土镍矿的研究[J]．矿冶工程，2009，29(4):74-76.

[124] 车小奎，邱沙，罗仙平．常压酸浸法从硅镍矿中提取镍的研究[J]．稀有金属，2009(4):582-585.

[125] 王宝全，郭强，曲景奎，等．褐铁型红土矿碱浸渣的常压酸浸工艺条件优化[J]．过程工程学报，2012(3):420-426.

[126] 姜波．氨—铵盐—水系浸出低品位氧化镍矿的动力学研究[D]．长沙：中南大学，2010.

[127] 牟文宁，翟玉春，刘娇．红土镍矿高浓度碱浸提硅的研究[J]．材料导报，2009，23(4):109-112.

[128] 汪云华，昝林寒，赵家春，等．"干型"红土镍矿氧压酸浸研究[J]．有色金属（冶炼部分），2010(5):15-17.

[129] 翟秀静，符岩，畅永锋，等．表面活性剂在红土镍矿高压酸浸中的抑垢作用[J]．化工学报，2008，59(10):2573-2576.

[130] 张永禄，王成彦，徐志峰．低品位碱预处理红土镍矿加压浸出过程[J]．过程工程学报，2010，10(2):263-269.

[131] 马保中，王成彦，杨卜，等．硝酸加压浸出红土镍矿的中试研究[J]．过程工程学报，2011，11(4):561-566.

[132] 朱军，王彦君，李营生．高碳镍钼矿的浸出试验研究[J]．矿冶工程，2009，29(2):75-78.

[133] 张邦胜，蒋开喜，王海北．全湿法处理钼镍矿的新工艺[J]．四川有色金属，2012(3):26-28.

[134] 韩朝辉，竺培显，周亚平，等．高能场作用下低品位红土镍矿的浸出研究[J]．湿法冶金，2012(3):141-143.

[135] 翟秀静，符岩，李斌川，等．红土矿的微波浸出研究[J]．有色矿冶，2008，24(5):21-24.

[136] 赵艳，彭犇，郭敏，等．红土镍矿微波水热法浸提镍钴[J]．北京科技大学学报，2012(6):632-638.

[137] 张仪．某红土镍矿加温搅拌浸出试验研究[J]．湿法冶金，2009，28(1):32-33.

[138] 薛娟琴，毛维博，卢曦，等．超声波辅助硫化镍矿氧化浸出动力学[J]．中国有色金属学报，2010，20(5):1013-1020.

[139] 罗永吉，张宗华，陈晓鸣，等．云南某含镍蛇纹石矿硫酸搅拌浸出的研究[J]．矿业快报，2008，24(1):24-26.

[140] 贺振江，王志兴，李新海，等．菲律宾红土矿氯化离析的研究 [Z]．中国云南昆明：20125.

[141] 肖军辉．某硅酸镍矿离析工艺试验研究[D]．昆明：昆明理工大学，2007.

[142] 陈晓鸣，张宗华．元江硅酸镍矿开发新技术半工业试验研究[J]．有色金属（选矿部分），2007(3):25-28.

[143] 李玲，温建康，阮仁满．离子交换法分离回收溶液中镍的研究进展[J]．贵金属，2007(S1):75-79.

[144] 姜承志，翟秀静，张廷安，等．乳状液膜法从红土矿浸出液中富集镍的实验研究[C]//全国有色金属工业低碳经济与冶炼废气减排学术研讨会论文集，2010.

[145] 王玲，鲁安怀，王长秋，等．硫化沉淀法富集回收红土镍矿酸溶浸出液中有价金属[C]//中国矿物岩石地球化学学会学术年会论文集，2011.

[146] 齐建云，马晶，朱军，等．某进口红土镍矿湿法冶金工艺试验研究[J]．湿法冶金，2011，30(3):214-217.
[147] 李兵容．铅锌矿矿石的选矿工艺研究[J]．矿业快报，2008，24(1):41-42.
[148] 刘智林，叶雪均，肖金雄，等．从某泥化铅锌矿石中提取铅的试验研究[J]．江西有色金属，2009，23(1):9-11.
[149] 余世磊．黄锑矿硫化浮选理论与工艺研究[D]．长沙：中南大学，2013.
[150] Raschman P，Sminčáková E. Kinetics of leaching of stibnite by mixed Na_2S and NaOH solutions[J]. Hydrometallurgy，2012，113-114：60-66.
[151] 兰玮锋，米玺学．从氧化钴矿石中提取钴的试验研究[J]．湿法冶金，2008，27(4):230-233.
[152] 刘俊，李林艳，徐盛明，等．还原酸浸法从低品位水钴矿中提取铜和钴[J]．中国有色金属学报，2012，22(1):304-309.
[153] 郭学益，姚标，李晓静，等．水钴矿中选择性提取铜和钴的新工艺[J]．中国有色金属学报，2012，22(6):1778-1784.
[154] 廖元杭．Co(Ⅱ)在 NH_3-NH_4Cl-H_2O 体系中的平衡规律[J]．有色金属（冶炼部分），2012(11):1-4.
[155] 刘建华，张焕然，王瑞祥，等．氨法加压浸出钴铜氧化矿工艺[J]．稀有金属，2012(1):149-153.
[156] 张明珠，朱国才．循环利用氯化铵从氧化铜钴矿中回收铜钴[J]．金属矿山，2012(5):88-91.
[157] 王亚雄，黄迎红．从钴土矿中提取有价金属的试验研究[J]．湿法冶金，2008，27(1):28-30.
[158] 郑雅杰，滕浩，闫海泉．硝酸氧化浸出难冶炼高砷钴矿[J]．中国有色金属学报，2010，20(7):1418-1423.
[159] Li G H，Rao M，Li Q，et al. Extraction of cobalt from laterite ores by citric acid in presence of ammonium bifluoride[J]. Transactions of Nonferrous Metals Society of China，2010，20(8):1517-1520.
[160] 刘志楼，杨天足．难处理金矿的处理现状[J]．贵金属，2014(1):79-83.
[161] Celep O，Alp B，Paktun D A，et al. Implementation of sodium hydroxide pretreatment for refractory antimonial gold and silver ores[J]. Hydrometallurgy，2011，108(1):109-114.
[162] 王婷，熊玉宝，刘洪敏，等．砷硫铅质金矿中金的氰化试验研究[J]．黄金科学技术，2007，15(5):50-53.
[163] 李学强，翁占斌，路良山，等．含砷难处理金银精矿催化氧化酸浸湿法的研究及应用[J]．现代矿业，2009(1):36-40.
[164] 金世斌，马金瑞，邢志军，等．锑对难处理金矿石（金精矿）焙烧—氰化浸金的影响[J]．黄金，2009(2):33-37.
[165] 田树国，刘亮．高砷金矿预处理脱砷技术发展现状[J]．矿业工程，2008，6(6):26-28.
[166] 薛光，唐宝勤，于永江．含砷金精矿焙烧—氰化浸取金、银的试验研究[J]．黄金，2007(7):38-39.
[167] 薛光，任文生．添加亚硫酸钠焙烧—氰化提高金、银回收率的试验研究[J]．黄金，2006(2):33-35.
[168] 张锦祥，韩照举，郭勇明．新疆哈密某矿难选金矿石选矿方法试验[J]．甘肃冶金，2007，29(5):56-58.
[169] 张立征，王彩霞，赵福财．新疆难处理金精矿焙烧预氧化—氰化提金工艺试验研究[J]．有色金属（选矿部分），2011(5):17-20.
[170] 方夕辉，陈杜娟．某难浸银精矿强化浸出试验研究[J]．有色金属科学与工程，2011，2(5):65-69.
[171] 吴在玖．焙烧-酸浸-氰化法从复杂金精矿中回收金银铜[J]．有色金属科学与工程，2013(2):25-29.
[172] 崔毅琦，童雄．氰化浸银过程的热力学判据[J]．黄金，2006，27(5):33-35.
[173] 滕云，闫文强．查干布拉根银矿床氧化带中银的氰化浸出[J]．采矿技术，2006(3):173-177.
[174] 黄卫平．含碳金精矿焙烧与金矿石混合氰化浸出的生产实践[J]．新疆有色金属，2012，35(2):61-63.
[175] 陈庆根．江西某含砷硫金矿浸金试验研究[J]．矿产保护与利用，2011(z1):35-38.
[176] 王吉青，林乡伟，秦贞军，等．氨水提高金精矿氰化金银浸出率的研究与应用实践[J]．黄金，2012(7):41-43.
[177] 罗仙平，熊淑华，谢明辉，等．氧化金矿石强化氰化浸出的试验研究与工业实践[J]．矿业研究与开发，2006(5):34-36.
[178] 马正昌．黄金堆浸工艺的设计与应用[J]．现代矿业，2013(9):141-142.
[179] 魏宗武，陈建华，陈晔．某氧化金矿堆浸提金试验研究[J]．中国矿业，2011(2):88-90.
[180] 贺日应．紫金山金矿堆浸工艺参数优化实践[J]．中国矿山工程，2006(5):23-26.
[181] 石英，王国祥，袁健中，等．四川某地金矿石柱浸试验研究[J]．现代矿业，2010(5):32-34.
[182] 余忠宝，陈建华，魏宗武，等．广西某低品位金矿的浸出试验研究[J]．矿产保护与利用，2011(1):44-45.
[183] 孙广周，曾茂青，王蓓，等．印度尼西亚西爪哇低品位金矿柱浸试验[J]．云南地质，2010，29(1):102-104.
[184] 尹江生，贺锐岗，沈凯宁．某金矿选矿厂尾矿制粒堆浸工业试验[J]．黄金，2007，28(2):42-45.
[185] 齐蕊霞，徐小军，王金祥．陇南铜金矿石回收铜、金堆浸工艺试验研究[J]．黄金，2009(4):35-37.
[186] 巫汉泉，张金矿．处理黑土角砾岩型金矿石的堆浸、全泥氰化联合流程[J]．黄金，2006(12):47-50.
[187] 杜立斌，李剑铭，滕根德．某低品位氧化型金矿选矿试验研究[J]．有色金属（选矿部分），2011(5):13-16.

[188] 汤琦. 氰化提金在龙鑫矿业公司的生产实践[J]. 湖南有色金属, 2006(2):10-11.
[189] 马晶, 任金菊. 某碳质微细粒金矿石提金工艺试验研究[J]. 黄金, 2008(4):38-41.
[190] 李继璧, 王锁太, 李莉. 粗磨矿在金炭浸工艺中的应用[J]. 中国钼业, 2007(2):11-13.
[191] 杨长颖, 马忠臣. 某脉石包裹细粒金的选别工艺研究[J]. 有色矿冶, 2006(1):9-11.
[192] 关通. 山东某金矿氰化浸出金的研究[J]. 材料研究与应用, 2012, 6(2):135-137.
[193] 刘国英, 郭文军, 安海. 河北某氧化石英脉型金矿石全泥氰化浸出试验研究[J]. 地质找矿论丛, 2012(4):528-532.
[194] 刘孝柱, 鲍云启, 杜家山. 灰岩型金矿石提金工艺试验研究[J]. 湖南有色金属, 2011(6):4-6.
[195] 毕凤琳, 冯玉华. 含砷锑细脉浸染型金矿石全泥氰化条件优化控制试验研究[J]. 黄金科学技术, 2013, 21(5):127-131.
[196] 张晓平, 崔长征. 加纳某氧化金矿的全泥氰化炭浆工艺研究[J]. 矿产综合利用, 2013(5):27-30.
[197] 白鹤天, 李根兴, 孙敬锋, 等. 孔洞构造金矿石氰化浸出试验研究[J]. 内蒙古科技与经济, 2011(18):107-108.
[198] 杨新华, 李涛, 王书春, 等. 树脂矿浆法提金工艺研究及应用[J]. 黄金科学技术, 2011(1):71-73.
[199] 韩春国. 东溪金矿树脂矿浆法提金工艺试验研究与生产实践[J]. 黄金, 2013(4):53-55.
[200] 韩春国, 高玉玺, 王静. D370型树脂在氰化浸出提金工艺中的应用[J]. 黄金, 2012(9):45-47.
[201] 蓝碧波. 超细磨—氰化浸金试验研究[J]. 黄金, 2013(6):48-52.
[202] 罗增鑫. 某微细粒浸染难选金矿石新工艺试验研究[J]. 有色金属科学与工程, 2011, 2(6):86-88.
[203] 胡敏, 程俐俐, 罗仙平. 某氧化金矿石富氧浸出试验研究[J]. 有色金属: 选矿部分, 2006(2):6-8.
[204] 曾亮, 李仲英, 贺周初, 等. 低品位铁锰型金银矿的硫脲浸出研究[J]. 贵金属, 2008(4):16-19.
[205] 罗斌辉. 张家金矿硫脲提金工艺研究[J]. 湖南有色金属, 2007(4):8-11.
[206] 和晓才, 谢刚, 李怀仁, 等. 用加压氧化-硫脲浸出法从滇西低品位金矿石中回收金[J]. 湿法冶金, 2012(2):99-102.
[207] 董岁明, 姚坡, 李绍卿. 某难浸金精矿硫脲法浸金试验研究[J]. 黄金, 2006, 27(3):35-37.
[208] Feng D, van Deventer J S J. Ammoniacal thiosulphate leaching of gold in the presence of pyrite[J]. Hydrometallurgy, 2006, 82(3-4):126-132.
[209] Feng D, van Deventer J S J. Effect of hematite on thiosulphate leaching of gold[J]. International Journal of Mineral Processing, 2007, 82(3):138-147.
[210] Feng D, van Deventer J S J. The effect of iron contaminants on thiosulphate leaching of gold[J]. Minerals Engineering, 2010, 23(5):399-406.
[211] Feng D, van Deventer J S J. Interactions between sulphides and manganese dioxide in thiosulphate leaching of gold ores[J]. Minerals Engineering, 2007, 20(6):533-540.
[212] Feng D, van Deventer J S J. The role of oxygen in thiosulphate leaching of gold[J]. Hydrometallurgy, 2007, 85(2-4):193-202.
[213] Feng D, van Deventer J S J. Effect of thiosulphate salts on ammoniacal thiosulphate leaching of gold[J]. Hydrometallurgy, 2010, 105(1):120-126.
[214] Feng D, van Deventer J S J. Thiosulphate leaching of gold in the presence of ethylenediaminetetraacetic acid (EDTA) [J]. Minerals Engineering, 2010, 23(2):143-150.
[215] J. A. 希思, 张兴仁, 林森. 厌氧的硫代硫酸盐浸出法——就地浸金工艺的研究[J]. 国外金属矿选矿, 2008(9):16-22.
[216] 郑若锋, 张才学, 商容生, 等. 覆膜-铜氨硫代硫酸盐高寒野外堆浸提金试验[J]. 黄金, 2007(2):34-38.
[217] 彭会清, 胡明振. 含金硫化矿硫代硫酸盐浸金试验研究[J]. 现代矿业, 2009(2):67-70.
[218] 张卿. 某含砷难处理金矿超声强化浸金试验研究[J]. 矿产综合利用, 2010(4):12-15.
[219] 石嵩高, 李世祯. ZLT氯化法浸出金、银新工艺[J]. 黄金, 2010(2):37-40.
[220] 陈晓青, 杨进忠, 毛益林, 等. 低品位黏土型钒矿资源综合利用新技术研究[J]. 有色金属(选矿部分), 2010(5):9-12.
[221] 李静, 李朝建, 吴雪文, 等. 石煤提钒焙烧工艺及机理探讨[J]. 湖南有色金属, 2007, 23(6):7-10.
[222] 何东升, 冯其明, 张国范, 等. 石煤空白焙烧过程热力学分析[J]. 武汉工程大学学报, 2010, 32(11):46-49.
[223] 何东升, 冯其明, 张国范. 焙烧对石煤钒矿孔结构的影响[J]. 武汉工程大学学报, 2011, 33(9):56-60.
[224] 何东升. 石煤型钒矿焙烧—浸出过程的理论研究[D]. 长沙: 中南大学, 2009.
[225] 陈铁军, 邱冠周, 朱德庆. 石煤循环氧化法提钒焙烧过程氧化机理研究[J]. 金属矿山, 2008(6):62-66.
[226] 汪平, 冯雅丽, 李浩然, 等. 高碳石煤流态化氧化焙烧提高钒的浸出率[J]. 中国有色金属学报, 2012, 22(2):

566-571.

[227] 何东升，冯其明，张国范，等．碱法从石煤中浸出钒试验研究[J]. 有色金属（冶炼部分），2007(4):15-17.

[228] 陈铁军，邱冠周，朱德庆．循环氧化法石煤提钒新工艺试验研究[J]. 煤炭学报，2008，33(4):454-458.

[229] 张小云，覃文庆，田学达，等．石煤微波空白焙烧-酸浸提钒工艺[J]. 中国有色金属学报，2011(4):908-912.

[230] 于鲸，朱振忠，杨洁．微波焙烧—酸浸对石煤钒矿提钒的影响[J]. 湿法冶金，2011(2):111-113.

[231] 冯雅丽，蔡震雷，李浩然，等．循环流态化焙烧加压浸出从极难浸石煤中提取钒[J]. 中国有色金属学报，2012，22(7):2052-2060.

[232] 朱军，王毅，李欣，等．硫磷混酸体系中钒的萃取实验研究[J]. 稀有金属，2011，35(1):96-100.

[233] 孙德四，孙剑奇，张贤珍．硅质石煤钒矿无污染氧化剂氧化—酸浸法提钒工艺研究[J]. 有色金属，2011(2):175-178.

[234] 雷辉，陈建梅，明盛强，等．复合添加剂对石煤提钒焙烧与浸出工艺研究[J]. 无机盐工业，2012，44(1):33-36.

[235] 赵强，宁顺明，佘宗华，等．石煤复合添加剂焙烧提钒试验研究[J]. 稀有金属，2013(6):961-967.

[236] Cai Z，Feng Y，Li H，et al. Co-recovery of manganese from low-grade pyrolusite and vanadium from stone coal using fluidized roasting coupling technology[J]. Hydrometallurgy，2013，131-132：40-45.

[237] 肖彩霞．石煤钠化焙烧提钒新工艺研究[D]. 长沙：中南大学，2011.

[238] 付利攀．碳酸盐法焙烧石煤提钒工艺及机理研究[D]. 武汉：武汉科技大学，2012.

[239] 魏昶，樊刚，李旻廷，等．含钒石煤氧压酸浸中影响钒浸出率的主要因素研究[J]. 稀有金属，2007(s1):98-101.

[240] 李许玲，肖连生，肖超．石煤提钒原矿焙烧-加压碱浸工艺研究[J]. 矿冶工程，2009，29(5):70-73.

[241] 徐亚飞，李永刚，廖元双，等．石煤矿硫酸浸出提取钒的研究[J]. 矿冶，2012，21(4):63-65.

[242] 邢学永，万洪强，宁顺明，等．某石煤矿浓酸熟化两段逆流浸出钒的研究[J]. 有色金属（冶炼部分），2013(6):26-29.

[243] 冯其明，何东升，张国范，等．石煤提钒过程中钒氧化和转化对钒浸出的影响[J]. 中国有色金属学报，2007(8):1348-1352.

[244] Zhou X，Li C，Li J，et al. Leaching of vanadium from carbonaceous shale[J]. Hydrometallurgy，2009，99(1-2):97-99.

[245] Li M，Wei C，Fan G，et al. Extraction of vanadium from black shale using pressure acid leaching[J]. Hydrometallurgy，2009，98(3-4):308-313.

[246] 吴海鹰，戴子林，谷利君，等．含氟助浸剂对钒矿的硫酸浸出和萃钒的影响研究[J]. 矿冶工程，2010，30(2):83-84.

[247] 普世坤，靳林，肖春宏，等．酸浸-萃取-氨沉淀法从石煤钒矿中提取钒[J]. 稀有金属与硬质合金，2012(1):14-17.

[248] 陈文祥，何建炼，胡万明，等．炭质页岩型钒矿石分段氧化浸出新工艺研究[J]. 金属矿山，2011(12):63-66.

[249] 居中军，王成彦，尹飞，等．石煤钒矿硫酸活化常压浸出提钒工艺[J]. 中国有色金属学报，2012，22(7):2061-2068.

[250] 陈文祥，郑松，胡万明，等．炭质页岩型钒矿热压氧化浸出钒新工艺研究[J]. 湿法冶金，2013(3):140-142.

[251] 万洪强，宁顺明，佘宗华，等．石煤钒矿拌酸熟化浸出新工艺[J]. 过程工程学报，2013，13(2):202-206.

[252] 梁建龙，刘慧娟，王清良，等．预处理—堆浸—石煤湿法冶金提钒新工艺[J]. 现代矿业，2013(1):111-113.

[253] 杨晓，张一敏，黄晶，等．助浸剂 CX 对石煤酸浸提钒效果的影响[J]. 金属矿山，2012(3):86-89.

[254] 马胜芳，张光旭．钙化焙烧粘土钒矿提钒过程的研究 I 焙烧工艺的研究[J]. 稀有金属，2007(6):813-817.

[255] 李浩然，冯雅丽，罗小兵，等．湿法浸出粘土矿中钒的动力学[J]. 中南大学学报（自然科学版），2008，39(6):1181-1184.

[256] 马胜芳．粘土钒矿提钒新工艺研究及钒催化剂的制备与评价[D]. 武汉：武汉理工大学，2007.

[257] 杨用龙，田学达，杨康，等．含钒粘土矿两段浸出提钒工艺[J]. 矿冶工程，2009，29(6):61-63.

[258] 叶国华，何伟，童雄，等．粘土钒矿不磨不焙烧直接酸浸提钒的研究[J]. 稀有金属，2013(4):621-627.

[259] 李欣，王毅，朱军．低品位钒矿直接酸浸提钒工艺研究[J]. 钢铁钒钛，2010，31(3):10-14.

[260] 古映莹，庄树新，钟世安，等．硅质岩钒矿中提取钒的无污染焙烧工艺研究[J]. 稀有金属，2007，31(1):102-106.

[261] 朱军，王毅，李欣，等．某高磷钒矿浸出试验研究[J]. 湿法冶金，2010，29(4):257-259.

[262] 靳林，普世坤，李善吉．从高硅高碳钒矿中回收钒的工艺研究[J]. 稀有金属与硬质合金，2011，39(2):6-9.

[263] 肖超，肖连生，成宝海，等．石煤钒矿碱性浸出液提取钒新工艺[J]. 稀有金属与硬质合金，2011，39(1):4-7.

[264] 吴海鹰，戴子林，危青，等．石煤钒矿全湿法提钒技术中沉钒工艺研究[J]. 矿冶工程，2012，32(5):90-93.

[265] 黄云生，吴海鹰，戴子林，等．陕西某石煤钒矿酸浸液中钒与铁的分离研究[J]. 矿冶工程，2013，33(4):104-107.

[266] 高峰，颜文斌，华骏，等．石煤浸出液分离富集钒的研究[J]. 矿冶工程，2013，33(5):98-100.

[267] 姜德强．石煤提钒碱性沉钒-煅烧试验及生产实践[J]．湖南有色金属，2013(2):34-35.

[268] Ye P，Wang X，Wang M，et al. Recovery of vanadium from stone coal acid leaching solution by coprecipitation，alkaline roasting and water leaching[J]. Hydrometallurgy，2012，117-118：108.

[269] 池汝安．稀土选矿与提取技术[M]．北京：科学出版社，1996.

[270] Moldoveanu G A，Papangelakis V G. Recovery of rare earth elements adsorbed on clay minerals：I. Desorption mechanism [J]. Hydrometallurgy，2012，117-118：71-78.

[271] Tian J，Tang X，Yin J，et al. Process optimization on leaching of a lean weathered crust elution-deposited rare earth ores[J]. International Journal of Mineral Processing，2013，119：83-88.

[272] 张臻悦，徐志高，吴明，等．复合铵盐浸出风化壳淋积型稀土矿的研究[J]．有色金属（冶炼部分），2013(4)：32-35.

[273] 张臻悦，李慧，徐志高，等．浸取剂对风化壳淋积型稀土矿中粘土矿物表面 ζ 电势影响[C]//中国稀土资源综合利用与环境保护研讨会论文集，2012.

[274] 陈晓明．难浸风化壳淋积型稀土矿配合助浸工艺及机理研究[D]．赣州：江西理工大学，2013.

[275] 伍红强．离子型稀土矿抑杂浸出工艺及机理研究[D]．赣州：江西理工大学，2012.

[276] 朱冬梅．氨氮废水与抑杂剂复合体系溶浸离子型稀土矿的机制研究[D]．赣州：江西理工大学，2013.

[277] 婷李王莹，涂安斌，张越非，等．混合铵盐用于风化壳淋积型稀土矿浸取稀土的动力学研究[J]．化工矿物与加工，2009，38(2):19-24.

[278] 张丽丽．风化壳淋积型稀土矿淋浸工艺及分离研究[D]．武汉：武汉工程大学，2012.

[279] Tian J，Chi R，Yin J. Leaching process of rare earths from weathered crust elution-deposited rare earth ore[J]. Transactions of Nonferrous Metals Society of China，2010，20(5):892-896.

[280] 刘凯．风化壳淋积型稀土矿抑杂浸取工艺及水动力学研究[D]．武汉：武汉工程大学，2013.

[281] 唐学昆，田君，尹敬群，等．田菁胶助浸低品位风化壳淋积型稀土矿研究[J]．有色金属科学与工程，2013，4(2)：85-89.

[282] Tian J，Yin J，Tang X，et al. Enhanced leaching process of a low-grade weathered crust elution-deposited rare earth ore with carboxymethyl sesbania gum[J]. Hydrometallurgy，2013，139：124-131.

[283] 唐学昆．低品位风化壳淋积型稀土矿浸出传质过程优化研究[D]．赣州：江西理工大学，2013.

[284] 胡珊玲，林燕，余建平．超声波强化浸取离子型稀土矿中稀土[J]．冶金分析，2012，32(11):22-25.

[285] Qiu T，Fang X，Fang Y，et al. Behavior of leaching and precipitation of weathering crust ion-absorbed type by magnetic field [J]. Journal of Rare Earths，2008，26(2):274-278.

[286] Xie F，Zhang T A，Dreisinger D，et al. A critical review on solvent extraction of rare earths from aqueous solutions[J]. Minerals Engineering，2014，56：10-28.

[287] 方夕辉，朱冬梅，邱廷省，等．离子型稀土矿抑杂浸出中抑铝剂的研究[J]．有色金属科学与工程，2012，3(3)：51-55.

[288] 田君．风化壳淋积型稀土矿浸取动力学与传质研究[D]．长沙：中南大学，2010.

[289] 张臻悦，徐志高，吴明，等．复合铵盐浸出风化壳淋积型稀土矿的研究[J]．有色金属（冶炼部分），2013(4)：32-35.

[290] 杨桂林，彭福郑，刘志芬，等．稀土萃取分离过程三相乳化物的研究Ⅰ——无机杂质富集沉淀导致的乳化[J]．稀有金属，2007，31(4):547-552.

[291] 兰景波．季铵盐类离子液体对稀土淋出液的萃取研究[D]．呼和浩特：内蒙古大学，2013.

[292] 沈杨扬，刘明星，熊友发，等．中钇富铕稀土矿萃取分离前水解除铝研究[C]//中西部地区无机化学化工学术研讨会论文集，2013.

[293] 钟盛华．预分离萃取法及其分离低钇离子稀土矿新工艺[J]．稀土，2012，33(1):1-5.

[294] 韩旗英，杨金华，李景芬，等．中钇富铕稀土矿三分组新工艺[J]．稀土，2011，32(4):72-77.

[295] Tong S，Zhao X，Song N，et al. Solvent extraction study of rare earth elements from chloride medium by mixtures of sec-nonylphenoxy acetic acid with Cyanex301 or Cyanex302[J]. Hydrometallurgy，2009，100(1-2):15-19.

[296] Kim J S，Kumar B N，Radhika S，et al. Studies on selection of solvent extractant system for the separation of trivalent Sm，Gd，Dy and Y from chloride solutions[J]. International Journal of Mineral Processing，2012，112-113：37-42.

[297] 田君，尹敬群，谌开红，等．风化壳淋积型稀土矿浸出液沉淀浮选溶液化学分析[J]．稀土，2011，32(4):1-7.

[298] 邱建宁，林楚浩，田春友，等．离子型稀土矿浸出母液新型浓缩工艺[J]．有色金属（冶炼部分），2014(3):40-41.

[299] Jun T，Jingqun Y，Kaihong C，et al. Extraction of rare earths from the leach liquor of the weathered crust elution-deposited

rare earth ore with non-precipitation[J]. International Journal of Mineral Processing, 2011, 98(3-4):125-131.

[300] 徐光宪. 稀土（上）[M]. 2版. 北京：冶金工业出版社，1995.

[301] 吴志颖，孙树臣，吴文远，等. 氟碳铈矿焙烧过程中空气湿度对氟逸出的影响[J]. 稀土，2008，29(5):1-4.

[302] 边雪，吴文远，杨眉，等. 以 NaCl-$CaCl_2$ 为助剂 CaO 分解氟碳铈矿的研究[J]. 有色矿冶，2007(5):34-37.

[303] Li M, Zhang X, Liu Z, et al. Kinetics of leaching fluoride from mixed rare earth concentrate with hydrochloric acid and aluminum chloride[J]. Hydrometallurgy, 2013, 140: 71-76.

[304] Bian X, Yin S, Luo Y, et al. Leaching kinetics of bastnaesite concentrate in HCl solution[J]. Transactions of Nonferrous Metals Society of China, 2011, 21(10):2306-2310.

[305] Chi R, Li Z, Peng C, et al. Preparation of enriched cerium oxide from bastnasite with hydrochloric acid by two-step leaching [J]. Metallurgical and Materials Transactions B, 2006, 37(2):155-160.

[306] 刘江，豆志河，唐方方，等. 氟碳铈精矿钙化转型渣强化酸浸研究[C]//第十七届全国冶金反应工程学学术会议论文集，2013.

[307] 王满合，曾明，王良士，等. 氟碳铈矿氧化焙烧-盐酸催化浸出新工艺研究[J]. 中国稀土学报，2013(2):148-154.

[308] Xue B, Wenyuan W, Mei Y, et al. Kinetic of dissolved phosphorus from calcination products of mixed rare earth minerals [J]. 稀土学报（英文版），2007(s1):120-124.

[309] 孙树臣，高波，吴志颖，等. 氧化钙对混合稀土精矿分解气相中氟的影响[J]. 稀有金属，2007(3):400-403.

[310] 王勇，于秀兰，舒燕，等. 碳热氯化法分解包头混合稀土精矿提取稀土[J]. 有色金属，2009，61(1):68-71.

[311] 张丽清，张凤春，姚淑华，等. 加碳氯化-氧化反应方法从氟碳铈矿-独居石混合精矿中提取稀土[J]. 过程工程学报，2007(1):75-78.

[312] 张丽清，赵玲燕，周华锋，等. 白云鄂博氟碳铈矿-独居石混合精矿中非稀土元素的氯化反应[J]. 矿产综合利用，2012(1):61-63.

[313] 张晓伟，李梅，柳召刚，等. HNO_3-$Al(NO_3)_3$ 溶液分离包头混合稀土精矿的研究[J]. 中国稀土学报，2013(5): 588-596.

[314] 刘佳，李梅，柳召刚，等. 包头混合稀土精矿络合浸出的研究[J]. 中国稀土学报，2012(6):673-679.

[315] 王勇，于秀兰，舒燕，等. 碳热氯化法分解包头混合稀土精矿提取稀土[J]. 有色金属，2009，61(1):68-71.

[316] 张丽清，张凤春，姚淑华，等. 加碳氯化-氧化反应方法从氟碳铈矿-独居石混合精矿中提取稀土[J]. 过程工程学报，2007(1):75-78.

[317] 张丽清，赵玲燕，周华锋，等. 白云鄂博氟碳铈矿-独居石混合精矿中非稀土元素的氯化反应[J]. 矿产综合利用，2012(1):61-63.

[318] 张杰，孙传敏，龚美菱，等. 贵州织金含稀土生物屑磷块岩稀土元素赋存状态研究[J]. 稀土，2007，28(1):75-79.

[319] 金会心. 织金新华磷矿稀土赋存状态及其在浮选、酸解过程中的行为研究[D]. 昆明：昆明理工大学，2008.

[320] 包头稀土精矿低温焙烧无污染冶炼工艺[N]. 世界金属导报，2011.

[321] 汪胜东，蒋开喜，蒋训雄，等. 返酸浸出磷矿中的稀土[J]. 有色金属（冶炼部分），2012(11):33-36.

[322] 冯林永，蒋训雄，汪胜寿，等. 从磷矿中分离轻稀土的研究[J]. 矿冶工程，2012，32(3):89-91.

[323] 冯林永，蒋训雄，汪胜东，等. 磷矿中伴生重稀土的提取[J]. 有色金属（冶炼部分），2012(2):34-36.

[324] 谢子楠，陈前林，赵丽君. 乳状液膜对磷矿酸解液中稀土离子的提取研究[J]. 中国稀土学报，2013，31(3): 269-274.

[325] 谢子楠，陈前林，赵丽君. 液膜对不同酸度磷矿浸出液中稀土的提取[J]. 过程工程学报，2013，13(2):197-201.

[326] Zhiqi L, Liangshi W, Ying Y, et al. Centrifugal extraction of rare earths from wet-process phosphoric acid[J]. 稀有金属（英文版），2011，30(3):211-215.

[327] 龙志奇，王良士，黄小卫，等. 磷矿中微量稀土提取技术研究进展[J]. 稀有金属，2009(3):434-441.

[328] Jorjani E, Shahbazi M. The production of rare earth elements group via tributyl phosphate extraction and precipitation stripping using oxalic acid[J]. Arabian Journal of Chemistry, 2012.

[329] Sapsford D J, Bowell R J, Geroni J N, et al. Factors influencing the release rate of uranium, thorium, yttrium and rare earth elements from a low grade ore[J]. Minerals Engineering, 2012, 39: 165-172.

[330] Lahiri A, Jha A. Selective separation of rare earths and impurities from ilmenite ore by addition of K^+ and Al^{3+} ions[J]. Hydrometallurgy, 2009, 95(3-4):254-261.

[331] 邓海霞. 赤泥盐酸浸出液中钪的萃取试验研究[D]. 太原：太原理工大学，2011.

[332] 谢爱玲，王悦，宋丽莎，等. 离子吸附型稀土矿堆浸尾矿用于低浓度稀土的回收富集[C]//中国化学会中西部地区无机化学化工学术研讨会论文集，2013.

[333] 于秀兰，王之昌，韩跃新，等．碳热氯化法分解包钢选矿厂尾矿工艺的研究[J]．金属矿山，2007(9):113-115.
[334] 冯兴亮，黄小卫，张国成，等．稀土与天青石共伴生矿焙烧及浸出过程研究[J]．中国稀土学报，2012(1):113-119.
[335] 张建平，王兵，信海涛．天然气在北方稀土精矿焙烧中的应用[J]．兰州石化职业技术学院学报，2013，13(3):16-18.
[336] 陈怀杰．复杂稀土稀有金属矿综合利用研究[D]．广州：华南理工大学，2013.
[337] 罗国清，高惠民，任子杰，等．吉林某低品位硅藻土提纯试验研究[J]．非金属矿，2014(1):63-65.
[338] Şan O，Gören R，Özgür C. Purification of diatomite powder by acid leaching for use in fabrication of porous ceramics[J]. International Journal of Mining Science and Technology，2009，93：6-10.
[339] 于波，熊宇华，刘东峰，等．大埔洋子湖矿山高岭土选矿工艺[J]．非金属矿，2012(4):35-38.
[340] 于吉顺，管俊芳，吴红丹，等．湖北通城高岭土矿提纯和增白试验研究[J]．非金属矿，2010，33(4):37-38，41.
[341] 刘思，高惠民，胡延海，等．北海某高岭土尾矿中石英砂的选矿提纯试验[J]．金属矿山，2013(6):161-164.
[342] 吴照洋，刘新海，王力，等．江西粉石英选矿提纯技术研究[J]．中国非金属矿工业导刊，2011(4):21-23.
[343] 申保磊，王娜，贺洋，等．云南某石英砂矿的选矿提纯试验研究[J]．中国粉体技术，2011，17(增刊):125-127.
[344] 申保磊，郑水林，张殿潮．高纯石英砂发展现状与趋势[J]．中国非金属矿工业导刊，2012(5):4-6.
[345] 雷绍民，李佳，王欢，等．高活性重晶石粉体制备研究[J]．非金属矿，2012(3):15-17.
[346] 李雪琴，杨光，李佩悦，等．含泥、铁致色物重晶石粉提纯增白技术研究[J]．非金属矿，2010，33(6):4-6，33.
[347] 王程，雷绍民，袁领群，等．风化低品位白云母选矿试验研究[J]．非金属矿，2008(2):44-45.
[348] 赵平，张艳娇，刘广学，等．陶瓷级碳化硅微粉提纯试验研究[J]．非金属矿，2009(4):48-50.
[349] Gharabaghi M，Irannajad M，Noaparast M. A review of the beneficiation of calcareous phosphate ores using organic acid leaching[J]. Hydrometallurgy，2010，103：96-107.
[350] Orosco R P，Ruiz M del C，Barbosa L I，et al. Purification of talcs by chlorination and leaching[J]. International Journal of Mineral Processing，2011，101：116-120.
[351] 谢贞付，王毓华，于福顺．浮选-酸浸实现石英砂高纯化的研究[J]．非金属矿，2013(5):41-42.

第5章　生物提取

生物提取，又称细菌浸出、细菌浸取。是利用微生物将矿石、矿物、二次资源中不溶性的金属化合物（如CuS、NiS、ZnS）变成可溶性的金属化合物（如$CuSO_4$、$NiSO_4$、$ZnSO_4$）的过程。

5.1　菌种选育

5.1.1　生物冶金菌种选育的重要性

生物冶金是利用以矿物为能源的微生物的作用，氧化分解矿物使金属离子进入溶液（生物浸出），经进一步分离、提取金属的技术，具有流程短、成本低、环境友好和低污染等特点，特别适合处理低品位矿产资源[1~3]。但由于缺少优良菌种和菌群，生物浸出速度慢、浸出率低。因此，筛选优良菌种和合理的种群组合对于提高生物冶金的浸矿效率极其重要。

5.1.2　生物冶金微生物的多样性

随着微生物对硫化矿的不断氧化，其周围环境条件，如pH值、温度和溶液中可溶性金属离子的浓度等也不断发生变化，这些特殊的环境条件必然限制了生命形式的多样性，因此，在生物浸出槽、浸堆或生物反应器中存在的生命形式一般比较简单，往往属于单细胞生物，而且其优势菌群主要是细菌和古生菌，它们大多数生活在pH值为1~4的酸性环境中。目前，与生物冶金有关的微生物是那些能够与氧化亚铁离子或（和）还原性无机硫的氧化密切相关的种类，主要包括嗜酸硫杆菌属（*Acidithiobacillus*）、钩端螺旋菌属（*Leptospirillum*）、硫化叶菌属（*Sulfolobus*）、硫化杆菌属（*Sulfobacillus*）、酸菌属（*Acidianus*）、嗜酸菌属（*Acidiphilium*）、生金球菌属（*Metallosphaera*）和铁质菌属（*Ferroplasma*），共8个属。

5.1.2.1　适度嗜热浸矿菌

适度嗜热浸矿菌主要包括以下几种：

（1）嗜酸硫杆菌属（*Acidithiobacillus*）。本属包括嗜酸性的氧化亚铁嗜酸硫杆菌、氧化硫嗜酸硫杆菌、喜温嗜酸硫杆菌和*Acidithiobacillus ferrivorans*四个种。其中，喜温嗜酸硫杆菌（*Acidithiobacillus caldus*）是该属中唯一的适度嗜热浸矿菌种，最适生长温度一般在40~55℃，多数在45℃附近，少数菌株可低至35℃。该菌1994年由Hallberg和Lindstrom分离、鉴定并命名[4]。喜温嗜酸硫杆菌专性好氧，能氧化元素硫和还原态无机硫化物，具有多种生理生化类型，部分菌株在酵母提取物存在的情况下，生长速度和元素硫氧化活性会大大增加，大部分菌株能在加有葡萄糖、能源物质为S^0的培养基中快速生长。该菌是40~50℃的生物浸矿反应器和微生物堆浸中的主要菌种，在金属硫化矿的适度嗜热浸出过程中起重要作用。*Acidithiobacillus ferrivorans*是最近被鉴定的，该种的16S rRNA与其他种相似度极高，但基因组DNA与氧化亚铁嗜酸硫杆菌仅为37%，一些与亚铁氧化的关键酶也与氧化亚铁嗜酸硫杆菌有着明显的不同[5]。

（2）硫化杆菌属（*Sulfobacillus*）。目前该属包括有嗜热硫氧化硫化杆菌（*Sulfobacillus thermosulfidooxidans*）、嗜酸硫化杆菌（*Sb. acidophilus*）[6]、西伯利亚硫化杆菌（*Sb. sibiricus*）[7]、耐热硫化杆菌（*Sb. thermotolerans*）[8]和*Sulfobacillus benefacien*[9]。根据最适生长温度，可将该属分成两组，第一组是典型的适度嗜热菌，包括嗜热硫氧化硫化杆菌（50~55℃）、西伯利亚硫化杆菌（55~60℃）、嗜酸硫化杆菌（45~50℃）；第二组是事实上的嗜中温菌，只有耐热硫化杆菌一种，其生长温度为38~42℃，处于中温的范围[10]。此外，第一组的嗜热硫氧化硫化杆菌和嗜酸硫化杆菌在厌氧和有机碳源或连四硫酸盐存在的情况下，能还原铁氢氧化物、黄钾铁矾、针铁矿等矿物中的Fe^{3+}，以获取生长所需能量[10]。

（3）铁质菌属（*Ferroplasma*）。该属为古菌，该属的学名来源于其成员缺乏细胞壁的典型形态特征及能氧化亚铁的生理生化特性。目前共有三个种，分别是*Ferroplasmaacidiphilum*[11]、*F. acidarmanus*[13]和

F. cupricumulans[12]。*Ferroplasma cupricumulans* 是新近从缅甸 Ivanhoe 铜业有限公司的一处低品位黄铜矿生物堆浸场的浸出液中分离出来的一个新种，其生长温度22~63℃，最适生长温度53.6℃；适宜生长 pH 值为1.0~1.2，在 pH 值为0.4时也能看到它的生长，具有很强的亚铁氧化能力，不能氧化硫，它是铁质菌属中发现的第一个适度嗜热喜酸古菌。

5.1.2.2 嗜热浸矿菌和极度嗜热浸矿菌

最适生长温度在60~80℃的嗜热浸矿菌和最适生长温度超过80℃的极度嗜热浸矿菌交叉分布在酸菌属（*Acidianus*）、金属球菌属（*Metallosphaera*）和硫叶菌属（*Sulfolobus*）。这三个属都属于古菌，其成员都是革兰氏阴性、不规则的类球形古菌，多分布于70℃以上，富含硫、铁的高温酸性热泉或沸泉中。

（1）酸菌属（*Acidianus*）。典型的嗜热喜酸古菌，该属的各种古菌生长温度范围为50~95℃，最适生长温度60~90℃；生长 pH 值为1.0~6.0，最适生长 pH 值为1.2~2.5。目前正式发表的共有6个种，按种名字母顺序排列，它们分别是 *A. ambivalens*[14,15]、*A. brierleyi*、*A. infernus*[16]、*A. manzaensis*[17]、*A. sulfidivorans*[18]和 *A. tengchongensis*[19]。其中 *A. ambivalens*、*A. infernus* 和 *A. tengchongensis* 是元素硫和还原态硫化物氧化菌，其他3个种则既能氧化硫也能氧化亚铁。除 *A. infernus* 的最适生长温度为90℃，属于极度嗜热菌外，其他5个种的最适生长温度都在65~80℃，属于嗜热菌。

（2）硫化叶菌属（*Sulfolobus*）。该属包括 *Sulfolobus metallicus*、*S. yangmingensis*、*S. tokodaii*、*S. solfataricus*、*S. shibatae* 和 *S. acidocaldarius* 共6个种。硫化叶菌属也属于古菌。生长 pH 值为1.0~5.0，适宜 pH 值为1.5~3.0。该属古菌多为60~80℃的嗜热菌，少数为80℃以上的极度嗜热菌，如 *S. solfataricus* 的极度嗜热菌株 JP3。[20]

（3）金属球菌属（*Metallosphaera*）。金属球菌属是 Huber 等人于1989年依据模式种 *Metallosphaerasedula* 建立的[21]，该属亦为古菌，到目前为止共有三种，即 *Metallosphaerasedula*[23]、*M. prunae* 和 *M. hakonensis*。该菌属好氧，但在无机能源和酵母提取物共存的混合营养状况下生长最好[22]。在硫化物矿石如黄铁矿、闪锌矿、黄铜矿和元素硫上自养生长，实验证明0.01%~0.02%（w/v）的酵母提取物可促进其浸矿作用。*M. prunae* 和 *M. sedula* 已成功地用于硫化矿的生物氧化和生物浸出，*M. sedula* 已被证明是浸矿效率较高的菌种之一[24]。

5.1.3 冶金微生物的分离

从表5-1可以看出，平板分离细菌的方法有不少，但实践证明，真正在实验室培养成功的方法莫过于双层平板技术的发展。其基本原理就是利用一种称作嗜酸异养菌的 *Acidiphilium* SJH 吸收凝固剂水解释放出的糖类物质和细菌生长产生的代谢废物，从而排除了影响专性化能无机自养细菌生长的外界因素，使其生长得较好。当然，即使一种公认的较理想的培养方法也不是万能的。因为，大家都知道，目前地球上真正能分离培养的微生物还不到1%。幸运的是，随着分子生物学的发展，特别是基因组学、宏基因组测序技术的快速发展，可望在分离难以培养的微生物方面取得重大的进展。最近，通过对随机测序数据（来自酸性矿坑水环境）分析结果而采用的一种选择性分离策略所分离的钩端螺旋菌属的新种——*Leptospirillum. Ferrodiazotrophum*[34]就是明显的例子。

表5-1 分离自养菌和少数异养菌的固体培养基

来　源	培养基名称	主要成分	凝固剂	适用范围
Tuovinen and Kelly		过滤膜、硫酸亚铁和基础盐	琼脂或琼脂糖	仅 *At. f* 平板效率随着凝固剂和过滤膜的种类以及培养基 pH 值的变化
Manning	ISP	硫酸亚铁和基础盐	纯化的琼脂	支持 AMD 环境中铁氧化细菌和异养菌的生长
Mishra et al		硫酸亚铁和最少量的基础盐	琼脂或琼脂糖	适用这种培养基生长的 *At. f*
Harrison	MS-Fe^{2+}	硫酸亚铁和最少量的基础盐	琼脂糖	支持一些 *At. f* 的生长，但不支持 *L. ferrooxidans* 的生长
Johnson et al	FeTSB	硫酸亚铁和胰蛋白胨大豆肉汤	琼脂糖	支持 *At. f* 和嗜酸异养菌的生长
Butler & Kempton	HET	ISP + 嗜酸异养菌	琼脂或琼脂糖	支持琼脂敏感的 *At. f* 的生长
Das et al		硫酸亚铁和最少量的基础盐	纯化的琼脂糖	支持 *At. f* 的生长，但菌落形态随着琼脂糖类型的不同而存在差异

续表 5-1

来　源	培养基名称	主 要 成 分	凝固剂	适 用 范 围
Visca et al	TSM1	硫酸亚铁和最少量的基础盐	琼脂糖	仅支持 *At. f* 的生长，但平板效率随着磷酸盐浓度的变化而变化
Schrader & Holmes		硫酸亚铁和硫代硫酸钠（0.5 g/L）	琼脂糖或吉兰糖	支持 *At. f* 的生长，便于观察突变体（菌落大小和形态变异）
		硫酸亚铁和硫代硫酸钠（5.0 g/L）	琼脂糖	
Johnson & McGinness	FeTSBo	双层平板，底层加有嗜酸异养菌（SJH）	琼脂糖	支持所有的 *At. f*、*L. ferrooxidans* 和中度嗜热细菌的生长
Starkey		硫粉、基础盐、微量元素	琼脂或琼脂糖	支持氧化硫硫杆菌和喜温硫杆菌的生长
	9K	硫酸亚铁和基础盐	琼脂或琼脂糖	主要支持 *At. f* 的生长
Waksman		硫粉和基础盐	琼脂或琼脂糖	主要支持氧化硫硫杆菌的生长
Lindstrom & Sehlin		20mmol/L 连四硫酸盐和 100mmol/L 的硫酸亚铁	吉兰糖	嗜热古生菌
Harrison		0.1% 的葡萄糖和 0.01% 的酵母提取物	琼脂	可用来分离 *Acidiphilium* 属的不同种

5.1.4　结合现代微生物基因组技术的菌种选育新方法

5.1.4.1　嗜酸氧化亚铁硫杆菌及其活性的基因芯片检测方法

嗜酸氧化亚铁硫杆菌（*Acidithiobacillus ferrooxidans*，以下简称 *A. f* 菌），是生物冶金中最常用的菌种，同时也是研究最多的浸矿微生物。利用 *A. f* 标准菌株 ATCC 23270 全基因组 3217 个基因序列信息，构建 *A. f* 标准菌株全基因组基因芯片有研究报道[25]。通过对我国各个不同矿区的硫化矿进行摇瓶试验、柱浸试验和堆浸试验，筛选得到各种不同氧化活性类型的 *A. f* 菌。同时对样品菌株和模式菌株进行基因组 DNA 和 RNA 的提取与纯化并进行荧光标记；取标记量相等的样品荧光标记产物和模式菌荧光标记产物混合后，与所构建的 *A. f* 标准菌株全基因组基因芯片杂交 12～18h；杂交后的芯片应用激光共聚扫描仪，在分辨率 10μm 下进行扫描。通过上述实验分析，在 3217 个基因中发现有 967 个基因为不同的菌株所特有，其余的 2250 个基因为所有 *A. f* 菌共有；另发现 320 个高氧化活性菌特征基因，据此建立了“嗜酸氧化亚铁硫杆菌及其活性的基因芯片检测方法”国家标准（GB/T 20929—2007）。并从广西大厂、云南东川、思茅、广东大宝山、梅州、湖北大冶、江西德兴、甘肃白银、湖南浏阳七宝山等 20 多个典型矿区的酸性矿坑水、积液池或浸矿堆采样 120 份，通过上述分析从样品中检测出 5 株高活性 *A. f* 菌株，经过对培养性状、形态、生理生化特征和 16S rDNA 序列等分析，鉴定该菌株为嗜酸氧化亚铁硫杆菌。进一步的现场浸矿试验发现，该菌浸矿 75 天后，其浸出率达到 65.25%，标准菌 ATCC 23270 为 37.54%，另一株低活性菌仅为 24.86%。

5.1.4.2　菌群快速检测的浸矿微生物群落基因组芯片

将分离培养所获得的纯菌基因组 DNA 直接点样于芯片片基上，制备出了浸矿微生物群落基因组芯片。该群落基因组芯片含有 5 个属、15 个种、50 多个菌株。研究结果表明，在 55℃、50% 甲酰胺的杂交条件下，该芯片具有种间特异性，其灵敏度达到 0.1ng 基因组 DNA，并具有较好的定量性能[26]。该芯片可以同时检测浸矿环境中多种微生物，利用这些信息为浸矿菌种的选育提供了基因指导。

5.1.4.3　菌群结构与功能快速分析的浸矿微生物功能基因芯片

所谓功能基因芯片，是以与生理活动相关的功能基因作探针所构建的基因芯片[27～30]。目前构建的针对浸矿微生物群落结构与功能分析的功能基因芯片，探针除含有功能基因外，还含有能反映微生物系统发育和分类地位的浸矿微生物 16S rRNA 基因。其中，从 38 种微生物和 518 个克隆中获得 825 个与浸矿过程相关的功能基因序列 629 条，并设计出 603 个探针，从与浸矿体系相关的微生物及克隆子中获得 16S rRNA基因序列 2003 条，并设计出探针 600 条[31]。该芯片能够结合浸矿微生物 16S rRNA 和功能基因，能够同时分析环境中有哪些微生物存在及这些微生物可能发挥的作用，从而利用这些信息有目的地筛选特定功能的浸矿微生物。

5.1.4.4 *菌群代谢分析的浸矿微生物宏基因组芯片*

X. Guo 等人利用德兴铜矿浸矿体系中提取得到的环境总 DNA 构建了一个宏基因组文库，该宏基因组文库中共包含 7776 个含有 30 ~ 50kb 大插入片段的克隆子。同时，为了从文库中快速筛选含有目的基因的克隆子，利用该文库构建了一种宏基因组芯片[32]。另一方面，研究者也通过芯片杂交从宏基因组文库中筛选得到了一个新颖的固氮基因簇。通过进一步分析表明，该基因簇完全不同于已知的任何一种固氮微生物中的基因簇，该基因簇很可能来自一种未知的极端酸性微生物中[33]。在这些研究的过程中，对浸矿体系中的微生物群落遗传和代谢过程有了更加深入的认识，为开展进一步的研究提供了很好的基础。这项研究表明，宏基因组芯片作为一种高通量的基因组的工具来研究微生物群落的代谢多样性具有潜在的应用价值，这对筛选高效菌株具有重要意义。

5.2 铜矿生物选矿

5.2.1 铜矿生物选矿概述[35,36]

我国铜矿资源并不丰富，贫矿多、富矿少，而且矿石品位偏低，在全国已探明的铜矿资源中含铜品位在 0.7% 以下的占总储量的 56%；全国未开采利用的铜矿资源中有一半以下是属于低品位的；氧化铜矿的储量有 800 多万吨金属量。国外在 20 世纪 50 年代就开始生物浸出技术的工业化应用，目前美国 30%（世界上 25%）铜金属产量是通过生物湿法冶金产生的，但主要应用于次生硫化铜矿及氧化铜矿。国内生物冶金技术工业化应用起步晚，目前较多地应用于铜矿，但也仅占铜产量的 3% 左右。因此，发展适于从低品位铜矿和难选氧化铜矿提取铜的矿物生物提取技术具有重要意义。

5.2.2 国内外铜矿生物冶金重大研究计划[36]

为了推动矿物生物提取技术更快地发展，2000 年以来，世界各国都加大了研究和投资力度，在该领域会取得一些重大突破，主要重大研究计划如下：

（1）AMIRA's 堆浸计划。2004 年，由必和必拓（BHP & Billiton）等多家跨国矿业公司联合澳大利亚联邦科学工业组织（CSIRO）、加拿大 UBC 大学和南非开普敦大学等研究机构，开展从细菌生长到堆浸模拟等方面的研究，提高硫化矿生物堆浸效率，并实现产业化。

（2）BIOSHALE 计划。2004 年，由欧盟启动，开展黑色页岩（black shale）矿石生物浸出技术研究，以回收其中的稀贵金属。

（3）BioMinE 计划。2004 年，由欧盟委员会联合 12 家企业、7 家科研单位、14 所高校和 2 个政府机构进行矿物生物提取技术研究。该计划投资 1790 万欧元，预期 4 年完成，目标是研究开发未来矿物资源高效利用、安全清洁生产新技术——矿物生物提取技术。

（4）HIOX 高温浸出计划。在欧盟的推动下，由法国的 BRGM、英国的 Warwick 大学、瑞典的 Boliden、德国的 Cognis、英国的 MIRO 推出的一项高温细菌氧化研究计划，主要应用于黄铜矿的高温浸出。

（5）"973" 计划。国家重点基础研究发展计划项目——"微生物冶金的基础研究"和"微生物冶金过程强化和基础研究"。我国于 2004 年 9 月正式启动，到 2014 年完成，建立了原生硫化矿专属菌种选育及遗传改造方法和微生物浸出过程复杂界面强化作用理论，揭示浸矿微生物重要功能基因的作用机制和微矿物生物提取过程多因素强关联规律，形成原生硫化矿物生物冶金的技术原型。

（6）"863" 计划。国家高技术研究发展计划重点项目——"生物冶金关键技术研究"和"生物冶金关键技术与装备研究及示范"。我国于 2006 年 12 月正式启动，到 2015 年 12 月完成。项目选择铜镍钴金和铀等对国民经济发展具有重要影响的有色金属为突破口，开发矿物生物冶金关键技术和装备，并形成工程示范，为充分利用好国内和国外两种矿产资源提供有力的科技支撑。

（7）中国自然科学基金创新研究群体项目——硫化矿生物提取的基础研究。2004 年正式启动，2009 年完成。项目创立了浸矿微生物活性基因芯片方法，建立了具有不同特性的浸矿微生物菌株的菌种库，初步解决了生物浸矿直接作用与间接作用理论之争的问题，为解决低品位原生硫化矿生物浸出过程浸出速度慢、浸出率低的难题提供了技术原型。

（8）“111”计划——矿物生物提取科学高等学校创新引智平台项目。我国2007年正式启动，2015年完成。引进学术大师和国外学术骨干，培养和汇聚一批具有国际领先水平的学科带头人、一大批具有创新能力和发展潜力的青年学术骨干，使之成为享誉国内外的矿物资源生物提取人才基地。

（9）重大国际交流和会议——国际矿物加工大会（International Mineral Processing Congress，IMPC）和国际生物湿法冶金大会（International Biohydro-metallurgy Symposium，IBS）。2008年9月19～21日，由中国工程院、欧盟生物矿业协会联合主办的“2008年国际微矿物生物提取的基础和应用学术会议”（International Workshop on Fundamental and Application of Biohydro-metallurgy 2008，Changsha）在中南大学举行，并作为第24届国际矿物加工大会的特别分会。2010年9月4～10日，在澳大利亚召开的第25届国际矿物加工大会（25th International Mineral Processing Congress，IMPC2010）设有矿物生物提取（Mineral Bioleaching）专门会议。2011年9月18～22日，在中南大学召开了第19届国际生物湿法冶金大会（19th International Biohydro-metallurgy Symposium，IBS2011），全球有近500名代表参加大会。

5.2.3　黄铜矿的生物浸出研究

虽然黄铜矿的生物浸出研究已经存在几十年的历史，但是鉴于黄铜矿具有较高的晶格能以及浸出过程中存在严重的钝化行为，黄铜矿的生物浸出工业应用发展非常缓慢。高温浸矿微生物的发现以及其在生物冶金中的应用，对促进黄铜矿的生物浸出有极大的帮助[35～40]。因此，采用中度嗜热微生物浸出黄铜矿的工业应用开始发展起来。2003年，学者Rawling将目前黄铜矿的工业应用工艺研究归纳为两类：槽浸工艺和堆浸工艺[41]。

5.2.3.1　槽浸工艺

槽浸工艺主要针对浮选后的黄铜矿精矿，反应槽一般备有搅拌装置。通过提高搅拌槽内的反应温度（40～60℃），加入中度嗜热浸矿微生物，并不断地充入二氧化碳和氧气，黄铜矿的浸出率在6～10天之内能达到70%以上。澳大利亚的Mt. Lyell铜矿进行了为期一年的黄铜矿精矿搅拌浸出的半工业实验[42]。实验所用技术为BHP Billiton公司设计的BioCOP™工艺，但具体的实验数据及结果并没有报道。槽浸工艺虽然能较好地控制浸出参数，有效提高黄铜矿的生物浸出速率和浸出率。但工业应用中涉及的投资成本和操作费用相对堆浸工艺要高得多，因而当铜的市场价格不理想时，这种工艺很难得到实际应用[43]。

5.2.3.2　堆浸工艺

堆浸工艺是微生物冶金工业应用最为广泛的一种技术。它是指将含有浸矿微生物的溶浸液喷淋（滴渗）到矿石或废石堆上，在其渗滤的过程中，微生物吸附到矿石表面，在适宜条件下不断地生长繁殖，通过“接触”或“非接触”机制有选择地溶解和浸出矿石或废石堆中的有用金属成分，使之转入产品溶液中，以便进一步的提取和回收（见图5-1）[44～46]。随着高温微生物在生物冶金中的应用，原生硫化矿黄铜矿的生物堆浸工艺也开始逐步发展。其中最典型的一个堆浸场就是位于智利北部的Quebrada Blanca堆浸[44]。该堆场位于海拔4400m高的Alti Plano山上，平均温度在15℃以下，空气中氧浓度较为低下，一般认为实行生物堆浸是不现实的。堆浸场将矿石粒度100%破碎到9mm以下，然后用热水和硫酸制成矿团，采用履带式运输堆成5～6m高的矿堆，堆底铺设充气管道，用于充气以提高浸矿微生物的活性；堆顶用隔热布盖住，以减少矿堆的热量扩散；浸出初期每隔一段时间喷淋热水，用以提高堆体温度，提高微生物生长速率；浸出进行到中后期，黄铁矿等矿石分解放热，导致矿堆温度升高，可停止喷淋热水。最终该堆浸工艺成功地处理了17000t/d的原矿石，并获得了较高的铜浸出速率和浸出率。

目前关于黄铜矿生物堆浸工业应用研究的报道较少，但是根据次生硫化铜矿和氧化铜矿的堆浸工艺，黄铜矿生物堆浸参数研究同样应该着重于以下几个方面：堆浸高度、矿石粒度、喷淋制度、充气强度等。这些方面的研究对提高堆浸中铜的浸出速率和浸出率有重要的指导意义。

A　矿堆高度

矿堆高度是影响生物堆浸的主要因素之一。当矿堆过高时，矿石密度过大，溶液渗流容易出现短路，矿堆下部溶浸面积减小，矿石没有与浸出液接触，造成铜浸出率降低；同时高度的增加容易导致浸出液流到矿堆底部时缺少足够的氧，降低了矿堆中氧的传递，从而使浸出反应下降甚至无法反应。因此堆浸

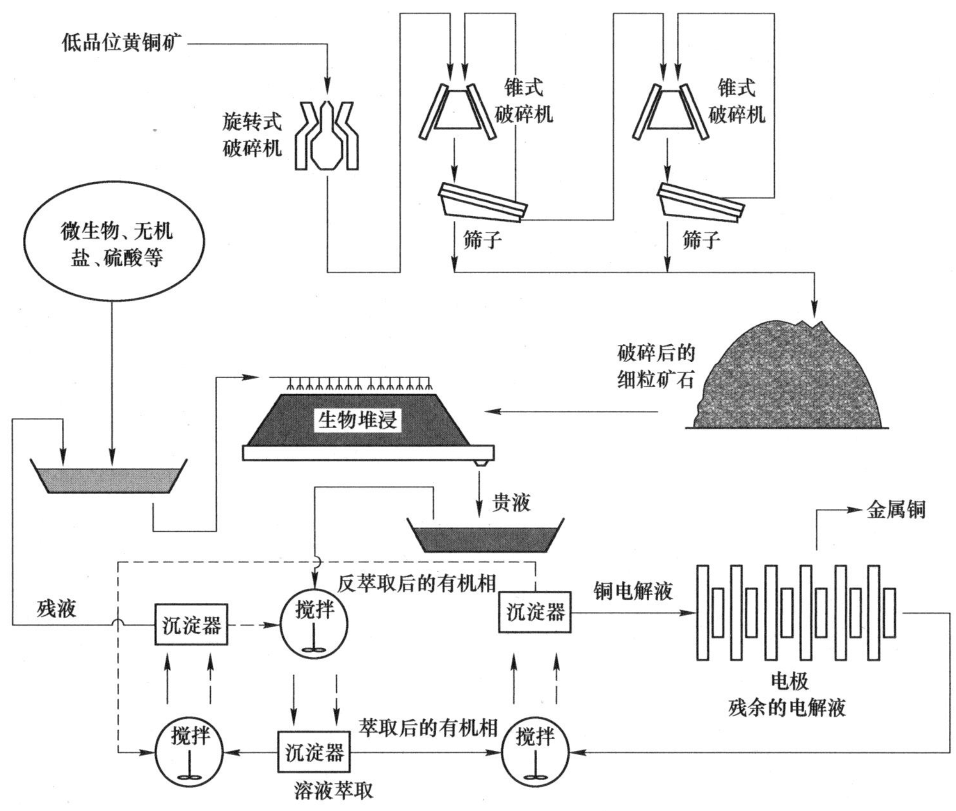

图5-1　黄铜矿的生物堆浸工业应用流程[47]

生产中应视矿石性质而确定矿堆高度，这样既能保证矿石处理量，又能确保较佳的浸出指标和浸出周期。对于强度大、含泥少、渗透性好的矿石，可以相对增加矿堆高度，其筑堆高度一般均为8～12m。而对于含泥高、渗透性差的矿石，其矿堆高度宜控制在2～5m[48]。

B　矿石粒度

矿石粒度不仅影响堆浸中的化学反应速率，也影响物质的扩散传质速率。矿石粒度较细则矿石颗粒的比表面积越大，溶浸液与矿石的接触面越大，浸出效果越好，浸出周期越短。然而，矿石粒度过小，易增加矿堆的含泥量，进而板结，容易导致沟流，影响溶浸液的渗透性能，使局部矿堆形成死角，不利于生物浸出[49,50]。而且，矿石的过度破碎还会带来较大的生产成本。

唐泉等人分析了矿石粒度对某铀矿石堆浸的影响。样品矿石被破碎成－30mm、－20mm、－10mm和－5mm四种粒度。浸出实验结果表明：降低矿石粒度有助于提高铀的浸出率和缩短浸出周期。其中－10mm和－5mm的粒径表现效果相近，铀的浸出率都在90%以上，浸出周期约为60天，明显高于其他两种粒径。然而，－5mm的粒径需要更多的破碎成本，会大大增加工业生产的能耗和物耗等。因此，采用－10mm的粒径是比较经济适用的[51]。

C　喷淋制度

目前我国生物堆浸中采用的布液系统通常包括堰塘灌溉式布液、喷淋器布液、滴淋式布液三种方式，并以喷淋器布液为主，这是因为堰塘灌溉式布液系统不利于空气在矿堆中的流动，容易造成矿堆中的含氧量低，而滴淋式布液安装工作量大，易出现堆浸布液死角，布液器被堵后不容易被发现[52]。因此，喷淋器布液在布液的均匀性、空气的流动性等方面优越于前两种布液方式。

喷淋器布液普遍采用两种喷淋头：旋转摇摆式喷头和旋转漫射式喷头。旋转摇摆式喷头质量相对较重，旋转体与支撑体之间易磨损。当其磨损严重会导致阻力增大，旋转不灵活甚至不旋转，以致药液不能分散而形成水柱喷出，浸出液的分布面积大大减少，从而影响铜的浸出率。采用此类喷头必须经常性地更换，增加了堆浸成本。而旋转漫射式喷头的旋转体相对较小，质量轻，一般很少造成喷头旋转不灵活，能保证浸出液均匀散射。虽然漫射式喷头需要较大的工作压力和进水口径，但仍被许多堆浸厂推荐使用[53]。

采取喷淋布液时，选择合适的喷淋强度是生物堆浸的必要环节。喷淋强度直接影响铜的回收和总成本。适当增大喷淋强度，可加强溶液在矿石之间的相对运动，起到强化扩散的作用。但是喷淋强度过大时，不利于离子在矿物颗粒表面吸附与扩散，此时含有反应物离子的大部分溶液在矿物颗粒间的通道中流动，而矿物颗粒空隙中渗透的液体体积少；并且流速大使得空隙间流体与通道流体界面剪切力过大，不利于物质运输与交换[54]。

D　充气强度

堆体的含氧量主要依靠喷淋液中溶解氧、自然空气渗入以及人工充气来实现，其中喷淋液的溶氧量一般低于1%，而且随着溶液中金属离子浓度的升高，溶氧量会有所下降；自然空气通过虹吸作用可以带入一定的氧气，但是当矿堆规模较大、占地面积较广时，堆中心就无法依靠虹吸作用来带入足够的氧气。尤其在生物堆浸硫化铜矿时，由于部分矿物分解放热，导致堆中心温度较高，溶氧量急剧下降，非常不利于浸矿微生物的生存，从而延缓微生物浸出，降低铜的浸出速率和浸出率。因此筑堆过程中应于矿堆底部铺设充气管道，间断性地给堆体充气，有利于增加矿堆的溶氧量，从而提高生物浸出能力[47~55]。

吴爱祥等人在进行低渗透性矿堆浸孔隙率改善研究中发现，浸出中后期，由于生化反应的剧烈进行，矿物力学性质恶化，产生次生颗粒，显著降低孔隙率，严重影响着堆的渗透性。此时可通过加大充气强度，形成一种空气波，通过波的传递作用于孔隙壁上，有效降低颗粒之间的黏性阻力和内摩擦力，从而提高孔隙中微粒的流动性，保持孔隙的畅通[56~58]。

M. L. Hector研究了充气强度对辉铜矿堆浸中铜浸出率和微生物活性的影响。实验矿堆矿石总量为62500t，堆高约6.2m。在距离底垫1m、3m和5m处铺设氧含量测试仪器，用来检测不同浸出时期和不同高度的氧气含量。在两个多月的实验中发现，矿堆底部由于空气的大量充入氧含量接近饱和。但当空气随着矿孔隙向上提升时，不断地被浸矿微生物消耗掉，氧含量不断降低。当接近堆顶时（差约1m），氧气消耗殆尽。氧消耗量大表明微生物量大，活性高，浸出能力增强，从而有利于提高铜的浸出速率和浸出率[59]。

5.2.4　次生硫化铜矿研究

次生硫化铜矿生物堆浸—萃取—电积工艺始于智利[60]，在国外有近30年的产业化历史。智利既是全球最大的铜生产国、湿法铜最大生产国，也是生物法阴极铜产量最大的国家，采用生物法生产的铜产量由2002年的5%增长至2009年的10%[61]。生物堆浸—萃取—电积工艺已成为低品位次生硫化铜矿的首选生产工艺，全世界已有超过20家次生硫化铜矿生物堆浸矿山在运行[62]，在全球得到广泛应用。Watling[62]汇总了全球主要生物堆浸矿山的资源特点、工艺与产能等信息，见表5-2。

表5-2　硫化铜矿生物堆浸工业案例汇总[60]

矿　山	资源量/万吨	入堆品位(Cu)/%	处理矿石量/万吨·天$^{-1}$	铜产量/万吨·年$^{-1}$
Lo Aguirre，智利，1980~1996	生物堆浸矿1200	1.5	氧化矿，辉铜矿1.6	1.4~1.5
Cerro Colorado，智利，1993	生物堆浸矿8000	1.4	辉铜矿，铜蓝1.6	10
Ivan Zar，智利，1994	生物堆浸500	2.5	氧化矿，硫化矿0.15	1.2
Quebrada Blanca，智利，1994	生物堆浸矿8500，废矿4500	1.4，0.5	辉铜矿1.73	7.5
Punta del Cobre，智利，1994	生物堆浸矿1000	1.7	氧化矿，硫化矿	0.7~0.8
Andacollo，智利，1996	生物堆浸矿3200	0.58	辉铜矿1.5	2.1
Dos Amigos，智利，1996	生物堆浸矿	2.5	辉铜矿0.3	
Zaldivar，智利，1998	生物堆浸矿12000，废矿11500	1.4，0.4	辉铜矿2	15
Lomas Bayas，智利，1998	生物堆浸4100	0.4	氧化矿，硫化矿3.6	6
Cerro Verde，秘鲁，1977	生物堆浸矿	0.7	氧化矿，硫化矿3.2	5.42

续表 5-2

矿　　山	资源量/万吨	入堆品位(Cu)/%	处理矿石量/万吨·天$^{-1}$	铜产量/万吨·年$^{-1}$
Escondida，智利	生物堆浸矿 150000	0.58	氧化矿，硫化矿	20
Lince Ⅱ，智利，1991	生物堆浸矿	1.8	氧化矿，硫化矿	2.7
Toquepata，秘鲁	生物堆浸矿		氧化矿，硫化矿	4
Morenci，美国亚利桑那州，2001	浸出矿 345000	0.3~0.7	辉铜矿，黄铁矿 7.5	38
Equatorial Tonopah，美国内华达州，2000~2001	生物堆浸矿	0.31	2.5	2.5
Gunpowder Mammoth Mine，澳大利亚，1991	原地生物堆浸矿 120	1.8	辉铜矿，斑铜矿	3.3
Girilambone，澳大利亚，1993~2003	生物堆浸矿	2.4	辉铜矿，黄铜矿 0.2	1.4
Nifty Copper，澳大利亚，1998	生物堆浸矿	1.2	氧化矿，辉铜矿 0.5	1.6
Whim Creek and Mons Cupri，澳大利亚，2006	生物堆浸 90，废矿 600	1.1，0.8	氧化矿，硫化矿	1.7
Mt Leyshon，澳大利亚，1992~1997	生物堆浸	0.15	辉铜矿 0.13	0.075
S & K Copper，Monywa，缅甸，1999	生物堆浸 12600	0.5	辉铜矿 1.8	4
Phoenix deposit，塞浦路斯，1996	生物堆浸 910，废矿 590	0.78，0.31	氧化矿，硫化矿	0.8
Zijinshan Copper，中国，2006	240	0.63	辉铜矿，铜蓝，硫砷铜矿	1

5.2.4.1　智利生物堆浸提铜实践

智利生物堆浸—萃取—电积工艺的商业化始于 1985 年的 Lo Aguirre 铜矿。该技术关键是包括团矿和硫酸熟化的 TL(Trickle Leach) 工艺与后续萃取—电积工艺的结合。TL 技术于 1981 年获得专利授权，1996 年到期。TL 堆浸技术的应用效果取决于团矿质量，其典型的操作参数包括：破碎粒度 $P_{80}=0.5\text{in}$ ($1\text{in}=25.4\text{mm}$)，堆高 3~8m，滴淋强度 6~40L/($\text{m}^2\cdot\text{h}$)，氧化矿浸出周期 15~90 天，硫化矿浸出周期 10~18 个月，铜浸出率一般在 80%~85%。以下为智利主要生物浸出矿山介绍[60]。

A　Lo Aguirre 铜矿

Pudahuel 公司拥有的 Lo Aguirre 铜矿于 1980 年投产，规模为年产阴极铜 1.5 万吨，2001 年因资源枯竭而关闭。建矿初期以处理氧化矿为主，1982 年起逐渐增加处理次生硫化矿。1985 年由于处理低品位浸出液扩大萃取系统，生物堆浸以处理硫化矿为主。Lo Aguirre 铜矿的生物堆浸—萃取—电积生产实践为低品位次生硫化铜矿的开发提供全新技术路线，并积累工程经验。以 TL 技术为核心的堆浸技术在智利和全球得到广泛的推广应用。

B　Cerro Colorada 铜矿

Cerro Colorada 铜矿地处海拔 3200m 的高原，加拿大 Rio Algom 公司拥有矿权，1993 年建成投产第一期堆浸—萃取—电积工厂处理氧化矿和硫化矿，采用 Pudahuel 公司的 TL 专利技术。移动式皮带筑堆机在 Cerro Colorada 铜矿首次使用，原矿破碎至 -12.5mm 占 90%，用硫酸和水团矿，采用永久堆场。第一期产能为铜产量 4.5 万吨/年，1996 年扩建至产铜 6.0~6.5 万吨/年，1998 年再次扩建，产能达 10 万吨/年。2000 年该矿被 Billiton 收购，并在 2004 年扩建至 13.0 万吨/年，至此，总投资达 5 亿美元。目前，该矿归 BHP Billiton 公司，处理含铜 1.0% 左右的硫化铜矿，铜浸出率达 84%~85%(相当于 90%~95% 可浸铜)，浸出周期为 450~500 天。

C　Qubrada blanca 铜矿

Qubrada blanca 铜矿是第一个采用 TL 工艺处理全硫化矿的矿山，TL 技术拥有者 Pudahuel 占 13.5% 的股份。其特点为：萃余液加热后喷淋；滴淋管埋在矿堆浅部，堆底部充气；开始采用多层永久堆场，后来改为“on-off”移动堆场。气温低，最低 -10℃，浸出液温度 18~25℃。实践证明温度提高 6~7℃，浸出速率提高 1 倍。设计的浸出率为 80%，浸出液温度 15~18℃时，周期为 500 天；22~25℃时，周期为 300~360 天。

D　Zaldivar 铜矿

1995 年投产，规模为产铜 12.5 万吨/年，采用生物堆浸—萃取—电积工艺，2004 年扩建至 14.7 万吨/年。矿山以次生硫化铜矿为主，含有部分氧化矿。曾经尝试过分级入堆，脱除细粒部分进浮选，浮选精矿返回堆浸系统，大于150~200μm的矿石不团矿进矿堆，分级入堆工艺未获得成功，后来改为TL工艺，浸出周期为365天。

E Ivan Zar 铜矿

1994年投产，铜产能为1.0万吨/年，采用团矿—堆浸—萃取—电积工艺，开始处理氧化矿（次生硫化铜矿）混合矿，后来随着硫化矿量增加，分为氧化矿、硫化矿两个独立系统。

F Chuquicamata 废石堆浸

Codelco第一次采用湿法冶金工艺，生物浸出含铜0.3%左右的原生硫化铜矿废石，废石不破碎直接堆浸，目标浸出率25%，实际15%左右，产能为1.25万吨/年。

G Carmen de Audacollo 铜矿

1996年投产，产能为2.25万吨/年，采用团矿—堆浸—萃取—电积工艺，原矿含铜0.58%。

H Collahuasi 铜矿

4300m海拔，1997年投产，产能5.0万吨/年，采用团矿—堆浸—萃取—电积工艺；处理氧化矿和硫化矿混合矿，另有浮选法处理原生硫化矿和次生硫化矿，萃余液未加热，直接喷淋矿堆，微生物活性很低。

I Dos Amigos 铜矿

1997年投产，铜产能5000吨/年，采用团矿—堆浸—萃取—电积工艺，1999年扩建至1.0万吨/年。铜矿物包括蓝辉铜矿、辉铜矿和黄铜矿，蓝辉铜矿为主。浸出率为80%，周期为300~350天，当地气候温和，有利于生物浸出。

J LaEscondida 低品位硫化矿

2006年投产18万吨/年的团矿—堆浸—萃取—电积工厂，处理含铜0.52%的低品位硫化铜矿，之前进行了5年的试验研究，包括现场的半工业试验。

K Spence 项目

1996年发现的大型铜矿，属BHP Billiton公司。氧化矿含铜1.14%，以氯铜矿（atacamite）为主；硫化矿含铜1.12%，以辉铜矿为主。建设20万吨/年的湿法炼铜矿山，2006年投产。

采用两个独立团矿—堆浸—萃取—电积系统分别处理氧化矿和硫化矿，设计指标为氧化矿浸出9个月，浸出率为82.4%；硫化矿浸出22个月，浸出率为80.8%。氧化矿浸出液含铜4.5~5.0g/L，pH值为1.65~1.8，Eh值为650~700mV（vs. SHE）；硫化矿浸出液含铜3.0~3.5g/L，pH值为1.7~1.9，Eh值为700~750mV（vs. SHE）。

采用LIX84萃取剂，萃取剂浓度为17.1%，萃余液含铜0.2~0.8g/L，含硫酸7~10g/L，电积采用高电流密度，电流密度362A/m^2，最高414A/m^2，电积槽用空气搅动，为密闭的酸雾收集系统。

5.2.4.2 嗜热菌生物堆浸实践

硫化矿物氧化可以大量放热，黄铁矿和黄铜矿彻底氧化可分别放热2578kJ/mol和2883kJ/mol[63]。硫化矿物氧化放热有利于嗜热菌生长，并促使矿堆升温。生物堆浸及过程中矿堆温度取决于当地气候、气温、硫化物氧化速率、布液方式和强度、充气速率和溶液蒸发率等[64]。矿堆热平衡研究较充分，已有数学模型和软件[64~66]。嗜热菌生物堆浸实践案例如下。

A Binham 峡谷铜矿[67]

Binham峡谷铜矿中铜矿物以黄铜矿为主，铜品位仅0.2%，含黄铁矿4%。Kennecott铜业公司研究Binham峡谷铜矿堆浸热平衡时发现，在海拔2070m高度，当地气温0~20℃（平均10℃）的寒冷地区96万吨矿堆排气温度可达30~50℃（高于当地气温30℃以上）。矿堆内部（矿堆表面以下6~12m）温度可达60℃。

B Nifty 铜矿[34]

Nifty铜矿8.5万吨试验堆中铜矿物以辉铜矿为主，含少量黄铜矿。黄铁矿含量为3%。在矿堆0.5~2.5m处安装热电偶测量浸出过程中矿堆内部温度。发现浸出初期（前20天）温度很快升高至60℃，在120天浸出周期内，矿堆温度在30~60℃波动，后期温度下降可能是因为黄铁矿快速消耗，或者是缺乏耐受60℃以上温度的嗜热菌。

采用稀释培养计数（MPN）测定培养物中菌数发现，嗜温菌和中等嗜热菌数量很低（每毫升10^2～10^4个），在分离的菌种中采用16S rRNA基因序列鉴定，发现了*Sulfobacillus*和中温*Ferroplasma acidiphilum*，但未发现嗜热菌。另外，采用磷脂脂肪酸法（PLFA）对矿石样进行了微生物种群分析，发现菌数每克在5×10^6～6×10^7个；发现的菌种只有*A.f*菌，没有发现古菌。Niffty铜矿的试验堆中微生物种类有限，缺乏嗜热菌可能是矿堆温度不能超过60℃的原因。

C　Monywa铜矿

Ivanhoe矿业公司所属的缅甸Monywa铜矿是一座低品位次生硫化铜矿。含铜0.4%（以辉铜矿为主），黄铁矿含量4%。采用生物堆浸—SX—EW工艺生产阴极铜。入堆前采用团矿工艺，而矿堆未充气，并采用反向铲松堆以改善渗透性。矿堆未安热电偶，只是测量矿堆2～5m深矿样温度，样品温度超过46℃。矿堆中发现大量中等嗜热菌，证明矿堆不充气可维持矿堆高温和有效浸出。Monywa铜矿浸出液pH值一般低于1.5，有时低于1.0，Fe^{3+}浓度达到18g/L，矿堆温度大于45℃[69]。

Hawkes等人[70]采用培养及免培养技术分析了浸出液及矿石表面的微生物。发现了*At. caldus*和*L.ferriphilum*，*Feroplasma cupricumulans*和*sulfobacillus*等中等嗜热菌。从Monywa矿堆中分离了6株纯菌，并在35℃、44℃、55℃下富集培养。富集培养物在65℃下不能生长。在55℃下分离纯菌发现了*Ferroplasma*属新种，开始命名为*Ferroplasma cyprexacervatum*，后来命名为*Ferroplasma cupricumulans*。采用Ratkowsky模型获得新菌株的亚铁氧化温度区间为15～63℃，最佳温度55.2℃。与Golyshina等人[71]从哈萨克斯坦生物预氧化反应器内发现的*Ferroplasma acidiphilum*有着显著的区别（生长区间15～45℃，最佳温度35℃）。生长的pH值范围亦有着显著区别：*Fp. cupricumulans*为1.0～1.2，而*Fp. acidiphilum*最佳pH值为1.7。

35℃下分离的纯菌不能氧化铁，16S rRNA基因序列鉴定为*At. caldus*，44℃下兼性培养条件下得到的是*L.ferriphilum*，*L.ferriphilum*的生长温度区间为7.5～50.9℃。最佳温度Topt为41.3℃，最佳pH值范围为1.1～1.5。最佳pH值比Okibe等人[72]从预氧化反应器中分离的一株*L.ferriphilum*和Coram等人[73]报道的（1.4～1.8）低。Monywa铜矿生物堆浸系统中未发现嗜热浸矿菌可能与嗜热浸矿菌分布具有严格地域性有关系[74]。

D　Newmont生物预氧化堆浸

Newmont公司80万吨生物预氧化工业试验矿堆中含硫3.3%～3.8%，矿堆内平均温度可达52℃，局部测得60～75℃。在堆内未检测到在温度大于65℃时依然能氧化铁的细菌存在[75]。1999年投产的工业矿堆（含硫1.4%～1.8%）中温度高达81℃[76]，商业矿堆运行6个月后接入嗜热古菌，浸出液嗜温菌和中等嗜热菌浓度均在每毫升10^6～10^8个，接嗜热古菌*Acidianus*和*Metallosphaera*后，所有样品中均能测到嗜热古菌。

Logan[77]等人详细描述了Newmont公司Gold Quarry金矿生物堆浸预氧化工业实践情况：原矿含硫1.58%，金2.6g/t，$CaCO_3$ 3.4%；当地气温0～30℃，浸出液池20～25℃，4m深矿堆30～45℃，12m深矿堆35～55℃，矿堆温度在25～81℃之间波动（见图5-2）；溶液氧化还原电位为710～760mV(vs. SHE)，

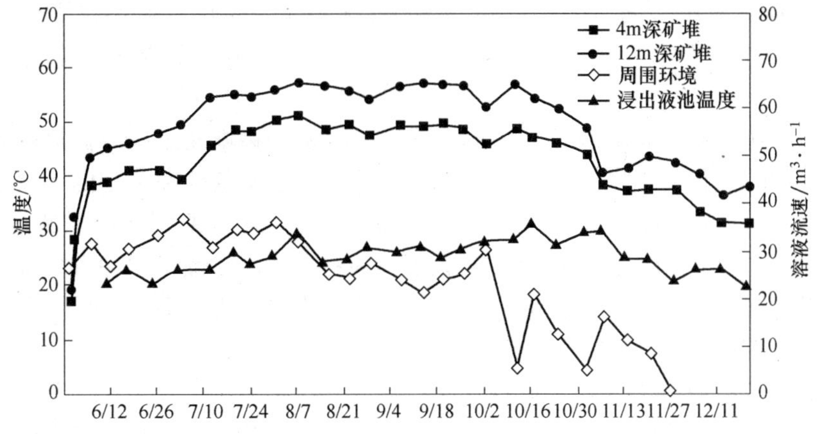

图5-2　工业矿堆全周期生物预氧化过程中温度变化[77]

总铁浓度 8～36g/L，亚铁浓度 2～5g/L，pH 值为 1.3～2.2。12.6m 堆高，氧化时间 164 天，硫氧化率 22%，金浸出率 50%～55%，吨矿酸耗为 1kg。矿堆中浸矿微生物包括嗜温菌 *At. ferrooxidans* 和 *Leptospirillum*、中等嗜热菌 *Sulfobacillus* 和嗜热菌 *Acidianus*、*Metallosphaera*。

E　Talvivaara 含镍钴黑页岩矿生物堆浸半工业试验[78]

Talvivaara 含镍钴黑页岩矿是欧洲最大的镍矿，储量达 3.4 亿吨矿石（平均含镍 0.27%，钴 0.02%，锌 0.56%，铜 0.14%）。Talvivaara 镍矿中主要硫化矿物包括磁黄铁矿、黄铁矿、闪锌矿、镍黄铁矿、紫硫镍矿和黄铜矿，脉石矿物主要为石英、云母、钙长石、斜长石和石墨；矿石中主要化学组分为镍 0.27%、锌 0.56%、铜 0.14%、钴 0.02%、铁 10.3%、硫 8.4%、碳 7.2% 和 SiO_2 50%。主要有价元素的赋存状态为：镍分布在镍黄铁矿（71%）、磁黄铁矿（21%）和黄铁矿（8%）中；钴分布在黄铁矿（63%）、磁黄铁矿（26%）和镍黄铁矿（11%）中；所有的铜赋存于黄铜矿中，锌以闪锌矿形态存在。

2005 年夏天开始 5 万吨矿石生物堆浸半工业试验，矿石破碎至 P_{80} = 8mm，经团矿后进堆场，堆场面积 50m×60m，堆高 8m。8 月份开始布液浸出，至 2006 年年底，浸出率达到镍 94%、钴 13%、锌 83%、铜 3%。溶液 pH 值控制在 1.5～3.0，滴淋强度 5L/(m^2·h)；矿堆和集液池均覆盖保温，使浸出液温度保持在 40～50℃，滴淋液温度在 20～40℃（见图 5-3）。浸矿微生物包括嗜温菌 *At. ferrooxidans*、*L. ferrooxidans* 和中等嗜热 *At. caldus*、*Sulfobacillus*，未发现嗜热古菌。

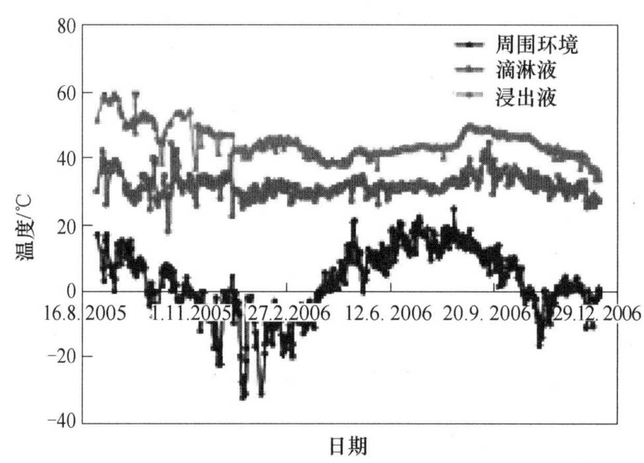

图 5-3　半工业试验溶液温度变化[78]

5.2.4.3　紫金山万吨级生物提铜工业实践及其特点

紫金山铜矿是我国最大的次生硫化铜矿，拥有铜平均品位为 0.43% 的矿石量 4 亿吨，铜金属储量 172 万吨（国土资储备字［2007］001 号）。2005 年 12 月年产 10000t 阴极铜的地下采矿—生物堆浸—SX—EW 工艺的商业化矿山投入运营。2006～2009 年四年间共处理平均品位 0.38% 的矿石 1390 万吨，累计生产阴极铜 3.76 万吨，平均铜生产成本 1.42 万元/吨，累计利税 12 亿元[79,80]，生物堆浸工艺在我国第一次获得成功商业应用（见图 5-4）。生物堆浸工艺处理紫金山铜矿不仅生产成本低，通过生命周期性评价表明，该技术相对于传统浮选—闪速熔炼工艺，在节能、节水和污染物排放等方面均显示出优越性[81]。

与世界上大多数生物堆浸商业矿山[43,60]相比，紫金山铜矿生物堆浸工程方面面临新的挑战，主要包括黄铁矿含量高引起的酸铁积累，降雨量大，以及人烟稠密的地理条件和苛刻的环保要求。根据紫金山铜矿石特性，通过合理的工程措施，在紫金山铜矿生物堆浸系统形成了有特色的浸出体系：pH 值低（0.8～1.0），铁浓度高（50g/L），温度高（浸出液温度 45～60℃），微生物种群硫菌优势，在实现铜高效浸出的同时，黄铁矿溶解受到抑制，铁在矿堆成矾，实现低成本的铁平衡；采用石灰中和法和膜技术处理酸性废水等措施，实现外排水达标排放。

表 5-3 列出了 2006～2009 年紫金山铜矿运营成本与经济效益[79～81]；表 5-4 为紫金山生物提铜与传统工艺生命周期评价结果[81]，两种工艺过程相比，生物提铜工艺的能耗、水耗、温室效应和酸化效应分别降低 62%、87%、62% 和 85%。

图5-4 紫金山铜矿生物堆浸—萃取—电积工厂概貌

表5-3 2006～2009年运营成本与效益

年 份	2006	2007	2008	2009	合 计
铜生产规模/万吨	0.675	0.800	1.000	1.285	3.76
产值/亿元	3.697	4.304	4.618	4.105	16.70
生产成本/万元·吨$^{-1}$	1.417	1.692	1.447	1.323	1.42
税前利润/亿元	2.585	2.633	2.663	1.910	9.79
增值税/亿元	0.569	0.649	0.697	0.379	2.86

表5-4 铜工艺与常规闪速炉炼铜环境负荷对比（吨铜）

冶炼方法	资源/t	能 耗		水	温室效应	酸化效应
		电耗/kW·h	标煤/kg	新水/m^3	CO_2 气体/kg	SO_2 气体/kg
生物提铜	307.46	3915.14	1402.22	21.76	4090.57	11.93
火法炼铜	278.41	8706.90	3656.24	168.09	10909.29	79.04
相对量/%	110.43	44.97	38.35	12.85	37.50	15.09

5.3 黄金生物选矿

随着金矿的大规模开采，容易浸出的金矿资源日渐枯竭，难处理金矿将成为今后黄金工业的主要资源。据统计，目前世界黄金总产量的1/3左右[82]是产自难处理金矿。在我国已探明的黄金储量中，有30%为难处理金矿[83]。对于难处理金矿，目前采用的预处理手段有：焙烧法、加压氧化法、化学氧化法等，但存在金回收率低、投资大、污染大、环保控制费用高等缺点。因此，在富矿、易处理矿资源日渐减少、环保要求不断提高、现代工业和科技发展对金属的需求与日俱增的条件下，无污染的微生物氧化技术比较引人注目。

5.3.1 难处理金矿的种类

所谓难处理金矿是指在正常磨矿情况下，采用传统的氰化法直接提金得不到满意的浸出率的矿石和精矿，也有人称之为难选冶金矿或难浸金矿。根据其难处理的原因不同，可以分为以下三大类[84,85]。

（1）包裹型金矿。该类金矿石中，金以相当细的粒度包裹于毒砂、黄铁矿、砷黄铁矿、黄铜矿、磁黄铁矿、方铅矿、闪锌矿等硫化矿中，从而阻止了金与氰化物的有效接触，妨碍了金的浸出[86,87]。该类金矿物粒度非常细小，很难用细磨或超细磨的办法使金颗粒暴露出来。这类金矿通常采用常规氰化法直接氰化，提取率低于40%。

（2）含碳物质型金矿。该类金矿中含有一定数量的有机碳及无机碳，提取金时，除了金转入溶液的氰化过程外，还存在溶液中的金氰配合物被碳物质吸附而产生的“劫金作用”[88]，使得已被浸出的金重新回到浸渣中，影响金的浸出。

（3）复杂多金属共生型金矿。许多金矿常与铜、锌、锑、汞、碲等硫化矿物及其氧化矿物共生，这些复杂多金属共生矿难以经济地分选出单一精矿。在氰化时，共生金属矿物多不稳定，矿石中的硫化物和有害杂质（通常大量存在）会与氰化物、氧或碱反应，消耗大量的氰化物、氧、碱，反应生成的氰化产物进入溶液后又往往降低金的溶解速度；矿石中的金属硫化物与金接触时会导致金阳极溶解而钝化，对于这类矿石需要将导电性的硫化矿变成非导电性的氧化矿，有些金属矿物如碲化金、黑钝金矿等在还原焙烧时形成的含金化合物等在氰化物溶液中溶解很慢，甚至不溶；矿石中存在的氧化铁、锑、铅等化合物会在金粒表面形成保护膜，妨碍金的浸出。通常适合用细菌氧化预处理的金矿主要是第一大类，最常见的就是砷黄铁矿、黄铁矿型金矿。

概括起来，这些金矿难处理的原因可以归纳为以下几点：（1）物理包裹的机械包裹、化学的晶体固熔体和化学覆盖膜，从而造成氰化物不能与金矿物接触；（2）耗氰耗氧物质的存在，砷、铜、锑、铁、锰、镍、钴等金属硫化物和氧化物在溶液中有较高的溶解度，并且大量消耗溶液中的氰化物和溶解氧；（3）劫金物的存在，如碳质物、黏土等劫金物在浸取金时可吸附金的配合物，金被“劫持”；（4）导电矿物的存在，金与碲、锡、锑等导电矿物形成的某些化合物，使金的阴极溶解被钝化。因此，在浸出之前一般都需要进行预处理[89]。

5.3.2　金矿生物预氧化工艺基本流程

细菌浸矿工艺多种多样，根据菌液与矿石接触方式不同，大致可分为两大类：细菌堆浸和搅拌浸出。细菌堆浸是指通过重力和压力作用使菌液通过矿石堆的一种浸出方法，最典型的渗滤浸出就是细菌堆浸。细菌堆浸已广泛应用于低品位铜矿、铀矿的细菌浸出，在难处理金矿预处理中也已得到了应用。对于堆浸而言，它具有工艺简单、投资少、成本较低的特点。但是由于堆浸温度过低，通常浸矿周期达数月，甚至数年。用于搅拌浸出的物料一般粒度非常细，并且浸出是在比较低的浓度条件下进行，这是因为在高浓度的矿浆中，微生物对于剪切效应更为敏感，容易出现细胞损伤，从而细菌生长状况不佳。然而搅拌的作用使被浸矿石与细菌浸矿剂充分混合，矿浆吸入更多的空气，从而使含有固、液、气的三相紊动系统充分接触，为细菌生长提供充足的氧气和二氧化碳，提高传质和浸出速率。相对于细菌堆浸来说，搅拌浸出的生产成本高（需要搅拌、加热、冷却及通气设备、耐酸的反应罐等），因此，它只适合于用来处理那些单位价格高的矿种，比如金矿。微生物预氧化处理硫化矿浸金工艺流程如图5-5所示。

难处理浮选金精矿等高品位硫化矿生物预先氧化氰化浸出的工业应用中，高效反应器的构建是提高生产效率的关键。然而，国外发表的生物浸矿的论文中，有关反应器的论文不足6%，国内这方面的论文更加鲜见[91,92]。目前难处理金精矿的生物浸出处理中，由于菌种的局限性，常温菌的反应温度最高为40~45℃，中温菌的反应温度也仅为50~60℃，要使硫化矿达到必要的氧化率（65%~95%），一般需要4~7天，而其他湿法冶金技术仅需数小时；另一方面，生物浸出时矿浆浓度也仅限于20%以下，造成设备的单位处理能力较小。因此，高品位硫化矿生物浸出技术欲在投产和生产成本上与其他湿法冶金方法相比而取得竞争优势，迫切需要解决过程工程问题，开发出高效生物浸出反应器，缩短浸出周期，提高矿浆浓度，降低生产成本[93]。

迄今为止，有关微生物冶金生物反应器的研究较少，一般实验室中应用最多的还是三角摇瓶，其次是柱式反应器及带或不带搅拌装置的槽式反应器，工业生产中常用带或不带搅拌装置的反应器，其工作容积一般在数百立方米左右，搅拌可以通过机械或空气达到。目前最常用的反应器有搅拌槽式反应器

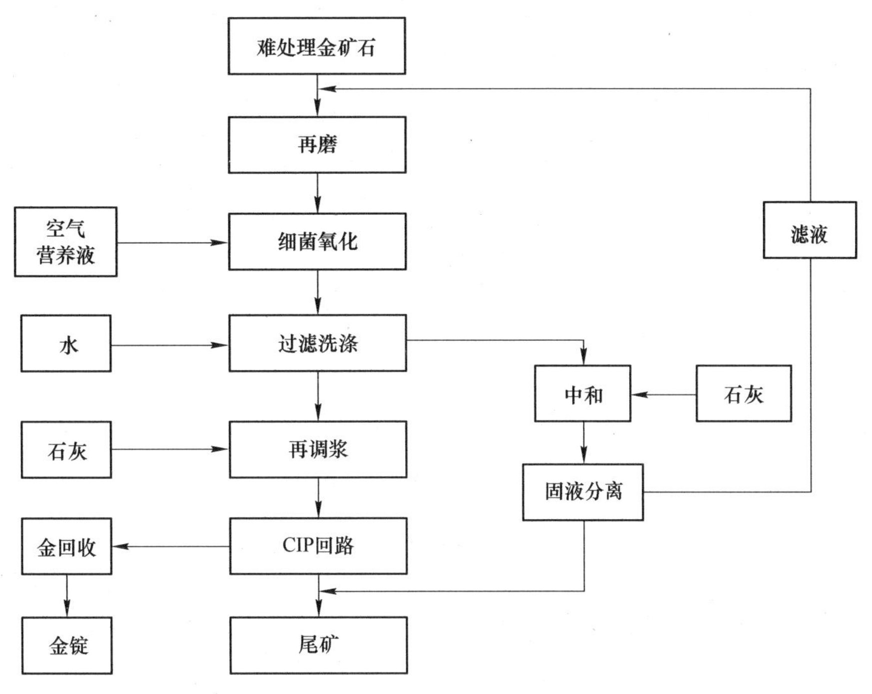

图 5-5　微生物预氧化处理硫化矿浸金工艺流程[90]

（STR）和气升式反应器（ALR），此外还有泡沫柱式反应器（BCR）、巴秋卡槽、低能耗反应器、转筒式生物反应器等针对生物浸出过程设计的新型反应器[94,95]。

（1）机械搅拌槽式反应器（STR）。机械搅拌槽式反应器是一种从化工过程套用的反应器。其螺旋桨起了最重要的作用，至少要求实现三大任务：固体颗粒的悬浮、空气与水相的混合和溶入水相、增大气相和水相的界面。在这些反应器中最初较普遍采用透平式螺旋桨，近来则使用曲形桨叶的轴向流动螺旋桨，因为达到同样搅拌水平时后者所需动力较低，产生的剪切力较小。搅拌槽式反应器虽然有长期的使用经验，但亦存在着一些明显的缺点，比如功率消耗大，加工困难，投资高，维修麻烦，搅拌剪切力大，对细胞生长损伤大，大型化后混合不均匀，传热面积不足，传质效率下降等。

（2）气升式反应器。气升式反应器（ALR）原理：通过流体（气体、液体）的上升运动使固体颗粒维持在悬浮状态进行反应。反应器升流区气体、液体和悬浮的固体颗粒一起向上运动，在降流区，液相及固体颗粒向下流到反应器底部，升、降流区不同的气相含率产生的压差迫使降流区液相和固体颗粒流入升流区，由此形成反应器内气、液、固三相的循环流动，产生流态化效果，达到紊流状态[97]。Fang[96]用 *At. t* Ts6 和 *Brettanomyces* B65 混合菌在单级气升式反应器（见图5-6）浸出活性污泥中的铬，维持反应温度为30℃，用3天的时间，浸出率就超过95%，但是气升式反应器的构造成本太大，并且处理量小，因此 Mousavi 等人[98]建立了一种如图5-7所示的生物浸出工艺，用于浸出闪锌矿。具体工艺流程为：通过水浴槽维持 *At. f* 的生长温度为28℃，然后通过恒流泵将细菌培养液从储存器里输入矿物填料柱中，在填料柱中浸出液和气体互相逆流，填料塔采用绝缘材料，防止矿物产生的热散失，从浸矿柱中流出的溶液再通过重力的作用，重新流入储存器里，如此循环。在28℃下，浸出120天，锌的浸出率达到72%。相对于气升式反应器，该工艺虽然增加了浸出

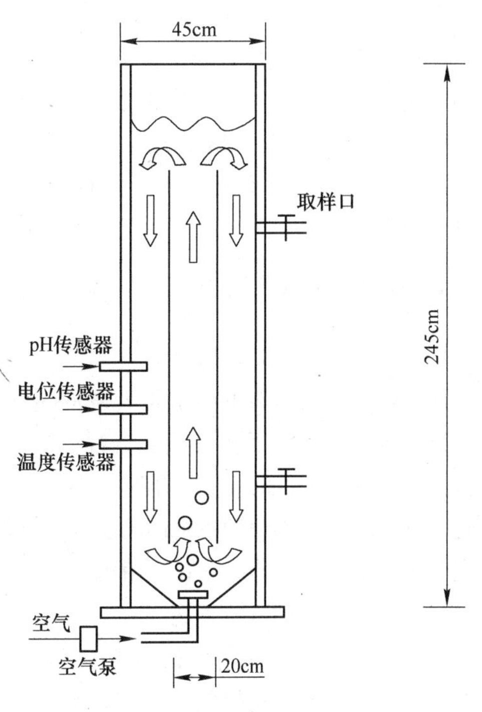

图 5-6　气升式反应器浸出硫化矿[96]

周期，可是减少了矿物搅拌的成本消耗。但是由于没有对浸矿柱进行适当搅拌，当浸出液自上而下流过浸矿柱的时候，容易形成沟壑，限制了矿物与浸出液的充分接触，降低了浸出率。

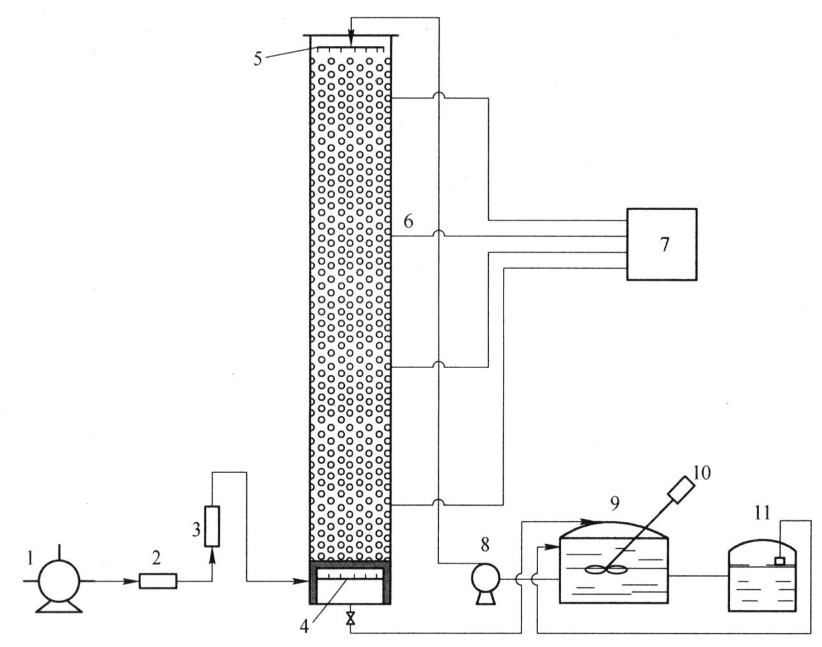

图 5-7　生物氧化-化学渗滤偶联装置浸出硫化矿[98]

1—压缩空气；2—过滤器；3—气流流量计；4—空气散布器；5—液体分布器；6—温度传感器；7—温度分析仪；8—蠕动泵；9—混合器；10—搅拌器；11—储存器

（3）膜生物反应器。膜生物反应器（MBR）是 20 世纪末发展起来的高新技术，它将膜分离技术和生物技术有机地结合在一起，具有传统工艺不可比拟的优点，成为近些年来生物技术领域研究的热点。膜生物反应器应用具有以下几个方面的优点：1）增大反应速率。在生物学中有许多反应是产物抑制型，即随着反应的进行，产物浓度提高，反应速率下降。采用膜生物反应器可在反应过程中移去产物，使产物浓度保持恒定，反应速率提高。2）提高反应转化率。膜生物反应器可使产物或副产物从反应区连续地分离出来，打破反应的平衡，从而可大大地提高反应转化率，增加产率或处理能力，过程能耗低，效率高。3）简化生产步骤。膜生物反应器使反应和分离在同一个步骤里完成，简化了生产步骤，减少了劳动量，提高了劳动效率。4）截留生物催化剂，使细胞或酶在高浓度下进行。5）减少了能耗，节约了成本。但是，在生物冶金领域，膜生物浸出反应器却鲜见报道，目前有报道利用膜生物浸出反应器浸出镍钼矿，镍和钼的浸出率高于相同条件下的柱浸[99,100]。未来若能进一步加强这方面的研究，MBR 必将在生物浸出领域大有作为。

5.3.3　金矿生物冶金经典工艺流程实例

5.3.3.1　BIOX 工艺

BIOX 工艺是当前世界上最先进的生物氧化搅拌槽浸工艺，该工艺使用嗜温菌在通气搅拌槽内处理矿石。图 5-8 是 BIOX 工艺典型的流程图。该工艺所用菌种主要是 *A. t* 和 *L. f* 组成的混菌。矿浆在工厂一般停留时间为 4 天，细菌氧化由两段组成，通常有 3 个并联搅拌槽用于一段氧化，3 个串联搅拌槽用于二段氧化，矿浆经石灰中和并固定砷之后进行氰化浸出。该工艺过程的操作温度为 40℃左右，浸出液 pH 值控制在 1.6 ~ 1.8。搅拌槽一般采用机械式搅拌并通入空气，以保持浸出液中有足够的 CO_2 和 O_2。

5.3.3.2　BacTech 工艺

BacTech 工艺的特点是利用了中等嗜热菌，最佳操作温度为 45 ~ 55℃，通过槽浸处理浮选精矿。该工艺开发于 1984 年，是使用一种耐热混合培养菌 M4。该菌株是由英国 Barret 博士领导的科研小组在西澳大利亚炎热的沙漠地区找到的，属于中等耐热菌，最佳生长温度为 46℃。Bactech 公司利用该菌株处理西澳

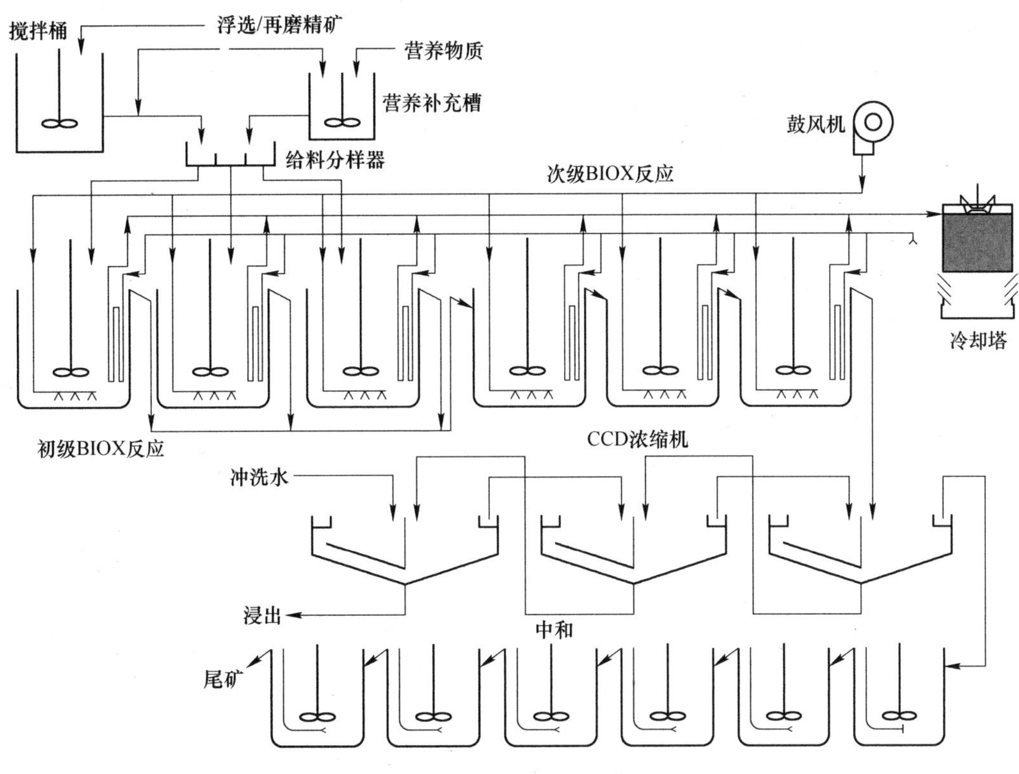

图 5-8 BIOX 工艺典型流程图

大利亚 Youanmi 难浸金精矿获得成功，该菌株能耐当地的高温和高盐度水质，很适合于当地干旱缺乏淡水的条件，并可减少氧化反应时的冷却费用（见图 5-9）。第一段在 3 个并联反应槽内进行，第二段在 3 个互相串联的反应槽内进行。这一工艺目前正推广应用以处理一些基础金属的硫化矿精矿，如黄铜矿、多金属镍钴硫化矿等。

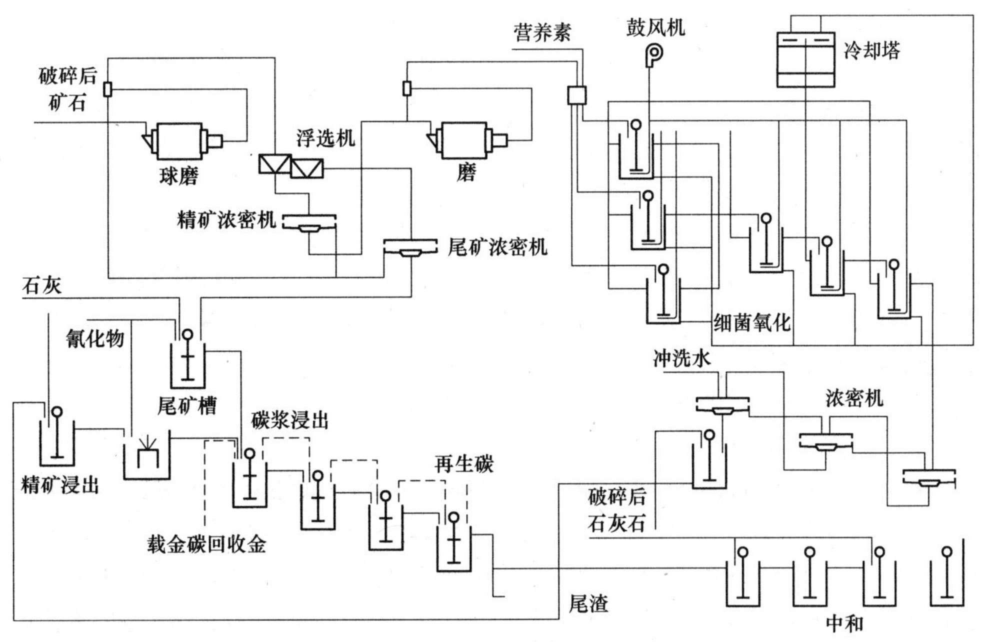

图 5-9 Youanmi 金矿细菌氧化厂工艺流程

5.3.3.3 Newmont 工艺

鉴于其他工艺都是处理难浸的浮选金精矿，Newmont 工艺（见图 5-10）则是针对低品位难浸金矿采用制粒后细菌氧化堆浸预处理的工艺，取得了美国专利。1996 年，在美国内华达州的卡林金矿进行了数吨到百万吨级的一系列细菌氧化堆浸试验，获得了成功，所处理的卡林金矿含金品位为 0.6～1.2g/t，矿石制粒的粒度为 80% 小于 19mm，细菌氧化周期为 80～100 天，金回收率为 60%～70%，加工成本为吨矿石 5 美元左右。

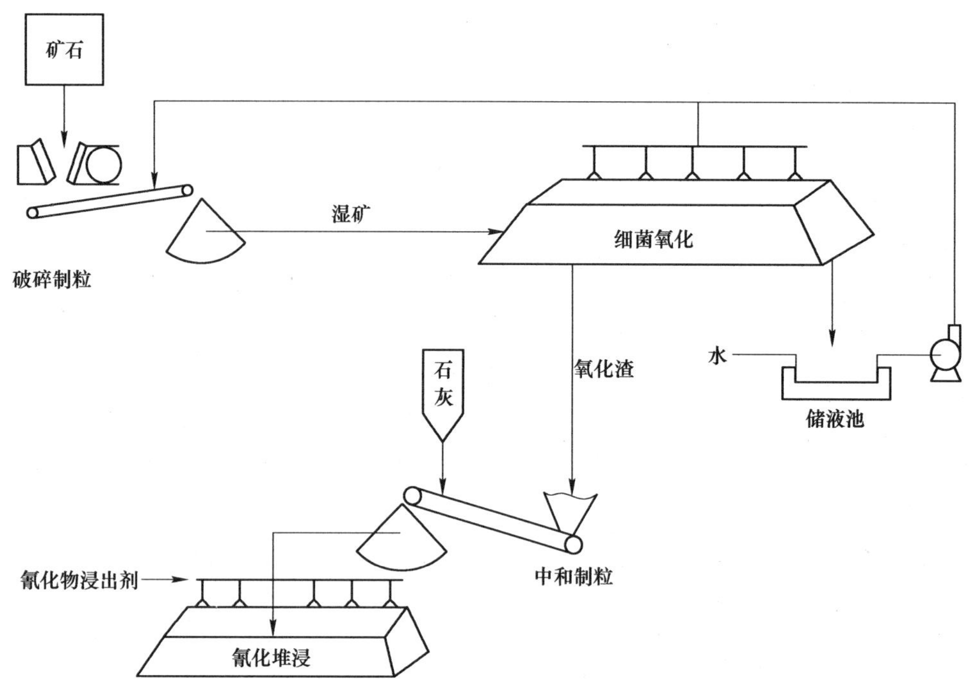

图 5-10　Newmont 工艺的流程

5.3.4　金矿涉及的浸矿细菌

对生物预氧化过程起作用的微生物根据其适宜的温度范围主要可分为嗜温细菌组（*Mesophile*）、中等嗜热细菌组（*Moderate thermophile*）及高温嗜热菌（*Extreme thermophile*）三组[101]。目前发现可用于生物湿法冶金的微生物已报道的有 20 余种[90]，工业生产中用于预氧化处理金矿石的细菌主要有 4 种：氧化亚铁硫杆菌（*Acidithiobacillus ferrooxidans*，简称 *A.f* 菌）、氧化硫硫杆菌（*Acidithiobacillus thiooxidans*，简称 *A.t* 菌）、氧化亚铁钩端螺旋菌（*Leptospirillum ferrooxidans*，简称 *L.f* 菌）和耐热氧化硫杆菌（*Sulfobacillum thermosul fidooxidans*），以上几种细菌都是嗜酸、好氧，无机化能自养，以空气中的 CO_2 为碳源，其中前三种均属于中温菌，最适合生长的 pH 值为 1.5～2.0，温度为 25～35℃。其中使用最多的是 *A.f* 菌和 *A.t* 菌，目前在酸性环境下氧化浸矿的主导细菌是 *A.f* 菌。*A.f* 菌容易分离、培养，对溶液中的金属离子 Cu^{2+}、Mg^{2+}、Fe^{3+} 等有一定的耐受性，但不耐热，使用的温度一般不能超过 40℃[102]。Brierley[103,104] 认为在强酸性环境中硫化矿物生物氧化体系中采用氧化铁铁杆菌和铁氧化钩端螺菌的混合菌氧化效果最佳。Schrenk 等人[105] 的研究指出，*L.f* 菌与 *A.f* 菌分布广泛，对硫化矿物的生物氧化极具工业应用前景。从浸出反应动力学来看，中高温菌在较高温度条件下不仅可以显著地加快反应速度，缩短预氧化周期，而且可以防止硫化矿物的过度钝化而阻碍浸出反应，因此目前人们越来越重视中高温菌在生物冶金领域的应用[106]。Henry 等人研究表明：高于 60℃ 环境下生长的高度嗜热菌在硫化矿生物浸出工业中应用较为困难，而最佳生长温度在 45～55℃ 的中度嗜热菌在工业应用中极具优势，因为高度嗜热菌多为古细菌，其大部分缺少细胞壁，通常难以耐受高矿浆浓度造成的较强剪切力，相对而言中度嗜热菌就具有较高矿浆浓度的耐受能力[107]。澳大利亚 BacTech 公司培养出一种耐热温度可达 45～90℃、最适宜生存温度为 60℃ 的高温耐热菌，而且在缺氧条件下可以存活数小时，已完成该细菌的半工业试验且计划在哈萨克斯坦采用该工艺建厂生产[108]。我国中科院兰州化学物理所分离的 T-901 菌株和李雅序等人花费 10 年分离的 MP30 菌株都为中度嗜热菌，能同时氧化铁和硫，氧化金属硫化物矿物最适宜温度为 45～50℃[109,110]。姚国成等研究者也进行了中高温细菌强化浸矿的研究工作[108]，而为了适应北美气候，加拿大学者培育出了低温下高活性的*A.f*菌，其适宜的温度范围为5～35℃，并对该*A.f*菌对难处理硫化矿的低温氧化行为进行了研究[109~111]。

细菌作为活的机体，一方面需要各种营养成分来保证自身的成长，另一方面又作为催化剂参与反应，因此优良菌种的获取是微生物技术的关键和核心。微生物赖以生存并繁殖的营养介质就是培养基，主要由氮、钾、磷及微量元素组成，培养基有液体培养基和固体培养基之分，液体培养基主要用于粗略的分离和培养某种微生物，而固体培养基主要是用于微生物的纯种分离。常用的浸矿培养基有9K和Leathen培养基[112]。国内外学者的研究表明浸矿菌的生物量与浸出速率和浸出率有明显的正相关性，细菌的活性、浓度和生物量直接影响着生物氧化的效果，因此不少学者通过对浸矿微生物营养学的研究试图促进生物冶金效率低的问题得到有效解决。俄罗斯科学家将饲料工业废弃的胶原蛋白降解成制剂应用于冶金微生物浸矿过程中，对浸矿效果有良好的促进作用。在BIOX工艺的营养液中含有5%的酵母水解物[108]，现阶段国内从微生物生长所需营养条件角度进行的研究较少。浸矿细菌在使用前，需要对工业环境中的各种条件进行适应性驯化，以使细菌尽快进入生长对数期，廖梦霞等人经过近10年的选育、分离、驯化，培育出了耐砷18g/L的高效浸矿工程菌株Mdl[113,114]。

生物氧化预处理过程是一个复杂的反应过程，需要依靠细菌来完成，其本质是细菌的生命活动，细菌所表现出的浸出机理是直接作用还是间接作用，都是由其内在的生理、生化特性决定的[115]，用于生物预氧化难处理金矿的菌群数量以及细菌对硫化矿的氧化能力都受环境影响。由此可见，只有选用氧化能力强、繁殖速度快的菌株作菌种并保证细菌生长、繁殖环境，才能提高氧化速率及氧化率[116~118]。

5.4 铀生物选矿

5.4.1 铀生物选矿概述

铀，作为核燃料的一种能源，越来越多地被用于核电站与航海事业，是重要的国防战略物资，也是重要的核电燃料。

目前，全世界有16个国家的核发电量在其全国总发电量中的份额接近或超过25%，法国和立陶宛核电比例最高（大于70%），其次为俄罗斯、美国、乌克兰、瑞典、韩国和日本（均大于25%），世界平均为15%，而我国目前的电力供应中核电仅占2.2%[119]。随着我国国民经济的发展，国家提出了“积极推进核电建设”的基本方针。根据我国《核电中长期发展规划（2005～2020年）》，到2020年，在人口密度较大且工业化水平较高的沿海省市将建造30多座核电站，争取运行的核电装机量达到40GW；在目前在建和运行核电容量16.968GW的基础上，新投产核电装机容量将达到23GW左右；同时，考虑核电的后续发展，2020年末在建核电容量应保持18GW左右；核电将占全国总装机量的4%，核发电量占总发电量的比例将升高至6%[120]。就目前核电机组所需要的铀燃料来看，一个百万千瓦级的压水堆核电机组每年需要铀燃料25～30t，合耗铀150～180t/a。按照2009年的核电装机容量，我国天然铀需求量为1300～1600t/a。若2020年我国核电装机容量达40GW，届时天然铀需求量为6000～7200t/a，其对外依存度将超过60%[120]。

随着核工业的日益发展，高品位铀矿日益枯竭，从而造成了低品位矿与尾矿的累积。然而，开采这些低品位铀矿时，传统的方法存在成本高、效率低、环境污染大等不利因素。而生物冶金，作为一项新兴的矿物开采技术，有着“绿色冶金”的美誉，目前已成功应用于低品位及难处理贫铀矿的地浸与堆浸[121~127]。

5.4.2 微生物浸铀技术及其机理

利用浸矿微生物（细菌、真菌、古菌）氧化铀矿围岩中的硫化矿而产生溶解铀矿的氧化剂（Fe^{3+}、H^+等），或者再生浸出液中的Fe^{3+}，从而达到加速溶解铀矿的目的，此技术能有效地处理低品位及难处理铀矿石[127,128]。

在大多数铀矿石当中，或多或少存在一些金属硫化矿，比较常见的有黄铁矿。含硫化矿极低的铀矿，可在溶浸液中增加适当的Fe^{2+}作为微生物的能源。其机理主要为生物冶金中的间接作用，即铀矿主要是

在氧化剂 Fe^{3+} 的氧化作用下和 H^+ 的作用下溶解，微生物的作用是再生氧化剂 Fe^{3+} 和（或）将围岩中的硫化矿溶解产生的单质硫和其他还原性硫化合物氧化为硫酸，维持铀矿溶解所需的酸性氧化环境[121~127]。此溶解过程通常以下列反应式来表示：

$$2Fe^{2+} + 2H^+ + 0.5O_2 \xrightarrow{微生物} 2Fe^{3+} + H_2O \tag{5-1}$$

$$2S + 3O_2 + 2H_2O \xrightarrow{微生物} 2SO_4^{2-} + 4H^+ \tag{5-2}$$

$$UO_3 + 2H^+ \xrightarrow{化学} UO_2^{2+} + H_2O \tag{5-3}$$

$$UO_2 + 3Fe^{3+} \xrightarrow{化学} UO_2^{2+} + 3Fe^{2+} \tag{5-4}$$

以上是微生物浸铀过程的基本生物化学反应，但在实际生产工艺中，除了最初加入细菌溶浸液，还需在浸出过程中对细菌溶浸液进行补充与再生，这对整个浸出体系至关重要。细菌溶浸液的补充再生过程与细菌培养非常相似。在溶浸液补充再生过程中可以适当控制微生物的群落结构，以及溶浸液的铁和其他杂质离子的含量，从而保障有利的微生物浸铀体系。

5.4.3 微生物浸铀工艺

微生物浸铀工艺是将细菌浸出技术与铀矿传统工艺相融合的一项工艺技术，它具有细菌浸出的优越性。由于铀矿资源的特点，微生物浸铀目前所采用的工艺主要包括常规搅拌浸出、地表堆浸、原地爆破浸出以及原地钻孔浸出四大类。

5.4.3.1 常规搅拌浸出

常规搅拌浸出主要适用于高品位的细粒矿石或泥矿[129,130]。我国南方的铀矿床主要为硬岩型，这些铀矿普遍具有黏土矿物含量高、渗透性差的特征，为了提高该类矿石生产效率和铀的浸出率，可采用细菌搅拌浸出工艺。李广锐等人[132]采用广东某矿的低品位铀矿石开展了硫酸搅拌浸出和细菌搅拌浸出工艺对比研究，结果表明：微生物搅拌浸出比硫酸搅拌浸出不仅能节省耗酸量，且提高了浸出率。

5.4.3.2 堆浸

在我国目前已探明的铀资源储量中，低品位硬岩铀矿资源占有相当大的比例，细菌堆浸浸铀技术由于成本低、工艺简单等优点，在低品位铀矿浸出中发挥越来越重要的作用。自 20 世纪 80 年代中期以来，硬岩铀矿的堆浸提铀工艺一直在我国铀矿冶生产中占据着主导地位，而微生物氧化堆浸技术是铀矿冶工艺的主要研究与发展方向之一[132~134]。堆浸又分为地表堆浸和地下堆浸（主要是井下爆破堆浸）。

5.4.3.3 原地爆破浸出

原地爆破浸出是利用爆破法就地将矿体中的矿石破碎到预定的合理块度，使之就地产生微细裂隙发育、块度均匀、级配合理、渗透性能良好的矿堆，然后从矿堆上部布洒溶浸液，浸出的溶液收集后转输地面加工回收金属铀，浸后尾矿留采场就地封存处置。此工艺主要针对于地质、水文条件有限的低品位铀矿床，无法进行地浸开采，将矿石采出地表处理又很不经济。该技术已经成功应用于多个低品位铀矿床及采后残矿体的资源回收。由于大量的矿石不用运出地表，因此提铀生产的成本消耗大为降低，并且也减轻了矿山地表的放射性污染程度[135~137]。

原地爆破浸出开采生产系统包括井下就地浸出、地面堆浸和金属回收车间三大部分。由于不建常规水冶厂，生产工艺流程简化，设备设施大量减少，机械化和自动化生产程度高，生产效率大幅度提高，生产和管理人员比常规采、选、冶一般可减少 60% ~70%，生产成本可降低 30%，因而美国、独联体国家、加拿大、南非、葡萄牙和第三世界一些国家都采用该技术来开采低品位铜、铀、镍、镭等有色稀有金属原生矿和氧化矿石，尤其是铜、铀等低品位矿石。现在这些国家 0.15% ~4.5% 的低品位铜矿石、2% 以上品位的氧化铜矿石和 0.02% ~0.10% 品位的铀矿石基本上都采用堆浸和原地爆破浸出开采。

5.4.3.4 原地钻孔浸出

原地钻孔浸出的特征是矿石处于天然赋存状态下，未经任何位移，通过钻孔工程往矿层注入溶浸液，使之与非均质矿石中的有用成分接触，进行化学反应。反应生成的可溶性化合物通过扩散和对流作用离开化学反应区，进入沿矿层渗透的液流，汇集成含有一定浓度的有用成分的浸出液（母液），并向一定方向运动，再经抽液钻孔将其抽至地面水冶车间加工处理，提取浸出的金属铀。原地钻孔浸出工艺适用条件苛刻，一般要求同时满足以下条件：（1）矿体具有天然渗透性能，产状平缓，连续稳定，并具有一定的规模；（2）矿体赋存于含水层中，且矿层厚度与含水层厚度之比不小于 1∶10，其底板或顶、底板围岩不透水或顶、底板围岩的渗透性能大大低于矿体的渗透性能。在溶浸矿物范围之内应无导水断层、地下溶洞、暗河等；（3）目的金属矿物易溶于溶浸药剂而围岩矿物不能溶于溶浸药剂，例如：氧化铜矿石与次生六价铀易溶于稀硫酸，而其围岩矿物石英、硅酸盐矿物不溶于稀硫酸，该两种矿物则有利于浸出。由于适用条件苛刻，目前国内外仅在疏松砂岩铀矿床应用地下原地钻孔法开采。这种疏松砂岩铀矿床通常赋存于中新生代各种地质背景的自流盆地的层间含水层中。含矿岩性为砂岩，矿石结构疏松。且次生六价铀较易被酸、碱浸出，适合原地浸出法开采[138~141]。

我国采用地浸工艺回收铀的铀矿冶企业大都处于交通不便的边远地区，经常采用的氧化剂 H_2O_2 等价格高且运输不便，氧化剂费用在生产成本中所占比重较大。原核工业第六研究所在云南某地浸采铀矿山和新疆某地浸采铀矿山进行了用菌液代替过氧化氢（双氧水）的试验研究。试验结果表明，菌浸剂的氧化作用与双氧水相当，高电位菌液完全可以代替双氧水，能使氧化剂成本降低 70%[142,143]。

5.4.4　国外微生物浸铀研究概况

在国外，微生物浸铀已有半个多世纪的研究和应用历史，有几十个大规模微生物溶浸铀、金、铜的工业应用实例，它们主要分布在加拿大、法国、南非、美国及澳大利亚等国。细菌浸出铀矿最早是葡萄牙的“镭公司”在 1953 年开始进行的铀矿自然浸出研究[144]，并在 1956 年的第二届国际和平利用原子能会议上，他们发表了“铀的自然浸出”研究报告。从此细菌浸出的研究和应用开始受到各国的重视。加拿大的伊利奥特湖地区是世界有名的铀产区，该地区的斯坦洛克矿从 1964 年起在采空区利用细菌浸出铀，平均每月回收 U_3O_8 6804kg，已达当时全矿总产量的 7%。1965 年葡萄牙堆浸年产 U_3O_8 45t，加拿大井下细菌回收 83 ~ 87.6t/a，法国井下和堆浸回收的 U_3O_8 在 40t/a 左右[140,144]。经过 20 年的发展，加拿大细菌浸出铀的年产量已达 420t 之多。法国也有一些铀矿用细菌进行地下浸出，如埃卡尔勃耶尔铀矿原以化学浸出为主，后改用细菌浸出，到 1975 年产铀由原 25t 增至 35t。西班牙几乎所有的铀都是通过细菌浸出获得的，美国用细菌回收的铀产值到 1983 年已经达到 9000 万美元；世界上规模最大的丹尼森矿井是原地生物浸出铀矿的场所，仅 1998 年就从这矿井中回收了约 300t 铀。据报道，法国启动微生物浸铀矿后，贫铀矿年铀产量有明显增加。此外，澳大利亚、南非、印度、塔吉克斯坦、日本等国也广泛应用细菌法溶浸铀矿，并取得了良好的社会经济效益。大量的研究表明，依靠微生物浸铀技术，不但可以从其他方法所不能利用或无法取得经济效益的低品位铀矿石中回收铀资源，而且其所耗成本比其他方法低得多。

5.4.5　国内微生物浸铀研究概况

在我国，微生物浸矿技术方面的研究是从 20 世纪 60 年代末开始的，已先后在铀、铜等金属的生产应用中取得成功。60 ~ 80 年代，我国进行了 700t 级贫铀矿石的细菌堆浸试验及柏坊铀铜共生矿贫矿的细菌浸出试验，在柏坊铜矿则将堆积在地表的含铀 0.02% ~ 0.03% 的 2 万多吨尾砂采用细菌浸出法处理，共生产铀浓缩物 2t 多；1993 年进行了本溪铀矿石 25t 级细菌堆浸试验；1998 ~ 1999 年进行了抚州铀矿某贫矿石 2000t 级半工业试验；以赣州铀矿某铀矿石为研究对象，2000 年进行了 10t 级柱浸对照试验[145]，2001 年进行了 4000t 级工业试验，并于 2002 年成功实现产业化。近十年来，我国针对许多铀矿进行了细菌堆浸和地浸的深入研究，如在相山铀矿进行的细菌堆浸半工业试验，在赣州铀矿进行的原地爆破细菌浸出试验，在草桃背矿区进行的细菌堆浸试验等。另外，在菌种的筛选驯化、工艺流程组合及生物膜氧化装置研制方面也取得了一些进展。

5.4.6　微生物浸铀技术的发展前景

随着社会的发展，人们对矿物资源的需求越来越大，但品位较高的矿物资源正面临着日益枯竭的处境，为了解决资源供应紧张的问题，人们不得不把注意力放在贫矿上，进而去研究和开发新的矿石处理工艺。实践证明：近年来发展迅速的微生物浸出技术由于其反应温和、能耗低、流程简单、环境友好[138~143,145,146]等优势，有望在未来扮演越来越重要的角色。微生物浸铀技术是一种很有前景的新技术，相比传统的酸法或碱法铀的浸出，具有以下几方面的独特优势：

（1）强化浸出过程，改善铀动力学，使低品位矿石能充分利用，从而扩大铀资源储量[147]。

（2）细菌浸铀能大大降低酸耗，并利用矿石中的金属硫化物和溶液中的亚铁可减少生产成本[148]。

（3）细菌在氧化矿石中黄铁矿和溶浸液中的铁元素时，所产生的硫酸高铁是浸出铀的理想溶浸剂，大大降低了溶浸生产成本。

（4）经济效益好，有助于环境保护。

5.5 其他类型矿物的生物冶金

5.5.1 镍矿的生物冶金

在微生物浸出镍矿研究中，镍黄铁矿和磁黄铁矿是重点研究对象。Watling 对硫化镍矿的微生物浸出研究发现：镍的浸出和温度关系密切，相同时间内极端嗜热菌浸出率最高[149~151]。

5.5.1.1 *磁黄铁矿的浸出特点*

磁黄铁矿是用于微生物浸出的含镍硫化矿石和精矿的主要组成部分。其化学分子式为 $Fe_{1-x}S$，x 取值从 0(FeS)到 0.125(Fe_7S_8)。Belzile 等人[152]对磁黄铁矿的氧化作用、酸耗和产热进行了综述，富含磁黄铁矿的矿石在浸出环境中倾向于耗酸。耗酸无论在精矿的搅拌槽浸还是微生物堆浸中都是严重的问题。在槽浸中酸的加入相对简单，但是会导致产生一些非必需的金属离子。但是在堆浸中是通过滴淋实现酸度的控制，在浸出液滤过矿堆时，pH 值变化会非常大。另外低酸对铁的浸出、微生物的活力和群落动态均有影响。有人认为可以在矿石中混合单质硫，通过硫的微生物氧化产酸可以有效改善脉石耗酸造成的低酸弊端。

Rosenblum 和 Spira[153]于 1995 年对一个自热型的硫化废石堆进行研究，证明热量来自磁黄铁矿的氧化，堆内温度最高达 100℃。来自两个小型镍铜硫化矿试验堆的温度轮廓图表明，磁黄铁矿的充分氧化导致矿堆快速升温，但过快的升温也会导致化学性 Fe^{2+} 氧化为 Fe^{3+} 的反应加速，使细菌生长的能源物质减少。在堆浸中，为了保持浸矿微生物所需的温度范围，通常是控制滴淋和（或）通风来冷却矿堆。从电化学的角度，复杂的镍铜磁黄铁矿共生矿物对硫化矿生物浸出过程中镍的溶解是有利的。磁黄铁矿（+120 ~ +110mV vs. SHE）和镍黄铁矿（+180 ~ +100mV vs. SHE）先于黄铜矿（+250mV vs. SHE）浸出。铜的浸出是在大部分的镍浸出后才发生，来自两个小型镍铜硫化矿试验堆的数据也证实这种情况。对西澳 Sholl 矿微生物浸出渣继续进行微生物柱浸试验，也证明了在磁黄铁矿表面进行了铜反应是铜浸出滞后和铜浸出率低的原因[154,155]。

5.5.1.2 *镍黄铁矿的浸出特点*

合成矿物和精矿浸出方面：Torma[156]用 *A. ferroxidans* 浸出人工合成的 NiS，无菌和有菌条件的镍浸出率分别为 12% 和 98%。Natarajan 和 Iwasaki[157]用镍驯化后的 *A. ferroxidans* 浸出镍黄铁矿、黄铜矿精矿，45 天后驯化菌镍浸出率为 90%，未驯化菌浸出率仅为 22%。国内学者[158,159]用 *A. ferroxidans* 和一种没有鉴定的嗜热菌（MLY）浸出镍黄铁矿精矿，其化学组成为镍 32.72%、铁 31.25%、硫 31.69% 和铜 0.82%；镍黄铁矿在精矿中占 95%，矿石粒度 38 ~ 74μm；主要的杂质为黄铜矿和镁橄榄石。他们的结论发现 *A. ferroxidans* 吸附在矿石表面，对浸矿贡献最大；而溶液中 Fe^{2+} 的氧化主要由游离在溶液中的细菌完成。Santos 等人[160]利用含混合菌的酸性矿坑水浸出镍黄铁矿、磁黄铁矿、黄铜矿精矿，其化学组成为镍 5.9%、铁 28.1%、钴 0.4%、铜 0.1% 和硫 21.2%，精矿中的镍黄铁矿和磁黄铁矿解离不完全。结果为：浸出 750h，镍浸出率 60%。

嗜热菌浸出镍黄铁矿精矿方面[161]：实验室结果表明能有效浸出，其镍浸出率均在 85% 以上。实际矿物浸出方面，芬兰的 Talvivaara 矿为含镍黄铁矿的黑页岩，其矿物组成为石英 25%、钾长石和斜长石 38%、石墨 10%、硅酸铁镁 8%、磁黄铁矿 11%、黄铁矿 5%、针镍矿 3.2% 和少量镍黄铁矿。镍（80.90%）主要赋存于镍黄铁矿和针镍矿中，其余赋存于黄铁矿和磁黄铁矿中。一系列的实验结果表明：在摇瓶中细菌浸出磨细的矿粉，浸出 28 天，镍、锌浸出率均为 100%，钴为 73%，铜为 29%；细菌柱浸实验装矿 900kg，矿石粒度 70% 为 0.5 ~ 2mm，浸出 300 天左右，镍浸出率超过 90%，渣分析表明其余硫化镍未浸出是其被更大的硅胶颗粒包裹，浸出液无法接触所致。Puhakka 和 Tuovinen[162] 在 4 ~ 20℃ 的温度范围对该矿进行了镍黄铁矿细菌柱浸实验，浸出 550 天，镍浸出率为 62%，温度下降，浸出率愈低。

Nakazawa[163] 对金川矿研究发现，*A. ferroxidans* 摇瓶浸出 34 天，镍浸出率超过 90%，铜浸出率不超过 30%，而磁黄铁矿能被酸快速溶解；加银催化后，铜浸出率上升，但镍浸出被抑制。Chen 和 Fang[164] 用 *A. ferroxidans* 和 *A. thioxidans* 菌在气升式生物反应器中进行金川低品位硫化镍矿浸出，矿浆浓度 15%，浸出 20 天，浸出率为镍 95.4%、钴 82.6% 和铜 48.6%。

5.5.1.3　*硫化镍矿的微生物堆浸试验进展*

Hunter[165] 于 2001 年在西澳的 Radio Hill 采用 BioHeapTM 微生物堆浸技术进行硫化镍矿的堆浸试验。该技术基于一种专属的、优先氧化硫的中等嗜热细菌。用于堆浸试验的矿石来自 Mt Sholl 的硫化镍矿，矿石品位为铜 0.92%、镍 0.67%、铁 11.1%、硫 4.05% 和铝 2.3%；硫化矿物占矿石总体积的 15%，均匀浸染分布于矿石中；镍黄铁矿颗粒从 30 ~ 2000μm 不等，黄铜矿则 60.7% 小于 100μm，且超过 50% 的黄铜矿分布在不反应的硅酸盐矿物中。经过近 1 年的微生物浸出，镍浸出率为 90%，铜浸出滞后于镍，仅为 50%。

芬兰的 Talvivaara 矿是欧洲最大的硫化镍矿床，该矿平均品位为镍 0.27%、锌 0.56% 和铜 0.14%。含有磁黄铁矿、黄铁矿、闪锌矿、镍黄铁矿、紫硫镍矿、黄铜矿和石墨；其中镍黄铁矿含有 80% 的镍，其余则夹杂于黄铁矿（8%）和磁黄铁矿（21%）中；硅酸盐矿物有石英、云母、钙长石和微斜长石。从实验室研究到柱浸试验，再到现在的示范性堆浸试验，Talvivaara 矿的生物浸出试验研究经历了 20 年的时间。经过 500 天的浸出，有价金属的浸出率为镍 92%、锌 82%、钴 14% 和铜 2%，铜的低浸出率是由矿物的电化学属性导致的。Talvivaara 矿是目前第一个最接近商业化的硫化镍微生物堆浸试验场，该矿从 2008 年 10 月开始到 2010 年实现 Talvivaara 矿的微生物堆浸满负荷运行，年产 33kt 镍，1.2kt 钴，60kt 锌和 10kt 铜[166,167]。

国内硫化镍贫矿资源主要集中在甘肃金川，从 2000 年开始，金川公司逐步介入微生物冶金领域，开展了一系列微生物冶金试验研究，并进行了不同级别的低品位硫化镍矿的微生物堆浸试验研究。北京有色金属研究总院的温建康等人在云南墨江进行了含砷硫化镍矿的微生物堆浸试验。该矿矿石品位为镍 0.6%、钴 0.05%、砷 0.59%、铁 10.5%、硫 12.6%、Al_2O_3 8.6% 和 MgO 2.35%，主要的含砷硫化镍矿物为辉砷镍矿和斜方砷镍矿。矿堆运行一年后镍浸出率超过 60%，合格浸出液中 Ni^{2+} 大于 2g/L[168,169]。

从以上低品位硫化镍矿的微生物堆浸试验研究实践可以看出，硫化镍矿的微生物堆浸无论在研究上还是在工业实践上，还处于起步阶段，仍然有大量工作需要进行长期而细致的研究，以进一步推动硫化镍矿的微生物冶金产业化。

5.5.2　钴矿的生物冶金

世界上单独分布的钴矿床极少，绝大部分伴生在其他矿床中。其中海底含钴锰结核是一种潜在资源。世界钴矿主要集中分布在澳大利亚、赞比亚、古巴、刚果（金）、俄罗斯和新喀里多尼亚地区，合计储量约占世界钴总储量的 93.6%。1988 年法国的 BRGM 研究院针对 Kasese 硫化镍钴矿进行实验室研究，采用生物搅拌浸出工艺，于 1999 年建厂投产。Kasese 是世界上第一座硫化镍钴矿生物浸出厂，为硫化镍钴矿采用生物冶金技术开发提供了示范。此外该矿采用多段分步回收其中少量的铜、镍，对于复杂多金属硫化矿的生物冶金浸出液的分离纯化也有一定的借鉴作用。芬兰的 Talvivaara 矿是复杂硫化铜镍钴锌矿生物堆浸厂的典范，2009 年投产，可分步回收矿石中铜、镍、钴和锌，预计 2014 ~ 2015 年每年可产镍 5 万吨、锌 9 万吨、铜 1.5 万吨、钴 1800t[170~173]。

Valix 等人[174] 比较了几种真菌对红土矿中镍钴的浸出效果，发现 Aspergillus（曲霉）对金属镍的浸出率最高，而 Penicillium（青霉）更有利于金属钴的浸出。Tzeferis 等人[175] 运用曲霉菌 A3 和青霉菌 P2 产生的羟基羧酸对氧化镍矿进行浸出，镍的回收率为 60%，而由于真菌生物体所造成的溶解镍的损失为 3.5% ~ 10.8%。Thangavelu 等人[176] 用 *A. ferroxidans* 对低品位镍红土矿进行浸出，发现生物体利用分泌的各种有机酸溶解金属，然后有机酸与金属形成配位复合体。并且该菌可以忍耐很高的盐度，这就使微生物浸出技术工业处理低品位镍红土矿成为可能。Bosecker[177]利用耐镍青霉菌对镍矿进行浸出，发现镍的回收率超过80%，还发现微生物分泌的柠檬酸溶解矿石中镍效果最好。Santhiya等人利用单一的重金属镍、钼、铝（浓度范围100~2000mg/L）对黑曲霉（*A. niger*）进行驯化，然后混合镍、钼、铝（质量比1∶2∶6，与催化剂中各种金属的比例相似）再对其进行驯化。当3种金属协同作用对真菌进行驯化时，结果显示黑曲霉能耐受100mg/L的镍，200mg/L的钼和600mg/L的铝。用驯化的真菌对废弃催化剂（1%）进行一步微生物浸出，结果显示，用镍、钼和铝协同驯化的菌株浸出效果最好，浸出30天，镍、钼和铝的去除率分别为78.5%、82.3%、65.2%。

西南科技大学课题组利用黑曲霉菌浸取蛇纹石尾矿中的钴、镍，当矿物加入量为1%时，浸出液中Mg^{2+}、Co^{2+}、Ni^{2+}的含量比其在未加细菌的浸出液中的含量增大2~3倍，最高浸出率分别为36.2%、27.2%和5.3%[178]。

5.5.3　锌矿的生物冶金

Boon M等人[179]利用纯的人工合成的ZnS矿，研究了其在等浓度亚铁和三价铁、相同pH值条件下有菌及无菌的氧化过程，发现有菌和无菌时ZnS的氧化速率没有明显的区别，因此认为ZnS的细菌浸出过程主要是间接作用，即Fe^{3+}化学氧化ZnS为Zn^{2+}、S^0和Fe^{2+}，而细菌的作用是把S^0氧化成SO_4^{2-}，把Fe^{2+}氧化成Fe^{3+}。

Fowler和Crundwell[180]通过氧化或还原溶解的铁离子，来保持溶液的氧化还原电位不变，进而研究细菌对闪锌矿微生物浸出的影响。通过研究，他们认为闪锌矿的溶解是通过溶液中Fe^{3+}的氧化作用来实现的间接作用机理，且通过细菌接触的直接浸出是不可能的。浸出过程中，细菌的作用是氧化溶液中的亚铁离子，从而再生三价铁氧化剂。通过研究，Fowler和Crundwell还指出在微生物浸出过程中，硫氧化细菌可以氧化浸出过程中生成的硫产物层，进而提高锌的浸出率。Schippers和Sand[181]研究发现，微生物浸出金属硫化矿的间接作用机理有两种途径：硫代硫酸盐机理和聚硫化物机理。通过研究，他们指出闪锌矿可以被铁（Ⅲ）离子和氢离子作用而溶解，在这个过程中生成聚硫化物和元素硫。

近来，Rodriguez等人[182]通过研究闪锌矿在不同温度下的生物浸出，提出了闪锌矿生物浸出的联合作用机理，即细菌的接触浸出和Fe^{3+}的间接氧化浸出是同时存在的。

5.5.3.1　外控电位对锌硫化矿生物浸出的影响

在微生物浸出过程中，施加合适的外控电位，可以显著提高硫化矿的浸出率及细菌的产率，并且在多金属硫化矿共存时实现选择性浸出。Natarajan[183]发现，在提供－0.5V(vs. SHE)外控电位时，可以从黄铜矿、闪锌矿、黄铁矿的混合矿中选择性生物浸出闪锌矿中的锌。

5.5.3.2　原电池效应对锌硫化矿生物浸出的影响

Jyothi等人[184]研究了原电池效应对黄铁矿、黄铜矿、闪锌矿和方铅矿生物浸出过程的影响。研究发现，当闪锌矿和另外三种硫化矿相接触时，会作为阳极优先溶解；不同组合方式下，黄铁矿始终作为阴极而不溶；黄铜矿与闪锌矿或方铅矿接触时会成为阴极被保护，但当其与黄铁矿接触时会作为阳极而优先溶解。

同时Jyothi等人还测定了黄铁矿、黄铜矿、闪锌矿和方铅矿在0.9K培养基中的静电位。可以看出，细菌存在时，同等条件下测得的矿物的静电位上升，进而强化了多金属硫化矿浸出过程中的原电池效应。

Da Silva等人[185]研究了在方铅矿存在条件下，闪锌矿生物浸出过程中的电化学钝化现象，指出在整个浸出过程中，方铅矿被选择性氧化成硫酸铅进而促进了闪锌矿的溶解。这种选择性溶解是由于两种矿物间的原电池作用引起的。在这一过程中，方铅矿被溶解而闪锌矿被钝化，该结果与在溶液中测得的矿物的静电位是一致的（方铅矿325mV(vs. SHE)；闪锌矿375mV(vs. SHE)）。

5.5.3.3　锌硫化矿生物浸出的电化学机理研究

锌硫化矿生物浸出存在以下作用过程：细菌氧化Fe^{2+}、Fe^{3+}化学浸出锌硫化矿、反应生成的还原态硫及单质S^0的细菌氧化过程、细菌呼吸氧得电子及细菌对矿物的直接分解过程等。Choi等人[186]采用ZnS-碳糊电极作为工作电极，运用循环伏安、计时电流法和计时电位法研究了硫酸体系下闪锌矿浮选精矿生物浸出过程中可能发生的中间反应过程及其动力学行为。循环伏安测试结果表明，闪锌矿生物氧化的总反应不是一步完成的，该过程涉及一系列的中间电化学反应。计时电流法和计时电位法的测试结果表明，闪锌矿的溶解速率受扩散过程控制。

石绍渊等人[187]利用铁闪锌矿-碳糊电极研究了铁闪锌矿的电化学行为。循环伏安测试结果表明，不同浸出条件下，循环伏安曲线表现出不同的特征，意味着铁闪锌矿的浸出是通过不同的反应来实现的。当浸出体系的氧化还原电位值较高时，还原性物质难以生成或者生成的还原性物质被 Fe^{3+} 迅速氧化。三价铁离子在铁闪锌矿的溶解过程中十分重要，尤其是在浸出初期，此时细菌的浓度较低，研究还表明吸附的细菌或许会促进生物浸出过程中铁闪锌矿的氧化反应，浸出时形成的腐蚀坑不同，但与吸附细菌的形状和大小相似。有菌和无菌条件下铁闪锌矿-碳糊电极的交流阻抗谱（EIS）测试结果表明，不同电解液中铁闪锌矿-碳糊电极的交流阻抗谱的形状相似，均由高频区的两个半圆和低频区的一条直线组成。这表明铁闪锌矿在不同电解液中的溶解过程有相同的动力学控制步骤，即铁闪锌矿的溶解过程受反应物向矿物表面或者反应产物离开矿物表面的传质过程控制。

5.5.3.4　浸出条件对锌硫化矿生物浸出的影响

在锌硫化矿微生物浸出过程中，除了浸矿微生物菌种、矿物的性质及外加金属离子及表面活性剂会对浸出效果造成一定的影响外，浸出条件如温度、pH 值、可利用的营养物质、矿浆浓度、O_2 和 CO_2 的供应、细菌接种量和浸出的方式等也会影响矿物的生物浸出。

在通气与否和不同矿浆浓度条件下，石绍渊等人对比研究了铁闪锌矿浮选精矿在摇瓶试验和磁搅拌反应器中的生物浸出效果。结果表明：通气条件下，溶液中氧化亚铁硫杆菌的数量和生物活性都有所提高，且接种氧化亚铁硫杆菌后，不同反应器中铁闪锌矿浮选精矿的浸出效果呈现较大的差别。Konishi 等人[188]研究发现当浸出体系中 *Acidianus brierleyi* 菌的初始浓度从每立方米 1.0×10^{12} 个增加到每立方米 1.1×10^{13} 个，液相中游离的细菌浓度及闪锌矿中锌的浸出率均有所增加，而当接种量进一步提高到每立方米 5×10^{13} 个时，锌的浸出率相较于每立方米 1.1×10^{13} 个时增长不是很多。同样张广积等人也发现，在添加 Fe^{2+} 的情况下，随着细菌初始接种量增大，铁闪锌矿的生物浸出速度变快，但接种量过高时，其对提高铁闪锌矿浸出速度的影响减弱。

每一种细菌都具有其生长的最佳 pH 值，且适宜不同细菌存活的 pH 值范围各不相同。溶液中 pH 值的大小不仅可以影响细菌的生长繁殖速度和氧化活性，而且对三价铁沉淀（尤其是黄钾铁矾）的生成有重要影响。故而 pH 值是锌硫化矿微生物浸出过程中一个十分重要的参数。

参 考 文 献

[1] Vera M, Schippers A, Sand W. Progress in bioleaching: fundamentals and mechanisms of bacterial metal sulfide oxidation- part A[J]. Applied Microbiology and Biotechnology, 2013, 97: 7529-7541.

[2] Brierley C L, Brierley J A. Progress in bioleaching: part B: applications of microbial processes by the minerals industries[J]. Applied Microbiology and Biotechnology, 2013, 97: 7543-7552.

[3] Johnson D B. Biomining-biotechnologies for extracting and recovering metals from ores and waste materials[J]. Current Opinion in Biotechnology, 2013, 30: 24-31.

[4] Hallberg K B, Lindstrom E B. Characterization of thiobacillus-caldus Sp-Nov, a moderately thermophilic acidophile[J]. Microbiology-UK, 1994, 140: 3451-3456.

[5] Hallberg K B, González-Toril E, Johnson D B. *Acidithiobacillus ferrivorans*, sp. nov.; facultatively anaerobic, psychrotolerant iron-, and sulfur-oxidizing acidophiles isolated from metal mine-impacted environments[J]. Extremophiles, 2010, 14: 9-19.

[6] Norris P R, Clark D A, Owen J P, et al. Characteristics of *Sulfobacillus acidophilus* sp. nov. and other moderately thermophilic mineral-sulphide-oxidizing bacteria[J]. Microbiology, 1996, 142(4):775-783.

[7] Melamud V S, Pivovarova T A, Tourova T P, et al. *Sulfobacillussibiricus* sp. nov., a new moderately thermophilic bacterium [J]. Microbiology, 2003, 72(5):681-688.

[8] Bogdanova I T, Tsaplina I A, Kondrat'eva T F, et al. *Sulfobacillus thermotolerans* sp. nov., a thermotolerant, chemolithotrophic bacterium[J]. Int J Syst. Evol Microbiol, 2006, 56: 1039-1042.

[9] Johnson D B, Joulian C, d'Hugues P, et al. Sulfobacillus benefaciens sp. nov., an acidophilic facultative anaerobic Firmicute isolated from mineral bioleaching operations[J]. Extremophiles, 2008, 12: 789-798.

[10] Watling H R, Perrot F A, Shiers D W. Comparison of selected characteristics of Sulfobacillus species and review of their occur-

rence in acidic and bioleaching environments[J]. Hydrometallurgy, 2008, 93(1-2):57-65.

[11] Edwards K J, Bond P L, Gihring T M, et al. An archaeal iron-oxidising extreme acidophile important in acid mine drainage [J]. Science, 2000, 287: 1796-1799.

[12] Hawkes R B, Franzmann P D, O'hara G, et al. *Ferroplasma cupricumulans* sp. nov., a novel moderately thermophilic, acidophilic archaeon isolated from an industrial-scale chalcocite bioleach heap[J]. Extremophiles, 2006, 10(6):525-530.

[13] Dopson M, Baker-Austin C, Bond P. Towards determining details of anaerobic growth coupled to ferric iron reduction by the acidophilic archaeon 'Ferroplasma acidarmanus' Fer1[J]. Extremophiles, 2007, 11: 159-168.

[14] Zillig W, Yeats S, Holz I, et al. *Desulfurolobus ambivalens*, gen. nov., sp. nov., an autotrophic archaebacterium facultatively oxidizing or reducing sulfur[J]. Syst. Appl. Microbiol, 1986, 8: 197-203.

[15] Fuchs T, Huber H, Burggraf S, et al. 16S rDNA-based phylogeny of the archeal order *Sulfolobales* and reclassification of *Desulfurolobusambivalens* as *Acidianusambivalens* comb. nov. [J]. Syst Appl Microbiol, 1996, 19: 56-60.

[16] Segerer A, Neuner A, Kristjansson J K, et al. *Acidianusinfernus* gen. nov., sp. nov., and *Acidianus brierleyi* comb. nov.: facultatively aerobic, extremely acidophilic thermophilic sulfur-metabolizing archaebacteria[J]. Int J Syst Bacteriol, 1986, 36: 559-564.

[17] Yoshida N, Nakasato M, Ohmura N, et al. *Acidianus manzaensis* sp. nov., a novel thermoacidophilic archaeon growing autotrophically by the oxidation of H_2 with the reduction of Fe^{3+}[J]. Current Microbiology, 2006, 53: 406-411.

[18] Plumb J J, Haddad C M, Gibson J A E, et al. *Acidianus sulfidivorans* sp. nov., an extremely acidophilic, thermophilic archaeon isolated from a solfatara on Lihir Island, Papua New Guinea, and emendation of the genus description [J]. *Int. J. Syst. Evol. Microbiol*, 2007, 57: 1418-1423.

[19] He Z G, Zhong H, Li Y. *Acidianus tengchongensis* sp. nov., a new species of acidothermophilic archaeon isolated from an acidothermal spring[J]. CurrMicrobiol, 2004, 48(2):159-163.

[20] Plumb J J, Gibbs B, Stott M B, et al. Enrichment and characterization of thermophilic acidophiles for the bioleaching of mineral sulfides[J]. Miner Eng, 2002, 15: 787-794.

[21] Huber G, Spinnler C, Gambacorta A, et al. *Metallosphaera sedula* gen. and sp. nov. represents a new genus of aerobic, metal-mobilizing, thermoacidophilic archaebacteria[J]. Systematic and Applied Microbiology, 1989, 12: 38-47.

[22] Peeples T L, Kelly R M. Bioenergetics of the metal/sulfur-oxidizing extreme thermoacidophile, *Metallosphaera sedula*[J]. *Fuel*, 1993, 72(12):1619-1624.

[23] Auernik K S, Maezato Y, Blum P H, et al. The Genome sequence of the metal-mobilizing, extremely thermoacidophilic archaeon Metallosphaera sedula provides insights into bioleaching-associated metabolism[J]. Appl. Environ. Microbiol, 2008, 74: 682-692.

[24] Norris P R, Owen J P. Mineral sulfide oxidation by enrichment cultures of novel thermoacidophilic bacteria[J]. FEMS Microbiol Re, 1993, 11: 51-56.

[25] Li Q, Shen L, Luo H L, et al. Development and evaluation of whole-genome oligonucleotide array for Acidithiobacillus ferrooxidans ATCC 23270[J]. Transactions of Nonferrous Metals Society of China, 2008, 18: 1343-1351.

[26] Chen Q J, Yin H Q, Luo H L, et al. Micro-array based whole-genome hybridization for detection of microorganisms in acid mine drainage and bioleaching systems[J]. Hydrometallurgy, 2009, 95: 96-103.

[27] He Z L, Deng Y, Zhou J Z. Development of functional gene microarrays for microbial community analysis[J]. Current Opinion in Biotechnology, 2012a, 23: 49-55.

[28] He Z L, Gentry T J, Schadt C W, et al. GeoChip: a comprehensive microarray for investigating biogeochemical, ecological and environmental processes[J]. Isme Journal, 2007, 1: 67-77.

[29] He Z L, Van Nostrand J D, Zhou J Z. Applications of functional gene microarrays for profiling microbial communities[J]. Current Opinion in Biotechnology, 2012b, 23: 460-466.

[30] Liu Y, Yin H Q, Zeng W M, et al. The effect of the introduction of exogenous strain Acidithiobacillus thiooxidans A01 on functional gene expression, structure and function of indigenous consortium during pyrite bioleaching[J]. Bioresource Technology, 2011, 102: 8092-8098.

[31] Yin H Q, Cao L H, Qiu G Z, et al. Development and evaluation of 50-mer oligonucleotide arrays for detecting microbial populations in Acid Mine Drainages and bioleaching systems[J]. Journal of Microbiological Methods, 2007, 70: 165-178.

[32] Guo X, Yin H Q, Cong J, et al. Rubis CO gene clusters found in a metagenome microarray from acid mine drainage[J]. Applied and Environmental Microbiology, 2013, 79: 2019-2026.

[33] Dai Z, Guo X, Yin H, et al. Identification of nitrogen-fixing genes and gene clusters from metagenomic library of acid mine

drainage[J]. Plos One, 2014, 9(1):e87976.

[34] Tyson G W, Ian L, Baker B J, et al. Genome-directed isolation of the key nitrogen fixer Leptospirillum ferrodiazotrophum sp. nov. froman acidophilic microbial community[J]. Appl Environ Microbiol, 2005, 71, 6319-6324.

[35] 杨显万，沈庆峰，郭玉霞．微生物湿法冶金[M]．北京：冶金工业出版社，2003.

[36] 王军．低品位铜镍钴硫化矿微生物高效浸出新技术的基础研究与应用[D]．长沙：中南大学，2011.

[37] Zhou Hongbo, Liu Xi, Fu Bo, et al. Isolation and characterization of *Acidithiobacillus caldus* from several typical environments in China[J]. Journal of Central South University of Technology, 2007, 14(2):163-169.

[38] Fu Bo, Zhou Hongbo, Qiu Guanzhou. Bioleaching of chalcopyrite by pure and mixed cultures of *Acidithiobacillus* and *Leptospirillum*[J]. International Biodeterioration & Biodegradation, 2008, 62(2):109-115.

[39] Kinnunen H M, Puhakka J A. Characterization of iron- and sulphide mineral-oxidizing moderately thermophilic acidophilic bacteria from an Indonesian auto-heating copper mine waste heap and a deep South African gold mine[J]. Journal of Industrial Microbiology & Biotechnology, 2004, 31(9):409-414.

[40] Zeng Weimin, Wu Changbin, Zhou Hongbo. Bioleaching of chalcopyrite by mixed culture of moderately thermophilic microorganisms[J]. Journal of Central South University of Technology, 2007, 4: 474-478.

[41] Rawling D E, Dew D, Plessis C D. Biomineralization of metal containing ores and concentrates[J]. Trend in Biotechnology, 2003, 21: 38-44.

[42] Rhodes M, Deeplaul V. Bacterial oxidation of Mt. Lyell concentrates[C]. //Technical Proceedings of the ALTA-1998 Copper Sulphides Symposium, Brisbane, Australia, 1998: 1-22.

[43] Brierley J A, Brierley C L. Present and future commercial applications of biohydrometallurgy[J]. Hydrometallurgy, 2001, 59 (2-3):233-239.

[44] Wolfgang Sand, Gehrke T, Schippers A. Bio/chemistry of bacterial leaching—direct vs indirect Bioleaching[J]. Hydrometallurgy, 2000, 59: 159-175.

[45] Acevedo F. Present and future of bioleaching in developing countries[J]. Electronic Journal of Biotechnology, 2002, 5(2): 196-199.

[46] Henry L E. Past, present and future of biohydrometallurgy[J]. Hydrometallurgy, 2001, 59: 127-134.

[47] Schnell H A. Bioleaching of copper[M]. in: D. E. Rawlings (Ed.), Biomining: Theory, Microbes and Industrial Process, Springer, New York, 1997: 21.

[48] Pradhan N, Nathsarma K C, Srinivasa Rao K, et al. Heap bioleaching of chalcopyrite: a review[J]. Mineral Engineering, 2008, 21(5):355-365.

[49] 谢李泉．紫金山金矿缩短堆浸周期的途径与生产实践[J]．黄金科学技术，2003，11(2):32-37.

[50] 刘小平，刘炳贵．永平铜矿低品位氧化矿堆浸技术的改进[J]．湿法冶金，2004，23(4):215-217.

[51] 习泳，吴爱祥，朱志根．矿石堆浸浸出率影响因素研究及其优化[J]．矿业研究与开发，2005，25(5):19-22.

[52] 曾祥平．堆浸生产黄金浸出周期浅析[J]．云南地质，2003，22(2):217-222.

[53] 唐泉，汪德莲，张晓文，等．某铀矿床矿石堆浸粒度浅析[J]．中国矿业，2004，13(11):72-74.

[54] 雷泽勇，符辰湛．15PLK 喷淋头的研究[J]．南华大学学报：理工版，2003(4):122-161.

[55] 尹升华，吴爱祥．堆浸矿堆溶液渗流规律初探[J]．矿业研究与开发，2006，26(1):31-33.

[56] 黄绍云．金矿堆浸生产中几个问题的探讨[J]．矿产综合利用，2000，5：38-42.

[57] Ozkaya Bestamin, Sahinkaya Erkan, Nurmi Pauliina, et al. Iron oxidation and precipitation in a simulated heap leaching solution in a Leptospirillum ferriphilum dominated biofilm reactor[J]. Hydrometallurgy, 2007, 88(1-4):67-74.

[58] 吴爱祥，张杰，江怀春．低渗透性矿堆浸孔隙率改善研究[J]．矿冶工程，2006，26：5-13.

[59] Hector M L. Copper bioleaching behaviour in an aerated heap[J]. International Journal of Mineral Processing, 2001, 62: 257-269.

[60] Domic E M. A Review of the Development and Current Status of Copper Bioleaching Operations in Chile: 25 Years of Successful Commercial Implementation[M]. In: Biomining ISBN-10 3-540-34909-X Springer-Verlag Berlin Heidelberg New York, 2007: 81-96.

[61] Demergasso C, Galleguillos F, Soto P, et al. Microbial succession during a heap bioleaching cycle of low grade copper sulfides: does this knowledge mean a real input for industrial process design and control[J]. Hydrometallurgy, 2010, 104(3): 382-390.

[62] Watling H R. The bioleaching of sulphide minerals with emphasis on copper sulphides- A review[J]. Hydrometallurgy, 2006, 84: 81-108.

[63] Amend J P, Shock E L. Energetics of overall metabolic reactions of thermophilic and hyperthermophilic Archaea and Bacteria [J]. FEMS Microbiol Rev, 2001, 25: 175-243.

[64] Dixon D G. Analysis of heat conservation during copper sulfide heap leaching[J]. Hydrometallurgy, 2000, 58: 27-41.

[65] Leahy M J, Davidson M R, Schwarz M P. A model for heap bioleaching of chalcocite with heat balance: bacterial temperature dependence[J]. Miner Eng, 2005, 18: 1239-1252.

[66] Pantelis G, Ritchie A I M. Optimising oxidation rates in heaps of pyritic material[M]. In: Torma E, Wey J E, Lackshmanan, (eds) Biohydrometallurgy technologies, bioleaching processes, vol 1. The Minerals, Metals and Materials Society, Warrendale, 1993: 731-738.

[67] Ream B P, Schlitt W J. Kennecott's Bingham Canyon heap leach program, part 1: the test heap and SX-EW pilot plant[C]. paper presented at ALTA 1997, copper hydrometallurgy forum, Brisbane, 1997.

[68] Readett D, Sylwestrzak L, Franzmann P D, et al. The life cycle of a chalcocite heap bioleach system[C]. In: Young C A, Alfantazi A M, Anderson C G, Dreisinger D B, Harris B, James A (eds) Hydrometallurgy 2003-5th international conference in honour of Professor Ian Ritchie, vol 1. Leaching and solution purification. The Minerals, Metals and Materials Society, Warrendale, 2003: 365-374.

[69] Plumb J J, Hawkes R B, Franzmann P D. The microbiology of moderately thermophilic and transiently thermophilic ore heaps [M]. In: D. E. Rawlings B. D. Johnson (Eds.) Biomining: 2007, 217-235.

[70] Hawkes R B, Franzmann P D, Plumb J J. Moderate thermophiles including Ferroplasma cyprexacervatum sp. nov. dominate an industrial-scale chalcocite heap bioleaching operation[C] . In: Harrison S T L, Rawlings D E, Petersen J (eds) Proceedings of the 16th international biohydrometallurgy symposium, 2005: 657-666.

[71] Golyshina O, et al. Ferroplasma acidiphilum gen. nov. , sp. nov. , an acidophilic, autotrophic, ferrous-iron-oxidizing, cell-wall-lacking, mesophilic member of the Ferroplasmaceae fam. nov. , comprising a distinct lineage of the Archaea[J]. Int J Syst Evol Microbiol, 2000, 50(3):997-1006.

[72] Okibe N, Gericke M, Hallberg K B, et al. Enumeration and characterization of acidophilic microorganismsisolated from a pilot plant stirred-tank bioleaching operation[J]. Applied and Environmental Microbiology, 2003, 69: 1936-1943.

[73] Coram N J, Rawlings D E. Molecular relationship between two groups of the genus Leptospirillum and the finding that Leptospirillum ferriphilum sp. nov. dominates in South African commercial biooxidation tanks that operate at 40℃[J]. Appl Environ Microbio, 2002, 68(2):838-845.

[74] Mutch L A, Watling H R, Watkin E L J. Microbial population dynamics of inoculated low-grade chalcopyrite bioleaching columns[J]. Hydrometallurgy, 2010, 104: 391-398.

[75] Shutey-McCann M L, Sawyer F P, Logan T, et al. Operation of Newmont's biooxidation demonstration facility[C]. In: Hausen D M (ed) Global exploitation of heap leachable gold deposits. The Minerals, Metals and Materials Society, Warrendale, 1997: 75-82.

[76] Tempel K. Commercial biooxidation challenges at Newmont's Nevada operations[C]. In: 2003 SME annual meeting, preprint 03-067, Society of Mining, Metallurgy and Exploration, Littleton, 2003.

[77] Logan T C, Seal, Brierley J A. Whole-ore heap biooxidation of sulfidic gold-bearing ores [M] . In: D. E. Rawlings B. D. Johnson (Eds.) Biomining: 2007, 113-138.

[78] Marja Riekkola-Vanhanen. Talvivaara black schist bioheapleaching demonstration plant [J] . Advanced Materials Research, 2007, 20-21: 30-33.

[79] 黄旭. 紫金山铜矿 2006、2007、2008 年度主要财务指标明细表专项审计（闽辰所专审字［2009］第 071 号）［R］. 福建辰星有限责任会计师事务所, 2009.

[80] 黄旭. 紫金山铜矿 2007、2008、2009 年度主要财务指标明细表及主要资源和能源耗费明细表专项审计（闽辰所专审字［2010］第 004 号）［R］. 福建辰星有限责任会计师事务所, 2010.

[81] 阮仁满, 衷水平, 王淀佐. 生物提铜与火法炼铜过程生命周期评价[J]. 矿产资源综合利用, 2010, 3: 33～37.

[82] 王康林, 汪模辉, 蒋金龙. 难处理金矿石的细菌氧化预处理研究现状[J]. 黄金科学技术, 2001, 1: 19-24.

[83] Olson G J, Brierley J A, Brierley C L. Bioleaching review part B[J]. Applied microbiology and biotechnology, 2003, 63(3): 249-257.

[84] 刘汉钊. 难处理金矿石难浸的原因及预处理方法[J]. 黄金, 1997, 9: 44-48.

[85] 黄孔宣. 国外难选金矿石的加工处理[J]. 国外黄金参考, 1993, (7):31.

[86] 任炽刚, 周世俊, 王奎仁, 等. 用扫描质子微探针研究包裹金和微细粒金的赋存状态[J]. 核技术, 1993, 8: 479-482.

[87] 张振儒，杨思学，易闻．某些矿物中次显微金及晶格金的研究[J]．中南矿冶学院学报，1987，4：355-361，470.
[88] 吴敏杰，白春根．碳质金矿中碳质物的物质组成及其与金的相互作用[J]．黄金，1994，6：29-35.
[89] 李培铮，吴延之．黄金生产加工技术大全[M]．长沙：中南工业大学出版社，1995.
[90] 陈红轶，姚国成．难浸金矿预处理技术的现状及发展方向[J]．金属矿山，2009，9：81-83，194.
[91] Rossi G. The design of bioreactors[J]. Hydrometallurgy，2001，59(2):217-231.
[92] 方兆珩．生物氧化浸矿反应器的研究进展[J]．黄金科学技术，2002，6：1-7.
[93] Hayward T，Satalic D M，Spencer P A. Engineering，equipment and materials：Developments in the design of a bacterial oxidation reactor[J]. Minerals engineering，1997，10(10):1047-1055.
[94] Shekhar R，Evans J W. Fluid flow in pachuca（air-agitated）tanks：Part Ⅰ. Laboratory-scale experimental measurements[J]. Metallurgical Transactions B，1989，20(6):781-791.
[95] Neuburg H J，Castillo J A，Herrera M N，et al. A model for the bacterial leaching of copper sulfide ores in pilot-scale columns [J]. International Journal of Mineral Processing，1991，31(3):247-264.
[96] Fang D，Zhou L X. Enhanced Cr bioleaching efficiency from tannery sludge with coinoculation of *Acidithiobacillus thiooxidans* TS6 and *Brettanomyces* B65 in an air-lift reactor[J]. Chemosphere，2007，69(2):303-310.
[97] Giaveno M A，Chiacchiarini P A，Lavalle T L，et al. Reversed flow airlift reactor characterization for bioleaching applications [C]//Proceedings of the 16th International Biohydrometallurgy Symposium，September，2005：25-29.
[98] Mousavi S M，Jafari A，Yaghmaei S，et al. Bioleaching of low-grade sphalerite using a column reactor[J]. Hydrometallurgy，2006，82(1):75-82.
[99] 陈家武，高从堦，张启修，等．膜生物反应器浸出镍钼矿（英文）[J]. Transactions of Nonferrous Metals Society of China，2011，6：1395-1401.
[100] 陈家武，肖连生，高从堦，等．膜反应器结合离子交换法对镍钼矿的生物浸出[J]．中南大学学报（自然科学版），2012，7：2473-2481.
[101] Spencer P A. Influence of bacterial culture selection on the operation of a plant treating refractory gold ore[J]. International journal of mineral processing，2001，62(1):217-229.
[102] 李宏煦，王淀佐．生物冶金中的微生物及其作用[J]．有色金属，2003，2：58-63.
[103] Brierley J A，Brierley C L. Present and future commercial applications of biohydrometallurgy[J]. Hydrometallurgy，2001，59(2):233-239.
[104] Brierley C L. Bacterial succession in bioheap leaching[J]. Hydrometallurgy，2001，59(2):249-255.
[105] Schrenk M O，Edwards K J，Goodman R M，et al. Distribution of Thiobacillus ferrooxidans and Leptospirillum ferrooxidans：implications for generation of acid mine drainage[J]. Science，1998，279(5356):1519-1522.
[106] Sandström Å，Petersson S. Bioleaching of a complex sulphide ore with moderate thermophilic and extreme thermophilic microorganisms[J]. Hydrometallurgy，1997，46(1):181-190.
[107] Ehrlich H L. Past，present and future of biohydrometallurgy[J]. Hydrometallurgy，2001，59(2):127-134.
[108] 姚国成，阮仁满，温建康．难处理金矿的生物预氧化技术及工业应用[J]．矿产综合利用，2003，1：33-39.
[109] Hubert W A，Ferroni G D，Leduc L G. Temperature-dependent survival of isolates of Thiobacillus ferrooxidans[J]. Current Microbiology，1994，28(3):179-183.
[110] Hubert W A，Leduc L G，Ferroni G D. Heat and cold shock responses in different strains of Thiobacillus ferrooxidans[J]. Current Microbiology，1995，31(1):10-14.
[111] Berthelot D，Leduc L G，Ferroni G D. Temperature studies of iron-oxidizing autotrophs and acidophilic heterotrophs isolated from uranium mines[J]. Canadian journal of microbiology，1993，39(4):384-388.
[112] 王金祥．我国难浸金矿细菌氧化技术开发研究现状[J]．湿法冶金，1997，1：1-6.
[113] Deng T L，Liao M X，Wang M H，et al. Investigations of accelerating parameters for the biooxidation of low-grade refractory gold ores[J]. Minerals Engineering，2000，13(14):1543-1553.
[114] Deng T，Liao M. Gold recovery enhancement from a refractory flotation concentrate by sequential bioleaching and thiourea leach [J]. Hydrometallurgy，2002，63(3):249-255.
[115] 张在海，王淀佐，邱冠周，等．细菌浸矿的细菌学原理[J]．湿法冶金，2000，3：16-21.
[116] 尹华群．在铜矿矿坑水微生物群落结构与功能研究中基因芯片技术的发展和应用[D]．长沙：中南大学，2007.
[117] 康健．诱变前后混合微生物对铜、锌硫化矿浸出能力比较及其纯种分离研究[D]．长沙：中南大学，2008.
[118] 丁建南．几种高温浸矿菌的分离鉴定及其应用基础与浸矿潜力研究[D]．长沙：中南大学，2008.
[119] 郑明光，叶成，韩旭．新能源中的核电发展[J]．核技术，2010，33(2)：81-86.

[120] 侯建朝，施泉生，谭忠富．我国核电发展的铀资源供应风险及对策[J]．中国电力，2010，43(12):1-4.

[121] Czegledi B，Fekete L，Egyed J，et al. Sodic processing of Hungarian low-grade and waste uranium ores by help of microbiological processes[J]. In：Vienna，Atomic Energy Authority，1983：40.

[122] Bruynesteyn A. The biological aspects of heap and in-place leaching of uranium ores. In：6th Annu[J]. Uranium Seminar. SME-AIME，New York，1983：59-65.

[123] McCready R G L，Wadden D，Marchbank A. Nutrient requirements for the in-place leaching of uranium by Thiobacillus ferrooxidans[J]. Hydrometallurgy，1986，17(1):61-71.

[124] Wadden D，Gallant A. The in-place leaching of uranium at Denison mines[J]. Canadian Metallurgical Quarterly，1985，2：127-134.

[125] 刘健，樊保团，张传敬．抚州铀矿细菌堆浸半工业试验研究[J]．铀矿冶，2001，20(1):15-26.

[126] 王清良，胡凯光，阳奕汉．伊宁铀矿 512 矿床地浸中细菌代替双氧水初步试验研究[J]．铀矿冶，1999，18(4):262-267.

[127] 胡凯光，李传乙，黄爱武，等．湖南某矿细菌浸铀[J]．矿冶，2003，12(2):10-13.

[128] Munoz J A，Gonzalez F，Blasquez M L，et al. A study of the bioleaching of a Spanish，uranium ore. Part Ⅰ：A review of the bacterial leaching in the treatment of uranium ores[J]. Hydrometallurgy，1995，38(1):39-57.

[129] Crundwell F. How do bacteria interact with minerals? [J]. Hydrometallurgy，2003，71：75-81.

[130] 李定龙，钟平汝，李振宗，等．泥矿和高品位精矿搅拌浸出工艺研究[J]．铀矿冶，2011，30(1):26-31.

[131] 邓洪星，孙丽敏，刘金辉．细粒径矿石中铀浸出方法的初步研究[J]．中国高新技术企业，2010，21：45-48.

[132] 李广悦，刘玉龙，王永东，等．低品位铀矿石硫酸搅拌浸出与细菌搅拌浸出研究．核科学与工程[J]. 2009，29(1)：92-96.

[133] Rohwerder T，Gehrke T，Kinzler K，et al. Bioleaching review Part A：fundamentals mad mechanisms of bacterial metal sulfide oxidation[J]. Applied Microbiology and Biotechnology，2003，63(3):239-248.

[134] Sand W，Gerke T，Hallmann R，et al. Sulfur chemistry，biofilm，and the (in) direct attack mechanism-a critical evaluation of bacterial leaching[J]. Applied Microbiology and Bio-technology，1995，43(6):961-966.

[135] 刘建，肖金峰，樊保团，等．细菌堆浸在赣州铀矿的工业应用[J]．铀矿冶，2003，22(2):65-70.

[136] 全爱国，寇子顺，张春晖，等．赣州铀矿某群脉状铀矿床原地爆破浸出试验[J]．铀矿冶，2004，23(4):169-173.

[137] 钟永明，谢国森，李凌波，等．我国原地爆破浸出采铀工艺技术研究与应用[J]．中国矿业，2004，13(6):63-65.

[138] 全爱国，欧阳建功．我国原地爆破浸出开采及其发展前景[J]．铀矿冶，2001，20(1):1-4.

[139] 马新林．原地浸出采铀的科学试验与技术应用[J]．铀矿冶，2000，19(3):145-151.

[140] Klimkova S，Cemik M，Lacinova L，et al. Zero-valent iron nanoparticles in treatment of acid mine water from in situ uranium leaching[J]. Chemosphere，201，82：1178-1184.

[141] Mudd G M. Critical review of acid in situ leach uranium mining：1[J]. USA and Australia Environmental Geology，2001，41(3-4):390-403.

[142] Mudd G M. Critical review of acid in situ leach uranium mining：2[J]. Soviet Block and Asia Environmental Geology，2001，41(3-4):404-416.

[143] 胡凯光，王清良，刘迎九，等. 381 地浸工业中的细菌氧化扩大试验[J]．铀矿冶，1999，18(4):262-267.

[144] Qiu G，Li Q，Yu R，et al. Column bioleaching of uranium embedded in granite porphyry by a mesophilic acidophilic consortium[J]. Bioresource Technology，2011，102(7):4697-4702.

[145] Wadden D，Gallant A. The in-place leaching of uranium at Denison mines[J]. Canadian Metallurgical Quarterly，1985，2：127-134.

[146] Brierley J，Brierley C. Present and future commercial applications of biohydrometallurgy[J]. Hydrometallurgy，2001，59(2)：233-239.

[147] Hallberg K B. New perspectives in acid mine drainage microbiology[J]. Hydrometallurgy，2010，104：448-453.

[148] Rawlings D E，Johnson D B. The microbiology of biomining：development and optimization of mineral-oxidizing microbial consortia[J]. Microbiology，2007，153：315-324.

[149] 童雄．微生物浸矿的理论与实践[M]．北京：冶金工业出版社，1997.

[150] 杨显万，沈庆峰，郭玉霞．微生物湿法冶金[M]．北京：冶金工业出版社，2003：2-3.

[151] 柳建设，邱冠周，王淀佐．硫化矿细菌浸出机理探讨[J]．湿法冶金，1997，16(3):1-3.

[152] Belzile N，Chen Y W，Cai M F，et al. A review of pyrrhotite oxidation[J]. Journal of Geochemical Exploration，2004，84：65-76.

[153] Rosenblum F, Spira P. Evaluation of hazard from self-heating of sulphide rock[J]. CIM Bulletin, 1995, 88(989):44-49.

[154] Norton A E, Crundwell F K. The Hot Heap™ process for the heap leaching of chalcopyrite ores[M]. Colloquium on Innovations in Leaching Technologies (Saxonwold). Johannesburg: SAIMM, 2004: 24.

[155] Maley M. The precipitation of copper species under sulphidic leach conditions[D]. Perth: Curtin University of Technology, School of Applied Chemistry, 2006: 165.

[156] Torma A E. Effects of carbon dioxide and particle surface area on the microbiological leaching of a zinc sulfide concentrate[J]. Biotechnol. Bioeng., 1972, 14: 777-786.

[157] Natarajan K A, Iwasaki I. Role of galvanic interactions in the bioleaching of Duluth gabbro copper-nickel sulfides[J]. Separation Science and Technology, 1983, 18: 1095-1111.

[158] 李洪枝，柯索骏. Co^{2+}对氧化亚铁硫杆菌杆菌活性的影响[J]. 有色金属，2000，52(1):49-51.

[159] 陈泉军，方兆珩. 硫杆菌浸出低品位铜镍硫化矿[J]. 过程工程学报，2001，11: 49-53.

[160] Santos L R G, Barbosa A F, Souza A D, et al. Bioleaching of a complex nickel-iron concentrate by mesophile bacteria[J]. Minerals Engineering, 2006, 19: 1251-1258.

[161] Puhakka J, Tuovinen O H. Microbiological solubilisation of metals from complex ore material in aerated column reactors[J]. Acta Biotechnologica, 1986, 6: 233-238.

[162] Puhakka J, Tuovinen O H. Biological leaching of sulfide minerals the use of shake flasks, aerated columns, air-lift reactor and percolation techniques[J]. Acta Biotechnologica, 1986, 6: 345-354.

[163] Nakazawa H, Hashizume T, Sato H. Effect of silver ions on bacterial leaching of flotation concentrate of copper-nickel sulfide ores[J]. Shigen-to-Sozai, 1993, 109(2): 81-85.

[164] Chen Q, Fang Z. Bioleaching of Ni, Cu and Co froma low-grade Ni—Cu sulfide ore[J]. The Chinese Journal of Process Engineering, 2001, 1: 369-373.

[165] Hunter C J, Williams T L, Purkiss S A R, et al. Bacterial oxidation of sulphide ores and concentrates: United States Patent No. US 7189-527 B22007[P]. 8p.

[166] Halinen A K, Rahunen N, Mtta K, et al. Microbial community of Talvivaara demonstration bioheap[J]. Advanced Materials Research, 2007, 20: 579.

[167] Riekkola-Vanhanen M. Talvivaara black schist bioheapleaching demonstration plant[J]. Advanced Materials Research, 2007, 20: 30-33.

[168] Wen J K, Ruan R, Guo X J. Heap leaching—an option of treating nickel sulfide ore and laterite [C]. Nickel/Cobalt Conference (Perth). Melbourne: ALTA Metallurgical Services, 2006: 9.

[169] Shijie Zhen, Zhongqiang Yan, Yansheng Zhang, et al. Column bioleaching of a low grade nickel—bearing sulfide ore containing high magnesium as olivin, chlorite and antigorite[J]. Hydrometallurgy, 2009, 96: 337-341.

[170] Torma A E. Microbiological extraction of cobalt and nickel from sulfide ores and concentrates: Canadian patent, No. 960463 [P]. 1975.

[171] 王永利，徐国栋. 钴资源的开发和利用[J]. 河北北方学院学报（自然科学版），2005，21(3):18-21.

[172] 唐娜娜，莫伟，马少健. 钴矿资源及其选矿研究进展[J]. 有色矿冶，2006，22: 5-7.

[173] 丰成友，张德全，党兴彦. 中国钴资源及其开发利用概况[J]. 矿床地质，2004，23(1):93-98.

[174] Valix M, Usai F, Malik R. Fungal bioleaching of low grade laterite ores [J]. Minerals Engineering, 2001, 14: 197-203.

[175] Tzeferis P, Agatzini S, Nerantzis E. Mineral leaching of nonsulfide nickel ores using heterotrophic microoriganisms[J]. Letters in Applied Microbiology, 1994, 18(4):209-213.

[176] Valix M, Thangavelu V, Ryan D. Using halotolerant Aspergillus foetidus in bioleaching of nickel laterite ore [J]. International Journal of Environment and Waste Management, 2009, 3(4):253-264.

[177] Bosecker K. Microbial leaching in environmental clean-up programs [J]. Hydrometallurgy, 2001, 59(2-3):245-248.

[178] 谭媛，董发勤，代群威. 黑曲霉菌浸出蛇纹石尾矿中钴和镍的实验研究[J]. 矿物岩石，2009，29(3):115-119.

[179] Boon M, Snijder M, Hansford G S, et al. The oxidation kinetics of zinc sulphide by Thiobacillusferrooxidans[J]. Hydrometallurgy, 1998, 48(2):171-186.

[180] Fowler T A, Crundwell F K. Leaching of zinc sulfide by thiobacillus ferrooxidans: experiments till a controlled redox potential indicate no direct bacteria mechanism[J]. Applied and Environmental Microbiology, 1998, 64(10):3570-3575.

[181] Schippers A, Sand W. Bacterial leaching of metal sulfides proceeds by two indirect mechanisms via thiosulfate or via polysulfides and sulfur[J]. Applied and Environmental Microbiology, 1999, 65(1):319-321.

[182] Schippers A, Sand W. Bacterial leaching of metal sulfides proceeds by two indirect mechanisms via thiosulfate or via polysul-

fides and sulfur[J]. Applied and Environmental Microbiology, 1999, 65(1):319-321.

[183] Natarajan K A. Effect of applied potentials on the activity and growth of Thiobacillus ferrooxidans[J]. Biotechnology and Bioengineering, 1992, 39(9):907-913.

[184] Jyothi N, Sudha K N, Natarajan K A. Electrochemical aspects of selective bioleaching of sphalerite and chalcopyrite from mixed sulphides[J]. Mineral Processing, 1989, 27(3-4):189-203.

[185] Da Silva G, Lastra M R, Budden J R. Electrochemical passivation of sphalerite during bacterial oxidation in the presence of galena[J]. Minerals Engineering, 2003, 16(3):199-203.

[186] Choi W K, Torma A E, Ohline R W. Electrochemical aspects of zinc sulphide leaching by Thiobacillus ferrooxidans[J]. Hydrometallurgy, 1993, 33(1-2):137-152.

[187] Shi S Y, Fang Z H, Ni J R. Electrochemical impedance spectroscopy of marmatit carbon paste electrode in the presence and absence of Acidithiobacillus ferrooxidans[J]. Electrochemistry Communications, 2005, 7(11):1177-1182.

[188] Konishi Y, Nishimura H, Asai S. Bioleaching of sphalerite by the acidophilic thermophile Acidianus brierley[J]. Hydrometallurgy, 1998, 47(2-3):339-352.

第6章　矿物材料制备

我国是个资源大国，矿产资源丰富，品种众多，分布广泛。同时我国又是一个人均资源量相对世界水平较低的国家，因此如何高效利用矿物资源成为国家科技工作的重点。矿物资源因其表面性质特殊而在现代化工业生产等各个领域具有巨大的潜在价值，同时，矿物向材料的开发与转变促进了矿物资源在各行各业的深入应用。

矿物向材料的转变是一个综合而复杂的过程，也可以归属为矿物加工学科的一个分支。人们利用矿物的方式有多种，如果利用的是矿物中的有价元素，从而研究设计这些有价元素的提取、分离技术，则是关系到选矿、冶金的学科。而如果利用的是矿物本身的物理化学特性，开发、设计基于矿物的有用材料，并选择、优化矿物加工的技术和工艺，开发矿物的新型利用方法，分析矿物向材料转变过程中的科学规律，则属于矿物材料领域的研究范围。以矿物为原料的材料设计，目前绝大部分还是以非金属矿物为基础的研究工作。原因在于，非金属矿物是自然界中分布最广的矿物，具有许多优良的理化性能，能够在现代科技的发展中提供稳定、优良的原材料。而从另一个角度来说，金属矿物的利用现仍主要是以冶金为目的，只有不能获得高价值金属产品的非金属矿物，在应用与开发中可以避免冶金等加工过程中对矿物原料的破坏，从而在保持矿物本身的优良特性的同时，发挥非金属矿物的独特优势，为各种新材料提供优质原材料。

矿物材料的研究是基于矿物加工的技术，但区别于以冶金为目标的矿物加工，是一种面向材料的矿物加工科学。其中涉及的物理化学方法多种多样，涉及的科技知识非常广泛，特别是近年来，对非金属矿物的高效利用，高附加值产品的开发，新工艺、新技术等的研究，科学家们的研究热情正日趋高涨。因此，有必要对矿物向材料转变过程中的技术及相关原理进行收集分析，进而归纳其中的科学规律，理清矿物材料学科的相关科学问题，为矿物材料学科的发展提供科学借鉴。

本章从对非金属矿物的基本属性的探索与分析出发，以自然界含量最大的硅酸盐为典型代表，从第一原理计算的角度分析非金属矿物的原子、电子性质与结构规律；再综合分析矿物的超细加工、选矿提纯技术，在提取出了合格的矿物原料后，分别解析矿物表面改性、结构改型的技术方法和研究进展，分析非金属矿物向有用材料转变的研究现状，以期发现其中的相关科学规律，并提出以后的研究发展趋势。

6.1　非金属矿物及矿物材料的理论计算

量子力学计算方法是根据原子核和电子的相互作用原理得到所研究体系的基态能及其几何结构，然后进一步计算电子、光学性能，一般被称为密度泛函理论（Density Functional Theory，DFT）计算、第一性原理（first principle）计算或从头计算（ab initio）方法。近年来已有部分学者模拟与计算了一些非金属矿物的物理、化学性质，并基于这些计算结果，开展理论的实验验证和应用试验研究，加强了对非金属矿物的电子、原子层次的本质认识，大大方便了人们对矿物及材料的基本科学规律的理解。用第一性原理的方法对矿物材料进行基础性理论研究，有以下基础应用领域：

（1）矿物的结构模型及结构水的影响。由于自然界中硅酸盐矿物颗粒非常细小，并常混有其他种类的矿物质，目前通过实验手段获取准确的硅酸盐矿物内部结构信息还不现实，可以通过理论计算对矿物的微观性质进行研究。物质的性能取决于物质的结构，因此，获得硅酸盐矿物内部结构信息是了解其物理、化学性质和力学性质的前提。矿物与水相互作用是矿物发生大变形的根本原因。因为在矿物与水相互作用过程中，大量吸入水分子，当水达到一定比例时就会影响矿物的物理、化学及力学性质导致矿物结构发生变化。因此，研究矿物与水的作用机理显得格外重要。

（2）内部缺陷、杂质与矿物物理、化学及力学性能的关系。在实际的自然界中，矿物内部存在很多缺陷、杂质。不同种类的缺陷、杂质在相当程度上影响了矿物的物理、化学和力学性质。从微观角度上描述这些杂质、内部缺陷对矿物性质的影响，并在物理上用不同参数清晰地给出数量和计算关系是研究的关键所在。

(3) 矿物的表面吸附与改性的微观机理。小分子与矿物的相互作用机理是催化和环境科学研究的一个重要领域。无机-有机体系可以用来研究硅酸盐矿物的表面化学性质。近年来关于矿物超薄杂化层的合成和表征研究成果，对矿物的本质和活性位点的分布提供了完善的信息，并为在功能材料设计中开发硅酸盐矿物的新应用领域提供了可能。而矿物的表面改性主要可以分为表面的负载嫁接和表面掺杂。表面的负载嫁接包括在表面负载和嫁接各类有机官能团或无机金属离子。矿物结构和表面的羟基作为一种分子信息基团对它们局域环境的微观改变非常敏感。硅酸盐矿物在不同长度范围的纳米尺度结构中，与表面性质相关的（也可能是最重要的），就是氢键的长度范围。氢键决定了 1∶1 层状硅酸盐的尺寸和形状，以及很多黏土矿物的表面化学性质[1]。

(4) 矿物的本征结构改性的微观机理。矿物本征结构改性的相关文献报道较少，本征改性根据对矿物晶体结构的改变程度，所涉及范围较广。通过物理化学手段，对矿物表面结构进行改性，或进一步对矿物内部结构进行改性来制备一系列的新型矿物材料，在新型功能材料的研究中有重要地位。因此，有必要对矿物的结构改型过程进行深入的研究和认识。

6.1.1　层状硅酸盐的理论研究

层状硅酸盐黏土矿物具有和沸石相似的化学性质，经常被用作固体酸性催化剂和吸附剂，以及杂化复合材料的主要组成成分。P. Boulet 等人[2]对近年的黏土矿物电子结构计算进行了总结，重点分析了结构和性能之间的关系。Patrick H. J. Mercier 等人[3]在把 36 种不同变形结构的高岭石分成 20 种不同能量结构和 16 种对映后，采用密度泛函理论研究了这些高岭石模型。B. Militzer 等人[4]通过采用密度泛函理论对层状硅酸盐白云母、伊蒙混层矿物、高岭石、地开石、珍珠石等的弹性模量进行了详细的研究，发现阳离子的无序排列产生的影响很小。计算得到的硬度偏高且 p-wave 各向异性偏低，被认为是由于实验中的天然样品有规则排列的扁平孔存在而造成的。Daniel Tunega 等人[5]评估了十种密度泛函理论方法在预测 4 种层状硅酸盐结构（见图 6-1），即滑石（$Mg_3(Si_4O_{10})(OH)_2$，空间群 *P*-1）、叶蜡石（$Al_2(Si_4O_{10})(OH)_2$，1*Tc* polytype，空间群 *C*-1）、利蛇纹石（$Mg_3(Si_2O_5)(OH)_4$，1*T* polytype，空间群 *P*31*m*）和高岭石（$Al_2Si_2O_5(OH)_4$，空间群 *C*1）上的应用。着重通过对比标准局域泛函和半局域泛函（LDA，PW91，PBE

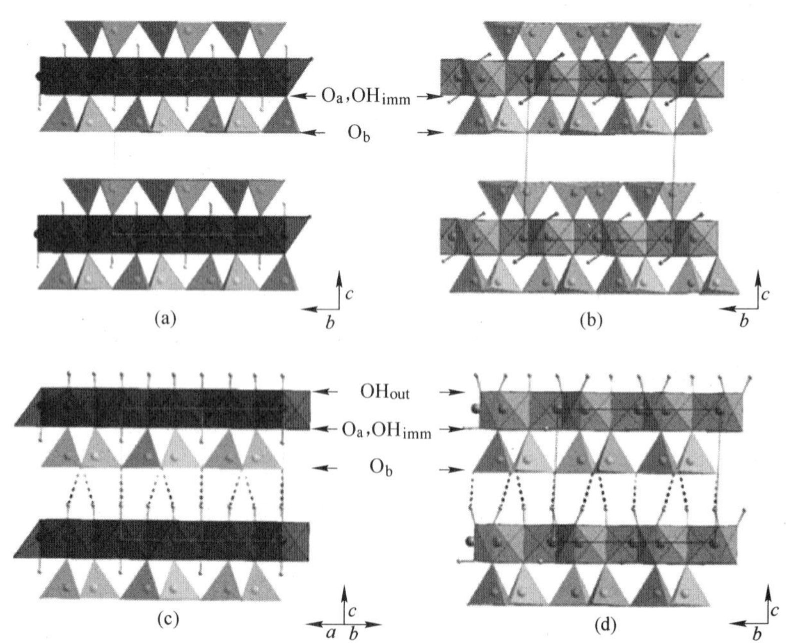

图 6-1　三八（滑石）、二八面体（叶蜡石）的 2∶1 层状结构黏土矿物及三八（利蛇纹石）、二八面体（高岭石）的 1∶1 层状结构黏土矿物（虚线区域为原胞）[5]

(a) 滑石；(b) 叶蜡石；(c) 利蛇纹石；(d) 高岭石

和RPBE）、离散修正泛函（PW91-D2，PBE-D2，RPBE-D2 和 vdW-TS）及其他修正泛函（PBEsol 和 AM05）对离散修正的影响。标准 DFT 泛函未能正确预测结构参数，而离散修正使得计算结果有显著提升，与实验高度吻合，*c* 轴晶格矢量的相对误差下降到小于1%。其他修正泛函也得到了类似结果，特别是，PBEsol 与 DFT-D2 的结果非常相似。

6.1.1.1　高岭石

A　高岭石结构及结构水相关的理论计算

在近年来的文献报道中，随着计算能力的提高，大量研究者开始了对硅酸盐矿物结构模型及其结构水的影响的密度泛函理论研究，其中主要以高岭石结构为主。高岭石族矿物一般在岩浆热液蚀变和风化过程中形成，并被材料化学、环境地球化学和高压矿物物理学的学者们所广泛研究。

高岭石（kaolinite）是一种典型的1∶1型二八面体层状硅酸盐，主要是长石和其他硅酸盐矿物天然风化蚀变的产物。其原胞结构单元层由 Si—O 四面体层与 Al—OH 八面体层连接形成的结构层沿 *c* 轴堆垛而成。层间没有阳离子或水分子存在，强氢键加强了结构层之间的连接。Si—O 四面体层通过部分的转动和扭曲与变形的 Al—OH 八面体层相结合。高岭石族的结构层的堆积方式是相邻的硅铝层沿 *a* 轴相互错开 1/3*a*，并存在不同角度的旋转，从而形成其他不同的构型，如地开石（dickite）和珍珠石（nacrite）等。高岭石的结构和相关性质中，2D 堆积结构中的缺陷和氢键是它们多形现象的主要因素[6]。Etienne Balan 等人[7]采用GGA 泛函对高岭石的红外光谱进行了计算，随后又研究了高岭石类矿物，如高岭石、地开石、珍珠石等的 OH 伸缩模式[8]。R. B. Neder 等人[9]通过对 Iowa 的高岭石单晶进行晶体结构精修，得到与实验数据一致的结果，并确定了高岭石晶胞参数。

Claire E. White 等人[10]分析了不同文献报道中关于高岭石内表面和内表面羟基的精确几何结构的一些分歧，研究了一些交换相关能函数在提供精确的结构信息上的作用。计算得到的高岭石结构为 C1 对称性，其中内表面羟基与 *ab* 面平行，外表面羟基与 *ab* 面垂直。Sergio Tosoni 等人[11]采用含极化双高斯基组的 B3LYP 泛函研究了高岭石 OH 基团的结构和振动频率性质，如图6-2 所示。层内的羟基（OH1）与弱层间氢键相关，而层间羟基（OH2，OH3，OH4）的静电互补使得层结构稳定。计算得到的 OH 伸缩频率和实验结果有 $20cm^{-1}$ 的最大误差，表面势能计算表明 OH 基团在室温下有较大幅度的运动半径并导致红外光谱出现宽化和额外频带。

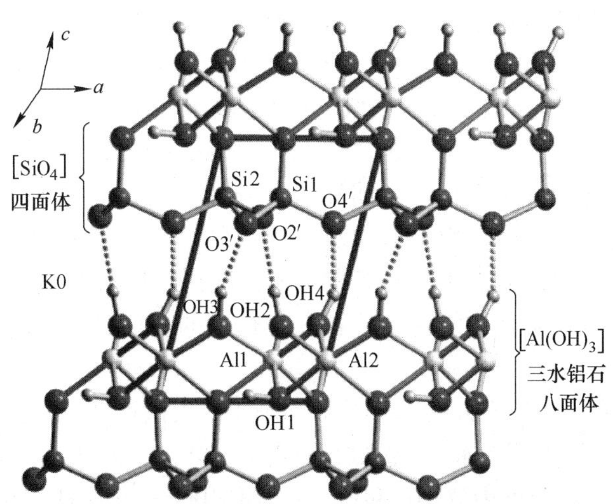

图6-2　高岭石体相结构及其层间氢键分布（虚线）[11]

Claire E. White 等人[12]通过结合非弹性中子散射分析和密度泛函理论，研究了高岭石结构及其堆积缺陷。通过研究不同的堆积缺陷模式，发现低频模式受长 O—HO 氢键的影响（-0.3151a-0.3151b 堆积模式）。他们认为在 KGa-1b 型高岭石中 -0.3151a-0.3151b 堆积模式是主要模式，且导致实验和计算结果的微小差异主要为氢键中质子的量子跃迁效应导致低频率模式的软化。Hisako Sato 等人[13]采用密度泛函理论研究了高岭石的体弹性模量和弹性常数。近30年来，高岭石27Al NMR 谱中两种 Al 位点一直未能分辨开来。Bing Zhou 等人[14]分析了高岭石中两个不同的 Al 位点的四极耦合参数，并解释了不同势强度场下 NMR 不易分辨的原因，借助密度泛函理论的 NMR 计算解决了这个问题。Michael Paris 等人[15]发现外部肩峰迁移的单独自旋肩峰在低强度磁场（7T）下可以分辨两种 Al 位点，且通过密度泛函理论验证了以上结论。他们认为这种实验和理论相结合的方法可以被广泛地用于黏土矿物、硅酸盐材料及其他含有需要分辨重叠 NMR 峰的化合物。

Merlin Meheut 等人[16]研究了高岭石、石英和水体系中的平衡同位素含量，发现在 300K 下，高岭石中$^{18}O/O$ 含量比为 12.5‰，$^{30}Si/Si$ 比为 1.6‰。Hong Hanlie 等人[17]采用密度泛函理论的离散变分方法 DFT-DVM 研究了高岭石团簇的表面性质及其电子轨道分布。Claire E. White 等人[12]通过结合非弹性中子散射分析和密度泛函理论，研究了高岭石结构及其堆积缺陷。发现低频模式受长氢键的影响，导致实验和计算结果的微小差异主要为氢键中质子的量子跃迁效应导致低频率模式的软化。分子动力学计算表明非简谐作用在高岭石结构的动力学上没有明显作用。

L. Benco 等人[18]研究了高岭石结构中 O—H 键的伸缩频率。4 个 OH 基团间形成 O—H…O 键长 18 ~ 26nm 的弱氢键。波速自相关函数的傅里叶变换得到的 O—H 伸缩频率与 O—H…O 键长成半线性关系，并通过系统的计算逐步增加层间距后的结构变化，研究了有效氢键的极限情况，确定了 OH 基团是否提供有效氢键的几何参数为：$r(O—H\cdots O)\approx 30nm$，$r(O\cdots O)\approx 40nm$。

B 高岭石表面吸附的理论计算

层状硅酸盐矿物的表面和层间改性包括在表面负载和层间插入各类有机官能团或无机金属离子。至今为止，层状硅酸盐的表面改性的 DFT 计算主要集中在有机官能团的表面负载嫁接。文献报道中，甲酰胺[19]、苯[20]、铀酰[21~23]、十二烷胺[24]、正庚烷、甲苯、吡啶[25]、仲丁醇[26]、硝酸和硝酸根分子[27]，β-D-葡萄糖和 β-葡萄糖苷[28]、醚胺类分子[29]、极化官能团羧基羟肟酸[30]、2，4-DNT 分子[31]等在高岭石表面的吸附受到了研究者的关注。无机离子掺杂高岭石的 DFT 计算研究正处于起步阶段。有相关文献报道了金[32]、Pb(Ⅱ)[33]等在高岭石表面的吸附和扩散。

Daniel Tunega 等人[34]采用第一性原理的分子动力学模拟研究了高岭石（001）面两个表面吸附点的性能，以及高岭石表面与水、乙酸分子的相互作用规律，这两种分子都含有两性特征的质子给体及受体。发现这两种极性分子都强烈地吸附于八面体表面（也就是 Al—OH 表面），但与四面体表面（Si—O 表面）只有弱作用力。水分子在高岭石表面 Oh 位点的吸附结构如图 6-3 所示。另外，还观察到了乙酸羧基和高岭石表面羟基之间的质子跳跃迁移现象。他们还采用短时第一性原理分子动力学，研究了单层分子水单在层高岭石 Oh 和 Td 面的结构和动力学性质[35]，发现在两个表面水分子层的排列和结构有显著区别。Oh 面和水的氢键作用明显强于后者，因此两面分别被认为是亲水层和疏水层。

随后，Hu Xiaoliang 等人[36]为了解释高岭石在多相冰团聚的现象，研究了水在高岭石（001）表面的吸附情况，其中考虑了低覆盖率的水单体、水团簇、水双层及多层结构。计算表明，吸附水分子间不存在明显的团聚倾向，且稳定的二维冰结构的双层水结构可导致高岭石表面湿润；多层冰的生长稳定性较差，说明高岭石表面覆盖水层后显疏水性。该工作揭示了水在高岭石表面的复杂行为。莫曼等人[37]对黏土矿物中的高岭石表面吸水进行研究，发现高岭石具有羟基的表面更易于吸附水分子且更为稳定，而且吸附水分子越多越不稳定。

Alena Kremleva 等人研究了铀酰在高岭石两中性（001）表面的吸附[23]，检验了不同种类表面模型，如图 6-4 所示。通过检验不同吸附位点的结构和吸附能，发现 Si—O 面吸附作用小于 Al—OH 面，且吸附于 Al—OH 内、外表面的质子化位点为放热过程，且优先作用于单配位基。吸附后复杂体系的吸附能和结构特征主要由脱质子表面羟基的数量决定。两外表面的吸附使得与高岭石表面接触的 U—O 键长相对于其他情况有所减小，这种键长的分裂与一般的铀酰外表面复杂体不同。之后，他们又研究了铀酰在八面体表面的吸附[22]，并同时考虑了在溶液体系和非溶液体系的两种情况。内层双配合物吸附在部分脱质子的短桥位点 AlOO(H)和长桥位点 AlO—AlO(H)为最可能的吸附结构。铀酰配合物在脱双质子的 AlO—AlO 长桥位点形成 3 个配位键，类似现象没有在短桥位点发生。铀酰在单脱质子的长桥位点的稳定吸附结构未能确定。另外，研究表明表面单层水分子溶液对铀酰的吸附结构的影响很小，在等效平面的 U—Oeq 键长缩短 2pm，U—Al 键长增加 4pm，但是溶液体系导致铀酰在长桥位点和短桥位点的吸附结构稳定性相似。

无机离子掺杂高岭石的 DFT 计算研究正处于起步阶段。Min Xinmin 等人[32]采用离散变分的密度泛函

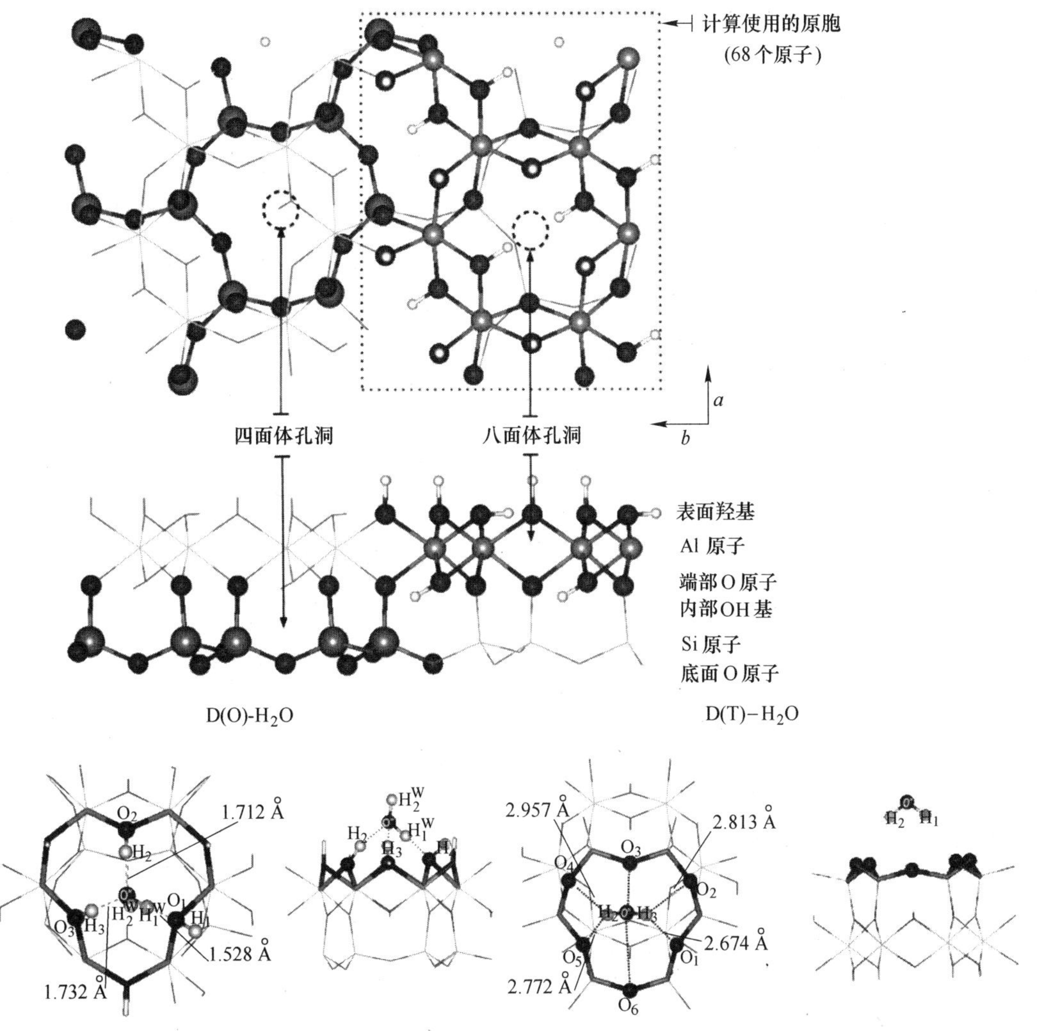

图 6-3 高岭石表面 Oh、Td 空穴以及水分子在其中的吸附结构[34]

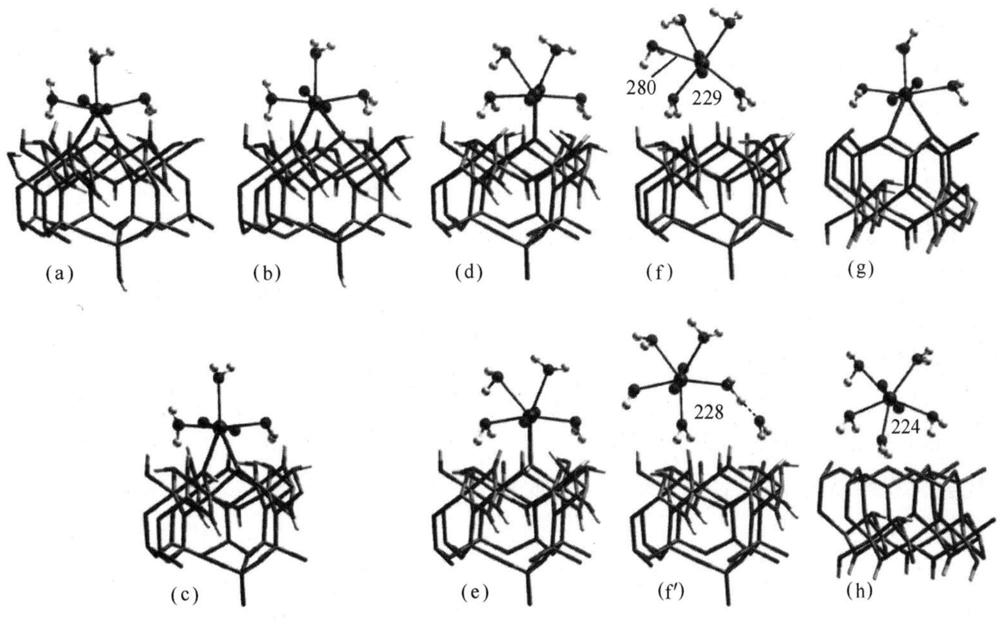

图 6-4 在铀酰高岭石表面的吸附结构[23]

理论研究了高岭石与金的相互作用，并讨论了结构、化学键和稳定性之间的关系，发现金在层结构边缘的相互作用强于在垂直上下的位置。王娟等人[38]探讨了水体环境中 $Pb(OH)^+$ 在高岭石铝氧八面体（001）晶面的吸附行为和机理。Manchao He 等人[33]研究了 Pb(Ⅱ)在高岭石（001）表面的吸附和扩散，以及 Pb(Ⅱ)/高岭石（001）界面的电荷分布、结构变化、态密度等，并系统地讨论了覆盖率和能量之间的关系。Manchao He 等人[39]研究了 Mg、Ca、Fe(Ⅱ)等杂质对含水高岭石（001）表面结构的影响（见图6-5）。掺杂位点的表面结构受电荷重新分布的影响，从压缩变为膨胀。水分子在掺杂表面的吸附能比未掺杂表面的要低，且水分子也可在掺杂表面第二层的空位处吸附，但掺杂表面没有发现类似现象。在 Mg、Ca、Fe(Ⅱ)等的掺杂表面，水分子从表面吸附位点渗透到第二层的 O 层的能垒分别为 1.18eV、1.07eV、1.41eV，表明掺杂使得高岭石表面的吸附水渗透能力提高。

(a)

(b)

图6-5　水分子在金属掺杂后的高岭石表面和表面空穴的吸附
（a）表面吸附；（b）表面空穴的吸附

C　高岭石有机-无机插层的理论计算

插层改性作为一种工业上应用非常广泛的改性方式，是通过在层间插入其他无机离子或有机组分来改变高岭土的各项性质，从而制备一系列纳米复合材料，以提高材料的力学和热学性能。高岭石通常被用作在工业和环境保护中的新型有机杂化矿物材料的基体，为了让矿物结构更好地和有机分子作用，一般会使用高岭石-甲醇复合物。通过液相法、机械化学法插层等方法，可在层间插入一些有机无机分子，如尿素、甲酰胺、醋酸钾、聚乙二醇等来扩大层间距，从而制备各种离子交换器、纳米反应器等。至今为止，国内外研究者们展开了关于水[40,41]、乙酸钾[42]、甲酰胺[43]、水合肼[44]、二甲基亚砜[45~47]和二甲硒亚砜[46]等有机无机分子插层高岭石的密度泛函理论研究。

Renan Borsoi Campos 等人[41]采用 AM1、PM3 和 HF/6-31G 泛函计算了水插层高岭石团簇体系的红外谱，研究了水分子和四个羟基的振动频率和强度。发现水分子主要通过双氢键吸附并部分进入 Si—O 内表面，且其 OH 振动频率相对于气相态的振动频率有所下降，但仍然高于实验观测的数值。

Hong Hanlie 等人[17]采用密度泛函理论的离散变分方法 DFT-DVM 研究了高岭石团簇的表面性质及其电子轨道分布。Andrea Michalková 等人[47]采用周期性近似研究了二甲亚砜插层高岭石，发现形成稳定插层最主要的力为二甲亚砜的磺酰氧和高岭石表面的羟基间的氢键，且二甲亚砜的最终插层位置受其中的甲基和高岭石表面的氧之间的弱氢键影响。随着插层过程中层间距增大和二甲亚砜分子从液相中分离，体系经历一个高吸能过程和两个放热过程。Eva Scholtzová 等人[46]采用密度泛函理论研究了二甲亚砜和二甲硒亚砜插层高岭石，详细分析了其氢键的几何结构、插层的单独振动模式，并把氢键和其形成能关联起来，与文献报道的红外和拉曼光谱一致。Piero Ugliengo 等人[48]采用离散相互作用修正的密度泛函理论，即采用 B3LYP-D* 泛函研究了高岭石层状结构及其能量和振动特征。离散修正项大幅度提升了层间作用能，解释了插层膨胀中对强 Lewis 碱性分子的需求。一般来说，离散修正对 B3LYP 简谐频率的影响很小，虽然层间分离会导致明显的扰动。

乙酸钾插层高岭石是环境恢复和工业应用的一个关注内容，然而受热后的原子结构变化依然难以琢磨。Claire E. White 等人[42]研究了温度对乙酸钾插层高岭石的局域结构的影响。他们首先采用中子对分布函数分析了复合材料的局域结构特征，然后通过研究一系列可能的水和乙酸钾在高岭石层间的排列来揭示这种材料的复杂本质（见图6-6）。发现水合乙酸钾在高岭石层间以单层形式存在。其中钾离子和乙酸分子在受热后易于和脱羟基后的高岭石表面 AlO 层的负电荷氧原子成键。该研究表明这种插层复合脱羟基高岭石含有大量的应变铝和碱离子，将是传统铝硅酸盐的可行替代物。

Jakub Matusik 等人[45]采用离散修正泛函 DFT-D2 计算了高岭石-二甲亚砜复合物的结构和振动谱。计算表明这种复合物中多余的强极性二甲亚砜将阻止甲醇的插入和进一步嫁接。高岭石-二甲亚砜复合物和

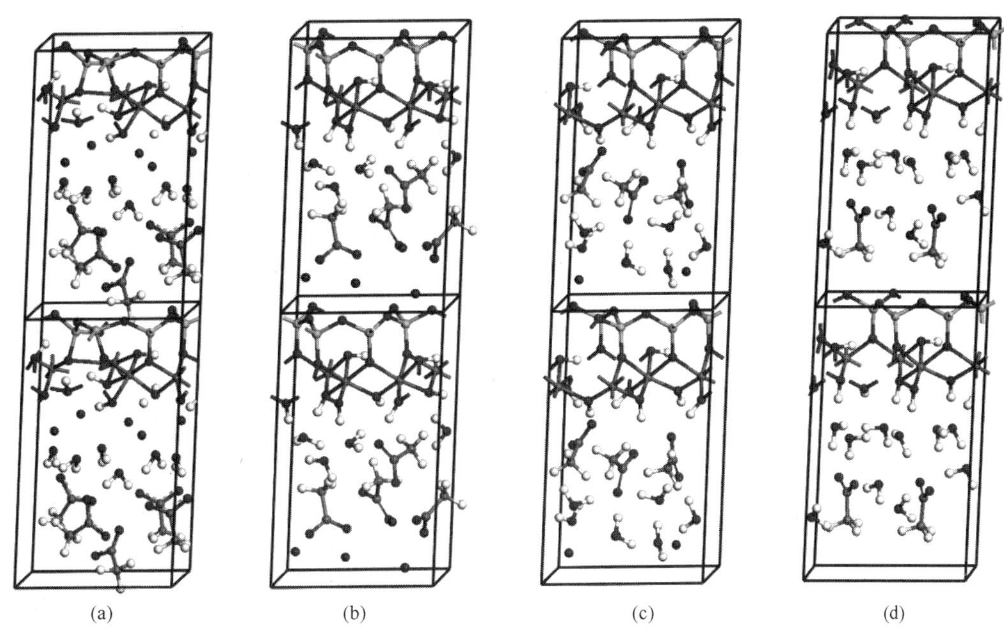

图 6-6　不同数量的水分子、乙酸离子和钾离子插层高岭石的几何结构
(a) 模型一；(b) 模型二；(c) 模型三；(d) 模型四

甲醇的反应将产生嫁接的甲氧基团和插层甲醇，以及层间水分子的增加。振动谱计算表明，单独的振动模式对复杂谱带的贡献，C—H 振动能顺序为：$V_{as}CH_{met} > V_{as}CH_{mtx} > V_{s}CH_{met} > V_{s}CH_{mtx}$。由于高岭石含有多种缺陷，包括杂质掺杂以及水分子的吸附和层间渗透等复杂情况，钱萍等人[43]采用 B3LYP 杂化泛函 6-31G（d）基组研究了甲酰胺在高岭石表面负载和层间插层的结构变化，并发现吸附情况的作用能比插层情况高，表明甲酰胺/高岭石的插层结构比吸附结构更稳定。随后，他们又对高岭石层间团簇模型与 1～3 个插层的水分子相互作用的团簇的各种性质进行了研究[40]。随着水分子数的增多，体系能量逐渐减小，氢键强度逐渐增强。水合肼以其碱性及吸附性受到越来越多的关注，同时它在黏土中的污染问题也越来越受到重视。钱萍等人[44]对一水合肼以及二水合肼在高岭石层间的插层性质进行探究。当一水合肼进入层间后，水分子和肼分子之间的相互作用发生了改变。结果说明，若要将肼脱附，需将层间距增大以减弱肼分子与高岭石的作用，再用溶剂将其脱附。

D　高岭石本征结构改性的理论研究

目前高岭石本征结构的改性理论研究主要可以归纳为以下几个方面：本征缺陷[49]、脱羟基[50～52]、高压形变[53, 54]。Jawad Nisar 等人[49]对比了 PBE、HSE 泛函和 GW 近似下高岭石的禁带宽度，含本征缺陷以及不含本征缺陷下的电子结构，不同生长环境下本征缺陷的形成能。Claire E. White 等人[50]研究了高岭石热处理脱羟基过程的局域结构演变过程。他们研究了高岭石的脱羟基过程，即一些水分子逐步从结构中脱除，经历结构重组后再重复脱水的过程。Claire E. White 等人[51]结合中子对分布函数数据和密度泛函理论，基于热动力学和局域结构，研究了在科研和工业上非常重要的一些复杂亚稳定高岭石的原子结构，并研究了亚稳定高岭石和亚稳定复杂材料的化学和力学性质变化。Shani Sperinck 等人[52]研究了高岭石脱羟基形成偏高岭石的分子动力学过程。Vladimir V. Murashov 等人[55]研究了石英和高岭石未优化低指数表面模型，该工作为将来进一步表征机械粉碎的可恢复的二氧化硅表面性质奠定了基础。

Mark D. Welch 等人[53]研究了高压下高岭石的相变，结合实验与密度泛函理论的计算结果促进了密度泛函理论在复杂多相类型体系的应用。随后，Mark D. Welch 等人[54]通过结合同步辐射的红外光谱和密度泛函理论，进一步研究了高达 9.5GPa 的高压下高岭石的行为变化，验证了 X 射线衍射实验观测到的高岭石Ⅲ到高岭石Ⅰ的相变过程和高岭石Ⅱ到高岭石Ⅲ的不可逆过程。

6.1.1.2　蒙脱石的理论计算

蒙脱石是蒙皂石（Smectite）族最常见的一种矿物，属 2∶1 型单斜晶系的含水层状结构硅酸盐矿物，

空间群 C_2/m。蒙脱石在我国辽宁、黑龙江、吉林、河北、河南、浙江等地都有产出。蒙脱石的用途多种多样，它的特性运用到化学反应中将产生吸附作用和净化作用，它还是造纸、橡胶、化妆品的填充剂，石油脱色和石油裂化催化剂的原料，也作为地质钻探用泥浆，冶金用黏合剂及医药（主要制造蒙脱石散）等方面。在应用研究时，需要对蒙脱石的基本结构和性质进行深入分析，以探明矿物应用的基本规律。

A　蒙脱石离子交换的理论研究

Briones-Jorado 等人用 DFT 和团簇模型研究了蒙脱石酸处理过程中，同构替换对 Bronsted 酸性位点的影响。在几何优化、能量和红外光谱振动的计算结果表明，对于蒙脱石，镁同构替换八面体结构中的铝，相比铝替换四面体结构中的硅来说，会导致更强的酸性位点和更有效的质子化作用[56]。

B　蒙脱石吸附的理论计算

Wungu 等人通过 DFT 研究了锂在蒙脱石的吸附情况。结果表明，锂最终的吸附位置从蒙脱石的层间移动到八面体的空位，和实验结果非常吻合。从态密度曲线可以得知，蒙脱石吸附的锂被离子间的强吸附力聚集在一起，表现出绝缘性。由于蒙脱石八面体结构中锂的存在，—OH 基团从 c 轴垂直状态调整为 ab 面，并且锂电子发生了转移，补偿蒙脱石类质同象置换引起的净电荷[57]。在此基础上，Wungu 等人研究了水分子和锂-蒙脱石的相互作用。结果表明，在高浓度水环境中，蒙脱石吸附锂的稳定性更好[58]。2012 年，Wungu 等人研究了锂-蒙脱石在低水浓度条件下的电荷载体性质。计算结果显示，在水分子存在的情况下，锂跨越 0.09eV 能量的障碍就能够从蒙脱石表面迁移到表面上方的一个距离[59]。

Mignon 等人用 DFT 方法、PBE-D 理论，研究了 DNA 核酸碱基和酸性蒙脱石之间的相互作用[60]。Berghout 等人研究了蒙脱石层间吸附不同水量的晶面间距变化行为[61]。Briones-Jorado 等人研究了在蒙脱石为催化剂的两种重要催化化学过程：NO 分子中 N—O 键断裂和 CO 氧化过程，Cu^+-蒙脱石是用 BLYP 理论方法建立的团簇模型，研究分析了铜离子交换后的蒙脱石作为基体的可行性[62]。

C　蒙脱石插层、剥离的模拟计算

Shi 等人用 DFT 方法研究了蒙脱石插层甲酰胺（FA）和质子化的甲酰胺（FAH）的结构系统地分析了 FA/FAH、H_2O、Na^+ 以及蒙脱石的内表面间的相互作用。结果表明，FA/FAH 的 C ═O 和 Na^+ 有强的库仑作用，—$CONH_2$ 和水以及蒙脱石表面形成了氢键，并通过协同作用，H_2O 对 FA 的吸附有促进作用[63]。他们还研究了在 Si^{4+} 取代蒙脱石结构中 Al^{3+} 的过程中，层间的电荷补偿离子在蒙脱石中的插层行为[64]。Myshakin 等人以蒙脱石为例，用经典力学中的分子模拟研究了黏土矿物-水-CO_2 系统在一定压力和温度下与地质中碳容量的关系[65]。Scholtzová 等人结合实验和理论计算的方法研究了 Na-蒙脱石和蒙脱石插层四甲基铵阳离子（TMA^+）的结构和振动特性[66]。相关结果为蒙脱石的插层研究提供了理论依据。

Xia 和 Ding 等人[67, 68]分别结合实验和计算方法研究了在剥离的蒙脱石片上负载钯金属的催化剂（见图 6-7）。Xia 的实验结果表明，在酸性环境下，钯/蒙脱石片催化剂比钯/碳复合催化剂更稳定。计算结果解释了这一实验现象，在剥离的蒙脱石片中的铝氧八面体中的氧原子固定了钯纳米颗粒，能够使钯纳米颗粒牢牢地与蒙脱石片基体结合[67]。

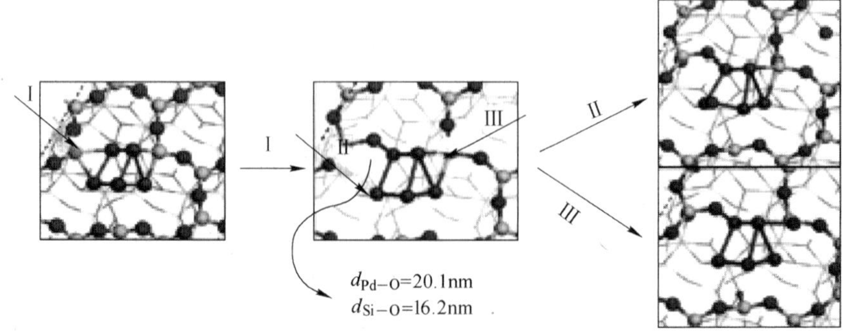

图 6-7　Pd5/MMT 中氧原子的氧化反应[12]

6.1.1.3　叶蜡石的理论计算

叶蜡石是属结晶结构为 2∶1 型的层状含水铝硅酸盐矿物。适合做人工合成金刚石用的坯料（模具）、陶瓷、耐火材料、玻璃纤维、雕刻石等。可广泛应用于陶瓷、冶金、建材、化工、轻工等工业部门。我国的叶蜡石矿山多地处福建、江西和浙江等地，北京门头沟的叶蜡石矿已基本停采。有关叶蜡石的模拟计算主要集中在表面的性质和表面吸附特性等方面。

在叶蜡石的结构性质方面，Bruno 等人在 DFT 基础上用 Hartree-Fock 方法研究了叶蜡石等的几何结构优化和电势能计算[69]。Larentzos 等人用从头算方法和经典分子模拟研究了不带电荷的2∶1 型层状硅酸盐，滑石和叶蜡石的结构和振动性能[70]。Tunega 等人发现叶蜡石堆积结构中非键作用力色散力占主导地位[5]。

一些科学家还对叶蜡石结构内的脱羟反应等进行了研究，Geatches 等人以叶蜡石催化丙酸生成烷烃和 CO_2 为模型，用周期模型、平面波、从头算等方法，来研究脱羧反应[71]。Perez-Rodriguez 等人研究了叶蜡石的脱羟基化和该过程的可逆性。此外，有人观察到，部分或完全脱羟基的叶蜡石在冷却至室温时，有部分发生了可逆的再羟基化。为此 Perez-Rodriguez 等人对其过程做了红外分析、XRD 分析、热重分析及动力学分析[72]。而作为热处理脱羟基的一个限制因素，Molina-Montes 等人模拟了叶蜡石的再羟基化过程。中间体的再羟基化和互变能证实了实验观察到的温度函数的大范围变换的原因[73]。他们还研究了双八面体2∶1 层状硅酸盐脱羟基和再羟基化过程中的一个最具争议的问题，即水从矿物的内部结构的释放，并利用分子动力学模拟了叶蜡石的一个周期性晶体模型中的水的释放[74]。

在叶蜡石表面的分子吸附模型方面，Sainz-Díaz 等人根据 Hartree-Fock 和 DFT，采用量子力学方法，研究了以噻吩、苯并噻吩、二苯并噻吩作为芳香烃杂环模型在叶蜡石（001）表面的吸附行为[75]。在所有的计算级别中，分子结构、偶极矩、热力学性质和振动模态都和实验数据吻合较好且能预测非可用值[76]。Zhang 等人对叶蜡石（001）面的水吸附特性进行了计算（见图 6-8）。发现水分子可以结合任何一个或两个表面基底的氧原子，依赖于结合结构和结合位点，其吸附能的变化从 -0.19 ~ -0.10eV。因为水-水的相互作用比水-表面相互作用强，表面上的两个或多个分子组成的活性结构会使它们的气相分子团聚；一个水分子可以与叶蜡石八面体层上的羟基形成配位键，但该结合是不稳定的[77]。

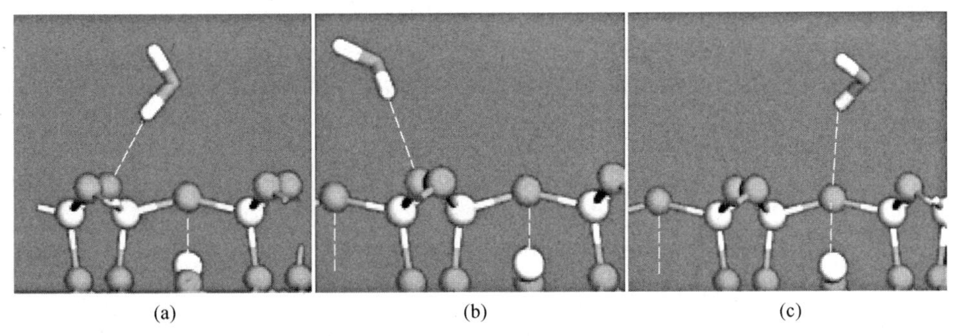

图 6-8 叶蜡石表面吸附一个水分子的结构优化[23]

Zhu 等人应用 DFT 和分子模型以探讨碳纳米颗粒（CNPS）和地质吸附剂之间的相互作用。地质吸附剂是吸附富勒烯（C_{60}）的叶蜡石，并与富勒烯团聚分子作对比。该方法是可转换的，并可简单地应用于更复杂的 CNP-黏土系统。他们预测 C_{60}分子优先吸附在矿物的表面，最稳定的吸附地点是表面的复三角空腔[78]。Kremleva 等人针对吸附在溶剂化的叶蜡石的（110）和（010）边缘表面的 UO_2^{2+}，计算了 U—O 到表面的平均距离，并发现了因铀的配位数增加而增加的水性配体氧原子，但结果和 EXAFS 的结果呈相反趋势[79]。

6.1.2 架状硅酸盐矿物的理论计算

6.1.2.1 沸石的理论计算

沸石（zeolite）是一种含水的架状结构铝硅酸盐矿物，自然界已发现的沸石有 30 多种，晶体所属晶系随矿物种的不同而异，以单斜晶系和正交晶系（斜方晶系）的占多数。沸石的晶体结构是由硅（铝）氧四面体连成三维的格架，格架中有各种大小不同的空穴和通道，具有很大的开放性。沸石可以借水的渗滤作用，进行阳离子的交换，其成分中的钠、钙离子可与水溶液中的钾、镁等离子交换。其晶格中存在的大小不同空腔，可以吸取或过滤大小不同的其他物质的分子。在实验中，对多孔材料的吸附已经有了较深入的研究，但是在微观层面上解释小分子吸附行为存在较大的困难。理论计算能够对小分子在多孔材料的吸附有更为准确的描述，同时还能够解释在吸附实验中的一些现象。对沸石的理论计算主要集中在离子交换对沸石的性质的影响和应用效能的模拟预测上。

刘连池等人[81]在 MP2 高精度下推导相互作用的分子力场，运用蒙特卡罗模拟，研究了小分子在多孔材料的吸附和脱附过程。以具有代表性的沸石分子筛 ZSM-5 和储氢材料 MOF-5 为对象，应用上述方法分别研究氨气分子和氢气分子在两种材料中的吸附，进而讨论沸石的酸性和 MOF-5 的储氢性能，计算得到的结果和实验数据高度吻合。张达等人[82]采用 B3LYP/6-31G* 水平计算来研究酸性沸石上苯与乙烯的烷基化反应历程，从生成能和反应活化能角度分析并讨论了苯与乙烯的反应机理。发现酸性沸石上苯与乙烯烷基化反应机理主要以联合机理为主，但分步机理与其有一定程度的竞争。

A　沸石的吸附与改性

李晋平等人[80]采用 PBE 交换相关泛函和双数值基加 P 极化（DNP）基组对氢气分子在 Na-MAZ 和 Li-MAZ 沸石原子簇上的吸附进行了研究，得到了吸附复合物的平衡几何结构参数、振动频率以及吸附能等数据，并认为理论 Li-MAZ 沸石具有更高的氢气储量，可能是一种潜在的储氢材料。Sung 等人进行了多价阳离子交换 Y 型沸石作为潜在的硫化氢选择性吸附材料的理论研究（见图 6-9），并发现这些多价阳离子交换沸石吸附水的性能都很强[83]。

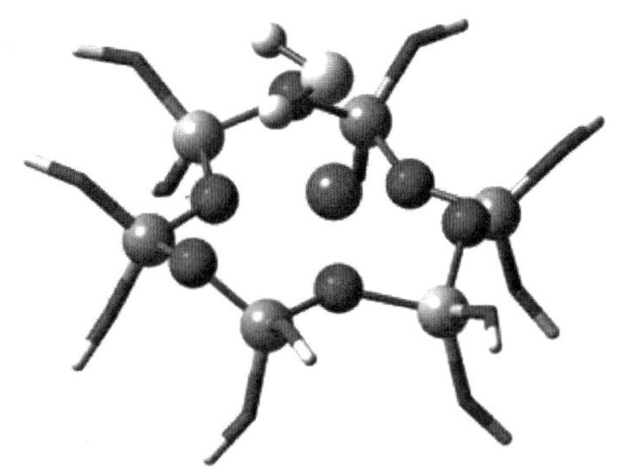

图 6-9　Ni(Ⅱ)Y 型沸石团簇模型吸附 H_2S 的优化结构[83]

Smykowski 等人利用模拟研究了 CO_2 分子在 DOH 沸石的阳离子位点上的吸附方法[84]。Fischer 等人利用 DFT 衍生模型与通用模型的对比，模拟了沸石吸附 CO_2 的过程[85]。

Benco 等人使用在丝光沸石的内表面和在蒙脱石的外表面的碱金属阳离子对 H_2O、NH_3 和 C_6H_6 的吸附的研究[86]。Boekfa 等人研究了轻质烷烃在沸石纳米腔的吸附和氢交换反应[87]。Brogaard 等人通过使用沸石中范德华作用力模型的周期性 DFT 研究了 ZSM-22 对于正构烷烃的物理吸附性质[88]。Fang 等人使用了从周期性色散校正 DFT 计算中派生出来的力场预测了沸石吸附 CO_2 的性能[89]。Fischer 等人利用 DFT 衍生的一种电荷模型的力场模拟研究了沸石拓扑结构对于 CO_2/N-2 分离行为的影响[90]。Guo Haiyan 等人[91]采用离散校正的密度泛函理论（DFT-D2）来研究铝在沸石 H-(Al)MOR 中的分布，以及 NH_3 吸附 Bronsted 酸位点的强度，并分别采用 DFT 和 DFT-D2 理论计算了不同位置的吸附能。发现离散校正在研究沸石中 NH_3 吸附计算中是必要的。

邱广敏等人[92]随后对 H_2S 和 ZSM-5 沸石分子筛的相互作用，以及 H_2S 吸附在硅羟基上可能的两种配位方式及吸附在沸石模型 $H_3Si(OH)Al(OH)_2SiH_3$ 桥羟基 B 酸可能的两种极限配位方式进行了比较分析。刘洁翔等人[93]构造了包含 1 个完整十二元环的氢型丝光沸石（HMOR）的结构模型（12T），研究了硫醇分子在 HMOR 中的吸附，获得了吸附平衡构型和吸附能等信息。刘庆林等人[94]研究了水分子在 HZSM-5 沸石原子簇不同孔道中的吸附前后的结构变化，发现水分子与 HZSM-5 沸石原子簇相互作用时，电子由水分子向沸石骨架转移。

Jiang 等人利用 DFT 方法研究了银离子交换 ZSM-5 沸石吸附 CO 和 H_2O 的红外光谱和稳定性[98]。Areán 等人利用一组变温红外光谱和周期性密度泛函理论计算研究了氢气在 Ca-A 沸石上的吸附性能[99]。Kang 等人用 PBE 交换相关泛函、GGA 方程计算研究了八面沸石（FAU）中网络外的 Li^+ 的配位，以及 H_2 和 Li-FAU 的相互作用[100]。这些结果都为不同类型沸石的应用提供了理论数据依据。邱广敏和吕仁庆等人[101,102]采用模型簇法研究了贵金属 Ag^+、Cu^+ 和 ZSM-5 沸石的相互作用，以及对 NO 的吸附作用的影响。随后，刘洁翔等人[103]采用 GGA/BLYP 和 DND 基组研究了银离子交换的丝光沸石 Ag-AlMOR 结构及其对 NO_x 分子吸附性能的影响，获得吸附复合物的平衡几何结构参数、吸附能以及红外振动频率等数据。刘洁翔等人[104]之后进一步研究了丝光沸石 H-[M′]MOR、Ag-[M′]MOR 和 Cu-[M′]MOR（M′=B，Al，Ga，Fe）结构及其对 NH_3 分子的吸附，获得了吸附平衡构型和吸附能。数据表明，在 H-[M′]MOR、Ag-[M′]MOR和 Cu-[M′]MOR（M′=B，Al，Ga，Fe）中铝原子进入骨架导致的产物酸强度最强，且酸强度次序为 Cu-[M′]MOR、Ag-[M′]MOR 和 H-[M′]MOR。

杨静等人[105]采用密度泛函理论和团簇模型在微观角度研究了磷改性 ZSM-5 沸石的水热稳定性。通过计算水解能证实加磷提高了沸石的水热稳定性。孙淮等人[106]采用量子化学方法对沸石合成初期低聚物的稳定结构进行探索和研究。随后，孙淮等人[107]用密度泛函理论和 ONIOM 方法研究磷改性的 ZSM-5 沸石中含磷基团可能存在的形态。

B　沸石的 B 酸位和阳离子交换理论计算

沸石中的 Brönsted 酸性质是一直以来研究的热点问题，因为 B 酸位和酸的强度决定了沸石的应用价值，有关 B 酸性的理论计算也有不少研究。Li 等人研究了铝在 Na-MCM-22 框架中的位置，及 H-MCM-22 中 Brönsted 酸的位置和强度。发现在热力学中最有利于定位铝的位点是 T7 和 T1 的位点，随后是 T5、T3 和 T4，而因为较差的稳定性，T2、T8 和 T6 的位点是不可能的[95]。Niwa 等人通过计算和实验验证发现烷烃裂化活性依赖于 HY 的 Brönsted 酸性和阳离子交换 HY 沸石[96]。Yang 等人研究了各种 M^{4+} 离子掺杂沸石的 Lewis 酸度和 Brönsted 酸度，以及这些酸位与分子探针的相互作用[97]。

Agarwal 等人采用密度泛函理论进行了嵌入式集群计算来研究 HY 沸石和硅沸石中的氮取代（氮化）[108]。Shi 等人利用 DFT 研究了用柔性配体方法封装在碱金属阳离子交换的 Y 型沸石中的手性钌配合物(1S,2S)-DPEN-Ru$(TPP)_2$ 的结构与性质[109]。Ames 等人使用了集群模型研究了铜（Ⅱ）离子交换沸石[110]。Danilczuk 等人模拟了在沸石基质上的（$Ag\cdot CH_2OH/A)^+$配合物的结构，相关结果还与电子自旋磁共振（EPR）的实验结果进行了对比验证，这些结果使人们对含有银原子或银原子团簇的沸石的电子和催化属性有了更深的了解[111]。Tielens 等人使用 DFT 计算结合实验吸附吡啶的 FTIR 方法，研究了掺杂钒的沸石材料的酸碱性，结果证明了硅沸石中 VO—H 基团中的 V(Ⅴ) 和 V(Ⅳ)部位的酸性比 SiO—H 部位的要强[112]。

6.1.2.2　其他架状硅酸盐的理论计算

正长石、方钠石和霞石是自然界中常见的架状硅酸盐矿物。晶体结构中最重要的结构单元为$[TO_4]$(T = Si、Al)四面体，在这三种矿物晶体中正长石的铝硅比为1∶3，方钠石和霞石为1∶1。潘峰等人[113]对各个晶体的晶胞单元进行了模拟计算并结合以往研究硅酸盐 Raman 光谱振动特征的结论，通过分析模拟计算结果中各种结构单元的振动模式，为进一步利用 Raman 光谱来研究硅酸盐玻璃和熔体结构中铝的结构行为提供了重要依据。

管嵘清等人[114]采用局域密度近似（LDA），对煤灰熔融中产生的低熔点生成物霞石与钠长石进行了系统的光学特性理论研究。经比较发现，霞石与钠长石中的阴离子群 $[AlO_4]^-$ 与硼砂助熔剂中的 Na^+ 发生反应，且霞石与钠长石相互作用产生低温共熔现象，使煤灰熔点降低。对于高熔点煤，应选取其中具有活泼光学性质、氧化还原性强、金属性强的元素作为助溶剂，其反应物之间易发生低温熔融反应，如钠、钙和铁等。

6.1.3　岛状硅酸盐矿物的理论计算

橄榄石是一种岛状结构硅酸盐矿物，主要成分是铁或镁的硅酸盐，同时含有锰、镍、钴等元素。侯宁普等人[115]采用广义梯度近似和 PW91 算法，对粉煤灰沉积初始层中含铁量较多的矿物质铁橄榄石进行研究。通过对其态密（DOS）、最高分子占有轨道（HOMO）、最低分子占有轨道（LUMO）和 Mulliken 原子布局数的计算得出，铁橄榄石的最高分子占有轨道与最低分子占有轨道之间的能量差越小，分子结构越不稳定，说明水冷壁结渣是由于铁原子比较活跃易发生相变产生的物理现象。汝强等人[116]采用基于密度泛函理论的第一性原理研究方法，计算了不同嵌锂态 Li_xFePO_4（x = 0，0.75，1.0）的电子结构。王圣平等人[117]计算模拟了过渡金属掺杂橄榄石型 $LiM_{0.125}Fe_{0.875}PO_4$（M = Ni，Mn）的电子结构，获得了掺杂后的总态密度、原子分态密度和净电荷分布，从而分析了掺杂对体系电子导电性能改善的机制。为了了解含水、含铁橄榄石在地球深部的物性变化特征，探讨深部低速层的成因和地球内部结构，刘雷等人[118]系统地计算了高压下水和铁组分对橄榄石及其高压多形相（β-橄榄石和 γ-橄榄石）的弹性、体积、相变等物性的影响（见图 6-10）。林莹等人[119]对 $LiFe_{1-x}Ni_xPO_4$ 的电子结构进行了研究，结果表明 Ni^{2+} 的铁位替代能够提高体系的电子电导性。$LiFe_{0.875}Ni_{0.125}PO_4$ 的结构最稳定，带隙最小，导电性能最好。

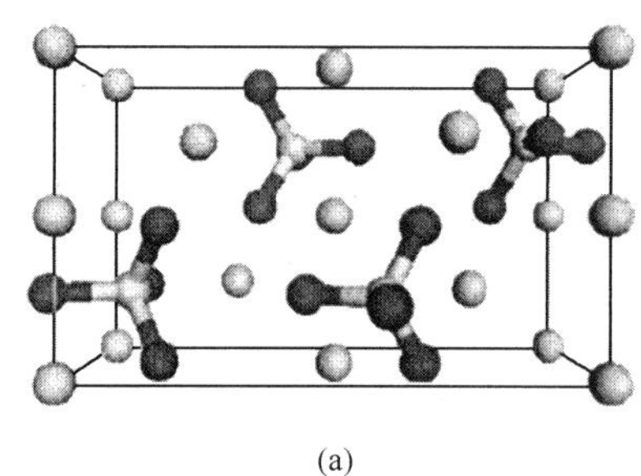
(a)

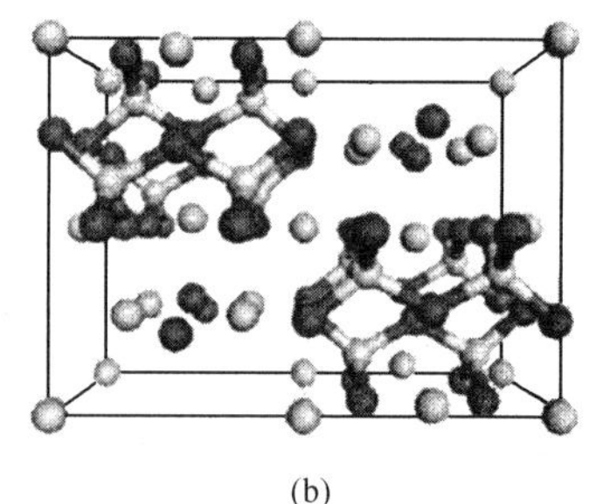
(b)

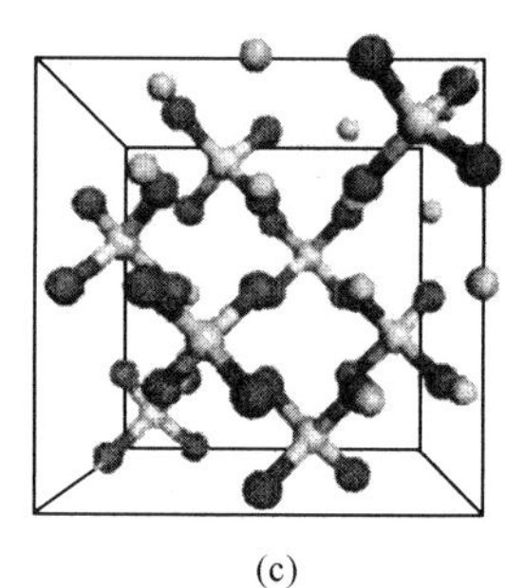
(c)

图 6-10　α-Mg_2SiO_4、β-Mg_2SiO_4 和 γ-Mg_2SiO_4 橄榄石的晶体结构
（a）α-Mg_2SiO_4；（b）β-Mg_2SiO_4；（c）γ-Mg_2SiO_4

6.1.4　其他矿物的理论计算

关于其他矿物的量子计算研究的相关文献报道较少。冯其明等人[120]采用 PBE 赝势研究了一水硬铝石（α-AlOOH）晶体及其（010）表面的原子和电子结构。根据表面态密度分析、表面原子排布情况和前线轨道理论推测，阴离子捕收剂很难与一水硬铝石（010）的表面铝原子发生化学作用，却容易与一水硬铝石（010）的表面氢原子相互作用。

肖奇等人[121]计算了 FeS_2 的电子结构与光学性质。费米能级附近区域的能带与态密度计算得到直接带隙和间接带隙分别为 0.74eV 和 0.6eV。并用电子结构信息精确计算了介质极化矩阵元从而给出了 FeS_2 的介电函数虚部及相关光学参量理论，结果与实验一致。他们随后研究了 FeS_2(100)表面原子几何与电子结构理论计算[122]，结果表明 FeS_2(100)表面无弛豫、无重构，是体相原子几何的自然终止。与体相电子结构比，FeS_2(100)表面电子特性明显不同，禁带中央产生新的表面态，且表面态局域性强，主要由铁原子的 3d 分波贡献。配位场理论定性分析表明：FeS_2(100)完整晶面表面态产生机制是铁原子的配位数减少、局部对称性下降所致。

石英是地球表面分布最广的矿物之一。周薇薇等人[123]系统地研究了石英等五种自然界常见的 SiO_2 晶型的体弹性模量、电荷密度、电子态密度、能带结构，并和实验进行了比较。郝军华等人[124]分别计算了 SiO_2 的 α-石英结构、金红石结构以及氯化钙结构的总能量随体积的变化关系。计算结果表明，随着压强的增加，SiO_2 会从 α-石英结构转变为金红石结构，与实验结果和其他理论结果一致。金红石结构与氯化钙结构之间不存在相变，可以共存。此外，对 α-石英的晶格常数、电子态密度和带隙随压强的变化关系进行了计算和分析，结果表明，加压作用下能带向高能方向移动，Si—O 键缩短，电子数转移增加，带隙展宽，电荷发生重新分布。

熔融石英是高功率激光装置中广泛使用的激光透镜材料。石彦立等人[125]采用密度泛函理论研究了熔融石英材料中羟基结构的生成模式，系统计算了材料的电子态密度、差分电荷密度、原子电荷分布等，分析了包含羟基熔融石英材料的光学跃迁模式。研究结果表明，熔融石英中的三配位硅原子缺陷在禁带中生成了两条缺陷能级，分别位于 7.8eV 和 8.8eV。研究还发现氢原子与五配位硅原子发生相互作用生成羟基结构。该反应还使三配位硅原子的杂化方式由 sp^2 变为 sp^3，这种羟基结构会影响体系的电子结构使原有的缺陷能级消失，并在费米面上生成一条半占据态缺陷能级，引起激发能为 6.2eV 的光学跃迁。

6.1.5　矿物计算在矿物浮选中的应用

浮选药剂的结构与性能之间的关系是浮选药剂分子设计中的主要内容。矿物的浮选行为与矿物表面的疏水性密切相关，受表面形貌、缺陷、断键重构等一系列特征的影响，还受到吸附在其表面的表面活性剂的影响。国内外在这方面做了大量的基础性研究工作，并相继提出了一些结构选择和设计的原则和方法。

王淀佐院士等人进行了大量浮选药剂结构与性能关系的研究工作，在相继提出 CMC 判据、HLB 判据、等张比容判据、基团电负性判据、分子轨道指数判据等多种浮选药剂结构性能判据的基础上，建立了一套适合分子设计的理论和方法，把浮选药剂分子设计引入定量设计的阶段。随着计算化学理论的发展和计算机性能的不断提升，计算化学在浮选药剂分子设计和药剂-矿物作用原理方面的作用会越来越重要，通过计算药剂分子以及矿物表面的几何结构模型以及前线电子轨道、相互作用能等，可以从微观结构角度来模拟和进一步解释药剂-矿物相互作用机理。近年来，计算化学被广泛地应用到浮选药剂分子设计中去，成为了浮选药剂分子设计的有力辅助手段，在很大程度上节省了人力、物力。

胡岳华等人[126]通过表面接触角测量、原子力显微镜观测以及 DFT 和分子动力学模拟计算，研究了白钨矿的各向异性表面能和吸附性能，发现表面能和表面断键密度成正比，且（112）和（001）面为主要的切断面或暴露面。随后通过接触角和浮选测试等手段研究了在 NaOl 和 DDA 溶液中浸渍后吸附行为和可湿性。并通过分子动力学方法得到的各表面的表面吸附作用合理解释了实验现象。

陈建华等人[127]基于密度泛函理论的平面波赝势方法，计算黄铜矿、辉铜矿、铜蓝、斑铜矿的电子结构性质，并讨论硫化铜矿物电子结构与其可浮性之间的关系。利用费米能级讨论不同硫化铜矿物参与化学反应的活性位置及其与黄药作用生成不同产物的原因。计算结果表明：黄铜矿禁带宽度为 0.99eV，属于直接带隙 p 型半导体，而辉铜矿、铜蓝、斑铜矿则为导体。前线轨道计算结果能够很好地解释 4 种硫化铜矿物氧化性差异，为进一步认清硫化铜矿物可浮性的差异及硫化铜矿物新药剂开发提供了理论参考。

在叶蜡石的表面吸附对浮选的影响等方面的模拟研究中，黄志强等人[128]采用了新型 Gemini 双季铵盐捕收剂丁烷-1，4-双十二烷基二甲基溴化铵（BDDA）和乙烷-1，2-双十二烷基二甲基溴化铵（EDDA）对比研究了其对高岭石、叶蜡石、伊利石的浮选行为及作用机理。夏柳荫等人[129]采用红外光谱的分析、DFT 计算、电动测量和研究表面活性剂性质等方法研究了 Gemini 在铝矿表面的吸附机制。Huang 等人[130]计算发现了 Gemini 型表面活性剂 BBAB 与三种铝的交互主要是通过静电吸引来实现。研究使用了伊利石、叶蜡石和高岭石这三种铝土矿物的浮选效果来评估 BBAB 的使用效果，结果发现 pH 值对于通过浮选剂捕收这三种铝土矿物的效果没有明显的影响。

郭静楠等人[131]通过密度泛函和分子动力学模拟方法，计算了药剂分子与一水硬铝石和高岭石的相互作用，得到了分子的稳定构型、最低空轨道、最高占据轨道、体系结合能、相互作用的相关联函数等数据，从理论角度解释药剂与矿物作用的机理。钟宏等人[128]采用 B3LYP/6-31G(d) 函数，对比研究了阳离子双子表面活性剂 BDDA 和 EDDA 对铝硅酸盐矿物浮选性能的影响，发现 BDDA 具有更强的收集能力。王方平等人[30]采用 DFT 和 MD 方法，研究了三种含不同数量极化官能团羧基羟肟酸在硬水铝石（010）表面和高岭石（001）表面的浮选情况，发现在前者表面通过离子键和氢键吸附，而在后者通过氢键吸附。刘够生等人[132]研究了吸附在云母表面的烷基伯胺的链长对其疏水性的影响。通过比较氧密度和氢键数量分布，发现每个水分子在碳氢链尾端和水相接触的界面上相对于在体相中形成氢键的能力有所降低，而吸附烷基伯胺的云母由亲水性转化为疏水性。研究结果还表明，在单分子层吸附状态下，吸附十八胺的云母的疏水性比吸附十二胺的云母的疏水性要强，且由于十八胺的临界半胶束浓度（HMC）要远低于十二胺，十八胺更易在云母表面形成多层吸附，证明烷基伯胺的碳链越长，其对云母表面疏水性改善的能力越强。

6.1.6　矿物计算在矿物机械化学中的应用

近年来，随着机械化学学科的发展，机械化学方法已应用于硫化矿加工领域。大量实验研究表明，机械力作用引起黄铁矿的化学活性加强、浸出速率与氧化速率明显提高、矿物表面与浮选剂作用加强。尽管已经开展了不少机械化学理论研究工作，但由于固体机械力化学涉及的物理、化学变化过程是动态的和非线性的，传统连续函数理论难以解释所观察的实验现象，所以直到现在理论研究只停留在宏观现象描述上。由于计算水平和计算方法的不断提高，基于密度泛函理论的量子机制分子动力学方法得到了长足的进步。胡岳华等人[133]尝试借助计算机模拟技术和实验相结合的方法研究了外应力作用下黄铁矿晶格畸变的分子动力学与电子结构，初步揭示了晶格畸变与化学活性之间的关系，并模拟了外应力对黄铁矿晶体结构的影响以及畸变晶格的能带结构和态密度。计算结果表明晶格畸变导致费米能级升高，过渡状态理论分析表明机械活化提高了化学反应速率常数，即交换电流密度增大。晶格畸变导致晶体费米能级升高和交换电流密度增大，从而使黄铁矿腐蚀电流增大，腐蚀速率提高。黄铁矿机械活化分子动力学模拟和晶体电子结构计算表明，机械活化使晶体的晶格参数和 Wyckoff 参数减小，晶格参数减小导致晶体的费米能级升高，而 Wyckoff 参数减小使禁带宽度减小，却不影响晶体的费米能级。黄铁矿氧化腐蚀的混合电位模型和黄铁矿溶液界面的能带模型分析表明，黄铁矿机械活化氧化速率提高的本质原因不仅是晶格畸变增大交换电流密度的机械化学机制，而且更重要的是晶格畸变导致黄铁矿费米能级升高的机械力电化学机制，从而初步揭示了固体电子结构与化学活性之间的关系。

6.2　非金属矿物的超细加工

我国的非金属矿超细粉体产业始于 1980 年前后，比工业发达国家约晚 20 年。但在改革开放后的 30 年间，伴随着我国高技术新材料产业的快速成长和经济的高速发展，我国的非金属矿物超细粉体产业化进程迅速，年均增长率超过 10%。各类超细粉碎与超细分级的设备年产上万台（套），基本满足国内非金属矿物超细粉体产业发展的需要，设备水平在 20 年间与国际先进水平的差距在不断缩小[134]。

6.2.1　矿物超细粉碎技术

超细加工的基本方法是从固体原料破碎粉磨开始，辅以超细分级技术使之达到对超细粉体的各种加工指标要求。超细加工在材料制备与加工过程中是一项高能耗的作业工序。随着材料加工水平的提高和对产品性能的更高要求，对于各类超细粉体的需求量日益增大，因而对超细加工技术提出了更高的需求。国内外相关机构都重视研究各种超细粉碎设备、方法和理论，发展超细加工相关技术水平，以实现各类粉体材料的细化加工，满足业界的要求。超细粉碎技术的发展现状可以归纳为以下三个方面：产品精细化和设备大型化有显著进展、单位产品能耗和设备磨耗显著降低、产品质量的稳定性显著提高。

许多非金属矿物经超细粉碎达到微米级的细度，具有比表面积大、表面活性高、化学反应速度快、烧结温度低且烧结体强度高、填充补强性能好、遮盖率高等优良的物理化学性能。到目前为止，非金属矿的超细粉碎主要采用机械粉碎的方法。国外从 20 世纪 40 年代起就开始了这方面的研究，进入 80 年代后该项技术已日趋成熟。国内在引进、消化、吸收国外先进技术和设备的基础上，相继研制成功各种类型超细粉碎设备及工艺技术，现已走向工业化生产和应用阶段，如冲击式超细粉碎机、气流磨、搅拌磨（干式、湿式）、振动磨、砂磨机等。但目前我国的超细粉碎技术及装备与国外发达国家相比仍有一定的差距。日本、德国、美国、加拿大等国一直保持世界先进水平。目前，欧美及日本等超细粉碎及精细分级技术主要在设备的大型化、工艺控制系统等几个方面领先于我国。

粉磨技术在非金属矿物材料中依然应用较广，如钛白粉、熟石灰、水泥、白云石、长石等千余种物料的加工都需应用粉磨技术。在超细粉碎设备方面，随着一些磨矿设备引入振动、偏心等运动形式，结合剪磨、挤压等作用机理，新型细磨/超细磨设备在实现粒径减少和节能等方面表现优异。在砂磨加工工艺中，采用粗料预磨（采用较大直径砂磨介质）和后续细磨（采用较小直径磨介）的分段粉碎方法可取得更优的细磨和超细磨效果，其中，磨介尺寸与给料最大直径之比、磨介总量、磨介密度等均是影响砂磨效果的因素。此外，细磨工艺中常引入一些辅助技术，如化学处理、微波和超声改性等。

6.2.1.1　振动磨

吴小乐等人[135]利用振动磨对碳酸钙粉末进行粉碎，获取超细碳酸钙。通过研究粉碎工艺对粉碎效果的影响，得到了超细加工最佳条件。采用振动磨能将原料碳酸钙粉碎到 1.5μm 左右的大小，随着粉碎时间的增加，粉体粒度尺寸逐渐减小，但减小到一定程度后，则基本保持不变甚至出现逆研磨、再团聚现象。最佳工艺条件为 10mm 直径的研磨球、65% 的填充率、500g 的粉体质量的参数组合。

6.2.1.2　气流粉碎

黄新等人[136]使用气流粉碎分级技术，进行了传统球磨工艺与气流粉碎分级工艺对超细 WC 粉末研磨，观察处理后的两种粉末颗粒进行粒度分析和微观形貌，结果表明：用气流粉碎分级技术生产出的粉末粒度小、分布均匀。以采用该工艺处理制备的粉末为原料，可生产出性能优异的超细硬质合金。

6.2.1.3　行星球磨机

张涛等人[137]使用球磨法制备出了稳定的超细镍粉。通过控制行星式高能球磨机的参数对镍粉进行了研磨实验，在转速 260r/min、研磨时间 19h、运行时间 3min、暂停时间 30s、磨球数为 10 个、原料 5g 等试验条件下，可制备出亚微米级超细镍粉，所得粉体在空气中可稳定存在。

曹伟[138]研究了行星球磨机制备超细 $\alpha\text{-}Al_2O_3$ 粉体的影响因素，往研磨后的粉体中加入适量的水，用电动定时搅拌机混合成浆体，分析不同研磨条件对粉碎效果的影响规律。实验得出结论，研磨助剂对研磨过程的影响主要来自阻止小颗粒重新团聚及促进裂纹扩展等作用；研磨时间过长或过短对粒度都有较大的影响，研磨时间短，研磨不够充分，研磨时间长，会出现反粉碎现象，试验中以60min为最佳的研磨时间；合适的球料比使研磨后物料的粒度最细，试验中以球料比为1.5∶1最好。

印航等人[139]采用湿法行星磨超细加工工艺对湖北大冶重质碳酸钙原料进行了超细粉碎研究。研究了磨矿工艺参数对磨矿粒度的影响，并在最优条件下，制备得到 $d_{90}<2.5\mu m$、$-2\mu m$ 含量大于85%的超细方解石粉体，SEM 照片表明，所得重钙超细粉体颗粒的形貌多为片状、表面平整、颗粒均匀。

苏宁等人[140]讨论了规模化干法生产超细重钙的工艺要求，对常见干法生产超细重钙工艺性能进行了详细比较，最终得出结论：球磨机配分级机工艺可以满足规模化生产重钙粉从2.2～23μm（600～6000目）的各种产品，且所得颗粒形状好、比表面积高，应用范围比较广泛。但是，由于球磨机研磨过程中不可避免地存在过研磨现象，能耗相对较高，而立式辊压磨利用碾压粉碎原理，可即时将达到粉碎粒度要求的颗粒随气流带走，从而避免了球磨机的过研磨情况，达到了节能的目的。立式辊压磨能一次性生产约11μm（1250目）以下的粉体，大型立式磨在生产23～45μm（325～600目）重钙产品时，节能效果比较明显。

卢百平等人[141]采用高能球磨法制备超细 Al_2O_3 粉末，研究了球磨工艺等参数的影响。结果表明：在一定范围内，延长球磨时间，提高球磨转速均能有效地减小颗粒尺寸；在球磨过程中加入工艺控制剂，能有效地防止粉末黏附在磨球和磨罐上，并改善粉末颗粒的均匀性。在试验中，加入工艺控制剂乙醇、球磨转速为400r/min、球磨时间为30h等条件下，获得 Al_2O_3 粉末的 d_{50} 为0.82μm，Al_2O_3 粉末颗粒粒径分布在0.12～6.37μm范围内。

雷绍民等人[142]采用行星磨（玛瑙罐，介质填充率为60%）对重晶石粗精矿进行超细磨矿，研究了磨矿方式、磨矿时间、矿浆质量分数等因素对重晶石粉体性能的影响。在矿浆质量分数为55%、磨矿时间为2h、磨矿桶体转速为825r/min的条件下，可得到平均粒径小于5μm、比表面积为4000～10000cm^2/g、白度为69.26%的超微细重晶石粉体，行星磨进行湿式磨矿效果优于其他干式磨矿。重晶石粉体经进一步精制，重晶石纯度提高，白度达到92.0%，$BaSO_4$ 含量达到97.20%，主要致色物 Fe^{2+} 全部去除，其他致色物明显降低，产品为高活性高白度重晶石粉体材料。

张开永等人[143]探讨了电气石超细粉及深加工产品的应用，针对分选提纯后的电气石精矿进行超细粉碎试验，当研磨时间为60min、矿浆浓度为35%、介质球与给料质量比为3.5∶1时，可以获得电气石超细粉。

李华芳等人[144]使用介质搅拌磨对钾长石进行了超细粉碎实验研究，并对实验样品进行了粒度检测，得到其粒度分布随着研磨时间的变化规律，实现了钾长石粉体超细研磨，所得产品指标为 $d_{50}\leqslant 0.75\mu m$ 和 $d_{97}\leqslant 1.87\mu m$。

中南大学的刘文萍、尹周澜等人[145]通过粒度分析、矿浆黏度和粉体 ζ 电位的测定，研究了六偏磷酸钠对黄铁矿超细粉碎的影响。分析了六偏磷酸钠与黄铁矿粉体的表面作用及黄铁矿粉体的界面作用能。结果表明，六偏磷酸钠能有效改善黄铁矿粉体在水中的研磨环境，显著降低矿浆表观黏度，提高粉碎效率。他们还以水和乙醇为液体介质，对黄铁矿粉体粒度和矿浆黏度随研磨时间的变化进行了研究[146]。通过对黄铁矿粉体在水和乙醇中的润湿性、ζ 电位、分散性的测定和扩展双电层（DLVO）理论计算，分析了引起这些变化的原因。结果表明：在超细湿磨过程中，矿浆黏度适当时，才会获得较高的研磨效率；液体介质对粉体颗粒的界面作用影响很大，而粉体颗粒的界面作用决定了研磨过程中矿浆黏度的大小，从而影响研磨效率。

6.2.1.4 搅拌磨

韩凤兰等人[147]对天然羟基磷灰石超细粉碎进行了试验研究。利用小型搅拌磨对羟基磷灰石进行超细粉碎，结合处理前后粉体的性能表征进行工艺参数优化。研究比较了分散剂的效果，筛选出了适合羟基磷灰石超细粉碎的分散剂——蔗糖脂，研磨时间优选为8～12h。结果表明，利用小型搅拌磨可以得到粒度分布较窄的粉体样品，d_{50}值为0.781μm，比表面积为19.83m²/g。

张书杰等人[148]进行了碳化硅超细粉碎试验研究，搅拌粉碎加工的转速存在最佳值。对具有槽型偏心圆盘搅拌器的小型搅拌球磨机，粉碎碳化硅的适宜转速为1500r/min。研磨时间是影响粉体粒度的主要因素，研磨时间的极限值为4h。

黄小龙等人[149]研究了鼠笼式搅拌磨机应用于超细水泥加工的效果。球磨机是我国水泥行业中实现粉碎加工的传统设备，该类设备虽然具有处理量大的优点，但其经济的磨矿粒度一般为38～76μm，难以得到更细粒度的产品。研究表明，使用鼠笼式搅拌磨机，将矿浆的黏度和密度分别调制到0.5Pa·s和1250kg/m³，采用2.0～2.5mm的钢球为研磨介质，并以504r/min的转速加工超细水泥时，其粉碎效果最好，得到产品的平均粒度为6.30μm，产品指标较传统方法有明显提高。

石亚超等人[150]以江苏凹土为原料，用搅拌磨在干法环境下制备了粒径小于1μm、粒度分布均匀的超细凹土粉体。通过条件实验，系统地研究了粉碎工艺对搅拌粉磨效果的影响。实验最终得出搅拌磨制备超细凹土的最佳工艺条件为：粉碎时间40min，搅拌转速750r/min，球料比为4∶1，采用ϕ3mm氧化锆球作球磨介质，粉碎过程中加入0.5%的六偏磷酸钠作助磨剂。

狄宏伟等人[151]探究了滑石类型对其湿法超细加工性能的影响。采用容积为2L的棒式搅拌多功能研磨分散机对预分散浆料进行处理，研磨转速为1800r/min，选择出了适合用于造纸涂料颜料超细加工的滑石类型。

S. Sakthivel等人[152]在研究矿物纳米颗粒（纳米二氧化硅）的制备方法时，采用搅拌磨机作为超细湿磨设备，磨样12.5h后，所得体系中二氧化硅颗粒平均粒径可降至29nm。搅拌磨体系pH值依次为8、10、12时，所得体系中颗粒粒径逐步降低，pH值为12时，二氧化硅物料颗粒粒径降幅最大。研究人员将该现象归因于悬浮体系的稳定性，认为悬浮稳定性越好，细磨效果越好。对颗粒表面动电位的检测表明，pH值为12时，ζ电位达到－51.2mV，表现出很好的悬浮稳定性，这种颗粒间的静电排斥作用是粉体细磨效果优化的微观机制。

韩国研究人员Heekyu Choi等人[153]采用锆球为搅拌磨磨介，研究湿法搅拌磨参数对氧化铝粉体的粉碎效果和加工效率的影响。制备得到中位径为350nm的产品，添加助磨剂和引入小尺寸磨介有助于提高磨矿效率，提高产品中小颗粒的得率。Heekyu Choi等人[154]在研究方解石细磨时，采用搅拌磨作为粉碎设备，采用氧化铝磨介，相较于无助磨剂时，当引入聚丙烯酸类助磨剂时，粉碎系数分别可提升16%（浆料浓度为60%）和34.2%（浆料浓度为70%），在减少能耗的同时，粉体细度比无助磨剂时明显减小。同样的，Fengnian Shi等人[155]的研究也表明，除了在细磨和超细磨中，以搅拌磨取代传统球磨可显著提升球磨效率外，将搅拌磨引入粗粒级球磨体系，也可取得节能30%的良好效果。

6.2.1.5 *砂磨机*

砂磨机研磨原理是利用研磨介质之间的挤压力和剪切力，具有原料填充率大、滞留时间短、磨介小等特点，广泛应用于涂料、染料、油墨、精细陶瓷、粉末冶金等领域中产品的细磨。砂磨机磨介小，填充率高，易于得到均匀的高品质细磨粉体，且发展了不同处理量的系列产品，实现了设备的大型化和良好的工艺控制，易于粉体超细加工的工程化，应用推广较快。

喻晖等人[156]利用德国耐驰的LME1000K卧式砂磨机，以采用硅酸锆珠（填充率为80%）为磨介，用于硫酸法金红石型钛白粉的生产。研究表明，研磨后浆料粒度分布和浆料黏度指标都有较大改善，可为表面处理提供稳定优质的原料。

李筱瑜等人[157]在多层片式陶瓷电容器（MLCC）所用的陶瓷浆料的制备过程中，为得到良好的瓷浆分散性能，避免瓷粉颗粒团聚，减少膜片气孔率，最终达到提高电容器性能的目的，引入LME卧式砂磨机，以氧化锆球为磨介，磨介填充率为75%，所得浆料放置7天后，黏度仅有微小变化，浆料分散均匀；流延制成陶瓷生膜片表面光滑平整，瓷粉颗粒形貌完整，大小均匀，分散在黏合剂基体中，无团聚体存在。

6.2.2 超细加工设备研究

国内外学者对新型矿物超细磨设备的改进与开发。如邱益等人[158]研制出一种锥摆式搅拌磨机，它增加了搅拌锥周期性的偏摆运动，改变了介质的运动轨迹，增加了对介质的挤压、剪切和磨损，大大提高了该机磨粉效率；与同等容积搅拌磨相比输出功率要大得多；针对超细粉碎过程发热较大的特点，该设备采用中心冷却方式，其效果要比外壳冷却好得多。该型号锥摆式搅拌磨已在河南某厂试制成功并投入批量生产。

李三华[159]介绍了一种CYM-5000L立式搅拌磨机的基本结构和工作原理，着重叙述了该设备在非金属矿超细粉碎中的应用。CYM-5000L立式搅拌磨机的设计、构造合理，采用耐磨不锈钢和高耐磨合金，保证了产品的白度和低污染，采用了变频自下进浆、自上出浆自动排料动作，减轻了劳动强度，避免了粉尘飞扬，将环境污染降至最低程度。经过小型、中型和工业化生产实践，证明这种湿法立式搅拌磨机是重质碳酸钙、煅烧高岭土等超细粉碎的理想设备。

张书杰等人[160]研制出了一种槽型偏心搅拌器装置。该装置由旋转轴呈一定角度重叠交错排列的多个槽型偏心圆盘及固定螺钉组成，旋转轴由钢体材料加聚氨酯衬制作，槽型偏心圆盘由聚氨酯材料制作。搅拌器装置通过联轴器与电动机相连，搅拌器装置的转速由电动机通过调速器方便地实现300～3000r/min无级调速。这种搅拌器装置能将碳化硅粉料粉碎到1μm以下，且粒度分布范围窄，可广泛应用于石油化工、冶金、材料等领域。

吴建明等人[161]研发了GJ5×2大型双槽高强度搅拌磨机。该设备采用了独特的双槽结构，降低了整体高度，解决了操作维修困难等问题。槽体断面采用方断面，较六边形或八边形断面产生的紊流更强烈，有利于提高搅拌磨效率，加工也较容易。搅拌装置采用了独特的双叶轮形式，不仅能使介质产生强烈的径向运动，而且还会产生强烈的轴向运动。采用了独特的压缩空气启动方式。在某高岭土公司的应用实例表明，给料粒度为-45μm时，产品粒度可以达到-2μm含量85%～88%，生产能力为1.5t/h左右。

高春武等人[162]研制了一种卧式搅拌磨（ϕ0.4m×2.86m），该设备的额定产量为300kg/h，研磨机直径为0.4m，长度为2.86m，进出料口均配置箅板，研磨介质由ϕ25mm、ϕ30mm、ϕ35mm等三种球形介质按一定配比组合而成，有4个工作区域，每个区域均盛装一定配比的等量研磨介质。该设备主要为纸面石膏板生产设计，生产中通过超细粉磨原料，以达到优化工艺、减少促凝剂用量、降低能耗等作用。

张国旺等人[163]研制出了3600L大型立式超细搅拌磨机，用其生产亚微米超细重质碳酸钙，产品细度-2μm的含量大于68%时，处理能力达4.6t/h（固含量72%，按浆料计）时，能耗小于45kW·h/t；产品细度-2μm含量大于90%时，处理能力2.1t/h（固含量72%，按浆料计）时，能耗小于100kW·h/t。用于生产亚微米超细硫酸钡，处理能力3.6～4t/h（浆料，固含量80%）时，产品粒度-2μm大于90%；用于煤系高岭土的超细剥片，给料-45μm（-325目）不小于97%，湿磨后-2μm不小于90%～95%。处理能力1.3～1.5t/h，固含量42%～46%。中南大学黄圣生等人[164]利用计算流体力学方法（CFD）对超细搅拌磨机进行了流场仿真数值模拟，并采用不同搅拌磨机进行对比试验。结果表明，棒式搅拌磨机的研磨效果较好，与流场模拟结果一致，验证了模型建立和模拟分析的正确性和可靠性，并且3600L大型超细搅拌磨机在重质碳酸钙和重晶石超细粉碎工程实践中的应用，证明这种搅拌磨机的结构设计合理，设备性能优越，具有较好的发展和应用前景。

6.2.3　矿物超细分级

刘军等人[165]采用高速管式离心机对造纸涂布级高岭土进行了超细分级试验研究。结果表明：矿浆浓度和离心转速对分级效果有十分重要的影响，在矿浆浓度15%、离心速度为11000r/min时，分级效果比较明显，上、中、下层中的颗粒分布比较清晰，较大颗粒分布在下层，较小颗粒分布在上层，而且分层后颗粒的分级粒度变化最大，分级的效果最好。离心分级后，浆料黏度比原土显著降低，原土中颗粒粒度分布不均匀，大颗粒间因为有小颗粒的联结，降低了大颗粒与周围液相的滑动性，体系的黏度较高；分级后，各层试样中颗粒粒度分布比较均一，浆料的黏度比较低。如果去除掉原土中的细小颗粒和较大颗粒，那么分级后的最终产品——中层的黏度为86.4mPa·s，相比较于原土（黏度1025mPa·s）降低的幅度比较大，达到了分级的目的。

陈强等人[166]使用直径10mm水力旋流器对高岭土进行超细分级的研究。实验确定了不同条件下的工艺参数，-2μm含量大于85%产品的工艺参数为：ϕ10mm水力旋流器，压力0.65MPa，溢流产率

48.3%。$-2\mu m$ 含量大于90%产品的工艺参数可确定为：ϕ10mm 水力旋流器，压力0.85MPa。

李启成[167]采用离心分级机对高岭土进行了超细分级试验研究，结果表明：给料浓度和分离因数对分级性能有十分重要的影响，一般进料浓度10%～20%为宜，最佳分离因数为950左右，在以上试验条件范围内，分级溢流中 $-2\mu m$ 粒级含量可达85%以上，达到了刮刀涂料的粒度要求。

6.2.4　超细分级设备

在颗粒分级设备研究方面，气流分级和离心分级等手段在生产流程中得到了更多的应用，这些技术在节能、避免过磨、提升产品性能和处理量等方面起到了积极的效果。

李翔等人[168]通过综合分析超细粉碎分级的技术现状，设计了超细粉碎分级实验系统，并对风量、喂料量和转速等主要影响参数进行实验研究。实验结果表明：该系统设计合理，通过调节实验参数，产品粒度均匀，适合中等硬度以下物料超细粉碎分级要求。

张亚南等人[169]设计并制造了针对粒径在20μm以下的超细粉体的分级的超细选粉机，研究了粉体运动轨迹、分级原理以及转子转速与进口风量对分级精度的影响。该设备由72片长方形转子叶片沿圆周均匀分布，形成细密"空气动力筛"的转子和转子与壳体间形成气动密封装置。以粉煤灰为物料在该选粉机上进行了模拟实验研究，获得各主要参数对选粉机的影响情况以及该选粉机的性能特点。

刁雄等人[170]以FLUENT软件为计算平台，气相采用欧拉模型，颗粒相采用DPM模型对SCX超细分级机进料管内流场进行了数值模拟。针对进料管内部流场不均匀、存在明显偏流现象等问题，在弯管处添加导流片进行优化，对比分析了导流片数量、尺寸和间距分布形式对压力、速度和颗粒质量浓度分布的影响。结果表明：引入导流片，提高了进料管流场的品质；当导流片数量为5，尺寸为1/4圆弧并在前后加长150mm（半径的1.2倍），并按等间距分布时，进料管内压力、速度和颗粒质量浓度分布较为均匀，为后续的分级提供了良好的基础。

郝文阁等人[171]研究了微型旋风分级器的分级性能，利用微型旋风分级器将1μm左右的超细粉体从细粉中分离出来；建立了旋风分级器的分离二维数学模型，模型方程解析证实分级器的粉尘分级效率只与斯托克数（Stk）有关。

徐宏彤、宴丽琴等人[172]介绍了一种新型涡轮分级设备，其主轴采用两端两点支承且其组件采用整体吊装方式安装和拆卸；采用独特的下支承定位固定方式；通过密封叶轮提供的气密封，防止气流"短路"，提高分级效率；独特的叶片组件结构提高了叶片和转笼的刚度，很好地解决了超细粉体加工过程分级的瓶颈问题。

韩宁等人[173]介绍了用于细粒煤泥分级的水力旋流器的工作原理；分析了旋流器内流体质点的切向速度、径向速度和轴向速度的分布规律及在分离过程中的作用；同时，给出了水力旋流器结构参数的设计标准。

中南大学的陈玮等人[174]研究了水力溢流分级在超细 α-Al_2O_3 粉体中的应用。通过水力溢流分级，研究了分散剂、超声波等因素对超细 α-Al_2O_3 水力分级的影响，结果表明，分散剂虽然可以消除分级过程中的小颗粒现象，但是也对分级结果产生负面影响，使分级后的产品粒度分布变宽；加入分散剂，同时超声处理后样品可以得到较好的分级结果，分级后的粒度分布较窄。

6.3　非金属矿物表面修饰功能化

矿物资源的表面功能化修饰是采用不同的方法手段，将不同功能体与矿物资源复合，利用矿物特性及功能体相互之间的协同作用，为复合材料的合成、结构及性能研究提供新思路。其功能化方式主要有3种：矿物资源表面直接功能体复合，即以矿物资源的特殊结构形貌为利用对象；矿物资源表面处理后功能复合，即以进一步提高协同效应为目的；矿物资源表面多种功能体复合，即以复合材料功能多样性为目的。本节将以不同修饰、功能化工艺为基础，对矿物资源表面修饰功能化的三种形式在近年来取得的进展进行归纳。

6.3.1　矿物表面直接功能化

矿物因其具有特殊的结构、形貌、表面特性，因而在不进行表面修饰的前提下可进行矿物表面直接功能体复合。这也是矿物最基本的应用方式，这种方式衍生出很多功能化的方法，常见的方法有浸渍法、沉淀法、溶胶凝胶法、离子法、水热法、还原法等。

6.3.1.1 浸渍法

浸渍法是以液相浸渍为关键步骤制备复合材料的方法，基于活性组分以盐溶液形式浸渍到载体表面或渗透到载体内表面，从而形成复合材料。浸渍法经干燥将水分蒸发逸出，可使活性组分的盐遗留在载体的表面上，这些金属和金属氧化物经过加热分解后即得高度分散的复合材料，以此法可获得具有特殊性质的矿物材料。

Abdul Aziz 等人[175]以浸渍法制备了纳米金/石墨复合材料并用于检测溶液体系中微量的肼。纳米金/石墨复合材料对氧化肼展现出优异的电催化活性，同时此复合材料也具有良好的重现性。Bawaked 等人[176]以浸渍法制备纳米金/石墨复合催化材料，并研究了空气气氛下对环辛烯的催化氧化性能。纳米金均匀分布在石墨载体上，因而石墨复合催化材料对环辛烯表现出良好的催化活性。He 等人[177]以浸渍法制备了 V_2O_3-WO_3-TiO_2/凹凸棒石复合催化材料，研究了活性组分 V_2O_3-WO_3-TiO_2(VWT)在凹凸棒石表面的堆积模式与复合材料催化活性之间的关系。随着 VWT 与凹凸棒石质量比的增加，VWT 在凹凸棒石表面的堆积模式也随着改变。当比例为2∶1时，复合催化材料的效果与纯 VWT 相当，其在300℃下对邻二氯苯的去除率可达87%。

6.3.1.2 沉淀法

沉淀法通常是在溶液状态下将不同化学成分的物质混合，在混合液中加入适当的沉淀剂制备前驱体沉淀物，再将沉淀物进行干燥或煅烧，从而制得相应的粉体颗粒。在制备矿物复合材料中，有的矿物表面电性与溶液中活性离子电性相同，活性离子与矿物间静电排斥作用不利于复合材料的合成。而此时则采用沉淀法制备出活性离子的沉淀物，进而将沉淀物通过键合作用固定在矿物表面，获得性能、表面性质均可调控的新型矿物材料。

如 Barquist 等人[178]通过沉淀法制备 γ-Fe_2O_3/沸石磁性复合材料用于吸附铬酸盐。铬盐可以通过与氨基间的静电吸附作用而被固定在 γ-Fe_2O_3/沸石吸附剂上，同时由于 γ-Fe_2O_3/沸石为磁性复合材料，因而具有很好的回收再利用性能。Shirzad-Siboni 等人[179]以沉淀法制备 ZnO/高岭土复合光催化材料，产物的还原效率（88.0%）较 ZnO（43.7%）高。同时，将 ZnO 固定于高岭土表面能有效避免 ZnO 粒子对液相环境的污染。Hu 等人[180]以沉淀法制备了 Sb-SnO_2 包覆高岭土复合材料并研究了其导电性能。Sb-SnO_2 纳米颗粒粒径小于10nm 且通过 Sn—O—Si 以及 Sn—O—Al 键合作用均匀稳定包覆在高岭土表面。所制备的复合导电材料电阻仅为273.2Ω·cm。

Sun 等人[181]采用低温水解沉淀法制备纳米 TiO_2/硅藻土光催化复合材料并研究了不用制备工艺条件对复合材料结构及光催化性能的影响规律；此外，还研究了不同硅藻载体对所制备的复合材料光催化性能的影响，结果表明：载体的纯度及硅藻完整性对于催化剂活性有重要影响[182]；Sun 等人[183,184]采用水解沉淀法制备纳米 TiO_2/沸石光催化复合材料与纳米 TiO_2/硅藻土光催化复合材料用于降解水中的重金属六价铬，利用沸石负载的高活性纳米 TiO_2 可以将毒性的六价铬还原为三价铬。

6.3.1.3 溶胶凝胶法

溶胶凝胶法是用在液相下将活性组分原料均匀混合，并进行水解、缩合化学反应，在溶液中形成稳定的透明溶胶体系，溶胶经陈化胶粒间缓慢聚合，形成三维空间网络结构的凝胶，凝胶网络间充满了失去流动性的溶剂，形成凝胶。凝胶经过干燥、烧结固化制备出分子乃至纳米亚结构的材料。溶胶凝胶法利于在矿物表面进行活性组分掺杂、制备纳米活性组分等。

Papoulis 等人[185]通过溶胶凝胶法制备 TiO_2/埃洛石复合光催化材料，研究了其光催化降解 NO_x 的活性。相对于商业催化剂 P25，TiO_2/埃洛石复合光催化材料在可见光及紫外光下均展现出更高的催化活性。池勇志等人[186]以溶胶凝胶法制备 Fe-Ce/沸石复合 Fenton 催化剂，通过掺杂铈可提高催化剂颗粒分散度和催化剂表面的氧气含量，进而提高催化活性。在最优条件下，反应30min 后孔雀石绿溶液脱色率可达97.3%。刘丽等人[187]采用溶胶凝胶法制备 MnO_2/硅藻土复合催化材料，发现其对空气中的甲醛具有良好的催化活性。所制备的纳米二氧化锰负载硅藻土材料在72h 内对甲醛气体的降解率达90.31%。

Wang 等人[188,189]采用溶胶凝胶法制备纳米 TiO_2/硅藻土光催化复合材料并研究了其对染料的光催化降解性能，纳米 TiO_2 粒子通过 Si—O—Ti 键和作用负载在硅藻表面与孔道中；此外，还利用溶胶凝胶法制备钒掺杂纳米 TiO_2/硅藻土光催化复合材料并研究了其太阳光下的光催化降解性能，相比于掺杂之前，其在可见光下展现出更高的光催化活性[190]。

6.3.1.4　离子法

离子法是利用离子间的相互作用来制备复合材料的方法，常见的如离子气相沉积、离子交换法等。矿物因地质结构而含有可交换离子，这些离子可以用于跟溶液中离子进行交换，进而合成离子型复合材料。

Nasonova 等人[191]通过等离子化学气相沉积法制备了 TiO_2/沸石复合光催化材料，并研究了其催化降解 NO 和 SO_2 的性能。该复合催化材料能在电介质阻挡放电过程中用于 NO 和 SO_2 的有效去除。Naderpour 等人[192]以离子还原法制备了 Fe/沸石复合光催化材料，并研究了其光催化降解甲基橙的性能。在有紫外光照和 H_2O_2 存在的条件下复合催化剂展现出最高的性能。洪孝挺等人[193]以离子交换法制备了 Ag_3PO_4/磷灰石复合光催化材料，发现复合催化材料降解性能良好，对银离子的利用效率较纯 Ag_3PO_4 高。

6.3.1.5　水热法

水热法又称热液法，是指在密封的压力容器中，以水为溶剂，在高温高压的条件下进行的化学反应。水热反应依据反应类型的不同可分为水热氧化、水热还原、水热沉淀、水热结晶等，其中水热结晶用得最多。矿物因常年受地质作用影响，因而对水热法具有普遍的适用性。

Papoulis 等人[194]通过水热法制备了 TiO_2/埃洛石复合光催化材料，发现 TiO_2/埃洛石复合光催化材料在可将光及紫外区域均较商业催化剂 P25 展现出更高的活性，这与 TiO_2 在黏土矿物表面的均匀分散密切相关。Wang 等人[195]通过水热法制备了 TiO_2/埃洛石复合光催化材料，并研究了其降解有机物的活性。TiO_2 的光催化活性与埃洛石特殊的结构相结合，可使得复合光催化材料在降解有机污染物领域具有广阔的前景。彭书传等人[196]通过水热法制备了 TiO_2/凹凸棒石复合催化材料，并研究了其光催化氧化酸性品红的性能。复合催化材料较纯 TiO_2 具有更高的活性，且催化反应在很短的时间内就能达到较高的去除率。

6.3.1.6　还原法

还原法是以还原剂直接将矿物内外表面上的活性前驱体还原成活性组分的方法。常用的还原法可以细分为气相还原法和液相还原法。还原法通常与其他方法联合使用，通过还原可将附着于矿物表面的离子、氧化物等还原成所需的单质或者新的氧化物，从而达到制备复合材料的目的。

汪一帆等人[197]通过焙烧还原法制备了 MnO_4^-/水滑石复合催化剂，并以催化氧化乙苯合成苯乙酮的性能作为评价指标对催化材料性能进行了评价。在最优条件下，苯乙酮产率可达 57%，苯乙酮选择性可达 96.3%，催化剂重复使用 3 次活性降低较小。刘馨文等人[198]通过液相还原法制备了 Fe-Ni/高岭土复合材料，发现在最优条件下负载型纳米铁镍双金属降解水中偶氮染料耐晒黑 G 的去除率达到了 99.98%。吸附和电镜表征结果表明，作为载体的焙烧高岭土起着吸附直接耐晒黑 G、分散纳米铁镍双金属颗粒的作用，并导致反应活性提高。胡婷婷等人[199]通过还原法制备了金/蒙脱石复合催化材料，并研究了其催化氧化 CO 的活性。在 250℃下，复合催化材料对 CO 的转化率可达 100%，但催化剂的稳定性有待提高。

6.3.2　矿物表面活化功能化

随着科学技术的发展，有学者发现对非金属矿表面进行活化后能更好地进行功能化修饰，这与活化增加了非金属矿表面的断键息息相关，即增加了非金属表面可用于固定活性组分的位点。活化的种类主要有热活化、机械活化、酸活化以及碱活化。

6.3.2.1　热活化

非金属矿物表面热活化的原理是通过加热方法影响矿物表面化学成分、晶体结构和表面性质，从而提高表面活性[200~202]。热活化一般与其他活化方法配合使用，用于非金属矿预处理。Wang 等人[203]通过煅烧、酸浸的方法对高岭土进行改性，用于从水溶液中吸收铀（Ⅳ），改性后高岭土吸附性明显增强。吸附平衡数据十分吻合的 Langmuir 模型，动力学研究表明，吸附符合准二阶模型。热力学参数表明了吸附的吸热值和工艺的可行性。Maia 等人[204]通过硅、铝核磁共振谱研究了高岭石的热活化。王鼎等人[205]通过焙烧热活化和硫酸浸渍制备了改性高岭土，以甲基橙为模型反应物评价了样品的光催化活性。与未经酸改性的焙烧高岭土相比，改性高岭土的紫外光谱吸收边带产生明显红移。样品具有更高的光吸收效率，促进了其光催化活性。

6.3.2.2 机械活化

机械活化的原理是通过机械研磨或球磨的手段，借助机械能，降低颗粒尺寸，增加矿物颗粒新鲜断面，从而提高非金属矿表面活性[206~208]。一般主要用于水泥工业原料提高胶凝性能。Tang 等人[209]研究了机械活化对酸浸高岭土渣的影响。机械活化诱导针状粒子高岭土渣转换为球形颗粒，颗粒粒径变小。机械活化提高了高岭土渣的物理化学性质，活化前后浸出的表观活化能约为43kJ/mol 和24kJ/mol，表明浸出未磨高岭土渣的过程由表面化学反应控制，活化后高岭土渣由扩散过程控制。机械活化大大提高了高岭土渣的活性，降低了浸出温度和浸出时间。A. G. San Cristóbal 等人[210]通过对高岭石进行煅烧和机械活化制备沸石。机械活化高岭土阳离子交换容量从2.4mol/kg 增加到292.8mol/kg，从3.0mol/kg 增加到279.9mol/kg，机械活化高岭土制成了一个单一类型的沸石。Hounsi 等人[211]制备了机械活化高岭土基胶凝材料。没有机械活化，最优养护条件是在70℃和24h，抗压强度为15MPa，使用机械活化后，抗压强度增加了35%。

6.3.2.3 酸活化

非金属矿酸活化是通过酸溶液对非金属矿表面进行清洗和选择性浸出，从而达到活化的目的。其原理是在溶液环境下，利用酸与非金属矿表面发生反应，去除其表面的惰性成分，或对孔道进行疏通，从而达到表面活化[212~214]。中南大学的杨华明课题组[215]研究了酸浸对埃洛石物理化学特性和孔特性的影响，系统地研究了硫酸处理对埃洛石的孔隙率、孔容等物理化学特征的影响。XRD 显示，硫酸将破坏埃洛石的晶体结构，最后将其变成无定形氧化硅。埃洛石纳米管的酸反应从内部和外部表面同时开始溶解。埃洛石的BET 比表面积和总孔隙体积随处理时间增加而先增加后减少。酸处理埃洛石具有固定微孔和可控的中孔分布，可用于制备低成本吸附剂。此外，酸处理埃洛石是潜在的酶、药物等的载体。

6.3.2.4 碱活化

非金属矿碱活化是利用碱性物质与矿物表面反应的活化方法，主要是利用碱性物质破坏矿物表面惰性基团，增加其表面活性和反应性，常用于增加矿物胶凝性[216~218]。Meng 等人[219]研究了碱活化石墨吸附二氧化碳，通过 KOH 热处理成功地扩大了石墨纳米纤维的孔隙度，激活温度对二氧化碳吸附容量和结构有重要影响。比表面积、总孔隙体积和中孔体积在热处理后增加，最大的二氧化碳吸附容量59.2mg/g。Wang Qin 等人[220]研究了碱活化埃洛石吸附氧氟沙星，碱激活作用可以溶解非晶铝硅酸盐、自由硅和氧化铝，导致埃洛石孔隙体积和孔隙大小的增加。碱激活还能增加埃洛石的吸附容量，延长解吸附时间。Lucie Zuda 等人[221]进行了碱活化铝硅酸盐的性能研究。发现活化后的材料具有很好的耐高温性能，优于混凝土，加热到1200℃抗压强度提高30%，弯曲强度提高三倍。

6.3.3 矿物表面修饰功能化

将矿物粉体应用于复合材料中，由于矿物粉体具有多种天然形貌[222]，如片状[223~225]、管状[226~228]、棒状[229~231]和纤维状[232~234]等，表面赋存羟基，具有良好的物理化学性能，是良好的复合材料基体。但是天然矿物经过粉碎研磨后，颗粒粒径变小，比表面积较大、表面能高，有自发凝集的倾向，容易发生团聚，分散性差。要解决这一问题，就必须对矿物颗粒进行表面处理。

6.3.3.1 有机修饰

通过矿物表面与处理剂之间进行化学反应，改变矿物颗粒表面结构和状态，达到表面改性的目的，称为矿物的表面化学修饰。矿物颗粒比表面积较大，表面键态、电子态不同于矿物内部，配位不全导致悬空键大量存在，这就为化学反应方法对矿物微粒表面修饰改性提供了有利条件。矿物表面经偶联剂处理后可以与有机物产生很好的相容性。偶联剂预处理过程是通过一定的偶联剂处理矿物颗粒的表面再引发聚合，使偶联剂一端与矿物颗粒交联反应，另一端与聚合物单体形成接枝聚合物，从而形成聚合物包覆网络。

Kan 等人[235]采用新型的双子表面活性剂（GN16-1-16）对蒙脱石进行表面改性，研究其对甲基橙吸附去除作用，并和 CTMAB 改性的蒙脱石进行对比。结果显示，这两种表面活性剂均成功插入到膨润土层间，GN-蒙脱石的层间距为2.65nm，CTMAB-蒙脱石的层间距则为2.14nm。说明GN16-1-16比CTMAB更能有效地扩大蒙脱石的层间距。GN16-1-16的最佳改性时间和温度为1h、30℃；CTMAB的则为3h、70℃。GN16-1-16和蒙脱石的反应速率比CTMAB快。改性后的蒙脱石可以吸附溶液中的甲基橙，使溶液脱色，并且GN-蒙脱石比CTMAB-蒙脱石脱色快。GN-蒙脱石的甲基橙溶液的脱色率和化学耗氧量（COD）为99.02%和90.62%，而CTMAB-蒙脱石的为80.12% 和75.49%。

凹凸棒石作为聚合物的填料与聚合物复合是提高凹凸棒石高附加值的一个方向[236~238]。但是凹凸棒石黏土作为无机矿物具有亲水疏油性质，凹凸棒石的表面含有大量的极性羟基和负电荷，它与非极性的有机高聚物的亲和性相当差，与聚合物复合时相容性不好，因而有必要对其进行有机化改性，即在其亲水基团上接枝疏水基团或反应功能基团，改善其与有机物的相容性，提高纳米复合材料的性能。彭书传等人[239]采用硅烷偶联剂（Si69），添加分散剂并对凹凸棒石进行机械搅拌、超声和离心处理后提纯，对凹凸棒石进行表面有机改性，测定了改性凹凸棒石的膨胀率，通过分析改性前后的凹凸棒石，并将得到的改性凹凸棒石应用到橡胶补强中，改性后的凹凸棒石具有明显的疏水性，并且提高了橡胶的力学性能。

天然硅藻土由于储量丰富、价格低廉、孔隙丰富、比表面积巨大、吸附能力强[240]，在含Pb^{2+}等重金属离子的污水处理中脱颖而出。但由于天然硅藻土呈粉体状、杂质较多，容易流失和堵塞吸附器，且再生困难，使得硅藻土在含重金属污水处理中的应用受到了很大的限制，因而必须实施功能性改性[241]。柳冈等人[242]以有机改性硅藻土并用其作为聚合物填料为目的，采用湿法工艺，以硅藻土原土为基本原料，以多种偶联剂在悬浮体系中制备有机改性硅藻土，并对天然橡胶复合材料应用性能进行研究。改性硅藻土有效地提高了天然橡胶复合材料在较低和较高温度下的储能模量。硅藻土替代或部分替代白炭黑在天然橡胶、合成橡胶中的使用，能使胶料耐油性和耐热性增强，缩短硫化时间，体现出较理想的硫化特性、良好的力学性能，又有较好的补强作用。通过使用改性硅藻土填充橡胶效果的研究，为填充橡胶提供了一种新的填料。在生产填料的过程中降低能耗，减少环境污染，同时在橡胶制品中应用起到降低成本、提高经济效益的作用。

Taffarel等人[243]采用CTAB对沸石进行了表面改性，在实验室条件下研究了对水溶液中SDBS的吸附去除效率。用CTAB对沸石的改性是基于沸石的外部阳离子交换容量为0.11mmol/g。溶液的pH值影响SDBS离子吸附到沸石的速率，并且吸附过程符合伪二级动力学模型。平衡数据符合Langmuir等温线模型。吸附能力取决于CTAB的最大吸附量或CTAB改性的范围，每克最大吸附容量为30.7mg SDBS。这些实验数据有力地证明，改性后的沸石大大改善了其吸附能力，并为提高吸附剂的吸附效率提供了实际可行的线索，具有很好的指导意义。

6.3.3.2　无机修饰

与有机修饰原理类似，无机修饰是以一种或多种无机基团对矿物表面进行修饰。由于有机基团在高温下容易分解而失去对矿物表面的修饰作用，因此，对于合成体系为高温条件或使用环境温度较高的材料，则适宜采用无机修饰的方式对矿物原料表面性质进行改善。

Frost等人[244]利用零价铁对凹凸棒石进行表面修饰，零价铁颗粒在纤维状凹凸棒石的表面克服了超细粉体易于团聚成块的缺点，避免了比表面积和催化性能的降低。改性后的凹凸棒石对甲基蓝的脱色能力大于未经改性处理的凹凸棒石原矿，研究结果对于水中有机染料的脱色提供了新的选择。Üzüm等人[245]则利用纳米级的铁单质颗粒对高岭石表面进行改性，并将改性后的高岭石用于水溶液中Cu^{2+}和Co^{2+}的吸附。改性后的高岭石对于Cu^{2+}的吸附量大于Co^{2+}的吸附量，观察发现，产物对于Co^{2+}的吸附是通过化学吸附-沉淀机制，而对于Cu^{2+}的吸附则是通过氧化还原反应。

中南大学杨华明等人[246]利用碳修饰埃洛石HNTs，制备了碳包覆的埃洛石纳米管CCH，再将金属氧化物MO(ZnO,TiO_2)沉积到其表面。石墨碳可以提高埃洛石的导电能力，电子在金属氧化物与石墨碳之间转移产生很强的光催化性能。他们还将Co_3O_4成功地沉积到埃洛石表面制备出Co_3O_4复合物。Co_3O_4纳米粒子均匀分布在埃洛石表面，Co_3O_4/HNTs表现出很好的光催化降解甲基蓝的效率，其效率大于纯的Co_3O_4或者HNTs[247]。

Eren等人[248]利用氧化铁对海泡石进行包覆改性，并且考察了改性前后海泡石对水溶液中铅离子的吸附量。实验结果显示，海泡石原矿与改性后的海泡石的Langmuir单层吸附量分别为5.36mg/g和

75.79mg/g，表明经过氧化铁包覆改性后其对铅离子的吸附能力大大提高。同时 Eren 等人[249]还研究了氧化铁改性前后海泡石对水溶液中铜离子的吸附能力的变化，研究发现改性前后海泡石的 Langmuir 单层吸附量分别为 14.96 mg/g 和 21.56 mg/g。

Hadjar 等人[250]利用碳对硅藻土进行包覆改性，并将改性后的硅藻土用来去除水溶液中的芳香族化合物，研究发现改性后的硅藻土对除去水溶液中的芳香族化合物有更快的速度和更大的合适 pH 值范围，改性后的表面与有机污染物有更强的亲和力。另外，Taffarel 等人[251]利用氧化锰对沸石进行表面改性，并考察表面包覆了氧化锰的沸石对于除去水中 Mn^{2+} 的能力。经过氧化锰处理的沸石具有低的结晶度，沸石表面的氧化物主要是以复水锰矿的形式存在，产品能够有效除去水中的 Mn^{2+}。

6.4 非金属矿物结构调整与功能化应用

对于一些矿物的高级应用领域，如催化、食品、化工等，要求非金属材料具有高的纯度、低的有害离子含量、规则的内部结构、稳定的表面性质等，这些要求都对纯天然、一般都含有杂质的矿物提出了很高的要求。需要对矿物原料进行特殊的结构调整与优化，甚至还需要通过物理化学手段使得矿物从天然的原料转变成具有特殊结构的新材料，如利用其中的某几种元素，或利用其中的特殊形貌，或利用矿物中的相应性能，来获得新的使用性能。从近年的研究进展来看，非金属矿物的结构调整与功能转变及其应用是非金属矿物高值化应用的极重要的途径。以下对非金属矿物的结构调整方法（浸出、元素提取、分散、剥离、焙烧等）及研究成果进行归纳综合，为非金属矿物加工的创新思路和创新理论提供技术和数据的参考。

6.4.1 非金属矿物浸出及应用

6.4.1.1 非金属矿物酸浸处理

酸浸（acid leaching），是用无机酸的水溶液作浸出剂的矿物浸出工艺。它是化学选矿中最常用的浸出方法之一。目前在无机非金属矿物的酸浸提纯，以及非金属矿物功能材料化制备中得到广泛应用。

高岭土矿物成分主要由高岭石、埃洛石、水云母、伊利石、蒙脱石以及石英、长石等矿物组成。中南大学杨华明等人研究了机械活化对在盐酸（$w_t=20\%$）浸出高岭土的影响。随后，他们利用天然高岭土在不添加硅和铝试剂的情况下，通过热处理研磨和酸浸过的天然高岭土得到含铝六方介孔氧化硅 Al-MCM-41[252, 253]，最近又利用天然埃洛石（HNTs）酸浸得到硅纳米管（SiNTs）[254]。魏盼中等人[255]采用硫酸作酸浸剂、$Na_2S_2O_4$ 作还原剂的方法对高岭土进行了除铁增白实验。

蛇纹石是一种含水的富镁硅酸盐矿物总称，其主要成分是硅酸镁，对他的结构调整主要是利用其形貌并利用其中的硅元素。中南大学冯其明等人[256]以天然纤蛇纹石为原料，通过酸浸制备纳米纤维状多孔氧化硅，他们还通过化学扩散和酸浸，利用纤蛇纹石制备了硅纳米线[257]。Alena Fedoročková 等人[258]利用蛇纹石酸浸得到镁离子溶液。Pavel Raschman 等人[259]利用蛇纹石酸浸得到纯净的镁混合物。姜延鹏等人对采自陕南石棉矿山温石棉尾矿样品的矿物学研究的基础上，经煅烧活化后利用 H_2SO_4 浸取活化产物中的氧化镁，对在酸浸过程中影响氧化镁浸出率的因素进行了研究[260]。杜高翔等人[261]就石棉尾矿的预处理对石棉尾矿与酸反应效果的影响进行了研究。

硅藻土是海洋或湖泊中生长的硅藻类的残骸在水底沉积，经自然环境作用逐渐形成的一种非金属矿物。郑水林等人[262]采用酸浸和焙烧法对硅藻土进行了提纯处理。谷晋川等人[263]研究在微波作用下硅藻土酸浸除铁过程的影响因素和工艺条件。Kunwadee Rangsriwatananon 等人[264]分别利用一种天然硅藻土和四种经过煅烧和酸化处理的硅藻土作为合成钠沸石的原料，所获得的产物具有典型的分子筛材料的结构，可获得较为满意的性能。

除蛇纹石、高岭土、硅藻土等矿物被广泛应用于制备功能材料或酸浸提取有用金属的研究，近年来对凹凸棒石、硅灰石[265]、煤矸石、蛭石[266~268]、坡缕石[269, 270]等其他非金属矿物的研究也逐渐增多。

6.4.1.2 碳酸化固定 CO_2

CO_2 的温室气体效应已为全世界环保工作者所重视。CO_2 的矿物固定即碳酸化是减少温室气体效应的有效方法之一。CO_2 的矿物固定[271,272]是模仿自然界中 CO_2 的矿物吸收过程，即 CO_2 与含有碱性或碱土金属氧化物的矿石反应，生成永久的、更为稳定的碳酸盐的过程。

徐俊等人[273]对叶蛇纹石碳酸化固定 CO_2 进行了实验探索，碳酸化转化率可达 58%。Sebastion Teir 等人[274,275]开展了以蛇纹石为原料，盐酸、氢氧化钠为助剂的 CO_2 的碳酸化过程，碳酸化产物为水菱镁矿，副产物为无定型二氧化硅和氧化铁。W. Ryu 等人[275,276]进行了碱性溶液亚临界条件下蛇纹石碳酸化固定 CO_2 的实验。Wang 和 Maroto-Valer[277]进行了硫酸氢铵作用下蛇纹石碳酸化固定 CO_2 的工艺研究。王宗华等人[278]对蛇纹石、硅灰石和橄榄石碳酸化固定 CO_2 的热力学过程进行了计算，从理论上验证了实验的可行性。张军营等人[279~281]对硅灰石隔离 CO_2 进行了实验研究。晏恒等人[282,283]对模拟非分离烟气条件下硅灰石直接矿物碳酸化进行了实验研究，考察了温度、压力及 SO_2 的加入等对矿物碳酸化吸收 CO_2 效率的影响。在模拟烟气条件下，最高矿物碳酸化效率为 30.2%。Huijgen 等人[284]对硅灰石碳酸化固碳的反应机制进行了研究。Daval 等人[285]在模拟地质环境下（$T=90℃$，$p_{CO_2}=25MPa$）对硅灰石碳酸化固定 CO_2 进行了实验研究。Zhao 等人[286]研究了不同螯合剂对硅灰石碳酸化固定 CO_2 过程中加速钙离子的浸出的作用。谢和平等人[287]开展了钾长石矿化 CO_2 并联产可溶性钾盐的研究，取得了较好的实验结果。梁斌等人[288,289]利用磷石膏热活化钾长石矿化 CO_2 取得了较好的实验结果。W. Ryu 等人[290]研究了透闪石碳酸化固定 CO_2 的反应机制。Gadikota 等人[291~293]进行了 NaCl 和 $NaHCO_3$ 为助剂的橄榄石的 CO_2 的碳酸化吸收实验。

6.4.1.3　制备白炭黑与氧化铝

非金属矿中富含硅、铝等元素，开发非金属矿使其成为制备白炭黑、氧化铝等的原料的新技术，可以实现非金属矿的高值化利用。陈胜等人[294,295]通过酸浸法对硅藻土制备白炭黑进行了研究，SiO_2 的浸出率达到 75.5%，产品中 SiO_2 含量达 91.9%。Kumada 等人[296]研究了用纤蛇纹石制备白炭黑。Lazaro 等人[297]进行了以橄榄石为原料制备无定型二氧化硅的研究。Brahmi 等人[298]进行了以高岭土为原料制备无定型二氧化硅的实验，所得无定型二氧化硅的比表面积高达 $477m^2/g$。杨华明等人[299]则以高岭土为原料，通过酸浸、聚合成 Kegging 结构的 Al_{13} 等集合体等方式，获得的高比表面积的 Al_2O_3 粉体，进一步的研究表明，这种 Al_2O_3 的产物中具有原有高岭土原矿的特殊片状形貌的特征。

6.4.2　非金属矿用于制备多孔材料

以天然矿物为原料制备多孔材料，既可降低生产成本，又解决了我国资源高价值利用问题，取得巨大的经济和社会效益。其主要特点表现在：

（1）以天然层状硅酸盐为原料进行高铝硅比的纳米多孔材料研究，是制备纳米多孔材料的新思路。

（2）在纳米多孔材料上进行功能组装，实现纳米颗粒的分散和颗粒的均一性，是纳米材料领域的一大进步。

（3）以廉价的层状硅酸盐为原料生产纳米多孔材料，为该材料的大规模应用创造了条件，提高了非金属矿物的应用价值。

（4）生产过程中母液循环利用，降低了原材料消耗，减少了环境污染，是环境友好的生产工艺。

以下对矿物制备多孔材料的最新进展进行分析。

6.4.2.1　非金属矿用于制备沸石分子筛

4A 分子筛是一种具有特殊空腔结构的架状含水硅铝酸盐晶体，是一种多用途无机功能材料。由于其独特的吸附性、离子交换性、催化性和良好的化学可修饰性，自 20 世纪 50 年代合成以来，已在化工、石油、冶金、医药等行业得到广泛的应用。因此，世界各国开始采用价格低廉且来源广泛的天然铝硅酸矿物原料，如高岭土、膨润土、铝土矿、玻屑凝灰岩、红辉沸石、伊利石和珍珠岩等取代化工原料合成 4A 型沸石。

蒋金龙等人[300]以凹土为原料，经过煅烧、酸化、碱浸处理，滤液添加铝源后水热晶化合成了高纯 4A 沸石。赵秋萍等人[301]分别选取不同产地凹土为原料，经焙烧酸化等活化预处理，采用水热合成的方法，探索用凹土合成 4A 沸石分子筛的最佳工艺路线。合成的产品呈正方形，产品晶形轮廓清晰，晶体均匀整齐，满足 4A 分子筛的形态特征。

Zhu 等人[302]以高岭土为原料，一步直接合成多层结构 SAPO-34 型沸石，沸石产物结晶形成与原料类似的多层状结构，且具有较高的结晶度和水热稳定性。Li 等人[303]通过调节偏高岭石、硅酸钠、成核剂等原料比例及反应时间获得结晶度高、高硅含量的 NaY 型沸石。Du 和 Yang[304]以天然高岭石为原料，碱性条件下低温水热合成四方相，高结晶度的 4A 分子筛，颗粒尺寸为 4μm，可有效用于工业除湿。Zhou 等人[305]采用两步合成法，分别通过低温结晶、高温结晶，以煤系高岭土为原料合成沸石。李艳慧等人[306]以高岭土为原料，加入一定量的硅酸钠，利用水热法合成高稳定性介孔和微孔复合分子筛。

粉煤灰处理与利用一直是令燃煤大国头痛的问题，利用其为原料合成分子筛也不失为一条可供选行的路线。Yao 等人[307]充分利用粉煤灰为原料，采用碱熔与在 $LiOH \cdot H_2O$ 环境中水热相结合的方法合成 Li-ABW 型沸石，产物呈棒状结构，且结构中存在介孔孔道。Jha[308]、Belviso 等人[309, 310]同样以粉煤灰为原料，NaOH 碱熔处理后，合成的 X 型沸石在多金属体系中表现了优良的处理重金属的能力。Franus 以水热以及低温合成两种方法以粉煤灰为原料合成沸石[311]，水热合成产物中沸石相含量为 55% ~60%，低温合成为 42% ~55%。杨林等人[312]以酸溶粉煤灰提取氯化铁后残渣为原料，采用碱熔-水热法制备 4A 分子筛，系统研究了反应体系碱度、陈化时间、晶化时间及晶化温度对 4A 分子筛钙离子交换能力和物相组成的影响。

在其他非金属矿物原料的利用方面，Du 等人[313]首次通过新型水浴法，在 90℃下分别以硅藻土、氢氧化钠、氢氧化铝为前驱体合成 P 型沸石。其比表面积高达 56 ~ 60m^2/g，可以用作含钙、镁离子废水的优异吸附剂。李萍等人[314]以煤矸石为原料，采用加碱熔融法制备出亚微米 4A 沸石，并与传统水热法合成的 4A 沸石进行比较。结果表明：加碱熔融法合成 4A 沸石过程中，固体原料加碱熔融后，不仅可以使煤矸石充分活化，提高沸石产品的结晶度，而且碱与固体原料中的硅、铝在高温下形成均匀的可溶性硅铝酸盐，有效地消除了原料颗粒度对合成沸石的影响，减小了沸石的晶粒度。

6.4.2.2 非金属矿用于制备介孔材料

介孔材料是具有高度有序的中孔孔道的新型高效催化材料，在石油、食品、药物、化工等领域具有重要的应用前景。中南大学在利用含硅非金属矿物制备高度有序介孔材料的领域取得了一系列重要的研究成果。杨华明等人[315]通过机械活化加酸浸工艺提取天然凹土中硅铝成分，以 CTAB 为模板，水热合成了有序介孔 Al-MCM-41。得到球磨时间、水热温度、焙烧制度等工艺参数对合成产物结构特性影响的规律。获得有序介孔产物具有规则的六方孔道结构，其比表面积高达 1030m^2/g。合成产物 Al-MCM-41 具有规则孔道结构，且有序度较高。在此基础上探讨出由天然凹土矿物到介孔材料的机理。同时开展了以机械活化后酸浸天然高岭土产物为硅铝源，水热合成具有规则六方孔道结构的 Al-MCM-41 的研究工作[316]，获得产物比表面积高达 1041m^2/g，孔体积 0. 97mL/g，孔径集中分布在 2. 7nm，平均孔径 3. 7nm。机械活化减小颗粒尺寸，使得结构破坏，最终使高岭石的晶体结构无定型化。在以天然海泡石为原料合成有序介孔分子筛 MCM-41 的工作中，使用了先对其进行酸浸处理，后再以水热合成的方法[317, 318]。研究表明碱性条件下（pH 值为 12），100℃水热晶化 24h 可得到具有规则六方孔道结构的介孔分子筛 MCM-41，其比表面积高达 1036m^2/g，孔体积为 1. 06cm^3/g，平均孔径 2. 98nm。他们在对以滑石为原料合成多孔材料及其功能化应用做了大量的研究[319 ~321]。多孔硅材料通过机械化学处理滑石原矿，后 80℃浸出得到。通过该方法获得的多孔硅比表面积为 133m^2/g，孔体积 0. 22mL/g，其孔径分布表明，多孔硅具有大量微孔结构。在此基础上，以滑石浸出的硅为硅源合成有序介孔 MCM-41，所合成的产物比表面积高达 1102m^2/g，平均孔径 2. 8nm，介孔孔壁为无定型二氧化硅组成，样品热稳定性、水热稳定性较好。以二氧化锡纳米颗粒为客体，所合成有序介孔材料为主体，采用水热法成功制备了 SnO_2/MCM-41 复合材料，并实现对复合材料荧光性能的调控。杨华明等人[299]还以高岭土酸浸后获得的滤液为原料，以液晶模板法合成了 Al_2O_3 介孔材料，产物的比表面积达 320m^2/g，孔径为 4. 5nm。以天然膨润土为原料的研究中，通过直接碱熔预处理，获得了 Al-MCM-41 [322 ~324]，同时采用正交实验方法优化了制备工艺条件，获得合成 Al-MCM-41 的最优条件。该条件下制备的 Al-MCM-41 比表面积高达 1018m^2/g，孔体积可达 0. 91mL/g，孔径集中在 3nm 左右分布。进而通过溶胶-凝胶法获得了离子掺杂 TiO_2/MCM-41 系列复合材料；通过溶胶-凝胶法成功获得了高比表面积的 $ZnFe_2O_4$-TiO_2/MCM-41 系列复合催化材料。

中南大学的以上研究成果显示，利用非金属矿为原料合成有序介孔材料具有广泛的适应性，且所获得产物具有相当甚至优于化工原料制备的相应产物的有序度和比表面积等参数。特别重要的是，他们在研究中发现，天然矿物原料中的杂质离子形成了对介孔产物的天然掺杂效应，不光对获得高水热稳定性的产物有积极的影响，还可以避免化工原料合成介孔材料过程中，人为添加掺杂稳定剂的剂量与均匀性等问题；更特别的是，具有天然特殊形貌的硅酸盐还可以为有序介孔产物的形貌提供导向性，如他们通过使用管状的埃洛石为原料，首次合成了具有管状形貌的介孔材料，研究成果为特殊形貌和性能的多孔材料的合成与开发提供了全新的思路。

此外，其他研究人员成功开展了相关的研究工作。Chandrasekar 等人[325]将粉煤灰预先碱熔，在酸性条件下合成介孔材料 FSBA-15。产物 FSBA-15 具有长程有序的介孔结构，比表面积高达 $407m^2/g$，孔体积 $0.7cm^3/g$，平均孔径 7.2nm。Dhokte 等人[326]以粉煤灰为硅源合成有序介孔材料 MCM-41，且合成产物具有较高的催化性能。该方法可为以粉煤灰为原料，低成本高效合成拥有催化反应的有序介孔材料提供新思路。Okada 等人[327~329]首先以高岭土、TEOS 作为两种不同硅源，在 NaOH 环境下，CTAB 为模板剂，水热合成两种介孔二氧化硅。产物比表面积大于 $1500m^2/g$、孔径 2.4~2.5nm，以 TEOS 为硅源合成产物为 $1300m^2/g$，孔径 2.8nm。同时研究了以高岭土为原料选择浸出无定型二氧化硅从而合成介孔 γ-氧化铝，并对其用于不同气体吸附的特性进行全面研究。获得样品比表面积为 $240m^2/g$，孔体积 0.71mL/g，孔径 6nm。Wang 等人[330]以 TEOS、偏高岭石为硅铝源，CTAB 为模板剂原位水热合成硅铝比为 5∶1 的有序介孔 Al-MCM-41。合成产物具有规则的有序介孔结构，孔径 3.33nm，比表面积 $753m^2/g$，孔壁厚 1.42nm。研究同样证明了偏高岭石可以作为合成低硅铝比介孔 MCM-41 的硅铝源。Li 等人[331]以高岭土为硅铝源水热合成含镧系离子的微孔/介孔复合分子筛 Ln-ZSM-5/MCM-41（硅铝比为 5）。Wu 和 Li 以煤系高岭土为原料[332]，CTAB 为模板剂，水热合成高比表面积的介孔材料，孔径集中分布于 3.82 nm。Jiang 等人[333]以预处理的高岭土为原料合成高稳定性 Y/MCM-41。获得产物比表面积为 $550.4m^2/g$，平均孔径 2.74nm，具有较高的稳定性及水热稳定性。Liu 和 Hadjar 等人[334]将硅藻土与木炭混合，经过 850 ℃盐酸处理得到一种新型无机复合材料，新材料具有介孔结构，由原来硅藻土的亲水性变为疏水性，比表面积也由硅藻土的 $5m^2/g$ 提升至 $405m^2/g$。新型复合材料有望在废水、气体吸附等领域得到应用。Wang 等人[335]结合焙烧与酸浸处理，提取煤矸石中硅酸钠为原料，P123 为模板剂，水热合成高度有序介孔材料 SBA-15，样品比表面积、孔体积、孔径分别为 $552m^2/g$、$0.54cm^3/g$ 和 0.7nm。Schwanke 等人[336]分别以煅烧、浸出的纤维蛇纹石为硅源，表面活性剂 CTAB 为模板剂合成介孔分子筛 MCM-41。产物为单向无序孔道结构，比表面积为 $698m^2/g$。

6.4.3 非金属矿物的分散、插层、剥离及其应用

6.4.3.1 非金属矿物的分散方法与原理

在自然界中非金属矿物一般团聚严重，难以加工，通过分散的方法能降低矿物的团聚，从而获得具有形貌均匀、纯度高、分散均一的非金属矿物，为非金属矿物功能化制备奠定基础。

A 分散方法

非金属矿物的分散方法主要包括物理分散法及化学分散法两大类。就物理方法而言，具体来说主要有以下几种：

（1）物理粉碎法：通过机械粉碎，冲击波诱导爆炸反应等方法制成单一或复合的纳米矿物材料粒子。该方法操作简单，成本较低，但易引入杂质，降低纯度，粒度不易控制且分布不均，难以获得粒径小于 100nm 的微粒。近年来随着助磨剂物理粉碎法、超声波粉碎法等的采用，粒径可小于 100nm，但仍存在产量较低、成本较高、粒径分布不均等缺点，有待进一步改进和研究。

（2）机械合金化法：是利用高能球磨方法，控制适当的球磨条件以获得纳米级晶粒的纯元素或化合物矿物材料。该方法工艺简单，制备效率高，并能制备出常规方法难以获得的纳米矿物材料，成本较低，不仅适用于制备纳米矿物材料，还可以制得互不相溶体系的固溶体、纳米金属间化合物及纳米金属陶瓷复合材料等，但制备中易引入杂质，纯度不高，颗粒分布也不均匀。

（3）高压气体雾化法：是利用高压气体雾化器将 -20~40℃的氦气和氩气以 3 倍于音速的速度射入熔融材料的液流内，熔体被破碎成极细颗粒的射流，然后急剧骤冷得到超微粒。该方法微粒粒径小，且

粒度分布较窄。

此外，制备纳米微粒的物理方法还有多种，例如，热等离子体法、高频感应加热法、激光加热蒸发法和电子束照射法等。

就化学方法而言，化学分散法是借助水和分散剂的吸附及润湿作用，降低矿物间的结合力，辅以机械搅拌，以实现材料的松解离，达到分散的效果。化学分散法主要有添加表面活性剂、强酸强碱洗涤等。

B 分散机理

非金属矿物分散一般指的是分散天然矿物的纠缠黏结现象，其分散机理跟阻止纳米粒子形成高密度、硬块状沉淀的方法相似，就是减小粒子间的范德华引力或基团间的相互作用，使初级粒子不易团聚生成二次粒子，从而避免进一步发生原子间的键合而导致生成高密度、硬块状沉淀。常见分散的非金属矿物有高岭土[337]、埃洛石[338]、纤蛇纹石[339]、海泡石[340]、水镁石[341]等。其抗团聚作用机理分为：

（1）静电稳定机制（DLVO）理论。静电稳定机制（Electrostatic Sabilization），又称双电层稳定机制，即通过调节 pH 值使颗粒表面产生一定量的表面电荷形成双电层。通过双电层之间的排斥力使粒子之间的吸引力大大降低，从而实现纳米微粒的分散。

（2）空间位阻稳定机制。空间位阻稳定机制（Steric Sabilization），即在悬浮液中加入一定量不带电的高分子化合物，使其吸附在纳米颗粒周围，形成微胞状态，使颗粒之间产生排斥，从而达到分散的目的。

（3）静电位阻稳定作用机制。静电位阻稳定作用机制（Electrosteric Sabilization），是前两者的结合，即在悬浮液中加入一定量的聚电解质，使粒子表面吸附聚电解质，同时调节 pH 值，使聚电解质的离解度最大，使粒子表面的聚电解质达到饱和吸附，两者的共同作用使纳米颗粒均匀分散。

6.4.3.2 *矿物插层、剥离的原理、方法及其研究进展*

制备插层及剥离非金属矿复合材料的主要目的就是提高了复合材料的结构多样化及可调控性，使其具有极大的结构设计空间，强化了其功能组合性能，拓宽了其应用范围。

A *矿物插层及剥离原理*

基于层状非金属矿物层间离子的可交换性和交换后的产物具有较高的稳定性，利用层状非金属矿物的片状结构，将插层复合技术用于制备插层非金属矿复合材料，是当前材料科学领域研究的热点之一。在复合材料的研究中，插层是指在保持层状主体骨架的前提下，引入功能性客体形成具有主客体特征的插层结构的过程。

剥离是指在某种剥离剂的作用下，被剥离矿物完全分散到水中或其他溶剂中形成一胶状浆体并絮凝下来。对于一些体积较大的客体分子，在插层过程中，由于动力学及热力学的原因，并不能直接进行插层，剥离法不仅为这些客体分子在层状化合物层间的有效组装提供了另外的途径，而且为利用“层层组装”功能性客体分子合成插层化合物薄膜提供了依据。在制备体积较大的分子插层硅酸盐、钛酸盐等时，经常采用剥离法。

B *层状矿物插层方法*

插层复合法已成为当今制备聚合物（非金属矿）复合材料的最常用的方法之一。1987 年，日本丰田研究所首次报道采用插层复合法制备出了尼龙 6（黏土纳米）复合材料。目前，矿物的插层复合主要有以下几种方法[342]：

（1）溶液插层法：用溶剂先将高聚物溶解，同时将黏土矿物在溶液中分散，充分搅拌使二者均匀混合，并在溶剂的作用下，使聚合物进入黏土层间，然后在一定的条件下使溶剂挥发，从而制得纳米复合材料。这种方法最大的好处是简化了复合流程，同时制得的材料性能稳定。

（2）乳液插层法：该方法与溶液插层法相似，是将溶剂溶解的乳液和黏土搅拌充分且均匀，并借助溶剂的作用，使溶液大分子插层进入黏土矿物层间，然后在真空条件下挥发掉溶剂，从而制得纳米复合材料。

（3）熔融插层法：该方法是将聚合物和矿物充分均匀混合后，将其加热到聚合物的玻璃化转变温度（T_g）以上退火，通过混合或剪切的作用，使得聚合物分子扩散并进入到黏土矿物层，从而得纳米复合材料。黏土矿物颗粒玻璃化并均匀分散于聚合物载体中是该方法的关键。该方法无需借助任何溶剂，与上述两种插层复合方法相比有两个优点：一方面其解决了寻找适合单体及溶剂方面的限制；另一方面在一定程度上避免了使用大量有机溶剂而带来的环境污染问题。而且熔融插层法工艺简单，易于工业化，所以日益成为制备聚合物（黏土纳米）复合材料最为常用的方法，现已成功合成了磷腈聚合物、聚醚、聚苯乙烯、聚酰胺、尼龙、聚碳酸酯、聚酯、聚硅氧烷以及硅橡胶等多种类型的非极性和极性高相对分子质量的聚合物（黏土）复合材料。

（4）原位聚合法：该方法是先将有机高聚物单体和矿物分别溶解到某一溶剂中，均匀分散后混合，搅拌并充分反应后使得单体进入矿物层间，然后在合适的条件下引发单体在矿物层间进行聚合反应。通过原位聚合的放热反应过程，将层状矿物片层剥离并分散到高聚物基体中。该方法首先被广泛应用于合成尼龙 6 为基础的复合材料中，现已成为合成热固性聚合物（黏土）复合材料的常用方法。

从插层结构功能材料的微观和介观结构实施控制，通过在生产工艺层面认识、提出和突破系列插层组装技术，创造各种可控的组装方法，是开发新型插层结构，并进一步实现产业化的关键。针对功能性对插层结构的要求进行设计，是发展新型高性能插层结构的原则。实际工作中往往需要考虑主体层板电荷密度及其分布、层间客体种类及其排列规律、主客体相互作用、电荷和几何协调因素等。

C 层状矿物剥离方法

层状硅酸盐矿物的剥离可分为机械剥离和化学剥离。机械剥离多采用机械剥片的研磨方法：如湿法或干法旋转磨（滚动磨、回转磨）、搅拌磨、振动磨和气流磨等。剥离效果的好坏主要取决于机器的种类和研磨的时间。化学剥离是利用插层作用使矿物材料层间膨胀、键合力大为减弱，除去插层客体后，原来堆垛的片状矿物就自然分解成为小片状，达到自然剥离的目的。如以石墨而言，结晶的石墨是由高度有序的石墨层致密堆叠而成，要将其剥离就要克服层与层之间的范德华力。这种范德华力尽管弱，但是由于片与片之间存在的百万级以上的相互作用位点，其合力是非常可观的，因此其剥离并不容易。通常会首先用插层的方法使活泼原子或基团进入石墨层间，以进一步弱化层与层之间的相互作用。接着则通过类似爆炸的短时间的剧烈反应，使层间物质快速分解，放出大量的热和气体，从而使石墨层被充分剥离。

D 非金属插层剥离研究进展

近些年来，非金属矿物的插层剥离已经引起广泛学者的关注。Felipe Avalos 等人[343]将脂肪族和芳香族的磷盐作为插层剂，对蒙脱石进行改性。研究发现在插层后，复合物的层间距得到了明显的提升，在插层蒙脱石过程中使用磷盐作为改性剂，更加容易且热稳定性要更好。Cao 等人[344]采用微波照射的方法，将除杂后的钠基膨润土作为基体，铝柱支撑离子作为插层剂制备有机插层蒙脱石复合物，结果表明固体浓度为5%，130W 微波照射 7min 时，合成的有机插层蒙脱石复合物的层间距从 1.218nm 变为了 1.74nm。非金属矿物插层剥离的研究能为非金属矿物的应用提供新思路。

6.4.3.3 插层与剥离应用

有机分子插入非金属矿层间所形成的非金属矿（有机）插层复合物将作为一种新型材料，可被广泛应用于聚合物基复合材料、催化材料、药物载体材料、选择性吸附材料等领域，且有着广阔的应用前景。另外，利用插层反应使非金属矿层间距扩大，使得层间的键合作用力减弱，在插层分子被除去后，原来堆垛的非金属矿就剥离成较薄片状，同样具有相当广阔的应用前景，主要的应用领域如下：

（1）聚合物基复合材料。非金属矿（聚合物）等插层纳米复合材料独特的结构特征：1）少量非金属矿加入聚合物基体中形成的插层复合物，使得聚合物的强度与韧性得到很大提高；2）具有比纯聚合物优良的阻隔性、抗静电性及阻燃性能；3）在聚合物中无机物质的存在，使含有插层复合物的聚合物能够拥有优良的热稳定性及尺寸稳定性；4）插层复合材料具有很好的再生性质，再生材料的力学性能获得进一步增强。高岭石、蒙脱石等非金属矿聚合物插层复合材料可以被用作高强度、高韧性的功能材料，同时由于无机片层在聚合物中对有机分子起到了保护作用，近年研究较多的有尼龙[345,346]、环氧树脂[347,348]、聚苯乙烯[349,350]、聚氨酯[351,352]、聚苯胺[353,354]等聚合物。

（2）催化材料。利用不同的插层物质性能，从而给插层复合材料带来催化性能。Parida 等人[355]利用粒子交换法进行席夫碱 Pt(Ⅱ)复合物插层蒙脱石，在常温常压下席夫碱 Pt(Ⅱ)复合物插层蒙脱石能完成芳香族硝基复合物的催化加氢实验，具有降解硝基苯及其衍生物的优异性能。Faria 等人[356]评价吡啶甲酸铁（Ⅱ）和铁（Ⅲ）复合物插层改性高岭石的多相氧化反应催化活性。利用吡啶甲酸铬及吡啶二甲酸铬改性高岭石，该多相催化剂对环辛烯和环己烷有良好的催化效果，与单相的催化效果相类似，优点在于该催化剂能在温和的环境有高的活性以及高的选择性，并在5次循环使用后，催化活性没有降低。

（3）药物载体材料。由于定期使用农药导致生产成本高，严重的环境污染，Wanyika[357]研究把农药甲霜灵插层蒙脱石层间，使其成为农药载体，从而达到持续释放的作用，在土壤持续释放时间达10d，延缓甲霜灵释放时间达6倍。Han等人[358]分别使用溶液法与固相反应法，制备百草枯插层蒙脱石，（001）面 d 值从1.0～1.3nm，在不同的pH值条件下研究其释放性能表明，在酸性条件下百草枯的释放比中性条件快。

（4）吸附材料。高岭石（有机）插层复合材料既具有黏土矿物的特性，如吸附性、分散性、流变性、多孔性和表面酸性，可用于吸附材料。Monvisade等人[359]利用壳聚糖插层钠基蒙脱石，（001）面的层间距 d 从1.42nm扩大到2.21nm，插层量为17%，插层后的蒙脱石吸附基本蓝染料能力在46～49mg/g。Hu等人[360]用十六烷基三甲基溴化铵有机改性的蒙脱石为固体吸附材料，在pH值为4，298K环境下对钴离子具有强的吸附性能，特别是在前5min能快速吸附，在20min达到吸附平衡，其吸附过程符合准二级动力学模型，其吸附率为3.814mg/(g·min)。

6.4.4　非金属矿物的活化焙烧及其应用

6.4.4.1　高岭土活化

高岭土在低温到高温的煅烧过程中，晶相依次发生在高岭土、偏高岭土和含尖晶石的高岭土、莫来石的变化。低温（通常小于110℃）[361]状态下，矿物裂隙内含的自由水、大多数吸附水以及少量层间水开始逐渐渗出；在中温阶段（110～925℃）主要发生脱羟基阶段、除碳阶段的行为[362]，离子电性吸附水和胶体结晶水逐渐脱失，接着存于矿物晶体结构中以羟基形式存在的结构水逸出脱除；高温煅烧阶段从925℃开始转化成为铝硅尖晶石，同时热解出二氧化硅。当温度继续升高达到1050～1100℃范围时，部分铝硅尖晶石开始转变为似莫来石，并继续热解出二氧化硅。当温度继续升高，达到1100～1400℃时，大量的铝硅尖晶石及似莫来石就开始转变为莫来石[363]。

Bai等人[364]以1100℃预先焙烧后的高岭土、α-Al_2O_3 以及造孔剂石墨混合成样，在1500℃烧结可得孔径大小为0.3～5μm，主晶相为莫来石的多孔陶瓷。Wang等人以高岭石为原料[365]，在600℃下煅烧2h，然后用2.5mol/L HCl在70℃的水浴中反应8h，反应产物对铀离子具有很强的吸附能力。

6.4.4.2　膨润土活化

在不同温度下焙烧天然膨润土，可以先后失去表面吸附水、层间水和结构水，减小水膜对有机物污染物质的吸附阻力[366]，使膨润土的吸附性能发生变化。活化膨润土生产工艺比较复杂，对膨润土生产线的要求也是比较高的。当焙烧温度小于450℃时[367，368]，随着焙烧温度的升高，膨润土的表面水、层间吸附水先后被去除，温度越高，水分去除的也就越彻底，而且由于水膜的逐渐消失也使膨润土对有机污染物的吸附能力有所增强。当焙烧温度大于450℃时，膨润土中的水化水和结构水也逐渐失去，羟基结构骨架被破坏，晶格结构发生变化[369]，片层结构间的金属阳离子被压缩到骨架上，因此丧失了离子交换性能力[370]，有利于吸附作用的卷边结构也遭到破坏，使膨润土的吸附性能有所下降。过高的焙烧温度使膨润土的表面发生了微熔，部分显微气孔被堵塞，从而使膨润土的比表面积减小。超过600℃时，蒙脱石结构开始破裂，层间的阳离子缩合到结构骨架上，完全丧失了离子交换的性能，其独特的卷边片状物也剥落，有利于吸附的构造遭到破坏[371]。

Aytas等人[372]研究表明活化后的膨润土对铀离子的吸附是自发进行的，并且具有较高的吸附容量，膨润土是廉价且高吸附能力的吸附剂。Sanabria等人[373]以膨润土为原料，研究了AlFe和AlCeFe柱撑膨润土，并考察了其力学性能及组织结构性质。测定了不同温度下复合材料的力学性能，500℃时获得了具有良好力学性能和优异稳定性的材料，在结构上是以钠或钙键合的，结构较为稳定。Caroline等人[374]以膨润土为原料，研究了焙烧温度对膨润土吸附能力的影响。并测试了焙烧后膨润土对溶液中铜离子的吸附能力，研究表明经500℃焙烧后能够使膨润土具有较好的吸附能力，其孔径为0.46nm，MTZ值为4.98。

6.4.4.3　硅藻土活化

硅藻土经过400℃热处理[375]，会失去所含的大部分水[376]，当温度达到1100℃时，蛋白石会结晶为方石英。硅藻土经 900 ~ 1200℃的热处理会使无定型 SiO_2 转化为方石英[377, 378]，亦有人研究指出，硅藻土经 900℃的热处理，仍可保持非晶态[379]。这主要与矿体形成类型和其所含杂质有关。在 600 ~ 1150℃焙烧，其表面积随温度升高而逐渐下降[380]，在 600 ~ 950℃时，中孔平均直径、平均孔直径、毛细孔百分率均逐渐上升，而在 1150℃[381 ~ 384]时，孔容陡然降低，这是因为其经焙烧后，孔洞内的有机质被燃尽，部分堵塞在圆筒体内及圆筒体表面微孔内的黏土杂质在 600 ~ 950℃时熔化。当焙烧温度 1150℃时，大孔全部塌陷，无定型二氧化硅晶化为 α-方石英，因此孔容降低。

Nezahat 等人[385]探究 1000℃煅烧后的膨润土，可以成功地应用在啤酒的生产过滤上，是具有高效低成本的潜在过滤剂。Sun 等人[386]以硅藻土和石蜡为原料制备复合相变储热材料。在不同温度焙烧硅藻土以提高其吸附能力，作为复合材料的基体。研究结果表明在 450℃焙烧 1h，硅藻土具有较大的比表面积，与石蜡按一定比例复合可制备出相变温度为 33.04℃、相变潜热为 89.54J/g 的复合储热材料。朱健等人[387]对硅藻土进行了深度的物理改性并研究了其对 Fe^{3+} 的吸附性能。制得的改性硅藻土为有一定强度、大小均匀、粒径约为 5mm 的褐色椭圆颗粒。在一定温度范围内焙烧的改性硅藻土对 Fe^{3+} 的去除率随用土量、吸附作用时间、吸附温度、溶液 pH 值的增加而增加，随吸附液初始浓度的增加而减小；硅藻土深度物理改性能够显著提高其吸附性能，同时大大提高其可操作性。

6.4.4.4　凹凸棒石活化

天然凹土的比表面积为 140 ~ 210m^2/g[388, 389]，经高温焙烧，比表面积能够显著增加，甚至达到 300m^2/g 以上。在一定温度范围内，凹土的比表面积随着焙烧温度的增加而增加[390 ~ 392]，当温度升高到一定程度，如焙烧超过 600℃时，比表面积就会出现下降趋势[393, 394]，这是因为温度过高，凹土失去部分结构水或羟基脱出引起孔洞塌陷、纤维束堆积，针状纤维束紧密烧结在一起，孔隙容积和比表面积减小，致使吸附能力减弱。

Shi 等人[395]以凹凸棒石为模板剂合成中孔碳，所得材料具有最大的比表面积和孔容。在几种改性方法中，焙烧活化后，碳具有较高的比表面积（937m^2/g）。范晓为等人[396]对凹凸棒石吸附去除水中 Fe^{2+} 的特性进行了研究，重点讨论了焙烧和酸化处理对吸附的影响。当焙烧温度在 200 ~ 400℃，焙烧处理对凹凸棒石吸附去除 Fe^{2+} 的影响不明显，当焙烧温度在 500℃时，凹凸棒石对 Fe^{2+} 的吸附去除率显著降低，这是由于凹凸棒石内部结构发生折叠收缩，导致孔道逐步塌陷所致。李静萍等人[397]研究了热处理凹凸棒石对 Ni(Ⅱ)的吸附性能，经过 50min、40℃以上焙烧的热处理凹凸棒石对水溶液中 Ni(Ⅱ)具有良好的吸附性能；在室温（25℃）条件下，吸附平衡时间约为 90min；溶液 pH 值约为 8 时，Ni(Ⅱ)可被热处理凹凸棒石定量吸附，吸附率接近 100%。

6.4.4.5　其他非金属矿的焙烧活化

何东升等人[398]考察了伊利石在焙烧过程中的晶体结构变化规律：焙烧促使伊利石晶体结构中四面体和八面体结构发生调整和变形，从而使八面体中铝元素赋存的化学环境发生变化，浸出活性显著增强，在最优条件下焙烧，铝在浸出液中的浓度由 77.56mmol/L 提高到 203.90mmol/L。霍小旭等人[399]研究新疆蛭石膨胀倍随煅烧温度上升而迅速增加，但煅烧温度超过 700℃时，其膨胀倍不再增加。林鑫等人[400]将海泡石经 400℃热活化后，其比表面积由 247.797m^2/g 增加至 305.849m^2/g。Samir Kadi 等人[401]通过煅烧埃洛石获取 Pb^{2+} 的吸附剂，埃洛石在 50 ~ 240℃时，释放物理吸附水；在 480 ~ 640℃转变为羟基埃洛石，在 1000℃重结晶；600℃晶体结构完整，1000℃埃洛石纳米管被破坏，以 γ-Al_2O_3 和无定型 SiO_2 形式存在。而埃洛石对 Pb^{2+} 的吸附能力随着温度的升高而降低。欧阳静等人[402]研究了埃洛石的热活化特性及热稳定性，结果发现，产于湖南辰溪的埃洛石矿物具有较高的热稳定性，特别是其管状形貌在 1100℃保温 6h 后仍能被很好地保持，且在高温煅烧后的矿物比表面积增大约 1 倍，相关结果为埃洛石在催化等领域的应用提供技术保障。

参 考 文 献

[1] Johnston C T. Probing the nanoscale architecture of clay minerals[J]. Clay Minerals, 2010, 45(3): 245-279.

[2] Boulet P, Greenwell H C, Stackhouse S, et al. Recent advances in understanding the structure and reactivity of clays using electronic structure calculations[J]. Journal of Molecular Structure: THEOCHEM, 2006, 762(1-3): 33-48.

[3] Mercier P H J, Le Page Y. Kaolin polytypes revisited ab initio[J]. Acta Crystallographica Section B: Structural Science, 2008, B64: 131-143.

[4] Militzer B, Wenk H R, Stackhouse S, et al. First-principles calculation of the elastic moduli of sheet silicates and their application to shale anisotropy[J]. American Mineralogist, 2010, 96(1): 125-137.

[5] Tunega D, Bučko T, Zaoui A, et al. Assessment of ten DFT methods in predicting structures of sheet silicates: importance of dispersion corrections[J]. The Journal of Chemical Physics, 2012, 137(11): 105-114.

[6] Balan E, Calas G, Bish D L. Kaolin-group minerals: from hydrogen-bonded layers to environmental recorders[J]. Elements, 2014, 10(3): 183-188.

[7] Balan E, Saitta A, Mauri F, et al. First-principles modeling of the infrared spectrum of kaolinite[J]. American Mineralogist, 2001, 86(11-12): 1321-1330.

[8] Balan E, Lazzeri M, Saitta A M, et al. First-principles study of OH-stretching modes in kaolinite, dickite, and nacrite[J]. American Mineralogist, 2005, 90(1): 50-60.

[9] Neder R B, Burghammer M, Grasl T H, et al. Refinement of the kaolinite structure from single-crystal synchrotron data[J]. Clays and Clay Minerals, 1999, 47(4): 487-494.

[10] White C E, Provis J L, Riley D P, et al. What is the structure of kaolinite? Reconciling theory and experiment[J]. The Journal of Physical Chemistry. B, 2009, 113(19): 6756-6765.

[11] Tosoni S, Doll K, Ugliengo P. Hydrogen bond in layered materials: structural and vibrational properties of kaolinite by a periodic B3LYP approach[J]. Chemistry of Materials, 2006, 18(8): 2135-2143.

[12] White C E, Kearley G J, Provis J L, et al. Structure of kaolinite and influence of stacking faults: Reconciling theory and experiment using inelastic neutron scattering analysis[J]. The Journal of Chemical Physics, 2013, 138(19): 194-501.

[13] Sato H, Ono K, Johnston C T, et al. First-principles studies on the elastic constants of a 1 : 1 layered kaolinite mineral[J]. American Mineralogist, 2005, 90(11-12): 1824-1826.

[14] Zhou B, Sherriff B L, Wang T. ^{27}Al NMR spectroscopy at multiple magnetic fields and ab initio quantum modeling for kaolinite [J]. American Mineralogist, 2009, 94(7): 865-871.

[15] Paris M. The two aluminum sites in the ^{27}Al MAS NMR spectrum of kaolinite: Accurate determination of isotropic chemical shifts and quadrupolar interaction parameters[J]. American Mineralogist, 2014, 99(2-3): 393-400.

[16] Meheut M, Lazzeri M, Balan E, et al. Equilibrium isotopic fractionation in the kaolinite, quartz, water system: Prediction from first-principles density-functional theory[J]. Geochimica et Cosmochimica Acta, 2007, 71(13): 3170-3181.

[17] Hong H, Min X, Zhou Y. Orbital calculations of kaolinite surface: on Substitution of Al^{3+} for Si^{4+} in the tetrahedral sites[J]. Journal of Wuhan University of Technology-Mater. Sci. Ed., 2007, 22(4): 661-666.

[18] Benco L, Tunega D, Hafner J, et al. Upper Limit of the O—H···O Hydrogen Bond. Ab Initio Study of the Kaolinite Structure [J]. The Journal of Physical Chemistry B, 2001, 105(44): 10812-10817.

[19] 宋开慧，张超，王幸，等．量子化学法研究甲酰胺在高岭石的表面吸附[C]//中国化学会第 28 届学术年会第 13 分会场摘要集．四川：中国化学会第 28 届学术年会，2012.

[20] 王幸，张超，宋开慧，等．苯在高岭土表面吸附的理论研究[C]//中国化学会第 28 届学术年会第 13 分会场摘要集．四川：中国化学会第 28 届学术年会，2012.

[21] 刘晓宇，黎春，田文宇，等．铀酰离子吸附在高岭土基面的分子动力学模拟[J]．物理化学学报，2011，27(1)：59-64.

[22] Martorell B, Kremleva A, Krüger S, et al. Density functional model study of uranyl adsorption on the solvated (001) surface of kaolinite[J]. The Journal of Physical Chemistry C, 2010, 114(31): 13287-13294.

[23] Kremleva A, Krüger S, Rösch N. Density functional model studies of uranyl adsorption on (001) surfaces of kaolinite[J]. Langmuir, 2008, 24(17): 9515-9524.

[24] Xia L, Zhong H, Liu G, et al. Electron bandstructure of kaolinite and its mechanism of flotation using dodecylamine as collector [J]. Journal of Central South University of Technology, 2009, 16(1): 73-79.

[25] Ni X, Choi P. Wetting behavior of nanoscale thin films of selected organic compounds and water on model basal surfaces of kaolinite[J]. The Journal of Physical Chemistry C, 2012, 116(50): 26275-26283.

[26] Geatches D L, Jacquet A, Clark S J, et al. Monomer adsorption on kaolinite: modeling the essential ingredients[J]. The Journal of Physical Chemistry C, 2012, 116(42): 22365-22374.

[27] Tribe L, Hinrichs R, Kubicki J D. Adsorption of nitrate on kaolinite surfaces: a theoreticalstudy[J]. The Journal of Physical Chemistry. B, 2012, 116(36): 11266-11273.

[28] Lee S G, Choi J I, Koh W, et al. Adsorption of β-d-glucose and cellobiose on kaolinite surfaces: Density functional theory

(DFT) approach[J]. Applied Clay Science, 2013, 71: 73-81.

[29] Magriotis Z M, de Sales P F, Ramalho T C, et al. Influence of pH and of the interactions involved in etheramine removal in kaolinite: insights about adsorption mechanism[J]. The Journal of Physical Chemistry C, 2013, 117(42): 21788-21794.

[30] Wang F, Zhan G, Jiang Y, et al. Theoretical evaluation of flotation performance of carboxyl hydroxamic acids with different number of polar groups on the surfaces of diaspore (010) and kaolinite (001) [J]. Journal of molecular modeling, 2013, 19(8): 3135-3142.

[31] Wang X, Qian P, Song K, et al. The DFT study of adsorption of 2, 4-dinitrotoluene on kaolinite surfaces[J]. Computational and Theoretical Chemistry, 2013, 1025: 16-23.

[32] Min X, Hong H, An J. Quantum chemistry calculations on the interaction between kaolinite and gold[J]. Journal Wuhan University of Technology, Materials Science Edition, 2001, 16(4): 57-61.

[33] He M C, Zhao J, Wang S X. Adsorption and diffusion of Pb(Ⅱ) on the kaolinite (001) surface: a density-functional theory study[J]. Applied Clay Science, 2013, 85: 74-79.

[34] Tunega D, Benco L, Haberhauer G, et al. Ab initio molecular dynamics study of adsorption sites on the (001) surfaces of 1∶1 dioctahedral clay minerals[J]. The Journal of Physical Chemistry B, 2002, 106(44): 11515-11525.

[35] Tunega D, Gerzabek M H, Lischka H. Ab initio molecular dynamics study of a monomolecular water layer on octahedral and tetrahedral kaolinite surfaces[J]. The Journal of Physical Chemistry B, 2004, 108(19): 5930-5936.

[36] Hu X L, Michaelides A. Water on the hydroxylated (001) surface of kaolinite: from monomer adsorption to a flat 2D wetting layer[J]. Surface Science, 2008, 602(4): 960-974.

[37] 莫曼，张敏，方志杰．高岭土表面吸水的第一性原理研究[J]. 科技信息，2014，15：285.

[38] Qiu G Z, Xiao Q, Hu Y H. First-principles calculation of the electronic structure of the stoichiometric pyrite FeS_2 (100) surface (No. 03-11) [J]. Computational Materials Science, 2004, 29(1): 89-94.

[39] He M C, Zhao J. Effects of Mg, Ca, and Fe(Ⅱ) doping on the kaolinite (001) surface with H_2O adsorption[J]. Clays and Clay Minerals, 2012, 60(3): 330-337.

[40] 张超，宋开慧，王幸，等．水分子在高岭石中插层行为的量子化学研究[J]. 分子科学学报，2013，29(2)：134-141.

[41] Campos R B, Wypych F, Martins Filho H P. Theoretical estimates of the IR spectrum of water intercalated into kaolinite[J]. International Journal of Quantum Chemistry, 2009, 109(3): 594-604.

[42] White C E, Provis J L, Gordon L E, et al. Effect of temperature on the local structure of kaolinite intercalated with potassium acetate[J]. Chemistry of Materials, 2010, 23(2): 188-199.

[43] Song K, Wang X, Qian P, et al. Theoretical study of interaction of formamide with kaolinite[J]. Computational and Theoretical Chemistry, 2013, 1020: 72-80.

[44] Chao Z, Xing W, Xiliang S, et al. Quantum chemical study of intercalation of hydrazine hydrate in kaolinite[J]. Acta Chimica Sinica, 2013, 71(11): 1553-1562.

[45] Matusik J, Scholtzová E, Tunega D. Influence of synthesis conditions on the formation of a kaolinite-methanol complex and simulation of its vibrational spectra[J]. Clays and Clay Minerals, 2012, 60(3): 227-239.

[46] Matusik J, Scholtzovú E, Tunega D. Influence of synthesis conditions on the formation of a kaolinite-methanol complex and simulation of its vibrational spectra[J]. Clays and Clay Minerals, 2012, 60(3): 227-239.

[47] Michalkovú A, Tunega D. Kaolinite: dimethylsulfoxide intercalate a theoretical study[J]. The Journal of Physical Chemistry C, 2007, 111(30): 11259-11266.

[48] Ugliengo P, Zicovich-Wilson C M, Tosoni S, et al. Role of dispersive interactions in layered materials: a periodic B3LYP and B3LYP-D* study of $Mg(OH)_2$, $Ca(OH)_2$ and kaolinite[J]. Journal of Materials Chemistry, 2009, 19(17): 2564-2572.

[49] Nisar J, Århammar C, Jämstorp E, et al. Optical gap and native point defects in kaolinite studied by the GGA-PBE, HSE functional and GW approaches[J]. Physical Review B, 2011, 84(7): 075120.

[50] White C E, Provis J L, Proffen T, et al. Density functional modeling of the local structure of kaolinite subjected to thermal dehydroxylation[J]. The Journal of Physical Chemistry A, 2010, 114(14): 4988-4996.

[51] White C E, Provis J L, Proffen T, et al. Combining density functional theory (DFT) and pair distribution function (PDF) analysis to solve the structure of metastable materials: the case of metakaolin[J]. Physical Chemistry Chemical Physics, 2010, 12(13): 3239-3245.

[52] Sperinck S, Raiteri P, Marks N, et al. Dehydroxylation of kaolinite to metakaolin—a molecular dynamics study[J]. Journal of Materials Chemistry, 2011, 21(7): 2118-2125.

[53] Welch M D, Crichton W A. Pressure-induced transformations in kaolinite[J]. American Mineralogist, 2010, 95(4): 651-654.

[54] Welch M D, Montgomery W, Balan E, et al. Insights into the high-pressure behavior of kaolinite from infrared spectroscopy and quantum-mechanical calculations[J]. Physics and Chemistry of Minerals, 2012, 39(2): 143-151.

[55] Murashov V V, Demchuk E. A comparative study of unrelaxed surfaces on quartz and kaolinite, using the periodic density functional theory[J]. The Journal of Physical Chemistry B, 2005, 109(21): 10835-10841.

[56] Briones-Jurado C, Agacino-Valdés E. Bronsted sites on acid-treated montmorillonite: a theoretical study with probe molecules [J]. The Journal of Physical Chemistry A, 2009, 113(31): 8994-9001.

[57] Wungu T D K, Aspera S M, David M Y, et al. Absorption of lithium in montmorillonite: a density functional theory (DFT) study[J]. Journal of Nanoscience and Nanotechnology, 2011, 11(4): 2793-2801.

[58] Wungu T D K, Agusta M K, Saputro A G, et al. First principles calculation on the adsorption of water on lithium-montmorillonite (Li-MMT) [J]. Journal of Physics: Condensed Matter, 2012, 24(47): 475-506.

[59] Wungu T D K, Rusydi F, Kresno Dipojono H, et al. A density functional theory study on the origin of lithium-montmorillonite's conductivity at low water content: a first investigation[J]. Solid State Communications, 2012, 152(19): 1862-1866.

[60] Mignon P, Sodupe M. Theoretical study of the adsorption of DNA bases on the acidic external surface of montmorillonite[J]. Physical Chemistry Chemical Physics, 2012, 14(2): 945-954.

[61] Berghout A, Tunega D, Zaoui A. Density functional theory (DFT) study of the hydration steps of $Na^{+}/Mg^{2+}/Ca^{2+}/Sr^{2+}/Ba^{2+}$-exchanged montmorillonites[J]. Clays and Clay Minerals, 2010, 58(2): 174-187.

[62] Briones-Jurado C, Agacino-Valdés E. On the possible removal of nitrogen monoxide and carbon monoxide on copper ion-exchanged montmorillonite: a DFT study[J]. International Journal of Quantum Chemistry, 2008, 108(10): 1802-1809.

[63] Shi J, Lou Z, Yang M, et al. Theoretical characterization of formamide on the inner surface of montmorillonite[J]. Surface Science, 2014, 624: 37-43.

[64] Shi J, Liu H B, Lou Z Y, et al. Effect of interlayer counterions on the structures of dry montmorillonites with Si^{4+}/Al^{3+} substitution[J]. Computational Materials Science, 2013, 69: 95-99.

[65] Myshakin E M, Saidi W A, Romanov V N, et al. Molecular dynamics simulations of carbon dioxide intercalation in hydrated Na-montmorillonite[J]. The Journal of Physical Chemistry C, 2013, 117(21): 11028-11039.

[66] Scholtzová E, Tunega D, Madejová J, et al. Theoretical and experimental study of montmorillonite intercalated with tetramethylammonium cation[J]. Vibrational Spectroscopy, 2013, 66: 123-131.

[67] Xia M, Ding W, Xiong K, et al. Anchoring effect of exfoliated-montmorillonite-supported Pd catalyst for the oxygen reduction reaction[J]. The Journal of Physical Chemistry C, 2013, 117(20): 10581-10588.

[68] Ding W, Xia M R, Wei Z D, et al. Enhanced stability and activity with Pd-O junction formation and electronic structure modification of palladium nanoparticles supported on exfoliated montmorillonite for the oxygen reduction reaction[J]. Chemical Communications, 2014, 50(50): 6660-6663.

[69] Bruno M, Prencipe M. Ab initio quantum-mechanical modeling of pyrophyllite $Al_2Si_4O_{10}(OH)_2$ and talc $Mg_3Si_4O_{10}(OH)_2$ surfaces[J]. Physics and Chemistry of Minerals, 2006, 33(1): 63-71.

[70] Larentzos J P, Greathouse J A, Cygan R T. An ab initio and classical molecular dynamics investigation of the structural and vibrational properties of talc and pyrophyllite[J]. The Journal of Physical Chemistry C, 2007, 111(34): 12752-12759.

[71] Wu L M, Zhou C H, Keeling J, et al. Towards an understanding of the role of clay minerals in crude oil formation, migration and accumulation[J]. Earth-Science Reviews, 2012, 115(4): 373-386.

[72] Perez-Rodriguez J L, Duran A, Sánchez Jiménez P E, et al. Study of the dehydroxylation-rehydroxylation of pyrophyllite[J]. Journal of the American Ceramic Society, 2010, 93(8): 2392-2398.

[73] Molina-Montes E, Donadio D, Hernández-Laguna A, et al. Exploring the rehydroxylation reaction of pyrophyllite by ab initio molecular dynamics[J]. The Journal of Physical Chemistry B, 2010, 114(22): 7593-7601.

[74] Molina-Montes E, Donadio D, Hernández-Laguna A, et al. Water release from pyrophyllite during the dehydroxylation process explored by quantum mechanical simulations[J]. The Journal of Physical Chemistry C, 2013, 117(15): 7526-7532.

[75] Sainz-Díaz C I, Francisco-Márquez M, Vivier-Bunge A. Adsorption of polyaromatic heterocycles on pyrophyllite surface by means of different theoretical approaches[J]. Environmental Chemistry, 2011, 8(4): 429-440.

[76] Sainz-Díaz C I, Francisco-Márquez M, Vivier-Bunge A. Molecular structure and spectroscopic properties of polyaromatic heterocycles by first principle calculations: spectroscopic shifts with the adsorption of thiophene on phyllosilicate surface[J]. Theoretical Chemistry Accounts, 2010, 125(1-2): 83-95.

[77] Zhang G, Al-Saidi W A, Myshakin E M, et al. Dispersion-corrected density functional theory and classical force field calculations of water loading on a pyrophyllite (001) surface [J]. The Journal of Physical Chemistry C, 2012, 116 (32):

17134-17141.

[78] Zhu R, Molinari M, Shapley T V, et al. Modeling the interaction of nanoparticles with mineral surfaces: adsorbed C60 on pyrophyllite[J]. The Journal of Physical Chemistry A, 2013, 117(30): 6602-6611.

[79] Kremleva A, Martorell B, Krüger S, et al. Uranyl adsorption on solvated edge surfaces of pyrophyllite: a DFT model study[J]. Physical Chemistry Chemical Physics, 2012, 14(16): 5815-5823.

[80] 梁建明，章日光，赵强，等. 氢气在 Na-MAZ 和 Li-MAZ 沸石原子簇上的吸附[J]. 物理化学学报，2011，27(7)：1647-1653.

[81] 刘连池，傅嘉，孙淮. 应用基于第一性原理的分子模拟方法预测小分子在多孔材料中的吸附[J]. 中国科学：B 辑，2008，38(4)：331-339.

[82] 张达，孙晓岩，项曙光. DFT 方法研究酸性沸石上苯与乙烯烷基化反应的机理[J]. 化学研究，2013，24(3)：189-195.

[83] Sung C Y, Al Hashimi S, McCormick A, et al. A DFT study on multivalent cation-exchanged Y zeolites as potential selective adsorbent for H_2S[J]. Microporous and Mesoporous Materials, 2013, 172: 7-12.

[84] Smykowski D, Szyja B, Szczygiel J. DFT modeling of CO_2 adsorption on Cu, Zn, Ni, Pd/DOH zeolite[J]. Journal of Molecular Graphics and Modelling, 2013, 41: 89-96.

[85] Fischer M, Bell R G. Modeling CO_2 adsorption in zeolites using DFT-derived charges: comparing system-specific and generic models[J]. The Journal of Physical Chemistry C, 2013, 117(46): 24446-24454.

[86] Benco L, Tunega D. Adsorption of H_2O, NH_3 and C_6H_6 on alkali metal cations in internal surface of mordenite and in external surface of smectite: a DFT study[J]. Physics And Chemistry of Minerals, 2009, 36(5): 281-290.

[87] Boekfa B, Limtrakul J. Adsorption and hydrogen exchange reaction of light alkanes in the nanocavity of zeolite: a DFT study [J]. Abstracts of Papers of the American Chemical Society, 2012: 243.

[88] Brogaard R Y, Moses P G, Norskov J K. Modeling van der waals interactions in zeolites with periodic DFT: physisorption of n-Alkanes in ZSM-22[J]. Catalysis Letters, 2012, 142(9): 1057-1060.

[89] Fang H, Kamakoti P, Zang J, et al. Prediction of CO_2 adsorption properties in zeolites using force fields derived from periodic dispersion-corrected DFT calculations[J]. The Journal of Physical Chemistry C, 2012, 116(19): 10692-10701.

[90] Fischer M, Bell R G. Influence of zeolite topology on CO_2/N_2 separation behavior: force-field simulations using a DFT-derived charge model[J]. The Journal of Physical Chemistry C, 2012, 116(50): 26449-26463.

[91] Guo H Y, Ren J, Feng G, et al. Distribution of Al and adsorption of NH_3 in mordenite: a computational study[J]. Journal of Fuel Chemistry and Technology, 2014, 42(5): 582-590.

[92] 邱广敏，黄宝丽，王新民，等. HZSM-5 沸石分子筛吸附 H_2S 的理论研究[J]. 石油与天然气化工，2006，35(2)：107-109.

[93] 刘洁翔，王延吉，董梅，等. 硫醇分子在 HMOR 分子筛中吸附的量子化学研究[J]. 石油学报（石油加工），2007，23(6)：61-65.

[94] 杨金枝，朱爱梅，吴建洋，等. 水分子在 HZSM-5 沸石原子簇上吸附的密度泛函研究[J]. 分子催化，2009，23(1)：67-72.

[95] Li Y, Guo W, Fan W, et al. A DFT study on the distributions of Al and bronsted acid sites in zeolite MCM-22[J]. Journal of Molecular Catalysis A: Chemical, 2011, 338(1-2): 24-32.

[96] Niwa M, Suzuki K, Morishita N, et al. Dependence of cracking activity on the bronsted acidity of Y zeolite: DFT study and experimental confirmation[J]. Catalysis Science & Technology, 2013, 3(8): 1919-1927.

[97] Yang G, Zhou L, Han X. Lewis and bronsted acidic sites in M^{4+}-doped zeolites ($M = Ti$, Zr, Ge, Sn, Pb) as well as interactions with probe molecules: a DFT study[J]. Journal of Molecular Catalysis A: Chemical, 2012, 363: 371-379.

[98] Jiang S, Huang S, Tu W, et al. Infrared spectra and stability of CO and H_2O sorption over Ag-exchanged ZSM-5 zeolite: DFT study[J]. Applied Surface Science, 2009, 255(11): 5764-5769.

[99] Areán C O, Palomino G T, Carayol M R, et al. Hydrogen adsorption on the zeolite Ca-A: DFT and FT-IR investigation[J]. Chemical Physics Letters, 2009, 477(1-3): 139-143.

[100] Kang L, Deng W, Han K, et al. A DFT study of adsorption hydrogen on the Li-FAU zeolite[J]. International Journal of Hydrogen Energy, 2008, 33(1): 105-110.

[101] 邱广敏，吕仁庆，曹作刚. Ag^+ 和 ZSM-5 沸石相互作用及其对 NO 吸附的理论研究[J]. 石油与天然气化工，2005，34(5)：358-361.

[102] 吕仁庆，曹作刚，刘晨光. Cu^+ 和 ZSM-5 沸石相互作用的理论研究[J]. 石油与天然气化工，2005，34(1)：1-2.

[103] Liu J X, Wei X, Zhang X G, et al. NO_x Adsorption in Ag-AlMOR Molecular Sieve[J]. Acta Physico-Chimica Sinica, 2009,

25(1): 91-96.

[104] 刘洁翔，魏贤，张晓光，等. Cu-M′. MOR 和 Ag-M′. MOR (M′ = B, Al, Ga, Fe) 的酸性[J]. 物理化学学报，2009, 25(10): 2123-2129.

[105] 杨静，孙淮. 磷改性 ZSM-5 沸石水热稳定性提高的理论研究[J]. 中国科学：B 辑，2008, 38(10): 881-887.

[106] 邢博，孙迎新，孙淮. 用第一性原理方法研究磷铝沸石合成初期生成的低聚物[J]. 计算机与应用化学，2010, 11: 002.

[107] Yang J, Sun Y X, Zhao L F, et al. Phosphorous moieties in P-ZSM-5 zeolites[J]. Acta Physico-Chimica Sinica, 2011, 8: 007.

[108] Agarwal V, Huber G W, Conner Jr W C, et al. DFT study of nitrided zeolites: mechanism of nitrogen substitution in HY and silicalite[J]. Journal of Catalysis, 2010, 269(1): 53-63.

[109] Shi X, Fan B, Xing B, et al. Experimental and DFT study on the catalytic asymmetric hydrogenation performance of (1S,2S)-DPEN-Ru(TPP)(2) encapsulated in zeolite[J]. Journal of Molecular Catalysis a-Chemical, 2014, 385: 85-90.

[110] Ames W M, Larsen S C. DFT calculations of EPR parameters for copper(Ⅱ)-exchanged zeolites using cluster models[J]. The Journal of Physical Chemistry A, 2010, 114(1): 589-594.

[111] Danilczuk M, Pogocki D, Lund A. Interaction of CH_2OH with silver cation in Ag-A/CH_3OH zeolite: a DFT study[J]. Chemical Physics Letters, 2009, 469(1-3): 153-156.

[112] Tielens F, Dzwigaj S. Probing acid-base sites in vanadium redox zeolites by DFT calculation and compared with FTIR results[J]. Catalysis Today, 2010, 152(1-4): 66-69.

[113] 潘峰，喻学惠，莫宣学，等. 架状硅酸盐矿物晶体的 Raman 振动特征解析[C]//第十五届全国光散射学术会议论文摘要集，2009: 105.

[114] 管嵘清，杜梅芳，李洁，等. 煤灰中霞石与钠长石的光学性质对熔融特性影响[J]. 上海理工大学学报，2010, 32(6): 597-601.

[115] Hou N P, Du M, Li J, et al. Research of the physical and chemical properties on the fayalite minerals in coal ash by quantum chemistry theory[J]. Materials Review, 2010, 24(9): 76-79.

[116] 汝强，胡社军，赵灵智. Li_xFePO_4 (x = 0.0, 0.75, 1.0) 电子结构与弹性性质的第一性原理研究[J]. 物理学报，2011, 60(3): 448-457.

[117] 王圣平，王曼，阮超，等. 第一原理计算掺杂 $LiFePO_4$ 的电子结构[J]. 硅酸盐学报，2011, 39(4): 601-605.

[118] 刘雷，杜建国，赵纪军，等. 水、铁组分对橄榄石性质的第一性原理模拟研究[J]. 国际地震动态，2012, 6: 90.

[119] 林莹，吴景，许桂贵，等. Ni^{2+}替代对 $LiFePO_4$ 正极材料电化学性能的影响[J]. 稀有金属材料与工程，2013, 42(12): 2563.

[120] 冯其明，陈远道，卢毅屏，等. 一水硬铝石 (α-AlOOH) 及其 (010) 表面的密度泛函研究[J]. 中国有色金属学报，2004, 14(4): 673-678.

[121] 肖奇，邱冠周，覃文庆，等. FeS_2 (pyrite) 电子结构与光学性质的密度泛函计算[J]. 光学学报，2002, 22(12): 1501-1506.

[122] 肖奇，邱冠周，胡岳华，等. FeS_2 (100) 表面原子几何与电子结构的理论研究[J]. 物理学报，2002, 51(9): 2133-2138.

[123] 周薇薇，崔立霞，忻晓桂，等. 五种 SiO_2 晶体原子和电子结构的第一性原理研究[J]. 原子与分子物理学报，2010(3): 560-568.

[124] 郝军华，吴志强，王铮，等. 高压下 SiO_2 的第一性原理计算[J]. Chinese Journal of High Pressure Physics, 2010, 24(4): 260-266.

[125] 石彦立，韩伟，卢铁城，等. 含羟基结构熔石英光电性质的第一性原理研究[J]. 物理学报，2014, 63(8): 083101.

[126] Hu Y H, Gao Z, Sun W, et al. Anisotropic surface energies and adsorption behaviors of scheelite crystal[J]. Colloids and Surfaces A, 2012, 415: 439-448.

[127] 陈建华，王进明，龙贤灏，等. 硫化铜矿物电子结构的第一性原理研究[J]. 中南大学学报：自然科学版，2011, 42(12): 3612-3617.

[128] Huang Z Q, Zhong H, Wang S, et al. Comparative studies on flotation of aluminosilicate minerals with Gemini cationic surfactants BDDA and EDDA[J]. Transactions of Nonferrous Metals Society of China, 2013, 23(10): 3055-3062.

[129] Xia L Y, Zhong H, Liu G Y, et al. Flotation separation of the aluminosilicates from diaspore by a Gemini cationic collector[J]. International Journal of Mineral Processing, 2009, 92(1-2): 74-83.

[130] Huang Z Q, Zhong H, Wang S, et al. Gemini trisiloxane surfactant: synthesis and flotation of aluminosilicate minerals[J].

Minerals Engineering, 2014, 56: 145-154.

[131] 郭静楠，王方平．羧基羟肟酸浮选一水硬铝石高岭石的理论研究[J]．广州化工，2012，40(11)：6-8.

[132] Liu Z, Liu G S, Yu J G. Effect of primary alkylamine adsorption on muscovite hydrophobicity[J]. Acta Physico-Chimica Sinica, 2012, 28(1): 201-207.

[133] 肖奇，邱冠周，胡岳华．黄铁矿机械化学的计算模拟（Ⅰ）——晶格畸变与化学反应活性的关系[J]．中国有色金属学报，2001，11(5)：900-905.

[134] 郑水林，苏逵．非金属矿超细粉碎与精细分级技术进展[J]．中国非金属矿工业导刊，2009(2)：3-5.

[135] 吴小乐，张铭命，杜妍辰．振动磨超细粉碎碳酸钙的试验研究[J]．机电信息，2013(5)：27-33.

[136] 黄新，孙亚丽，刘清才，等．用气流粉碎分级法对超细 WC 粉末研磨[J]．超硬材料工程，2006(2)：14-16.

[137] 张涛，王保国，陈亚芳，等．球磨法制备超细镍粉及其表征[J]．山西化工，2011(2)：13-14，47.

[138] 曹伟．球磨法制备超细 α-Al_2O_3 粉体的研究[J]．轻金属，2006(4)：14-16.

[139] 印航，高惠民，管俊芳，等．湖北大冶重质碳酸钙超细粉碎研究[J]．中国非金属矿工业导刊，2009(2)：37-39.

[140] 苏宁，方苍舟，杜仁忠．规模化干法生产超细重钙工艺分析[J]．中国非金属矿工业导刊，2012(6)：37-39，50.

[141] 卢百平，韦雯，刘灿成，等．高能球磨法制备超细 Al_2O_3 粉末[J]．粉末冶金技术，2012 (2)：130-134，139.

[142] 雷绍民，李佳，王欢，等．高活性重晶石粉体制备研究[J]．非金属矿，2012(3)：15-17.

[143] 张开永，曲鸿鲁，刘渝燕，等．电气石超细粉碎及分级提取试验研究[J]．中国粉体技术，2010(2)：49-50，57.

[144] 李华芳，王进．超细粉体的制备及其结构性能分析[J]．中国建材科技，2008(6)：75-77.

[145] 刘文萍，尹周澜，丁治英，等．六偏磷酸钠对黄铁矿超细粉碎影响的研究[J]．矿产保护与利用，2006(6)：13-17.

[146] 刘文萍，尹周澜，丁治英，等．液体介质对黄铁矿超细粉碎的影响[J]．中国有色金属学报，2007(1)：138-143.

[147] 韩凤兰，吴澜尔．天然羟基磷灰石超细粉碎试验研究[J]．矿产保护与利用，2007(2)：17-19.

[148] 张书杰，吴澜尔．碳化硅超细粉碎试验研究[J]．矿山机械，2011(12)：69-71.

[149] 黄小龙，郝静如，米洁．鼠笼式搅拌磨机在超细水泥加工中的性能实验与研究[J]．实验技术与管理，2009(10)：42-44.

[150] 石亚超，刘雪东，龚占杰，等．搅拌磨制备超细凹土粉体的工艺优化[J]．矿业研究与开发，2008(2)：48-50.

[151] 狄宏伟，宋宝祥．滑石类型对其湿法超细加工性能的影响[J]．中国非金属矿工业导刊，2010(3)：9-12，15.

[152] Sakthivel S, Krishnan V V, Pitchumani B. Influence of suspension stability on wet grinding for production of mineral nanoparticles[J]. Particuology, 2008, 6(2): 120-124.

[153] Choi H, Lee J, Hong H, et al. New evaluation method for the kinetic analysis of the grinding rate constant via the uniformity of particle size distribution during a grinding process[J]. Powder Technology, 2013, 247: 44-46.

[154] Choi H, Lee W, Kim S. Effect of grinding aids on the kinetics of fine grinding energy consumed of calcite powders by a stirred ball mill[J]. Advanced Powder Technology, 2009, 20(4): 350-354.

[155] Shi F, Morrison R, Cervellin A, et al. Comparison of energy efficiency between ball mills and stirred mills in coarse grinding [J]. Minerals Engineering, 2009, 22(7-8): 673-680.

[156] 喻晖，赵金．LME1000K 卧式砂磨机在钛白生产中的应用[J]．上海涂料，2011(9)：15-18.

[157] 李筱瑜，唐浩．卧式砂磨机在 MLCC 陶瓷浆料分散中的应用[J]．电子工艺技术，2010(1)：44-47.

[158] 邱益，李秀明，徐宏彤，等．CGM60-B 锥摆式搅拌磨的设计与研究[J]．郑州大学学报（工学版），2006(3)：68-70.

[159] 李三华，张甲宝．CYM-5000L 立式搅拌磨机在非金属矿超细粉碎中的应用[J]．中国非金属矿工业导刊，2007(1)：50-51.

[160] 张书杰，吴澜尔．超细粉碎槽型偏心圆盘搅拌器装置研究[J]．新技术新工艺，2009(6)：49-51.

[161] 吴建明，曹永新．GJ5×2 大型双槽高强度搅拌磨机的开发与应用[J]．有色金属（选矿部分），2009(3)：46-51.

[162] 高春武，凌晓晖，黄伟定．石膏板卧式搅拌磨的开发[J]．新型建筑材料，2008(10)：18-19.

[163] 张国旺，赵湘，李自强，等．大型超细搅拌磨机研制及其在非金属矿生产中的应用[J]．非金属矿，2009(S1)：33-35.

[164] 张国旺，黄圣生．超细搅拌磨机的流场模拟和应用[J]．矿山机械，2008(21)：78-83.

[165] 刘军，何北海，赵丽红．造纸涂布级高岭土超细分级的试验研究[J]．造纸科学与技术，2009 (2)：45-50，54.

[166] 陈强，刘佳，邓元臣，等．高岭土使用直径 10mm 水力旋流器超细分级的研究[J]．非金属矿，2011(6)：29-31.

[167] 李启成，段小林，胡玉蓉．高岭土超细离心分级的试验研究[J]．南华大学学报（自然科学版），2006(3)：67-69.

[168] 李翔，李双跃，任朝富，等．CXM 超细分级磨实验系统设计与研究[J]．现代化工，2009(9)：74-77，79.

[169] 张亚南，任朝富，罗泽元，等．SCX400 型超细选粉机研制[J]．四川理工学院学报（自然科学版），2008(5)：98-101.

[170] 刁雄，李双跃，李良超，等．SCX分级机进料管流场数值分析与结构优化[J]．化学工程，2012(4)：31-35.

[171] 郝文阁，王尚元，侯亚平，等．微型旋风分级器分级性能研究[J]．沈阳建筑大学学报（自然科学版），2007(5)：798-801.

[172] 徐宏彤，宴丽琴，李炳锋，等．新型涡轮分级设备的研发[J]．机械研究与应用，2006(4)：98，100.

[173] 韩宁，刘文礼．用于超细分级的水力旋流器的研究[J]．煤炭加工与综合利用，2008(1)：6-10，60.

[174] 陈玮，王庆伟，陈燕，等．水力溢流分级在超细 α-Al_2O_3 粉体中的应用研究[J]．中国粉体技术，2006(2)：21-23.

[175] Abdul Aziz M, Kawde A N. Gold nanoparticle-modified graphite pencil electrode for the high-sensitivity detection of hydrazine [J]. Talanta, 2013, 115: 214-221.

[176] Bawaked S, He Q, Dummer N F, et al. Selective oxidation of alkenes using graphite-supported gold-palladium catalysts[J]. Catalysis Science & Technology, 2011, 1(5): 747-759.

[177] He X, Tang A, Yang H, et al. Synthesis and catalytic activity of doped TiO_2-palygorskite composites[J]. Applied Clay Science, 2011, 53(1): 80-84.

[178] Barquist K, Larsen S C. Chromate adsorption on bifunctional, magnetic zeolite composites[J]. Microporous And Mesoporous Materials, 2010, 130(1-3): 197-202.

[179] Shirzad-Siboni M, Farrokhi M, Darvishi Cheshmeh Soltani R, et al. Photocatalytic reduction of hexavalent chromium over ZnO nanorods immobilized on kaolin[J]. Industrial & Engineering Chemistry Research, 2014, 53(3): 1079-1087.

[180] Hu P, Yang H, Ouyang J. Synthesis and characterization of Sb-SnO_2/kaolinites nanoparticles[J]. Applied Clay Science, 2012, 55: 151-157.

[181] Sun Z, Hu Z, Yan Y, et al. Effect of preparation conditions on the characteristics and photocatalytic activity of TiO_2/purified diatomite composite photocatalysts[J]. Applied Surface Science, 2014, 314: 251-259.

[182] Sun Z, Yan Y, Zhang G, et al. The influence of carriers on the structure and photocatalytic activity of TiO_2/diatomite composite photocatalysts[J]. Advanced Powder Technology, 2015, 26: 595-601.

[183] Sun Q, Hu X, Zheng S, et al. Influence of calcination temperature on the structural, adsorption and photocatalytic properties of TiO_2 nanoparticles supported on natural zeolite[J]. Powder Technology, 2015, 274: 88-97.

[184] Sun Q, Li H, Zheng S, et al. Characterizations of nano-TiO_2/diatomite composites and their photocatalytic reduction of aqueous Cr（Ⅵ）[J]. Applied Surface Science, 2014, 311: 369-376.

[185] Papoulis D, Komarneni S, Nikolopoulou A, et al. Palygorskite- and Halloysite-TiO_2 nanocomposites: Synthesis and photocatalytic activity[J]. Applied Clay Science, 2010, 50(1): 118-124.

[186] 池勇志，习钰兰，李秀平，等．Fe/Ce/沸石负载型类芬顿催化剂制备及其特性[J]．环境工程学报，2012，6(9)：3068-3072.

[187] 刘丽，辛春伟，卢俊瑞，等．纳米 MnO_2 负载硅藻土的制备及其降解空气中甲醛的研究[J]．天津理工大学学报，2013，29(2)：36-40.

[188] Wang B, de Godoi F C, Sun Z, et al. Frost RL: Synthesis, characterization and activity of an immobilized photocatalyst: Natural porous diatomite supported titania nanoparticles[J]. Journal of Colloid and Interface Science, 2015, 438: 204-211.

[189] Wang B, Zhang G, Sun Z, et al. Synthesis of natural porous minerals supported TiO_2 nanoparticles and their photocatalytic performance towards Rhodamine B degradation[J]. Powder Technology, 2014, 262: 1-8.

[190] Wang B, Zhang G, Leng X, et al. Characterization and improved solar light activity of vanadium doped TiO_2/diatomite hybrid catalysts[J]. Journal of Hazardous Materials, 2015, 285: 212-220.

[191] Nasonova A, Kim K S. Effects of TiO_2 coating on zeolite particles for NO and SO_2 removal by dielectric barrier discharge process[J]. Catalysis Today, 2013, 211: 90-95.

[192] Naderpour H, Noroozifar M, Khorasani-Motlagh M. Photodegradation of methyl orange catalyzed by nanoscale zerovalent iron particles supported on natural zeolite[J]. Journal of the Iranian Chemical Society, 2013, 10(3): 471-479.

[193] 洪孝挺，吴小辉，张秋云，等．羟基磷灰石负载磷酸银光催化降解染料的研究[J]．华南师范大学学报（自然科学版），2012，44(3)：91-94.

[194] Papoulis D, Komarneni S, Panagiotaras D, et al. Halloysite-TiO_2 nanocomposites: synthesis, characterization and photocatalytic activity[J]. Applied Catalysis B: Environmental, 2013, 132-133: 416-422.

[195] Wang R, Jiang G, Ding Y, et al. Photocatalytic activity of heterostructures based on TiO_2 and halloysite nanotubes[J]. ACS applied materials & interfaces, 2011, 3(10): 4154-4158.

[196] 彭书传，谢晶晶，庆承松，等．负载 TiO_2 凹凸棒石光催化氧化法处理酸性品红染料废水[J]．硅酸盐学报，2006，34(10)：1208-1212.

[197] 汪一帆，周维友，方筱，等．镁铝水滑石负载 MnO_4^- 催化氧化乙苯合成苯乙酮[J]．应用化学，2012，29(9)：1017-1022.

[198] 刘馨文，陈征贤，王清萍，等．高岭土负载纳米铁镍双金属去除水中偶氮染料直接耐晒黑 G[J]．环境工程学报，2012，6(11)：4129-4135.

[199] 胡婷婷，祝琳华，刘东辉，等．蒙脱石负载的纳米金催化剂制备及其对 CO 催化氧化活性[J]．非金属矿，2014，37(2)：66-68.

[200] Huntington C E, Carleton S M, McBride D J, et al. Multi-element analysis of bone from the osteogenesis imperfecta model (OIM) mouse using thermal and fast neutron activation analysis[J]. Journal of Radioanalytical and Nuclear Chemistry, 2007, 276(1): 65-69.

[201] Richardl J, Paulgtratnyek. Persulfate persistence under thermal activation conditions[J]. Environmental Science & Technology, 2008, 42(24): 9350-9356.

[202] 姜涛，邱冠周，李艾．热活化过程中高岭石中铝的结构变化及酸溶特性[J]．硅酸盐学报，2008，36(9)：1200-1204.

[203] Wang G, Wang X, Chai X, et al. Adsorption of uranium (Ⅵ) from aqueous solution on calcined and acid-activated kaolin [J]. Applied Clay Science, 2010, 47(3-4): 448-451.

[204] Maia A Á B, Angélica R S, de Freitas Neves R, et al. Use of ^{29}Si and ^{27}Al MAS NMR to study thermal activation of kaolinites from Brazilian Amazon kaolin wastes[J]. Applied Clay Science, 2014, 87: 189-196.

[205] 王鼎，简丽，程琳，等．改性高岭土的制备-表征及其光催化性能[J]．光谱学与光谱分析，2012，32(8)：2209-2213.

[206] Rodrigues Neto J B, Moreno R. Effect of mechanical activation on the rheology and casting performance of kaolin/talc/alumina suspensions for manufacturing dense cordierite bodies[J]. Applied Clay Science, 2008, 38(3-4): 209-218.

[207] Kumar R, Kumar S, Mehrotra S P. Towards sustainable solutions for fly ash through mechanical activation[J]. Resources, Conservation and Recycling, 2007, 52(2): 157-179.

[208] Li C, Liang B, Song H, et al. Preparation of porous rutile titania from ilmenite by mechanical activation and subsequent sulfuric acid leaching[J]. Microporous and Mesoporous Materials, 2008, 115(3): 293-300.

[209] Tang A, Su L, Li C, et al. Effect of mechanical activation on acid-leaching of kaolin residue[J]. Applied Clay Science, 2010, 48(3): 296-299.

[210] San Cristóbal A G, Castelló R, Martín Luengo M A, et al. Zeolites prepared from calcined and mechanically modified kaolins: A comparative study[J]. Applied Clay Science, 2010, 49(3): 239-246.

[211] Hounsi A D, Lecomte-Nana G L, Djétéli G, et al. Kaolin-based geopolymers: Effect of mechanical activation and curing process[J]. Construction and Building Materials, 2013, 42: 105-113.

[212] Önal M. Swelling and cation exchange capacity relationship for the samples obtained from a bentonite by acid activations and heat treatments[J]. Applied Clay Science, 2007, 37(1-2): 74-80.

[213] Krishna G, Bhattacharyya S S G. Influence of acid activation of kaolinite and montmorillonite on adsorptive removal of Cd(Ⅱ) from water[J]. Industrial and Engineering Chemistry Research, 2007, 46: 3736-3742.

[214] Lenarda M, Storaro L, Talon A, et al. Solid acid catalysts from clays: preparation of mesoporous catalysts by chemical activation of metakaolin under acid conditions[J]. Journal of Colloid and Interface Science, 2007, 311(2): 537-543.

[215] Zhang A B, Pan L, Zhang H Y, et al. Effects of acid treatment on the physico-chemical and pore characteristics of halloysite [J]. Colloids and Surfaces A: Physicochemical and Engineering Aspects, 2012, 396: 182-188.

[216] Jiang T, Li G, Qiu G, et al. Thermal activation and alkali dissolution of silicon from illite[J]. Applied Clay Science, 2008, 40(1-4): 81-89.

[217] Criado M, Fernández-Jiménez A, Palomo A, et al. Effect of the SiO_2/Na_2O ratio on the alkali activation of fly ash. Part Ⅱ: ^{29}Si MAS-NMR Survey[J]. Microporous and Mesoporous Materials, 2008, 109(1-3): 525-534.

[218] 段瑜芳，王培铭，杨克锐．碱激发偏高岭土胶凝材料水化硬化机理的研究[J]．新型建筑材料，2006，1：22-25.

[219] Meng L Y, Park S J. Effect of heat treatment on CO_2 adsorption of KOH-activated graphite nanofibers[J]. Journal of Colloid and Interface Science, 2010, 352(2): 498-503.

[220] Wang Q, Zhang J, Wang A. Alkali activation of halloysite for adsorption and release of ofloxacin[J]. Applied Surface Science, 2013, 287: 54-61.

[221] Zuda L, Drchalová J, Rovnaník P, et al. Alkali-activated aluminosilicate composite with heat-resistant lightweight aggregates exposed to high temperatures: Mechanical and water transport properties[J]. Cement and Concrete Composites, 2010, 32(2): 157-163.

[222] Hu P, Yang H. Insight into the physicochemical aspects of kaolins with different morphologies[J]. Applied Clay Science, 2013, 74: 58-65.

[223] Hu P, Yang H, Ouyang J. Synthesis and characterization of Sb-SnO_2/kaolinites nanoparticles[J]. Applied Clay Science, 2012, 55: 151-157.

[224] Faria E H d, Nassar E J, Ciuffi K J, et al. New highly luminescent hybrid materials: Terbium pyridine-picolinate covalently grafted on kaolinite[J]. ACS Applied Materials and Interfaces, 2011, 3: 1311-1318.

[225] Zou G Z, Gao H, Liu J L, et al. Novel dielectric relaxation behaviors driven by host-guest interactions in intercalated compounds of kaolinite with aminopyridine isomers[J]. RSC Advances, 2013, 3: 23596-23603.

[226] Zhang Y, Ouyang J, Yang H. Metal oxide nanoparticles deposited onto carbon-coated halloysite nanotubes[J]. Applied Clay Science, 2014, 95: 252-259.

[227] Zhang Y, Xie Y, Tang A, et al. Precious-metal nanoparticles anchored onto functionalized halloysite nanotubes[J]. Industrial & Engineering Chemistry Research, 2014, 53: 5507-5514.

[228] Zhang Y, Yang H. Halloysite nanotubes coated with magnetic nanoparticles[J]. Applied Clay Science, 2012, 56: 97-102.

[229] Hu P, Yang H. Controlled coating of antimony-doped tin oxide nanoparticles on kaolinite particles[J]. Applied Clay Science, 2010, 48: 368-374.

[230] Li X, Fu L, Ouyang J, et al. Microwave-assisted synthesis and interfacial features of CdS/kaolinite nanocomposite[J]. Colloids and Surfaces A-Physicochemical and Engineering Aspects, 2014, 443: 72-79.

[231] Li X, Yang H. Pd hybridizing ZnO/kaolinite nanocomposites: synthesis, microstructure, and enhanced photocatalytic property [J]. Applied Clay Science, 2014, 100: 43-49.

[232] Umemura Y, Shinohara E, Schoonheydt R A. Preparation of langmuir-blodgett films of aligned sepiolite fibers and orientation of methylene blue molecules adsorbed on the film[J]. Physical Chemistry Chemical Physics, 2009, 11(42): 9804-9810.

[233] Martínez-Martínez V, Corcóstegui C, Prieto J B, et al. Distribution and orientation study of dyes intercalated into single sepiolite fibers. A confocal fluorescence microscopy approach[J]. Journal of Materials Chemistry, 2011, 21(1): 269-276.

[234] Sárossy Z, Blomfeldt T O J, Hedenqvist M S, et al. Composite films of arabinoxylan and fibrous sepiolite: morphological, mechanical, and barrier properties[J]. ACS Applied Materials and Interfaces, 2012, 4(7): 3378-3386.

[235] Kan T, Jiang X, Zhou L, et al. Removal of methyl orange from aqueous solutions using a bentonite modified with a new gemini surfactant[J]. Applied Clay Science, 2011, 54: 184-187.

[236] 王平华, 徐国永. 聚丙烯/凹凸棒石纳米复合材料的制备、结构与性能[J]. 高分子材料科学与工程, 2005, 21(2): 213-216.

[237] Shen L, Lin Y, Du Q. Studies on structure property relationship of polyamide-6/attapulgite nanocomposites[J]. Composites Science and Technology, 2006, 66: 2242-2248.

[238] 杨德安, 梁辉, 贾静. 纳米凹凸棒石对碳纤维/BMI树脂复合材料的增强与增韧[J]. 天津大学学报, 2000, 33(4): 523-525.

[239] 彭书传, 陈冬, 张晓辉, 等. 有机改性凹凸棒石的性能表征及应用研究[J]. 合肥工业大学学报, 2010, 33(11): 1690-1693.

[240] Knoerr R, Brendlé J, Lebeau B, et al. Elaboration of copper hydroxide phase modified diatomite and their application in lead ions immobilization[J]. New Journal of Chemistry, 2011, 35(2): 461-468.

[241] 吴仪, 陶贞. 基于含重金属污水处理目标的硅藻土改性研究进展[J]. 节能环保, 2013(19): 36-38.

[242] 柳冈. 硅藻土有机改性及应用的研究[D]. 北京: 中国地质大学, 2011.

[243] Taffarel S R, Rubio J. Adsorption of sodium dodecyl benzene sulfonate from aqueous solution using a modified natural zeolite with CTAB[J]. Minerals Engineering, 2010, 23: 771-779.

[244] Frost R L, Xi Y, He H. Synthesis, characterization of palygorskite supported zero-valent iron and its application for methylene blue adsorption[J]. Journal of Colloid and Interface Science, 2010, 341(1): 153-161.

[245] Üzüm Ç, Shahwan T, Eroğlu A, et al. Synthesis and characterization of kaolinite-supported zero-valent iron nanoparticles and their application for the removal of aqueous Cu^{2+} and Co^{2+} ions[J]. Applied Clay Science, 2009, 43(2): 172-181.

[246] Zhang Y, Ouyang J, Yang H M. Metal oxide nanoparticles deposited onto carbon-coated halloysite nanotubes[J]. Applied Clay Science, 2014, 95: 252-259.

[247] Zhang Y, Yang H. Co_3O_4 nanoparticles on the surface of halloysite nanotubes[J]. Physics and Chemistry of Minerals, 2012, 39 (10): 789-795.

[248] Eren E, Gumus H. Characterization of the structural properties and Pb(Ⅱ) adsorption behavior of iron oxide coated sepiolite

[J]. Desalination, 2011, 273(2): 276-284.

[249] Eren E, Gumus H, Ozbay N. Equilibrium and thermodynamic studies of Cu(Ⅱ) removal by iron oxide modified sepiolite[J]. Desalination, 2010, 262(1): 43-49.

[250] Hadjar H, Hamdi B, Ania C. Adsorption of p-cresol on novel diatomite/carbon composites[J]. Journal of hazardous materials, 2011, 188(1): 304-310.

[251] Taffarel S R, Rubio J. Removal of Mn_2 from aqueous solution by manganese oxide coated zeolite[J]. Minerals Engineering, 2010, 23(14): 1131-1138.

[252] Tang A, Su L, Li C, et al. Effect of mechanical activation on acid-leaching of kaolin residue[J]. Applied Clay Science, 2010, 48(3): 296-299.

[253] Du C, Yang H. Investigation of the physicochemical aspects from natural kaolin to Al-MCM-41 mesoporous materials[J]. Journal of Colloid and Interface Science, 2012, 369(1): 216-222.

[254] Zhang X, Yang H. Structural characterization and gas sensing property of Cd-doped SnO_2 nanocrystallites synthesized by mechanochemical reaction[J]. Sensors and Actuators B: Chemical, 2012, 173: 127-132.

[255] 魏盼中，周涛，许海曼，等. 高岭土除铁增白的实验研究[J]. 中国粉体技术, 2010, 16(3): 66-68.

[256] 冯其明，杨艳霞，刘琨，等. 采用纤蛇纹石制备纳米纤维状多孔氧化硅[J]. 中南大学学报（自然科学版), 2007, 38(6): 1088-1093.

[257] Liu K, Feng Q, Yang Y, et al. Preparation and characterization of amorphous silica nanowires from natural chrysotile[J]. Journal of Non-Crystalline Solids, 2007, 353(16-17): 1534-1539.

[258] Fedoročková A, Hreus M, Raschman P, et al. Dissolution of magnesium from calcined serpentinite in hydrochloric acid[J]. Minerals Engineering, 2012, 32: 1-4.

[259] Raschman P, Fedoročková A, Sučik G. Thermal activation of serpentine prior to acid leaching[J]. Hydrometallurgy, 2013, 139: 149-153.

[260] 姜延鹏，孙红娟，彭同江，等. 温石棉尾矿煅烧活化浸取氧化镁的实验研究[J]. 非金属矿, 2010, 33(6): 7-10.

[261] 杜高翔，郑水林，王艳玲，等. 预处理对石棉尾矿酸浸反应效果的影响[J]. 化工矿物与加工, 2007, 36(3): 15-17.

[262] 郑水林，王利剑，舒锋，等. 酸浸和焙烧对硅藻土性能的影响[J]. 硅酸盐学报, 2006, 34(11): 1382-1386.

[263] 谷晋川，吕莉，张允湘，等. 微波作用下硅藻土酸浸除铁过程研究[J]. 有色金属, 2006, 58(4): 39-43.

[264] Rangsriwatananon K, Chaisena A, Thongkasam C. Thermal and acid treatment on natural raw diatomite influencing in synthesis of sodium zeolites[J]. Journal of Porous Materials, 2007, 15(5): 499-505.

[265] Ptáček P, Nosková M, Brandštetr J, et al. Mechanism and kinetics of wollastonite fibre dissolution in the aqueous solution of acetic acid[J]. Powder Technology, 2011, 206(3): 338-344.

[266] Fernández M J, Fernández M D, Aranburu I. Effect of clay surface modification and organoclay purity on microstructure and thermal properties of poly (l-lactic acid) /vermiculite nanocomposites[J]. Applied Clay Science, 2013, 80-81: 372-381.

[267] Hu P, Yang H, Ouyang J. Synthesis and characterization of Sb-SnO_2/kaolinites nanoparticles[J]. Applied Clay Science, 2012, 55: 151-157.

[268] Wen Z D, Gao D W, Li Z, et al. Effects of humic acid on phthalate adsorption to vermiculite[J]. Chemical Engineering Journal, 2013, 223: 298-303.

[269] Frini-Srasra N, Srasra E. Acid treatment of south Tunisian palygorskite: Removal of Cd (Ⅱ) from aqueous and phosphoric acid solutions[J]. Desalination, 2010, 250(1): 26-34.

[270] Lai S, Yue L, Zhao X, et al. Preparation of silica powder with high whiteness from palygorskite[J]. Applied Clay Science, 2010, 50(3): 432-437.

[271] Seifritz W. CO_2 disposal by means of silicates[J]. Nature, 1990, 345: 486.

[272] Lackner K S. Climate change, a guide to CO_2 sequestration[J]. Science, 2003, 300(5626): 1677-1678.

[273] 徐俊，张军营，潘霞，等. CO_2 矿物碳酸化隔离实验初探[J]. 化工学报, 2006, 57(10): 2455-2458.

[274] Teir S, Kuusik R, Fogelhohn C J, et al. Production of magnesium carbonates from serpentinite for long-term storage of CO_2 [J]. International Journal of Mineral Processing, 2007, 85(1-3): 1-15.

[275] Teir S, Eloneva S, Fogelholm C J, et al. Fixation of carbon dioxide by producing hydromagnesite from serpentinite[J]. Appl Energ, 2009, 86(2): 214-218.

[276] Ryu K W, Chae S C, Jang Y N. Carbonation of chrysotile under subcritical conditions[J]. Materials Transactions, 2011, 52 (10): 1983-1988.

[277] Wang X, Maroto-Valer M M. Optimization of carbon dioxide capture and storage with mineralisation using recyclable ammonium

salts[J]. Energy, 2013, 51: 431-438.

[278] 张军营，赵永椿，潘霞，等. 硅灰石碳酸化隔离二氧化碳的实验研究[J]. 自然科学进展，2008(7)：836-840.

[279] 包炜军，李会泉，张懿. 强化碳酸化固定 CO_2 反应过程分析与机理探讨[J]. 化工学报，2009，60(9)：2332-2338.

[280] 晏恒，赵永椿，张军营，等. CO-超临界水条件下硅灰石矿化隔离 CO_2 实验[J]. 华中科技大学学报（自然科学版），2011(6)：121-124，128.

[281] Ding W, Fu L, Ouyang J, et al. CO_2 mineral sequestration by wollastonite carbonation[J]. Physics And Chemistry of Minerals, 2014, 41(7): 489-496.

[282] 晏恒，张军营，王志亮，等. 模拟烟气中硅灰石矿物碳酸化隔离 CO_2 的实验研究[J]. 中国电机工程学报，2010，(11)：44-49.

[283] Yan H, Zhang J Y, Zhao Y C, et al. CO_2 sequestration from flue gas by direct aqueous mineral carbonation of wollastonite[J]. Science in China Series E-Technological Sciences, 2013, 56(9): 2219-2227.

[284] Huijgen W J J, Witkamp G J, Comans R N J. Mechanisms of aqueous wollastonite carbonation as a possible CO_2 sequestration process[J]. Chemical Engineering Science, 2006, 61(13): 4242-4251.

[285] Daval D, Martinez I, Corvisier J, et al. Carbonation of Ca-bearing silicates, the case of wollastonite: experimental investigations and kinetic modeling[J]. Chemical Geology, 2009, 265(1-2): 63-78.

[286] Zhao H J, Park Y J, Lee D H, et al. Tuning the dissolution kinetics of wollastonite via chelating agents for CO_2 sequestration with integrated synthesis of precipitated calcium carbonates[J]. Physical Chemistry Chemical Physics, 2013, 15(36): 15185-15192.

[287] 谢和平，王昱飞，鞠杨，等. 地球自然钾长石矿化 CO_2 联产可溶性钾盐[J]. 科学通报，2012(26)：2501-2506.

[288] 梁斌，王超，荣岳海，等. 天然钾长石-磷石膏矿化 CO_2 联产硫酸钾过程评价[J]. 四川大学学报（工程科学版），2014(3)：168-174.

[289] 何思祺，孙红娟，彭同江，等. 磷石膏碳酸化固定二氧化碳的实验研究[J]. 岩石矿物学杂志，2013(6)：899-904.

[290] Ryu K W, Lee M G, Jang Y N. Mechanism of tremolite carbonation[J]. Applied Geochemistry, 2011, 26(7): 1215-1221.

[291] Gadikota G, Matter J, Kelemen P, et al. Chemical and morphological changes during olivine carbonation for CO_2 storage in the presence of NaCl and $NaHCO_3$[J]. Physical Chemistry Chemical Physics, 2014, 16(10): 4679-4693.

[292] Kelemen P B, Matter J. In situ carbonation of peridotite for CO_2 storage[J]. Proceedings of the National Academy of Sciences, 2008, 105(45): 17295-17300.

[293] Gadikota G, Swanson E J, Zhao H J, et al. Experimental design and data analysis for accurate estimation of reaction kinetics and conversion for carbon mineralization[J]. Industrial & Engineering Chemistry Research, 2014, 53(16): 6664-6676.

[294] 陈胜，郑志杰，张俭，等. 以浙江嵊州硅藻土高温碱溶制取白炭黑的研究[J]. 高校化学工程学报，2009(5)：830-834.

[295] 王佼，郑水林. 聚乙二醇对硅藻土制备超细白炭黑的影响[J]. 中国粉体技术，2012，18(2)：31-33.

[296] Kumada N, Yonesaki Y, Takei T, et al. Hydrothermal conversion of chrysotile to amorphous silica or brucite[J]. Journal of the Ceramic Society of Japan, 2009, 117(1371): 1240-1242.

[297] Lazaro A, Brouwers H J H, Quercia G, et al. The properties of amorphous nano-silica synthesized by the dissolution of olivine [J]. Chemical Engineering Journal, 2012, 211: 112-121.

[298] Brahmi D, Merabet D, Belkacemi H, et al. Preparation of amorphous silica gel from Algerian siliceous by-product of kaolin and its physico chemical properties[J]. Ceramics International, 2014, 40(7): 10499-10503.

[299] Liu M, Yang H M. Large surface area mesoporous Al_2O_3 from kaolin: methodology and characterization[J]. Applied Clay Science, 2010, 50(4): 554-559.

[300] 蒋金龙，金叶玲，固旭，等. 凹凸棒石黏土煅烧-碱浸法合成纯4A沸石的研究[J]. 非金属矿，2009，32(1)：13-17.

[301] 赵秋萍，张飞龙，李澜，等. 不同产地凹凸棒粘土合成4A分子筛的对比研究[J]. 应用化学，2010，39(3)：333-340.

[302] Zhu J, Cui Y, Wang Y, et al. Direct synthesis of hierarchical zeolite from a natural layered material[J]. Chemical Communication, 2009(22): 3282-3284.

[303] Papoulis D, Komarneni S, Nikolopoulou A, et al. Palygorskite- and halloysite-TiO_2 nanocomposites: synthesis and photocatalytic activity[J]. Applied Clay Science, 2010, 50(1): 118-124.

[304] Du C, Yang H. Synthesis and characterization of zeolite 4A-type desiccant from kaolin[J]. American Mineralogist, 2010, 95 (5-6): 741-746.

[305] Zhou Z, Jin G, Liu H, et al. Crystallization mechanism of zeolite A from coal kaolin using a two-step method[J]. Applied Clay Science, 2014, 97-98: 110-114.

[306] 李艳慧，赵谦，周旭平，等．以高岭土为原料的复合分子筛的水热合成[J]．硅酸盐学报，2010，38(12)：2340-2345.

[307] Yao Z T, Xia M S, Ye Y, et al. Synthesis of zeolite Li-ABW from fly ash by fusion method[J]. Journal of Hazardous Materials, 2009, 170(2-3): 639-644.

[308] Jha V K, Nagae M, Matsuda M, et al. Zeolite formation from coal fly ash and heavy metal ion removal characteristics of thus-obtained Zeolite X in multi-metal systems[J]. Journal of Environmental Management, 2009, 90(8): 2507-2514.

[309] Belviso C, Cavalcante F, Lettino A, et al. Zeolite synthesised from fused coal fly ash at low temperature using seawater for crystallization[J]. Coal Combustion and Gasification Products, 2009, 1(1): 7-13.

[310] Belviso C, Cavalcante F, Fiore S. Synthesis of zeolite from Italian coal fly ash: differences in crystallization temperature using seawater instead of distilled water[J]. Waste management, 2010, 30(5): 839-847.

[311] Franus W. Characterization of X-type zeolite prepared from coal fly ash[J]. Polish Journal of Environmental Studies, 2012, 21(2): 337-343.

[312] 杨林，李贺军，曹建新．酸溶粉煤灰残渣制备4A分子筛[J]．武汉理工大学学报，2012，34(9)：31-35.

[313] Du Y, Shi S, Dai H. Water-bathing synthesis of high-surface-area zeolite P from diatomite[J]. Particuology, 2011, 9(2): 174-178.

[314] 李萍，杨效益，赵慧贤，等．煤矸石加碱熔融法制备亚微米4A沸石[J]．石油化工，2010，39(10)：1162-1165.

[315] Yang H, Tang A, Ouyang J, et al. From natural attapulgite to mesoporous materials: methodology, characterization and structural evolution[J]. The Journal of Physical Chemistry B, 2010, 114(7): 2390-2398.

[316] Du C, Yang H. Investigation of the physicochemical aspects from natural kaolin to Al-MCM-41 mesoporous materials[J]. Journal of colloid and interface science, 2012, 369(1): 216-222.

[317] Jin S, Cui K, Guan H, et al. Preparation of mesoporous MCM-41 from natural sepiolite and its catalytic activity of cracking waste polystyrene plastics[J]. Applied Clay Science, 2012, 56: 1-6.

[318] Jin S, Qiu G, Xiao F, et al. Investigation of the structural characterization of mesoporous molecular sieves MCM-41 from Sepiolite[J]. Journal of the American Ceramic Society, 2007, 90(3): 957-961.

[319] Yang H, Du C, Jin S, et al. Enhanced photoluminescence property of SnO_2 nanoparticles contained in mesoporous silica synthesized with leached talc as Si source[J]. Microporous and Mesoporous Materials, 2007, 102(1): 204-211.

[320] Yang H, Du C, Jin S, et al. Preparation and characterization of SnO_2 nanoparticles incorporated into talc porous materials (TPM) [J]. Materials Letters, 2007, 61(17): 3736-3739.

[321] Yang H, Du C, Hu Y, et al. Preparation of porous material from talc by mechanochemical treatment and subsequent leaching [J]. Applied Clay Science, 2006, 31(3): 290-297.

[322] Yang H, Deng Y, Du C, et al. Novel synthesis of ordered mesoporous materials Al-MCM-41 from bentonite[J]. Applied Clay Science, 2010, 47(3): 351-355.

[323] Yang H, Deng Y, Du C. Synthesis and optical properties of mesoporous MCM-41 containing doped TiO_2 nanoparticles[J]. Colloids and Surfaces A: Physicochemical and Engineering Aspects, 2009, 339(1-3): 111-117.

[324] Tang A, Deng Y, Jin J, et al. $ZnFe_2O_4$-TiO_2 nanoparticles within mesoporous MCM-41[J]. The Scientific World Journal, 2012, 2012: 480-527.

[325] Chandrasekar G, Son W J, Ahn W S. Synthesis of mesoporous materials SBA-15 and CMK-3 from fly ash and their application for CO_2 adsorption[J]. Journal of Porous Materials, 2009, 16(5): 545-551.

[326] Dhokte A O, Khillare S L, Lande M K, et al. Synthesis, characterization of mesoporous silica materials from waste coal fly ash for the classical Mannich reaction[J]. Journal of Industrial and Engineering Chemistry, 2011, 17(4): 742-746.

[327] Okada K, Yoshizawa A, Kameshima Y, et al. Adsorption and photocatalytic properties of TiO_2/mesoporous silica composites from two silica sources (acid-leached kaolinite and Si-alkoxide) [J]. Journal of Porous Materials, 2011, 18(3): 345-354.

[328] Okada K, Tomita T, Yasumori A. Gas adsorption properties of mesoporous γ-alumina prepared by a selective leaching method [J]. Journal of Materials Chemistry, 1998, 8(12): 2863-2867.

[329] Okada K, Yoshizaki H, Kameshima Y, et al. Porous properties of mesoporous silicas from two silica sources (acid-leached kaolinite and Si-alkoxide) [J]. Journal of Porous Materials, 2010, 17(1): 19-25.

[330] Wang G, Wang Y, Liu Y, et al. Synthesis of highly regular mesoporous Al-MCM-41 from metakaolin[J]. Applied Clay Science, 2009, 44(1-2): 185-188.

[331] Li X, Li B, Xu J, et al. Synthesis and characterization of Ln-ZSM-5/MCM-41 (Ln = La, Ce) by using kaolin as raw material [J]. Applied Clay Science, 2010, 50(1): 81-86.

[332] Wu Q, Li S. Effect of surfactant/silica and hydrothermal time on the specific surface area of mesoporous materials from coal-

measure kaolin[J]. Journal of Wuhan University of Technology-Mater. Sci. Ed. , 2011, 26(3): 514-518.

[333] Jiang T, Qi L, Ji M, et al. Characterization of Y/MCM-41 composite molecular sieve with high stability from Kaolin and its catalytic property[J]. Applied Clay Science, 2012, 62-63: 32-40.

[334] Hadjar H, Hamdi B, Jaber M, et al. Elaboration and characterisation of new mesoporous materials from diatomite and charcoal [J]. Microporous and Mesoporous Materials, 2008, 107(3): 219-226.

[335] Wang J, Fang L, Cheng F, et al. Hydrothermal synthesis of SBA-15 using sodium silicate derived from coal gangue[J]. Journal of Nanomaterials, 2013, 2013(13): 363-371.

[336] Schwanke A J, Lopes C W, Pergher S B C. Synthesis of mesoporous material from chrysotile-derived silica[J]. Materials Sciences and Applications, 2013, 4(8): 68-72.

[337] Yuan Y, Chen H. Controlling and tuning the dispersion properties of calcined kaolinite particles in various organic solvents via stepwise modification method using 3-glycidoxy propyltrime thoxysilane and dodecylamine[J]. Applied Surface Science, 2013, 277: 281-287.

[338] 马文石，时镜镜，王维，等. 长链硅烷对埃洛石纳米管的表面改性研究[J]. 有机硅材料, 2011, 25(4): 248-252.

[339] Ndlovu B, Becker M, Forbes E, et al. The influence of phyllosilicate mineralogy on the theology of mineral slurries[J]. Minerals Engineering, 2011, 24(12): 1314-1322.

[340] Nur Alan, Isci S. Surface modification of sepiolite particles with polyurethane and polyvinyl alcohol[J]. Progress in Organic Coatings, 2014, 77(2): 444-448.

[341] Cao X, Chuan X. Structural characteristics, dispersion, and modification of fibrous brucite[J]. International Journal of Minerals, Metallurgy, and Materials, 2014, 22(1): 82-88.

[342] Pavlidou S, Papaspyrides C D. A review on polymer-layered silicate nanocomposites. [J]. Progress In Polymer Science, 2008, 33: 1119-1198.

[343] Avalos F, Carlos Ortiz J, Zitzumbo R, et al. Phosphonium salt intercalated montmorillonites[J]. Applied Clay Science, 2009, 43(1): 27-32.

[344] Cao Mingli, Yu Y. Synthesis and characterization of montmorillonite inorgano-intercalation compound assisted by microwave irradiation[J]. Journal of Wuhan University of Technology-Materials Science Edition, 2010(3): 444-448.

[345] Liu S P, Hwang S S, Yeh J M, et al. Mechanical properties of polyamide-6/montmorillonite nanocomposites-Prepared by the twin-screw extruder mixed technique[J]. International Communications in Heat and Mass Transfer, 2011, 38, Issue 1, January 2011, (1): 37-43.

[346] Kiziltas A, Gardner D J, Han Y, et al. Dynamic mechanical behavior and thermal properties of microcrystalline cellulose (MCC). filled nylon 6 composites[J]. Thermochimica Acta, 2011, 519(1-2): 38-43.

[347] Mao D, Zou H, Liang M, et al. Mechanical and damping properties of epoxy/liquid rubber intercalating organic montmorillonite integration nanocomposites[J]. Journal of Applied Polymer Science, 2014, 131(2): 39797(1-9).

[348] Xia L, Xiong J, Shentu B, et al. Thermal-oxidative degradation and accelerated aging behavior of polyamide 6/epoxy resin-modified montmorillonite nanocomposites[J]. Journal of Applied Polymer Science, 2014, 131: 40825(1-9).

[349] Namazi H, Dadkhah A, Mosadegh M. New biopolymer nanocomposite of starch-graft polystyrene/montmorillonite clay prepared through emulsion polymerization method[J]. Journal of Polymers and the Environment, 2012, 20(3): 794-800.

[350] Simons R, Qiao G G, Bateman S A, et al. Direct observation of the intergallery expansion of polystyrene-montmorillonite nanocomposites[J]. Chemistry of Materials, 2011, 23(9): 2303-2311.

[351] Salahuddin N, Abo-El-Enein S A, Selim A, et al. Synthesis and characterization of polyurethane/organo-montmorillonite nanocomposites[J]. Applied Clay Science, 2010, 47(3-4): 242-248.

[352] Thuc C N H, Cao H T, Nguyen D M, et al. Preparation and characterization of polyurethane nanocomposites using vietnamese montmorillonite modified by polyol surfactants[J]. Journal of Nanomaterials, 2014(2014): 1-11.

[353] Zehhaf A, Morallon E, Benyoucef A. Polyaniline/montmorillonite nanocomposites obtained by in situ intercalation and oxidative polymerization in cationic modified-clay (sodium, copper and iron) [J]. Journal of Inorganic and Organometallic Polymers and Materials, 2013, 23(6): 1485-1491.

[354] Gupta B, Rakesh A, Melvin AA, et al. In-situ synthesis of polyaniline coated montmorillonite (Mt) clay using Fe^{3+} intercalated Mt as oxidizing agent[J]. Applied Clay Science, 2014, 95: 50-54.

[355] Parida K, Varadwaj G B B, Sahu S, et al. Schiff Base Pt (Ⅱ) complex intercalated montmorillonite: a robust catalyst for hydrogenation of aromatic nitro compounds at room temperature[J]. Industrial and Engineering Chemistry Research, 2011, 50 (13): 7849-7856.

[356] de Faria E H, Ricci G P, Marçal L, et al. Green and selective oxidation reactions catalyzed by kaolinite covalently grafted with Fe (Ⅲ) pyridine-carboxylate complexes[J]. Catalysis Today, 2012, 187(1): 135-149.

[357] Wanyika H. Controlled release of agrochemicals intercalated into montmorillonite interlayer space[J]. The Scientific World Journal, 2014, 2014(1): 656287(1-9).

[358] Han Y S, Lee S Y, Yang J H, et al. Paraquat release control using intercalated montmorillonite compounds[J]. Journal of Physics and Chemistry of Solids, 2010, 71(4): 460-463.

[359] Monvisade P, Siriphannon P. Chitosan intercalated montmorillonite: Preparation, characterization and cationic dye adsorption [J]. Applied Clay Science, 2009, 42(3-4): 427-431.

[360] Hu B, Luo H. Adsorption of hexavalent chromium onto montmorillonite modified with hydroxyaluminum and cetyltrimethy-lammonium bromide[J]. Applied Surface Science, 2010, 257(3): 769-775.

[361] Panda A K, Mishra B, Mishra D, et al. Effect of sulphuric acid treatment on the physico-chemical characteristics of kaolin clay [J]. Colloids and Surfaces A: Physicochemical and Engineering Aspects, 2010, 363(1): 98-104.

[362] Arslan M, Kadir S, Abdioğlu E, et al. Origin and formation of kaolin minerals in saprolite of Tertiary alkaline volcanic rocks, Eastern Pontides, NE Turkey[J]. Clay Minerals, 2006, 41(2): 597-617.

[363] Ptáček P, Křečková M, Šoukal F, et al. The kinetics and mechanism of kaolin powder sintering Ⅰ: The dilatometric CRH study of sinter-crystallization of mullite and cristobalite[J]. Powder Technology, 2012, 232: 24-30.

[364] Bai J. Fabrication and properties of porous mullite ceramics from calcined carbonaceous kaolin and α-Al_2O_3[J]. Ceramics International, 2010, 36(2): 673-678.

[365] Wang G, Wang X, Chai X, et al. Adsorption of uranium (Ⅵ) from aqueous solution on calcined and acid-activated kaolin [J]. Applied Clay Science, 2010, 47(3-4): 448-451.

[366] Molina C, Casas J, Zazo J, et al. A comparison of Al-Fe and Zr-Fe pillared clays for catalytic wet peroxide oxidation[J]. Chemical Engineering Journal, 2006, 118(1): 29-35.

[367] Qu Z, Zhao Y, Wang T, et al. Study on performance of double mineral base liner using modified bentonite as active material [J]. Huan Jing Ke Xue, 2009, 30(6): 1867-1872.

[368] Zuo K S, Liu J C, Qin J. The effect of calcination on the crystalline structure and physical and chemical properties of montmorillonite[J]. Acta Mineralogica Sinica, 2009, 29(3): 309-312.

[369] Cótica L F, Freitas V F, Santos I A, et al. Cobalt-modified Brazilian bentonites: Preparation, characterisation, and thermal stability[J]. Applied Clay Science, 2011, 51(1-2): 187-191.

[370] 徐媛媛，辛晓东，郑显鹏，等．改性膨润土吸附重金属离子的研究与应用进展[J]．工业水处理，2009，29(5)：1-4.

[371] Darvishi Z, Morsali A. Synthesis and characterization of nano-bentonite by sonochemical method[J]. Ultrasonics sonochemistry, 2011, 18(1): 238-242.

[372] Aytas S, Yurtlu M, Donat R. Adsorption characteristic of U(Ⅵ) ion onto thermally activated bentonite[J]. Journal of Hazardous Materials, 2009, 172(2-3): 667-674.

[373] Sanabria N R, Ávila P, Yates M, et al. Mechanical and textural properties of extruded materials manufactured with AlFe and AlCeFe pillared bentonites[J]. Applied Clay Science, 2010, 47(3-4): 283-289.

[374] Bertagnolli C, Kleinübing S J, da Silva M G C. Preparation and characterization of a Brazilian bentonite clay for removal of copper in porous beds[J]. Applied Clay Science, 2011, 53(1): 73-79.

[375] Lin J, Zhan S, Fang M, et al. The adsorption of dyes from aqueous solution using diatomite[J]. Journal of Porous Materials, 2007, 14(4): 449-455.

[376] Wang Z Y, Zhang L P, Yang Y X. Structural investigation of some important Chinese diatomites[J]. Glass Physics and Chemistry, 2009, 35(6): 673-679.

[377] Aivalioti M, Vamvasakis I, Gidarakos E. BTEX and MTBE adsorption onto raw and thermally modified diatomite[J]. Journal of Hazardous Materials, 2010, 178(1): 136-143.

[378] Shan S, Jia Q, Jiang L, et al. Novel Li_4SiO_4-based sorbents from diatomite for high temperature CO_2 capture[J]. Ceramics International, 2013, 39(5): 5437-5441.

[379] Tsai W T, Lai C W, Hsien K J. Characterization and adsorption properties of diatomaceous earth modified by hydrofluoric acid etching[J]. Journal of Colloid and Interface Science, 2006, 297(2): 749-754.

[380] Akhtar F, Rehman Y, Bergström L. A study of the sintering of diatomaceous earth to produce porous ceramic monoliths with bimodal porosity and high strength[J]. Powder Technology, 2010, 201(3): 253-257.

[381] Kashcheev I, Sychev S, Zemlyanoi K, et al. Diatomic heat insulation materials with increased application temperature[J].

Refractories and Industrial Ceramics, 2009, 50(5): 354-358.

[382] Kashcheev I, Zemlyanoi K, Nikiforov E, et al. Production of heat-insulating diatomite articles by a plastic method of molding [J]. Refractories and Industrial Ceramics, 2010, 51(1): 18-24.

[383] Aivalioti M, Papoulias P, Kousaiti A, et al. Adsorption of BTEX, MTBE and TAME on natural and modified diatomite[J]. J Hazard Mater, 2012, 207: 117-127.

[384] Lu X I, Liu M, Qian Y Z. Sintering curve of diatomite-based nano-composite dental ceramic[J]. Journal of Oral Science Research, 2013, 1: 15.

[385] Ediz N, Bentli I, Tatar I. Improvement in filtration characteristics of diatomite by calcination[J]. International Journal of Mineral Processing, 2010, 94(3-4): 129-134.

[386] Sun Z, Zhang Y, Zheng S, et al. Preparation and thermal energy storage properties of paraffin/calcined diatomite composites as form-stable phase change materials[J]. Thermochimica Acta, 2013, 558: 16-21.

[387] 朱健，王平，罗文连，等. 硅藻土深度物理改性及对 Fe^{3+} 吸附性能研究[J]. 硅酸盐通报，2010(6): 1290-1298.

[388] Kong Y, Yuan J, Wang Z, et al. Application of expanded graphite/attapulgite composite materials as electrode for treatment of textile wastewater[J]. Applied Clay Science, 2009, 46(4): 358-362.

[389] Pan J, Yao H, Xu L, et al. Selective recognition of 2, 4, 6-trichlorophenol by molecularly imprinted polymers based on magnetic halloysite nanotubes composites[J]. The Journal of Physical Chemistry C, 2011, 115(13): 5440-5449.

[390] Jiang J, Jin Y, Gu X, et al. Study on synthesis of pure 4A-zeolite from attapulgite clay by calcination and alkali-leaching J [J]. Non-Metallic Mines, 2009, 32(1): 13-17.

[391] Yang H, Tang A, Ouyang J, et al. From natural attapulgite to mesoporous materials: methodology, characterization and structural evolution[J]. The Journal of Physical Chemistry B, 2010, 114(7): 2390-2398.

[392] Boudriche L, Calvet R, Hamdi B, et al. Surface properties evolution of attapulgite by IGC analysis as a function of thermal treatment[J]. Colloids and Surfaces A: Physicochemical and Engineering Aspects, 2012, 399: 1-10.

[393] Chen M, Yan L, Wang X, et al. Study on removing NO_x by plasma combined with modified attapulgite clay catalyst[J]. China Environmental Science, 2009, 29(4): 357-361.

[394] Zhang T, Yu S, Feng H, et al. Preparation of compound desulphurization agent and study on its removal of SO_2[J]. Chemical Industry and Engineering Progress, 2009, 28(1): 159-162.

[395] Shi L, Yao J, Jiang J, et al. Preparation of mesopore-rich carbons using attapulgite as templates and furfuryl alcohol as carbon source through a vapor deposition polymerization method[J]. Microporous and Mesoporous Materials, 2009, 122(1-3): 294-300.

[396] 范晓为，林少华，何蕙君. 凹凸棒石对水中 Fe^{2+} 的吸附特性研究[J]. 环境科学与管理，2010, 35(11): 77-79.

[397] 李静萍，郑李纯，唐利钟，等. 热处理凹凸棒石对 Ni(Ⅱ) 的吸附性能[J]. 材料保护，2011, 44(9): 66-68.

[398] 何东升，冯其明，张国范，等. 焙烧对伊利石在酸中溶解行为的影响[J]. 中南大学学报（自然科学版），2011, 42(6): 1533-1537.

[399] 霍小旭，王丽娟，廖立兵. 新疆尉犁蛭石高温膨胀试验研究[J]. 矿物岩石，2011, 31(1): 1-4.

[400] 林鑫，胡筱敏. 热活化对海泡石处理模拟含油废水性能的影响[J]. 环境工程，2013, 31(2): 38-41.

[401] Kadi S, Lellou S, Marouf K, et al. Preparation, characterisation and application of thermally treated Algerian halloysite[J]. Microporous and Mesoporous Materials, 2012, 158: 47-54.

[402] Ouyang J, Zhou Z, Zhang Y, et al. High morphological stability and structural transition of halloysite (Hunan, China) in heat treatment[J]. Applied Clay Science, 2014, 101: 16-22.

第7章　二次资源加工

本章主要从选矿固体废弃物、选矿废水回收利用、二次金属资源的加工利用方面全面阐述二次资源加工、综合利用的工艺方法、设备、利用途径以及资源化利用前景。二次资源加工主要是在国家政策、技术规范引导下，充分了解二次资源分类和基本性质，对二次资源的固体废物中有价成分的再回收利用；废水资源的循环利用；固体废弃物大掺量制备无机材料等资源化、无害化、减量化处理处置。

7.1　选矿固体废弃物综合利用评述

7.1.1　概述

选矿固体废弃物是指矿山在选矿生产过程中，从碎磨的矿石资源中提取有用组分后排除的废弃物，包括浆体尾矿、膏体尾矿和滤饼尾矿，通常每处理1t矿石会产生0.5～0.95t尾矿砂。在目前（或现有）技术经济条件下，尾矿不宜再分选利用，但随着科学技术的进步和发展，一些有用目标组分还有进一步回收利用的经济价值。因此，尾矿是个相对概念，不是完全无用的废料，往往含有具备一定用途的组分，很多时候可以视为一种复合硅酸盐、碳酸盐等矿物材料。如果进行综合利用，借助新的技术回收利用这些有用组分，其价值有可能不亚于建设一座新的矿山。可以说，尾矿具有二次资源与环境污染的双重特性。

尾矿已成为我国目前产出量最大、综合利用率最低的大宗固体废弃物之一。与粉煤灰、煤矸石等大宗工业固体废弃物相比，尾矿的综合利用技术更复杂、难度更大。目前，我国工业固体废弃物中综合利用率煤矸石达到了62.5%，粉煤灰达到了67%，而尾矿的综合利用率只有13.3%，相比之下，尾矿的综合利用大大滞后于其他大宗工业固体废弃物。因此，对尾矿资源综合利用的研究是非常必要的。目前国内的研究主要集中在以下几方面：尾矿作为二次资源再选回收、尾矿用于制备建筑材料、尾矿用作道路工程材料、尾矿用于回填矿山采空区、尾矿综合利用的其他途径。

尾矿的综合利用问题是一项复杂的系统工程，涉及地质、采矿、选矿、冶金、建筑、材料等相关专业，需要进行多学科的联合攻关，才能加深对尾矿资源的认识，实现更好的综合利用。本章就近年来国内尾矿综合利用研究现状及进展进行介绍[1~7]。

7.1.2　尾矿基本情况及现状

7.1.2.1　*尾矿的分类*

尾矿种类多样，组分复杂，含有硫、氧、硅、铝、钙、铁、钠、钾等常见元素，不同尾矿的可利用性也不尽相同，为了更好地开发利用尾矿资源，需要对尾矿进行分类，系统科学地认识各类尾矿的共性和特性，有利于对尾矿的深入认识和利用。目前对尾矿的分类主要有化学成分分类法和矿物组成分类法两大类。

按化学成分的不同，可将尾矿分为以下7种类型：

（1）高硅型：$SiO_2>80\%$；

（2）钙镁质型：$CaO+MgO>30\%$，$SiO_2>30\%$；

（3）铝硅质型：$Al_2O_3>15\%$，$SiO_2>60\%$；

（4）铁硅质型：$Fe_2O_3+FeO>20\%$，$SiO_2>60\%$；

（5）碱铝硅质型：$K_2O+Na_2O>10\%$，$Al_2O_3>10\%$，$SiO_2>60\%$；

（6）钙铝硅质型：$CaO>10\%$，$Al_2O_3>10\%$，$SiO_2>40\%$；

（7）复合成分型：SiO_2 40%～60%。

为反映尾矿的地质学特征，按照尾矿中矿物成分的不同，可以将尾矿分成以下5种类型：

（1）石英型：组成矿物以石英为主；

（2）石英-长石型：组成矿物以石英和长石为主；

（3）硅酸盐矿物型：组成矿物以方解石和白云石为主；

（4）黏土矿物型：各类黏土矿物总量达50%以上；

（5）复成分型：矿物组成复杂，通常以钙、镁和铁硅酸盐矿物居多。

对于用作建筑材料生产原料的尾矿，除受颗粒分布状态和矿床学类型影响以外，起根本作用的因素主要体现在尾矿的矿物组成，具体来说表现在4个方面：

（1）尾矿中有害杂质含量、化学成分、矿物成分等物质组成特点。

（2）晶体结构、化学键能、表面状态等物理化学特性。

（3）尾矿的可磨性、可溶性、可烧性等工艺技术性能。

（4）尾矿的强度、坚固性和化学稳定性等应用性能。根据不同尾矿的特点，可初步进行再利用工艺方向的选择[8~10]。

7.1.2.2　*尾矿与尾矿库的基本情况*

据统计，截至2008年年底，我国共有尾矿库12655座，其中危库613座，占总数的4.8%；险库1265座，占总数10%；正常库7745座，占61.2%。河北、山西、辽宁、云南和内蒙古五个省区的尾矿库数量分列全国前五，其总和占到全国尾矿库总数的59.07%。工业和信息化部统计数据显示，截至2010年，我国尾矿库共12718座，其中在建尾矿库1526座，占总数的12%。

随着经济发展对矿产品需求的大幅增加，矿产资源开发规模随之加大，尾矿的产出量还会不断增加。此外矿石品位的不断降低，开采强度日益增大，也会使尾矿的产出量不断上升[10]。

7.1.2.3　*近年来尾矿综合利用的国家政策情况*

2006年，国家发改委提出要制定政策鼓励尾矿的综合利用，建议采取相关政策法规支持企业开展技术攻关和技术改造，以加强尾矿的综合利用。2010年4月工信部联合科技部、国土资源部出台了《金属尾矿综合利用专项规划（2010—2015）》，响应国家“十二五”走特色新型工业化道路的号召，总投资540亿元，提出到2015年全国尾矿综合利用率达到20%，尾矿新增贮存量增幅逐年降低，已实现安全库的尾矿库50%完成复垦。2010年7月，国家发改委、科技部、工信部、国土资源部、住建部、商务部等6部门联合发布了《中国资源综合利用技术政策大纲》，国家发改委会同有关部门组织编制了“十二五”资源综合利用专项规划。“十二五”期间，国家在多个领域重点推进资源综合利用。2011年9月，国务院印发了“十二五”节能减排综合性工作方案。方案明确提出，加强共伴生矿产资源及尾矿综合利用。2013年，国家财政部专门下发财建［2013］81号文件《矿产资源节约与综合利用专项资金管理办法》，重点支持提高矿产资源开采回采率、选矿回收率和综合利用率，低品位、共伴生、难选冶及尾矿资源高效利用，以及多矿种兼探兼采和综合开发利用。随着经济的发展，政府对尾矿综合利用的支持力度不断增大，在尾矿综合利用科技研发上投入的费用也越来越多，未来十年将是尾矿综合利用快速发展，创新突破的重要发展阶段[2,3,11,12]。

7.1.3　尾矿中有用组分的再回收

近年来，尾矿再选的研究主要集中在新药剂的研发使用、新型再选设备的应用以及联合优化流程的应用三个部分。

在用浮选法回收共伴生金属时，由于目的矿物含量低，为获得合格的精矿和降低药耗，除采取预先富集外，也要求药剂本身具有较强的捕收能力和较高的选择性。新药剂的研发使用可以使很多以前不能回收的有价金属得到再利用，对尾矿再选意义重大。郝燕芳[13]在对山西某金尾矿再选回收锌时，通过选择组合抑制剂，锌精矿含锌达到了50%，回收率达到了80%，提高了选矿指标。刘安荣等人对贵州某磷矿石浮选尾矿进行回收，采用自制的高效捕收剂AB和一段磨矿、一粗一精氟磷灰石反浮选工艺对该尾矿进行分离白云石与氟磷灰石的再选试验，获得了很好的技术指标。杜淑华[14]采用对铜、金具有高效捕收能力的 BK + Z200 药剂，在对凤凰山铜矿林冲尾矿进行浮选再回收时，试样含铜 0. 14%、硫 1. 78%、铁 24. 18%、金 0. 24g/t、银 4. 57g/t 时，获得铜、硫、铁精矿品位分别为 17. 62%、41. 75% 和 63. 28%，回收率分别为 49. 80%、78. 94% 和 21. 18%。其中铜精矿含金 24. 49g/t，金回收率 40. 82%；铜精矿含银 260. 10g/t，银回收率 22. 77%；硫精矿含银 30g/t，银回收率 21. 92%；银累计回收率 44. 69%。

刘书杰等人[15]针对江西某钽铌尾矿，研究了几种常规阳离子型捕收剂及改性阳离子型捕收剂对锂云母、长石分选的影响。最终采用改性阳离子型捕收剂 YC-1 在中性条件下浮选分离锂云母、长石，获得锂云母精矿 Li_2O 品位 4. 01%，Li_2O 作业回收率 69. 24% 的良好指标。李吉云等人[16]进行铅锌矿浮选尾矿选铁除硫试验研究，采用组合活化剂硫酸 + Lc 和混合捕收剂丁黄药 + DH，可以获得全铁品位 67. 97%、含硫 0. 19% 的铁精矿，磁铁矿中铁回收率达 87. 64% 的优良指标，且除硫药剂成本低廉。

尾矿不同于原矿，其具有入选矿浆浓度高、嵌布粒度呈粗细两头分等特点，采用传统常规选矿设备，如浮选机，无法满足尾矿再选的要求，所以很多科研人员进行了新型设备的研发，推动了尾矿的再选。

马子龙等人[17]用高效细粒分选设备旋流静态微泡浮选柱对金川铜镍尾矿进行了再选试验研究，可从生产尾矿中获得回收率 12. 53%、品位为 3. 763% 的镍，同时回收品位为 2. 351% 的铜金属。王国军[18]引进北京矿冶研究总院研制的 BKW1030 型尾矿再选磁选机对铁古坑选矿厂尾矿进行回收利用，尾矿全铁品位降低 0. 49%，回收扫精品位 30. 31%，经再磨再选可获得 63. 20% 的铁精矿。董干国等人[19]针对尾矿粒度不均、矿物解离程度不一致等特点，介绍新型尾矿再选专用浮选机的性能。沈政昌等人[20]用新型 KYZ-4380E 短柱型微细粒浮选柱和 KYZ-0610 浮选柱对钼尾矿里所含的钼元素进行回收。杨丽君等人[21]研究了超声波对浮选柱选钼过程中去泥效果的影响，采用正交试验方法研究超声波各因素对选矿效率的影响及各因素间影响的显著性。黄会春等人[22]采用新研制的最大型号脉动高梯度磁选机 SLon-4000 磁选机，从攀钢选钛厂尾矿中再回收钛，代替螺旋溜槽的工业试验。结果表明，在给矿 TiO_2 品位为 6. 20% 的情况下，可获得 TiO_2 品位为 13. 22%、TiO_2 回收率为 61. 88% 的钛粗精矿，TiO_2 回收率比采用螺旋溜槽时提高了 50 个百分点以上。张旭波等人[23]对煤炭洗选过程中排放的大量煤矸石和浮选尾煤灰分偏低的现象进行了研究，阐述了尾矿再选的必要性，提出了利用液固流化床进行尾矿再选的工艺流程。

尾矿具有自己的特殊性，单一的选矿流程回收效果都很难达到较理想的指标，近年来选矿工作者探索使用联合流程进行尾矿的优化处理，效果显著。张庆丰等人[24]根据司家营铁矿两座选矿厂浮选尾矿的性质差异，采用不同的工艺流程分别对它们进行了再选试验。结果表明：一选厂的浮选尾矿通过磨矿—磁选—反浮选工艺再选，该流程产率为 14. 15%，铁的回收率为 52. 21%，所得铁精矿的品位为 66. 05%；二选厂的浮选尾矿通过分级—磨矿—高梯度强磁选—离心机重选工艺再选，该流程可以获得产率为 12. 64%，铁的回收率为 39. 34%，所得铁精矿的品位为 63. 53%。徐世权等人[25]研究了丰山铜矿尾矿再选工艺流程优化，原选矿工艺流程进行了尾矿再选实验研究，延长了尾矿扫选流程，并改造了以往的浮选设备，简化了操作流程，提高了选矿回收率。范海宝等人[26]对某铁矿尾矿进行了选铁试验，分别采用了磁选和重选的工艺流程，结果表明，磁选所得精矿品位较低，需要进一步磨矿，成本较高；而采用螺旋溜槽—摇床联合流程可得到品位为 38. 26%、产率为 3. 95% 的精矿产品，不需要进一步磨矿。

7. 1. 4　尾矿制备建筑材料

矿山尾矿在提取出有用元素后，仍留下大量无提取价值的废料，这种废料并非真的无应用价值，实际上是一种“复合”的矿物原料。它们主要含非金属矿物石英、长石、石榴子石、角闪石、辉石以及由其蚀变而成的黏土、云母类铝硅酸盐矿物和方解石、白云石等钙镁碳酸盐矿物。化学成分有硅、铝、钙、镁的氧化物和少量钾、钠、铁、硫的氧化物。而硅、铝的含量较高，这就为其用作建材的原料奠定了基础。尾矿的物理化学性质和组成与传统建筑材料在工程特性方面有很多相似之处，可以通过现有的成熟工艺生产一种或若干种建筑材料。

焦向科等人[27]将提钒工艺中产生的高硅尾矿与硅酸盐水泥熟料掺混，通过机械球磨的方式提高其活性，研究钒尾矿的掺量和球磨时间对水泥凝结时间及强度的影响。张国强[28]研究了黄金尾矿在水泥中的应用，黄金尾矿经烘干、粉磨可直接作为混合材料加以利用，在硅酸盐水泥中掺加 15% 黄金尾矿粉可制备 32.5R 普通硅酸盐水泥；黄金尾矿经高温煅烧（1000～1200℃）后，其活性得到提高。何哲祥[29]研究了尾矿应用于水泥原料的技术进展，提出尾矿含有多种氧化物和丰富的微量元素，当作为水泥原料使用时，表现出良好的易烧性。

冯启明等人[30]对青海某铅锌矿选别尾矿的化学成分、矿物组成及相对含量、粒度及其分布进行的测试分析表明，该尾矿的矿物组成主要是石英、方解石、黄铁矿及绿泥石，粒度集中分布在 20～140 目（109～830μm）。以该尾矿作骨料，适量水泥作胶结料，石灰作激发剂，分别加入混凝土发泡剂和废弃聚苯泡沫粒作预孔剂，通过浇注、捣打成型、养护等工艺制备了轻质免烧砖。冯学远等人[31]在对赤城龙关地区铁尾矿的性质和成分进行分析的基础上，进行了以铁尾矿为主要原料制备免蒸免烧砖的试验研究。

易龙生等人进行了利用铁尾矿和铝土矿尾矿制备免烧免蒸砖的研究，当水泥用量和铁尾矿用量分别为 15% 和 85%，添加外加剂氯化钙为 1% 时，试件的 7 天和 28 天的无侧限抗压强度分别达到 15.06MPa 和 18.53MPa，满足《非烧结垃圾尾矿砖》（JC/T 422—2007）中对 MU15 级别的要求。何廷树等人[32]以陕西某铁尾矿为主要原料，添加少量水泥及适量当地河砂，制备 MU15 级干压免烧砖。郑永超等人[33]用细粒铁尾矿制备细骨料混凝土的试验，某 -0.074mm 占 74.5% 的细粒铁尾矿按 0.045mm 分级，通过热活化处理改善 -0.045mm 尾矿的反应活性，并将其制备成复合胶凝材料，然后与 +0.045mm 尾矿制备成细骨料混凝土。

李方贤等人[35]用铅锌尾矿生产加气混凝土，分析了水料质量比、浇注温度和铝粉膏的掺量对加气混凝土发气的影响，以及铅锌尾矿、水泥和调节剂对加气混凝土强度的影响，确定了优化的工艺方案和配方。杨小龙[37]研究了利用尾矿集料配制绿色高性能混凝土的配合比设计方法及其应用。根据集料最大堆积密度原理，提出固定砂石体积参数并结合绝对体积法计算尾矿集料高性能混凝土配合比的设计方法。王长龙等人[38]以煤矸石和铁尾矿为主要原料制备加气混凝土，研究了煤矸石的最佳活化温度以及各原料组分对加气混凝土物理力学性能的影响。

目前尾矿生产建筑材料已有一些成熟技术，但主要是借鉴建材行业已有的成熟工艺，原始创新性不足，产品附加值低，销售半径小，没有显示出生产成本、运输成本和产品质量的综合优势，难以大范围推广。

7.1.5 尾矿做道路工程材料

近年来，国内许多高校及科研单位针对尾矿做路面基层材料进行了研究，并取得了显著成果。我国公路工程每年需要消耗大量建筑材料，特别是路基工程中消耗的土石方量更是惊人，把尾矿用在路面混凝土、路面基层和路基回填中，有以下好处：（1）可以大量消耗铁尾矿，为现有尾矿库腾出库容，减少对周围环境的污染；（2）减少土地的占用量，节约耕地资源；（3）可以降低公路工程造价，实现其自身价值；（4）可以大量减少河砂和土石方的消耗量，避免破坏土地和环境。

易龙生等人[39]探讨了铁尾矿大规模资源化利用的新途径，以无侧限抗压试验结果（试件中水泥：碎石：铁尾矿：改性生物酶的质量比为5：30：68：2）为基础，研究了聚丙烯纤维掺量对路面基层材料的力学性能和耐久性能的影响。结果表明，在聚丙烯纤维掺量为 1.5kg/m^3 的情况下，试件的劈裂抗拉强度达到 0.396MPa，抗弯拉强度达 1.64MPa，抗弯拉强度与无侧限抗压强度之比为 0.27，冻融循环和干湿循环情况下的无侧限抗压强度均大于 5MPa，各项力学性能、耐久性能均满足高速公路和一级公路的要求，说明铁尾矿作为高速公路路面基层材料的主要成分是可行的。

刘小明等人[40]为了综合利用雅泸高速公路石棉段大量堆积的石棉尾矿，对石棉尾矿用作水泥稳定基层集料的可行性进行研究，配合比设计结果表明：石棉尾矿水泥稳定基层的最优水泥用量为 4%，其无侧限抗压强度达到 3.17MPa，满足水泥稳定基层的要求。杨青[41]研究了无机结合料稳定铁尾矿砂的路用性能，结果表明，用 31% 石灰稳定铁尾矿砂、11% 的水泥稳定铁尾矿砂、12% 石灰和 2% 水泥稳定铁尾矿砂均能满足规范要求的低等级公路基层强度。赵黔义[42]对石灰粉煤灰稳定铁尾矿渣混合料的强度、水稳定性及冻融稳定性等进行了试验，结果表明：铁尾矿掺入石灰和粉煤灰后，其强度随龄期增加而增长，具有半刚性材料的特性。

7.1.6　尾矿用于回填矿山

近年来，我国应用充填采矿法的矿山日益增多，在充填料制备、输送技术、充填材料开发和充填回采工艺技术等方面均取得了长足的发展，加之井下无轨自动设备的广泛应用，充填采矿现已成为我国一种高效的开采方法。随着现有探明矿产资源的不断消耗，采矿向深部发展，地温地压的增加，环保要求的日趋严格，充填采矿法在21世纪将会得到更大的发展。矿山采空区回填是直接利用尾矿最行之有效的途径之一。尤其对于无处设置尾矿库的矿山企业，利用尾矿回填采空区就具有更大的环境和经济意义。胶结充填采矿法目前已属于成熟技术，可以使地下采矿回采率提高20%~50%，并使原来根本无法开采的位于水体下面、重要交通干线下面和居民区下的矿体能够被开采出来。理想的胶结充填采矿法可完全避免地表塌陷，基本避免破坏地下水平衡造成的重大危害。

全尾砂胶结充填是近年来应用最多的充填技术，全尾砂胶结充填技术有全尾砂和高浓度两大特点。随着充填料浆浓度的提高，料浆的黏性系数必然增加，且当高浓度的充填料浆浓度超过某一限值（极限可输送浓度）时，料浆的黏性系数将急剧增加，致使管道输送阻力大幅度增加。因此，全尾砂高浓度充填料浆输送时应低于该浓度极限值。根据我国大部分矿山试验测定，极限浓度值略高于临界流态浓度3%～5%。

20世纪80年代，全尾砂胶结充填技术首先在德国、南非取得成功，随后在苏联、美国和加拿大等国得到应用。80年代末期，我国开始在广东凡口铅锌矿和金川有色金属公司进行试验研究，并用于工业生产。

金川有色金属公司与中国恩菲工程技术有限公司合作，在金川二矿区进行了全尾砂胶结充填技术及设备的研究。

张钦礼等人[43]根据新桥硫铁矿选硫全尾矿残留硫含量高、粒度细、黏性大等特点，通过室内试验确定了料浆最优配比，即水泥：粉煤灰：全尾砂 =1：2：6，质量浓度为70%。从含硫全尾矿胶结过程分析，揭示了添加粉煤灰能够抑制充填体因体积膨胀而破坏的原理，提出了解决黏性全尾矿输送难题的技术措施，为高黏性尾矿充填技术的研究提供了理论依据和实践经验。

吕丽华等人[44]研究了β-半水磷石膏的防水改性、凝结性能以及β-半水磷石膏的添加量对全尾矿充填材料性能的影响。结果表明，通过对其防水改性，胶凝材料的软化系数得以提高，其值达到0.82，砂浆的流动直径为150mm，初终凝时间在2～8h内可调。尹宝昌[45]以中钢集团山东富全矿业有限公司的尾矿为原料，开展细粒全尾砂胶结充填技术研究。通过尾矿性质分析、尾矿胶结试验、料浆流动性试验等研究，查明了该尾矿基本性质，确定出适宜的胶凝材料种类、胶结工艺参数和输送工艺条件，同时对尾矿浓缩充填工艺进行了优化研究。

邱景平等人[46]对小官庄铁矿分级尾矿进行充填胶结试验。通过优选胶结材料，优化充填浓度和灰砂比，指导小官庄铁矿充填采矿生产。陈丽等人[47]采用普通水泥和其他两种固结剂为胶结材料对金山店铁矿全尾矿进行了胶结对比试验。程斌等人[48]在对姑山矿全尾砂特性分析基础之上开发了MG-61专用固化剂，可在满足性能指标的前提下显著降低固化剂用量，大幅度降低矿山的充填成本，经过中试应用完全符合矿山充填要求。梁志强[49]对硫化矿浮选全尾矿制备井下胶结充填材料配方和外加剂种类、用量进行了优化。纪宪坤等人[50]针对我国某铁矿全尾砂特性开发了专用胶结充填固化剂，固化剂用量低而且性能优异。

尾砂胶结充填技术的研究和应用，经过不断地探索，在充填料浆的制备、充填系统、输送工艺及设备和理论研究诸方面都取得了较大的发展。

7.1.7　尾矿综合利用的其他途径

尾矿的综合利用除了以上几个方面外，还用于土壤改良剂及微量元素肥料，或用于制备聚合物填料，土壤复垦等。

有些尾矿中含有石榴子石、硅灰石、云母等一些具有特种性能的非金属矿物，往往这些尾矿经过一定的处理后可作为塑料、橡胶、涂料等一些产品的填充料，可大大改善其强度、电性能等。湖北大冶铜矿从尾矿中回收石榴子石精矿用于橡胶填充料，可有效提高胶料的耐磨强度和抗老化性能等，并改善加工性能及降低胶料成本，用量为橡胶量的50%～100%。

在矿山上覆盖植被能降低矿山表层的风速，捕获空气中的尾矿粉尘，减轻雨水对松散尾矿的冲刷，有效地减少表层尾矿流失，并且植被能吸收大部分水并使水分蒸发返回大气层，从而减少可溶性重金属浸入水源。因此，为了防止尾矿随着风和水等扩散到周边环境，在尾矿上种植植物是首选的复垦方法。对于邻近城市或土地相对紧张的地区的尾矿库，对尾矿进行复土造田，不仅可以达到治理尾矿污染的目的，而且可以增加用地面积，缓解用地紧张的局面。铜陵有色集团原有的尾矿堆场，经复土后被用于城市建设。水口山有色金属集团对所属的豹市岭尾矿库堆存的铅锌尾矿进行复土植被治理和利用工作，通过加固加高坝基和在坝内外修筑防洪设施，对坝坡面和库内表层普遍复土，并进行绿化，种植了5000余株苦楝树，而且长势良好。

除上述各种用途外，部分尾矿还被用于生产肥料。由于有些尾矿中含有锌、锰、钼、钒、硼、铁等微量元素，这正是维持植物生长和发育的必需元素，因此尾矿可以用来生产钼微肥、锰微肥、稀土微肥、锌微肥、硅-锰微肥、铬-铁微肥以及混合肥等。某矿的湿式磁选尾矿中含有钙、镁和硅等氧化物，用作土壤改良剂对酸性土壤进行红土处理，已取得了较好的效果。马鞍山矿山研究院将磁选尾矿加入到化肥中制成磁化尾矿复合肥，并建成一座年产1万吨的磁化尾矿复合肥厂，取得了明显成效[51～53]。

7.2　选冶废水的循环利用

7.2.1　废水来源和特点

7.2.1.1　选矿废水

选矿生产过程中外排的废水通称为选矿废水。据统计，全国矿山选矿厂、每年排放的废水总量大约占全国工业废水总量的1/10，是我国工业废水排放量较多的行业之一。选矿废水有以下3个特点：

（1）排放量大。选矿过程中耗水量大，平均处理每吨矿石需要用水量7～10t，选矿厂废水包括选矿工艺排水、尾矿排水和车间地面冲洗水等。

（2）废水的成分复杂，有毒有害成分较多。

（3）废水中所含的药剂品种多而且浓度高。选矿厂浮选过程中，为了有效地将有用金属分选出来，需要在不同的作业加入大量的浮选药剂，主要有捕收剂、起泡剂、活化剂、抑制剂、分散剂等，这些药剂在选矿厂排放的废水中均有一定的含量。同时选矿废水的pH值往往都低于或高于国家规定的排放标准，同样对环境造成危害。

7.2.1.2　冶炼废水

有色金属行业冶炼是有色金属行业中的高污染环节，典型的表现为重金属废水污染。有色金属冶炼废水的来源主要有以下5个方面：

（1）各种酸性的冲洗液、冷凝液和吸收液：这种废水不仅酸性高，而且含有重金属污染物。

（2）冲渣液体：这种废水不仅温度高，而且水中含有炉渣微粒及少量重金属污染物。

（3）烟气净化废水：这种废水含有大量悬浮物和其他重金属污染物。

（4）设备冷却废水：这种废水含有大量的重金属和酸。

（5）车间冲洗废水：这种废水只是温度高，基本未受污染，各企业大部分设备冷却水均循环利用。

综上所述，无论是选矿废水还是冶炼废水中都含有大量的重金属离子、悬浮物、各类药剂及其分解物质等，如果直接将选冶废水排入自然水体中，不仅对水环境造成严重污染，同时也给人类带来愈来愈严重的危害。随着全球人口、资源与环境问题日趋严重，对选冶废水进行治理与资源综合利用、保护生态环境，在国内外都已经引起相当高的重视。很多企业都将其工业废水的处理与利用作为头等大事来抓，将废水回收循环利用率作为重要指标，尤其是新建矿山和冶炼厂。

7.2.2　国内外废水处理方法

废水处理的基本目的是利用各种技术，将污水中污染物分离去除或将其转化为无害物质，从而达到废水的循环利用。目前国内外废水的处理方法繁多，归纳起来可分为物理法、化学法、生物法。按其原理大致归纳见表 7-1 ~ 表 7-3。

表 7-1　水的物理处理法

处 理 方 法	主 要 原 理	主要去除对象
沉　淀	重力沉降作用	相对密度大于 $10^3 kg/m^3$ 的颗粒
离心分离	离心沉降作用	相对密度大于 $10^3 kg/m^3$ 的颗粒
气　浮	浮力作用	相对密度大于 $10^3 kg/m^3$ 的颗粒
过滤（砂滤等）	物理阻截作用	悬浮物
过滤（筛网过滤）	物理阻截作用	粗大颗粒、悬浮物
反渗透	渗透压	无机盐等
膜分离	物理阻截等	较大分子污染物
蒸发浓缩	水与污染物的蒸发性差异	非挥发性污染物

表 7-2　水的化学处理法

处 理 方 法	主 要 原 理	主要去除对象
中和法	酸碱反应	酸性、碱性污染物
化学沉淀法	沉淀反应、固液分离	无机污染物
氧化法	氧化反应	还原性污染物、有害微生物
还原法	还原反应	氧化性污染物
电解法	电解反应	氧化、还原性污染物
超临界分离法	热分解、氧化反应、游离基反应等	几乎所有的有机物
汽提法	污染物在不同相间的分配	有机污染物
吹脱法	污染物在不同相间的分配	有机污染物
萃取法	污染物在不同相间的分配	有机污染物
吸附法	界面吸附	可吸附性污染物
离子交换法	离子交换	离子型污染物
电渗析法	离子迁移	无机盐
混凝法	电中和、吸附架桥作用	胶体性污染物、大分子污染物

表 7-3　水的生物处理法

处 理 方 法		主 要 原 理	主要去除对象
好氧处理法	活性污泥法	生物吸附、生物降解	可生物降解性有机污染物、还原性无机污染物
	生物膜法	生物吸附、生物降解	
	流化床法	生物吸附、生物降解	
生态技术	氧化塘	生物吸附、生物降解	有机污染物、氮、磷、重金属
	土地渗滤	生物吸附、生物降解	
	湿地系统	生物吸附、生物降解、植物吸附	
厌氧处理法	厌氧消化池	生物吸附、生物降解	可生物降解性有机污染物、氧化态无机污染物
	厌氧接触法		
	厌氧生物滤池		
	高效厌氧反应器		
厌氧—好氧联合工艺		生物吸附、生物降解 硝化-反硝化、生物摄取与排除	有机污染物、氮（硝化-反硝化）、磷

7.2.3 选冶废水处理技术与应用新进展

近年来，越来越多的企业和高校对选冶废水治理进行了卓有成效的探索和研究，通过使用多种废水处理技术，去除废水中的悬浮颗粒及无机或有机选矿药剂，如絮凝-沉淀法、沉渣球形聚团法、生物降解法及矿渣吸附法等。许多研究成果在生产中实施了应用，实现了节约和利用水资源，减少废水污染，保护环境，提高了矿山的综合经济效益和社会效益。

7.2.3.1 混凝沉淀法

混凝沉淀法是一种常见的且廉价的浮选废水处理方法，目前在各种污水处理厂广泛使用。这种方法所选用的无机絮凝剂主要有氯化铝、聚合氯化铝（PAC）、明矾、聚合硫酸铁（PES）、聚合氯化铁（PFC）等。其中，尤其以聚合硫酸铁具有易溶解，矾花密实，沉淀速度快，能够脱色脱臭并且降低废水中 COD、BOD 及重金属离子的优点而被广泛使用。孙伟、胡岳华等人[54]报道了一种高效降解硫化矿选矿废水中有机成分的方法，在选矿废水中添加聚合硫酸铁作为混凝剂进行沉降，废水 pH 值为 9～11，通过浮选机吸气口将臭氧吸入浮选槽，在浮选机的强烈搅拌下通入臭氧并控制臭氧浓度为10～100mL/L。该方法很好地解决硫化矿选矿废水中有机物难降解、选矿废水回用影响选矿指标及选矿废水排放污染环境的问题。郑雅杰等人[55]采用聚合硫酸铁（PFS）和 PFS-$FeSO_4$ 复合混凝剂处理铅锌矿选矿废水。结果表明：采用 PFS 处理选矿废水，当剂量（以铁计）为 56mg/L 时，铜、铅和浊度去除率分别可达 90.63%、99.97%和100%。

混凝方法是一种通过往浮选废水中投加混凝剂，破坏胶体的稳定性，使细小悬浮颗粒和胶体微粒聚集成较粗大的颗粒而沉降，进而达到与水分离的效果。混凝净化浮选废水的过程，主要是利用吸附架桥、沉淀物网捕、压缩双电层使胶体脱稳并凝结成大分子的絮体而沉淀的机理。胡岳华、孙伟等人[56]以江西某白钨矿为实验原料，分别以自来水和回用水作为选矿水进行选矿试验，研究白钨矿选矿废水净化回用后对浮选指标的影响。结果表明，对于白钨矿选矿废水，氧化钙和 PAM 具有较好的絮凝作用，但是常规混凝沉降效率较低，且上层清液不够理想。而后将磁化絮凝技术引入白钨矿废水净化领域，满足了选矿废水的完全回用，净化废水回用在一定程度上有利于提高钨矿选矿指标。郭朝晖、袁珊珊、肖细元等人[57]报道了一种多金属矿选矿废水高效絮凝沉淀净化方法。冯立伟、刘旭光[58]对吉恩镍业选矿厂选矿废水循环利用及现场生产问题进行研究，通过混凝沉淀的方法去除了工业废水中的悬浮物、重金属离子和部分 COD，实现了工业废水的零排放，从而降低选矿成本，提高矿山经济效益和社会效益。关广武等人[59]对高浊度、强负电、高稳定性的大同洗煤废水进行研究，达到再循环洗煤的目标。

7.2.3.2 化学沉淀法

向选矿废水中投加特定的化学药剂，使水中的特定溶解物质直接发生化学反应，由溶度积原理产生难溶物而发生沉淀作用，然后再通过固液分离，达到去除浮选废水中有机污染物的处理方法称为化学沉淀法。

氢氧化物沉淀法、硫化物沉淀法、铁氧体沉淀法和其他化学沉淀法都是处理浮选废水常用的方法，硫化物沉淀法处理浮选废水是化学沉淀法中应用和研究最多的方法。硫化物沉淀法处理是一种具有适应 pH 值范围大、可进行分步沉淀、对含重金属的浮选废水具有去除率高的特点，且在高金属品位的泥渣中可使其综合回收利用。白猛、刘万宇等人[60]研究了铜冶炼厂含砷废水的硫化处理及其产物硫化砷渣的碱性浸出，废水中铜、铋、砷能够有效分离。

此外，化学沉淀法还可与浮选联合处理重金属废水，具体方法是沉淀完毕后加入捕收剂、起泡剂进行浮选，使沉淀物上浮至水面，实现固液分离。它的优点是加快了固液分离速度，占地面积小，处理后出水水质好，这种工艺在处理选冶废水方面研究较多，也较为成熟。

7.2.3.3 自然降解法

自然降解法是我国目前处理浮选废水的主要方法之一，该方法是在尾矿库中将要处理的浮选废水，利用其自净能力进行自然处理，然后测试达标后可直接排放。这种方法是利用尾矿库面积大的特点，将浮选废水送入尾矿库后，浑浊的尾砂废水就会得到自然澄清净化，而浮选废水中含有的重金属和悬浮颗粒就会沉淀在尾矿库内，而且浮选药剂的含量和浮选废水 COD 等指标也会有一定程度的降低。

张国范、李浩、冯其明等人[61]针对某硫化-氧化型混合锌矿尾矿废水在全返回利用时恶化硫化矿浮选，导致尾矿废水难以利用的难题，进行了废水回用研究。结果表明，氧化矿选矿废水对硫化矿浮选有严重的恶化效果，硫化锌矿回收率从91.05%下降至68.60%，品位也有较大程度的降低，其主要原因是废水中的有机组分。用气浮法对废水进行处理，能够消除有机物对硫化锌浮选的影响。刘洪萍、孙伟等人[62]以凡口铅锌矿选矿废水为研究对象，利用电化学测试手段考察了选矿回水中方铅矿表面的电化学和化学反应，铅精水和锌精水中剩余的捕收剂分子使方铅矿表面形成黄原酸铅。锌尾水和污水中的某些特殊化学成分使得方铅矿表面化学反应发生变化，与蒸馏水中的反应差异较大，可能该部分水的回用会对方铅矿浮选产生不利影响。姜燕清、王毓华等人[63]考察了尾矿沉降回水对一水硬铝石浮选行为的影响规律，试验结果表明，不同水质对一水硬铝石的浮选影响非常大。陈建明等人[64]通过浮选试验、红外光谱和电化学测试研究了选矿废水对硫化矿浮选的影响。结果表明，铅精矿水可以改善方铅矿的浮选，而硫精矿水相比于蒸馏水而言则对方铅矿浮选有副作用，黄铁矿在这三种水的浮选行为与方铅矿相反。

7.2.3.4 酸碱中和法

利用酸碱中和这一简单原理处理浮选废水的工艺即酸碱中和法。对于呈现酸性的浮选废水，加入碱调节 pH 值，可以使浮选废水近中性或弱碱性，因为在碱性条件下重金属可以形成溶解度较小的氢氧化物或碳酸盐沉淀而从溶液中沉淀出来。酸性废水中和处理投加的碱性物质通常有石灰、石灰石、消石灰、氢氧化钠、碳酸钠等中和剂，而石灰因工艺简单、价格便宜、处理成本低的优点而被广泛使用，加入石灰后可去除除汞以外的重金属离子，效果显著。

代玉财、马雷等人[65]通过对平台山钒矿选冶工艺废水进行回收利用与研究，得出用生石灰对贫液进行 pH 值调节，将杂质沉淀过滤，处理后尾水，再次返回搅拌浸出后的贵液及洗涤水过滤流程当中，实现废水循环利用。郭恒萍[66]对冶炼含砷污酸与酸性含砷废水处理试验及应用研究，确定采用石灰法 + 二段石灰 - 铁盐法进行处理，使处理的水得以循环利用。罗惠华、李东莲等人[67]根据磷矿浮选工艺要求和废水的性质，利用 CaO 和 Na_2CO_3 两碱性物质处理选矿废水，废水循环回用，达到回水的100%利用，即“零排放”。魏海平[68]通过对金川集团公司含重金属离子硫酸生产废水处理与综合利用研究，最终确定采用废水综合利用方案回收酸性废水，90%以上的废水回收率可以使硫酸生产系统节约大量的制酸用新鲜水。梅明、孙侃等人[69]针对湖北省某磷矿选矿尾水排放锰含量超标的问题，提出将含锰尾水回用于合成氨造气循环水补水的处理方法。

7.2.3.5 生物处理法

生物处理法是利用自然界存在的微生物的新陈代谢，将废水中有害的有机物（如浮选药剂）转化为无害的无机物，达到对选矿废水进行净化处理的目的。与其他处理方法相比，生物处理法具有处理成本低廉、适用面广等优点，选用的微生物要拥有来源广、繁殖能力强、易于培养、易基因变异等优点，经过有目的性的培养和驯化后，能适应各种的不同的废水环境。

S. S. Ahluwalia 等人[70]研究利用微生物的新陈代谢作用去除废水中的重金属离子。M. Karthik 等人[71]研究表明通过混凝沉淀可以对对苯二甲酸（PTA）废水进行净化预处理，提高其整体的生物降解能力，将其 BOD_5/COD 比率由0.45增加到0.67，降低 PTA 废水的毒性。林梓河等人[72]对某铅锌选矿废水经过物化预处理后，水质得到明显改善，进水 COD_{Cr} 由 400 ~ 700mg/L 降为 74 ~ 145mg/L，废水中 COD_{Cr} 去除率达到75.8%以上，处理后废水可以回用。谢辉[73]使用水葫芦处理铅锌选矿废水，结果表明，水葫芦能有效去除选矿废水中的铜、铅等离子，同时也能使废水中的浮选药剂部分降解。

7.2.3.6 其他方法

近十多年来，矿山废水治理技术有了较大的发展，但仍存在废水处理装置能力不足、废水处理技术开发水平低等问题。因此，国内外均在积极开发新的治理技术，如液膜法、离子交换法、氧化还原法、反渗透法和电渗析法等。

胡岳华、曹学锋、费九光等人[74]报道了一种降解高浓度有机废水的方法。将废水通入电解槽进行电催化氧化，控制电流密度 $1\times10^{-3}\sim1\times10^{-2}A/m^2$；电解后再通入浮选槽，在浮选机搅拌下通入臭氧，控制臭氧流速 1L/min；最后再经过活性炭吸附，微滤膜和超滤膜过滤，最终得到 COD 降解至 50mg/L 以下的合格工业废水。于克旭、戴兴宇[75]对某地区赤铁矿选矿厂进行给排水设计，通过采取一系列合理设计措施包括选矿厂建设截污泵站，排放的生产和生活污水全部回收。经处理后循环使用，尾矿采用高浓度输送，提高厂内循环水利用率，使厂内水循环利用率达到94.92%以上，实现了污水零排放，节约了水资源，且降低了选矿工艺成本。林志锋[76]应用膜处理循环利用工艺可有效回收利用90%以上的水资源，同时还能回收有价值的金属成分，实现节能减排。徐乐昌、张国甫等人[77]介绍铀矿冶工艺、铀矿冶废水来源、循环利用途径及处理方法。铀矿冶废水包括吸附尾液、萃余液、尾矿水、矿坑水、转型液、沉淀母液，其循环利用途径主要有返回作为溶浸剂、淋洗剂、反萃取剂、洗涤剂、尾矿制浆等。

7.3　二次金属资源的加工利用

7.3.1　二次金属资源加工的重要性及其生产状况

经过数十年的科技创新与进步，我国有色金属工业在许多重要领域，如硫化铜、镍精矿冶炼，大型电解铝企业以及铜、铝大型加工厂的生产技术和装备已接近或达到了世界先进水平。由于主要有色金属生产和消费的迅速增长，造成国内资源的急剧消耗，资源缺口越来越大[78]。面对主要有色金属资源短缺、能耗高以及环境问题严重等严峻的局面，贯彻中央推进资源循环的方针，是保持有色金属工业可持续发展的重要组成部分。扩大再生金属生产不仅可弥补国内矿产资源的不足，而且在节能降耗、减少废弃物排放等方面有诸多好处。表7-4为近五年再生金属产量统计表[79]，由表7-4可知，截至2013年年底，中国再生有色金属产业主要品种(铜、铝、铅、锌)总产量约为1073万吨，同比增长3.3%。其中，再生铜产量约为275万吨，与2012年持平；再生铝产量约520万吨，同比增长8.3%；再生铅产量约150万吨，同比增长7.1%；再生锌产量128万吨，同比下降11.1%。据有关资料统计，与原生金属生产相比，每吨再生铜、再生铝、再生铅分别相当于节能1054kg、3443kg、659kg标准煤，节水395m^3、22m^3、235m^3，减少固体废物排放380t、20t、128t，每吨再生铜、再生铅分别相当于少排放二氧化硫0.137t、0.03t[80]。

表7-4　近五年再生金属产量统计表　（万吨）

年　份	铜	铝	铅	锌
2009	200	310	123	—
2010	240	400	135	—
2011	260	440	135	—
2012	275	480	140	144
2013	275	520	150	128

再生金属产量的增加得益于信息化、城镇化的快速发展。然而，伴随着再生金属产量的不断增长，行业内部的发展瓶颈亦逐渐显现，行业集中度较低、产能过剩等问题将制约再生金属行业的发展[81]。因此，优化产业结构、淘汰落后工艺及其装备将成为再生行业发展重点，同时也是贯彻实施节能减排、循环经济等国家方针政策的重要举措。

7.3.2　二次金属资源加工工艺及装备状况

7.3.2.1　再生铜

我国是铜资源短缺的国家，但又是世界上铜消费量最大的国家，再生铜的回收利用极大地弥补了我国市场对铜的需求。据统计，在2010年，约有38%的废杂铜进入铜加工行业直接做成铜制品，约12%进入熔炼铜精矿的转炉或阳极炉处理，50%左右的废杂铜进入专门冶炼废杂铜的工厂或生产系统处理[82,83]。传统的再生铜冶炼工艺按照原料品位高低分为一段法和两段法或三段法，一段法主要针对高品位废杂铜，一般指含铜90%以上，可采用火法精炼炉直接精炼成阳极铜；两段法或三段法工艺主要针对低品位废杂铜料，一般为含铜在90%以下的废杂铜、电子废料和含铜较高的炉渣等。

针对国内废杂铜冶炼技术长期落后，先进技术依赖国外的局面，近十年来，我国通过自主创新与汲取国外生产经验，先后开发了一些先进的技术和设备，并已在国内一些大型企业项目中开始应用，有些技术和装备已超过国外一系列水平。

在高品位铜料处理方面，中国瑞林工程技术有限公司开发的NGL炉[84]结合了倾动炉和回转式阳极炉的优点，自动化程度高，不用人工持管，炉体密闭，环保好。研发的350吨/台精炼摇炉[85,86]，是对倾动炉的改进和完善，并完全实现国产化，处理物料含铜92%以上。该炉型已经在广西梧州30万吨再生铜项目以及山东金升有色金属公司20万吨再生铜项目中投产使用。西部矿业天津制造基地项目20万吨再生铜项目以及江苏环球铜业公司20万吨铜电解项目完成初步设计，山东恒邦10万吨阴极铜技改项目完成可行性研究[87]。此外，竖平炉的组合工艺也引起了国内企业的关注[88]。

在低品位铜料处理方面主要包括顶吹炉工艺和大型密闭鼓风炉工艺，但这两种工艺能耗很高，而且单系列规模仅为年处理2万~5万吨铜金属，对于10万吨规模工厂需要两套装置，投资和生产成本较高。国外已有几家采用大型固定式氧气顶吹炉工艺（包括ISA、奥斯麦特、TBRC等工艺）处理低品位废杂铜的工厂，但是技术封锁非常严，所以目前中国瑞林公司和铜陵有色公司已确定自主开发规模为10万~20万吨铜的固定式氧气顶吹炉系统[89]。云南铜业开发了一种双顶吹工艺，将铜精矿和废杂铜混合熔炼，充分利用铜精矿熔炼过程的余热，降低废杂铜冶炼能耗[87,90]。

在高品位废杂铜直接生产火法精炼铜杆技术方面，江钨集团是国内第一家引进西班牙法格技术，建成年生产能力达12万吨的再生金属生产高导电铜铜杆生产线。主要工艺是采用COS-MELT组合炉处理含铜96%的废杂铜，用150t倾动炉处理含铜92%的废杂铜，用流槽和COS-MELT组合炉连接[91,92]。此外，天津大无缝铜材有限公司用的是COSMELT倾动炉生产工艺和设备，选择150t倾动炉2台，可处理含铜92%的废杂铜，年生产高导电铜铜杆8万吨，于2009年10月开始生产[93]。

7.3.2.2 再生铅

我国目前再生铅的生产者有300家以上，年产两万吨以上的仅有4家，小生产者占绝大多数[94]。近十年以来，建成了工业规模的工厂，并能长期稳定生产，“三废”污染基本能控制在国家标准以内。河南豫光金铅股份有限公司引进意大利安吉泰科废旧蓄电池CX集成预处理技术，与富氧底吹工艺进行集成创新，实现了利用原生铅已有的工业技术装备，经济环保地处理再生铅物料的重大技术突破[95,96]。豫北金铅引进美国MLT公司的分选处理设备，于2008年建成10万吨/年再生铅生产线，实现了污水零排放，100%循环利用[97,98]。江苏春兴集团通过引进美国MA公司开发的MA破碎分选系统，之后进行系统改进与升级，建成15万吨/年再生铅生产线[99]。湖北金洋冶金股份有限公司自主开发了国内首创的具有世界先进水平的“无污染再生铅技术”，采用废蓄电池预处理破碎分选、铅膏、脱硫转化、密闭回转短窑富氧燃烧冶炼等工艺技术，综合回收利用废铅蓄电池中各组分，使废弃物最大限度地转化为资源，变废为宝，化害为利[98,100]。

在铅膏湿法冶金方面，主要有两种工艺见报道，一种是中国科学院过程工程研究所研制成功的固相电解技术，另一种是沈阳环境科学研究院自主研发的预脱硫—电解沉积工艺[94,98]。湿法冶金回收工艺尽管解决了铅膏火法冶炼工艺中的SO_2排放以及高温下铅的挥发问题，但工艺投资大，甚至比传统火法冶金工艺还要高。因此，国内再生铅的处理工艺技术以火法为主。

7.3.2.3 再生锌

我国锌的主要消费领域为冶金产品镀锌、干电池、氧化锌、黄铜材、机械制造用锌合金及建筑五金制品等行业，其中镀锌行业对锌的需求量最大。目前国内用于镀锌的比例占40%左右，而发达国家占55%以上[101]。

我国再生锌加工与利用的原料主要来源于各钢铁公司冶炼镀锌废钢时产生的含锌烟尘，热镀锌行业生产过程中产生的锌泥、锌渣；废旧锌和锌合金废料，冶金及化工行业生产过程中产生的各种含锌废料，而对于锌锰废电池以及含锌钢厂烟尘类废料的处理与利用技术较为薄弱[101,102]。在再生锌传统回收的工艺中，对于如锌渣和锌灰等含锌量较高的废杂料，主要包括火法和湿法两种工艺[103~106]。火法工艺又包括横罐蒸馏法、真空蒸馏法、熔析熔炼以及铝法等，横罐蒸馏法投资成本较低但得到的锌产品质量较差，真空法金属锌总体回收率高于98%但设备投资较高。湿法工艺按处理物料性质分为锌渣（锌铁合金）阳极电解和烟灰（氧化锌为主）浸出—净化—电沉积工艺，两种工艺都采用硫酸和硫酸锌的水溶液作电解液，耗电量较大，耗酸量也较大，对设备腐蚀较严重。

为克服传统再生锌处理技术的不足，近年来，国内学者报道了一些新的研究成果及产业化案例。河北钢铁集团有限公司邯郸分公司通过分别研究铝法再生回收工艺和蒸发冷凝法生产高纯度、高活性的锌粉工艺，实现资源的综合利用并得以在工业上应用。同时，探索从锌渣中连续制备锌粉的工艺方法，解决锌渣传统回收工艺中存在的问题和不足[107]。于洋将成熟的蓄热式燃烧技术应用在塔式锌精馏炉设计中，极限回收利用烟气余热，降低炉子排烟温度，提高炉子热效率，减少燃料消耗[108]。袁训华通过理论分析，实验室以及产业化验证提出了热浸镀锌渣蒸发-凝聚法制备金属锌粉的工艺路线的可行性[109]。在钢厂烟尘处理方面[110]，广西梧州鸳江立德粉有限责任公司用回收钢铁厂烟囱灰等含锌废料为原料，通过已有干法生产立德粉。

7.3.2.4　再生铝

我国再生铝按其来源可分为国内废料和进口废料。国内废料主要包括纯铝、变形铝和铸造铝三种，诸如废旧铝箔、机器零件和废飞机铝材等，进口废料主要包括内燃机活塞、铝门窗和汽车轮毂等。尽管我国是铝生产和消费大国，但铝再生起步较晚，回收利用未标准化、规范化[111,112]。国家在“十一五”期间对再生金属行业实施结构调整和产业转型以及“十二五”制定节能减排的政策方针以来，再生铝行业通过科技创新，引进国外技术与装备，消化吸收与改进，使得国内再生金属行业技术水平正在向发达国家接轨。

截至2006年年底，永磁铝水搅拌技术以及双室反射炉熔炼已被国内大型再生铝企业广泛采用，分别是上海新格有色金属有限公司、怡球金属（太仓）有限公司、福建漳州灿坤实业有限公司和浙江万泰铝业公司，致使当年新增再生铝产能30万吨，另外在建的产能还有30万吨[113,114]。上海中荣铝业有限公司采用具有自身知识产权的三室反射炉，使再生铝的熔炼回收率提高了2%～3%[114,115]。长葛市天润有色金属研究所自主研发了废旧铝再生高强耐腐6063圆铸锭技术，该技术通过运用创新的溶体纯净化和均质细晶化综合处理技术，使处理后的铝细晶铸坯的塑性性能和力学性能大大提高[116]。中国嘉诺资源再生技术（苏州）有限公司通过自主创新研制设计出了倾动回转炉，可以处理包括易拉罐、优质的工艺废料、反射炉无法熔炼的炉渣、带铁铸件和脏废铝等低品质废料[111,117]。

刘昕怡等人分析了美国Almex公司研制的LARS（liquid aluminum refining system）装备在废铝回收利用和铝熔体精炼技术方面的优势，认为中国引进该系统可以强化精炼，除氢、除杂之后可得到高品质铝材[111,118]。挪威的陶朗分选技术（厦门）有限公司总经理雅克博先生认为：高速发展的中国引进国外先进的金属废料传感分选技术，可以帮助中国客户提高分选产品的附加值和降低成本[119]。在铝灰处理方面，尤其是二次铝工业所产生的废弃物，即含有5%～20%铝的黑灰，主要还是采用冷态回收法，新技术与新装备的应用未见报道[120]。

7.3.2.5　其他

湖南省永兴县永鑫环保科技有限公司被科技部列为“国家稀贵金属再生利用高新技术产业化基地”，每年从工业“三废”中综合回收金、银、铂、铟、铋、硒、碲等稀贵金属20余万吨，年处理工业废弃物上百万吨[113]，开发了“利用冶炼熔渣、CRT玻璃生产微晶玻璃板材关键技术”[121]。

7.3.3　重点再生金属行业资源回收技术与设备研发进展

7.3.3.1　废旧家电

电视机、冰箱、洗衣机、空调和电脑作为我国家电“以旧换新”的废旧家电，其合理的处理处置问题越来越得到人们的关注。表7-5为近五年家电的年废弃量现状，各类家电废弃量基本呈现上升趋势，其中计算机增加幅度较大。这些废弃家电富含铜、铝、铁、稀贵金属以及塑料，回收价值较高，但如果方法不得当的话必然导致环境污染。因此，科学环保地对这些废旧家电处理并回收有用物质已成为我国关注的热点。

表7-5　近五年中国家电的年废弃量现状[122]

年　份	年废弃量/万台				
	电视机	冰　箱	洗衣机	空　调	计算机
2009	3718.75	924.22	1187.42	1089.14	4782.64
2010	5833.94	966.81	1158.85	1235.02	7190.08
2011	3251.84	973.45	1280.54	3668.45	10796.10
2012	3917.88	1086.99	2530.44	2524.40	16190.75
2013	4041.73	2094.18	1374.37	3875.04	24251.37

早在20世纪80年代，欧洲等发达国家开始关注电子废物环境污染和资源化问题，其中日本是世界上电子技术最先进的国家之一，特别重视资源的节约及再利用[123]。国内一些有实力的公司通过不断创新与吸收国外先进技术，使国内电子废弃物工艺技术与装备得到了较大的提升。浙江丰利公司在国内外先进技术的基础上进行自主创新，研发成功的以废旧电子线路板超微粉碎机和废旧电子线路板高压静电分离机为关键设备的回收处理成套设备，有效解决了废旧线路板的金属与非金属基体的分离、多金属的分离回收和非金属材料的高值利用这一技术难题，使电子废弃物变成再生的宝贵资源，得到充分利用[124]。此外，在其专项粉碎领域发明的又一套QWJ气流式涡旋微粉机于2013年进军俄罗斯市场，生产调试后设备运行一直比较稳定[125]。湖北力帝公司引进美国纽维尔公司SHD型废钢破碎机生产技术，并成功研制生产了我国第一台PSX-6080型废钢破碎机。目前湖北力帝公司生产的20余条废钢破碎流水线在山东邹平、济钢、麻城、青岛、遵化等地的钢铁企业及部分废钢回收加工企业中运行[126]。北京航空航天大学材料循环利用工程实验室基于材料分类识别，采用人工和自动化相结合的拆解方案，对于废旧电视机和电脑，开发一套密闭自动拆解设备，解决CRT的拆解回收问题；对于废旧冰箱和空调，开发一套密闭拆解系统，解决废旧冰箱和空调的无害自动拆解问题；对于PCB板，开发一套包括高价值元器件识别系统及元器件拆解专用工具的密闭自动无损元部件拆解设备以完成对高价值元器件的直接回收[127]。

7.3.3.2　报废汽车

截至2011年，我国汽车保有量已经超过一亿辆，同时我国报废汽车的数量也在快速增长，据相关机构预测，至2020年，我国的年报废汽车数量将达到600万辆[128]。汽车报废已经成为一个严重的社会和环境问题，如果不进行科学有效的回收和处理，将会对人类环境造成重大的影响。近年来，在国家有关政策的扶持之下，我国报废汽车回收拆解行业已经形成一定的规模，现有报废汽车回收拆解企业1000多家[129]。

美国是世界上最大的汽车生产和使用国家，也是汽车有效回收利用的国家，其回收利用率已达到80%，但其采用的回收模式是一种粗放式拆解模式，整车在抽取废液和拆除轮胎后，直接进行压缩打包和粉碎处理，然后通过分选设备对碎片进行分选处理，大功率破碎机功率可达数万千瓦，能耗极高，不适合我国国情。欧洲国家在报废汽车的拆解与回收利用方面制定了一系列严格的法律法规，其基本原则是谁生产谁负责回收处理，回收利用率在70%以上。日本作为亚洲的汽车大国，大量报废汽车曾一度成为日本环境污染的重要源头之一，通过立法以及鼓励企业进行报废汽车绿色回收再利用技术和装备的研发，目前汽车拆解机、汽车拆解翻转机等报废汽车拆解专用设备已相继投入使用，其回收率已高达85%[128~131]。

上海交通大学开发了报废汽车塑料的识别技术等多项关键技术[132]。同济大学和南京航空航天大学分别在零部件再制造和拆解零部件信息管理方面以及拆解线的物流传输技术方面开展了相关研究[128,133,134]。在报废汽车车身破碎及综合回收技术方面，湖南万容科技有限公司建成生产线每小时可处理10台报废汽车车身生产线，其整个报废汽车报废破碎分选处理生产线安排十分合理紧凑，在第一道车身破碎工序，采用的是两段式撕碎过程，整个车身被撕碎的过程只要两分钟。破碎报废汽车车身的刀具超过了国外的刀具设计，使用寿命长达一年以上[135]。在报废部件回收技术方面，马自达汽车公司和日本SATAKE自动化公司开发出了更快捷更方便地将报废的汽车零件分类回收再利用技术，目前用在废旧保险杠的回收再利用上[136]。

7.3.3.3　废旧电池

全世界电池的产量和用量分别以每年20%和10%以上的速度增长。我国是世界上最大的电池生产国和消费国，年生产能力150亿~160亿只，同时也产生了大量的报废电池，但是我国电池的回收率却不足2%[137]。相比之下，国外在废旧电池的回收利用方面起步较早。美国的废旧电池回收体系较为完善，并有以火法冶金工艺为主的废旧电池处理厂，日本从1993年开始有规模地回收废旧电池，目前汽车用铅酸电池已全部回收，其他二次电池的回收率接近90%，德国从1998年10月开始规定对废旧电池进行回收[138]。在国家“十一五”计划中特别提出要建立废旧电池回收处理体系，经过数年的不断努力，国内出现了废旧电池的一些新技术以及先进的资源综合回收示范生产线。

在废旧锌锰电池处理方面，清华大学发明了一套新的废旧电池真空蒸馏装置，该设备可以使不同熔点的金属选择性地回收，且同一套设备能处理不同种类的废电池，具有物质回收效率高、纯度高和污染小的特点[139]。据有关资料显示，由北京科技大学和河北易县共同投资的东华鑫馨废旧电池再生处理厂是我国首家废旧电池回收厂，该处理厂设计年处理废旧电池3000t，其工艺通过物理分解、化学提纯、废水处理可以获得铁皮、锌皮、铜针以及锌锰等多种产品[140]。在锂离子电池回收方面，由于锂离子电池在我国的大规模使用时间尚短，因此我国在废旧锂离子电池的回收处理仍处于试验研究阶段。秦毅红等人[141]采用特定的有机溶剂分离法，将锂离子电池正极材料中的钴酸锂从铝箔上溶解下来，直接分离钴酸锂和铝箔。铝箔清洗后直接回收，所用的有机溶剂通过蒸馏方式脱除黏结剂，循环使用。吕小三等人[142]提出了一种基于物理方法把废旧锂离子电池的钴酸锂、铜铝箔、隔膜和电解液等成分分离的方法。在氢-镍以及镉-镍电池回收方面，王颜赟[143]对废旧氢-镍电池正负极材料进行混合湿法处理，采用浸出、浸出液中稀土离子的分离回收、滤液中镍钴离子分离的工艺。丁颖[144]对氢镍电池原料采用湿法冶金方法综合回收氢镍电池负极材料中稀土元素并同时回收镍、钴，最终获得稀土的综合回收率为98.4%，镍、钴的综合回收率为98.5%。湖南邦普循环科技有限公司2006年自行研发设计出电池拆解机实用新型技术并获得专利授权[145]。

7.3.3.4　废电路板

废弃线路板的来源主要有两个，一是废弃的电子电器产品中所含有的印刷线路板，二是印刷线路板在生产过程中形成的边角料和报废品[146]。废弃电路板含有铜、铁、镍、铅、锡等基本金属，金、银、铂、钯等贵金属，铅、汞、镉等重金属和溴化阻燃剂等有毒有害物质，如果处理不当会对大气、土壤和地下水造成严重污染，对人类健康造成巨大危害。目前，报道最多的废弃电路板回收技术主要有机械处理法、湿法、热解、火法等或几种技术的组合方法。

在机械处理方面，美国于20世纪70年代末采用物理方法处理军用电子废弃物，同一时期西欧一些国家也开始进行研究，但一直没有商业化进展。到了90年代末期，机械处理方法不仅在美国、西欧，在日本、新加坡和我国台湾也进行了规模化的应用。德国的Kamet Recycling Gmbh公司和Trischler und Partner Gmbh公司均采用破碎和分选的方法获得90%的金属和塑料的回收，10%左右的剩余物进行焚烧或者填埋，目前工艺已经实现机械化和自动化[146~148]。日本NEC公司采用去除元件和焊料后再破碎分选的方法处理废弃电路板，破碎使用剪切破碎机和具有剪断和冲击作用磨碎机，将废板粉碎成小于1mm的粉末。再经过重力分选和静电分选过两级分选可以得到铜含量约82%的铜粉，铜的回收率达到94%[148]。

近年来，我国也开始进行废弃电路板机械处理技术研发。上海交通大学路洪洲等人[149]对废旧电路板的回收采用剪切式旋转破碎机和冲击式旋转磨碎机相结合的两级破碎方式对废弃线路板进行粉碎。针对传统高压静电分离技术中物料团聚作用和荷电不充分、电选机的工作负荷大以及物料的输送过程中扬尘的不足等问题，上海交通大学[150]又开发出了破碎废旧电路板风选－高压静电分选技术，与传统技术相比，金属物料的产率提高了4.36倍，同时金属产物纯度和回收率分别为99.90%和93.85%。北京有色金属研究总院[151]提出了一种采分选回收废旧印刷线路板中有色金属的新工艺，该工艺采用剪切破碎和摇床分选的方法，将废旧印刷线路板经过剪切机、切割研磨机、搅拌槽、摇床、磁选机，实现了废弃印刷线路板中有色金属的全面回收。中国矿业大学何亚群[152]采用湿法破碎—浮选工艺流程来回收废弃线路板中金属成分，在理论分析的基础上进行验证试验，发现新型捕收剂9858和起泡剂9862搭配使用时可获得沉物产率为64.76%，金属品位为25.38%，回收率98.44%的回收指标。尽管我国已经重视废旧电路板的机械处理技术研发，但目前国内一直没有商业化生产。

在湿法冶金方面，中南大学李静[153]采用全湿法工艺路线，对废旧印刷电路板进行了“机械预处理—NH_3-$(NH_4)_2SO_4$-H_2体系浸出—萃取净化—反萃富集硫酸铜溶液—二次还原制备MLCC用铜粉”的新工艺研究。山东大学王红燕[154]提出盐酸-正丁胺-硫酸铜体系高效浸析铜的新方法，在最佳条件下铜的浸出率可达到95.31%。东华大学张潇尹[155]采用H_2SO_4-H_2O_2体系溶解废印刷线路板颗粒中的铜，使得铜的浸出率可高达98%以上。之后采用硫氰酸盐-二氧化锰和硫氰酸盐-铁（Ⅲ）两个浸金体系对浸铜渣进行试验研究，得到金的浸出率均在96%以上。广州有色金属研究院周吉奎[156]利用从硫化矿山分离得到氧化亚铁硫杆菌GZY-1菌株进行了废弃电路板粉末中铜的浸出试验研究，在最佳条件下得到铜的浸出率为95.16%。北京有色金属研究总院杨涛[157]也进行了氧化亚铁硫杆菌浸出废弃线路板中铜的研究，认为细菌培养时间越长，浸出过程进行得就越快。然而，大多数试验仍然处于实验室阶段，相关产业化示范工程未见报道。

在热解方面，国内研究者做了大量的研究工作。热解法分为常压热解、真空热解、微波热解以及等离子体热解等。华南理工大学周文贤[158]研究了酚醛树脂为基板的废旧电路板和混合碳酸钙后的废旧电路板的热解行为，发现在600℃等量 $CaCO_3$ 与 PR-WPCBs 共热解时生成75.6%无机卤，其中70.62%束缚于固体残渣中，达到了较好的脱卤效果。中南大学湛志华[159]研究了废弃电路板环氧树脂真空热裂解行为，发现所得固体产物主要由热解炭和玻璃纤维组成，热解炭与玻璃纤维很容易分离，固体残渣中含有碳、氧、硅、铝、钙等元素。昆明理工大学邓杰[160]对机械处理后的废旧电路板材料进行综合回收新技术试验研究，将其中的塑料高分子有机物进行微波化学法制备活性炭试验研究，而金属物质则采用二氧化锰作为氧化剂微波加热辅助的方法，在硫酸溶液中浸出废电路板中铜、铝、铁、锌等贱金属元素，金属综合回收率较高。中国科学院过程工程研究所[161]发明了一种利用电弧等离子体处理废弃电路板的方法以及相应的电弧等离子体装置。

在火法冶金方面，国内研究报道较少，国外只有比利时 Umicore 公司用铜熔炼的方法处理电子废弃物，电子废料经机械预处理后，送入 ISA 熔炼炉进行熔炼，塑料燃烧产生的有毒气体经过电吸尘处理，尾气有毒物含量达到排放标准[162]。

7.3.3.5　*废旧易拉罐*

易拉罐是当今世界饮料包装行业中备受青睐的包装材料，具有美观、轻便、便于携带、使用方便等特点。全世界每年要消费易拉罐1500亿只，耗铝高达200多万吨，占世界铝消费量的15%左右。日本是世界上最早生产回收易拉罐的国家，瑞典能够实现易拉罐铝材的循环利用，美国以废旧易拉罐为原料生产的材料需要经过金属成分调制，才可以生产出符合要求的铝材，但其回收周期较短[163]。我国虽然是易拉罐的生产大国，但对其回收和利用在国内起步较晚。易拉罐用的是高级铝合金，至今很少有国营铝厂收购和熔炼易拉罐，基本上由分散的小熔炼点经营，设备简陋，技术落后，回收率较低，有的回收熔炼点的回收率不足60%[164]。针对国内易拉罐的回收技术比较落后、熔炼回收率低以及污染严重等特点，姜晓云[165]建议采用一种破碎、预热处理脱漆、混合熔炼的国际通用工艺流程生产易拉罐罐体的3004铝合金。其中核心设备是采用了双室侧井熔化炉，极大地降低了熔化过程中的烧损。天津工业大学[166]开发了一种废旧易拉罐回收利用技术，该技术是以废旧铝制易拉罐为原料开发氧化铝纳米纤维非织造材料的制备技术，制备出的材料是一种比表面积高、热稳定性好以及力学性能优良的催化剂及其载体材料和耐高温过滤材料，可以广泛应用在航天飞机、高温锅炉隔热、增强复合等领域。

7.3.4　结语

近十年我国再生金属行业通过自主创新、引进与吸纳国外先进技术，使得再生金属回收工艺与装备有了较大的提升。在再生金属铜、铅、锌、铝以及贵金属冶金方面，国内已经拥有成熟的工艺生产线以及装备，但总体以火法冶金为主，与国外先进熔炼技术仍有一定差距，需进一步优化与改进。在再生金属重点行业领域，破碎与分选在整个技术路线中起着重要的作用，尽管许多领域国内已经拥有选冶技术生产线，但是在粉碎与分选环节以国外技术引进为主，国内技术落后。在废旧电路板及废旧易拉罐方面，国内研究一直处于实验室阶段，几乎没有一条完整生产线，需要不断努力突破技术瓶颈，使理论研究尽快产业化。

参考文献

[1] 印万忠．金属矿选矿厂尾矿的综合利用与减排[J]．金属矿山，2009（增刊）：7-24.

[2] 工业和信息化部，科技部，国土资源部．金属尾矿综合利用专项规划（2010—2015年）[J]．有色冶金节能，2010（4）：4-8.

[3] 孟跃辉，倪文，张玉燕．我国尾矿综合利用发展现状及前景[J]．中国矿山工程，2010(5)：4-9.

[4] 袁树康．对我国尾矿资源综合利用标准化工作的思考[J]．中国石油和化工标准与质量，2011(4)：163-185.

[5] 张如筠．我国尾矿综合利用现状及展望[J]．科技创新导报，2012(22)：31.

[6] 张景书．商洛市尾矿资源综合利用现状及其对策[J]．商洛学院学报，2013，27(4)：3-7.

[7] 尤翔宇，姜平红，成应向，等．尾矿综合利用技术研究进展[J]. 湖南有色金属，2013，29(2)：63-67.

[8] 印万忠，李丽匣．尾矿的综合利用与尾矿库的管理[M]. 北京：冶金工业出版社，2009.

[9] 张明．尾矿手册[M]. 北京：冶金工业出版社，2011.

[10] 童雄．尾矿资源二次利用的研究与实践[M]. 北京：科学出版社，2013.

[11] 彭同江，陈吉明，孙红娟，等．石棉尾矿的综合利用与深度开发技术研究[J]. 中国非金属矿工业导刊，2008：71.

[12] 李牟，李萍军，唐小萍，等．我国矿山尾矿（砂）综合利用研究现状[J]. 山东工业技术，2013(14)：141-142.

[13] 郝燕芳．提高某金矿尾矿再选回收锌选矿指标的生产实践[J]. 山西冶金，2011(1)：67-68.

[14] 杜淑华．铜尾矿有价元素资源化应用基础研究[D]. 徐州：中国矿业大学，2013.

[15] 刘书杰，王中明，陈定洲，等．某钽铌尾矿锂云母、长石分离试验研究[J]. 有色金属（选矿部分），2013(z1)：177-179.

[16] 李吉云，陈慧杰，王勇，等．铅锌矿浮选尾矿选铁除硫试验研究[J]. 矿产综合利用，2014(2)：62-65.

[17] 马子龙，刘炯天，曹亦俊，等．旋流静态微泡浮选柱用于铜镍尾矿再选的研究[J]. 金属矿山，2009(3)：169-172.

[18] 王国军，武小涛．尾矿再选磁选机在铁古坑选厂的应用[J]. 现代矿业，2009(2)：107-108.

[19] 董干国，张跃军，刘之能，等．尾矿再选浮选机的研究与应用[J]. 有色金属（选矿部分），2011(B10)：195-197.

[20] 沈政昌，赖茂河，史帅星，等．某钼矿尾矿再选应用研究[J]. 中国尾矿综合利用产业发展 2011 高层论坛，2011：65-72.

[21] 杨丽君，梁殿印，韩登峰，等．超声波对浮选柱选钼过程中细粒尾矿再选的试验研究[J]. 有色金属(选矿部分)，2011(4)：51-55.

[22] 黄会春，何桂春，王洪彬，等．SLon-4000 磁选机回收攀钢钛尾矿中钛的工业试验[J]. 金属矿山，2013(8)：104-107.

[23] 张旭波，李延锋，王克兵，等．液固流化床在尾矿再选中的应用研究[J]. 煤炭工程，2014(2)：111-113.

[24] 张庆丰，韩秀丽，郑卫民．司家营铁矿浮选尾矿再选试验[J]. 金属矿山，2012(6)：152-155.

[25] 徐世权，雷主生，曾海鹏．丰山铜矿尾矿再选工艺流程优化[J]. 现代矿业，2012(1)：99-100.

[26] 范海宝，郭吉才，谢鹏，等．某铁矿尾矿选铁试验研究[J]. 山东冶金，2013，35(3)：47-48.

[27] 焦向科，张一敏，陈铁军．高硅钒尾矿作水泥混合材的试验研究[J]. 新型建筑材料，2012(9)：4-6.

[28] 张国强．黄金尾矿在水泥中的资源化利用研究[D]. 苏州：苏州大学，2009.

[29] 何哲祥，周喜艳，肖祁春．尾矿应用于水泥原料的研究进展[J]. 资源环境与工程，2013(5)：724-727.

[30] 冯启明，王维清，张博廉，等．利用青海某铅锌矿尾矿制作轻质免烧砖的工艺研究[J]. 非金属矿，2011(3)：6-8.

[31] 冯学远，范振刚，张志强．铁尾矿免蒸免烧砖的研制[J]. 矿产综合利用，2012(3)：49-51.

[32] 何廷树，王盘龙，陈向军，等．铁尾矿干压免烧砖的制备[J]. 金属矿山，2009(4)：168-171.

[33] 郑永超，倪文，张旭芳．用细粒铁尾矿制备细骨料混凝土的试验研究[J]. 金属矿山，2009(12)：151-153.

[34] 邱树恒，冯阳阳，陈霏，等．利用高岭土尾矿研制加气混凝土[J]. 新型建筑材料，2013(9)：46-49.

[35] 李方贤，陈友治，龙世宗．用铅锌尾矿生产加气混凝土的试验研究[J]. 西南交通大学学报，2008，43(6)：810-815.

[36] 洪雷．菱镁尾矿在混凝土中应用研究[J]. 混凝土，2012(11)：54-56.

[37] 杨小龙．尾矿集料绿色高性能混凝土的配合比设计及应用研究[D]. 郑州：郑州大学，2013.

[38] 王长龙，乔春雨，王爽，等．煤矸石与铁尾矿制备加气混凝土的试验研究[J]. 煤炭学报，2014(4)：764-770.

[39] 易龙生，万磊，汪洲，等．铁尾矿路面基层材料力学性能与耐久性能研究[J]. 金属矿山，2014(3)：177-180.

[40] 刘小明，徐林荣，黄幼民．石棉尾矿高速公路水稳基层材料的研究[J]. 公路工程，2010，35(5)：44-47.

[41] 杨青．无机结合料稳定铁尾矿砂的路用性能研究[D]. 大连：大连理工大学，2008.

[42] 赵黔义．二灰稳定铁尾矿渣混合料用于道路基层的试验研究[J]. 公路交通技术，2014(1)：7-10.

[43] 张钦礼，康虔，肖富国，等．含硫高粘性尾矿胶结充填关键技术[J]. 金属矿山，2010(11)：39-67.

[44] 吕丽华，任京成，孙天虎．β-半水磷石膏用做铁矿全尾胶结充填固料的研究[J]. 金属矿山，2010(3)：180-184.

[45] 尹宝昌．山东某细粒全尾矿胶结充填技术研究[J]. 金属矿山，2013(4)：57-60.

[46] 邱景平，张国联，邢军，等．小官庄铁矿试验矿块胶结充填试验研究[J]. 有色金属（矿山部分），2011，63(5)：11-14.

[47] 陈丽，宋卫东，鲁炳强，等．金山店铁矿全尾砂胶结充填体性能试验研究[J]. 黄金，2011(12)：31-35.

[48] 程斌，刘东玲，陈能革，等．铁尾矿全尾砂胶结充填技术及新型固化剂的应用[J]. 现代矿业，2013(11)：158-160.

[49] 梁志强．利用尾矿制备井下胶结充填材料的研究[J]. 现代矿业，2014(3)：69-72.

[50] 纪宪坤，周永祥，杨建辉，等．铁尾矿全尾砂胶结充填固化剂及工程应用[J]. 新型建筑材料，2014(4)：30-33.

[51] 李颖，张锦瑞，赵礼兵，等．我国有色金属尾矿的资源化利用研究现状[J]. 河北联合大学学报（自然科学版），

2014(1)：5-8.
[52] 李牟，李萍军，唐小萍，等．我国矿山尾矿(砂)综合利用研究现状[J]. 山东工业技术，2013(14)：141-142.
[53] 尤翔宇，姜平红，成应向，等．尾矿综合利用技术研究进展[J]. 湖南有色金属，2013，29(2)：63-67.
[54] 孙伟，胡岳华，欧阳魁．一种高效降解硫化矿选矿废水中有机成分的方法：中国，CN101279804[P].2008-10-08.
[55] 郑雅杰，彭振华．铅锌矿选矿废水的处理及循环利用[J]. 中南大学学报（自然科学版），2007，38(3)：468-473.
[56] 胡岳华．钨矿选矿废水净化回用基础研究[R]. 长沙：湖南有色基金项目，2014.
[57] 郭朝晖，袁珊珊，肖细元．一种多金属矿选矿废水高效絮凝沉淀净化方法：中国，CN102730885A[P].2012-10-17.
[58] 冯立伟，刘绪光．吉恩镍业选矿厂工业废水循环利用生产实践[J]. 有色矿冶，2011，27(2)：51-53.
[59] 关广武，桂起林，邓宇飞，等．洗煤废水的处理与循环利用[C]//第一届北京化工大学大学生创新创业论坛论文集，2012：58-63.
[60] 白猛，刘万宇，郑雅杰，等．冶炼厂含砷废水的硫化沉淀与碱浸[J]. 铜业工程，2007(2)：19-22.
[61] 张国范，李浩，冯其明，等．氧化锌选矿废水对硫化锌浮选的影响及回水利用研究[J]. 有色金属(选矿部分)，2013(4)：14-16，26.
[62] 刘洪萍，孙伟，曹志群，等．铅锌选矿废水对方铅矿表面电化学反应的影响研究[J]. 矿冶工程，2007，27(4)：31-34.
[63] 姜燕清．铝土矿正浮选尾矿脱水及回用的研究[D]. 长沙：中南大学，2011.
[64] Chen J M，Liu R Q，Sun W，et al. Effect of mineral processing wastewater on flotation of sulfide minerals[J]. Transactions of Nonferrous Metals Society of China，2009，19(2)：454-457.
[65] 代玉财，马雷，李设军，等．平台山钒矿选冶工艺废水回收利用与研究[J]. 西部探矿工程，2013，25(7)：150-153.
[66] 郭恒萍．冶炼含砷污酸与酸性含砷废水处理试验及应用研究[D]. 西安：长安大学，2010.
[67] 罗惠华，李冬莲，王玉林，等．双碱法处理磷矿选矿工艺废水及循环利用研究[J]. 中国非金属矿工业导刊，2008(3)：48-50.
[68] 魏海平．金川集团公司含重金属离子硫酸生产废水处理与综合利用研究[D]. 兰州：兰州大学，2008.
[69] 梅明，孙侃，陈涛，等．磷矿选矿含锰废水在造气循环水系统中的应用[J]. 武汉工程大学学报，2013，35(11)：14-18.
[70] Ahluwalia S S，Goyal D. Microbial and plant derived biomass for removal of heavy metals from wastewater[J]. Bioresource Technology，2007，98(12)：2243-2257.
[71] Karthik M，Dafale N，Pathe P，et al. Biodegradability enhancement of purified terephthalic acid wastewater by coagulation-flocculation process as pretreatment[J]. Journal of Hazardous Materials，2008，154(1)：721-730.
[72] 林梓河，宋卫锋，罗丽丽．物化预处理-水解酸化-接触氧化法处理选矿废水[J]. 城市环境与城市生态，2011，24(3)：26-29.
[73] 谢辉．水葫芦治理铅锌矿选矿废水的应用研究[D]. 广州：广东工业大学，2011.
[74] 胡岳华，曹学锋，费九光，等．一种降解高浓度有机废水的方法：中国，CN10212680 4A[P].2011-07-20.
[75] 于克旭，戴兴宇．赤铁矿选矿厂废水零排放设计探讨［C］//2010矿山企业节能减排与循环经济高峰论坛论文集，2010：128-131.
[76] 林志锋．冶炼废水膜处理循环利用工艺及应用[J]. 化学工程与装备，2012(7)：198-199.
[77] 徐乐昌，张国甫，高洁，等．铀矿冶废水的循环利用和处理[J]. 铀矿冶，2010，29(2)：78-81.
[78] 邱定蕃．中国有色金属资源循环与利用[M]. 北京：冶金工业出版社，2006.
[79] 商务部，发改委，国土资源部，等．再生资源回收体系建设中长期规划，2015.
[80] http：//www. miit. gov. cn/n11293472/n11293832/n11294042/n11302360/13644605. html.
[81] http：//www. cnmn. com. cn/ShowNews1. aspxid = 269956.
[82] 姚素平．中国再生铜冶炼技术现状与发展趋势[J]. 中国有色金属学报，2012，2：40-41.
[83] 肖红新，岳伟，唐维学．废杂铜的再生及其环境污染与防治[J]. 再生资源与循环经济，2013，7：53-58.
[84] 中国瑞林工程技术有限公司．“NGL”炉冶炼废杂铜技术，第十届中国国际铜业论坛．
[85] 欧福文．摇炉精炼废杂铜的生产实践[J]. 有色金属(冶炼部分)，2013，8：14-16.
[86] 广西有色再生金属有限公司．一种冶炼杂铜的精炼摇炉及其冶炼方法．中国，201210060435[P].
[87] 姚素平，中国瑞林工程技术有限公司．废杂铜冶炼技术设备的现状及发展趋势[J]. 再生资源，2011，12：69-61.
[88] 张正国．低耗连续生产的铜熔炼竖平炉[J]. 资源再生，2010，11：78-79.
[89] 中国瑞林承担设计的铜陵有色铜冶炼工艺技术升级改造(“双闪”厂区)工程举行熔炼主厂房钢结构吊装仪式[J]. 有色冶金设计与研究，2010，6：55.

[90] 云南铜业集团股份有限公司．一种废杂铜和铜精矿混合熔炼产出白冰铜的方法：中国，201010199845. X[P].

[91] 杨建潇．江钨集团再生铜项目一期工程即将投产运行[J]. 资源再生，2008，8：66.

[92] 赵新生．国内废杂铜制杆技术现状与发展[J]. 有色冶金设计与研究，2009，4：7-11.

[93] 乔波．天津大无缝铜材第二条 15 万吨铜线杆生产线 5 月份投产[J]. 中国金属通报，2009，15：5.

[94] 屈联西，闰乃青．再生铅技术现状与发展[J]. 中国金属通报，2010，35：17-19.

[95] 李新战．倾力打造环保新型再生铅产业模式[J]. 资源再生，2009，9：32-33.

[96] 李卫锋．技术创新节能减排引领国内绿色铅冶炼技术健康发展[C]//合作发展创新——2008(太原)首届中西部十二省市自治区有色金属工业发展论坛论文，2008.

[97] http：//www. cmra. cn/a/tuijianqiye/20090818/2809. html.

[98] 工业和信息化部．再生铅行业准入条件，2012.

[99] 马永刚，春兴集团．构建循环经济新模式[J]. 中国有色金属学报，2012，9：56-57.

[100] 张琳，李富元．创新是再生铅产业进步的灵魂[J]. 资源再生，2007，7：5.

[101] 冉俊铭，伍永田，易健宏．锌再生利用及发展对策探讨[J]. 资源再生，2007，3：24-27.

[102] 尚辉良，阮海峰．我国再生锌产业现状及预测[J]. 有色金属再生与利用，2006，5：24-25.

[103] 严海锦．含锌废料种类与回收技术及应用研究[J]. 广东化工，2010，6：283-284.

[104] 张江徽，陆钟武．锌再生资源与回收途径及中国再生锌现状[J]. 资源科学，2007，3：86-93.

[105] 孔明，王晔．中国再生锌工业[J]. 有色金属(冶炼部分)，2001，5：51-53.

[106] 韩龙，杨斌，戴永年．真空冶金技术在锌二次资源再生中的应用进展[J]. 真空，2008，2：20-21.

[107] 卜二军，李玉银，朱文玲，等．镀锌锌渣的完全回收技术研究[C]//第八届中国钢铁年会论文集，2011.

[108] 于洋．热镀锌渣再生利用技术研究[D]. 沈阳：东北大学，2010.

[109] 袁训华．热浸镀锌渣蒸发-凝聚法制备金属锌粉的工艺理论及设备原理研究[D]. 昆明：昆明理工大学，2007.

[110] 陈敬焕．广西梧州鸳江立德粉有限责任公司用回收钢铁厂烟囱灰等含锌废料生产湿法立德粉的工业实践[J]. 广西节能，2009，3：34-36.

[111] 孙德勤．废铝再生利用技术的发展与应用[J]. 新材料产业，2010，6：33-36.

[112] 张正国．适合中国再生铝的产业的技术设备[J]. 资源再生，2007，6：55-58.

[113] 中国可持续发展总纲(国家卷). 2006 年我国再生有色金属产业快速发展[J]. 节能与环保，2007(3)：7-8.

[114] 张琳．技术创新引领再生有色金属产业升级[J]. 有色金属工程，2011，1：18-21.

[115] http：//www. gesep. com/news/Show_ 135155. html.

[116] http：//www. 21xc. com/Article/ShowArticle. asp？ArticleID = 143027&WebShieldDRSessionVerify = jVWIapbi9qGZPf6fDK6N.

[117] 王祝堂．推广倾动回转炉提高渣铝回收率[J]. 资源再生，2013，8：60-65.

[118] 刘昕怡，林高用，彭大暑．废铝回收的 LARS 技术处理[J]. 轻合金加工技术，2008(3)：1-5.

[119] 刘春娥．陶朗分选踊跃参加中国再生金属产业的各种活动——记者在展会看到国外大型分选技术参展商以及他们开拓中国市场的非凡热情[C]. 资源再生，2013，10：76.

[120] 耿培久，白斌．从铝灰中回收金属铝的生产工艺浅析[J]. 有色冶金节能，2013，4：5-7.

[121] 湖南永兴稀贵金属再生取得重大突破[J]. 黄金科学技术，2014，1：63.

[122] 张妍，卢志强．中国废旧家电处理技术的现状与对策研究[J]. 环境科学与管理，2014，4：5-7.

[123] 任科钦．电子废弃物工艺技术与装备[C]//中国环境科学学会学术集，2012：2418-2422.

[124] 浙江丰利公司废旧线板处理设备实现绿色回收[J]. 化工进展，2012，2：252.

[125] 浙江丰利超微粉碎设备进军俄罗斯[J]. 广东化工，2013，5.

[126] 林加冲．我国大型废钢加工设备生产使用概况[J]. 再生资源与循环经济，2011，1：24-28.

[127] 吴国清，张宗科．中国废旧家电回收处理技术发展探究[J]. 家电科技，2007，11：36-37.

[128] 周自强，戴国洪，谭翰墨，等．报废汽车拆解与回收技术的发展与研究现状[J]. 常熟理工学院学报，2011，10：107-110.

[129] 周自强，戴国洪，章泳健．适合中国国情的报废汽车拆解模式研究[J]. 江苏技术师范学院学报，2011，10：18-21.

[130] 郭廷杰．日本报废汽车回收、拆解现场管理概述[J]. 再生资源与循环经济，2011：42-44.

[131] 路洪洲，马鸣图，李志刚，等．报废汽车塑料的资源化处理技术新进展[J]. 工程塑料应用，2008，7：76-79.

[132] http：//feature. mei. net. cn/auto1003/news/20100326/300386. htm.

[133] 杨春岭．报废汽车的拆解技术及网络化研究[D]. 南京：南京航空航天大学，2007.

[134] 刘洁．基于逆向物流的报废汽车回收问题研究[J]. 上海：同济大学，2008.

[135] 报废汽车车身破碎及综合回收技术生产处理线通过鉴定[J]. 资源再生，2011，8.

[136] 小昭．马自达开发自动分离回收技术[J]．轻型汽车技术，2009，9：40.
[137] 张明，彭瑾，曹燕燕．废旧电池的回收处理技术进展[J]．环境卫生工程，2008，2：18-21.
[138] 李芸，赵彦．废旧电池回收技术的现状[J]．电池，2007，6：475.
[139] 清华大学．新技术与新成果[J]．中国有色冶金，2009，8.
[140] 张俊喜，张铃松，王超君，等．废旧锌锰电池回收利用研究进展[J]．上海电力学院学报，2007，2：151-156.
[141] 秦毅红，齐申．有机溶剂分离法处理废旧锂离子电池[J]．有色金属(冶炼部分)，2006，1：13-16.
[142] 吕小三，雷立旭，余小文，等．一种废旧锂离子电池成分分离的方法[J]．电池，2007，37：79-80.
[143] 王颜赟．废旧氢-镍电池中有价金属的回收利[D]．沈阳：沈阳理工大学，2009.
[144] 丁颖．废旧氢镍电池负极材料中稀土的资源化利用[J]．有色金属科学与工程，2013，3：96-100.
[145] 王树谷．走进邦普集团[J]．资源再生，2009，4：13-15.
[146] 周益辉，曾毅夫，叶明强．废弃电路板的资源特点及回收处理技术[J]．资源再生，2010，11：48-51.
[147] http：//www. docin. com/p-505454967. html？ qq-pf-to = pcqq. c2c.
[148] 尧应强，徐晓萍，刘勇，等．废弃印刷线路板综合回收技术评述[J]．材料研究与应用，2011，1：17-20.
[149] 路洪洲，李佳，郭杰，等．基于可资源化的废弃印刷线路板的破碎及破碎性能[J]．上海交通大学学报，2007，4：551-556.
[150] 余璐璐．破碎废旧电路板风选-高压静电分选技术研究[D]．上海：上海交通大学，2011.
[151] 宋永胜，李丽，温健康，等．一种回收废旧印刷线路板中有色金属的新工艺：中国，200710179063. 8[P].
[152] 何亚群．废弃线路板的资源化及浮选动力学模型研究[D]．徐州：中国矿业大学，2011.
[153] 李静．从废旧印刷电路板中回收铜并制备超细铜粉新工艺研究[D]．长沙：中南大学，2012.
[154] 王红燕．废旧电路板中铜的清洁浸提及高效资源化利用[D]．济南：山东大学，2011.
[155] 张潇尹．废印刷线路板硫氰酸盐法浸金[D]．上海：东华大学，2008.
[156] 周吉奎．氧化亚铁硫杆菌浸出废弃线路板中金属铜的研究[J]．材料研究与应用，2011，5：313-317.
[157] 杨涛，徐政，温建康．氧化亚铁硫杆菌浸出废弃线路板中铜的研究[J]．环境工程学报，2009，5：915-918.
[158] 周文贤，陈烈强，关国强，等．废旧电路板与碳酸钙共热解脱卤的研究[J]．环境工程学报，2009，1：169-174.
[159] 湛志华．废弃电路板环氧树脂真空热裂解实验及机理研究[D]．长沙：中南大学，2012.
[160] 邓杰．废电路板微波综合回收新技术试验研究[D]．昆明：昆明理工大学，2006.
[161] 中国科学院过程工程研究所．一种采用电弧等离子体热解废电路板的方法：中国，201010142963[P].
[162] 周俊．废杂铜冶炼工艺及发展趋势[J]．中国有色冶金，2010，4：20-26.
[163] 李湘洲．国内外易拉罐回收利用的现状[J]．有色金属再生与利用，2005，1：33-34.
[164] 谭江浩．我国废品回收利用现状分析和建议——以易拉罐回收利用为例[J]．商场现代化，2008，17：382.
[165] 姜晓云．双室炉易拉罐回收处理工艺[J]．资源再生，2009，7：50-51.
[166] 天津工业大学．废旧易拉罐回收技术：中国，200810152558. 6[P].

第二篇　各种矿产资源的选矿评述

第 8 章　铜矿石选矿

近十年，选矿工作者对铜矿石选矿开展了大量的研究工作。本章从铜资源及生产消费、铜选矿理论研究、工艺矿物学、破碎与磨矿、浮选工艺、选矿药剂、选矿自动化、化学及生物选矿等多方面对硫化物矿石、氧化铜矿石、含铜多金属矿石及二次铜资源，特别是低品位、复杂难处理铜资源的高效、低成本选矿及资源综合回收进展进行综合评述。

8.1　概述

铜是关系国计民生的重要有色金属，具有导电、导热、抗张、耐磨等性能，被广泛应用于电力、电子、日用品、机械、交通等领域。近十年来，选矿工作者对各类铜矿、含铜多金属矿及铜冶炼渣，特别是低品位、复杂难处理铜资源开展了大量的研究工作，在选矿工艺流程优化、设备选择大型化、伴生有价成分综合回收、二次铜资源综合利用技术水平提升、高效和低毒新型选矿药剂的研发与应用以及选矿成本降低等方面取得了新的进展。

选矿厂在碎磨阶段始终坚持“多碎少磨、以碎代磨”的原则，开发和优选节能降耗的新设备和新工艺。伴随铜原矿品位的不断降低，老选矿厂在传统破碎磨矿工艺基础上，通过提升破碎筛分效率、磨矿前增加预先筛分设备、增加球磨机充填率、提高旋流器分级效率、采用自动化控制系统等多种手段，提高了磨矿效率，达到了节能降耗、降低选矿成本的目的。SABC 工艺（半自磨 + 球磨 + 顽石破碎）在国内大型选矿厂的应用，HPGR 碎磨工艺（高压辊碎磨）在铜矿石碎磨过程的研究及应用也在逐步推进扩大。

矿石工艺矿物学研究在制定选矿工艺流程和分析查找生产中存在问题方面起着重要作用。近年来，对低品位、复杂难处理、嵌布关系密切的铜及铜多金属矿石、铜冶炼渣等开展的工艺矿物学研究较多，推动了选冶联合、多种选矿方法联合工艺的研究与应用。

伴随铜矿资源的不断开采，入选矿石品位的逐渐降低，各选矿厂通过优化磨浮工艺、扩大生产规模、降低选矿生产成本，实现了生产指标与经济效益的提高。为充分回收铜矿中伴生金、银、硫等有价组分，低碱度铜硫分离工艺进一步应用于工业生产。重选—浮选联合工艺的研究及应用也取得较大进展，泥质、碳质铜矿的回收，除传统的“预先脱泥(脱碳)—浮选”工艺外，浮选—重选联合工艺及新型抑制剂的研究也取得一定成效。

氧化铜矿物种类多，部分氧化铜矿结合氧化率高、亲水性强、含泥量高，同时伴生有用组分多，因而浮选难度增大。不同类型的氧化铜矿可浮选性差别较大，生产上氧化铜矿的处理多采用浮选法。目前氧化铜矿的处理方法主要有：硫化浮选法、直接浮选法、预处理—浮选法及浮选—浸出法等。一般来说，硫化浮选适用于含碳酸盐氧化铜矿石，如孔雀石、蓝铜矿、赤铜矿等；直接浮选法包括有机酸浮选和胺类捕收剂浮选，适用于脉石为硅酸盐类或含氧化铅锌的氧化铜矿物浮选；预处理—浮选和浮选—浸出法多适用单一浮选法无法有效回收的氧化铜矿石，如硅孔雀石含量较高、共生关系密切的难处理氧化铜矿，但因工艺复杂、选矿成本较高等制约了其大范围工业应用，目前，这种工艺仅在难处理高品位氧化铜矿的回收中有应用案例。

含铜多金属矿主要包括铜铅锌多金属矿石、铜钼矿石、铜锌矿石、铜铋矿石、铜镍矿石等。这类矿石常因矿物组成复杂、矿物之间共生关系密切、各金属矿物之间可浮性差异较小，造成浮选分离困难。这类矿石的浮选研究大多集中在铜与铅锌、钼铋、镍硫矿物分离的新工艺和新药剂应用上，并取得了一批新的科技成果。

目前，我国年产铜冶炼渣 1100 万吨，含铜金属量 27.5 万吨。铜冶炼渣的处理方式主要有火法贫化、湿法浸出和选矿富集几种。火法贫化和湿法浸出均因成本高、工艺复杂、环境污染严重，工业应用较少；

选矿富集法虽然需要较大面积渣缓冷场、基建投资也高，但铜及伴生金、银回收率高，能耗低、成本低，已有大规模工业应用，并取得显著效益。国内采用选矿富集法回收铜冶炼渣中铜、金银的企业主要有白银有色集团、江西铜业集团、铜陵有色集团、大冶有色集团及祥光铜业集团等。

在药剂研究方面，硫化铜矿石浮选捕收剂的研究主要集中在提高捕收能力、选择性及贵金属的综合回收等方面。对硫化铁矿物有较好的选择性和对硫化铜矿物有较强的亲固能力的捕收剂，可实现铜硫低碱度浮选分离，最大限度地综合回收硫化铜矿石中的铜、金、银等有价元素。黄药作为硫化铜矿石浮选最常规的捕收剂，可以与其他选择性捕收剂联合使用。黑药和硫代氨基甲酸酯也是重要的硫化铜矿捕收剂。其他常用捕收剂有黄药酯类、硫氮酯类、羟肟酸类等。黄药酯类在水中溶解度很低，对于铜、锌、钼等硫化矿以及沉淀铜、离析铜等的浮选，具有较高的活性，属于高选择性的捕收剂，黄药酯类捕收剂多和水溶性捕收剂混合使用，以提高药效、降低用量、改善选择性。新型硫氮酯类有 DMDC（二甲基二硫代氨基甲酸酯），二甲基二硫代氨基-羰基丁酯及二甲基二硫代氨基-羰基乙酯等，这类捕收剂对铜的捕收能力较强，对黄铁矿及未活化的闪锌矿捕收能力较弱，可用于铜硫分离；新型硫氨酯类主要有 ECTC（乙氧基羰基硫代氨基甲酸酯），这类捕收剂对铜捕收能力强，对黄铁矿捕收能力弱，且浮选 pH 值较低，是铜硫分离的良好捕收剂。新型捕收剂 IOETCT（乙氧基羰基硫逐氨基甲酸异辛酯）可在低碱度条件下有效浮选铜，同时提高金、银回收率。QF 捕收剂是一种含有硫代羰基官能团的捕收剂，对自然金和黄铜矿等矿物具有较强的捕收能力。

新型复合浮选药剂 CSU-21、CSU-31、CSU-A、A_2、J622、BJ-306、BK-330、AT-680、T-2K、24K、PN405、MOS-2、ML、Mac-12、PLQ_1、WS、EP、KM109 等在不同类型的铜矿石的选别上都发挥着各自的作用。

国内对硫化铜矿石抑制剂的研究也开展了大量工作。难选矿石单靠捕收剂的选择性难以将有用矿物和脉石矿物有效分离，或将多个有用矿物彼此分离，需配合抑制剂的使用，调节矿物之间的可浮性差异，才能达到将它们有效分离的目的。

近年来人工合成醇、醚醇类起泡剂已有取代天然起泡剂的趋势，并具有一定的优势。在国内未来的起泡剂市场中，MIBC 和醚醇类起泡剂将会拥有更广泛的应用前景。在国际市场上，将会出现硫、氮、磷、硅的起泡剂以及高分子化合物起泡剂，越来越多的新型起泡剂将在矿山得到应用。从新型起泡剂在生产中的应用情况和效果来看，混合起泡剂的效果和适应性比单一起泡剂好。

在铜的化学选矿方面，主要针对低品位硫化铜矿石开展生物浸出技术研究与应用。国外在生物提铜技术方面的研究与应用起步较早，我国对微生物浸矿技术方面的研究是从 20 世纪 60 年代末开始的，总体上看，尽管我国微生物浸出研究起步较晚，但发展很快。在基础理论研究和产业化应用方面取得了很大的进展。今后研究重点将是开展浸矿微生物选育，浸矿微生物对复杂浸矿环境的适应性，微生物活性，微生物提取过程热力学、动力学、电化学过程以及微生物浸矿技术的工程化等。

近年来，国外对堆浸技术的研究与应用已成为矿冶领域的热点。堆浸在铜、金等金属的提取上已成功获得工业应用。目前，大型堆浸作业的关注焦点是影响环境和堆浸效果的矿堆底衬及垫衬系统、喷淋系统，以及矿堆渗透性的有关技术等。随着科学技术的进步和经济的发展，国内外对铜产品的生产和需求与日俱增，适合于从贫矿、废矿和复杂矿中回收铜金属的堆浸技术，将显示出巨大的优越性和广阔的发展前景。

对铜选矿废水的处理，国外常用沉淀、氧化及电渗析、离子交换、活性炭吸附、浮选等方法，处理后，选矿废水回用率可在 95% 以上。而国内常用自然降解、混凝沉淀、中和、吸附、氧化分解等方法处理，废水回用率相对较低，该技术领域的研究还大有可为。

选矿自动化已经成为现代选矿厂必须考虑的装备，近年来随着声学、光学等应用物理学及计算机技术的高速发展，选矿自动化技术的研究和应用取得了长足进展，从根本上改变了选矿厂生产操作误差大、管理低效、生产指标不稳定等问题。

8.2 铜资源分布和储量（基础储量）

8.2.1 世界铜资源[1~2]

全球铜资源丰富。据美国地质调查局（USGS，2010 ~ 2012 年）估计，全球陆地铜资源量超过 30 亿吨，深海矿结核中铜资源量约 7 亿吨。铜矿类型主要有斑岩型、砂页岩型、火山成因块状硫化物型、岩浆铜镍硫化物型、铁氧化物铜金型（IOCG）、矽卡岩型、脉型等，其中前 4 类分别占世界储量的 55.3%、29.2%、8.8% 和 3.1%，合计占世界总储量的 96.4%。

从地区分布来看，全球铜蕴藏量最丰富的地区共有五个：（1）南美洲秘鲁和智利境内的安第斯山脉西麓；（2）美国西部的洛杉矶和大怦谷地区；（3）非洲的刚果（金）和赞比亚；（4）哈萨克斯坦；（5）加拿大中东部。

全球铜矿资源分布较集中，其中约 50% 分布于美洲。从国家分布来看，世界铜资源主要集中在智利、秘鲁、澳大利亚等国。截至 2011 年，全球铜储量约为 6.9 亿吨。智利是世界上铜资源最丰富的国家，2011 年，探明储量达 1.9 亿吨，占全球储量的 28%；秘鲁探明储量 9000 万吨，占全球储量的 13%，居第二位；澳大利亚探明储量 8600 万吨，占全球储量的 12%，居第三位；我国探明的储量为 3000 万吨，占全球储量的 4%，居第六位。此外，印度尼西亚、波兰、赞比亚、哈萨克斯坦、加拿大、蒙古、菲律宾等国也有着丰富的铜资源。图 8-1 为世界铜资源中各国家的探明储量和储量分布比例示意图。

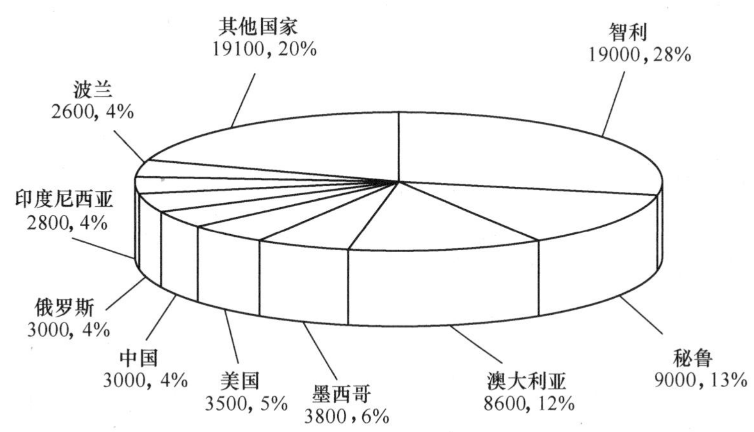

图 8-1　世界铜资源中各国家的探明储量和储量分布比例示意图（单位：万吨）

近十几年来，全球铜资源储量增长迅速，从 2001 年的 3.4 亿吨，增至 2011 年的 6.9 亿吨，增长了 102.9%。各主要铜资源国都有不同程度的增长，其中，智利、秘鲁和澳大利亚最为突出，分别增长至原来的 1.16 倍、4.7 倍和 8.6 倍（USGS，2001 年，2011 年）。

20 世纪后半叶，由于大吨位采掘和运输机械的出现以及湿法冶金技术的发展，铜矿的经济开采品位大幅降低，尤其是储量达上千万吨，但品位不到 1% 的斑岩型铜矿，成为了勘查和开发利用的主要对象。据瑞典原材料集团（RMG）的统计，斑岩型铜矿山的产量在全球铜矿山总产量中所占的份额：1975 年约为 34%，1988 年上升为 47%，1998 年达到了 62%；至 2010 年，全球前十大铜矿山几乎全是斑岩型铜矿。不过由此带来的是铜矿平均铜品位的下降，2000 年世界铜矿的平均铜品位为 0.85%，到 2008 年下降为 0.77%。经济开采品位的降低，大大增加了铜矿储量。

8.2.2　我国铜资源

近年来，随着我国新一轮国土资源大调查的实施，国家加强了对铜资源勘查投入的力度，铜矿勘查取得了很大进展，发现了许多新的铜矿床。据统计，我国查明铜资源量由 2001 年的 6917 万吨上升至 2010 年的 8041 万吨，上升了 16.2%。但由于产量增长过快，后续商业性矿产勘查工作明显滞后，致使我国铜储量由 2001 年的 1942 万吨下降至 2010 年的 1097 万吨，下降幅度达 43.5%[1]。至 2011 年年底，我国国内查明铜矿区 1793 处，查明资源量 8612.2 万吨，其中基础储量 2812.4 万吨，累计查明资源量 1.11 亿吨。2011 年铜矿查明资源量新增 761.8 万吨[3]。

全国铜储量主要集中在东部省区，仅江西、安徽、黑龙江 3 省就占了我国铜储量的 44%。而铜资源量则主要集中在西部，西藏、云南、新疆和内蒙古 4 个省区的铜资源量占了全国铜总资源量的 52.8%[1]。

我国铜资源现状如下：（1）贫矿多，富矿少。2010 年铜的查明资源量中，铜含量大于 1% 的富矿仅占 21%；若以其中的基础储量来看，铜含量大于 1% 的富矿占 24%；若以资源量来看，铜含量大于 1% 的富铜矿也仅为 39%。（2）铜矿资源保证程度低。虽然铜查明资源量不少，但储量不足，铜储量只占铜查明资源量的13.6%，储量的保证程度较低。进入21世纪以来，我国铜矿储采比直线下降。若按当年的保有储量和国内铜精矿产量计算，2005年的储采比为21.38，2009年降至13.99，2010年则更低，仅为8.64。(3) 我国铜矿的开发利用程度较高，但条件较好的后备基地严重不足。在现有的查明铜资源量中，已开发利用的占48.1%，可规划利用的占39.8%。若以基础储量来看，已开发利用的占65%，可规划利用的只有20%。西部地区虽然勘查取得了很大进展，但勘探程度不足，基础设施薄弱，生态环境脆弱，开发利用难度较大，短期内难以提高我国铜矿资源的保证程度[1]。

8.2.3 再生铜资源

废铜是冶炼铜的重要原料，自从2003年铜价格持续性上涨之后，世界废铜的利用率就在逐年升高，废铜作为原料填补了矿产铜的缺口。废铜供应主要有两大类：一类是新废铜，主要是在加工铜过程中产生的边角料、废料，通常加工铜企业会直接回炉；另一类就是旧废铜，主要是在使用之后被丢弃的铜资源，通常回收商从废旧建筑物以及交通工具中回收后，集中起来供铜加工企业处理。废铜的再生利用途径中，通常情况下，1/3以精铜形式形成，2/3以铜合金形式重新使用。废铜回收再利用具有工艺和设备简单、回收率高、节能、成本低等优点[4]。据测算，与加工原生铜金属相比，每生产1t再生铜节能1054kg标准煤、节水395m^3、减少固体废物排放380t、减少二氧化硫排放0.137t[5]。

2012年，全球再生精炼铜产量为326.67万吨，占世界精炼铜总产量的15.93%；直接应用的废铜量为326.41万吨，美国、日本、意大利直接应用废铜量分别为全球总应用量的27.21%、25.95%和14.78%[6~9]。

废铜利用率的多少反映了一个国家铜加工水平，目前我国废铜利用率还不高，并且在节能环保方面还比较落后[4]。过去几年内，我国再生铜产量年平均增长率为18.7%，而精铜年平均增长率为12.9%，再生铜产量增速超出精铜6个百分点[5]。2006~2013年，我国精铜、再生铜产量及再生铜占精铜总产量的比例详见图8-2[9]，我国再生铜占精铜总产量的比例在2010年达到最高的38.5%[5]。

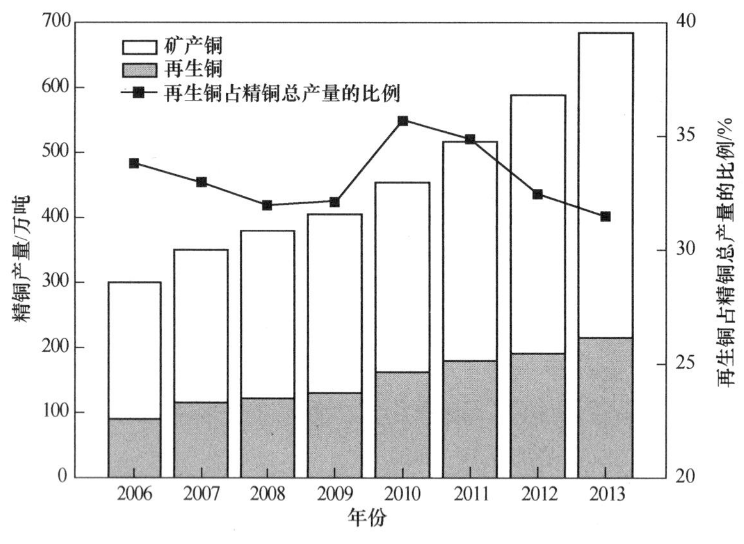

图8-2 我国精铜、再生铜产量及再生铜占精铜总产量的比例

与铜精矿一样，废杂铜作为生产阴极铜的两大主要原料之一，我国对外依存度很高。由于国产废杂铜产量有限，当前仍主要依赖进口满足国内废杂铜的需求[10]。据海关统计[11]，2011年进口废杂铜实物量约为575万吨，含铜量约为143万吨，约为当年我国废杂铜资源总量的50%。2005~2011年的6年间，我国进口废铜约增加了100万吨实物量，但进口废铜占国内废铜资源总量的比例却从70%下降到50%。可以预见，我国废铜资源发展的趋势是进口废铜比例逐年下降，而国内产生的废铜比例逐年增加。

8.3 铜生产与消费

8.3.1 铜产量

从地区分布来看，矿山铜的生产主要集中在智利、中国、秘鲁、美国、澳大利亚等国。2012年，这些国家的矿山铜产量分别占世界总量的31.90%、9.11%、7.62%、7.02%和5.37%，合计约占世界总量的61%。精炼铜的生产主要集中在中国、智利、日本、美国、俄罗斯等国。2012年，这些国家的精铜产量分别占世界总量的28.67%、14.15%、7.39%、4.88%和4.44%，合计约占世界总产量的59%[6~9]。2010~2013年，世界精炼铜和矿山铜主要生产国产量见表8-1。

表8-1　精炼铜和矿产铜产量[6~9]　（万吨）

精炼铜					矿山铜				
国家名称	年份				国家名称	年份			
	2010	2011	2012	2013		2010	2011	2012	2013
中　国	454.03	516.31	587.91	666.71	智　利	541.89	526.28	543.39	577.60
智　利	324.39	309.24	290.20	275.49	中　国	115.58	127.19	155.15	168.13
日　本	154.87	132.83	151.64	146.81	秘　鲁	124.72	123.52	129.86	137.56
美　国	109.34	103.07	100.14	100.55	美　国	110.00	111.00	119.54	126.82
俄罗斯	91.00	91.04	91.08	87.36	澳大利亚	87.00	96.00	91.40	96.10
印　度	64.75	66.16	68.93	61.94	赞比亚	73.17	78.41	78.16	86.52
德　国	70.42	70.88	68.21	66.68	俄罗斯	72.78	72.48	72.48	72.00
韩　国	55.60	55.68	59.40	58.58	加拿大	52.51	56.90	57.86	63.19
波　兰	54.70	57.11	56.60	56.51	墨西哥	27.01	44.36	52.55	48.91
澳大利亚	42.40	47.70	46.10	45.21	印度尼西亚	87.12	54.30	40.03	48.54
世界合计	1925.29	1980.65	2050.84	2097.30	世界合计	1614.75	1629.47	1703.42	1808.60

注：表中矿山铜指的是所生产的矿石和精矿中可回收的含铜量。

从我国铜精矿产量的分布来看，2013年铜精矿主要产于江西、内蒙古、云南、安徽、甘肃、四川、新疆、湖北、青海、山西等10个省区，产量合计达148.68万吨，占全国总产量的88.43%。就精炼铜产量而言，2013年主要生产省区为江西、山东、安徽、甘肃、湖北、云南、江苏、浙江、内蒙古和广东，合计产量达567.75万吨，占全国总产量的85.16%[12]。

近十余年，我国铜精矿和精炼铜产量进入了一个快速增长时期。铜精矿产量从2000年的59.26万吨迅速攀升至2008年的107.60万吨，2009年受金融危机的影响有所回落（104.4万吨）[1]，但2010年又快速回升，2013年达到168.13万吨，十余年间产量翻了一倍多。精炼铜产量从2000年的137万吨一路飙升到2013年的666.71万吨[12]，增幅高达386.65%。2013年我国铜精矿和精铜的产量比为1∶4，因此，我国铜资源条件限制了铜工业发展，并使得我国需要长期面对铜原料依赖进口的局面[13]。

8.3.2　铜消费

铜作为国民经济发展的重要原材料之一，广泛地应用于电子、电力、机械、军工、建筑等行业。2012年世界各国家（地区）铜消费量排名为：中国854.01万吨，占世界总消费量的41.82%，美国175.70万吨，德国110.74万吨，日本98.50万吨，韩国72.53万吨等，详见表8-2。2006~2010年，美国铜消费增速为-4.3%，日本铜消费增速为-4.6%，韩国铜消费增速为0.7%，中国铜消费增速为17.6%[14]。

2010年全球精炼铜供应总量为1925.29万吨，需求总量为1933.68万吨，供应短缺8.39万吨；2013年供应总量为2097.30万吨，需求总量为2124.80万吨，供应短缺27.50万吨。在此期间，供应量增长8.93%，需求量增长9.88%[6~9]。

20世纪90年代中后期，随着我国国民经济发展加快和铜消费政策的放开，铜消费迅速增长。我国精炼铜消费量突破第一个100万吨经历了46年（1949~1995年），消费量突破第二个100万吨经历了5年（1996~2000年），消费量突破第三个100万吨只经历了3年（2001~2003年），突破第四、第五个100万吨只经历了5年（2004~2008年）[13]。到2010年，我国精铜消费量为738.54万吨，比上年增长了3.80%，2013年达到885.00万吨[12]，同比增长3.63%。我国已经连续12年成为世界最大的铜消费国。

表 8-2　精炼铜消费量[6~9]　（万吨）

国家和地区	年份			
	2010	2011	2012	2013
中　国	738. 54	788. 08	854. 01	885. 00
美　国	175. 37	174. 47	175. 70	184. 20
德　国	131. 22	124. 70	110. 74	112. 27
日　本	106. 03	100. 33	98. 50	99. 43
韩　国	85. 61	78. 41	72. 53	70. 41
俄罗斯	46. 65	67. 55	67. 56	48. 37
意大利	61. 88	60. 79	56. 90	55. 42
巴　西	45. 75	39. 98	45. 73	43. 23
印　度	51. 41	40. 22	45. 58	42. 33
中国台湾	53. 24	45. 72	43. 24	43. 75
世界合计	1933. 68	1956. 49	2041. 88	2124. 80

2013 年我国铜总消费量 885. 00 万吨，人均铜消费量 6. 5kg。其中以电力行业为主，占 41%，电子通信、日用消费品、机械制造和交通运输行业分别占 15%、15%、10% 和 7%[12]。2000 年以来，电力行业铜消费所占比例比较稳定，电子通信、交通运输行业所占比例不断上升，家电行业显现下降趋势[14]。

8. 3. 3　铜精矿和金属进出口情况及趋势

世界上主要的铜出口国有智利、赞比亚、日本、俄罗斯、澳大利亚等国，2012 年精炼铜出口量分别占世界总出口量的 32. 49%、8. 94%、6. 29%、4. 58% 和 4. 27%；铜进口国主要包括除我国外的德国、美国等发达国家，2012 年我国精铜进口量占世界进口总量的 41. 76%，德国和美国占比分别为 8. 60% 和 7. 71%[9]。精炼铜和铜精矿进出口情况详见表 8-3 和表 8-4。

智利是世界上铜资源最丰富的国家，也是世界上著名的铜生产大国和世界上最大的铜出口国，同时也是铜生产成本最低的国家之一。日本是主要的精炼铜生产国之一，也是最大的铜精矿进口国。德国是利用进口铜精矿和粗铜冶炼精铜的生产国。我国是全球第一大精铜生产和消费国，也是目前最大的精炼铜进口国。

表 8-3　精炼铜进出口量[6~9]　（万吨）

出口量				进口量			
国家名称	年份			国家名称	年份		
	2010	2011	2012		2010	2011	2012
智　利	317. 34	299. 14	282. 01	中　国	292. 21	283. 56	340. 21
赞比亚	66. 33	71. 11	77. 58	德　国	74. 39	73. 92	70. 09
日　本	52. 84	43. 72	54. 59	美　国	58. 29	64. 86	62. 78
俄罗斯	44. 36	32. 52	39. 76	意大利	62. 78	61. 47	58. 28
澳大利亚	31. 53	37. 63	37. 08	中国台湾	53. 55	46. 07	43. 35
哈萨克斯坦	27. 23	29. 82	36. 73	土耳其	33. 25	33. 73	34. 89
波　兰	31. 43	32. 76	33. 36	韩　国	41. 39	34. 74	30. 17
中　国	3. 93	15. 71	27. 40	巴　西	25. 34	22. 64	26. 23
秘　鲁	36. 41	34. 47	25. 53	泰　国	24. 38	23. 05	24. 05
印　度	25. 18	43. 99	25. 44	法　国	22. 72	22. 61	21. 79
世界合计	836. 20	852. 73	868. 02	世界合计	795. 47	790. 24	814. 63

表 8-4　铜精矿进出口量[6~9]　（万吨）

出口量				进口量			
国家名称	年份			国家名称	年份		
	2010	2011	2012		2010	2011	2012
智　利	186.34	170.61	208.80	日　本	130.64	115.10	128.28
秘　鲁	82.05	82.79	98.69	中　国	161.89	159.76	195.78
澳大利亚	47.11	45.42	49.42	印　度	42.95	48.49	48.07
加拿大	24.56	37.04	37.41	韩　国	43.24	43.32	42.07
美　国	14.70	26.02	30.11	西班牙	30.73	37.05	37.95
印　尼	66.05	36.79	28.09	德　国	28.21	28.40	30.38
巴　西	15.77	15.87	16.95	保加利亚	14.38	14.56	18.91
墨西哥	9.35	11.01	14.40	芬　兰	11.45	10.38	10.62
蒙　古	14.22	14.32	14.36	菲律宾	15.96	11.40	8.41
西班牙	5.54	14.60	13.24	瑞　典	7.91	7.61	7.77
世界合计	549.83	530.21	591.91	世界合计	520.04	504.49	552.10

我国铜工业产业链比较脆弱，上游的资源采掘业不能满足中游冶炼发展的需要，而冶炼产品又不能满足下游对精炼铜的消费需要，在链条的每一个环节都需要靠进口来弥补其中的供需差距；换言之，我国铜工业的蓬勃发展及精炼铜消费的快速扩张，都建立在大规模利用国外资源的基础上[13]。2006 年我国精炼铜产消缺口为 200 万吨左右，2008 年达到 300 万吨，2010 年缺口高达 335 万吨[1]。2012 年，中国精炼铜进口量为 340.21 万吨，同比增长 19.98%；铜精矿进口量为 195.78 万吨，同比增长 22.55%。2012 年，中国铜消费量 854.01 万吨，占全球消费总量的 42%，对外依存度高达 63%[9]。

8.3.4　铜精矿和金属价格及趋势

2009 年金融危机以来，全球有色金属价格强劲上涨，铜价随之一路飙升，2011 年 2 月 LME 铜价创下历史新高 10190 美元/吨。之后，随着标普下调美国主权信用评级、欧债危机重新抬头等诸多因素，铜价出现回落，但由于 2011 年上半年铜价运行区间高于 2010 年绝大多数时间，因此，年度均价依然为同比上升局面[6~9]。2012 年，伦敦铜年均价较 2011 年的 8830 美元/吨下跌 10%，波动区间较 2011 年亦明显收窄[15]。近几年 LME 和 SHFE 期铜平均价详见表 8-5。

表 8-5　2008 ~ 2012 年 LME 和 SHFE 期铜平均价[6~9]

年　份	LME（美元/吨）		SHFE（元/吨）	
	当月期铜	三月期铜	当月期铜	三月期铜
2008	6955	6887	54856	53907
2009	5149	5171	41893	41389
2010	7534	7550	59225	59296
2011	8820	8834	66010	65757
2012	7950	7946	57348	57318

数据来源：SHFE、LME、安泰科。

8.4　铜选矿理论及基础研究进展

8.4.1　硫化铜矿选矿理论及基础研究进展

8.4.1.1　硫化铜矿晶体电子结构

晶体的结构性质对矿物的润湿性、聚集行为、分散行为及可浮性具有重要影响。晶体空穴会造成金属硫化矿宽带隙减小和导电性增强，有利于矿物表面氧的吸附。晶体空穴影响临近原子，导致原子弛豫。黄铜矿是结构类似于闪锌矿的反铁磁性半导体，在黄铜矿晶体中，两个铜和铁分别占据了闪锌矿模型中的4个锌原子，铜和铁的位置在晶格中交替出现，硫原子位置不变。在 z 轴方向上，单胞尺寸是六面体闪锌矿模型的两倍，黄铜矿在任意方向上表现不完全解离。硫原子和金属原子在四面体中交替分布，每个硫原子周围有4个金属原子，每个金属原子周围有4个硫原子[16,17]。天然黄铜矿表面具有高结合能不对称硫2p XPS峰，在新鲜的解离面上硫3p→铁3d轨道的跃迁，电子从被占据的硫轨道跃迁到未被占据的铁轨道。黄铜矿是一种反铁磁性晶体，晶胞的每一层中的铁存在着自旋向上或者自旋向下。能带结构划分为三个部分，在能带结构中，铜的轨道出现分裂，而铁的3d×2轨道未分裂，形成多条对应的色散关系，硫原子的3s和3p轨道也形成多条对应色散关系。此外，团簇模型的密度泛函等计算和模拟已经应用在硫化铜矿物的电子结构研究。

邓久帅和文书明[18]基于第一性原理，从头计算了斑铜矿体相的几何和电子结构。交换相关能采用GGA，泛函形式为PBE，原子间相互作用的描述采用超软赝势。计算发现 Cu_5FeS_4 中存在共价键和离子键，是一种混合键型晶体，在整个晶体内存在共用电子对，铁原子和硫原子之间的作用大于铜原子和硫原子之间的作用。铁原子在3d轨道接纳电子能力弱，铜原子3d轨道接纳电子能力强，而硫原子最容易发生电子转移和氧化反应。Prameena等人[19]应用可见光谱研究了 $^5T_{2g}\rightarrow{}^5E_g$ 过渡所对应的光谱性质及晶体内 Fe^{2+} 的性质。

陈建华等人[20]基于密度泛函理论的平面波赝势方法，计算了多种硫化铜矿物的电子结构性质，并讨论硫化铜矿物电子结构与其可浮性之间的关系。利用费米能级讨论不同硫化铜矿物参与化学反应的活性位置及其与黄药作用生成不同产物的原因。计算结果表明，黄铜矿禁带宽度为0.99eV，属于直接带隙p型半导体，而辉铜矿、铜蓝、斑铜矿则为导体。前线轨道计算结果能够很好地解释4种硫化铜矿物氧化性差异，为进一步认清硫化铜矿物可浮性的差异及硫化铜矿物新药剂开发提供理论参考。

8.4.1.2　*硫化铜矿物表面弛豫与结构重构*

黄铜矿是一种典型的晶体矿物，矿物破碎过程中，生成的新鲜表面与晶体内部结构有关，但又与晶体内部结构具有明显差别，这种差别是表面形成瞬时发生的表面弛豫造成的。黄铜矿的这种表面弛豫和重构对浮选表面性质具有重要的影响。

文书明和邓久帅[21]采用原子力显微镜获得了黄铜矿表面的三维微观结构拓扑图和表面电子云分布二维拓扑图。AFM分析结果发现黄铜矿表面原子的纵向和横向排列与晶体内部相比发生了变化。纵向上，铜、铁和硫原子相对于原来的位置发生了位移，即发生了表面弛豫，弛豫的结果使得硫原子位于表面的最外区域。X射线光电子能谱结果也表明黄铜矿表面硫原子含量大于晶体内部硫原子含量，形成了富硫表面。横向上，AFM图谱显示原子间距不规则，表面发生了重构，重构的结果使两个或更多个原子靠近，形成原子聚集体。采用基于密度泛函理论的平面波超软赝势法，对晶胞进行几何优化，结果表明（0 0 1）面表面原子排布变得不规则，表面硫原子沿 z 轴轴向外移，铜硫键和铁硫键键长增加，模型 z 轴方向值增加，晶胞体积膨胀，表面发生弛豫，晶体结构发生重构。

de Lima等人[22]研究了黄铜矿（0 0 1）面的重构性质及其水分子在表面的吸附作用。研究表明重构后形成了键长为 2.23×10^{-10} 的硫化物二聚体。并形成了金属原子面与硫原子面交错。研究了不同吸附位置的水分子与弛豫表面的相互作用和水分子的解理机制。对于（0 0 1）面的富硫表面，水分子最容易吸附在铁原子上。在（0 0 1）面的金属层，没有发现势能面的最低点，水分子更容易与硫原子形成氢键。水分子与表面的吸附特性表明表面疏水性质。

8.4.1.3　*硫化铜矿物表面性质与浮选响应*

硫化铜矿物的表面化学性质对矿粒的可浮性影响至关重要且作用过程复杂[23]。磨矿以及二次磨矿是引起表面性质变化的重要原因[24]。磨矿造成的表面性质的变化相比单纯改变矿石粒度对矿物的回收具有更大的影响。另外，磨矿过程中的化学条件也影响硫化铜矿的浮选特性和表面性质。除了颗粒疏水性和颗粒大小对浮选产生影响外，矿物晶体表面粗糙度也同样起着重要的作用。矿物晶体的表面粗糙度影响着颗粒-泡沫作用的基本过程[25]。

刘书杰等人[26]研究了不同磨矿方式对黄铜矿表面性质以及后续浮选的影响。结果表明，干式磨矿的黄铜矿浮游性较湿式磨矿的黄铜矿浮游性好。瓷介质磨矿的黄铜矿浮游性较铁介质磨矿的黄铜矿浮游性好。黄铜矿氧化形成的缺金属富硫表面将大大提高其浮选回收率和浮游速度。

8.4.1.4　硫化铜矿浮选矿浆难免离子及影响

难免离子造成了复杂的浮选溶液相组成，对黄铜矿和其他矿物的浮选分离造成重要影响[27,28]。国内外许多学者近年来对此进行了较多研究。关于浮选矿浆难免离子的来源，目前研究较多关注矿物的表面溶解和水体杂质。在各种酸碱溶液中，黄铜矿会遵循各种动力学模型而被浸出剂氧化或电化学溶解[29~32]。

邓久帅和文书明等人[33,34]通过岩相学分析、SEM-EDS分析和ICP-MS分析等确定了黄铜矿和斑铜矿等硫化铜矿物中流体包裹体的存在，并研究了流体包裹体的类型、结构和成分，测定了溶液中流体包裹体释放的铜铁元素总浓度。研究结果表明黄铜矿和斑铜矿中存在着大量流体包裹体，流体包裹体呈孤立状和成群产出，形状有长条状、椭圆状和不规则状，包裹体沿黄铜矿晶体生长带呈定向分布，个体大小在3~60μm不等。斑铜矿与透明矿物石英的接触关系表明，斑铜矿或与石英接触，有溶蚀边，或侵入石英裂隙中。石英中部分裂隙状分布的流体包裹体切穿了石英颗粒，延伸至斑铜矿边界，说明此类包裹体中的流体与成矿有关。黄铜矿在成岩成矿过程中捕获的这些包裹体富含铜、铁、氯和硫酸根等离子。在破碎和磨矿过程中，这些流体包裹体溢出，释放到浮选矿浆。实验结果显示溶液中的铜、铁元素浓度分别为5.79×10^{-6}mol/L和17.20×10^{-6}mol/L，远高于黄铜矿溶解的实验值（0.05×10^{-6}mol/L和0.12×10^{-6}mol/L）。因此，包裹体的释放是溶液中铜铁离子的主要来源，这是浮选矿浆中难免离子来源途径的新发现。同时包裹体释放后的残留位域造成了黄铜矿表面组成和粗糙度等形貌的差异。

为了考察难免离子对黄铜矿浮选的影响，魏明安和孙传尧利用一些可溶性金属盐类对其进行了研究[35]。研究结果表明，根据这些难免离子对黄铜矿浮选影响程度的大小，可将难免离子分成两类，第1类为Mg^{2+}和Al^{3+}等离子，对黄铜矿的浮选具有较大影响。第2类为Pb^{2+}、Zn^{2+}、Fe^{2+}、Fe^{3+}和Ca^{2+}等离子，对黄铜矿的浮选几乎没有影响。对浮选产生影响的金属离子有Mg^{2+}和Al^{3+}，浓度为2.5×10^{-4}mol/L时，使黄铜矿的浮选回收率降低了3%~7%，其中Mg^{2+}对黄铜矿的浮选回收率的影响并没有随浓度的提高而增加，但随着Al^{3+}浓度的提高，黄铜矿的浮选回收率进一步降低。其他的金属离子包括Pb^{2+}、Zn^{2+}，Fe^{2+}、Fe^{3+}和Ca^{2+}等低浓度时对黄铜矿的浮选并没有影响。在浓度增大以后，所有离子都或多或少地对黄铜矿的浮选产生了抑制作用。Fe^{3+}对黄铜矿浮选的影响是在浓度达到一定程度（2.5×10^{-3}mol/L）后开始显现的。

8.4.1.5　硫化铜表面溶解特性

邓久帅和文书明等人[36]应用ICP-MS、AFM和XPS分析研究了黄铜矿在氩气与氧气环境中不同机械搅拌时间和不同pH值水溶液中的溶解特性和表面性质，建立了黄铜矿在水溶液中的溶解模型。实验结果表明，在纯水中，溶液中的铜和铁的浓度与时间的关系可拟合为方程$c=ks^at+b$；低pH值有利于黄铜矿的溶解；表面氧化缓慢，对黄铜矿溶解性影响微弱；纯水中黄铜矿的溶解性对有效比表面积影响不大，酸性条件下黄铜矿的溶解由表面化学反应控制；长时间溶解后黄铜矿表面呈富铜状态；溶解使表面粗糙度和晶格缺陷增加。

罗正鸿等人[37]研究了黄铜矿在酸性介质中的溶解行为，考察了温度、酸浓度及溶浸时间等对黄铜矿酸浸行为的影响，分析了元素硫的变化行为及残渣微观结构。结果表明，黄铜矿常压湿法氧化浸出过程的酸浸阶段会产生硫化氢；黄铜矿的溶解能力随温度变化先快后慢，后段接近线性增长，溶解主要发生在前2h；低温有利于溶解，而最适酸浸pH值约为0.4。pH值对溶解的影响小于温度的影响。

氧化性和强氧化性电解质溶液可在最大程度上提高黄铜矿的溶解速率。Gülfen[38]研究了硫酸溶液中Fe_2O_3对黄铜矿溶解的影响。Goyne、Ikiz和Padilla等人[29,30,38~44]分别研究了过氧化氢、重铬酸钾、次氯酸、有机酸和溶解氧溶液中黄铜矿的溶解动力学。氧化溶解机理[45,46]等内容已得到了广泛研究。

在分析方法上，Al-Harahsheh[44]应用飞行时间二次离子质谱仪（TOF-SIMS）和扫描电子显微镜（SEM）研究分析了黄铜矿的选择性氧化性质。Sasaki对pH值为2、5、11溶液中的黄铜矿氧化溶解进行了XPS分析研究[46]。

8.4.1.6　硫化铜矿溶解和浮选电化学研究

Kalegowda等人[47]应用X射线光电发射电子显微镜、X射线光电子能谱、飞行时间二次离子质谱仪和紫外-可见光谱等分析测试技术，研究了不同矿浆条件下黄药作用下的黄铜矿浮选行为。检测到了铜 2p XPS 谱和铜 L2，3 的 NEXAFS 光谱。黄铜矿的浮选回收率从 97%（$E_h \approx 385$mV SHE，pH 值为 4）减少到 41%（还原电位为 -100mV SHE，pH 值为 9）。

俞娟等人[48]采用循环伏安（CV）、扫描电子显微镜（SEM）和电化学阻抗谱（EIS）研究黄铜矿在含有 5×10^{-4}mol/L 乙黄药溶液中的电化学行为以及电位对黄铜矿表面膜层成分和性质的影响。结果表明，在开路电位下，天然黄铜矿表面发生黄药阴离子的吸附过程；在阳极电位范围 -0. 11 ~0. 2V 内，主要发生黄药阴离子氧化形成疏水双黄药膜层的电化学过程。形成的双黄药膜层在电位为 0 时具有较高覆盖度和较大的厚度，随着电位的增加，表面双黄药膜层的覆盖度和厚度减小。当电位高于 0. 2V 时，黄铜矿表面发生以自身活化溶解为主的电化学过程，黄铜矿表面由双黄药膜层转化成为大量具有多孔和疏松结构的含有 Cu（Ⅱ）和 Fe（Ⅲ）的氧化物。

卢毅等人[49]在温度为 25℃及 pH 值为 2 的条件下，通过循环伏安法和恒电位 *I-t* 曲线研究了黄铜矿特殊的电化学分解行为。通过循环伏安曲线发现：电位在 400 ~800mV（vs. SHE）范围内，黄铜矿电极表面的阳极氧化反应电流很小，主要是由于生成的中间产物很难被进一步氧化分解，从而产生了钝化；当电位小于 -400mV（vs. SHE）时，黄铜矿阴极还原反应电流较大，晶格中的 Fe^{3+} 能较快地溶解出来，产生的中间产物（铜的硫化物）在氧化电位下发生较强的阳极氧化分解反应，但是随后反应进一步被钝化。黄铜矿的阴极还原反应较强烈，且对黄铜矿氧化浸出具有重要意义。此外，恒电位 *I-t* 曲线也证实了以上结论。

赵晋宁等人[50]以天然黄铜矿为研究对象，运用开路电位，循环伏安曲线，Tafel 极化曲线和交流阻抗（EIS）等电化学手段，对在硫酸介质中三价铁离子对黄铜矿的氧化过程的电化学行为进行了研究。结果表明，黄铜矿在酸性介质中的氧化可能通过两步反应完成：第一步中电极表面形成了一层主要成分是含硫中间产物的钝化膜，第二步则是黄铜矿主体的氧化。Fe^{3+} 有助于黄铁矿的直接氧化，在黄铜矿的溶解过程中起到了重要作用。极化曲线测量的结果显示，随着溶液中 Fe^{3+} 浓度的增加，黄铜矿的极化电流也在增加，黄铜矿也更容易进入钝化阶段。同时，交流阻抗对 Fe^{3+} 浓度改变的响应也很敏感。

冯其明等人[51]在 25℃、pH 值为 2 的条件下，通过对电极表面的电化学行为以及表面 XPS 分析，研究黄铜矿氧化分解的机理。循环伏安曲线表明，电位在 400 ~800mV 范围时黄铜矿发生部分阳极氧化反应，分解电流很小，反应生成中间产物。黄铜矿在电位小于 -400mV 的外加电位下发生强烈的阴极还原反应，还原产物可进行较强的阳极分解反应，但是反应随后受到钝化。对在外加恒电位 $E = 550$mV 氧化 100s 后黄铜矿电极表面主要物质成分比例 Cu∶Fe∶S = 1∶0. 90∶2. 97。硫元素仍然主要以 S^{2-} 的形式存在，其次是单质硫。

8. 4. 1. 7　*硫化铜矿表面与物质的相互作用*

孙伟等人[52]利用量子化学软件 GW03 和 FUJISTUCAChe 计算黄原酸甲酸酯类、乙氧羰基硫氨酯类黄铜矿捕收剂的前线轨道的性质 HOMO 能量、HOMO 形状以及药剂组成原子的 HOMO 密度，并结合这两类药剂的浮选结果研究这些量化参数与药剂选择性之间的联系，探讨这些参数作为选择黄铜矿捕收剂判据的可行性。结果表明：对于同种类型的捕收剂，其选择性与 HOMO 能量呈线性关系，依据 HOMO 能量能较准确地预测这两种捕收剂的选择性能；对于不同种类的捕收剂，通过对 HOMO 形状以及组成原子的 HOMO 密度的讨论可知，乙氧羰基硫氨酯类捕收剂的选择性能要比黄原酸甲酸酯类捕收剂的强。因此，这 3 项参数综合起来可以评价黄铜矿捕收剂的选择性能。

赵翠华等人[53]采用密度泛函理论研究了水在硫化铜矿物表面的吸附以及硫化铜矿物的天然可浮性。为了排除氧气和其他因素的影响，所有的计算模型都是在真空环境下建立的。结果表明，辉铜矿是疏水的，具有天然可浮性。

邓久帅和文书明等人[54]通过 Zeta 电位分析、X 射线光电子能谱分析、铜离子吸附试验、第一性原理计算及 Hallimond 浮选试验综合揭示了铜离子在黄铜矿表面同样存在着吸附行为，铜离子对黄铜矿同样具有活化作用，主要诱因是铜离子与表面活化位的硫作用，从而增加疏水性。这种吸附作用在一定条件下有利于黄铜矿自身的浮选。浮选矿浆中的铜离子主要来源于黄铜矿的表面氧化溶解和矿物内流体包裹体的释放，这些离子的存在及吸附使黄铜矿具有自活化特性。

8.4.1.8　*硫化铜矿磁处理浮选及微泡浮选*

磁处理能改变水系溶液的物化性质，改变药剂与矿物表面作用的选择性，增大捕收剂在矿物表面的吸附量，从而提高浮选指标[55,56]。

崔立凤[57]通过热力学、电化学（循环伏安、Tafel 曲线）以及光谱（紫外光谱、红外光谱）等多种研究手段系统研究了磁场强度、磁化时间等磁处理工艺条件对硫化铜矿磁化浮选的影响，确定了磁化浮选的最优工艺条件，并从物理作用和化学作用角度探索了磁处理影响矿物浮选的内在机制和规律。实际矿石的磁处理浮选新工艺研究表明磁处理有利于铜矿物的上浮，与常规浮选工艺相比回收率提高 1% ~3%。水系磁化处理能够引起水及药剂溶液体系的吸光度、pH 值、溶氧量、电导率等性质的变化。水和药剂溶液经磁处理后，黄药的吸光度增加，磁处理有利于黄药的水解、电离等化学反应的发生，同时磁化处理增加了水和药剂溶液体系中的溶解氧量，促进黄药氧化分解，电解质增多，自由移动的离子数目增多，迁移率加大，使溶液的 pH 值和电导率升高等。电化学测试研究表明磁处理能够促进矿物的自氧化，并在表面形成疏水产物，从而促进了电极表面疏水物质氧化峰值增强[42]。

泡沫和矿物颗粒之间的碰撞效率低是微细矿粒难浮的主要原因之一。Ahmadi 等人[58]研究了纳米气泡和微气泡对细粒级（$-38\mu m+14.36\mu m$）和微细粒级（$-14.36\mu m+5\mu m$）黄铜矿颗粒浮选的影响。研究了纳米和微气泡的大小分布、稳定性，并采用激光散射法研究了起泡剂浓度对气泡大小的影响。结果显示，纳米气泡平均大小随着时间的增加而变小，随着起泡剂浓度增加而减小。实验室浮选指标表明，在纳米微泡存在的情况下，微细粒黄铜矿的回收率提高了 16% ~21%。纳米微泡的存在增加了细粒级的回收，对（$-14.36\mu m+5\mu m$）的效果优于（$-38\mu m+14.36\mu m$）。同时，纳米微泡能够减少 75% 的捕收剂用量和 50% 的起泡剂用量。

8.4.1.9　*硫化铜矿化学选矿的基础研究*

梁长利等人[59]研究了黄铜矿生物浸出过程的硫形态转化。黄铜矿生物浸出过程中生成的副产物单质硫和黄钾铁矾是最可能导致黄铜矿溶解钝化的物质，但是它们对黄铜矿生物浸出的钝化作用与所用的浸矿功能菌及温度条件等密切相关；另一方面，黄铜矿生物浸出过程中形成了一些比黄铜矿更易溶解的产物如辉铜矿。

马鹏程等人[60]采用 Fe^{2+} 和 Fe^{3+} 对黄铜矿进行生物浸出，主要研究浸出过程中体系的 pH 值、铁离子浓度、细菌吸附率及铜浸出率变化规律。结果表明：介质中 Fe^{3+} 含量不同，生成黄钾铁矾的形态不同。在 Fe^{3+} 生物浸出体系中，絮状的黄钾铁矾逐渐生成并全部覆盖在黄铜矿表面，阻碍黄铜矿的浸出过程。在 Fe^{2+} 生物浸出体系中，生成皮壳状、结核状的黄钾铁矾分散于浸出液中，不覆盖在黄铜矿表面，对黄铜矿的浸出没有阻碍作用。

苏贵珍等人[61]研究指出氧化亚铁硫杆菌的参与能够有效促进黄铜矿的氧化分解，前人研究认为微生物对黄铜矿的溶解有直接和间接作用，但相对贡献仍存在争议。利用透析膜将细菌和黄铜矿隔离，模拟对比了黄铜矿与氧化亚铁硫杆菌不接触和直接接触时的溶解行为。利用等离子光谱测定两种实验条件下溶液中 Cu^{2+} 的浓度变化，并利用扫描电子显微镜观察了两种条件下黄铜矿表面特征的变化和次生产物特征。实验发现在两种模式下，氧化亚铁硫杆菌均不同程度提高了黄铜矿的溶解速率，直接接触模式比非接触模式对黄铜矿氧化分解的促进作用更显著。

李娟等人[62]进行了氧化亚铁硫杆菌氧化黄铜矿的实验研究。结果表明，细菌对实验溶液的 pH 值、E_h 值和黄铜矿的氧化进程起着重要的控制作用。随着反应的进行及细菌的生长，溶液的 pH 值呈下降趋势，E_h 值呈上升趋势，H^+ 和 Cu^{2+} 浓度升高。细菌是整个氧化过程的主导因素。

舒荣波等人[63]指出在酸性溶液中，高浓度 Fe^{2+} 的存在有助于溶解氧对黄铜矿的氧化浸出。试验驯化培养具有单一硫氧化性的高效浸矿细菌，运用其对单体硫的高效氧化性能，结合 Fe^{2+} 对黄铜矿氧化浸出的促进作用，进行黄铜矿低电位生物浸出研究。研究发现硫氧化菌可有效利用黄铜矿氧化溶解的产物，将其氧化为硫酸并补充溶液 H^+ 消耗，有助于离子扩散和黄铜矿的进一步氧化溶解。

顾帼华等人[64]研究了氧化亚铁硫杆菌对黄铜矿表面性质及其浸出的影响。不同能源培养的 A. ferrooxidans 菌对黄铜矿表面性质的影响规律相似；A. ferrooxidans 菌均能快速吸附在黄铜矿表面，而矿驯化的 A. ferrooxidans 菌在矿表面的附着能力更强；细菌的吸附使黄铜矿的等电点朝细菌的等电点方向偏移，且由于在黄铜矿表面生成了硫膜和不稳定铜硫化物使得黄铜矿表面接触角增大，疏水性增强；在浸矿初期，细菌与黄铜矿作用以直接作用为主。

傅开彬等人[65]研究了不同成因类型黄铜矿细菌浸出钝化机理。两种类型黄铜矿表面形成的钝化层性质不同。黄铁矿型黄铜矿浸渣中产生 S(8) 和硫砷铜矿，其表面结构疏松；而斑岩型黄铜矿浸渣中出现 $Cu_{18.32}Fe_{15.9}S_{32}$ 和 Cu_2S，表面结构致密。黄铁矿型黄铜矿浸渣表面阻碍层为硫及其多聚物，斑岩型黄铜矿浸渣表面为富铜贫铁层。它们阻碍黄铜矿的继续浸出，且富铜贫铁层对黄铜矿的钝化能力强于硫层对黄铜矿的钝化能力。

杨洪英等人[66]研究了黄铜矿表面生物氧化膜的形成过程。研究指出黄铜矿在细菌浸出过程中依次形成了缺铁铜硫化物 $Cu_{1-x}Fe_{1-y}S_z$（$x<y$）、单质硫晶体 S^0、氧化铁、羟基氧化铁和黄钾铁矾。由于浸矿混合细菌 ASH-07 对硫的氧化作用，硫化物层和单质硫层都是氧化膜形成过程中的中间产物，致密的黄钾铁矾层则对黄铜矿的浸出产生钝化作用。

祝丽丽等人[67]进行了微波和磁场强化细菌浸出黄铜矿研究。采用微波和磁场强化后的水配制培养基，发现强化后培养基中细菌对黄铜矿的浸出率比普通培养基中的高，最后比较了微波和磁场结合的情况下二次强化的浸矿效果。

莫晓兰等人[68]研究了脉石矿物对细菌浸出黄铜矿的影响。结果表明，石英、绢云母能促进黄铜矿微生物浸出，而白云石由于是碱性矿物，含量较高时它的抑制作用很明显。浸渣的 XRD 及 SEM-EDS 分析表明，含石英时，新生成钝化物主要是黄钾铁矾，含绢云母时主要生成铵黄铁矾，含少量白云石时主要生成钙磷石、硫酸钙和非晶态的 FeO（OH）。

陈明莲[69]研究了微生物对黄铜矿表面性质的影响及其吸附机理。程海娜等人[70]系统研究了斜方蓝辉铜矿、铜蓝和黄铜矿生物浸出机理。在所有体系中，喜温硫杆菌浸出液中铜离子浓度和无菌浸出液的铜离子浓度差别不大，喜温硫杆菌对斜方蓝辉铜矿、铜蓝和黄铜矿氧化作用不明显。当喜温硫杆菌和嗜酸氧化亚铁硫杆菌共同作用于矿物时，它能加强嗜酸氧化亚铁硫杆菌对三种铜矿物的浸出。单质硫的加入能提高斜方蓝辉铜矿的浸出率，但不能提高铜蓝和黄铜矿浸出率。添加亚铁能明显提高斜方蓝辉铜矿铜的浸出，在一定范围内浸出液的铜离子浓度和加入的亚铁浓度呈线性关系，加入亚铁的量越多，铜离子浓度越高；加入亚铁能提高铜蓝的浸出速率，但不能提高浸出率；加入亚铁能提高无菌黄铜矿的浸出率，但不能明显提高嗜酸氧化亚铁硫杆菌对黄铜矿的浸出率。对浸出后的固体残渣进行扫描电镜观察发现，有大量的细菌吸附于斜方蓝辉铜矿、铜蓝和黄铜矿表面，且细菌大部分吸附于矿物表面裂隙和晶体缺陷处；斜方蓝辉铜矿和铜蓝表面没有发现腐蚀小坑，黄铜矿表面出现了细菌形状的腐蚀小坑，有细菌吸附的表面变得粗糙，没有细菌吸附的地方仍然较为光滑。

8.4.2　氧化铜矿选矿理论及基础研究进展

8.4.2.1　氧化铜矿矿物晶体结构性质

铜的氧化物主要有赤铜矿（Cu_2O）和黑铜矿（CuO）等。铜的硫酸盐、碳酸盐和硅酸盐矿物主要有孔雀石（$Cu_2CO_3(OH)_2$）、蓝铜矿（$Cu_3(CO_3)_2(OH)_3$）、硅孔雀石（$(Cu,Al)_2H_2Si_2O_5(OH)_4 \cdot nH_2O$）、水胆矾（$Cu_4SO_4(OH)_6$）和氯铜矿（$Cu_2Cl(OH)_3$）等[71]。矿物晶体结构多样，其结构的不同导致矿物性质的差异，对氧化铜矿物晶体结构性质进行深入研究，有利于选择更加有效的回收方法。

孔雀石是最主要的氧化铜矿物，具有单斜晶系结构，常见晶型的晶格常数为 $a=95.02$nm，$b=119.74$nm，$c=32.40$nm 和 $\beta=98.75°$（$Z=4$）[72]，空间群为 $P2_1/\alpha$，是通过碳酸岩群将八面体的 CuO_6 组合而成[73]。晶体中有两种不同结构的铜位，分别为 Cu_1 和 Cu_2，其比例为 1∶1，根据姜-泰勒效应（Jahn-Teller effect）[74]，两种铜原子在轴向排列上被四个氧原子包围成环状结构[75]。

8.4.2.2　氧化铜矿浮选理论

硫化浮选法一直是处理氧化铜矿和混合铜矿的主要方法，主要有直接硫化浮选法、水热硫化浮选法等。

直接浮选法是最早应用的不用硫化钠活化，直接利用捕收剂浮选的方法，包括脂肪酸浮选法、胺类浮选法、中性油乳浊液浮选法和螯合剂浮选法等。江登榜[76]通过密度泛函理论研究了黄药和羟肟酸与氧化铜矿表面的作用机理。研究结果表明，氧化铜矿难以直接被黄药捕收的原因是黄药与氧化铜矿表面的吸附作用力弱且氧化铜矿具有较强的亲水性。而羟肟酸有氧，O-5元环的螯合结构，与氧化铜矿矿物表面的吸附作用远远大于黄药与氧化铜矿的作用，可作为氧化铜矿的高效捕收剂。

氧化铜矿物先用硫化剂硫化，然后用捕收剂进行浮选称为直接硫化浮选。目前，硫化剂有硫化钠、硫氢化钠、硫化氢、硫化钙及硫化铵等，硫化钠较为常用。郭才虞等人研究了硫化浮选中氧化矿物表面的活化中心，认为硫化过程中形成的 MeS 晶胞是捕收剂向氧化矿物表面吸附的桥梁[77]。

孙和云[78]依据表面配合理论，分别以乙基黄药和丁基黄药为硫源，对合成的碱式碳酸铜和氧化铜进行表面配合硫化研究。研究结果表明以黄药为硫源，对固体氧化铜和碱式碳酸铜进行表面硫化是一种可行的方法。影响硫化效果的关键因素是黄药的用量及其碳链长度。除此之外，煅烧温度和时间对此也有一定影响。表面硫化后的氧化铜和碱式碳酸铜表面生成多种价态的硫化物，改变了固体表面对黄药的吸附性能、表面的润湿性和带电性质等。经过推导得出 CuS 表面进行适度氧化后有助于提高其疏水性。

刘诚[79]研究了典型氧化铜矿孔雀石的硫化机理，指出向溶液中加入硫化钠时，孔雀石矿物表面形成一层疏水薄膜，显著改变了矿物表面的电位，使矿物得以上浮，但是通过电镜扫描（SEM）发现形成的硫化膜是不稳定的。

水热硫化浮选法实际上是直接硫化浮选法的一个发展。它是在直接浮选的基础上强化了矿石的预处理-预先硫化过程，并在温水中浮选。其作用机理为矿浆与硫黄粉混合（加入少量液氨作为添加剂），在温度180℃，压力0.6～1.0MPa 条件下，元素硫发生歧化反应生成 S^{2-} 和 SO_4^{2-}，使氧化铜颗粒表面或者整个颗粒内部发生硫化反应生成新生的且疏水性强的“人工硫化铜”。其主要反应如下：

$$S + H_2O \longrightarrow S^{2-} + SO_4^{2-} + 8H^+$$

$$3[Cu(OH) \cdot CuCO_3] + 8S + 2H_2O \longrightarrow 6CuS + 2H_2SO_4 + 3H_2CO_3$$

$$3CuSiO_3 + 4S + 4H_2O \longrightarrow 3CuS + 3H_2SiO_3 + H_2SO_4$$

8.4.2.3 氧化铜矿铵、胺盐强化硫化浮选研究

张文彬和徐晓军等人曾以孔雀石和硅孔雀石纯矿物为研究对象，采用硫酸铵等无机铵盐和乙二胺磷酸盐等有机铵盐对氧化铜矿的活化机理进行了研究。近年来，不少研究者对铵、胺盐作为氧化矿的强化硫化活化剂开展了广泛研究[25～27,80～82]。

刘诚[79]采用硫酸铵作为活化剂，研究了孔雀石的硫化机理，指出加入硫酸铵能使孔雀石表面的硫化薄膜趋于稳定，不易脱落。红外光谱显示乙基黄药和丁基黄药都可以在孔雀石矿物表面发生化学吸附。根据孔雀石矿物红外光谱中 CO_3^{2-} 的消失和反应前后硫化钠浓度的变化，可以证实硫化钠在孔雀石表面发生吸附作用。另外理论计算表明孔雀石中 Cu—O 键转变为 Cu—S 键时，增加了共价键的分数，使矿物与水相互作用的活性降低，改变了矿物的可浮性，这与浮选结果相吻合。

邢春燕等人[83]对硫酸铵在氧化铜矿硫化浮选中的作用进行了研究，采用动态跟踪的方法测量矿浆中 S^{2-} 浓度的变化。结果表明，在氧化铜矿硫化浮选中，硫化钠除了活化氧化铜矿和形成硫化铜薄膜外，同时发生了复杂的氧化反应，该氧化过程与体系的 pH 值存在密切的关系。硫酸铵在氧化铜矿硫化浮选过程中对矿物表面进行了清洗，提高了矿物表面的活性，既促进了硫化过程的进行，也加快了 S^{2-} 的氧化，这是硫酸铵促进氧化铜硫化浮选的重要原因。

刘殿文等人[82,84]研究了硫化浮选过程铵盐对氧化铜矿浮选指标的影响。结果表明无机铵盐对氧化铜矿硫化浮选具有活化作用，主要是因为 NH_4^+ 易与铜离子生成铜氨配合物而吸附于矿物表面，更易于硫离子吸附作用的发生。

胡本福等人[85]同时用铵和胺盐研究了微细粒孔雀石硫化浮选的强化机理，指出硫酸铵、氯化铵、乙二胺和 DMTD 在适当的条件下都可以显著强化微细粒孔雀石的硫化浮选效果。硫酸铵、氯化铵只有与硫化钠共存时才能强化硫化浮选，而乙二胺、DMTD 通过与矿物表面及矿浆中的铜离子发生配位作用，改善了微细粒孔雀石的硫化浮选行为。

8.4.2.4 氧化铜矿化学选矿的基础研究

对于氧化铜矿，化学选矿主要是湿法浸出，根据浸出剂的不同，浸出主要包括酸浸和氨浸[86]。酸浸

一般采用硫酸、盐酸和硝酸等无机酸和柠檬酸、乳酸等有机酸作为浸出剂，其中硫酸是较常用的浸出剂，酸浸后铜以硫酸铜形式存在，经过萃取后得到富铜液，再采用电解生产阴极铜，即形成了“酸浸—萃取—电积”的工艺，在实际生产中得到了广泛应用[87,88]。

氨浸常用氨水或碳酸铵、氯化铵、硫酸铵等铵盐作为浸出剂，在氨溶液中氧化铜矿被溶解，生成铜氨配合物，可直接处理原矿、中矿、尾矿以及经过氧化还原焙烧后的铜矿物[89]。关于氨浸，为了提高氧化铜矿的浸出速率，很多学者在不同氨浸体系中研究了回收氧化铜矿的方法和其浸出过程的溶解动力学。氨水作为一种弱碱性试剂，在氧化铜矿氨浸过程中，常被单独或者与铵盐组合作为浸出剂而广泛使用。

Liu 等人[71]分别从氨/硫酸铵的浓度、pH 值、反应温度和矿石粒级方面进行了孔雀石的溶解动力学研究，结果表明氨/硫酸铵浓度为 3.0mol/L NH_4OH + 1.5mol/L $(NH_4)_2SO_4$，液固比为 25∶1，浸出时间为 120min，搅拌速度为 500r/min，反应温度为 25℃，粒级小于 0.045mm 时铜的浸出率大于 96.8%。孔雀石溶解过程为受界面传递和产物层扩散的混合控制模型，其溶解活化能为 26.75kJ/mol。Ekmekyapar 等人[90]研究了孔雀石在硝酸铵溶液中的浸出动力学，对影响铜浸出率的多个因素进行了研究，其浸出率随着硝酸铵浓度、反应温度、搅拌速度的增加以及适度减少矿石粒度而增加；浸出过程为混合动力控制模型，包括化学控制模型和产物层扩散控制模型，其反应活化能分别为 95.10kJ/mol 和 29.50kJ/mol。邓久帅等人[91]对有机酸处理氧化铜矿的动力学机理和影响因素优化进行了系列研究。

8.5　铜矿石选矿工艺技术现状和进展

8.5.1　破碎筛分及磨矿分级

选矿厂在破碎磨矿阶段的能耗一般占整个选矿过程的 50% 以上，为了尽可能降低生产成本，提高经济效益，选矿厂在破磨阶段始终坚持“多碎少磨、以碎代磨”的原则。目前，国内常见的铜选矿破碎磨矿工艺流程为以下三种：

（1）常规碎磨工艺（三段一闭路破碎 + 球磨）。其主要特点为流程较复杂、占地面积大、基建投资大、处理量较小；但适应性较好，受矿石性质变化影响较小。

（2）SABC 工艺（半自磨 + 球磨 + 顽石破碎）。在德兴铜矿[92]、乌努格吐山铜钼矿选矿厂[93,94]应用效果良好，SABC 工艺省去了二段破碎和筛分流程，减少了设备投资，减轻了操作人员劳动强度，降低了破碎过程中大量粉尘污染。

（3）HPGR 碎磨工艺（高压辊碎磨）。采用高压辊磨机代替细碎圆锥破碎机，使破碎产品表面产生更多的微裂纹，减少整个碎磨系统的能耗[95,96]。胡根华对澳大利亚某自然铜硫化铜矿石进行研究发现，高压辊磨机排矿采用圆筒洗矿机 + 圆筒筛和振动筛联合分级工艺，可以大大提高分级效率[97]。

自动化控制技术在选矿生产过程中的应用已越来越广泛。安庆铜矿通过自动化控制解决磨机台时效率和分级溢流细度达不到规定要求的问题[98]。湖北三鑫金铜公司通过对其磨矿系统进行自动化改造，稳定了选矿工艺生产过程，提高了磨矿分级效率和选别指标[99]。胡平[100]将 PLC（可编程逻辑控制器）作为德兴铜矿磨矿分级控制系统的控制器，减少了设备故障停机时间，降低了工人劳动强度，提高了生产效率。

广大技术人员通过现场实践，对铜选矿破碎筛分、磨矿分级过程存在的诸多问题做了改进。德兴铜矿通过采用高效单元组合振动筛更换单层轴偏心式自定中心振动筛，解决了选矿厂振动筛磨损严重、振动器漏油和甩油现象、生产效率低等问题[101]。方志坚[102]通过对大山厂半自磨机出料端盖衬板部分的改型、进料端盖衬板的换型、筒体衬板的改进、半自磨机及球磨机小齿轮轴承座油封的改造，提高了大山厂半自磨机运转率，为选矿厂稳产达标提供了保障。凤凰山铜矿在碎矿维持现状的条件下，通过砾磨-棒磨系统报停、加大球磨机钢球直径、增加钢球综合填充率和加快转速使其选矿厂处理能力增加了一倍，磨矿用电单耗由 20kW · h/t 下降到 7kW · h/t 以下[103]。任壮林[104]在磨矿前增加预先筛分设备，提高了磨矿机处理能力，改善了旋流器分级效果，减少了矿石过粉碎现象。罗时军[105]通过水力旋流器串联分级改善了一段浮选给矿粒度组成，解决了泗州选矿厂铜回收率波动较大的问题，提高和稳定了选矿技术经济指标。任壮林[106]对新疆某铜矿适当补加钢球、提高磨矿浓度，从而增加处理量；用旋流器替代单螺旋分级机，粉矿多时增加预先分级设备提高分级效率。刘恒柏[107]采用调控进料颗粒空间预排列和调整分级空间大小技术的新型旋流器提高分级效率。武山铜矿采用自磨机吐球筛和旋流器串联，解决磨矿分级中卡泵、堵塞输送管道及旋流器分级溢流跑粗等问题[108]。

8.5.2　工艺矿物学研究现状

自然界中含铜矿物已发现的约有170余种，其工业价值与分布状态各不相同。常见的具有工业价值的铜矿物大致分为自然铜、辉铜矿、铜蓝、斑铜矿、赤铜矿、蓝铜矿、孔雀石等15种左右[109,110]。

铜矿物种类多，赋存状态繁杂，资源日趋贫、细、杂，近年来，铜矿石工艺矿物学研究越来越受到关注。方建军[109]对汤丹氧化铜矿的工艺矿物学研究结果表明：该矿石氧化率和结合率高、嵌布粒度细、孔雀石“色染体”普遍存在、硅孔雀石及砷酸铜“色染体”部分存在、硫化铜氧化分解、矿石风化严重、原矿含泥量大，造成分选困难。采用“超细磨矿—超细浮选”的新工艺，获得了良好的试验指标。杨磊[111]对某低品位氧化铜矿研究发现，该矿石铜矿物种类多，嵌布复杂，粒度细；单一选矿流程难以回收赤铜矿、黑铜矿、蓝铜矿；湿法浸出则难以回收黄铜矿、斑铜矿、辉铜矿等硫化铜矿物，只有采取选—冶联合流程才能充分回收矿石中的铜。熊堃[112]研究滴水铜矿矿石性质，结果表明：该矿石属于具有大量空隙的含铜火山凝灰岩；主要铜矿物为赤铜矿属于氧化亚铜矿物，不易硫化；在磨矿细度为－0.074mm占90%时，矿石中－0.02mm矿泥含量达65.59%，严重恶化浮选过程；－0.02mm矿泥具有极其发达比表面，造成药剂耗量大。

朱月锋[113]对滇西某斑岩型硫化铜矿研究表明，矿石属集合体嵌布，宜采用粗磨混浮抛尾，粗精矿细磨分选。冯泽平[114]对某含滑石低品位铜镍矿进行研究，采用滑石—铜镍等可浮—铜镍分离浮选—尾矿强化回收镍工艺流程，获得较好分选指标。邓善芝[115]对四川某铜矿进行了研究，开发了适于该矿石综合回收的混合浮选精矿—加压浸铜—浸渣浮选除硫、浮选尾矿反浮选—磁选—酸洗新工艺，最终获得有用矿物的综合回收。杨丙乔[116]针对铜绿山铜铁矿选矿指标恶化的问题，进行工艺矿物学研究，结果表明：该矿石构造形式多样，交代残余严重，嵌布粒度较细，必须细磨才能有效单体解离；采用异步浮选流程，达到了有用矿物的综合回收的目的。

我国作为铜资源消费大国，受铜资源条件限制，铜原材料主要依赖进口，为此，综合回收铜选矿尾矿和铜冶炼渣资源中铜、金等有价元素显得十分必要，但铜选矿尾矿和铜冶炼渣资源属于二次资源，矿石性质复杂。通过详尽的工艺矿物学研究，可以指导确定合理的工艺流程，以达到改善分选效果、提高分选指标的目标。张代林[117]对某铜冶炼转炉渣进行了工艺矿物学研究，转炉渣中结合氧化铜和自由氧化铜占到了总铜的19.52%；显微镜下观察，金属铜和硫化铜嵌布粒度细，且一半左右的金属铜和硫化铜嵌布在铁橄榄石和磁铁矿中，造成磨矿解离困难。因此，进一步提高磨矿细度，可使嵌布在铁橄榄石和磁铁矿中的微细粒金属铜和硫化铜充分解离；通过调整矿浆环境及添加活化剂，可最大限度地回收自由氧化铜。吴健辉[118]对铜冶炼闪速炉渣、金建文[119]对铜冶炼渣进行工艺矿物学研究，结果表明细磨是必不可少的。

目前，工艺矿物学对于基础理论的深入探讨环节还比较薄弱，尤其在晶体化学、矿物物理和量子矿物学的基础研究方面比较欠缺，这导致选矿工艺、元素赋存状态研究中，理论依据不足，难以达到预期效果[120]。

8.5.3　浮选工艺技术研究进展

8.5.3.1　*硫化铜矿石浮选*

硫化铜矿石主要采用浮选工艺处理，浮选技术历来受到各铜矿山、科研机构的重视。为了应对原矿品位降低、铜氧化率升高、矿石性质复杂化等问题，新工艺、新技术及联合工艺不断被提出并应用。

伴随铜矿资源的不断开采，入选矿石品位逐渐降低，嵌布关系更加复杂，仅采用常规的浮选方法难以适应矿石性质的变化。为此，许多选矿工作者开展科技攻关，提高选矿厂生产技术指标和降低生产成本，并取得了显著效果。城门山铜矿近年来所处理的矿石品位逐渐降低，选矿厂技术人员开展了多项科技攻关，将原有的“一段磨矿、优先选铜、铜尾选硫[121]”工艺流程改造为“优先—混合分步浮选、集中精选”的差异性浮选工艺，形成了低碱优先快速浮铜直接精选关键技术；同时开发了“粗磨、选择与强化再磨”的三元组合式磨矿工艺，较大幅度提高了生产指标，铜精矿中铜品位提高 3.42%，铜回收率提高 2.88%，硫精矿中硫品位提高 2.95%，硫回收率提高 28.83%[122]。

某难选铜矿经过多年的开采，原露天矿闭坑，转入地下开采，现开采的矿石位于矿体下部，铜矿石氧化率升高，有用矿物嵌布粒度变细，矿石易氧化，使得该矿石选别难度增大。由于矿源的改变致使矿石性质也发生了很大变化，矿山原来铜硫混浮—铜硫分离工艺流程已经不能适应矿石性质的变化，浮选分离效果不好。为此，艾光华等人[123]采用铜部分优先—混选精矿再磨分选工艺流程，较大幅度提高了分选指标，获得铜精矿铜品位 21.15%，铜回收率 83.62%，工业试验获得选矿技术指标与原有生产指标对比，提高铜品位 1.07%，铜回收率提高 18.33%。

江西某大型铜矿山入选矿石嵌布粒度变细、嵌布关系变复杂、铜氧化率升高，选矿生产指标不断下滑。在一段粗磨（-0.074mm 占 68%）的情况下，采用一次粗选、一次精选快速优先浮铜，一次粗选、一次扫选铜硫混浮，优先浮铜中矿与混浮粗精矿合并再磨至 -0.074mm 占 98% 后，再一次粗选、一次精选、一次扫选铜硫分离，铜硫分离中矿集中返回再磨流程，获得了铜品位为 22.79%、铜回收率为 86.04% 的铜精矿[124]。

云南大红山铜矿原矿性质与开采初期相比发生了较大变化，致使铜精矿品位降低。袁明华等人[125]通过试验研究，认为影响铜精矿品位的主要原因是铜矿物与黄铁矿、石英等杂质的连生体增加。采用粗精矿再磨的方法，扩大试验铜精矿品位由 20.71% 提高到 28.30%。樊建云等人[126]对提高狮凤山铜矿精矿品位的工艺途径进行了探讨，指出矿石中铜矿物嵌布粒度较细，生产中解离不充分是导致狮凤山铜矿精矿品位低的主要原因，实施粗精矿再磨工艺是解决该问题的有效方法。

某低品位铜矿为含砷、硫铜矿床，矿石类型为次生富集硫化铜矿，原矿含铜 0.58%，次生硫化铜占总铜的 70.69%，铜氧化率 25.81%，采用一段磨矿（-0.074mm 占 51%）丢尾、闪速浮铜—铜硫混浮精矿再磨分选工艺，使铜精矿铜品位达 31.17%，铜回收率为 93.53%、伴生金回收率为 52.17%；硫精矿含硫 43.2%、回收率为 44.31%[127]。云南某复杂难处理高次生硫化铜矿，采用分步优先浮选—中矿再磨精选工艺，闭路试验获得铜精矿品位 27.82%，铜回收率 93.10%[128]。

近年来，选矿科技工作者通过优化磨矿分级、巧妙应用硫化钠、控制矿浆电位等手段，有效解决了高次生硫化铜矿和硫氧混合铜矿浮选的技术难题。西北矿冶研究院针对西藏甲玛铜多金属矿矿石性质复杂、铜矿物种类多、次生硫化铜含量高、易泥化脉石多的特点，通过优化球磨机钢球配比，提高球磨机充填率，在球磨机中添加少量硫化钠，并控制矿浆电位 0 ~ +100mV 等手段，采用次生铜自活化、硫化诱导快速浮选工艺，配合使用新型铜浮选捕收剂酯 -305，大幅度降低了捕收剂丁基黄药用量。工业试验结果表明，铜及伴生金、银回收率分别提高 2.27%、2.56%、3.79%[129]，整体技术达到国内领先水平。北京有色金属研究总院针对玉龙氧硫混合铜矿黄铁矿含量高、氧化率较高、次生铜含量大、易泥化脉石含量高、矿石性质复杂等特点，详细对比了铜硫依次优先浮选工艺、铜硫混浮—铜硫分离工艺、部分混浮—铜硫分离工艺三种方案，最终采用部分铜硫混合浮选—铜硫分离浮选工艺，闭路浮选试验获得铜精矿铜品位 19.54%，铜回收率 82.07%[130]。

为充分回收硫化铜矿石中伴生金、银、硫等有价组分，解决过去高碱高钙条件下金、银、硫损失过多的问题，重选—浮选联合工艺和低碱度浮选工艺的研究及应用越来越多。江西某铜矿在低碱度条件下[131]，用组合抑制剂进行铜优先浮选、粗精矿再磨分选的工艺流程，小型闭路试验结果获得铜精矿含铜 21.37%，铜回收率 91.78%，硫精矿含硫 28.62%，硫回收率 62.15%，实现了伴生硫资源的综合回收。某铜金难选矿石，铜金矿物以微细粒度存在，采用浮选优先获得合格铜金精矿，然后采用尼尔森重选回收剩余伴生金银，伴生金的总回收率达 90.67%[132]。内蒙古某铜金矿采用尼尔森重选回收粗粒金—铜金浮选—浮选精矿再磨—浸金工艺流程，铜回收率达 90.27%，金综合回收率达 91.11%[133]。

磁处理浮选是指水系经磁场作用后改变了矿物表面的电位，从而促进药剂与目的矿物的相互作用。磁处理浮选作为一项应用型新技术，因其简单、环保、不消耗能源等突出优点，近年来应用于复杂难处理硫化铜选矿的研究引起重视。方夕辉等人[134]研究了磁化处理对斑岩型原生硫化铜矿和高硫次生硫化铜矿浮选的影响，结果表明，经磁化处理后铜的回收率分别提高了 5% ~6% 和 2% ~3%。

泥质、碳质铜矿浮选回收难度较大，铜精矿品位和铜回收率偏低，生产中多采用“预先脱泥（脱碳）—浮选”工艺进行处理，但预先处理过程易造成铜金属损失，而直接浮选又会造成浮选环境恶化。近年来，一些新工艺新技术应用于该类矿石选矿，取得了显著效果。江西某铜矿采用浮选—重选联合工艺[135]，矿泥经预先分级脱出后，沉砂进入铜浮选，溢流给入铜扫选一作业中，浮铜尾矿重选回收硫，重选系统采用“螺旋溜槽—摇床”联合工艺，闭路试验获得铜精矿铜品位20.12%、铜回收率61.74%、硫精矿硫品位36.15%、硫回收率42.95%的选别指标。

汤丹公司选矿厂铜精矿受2038片区4号矿体的矿石性质影响，铜精矿品位逐渐下降，方建军等人[136]对该矿体的铜矿石进行研究，并采用腐殖酸钠抑制碳质进行单独处理。结果表明，腐殖酸钠对提高4号矿体铜浮选精矿品位效果明显；在工业试验中，单独处理与混选相比，前者精矿品位提高4.1%，选矿回收率提高2.05%。

高砷硫化铜矿石浮选中，多采用高碱、强氧化介质或添加砷矿物的有机与无机抑制剂来达到降砷的目的。甘南某高砷铜金矿石，原矿含砷5.43%，景世妍通过详细的药剂探索试验研究[137]，确定在高pH值条件下，使用石灰与栲胶组合作为砷矿物的抑制剂，S-6作为铜矿物的选择性捕收剂，获得铜精矿含铜27.75%、含砷2.7%，铜回收率84.85%的选矿指标。某高砷硫化铜矿原矿含砷5.05%，铜氧化率10.29%，邓禾淼等人[138]以石灰与漂白粉为砷矿物的抑制剂对该矿进行了分选试验研究，获得了铜品位为31.22%、铜回收率为88.00%、含砷0.17%、含银1333g/t、银回收率为41.28%的铜精矿。

8.5.3.2　氧化铜矿石浮选

工业上氧化铜矿的处理主要采用浮选法，浮选工艺主要有：硫化浮选法、直接浮选法、预处理—浮选法及选冶联合等方法。不同类型的氧化铜矿的可浮性差别较大，可浮性较好的有孔雀石、赤铜矿、蓝铜矿，而水胆矾、硅孔雀石可浮性较差。氧化铜矿石种类多，部分氧化铜矿具有氧化率和结合率高、矿物粒度细且嵌布不均匀、含泥量高、伴生有用组分多等特点，因此，在一定程度上氧化铜矿选别的难度较大[139]。

硫化浮选法是目前工业上处理氧化铜矿的主要方法，适用于含碳酸盐氧化铜矿石，如孔雀石、蓝铜矿、赤铜矿等，而硅孔雀石如不预先进行特殊处理，则其硫化效果很差，甚至不能硫化。硫化浮选的关键是要严格控制硫化钠的用量，适宜用量的硫化钠是氧化铜矿物活化剂，超过临界用量后硫化钠则是硫化铜矿物的抑制剂。为了减轻或防止这种抑制作用，工业生产上经常采用分段加药来控制矿浆中硫化剂浓度。目前，应用硫化浮选法的选矿厂有湖北大冶铜绿山选矿厂、铜陵化工集团新桥矿业公司等。

蒋太国等人[140]以四川会东低品位高氧化率难处理氧化铜矿石为对象，详细研究了铵（胺）盐对氧化铜矿硫化浮选行为的影响。结果表明，乙二胺磷酸盐和碳酸氢铵以1∶3组合使用效果最佳，闭路试验获得铜精矿铜品位19.01%，铜回收率83.31%，与直接硫化浮选相比，铜精矿中铜品位及回收率分别提高4.05%、12.42%。刘殿文等人[141]研究了孔雀石硫化浮选过程中硫酸铵的硫化促进作用，发现在有硫酸铵的情况下，可以避免过量硫化钠对孔雀石的抑制作用。研究表明，在硫酸铵的促进下，铜回收率可提高8%~10%，甚至20%；同时，精矿的铜品位明显提高，当硫酸铵与硫化钠用量大致相等时，回收率达到最高点。

某氧化铜矿原矿含铜较高，氧化率达到90.58%且其中所含结合铜占28.92%，属较难选别的氧化铜矿，顾庆香[142]采用硫化浮选工艺，分八段硫化选别，最终获得铜品位25.61%、铜回收率74.79%的铜精矿。叶富兴等人[143]在某伴生有银的复杂氧化铜矿浮选研究中，分析了一次性加入大量硫化钠对浮选体系的不良影响，采用三段加入硫化钠的方法，铜的回收率与一次性加药相比提高了2.68%。云南某大型铁矿床伴生低品位氧化铜矿，原矿铜品位0.34%，属品位低、铜氧化率高、次生铜含量高、结合氧化铜含量高、铜矿物种类多的复杂难选氧化铜矿石。罗良飞等人[144]在传统硫化浮选工艺基础上，添加少量水杨羟肟酸作为辅助捕收剂，并将矿浆加温至30℃，经三段硫化浮选，闭路试验获得铜精矿含铜21.48%，铜回收率70.33%的试验指标。

陈经华等人[145]通过对两种不同类型氧化铜矿进行选矿试验研究，提出硫化-氧化铜同步浮选工艺和异步浮选工艺，认为同步浮选和异步浮选的关键在于工艺流程和药剂制度的匹配，在制定氧化铜矿选矿工艺流程时，需要依据矿石性质，尤其是铜矿物的种类及可浮性特点。I. N. Babich等人[146]对乌多坎混合型铜矿石的分选工艺进行了探讨，得出浮选硫化铜矿物的最佳pH值为9，而浮选氧化铜矿物的最佳pH值为10，并采用硫化铜矿与氧化铜矿的分段浮选工艺，最终获得铜回收率89%，比混合浮选时铜的回收率增加了4.8%。山西某氧化铜矿氧化率高、含泥高，属难选氧化铜矿石，唐平宇等人[147]采用硫化矿氧化矿同步浮选工艺，并辅以高效氧化铜矿活化剂JH，闭路试验获得铜精矿含铜18.34%，铜回收率81.36%的指标。

直接浮选法包括有机酸浮选法和胺类捕收剂浮选法。有机酸浮选法[148]又称脂肪酸类浮选法，该方法适用于以孔雀石为主要含铜矿物、主要脉石为硅酸盐类的氧化铜矿选别；胺类捕收剂浮选法则适用于含氧化铅锌的氧化铜矿物浮选，与氧化铜矿石硫化浮选法相比，直接浮选法应用较少，但伴随铜矿资源的不断开采，直接浮选法具有广阔的应用前景。

有机酸类捕收剂在矿物表面既可以发生物理吸附，也可以发生化学吸附，一般呈多层吸附状态，有机酸类捕收剂很容易吸附在硅酸盐类矿物表面，提高硅孔雀石的可浮性。用脂肪酸及其皂类作捕收剂进行浮选时，通常还要加入脉石矿物抑制剂水玻璃、磷酸盐及矿浆调整剂碳酸钠等。赞比亚思昌加选矿厂[139]处理含碳酸盐脉石的硫化-氧化混合铜矿，原矿含铜4.7%，先采用硫化浮选法对硫化铜矿和硫化后的氧化铜矿进行浮选，再用脂肪酸（棕榈酸）回收残留的氧化铜矿，得到含铜50%～55%的精矿。胺类捕收剂浮选法[79,149]采用的药剂主要为有机胺类，常用的胺类捕收剂有椰油胺、月桂胺。由于胺类可以捕收氧化铜矿中的脉石，为了使浮选过程有较好的选择性，脉石抑制剂的选择至关重要，除常见抑制剂外，可选用海藻酸钠、聚丙烯酸、纤维素木质磺酸盐或木质素磺酸盐等。

预处理浮选法是先采用冶金或化学工艺对氧化铜矿进行预处理后，再采用常规浮选工艺对铜进行回收的一种难选氧化铜矿选矿方法，该方法主要包括氨浸—硫化沉淀—浮选法、离析—浮选法、硫化焙烧—浮选法、化学预处理—浮选法等。由于工艺复杂、选矿成本高等问题，制约了其工业应用步伐。

氨浸—硫化沉淀—浮选法[150]是在加压浸取过程中，加入元素硫（硫粉），在氧化铜矿被氨和二氧化碳溶解后，立即被沉淀为硫化铜，矿浆不经过固液分离而直接进行蒸馏，在回收NH_3和CO_2之后，对沉淀的人造硫化铜和矿石中原有自然硫化铜采用常规浮选法进行回收。此方法适用于嵌布极细的氧化铜矿，在对汤丹难选氧化铜的试验研究中获得很好的分选指标，铜回收率提高了17%，精矿品位也提高了1倍[148]。

化学预处理—浮选法[141]是在入选矿浆中加入硫酸使铜离子以硫酸铜形式浸出，然后再加入铁粉置换出铜，用黄药捕收浮选铜，该法适用于复杂难处理氧化铜矿分选，如硅孔雀石等难浮矿物；或含泥量极高，脉石中含有碳酸盐和铁、锰化合物，嵌布粒度细，易泥化的难选氧化铜矿，化学预处理—浮选法已成功应用于美国比尤特选矿厂[148]。有学者对新疆某铜矿的深度氧化、可浮性极差的难选氧化铜矿石用化学预处理—浮选工艺进行研究，获得含铜45.09%、铜回收率84.22%的铜精矿。

文书明等人[151]首次提出浸染体结合铜高分子桥联浮选学术思想，发明了聚乙基二硫代胺基甲酸钠为高分子桥联剂、铜离子为桥联离子，黄药为桥联捕收剂的桥联浮选方法，通过对不同氧化率的混合铜矿应用实践表明，桥联浮选方法可大幅度提高铜回收率8%～30%。

对一些用浮选方法难以处理的复杂难选氧化铜矿石，采用选冶联合或湿法冶金工艺是有效的方法。云南兰坪低品位氧化铜矿含铜矿物以孔雀石和蓝铜矿为主，脉石矿物以石英、高岭石、云母为主，原矿含泥量较大，采用预先脱泥—浮选法仅获得铜品位21.35%，铜回收率43.02%的铜精矿；而采用酸浸工艺，在入浸粒度-0.074mm占85%下酸浸后铜浸出率达92.08%，且浸出时间短、效率高[152]。袁明华等人[153]对云南某含铜1.2%、氧化率89.16%的氧化铜矿石进行选冶联合工艺研究，经三次粗选、两次精选、一次扫选，得到的铜精矿铜品位27.68%，铜回收率61.33%；尾矿中含铜0.477%，浮选尾矿经酸浸处理，可使铜的综合回收率达到88%左右。

为了解决氧化铜矿酸浸过程中渗透性问题，提高铜矿石浸出率，近年来，浓硫酸浸出、制粒预处理—堆浸及分级浸出等新技术不断被提出并应用。云南某高泥质氧化铜矿属典型的地表氧化矿，泥化程度达到70%以上，生产中堆浸渗透困难。为此，袁明华等人[154]分析了硫酸浓度与浸出效果的关系，并提出采用浓硫酸强化浸出不仅有利于增加矿石的渗透性，而且有利于提高矿石的浸出率和浸出液品位、降低浸出酸耗。大冶鑫泰有限责任公司含泥氧化矿采用制粒预处理—堆浸工艺进行的40t级现场扩大试验，矿石通过制粒预处理筑堆，经27天喷淋浸出，渣计铜浸出率75.11%[155]。

在硫化浮选高含泥量的氧化铜矿石时，矿泥对浮选过程产生不良影响，严重时甚至可能使浮选无法进行，目前消除矿泥的不良影响主要有以下措施[156]：（1）洗矿脱泥；（2）选择性絮凝浮选矿泥；（3）添加分散剂分散矿泥，其中水玻璃因价廉和对常见矿泥的有效抑制作用而被广泛应用。云南某难选氧化铜矿中有用矿物嵌布不均匀、与脉石共生关系复杂、铜氧化率52.94%，杜淑华等人[157]在硫化浮选过程中添加腐殖酸钠和水玻璃抑制脉石及矿泥、添加乙二胺磷酸盐作为辅助活化剂，硫化浮选获得铜精矿含铜20.54%，铜回收率80.57%。李荣改等人[158]对某氧化铜矿采用"预先脱泥—Na_2S诱导浮选"的工艺流程，有效避免了矿泥的不良影响，获得的铜精矿铜品位21.24%，铜回收率81.80%。

8.5.3.3　含铜多金属矿石浮选

含铜多金属矿主要包括铜铅锌硫矿石、铜钼矿石、铜锌矿石、铜铋矿石、铜镍矿石等。这类矿石常因矿物组成复杂、综合回收的金属矿物多、矿物之间共生关系密切、各金属矿物之间可浮性差异较小，浮选分离较困难。这类矿石的浮选研究大都集中在铜与铅锌的分离、铜与钼铋矿物分离的新工艺新药剂研究上。

铜铅锌多金属矿石选矿生产中多采用铜铅部分混浮或铜铅锌优先浮选工艺，铜铅锌全混浮工艺应用较少。近年来，选矿研究主要集中在和谐选矿工艺和新型选矿药剂及组合药剂的研制及应用方面。

目前，铜铅部分混浮工艺的研究主要集中在新型无毒组合抑制剂及高效选择性捕收剂的研发及应用上。新疆某复杂铜铅锌硫化矿嵌布粒度细、品位低、次生铜高、共生关系密切，且铜铅锌部分氧化，李福兰等人[159]在传统的铜铅部分混浮工艺基础上，采用硫酸锌与T_8组合抑制锌矿物、新型捕收剂酯-12浮选铜铅矿物、新型抑制剂T_{81}抑制铅矿物，闭路试验铜精矿含铜25.24%，铜回收率56.61%；铅精矿含铅59.82%，铅回收率80.62%；锌精矿含锌56.55%，锌回收率77.99%。刘亚龙等人[160]采用传统的铜铅部分混合浮选工艺分选辽宁某铜铅锌复杂多金属矿时，部分混合浮选以乙硫氮+苯胺黑药为捕收剂，$ZnSO_4+Na_2SO_3$为抑制剂，并控制矿浆pH值为11.5左右，应用水玻璃、亚硫酸钠和羧甲基纤维素组合抑制剂铅矿物，实现了铜铅锌矿物的高效分选。

伴随新型高效选择性铜捕收剂的研发及应用，铜铅锌依次优先浮选工艺因其分选指标高、易于操作等特点，逐步应用于工业实践中。新疆某铜铅锌选矿厂伴随矿山开采深度的延伸，铅、锌原矿品位大幅下降，金原矿品位有所上升，原"部分混合浮选工艺"已不能满足低铅锌高金品位矿石的选别要求，铜、铅、金的回收率较低。为此，将"部分混合浮选工艺"改造为"铜铅锌依次优先浮选工艺"，在铜浮选时选用高效选铜捕收剂LP-01与选金捕收剂TJ-1混合使用，使铜回收率由76.73%提高至83.27%，金回收率由66.73%提高至75.28%[161]。针对西北某铜铅锌银多金属硫化矿共生关系密切，且铜铅锌矿物嵌布粒度极细的特点，张雨田等人[162]使用选择性较强的铜捕收剂YK1-11和方铅矿抑制剂YK3-09，采用优先浮选工艺流程，成功实现了铜铅锌的分选。

小铁山多金属矿石中除含铜、铅、锌、硫等有价元素外，还伴生有贵金属金、银，矿石性质复杂、共生关系密切，属典型难处理复杂铜铅锌多金属矿。现场生产原采用亚硫酸+硫化钠法进行铜与铅锌的分离，因存在工艺复杂、排放尾气中SO_2浓度超标，烧制亚硫酸浓度低、添加量大等问题，导致分离作业浮选浓度过低，不能满足分离工艺要求。西北矿冶研究院2014年在工业试验中成功应用"液态二氧化硫+硫化钠"工艺替代"烧制亚硫酸+硫化钠"工艺，实现了小铁山多金属矿中铜与铅锌矿物的高效分选，一年多的工业应用表明，新工艺稳定了生产流程和技术指标，铜回收率提高4%，铜精矿中铅含量降低2%，铜与铅锌分离药剂成本降低至5.7元/吨[163]。

等可浮工艺是按有用矿物的浮游难易程度在不同工艺条件下进行浮选，因其浮选分离条件易控制，可避免浮选过程中"强拉强压"，大幅节省药剂用量，降低铜铅分离难度。近年来该领域的研究较多，但工业应用较少。西藏某铜铅锌银多金属硫化矿中有价组分嵌布关系复杂，铜矿物嵌布粒度细，且铜、铅矿物可浮性相近。王李鹏等人[164]采用铜铅等可浮—铜铅再磨分离—铅锌依次浮选的工艺流程，小型闭路试验获得的铜精矿含铜27.52%，铜回收率83.48%；铅精矿含铅66.27%，含银2113.23g/t，铅回收率93.25%，银回收率91.29%；锌精矿含锌46.11%，锌回收率78.21%。

我国铜钼矿资源丰富，分布广，但平均品位较低，选别较困难。铜钼矿石浮选中铜钼混合浮选—铜钼分离工艺最为成熟，工业应用也最多，其中铜钼分离部分主要有铜钼精矿再磨分离、铜钼粗精矿再磨精选—铜钼分离、铜钼粗精矿再磨再精选—混精浓密脱药脱水—造浆—铜钼分离等。某铜钼矿石中黄铜矿、辉钼矿嵌布不均匀、解离比较困难，为此，岳紫龙等人[165]采用“铜钼混合浮选—铜钼混精再磨后进行三次精选—铜钼分离”的选矿工艺流程及合理的药剂制度，获得钼的精矿含钼41.02%、钼回收率62.41%，铜精矿含铜29.12%、铜回收率81.10%。云南某铜矿含铜1.03%、钼0.066%，曾锦明等人[166]对比了一段磨矿和中矿再磨对铜钼分选指标的影响，并确定采用中矿再磨流程，获得的铜精矿含铜28.43%，铜回收率90.10%；钼精矿品位48.66%，回收率76.13%。

新型捕收能力强并且选择性好的高效铜钼矿浮选捕收剂和铜钼矿分离环保型抑制剂的开发是铜钼领域研究的热点。郭灵敏等人[167]研发的铜钼分离新型抑制剂HXM，在德兴铜矿铜钼矿分离过程中与硫化钠抑制效果相当，获得的钼精矿钼品位48.86%，铜含量1.64%；与硫化钠工艺相比能有效降低30%的药剂成本。郭海宁[168]研究出一种无氰环保型高效铜钼分离铜矿物抑制剂T17，应用于新疆某低品位铜钼矿分选时，获得良好的分选指标。

目前国内外对铜锌硫化矿的分选研究较多，并取得了一些新的研究成果，但对一些嵌布关系复杂、难选的铜锌硫化矿石，已有的成熟选矿工艺难以实现铜锌的高效分离。铜锌分离较为困难的主要原因是[169]：(1) 有用矿物互相致密共生，嵌布粒度细，需要细磨才能使矿物达到单体解离，但细磨会产生过粉碎，而使浮选过程恶化；(2) 硫化矿物间可浮性交错重叠；(3) 闪锌矿易被铜离子活化。

广西某选矿厂处理的铜锌硫化矿中矿物嵌布粒度细，部分黄铜矿与铁闪锌矿共生紧密，同时矿物中毒砂及绿泥石含量都较高，对主要金属矿物浮选影响较大，铜锌一直难以分离。研究确定采用阶段磨矿—阶段选别的优先浮选流程，采用石灰+硫酸锌+亚硫酸钠抑制铁闪锌矿、新型抑制剂y-As与石灰组合成功抑制毒砂，从而解决了矿泥恶化浮选、毒砂影响精矿质量、精矿互含严重的问题，工业试验与改造前相比，铜、锌回收率分别提高5.01%、3.01%，铜精矿中含锌降低4.15%，锌精矿中砷品位降低0.72%[170]。

针对内蒙古某铜锌硫化矿次生铜含量高达16.90%、部分锌与铜矿物共生关系密切、铜锌分离困难的问题，朱一民等人[171]采用铜锌等可浮、混合精矿再磨后铜锌浮选分离、锌浮选的工艺，以CY为调整剂消除矿石中次生硫化铜矿物在磨矿过程中产生的铜离子对锌、硫矿物的活化作用，实现了铜锌有效分离，闭路试验获得的铜精矿铜回收率81.50%，锌精矿平均含锌44.38%，锌总回收率82.57%。

黄铜矿与辉铋矿的可浮性很相近，铜铋分离存在一定的难度，目前国内对于铜铋浮选分离研究主要集中于铜矿物的无机小分子抑制剂和选冶联合工艺上。熊立等人[172]研究了新型有机小分子抑制剂SA-3对黄铜矿和辉铋矿纯矿物的浮选行为的影响，认为SA-3有多个官能团，如—SH、—OH、—COOH等，与黄药在矿物表面竞争吸附，—SH能牢固地吸附在黄铜矿表面，并借助—COOH、—OH在矿物表面形成亲水膜，从而阻止捕收剂在矿物表面吸附，使黄铜矿受抑制。叶雪均等人[173]采用铜铋混合浮选—铜铋分离浮选工艺和新型铜抑制剂XTL-3处理江西某铜铋多金属矿石，实现了铜铋矿物高效无氰分离，闭路浮选试验获得的铜精矿含铜27.51%、含铋0.14%、铜回收率88.71%，铋精矿中含铋20.14%、含铜2.13%、铋回收率77.58%。

福建宁化行洛坑钨矿矿脉中伴生有大量的钼铜铋硫化矿，选矿厂采用钼铜铋依次优先浮选工艺对其进行分选，但因硫化矿粗精矿性质复杂，药剂残留严重，造成最终精矿互含严重，质量较差，且回收率较低。为提高宁化行洛坑钨矿伴生钼铜铋硫化矿的浮选分离指标，采用优先浮钼—铜铋混浮—铜铋分离—铋粗精矿再浸铋的选冶联合工艺[174]，铜铋分离在高碱高钙条件下，采用亚硫酸钠作为抑制剂，LP-01作为捕收剂，获得的钼精矿含钼45.37%、钼回收率90.46%，铜精矿含铜23.01%、铜回收率91.03%；与现场原有工艺相比，铜、钼回收率分别提高了8%和4%，铋精矿中铋回收率提高了52%。

传统的铜镍硫化矿浮选工艺有混合浮选、优先浮选、混合—优先浮选等流程，为了提高选别指标，近年来选矿工作者针对各地矿石特点，开发出了多种新工艺流程，如分步浮选—浮选尾矿强磁选、石灰介质充气工艺等。某铜镍矿床近地表氧化矿石的铜主要以氧化铜和自然铜为主，伴生的金属镍、钴主要以红土镍矿形式产出，谭欣等人[175]采用“分步浮选—浮选尾矿强磁选”工艺，综合回收矿石中的铜、镍、钴等有价金属，闭路试验获得含铜19.18%、铜回收率51.25%的铜精矿，浮选尾矿强磁选获得含镍1.36%、镍回收率65.74%、含钴0.13%、钴回收率66.70%的强磁精矿，强磁精矿可通过冶金方法回收镍、钴等有价金属。B. A. 科列夫[176]提出石灰介质充气的铜镍分离新工艺，并指出该工艺的关键是在铜镍混合精矿浮选分离前，将固体浓度为20%的矿浆在石灰介质中充气，来实现铜镍高效无毒分选，该工艺既不需要使用氰化物，也不需要用蒸汽加热矿浆。结果表明，新工艺获得的铜精矿铜品位和铜回收率分别为18%和87%，镍精矿镍品位和镍回收率分别为11.5%和98%。

8.5.3.4 铜冶炼渣中铜的综合回收

铜冶炼渣选矿与自然矿石相比，选矿多一道炉渣缓冷工序，这也是渣选矿与自然矿石选矿最大差别之处，铜冶炼炉渣实际是一种人造矿石，这种矿石中的铜矿物颗粒与相组成取决于炉渣冷却方式与冷却速度[177]，炉渣的冷却方式有三种：自然冷却、水淬、保温冷却 + 水淬，其中保温冷却 + 水淬有利于铜的浮选回收。炉渣中铜矿物的结晶粒度大小和炉渣的冷却速度密切相关[178,179]，炉渣缓冷有利于铜相粒子迁移聚集长大，即在炉渣的缓冷过程中，炉渣溶体的初析微晶可通过溶解-沉淀形成成长，形成结晶良好的自形晶或半自形晶，同时有用矿物因此扩散迁移、聚集并长大成相对集中的独立相，使其易于单体解离和选别回收。

目前，我国铜冶炼渣年产1100万吨，含铜27.5万吨，是二次铜资源的重要组成部分。铜冶炼炉渣的处理方式主要有火法贫化、湿法浸出和选矿富集几种。火法贫化的弃渣含铜高、能耗高、环境污染严重[180]；选矿富集工艺虽然渣缓冷场占地面积大，基建投资较高，但铜回收率较高，选矿尾渣含铜可以控制在0.3%以内，并且渣中金银回收率较高、能耗低、成本低，因而被广泛应用。国内采用选矿富集处理铜冶炼渣的企业主要有白银有色集团、江西铜业集团、铜陵有色集团、大冶有色集团及祥光铜业集团等。

江西铜业贵溪冶炼厂、山东阳谷祥光铜业冶炼厂目前已成功应用“铜冶炼渣缓冷—半自磨 + 球磨—铜矿物浮选”新工艺[181]，有效解决了铜冶炼渣中铜晶体粒度过细导致难以单体解离、常规破碎因冶炼渣中夹带冰铜块导致的中细碎设备生产能力和运转率低等一系列技术难题，实现了铜冶炼渣中铜的有效回收。3年应用数据表明，对于含铜2.7%左右的铜冶炼渣，获得的铜精矿品位大于26%，尾渣品位含铜低于0.3%。

白银有色集团排渣场堆存的白银炉渣约为700万吨，并且每年还在产出新的白银炉渣约30万吨。因白银炉与其他铜冶炼工艺的差异，决定了白银炉渣性质的特殊性，其选矿工艺及技术指标也有不同[182]。为实现该二次资源综合利用，白银有色集团 140×10^4t/a 渣选矿系统于2012年5月投产，并于2012年年底达产达标，该项目采用“铜冶炼渣渣包缓冷—粗碎 + 半自磨 + 球磨—铜闪速浮选—中矿集中返回再磨”新工艺代替冶炼过程的贫化电炉工艺后，每年可减少冶炼过程中 SO_2 的排放量270t，渣尾含铜降低至0.28%，年回收铜金属2.2万吨。

刘春龙[183]针对某铜冶炼炉渣选矿后铜尾矿品位较高的问题，开展了炉渣选矿试验研究，把中矿单独再磨再选改为返回二段球磨分级再磨，对药剂制度进行优化，重点保证一段浮选的药剂用量，强化对粗粒级和中粒级矿物的捕收。当炉渣含铜2.9%时，获得的铜精矿含铜26.20%、铜回收率92.26%，铜渣选矿尾矿铜品位降低至0.25%。王国红[184]针对贵溪冶炼厂铜冶炼炉渣缓冷工艺提出了解决“渣包放炮”和“翻出红包”的多项措施，指出了延长渣包使用寿命、及时报废更新渣包、保证渣包使用安全、降低生产成本的途径。

云南某铜冶炼渣含铜0.62%、含铁35.58%，主要含铜矿物为黄铜矿、蓝铜矿和辉铜矿，铜矿物与主要脉石矿物橄榄石等嵌布关系复杂，嵌布粒度细微。王祖旭等人[185]研究在细磨条件下，以冰铜为“载体”进行“载体浮选”，获得的铜精矿中含铜21.30%、铜回收率86.20%。

8.5.3.5 尾矿中铜的综合回收

目前，尾矿中铜资源的综合回收多采用重浮联合、单一浮选、湿法冶金等技术措施。谢建宏等人[186]对陕西某铜矿浮选尾矿进行了再选资源化利用研究。在选铜尾矿中有价元素铜和硫的含量较低（分别为0.18%和2.76%）的条件下，选铜尾矿经螺旋溜槽可抛弃产率达85.53%的预选尾矿；预选精矿经磨矿后进行铜硫依次浮选，可得到铜品位为15.86%，对预选精矿回收率为83.24%的铜精矿，以及硫品位为41.68%，对预选精矿回收率为85.96%的硫精矿。

安徽某磁选铁尾矿含铜0.28%，且次生铜含量较高，黄铜矿呈粗细不均匀嵌布，有部分铜矿物被黄铁矿包裹。叶雪均等人[187]在原铜硫混浮—铜硫分离工艺前增设了快速浮铜工艺环节，采用半优先浮铜—

铜硫混浮—混精再磨—铜硫分离流程，获得铜品位 21.48%、铜回收率 82.85% 的铜精矿，硫品位 48.34%、硫回收率 84.43% 的硫精矿，该工艺铜回收率比原工艺铜回收率提高 10% 以上。

德兴铜矿是世界级特大型低品位斑岩铜矿之一，排土场每日增加低品位 0.2% 以下废石 10 万吨，废石在细菌和雨水作用下产生含铜酸性废水，德兴铜矿堆浸厂虽然采用萃取—电积工艺从含铜酸性废水生产阴极铜。但由于技术等原因，仍有部分低浓度含铜酸性废水中的铜不能回收，只能进入废水处理系统，资源不能完全回收利用。为此，德兴铜矿应用“化学硫化技术”从含铜酸性水中回收铜的工艺流程[188]，建成含铜酸性水处理系统，使铜酸性废水中铜回收率达 93.5%，年回收铜金属 1200t，综合利用酸性废水 1030 万吨。

由于老尾矿经长期堆存，许多矿物因氧化等原因造成可浮性变差，给资源综合回收利用带来了较大困难。某老尾矿中铜的赋存状态非常复杂[189]，其中 26.67% 的铜以孔雀石等自由氧化铜形式存在，31.11% 的铜以目前难以回收的吸附铜或结合氧化铜形式存在，且铜矿物嵌布粒度细，呈贫连生体形式产出或呈微细单体形式产出，矿样含泥量大。针对该矿石性质特点，陈金中等人[190]采用表面处理与活化及高效捕收剂浮选技术强化表面（半）氧化硫化铜浮选，闭路试验获得铜品位 12.02%、含金 9.02g/t、含银 82.72g/t，铜回收率 51.22%、金回收率 54.72%、银回收率 23.87% 的铜精矿。贵州某老尾矿库中尾矿含铜 0.31%，尾矿中 -0.074mm 粒级占 40.17%，黄铜矿与黄铁矿、磁黄铁矿等共生关系密切，呈细粒、微细粒不均匀嵌布，且伴生金银。刘豹等人[191]将该老尾矿在磨矿细度为 -0.074mm 粒级占 80% 的情况下，采用一次粗选、二次精选、二次扫选，两次精选后精矿再磨至 -0.043mm 粒级占 85% 后再进行二次精选、中矿顺序返回流程，获得铜、金、银品位分别为 13.05%、18.75g/t、229.62g/t，铜、金、银回收率分别为 58.70%、56.66%、43.72% 的铜金精矿。

甘肃白银矿区废石堆场存放有大量的含铜矿岩，为矿山开采早期有计划堆排的矿岩，约 2.53 亿吨，平均铜品位 0.25%，铜金属量高达 60 万吨左右[192]。对该风化程度较高的含铜废石进行了铜的选矿回收研究，采用对矿泥分散性较强并对硅酸盐类脉石矿物有较强选择抑制作用的分散剂 EMLT-1，采用一次粗选、一次扫选、三次精选、中矿顺序返回工艺流程，最终获得含铜 17.06%、回收率 83.43% 的铜精矿，实现了该低品位铜矿资源的有效回收。

新疆阿舍勒铜矿目前锌硫分离作业尾矿中含铜、金、银仍较高，对锌硫分离尾矿采用铜再磨再选，仅 2010 年 1～7 月与 2009 年全年比较，平均铜总回收率提高 0.89%，其中最高月份提高铜总回收率 2.65%，平均每月多回收铜金属 62.17t，月增经济效益 135.1 万元[193]。

8.5.4 浮选药剂的研究

8.5.4.1 捕收剂

硫化铜矿捕收剂的有机硫化合物品种较多，常用的有黄药类、黑药类、硫氨酯和硫氮类等。在生产实践中，黑药对硫化矿物的捕收能力较弱，浮选速度较慢，但黑药的选择性比黄药好。硫氨酯类与黄药或黑药类相比具有更高的选择性和稳定性，它对黄铜矿和辉铜矿的捕收作用较强，对黄铁矿捕收能力较弱，浮选硫化铜矿时可降低黄铁矿抑制剂用量。硫氮类捕收剂捕收能力较黄药强，尤其是对黄铜矿的捕收能力较强，对黄铁矿捕收能力较弱，选择性好，浮选速度快，用于铜铅硫化矿分选时，能够获得比黄药更好的分选效果。

浮选硫化铜矿石时，两种或两种以上的捕收剂混合使用，往往比单一用药浮选效果好，具体表现为捕收剂组合使用时，可以提高目的矿物回收率，降低浮选药剂用量及选矿成本，另外还可以减少或取代有毒药剂。在给矿性质、品位相差不大的情况下，对刁泉银铜矿浮选试验研究结果表明，使用巯基乙酸异辛酯与丁黄药组合捕收剂，与原药剂相比铜精矿品位提高了 6.12%，铜回收率提高了 5.58%，银精矿品位提高了 372.6g/t，银回收率提高了 6.97%[194]。某含碳硫化铜矿使用丁基黄药和丁基铵黑药混用作捕收剂浮选铜，获得了铜品位 21.35%，铜回收率 80.94% 的铜精矿[195]。

其他常用捕收剂有黄药酯类、硫氮酯类和羟肟酸类等。黄药酯类在水中溶解度都很低，对于铜、锌、钼等硫化矿以及沉淀铜、离析铜等的浮选，具有较高的活性，属于高选择性的捕收剂。黄药酯类捕收剂多和水溶性捕收剂混合使用，以提高药效、降低用量、改善选择性。对江西永平铜矿硫化物矿石的浮选试验结果表明，与丁基黄药相比，使用BXEF（丁基黄原酸甲酸乙酯）时，铜精矿中铜品位和铜回收率分别提高至22.8%和82.4%[196]。硫氮酯类对黄铜矿具有良好的选择性，并具有起泡性能，我国多个铜矿应用硫氮丙腈酯代替黄药和2号油，降低了药剂成本，提高了选矿指标。原矿铜品位1.18%，用戊基黄药与二甲基二硫代氨基甲酸丙腈酯混用浮选，铜粗精矿品位提高0.86%，铜回收率提高3.57%[197]。羟肟酸类捕收剂主要用于浮选氧化铜矿，可直接浮选或硫化浮选，浮选效果较单用黄药好。阜新某氧化铜矿选矿试验研究采用己黄药、丁铵黑药和羟肟酸作为捕收剂，铜回收率提高2.3%[198]。

新型的硫化铜矿石浮选捕收剂有：新型黄药类捕收剂，主要为Y-89系列，属于长碳链和带支链的黄药类捕收剂，Y-89对硫化铜矿石中铜和硫有强捕收性，也有利于提高硫化铜矿中伴生金的回收。对含次生铜矿物的难选铜硫矿石浮选效果比用丁基黄药好，但选择性较丁基黄药差，铜硫分离时石灰用量大，且铜精矿中铜品位有所下降。新型黑药类捕收剂主要为二烷基单硫代磷酸盐和单硫代磷酸盐，前者为真正的酸性流程捕收剂，而后者在中性和弱碱性条件下才有效，它们是硫化铜和金矿物的有效捕收剂。新型硫氮类有DMDC（二甲基二硫代氨基甲酸酯）、二甲基二硫代氨基-羰基丁酯及二甲基二硫代氨基-羰基乙酯等，这类捕收剂对铜的捕收能力较强，对黄铁矿及未活化的闪锌矿捕收能力弱，可用于铜硫分离，浮选指标高于丁基黄药。新型硫氨酯类主要有ECTC（乙氧基羰基硫代氨基甲酸酯），对铜捕收能力很强，而对黄铁矿捕收能力很弱，且浮选pH值较低，是铜硫分离的良好捕收剂。ECTC在江西铜业永平铜矿进行了一个月的工业试验，原矿铜品位0.64%时，浮选得到铜品位23.81%，铜回收率87.99%的铜精矿，比用丁基黄药时铜精矿品位提高0.74%，铜回收率提高2.61%[199]。新型捕收剂DEOECTU(3,3′-二乙基-1,1′-一缩二乙二醇二羰基双硫脲)对黄铜矿具有优良的捕收能力，而对黄铁矿、闪锌矿和方铅矿的捕收能力弱[200]。

新型捕收剂IOETCT（乙氧基羰基硫逐氨基甲酸异辛酯）可在低碱度条件下有效浮选铜，同时提高金、银的回收率。该药剂在永平铜矿的工业试验表明，浮铜抑硫pH值为8.5，大幅度降低了石灰用量，铜精矿铜品位和回收率分别提高3.07%和3.01%，金、银回收率分别提高了8.33%和9.08%，效果比丁基黄药好[201]。CSU-21在弱碱性条件下对黄铜矿等含铜矿物具有较好的捕收能力和选择性，同时对伴生金、银等贵金属具有较强的捕收能力。赞比亚谦比希某铜矿实际矿物试验结果表明，CSU-21在中性和弱碱性条件下对黄铜矿具有很强的捕收能力，明显强于现场捕收剂SIPX[202]。CSU-31对黄铜矿和黄铁矿的浮选试验结果表明：CSU-31对黄铜矿的捕收能力强，最大回收率达到93%，而对黄铁矿的捕收能力弱，在pH值为7.0~12.0时，其回收率小于10%；当pH值为7.0~11.0时，用CaO作pH值调整剂，黄铁矿回收率低于5%；CSU-31在黄铜矿和黄铁矿表面的吸附量均随着CSU-31用量的增加而增大，但捕收剂在黄铜矿表面的吸附量明显大于在黄铁矿表面的吸附量，CSU-31的吸附造成矿物表面的动电位往负的方向移动，而且使黄铜矿表面的动电位负移较大，因在黄铜矿表面吸附量大，而在黄铁矿表面吸附量少，故黄铜矿能与黄铁矿浮选分离[203]。CSU-A是有三个烃基的新型硫氨酯类捕收剂，该药剂对德兴铜矿大山选矿厂硫化铜矿具有较好的捕收能力和选择性[204]。

铜金高效捕收起泡剂A_2的特点是精选作业效率高，铜金和硫的分离效果好，适用于原生铜及含次生铜高的硫化铜矿石。青海赛什塘铜矿使用捕收剂A_2和调整剂T_{12}进行工业试验，原矿铜品位1.20%，产出铜精矿中铜品位20.32%，铜回收率83.83%，铜回收率提高7.97%[205]。J622是一种铜镍矿捕收剂，用J622代替松醇油应用于金川二矿区富矿石选矿系统，在中性介质中，以硫酸铵+硫酸铜为调整剂，J622+丁基黄药为捕收剂，获得铜镍混合精矿铜品位3.25%，镍品位6.72%，铜镍回收率分别为79.31%和90.05%，MgO含量为5.95%。与丁基黄药+2号油相比，在精矿品位接近条件下，镍回收率提高1.16%，铜回收率提高0.97%，MgO含量降低0.25%[206]。

凤凰山铜矿原金银回收率分别在59%和49%左右，采用新捕收剂BJ-306，在保证部分优先铜精矿品位和作业回收率的前提下，铜、金和银回收率分别提高了1.08%、8.14%和2.02%[207]。

某斑岩铜矿选矿厂采用AT-680与丁铵黑药混合作捕收剂，24K作起泡剂，通过3个月的生产实践，获得的铜精矿铜品位24.27%，铜回收率90.41%，铜精矿含钼0.18%，含金4.53g/t，含银70.8g/t，钼回收率64.25%，金回收率87.56%，银回收率59.87%，与原用药剂相比铜精矿指标接近，金品位由2.24g/t提高到4.53g/t，金回收率由26.00%提高到87.50%，同时钼、银回收率也有不同程度的提高[208]。

QF 捕收剂是一种含有硫代羰基官能团的捕收剂，对自然金和黄铜矿等矿物具有较强的捕收能力。研究结果表明：QF 对金和铜的捕收能力高于低级黄药和硫氮类捕收剂。QF 捕收剂为无色透明液体，无臭无味，用时不必配成水溶液，可直接加入浮选流程中。用 QF 作捕收剂浮选某金铜矿石，在铜品位 0.50%、金品位 1.39g/t 的给矿中，得到铜和金品位分别为 16.21% 和 44.55g/t，铜和金回收率分别为 89.96% 和 88.46% 的铜精矿[209]。

新型浮选捕收剂 T-2K 在处理硫化铜矿石或伴生有金银的硫化铜矿石时，具有捕收能力强、选择性高兼具有部分起泡能力的优点。T-2K 捕收剂硫代羰基官能团中硫原子的净负电荷很小，是一种很软的碱，对黄铁矿的捕收能力极弱，对黄铜矿的捕收能力很强，对单体解离较好的铜硫矿石，可实现铜矿石的全优先浮选分离。金堆城钼矿选矿试验结果表明：T-2K 在铜硫分离中，在较低的 pH 值下，对铜选择性很好，在不使用活化剂时，当原矿铜品位为 0.77% 时，铜精矿铜品位 22.72%，铜回收率 93.10%[210]。

PN405 是近年新研制成功的高效捕收起泡剂。该药剂对铜矿物的选择性捕收力强，并具有较强的起泡能力。单独使用该药剂或配合少量黄药类捕收剂一起浮选铜，可获得比用常规“丁黄药 + 松醇油”更好的选别指标。PN405 也是硫化铜镍矿石的高效捕收起泡剂，宜与 Y-89 黄药配合使用[211]。

MOS-2 是新型捕收剂，该药剂对铜矿有较强的新型选择捕收性，对黄铁矿捕收能力弱。使用该药剂，在较低碱度下，即可实现铜硫分离，减少捕收剂用量，同时减少石灰及 2 号油用量。MOS-2 捕收剂兼具有相当的起泡性能，使用其作捕收剂时，可以少用或不用起泡剂[212]。

某热液蚀变的硫化铜矿石采用新型的 ML 捕收剂进行选矿试验研究，获得含铜 20.38%、铜回收率 86.81% 的良好浮选指标[213]。

Mac-12 新型捕收剂是硫化铜矿和表面受氧化的硫化铜矿捕收剂，尤其对伴生金具有强力捕收作用。德兴泗洲选矿厂应用 Mac-12 试验表明：与传统黄药工艺相比，Mac-12 + 少量黄药组合工艺可以使铜金钼的选矿指标得到明显提高，小型试验铜、金、钼的回收率分别提高了 2.34%、6.43% 和 8.36%，工业试验铜、金、钼回收率分别提高了 1.03%、7.16% 和 3.90%[214]。

铜钼捕收剂 WS 能大幅度提高铜精矿品位，并能较好地适应矿石性质的变化，即使是被 Cu^{2+} 活化了的黄铁矿也不被 WS 捕收。采用 WS 作捕收剂铜钼混合试验结果表明：在给矿含铜 0.36% ~ 0.51%、含钼 0.021% ~ 0.026% 时，可得到铜、钼品位分别为 23.89% ~ 25.91%、0.59% ~ 1.804%，铜、钼回收率分别为 94.79% ~ 90.60%、84.34% ~ 88.40% 的铜钼混合精矿[215]。

PLQ_1 是一种新型酯类硫化铜矿捕收剂，该药剂在粗选阶段能够优先捕收铜矿物，在铜矿物表面的化学吸附较强，不易脱落。江西某铜矿对比了 PLQ_1 和酯 105 两种药剂的浮选效果，在相同的流程和药剂用量下，采用 PLQ_1 铜的回收率提高了 3.96%，精矿品位上升了 3.91%[216]。

EP 捕收剂对硫化铜矿具有较好的捕收性能兼选择性，对矽卡岩型次生铜含量高的铜矿石有良好的选择性，能在低碱度环境中实现铜硫分离。对含铜 0.59%、含硫 10.65% 的原矿，闭路试验可得到铜品位 24.65%、回收率 77.67% 的铜精矿，硫品位 48.30%、硫回收率 82.69% 的硫精矿[217]。

某锡铜共生硫化矿由于砷、锌、硫等金属矿物共生紧密，与丁、乙基混合黄药捕收剂相比，用 KM109 作捕收剂，在原矿含铜 0.61%、锡 1.02%、砷 2.13%、硫 11.23% 和锌 0.68% 时，可获得铜品位 14.14%、铜回收率 72.01% 的铜精矿[218]。

B130 是一种改性亲铜螯合剂，分子中除能与铜生成螯合物的基团外，无其他水化基团，能与氧化铜表面生成一种不溶于水（或溶解度很小）而稳定的疏水性高的聚合物。B130 是碱性液体，pH 值大于 12 呈棕褐色，可与水混溶，密度为 $1.2g/cm^3$ 左右，小白鼠急性中毒 LD50 为 2300mg/kg，毒性很小，比黄药约低 5.5 倍。铜绿山氧化铜矿以 B130 为捕收剂，进行了工业试验，结果表明：用 B130 + 煤油代替黄药，金和铜的回收率均提高 10% 左右[219]。吉尔吉斯斯坦铜矿金属矿物主要是孔雀石、少量硅孔雀石，氧化率 98% 以上，原生产工艺采用丁基黄药浮选。采用 B130 作捕收剂，经三次粗选、两次扫选、两次精选工艺获得铜品位 20.44%、铜回收率 75.17% 的铜精矿，而且降低了药剂成本[220]。

某氧化铜银矿含铜 0.86%，含银 116.32g/t，采用硫化钠、水玻璃、戊基黄药、丁铵黑药和松醇油浮选，铜精矿铜品位 16.45%，铜回收率 31.2%；用新药剂 LW61 作捕收剂浮选，得到含铜 15.2%、铜回收率74.59%、含银1035g/t、银回收率65.29%的铜精矿[221]。

8.5.4.2 调整剂

近几年来，广大选矿工作者围绕“寻求无毒、高效、价廉、源广和多品种调整剂产品”的主题，开展了大量工作，取得了许多新成果。

A 活化剂

在刚果（金）加丹加省地区，氧化铜钴矿浮选普遍使用硫氢化钠（NaHS）作硫化剂，采用 NaHS∶Na_2S = 1∶1 的组合药剂，在6kg/t用量时浮选，精矿铜回收率约为80%，富集比为3.5[222]。

四川某氧化铜矿（氧化率84%）工业试验表明：“硫化钠＋黄药＋D_2”与“硫化钠＋黄药”两种药方相比，前者精矿铜品位比后者提高2.40%，回收率提高10.12%，D_2 活化剂浮铜，浮选指标均有较显著提高[223]。

用硫与CuO干磨增加矿物可浮性的试验研究表明[224]：干磨的时间越长，磨机的转速越快，CuO的可浮性越好，用SEM、XPS和Zeta电位等测试手段研究其作用机理。结果表明，硫与CuO表面发生牢固的吸附，而且硫与CuO表面成键故被活化。

一种贵金属和硫化矿的新型活化剂，其质量组成比为：水0.2～2、石膏0.2～0.5、动物油0.1～1.0、鱼油0.2～2.0和 Na_2CO_3 0.1～1.0。可以实现贵金属和硫化矿与脉石、非硫化矿有效分离[225]。

$Na_2S_2O_5$ 和活性炭可抑制脉石提高铜精矿品位。在Kure铜矿选矿厂，从黄铁矿中浮出黄铜矿用石灰作抑制剂，铜精矿铜品位只有17.5%，而以 $Na_2S_2O_5$ 和活性炭作调整剂[224]，二硫代磷酸型（di-thiophosphino-type）捕收剂浮选，铜精矿铜品位达到28%。

B 抑制剂

蒙古某铜矿所含的黄铜矿粒度极细，且存在辉铜矿与铜蓝交替黄铜矿的现象，与呈浸染状的黄铁矿关系密切，不易单体解离，采用常规优先浮选工艺，以石灰、水玻璃作调整剂，乙黄药作捕收剂进行铜硫分离，铜精矿品位和回收率很低，而采用 H_2SO_4＋Na_2SO_3＋$FeSO_4$ 组合调整剂，用Z-200作捕收剂进行铜硫分离，得到铜精矿铜品位18.25%，铜回收率88.03%，在工业生产上用此药剂制度铜精矿中铜品位在18%以上[226]。

乳酸、单宁酸、水杨酸、焦性末食子酸、淀粉等有机抑制剂对黄铜矿、黄铁矿浮选的影响试验结果表明[227]：这几种抑制剂在pH值为8的低碱度下，均能在一定程度上抑制黄铁矿。在铜硫分离浮选中添加少量焦性末食子酸或单宁酸，能成功地实现铜硫分离，焦性末食子酸作黄铁矿抑制剂效果更为明显。在pH值为8的条件下，分别研究了硫代硫酸钠＋焦性末食子酸、次氯酸钠＋焦性末食子酸、氯化钙＋单宁酸、高锰酸钾＋单宁酸、次氯酸钠＋腐殖酸钠对黄铜矿和黄铁矿浮选的影响[228]。结果表明：这些混合抑制剂对黄铁矿均有选择性抑制作用，但在选择性强弱上有所差别，以次氯酸钠＋腐殖酸钠为代表，比较了组合抑制剂与单一抑制剂的抑制效果，试验证明组合抑制剂比单用次氯酸钠或单用腐殖酸钠效果更好。

木质素磺酸钠在辉钼矿上的吸附量很少，而在黄铜矿上的吸附量大，故木质素磺酸钠能抑制黄铜矿，而辉钼矿不被抑制，从而使黄铜矿与辉钼矿浮选分离[224]。

采用PGA（假乙内酰硫脲酸）作为抑铜浮钼抑制剂，试验结果表明[229]：少量PGA即对黄铜矿产生较强的抑制作用，经一次粗选、两次精选、一次扫选，可获得含钼26.17%，钼回收率89.83%的钼精矿，与采用硫化钠作抑制剂相比，钼的回收率提高2%。吸附测试结果表明：PGA在黄铜矿表明的吸附强度要远大于在辉钼矿表明的吸附强度。

铜锌硫化矿浮选分离，一直是选矿难题。针对某铜锌硫化矿粒度细，残留药量大、次生铜离子活化闪锌矿等特点，用活性炭与硫化钠配合使用，能有效抑制闪锌矿。在铜锌混合精矿铜品位7.88%、锌品位22.45%的条件下，经一次浮选，获得铜精矿铜品位16.85%、铜回收率62.56%，铜精矿中锌的含量降到7.53%[230]。

广东某矿的铜铅混合精矿，采用高频振动细筛，先将混合精矿分级，然后对＋0.088mm筛上粒级进行摇床重选；对－0.088mm筛下粒级，用CMC、亚硫酸钠和水玻璃混合剂作抑制剂，用Z-200作捕收剂抑铅浮铜，取得了较好的小型和工业试验结果[231]。

C　新型调整剂

EM-421 是毒砂、硫铁矿的高效抑制剂。EM-421、漂白粉和 $KMnO_4$ 等毒砂抑制剂的对比试验结果表明：采用 EM-421 时矿浆不需提高 pH 值就可有效地分离铜砷（硫），得到高质量的铜精矿。用丁基黄药作捕收剂、EM-421 作抑制剂、松醇油作起泡剂对某高砷铜锡矿矿石浮选，效果显著[232]。

西藏某矽卡岩型钼矿，采用一段磨矿后粗选，用柴油和黄药作捕收剂、松醇油作起泡剂，得到混合精矿；将混合精矿再磨后，采用组合抑制剂 WL 进行铜钼分离，经过四次精选，得到含钼 52.6%，钼回收率 89.31% 的钼精矿，铜精矿铜品位 19.69%，铜回收率 92.50%[233]。

新型铜硫分离抑制剂[234]：DP-1 为有机醌和过氧化乙酸类；DP-2 为过硫酸盐类；DP-3 为次氯酸盐类。用 DP-1、DP-2、DP-3 分别浮选分离德兴铜矿铜硫混合精矿，试验结果表明，DP-1、DP-2、DP-3 都是铜硫分离的有效抑制剂，但 DP-3 的综合性能优于 DP-1 和 DP-2。DP-3 与用石灰抑制剂相比，铜、钼、金、银回收率分别提高 0.75%、31.38%、2.78% 和 8.31%。

具有（Ⅰ）$X_1—CH_2\overset{X_2}{\overset{|}{C}}H—\overset{X_3}{\overset{|}{C}}H—Y$、（Ⅱ）$X_1—CH_2\overset{X_2}{\overset{|}{C}}H—\overset{X_3}{\overset{|}{C}}H—\overset{X_4}{\overset{|}{C}}H—Y$、（Ⅲ）$X_1—CH_2\underset{\underset{CH_3}{|}}{\overset{X_2}{\overset{|}{C}}}—\overset{X_3}{\overset{|}{C}}H—Y$ 式结构的有机物，均属于特效硫化矿抑制剂[235]。在（Ⅰ）、（Ⅱ）、（Ⅲ）式中，Y 为 SO_3M 或—COOH 或 OH；X_1、X_2、X_3、X_4 为 SH 或 H，也可以有 2、3 或 4 个 SH；SO_3M 中的 M 为 H^+、Na^+、K^+ 等。上述（Ⅰ）、（Ⅱ）、（Ⅲ）类抑制剂用来抑制黄铁矿、磁黄铁矿、黄铜矿，用量少，效果好。某铜钼粗精矿，采用 $C_4H_8SO_2$ 为抑制剂，指标较好。

四川某氧化铜矿组成复杂，具有氧化率高、含碳量高等特点，使用有较强抑制能力的 T-206 作抑制剂，硫化钠、硫酸铵作调整剂，丁基黄药和丁基铵黑药作捕收剂，松醇油作起泡剂，采用两次粗选、一次扫选、两次精选流程，可从含铜 0.95% 的给矿，得到含铜 18.43%、铜回收率 67.56% 的铜精矿[236]。

国内某大型铜钼矿选厂的铜钼精矿采用 YF851 和 YF212 分段抑铜浮钼，在分离前将铜钼精矿强化脱药，可显著改善铜钼分离效果[237]。

$ZnSO_4+Na_2SO_3$ 和 Yn 分别作抑制剂浮铜抑锌[238]。矿石中一部分锌矿物与铜矿物可浮性相近，采用一种小分子抑制剂 Yn，与 Z-200 配合使用，进行抑锌浮铜，获得铜精矿铜品位 23.15%，铜回收率 78.24%，铜精矿中含锌 5.61%；与采用 $ZnSO_4+Na_2SO_3$ 作抑制剂相比，铜精矿铜品位和铜回收率分别提高 4.59% 和 8.83%，含锌量降低 12.61%。

内蒙古某铜铅锌多金属硫化矿石性质复杂，采用 T-16 + 硫酸锌组合抑制剂具有抑锌、活化铜铅、消除矿浆泡沫发黏的影响，能有效实现铜铅与锌的浮选分离，铜铅混合精矿经过浓缩脱水再用活性炭脱药，获得的铜精矿铜品位从 23.15% 提高至 28.18%，铜回收率从 64.53% 提高到 69.51%；铅精矿铅品位从 44.59% 提高至 57.07%，铅回收率从 59.61% 提高至 89.68%[239]。

8.5.4.3　起泡剂

近年来人工合成醇、醚醇类起泡剂，如甲基异丁基苄必醇（MIBC）、丁基醚醇等，已有取代天然起泡剂的趋势，并具有一定的优势。在国内未来的起泡剂市场中，MIBC 和醚醇类起泡剂将会拥有更广泛的应用前景。在国际市场上，将会出现硫、氮、磷、硅的起泡剂以及高分子化合物起泡剂。越来越多的新型起泡剂可供矿山企业选择，并不断地完善和发展。

杂醇油是酿酒工业的副产品，据报道，它含有异戊醇[240]，含乙醇、丙醇、异丁醇和正丁醇 15% ~ 40%。采用 Dy-1[241]作捕收剂，水玻璃抑制脉石矿物，磷诺克斯抑制方铅矿，杂醇油作起泡剂，河南某钼矿在原矿含钼 0.14% 时，得到钼品位为 58.07%、钼回收率为 83.91% 的钼精矿。

JM-208 起泡剂[242]呈黄色至棕色油状液体，略具醇类气味。某钼矿用 JM-208 作起泡剂，YC 用作捕收剂工业试验结果表明：在回收率接近的情况下，钼精矿品位提高 1.85%。

在微细粒蛇纹石浮选中，不同起泡剂种类和用量下的泡沫回收率与矿物浮选回收率有良好的对应关系，不同起泡剂的泡沫回收率差别很大[243]，其大小顺序为：二乙二醇丁醚、MIBC、松醇油，不同起泡剂的浮选回收率差别也很大，其大小顺序与泡沫回收率一致，因此在实际硫化铜镍矿浮选中，可通过增大颗粒粒度或寻找适合的起泡剂来减少蛇纹石的机械夹带。

4-甲基戊醇-[2]（MIBC）和己醇-[1]是同分异构体[244]，它们有相同的分子式和相同的官能团。己醇有多种同分异构体，曾用其中的四种易找到的己醇作起泡剂，分别测定它们的用量与起泡性能的关系，测定结果表明：其中以 MIBC 和己醇-[1]起泡性能最好，故有人选用 MIBC 单独作起泡剂使用；己醇-[1]起泡性能虽好，但合成一般要用戊醛作原料，通过与甲基格氏试剂反应，再水解生成，合成不易，故得不到应用。

1，1，3-三乙氧基丁烷（代号 TEB）与同分异构体二丙基二醇丁醚[245]作起泡剂具有良好的起泡性能。其中 TEB 在美国、南非等国的有色金属选矿厂使用，加拿大、俄罗斯也有使用。我国北京矿冶研究总院研制了该药剂并进行了工业生产，后来在白银有色金属公司选矿药剂厂进行工业生产。

8.5.5 化学选矿技术

化学选矿是基于矿物和矿物组分化学性质的差异，采用化学方法改变矿物组成，然后用相应方法使有用组分富集的矿物加工工艺。化学选矿因其适应性较强、应用范围较广，近几年来，在选矿中的应用有扩大的趋势。

8.5.5.1 *生物浸矿*

微生物湿法冶金（Bio-hydrometallurgy）是指利用某些微生物的代谢活动或其代谢产物从矿物或其他物料中浸取有用金属的过程。目前，铜、锌、金、铀等的生物浸出已经实现工业化。

A *浸矿微生物*

微生物分为原核微生物和真核微生物，生物冶金中占主导地位的是原核微生物中的化能营养原核生物，其中细菌和古生菌的研究和应用较多[246]。嗜酸性菌种按最佳生长温度分为嗜中温菌、中度嗜热菌、中度嗜热古生菌和极端嗜热古生菌。嗜碱性菌种尚没有明确分类[247]。浸矿细菌按其适宜的生长温度范围可分为三个类型[248,249]：（1）中温菌（Mesophile），最佳生长温度 20～35℃，主要包括 Acidithiobacillus ferrooxidans、Acidithiobacillus thiooxidans、LeptosPirillum ferrooxidans；（2）中等嗜热菌（Moderate thermophile），最佳生长温度 40～50℃，主要有 Sulfobacillu 菌属，包括 Acidimicrobium ferrooxidans、Sulfobacillu thermo-sulfidooxidans、Sulfobacillus acidophilus；（3）极端嗜高温菌（Extreme thermophile），最佳生长温度 60～85℃，包括 Sulfolobus：60～70℃；Sulfolobuslikearchaea：65～85℃。其中，中温菌和中等嗜热菌已成功应用于硫化矿的生物氧化中，在低于 45℃时以中温菌为主；在 45～60℃范围内，以中等嗜热菌为主；在 40～45℃的范围内可能有些重叠。高温嗜热菌在实验室已进行了扩大试验，但还未进行大规模的工业应用。比较常见和应用较多的三种浸矿细菌为：氧化亚铁硫杆菌、氧化硫硫杆菌、氧化亚铁微螺菌。

目前用于生物浸铜的主要菌种是中温菌，如 T. ferrooxidans、T. thiooxidans、L. ferrooxidans 等。它们只能有效浸出辉铜矿、铜蓝等次生硫化矿，对黄铜矿等原生硫化矿浸出率低。

B *生物浸出技术研究现状*

近年来，生物浸出技术的研究得到了长足进步，研究的重点主要集中在浸矿微生物的分离与培养、微生物浸矿机理、浸出工艺等方面。

丁建南等人[250]从云南酸性热泉水样中分离出一株中度嗜热硫氧化菌 YN12。对其形态特征和生理生化特性以及 16SrDNA 序列分析结果证明，该菌株归属于喜温嗜酸硫杆菌（Acidithiobacillus caldus）。重金属抗性实验表明，其 Cd^{2+} 耐受浓度可达 31.5g/L（210g/L $3CdSO_4 \cdot 8H_2O$），在该 Cd^{2+} 耐受浓度下，经过连续 3 代的适应性生长，YN12 菌株的生长速度和硫氧化活性均能得到较好的恢复。

褚仁雪[251]根据紫荆山铜矿微生物提铜工业试验和生产实践，提出了合理的紫荆山湿法原则工艺，按规范筑堆，增设堆浸-萃取溶液回收铜，中和除硫酸、铁离子，合格后外排工序，在堆浸-萃取溶液系统 pH 值大于 1.2 时强力推进选择性浸出新工艺，在实践中取得了理想的效果。

沈壁蓉等人[252]从酸性矿坑水中富集分离出天然抗铜能力较强的 26 号菌株，该菌株为具有较强活性的嗜酸氧化亚铁硫杆菌，经过 Cu^{2+} 的系列浓度梯度的培养，同时，为了提高驯化菌的稳定性，将驯化后的 26 号菌株用紫外线进行诱变。研究结果表明：驯化诱变对菌种的改良有重要的作用，诱变后菌株的生长性能稳定，氧化活性进一步提高，26 号驯化诱变菌在 0.25mol/L Cu^{2+} 存在的条件下完全氧化 9K 培养基中 Fe^{2+} 的时间约为 60h，对 Fe^{2+} 氧化能力明显强于驯化菌及野生菌。

邹燕等人[253]对氧化亚铁硫杆菌和嗜铁钩端螺旋菌浸矿机理及动力学研究进行了综述，认为目前多数动力学研究都是针对处于最佳条件下的某个因素开展的，只有少数是针对两个以上影响因素，目前还没有一个能反应所有影响因素的复杂模型。因此，未来的研究方向应建立含有一定影响条件的堆浸系统动力学模型。

刘厚明等人[254]从白银矿区的矿坑中采集水样，富集驯化、分离以及纯化得到常温菌 BY1 号和中等嗜热嗜酸菌 BioMetal SM-3，浸出白银废石堆矿样，浸出时间 190 天，铜浸出率大于 60%。

胡杰华等人[255]研究了采用细菌氧化硫酸浸出法从某低品位混合铜矿中浸出铜。采用摇瓶浸出、模拟半连续搅拌浸出和柱浸，考察了浸出过程中铁、氮、磷浓度对生物活性的影响，结果表明摇瓶浸出试验中，矿浆浓度为 10%，浸出 6 天条件下，铜浸出率为 66.0% 以上，铁、氮、磷质量浓度越高，越快被消耗，铁、氮、磷质量浓度下降时，菌液仍保持较高活性；模拟半连续浸出试验中，矿浆浓度为 10% 时，铜浸出率超过 75%，最高达 85.3%；柱浸试验中，氧化浸出 23 周，铜浸出率为 71.0%。

袁明华等人[256]对硫化铜原矿和精矿进行了生物浸出试验，通过驯化，浸矿微生物可耐受 50g/L 氯化钠，可以实现氯化物体系中的生物浸出，提高氯化钠浓度至 200g/L，从而实现铜和银的同时浸出。

C 生物浸出技术应用现状

我国微生物堆浸研究起步较晚，但发展很快。目前国内应用生物浸出技术的选矿厂有德兴铜矿、广东大宝山、福建紫金山铜堆浸厂。

D 生物浸出技术研究的发展方向

为了提高生物浸矿效率、降低提取成本，发展和推广生物浸出提铜技术，应该从以下方面开展广泛深入的研究：(1) 深入研究所浸矿物的工艺矿物学、所用菌种的生长特性及浸出性能，了解细菌氧化浸出硫化铜矿的过程及控制因素，进一步优化生物堆浸工艺。(2) 广泛筛选中度嗜热菌、高温菌，同时通过传统驯化、诱变和现代育种手段如基因工程等技术改良菌种，培育出耐高矿浆浓度、耐高金属离子、耐剪切力的具有高浸出率和高浸出速率的高效浸矿纯菌或富集物。(3) 研究高温浸出系统中微生物群落、浸出率、浸出速率以及环境因子之间的内在联系，通过调整浸矿参数、调控浸矿微生物群落来提高浸出率和浸出速率。(4) 设计新型反应器以减轻矿浆剪切力对微生物的抑制作用，优化反应器的各参数以利于生物浸出。应主要围绕“传质”和“剪切”两个方面对反应器等做出改进，或者研制出新型的生物反应器以适应高温菌浸出工艺的要求。(5) 加强中等嗜热菌和高温菌浸出工艺的开发和优化，寻找基建费用和运行成本低、运行稳定、管理方便的浸出工艺，以达到工业化应用的目的。

8.5.5.2 堆浸

堆浸技术是一种有上千年历史的传统工艺，目前正处于发展的新阶段，在矿产资源加工中具有良好的应用前景。堆浸提铜具有工艺流程简短、易于操作、规模可大可小、投资少、生产费用较低，有广泛应用的潜力。它可用于开发矿体小或品位低，不能用常规方法开发利用的矿床，如低品位金、银矿、氧化铜矿等。缺点是浸出率偏低，并对矿石类型和矿石性质有一定的要求，也易污染环境。

A 堆浸技术应用现状

堆浸技术因其诸多优点受到我国矿冶界的普遍重视。曾应用该技术的企业有安徽铜陵有色金属公司松树山铜矿、江西德兴铜矿、中条山铜矿、云南官房铜矿生物堆浸厂、福建紫金山生物提铜堆浸厂。

B 堆浸技术研究进展

几年来，在堆浸工艺方面，重点围绕浸堆渗透性、浸出速度、浸出率等方面开展了大量研究工作，取得了一定成果。

王洪江等人[257]对高含泥氧化矿石浸堆因渗透性差而影响堆浸效果的因素进行了研究。认为高含泥氧化矿石矿堆的渗透性与矿石粒级组成密切相关，并在此基础上提出了分粒级筑堆技术。该项技术应用在云南某铜矿，消除了原堆浸生产中浸堆表面的径流与积液现象，铜浸出率达到了 63.98%。

刘美林等人[258]采用硫酸作浸出剂，对新疆土屋低品位氧化铜矿进行堆浸工业试验，重点考察了不同粒度和矿堆堆高的渗透性、铜浸出率及酸耗的变化，并探讨了当地气候条件对堆浸的影响。结果表明，

-50mm 的矿石堆浸 60 天，铜浸出率可达 80% 以上。

武彪等人[259]对西藏玉龙铜矿氧化带矿石进行全粒级柱浸和洗矿—矿砂柱浸—矿泥搅拌浸出试验，结果表明：全粒级柱浸时矿石渗透性差，提高喷淋强度易出现积液现象，难以顺利浸出；洗矿后矿砂的渗透性能好，可使柱浸铜浸出率达到 78% 以上，同时矿泥搅拌浸出的铜浸出率可达 96% 以上。

李希雯等人[260]为探明复杂氧化铜矿酸法堆浸过程中防垢剂的种类及其添加量、复配比例对改善矿堆渗透效果的影响，分别进行了单因素条件试验和复配摇瓶试验。结果表明，防垢剂质量浓度在 200mg/L 左右时，防垢效果最佳，结垢随浸出剂酸度的降低可以得到控制，酸度对结垢的影响大于防垢剂浓度的影响。

吴爱祥等人[261]为了解决铜矿石浸出速度慢、浸出率低的问题，在浸出液中加入表面活性剂进行摇瓶试验，通过试验考察了 3 种不同类型的表面活性剂对铜矿石浸出的影响。研究发现溶液表面张力对矿石浸出影响较大，阴离子表面活性剂的强化浸出作用最为明显，铜浸出率达 62.5%。在柱浸试验中，添加阴离子表面活性剂使铜浸出率提高了近 10%。

黎湘虹等人[262]研究大冶鑫泰矿业有限责任公司 4 号矿体含泥氧化铜柱浸工艺过程，优化酸性介质制粒柱浸工艺参数，现场扩大试验结果表明，制粒后的矿堆高 3m，经硫酸喷淋浸出 25 天，渣计铜浸出率 78.02%，吨铜的硫酸实际消耗 3.57t，25 天浸出后矿堆仍具有良好的渗透性。

李宏煦等人[263]在基于反应热的计算及热力学基本理论的基础上，建立生物堆浸过程热平衡方程，研究堆浸过程反应产热、喷淋液流速率和充气气流速率对堆中温度变化及分布的影响。结果显示，确定合理的气流速率与喷淋液流速率比（G_a/G_l）是实现堆中温度理想分布的途径。

陈春林等人[264]对云南某低品位氧化铜矿石进行硫酸浸出试验研究，结果表明，当添加活化剂的质量浓度为 5g/L 时，可以使铜的浸出率提高 5%。

堆浸理论研究对实际堆浸工艺有着重要的指导作用，我国在这方面的研究还不够，需进一步加强。

C 堆浸技术的发展前景

适合于从贫矿、废矿和复杂矿中回收有用铜金属的堆浸技术，已显示出巨大的优越性和广阔的发展前景。对堆浸提铜技术今后研究的重点将集中在以下几个方面：（1）溶液的配备，探究二价铁的有效氧化方法和寻找新的有效的浸取溶剂；（2）强化浸取方法，建立不同类型矿石堆浸控制参数及速率计算的数学模型和简便易行的强化浸取工艺；（3）提高铜矿堆浸的生产能力，扩大堆浸生产规模，加强浸出作业的自动化程度；（4）采用新型铁置换设备，进一步改进沉积置换工艺和提高生产效率。开发研制高效低耗的设备和价廉耐用的新电积材料；（5）在低浓度溶液中直接电积回收铜金属以及更好地解决贫电积液的利用。

8.5.5.3 非酸浸矿

A 氨浸

氨浸法处理氧化铜矿石已有很长的历史，它不仅适于处理氧化铜矿石，而且还可以处理硫化铜矿石、铜炉渣、尾矿和其他含铜物料。氨—铵盐浸出体系是湿法冶金中一个重要的浸出介质体系，在氨性体系中，浸出具有选择性，可有效减少钙、镁、铁等离子进入浸出液，净化及分离过程简单。

广西某废弃氧化铜渣铜品位为 1.75%，渣中碱性脉石含量高，氧化率高达 96.23% 且结合氧化铜比例达到了 77.10%。试验确定铜渣综合回收的处理工艺为“硫化浮选—浮选尾矿氨浸—浸出液萃取—反萃”。浮选尾矿氨浸试验中，通过研究浸出剂浓度、固液比、搅拌速度、浸出时间和反应温度等对铜浸出率的影响，获得了最佳的浸出工艺条件，浸出作业铜回收率达 70.6%[265]。

汤丹低品位氧化铜矿和兰坪低品位氧化锌矿分别为我国大型氧化铜矿和氧化锌矿，难以用传统浮选技术分离与富集，也不宜直接酸浸。刘志雄[266]系统研究了几种含铜矿物在氨-硫酸铵溶液中非氧化氨浸和氧化氨浸的行为，在此基础上提出低品位氧化铜矿氧化氨浸新工艺和低品位氧化铜矿-氧化锌矿混合矿催化氧化氨浸新工艺。方建军[267]深入研究和分析汤丹低品位难处理氧化铜矿的物性，提出了“原矿常温常压氨浸—萃取—电积—渣浮选”工艺，成功实现了工业生产，解决了汤丹高钙镁难处理氧化铜矿高效利用的关键技术难题。

池利民等人[268]采用氨浸法和离子交换相结合的方法回收含铜污泥中的铜，实验结果表明：在氨水浓度12%，温度35℃，搅拌速率350r/min，固液质量比1∶3，反应时间50min，铜的浸出率95.9%，浸出液经离子交换树脂富集后，铜的浓度可提高20倍，氨水可循环使用。

张俊茹等人[269]用热解—氨浸工艺处理含铜废催化剂（$w(Cu)=23.6\%$），优化了工艺条件，并通过蒸氨还原法制备出 Cu_2O 产品。李云刚[270]对云南个旧卡房白沙坡低品位难选氧化铜矿进行还原焙烧—氨浸试验研究，铜的浸出率高达87.59%。周晓东[271]考察了微波对低品位难选氧化铜矿氨浸的影响，结果表明：微波对铜矿氨浸具有明显的催化作用，与非微波条件氨浸相比，浸出率能提高31%。

B　氯化浸出

铜的氯化浸出法在理论上和实验上研究较为广泛，浸出效果与浸出时间、浸出温度、总氯浓度以及所添加的氯化物有关，因此只要浸出条件适当，便可达到最好的浸出效果。

黄敏等人[272]利用氯化铁在酸性环境中的氧化性将硫化矿浸出，再经过置换、过滤、结晶、萃取等工序，有效分离矿物中的铜、铅、锌、金、银等有价金属，综合回收氯化铁和硫黄，浸出剂可循环利用。实验结果表明：在适当的条件下，铜、铅、锌和银的浸出率均大于99%。

薛文颖等人[273]对铜渣氯气浸出—净化—不溶阳极电积法生产电镍的工艺过程进行了研究，结果表明镍和铜的浸出率分别为99.3%和98.5%。耿文杰[274]针对镍精矿、粗硫酸镍、铜渣的物化特性，进行了氯气浸出的小型和工业试验研究，结果表明采用氯浸法处理此类物料，镍浸出率达到96.3%，铜浸出率达到91.2%以上。

文剑锋等人[275]通过控制电位选择性氯化浸出铅冰铜，实现了铜、铅、银的有效分离，铜的浸出率达到98.27%，铁的浸出率为99.07%。

8.5.5.4　加压氧化浸出

加压氧化浸出是湿法炼铜中常用的一种方法，可用于铜精矿湿法提铜、含铜难处理金矿预氧化浸出脱铜等。目前加压氧化浸出在工业实践中开发出三种技术[276,277]：第一种是在110～115℃范围内的低温浸出，铜的硫化矿中的硫转化为单质硫；第二种是130～150℃的中温浸出，通过提高温度和添加氯化物来加强黄铜矿溶解；第三种是200～220℃的高温浸出，此时黄铜矿浸出很快，硫化矿物在高压下被氧气完全氧化，铜被浸出以硫酸铜的形式转入溶液中。

谢克强等人[278]研究了取自某矿区浮选出的铜铅锌共生混合精矿加压酸浸工艺条件，在温度145～150℃、精矿粒度小于50μm、始酸浓度 H_2SO_4 150g/L、总压力1.5MPa（氧分压1.1MPa）、浸出时间2h、控制液固比8∶1、搅拌速度60r/min的条件下浸出，铜浸出率大于91%，浸出渣、浸出液过滤和洗涤性能良好，过滤速度达 $2m^3/(m^2 \cdot h)$。

聂光华等人[279]在氯盐酸性体系中，对某浮选铜精矿进行了加压氧化浸铜的试验研究。在氧化温度110℃、氧分压0.45MPa、矿样粒度－0.043mm占85%、硫酸用量90g/L、氯化钠用量30g/L、液固比5∶1、浸出时间2.5h、搅拌速度750r/min的条件下，铜浸出率为92.18%。

谢洪珍等人[280]对某铜金精矿进行了高温加压氧化—氰化工艺试验研究，试验条件为：粒度－0.043mm占90%、初始NaCl浓度40g/L、浸出温度180℃、氧分压0.6MPa、液固比5∶1、浸出时间2.5h以及搅拌速度750r/min；振荡氰化、液固比2∶1、NaCN加入量10kg/t。浸铜渣和氰化时间24h。金、银、铜的浸出率分别为98.3%、94.7%和99.7%。

李滦宁[281]针对金铜精矿采用中性催化加压预处理工艺，在温度180℃、氧分压1.8MPa、催化剂0.14mol/L的基本条件下，铜浸出率为99.4%，浸液中残留TFe质量浓度仅为3.52g/L，对后续回收铜的精炼工艺非常有利。

碱性加压法在近几年也得到研究，但由于试剂（NaOH）费用高，产生的砷酸盐（Na_3AsO_4）难处理，碱性加压法基本上都处于试验阶段。

8.5.5.5　铜的萃取

在处理氧化铜矿和低品位含铜物料中，浸出—萃取—电积流程已经成为重要的工艺，而铜萃取又是整个湿法炼铜工艺中生产高质量电积铜的关键一步。高效环保的铜萃取工艺应用于湿法炼铜工业，可以有效地提高铜矿资源的利用率，减少污染物的排放量。随着萃取技术的不断改进和开采各种低品位矿需求的增加，以及对环境保护日益强烈的要求，萃取工艺将在冶金工业中得到更广泛的应用。

A　铜萃取剂的种类

铜萃取分离所使用的萃取剂一般有肟类、二酮类、三元胺类、醇类和酯类及其复配物，但目前工业萃取剂应用中主要采用的还是酮肟类和醛肟类有机化合物及其复合物。归纳现有铜萃取剂分子的结构特征可以看出，其萃取官能团主要是：C ═O、C ═S、OH、═N—、═N—OH 和—COOH 等。这些萃取剂以氮、硫或氧与 Cu^{2+} 配位、H^+ 与 Cu^{2+} 交换来实现螯合萃取；或者利用氮的路易斯碱性和酸反应成盐，再进行阴离子交换来实现萃取。常用的铜萃取剂主要包括：

（1）肟类铜萃取剂[282]。目前世界上采用肟类结构的铜萃取剂的代表产品主要有：德国汉高公司的 LIX64（2-羟基-5-十二烷基-二苯甲酮肟）、LIX65N（2-羟基-5-壬基-二苯甲酮肟）、LIX622（5-十二烷基-水杨醛肟 + 十三醇）、LIX70（2-羟基-3-氯-5-壬基-二苯甲酮肟）、LIX84（2-羟基-5-壬基-乙酰苯酮肟）、LIX860（2-羟基-5-十二烷基-水杨醛肟）、LIX86-1（5-十二烷基-水杨醛肟）以及英国壳牌公司的 SME529（2-羟基-5-壬基-乙酮肟）。

（2）酮肟类复配萃取剂。为了调节萃取剂的性质，工业上运用的萃取剂多为复配体系。复配类萃取剂主要有酮肟与醛肟的复配、肟与 B-二酮的复配、酮肟复配、肟与其他化合物的复配等。肟类萃取剂（醛肟和酮肟）在酸性溶液中具有较好的萃取效果。酮肟类萃取剂物理性能好，分相好，夹带损失低，反萃容易，但萃取能力不如醛肟强；萃取动力学较慢，但化学稳定性高。醛肟类萃取剂传质动力学快，萃取能力强，但反萃困难，所以要用改性剂改性。改性剂一般可用十二醇、十三醇、壬基酚和酯类。目前最典型的、应用最为广泛的复配类萃取剂是 Cognis（科宁）公司的 LIX984N（LIX984 + 对壬基酚）和 ACORGA 公司的 M5640。

（3）β-二酮类萃取剂。β-二酮类萃取剂常用于水溶液和氨水溶液中通过液-液离子交换，最早采用的 β-二酮具有直链脂肪结构，如 1-苯基-3-异庚基-1，3-丙二酮。如今多采用具有位阻结构的 β-二酮作为萃取剂，如 1-苯基-3-(1-辛烷基)-1，3-丙二酮，即在 β-二酮结构中引入具有一定空间位阻的叔碳、芳基、烷芳基等酮。采用具有高位阻 β-二酮作为萃取剂所选用的有机溶剂包括脂肪族或芳香族的有机试剂[283]，如煤油、苯、甲苯、二甲苯等。

（4）三元胺类萃取剂[284]。三元胺即叔胺，适宜在酸性高氯化物溶液中萃取铜。用三元胺或季铵盐萃取铜最大的优点是可以用水反萃，得到氯化铜溶液。但电积氯化铜溶液只能生成铜粉，而不能生成高质量的阴极铜，因此需对氯化铜溶液进行再次萃取、反萃取获得硫酸铜溶液，这就使工序复杂繁琐。工业上用的三元胺主要有 N235、Adogen283 等及其盐。通常冶炼厂先购入三元胺，再根据需要自行将其季铵盐化。

B　铜萃取剂的研发和应用

随着铜工业发展的需要，各国研究机构近几年纷纷研制和开发了适用于湿法炼铜的新型铜萃取剂。国外的 Henkel 公司、Vecia（阿维西亚）公司和 Hoechst（霍齐斯特）公司等研究机构除了继续对羟肟和 β-二酮进行改性和复配外，还以吡啶和二苯并咪唑为母体合成了一系列萃取剂。Narita 等人[285]研究了 N，N，N′，N′-四辛基-3-硫戊二酰胺在强酸性条件下对钯的萃取。R. Ruhela 等人[286,287]研究了 N，N，N′，N′-四异辛基-3-硫戊二酰胺对钯的萃取。S. B. Deb 等人[288]研究了 N，N，N′，N′-四异丙基-3-硫戊二酰胺、N，N，N′，N′-四异丁基-3-硫戊二酰胺、N，N，N′，N′-四正丁基-3-硫戊二酰胺三种酰胺对 U(Ⅵ) 和 La(Ⅲ) 的配位以及配合物的结构。但是这类酰胺基硫醚类萃取剂对铜萃取性能的研究不是很多，尤其是在弱碱性条件下的萃取性能研究较少。

国内开发的铜萃取剂主要有：昆明冶金研究院新开发的代号为 KM 的铜萃取剂、中南大学新合成的 Mac-10 和 Mac-12 改性硫脲类铜萃取剂、中国科学院上海有机化学研究所合成了仲辛基苯氧乙酸（CA-12）和 N902。KM 铜萃取剂与 LIX984 混用也不影响各自的使用效果，而且还具有协萃作用。羟肟铜萃取剂 N902 类似于 Acorga5640，主要活性成分是 2-羟基-5 壬基苯甲醛肟。

冯成[289]、王新宇[290]等人对 2-羟基-5 壬基苯甲醛肟等目标化合物的合成进行了研究。2-羟基-5-壬基苯乙酮肟（HNAO）是一种高效铜萃取剂，商品名为 LIX84，在湿法冶铜领域有着广泛应用。

张星等人[291]选用叔丁基及甲胺基对芳香醛肟类铜萃取剂进行结构修饰，成功合成了两种 5-叔丁基水杨醛亚胺类化合物。初步萃取实验结果表明，A1 化合物对铜的萃取率能达到 99.8%，相分离时间不大于

30s；A2 化合物对铜的萃取率能达到 98%，相分离时间不大于 30s；反萃取条件均比较温和且较安全。

周鹤方等人[292]展开了 N，N，N′，N′-四丁基-3-硫戊二酰胺（TBDGA）对铜离子萃取性能的研究。TBDGA 以甲苯为稀释剂可以萃取铜离子，通过 3 级萃取萃取率即可达到 90% 左右，萃取效果在碱性体系中好于酸性和中性体系。

李西辉[293]研究了 LIX84-Ⅰ对氨性溶液中铜的萃取和反萃取过程，在萃取相比为 1∶3、萃取剂体积分数为 32%、振荡时间为 30s 的条件下，经过一次萃取，铜萃取率可达 98.72%，经过两次反萃后有机相中铜反萃率达到 99% 以上。

陈晓东等人[294]用 N910 从氨/氯化铵水溶液中萃取铜，研究了不同条件下 N910 对铜的萃取及反萃取行为，求得 N910 萃取铜的过程热效应 $\Delta H = 3.7$kJ/mol。

岳敏杰等人[183]采用 N910 萃取剂对铜镍溶液萃取分离铜（Ⅱ），在 pH 值为 6，萃取剂浓度为 1%，萃取时间 3min，相比为 3∶5 时，铜的萃取率可达 100%，萃取液中镍（Ⅱ）含量为 0，达到分离要求。

朱萍等人[295]对 N902 萃取剂萃取酸性介质中铜的选择性进行了研究。结果表明，在硫酸介质中，控制水相 pH 值为 3，硫酸根离子浓度 0.5mol/L，相比 O/A = 1∶1。此时铜铁的分离系数最大，而镁和镍几乎不萃。再以盐酸或硫酸为反萃剂，铜的反萃率大于 93%，而铁几乎不被反萃下来，实现了铜与其他杂质金属的有效分离。

蒋崇文等人[296]对 β-二酮和 5-壬基水杨醛肟和它们的混合物萃取氨性溶液中的铜的性能做了研究，结果表明：在铜离子初始浓度为 2.5g/L，氨浓度为 56g/L，β-二酮和 5-壬基水杨醛肟的体积比为 1∶2 时，铜回收率达到 85.10%，饱和萃铜容量为 6.0g/L。最佳萃取和反萃条件为：初始水相 pH 值为 10，温度 30℃，硫酸浓度为 180g/L。

向延鸿等人[297]以 Cu^{2+}-NH_3-Cl^--H_2O 氨性溶液为被萃水相，研究高位阻 β-二酮和 LIX84 混合萃取剂对铜的萃取效果。在 β-二酮与 LIX84 的体积比为 1∶1，萃取剂浓度为 20%，水相铜离子浓度为 3g/L，总氨浓度为 3mol/L（氨与氯化铵的物质的量比为 1∶2），初始 pH 值为 8.95，相比（O/A）为 1∶1，反萃剂（硫酸）浓度为 90g/L 条件下，铜萃取率接近 100%，共萃氨量为 36.1mg/L，反萃率达 97%。

胡正吉等人[298]以 2，4-二羟基二苯甲酮、氯十二烷、盐酸羟胺等为原料，在反应时温度为 80℃，盐酸羟胺与 2-羟基-4-十二烷氧基二苯甲酮质量比为 1.05∶1，反应时间为 2h 的条件下，合成获得产率为 95% 的 2-羟基-4-十二烷氧基二苯甲酮肟新型萃取剂。在实验室条件下对合成的样品进行了铜萃取试验，结果表明，用含有 10% 2-羟基-4-十二烷氧基二苯甲酮肟的煤油溶液萃取 12g/L 的硫酸铜溶液，经过三次萃取后，残液中铜离子浓度为 0.007g/L，萃取率为 99.94%。

C　我国铜萃取面临的问题

我国铜矿共伴生矿多、品位低（大多在 1% 以下）[299]，加之经过几十年的生产，我国很多铜矿已进入开采后期，富矿、易选矿资源已近枯竭，故近年来适宜处理低品位铜矿的 L-SX-EW 技术在我国有了很大的发展[190]。但随着开采的进行，原矿品位不断下降，浸出液含铜量也随之下降，浸出液所含杂质总量也相对提高，pH 值变化范围越来越广。目前的铜萃取剂适用 pH 值范围都较小，对低铜高杂质的铜溶液萃取率低，因此开发适用于料液 pH 值变化范围广的高选择性铜萃取剂成为研究趋势。

国内外处理黄铜矿的浸出工艺已成熟[300]，但大多数浸出工艺的浸出液含铜和氯量太高，现有铜萃取剂的负荷量还不足以负载高铜，以致浸出液需大量稀释后再萃取，因此开发高负荷的铜萃取剂已成为必要。此外，国内对铜萃取剂的研究主要集中在羟肟和 β-二酮等不适宜高氯条件下萃取的萃取剂上，开发适宜高氯条件下萃取的铜萃取剂也成为了亟待解决的问题。

虽然我国众多研究机构对铜萃取剂进行了研究及生产，但我国使用的铜萃取剂仍主要依靠进口，价格昂贵，易受国际形势影响，给铜工业的稳定生产带来潜在危险。利用国产原料，大力开发具有自主知识产权的铜萃取剂，对现有铜萃取剂的合成工艺进行改进，摆脱对国外产品的依赖，有着重要意义。

8.5.6　铜选矿回水的循环利用

随着铜矿开采的加速，铜选矿废水的产生及排放也大大增加。由于铜选矿在浮选过程中，加入大量的浮选药剂，同时，部分金属离子、悬浮物、有机和无机药剂的分解物质等，都残存在选矿废弃溶液中，形成含有大量有害物质的选矿废水，如直接排放，将对环境造成严重污染。但是，选矿废水经过适当的处理后，可以回用在选矿过程中，其选矿指标与清水基本一致，实现循环利用。

国外常用沉淀、氧化及电渗析、离子交换、活性炭吸附、浮选等方法处理选矿废水。处理后，选矿废水循环回用率可保证在 95% 以上，从而实现选矿废水的"零排放"。而国内常用自然降解、混凝沉淀、中和、吸附、氧化分解等方法处理，废水回用率相对较低。近年来，我国对铜矿山废水的治理与回用进行了大量的研究，取得了一系列的成果，使我国铜矿山废水的治理与回用上了一个新的台阶[301]。

德兴铜矿选矿工艺流程中加入石灰、硫化钠等药剂，产生的碱性选矿废水主要有尾矿溢流水、精矿溢流水和含硫废水。而德兴铜矿的矿山废水 pH 值在 2.5 左右，含有铜、铁等重金属离子。从 2002 年 7 月，德兴铜矿将采矿过程中产生的酸性废水输送到固定的尾矿库，与选矿过程中产生的碱性尾矿水混合，并在尾矿库进行沉淀，将酸碱中和后的清液回用于选矿生产。2011 年，德兴铜矿利用选矿回水达 1.24 亿吨，选矿回水复用率达 82% 以上[302]。

云南铜业集团有限公司探索建立铜产业链资源综合利用特色发展模式，提高选矿废水回用率。对部分水线进行改造，除设备冷却水，泵轴封水采用新水外，其余选矿生产用水尽量改造使用回水，选矿厂回水利用率达到 80% 以上，降低了水资源消耗[303]。

福建某铜锌选矿厂经过混凝沉降初级处理后的生产废水清澈透明，pH 值为中性，固体悬浮物和重金属离子含量达到国家排放标准，但由于含大量丁黄药等有机质而使 COD 值高达 377.2mg/L，既不能直接排放也不能直接回用。周吉奎、喻连香等人为将该废水的 COD 值降到 100mg/L 以下，以满足回用的要求，采用 Fenton 试剂对其进行了去除 COD 的试验研究，结果表明 COD 去除率高达 93.32%，从而显示出 Fenton 试剂降解矿选矿废水中黄药等有机质的高效性[304]。

刘明实等人[305]为实现高寒高海拔环境脆弱地区某复杂难选铜铅锌多金属硫化矿选矿废水的循环利用及零排放，采用铜铅部分混浮—铜铅分离—混浮尾矿选锌的工艺流程，配合使用自主研发的锌矿物组合抑制剂 ZG-2 与铜铅分离脱药剂 XZ-1，实现了选矿回水的全循环利用。实验室小型闭路试验获得的铜精矿含铜 23.77%，铜回收率 88.06%；铅精矿含铅 77.18%，铅回收率 86.71%；锌精矿含锌 48.67%，锌回收率 83.79%。

新疆某铜镍矿选矿厂废水量大，并含有残余药剂、悬浮物等，pH 值高。通过对精矿浓密机、尾矿浓密机等的溢流水多级澄清后获得工业回水。赵静波根据该矿山的工艺流程特点及铜镍等矿物的浮选特点，利用回水将矿浆 pH 值调整至弱碱性（pH 值为 8 ~ 9），改善了浮选效果，节省了药剂用量，实现了较低成本条件下回水的综合利用，而且不会对选矿指标造成影响[306]。

经过多年的研究和实践，我国铜矿山选矿废水资源化综合利用技术已逐步走向成熟。国内已有很多选矿厂实现了选矿废水的回用。

8.5.7　选矿过程自动化

近年来随着声学、光学等应用物理学及计算机技术的高速发展，选矿自动化技术的研究和应用取得了长足进展，从根本上改变了选矿厂生产操作误差大、管理低效、生产指标不稳定等问题。越来越多的选矿厂意识到，选矿自动化可降低选矿过程中的人工成本，简化操作过程，提高劳动生产率、降低能耗、稳定产品质量。近年来，新建及改造过的大中型选矿厂几乎都引进了选矿自动化技术。选矿自动化已经成为现代选矿必不可少的技术手段之一。

8.5.7.1　选矿过程主要检测仪表

检测仪表是整个选矿自动化系统的"眼睛"。检测仪表是否精确可靠，往往是选矿自动化系统成败的关键。

A　浓度检测

现阶段对于矿浆浓度的检测设备仍然以 γ 射线浓度计为主，但由于放射源存在安全隐患，因此应用受到很大限制。近年来随着声学的发展，超声波浓度计技术日趋完善，采用超声波浓度计测量矿浆浓度，具有较多优点。虽然超声波浓度计测量结果的准确性受气泡影响大，但仍不失为 γ 射线浓度计的较好替代产品，应用前景十分广泛[307,308]。

B 粒度检测

近年来，在线粒度分析仪的应用越来越广泛，粒度检测技术正在从线下间接检测过渡到在线直接检测。目前较具有代表性的在线粒度检测仪有美国丹佛自动化公司的PSM400在线粒度分析仪、芬兰奥托昆普公司的PSI200在线粒度分析仪、马鞍山矿山研究所研制的CLY-2000在线粒度分析仪，北京矿冶研究总院研制的BPSM-Ⅰ及BPSM-Ⅱ型在线粒度分析仪等[309,310]。

C 品位检测

实现在线品位检测对选矿自动化有着重要意义。近年来多种在线品位检测设备已陆续在工业上成功应用。目前，国内采用的在线品位分析仪主要有芬兰奥托昆普的库里厄系列和马鞍山矿山研究院的WDPF型在线品位分析仪等。库里厄系列品位分析仪在我国很多矿山都有应用，极大地提高了我国选矿自动化水平[311]。WDPF在线品位分析仪，在彝良驰宏矿业、金堆城钼业集团、浙江平水铜矿等多个矿山都已应用，取得了较好的应用效果[312]。

D 物位检测

传统的物位检测仪表技术都比较成熟，但需根据应用条件正确选择。近几年随着激光技术的高速发展，激光物位计在选矿自动化方面的应用越来越广泛。激光物位计已在国内应用于浮选槽液位检测、矿仓矿石量检测等多个领域，应用情况良好。

8.5.7.2 碎矿过程的控制

近年来，我国在一些新型破碎机上开展自动化研究，通过对破碎机负荷的检测和分析，实施破碎机优化给矿的控制；通过对料仓料位的检测和各破碎机能力的分析，实施自动布料和破碎机负荷优化平衡控制等[313]。

8.5.7.3 磨矿作业的控制

磨矿系统是整个选矿厂能耗最大的工序。由于磨矿系统具有的自身特性，所以很难准确地测量磨机负荷，故引入综合自动化系统才是解决问题的关键[314]。近年来破碎磨矿系统的自动化控制逐渐实现了多信息收集，集中处理以及多设备的交错监控，连锁控制。柿竹园有色金属有限责任公司与长沙易控工业自动化有限公司合作，引进了一套先进的磨矿自动控制系统，提高了磨矿分级作业质量和效率，稳定了工艺参数[315]。辽宁贾家堡铁矿采用了一套高效的综合自动化磨矿系统，实现了磨矿系统的综合自动化，提高了选矿厂的经济效益[316]。

8.5.7.4 浮选过程的控制

A 浮选加药控制

加药是浮选生产中的重要环节，药剂的控制技术比较成熟。药剂控制设备的种类较多，从药剂添加的执行机构来看，主要有电磁阀和加药泵两种，近年也有一些新型的定量装置问世，但应用不广泛。目前现场应用最多的还是电磁阀式控制[317]。徐维超等人[318]设计了一种集配药和加药于一体的自动控制系统。实际应用表明，该控制系统实现了配药和加药作业的高度自动化，在降低药剂消耗、提高浮选效率等方面具有显著效果。

B 浮选槽液位的控制

合理有效地控制浮选槽液位，对于提高浮选指标具有重要作用。目前在检测浮选槽矿浆液位时，多采用的是浮子式液位变送器，但无法对液面进行准确的监控。北京矿冶研究总院自主研发了一种新型激光液位计，成功地实现了对KYF-200型浮选机的浮选槽液位的自动化控制，并在大山选矿厂实现了工业应用[319]。

8.5.7.5 存在的主要问题及发展趋势

选矿厂存在问题：自动化系统需要大量的维护工作，维护成本高；检测仪表等设备投入运行以后没有完善的维护手段；选矿厂无法自行解决系统可能出现的故障[320]；选矿过程中各参数自动检测仪表缺少针对性、创新性；在重要检测仪表及相关核心设备的研究开发上没有突破性的进展，一些重要参数的检测仪表仍然存在测量精度低、使用寿命短等问题，对选矿过程特有的参数波动缺乏应对措施。

发展趋势传感器的数字化、智能化和虚拟化得到了较大发展。数字化、智能化的传感器以取代传统的传感器的单方向、单变量的输入、输出，满足了选矿过程的要求。传感器的虚拟化使矿用传感器可以更加准确、稳定地进行长时间工作。因此数字化、智能化和虚拟化依旧是未来选矿自动化发展的必然趋势。

OPC技术[321]等无线数据通信系统的开发与应用成为选矿自动化发展的新趋势。北京矿冶研究总院陆博、王宝胜等人[322]开发了一种在选矿厂中使用的无线数据管理系统。该系统用于在选矿自动化过程中对工艺流程的参数巡检、设备维护以及无纸化移动数据录入。

参考文献

[1] 周平，唐金荣，施俊法，等．铜资源现状与发展态势分析[J]．岩石矿物学杂志，2012，31(5)：750-756.

[2] 陈甲斌．国际铜资源供需分析[J]．世界有色金属，2009(7)：18-21.

[3] 王威．全球铜矿资源储量格局[J]．国土资源情报，2014(6)：38-41.

[4] 中国废铜回收行业的未来发展趋势[J]．中国资源综合利用，2014(8)：13.

[5] 郑骥．2010年中国再生铜产业发展回顾与展望[J]．新材料产业，2011(7)：17-21.

[6] 中国有色金属工业协会，中国有色金属工业年鉴编辑委员会．中国有色金属工业年鉴·2011.

[7] 中国有色金属工业协会，中国有色金属工业年鉴编辑委员会．中国有色金属工业年鉴·2012.

[8] 中国有色金属工业协会，中国有色金属工业年鉴编辑委员会．中国有色金属工业年鉴·2013.

[9] 中国有色金属工业协会，中国有色金属工业年鉴编辑委员会．中国有色金属工业年鉴·2014.

[10] 胡青．中国废杂铜市场现状与对策[J]．价值工程，2014(16)：3-5.

[11] 再生铜已成为弥补铜资源不足的主要途径——访北京中色再生金属研究所所长张希忠[J]．资源再生，2012(5)：16-18.

[12] 中国有色金属工业协会信息统计部．2013年有色金属工业统计资料汇编[J]．有色金属信息，2014(增刊)：70-140.

[13] 唐宇，吴强，陈甲斌．国内铜矿市场供需形势及趋势分析[J]．现代商业，2012(10)：103.

[14] 柳群义，王安建，张艳飞，等．中国铜需求趋势与消费结构分析[J]．中国矿业，2014，23(9)：5-8.

[15] 叶羽钢．铜价总体弱势调整[J]．中国有色金属，2013(3)：25-26.

[16] Von Oertzen, Harmer G S, Skinner W M. XPS and ab initio calculation of surface states of sulfide minerals: pyrite, chalcopyrite and molybdenite[J]. Molecular Simulation, 2006, 32(15): 1207-1212.

[17] 邓久帅．黄铜矿流体包裹体组分释放及其与弛豫表面的相互作用[D]．昆明：昆明理工大学，2013.

[18] Deng J S, et al. Internal Geometric and Electronic Structures of Natural Bornite Crystal[J]. Applied Mechanics and Materials, 2013(368): 747-751.

[19] Prameena B, et al. Structural, optical, electron paramagnetic, thermal and dielectric characterization of chalcopyrite[J]. Spectrochimica Acta Part A: Molecular and Biomolecular Spectroscopy, 2014(122): 348-355.

[20] 陈建华，王进明，龙贤灏，等．硫化铜矿物电子结构的第一性原理研究[J]．中南大学学报（自然科学版），2011，42(12)：3612-3617.

[21] Wen S M, et al. Theory analysis and vestigial information of surface relaxation of natural chalcopyrite mineral crystal[J]. Transactions of Nonferrous Metals Society of China, 2013, 23(3): 796-803.

[22] de Lima G F, et al. Water adsorption on the reconstructed (001) chalcopyrite surfaces[J]. The Journal of Physical Chemistry C, 2011, 115(21): 10709-10717.

[23] Brito e Abreu, Brien S C, Skinner W. ToF-SIMS as a new method to determine the contact angle of mineral surfaces[J]. Langmuir, 2010, 26 (11): 8122-8130.

[24] Ye X, et al. Regrinding sulphide minerals——Breakage mechanisms in milling and their influence on surface properties and flotation behaviour[J]. Powder Technology, 2010, 203 (2): 133-147.

[25] Ahmed M M. Effect of comminution on particle shape and surface roughness and their relation to flotation process[J]. International Journal of Mineral Processing, 2010, 94 (3): 180-191.

[26] 刘书杰，何发钰，宋磊．磨矿方式对黄铜矿表面性质及浮选行为的影响[J]．有色金属（选矿部分），2010(6)：35-40.

[27] Gonzalez M S, D Fornasiero, G Levay. Effect of Water Quality on Chalcopyrite and Molybdenite Flotation, in Chemeca 2010 (38th : 2010 : Adelaide, S. A.). 2010, Engineers Australia: Barton, A. C. T. 2444-2453.

[28] Elsherief A. The influence of cathodic reduction, Fe^{2+} and Cu^{2+} ions on the electrochemical dissolution of chalcopyrite in acidic solution[J]. Minerals Engineering, 2002, 15 (4): 215-223.

[29] Ikiz D, Gülfen M, Aydin A. Dissolution kinetics of primary chalcopyrite ore in hypochlorite solution[J]. Minerals Engineering,

2006, 19(9): 972-974.

[30] Salazar P A, et al. Chalcopyrite dissolution rate law from pH 1 to 3[J]. Geologica Acta, 2009, 7(3): 389.

[31] Kimball B E, Rimstidt J D, Brantley S L. Chalcopyrite dissolution rate laws[J]. Applied Geochemistry, 2010, 25(7): 972-983.

[32] Velásquez-Yévenes L, Nicol M, Miki H. The dissolution of chalcopyrite in chloride solutions: Part 1. The effect of solution potential[J]. Hydrometallurgy, 2010, 103(1): 108-113.

[33] Deng J S, et al. New discovery of unavoidable ions source in chalcopyrite flotation pulp: Fluid inclusions[J]. Minerals Engineering, 2013(42): 22-28.

[34] Deng J S, et al. Existence and release of fluid inclusions in bornite and its associated quartz and calcite[J]. International Journal of Minerals, Metallurgy, and Materials, 2013, 20(9): 815-822.

[35] 魏明安，孙传尧. 矿浆中的难免离子对黄铜矿和方铅矿浮选的影响[J]. 有色金属，2008, 60(2): 92-95.

[36] Deng J S, et al. Spectroscopic Characterization of Dissolubility and Surface Properties of Chalcopyrite in Aqueous Solution[J]. Spectroscopy and Spectral Analysis, 2012, 32(2): 519-524.

[37] 罗正鸿，等. 黄铜矿在酸性介质中的溶解行为研究[J]. 现代化工，2007(2):153-155.

[38] Gülfen M, Aydin A. Dissolution of copper from a primary chalcopyrite ore calcined with and without Fe_2O_3 in sulphuric acid solution[J]. Indian Journal of Chemical Technology, 2010(17): 145-149.

[39] Goyne K W, Brantley S L, Chorover J. Effects of organic acids and dissolved oxygen on apatite and chalcopyrite dissolution: Implications for using elements as organomarkers and oxymarkers[J]. Chemical Geology, 2006, 234(1): 28-45.

[40] Padilla R, Pavez P, Ruiz M. Kinetics of copper dissolution from sulfidized chalcopyrite at high pressures in H_2SO_4-O_2[J]. Hydrometallurgy, 2008, 91(1): 113-120.

[41] Lu Z, Jeffrey M, Lawson F. The effect of chloride ions on the dissolution of chalcopyrite in acidic solutions[J]. Hydrometallurgy, 2000, 56(2): 189-202.

[42] Lu Z, Jeffrey M, Lawson F. An electrochemical study of the effect of chloride ions on the dissolution of chalcopyrite in acidic solutions[J]. Hydrometallurgy, 2000, 56(2): 145-155.

[43] Acero P, Cama J, Ayora C. Kinetics of chalcopyrite dissolution at pH 3[J]. European journal of mineralogy, 2007, 19(2): 173-182.

[44] Al-Harahsheh M, et al. Preferential oxidation of chalcopyrite surface facets characterized by ToF-SIMS and SEM[J]. Applied Surface Science, 2006, 252(19): 7155-7158.

[45] Parker A, et al. An X-ray photoelectron spectroscopy study of the mechanism of oxidative dissolution of chalcopyrite[J]. Hydrometallurgy, 2003, 71(1-2): 265-276.

[46] Sasaki K, et al. Spectroscopic study on oxidative dissolution of chalcopyrite, enargite and tennantite at different pH values[J]. Hydrometallurgy, 2010, 100(3): 144-151.

[47] Kalegowda Y, et al. X-PEEM, XPS and ToF-SIMS Characterisation of Xanthate Induced Chalcopyrite Flotation: Effect of Pulp potential[J]. Surface Science, 2015.

[48] 俞娟，杨洪英，范有静. 电位对天然黄铜矿表面膜层性质的影响（英文）[J]. 中国有色金属学会会刊(英文版)，2011(8): 1880-1886.

[49] 卢毅. 常温酸性条件下黄铜矿的电化学行为[J]. The Chinese Journal of Nonferrous Metals, 2007.

[50] 赵晋宁，易筱筠，党志. 黄铜矿在含铁酸性介质中氧化过程的电化学研究[J]. 环境科学学报，2013, 33(2): 437-444.

[51] 冯其明. 常温酸性条件下黄铜矿氧化分解机理[J]. 有色金属，2008, 60 (1): 57-61.

[52] 孙伟. 前线轨道在黄铜矿捕收剂开发中的应用[J]. 中国有色金属学报，2009, 19(8): 1524-1532.

[53] 赵翠华. 硫化矿物表面天然疏水性的密度泛函理论研究（英文）[J]. Transactions of Nonferrous Metals Society of China, 2014(2): 27.

[54] Deng J S, et al. Adsorption and activation of copper ions on chalcopyrite surfaces: A new viewpoint of self-activation[J]. Transactions of Nonferrous Metals Society of China, 2014, 24(12): 3955-3963.

[55] 李东，尹艳芬，方夕辉. 有色金属硫化矿选矿技术现状及进展[J]. 四川有色金属，2007(4): 13-17.

[56] Birinci M, et al. The effect of an external magnetic field on cationic flotation of quartz from magnetite[J]. Minerals Engineering, 2010, 23(10): 813-818.

[57] 崔立凤. 磁场条件下硫化铜矿浮选电化学过程及机理研究[D]. 赣州：江西理工大学，2009.

[58] Ahmadi R, et al. Nano-microbubble flotation of fine and ultrafine chalcopyrite particles[J]. International Journal of Mining Sci-

ence and Technology, 2014, 24(4): 559-566.
[59] 梁长利．黄铜矿生物浸出过程的硫形态转化研究进展[J]．中国有色金属学报，2012，22(1)：265-273.
[60] 马鹏程．黄铜矿生物浸出过程中 Fe（Ⅱ）和 Fe（Ⅲ）的行为[J]．中国有色金属学报，2013(6)：29.
[61] 苏贵珍．微生物-矿物接触作用对金属硫化物溶解的影响——氧化亚铁硫杆菌参与黄铜矿溶解的初步研究[J]．地学前缘，2008，15(6)：100-106.
[62] 李娟．氧化亚铁硫杆菌氧化黄铜矿的实验研究[J]．南京大学学报(自然科学版)，2009，45(2)：315-322.
[63] 舒荣波．低电位生物浸出黄铜矿研究[J]．金属矿山，2008(9)：43-45.
[64] 顾帼华．氧化亚铁硫杆菌对黄铜矿表面性质及其浸出的影响[J]．中南大学学报（自然科学版），2010，41(3)：807-812.
[65] 傅开彬．不同成因类型黄铜矿细菌浸出钝化[J]．中南大学学报（自然科学版），2011，42(11)：3245-3250.
[66] 杨洪英．黄铜矿表面生物氧化膜的形成过程[J]．金属学报，2012，48(9)：1145-1152.
[67] 祝丽丽，汪模辉，陈雪．微波和磁场强化细菌浸出黄铜矿研究[J]．矿业快报，2008，24(1)：16-19.
[68] 莫晓兰．脉石矿物对细菌浸出黄铜矿的影响研究[J]．稀有金属，2013，37(3)：437-445.
[69] 陈明莲．微生物对黄铜矿表面性质的影响及其吸附机制研究[D]．长沙：中南大学，2009.
[70] 程海娜．斜方蓝辉铜矿、铜蓝和黄铜矿生物浸出及机理[D]．长沙：中南大学，2010.
[71] Liu Z X, et al. Dissolution kinetics of malachite in ammonia/ammonium sulphate solution[J]. Journal of Central South University, 2012, 19: 903-910.
[72] Li J. First-principles investigation on Cu/ZnO catalyst precursor: Energetic, structural and electronic properties of Zn-doped $Cu_2(OH)_2CO_3$[J]. Computational Materials Science, 2015, 96: 1-9.
[73] Klokishner S, et al. Cation Ordering in Natural and Synthetic $(Cu_{1-x}Zn_x)_2CO_3(OH)_2$ and $(Cu_{1-x}Zn_x)_5(CO_3)_2(OH)_6$[J]. The Journal of Physical Chemistry A, 2011, 115(35): 9954-9968.
[74] Zlatar M, Schläpfer C W, Daul C. A New Method to Describe the Multimode Jahn-Teller Effect Using Density Functional Theory, in The Jahn-Teller Effect[M]. 2009, Springer: 131-165.
[75] Merlini M, et al. Phase transition at high pressure in $Cu_2CO_3(OH)_2$ related to the reduction of the Jahn-Teller effect[J]. Acta Crystallographica Section B: Structural Science, 2012, 68(3): 266-274.
[76] 江登榜．黄药和羟肟酸浮选复杂氧化铜矿的密度泛函理论研究[D]．昆明：云南大学，2013.
[77] 康哥罗 K，卢道刚，李长根．应用组合硫化剂改善氧化铜钴矿的浮选效果[J]．国外金属矿选矿，2008，45(2)：32-33.
[78] 孙和云．氧化铜、碱式碳酸铜纳米矿物的合成及其表面络合研究[D]．济南：济南大学，2012.
[79] 刘诚．典型氧化铜矿孔雀石的硫化浮选研究与应用［D］．赣州：江西理工大学，2012.
[80] 刘殿文．氧化铜矿物抗抑制作用的表面形貌研究[J]．金属矿山，2009(3)：59-60.
[81] 刘殿文．微细粒氧化铜矿物浮选方法研究［J］．中国矿业，2010(1)：79-81.
[82] 刘殿文．微细粒氧化铜矿物难选原因探讨［J］．中国矿业，2009，18(3)：80-82.
[83] 邢春燕，贾瑞强．氧化铜矿浮选中硫酸铵对 S^{2-} 消耗的影响试验[J]．现代矿业，2012(4)：57-58.
[84] 方建军，李艺芬，张文彬．高钙镁难选氧化铜矿处理技术的进展[J]．矿冶，2009，17(4)：55-57.
[85] 胡本福．微细粒孔雀石硫化-浮选的强化研究[D]．长沙：中南大学，2011.
[86] Naderi H, et al. Kinetics of chemical leaching of chalcopyrite from low grade copper ore: behavior of different size fractions[J]. International Journal of Minerals, Metallurgy, and Materials, 2011, 18(6): 638-645.
[87] 戴艳萍．氧化铜矿的化学处理研究[D]．赣州：江西理工大学，2009.
[88] 王春云，段习科．羊拉铜矿综合回收工艺研究[J]．昆明冶金高等专科学校学报，2010，26(1B)：16-17.
[89] 方建军．低品位氧化铜矿石常温常压氨浸工艺影响因素研究与工业应用结果[J]．矿冶工程，2008，28(3)：81-83.
[90] Ekmekyapar A, et al. Investigation of leaching kinetics of copper from malachite ore in ammonium nitrate solutions[J]. Metallurgical and Materials Transactions B, 2012, 43(4): 764-772.
[91] Deng J S, et al. Extracting copper from copper oxide ore by a zwitterionic reagent and dissolution kinetics[J]. International Journal of Minerals, Metallurgy, and Materials, 2015, 22(3): 241-248.
[92] 洪建华．2.25 万 t/d SABC 工艺在德兴铜矿的应用[J]．有色金属（选矿部分），2011(z1)：124-126.
[93] 周波，周显文．SABC 工艺在乌努格吐山铜钼矿的成功应用[J]．矿业工程，2013，11(5)：31-33.
[94] 刘洪均，孙春宝，赵留成，等．乌努格吐山铜钼矿 SABC 碎磨流程的设计与应用[J]．有色金属（选矿部分），2011(3)：64-66.
[95] 侯英，丁亚卓，印万忠，等．邦铺钼铜矿石高压辊磨后物料的特性[J]．中南大学学报（自然科学版），2013，44(12)：4781-4786.

[96] 冯建伟．高寒地区某有色金属矿碎磨流程的研究[J]．中国矿山工程，2013，42(2)：12-15.
[97] 胡根华．澳大利亚某富含自然铜硫化铜矿石选矿工艺[J]．金属矿山，2014(12)：99-102.
[98] 杨克琴．安庆铜矿磨矿分级自动化改造[J]．有色金属（选矿部分），2006(4)：34-36.
[99] 朱江，刘银生，刘恒柏，等．湖北三鑫金铜公司选厂磨矿自动化改造与应用[J]．有色金属（选矿部分），2011(z1)：241-243.
[100] 胡平，程小舟．磨矿分级控制系统的设计与应用[J]．现代矿业，2011(9)：106-108.
[101] 张玲燕，俞金开．闭路筛分设备换型方案的选择与实施[J]．矿山机械，2010，38 (24)：83-85.
[102] 方志坚．大山厂半自磨系统的技术创新与改造[J]．铜业工程，2014(6)：44-50.
[103] 唐新民，王登来，何太龙．凤凰山铜矿碎磨系统的现状及改造[J]．有色金属（选矿部分），2003(1)：23-26.
[104] 任壮林，高军雷．磨矿预先筛分工艺的工业实践[J]．中国矿业，2014，23(8)：133-135.
[105] 罗时军．水力旋流器串联分级在泗洲选矿厂的试验与应用[J]．铜业工程，2007(3)：11-12.
[106] 任壮林，王永成，高清寿．新疆某铜矿选矿系统优化实践[J]．现代矿业，2011(12)：133-134.
[107] 刘恒柏，周於成，朱红．新型旋流器在磨矿分级回路中的应用[J]．有色金属（选矿部分），2011(4)：55-57.
[108] 赵金奎．旋流器在武山铜矿磨矿分级中的应用[J]．矿业快报，2008(3)：84-85.
[109] 方建军，李艺芬．氧化铜矿的工艺矿物学特征与选矿工艺研究[J]．云南冶金，2005，34(4)：50-53.
[110] 邹国富，坚润堂．斑岩铜矿矿床研究综述[J]．云南地质，2011，30(4)：387-393.
[111] 杨磊，刘飞燕，刘厚明，等．某低品位氧化铜矿石工艺矿物学研究[J]．金属矿山，2008(增刊)：280-282.
[112] 熊堃，左可胜，郑贵山．新疆滴水铜矿矿石工艺矿物学研究[J]．金属矿山，2014(4)：104-107.
[113] 朱月锋．滇西北某铜矿工艺矿物学研究[J]．有色金属工程，2013，3(6)：43-47.
[114] 冯泽平，谈伟军．某含滑石低品位铜镍矿浮选试验研究[J]．矿产保护与利用，2014(4)：32-36.
[115] 邓善芝，曾小波，熊文良．某金银铜矿综合利用新工艺研究[J]．中国矿业，2014，23(12)：103-107.
[116] 杨丙乔，邓冰，左倩，等．铜绿山铜铁矿深部矿石中铜的可选性研究[J]．金属矿山，2010(8)：71-74.
[117] 张代林．从工艺矿物学分析转炉渣选矿存在的问题及对策[J]．金属矿山，2009(11)：186-189.
[118] 吴健辉．铜冶炼闪速炉渣工艺矿物学研究[J]．有色冶金设计与研究，2014(5)：5-8.
[119] 金建文，肖仪武．铜冶炼渣工艺矿物学研究[J]．有色金属（选矿部分），2013(增刊)：58-60.
[120] 彭明生，刘羽，刘晓文，等．工艺矿物学的发展与研究中的问题[J]．矿物学报，2012：4-5.
[121] 程平轩．某复杂硫化铜矿选矿厂工艺改造实践[J]．有色金属（选矿部分），2007(2)：10-14.
[122] 王莉萌，范小雄，张红华，等．大型复杂难选铜矿铜硫资源高效回收关键技术及应用［G］//中国有色金属工业科学技术奖，获奖项目汇编（内部资料）．北京：中国有色金属工业科学技术奖励工作办公室，2012：72.
[123] 艾光华，周源，魏宗武．提高某难选铜矿石回收率的选矿新工艺研究[J]．金属矿山，2008，389(11)：46-48，57.
[124] 廖祥，彭会清，邵辉，等．江西某铜矿厂选铜工艺优化[J]．金属矿山，2014(7)：69-73.
[125] 袁明华，普仓凤，赵继春．提高大红山铜矿铜精矿品位试验研究[J]．有色金属（选矿部分），2009(4)：12-14.
[126] 樊建云，安雄伟．提高狮凤山铜矿精矿品位的工艺途径探讨[J]．现代矿业，2009，(3)：103-104.
[127] 穆国红．低品位铜矿选矿工艺研究[J]．有色金属（选矿部分），2008(3)：16-19.
[128] 杨玮，覃文庆，张建文，等．云南某硫化铜矿浮选试验研究[J]．矿冶工程，2009，399(9)：94-97.
[129] 胡保栓，郭海宁，王李鹏，等．西藏华泰龙提高铜金银选矿技术指标科技攻关及现场技术服务［R］．白银：西北矿冶研究院，2014.
[130] 周桂英，温建康，宋永胜，等．西藏玉龙氧硫混合铜矿选矿试验研究[J]．金属矿山，2009，397(7)：45-47.
[131] 艾光华，周源．低碱条件下某硫化铜矿石选矿工艺流程研究[J]．金属矿山，2010，409(7)：41-43，66.
[132] 杜德旺．某难选铜金矿综合回收选矿试验研究[J]．新疆有色金属，2013(6)：43-45.
[133] 赵开乐，王昌良，李成秀，等．内蒙古铜金矿综合回收技术研究[J]．矿产综合利用，2011(3)：18-20.
[134] 方夕辉，邱廷省．磁处理对铜硫矿石浮选行为影响的研究[J]．矿业快报，2007，464(12)：23-25.
[135] 缪飞燕，叶雪均，杨俊彦，等．浮—重联合流程处理铜硫矿泥的试验研究及应用[J]．矿山机械，2014，42(1)：91-95.
[136] 方建军，吴金明．提高汤丹4#矿体浮选技术指标的试验研究[J]．昆明冶金高等专科学校学报，2010(1B)：1-4.
[137] 景世妍．甘南某高砷铜矿降砷试验研究[J]．甘肃冶金，2010，32(6)：54-56.
[138] 邓禾森，肖巧斌．某高砷铜矿选矿试验研究[J]．有色金属（选矿部分），2010(6)：13-15，23.
[139] 武薇，童雄．氧化铜矿的浮选及研究进展[J]．矿冶，2011，20(2)：5-9.
[140] 蒋太国，方建军，张铁民，等．铵（胺）盐对氧化铜矿硫化浮选行为的影响[J]．矿产保护与利用，2014(2)：15-20.

[141] 刘殿文，张文彬，文书明．氧化铜矿浮选技术[M]. 北京：冶金工业出版社，2011：1-29.
[142] 顾庆香．某氧化铜矿选矿试验研究[J]. 云南冶金，2014，43(1)：22-24，61.
[143] 叶富兴，李沛伦，王成行，等．某复杂氧化铜矿浮选工艺研究[J]. 矿山机械，2014，42(5)：109-113.
[144] 罗良飞，覃文庆，刘兴，等．云南某低品位难选氧化铜矿选矿试验研究 [J]. 矿冶工程，2013，33(3)：74-78.
[145] 陈经华，孙志健，叶岳华．同步浮选和异步浮选在氧化铜矿选矿中的应用研究[J]. 有色金属(选矿部分)，2013(增刊)：67-69.
[146] Babich I N, Adamov E V, Paniv V V. Effect of alkalinity of apulp on selective flotation of sulfideand oxide copper mincrals from the Udoykandcposition ore [J]. Russian Journal of Non Ferrous Metals, 2007, 48(4): 252-255.
[147] 唐平宇，王素，田江涛，等．山西某难选氧化铜矿选矿试验研究[J]. 中国矿业，2013，22(6)：93-96，100.
[148] 印万忠．难选氧化铜矿选冶技术现状与展望[J]. 有色金属工程，2013，3(6)：66-70.
[149] 蒋太国，方建军，张铁民，等．氧化铜矿选矿技术研究进展[J]. 矿产保护与利用，2014(2)：49-53.
[150] 罗良峰，文书明，周兴龙，等．氧化铜选矿的研究现状及存在的问题探讨[J]. 矿业快报，2007，460(8)：26-28.
[151] 文书明，张文彬，彭金辉，等．难处理混合铜矿高效加工新技术（发明）[G]//中国有色金属工业科学技术奖，获奖项目汇编（内部资料）. 北京：中国有色金属工业科学技术奖励工作办公室，2012：11.
[152] 王世涛，曾茂青，罗兴，等．云南兰坪高含泥低品位氧化铜矿选矿试验[J]. 云南地质，2010，29(1)：105-108.
[153] 袁明华，潘继芬，赵继春．云南某氧化铜矿选冶联合工艺试验研究[J]. 云南冶金，2012(5)：34-37.
[154] 袁明华，冯萃英．高泥质氧化铜矿酸浸试验研究[J]. 云南冶金，2009(1)：20-32.
[155] 黎澄宇，黎湘虹，王卉，等．含泥氧化铜矿制粒预处理堆浸工艺扩大试验[J]. 有色金属，2009，61(2)：74-76.
[156] 王凯，崔毅琦，童雄，等．难选氧化铜矿石的选矿方法及研究方向[J]. 金属矿山，2012(8)：80-83，117.
[157] 杜淑华，潘邦龙．云南某难选氧化铜矿选矿试验研究[J]. 矿产综合利用，2008(6)：15-18.
[158] 李荣改，宋翔宇，乔江晖，等．含泥难选氧化铜矿石选矿工艺研究[J]. 矿冶工程，2008，28(1)：46-50.
[159] 李福兰，胡保栓，王李鹏．新疆某复杂铜铅锌硫化矿综合回收试验研究[J]. 甘肃冶金，2012，34(4)：28-31，34.
[160] 刘亚龙，董宗良，陈如凤．辽宁某铜铅锌硫化矿的浮选工艺研究[J]. 现代矿业，2009(6)：39-41.
[161] 李文辉，牛埃生，高伟，等．新疆某低品位铜铅锌矿工艺技术改造和生产实践[J]. 有色金属（选矿部分)，2010(3)：9-12.
[162] 张雨田，宋翔宇，李荣改，等．西北某复杂铜铅锌银多金属矿选矿工艺研究[J]. 矿冶工程，2011，31(3)：66-69.
[163] 胡保栓，孙运礼，柏亚林，等．白银有色金属集团股份有限公司选矿公司多金属系统液态二氧化硫替代烧制亚硫酸工艺工业试验[R]. 白银：西北矿冶研究院，2014.
[164] 王李鹏，胡保栓，孙运礼，等．西藏某复杂铜铅锌多金属硫化矿分选工艺研究[J]. 矿业研究与开发，2013，33(2)：1-3.
[165] 岳紫龙，成建．某铜钼矿石的选矿试验研究[J]. 矿业研究与开发，2010(6)：75-78.
[166] 曾锦明，刘三军，杨聪仁，等．云南某铜钼矿选矿工艺研究[J]. 有色金属（选矿部分)，2012(3)：14-19.
[167] 郭灵敏，刘建国，兰秋平，等．铜钼分离新型抑制剂制备与选矿试验研究[J]. 有色金属（选矿部分)，2012(6)：83-88.
[168] 郭海宁．低品位铜钼矿石铜钼分离选矿工艺试验研究[J]. 甘肃冶金，2017，29(4)：33-35.
[169] 袁明华，普仓凤．多金属复杂铜矿铜锌硫分离浮选试验研究[J]. 有色金属（选矿部分)，2008(1)：1-3.
[170] 危流永．广西某难选铜锌硫化矿铜锌分离研究与实践[J]. 矿业研究与开发，2015，35(1)：39-42.
[171] 朱一民，周菁，张晓峰，等．内蒙古某难选铜锌硫化矿浮选分离试验研究[J]. 有色金属（选矿部分)，2014(4)：9-12.
[172] 熊立，叶雪均，胡城，等．SA-3 对铜铋硫化矿分选分离的作用及机理研究[J]. 有色金属科学与工程，2011，2(6)：83-85.
[173] 叶雪均，邱树敏．江西某铜铋多金属矿石无氰铜铋分离浮选试验[J]. 金属矿山，2009(12)：80-82，130.
[174] 李爱民．行洛坑钨矿伴生钼铜铋浮选分离新工艺研究[J]. 金属矿山，2014(4)：74-78，90.
[175] 谭欣，赵杰，王中明．难选铜镍氧化矿选矿试验研究[J]. 有色金属（选矿部分)，2013(增刊)：82-85.
[176] 科列夫 B A. 铜镍混合精矿的分离[J]. 国外金属矿选矿，2007(4)：36-38.
[177] 张锦林．铜炉渣的可磨性及综合回收性能的影响因素分析研究[J]. 甘肃冶金，2010，32(1)：28-29，33.
[178] 黄红军．含铜炉渣晶相调控浮选新工艺研究[J]. 有色金属（选矿部分)，2012(6)：16-19，24.
[179] 王奇．贵溪电炉渣的缓冷特征和结晶研究[J]. 铜业工程，2012，114(2)：21-24.
[180] 李磊，王华，胡建杭，等．铜渣综合利用的研究进展[J]. 冶金能源，2009，28(1)：44-48.
[181] 雷存有，黄明金，黄万抚，等．铜冶炼渣回收铜和废水处理关键技术及产业化[G]//中国有色金属工业科学技术奖，

获奖项目汇编（内部资料）. 北京：中国有色金属工业科学技术奖励工作办公室，2012：12.
[182] 穆晓辉，贾立安，张学滨. 白银炉铜冶炼渣选矿实践[J]. 有色冶金设计与研究，2014，35(6)：28-31.
[183] 刘春龙. 某铜冶炼炉渣选矿试验研究与实践[J]. 矿冶工程，2014，34(4)：63-66.
[184] 王国红. 铜冶炼炉渣缓冷技术研究与生产实践[J]. 铜业工程，2014(4)：27-30.
[185] 王祖旭. 云南某铜冶炼渣浮铜试验[J]. 金属矿山，2001,4(1)：163-166.
[186] 谢建宏，崔长征，宛鹤. 陕西某铜尾矿资源化利用研究[J]. 金属矿山，2009(4)：161-164.
[187] 叶雪均，熊立. 安徽某铁尾矿中铜硫的选矿回收研究[J]. 金属矿山，2012(7)：155-157.
[188] 兰秋平，周广兴，冷敖英，等. 化学硫化技术在德兴铜矿的应用[J]. 铜业工程，2009(4)：32-33，37.
[189] 王玲，王明燕. 某铜矿山老尾矿中铜的赋存状态研究[J]. 有色金属（选矿部分），2012(6)：1-4，15.
[190] 陈金中，王立刚，李成必，等. 铜矿山老尾矿综合回收铜金银浮选技术研究[J]. 有色金属（选矿部分），2011(3)：1-4.
[191] 刘豹，王梓，孙乾予，等. 贵州某铜尾矿铜金回收浮选试验[J]. 金属矿山，2015(1)：157-160.
[192] 王晓慧，梁友伟，张丽军，等. 甘肃白银矿区废石中铜的选矿回收试验[J]. 金属矿山，2012，437(11)：148-150.
[193] 马洁珍，龙翼，谢锦辉，等. 阿舍勒铜矿锌硫分离尾矿再选铜试验研究与工业实践[J]. 有色金属（选矿部分），2011(6)：17-21，38.
[194] 朱建光，李占林. 巯基乙酸异辛酯与丁黄药混用浮选刁泉银铜矿[J]. 矿冶工程，2012，32(2)：39-41.
[195] 王恒峰. 某含碳铜矿回收铜的工艺技术研究[J]. 中国矿业，2008，19(7)：71-74.
[196] 蔡春林，覃文庆，邱冠周，等. 丁基黄原酸甲酸乙酯的合成及对黄铜矿浮选研究[J]. 湿法冶金，2006(6)：94-96.
[197] 李文风，陈雯. 一种新型硫化矿捕收剂——二甲基二硫代氨基甲酸丙烯腈酯的合成及应用[J]. 金属矿山，2010(7)：55-56，86.
[198] 李明宇. 阜新某氧化铜矿选矿试验研究[D]. 阜新：辽宁工程技术大学，2011.
[199] 刘广义，钟宏，戴塔根，等. 乙氧基羰基硫代氨基甲酸脂弱碱性条件下优先选铜[J]. 中国有色金属学报，2006，16(6)：1108-1114.
[200] 刘广义，任恒，詹金华，等. 3，3′-二乙基-1，1一缩二乙二醇二羰基双硫脲的合成、表征与性能[J]. 中国有色金属学报，2013，23(1)：290-296.
[201] Liu G，Zhong H，Dai T. Investigation of the selectivity of ethoxylcarbonyl thionocarbarbanmetes during the flotation copper sulfides[J]. Minerals and Metallurgical Processing，2008，25(1)：19-24.
[202] 赵红波，王军，张雁生，等. 新型捕收剂 CSU-21 浮选赞比亚谦比希某铜矿试验研究[J]. 矿冶工程，2014，34(2)：35-41.
[203] 孙小俊，顾帼华，李建华，等. 捕收剂 CSU-31 对黄铜矿和黄铁矿的选择作用[J]. 中南大学学报（自然科学版），2010，41(2)：406-410.
[204] 王德庭. 高效捕收剂 CSU-A 在德兴大山选厂的应用实践[J]. 湖南有色金属，2011，27(5)：13-15.
[205] 柏亚林. 赛什塘铜矿选矿工艺流程试验研究[J]. 甘肃冶金，2007(4)：27-29.
[206] 孙科峰，黄建芬. 铜镍硫化矿捕收剂的研究与应用[J]. 甘肃冶金，2013，35(5)：11-14.
[207] 武培勇，石光祥. BJ-306 提高伴生金银回收率的工业应用研究[J]. 有色金属（选矿部分），2007(2)：43-47.
[208] 朱月锋. 提高某斑岩铜矿伴生金回收率的试验研究[J]. 中国矿业工程，2010，39(1)：8-11，18.
[209] 方夕辉，邱廷省，熊淑华，等. 用高效捕收剂 QF 提高某金铜矿金回收率的研究[J]. 矿业研究与开发，2006(1)：34-36.
[210] 杜新璐，程景峰，张攀，等. 提高金堆城钼矿选铜回收率的试验研究[J]. 中国钼业，2006(1)：20-22.
[211] 向平，李永战. 高效硫化矿捕收起泡剂 PN405[J]. 国外金属矿选矿，2002(5)：24-26.
[212] 林双仁. MOS-2 捕收剂在铜矿选矿厂的试验应用[J]. 新疆有色金属，2013(增刊1)：119-125.
[213] 李晓波，熊晨曦. 某难选硫化铜矿浮选新工艺研究[J]. 矿冶工程，2007(1)：32-35.
[214] 罗时军. Mac-12 新型捕收剂提高铜金钼回收率的试验研究[J]. 稀有金属，2008(2)：230-233.
[215] 王越，谷志君，李陇德，等. 内蒙古大型斑岩铜钼矿混合浮选捕收剂试验研究[J]. 有色金属（选矿部分），2010(5)：37-40，36.
[216] 彭会清，秦磊，胡海祥，等. 新型硫化矿捕收剂 PLQ1 的合成及选铜试验研究[J]. 矿业研究与开发，2011，31(2)：38-40.
[217] 彭亚林. 高效捕收剂 EP 浮选复杂铜硫矽卡岩型矿石的试验研究[J]. 有色金属（选矿部分），2012(4)：71-75.
[218] 张宁翠. KM109 捕收剂在硫化矿浮选中的应用[J]. 河南科技，2013(2)：95.
[219] 邱允武. 螯合捕收剂 B130 浮选难选氧化铜矿石的研究[J]. 有色金属（选矿部分），2006(2)：40-45，47.

[220] 范娜，段珠，霍利平. B130选别难选氧化铜矿石的研究[J]. 现代矿业，2010(6)：41-43.
[221] 谭兵. 某地氧化铜银矿浮选试验研究[J]. 矿产保护与利用，2012(1)：18-21.
[222] 康哥罗K. 某氧化铜钴矿选矿研究[J]. 国外金属矿选矿，2008(2)：32-33.
[223] 鲍海林. D-2活化剂的浮选应用研究[J]. 云南冶金，2006(3)：25-27.
[224] 朱建光. 2008年浮选药剂的进展[J]. 国外金属矿选矿，2009，1-2：2-8.
[225] 朱建光. 2007年浮选药剂的进展[J]. 国外金属矿选矿，2008(4)：3-11.
[226] 庞王荣，唐平宇，郭秀平，等. 内蒙古某铜矿新药剂试验研究[J]. 矿产综合利用，2012，(4)：19-21.
[227] 刘斌，周源. 铜硫分离有机抑制剂选择试验[J]. 现代矿业，2009(5)：51-52，69.
[228] 周源，刘亮，曾娟. 低碱度下组合抑制剂对黄铜矿和黄铁矿可浮性的影响[J]. 金属矿山，2009(6)：69-72.
[229] Chen J H, Lan L H, Liao X J. Depression effect of pseudo glycolythiourea acid in flotation separation of. copper molybdenum [J]. Transactions of nonferrous Met-als Society of China, 2013(23): 824-831.
[230] 陈建华，李宁均，曾冬丽. 铜锌混合精矿浮选分离试验研究[J]. 中国矿业，2011，20(11)：78-82，86.
[231] 曾懋华，姚亚萍，奚长生，等. 某难选铜铅混合精矿的分离试验研究[J]. 金属矿山，2006(4)：19-22.
[232] 廖祥文，李成秀. 某高砷铜锡矿选铜除砷试验研究[J]. 矿产综合利用，2007(3)：3-6.
[233] 戴新宇. 西藏某矽卡岩铜钼矿选矿工艺试验研究矿产综合利用[J]. 矿产综合利用，2007(5)：7-10.
[234] 詹信顺，钟宏，刘广义. 低碱度铜硫分离高效抑制剂的研究[J]. 有色金属：选矿部分，2009 (2)：36-40.
[235] 胡岳华，孙伟，刘润清. 复杂硫化矿中的特效抑制剂的应用. 中国：CN101249474[P].
[236] 王恒峰，赵华伦. 某含碳氧化铜矿选矿试验研究[J]. 现代矿业，2010(9)：22-24.
[237] 杨凤，张磊，刘强，等. 铜钼混合精矿分离浮选试验研究[J]. 黄金，2011，32(7)：48-51.
[238] 叶雪均，胡城，刘子帅，等. 用新型抑制剂Yn对某难选铜锌矿石抑锌浮铜[J]. 金属矿山，2012(8)：61-64.
[239] 周涛，师伟红，余江鸿. 内蒙某难处理铜铅锌多金属矿石选矿技术优化[J]. 金属矿山，2013(5)：82-88.
[240] 孙伟，胡岳华，刘润清. 一种捕收剂的制备方法. 中国：CN101259451A[P].
[241] 徐引行，万宏民. 汝阳某钼矿石钼的浮选试验研究[J]. 有色金属：选矿部分，2009(4)：8-11.
[242] 钟在定，王永超，温晓婵. 新型JM-208起泡剂在钼浮选中的应用研究[J]. 金属矿山，2009(9)：102-103，119.
[243] 卢毅屏，姜涛，冯其明，等. 微细粒蛇纹石的可浮性及其机理[J]. 中国有色金属学报，2009(8)：1493-1496.
[244] 朱一民. 己醇的同分异构体和它的浮选性能[C]//全国矿山选矿新技术新设备暨复杂难处理矿石选矿新技术交流研讨会文集. 北京：中国矿业科技协会，2010(12)：33-36.
[245] 朱一民. 1，1，3-三乙氧基丁烷与二丙二醇丁醚的起泡性能[J]. 矿产保护与利用,2011(4)：28-30.
[246] Edgardo R Donati, Wolfgang Sand. Microbial Processing of Metal Sulfides[M]. Netherland: Springer Verlag, 2007: 1-33.
[247] 黄海炼，黄明清. 生物冶金中浸矿微生物的研究现状[J]. 湿法冶金，2011(3)：184-189.
[248] 李宏煦. 硫化铜矿的生物冶金[M]. 北京：冶金工业出版社，2007.
[249] 李邦梅. A. ferrooxidans菌分离鉴定及其与硫化矿物相互作用的研究[D]. 长沙：中南大学，2007.
[250] 丁建南，朱若林，康健，等. 喜温嗜酸硫杆菌YN12菌株的鉴定及其镉抗性能[J]. 中国有色金属学报，2008，18(2)：342-348.
[251] 褚仁雪. 试分析紫金山微生物湿法提铜工艺的完善[J]. 有色冶金设计与研究，2011，32(1)：9-12.
[252] 沈璧蓉，吴学玲，杜修桥，等. 抗C^{2+}嗜酸氧化亚铁硫杆菌的驯化及诱变育种[J]. 现代生物医学进展，2007，4(7)：507-510.
[253] 邹燕，徐文彬，宾丽英，等. 两种优势菌浸矿机理及动力学研究概况[J]. 矿业工程，2007，5(4)：65-68.
[254] 刘厚明，舒荣波，王晓慧，等. 白银含铜废石生物柱浸试验研究[J]. 矿产综合利用，2012(6)：21-24.
[255] 胡杰华，谢洪珍，董博文，等. 某混合铜矿生物浸出铜的试验研究[J]. 湿法冶金，2013，32(2)：82-85.
[256] 袁明华，周全雄，赵继春. 氯化物体系中含银硫化铜矿生物浸出试验研究[J]. 有色矿冶，2010，26(3)：23-24.
[257] 王洪江，吴爱祥，顾晓春，等. 高含泥氧化铜矿石分粒级筑堆技术及其应用[J]. 黄金，2011,32(2)：46-50.
[258] 刘美林，刘国梁，武彪，等. 低品位氧化铜矿堆浸工业试验[J]. 有色金属（冶炼部分），2012(7)：1-5.
[259] 武彪，谢昆，张兴勋，等. 玉龙铜矿氧化矿石合理浸出工艺研究[J]. 金属矿山，2010，414(12)：54-57.
[260] 李希雯，王洪江，吴爱祥，等. 防垢剂对复杂氧化铜矿堆浸的影响[J]. 湿法冶金，2012，31(1)：25-28.
[261] 吴爱祥，艾纯明，王贻明，等. 表面活性剂强化铜矿石浸出[J]. 北京科技大学学报，2013，35(6)：709-713.
[262] 黎湘虹，黎澄宇，王卉. 鑫泰含泥氧化铜矿制粒预处理堆浸工艺[J]. 有色金属，2009，61(1)：86-90.
[263] 李宏煦，李安，吴爱祥，等. 喷淋液流速率与气流速率对次生硫化铜矿生物堆浸过程温度分布的影响[J]. 中国有色金属学报，2010，20(7)：1424-1431.
[264] 陈春林，张旭. 低品位氧化铜矿石的硫酸浸出试验研究[J]. 湿法冶金，2008(3)：156.

[265] 杨威．从某废弃氧化铜渣中回收铜的研究[D]．长沙：中南大学，2012.
[266] 刘志雄．氨性溶液中含铜矿物浸出动力学及氧化铜/锌矿浸出工艺研究[D]．长沙：中南大学，2012.
[267] 方建军．汤丹难处理氧化铜矿高效利用新技术及产业化研究[D]．昆明：昆明理工大学，2009.
[268] 池利昆，王吉华．氨浸法从含铜污泥中回收铜的研究[J]．云南师范大学学报，2012,32(6)：67-70.
[269] 张俊茹，廖辉伟，代文，等．含铜废催化剂中铜的回收[J]．化工环保，2014，34(6)：557-560.
[270] 李云刚．低品位氧化铜矿还原焙烧-氨浸试验研究[J]．矿产综合利用，2014(6)：27-29.
[271] 周晓东，张云梅．微波辐照氨浸氧化铜矿的试验研究[J]．红河学院学报，2007(2)：31-33.
[272] 黄敏，成诚．铅锌铜银金多金属精矿氯化浸出综合回收工艺[J]．化学工程与装备，2012，6(6)：99-101.
[273] 薛文颖，申勇峰，赵宪明．氯气浸出-电积工艺从铜渣中提取镍[J]．有色金属，2008，60(1)：77.
[274] 耿文杰．镍精矿、粗硫酸镍、放铜渣氯气浸出的试验研究[J]．金川科技，2012(1)：20.
[275] 文剑锋，杨天足，王安，等．铅冰铜控制电位选择性氯化浸出[J]．湖南有色金属，2011，27(2)：24-29.
[276] 臧秀进．湿法炼铜工艺研究[J]．科技创新导报，2009(36)：3-4.
[277] 张文波．加压氧化浸出工艺的机理研究[J]．黄金科学技术，2011，19(5)：40-44.
[278] 谢克强，杨显万．多金属硫化矿浮选精矿加压酸浸研究[J]．有色金属（冶炼部分），2006(4)：6-9.
[279] 聂光华，邱廷省，刘志红．某浮选铜精矿中铜、金浸出试验研究[J]．黄金，2009，30（8）：37-40.
[280] 谢洪珍，黄丽，黄怀国，等．某铜金精矿加压氧化—氰化浸出试验研究[J]．黄金科学技术，2013，21(1)：98-93.
[281] 李滦宁，梁宏伟，赵淑杰，等．金铜精矿中性催化加压浸出预处理工艺[J]．吉林大学学报（地球科学版），2011，41(4)：1187-1191.
[282] 郑华均，郑云朋．铜萃取的研究进展[J]．浙江化工，2009，40(5)：19-22.
[283] 裴世红，谢瑞丽，金猛，等．湿法炼铜常用的铜萃取剂[J]．当代化工，2009，38(1)：78-82.
[284] 雷吟春，刘云派，朱传华．工业用铜萃取剂研制的新进展[J]．湖南有色金属，2008，24(2)：41-45.
[285] Narita Hirokazu，Tanaka Mikiya，Morisaku Kazuko. Palladium extraction with N，N，N′，N′-tetra-n-oayl-thiodiglycolamlde[J]. Minerals Engineering，2008，21(6)：483-488.
[286] Ruhela R，Sharma J N，Tomar B S，et al. Extraetive spectrophotometric determination of palladium with N，N，N′，N′-tetra（2-ethyhexyl）-thiodiglycolamide T（2EH）TDGA[J]. Talanta，2011，85(2)：1217-1220.
[287] Ruhela R，Sharma J N，Tomar B S，et al. Facilitated transport of Pd(Ⅱ) through a supported liquid membrane（SLM）containing N，N，N′，N′-tetra-（2-ethylhexyl）thiodiglycolamide T（2EH）TDGA：A novel carrier[J]. Journal of Hazardous Materials，2012(229-230)：66-71.
[288] Deb S B，Gamare J S，Kannan S，et al. Uranyl(Ⅵ) and lanthanum（Ⅲ）thio-diglycolamides complexes：Synthesis and structural studies involving nitrate complexation[J]. Polyhedron，2009，28(13)：2673-2678.
[289] 冯成．萃取剂2-羟基-5-壬基苯乙酮肟的合成研究及其类似物的设计与合成[D]．天津：河北工业大学，2007.
[290] 王新宇，闫书一．高效萃取剂LIX841的合成及应用[J]．四川化工，2010(1)：12-14.
[291] 张星，惠建斌．一类新型铜萃取剂的合成与表征[J]．湿法冶金，2011，30(4)：348-350.
[292] 周鹤方，王亚群，刘思源，等．N，N，N′，N′-四丁基-3-硫戊二酰胺对Cu(Ⅱ)的萃取性能研究[J]．山东化工，2014，43(4)：1-5.
[293] 李西辉．LIX84-I从氨性溶液中提纯铜的研究[J]．广州化工，2010，38(1)：81-84.
[294] 陈晓东，唐维学，麦丽碧．N910从氨性溶液中萃取铜的研究[J]．材料研究与应用，2007，1(2)：143-145.
[295] 朱萍，王正达，袁媛，等．N902萃取铜的选择性研究[J]．稀有金属，2006，30(4)：484-489.
[296] 蒋崇文，彭霞，张春燕，等．β-二酮和5-壬基水杨醛肟从氨性溶液萃取铜的研究[J]．化工时刊，2010，24(10)：25-28.
[297] 向延鸿，尹周澜，冉盈，等．高位阻β-二酮和LIX84混合萃取剂从氨性溶液中萃取铜[J]．中国有色金属学报，2011，21(5)：1171-1177.
[298] 胡正吉，刘文刚，范志鸿．新型有机萃取剂2-羟基-4-十二烷氧基二苯甲酮肟的合成及在铜萃取中的应用研究[J]．有色矿冶，2009，25(6)：16-18.
[299] 郭雪民．铜冶炼行业发展的新思索[J]．中国有色金属，2006(4)：32-34.
[300] 郭亚惠．铜湿法冶金现状及未来发展方向[J]．中国有色冶金，2006(4)：1-6.
[301] 罗仙平，谢明辉．金属矿山选矿废水净化与资源化利用现状与研究发展方向[J]．中国矿业，2006(10)：51-56.
[302] 李平．德兴铜矿：从“三废”中淘金[N]．中国矿业报，2012，10(13)：1-2.
[303] 崔宁，吕萍．探索建立铜产业链资源综合利用特色发展模式[J]．矿产与地质，2013(10)：152-156.
[304] 周吉奎，喻连香，胡洁．用Fenton试剂处理福建某铜锌选矿废水[J]．金属矿山，2014(12)：209-212.

[305] 刘明实，刘璇遥，赵艳宾，等. 基于高海拔地区选矿废水零排放的铜铅锌选矿试验研究[J]. 甘肃冶金，2014(12)：4-8.
[306] 赵静波. 某铜镍矿选矿厂回水的利用[J]. 新疆有色金属，2010(5)：34-35.
[307] 杨琳琳，唐秀英，宁旺云. 选矿自动化发展现状及趋势[J]. 现代矿业，2014(4)：116-118.
[308] 耿文瑞. 选矿厂自动化测量仪表的发展现状[J]. 现代矿业，2014(7)：172-174.
[309] 曾云南. 现代选矿过程在线粒度分析仪的研究进展[J]. 有色设备，2008(2)：5-9.
[310] 王俊鹏，曾荣杰. 新型多流道矿浆浓度粒度检测装置研制[J]. 矿冶，2009(2)：84-88.
[311] 杨恒书，李寿松 . Coirier 6SL 分析仪在选矿中的应用[J]. 云南冶金，2008(3)：25-27.
[312] 张坤，冯禄平. WDPF-Ⅱ品位分析仪在彝良驰宏矿业选矿工艺的应用[J]. 现代矿业，2011：110-112.
[313] 唐绍义，徐晓东 . 浅谈选矿自动化的运用[J]. 金属矿山，2009(11)：413-416.
[314] 杨志刚，张杰，李艳姣. 磨矿过程综合自动化系统[J]. 河北联合大学学报（自然科技版），2014(1)：65-70.
[315] 曾志，王毅芳 . PLC 在磨矿分级自动化系统中的运用[J]. 电世界（电气自动化版），2014(7)：36-38.
[316] 毛志宏. 浅谈机械自动化在选矿厂的应用[J]. 科技风，2014(6)：113-114.
[317] 秦虎，刘志红，黄宋魏. 碎矿磨矿及浮选自动化发展趋势[J]. 云南冶金，2010(6)：13-16.
[318] 徐维超，黄宋魏，梁燕. 浮选作业配药和加药自动控制系统的设计及应用[J]. 有色金属（选矿部分），2013(4)：64-68.
[319] 彭秀云，王庆凯，王静，等. 200m^3 充气机械搅拌式浮选机液位的优化控制及应用[J]. 有色金属（选矿部分），2011(3)：46-53.
[320] 孙云东，杨金艳. 国内选矿自动化技术应用及进展[J]. 黄金，2014(4)：35-38.
[321] 黄宋魏. 选矿过程自动化技术[D]. 昆明：昆明理工大学，2013(8).
[322] 陆博，王宝胜. 无线数据管理系统在选矿厂的开发与应用[J]. 矿冶，2014(10)：77-80.

第9章　铅锌矿石选矿

近十年世界经济环境日新月异，随之在铅锌资源的勘查情况、铅锌金属的价格、铅锌金属的生产和消耗等方面也发生了变化，尤其是在铅锌矿石的选矿技术方面，在铅锌矿的选矿理论及基础研究、选别流程、选矿药剂、选矿厂过程控制、铅锌尾矿综合利用和水处理循环利用等方面均得到了长足发展。铅锌硫化矿基础研究领域的重点是电化学理论研究，而氧化矿则主要集中在捕收剂和活化剂研究方面。选矿技术秉承清洁生产理念，在高效、环保的选矿工艺和药剂方面及选矿智能化方面不断革新和进步，为回收和利用复杂铅锌矿产资源提供了技术保障，而尾矿综合利用和水循环利用解决方案则为矿山循环发展创造了良好的发展空间。

9.1　铅锌资源简况

9.1.1　铅锌矿资源分布

世界铅锌资源地理分布较为广泛，储量较为丰富。

截至2013年，世界已查明的铅资源量超过20亿吨，铅储量8900万吨。铅储量较多的国家有澳大利亚、中国、俄罗斯、秘鲁、墨西哥和美国6个国家，合计占世界铅储量的86.9%，其中我国铅储量1400万吨，占世界铅储量的15.7%，居世界第二位。现有铅储量只占铅查明资源量的22.5%，全球铅的勘查潜力很大[1,2]。

截至2013年，世界锌储量2.5亿吨，我国锌储量居世界第二位。其中澳大利亚、中国、秘鲁和墨西哥4个国家的锌储量占世界锌储量的60%；世界查明锌资源量约19亿吨，现有锌储量只占查明储量锌资源量的13.2%[1,2]。

按2013年世界铅矿山产量561.9万吨计，现有铅储量厂矿保证年限为16年；按2013年世界锌矿山产量1372.04万吨计，现有锌储量的静态保证年限为18年[2]。世界铅、锌详细储量分别见表9-1和表9-2[2]。

表9-1　世界铅储量　（万吨）

国家或地区	储　量	国家或地区	储　量
澳大利亚	3600	波　兰	170
中　国	1400	玻利维亚	160
俄罗斯	920	瑞　典	110
秘　鲁	750	爱尔兰	60
墨西哥	560	加拿大	45
美　国	500	其　他	365
印　度	260	世界总计	8900

表9-2　世界锌储量　（万吨）

国家或地区	储　量	国家或地区	储　量
澳大利亚	6400	哈萨克斯坦	1000
中　国	4300	加拿大	700
秘　鲁	2400	玻利维亚	520
墨西哥	1800	爱尔兰	130
印　度	1100	其　他	5700
美　国	1000	世界总计	25000

9.1.2　中国铅锌资源特点

我国铅锌资源丰富，地理分布相当广泛，几乎遍及全国各省、市、自治区。我国铅锌矿的平均品位高于世界平均品位，铅锌比高于世界平均水平，而且矿石共伴生有价成分较多。我国铅锌资源主要有以下几个特点[3]：

（1）矿产地分布广泛，但储量主要相对集中在几个省区。目前，已有 27 个省、区、市发现并勘查了铅锌资源，但从富集程度和现保有储量来看，主要集中于 6 个省区，铅锌合计储量大于 800 万吨的省区依次为云南 2662.91 万吨、内蒙古 1609.87 万吨、甘肃 1122.49 万吨、广东 1077.32 万吨、湖南 888.59 万吨、广西 878.80 万吨，合计为 8239.98 万吨，占全国铅锌合计储量 12956.92 万吨的 64%。从三大经济地区分布来看，主要集中于中西部地区，铅储量占 73.8%，锌储量占 74.8%。

（2）成矿区域和成矿期也相对集中。从目前已勘探的超大型、大中型矿床分布来看，主要集中在滇西、川滇、西秦岭-祁连山、内蒙古狼山和大兴安岭、南岭等五大成矿集中区。成矿期主要集中在燕山期和多期复合成矿期。据《中国内生金属成矿图说明书》统计的铅锌矿床的成矿期，前寒武期占 6%、加里东期占 3%、海西期占 12%、印支期占 1.3%、燕山期占 39%、喜马拉雅期占 0.7%、多期占 38%。

（3）大中型矿床占有储量多，矿石类型复杂。在全国 700 多处矿产地中，大中型矿床的铅、锌储量分别占 81.1% 和 88.4%。矿石类型多样，主要矿石类型有硫化铅矿、硫化锌矿、氧化铅矿、氧化锌矿、硫化铅锌矿、氧化铅锌矿以及混合铅锌矿等。以锌为主的铅锌矿床和铜锌矿床较多，而以铅为主的铅锌矿床不多，单铅矿床更少。

（4）铅锌矿床物质成分复杂，共伴生组分多，综合利用价值大。大多数矿床普遍共伴生铜、铁、硫、银、金、锡、锑、钼、钨、汞、钴、镉、铟、镓、锗、硒、铊、钪等元素。有些矿床开采的矿石，伴生元素达 50 多种。特别是近 20 年来，通过综合勘查和矿石物质成分研究，证实许多铅锌矿床中含银高，成为铅锌银矿床或银铅锌矿床，其银储量占全国银矿总储量的 60% 以上，在采选冶过程中综合回收银的产量，占全国银产量的 70%～80%，金的储量和产量也相当可观。

（5）贫矿多、富矿少，结构构造和矿物组成复杂的多、简单的少。目前开采的矿床，铅锌平均品位 3.74%，锌高于铅，铅锌比为 1∶2.5，国外多为 1∶1.2。矿石组分复杂，有的入选矿石达 30 多种矿物，不少矿石嵌布粒度细微，结构构造复杂，属难选矿石类型，给选矿带来了困难。

9.1.3　铅锌矿资源的生产和消费

9.1.3.1　世界和中国铅锌精矿产量

铅、锌金属因其特殊性，在工业发展中有着不可替代的地位，因此随着世界经济全球化进程的加快，铅、锌开采业在世界范围内的竞争愈演愈烈，铅锌精矿产量逐年增加。2013 年世界矿山铅产量为 561.91 万吨，其中西方世界矿山铅产量 228.09 万吨，铅矿山铅产量详见表 9-3；矿山铅生产大国有中国、澳大利

表 9-3　世界矿山铅产量　（万吨）

国家或地区	2010 年	2011 年	2012 年	2013 年	国家或地区	2010 年	2011 年	2012 年	2013 年
中　国	198.13	235.83	283.84	304.80	土耳其	3.90	3.96	5.43	8.46
澳大利亚	71.20	62.10	62.20	71.61	波　兰	2.31	3.62	3.47	1.51
美　国	36.85	34.57	34.78	34.96	爱尔兰	3.91	5.05	4.59	4.35
秘　鲁	26.20	23.00	24.92	26.65	马其顿	4.13	3.73	3.92	4.24
墨西哥	19.21	22.37	23.81	24.05	哈萨克斯坦	3.61	3.46	3.85	4.08
俄罗斯	9.70	11.30	13.80	13.47	朝　鲜	2.73	2.85	3.84	5.88
印　度	9.07	9.41	11.51	12.55	伊　朗	3.20	2.96	4.00	4.61
玻利维亚	7.28	10.01	8.11	8.52	摩洛哥	3.27	3.08	2.68	2.90
瑞　典	6.77	6.20	6.36	5.95	其　他	13.03	13.93	16.66	16.85
加拿大	6.48	5.94	6.12	2.02	世界总计	436.04	468.82	529.14	561.91
南　非	5.06	5.45	5.25	4.43	西方世界总计	216.75	207.54	216.32	228.09

亚、美国、秘鲁、墨西哥、俄罗斯和印度等，年产量均在 10 万吨以上，他们的产量占当年世界产量的 86.9%；其中我国是世界第一大铅矿生产国，2013 年产量达 304.80 万吨，占世界当年矿山铅产量的 54.2%[1,2]。2007 ~2013 年世界铅精矿产量增长情况如图 9-1 所示，我国铅精矿产量增长情况如图 9-2 所示[4]，我国铅精矿月度产量如图 9-3 所示[5]。

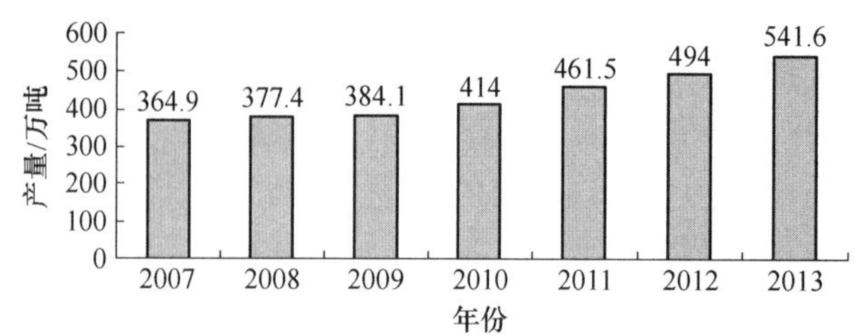

图 9-1　2007 ~2013 年全球铅精矿产量增长情况

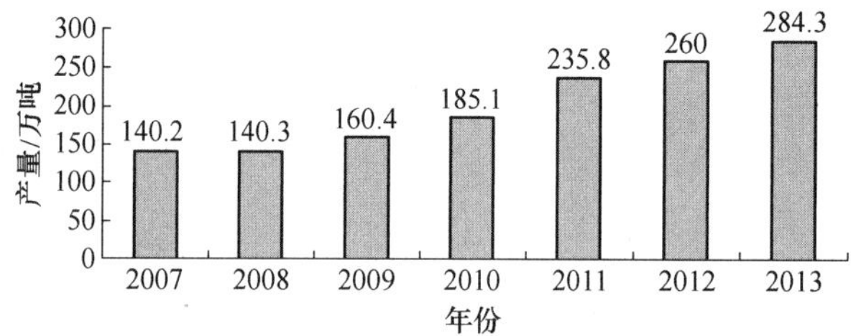

图 9-2　2007 ~2013 年我国铅精矿产量增长情况

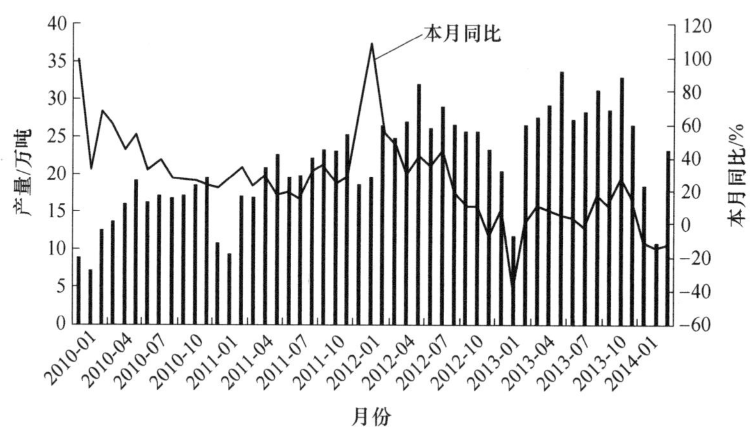

图 9-3　我国铅精矿月度产量

2013 年世界矿山锌产量 1372.04 万吨，其中西方锌矿山产量 749.46 万吨，世界矿山锌产量详见表 9-4，世界矿山锌生产大国主要有中国、澳大利亚、秘鲁、印度、美国、墨西哥和加拿大等，年产量均在 50 万吨以上，其中我国是世界最大的锌矿生产国，2013 年锌矿山产量 539.15 万吨，占当年世界锌矿山产量的 39.3%[1,2]。2014 年我国锌精矿产量为 460.3 万吨[6]，我国锌精矿的月度产量横向比较情况如图 9-4 所示[7]。

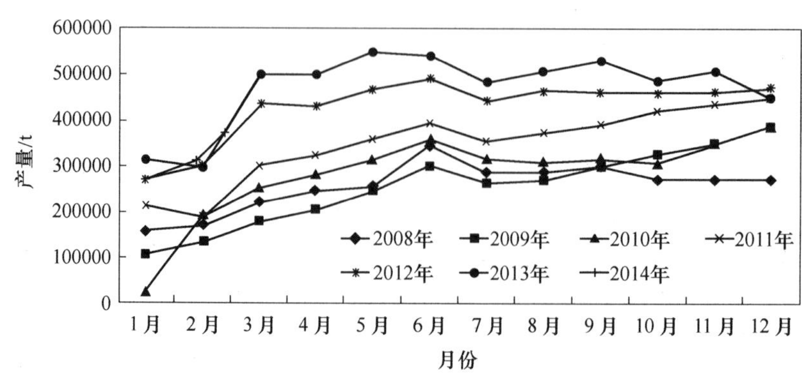

图 9-4　我国锌精矿月度产量横向比较

表 9-4　世界矿山锌产量　（万吨）

国家或地区	2010 年	2011 年	2012 年	2013 年	2013 年较 2012 年增长率/%	国家或地区	2010 年	2011 年	2012 年	2013 年	2013 年较 2012 年增长率/%
中　国	384.22	405.00	485.91	593.15	11.0	巴　西	21.12	19.78	16.43	16.43	0.0
澳大利亚	148.00	151.60	154.20	152.30	-1.2	纳米比亚	20.42	19.25	19.36	18.75	-3.2
印　度	73.98	73.30	72.49	81.70	12.7	瑞　典	19.87	19.40	18.83	17.57	-6.7
美　国	74.80	76.90	73.80	78.80	6.8	伊　朗	12.00	13.80	13.80	14.28	3.5
墨西哥	57.00	63.19	66.03	64.12	-2.9	波　兰	9.19	8.72	7.67	8.73	13.8
加拿大	64.91	61.16	61.17	42.61	-30.3	蒙　古	5.63	5.24	5.96	5.21	-12.6
玻利维亚	41.14	42.71	38.98	40.73	4.5	葡萄牙	—	0.42	3.00	5.34	77.9
哈萨克斯坦	40.45	37.67	37.05	36.11	-2.5	其　他	53.90	55.92	55.96	54.83	2.0
爱尔兰	35.39	34.45	34.03	32.67	-4.0	世界总计	1235.97	1242.30	1318.65	1372.04	4.0
俄罗斯	26.90	28.20	25.85	27.60	6.8	西方国家总计	759.20	7447.29	746.40	749.46	0.4

9.1.3.2　世界和中国消费量

铅锌是各国经济建设的重要原材料之一，用途广泛，主要应用于电气工业、机械工业、军事工业、冶金工业、化学工业、轻工业和医药业等领域，此外，铅金属在核工业、石油工业等部门也有较多的用途。2013 年世界精炼铅的消费量为 1062.60 万吨，西方国家消费量为 578.06 万吨，详细情况见表 9-5[1,2]。精炼铅消费大国和地区有中国、美国、印度、韩国、德国、日本、西班牙、意大利、英国、巴西、泰国、墨西哥、波兰和中国台湾等，年消费量均在 10 万吨以上；从 2005 年开始，我国的铅消费量超过美国，跃居世界第一位，我国和美国是世界上最重要的精炼铅消费国，其消费量分别占世界的 42.0% 和 16.9%[2]。我国精铅消费量见表 9-6[8]。

表 9-5　世界精炼铅消费量　（万吨）

国家或地区	2010 年	2011 年	2012 年	2013 年	国家或地区	2010 年	2011 年	2012 年	2013 年
中　国	417.08	466.24	467.27	446.68	乌克兰	7.53	11.01	10.81	10.70
美　国	143.00	144.00	151.00	180.10	印度尼西亚	7.59	8.86	9.90	9.00
印　度	41.99	41.96	52.44	48.66	捷　克	9.55	10.11	9.01	9.58
韩　国	38.18	42.66	42.93	47.60	土耳其	5.72	4.38	8.25	6.82
德　国	34.25	37.43	38.05	36.93	中国台湾	8.38	4.17	6.96	10.16
日　本	22.38	23.60	27.30	25.33	阿根廷	6.11	6.87	6.95	7.41
西班牙	26.24	26.30	24.41	26.19	法　国	9.65	8.61	6.32	5.07
意大利	24.49	23.34	19.46	19.38	南　非	6.57	7.46	5.94	6.33
英　国	21.12	21.09	22.90	27.37	越　南	5.66	6.12	5.79	6.25
巴　西	20.11	21.77	23.77	24.77	伊　朗	5.81	3.85	5.19	5.64
泰　国	14.50	15.63	15.45	14.99	其　他	59.33	3.97	45.61	47.12
墨西哥	18.81	12.59	14.02	11.15	世界总计	962.81	1029.36	1046.99	1062.60
波　兰	8.76	10.79	9.63	10.55	西方国家总计	507.98	528.04	545.30	578.06

表 9-6　我国精铅市场消费量　（万吨）

日　期	消费量	日　期	消费量
2007 年	253.4	2012 年	451.0
2008 年	290.3	2013 年	495.0
2009 年	332.8	2014 年 1～2 月	66.2
2010 年	375.0	2014 年 1～3 月	113.2
2011 年	400.5		

2013 年世界精炼锌消费量为 1315.08 万吨（见表 9-7）；其中：西方国家精炼锌消费量 652.87 万吨。世界精炼锌消费大国为中国、美国、韩国、印度、日本和德国等，其年消费量均在 30 万吨以上[2]。2014

年1～10月全球锌市场供应短缺26.1万吨，2013年全年供应过剩9.4万吨，2014年前十个月全球精炼锌消费量较2013年同期增加了5.5%[9]。2012年锌消费量统计表明：排名前五位的消费大国分别为中国、欧盟、美国、印度和韩国等，合计消费量为969.3万吨，约占全球消费量的78.5%；而前三甲合计消费量为853.9万吨，占比高达69%[10]。

表9-7　世界精炼锌消费量　（万吨）

国家或地区	2010年	2011年	2012年	2013年	2013年较2012年增长率/%	国家或地区	2010年	2011年	2012年	2013年	2013年较2012年增长率/%
中　国	535.02	546.02	539.62	599.48	11.1	西班牙	20.62	19.26	18.28	18.24	-0.2
美　国	90.70	93.90	89.2	93.40	4.7	墨西哥	12.29	13.73	14.73	14.41	-2.2
印　度	53.77	55.63	56.10	64.00	14.1	加拿大	14.86	14.46	13.80	14.58	5.6
韩　国	50.13	54.44	55.68	72.76	30.7	泰　国	12.18	12.71	12.66	13.23	4.5
日　本	51.62	50.06	47.91	49.77	3.9	印度尼西亚	9.38	10.53	11.97	11.89	-0.7
德　国	49.37	51.52	47.39	47.95	1.2	荷　兰	9.80	9.40	8.80	8.64	-1.8
意大利	33.89	33.82	24.73	24.54	-0.8	英　国	9.66	8.69	8.00	10.03	25.3
巴　西	24.14	23.62	23.90	25.06	4.9	越　南	7.28	6.28	5.99	7.95	32.8
比利时	32.11	25.63	23.89	22.16	-7.3	波　兰	—	5.34	7.97	7.94	-0.4
俄罗斯	20.28	21.23	23.08	26.51	14.9	哈萨克斯坦	—	5.25	5.50	7.68	39.6
土耳其	18.23	20.02	22.34	23.41	4.8	其　他	125.82	110.83	100.73	93.53	-7.1
法　国	21.4	21.13	20.70	19.79	-4.4	世界总计	1248.24	1255.26	1222.72	1315.08	7.6
澳大利亚	22.51	19.73	20.49	18.00	-12.2	西方国家总计	659.29	659.24	627.84	652.87	4.0
中国台湾	23.19	22.05	19.25	20.11	4.5						

我国是世界最大的精炼锌消费国，2013年我国精炼锌消费量为599.48万吨，消费量占世界消费量的45.6%[2]。

9.1.3.3　铅锌精矿和金属进出口情况及趋势

2013年世界精炼铅出口总量为173.66万吨，主要出口国有澳大利亚、比利时、加拿大、韩国、墨西哥、德国、马来西亚、俄罗斯、秘鲁和英国等；2013年世界精炼铅总进口量为190.34万吨，主要进口国或地区有美国、韩国、德国、西班牙、印度、捷克、中国台湾、土耳其、巴西和印度尼西亚等（见表9-8）[1,2]。

表9-8　世界精炼铅贸易进出口量　（万吨）

出口国家或地区	2010年	2011年	2012年	2013年	进口国家或地区	2010年	2011年	2012年	2013年
澳大利亚	16.26	25.02	20.08	21.62	美　国	27.11	29.80	33.48	47.82
哈萨克斯坦	8.37	13.84	16.42	7.83	西班牙	10.51	10.80	12.13	10.79
德　国	16.41	16.99	15.63	12.08	韩　国	14.12	14.02	11.03	17.31
韩　国	8.04	13.66	14.10	14.48	德　国	10.13	11.50	11.08	11.32
比利时	14.56	13.06	12.38	15.99	印　度	9.60	7.82	9.86	10.18
加拿大	13.30	12.75	12.32	14.84	土耳其	7.01	8.28	9.50	8.56
墨西哥	11.30	12.93	11.56	13.97	中国台湾	6.96	9.71	8.60	8.62
英　国	10.49	8.38	10.38	8.04	意大利	10.01	9.79	8.34	5.98
俄罗斯	8.75	8.56	9.54	9.05	比利时	1.45	2.50	7.73	3.32
马来西亚	3.61	5.32	6.79	9.73	印度尼西亚	8.13	8.64	7.37	8.05
波　兰	3.65	4.79	5.76	5.12	巴　西	8.61	7.95	7.34	8.29
新加坡	1.27	2.36	5.17	—	泰　国	7.91	7.32	7.33	7.21
法　国	3.39	3.70	4.94	4.30	捷　克	8.12	3.28	5.73	8.99

续表 9-8

出口国家或地区	2010 年	2011 年	2012 年	2013 年	进口国家或地区	2010 年	2011 年	2012 年	2013 年
瑞　典	4.95	5.02	4.61	6.47	马来西亚	3.33	9.40	4.57	3.54
中　国	—	1.02	0.23	2.19	奥地利	—	2.69	2.37	3.46
罗马尼亚	—	1.55	1.86	2.13	日　本	—	2.97	4.18	3.10
美　国	—	1.70	2.20	2.10	法　国	—	3.16	2.88	2.95
荷　兰	—	1.58	1.36	2.09	英　国	—	1.98	2.09	2.53
阿根廷	—	1.86	1.93	1.95	波　兰	—	4.40	3.93	4.20
其　他	33.02	22.75	23.46	11.27	其　他	31.82	18.15	14.51	14.14
世界总计	157.36	175.38	176.01	173.66	世界总计	164.81	174.16	174.05	190.34

我国铅精矿月度进口量如图 9-5 所示[5]。2013 年 12 月我国进口铅精矿尽管环比增加 24.57% 至 130197t，但全年进口总量仍较 2012 年的 1815125t 减少 17.77% 至 1492571t[11]。

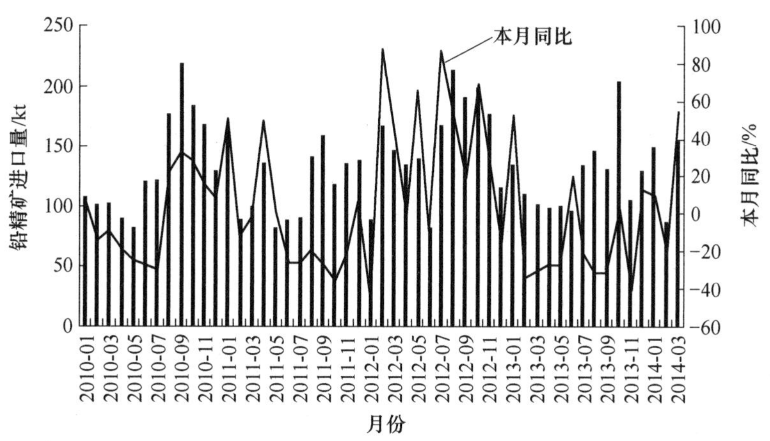

图 9-5　我国铅精矿月度进口量

近期来看，全球汽车工业和电子信息工业的发展仍将是影响未来铅消费增长的最重要因素，但从长期来看，人类对生存环境的质量要求越来越高，铅的应用前景和市场并不乐观。

2013 年世界精炼锌进口贸易量为 379.05 万吨，主要进口国和地区有美国、中国、德国、荷兰、比利时、土耳其、中国台湾、墨西哥、意大利、法国、印度尼西亚、韩国和英国等。美国是世界上最大的精炼锌进口国，2013 年进口锌 66.38 万吨[2]。2013 年世界精炼锌出口贸易量为 421.98 万吨，主要出口国为加拿大、荷兰、澳大利亚、韩国、秘鲁、西班牙、荷兰、比利时、哈萨克斯坦、印度和墨西哥等（见表 9-9）[1,2]。锌精矿来源国进口量统计情况见表 9-10[12]。

表 9-9　世界精炼锌贸易进出口量　（万吨）

出口国家或地区	2010 年	2011 年	2012 年	2013 年	进口国家或地区	2010 年	2011 年	2012 年	2013 年
哈萨克斯坦	26.44	34.44	55.36	24.31	美　国	62.35	67.27	65.10	66.38
加拿大	54.75	48.25	49.52	52.44	中　国	32.34	34.78	51.51	62.40
韩　国	27.74	37.57	40.98	39.40	德　国	38.08	40.07	36.64	37.09
澳大利亚	27.31	31.01	39.27	42.80	荷　兰	34.01	27.34	30.23	22.91
荷　兰	40.80	29.76	38.08	48.54	比利时	19.58	26.91	26.76	21.44
西班牙	31.85	35.14	35.96	30.35	土耳其	18.26	20.14	22.47	23.47
比利时	15.57	29.48	27.87	24.48	中国台湾	23.40	22.45	19.47	20.46
秘　鲁	15.69	23.61	27.33	30.88	泰　国	—	3.50	2.61	5.52
芬　兰	26.64	26.37	26.71	26.94	意大利	24.53	24.46	16.49	14.25

续表 9-9

出口国家或地区	2010 年	2011 年	2012 年	2013 年	进口国家或地区	2010 年	2011 年	2012 年	2013 年
印　度	23.75	32.21	20.75	19.46	法　国	13.18	15.10	12.68	11.94
墨西哥	19.60	19.12	18.20	17.93	印度尼西亚	9.39	10.57	11.98	11.97
日　本	9.77	9.53	13.56	11.54	韩　国	6.77	9.19	8.55	7.74
挪　威	12.26	11.98	11.58	10.95	英　国	9.66	8.55	7.79	9.85
波　兰	9.61	10.56	10.59	12.85	印　度	7.43	5.62	7.77	6.21
法　国	—	10.38	8.08	7.34	波　兰	—	4.96	4.73	4.87
德　国	—	5.54	6.02	5.37	奥地利	—	4.75	5.16	7.22
其　他	51.64	35.92	31.98	16.40	其　他	77.24	69.00	71.94	45.33
世界总计	393.43	430.89	461.85	421.98	世界总计	376.21	394.66	401.88	379.05

表 9-10　锌精矿来源国进口量统计　　(t)

国　家	2012 年 6 月	2013 年 6 月	2012 年 1 ~6 月	2013 年 1 ~6 月	同比/%
缅　甸	7712	2346	33626	16781	-50.1
朝　鲜	1878	1485	7904	8914	12.8
香　港	1425	0	5564	268	-95.2
印度尼西亚	301	0	1957	1404	-28.3
伊　朗	2885	13765	20654	26451	28.1
马来西亚	0	0	136	40	-70.6
蒙　古	5587	8220	52282	71269	36.3
韩　国	6605	47	36968	2732	-92.6
泰　国	143	592	3363	2612	-22.3
土耳其	5981	7968	52173	47384	-9.2
阿联酋	0	1721	2044	1721	-15.8
越　南	0	416	534	13698	2464.1
哈萨克斯坦	4883	10078	24744	30087	21.6
摩洛哥	0	0	6390	7653	19.8
尼日利亚	3496	1128	8844	5817	-34.2
南　非	0	0	21548	5000	-76.8
比利时	0	0	7993	13010	62.8
荷　兰	0	8629	31381	8629	-72.5
希　腊	0	0	440	5618	1175.7
俄罗斯	9342	5187	58940	21817	-63.0
阿根廷	49	0	1228	175	-85.8
玻利维亚	0	0	4590	913	-80.1
智　利	15616	0	33851	15240	-55.0
危地马拉	738	0	3491	941	-73.1
秘　鲁	17174	20477	97734	124878	27.8
加拿大	0	4976	23648	43270	83.0
美　国	0	0	4795	0	-100.0
澳大利亚	45960	112717	297025	404984	36.3
总　计	149625	227992	921995	996011	8.0

2013 年我国进口精炼锌 62.4 万吨，比 2012 年增长了 21%，锌精矿进口量连续第二年低于 200 万吨[2]，2013 年进口锌精矿 1994053t，较去年仅小幅增长 2.75%[11]，2014 年 1 ~ 10 月我国精炼锌累计进口 533567t，较去年同期增加 9%，累计出口为 87021t，同比大幅增长 26.3 倍；累计净进口 44.65 万吨，同比减小 8.13%，我国精炼锌进出口情况如图 9-6 所示[13]。2014 年全年进口精炼锌 569944t，同比降 8.69%[14]。

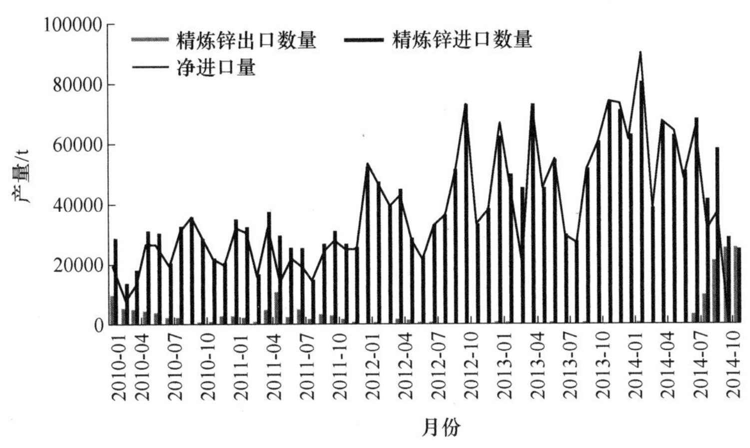

图 9-6　我国精炼锌进出口情况

尽管世界经济形势可能好转，西方国家锌的需求也会增加，但亚洲尤其我国仍将是拉动世界锌需求增长的主要动力[2]。

9.1.3.4　铅锌价格及趋势

2013 年我国市场和国际市场铅价均呈现大幅度波动，伦敦金属交易所（LME）现货年平均价格为 2141 美元/吨，比 2012 年上涨 3.8%。三个月期货年平均价为 2157 美元/吨，比 2012 年上涨 4.0%（见表 9-11）；2013 年我国铅平均价格为 14184 元/吨，较 2012 年下跌 7.2%[2]。全球经济仍将处于深度调整之中，经济增长动力依旧不足，但有利因素逐渐增多，全球宏观经济环境有可能好转，全球精铅供应总体趋紧，价格将有所上涨。

表 9-11　铅市场价格

年份	LME 现货年平均价/美元 · 吨$^{-1}$	月份	LME 现货月平均价/美元 · 吨$^{-1}$	月份	国内现货月平均价/元 · 吨$^{-1}$
2002 年	452.58	2013 年 1 月	2340	2013 年 1 月	14989
2003 年	515.66	2 月	2376	2 月	14498
2004 年	888.33	3 月	2184	3 月	13928
2005 年	975.65	4 月	2030	4 月	13770
2006 年	1287.49	5 月	2028	5 月	13922
2007 年	2594.96	6 月	2104	6 月	13745
2008 年	2090.66	7 月	2048	7 月	14276
2009 年	1719.27	8 月	2174	8 月	14108
2010 年	2148.45	9 月	2088	9 月	14269
2011 年	2401.83	10 月	2112	10 月	13938
2012 年	2062.34	11 月	2090	11 月	14158
2013 年	2141.15	12 月	2133	12 月	14152

2013 年，LME 锌价呈现上半年大幅下降，下半年持续波动上涨的趋势（见表 9-12），2013 年 LME 锌现货平均价为 1909 美元/吨，比 2012 年下跌 2%[2]。

2013 年中国期货市场锌价趋势与国际市场锌价变动基本相同，2013 年中国市场 0 号锌均价为 14938 元/吨，略低于 2012 年，下跌幅度小于国际市场[2]。

表 9-12　锌市场价格

年份	LME 现货年平均价/美元·吨$^{-1}$	月份	LME 现货月平均价/美元·吨$^{-1}$	月份	国内现货月平均价/元·吨$^{-1}$
2002 年	778.56	2013 年 1 月	2033	2013 年 1 月	15195
2003 年	828.39	2 月	2129	2 月	15501
2004 年	1047.83	3 月	1936	3 月	14905
2005 年	1381.55	4 月	1853	4 月	14544
2006 年	3272.62	5 月	1829	5 月	14549
2007 年	3250.30	6 月	1839	6 月	14645
2008 年	1870.76	7 月	1836	7 月	14682
2009 年	1655.11	8 月	1895	8 月	14981
2010 年	2160.74	9 月	1848	9 月	14852
2011 年	2193.33	10 月	1883	10 月	15077
2012 年	1948.06	11 月	1869	11 月	14976
2013 年	1909.08	12 月	1974	12 月	15346

随着国际经济的缓慢复苏，加之国外将有 60 万吨生产能力的矿山关闭等的影响，国际市场锌价格将会小幅上涨。

9.1.3.5　再生铅锌的生产

全球经济环境复杂多变，工业生产和贸易疲弱，有色金属价格低位震荡，再生铅锌产业的生产经营受到较大影响，但也面临着新的机遇，随着铅锌矿山的闭矿，铅锌精矿的市场供应将转向相对短缺。这对于再生铅锌产业的发展是重大的利好因素，现阶段已有停产再生铅锌企业重新开工，这也说明了再生铅锌企业正在面临新的发展机遇。

2014 年 12 月初，英国 ZincOX 资源公司在韩国再生锌厂在经历上月的停产之后，已经重新运转，而且产量已经接近产能目标[15]。2014 年我国的再生铅企业扩能升级的步伐正在加快[16]，例如，湖北金洋冶金股份有限公司在江西的生产基地正在建设；安徽华鑫铅业集团有限公司完成了股份制改制和技改，环保水平及生产效率大幅提高；太和县大华金属材料有限公司年产 10 万吨再生铅精炼及深加工项目建成投产。

再生锌资源已经成为锌生产的重要原料，全球 30% 的锌来自再生资源利用。ZincOX 资源公司[17]韩国再生锌处理厂在 2015 年一季度产量创新高，该厂是全球最大的电弧炉烟尘（EAFD）处理厂，年处理电弧炉烟尘能力在 20 万吨，来自钢铁镀锌的副产品产出约 7.5 万吨锌的富集物（主要成分是氧化锌），一季度该厂处理电弧炉烟尘 36783t，产出锌的富集物 8667t，而前一季度分别为 31379t 和 7568t。与世界平均再生锌 30% 的利用率相比，我国再生锌只占精炼锌总量的 12%。2014 年我国再生锌的产能在 180 万吨左右，产量在 133 万吨，同比增长 4%[18]。涵盖热镀锌渣和锌灰的利用、生产过程中和报废后的锌合金的再生利用、钢铁行业电弧炉烟尘和瓦斯泥、灰中锌的提取利用、其他冶金行业含锌尘泥中锌的提取利用。产品包括锌锭、氧化锌和锌盐（硫酸锌、碳酸锌、醋酸锌等），其中锌锭和锌合金 95 万吨、氧化锌实物量 35 万吨（折合含锌量 28 万吨）、锌盐实物量 30 万吨（折合含锌量 10 万吨）。

近两年来随着我国环保要求日趋严格，加之价格震荡，能耗高、成本高、环保工艺差的小规模企业不断被淘汰。而技术工艺和管理相对先进的企业不断整合原料、资本等资源要素，扩大规模，2014 年 2 万吨/年规模以上产能的再生锌企业超过了 15 家[18]。再生锌工艺技术落后，环保不过关，已经严重制约了再生锌行业的发展，应大力致力于开发适应环保要求的新技术，促进再生锌行业的健康发展。

目前，工业发达国家及中等发展中国家再生铅产量已经超过原生铅产量，如美国再生铅产量已占铅总产量 70% 以上，欧洲达到 78%，全球平均达到 50%[19]。

当前我国再生铅企业数量达 300 多家，但是规模以上企业不到 20 家，年产量 10 万吨以上的企业有 6 家，年产量 1 万 ~7 万吨的企业有 6 家，大部分再生铅企业产能较小。而欧洲再生铅专业生产企业单系列产能一般在 5 万吨以上，美国一般在 10 万 ~15 万吨[20]。韩国丹石产业的再生铅厂产能 6 万吨/年[21]。英国 ECOBAT 旗下的 H. J. Enthoven & Sons 再生铅厂产能 8 万吨/年，英国嘉能可-超达旗下 Northfleet 再生铅厂产能为 15 万吨/年[21]。

全球 2012～2014 年再生铅产能分别为 577.4 万吨、593.8 万吨、623.1 万吨，2015 年 1～4 月再生铅产能为 219.3 万吨[22]。我国再生铅产量低于世界平均水平，2014 年我国再生铅产量达 160 万吨，同比增长 6.7%，约占全年铅产量的 38%[23]。2002～2014 年我国再生铅产量如图 9-7 所示[23]。2015 年上半年原生铅的供应紧张，使寻求使用再生铅的下游需求增多，带动再生铅产量上半年呈现较大幅度的增长，为 41.1 万吨，同比增长 13.4%，估计 2015 年我国再生铅产量或将达到 180 万吨[24]。

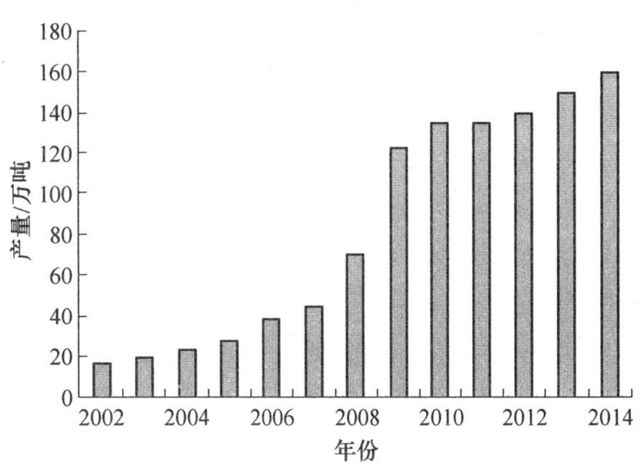

图 9-7　2002～2014 年我国再生铅产量

我国再生铅原料 85% 以上来自废铅蓄电池，铅蓄电池行业消耗的铅又有一半来自再生铅，再生铅回收应用前景非常广阔。但由于再生铅行业起步晚，目前回收技术相对落后，今后应重点放在研发具有环境效益的再生铅生产技术上，扩大生产规模，改变目前再生铅行业生产经营混乱和无序竞争，推进再生铅行业规范、健康发展，提高资源综合利用率和节能环保水平。

9.2　铅锌矿选矿理论及基础研究进展

近年来有关铅锌矿选矿理论方面有较多的研究，硫化矿电化学选矿理论研究依然是基础研究领域的重要部分；另一方面，选矿理论基础研究从广义理论推导分析，到微观分子、各种离子对矿物作用影响方面，均有广泛涉及。

9.2.1　硫化铅锌矿相关理论及基础研究

铅锌矿石在磨矿过程中会产生多种物理、化学反应，是一个非常复杂的过程。铅锌矿相关磨矿研究主要集中在磨矿介质、磨矿环境、磨矿氛围对硫化矿物状态影响等方面。磨矿介质、磨矿氛围对硫化矿浮游性产生的影响主要取决于接触时间、电介质的导电率、氧的存在与否以及与金属矿物相关的电化学活性等因素[25]。

钟素娇[26]研究了磨矿介质对方铅矿和闪锌矿浮选行为的影响。研究表明：铁介质磨矿时，矿物电极与介质铁之间的电化学相互作用使矿物表面被铁的氢氧化物覆盖，从而削弱了体系中药剂与矿物之间的吸附作用；而在瓷介质中，矿物电极作为阳极，表面产生阳极电流，使矿物电极表面发生适度氧化，改善了药剂与矿物的吸附作用，提高方铅矿和闪锌矿可浮性。氮气环境更适合方铅矿的浮选，而空气环境更适合闪锌矿的浮选。J. Kinal 等人[27]研究表明：如果磨矿介质合金选择不当，使用更惰性磨矿介质时可增加锌在铅精选精矿中的损失。因为由磨矿介质腐蚀反应产生铁的氢氧化物，是闪锌矿的有效抑制剂。魏以和等人[28,29]研究发现：用低碳钢磨机磨矿，矿浆中产生大量的铁氧化物与矿石自身氧化的产物，能在矿石新生表面形成氧化物覆盖层，造成硫化矿的可浮性普遍下降，还造成较低的矿浆电位，使方铅矿的无捕收剂浮选受到抑制，只有使用捕收能力较强的捕收剂才能较好地浮选方铅矿；在用瓷磨机磨矿的情况下，因为矿石新生表面没有铁质物的覆盖，同时较高的矿浆电位，有利于方铅矿的无捕收剂浮选。Y. Wei 等人[30]认为陶瓷磨矿可以获得最高的回收率但选择性较差，钢磨矿获得相反的结果，主要是由于陶瓷磨矿会形成一个氧化环境，允许铜离子活化闪锌矿，而钢磨矿时会形成一个还原环境，阻止活化。研究发现[31,32]：不同磨矿方式再磨处理相同硫化矿物至相同粒级分布下，比表面积及产物表面电化学活性会发生变化进而影响后续的浮选作业。磨矿和再磨会破坏硫化矿晶体结构产生晶格缺陷，影响浮选活性。

研究表明[33]：在铁介质磨矿过程中，酸性环境本身可以溶解铁，使得矿浆中存在大量 Fe^{2+}，矿浆从酸性到碱性，矿浆电位先升后降；由于静电位差异所造成的迦伐尼作用不同，磁黄铁矿的矿浆电位最低，方铅矿次之，闪锌矿最高；捕收剂对矿浆电位的影响不明显；加入氰化钠可以使磁黄铁矿矿浆电位升高。混合矿物磨矿所得的矿浆电位则不同。另有研究表明[34]：瓷介质磨矿单矿物体系的矿浆化学性质，主要受硫化矿物局部电池作用的影响，双矿物体系的矿浆化学性质同时受硫化矿物自身局部电池和矿物间伽伐尼电偶双重影响；铁介质磨矿时，无论是单矿物还是双矿物体系，均同时存在硫化矿物、磨矿介质自身局部电池的作用和磨矿介质与硫化矿物之间伽伐尼电偶的作用；双矿物体系中还存在硫化矿物之间的伽伐尼电偶作用。干式磨矿时[35]，闪锌矿磨矿后表面没有生成新物质，而黄铁矿表面则生成了硫酸铁。同时，无论采用单矿物还是双矿物进行干式磨矿，磨矿后矿浆的溶解氧含量均随磨矿时间的增加而下降，双矿物体系下降更为明显。不同磨矿介质、机械力以及捕收剂条件下闪锌矿的电化学行为测试结果表明[36]：闪锌矿表面适当氧化有利于闪锌矿浮选；增大闪锌矿与磨矿介质的机械力，体系的还原性增强，同时削弱矿物表面的氧化反应，对浮选不利。

蓝丽红[37]应用基于密度泛函理论（DFT）的第一性原理，采用广义梯度近似（GGA）和平面波超软赝势方法，研究空位缺陷对氧分子在方铅矿（100）表面吸附行为的影响，结果表明：铅空位比硫空位难形成，两种空位缺陷表面对氧分子有强烈的化学吸附作用，其吸附能均高于理想表面。氧分子在理想表面及铅空位表面发生了解离吸附，氧原子与硫原子形成了共价键；氧分子在硫空位表面没有发生解离吸附，氧原子与表面的铅原子表现出较强的离子相互作用力。李俊旺等人[38]根据浮选动力学基本原理，对方铅矿和黄铁矿的浮选动力学特性进行了分析。结果表明：基于总体平衡理论的分速浮选模型可以较好地模拟方铅矿和黄铁矿的浮选过程。

Duran 等人[39]使用氧化剂（H_2O_2 和 $K_2Cr_2O_7$）和还原剂（Na_2S 和 $Na_2S_2O_4$）对矿浆电位进行调节，通过铂电极和矿物电极，研究了方铅矿、黄铜矿和黄铁矿的矿浆电位，考察各种电极在不同条件下的适应性。在酸性和还原氛围时，矿物电极和铂电极矿浆电位测定值相近，而在碱性或氧化氛围时，测定值存在差异。矿浆电位测定值差异性降低顺序为：Pt-方铅矿 > Pt-黄铜矿 > Pt-黄铁矿，这与矿物的电化学活性一致。研究还发现 $Na_2S_2O_4$ 可使铂电极中毒，而硫化物离子不会。

丁铵黑药浮选体系研究表明[40]：在整个 pH 值范围内，2，3-二羟基丙基二硫代碳酸钠（SGX）对黄铜矿有活化作用，而对方铅矿有很强的抑制作用；随着抑制剂 SGX 用量的增加，方铅矿的回收率迅速下降，而黄铜矿的回收率有小幅度的升高。动电位和吸附量的测试结果可知：抑制剂 SGX 在方铅矿表面有较强的吸附，而在黄铜矿表面吸附很弱。覃文庆等人[41]研究认为：在碱性 pH 值范围内，糊精可以化学吸附在方铅矿表面，溶解试验证明了从黄铜矿浸出的金属离子和方铅矿表面作用以及糊精-方铅矿离子相互作用，吸附试验表明：Z-200 吸附在黄铜矿比方铅矿上的密度更大，且随着糊精浓度的增加吸附在方铅矿上的 Z-200 降低。T. O. Silvestre[42]对比了三种分散剂对方铅矿、闪锌矿、黄铁矿具有不同分散度效果，对浮选作业的影响结果表明：在铅浮选作业中分散剂的使用虽没有明显提高铅回收率，但有效地降低了铅精矿中锌的互含，而锌浮选作业在使用石灰调浆至 pH 值为 10.5 时，聚丙烯酸钠和六偏磷酸钠的加入可在不影响锌品位的前提下提高锌的回收率。

魏明安[43,44]对铜铅分离做了大量的基础研究，研究结果表明：一定的电位或 pH 值区间内乙硫氨酯可以用作黄铜矿和方铅矿浮选分离时的选择性捕收剂；且随着乙硫氨酯浓度的增大，黄铜矿和方铅矿间的浮游差基本稳定。乙硫氨酯对黄铜矿的捕收作用是由于乙硫氨酯在黄铜矿表面与铜原子或铁原子发生作用，生成了新的表面生成物的缘故。离子对方铅矿的影响可以分成三类：有活化作用的离子如 Cu^+；有抑制作用的离子如 Al^{3+}、Fe^{3+} 和 Fe^{2+} 等，尤其是 Al^{3+}、Fe^{3+} 等高价离子对用乙硫氨酯浮选方铅矿产生了实质性的抑制；基本不起作用的离子如 Mg^{2+} 和 Ca^{2+} 等。Na_2SO_3 对方铅矿的抑制作用是 SO_3^{2-} 在方铅矿表面与 Pb^{2+} 离子反应生成亲水性的 $PbSO_3$ 薄膜覆盖在方铅矿表面，阻碍了捕收剂与方铅矿的作用的缘故。磷酸酯淀粉对黄铜矿及方铅矿浮选的影响及吸附机理研究表明[45]：磷酸酯淀粉在方铅矿表面的吸附密度大于在黄铜矿表面的吸附密度，XPS 检测到黄铜矿表面的铁与硫原子以及方铅矿表面铅和硫原子价态发生了变化，方铅矿和黄铜矿不同的表面性质是造成磷酸酯淀粉在两种矿物表面吸附差异的重要原因。

乙黄药在铅锌表面的吸附动力学研究表明[46]：吸附在方铅矿表面或闪锌矿表面的铅以 $Pb(OH)^+$ 存在，少量以 Pb^{2+} 存在；在 pH 值为 7 ~ 9.5 的条件下，降低了无捕收剂时铅的可浮性，但在 pH 值为 7.6 ~ 10.5 范围内对闪锌矿有强烈的活化作用。在矿物表面检测到改变矿物表面 Pb^{2+} 和乙基钾黄药形成的乙基黄原酸铅、单分子层化学吸附的-Pb-EX和多分子层物理吸附的$Pb(EX)_2$化合物。在pH值为8～9.5范围内，矿物表面的主要反应可能是离子交换反应，即：$M\text{-}Pb\text{-}OH+(EX)^-=M\text{-}Pb\text{-}EX+(OH)^-$（M为矿物），这主要是由于在每个矿物表面（$EX)^-$化学吸附形成的单分子-Pb-EX的缘故。

刘洪萍等人[47]以凡口铅锌矿选矿废水为研究对象，利用电化学循环伏安扫描等手段，考察了不同取样点废水对方铅矿可浮性的影响。结果表明：水中剩余的捕收剂分子主导了方铅矿表面的电化学和化学反应，能促使方铅矿表面形成黄原酸铅。水中的某些特殊化学成分使方铅矿表面发生变化。曾懋华等人[48]通过乙基黄药、丁基黄药、乙硫氮等常用含硫选矿药剂与二硫化碳在不同的反应温度、反应时间、pH值和搅拌速度下，对模拟铅锌选矿废水中硫化物产生的影响进行研究，探讨了选矿废水中黄药、乙硫氮和二硫化碳产生硫化物的反应机理，并利用反应机理解释硫化物超标的原因。

研究表明[49]：在酸性、中性及弱碱性条件下，乙基钾黄药及丁基钾黄药在方铅矿表面吸附的疏水产物主要为乙基黄原酸铅和丁基黄原酸铅，为化学吸附；在强碱性条件下两种黄药在方铅矿表面吸附的疏水产物主要为乙基黄原酸分子和丁基黄原酸分子，为物理吸附；乙硫氮在方铅矿表面吸附所形成的疏水产物为二乙基二硫氮氨基甲酸铅（PbD_2），且为化学吸附。当捕收剂为乙基钾黄药和丁基钾黄药时，往体系中加入亚硫酸钠会在方铅矿表面生成亲水的$PbSO_3$沉淀，从而抑制黄药在方铅矿表面的吸附；亚硫酸钠的添加能够促进乙硫氮在方铅矿表面的吸附；硫酸锌的添加对捕收剂在方铅矿表面的吸附几乎没有影响。

徐斌[50]采用密度泛函方法对几种捕收剂分子的构效关系及EICTU（N-乙基-N′-异丙氧羰基硫脲）、BITCM（S-苄基-N-乙氧羰基硫氮酯）在矿物表面的吸附机理进行了研究。EICTU、BITCM在矿物表面的吸附进行分子模拟结果表明：EICTU在黝铜矿、黄铜矿表面吸附和BITCM在方铅矿表面吸附时，捕收剂分子的羰基S、羰基O分别与相应铜原子或铅原子分别生成正配键、反馈键而与之发生反应，由于反馈键作用相对较弱，正配键起主导作用；黝铜矿表面的锌、砷、银杂质缺陷对EICTU吸附的影响较小，而铁杂质缺陷明显不利于EICTU的吸附。

董艳红[51]对丁黄药捕收的黄铜矿和方铅矿的精矿进行了以硫化钠为脱药剂的脱药试验，然后以无毒组合药剂YZJ（亚硫酸钠+硅酸钠+CMC）为抑制剂、O-异丙基-N-乙基硫逐氨基甲酸酯（IPETC）为捕收剂对脱药后的矿物进行了浮选试验。结果表明：在丁黄药溶液中，黄铜矿电极表面生成了黄原酸铜，方铅矿电极表面有黄原酸铅生成。在硫化钠和丁黄药共同存在的体系中，由于硫化钠的作用，丁黄药没有和矿物发生作用；在抑制剂和IPETC共同作用下，黄铜矿电极表面的氧化作用以IPETC的作用为主，方铅矿电极表面的氧化反应以抑制剂的作用为主。Eh-pH图和循环伏安曲线结果表明：亚硫酸钠在方铅矿表面产生了$PbSO_4$而抑制了方铅矿的浮选；硅酸钠在矿物表面形成了$PbSiO_4$而抑制了方铅矿的浮选；CMC促进了方铅矿的氧化而抑制了方铅矿的浮选。

何丽萍[52]对铜铅锌硫化矿浮选动力学行为进行了系统的分析与研究，拟合出了黄铜矿、方铅矿及闪锌矿单矿物的浮选动力学模型，对黄铜矿、方铅矿及闪锌矿单矿物浮选动力学研究表明，在选取最佳浮选条件下，可以使得三种单矿物浮选的浮选速率常数，大小排列顺序依次为：$k_{黄铜矿}>k_{方铅矿}>k_{闪锌矿}$。

黎维中等人[53]研究结果表明：捕收剂为乙硫氮时，脆硫锑铅矿在酸性条件下可浮性很好；在碱性条件下可浮性迅速下降，乙硫氮在矿物表面没有氧化成双乙硫氮（D_2）；当电极电位大于-0.25V时，乙硫氮开始在矿物表面发生化学吸附。若电极电位高于0.35V，矿物与药剂作用明显，乙硫氮在方铅矿表面可以形成PbD_2、SbOD。李文娟[54]研究了捕收剂为乙硫氮时，方铅矿、闪锌矿、单斜磁黄铁矿三种矿物在不同pH值、不同矿浆电位下的浮选行为。结果表明：在整个pH值范围内方铅矿可浮性很好，单斜磁黄铁矿在高pH值条件下可浮性较好，随着pH值的升高闪锌矿的可浮性迅速减小。方铅矿的可浮性随矿浆电位的升高而变差，单斜磁黄铁矿的可浮性不受矿浆电位的影响，闪锌矿的可浮性随矿浆电位的升高而变好。

王纪镇[55]研究表明：纯矿物黄铜矿的可浮性好于方铅矿，铜铅分离捕收剂选择性强弱顺序为：Z-200>丁铵黑药>乙硫氮≈乙黄药。铝离子对方铅矿有较强的抑制作用，加入铝离子能明显改善黄铜矿与方铅矿的分选性，但铝离子用量过多会明显降低黄铜矿的浮选回收率。CMC对黄铜矿可浮性影响较弱，对方铅矿影响较大，先加铝离子再加CMC可有效实现铜铅分离。亚硫酸钠和CMC组合使用时，先加亚硫酸钠再加 CMC 效果较好，这种组合方式受溶液中钙离子和锌离子影响小。魏茜[56]研究表明：在弱酸性条件下，焦磷酸钠能够选择性使方铅矿表面的铅离子解离，使其表面的 Z-200 吸附活性点减少，Z-200 在其表面的吸附量减少，从而达到抑制效果；硫化钠脱药机理一方面是 HS^- 和溶液中的 BX 在矿物表面发生竞争吸附，阻止了丁黄药的矿物吸附；另一方面硫化钠通过解吸了矿物表面的黄原酸盐，进而达到脱药的效果；在碱性矿浆中，糊精分了结构中的羟基与方铅矿表面或溶液中的铅的氢氧化物作用，使捕收剂在其表面吸附量减少，从而达到抑制方铅矿的目的。

常见的硫化锌矿物的抑制剂，主要包括氰化物、硫酸锌、碳酸钠、亚硫酸、亚硫酸盐和硫代硫酸盐、组合抑制剂及有机抑制剂等[57]。孙伟等人[58]研究表明：铜铅混合浮选中，加入 Na_2S 能够降低矿浆中 Cu^{2+} 和 Pb^{2+} 的浓度，防止闪锌矿被这两种金属离子活化，从而使闪锌矿得到较好抑制。研究表明[59]：与 Pb^{2+}、Ca^{2+} 相比，Cu^{2+} 对闪锌矿和黄铁矿活化效果显著，活化效果主要受离子浓度和矿浆 pH 值的影响。对于 Cu^{2+} 作用后的方铅矿、闪锌矿和黄铁矿，$ZnSO_4$ 和 Na_2SO_3 的加入不能增大三者的可浮性差异，但适宜浓度的 Na_2S 可强烈抑制闪锌矿，而方铅矿和黄铁矿仍保持较好的可浮性，有利于实现闪锌矿从 Cu^{2+} 活化后铅锌硫混合精矿中的分离。Na_2S 抑制 Cu^{2+} 活化后的闪锌矿的原因是：HS^- 使吸附在闪锌矿表面的疏水产物黄原酸盐解吸或分解，并且 HS^- 吸附于闪锌矿表面，在其表面形成亲水性膜；同时 Na_2S 降低了浮选体系的矿浆电位，使黄药对闪锌矿的捕收能力减弱。研究表明[60]：游离氰化物对铜、锌硫化物的抑制作用非常复杂，取决于矿石性质和矿浆环境，游离氰化物甚至可以是方铅矿的活化剂。在铜氰配合物存在的情况下[61]，氰化亚铜配合物可以活化闪锌矿，氰化钠处理后闪锌矿表面的铜物质可以被清除。组合抑制剂（$Na_2SO_3+ZnSO_4$）对闪锌矿抑制作用的电化学行为及机理研究表明[62]：将抑制剂组合使用，抑制组分 $Zn(OH)_2$ 稳定存在的区域比 $ZnSO_4$ 单独使用时拓宽。在 pH 值为 4.00 的酸性条件下，该组合抑制剂对闪锌矿的抑制作用不明显，此时组合抑制剂的加入并未阻止捕收剂 DDTC 与闪锌矿作用。继续增大 pH 值到 9.18，大量的亲水性产物 $Zn(OH)_2$ 覆盖在闪锌矿的表面，阻碍捕收剂 DDTC 与闪锌矿进一步作用，抑制作用较为明显。当 pH 值增大到 11.88 的高碱性条件下，闪锌矿自身的氧化占据了主导地位，组合抑制剂的抑制作用不如弱碱性条件明显。

在高碱条件下对闪锌矿的电化学机理进行研究表明[63]：闪锌矿表面元素硫均被氧化为 SO_4^{2-}，有利于优先浮选方铅矿时，实现闪锌矿的自身氧化抑制，降低抑制剂的用量，从而达到抑锌浮铅的效果。同时，在矿浆 pH 值为 11.0、电位小于 0.2V 的情况下，$CuSO_4$ 对闪锌矿的浮选存在活化作用，合适的用量在 $2\times10^{-4}mol/dm^3$ 左右。罗思岗[64]采用分子力学方法对 Cu^{2+} 与闪锌矿作用以及 Cu^{2+} 作用后闪锌矿表面与丁基黄药相互作用进行模拟和计算，结果表明：Cu^{2+} 对闪锌矿起到很好的活化作用，Cu^{2+} 在闪锌矿表面的活化机理是发生键合作用；Cu^{2+} 活化后，丁基黄药同时吸附在闪锌矿表面铜和锌原子上。有研究表明[65]：在丁基铵黑药作用下，铁闪锌矿在弱酸性及中性条件下可浮性较好，Cu^{2+} 对其有较强的活化效果。丁基铵黑药在铁闪锌矿表面为化学吸附，其表面生成双黑药，加入 Cu^{2+} 后在铁闪锌矿表面生成正二丁基二硫代磷酸铜，使铁闪锌矿可浮性得以大大改善。

9.2.2 氧化铅锌矿相关理论及基础研究

近年来，氧化锌相关理论研究相对较少，研究主要集中在捕收剂和活化剂方面。

石云良等人[66]研究了氧化铅锌矿硫化焙烧机理，焙烧后的矿物颗粒表面均为硫化锌，表明随着硫锌物质的量的比值的变大，颗粒横截面由硫化锌形成的环带结构逐渐过渡到全部形成硫化锌。

宋振国等人[67]采用钢球和氧化锆球对菱锌矿和菱镁矿进行磨矿介质浮选试验，发现采用钢球介质磨矿时，菱锌矿和菱镁矿表面形成了铁的氧化物，影响了它们与油酸的结合，菱锌矿和菱镁矿的浮选回收率比同样条件下用氧化锆球磨矿时低 22% 和 28%。

有研究表明[66,69]：采用阳离子浮选菱锌矿时，硫化剂和捕收剂用量、浮选前预先用氢氧化钠代替碳酸钠作为 pH 值调节剂对有效回收菱锌矿至关重要。六偏磷酸钠和水玻璃分别对菱锌矿和硅酸盐、菱锌矿和石英都有很好的选择性。与硫化-阳离子浮选法相比，油酸浮选获得的锌精矿的品位和回收率都比较低。尽管在油酸浮选时使用硅酸钠和六偏磷酸钠作抑制剂，浮选选择性依然较差。采用混合捕收剂浮选（AR-MACC + 戊基钾黄药）效果较好。

朱永锴等人[70]合成了 α-(3-苯基脲基）烃基膦酸二苯酯和 α-(3-苯基硫脲基）烃基膦酸二苯酯两类螯合捕收剂，研究了它们对白铅矿、方解石和石英的捕收能力差异及抑制剂焦性末食子酸和烃基碳链长度对它们浮选 3 种矿物的影响。叶岳华[71]利用 MaterialsStudio 软件，从分子力学角度，研究油酸与硫酸化油酸在菱锌矿表面作用能力的强弱和区别，对不同的作用机理进行了分析。结果表明：硫酸化油酸与菱锌矿的作用能力较强；硫酸化油酸对菱锌矿有较好的捕收作用，即使在碱性环境中，药剂也能克服 OH^- 离子层的阻碍而吸附在矿物表面；而油酸在碱性条件下对菱锌矿的作用能力较弱。吴卫国等人[72]研究了水杨醛肟、α-安息香肟、邻氨基苯甲酸、8-羟基喹啉和乙二胺五种有机螯合剂对菱锌矿的活化作用。乙二胺与菱锌矿表面的 Zn^{2+} 螯合，溶解了菱锌矿表面的 Zn^{2+}，一方面增强了菱锌矿表面的负电性，有利于十二胺阳离子及十二胺分子-离子配合物在菱锌矿表面的吸附；另一方面，溶解生成的螯合物能够进一步与十二胺离子结合，该结合物通过氢键作用与已经吸附在菱锌矿表面的十二胺相结合，既增大了十二胺的吸附量，又促成了十二胺在菱锌矿表面的多层吸附，达到活化菱锌矿的目的。8-羟基喹啉能够很好地在菱锌矿表面产生吸附，同时，8-羟基喹啉和十二胺在菱锌矿表面存在协同-竞争作用，同时产生吸附。王福良等人[73]利用分子力学分析黄药类捕收剂浮选未活化菱锌矿的浮选行为，认为分子力学模拟和计算结果可以较好地解释捕收剂-矿物体系的浮选试验和红外检测结果，分子模拟与计算药剂与矿物表面相互作用的能量判据有利于在原子尺度上揭示浮选机理。研究着重用分子力学模拟方法来模拟和分析 Cu^{2+} 在闪锌矿表面吸附方式以及吸附前后自由能变化，进而从微观上揭示矿物与药剂的作用机理。

欧乐明等人[74]通过浮选试验、动电位测试和溶液化学计算的方法，考察浮选体系中的难免金属离子（Zn^{2+}、Cu^{2+}）对菱锌矿-石英浮选体系的影响及机理。研究结果表明：Zn^{2+} 和 Cu^{2+} 在整个试验 pH 值范围内对菱锌矿均有一定的活化作用；在没有金属离子存在时石英不可浮；Zn^{2+}、Cu^{2+} 在 pH 值为 6 ~ 11 的范围内能活化石英的浮选；Zn^{2+} 和 Cu^{2+} 对石英浮选活化的 pH 值范围与金属氢氧化物形成的 pH 值范围有关。

韩文静[75]研究了絮凝浮选分选细粒有用矿物的理论，包括分散细矿粒、加入有效絮凝剂、使氧化锌矿泥的粒度增大、可浮性增强；添加特效吸附捕收剂使矿粒表面疏水，强烈搅拌矿浆使有用矿粒选择性絮凝。根据试验结果讨论了影响絮凝浮选过程的参数，介绍了应用絮凝浮选分选细粒氧化铅锌矿的实践。

9.3　铅锌矿选矿工艺技术进展

在矿物加工领域，复杂多金属硫化矿尤其是铜铅锌硫化矿，相关选矿工艺技术的研究和开发利用是非常重要的一个环节，某种程度上甚至代表了选矿工艺技术的发展方向。近年来，清洁生产理念的提出和执行，促进矿物加工技术进步的同时，加强了生产过程中对环境的保护。选矿技术在理论研究、新药剂和新工艺方面取得了较多进步。随着我国经济发展的不断推进，面对矿产资源领域不断出现的难题，科技工作者应该抓住机遇，推动选矿技术的不断革新和进步，研发更加高效、环保的选矿工艺流程和药剂制度，更加有效地回收和利用矿产资源。

9.3.1　破碎筛分与磨矿分级

国内大多数铅锌矿山破碎设备与工艺，采用闭路破碎、筛分常规流程，部分氧化铅锌矿还存在洗矿作业。由于国内大型破碎设备在应用过程中存在不易维护等问题，部分铅锌矿山破碎设备采用进口高效破碎机替代国产圆锥破碎机[76]。

凡口铅锌矿为了满足 4500t/d 的原矿设计能力，选矿厂安装了美卓 HP500 型细碎圆锥破碎机，取代 7FT 短头型西蒙斯圆锥破碎机。经测试[77]，在保持破碎产品粒度为 -15mm 不变的情况下，系统生产能力由 4500t/d 提高到 5500t/d，产品中 -6mm 粒级达 60%。该破碎机相对于西蒙斯 7FT 短头型圆锥破碎机具有很多优点，如操作方便、维修量小、清腔方便、过铁保护功能强、转速快及破碎效率高等；同时也存在不足之处，如备件只能依赖于进口，费用高，冷却效果不理想等[78]。

破碎流程的改造和优化，可降低企业运营成本，提高破碎效率。宁南跑马铅锌矿[79]将原来的三段一闭路破碎筛分流程改为二段一闭路破碎筛分流程，取消二次破碎设备（PE200 × 1200 颚式破碎机），利用 PE600 × 900 颚式破碎机和 PZB1200 圆锥破碎机及 YK1545 振动筛组成两段破碎筛分流程，处理能力完全满足了选矿生产能力要求。同时较好地适应了矿山主运输巷道的运矿能力，大大提高了设备的利用率和有效开机率。

磨矿方面，多数铅锌矿山以大、中型为主，基本采用常规磨矿流程。随着磨矿设备的不断更新，设备大型化和自动化控制水平的不断提升，半自磨加球磨的磨矿工艺将有很广阔的发展空间。

细磨设备方面[80]，Isa 磨机成功应用于澳大利亚 MountISa 矿山多年。Isa 磨机不但低成本地产出了 7μm 的磨矿产品，并创新性地使用了 1～3mm 的原矿矿石作为惰性磨矿介质，大大提高了后续浮选作业的选择性。Isa 磨机与塔磨机磨矿特征对比数据表明：Isa 磨机磨矿产品粒度级别范围窄，中间粒级产品量大，过粗或过细粒级量少，有利于分选。而塔磨机若要达到更细的粒级增大磨机功率后就会出现大量的超细粉，体现为明显的过磨。据报道[81]，俄罗斯正在研制一种新型节能磨机——电磁脉冲磨机，在某矿山的黄铁矿与闪锌矿分离磨矿试验中，其磨矿产品 -74μm 粒级产率从 42% 提高到 87%。-125μm +74μm 粒级中闪锌矿解离度从 43% 提高到 80%，-74μm 粒级中闪锌矿解离度从 87% 提高到 97%，接近完全解离。

介质配比对磨矿效果也有明显影响，有研究表明[82]：对于一定粒度的物料，制定球磨机介质配比制度时，在保证足够的冲击能量前提下，要满足尽可能多的打击次数，在总装球量相同的条件下可通过降低球径来实现。进行钢球配比时，按粒级产率等于相应的钢球质量比的原理进行配球有一定的指导意义。针对陕西楠木树氧化铅锌矿易粉碎的特点，研究结果表明[83]：最佳的磨矿条件、合理的磨矿介质和矿量比例，可降低磨矿产品的过粉碎程度。厂坝铅锌矿通过降低碎矿最终产品粒度，建立合理钢球补加制度，采用新型中铬球的手段，提高了磨矿效率，降低了钢球单耗[84]。研究表明[85]：精确化装球技术可提高磨机生产率，提高矿物单体解粒度，改善磨矿产品粒度组成，磨矿产品粒度过粗或过细减少，提高铅、锌、锡精矿品位，在相同的原矿品位下，铅的回收率提高 2.5%，锌的回收率提高 1.1%，锡的回收率提高 3.8%。

罗春梅等人[86,87]在粗磨和粗精矿再磨的两段磨矿流程中用铸铁段取代钢球，使整个磨矿流程实现了线接触破碎；通过磨矿工艺的逐步调整，满足了氧硫混合铅锌矿选择性磨矿的要求，减轻了过粉碎粒级 -0.025mm 的含量，大大改善了选矿技术指标。

铅锌矿磨矿分级方面，主要集中在旋流器的结构、性能和应用研究。易峦等人[88]以自制的水力旋流器对广东凡口铅锌矿进行了分级试验，考察了旋流器沉砂口直径、溢流口直径和溢流管插入深度等结构参数对分级粒度的影响。马洁珍等人[89]依据试验考查结果，结合其他工艺参数，通过公式计算修正了再磨旋流器的结构参数，投入生产使用后，再磨机循环负荷得到了大幅度提高，再磨机排矿和旋流器溢流细度有了明显改善。曾小辉等人[90]针对宜丰新庄铜铅锌矿选矿厂原球磨-双螺旋分级机系统产品细度不稳定，铜精矿铜回收率波动较大的问题，现场进行了增设水力旋流器实现控制分级，磨矿产品细度得到了稳定和提高，铜精矿铜回收率提高了 1.13%。

9.3.2　选别工艺技术流程

清洁生产是指将综合预防的环境保护策略持续应用于生产过程和产品中，以期减少对人类和环境的风险。近年来，随着社会大众环保意识的不断增强、国家和地方对环保的日益重视，科研人员更加重视环保、绿色选别工艺技术的研发与应用，注重对环境的影响。部分矿山企业以清洁生产理念指导实际选矿。节能减排、环境友好的铅锌选矿工艺将是未来矿物加工领域的重要发展方向[91～94]。

9.3.2.1　硫化铅锌选别工艺技术

铅锌选矿工艺主要分铅锌优先浮选、混合浮选及部分混合浮选等工艺。近年来对于高硫铅锌矿、含碳铅锌矿等也有不少报道，对铅锌矿产资源的开发利用，起到了关键作用。

A　铅锌优先浮选

铅锌优先浮选类铅锌矿矿石矿物组成相对简单，脉石矿物干扰相对较少，且矿物之间嵌布关系简单，因此通过捕收剂、抑制剂和活化剂的筛选，可以获得较好的选矿指标，且伴生元素如银也能得到较好的回收。较多铅锌矿石选别工艺研究[95～110]体现了这一点。部分铅锌矿石存在嵌布状态复杂等情况，简单的药剂制度不易获得铅锌分离，通过优化工艺流程和产品结构，加强药剂方面的筛选和组合使用，也可以获得相对较好的选矿指标。

凡口铅锌矿总结多年选矿技术成果和实践经验，研发了选矿新工艺-新产品流程（FKNSP）集成选矿技术并在工业生产上应用。该工艺继承、集成了凡口选矿工艺 - 细磨、高碱、快速、异步、组合用药、电位调控等技术要点，将好选的粗粒矿物优先浮选，生产高品位的单一铅、锌精矿，细粒单体解离度差难分离部分的中矿集中再磨进入混合浮选，生产混合精矿，使凡口铅锌矿的选矿工艺技术跻身于世界先进行列[111,112]。

会理铅锌矿采用电位调控铅锌优先浮选分离新工艺[113]。在矿浆 pH 值为 11.8 ~ 12.21、矿浆电位为 -272 ~ -252mV、硫酸锌加 YN 作锌矿物抑制剂、SN-9 号作选铅的捕收剂、石灰作矿浆 pH 值与电位的调整与稳定剂的条件下，其小型试验指标为：铅精矿含铅 74.94%，含锌 5.19%，铅回收率 66.81%；锌精矿含锌 57.0%，含铅 1.09%，锌回收率 86.72%。白牛厂复杂铅锌硫化矿[114]选矿中将调整剂石灰与捕收剂乙硫氮、丁基黄药同时加入磨机，充分利用石灰对矿浆电位的调控与稳定作用，以及在石灰造成的低氧化还原电位下乙硫氮对矿物的选择捕收作用，实现铅与锌、硫铁的高效分离。

越南某含次生铜的铅锌多金属矿[115]低硫、高锌、含次生铜矿物、各矿物交代浸染共生，采用优先浮选铅-再活化浮选锌矿物的工艺流程，开发出硫化钠 + 硫酸锌与新型小分子抑制剂多糖黄原酸盐组合抑制剂，能对活化后的闪锌矿生产强烈抑制，实现了铅锌高效清洁分离。研究表明[116]：MB 黄药选矿性能优于乙、丁黄药，在宝山铅锌矿生产中试用，提高了铅锌精矿质量和铅锌金属回收率，强化了贵重金属的回收。印度尼西亚某铜铅锌多金属矿[117]闪锌矿共生关系密切，嵌布粒度较细，部分黄铜矿呈微细粒乳滴状于闪锌矿中，造成黄铜矿难以同方铅矿一起被优先浮出；闪锌矿易浮难抑制。采用优先选铅，在高碱条件下在球磨机中添加亚硫酸钠、硫酸锌、硫化钠作锌抑制剂，最终闭路试验获得铅品位 61.65%、铅回收率 81.64% 的铅精矿，锌品位 50.29%、锌回收率 93.78% 的锌精矿。

方夕辉等人[118]采用石灰、亚硫酸钠和硫酸锌等抑制锌硫，以乙硫氮为铅捕收剂，进行铅矿物的优先浮选，选铅尾矿脱水后调节矿浆 pH 值至 10.5 左右，用硫酸铜作为活化剂来活化铁闪锌矿选锌，取得了铅精矿含铅 50.87%，铅回收率为 78.33%，锌精矿含锌 45.30%，锌回收率为 70.47% 的技术指标。龚孔成等人[119]通过调整磨矿细度和抑制剂，增加了腐殖酸钠、氯化钙、亚硫酸钠等抑制剂，强化锌矿物和硫铁矿物的抑制，成功地完成了铅锌的分离回收。

厂坝铅锌矿矿石性质复杂、氧化率高，闪锌矿、方铅矿与脉石嵌布关系密切[120]，在高钙条件下选铅回路采用选择性较好的捕收剂 D421，锌精选添加二氧化硅抑制剂 MP，在相同工艺条件下，新药剂制度与现场药剂制度相比，铅精矿铅品位提高 3.44%，铅回收率提高 4.06%，降低含锌 5.35%，降低锌精矿中二氧化硅含量 1.58%，提高锌回收率 1.47%。针对印度尼西亚某矽卡岩型铅锌矿矿石特性[121]，采用优先浮选流程，以硫酸锌、碳酸钠为组合抑制剂，SN-9 号为铅的捕收剂，锌、铅回收率分别达到 97.16% 和 84.00%，伴生的锗也富集到精矿中，总回收率达 92.50%。

青海某铅锌硫化矿[122]含锌矿物均为铁闪锌矿，含硫矿物磁黄铁矿主要被铁闪锌矿包裹，且锌硫可浮性相近，分离难度较大。采用铅锌硫依次浮选流程，锌抑制剂选择硫酸锌 + 亚硫酸钠，小型闭路试验获得铅品位 51.58%、回收率 89.98% 的铅精矿和锌品位 42.74%、回收率 81.81% 的锌精矿以及硫品位 35.70%、回收率 72.72% 的硫精矿。

针对西藏某铅锌矿石[123]氧化率较高、含泥较高、含可溶性盐高，铅锌嵌布比较密切，采用依次优先原则流程，获得较好指标。姜永智[124]采用优先浮选工艺处理西北某铅锌矿石，锌矿物抑制剂为 T8，D421 为铅捕收剂抑锌浮铅，选矿技术指标较好。刘宝山等人[125]采用铅锌优先浮选流程进行了铅锌分离回收试验，D421 为铅矿物捕收剂，试验取得了较理想的指标。新疆某低品位铅锌混合矿石[126]采用乙硫氮作为铅的捕收剂，选铅尾矿经硫酸铜活化后用丁基黄药作捕收剂选锌，选锌尾矿以六偏磷酸钠为抑制剂，dy-1、dy-2 为捕收剂，浮选氧化锌，取得了较好的技术指标。内蒙古某铅锌银多金属矿[127]铅锌顺序优先浮选流程，选铅抑锌组合药剂中加入硫化钠后抑锌效果明显，铅粗精矿中锌品位降低 0.72%、锌回收率降低 5.37%。选铅捕收剂乙硫氮在高碱度条件下对铅捕收能力强，使易浮的毒砂和黄铁矿受到了抑制，提高了铅指标。

某铅锌多金属硫化矿[128]采用抑锌浮铅的优先浮选工艺，以 25 号黑药 + sk9011（3∶1）组合捕收剂、锌碱混合剂即石灰和 $ZnSO_4$ 组合使用，并控制矿浆 pH 值在 9.0 左右，硫酸铜为活化剂，实现了铅锌矿物的分选并且综合回收了银矿物。

某复杂铅锌铁矿[129]，锌铁嵌布粒度不均匀，分离难度较大。采用优先浮选回收铅、锌—浮锌尾矿先磁后浮回收铁的工艺流程，达到了综合回收铅锌铁的目的。新疆某铅锌硫化矿[130]矿物种类繁多，嵌布特征复杂。采用铅锌优先浮选工艺，乙硫氮加苯胺黑药作铅捕收剂，硫酸锌、亚硫酸钠作锌抑制剂，实现了铅、锌矿物的有效分离。张颖锌等人[131]对豫西某低品位铅锌银多金属矿采用优先浮选工艺流程，CaO 作矿浆 pH 值调整剂直接加入磨机中，控制 pH 值在高碱条件下（pH 值为 12.5），乙硫氮作为铅捕收剂，以 Z-200 作为锌捕收剂，采用硫酸锌与硫代硫酸钠 1∶1 配比的组合药剂，作为锌抑制剂，试验指标良好。

祁忠旭[132]对宝山铅锌矿选矿的试验研究发现：在磨机中加入硫化钠调节矿浆电位，增加方铅矿与闪锌矿的可浮性差异，同时混合使用组合抑制剂硫酸锌和碳酸钠抑制闪锌矿，达到铅锌分离的目的。甘肃金塔铅锌矿属硫化铅锌矿石[133]，生产现场中选别指标较差，且精矿中铅锌互含较高。采用优先流程，捕收剂 XK-6、起泡剂 A5，解决了现场泡沫矿化较差、铅锌互含较高的问题，获得了较高的选矿指标，铅精矿品位提高了 3.07%，回收率提高了 3.28%，有效降低了锌在铅精矿中的损失。针对湖南茶陵[134]硫化铅锌矿铅品位较高、锌品位较低、铅锌矿物嵌布粒度较细的特征，采用优先浮选的工艺流程，在选铅作业中通过对乙硫氮不同加药点的浮选试验指标的对比，确定了在磨矿过程中添加部分乙硫氮的工艺，以及使用新型锌矿物抑制剂 NS 强化对锌矿物的抑制，较好地实现了该矿中铅锌矿物的浮选分离。

内蒙古获各琦铅锌矿[135]通过使用优先浮选的铅锌分离流程，铅选别采用了两段全闭路连续磨矿，锌选别采用中矿再磨流程，铅选别整个过程中保持矿浆 pH 值为 9～10，粗选加入硫酸锌作抑制剂，粗选加入 25 号黑药和乙硫氮作捕收剂，精选补加乙硫氮。锌选别粗选矿浆 pH 值用石灰调整到 11，硫酸铜作活化剂，38 号药剂作捕收剂，精选用石灰将矿浆 pH 值调整到 13 左右，试验最终取得较为理想的技术经济指标。

李辉跃[136]以国外某铅锌硫化矿为研究对象，采用铅锌优先浮选流程，硫酸锌加亚硫酸钠作锌抑制剂，乙硫氮作铅捕收剂，最终获得了铅品位为 71.81%、回收率 87.59% 的铅精矿和锌品位为 57.28%、回收率 88.33% 的锌精矿。选锌尾矿通过摇床重选，可以获得锌品位为 22.56%、回收率 5.88% 的低品位锌精矿。某难选铅锌矿石[137]，采用细磨工艺，优先浮选流程，通过添加硫酸锌、亚硫酸钠类抑制剂使铅锌矿物有效分离，获得合格铅、锌精矿，银也同步富集到铅精矿中。

河北某复杂低品位铅锌铁矿石[138]通过浮选法回收铅锌 + 磁选回收铁的联合工艺流程，获得了理想的选矿工艺指标。某铁铅锌多金属矿[139]采用先铅后锌优先浮选，磁选铁粗精矿再磨的工艺流程。

针对山东某铅锌银多金属[140]矿嵌布关系复杂多变的特点，采用铅优先浮选，采用异丙黄药和乙硫氮的组合作为捕收剂；抑制剂选择 $ZnSO_4$ 和 $Na_2S_2O_3$ 的组合就能达到铅锌分离的效果，得到了较好的选别指标。

在对越南某含次生铜的铅锌多金属矿[141]矿样工艺矿物学分析的基础上，针对其低硫、高锌、含次生铜矿物、各矿物交代浸染共生的特点，采用优先浮选铅再活化浮选锌矿物的工艺流程，试验重点探索次生铜矿物在铅锌分离过程中对闪锌矿的活化影响和分析，开发出硫化钠 + 硫酸锌与新型小分子抑制剂多糖黄原酸盐组合抑制剂，能对活化后的闪锌矿生产强烈抑制，通过系统条件试验，从而得出最优条件下的药剂制度和浮选工艺，实现了铅锌高效清洁分离。综合全流程闭路试验获得了铅品位 67.69%、回收率 86.09% 的铅精矿，锌品位 60.32%、回收率为 96.82% 的锌精矿的优异选矿指标。

B　铅锌混合浮选

某铅锌矿[142]矿物嵌布特征复杂，铅锌矿物粒度粗细不一，闪锌矿中含有微细粒方铅矿和黄铜矿，易混合浮选但难分离。通过混合浮选—再磨—铅锌分离工艺，可以获得两种产品：一种为高质量的铅精矿，含铅 65% 以上，另一种为 Pb + Zn 大于 55% 的混合精矿，提高了该铅锌矿的工业价值。王美娇等人[143]通过采用铅锌全浮—分离浮选原则流程来处理难选火烧硫化矿，在铅锌混浮作业中，用硫酸清洗矿物表面，用硫酸铜活化铁闪锌矿、XSQ 活化氧化矿，用丁基黄药作为铅锌混合浮选捕收剂；铅锌分离时，用石灰作矿浆 pH 值调整剂，用氰化钠和硫酸锌作为铁闪锌矿和磁黄铁矿的抑制剂，用乙硫氮优先选铅，获得了铅精矿品位 25.59%、回收率 61.01%，锌精矿品位 46.37%、回收率 81.17% 的选矿指标。

肖骏等人[144]针对广东凡口铅锌矿生产的铅锌硫混合精矿，采用立式搅拌磨提高混合精矿的解离度，同时对闪锌矿表面进行擦洗，降低了活化后闪锌矿的可浮性；使用二甲基二硫代氨基甲酸钠与亚硫酸氢钠、硫酸锌的组合实现了对活化后的闪锌矿的抑制，在混合精矿含铅12.77%、锌32.915%的基础上，采用新工艺和新药剂获得了含铅54.32%、锌4.66%的铅精矿，含铅1.72%、锌52.51%的锌精矿。

C　高硫铅锌矿选矿

黄铁矿（磁黄铁矿）含量较多的铅锌矿，会对铅锌浮选产生干扰。大部分高硫铅锌矿采用凡口铅锌矿高碱选铅锌工艺流程，但也有较多的研究采用其他的工艺，如优先选铅—锌硫混合浮选再分离的浮选等。

针对广东某特大型硫化铅锌矿床[145]，原矿含硫极高，不利于精矿品位的提高；原矿中含有大量细粒浸软的方铅矿及其连生体，使用传统球磨的方法无法实现充分的单体解离。试验研究表明：新型小分子抑制剂QS在较少用量条件下可完全取代铅循环中的石灰，实现对黄铁矿的充分抑制。使用超细搅拌磨处理铅中矿比使用传统球磨在相近的细度条件下可获得更高的矿物单体解离度，进而提高了铅精矿中铅的总回收率。新旧工艺模拟生产对比验证铅流程闭路试验结果表明：使用新药剂QS和超细搅拌磨处理中矿可获得铅精矿含铅61.87%、铅回收率86.67%的指标，该指标较传统旧工艺锌指标没有明显变化，而铅回收率高出1.5%左右，亦证明了新工艺的可行性和优越性，同时新工艺选矿指标所增加的经济效益远高于磨浮车间进行技术改造及新增立式搅拌磨机的成本。

通过系统的工艺矿物学研究查明其难选的原因，并分析总结前人已有的技术成果和有益经验，开展新工艺研究。研究采用优先浮选工艺[146]，针对铅中矿中部分细粒方铅矿浸染于黄铁矿之间而致使传统方法无法解离的特性，创造性地引入了超细搅拌磨，显著地提高了中矿解离度，有效地提高了铅回收率；同时针对该选矿厂传统高碱法抑制黄铁矿而引起诸多生产问题的现状，采用新型环保有机小分子抑制剂QS部分取代了石灰，并取得了更为优越的选矿指标。

针对某高硫铅锌矿石[147]，采用石灰作为矿浆pH值调整剂，控制矿浆pH值在9.0左右，Na_2S + $ZnSO_4$作为锌矿物的组合抑制剂，乙硫氮 + Z-200作为铅矿物的组合捕收剂，采用铅、锌、硫依次优先浮选流程，获得了较满意的试验指标。康家湾高硫铅锌矿[148]采用25号黑药作铅捕收剂，硫酸锌作锌抑制剂，取得了较好的浮选效果，解决了高硫对铅锌指标的影响。肖骏[149]针对广东某特大型硫化铅锌矿床铅中矿部分细粒方铅矿浸染于黄铁矿之间而致使传统方法无法解离的特性，采用优先浮选工艺，引入超细搅拌磨，显著地提高了中矿解离度，有效地提高了铅回收率，采用新型环保有机小分子抑制剂QS部分取代了石灰，取得了优越的选矿指标。某富银铅锌矿[150]采用自行研发的高效选择性捕收剂YN-1选铅，用组合调整剂石灰和胶体碳酸锌（加在磨机）抑锌、硫，中矿集中返回再磨的工艺流程处理该高硫铁硫氧混合铅锌银矿石，取得了突破性进展。针对某选矿厂[151]原矿硫铁含量高、黄铁矿活性大、分选指标低的问题，采用高碱铅锌分离工艺处理该选矿厂高硫铁富银铅锌矿石，使铁闪锌矿、黄铁矿受到有效抑制，而方铅矿还保持了良好的可浮性及较高的浮选速度，解决了高硫铁富银铅锌矿铅锌分离差的技术难题。

西藏某难选铅锌银硫多金属硫化矿[152]，铅、锌、硫矿物相互关系密切，部分磁黄铁矿可浮性较好，致使锌硫分离困难。采用合理的一段磨矿，铅、锌、硫依次优先浮选，浮选锌精矿磁选脱硫的工艺流程，对原矿中铅、锌、银、硫进行回收，取得较好指标。

福建某高硫低品位复杂多金属铅锌硫化矿[153]，采用阶段磨矿阶段浮选流程，铅、锌、硫依次优先浮选，获得单独的铅、锌、硫精矿。四川祁家河铅锌硫多金属矿[154]采用优先浮选流程，采用硫酸锌作锌抑制剂，乙黄药加SN9作铅捕收剂，铅锌尾矿加硫酸铵活化选硫，分别获得铅、锌、硫精矿。某高硫难选铅锌矿石[155]采用石灰调浆、硫酸锌抑制锌矿物，混合捕收剂优先浮选铅，在低碱条件下，用新型活化剂X-41活化选铅尾矿，丁黄药选锌，可以实现铅、锌的高效分离。

河北某含砷中细粒嵌布难选铅锌矿石[156]采用高碱条件下的铅锌依次优先浮选工艺，铅粗选时以亚硫酸钠 + 硫酸锌 + JSY01组合药剂抑制锌硫砷矿物，在锌粗选时以硫酸铜活化锌矿物，在铅、锌精选时分别以高锰酸钾和石灰 + 高锰酸钾抑制毒砂，取得了铅精矿品位75.62%、回收率87.63%、含砷0.28%，锌精矿品位45.73%、回收率83.51%、含砷0.44%的良好指标。

新疆某高硫铅锌矿[157]采用优先选铅—锌硫混合浮选再分离的浮选工艺流程，配合新型黄铁矿组合抑制剂，有效地解决了含锰铁闪锌矿与黄铁矿、磁黄铁矿分离的难题，大幅度提高了铅精矿品位，提高了铅、锌、硫回收率。某矿石[158]采用优先浮铅—锌硫混浮—锌硫分离的原则流程，实现了铅、锌、硫、金的综合回收。四川某铜铅锌矿[159]，由于矿石中存在大量黄铁矿，在磨矿过程中受到次生硫化铜矿产生的铜离子的活化作用而变得易浮，使得铅锌硫难分离。采用无机组合抑制剂 $ZnSO_4$ + YD，实现了低碱度矿浆条件下的铅锌硫浮选分离。巴基斯坦某高硫铅锌矿[160]采用铅优先—锌开路浮选—中矿集中再磨工艺，流程稳定更容易获得较好的选矿指标，使难选的铅锌矿物得到有效的回收。某选矿厂[161]铅锌分离难，须使用大量氰化物作抑制剂，采用优先浮铅—锌硫混浮、粗精矿再磨再分离流程实现铅锌无氰工艺分离。某复杂难选铅锌硫银多金属矿[162]以及无毒组合抑制剂硫化钠、BJ、硫酸锌、亚硫酸钠组合捕收剂抑锌 MB 黄药（或 Y89）、乙硫氮、25 号黑药制度，采用优先选铅，锌硫混选分离工艺流程，实现了取消使用氰化钠、采用低碱无毒药剂浮选分离铅锌硫的目标。某矿石[163]采用铅硫混选—混选精矿再磨后铅硫分离—混选尾矿选锌—选锌尾矿丢弃的原则流程，获得了较好选矿指标。某高硫高铁铅锌矿的矿石[164]采用新型活化剂 X-41 和捕收剂 Y-37，有效解决（铁）闪锌矿与（磁）黄铁矿分选的技术难题，显著提高锌精矿质量和回收率。

云南某地[165]铅锌多金属硫化矿中有用矿物嵌布粒度细，嵌布关系复杂，浮选过程中硫抑制较困难，根据硫自然可浮性的差异，采用了易浮的黄铁矿与铅优先混浮，难浮的黄铁矿与锌混浮，然后分别分离的原则流程，成功地实现了有用矿物的综合回收。

内蒙古某铜铅锌矿[166]含硫高（25.54%），磁黄铁矿可浮性极好，铜铅锌矿物与硫分离难度特别大，矿石性质复杂多变，铜铅锌矿物的嵌布粒度粗细不均匀，各矿物间相互交代，原矿铜铅锌品位低。采用磁选—精矿再磨—磁选的工艺流程，不仅降低了铜铅锌矿物与硫的分离难度，提高了精矿的品位，而且精矿再磨—磁选最大程度保证了铜、铅、锌的回收率。采用高效环保抑制剂组合 $Na_2S + ZnSO_4 + Na_2SO_4$ 以及对铜选择性好的高效捕收剂 BP，有效地实现了铜与铅锌矿物的分离，提高了铜精矿的品位和回收率。铅锌浮选采用中矿集中返回工艺流程，在没有明显降低铅锌回收率的前提下，较大幅度地提高了铅、锌精矿的品位。新工艺为复杂难选铜铅锌矿的选矿研究和应用提供了可靠的技术支持，发挥了示范作用。

D　含碳铅锌（铜）矿选矿工艺

消除含碳物质对多金属硫化矿石分离过程的影响，是硫化矿选矿研究的重点和难点。由于碳质物可浮性好，会随着铅、锌一起浮出，加上由于矿物之间致密共生、相互嵌布，使得本身就难以分离的铅锌硫化矿难上加难，严重影响铅锌矿的选别效果。存在铅锌硫化矿中的碳质物，有的为有机碳，有的为石墨，不同含碳矿石处理方式也不一样，大致可分为预先脱除碳质物或者与目的矿物一起浮选后抑制。

甘肃某铜铅锌多金属矿进行的浮选试验研究结果表明[167]：采用反浮选除炭—铜铅混合浮选—铜铅分离—尾矿选锌选硫的工艺流程，采用硫酸亚铁加硫代硫酸钠抑铅浮铜，可获得铜、铅、锌、硫精矿，达到了对该矿的综合利用。湖南某难选铅锌矿[168]采用脱碳—铅优先浮选工艺流程，采用煤油、2 号油预先脱碳，碳酸钠加硫酸锌抑锌，乙硫氮加 25 号黑药作铅捕收剂，选铅尾矿选锌，获得较好选矿指标。广西某脆硫锑铅锌矿[169]采用脱碳后优先浮选铅锑，亚硫酸钠、腐殖酸钠、硫酸锌作锌抑制剂，采用 2 号油脱碳，脱碳尾矿经活化剂活化两精两扫获得最终铅锑精矿，铅锑精矿含（Pb + Sb）为 36.01%，铅锑综合回收率 69.33%。内蒙古[170]某含碳低品位硫化铅锌矿石有机碳含量高并以隐晶质形式存在，铅锌硫化物嵌布粒度微细，采用磨矿后预先浮选脱碳—铅锌硫依次浮选—铅、锌粗精矿再磨的工艺流程，在铅精选时加入碳的高效抑制剂铁铬木质素磺酸盐，最终获得铅、锌、硫精矿。某铅锌矿[171]含碳高、铅锌品位低，通过加入少量石灰调节矿浆 pH 值，改变泡沫性质，达到利用松醇油脱碳的目的，减少了碳在铅锌选别过程的累积；铅精选作业添加少量铁铬盐木质素，抑碳浮铅；选锌作业以 $CuSO_4$ 和丁基黄药作锌矿物的活化剂和捕收剂，实现了碳铅锌的分离。澳大利亚澳矿金属公司开发的世纪铅锌矿[172]有用矿物有闪锌矿和方铅矿，脉石矿物中含有碳质矿物。在浮铅之前通过预浮选，添加补收剂预先脱除部分天然可浮性好的有机碳。国外某铜锌矿[173]采用“除碳—铜（银）锌优先浮选—重选（浮尾）硫”工艺流程，使该矿的各有用矿物得到有效分离，铜、锌回收率均大于 90%，取得了较为满意的技术指标。针对某含碳铅锌矿[174]的性质，采用预先脱碳和合理的药剂制度可获得较好的铅选别指标。

除了预先脱碳、碳铅混浮、碳锌混浮然后再抑制的工艺，也用于处理含碳铅锌矿。

内蒙古[175]某含碳、富含磁黄铁矿细粒嵌布铅锌矿石，有用矿物与脉石矿物嵌布粒度细，嵌布关系复杂，含1.35%的细粒石墨碳和25%的磁黄铁矿，采用等可浮选流程，用YT-1抑碳药剂将铜、石墨与铅一起上浮后采用抑制的方式与铅分离，分离尾矿进行除碳后选铜，选铜尾矿与锌再磨粗精矿合并后用HX-1锌活化剂选锌，选矿指标较好。四川某铅锌矿石[176]中含碳较高，采用优先浮铅工艺，将碳富集在铅精矿中，简化了后续对锌浮选的干扰，采用水玻璃、碳酸钠作调整剂，T11加硫酸锌作锌抑制剂，D12作铅捕收剂，获得了较好选矿指标。广西某含碳难选铅锌矿[177]采用碳铅混浮—选锌优先浮选工艺、丁铵黑药加YJ作铅捕收剂、硫酸锌加亚硫酸钠作锌抑制剂、丁铵黑药加苯胺黑药作锌捕收剂，获得了较好的选矿指标。唐华伟等人[178]针对某难选硫化铅锌矿矿物之间及与脉石之间呈粗中细不均匀嵌布、不易单体解离、矿石中的碳质及次生矿泥严重干扰浮选过程，且油药耗量大、矿石中的硫铁矿易浮影响锌精矿品位的提高等问题，进行了优先浮选铅—锌中矿集中再磨工艺流程试验，获得了较好指标。毛泳忠[179]采用碳铅混浮—尾矿再选锌优先浮选工艺，通过加入少量石灰调节矿浆pH值，改变泡沫性质，从而达到利用松醇油脱碳的目的。某矿石[180]属于含碳高锌低铅硫化矿石，浮选工艺采用碳锌混浮—碳锌分离—铅浮选—锌浮选工艺流程，使难选多金属矿石得到有效的分离，最终得到合格的铅、锌精矿。

及亚娜[181]分析了两种不同碳形式的铅锌矿脱碳工艺，虽然两种矿石中碳的含量和存在状态不同，但采用浮选预先除碳工艺，都可以消除碳对铅、锌选别的影响，但含碳铅锌矿在碳预处理工艺流程中，碳产品中会有部分铅、锌进入其中，从而造成铅锌的损失。

某难选含碳铅锌矿石[182]采用铅锌依次优先浮选—铅、锌粗精矿再磨精选的浮选工艺流程，成功实现了铅、锌的分离。四川白玉地区某碳质铅锌矿[183]，铅、锌矿物嵌布粒度细，部分闪锌矿与矿石中无定形碳关系密切，难以分离。对闪锌矿采用分步浮选，即锌（碳）-铅-锌分步浮选工艺，获得较好的选矿指标。内蒙古甲生盘矿[184]是典型的含石墨型碳质高硫铅锌硫化矿石，原矿中由于石墨含量远大于方铅矿的含量，方铅矿、铁闪锌矿、石墨、黄铁矿、磁黄铁矿互含关系复杂，嵌布粒度较细，铅、锌、硫分离困难，采用细磨除碳、铅锌浮选中加强对硫矿物的抑制、锌粗精矿再磨精选等一系列措施，取得了较好的铅、锌、硫分离效果。某含碳、富含磁黄铁矿细粒嵌布铅锌矿石[185]，有用矿物与脉石矿物嵌布粒度细，嵌布关系复杂，含1.35%的细粒石墨碳和25%的磁黄铁矿，采用等可浮选流程，YT-1抑碳药剂和HX-1锌活化剂效果明显，试验室闭路试验指标高于现场生产收支平衡所需的指标。

E 锑铅矿选矿

以硫锑铅矿、脆硫锑铅矿作为主要矿物构成有工业价值的金属矿床，目前国内较为少见。

隆子县铅锌锑银多金属矿的浮选试验研究表明[186]：采用调整剂T89、捕收剂A19、铅锑粗精矿再磨、先铅后锌工艺流程，闭路试验取得了铅锑精矿中铅回收率76.77%、锑回收率54.14%、银回收率75.53%、锌精矿中锌回收率86.66%的较好指标。针对某复杂锑铅锌银硫化矿[187]嵌布粒度细、共生关系密切等特点，采用优先浮选锑铅—再选锌的工艺方案，采用硝酸铅作活化剂，硫酸锌+T8为锌抑制剂，先铅后锌，闭路试验获得了较好选矿指标。

西藏某金属矿[188]采用铅锑优先浮选—锌硫混合浮选—分离方案处理该矿石，闭路试验可获得铅品位32.17%、铅回收率85.11%，锑品位28.11%、锑回收率82.59%的铅锑精矿；锌品位59.90%、锌回收率88.82%的锌精矿。

F 铜锌矿选矿

铜锌多金属矿资源是锌资源的重要来源之一，在部分铜锌矿中次生硫化铜含量较高，次生硫化铜的存在致使部分锌会过早活化，在铜浮选作业上浮到铜精矿中，导致铜精矿中含锌偏高和锌精矿的锌回收率低。多金属铜锌硫化矿的分离一直是选矿领域中的一个难题，是科研工作者的重点研究对象。对于铜锌分离的研究主要集中在开发新型捕收剂、抑制剂和分离工艺上，分选铜锌矿石常用的工艺流程有优先浮选、铜锌混合浮选—铜锌分离和等可浮3种流程，其中优先浮选流程最为常用。近年来对铜锌分离的研究取得了不少可喜的成果。今后优化改进选矿工艺流程、运用选冶联合流程处理复杂铜锌硫化矿是铜锌分离工艺技术的重要发展方向。

青海某铜锌矿中次生硫化铜含量较高[189]，占总铜的18.64%，现场生产中浮选指标一直不理想。骆任等人通过使用新型高效锌的抑制剂YS-2后，采用铜优先浮选（一粗两扫两精）再浮选回收锌（一粗两扫三精）的工艺流程解决了铜精矿含锌偏高、锌精矿锌回收率较低的难题，小型闭路试验可获得铜品位27.69%、铜回收率83.54%、含锌6.13%的铜精矿，以及锌品位51.13%、锌回收率91.11%的锌精矿。

西南某铜锌矿伴生银、锑[190]，原矿中含有一定量的次生硫化铜，铜锌分离难度大，工业生产中只产出锌精矿产品，且回收率不理想。研究表明：通过硫化钠预除铜离子，对抑制剂进行优化组合，合理选择捕收剂和采用铜锌优先浮选工艺流程，可有效解决铜锌分离的问题，取得了铜精矿铜品位17.25%、铜回收率66.72%，锌精矿锌回收率95.43%，银计价回收率84.27%的优异指标。并且工业化一年来指标稳定。

某难选铜锌多金属硫化矿[191]，铜锌矿物共生关系密切，且次生硫化铜矿物的含量较高，致使铜锌矿物分离难度较大。依据矿石特性，何海涛等人在试验过程中采用了新型抑制剂T9和$ZnSO_4$组合作为锌矿物的抑制剂，采用捕收力强、选择性较好的新型高效选矿药剂酯-80作为铜矿物的捕收剂，进行了抑锌浮铜优先浮选试验研究，实现了铜锌矿物的有效分离，实验室闭路试验获得的铜精矿铜品位为20.28%，铜回收率为92.98%，锌精矿锌品位52.85%，锌回收率84.89%。

某铜锌多金属硫化矿中次生硫化铜含量较高[192]，有用矿物嵌布粒度细微、嵌布关系复杂，铜锌分离困难。研究结果表明：采用细磨—铜锌混合浮选—混合粗精矿再磨—铜锌分离流程处理该矿石可实现铜锌的有效分离，闭路试验获得了铜品位22.72%、铜回收率82.26%的铜精矿，以及锌品位57.63%、锌回收率62.92%的锌精矿。

内蒙古某铜锌硫化矿[193]中次生硫化铜矿物含量高，部分锌矿物与铜矿物之间共生关系密切，铜锌分离困难，朱一民等人采用铜锌等可浮、混合精矿再磨后铜锌浮选分离、锌浮选的工艺流程，以CY为调整剂消除矿石中次生铜矿物在磨矿过程中产生的铜离子对锌、硫矿物的活化作用，应用选择性好的铜矿物捕收剂WR，实现铜锌的有效分离。实验室闭路试验获得的浮选指标为：铜精矿中含铜25.28%、铜回收率为81.50%，含锌7.33%；锌精矿平均含锌44.38%，锌总回收率为82.57%。

新疆某铜锌矿石[194]中闪锌矿在矿床内或在加工过程中不同程度地受到铜离子活化，致使闪锌矿易浮，其浮游性与铜蓝相近，而砷黝铜矿和闪锌矿的可浮性又相近，矿物间可浮性的交错重叠造成铜锌矿石难以分离。郭顺磊等人经过多种方案的对比试验，确定采用铜、锌依次优先浮选工艺流程，即原矿经一次粗选、两次精选先产出铜精矿，铜浮选尾矿再选锌，锌粗选精矿经三次精选产出锌精矿。闭路试验可获得铜品位25.63%、铜回收率87.76%的铜精矿，以及锌品位43.02%、锌回收率80.61%的锌精矿。

某铜锌硫化矿[195]共生关系密切，并伴生毒砂等有害杂质，铜锌难以分离，叶均雪等人采用粗磨条件下优先选铜、铜粗精矿再磨再选、选铜尾矿再选锌、浮选锌精矿再磁选脱除磁黄铁矿的流程，使铜锌硫化矿得到了有效分离。小型闭路试验获得了含铜20.30%、含锌6.48%、铜回收率75.33%的铜精矿，以及含锌48.32%、锌回收率91.54%的锌精矿。

青海某铜锌矿[196]含铜粗细不均，约15%的铜以微细粒存在（小于10μm）难以回收，且锌含量较低，只能伴生综合回收。赖伟强等人针对该矿石的性质特点，原矿细磨后，采用优先选铜（一粗两扫三精）再选锌（一粗两扫三精）工艺方案，以及采用石灰、硫酸锌和亚硫酸钠抑制硫锌，采用PAC和异丁基黄药作铜捕收剂，实现了铜锌分离。闭路试验可以获得含铜18.66%、铜回收率83.90%、含锌1.21%的铜精矿，以及含锌41.69%、锌回收率29.49%的锌精矿。

对广西某地高砷含碳铜锌矿的研究结果表明[197]：采用脱碳—优先选铜—锌硫混浮分离的工艺流程，利用FN作砷矿物的抑制剂，有效地解决了铜、锌精矿含砷高的问题。试验获得了铜、锌精矿含砷分别为0.26%、0.18%，铜、锌精矿回收率分别达80.23%、90.24%。

广西某铜锌矿[198]属于典型的低铜、含砷难选原生矿，矿物种类较多，且主要有用金属的品位相差较大，针对该矿石铜品位低、锌品位高的性质，严伟平等人采用铜锌依次优先浮选流程，确定在粗磨条件下回收铜矿物，铜粗精矿经过再磨再选获得合格铜精矿；选铜尾矿采用石灰+Y-As组合抑制剂抑制硫砷矿物，获得锌精矿含砷低至0.35%，锌品位48.36%、锌回收率92.86%的良好指标，实现了铜锌的有效分离。

某铜锌多金属硫化矿[199]中含有黄铜矿、闪锌矿、黄铁矿、磁黄铁矿、银金矿、金银矿和自然银等矿物。于雪针对矿石的特点，采用优先浮选工艺流程，即一段磨矿，铜一次粗选、两次扫选、三次精选，锌一次粗选、一次扫选、三次精选，硫两次粗选、一次扫选。在选铜试验中选用铜、金、银选择性浮选剂 G115 和闪锌矿抑制剂 ZY；在选锌试验中采用石灰抑制黄铁矿和磁黄铁矿，硫酸铜活化闪锌矿，实现锌硫矿物有效分选；选硫试验中采用硫酸活化硫铁矿，两次粗选作业，使黄铁矿和磁黄铁矿有效回收，提高了铜、锌、硫、金、银金属回收率。

广西某铜锌矿[200]中锌主要以铁闪锌矿形式存在，铜主要以黄铜矿存在，具有伴生综合回收的元素有砷、硫、银。苏思苹等人针对该矿的矿石性质研究了回收铜锌的工艺流程，确定采用浮重原则流程，浮选回收铜、锌，获得最终铜精矿、锌精矿，浮选尾矿进行硫砷分离，获得硫精矿和最终砷精矿。试验进行了铜锌混浮、优先无氰浮选和优先有氰浮选三种流程方案，结果以优先有氰方案较好，无氰次之。从药剂及工艺流程综合考虑，有氰与无氰选矿成本基本接近，从试验实际操作情况看，有氰方案容易获得高质量的精矿产品，易于在生产上实现，但存在高毒药品管理与环保问题。

湖南某地尾砂中铜、锌品位低，锌矿物可浮性好，铜锌分离难度大，曹登国等人[201]采用铜锌混合浮选、铜锌分离的工艺流程，以石灰、硫酸锌、亚硫酸钠为锌硫矿物的抑制剂，乙硫氮为铜矿物的捕收剂，实现了铜锌矿物的有效分离，闭路试验获得了含铜 17.94%、铜回收率 61.47% 的铜精矿，含锌 45.43%、锌回收率 59.73% 的锌精矿。

新疆某难选铜锌矿[202]含铜 0.98%，含锌 4.17%。该矿石嵌布粒度细、矿物组成复杂及含有较多易浮脉石，孙志健等人选择针对性的铜锌捕收剂和抑制剂，采用铜（锌）优先浮选—锌（硫）优先的工艺流程，有效地实现了铜锌分离，获得了较好的选矿指标，铜精矿含铜 23.12%，铜回收率为 86.26%，锌精矿含锌 44.43%，锌回收率为 81.25%。

对内蒙古某铜锌矿的研究表明[203]：采用优先浮选铜—再磨—精选铜—铜浮选尾矿选锌的工艺流程可有效解决铜锌分离问题。闭路试验得到了含铜 18.45%、锌 5.81%、铜回收率 71.54% 的铜精矿和含锌 50.95%、锌回收率 95.95% 的锌精矿。

黄思捷等人[204]针对某铜锌硫化矿进行了试验研究，试验以氧化钙、硫酸锌、亚硫酸钠联合抑制闪锌矿和黄铁矿，硫酸铜活化浮铜尾矿中的闪锌矿，采用铜锌依次优先、中矿顺序返回工艺流程有效地实现该铜锌多金属硫化矿的浮选分离。闭路试验获得了铜品位 24.23%、铜回收率 89.92%、含锌 2.02% 的铜精矿，以及锌品位 53.55%、锌回收率 81.87%、含铜 1.33% 的锌精矿。

四川某铜锌硫多金属硫化矿[205]金属矿物嵌布致密、易浮难分，该矿采用铜、锌、硫顺序优先和中矿顺序返回的浮选工艺，不仅使铜、锌、硫得到了有效分离，而且获得了较好的选矿技术指标：铜精矿铜品位 22.41%、铜回收率为 84.91%，锌精矿锌品位 48.17%、锌回收率为 82.15%，硫精矿硫品位 36.94%、硫回收率为 83.79%。

江西赣县某铜锌多金属矿石[206]以硫化矿物为主，矿石性质复杂，试验研究结果表明：采用部分铜快速浮选—铜粗精矿再磨精选—选铜尾矿浮选回收锌的工艺流程处理该矿石，最终获得含铜 30.55%、含锌 3.91% 的铜精矿 Ⅰ，含铜 26.11%、含锌 4.99% 的铜精矿 Ⅱ，铜综合回收率为 90.80%；含锌 45.20%、含铜 2.97%，锌回收率为 81.57% 的锌精矿，达到铜锌分离的目的。

针对西北某复杂金铜锌多金属矿[207]氧化率高、共生关系复杂的特点，分别进行了铜锌优先浮选、铜锌混合浮选等流程试验研究，结果表明：采用粗磨—铜浮选—铜粗精矿再磨精选—铜尾选锌的优先浮选工艺方案适合处理该矿石，闭路试验可以获得铜品位为 20.60%、铜回收率为 91.12%、含金 120.04g/t、金回收率为 83.50% 的铜精矿，以及锌品位为 54.88%、锌回收率为 84.38%、含金 7.88g/t、金回收率为 4.76% 的锌精矿。

张周位等人[208]针对云南某铜锌硫化矿嵌布粒度复杂，与脉石紧密共生的特点，以细磨使其基本单体解离，选择等可浮试验流程，以乙硫氮作为铜的捕收剂，以丁黄药作为锌的捕收剂，以组合药剂 YZN 作为铜锌分离时锌的抑制剂，在原矿含铜 0.35%、含锌 0.75% 的条件下，获得铜精矿含铜 21.12%、铜回收率 65.38%、锌精矿含锌 43.16%、锌回收率 63.45% 的闭路试验结果，达到了工业生产的要求。

铜锌铁类型复杂硫化矿一般较为难选。其主要选矿方法是先浮选回收铜锌，再磁选回收铁。黑龙江某铜锌铁矿[209]属含低品位铜、锌的铁多金属矿，陈经华采用铜锌优先浮选—选锌尾矿磁选—铁粗精矿再磨—磁选精选工艺流程，有效地回收铜、锌和铁，获得如下试验指标：铜精矿铜品位 26.33%，铜回收率为 80.53%；锌精矿锌品位 46.80%，锌回收率为 76.66%，含铜 0.29%；铁精矿铁品位 66.82%，铁回收率为 92.25%，含硫 0.24%。甘肃某铜铁矿[210]在深部开采过程中，锌品位达到综合回收要求。为了获得合适的铜锌选矿回收工艺流程，杨敏等人对其进行了选矿试验研究。试验探索了浮铜—浮锌、铜锌混浮—铜锌分离、铜锌混浮—铜锌再磨—铜锌分离、浮铜抑锌—铜粗精矿再磨—浮锌等四种选别流程，试验结果表明：浮铜抑锌—铜粗精矿再磨—浮锌工艺流程获得的选别指标优于其他三种流程，其铜精矿、锌精矿的品位和回收率都相对较高，所得铜精矿含铜 20.05%、铜回收率为 88.19%，锌精矿含锌 44.81%、锌回收率 58.43%。

高硫多金属硫化矿的选矿问题一直难度较大。某铜锌矿石[211]中主要元素有铜、锌、硫和银等，属于高硫铜锌多金属硫化矿石，矿石中的闪锌矿属于铁闪锌矿，且部分与磁黄铁矿、黄铜矿共生紧密。如采用高碱浮选工艺条件将不利于综合回收矿石中的贵金属，且给选硫作业增加酸的消耗。另外，此矿石中的铁闪锌矿晶形中锌还部分被镉离子取代，与普通闪锌矿浮选特性不同，可浮性差，对石灰敏感，活化困难。曹焱鹏等人根据铜锌硫等矿物的不同物性，选择低碱条件下依次优先浮选的工艺流程，即优先浮铜，然后依次浮可浮性好的锌和硫，最后浮选可浮性较差的锌，获得了较好的选矿指标。在原矿含铜 1.01%、锌 5.89%、硫 24.22%时，闭路试验获得的指标为：铜精矿含铜 21.99%、锌 9.11%，铜回收率 88.27%；锌精矿含锌 48.32%、铜 0.28%，锌回收率 83.01%。云南思茅高硫铜锌银多金属矿[212]，矿石的矿物组成比较复杂，含铜 0.736%、锌 1.44%、硫 25.02%。刘俊伯等人针对该矿石进行了详细的选矿试验研究，研究结果表明：采用铜锌依次优先浮选流程（铜采用一次粗选、三次精选、一次扫选；选锌采用一次粗选、三次精选、二次扫选）实现了铜锌分离。小型闭路试验可获得铜精矿铜品位为 20.15%，铜回收率为 87.61%；锌精矿的锌品位为 52.31%，锌回收率为 83.55%。四川某高硫铜锌多金属矿石[213]，硫高、铜高、锌低，有用矿物嵌布粒度细且不均匀，嵌布关系十分复杂，铜锌易浮难分。张玉华等人对该矿石进行了详细的物质组成研究及浮选分离试验研究，确定采用优先浮铜，锌与易浮硫铁矿混合浮选，粗精矿再磨，锌硫分离，尾矿再浮硫的工艺流程，使铜、锌、硫得到了有效分离，获得了铜品位为 22.04%，铜回收率为 91.15% 的铜精矿；锌品位为 46.03%，锌回收率为 60.39% 的锌精矿；硫品位为 37.02%，硫回收率为 81.19% 的硫精矿。某含金银高硫微细粒铜锌矿石[214]中有用矿物粒度微细，黄铜矿与闪锌矿、方铅矿、毒砂关系密切，且硫含量高达 21.44%。万宏民等人针对该矿石性质特点，试验探索了铜锌优先浮选、铜锌等可浮浮选、铜锌硫等可浮浮选、铜锌混浮—铜锌精矿再磨—铜锌分离、铜锌硫混浮—精矿再磨—铜锌硫分离等 5 种选别流程。研究结果表明：铜锌硫混浮—精矿再磨—铜锌硫分离流程适宜处理该矿石，其技术指标较好；同时，硫精矿（金银粗精矿）采用湿法工艺进行处理，也取得了良好的技术指标。伏牛山高硫铜锌矿石[215]中的闪锌矿以铁闪锌矿为主，与黄铜矿和磁黄铁矿的共生关系密切，在闪锌矿内部常有以固溶体分离结构嵌布粒度粗细不等的黄铜矿。黄铜矿与闪锌矿、黄铁矿、磁黄铁矿的共生关系密切，部分以固溶体分离结构的形式嵌布在闪锌矿中，这部分黄铜矿在磨矿过程中不易与闪锌矿解离。在采用全混合浮选工艺试生产期间，存在部分锌在全混合浮选时难以上浮，而上浮的锌在铜锌分离时难以抑制，致使铜精矿含锌较高并无法产出锌精矿，造成锌资源的流失并影响铜精矿的产品质量。赵红芬等人针对生产中存在的问题进行了详细研究，研究表明：采用优先选铜—锌硫混合浮选再分离浮选工艺可较好地回收矿石中的铜锌硫。优先选铜—锌硫混合浮选再分离流程得到含铜 27.17%、铜回收率 86.27% 的铜精矿，含锌 50.53%、锌回收率 88.11% 的锌精矿，含硫 42.34%、硫回收率 78.23% 的硫精矿。

某铜锌矿石[197]中铜、锌品位相对较低，硫品位偏高，针对采用铜锌混合浮选—铜锌再分离工艺选别指标较差的现状，研究了黄铜矿、闪锌矿、黄铁矿的浮选特性，提出了采用优先选铜—铜尾选锌—锌尾再选硫的工艺流程。生产实践证明：采用该工艺流程，获得了较好的选别指标，有效地降低了铜精矿和锌精矿的互含。

河南某铜锌矿[216]含铜 0.60%、锌 3.30%、硫 11.20%，生产上采用铜优先浮选、浮铜尾矿进行锌硫分离的工艺流程。但由于选别工艺及流程结构的不合理，造成铜锌浮选分离困难。自投产以来，基本上未生产出合格的铜、锌精矿。针对现场铜锌浮选分离的问题，张成强等人对工艺进行了优化研究，通过在磨矿过程中添加硫化钠，提前消除次生铜离子的影响；选用 Z-200 作为选铜捕收剂，增加了捕收剂的选择性；铜粗选段适当增加石灰用量，pH 值控制在 10 左右；铜粗选适量添加少许氰化钠，再次消除铜离子的影响；为减少锌在铜精矿中损失，适当减少铜扫选次数；为提高锌精矿品位，适当增加锌精选次数，成功实现了铜锌的有效分离。在工业试验中，铜精矿铜品位和回收率分别为 20.33% 和 83.85%，锌精矿锌品位和回收率分别为 44.88% 和 85.03%，取得了较好的经济效益。

某复杂铜锌硫化矿石[217]由于铜锌难以分离，生产中一直只能生产铜锌混合精矿，严重影响了企业的经济效益，袁明华等人针对生产中存在的问题开展了铜锌分离浮选试验研究，试验研究结果表明：采用优先浮选流程（即铜浮选采用一次粗选、两次扫选、两次精选，锌浮选采用两次粗选、一次扫选、一次精选流程），选用硫化钠、硫酸锌和亚硫酸钠合理组合抑锌选铜，最后从铜尾矿中选锌，实现了铜锌分离，获得了铜回收率 73.18%、铜精矿品位 22.21%，锌回收率 67.55%、锌精矿品位 43.20% 的好指标。

某硫铜矿[218]生产中采用一段磨矿、优先浮选的原则流程，生产指标不理想，精矿互含严重，危流永通过对选矿流程存在问题进行分析，并根据铜锌矿物共生紧密等嵌布特点，研究确定了阶段磨矿-阶段选别的优先浮选流程。实验室小型闭路试验和工业试验都获得了较好的选别指标，与改造前生产指标相比，铜精矿铜品位提高 1.65%、锌品位降低 4.15%，铜回收率提高 5.01%；锌精矿锌品位提高 3%、砷品位降低 0.72%、锌回收率提高 3.01%，从而解决了该选矿厂铜锌分离难的问题。

Д. Ж. 格维列夏尼等人[219]提出了应用选冶联合流程处理格鲁吉亚马德纽里斯克铜锌矿石。即用浮选法获得铜锌混合精矿，然后在 450～600℃下进行硫酸化焙烧，再进行中性浸出和酸浸出，得到五水硫酸铜结晶，再用置换和熔炼法得到铜锌合金。整个流程铜和锌的总回收率为 85%～95%。

G 其他工艺

尤溪铅锌矿[220]将优先浮选工艺流程改为部分优先部分混合浮选流程，成功地实现了低碱条件下，方铅矿与闪锌矿的高效分选，提高了精矿指标，优化了产品结构，同时降低了浮选药剂成本。根据矿石中方铅矿、闪锌矿上浮速度的差异，采用快速分支浮选工艺[221,222]，可减少矿物的总浮选时间和作业循环量，提高铅锌金属回收率，达到节能降耗、提高经济效益的目的。

甘肃某富银难选铅锌矿[223]采用部分优先浮铅—混合浮选铅锌的工艺方案，使铅锌银得到综合回收。某微细粒难选铅锌矿[224]采用铅硫优先浮选—锌部分循环浮选—中矿再选—铅硫分离的选矿工艺流程，在磨矿细度 -0.045mm 占 80% 的条件下，最终可获得铅品位 55.38%、回收率为 46.11% 的铅精矿和锌品位 48.67%、回收率为 66.42% 的锌精矿。

针对某细粒难选铅锌矿[225]，采用快速浮选流程，使用丁基黄药和乙硫氮作组合捕收剂，并使用了一种新的黄铁矿抑制剂 DS，改进后铅精矿质量比原工艺流程有很大提高。针对广西某选矿厂[226]铅锌微细粒矿物比表面积大、比表面能高、难沉降且难分离的特点，利用选择性絮凝剂 BS 絮凝微细粒铅锌矿物后再浮选分离，使铅锌回收率分别达到了 76.14% 和 81.21%。乌拉根铅锌矿[227]生产现场锌精矿含硅（指二氧化硅）高，采用锌精矿再磨后，分两步产出锌精矿的工艺流程，锌精矿含硅从 11.62% 降低到 3.74%。

9.3.2.2 氧化铅锌选别工艺技术

根据氧化铅锌矿石的特点，其可浮性大致可分成如下 3 类：

（1）易浮矿石。该矿石中脉石、黏土等干扰性矿物较少，氧化铅锌容易解离，矿石可浮性好。该类矿石采用简单的浮选方法，即可获得较好的工艺指标。

（2）较易浮矿石。该类矿石中含有黏土等泥化矿物，易对浮选产生较大的干扰。该类矿石经脱泥后，一般可以获得较好的选别指标。

（3）难浮矿石。该类矿石含有可浮性较差的氧化铅锌矿物，且矿石中黏土类矿物也较多，矿石解离情况也不好。

对易浮矿石，一般采用浮选方法处理；但对于其他氧化铅锌矿物，则可能需要洗矿、脱泥、重选、浮选，甚至选冶联合等工艺来处理。

A 低氧化率铅锌矿选别工艺

对于氧化程度相对较低、容易浮选的铅锌矿，一般采用先硫后氧、先铅后锌的工艺流程。

豫西某铅锌矿[228]采用铅锌等可浮—铅锌分离—硫化锌浮选—氧化铅浮选工艺，成功实现了该矿的铅锌回收与分离，并有效回收了氧化铅矿物。四川某铅锌混合矿[229]采用先选铅后硫化锌氧化锌混选的工艺流程，获得了铅精矿和锌精矿。云南某复杂难选混合铅锌矿[230]多金属资源矿石成分和结构构造复杂，各矿物间互相紧密镶嵌，且粒度分布细。试验研究针对矿石特性，将矿石中的硫化矿、氧化矿分类选别与富集，分别产出锌精矿、铅锌精矿、氧化铅精矿三种精矿产品，同时伴生的银矿物分别在铅锌精矿及氧化铅精矿中得到富集。新疆某氧化铅锌矿[231]为氧化热液型多金属硫化物矿石。采用先硫后氧工艺流程，最终获得了较好指标。

B　高氧化率铅锌矿选别工艺

对于铅锌氧化程度较高，泥化较为严重的矿石，一般采用脱泥或不脱泥浮选工艺。

a　不脱泥浮选工艺

云南某氧化铅锌矿[232]原矿泥化严重，且嵌布粒度细。针对该矿石，在不脱泥的条件下，采用硫化-黄药法浮铅和硫化-胺法浮锌工艺流程，通过对选锌捕收剂筛选，采用胺盐（GE-619）作为氧化锌捕收剂，最终获得了铅品位为30.74%、铅回收率为64.66%的铅精矿和锌品位为23.51%、锌回收率为71.02%的锌精矿，实现了铅、锌的分选回收。孙敬锋等人[233]采用硫化浮选工艺浮选铅锌矿，在不脱泥条件下，以水玻璃为分散剂，以混合黄药为捕收剂，可以将氧化铅锌矿富集。某深度氧化铅锌矿[234]矿物嵌布粒度细、泥化严重较为难选。在不脱泥的条件下，对传统的硫化-黄药法和硫化-胺法进行了优化，选铅作业使用硫氢化钠与硫化钠联合作硫化剂，效果优于单独使用硫化钠；丁基黄药与25号黑药选铅以及混合胺与MA选锌，实现了该矿的高效分选。周凯等人[235]针对四川某氧化铅锌矿石，采用先铅后锌、不脱泥直接浮选工艺进行了系统的选矿试验研究，采用一次粗选、三次精选、两次扫选浮铅，一次粗选、四次精选、两次扫选浮锌，中矿顺序返回的流程处理该矿石，可以获得铅品位61.95%、含锌3.16%、铅回收率79.59%的铅精矿，锌品位为37.53%、含铅1.18%、锌回收率80.12%的锌精矿。云南某难选氧化铅锌矿[236]采用先硫后氧、先铅后锌流程，并在氧化锌浮选作业采用加温及使用氧锌灵作辅助捕收剂的不脱泥流程，取得了较好的技术指标。

大厂火烧[237]高氧化率铅锑锌硫化矿采用全浮—铅锌分离流程，用XSQ和乙硫氮分别作氧化铅锑矿的活化剂与选择性捕收剂，试验指标为：铅锑精矿品位达到44.95%、回收率为60.92%；锌精矿品位达到46.37%、回收率为81.17%。

于正华等人[238]对某高铁质深度氧化铅锌矿先依次浮选硫化铅、硫化锌，后在不脱泥的情况下，采用两性捕收剂HN13，应用硫化—两性捕收剂浮选法浮选氧化锌，取得了较好的试验结果，实现了氧化锌的浮选回收。四川某难选低品位氧化铅锌矿[239]，硫化矿采用优先浮选，再采用调整剂和高效捕收剂实现了氧化矿的浮选，使铅、锌精矿品位分别达到66.10%、19.41%，回收率为88.29%、87.09%。

针对某氧化铅锌矿[240]嵌布粒度微细、氧化率高等特点，采用先硫后氧浮选工艺流程，得到铅锌混合精矿与合格锌精矿，然后采用新型氧化矿硫化剂EMS-3硫化氧化铅矿物，再浮选得到氧化铅精矿产品。甘肃省陇南某铅锌矿[241]矿石因氧化程度高、矿物嵌布粒度细、易泥化而非常难选，按照先浮铅后浮锌的原则流程，在传统的硫化浮选工艺基础上，采用氧化锌矿物的复合捕收剂5N，最终获得了铅品位和回收率分别为51.58%和72.64%、含锌6.88%的铅精矿及锌品位和回收率分别为39.71%和72.47%、含铅0.40%的锌精矿，成功实现了氧化铅锌矿石的有效分选。四川某混合型铅锌矿[242]，在选硫化锌时将原有的调整剂碳酸钠改为石灰，既调整了pH值又抑制了部分硫上浮保证了精矿品位；活化剂仍采用硫酸铜，捕收剂采用乙黄加丁黄。氧化锌浮选时，水玻璃作为矿泥及脉石矿物的抑制剂，添加硫化钠先对氧化锌进行硫化，采用混合胺和戊黄药联合回收氧化锌，得到了较好指标。

广西某氧化铅锌矿[243]含铅锌达4.76%和1.54%，伴生金属银达91g/t，采用优先浮选硫化铅后加温硫化浮选氧化铅，取得了较好的选矿指标，并综合回收伴生银。

邵广全等人[244]对低品位复杂难处理氧化铅锌矿进行全浮选工艺，硫化矿采用优先浮选硫化铅精矿、硫精矿和硫化锌精矿，而后采用组合调整剂D-1、D-2和高效复合捕收剂MA实现了氧化锌浮选，尤其是异极矿得到了有效回收。杨玉珠[245]对原矿含 $-10\mu m$ 达48.8%、氧化率95.4%、硅酸锌与铁酸锌占36%的难选低品位氧化锌矿石进行浮选研究，油酸与十八胺混合用，改善了浮选指标。陕西省某铅锌矿[246]采用了铅的硫化矿物和氧化矿物混合浮选回收，锌的硫化矿物、氧化矿物依次单独回收的方案。选铅时采用了组合捕收剂乙硫氮+丁胺黑药，选氧化锌时采用了复合捕收剂A928，最终实现氧化铅锌矿石的有效分选。某氧化铅锌矿[247]采用硫化钠作铅矿物活化剂、丁基黄药作捕收剂优先选铅，选铅尾矿用十八胺作捕收剂选锌，获得了较好选矿指标。云南某氧化铅锌矿[248]通过硫化法先选铅后选锌流程，采用丁基黄药和丁铵黑药作铅捕收剂，LW-31 作锌捕收剂，获得铅品位为 41.56%、回收率为 67.67% 的铅精矿，锌品位为 28.83%、回收率为 54.74% 的锌精矿。

b　脱泥浮选工艺

新疆某氧化铅锌矿[249]矿石铅锌含量低、氧化率较高，属低品位氧化铅锌矿。采用洗矿脱泥的浮选工艺方案，实现铅锌资源的有效回收。采用硫化钠为活化剂，碳酸钠为 pH 值调整剂，FA 作锌捕收剂，获得较好指标。宁南难选氧化硫化混合铅锌矿[250]，采用先浮选硫化矿物后浮选氧化矿物的优先浮选全浮选工艺流程，氧化锌矿物采用预先脱泥及中矿再脱泥的浮选工艺可以改善氧化锌选别效果，使流程更加通畅，浮选指标较好。某氧化铅锌矿采用[251]先硫化浮铅，然后脱泥浮锌的工艺流程，并选用浮铅的高效辅助捕收剂 S-8 和氧化锌矿物的胺类组合捕收剂 A-9，使铅、锌得到了较好的分选。刘万峰等人[252]通过对某银铅锌多金属矿采用硫化银浮选—脱泥—氧化铅浮选—氧化锌浮选的工艺流程，进行有价金属矿物回收，闭路试验可以获得良好指标。

c　联合工艺处理

云南某氧化铅锌矿[253]采用优先浮选氧化铅—磁选选铁—摇床选锌的选矿工艺流程，六偏磷酸钠、腐殖酸钠为脉石抑制剂，硫化钠为活化剂，异戊基黄药作铅捕收剂，最终使铅锌铁得到综合回收。某矿[254]采用脱泥—浮选—重选联合流程分选其中的多金属，试验结果表明：采用该流程，分选效果较好，而且经济合理，能充分回收矿产资源，使矿山效益最大化。某铅锌矿[255]为深度氧化矿石，采用优先浮选铅再浮选锌的浮选工艺，硫化铅浮选尾矿经浮选脱除氧化铅，降低锌入选原料的含铅量，降低锌精矿中铅的含量；氧化锌采用重选回收，选矿指标较好。某铅锌矿矿石[256]采用原矿粗磨，优先浮选—重选—磁选联合流程，可以获得较好的选矿指标。

某矿石[257]属于含铅锌多金属氧化矿，采用摇床重选，摇床精矿经再磨—浮选、摇床尾矿直接进入浮选流程，选别流程为依次优先选别硫化铅矿物、铅氧化矿及锌氧化矿，获得了较好的选别指标。云南某砂岩型低品位复杂难处理氧化铅锌矿[258]采用预先分级磨矿—混合浮选硫化铅和黄铁矿然后分离—混合浮选尾矿浮选硫化锌—硫化锌浮选尾矿磁选回收褐铁矿—磁选尾矿依次浮选氧化铅和氧化锌工艺，通过有效的组合调整剂和复合捕收剂实现了氧化铅锌矿物的不脱泥浮选回收。

石云良等人[259]对云南省兰坪县难选氧化铅锌矿，采用硫化焙烧，使氧化铅锌矿表面生成硫化铅锌矿，再采用常规的硫化矿浮选方法，混合浮选可获得混合精矿铅品位 7.85%、锌品位 34.24%，铅回收率 79.13%，锌回收率 79.04%。某氧化铅锌多金属矿[260]采用铅锌混合浮选—铅锌分离重选流程，最终试验获得了铅品位 10.71%、锌品位 37.91% 的铅锌混合精矿，锌品位 22.51% 的锌精矿。铅总回收率为 91.27%，锌总回收率为 93.77%。某氧化铅锌矿[261]氧化铅浮选采用脱泥浮选可以较大幅度地降低硫化钠的用量，氧化锌矿物的选别采用摇床重选—强磁选联合流程，可以有效消除弱磁性铁矿物对氧化锌精矿品位的影响。各种铅锌矿物得到了有效回收。

滇西某含金多金属氧化矿[262]，含有金、铅、锌等有用组分，矿石深度氧化，较为难选。对该矿石进行了氰化浸出提金、硫化优先浮选铅锌、磁选回收铁、全泥氰化提金—浸出渣磁选除铁—摇床重选回收铅锌等试验研究。采用全泥氰化提金—浸出渣磁选除铁—摇床重选回收铅锌试验流程取得了较好的技术指标。

云南某氧化铅锌矿[263]采用优先浮选和优先浮选—浮选 + 重选工艺流程研究，试验得到铅品位 54.12%、锌品位 6.29%、铅回收率 83.51% 的铅精矿和锌品位 41.78%、铅品位 0.76%、锌回收率 63.12% 的锌精矿，有价元素得到有效回收。某大型铅锌矿[264]低品位氧化带的矿石铅、锌氧化率均高于 90%，采用硫化—黄药浮铅和脱泥—硫化—新型胺类捕收剂 KZF 浮锌的工艺流程，取得了较好的工艺指标。

9.3.2.3　铜铅锌多金属选别工艺

在铅锌选矿工艺技术中，铜铅锌多金属选别工艺是非常重要的一环。近年来，有很多关于这方面的报道，多金属选矿工艺技术取得了很多进步。

A　铜铅锌优先浮选工艺

铜铅锌优先浮选工艺又称为铜铅锌依次优先浮选工艺或顺序优先浮选工艺，即先选铜，再选铅，最后选锌的工艺流程。其特点是不需要进行铜铅、铅锌或铜锌等的分离，分别获得铜精矿、铅精矿和锌精矿选矿产品，不需要使用重铬酸钾、氰化物等不利环保的选矿药剂。

小茅山新矿区采用铜、铅、锌顺序优先浮选工艺处理小茅山银铜铅锌矿石[264]，工业生产长期稳定运行。青海某地低品位铜铅锌银矿体[265]采用优先浮选方案和无毒（低毒）选矿药剂，获得含铜16.37%、铜回收率为49.07%、含银1231g/t、银回收率为9.67%的铜精矿，含铅55.06%、铅回收率为86.81%、含银769g/t、银回收率为51.69%的铅精矿和含锌46.80%、锌回收率为81.65%、含银206g/t、银回收率为22.64%的锌精矿，铜精矿、铅精矿和锌精矿中银的总回收率为84.00%。李西山等人[266]采用优先浮选方案，通过低毒选矿药剂的使用，获得了较好的选矿指标。新疆某铜铅锌矿[267]通过对部分混合浮选工艺流程进行铜-铅-锌依次优先浮选工艺流程的技术改造，在铜浮选时使用高效选铜捕收剂LP-01与选金捕收剂TJ-1混合加药，使铜的回收率由76.73%提高到83.27%，金的回收率由66.73%提高到75.28%。新疆某铜铅锌多金属矿石[268]以LP-01为铜矿物的捕收剂、SN-9号加苯胺黑药混合捕收剂作为铅矿物的捕收剂、硫酸铜和丁黄药作为锌矿物的活化剂和捕收剂，石灰作为矿浆电位调整剂，使用铅矿物的组合抑制剂$ZnSO_4$ + YN，铜、铅、锌依次优先浮选获得含铜24.27%、铜回收率88.56%的铜精矿；含铅50.73%、铅回收率70.10%的铅精矿；含锌52.10%、锌回收率81.99%的锌精矿。张红新等人[269]采用优先浮选原则流程对某复杂铜铅锌多金属矿进行了以“弱捕收弱抑制”为原则依次浮铜、铅、锌、硫，取得了相对较好的分选指标。河南某铜铅锌银多金属硫化矿[270]，各有用矿物交代共生，嵌布关系复杂，采用优先浮选工艺依次得到铜精矿、铅精矿、锌精矿，有效解决了伴生贵金属回收过程中走向分散的问题。

李荣改等人[271]针对某地多金属硫化矿易浮选难分离、嵌布粒度极不均匀的特点，采用优先浮选铜-再磨-精选铜-铜浮选尾矿选铅-再选锌的工艺流程，获得了较好的分选指标。章永成[272]针对某含铜铅锌的多金属硫化矿选择依次优先浮选工艺，获得铜、铅、锌单独精矿。严海军[273]采用铜铅锌顺序优先浮选，通过新型捕收剂BK905和起泡剂BK204配合使用及添加硫酸锌、亚硫酸钠抑制铅、锌进行铜的浮选；通过添加新型锌抑制剂VA6、新型铅捕收剂BK906和乙硫氮的配合使用以达到提高铅品位和回收率的目的。江西七宝山铜铅锌多金属硫化矿[274]以LP-01和LP-11分别作铜矿物和铅矿物的捕收剂，以丁黄药作锌矿物的捕收剂，以硫酸锌+亚硫酸钠作铅锌矿物抑制剂，进行铜铅锌依次优先浮选试验，使铜铅锌得到了较好的回收。邱廷省等人[275]对某铜铅锌多金属硫化矿采用依次优先浮选工艺流程，闭路试验获得了较好指标。张雨田等人[276~278]针对西北某铜铅锌银多金属硫化矿共生关系密切，且铜铅锌矿物嵌布粒度极细的特点，使用选择性较强的铜捕收剂YK1-11和方铅矿抑制剂YK3-09等浮选药剂，采用优先浮选工艺流程，获得铜、铅、锌单独精矿。罗仙平等人[279]对安徽某低品位铜铅锌多金属硫化矿石，在铜铅锌优先浮选工艺流程的基础上，结合锌硫磁选分离工艺，不仅回收了铜铅锌，而且实现了锌硫的有效分离。针对某地含银铜铅锌多金属硫化矿[280]易浮难分、嵌布粒度极不均匀的特点，采用优先浮选工艺流程，以硫化钠消除次生铜离子的影响，组合药剂浮选铜铅锌，铜铅粗精矿再磨显著提高铜铅锌分选效果，获得了较佳的分选指标。

B　铜铅混选—铜铅分离—铜铅尾矿选锌工艺

当矿石中铜铅关系嵌布复杂、通过选择性药剂或工艺无法实现铜铅锌依次优先浮选时，依据矿石性质特点，通常会采用铜铅混选—铜铅分离、铜铅浮选尾矿选锌工艺，即部分混合工艺。在实际工艺流程中，根据抑制铜铅矿物难易程度，铜铅矿物含量多少，又分为抑铜浮铅工艺和抑铅浮铜工艺。

a　抑铜浮铅工艺

周兵仔等人[281]采用铜铅混选分离—再选锌工艺流程，应用新型无毒铜铅分离药剂THB-2，无需传统铜铅分离脱水脱药工序，实现了小茅山铜铅锌矿多金属矿石的选矿分离，并成功应用于工业生产。该工艺使用无毒环保的铜铅分选药剂抑铜浮铅，流程结构简单、适应性强、分选效率高，为铜铅混选分离提供了新途径。新疆某低品位铜铅锌多金属硫化矿[282]原矿品位低、矿石结构复杂、关系密切。采用铜、铅部分混合浮选，使用新型无氰、无铬、无污染的抑制剂TZ-12抑铜浮铅，亚硫酸钠配硫酸锌作锌抑制剂，使铅、锌、铜得到最大限度的回收，获得良好效果。红岭选矿工艺流程试验[283]采用铜铅混合浮选再分离—混尾选锌—锌浮选尾矿弱磁选的工艺流程，采用了抑铜浮铅方案，氰化物用量为30g/t时，分离效果最好，兼顾了各种目的矿物的回收，同时铜精矿中铅的含量也较低。常宝乾等人[284,285]针对陕西某铜铅锌银多金属硫化矿铜、铅、硫共生关系非常密切的特点，采用铜铅硫部分混合浮选，混合精矿再磨脱硫，用TZ-10抑铜浮铅，使铅、锌、铜、硫、银得到最大限度的回收。倪尤运等人[286]为了提高黄山岭铅锌矿工艺指标，采用对铅抑制效果较好的BF抑制剂对混合精矿进行铜铅分离，采用BF抑制剂抑铜浮铅时，铜粗精矿中铅品位较采用重铬酸钾降低了9.44%，铜品位提高了1.15%，铜回收率提高了3.38%，获得了铅品位为63.34%、回收率为99.14%、含铜0.21%的铅精矿和优质铜精矿。

b　抑铅浮铜工艺

李娟[287]针对西藏某铜铅锌多金属硫化矿石，采用磁选—铜铅混选—尾矿选锌的原则工艺流程，应用复合黄药和DZ-1作铜铅混选捕收剂、组合抑制剂CF作方铅矿抑制剂、Z-200作铜铅分离捕收剂，获得单独的铜、铅、锌精矿。肖巧斌等人[288]对西藏某铜铅锌多金属矿采用铅锌依次优先浮选工艺流程。对含铜铅精矿进行了铜铅分离开路试验，采用水玻璃、CMC、重铬酸钾作为铅抑制剂，获得铜精矿铜品位28.67%、含铅1.21%、铜作业回收率49.23%，铅精矿铅品位72.33%、含铜0.20%、铅作业回收率94.31%的较好指标。丁临冬等人[289]对某铜铅锌复杂多金属矿采用部分混合浮选流程，得到铜铅混合精矿含铜4.28%、回收率85.33%，含铅33.41%、回收率87.03%；锌精矿含锌50.87%，回收率77.15%；铜铅混合精矿含银979.44g/t，回收率80.75%。针对西藏墨竹工卡复杂难选铜铅锌多金属矿[290]，采用铜铅混合浮选，再进行铜铅分离，铜铅浮选尾矿浮选锌矿物的原则工艺流程：铜铅混合浮选采用Bp、丁基铵黑药和黄药组合捕收剂；硫化钠、硫酸锌和碳酸钠组合作为锌矿物的抑制剂；铜铅分离采用活性炭脱药；CMC、Na_2SO_3和Na_2SiO_3环保型的组合药剂作为铅矿物的抑制剂，实现了铜铅分离，并取得良好的选矿试验指标。葫芦岛地区[291]某铜铅锌多金属硫化矿石优先混浮铜铅—铜铅分离—混浮尾矿抑硫浮锌的原则流程，最终获得了较好的选矿技术指标，实现了铜、铅、锌的分离回收。

乔吉波等人[292]针对某复杂难选铜铅锌多金属矿样采用先选硫化矿后选氧化矿的原则流程，确定了铜铅混浮—铜铅分离—再浮锌—选氧化铅的浮选工艺，采用水玻璃加亚硫酸钠抑铅浮铜，实现了有价矿物铜铅锌矿的有效分离目标。梁冠杰等人[293]针对广东某铜、铅、锌多金属矿，采用铜铅混浮、混合粗精矿铜铅分离、尾矿选锌的工艺流程，采用活性炭加硫化钠脱药、碳酸钠加重铬酸钾抑铅浮铜，可获得含铜20.86%、回收率88.11%铜精矿，含铅63.05%、回收率86.29%铅精矿；含锌50.29%、回收率85.38%锌精矿的选矿技术指标。

某铜铅锌矿[294]次生铜矿物对铅矿物中的硫锑铅矿、脆硫锑铅矿的活化作用，使铜铅矿物分离困难，针对矿石的特点，采用铜铅混选再分离—尾矿选锌工艺流程，铜铅作业采用活性炭T19、T6、硫酸锌、酯-112等药剂，获得了较好的选矿技术指标。

刘守信等人[295]针对某铜铅锌多金属硫化矿矿石嵌布粒度较粗、含铜较低的特点，采用了铜铅混选—混精铜铅分离—尾矿选锌的工艺流程，采用活性炭脱药，CMC加重铬酸钾抑铅浮铜，实现了铜铅锌的有效分离。张生武[296]针对西藏某复杂多金属铜铅锌硫化矿采用铜铅混浮—混浮精矿铜铅分离—混浮尾矿浮锌的工艺流程，铜铅混浮时以BK908+BK809为铜铅矿物的捕收剂、硫酸锌为闪锌矿的抑制剂，铜铅分离时以组合药剂CNAS为铅矿物的抑制剂、BK908为铜矿物的捕收剂，选锌时以硫酸铜为活化剂、石灰为抑制剂、BK809为捕收剂，实现了铜、铅、锌的有效分离。清水和回水对比试验结果表明：采用回水与清水时所获精矿指标差别不大，并且废水回用率可达85%。内蒙古[297]某铜铅锌多金属硫化矿石性质复杂，现场难以有效实现铜、铅、锌分离。铜铅与锌、铜与铅分离研究结果表明：T-16+硫酸锌组合是实现铜铅与锌高效分离的有效矿浆调整剂，具有抑锌、活化铜铅、消除矿浆泡沫发黏作用；铜铅混合精矿预先浓缩脱水为下一步活性炭继续脱药奠定了基础，是实现铜铅高效分离的前提。生产实践表明：铜、铅、锌分离效果良好，铜精矿、铅精矿指标改善显著。

张曙光等人[298]针对原矿中含大量磁黄铁矿的特点，先磁选脱出磁黄铁矿及其他强磁性矿物，再混合浮选铜铅，然后浮选锌硫。铜铅混合精矿采用水玻璃加亚硫酸钠进行铜铅分离；浮选尾矿重选回收锡石。该流程方案可获得铜精矿铜品位11.26%，回收率为29.25%；铅精矿铅品位45.26%，回收率为71.20%；锌精矿锌品位45.97%，回收率为83.00%。

针对云南某多金属硫化矿[299]，通过铜铅混选—铜铅分离—铜铅尾矿选锌流程，采用活性炭加硫化钠脱药，采用 EML1 + EML2 作为铜铅分离药剂，最终可获得铜、铅、锌种精矿产品，铜、铅、锌品位分别为 22.17%、52.19%、39.15%，回收率分别为 75.65%、84.25%、44.63%。

西藏某铜铅锌银多金属矿[300]综合回收各种有用矿物，采用铜铅混浮—铜铅分离—锌浮选工艺流程，采用活性炭脱药，CMC + 水玻璃 + 亚硫酸钠 + 重铬酸钾作为铅矿物的组合抑制剂，有效实现了铜铅分离。任祥君等人[301]针对某铜铅锌多金属硫化矿的特征，采用铜铅混合浮选—尾矿用硫酸铜活化后浮选锌矿物的试验方案，水玻璃 + 亚硫酸钠 + 羧甲基纤维素组合抑制剂进行铜铅分离。

针对某复杂铜铅锌多金属矿[302]的性质特点，采用弱磁选脱硫—铜铅混浮—混合精矿铜铅分离—混浮尾矿选锌的原则流程对该矿石进行选矿试验研究，使用活性炭脱药，Tc-1 作为铅抑制剂，选矿指标较好。

云南某低品位铜铅锌复杂多金属硫化矿[303]采用铜铅混浮—铜铅分离—锌浮选工艺流程，用 JN + QS-1 + QS-2 组合为铜铅混合浮选的捕收剂，SJJ 为铜铅分离抑制剂，分离效果比较理想，实现了铜铅的无毒分离。针对新疆某铜铅锌多金属硫化矿[304]铜、铅、锌矿物共生关系密切，矿石性质复杂，采用铜铅混合浮选—混浮精矿铜铅分离—混浮尾矿浮锌的工艺流程，使用活性炭脱药，CMC 加水玻璃作为铅抑制剂，获得了铜品位和铜回收率分别为 28.34% 和 85.26% 的铜精矿、铅品位和铅回收率分别为 53.18% 和 85.53% 的铅精矿及锌品位和锌回收率分别为 57.40% 和 85.71% 的锌精矿。

陈新林[305]为了某矿提高伴生铜的回收率，采用部分混合工艺，取代原来的铜铅锌优先浮选工艺流程，小型试验和工业试验铜、银品位及回收率均有提高。闫明涛等人[306]采用部分混合浮选流程，采用硫酸锌加硫代硫酸钠为锌的抑制剂，重铬酸钾为铅的抑制剂，最终获得铜品位 17.5%、回收率为 51.80% 的铜精矿，铅品位为 60.10%、回收率为 79.51% 的铅精矿，锌品位为 47.01%、回收率为 78.64% 的锌精矿，硫品位为 38.92%、回收率为 72.64% 的硫精矿。

某复杂铜铅锌银多金属硫化矿[307]采用铜铅部分混合浮选，采用 TZ-3、亚硫酸钠、碳酸钠和硫酸锌作为铅抑制剂，可获得铜精矿铜品位 23.37%、铜回收率 63.99%，铅精矿铅品位 71.68%、铅回收率 90.34%，铅精矿含银 1189g/t、银回收率 78.04%，锌精矿锌品位 52.38%、锌回收率 75.98%。针对陕西某低品位铜铅锌硫化矿石[308]性质的特点，采用铜铅部分优先混合浮选的原则流程，以 T80 为锌抑制剂、铜铅混合浮选捕收剂酯-12、铜铅分离铅抑制剂 T81 对该矿石进行了选矿试验研究，获得了铜、铅、锌单一精矿。某铜铅锌多金属硫化矿[309]各主要金属矿物嵌布粒度较细，共生关系密切，脉石矿物复杂，通过“铜铅混浮—铜铅混合精矿分离—尾矿选锌”的工艺流程，采用活性炭、硫化钠脱药、重铬酸钾和 CMC 作为铅抑制剂，最终实现了铜铅锌的有效分离，获得了较为理想的选矿指标。

汤小军等人[310]对四川某高硫铜铅锌矿进行了浮选分离研究，工业试验采用铜铅混合浮选后混合精矿分离，锌、硫顺序浮选的选矿工艺流程，硫酸锌与硫代硫酸钠组合抑制剂抑制锌，重铬酸钾作为铅抑制剂，获得了铜品位 20.15%、回收率 80.12% 的铜精矿，铅品位 60.10%、回收率 83.24% 的铅精矿，锌品位 47.01%、回收率 78.64% 的锌精矿，硫品位 38.92%、回收率 72.64% 的硫精矿。内蒙古某高硫铜铅锌多金属矿[311]矿石性质复杂，金属矿物之间共生密切。铜铅混合浮选—铜铅分离—抑硫浮锌流程研究结果表明：采用 KS-100 作为铅抑制剂，实现铜、铅、锌、硫的单独精矿产品。内蒙古某铅锌多金属矿石也采用相似流程[312]，采用淀粉加重铬酸钾抑铅浮铜，硫酸锌加亚硫酸钠抑锌，也获得了较好的选矿指标。内蒙古某铅锌矿采用铜铅锌硫部分混合浮选—磁选选铁的工艺流程[313]，即先铜铅混浮，铜铅混合精矿采用浮铜抑铅进行铜铅分离，混浮尾矿再浮锌，粗精矿再磨工艺，然后选硫，最后磁选选铁，取得了较好的选矿指标。师伟红[314]采用部分混合浮选的工艺流程对云南某铅锌多金属硫化矿石进行了浮选试验研究，分别获得了铜铅混合精矿和锌精矿。

针对安徽某多金属硫化铜铅锌矿石[315]特点，通过系统的试验研究，确定了铜铅混选—铜铅分离—尾矿选锌的分选工艺流程，采用活性炭脱药、重铬酸钾加 CMC 作为铅抑制剂，使矿石中铅、锌、铜、金、银得到了综合回收。陈泉水[316]针对某铜铅锌多金属硫化矿的特征，通过多种方案的比较，采用铜铅混选，铜铅精矿分离，尾矿选锌工艺流程，铜铅混选调整剂用硫酸锌 + 亚硫酸钠 + 碳酸钠组合抑制锌，TY-1作为铜铅混选的捕收剂，水玻璃 + 亚硫酸钠 + 羧甲基纤维素组合抑制剂进行铜铅分离，使该矿石取得较好的选矿指标。针对南京某铅锌硫化矿生产的含铜铅精矿铅高铜低、铜矿物组成复杂等特点[317,318]，应用新型、无毒、高效选矿药剂，即 PMA 铅抑制剂、YC 铜活化剂和 BK901 铜捕收剂，进行铅精矿中铜综合回收的工业实践。工业试验在废水全部回用的前提下，实现了铜精矿铜品位 30.33%，含铅 7.89%，铜回收率 66.08%，铅精矿铅回收率 99.58% 的较好指标。

随着环保要求越来越严格，不含重铬酸盐的“无铬”绿色铅抑制剂受到越来越多的关注，如 O，O-二（2，3-二羟基丙基）二硫代磷酸、CMC 等及组合抑制剂 Na_2SO_3 + H_2SO_4 + 腐殖酸钠、H_2SO_3 + 淀粉、Na_2SO_3 + 水玻璃 + CMC 等[319]。此外，一些天然有机化合物也对铅具有抑制作用而被用于铜铅分离（如糊精、铬铁木质素、壳聚糖、抗坏血酸等）[320,321]。

C　铜铅锌混合浮选工艺

当矿石中矿物嵌布状态十分复杂，无法通过工艺流程或药剂制度的优化而获得单一的精矿产品时，采用铜铅锌混合浮选工艺进行目的矿物的回收。该工艺在生产中很少采用。

某复杂铜铅锌[322]因次生硫化矿的影响，常规选矿方法和药剂难以分离出单一铜、铅、锌精矿。通过各种流程方案试验研究，采用粗磨加铜铅锌混合浮选工艺，可获得铜铅锌混合精矿中的铜品位 4.44%，铅 + 锌品位 50.20%，混合精矿中铜回收率 81.56%、铅回收率 73.86%、锌回收率 92.12%。某多金属矿石属铜、铅、锌、银复杂共生难选难分离矿石[323]，生产现场采用依次优先浮选工艺流程，长期达不到设计指标，采用全混合浮选—混合精矿加压浸出分离工艺流程，获得了铜、铅、锌、银综合回收率较高的混合精矿。李松春等人[324]对某大型铜铅锌多金属硫化矿选矿采用铜铅锌混合浮选，精选后采用亚硫酸钠作铅锌抑制剂，实现铜与铅锌的分离，尾矿选硫的工艺流程，用 KM-109 捕收剂代替丁基黄药用于混合精矿精选作业及铜、铅锌分离作业，铅锌混合精矿品位之和提高 6.58%、回收率之和提高 9.41%，铜回收率提高 1.72%，伴生金、银回收率明显提高。

D　其他工艺

为了解决青海某铜铅锌多金属硫化矿在选矿过程中铜铅锌难分离的问题[325]，试验采用优先浮选流程以及再磨工艺，使用亚硫酸钠、硫酸锌作锌抑制剂，使铜与铅锌得到有效分离，获得合格铜精矿，再进行铅锌混选，获得铅锌混合精矿。闭路试验获得铜精矿铜品位为 20.12%、回收率为 87.37%，铅锌混合精矿铅 + 锌品位为 48.49%，铅回收率为 76.90%，锌回收率为 82.76%。

某铜铅锌多金属硫化矿，矿物嵌镶关系复杂，云母和硫含量高，可浮性好，严重干扰铜铅锌矿物的浮选[326]。采用优先浮铜—铜精矿脱云母—铅锌硫混浮—铅锌与硫分离的浮选工艺，采用 BP 做铜矿物捕收剂，抑制剂 DM（羧甲基纤维素与六偏磷酸钠复配）加 GJ（复配木质素磺酸钠）抑制云母等脉石，获得的铜精矿含铜 21.24%、含铅 6.08%、含锌 4.08%，铜回收率为 76.20%；铅锌精矿含铅 18.38%、含锌 23.32%，铅、锌回收率分别为 85.07%、89.32%。

陈泉水等人[327]针对某铜铅锌矿石共生关系密切和嵌布粒度细的特性，使用硫酸锌、亚硫酸钠加 DS 作为铅锌抑制剂，优先选铜、铅锌两步混合浮选工艺和铜粗精矿再磨再选的措施，成功地实现了铜铅锌分选问题，分别得到合格的铜精矿和铅锌混合精矿，同时使伴生金银得到有效回收。四川白玉[328]铜铅锌共生矿矿石性质复杂，铜铅矿物嵌布粒度极细，铜锌矿物致密共生，分离较为困难。采用以 EM-WB-12 为铜矿物捕收剂进行选矿试验，并在选铅时进行了粗精矿再磨，实验室试验可获得 Cu + Pb 品位 28.09%，铜、铅回收率分别为 85.00%、53.38% 的铜铅混合精矿，铅品位和回收率分别为 52.68%、30.13% 的铅精矿以及锌品位和回收率分别为 52.72%、73.62% 的锌精矿，同时伴生银得到了有效回收。

某高硫复杂铜铅锌矿[329]矿石采用磁选-浮选联合工艺流程，磁选脱除磁黄铁矿，应用优先浮选流程，优先浮选铜，铜与铅锌分离采用高效抑制剂组合无氰无铬清洁分离工艺，获得了良好的试验指标。

刘玫华等人[330]对云南某铅锌多金属矿按铜铅混浮—铜铅分离—锌硫混浮—锌硫分离原则流程，采用硫酸锌加亚硫酸钠作锌抑制剂，亚硫酸钠加水玻璃作铅抑制剂，获得了铅品位 45.26%、回收率 81.33% 的铅精矿，锌品位 45.97%、回收率 88.29% 的锌精矿，分选指标理想，但综合回收产品铜精矿和硫精矿的指标不理想。

内蒙古某矿业公司的复杂铜铅锌硫化矿石[331]铜、铅、锌矿物共生关系非常密切而复杂，给选矿造成极大难度。采用铅重选-铜锌混合浮选再分离浮选的工艺流程，可以获得铅品位为 57.20%、铅回收率为

54.18%的铅精矿，铜品位为13.35%、铜回收率为57.11%的铜精矿和含锌18.78%、锌回收率为41.94%的富锌物料。甘肃某铜铅锌多金属硫化矿[332]矿石进行了铜与部分铅锌优先混合浮选再分离浮选—其余铅锌与硫混合浮选—铅锌与硫分离浮选新工艺的试验研究，闭路试验获得了良好指标。

9.3.3　选矿设备

选矿设备方面，国内铅锌矿山一般采用浮选机进行矿石的选矿处理。近年来，出现了射流浮选机、浮选柱应用于铅锌矿山的实例。

射流浮选机[333]是一种新型的浮选设备，具有富集比高，可有效浮选细粒矿物的特点，在铅锌原矿和尾矿浮硫中均有应用，取得了明显的效果，可大大简化工艺流程，节省基建及运行费用。某铅锌选矿厂原矿为高硫难选矿，尾矿中仍有少量锌未能有效回收。为最大程度回收锌资源，采用高效射流浮选机对锌的回收进行了工业试验，结果表明锌尾矿经高效射流浮选机一级浮选后，可得到品位为10.23%的粗精矿，虽难以分选得到合格的精矿产品，但能够有效回收锌资源，取得一定的经济效益。

浮选柱具有结构简单、占地面积小、技术指标好等优点[334]。刘炯天等人[335]以半工业型旋流-静态微泡浮选柱为分选设备，对柴山铅锌矿石进行了半工业选矿试验，获得了铅品位为62.79%、铅回收率为89.81%的铅精矿和锌品位为52.24%、锌回收率为90.46%的锌精矿。同采用浮选机生产的现场相比，不仅工艺流程简化，精矿铅品位和铅回收率分别提高12.58%和0.88%、锌精矿锌品位和锌回收率分别提高1.98%和8.95%。

9.3.4　选矿药剂

近年来，铅锌选矿药剂有了较大进展，结合选矿工艺流程的开发，大部分铅锌（铜）矿山实现了铅锌（铜）无铬（少铬）、无氰分离。选矿药剂的研发和应用，一方面促进了矿物的选择性捕收和抑制，实现矿产资源的高效浮选；另一方面，又促进了选矿工艺的不断进步，为矿山企业带来效益，更降低了矿产资源开发过程中对环境的污染。

9.3.4.1　硫化铅锌（铜）矿选矿药剂

A　铜铅锌捕收剂与起泡剂

硫化铅锌（铜）矿选矿过程中的捕收剂在调整剂的辅助作用下，实现对铜、铅、锌或铜铅、铅锌等的选择性捕收；矿物浮选过程中，捕收剂、调整剂的综合作用，加上工艺流程的优化，才能实现选矿产品方案的合理化，企业效益的最大化。

优先浮选流程中铜选择性捕收剂方面，主要有Z-200、乙黄药以及一些代号类捕收剂。

苏州小茅山矿铜铅锌依次优先流程采用BK901J[264]作铜捕收剂，选择性较好，指标稳定。某矿石[265]采用Z-200作铜选择性捕收剂，起泡剂采用松醇油，实现了铜铅锌优先浮选。河南某铜铅锌矿工艺中采用BP[270]作为依次优先铜捕收剂，用量10g/t，兼具起泡和捕收能力。YK1-11是一种以硫氨酯为主要成分的选铜药剂，用于某铜铅锌选矿[271,276]。新型捕收剂BK905和起泡剂BK204配合使用，对铜矿物浮选具有优越性，和Z-200相比，其在保证铜回收率的同时，可以减少铜粗精矿中铅、锌等矿物的含量[273]。南京某铅锌硫化矿[317,318]，采用BK901作为铜捕收剂，实现选择性捕收铜。甘肃某铜铅锌多金属硫化矿[332]采用铜选择性捕收剂酯-112，指标较好。

铅选择性捕收剂方面，常常使用乙硫氮，或者添加苯胺黑药[267,268,279]等手段，实现铅的选择性捕收。新型铅捕收剂BK906和乙硫氮的配合使用，达到提高铅品位和回收率的目的[273]。姜永智[124,125]以D421为铅捕收剂，实现铅的选择性捕收。会理锌矿采用电位调控铅锌优先浮选分离新工艺[113]以SN-9号作选铅的捕收剂。内蒙古某高硫铜铅锌多金属矿[311]KS-100作为铅抑制剂。印度尼西亚某矽卡岩型铅锌矿矿石[121]以SN-9号为铅的捕收剂。

在铅锌矿选铅过程中，为了提高铅的回收率，常常在乙硫氮的基础上，添加黄药类或其他药剂组合用药。某铅锌多金属硫化矿[128]采用抑锌浮铅的优先浮选工艺，以25号黑药+sk9011（3∶1）组合捕收剂。新疆某铅锌硫化矿[130]以乙硫氮加苯胺黑药作铅捕收剂。针对山东某铅锌银多金属[196]采用异丙黄和乙硫氮的组合作为捕收剂。针对某高硫铅锌矿石[147]采用乙硫氮+Z-200作为铅矿物的组合捕收剂。某富银铅锌矿[203]采用 YN-1 选铅。四川祁家河铅锌硫多金属矿[154]，乙黄药加 SN9 作铅捕收剂。四川某铅锌矿石[228]D12 作铅捕收剂，获得了较好选矿指标。

此外，乙硫氮也可作为铅锌混合浮选捕收剂[271,276]。

在部分混合浮选流程中，一般采用铜铅混选，铜铅混选捕收剂主要有单一黄药、单一黑药、黄药组合、黄药加黑药类组合用药、乙硫氮加丁铵黑药组合用药等。应用复合黄药和 DZ-1 作铜铅混选捕收剂、组合抑制剂 CF 作方铅矿抑制剂、Z-200 作铜铅分离铜捕收剂，依次优先，效果较好[287]。丁临东等人[289]对某矿采用 TS43 作为铜铅捕收剂，用量为 20g/t。

西藏某铜铅锌多金属矿[290]，铜铅混合浮选采用 BP、丁基铵黑药和黄药组合捕收剂。张生武[296]针对西藏某复杂多金属铜铅锌硫化矿铜铅混浮时以 BK908 + BK809 为铜铅矿物的捕收剂，铜铅分离时 BK908 为铜矿物的捕收剂，选锌时 BK809 为捕收剂。任祥君等人[301]针对某铜铅锌多金属硫化矿采用乙黄药加丁黄药作铜铅捕收剂。某复杂铜铅锌多金属矿[302]用乙黄药加 25 号黑药作铜铅捕收剂。云南某低品位铜铅锌复杂多金属硫化矿[303]采用 JN + QS-1 + QS-2 组合为铜铅混合浮选的捕收剂。针对新疆某铜铅锌多金属硫化矿[304]丁黄药 +25 号黑药作铜铅捕收剂。闫明涛等人[306]采用部分混合浮选流程，乙硫氮加丁铵黑药作铜铅捕收剂。某复杂铜铅锌银多金属硫化矿[307]采用铜铅部分混合浮选，乙黄药作铜铅捕收剂。陕西某低品位铜铅锌硫化矿石[308]铜铅混合浮选捕收剂为酯-12。某铜铅锌多金属硫化矿[309]以丁基黄药作铜铅捕收剂。汤小军等人[310]对某矿采用乙硫氮加丁铵黑药作铜铅捕收剂、内蒙古某铅锌多金属矿石也采用相似流程[312]，用丁铵黑药加乙硫氮浮铜铅。陈泉水[316]用 TY-1 作为铜铅混选的捕收剂。

B　铜抑制剂

铜的抑制剂一般在铜铅分离时采用，对铜铅混合精矿中的铜进行抑制，传统的铜抑制剂为氰化物如氰化钠等。但氰化物有剧毒，大多数选矿厂已经很少采用氰化物抑铜工艺。近年来，随着选矿技术的不断进步，已经有了替代氰化物实现抑铜工艺的药剂制度。

无毒抑制剂 THB-2 可实现铜铅高效分离，铜铅混合精矿无需脱水脱药工序直接进入分离作业，抑铜浮铅实现铜铅分离[281]。

另外，还有 TZ-10、TZ-12 等[282,284,285]抑铜药剂，也可以实现抑铜浮铅工艺。

C　铅抑制剂

在铅抑制剂方面，大多数工艺技术已经不再使用有毒药剂重铬酸盐进行抑铅，即便使用重铬酸盐，也尽可能的少用。成熟的抑铅浮铜工艺，如：CMC-水玻璃法、CMC-水玻璃-亚硫酸钠法、$Na_2S_2O_3$-$FeSO_4$法、重铬酸钾法、重铬酸钾-水玻璃法等。

LSS（硫化钠、水玻璃、羧甲基纤维素按一定比例混合）作铅抑制剂[269]，实现了铜铅分离。肖巧斌等人[288]采用水玻璃、CMC、重铬酸钾作为铅抑制剂。某复杂难选铜铅锌多金属矿[290]铜铅分离采用活性炭脱药，CMC、Na_2SO_3 和 Na_2SiO_3 组合药剂作为铅矿物的抑制剂，实现了铜铅分离。

水玻璃加亚硫酸钠[292]、碳酸钠加重铬酸钾[293]、CMC 加重铬酸钾[295]抑铅浮铜工艺也有应用研究。

内蒙古某铅锌多金属矿石[312]，采用淀粉加重铬酸钾抑铅浮铜，获得了较好效果。

另外，还有一些代号药剂，也取得了较好的抑铅效果，如 YK3-09[276~278]、BF[286]、CF[287]、Tc-1[302]、TZ-3[307]、T81[308]、KS-100[311]、PMA[317,318]等。

D　锌捕收剂、抑制剂与活化剂

硫化锌矿物一般采用硫酸铜活化后，使用丁基黄药等捕收剂进行浮选，也有采用 Z-200 作为硫化锌矿物捕收剂。

硫化锌矿物抑制剂主要有以下几类：在碱性条件下，硫酸锌、碳酸钠 + 硫酸锌[265,285]、硫酸锌 + 亚硫酸钠[267,271]、硫酸锌 + 硫代硫酸钠[306,310]、硫化钠 + 硫酸锌 + 亚硫酸钠[270,309]、硫化钠 + 硫酸锌 + 碳酸钠、碳酸钠 + 硫酸锌 + 亚硫酸钠[307]等。

另外，也有部分代号的组合抑制剂，也实现了对硫化锌的抑制，取得了较好的选矿指标，如硫酸锌 + YN[268]、硫酸锌 + LDN[280]、T-16 + 硫酸锌[297]、T80[308]等。

某含次生铜的铅锌多金属矿[115]采用硫化钠 + 硫酸锌与新型小分子抑制剂多糖黄原酸盐组合抑制剂，能对活化后的闪锌矿产生强烈抑制，实现了铅锌高效清洁分离。

9.3.4.2　*氧化铅锌矿选矿药剂*

氧化铅锌矿一般采用硫化-黄药法选铅、硫化-胺法选锌工艺，常用的药剂以水玻璃、六偏磷酸钠、碳酸钠等为调整剂，以硫化钠或硫氢化钠为硫化剂，黄药类为铅捕收剂，胺类为锌捕收剂。

云南某氧化铅锌矿[232]采用胺盐（GE-619）作为氧化锌捕收剂，实现氧化锌的有效回收。孙敬锋等人[233]以水玻璃为分散剂，以混合黄药为捕收剂，实现氧化铅锌矿富集。某深度氧化铅锌矿[234]选铅作业使用硫氢化钠与硫化钠联合作硫化剂；丁基黄药与25号黑药选铅以及混合胺与MA选锌，实现了该矿的高效分选。云南某难选氧化铅锌矿[236]在氧化锌浮选作业采用加温及使用氧锌灵作辅助捕收剂的不脱泥流程，取得了较好的技术指标。大厂火烧[237]高氧化率铅锑锌硫化矿用XSQ和乙硫氮分别作氧化铅锑矿的活化剂与选择性捕收剂。某混合型铅锌矿[242]采用混合胺和戊黄药联合回收氧化锌，得到了较好指标。杨玉珠[245]把油酸与十八胺混用浮选氧化锌，改善了浮选指标。某氧化铅锌矿[247]选铅尾矿用十八胺作捕收剂选锌，获得了较好选矿指标。

一些代号类捕收剂的使用，也促进了氧化锌矿的回收，如：氧化锌复合捕收剂A928[246]、两性捕收剂HN13[238]、5N[241]、LW-31[248]、FA[249]、胺类捕收剂KZF[237]、A928[246]等。

9.3.5　选矿厂过程控制

虽然选矿自动化控制目前还存在一定问题，但随着数字矿山、智能矿山的推进，选矿自动化应用必将成为未来选矿厂的发展趋势。

选矿厂的过程控制，主要集中于碎磨系统、加药系统以及浮选机控制等方面。近年来，在线荧光分析仪的研发和应用取得了较大进展，大大提高了选矿厂在线调控的能力，优化了选矿技术指标，为企业创造了更多效益。

南京银茂铅锌矿业有限公司[336,337]选矿厂采用了自动加药、磨矿自动化控制、石灰乳自动定量添加和微机多通道在线品位分析等自动化系统，使整个选矿厂的生产效率得以提高，同时提高了选矿的回收率和精矿品位，提高了矿产资源利用率，降低了生产成本，同时大大降低了工人的劳动强度，取得了较好的经济效益和社会效益。

凡口铅锌矿通过使用自动给药系统、X荧光分析仪等自动化设备[338,339]，使凡口铅锌矿选矿生产技术指标全面实现自动化检测、自动化取样和选矿产品质量在线检测结果全部取代化验分析结果，并且使选矿生产技术经济指标创历史新高，取得明显的经济效益和社会效益。

红岭铅锌矿[340]在使用DF-5700X荧光在线多元素分析仪前，各项生产指标不稳定，指标波动大，等化验报表出来以后不能及时指导生产；使用分析仪后，实时给出分析数据，现场工人可以根据分析仪数据及时调整生产，稳定工艺，提高产品质量和金属回收率，避免通过观察泡沫大小、颜色的变化判断品位的不准确性。目前现场可根据分析仪数据进行工艺的调整，起到了稳定生产、缩短调整时间，提高回收率的作用。

北京矿冶研究总院根据某铅锌矿选矿厂生产流程研发了成套的自动控制系统[341]，实现了设备的连锁控制、顺序控制、工艺过程的闭环控制及优化控制，该系统对选矿厂生产过程的高效、稳定、可靠运行起到了重要作用。该选矿厂原始工艺设计指标为铅精矿铅回收率85%，锌精矿锌回收率88%。选矿厂投用全流程自动控制系统后，铅精矿铅回收率增长为88.40%，锌精矿锌回收率增长为91.19%，同时选矿厂自动控制系统也大幅度降低了工人的劳动强度，为业主创造了较好的经济效益和社会效益。

针对四川某铅锌矿[342]浮选药剂的添加过程，设计了一套自动加药控制系统，该系统主要由工业控制计算机、PLC和加药执行机构等组成，运行可靠，很好地解决了浮选生产过程中药剂添加不准的难题，使用自动加药控制系统后，浮选工艺生产稳定，节约药剂。

9.3.6　三废处理与循环利用

9.3.6.1　*尾矿综合利用*

尾矿资源得到充分利用，可以使矿山企业降低成本，改善环境，促进矿山可持续发展，提高经济效益和社会效益。铅锌尾矿综合利用途径[343]主要可以围绕有价资源再选、建筑材料应用、采空区回填等几方面展开。

A　尾矿及废渣中有价资源再选回收

大量堆存的尾矿对矿山地球化学环境及周围的生态环境带来了巨大的影响，如何最大限度地提取利用尾矿中的有价元素，最大限度地减少尾矿的排放直至无尾矿产生，是亟需解决的重要课题。

雷力[344]以龙泉铅锌尾矿为研究对象，采用重选脱泥后再浮选该尾矿的工艺回收尾矿中磁黄铁矿。倪青林等人[345]针对某铅锌尾矿采用螺旋溜槽泥砂分选后分别浮选，获得的混合硫精矿含硫31.22%，硫回收率为90.60%，具有较好的经济效益。

韦振明等人[346]针对某铅锌矿老尾矿再选试验表明：综合回收铅、锌、锡、银、铟、硫均取得了较好的效果。车河选矿厂[347]采用磁选—浮选—重选流程处理尾矿，获得了硫40.08%、硫回收率48.17%、锡5.03%、锡回收率1.07%的生产指标，年可减少尾矿排放约10万吨。叶雪均等人[348]为了解决某锡多金属硫化矿选矿厂选铅锌尾矿中硫砷的流失问题，采用弱磁选—硫砷混合浮选—硫砷分离浮选流程，实现了硫、砷的有效分离和回收。为了回收某铅锌尾矿中的硫、铁资源，郭灵敏等人[349]通过活化剂对难选磁黄铁矿活化，采用浮选—磁选—浮选联合工艺，成功获得了品位为38.77%的优质硫精矿和含硫0.547%、铁58.04%的铁精矿。为了回收金东矿业公司铅锌尾矿中的锌、硫和磁铁矿，通过技术攻关，有效回收了铅锌尾矿中的锌、硫和磁铁矿[350]。

甘肃某铅锌尾矿[351]采用重选—浮选联合混选，混选精矿磨矿脱泥后精选，混合精矿分离铅、锌、硫的工艺，用硫化—黄药法回收氧化铅锌、硫化铅锌。张芬芬等人[352]为了回收福建省某铅锌选矿厂尾矿中的铅和锌，通过再磨使有用矿物充分解离，在锌精选作业添加腐殖酸钠和氯化钙组合药剂使锌矿物与磁黄铁矿和黄铁矿得到有效分离，取得了较好的选别指标。冯忠伟等人[353]采用硫化矿优先混浮—混浮精矿锌硫分离—氧化铅矿硫化浮选的工艺流程处理拉么锌矿铅锌浮选尾矿，氧化铅精矿的铅品位和铅回收率分别达48.56%和85.38%。王金玲等人[354]针对某铅锌尾矿中的锌进行了回收研究，采用再磨—浮选工艺可以有效回收损失在尾矿中的锌。王淑红[355]对回收铅锌尾矿中的锌矿物确定了先选锌硫化矿，再选锌氧化物，最终合并精矿的浮选工艺流程，获得了锌39.75%、回收率73.74%的锌精矿。曾懋华[355]针对凡口铅锌矿1号矿体的尾矿库的尾矿，采用细筛分组、重选加浮选联合工艺，获得了满意的回收效果。

徐飞等人[356]对福建某铅锌选矿厂尾矿中的锌采用一次粗选、三次精选、两次扫选、中矿顺序返回流程处理，最终可获得锌品位为45.50%、回收率为67.05%的锌精矿。张景河等人[357]探索出一种全湿法处理铅锌尾矿工艺，最终产品为铜精矿、锌精矿和铅银精矿。

随着栖霞山铅锌矿尾矿[358,359]中锰的品位不断升高，充入井下的尾矿中锰含量高达10%以上，采用高梯度强磁—中矿再选—锰精矿弱磁除铁的流程，锰回收率为60%左右。袁启东等人[360]对辽宁某铅锌矿浮选尾矿中的锰采用脉动高梯度强磁选—精矿弱磁选除铁工艺，可获得含锰24.46%、回收率58.78%的锰精矿。

王成行等人[361]对云南某铅锌尾矿中伴生萤石采用三次粗选、两次扫选、七次精选的浮选流程及高效萤石捕收剂FC-8和脉石矿物抑制剂FD-1，萤石精矿品位97.12%，回收率93.50%。喻福涛等人[362]对湖南某铅锌尾矿中的萤石，以水玻璃、硫酸铝和栲胶为重晶石及其他脉石矿物的抑制剂，以油酸钠为萤石的捕收剂，实现了萤石和重晶石的有效分离。

为了回收缅甸包德温铅锌矿的尾矿中的有价元素，就地建成了处理量为500t/d的选矿厂，选矿厂正常运行，指标稳定，旧尾矿资源得到利用[363]。

湖南某冶炼渣中铅、锌、银等有价金属元素含量较高，余忠保等人[364]采用优先浮锌后重选回收铅银的选矿试验流程，实现了二次资源的综合回收和利用。张安福等人[365]将冶炼浸出废弃物的铅银渣与铅精矿混合直接烧结后，投入鼓风炉冶炼回收铅和贵金属银，每年从铅银渣中回收铜金属800多吨，银金属15t。

B　尾矿建材利用

铅锌尾矿是一种复合矿物原料，可生产多种建筑材料，如玻化砖、微晶玻璃、建筑陶瓷、工艺美术陶瓷和日用陶瓷、铸石和水泥等产品。铅锌尾矿可用作水泥生产原料[366]，铅锌尾矿中的大部分氧化物组成与水泥生产所需的原料相近，且其中含有少量锌、铅和铜等微量元素，这些元素对水泥熟料的烧成具有矿化作用和助熔作用，可有效地改善生料的易烧性，提高熟料的强度，生产的水泥、混凝土或地砖均可达到相关标准。

权胜民[366]展开了铅锌尾矿与晶种作复合矿化剂烧制硅酸盐水泥熟料的试验研究，加入铅锌尾矿作矿化剂后抗折、抗压强度都有了较大幅度提高，提高了水泥产量，降低烧制成本。张平[366]研究了铅锌尾矿作矿化剂对水泥凝结时间的影响。张灵辉等人[366]利用玉水铅锌尾矿代替部分原料生产矿渣水泥，针对f-CaO超标、强度不足现象进行了工艺改进，并获得了成功。叶绿茵[26]分别利用锅炉炉渣、铅锌尾矿渣配料烧制硅酸盐水泥熟料，以磷渣、粉煤灰作主要混合材料生产P. O42. 5R水泥取得成功。吴振清[366]利用桥口铅锌尾矿完全替代黏土质原料和铁质校正原料，烧熟料质量稳定，与利用黏土配料时的熟料强度非常接近。王金玲等人[354]对某铅锌尾矿进行了尾矿作水泥混合料、混凝土集料、砌块砖集料的建材化利用技术研究。宣庆庆[367]以铅锌尾矿为原料烧制了中热硅酸盐水泥，其性能符合GB 200—2003规定的强度等级42. 5中热硅酸盐水泥的各项标准，其后期强度高于用黏土配料的试样。朱建平[368]研究表明：尾矿代替黏土配料后，对熟料矿物组成没有影响，对阿利特矿物的晶型也没有影响，但是其所得的熟料中阿利特矿物的形貌优于未掺加尾矿的熟料。何哲祥等人[369]研究表明掺入铅锌尾矿后，熟料主要矿物为C_3S，矿物形成良好。

汪顺才等人[370]以某铅锌矿浮选尾矿为原料，水玻璃和木质素作为添加剂，通过高温焙烧，制备水处理陶粒，并用其对选矿废水进行了吸附处理实验研究，试验效果良好。冯启明[371]以青海某铅锌矿尾矿作骨料，适量水泥作胶结料，石灰作激发剂，分别加入混凝土发泡剂和废弃聚苯泡沫粒作预孔剂，通过浇注、捣打成型、养护等工艺制备了轻质免烧砖，产品适用于建筑物承重和非承重填充砌块。李方贤[372]用铅锌尾矿生产加气混凝土，制备的加气凝土的抗压强度和抗冻性达到了B06级合格品要求，导热系数、干燥收缩值和放射性满足国家标准要求。赵新科[373]将南沙沟铅锌尾矿与当地黏土以60∶40的质量百分比掺合，焙烧成型的砖块完全可满足国家建材行业对建筑空心砖的质量要求。赵坚志[374]用铅锌尾矿部分代替黏土作硅质原料，电石渣部分替代石灰石，铜渣作为铁质原料，用矿渣或粉煤灰作为铝质校正料进行配料，烧制硅酸盐水泥熟料，各项技术指标达到《硅酸盐水泥熟料》（GB/T 21372—2008）要求。

C 尾矿采空区回填利用

铅锌尾矿采矿胶结充填是目前能大量消耗选矿尾矿的方法，并且是实现矿区可持续生产的重要可行途径。国外矿山全尾砂充填技术已经成熟并得到了应用，而国内矿山全尾充填技术正处于试验研究阶段，还未普遍开展。

凡口铅锌矿利用尾矿作采空区充填料[375]，其尾矿利用率达95%；用尾矿做充填料，充填费用较低，仅为碎石水力充填费用的1/10～1/4。栖霞山铅锌矿利用全粒级尾矿胶结充填采矿法[376]，使铅锌生产的尾矿大部分用于充填，满足了采矿对充填料的需求，实现了选矿尾矿的综合利用。

9. 3. 6. 2 水处理与循环利用

A 选矿废水和矿区生态环境

尾矿水回用已成为当今选矿废水治理的普遍趋势。对于多次循环利用后的选矿废水，其中累积的药剂及无机离子会达到一定浓度。为了研究高浓度无机离子对矿物可浮性的影响，刘爽等人[377]以会泽铅锌矿的方铅矿、闪锌矿和黄铁矿为研究对象，分别在三种单矿物的浮选过程中加入大量的Ca^{2+}、Mg^{2+}和SO_4^{2-}，达到特定浓度后，对三种矿物的可浮性有不同程度的影响。

李永华等人[378]以凤凰铅锌矿区不同区域的地表水为研究对象，结果表明：凤凰铅锌矿区内地表水受到重金属复合污染，其中水铅严重污染，水锌轻度污染，水汞中度污染。

铅锌尾矿库引起的环境污染、生态破坏和安全问题越来越受到人们的重视[376]。韦金莲等人[379]研究认为，原矿中重金属部分进入尾矿，铅和镉基本平衡，锌和铜总量失衡但矿物中元素基本平衡；尾矿中铅、锌、镉较易酸浸出，且铅的生态危害系数最大，其次是铜和锌；尾矿中铅、锌的浸出受温度和浸提液pH值的影响，且浸提液pH值影响效果显著，锌比铅易于浸出且锌的浸出量较大。鲁荔等人[380]研究了大邑县铅锌矿区附近土壤和蔬菜中铅、锌、铬和镉含量表明：铅锌矿矿口以及选矿厂周边土壤重金属超标，土壤污染程度为重污染；选矿厂周边蔬菜地下部分重金属含量普遍高于地上部分。孙锐等人[381,382]以水口山铅锌矿区及其周围地区为研究对象，分析自然土壤（A层和C层）样品和水稻土中不同重金属的污染特征，结果表明：研究区域 A 层土壤明显受到重金属的污染；C 层土壤重金属含量虽然变化很大，但基本反映土壤背景值；矿区范围内中心区域水稻土中重金属含量明显高于周围区域。

B　废水处理与循环利用

铅锌硫化矿浮选废水排放量大，含有毒物质重金属和无机、有机浮选药剂及悬浮物等，且持续时间长，不易控制和治理。如直接排放会对环境造成严重污染，直接回用对选矿指标影响很大，而经过适当处理后，可以回用在选矿过程中，其选矿指标与清水基本一致。走选矿废水净化与资源化利用的道路，不仅可以清洁矿山，保护环境，还具有显著的经济效益和社会效益[383]。郑伦等人[384]分析了选矿废水成分与 COD 的关系，建议从源头上控制选矿废水的 COD，宜对选矿药剂进行筛选，尽量选择对 COD 贡献小以及易降解的选矿药剂。

铅锌选矿重金属废水处理的方法大致可以分为三大类[385]，即生物处理法、物理处理法和化学处理法。

近年来，采用生物处理法处理铅锌选矿废水取得了一定的进展。张小娟等人[386]研究表明：KS-1 菌株（枯草芽孢杆菌）对含松醇油的模拟选矿废水化学需氧量（COD）降解效果最好，废水处理后达到了国家新的《铅锌工业污染物排放标准》的要求。陈月芳等人[387]从选矿废水排水沟污泥中驯化筛选出 1 株能够有效吸附 Zn^{2+}、Pb^{2+} 并耐低 pH 值的菌株 T1（芬氏纤维微菌）。Liu Xingyu 等人[388]采用臭氧/生物活性炭（BAC）技术处理铅锌硫化矿的选矿废水，回用后对铅的浮选没有影响。林梓河等人[389]采用生物预处理—水解酸化—接触氧化法对浮选废水进行了处理，COD 去除率达 75.8% 以上，成功地将生物法应用到铅锌选矿废水的处理。林伟雄等人[390]采用生物膜法对广东省某硫化铅锌矿尾矿库外排废水处理，出水达到《铅、锌工业污染物排放标准》的要求。

惠世和等人[391]采取分段直接回用的措施，充分回用部分废水，既保障选矿回收率不受影响，又减少产出最终废水量，降低废水处理成本，经济效益和环境效益显著。

曾懋华等人[392]以某废弃煤矿的煤矸石为主要原料制备的改性煤矸石 A 在凡口铅锌矿试验厂进行去除选矿外排废水中硫化物的半工业试验，硫离子的去除率达到 87.5% 以上，处理后废水的硫离子浓度降到 0.42mg/L 以下，符合国家和广东省排放标准。汪顺才等人[370]以铅锌浮选尾矿为原料，水玻璃和木质素作为添加剂，通过高温焙烧，制备水处理陶粒，对选矿废水处理效果良好。

朱来东等人[393]对某银铅锌多金属矿选矿的尾矿废水采用室内和室外两种方式进行自然降解试验，结果表明：选矿试验过程中的主要添加药剂黄药和 2 号油，随着时间的推移，均可得到有效降解，废水中的重金属离子也会不同程度地以难溶黄原酸盐的方式沉淀；有日光照射时污染因子的降解率明显高于室内静置。广东某铅锌矿选矿废水[394]澄清净化处理技术应用于生产时，废水回收利用率达 90% 以上。董栋等人[395,396]选用混凝沉降法和活性炭吸附法对铅锌选矿废水进行了净化处理研究，该工艺适宜处理选矿实际废水。赵学中等人[397]采用明矾作为混凝剂，PAM 作为助凝剂对铅锌矿山选矿废水进行混凝沉淀处理，混凝沉淀后经活性炭吸附后用于选矿，废水回用对产品质量和回收率没有影响。何花金等人[398]指出凡口铅锌矿各种选矿废水回用对铅锌浮选的大致影响，采用选矿废水分类合并、分支返回技术[399,400]，可以消除选矿废水对选矿指标的影响。

某铅锌矿选矿废水成分复杂[401]，含有多种重金属离子，且富含多种残余选矿药剂，废水中 S^{2-}、COD_{Cr}、pH 值、Pb^{2+}、Zn^{2+} 等指标超标，直接回用对选矿指标影响很大，直接排放会对生态环境产生很大的影响和污染。依据该选矿废水特点和选矿工艺要求，采用“混凝沉淀—酸碱中和—氧化—澄清”的废水处理工艺，对该选矿废水进行治理，处理水水质达到污水综合排放标准一级标准。通过对选矿药剂制度的创新和选矿工艺的优化，选矿废水处理后成功地进行了回用，实现了零排放。

罗进等人[402]解决了某铅锌矿完全利用选矿回水进行浮选的技术难题，采用中和—机械混合反应—斜管沉淀—活性炭吸附，对铅锌选矿废水进行处理后可达到选矿工艺用水标准要求[403]。陈伟等人[404]对某铅锌矿选矿废水处理回用与零排放进行了试验研究，采用调 pH 值—氧化混凝—沉淀—吸附的废水处理工艺，处理水全部回用于选矿，回用后的选矿指标稳定，与使用新水的指标相近，可以实现选矿废水零排放。西藏某铜铅锌选矿废水采用混凝沉淀—ClO_2 氧化—曝气—吸附—调 pH 值—回用处理工艺[405]，可有效去除废水中的重金属离子及有机污染物，满足废水回用生产的要求，实现废水的零排放目标。曾懋华等人[406]针对广东韶关某大型铅锌矿选矿外排废水中超标的硫化物，采用超声波辅助下的氧化-混凝沉淀法对其进行去除试验，S^{2-}的去除率可达到95%以上，废水水质达到国家排放标准。

彭新平等人[407,408]对某硫化铅锌矿选矿废水处理进行了试验研究，探讨混凝剂、氧化剂、吸附剂对废水处理工艺及处理效果的影响，为选矿废水处理后回用提供技术保障。张东方等人[409]采用混凝沉淀-接触氧化法对某铅锌选矿废水处理研究表明：废水中的铅、锌、铜、钙等离子的去除率分别达到了100%、88%、67%和99%；接触氧化处理后出水的化学需氧量、氨氮、总磷和悬浮物浓度分别低于90mg/L、15mg/L、0.35mg/L和10mg/L。陈代雄等人[410]采用混凝沉淀—酸碱中和—氧化—澄清的废水处理工艺对废水进行治理，处理后水质达到污水综合排放标准一级标准。李晓君等人[411]选用中和—聚铁絮凝—两级沉淀工艺处理黄沙坪铅锌矿的选矿废水，处理后水的80%回用为生产用水，其余达标外排。为解决四川会东铅锌矿选矿废水循环利用的问题，严群等人[412]通过混凝沉降—活性炭吸附处理工艺可有效地去除废水中的重金属离子及有机污染物，处理后的废水回用不会影响选矿产品质量，实现废水的零排放。

JCSS水处理技术[413]在福建金东矿业选矿废水处理中的成功应用，解决了选矿废水处理工艺问题的新途径，为铅锌矿山企业实现选矿废水循环利用提供借鉴。刘述忠等人[414]采用聚丙烯酰胺（PAM）、硫酸铝和JCSS三种絮凝剂对铅锌选矿废水进行了沉降试验，结果表明JCSS絮凝沉降效果较好。

王巧玲[415]采用硫酸亚铁流程处理尾矿库溢流水，处理后的净化水作为选矿回用水，通过适当的选矿药剂调整基本满足选矿指标要求。顾泽平等人[416]采用次氯酸钠法处理铅锌硫化矿选矿废水，考察了废水初始pH值、NaClO加入量及反应时间对选矿废水COD去除率的影响。陇南洛坝铅锌矿水质超标主要为铅，其次为pH值，李晓玲[417]在废水中加入氢氧化钠溶液，形成$Pb(OH)_2$沉淀，去除废水中Pb^{2+}；采用硫化铅沉淀法，废水中的Pb^{2+}与加入的沉淀剂S^{2-}反应，生成PbS沉淀，废水中多余的S^{2-}进一步被氧化除去。内蒙古获各琦铅锌矿[418]以PFS-$FeSO_4$复合混凝剂处理铅锌矿选矿废水，处理后废水无色、无气味，可循环利用。刘源源等人[419]采用乙二胺四乙酸（EDTA）作为萃取剂，对铅锌选矿尾砂在尾砂柱中进行了连续萃取试验，发现尾砂柱中不同深度尾砂的重金属含量存在较大的差异，总体呈现中间高、两端低的现象。郑雅杰等人[420]采用聚合硫酸铁（PFS）和PFS-$FeSO_4$复合混凝剂处理铅锌矿选矿废水，工业放大实验结果表明处理后废水可循环利用。孔令强等人[421]对蒙自铅锌矿选矿废水处理，选择聚合硫酸铁并配合使用助凝剂聚丙烯酰胺，通过混凝沉降—活性炭吸附，使废水的金属离子含量和化学耗氧量均达到了排放标准，处理后废水回用于生产，获得了与新鲜水相近的选别指标。某铅锌矿选矿厂[422]采用重铬酸钾抑铅浮铜工艺，选矿水中的铬含量超标，采用亚硫酸钠+石灰法对选铜含铬废水进行除铬处理，处理后废水达到废水回用要求，对试验指标影响较小。

某铅锌矿厂[423]建成废水处理站后，形成了部分废水直接优先回用、其余废水适度处理后再回用的废水处理与回用方案，实现了选矿工业废水零排放。云南某矿山[424]采用硫酸中和沉淀法处理选矿废水，取得较好效果并实现了工业应用。

9.3.7 综合回收

9.3.7.1 铅锌伴生元素的综合回收

铅锌矿常常伴生金、银、铁等有价元素，加强伴生元素的回收，增加矿产资源综合利用率，对提高矿山企业效益具有非常现实的意义。

贵州含铅锌褐铁矿[425]采用重选—磁选—氯化还原焙烧—磁选工艺处理该矿石比较有效。在一定试验条件下，获得了铅精矿品位25.00%、回收率45.61%，铁精矿品位64.08%、回收率84.74%的良好指标。其中，焙烧过程挥发的铅锌烟气，可通过湿法回收加以利用。

西藏某银铅多金属矿[426]矿石采用铅银部分混合—硫化锌—氧化铅浮选的工艺，使用新型药剂LW61为铅捕收剂，得到较好试验指标。某铅锌矿选矿厂[427]采用先铅后锌浮选工艺，在较低的pH值条件下进行铅优先浮选，采用对金捕收力强、对锌的选择性捕收弱的SP与乙硫氮组合药剂，强化粗、细粒金的回收，铅精矿中金的回收率提高了20%以上。

山东某铅锌矿[428]在自然pH值状态下，应用NHL-1诱导活化金，采用25号黑药和乙基黄药浮选铅和金，得到含金高的铅精矿。闭路试验获得铅精矿含铅45.2%、含金108.4g/t，铅的回收率为

82.57%、金的回收率达到91.7%。试验表明：NHL-1具有良好的活化效果，添加NHL-1 240g/t时金的回收率比没有添加活化剂时提高22.0%。最终工业试验获得铅精矿含金106g/t、金回收率90.4%的生产指标。

云南伴生金硫化铅锌矿[429]，其有用矿物嵌布关系复杂，不同种类矿石之间相互侵蚀包含，造成了浮选过程中有价金属富集困难，试验针对其特殊的矿物组成和矿石结构特征，开发出金铅硫混合浮选—金铅与硫砷分离—浮锌的工艺流程，采用金的高效活化剂SA及组合捕收剂DA-1、丁基黄药和乙基黄药进行金铅硫混合浮选，然后采用CaO在高碱度下进行金砷分离。在其原矿含金4.2g/t、铅1.09%、锌0.42%的条件下，得到含金157.29g/t、铅55.84%的混合含金铅精矿和含金33.58g/t的硫砷精矿、含锌44.01%锌精矿，其中金、铅和锌的回收率分别为90.03%、86.58%和80.65%的良好选矿指标。

某矽卡岩型多金属硫化矿床[430]，其伴生贵金属的回收价值远大于原矿中所含其他有用矿物的回收价值，且原矿中各矿物交代共生，嵌布关系复杂，尤其是大部分的银矿物呈多种形式毗连镶嵌，包裹于各矿物晶格之间及独立矿物的边缘。针对以上特性，在采用传统工艺进行优先浮选依次分离得到铜精矿、铅精矿、锌精矿的基础上，改进选矿流程工艺，强化磨矿工艺并采用银活化剂LD对粗精矿进行诱导活化浮选，极大地提高了各含贵金属精矿的价值及伴生银的总回收率，银的总回收率达到了86.32%。

针对内蒙古敖包吐铅锌硫化矿[431]伴生银的矿石性质，采用组合抑制剂石灰+次氯酸钙抑制黄铁矿、碳酸钠与硫酸锌组合药剂抑制锌矿物、采用优先流程，获得了理想的选矿技术指标。白音诺尔铅锌矿[432]伴生银在浮选时回收率较低，采用低石灰用量和25号黑药与丁胺黑药联合作捕收剂的方案，在铅锌分离时采用以硫酸锌为主，配合使用用亚硫酸钠和Y1的组合抑制剂抑锌，选锌作业采用常规的石灰调浆，硫酸铜活化，丁黄药捕收的药剂制度，对铅、锌、银矿物可以得到较好捕收效果。云南伴生金硫化铅锌矿[433]采用金铅硫混合浮选—金铅与硫砷分离—浮锌的工艺流程，采用金的高效活化剂SA及组合捕收剂DA-1、丁基黄药和乙基黄药进行金铅硫混合浮选，然后采用CaO在高碱度下进行金砷分离，取得了良好选矿指标。

某铅锌矿矿石[434]浮选—磁选工艺，优先浮选铅锌，浮选尾矿用磁选工艺分选铁矿物可以获得较好的选矿指标。内蒙古某铅锌矿石[435]由于铅锌品位低、锌主要以铁闪锌矿形式存在、铅锌矿物嵌布粒度细且与其他矿物共生密切、含有较多与铁闪锌矿可选性相近的磁黄铁矿而难选。采用优先浮铅—铅尾矿弱磁选分离磁黄铁矿—弱磁选尾矿浮锌—锌尾矿浮黄铁矿工艺流程处理该矿石获得较好指标。

维拉斯托锌铜多金属矿床[436]矿石中富含多种元素，其中铜、铅、锌、砷、银、钨、钴等元素具有综合利用价值，矿石类型属于比较难选多金属矿石，采用混合浮选铜铅—依次浮选锌、砷（钴）—再浮选钨—重选（摇床）选钨的选矿工艺流程，达到较为理想的选矿效果。

9.3.7.2 伴生铅锌的综合回收

矿产中伴生铅锌资源的综合回收，对企业增加效益非常有意义。

李仕雄等人[437]通过采用氰化渣预处理、铅锌硫等可浮、铅锌分离、铅硫分离、铜浮选新工艺，成功实现了铜、铅、锌、硫的有效分离，获得了较佳的选矿指标。胡真等人[438]进行了钼铅浮选预富集—钼湿法浸出—磁选分离稀土与铅的选冶联合工艺试验研究，实现了矿石中彩钼铅矿的综合回收利用。潘洛铁矿磁选尾矿有用矿物有钼、锌和硫，通过采用混合浮选后钼、锌、硫分离工艺成功地回收了选铁尾矿中的有用矿物，取得了可观的经济和社会效益[439,440]。余祖芳等人[441]采用钼锌顺序优先浮选流程回收马坑铁矿磁选尾矿中所含钼、锌硫化物，获得了较好的指标。

新田岭钨矿[442]针对伴生的铜锌硫进行了硫化矿浮选和分离试验研究，伴生的硫化矿可以分离出铜精矿、锌精矿和硫精矿，给企业带来新的经济增长点。

周怡玫等人[443]针对某硫精矿含有较高铅、锌、金、银等贵金属元素的特点，采用磨矿、硫化钠脱药并硫化铅锌氧化矿物，同时使用选择性较好的捕收剂305和乙硫氮组合捕收剂的浮选工艺，可以获得铅、锌总含量高于45%、含银635g/t的高银铅锌混合精矿。李正要等人[444]采用优先浮选铅、再活化浮选铜的工艺流程回收了某金精矿氰化尾渣铅和铜。

9.4　铅锌矿选矿存在的问题及发展趋势

随着社会对矿产资源的重视，铅锌（铜）选矿得到了长足的发展，以往一些难选难分、难以利用的矿产资源，也在选矿工艺方面得到了突破，进而可以资源化利用。随着社会对环保的重视、人们环保意识的不断增强，选矿过程中的环境污染问题受到越来越多的重视，各类选矿工艺较以往更加注重环保。尽管这些年来在铅锌选矿领域获得了较大进步，但也存在一些需要解决的问题和不足。

（1）选矿药剂。在抑制剂方面，污染大、有毒性的重铬酸钾、氰化物等药剂依然在部分选矿厂工业应用，高效的铜矿物、铅矿物、锌矿物抑制剂亟待新突破，特别是铜铅、铜锌、富含次生铜的多金属硫化矿、高硫铅锌矿及含贵金属的铅锌矿分离过程中表现得尤为突出。在捕收剂方面，复杂难处理铅锌硫化矿优先浮选的捕收剂选择性需要提高，尤其是含铜的铅锌矿；氧化铅锌矿近年来研究较多，但是白铅矿、菱锌矿的捕收剂研究进展不大，目前依然缺乏特效的氧化铅锌矿捕收剂，应加大研发力度。

（2）选矿工艺。随着铅、锌资源的大量开发利用，铅锌矿石日益变得贫、细、杂化，复杂难选的矿石需要开发出与之性质特点相适应的选矿工艺，因此梯级磨矿、阶段选别、中矿处理、组合用药、生物提取等技术日益显得重要。

（3）选矿机理。铅锌矿选矿机理研究主要集中在浮选电化学方面，微细粒铅锌矿物浮选分离、氧化铅锌溶液行为与可浮性、组合用药及其选择性吸附、复杂多相体系中矿物（有价矿物、脉石矿物）、药剂界面作用等选矿机理需要进一步的研究。

（4）环境保护。目前一些铅锌矿山企业已经在生产实践中处理回用选矿废水，但仍有为数不少的矿山企业没有处理选矿废水，仅有少数矿山企业综合利用了选矿废渣。废水净化处理及回用、废渣综合利用及回收、矿山重金属污染防治与生态修复保护等环境问题在铅锌矿山生产中刻不容缓。

（5）选矿设备。大型化、自动化、能耗低的选矿机械设备有着较大发展空间，微细粒铅锌矿浮选设备有着广阔前景，精确、快捷、适应性强的在线分析检测系统尚未普及应用。

参 考 文 献

[1] 国土资源部信息中心．世界矿产资源年评（2013）[M]．北京：地质出版社，2013.

[2] 国土资源部信息中心．世界矿产资源年评（2014）[M]．北京：地质出版社，2014.

[3] 雷力，周兴龙，文书明，等．我国铅锌矿资源特点及开发利用现状．矿业快报，2007（9）：1-4.

[4] 智研咨询集团．2013 年国内外铅行业上游发展现状及市场运行分析[EB/OL]．[2014-04-16]．http：//www. chyxx. com/industry/201404/238056. html.

[5] 夏丛．2014 年 4 月份铅市场评述及后市展望[J]．中国铅锌锡锑，2014(5)：7-21.

[6] 我爱钢铁网．2014 年锌市场回顾及预测 [EB/OL]．[2015-01-07]．http：//www. 52steel. com/news/2015-01-07/390527. html.

[7] 李东．2014 年 4 月份锌市场评述及后市展望[J]．中国铅锌锡锑，2014(5)：22-35.

[8] 左习超．2013 年 7 月份铅市场评述及后市展望[J]．中国铅锌锡锑，2013(8)：6-15.

[9] 中国行业咨询网．2014 年 1-10 月全球锌产量统计分析[EB/OL]．[2014-12-19]．http：//www. china-consulting. cn/data/20141219/d17206. html.

[10] 齐守智．2013 年全球锌消费增长放缓[J]．中国金属通报，2013(31)：34-35.

[11] 文华财讯．中国 2013 年基本金属进出口简况[EB/OL]．[2014-01-24]．http：//news. smm. cn/r/2014-01-24/3578457. html.

[12] 樊佳琦．2013 年 7 月份锌市场评述及后市展望[J]．中国铅锌锡锑，2013(8)：16-27.

[13] 瑞达期货．锌月报：2014 年 12 月份展望 [EB/OL]．[2014-12-28]．http：//www. ometal. com/bin/new/2014/11/28/analyse/20141128172630986086. html.

[14] 富宝资讯．2014 年中国进口精炼锌同比降 8. 69% [EB/OL]．[2015-01-23]．http：//www. f139. com/zn/detail/2159616. html.

[15] 中国铅锌编辑部．ZincOx 公司重启位于韩国的再生锌厂[J]．中国铅锌，2015(1)：60.

[16] 再协．中国再生铅产业 2014 年发展概况及 2015 年形势预测[J]．中国资源综合利用，2015(4)：7-9.

[17] 刘梦峦.2015年上半年锌市场分析报告[R].安泰科2015年上半年锌报告，2015.
[18] 祝丽萍.中国再生锌产业2014运行概述及发展展望[J].中国铅锌，2015(3)：34-39.
[19] 张正洁.加强再生铅管理推广无污染技术[J].有色金属再生与利用，2006(3)：10-12.
[20] 观研天下（北京）信息咨询有限公司.中国再生铅市场竞争格局及盈利前景预测报告(2014-2019)[R].2014.
[21] 张伟倩.2014铅市场评述与2015年展望[R].安泰科2014年铅年报，2015.
[22] 张伟倩.2015年上半年铅市场评述与下半年展望[R].安泰科2015年铅半年报，2015.
[23] 再协.中国再生铅产业2014年发展概况及2015年形势预测[J].中国资源综合利用，2015(4)：7-9.
[24] 张伟倩.2015年上半年铅市场评述与下半年展望[R].安泰科2015年铅半年报，2015.
[25] Bruckard W J, Sparrow G J, Woodcock J T. A review of the effects of the grinding environment on the flotation of copper sulphides[J]. International Journal of Mineral Processing, 2011, 100(1-2): 1-13.
[26] 钟素娇.磨矿对方铅矿和闪锌矿浮选行为的影响研究[D].长沙：中南大学，2006.
[27] Kinal J, Greet C, Goode I. Effect of grinding media on zinc depression in a lead cleaner circuit[J]. Minerals Engineering, 2009(22): 759-765.
[28] 魏以和，周高云，罗廉明.捕收剂与磨矿环境对铅锌矿浮选的影响[J].金属矿山，2007(6)：34-38.
[29] Wei Yihe, Zhou Gaoyun. Effects of Grinding Measure on Complex Pb/Zn Ore Flotation[J]. Nonferrous Metals, 2007, 59(4): 131-136.
[30] Wei Y, Sandenbergh R F. Effects of grinding environment on the flotation of Rosh Pinah complex Pb/Zn ore[J]. Minerals Engineering, 2007(20): 264-272.
[31] Ye X, Gredelj S, Skinner W, et al. R. Regrinding sulphide minerals-breakage mechanisms in milling and their influence on surface properties and flotation behavior[J]. Powder Technology, 2010, 203(2): 133-147.
[32] Grano S. The critical importance of the grinding environment on fine particle recovery in flotation[J]. Mineral Engineering, 2009, 22(4): 386-394.
[33] 李文娟，宋永胜，姚国成.铅锌铁硫化矿磨矿过程中的矿浆电位[J].有色金属，2009，61(4)：105-108.
[34] 何发钰，孙传尧，宋磊.磨矿环境对方铅矿和闪锌矿矿浆化学性质的影响[J].金属矿山，2006(8)：30-34.
[35] 刘书杰，何发钰.干式磨矿对闪锌矿、黄铁矿矿浆化学性质的影响[J].有色金属（选矿部分），2008(6)：43-48.
[36] 刘玉林，顾帼华，钟素姣，等.磨矿对闪锌矿表面电化学性质及浮选的影响[J].矿冶工程，2010，30(2)：55-58.
[37] 蓝丽红，陈建华，李玉琼.空位缺陷对氧分子在方铅矿（100）表面吸附的影响[J].中国有色金属学报，2012，22(9)：2626-2635.
[38] 李俊旺，孙传尧，袁闯.会泽铅锌硫化矿异步浮选新技术研究[J].金属矿山，2011(11)：83-91.
[39] Duran Kocabag, Taki Güler. A comparative evaluation of the response of platinum and mineral electrodes in sulfide mineral pulps[J]. Int. J. Miner. Process, 2008(87): 51-59.
[40] Zhengjie Piao, Dezhou Wei, Zhilin Liu. Influence of sodium 2, 3-dihydroxypropyl dithiocarbonate on floatability of chalcopyrite and galena[J]. Transactions of Nonferrous Metals Society of China, 2011(24): 3343-3347.
[41] Qin Wenqing, Wei Qian, Jiao Fen, Yang Congren, et al. Utilization of polysaccharides as depressants for the flotation separation of copper/lead concentrate[J]. International Journal of Mining Science and Technology, 2013(23): 179-186.
[42] Silvestre T O. Dispersion effect on a lead-zinc sulphide ore flotation [J]. Mineral Engineering, 2009(22): 752-758.
[43] 魏明安.黄铜矿和方铅矿的分离基础研究[D].沈阳：东北大学，2008.
[44] 魏明安，孙传尧.矿浆中的难免离子对黄铜矿和方铅矿浮选的影响[J].有色金属，2008，60(2)：92-95.
[45] 邱仙辉，孙传尧，于洋.磷酸酯淀粉在黄铜矿及方铅矿表面吸附研究[J].有色金属(选矿部分)，2014(3)：86-90.
[46] Dǔsica R. Vǔcini'c, Predrag M. Lazi'c, Aleksandra A. Rosi'c. Ethyl xanthate adsorption and adsorption kinetics on lead-modified galena and sphalerite under flotation conditions[J]. Colloids and Surfaces A: Physicochem. Eng. Aspects, 2006(279): 96-104.
[47] 刘洪萍，孙伟，曹志群，等.铅锌选矿废水对方铅矿表面电化学反应的影响研究[J].矿冶工程，2007，27(4)：31-34.
[48] 曾懋华，黎载波，龙来寿.铅锌选矿外排废水中硫化物的产生机理研究[J].韶关学院学报（自然科学），2013，34(4)：33-38.
[49] 苏建芳.异极性巯基浮选捕收剂在方铅矿表面的吸附行为及机理研究[D].长沙：中南大学，2012.
[50] 徐斌.黝铜矿型铜铅锌硫化矿浮选新药剂及其综合回收新工艺研究[D].长沙：中南大学，2013.
[51] 董艳红.硫化铜铅矿物浮选分离的电化学机理研究[D].长沙：中南大学，2011.
[52] 何丽萍.铜铅锌硫化矿浮选动力学研究[D].赣州：江西理工大学，2008.

[53] 黎维中，覃文庆，邱冠周，等．乙硫氮体系脆硫锑铅矿的浮选行为及电化学研究[J]．矿冶工程，2006，26(2)：42-44.

[54] 李文娟，宋永胜，周桂英，等．乙硫氮体系中铅锌铁硫化矿的电化学浮选行为[J]．金属矿山，2009(10)：90-92.

[55] 王纪镇．铜铅混合精矿浮选分离中抑铅组合药剂及药剂作用机理研究[D]．长沙：中南大学，2012.

[56] 魏茜．硫化铜铅矿浮选分离的研究[D]．长沙：中南大学，2012.

[57] 王伊杰，文书明，刘建，等．铅锌分离中锌矿物的抑制剂和活化剂及作用机理[J]．矿冶，2012，21(4)：21-26.

[58] 孙伟，张刚，董艳红，等．硫化钠在铜铅混合浮选中的应用及其作用机理研究[J]．有色金属（选矿部分），2011(2)：52-56.

[59] 周荣．混合精矿中铅锌浮选分离的研究[D]．长沙：中南大学，2011.

[60] Bao Guo, Yongjun Peng, Rodolfo Espinosa-Gomez. Cyanide chemistry and its effect on mineral flotation[J]. Minerals Engineering, 2014(66-68): 25-32.

[61] Seke M D, Pistorius P C. Effect of cuprous cyanide, dry and wet millingon the selective flotation of galena and sphalerite[J]. Minerals Engineering, 2006(19): 1-11.

[62] 程琍琍，郑春到，李啊林，等．组合抑制剂在硫化矿浮选过程中抑制闪锌矿的电化学机理[J]．有色金属工程，2014，4(4)：50-53.

[63] 程琍琍，孙体昌．高碱条件下的闪锌矿表面电化学反应机理及其浮选意义[J]．中国矿业，2011，20(11)：94-97.

[64] 罗思岗．应用分子力学法研究铜离子活化闪锌矿作用机理[J]．现代矿业，2012(3)：7-9.

[65] 杨玮．丁基铵黑药体系下铁闪锌矿的浮选行为及其表面吸附机理[J]．有色金属（选矿部分），2010(4)：39-42.

[66] 石云良，刘苗华，肖金雄．难选氧化铅锌矿硫化焙烧机理与浮选试验研究[J]．有色金属（选矿部分），2013(增刊)：108-111.

[67] 宋振国，孙传尧．磨矿介质对两种碳酸盐浮选的影响[J]．有色金属（选矿部分），2009(3)：26-28.

[68] Majid Ejtemaei, Mehdi Irannajad, Mahdi Gharabaghi. Influence of important factors on flotation of zinc oxide mineral using cationic, anionic and mixed (cationic/anionic) collectors[J]. Minerals Engineering, 2011(24): 1402-1408.

[69] Majid Ejtemaei, Mahdi Gharabaghi, Mehdi Irannajad. A review of zinc oxide mineral beneficiation using flotation method[J]. Advances in Colloid and Interface Science, 2014(206): 68-78.

[70] 朱永锴，孙传尧，吴卫国．含（硫）脲基膦酸酯对白铅矿、方解石和石英的捕收性能[J]．金属矿山，2006(12)：22-25.

[71] 叶岳华，王福良．油酸与硫酸化油酸对菱锌矿不同作用机理的研究[J]．矿冶，2010，19(4)：16-20.

[72] 吴卫国，孙传尧，朱永锴．五种有机螯合剂活化菱锌矿作用机理研究[J]．矿冶，2007，16(1)：16-21.

[73] 王福良，罗思岗，孙传尧．利用分子力学分析黄药浮选未活化菱锌矿的浮选行为[J]．有色金属（选矿部分），2008(4)：43-47.

[74] 欧乐明，曾维伟，冯其明，等．Zn^{2+}、Cu^{2+}对菱锌矿和石英浮选的影响及作用机理[J]．有色金属（选矿部分），2011(5)：53-57.

[75] 韩文静．絮凝浮选氧化铅锌矿的理论与实践[J]．中国矿山工程，2011，40(1)：22-24.

[76] 荆正强，陈典助，黄光洪，等．我国铅锌矿选矿设备与工艺现状[J]．工程设计与研究，2010（128)：1-6.

[77] 刘斌，李茂林．降低破碎粒度提高一段球磨产能的工业试验研究[J]．金属矿山，2009(3)：118-121.

[78] 刘春云．HP500 型圆锥破碎机在选矿厂的应用[J]．矿山机械，2009，37(12)：84-85.

[79] 李强，陈晓青．宁南跑马铅锌选矿厂工艺流程优化及设备改造的生产实践[J]．矿产综合利用，2010(6)：4-46.

[80] 余永富，余侃萍，陈雯．国外某些选厂简介及细粒级磨机的应用与比较[J]．金属材料与冶金工程，2012，40(1)：46-52.

[81] Ф. Ф. 波利斯科夫．应用电磁脉冲增大钢球撞击力来强化磨矿效果[J]．国外金属选矿，2008(5)：16-18.

[82] 钟旭群．介质配比对磨矿效果影响的试验研究[J]．矿冶，2014，23(5)：24-27.

[83] 武俊杰，缑明亮，杨柳，等．陕西楠木树氧化铅锌矿磨矿试验研究[J]．中国矿业，2013，22(2)：86-89.

[84] 伊君，贺东亚，黄建芬，等．降低厂坝铅锌矿磨矿钢球消耗的技术措施[J]．甘肃冶金，2014，36(1)：5-8.

[85] 磨学诗，郭永杰，段希祥．铅锌银矿磨矿新工艺的研究与应用[J]．有色金属设计，2011，38(1)：9-13.

[86] 罗春梅，肖庆飞，段希祥．氧硫混合铅锌矿的选择性磨矿研究与实践[J]．矿产综合利用，2013(3)：26-30.

[87] 王晶，肖庆飞，罗春梅，等．会泽氧硫混合铅锌矿精矿再磨介质优化试验研究[J]．矿业研究与开发，2012，32(1)：40-42.

[88] 易峦，孙伟，邓美姣，等．水力旋流器的结构参数对凡口铅锌矿分级性能的影响[J]．矿冶工程，2008，28(2)：39-43.

[89] 马洁珍，林瑞腾，龙道湖．优化旋流器结构参数提高磨矿细度的生产实践[J]．矿冶，2007，16(3)：18-22.

[90] 曾小辉，刘江平，李正大．水力旋流器在宜丰新庄铜铅锌矿控制分级中的应用[J]．现代矿业，2013(5)：176-177.

[91] 高翔，魏立安，邵谱生．清洁生产理念在铅锌矿选矿中的应用[J]．江西化工，2014(3)：1-3.

[92] 何江超，谢岩岩．复杂难处理铅锌矿的选矿工艺技术要点[J]．黑龙江科技信息，2012(26)：80-81.

[93] 王孝武，孙水裕，戴文灿．铅锌硫化矿浮选清洁生产的应用研究[J]．矿业安全与环保，2006，33(1)：46-48.

[94] 周李蕾，罗仙平．会理锌矿选矿厂清洁生产技术研究[J]．四川有色金属，2009(1)：30-35.

[95] 王奉水．吐鲁番地区某难选铅锌矿选矿试验研究[J]．有色矿冶，2009，25(3)：21-26.

[96] 杨晓峰，刘全军，胡婷．复杂难处理多金属硫化矿选矿技术研究[J]．矿冶，2014，23(4)：24-27.

[97] 蒋彦，乔吉波，王少东，等．越南河江铅锌矿选矿工艺研究[J]．云南冶金，2012，41(2)：33-36.

[98] 漆小莉，汤优优，张汉平．某铅锌矿选矿试验研究[J]．云南冶金，2010，39(4)：16-21.

[99] 张维佳，曹文红，卢冀伟．内蒙古某混合铅锌矿石优先浮选试验研究[J]．有色金属（选矿部分），2012(3)：25-27.

[100] 曹亮，李来平．内蒙古某多金属矿铅锌浮选试验[J]．现代矿业，2014(10)：36-38.

[101] 毛富邦．内蒙古某难选铅锌矿选矿研究[J]．有色金属（选矿部分），2011(2)：12-14.

[102] 姜美光，刘全军，杨俊龙．新疆某硫化铅锌矿选矿试验研究[J]．矿冶，2014，23(1)：26-30.

[103] 董金海，王忠应，谢恩龙．云南某低品位铅锌硫化矿选矿工艺研究[J]．有色金属（选矿部分），2014(4)：26-31.

[104] 张扬，陈军，余生根．云南某铅锌矿选矿试验研究[J]．矿产综合利用：2014(5)：30-33.

[105] 邱廷省，赵冠飞，朱冬梅，等．四川某难选硫化铅锌银矿石浮选试验[J]．金属矿山，2012(12)：62-66.

[106] 刘守信，余江鸿，周涛，等．甘肃小厂坝铅锌矿石选矿试验[J]．金属矿山，2013(5)：95-98.

[107] 王淑红，孙永峰．辽宁某铅锌矿选矿工艺研究[J]．有色金属（选矿部分），2014(1)：17-20.

[108] 沈同喜，余新阳．江西某铅锌多金属硫化矿石选矿试验研究[J]．有色金属科学与工程，2012，3(2)：71-75.

[109] 黄万抚，陈园园，文金磊，等．某低品位富银铅锌矿选矿试验研究[J]．矿业研究与开发，2014，34(2)：45-49.

[110] 牛艳萍，初静波，何章辉，等．某富银铅锌矿选矿试验研究[J]．矿产综合利用，2013(4)：29-32.

[111] 刘侦德．凡口矿选矿技术创新发展四十年[J]．有色金属，2008，60(2)：85-91.

[112] 刘运财，邬顺科，张康生．凡口铅锌矿近十年选矿技术进展[J]．矿冶工程，2007，27(4)：39-41.

[113] 罗仙平，王淀佐，孙体昌，等．难选铅锌矿石清洁选矿新工艺小型试验研究[J]．江西理工大学学报，2006，27(4)：4-7.

[114] 磨学诗，黄伟中，张雁生，等．提高多金属硫化铅锌矿浮选指标的研究[J]．有色金属（选矿部分），2007(1)：9-12.

[115] 陈代雄，肖骏，冯木．越南某含次生铜的铅锌硫化矿浮选工艺研究[J]．有色金属（选矿部分），2013(增刊)：98-103.

[116] 王铁刚．MB黄药在宝山铅锌银矿选矿中的应用[J]．湖南有色金属，2006，22(5)：11-13.

[117] 王蓓，孙广周，杨晓峰，等．印尼某地难分离铜铅锌多金属矿选矿技术研究[J]．有色金属（选矿部分），2010(6)：5-8.

[118] 方夕辉，丛颖，朱冬梅，等．青海某低品位难选铅锌矿石合理选矿流程的探索[J]．有色金属科学与工程，2013，4(2)：56-60.

[119] 龚孔成，李长颖，刘述忠．提高金东铅锌矿选矿指标试验[J]．现代矿业，2014(9)：60-63.

[120] 廖雪珍，彭兴均，顾小玲．厂坝铅锌矿提高选矿指标试验研究[J]．甘肃冶金，2008，30(3)：25-27.

[121] 谢建宏，王素，李慧，等．印度尼西亚某铅锌矿综合回收试验研究[J]．矿冶工程，2010，30(5)：30-34.

[122] 孙晓华，赵玉卿，谢海东．青海某高硫高铁铅锌硫化矿选矿试验[J]．矿产综合利用，2013(6)：26-29.

[123] 彭贵熊．西藏查孜铅锌矿选矿工艺流程试验研究[J]．甘肃冶金，2007，29(4)：36-38.

[124] 姜永智，李国栋．西北某难选铅锌矿石浮选试验[J]．金属矿山，2014(9)：60-63.

[125] 刘宝山，邱树敏，李国栋，等．西北某难选混合铅锌矿浮选试验[J]．有色金属（选矿部分），2014(6)：17-21.

[126] 牛埃生．新疆某低品位铅锌矿选矿试验研究[J]．矿产保护与利用，2013(4)：20-24.

[127] 岳岩．内蒙古某铅锌银多金属矿选矿工艺研究[J]．有色金属（选矿部分），2013(2)：9-12.

[128] 于雪．内蒙某铅锌多金属矿石选矿试验研究[J]．有色矿冶，2010，26(6)：17-19.

[129] 杨建强，张丽敏，叶从新．新疆某铅锌铁矿选矿工艺流程研究[J]．湖南有色金属，2011，27(2)：1-7.

[130] 常慕远，苟延伟，牛埃生，等．新疆某铅锌硫化矿选矿试验[J]．现代矿业，2011(11)：13-17.

[131] 张颖铎，张成强，田敏．豫西低品位铅锌银多金属矿浮选试验研究[J]．矿产综合利用，2012(6)：28-33.

[132] 祁忠旭，陈代雄，杨建文，等．宝山铅锌矿抑制剂作用研究[J]．有色金属（选矿部分），2011(5)：58-61.

[133] 刘守信，余江鸿．甘肃金塔铅锌选矿试验研究[J]．矿产综合利用，2014(6)：20-23.

[134] 张丽军，梁友伟，刘小府．湖南茶陵硫化铅锌矿选矿试验研究[J]．矿产综合利用，2012(2)：14-16.

[135] 李海令，付鑫．获各琦铅锌矿选矿厂技术改造探索[J]．有色金属（矿山部分），2009，61(1)：72-74.

[136] 李辉跃，曾尚林．国外高品位复杂铅锌矿选矿工艺研究[J]．矿冶工程：2013，33(3)：66-68.

[137] 刘杰，纪军，孙体昌，等．某复杂难选铅锌多金属硫化矿选矿试验研究[J]．有色金属（选矿部分），2010(2)：13-16.

[138] 高起鹏，秦贵杰．某复杂铅锌铁矿选矿试验研究[J]．有色矿冶，2013，29(6)：13-16.

[139] 郑力，罗萍．某铁铅锌多金属矿的选矿工艺研究[J]．新疆有色金属，2009(S2)：106-109.

[140] 曹进成，曹飞，吕良，等．山东某铅锌银多金属矿选矿试验研究[J]．化工矿物与加工，2012(1)：20-22.

[141] 陈代雄，肖骏，冯木．越南某含次生铜的铅锌硫化矿浮选工艺研究[J]．有色金属（选矿部分），2013(增刊)：98-103.

[142] 王恒峰，李兵容．川西某铅锌矿选矿试验研究[J]．中国矿业，2007，16(12)：113-116.

[143] 王美娇，陈志文，梁秀霞，等．难选火烧硫化矿铅锌分离试验研究[J]．大众科技，2012(1)：130-132.

[144] 肖骏，陈代雄，杨建文．凡口铅锌矿铅锌硫混合精矿分离试验研究[J]．有色金属科学与工程，2015，6(2)：104-110.

[145] 肖骏，陈代雄，覃文庆，等．某细粒浸染高硫难选铅锌矿选矿新工艺研究[J]．矿冶，2014，23(2)：5-10.

[146] 赵明福，唐宝勤，徐祥彬，等．吉林省某铅锌矿石选矿工艺试验研究及应用[J]．黄金，2007，28(12)：39-43.

[147] 熊文良．某高硫铅锌矿选矿工艺研究[J]．矿产综合利用，2010(5)：8-10.

[148] 潘仁球．康家湾矿深部高硫铅锌矿选矿试验研究[J]．有色金属（选矿部分），2013(3)：23-26.

[149] 肖骏，陈代雄，覃文庆，等．某细粒浸染高硫难选铅锌矿选矿新工艺研究[J]．矿冶，2014，23(2)：5-10.

[150] 何晓娟，罗传胜，郑少冰．难选富银铅锌矿选矿工艺的研究[J]．材料研究与应用，2008，2(4)：297-299.

[151] 毛泳忠．提高高硫铁富银铅锌矿选矿技术指标的研究及应用[J]．云南冶金，2012，41(3)：21-24.

[152] 蒋素芳．西藏某难选铅锌银硫多金属矿选矿工艺研究[J]．湖南有色金属，2011，27(2)：10-15.

[153] 陈军，刘苗华，肖金雄，等．福建某高硫、低品位复杂多金属矿选矿试验研究[J]．矿冶工程，2012，32(2)：34-41.

[154] 石磊，赵华伦，杜新，等．四川祁家河铅锌硫多金属矿选矿试验研究[J]．地质找矿论丛，2012，27(1)：125-129.

[155] 谢贤，童雄，王成行，等．某难选高硫铅锌矿的选矿工艺试验研究[J]．矿产保护与利用，2010(1)：37-40.

[156] 唐平宇，庞玉荣，郭秀平，等．某含砷铅锌矿石浮选试验[J]．金属矿山，2011(8)：81-85.

[157] 孔令文，刘谊兵．新疆某高硫铅锌矿石选矿工艺试验研究[J]．甘肃冶金，2007，29(5)：59-61.

[158] 冯婕，苑光国，侯利民，等．铅锌多金属矿选矿试验研究[J]．山东冶金，2012，34(4)：43-45.

[159] 黄有成，赵礼兵．无机抑制剂在低碱度铅锌硫分离中的作用研究[J]．现代矿业，2012(1)：23-30.

[160] 肖巧斌．某难选复杂铅锌矿石选矿工艺研究[J]．有色金属（选矿部分），2010(3)：26-28.

[161] 黄承波，魏宗武，陈晔．某选厂砂矿系统铅锌分离无氰工艺的试验研究[J]．矿业研究与开发，2008，28(6)：40-43.

[162] 周菁，朱一民，周玉才，等．难选铅锌矿无氰选矿新技术研究[J]．有色矿冶，2012，28(4)：18-22.

[163] 何晓娟，罗传胜，付广钦．某铅锌多金属矿选矿工艺研究[J]．有色金属（选矿部分），2009(6)：11-14.

[164] 磨学诗，谢贤，王晓，等．高硫高铁难选铅锌矿选矿试验研究[J]．有色金属设计，2012，39(2)：5-10.

[165] 杨林，张曙光，简胜，等．云南某高硫铅锌多金属矿选矿试验研究[J]．金属矿山，2011(9)：97-101.

[166] 陈代雄，杨建文，李晓东．高硫复杂难选铜铅锌选矿工艺流程试验研究[J]．有色金属（选矿部分），2011(1)：1-5.

[167] 姜毅，梁军，郭建斌，等．甘肃某铜铅锌多金属矿选矿试验研究[J]．矿产保护与利用，2012(3)：15-19.

[168] 李天霞．某难选铅锌矿浮选分离试验研究[J]．有色矿冶，2013，29(1)：30-33.

[169] 刘沛军，潘莲辉，张科．广西某高碳脆硫锑铅矿选矿试验[J]．矿产保护与利用，2013(5)：23-26.

[170] 张德文，巫銮东，邱廷省，等．内蒙古某含碳低品位硫化铅锌矿石选矿试验[J]．金属矿山，2013(6)：75-79.

[171] 胡敏．含碳难选低品位铅锌硫化矿铅锌分离试验研究[J]．有色金属（选矿部分），2010(3)：17-22.

[172] Gredelj S，Zanin M，Grano S R. Selective flotation of carbon in the Pb-Zn carbonaceous sulphide ores of Century Mine，Zinifex[J]. Minerals Engineering，2009(22)：279-288.

[173] 王勇海，马晶，牛芳银．国外某含碳高硫细粒嵌布铜铅锌多金属矿选矿工艺试验研究[J]．有色金属（选矿部分），2012(2)：21-26.

[174] 关通．从含碳难选铅锌矿中浮选回收铅的研究[J]．材料研究与应用，2011(2)：135-139.

[175] 李洁，马晶，郭月琴，等．某含碳富含磁黄铁矿细粒嵌布铅锌矿石选矿工艺研究[J]．有色金属（选矿部分），2012(4)：23-27.

[176] 周凯. 某高碳铅锌矿选矿工艺研究[J]. 现代矿业，2012(10)：91-93.

[177] 卢琳，韦明华，梁怀文. 广西某含碳难选铅锌矿选矿工艺试验研究[J]. 有色矿冶，2014，30(3)：26-28.

[178] 唐华伟. 某难选硫化铅锌矿选矿试验[J]. 现代矿业，2013(7)：122-124.

[179] 毛泳忠. 难选含碳氧硫混合铅锌矿选矿工艺研究与应用[J]. 云南冶金，2012，41(4)：18-21.

[180] 及亚娜，纪军，孙体昌，等. 某含碳细粒铅锌矿浮选工艺研究[J]. 有色金属（选矿部分），2009(4)：15-19.

[181] 及亚娜，纪军，孙体昌. 两种含碳铅锌矿石预先除碳工艺对比研究[J]. 中国矿业，2010，19(2)：100-104.

[182] 邱显扬，叶威，陈志强，等. 某含碳铅锌矿铅锌分离试验研究[J]. 矿冶工程，2012(1)：39-41.

[183] 纪军. 微细粒含碳铅锌矿分步浮选工艺研究[J]. 有色金属（选矿部分），2011(3)：8-11.

[184] 纪军，梅伟. 内蒙古甲生盘含碳高硫铅锌矿浮选分离工艺研究[J]. 有色金属（选矿部分），2010(5)：1-5.

[185] 李洁，马晶，郭月琴，等. 某含碳富含磁黄铁矿细粒嵌布铅锌矿石选矿工艺研究[J]. 有色金属（选矿部分），2012(4)：23-27.

[186] 孙运礼，李福兰. 隆子铅锌锑银多金属矿选矿工艺流程试验[J]. 甘肃冶金，2007，29(4)：30-32.

[187] 廖雪珍，李国栋，姜永智. 某复杂锑铅锌银多金属硫化矿综合回收试验研究[J]. 矿业研究与开发，2013，33(5)：40-43.

[188] 辛忠雷，陈陵康，覃文庆. 西藏某铅锌锑多金属矿选矿流程试验[J]. 矿业研究与开发，33(4)：43-47.

[189] 骆任，朱永筠，叶从新，等. 青海某铜锌矿选矿工艺研究[J]，湖南有色金属，2013，29(4)：4-7.

[190] 倪章元，肖丽. 某铜锑锌硫化矿选矿试验研究[J]. 有色金属（选矿部分），2010(6)：24-27.

[191] 何海涛，田锋，胡保栓，等. 难选铜锌多金属硫化矿浮选试验研究[J]. 矿产综合利用，2012(2)：17-20.

[192] 匡敬忠，贾帅，李成. 某铜锌矿石铜锌分离浮选工艺研究[J]. 金属矿山，2013 (1)：76-79.

[193] 朱一民，周菁，张晓峰，等. 内蒙古某难选铜锌硫化矿浮选分离试验研究[J]. 有色金属（选矿部分），2014(4)：9-12.

[194] 郭顺磊，吴鹏，符云. 新疆某铜锌硫化矿选矿试验[J]. 现代矿业，2014(11)：85-87，149.

[195] 叶均雪，刘子帅，江皇义. 某铜锌硫化矿铜锌分离试验研究[J]. 中国矿业，2012，21(7)：66-69.

[196] 赖伟强，石仑雷，张卿. 青海某铜锌硫化矿选矿试验研究[J]. 矿产综合利用，2012(4)：15-18.

[197] 邱廷省，邱仙辉. 铜锌硫化矿浮选分离技术的研究与进展[J]. 世界有色金属，2009(2)：28-31.

[198] 严伟平，陈晓青，杨进忠，等. 某难选铜锌矿石的分离试验研究[J]. 矿山机械，2015，43(4)：99-103.

[199] 于雪. 提高某铜锌多金属硫化矿浮选回收率的试验研究[J]. 有色金属（选矿部分），2013(S1)：86-90.

[200] 苏思苹，曾庆坤. 某铜锌矿选矿小型试验研究[J]. 大众科技，2012(1)：104-105.

[201] 曹登国，吴明海. 某低品位铜锌矿浮选分离试验研究[J]. 矿产保护与利用，2014(5)：30-33.

[202] 孙志健，叶岳华，李成必，等. 新疆某难选铜锌矿选矿试验研究[J]. 中国矿业，2014(S2)：267-269.

[203] 杨国锋，孙敬锋，贾凤梅，等. 某铜—锌矿石的浮选和分离工艺试验研究[J]. 矿产保护与利用，2009(4)：33-35.

[204] 黄思捷，朱阳戈，张保丰. 某铜锌硫化矿浮选分离试验研究[J]. 金属矿山，2012(1)：84-87.

[205] 李兵容，杜新，雷力，等. 四川某铜锌硫多金属矿石浮选分离工艺研究[J]. 有色金属（选矿部分），2013(1)：26-30.

[206] 崔立凤. 铜锌硫化矿浮选分离试验研究[J]. 矿产综合利用，2013(1)：23-26，39.

[207] 汪勇，李国栋. 西北某复杂金铜锌多金属矿石浮选试验研究[J]. 有色金属（选矿部分），2014(5)：25-28.

[208] 张周位，孙伟，孙磊. 云南某难选铜锌硫化矿浮选试验研究[J]. 矿业研究与开发，2013，33(5)：29-32.

[209] 陈经华. 复杂铜锌铁多金属矿选矿工艺技术研究[C]//复杂难处理矿石选矿技术—全国选矿学术会议论文集，2009：182-187.

[210] 杨敏，杨晓军. 某复杂铜锌铁多金属矿选矿试验研究[J]. 有色金属（选矿部分），2013(2)：5-8、16.

[211] 曹焱鹏，汶小飞，王福奎，等. 某高硫铜锌矿石低碱度浮选试验研究[J]. 有色金属（选矿部分），2013(5)：6-9.

[212] 刘俊伯，肖红，刘全军. 云南高硫铜锌矿石浮选试验研究[J]. 矿产综合利用，2014(1)：31-34.

[213] 张玉华，王恒峰，赵华伦，等. 四川某高硫铜锌多金属矿石选矿试验研究[J]. 中国矿业，2015，24(5)：121-124.

[214] 万宏民，吴天骄，靳建平. 含金银高硫微细粒铜锌矿石浮选工艺试验研究[J]. 2014，35(11)：58-63.

[215] 赵红芬，彭时忠，王周和，等. 伏牛山高硫铜锌矿选矿工艺研究[J]. 有色金属（选矿部分），2015(3)：9-14.

[216] 张成强，李洪潮，郝小非. 某难选铜锌硫化矿浮选分离工艺优化研究与实践[J]. 矿产保护与利用，2014(3)：23-26.

[217] 袁明华，普仓凤. 多金属复杂铜矿铜锌硫分离浮选试验研究[J]. 有色金属（选矿部分），2008(1)：1-3.

[218] 危流永. 广西某难选铜锌硫化矿铜锌分离研究与实践[J]. 矿业研究与开发，2015，35(1)：39-42.

[219] Д. Ж. 格维列夏尼，汪镜亮，雨田. 综合处理马德纽里斯克矿床的铜锌矿石[J]. 国外金属矿选矿，2007(1)：

38-41.

[220] 缪海花，张光梁，张益玮，等．提高尤溪铅锌矿选矿指标的研究[J]．矿产综合利用，2014(3)：38-41.

[221] 邬顺科，戴晶平，罗开贤．快速分支浮选工艺研究与应用[J]．有色金属（选矿部分），2006(6)：1-5.

[222] 陈树锦．硫化铅锌矿分速分支浮选新技术工艺试验研究与应用[J]．湖南有色金属，2014，30(3)：15-20.

[223] 孙运礼，李国栋．甘肃某富银难选铅锌矿选矿试验[J]．金属矿山，2012(9)：65-68.

[224] 杨永涛，张渊，张俊辉．某微细粒难选铅锌矿选矿试验研究[J]．矿产综合利用，2013(5)：20-23.

[225] 乔宗科．提高某铅锌矿铅精矿质量的研究[J]．有色金属（选矿部分），2008(1)：4-6.

[226] 周德炎，陈锦全，黄汉波．某选矿厂微细粒铅锌浮选试验研究[J]．矿业研究与开发，2007，27(6)：40-41.

[227] 沈卫卫．锌精矿再磨再选降硅浮选试验研究[J]．矿产综合利用，2014(3)：27-31.

[228] 曹飞，吕良，李文军．豫西某难选铅锌矿选矿试验研究[J]．矿冶工程，2013，33(6)：36-38.

[229] 杨成术，杨晓军，何剑，等．四川某铅锌混合矿选矿工艺试验[J]．现代矿业，2012(6)：17-20.

[230] 杨进忠，陈晓青，毛益林，等．复杂难选硫化-氧化混合铅锌矿选矿分离技术[J]．矿产综合利用，2012(5)：11-13.

[231] 赵荣艳，范娜，段珠．新疆某氧化铅锌矿选矿试验[J]．现代矿业，2013(7)：125-127.

[232] 李来顺，刘三军，朱海玲，等．云南某氧化铅锌矿选矿试验研究[J]．矿冶工程，2013，33(3)：69-73.

[233] 孙敬锋，王林祥，赵希兵，等．某氧化铅锌矿石选矿试验研究[J]．湿法冶金，2010，29(4)：242-244.

[234] 穆晓辉．难选氧化铅锌矿选矿工艺研究[J]．甘肃冶金，2010，32(1)：38-41.

[235] 周凯，陈波．四川某氧化铅锌矿选矿试验研究[J]．现代矿业，2011(12)：115-116.

[236] 何晓娟，徐晓萍，付广钦．云南某难选氧化铅锌矿浮选试验研究[J]．有色金属（选矿部分），2010(6)：16-19.

[237] 苏思苹，周德炎，唐旭贵．高氧化率铅锑锌硫化矿选矿小型试验研究[J]．稀有金属，2006，30(S2)：79-83.

[238] 于正华，曾惠明，董艳红，等．某高铁质深度氧化铅锌矿选矿试验研究[J]．湖南有色金属，2014，30(2)：12-14.

[239] 张景绘，孙力军．某难选氧化铅锌矿选矿工艺研究[J]．矿业工程，2008，6(4)：38-39.

[240] 毛益林，陈晓青，杨进忠，等．某复杂难选氧化铅锌矿选矿试验研究[J]．矿产综合利用，2011(1)：6-9.

[241] 刘厚明，魏德洲，高邦牢，等．陇南某氧化铅锌矿石选矿工艺研究[J]．金属矿山，2006(12)：29-32.

[242] 周凯，陈波．四川某混合型铅锌矿选矿实践[J]．现代矿业，2011(9)：78-80.

[243] 董明传．广西某复杂难选氧化铅矿的选矿工艺研究[J]．矿产综合利用，2014(2)：46-49.

[244] 邵广全，李颖，张心平，等．低品位复杂难处理氧化铅锌矿选矿工艺研究[J]．矿冶，2006，15(3)：21-26.

[245] 杨玉珠．石柱难选氧化铅锌矿石选矿工艺研究[J]．有色金属（选矿部分），2009(3)：5-9.

[246] 王红梅，荆平，孙阳，等．陕西某氧化铅锌矿选矿试验研究[J]．矿产综合利用，2009(5)：11-14.

[247] 黄承波，魏宗武，林美群．云南某氧化铅锌矿选矿试验研究[J]．中国矿业，2010，19(5)：75-77.

[248] 李广涛，谢贤．云南某氧化铅锌矿选矿试验[J]．现代矿业，2013(8)：173-175.

[249] 方夕辉，曾怀远，陈文亮，等．新疆某复杂低品位氧化铅锌矿选矿工艺[J]．有色金属工程，2014，4(2)：49-53.

[250] 乔吉波，杨玉珠．宁南难选氧化硫化混合铅锌矿选矿工艺研究[J]．矿产综合利用，2013(1)：19-22.

[251] 余江鸿，周涛，刘守信．四川甘洛县某氧化铅锌矿石选矿试验研究[J]．金属矿山，2009(12)：77-80.

[252] 刘万峰．某银铅锌多金属难选矿石选矿试验研究[J]．有色金属（选矿部分），2013(3)：14-17.

[253] 金赛珍，杨林，王广运．云南某难选多金属氧化铅锌矿选矿试验[J]．现代矿业：2014(4)：139-141.

[254] 孙敬锋，马卫红，王海燕，等．复杂难选铅锌银多金属氧化矿选矿工艺研究[J]．湿法冶金，2013，32(1)：5-8.

[255] 戴新宇，王昌良，饶系英．某铅锌矿选矿工艺试验研究[J]．有色金属（选矿部分），2006 (3)：19-22.

[256] 周小四，王少东，彭芬兰，等．某氧化铅锌矿选矿试验研究[J]．昆明冶金高等专科学校学报，2011，27(5)：1-6.

[257] 胡志刚，代淑娟，孟宇群，等．某铅锌氧化矿选矿试验研究[J]．中国矿业，2010，19(8)：66-69.

[258] 谭欣，何发钰，吴卫国，等．某砂岩型低品位氧化铅锌矿选矿工艺[J]．有色金属，2010，62(3)：115-122.

[259] 石云良，刘苗华，肖金雄，等．难选氧化铅锌矿硫化焙烧机理与浮选试验研究[J]．有色金属（选矿部分），2013(增刊)：108-111.

[260] 赵晖，张汉平．某高氧化率铅锌矿的选矿试验研究[J]．矿业研究与开发，2011，31(3)：45-47.

[261] 王少东，乔吉波．四川某高铁氧化铅锌矿选矿工艺研究[J]．云南冶金，2011，40(3)：12-19.

[262] 周小四，王少东，聂琪，等．云南某含金多金属氧化矿选矿试验研究[J]．黄金，2013(7)：53-57.

[263] 王少东，乔吉波．云南某氧化铅锌矿选矿工艺研究[J]．有色金属（选矿部分），2011(4)：23-26.

[264] 王荣生，浦永林．小茅山银铜铅锌矿石的选矿工业应用研究[J]．有色金属（选矿部分），2009(6)：23-26.

[265] 朱一民．某地低品位铜铅锌银矿绿色环保选矿试验研究[J]．矿冶工程，2011，31(1)：24-26.

[266] 李西山，朱一民．西藏索达矿区低品位铜铅锌银矿选矿试验研究[J]．中国矿山工程，2012，41(4)：11-14.

[267] 李文辉，牛埃生，高伟，等．新疆某低品位铜铅锌矿工艺技术改造和生产实践[J]．有色金属（选矿部分），2010

(3)：9-12.
[268] 程琍琍，罗仙平，孙体昌，等．某铜铅锌硫化矿电位调控优先浮选研究[J]．中国矿业，2011，20(6)：88-92.
[269] 张红新，郭珍旭，李洪潮．某复杂难选铜铅锌多金属矿选矿试验研究[J]．有色金属（选矿部分），2014(5)：17-20.
[270] 肖骏，陈代雄，杨建文．河南某高含银铜铅锌多金属硫化矿选矿工艺研究[J]．矿产综合利用，2014(4)：30-35.
[271] 李荣改，宋翔宇，张雨田，等．复杂铜铅锌多金属矿的选矿工艺试验研究[J]．矿冶工程，2012，32(1)：42-45.
[272] 章永成．基于优先浮选工艺的多金属选矿试验探索[J]．科技创新与应用，2012(14)：13.
[273] 严海军，向宇，宋永胜．微细粒嵌布铜铅锌多金属矿的浮选研究[J]．稀有金属，2010，34(5)：731-736.
[274] 罗仙平，王笑蕾，罗礼英，等．七宝山铜铅锌多金属硫化矿浮选新工艺研究[J]．金属矿山，2012(4)：68-73.
[275] 邱廷省，张宝红，艾光华，等．某铜铅锌多金属硫化矿选矿试验研究[J]．有色金属（选矿部分），2013(3)：6-10.
[276] 张雨田，宋翔宇，李荣改，等．西北某复杂铜铅锌银多金属选矿工艺研究[J]．矿冶工程，2011，31(3)：66-69.
[277] 唐志中，李志伟，宋翔宇．复杂难选铜铅锌多金属矿石的选矿工艺技术改造与生产实践[J]．矿冶工程，2013，33(2)：74-77.
[278] 李荣改，宋翔宇，张雨田，等．青海某复杂铜铅锌多金属矿石选矿工艺研究[J]．金属矿山，2010(12)：67-74.
[279] 罗仙平，高莉，马鹏飞，等．安徽某铜铅锌多金属硫化矿选矿工艺研究[J]．有色金属（选矿部分），2014(5)：11-16.
[280] 王云，张丽军．复杂铜铅锌多金属硫化矿选矿试验研究[J]．有色金属（选矿部分），2007(6)：1-6.
[281] 周兵仔，王荣生，王福良，等．小茅山铜铅锌多金属硫化矿混选分离选矿试验研究及工业实践[J]．矿冶，2011，20(2)：26-30.
[282] 徐彪，王鹏程，谢建宏．新疆某低品位铜铅锌多金属硫化矿选矿试验研究[J]．矿业研究与开发，2011，31(5)：54-57.
[283] 尹江生，贺锐岗，沈凯宁．铜铅锌铁矿选矿工艺流程研究[J]．有色金属（选矿部分），2007(1)：1-5.
[284] 常宝乾，张世银，李天恩．复杂难选铜铅锌银多金属硫化矿选矿工艺研究[J]．有色金属（选矿部分），2010(1)：15-19.
[285] 任允超，梁永生，张广彬，等．某铜、铅、锌多金属矿选矿试验研究[J]．现代矿业，2010(5)：41-43.
[286] 倪尤运，鲁立胜，段蔚平，等．铜铅分离选矿试验[J]．现代矿业，2013（534）：106-107.
[287] 李娟．西藏某铜铅锌矿选矿工艺试验研究[J]．甘肃冶金，2010，32(6)：50-53.
[288] 肖巧斌，历平，王中明．西藏某铜铅锌多金属矿选矿工艺研究[J]．有色金属（选矿部分），2008(2)：1-5.
[289] 丁临冬，牛芬，雷霆，等．某铜铅锌复杂多金属矿选矿试验研究[J]．矿冶，2012，21(2)：27-32.
[290] 李观奇．混合浮选新工艺回收复杂铜铅锌矿硫化矿试验研究[J]．湖南有色金属，2009，25(2)：8-12.
[291] 王伟之，陈丽平，孟庆磊．某复杂难选铜铅锌多金属硫化矿选矿试验[J]．金属矿山，2014(3)：75-79.
[292] 乔吉波，郭宇，王少东．某复杂难选铜铅锌多金属矿选矿工艺研究[J]．有色金属（选矿部分），2012(3)：4-6.
[293] 梁冠杰，朱为民，李伟新．广东某铜、铅、锌多金属矿选矿试验研究[J]．矿产综合利用，2006(6)：8-11.
[294] 孙运礼．某铜铅锌多金属矿选矿工艺流程试验研究[J]．甘肃冶金，2010，32(4)：58-59.
[295] 刘守信，师伟红．某铜铅锌多金属矿石选矿试验研究[J]．现代矿业，2009(10)：64-66.
[296] 张生武，刘明实．西藏某铜铅锌多金属硫化矿石选矿试验[J]．金属矿山，2011(2)：72-76.
[297] 周涛，师伟红，余江鸿．内蒙某难处理铜铅锌多金属矿石选矿技术优化[J]．金属矿山，2013(5)：82-87.
[298] 张曙光，梁溢强．云南某含大量磁黄铁矿的铜铅锌多金属硫化矿选矿工艺研究[J]．云南冶金，2011，40(2)：33-37.
[299] 李红玲，梁友伟．云南某多金属硫化矿选矿试验[J]．金属矿山，2011(7)：82-85.
[300] 胡晖，易峦．西藏某铜铅锌多金属矿选矿试验研究[J]．金属材料与冶金工程，2014，42(4)：45-50.
[301] 任祥君，艾光华．某难选铜铅锌多金属硫化矿的选矿工艺研究[J]．江西有色金属，2009，23(1)：15-17.
[302] 黄建芬．某复杂铜铅锌多金属矿选矿试验[J]．金属矿山，2012(11)：76-79.
[303] 蒋茂林，丘盛华．云南某低品位铜铅锌复杂多金属硫化矿选矿试验研究[J]．有色矿冶，2014，30(5)：32-35.
[304] 李文辉，高伟，牛埃生，等．新疆某铜铅锌多金属硫化矿选矿工艺研究[J]．金属矿山，2010(12)：58-62.
[305] 陈新林．提高某铅锌矿伴生铜回收率的选矿工艺流程研究[J]．有色金属（选矿部分），2013（增刊）：104-107.
[306] 闫明涛，官长平，刘柏壮．四川某高硫铜铅锌硫化矿选矿试验研究[J]．四川有色金属，2012(2)：22-26.
[307] 范娜，李天恩，段珠．复杂铜铅锌银多金属硫化矿选矿试验研究[J]．矿冶工程，2011，31(4)：48-50.
[308] 李福兰，胡保栓，孙运礼，等．陕西某低品位铜铅锌硫化矿石选矿试验[J]．金属矿山，2013(11)：60-63.
[309] 危刚，齐向红，葛敏．某铜铅锌多金属硫化矿浮选工艺研究[J]．有色金属（选矿部分），2014(2)：21-25.
[310] 汤小军，官长平，邓星星，等．四川某高硫铜铅锌矿选矿工艺研究与生产实践[J]．有色金属（选矿部分），2013

(6)：10-14.

[311] 马龙秋，周世杰，李阔．内蒙古某高硫铜铅锌多金属矿浮选试验[J]．金属矿山，2012(7)：71-75.

[312] 杨军，张志忠，王保证，等．某铅锌多金属矿的选矿工艺试验研究[J]．矿产保护与利用：2010(2)：24-27.

[313] 胡良章．内蒙古某铅锌矿提高锌回收率试验研究与实践[J]．有色金属（选矿部分），2013(2)：13-16.

[314] 师伟红，刘守信．云南某铅锌多金属硫化矿选矿试验研究[J]．矿产综合利用，2009(6)：10-12.

[315] 宛鹤，谢建宏，王冠甫，等．安徽某复杂多金属铜铅锌矿石综合回收试验研究[J]．金属矿山，2008(3)：90-93.

[316] 陈泉水．某铜铅锌多金属矿的选矿工艺试验研究[J]．现代矿业，2009(2)：71-73.

[317] 罗科华，赵志强，贺政，等．铅精矿中铜综合回收试验及工业实践[J]．有色金属，2010，62(2)：79-82.

[318] 赵志强，贺政，罗科华．铅精矿中低品位铜综合回收选矿工艺研究[J]．金属矿山，2009(6)：177-180.

[319] Piao Z J，Wei D Z，Liu Z L，et al. Selective depression of galena and chalcopyrite by O，O-bis（2，3-dihydroxypropyl）dithiophosphate[J]. Transactions of Nonferrous Metals Society of China，2013，23(10)：3063-3067.

[320] Qin W Q，Wei Q，Jiao F，et al. Utilization of polysaccharides as depressants for the flotation separation of copper/lead concentrate[J]. International Journal of Mining Science and Technology，2013，23（2）：179-186.

[321] Huang P，Cao M L，Liu Q. Using chitosan as a selective depressant in the differential flotation of Cu-Pb sulfides[J]. International Journal of Mineral Processing，2012，106-109：8-15.

[322] 邓海波，王艳，张刚，等．重晶石型复杂嵌布铜铅锌次生硫化矿的可选性研究[J]．有色金属（选矿部分），2011(5)：5-8.

[323] 赵开乐，王昌良，邓伟，等．某铜铅锌多金属矿综合回收试验研究[J]．有色金属（选矿部分），2012(6)：25-29.

[324] 李松春，杨新华，陈福亮．KM-109 用于某铜铅锌多金属复杂硫化矿的浮选试验研究[J]．有色金属（选矿部分），2009(5)：51-54.

[325] 赵玉卿，孙晓华，周蔚．青海某铜铅锌多金属硫化矿选矿试验研究[J]．青海大学学报（自然科学版），2010，28(6)：53-57.

[326] 陈代雄，祁忠旭，杨建文，等．含易浮云母的复杂铜铅锌矿分离试验研究[J]．有色金属（选矿部分），2013(5)：1-5.

[327] 陈泉水，余裕珊．某难选铜铅锌多金属硫化矿浮选试验研究[J]．中国矿山工程，2008，37(6)：1-4.

[328] 赵开乐，王昌良，邓伟，等．四川白玉铜铅锌共生矿清洁分离技术研究[J]．金属矿山，2011(4)：96-101.

[329] 陈代雄，杨建文，李晓东．高硫复杂难选铜铅锌选矿工艺流程试验研究[J]．有色金属（选矿部分），2011(1)：1-5.

[330] 刘玫华，梁溢强，张旭东，等．云南某铅锌多金属矿选矿试验研究[J]．金属矿山，2011(9)：101-106.

[331] 李文娟，宋永胜，刘爽，等．内蒙某复杂铜铅锌硫化矿选矿工艺研究[J]．金属矿山，2012(6)：79-84.

[332] 李国栋，柏亚林，包玺琳，等．甘肃某复杂铜铅锌硫化矿石浮选新工艺研究[J]．金属矿山，2012(8)：65-69.

[333] 吕慧峰，白海静，程瑜．射流浮选机在某铅锌矿选厂中的工业实践[J]．湖南有色金属，2011，27(3)：65-67.

[334] 吕晋芳，童雄．浮选柱在国内金属矿选矿中的研究及应用[J]．矿产综合利用，2012(1)：3-5.

[335] 刘炯天，王永田，李小兵，等．柴山铅锌矿石旋流-静态微泡柱浮选试验研究[J]．金属矿山，2008(2)：66-69.

[336] 张晓兰，郭飞华．自动化系统在选矿作业的应用与实践[J]．采矿技术，2009，19(1)：107-108.

[337] 吴东平，孙俞年．磨矿分级自动控制系统在南京银茂选矿厂的应用[J]．采矿技术，2009，9(1)：105-106.

[338] 杨静亚．凡口铅锌矿选矿厂自动给药系统[J]．采矿技术，2007，7(1)：76-79.

[339] 何花金．凡口铅锌矿选矿生产自动检测技术的应用[J]．有色金属（选矿部分），2011(2)：48-51.

[340] 季枫，马国清．在线多元素分析仪在红岭铅锌矿的应用[J]．世界有色金属，2014(8)：49-51.

[341] 赵浩．某铅锌矿 2000t/d 选矿自动化系统的开发与应用[C]//中国计量协会冶金分会 2012 年会论文集，2012.

[342] 林才寿，廖祥文．四川某铅锌矿浮选自动加药控制系统设计[C]//中国选矿技术高峰论坛暨设备展示会论文，2009.

[343] 张美钦．铅锌选矿厂尾矿综合利用途径浅析[J]．化学工程与装备，2008(8)：104-106.

[344] 雷力．从铅锌尾矿中回收磁黄铁矿选矿试验研究［D］，昆明：昆明理工大学，2008.

[345] 倪青林．某铅锌尾矿综合回收利用工艺研究[J]．云南冶金，2012(6)：18-23.

[346] 韦振明，张晓宝，赖春华，等．某铅锌矿尾矿综合回收选矿试验研究[J]．金属矿山，2008(11)：152-155.

[347] 杨林院，黄闰芝，余忠保，等．车河选矿厂浮选尾矿综合回收试验与实践[J]．金属矿山，2010(11)：179-182.

[348] 叶雪均，陈晓芳．从某锡多金属矿铅锌尾矿中回收硫砷的选矿试验[J]．金属矿山，2011(6)：159-161.

[349] 郭灵敏，许小健．某铅锌矿尾矿硫铁资源综合回收工艺试验研究[J]．矿产保护与利用，2011(4)：45-48.

[350] 王志刚．福建某铅锌尾矿综合利用[J]．中国有色金属，2010(S1)：330-332.

[351] 牟联胜．某铅锌尾矿综合回收铅锌硫的生产实践[J]．中国矿山工程，2011(4)：16-19.

[352] 张芬芬，徐飞，郭伟，等．福建省某铅锌选厂尾矿综合回收试验研究[J]．矿产综合利用，2014(3)：61-63.

[353] 冯忠伟，宁发添，蓝桂密，等．贵州某铅锌尾矿中铅锌硫的综合回收[J]．金属矿山，2009(4)：157-164.
[354] 王金玲，申士富，叶力佳．某铅锌矿浮选尾矿综合利用研究[J]．有色金属（选矿部分），2009(3)：29-33.
[355] 王钦建，石琳，黄颖．国内铅锌尾矿综合利用概况[J]．中国资源综合利用，2012(8)：33-35.
[356] 徐飞，吕慧峰，郭伟．福建某铅锌尾矿选锌试验[J]．金属矿山，2013(11)：164-166
[357] 张景河，左晓光，郭文化，等．湿法综合回收某铅锌尾矿试验研究[J]．黄金，2014(11)：80-84.
[358] 周长银，王方汉，缪建成．南京银茂铅锌矿浮选尾矿中综合回收锰的生产实践[J]．金属矿山，2008(S1)：306-308.
[359] 汤成龙，周长银，芮凯．浮选尾矿中锰矿物的回收研究与实践[J]．采矿技术，2008(4)：150-151.
[360] 袁启东，王炬．从铅锌矿尾矿中回收锰的工艺研究[J]．矿业快报，2008 (11)：20-22.
[361] 王成行，童雄，胡真，等．云南某铅锌尾矿伴生萤石综合回收的工艺研究[J]．有色金属（选矿部分），2014(1)：43-46.
[362] 喻福涛，高惠民，史文涛，等．湖南某铅锌尾矿中萤石的选矿回收试验[J]．金属矿山，2011(8)：162-165.
[363] 简胜，杨玉珠，张旭东，等．缅甸包德温铅锌矿旧尾矿开发利用[J]．矿冶工程，2012，32(2)：52-54.
[364] 余忠保，邹松，刘三军，等．湖南某冶炼渣有价金属的选矿回收研究[J]．矿产综合利用，2014(5)：63-66.
[365] 张安福，杨绍富．云南永昌铅锌股份有限公司资源开发利用实践[J]．云南冶金，2009，38 (4)：67-69.
[366] 卢红．国内铅锌尾矿回收为建筑材料应用概况[J]．福建建材，2013(9)：19-20.
[367] 宣庆庆．铅锌尾矿用于中热水泥的制备[J]．材料科学与工程学报，2009(2)：266-270.
[368] 朱建平，邢锋．铅锌尾矿对硅酸盐水泥熟料矿物结构与力学性能的影响[J]．硅酸盐学报，2008(S1)：180-184.
[369] 何哲祥，肖祈春，李翔，等．铅锌尾矿对水泥性能及矿物组成的影响[J]．有色金属科学与工程，2014(2)：57-67.
[370] 汪顺才，袁荣灼，余学勇，等．铅锌矿尾矿制备陶粒处理选矿废水[J]．环境工程学报，2013(5)：1779-1784.
[371] 冯启明．利用青海某铅锌矿尾矿制作轻质免烧砖的工艺研究[J]．非金属矿，2011(3)：6-8.
[372] 李方贤．用铅锌尾矿生产加气混凝土的试验研究[J]．西南交通大学学报，2008(6)：810-815.
[373] 赵新科．南沙沟铅锌尾矿综合利用试验研究[J]．矿产保护与利用，2010(1)：52-54.
[374] 赵坚志，王学武．利用电石渣和铅锌尾矿等生产高强度水泥熟料的研究与应用[J]．水泥工程，2011(6)：64-68.
[375] 常前发．我国矿山尾矿综合利用和减排的新进展[J]．金属矿山，2010(3)：1-5.
[376] 魏明安．铅锌尾矿综合利用现状及展望[C]//中国尾矿综合利用产业发展 2011 高层论坛，2011：10-17.
[377] 刘爽，孙春宝，陈秀枝．钙、镁、硫酸根离子对会泽铅锌矿硫化矿浮游性的影响[J]．有色金属（选矿部分），2007(2)：26-28.
[378] 李永华，姬艳芳，杨林生，等．采选矿活动对铅锌矿区水体中重金属污染研究[J]．农业环境科学学报，2007，26(1)：103-107.
[379] 韦金莲，徐文彬，韩兆元，等．铅锌矿选矿过程的重金属元素平衡及其环境效应[J]．环境污染与防治，2013，35(11)：10-14.
[380] 鲁荔，杨金燕，田丽燕，等．大邑铅锌矿区土壤和蔬菜重金属污染现状及评价[J]．生态与农村环境学报，2014，30(3)：374-380.
[381] 孙锐，舒帆，郝伟，等．典型 Pb/Zn 矿区土壤重金属污染特征与 Pb 同位素源解析[J]．环境科学，2011，32(4)：1146-1153.
[382] 孙锐，舒帆，孙卫玲，等．典型铅锌矿区水稻土重金属污染特征及其与土壤性质的关系[J]．北京大学学报（自然科学版），2012，48(1)：139-146.
[383] 刘见峰，宋卫锋．铅锌硫化矿浮选废水处理研究进展[J]．科技导报，2010，28(10)：111-114.
[384] 郑伦，孙伟．某铅锌矿选矿废水成分及其与 COD 关系探讨[J]．矿冶工程，2014，34(4)：43-46.
[385] 张镭，曾永刚，张毅．铅锌选矿重金属废水处理技术研究[J]．四川环境，2012，31(S1)：84-87.
[386] 张小娟，孙水裕，杜青平，等．含松醇油实际选矿废水的 COD 生物降解[J]．环境工程学报，2013，7(11)：4241-4245.
[387] 陈月芳，张国华，高琨，等．固定化生物活性炭技术处理模拟铅锌矿山酸性废水[J]．金属矿山，2014(6)：171-176.
[388] Liu Xingyu，Chen Bowei，Li Wenjuan，et al. Recycle of Wastewater from Lead-Zinc Sulfide Ore Flotation Process by Ozone/BAC Technology[J]. Journal of Environmental Protection，2013(4)：5-9.
[389] 林梓河，宋卫锋，罗丽丽．物化预处理-水解酸化-接触氧化法处理选矿废水[J]．城市环境与城市生态，2011，24(3)：26-29.
[390] 林伟雄，孙水裕，黄绍松，等．生物膜法处理硫化铅锌矿尾矿库外排废水[J]．环境工程学报，2014，8(1)：67-71.
[391] 惠世和，张林友，高连启，等．某铅锌混合矿选矿废水分段回用研究与应用[J]．有色金属（选矿部分），2011(5)：

24-26.
[392] 曾懋华，龙来寿，黎载波，等．改性煤矸石去除凡口铅锌矿选矿废水中硫化物[J]．金属矿山，2013(4)：151-154.
[393] 朱来东，吴国振．某银铅锌多金属矿尾矿废水自然净化试验研究[J]．甘肃冶金，2007，29(4)：89-91.
[394] 黄红军．广东某铅锌矿选矿废水资源化处理[J]．矿产综合利用，2012(2)：34-39.
[395] 董栋，郭保万，孙伟．铅锌选矿废水净化处理试验[J]．现代矿业，2013(9)：143-146.
[396] 严群，韩磊，赖兰萍，等．铅锌矿选矿废水净化回用工艺的试验研究[J]．中国矿业，2007，16(9)：57-61.
[397] 赵学中，周廷熙，王进，等．铅锌矿废水净化处理及回用试验研究[J]．矿冶，2010，19(1)：88-90.
[398] 何花金，张康生．凡口矿选厂废水回用的试验评估[J]．采矿技术，2011，11(2)：65-67.
[399] 张艳，戴晶平．凡口铅锌矿选矿废水资源化研究与应用[J]．有色金属（选矿部分），2007(6)：33-35.
[400] 周灵芝．凡口铅锌矿锌尾溢流资源化利用[J]．工程设计与研究，2010(129)：13-15.
[401] 陈代雄，朱雅卓，杨建文．某铅锌矿选矿废水的治理与回用试验研究[J]．湖南有色金属，2013，29(4)：43-47.
[402] 罗进，王少东．某铅锌矿尾矿及回水综合利用的工艺研究[J]．国外金属矿选矿，2008(12)：32-33.
[403] 张晓春．铅锌选矿厂废水净化回用研究[J]．云南冶金，2012，41(4)：78-81.
[404] 陈伟，彭新平，陈代雄．某铅锌矿选矿废水处理复用与零排放试验研究[J]．环境工程，2011，29(3)：37-39.
[405] 唐灿富．西藏某铜铅锌选矿废水处理及回用探析[J]．湖南有色金属，2012，28(4)：55-57.
[406] 曾懋华，龙来寿，奚长生，等．超声波辅助去除铅锌选矿外排废水中的硫化物[J]．金属矿山，2011(2)：146-148.
[407] 彭新平．硫化铅锌矿选矿废水处理试验研究[J]．湖南有色金属，2011，27(3)：48-51.
[408] 彭新平，陈伟，吴兆清．硫化铅锌矿选矿废水处理与回用技术研究[J]．湖南有色金属，2010，26(2)：40-42.
[409] 张东方，陈涛．接触氧化法处理铅锌矿选矿废水试验研究[J]．广东化工，2012，39(6)：285-287.
[410] 陈代雄，朱雅卓，杨建文．某铅锌矿选矿废水的治理与回用试验研究[J]．湖南有色金属，2013，29(4)：43-47.
[411] 李晓君，张慧智．黄沙坪铅锌矿选矿废水治理研究[J]．湖南有色金属，2008，24(6)：49-51.
[412] 严群，罗仙平，赖兰萍，等．会东铅锌矿选矿废水净化回用工艺的试验研究[J]．工业水处理，2008，28(3)：57-60.
[413] 李文东，王永松，李小辉．JCSS 水处理技术在选矿废水中的研究及应用[J]．技术装备，2013(6)：43-45.
[414] 刘述忠，陈享享，张益玮，等．JCSS 絮凝剂在铅锌选矿废水处理的应用研究[J]．有色金属（选矿部分），2014(5)：85-87.
[415] 王巧玲．小型铅锌银矿选矿废水处理及回用研究[J]．企业技术开发，2011，30(17)：7-9.
[416] 顾泽平，孙水裕，肖华花．用次氯酸钠法处理选矿废水[J]．化工环保，2006，26(1)：35-37.
[417] 李晓玲．选矿废水的综合治理与利用[J]．甘肃冶金，2010，32(5)：84-86.
[418] 李海令，付鑫．内蒙古获各琦铅锌选矿厂废水利用[J]．有色金属（选矿部分），2009(1)：20-22.
[419] 刘源源，李欣，肖鑫，等．尾砂柱连续萃取法去除铅锌选矿尾砂中重金属[J]．环境科学学报，2010，30(7)：1439-1444.
[420] 郑雅杰，彭振华．铅锌矿选矿废水的处理及循环利用[J]．中南大学学报（自然科学版），2007，38(3)：468-473.
[421] 孔令强，覃文庆，何名飞，等．蒙自铅锌矿选矿废水净化处理与回用研究[J]．金属矿山，2011(4)：149-152.
[422] 周晓文，罗仙平，龚恩民．从某铅锌矿铅精矿中分选铜的试验研究[J]．金属矿山，2010(2)：69-72.
[423] 张艳芬，徐腮超．某铅锌矿选矿废水的处理工艺探讨[J]．云南冶金，2013，42(3)：68-72.
[424] 尚锦燕．某铅锌浮选尾矿废水处理试验研究与工业实践[J]．新疆有色金属，2013(S2)：116-117.
[425] 沈进杰，杨大兵，鲁维，等．含铅锌褐铁矿综合选别工艺研究[J]．中国矿业，2011，20(10)：81-84.
[426] 李季霖，王仁东，谭兵．西藏混合银铅多金属矿的选矿试验研究[J]．矿产综合利用，2014(3)：42-45.
[427] 梅向阳．提高铅精矿中金回收率的选矿试验研究与生产实践[J]．有色金属（选矿部分），2010(4)：17-20.
[428] 陈代雄，谢超，徐艳．高金铅锌矿浮选新工艺试验研究[J]．有色金属（选矿部分），2007(5)：1-4.
[429] 肖骏，陈代雄，覃文庆．某伴生金硫化铅锌矿浮选试验研究[J]．有色金属（选矿部分），2007(4)：20-25.
[430] 陈代雄，肖骏，杨建文．提高矽卡岩型多金属硫化矿床伴生贵金属回收的研究[J]．有色金属（选矿部分），2014(5)：53-57.
[431] 马忠臣，杨长颖，马延全．铅锌硫化矿中伴生银综合回收试验研究[J]．黄金，2014(11)：65-69.
[432] 张平发，宫晓军．白音诺尔铅锌矿伴生银综合回收技术研究与生产实践[J]．金属材料与冶金工程，2013，41(4)：30-32.
[433] 肖骏，陈代雄，覃文庆．某伴生金硫化铅锌矿浮选试验研究[J]．有色金属（选矿部分），2014(4)：20-25.
[434] 周晓四，王少东，彭芬兰，等．某铅锌矿石分选工艺试验研究[J]．昆明冶金高等专科学校学报，2011，27(1)：4-8.

[435] 罗仙平，杜显彦，赵云翔，等．内蒙古某低品位难选铅锌矿石选矿工艺研究[J]．金属矿山，2013(10)：58-62.
[436] 常帼雄，刘宏伟，郭义平．内蒙古维拉斯托锌铜矿床选矿试验研究[J]．地质与资源，2011，20(6)：434-439.
[437] 李仕雄，李学强，张学政．从氰化尾渣高效回收铜、铅、锌、硫的新工艺研究[J]．湖南有色金属，2009，25(1)：13-16.
[438] 胡真，宋宝旭，邹坚坚，等．某稀土矿床中伴生彩钼铅矿的综合回收试验研究[J]．有色金属（选矿部分），2013(S1)：124-128.
[439] 黄尚明．从磁选尾矿中回收伴生锌的试验与实施[J]．矿业工程，2007(2)：30-31.
[440] 温永富．回收磁选尾矿中锌的试验与生产实践[J]．中国矿山工程，2007(1)：10-12.
[441] 余祖芳，刘建远，师建忠，等．从磁选尾矿中回收钼和锌的选矿试验研究与生产实践[J]．有色金属（选矿部分），2007(4)：6-9.
[442] 刘望，廖大学，陈述明，等．湖南新田岭钨原矿伴生铜锌硫综合回收试验研究[J]．湖南有色金属，2012(4)：10-13.
[443] 周怡玫，官长平，汤小军．综合回收硫精矿中铅锌银选矿工艺研究[J]．有色金属（选矿部分），2012(4)：33-36.
[444] 李正要，汪莉，于艳红，等．金精矿氰化尾渣铅和铜的回收[J]．北京科技大学学报，2009(10)：1231-1234.

第10章　钨矿石选矿

本章系统地阐述了钨资源分布、生产和消费，钨矿选矿理论及基础研究，选矿工艺技术及装备进展以及钨矿选矿存在的问题及发展趋势。

10.1　钨资源简况

10.1.1　钨矿资源分布

在20多种钨矿物中，目前具有工业意义的是黑钨矿和白钨矿。石英脉型黑钨矿矿床是目前世界上已开采的最重要钨矿类型，除我国外，其他国家和地区几乎没有大型矿区，矿石矿物以黑钨矿为主，有少量白钨矿；其次是矽卡岩型白钨矿矿床，矿石储量较集中，往往形成大型矿区；斑岩型钨矿床，占钨矿总储量的1/4，矿石矿物中黑钨矿和白钨矿几乎各占一半，品位低（WO_3 含量为0.1%）。除上述钨矿床类型外，其他还有砂岩型、伟晶岩型和热泉型钨矿床等，这些矿床类型的工业意义很小。

据美国地调局资料，2013年世界钨储量为350万吨，主要集中在中国、加拿大、俄罗斯和美国，四国合计占世界总储量的73.70%，其他钨资源国还有玻利维亚、奥地利和葡萄牙等。2013年世界钨矿资源储量见表10-1及图10-1[1,2]。

表10-1　2013年世界钨矿资源储量（钨金属量）　　（万吨）

国家或地区	储　量	国家或地区	储　量
中　国	190.0	奥地利	1.0
加拿大	29.0	葡萄牙	0.4
俄罗斯	25.0	其　他	85.3
美　国	14.0	世界总计	350.0
玻利维亚	5.3		

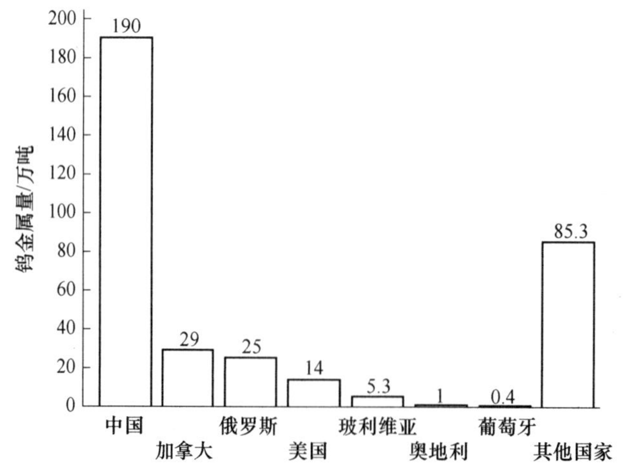

图10-1　2013年世界主要产钨国家钨资源储量

我国是世界钨资源最丰富的国家，钨资源分布于全国21个省、自治区、直辖市，主要集中在湖南、江西、广东、广西等地。我国不同地区钨矿资源储量见表10-2[3]。

表10-2　2013年中国钨矿资源储量（钨金属量）　（万吨）

省（区）	矿区数/个	基础储量	储　量	资源量	查明资源储量
全　国	420	234.9	110.21	466.51	701.41
北　京	3	—	—	0.16	0.16
河　北	1	—	—	0.08	0.08
内蒙古	26	9.09	0.01	13.91	23
辽　宁	2	—	—	0.08	0.08
吉　林	4	—	—	8.35	8.35
黑龙江	8	3.1	2.26	25.34	28.44
浙　江	5	0.1	—	0.2	0.3
安　徽	13	0.62	—	27.44	28.06
福　建	15	5.81	0.06	23.56	29.37
江　西	113	110.45	23.8	79.97	190.42
山　东	3	—	—	2	2
河　南	12	15.54	14.95	13.6	29.14
湖　北	12	0.61		5.47	6.08
湖　南	58	73.84	60.42	135.6	209.44
广　东	53	4.74	3.52	23.71	28.45
广　西	32	1.46	0.42	30.42	31.88
海　南	1	0.03	0.02	0.12	0.15
四　川	1	—	—	0.02	0.02
贵　州	4	—	—	0.8	0.8
云　南	31	4.27	1.58	24.4	28.67
甘　肃	7	5.23	3.17	35.04	40.27
青　海	6	—	—	2.28	2.28
新　疆	10	0.01	—	13.96	13.97

10.1.2　钨矿资源的生产和消费

10.1.2.1　世界和中国钨精矿产量

2013年世界钨矿山产量为97136t（钨金属量，下同），比2012年增长7%。世界钨矿主要生产国有中国、加拿大、俄罗斯、卢旺达、玻利维亚、奥地利和葡萄牙等，不同年份世界钨精矿产量见表10-3[2,3]。

表10-3　世界钨精矿产量（钨金属量）　（t）

国家或地区	2006年	2007年	2008年	2009年	2010年	2011年	2012年	2013年
中　国	44948	41178	43502	65000	74800	77900	78200	85000
加拿大	2612	2700	2795	2501	364	2368	2505	2762
俄罗斯	2600	2700	2700	3100	1800	2500	3400	2400
卢旺达	1966	1781	1308	874	843	1006	1750	2215
玻利维亚	1094	1395	1430	1289	1517	1418	1573	1580
奥地利	1153	1117	1122	887	976	859	706	850
葡萄牙	740	847	994	832	805	825	769	750
巴　西	525	537	408	192	166	244	381	450
西班牙			194	284	303	326	342	322
乌兹别克斯坦	300	300	300	300	300	300	300	300
泰　国	427	636	383	200	315	215	179	181

续表 10-3

国家或地区	2006 年	2007 年	2008 年	2009 年	2010 年	2011 年	2012 年	2013 年
缅　甸	100	100	100	90	167	261	160	144
吉尔吉斯斯坦	100	100	100	100	100	100	100	100
乌干达	95	108	55	9	55	10	43	35
秘　鲁		461	575	634	716	546	365	35
澳大利亚	7	17	6	9	11	22	12	12
世界总计	56667	53977	55972	76301	83238	88900	90785	97136

我国是世界最大的钨生产国，2013 年我国的钨矿产量占世界钨总产量的 87.5%。我国供应国际市场钨产品需求的 80%，在国际钨市场上具有举足轻重的地位。近期国际市场钨产品供应形势很大程度上取决于中国政府的钨业政策。不同年份我国钨精矿产量（钨精矿折合量）如图 10-2[3] 所示。

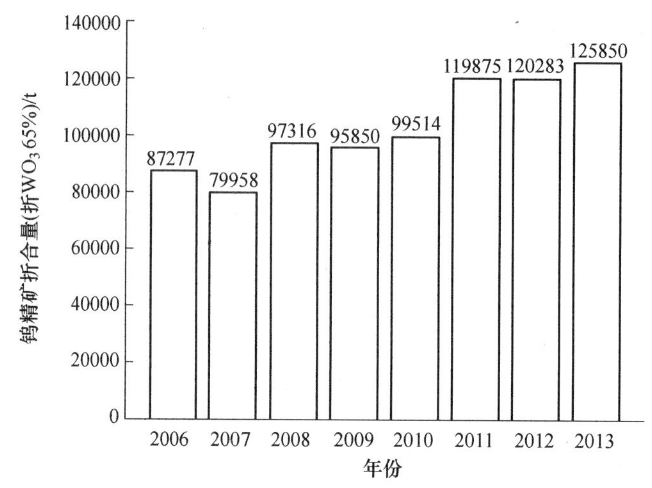

图 10-2　不同年份我国钨精矿产量（钨精矿折合量）

我国钨矿生产的企业分布在 11 个省（区），我国钨精矿的产量主要集中在江西和湖南两省，其钨精矿产量占全国产量的 70.7%，其他省份仅占 29.3%。钨是我国实行保护性开采的特定矿种，钨的生产实行总量控制，钨产品出口实行总量控制和配额许可证制度，但 2013 年实际产量均明显大于生产配额。

10.1.2.2　世界和中国消费量

钨具有熔点高、硬度大、超耐热性、卓越的高温力学性能，在所有金属中具有最低的膨胀系数、良好的导电性和导热性、散热系数低等特点，广泛用于电力、电子、石油化工、军事、金属和木材加工、建筑、采矿、抗磨损等领域。常用于切削工具、高速工具钢、灯丝、电极、触点材料、磁控管、碳化钨、催化剂等产品。钨的终端消费领域所占比重在世界各主要钨消费国家或地区不尽相同，但主要是用于硬质合金和超耐热合金这两大领域。

2013 年世界钨消费量为 6.3 万吨，比 2012 年下降 2.7%，2011～2013 年全球钨消费情况见表 10-4[2]。我国钨消费量 3.3 万吨，同比下降 3%，占世界钨消费量的 52%，是世界第一大钨消费国。最近几年，我国经济增长变慢，硬质合金产量增幅也相应减少，由此导致钨消费量下降。我国钨的消费结构大致如下：硬质合金 51%，特钢 30%，钨加工材料 13%，化工及其他 6%。2009～2013 年我国钨消费量如图 10-3 所示。

表 10-4　2011～2013 年全球钨消费情况（钨金属量）　(t)

国家或地区	2011 年	2012 年	2013 年	国家或地区	2011 年	2012 年	2013 年
欧　洲	22075	17660	16500	其　他	6500	6000	6100
日　本	9000	7380	7200	中　国	38039	34207	33180
美　国	14000	12544	12800	合　计	74141	64716	63000

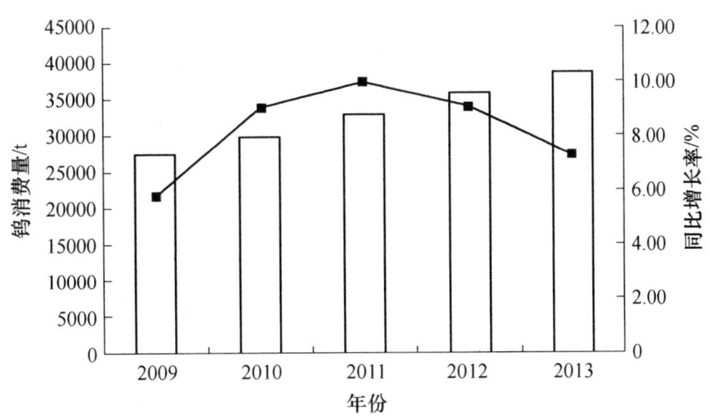

图 10-3 不同年份我国钨消费量情况
（数据来源：中国钨业协会）

世界上其他主要钨消费国家或地区还有美国、俄罗斯、韩国、以色列、中国台湾、印度、巴西、土耳其等。

10.1.2.3 钨精矿和金属进出口情况及趋势

在钨产品的国际贸易中，我国为最大贸易国，其次是俄罗斯、加拿大、奥地利、玻利维亚等国家。

我国是世界钨产品的贸易大国，出口量稳居世界第一位，但全球贸易占比呈现逐年下降趋势。近几年，由于非洲国家以及澳大利亚提高了钨出口量，我国钨出口量持续下滑，同时我国钨出口量占全球的比重也呈现下降趋势。但是，我国在国际钨市场上仍具有举足轻重的影响。2013 年全球贸易总量 3.8 万吨，中国出口占比 46%，美国 18%，欧洲 16%，日本 13%。

据中国海关统计，2013 年我国钨产品出口 18160t（钨金属量，不含硬质合金，下同），较 2012 年减少 2976t，减幅为 14.1%。进口量 5670t，较 2012 年增加 349t，增幅 6.6%。净出口量为 12490t，较 2012 年减少 3325t。2011～2013 年我国钨产品进出口量见表 10-5[2]，不同年份我国钨产品进出口量情况如图 10-4 所示。

表 10-5 我国钨产品进出口量统计（钨金属量） (t)

品 种	出口量			进口量		
	2011 年	2012 年	2013 年	2011 年	2012 年	2013 年
钨矿砂及精矿	36.25	50.01	186.90	4612.28	4582.81	5021.51
钨 酸	215.02	285.35	52.26	0	0	0.01
黄色三氧化钨	4345.21	4088.68	3060.59	8.27	28.34	16.71
蓝色三氧化钨	5890.56	4475.63	2746.93	12.08	0.05	0.19
仲钨酸铵	3600.46	1775.91	1961.32	58.9	210.37	4.24
钨酸钠	57.61	110.14	42.02	2.31	2.31	26.95
偏钨酸铵	862.57	1179.03	1290.26	6.99	0.03	0.03
其他钨酸盐	0	0	0.01	1.18	0.66	0.69
碳化钨	3231.73	2429.34	1753.04	32.36	25.17	50.87
钨 铁	738.23	344.48	54.3	1.54	52.51	42.03
硅钨铁	0	0	0	0	0.02	0.07
钨 粉	1256.96	959.05	662.24	69.02	48.38	53.06
未锻轧钨	0.13	16.80	6.79	3.25	6.75	1.94
钨加工材	1390.03	1331.64	1229.1	112.48	72.15	48.33
钨 丝	456.25	482.70	381.53	47.18	39.71	45.07
钨废碎料	0	0	0	52.02	10.01	5.02
其他钨制品	237.43	173.84	160.61	60.92	35.6	28.05
混合料	4420	3434	4572.35	325	206	344.85
总 计	26738	21136	18160	5406	5321	5670

由于国外需求低迷，2013 年钨产品出口量是自 2000 年以来的第四次下降。出口量中，配额钨产品较 2012 年下降 21.4%。与 2012 年相比，出口量增加的品种有钨酸（增长 32.7%）、钨酸钠（增长 91.0%）、偏钨酸铵（增长 36.7%）和钨丝（增长 5.8%），其中偏钨酸铵是近 5 年中出口量最多的一年，钨酸和钨酸钠出口量与 5 年中出口量最多的 2008 年基本持平。出口量减少的有三氧化钨（下降 5.9%）、未列名的钨氧化物和氢氧化物（下降 24.0%）、APT（减少 50.7%）、钨铁（减少 53.3%）、钨粉（减少 23.7%）、碳化钨（减少 24.8%）、混合料（减少 22.3%）、钨条杆（减少 4.2%）和其他钨制品（减少 26.8%），其中钨铁出口量是 20 世纪 80 年代开始出口钨铁产品以来历年出口量最少的一年。除钨铁以外，与 2012 年比较，出口量下降幅度最大的是 APT，也是自 1989 年海关单独列 APT 商品号后出口量最少的一年。

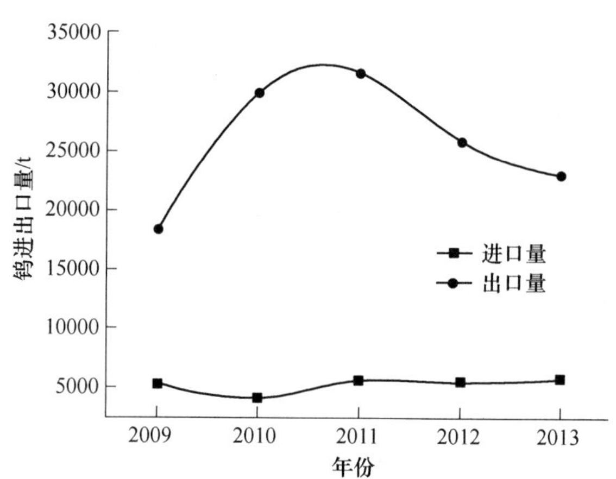

图 10-4 不同年份我国钨产品进出口量情况
（资料来源：中国海关统计数据）

近几年，我国原有的国有钨矿山大都进入晚期，正在生产的地方中小钨矿的资源也已近枯竭，因此，钨精矿的供应多年来一直短缺，供应缺口逐年扩大。

10.1.2.4 *钨精矿和金属价格及趋势*

2013 年，国内钨精矿价格呈先涨后跌走势，1～7 月份呈上涨走势，钨精矿价格（月度均价，下同）从 1 月份的 11.93 万元/吨上涨至 7 月份的 15.35 万元/吨；8～12 月份呈下跌走势，跌至 12 月份的 11.63 万元/吨。年末与年初相比跌幅达 2.51%；年内最大波动幅度为 24.23%。2013 年钨精矿年均价为 12.86 万元/吨，比 2012 年年均价上涨 6.81%。

仲钨酸铵（APT）是国际市场交易最常见的钨产品，因此，仲钨酸铵的价格就成为钨精矿、钨金属粉和碳化钨粉的价格指数。

2013 年，市场需求仍然低迷，但收储推高了钨价格。2013 年国内钨价格经历了收储快速上涨，后又因需求低迷大幅下跌，年底止跌小幅回升。2013 年 4 月，市场传言中国国家储备局将收购钨精矿，推动钨价快速上涨。同时五矿公司收购量远超收储数量，刺激市场钨价快速上涨。直至 7 月底钨精矿价格涨至 15.6～15.9 万元/吨，APT 价格涨至 22.4～22.6 万元/吨，达到 2013 年最高价格。从 8 月初开始一路下跌，至年末，钨精矿报价为 11.7～11.8 万元/吨，APT 报价为 17.7～18.2 万元/吨。2013 年国内钨精矿平均价格为 13.03 万元/吨，同比上涨 10.8%，最高价格 15.9 万元/吨，最低价格 11 万元/吨；APT 平均价格 19.11 万元/吨，同比上涨 4.79%，最高价格 22.6 万元/吨，最低价格 16.5 万元/吨。

2013 年国际钨市场总体呈下滑趋势。随着国外需求持续疲软，从我国采购钨产品的数量持续减少。最近几年国外有一些新钨矿山的投产以及废钨回收率提高也是导致国外原钨消费减少的重要原因。2013 年欧洲 APT 市场也呈现先涨后跌的局面，年中价格高，而年初和年末价格较低。欧洲市场 APT 年平均价格为 368 美元/吨度，同比下跌 1.84%，最高价格 425 美元/吨度，最低价格 280 美元/吨度。国外消费商近期采购不活跃，预计未来几个月也很难改观，APT 价格将在 360 美元/吨度左右波动。

2013 年国内钨精矿月度均价走势如图 10-5 所示，2009～2013 年我国钨产品出口综合年平均价格如图 10-6 所示，2009～2013 年钨材、钨丝进出口价格比较见表 10-6。

表 10-6 2009～2013 年钨材、钨丝进出口价格比较 （美元/吨）

钨品		2009 年	2010 年	2011 年	2012 年	2013 年
钨材	进口价	108887.20	122109.90	145504.20	160659.34	177031.1
	出口价	25694.00	35257.90	69977.80	63347.03	56744.8
	进口/出口	4.24	3.46	2.08	2.54	3.12

续表 10-6

钨　品		2009 年	2010 年	2011 年	2012 年	2013 年
钨　丝	进口价	211990.60	268321.50	358334.00	390874.03	389825.4
	出口价	70707.30	74596.20	97745.90	100307.71	104674.5
	进口/出口	3.00	3.60	3.67	3.90	3.72

资料来源：中国海关统计数据。

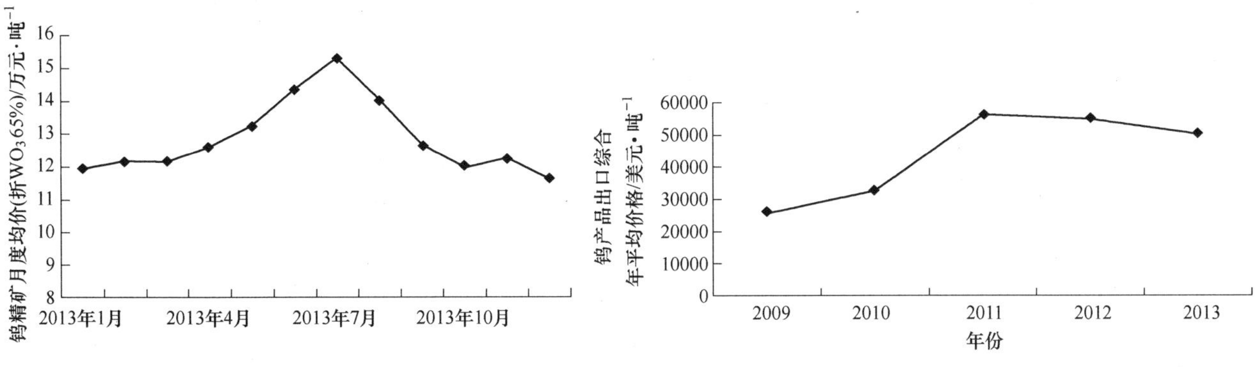

图 10-5　2013 年国内钨精矿月度均价走势
（数据来源：中国钨业协会）

图 10-6　2009 ~ 2013 年我国钨产品出口综合年平均价格
（数据来源：中国海关统计数据）

10.2　钨矿选矿理论及基础研究进展

近年来，有关钨选矿的理论和基础研究主要集中在浮选领域，其中研究最多的为浮选药剂，包括新药剂的开发、药剂混用、药剂作用机理等方面。此外，得益于分析测试手段及科技水平的提高，钨选矿在矿物界面性质、浮选气泡、表面化学、溶液化学和浮选动力学等诸多基础研究领域也取得了较大进展。

10.2.1　钨矿物界面性质基础研究

矿物的界面性质决定了矿物的可浮性及与药剂的相互作用关系，钨矿物界面性质的研究是钨选矿理论研究的基础。

高志勇[4]研究了白钨矿和方解石晶面的断裂键差异及其对矿物解理性质和表面性质的影响。运用 Materials Studio 软件构建白钨矿和方解石的晶胞，计算出两种含钙矿物晶体不同晶面的主要解理面和暴露面上钙活性质点密度和活性质点的未饱和键密度，并结合计算结果分析了两种矿物的解理性质和表面性质：白钨矿晶体的常见解理面为（001）面、（101）面和（111）面；方解石的常见解理面为晶体（1014）面，常见暴露面为（2134）面、（0118）面；晶体不同表面钙活性质点的未饱和键密度大小顺序分别为：白钨矿（101）≥（111）≥（001），方解石（2134）≥（0118）≥（1014）。矿物表面钙质点性质可能是造成两种含钙矿物选择性分离难的关键因素，因此在实际矿石的浮选中，可以通过磨矿等方式增加疏水性强的晶面、减少亲水性强的晶面来提高钨矿物对捕收剂的吸附，促进矿物的浮选。

于洋[5,6]通过对黑钨矿、白钨矿、石榴子石、方解石和萤石矿物晶体结构中化学键参数进行计算，发现矿物的晶体结构中，M 代表金属离子，X 代表非金属离子，M^{n+}—X^{n-} 键长、离子键百分数、库仑力、离子键极性以及相对键合强度之间具有很好的一致性。M^{n+}—X^{n-} 键长越短，离子键百分数越小，键的极性就越小，离子之间的库仑力就越大，相对键合强度就越大，M^{n+}—X^{n-} 键就越难以断裂；矿物晶体结构中二价金属离子 M^{2+}—X^{n-} 键的强弱顺序为：黑钨矿 > 白钨矿 > 石榴石 > 方解石 > 萤石，与其他含钙矿物相比，Ca^{2+} 与白钨矿表面结合最为牢固；由于萤石的离子性成分最高，因此其与高极化的水分子作用最为强烈，表面亲水性最强。

于洋还从矿物解离后表面 Ca^{2+} 的暴露位置、表面 $\Sigma Ca^{2+}/\Sigma X^{n-}$ 相对含量、Ca—X 键的强弱及表面不饱和键力的强弱等方面，分析了在白钨矿浮选过程中，不同调整剂对其他含钙矿物的选择性抑制机理。使用配合调整剂六偏磷酸钠对其他含钙矿物的选择性抑制作用在于：若含钙矿物表面 Ca—X 强度较弱，矿

物表面 Ca^{2+} 容易与配合调整剂作用而掩蔽于液相中，从而使矿物表面与捕收剂作用的活性质点减少。若含钙矿物表面 $\Sigma Ca^{2+}/\Sigma X^{n-}$ 较高，则矿物表面正电性较高，同时矿物表面暴露氧元素的剩余键强较大，因此大分子有机调整剂羧甲基纤维素可选择性地抑制其他含钙矿物。在白钨矿与含钙矿物可浮性研究中指出：表面 Ca—X 强度较弱的含钙矿物，其表面 Ca^{2+} 容易与配合调整剂作用生成可浮性差的配合物，并覆盖其表面，达到改变其他含钙矿物的表面化学组成的目的，实现白钨矿与其他含钙矿物的选择性分离。

张英[7]基于密度泛函理论的第一性原理研究发现：白钨矿、萤石和方解石三种矿物的钙原子的态密度组成很相似，白钨矿和方解石费米能级附近的态密度主要由氧的2p轨道构成，萤石费米能级附近的价带主要由F2p轨道组成。因此，白钨矿和方解石在参与化学反应时是氧的活性较强，而萤石则是氟的活性较强；白钨矿和方解石表面都有价键未饱和的钙离子，萤石表面的氟与氟之间的化学键最容易断裂，但氟离子的水化自由能比表面钙离子的小，容易优先水化进入溶液，使得表面也产生价键不饱和钙离子，在浮选过程中表现出相似的浮选性能。

Hu Y.[8]通过密度泛函理论（DTF）计算了白钨矿六个表面中非均质表面化学键破坏密度和表面能。计算结果表明：表面能与矿物表面化学键破坏密度成正比，（112）和（001）是主要被破坏和暴露的表面，X射线衍射也证实了这一点。通过接触角试验、AFM和浮选试验研究了这两个表面在油酸钠和DDA溶液中的不均匀吸附反应和润湿性。在给定的油酸钠浓度下，（112）和（001）解离面接触角值降低，降低值(112) > (110)。DDA溶液中也能观察到相同现象。AFM、表面吸附能和分子模拟计算解释了油酸分子在（112）和（001）解离面的不均匀吸附反应。

Gang Zhao[9]通过密度泛函理论（DFT）计算、矿物浮选试验、吸附测量和动电位测量研究了环己基异羟肟酸（CHA）作为一种新的捕收剂对白钨矿浮选的影响。密度泛函理论（DFT）计算结果表明：环己基异羟肟酸酸根或者苯甲羟肟酸酸根的阴离子和中性分子展现出更强的化学活性，在苯甲羟肟酸分子中苯基被环己基取代显著增强了羟肟酸捕收剂的给电子能力。在碱性溶液中，在环己基异羟肟酸或者苯甲羟肟酸酸根中两个氧原子比其他的原子带更多负电荷，结果变成了它们的反应中心。环己基异羟肟酸酸根展现出更高的原子电荷值、分子轨道能、更大的偶极矩和与 Ca^{2+} 的键合能，因此它比苯甲羟肟酸对白钨矿具有更强的捕收能力。除此之外，浮选试验结果、吸附测量、动电位测量证实了环己基异羟肟酸比苯甲羟肟酸的捕收能力更强，与计算结果取得了一致性。

10.2.2 钨矿浮选药剂作用机理研究

10.2.2.1 调整剂作用机理

A 抑制剂

目前，水玻璃仍是钨浮选中应用最广泛的有效抑制剂，对其作用机理的研究也越来越广泛和深入。

张旭[10]研究发现水玻璃用量及模数是白钨矿浮选的重要影响因素，水玻璃用量的增加，有利于精矿中钨品位的上升，而水玻璃的最佳模数则应控制在2.4~2.5。金婷婷[11]研究了水玻璃对不同类型白钨矿浮选回收的影响。在油酸钠与731组合作捕收剂的体系中，水玻璃用量是影响石英型、萤石型及碳酸钙型白钨矿石精矿品位、回收率和选矿效率的主要因素，其次是水玻璃模数，并且低模数水玻璃有利于石英型白钨矿的浮选；中高模数水玻璃有利于萤石型白钨矿的浮选；对于碳酸钙型白钨矿，水玻璃的模数影响不大。

张英[12]研究了白钨矿、萤石和方解石的理想结构与水玻璃间的相互作用。研究指出：水玻璃与白钨矿、萤石和方解石作用后，在白钨矿、萤石和方解石表面均发生了吸附，但吸附量的大小不同；在与水玻璃作用后，白钨矿的化学位移基本没变化，而萤石和方解石均发生了化学位移。

曹学锋等人[13,14]研究指出：随着水玻璃浓度的增大，水玻璃对白钨矿浮选的作用由活化变为抑制；对萤石、白钨矿及方解石三种含钙矿物抑制能力大小顺序为：萤石 > 方解石 > 白钨矿，因此在使用水玻璃作抑制剂时，优先考虑抑制萤石，然后抑制方解石，得到白钨矿精矿。

孙伟[15]研究了水玻璃在油酸钠作捕收剂浮选分离白钨矿萤石过程中的影响。当浓度低于硅酸钙沉淀生成点时，其对pH值的改变能够增加矿物的可浮性，从而起到促进作用；当浓度高于硅酸钙沉淀生成点时，硅酸钠促使矿物表面沉淀的生成将降低矿物可浮性，从而起到抑制作用。

水玻璃与金属离子的配合使用，不仅可以增强水玻璃的抑制能力，而且能减少水玻璃的用量。溶液中对方解石起抑制作用的主要组分是水溶液中的 $Si(OH)_4$，而对萤石、白钨起抑制作用的主要组分是 $SiO(OH)_3^-$，金属离子对水玻璃性能的影响主要改变水溶液中有效组分的含量，同时吸附于白钨矿表面从而改变其表面电势，增加白钨矿对阴离子捕收剂的吸附作用[16,17]。

王成行[18]研究指出：改性水玻璃相比普通水玻璃，不仅对石英与方解石、萤石等含钙脉石矿物的选择抑制效果更强，而且能有效分散矿泥、尽量避免矿泥罩盖矿物表面，改善浮选效果。刘旭[19]研究中发现普通水玻璃经硫酸酸化后选择性抑制作用增强，但其对微细粒方解石可浮性影响较弱。草酸和水玻璃混合后，在中性和弱碱性环境中对微细粒萤石和方解石表现出较强的抑制效果，而微细粒白钨矿受到的抑制作用较弱。水玻璃做抑制剂时，其主要组分为活性硅酸胶体，而酸性条件能促进溶液中活性胶态［$n$$SiO_2$］的电离生成。

除水玻璃外，近年在钨浮选中对其他无机和有机抑制剂的机理研究也有较多报道，如六偏磷酸钠、羧甲基纤维素、草酸、柠檬酸、石灰、栲胶、淀粉等，增加了不同种类钨矿浮选时抑制剂的可选择性。

冯其明等人[20]在研究六偏磷酸钠对方解石的抑制效果时发现，六偏磷酸钠对方解石的抑制效果较好，吸附量测定以及红外光谱测定结果表明：六偏磷酸钠对方解石的抑制作用并不是停滞在方解石的表面；方解石表面 Ca^{2+} 溶解量测试结果表明：六偏磷酸钠能溶解方解石表面的钙离子，从而去除方解石表面的活性点，使方解石表面已经附着的捕收剂解析或者未附着的捕收剂难以附着，所以方解石的可浮性降低，从而受到抑制。

于洋[21]研究了选择性调整剂柠檬酸在黑钨矿与白钨矿及其他含钙矿物分离时的影响及作用机理；柠檬酸的加入对黑钨矿可浮性影响不大，能使其浮游速度略有降低，而白钨矿与萤石的可浮性及浮游速度随柠檬酸用量的增加逐渐降低；在适当的浮选条件下，柠檬酸不仅能扩大黑钨矿与其他矿物可浮性之间的差异，而且能扩大其浮游速度之间的差异；柠檬酸对矿物选择性抑制作用在于：柠檬酸在黑钨矿表面吸附并不牢固，难以阻碍苯甲羟肟酸在其表面吸附；柠檬酸能选择性配合白钨矿与其他含钙矿物表面 Ca^{2+}，导致矿物表面与捕收剂作用的活性质点减少，使矿物浮游受到抑制。在白钨矿浮选试验中发现，在 pH 值为 8 ~9 时，羧甲基纤维素可选择性地抑制其他含钙矿物而不抑制白钨矿。

石灰法[22]是实现低品位白钨矿与含钙脉石矿物常温浮选分离的有效途径。采用石灰法常温浮选白钨矿、萤石、方解石等含钙脉石矿物，在粗选段和精选段得到了强烈的选择性抑制，从而实现了白钨矿与萤石、方解石等含钙脉石矿物的有效分离。刘红尾处理柿竹园低品位白钨矿原矿 WO_3 品位为 0.39%，采用石灰法常温浮选分离，经粗选闭路试验获得了 WO_3 品位为 3.53%、回收率为 77.01% 的白钨粗精矿。精选开路试验，通过添加酸化水玻璃，获得了最终浮选精矿 WO_3 品位为 42.12%、回收率为 46.26% 的良好指标。

刘旭[19]研究发现高分子有机抑制剂的抑制能力明显强于低分子有机抑制剂；有机抑制剂的抑制能力与其结构中极性基的比例有关，极性基比例越大，其抑制能力越强。磷酸盐对三种微细粒矿物都有较强的抑制效果，但无明显的选择性抑制作用。

油酸钠和 731 作捕收剂时，有机抑制剂对白钨矿、萤石和方解石的选择性抑制能力的强弱顺序为：聚丙烯酸钠（PA-Na）> 柠檬酸 > 栲胶 > 淀粉。当 pH 值为 8.7 ~ 9.3 时，相对分子质量大的聚丙烯酸钠（PA-Na-2）对三种矿物的抑制能力的强弱顺序为：萤石 > 方解石 > 白钨矿。PA-Na-2 与硅酸钠混合使用时，当 PA-Na-2 含量大于 60% 时，白钨矿的回收率大于萤石和方解石。搅拌强度为 1200r/min 时，搅拌时间对 PA-Na-2 与矿物表面的作用效果影响甚微[10]。

在水体系中，聚丙烯酸钠对三种矿物吸附能绝对值的大小顺序为：白钨矿 > 方解石 > 萤石，说明聚丙烯酸钠在三种矿物表面的吸附使它们受到抑制作用，且抑制力强弱顺序为：萤石 > 方解石 > 白钨矿。在纯矿物浮选试验中，当 pH 值为弱碱性时，聚丙烯酸钠对萤石和方解石的抑制作用强于白钨矿，在自然 pH 值条件下，聚丙烯酸钠对三种矿物的抑制能力强弱顺序为：萤石 > 方解石 > 白钨矿。由此可以说明聚丙烯酸钠有可能实现白钨矿与萤石、方解石的浮选分离[7]。

B　活化剂

Pb^{2+} 是钨矿浮选最有效的活化剂，尤其对黑钨矿活化作用十分显著。此外，碳酸钠能调整捕收剂作

用的矿浆环境，改善水玻璃的选择性。

程新朝[23]研究 CF 法浮选钨过程中硝酸铅的作用。研究表明：硝酸铅的主要活化成分是 Pb^{2+} 和 $PbOH^{+}$。在硝酸铅存在时，CF 药剂才在白钨矿和黑钨矿表面发生化学吸附，其作用形式是 Pb^{2+} 或 $PbOH^{+}$ 先化学吸附于白钨矿和黑钨矿表面，然后 CF 药剂与吸附于白钨矿和黑钨矿表面的 Pb^{2+} 和 $PbOH^{+}$ 发生化学反应，生成 CF 药剂的金属螯合物；不论硝酸铅存在与否，CF 药剂在萤石和方解石表面的吸附均为物理吸附；在不同的 pH 值范围内，Pb^{2+} 活化矿物浮选的活性组分是多样的，在低 pH 值区间，Pb^{2+} 活化黑钨矿浮选的有效组分为 $PbOH^{+}$，在高 pH 值区间，Pb^{2+} 吸附及其活化作用的有效组分为氢氧化铅表面沉淀。

钟传刚[24]研究了金属离子对苯甲羟肟酸浮选黑钨矿、石英的影响，研究指出：Fe^{3+}、Fe^{2+}、Cu^{2+}、Mn^{2+}、Ca^{2+}、Mg^{2+} 等离子对苯甲羟肟酸浮选黑钨矿、石英的影响很小，Pb^{2+} 能明显活化黑钨矿浮选；矿浆 pH 值是实现黑钨矿与石英分离的重要条件，矿浆 pH 值最好控制为弱碱性；金属离子能使黑钨矿 ζ-电位曲线发生不同程度地正移，正移程度为 $Pb^{2+} > Fe^{3+} > Mn^{2+} > Fe^{2+} > Ca^{2+} > Mg^{2+}$，但不改变符号，表明金属离子主要集中于双电层的扩散层，起压缩双电层的作用。金属离子使黑钨矿接触角不同程度增大，其中 Pb^{2+} 作用效果最为明显；在加入苯甲羟肟酸后，接触角继续增加，表明 Pb^{2+} 促进了苯甲羟肟酸的吸附。

熊立[25]研究指出矿浆中 Pb^{2+} 的添加增强了水玻璃的抑制选择性与抑制能力，能促进起抑制作用的 $SiO(OH)^{3-}$ 的生成，$SiO(OH)^{3-}$ 与 $PbOH^{+}$ 能生成吸附性较好、吸附能力较强的复合硅酸盐，胶态 $Pb(OH)_2$ 的大量生成，与 $Si(OH)_4$ 交杂在一起，从而增强了抑制作用的选择性与强度；另外，$PbOH^{+}$ 能与白钨矿表面作用分离出水而吸附于矿物表面，使矿物表面的负电降低或荷正电，从而增大对阴离子捕收剂的静电引力，提高白钨矿的可浮性。

碳酸钠是白钨矿浮选的常用调整剂，它既能调整矿浆的 pH 值又能改善水玻璃的选择性[26]，在碳酸钠条件下，水玻璃对方解石和萤石的选择性抑制作用可发挥到最大[14]。当使用油酸作为捕收剂，且对矿浆 pH 值要求大于 11 时，可采用 NaOH 和苏打混用调节矿浆 pH 值，防止油酸与钙、镁生成沉淀[16]。

10.2.2.2 捕收剂作用机理

新型钨矿捕收剂的研究大多利用了药剂的同分异构原理，以期开发性能更好、选择性更强的高效捕收剂[27]，而对于药剂作用机理，一般从表面动电位变化、接触角测定、吸附量测定、红外光谱检测、X 射线光电子能谱、分子动力学模拟以及溶液化学计算等方面对浮选行为进行分析和解释。

白钨矿浮选的捕收剂仍大量使用脂肪酸及其皂类，例如，油酸、油酸钠、氧化石蜡皂等。油酸类捕收剂对白钨矿的捕收能力较好，但选择性较差。胂酸、膦酸类捕收剂曾广泛应用于黑钨细泥浮选，并且浮选指标良好。常见的胂酸、膦酸类捕收剂主要有甲苯砷酸、混合甲苯胂酸、甲苄胂酸、苄基胂酸、苯乙烯膦酸及浮锡灵等[28]。近年来国内外众多的研究者针对钨浮选捕收剂展开了大量的研究工作，尤其是胺类捕收剂浮选白钨，同分异构筛选黑钨矿捕收剂。

A 白钨矿捕收剂

白钨矿常用的捕收剂分为 4 类：阴离子捕收剂、阳离子捕收剂、两性捕收剂和非极性捕收剂。阴离子捕收剂是最常用的捕收剂，研究方向从油酸、油酸钠、塔尔油、731、733 等脂肪酸类捕收剂向磺酸类、膦酸类和螯合类捕收剂发展，由难溶于水捕收剂的向易溶、高选择性、高捕收性捕收剂发展。阳离子捕收剂主要是指胺类捕收剂，两性捕收剂即氨基酸类捕收剂。非极性捕收剂主要是用来做其他捕收剂的辅助药剂，主要作用是调整泡沫性能，促进疏水团聚，提高捕收性。

张庆鹏等人[29]研究了不同结构脂肪酸类捕收剂对白钨矿的捕收性能。研究表明：不饱和脂肪酸不饱和程度越大，浮选效果越好；脂肪酸碳链碳原子数目在一定范围内时，其浮选白钨矿的效果随着碳原子数目的增加而加强；碳链异构的烃链不饱和脂肪酸比正构烃链的不饱和脂肪酸浮选白钨矿的效果要好些；当脂肪酸分子引入羟基时，浮选效果反而不如没有羟基的脂肪酸。不同碳原子数的饱和脂肪酸在白钨矿表面的吸附量由小到大依次为：月桂酸、肉豆蔻酸、棕榈酸、硬脂酸；不同双键数目的不饱和脂肪酸在白钨矿表面的吸附量由小到大依次为：亚油酸、油酸、亚麻酸；碳链正构的脂肪酸-硬脂酸在白钨矿表面的吸附量比碳链异构的异硬脂酸的要小；但同样不含烃基的硬脂酸比含有羟基的脂肪酸蓖麻油酸在白钨矿表面的吸附量要大。

江庆梅[30]研究了油酸钠、不同烃基的脂肪酸、油酸钠与不同烃基脂肪酸组合药剂对白钨矿、萤石、方解石的捕收性能，并通过添加水玻璃，揭示在抑制剂存在时，组合药剂对矿物捕收能力的差异。研究结果表明：油酸钠与不同烃基脂肪酸组合使用比单独使用效果好，捕收能力强。添加水玻璃抑制剂后，组合药剂对白钨矿与萤石、方解石的可浮性差异显著。通过接触角测试结果表明：不同烃基脂肪酸钠对矿物的接触角增加量不同，混合使用后白钨矿、萤石接触角增加量更大，添加水玻璃后，白钨矿的接触角变化不大，而萤石、方解石的接触角显著降低，增大了白钨矿与萤石、方解石的接触角差值。动电位测试结果表明：添加水玻璃后，组合捕收剂选择性的吸附在白钨矿表面而在萤石、方解石表面吸附较少。表面张力实验结果表明：在同等 pH 值条件下，如果达到相同的回收率，组合药剂的用量比单一药剂的用量低。浮选溶液化学与热力学计算结果表明：油酸钠与白钨矿、萤石、方解石的作用机理相同，导致矿物之间难以分离；不同烃基脂肪酸钠与矿物晶格阳离子 Ca^{2+} 发生反应的标准自由能存在差异，对矿物捕收能力存在差异。

杨耀辉[31]研究了白钨矿浮选过程中脂肪酸类捕收剂的混合效应。电位滴定法测试吸附量结果表明：饱和脂肪酸在白钨矿表面吸附量的大小为：硬脂酸 > 棕榈酸 > 肉豆蔻酸 > 月桂酸；不饱和脂肪酸在白钨矿表面吸附量的大小为：亚麻酸 > 油酸 > 亚油酸；支链脂肪酸-异硬脂酸在白钨矿表面的吸附量较硬脂酸要大些；羟基脂肪酸在白钨矿表面的吸附量较硬脂酸的要小些。热力学与浮选溶液化学计算结果表明：不同结构的脂肪酸与含钙矿物晶格阳离子 Ca^{2+} 发生反应的 $\Delta G^{\ominus}$（标准自由能）存在差异，这可能是其对矿物捕收能力存在差异的原因；不同结构的脂肪酸在中性或弱碱性介质中与白钨矿、萤石、方解石的作用机理基本相同；加入钙离子后，不同结构的脂肪酸生成脂肪酸钙的浓度存在着差异，这可能是其对矿物捕收能力存在差异的原因。

Feng Bo[32]研究了采用油酸钠作为捕收剂、硅酸钠作为抑制剂从方解石中浮选分离白钨矿的浮选行为。结果表明：油酸钠对白钨矿和方解石均有捕收能力，仅仅采用油酸钠不能实现白钨矿与方解石的浮选分离。抑制剂硅酸钠有选择性地作用在方解石表面，硅酸钠与草酸的最佳比例是 3∶1。硅酸钠作为抑制剂的使用可以实现白钨矿与方解石的分离。红外测试和动电位测量显示硅酸钠的预先吸附会干扰油酸钠在方解石表面的吸附而不会干扰其在白钨矿表面的吸附。

金婷婷[11]系统研究了单一和组合捕收剂对白钨矿、萤石和方解石的捕收能力，结果表明：在没有添加调整剂的情况下，油酸钠、731 氧化石蜡皂和 GYW 对白钨矿、萤石、方解石的捕收能力相近，无法分离；油酸钠与 731 组合使用时对白钨矿、方解石的捕收能力强，对萤石捕收能力减弱；油酸钠与 GYW 组合对白钨矿、萤石、方解石捕收能力的差异不大；731 和 GYW 组合的捕收顺序为萤石 > 方解石 > 白钨矿 > 石英；组合捕收剂对白钨矿的捕收能力强弱顺序为：油酸钠 + 731 > 油酸钠 + GYW > 731 + GYW；组合捕收剂对萤石的捕收能力强弱顺序为：731 + GYW > 油酸钠 + GYW > 油酸钠 + 731；组合捕收剂对方解石的捕收能力强弱顺序为：油酸钠 + 731 > 油酸钠 + GYW > 731 + GYW。单用和组合三种捕收剂对石英的捕收性能均较弱，说明石英与白钨矿浮选分离较容易。

胡红喜[33]通过单矿物实验分别考察了油酸钠、731、733、TAB-3、TA-3 五种脂肪酸类捕收剂对白钨与萤石、方解石及石英浮选行为的影响，捕收剂用量相同时，四种单矿物的可浮性从高到低的顺序是：萤石 > 方解石 > 白钨矿 > 石英。在高碱（pH 值为 11.0）、高水玻璃用量体系中，采用新型白钨矿捕收剂 TAB-3 时，白钨矿与萤石、白钨矿与方解石的可浮性差异显著，TAB-3 显示出较好的选择性捕收能力，有利于对白钨矿-萤石-方解石型白钨矿实现有效分离；低碱（pH 值为 8.5）、低水玻璃用量体系中采用 TAB-3 时石英与白钨矿的可浮性差异较大，TAB-3 显示出较好的选择性捕收能力，有利于对白钨矿-石英型的白钨矿实现有效分离。动电位和红外光谱结果表明：在白钨矿表面水玻璃以缔合烃基的形式吸附，TAB-3 在白钨矿表面仍有较强的化学吸附；水玻璃在萤石表面以 SiO_3^{2-} 和 SiO_3^{2-} 形式、方解石以 SiO_3^{2-} 的形式强烈吸附，TAB-3 在萤石和方解石的吸附较弱，水玻璃在白钨矿、萤石和方解石表面吸附形式和吸附强度的不同使矿物之间的可浮性差异增大。

Zhiyong Gao[34]研究用 733 和 MES（脂肪酸钠酸甲酯磺酸盐）混合捕收剂从方解石、萤石中分离浮选白钨矿，733∶MES 的质量比为 4∶1 时，具有更好的选择性。在给矿 WO_3 品位仅为 0.57% 的条件下，获得

了精矿中 WO_3 品位 65.76%、回收率 66.04% 的指标。Ca^{2+} 或者 Mg^{2+} 的存在对混合捕收剂在白钨矿表面的吸附几乎没有影响，添加水玻璃抑制方解石和萤石，对混合捕收剂在白钨矿表面的吸附没有明显的作用。

ZL 捕收剂是一种长碳羟酸皂化物的混合物，倪章元[35]等人通过单矿物试验、动电位和红外光谱分析，研究了 ZL 捕收剂作用下白钨矿、萤石和方解石的浮选行为及 ZL 捕收剂与含钙矿物的作用机理，当硅酸钠用量较高时，ZL 捕收剂可在 pH 值为 11.0 的碱性条件下实现白钨矿与萤石、方解石的有效分离。动电位和红外光谱分析表明：ZL 捕收剂化学吸附于白钨矿和方解石表面，而物理吸附于萤石表面。

李仕亮[36]研究了阳离子捕收剂浮选分离白钨矿与含钙脉石矿物，研究表明：在碱性条件下，随烃链长度的增长，烷基伯胺盐对白钨矿、方解石和萤石三种含钙矿物的捕收能力减弱，即十二胺 > 十四胺 > 十八胺。在酸性条件下，白钨矿与方解石和萤石的可浮性差异较大，采用烷基伯胺盐作捕收剂，存在白钨矿与方解石和萤石分离的可能性，但药剂浓度不能太大。溶液化学分析表明：烷基伯胺盐在水溶液中存在离子分子解离平衡，当 pH 值升高到一定值后将产生胺分子沉淀；在一定浓度下，不同碳链烷基生成胺分子沉淀的 pH 值差别较大，随着烷基链碳原子数的增加，生成胺分子沉淀的 pH 值降低；胺离子和胺分子能形成离子分子缔合物，并且胺离子之间也能形成缔合物。季铵盐在整个 pH 值条件下完全电离。矿物表面 Zeta 电位分析和吸附量测定表明，季铵盐与矿物表面的作用主要是静电作用，另外还有一些色散力、疏水及氢键作用所引起的吸附等。HLB 值和 CMC 值计算结果表明：在同系物中，随碳链长度的增长，CMC 值和 HLB 值降低，药剂的疏水性增大，但溶解度降低，也影响其溶解分散性能。

杨帆等人[37~39]研究了二辛基二甲基溴化铵（DDAB）对白钨矿、方解石的浮选分离，试验表明：DDAB 对白钨矿的回收率在 pH 值大于 6 时几乎维持在 100%，而对方解石的回收率则呈缓慢上升趋势。DDAB 在 pH 值为 8 ~ 10 时可以实现白钨矿、方解石的有效分离。同时，与油酸的对比试验表明：DDAB 对白钨矿的捕收能力及选择性均优于油酸。单矿物的红外光谱分析表明：DDAB 与矿物之间主要存在物理作用。通过对 DDAB 分子结构的分析以及结合白钨矿、方解石在纯水中动电位与 pH 值关系和 DDAB 对白钨矿、方解石浮选分离的 pH 值范围，推断 DDAB 主要通过静电力与白钨矿表面作用。对 DDAB 与白钨矿的量子化学计算也直接证实这一推断。

Zhiyong Gao[40]通过分子动力学模拟、动电位测量、原子力显微镜观测、接触角测量和浮选试验，研究了十二胺在白钨矿、方解石矿物表面的吸附行为。结果表明：十二胺在白钨矿和方解石表面的不同吸附行为主要归因于十二胺水溶液中的阳离子 RNH_3^+、中性物质 RNH_2 和由 RNH_3^+ 与两种矿物表面释放出来的阴离子反应产生的复杂沉淀物也发挥着重要作用。在十二胺溶液中（1×10^{-4} mol/L，pH 值为 7.5 ~ 8.0），大量十二胺中的 RNH_2 通过 N—Ca 键和—NH_2 基团与矿物表面氧之间形成的氢键吸附在白钨矿和方解石表面。在正电荷的方解石表面，RNH_3^+ 通过静电吸附和氢键作用大量吸附在 CO_3^{2-} 区域，这导致了方解石表面动电位的增加。在负电荷的白钨矿表面，大量的阳离子 RNH_3^+ 可以很容易吸附在大量的 WO_4^{2-} 区域，这导致了白钨矿表面动电位的显著增加。这些不同的吸附行为导致了十二胺在白钨矿表面形成单层覆盖，使白钨矿具有更好的疏水表面以及更高的浮选回收率。

B　黑钨矿捕收剂

黑钨矿浮选由于粒度微细及其他泥质矿物的影响，黑钨矿捕收剂需要较强的选择性，其研究经历了从脂肪酸类、两性捕收剂、胂酸类、膦酸类到羟肟酸类螯合捕收剂的发展历程。脂肪酸类捕收剂用来浮选钨细泥具有一定的效果，但其选择性较差。胂酸类、膦酸类捕收剂与脂肪酸类捕收剂相比具有较好的选择性，但其毒性较大易造成环境污染。螯合类捕收剂在黑钨矿浮选中具有良好的选择性且毒性较低，但由于螯合类捕收剂价格较高，因而限制了它的应用与推广，因此研究其与价廉常规药剂组合使用、开发新型廉价螯合类捕收剂和其他类型组合捕收剂成为黑钨浮选研究的重点和热点。

羟肟酸也称氧肟酸，有异羟肟酸和羟肟酸两种互变异构体，其中异羟肟酸为主要形式。羟肟酸是一种选择性较好的有机螯合捕收剂，能与 Cu^{2+}、Zn^{2+}、Ni^{2+}、Fe^{3+}、Co^{2+} 等离子形成稳定的金属螯合物，羟肟基能与矿物表面的金属离子配合生成更稳定的螯合物而吸附在矿物表面。羟肟酸最佳的浮选 pH 值为 9，接近羟肟酸的 pK_a 值，在该 pH 值区间，药剂在这些矿物表面的吸附量也达到最大；矿物表面电位、红外光谱等研究表明：羟肟酸在钨矿物表面的吸附主要为化学吸附，同时存在不均匀物理吸附，在钨矿物表面形成多层吸附，矿物表面疏水性显著增强；羟肟酸类捕收剂虽然选择捕收性能好，但其价格较高，实际应用中常与其他捕收剂组合使用，发挥药剂间性能互补和协同效应，强化捕收剂的作用效果，降低药剂成本[41~43]。

张泾生和朱建光等人[44,45]对苯甲羟肟酸作用进行了研究，研究表明：当 pH 值小于 pK_0 时，苯甲羟肟酸水溶液中未解离的苯甲羟肟酸分子占优；当溶液 pH 值大于 8.1 后，在苯甲羟肟酸的水溶液中，其解离逐渐增强使得苯甲羟肟酸离子浓度开始大于其分子的浓度；当溶液 pH 值在 7 ~ 9 时，溶液中的苯甲羟肟酸分子与离子浓度相近，此时苯甲羟肟酸的吸附量出现峰值。因此认为，可能是羟肟酸分子离子缔合物的共吸附，提高了吸附量。硝酸铅活化黑钨矿时，起活化作用的主要是 Pb^{2+} 和 $Pb(OH)^+$，红外光谱及量子化学计算得出苯甲羟肟酸与黑钨矿表面金属离子形成 O—O 五元环螯合物，是一个化学吸附的过程。

罗礼英[46]研究了美狄兰、辛基羟肟酸、苯甲羟肟酸、水杨羟肟酸、8-羟基喹啉五种捕收剂对黑钨矿、石英、萤石、方解石的浮选性能，主要结论如下：无 $Pb(NO_3)_2$ 活化时，辛基羟肟酸、美狄兰对黑钨矿的浮选性能较好，最佳浮选 pH 值为 7 左右；苯甲羟肟酸、水杨羟肟酸、8-羟基喹啉三种捕收剂对黑钨矿的浮选性能较差。五种捕收剂对黑钨矿的浮选性能顺序为：辛基羟肟酸 > 美狄兰 > 8-羟基喹啉 > 苯甲羟肟酸 > 水杨羟肟酸。红外光谱测试结果证明了五种捕收剂与黑钨矿表面的作用是化学吸附。接触角测定结果表明：使用美狄兰、辛基羟肟酸作捕收剂，黑钨矿表面接触角较大，且在最佳浮选 pH 值为 7 时接触角达到最大值，而苯甲羟肟酸、水杨羟肟酸、8-羟基喹啉作用于黑钨矿后，黑钨矿接触角相差不大且普遍偏小。ξ-电位测定结果表明：与无捕收剂作用时相比，与美狄兰、辛基羟肟酸作用后黑钨矿表面的 ξ-电位有所降低，这表明加入的捕收剂在黑钨矿表面发生了吸附。而美狄兰、辛基羟肟酸在 pH 值为 7 时黑钨矿的 ξ-电位负移较大，可以推断出两者在此条件下在黑钨矿表面吸附更多，再次证实了单矿物浮选试验结果。

Meng Qingyou[47]研究了微细粒黑钨矿和异羟肟酸（OHA）的相互作用机理。浮选试验结果表明：在 pH 值为 7.0 ~ 10.0 范围内时，由于异羟肟酸的吸附，黑钨矿表现出了更好的可浮性。通过测定电动电位，可以发现异羟肟酸在黑钨矿表面的吸附属于特性吸附。黑钨矿的溶解现象表明溶液中的 OHA^- 和晶格中的 WO_4^{2-} 发生阴离子交换。随着 WO_4^{2-} 的出现，OHA^- 可能会与矿石表面的 Mn^{2+}、Fe^{2+} 形成异羟肟酸沉淀。XPS 能谱分析证实了这种 OHA 吸附机制的存在。OHA 可以在矿石表面和铁、锰结合，同时 OHA 分子可以在异羟肟酸沉淀的化学吸附层发生物理吸附。这种反应过程确保了 OHA 对铁锰矿石表面足够的可浮性，同时也使得黑钨矿有良好的疏水性。

付广钦[48]通过单矿物试验研究了 GYB 与 TAB-3 单独使用和组合使用对黑钨矿浮选的影响，在捕收剂相同用量下，GYB 与 TAB-3 组合使用存在着协同作用，对黑钨矿的回收效果最佳。GYB 与 TAB-3 组合后与单独使用相比，会使得黑钨矿表面动电位降低更多，由此推测 GYB 与 TAB-3 组合后在黑钨矿表面吸附更多。对药剂作用后的黑钨矿进行红外光谱分析证明：GYB 药剂或者 TAB-3 药剂都可以在黑钨矿表面发生吸附，为化学吸附。

C　黑白钨混合矿捕收剂

我国黑白钨混合矿大多组分复杂，有用矿物嵌布粒度细、选矿难度大。浮选黑白钨矿可以采用脂肪酸类捕收剂，也可以采用螯合类捕收剂，或者将两者混合，利用药剂的协同作用回收黑白钨矿物。

黄建平[49,50]以白钨矿、黑钨矿为研究对象，考察了环己甲基羟肟酸、对叔丁基苯甲羟肟酸、苯甲羟肟酸、水杨羟肟酸、辛基羟肟酸对白钨矿、黑钨矿可浮性的影响，得出以下结论：羟肟酸类捕收剂均可用于白钨矿、黑钨矿的浮选，且对白钨矿的捕收能力略强于黑钨矿，最佳浮选 pH 值在 9.0 左右；羟肟酸的结构显著影响其对白钨矿、黑钨矿的捕收能力；五种羟肟酸对白钨矿、黑钨矿捕收性能顺序为：环己甲基羟肟酸 > 对叔丁基苯甲羟肟酸 > 辛基羟肟酸 > 水杨羟肟酸 > 苯甲羟肟酸。油酸钠对白钨矿、黑钨矿的捕收能力相当，且优于羟肟酸的捕收能力，在捕收剂总用量相同的条件下，羟肟酸和油酸钠组合后对白钨矿、黑钨矿的捕收能力强于油酸钠，产生正协同作用。羟肟酸在白钨矿、黑钨矿表面的最佳吸附 pH 值接近羟肟酸的 pK_a 值，羟肟酸离子分子共吸附在白钨矿、黑钨矿表面，捕收剂在白钨矿表面的吸附量大于黑钨矿，且环己甲基羟肟酸的吸附量大于苯甲羟肟酸，与单矿物浮选规律一致；温度对油酸钠在黑钨矿表面的吸附量的影响大于白钨矿，羟肟酸促进油酸钠在白钨矿、黑钨矿表面吸附量的增加，在低温时（15℃）这种作用尤其显著。Zeta-电位和红外光谱分析表明：羟肟酸和油酸钠共吸附在白钨矿、黑钨矿表面，且是化学吸附的过程。

孙伟[51]研究了F-305新药剂对钨矿物的捕收性能，通过单矿物试验和实际矿石试验研究了新型螯合药剂F-305对黑钨矿、白钨矿的捕收性能。试验结果表明：与常规钨矿浮选药剂733氧化石蜡皂相比，F-305对白钨矿具有很强的捕收能力，在常温下能获得很好的浮选指标。与白钨矿作用前后的红外光谱表明：F-305在白钨矿表面以物理吸附为主；与黑钨矿作用前后的红外光谱表明：F-305在黑钨矿表面发生了强烈的化学键合及化学吸附。Fe^{2+}、Mn^{2+}都是黑钨矿表面的定位离子，能与F-305发生作用形成螯合物，这正是F-305对黑钨矿捕收能力特别强的原因。

杨应林[52]通过单矿物实验，研究了GYB与不同脂肪酸类药剂（GYR、TAB-3、731）混合使用时，对不同比例黑白钨矿的捕收性能，揭示不同药剂组合对不同比例黑白钨矿捕收能力的差异。研究结果表明：黑白钨混合矿中黑钨矿含量相对较高时，采用GYB与GYR组合能获得好的混合浮选回收率和精矿品位；黑白钨混合矿中白钨矿含量相对较高时，采用GYB与TAB-3组合能获得好的混合浮选回收率和精矿品位。通过MS-castep模拟钨锰矿、钨铁矿、白钨矿晶体和表面结果表明：脂肪酸类捕收剂GYR、TAB3和螯合类捕收剂GYB等亲核试剂在钨锰矿［001］面的吸附与钨的5d轨道和锰的3d轨道组成的杂化轨道存在着密切的关系；在钨铁矿［001］表面的吸附与氧的2p轨道、铁的3p轨道、钨的5d轨道组成的杂化轨道有关；在白钨矿［001］面的吸附受锰3d、氧2p、钨5d组成的杂化轨道影响。通过红外光谱分析表明：在黑白钨共生矿混合浮选体系内，GYB和脂肪酸类捕收剂GYR、TAB-3在黑钨矿、白钨矿表面都发生了化学吸附。

10.2.3　钨矿浮选其他基础理论研究

除对钨矿物界面性质及浮选药剂的研究，在其他基础理论方面也有一定进展。

于洋[21,53,54]等人以苯甲羟肟酸为捕收剂，采用分批浮选试验方法，研究了柿竹园黑钨矿、白钨矿及萤石可浮性随浮选时间的变化关系，并根据浮选动力学基本原理，对白钨矿、黑钨矿及萤石的浮选动力学特性进行了分析。结果表明：浮选速度常数K值在浮选过程中是不断变化的。调整剂柠檬酸可显著扩大矿物浮游速度之间的差异，柠檬酸可作为黑钨矿优先浮选的选择性调整剂，其原因在于：柠檬酸在黑钨矿表面吸附并不牢固，难以阻碍苯甲羟肟酸在其表面吸附；同时柠檬酸能够选择性配合白钨矿与其他含钙矿物表面的Ca^{2+}，导致矿物表面与捕收剂作用的活性质点减少，使矿物浮游受到抑制。在原有经典动力学模型的基础上，通过适当改进导出了分速浮选动力学方程的一般形式，分速模型对浮选数据的拟合精度优于经典动力学模型。研究认为，异步浮选技术能实现矿物的个性化、差异性浮选。并且在相关异步浮选分离研究的基础上，利用回归分析与人工神经网络建立起不同工艺条件与矿物可浮性变化规律的关系模型，为解决浮选建模过程中遇到的多变量、非线性、强耦合、大滞后等难题，实现浮选过程的优化控制提供参考。研究结果表明：对矿物浮选累计回收率的影响因素大小依次是Time > pH值 > 羟肟酸 > 柠檬酸。对于预测矿物不同工艺条件下的浮选指标，回归模型预测精度较差，白钨矿和黑钨矿浮选累计回收率预测值与试验值之间的相关系数R_2分别为0.805、0.827，而神经网络模型具有较好的预测精度，相关系数R_2分别为0.944、0.947。人工混合矿分离结果与单矿物浮选规律有很好的一致性，应用所建立的神经网络模型对于更好地掌握不同矿物之间的浮游规律、优化浮选工艺有一定的意义。

广州有色金属研究院、北京矿冶研究总院、湖南柿竹园有色金属有限责任公司等单位经过十几年的研究与开发，对常规的“彼得洛夫法”进行了改进。以组合抑制剂代替单一的抑制剂水玻璃，强化对硫化矿和含钙脉石矿物的抑制；加温后不进行脱水脱药作业，直接常温稀释浮选，大大简化了加温精选作业，避免了多次稀释过程中的金属损失，而且可使含钙脉石矿物一直处于强烈抑制状态，使钨矿物处于良好的活化浮游状态，从而提高钨精矿的品位和回收率[55]。

刘红尾[56]研究了常温浮选白钨矿、萤石和方解石时，石灰、碳酸钠和水玻璃添加后对表面动电位的影响，通过浮选溶液化学计算表明：加入石灰，白钨矿表面动电位正移幅度非常小，石灰溶解组分Ca^{2+}和$CaOH^{+}$在白钨矿表面吸附少；萤石表面动电位正移幅度显著，并且随着石灰浓度的增加，吸附难于达到饱和，萤石表面吸附了大量的Ca^{2+}和$CaOH^{+}$，使萤石表面动电位高于白钨矿表面动电位；方解石表面动电位也发生了正移，幅度较萤石小，但石灰的加入，使方解石保持了很高表面动电位，远高于白钨表面的动电位。在加入石灰的基础上，继续加入碳酸钠，白钨矿表面动电位负移趋势不明显，碳酸钠溶解组分 CO_3^{2-} 和 HCO_3^- 在白钨矿的吸附量非常微弱。而萤石和方解石表面动电位发生了明显的负移，说明萤石和方解石表面吸附了大量的 CO_3^{2-} 和 HCO_3^-。在已加入石灰和碳酸钠的基础上，继续加入水玻璃，白钨矿表面动电位负移非常平缓，说明水玻璃在白钨矿表面吸附量非常小；萤石和方解石表面动电位显著负移，说明其表面吸附了大量的水玻璃。水玻璃在矿物表面的吸附量大小顺序为：萤石 > 方解石 > 白钨矿，这与三种矿物溶液中钙离子总浓度 $c[Ca^{2+}]$ 与 SiO_3^{2-} 的总浓度 $c[SiO_3^{2-}]$ 的乘积的大小顺序一致。这解释了浮选试验中水玻璃对矿物抑制作用强弱的原因。

马亮[57]研究了含钙矿物颗粒与气泡的相互作用，研究发现对于白钨矿，粗颗粒在小尺寸气泡下浮选效果好，细颗粒在大尺寸气泡下浮选效果好；对于萤石，细颗粒在小尺寸气泡下浮选效果好，且在低矿浆浓度、小尺寸气泡时萤石的回收率明显高于白钨矿和方解石。在捕收剂浓度一定的条件下，对于白钨矿、方解石和萤石，当粒级为 38 ~ 74μm 时，浮选回收率随着矿物密度的增大而不断降低；当粒级为 10 ~ 38μm 时，气泡尺寸是 50μm、58μm、65μm 时，三种矿物浮选回收率从高到低的顺序是：方解石 > 白钨矿 > 萤石，而从单种矿物来看，方解石在 58μm 的气泡尺寸时浮选效果最好，白钨矿和萤石在气泡尺寸是 65μm 时浮选效果最好；当粒级为小于 10μm 时，矿浆含气率较低时，白钨矿的浮选效果比萤石和方解石要好；而在矿浆含气率较高时，方解石的回收率随着气泡尺寸的增大而有降低的趋势，且随着气泡尺寸的增大，方解石和白钨矿之间的差异逐渐减小。降低捕收剂的浓度，方解石仍有较好的浮选效果，而白钨矿和萤石的浮选回收率下降较为明显。含钙矿物与气泡相互作用形成气泡集群要经过三个步骤，且作用过程中存在一个最佳的气泡尺寸值和颗粒粒度值，使捕集概率 P 值最佳；浮选速率常数 K 随着气泡直径的减小而增加，在电解浮选中，随着电流强度的不断升高，矿浆含气率不断增大，气泡尺寸减小，浮选速率常数 K 就会随之增大。

邓海波等人[58]研究了细粒矿泥与钨矿物凝聚行为和对浮选分离的影响，通过 EDLVO 理论计算得出，在疏水体系下，钨矿物与矿泥作用的总 EDLVO 势能 VED（total）为负，根据热力学第二定律，说明细粒矿泥与钨矿物会发生凝聚行为。由矿物表面离子水化自由能 ΔG_h 理论计算结果和矿物表面动电位正负值理论分析，结合实测验证表明：矿泥中的主要矿物萤石表面动电位均呈正电，钨矿物表面动电位均呈负电，由于静电力相互作用，不同种类矿物细粒间将发生互凝，使选择性浮选分离发生困难。

肖良[59]对钨矿的高效选择性破碎进行了机理研究，研究发现：不同磨矿介质其磨矿效果不同。钢锻对细粒级矿石具有保护作用，并通过压力试验对比钨矿的标准试件和不规则矿块抗压强度，结果表明不规则矿块抗压强度随矿块质量的减少而增大，通过正交多项式拟合抗压强度-粒径多项式，得到钨矿抗压强度-粒径多项式：$\sigma_{压} = 1.594 - 0.191(D - 5.165) + 0.054(D - 5.165)^2 - 0.008(D - 5.165)^3$。

钨矿浮选的理论和基础研究为钨矿选矿工业的长足发展奠定了基础，对钨矿物选别的生产实践具有重要的指导意义，也为钨矿选矿工艺技术的阶梯式突破提供了强大支持。

10.3　钨矿选矿工艺技术及装备进展

2009 年，北京矿冶研究总院成立了以孙传尧院士为课题负责人的课题组，开展《中国钨工业发展现状与对策研究》（矿山采选部分）子课题的研究。课题组向国内钨企业发放了“中国钨矿资源开发利用情况调查表”。与此同时，在 2009 年 7 月和 9 月，分两次组织由采矿、选矿、矿产资源和环保等专业技术人员组成的调研组，深入江西、广东及湖南的多家企业进行了实地考查、调研，获取了大量一手资料，编写了《中国钨工业发展现状与对策研究》报告。

国家“八五”、“九五”科技攻关期间，由柿竹园有色金属公司、北京矿冶研究总院、广州有色金属研究院、长沙有色冶金设计研究院等单位联合攻关，提出了以主干全浮流程为基础，以螯合捕收剂浮选为核心的钼铋等可浮、铋硫混选、黑白钨混合浮选、粗精矿加温精选、黑钨细泥浮选的综合选矿新技术——柿竹园法。其核心技术“钨钼铋复杂多金属矿综合选矿新技术——柿竹园法”获得 2001 年度国家科学技术进步二等奖。在“柿竹园法”的基础上，广州有色金属研究院、北京矿冶研究总院、柿竹园有色金属公司等单位经过充分调研，确定了钨选矿技术创新方向，历经十多年研究取得重大突破，创造性地提出黑白钨矿物分流分速、异步选矿分离理论及新技术，白钨矿浮选组合新药剂和捕收剂强化再吸附—

三碱选择性解吸脱药直接精选等多项新技术，在湖南柿竹园有色金属有限责任公司、湖南有色金属股份有限公司黄沙坪矿业分公司、甘肃新洲矿业有限公司、宁化行洛坑钨矿有限公司等企业得以广泛应用，其核心技术——“复杂难处理钨矿高效分离关键技术及工业化应用”获得2014年度国家科学技术进步二等奖。

10.3.1　黑钨矿选矿工艺技术进展

我国的黑钨矿多为石英大脉型或细脉型钨矿床，属气化高温热液型矿床，黑钨矿呈粗大板状或细脉状晶体在石英内富集，嵌布粒度较粗，易于分离。该类型钨矿规模大，易选别，具有非常重要的工业价值。

我国的黑钨矿选矿普遍采用重选为主的联合选矿工艺，一般分为粗选、重选、精选和细泥处理等选别作业段。黑钨矿选矿原则流程如图10-7所示[60]。黑钨矿选矿的原则流程一般为：预先富集、手选丢废；多级跳汰、多级摇床、阶段磨矿、摇床丢尾；细泥归队处理、多种工艺精选、矿物综合回收。

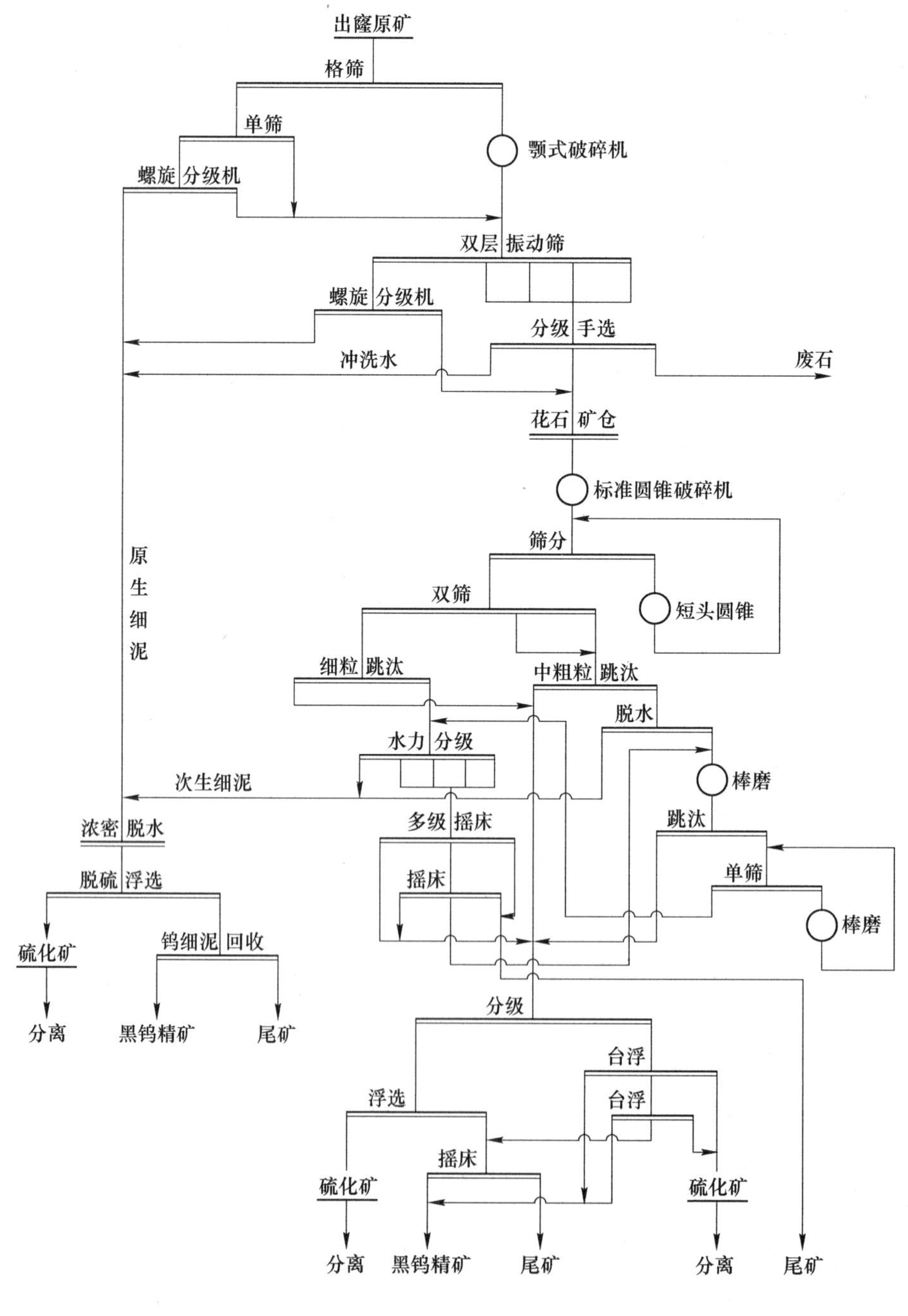

图10-7　黑钨矿选矿原则流程

（注：花石指含有黑钨的矿块，品位介于块钨和废石之间。块钨指在50%以上含少量脉石矿物的矿块。下文同）

10.3.1.1　粗选作业

黑钨矿在石英脉石中为不均匀嵌布，在石英脉中大粒结晶体可达 100mm 以上，黑钨矿呈厚板状或细脉状，矿脉较窄，且厚度不均。采矿一般采用浅孔留矿法，采矿贫化率高。根据黑钨矿围岩与脉石易于辨认的特点和表面物理性质的差异，在入重选前一般要进行粗选丢废。

目前手选仍是我国黑钨矿粗选丢废的主要手段。黑钨矿碎矿作业一般采用三段一闭路破碎流程，粗碎采用旋回或颚式破碎机，中碎采用标准圆锥型破碎机，细碎采用短头型圆锥破碎机。原矿粗碎后经洗矿筛脱泥，按手选要求将矿石分成三个级别或四个级别进行反手选，细泥集中浓缩处理，反手选后的合格矿，破碎后进入重选作业。

依据钨选矿“早收多收，早丢多丢”的原则，及早使黑钨矿在解离后回收，是提高钨选矿回收率的重要措施。部分黑钨矿在手选作业中单独选出块钨和富连生体，直接进入精选作业，避免了高品位块钨在破碎、磨矿、重选作业及皮带运输等环节中发生泥化损失，实现了“早收多收”，提高了钨回收率。图 10-8 所示的盘古山钨矿粗选工艺流程中，就结合使用了这几种工艺技术，提高了钨回收率，降低了粗选段钨的损失。

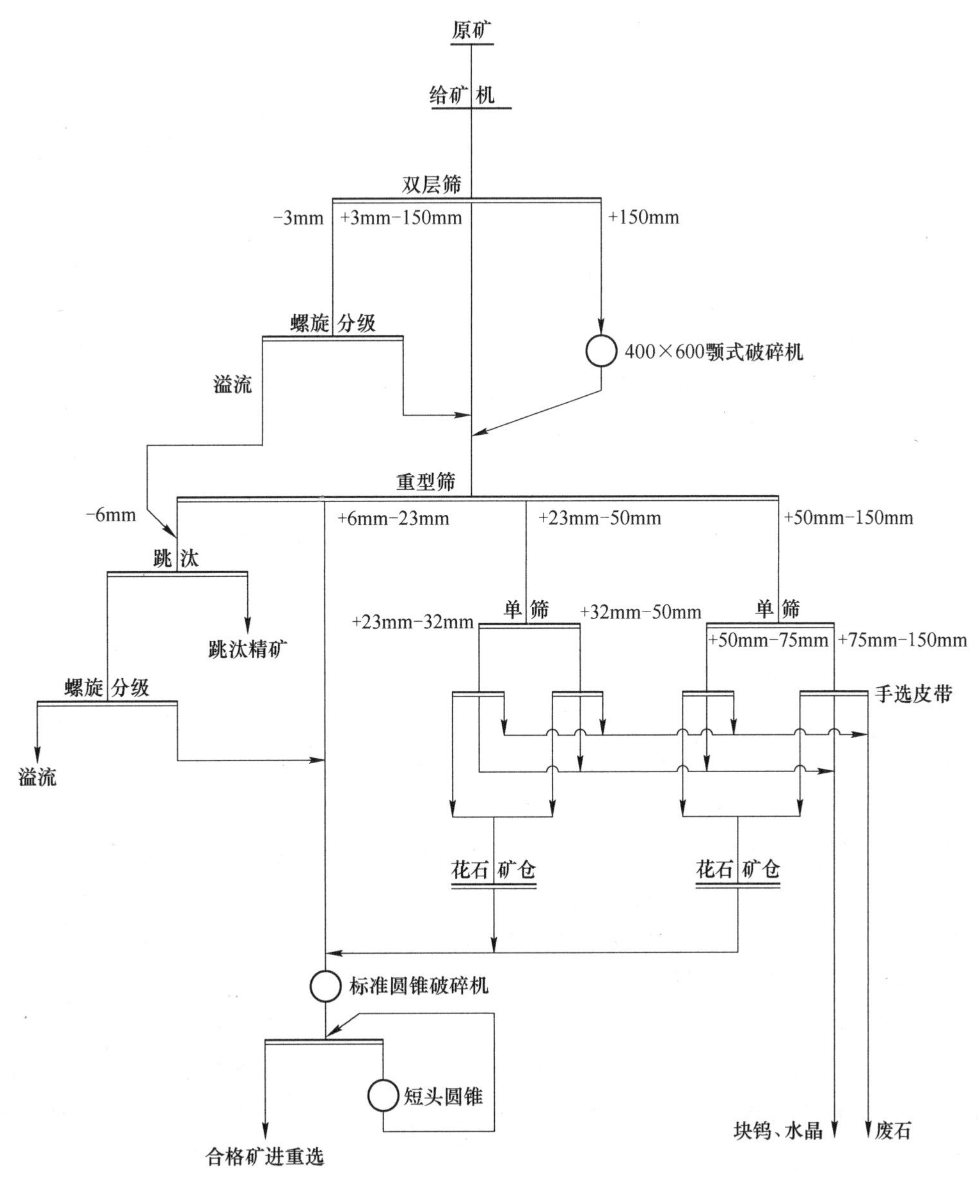

图 10-8　盘古山钨矿粗选段工艺流程

大吉山钨矿结合选矿厂的生产技术、生产实际及现状，将原粗选工艺的单一四级反手选改为一级正手选四级反手选，对 +60mm 的反手选皮带进行改进，在同一皮带上进行两种手选方法。在皮带前端增设预先丢废，对 +60mm 的废石、大块用人工预选丢弃，减小皮带矿层厚度，使矿石能最大限度平铺在皮带上，消除矿石在皮带上相互遮挡、层叠的现象，在皮带后端进行反手选。对手选块钨进行“早收多收”，将手选块钨直接送精选车间，提高钨回收率。通过增加洗矿筛分作业充分回收矿石在皮带转运过程中二次碰撞产生的难以手选的细粒高品位矿，减少细粒钨金属在废石中的损失。

荡坪钨矿半边山选矿厂将原先未经手选的细粒级改为经动筛跳汰机和反手选一次粗选、一次扫选工艺，用动筛跳汰机选出回收该粒级的单体钨和富连生体，做到“早收多收”，减少手选强度，降低金属流失。

10.3.1.2　重选作业

黑钨矿选矿厂重选作业一般采用黑钨矿选矿的经典重选流程，即多级跳汰、多级摇床、中矿再磨的流程。细碎后的合格矿经振动筛分级后进行多级跳汰，产出跳汰重选毛砂，粗粒级跳汰尾矿进入棒磨机再磨，细粒级跳汰尾矿经水力分级机分级后进入多级摇床一次粗选、一次扫选生产出摇床重选毛砂，摇床尾矿排入尾矿库，摇床中矿返回再磨再选，跳汰和摇床的重选毛砂进入精选作业。黑钨矿重选作业原则流程如图 10-9 所示。

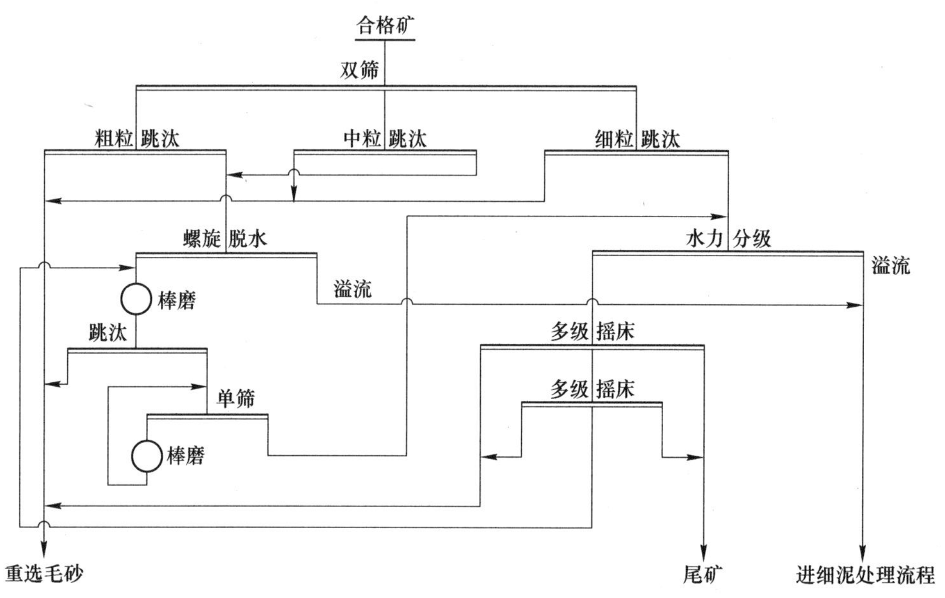

图 10-9　我国黑钨矿经典重选原则流程

跳汰早收、摇床丢尾是黑钨矿重选流程的核心。各矿山根据矿石性质特点及流程特点，通过改进重选工艺参数来提高黑钨矿选矿效率。比如，合理调整摇床粒级范围、提高水力分级效率以保证摇床选别效果、应用高效跳汰机和筛分设备等。设备是重选作业的关键，黑钨矿选别中进一步推广应用了动筛跳汰机。动筛跳汰机由于跳汰室床层筛网的上下振动与水介质运动相结合，能获得比普通隔膜跳汰机更大的冲程，因而具有选别粒度大（上限可达 40mm）、处理能力大、选别效率高、耗水量小的特点。用动筛跳汰代替传统的隔膜跳汰机，不仅可以提高作业回收率，还可大幅降低用水量。部分黑钨矿将动筛跳汰用于洗矿溢流返砂的选矿，取得了较好的效果。

10.3.1.3　精选作业

在黑钨矿精选作业段，重选毛砂经除铁、脱硫脱硅等精选作业后得到钨精矿。除重选和浮选外，磁选和电选也广泛应用在黑钨精选作业段，主要用于黑钨矿与白钨矿、黑钨矿与锡石、白钨矿与锡石以及铁磁性物质的分离。

黑钨矿精选一般采用浮选—重选联合或浮选—重选—磁选联合的多种选别工艺进行精选，并在精选段对伴生元素进行回收。根据原矿中矿物含量和种类，钨矿物、硫化矿物所占比例等因素的差异，各矿山选矿厂精选段选别流程存在一定差异。在精选作业中，一般通过粗细粒台浮和浮选脱除硫化矿，台浮和机浮硫化矿合并进入硫化矿浮选分离，台浮和机浮黑钨矿进一步通过重选生产出黑钨精矿，如果黑钨精矿中含有白钨矿或锡石，则通过重选—浮选或重选—浮选—磁选（电选）等联合流程选出黑钨精矿、白钨精矿和锡精矿。

瑶岗仙黑钨矿选矿厂精选流程如图 10-10 所示。

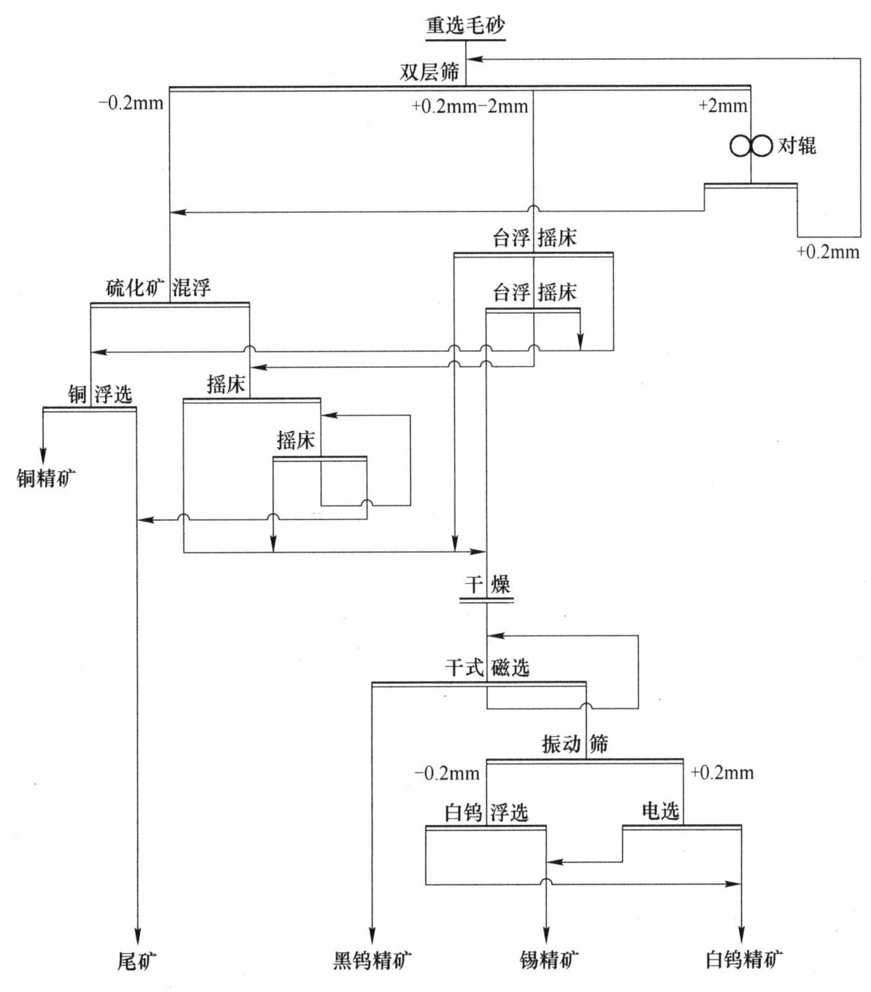

图 10-10　瑶岗仙黑钨矿精选工艺流程

瑶岗仙钨矿矿石中主要金属矿物为黑钨矿，含有少量白钨矿，伴生金属矿物有锡石、黄铜矿、磁黄铁矿、方铅矿、闪锌矿等。目前精选采用浮选—重选—磁选—电选联合选矿工艺，首先通过台浮和机浮脱硫，台浮和机浮硫化矿浮选回收铜，脱硫后钨中矿经摇床、干式磁选选出黑钨精矿，磁选尾矿经筛分后细粒浮选、粗粒电选实现白钨和锡石的分离。

10.3.2　白钨矿选矿工艺技术进展

白钨矿常与表面性质相近的含钙脉石致密共生，其有效分选被公认为世界性选矿难题。白钨矿的嵌布粒度一般较细，多采用浮选。白钨浮选一般可以分为粗选段和精选段。粗选阶段最大限度地提高粗精矿品位，而精选阶段的目的则是提高钨精矿品位。近年来，对白钨矿选矿工艺技术的报道较多，主要研究进展为白钨粗选、白钨精选、钼钨类质同象变种白钨矿的选矿工艺技术。

10.3.2.1　*白钨矿选矿工艺技术*

白钨粗选通常采用常温浮选，主要是采用碱性介质-脂肪酸法，在白钨粗选中采用最多的调整剂和抑制剂组合为碳酸钠-水玻璃，其次为氢氧化钠-水玻璃以及碳酸钠-氢氧化钠-水玻璃等。以上组合中水玻璃在多种情况下单独使用，有时也与多价金属离子合用，强化抑制效果。如湖南柿竹园选矿厂中白钨粗选多采用氢氧化钠和水玻璃作调整剂；江西修水香炉山钨矿、甘肃小柳沟白钨矿，钨粗选采用碳酸钠和水玻璃作调整剂。有研究认为，采用碳酸钠作调整剂可以消除矿浆中金属离子的影响，又可调节矿浆 pH

值，对于含可溶性或微溶性矿物较多的矿石，用碳酸钠作调整剂最佳。

白钨粗精矿的精选工艺目前主要有常温法和加温法。粗选得到低品位粗精矿后，用浓浆高温法得到较高品位的白钨精矿。加温浮选对矿石的适应性较强，选别指标稳定，在白钨-方解石-萤石型矿山得到广泛应用。常温浮选在白钨-石英型矿山得到广泛利用。

A　白钨加温浮选工艺

传统的加温浮选技术——“彼德洛夫法”是对白钨粗精矿单一添加大量水玻璃，在高浓度下加温搅拌后，利用矿物间表面吸附的捕收剂膜解析速度的不同，提高抑制的选择性，然后稀释精选。在此条件下，带正电的方解石等矿物表面所吸附的捕收剂由于高浓度脱药剂的强烈竞争吸附而充分解析并引起抑制作用，而表面带负电荷的白钨矿则受脱药剂的影响较小，仍可继续保持与捕收剂的化学吸附作用，故仍可保持较好的可浮性，从而达到白钨矿与脉石分离的目的。传统“彼德洛夫法”需多次稀释脱药再进行白钨浮选，对钨粗精矿品位高、矿物组成简单的白钨粗精矿进行精选效果很好，但对钨品位较低，含钙脉石、硫化矿含量高的粗精矿却难以奏效。

近年来，多家研究单位和企业对该方法进行了改进研究，开发出“捕收剂预吸附多碱协同作用直接精选”新技术，与一味简单脱药的思维相反，在加温前添加少量捕收剂，使钨矿物预先吸附捕收剂，利用钨矿物与脉石矿物吸附捕收剂的能力差异和在大量水玻璃和强碱作用下解析药剂速度的不同，实现对含钙脉石矿物的选择性抑制作用。并根据白钨粗精矿矿物学特性，在添加大量水玻璃的同时，选择性添加少量氢氧化钠和硫化钠，强化对脉石矿物和硫化物选择性脱药和抑制作用。经加温或常温搅拌后，矿浆不稀释不脱泥不脱药直接浮选，大大简化了精选作业，避免了多次稀释过程中的钨金属损失，使含钙脉石矿物和硫化物一直在高碱度下处于强烈抑制状态，而钨矿物一直在高碱度下仍处于良好的活化状态，从而使钨精矿品位和回收率进一步提高。该精选技术已在甘肃新洲矿业、湖南柿竹园、江西香炉山和湖南东山岭等矿山先后获得成功应用（实例见表10-7）。本技术属国内外首创，居国际先进水平。

表 10-7　精选技术生产对比结果

选矿厂	方　案	产品名称	产率/%	品位 (WO_3)/%	差　值	作业回收率 (WO_3)/%	差　值
甘肃新洲	原工艺	白钨精矿	6.88	57.12		82.69	
	新工艺	白钨精矿	6.78	65.68	+8.56	93.72	+11.03
湖南东山岭	原工艺	白钨精矿	6.86	55.32		84.38	
	新工艺	白钨精矿	6.26	66.46	+11.14	92.73	+8.35

B　白钨常温浮选工艺

731 氧化石蜡皂常温浮选法是20世纪70年代初在我国赣南某钨矿首创并获得生产应用的一种方法。常温法更加重视粗选作业，强调碳酸钠与水玻璃的协同作用，通过控制矿浆 pH 值使矿浆中的 $HSiO_3^-$ 保持在一个有利于氧化抑制的浓度范围，并配以白钨矿的捕收剂来达到较高的粗选比。粗精矿在添加大量水玻璃的条件下，长时间（大于30min）强烈搅拌后稀释精选，选矿成本也比较低，该方法广泛应用于白钨-石英型白钨矿，但对其他类型白钨矿的适应性不及加温法。

近年来，对白钨-萤石、方解石型白钨矿石的试验研究有新的进展，通过组合调整剂和捕收剂达到较理想效果。湖南某地矽卡岩型白钨矿矿床属白钨矿—透辉石—方解石型矿石，高玉德等人[61]采用白钨常温精选工艺，采用“优先浮硫—白钨常温粗选—钨粗精矿精选”的工艺流程及“碳酸钠—水玻璃—F9”组合药剂制度，对含 WO_3 0.39%，其中白钨矿占有率为85%左右的原矿，取得了钨精矿 WO_3 品位67.35%、WO_3 回收率80.09%的选矿技术指标。江西某白钨矿石属典型的白钨—方解石—萤石型难选白钨矿，原矿含 WO_3 0.23%，温德新等人[62]采用白钨常温浮选工艺，通过添加组合药剂（GYW+731）作捕收剂，新型药剂 WH 作活化剂，获得了品位为含 WO_3 35.11%、回收率为72.20%的钨精矿。

10.3.2.2　白钨矿浮选药剂

白钨矿浮选强调调整剂之间的协同效应，并配以选择性较强的白钨矿捕收剂达到提高粗选富集比和回收率的目的。

A　白钨矿浮选调整剂

白钨矿矿石粗选多采用在弱碱性介质（pH 值为 8.5～10.0）中调浆后再用脂肪酸类捕收剂浮选。为了提高浮选的选择性，在浮选前必须加入合适的调整剂，通常调整剂组合为水玻璃-氢氧化钠、水玻璃-碳酸钠、水玻璃-氢氧化钠-碳酸钠、石灰-水玻璃-碳酸钠、石灰-水玻璃等。添加多价金属阳离子，如 Al^{3+}、Cr^{3+}、Mg^{2+}、Cu^{2+}、Zn^{2+}、Pb^{2+} 等金属盐，可以提高水玻璃的选择抑制性能。也有人采用组合抑制剂研究，如杨耀辉等人[63]采用了一种高效的组合抑制剂 D1，能强化对萤石、方解石等含钙脉石矿物的抑制，郭海宁等人[64]采用自主研发的白钨矿浮选高效调整剂 TY-19。

B　白钨矿浮选捕收剂

白钨矿捕收剂可以分为：阴离子捕收剂、阳离子捕收剂、两性捕收剂、非极性捕收剂，其中阴离子捕收剂最为常用。阴离子捕收剂主要包括脂肪酸类和螯合类捕收剂。脂肪酸类捕收剂，如油酸、油酸钠、塔尔油、塔尔油皂、环烷酸、环烷酸皂、棉子油皂等捕收能力较强，但选择性较差；而氧化石蜡皂（731）捕收能力较弱，选择性也不高，以上药剂低温下溶解性能均较差，对低品位、共生关系复杂矿石进行浮选时效果较差。

针对这些问题，近年来广州有色金属研究院和北京矿冶研究总院等研究院所研制开发出特效白钨矿高效捕收剂。

广州有色金属研究院研发出 GY 系列（包括 ZL、TA-3、TAB-3、GYW、FW 等）白钨矿高效选择性捕收剂，它是对脂肪酸类捕收剂进行不同方法改性后，与螯合捕收剂和乳化剂进行复配而成，它综合了脂肪酸类捕收剂和螯合捕收剂在捕收能力和选择性以及溶解性能方面的优势而被广泛应用，已在国内十多家矿山获得成功应用，如湖南柿竹园、甘肃小柳沟、江西修水香炉山、湖南临武东山矿业公司、湖南黄沙坪含钼白钨矿石等十多家多金属白钨矿的成功应用。周晓彤等人[65]采用 TA，对湖南原矿富含砷的 0.37% WO_3 的白钨矿，与常规捕收剂 731 相比，在精矿品位相当的情况下，白钨精矿回收率提高了 8.41%，药剂用量减少 1/3，且药剂费用较少。曾庆军等人[66]用 ZL 捕收剂浮选，对某含 WO_3 0.58% 的白钨矿原矿，工业试验获得品位 66.82% 的钨精矿，回收率为 90.98%。在相同工业试验条件下，比使用 731 捕收剂获得的钨精矿品位和回收率分别高 3.87% 和 8.93%。周晓彤等人[67]采用 TAB-3，对含 WO_3 0.33% 的某白钨浮选给矿，获得品位为 WO_3 72.59%、回收率 70.645% 的白钨精矿。高玉德[68]采用自主研发的白钨矿捕收剂 FW-2，对品位为 WO_3 0.73% 的白钨矿原矿，取得品位为 WO_3 69.71%、WO_3 回收率 89.48% 的钨精矿指标。邓丽红等人[69]采用 TA-3 浮选白钨矿，对品位为 WO_3 0.12% 的某铋锌铁浮选尾矿，获得含 WO_3 67.92% 的白钨精矿，回收率为 65.76%。

北京矿冶研究总院研制 BK 系列白钨捕收剂。叶岳华等人[70]采用由北京矿冶研究总院新近研制的 BKYF 捕收剂，对含 WO_3 0.19% 的较低品位原矿，获得钨精矿含 WO_3 62.58%，回收率为 70.73%。刘书杰[71]采用捕收剂 BK418，对含 WO_3 0.22% 的原矿，闭路试验获得 WO_3 品位为 61.79% 的钨精矿，WO_3 回收率为 74.30%。

曹学锋等人[72]以 OXB 作捕收剂，对江西某地含 WO_3 0.70% 的白钨矿，闭路浮选流程试验获得了含 WO_3 60.42% 的白钨精矿，回收率为 81.56%。相比以 731 作捕收剂，在保证精矿品位的前提下回收率提高 5.28%。

周新民等人[73]以碳酸钠、水玻璃作调整剂，采用 CF-05 作捕收剂，对河南某品位 WO_3 为 0.18% 的白钨矿原矿，获得 WO_3 品位为 52.15%、回收率为 70.53% 的白钨精矿。

在阳离子捕收剂方面，杨帆等人[37]采用石灰法以 733 和苯甲羟肟酸为捕收剂浮选柿竹园某白钨矿，然后在酸化水玻璃条件下对白钨粗精矿进行强搅拌，然后进行一次空白精选，再加入季铵捕收剂进行一次精选。以双十烷基二甲基氯化铵（DDAC）为捕收剂，取得了精矿 WO_3 品位 51.02%、回收率 54.65% 的指标；以三辛基甲基氯化铵（TOAC）为捕收剂，取得了精矿 WO_3 品位 52.01%、回收率 51.54% 的指标。TOAC 的选别效率略优于 DDAC。同时，与两次空白精选的比较表明：季铵捕收剂显著提高了精选中白钨矿和方解石的分选效率。

另外，捕收剂的组合使用也是白钨矿浮选药剂的一个主要研究方向。北京矿冶研究总院[74]采用螯合剂 CF 和改性脂肪酸捕收剂 OS-2，对原矿含 WO_3 0.43% 的黑龙江双鸭山建龙白钨矿，获得白钨精矿品位为66.94%、WO_3回收率为83.11%。广州有色金属研究院[75]采用对钨浮选具有良好选择性捕收作用的螯合捕收剂GYN和辅助捕收剂GYE，对含$WO_3$1.47%的原矿，获得含$WO_3$45.20%，WO_3回收率达89.58%的钨精矿。湖南有色金属研究院郭玉武等人[76]以731氧化石蜡皂+YK为捕收剂，现场生产获得了WO_3品位62.29%、回收率74.21%的钨精矿。白丁等人[77]将MES（脂肪酸甲酯磺酸盐）与733混用，抗硬水的能力较733单独使用时大幅提高。李静等人[78]采用新型组合捕收剂ZL-B+LDZ，也使钨精矿品位和回收率均大幅提高。

10.3.3 黑白钨混合矿选矿工艺技术进展

黑钨矿与白钨矿虽然都属于钨酸盐，但由于阳离子的不同，致使两者有显著不同的可浮性能，白钨矿易浮，使用脂肪酸类捕收剂就能上浮，黑钨矿的自然可浮性远比白钨矿差。一般黑白钨混合矿选矿厂通过选矿产出黑钨精矿和白钨精矿，近年来，对黑白钨混合型钨矿的选矿工艺技术主要体现在细粒嵌布的黑白钨共生矿方面，其中以湖南柿竹园多金属矿最具代表性。

湖南柿竹园钨钼铋萤石多金属矿，原矿主要金属矿物为白钨矿、黑钨矿、辉钼矿和辉铋矿，白钨矿与黑钨矿的比例为7∶3，原矿嵌布粒度很细，当磨矿细度为90%左右时，这些矿物的单体解离度在95%左右。大多数白钨矿为溶液结晶白钨矿，有1/3的白钨矿为交代黑钨矿而生成，这部分白钨矿含有黑钨矿包裹体或连生体，并因含铁、锰杂质而具弱磁性。黑钨矿属钨锰铁矿，黑钨矿嵌布状态却较复杂，粒度粗细极不均匀，部分黑钨矿被白钨矿交代呈残晶状，部分微细粒黑钨矿与萤石连生。矿石中脉石矿物的种类非常多，主要有方解石、石英、长石、钙铁榴石、钙铝榴石、钙铁辉石、透辉石、透闪石、绢云母、黑鳞云母等，其中方解石、钙铁辉石、黑鳞云母、绢云母、绿泥石等富钙、富铁的脉石矿物约有30%左右，对钨的分选干扰较大。以下分别介绍柿竹园黑白钨矿的黑白钨混合浮选工艺和黑白钨分开浮选工艺。

10.3.3.1 黑白钨混合浮选工艺

柿竹园黑白钨矿混合浮选工艺[79]原则流程如图10-11所示。

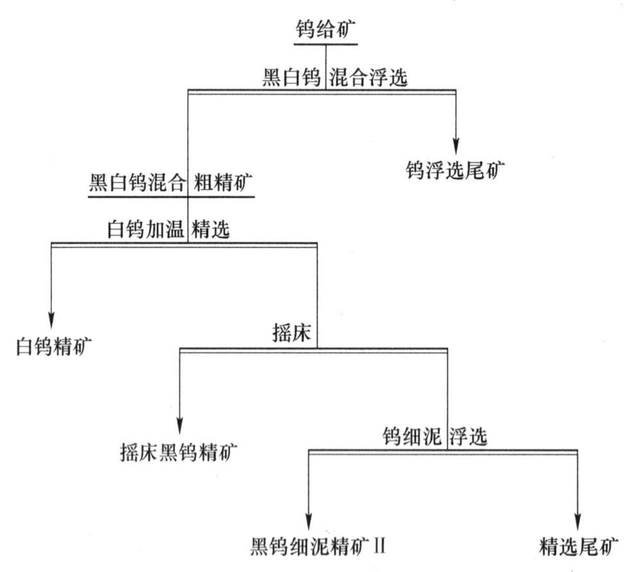

图10-11 黑白钨混合浮选工艺原则流程

该矿石原矿WO_3品位为0.48%，白钨矿和黑钨矿的比例约为7∶3，当原矿磨至-0.074mm占90%时，采用高效选择性螯合捕收剂GYB和CF为捕收剂，硝酸铅、水玻璃和六偏磷酸钠或硫酸铝为组合调整剂，脂肪酸作辅助捕收剂混合浮选黑白钨，混合粗精矿钨富集比大、品位高、产率低，可有效减少加温精选的处理量，大幅提高精选效率；白钨加温精选采用改进的彼得罗夫法，获得白钨精矿WO_3品位为66.12%，回收率为54.49%。采用螯合捕收剂和组合调整剂进行钨细泥浮选，回收细粒级钨矿物，与传统方法相比，细粒级钨回收率提高了8.33%。黑钨精矿WO_3品位为52.61%，回收率为21.95%。该工艺的核心在于使用高效选择性螯合捕收剂GYB和CF混合浮选黑白钨，回收黑钨细泥，解决了黑钨矿和白钨矿分离以及白钨矿和含钙脉石矿物分离的世界难题，提高了金属回收率和精矿品位。

采用黑白钨混合浮选获得的黑白钨混合精矿的钨回收率可达到 80%，但是由于钨细泥选矿作业回收率较低，仅为 20% 左右，最终精矿的钨总回收率仅为 65%[79]。这是因为黑白钨混合精矿在白钨加温精选时，在温度大于 90℃ 的矿浆中添加了大量水玻璃，使黑钨矿表面受到强烈的抑制，造成白钨加温尾矿中的细粒级钨精矿品位和回收率较低。

10.3.3.2　黑白钨分离新工艺

由于黑钨矿、白钨矿具有不同的浮游特性，在浮选时所采用的浮选药剂、浮选介质 pH 值不同。黑钨矿在弱酸性介质中浮选较好，而白钨矿在碱性介质中浮选较好，采用混合浮选流程将两种矿物同时浮选上来，这样药剂的选择和介质的 pH 值都要有所兼顾，白钨矿和黑钨矿的浮选效果并不能够达到最佳。黑钨矿的选矿指标较差，回收率偏低，只有 15% ~20%，制约了整个钨回收率的提高，白钨矿的回收率一般在 65% 左右；螯合捕收剂选别黑白钨，药剂的用量大，选矿成本高。针对此类问题，开始进行黑白钨分开浮选研究，近年来，对黑白钨分开浮选的研究取得了很大进展。

A　强磁分流—黑白钨分开浮选新技术[80]

北京矿冶研究总院提出并采用了“强磁分流—黑白钨分开浮选工艺流程”（见图 10-12）。先进行硫化矿浮选，硫化矿浮选尾矿进强磁选（采用高梯度磁选机），强磁选精矿进行黑钨浮选，产出黑钨精矿；强磁选尾矿进入白钨浮选，产出白钨粗精矿，白钨粗精矿经加温浮选产出白钨精矿，白钨浮选尾矿进入萤石浮选。

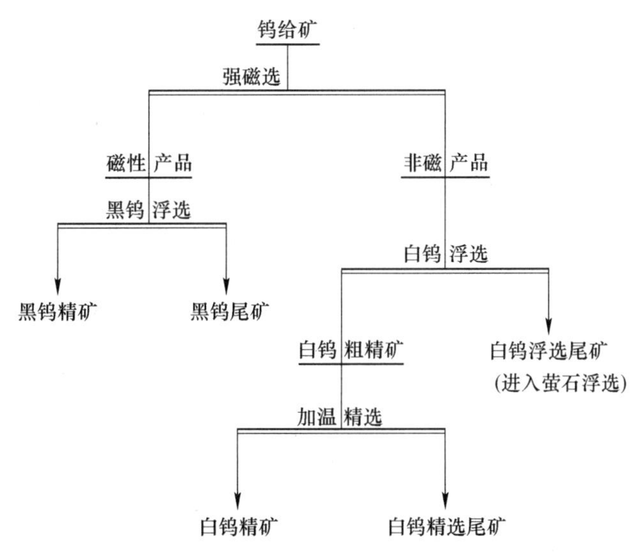

图 10-12　强磁分流—黑白钨分开浮选工艺原则流程

在该工艺流程中，强磁分流后两边矿浆的矿物组成被简化，分别浮选黑钨矿和白钨矿时，选矿的干扰因素相对减少，根据黑白钨矿物的不同特性，制定不同的浮选条件，工艺技术成熟可靠；对矿石的适应性强，不受黑、白钨矿物比例波动变化大的影响，钨选别指标稳定。2009 年 4 月 18 日 ~7 月 6 日，北京矿冶研究总院在柿竹园 380 选矿试验基地进行了现场工业试验，工业试验技术指标：对原矿回收率达 76.52%，比原工艺提高 10%。该工艺白钨浮选不用添加萤石抑制力很强的组合抑制剂，为萤石浮选创造了条件；通过高梯度强磁工艺，利用磁性特点对锡石与石榴子石等弱磁性矿物进行分离，为锡石在非磁性矿物尾矿中回收创造了条件。在处理黑钨矿比例较高的细粒级黑白钨矿或黑钨矿时，采用强磁选—浮选的选矿工艺流程，可获得较高黑钨精矿品位和回收率。

B　浮—磁—浮优先浮选白钨选矿工艺[81]

在“十一五”攻关项目中，广州有色金属研究院提出并研究了“浮—磁—浮工艺流程”（见图 10-13）。该工艺流程为：硫化矿浮选尾矿经脱铁、浓缩后先进行白钨浮选，白钨浮选尾矿进入强磁选（采用高梯度磁选机），强磁精矿经浓缩后进入黑钨浮选，强磁尾矿进入萤石浮选。实现了白钨矿和黑钨矿分别在其最优的可浮条件下进行浮选。2009 年 4 月 4 ~16 日的连续 39 个班的工业试验对原矿钨回收率为 76.82%。钨的实际回收率比原工艺（黑白钨混合浮选）提高 10%。

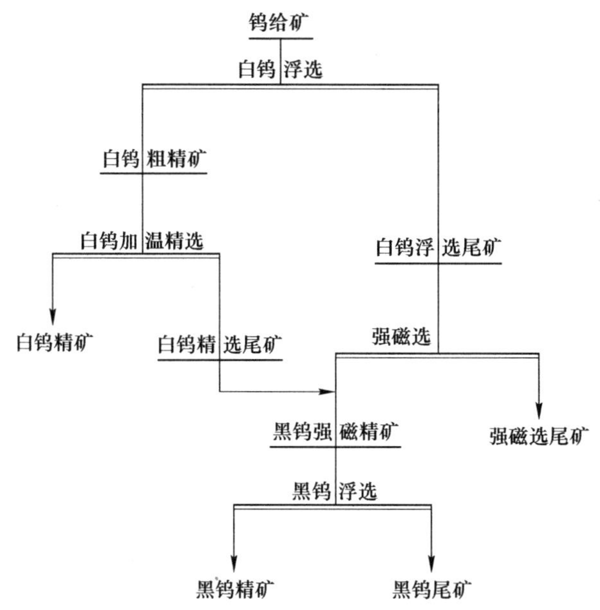

图 10-13　黑白钨“浮—磁—浮”选矿工艺原则流程

由于白钨矿和黑钨矿存在可浮性的差异，最佳浮选的矿浆条件相差较大，白钨矿中有一部分为含铁的白钨矿，具有弱磁性，采用浮(白钨)—磁(黑钨)—浮(黑钨)分步选矿的方法，同时将白钨加温浮选尾矿返入主干流程中的高梯度磁选机给矿，不但保证了白钨精矿品位和回收率，而且提高了黑钨浮选给矿品位，有效地降低跑尾，更有利于后续黑钨浮选。研制和成功应用高效白钨捕收剂 TAB-3 对含铁白钨矿的选择性捕收效果好、药剂用量少。在白钨优先浮选中采用高效白钨捕收剂 TAB-3，使白钨矿和黑钨矿得到有效分离，是该工艺成功的关键。通过高梯度强磁选工艺，可以利用磁性特点对锡石与黑钨矿等弱磁性矿物进行分离，有利于锡金属矿物的综合回收。“浮—磁—浮”白钨优先浮选工艺流程，白钨浮选尾矿采用强磁选，在确保白钨矿精矿品位和回收率的条件下，有效提高黑钨浮选品位和回收率。

10.3.3.3　细泥处理

细泥单独处理是我国钨锡选矿厂的特色。黑钨矿性脆，易过粉碎，据统计，细泥的数量和金属量一般占出窿原矿的 11% ~14%，细泥回收率占总回收率的 3% ~8%[82]。有效提高细泥回收率对提高钨的综合回收率和有价金属的综合回收以及矿山经济效益至关重要。

钨细泥通常指 -0.03mm 粒级的矿泥，仅用重选或浮选的分选效果都不理想。钨矿与脉石矿物的比重差较大，理论上适合于采用重选分离。但是在矿浆两相体系中，颗粒的沉降不仅与比重有关，而且还与颗粒的粒度、形状有关。当矿石的嵌布粒度低于 0.03mm 时，微粒矿石沉降速度慢，导致生产中重选难以回收细粒矿石。随着选矿工艺在不断改进和完善，近几年来逐渐形成了以重、磁、浮等多种选矿方法相结合的联合流程，有重选预富集—浮选—重选、强磁选—浮选流程等。由于钨细泥粒度过细，难于选别，各矿山根据本矿细泥原料性质，加强选矿试验研究工作，进行流程改进，在提高细泥回收率方面取得了一定成果，但钨细泥回收率总体仍然偏低。以下分别介绍重选厂原次生细泥选矿新技术以及黑白钨精矿精选分离中的钨细泥新技术。

A　重选厂钨细泥选矿新技术

行洛坑、大吉山、铁山垅等矿山的粗粒级钨矿采用重选回收，其原次生细泥已较好地回收。其工艺流程分别阐述如下。

a　行洛坑钨矿钨细泥

针对行洛坑钨矿钨细泥矿物种类繁多，钨品位低，黑钨矿、白钨矿混合，原生矿与风化矿比例变化较大的特点，采用“细泥预处理—常温浮选—离心机重选”工艺（见图 10-14），处理含 WO_3 0.19% 的钨细泥，采用预分离技术，浮选精矿品位从原来 WO_3 2% 提高到 WO_3 6% ~8%，作业回收率 80% ~85%；

采用离心选矿机处理浮选粗精矿，大幅度提高钨细泥回收率，作业回收率高达 75% ~80%。最终，当钨细泥沉砂 WO_3 为 0.19% 时，获得精矿品位 WO_3 大于 20%，总回收率大于 65%。

b　大吉山钨细泥

大吉山日处理合格矿石为 2200 ~2500t，每日产生的原次生细泥为 400 ~500t，占原矿金属量的 7% ~8%，品位 WO_3 为 0.1% ~0.3%。大吉山钨细泥中黑钨矿与白钨矿之比约为 1∶1，可回收的金属矿物有黑钨矿和白钨矿，另有极少量辉钼矿和辉铋矿。脉石矿物主要为石英，其次为白云母和黑云母，少量绿泥石、电气石。

采用"重选预处理—浮选—重选"选矿工艺流程（见图 10-15），2010 年 6 ~7 月进行的工业试验平均给矿品位为含 WO_3 0.30%，获得钨精矿品位 WO_3 为 51.14%，WO_3 回收率为 65.33%。

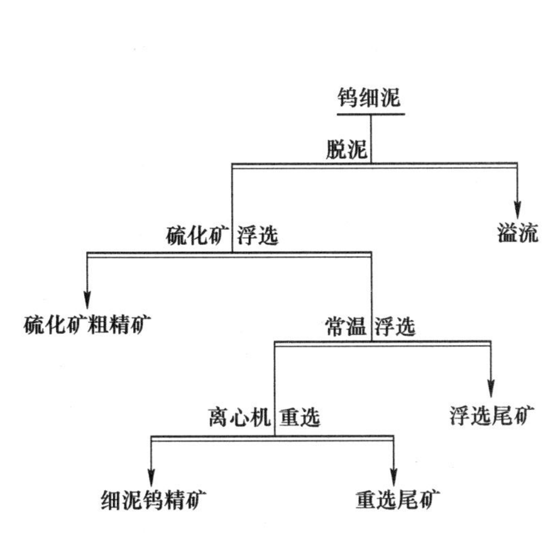

图 10-14　行洛坑钨细泥工业生产工艺

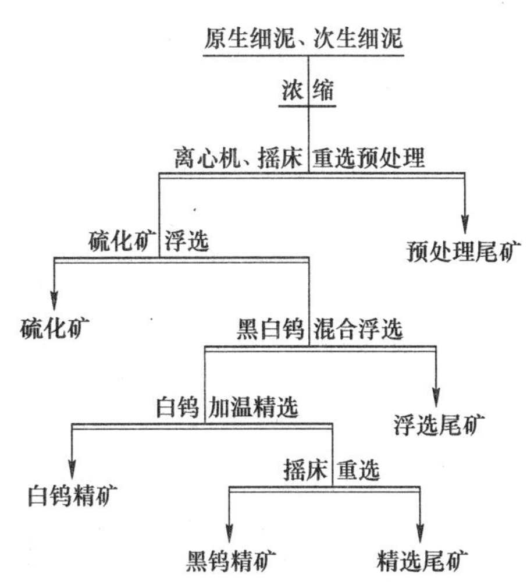

图 10-15　大吉山钨细泥重选预处理—浮选—重选工艺

c　铁山垅钨细泥

铁山垅矿原次生细泥占原矿产率 7% ~9%，-0.074mm 占 80%，品位为 WO_3 0.35% 左右，金属矿物以黑钨矿为主，含有少量的白钨矿、黄铜矿、黄铁矿、辉铋矿、锡石、闪锌矿等。采用"脱硫—离心机—浮选—磁选"工艺流程（见图 10-16），获得钨精矿品位 60% 以上，回收率 65% 左右。通过强磁选，强磁尾矿中锡品位富集到 4.9% 以上。

B　精选分离的钨细泥选矿新技术

柿竹园钨细泥中可回收的金属矿物有黑钨矿、白钨矿和锡石。黑钨细泥中黑钨矿与白钨矿之比约为 9∶1。采用"强磁选—浮选"工艺流程（见图 10-17），2011 年 5 月连续 7 天统计指标：对含 WO_3 1.77% 的加温浮选尾矿，得到黑钨精矿品位为 WO_3 35.90%，回收率为 21.99%，比原全浮工艺回收率提高 8%。

部分矿山的细泥回收工艺流程不完善，细泥中的共伴生有价金属元素没有得到有效回收。

如漂塘钨矿采用单一重选法回收细泥中的钨锡，细泥经浓缩分级后各粒级进入刻槽摇床一次粗选、一次扫选选别，选别尾矿采用绒毯溜槽粗选、摇床精选。细泥段摇床精矿中钼、铜、铅、锌的金属回收率为 8.40%、18.56%、38.53%、22.74%，钨细泥中 60% ~80% 的钼、铜、铅、锌金属都损失在尾矿中。

10.3.3.4　黑白钨混合浮选药剂

黑白钨共生矿中常伴生有富含钙、镁的透辉石、透闪石和富钙的方解石、萤石，这些脉石的表面性质与白钨矿相近，浮选行为相似。黑钨矿、白钨矿最佳浮选 pH 值有较大差别，白钨矿最佳浮选 pH 值相对较窄，一般在 7 ~9，黑钨矿的最佳浮选 pH 值因捕收剂种类而异，一般在 5 ~10，复杂低品位细粒级黑白钨共生矿属十分难选矿石，采用高效调整剂和捕收剂是混合浮选技术指标的技术关键。

氧化矿捕收剂对白钨矿的捕收能力相对较强，对黑钨矿的捕收能力相对较弱。要实现黑白钨混合浮选一般采用组合捕收剂。常用的捕收剂组合有脂肪酸类捕收剂的组合，脂肪酸类捕收剂与螯合类捕收剂

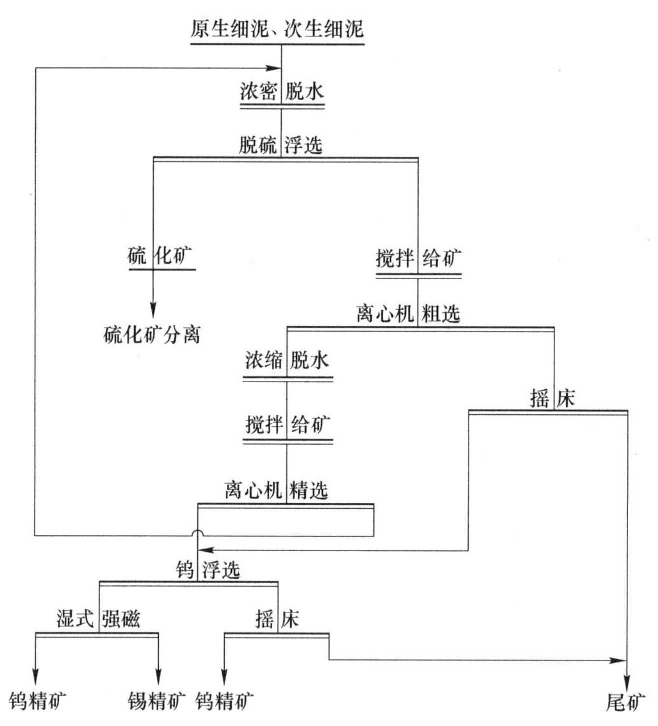

图 10-16　铁山垅细泥作业工艺流程

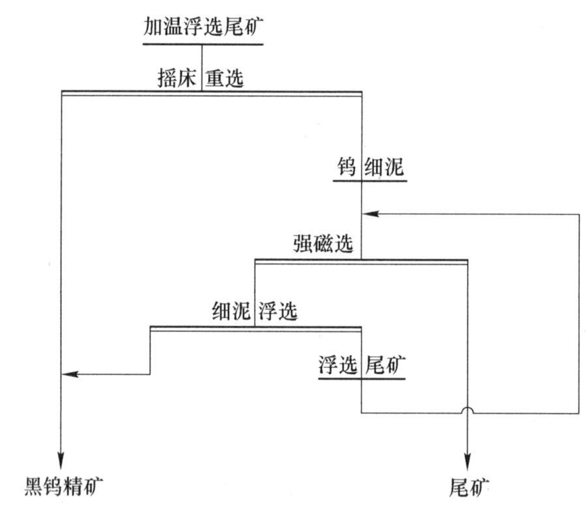

图 10-17　柿竹园钨细泥选矿工艺

的组合。

脂肪酸及其皂类是白钨矿常用的捕收剂，对黑钨矿也有捕收作用，脂肪酸类捕收剂因烃链较长，捕收能力强，选择性较差，在水中溶解分散不好。为了满足黑白钨混合浮选要求，提高脂肪酸类捕收剂选择性，常需要对其进行改性。对脂肪酸加工以改进其浮选性能，着眼于两个方面：（1）为改善溶解性能，提高抗低温的能力，引入高极性的基团或引入不饱和键；（2）为提高选择性，引入有选择作用的基团。

脂肪酸类捕收剂捕收能力强、选择性差，螯合类捕收剂选择性强、疏水能力弱，将脂肪酸类捕收剂与螯合类捕收剂组合使用能发挥正的协同效应。目前，常与脂肪酸类捕收剂组合使用的螯合类捕收剂有广州有色金属研究院的 GYB，并在湖南柿竹园多金属矿等多家矿山中应用，其中柿竹园矿 1000t/d 选矿厂生产调试时，钨实际回收率一直稳定在 65% 以上。北京矿冶研究总院程新朝等人[83]采用 CF 系列螯合捕收剂浮选某难选黑白钨混合矿，最终得到了含 WO_3 为 71.83%、回收率为 56.23% 的白钨精矿和含 WO_3 为 66.61%、回收率为 27.30% 的黑钨精矿，总钨回收率达 83.53%。此外，孙伟等人[84]研究了新型螯合药剂 F-305，陈新林等人[85]研究了新型螯合捕收剂 TW 系列钨捕收剂。

10.3.4　选矿设备

先进选矿设备的研发对选矿技术进步产生不可替代的推动作用，高效率设备可以简化工艺流程、减少精扫选次数、减少药剂用量和提高选矿工艺技术指标。目前，一些高效节能的选矿设备很大程度上提高了钨矿山的经济效益。

10.3.4.1　高梯度强磁选机

由于黑钨矿具有弱磁性，高梯度强磁选机的引入使黑白钨矿分开浮选成为可能。如“十一五”科技攻关中，在湖南柿竹园多金属矿引入高梯度磁选机，使黑钨矿和白钨矿分别进入不同的浮选回路，以便两种矿物的浮选均在最优化的条件下进行，形成了“浮—磁—浮优先浮选白钨选矿工艺”、“强磁分流—黑白钨分开浮选新工艺”。

利用白钨矿与弱磁性脉石矿物之间的差异，高梯度磁选机也用于钨选矿预先抛尾。如内蒙古某铜锌铁选矿厂尾矿品位 WO_3 为 0.12%，其中主要钨矿物为白钨矿，硫化矿物极少，脉石矿物中弱磁性矿物占 40% 以上。邓丽红[86]通过新型高梯度磁选机预先抛弃了 50% 左右的石榴子石等弱磁性矿物再进行浮选，磁选回收率为 92% 以上，不仅可使浮选给矿品位提高一倍，而且降低了浮选药剂用量，提高了浮选指标。获得白钨精矿品位 67.97%、回收率 64%。狄家莲等人[87]根据石榴子石具有弱磁性、白钨矿无磁性的特点，使用高梯度磁选机进行磁选抛尾，入浮给矿 WO_3 品位从 0.66% 提高至 0.91%，磁性产品产率为 43.44%，有效地提高了选矿厂工艺流程的处理能力。

高梯度磁选机在黑钨矿以及黑钨细泥工艺中得到应用。周晓彤等人[88]采用高梯度磁选机，经一次粗选、一次扫选强磁选工艺，获得较好的工业试验指标：对含 WO_3 0.20% 的强磁给矿，获得黑钨强磁精矿品位为 WO_3 0.43%，钨回收率 73.26%，有效地提高了黑钨浮选入选品位。

10.3.4.2　浮选柱

在浮选设备方面，近几年较为有代表性的是浮选柱的应用。在钨选矿厂中，目前主要有两种浮选柱投入使用。

中国矿业大学研制的旋流微泡浮选柱[89]曾获得 2002 年国家技术发明二等奖。其主体结构包括柱浮选、旋流分选、管流矿化三部分。整个设备为柱体，柱浮选段位于柱体上部，它采用逆流碰撞矿化的浮选原理，在低紊流的静态分选环境中实现微细物料的分选，在整个柱分选方法中起到粗选与精选作用；旋流分选与柱浮选呈上、下结构连接，构成柱分选方法的主体；旋流分选包括按密度的重力分离以及在旋流力场背景下的旋流浮选。旋流浮选不仅提供了一种高效矿化方式，而且使得浮选粒度下限大大降低，浮选速度大大提高。旋流分选以其强回收能力在柱分选过程中起到扫选柱浮选中矿作用。管流矿化利用射流原理，通过引入气体及粉碎成泡，在管流中形成循环中矿的气-固-液三相体系并实现了高度紊流矿化。管流矿化沿切向与旋流分选相连，形成中矿的循环分选。目前，已应用于湖南柿竹园多金属矿的黑白钨浮选和萤石浮选。钨粗选作业采用浮选柱与浮选机的机柱联合浮选，钨粗选作业的回收率提高到了 76.13%，钨的总回收率提高到了 63.96%。

长沙有色冶金设计院研制的 CCF 型浮选柱[90]，是一种新型高效具有柱型槽体结构的无机械搅拌充气式浮选设备。与机械搅拌式浮选机比较，CCF 新型逆流接触充气式浮选柱最大特点是采用矿粒与微细气泡逆流平稳接触的流动方式，提供大量捕收矿粒的机会。矿粒与气泡逆向运动，绝对速度虽小，相对速度却高，紊流度低，流体力学条件比较理想。柱内气泡细小均匀，表面积大，在逆流条件下与矿粒接触机会更多，消除了有用矿物在浮选过程中的“短路”现象，有利于提高浮选速度和回收率。柱内泡沫层厚度大，可以调节，加上冲洗水的逆流清洗作用，因而富集比大。在河南栾川钼业公司的钨选矿厂中用于白钨粗选和精选作业。高湛伟等人[91]介绍了在原矿品位为 WO_3 0.05% 左右的情况下，得到了粗精矿品位 WO_3 约 1.3% 左右、回收率 75% 左右的较好指标。王选毅等人[92]介绍了 CCF 浮选柱在白钨精选的工业试验，采用一次粗选、两次精选流程得到钨精矿品位 WO_3 45.77%，作业回收率为 93.53%。

10.3.4.3　高频振动细筛

某些选矿厂已使用高频振动细筛取代原有的水力分级设备，使分级效率有了较大提高，为选矿创造了有利条件。

赵平等人[93]研究了高频振动细筛在氧化钼矿和白钨矿磨矿分级过程中的应用，通过与螺旋分级机、水力旋流器等设备的分级效率以及产品浮选效果比较选矿厂处理能力提高了12%，并且氧化矿浮选现象大幅度改善，选矿药剂用量减少了15%～20%，钼选矿回收率达到81%～83%，钨矿物回收率达到78%～80%，有效改善了钼钨氧化矿浮选环境。

10.3.4.4　*离心选矿机*

针对离心选矿机在钨细泥选矿中的应用也进行了大量的研究。离心选矿机在预处理工艺方面的应用，如江西大吉山钨矿采用的“离心机重选预处理—浮选—重选”钨细泥选矿工艺、铁山垅钨矿采用的“脱硫—离心机—浮选—磁选”钨细泥处理工艺。离心选矿机在精矿处理方面的应用，如福建行洛坑的“细泥预处理—常温浮选—离心机重选”钨细泥选矿新工艺。离心选矿机合理应用，为钨细泥回收创造了较好的条件。

10.3.5　选矿厂过程控制

由于钨矿选矿生产过程的复杂性和特殊性，如性质多变的物料流、复杂矿物加工工艺流程以及其中物理化学过程的复杂性和物料本身的腐蚀性、磨损性等，限制了选矿过程控制的普及程度、应用水平和发展速度，与石油化工等行业比较相对落后。由于选矿自动化技术的应用在提高选矿厂劳动生产率、提高产品质量和金属回收率、降低成本等方面效果显著。喻建章等人[94]根据漂塘钨矿大江选矿厂的实际生产需要，设计了一套基于PLC的自动监控系统，并在该选矿厂实施应用。

10.3.6　尾矿、三废处理、环保、循环利用

钨尾矿、三废处理等主要体现在钨尾矿和钨矿废水的环保处理手段和循环利用新技术方面。

10.3.6.1　*尾矿利用*

钨尾矿是钨矿经磨细选取其中的含钨矿物后排放的经细粒尾矿浆脱水后形成的固体物料，一般主要由脉石矿物以及围岩矿物组成，主要含有萤石、石英、石榴子石、长石、云母、方解石等矿物，有些含有钼、铋等少量的多金属矿物，主要化学成分为：SiO_2、Al_2O_3、CaO、CaF_2、MgO、Fe_2O_3等。钨尾矿综合利用途径大致可分为两类：回收有价金属矿物或非金属矿和整体利用，整体利用主要包括钨尾矿制备建筑材料等。

钨尾矿中回收有价金属钨矿床中经常伴生着许多有用金属，如锡、钼、铋、铜、铅、锌、锑、铍、钴、金、银等。它们中有些是对钨的冶炼工艺和钨制品有害的杂质，通过选冶综合回收其中的有用金属，既可提高钨制品的质量，又能有效提高钨矿资源综合利用率。目前回收的有价金属主要为钨、钼和铋。

A　*钨尾矿中回收钨*

钨尾矿扫选回收钨是提高钨矿回收率的有效途径。卢友中等人[95]采用选冶联合工艺从钨尾矿及细泥中回收钨，给矿品位为WO_3 0.39%，得到钨粗精矿（WO_3 18%）再微波浸出，总WO_3回收率可达82.60%。黄光耀等人[96]利用微泡技术从白钨矿精选尾矿中回收微细粒白钨矿，开发了CMPT微泡浮选柱，给矿品位WO_3 0.76%，获得精矿平均品位24.52%，回收率43.41%。

B　*钨尾矿中回收钼、铋*

很多钨矿床都不同程度地伴生钼、铋，虽然在重选作业中能回收部分钼、铋，但由于钼、铋的天然可浮性好，往往在钨重选的摇床作业中自然可浮而排入尾矿，导致钼、铋的综合回收率很低。

傅联海[97]采用浮选工艺直接从钨重选尾矿中回收钼、铋，细泥尾矿则浓缩后直接浮选回收钼、铋，在重选尾矿中钼品位0.024%、铋品位0.019%，细泥尾矿钼品位0.056%、铋品位0.044%的情况下，取得了较好的生产技术指标，钼精矿品位达到46.85%，铋精矿品位达到23.05%，钼总回收率达到41.34%，铋总回收率达到32.5%。

C　*钨尾矿中回收非金属矿*

钨尾矿中非金属矿主要有石英、长石、云母、石榴子石、萤石、方解石，其中有综合回收价值的非金属矿为萤石和石榴子石。

a　钨尾矿中回收萤石

萤石是一种广泛应用于化工、冶金、建材工业的重要非金属矿，我国萤石矿品位一般偏低，其中伴生矿床储量占43%，钨尾矿中回收萤石矿物意义重大。

柿竹园多金属矿在回收利用钨钼铋资源后，其尾矿回收萤石。工业生产指标：给矿含 CaF_2 25%左右，萤石精矿品位 CaF_2 占95%，回收率大于40%。

b　钨尾矿中回收石榴子石

石榴子石是一种硬度大、化学性质稳定的弱磁性矿物，主要用于磨料、建筑材料、聚合物填料等方面。石榴子石原矿品位不高，工业品位含量大于14%[98]，通过合适的选矿工艺提高石榴子石品位是石榴子石深加工的基础。

朱一民等人[99]分别采用单一磁选和重磁联合流程选矿工艺，从黄沙坪钨尾矿中回收石榴子石，均可获得石榴子石精矿产品，其中磁选方法获得的精矿回收率高，可得到品位76%的石榴子石精矿，回收率为87.78%。申少华等人[100]针对柿竹园多金属矿石榴子石资源特点，分别采用浮—磁浮主干流程和螺旋溜槽预选—预选中矿强磁和摇床从尾砂中回收石榴子石，可得到品位达89%的石榴子石精矿，回收率达40%以上。

D　钨尾矿用于建筑材料

钨尾矿主要成分为硅、铝的氧化物，并含有钙，与传统建筑材料较为相似，同时钨尾矿颗粒较细，用于建筑材料不需要再作破碎处理，能耗和成本较低，具有天然的优势。

a　钨尾矿用于水泥工业

水泥工业传统的氟硫矿化剂可改善水泥生料的易烧性，但煅烧过程中会逸放部分氟硫污染环境。钨尾矿取代传统的氟硫矿化剂用于水泥工业，可减少氟硫的污染，变废为宝，对水泥工业的可持续发展也有着重要意义。

苏达根等人[101]利用钨尾矿作生产水泥的原料，减少萤石掺加量，生料中 WO_3 的质量分数为 1×10^{-6} ~ 6×10^{-4}时，可改善生料易烧性，有利于水泥熟料矿物阿利特的形成，且钨的逸出率几乎为零，并可减少铅、镉和氟的逸放，可作为环保型水泥熟料矿化剂。苏达根等人[101]还用钨尾矿作为水泥熟料的原料之一，取代含硫矿化剂，提高了水泥熟料的质量和产量，减少了水泥窑氟硫的污染，并利用了废弃资源，节约能耗，降低成本，但钨尾矿作生产水泥的原料需控制其掺加量，过量会产生副作用。Yun Wang Choi等人[102]将钨尾矿用于水泥生产，所得产品各方面均满足相关要求，最大烧损为2.6%，其中铅、铜等有害元素均低于相应标准，但随着钨尾矿的增加，产品流动性和抗压强度有所下降。

b　钨尾矿用于微晶玻璃

微晶玻璃是一种亮度高、韧性强的新型建筑材料。早在20世纪60年代初苏联就进行了尾矿制备微晶玻璃的研究和生产，后来在许多国家得到发展，并形成规模化生产。匡敬忠等人[103]以钨尾矿为主要原料，用量为55%~75%，不添加晶核剂，采用浇注成型晶化法制备出钨尾矿微晶玻璃，其主晶相为β-硅灰石，其核化析晶机理属于表面成核析晶，工艺简单，成本低廉。

E　钨尾矿的其他应用

除上述应用领域外，钨尾矿还被应用于其他方面，如生物陶粒、矿物聚合材料、瓷砖等。冯秀娟等人[104]以钨尾矿为原料，炉渣、粉煤灰、黏土为辅料，采用焙烧法制备了多孔生物陶粒滤料，生物陶粒粒子密度为1.61g/cm^3，堆积密度为1.10g/cm^3，比表面积为9.7m^2/g，酸可溶率为0.17%，碱可溶率为0.33%，筒压强度为8.1MPa。匡敬忠等人[105]以钨尾矿和偏高岭土为主要原料，水玻璃和NaOH为碱激发剂制备了矿物聚合材料，结果表明：当钨尾矿占固相比例为75%、养护温度不超过100℃时，所制备的矿物聚合材料性能最佳，其主晶相为α-石英，聚合反应生成的产物为凝胶相硅铝酸盐，呈非晶质形式存在。

目前国内钨矿资源保有储量逐年下降，原矿品位越来越低，钨尾矿资源回收有价金属及非金属矿，可有效提高资源利用率。钨尾矿整体利用有利于推进无尾矿矿山建设，既提高了钨尾矿资源附加值，又改善了矿山环境，是今后钨尾矿综合利用的发展方向。因此，各钨矿企业应提高尾矿资源利用意识，开展钨尾矿综合利用研究，走矿产资源可持续发展道路。

10.3.6.2　废水利用

钨废水主要分为洗矿废水、破碎系统废水、选矿废水和冲洗废水，并具有以下特点：(1) 水量大，约占整个矿山采选废水量的34% ~79%，浮选废水排放量为原矿石的3.5 ~4.5倍，浮选-磁选法1t原矿石，废水排放量为原矿石的5 ~10倍。(2) 废水的悬浮物主要是泥沙和尾矿粉，由于粒度极细，呈细分散的近胶态不易自然沉降，另外尾砂粉中含有重金属元素，在酸、碱和其他生化作用下，重金属元素易溶出，造成重金属元素污染。(3) 选矿作业中加入大量的浮选药剂，这些药剂残留在选矿厂排出的废弃液中，部分金属离子、固体悬浮物、有机和无机药剂的分解物质等也残存在选矿废弃液中，直接排放会对流域内的土地、水体产生严重污染，对生态造成压力。因此，有效地处理选矿废水是各个矿山长期以来亟待解决的重大问题，也是选矿工艺过程中必须考虑解决的技术难题。实行选矿废水循环使用是解决该难题的重要技术措施，也是实现选矿废水资源化综合利用的重要前提。

钨选矿过程中加入大量水玻璃和捕收剂，且选矿废水细粒含量多、沉降缓慢，选矿废水的直接回用将严重影响选矿指标。特别是将尾矿水直接回用到磨矿和硫化矿浮选，将对硫化矿浮选和后续钨的回收产生较大影响。生产上多采用回水分质分流回用，即回水返回到相应的作业，即硫化矿尾矿水返回磨矿和硫化矿浮选，氧化矿浮选尾矿水返回到氧化矿浮选系统；或者将总尾矿水只返回氧化矿浮选系统，在甘肃小柳沟选矿厂实现了选矿厂回水100%的利用。

针对选钨废水的絮凝剂和沉降技术，近年来也进行了大量的研究。

某白钨矿选矿水中含有大量的固体悬浮物，水样混浊，COD、Cr值较高，含有大量有机物以及还原性无机物，且含有少量的铅、砷、铜、铁、锰等重金属离子。孙伟等人[106]采用磁化絮凝技术大幅缩短了絮凝沉降所需的时间，且所得清液浊度更低，能实现选矿废水的完全回用，净化后的回用水对选矿指标几乎没有影响。郭朝晖等人[107]研究不同絮凝剂及助凝剂对选矿废水的沉降效果，并采用磁化絮凝技术，以江西某白钨矿的选矿废水为实验原料进行了废水回用研究，结果表明，净化后可以实现白钨矿废水的完全回用。

某钨铋多金属矿选矿废水中悬浮物浓度和化学需氧量（COD）高、重金属浓度低但种类多，难以稳定达标排放。郭朝晖等人[108]采用含铝无机高分子混凝剂和有机助凝剂两步混凝沉淀处理钨铋钼矿选矿废水，24h现场动态取样研究结果表明：混凝沉淀法可高效处理钨多金属矿选矿废水。此外，还通过优化聚硅酸硫酸铝铁中铝硅铁比，配制适宜的聚硅酸硫酸铝铁絮凝剂进行水处理。在 $w(SiO_2) = 2.0\%$、$n(Fe + Al):n(Si) = 2:1$、$n(Fe):n(Al) = 1:1$ 的适宜配比下制得的聚硅酸硫酸铝铁絮凝剂，在1.5%投加量下，可使钨铋选矿废水浊度去除率达95%以上，处理后废水浊度为70NTU；COD去除率达70%，处理后废水中COD含量为72mg/L；砷、铍和铅去除率均达90%以上，处理后废水中砷、铍和铅质量浓度分别为34μg/L、0.2μg/L和13μg/L，处理后废水达到《污水综合排放标准》(GB 8978—1996) 一级标准。

江西某钨矿选矿废水中悬浮物含量较高，主要污染因子为SS、COD、Cr、pH值、铅、锌。陈明等人[109]采用石灰脱稳-絮凝剂沉降法对钨矿尾矿库废水处理，用石灰乳调节pH值至11.5并静置10min后加入聚丙烯酰胺，处理后废水上清液pH值为8.5，SS降至128mg/L，COD、铬含量低于50mg/L，铅、镉、砷质量浓度依次降至0.03mg/L、0.005mg/L和0.064mg/L。

栾川某钼钨选矿企业尾矿水中悬浮物含量较高，且成分种类较为复杂，含有多种选矿药剂，如2号油、水玻璃、煤油、纯碱、皂化钠等，以及大量的水玻璃。李占成等人[110]通过研究发现，电石渣和有机高分子絮凝剂混合使用，尾矿水沉降速度快，回水清澈、质量好，尾矿水处理成本低，仅药剂一项就可节约成本约30万元/年。这是由于当向尾矿水中投加含钙的工业废渣时，由于提供了带正电荷的 Ca^{2+}，压缩了带负电荷胶体的双电层，降低了ζ-电位，破坏了带负电荷胶体的稳定性，使尾矿水中的颗粒物产生了凝聚。但是投加含钙的工业废渣后，形成的絮体颗粒粒径较小，沉降速度缓慢，沉降时间较长，有机高分子絮凝剂通过高分子的架桥作用，把脱稳粒子联结在一起，形成较大的颗粒，从而改善了絮体的沉降性能，强化了去除效果。

10.3.7　综合回收

10.3.7.1　钨锡矿的综合回收

某钨锡矿矿石中的金属矿物主要为黑钨矿，少量锡石、白钨矿、钨华、磁铁矿、赤铁矿、褐铁矿，以及极少量的黄铁矿、黄铜矿。脉石矿物主要为石英、白云母，其次为长石，以及少量萤石、方解石、电气石、黑云母等。黑钨矿在矿石中的嵌布粒度较粗。关通等人[111]采用重—磁联合工艺，先用重选获得钨锡粗精矿，再用磁选分离钨锡。在原矿品位 WO_3 为0.40%、锡为0.12%时，可获得钨精矿品位 WO_3 65.03%、回收率79.74%和锡精矿品位39.32%、回收率53.30%的较好指标。

林日孝[112]依据湖南某多金属矿矿石性质特点，采用预先浮硫化矿，浮硫尾矿常温浮白钨矿，白钨浮选粗精矿经酸浸脱磷产出合格的白钨精矿；白钨浮选尾矿经螺旋溜槽粗选富集，刻槽摇床精选产出锡精矿的工艺流程。对含 WO_3 0.617%、Sn 0.043%的原矿，获得了钨精矿品位 WO_3 65.65%、回收率为85.09%的白钨精矿，锡品位28.20%，回收率为25.95%的锡精矿，白钨和锡石均得到有效回收。

湖南某钨锡矿为特大型接触交代矽卡岩矿床，工业类型属云英岩-矽卡岩复合型钨锡多金属矿床，含钨品位 WO_3 为0.10%，含锡品位为0.47%。该矿的主要有用矿物是黑钨矿和锡石，矿样中钨锡与脉石共生关系密切，且呈致密镶嵌；矿物嵌布粒度细。庄杜娟等人[113]采用浮选和弱磁选工艺脱除含硫铁矿，脱硫尾矿再用强磁选工艺分离得到磁性矿物和非磁性矿物，磁性矿物继续通过"浮—磁—重"联合工艺得到钨精矿Ⅰ，非磁性矿物通过脱泥和"重—浮"联合工艺得到钨精矿Ⅱ及锡精矿，获得了含锡50.44%、锡回收率为47.29%的锡精矿；含 WO_3 41.83%、回收率25.10%的钨精矿。

云南某钨锡矿含 WO_3 0.323%、锡0.140%。李伟等人[114]在矿石工艺矿物学及试验研究的基础上，采用一段磨至-0.5mm，进行摇床粗选，混合精矿脱硫、除铁、常温浮选分离钨锡的选矿工艺，获得了钨精矿产率0.31%，WO_3 品位71.06%，钨回收率67.69%，含锡0.56%；锡精矿产率0.12%，锡品位58.18%，锡回收率50.94%，含 WO_3 3.80%，锡富中矿产率0.21%，锡品位4.22%，锡回收率6.87%，含 WO_3 2.69%，综合锡回收率57.81%的技术指标。

10.3.7.2　铜钨矿的综合回收

铜钨矿石一般采用先选铜硫后选钨的原则流程。对于铜硫矿的浮选流程有三种：（1）优先浮选；（2）混合—分离浮选；（3）半优先混合—分离浮选。钨选矿则根据矿石性质采用重选、浮选或者联合工艺流程。

某铜钨矿石中有用矿物有黄铜矿、斑铜矿，伴生矿物主要为黄铁矿和少量的白钨矿、黑钨矿和银。周源等人[115]根据矿石性质采用优先浮选铜，组合捕收剂731+油酸、水玻璃作抑制剂浮选白钨，白钨粗精矿加温精选，含铜0.97%、WO_3 0.74%，铜精矿品位18.35%、铜回收率94.64%，白钨精矿品位 WO_3 60.35%、白钨回收率76.41%。

江西某铜硫钨多金属矿是我国大型的矽卡岩型白钨矿床，原矿中含铜0.11%、硫2.95%、WO_3 0.75%，其主要金属矿物是黄铜矿、磁黄铁矿和白钨矿。凌石生[116]采用磁选脱硫—铜硫混合浮选—白钨浮选工艺流程，产出硫精矿、铜精矿及白钨精矿，获得的闭路试验指标为：硫精矿含硫30.16%、回收率77.58%，铜精矿含铜18.28%、回收率76.83%，白钨精矿含 WO_3 66.04%、回收率81.67%。

江西某铜钨矿含铜0.74%、WO_3 0.078%、银18.69g/t，主要金属矿物有黄铜矿、黄铁矿、白铁矿，其次为砷黝铜矿、白钨矿及少量的毒砂等。黄军等人[117]采用铜硫混合浮选再分离、铜硫尾矿再浮选回收钨的闭路试验，从含铜0.74%、WO_3 0.078%的原矿中获得产率2.16%、铜品位30.35%、回收率92.94%的铜精矿；产率0.17%、WO_3 品位33.10%、钨回收率73.59%的钨精矿。

10.3.7.3　钨钼矿的综合回收

广西某低品位钨钼矿石中主要有用矿物为辉钼矿和白钨矿，还有少量黄铁矿、磁黄铁矿，脉石矿物主要为辉石、石榴子石、石英等。卢仕威等人[118]采用钼硫优先混合浮选—混合精矿再磨钼硫分离—混浮尾矿再选钨工艺流程，闭路试验获得了钼品位为50.39%、回收率为91.17%的钼精矿，硫品位为36.78%、回收率为56.43%的硫精矿，WO_3 品位为60.37%、回收率为68.94%的钨精矿。

海南某地钨钼矿原矿含钼0.56%、WO_3 0.28%、铁2.44%，属于低品位钨钼铁多金属矿。肖军辉等人[119]研究出适合该钨钼多金属矿选矿的浮选—弱磁选—重选工艺流程，采用一次粗选、一次扫选、四次精选的浮选工艺回收钼，浮选尾矿采用弱磁选回收磁铁矿，一次粗选、两次精选的重选工艺回收钨，该工艺可以得到钼品位为45.86%、回收率为88.19%的钼精矿，含 WO_3 0.07%、铁1.12%；钨精矿 WO_3 品位72.80%、回收率为82.88%，含铁0.07%、钼0.02%；铁精矿品位为56.88%、回收率为50.15%，

含 WO_3 0.06%、钼 0.03%。

针对云南某细脉浸染型复杂多金属钨钼矿，梁溢强等人[120]首先通过浮选回收钼、去除硫化物，然后用 Fa-lcon 离心选矿机预先抛尾得钨粗精矿，粗精矿再经摇床重选得到最终精矿。对含 WO_3 0.21%、钼 0.049% 的原矿，获得含 WO_3 57.41%、回收率 50.55% 钨精矿和含 WO_3 2.51%、回收率为 13.42% 钨富中矿，以及含钼 35.21%、回收率为 69.78% 的钼精矿。

10.3.7.4　其他多金属矿的综合回收

江西某大型钽铌、钨矿床矿石重选矿泥给矿中 Ta_2O_5 含量为 0.0144%，Nb_2O_5 含量为 0.010%，含 WO_3 为 0.15%，属于高钽的钽铌钨花岗岩矿体。其主要回收的目的矿物为钽铌铁矿、细晶石、钽易解石、黑钨矿、白钨矿。给矿中钽金属小于 50μm 约 90%；钨金属小于 30μm 占 90% 以上，而其中小于 20μm 约 55%。并且给矿中以钽矿物存在的钽金属量仅占给矿钽金属量的 65%，约 27% 的钽金属分散于石英、长石、云母中，分散率较高。邹霓等人[121]采用浮选—重选的选矿方法，粗选浮选中应用混合用药的协同效应，采用捕收剂 NB 与辅助捕收剂 NF 配合使用，粗选浮选精矿品位 Ta_2O_5 和 WO_3 均比粗选重选约高一倍，Ta_2O_5 和 WO_3 的回收率则分别比重选高 55% 和 45%。同时利用重选精选富集比高的特点采用 YTF-C 微细摇床处理浮选精矿，最终获得含 Ta_2O_5 3.74%、WO_3 38.35%，回收率 Ta_2O_5 为 57.86%、WO_3 61.13% 的钽铌、钨混合精矿，显著提高了微细粒级钽铌、钨矿物的回收率和精矿品位。

湖南某钨、锑多金属矿属石英脉黑钨矿床，陈志杰等人[122]研制了“优先浮辉锑矿—浮锑尾矿浮黑钨矿—黑钨粗精矿重选精选”的选矿工艺流程，对含 WO_3 0.86%、锑 0.51% 的给矿，获得了含锑 24.60% 的锑精矿、锑回收率 92.11% 和含 WO_3 55.46% 的黑钨精矿，WO_3 回收率为 77.41%。

湖北十堰低品位钨钛多金属矿原矿含铁 25.64%，TiO_2 为 6.22%，WO_3 为 0.26%，铁以磁铁矿为主、钛以钛铁矿为主、钨以黑钨矿为主。肖军辉等人[123]采用弱磁选回收铁得铁精矿、强磁选得钛钨混合精矿、复合摇床重选分离钨钛得钛精矿和钨精矿。在一段磨矿细度为 -0.045mm 占 95%、弱磁选磁场强度 $H=0.10$T、二段磨矿细度为 -0.038mm 占 95%、强磁选磁场强度 $H=1.0$T 的弱磁选—强磁选—重选工艺综合条件下，得到了铁品位为 62.76%，含 TiO_2 为 0.79%，WO_3 为 0.09%，铁回收率为 56.20% 的铁精矿；WO_3 品位为 65.01%，含铁为 10.18%，TiO_2 为 2.01%，钨回收率为 49.67% 的钨精矿；TiO_2 品位为 48.10%，含铁为 21.06%，WO_3 为 0.98%，钛回收率为 71.01% 的钛精矿，实现了有价金属铁、钛、钨的综合回收。

10.4　钨矿选矿存在问题及发展趋势

由于矿床类型不同，黑钨矿和白钨矿以及混合矿三种资源的选别技术条件有很大的差别。一般而言，黑钨矿为石英脉型，矿石中的矿物成分相对比较简单，有用的黑钨矿颗粒较粗，属于易选类矿石；而白钨矿主要是砂岩型、复合型（细脉浸染型-云英岩矽卡岩复合型），矿石中有用矿物和脉石矿物成分都比较复杂，有用矿物结晶粒度细，常呈浸染状嵌布于矿石中，多属难选矿石。黑钨矿石选矿以重力选矿为主，部分企业精选用干式强磁选；白钨矿石多采用浮选法选矿；黑白钨混合矿则涵盖了黑钨矿和白钨矿的综合选矿技术，当共（伴）生组分较多时，必须综合回收其多种有用矿物。

10.4.1　钨矿选矿存在问题

10.4.1.1　钨资源优势逐步减弱，钨资源安全形势严峻

尽管我国钨的储量、产量、外贸出口量目前居世界第一位，但经过多年的开采，我国可供开采的钨资源正在逐渐减少。我国的黑钨矿资源已近枯竭，而我国白钨矿资源的特点是储量大禀赋差，资源品位低，可选性差，大部分白钨矿的品位在 0.4% 以下，而国外主要白钨矿的品位都在 0.4% 以上。

储采比是用年末剩余储量除以当年产量得出剩余储量按当前生产水平尚可开采的年数。根据我国钨工业年鉴的产量及储量统计数据，可计算出我国与世界钨矿资源的储采比，2004～2007 年我国钨矿资源的储采比为 40.94～47.62，世界钨矿资源的储采比为 56.08～64.27，普遍高于我国的储采比，说明我国钨矿资源的开采速度比全世界钨矿资源的总体开采速度快[60]。

10.4.1.2 选矿装备及自动化水平较低

长期以来，我国钨矿特别是黑钨矿技术改造、技术革新均未有新的投入，装备难以更新。在2010年走访调研的23个钨矿山中，除了一些新建、在建的白钨矿之外，在我国钨矿山特别是黑钨矿中新设备的应用几乎没有，大部分黑钨矿山采用的是陈旧的选矿设备，像丹佛式跳汰机、A型浮选机、苏式盘式磁选机等许多设备都是20世纪70~80年代甚至50~60年代的产品，设备老化，能耗高，劳动作业率低。有些矿山还采用自制设备或甚至实行半手工、手工作业，不仅劳动作业率低，生产稳定性也受到很大影响。部分小型黑钨选矿厂甚至在实行手工或半手工业作业。

我国钨矿山的自动化控制水平低，绝大多数矿山没有采用选矿过程的自动检测与控制。

10.4.1.3 入选品位降低，选矿成本高、选矿难度增加

历经百年余的开采，目前我国大部分黑钨矿资源已近枯竭。按目前可利用的资源储量和矿山目前的生产能力测算，除大吉山等少数几座矿山外，多数黑钨矿山服务年限均在5年以下，属于资源严重危机矿山行列。随着钨矿资源的日益开采，我国钨矿山钨矿入选品位呈逐年降低的趋势，2010年调研的23家钨矿山的平均入选品位只有0.27%，只有少数几家钨矿的入选品位在0.3%之上，最低入选品位只有0.1%。我国的白钨矿石储量中贫、细、杂的矿床占多数，还有大量属于品位极低、赋存于其他金属矿床中的白钨矿，这类白钨矿的选矿是我们近期需要认真研究的问题。钨品位下降，造成生产成本提高，选矿难度增加。

10.4.1.4 选矿工艺流程不完善，伴生资源未得到合理利用

多年来黑钨矿选矿技术没有大的改观，仍采用以重选为主的手选抛废、重选丢尾、重选—磁选—浮选联合精选工艺，适应性不强，对于细脉状和浸染状黑钨矿该处理流程的回收率偏低。

我国钨矿新型浮选药剂的研究和推广严重滞后，一些对环境污染严重的药剂仍在钨矿山中使用，如氰化物在江西黑钨矿的脱硫作业及硫化矿分选作业中还在应用。

钨选矿流程仍然不够完善，包括硫化矿综合回收选别工艺、黑白钨回收工艺流程都存在进一步改进优化的潜力，特别是各矿山细泥段选别回收率不高，细泥选矿技术存在研究空间。如部分选矿厂片面强调工艺流程的简化，跳汰、摇床重选粒级过宽，粗细粒级混选，影响了跳汰、摇床重选选别能力和选别的技术指标。我国目前仍有很多钨矿山采用白钨矿加温精选，能耗高、成本高、环保压力大，难选白钨矿的回收率也不高，而常温浮选和选冶联合法等推广应用较少。

有的黑钨矿选矿厂不设精选车间或工段，粗精矿（毛砂）直接外销，降低了产品价格，影响了企业经济效益。有的选矿厂精选流程不连续，间断作业，随意性大，精选设备简单，技术指标差，钨金属流失大，综合回收差。

钨矿石中大都伴生多种有用组分，一些矿山只是单纯回收钨，其余伴生有价金属大部分未得到回收，资源综合利用水平低。开展了综合回收的一些矿山所回收的组分也十分有限，而且回收率偏低。

10.4.1.5 选矿废水回用率不高

在钨矿选矿过程中，一般都含有共伴生的有色金属矿物，对于石英脉型的黑钨矿采用重选流程回收，尾矿水可以直接利用；而白钨矿、黑白钨混合矿一般采用浮选回收，而浮选尾矿水中含有大量的水玻璃、脂肪酸类捕收剂和螯合捕收剂等药剂，对环境影响较大，直接回用导致钨随硫化矿损失。因此，在浮选钨矿山中选矿废水回用率不高，甚至难以回用。

10.4.2 钨矿选矿发展趋势

钨原矿品位逐年降低，是目前钨资源的总趋势。目前，对我国钨矿工业来说，易采易选的黑钨矿资源越来越少，难处理的白钨矿占有主要地位。因此加强白钨矿采矿和选矿工艺研究，寻找新的选矿工艺和方法，如何在钨选矿环节提高效率、降低成本，选矿废水处理回用，将成为钨矿产业科研和生产的重要课题。

10.4.2.1 加强钨资源勘探找矿工作，增加接替资源量，保持我国钨资源优势

我国优质热液石英脉型黑钨矿资源已大量消耗，同类型接替资源量不足，此类型资源优势已不乐观；矽卡岩型白钨矿资源量大，但许多此类资源品位较低、伴生有价元素多样，所要求选矿技术及水平高，

资源综合利用难度大；部分伴生钨资源多品位低、钨矿物嵌布粒度细，钨回收率低。鉴于上述国内钨资源形势，提议加强钨资源勘探找矿工作，增加钨接替资源量，保持我国钨资源优势。

10.4.2.2　提升选矿装备及自动化水平

高效率的磨矿、重选和分级设备，可以避免钨在磨矿过程中过粉碎，从根源上减少细粒级钨的产生，提高钨的回收率。选矿过程的自动检测与控制，实现自动化不只是为了节省劳动力，更重要的是有利于稳定生产操作，实现过程最佳化，以提高选矿技术经济指标和劳动生产率。国外较普遍的采用了高效率的磨矿、重选及自动化设备，如尼尔森选矿机在葡萄牙 Panasquiera 钨矿和北美钨业坎通钨矿的尾矿处理中得到了较好的应用[10]。

国外钨选矿厂虽未实现全盘自动化，但比较普遍地实行检测仪表化和重点部位自动化。国外钨选矿厂在选矿自动化方面的研究，最大的进展在磨矿与浮选方面，同时也逐渐向重选及磁选领域发展。

10.4.2.3　选矿联合流程的应用

我国有色金属矿产资源富矿少，贫矿多；粗颗粒少，细颗粒多；单一矿少，共生矿多。为了充分利用这些“贫、细、杂”的矿产资源，实现矿业的可持续发展，选矿工艺必然由单一的重力选矿向重、浮、磁、电、重介质预选等多种选矿技术联合流程、选冶联合流程等，从回收单一钨精矿产品向多种有用精矿产品综合回收发展。

根据资料显示，我国大型黑钨矿山黑钨矿回收水平高于国外钨矿山，但白钨矿的回收率较国外钨矿山有一定差距。这一方面是由于国外白钨矿资源质量较高，原矿品位高，矿石易选别，另一方面国外对白钨矿的回收多采用选冶联合流程，用浮选得低品位精矿然后化学处理，以生产合成白钨或仲钨酸铵，这样可以保证较高的金属回收率，取得更大的经济效益。

采用选冶联合流程，选矿只产出低品位精矿（WO_3 15% ~30%），选矿回收率可高达 90% ~95%。如奥地利米特希尔选矿厂采用浮选—水冶联合流程，从原矿品位 WO_3 为 0.7% ~0.8% 的白钨矿原矿浮选生产出 30% 的白钨精矿，选矿回收率高达 95%，然后用苏打高压浸出工艺把精矿处理为仲钨酸铵，选冶总回收率达 90% ~93%[2]。随着钨矿资源的日益开采，我国钨矿山钨矿入选品位呈逐年降低的趋势、嵌布粒度更加细小、矿石成分愈加复杂，从原矿选至精矿其富集比一般在 40 ~300，不仅使选矿的处理费用增加，同时也加大了选矿难度。为提高钨的总体回收率，采用选冶联合流程已成为钨选矿的发展趋势。

10.4.2.4　微细粒选矿技术的应用

钨矿性脆，易过粉碎，因此细粒选矿技术对于钨矿选矿来说更具有非同一般的意义。细粒技术主要包括疏水聚团分选和高分子絮凝，目前国内外研究较多的是疏水聚团分选，包括三个分支：载体浮选、剪切絮凝浮选和油团聚浮选。载体浮选是指在微细粒矿浆中添加粗粒载体，在选择性表面活性剂和剪切力场的作用下使微细粒目的矿物附着于粗粒载体之上，形成表面疏水的聚团，然后采用常规浮选进行分离；载体浮选的影响因素很多，有几何、物理和化学因素。剪切絮凝浮选工艺属细粒选矿新工艺，一经问世就受到广大选矿工作者的重视，首次使用在瑞典的 Yxsjoberg 选矿厂，并取得了显著的成效；Warren 认为剪切絮凝浮选是一种通过施加足够大的剪切力使悬浮在表面活性剂溶液中的细粒物料聚集成团而后分选的一种方法；剪切絮凝浮选影响因素主要有颗粒大小、表面电性、疏水性、搅拌速度和时间、矿浆浓度、搅拌槽和搅拌叶轮的几何形状和尺寸等。油团聚浮选的过程是首先细磨矿石，使目的矿物单体解离，再用调整剂和捕收剂处理矿浆，使目的矿物选择性疏水，在剪切力场中添加非极性油，覆盖油的颗粒相互黏附并形成球团，然后用浮选方法将球团与仍处于分散状态的亲水性微粒分离，或用筛分法分离出球团物[74]。

10.4.2.5　高效选矿药剂的应用

在黑钨精选作业中，伴生资源选矿回收率低，伴生金属主要损失在重选尾砂和各种附产精矿中，产品间互含高；硫化矿分离氰化物用量大，环境污染大，生产成本高；在白钨硫化矿浮选中，硫化矿分离困难，互含高，总体回收率偏低；在白钨粗选作业中，水玻璃用量大，药剂成本大；同时造成尾矿沉降困难，回水难以利用；脂肪酸类捕收剂选择性差，抗低温性能差，冬季选矿厂生产指标恶化，甚至有的选矿厂冬季停产；在精选作业中，加温浮选水玻璃耗量大，能量消耗大，流程复杂；常温浮选水玻璃耗量也大，当粗精矿品位过低时，产出不了合格精矿；且冬季低温时，生产指标不稳定。在黑白钨粗选作业中，螯合捕收剂药剂价格贵、药剂用量大、药剂成本高。

因此，高效选择性硫化矿捕收剂研制和应用；高效选择性抑制剂一直是白钨矿与以萤石、方解石、磷灰石为主的含钙脉石矿物浮选分离的关键，不但大大减少了水玻璃的用量，强化了对含钙脉石矿物的选择性抑制作用，也对用常温浮选取代长期用“彼德洛夫法”进行白钨精选的传统工艺有了可能的途径；降低螯合捕收剂生产成本；廉价、耐低温、选择性好的脂肪酸类捕收剂研发和应用等将是推广应用钨矿浮选新技术的重要基础，也是面对即将开发利用贫、细、杂难选钨矿资源应做好的技术储备之一。

10.4.2.6　*完善黑钨精选作业*

精选作业是黑钨选矿厂综合回收的关键，应加强生产技术管理和技术开发，完善生产流程。针对目前状况，可考虑在赣州、韶关和郴州三个黑钨矿比较集中区，建立集中的现代化的黑钨精选厂，集中处理钨粗选毛砂，使钨选矿流程完善连贯，提高钨精矿作业回收率，降低药剂等生产成本和工人的劳动强度。

10.4.2.7　*选矿废水处理回用*

选矿废水是各矿山长期以来亟待解决的重大问题，实行选矿废水循环使用是解决该难题的重要技术措施之一，也是实现钨资源高效、绿色综合利用的必要前提。因此，开展选矿废水循环利用技术攻关是当前钨选矿厂清洁生产与资源综合利用的迫切需要。

参 考 文 献

[1] U S Geological Survey. Mineral Commodity Summaries 2014[M]. Washington, D. C: U. S. Geological Survey, 2014: 174-175.

[2] 国土资源部信息中心. 世界矿产资源年评[M]. 北京：地质出版社，2014：118-122.

[3] 中国钨工业年鉴编辑委员会. 中国钨工业年鉴[M]. 北京：中国钨业协会，2014：316-338.

[4] 高志勇，孙伟，刘晓文，等. 白钨矿和方解石晶面的断裂键差异及其对矿物解离性质和表面性质的影响[J]. 矿物学报，2010，30(4)：470-475.

[5] 于洋，孙传尧，卢烁十. 白钨矿与含钙矿物可浮性研究及晶体化学分析[J]. 中国矿业大学学报，2013，43(2)：278-283.

[6] 于洋. 白钨矿、黑钨矿与含钙矿物分流分速异步浮选研究[D]. 北京：北京科技大学，2012.

[7] 张英，王毓华，胡岳华，等. 白钨矿与萤石、方解石电子结构的第一性原理研究[J]. 稀有金属，2014，38(6)：1106-1113.

[8] Hu Y, Gao Z, Sun W, et al. Anisotropic surface energies and adsorption behaviors of scheelite crystal[C]. Colloids Surf. A: Physicochem. Eng. Aspects, 2012(415): 439-448.

[9] Gang Zhao, Hong Zhong, Xianyang Qiu, et al. The DFT study of cyclohexyl hydroxamic acid as a collector in scheelite flotation [J]. Minerals Engineering, 2013(49): 54-60.

[10] 张旭，李占成，戴惠新. 白钨矿浮选药剂的使用现状及展望[J]. 矿业快报，2008，24(9)：9-11.

[11] 金婷婷. 调整剂对白钨矿石浮选影响的试验研究[D]. 赣州：江西理工大学，2011.

[12] 张英. 白钨矿与含钙脉石矿物浮选分离抑制剂的性能与作用机理研究[D]. 长沙：中南大学，2012.

[13] 曹学锋，白丁，陈臣. 水玻璃对 3 种典型含钙盐类矿物的浮选性能影响[J]. 有色金属科学与工程，2013，4(5)：64-69.

[14] 严伟平，熊立，陈晓青. 水玻璃在白钨浮选中的适用环境研究及机理分析[J]. 中国钨业，2014(4)：20-25.

[15] 孙伟，唐鸿鹄，陈臣. 萤石-白钨矿浮选分离体系中硅酸钠的溶液化学行为[J]. 中国有色金属学报，2013，23(8)：2274-2282

[16] 邱丽娜，戴惠新. 白钨矿浮选工艺及药剂现状[J]. 云南冶金，2008，37(5)：26-28.

[17] 邓丽红，周晓彤. 白钨矿常温浮选工艺研究[J]. 中国钨业，2008，23(5)：20-22

[18] 王成行，童雄，孙吉鹏. 水玻璃在选矿中的应用与前景的分析[J]. 国外金属矿选矿，2008(4)：6-10.

[19] 刘旭. 微细粒白钨矿浮选行为研究[D]. 长沙：中南大学，2011.

[20] 冯其明，周清波，张国范，等. 六偏磷酸钠对方解石的抑制机理[J]. 中国有色金属学报，2011(2)：436-431.

[21] 于洋，孙传尧，卢烁十，等. 黑钨矿、白钨矿与含钙矿物异步浮选分离研究[J]. 矿冶工程，2012，32(4)：31-36.

[22] 刘红尾，许增光. 石灰法常温浮选低品位白钨矿的工艺研究[J]. 矿产资源综合利用，2013(2)：33-35.

[23] 程新朝. 钨矿物和含钙矿物分离新方法及药剂作用机理研究(Ⅱ)——药剂在矿物表面作用机理研究[J]. 国外金属矿选矿，2007(7):16-21.

[24] 钟传刚，高玉德，邱显扬，等．金属离子对苯甲羟肟酸浮选黑钨矿的影响[J]．中国钨业，2013，28(2)：22-26.
[25] 熊立．白钨矿浮选中含钙脉石抑制剂的试验研究[D]．赣州：江西理工大学，2013.
[26] 刘卓艺．赣南某低品位矽卡岩型白钨常温浮选工艺试验研究[D]．赣州：江西理工大学，2011.
[27] 许道刚，张雪峰，黄江，等．我国白钨矿与黑钨矿浮选研究现状与趋势[J]．中国钨业，2014(5)：25-29.
[28] 李仕亮，王毓华．胺类捕收剂对含钙矿物浮选行为的研究[J]．矿冶工程，2010(6)：55-58.
[29] 张庆鹏，等．脂肪酸类白钨矿捕收剂的结构性能关系研究[J]．有色金属科学与工程，2013，5(4)：85-90.
[30] 江庆梅．混合脂肪酸在白钨矿与萤石、方解石分离中的作用[D]．长沙：中南大学，2009.
[31] 杨耀辉．白钨矿浮选过程中脂肪酸类捕收剂的混合效应[D]．长沙：中南大学，2010.
[32] Feng Bo，Luo Xianping，Wang Jinqing，et al. The flotation separation of scheelite from calcite using acidified sodium silicate as depressant[J]. Minerals Engineering，2015(80)：45-49.
[33] 胡红喜．白钨矿与萤石、方解石及石英的浮选分离[D]．长沙：中南大学，2011.
[34] Zhiyong Gao ，Ding Bai，Wei Sun，et al. Selective flotation of scheelite from calcite and fluorite using a collector mixture[J]. Minerals Engineering，2015(72)：23-26.
[35] 倪章元，顾帼华，陈雄，等．ZL 捕收剂浮选分离白钨矿与含钙脉石矿物的研究[J]．矿冶工程，2014，10(5)：62-65.
[36] 李仕亮．阳离子捕收剂浮选分离白钨矿与含钙脉石矿物的试验研究[D]．长沙：中南大学，2010.
[37] 杨帆，杨耀辉，刘红尾，等．新型季铵盐捕收剂对白钨矿和方解石的常温浮选分离[J]．中国有色金属学报，2012，22(5)：1448-1454.
[38] Yuehua Hu，Fan Yang，Wei Sun. The flotation separation of scheelite from calcite using auaternary ammoniumsaltas collector [J]. Minerals Engineering，2011，24(2)：82-84.
[39] 孙伟，胡岳华，杨帆．一种白钨矿精选捕收剂及其应用，中国：201010300301. 8[P]，2010-6-9.
[40] Zhiyong Gao ，Wei Sun，Yuehua Hu. New insights into the dodecylamine adsorption on scheelite and calcite：An adsorption model[J]. Minerals Engineering，2015(79)：54-61.
[41] 李勇，左继成，刘艳辉．羟肟酸类捕收剂在稀土选矿中的应用与研究进展[J]．有色矿冶，2007，23(3)：30-33.
[42] 刘文刚，王本英，代淑娟，等．羟肟酸类捕收剂在浮选中的应用现状及发展前景[J]．有色矿冶，2006，22(4)：25-27.
[43] 高玉德，等．羟肟酸类捕收剂性质及浮选钨矿物特性[J]．中国钨业，2012，27(2)：10-14.
[44] 张泾生，阙煊兰．矿用药剂[M]．北京：冶金工业出版社，2008.
[45] 朱建光，朱一民．浮选药剂的同分异构原理和混合用药[M]．长沙：中南大学出版社，2011.
[46] 罗礼英．黑钨矿螯合类捕收剂的浮选性能评价[D]．赣州：江西理工大学，2013.
[47] Meng Qingyou，Feng Qiming，Shi Qing，et al. Studies on interaction mechanism of fine wolframite with octylhydroxamic acid [J]. Mineral Engineering，2015(79)：133-138.
[48] 付广钦．细粒级黑钨矿的浮选工艺及浮选药剂的研究．长沙：中南大学，2010.
[49] 黄建平．羟肟酸类捕收剂在白钨矿、黑钨矿浮选中的作用[D]．长沙：中南大学，2013.
[50] 黄建平，钟宏，邱显杨，等．环己甲基羟肟酸对黑钨矿的浮选行为与吸附机理．中国有色金属学报，2013，23(7)：2033-2039.
[51] 孙伟，刘红尾，杨耀辉．F-305 新药剂对钨矿的捕收性能研究[J]．金属矿山，2009(11)：64-72.
[52] 杨应林．黑白钨共生矿混合浮选药剂及其作用机理研究[D]．长沙：中南大学，2012.
[53] 于洋，李俊旺，孙传尧，等．黑钨矿、白钨矿及萤石异步浮选动力学研究[J]．有色金属（选矿部分），2012(4)：16-22.
[54] 于洋，李俊旺，孙传尧，等．白钨矿与黑钨矿分流分速异步浮选过程中的模拟研究[J]．中国矿业，2014，12(增刊2)：246-251.
[55] 徐国印，王普荣，赵涛．白钨精选前加温脱药作业的优化[J]．中国钼业，2011，35(1)：23-25.
[56] 刘红尾．难处理白钨矿常温浮选新工艺研究[D]．长沙：中南大学，2010.
[57] 马亮．浮选过程中含钙矿物颗粒与气泡的相互作用研究[D]．长沙：中南大学，2011.
[58] 邓海波，赵磊．细粒矿泥与钨矿物凝聚行为和对浮选分离影响的机理研究[J]．中国钨业，2011，26(3)：19-21.
[59] 肖良．钨矿高效选择性磨矿机理研究[D]．赣州：江西理工大学，2013.
[60] 孙传尧．中国钨工业发展战略与对策研究（矿山采选部分）[R]．北京矿冶研究总院，2010(3).
[61] 高玉德，邹霓，韩兆元．湖南某白钨矿选矿工艺研究[J]．中国钨业，2009，24(4)：20-22.
[62] 温德新，伍红强，夏青．某低品位难选白钨矿常温浮选试验研究[J]．有色金属科学与工程，2011，2(3)：51-53.
[63] 杨耀辉，孙伟，刘红尾．高效组合抑制剂 D1 对钨矿物和含钙矿物抑制性能研究[J]．有色金属（选矿部分），2009

(6)：50-54.
[64] 郭海宁，王李鹏．云南某碳酸盐类复杂白钨矿选矿工艺研究[J]．矿山机械，2014，42(3)：79-83.
[65] 周晓彤，邓丽红．新型复合捕收剂TA在湖南某钨矿浮选工艺的应用[J]．矿产综合利用，2008(6)：22-24.
[66] 曾庆军，林日孝，张先华，等．ZL捕收剂浮选白钨矿的研究和应用[J]．材料研究与应用，2007，1(3)：231-233.
[67] 周晓彤，胡红喜，邱显扬．湖南某难选黑白钨矿中的白钨浮选试验研究[J]．中国钨业，2011，26(2)：18-21.
[68] 高玉德，王国生，韩兆元．某矽卡岩型白钨矿选矿试验研究[J]．材料研究与应用，2012，6(3)：185-189.
[69] 邓丽红，周晓彤．从铋锌铁尾矿中回收低品位白钨矿选矿工艺流程研究[J]．中国钨业，2013，28(3)：23-25.
[70] 叶岳华，孙志健，王立刚，等．西藏某复杂低品位白钨矿选矿试验研究[J]．矿冶，2014，23(4)：10-15.
[71] 刘书杰，王中明，凌石生．某白钨矿选矿工艺技术研究[J]．有色金属（选矿部分)，2014(3)：33-36.
[72] 曹学锋，韩海生，陈臣．江西某地白钨矿浮选试验研究[J]．有色金属（选矿部分)，2012(5)：24-27.
[73] 周新民，宋翔宇，李翠芬．河南某矽卡岩型白钨矿选矿试验[J]．金属矿山，2012(9)：69-71.
[74] 邱显扬，董天颂．现代钨矿选矿[M]．北京：科学出版社，2012：125-126.
[75] 张忠汉，张先华．难选白钨矿矿物选矿新工艺流程研究 [J]．矿冶，2002(11)：181-184.
[76] 郭玉武，魏党生，叶从新，等．江西某白钨矿选矿工艺研究[J]．金属矿山，2014(10)：69-75.
[77] 白丁．MES在白钨矿浮选中的应用及其作用机理研究[D]．长沙：中南大学，2014.
[78] 李静，孙晓林，张大勇，等．某铜钨矿中白钨矿的低温浮选效果优化[J]．金属矿山，2014(9)：56-59.
[79] 孙传尧，程新朝，等．钨钼铋萤石复杂多金属矿综合选矿新技术——柿竹园法[J]．中国钨业，2004，10(5)：8-13.
[80] 陈玉林．强磁分选黑白钨新工艺在柿竹园的工业化应用[J]．中国钨业，2013，28(4)：34-36.
[81] Zhou X，Li X，Deng L，et al. The new technology of enrichment of a fine low-grade tungsten from complex multi-metallic ore [C]. XXV International Processing Conference. Australia，2010：2711-2718.
[82] 安占涛，罗小娟．钨选矿工艺及其进展[J]．矿业工程，2005，3(5)：29-32.
[83] 程新朝．白钨常温浮选工艺及药剂研究[J]．有色金属（选矿部分)，2000(3)：15-18.
[84] 孙伟，刘红尾，杨耀辉．F-305新药剂对钨矿的捕收性能研究[J]．金属矿山，2009(11)：64-72.
[85] 陈新林，吕家华，曲志强，等．TW系列钨捕收剂用于某钨业公司钨细泥浮选的试验研究[J]．有色矿冶，2014，30(1)：22-24.
[86] 邓丽红，周晓彤．高梯度磁选机回收铋锌铁尾矿中低品位白钨矿的工艺研究[J]．中国矿业，2012，21(1)：103-106.
[87] 狄家莲，陈荣，范志坚，等．湖南某白钨矿选矿工艺流程优化试验[J]．现代矿业，2013，30(7)：114-115.
[88] 周晓彤，邓丽红，廖锦，等．白钨浮选尾矿回收黑钨矿的强磁选试验研究[J]．中国矿业，2010，19(4)：64-67.
[89] 刘炯天，王永田，曹亦俊，等．浮选柱技术的研究现状及发展趋势[J]．选煤技术，2006(5)：25-29.
[90] 胡瑞彪，黄光洪，陈典助，等．有色金属大型高效选矿设备的发展与应用[J]．湖南有色金属，2011，27(1)：52-56.
[91] 高湛伟，胡林生，郑灿辉，等．浮选柱在低品位白钨矿粗选中的应用实践[J]．中国钨业，2011，26(2)：27-29.
[92] 王选毅，吴铁生，薛明向，等．浮选柱用于白钨精选的工业试验研究[J]．有色金属（选矿部分)，2012(6)：60-64.
[93] 赵平，常学勇．高频振动细筛在钼钨选矿中的应用[J]．现代矿业，2012，28(1)：101-103.
[94] 喻建章，杨文龙．自动化监控系统在钨矿选厂生产过程中的应用[J]．有色金属科学与工程，2012，2(2)：90-93.
[95] 卢友中．选冶联合工艺从钨尾矿及细泥中回收钨的试验研究[J]．江西理工大学学报，2009，30(3)：70-73.
[96] 黄光耀，冯其明，欧乐明，等．浮选柱法从浮选尾矿中回收微细粒级白钨矿的研究[J]．稀有金属，2009，33(2)：263-266.
[97] 傅联海．从钨重选尾矿中浮选回收钼铋的实践[J]．中国钨业，2006，21(3)：18-20.
[98] 王怀宇．石榴子石生产消费与国际贸易[J]．中国非金属矿工业导刊，2011(6)：51-54.
[99] 朱一民，周菁．从黄沙坪低品位钼、铋、钨、萤石浮选尾矿中回收石榴石的回收和应用试验研究[J]．有色矿冶，2012，28(3)：31-33.
[100] 申少华，李爱玲．湖南柿竹园多金属矿石榴石资源的开发利用[J]．矿产与地质，2005(4)：432-435.
[101] 苏达根，周新涛．钨尾矿作为环保型水泥熟料矿化剂研究[J]．中国钨业，2007，22(2)：31-32.
[102] Yun Wang Choi，Yong Jic Kimb，Ook Choi，et al. Utilization of tailings from tungsten mine waste as a substitution material forcement[J]. Construction and Building Materials，2009(23)：2481-2486.
[103] 匡敬忠，熊淑华．钨尾矿微晶玻璃的组成及制备[J]．矿产综合利用，2003(3)：37-39.
[104] 冯秀娟，余育新．钨尾砂生物陶粒的制备及性能研究[J]．金属矿山，2008(4)：146-148.
[105] 匡敬忠，施芳，邱廷省，等．钨尾矿制备矿物聚合材料影响因素研究[J]．混凝土，2009(11)：71-73，77.
[106] 孙伟，刘令，曹学锋，等．白钨矿选矿废水净化回用基础研究[J]．矿业研究与开发，2013，33(6)：91-95.
[107] 郭朝晖，姜智超，刘亚男，等．混凝沉淀法处理钨多金属矿选矿废水[J]．中国有色金属学报，2014，24(9)：

2393-2399.
[108] 郭朝晖，袁珊珊，肖细元，等．聚硅酸硫酸铝铁复配及在钨铋选矿废水中的应用[J]．中南大学学报（自然科学版），2013，44(2)：463-468.
[109] 陈明，朱易春，黄万抚．某钨矿尾矿库废水石灰脱稳-絮凝剂沉降法处理试验研究[J]．中国钨业，2007，22(5)：43-46.
[110] 李占成．栾川某钼钨选矿尾矿水处理工艺研究[J]．河南科技，2013(4)：58.
[111] 关通，周晓彤，邓丽红．某钨锡矿选矿工艺研究[J]．材料研究与应用，2013，7(4)：264-267.
[112] 林日孝．湖南某多金属矿综合回收白钨和锡石的试验研究[J]．中国钨业，2011，26(2)：22-26.
[113] 庄杜娟．难选钨锡矿选矿工艺试验研究[J]．新疆有色金属，2014，23(6)：70-74.
[114] 李伟．云南某低品位钨锡矿选矿试验研究[J]．中国矿业，2010，25(3)：135-139.
[115] 周源，刘诚．某铜钨矿选矿试验研究[J]．有色金属（选矿部分），2011(2)：5-11.
[116] 凌石生．江西某铜硫钨多金属矿选矿工艺[J]．矿产综合利用，2013，25(4)：33-36.
[117] 黄军．江西某铜钨矿选矿试验研究[J]．江西建材，2013(2)：216-218.
[118] 卢仕威，张亚波，刘子帅．广西某低品位钨钼矿石选矿试验研究[J]．现代矿业，2014(7)：68-71.
[119] 肖军辉，文书明．海南钨钼多金属矿选矿试验研究[J]．稀有金属，2010，34(4)：579-584.
[120] 梁溢强，严小陵，张旭东．云南某复杂多金属钨钼矿选矿新工艺研究[J]．中国矿业，2009，12(8)：69-71.
[121] 邹霓，高玉德，王国生．江西某钽铌、钨矿细泥选矿试验研究[J]．中国钨业，2010，25(3)：8-10.
[122] 陈志杰，张发明，林日孝，等．湖南某矿石综合回收黑钨和锑的选矿试验研究[J]．中国钨业，2012，27(4)：16-19.
[123] 肖军辉，樊珊萍，王振．湖北低品位钨钛多金属矿综合回收试验研究[J]．稀有金属，2013，37(4)：656-664.

第 11 章　锡矿石选矿

近十年来，在国际范围内，选矿工作者对锡矿石选矿开展了大量的研究工作，取得了丰硕成果，锡矿石选矿理论与工艺研究得到了进一步发展。本章综合评述了近年来国内外锡资源简况以及锡选矿涉及的基础理论研究、工艺流程、选矿设备和选矿药剂等方面的研究现状及进展，并概括了锡选矿目前面临的挑战及对策。

11.1　概述

在自然界中，锡是一种重要的金属元素，元素符号是 Sn，原子序数为 50，位于元素周期表中的第五周期第ⅣA 族。锡化学性质稳定，具有抗腐蚀、低毒和延展性好的特点。锡可呈现两种氧化态：一氧化锡和二氧化锡，二氧化锡（SnO_2）是地壳上最稳定的化合物之一[1]。

锡具有许多优良的物理和化学特性，在很多领域具有广泛用途。早在青铜器时代，锡就用来与铜一起铸成合金，并广泛应用于制造武器、塑造雕像以及制作刀具等。锡的熔点低，大约 232℃，而当其与铅熔合时，熔点进一步降低，为 183℃左右。锡铅合金大量运用于电子焊接及管道工程[2]。近几十年来，锡的应用几乎涵盖了战略性新兴产业领域，因此，锡矿是发展战略性新兴产业的重要矿产资源。近几年，全球锡资源储量锐减，各国都开始重视锡矿的开发利用，其战略价值愈来愈凸显[1]。

锡矿选别的主要方法是重选和浮选。多种重选设备已广泛应用于锡矿选矿，如摇床和螺旋溜槽等。近年来，针对复杂难处理锡矿石，新的重选设备不断出现。新型重选设备充分利用离心力和其他附加力，使锡矿选矿指标得到大幅度提升。但在重选选别过程中，粒度对选别效果有重要影响。对于嵌布粒度较粗的矿石，选别效果好，而对于细粒级矿石，选别难度增加[2]。

浮选的应用及选择性浮选捕收剂的开发使微细粒锡矿资源得到了高效回收。近年来，国内外研究学者对锡矿石的浮选进行了大量研究[3~5]。胂酸、油酸、烃基膦酸、异羟肟酸、琥珀酰胺磷酸酯等选矿药剂被广泛应用于工业实践[6,7]。

锡矿石往往伴生各种氧化铁矿物，用浮选和重选难以实现锡铁高效分离，因此在锡选矿流程中出现了磁选作业。对于细粒或微细粒锡矿石的加工，还采用电浮选、载体浮选、絮凝、液-液萃取等方法，但这些方法较少应用于生产[8~10]。

在世界范围内，锡的选矿工艺技术在不断发展进步，包括传统工艺流程的优化、新型选矿设备和新药剂的研发等。例如，在 Ecstall 选矿厂，Bartles-Mozley 选矿机被用在锡矿的预先富集作业，回收粒度下限已达到 10μm。此外，Knelson、Kelsey 和 Falcon 选矿机等，在锡选矿中发挥了重要作用[2]。

本章综述了近年来国内外锡资源的简况以及锡选矿涉及的基础理论研究、工艺流程、选矿设备和选矿药剂等方面的研究现状及进展，概括了锡选矿目前面临的挑战及对策。

11.2　锡资源简况

11.2.1　锡矿石及锡矿床

锡石是最主要的含锡矿物，包括锡石-硫化物矿石和矽卡岩型锡矿石，这两种类型的矿石是锡工业的主要矿物资源。锡矿床具有多种类型，主要工业类型有矽卡岩型、斑岩型、锡石硅酸盐脉型、锡石硫化物脉型、石英脉及云英岩型、花岗岩风化壳型等。云南个旧和广西大厂是世界级的超大型锡多金属矿区；青海锡铁山是含锡铅锌矿区；四川冕宁县泸沽铁矿、内蒙古克什克腾旗黄岗铁锡矿、南岭地区铁锡矿均为铁锡矿床；湖南柿竹园等矿区是大理岩型多金属含锡矿床[10]。

铁锡矿在我国有较大储量，铁锡矿中富含锡的接触交代型铁矿或亲铁系列锡矿。铁锡矿往往以大型-超大型矿床形式出现，锡石颗粒细，加之锡呈离子状态分布在磁铁矿等矿物晶格中的比例较高，致使锡与其他有价元素综合回收十分困难，因而可选性差[10]。

就世界范围内而言，目前开采的主要锡矿是原生锡和砂锡。原生锡的矿床类型主要有：(1) 含锡伟晶岩矿床，以中小型为主，锡品位偏低，但矿石易选，回收率高，主要分布在非洲、巴西、澳大利亚等地。世界锡产量中大约10%来自这类矿床。(2) 锡石-石英脉矿床，以中小型为主，少数大型，个别特大型。矿石品位高，回收率70%~80%，多数矿床可露天开采，主要分布于东南亚和欧洲。(3) 锡石-硫化物矿床，多为大中型，少数为特大型。矿石含锡0.2%~1.5%，多为地下开采，选矿流程复杂，回收率低(一般30%~60%)。这类矿床主要分布在中国、玻利维亚和俄罗斯东北沿海地区。砂锡矿床，一般为中小型，也有大型和特大型。矿石含锡0.05%~0.3%，多为露采，选矿流程简单，回收率一般为50%~95%，主要分布于东南亚、中南非洲、西澳大利亚等地[11]。

11.2.2　锡资源分布

11.2.2.1　世界锡资源及特点

世界锡矿的分布相对集中，主要在东南亚、南美中部、澳大利亚的塔斯马尼亚地区和独联体远东地区，其次是欧洲西部和非洲中南部地区。锡矿资源丰富的国家主要有中国、印度尼西亚、秘鲁、巴西、马来西亚、玻利维亚、俄罗斯、泰国和澳大利亚等[11]。全世界锡金属资源约为490万吨，分布在中国(30.5%)、印度尼西亚(16.3%)、巴西(14.5%)、玻利维亚(8.1%)、俄罗斯(7.1%)、秘鲁(6.3%)、马来西亚(5.1%)、澳大利亚(4.9%)、泰国(3.5%)[12,13]。

全球锡资源储量不断变化，随着开采消耗而减少，又随着加大勘查投入而增加。随着全球经济一体化程度逐渐深入，发展中国家经济增长后势强劲，锡矿消耗量维持高位。近10年来全球锡矿经济可采储量稳步下降[1]。

11.2.2.2　我国锡资源及特点

我国锡矿资源十分丰富，锡矿探明储量占世界的1/4，是世界上锡矿储量最多的国家之一。2012年全国矿产储量数据显示，我国锡资源主要分布在云南、湖南、广东、广西、江西和内蒙古等省区，六省区基础储量约占全国总量的98.8%，六省区储量约占全国储量的88.4%。个旧市是我国最大的产锡基地，被称作“中国锡都”，锡产量约占全国产量的70%[14,15]。近年来，我国相继开拓了一批找矿新区。新疆祁漫塔格找矿远景区发现了一批大中型矿床，其中白干湖钨锡矿估算钨锡资源量为20万吨，钨锡远景资源量为200万吨；湖南发现位于郴州市千里山-骑田岭一带的特大锡矿，已探明资源储量50万吨，潜在资源量近70万吨[1]。

我国锡资源分布具有以下特点：

(1) 储量丰富，分布较为集中[16]。主要矿床有云南个旧锡矿、云南都龙锡矿、广西大厂锡矿、广西珊瑚锡矿、广西水岩坝锡矿、湖南香花岭锡矿、湖南红旗岭锡矿等。新一轮国土资源大调查发现一批大型钨锡矿，新增锡矿资源量264万吨，这足以表明和巩固了我国锡矿资源在世界的优势地位[1]。

(2) 原生锡矿比例高，共伴生矿居多。我国锡矿以原生锡矿为主，砂锡矿次之。统计资料显示，云南个旧锡矿伴生矿有铅、锌、铜、铋、钨、钼等，马关都龙锡矿伴生有锌、铜、硫、砷等；广西大厂锡矿伴生有大量的铅、锌、锑、铜、钨、汞等[17]。

(3) 锡矿资源品位低，以大中型矿床为主。我国锡矿资源品位较低，品位在0.1% ~1%的查明资源储量为420.2万吨，占到84.3%；品位在0.1% ~0.5%的查明资源储量为275.5万吨，占到55.3%；品位在0.5%~1%的查明资源储量为144.7万吨，占到29%。另外，我国锡矿以大中型矿床居多，大中型锡矿查明资源储量合计306万吨，占总资源量的61%[18]。其中，云南个旧和广西大厂是世界级的超大型锡矿床。

(4) 矿体埋藏浅，开采条件好。我国锡矿资源埋藏较浅，多在100m以内和300~500m。矿体埋藏小于100m的查明资源储量为132.1万吨，占总量的26.5%；埋藏深度在100~300m的查明资源储量为64.1万吨，占总量的12.8%；300~500m的查明资源储量为165.9万吨，占总量的33.3%[1]。

11.2.3　锡的生产

目前世界上有20多个国家开采锡矿[11]。中国、印度尼西亚、秘鲁是锡精矿的主要生产国，其2011年锡精矿产量大约占全球总产量的80.91%。2011年全球锡精矿产量为29.97万吨，与2010年相比降低了4.2%，主要是因为中国、印度尼西亚、秘鲁等国的锡矿资源不断下降，全球锡精矿产量呈现出不断下降的趋势。在锡精矿产量同比减少的情况下，精锡产量却有所增加，2011 年精锡产量为 36.65 万吨，比2010 年增长 2.6%，主要原因是再生锡产量的增加以及部分冶炼厂对精矿、尾矿和矿渣等原料库存的消耗。目前，中国、比利时等少数几个国家拥有再生锡产能。我国是世界上第一大锡矿生产国，云南锡业集团有限责任公司和广西柳州华锡集团有限责任公司是我国最大的两家产锡企业，这两家的精炼锡产量约占全国精炼锡产量的 50%[11,14]。

印度尼西亚是世界第二大锡矿生产国和精炼锡生产国。锡的产量主要来自 Timah 公司和 Straits trading 公司，其中 Timah 公司为世界最大的锡生产公司之一。从 2006 年下半年开始，印度尼西亚政府采取多种措施，严厉整顿小矿山和小冶炼厂，这对世界锡的供给产生了一定影响[11]。

马来西亚曾为世界第三大矿山锡生产国，但近年来由于国内锡矿资源不断减少和矿石品位不断下降，其锡产量持续减少。马来西亚冶炼公司（MSC）为马来西亚综合锡生产公司。近年来，马来西亚为了保障国内的生产，从澳大利亚、印度尼西亚和南非等国大量进口锡精矿。近两年，MSC 已将其主要生产工作转移到澳大利亚、中国、印度尼西亚和菲律宾等国[11]。

秘鲁作为锡的新兴生产国发展迅速，产量逐年上升。Minsur 公司是秘鲁唯一的精炼锡生产公司，其冶炼厂位于 Pisco 港口的 Funsur[11]。

由于矿石储量减少、品位下降，玻利维亚的锡矿生产成本不断增加，目前已成为世界锡矿生产成本较高的生产国之一。2007 年 1 月，玻利维亚政府宣布采矿业全部国有化。国有的 Comibol 矿业公司拥有了大量矿床的开采权，产量有望增加[11]。

巴西拥有大量高品位锡矿床。Paranapanema 公司是巴西主要的锡生产公司。巴西锡业公司也是巴西较重要的精炼锡生产公司，该公司的锡矿位于朗多尼亚州的西南方，精炼厂位于圣保罗市的东南方[11]。

世界再生锡生产工艺水平较高、产量较大的国家主要是工业发达国家，如美国、英国、德国、日本等。再生锡产量可占他们本国消费量的 20%~60%，据“Mineral Commodity Summaries 2010”资料显示，2010 年美国的产量为 11700t。2009 年我国再生锡产量为 1192t[11]。

11.2.4　锡的消费、贸易和价格

近年来，全球锡的消费去向主要是镀锡板、焊锡、锡合金和锡化工产品，大体消费比重为镀锡板占24%，焊锡占 28%，锡合金占 15.5%，锡化工占 15%，其他占 17.5%[19]。

受全球金融危机影响，2009 年世界锡消费量下降。2010 年世界经济在宽松货币政策的刺激下逐渐恢复，市场需求旺盛，锡消费量 37.49 万吨，比 2009 年增长 16.25%。我国是最大锡消费国，消费量占全球的 41%，日本、美国和欧洲主要消费国占 31%，其他国家和地区占 28%。在我国锡消费领域中，电子和汽车工业用锡占主导地位，主要以锡焊料形式消费，约占我国消费量的 50%；第二大消费领域是镀锡板。美国是世界主要精炼锡消费国之一，2010 年消费量为 3.45 万吨，比 2009 年增长了 28.25%。目前，美国消费的锡主要通过进口和再生锡来解决。日本也是世界锡消费大国，2010 年日本精炼锡消费量为 3.57 万吨，比 2009 年增长 55.22%。2010 年国际市场精炼锡进出口贸易总量为 47.05 万吨。主要出口国家和地区有：印度尼西亚、马来西亚、秘鲁、泰国、玻利维亚和巴西等。主要进口国家或地区有：美国、日本、德国、韩国、中国台湾、荷兰、法国和英国等[2,11,14,20]。

伦敦金属交易所（London Metal Exchange，LME）的锡价是全球锡供需变化的晴雨表。LME 锡价显示，2012 年以来锡价震荡不定，但总体下降，表明全球锡供应充足。锡价的走势表明锡市场格局开始由短缺转为平衡，但供应充足，至 2014 年，锡价在不断走跌[1]。

在锡国际贸易中，锡的主产国也是锡的出口国，主要有印度尼西亚、马来西亚、泰国、越南、玻利维亚、秘鲁和巴西等；锡的进口国或地区有美国、日本、德国、韩国和中国台湾等。2008 年，我国开始从传统的锡出口大国转为净进口国，2010~2012 年精锡进口量逐年增加，2012 年精锡进口超过 3 万吨[1]。

11.3　锡矿选矿理论及基础研究进展

11.3.1　锡矿物及其共伴生特性

在自然界中，锡矿物约有 60 种，在矿石中的存在形式以锡石为主，紧随其后的是黄锡矿、硫铜锡锌

矿、硫铁锡铜矿和其他锡硫化物[21]。硬岩矿床含0.4%～1.5%的锡（偶尔5%～6%），砂岩矿床的品位稍低一些[22]。世界锡矿床部分属于冲击矿床[23]，这种类型的矿石容易加工，在较粗的粒度下即可解离。在锡石硬岩矿床中伴有容矿岩，这类矿石需要经过破碎、分级、重选及浮选工艺。相对而言，硬岩矿床中的锡矿石较难选别，对解理粒度要求更高[21]。

锡石在过饱和度低的岩浆或伟晶岩（高温）中呈锥状或短柱状，而在过饱和度高的热液（温度降低）中，则生长成长柱状甚至针状。具体为：伟晶岩型为四方双锥，深成热液型为短柱状，中成热液型为柱状，浅成热液型为针状（针锡），近地表型为纤维状（纤锡），胶状锡石为热液后期产物[24]。在矿床中，以单体颗粒存在的锡石并不常见；同时由于矿物的空间分布与矿物质来源及生成环境相关，因此，矿物的共生组合具有一定的选择性。锡石大部分都有其赋存的载体，常见的载体为磁铁矿、石榴子石、角闪石以及萤石等矿物。对于矽卡岩型锡矿，磁铁矿是主要组成矿物之一。有研究指出，磁铁矿中的锡多以锡石包裹体为主要形式。矽卡岩型锡矿中的角闪石，有时也会成为重要的载锡矿物之一；角闪石中的锡主要呈类质同象形式，这是由于角闪石晶体结构有利于 Sn^{4+} 置换 Fe^{3+}[24]。锡石的矿化作用与各种矿床中的硫化矿物紧密联系，如磁黄铁矿、黄铜矿、黄铁矿、毒砂、白铁矿、闪锌矿和方铅矿等。在许多硬岩矿床，锡石与黄锡矿和复杂多金属硫化矿伴生，这种矿石分离较难，因为黄锡矿的浮选行为与黄铁矿和其他硫化矿物类似[21]。

11.3.2 锡矿物晶体结构与表面性质

锡石的化学式是 SnO_2，晶体结构为四方晶系，具金红石型结构，氧离子近似呈六方最紧密堆积，锡离子位于由六个氧离子组成的八面体空隙中，并构成 SnO_6 八面体配位。SnO_6 八面体沿 c 轴方向呈直柱状排列，每个 SnO_6 八面体与相邻的两个 SnO_6 八面体有两条棱公用。锡石晶胞尺寸的变异与晶格内杂质类质同象的替换有关[2,25]。锡石晶体破裂后，表面排布着 O^{2-} 和 Sn^{4+}。从磨矿开始，锡石颗粒即与水作用在颗粒表面生成水合物。锡石表面零电点由于其晶格中含有各种杂质，这些杂质原子与锡石原子半径接近，常以类质同象形式代替锡石晶格中的锡原子使得其零点电的 pH 值在一定范围内变化[2,25]。

11.3.3 锡矿物的溶解特性

纯净的锡石几乎不发生化学反应且溶解度很低，在溶液中形成的离子浓度可以忽略不计。随着温度和时间的变化，锡石在水介质中存在羟基化的过程。在温度为25℃时，pH 值为2～11范围内二氧化锡的溶解不依赖于 pH 值，但是形成能够溶解的中性分子，根据不同 pH 值下锡石溶液组分的分布计算，在溶液 pH 值大于1.2的情况下 $Sn(OH)_4$ 处于主导地位。氢氧化锡（Ⅳ）配体与 pH 值的关系呈现一定规律性[2]。当水溶液中 H^+ 浓度高时，锡石表面为正电荷；水溶液中 OH^- 浓度高时，锡石表面为负电荷。在酸性条件下，溶液中锡石主要以 Sn^{4+}、$Sn(OH)^{3+}$、$Sn(OH)_2^{2+}$、$Sn(OH)_3^{+}$ 等状态存在。在碱性条件下，主要以 $Sn(OH)_5^{-}$、$Sn(OH)_6^{2-}$ 形式存在[25]。

11.3.4 锡石浮选体系中金属离子的作用

苯甲羟肟酸是锡石良好的捕收剂，在适宜的浓度、温度、pH 值和搅拌力作用下，回收率可达80%左右，它对方解石捕收能力较差，回收率仅有20%，而对石英则没有捕收效果。在苯甲羟肟酸浮选体系中，Cu^{2+}、Fe^{3+}、Ca^{2+}、Pb^{2+} 四种金属离子中，Pb^{2+} 是唯一能活化锡石的金属离子，可将锡石回收率提高5%，其他三种离子均对锡石表现出一定程度的抑制作用，抑制强度依次为 Cu^{2+}、Fe^{3+}、Ca^{2+}；Pb^{2+} 还能有效活化方解石，活化后的回收率可由原来的20%提高到80%，其他三种金属离子对方解石作用不大；石英则与四种离子作用后浮选行为无明显变化。红外光谱分析表明，苯甲羟肟酸与锡石之间发生了化学吸附。Pb^{2+}、Fe^{3+} 和 Cu^{2+} 添加后改变了锡石与药剂间的作用过程，致其回收率相应发生变化。吸附量测定发现，Pb^{2+} 可使药剂吸附量增加，而其他三种离子则降低了吸附量。实际矿石试验表明，磁铁矿和金属硫化矿能抑制锡石浮选，故适宜的除铁率和脱硫率是保证锡石回收的关键因素之一，在原矿含锡0.36%的条件下，可得锡精矿品位30.18%、回收率62.44%的闭路试验结果[26]。

11.3.5 锡石载体浮选过程机理

锡石载体浮选中，颗粒间相互絮凝的物理化学基础是载体锡石和微细粒锡石表面被苯甲羟肟酸选择性疏水，再通过高速搅拌作用，相互接近、碰撞、黏附，形成粗粒与微细粒的团聚体，从而提高微细粒锡石与气泡黏附的可能性。疏水锡石比亲水锡石更易发生聚团；有粗粒锡石存在的情况下比无粗粒存在时的团聚作用更明显，并且仅有当锡石粒径一定时才可以黏附微细颗粒锡石。当有疏水化的某粒径颗粒存在时载体效应最明显。锡石颗粒间的静电作用仅与颗粒本身的荷电有关，而微细粒间锡石的疏水作用力又远远大于颗粒间的范德华力。因此可以判断微粒锡石絮凝的主要作用力是颗粒间的疏水力，即在载体浮选中疏水作用力会起到决定性的作用[27]。

11.3.6 颗粒气泡相互作用对锡石浮选的影响

影响细粒锡石浮选回收率的因素主要有颗粒大小、气泡大小、气泡量、pH 值、搅拌强度等。锡石与气泡之间存在一个最佳的匹配范围，药剂体系不同，匹配范围不同。研究结果表明，水杨羟肟酸和磷酸三丁酯体系中，$-10\mu m$、$-20+10\mu m$、$-38+20\mu m$ 三个粒级的锡石颗粒分别与 $45\sim59\mu m$、$59\mu m$、$69\mu m$ 左右气泡尺寸相匹配。在捕收剂 MOS 体系中，$-10\mu m$、$-20+10\mu m$、$-38+20\mu m$、$-74+38\mu m$ 四种粒级所匹配的气泡大小分别为 $69\mu m$、$69\mu m$、$45\sim59\mu m$、$69\mu m$。捕收剂和电解质浓度的提高均能使颗粒和气泡间发生聚团，从而使颗粒-气泡的表观粒度增大。$38\mu m$、$50\mu m$、$74\mu m$、$150\mu m$、$250\mu m$、$420\mu m$、$1000\mu m$ 阴极孔径切割的气泡平均尺寸分别为：$20.2\mu m$、$29.5\mu m$、$44.6\mu m$、$59.2\mu m$、$68.7\mu m$、$78.5\mu m$、$88.8\mu m$。气泡量、尺寸、速度及气泡间桥连作用受电流、电解时间、电解质浓度的影响较大。当 pH 值约为 4.5、MOS 用量为 100mg/L 时，锡石矿物浮选效果较好[28~30]。

11.3.7 细粒锡石浮选体系中的碰撞黏附机理

锡石-气泡间发生黏附的概率主要取决于锡石-气泡间的碰撞效率，一旦细粒锡石与气泡发生碰撞，二者在力的作用下发生黏附的概率很大。锡石-气泡接触并黏附前后的自由能变化 ΔG 负值越大，锡石越易与气泡发生黏附。通过高速摄影仪跟踪锡石-气泡的碰撞-黏附-脱附过程，结果表明不同条件下锡石-气泡的碰撞-黏附-脱附模式和发生的概率有很大不同。尺寸不同的气泡间的聚团因其上升速度和所携带锡石颗粒量的不同，碰撞之后黏附的概率不同，尺寸较大的气泡表面携带锡石颗粒量较多，负载较大，上升速度减小，与小气泡携带的锡石颗粒发生黏附的概率较低。大小和上升速度基本相同的气泡-锡石聚团较易发生黏附而形成更大的聚团，并最终达到上浮的目的[29]。

利用碰撞、黏附和捕集模型进行碰撞、黏附、分离和捕集概率的计算，结果发现碰撞概率随着颗粒尺寸的减小以及气泡尺寸（$<150\mu m$）的增大而显著降低。有效的碰撞有利于黏附概率的增加，从而有利于提高浮选回收率[30]。

11.3.8 药剂与矿物表面的作用原理

11.3.8.1 磷酸三丁酯对锡石浮选的作用

磷酸三丁酯在矿物表面的吸附主要有以下几种方式：静电吸附、化学吸附和表面沉淀等。由于磷酸三丁酯的用量达到一定数值后，溶液中游离的离子与溶液中的 Ca^{2+}、Sn^{4+} 等离子作用，发生疏水吸附，这种疏水吸附从根本上讲是化学吸附或表面沉积，它在所有的有关磷酸三丁酯作用机理的解释中占主要地位。而黎全[31]认为有磷酸三丁酯存在的条件下，细粒锡石矿粒特别是 $-10\mu m$ 以下颗粒会发生相互凝聚。矿粒之间的相互作用不仅包括范德华力和静电作用（DLVO 相互作用），还应包括能够使颗粒凝聚的其他力。浮选药剂的加入，特别是捕收剂或疏水剂的加入，在矿浆体系中将产生一种比静电力和范德华力大 1 ~ 2 个数量级的亲水-疏水相互作用力。正是这种力的存在，导致了矿粒之间的凝聚，使矿物沉降产率增大。但不意味着捕收剂或疏水剂的浓度越大，疏水凝聚越强。当磷酸三丁酯用量达到一定数值后，矿物沉降产率反而有所下降。这种现象的产生一方面应该归咎于颗粒之间静电相互作用势能的增加；另一方面则在于沉淀的生成是在矿物表面和溶液中同时发生，使溶液中残余的沉淀增加。这部分在溶液中的沉淀在矿物表面反向吸附，亲水基伸向溶液，削弱了矿物表面的疏水程度，增强了其亲水性，从而导致矿物沉降产率有所下降。一定量的磷酸三丁酯的加入可以强化细粒锡石间的凝聚，与其他锡石捕收剂配合使用，可提高细粒锡石的浮选回收率。

11.3.8.2　辛基羟肟酸与锡石表面的作用机理

溶液化学分析表明，锡石回收率较高的 pH 值范围内为辛基羟肟酸离子-分子共吸附模式。捕收剂和锡石表面的作用力包括化学作用力、静电力和氢键力。辛基羟肟酸的存在使得锡石纯矿物的零电点负移，并使矿物动电位降低。红外光谱分析得出，锡石与辛基羟肟酸的作用主要为化学吸附作用、氢键力以及静电作用力，反应产物可表示为 Sn^{2+} 的 O，O-五元环结构。辛基羟肟酸浓度大于 30mg/L 时，其在锡石表面可能形成了药剂的多层吸附[32,33]。

11.3.8.3　苯甲羟肟酸与锡石表面的作用机理

当浮选锡石的 pH 值保持在自然 pH 值条件（即 pH 值为 6～7 范围）时，苯甲羟肟酸在水溶液中既以分子形式［HA］存在，同时也有［A^-］羟肟酸阴离子存在。且当 pH 值超过此范围时，其捕收性能大大降低；并在低 pH 值范围下要比在高 pH 值下降得更剧烈。在 pH 值为 6.5 时，锡石的定位离子为 $Sn(OH)_3^+$ 和 $Sn(OH)_5^-$。在整个浮选过程中可能存在两种不同的作用形式：一方面是锡石表面出现活性的金属阳离子 Sn^{4+} 时，主要由水解生成的锡羟基配合物与羟基化的 SnO_2 通过脱水形成，Sn^{4+} 能与苯甲羟肟酸水解出的［A^-］形成螯合物，产生化学吸附；另一方面是［HA］分子的非极性基能通过氢键联结的形式吸附在锡石表面。就整个回收率变化情况而言，化学吸附应该是捕收剂在锡石表面的主要作用。

红外光谱分析表明，苯甲羟肟酸中的 N—H 键在吸附的过程中被破坏，基本可以确定吸附为化学吸附。苯甲羟肟酸分子在水溶液中存在两种互变异构体（苯甲羟肟酸和苯甲异羟肟酸），当以苯甲羟肟酸作用时，分子可以完全转化为作用组分存在，反之亦然。作用后新生成物质并未呈现 N—H 键。另外，红外光谱图中 $3444.0cm^{-1}$ 处宽而强的吸收峰可能是水分子产生的，也有可能是氢键缔合的 O—H 伸缩振动产生的吸收峰，即暂不能确定捕收剂在矿物表面是否发生了物理吸附作用[27]。

11.3.8.4　新型捕收剂 SR 与锡石表面的作用机理

黎全[31]应用红外光谱分析、Zeta 电位测定研究了新型捕收剂 SR 与锡石表面作用的机理。在 pH 值大于 4.5 范围内，锡石表面均负电荷。加入 SR 后，负电荷值增大，在弱酸性和中性 pH 值下，ζ 电位变化大，在碱性 pH 值下，ζ 电位变化小。SR 在锡石表面吸附的主要形式不是电性吸附，而属于特性吸附，因为阴离子捕收剂能在负电性的锡石表面吸附，并使其负电性增大。SR 与纯矿物 SnO_2 作用后的红外光谱有明显的药剂特征峰，在 $1560cm^{-1}$，有 C═O 双键吸收峰，各主要吸收峰位置与 SR 锡盐基本相对应。此外，矿物的特征峰有所改变，这说明在锡石表面有 SR 锡盐产物，红外光谱测定表明药剂在矿物表面发生化学吸附。

11.3.8.5　组合捕收剂浮选细粒锡石作用机理

各捕收剂对锡石浮选的最佳 pH 值不同。ZF 药剂与辅助捕收剂（TBP）存在正协同效应，辅助捕收剂（TBP）的使用能促进 ZF 药剂-矿物体系的疏水能力增加。即 ZF 捕收剂在矿物表面形成螯合物，使矿物表面具有疏水性。但是由于此螯合物疏水能力不足，TBP 的添加在已形成的螯合物表面产生了难溶并疏水的多层罩盖，使得矿物表面具有足够的疏水能力而上浮。苯乙烯膦酸和苄基胂酸仅在强酸介质中可实现锡石的有效回收。方解石在浮选 pH 值范围内均保持较好的可浮性，而石英则基本上不浮（或回收率较低）。动电位测试结果表明：组合捕收剂的加入可使锡石表面动电位负移，表面动电位与溶液的 pH 值环境关系较为显著，与捕收剂用量关系并不显著。红外光谱测试结果表明：锡石的本征吸收峰发生位移，矿物表面生成了新的特征峰，组合捕收剂中的 C═O 和 P═O 与 Sn 配位形成多元螯合物，与药剂作用后的 SnO_2 表面存在大量的非极性的烃链基团，正是这些非极性的烃链基团的疏水作用才使得锡石上浮而得到分选[25]。

窦永平等人[34]研究了组合捕收剂浮选细粒锡石作用机理，指出不同捕收剂作用下 pH 值对锡石可浮性的影响是不同的，其中以 ZF 螯合剂与 TBP 组合使用的捕收剂，浮选效果最佳。捕收剂的用量对锡石浮选效果的影响较大，捕收剂的用量增加，其所产生的捕收效果就越突出。一般而言，若用 ZF 螯合剂与 TBP 组合的捕收剂，其 ZF 螯合剂的用量为 50mg/L，TBP 捕收剂的用量为 300mg/L，pH 值要控制在 7.77 左右，此时，细粒锡石的浮选回收率可达 88.79%。

11.4　锡矿选矿工艺技术进展

11.4.1　锡矿选矿工艺技术

11.4.1.1　锡石-多金属硫化矿选矿工艺

锡石的密度比共生矿物大，因此，锡矿石传统选矿工艺为重力选矿。由于锡石-多金属硫化矿中含有其他有用金属矿物和脉石，在对这类锡矿石分选时有浮选、磁选、电选等辅助流程的出现，这些辅助流程和重选一起组成联合流程。联合工艺的原则流程一般是先经过磨矿、伴生矿浮选、磁选、电选等得到伴生金属精矿，然后进行分级重选得到锡精矿、中矿和尾矿[10]。

黎全[31]对锡石-铅锑锌多金属硫化矿的硫化矿物、锡石进行了研究。新工艺采用预先筛分、阶段磨矿，采用新型高频细筛减少锡石过粉碎；在流程前部用磁选（入选粒度为-1.43mm）选出产率约25%的磁性物，排除磁黄铁矿对浮选和摇床选别的干扰，且提高选矿厂的处理能力；采用浮选流程强化脱硫，为重选回收锡石创造条件，并且选定入选粒度为-0.25mm，并兼顾硫化矿浮选和摇床回收锡对粒度的要求；该工艺流程基本解决了锡石与硫化矿和脉石的分离及硫化矿之间的分离。

江西尖峰坡锡矿属锡石多金属硫化矿矿床，原矿中含有大量硫化矿及相当数量的氧化铁矿物和铁的碳酸盐矿物，锡石嵌布粒度细，分散率较高[35]。针对该难选的锡石多金属硫化矿，采用“优先脱硫浮锌—浮选尾矿重选选锡”的工艺流程进行选别，在原矿锡品位0.70%的情况下，最终可得到品位54.38%、回收率54.28%的锡精矿；同时得到高品位的锌产品，锡和锌都得到有效回收。

鲁军[36]对广东信宜银岩锡矿的选矿工艺进行研究表明，该矿属斑岩型锡矿床，矿石中除含锡外，尚含有少量钨、钼、铋、铜等有价元素。采用先浮选硫化矿，以重选—细泥浮选—重选组合流程从浮硫尾矿中回收锡石，获得含锡56.11%、回收率74.20%的锡精矿，同时回收含钼47.22%、回收率67.65%的钼精矿产品。该工艺技术可行，经济有效，流程简单，指标可靠。

李正辉[37]在对老厂锡石多金属氧硫混合矿进行选矿试验时也采取了浮选、重选联合流程。采用细碎入磨、选前抛废、浮选脱杂、强化浮洗等工艺，提高锡选矿回收率1.28个百分点。

张杰等人[38]对云南某锡石多金属硫化矿进行了综合回收工艺研究。该锡石多金属硫化矿是组成复杂的难选多金属矿，除锡和锌外，还伴有铜、硫、铁、砷等组分，此外还含有锗、镓、镉、铟、银等稀有及贵金属元素。通过对该矿物的工艺矿物学分析和分选工艺的研究，采用先混选铜硫—再选锌—磁选铁—重选锡的原则流程，并进行了原矿粗磨、原矿细磨和原矿粗磨—硫粗精矿再磨入选等多种磨矿条件的小型闭路试验，对浮选尾矿进行了摇床重选流程和复合力场重选设备抛尾—摇床精选流程的试验，取得了较好的选矿效果，最终获得锡精矿品位49.64%、回收率54.03%；锌精矿品位42.79%，回收率88.41%，其他稀有及贵金属也得到了富集。

重选是锡石多金属硫化矿选别的最主要方法，目前一个重要的发展趋势是由单一的重力选矿向重、浮、磁、电多种选矿技术的联合，从回收单一锡精矿产品向多种有用精矿产品综合回收过渡[10]。

11.4.1.2　铁锡矿的选矿工艺

铁锡矿是矽卡岩锡矿石的一种，铁锡矿中含有磁铁矿、褐铁矿、赤铁矿等铁矿物，这些铁矿物对锡石的分选有较大影响，使锡石不能和铁矿物有效分离。因此在选别前应先除去铁，然后再对除铁尾矿进行摇床重选得到锡精矿。

李广涛等人[39]对云南某铁锡矿进行了选矿试验研究。该矿床下部为锡矿，上部为含锡磁铁矿。含锡磁铁矿铁品位相对较高，锡品位相对较低，铁除了以磁铁矿形式存在外，还有少量的赤铁矿和褐铁矿。原矿中有回收价值的矿物主要为磁铁矿和锡石，根据二者性质的差异，先利用弱磁选得到铁精矿，再对磁选尾矿进行重选，最终得到合格的锡精矿。

管则皋等人[40]在对某锡铁矿进行选别试验时，采用了先磁选后重选的流程，取得了比较理想的效果。该矿石中主要回收的矿物为铁矿物和锡矿物，铁矿物主要是磁铁矿和穆磁铁矿，锡矿物主要是锡石。先用弱磁选选出磁性铁矿物，然后磁性粗精矿再磨再精选，两段磁选的尾矿合并进入重选，经磁选—重选工艺流程选别，当原矿铁品位为31.10%、锡品位0.60%时，经二段磨矿、二段磁选，获得铁精矿品位63.45%、回收率74.66%的指标；选锡的给矿为磁选尾矿，经二段摇床选别，获得锡精矿品位48.35%、回收率 57.84% 的指标。

牛福生[41]对内蒙古某铁锡矿进行了选矿厂选矿工艺优化研究。该矿属于低贫锡铁矿石，其主要可回收的元素为铁和锡。原生产工艺磨矿产品粒度过粗，矿物单体解离不够，且在分选时同时对锡和铁进行回收，造成铁、锡产物质量不高。经过对该矿选矿工艺的改造，实行了弱磁选和强磁选选铁，再对磁选尾矿进行重选回收锡的流程，最终有效地实现了铁和锡的回收。

内蒙古克什克腾旗黄岗矿业有限责任公司与北京矿冶研究总院协作，进行铁锡分离技术攻关。该研究基于黄岗铁锡矿中铁的品位高，且铁矿物主要为磁铁矿的工艺矿物学特征，开发出“磁选—浮选—重选”流程，对磁选尾矿进行浮选得到锌、砷精矿，并同时实现除去对回收锡影响大的杂质，最后利用重选得到锡精矿，综合回收矿石中的有价元素铁、锡、钨、锌、砷，提高了资源的综合回收水平，并使多年来未解决的呆矿得以开发利用[10]。

铁锡矿在我国有着广泛分布，这种矿石中的锡石颗粒细，呈离子状态分布在磁铁矿等矿物晶格中的比例较高，铁锡分离困难。在铁锡矿进行分选时增加磁选作业，对磁选尾矿再进行重选流程选别，最终可得到合格产品，这是目前较常用的技术。随着我国铁、锡资源形势的变化，加强对此类资源的选矿技术研究，具有重要的理论意义和实际应用价值[10]。

11.4.1.3 含锡尾矿的选矿工艺

锡矿石性脆，在磨矿过程中会产生大量的细粒级锡石和锡矿泥。这些细粒级的锡矿物和锡矿泥在选别过程中，由于当时回收技术手段的限制而成为尾矿排入尾矿库存放。锡矿山之外的其他矿产选矿尾矿有时也含锡，也是回收锡的重要资源。

处理尾矿锡泥的浮选流程一般先经过脱泥脱硫等除泥除杂流程，再经过浮选流程得到锡精矿和尾矿[10]。

仇云华等人[42]以云锡公司历史上长期堆存于尾矿库的尾矿资源为研究对象，从尾矿性质分析，结合尾矿选矿试验工艺研究和生产实践经验，对某尾矿库锡老尾矿进行预先分级，砂、泥分选，通过分级沉砂磁选、旋转螺旋溜槽预选、摇床重选等，最终采用 ϕ250mm 旋流器进行预先分级、沉砂两次磨矿、摇床两次选别、分级溢流离心机预选、皮带溜槽精选的工艺流程。试验获得入选试料含锡 0.18%，沉砂产出含锡 8.60% 的粗锡精矿，锡回收率 41.12%；泥矿产出含锡 5.56% 的富中矿，锡回收率 5.22%。

何名飞等人[43]对白牛厂矿区铅锌浮选流程中的尾矿进行了浮锡研究。先是对该尾矿进行重选处理以回收锡，由于尾矿中锡的嵌布粒度细，用摇床回收率低，效果不理想，考虑用浮选方法回收锡矿。以 BY29 为捕收剂，P86 为辅助捕收剂，BY25 和碳酸钠为脉石抑制剂，一次浮锡可获得锡品位 8.56%、回收率 61.61% 的锡粗精矿，锡粗精矿再浮，锡精矿品位达到 53.58%，作业回收率 81.35%。两次浮锡即获得高品位锡精矿，锡总回收率 50.12%。

涂玉国[44]为提高华联锌铟公司的铜街选矿厂锡的选别指标，以选矿厂浮选锌的尾矿为试验原矿，进行了脱硫条件试验、脱硫后锡的摇床重选试验以及细粒级锡的回收试验。脱硫试验中得到的硫精矿中硫回收率达 52.32%，锡的摇床重选试验中得到锡精矿锡的品位为 23.11%，回收率为 59.82%。

佘克飞等人[45]对湖南省香花岭矿区尾矿库中的尾矿进行了试验研究。香花岭尾矿库中尾矿所含主要金属矿物为锡石、闪锌矿、黄铁矿、黄铜矿等。脉石矿物为石英、伊利云母、黄玉、绿泥石、方解石、白云石、萤石等。除锡石外，其他元素大都以硫化矿存在于尾矿中。利用浮选处理尾矿获得锡精矿存在困难，但可以先通过浮选脱除尾矿中的含硫成分，为锡石的富集、分选创造条件。最终得到品位 53%～55%、回收率大于 52% 的锡精矿。

任浏祎等人[46]在对某锡石-多金属硫化矿尾矿中的锡矿物进行综合回收的研究中，探索了锡矿物的浮选条件和药剂制度，提出了综合回收该尾矿中锡的浮选工艺。由于给矿中硫的含量很高，要想把锡分离出来，首先利用硫酸把硫脱除。根据对矿物性质的研究发现，锡石主要存在于细粒级，粗粒级中锡品位低。要先把粗粒级脱去，提高细粒的回收率。进行浮锡试验时，对几种药剂进行比较选别，最终确定用 BY29 作捕收剂，碳酸钠为抑制剂进行浮锡试验。对一次浮锡所得粗精矿再进行二次浮锡，锡精矿含锡 48.76%，作业回收率 81.35%，一、二段浮锡获得锡总的回收率 49.88%。

周永诚[47]基于尾矿库粗、细粒尾矿和新鲜细粒尾矿的工艺矿物学研究，首次将凝聚焙烧—磁选方法应用于氧化型脉锡尾矿的处理，研发了同步回收锡铁的新工艺。从给矿含锡0.15%~0.38%、含铁8.87%~22.42%的锡尾矿中，获得了品位和回收率分别为4.01%~4.56%和61.93%~63.80%的锡富中矿，以及品位和回收率分别为62.17%~66.58%和84.65%~87.47%的铁精矿，再选尾矿中锡和铁的含量分别低于0.02%和1.00%，取得了明显优于常规流程的分选指标。通过凝聚焙烧过程可能发生反应的热力学计算及焙砂的XRD和SEM-EDS等研究，分析结果揭示了锡铁矿物与脉石矿物分离以及锡铁分离和同步回收的机理，即微细粒的赤褐铁矿凝聚还原为粗粒的四氧化三铁，反应生成的液态锡发生凝聚，碳酸盐等脉石矿物没有被还原或分解，其赋存状态没有发生改变，这是实现锡铁矿物与脉石矿物高效分离的关键；矿物界面间产生的孔隙和裂纹致使锡石和铁矿物易于解离，为分离锡和铁矿物创造了条件[48]。

孙爱辉等人[49]研究表明，某摇床重选尾矿中锡、硫品位分别为0.41%、4.31%，超过80%的锡和硫都分布在 $-38\mu m$ 粒级的矿泥中。重选尾矿中硫的脱除效果会对后续锡的浮选产生较大影响，因此采取了预先脱硫。少量P86的加入可以在保证指标的同时降低药剂成本。经过预先脱硫—浮锡工艺，锡精矿中锡的品位和回收率分别达到3.58%和81.93%。

云锡个旧卡房公司铜硫浮选尾矿锡品位为0.35%，主要含锡矿物锡石不仅嵌布粒度微细，与脉石矿物嵌布关系紧密，而且可浮性或密度也与脉石矿物较接近，导致现场的单一重选工艺仅能获得锡品位为6%左右、锡回收率为50%左右的锡精矿。为高效回收该尾矿中的锡资源，姚建伟等人[50]采用浮选—重选工艺进行了选矿试验。通过一次粗选、两次精选、三次扫选闭路试验，可获得锡品位为8.26%、锡回收率为83.51%的浮选锡精矿；浮选锡精矿通过一次摇床重选，可获得锡品位为40.70%、回收率为68.95%的重选精矿，以及锡品位为1.72%、回收率为14.56%的重选尾矿，该重选尾矿可作为烟化工艺回收锡的原料。

11.4.1.4 *细粒锡矿石的选矿工艺*

在细粒锡矿石浮选试验研究过程中，研究者发现捕收剂对 $-20\mu m$ 的细粒锡矿的选择性和捕收性均较差，进而使得浮选锡精矿中锡的品位和回收率均较低，与此同时，药剂用量大、生产成本高。锡矿石磨矿细度对整个浮选工艺影响较大，如何降低矿石细度的消极影响是改善和提高锡矿石浮选效果的关键因素之一。

莫峰等人[51]研究表明，新型捕收剂GY-C3对都龙矿区细粒锡石具有较好的回收效果，闭路试验处理含锡1.327%的原料，得到含锡6.487%、回收率88.90%的锡粗精矿。工业试验采用预先脱硫—除铁—三段脱泥—二次脱硫流程，处理含锡0.3%~0.5%的原料，可得到含锡4%~5%、回收率大于80%的锡粗精矿。浮锡精矿含锡4%~5%，为了得到合格的锡精矿，后续采用微细泥摇床进行再处理，得到含锡40%左右、作业回收率50%的锡精矿和含锡约2.5%、作业回收率50%的富中矿。

农升勤等人[52]针对矿石磨矿后泥化严重、重选回收率低的问题，以Y-11作硫铁矿活化剂、MA作硫铁矿的捕收剂进行脱硫，碳酸钠为pH值调整剂，水杨羟肟酸、氧肟酸、P86为锡石捕收剂，一次浮选可获得锡粗精矿品位1.81%、作业回收率80.86%，再用浮选柱精选可获得锡精矿品位10.41%、作业回收率为84.13%的良好指标。

孙玉秀[53]以云南某难选锡矿石为研究对象，经过阶段磨选和分级入摇床选别后，锡的品位和回收率得到明显提高。锡石硫化矿采用粗磨浮选脱硫—浮选尾矿分级入摇床选别流程指标较好。原矿含锡2.34%，产出锡精矿含锡30.14%，锡回收率39.56%；富中矿含锡4.77%，锡回收率22.74%；贫中矿含锡2.2%，锡回收率20.84%，三个等级的产品共回收锡83.14%。

许大洪等人[54]根据某选矿厂的尾矿性质，探讨采用重选—浮选—重选的原则工艺回收尾矿中的微细粒级锡矿物。通过采用重选—浮选—重选联合工艺最终获得锡精矿含锡品位为54.48%、回收率为24.73%，中度锡精矿品位26.18%、回收率5.91%，低度锡精矿品位2.41%，回收率18.23%。

Liu等人[55]研究了含磁铁矿的细粒级锡矿石选矿流程。该矿石产自我国四川，原矿含有0.39%的锡和23.20%的铁。研究结果表明，锡矿石破碎到0.01mm以下占90%时，选别效果最好。总流程包括破碎、两段磁选和摇床重选，最终获得铁精矿（铁品位61.69%，铁回收率75.09%）、锡精矿（锡品位27.21%，锡回收率56.97%）和硫精矿（硫品位40.86%，硫回收率32.03%）。

广西大厂某选矿厂细泥锡石嵌布粒度细，采用重选方法难以获得理想的选别效果。江华[56]采用联合捕收剂 BY-9 对细泥锡石进行了脱硫—浮锡试验，获得了锡品位为23.09%、回收率为70.63%的锡精矿，有效地提高了资源利用率。

11.4.1.5　载体和分支浮选工艺

针对细粒锡石的主要特点，研究者将载体浮选、选择性絮凝浮选、剪切—絮凝浮选、溶气浮选等技术应用于锡矿浮选。载体浮选是细粒矿物浮选的有效方法之一，其主要原理是使细粒矿物吸附在粒度较大的载体矿物的表面而随之上浮。载体浮选中细粒锡石的回收率明显高于常规浮选[57]。

在载体浮选中，加入载体比例的大小、搅拌时间长短、搅拌强度及是否有金属离子作用等条件均对浮选产生不同程度的影响；纯矿物的载体浮选研究表明，在用50%的 $-38+19\mu m$ 粒级锡石作载体、Pb^{2+} 浓度20mg/L、搅拌速度2400r/min、搅拌时间30min 的条件下，可获得微细粒锡石回收率85.34%的效果。电子显微镜扫描图表明，疏水化粗粒锡石对微细粒锡石产生的助凝作用最明显；颗粒间分子力的计算结果说明，矿物间的疏水作用力是范德华力的数倍；碰撞速率计算结果表明在载体浮选中，微细粒与粗颗粒间的碰撞速率远远大于微细颗粒间的碰撞速率[27]。

梁瑞录等人[57]研究了 $-5\mu m$ 锡石载体浮选过程中的影响因素。对原矿品位为14.6%的锡石（$-5\mu m$）-石英（$-10\mu m$）人工混合矿，载体浮选在精矿品位略有提高的情况下，锡精矿回收率可从常规浮选的51.78%提高到95.77%（白铅矿作载体）和85.08%（锡石作载体）。载体浮选中回收率的提高主要是粗粒效应和微细粒矿物直接絮凝的结果。粗粒效应中载体作用的实质是：在加入载体和强烈搅拌的条件下，粗-细颗粒的碰撞能大大高于微细粒间的碰撞能，在捕收剂存在的条件下，比较容易克服其斥力能垒而形成絮团。调浆后 $-5\mu m$ 锡石含量减少了41%，矿浆粒度分布的 d_{80} 从 $3.9\mu m$ 增大到 $35\mu m$。梁瑞录等人[57]提出了微细粒载体浮选中采用异类矿物做载体及并用冶炼方法解决其分离的设想，并获得了良好结果。

秦华伟等人[58]研究了锡细泥的分支浮选。以某锡细泥沉砂样浮选泡沫产品为载体，带动溢流样中的细粒锡石进行分支载体浮选试验，沉砂样常规浮选结果可得到锡品位39.73%、锡回收率84.37%的锡精矿；溢流样载体浮选试验结果可使锡回收率比常规浮选提高15%，达到了提高锡细泥回收率的目的。

11.4.1.6　微生物诱导的电化学浮选

Gonzales 等人[9]在锡石浮选体系中加入疏水性菌株混浊红球菌，进行了微生物诱导的浮选电化学研究。通过 Zeta 电位分析、接触角测定和吸附量测试，证实了疏水性微生物与锡石矿物表面存在着相互作用。微生物药剂与矿物表面的吸附作用增大了接触角。电化学研究结果表明，在 pH 值为5、浓度为50mg/L 和电流密度为 $51.4mA/cm^2$ 的条件下，在浮选体系中使用疏水性微生物可获得65%的回收率。

11.4.2　筛分与磨矿分级

在重选选锡实践中，-0.037mm 级为难选级，而 -0.019mm 级的选别效果更差。因此在磨选过程中尽量减少 -0.037mm 级的产生尤为重要。大厂100(105)号矿的巴里选矿厂，原矿筛筛下产品中小于高频细筛筛分粒级的产率为57.41%，两段磨矿都采用预先筛分[31]。

在磨矿流程上，巴里选矿厂第一段磨矿采用了预先筛分，第二段磨矿用弧形筛，有效地减少了锡石的泥化程度。巴里选矿厂磨矿的低泥化率提高了选矿回收率[31]。

用高频细筛与球磨机闭路可以大幅度减少锡石过粉碎，巴里选矿厂配置 GYQ31-1007 型高频细筛4台、GPS-1400-3 型高频细筛2台，GYQ31-1007 型高频细筛具有振幅大、筛分效率高、节电、处理能力大、耐用和便于更换筛网等优点。在磨矿筛分系统还采用了一些新材质，比如原矿筛采用聚氨酯长孔耐磨筛板，使用寿命长达1年以上。加上原矿筛从单层筛改为双层筛，筛分效率和生产稳定性都得到提高。在第二段磨矿中采用新型磨矿介质铸铁代替钢球取得成功，已显示出噪声小等优点[31]。

11.4.3　选矿设备

重选是处理锡矿石的最主要方法之一，具有运行成本低、环境污染小、适用面广等特点[59,60]。近年来，随着材料技术和机械工业的进步，将高强度离心力场成功引入选矿领域，取得一系列成果。文献报道了多种类型的重力选矿机械，包括跳汰机、重介质旋流器、摇床、Falcon 选矿机、Kelsey 离心跳汰机、Knelson 选矿机和 Mozley 选矿机等[2,22,61]。

11.4.3.1　Falcon 离心选矿机的应用

Falcon 选矿机作为一种高效离心选矿设备，已成功地用于锡石矿物的选别。Falcon 选矿机产生的高倍“强化重力”的特性为重力选矿进一步发展提供了理论依据，可有效实现不同密度微细物料的分选，降低了传统重力分选的下限，拓宽了分选范围，具有大处理量、低耗水量、低投资成本及运行费用；能够有效处理微细粒级颗粒，操作简单，自动化程度高[62,63]。

Falcon C 系列离心机的给矿矿浆由位于机器中央垂直的给料导管进入离心选矿机转鼓底部，并被离心机抛向转鼓内壁，在高达 300g 重力场作用下，矿物按照各自不同的密度沿转鼓内壁分层。最重的部分（精矿）通过一系列独特设计的溜槽和节流喷嘴连续排出，轻矿物（尾矿）从转鼓上部溢流口排走。离心机的转速（离心力）大小可根据不同密度矿物和不同粒度矿物进行适当调整，重矿物（精矿）产率可根据矿物实际含量进行适当调整（精矿产率最大不超过 40%）[63,64]。

Falcon 超细选矿机（Falcon UF）可用于回收超细颗粒中的重矿物（3μm）颗粒[63]。一般情况下，细粒级中的重矿物质量含量应在 0.1% 以上。这种重选设备产生的离心力可达到重力的 600 倍，在处理锡、钽和钨矿石时具有很好的选别效果。Falcon UF 还可以用作浮选给矿前的脱泥设备。在 Renison 锡矿选矿厂，用 Falcon UF 1500 代替 Mozley 选矿机，使锡浮选精矿品位从 15% 上升到 40%[2,63]。

采用 Falcon/Sepro 离心机选矿设备对含锡 0.28% 的重选尾矿进行回收再处理，可得到产率 33.33%、品位为 0.38%、回收率为 45.24% 的精矿，相当于增加 23% 的原矿量。如果对 Falcon/Sepro 离心机精矿进一步处理，可得到回收率约 15% 的锡粗精矿，相对原矿回收率可达 7.5%，对提高选矿厂锡石总回收率具有重要意义[64]。

涂玉国[44]采用离心选矿设备 Falcon 选矿机处理华联锌铟公司脱硫后锡的细粒级物料，所得锡精矿与原生产流程中锡精矿相比，锡的回收率从 45.37% 提高到 68.11%，锡的回收效果有了显著提高。

简胜等人[65]探索了 Falcon 离心选矿机对锡石回收的效果。对 23.00% 的离心机精矿，再经过分级摇床精选能得到锡品位 31.40%，作业回收率 51.46%。Falcon 工业生产运行稳定，最终得到了含锡 40.42%、作业回收率 42.36% 的锡精矿，实现了资源高效利用。

Falcon 离心机对于处理摇床尾矿或极细粒级锡石具有较好的回收效果。但是在应用 Falcon 离心机的过程中，给矿粒级不宜过宽，以免降低分选效果。另外，要合理设置离心机的工艺参数，参数设置不合理将迅速导致精矿排嘴的堵塞或破坏形成的稳定“床层”[64]。

11.4.3.2　Knelson 选矿机的应用

Knelson 选矿机是基于离心原理的强化重力离心选矿设备。在离心力所产生的强化重力场内，轻重矿物之间的密度差被放大。流态化水使床层松散，床层里的轻矿物不断被反冲水带走，新给入的重矿物填补轻矿物离开后所留下的空间，使环沟里的精矿品位不断提高。矿浆由给矿管从上向下流到下部的分配盘上，离心力把它抛向分选锥的壁上，并由下而上迅速填满环沟，形成富集床。与此同时，流态化冲洗水通过空心的旋转轴由下部进入水腔，在压力作用下沿着切线以逆时针方向进入分选锥内的环沟。当重矿物颗粒受到离心力大于向内的冲洗水压力时，该颗粒就沉积在环沟里；反之，轻矿物在冲洗水的冲力和新进入矿浆的挤压下，由分选锥上部进入尾矿管后排出。在持续松散的床层里，重矿物颗粒源源不断沉积在环沟里，而轻矿物则不断从床层中清洗除去[22,66]。

广东信宜锡矿是含多种硫化物（辉钼矿、辉铋矿等）的细粒嵌布锡矿石。原矿试样含锡 0.5%，主要以锡石存在。磨细到 -0.3mm 后，用 Knelson 选矿机粗选—摇床精选的方法回收粒度较粗的锡石。在 90 倍重力的条件下，获得产率 0.14%、精矿锡品位 38.57%、回收率 10.09% 的锡精矿。

11.4.3.3　Kelsey 离心跳汰机的应用

Kelsey 离心跳汰机是一种重选设备，它利用传统矿物跳汰的原理，具有可以改变表观重力场的新特点。它是通过离心机中产生传统跳汰机运动的特殊方式来实现的。离心跳汰机的给矿料流通过固定的中间管向下给入，给料分配到由圆筒筛支撑的碎石床层上，圆筒筛与马达同轴旋转。床层是脉动的，通过筛下水箱中的水使碎石床层流态化，进而实现给料的分层分选。比床石密度大或与之相等的颗位在沉降或碎石床层空隙吸啜机理作用下通过床层，所受的力在表现较大的重力下得到加强。较重的颗粒通过中间筛到达精矿箱，然后通过套管到达精矿溜槽中，而较轻的矿粒通过床石的固定环进入尾矿溜槽，进而被排出[22,67]。

在 Rio Kemptvnle 锡选矿厂，由离心跳汰机处理的矿样得到的品位与回收率规律比摇床好。富集比高达 20 时，回收率达到 90% 以上。最终精矿平均品位超过 60% 后时，获得了超过 96% 的回收率。

11.4.3.4　悬振锥面选矿机的应用

悬振锥面选矿机是依据拜格诺剪切松散理论和流膜选矿原理研制开发出的一种微细粒新型重选设备，在大量试验室及工业试验中表现出较好的分选效果。悬振锥面选矿机由主机、分选面、给矿装置、给水装置、接矿装置、电控系统等组成。行走电动机驱动主动轮带动从动轮在圆形轨道上做圆周运动，从而带动分选面做匀速圆周运动；同时，振动电动机驱动偏心锤做圆周运动，使分选面产生有规律的振动。当搅拌均匀的矿浆经矿浆补水管补水后从给矿器进入分选面粗选区时，矿浆流即呈扇形铺展开来并向周边流动，在其流动过程中流膜逐渐由厚变薄，流速也随之逐渐降低。矿粒群在自身重力和旋回振动产生的剪切斥力作用下，在分选面上适度地松散、分层；分选面的转动，以及渐开线洗涤水、精矿冲洗水的分选作用，将不同密度的矿物依次带进尾矿槽、中矿槽和精矿槽。分选面上矿层的分布符合层流矿浆流膜结构，最上面的表流层主要是粒度小且密度小的轻矿物，该层的脉动速度不大，其值大致决定了回收矿物粒度的下限，大部分悬浮矿物在粗选区即被排入尾矿槽。中间的流变层主要由粒度小而密度大的重矿物或粒度大而密度小的轻矿物组成，该层厚度最大，拜格诺力也最强，由于该层矿粒群的密集程度较高，又没有大的垂直介质流速干扰，故能够接近按静态条件进行分层，所以流变层是按密度分层的较有效区域。随着分选面的转动，部分矿物在中矿区渐开线洗涤水的分选作用下，被排入中矿槽。最下面的沉积层主要是密度大的重矿物，越靠近分选面锥顶矿物粒度越小，越靠近接矿槽矿物粒度越大。随着分选面的转动，该层与分选面附着较紧的细粒、微细粒重矿物，在精矿区精矿冲洗水的分选作用下，被排入精矿槽[68]。

蒙自矿冶选矿厂的重选尾矿粒度细，-0.037mm 粒级的锡金属量含量高，占 74.68%，仅靠单一的摇床重选难以达到理想的回收效果，而悬振锥面选矿机适合于 0.10～0.01mm 的细粒矿物重力选矿。采用悬振锥面选矿机一次选别作业，就可产出锡富中矿，得到品位为 7.80%、回收率为 68.00% 的锡精矿，锡富集比达 13.61[68]。

采用悬振锥面选矿机对广西华锡集团大厂沙坪选矿厂尾矿溢流进行不同条件下的选矿试验。通过在细粒锡石的重选回收作业中加入碳酸钠后，精矿品位和精矿回收率获得大幅度提高，尾矿中的锡金属含量降低，重选选别细粒锡石的效果获得明显改善。试验结果表明，矿浆中的难免离子对细粒锡石重选具有较大影响[69]。

11.4.3.5　旋转螺旋溜槽的应用

旋转螺旋溜槽（简称旋螺）综合了螺旋溜槽、摇床、离心选矿等选别机理。矿粒在槽面上受流体动力、离心力、摩擦力、重力等复合力场作用差异达到分选。矿流进入槽面呈较强的紊流态，借紊动扩散作用使矿粒按密度沉降，随着螺旋槽内外缘之间的横向循环运动，上层水流和轻矿物向外缘运动。外缘区的二次环流作用比内缘区强，附着于槽底的重矿物则较好地富集于内缘。设备具有特殊的槽沟或楔条，加宽了入选粒级，避免了摇床、离心机等设备严格分级入选的要求[70]。

云锡大屯氧化矿锡矿选矿厂排出尾矿含锡为 0.25% 左右，云锡集团天爵公司将尾矿浆经过旋流器，旋流器溢流进斜板浓密机，斜板浓密机底流进分泥斗，分泥斗底流进摇床（泥矿）粗选、中矿摇床（泥矿）再选、摇床（泥矿）精选，得到锡泥精矿。旋流器底流进旋转螺旋溜槽大量抛尾，旋转螺旋溜槽中矿及精矿进一段磨矿机，一段磨矿浆进分级箱，分级产品进摇床（砂矿）粗选，形成部分砂精矿。摇床（砂矿）粗选的中矿及次精矿进入二段磨矿，二段磨矿浆进分泥斗，分泥斗底流进中矿摇床（砂矿）再选、摇床（砂矿）精选得到另一部分锡砂精矿。经过旋转螺旋溜槽大量预先抛尾后，可获得含锡品位 0.83%，产率 15% 旋溜产品。这为以后砂矿两段磨矿及摇床选别提供有利条件[70]。

11.4.3.6　振动旋转圆盘选矿机的应用

振动旋转圆盘选矿机适合处理细粒级重矿物，具有作业回收率高的优点。回旋振动频率是圆盘选矿机重要技术参数之一，其值不同，对所选矿物施加的剪切力会产生明显差异。振动旋转圆盘选矿机盘面转动主要有三个作用：一是将完成选别的精矿、中矿、尾矿运送到相应的排矿区域排出；二是可以通过调整转速调节其处理能力；三是通过改变转速调节选别指标。盘面转速主要影响矿物在初选区和精选区的停留时间，从而改变矿物在盘面受到的作用程度。给矿浓度是影响圆盘选矿机选别的一个重要因素，不同粒级的矿物对浓度的要求有所不同。由于矿浆浓度越高其黏度越大，通常选别较粗粒级矿物时浓度可适当增大，反之选别较细粒级矿物时可适当降低浓度。给矿体积也与浓度有一定关系，给矿浓度高时给矿体积不宜太大，否则会影响矿层的松散导致精矿品位较低。圆盘选矿机洗涤补加水水量的大小要根据矿物在分选盘面的分布情况进行灵活调节[71]。

采用振动旋转圆盘选矿机回收某选矿厂细泥锡石，可获得锡品位 6.61%、回收率 83.23% 的中度锡精矿。与旋流器脱泥—锡石浮选流程相比，在精矿品位接近时，圆盘选矿机对细粒级锡石回收的作业回收率提高约 43%，试验取得了良好的技术指标[71]。

11.4.4　选矿药剂

近年来，有很多文献报道了锡矿石浮选的基础和应用研究，前人的这些研究成果促进了锡矿浮选药剂的发展。这些药剂包括亚硝基苯胲铵、油酸钠、十六烷基硫酸钠、十二烷基硫酸钠、磺酸盐、烷基和芳基膦酸、烷基胂酸、二羧酸、双膦酸、水杨醛、磷酸和异羟肟酸等[6,7,22]。

11.4.4.1　*锡石浮选捕收剂*

工业上使用的锡石捕收剂主要有脂肪酸、胂酸、烷基羟肟酸、烷基磺化琥珀酸、膦酸 5 类，油酸、苄基胂酸、A-22、水杨氧肟酸为常用捕收剂。油酸是脂肪酸类中最常见的一种捕收剂，一般用于在中性或碱性条件下浮选锡石一石英型矿泥。脂肪族磷酸捕收剂适用于不含 Fe^{3+} 和 Pb^{2+} 锡矿石的浮选，pH 值最佳值介于 2.55～3.50。胂酸分为芳香族胂酸和脂肪族胂酸，都是较有效的锡石捕收剂。芳香族胂酸在弱酸性介质中浮选效果较好。对细粒锡石捕收能力的强弱顺序为：混合甲苯胂酸 > 对甲苯胂酸 > 苄基胂酸 > 邻甲苯胂酸。在弱酸性和中性矿浆中，混合甲苯胂酸浮选锡石效果最好。用它浮选含金硫化矿物的锡矿泥时，为了避免矿泥的影响，需预先脱泥处理，同时为了避免硫化物对锡精矿质量的影响，需预先脱硫[72]。脂肪族胂酸是一种较好的捕收剂，能与 Sn^{2+}、Sn^{4+}、Fe^{3+} 等金属离子反应生成难溶化合物。巴里选矿厂处理的矿石为锡石多金属硫化矿，浮选锡石的药剂有硫酸、苄基砷酸、P86、羧甲基纤维素钠和 2 号油。最常用的烷基羟肟酸是水杨氧肟酸，在弱碱性介质中，以 TBP 作辅助捕收剂时对锡石有较强的捕收作用。采用水杨氧肟酸和 P86 新型组合药剂来代替胂酸类捕收剂，可以提高锡石回收率。磺化琥珀酰胺酸对粗粒锡石浮选效果较好，应用最广。加入乙二胺四乙酸四钠盐配合高铁离子和水玻璃分散细粒脉石颗粒，能促进浮选指标。磺丁二酰胺酸对细粒锡石的捕收性能好，用量低，浮选速度快，但选择性较差，适于在酸性介质中使用。同类药剂还有磺丁二酸（国内代号为 A-18）、A-22、209 洗涤剂等。膦酸类捕收剂膦酸分为芳香族膦酸和脂肪族膦酸。烷基硫酸钠盐（C12～C20）对锡石的捕收能力较油酸弱，对黄铜矿有选择性捕收能力，对黄铁矿的捕收能力弱，对含钙矿物的选择性较好。胺类捕收剂是锡石浮选的较好捕收剂，它包括伯胺盐、仲胺盐、叔胺盐、季铵盐和烷基吡啶盐，其中伯胺盐应用较为广泛[72]。

虽然现有捕收剂种类繁多，但仍存在一些问题，如成本高、污染环境、细粒级难处理等。因此，近年来国内外大力研制了许多新型捕收剂，如 ZJ-3、BY-9、CF、SR 等。ZJ-3 是朱一民等研究成功的新型捕收剂。该药剂适于处理粒度小于 19μm 的细粒锡石。BY-9 是锡石的螯合捕收剂，任浏祎等人[46]用其从锡石多金属硫化矿尾矿中浮选回收锡。通过比较 BY-9、C_9 羟肟酸和孙 2#的浮选效果，BY-9 的捕收效果最佳，用量为 1000g/t。添加 100g/t 捕收锡石的有效促进剂 P86 和 50～100g/t 抑制剂 BY-5 以及 50g/t 2 号油，最终获得品位 48.76%、回收率 49.88% 的精矿。锡石与硅酸盐的可浮性相当，蒙自矿冶责任有限公司处理尾矿时，用 BY-9 为捕收剂，P86 为辅助捕收剂，碳酸钠与 BY-5 为抑制剂（主要成分是木质素），获得了锡品位 53.58%、回收率 50.12% 的锡精矿[43]。CF 为北京矿冶研究总院研制的新型螯合捕收剂，它适用于锡石、钽铌矿物的浮选。黎全研究了锡石浮选新药剂 SR_2 的工业应用[31]。工业应用结果证明新药剂 SR_2 对锡细泥具有较强的捕收能力[31]。

王佩佩[32]研究了三种烷基羟肟酸（庚基、辛基、壬基）对锡石的浮选效果。指出三种药剂的浮选效果随着烷基碳链长度的增加和适宜的 pH 值范围增大而增加；辛基羟肟酸在中性及酸性条件下对锡石的选择性较好。水杨羟肟酸对锡石选择性较好，捕收性不强；组合羟肟酸捕收剂 $c_{水杨羟肟酸}:c_{辛基羟肟酸}=1:1$ 时，锡石的浮选回收率较高且与脉石回收率相差较大。

11.4.4.2　锡石浮选抑制剂

常用无机抑制剂有水玻璃、氟硅酸、氟硅酸钠、氟化钠、硫化钠、六偏酸磷钠等。水玻璃常用于锡石浮选时抑制硅酸盐矿物，它对锡石、方解石、萤石、重晶石、锆英石、白钨矿、方铅矿、钨钼钙矿、石膏、硼酸盐、黄绿石、钛铁矿、辰砂和榍石等均有不同程度的抑制作用。水玻璃对硫酸铜和醋酸铅活化的石英同样有抑制作用。氟硅酸、氟硅酸钠和氟化钠是含氟含铝矿物的有效抑制剂，常与苯乙烯膦酸配合使用。用烷基硫酸钠、A-22、苯乙烯膦酸浮选细粒锡石时，矿浆中的 Ca^{2+}、Fe^{3+} 等会对锡石有抑制作用。为了减小这种抑制作用，常加入一定量的氟硅酸钠。此外，硫化钠和六偏酸磷钠也是锡石浮选时的较好抑制剂。浮选锡石较好的有机抑制剂有羧甲基纤维素钠、磷酸三丁脂、氨萘酚磺酸、高分子鞣料、草酸、稻草纤维素、连苯三酚、木质素磺酸钙（GF）、柠檬酸、乳酸、丹宁、淀粉、糊精、酒石酸、EDTA 等[72]。GF 是一种有机抑制剂，对方解石、石英等脉石矿物有较强的抑制作用，用量一般为 100～200g/t。此外，GF、SR、P86 是巴里锡细泥的最佳组合药剂[31]。

11.4.4.3　锡石药剂的分子设计与合成

有相同的分子式而结构不同的有机化合物称为同分异构体。有同分异构关系的物质互称同分异构体物质。若官能团相同，其性质相似。水杨醛肟与苯甲羟肟酸是同分异构体，它们分子式相同，官能团相似，苯甲羟肟酸会发生异变构成苯甲氧肟酸。实际上苯甲羟肟酸和苯甲氧肟酸是同时存在的，苯甲羟肟酸与水杨羟肟酸的官能团更相似，根据浮选药剂的同分异构原理，二者的捕收性能应相似。实践证明，苯甲羟肟酸对锡石和黑钨矿的捕收性能相似，但优于水杨羟肟酸。朱建光等人[73]根据浮选药剂的同分异构原理推测，苯甲羟肟酸亦应能捕收黑钨矿和锡石，并通过实践证明了苯甲羟肟酸不但能捕收黑钨矿和锡石，而且它的合成工艺简单，浮选效果好，在选矿工业生产中得到了推广应用。

11.4.4.4　捕收剂性能的影响因素

当捕收剂为油酸时，添加少量 Ca^{2+}，对锡石有活化作用。Al^{3+} 显著影响磺化琥珀酰胺酸捕收剂对锡石的浮选。当 Al^{3+} 与 A-22、对位甲苯砷酸和十二烷基醋酸胺配合使用时，Al^{3+} 对锡石有一定的抑制作用。Al^{3+} 与对位甲苯砷酸同时添加，且 pH 值为 2～4 时，Al^{3+} 对锡石有活化作用。矿浆中的 Fe^{3+} 对脉石、锡石都有抑制作用。用脂肪族膦酸为捕收剂，在 pH 值小于 4.5 条件下，Fe^{3+} 对锡石的抑制作用最强。用捕收剂 A-22 浮选锡石时，Fe^{3+} 对 A-22 浮选锡石的影响不大，但随着浓度增大，锡石会受到强烈的抑制作用。用脂肪族膦酸作捕收剂时，Pb^{2+} 对锡石浮选有一定的活化作用。此外，当用 CF 作捕收剂时，Ca^{2+}、Mg^{2+}、Cu^{2+}、Zn^{2+}、Fe^{3+}、Sn^{4+} 对锡石、钽铌矿物均起抑制作用，其中 Cu^{2+}、Fe^{3+}、Sn^{4+} 影响较大[72]。在烷基羟肟酸组合捕收剂作用下，王佩佩分别考察了 Ca^{2+}、Mg^{2+}、Pb^{2+}、Fe^{3+}、Fe^{2+} 以及 Al^{3+} 的存在对细粒锡石浮选的影响，结果表明金属离子对锡石浮选的影响主要由矿浆 pH 值决定，金属离子浓度在一定程度上对锡石浮选也有影响[32]。

11.5　锡矿选矿存在的问题及发展趋势

各国锡矿床类型和矿石性质不同，历史条件和发展情况不同，因此不同国家的锡选矿状况差别较大。

近年来，由于科学技术的进步，国内外锡选矿工艺都有一定进展，各国的选矿水平有所提高。其中，具有重要意义的是各种联合流程的应用，包括选冶联合流程、重介质预选、浮选、防止过粉碎、细泥选别、精矿加工、尾矿再选和综合回收等[10,74]。但是，世界各国实现锡矿石的高效加工仍面临着诸多挑战。

随着锡矿资源的持续开发利用，可开采的锡矿床品位越来越低，特别是一些大中型矿床，这增加了锡矿选矿难度及选矿成本。

呈细粒级和微细粒级嵌布的锡矿石是锡回收的重要对象。同时，锡矿石性脆，在磨矿过程中会产生大量细粒级锡石和锡矿泥。这造成了重选选别效果差，浮选药剂消耗量大和浮选指标不好的现实问题。如何降低矿石细度的消极影响是改善和提高锡矿石浮选效果的重要因素。虽然针对细粒锡石的特点，研究者开发了载体浮选、絮凝浮选、溶气浮选等技术，但其工业化之路还需进一步推进。

工艺矿物学研究发现，很多锡矿石中的锡呈离子状态分布在磁铁矿等矿物晶格中或其他原子取代锡原子存在于锡矿物内部，致使锡与其他元素分离困难，也限制了铅、锌、铜、铋、钨、钼等伴生有价金属的综合回收。

重选和浮选仍然是处理锡矿石的最主要方法，但是对于不同地区不同矿床不同性质的锡矿石，重选指标受到分选粒度下限限制、处理量小和耗水量大等因素制约；浮选指标受到药剂消耗量大、运行成本高和环境污染等因素制约；同时，锡矿选矿的自动化程度也需进一步提高。

随着资源不断消耗，锡二次资源的回收显得越来越重要。日本、美国、德国等发达国家，废锡回收利用工艺水平较高，再生锡可占其总消费量的 20%～60%。但总体而言，世界范围内锡消费量大，而再生锡加工水平还有待提升。

此外，锡选矿面临的挑战还包括环境因素。随着人类环保意识增强，锡选矿厂的无废排放和无害化处理以及锡焊接过程中的无铅化越来越得到重视[75]。

今后，对于锡矿资源品位低、嵌布细、共生复杂的特点以及锡矿选别面临的诸多问题，联合流程仍是未来锡矿加工的主流趋势；从单一流程逐渐向重、浮、磁、电多种选矿技术的联合工艺过渡，从回收单一锡精矿产品向多种有用精矿产品综合回收过渡，具有良好的应用前景。开发具有运行成本低、环境污染小、适用面广的锡矿选矿新技术、新设备、新药剂需要更深入的研究。围绕复合力场、同分异构原理、理论计算和模拟以及多种现代分析测试手段等，在重力设备开发、药剂分子设计与合成、环境友好和资源高效利用等方面不断突破，实现锡选矿的科技进步是选矿科技工作者的共同责任和目标。

参 考 文 献

[1] 张福良，殷腾飞，周楠. 全球锡矿资源开发利用现状及思考[J]. 现代矿业，2014，30(2):1-1.

[2] Angadi S，Sreenivas T，Jeon H S，et al. A review of cassiterite beneficiation fundamentals and plant practices[J]. Minerals Engineering，2015，70：178-200.

[3] Sreenivas T，Manohar C. Adsorption of octyl hydroxamic acid/salt on cassiterite[J]. Mineral Processing and Extractive Metallurgy Review. 2000，20(4-6):503-519.

[4] Sreenivas T，Padmanabhan N. Surface chemistry and flotation of cassiterite with alkyl hydroxamates[J]. Colloids and Surfaces A Physicochemical and Engineering Aspects，2002，205(1):47-59.

[5] Bulatovic S，De Silvio E. Process development for impurity removal from a tin gravity concentrate[J]. Minerals engineering，2000，13(8):871-879.

[6] Qin W. Flotation and surface behavior of cassi terite with salicylhydroxamic acid[J]. Industrial & Engineering Chemistry Research，2011，50(18):10778-10783.

[7] Wang P P. Solution chemistry and utilization of alkyl hydroxamic acid in flotation of fine cassiterite[J]. Transactions of Nonferrous Metals Society of China，2013，23(6):1789-1796.

[8] Qin W Q. Electro-flotation and collision-attachment mechanism of fine cassiterite[J]. Transactions of Nonferrous Metals Society of China，2012，22(4):917-924.

[9] Gonzales L G V，Pino G A H，et al. Torem，Electroflotation of cassiterite fines using a hydrophobic bacterium strain[J]. Rem. Revista Escola de Minas，2013，66(4):507-512.

[10] 吕中海. 锡矿石选矿工艺研究现状与进展[J]. 现代矿业，2009，486(10):19-22.

[11] 张莓. 全球锡矿资源及开发现状[J]. 中国金属通报，2011(32)：19-21.

[12] Summaries M. c. ，Tin. http：//minerals. usgs. gov/，2013.

[13] Salazar K，McNutt M K. Mineral commodity summaries[M]. US Geological Survey，Reston，VA，2012.

[14] 袁启奇. 锡市场分析[J]. 工程设计与研究（长沙），2013(1):34-37.

[15] 吴荣庆. 我国锡矿综合利用水平有待提高[J]. 中国金属通报，2009(9):32-33.

[16] 韦栋梁，何绘宇，夏斌. 对我国锡矿业发展的几点思考[J]. 中国矿业，2006，15(1)：58-61.

[17] 杨学善. 我国锡矿资源形势分析及可持续发展对策探讨[J]. 矿产综合利用，2006(5):17-21.

[18] 崔荣国，刘树臣. 我国锡矿资源状况及国际竞争力分析[J]. 国土资源情报，2010(8):29-33.

[19] 黄仲权，黄茜蕊. 我国锡矿业优势转换战略探讨[J]. 世界有色金属，2008(2):9-13.

[20] Briefing I. Historical Trends in Tin Production，2011. https：//www. itri. co. uk.

[21] Xu Y B，Qin W Q，Hui L. Mineralogical characterization of tin-polymetallic ore occurred in Mengzi，Yunnan Province，China[J]. Transactions of Nonferrous Metals Society of China，2012，22(3):725-730.

[22] Bulatovic S. Flotation of REO minerals. Handbook of Flotation Reagents: Chemistry, Theory and Practice: Flotation of Gold, PGM and Oxide Minerals[M]. Elsevier Science. Amsterdam, NL, 2010: 151-173.
[23] Wills B A, Napier-Munn T. Mineral Processing Technology: an Introduction to the Practical Aspects of Ore Treatment and Mineral[M]. Maryland Heights, MO: Elsevier Science & Technology Books, 2006.
[24] 王晓，童雄，周永诚．锡石工艺矿物学与选矿工艺[J]．矿冶，2011，20(4):15-19.
[25] 张慧．组合捕收剂浮选细粒锡石作用机理及应用研究[D]．长沙：中南大学，2010.
[26] 张周位．锡石浮选体系中金属离子作用机理及其应用[D]．长沙：中南大学，2013.
[27] 严伟平．微细粒锡石的载体浮选工艺研究[D]．赣州：江西理工大学，2012.
[28] 覃文庆，王佩佩，任浏祎，等．颗粒气泡的匹配关系对细粒锡石浮选的影响[J]．中国矿业大学学报，2012，41(3):420-424.
[29] 任浏祎，张一敏，覃文庆，等．锡石颗粒与氢气泡间的碰撞黏附行为[J]. Transactions of Nonferrous Metals Society of China，2014，2：31.
[30] 覃文庆，任浏祎，王佩佩，等．细粒锡石的电解浮选及碰撞黏附机理[J]. Transactions of Nonferrous Metals Society of China，2012(4):917-924.
[31] 黎全．大厂100（105）号锡石多金属矿选矿关键技术研究及应用[D]．长沙：中南大学，2007.
[32] 王佩佩．羟肟酸类捕收剂与细粒锡石的作用机理及浮选研究[D]．长沙：中南大学，2013.
[33] 王佩佩，覃文庆，任浏祎，等．烷基羟肟酸对细粒锡石的浮选及其溶液化学性质[J]. Transactions of Nonferrous Metals Society of China，2013(6):1789-1796.
[34] 窦永平．组合捕收剂浮选细粒锡石作用机理及应用探索[J]．广东科技，2014，23(6):110-111.
[35] 徐晓萍，易贤荣，文儒景，等．江西尖峰坡难选锡石硫化矿选矿工艺的研究[J]．材料研究与应用，2007.
[36] 鲁军．华南某锡矿选矿工艺研究[J]．有色金属（选矿部分），2007(5):9-12.
[37] 李正辉．老厂锡石多金属氧硫混合矿选矿实践[J]．有色金属（选矿部分），2008(1):7-10.
[38] 张杰，邓传宏，卢学纯．锡石多金属硫化矿综合回收工艺的研究[J]．有色金属设计，2007，34(1):1-16.
[39] 李广涛，张宗华，王雅静．某含锡磁铁矿选矿试验研究[J]．金属矿山，2008(12):57-60.
[40] 管则皋，苏志堃，张颐，等．锡铁矿选矿工艺的研究[J]．广东有色金属学报，2006，16(3):155-159.
[41] 牛福生．某锡铁矿选矿厂选矿工艺优化研究与实践[J]．中国矿业，2009(1):81-82.
[42] 仇云华，许志安．云锡某老尾矿回收锡等矿物的选矿工艺研究[J]．有色金属（选矿部分），2012(5):32-36.
[43] 何名飞，罗朝艳，陈玉平，等．细粒锡石浮选研究[J]．矿冶工程，2008，28(4):29-31.
[44] 涂玉国．含锡多金属硫化矿生产工艺及选锡工艺研究[D]．昆明：昆明理工大学，2011.
[45] 佘克飞，陈钢，刘建军，等．从香花岭尾矿库中回收锡石的研究与生产实践[J]．湖南有色金属，2007，23(3):11-13.
[46] 任浏祎，覃文庆，何小娟，等．从锡石-多金属硫化矿尾矿中回收锡的浮选研究[J]．矿冶工程，2009，29(1):44-47.
[47] 周永诚．氧化型脉锡尾矿锡铁综合回收的新工艺与机理研究[D]．昆明：昆明理工大学，2014.
[48] Zhou Y, Tong X, Song S, et al. Beneficiation of cassiterite fines from a tin tailing slime by froth flotation[J]. Separation Science and Technology, 2014, 49(3):458-463.
[49] 孙爱辉，彭志兵．某摇床尾矿中细粒锡石的回收试验[J]．有色金属（选矿部分），2013(6):40-44.
[50] 姚建伟，袁经中，汪泰．云锡卡房铜硫浮选尾矿中细粒锡石的回收[J]．金属矿山，2015(7):159-163.
[51] 莫峰，何庆浪，兰希雄．都龙矿区细粒锡石浮选试验研究[J]．矿冶工程，2012，32(4):59-61.
[52] 农升勤，邓位鹏，姚贵明，等．低品位细粒锡石浮选试验研究[J]．有色金属（选矿部分），2014(3):37-40.
[53] 孙玉秀．云南某锡石-硫化矿选矿试验研究[D]．昆明：昆明理工大学，2009.
[54] 许大洪，郑文军，黄闰芝．某选矿厂尾矿微细粒级锡石回收利用试验研究[J]．大众科技，2012(1):121-123.
[55] Liu S. Beneficiation of a fine-sized cassiterite-bearing magnetite ore[J]. Minerals and Metallurgical Processing, 2011, 28(2):88.
[56] 江华．广西某选厂细泥锡石浮选试验[J]．现代矿业，2014，30(5):48-50.
[57] 梁瑞录，石大新．微细粒锡石载体浮选及其机理的研究[J]．有色金属，2008，42(3):23-31.
[58] 秦华伟，叶雪均，杨俊彦，等．分支载体浮选应用于锡细泥选别的试验研究[J]．矿山机械，2013，41(8):103-106.
[59] Majumder A, Barnwal J. Modeling of enhanced gravity concentrators-present status[J]. Mineral Processing and Extractive Metallurgy Review, 2006, 27(1):61-86.
[60] Cole J, Dunne R, Giblett A. Review of current enhanced gravity separation technologies and applications[J]. Separation Technologies for Minerals, Coal and Earth Resources, 2012: 163.

[61] Abols J, Grady P. Maximizing Gravity Recovery through the application of multiple gravity Devices[J]. Vancouver, Gekko Systems, 2006.

[62] 温雪峰, 潘彦军, 何亚群, 等. Falcon 选矿机的分选机理及其应用[J]. 中国矿业大学学报, 2006, 35(3):341-346.

[63] Kroll-Rabotin J S, Bourgeois F, Climent E. Physical analysis and modeling of the Falcon concentrator for beneficiation of ultrafine particles[J]. International Journal of Mineral Processing, 2013, 121: 39-50.

[64] Falcon C, 2014. http: //www. bihec. com/sepro-mineral-systems-corp-falcon.

[65] 简胜, 付丹, 梁溢强. 高效离心机 FALCON 在云南某多金属矿尾矿中锡回收的应用[J]. 云南冶金, 2011, 40(4): 25-28.

[66] 刘汉钊, 石仑雷. 尼尔森选矿机及其在我国应用的前景[J]. 国外金属矿选矿, 2008, 7: 8-11.

[67] 魏明安, 林森. 凯尔西 (Kelsey) 离心跳汰机的应用[J]. 国外金属矿选矿, 2006, 43(1):13-15.

[68] 杨波, 肖日鹏, 刘杰, 等. 悬振锥面选矿机回收细粒锡石试验研究[J]. 矿冶, 2014, 23(2):73-76.

[69] 杨波, 肖日鹏, 贺涛. 细粒锡石重选难免离子影响初探[J]. 矿产综合利用, 2015(2):71-73.

[70] 李勇, 顾澄, 刘伟云, 等. 旋转螺旋溜槽在细粒难选矿石及尾矿再选中的应用[J]. 有色金属(选矿部分), 2011(10):136-138.

[71] 孙翊洲, 黄闰芝, 王万忠, 等. 振动旋转圆盘选矿机回收细泥锡石的试验研究[J]. 有色金属(选矿部分), 2015(2): 88-90.

[72] 吕晋芳, 童雄, 周永诚. 微细粒锡石浮选药剂研究概况[J]. 湿法冶金, 2010, 29(2):71-74.

[73] 朱建光, 朱一民. 用浮选药剂的同分异构原理寻找浮选锡石和黑钨矿捕收剂[J]. 矿产综合利用, 2012(2):10-13.

[74] 李宏建, 李新冬. 国内外锡选矿进展[J]. 中国矿山工程, 2006:10.

[75] 孟广寿. 全球智能化, 绿色化进程促进中国锡焊料产业大发展[J]. 世界有色金属, 2011(7):30-33.

第12章　钼矿石选矿

钼是重要的稀有金属和战略金属资源，在工业生产中应用广泛。几十年来，广大选矿工作者对钼矿选矿开展了大量的研究工作，使钼矿选矿技术取得长足进步和发展。近十年来，新的高效分选设备、浮选药剂及分选工艺的成功应用使钼矿选矿工艺指标取得较大进展。本章介绍了近十年来钼矿资源的分布及储量变化、钼的生产和消费状况以及钼矿选矿所涉及的基础理论研究、工艺流程、选矿设备和选矿药剂等方面的研究现状及进展，以及钼矿选矿在过程控制、尾矿及废水处理、资源综合利用等方面的研究进展，并给出了建议和对策。

12.1　钼资源概况

12.1.1　资源

世界钼资源储量丰富，根据美国地质调查局2014年发布数据，全球钼资源储量约为1100万吨，基础储量约为1940万吨。其中，中国、美国和智利的储量占世界总储量的85%[1,2]，详见表12-1。

表12-1　世界及主要国家的钼储量　　（万吨）

名　称	中　国	美　国	智　利	秘　鲁	俄罗斯	加拿大	其　他	全　球
储　量	430	270	230	45	25	22	78	1100
基础储量	840	540	250	23	36	91	137	1940

我国是世界上钼矿资源最为丰富的国家之一，根据国土资源部发布的数据，截至2013年，我国钼资源探明总量为2414万吨。根据我国2002～2012年《全国矿产资源储量通报》，钼查明资源量从2002年的985.92万吨到2012年的2131.91万吨，增量达1145.99万吨，平均每年新增查明钼资源量114.6万吨，相当于平均每年新发现2个超大型钼矿床或11个大型钼矿床，见表12-2[3,4]。

表12-2　我国钼矿2002～2012年矿区数和储量变化统计

年　份	矿区数/个	基础储量/万吨	储量/万吨	资源量/万吨	查明资源储量/万吨
2002	238	330.17	183.98	655.75	985.92
2003	242	345.48	177.19	653.42	998.91
2004	252	263.14	162.32	612.51	875.65
2005	268	363.42	179.39	712.49	1075.91
2006	315	381.01	178.17	713.2	1094.21
2007	359	431.68	213.72	704.32	1136
2008	411	435.53	146.7	796.7	1232.23
2009	454	444.8	145.2	811	1255.8
2010	490	462.98	149.76	938.77	1401.75
2011	583	586.12	197.95	1349.75	1935.87
2012	629	651.37	233.6	1480.54	2131.91

我国钼矿资源丰富，分布相对集中，且以大中型为主，就分布区域来看，中南地区储量居全国首位，占全国钼资源总储量的35.7%，其次是东北19.5%、西北14.9%、华东13.9%、华北12%、西南4%。钼资源就各省分布情况来看，前三位的是河南（占全国总储量的29.9%）、陕西（13.6%）、吉林（13%），这三省钼资源总储量占全国总储量的56.5%，此外，山东（6.7%）、河北（6.6%）、江西（4%）、辽宁（3.7%）、内蒙古（3.6%）五省钼资源储量也相对较多，而以上8个省合计储量占全国钼矿总保有储量的81.1%。

我国钼资源储量现居世界第一位，钼矿是我国6个优势有色金属矿之一。我国钼资源与世界主要钼资源国美国和智利相比，多以原生矿为主，且品位偏低。我国栾川钼矿，钼金属储量为 206 万吨，品位为 0.098%；美国 Henderson 钼矿，矿石储量为 4.06 亿吨，原矿品位为 0.142%。

12.1.2 产量

世界主要钼产量集中在中国、美国和智利。据《世界金属统计》报道，世界钼产量见表 12-3[1,5~7]。

表 12-3　世界钼矿产量　（千吨）

年 份	2005	2006	2007	2008	2009	2010	2011	2012	2013
亚美尼亚	2.7	4.1	4.3	4.5	4.4	4.0	4.7	5.4	5.9
保加利亚	0.2	0.4	0.4	0.4	0.4	0.4	0.4	0.4	0.4
俄罗斯	4.8	4.8	4.8	4.8	4.8	4.2	4.8	4.8	4.8
欧洲小计	7.7	9.3	9.5	9.7	9.6	8.6	9.9	10.6	11.1
中 国	39.8	43.9	67.7	81.3	93.5	80.0	86.895	83.127	80.129
伊 朗	1.8	1.8	1.8	2.9	3.0	3.2	3.5	3.0	3.0
哈萨克斯坦	0.2	0.2	0.6	0.6	0.6	0.5	0.5	0.5	0.5
蒙 古	1.6	1.4	2.0	1.9	2.4	2.2	1.8	1.9	1.8
缅 甸	0	0	0	0	0	0	0	0.4	0.2
朝 鲜	0	0	0	0	0	0	0	0	0.3
越 南	0	0	0	0	0	0	0	0.5	0.7
亚洲小计	43.4	47.3	72.1	86.7	99.5	85.9	92.695	89.427	86.629
加拿大	7.7	7.0	6.8	8.2	9.2	7.6	7.7	8.8	8.0
智 利	43.0	43.3	44.8	33.7	34.9	37.2	40.994	35.1	38.7
墨西哥	2.5	2.5	6.5	7.8	9.9	10.8	10.6	11.4	12.6
秘 鲁	17.3	17.2	16.8	16.7	12.3	17.0	19.141	16.8	18.1
美 国	56.0	59.3	57.2	55.8	48.5	47.0	54.5	61.5	60.8
美洲小计	126.5	129.3	132.1	122.2	114.8	119.6	132.935	133.6	138.2
全球总计	177.6	185.9	213.7	218.6	223.9	214.1	235.53	233.627	235.929

按表 12-3 统计，中国、美国、智利、秘鲁、加拿大和墨西哥是主要的钼矿生产国，历年的钼精矿总产量占比均在 90% 以上。

我国钼精矿产量从 20 世纪开始快速增长，自 2007 年起，产量超越美国，成为全球最大的钼生产国，据《智研数据研究中心》统计，我国近十年来每年实际钼精矿折合量（折纯钼 45%）产量见表 12-4。

表 12-4　2005 ~ 2014 年我国钼精矿折合量（折纯钼 45%）产量统计

年 份	2005	2006	2007	2008	2009	2010	2011	2012	2013	2014
钼精矿折合量/万吨	6.57	9.76	14.74	18.06	21.56	21.65	23.69	27.70	27.66	29.22
同比增长/%	—	48.72	50.99	22.48	19.38	0.44	9.40	16.93	-0.14	4.63

我国钼精矿产量主要集中在河南、陕西和内蒙古。据安泰科对 2014 年钼精矿产量统计，70% 产量集中在上述三省区，见表 12-5[7]。

表 12-5　2012 ~ 2014 年我国钼精矿分地区产量　（t）

年 份	陕 西	河 南	内蒙古	河 北	黑龙江	其 他	全国总计	全国金属量	同比增长率/%
2012	41410	67083	16431	9340	2960	47503	184727	83127	-4.3
2013	41760	60593	19601	7650	1910	46551	178065	80129	-3.6
2014	40450	64364	30189	6000	8620	44424	194047	87321	9.0

12.1.3 钼供需状况

钼的用途决定钼的产业结构，世界钼约 80% 应用于钢铁行业，只有 20% 用于化工行业和钼金属行业[8]。由于 2008 年 10 月爆发世界金融危机，使经济近年来处于低迷状态，钼需求疲软。

近年来世界各国钼供给与消费状况见表 12-6[9~12]。

表 12-6　钼供需状况　（万吨）

年　份	2005	2006	2007	2008	2009	2010	2011	2012	2013
供　给	17.63	18.50	19.93	21.50	20.30	21.20	24.30	24.0	24.27
消　费	17.60	18.65	20.02	21.30	19.80	21.30	24.40	23.60	23.31
平　衡	0.03	-0.15	-0.29	0.20	0.50	-0.10	-0.10	0.40	-0.04

1950 年我国钼精矿产量为 683t，主要产自辽宁省，占 99.1%；1959 年突破 10000t，达到 10064t，到 1985 年一直维持在 10000~20000t[13]。改革开放以后，特别是 20 世纪 90 年代中期，我国钼业的采、选、冶和加工工业得到了快速发展。近几年我国钼精矿产量迅速增长，尤其是 2007 年后，我国钼产量超过美国，成为全球第一钼生产国，同时我国对钼的需求也越来越旺盛，但仍供大于求。表 12-7 是我国 2010~2014 年的钼供需情况[7,14]。

表 12-7　我国 2010~2014 年的钼供需情况　（t）

年　份	2010	2011	2012	2013	2014
产　量	80000	86895	83127	80129	87321
进口量	17000	9496	6406	8746	8900
出口量	19500	17104	13364	9651	14800
消费量	60000	69927	72000	74000	75000
供需平衡	17500	9360	4169	5224	6421

12.1.4　钼价

在全球钼市场中，价格是市场运作的晴雨表，价格一方面反映价值规律和供需关系，另一方面反映市场参与者的心理状态[2]。其中供求关系是决定性因素，同时政府的政策和其他不可确定的因素在该过程中同样起到助推器作用。2001~2014 年国际市场钼精矿价格走势如图 12-1 所示[7,8]。

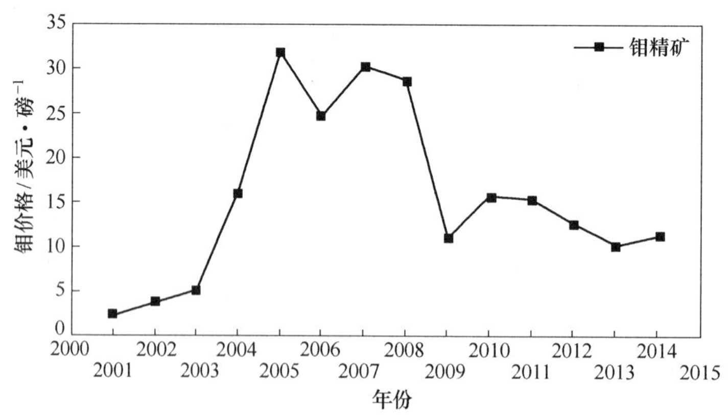

图 12-1　2001~2014 年国际市场钼精矿价格变化走势

自 2001 年以来，钼行业共经历了两轮波动周期，其中 2001~2005 年属于上升期；2006~2008 年为高位震荡调整期；2009 年至今全球钼市场属于恢复增长期。2005 年国际钼价出现第一次价格高峰，主要是因为我国政府因安全环保、事故等原因，于 2004~2005 年对葫芦岛及青田地区钼矿进行停产整顿，从而使我国钼精矿产量大幅度降低；2007 年我国对钼产品出口征收关税和配额管理，有效控制了钼产品出口，使国际市场钼的供应紧张，国际钼价格出现近年来的第二次高峰[15]；由于世界经济危机，2009 年国际市场氧化钼价格大幅度下降，此后至今国际钼市场价格一直处于恢复调整期。

我国钼精矿价格随世界市场的变化而变化，同时受本国供需和经济形势影响也会有细微差别，图 12-2 是我国近十年来的钼精矿价格[8,16]。

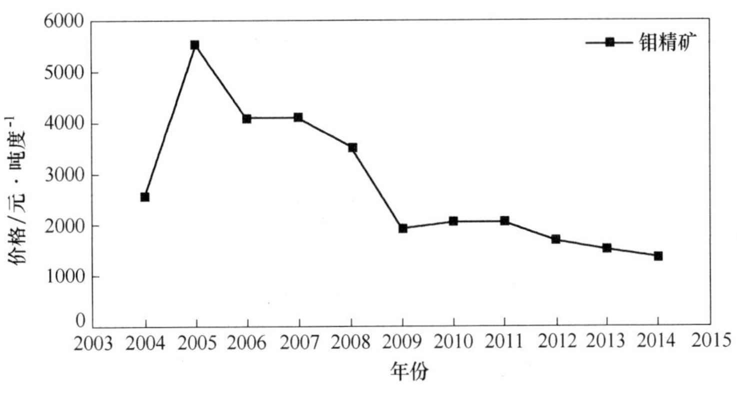

图 12-2　2004～2014 年我国市场钼精矿价格变化走势

12.1.5　我国钼进出口状况

我国是钼资源和钼产量大国，每年都有大量的钼产品进出口贸易。根据中国海关总署统计，2007～2013 年我国钼产品进出口情况见表 12-8[17～19]。

表 12-8　近年来我国钼产品进出口状况　(t)

年　份	2007①	2008①	2009①	2010①	2011①	2012①	2013②
中国钼进口量	7954	3352	35307	17202	9496	6406	15529
已焙烧钼矿砂及其精矿	1769	517	27101	13686	8097	4896	9886
其他钼矿砂及其精矿	5611	2066	7415	2992	619	811	5064
钼的氧化物及氢氧化物	21	42	81	13	194	95	23
钼酸铵	6	7	62	11	23	76	126
其他钼酸盐	29	13	99	10	5	6	7
钼　铁	311	467	317	168	169	141	91
钼　粉	42	55	38	86	95	137	69
未锻轧钼，包括简单烧结成的条、杆	5	12	37	21	25	27	10
钼条、杆、型材及异型材，板、片、带、箔	27	31	46	80	141	108	153
钼　丝	48	53	32	57	37	37	36
钼废碎料	8	6	9	0	0	0	0
其他钼制品	79	84	68	79	89	85	63
中国钼出口量	33929	24573	8304	19523	17104	13364	14301
已焙烧钼矿砂及其精矿	13162	12049	4466	11824	8716	5899	5067
其他钼矿砂及其精矿	167	419	229	1028	1075	231	1482
钼的氧化物及氢氧化物	1445	134	59	117	379	524	955
钼酸铵	817	667	898	1013	958	974	1825
其他钼酸盐	515	244	159	143	217	267	511
钼　铁	13314	3669	412	566	299	136	41
钼　粉	495	559	262	766	707	928	816
未锻轧钼，包括简单烧结成的条、杆	105	62	3	5	1	11	126
钼条、杆、型材及异型材，板、片、带、箔	3388	6131	1182	2975	3282	3497	2685
钼　丝	368	387	305	458	466	458	415
钼废碎料	59	7	0	0	4	0	3
其他钼制品	94	246	330	628	1000	437	374

① 钼金属量；
② 钼产品实物量。

从表 12-8 中可以看出，自 2009 年以来，2013 年首次出现了进口量的增长。主要是因为国外钼产品的成本较国内原生矿成本低很多，因此售价亦较低，致使国内加工企业增加进口产品以降低其生产成本，而求得生存；对于出口来说，2013 年我国钼的出口量继 2010 年之后进一步大幅下跌，主要原因是国内以原生钼矿为主，其生产成本较高，无法与国外副产钼相抗衡，从而使钼的出口量进一步减少。

2006～2013 年我国钼产品出口结构见表 12-9[8,20,21]。

表 12-9　2006～2013 年我国钼产品出口结构　（%）

年　份	2006	2007	2008	2009	2010	2011	2012	2013
氧化钼、钼铁	86.32	82.85	73.42	68.28	71.14	61.41	56.32	35.72
钼化工产品	4.78	9	5.25	16.03	4.78	10.43	16.75	23.02
钼金属制品	8.35	8.14	19.04	15.69	14.84	19.86	25.10	30.90
钼精矿	—	—	—	—	6.70	8.30	1.83	10.36

从表 12-9 中可以看出，近年来我国钼产品出口结构进一步向钼化工产品和钼金属制品转移，2013 年出口结构中氧化钼、钼铁所占份额大幅下跌，钼化工产品和钼金属制品所占份额增加，钼精矿所占的份额在增加。可见，我国氧化钼、钼铁用于国内消费的多，尤其是钼铁主要用于国内消费，出口很少，而钼化工产品和金属产品出口较多，国内消费较少。

但国内出口的钼金属产品只是初级深加工产品，钼金属产品的加工深度应进一步延伸生产出具有独立知识产权的钼深加工产品，进而向钼的高精尖领域迈进，将我国钼的资源优势、生产优势转化为经济优势，打造“中国的普兰西”，在世界钼业具有话语权。

12.2　钼矿选矿理论及基础研究进展

中南大学王晖等人[22]通过辉钼矿浮选体系中矿物与水、捕收剂与水、矿物与气泡、矿物与捕收剂之间等一系列界面相互作用自由能的计算，对各界面之间的范德华力、疏水引力、水化斥力等界面热力学行为进行了研究。研究结果表明：各矿物表面与水之间均存在范德华引力和疏水引力，其中辉钼矿与水之间的疏水引力低于脉石矿物与水之间的疏水引力；捕收剂与水分子之间的疏水引力是导致捕收剂在水溶液中分散的主要作用力；辉钼矿与气泡之间的强疏水引力是辉钼矿具备天然可浮性的根本原因；水介质中辉钼矿与捕收剂之间的范德华力为引力，但范德华力不是辉钼矿与捕收剂之间的主要作用力，起捕收作用的主要因素是由 Lewis acid-base（AB）相互作用造成的疏水引力。

曾锦明[23]为了更好地了解辉铜矿、辉钼矿及与药剂作用的原理，通过量子化学理论下的第一性原理，利用 Materials Studio 5.5 软件对辉铜矿与辉钼矿的电子结构进行了研究。研究结果表明，辉铜矿与辉钼矿的电子结构性质（能带结构、态密度、Mulliken 布居值、电荷密度等）的差异直接影响其与药剂的作用。从矿物与药剂的前线轨道能量、矿物的表面能、矿物与药剂的吸附能等分析了矿物与药剂的作用强弱，结果表明，巯基乙酸与辉铜矿作用最强，而与辉钼矿作用最弱，说明铜钼分离中用巯基乙酸作为抑制剂具有很好的可行性。

张丽荣[24]对辉钼矿进行了电位调控浮选分离研究，考察了电位对辉钼矿浮选的影响，对辉钼矿进行了系统的电位调控浮选试验，并且对辉钼矿电位调控浮选的机理进行了研究。通过 Na_2S 和 MoS_2 在水系中的 E-pH 图可知，物质表面的产物在不同的 pH 值下，产物类型受电位的控制。Na_2S 和 MoS_2 的 E-pH 图表明，pH 值为 11 左右，电位在 0.22～0.3V 时，浮选溶液中二者的活性组分均为 S^0。用 MoS_2 矿物电极进行系统的电化学测试、分析和研究。循环伏安研究结果表明，在有无捕收剂体系中，在不同的 pH 值和扫描电位下，表面氧化产物各不相同。在电位为 0.2V 时，MoS_2 的活性组分为 $H_2MoO_4^{2-}$ 和 S^0。S^0 为各分选过程中的主要活性组分，元素硫的存在使矿物疏水，是 MoS_2 实现电位调控浮选的主要因素。

J. S. Laskowsid [25]为了提高细粒级难选辉钼矿的可浮性，采用选择性絮凝剂使细粒辉钼矿团聚成大粒辉钼矿，从而提高了辉钼矿的可浮性与回收率，并提高了钼精矿过滤性能，减少了钼精矿的水分，节约了烘干能耗与费用。

12.3 钼矿选矿工艺技术进展

12.3.1 破碎筛分与磨矿分级

SABC 碎磨工艺流程是指半自磨 + 球磨 + 破碎工艺。通常是指矿石直接进入半自磨机进行自磨，半自磨机的产品给入振动筛，筛下的合格粒级给入后续球磨分级系统，最终得到合格磨矿产品，而筛上大颗粒的“顽石”则经过破碎机破碎后返回半自磨作业[26]。其特点是引入细碎机以破碎难磨的砾石，消除难磨砾石在自磨机中的积累，可以改变自磨机中自然磨矿介质的粒度性质，有利于为后续作业提供合适粒度的物料。

乌努格吐山铜钼矿（简称乌山铜钼矿）位于内蒙古新巴尔右旗，属于低品位大型铜钼有色金属矿山，是一座大型斑岩铜钼矿，资源储量巨大，铜金属储量为 300 万吨，钼金属储量可达 60 万吨。原矿品位较低，铜品位仅 0.3%，钼品位仅 0.03%。乌山铜钼矿选矿厂设计规模为 7.5 万吨/天，分两期建设：一期为 3.5 万吨/天，二期为 4 万吨/天。选矿厂碎磨系统采用 SABC 碎磨工艺，碎磨设备采用国产 ϕ8.8m × 4.8m 半自磨机、ϕ6.2m ×9.5m 溢流型球磨机等国产大型选矿设备。

乌山铜钼矿 SABC 碎磨工艺具有流程短、先进可靠、大大降低占地面积、减少粉尘污染、降低维修强度等优点，其稳定运行为国内其他矿山碎磨工艺流程建设提供了借鉴[27]，如黑龙江伊春鹿鸣钼矿、西藏甲玛矿二期等。为防止系统破碎顽石的圆锥破碎机过铁，造成设备损坏，乌山铜钼矿选矿厂采用 MA-2211 型除铁装置。该除铁装置安装在系统的关键位置，可以第一时间除去系统中的碎钢球，保证系统的正常运行。

12.3.2 选别工艺技术流程

随着辉钼矿资源开发的深入，易选矿床逐渐减少，矿石逐渐贫化，钼品位越来越低，因此，当前选矿不仅需要新型高效药剂的研发，更需要对选矿流程和工艺的整体优化，以达到钼资源的充分利用。

12.3.2.1　铜钼分选

当铜钼矿原矿含钼品位较高时，一般采用部分混合浮选工艺。该工艺先采用钼矿捕收剂浮选部分易浮的钼，得到部分钼精矿，接着用硫化矿捕收剂进行铜钼混合浮选，得到铜钼混合精矿，最后对铜钼精矿进行铜钼分离。采用该工艺方案可以有效降低铜钼分离的难度。

对于低品位斑岩铜钼硫矿石[28]，一般先用硫化矿捕收剂浮选铜钼，接着再进行铜钼分离，很少采用优先浮选工艺和中矿再磨工艺。混合浮选时尽量完全把铜浮选起来，并且钼也被浮选入铜精矿中。当钼在铜钼矿中含量太低时，无法通过浮选方法对铜钼矿实现分离，或者可以实现分离但成本太高，选矿厂一般只生产铜钼混合精矿。混合浮选再分离工艺的优点是：磨矿成本低、中矿循环量少、过程容易操作和控制，并且现场易于实施。因此该工艺能有效降低铜钼矿浮选工艺成本。但是由于在混合浮选时混合精矿含有过剩的药剂，导致混合精矿分离困难，因此该工艺在铜钼分离时通常先进行脱药处理，以改善分离效果。

A. V. Zimin 等人[29]针对铜钼矿推出了一种新的浮选方法。该法包括：先选铜钼混合粗精矿，在铜钼分离之前将它们脱药、漂洗、浓缩、分级，而后将粗精矿再磨再选，脱药用表面活性剂和抑制剂效果良好。

M. Poorkan 等人[30]研究了伊朗 Sarcheshmeth 铜钼选矿厂（生产规模为 41000t/d）的铜钼分离。铜钼硫化矿物的分离用 NaHS 抑制黄铜矿、辉铜矿和黄铁矿，浮选辉钼矿。研究表明[31]，用 NaHS 抑制黄铜矿等铜的硫化矿物，首先要将黄铜矿表面上吸附的黄原酸盐解吸，使黄铜矿失去活性。传统的充气浮选，NaHS 抑制剂容易被氧化而失去效果，要将黄铜矿与辉钼矿顺利分离要消耗高达 17.7kg/t 的 NaHS 产生 HS^- 作为药剂。如此大量的 NaHS，其药剂费用约占全厂药剂总费用的 58%，为此研究人员用氮气代替传统的空气，由于氮气有效地阻止了 NaHS 的氧化，从而使 NaHS 的消耗量降至 14.2kg/t，最多降至 10kg/t，同时还使钼的回收率略有提高，钼精矿品位保持用空气时的水平。

2008 年重新启动的保加利亚 Ellatzite-MedAB 铜矿的钼浮选车间[32]，采用了密封式 Wemco 型惰性气体浮选机，浮选气体含 O_2 8%、N_2 92%。用 NaHS 抑制黄铜矿，用煤油浮选辉钼矿，得到了回收率为 80%、含钼 44% ~48% 的钼精矿，NaHS 耗量明显下降，用量降至 7kg/t。

邵福国等人[33]对河南某矿区片岩型铜钼矿石，采用钼铜异步混合浮选再分离—硫浮选工艺流程。在钼铜等可浮阶段，选用对钼矿物选择性强的捕收剂，可以尽可能地提高粗精矿中钼的品位和回收率；在铜钼分离作业，采用高效抑制剂，以减少硫化钠的用量；在硫浮选作业，根据矿石性质强化硫的浮选，提高硫回收率。获得钼精矿品位为 47.02%、钼回收率 87.91%，铜精矿品位 14.33%、铜回收率 82.61% 的较好指标。为开发利用该类型中低品位铜钼矿资源，提供了技术依据。

犹他大学的学者在铜钼分离时，采用巯基乙酸钠作为黄铜矿抑制剂，用柴油浮选辉钼矿，试验发现，用质量比为 1∶1 的巯基乙酸钠与活性炭合用，用量为 20 ~80g/t 时，不但黄铜矿被良好地抑制，辉钼矿浮选回收率也明显上升。一些学者认为用活性炭与柴油或煤油合用可形成活性炭-油-辉钼矿团聚，从而提高了钼的回收率。用活性炭时，大部分活性炭富集在钼精矿中，降低钼精矿品位 1% ~2%。

12.3.2.2　铅钼分选

西北有色金属研究院研究了含铅钼矿综合回收铅的新工艺。新工艺包括：钼铅混合浮选—磷诺克斯与活性炭分离钼铅—钼中矿浮选分离回收铅。新工艺可使钼、铅回收率分别达到 82%、65%，获得铅精矿品位为 62%。

许多选矿学者研究了大量赋存在鄂、黔等地的钼铅矿的选别。一种矿石含 Mo 1.58%、Pb 4.25%、Ba 25.61%、Fe_2O_3 23.65%、Re 0.0062%，矿石中钼、铅呈钼铅矿存在，钡呈重晶石存在，Fe_2O_3 呈褐铁矿存在。脉石主要为石英，矿石的最大特点是钼铅矿呈细粒蜂窝状赋存，与重晶石、褐铁矿等致密共生。钼、铅、钡和铁在 -0.038mm 粒级中均占 1/3 左右，浸染粒度极细。Y. S. Zhang 等人[34]研究了用单一重选、强磁选和浮选工艺选别这种难选的钼铅矿，结果表明，将矿石磨至 -0.074mm 占 92%，采用一次粗选、二次精选和一次扫选的浮选工艺，以硫化钠为活化剂（用量为 2.1kg/t），碳酸钠（1.7kg/t）、硅酸钠（1.5kg/t）和硫酸铝（800g/t）为调整剂，黄药（360g/t）为捕收剂，松油醇（80g/t）为起泡剂，经浮选后得出含钼 7.06% 的钼精矿，钼回收率为 62.63%，产率为 15.14%。

陈建华等人[35]研究了一种含 Mo 0.92%、Pb 3.9%、Fe_2O_3 29% 的泥化严重的高铁钼铅矿石选矿。以硫化钠（10kg/t）为硫化剂，硫酸铜（67g/t）为活化剂，氢氧化钠（pH 值为 9 ~ 10）、六偏磷酸钠（100g/t）为调整剂，异戊基磺酸钠（330g/t）和煤油（100g/t）为捕收剂，松油醇（60g/t）为起泡剂，磨矿细度 -0.074mm 占 78%，经一次粗选、一次扫浮选后，浮选精矿品位钼为 5.8%，钼回收率为 76%。试验表明，所加的几种药剂缺一不可，在乙基黄原酸钾、丁基黄原酸钾、异戊基黄原酸钾、黄原酸酯、二硫代磷酸盐（黑药）、乙硫氮等六种捕收剂中，以异戊基黄原酸钾捕收性能最佳。如果将矿浆温度从 30℃ 提高到 50℃，钼精矿品位可提高到 8.87%，回收率为 79%。

王安理等人[9]研制出一种含 Mo 0.13%、Pb 0.02% ~0.03% 和 Au 0.4g/t 的钼矿选矿新方法。将矿石磨至 -0.074mm 占 55% ~60%，用少量黄药与煤油粗选得含 Mo 4% ~6%、Au 2.0g/t 的钼金铅粗精矿，经立式球磨机再磨（与水力旋流器闭路作业）至 -0.04mm 占 60% ~70% 后，用炭浆法回收金。氰化尾矿进行 8 ~12 次钼精选，精选作业用 P-Nokes 抑制方铅矿，得到含钼 45% ~47% 的钼精矿，钼回收率约 85%，金回收率 75%。由于经过氰化处理后再精选辉钼矿，铜硫化矿、锌硫化矿和黄铁矿被“彻底”抑制，钼精矿含铜、铁等很低，也不用巯基乙酸钠抑制铜矿物。从钼精选尾矿中用黄药选铅，得到含铅 30% 左右的铅中间产品送往冶炼厂炼铅，如含钼较高时，也可以钼中间产品出售。

吴贤等人[36]在钼铅分离时用诺克斯与活性炭合用，较单独使用诺克斯抑制方铅矿，用煤油浮选辉钼矿，其品位和回收率均有所提高。

12.3.2.3　镍钼分选

中南大学王明宇[37]研究了一种由低品位镍钼矿提取钼的新技术。其主要工艺流程为焙烧镍钼矿，再对焙烧产物进行碳酸钠和氢氧化钠联合碱浸，然后离子交换富集钼，获得含钼溶液。再进行除钒等净化作业，并结晶获得符合质量标准的钼酸铵。该工艺的钼回收率可达 89.06%。

P. J. Marcantomio 推出一种钼镍硫化物处理法[9]，将物料以 10% ~15% 的浓度，在 200℃、2.5MPa 下充氧氧化后，氨浸，硫化钼转化为 $(NH_4)_2MoO_4$，硫化镍转化为 $Ni(NH_3)_6SO_4$。用 LIX-84-1 萃取镍，镍负

载在有机相，用 H_2SO_4 反萃制取硫酸镍，水相钼回收为低浓度钼酸铵。用 N235 萃钼，氨反萃得高浓度钼酸铵，纯化、酸沉、结晶得钼酸铵产品。这是又一条从钼镍矿回收钼的技术路线。该工艺也无焙烧作业，对环境不产生危害。

12.3.2.4　钨钼分选

管则皋等人[38]对我国南方一种含 WO_3 0.23%、Mo 0.018% 的细脉型黑白钨钼矿石进行了研究，采用重选回收粗粒级黑钨矿与白钨矿，重选尾矿与细粒级合并的矿浆浮选辉钼矿。用煤油作捕收剂，松油作起泡剂，得粗精矿含钼 2.31%，钼回收率 50.54%。钼浮选尾矿用硝酸铅活化白钨矿，用 GYB 与 GYR 混合捕收剂浮选白钨矿，粗选为常温，精选为升温，综合白钨矿精矿含 WO_3 57.53%，钨回收率为 80.59%。

12.3.2.5　铋钼分选

对低品位的钨钼铋矿石，采用钼铋混选再分离的工艺流程，钼铋混合粗选获得混合粗精矿后，再进行钼铋-硫分离及钼-铋分离[39]。柿竹园多金属矿中的钼主要以辉钼矿形式存在，与辉铋矿可浮性接近，因此采用等可浮流程优先浮选可浮性较好的钼铋，防止重压重拉。首先添加少量的非极性油和起泡剂进行钼铋等可浮，再用 SN-9 号捕收剂或丁黄药进行铋硫混选，用选择性调整剂硫化钠和活性炭浮选分离钼铋混合精矿，用石灰和充气氧化法浮选分离铋硫混合精矿分别得到钼精矿和铋精矿。钼、铋原矿品位为 0.069%、0.163%，获得钼精矿和铋精矿品位分别为 48.26%、38.93%，回收率分别为 86.02%、72.96%。与原生产方法（钼铋混合浮选）相比，钼、铋精矿回收率分别提高 2.85%、12.64%。

12.3.2.6　其他

陈家栋等人[40]针对四川会理县洛东铜业有限公司新选矿厂钼精矿中黄铁矿和滑石含量高、辉钼矿嵌布粒度细的特点，采用磨矿细度 −45μm 占 95%，Z200 作捕收剂，石灰抑制黄铁矿，六偏磷酸钠抑制脉石矿物的浮选试验方案，经一次粗选、一次扫选、四次精选作业，获得了钼精矿钼品位 45%，回收率 80% 以上的较好技术指标。

Martin C. Kuh 等人研制出一种滑石型铜钼矿浮选新工艺。矿石磨至 −0.15mm 占 80%，用戊基黄原酸钾、柴油、起泡剂 Aerofloat-238 和 AF-65 粗选得低品位铜钼混合粗精矿，粗精矿含 Cu 25.99%、Mo 0.49%、酸不溶物（主要为滑石）7.24%。经再磨后进行 3 次铜精选，用 CMC（羧甲基纤维素）抑制辉钼矿、浮选铜硫化矿，得到铜精矿，辉钼矿留在尾矿中。将尾矿加温活化，在 85℃ 下处理 30min，而后用柴油选钼，尾矿为滑石。得到的钼精矿于回转窑中在 230～260℃ 低温焙烧 30～60min，此时辉钼矿表面氧化，可浮性明显下降。在此条件浮选滑石（反浮选），钼精矿品位明显上升。最终钼精矿含钼 42%～45%（原矿含钼 0.013%），回收率为 55%。

12.3.3　选矿设备

选矿设备和选矿工艺的发展是同步的，任何高效的新型选矿设备都是伴随选矿厂生产要求而诞生的，同时亦会促进选矿厂工艺技术的发展。设备技术水平是实现选矿工艺的前提，既直接影响生产流程的畅通和效率，同时也影响产品的质量以及选矿厂综合经济效益[41]。因此，国内外非常重视选矿设备的开发和应用。

12.3.3.1　预选

X 射线辐射预选是近年来兴起的一种高效、环保、节能的新型分选技术，主要用于分选黑色、有色、贵稀金属矿石等。其主要分选原理是利用矿石受 X 射线照射后所激发出的特征 X 射线（二次 X 射线）的强度来进行矿石分选[42]。

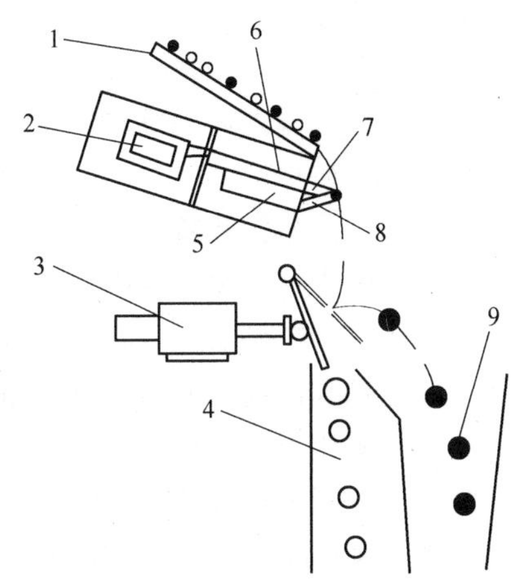

图 12-3　SRF3-150 型 X 射线辐射分选机工作原理

1—料盘；2—X 射线部分；3—电磁分离装置；4—贫矿；5—检测部件；6—准直仪；7—主辐射；8—辅助辐射；9—富矿

图 12-3 是 SRF3-150 型 X 射线辐射分选机的工作原理。矿石给入接收料槽，借助振动输送装置进入振动溜槽，在振动作用下，矿石沿溜槽分散形成矿石流，矿石流在溜槽中形成单块流，以保证矿石逐个从槽边缘下落到 X 射线组件测量区。在测

量区，每块矿石都受到 X 射线的第一次辐射（X-1），受 X 射线第一次辐射激发后，矿石表面会产生第二次辐射射线的激发（X-2），然后在检测组件上记录射线（X-2）形成光谱，该光谱由元素 X 射线辐射曲线和第一次辐射的散射曲线组成。分选机的测控系统对光谱进行分析，按照设定的参数得出分析结果，确定每块矿石中是否达到测定元素的分析值。当超过这个参数值时，操控系统形成控制信号，启动执行机构，依靠挡板的击打作用，使分选矿石偏离轨道，落入接收槽，最后进入矿石输送带（精矿）；小于这个参数值的贫矿石自然下落到另一个接收槽进入另一条输送带（尾矿）。

东北大学刘明宝[43]对辽宁地区低品位钼矿进行了 X 射线预分选试验。原矿品位为 0.064% 的钼矿分选试验结果表明，当分离阈值为 0.30 时，可获得原矿抛尾率为 63.70%、富集比 2.03、精矿回收率为 73.11%、精矿品位为 0.130% 的良好指标。

12.3.3.2　*磨矿*

大型立磨机（又称立式螺旋搅拌磨机或塔磨机）是一种高效率的超细磨设备，立磨机的这种立式结构能够提高研磨能效。立磨机的立式结构也有利于颗粒的内部微分级，减少过磨，因此，提高了效率[44]。当矿粒进入筒体上部，介质层的向下运动受循环流产生的上升速率影响，上升速率可以“洗去”细颗粒。从下部给料时，细颗粒在上升流中上升速率快，可不经研磨或少许研磨就排出磨机。

金钼集团在国内首次将立式螺旋搅拌磨机作为擦洗设备应用于钼精选，通过对钼精选泡沫的擦洗，可有效去除辉钼矿表面吸附的杂质及油药，有利于提高产品质量和回收率，减少精选次数，效果显著。立式螺旋搅拌磨机是理想的钼精选泡沫擦洗设备。其应用于钼精选段的泡沫擦洗，通过磨剥和擦洗清除掉矿物表面过多的油药，打开泡沫聚团，使辉钼矿与杂质有效分离，提高了钼精矿品位和回收率[45]。立式螺旋搅拌磨机在金堆城钼矿高品位钼精矿精选流程中的应用实践表明，浮选柱精选泡沫经立式螺旋搅拌磨矿机擦洗后可获得品位 57% 以上的高品质钼精矿，精选回收率和总回收率分别达到 98.37% 和 86.57%。

采用立磨技术对钼矿实施细磨，提高了钼矿物的单体解离度，既可提高钼精矿的品位，同时也能提高其回收率。由于立式螺旋搅拌细磨技术的上述突出优点，目前已在 100 多家钼选矿厂推广应用。

磨矿设备的大型化是伴随着矿山规模的不断扩大而发展的，大型化的设备既提高了单机的处理能力，还降低了生产成本，符合节能降耗的发展要求。磨矿设备在大型化发展的同时，自动控制技术也成为未来发展的重要方向，而搅拌磨技术在高效节能方面的优势必将推动其更快地取代原有细磨装备[46]。

12.3.3.3　*浮选*

浮选柱是 20 世纪 60 年代初由加拿大人 Pirre Boutin 和 Tremblay 发明并获得专利的。与传统浮选机相比[47]，浮选柱具有以下优点：对微细粒效果显著，泡沫层厚度、气泡大小、气泡数量等调控方便，浮选流程简单。一般钼精选阶段使用浮选机进行精选需要 8 ~ 12 次，而使用浮选柱只需 3 次左右，浮选柱中气泡与矿粒动态碰撞和气泡颗粒结合体静态分离的环境较好，有利于细粒或微细粒钼矿的选别；浮选柱易于实现自动控制，因此比较适合于钼矿的精选[48]。

当今，世界范围内再次掀起了浮选柱研究和应用的热潮，在全球的许多选钼厂和铜钼选矿厂采用浮选柱进行钼粗精矿精选[49]。

目前，全球许多钼和铜钼选矿厂采用浮选柱进行钼精选，如加拿大的海蒙特选钼厂、美国的谢丽达选钼厂、秘鲁的吉柯尼铜钼选矿厂和俄罗斯的艾里铜钼选矿厂。实践表明：与传统浮选机相比，精选系统采用浮选柱，钼精矿品位提高 2% ~3%，回收率提高 0.5% ~1.5%[50]。

由于浮选柱和浮选机的结构以及粗、细粒级矿物的浮游特性差异，通常情况下，浮选机选别粗粒级矿物的选别效果优于浮选柱，而浮选柱选别微细粒级矿物的选别效果则优于浮选机。鉴于这种分选差异性，栾川地区的钼矿石分选过程中，采用浮选机-浮选柱联合的形式组成粗、精选分选回路，同时采用浮选机组处理浮选柱粗选作业尾矿，形成浮选柱-浮选机联合作业。这样，物料在磨矿细度不高的情况下进入浮选，粗选浮选柱首先浮选出大部分高质量的细粒目的矿物以及解离度较好的一部分粗颗粒目的矿物，这部分矿物经再磨成为微细颗粒后进入精选浮选柱，精选柱发挥其对细粒矿物的高选别效果特性分选出高质量的精矿；同时，解离不好的粗粒级矿物进入扫选，被浮选机回收成为中矿返回，然后经再磨后重新进入粗选，实现抛尾，保证整个作业具有较高的分选回收率。从而获得高品位、高回收率的精矿，实现浮选柱-浮选机的分选优势互补。

金堆城钼矿是我国乃至世界上特大钼矿床之一，在多年来的选矿生产过程中，对钼矿选矿的技术研究一直没有停止过。2006 年为提高钼精矿质量的选矿试验研究，在矿石可浮性较好的情况下，利用“浮选柱＋浮选机联合流程”可全部生产出品位 57%、精选回收率达到 98% 以上的钼精矿。填补了国内外使用浮选法生产 57% 钼精矿的技术空白。

小庙岭选矿厂采用浮选柱-浮选机联合的工艺流程分选辉钼矿，粗选和精选选用浮选柱，扫选采用浮选机，生产实践表明，在原矿品位 0.117%、原矿含铜 0.0153% 的条件下，分选钼精矿品位达到 49.45%，精矿含铜 0.27%，尾矿品位降至 0.0099%，总体回收率达到 89.30%，分选指标优异[51]。

金钼股份百花岭选矿厂于 2011 年新建一条生产线，在磨矿产品细度为 −0.074mm 占 60% 的条件下，粗选采用“一次粗选、三次扫选，扫选 I 泡沫经再磨后返回粗选作业”选别流程，粗选采用两台 CCF 型 ϕ5m×10m 浮选柱并联，粗扫选采用 3 组 KYF-100m^3浮选机。CCF 型 ϕ5m×10m 浮选柱在新生产线上的应用，与老生产线的对比改善了工艺指标，达到精矿品位 57%、总实际回收率 87%、总理论回收率 87.2% 的设计指标，并实现了选矿自动化技术操作，工作可靠，指标稳定。

在生产指标方面，浮选柱的泡沫层可以保持比较深的厚度，甚至可达 700mm 以上，极大地增强了两次富集作用，这在普通的机械搅拌式浮选机中是比较困难的，通过浮选柱粗选，使矿浆中单体解离度高（细颗粒）的钼优先上浮，得到较高品位的粗精矿，减少精选作业的压力，同时也减少了尾矿中细粒级的含量，为浮选机扫选作业创造了良好的条件，因为浮选机对细粒级回收效果明显弱于浮选柱，对整个粗选过程是很有利的。

在陕西省洛南县九龙矿业公司选矿厂也应用了浮选柱[52]。磨矿产品经过浮选机粗选后，对粗精矿使用浮选柱进行精选及精扫选。使用的浮选柱规格分别为 3.6m×12m、1.2m×12m、1.1m×12m、1.0m×12m，其产品钼精矿的品位可提高至 48%，钼回收率为 78%，使用浮选柱比使用传统的浮选机大大简化了生产工艺流程。

近年来，微细粒浮选设备研究取得了长足的进步，旋流-静态微泡浮选柱分选技术等在微细粒矿物分选领域的推广和应用逐步扩大[53]。在全国各选煤厂的煤泥浮选中，浮选柱取得了成功的应用，在洁净煤和超低灰煤制备中也取得了重大突破；在金属矿分选领域尤其是辉钼矿上正得到广泛应用，在提高品位、提升产品档次和提高回收率方面显示出了明显优势。

吕发奎、刘炯天等人[54]研究将旋流-静态微泡浮选柱应用于辉钼矿的浮选。研究结果表明，采用旋流-静态微泡浮选柱分选工艺流程（简称柱式分选），精选段只需要 2～3 次就可以达到理想的精矿指标，甚至可以不需要扫选环节就可以达到满意的回收率，大大简化了流程，提高了钼矿分选的效率。目前采用柱式分选工艺已经进行了河南两个地方不同种类钼矿石的中试试验项目，均取得了满意的效果。

刘炯天、刘亮等人[55]将旋流-静态微泡浮选柱应用于某极难选辉钼矿的精选作业中，取得较好结果。该矿石氧化程度高且极易泥化，有用矿物嵌布粒度细，该厂长期以来生产指标都不理想，精矿品位只能达到 18% 左右，回收率也只能维持在 50% 左右，将旋流-静态微泡浮选柱应用于该矿石的精选作业后，精矿品位可以提高到 40% 左右。显示了旋流静态微泡浮选柱在处理细粒难选钼矿方面的优势，也为同类型矿石的处理提供了一种有效的途径。

吕鑫磊、李小兵等人[56]进行了辉钼矿精选尾矿柱式分选试验研究。通过条件试验及连选试验，可以获得品位为 38.59%、回收率 23.26% 的钼精矿。不仅简化了一次粗选、一次扫选、六次精选工艺流程，而且使钼精矿品位和回收率分别提高了 1.3% 和 4.72%。

新疆某铜矿选矿厂二期扩能工程采用旋流-静态微泡浮选柱进行铜钼混合粗选、铜钼混合精选、铜钼分离粗选、钼精选等作业，与浮选机扫选作业结合形成柱机联合浮选工艺系统，在原矿铜品位 0.65%、钼品位 0.046% 的情况下，经稳定运行获得了铜精矿品位 21.8%、铜回收率 91.37%、钼精矿品位 50.6%、钼回收率 55.68% 的浮选指标[57]。较一期浮选机工艺相比，柱机联合浮选工艺流程明显简化，铜钼分离效果得到了提高。

12.3.4　选矿药剂

12.3.4.1　捕收剂

徐秋生研究了用磁化烃油作浮选辉钼矿的捕收剂，结果表明，经过一定场强处理的各种型号柴油和煤油在辉钼矿表面上弥散有所改善，捕收剂用量明显减少，钼回收率有所提高。这是世界上首例用磁化柴油浮选辉钼矿的探索，并申请了发明专利[58]。

由北矿院研发的浮钼捕收剂 BK310 是一种在水中易弥散的液体[59]，低温下流动性较好，对辉钼矿的捕收能力比常用的钼捕收剂煤油或柴油强，比黑药类捕收剂选择性好。用 BK310 浮选河南某钼矿矿石，试验结果表明，采用一粗两扫和粗精矿两次精选，两段再磨后八次精选工艺流程，以混合油和 BK310 为捕收剂可获得含钼为 53.83%、回收率为 90.44% 的浮选指标。

A. V. Radushev 等人[60]研制一种新型铜钼矿石浮选捕收剂——羧酸酰肼（chydrazides of carboxylic acid），该酰肼含 $C_7 \sim C_8$。用这种新奇的捕收剂浮选铜钼矿石，不需要附加其他药剂，铜和钼回收率均有不同程度的提高，铜钼精矿品位保持原有水平。

CYTEC Co. 和 Chevron Phillips Chemical Co. 两大浮选药剂公司分别推出 $C_{13} \sim C_{16}$ 异构烷烃类和 ORFOM · MCO 非极性复合烃类捕收剂，用于辉钼矿效果极好，可提高钼回收率。这两种烃油的密度在 0.8 ~ 0.9g/cm^3。还推出一种水溶性有机物新型抑制剂 ORFOM · D8，其成分为羧甲基三硫代碳酸二钠盐，是辉钼矿浮选分离高效抑制剂，可替代氢硫化钠、诺克斯药剂、亚铁氰化物及氰化钠，或与上述物质结合使用。ORFOM · D8 的气味比氢硫化钠淡，且毒性远低于其他传统抑制剂，但其价格较贵。

西北有色地质研究院研制的辉钼矿捕收剂 DY-1，长沙矿冶研究院试验的 3C 捕收剂和郑州矿产综合利用研究所研制的 CMD 辉钼矿捕收剂，在浮选细粒级辉钼矿时较传统的辉钼矿捕收剂捕收性能强，粗选回收率提高 1 ~ 2.5 个百分点（粗精矿品位相同下）。其中，某些捕收剂提高钼回收率幅度较大。一些捕收剂可能是非极性捕收剂与黄药类捕收剂的混合型捕收剂。而 DY-1 据称为环保型油类捕收剂。

代号为 GM06 的药剂是一种新的钼捕收剂[61]，喻连香[62]用丁胺黑药、柴油、煤油和 GM06 浮选一钼矿石。对比发现，GM06 捕收剂的捕收活性和选择性最好，其次是煤油，第三是柴油，最差为丁胺黑药。当 GM06 粗选用量为 100g/t、扫选用量为 50g/t，2 号油为 100g/t，煤油粗选用量为 160g/t，扫选用量为 80g/t，2 号油为 100g/t 时，GM06 粗选回收率高于煤油的粗选回收率近 1%。粗精矿品位 GM06 为捕收剂时为 4.68%，煤油为捕收剂时仅为 4.11%。用 GM06 捕收剂时，精选回收率和钼精矿品位分别为 99% 和 45.91%。

TOML、Young 等人利用含 C14 ~ 18 的棉籽油，特别是长纤维棉的棉籽油作辉钼矿捕收剂，用 MIBC 作起泡剂浮选单一钼矿石，与以柴油作辉钼矿捕收剂比较，钼回收率提高 2% ~ 3%。合用黄原酸盐与滗析油（Decantoil）混合捕收剂浮选铜钼矿石，铜、钼回收率与品位均有所提高。

Hector Correa-Castillo 等人[63]研究智利一个铜钼选矿厂，原矿含铜 1.10%、钼 0.02%，用石灰作调整剂，除采用传统硫化铜矿物捕收剂外，采用氨捕收剂（50% 吖庚因、50% 聚丙基乙二醇）与柴油捕收剂浮选，铜精矿含铜 29.4%，铜回收率 87.5%，铜精矿中含钼 0.4%，钼回收率 70.0%，钼回收率有所提高。

王晖等人[64]研制出一种辉钼矿浮选新型捕收剂 CSU31。对内蒙古三处钼矿石、山西一处钼矿石、河南两处钼矿石和东北一处钼铜矿的试验表明，该捕收剂对这些地方的钼矿石捕收能力和选择性明显优于传统煤油、柴油等烃类捕收剂，如浮选一铜钼矿石，矿石磨至 -0.074mm 占 68%，分别用煤油、柴油、CSU31 作捕收剂，经粗选后获得的粗精矿钼品位相近，但粗选尾矿含钼分别为 0.0025%（煤油）、0.002%（柴油）、0.0013%（CSU31），原矿含钼 0.018%。钼回收率分别为 92.55%（CSU31）、88.89%（柴油）、86.63%（煤油）。其他几处钼矿试验结果类似。研究显示，CSU31 提高了钼矿石中钼粗选回收率，主要原因在于 -0.038mm 粒级钼回收率大幅提高，钼损失减少。

RJT 是一种氧化钼矿的捕收剂[65]，赵平等人[66]用 RJT 捕收剂浮选钼华和钼钙矿、用碳酸钠和低模数水玻璃抑制脉石，常温粗选，升温（85℃）精选，从含钼 0.34%、氧化率为 68.5% 的硫化钼氧化钼矿石中回收辉钼矿精矿和氧化钼精矿，其中硫化钼精矿品位为 46.41%，氧化钼精矿品位为 27.65%，钼总回收率 78%，高温浮选效果较好。

缑明亮等人[67]在煤油基础上改性，研制出了辉钼矿的新型捕收剂 TM-8。试验结果表明，TM-8 在对辉钼矿捕收方面表现出良好的性能，对含钼 0.12% 的原矿进行浮选，粗精矿品位 5.19%，回收率 99.26%，明显优于传统的煤油、柴油等。

张美鸽等人[68]研制出一种 YC 烃油辉钼矿浮选的捕收剂。与传统的煤油比较，YC 烃油当温度大于 180℃时，馏分占 98%，温度大于 220℃时，馏分占 80%；而煤油温度大于 180℃时，馏分占 95%，温度大于 220℃时，馏分占 1% ~5%。烃油碳链长、黏度为 6.0mm²/s，比煤油黏度 1.62mm²/s 大，捕收能力强。用烃油浮选安山玢岩、花岗斑岩型钼矿时，在钼精矿品位相近（煤油钼精矿品位为钼 52.05%、烃油钼精矿品位为钼 52.8%）时，钼总回收率提高 1.68%。处理破碎带的钼矿石和低贫钼矿石回收率提高幅度超过 10%。筛析结果表明，用烃油作辉钼矿捕收剂时，在捕收剂用量相近条件（YC 烃油用量为 165g/t）下，+0.192mm 粗粒级的回收率高出 17.32%，使用 YC 烃油捕收剂为钼矿粗磨粗选、粗精矿再磨精选提供了有力的理论支撑。

12.3.4.2　起泡剂

起泡剂也影响着辉钼矿的可浮性。特别是矿石中含有大量黏土矿物时，起泡剂的选择尤其显得重要。如含一定数量的高岭土、蒙脱土、伊利石、滑石、绿泥石和淤绿泥石的钼矿石或铜钼矿石，这些黏土矿物颗粒十分细小、比表面积大，其中高岭土的等电点 pH 值小于 3，这类矿物表面部位带负电荷，而棱面部位多为中性，容易团聚或絮凝，药剂消耗大，泡沫矿化不佳、泡沫干瘪，往往导致辉钼矿浮选的选择性下降，钼回收率低下。

国内选钼厂和铜钼选矿厂多采用松醇油。也有的选矿厂采用无捕收性能、起泡性能较好的白樟脑油和其他起泡剂。国外选钼厂和浮铜钼选矿厂多采用 MIBC（甲基异丁基甲醇）、DOW-250 起泡剂和 MIBC + 松醇油等。研究显示[69]，当钼矿石中含 10%（质量分数）以上黏土矿物时，采用一种新型起泡剂 HP-700。HP-700 起泡剂含改性胺三烷氧基丙基三恶烷。这种起泡剂可在广泛的 pH 值范围内使用。

A-200 起泡剂是山东安丘选矿药剂厂生产的一种醇类起泡剂，呈棕色油状液体，密度 0.53g/cm³，有效醇含量大于 70%，起泡能力强，发泡速度快，脆性好，比松醇油易分解，有利于环境保护[70]。用 A-200 浮选辉钼矿，在其他条件相同的情况下，A-200 用量 49g/t，粗选闭路结果比现场使用的起泡剂 61g/t 效果好，闭路指标对比表明精矿钼品位提高 1.68%。

BK-205 是一种以石油化工产品为原料经化学加工而成的油状液体，呈黄色到深棕色，微溶于水，可溶于酒精等有机溶剂，密度为 0.84 ~0.87g/cm³，起泡速度快，起泡能力强，捕收力弱，延迟性差，产品性能稳定，原料来源广，价格低，BK-205 毒性极低，比松醇油易分解。

在柿竹园浮选钼铋矿中[71]，用松醇油作起泡剂，泡黏，选择性差，容易引起泡沫夹带，致使精矿品位低，也给后续浮钨的选别带来问题。用 BK-205 作起泡剂无上述松醇油的缺点，明显提高钼铋浮选指标。使用 BK-205 后，钼回收率提高 1.53%，铋精矿回收率提高 0.79%，钨精矿回收率提高 0.72%。

JM-208 是一种专门用于选钼的新型起泡剂，它的最大特点是对烃油有乳化作用，可用于提高烃油在矿浆中的弥散能力，更有效地提高选钼技术指标。JM-208 于 2008 年 8 ~11 月在百花选矿厂进行工业试验，结果表明，在相同条件下，提高选钼回收率 1 个百分点，同时，有效解决了选钼精选段发黏问题，并减少了选钼捕收剂的用量。

12.3.4.3　抑制剂

郭灵敏等人[72]制备出的铜钼矿分离新型抑制剂 HXM，在德兴铜钼矿分离过程中与 Na_2S 抑制效果相当，获得钼精矿中钼品位为 48.86%、铜含量 1.64% 的合格钼精矿，与 Na_2S 工艺相比能有效降低 30% 的药剂成本。

新型抑制剂 BK510 在某低品位斑岩铜钼矿浮选中[73]，在低碱度（pH 值为 8 ~9）下能够取得较好的铜钼分离指标，是铜钼分离抑铜浮钼的低耗、高效抑制剂。有研究者[74]研究出一种无氰的高效铜钼分离铜抑制剂 T17，在使用其进行铜钼矿浮选时能较好地实现低品位铜钼的有效分离，取得良好的选别指标。有研究报道[75]，采用有机抑制剂假乙内酰硫脲酸（PGA）作为铜钼分离抑制剂，其在较小的用量下对黄铜矿有较强的抑制作用。

采用组合抑制剂 YF851 和 YF212 进行对铜钼矿分离分段抑制[76]，获得了较好试验指标：钼精矿品位为 49.91%，钼回收率为 84.45%；铜精矿品位为 32.90%，铜回收率为 99.98%。由几种有机和无机药剂复合而成的组合抑制剂 WL 在西藏某矽卡岩型铜钼矿分离过程中可得到钼精矿含钼 52.68%、回收率 89.31%，铜精矿品位 19.69%、回收率 92.50% 的指标[77]，使铜钼达到了较好的分离。

董燧珍[78]对某滑石型钼矿采用选择性较好的 FT 药剂优先浮选滑石等易浮脉石矿物，再进行选钼，钼粗精矿经过再磨及 8 次精选，获得钼精矿品位 45.54%、回收率 82.29% 的指标。

S. Kelebek 等人[79]采用木质素磺酸钠和起泡剂甲基异丁基醇，在 pH 值为 7.2 条件下分离滑石与辉钼矿，由于木质素磺酸钠在辉钼矿与滑石表面上的吸附差极大，从而可将其有效地分离。

Richard O. Huch[80]采用水溶性弱酸碱性盐与水溶性强酸性盐抑制剂，如水玻璃与硫酸锌，良好地分离了辉钼矿与滑石。另一种方案用硫酸锌与苛性钠，再加铁氰化钠在 pH 值为 8.2 条件下分离辉钼矿与滑石，当粗精矿含钼 4.13%，经浮选后钼精矿含钼 19.9%，尾矿含钼 0.23%，钼回收率 95.5%，90% 以上的滑石被抑制在尾矿中。其技术条件要求，除抑制剂外，抑制剂与矿浆的接触时间在 30min 左右，浮选矿浆浓度 5% 左右。试验时不加抑制剂，钼精矿含钼 4.73%，钼几乎未得到富集。

12.3.5　选矿厂管控一体化

近年来，由于计算机、网络、通信技术的迅猛发展，一些矿业大国，如美国、南非、澳大利亚、加拿大、芬兰、智利等的大中型选矿厂，自动控制技术应用范围包括了从碎矿到脱水各个选矿作业环节，测控参数包括各阶段矿物的品位、粒度、浓度，以及从破碎机到浓密机各类设备的状态参数。在控制方案上，也从以往的单参数、单机、单作业段控制向全流程、全车间、全厂范围的多级控制和管控一体化方向发展[81]。国内新建金属矿山普遍引进芬兰奥托昆普粒度检测仪和矿浆在线荧光分析仪，实现磨矿细度和浮选品位自动控制和在线检测。

近几年来，矿山生产自动化在我国发展迅速。矿山企业提高产品质量、提高资源综合利用、提高生产能力，实现增效节能，提高在国际市场的竞争力，其有效途径之一就是管控一体化。

乌山铜钼矿采用大规模露天开采、先进的 SABC 选矿流程和尾矿膏体输送工艺。生产监控系统的设计与应用为矿山提高生产效率、节能降耗发挥重要作用。乌山铜钼矿选矿厂生产过程包括破碎、粗矿堆场、皮带传输与计量、取样分析、磨矿（包含给料、给水、浓度的控制）、浮选、精选、流量检测、元素含量分析、精矿计量等工序。各工序都配有相应的设备与控制系统，生产过程中各工序的技术指标、生产数据、控制参数相互关联、相互制约、相互影响，是一个连续性流程型生产过程。由于按工序或设备分别独立配置的自动化控制系统（DCS、PLC、智能仪表等）基本上处于独立控制状态，无法进行集中监控，需要通过建设生产监控系统对整个生产控制过程进行集中监控。生产监控系统是生产信息相互贯通的集合体，该系统通过采集生产控制过程中各类实时数据，帮助企业生产管理人员及时处理紧急事件，实现生产计划层和生产控制层双向通信，并快速反馈处理结果。生产过程监控系统运用系统集成的思想和方法，采用当今先进的计算机技术、网络技术、数据库技术、自动控制技术和现场总线等诸多技术，按照现代化企业生产管理模式，建立覆盖企业生产管理与基础自动化的综合系统，将企业生产全过程实时数据和生产管理信息有机地集成并优化，帮助企业实现生产经营过程整体优化[82]。

乌山铜钼矿成功实施了管控一体化系统，通过与基础自动化系统进行直接的数据交换，获取基础的生产数据，充分利用计算机信息技术和数据仓库技术，对数据进行处理和发布[83]，并提供各种数据分析工具，方便企业管理者能够不受地域限制随时了解矿山实时生产信息，调整生产。

12.3.6　尾矿、废水处理与资源综合利用

实现无尾选矿、提高钼选矿回收率的主攻方向是：在无害化、减量化的前提下实现尾矿的资源化利用。资源化的彻底性和资源价值的最大化则应是选择综合利用技术的两大原则[84]。

12.3.6.1　伴生资源的回收

尾矿资源化是当前资源综合利用的一个重要发展方向，且大部分尾矿已经初步磨矿加工，其后续加工利用可以显著降低能耗，有利于充分利用尾矿中的有用矿物、有用组分、有价元素，对于节约矿物资源、发展资源节约型循环经济，提高矿山企业经济效益、社会效益和环境效益等有重要意义。

美国地质调查局对美国大型钼矿的选矿厂尾矿进行了详尽的工艺矿物学研究。对尾矿中存在的钾长石和石英等可能利用工业矿物进行了可选性研究。结果表明，用柠檬酸钠-碳酸钠-脂肪酸浮选-磁选法可从几个大型选矿厂尾矿中选出含 K_2O 12%、Na 0.65%、CaO 0.13%、Al_2O_3 19.2%、SiO_2 63.3% 的钾长石精矿。浮选-

磁选法可从几个大型钼选矿厂尾矿中选出含 SiO_2 98.1% ~99.7%、Fe 0.04%的石英精矿[85]。

河南一钼钨矿[86]、辉钼矿浮选后，从含 WO_3 0.054%的尾矿中浮选钨矿，用 P-1 捕收剂常温粗选，90℃下升温浮选，选得含 WO_3 26% ~27%的低品位白钨矿精矿，钨回收率为60% ~65%。

河北涞源大湾钼矿含铁（FeO 计）10% ~15%，从2000 年开始采用磁选回收铁精矿，回收60% ~70%，到2008 年累计回收铁精矿 20 余万吨。从尾矿中回收铁，只是在输尾线路中加一道磁选机，动力仅仅7.5kW，铁矿成本不超过 10 元/吨，每选出 1t 钼精矿可同时收得 5t 铁精矿，可抵消钼选矿成本的 1/10 以上。

对河南某钼尾矿性质进行研究[87]，发现具有回收黄铁矿和磁铁矿的价值。在活化剂硫酸、捕收剂异丁基黄药、起泡剂松醇油用量分别为200g/t、50g/t、35g/t 的浮选药剂制度下，钼尾矿采用一次粗选、一次精选、一次扫选浮选闭路流程，可获得硫精矿品位 41.21%、回收率 87.68% 的选别指标。选硫尾矿再通过一段磁选—再磨—二段磁选的工艺流程，获得铁精矿品位 62.72%，全铁回收率 41.86% 的选别指标。

白石嶂钼尾矿含云母约 20%，石英 40% 以上，专家给出的方案是：选钼后将含钼量较高的粗粒（+150μm）返回细磨后再磨再选，利用云母可浮性较好的特性，在 -150μm 的细尾矿中浮选云母；然后采用反浮选提纯石英，可得到合格的工业硅石矿产品；所余 50% 左右的尾矿制造矿质肥或土壤调理剂，这样便可以将尾矿完全资源化。

河南三门峡某钼矿，其尾矿二氧化硅含量高达 93%，几乎已经符合工业硅石矿产品的要求，充分解离、反浮选除杂质后可以得到较高质量的硅石矿物，浮选出来的泡沫产品返回钼浮选段回收钼。

张乾伟等人以辽宁某钼矿选矿厂尾矿产品为研究对象[88]，利用浮选方法分选出金云母精矿，从选矿生产方面对该尾矿中金云母浮选可行工艺进行了分析，经过一次精选、一次扫选即可实现精选金云母回收率 40%、品位 9.5% 以上，扫选金云母回收率 20%、品位 7.0% 以上。研究不仅对选钼尾矿综合利用以彻底消除尾矿库库满的隐患，还为选钼尾矿金云母的浮选实践提供了理论和试验依据。

12.3.6.2　*尾矿水处理*

钼矿选矿废水组成复杂，污染物浓度高，特别是悬浮物浓度高，每升高达 20 多万毫克。在选矿工艺中由于加入一定量的 pH 值调整剂、脉石抑制剂和有价矿物的捕收剂，使选矿废水形成一种黏度较大的胶体溶液[89]。虽经长时间的沉淀，悬浮物和 COD 仍分别高于 400mg/L 和 120mg/L，这类废水的处理是当前该行业的技术难点。

以朝阳新华钼矿为例[90]，尾矿水中的细粒悬浮物在大量水玻璃作用下长期悬浮，回用时严重影响选矿指标。东北大学袁致涛等人以 H_2SO_4 和 CaO 为 pH 值调整剂，PAC、PAFCS 和 PAM 为絮凝剂，$MgCl_2$ 和 $CaCl_2$ 为助凝剂，研究了用不同混凝剂处理时废水的浊度以及絮体的沉降速度。试验结果表明，以 CaO 为 pH 值调整剂、PAM 为絮凝剂、$CaCl_2$ 为助凝剂，用量分别为 600g/t、20g/t、200g/t 时，絮体沉降最快，上清液浊度仅为 762FTU。

12.3.6.3　*尾矿膏体堆存*

尾矿处理是矿山生产的重要环节，也是选矿厂建设和运营的重要组成部分。近年来，为改善传统的尾矿地表堆存方式带来的环境、安全和占用土地等诸多问题，尾矿膏体堆存新技术逐步得到了工业化应用。乌努格吐山铜钼矿是国内大型有色金属矿山中第一家采用尾矿膏体堆存工艺的矿山企业[91]。尾矿经 2 台 40m 深锥膏体浓密机浓缩，底流浓度可达 66%，再通过隔膜泵及多种辅助设备将膏体排送到尾矿库。尾矿膏体堆存工艺流程如图 12-4 所示。实际生产运行表明，由深锥膏体浓密机浓缩后的高浓度尾矿不会出现离析现象，显现出膏体的特性，即使在寒冷的冬季仍然能在管道内平稳流动，并在尾矿库形成 2% ~3% 的沙滩坡度，达到膏体排放的设计预想结果[92]。通过采用尾矿膏体排放工艺，提高了选矿厂的回水利用率，增强了尾矿库的安全性，并使尾矿库占地面积减少了近 1/3。

12.3.6.4　*尾矿作为黏（沙）土类材料利用*

钼尾矿配混黏土、沙石、石灰（三合土）作路基材料，技术上无问题，但如果运输较远，成本比所代替的沙石资源高出太多，除非工程恰在附近，一般难为工程接受，所以实用的例子尚未见到。造地相当于异地建尾矿库，由于不能直接耕作，须另覆耕作层，资源和环境意义不及尾矿库覆被复耕。

以尾矿代替水泥原料中的黏土作硅质来源优于一般黏土，有利于提高质量。近年耕地保护力度越来越强，无偿取土早已不再，买土难且价格远超过利用尾矿，所以在锦西、河北太行山区都有所见。遗憾

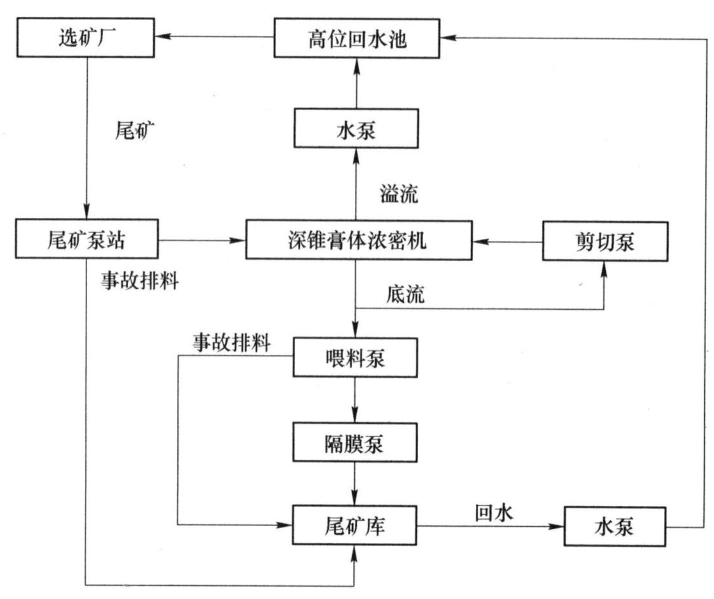

图 12-4　尾矿膏体堆存工艺流程

的是尾矿中残留的钼白白浪费，委实令人痛惜。

郭献军[93]开展利用钼矿渣制各道路水泥熟料的试验研究，结果表明，以钙铁榴石为主要组成矿物的钼矿渣可以用作水泥原料。钼矿渣中残存的磁黄铁矿与硅灰石在水泥熟料煅烧过程中具有助熔作用，有利于熟料的烧成。用自燃煤矸石为铝质校正原料，既能增加生料中的氧化铝，又能带进一些具有活性的氧化硅和氧化铝，有利于改善生料的易烧性。

有些尾矿材质直接或精选后可以用来制造砖瓦以及附加值更高的瓷砖等建筑陶瓷产品，有些矿山已做过相应的考察和试验，据了解，多因为交通问题而否决。过高的运输成本使得产品很难在建材业内竞争。如果尾矿中能够选出质量较高的陶土、瓷土，倒不如选出来，向陶瓷厂供应原料土。

12.3.6.5　*钼尾矿农用实例*

钼尾矿农用。已经有了一些成功的探索，包括一定规模的工业试生产和田间肥效试验、示范和应用。以钼尾矿为主要原料制造矿质肥料。2007 年沈宏集团涞源矿业公司以大湾钼尾矿为主要原料，完成 1000t 级矿质肥料（多元硅肥）的工业试验。产品以钙、镁、硅为主，同时含钾及铁、铜、锌、钼等微量元素，在黑龙江省获得“多元硅肥”肥料登记。在黑龙江、吉林、辽宁、河北、河南的水稻、玉米、冬小麦、果树、大棚蔬菜、大豆、花生多种作物表现增产、抗逆、抗病虫、提高品质的功效。2008 年通过环境科学学会技术鉴定，并由中国科学技术协会发布为 2009 年全国推广的新技术。

钼尾矿制造土壤调理剂。2010 年广东万方集团以白石嶂钼尾矿为主要原料完成 500t 级工业试验，制造成功用于酸性红壤的土壤调理剂，在水稻、蔬菜、热带水果、烟草等作物表现增加产量、提高品质、改良土壤等效果。以此为基础，正在与华南农业大学、广东省农业科学院土肥所等院校合作，进一步开发适合南方酸性红壤区各种作物的专用肥料。

无害化是钼尾矿农用的前提，必须保证尾矿中有害重金属含量不超过肥料、土壤调理剂、农用泥质等相关标准的规定，或者通过选矿及其他理化措施达到标准要求，另外对选矿药剂中的有毒有害成分采取可靠措施分解解毒。

突破传统的尾矿处置模式，实现钼尾矿的资源化综合利用，实行无尾清洁选矿，除了环境和社会，对钼选矿自身的进步也是必由之路。

12.4　存在的问题、建议及发展趋势

12.4.1　存在的问题

存在的问题主要包括：

（1）采选混乱，资源浪费严重。自 2003 年以来，国际市场钼原料价格暴涨，随着钼价长期高位运行，大量国有企业、民营资本等进行风险性探矿投资，探得的钼矿有优先开采权，形成了全民投资钼矿勘探的局面，探矿证、采矿证发放泛滥。钼行业还存在着非法开采、以探代采的问题，林区和耕地有的被破坏。同时，采富弃贫、采易弃难现象仍普遍存在，矿山综合利用水平仍偏低，过量、超量开采，大大缩短了矿山的服务年限，造成钼矿资源的浪费[94]。

（2）装备落后，精矿质量不高，回收率偏低。和国外先进企业相比，国内钼矿开采与加工行业总体装备和技术水平普遍偏低，生产中还存在许多问题。如露天开采工程和采矿方法还需进一步研究；选矿工艺对矿石性质适应性差，钼精矿品位和回收率较国外各低 1% ~2%，精矿中钾、钙、镁等杂质均高于国外；主体钼焙烧工艺不先进，产品中可溶性钼不高，钾、硫、磷等杂质富集[95]。

（3）安全环保问题突出。许多地方小钼矿点为了追求眼前利益，在采选过程中，安全措施不健全，安全事故频繁发生。在我国钼生产过程中，“废水、废气、废渣”的排放污染较为严重，尤其是许多小型炉料生产企业，对钼精矿焙烧过程中产生的 SO_2 气体治理不力，更不能回收利用。因此，我国政府应采取强硬措施，监督钼炉料生产企业进行三废处理，达到无污染排放。

12.4.2 建议

建议包括以下几个方面：

（1）全面提高选钼回收率和钼精矿产品质量。钼矿是十分宝贵的战略资源[96]，节约资源、综合利用就显得格外重要。就钼的选矿回收率来说，当前我国钼的选矿回收率较国外低 1% ~2%；而对于我国钼精矿产品质量，我国有 40% 左右的钼精矿中钼含量达不到 50% 以上，有的只有 42%，甚至还有的仅为 28%，建议各大中型钼矿山企业，建立专题试验研究与技术改造攻关组，加快技术创新步伐，先从提高粗选段精矿品位和回收率入手，研究精选段磨选流程结构，分级、选矿设备效率和综合用药制度。

（2）合理开发资源，走可持续发展之路。我国钼资源总量丰富，但人均占有量不足世界人均占有量的一半，并且品位较低，单一钼矿床多，副产钼产量仅占总钼产量的 3% 左右。因此，我国生产的钼初级产品在国际竞争中存在客观弱势。为合理利用资源，走可持续发展之路，建议：1）加强钼矿资源采选的整体规划，适度控制开发总量；2）杜绝乱采滥挖，关闭选矿指标低，环保、安全问题大的选矿厂；3）遏制粗放型小规模采选矿山的开工建设。

12.4.3 未来发展趋势

12.4.3.1 自动化及智能化

随着社会的发展和科技的进步，选矿设备也在不断创新和发展。从 20 世纪 80 年代后期开始，为了提高钼选矿的经济指标，加拿大、美国等矿业发达国家都将研究投向了选矿工艺流程和选矿设备的进步，现在选矿设备已经实现了大型化和自动化，以后还将进一步智能化。

现在，一些大型金矿、铜矿及铁矿等选矿厂，已经在自动化的基础上实现了智能化，比如磨矿回路的专家系统控制，它是一个基于知识的智能推理系统，拥有某个特殊领域内专家的知识和经验，并能像专家那样运用知识，通过推理做出智能决策。

随着自动化控制技术、计算机技术及仪表技术等的发展，选矿过程自动化控制将由过去简单的 DDC 控制发展到整个选矿厂的综合自动化智能控制。

12.4.3.2 选冶联合工艺

钼矿床开采的历史接近百年，当今入选钼矿石和铜钼矿石的品位逐渐下降，开采矿石的组成日趋复杂，研究采用选冶联合工艺的可能性越来越大，特别是湿法冶金，借助于膜技术和树脂技术再生浸出剂，循环使用浸出剂也提到日程。

12.5 结语

钼是一种稀有金属，广泛用于生产各类合金钢、石油精制催化剂、丙烯腈生产催化剂和碳纤维生产催化剂、电光源、玻璃熔炼电极和 X 射线靶材等，它的开发与利用日趋受到广泛的关注。

钼的选矿是钼资源开发与利用的重要一环。随着科学技术的不断进步与发展，科学家和工程师们将研发出高效能、环保的选钼药剂，特别是辉钼矿的捕收剂、起泡剂和调整剂，以提高钼资源的利用率。新技术、新工艺和新设备也将进一步推动钼选矿学的不断发展。

参 考 文 献

[1] 吴贤，曹亮，张文钲．2010年钼业年评[J]．中国钼业，2010，34(6)：1-8.

[2] 刘军民．近年来全球钼的供应与消费状况分析[J]．中国钼业，2011，35(5)：53-57.

[3] 黄凡，王登红，王成辉，等．中国钼矿资源特征及其成矿规律概要[J]．地质学报，2014，88(12)：2296-2313.

[4] 黄卉陈，陈福亮，姜艳，等．我国钼资源现状及钼的冶炼分析[J]．云南冶金，2014，43(2)：66-70.

[5] 张文钲．2007年钼业年评[J]．中国钼业，2007，31(6)：3-11.

[6] 王敏．2012年钼市场回顾及后市展望[J]．中国钼业，2013(8)：24-27.

[7] 王敏．2014年全球钼市场评述[J]．中国钼业，2015，39(1)：54-60.

[8] 许洁瑜，杨晓明，刘萌，等．2013年中国钼工业发展状况[J]．中国钼业，2014，38(3)：5-12.

[9] 张文钲．2008年钼业年评[J]．中国钼业，2008，32(6)：4-11.

[10] 蒋丽娟，刘燕，张文钲．2011年钼业年评[J]．中国钼业，2012，36(1)：1-9.

[11] 蒋丽娟，李来平，姚云芳，等．2014年钼业年评[J]．中国钼业，2015，39(1)：1-7.

[12] 徐爱华．2010年全球钼市场分析[J]．中国钼业，2010，34(6)：53-55.

[13] 张应莉．钼市场分析[J]．工程设计与研究，2010，129(12)：43-45.

[14] 王敏．2011年全球钼市场评述[J]．中国钼业，2012，36(2)：56-60.

[15] 宛正，江源．钼市场分析与展望[J]．有色矿冶，2009，25(4)：59-61.

[16] 杨晓明，许洁瑜．2011年中国钼业发展状况[J]．中国钼业，2012，36(3)：1-8.

[17] 徐爱华．中国钼产业2013年发展状况[J]．新材料产业，2014(3)：49-52.

[18] 王敏．2013年全球钼市场评述[J]．中国钼业，2014，38(1)：54-59.

[19] 贾红秀，于丽娜．2009年钼制品市场年评[J]．中国钼业，2010，34(3)：54-58.

[20] 许洁瑜，韩慧芳．2007年中国钼工业发展现状[J]．稀有金属快报，2008，27(4)：11-17.

[21] 姚云芳，许洁瑜，杨晓明，等．2012年中国钼工业发展状况[J]．中国钼业，2013，37(5)：1-9.

[22] 王晖，陈立，符剑刚，等．辉钼矿浮选体系中的界面热力学[J]．中南大学学报（自然科学版），2007，38(5)：893-899.

[23] 曾锦明．硫化铜钼矿浮选分离及其过程的第一性原理研究[D]．长沙：中南大学，2012.

[24] 张丽荣．辉钼矿电位调控浮选分离技术研究[D]．沈阳：东北大学，2008.

[25] Laskowsid J S. Arrgegation of inherenhy hydrophobic solids using hudrophobic agglomerants and flocculants[J]. Polym Miner Process，2000(1)：293-308.

[26] 金建国．提高半自磨系统运转效率的分析及措施[J]．铜业工程，2012(1)：54-60.

[27] 刘洪均，孙春宝，赵留成，等．乌努格吐山铜钼矿选矿工艺[J]．矿山机械，2012(10)：82-85.

[28] 胡元，黄建平．铜钼矿的浮选工艺和浮选药剂研究进展[J]．云南冶金，2014，43(3)：9-12.

[29] Zimin A V. Method of Flotation Enrichment of Sulphide Ore：RU2403981-C1[P]. 2010-11-20.

[30] 张文钲．2009年钼业年评[J]．中国钼业，2009，33(6)：1-10.

[31] Mexazhiev G. Enhacement of the technological effectiveness of selective copper-molybdenum flotation in inert gas medium[M]. ⅩⅩⅣ International Mineral Processing Congress，2008：1205-1209.

[32] Kairyakov I. Restoring the molybdenum production in the flotation plant of copper mine Ellatzitc-Med AD in Bulgaria[M]. ⅩⅩⅣ International Mineral Processing Congress，2008：4218-4222.

[33] 邵福国，谭欣，罗思岗．某铜钼矿选矿工艺技术试验研究[J]．有色金属（选矿部分），2011(2)：1-4.

[34] Zhang Y S. Research on beneficiation of finely disseminated Oxidized molybdenum[M]. ⅩⅩⅣ International Mineral Processing Congress，2008：1596-1601.

[35] 陈建华．高铁泥化钼铅矿浮选新工艺试验研究[J]．矿业研究与开发，2007，27(5)：37-39.

[36] 吴贤，曹亮，马光，等．含铅钼矿综合回收新工艺[J]．中国钼业，2012，36(5)：7-11.

[37] Mingyu Wang. Method for extracting valuable metals from acid leaching solution of nickel molybdenum multimetal metallurgical materials by separation：CN101838735[P]. 2010-99-22.

[38] 管则皋．低品位细脉型黑白钨矿合理选矿工艺流程[J]．中国钨业，2006(4)：15-19.

[39] 陈典助．柿竹园多金属矿选矿厂设计与生产实践[J]．有色金属（选矿部分），2007(2)：35-38.
[40] 陈家栋，韩晓熠，杨杰伟，等．提高钼精矿品位试验研究与实践[J]．中国钼业，2008(1)：32-34.
[41] 胡瑞彪，黄光洪，陈典助，等．有色金属大型高效选矿设备的发展与应用[J]．湖南有色金属，2011，27(1)：52-56.
[42] 刘明宝，印万忠，韩跃新，等．辽宁新华低品位钼矿X射线辐射预选试验研究[J]．金属矿山，2011，425(11)：96-98.
[43] 刘明宝，印万忠，韩跃新，等．X射线辐射分选机对含钼和含镍低品位矿石的预选试验研究[J]．矿冶，2012，21(4)：26-29.
[44] 张国旺，赵湘，肖骁，等．大型立磨机研发及其在金属矿山选矿中的应用[J]．有色金属（选矿部分），2013（增刊)：191-194.
[45] 王漪靖，俞国庆．立式螺旋搅拌磨机在钼精选泡沫擦洗中的应用[J]．矿冶工程，2011，31(2)：57-60.
[46] 刘琨．金属矿磨矿设备研究与应用新进展[J]．中国资源综合利用，2014，32(3)：40-42.
[47] 郭宏斌．大型浮选柱在钼矿粗选作业中的应用研究[J]．中国新技术新产品，2013(3)：180-181.
[48] 曹亮，吴贤，李来平，等．钼矿浮选设备应用与进展[J]．金属矿山，2010，8(增刊)：619-621.
[49] 戴新宇，周少珍．我国钼矿石资源特点及其选矿技术进展[J]．矿产综合利用，2010，6(12)：28-32.
[50] 张文钲．钼矿选矿技术进展[J]．中国钼业，2008，32(1)：1-7.
[51] 晁彦德，陈天修，薛浩．浮选柱-浮选机联合在小庙岭选矿公司的应用和实践[J]．有色金属（选矿部分），2011(6)：56-59.
[52] 吴贤，张文钲，李来平，等．洛南钼矿区开发现状与发展[J]．中国矿业，2009(7)：391-397.
[53] 刘子恩，吴红．综述辉钼矿[J]．青春岁月，2011(14)：368-369.
[54] 吕发奎，刘炯天．辉钼矿柱式分选工艺研究[J]．金属矿山，2008(5)：56-58.
[55] 刘亮，刘炯天，刘光宇．旋流静态微泡浮选柱在极难选辉钼矿精选中的应用[J]．矿产综合利用，2009(2)：15-18.
[56] 吕鑫磊，李小兵，王永田，等．辉钼矿精选尾矿柱式分选试验研究[J]．有色金属(选矿部分)，2009(5)：33-37.
[57] 宋永胜，曹亦俊，马子龙．柱机联合浮选工艺在铜钼矿分选中的应用[J]．中国钼业，2012，36(2)：30-34.
[58] 徐秋生．一种磁化柴油选钼捕收剂：中国，CN200510096194.0[P].2007-4-25.
[59] 陈经华．BK310浮选钼矿石[J]．有色金属（季刊），2008(3)：92-94.
[60] Radushev A V. Reagent for floatation of sulphide copper-molybdenum ore：RU2375118-C1[P].2009-12-10.
[61] 张树宏．某钼矿石浮选工艺试验研究[J]．矿产综合利用，2008(1)：10-14.
[62] 喻连香．南方某钼矿的选矿试验研究[J]．中国钼业，2007，31(3)：14-16.
[63] 张文钲．2006年钼业年评[J]．中国钼业，2007，31(1)：3-8.
[64] 王晖．辉钼矿浮选体系中的微观动力学研究[D]．长沙：中南大学，2008.
[65] 赵平．含金氧化钼矿石选矿试验研究[J]．黄金，2008(7)：41-43.
[66] 赵平．提高氧化钼矿选矿技术指标试验研究[J]．矿产保护与利用，2007(4)：70-73.
[67] 缑明亮，武俊杰，崔长征，等．辉钼矿选矿药剂及选矿工艺研究[J]．有色金属(选矿部分)，2013(3)：74-77.
[68] 张美鸽，徐秋生，刘迎春．YC药剂工业试验研究[J]．有色金属（选矿部分），2007(6)：49-50.
[69] 朱建光．2007年浮选药剂的进展[J]．国外金属矿选矿，2008(3)：3-11.
[70] 俞国庆．A-200起泡剂选钼试验研究[J]．中国钼业，2007(1)：20-22.
[71] 周高云，李晓东．用新药剂提高柿竹园矿钼铋选矿指标的研究[J]．有色金属(选矿部分)，2006(5)：43-49.
[72] 郭灵敏，刘建国，兰秋平，等．铜钼分离新型抑制剂制备与选矿试验研究[J]．有色金属（选矿部分），2012(6)：83-88.
[73] 周峰，孙春宝，刘洪均，等．某低品位铜钼矿低碱度浮选工艺研究[J]．金属矿山，2011(3)：80-83.
[74] 郭海宁．低品位铜钼矿石铜钼分离选矿工艺试验研究[J]．甘肃冶金，2007，29(4)：33-35.
[75] Jianhua Chen，Lihong Lan，Xingjin Liao. Depression effect of pseudo glycolythiourea acid in flotation separation of copper-molybdenum[J]. Transaction of Nonferrous Metals Society of China，2013(23)：824-831.
[76] 杨凤，张磊，刘强，等．铜钼混合精矿分离浮选试验研究[J]．选矿与冶炼，2011，32(7)：48-51.
[77] 戴新宇．西藏某矽卡岩型铜钼矿选矿工艺试验研究[J]．矿产综合利用，2007(5)：7-10.
[78] 董燧珍．含滑石钼矿的选别工艺试验研究[J]．矿产综合利用，2006(1)：7-9.
[79] Kelebek S，Smith S Y G W. Wetting behavior of molybdenite and talc in lignosulphonate/mibc solutions and their separation by flotation[J]. Separation Science & Technology，2001，36(2)：145-157.
[80] Huch R O，Valles P. Talc-molybdenite separation：US3921810-A[P]．1975-11-25.
[81] 刘升年．金钼集团有限公司选矿技术与国内外之比较[J]．中国钼业，2008，32(6)：25-29.

[82] 张力，姜均文．生产监控系统在乌山铜钼矿的设计与应用[J]．黄金，2009，30(4)：27-31.
[83] 王玮，于宏业，白鹏，等．管控一体化技术在乌山铜钼矿选矿厂的应用[J]．黄金，2012，33(11)：41-45.
[84] 董盈．钼尾矿综合利用与钼选矿回收率的提高[J]．中国钼业，2013，37(5)：15-18.
[85] 张文钲，姚云芳．美国钼业管窥[J]．中国钼业，2010，34(3)：1-6.
[86] 廖德华，李晓波，邱廷省．从河南某钼矿浮选尾矿中综合回收钼和白钨的试验研究[J]．中国钨业，2007(5)：10-12.
[87] 王夺，徐龙华．钼尾矿综合回收硫铁试验研究[J]．有色金属（选矿部分），2013(6)：45-47.
[88] 张乾伟，任瑞晨，李彩霞．从选钼尾矿中回收金云母试验研究[J]．非金属矿，2013，36(2)：72-74.
[89] 许永，邵立南，杨晓松．钼矿选矿废水处理的试验研究[J]．矿冶，2013，22(2)：103-107.
[90] 袁致涛，赵利勤，韩跃新，等．混凝法处理朝阳新华钼矿尾矿水的研究[J]．矿冶，2007，16(2)：57-60.
[91] 刘洪均．膏体与尾矿膏体排放技术[C]//2010 年中国矿业科技创新与应用技术高峰论坛论文集．马鞍山：《现代矿业》杂志社，2010：114-121.
[92] 刘洪均，孙春宝，赵留成，等．乌努格吐山铜钼矿选矿工艺[J]．金属矿山，2012，436(10)：82-85.
[93] 郭献军，阳勇福，林海燕．利用钼矿渣制备道路水泥熟料的研究[J]．新型建筑材料，2011(5)：21-34.
[94] 席宇鹏，彭如清．对我国钼行业发展的几点建议[J]．中国钼业，2011，35(5)：1-3.
[95] 黄征学．中国钼产业发展的现状问题及对策[J]．中国经贸导刊，2013(1)：34-36.
[96] 彭如清，姚云芳．中国钼业发展应有的冷静与思考[J]．中国钼业，2009，33(1)：1-4.

第 13 章　锰矿石选矿

本章简要介绍了 2006 ~ 2014 年，我国锰资源分布、储量及生产消费现状，锰矿选矿理论及基础研究进展，选矿工艺技术及装备研发进展，以及锰资源利用的环保处理现状，并指出了我国锰矿选矿存在的问题及未来发展趋势。我国锰资源总量虽不少，是锰矿的第二大生产国，但资源禀赋差，锰的产量远远满足不了国内需求，需要大量从南非、澳大利亚等国家进口；锰矿选矿理论及基础研究取得了一定进展，尤其是针对低品位难处理锰矿及深海锰结核的化学选矿及微生物浸出理论方面提出了新的理论模型；锰矿选矿技术的进展主要是依靠新型选矿装备的开发及应用，新型高效强磁选机的研制显著降低了矿物的分选粒度下限，有效提高了细粒级锰矿的回收率；电解锰废渣的资源化利用、无害化处置技术开发与应用有新的突破，但锰渣仍未实现大规模利用。未来我国锰矿选矿技术发展方向是围绕复杂难处理锰矿，进一步加强选冶综合利用技术研究，研发针对性强的环保选冶联合流程和高效设备，提高锰矿综合利用水平。

13.1　锰资源简况

13.1.1　锰资源分布

13.1.1.1　世界锰资源分布

根据美国地质调查局（USGS）统计，截至 2014 年年底，世界陆地锰（金属量）为 5.71 亿吨[1]。锰资源分布不平衡，主要集中分布在南非、乌克兰、澳大利亚、巴西、印度、中国、加蓬、哈萨克斯坦、墨西哥这几个国家，其他国家储量极少。世界锰资源分布及储量见表 13-1。

表 13-1　世界主要锰矿资源分布及储量（锰金属量）

国　别	矿石含锰量/%	储量/kt	占全球总比/%	2014 年产量(估算)/kt
南　非	30 ~ 50	150000	26.27	4700
乌克兰	18 ~ 22	140000	24.52	300
澳大利亚	42 ~ 48	97000	16.99	3100
巴　西	27 ~ 48	54000	9.46	1100
印　度	50	52000	9.11	940
中　国	15 ~ 30	44000	7.71	3200
加　蓬	50	24000	4.20	2000
哈萨克斯坦	35 ~ 40	5000	0.87	390
墨西哥	25	5000	0.87	220
世界总量		571000		15950

资料来源：U. S. Geological Survey，Mineral Commodity Summaries，2015。

世界锰矿不仅分布不均，其各地区的锰矿品位差异也很大。富锰矿资源主要集中在南非、加蓬、澳大利亚和巴西，矿床类型主要为沉积变质型、风化壳型。例如，南非卡拉哈里矿区的锰矿石品位达30% ~ 50%，澳大利亚的格鲁特岛矿区的锰矿石品位更高达 40% ~ 50%；印度、哈萨克斯坦和墨西哥是中等品位的锰矿资源国，矿石中锰的品位一般在 35% ~ 40%；乌克兰、中国、加纳则主要以低品位锰矿为主，品位一般低于 30%，需要通过选矿、人工富集后才能作为商品矿出售。

锰矿资源不仅存在于已固结的地层中，海洋底部还以现代锰结核的方式蕴藏了约 3 亿吨[2] 锰资源（金属量）。锰结核是沉淀在大洋底的铁、锰氧化物的集合体。它含有 30 多种金属元素，其中锰、铜、钴、镍等有价金属具有巨大的经济价值。锰结核主要赋存在 2000 ~ 6000m 水深海底的表层，而以生成于 4000 ~ 6000m 水深海底的品质最佳[3]。太平洋、印度洋和大西洋底部都蕴藏着大量锰结核资源。据估算，海底锰推测资源量为181530万吨[4]，是陆地的1.2倍，按照目前人类金属消耗水平计算，海底锰结核可供人类继续使用3.33万年，而且海底锰结核还以每年1000万~1500万吨[4]的速率在不断生成。

我国从20世纪70年代中期开始大洋锰结核资源调查，分别于1978年和1979年，在太平洋4214~5443m深的海底采集到了锰结核。经多年勘探调查，我国在夏威夷西南、太平洋中部海区，探明一块富锰结核矿区，其可采储量为20亿吨。1991年3月我国经联合国国际海底管理局正式批准，获得位于东北太平洋15万平方千米的大洋锰结核勘探开发海洋区域；10年之后，我国又与联合国国际海底管理局签订了特定海域锰结核的《勘探合同》，再次获得7.5万平方千米的多金属结核专属勘探区，并具有优先开发权[3,4]。2013年7月，我国“蛟龙”号潜水器在南海的“蛟龙海区”发现了大面积的铁锰结核，并采集了8块样品进行研究，这意味着我国海底锰结核的勘探又迈进了历史性的一大步。

13.1.1.2 我国锰资源分布

我国锰资源总量不足，品位较低。我国国土资源部发布的《中国矿产资源报告（2015）》显示，2014年锰矿石资源储量12.2亿吨[5]，2013年为10.3亿吨。截至2014年年底，我国锰矿石（金属）储量为4400万吨，占全球储量的7.71%，位列第六[1]。含锰大于30%的富矿仅占总资源量的5%，其余95%为贫锰矿；且在开采资源过程中，实际平均利用率（可用矿石比）仅为50%。从分布上看，我国锰资源主要集中在西南和中南地区，其中广西、湖南最丰富，两省保有储量占全国的55%以上；其次是贵州、云南、四川、辽宁、湖北和陕西，这6个省区储量合计约占全国的38%。

我国已勘探的矿床中，大都为碳酸锰矿和氧化锰矿。我国锰矿资源主要有三大特点：（1）以贫矿为主，全国锰矿石的锰品位平均只有21.4%，富锰矿（含锰大于30%的氧化锰矿和含锰大于25%的碳酸锰矿）的资源储量非常稀少，只占6.4%。（2）锰矿石中杂质组分复杂，常含有高磷、高铁、高硅等杂质，其中磷锰比大于0.005、锰铁比小于3的储量约占总量的50%，SiO_2大于10%的储量占锰矿石总量的68%。（3）锰矿石结构复杂、嵌布粒度细、矿物种类繁多、伴生金属含量高，选矿难度大。以道县后江桥、郴州玛瑙山为代表的含Pb-Zn复杂铁锰矿资源储量达3000多万吨，至今未能规模化开发利用；全国各锰矿山-1mm粉矿与细泥均由于没有合适的分选装备与工艺，只能堆存或直接废弃，造成资源极大浪费。全国各地矿山的矿石类型如下：

碳酸锰矿石：如龙头锰矿、花垣锰矿（高磷）、城口锰矿（高磷）、湘潭锰矿（高磷）、遵义锰矿（高铁，鲕状赤铁矿、黄铁矿、绿泥石等）、桃江锰矿（高磷）、大新锰矿（高硅）等。

氧化锰矿石：斗南锰矿、遵义锰矿、八一锰矿（高铁，褐铁矿、针铁矿）、木圭锰矿（高磷高铁）、大新锰矿（高硅，石英）等。

共生多金属锰矿石：玛瑙山锰矿（含铅锌）、轿顶山锰矿（镍、钴）、钦州锰矿（镍钴）。

硫锰矿石：天台山锰矿（高硫）。

锰结核：太平洋底（镍钴）。

其中最重要的是碳酸锰矿石和氧化锰矿石。

随着矿山的持续开采，我国锰矿资源储量及品位下降问题日趋突出，未来可能成为我国的紧缺矿产资源之一，面临供应受制于人的局面。我国锰矿石开采的工业品位及边界品位见表13-2。

表13-2 我国锰矿石工业品位及边界品位

元素	矿石工业类型			边界品位/%	工业品位/%
锰	氧化锰	富锰矿	Ⅰ	35	40
			Ⅱ	30	35
			Ⅲ	18	30
		贫锰矿石		10~15	18
		铁锰矿石	Ⅰ	20	25
			Ⅱ	15	20
			Ⅲ	10	15
	碳酸锰	富锰矿石、贫锰矿石、铁锰矿石		15、10、10	25、15、15
		含锰灰岩		8	12

13.1.2 锰矿的生产和消费

13.1.2.1 锰产量

2006年以来，全球锰产量和消耗量呈快速增长趋势。由于锰矿资源的分布特点和品位原因，锰矿产区集中在南非、中国、澳大利亚和加蓬。根据美国地质调查局发布的数据[1]，2013年全球锰矿石产量（金属量）约为1700万吨，比2012年上涨7.6%。南非为世界最大的锰生产国，2013年锰产量为380万吨，约占全球总产量的22.4%，中国和澳大利亚并列为锰的第二大生产国，2013年产量均为310万吨，加蓬和巴西的产量为200万吨和140万吨，分别位居第三、第四位。其他锰产国包括印度（85万吨）、哈萨克斯坦（39万吨）、乌克兰（35万吨）、马来西亚（25万吨）、墨西哥（20万吨）和缅甸（12万吨）。2014年全球锰矿石产量约为1595万吨，比2013年产量略有下降，但南非和中国的锰产量继续增长，产量分别为470万吨和320万吨，继续列世界第一、第二位，澳大利亚和加蓬锰产量保持不变，分别为310万吨和200万吨，列第三、第四位。其他锰生产国包括巴西（110万吨）、印度（94万吨）、哈萨克斯坦（39万吨）、乌克兰（30万吨）、墨西哥（22万吨）等。

全球锰矿生产的集中度非常高，主要集中在五大锰矿公司，分别为澳大利亚的必和必拓（BHP）、OM公司、南非的阿斯芒（Assmange）、加蓬的埃拉梅-科米罗格（Erametcomilog），以及巴西淡水河谷（Vale）。2013年，上述5家公司锰矿石产量合计为1799万吨，约占全球市场份额的40%[6]。

我国为锰的第二大生产国，2014年锰矿产量（金属量）320万吨，较2002年增产230万吨，锰矿生产快速扩张。

13.1.2.2 锰消费量

无锰不成钢。锰的消耗量随着钢铁消耗量的增加而增加。2009我国粗钢产量近5.7亿吨，2010年超过6.2亿吨，2012年全球经济低迷，但粗钢产量仍创出7.1亿吨的历史新高，2013年和2014年粗钢产量分别为7.8亿吨和8.23亿吨，再创新高。

尽管我国为锰的第二大生产国，但国产锰矿仍远不能满足国内需求，大量依赖进口。主要原因有：(1）国产锰矿品位低，开采利用率低。我国锰矿平均品位仅20%，远低于其他主要锰生产国，甚至低于全球平均水平的35%。(2）我国对锰矿需求规模庞大。我国锰矿约90%用于钢铁工业，主要在高炉炼铁工艺中作为添加剂可改善生铁性能，在炼钢工艺中作为脱氧剂、脱硫剂和合金添加剂；另有约10%的锰矿广泛应用于有色冶金工业、电池工业、化工、电子工业和农业等部门。研究数据表明：2012年国内锰矿石消费量已达4400万吨[7]，主要消耗有：(1）硅锰合金：产量1250万吨，消耗氧化锰矿石2700万吨（平均含锰43%）。(2）电解金属锰：产量150万吨，消耗碳酸锰矿石1400万吨（平均含锰15%）。(3）电解二氧化锰、硫酸锰及其他锰产品：消耗氧化锰矿石约为400万吨（平均含锰18.5%）。

13.1.2.3 锰矿进口

随着我国钢产能的扩张，锰矿的进口量也是节节攀升，2007～2013年我国锰矿进口总量分别为664万吨、758万吨、961万吨、1160万吨、1298万吨、1238万吨、1660万吨[8]。如果按照锰矿平均品位为35%计算，2013年我国进口锰矿（金属）为582万吨，占到全球锰矿产量的34.24%。2013年开始，我国钢铁行业处于去产能大调整周期，但2014年锰矿进口量仍有1623万吨，锰矿进口趋势如图13-1所示。

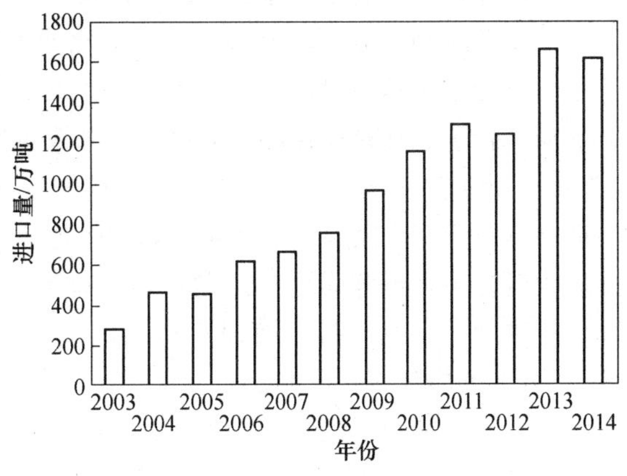

图13-1 2003～2014年中国锰矿进口量

2013年全国锰矿进口量达到1660万吨，从2002年（192万吨）以来年均增速为19.71%，远超国内锰产量增速，进口依存度进一步提升；主要从南非（31.2%）、澳大利亚（29.2%）、加蓬（10.4%）、加纳（8.6%）、马来西亚（6.5%）、巴西（5.9%）进口。值得关注的是，2013年进口南非矿明显上升，进口数量达到519万吨，历史首次超越澳大利亚的486万吨，取代了澳大利亚在我国进口锰矿数量上领头羊的位置，主要得益于南非对中国市场的投放力度加大。

严重依赖钢铁产业的锰矿需求，将随着我国钢铁产量增速的放缓而减缓。2014 年我国共进口锰矿 1623 万吨，较 2013 年减少 2.3%，时隔多年之后再次出现锰矿进口量的下滑，这是短期调整还是长期趋势的拐点目前尚不能断定，但是中国锰矿进口量爆发式增长的时代将不复存在。

13.1.2.4　电解金属锰出口情况

由锰矿石冶炼加工成金属锰主要是湿法的电解金属锰，少量火法还原金属锰。2002 年以来，我国电解金属锰产业已竞相发展，尤以宁夏、广西、重庆、云南、贵州发展迅速，主产区扩大产能规模，2011 年我国电解锰产量达到最高值 148 万吨[9]，随后出现下降。我国电解金属锰少量出口，2006 年出口电解金属锰 31.6 万吨，之后逐步下降，2013 年又开始上升，2014 年出口量与 2006 年相近。我国电解金属锰产量及出口量如图 13-2 和图 13-3 所示。

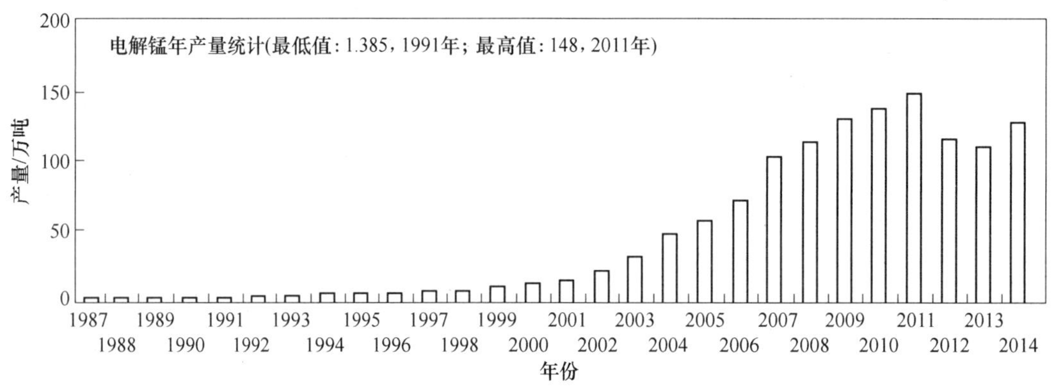

图 13-2　1987 ~ 2014 年我国电解金属锰产量
（资料来源：中国铁合金在线 www.cnfeol.com）

13.1.2.5　锰矿和电解金属锰价格及趋势

2014 年国产锰矿开采较平淡，广西与湖南地区作为国产锰矿的主要产区与需求地，锰矿供应量较小，可以说是供小于求，但是却没有出现供不应求、价格上涨的局面。国产锰矿价格难涨，一方面是由于铁合金行情较差，下游采购商对于国产锰矿价格的接受度低，因此国产锰矿价格不仅没涨，反而有走弱之势；另一方面，国产锰矿开工率低也是由于下游采购价格太低所致，厂家所给价格低，国产锰矿供应商无意开采，形成了较恶性的循环。

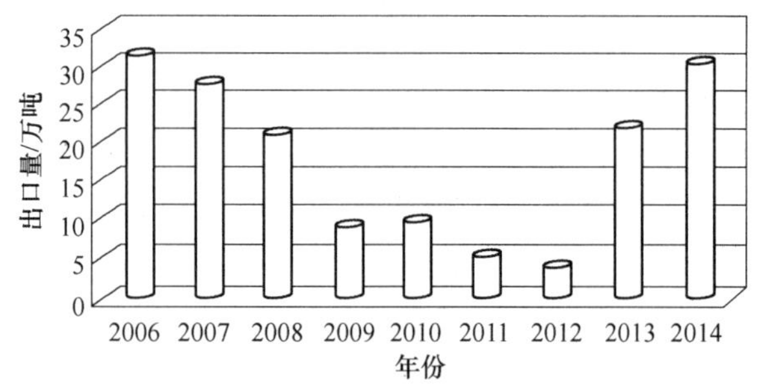

图 13-3　2006 ~ 2014 年我国电解金属锰出口量

我国对锰矿强劲需求扩张的可持续性很大程度上依赖于钢铁行业的持续繁荣以及钢产量的高速增长。2014 年，我国钢铁工业早于整体经济，从高速发展向平稳发展转变，钢材价格持续运行在近 10 年来的历史低位。这促使了国内对锰矿需求的减弱，价格也有下降趋势。供给方面，全球锰矿主要供应商并没有明显的减产行为，且有积极增产的趋势，未来供给端的压力将加大。2013 ~ 2014 年，进口锰矿价格逐步降低，2014 年年底，45% 澳块矿价格在 3.20 美元/吨度左右，38% 南非半碳酸锰矿价格已跌破 2.80 美元/吨度，这个价格其实已经是很多锰矿企业的生死线，一旦汇率、海运费等任何影响其成本的因素有所变化，这些矿山就将不得不考虑生存问题了。与国内矿（包括富锰渣）相比，进口锰矿有着较大的竞争优势，非综合性铁合金企业（即没有自有矿山的生产企业）的进口锰矿使用比例已经超过 70%，有些甚至是 100%。有些使用国内锰矿的铁合金企业，其主要目的已经不是为了使用国内锰矿中的锰，而是一些其他元素，如生产硅锰必须的硅以取代硅石，或是铁、钙、镁等。

电解锰价格自 2007 年达到最高值 33000 元/吨以来，总的趋势是不断走低。锰三角地区 99.7% 电解金属锰价格 2011 年初为 20000 元/吨左右，2014 年底下降至 12000 元/吨左右，并有继续走低趋势。

13.2　锰矿选矿理论及基础研究进展

锰矿的选矿理论研究主要集中在磁选设备的分选机理、浮选作用机理以及化学选矿、生物冶金过程的机理研究等方面。

13.2.1　磁选设备的分选机理研究

磁选是锰矿回收的主要方法之一。磁选作用的基本原理一致，研究工作的重点集中在磁选设备的结构和分选方式。2002 年以来，随着细粒及微细粒矿物资源的不断开采，常规磁选机分选效果不尽理想，新型细粒级磁选设备不断涌现，其分选作用原理与以往磁选机相比，也有所不同。

长沙矿冶研究院针对粗粒级（－30mm＋6mm）及细粒级（－6mm）磁性矿物的回收，分别研制出 CRIMM 新型永磁干式强磁选机和湿式永磁强磁选机。

13.2.1.1　CRIMM 永磁干式强磁选机

A　捕集力

如图 13-4 所示，当物料从物料斗中均匀地给到正在旋转的圆筒表面上时，由于圆筒内扇形磁场区 N-S 多磁极交替变化，使磁性物料在扇形磁场区内形成多次磁翻滚，使夹杂在磁性物中的非磁性物因受离心力的作用，有足够的机会被全部抛离圆筒，因而选别效率很高。

物料在分选时受三个力的作用：

（1）磁力：　$F_m = m\chi H\mathrm{d}H/\mathrm{d}x$

（2）离心力：　$F_c = mv^2/R$

（3）重力：　$F_g = mg$

在角度 θ 的分离点上，物料得到有效分离，如图 13-4 所示。因此，在分离点上，磁性物料受到的捕集力为：

$$\mu m\chi H\mathrm{d}H/\mathrm{d}x \geqslant \mu mv^2/R + mg\sin\theta + \mu mg\cos\theta \tag{13-1}$$

式中　χ——磁化率；

H——磁场强度，Oe；

v——圆筒线速度，m/min；

R——圆筒半径，m；

θ——分离角，(°)；

μ——摩擦系数；

m——物料颗粒质量，g。

式（13-1）表明：在一定粒度范围内，如果调节圆筒转速或调节分隔板位置，可以使分离点正好落在 $\theta = 135°$ 处，此时，磁性物料只受磁力作用，就会向磁场方向偏移，从而实现磁性物料和非磁性物料的分离。分选试验研究表明：采用该永磁磁选机对锰品位为 10.96% 的

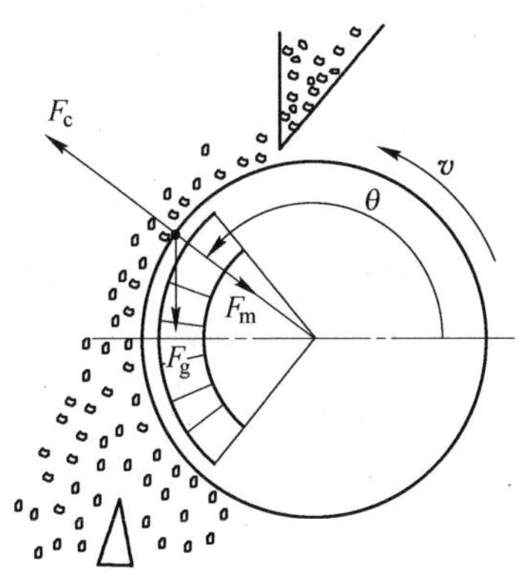

图 13-4　CRIMM 永磁干式强磁选机

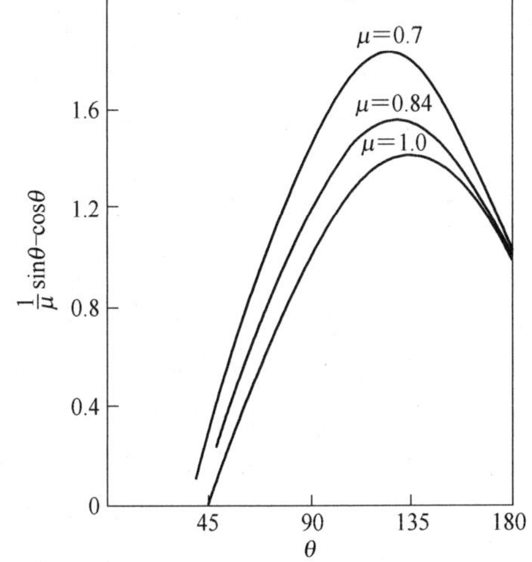

图 13-5　不同 μ 值下，θ 与 $\frac{1}{\mu}\sin\theta - \cos\theta$ 的关系

白石溪锰矿进行干式磁选分选，当磁场强度为0.8T时，经一次粗选、一次扫选磁选流程，可获得锰品位16.47%、回收率91.35%的混合精矿，分选效果显著。

B 分离角

作用在物料颗粒上的磁力、重力和离心力的平衡公式为：

$$\mu m\chi H\mathrm{d}H/\mathrm{d}x = \mu m v^2/R + mg\sin\theta + \mu mg\cos\theta \tag{13-2}$$

令 $\alpha_m = \chi H\mathrm{d}H/\mathrm{d}x$ 为磁力加速度，$\alpha_c = v^2/R$ 为向心加速度，则式（13-2）变为：

$$\alpha_m - \alpha_c = \frac{g}{\mu}\sin\theta - g\cos\theta$$

又令 $\Delta\alpha = \alpha_m - \alpha_c$，为有效加速度，则有：

$$\Delta\alpha/g = \frac{1}{\mu}\sin\theta - \cos\theta$$

当 $\mu = 1$ 时，$\sin\theta = 1 - (\Delta\alpha/g)^2$。

图13-5表示在不同 μ 值的条件下，分离角 θ 与有效加速度的关系。

C 处理能力计算

上部给矿的圆筒磁选机的处理能力的计算公式见式（13-3）：

$$\theta = \omega v\gamma f\rho \tag{13-3}$$

式中 ω——圆筒长度，m；

v——圆筒线速度，m/s；

γ——颗粒平均半径，m；

f——给料松散度；

ρ——物料平均密度，kg/m^3。

处理能力的计算公式（13-3）表明，物料颗粒越粗，处理能力越大。物料粗细不一样，松散度 f 的值也不同；由于在同样转速条件下，线速度与圆筒半径成正比，而离心力增加不大，因此，增大圆筒半径，可有效增加处理能力。

13.2.1.2 CRIMM湿式永磁强磁选机

由于弱磁性矿物的分选磁场一般需要在1.5T左右，传统的永磁强磁选机无法达到如此高的工作磁场。为了补偿磁场的不足，将给矿方式采用上部给料。永磁圆筒磁选机的分选箱密封后装满水（见图13-6），当物料给到正在水中运转的圆筒上时，由于磁场的作用和水的浮力，使物料得到充分的分散，弱磁性矿物在磁力作用下顺着圆筒向精矿斗一边偏移，而非磁性矿物不受磁力的影响而沿圆筒直接向下沉降，进入非磁性物料排料斗，从而实现分选。采用该湿式永磁强磁选机对广西大新锰矿尾矿库尾矿进行磁选试验，给矿品位9.61%，经一次磁选可获得锰品位24.37%、回收率93.36%的选别指标，分选效果理想。

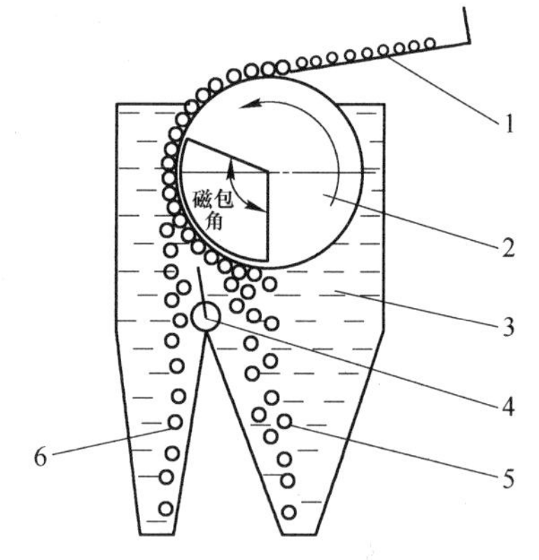

图13-6 湿式永磁强磁选机分选示意图
1—给料斗；2—分选筒；3—分选箱；4—分矿板；5—精矿；6—尾矿

13.2.2 浮选作用机理研究

浮选是细粒级锰矿回收的主要选矿工艺之一。近年来，在浮选机制研究方面，中南大学卢毅屏[10,11]通过对细粒软锰矿在磁场中的浮选状况和浊度测试，研究了磁场对浮选的影响规律，发现外磁场可以使弱磁性锰矿石表观粒度变大，进而强化细粒级软锰矿的浮选效果。卢毅屏采用在磁场中浮选细粒软锰矿，研究了细粒软锰矿的磁-疏水聚团。显微镜观察和粒度测试表明：与单一疏水聚团颗粒相比，磁-疏水联合聚团表观粒度大，比表面积小；磁场对于细粒软锰矿的回收及其与脉石的分离有利，有外加磁场（磁场强度为0.7T）比无外加磁场条件下，MnO_2 品位由80.5%提高到89.4%，回收率由61.5%提高到84.6%。

在碳酸锰矿浮选机理方面也有诸多报道，罗娜等人[12,13]用单矿物碳酸锰矿和方解石研究了其表面电性和浮选行为，通过溶液化学计算表明，在浮选矿浆中碳酸锰矿和方解石难以分离的主要原因是碳酸锰矿溶解生成的大量 Mn^{2+}，可在方解石表面生成 $MnCO_3$，使得两种矿物表面疏水性质较相近。同时，通过溶液化学计算、SEM-EDAX 分析、ζ 电位测试等方法，研究了调整剂碳酸钠和六偏磷酸钠在 Ca^{2+} 存在的矿浆中，碳酸锰矿和方解石的浮选行为，结果表明：在浮选调浆过程中加入的碳酸钠易与方解石溶解的 Ca^{2+} 生成碳酸钙吸附在碳酸锰矿表面，不利于碳酸锰矿的浮选；采用先加六偏磷酸钠让溶液中大部分 Ca^{2+} 被配合，再加入碳酸钠调节溶液 pH 值的加药方式，可有效避免矿浆中因方解石溶解产生的 Ca^{2+} 带来的不利影响，实现碳酸锰矿和方解石的有效分离。

13.2.3　化学选矿机理研究

对于贫锰矿和难选锰矿，化学选矿法是一种较为有效的处理方法。近十年来，针对氧化锰矿的浸出方法及其机理研究方面取得了一些新的进展，如两矿加酸浸出法、SO_2 直接浸出法、连二硫酸钙浸出法、硫酸亚铁浸出法等。其中对 SO_2 直接浸出法的机理研究相对较多。

SO_2 直接浸出法是一种针对难选碳酸锰矿浸出较为有效的方法，该法采用 SO_2 还原 MnO_2 可用来制取硫酸锰。张文山等人[14]研究分析了该法的反应机理，其化学反应方程式为：

$$SO_2 + H_2O \longrightarrow H_2SO_3 \tag{13-4}$$

$$MnO_2 + H_2SO_3 \longrightarrow MnSO_4 + H_2O \tag{13-5}$$

副反应：

$$MnO_2 + 2H_2SO_3 \longrightarrow MnS_2O_6 + 2H_2O \tag{13-6}$$

在有氧存在时，Mn^{4+} 对 H_2SO_3 有催化氧化作用，会产生硫酸。式（13-6）生成的连二硫酸锰在温度较高时或酸性介质中易发生分解反应：

$$MnS_2O_6 \longrightarrow MnSO_4 + SO_2 \tag{13-7}$$

反应产物 SO_2 再按式（13-8）生成硫酸锰：

$$MnO_2 + SO_2 \longrightarrow MnSO_4 \tag{13-8}$$

连二硫酸锰也可以发生下列反应：

$$MnS_2O_6 + MnO_2 \longrightarrow 2MnSO_4 \tag{13-9}$$

二氧化硫浸出法相对于传统的 MnO_2 矿加炭粉（或煤）还原焙烧，产出的 MnO 再用硫酸浸出法，生产工序减少，基建投资减少，同时避免了软锰矿焙烧过程中产生的废气对环境的污染，对于低品位软锰矿的综合利用是一种较为适合的好方法。

除上述两种方法以外，硫酸亚铁浸出法、铁屑浸出法、闪锌矿（方铅矿）催化还原法等方法也得到了一些新的发展。谢红艳等人[15]在综合了关于硫酸亚铁氧化浸出软锰矿的试验结果后，认为用硫酸亚铁氧化浸出软锰矿在一定条件下是可行的，并且能达到较高的浸出率（95%以上）。张东方等人[16]用铁屑作还原剂，在酸性条件下从锰银矿中浸出锰，一定条件下，锰浸出率达 97.60%，银留在浸出渣中，实现了锰银分离。研究表明该方法中起作用的是亚铁离子，浸出机制与硫酸亚铁浸出机制一致，只是铁屑的浸出效果更好，其原因可能是亚铁离子是初生态的，具有更强的还原性，该方法的缺点是酸耗较大。陶长元等人[17]研究了微波辅助葡萄糖还原电解二氧化锰和软锰矿的动力学行为，结果表明：氧化锰矿与二氧化锰的浸出过程并不相同；氧化锰矿的浸出过程受化学反应和扩散控制；随温度升高，浸出过程控制步骤由化学反应控制逐渐转为扩散控制。

13.2.4　生物冶金作用机理研究

2006 年以来，锰矿的微生物冶金技术在处理低品位锰矿和海洋锰结核方面有所研究，中国科学院过程研究所和北京科技大学在微生物浸出及其作用机理进行深度研究，并取得了一些新的成果。

北京科技大学和中国科学院过程工程研究所针对河北迁西低品位氧化锰进行了微生物浸出研究[18]，并通过试验指出：在 MnO_2-FeS_2-H_2SO_4 细菌浸出体系下，强酸性条件下（pH 值为 1.6～1.8）细菌作用明显，Fe^{3+} 对 MnO_2-FeS_2-H_2SO_4 的嗜酸氧化亚铁硫杆菌浸出过程具较好的催化作用；一定浓度的 H^+ 使黄铁矿表面更容易氧化，同时，Fe^{3+}的加入可以降低黄铁矿的氧化还原电位，从而促进软锰矿的还原浸出；微生物浸出过程中存在MnO_2-FeS_2接触反应模型和MnO_2-FeS_2-H_2SO_4的细菌浸出催化模型，其中不同反应阶段存在着不同的模型反应方式，H^+和Fe^{3+}在该体系的细菌浸出催化模型中起着重要作用。作者未给出具体模型及反应方程式，处于进一步研究工作中。

中国科学院李浩然等人[19]对深海多金属锰开展微生物异化还原金属氧化物的机理研究。作者利用从深海沉积物中分离出能异化还原金属氧化物的金属还原菌，以醋酸盐作为有机底物还原大洋多金属结核，浸出锰、钴、镍、铜等金属，锰的浸出率可达97%，其他金属浸出率均达80%以上；在浸出过程中，添加了染料废水、腐殖酸中常有的蒽醌类有机物，该有机物的电子传递中间体复合物能加速异化还原浸出速率；利用金属还原地杆菌（Geobacter metallireducens）构建了微生物燃料电池进行机理分析，研究表明微生物以直接吸附方式还原金属氧化物，在氧化物颗粒表面形成的生物膜在异化还原过程中起关键作用。

昆明理工大学李志章等人[20]采用氧化亚铁硫杆菌对低品位锰矿进行了浸出研究。试验在进行低pH值和高浓度Fe^{2+}固定化技术研究时，将生物反应器排出的液体进行循环回用可有效提高Fe^{2+}的氧化率。该研究成果为实际工业应用提供了指导作用，可将几个固定化生物反应器串联，从而有效避免了循环液体返回而造成较大的液相返混，进而提高Fe^{2+}氧化速率。

13.3 锰矿选矿工艺技术进展

我国自然界能够利用的锰矿物主要有软锰矿（MnO_2，含锰63.20%）、硬锰矿（$MnO \cdot MnO_2 \cdot nH_2O$）、偏锰酸矿（$MnO_2 \cdot nH_2O$）、水锰矿（$Mn_2O_3 \cdot nH_2O$）、褐锰矿（$Mn_2O_3$，含锰69.62%）、黑锰矿（$Mn_3O_4$，含锰72.03%）、菱锰矿（$MnCO_3$，含锰47.80%）等。矿物和其他脉石矿物呈细粒嵌布，从小于1μm到几微米、十几微米、几十微米（如遵义锰矿、花垣锰矿、城口锰矿等），即使能使绝大部分矿物单体解离，微细粒锰矿的选别也很困难，且有相当数量的高磷锰矿、高铁锰矿和共（伴）生有益金属锰矿，因此我国锰矿选矿常是集合体的选矿。目前，常用的锰矿选矿方法包括洗矿、筛分、重选、强磁选和浮选，以及火法富集、化学选矿法等。

13.3.1 选别工艺

13.3.1.1 单一洗矿

我国氧化锰矿选矿厂大都设有洗矿作业，并由一次洗矿发展为二次或三次洗矿。

广西天等县低品位氧化锰矿，经过选矿后成为优质的炼锰原料。选矿厂将设计的一次洗矿改造为二次洗矿，并对洗矿溢流中的锰加以回收，取得了较好的工艺技术指标。当原矿MnO_2品位为13.53%时，可得到MnO_2品位为22.71%的精矿，锰回收率87.99%，与原生产流程相比，锰回收率提高约5%，每年多回收粉矿约8000t，经济效益明显。

2014年，全国采用单一洗矿作业处理锰矿的选矿厂有6家，采用洗矿加磁选的选矿厂有9家。

13.3.1.2 重选

重选具有投资少、生产成本低的优点，由于我国优势锰资源越来越少，锰矿嵌布粒度越来越细，磨矿细度要求也越来越高，重选法受到一定限制，难以发挥其优势。近十年来，工业上鲜有新增选矿厂采用重选法回收锰矿石，部分研究工作停留在试验室研究阶段。

韦连军等人[21]对广西兴业锰矿进行选矿试验，原矿锰品位为23.59%，磨至0.5～0.074mm和-0.074mm两个粒级后分别进行重选，得到的锰精矿品位都达30%左右。

2014年，全国锰矿采用单一重选的选矿厂有两家，采用重选加磁选的选矿厂1家，磁选加重选的选矿厂1家。

13.3.1.3 强磁选

长期以来，磁选在锰矿选矿中均占主导地位。常用的磁选机有干式强磁选机、湿式强磁选机和高梯度强磁选机，其中湿式强磁选机和高梯度强磁选机的发展较快，并越来越广泛地用于选别0～0.5mm级别甚至更细级别的矿石。近十年来各种新型的粗、中、细粒强磁选机陆续研制成功，大大促进了磁选工艺的发展。

王珊、方建军等人[22]使用SLon-100立环式脉动高梯度磁选机对广西大新难选碳酸锰矿进行回收，分别从影响磁选指标的磨矿细度、磁场强度和磁选介质三个方面进行了试验研究，对锰品位14%的原矿，采用一次粗选、一次扫选流程，磨矿细度-0.074mm含量占65%，磁场强度为631kA/m，磁介质为粗钢丝网型时，可获得精矿锰品位为19.06%、磁选作业回收率为82.00%的良好指标。对于粗粒锰矿，采用强磁选机对螺旋分级机的返砂产品进行磁选，得到锰品位42.30%的精矿，作业回收率为66.51%。

李茂林[23]对微细粒级低品位碳酸锰矿进行强磁选工艺研究，强磁粗选采用XCSQ-50×70湿式强磁选机，在磨矿细度为-0.038mm占38%、磁场强度为1590kA/m时，一次粗选即可获得锰粗精矿品位22.64%、回收率51.76%的指标；同时，对该矿石采用先疏水絮凝再强磁扫选的方法进行了试验研究，即用碳酸钠调整矿浆pH值到10，加入分散剂水玻璃和六偏磷酸钠，再加入油酸钠进行搅拌，使矿石充分疏水絮凝，最后使用强磁选机进行扫选，可获得磁选锰精矿品位和回收率分别为23.06%和54.89%；并在此基础上强化疏水絮凝处理，即在絮凝过程中有选择性地增加磁力作用力，减少非选择性的机械作用力，在磁场强度为1790kA/m条件下进行一次扫选，最终在一次强粗选和强化絮凝扫选后可获得锰精矿品位21.88%、回收率为62.68%的指标。

针对细粒级嵌布的氧化锰矿，长沙矿冶研究院[24]以连城锰矿为对象，在微细粒贫锰矿选矿回收方面做了大量的研究工作。试验采用单一强磁选流程回收锰品位为6.85%的微细粒级锰矿泥，可获得锰品位24.11%的锰精矿，锰的回收率为57.08%，全流程试验获得锰精矿品位40.32%，锰回收率85.44%。

2014年，全国锰矿采用单一磁选或磁选联合流程的选矿厂有18家，占全部锰矿选矿厂的67%。

13.3.1.4 浮选

我国大部分锰矿属碳酸锰矿和氧化锰矿，由于氧化锰矿表面易被水润湿，可浮性能差，加之浮选经营成本高，操作不易控制，氧化锰矿石的浮选分选目前仍处于研究阶段，其研究重点是浮选药剂、浮选设备及浮选机制。相比之下，碳酸锰矿可浮性较好，在浮选药剂和工艺方面都取得了一系列的成就，碳酸锰矿的浮选技术根据捕收剂种类主要分为两种：(1) 用脂肪酸类正浮选工艺；(2) 用阳离子捕收剂反浮选工艺。

A 正浮选工艺

目前国内外碳酸锰矿的浮选工艺普遍采用阴离子正浮选，碳酸锰矿的正浮选工艺中，捕收剂一般采用油酸及油酸钠、氧化石蜡皂、石油磺酸钠、塔尔油、环烷酸、烷基羟肟酸等羧酸类药剂，在浮选过程中，常添加一定的促进剂燃料油和煤油，可加强捕收剂在矿物表面的疏水作用。中南大学曹学锋等人[25]对某低品位碳酸锰矿进行了正浮选试验研究，其原矿锰品位为10.45%，主要的脉石为石英。在探索磨矿细度、捕收剂和抑制剂种类及用量等基础上进行闭路试验研究，结果表明：用油酸和SDBS作为组合捕收剂，碳酸钠和水玻璃作为抑制剂，经过一次粗选、二次精选、一次扫选且中矿顺序返回后可获得锰精矿品位17.01%、回收率为87.65%的良好指标。

石朝军等人[26]以原矿品位7.52%的湖南花垣低品位碳酸锰矿为研究对象，采用强桦矿业公司生产的QH015型组合捕收剂，HJ-01矿泥调整剂，水玻璃作为脉石矿物的抑制剂，碳酸钠作为pH值调整剂，经过一次粗选、三次精选、六次扫选后，最终获得了品位为17.96%、回收率为86.35%的锰精矿。在此基础上，花垣县强桦矿业公司进行了锰矿浮选生产工艺技术改造，采用研制的新型浮选药剂，经一次粗选、三次扫选、六次精选浮选流程最终获得了精矿平均品位19.2%、回收率86%以上的工业生产指标，实现了低品位碳酸锰矿的高效回收。

B 反浮选工艺

碳酸锰矿的反浮选工艺主要是采用阳离子捕收剂浮选矿石中的硅酸盐等脉石矿物[27]，实现锰矿与脉石矿物的有效分离。脉石矿物的浮选主要采用胺类浮选工艺，但存在浮选的药剂种类较少、药剂配制复杂、选择性较差、泡沫发黏、后期的输送及过滤困难等实际生产问题，使得碳酸锰矿反浮选工艺主要还处于试验研究阶段，还未在实际生产中广泛应用。国内生产的阳离子脉石捕收剂主要为酰胺、醚胺、多胺、缩合胺及其盐类，并不断向季铵盐、亚胺脲、酰胺基胺等领域发展[28]。

我国曾有遵义铁合金厂建有浮选厂，该矿是以碳酸锰矿为主的低锰、低磷、高铁锰矿，选别流程多次整改、调试，有与重选、浮选组合的工艺流程，但生产一直不正常，20世纪80年代已停产。

2006 年以来未见有新建选矿厂采用反浮选工艺生产。

13.3.1.5 化学选矿

化学选矿主要用于处理微细粒嵌布锰矿或含有多种金属等难处理的锰矿。近几年，氧化锰矿和碳酸锰矿的化学选矿技术取得了一定的研究进展，但实现工业应用的案例不多。其中，氧化锰矿研究较多集中在铁屑还原法、两矿加酸法、硫酸亚铁浸出法、闪锌矿催化还原法，以及针对软锰矿的农林副产物直接浸出法等。针对碳酸锰矿的常规酸浸法和海洋锰结核的提取技术也获得一些新的突破。

湘潭大学[29]针对锰品位 13.28% 的银锰矿，采用铁屑作为还原剂，在酸性条件下湿法浸出，将锰银分离，锰的浸出率大于 97%，而银留在渣中，较好地实现了锰银分离。

长沙矿冶研究院柴婉秋等人[30]针对大洋锰结核，采用硫化亚铁作还原剂，硫酸作浸出剂，浸出锰结核中的铜、钴、镍。通过试验研究，获得了铜、钴、镍的浸出率分别为 95.58%、99.61%、98.74%，而锰、总铁的浸出率为 98.60%、25.54%，实现了金属的高效综合回收。海洋锰结核是一种十分具有潜力的矿产资源，该技术工艺的研究对于海底锰结核资源的开发具有重要意义。

中南大学刘有才等人[31]针对湖南宁乡洪家山碳酸锰矿，采用硫酸浸出锰的研究，并采用轻质碳酸钙中和法除去 Fe^{3+}、Al^{3+}，用草酸作为沉淀剂去除滤液中的 Ca^{2+}、Mg^{2+}，通过实验制备硫酸锰的工艺条件研究，获得了锰浸出率 85% 的技术指标，且杂质得到有效去除。

农林副产物直接浸出法是采用农林副产品，如废糖蜜、木屑、纤维素、甘蔗汁等在酸性介质中会分解为一种或多种具有还原性的物质，可以用来还原浸出软锰矿。如广西大学粟海锋等人[32,33]分别采用糖蜜酒精废液和芦丁为还原剂，研究了在硫酸介质中直接浸出锰矿中锰的新工艺，锰的浸出率达 94.9%，而杂质铁仅为 4.7%。该方法在环保选矿方面具有一定的意义，但因效果、产量等原因难以推广应用。

中国地质大学、桂林矿产地质研究院等[34]采用铵盐法从低品位碳酸锰矿石中富集回收锰，结果表明采用该工艺的锰回收率达 90% 以上，认为该方法是一种从低品位碳酸锰矿石中富集回收锰的绿色化学工艺。

13.3.1.6 生物选矿

微生物浸矿技术是一种处理贫矿、难选矿较佳的方法，具有成本低、能耗小、污染小、操作简单等特点。近十年来，我国在微生物浸取锰矿方面，主要开展过大洋锰结核中锰的进程以及废旧电池粉末中二氧化锰的还原浸出研究，而针对低品位氧化锰矿的生物浸出研究少见报道。

中国科学院化工冶金研究所、北京科技大学土木与环境工程学院开展了多金属锰结核的微生物浸出研究[34]。在常温、酸性、厌氧环境下，按一定的比例添加微生物培养基和供电子体，采用微生物连续高密度培养、矿浆预浸、微生物固定和强化传质的手段，陆地软锰矿和硬锰矿浸出 9 天，锰浸出率分别为 95.6% 和 96.8%。根据试验结果，提出了微生物两矿耦合还原浸出氧化锰中有价金属的方法。

昆明理工大学李志章等人[20]以软性塑料纤维为填料，构建了氧化亚铁硫杆菌的固定化生物反应器，在低 pH 值和高浓度 Fe^{2+} 条件下长期驯化后，进行微生物浸出试验，通过优化参数后锰的浸出率可达 85%。

此外，中国科学院过程工程研究所与北京科技大学针对河北迁西低品位氧化锰矿，开展了生物浸出综合利用的研究[35]，在实验室进行了机理和浸出条件优化实验，研制了 $500m^3$ 高效反应器。在此基础上完成工程设计和工程建设，通过分机、联机试车，全流程贯通。日处理矿石 200t，氧化锰矿平均品位为 15%，浸出率在 90% 以上，堆浸浸出时间 7 个月，槽浸浸出时间 20h。将高温下的氧化锰矿和硫化矿浸出反应，转化为常温常压无氧条件下共同浸出，能耗低，无废气排放，浸渣可制成矿物环境材料。一期工程调试产品近 100t，一水硫酸锰可达到国家标准。

13.3.1.7 联合选别工艺

随着高品位、易选锰矿不断地被开采和利用，贫、细、杂等难选低品位锰矿的比例在不断增加，给锰矿的高效回收利用带来了极高难度，采用单一的选矿方法难以获得合格的锰精矿。采用多种选矿方法的联合工艺来选别锰矿石越来越受到重视。联合工艺具有取长补短、优势互补的特点，为锰矿资源的有效利用提供了基础。近十年以来，重介质—强磁选、焙烧—强磁选、强磁—浮选以及选冶结合等联合工艺得到广泛应用。

在微细粒贫锰矿选矿回收工艺及药剂研制方面，长沙矿冶研究院针对微细粒氧化锰矿[24]，以连城锰矿兰桥选矿厂生产流程中所产生的微细粒贫锰矿为研究对象，在成功研制出 RMK 锰矿浮选捕收剂的基础上，进行了微细粒贫锰矿选矿回收工艺的研究。实验室采用“单一强磁选”流程和“强磁选—浮选”的联合工艺流程，选别微细粒贫锰矿均获得良好的试验指标。工业试验采用“洗矿—跳汰—中磁选—絮凝脱泥—强磁选”联合流程选别连城贫锰矿，全流程获得了锰精矿品位 42.85%、回收率 82.41% 的选别指标。该技术研究成果对我国微细粒贫锰矿的选矿技术回收具有重要的指导意义。

广西大新碳酸锰矿矿石探明储量达 1.2 亿吨，居全国之首，采用单一的机械选矿工艺已经难使该细粒级矿石得到满意的指标。王珊等人[22]对原矿锰品位为 14.62% 的广西大新细粒碳酸锰矿采用单一的重选、磁选和浮选都难以获得较好的指标，于是采用先强磁再反浮选的联合工艺，最终获得了锰品位为 20.09%、回收率为 76.20% 的合格锰精矿。

韦连军等人[21]对广西兴业锰矿采用“洗矿—重选—磁选”的联合工艺进行回收，获得了较好的技术指标，并同时回收了钴和镍。该矿石以软锰矿和硬锰矿的形式存在，原矿含锰 23.59%、镍 0.15%、钴 0.07%，通过洗矿、重选后，采用一次粗选、一次扫选磁选流程，最终获得精矿品位 31.12%、回收率 83.08% 的锰精矿，精矿中含镍 0.2%，回收率 74.61%，含钴 0.1%，回收率 75.25%。在锰得到有效回收的同时，综合回收了镍和钴元素。

2014 年，全国锰矿采用联合选别工艺的选矿厂有 11 家。

13.3.2　选矿设备

由于锰矿分选领域磁选占据主导地位，因此，磁选机的研发与应用一直是锰矿分选的主要研究方向。

目前，国内锰矿应用最普遍的是中粒强磁选机，粗粒和细粒强磁选机不断得到应用，其中，以长沙矿冶研究院开发的新型永磁磁选机为代表，取得了可喜的成就，并达到国际先进水平。微细粒强磁选机以赣州金环公司研制的立环脉冲式强磁选机和长沙矿冶研究院研制的 ZH 组合湿式强磁选机为代表。

13.3.2.1　CRIMM 永磁干式强磁选机

长沙矿冶研究院自 2001 年开始研制一种新型干式永磁强磁选机（CRIMM 永磁干式强磁选机），并于 2006 年投入工业应用，该设备主要用于解决粗粒级（6～30mm）弱磁性矿石（锰矿、红矿等）的干选。其特点是采用独特的磁路设计，通过适当降低峰值磁场强度，大幅提高谷值磁场强度，并且提高磁场作用深度，使得粗粒级矿石始终处于高磁场强度中，从而提高分选磁力。

针对云南斗南锰矿，长沙矿冶研究院[36]采用 ϕ300mm × 500mm 新型干式永磁强磁选机对 30～15mm 和 15～6mm 粒级矿石进行分选试验。试验获得两个粒级的精矿品位分别为 31.23% 和 30.95%，回收率分别为 89.34% 和 89.32% 左右。与原干式磁选设备相比，品位分别提高 2.62% 和 1.76%，回收率分别提高 12.7% 和 14.43%。新装备的分选效果显著优于老式干式磁选机。

采用该设备对贵州白石溪碳酸锰矿进行锰矿石的回收，原矿破碎粒度全粒级 0～12mm，入选品位 12.13%，采用新型干式永磁强磁选机进行一次粗选、一次扫选工艺进行锰的回收，可获得精矿锰品位 16.20%、回收率 96.31%、尾矿品位 1.50% 的选别指标。

13.3.2.2　CRIMM 湿式永磁强磁选机

CRIMM 湿式永磁强磁选机是一种针对 −6mm 细粒级弱磁性矿物分选而研制的磁选设备。该设备结合细粒级物料在水中分选的特点，采用独特的磁路设计理念，通过适当降低峰值磁场，大幅提高谷值磁场，同时适当地降低磁场作用深度，尽量提高工作面磁场，实现细粒级矿石的高效捕收。

长沙矿冶研究院[36]针对斗南锰矿流程中 6～0.5mm、−0.5mm 细粒级矿石，采用一台 ϕ300mm × 260mm CRIMM 湿式永磁强磁选机，进行分选试验，并与电磁感应辊式强磁选机对比试验。结果表明，新设备与电磁感应辊式磁选机相比，精矿品位高出 1.5%，回收率大幅提高 30%，实现了细粒级的高效分选。CRIMM 湿式永磁强磁选机的研制，填补了 −6mm 弱磁性矿物没有好的湿式分选设备这一空白。

为有效回收云南斗南锰矿，长沙矿冶研究院采用研制的 CRIMM 干式永磁强磁选机和湿式强磁选机，对粗细不同锰矿石采取分段回收试验。采用两台 ϕ300mm × 1800mm 干式永磁强磁选机组成一次粗选、一次扫选分别处理 30～15mm 和 15～6mm 粒级物料；同时，采用两台 ϕ300mm × 1800mm 湿式永磁强磁选机组成一次粗选、一次扫选分别处理 6 ~ 0.5mm 粒级和 - 0.5mm 粒级物料。工业试验取得了精矿产率 54.83%、精矿品位 28.21%、回收率 88.92% 的优良指标。与该公司 30000t/a 老选矿厂 CS-2 电磁感应辊式强磁选机分选指标相比，综合精矿产率高出 16.43%，品位高 0.32%，回收率高 29.22%。与 25 万吨/年新选矿厂采用的老式干式永磁强磁选机分选和 CS-1 电磁感应辊式强磁选机组成选矿工艺的分选指标相比，精矿产率高 13.34%，精矿品位高 0.15%，回收率高 22.62%。工业试验后，新型干式和湿式强磁选机取代了原有的干式和电磁磁选机。

云南斗南锰业股份有限公司采用新型强磁选机开展工业试验，技术生产指标达到国内最好指标，也是国内第一家对 0.5mm 以下锰矿细泥进行回收的单位，新设备的成功应用使得斗南锰业公司成为国内同类锰矿选矿的领跑者。

13.3.2.3 ZH 型组合式湿式强磁选机

ZH 型组合式湿式强磁选机是长沙矿冶研究院针对微细粒矿物分选研制出来的一种新型强磁选设备。该设备采用隔粗筛加三道分选盘式结构，能分别对强、弱磁性和粗、细粒级的混合矿物进行分段分选，极大地增强了对目的物料特别是细粒级目的物料的捕收能力。适用于细粒弱磁性锰矿物的回收。

采用该设备对云南腾冲碳酸锰矿进行回收，原矿锰品位 25.03%，在细度为 - 75μm（ - 200 目）占 85.6% 的条件下，一次粗选可获得精矿品位 36.85%、回收率 77.75% 的技术指标。对于原矿锰品位 18.52% 的锰矿，在磨矿细度 - 75μm（ - 200 目）占 89.63% 的条件下，经一次磁选作业，获得精矿品位 35.31%、回收率 72.04% 的技术指标。试验结果表明该设备针对微细粒矿物的分选效果显著。

13.3.3 尾矿、三废处理、环保、循环利用

2006 年以来，锰矿选矿技术的进展主要是在磁选技术及设备方面。唯一的浮选厂也已关停，选矿厂废水处理不存在大的难题，也无明显技术发展，大宗尾矿综合利用与铁矿、有色金属矿等尾矿一样，仍然没有大规模利用。锰矿加工的三废处理与循环利用，主要进展体现在电解金属锰方面。锰渣是电解锰行业最大、最危险的污染源，全国电解锰行业每年新增锰渣 1000 万吨左右。锰渣处理的通用方式是按环保要求集中堆放，一些企业曾探索利用锰渣制砖或肥料，但因用量太小或产生土壤板结，无法从根本上解决这一问题。

宁夏天元锰业有限公司是世界上最大的电解金属锰生产企业，每年产生以锰渣为主的各类工业固废 860 万吨。2009 年以来，先后投入 2 亿多元，通过与中国环境科学研究院、天津水泥工业设计研究院等科研院所的联合攻关，在废渣无害化处理和氨氮回收利用上取得重大突破。电解锰废渣无害化处理后生产水泥，可使固废利用率达到 51.69%。每年消纳各类固废约 500 万吨，其中电解锰渣约 342 万吨。经国家建筑材料工业水泥能效环保评价检验测试中心对改性电解锰渣性能测试，改性电解锰渣样品的放射性、浸出毒素、腐蚀性均符合相关标准要求，改性和无害化处理后的锰渣属于一般固体废物，实现了变废为宝，资源综合利用。公司还注重源头清洁生产：（1）在国内率先全部使用进口高品位二氧化锰矿和碳酸锰矿进行生产，使吨产品原矿用量由原来的 8 ~ 10t 降至现在的 3.5t。按年产 50 万吨金属锰产品规模计算，每年可少排放锰渣 275 万吨，分别减少锰和氨氮排放量 3 万吨和 1.5 万吨。（2）工艺技术清洁化。采用高效还原技术，将二氧化锰还原率由原来的 60% 提高到 98%；开发出二段浸出工艺，改变传统工艺始终在同一化合罐浸出，在不同酸度条件下对一次浸出渣进行二次浸出，锰矿浸出率达到 96%；在国内率先开发和应用了 RPP 节能型电解槽等一系列节电新材料、新技术、新设备，将电解锰单板产量从 3.3kg 提高到 3.8kg，吨产品直流电耗从 6900kW·h 下降到 5800kW·h。（3）设计原理清洁化。在制粉过程中，按照料不落地的设计原则，矿石进厂后直接进入密闭的均化车间，均化、制粉、制液全部在密闭的车间内进行，实现制粉和制液过程粉尘无排放。在电解车间出槽、漂洗等工序，采用自动化控制技术，在一套设备上全自动实现废水的三次减量、二次循环，达到工艺废水的全部回用。

金瑞新材料科技股份有限公司贵州分公司在贵州省科技厅重大科技专项支持下，2009 年完成了电解锰浸出废渣的资源化利用技术研究和工业化试验。在体系水平衡的前提下，对电解锰浸出渣采用真空带式过滤机进行洗涤回收，电解锰浸出渣中水溶性锰和硫酸铵的回收率达到 85%；利用电解锰渣研制生产出蒸压砖，强度达 16MPa，电解锰渣用量达 60%；利用电解锰渣作为水泥矿化剂，电解锰渣掺量为 6%，

水泥煅烧温度降低 100℃，28 天抗折强度提高 29%、抗压强度提高 16%。上述三项技术均为国内外首创。该项目还研究利用电解锰渣作为水泥混合材，结果表明：在水泥中掺入 15% 的 450℃煅烧电解锰渣，其活性较粉煤灰好，强度大于 32.5MPa。

此外，国内多家电解金属锰厂加强节硒、代硒新试剂的研究，发展无铬钝化和免钝化，消除铬污染；从电解锰渣、电解锰阳极泥中回收利用锰资源和伴生金属等均取得一定进展。

13.4 锰矿选矿存在的问题及发展趋势

我国大多数锰矿属细粒或微细粒嵌布，品位低，且结构复杂，含有伴（共）生金属和其他杂质，具有高磷、高铁、高镁、高硅、高铝的特点，属于复杂难选矿。磷含量超标的占 49.6%，铁含量超标的占 73%。优质锰矿只占总储量的 6.7%，近 1/5 为伴生矿床，共、伴生组分主要是银、铅、锌、钴、铁和镁等，技术加工性能差。锰矿选矿存在的主要问题有：（1）锰矿嵌布粒度细，微细粒矿物难以回收；（2）锰矿中含弱磁性铁矿与锰矿磁性相差不大，常规的磁选法难以实现铁、锰的有效分离；（3）一些密度和磁性接近的锰矿物、铁矿物和其他脉石矿物，采用常规的重选和磁选难以有效分离；（4）氧化锰矿石中含有的钴、镍、银、铅等有价金属，未得到综合回收；（5）采用焙烧磁选工艺、直接还原工艺、火法富集锰工艺等生产成本高，在实际生产中难以推广使用；（6）化学选矿、生物选矿因技术成熟度低及生产成本高难以工业应用。正因如此，我国锰矿选矿厂少，处理量低。2014 年全国共有锰矿选矿厂 27 家，其中，重选厂 8 家（含洗矿）、磁选厂 7 家、重选与磁选联合流程厂 11 家、浮选厂 1 家（已停产）。全国锰矿选矿厂年处理能力约 600 万吨，实际处理 450 万吨左右。因国外进口锰矿质量好、价格低的冲击，国产锰矿开采有进一步下降的趋势。

加强复杂难处理锰矿选冶综合利用技术研究，研发针对性强的环保选冶联合流程和高效设备，提高复杂难处理锰矿综合利用水平是锰矿选矿技术发展方向。

参考文献

[1] U. S. Geolgical Survey. Mineral Commodity Summaries[EB/OL]. http://minerals.usgs.gov/minerals/pubs/commodity/manganese/mcs-2015-manga.pdf.

[2] 洪世琨. 我国锰矿资源开采现状与可持续发展的研究[J]. 中国锰业，2011，29(3):13-16.

[3] 严旺生，高海亮. 世界锰矿资源及锰矿业发展[J]. 中国锰业，2009(3):6-11.

[4] 任禾. 深海锰结核[J]. 中国经济和信息化，2013(15):86-88.

[5] 中华人民共和国国土资源部. 中国矿产资源报告 2015[M]. 北京：地质出版社，2015：4.

[6] 锰矿全球格局[EB/OL]. http://thj.mysteel.com/14/0821/16/4A2DC0C5F5D013BB.html.

[7] 徐昱，王建平，吴景荣. 我国锰资源存在的问题及可持续开发对策[J]. 矿业研究与开发，2013，33(3):110-115.

[8] 周健. 中国进口锰矿市场分析[J]. 中国锰业，2015，33(2):35-38.

[9] 中国铁合金在线网[EB/OL]. http://www.cnfeol.com/

[10] 卢毅屏，吕海峰，冯其明，等. 细粒软锰矿磁-疏水联合聚团研究[J]. 中南大学学报，2012(12)：4595-4599.

[11] 卢毅屏，吕海峰，冯其明，等. 外磁场对细粒软锰矿浮选的影响[J]. 有色金属，2012(5):53-55.

[12] 罗娜，张国范，冯其明，等. 菱锰矿与方解石浮选行为及其机理研究[J]. 有色金属（选矿部分），2012(4):41-45.

[13] 罗娜，张国范，冯其明，等. 六偏磷酸钠对菱锰矿与方解石浮选分离的影响[J]. 中国有色金属学报，2012(11)：3214-3220.

[14] 张文山，石朝军，梅光贵，等. SO_2 还原 MnO_2 矿制取硫酸锰的研究[J]. 中国锰业，2009，27(4):7-8，24.

[15] 谢红艳，王吉坤，杨世诚，等. 从软锰矿中湿法浸出锰的研究进展[J]. 中国锰业. 2011，29(1):5-10.

[16] 张东方，田学达，欧阳国强，等. 银锰矿中锰矿物的铁屑还原浸出工艺研究[J]. 湿法冶金，2007，26(2):80-83.

[17] 陶长元，孙大贵，刘作华，等. 微波辅助高价锰还原浸出动力学研究[J]. 中国锰业，2010，28(1):21-24.

[18] 张旭，冯雅丽，李浩然，等. 微生物浸出低品位软锰矿过程中 H^+ 和 Fe^{3+} 对反应过程的影响[J]. 中南大学学报，2014，8：2791-2796.

[19] 李浩然，冯雅丽，周良，等，微生物异化还原金属氧化物的机理及应用[J]. 中国矿业大学学报，2007(9):680-683.

[20] 李志章，徐晓军. 氧化亚铁硫杆菌对低品位锰矿浸出的试验研究[J]. 金属矿山，2006(11)：50-53.

[21] 韦连军，雷满齐，黄庆柒，等. 广西兴业某锰矿选矿试验研究[J]. 中国矿业，2010(2)：89-92.

[22] 王珊，方建军，文娅，等. 广西大新难处理低品位碳酸锰矿加工工艺研究[J]. 中国锰业，2013，31(1):7-10.

[23] 李茂林，秦勤，但智钢，等. 微细粒低品位碳酸锰矿强磁选工艺研究[J]. 武汉科技大学学报（自然科学版），2012，35(4):247-249.

[24] 汤晓壮，陈让怀，等. 微细粒贫锰矿选矿回收工艺及药剂研究报告[R]. 国家“十一·五”科技支撑计划课题研究报告.

[25] 曹学锋，卢建安，张刚，等. 某低品位碳酸锰矿石浮选工艺研究[J]. 金属矿山，2013(5):99-101，116.

[26] 石朝军，麻德立，谢勇，等. 湖南花垣低品位碳酸锰矿石浮选生产实践[J]. 中国锰业，2012(5):36-38.

[27] 余新阳，钟宏，刘广义. 阳离子反浮选脱硅捕收剂研究现状[J]. 轻金属，2008(6):6-10.

[28] 张永，钟宏，谭鑫，等. 阳离子捕收剂研究进展[J]. 矿产保护与利用，2011(3):44-49.

[29] 张东方，田学达，欧阳国强，等. 银锰矿中锰的铁屑还原浸出工艺研究[J]. 湿法冶金，2007(6):80-83.

[30] 柴婉秋，沈裕军. 硫化亚铁还原浸出锰结核试验研究[J]. 矿冶工程，2010(6):74-76.

[31] 刘有才，李丽峰，王晖. 碳酸锰矿化学浸出过程研究[J]. 广东化工，2008(9):26-29.

[32] 粟海锋，黎克纯，文衍宣，等. 芦丁还原浸出低品位软锰矿的研究[J]. 高效化工工程学报，2008(10):779-783.

[33] 粟海锋，崔嵬，文衍宣. 芦丁还原浸出低品位软锰矿的研究[J]. 广西大学学报（自然科学版），2010(6):373-377.

[34] 杨仲平，靳晓珠，朱国才. 铵盐焙烧法处理低品位锰矿的工艺研究[J]. 中国锰业，2006(8):12-15.

[35] 周娥，段东平，陈思明，等. 低品位复杂锰矿微生物浸出实验研究[J]. 中国稀土学报，2012(8):964-970.

[36] 曹志良，赵爱军，钟石生，等. 新型永磁干式和湿式强磁选机研发及应用研究报告[R]. 国家“十一·五”科技支撑计划课题研究报告.

[37] 毛莹博，方建军，文书明，等. 碳酸锰矿选矿工艺研究进展[J]. 昆明理工大学学报（自然科学版），2014(12):25-31.

第 14 章　镍矿石选矿

镍矿石作为最重要的矿种之一，选矿工作者对各类镍矿石及含镍多金属矿石进行了详细的研究，尤其是对于铜镍矿石进行了大量的研究工作，并取得了一批科技成果。随着镍资源的短缺，各镍企业通过技术创新，提高镍资源的利用程度，提高了企业经济效益。近几年的研究成果具体表现在：破碎与磨矿的研究，力求节能降耗；进一步降低镍矿石入选品位，提高资源利用率；提高镍和伴生金属的回收率，降低生产成本；采用高效、低毒选矿药剂，减少环境污染；优化工艺流程等。

14.1　镍资源简况

14.1.1　镍矿资源分布及储量

镍元素在整个陆壳的丰度为 0.105‰，多以化合态形式存在，已知含镍矿物 50 余种，最主要的有 10 余种。世界上含镍的资源主要有三种：硫化镍矿、红土镍矿和海底结核。由于技术的限制，目前对海底结核的开发还处于研究阶段，未见大规模开发。2013 年世界镍储量为 7400 万吨，与 2012 年相比下降 1.3%，其中硫化镍约占镍矿总资源量的 28%，红土镍矿约占镍矿总资源的 72%[1]，硫化镍矿和红土镍矿仍是目前镍资源的主要来源。

世界镍储量主要集中分布在澳大利亚、新喀里多尼亚、巴西、俄罗斯、古巴、印度尼西亚、南非、加拿大、中国和马达加斯加等国家，上述 10 个国家储量合计约占世界镍总储量的 86.4%（见表 14-1）。

表 14-1　2011～2013 年世界镍储量（金属量）　（万吨）

国家或地区	2011 年储量	2012 年储量	2013 年储量
澳大利亚	2400	2000	1800
新喀里多尼亚	1200	1200	1200
巴　西	870	750	840
俄罗斯	600	610	610
古　巴	550	550	550
印度尼西亚	390	390	390
南　非	370	370	370
加拿大	330	330	330
中　国	300	300	300
马达加斯加	160	160	160
菲律宾	110	110	110
多米尼亚	100	97	97
哥伦比亚	72	110	110
博茨瓦纳	49	49	—
美　国	—	—	16
其　他	460	474	510
世界总计	8000	7500	7400

资料来源：2013 年、2014 年世界矿产资源年评。

镍具有强烈亲硫性，形成镍的硫（或砷）化物，如针硫镍矿（NiS）、镍黄铁矿（(Fe、Ni)S）、紫硫镍铁矿（Ni_2FeS_4）、硫砷镍矿（NiAsS）、砷镍矿（$NiAs_2$）、红砷镍矿（NiAs）、硫镍钴矿（$(Co、Ni、Fe)_3S_4$）、含钴黄铁矿（(Co、Ni、Fe)S）、钴镍黄铁矿（$(Co、Ni、Fe)_9S_8$）、镍华（$Ni_3(H_2O)_8(AsO_4)_2$）等。氧化镍矿主要是镍红土矿和硅酸镍矿，其开发利用是以镍红土矿为主。

我国镍资源储量约为300万吨，目前探明的镍资源中约90%为硫化矿。我国镍矿资源的特点是储量分布高度集中，镍矿床主要有甘肃省的金川，吉林省的红旗岭、赤柏松，新疆维吾尔自治区的喀拉通克、黄山，青海省的格尔木，四川省的冷水菁、杨柳坪，云南省的白马寨、墨江等；主要为镁铁—超镁铁岩中的铜镍硫化物矿床，共伴生大量钴、铂、金、银以及稀散金属，成为综合性矿床，综合利用价值巨大。我国红土镍矿资源较少，主要分布在云南元江地区、青海、四川西南部攀枝花地区等，红土镍矿资源储量少，品位低，工业开采价值不大，目前仅有小规模开采。

14.1.2 镍矿资源的生产和消费

14.1.2.1 世界镍精矿产量

当前全球镍产量大部分产于岩浆型铜镍硫化物矿床，大多为坑采，采用火法冶炼，由于其中可供工业综合回收利用的共伴生矿产多，主要为铜、铂族金属、金、银和硫等，生产成本较低；小部分镍产于红土镍矿床，为露采，采用高压酸浸或氨浸湿法冶炼，其中可供当前工业综合回收利用的共伴生矿产只有钴，因此，目前生产成本普遍高于前者。

2014年1～11月，全球矿山镍产量为166.31万吨，较2013年同期减少58.6万吨，这主要是因印度尼西亚矿业出口禁令导致该国产量下滑。2014年1～11月，全球精炼镍总产量为174.57万吨。当今全球有16个国家镍矿山产量在1.5万吨以上，其中产量超过10万吨的国家有6个，分别是印度尼西亚、菲律宾、俄罗斯、澳大利亚、加拿大和新喀里多尼亚，2013年这6个镍矿生产大国的总产量为201.08万吨，约占世界矿山镍总产量的80%（见表14-2）。

表14-2 2009～2013年世界镍矿山产量（金属量） （万吨）

国家或地区	2009年	2010年	2011年	2012年	2013年
印度尼西亚	19.06	21.65	22.69	62.22	81.15
菲律宾	13.97	18.43	31.94	31.76	31.56
俄罗斯	26.20	27.40	27.00	26.87	27.60
澳大利亚	16.60	17.00	21.50	24.40	23.40
加拿大	13.50	16.01	21.90	20.45	22.33
新喀里多尼亚	9.28	12.99	13.11	13.17	15.04
中　国	8.48	7.98	8.98	9.33	9.84
巴　西	3.62	5.41	7.46	8.96	7.74
古　巴	6.50	6.54	6.86	6.83	6.15
南　非	3.44	4.00	4.33	4.59	5.12
哥伦比亚	5.18	4.49	3.78	5.16	4.94
马达加斯加	—	—	—	0.57	2.51
博茨瓦纳	2.58	2.21	1.57	1.76	1.96
希　腊	0.96	1.61	2.11	2.16	1.94
芬　兰	0.16	1.21	1.91	2.00	1.94
马其顿	1.20	1.44	1.73	1.30	1.69
其　他	3.29	3.90	5.53	5.84	8.89
世界总计	134.02	152.72	182.40	226.80	251.29

资料来源：2014年世界矿产资源年评。

14.1.2.2 世界及我国镍消费量

2013年世界精炼镍消费量为179.89万吨，比2012年的172.84万吨增加7.05万吨，增长4.1%。世界精炼镍消费量在5万吨以上的国家和地区有7个，分别是中国、日本、美国、韩国、德国、意大利和中国台湾，2013年消费量合计为147.60万吨，约占世界消费量的82.1%。

自2005年以来，我国成为镍最大消费国，并一直保持强劲增长态势，2013年我国镍消费量占全球消费量1/2以上，精炼镍消费量达到90.92万吨（见表14-3）。

表 14-3　世界精炼镍消费量　（万吨）

国家或地区	2009 年	2010 年	2011 年	2012 年	2013 年
中　国	56. 35	48. 93	70. 26	80. 49	90. 92
日　本	14. 76	17. 70	17. 36	15. 93	15. 87
美　国	9. 09	11. 88	13. 39	12. 56	12. 26
韩　国	9. 30	10. 12	10. 01	10. 78	10. 73
德　国	6. 22	10. 03	8. 84	8. 88	6. 61
意大利	4. 42	6. 23	6. 58	6. 47	5. 94
中国台湾	6. 42	7. 27	5. 32	5. 68	5. 27
印　度	2. 45	2. 72	2. 69	3. 30	3. 70
南　非	4. 25	4. 08	3. 36	3. 20	3. 52
西班牙	2. 39	2. 91	2. 92	3. 25	3. 18
比利时	1. 51	2. 11	2. 98	1. 88	2. 60
俄罗斯	2. 00	2. 40	2. 40	2. 40	2. 40
瑞　典	2. 00	2. 88	2. 97	2. 22	2. 37
法　国	1. 45	2. 09	2. 97	2. 63	2. 28
英　国	1. 14	2. 05	1. 86	1. 87	1. 55
芬　兰	1. 70	3. 88	2. 90	2. 51	1. 54
其　他	6. 00	5. 37	9. 30	8. 79	9. 15
世界总计	131. 45	142. 65	166. 11	172. 84	179. 89

资料来源：2014 年世界矿产资源年评。

14. 1. 2. 3　镍精矿和金属进出口情况及趋势

由于世界的大矿业公司（俄罗斯的诺里尔斯克 Norilsk）和大跨国公司（淡水河谷 Vale、斯特拉塔公司 Xstrata 和必和必拓 BHP Billiton）控制着全球大部分镍矿山，镍的初级产品镍精矿和中间产品冰镍多为公司所属精炼厂自用，市场贸易量较少。近年来，红土镍矿矿石贸易的主要供应国家为印度尼西亚、菲律宾、新喀里多尼亚，而最大进口国为中国。

镍资源的主要出口国家有俄罗斯、加拿大、澳大利亚、挪威、新喀里多尼亚、哥伦比亚、古巴、马其顿、芬兰、印度尼西亚、希腊、多米尼加等，2012 年扣除自身消费量后其镍产量约为 78. 75 万吨，占同年全球消费总量的 44. 9%。镍资源的主要进口国家和地区有中国、美国、德国、韩国、科索沃、瑞典、比利时、西班牙、印度、日本、法国、巴西等，2012 年这些国家或地区镍消费量与产量的缺口约 74. 8 万吨，占同年全球消费总量的 42. 6%。美国、德国、韩国、中国台湾和西欧等国家和地区没有镍生产矿山，其镍消费量几乎全部依靠进口。

我国镍消费量的增速大于矿山产量，国内镍矿资源保障程度较低，需要通过大量进口填补需求空缺。目前，我国已成为世界上最大的镍进口国。海关统计数据显示，2011 年，我国镍矿砂及其精矿进口量达 4805. 57 万吨，同比增长 192. 16%。从进口国别来看，从 2006 年始，我国镍矿砂及其精矿进口主要来自印度尼西亚和菲律宾，此两国进口量占总进口量的 90% 以上。

14. 1. 2. 4　镍精矿和金属价格及趋势

2006 年 1 月 ~2015 年 3 月，世界镍价（镍价单位：美元/吨）走势图如图 14-1 所示。

从 2006 年 1 月至 2007 年 1 月，由于经济快速增长对镍的需求的增加和处于高速增长期的中国经济对镍的需求的增加，共同促使了镍价的猛涨。镍金属价格迅速从 13875 美元/吨飙升至 37200 美元/吨，之后镍价格陡然降低至 28000 美元/吨，2008 年 4 月镍价格迅速反弹至 49395 美元/吨。2008 年 2 月份以后受金融危机的影响，世界经济低迷，各金属消费大国有效需求不足，多数有色金属价格一路下滑。至 2009 年 4 月，镍价格跌至谷底 10550 美元/吨；2009 年 5 月份开始世界经济缓慢复苏，需求增加，镍价出现复苏迹象，并逐渐爬升到 2010 年 4 月的 24951 美元/吨，经历了 2008 ~2009 年下滑后，2010 年以来，镍金属价格虽有波动，但总体呈现平缓走势。

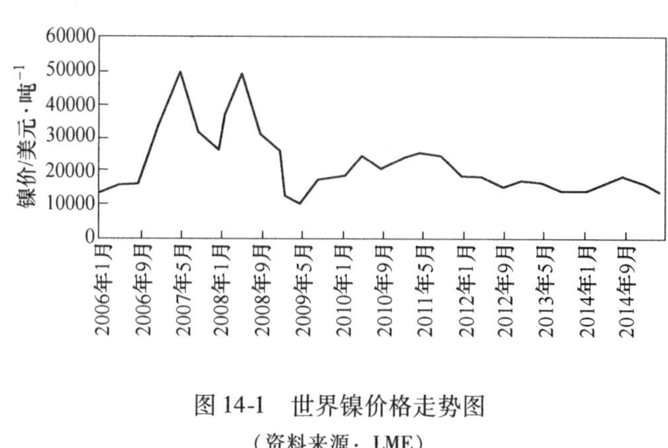

图 14-1　世界镍价格走势图
（资料来源：LME）

14.2　硫化镍矿选矿理论及基础研究进展

近年来对硫化镍矿浮选理论、电化学控制浮选、电化学电位的监测与控制以及磨矿化学环境对浮选的影响等文献报道较多，对镍选矿技术的进步起到很大促进作用。

14.2.1　硫化镍矿床中常见的硫化物的浮选理论研究

磁黄铁矿、含镍磁黄铁矿、镍黄铁矿、黄铁矿是硫化镍矿床中最常见的四种硫化物，可浮性差别不大，尤其是磁黄铁矿和黄铁矿往往对镍矿物的浮选和品位造成较大程度的负面影响，这四类矿物浮选及抑制也是硫化镍选矿研究的重点之一。

尹冰一[2]研究了镍矿石中常见四种硫化矿的可浮性，硫诱导时四种硫化矿的可浮性顺序：磁黄铁矿≈含镍磁黄铁矿 > 镍黄铁矿 > 黄铁矿；它们共同浮选的矿浆电位区间为 50 ~ 300mV；矿浆 pH 值范围为 2.6 ~ 11；捕收剂诱导时，四种硫化矿的可浮性顺序：镍黄铁矿≈含镍磁黄铁矿≈磁黄铁矿 > 黄铁矿；它们共同浮选的矿浆电位区间为 130 ~ 400mV；矿浆 pH 值范围为 2.6 ~ 11.6；捕收剂诱导条件下，四种硫化矿的表面静电位大于相应的戊基黄原酸钠（PAX）氧化为相应二硫化物（双黄药）生成的可逆电位。PAX 在黄铁矿、磁黄铁矿、镍黄铁矿、含镍（1.55%）磁黄铁矿表面的疏水产物是双黄药。

邓杰[3]针对低品位硫化镍矿中主要的含镍硫化矿物镍黄铁矿、磁黄铁矿和黄铁矿的基本性质，从热力学、电化学等角度进行了研究，然后考察了浮选矿浆体系中存在的捕收剂、难免金属离子和矿浆调整剂对硫化矿物浮选行为和表面产物的影响；得出了硫化矿物在矿浆中表面产物和疏水性的变化规律，形成了硫化矿物同步疏水调控机制，将之与镁硅酸盐矿物同步分散/抑制理论结合，开发出适合处理低品位硫化镍矿的强化浮选技术。

S. Kelebek[4]对镍黄铁矿和磁黄铁矿的浮选动力学特性进行了研究，动力学分析采用一阶动力学 Kelsall 模型（一种快浮和慢浮模型）和 Agar 模型（一种定义了最大浮选回收率非 100% 和浮选时间调节参数模型）。研究结果表明：添加捕收剂时，磁黄铁矿的慢浮部分 30% 转变为快浮矿物，而对于镍黄铁矿达到 69%。存储过程中矿物表面氧化后，在捕收剂存在的条件下，磁黄铁矿的可浮性急剧增加，其慢浮矿物比例减少约 49 倍（与没氧化的矿物比较），而对于无捕收剂浮选，减少约 1.3 倍。这主要是由于金属离子起到的活化作用，强于单质硫和多硫化合物引起的疏水性。与磁黄铁矿相反，对于无捕收剂浮选，镍黄铁矿的可浮性降低。矿物表面氧化后，其作用效果体现在两个方面：一方面由于铜离子的存在使快浮矿物部分的浮选速率常数增大，另一方面增加了慢浮矿物比例，这正是浮选损失的主要原因，而采用磨矿预处理可减少浮选损失。

G. Mishra[5]等人研究了 Nkomati 镍矿中矿物学及矿石结构对镍黄铁矿浮选的影响，当硫化矿石中黄铜矿占主要部分或黄铜矿、镍黄铁矿及磁黄铁矿比例相近时，黄铜矿优先浮选，其次是镍黄铁矿及磁黄铁矿。当矿石中磁黄铁矿相对于其他两种矿物所占比例很大时，大量的磁黄铁矿会进入精矿中，并且延迟和抑制镍黄铁矿上浮。含具有天然可浮的硅酸盐矿物时，其影响结果与磁黄铁矿相同。

S. A. Allison 等人[6]对磁黄铁矿的浮选行为进行了研究，在广泛的 pH 值范围内，异丁基黄药（SIBX）

在磁黄铁矿表面形成大量的多层吸附，因此磁黄铁矿浮游速度缓慢并不是由于药剂吸附少，而是由于表面羟基铁配离子的存在使捕收剂在矿物表面的反应速度降低，延长调浆时间能增加捕收剂在其表面的吸附，提高浮选回收率。在其他硫化矿（如黄铜矿和镍黄铁矿）存在的条件下，由于优先吸附现象的存在，使磁黄铁矿表面药剂吸附量减少。硫酸铜的加入能增强捕收剂在矿物表面的吸附，缩短调浆时间，提高磁黄铁矿回收率。

A. A. 阿布拉莫夫[7]在实验室和工业条件下，用理论分析和试验方法确定了铜和镍的硫化矿物浮选时所需要的捕收剂浓度与 pH 值之间的定量关系。

L. K. Smith 等人[8]研究了针镍矿、红砷镍矿等含镍矿物的浮选行为，结果表明，采用黄药为捕收剂，针镍矿在 pH 值为 9 时有很好的可浮性，但当 pH 值为 10 时，其可浮性明显降低。粒度与可浮性分析表明，当粒度大于 75μm 或小于 10μm 时，针镍矿浮选回收率降低。与镍黄铁矿可浮性阈值下限相比（200mV SHE 50% 回收率），针镍矿可浮性阈值下限较低（－100mV SHE）。氰化物对针镍矿与镍黄铁矿抑制效果较差，但能很好地抑制辉砷镍矿，因此氰化物可作为辉砷镍矿与针镍矿、镍黄铁矿分离的选择性抑制剂。对于在 pH 值为 9 时，红砷镍矿可浮性变差，并且不受磨矿环境（铁球与不锈钢球介质）的影响，造成镍精矿含砷高的原因，可能是由于辉砷镍矿引起的，加入氰化物可进一步降低红砷镍矿的可浮性。

И. Н. 赫拉姆佐娃[9]研究了在浮选前的搅拌过程中受到氧气溶蚀的磁黄铁矿-镍黄铁矿连生体明显地表现出双亲性表面。

Zafir Ekmekci[10]等人研究了不同产地镍矿中磁黄铁矿电化学特性、矿物学特性与可浮性之间的关系。结果表明：非磁性磁黄铁矿与氧反应的活性最低，因此可以很好地实现无捕收剂浮选。对于磁性磁黄铁矿，由于与氧反应活性较高（表面生成羟基铁配合物），几乎不能实现无捕收剂浮选。对于磁性磁黄铁矿电化学活性差异，受其产地影响较大。

14.2.2　伴生的硅酸盐脉石矿物浮选理论研究

伴生的硅酸盐脉石矿物易泥化，自然可浮性较好，往往会对镍矿物的浮选和精矿品质造成极大的负面影响，对易浮脉石的性质及抑制剂的研究是硫化镍矿选矿非常重要的课题之一。

张明强[11]研究认为，蛇纹石与黄铁矿的分散可以通过克服静电引力或者变静电引力为静电斥力两种调控方式来实现，水玻璃的分散作用是前者，六偏磷酸钠以及酸的作用是后者。水玻璃主要以 $Si(OH)_4$ 吸附于蛇纹石表面，产生水化斥力，而不与表面镁作用；六偏磷酸钠和酸的作用是使蛇纹石表面动电位由正变负，使静电引力为静电斥力；蛇纹石的晶体结构分析、与调整剂作用后的溶解液 ICP 测试和矿物表面 XPS 测试等均表明，蛇纹石表面电性的改变与矿物镁的溶出密切相关，调整剂六偏磷酸钠、多聚磷酸钠、腐殖酸钠能促进蛇纹石表面镁的浸出，草酸和盐酸溶镁量更大，它们均能够使蛇纹石表面动电位由正变负；马来酸酐、水玻璃、氟硅酸钠不能促进镁的浸出，不能改变蛇纹石的表面电性。

熊学广等人[12]采用柠檬酸-六偏磷酸钠组合，可很好地抑制含镁脉石矿物。丁鹏[13]研究认为，磷酸盐通过在蛇纹石表面的吸附、浸出蛇纹石表面的镁以及配合矿浆中镁离子三方面共同作用，降低蛇纹石的等电点，使蛇纹石表面动电位由正变负，从而减弱了蛇纹石与黄铁矿之间的异相凝聚，显著提高了蛇纹石/黄铁矿浮选分离的选择性。张明洋[14]研究表明六偏磷酸钠、水玻璃、古尔胶、CMC 各自单独使用，无法同步抑制多矿相镁硅酸盐矿物，采用六偏磷酸钠或水玻璃与古尔胶或 CMC 组合，可以实现同步抑制，以六偏磷酸钠与古尔胶的药剂组合的作用最佳；在六偏磷酸钠与古尔胶的组合抑制剂中，六偏磷酸钠主要是改变了蛇纹石的表面电性而起分散作用，古尔胶在三种镁硅酸盐矿物上的吸附有选择性，吸附量顺序是滑石 > 绿泥石 > 蛇纹石，从而对具有天然疏水性的滑石和绿泥石有较好的抑制作用。

含蛇纹石镍矿浮选过程中的矿浆流变学行为研究表明：在浮选过程中加入 H_2SO_4，矿浆产生的应力值减少，这与蛇纹石的溶解程度相互关联。在酸性条件下，蛇纹石的溶解可以使纤维间的内摩擦力降低，起到了松散纤维网络结构的润滑剂作用，降低矿浆黏度，从而改善其对镍浮选的影响[13]。

张明洋[14]研究了纤蛇纹石矿物学特性对其悬浮流变学影响，结果表明：在广泛的 pH 值为 2 ~ 11 的范围内，蛇纹石表面带正电，这主要是因为纤蛇纹石外表面由水镁石组成，零电点（pH 值为 8.3）与屈服应力峰值范围（pH 值为 5.5 ~ 9）的差异与纤蛇纹石晶体各向异性一致。与非纤维颗粒相比，长与细的纤维状颗粒更容易缠绕形成黏性较高的悬浮液，同时产生较大的宾厄姆屈服应力。尽管表面电荷与形态共同决定了纤蛇纹石悬浮的流变学特性，但可能形态影响更大。

Bo Feng[15]研究了在矿浆体系中，通过引入石英颗粒能有效降低蛇纹石细泥对镍黄铁矿浮选的有害影响，ζ电位分析结果表明：石英表面比镍黄铁矿表面电位低，石英与蛇纹石之间的引力比镍黄铁矿与蛇纹石之间的引力大，因此蛇纹石细泥优先吸附在石英表面。

熊文良等人[16]研究了改性的阴离子型淀粉抑制剂 ZD-1 抑制硅酸盐脉石的作用机理，ZD-1 分子含有带负电的亲水基团，通过静电作用和氢键作用吸附在硅酸盐矿物表面而使其亲水。ZD-1 之所以表现出更好的抑制性能，可能是因为淀粉通过酯化作用引进了某种疏水基团，从而提高了对疏水性纤维状含镁脉石的黏附能力。

Yongjun Peng[17]等人研究了含盐水中超细镍黄铁矿和蛇纹石的分离机理，研究表明：在去离子水中分离，表现为低镍回收率及高蛇纹石夹带，而采用含高离子强度的地下水却能增加镍回收率减少夹带。测试分析表明：采用地下水颗粒间的双电层作用力减低，减少了蛇纹石罩盖，促进了镍的浮选，同时双电层间作用力降低也会引起蛇纹石颗粒的聚集，有利于增强蛇纹石的去除率，通过对矿浆中电解质的调节，有助于解决矿泥罩盖及降低大量脉石矿物夹杂。

冯博等人[18]通过 Zeta 电位测试、溶解试验以及 X 射线光电子能谱测试研究了蛇纹石矿物的动电行为和表面溶解行为，结果表明，蛇纹石的等电点为 11.9，比其他的镁硅酸盐矿物高。溶解试验表明蛇纹石结构中的镁氧八面体层中的羟基比镁离子容易浸出，羟基的浸出使镁离子留在蛇纹石表面，这是蛇纹石等电点较高的原因。移除表面的镁离子可以降低蛇纹石的等电点。因此，可以推断蛇纹石等电点较高的原因在于蛇纹石表面羟基和镁离子的不等量溶解。

S. Uddin[19]等人针对超铁镁质镍矿在磨矿过程中加入硫酸并充气强化氧化，实现了镍黄铁矿和蛇纹石无捕收剂浮选分离。机理分析表明：通过加酸处理和机械磨矿使蛇纹石纤维断裂，降低了矿浆黏度，提高了分离的选择性，氧化过程中镍黄铁矿表面形成的疏水性硫元素及浸出液中的高离子强度是实现无捕收剂浮选的原因。

P. Patra 等人[20]研究了浮选过程中纤维脉石矿物到浮选泡沫层的迁移，结果表明：蛇纹石脉石矿物可形成 1～2cm 网状结构，不大可能通过机械夹带进入到泡沫层中，另一方面，蛇纹石所形成网络的孔隙很小（−20μm SEM），而对于 1～2mm 的气泡很难进入其中。因此提出一个新的设想：其在泡沫相富集的原因是微小气泡在蛇纹石网络结构底部富集，通过浮力把其挤入泡沫层，此设想通过与蛇纹石尺寸相近的尼龙纤维模型得到了验证。

Bo Feng 等人[21]研究了滑石与蛇纹石之间的相互作用及其对滑石抑制的影响，结果表明：在 pH 值为 9 时，硫化镍矿浮选不受影响，滑石与蛇纹石由于表面电性相反而相互吸引。蛇纹石具有天然亲水性不受 CMC 抑制，蛇纹石矿泥罩盖在滑石矿物表面一定程度上影响了滑石的可浮性，但也干扰了 CMC 对其抑制。加入六偏磷酸钠后可使蛇纹石表面呈负电性，减弱了滑石表面的矿泥罩盖，起到了分散作用，并强化了对滑石的抑制。加酸浸出可起到与六偏磷酸钠同样的效果。

14.2.3 离子和离子强度以及离子在矿物表面的作用机理

多种离子会使矿物的可浮性偏离自然可浮性，因此研究离子和离子强度，以及离子在矿物表面的作用机理对于调控这些离子的影响、改善矿物的可浮性、提高浮选指标意义重大。

M. S. Manono 等人[22]研究了多种离子和离子强度对浮选 Merensky reef 含铂矿石的影响，研究表明多糖类抑制剂（500g/t）对铜浮选回收率影响很小，但却能引起镍回收率急剧降低，随着矿浆中离子强度的增加，水回收率增加，这种现象表明矿浆中离子强度会对浮选泡沫的稳定性产生影响。

K. C. Corin 等人[23]研究了起泡剂用量及矿浆离子强度对浮选泡沫稳定性影响，在浮选操作中，可交替采用控制起泡剂用量和矿浆离子强度对固体物料及水回收率进行调节。与增加起泡剂用量相比，矿浆中较高的离子强度的增加会引起更多的脉石夹带量，但也会略微增大铜、镍的回收。随着矿浆离子强度的增大，单位水夹带的脉石量反而减少，另一方面，起泡剂用量的增加也会显著提高铜、镍的品位。

A. J. H. Newell 等人[24]运用硫化技术恢复被氧化的镍黄铁矿的浮游性，研究表明：直接硫化并不能很好地恢复镍黄铁矿的可浮性（$E_s = 500 \sim 800mV$ 电位范围内），但在硫化过程中加入铁与铜离子能显著提高其可浮性（$E_s = 600 \sim 700mV$），分析认为在被氧化的镍黄铁矿表面生成了硫化铁与硫化铜。这一机理同样可以解释硫化过程中镍黄铁矿与其他被氧化的金属硫化矿共存时其可浮性提高（大量浸出金属离子存在）。硫化过程中铁离子的活化效果要强于铜离子，可能是铜离子浓度偏低所致，这有待于进一步研究。

K. C. Corin 等人[25]针对 Merensky reef 含铂铜镍矿，研究了选矿厂水中离子强度对有价矿物与脉石矿物回收率的影响，研究表明：随着浮选体系中离子强度强加，浮选泡沫稳定性增加，进而会增加矿物的回收率，这一影响似乎直接与起泡剂的两相泡沫性质有关，而不是引起颗粒疏水性的改变。大量抑制剂的使用会影响脉石矿物与镍连生体的回收，但铜矿物的回收并不受影响。不管有无抑制剂，离子强度的增加都会使单位水中夹带的脉石含量减少（似乎存在一个极限值），但抑制剂存在的条件下减少会更多。

Y. Peng 等人[26]采用去离子水与高离子强度地下水对 Mt. Keith 镍黄铁矿泥化-细粒部分可浮性进行了研究，与去离子水相比，地下水能显著增强镍黄铁矿的可浮性，并降低蛇纹石含量。以 CMC 作为分散剂，无论使用去离子水，还是地下水，均能提高镍黄铁矿的浮选效果。CMC 取代度（指示电荷密度）是重要的参数，对于去离子水，高取代度的 CMC 有利于镍浮选，而对于地下水，恰恰相反。

另外，磨矿过程是一个复杂的物理、化学和物理化学过程，多种因素共同影响着硫化矿物的表面形态与性质、矿浆的溶液化学性质和硫化矿物的浮选行为。K. C. Corin 等人[27]考察了磨矿化学环境对 Nkomati 镍矿浮选的影响，研究表明：黄铜矿的品位和回收率基本不受磨矿化学环境的影响，但对于镍黄铁矿和磁黄铁矿影响显著。在溶解氧 DO 为零的条件下，镍黄铁矿回收率增加 10%，随着 DO 浓度增加至 6.5×10^{-6}，pH 值约为 9 时，镍黄铁矿和磁黄铁矿品位和回收率降低，而黄铜矿回收率最高。当矿浆 pH 值从 9 提高到 11 时，对有氧存在的开放环境，镍回收率降低 20%，而对无溶解氧条件，镍回收率降低 5%。控制 DO 与 pH 值条件可改善对矿物浮选的选择性。在磨矿过程中，采用黄药为捕收剂，控制较低的 DO 值和氧化还原电位 E_h 可提高镍黄铁矿和磁黄铁矿的回收率。

14.3　硫化镍矿选矿工艺技术进展

14.3.1　碎磨及选矿设备

选矿厂在碎磨阶段以“多碎少磨”为原则，开发和推广应用高效节能型设备，研究人员为此开展了一系列的理论与实践的研发工作。

Eric Wang 等人[28]采用高电压脉冲破碎技术进行了矿石的选择性破碎试验与模拟研究，试验在相同的能量输入下，对比了高电压脉冲破碎与常规机械破碎产品的矿物形态，研究表明：与传统机械磨碎相比，在采用电破碎方式的矿物产品中，解离矿物的尺寸明显较粗，具有高电导率与介电常数的产品产生了明显富集（小于 0.3mm）。采用 COULOMB 3D 进行数值模拟表明：感应电场与矿物的电性、颗粒尺寸、导电矿物在岩石中的位置、颗粒的形状与方向密切相关。

Heikki Miettunen 等人[29]研究了还原磨矿环境对低硫含铂矿石浮选的影响，三种矿样含硫元素0.3% ~ 0.6%，铜、镍、铂族金属为有价组分。试验过程中测量了矿浆电位、溶解氧浓度（DO）及矿浆 pH 值等参数，矿浆氧化还原电位、溶解氧含量通过 CO_2、N_2 及硝酸进行调节，球磨磨矿介质由铁和 30% 的铬组成，研究表明：采用 CO_2 调节的高还原磨矿环境有利于铂族元素的回收。Omi Maksimainen 等人的研究也证明了这一点。其原因可能加入 CO_2 一方面降低了铂族金属矿物的氧化，同时增加了含硅矿物表面的亲水性（CO_2 溶解形成碳酸盐）。

选矿厂除通过采用高效节能新设备外，在碎磨工艺流程上也进行了相应改进，包括确定合理的破碎，磨矿粒度，调整碎磨作业时间，磨机转速的调整，磨矿介质的配比，使用新材质的钢球、衬板、助磨剂的研发与应用等。结合矿石特性，通过优化碎磨工艺流程结构，实行阶段磨选，提高了碎磨产品粒度的合格率，达到了降低能耗的目的。

于晓霞[30]研究半自磨机用于镍矿石磨矿，金川矿石应用半自磨工艺的可行性分析表明，如果金川矿石适用于半自磨工艺，将能够简化碎磨流程，减少设备台数和占地面积，取消中、细碎和筛分作业，避免粉尘对生产现场的污染。

罗萍[31]在磨矿段根据原矿粒级变化及时调整钢球补加量和大小，在保证磨矿浓度和细度的前提下，对三号磨机钢球进行调整，从原先的仅补加 $\phi100$ 钢球，调整为 $\phi100$、$\phi80$、$\phi60$ 钢球按比例添加，优化了入选矿物粒级分布。

李庆恒[32]通过橡胶衬板在某铜镍矿二选矿厂的应用实践，总结出橡胶衬板磨矿机可以提高衬板使用寿命，保持磨矿机处理能力和产品矿浆质量，降低磨矿单位电耗、降低磨机生产噪声和降低衬板每吨产品费用。

刘绪光[33]研究表明，水玻璃与六偏磷酸钠两种助磨剂的添加能有效提高磨矿效率，加快矿物表面的塑性变形，降低矿石表面强度，减少磨矿过程中的能耗与钢球消耗。

马子龙[34]采用旋流静态微泡浮选柱进行镍矿石选矿的研究，旋流静态微泡浮选柱是集多种矿化方式为一体的高效分选浮选柱，除常规浮选柱的分选优势外，其中矿循环、旋流分选、射流微泡与管流矿化及有效的充填等作用为难选细粒镍矿石的分选提供了有利的条件。根据试验初步验证，旋流静态微泡浮选柱可以作为金川镍矿分选的设备，通过再磨及各种工艺设备条件的探索与研究，旋流静态微泡浮选柱在金川镍矿推广应用是可行的。

精矿过滤方面，科研工作者在充分研究铜镍混合精矿性质及现场存在问题的基础上，选用 TT-45 型陶瓷过滤机取代 GD-40 型真空过滤机[35]，生产实践表明，陶瓷过滤机不但可以降低滤饼水分，而且可以大幅度降低精矿过滤成本，提高产量，减少劳动强度，对企业经济效益和社会效益提高有很大的帮助[36]。喀拉通克矿业公司选矿厂从多方面查找原因，发现矿浆的粒度分布对过滤有较大的影响，采用陶瓷过滤机，可以降低铜镍混合精矿水分，节约二次倒运费用。

14.3.2　选矿工艺流程

硫化铜镍矿的分离富集方法可以分为三类：选矿方法、生物提取和湿法冶金。由于生物冶金和湿法冶金在提取硫化铜镍矿方面均存在周期长、酸耗高和成本高等缺点，浮选仍是硫化铜镍矿主要的选矿方法。生产工艺历来受到各矿山、科研机构的高度重视，为了提高精矿品位、回收率和伴生金、银、铂、硫的综合回收率，开展了广泛的研究，取得了大量的成果。

硫化铜镍矿常用的浮选工艺有单一浮选工艺和磁选—浮选联合工艺，目前广泛采用的镍浮选工艺主要有优先浮选、混合浮选和闪速浮选法等[37]，混合浮选是目前得到应用最多的方法[38]。针对不同的硫化铜镍矿石性质对工艺流程进行优化和改进，是各大选矿厂提高精矿品位、回收率和降低生产成本的主要方法，其效果也最为明显。

李檄文等人[39]针对金川选矿厂富矿中镍黄铁矿粗细嵌布不均的性质，为了避免泥化，早收快收已经单体解离的镍黄铁矿，采用了针对二矿富矿特有的阶段磨矿—阶段选别的降镁工艺流程，在原矿镍品位为 1.11% 的情况下，通过阶段磨选工艺可获得符合闪速炉冶炼要求的含镍为 10.27%、氧化镁含量为 6.80% 的高品位精矿产品。

刘广龙[40]研究认为金川公司采用“两段磨矿、两段浮选”流程，难以适应低品位矿石提高镍品位的要求，将原粗选部分浮选机改为快速浮选，镍回收率保持不变，提高了镍精矿品位。

孙先立[41]针对四川丹巴铜镍铂族矿床组成及化学成分复杂、有用矿物嵌布较细、品位偏低的特点，采用预先脱泥—镍铜混合浮选流程，对由该矿区杨柳坪、协作坪及正子岩窝大坑 3 个矿段矿石混合而成的矿样进行了选别试验，获得的精矿镍、铜回收率分别为 81.33%、80.61%，提高了金属回收率并降低了工人的劳动强度。

代淑娟等人[42]研究结果表明，中矿处理得当与否对技术指标影响颇大，采用两段连续磨矿取代原来的阶段磨矿，精选中矿集中返回磨矿作业的二次粗选、三次精选、一次扫选浮选工艺流程，精矿镍品位及回收率均比精选中矿顺序返回流程高 1% 左右，辅助以选择性好的捕收剂，提高了镍精矿品位和回收率。

喀拉通克铜镍矿采用优先选铜工艺流程[43]具有一定的优越性，不但提高镍回收率 2.4%，同时降低选矿成本 17 元/吨。该流程具有如下特点：(1) 优先选铜，利用黄铜矿的良好可浮性，使近 70% 的黄铜矿快速浮出，从而选出含镍较低的铜精矿；(2) 铜粗选尾矿加适量浮选药剂调浆后，可获得铜镍混合精矿产品，剩下少量含镍矿物通过扫选得到铜镍混合精矿，该流程中矿返回点少，便于操作。

镍矿井下矿泥成分复杂[44]，粒度粗细不均，单独处理时，采用硫酸铵、水玻璃、CMC 联合抑制易浮的脉石矿物，闭路试验获得的指标：镍品位为 1.8% ~2.1%，回收率为 50% ~58%，降低了镍在矿泥中的流失。

针对哈密某铜镍矿选矿生产实践中浮选泡沫较黏、跑槽现象严重、药剂成本高等问题，罗立群等人[45]对比研究了入选矿石的物理化学性质，通过适当粗磨、取消预选滑石、调整流程结构等优化工艺的措施，同时药剂制度上强化对镍连生体的回收，经技术改造后生产过程稳定，经济技术指标优良。

郎淳慧等人[46]根据某矿石含泥大、品位低、嵌布粒度细的特点，试验采用了中矿再磨再选和粗选尾矿再磨再选的浮选工艺流程，用纤维素抑制矿泥（脉石），使铜镍与脉石得到了有效的分离；两个流程铜的浮选回收率分别提高了 23.86% 和 25.50%，镍的回收率也有一定幅度的提高。

冯泽平等人[47]研究了某含滑石低品位铜镍矿，其中有用矿物共生关系密切且嵌布不均匀，滑石等层状硅酸盐矿物含量高而易泥化。当原矿含镍 0.78%、含铜 0.16% 时，经过多流程方案的比较，采用滑石、铜镍等可浮—铜镍分离浮选—尾矿强化回收镍的试验流程，试验获得铜精矿含铜 24.41%、铜回收率 47.50%，镍精矿含镍 8.20%、镍回收率 77.43% 的指标。

刘豹等人[48]针对某低品位铜镍硫化矿矿石的性质和特点，进行了浮选工艺流程的试验研究，试验结果表明：原矿中镍和铜的品位分别为 0.87%、0.28%，采用“快速浮选 + 一次粗选、两次精选、两次扫选”工艺流程，得到了镍品位为 7.47%、回收率为 83.41%、铜品位为 2.30%、铜回收率为 80.51% 的铜镍混合精矿。与常规浮选流程相比，该工艺流程的工艺指标较好，可实现该矿石的充分回收与利用。

王建国[49]以某地难选低品位铜镍硫化矿为选矿研究对象，对含铜 0.18%、含镍 0.42% 的原矿，在 -0.074mm占 80% 的磨矿细度条件下，通过中矿再选的铜镍混浮工艺流程获得了含铜 3.72%、铜回收率 77.81%，含镍 7.71%、镍回收率 70.21% 的铜镍混合精矿。

赵晖等人[50]研究了某含铜 0.39%、含镍 0.49% 的铜镍多金属矿，为综合回收各有用矿物，采用“铜镍混合浮选—再磨分离”工艺流程，闭路试验获得了铜品位 19.02%、铜回收率 60.47% 的铜精矿和镍品位 4.78%、镍回收率 87.43% 的镍精矿。

张智[51]在处理内蒙古某铜镍钴矿时，针对该矿镍矿物主要呈稀疏浸染状、团块状构造的特征，研究采用了粗磨丢尾—铜镍混合浮选—混合精矿再磨—铜镍分离工艺流程。刘广龙[52]在处理碳酸盐化硫化镍矿石时，研究表明：采用“两段磨矿、两段浮选、分段精选”流程比采用“一段磨矿、一段浮选”流程的选别效果好，浮选作业次数少，药剂制度简单。

刘光绪[53]在处理俄罗斯某地高品位铜镍硫化矿石时，由于该矿品位高、性质软且含泥量较大等原因，在碎矿阶段增加洗矿工艺，进行泥砂分选；为避免精选产品中含镍磁黄铁矿等易氧化、难浮游矿物出现“反富集”现象，考虑在生产中增加磁预选作业，以提前回收原矿中品位较高的含镍富矿。

根据硅酸化硫化镍是以硅酸镍形式存在的镍未充分解离的特点，刘广龙[54]采用“两段磨矿、两段浮选”流程，第一段利用成熟的硫化镍矿浮选技术回收硫化镍矿，第二段主要回收以硅酸镍形式存在的镍，对原矿泥化严重的矿石，粗选前增加预先浮选脱泥作业。

磁选—浮选[55]联合流程已经日益受到重视，这与目的矿物具有磁性有关；原生硫化矿与次生硫化矿集合体都有不等的磁性，借助于磁性把它们混选于磁精矿中，然后利用自然可浮性差别再磨再选实现分离。

14.3.3 浮选药剂

近年来铜镍浮选药剂方面都取得了许多成就，在金属硫化矿日益趋向贫、细、杂的今天，我们必须在加强理论研究、改进浮选工艺流程的同时，注重开发新型高效的浮选药剂才能更加有效回收和利用铜镍及其共伴生矿产资源。2006 ~2014 年铜镍矿浮选新药剂的开发和应用较多，在新型捕收剂开发、易浮硅酸盐脉石的分散与抑制、硫铁矿抑制、镍矿物抑制等方物面取得了一些研究进展，并实现了工业化应用。总体来看，硫化镍矿石捕收剂和抑制剂的应用以组合药剂为主，具有新结构的高效药剂开发较少。

14.3.3.1 捕收剂

硫化铜镍矿浮选主要采用黄药作为捕收剂，包括乙基黄药、丁基黄药和戊基黄药等[56]；黑药类是次重要的捕收剂，在生产实践中，黑药对硫化铜镍矿物捕收能力要弱，浮选速度要慢，相反，黑药对硫化铁矿物的选择性比黄药要好；硫代氨基甲酸酯是第三类重要的捕收剂。硫代氨基甲酸酯与黄药和黑药相比具有更好的选择性和稳定性，硫代氨基甲酸酯对硫化铁矿物的选择性比黄药和黑药都好。丁基黄药和异戊基黄药对硫化矿的捕收能力较强，丁基黄药和异戊基黄药在用量相当的情况下铜镍总回收率差别不大[57]。

Yahui Zhang 等人[58]对黄铜矿、镍黄铁矿与黄铁矿吸附黄药后的 FTIR 进行了分析，结果表明：对于镍黄铁矿与黄铜矿，其表面生成的金属黄原酸盐高于双黄药，而对于黄铁矿，正好相反，表明双黄药对黄铁矿的浮选是重要的。Bo Feng 等人[59]研究了黄药碳链长度对金川镍矿浮选的影响。

两种或多种捕收剂联合使用，往往能达到药剂“协同效应”，技术指标明显优于单一药剂，刘豹等人[48]采用捕收剂丁基黄药与硫氨酯组合，用于提高铜镍矿技术指标；郎淳慧等人[46]使用丁基黄药与丁铵黑药按 9：1 组合作为铜镍混合浮选的捕收剂，提高赤柏松铜镍矿选矿指标；红旗岭镍矿采用丁基黄药与异戊基黄药的搭配使用，增强了捕收剂捕收能力，使得铜镍矿物得到高效捕收[56]。

研究表明[59]，丁黄药与 Y-89、Z-200 三种捕收剂组合使用可达到药剂“协同效应”，镍回收率提高 1.04%；张丽军等人采用丁基黄药、乙基黄药和丁铵黑药按 7：3：1 的比例配制的组合药剂[57]应用铜镍矿浮选；周贺鹏等人[60]采用乙基黄药与丁铵黑药组合作为铜镍混合浮选捕收剂；万磊等人[61]针对巴布亚新几内亚马当省某铜镍矿研究认为，当铜镍混浮采用丁基黄药与 Z-200 药剂组合作捕收剂时，所获得的混合精矿铜与镍回收率都高于单独使用丁基黄药或丁基黄药与丁基铵黑药混合使用的指标。

硫化铜镍矿石日益难选，入选品位越来越低，企业对选矿指标的要求越来越高，传统的捕收剂或者组合药剂已经不能满足现场生产的需要；近几年在广大科研工作者的努力下研制出一批新型捕收剂，对硫化铜镍矿的浮选具有良好的捕收性能。西北矿冶研究院开发的 J-622（主要成分为二乙基硫氮丙烯腈酯和烷基或芳基黑药及醇类起泡剂，并加 2 号油复配而成）、株洲选矿药剂厂研制的 PN404、中南大学开发的 BS-4、白银有色金属公司选矿药剂厂研制的 BF 系列药剂均取得了理想的效果。

“Y89-2 + PN405”取代“丁基黄药 + J-622”的工业试验结果表明[62]，Y89-2 对金川二矿区富矿石表现出比丁基黄药有更强的选择性捕收力，PN405 是高效捕收起泡剂，该药剂对铜矿物的选择性捕收力强，并具有较强的起泡能力，在精矿镍、铜品位相当的条件下，工业试验期间镍、铜回收率分别提高了 0.64% 和 0.97%。经一段时间的逐步优化后，生产中应用 PN405 药剂镍、铜回收率分别提高 1.30% 和 1.46%；MOS-2、MA 系列选矿药剂是新型高效合成药剂，新药剂组方选择性更好，捕收剂更强。

代淑娟等人[63]以选择性好的 C125 取代 25 号黑药与丁基黄药组合药剂；王虹[64]合成的 BS-4 新型捕收剂，在 pH 值为 9 ~ 10 时，对镍黄铁矿的捕收能力大于丁基黄药。

王虹等人[64]合成的新型药剂应用于金川镍、铜硫化矿的浮选试验，试验结果表明，(2-己酰基肼基)二硫代甲酸-2-氰乙酯浮选硫化镍、铜矿石时，均表现出较强的起泡兼捕收能力和优于硫氮腈酯的选择性能；新药剂闭路试验指标与原药剂相比，镍品位、铜品位均有所增加，同时回收率提高将近 1%。

罗立群等人[65]针对哈密某铜镍矿选矿生产实践中存在的问题，采用添加少量 Y-89 的方式加强了捕收剂的捕收能力。

Ramanathan Natarajan 等人[66]考察了 7 种不同结构 N-芳基异羟肟酸对铜镍矿浮选动力学的影响，采用一阶浮选动力学方程对浮选时间-回收率进行拟合，分析表明：N-苯乙酰-N（2，6-二甲基苯基）羟胺（PANXHA）对镍黄铁矿具有最好的选择性，其一阶浮选动力学速率常数最大，高于戊基钾黄药，7 种 N-芳基异羟肟酸浮选速率常数与解离常数（pK_a）线性相关。

Walter Amos Ngobeni 等人[67]采用二甲基二硫代氨基甲酸钠（di-C1-DTC）与黄药（乙黄药 SEX，戊黄药 PAX）作为混合捕收剂，对南非 Nkomati 镍黄铁矿进行了浮选研究。研究表明：di-C1-DTC 能提高镍黄铁矿的品位与回收率。

Songtao Yang 等人[68]针对镍黄铁矿开发了一种新型的聚苯乙烯纳米捕收剂（乳状液），以提高超铁镁质矿石的浮选效果。浮选试验表明，这种捕收剂确实能促进镍黄铁矿浮选，这可能是由于这种浮选剂表面具有可以与镍离子螯合的咪唑基可提高浮选的选择性。在常规浮选条件（具有高离子浓度）下，纳米浮选剂会凝聚，因此，试验过程中纳米捕收剂浓度很高，今后为进一步商业化应用，应提高纳米浮选剂胶体稳定性。

14.3.3.2　调整剂

A　含镍硫化矿物活化剂

部分磁黄铁矿中含有镍，但磁黄铁矿可浮性相对较差，部分镍矿物可浮性也较差，进行镍矿物和磁黄铁矿的活化非常必要，硫酸铜、草酸、硫酸铵等是常用的活化剂，对不同的矿石各有优缺点；一般情况下使用 $CuSO_4$ 作活化剂。于春梅等人[69]试验选用了 $CuSO_4$[65]、草酸两种活化剂与硫酸铵比较，草酸活化后，金属回收率明显提高，但精矿品位都略有下降。魏江[44]研究结果表明，硫酸铵[42]、硫化钠可以作为铜镍矿的活化剂；张丽军等人[57]研究结果 ZH 可作为镍矿物活化剂；李檄文等人[39]研究表明 JCD 对镍黄铁矿和磁黄铁矿还有一定的活化作用；李福兰等人[70]采用碳酸氢铵 + 硫酸铜作为镍矿物的活化剂。

B　易浮硅酸盐脉石的分散与抑制剂

硫化铜镍矿矿床中往往伴生蛇纹石、绿泥石和滑石等易浮硅酸盐矿物，严重影响精矿品质，因此硫化镍矿浮选过程中对易浮硅酸盐矿物的分散与抑制十分重要。国内外对易浮硅酸盐矿物抑制剂的研究主要集中在两个方面，一是就现有药剂进行改性优化，二是开发组合抑制剂。

硫化铜镍矿浮选一般采用碳酸钠[71,72]、水玻璃、古尔胶、六偏磷酸钠和 CMC 等作为浮选调整剂，也可以联合使用两种或几种抑制剂。王虹等人[64]进行了理论研究，结果表明六偏磷酸钠、多聚磷酸钠、腐殖酸钠能促进蛇纹石表面镁的浸出，草酸和盐酸浸镁量更大，它们均能够使蛇纹石表面动电位由正变负；马来酸酐、水玻璃、氟硅酸钠不能促进镁的浸出，不能改变蛇纹石的表面电性。

罗立群等人[65]针对哈密某铜镍矿选矿生产实践中存在的问题，采用模数为 3.1 的水玻璃替代六偏磷酸钠与常规水玻璃（模数为 2.7）强化矿泥分散效果。

在铜镍混浮精选作业中添加 CMC[73]改变了脉石矿物对捕收剂的吸附竞争强度，使得有用矿物对捕收剂的吸附竞争强度增加，改善了镍矿物的可浮性，较好地实现了有用矿物与脉石矿物的浮选分离，进一步强化了浮选分离效果。

吕晋芳等人选用硅酸钠加羧甲基纤维素作组合分散剂及脉石矿物的抑制剂[74,75]；JCD[39]是西北矿冶研究院研制的一种降镁新药剂，对蛇纹石等含镁脉石具有良好的抑制作用；熊文良等人[16]使用改性淀粉作为 MgO 脉石矿物的抑制剂，将 MgO 的品位从原矿的 21.77% 降到精矿的 4.36%，该改性淀粉是在碱性条件下，玉米淀粉与二硫化碳发生酯化反应而形成的酯化淀粉；熊学广等人[12]采用柠檬酸与六偏磷酸钠组合，可很好地抑制含镁脉石矿物。此外，一些采用编号的脉石抑制剂也有一定的研究报道和工业应用，往往取得不错的效果。

Jian Cao 等人[76]在镍黄铁矿浮选中，利用合成的两类淀粉接枝共聚物（淀粉接枝聚丙烯酰胺与聚丙烯酸）实现了蛇纹石选择性抑制。与传统 CMC 相比，这两类共聚物都能有效提高镍浮选回收率，其机理在于分散了罩盖在镍黄铁矿表面的蛇纹石矿泥，并使之选择性絮凝。

曹钊等人[77]研究发现，Cu^{2+}、Ni^{2+}能够有效地吸附在绿泥石表面，从而强化捕收剂对绿泥石的捕收。张亚辉等人[78]提出，首先使用 EDTA、草酸、柠檬酸等配合剂清洗吸附在蛇纹石、绿泥石等脉石矿物表面的 Cu^{2+}、Ni^{2+}，再对蛇纹石、绿泥石等脉石矿物加以高效抑制是保证铜镍硫化矿浮选降镁效果的有效途径。张亚辉等人[79]通过使用柠檬酸与六偏磷酸钠这一配合-抑制剂组合，有效降低了金川铜镍硫化矿浮选精矿 MgO 含量为 1.24%。黄俊玮等人[80]为了降低西北某高镁铜镍硫化矿铜镍混浮精矿中氧化镁的含量，以 EDTA 二钠配合清洗含镁脉石矿物表面吸附的 Cu^{2+}、Ni^{2+}，六偏磷酸钠抑制含镁脉石矿物，MgO 含量下降了 0.59%。

C　硫铁矿抑制剂

硫化铜镍矿与磁黄铁矿、黄铁矿等硫化矿物浮选分离，提高铜镍精矿品位，降低冶炼成本，是硫化铜镍矿浮选研究的难点之一。

为了提高抑制效果，增大铜、镍矿物的可浮性差异，刘绪光[53]采用亚硫酸钠和石灰组合抑制剂抑制磁黄铁矿。在俄罗斯的诺里尔斯克选矿厂，通过使用二甲基二硫代氨基甲酸酯能够很好地减少磁黄铁矿上浮，从而浮选得到含硫化铜和硫化镍矿物的精矿[81]。S. A. Allison 等人[82]的研究结果是，瓜尔胶在硫酸铜之前添加能有效抑制磁黄铁矿的浮游。

D　铜镍分离抑制剂

一般情况下，单用石灰作镍矿物抑制剂就可以实现铜镍矿的分离，别钦甘斯克镍公司选矿厂的铜镍混合精矿分离工艺时，就用石灰[57,59,62]较好地实现了铜镍分离；为了获得更好的分离效果，往往采用石灰与其他药剂组合进行铜镍分离。在加拿大 Inco 公司 Kopper Klif 选矿厂中，用石灰、氰化钠和蒸汽进行铜镍分离。在诺里尔斯克选矿厂中添加石灰和对混合精矿蒸煮来分离混合精矿，蒸煮温度为 70 ~ 75℃，蒸煮 15min，添加亚硫酸钠搅拌，再进行铜浮选；赤柏松铜镍矿[43]研究结果表明，单用氰化钠对镍的抑制效果不好，可采用 Y406 作为铜、镍分离的抑制剂；邓伟等人[83]最终选择亚硫酸配合石灰作为镍矿物的组合抑制剂；冯泽平等人[44]使用北京矿冶研究总院研发的 BK536 抑制剂与石灰配合，较好地抑制了镍矿物，实现铜镍分离。B. A. 钱图利亚[82]研究发现，使用二甲基硫代氨基甲酸盐能够有效实现铜矿物与镍矿物的分离。

14.3.3.3　起泡剂

起泡剂方面，硫化铜镍矿浮选一般采用常用的 2 号油[62]和 MIBC 作为起泡剂，由于硫化铜镍矿中硅酸盐脉石含量高，浮选过程中矿泥较多易导致泡沫发黏，影响浮选分离的选择性，因此选择合适的起泡剂对硫化铜镍矿的浮选十分重要。近几年来铁岭选矿药剂厂生产的 H407，北京矿冶研究总院研制的 BK206、BK204 等几种新型起泡剂在硫化铜镍矿浮选中取得了较好的效果。

罗立群等人[65]针对哈密某铜镍矿选矿生产实践中存在浮选泡沫较黏、跑槽现象严重的问题，研究表明可以用高醚化度的 MIBC 取代 BK204；PN405 是株洲选矿药剂厂新研制成功的另一类高效捕收起泡剂[62]，该药剂对铜矿物的选择捕收力强，并具有一定的起泡能力[58]。

F. Ngoroma 等人[84]在含铂铜镍矿浮选中，为消除使用多糖类抑制剂抑制可浮性很好的硅酸盐矿物过程中引起的浮选泡沫稳定性降低的现象，考察了混合起泡剂对浮选的影响，研究表明：采用混合起泡剂（DOW 与 MIBC 组合），在保证精矿品位的同时，可使有价组分获得更多的回收。

14.4　氧化镍矿选矿工艺技术进展

红土镍矿具有品位低、成分复杂等特点，产品又各异，工艺流程多种多样，大致可分为火法、湿法和选矿—冶金联合流程等。

14.4.1　火法工艺

目前红土镍矿的火法处理工艺有还原熔炼生产镍铁和还原硫化熔炼生产镍锍两种[85]。

14.4.1.1　镍铁工艺

还原熔炼制备镍铁工艺是火法处理红土镍矿工业应用最多的一种方法，近年来已有多家年产镍超过 25 万吨的大厂使用该工艺，如法国镍公司新喀里多尼亚多尼安博冶炼厂[86]。还原熔炼制备镍铁工艺一般冶炼过程是：首先将矿石破碎至 50 ~ 150mm，经预干燥后送入温度控制为 700℃的煅烧回转窑中，经过干燥、预热和煅烧三个处理步骤后得到焙砂，焙砂再转入添加有粒度分布在 10 ~ 30mm 的挥发性煤的电炉或高炉中，控制温度在 1000℃下进行还原熔炼制备出粗镍铁合金，粗镍铁合金最后再通过吹炼过程冶炼得到最终产品——镍铁合金[85]。镍铁可直接作合金钢原料，也可铸成粗镍阳极进行电解精炼获得电镍。

李好泽等人[87]以印度尼西亚某红土镍矿为原料，通过差热-热重分析法（TG-DSC）研究了矿石的热特性，发现至少需要 800℃才能将结晶水脱除干净。通过改变预还原焙烧条件，研究了焙烧温度、煤粉粒度、配碳量以及焙烧时间对预还原焙烧效果的影响。发现在碳氧比为 1、煤粉粒度为 3 ~ 5mm 的条件下，于 1000℃下焙烧 20min 后，可以使物料中铁和镍的金属化率分别达到 17.3% 和 65.7%，从 800℃升到 1100℃的过程中，镍、铁金属化率的比值从 3.8 降到 3.0。当焙烧温度一定时，镍的还原优势在较低的配碳量和较短焙烧时间下体现得非常明显。用 X 射线衍射（XRD）和电子扫描显微镜（SEM）对还原之后的物料进行分析，发现铁、镍金属单质未能聚集成颗粒。

刘志宏等人[88]采用红土镍矿为原料，以电炉为反应容器，直接还原熔炼制取镍铁合金，就还原剂和熔剂配比对镍品位、金属回收率以及硫磷分配比的影响进行了详细的试验研究。通过试验和分析，最佳的熔炼条件为焦粉配比 11%、熔剂配比 11%，可得镍品位为 22% 的合金，整个处理过程镍的回收率为

97.60%，该工艺产出的产品对镍含量和镍回收率有一定的要求，分别要达到 20% ~30% 和 90% ~95% 的水平[85,86]。鼓风炉冶炼方法能耗较低，投资不高，若矿区电力供应不足、含镍低以及规模不大则适合使用该法就近加工，但存在着矿石适应性差和不能处理粉料的缺点。生产规模较大的工厂一般选择电炉熔炼的方法，其对矿石的组成和粒度要求较宽松，而且简单易行，但同时存在处理过程的能耗偏高、对环境的污染较严重等缺点，这成了该工艺的制约因素。

14.4.1.2　镍锍工艺

国际镍公司印度尼西亚分公司和新喀里多尼亚工厂都采用了硫黄作为硫化剂，其处理过程是，硫黄先进行熔化，然后有控制地把它喷淋至回转窑中焙烧的焙砂上，焙砂中的镍、钴与部分铁先还原成为金属，然后进行交互硫化反应转化为金属硫化物前驱体与熔渣分开，前驱体送入电炉中经过熔炼处理产出高镍锍。每吨矿石经过冶炼约产出冰锍 90kg，这其中镍和钴的平均含量为 27%，硫的平均含量为 10%，铁的平均含量为 63%，处理过程镍的回收率可达 90%[85]。徐敏等人研究结果得出，还原硫化熔炼制备出的是一般含镍质量分数 79%、含硫质量分数 19.5% 的高镍锍，整个冶炼过程镍的回收率接近 70%[90,91]。

14.4.2　湿法工艺

根据矿石中氧化镁含量的高低，一般常采用的方法是还原焙烧—常压氨浸工艺（英文简称 RRAL）、硫酸加压酸浸工艺（英文简称 HPAL）和硫酸常压酸浸三种[91,92]。

14.4.2.1　还原焙烧—常压氨浸工艺（简称 RRAL）

阮书锋等人[93]以低品位红土镍矿为试验原料进行了综合回收镍、钴、铁的试验，得出了选择性还原焙烧—氨浸—溶剂萃取—电积技术路线下适宜的工艺条件，从试验结果可知，镍、钴氨浸率为 89.33% 和 62.47%，试验过程以煤作还原剂简单易行、经济效益较好。尹飞等人[94]试验研究结果显示，常压氨浸法处理低品位红土镍矿，镍、钴回收效率高，NH_3、CO_2 可重复利用，浸出剂消耗少，经济效益较好。与火法处理工艺不能回收钴不同，还原焙烧—氨浸处理工艺可回收一部分的钴，但处理时的总损失高达50% ~60%[85,95]，镍和钴的回收率较低，能耗较高。由于铜的分离效果不佳，氧化除铁时还会出现较大的钴损失，因此不宜采用此流程处理铜、铁含量较高的红土镍矿。另外，对于矿床下层硅镁含量高的红土镍矿使用该工艺进行处理也是不恰当的，这都大大地限制了还原焙烧—氨浸法的发展空间，从 20 世纪 70 年代以后就没有新建工厂选用该工艺。但自 2004 年以来，研究人员对还原焙烧—氨浸工艺进行了适当的改进，一定程度上提高了能源效率和金属回收率，故该法又逐步回归到研究的热点[85,96]。

14.4.2.2　硫酸加压酸浸工艺（简称 HPAL）

硫酸加压酸浸工艺以硫酸为浸出剂使红土镍矿中的镍和钴选择性溶解进入溶液中，一般包括制备矿浆、硫酸浸出和镍钴综合回收三道工序。浸出液用 H_2S 处理，得到优质的镍、钴硫化物，再经过精炼工艺制备出最终的镍、钴产品，镍、钴的回收率均可达到 90%[97]以上，这大大高于其他的工艺流程。

通过碳酸钠碱式焙烧活化预处理[98]含铬红土褐铁矿，可以有效去除其中的铬和铝。并且对后续酸浸镍和钴也产生有利影响。研究认为碱式焙烧破坏红土镍矿的矿物晶格，暴露出镍和钴，使得后续加压酸浸镍和钴的浸出率明显提升。通过界面研究分析硫的分散剂对镍浸出的影响[99]，经碱式焙烧处理后，测量接触角、表面张力、硫液体和硫化矿接触角。通过计算附着功研究木质素、苯二胺、腐殖酸分散剂的影响。结果表明在 pH 值为 4.1 ~4.5 时，二价镍离子水解为氢氧化镍，氢氧化镍沉淀在硫化矿表面而不吸附硫化物。木质素、腐殖酸可以有效降低附着功，苯二胺效果不明显，不能作为硫的分散剂。汪云华等人[100]对传统加压酸浸工艺进行改进，在反应初始充入一定量的氧气，在较低温度下浸出澳大利亚“干型”红土镍矿，研究了硫酸用量、浸出温度、浸出时间、初始氧分压对镍、钴、铁浸出率及游离酸含量的影响。结果表明，在 220℃、硫酸用量 25mL、反应初始充入 0.5MPa 氧气反应 2h 的条件下，镍、钴浸出率分别为 99.83% 和 90.44%。

虽然硫酸加压酸浸工艺已有 60 多年的历史，但技术仍存在一些问题[90]：（1）为了保证经济价值，对矿石中镍、钴品位有一定的要求；（2）适合处理以针铁矿为主的矿石，泥质较多的矿石则不太适合；（3）铝、镁含量过高会使得酸耗量太大，从而影响其技术经济指标；（4）加压酸浸过程中，铝、铁和硅的沉降会引起结垢现象，需要定时除垢，生产效率因此大大下降，这对加压酸浸工艺产生了不小的冲击。

虽然如此，但近70%的红土镍矿资源是褐铁矿型的，资源丰富，这使得高压酸浸工艺仍是重点关注的研究焦点，也促使该项技术在近20年取得了很大的改进，现已成为处理红土镍矿的主流工艺[101]。

14.4.2.3　硫酸常压酸浸工艺

高压酸浸（HPAL）工艺需250～270℃、4～5MPa的高温高压条件，设备维护费用高，对生产过程的操作控制要求较高，因此研究人员转而探寻常压条件下镍、钴的有效分离方法，常压酸浸法逐渐受到研究者的重视[102]。齐建云等人[103]对某进口红土镍矿湿法提镍进行了详细的试验研究，其试验结果显示，硫酸常压浸出过程的镍浸出率为78.62%，浸出液中沉镍采用Na_2S溶液，可得到镍品位为20%的硫化镍产品；沉镍后的母液可副产氢氧化镁，所得氢氧化镁中氧化镁质量分数达58.40%。

在常压下对硅酸盐含镍针铁矿进行了酸浸试验[104]，研究了不同固体浓度和浸出温度对浸出动力学的影响。对浸出温度70℃和90℃、固体浓度30%和45%进行了对比，结果表明高温和低矿浆浓度使镍和钴的浸出率提高了40%～50%，同时也增加了酸的消耗量。在常压下对土耳其红土镍矿进行了酸浸试验[105]，硫酸浓度为5%～95%，当温度由20℃升高到90℃，浸出率随之升高。温度为95℃，当硫酸浓度在60%以前时，浸出率随酸浓度增加而增加，当酸浓度超过60%时，会观察到浸出率有一定下降，这可能是由于含镍硫酸铁的形成损失了部分镍。最佳条件为温度95℃、时间120min、硫酸浓度60%，此时的浸出率为99.2%。对浸出残渣进行XRD分析发现里面含有针铁矿，在30.36kJ/mol活化能的条件下，观察到镍浸出过程主要受外部扩散和化学反应控制。

改进菲律宾腐泥红土镍矿的浸出工艺[106]，在450～500℃的优化条件下，铁和镍的水解产率可以接近100%。研究结果显示，矿石中主要矿物为蛇纹石，其次是针铁矿。盐酸浸出可以破坏矿物的晶格，生成浸渣中的主要产物——无定形硅。镍的品位可以达到4.55%，可直接用于生产镍铁产品。

我国南方某硅镍矿矿物组成复杂，多种矿物（包括脉石矿物）含镍，且粒度很细，不能用机械选矿方法予以富集，只能采用化学选矿或冶炼富集的方法来提取镍。本研究采用常压酸浸法对该硅镍矿进行了浸出试验研究，原矿在磨矿细度－0.074mm占78.60%、液固比6∶1、硫酸浓度2.60mol/L、搅拌强度170r/min、60℃条件下浸出6h的条件下，浸出贵液中镍的浸出率为86%左右，浸渣中含镍0.12%左右，取得了较好的浸出指标，浸出液经3次浸取后，Ni^{2+}浓度已达到沉镍要求[107]。

通过湿法冶金处理低品位红土镍矿的产品往往只是一个中间产物，既不适合用来做直接的沉降处理（>36% Ni），也不适合做离子交换（>50% Ni）。可以利用火法冶金处理中间产品，由此发明湿法—火法联合工艺。湿法—火法联合工艺可以有以下好处：（1）降低生产成本；（2）降低能耗；（3）利用酸厂剩余电力来做火法处理可以降低对电网电力的依赖；（4）提高镍铁的镍品位；（5）降低熔炉容量，从而减少资金成本；（6）提高资源利用率；（7）使到目前为止不能使用的资源商业化利用；（8）提高钴的回收率；（9）减少二氧化碳排放，保护生态环境[108]。

14.4.3　选矿—冶金联合流程

日本的Nippon Yakim公司Oyama冶炼厂采用选矿—冶金联合工艺处理红土镍矿[109]。林重春等人[110]以红土镍矿为原料，利用深还原工艺将镍和铁由其矿物还原成金属镍和铁，再通过磁选分离富集得到高品位的镍铁精矿，对深还原焙烧工艺参数进行了优化，得到最佳的工艺条件如下：配碳量（碳氧原子比）为1.3，还原时间为80min，质量分数为10%，还原温度为1300℃。在此条件下得到的镍铁精矿中镍品位为5.17%，全铁品位为65.38%，镍和铁的回收率分别为89.29%和91.06%。

针对红土镍矿处理技术存在的问题，近年来技术人员正在研发处理和利用红土镍矿的新工艺，该工艺的主要方案是红土镍矿回转窑还原焙烧—选矿分离。首先在一定的温度下用还原煤将镍和铁从红土镍矿中直接还原出来，然后通过磁选技术将镍和铁与脉石分离，产出低品位镍铁，这种红土镍矿处理新方法工艺简单、投资少、能耗低，具有很好的潜在应用前景。栾志华等人[112]开发的低品位镍红土矿还原焙烧—选矿富集制取低品位镍铁工艺技术，通过中试试验，探讨研究了影响镍红土矿还原焙烧—选矿富集制取低品位镍铁的主要工艺技术参数，证明了该工艺处理低品位镍红土矿的可行性，实现了低品位镍红土矿的有效利用。中试试验结果[112]表明：在最佳操作条件下，使用镍品位0.90%左右的原矿，经过该工艺处理后，镍富集比达3.5倍以上，镍回收率87%以上，实现了低品位镍红土矿的有效利用。

通过添加硫酸钠对红土镍矿进行还原焙烧[113]，然后进行湿式磁选。结果发现硫酸钠可以加强蛇纹石中的铁和镍还原效果，添加硫酸钠可将铁镍合金的尺寸由 -10μm 提升到大概 50μm，同时镍品位由 2.33% 提升到 9.48%。添加 20% 质量比的硫酸钠可将镍的磁选回收率由 56.97% 提升到 83.01%。同时还发现硫酸钠可以降低铁和 FeS 共熔体形成熔融相的温度（985℃）。

14.4.4　生物浸出工艺

生物浸矿技术是微生物学、矿物加工与湿法冶金等多专业的交叉学科，它借助于某些微生物或其代谢产物溶浸矿石中的有用元素，是近代湿法冶金工业中的一种新技术。由于生物浸矿工艺具有投资省、工艺简单、能耗低、成本低、环境污染少、可直接从低品位矿石中提取高纯度金属等优点，其研究进展及应用备受人们的关注。

14.4.4.1　氧化镍矿生物浸出研究

牟文宁等人[114]采用黑曲霉菌对红土镍矿进行生物浸出，发现通过黑曲霉菌衍生物有机酸浸出后镍的浸出率为 73.50%。

用四种嗜酸嗜热细菌对低品位铜镍矿进行了生物浸出试验[115]，发现 0.2g/L 的半胱氨酸可以将镍和铜的回收率由 80.4%、68.2% 提升到 83.7%、81.4%。试验发现当 pH 值偏低，细菌生长速度快，氧化还原电位高，Zeta 电位高，表面氨基、羧基、巯基吸附量大时浸出效果更好。

应用无机培养菌进行红土镍矿浸出试验，研究细菌浸出中的各种影响因素[116]，结果表明，培养液种类影响最小。在研究范围内表明，除了矿浆浓度和培养基质外，其他各种因素的相互作用也不是很显著。在低 pH 值和低矿浆浓度条件下可以取得最好结果，同时颗粒粒度低于 38μm 时会对浸出产生不利影响，硫黄基质比黄铁矿基质更利于浸出试验的进行。

根据大量已有数据，采用生命周期评估法对红土镍矿处理工艺中的能耗和温室气体排放量进行了研究[117]，提出以下可能性：采用新兴熔池熔炼术代替传统的回转窑、电炉流程；采用其他中和剂来减少石灰中和酸浸废水带来的温室气体排放；采用无酸浸出系统，提高镍浸出液电沉积的能量使用率。

14.4.4.2　硫化镍矿生物浸出研究

采用枯草杆菌和硫酸对硫化矿中的镍浸出进行了试验[118]，镍的浸出率较低，浸出过程分为两个步骤：（1）活跃期（暴露 6h）；（2）潜伏期（超过 6h）。这表明细菌受到了镍的抑制；尾矿的镍浸出率（20×10^{-6}/h）比原矿的要高（8.07×10^{-6}/h），生物浸出具有环保优势，适于用来处理尾矿。

镍黄铁矿性质活泼，在酸性介质中自发分解，生成可溶金属离子及硫化氢，可进行简单酸浸[119]。温建康等人[120]利用现代微生物驯化育种技术和浸矿活性检测技术，研究了抗毒性强的高效浸矿菌种的选育，获得了高砷硫低镍钴硫化矿生物浸出的高效浸矿菌种。

生物浸出铜镍多金属硫化矿还有很多科学和工艺上的问题有待进一步解决：高性能浸铜、浸镍菌种的选育驯化，浸出铜镍硫化矿过程的微观机制分析以及常规生物浸出工艺存在的各种问题等。常规生物浸出铜镍硫化矿所得浸出液成分复杂，杂质含量较高，给萃取分离工作带来了困难，难以实现有价金属的高效分离，且由于铜镍矿物性质的差异，铜的浸出率都较低，不利于矿物的综合利用。根据铜镍矿物浸出性质的差异，生物具有选择性浸出特性，采用两段浸出的工艺可以解决常规生物浸出的不利因素。目前，该工艺还处在实验阶段，要实现其工业化应用还需要更广泛的基础理论研究和工艺实践。

14.5　回水利用、尾矿及矿山固体废物利用进展

在开发资源的同时，企业逐渐认识到在综合利用资源的过程中，也应充分重视水资源及环境资源的合理利用与保护，这也是合理开发矿产资源与保护环境的迫切需要，并提出了实现矿山生产“三废”零排放的口号，近年来这方面的研究报道也较多。有些铜镍矿实现了废水及尾矿零排放。

14.5.1　废水处理及回水利用进展

铜镍矿山的废水有两种处理方案，方案一是直接或经过处理后返回矿山企业再用，方案二是经处理后排放。吉林吉恩镍业股份有限公司选矿厂[121]由于工艺流程中以丁基黄药为捕收剂、C125 为起泡剂兼捕

收剂、碳酸钠为调整剂，废水中含有大量残余黄药、C125，但从尾矿库溢流废水水质查定结果来看，废水中对选矿影响较大的杂质含量不高，经尾矿库自然净化，水系统趋于稳定，废水中的有机物通常会分解或被吸附，大部分重金属阳离子也沉淀下来。自从尾矿库选矿废水回用于选矿生产以后，生产现场主要表现出浮选泡沫不实，泡沫偏大、易碎，附着矿泥较多，精矿品位不好控制，回收率明显降低，影响了选矿生产指标。采用新的药剂制度后，浮选镍精矿的产率略有下降，镍金属回收率却得到显著提高，同时尾矿金属损失明显减少。这说明增大抑制剂用量后，矿泥及其他杂质得到抑制，使得精矿产品产率降低，同时组合捕收剂的优势作用得到发挥，使得镍金属回收率提高6.37%。

采用电化学浮选方式处理含有重金属离子的废水[122]，采用 Ti/RuO_2 电极作为阳极，不锈钢电极作为阴极进行电化学试验。研究结果表明，镍和铜的电化学浮选对 pH 值很敏感。铜镍的电化学去除率可达99.6%和97%，但是有 EDTA 时金属的电化学浮选受到抑制，抑制效果依赖于 EDTA 和金属量的物质的量比。此工艺包括电氯化和电化学浮选两项技术，电氯化工艺可以是 EDTA 解配，这样自由的金属离子就可以通过后续沉淀和电化学浮选工艺去除。当 EDTA/金属离子为0.6时，在镍和 EDTA 废水处理中，两者的去除率分别是77%和78%，在铜和 EDTA 废水处理中，两者的去除率分别是89%和96%。同时金属的去除率还受氯含量和电流强度的影响。

14.5.2　尾矿及矿山固体废物利用

程瑜等人[123]针对某铜镍矿年排放尾矿量大、尾矿中的镍以细粒单体为主的特点，应用旋流喷射浮选柱对尾矿进行了再选试验研究。在实验室研究的基础上，进一步进行了工业试验，经一次粗选、一次扫选、三次精选后从含镍0.23%的尾矿中得到含镍2.78%，回收率14.02%，MgO 含量8.25%的精矿产品，取得了良好的技术经济指标。

白海静等人[124]研究表明，新疆某铜镍尾矿中尚含有0.2%左右的镍、0.1%左右的铜，同时还含有17%左右的铁和3%左右的硫。镍主要以镍黄铁矿形式存在，铜主要以黄铜矿形式存在，铁主要以磁铁矿形式存在，硫主要以磁黄铁矿和黄铁矿形式存在。为了给该尾矿中这些有价成分的综合回收提供依据，对该尾矿进行了再选试验，结果表明：采用铜镍浮选—硫浮选—铁磁选—磁选精矿再浮选脱硫的工艺流程，并在铜镍粗选时采用旋流喷射浮选柱，在铜镍精选前和磁选精矿脱硫前采用再磨，最终可获得铜、镍品位分别为1.21%和2.72%，铜、镍回收率分别为12.30%和16.59%的铜镍混合精矿，以及铁品位为65.12%、铁回收率为26.96%的铁精矿和硫品位为35.73%、硫回收率为87.54%的硫精矿。

臧宝安等人[125]对某硫化铜镍矿选厂尾矿采用重选—浮选联合流程进行二次选别以充分回收尾矿中的有用矿物。尾矿经螺旋溜槽进行重力选矿，重选粗精矿脱泥—再磨—浮选，得到镍品位7.5%的镍精矿，镍对原矿回收率1.4%，年回收镍金属69.3t。

袁风艳等人[126]利用重选—浮选—磁选联合工艺对硫化铜镍浮选尾矿进行进一步处理，综合回收尾矿中的镍、铁等有价金属。该项研究开拓了硫化铜镍矿山浮选尾矿综合利用的新思路，为金属矿山在资源综合回收与利用方面提供了一种有益的尝试。

近年来已有许多对镍渣和铜渣回收利用的工艺被提出[127,128]，如曾有兰州钢厂、鞍山热能研究院和金川公司联合进行过在电弧炉里喷煤粉还原冶炼弃渣的试验，用电弧炉从镍铜冶炼炉渣中提取生铁，再用电弧炉与中频炉炼钢等，但因为设备、工艺、成本等原因至今未应用于工业生产[129,130]。

袁守谦等人[131]研究了金川公司废弃的铜选矿尾渣和镍熔融渣，其中含铁30%～40%，$FeO+SiO_2$ 含量大于90%。根据弃渣的成分特点，提出了一种综合处理铜选矿尾渣和镍熔融渣的提铁炼钢工艺：将铜选矿尾渣和碳质还原剂进行造块，在矿热炉中熔化还原，冶炼低牌号硅铁，再将热态的含硅铁水与热态的镍熔融渣兑入摇炉，并加石灰控制碱度，冶炼出还原铁水；理论分析表明该工艺是可行的。

王武名等人[132]分析了金川铜镍矿山尾矿砂的危害和治理现状，从循环经济的思想出发，在试验研究的基础上提出了金川铜镍矿山尾矿砂资源化利用的循环经济模式。该模式所采用的流程是利用尾矿砂与酸性废水的自反应性，模拟地球表层系统中的地质风化作用，大量削减废固废液污染物，同时制备出具有高附加值的无定形二氧化硅（白炭黑）、纳米氢氧化镁和纳米氢氧化铁。尾矿砂与酸性废水的自反应技术，不但能综合治理金川铜镍矿山尾矿砂和酸性废水污染问题，还能回收有价组分、获取高附加值产品，实现以废治废、降低消耗、增产增效、减少排放和堆放、防止环境污染的目的。

14.5.3　综合回收

近年来，矿山企业为了追求综合经济效益，越来越重视矿产资源中有价元素的综合回收，这已经成为企业新的经济增长点，从中获得的经济效益已占主金属相当的比例。尤其是铜镍矿产中综合回收伴生元素有金、银、硫、钨、锡等和稀散元素镓、锗、铟、铼[133]等。

高红等人[134]针对金川镍矿研究了一种提高铜镍矿伴生贵金属回收率的方法，用尼尔森离心选矿机分别对一段二次分级沉砂、一段二次球磨排矿进行分选，回收已单体解离的砷铂矿和含金、银等的贵金属矿物。利用该技术，金川公司矿石中铂、钯、锇、铱、钌、铑等伴生稀贵金属都得到了较好的综合回收。叶亮山等人[135]通过电子探针对金川铜镍硫化物矿床各类矿石中伴生金银含量进行了定量分析，结合各类金属矿物的产出特征及形态，分析讨论了主元素铜镍与金银含量的关系；研究发现金川铜镍矿体是金银等贵金属存在的基础，矿石品级不同金银含量亦有显著差距，且金银含量呈不规则变化，伴生金银与主元素铜镍含量有极为密切的关系，金、银矿物常与金属矿物共生，尤其与铜、镍硫化物共生密切。

可持续发展面临着各种能源、资源短缺的问题，金属作为一种不可再生资源应引起人们足够的重视。据统计，我国电镀企业每年约产生1000万吨电镀污泥[136]，每年从电镀污泥中流失的各类重金属达10万吨以上[137]。电镀行业是我国重要的基础性加工行业，而电镀过程产生的电镀污泥富集了电镀废水中的有害重金属，被列为国家危险废物[138]。电镀污泥中的金属元素通常以铜、镍的含量为最高，是一种廉价的二次可再生资源[139,140]。回收污泥中的铜和镍既能减少重金属离子对环境造成的危害，又能充分利用资源，具有重要的现实意义。

目前国内外对电镀污泥中有价金属的回收技术主要分为湿法和热化学法两大类，湿法回收污泥中有价金属分浸出和金属分离两个工艺过程，浸出有酸浸法、碱浸法、生物浸取法等；金属分离有化学沉淀法、金属萃取法、还原分离法及电解法等。热化学法回收技术主要有熔炼法、热化学预处理法等[141]。

陈永松等人[142,143]分析了12种来源不同的电镀污泥试样，得出电镀污泥属于偏碱性物质，pH值为6.70～9.77，其水分、灰分含量均很高，水分一般在75%～90%，灰分在76%以上。电镀污泥的组成十分复杂且分布极为不均，污泥颗粒只是简单地堆积在一起，没有结晶物质存在，属于结晶度较低的复杂混合体系。胡海娇[144]采用氨水+碳铵体系浸出电镀污泥中的铜和镍离子，再通过P_2O_4浮选法，以酸性磷类P_2O_4作为萃取剂，结合硫酸反萃法，成功回收铜和镍离子，其水溶液离子浓度分别为92.07%和94.31%。

李盼盼等人[145]也研究了电镀污泥中的铜和镍的电沉积。结果表明，以钛涂钌-铱合金为阳极，不锈钢为阴极，在极间距为3.5cm、槽电压为2.7V、pH值为0.3的条件下电解8h，铜析出率接近95%，但镍的析出效果不明显，最多只析出48%。

张文琦等人[146]以金川铜镍矿尾矿酸浸液为原料，根据矿物沉淀pH值区间的不同，分步分离铁、镁的沉淀物以及有价金属铝、钴、镍、铜的混合沉淀物，进而制备具有高附加值的$Fe(OH)_3$和$Mg(OH)_2$，同时富集钴、镍、铜等有价金属。结果表明，当溶液pH值为3.8时可沉淀分离出主要成分为施威特曼石（schwertmannite）的氢氧化铁前驱体，pH值达到9.8时沉淀富集出铝、钴、镍、铜的混合氢氧化物，随即得到只含有镁离子的溶液。在60℃条件下，将施威特曼石在pH值为12的NaOH溶液中老化36h，可以得到$Fe(OH)_3$。同时，以NaOH调节只含有镁离子的溶液至pH值为12.4时可获得$Mg(OH)_2$。本研究为金属矿山尾矿的资源化综合利用提供了新的思路与方法。

14.6　镍矿选矿存在的问题及发展趋势

镍矿物加工利用技术经过科技人员的多年努力，目前其选矿技术能力、技术经济指标和资源综合利用水平已达到较高水平，但仍存在以下几方面问题需进一步提高。

（1）硫化镍矿的充分利用。目前我国低品位镍矿资源的回收水平仍较低，有待进一步提高。我国硫化镍矿床易浮硅酸盐矿物种类众多，性质各异，均严重影响浮选过程，对于易浮硅酸盐矿物的分散与抑制仍需进一步从机理上深入认识，找到更有效的调控途径。近年来，组合捕收剂及组合抑制剂得到了前所未有的广泛应用，均围绕着加强镍浮选的新型高效药剂进行开发和应用，目的是更加有效回收和利用铜镍及其共伴生矿产资源。

（2）红土矿资源的开发利用将是未来的主要趋势。由于可供开发的硫化镍资源明显减少，世界未来10年镍产量的增加将主要来源于红土型镍矿资源的开发，加强红土镍矿利用技术的工程化方面研究是一项迫切的任务。

（3）电镀污泥的资源化利用。电镀污泥中有价金属的回收利用以及无害化高值化处理，还处于实验室阶段或示范点的小规模产业化阶段，没有形成成熟的工艺技术，电镀污泥产业规模的资源化和无害化仍具有很大的研究空间，如何实现电镀污泥资源化利用的产业化技术是今后研究的重点及方向。

合理利用和开发有限的宝贵镍矿产资源是摆在我们面前的重要任务，开展技术创新，应用新技术、新方法、新工艺、新设备，充分利用不可再生资源，努力提高选矿回收率，对我们每一个选矿工作者来讲，是任重而道远的。

我国人均镍资源匮乏，保护重要战略资源，做到镍业的可持续发展和镍行业的“长治久安”；重视镍生产环节的环境保护，真正做到经济、环境协调发展。

参考文献

[1] 中国产业信息．（2014-4-18）. http：//www. chyxx. com/industry/201404/238833. html.

[2] 尹冰一．低品位硫化镍矿中主要硫化矿的浮选行为及电化学研究[D]．长沙：中南大学，2009.

[3] 邓杰．低品位硫化镍矿中含镍硫化矿物同步疏水的理论与技术研究[D]．长沙：中南大学，2011.

[4] Kelebek S，Nanthakumar B. Characterization of stockpile oxidation of pentlandite and pyrrhotite through kinetic analysis of their flotation[J]. Int. J. Miner. Process，2007(84):69-80.

[5] Mishra G，Viljoen K S，Mouri H. Influence of mineralogy and ore texture on pentlandite flotation at the Nkomatinickel mine，South Africa[J]. Minerals Engineering，2013(54)：63-78.

[6] Ndlovua B N，Forbesb E，Beckera M. The effects of chrysotile mineralogical properties on the rheologyof chrysotile suspensions [J]. Minerals Engineering，2011(24):1004-1009.

[7] 阿布拉莫夫 A A．确定硫化矿物浮选时捕收剂最佳浓度和最佳 pH 值的理论基础[J]．国外金属矿选矿，2006(8)：10-17.

[8] Smith L K，Senior G D，Bruckard W J. The otation of millerite-A single mineral study[J]. International Journal of Mineral Processing，2011(99)：27-31.

[9] 赫拉姆佐娃 И Н．寻找提高镍黄铁矿和磁黄铁矿可浮性差异方法的研究[J]．国外金属矿选矿，2006(6):18-19.

[10] Zafir Ekmekci，Megan Becker，Esra Bagci Tekes. The relationship between the electrochemical，mineralogical and flotation characteristics of pyrrhotite samples from different Ni Ores[J]. Journal of Electroanalytical Chemistry，2010(647):133-143.

[11] 张明强．蛇纹石与黄铁矿异相分散的调控机理研究[D]．长沙：中南大学，2010.

[12] 熊学广．利用配合剂-抑制剂组合降低金川镍矿精矿中氧化镁含量研究[D]．武汉：武汉理工大学，2013.

[13] 丁鹏．磷酸盐对蛇纹石的分散作用研究[D]．长沙：中南大学，2011.

[14] 张明洋．硫化矿浮选体系中多矿相镁硅酸盐矿物的同步抑制研究[D]．长沙：中南大学，2011.

[15] Bo Feng，Qiming Feng，Yiping Lu，A novel method to limit the detrimental effect of serpentine on the otation of pentlandite [J]. International Journal of Mineral Processing，2012(114-117)：11-13.

[16] 熊文良，潘志兵，田喜林．改性淀粉在硫化镍矿浮选中的应用[J]．矿产综合利用，2009(6):13-15.

[17] Yongjun Peng，Dee Bradshaw. Mechanisms for the improved flotation of ultrafine pentlandite and its separation from lizardite in saline water[J]. Minerals Engineering，2012(36-38)：284-290.

[18] Bo Feng，Yiping Lu，Qiming Feng. Mechanisms of surface charge development of serpent，Trans[J]. Nonferrous Met. Soc. China，2013(23):1123-1128.

[19] Uddin S，Rao S R，Mirnezami M. Processing an ultrama c ore using ber disintegration by acid attack[J]. International Journal of Mineral Processing，2012(102-103):38-44.

[20] Patra P，Bhambhani T，Vasudevan M. Transport of brous gangue mineral networks to froth by bubbles in flotation separation [J]. International Journal of Mineral Processing，2012(104-105)：45-48.

[21] Bo Feng ，Yiping Lu，Qiming Feng. Talc-serpentine interactions and implications for talc depression[J]. Minerals Engineering，2012(32):68-73.

[22] Manono M S, Corin K C, Wiese J G. An investigation into the effect of various ions and their ionic strength on the flotation performance of a platinum bearing ore from the Merensky reef[J]. Minerals Engineering, 2012(36-38): 231-236.

[23] Corin K C, Wiese J G. Investigating froth stability: A comparative study of ionic strength and frother dosage[J]. Minerals Engineering, 2014(66-68):130-134.

[24] Newell A J H, Bradshaw D J. The development of a sulfidisation technique to restore the flotation of oxidised pentlandite[J]. Minerals Engineering, 2007(20):1039-1046.

[25] Corin K C, Reddy A, Miyen L, et al. The effect of ionic strength of plant water on valuable mineral and gangue recovery in a platinum bearing ore from the Merensky reef[J]. Minerals Engineering, 2011(24):131-137.

[26] Peng Y, Seaman D. The flotation of slime-fine fractions of Mt. Keith pentlandite ore in de-ionised and saline water[J]. Minerals Engineering, 2011(24):479-481.

[27] Corin K C, Mishra J, O'Connor C T. Investigating the role of pulp chemistry on the floatability of a Cu-Ni sul de ore[J]. International Journal of Mineral Processing, 2013(120):8-14.

[28] Eric Wang, Fengnian Shi, Emmy Manlapig. Experimental and numerical studies of selective fragmentation of mineral ores in electrical comminution[J]. International Journal of Mineral Processing, 2012(112-113):30-36.

[29] Heikki Miettunen, Risto Kaukonen, Kirsten Corin. Effect of reducing grinding conditions on the flotation behaviour of low-S content PGE ores[J]. Minerals Engineering, 2012(36-38):195-203.

[30] 于晓霞. 半自磨工艺及其应用于金川镍选矿的可行性[J]. 世界有色金属, 2007(9):12-19.

[31] 罗萍. 使用陶瓷过滤机降低铜镍混合精矿水分的研究与应用[J]. 新疆有色金属, 2014(5):49-51.

[32] 李庆恒, 江敏, 刘海燕. 橡胶衬板在某铜镍选矿厂的应用[J]. 技术进步, 2014(3):31-33.

[33] 刘绪光. 助磨剂对铜镍硫化矿石的助磨作用及其影响[J]. 矿产综合利用, 2009(6):21-23.

[34] 马子龙, 刘炯天, 曹亦俊. 旋流静态微泡浮选柱用于金川镍矿的可行性研究[J]. 有色金属 (选矿部分), 2009(2): 32-35.

[35] 罗萍. 使用陶瓷过滤机降低铜镍混合精矿水分的研究与应用[J]. 新疆有色金属, 2014(5):49-51.

[36] 刘绪光. TT 型特种陶瓷过滤机在某铜镍选矿厂的应用[J]. 有色金属 (选矿部分), 2012(4):64-66.

[37] 梁冬梅, 杨波. 硫化铜镍矿的研究进展[J]. 现代矿业, 2009(8):14-16.

[38] 邱兆莹, 乔吉波. 云南某铜镍矿选矿工艺研究[J]. 云南冶金, 2010, 39(3):19-37.

[39] 李檄文, 刘明宝, 印万忠. 金川镍矿二矿区富矿选矿降镁工艺技术研究现状及趋势[J]. 现代矿业, 2012(3):10-12.

[40] 刘广龙. 优化金川贫矿选矿技术指标的研究[J]. 中国矿山, 2011(12):30-33.

[41] 孙先立, 陈景伟, 邱地刚. 四川丹巴铜镍铂族硫化矿浮选试验研究[J]. 现代矿业, 2014(5):51-53.

[42] 代淑娟, 孟宇群. 提高某镍业公司选厂镍精矿品位的研究[J]. 金属矿山, 2006(6):40-43.

[43] 华金仓. 浅论喀拉通克铜镍矿选矿工艺特点[J]. 四川有色金属山, 2006(12):26-28.

[44] 魏江. 铜镍矿井下矿泥的选矿工艺研究[J]. 新疆有色金属, 2009(增刊):114-116.

[45] 罗立群, 李金良, 黄红. 哈密铜镍矿选矿工艺优化与生产实践[J]. 中国矿业, 2014(8):22-24.

[46] 郎淳慧, 李伟. 提高赤柏松铜镍矿选矿指标的试验研究[J]. 吉林地质, 2006(6):61-66.

[47] 冯泽平, 谈伟军. 某含滑石低品位铜镍矿浮选试验研究[J]. 矿产保护与利用, 2014(8):32-36.

[48] 刘豹, 印万忠, 孙洪硕, 等. 某低品位铜镍硫化矿浮选工艺流程试验研究[J]. 有色金属 (选矿部分), 2014(4): 17-19.

[49] 王建国. 难选低品位铜镍硫化矿浮选试验研究[J]. 有色冶金设计与研究, 2012, 33(4):1-3.

[50] 赵晖, 李永辉, 张汉平, 等. 某复杂铜镍矿的选矿试验研究[J]. 矿冶工程, 2009(10):50-53.

[51] 张智. 内蒙古某低品位铜镍钴矿选矿试验研究[J]. 有色金属 (选矿部分), 2014(2):30-33.

[52] 刘广龙. 碳酸盐化硫化镍矿石浮选工艺研究[J]. 广东有色金属学报, 2006(6):75-79.

[53] 刘绪光, 周凌嘉. 提高某铜镍硫化矿石选矿指标的试验研究[J]. 中国矿山工程, 2014(4):16-18.

[54] 刘广龙. 硅酸化硫化镍矿石浮选工艺探讨[J]. 选矿工程, 2006(1):49-51.

[55] 阙绍娟, 黄荣强, 卢琳. 广西某低品位铜镍矿石选矿工艺研究[J]. 金属矿山, 2014(4):91-94.

[56] 王潇. 某低品位铜镍矿选矿试验研究[J]. 广东化工, 2012(5):60-62.

[57] 张丽军, 王云. 硫化铜镍矿浮选中捕收剂的吸附竞争[J]. 矿产综合利用, 2012(4):12-14.

[58] 刘玉江, 刘绪光. 吉恩镍业选矿厂浮选药剂制度研究[J]. 有色矿冶, 2013(4):18-19.

[59] 科列夫 B A, 等. 铜镍混合精矿的分离[J]. 国外金属矿选矿, 2007(4):36-38.

[60] 周贺鹏, 邹丽萍, 雷梅芬, 等. 某难选低品位铜镍硫化矿选矿工艺研究[J]. 矿业研究与开发, 2013, 33(5):44-46.

[61] 万磊, 王伟, 岳守艳. 巴布新几内亚马当省某铜镍矿的选矿试验[J]. 矿冶, 2014(2):14-17.

[62] 赵晖，李永辉，张汉平，等. 某复杂铜镍矿的选矿试验研究[J]. 矿冶工程，2009(10):50-53.

[63] 代淑娟，孟宇群. 提高某镍业公司选厂镍精矿品位的研究[J]. 金属矿山，2006(6):40-43.

[64] 王虹，邓海波. 蛇纹石对硫化铜镍矿浮选过程影响及其分离研究进展[J]. 有色矿冶，2008(4):19-22.

[65] 罗立群，李金良，黄红. 哈密铜镍矿选矿工艺优化与生产实践[J]. 中国矿业，2014(8):22-24

[66] Ramanathan Natarajan，Inderjit Nirdosh. Effect of molecular structure on the kinetics of flotation of a Canadian nickel ore by N-arylhydroxamic acids. Int. J[J]. Miner. Process，2009(93):284-288.

[67] Walter Amos Ngobeni，Gregory Hangone. The effect of using sodium di-methyl-dithiocarbamate as a co-collector with xanthates in the froth flotation of pentlandite containing ore from Nkomati mine in South Africa[J]. Minerals Engineering，2013(54):94-99.

[68] Songtao Yang，Robert Pelton，Carla Abarca. Towards nanoparticle otation collectors for pentlandite separation[J]. International Journal of Mineral Processing，2013(123):137-144.

[69] 于春梅，王铁富，姜学瑞，等. 提高难选镍矿石浮选指标的试验研究与生产实践[J]. 黄金（选矿与冶炼），2011(·12):50-52.

[70] 李福兰，刘斯佳. 新疆某铜镍硫化矿铜镍回收试验[J]. 金属矿山，2014(11):71-74.

[71] 阙绍娟，黄荣强，卢琳. 广西某低品位铜镍矿石选矿工艺研究[J]. 金属矿山，2014(4):91-94.

[72] 王建国. 难选低品位铜镍硫化矿浮选试验研究[J]. 有色冶金设计与研究，2012，33(4):1-3.

[73] 龙涛，冯其明，卢毅屏，等. 羧甲基纤维素对层状镁硅酸盐矿物浮选的抑制与分散作用[J]. 中国有色金属学报，2011(5):1145-1150.

[74] 魏邦峰. 新疆某低品位铜镍矿选矿试验研究[J]. 新疆有色金属，2014(4):151-155.

[75] 吕晋芳，童雄，崔毅琦. 云南低品位铜镍矿选矿试验研究[J]. 矿产综合利用，2011，3(6):25-28.

[76] Jian Cao，Yongchun Luo，Guoqiang Xu. Utilization of starch graft copolymers as selective depressants for lizardite in the flotation of pentlandite[J]. Applied Surface Science，2015.

[77] 曹钊，张亚辉，孙传尧，等. 铜镍硫化矿浮选中 Cu(Ⅱ)和 Ni(Ⅱ)离子对蛇纹石的活化机理[J]. 中国有色金属学报，2014(2):506-510.

[78] 张亚辉，孟凡东，孙传尧，等. 铜镍硫化矿浮选过程中 MgO 脉石矿物的抑制途径探析[J]. 矿冶，2012(2):1-5.

[79] 张亚辉，熊学广，张家，等. 用柠檬酸和六偏磷酸钠降低金川铜镍精矿镁含量[J]. 金属矿山，2013(5):67-74.

[80] 黄俊玮，张亚辉，张成强，等. 配合剂—抑制剂联合抑镁浮铜镍试验[J]. 金属矿山，2014(7):79-82.

[81] 黄俊玮，张亚辉. 铜镍硫化矿浮选技术难点研究进展[J]. 有色金属（选矿部分），2014(4):75-78.

[82] 钱图利亚 B A，李长根，崔洪山. 含铂的铜—镍矿石浮选药剂制度的优化[J]. 有国外金属矿选矿，2006，43(4):23-25.

[83] 邓伟，王昌良，赵开乐，等. 组合抑制剂用于铜镍分离浮选的试验研究[J]. 矿产综合利用，2011(5):34-37.

[84] Ngoroma F，Wiese J，Franzidis J P. The effect of frother blends on the flotation performance of selected PGM bearing ores[J]. Minerals Engineering，2013(46-47):76-82.

[85] 及亚娜，孙体昌，蒋曼红. 红土镍矿提镍工艺进展[J]. 矿产保护与利用，2011(2):43-49.

[86] 彭犇，岳清瑞，李建军，等. 红土镍矿利用与研究的现状与发展[J]. 有色金属工程，2011(4):15-22.

[87] 李好泽，郭汉杰. 红土镍矿预还原焙烧的研究[J]. 铁合金，2014(4):40-45.

[88] 刘志宏，杨慧兰，李启厚，等. 红土镍矿电炉熔炼提取镍铁合金的研究[J]. 有色金属（冶炼部分），2010(2):2-5.

[89] 徐敏，许茜，刘日强. 红土镍矿资源开发及工艺进展[J]. 矿产保护与利用，2009(3):28-30.

[90] 李建华，程威，肖志海. 红土镍矿处理工艺综述[J]. 湿法冶金，2004(4):191-194.

[91] 周晓文，张建春，罗仙平. 从红土镍矿中提取镍的技术研究现状及展望[J]. 四川有色金属，2008(1):18-22.

[92] 李艳军，于海臣，王德全，等. 红土镍矿资源现状及加工工艺综述[J]. 金属矿山，2010(11):5-9.

[93] 阮书锋，江培海，王成彦，等. 低品位红土镍矿选择性还原焙烧试验研究[J]. 矿冶，2007，16(2):31-34.

[94] 尹飞，阮书锋，江培海，等. 低品位红土镍矿还原焙砂氨浸试验研究[J]. 矿冶，2007，16(3):29-32.

[95] 刘大星. 从镍红土矿中回收镍、钴技术的进展[J]. 有色金属（冶炼部分），2002(3):6-10.

[96] 兰兴华. 从红土矿中回收镍的技术进展[J]. 世界有色金属，2007(4):27-30.

[97] 刘继军，胡国荣，彭忠东. 红土镍矿处理工艺的现状及发展方向[J]. 稀有金属与硬质合金，2011，39(3):62-66.

[98] Qiang Guo，Jingkui Qu，Tao Qi. Activation Pretreatment of Limonite Laterite Ores by Alkali-roasting Method Using Sodium Carbonate[J]. Minerals Engineering，2011(24):825-832.

[99] Libin Tong，David Dreisinger. Interfacial properties of liquid sulfur in the pressure leaching of nickel concentrate[J]. Minerals Engineering，2009(22):456-461.

[100] 汪云华，昝林寒，赵家春，等."干型"红土镍矿氧压酸浸研究[J]. 有色金属（冶炼部分），2010(5):15-17.
[101] 刘继军，胡国荣，彭忠东.红土镍矿处理工艺的现状及发展方向[J]. 稀有金属与硬质合金，2011，39(3):62-66.
[102] Luo Wei, Feng Qiming, Ou Leming. Fast dissolution of nickel from a lizardite-rich saprolitic laterite by sulphuric acid at atmospheric pressure[J]. Hydrometallurgy, 2009(96):171-175.
[103] 齐建云，马晶，朱军，等.某进口红土镍矿湿法冶金工艺试验研究[J]. 湿法冶金，2011，30(3):214-217.
[104] Jennifer MacCarthy, Jonas Addai-Mensah, Ataollah Nosrati. Atmospheric acid leaching of siliceous goethitic Ni laterite ore: Effect of solid loading and temperature[J]. Minerals Engineering, 2014(69):154-164.
[105] Abdullah Obut, Ayse Üçyildiz. Dissolution behaviour of a Turkish lateritic nickel ore[J]. Ismail Girgin, Minerals Engineering, 2011(24):603-609.
[106] Qiang Guo, Jingkui Qu, Bingbing Han. Innovative technology for processing saprolitic laterite ores by hydrochloric acid atmospheric pressure leaching[J]. Minerals Engineering, 2015(71):1-6.
[107] 车小奎，邱沙，罗仙平.常压酸浸法从硅镍矿中提取镍的研究[J]. 稀有金属，2009(8):582-585.
[108] Anne Oxley, Nic Barcza. Hydro-pyro integration in the processing of nickel laterites[J]. Minerals Engineering, 2013(54):2-13.
[109] 刘云峰，陈滨.红土镍矿资源现状及其冶炼工艺的研究进展[J]. 矿冶，2014(8):70-75.
[110] 林重春，张建良，黄冬华，等.红土镍矿含碳球团深还原—磁选富集镍铁工艺[J]. 北京科技大学学报，2011，33(3):270-275.
[111] 阮书锋，江培海，王成彦，等.低品位红土镍矿选择性还原焙烧试验研究[J]. 矿冶，2007，16(2):31-34.
[112] 栾志华，宋志伟.低品位红土镍矿还原焙烧—选矿富集制取低品位镍铁工艺试验研究[J]. 有色设备，2014(2):15-18.
[113] Guanghui Li, Tangming Shi, Mingjun Rao. Beneficiation of nickeliferous laterite by reduction roasting in the presence of sodium sulfate[J]. Minerals Engineering, 2012(32):19-26.
[114] 牟文宁，翟玉春，刘娇.红土镍矿高浓度碱浸提硅的研究[J]. 材料导报：研究篇，2009，23(2):100.
[115] Shuzhen Li, Hui Zhong, Yuehua Hu. Bioleaching of a low-grade nickel-copper sulfide by mixture of four thermophiles[J]. Bioresource Technology, 2014(153):300-306.
[116] Geoffrey S Simate, Sehliselo Ndlovu. Bacterial leaching of nickel laterites using chemolithotrophic microorganisms: Identifying influential factors using statistical design of experiments[J]. Int. J. Miner. Process, 2008(88):31-36.
[117] Norgate T, Jahanshahi S. Assessing the energy and greenhouse gas footprints of nickel laterite processing[J]. Minerals Engineering, 2011(24):698-707.
[118] Fosso-Kankeu E, Mulaba-Bafubiandi A F, Mamba B B. Assessing the effectiveness of a biological recovery of nickel from tailing dumps[J]. Minerals Engineering, 2011(24):470-472.
[119] Watling H R. The bioleaching of nickel-copper sulfides[J]. Hydrometallurgy, 2008, 91(1):70.
[120] 温建康，阮仁满.高砷硫低镍钴硫化矿浸矿菌的选育与生物浸出研究[J]. 稀有金属，2007，31(4):537.
[121] 刘绪光.吉恩铜镍选厂选矿废水循环利用生产实践[J]. 矿产保护与利用，2009，3(6):56-58.
[122] Khelifa A, Aoudj S, Moulay S, el at. A one-step electrochlorination/electroflotation process for thetreatment of heavy metals wastewater in presence of EDTA[J]. Chemical Engineering and Processing, 2013(70):110-116.
[123] 程瑜，宋永胜.旋流喷射浮选柱回收铜镍尾矿中镍的研究[J]. 金属矿山，2010(10):16-18.
[124] 白海静，程瑜，吕慧峰，等.新疆某铜镍尾矿综合利用选矿试验[J]. 金属矿山，2013(12):15-18.
[125] 臧宝安，王智勇，邱伟.硫化铜镍矿浮选尾矿应用重—浮选联合流程的试验研究与生产实践[J]. 吉林地质，2009(12):13-16.
[126] 袁凤艳，崔商哲.硫化铜镍矿浮选尾矿处理工艺探索[J]. 中国矿山工程，2011(6):23-26.
[127] 杨慧芬，袁运波，张露，等.铜渣中铁铜组分回收利用现状及建议[J]. 金属矿山，2012(5):165.
[128] 董海刚，郭宇峰，姜涛.从含铁镍冶金渣中回收磁铁矿的研究[J]. 矿冶工程，2008，28(1):37.
[129] 高惠民，谢国威.一种熔融还原镍渣提铁的方法及装置：中国，200810013552.0[P]. 2008-10-01.
[130] 郑春到，欧阳辉，肖珲，等.一种铜选矿尾渣提铜冶炼新工艺：中国，200710077638.5[P]. 2007-10-07.
[131] 袁守谦，董洁，王超，等.综合处理铜选矿尾渣和镍熔融渣的工艺研究[J]. 稀有金属，2014，1(1):108-112.
[132] 王武名，鲁安怀，陶维东，等.金川铜镍矿山尾矿砂循环经济研究[J]. 金属矿山，2006(4):81-84.
[133] 戴婕，杜谷，徐金沙.丹巴杨柳坪地区铜镍硫化物矿床发现铼矿物[J]. 矿物学报，2015(1):108-111.
[134] 高红，崔忠远，殷建强，等.一种提高铜镍矿伴生贵金属回收率的方法：中国，CN201210385943.1[P]. 2012.
[135] 叶亮山，地里夏提·买买提，胥胜金.甘肃金川铜镍矿伴生金银的赋存状态研究[J]. 长江大学学报（自然版），

2013(8):55-59.
[136] 袁文辉，王成彦，徐志峰，等．含铬电镀污泥资源化利用技术研究进展[J]．湿法冶金，2013(5):284-287.
[137] 王琪．工业固体废弃物处理及回收利用[J]．中国环境科学出版社，2006：339-340.
[138] 李彩丽．含镍电镀污泥中镍的回收和综合应用[J]．太原理工大学报，2010：1-3.
[139] 张焕云，娄性义，韩玎．用循环经济理念指导电镀污泥的综合利用[J]．中国环保产业，2007(9):28-30.
[140] 石太宏，陈可．电镀重金属污泥的无害化处置和资源化利用[J]．污染防治技术，2007，40(2):48-52.
[141] 张殿彬，陈为亮，王迎爽，等．从电镀污泥中回收有价金属的研究进展[J]．湿法冶金，2012(5):281-283.
[142] 陈永松，周少奇．电镀污泥处理技术的研究进展[J]．化工环保，2007(2)：144-148.
[143] 陈永松，周少奇．电镀污泥的基本理化特性研究[J]．中国资源综合利用，2007(5):2-6.
[144] 胡海娇，刘定富．P_2O_4 浮选法回收电镀污泥中的铜和镍[J]．广州化工，2013，21(11):70-22.
[145] 李盼盼，彭昌盛．电镀污泥中铜和镍的回收工艺研究[J]．电镀与精饰，2010，32(1):37-40.
[146] 张文琦，王长秋，鲁安怀，等．利用尾矿砂制备镁铁氢氧化物实验研究[J]．岩石矿物学杂志，2007(6):526-558.

第 15 章 铁矿石选矿

本章从矿石资源、工艺技术、装备、浮选药剂、尾矿处置等方面对 2006 ~ 2014 年铁矿选矿技术的发展进行了综合评述，并对未来铁矿资源利用重点、技术发展方向进行展望。

15.1 铁矿资源概况

15.1.1 资源储量及分布

铁矿石在自然界中的储量比较丰富，在世界范围内的分布较广。根据美国地质调查局（USGS）数据，目前澳大利亚、巴西、俄罗斯、中国、印度、美国、加拿大、乌克兰是查明储量最多的国家[1]。截至 2014 年 12 月 31 日，世界铁矿石资源分布情况见表 15-1。

表 15-1 世界铁矿石资源分布情况

国 家	粗矿储量/百万吨	占比/%	含铁量/百万吨	品位/%
澳大利亚	53000	27.89	23000	43.40
巴 西	31000	16.32	16000	51.61
俄罗斯	25000	13.16	14000	56.00
中 国	23000	12.11	7200	31.30
印 度	8100	4.26	5200	64.20
美 国	6900	3.63	2100	30.43
乌克兰	6500	3.42	2300	35.38
加拿大	6300	3.32	2300	36.51
其他国家	30200	15.89	14900	49.34
世 界	190000	100.00	87000	45.79

近年来，国土部门持续加大找矿力度，随着找矿新理论、新方法、新技术的不断应用，我国铁矿找矿工作取得了重要突破。据《2015 中国矿产资源报告》报道，截至 2014 年年底，查明铁矿资源储量已达到 843.4 亿吨，较 2000 年以前的 500 亿吨资源储量增长了 68%。但铁矿基础储量仍然不多，随着我国铁矿石产量的逐年提升，铁矿资源基础储量呈逐年减少趋势，见表 15-2。

表 15-2 近 5 年我国铁矿资源基础储量变化情况

年 份	2008	2009	2010	2011	2012
储量/亿吨	226.4	213	222.3	192.8	194.8

注：据国家统计局公布的数据。

近年新增资源量仍然没有改变我国铁矿资源“贫、细、杂、散”的禀赋特点，截至 2012 年，能够直接入炉冶炼的富铁矿资源储量仅为查明资源储量的 1.72%，98% 以上为需选矿加工处理的贫矿储量，这一比例与 2000 年以前的富矿与贫矿比例一致。

15.1.2 铁矿石产量和消费

2000 年以后，全球特别是亚洲地区钢铁工业的快速发展，带动了世界铁矿石消费量的大幅提高，进而促进了全球铁矿石的生产，全球铁矿石产量及价格情况见表 15-3。2001 ~ 2011 年间，尽管价格和海运费的影响使铁矿石的产量稍有波动，但总体产量呈上升趋势，2011 年全球铁矿石产量创下纪录，达 20.5 亿吨。但是 2012 年，受铁矿石价格波动的影响，全球铁矿石产量出现 2009 年金融危机影响之后的首次下滑，降为 18.70 亿吨。之后两年则维持上涨的趋势，2013 年为 19.27 亿吨，2014 年达到 20 亿吨。

表 15-3　全球铁矿石产量及价格情况

年　份	2006	2007	2008	2009	2010
产量/亿吨	15.77	16.99	16.93	15.95	19.62
价格/美元	60～70	±80	±130	±80	±120
年　份	2011	2012	2013	2014	
产量/亿吨	20.50	18.70	19.27	20.00	
价格/美元	±160	±120	±120	100～120	

注：来源于世界钢铁年鉴、中国统计网。

全球“四大矿山”产量如图 15-1 所示。由图 15-1 可见，“四大矿山”产量占据全球铁矿石总产量的半壁江山。2014 年，四家公司的铁矿石产量分别为 3.19 亿吨、2.95 亿吨、2.19 亿吨和 1.60 亿吨，总计接近 10 亿吨，占当年全球铁矿石总产量（约 20 亿吨）的一半。巴西的淡水河谷（Vale）是世界上最大的铁矿石生产商，2014 年铁矿石产量为 3.19 亿吨，约占全球铁矿石产量的 15.9%；排在第二的力拓（Rio Tinto）产量为 2.95 亿吨，占 14.7%；第三名的必和必拓（BHP）产量为 2.19 亿吨，占 11.0%；第四名的福蒂斯丘（FMG）产量为 1.60 亿吨，占 8.0%。

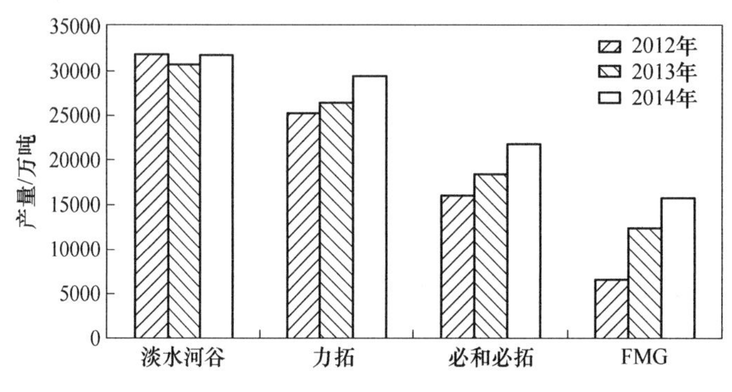

图 15-1　全球“四大矿山”产量

2000 年以来，随着我国国民经济的快速发展，钢铁工业对铁矿资源需求量剧增，我国铁矿石产量与进口量总体上呈现大幅度增长态势（见表 15-4）。我国优质铁矿资源匮乏、复杂难选铁矿石利用率较低，呈现国内铁矿石市场严重供不应求和国际铁矿石市场整体供求失衡的状态。自 2011 年以来，国产铁矿石增长速度放缓，2014 年 1～6 月我国累计进口铁矿石 45716 万吨，同比增长 19.1%，铁矿石进口量创历史新高。分国别和地区看，澳大利亚和巴西仍是我国铁矿石进口的主要来源地，占比分别达到 56.1%、17.6%[2]。2014 年进口量达到 8.19 亿吨，同比增长 10.17%，对外依存度达 67.9%，导致价格持续上涨。2001～2011 年到岸均价由 27.11 美元/吨暴涨至 163.8 美元/吨，在 2012 年曾小幅回落至 128.56 美元/吨，总金额达 956 亿美元[3]，到 2013 年进口均价又上升到 129.03 美元/吨，比 2012 年均价增加了 0.47 美元/吨，总金额高达 1057.28 亿美元，同比增长 10.59%[4]。铁矿石进口成本的大幅增加造成国内铁矿石价格、部分能源价格，甚至居民消费品价格的联动性上涨，这不仅对我国钢铁产业造成严重影响，对国民经济的健康持续发展也构成了巨大威胁。因此加强国内铁矿资源的高效开发利用，提高铁矿石自给率，具有重要的战略意义。

表 15-4　2000 年以来国产铁矿石、进口铁矿石统计　（亿吨）

年　份	2006	2007	2008	2009	2010
国产铁矿石	5.88	7.07	8.24	8.80	10.72
进口铁矿石	3.26	3.83	4.44	6.28	6.18
年　份	2011	2012	2013	2014	
国产铁矿石	13.27	13.09	14.51	15.09	
进口铁矿石	6.86	7.44	8.19	9.33	

注：据国家统计局、海关总署、中钢协会公布的数据。

国产铁精矿产量及价格变化见表 15-5 及图 15-2。2010 年后伴随着铁矿石产量的不断攀升，铁精矿产能也逐年增加，至 2014 年，国产铁精矿产量达到了 43264 万吨。2014 年下半年，全球铁矿及铁资源价格动荡，开启下跌模式，且降幅比较大，2015 年进入近十年的新低，国内铁矿山纷纷减产或停产。

表 15-5 国产铁精矿产量及价格情况

年 份	2010	2011	2012	2013	2014	2015
产量/万吨	28870	35737	37418. 2	41457. 5	43264	39465. 4
价格/元 · 吨$^{-1}$	1200 ~ 1300	1000 ~ 1200	800 ~ 1100	700 ~ 900	500 ~ 800	440 ~ 500

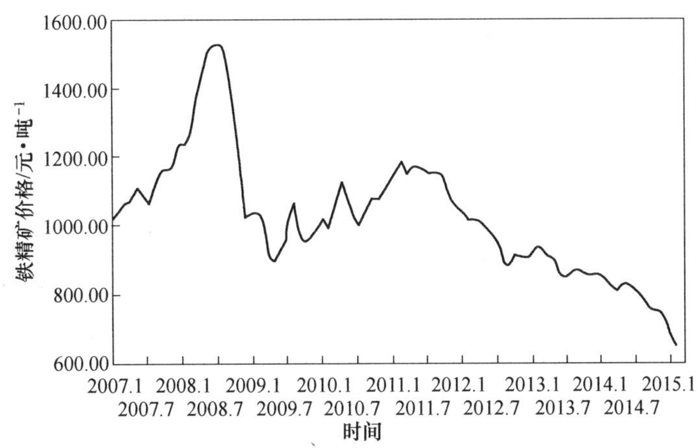

图 15-2 铁精矿价格走势

15. 2 铁矿选矿技术进展

15. 2. 1 概述

世界铁矿资源大体上呈北半球难选、南半球易选的特点，北半球的美国和俄罗斯铁矿资源禀赋特点与我国类似，在 20 世纪 50 ~ 70 年代，世界铁矿选矿技术发展集中在这两个国家，但是近 30 年来，随着美国和俄罗斯经济结构调整，以及南半球优质铁矿资源的大规模开发，其铁矿采选基本停滞，主要力量集中到了采选装备的创新与推广应用，可以说近 30 年来铁矿选矿工艺技术的创新中心在中国[5,6]。

"贫、细、杂、散"是我国铁矿资源禀赋特点，近几年发现的新铁矿资源禀赋也没有新的变化，如前所述，我国铁矿资源量从 500 亿吨增加到现在的 776 亿吨，富矿比例仍然维持在 1.7% 左右。基于资源特点，我国铁矿石选别工艺流程比较复杂，铁精矿的品位以及回收率都相对较低，选矿成本较高。2000 年前后，我国铁矿石产量（含铁 31%）2. 4 亿吨左右，磁铁矿选矿精矿平均品位 65. 8%，铁回收率 90%，比世界主要铁矿石生产国的相应平均值低 1. 3% 和 7%，赤铁矿选矿精矿平均品位 59. 8%，回收率 65% ~ 67%，比世界主要铁矿石生产国的相应平均值低 6% 和 15%[7~9]。

针对我国铁矿资源禀赋特点，全行业协同创新，开发出了大块干式预选、高压辊磨—立磨、细磨—细筛分级、弱磁—强磁—阴（阳）离子（反）浮选、阶段磨矿—阶段选别、全粒级回转窑磁化还原焙烧—弱磁选—浮选、闪速磁化还原焙烧—弱磁选—浮选等工艺流程。研制出了大块干式磁选机、高压辊磨机、高频细筛、高梯度磁选机、组合式湿式强磁选机、磁选柱、浮选柱、精选淘洗机、磁浮选柱、陶瓷过滤机等新型高效选别设备[10~12]。

2000 年以来，我国选矿界创造性提出"提铁降硅（杂）"、"铁前成本一起核算"、"集团效益最大化"的学术思想，并建立了"铁精矿质量铁、硅、铝三元素综合评价"理论体系，为国产铁精矿实施提铁降硅（杂）战略提供了理论指导。继鞍钢之后，国内几乎所有的铁矿山相继实施了"提铁降硅（杂）"的战略，经过几年研究与实践，国内铁矿石选矿技术取得重大突破，极大地提高了铁矿石的选别指标，赤铁矿选矿以鞍钢齐大山选矿厂为代表，精矿品位达到了 67. 61%，回收率达 79. 54%。磁铁矿选矿精矿品位大多提高到了 68% 以上，回收率也可达到 95% 左右[13,14]。

15.2.2 工艺技术进展

15.2.2.1 *磁铁矿石*

磁铁矿石约占我国铁矿资源总储量的45%左右，这类矿石中的铁矿物比磁化系数高，磁性强，一般采用弱磁选即可和脉石分离，铁精矿品位可以达到63%～67%，但是SiO_2含量高。鞍钢弓长岭、太钢尖山和本钢南芬是我国三个主要磁铁矿选矿厂，采用单一磁选工艺，其铁精矿品位分别为65.5%、65.92%、67.5%，SiO_2含量分别为8.31%、8.50%、6.5%，精矿品位不高，杂质硅含量高，严重影响高炉炼铁效益。2000年以来，“提铁降杂”思想推动磁铁矿选矿进入了新时期，核心技术是移植了在赤铁矿选矿中发明的“反浮选”技术，采用“弱磁选—阴（阳）离子（反）浮选”工艺技术，在保证回收率的条件下，使精矿品位提高到了69%以上，硅含量大幅度下降。经过提铁降硅研究和生产工艺改进后上述三个矿山不仅铁精矿品位分别提高到68.89%、69.10%、69.32%，更重要的是SiO_2分别降低到3.62%、3.80%、3.30%，使我国彻底改变了铁精矿质量低的历史。

15.2.2.2 *鞍山式磁赤铁矿石*

鞍山式磁赤铁矿在我国各地区分布广泛，在“提铁降硅”学术思想的带动下，针对鞍山式赤铁矿，在全国范围内掀起了各种工艺流程、设备及药剂的创新热潮，时称“黑色风暴”[15~18]。我国自“六五”以来直到“十一五”期间，经过多个国家五年科技攻关计划支持，铁矿选矿技术水平和选矿技术指标达到世界领先水平的标志性成果也主要体现在鞍山式磁赤铁矿的选矿方面。

鞍山式磁赤铁矿的技术进展可以归纳为三个阶段：

（1）以鞍钢齐大山调军台选矿厂为代表的鞍山式中细粒磁赤铁矿（P_{80}为63μm左右）选矿工艺及技术指标达到世界领先水平并在全国各大矿山推广应用。

（2）以太钢袁家村铁矿为代表的细粒磁赤铁矿（P_{80}为30μm左右）得到开发利用。

（3）以湖南祁东铁矿为代表的微细粒（P_{80}为20μm左右）磁赤铁矿得到生产利用。

A 鞍山地区磁赤铁矿选别工艺技术

鞍山地区磁铁矿及氧化铁矿石均属于中细粒级嵌布，其技术进步的核心表现是“弱磁—强磁—阴（阳）离子（反）浮选”、“阶段磨矿—阶段选别”工艺流程及配套强磁选设备、药剂的创新与推广应用[19]。

国家“七五”科技攻关成果“弱磁—强磁—阴（阳）离子（反）浮选”处理鞍山地区磁赤铁矿，在磨矿细度-74μm(-200目)占85%～90%，工业试验取得了铁精矿品位65%、回收率80%的国际领先指标。以此为设计依据，“八五”期间建设了鞍钢调军台选矿厂，年处理原矿石900万吨，工业生产一次调试成功，开启了鞍山式磁赤铁矿高效选矿利用的新时代。

鞍钢齐大山选矿厂处理鞍山式磁赤混合铁矿石，一选车间300万吨/年，二选车间500万吨/年。原流程：一选车间采用阶段磨矿—粗细分级、重选—磁选—酸性正浮选联合流程；二选车间采用竖炉还原焙烧—磁选工艺流程，原矿铁品位29%左右，精矿铁品位63%，SiO_2含量8%～9%。改造后两个选矿车间均采用阶段磨矿—粗细分级—粗粒重选—细粒弱磁选—强磁选—阴离子反浮选工艺流程。在原矿铁品位29%左右时，精矿铁品位达到67.5%以上，SiO_2含量降至4%以下，铁回收率80%左右。2011年齐大山选矿厂年经济效益近8000万元，综合炼铁年效益2.37亿元[22]。

鞍钢弓长岭矿业公司赤铁矿的选矿生产始于1975年，采用的工艺为磁-重联合工艺流程，虽经多次改造，但铁精矿生产技术指标一直在64%左右的品位徘徊，金属回收率不足70%，于1998年被迫停产。2005年弓长岭选矿厂三选车间采用鞍钢提铁降硅成果建成年处理原矿300万吨的氧化铁矿石选矿车间，工艺流程为“阶段磨矿—粗细分级—粗粒重选—细粒强磁—阴离子反浮选”。最终综合精矿铁品位67.76%，铁回收率72%～73%。

我国铁矿石特点与其类似的还有胡家庙、鞍钢弓长岭三选厂、鞍钢东鞍山选矿厂、唐钢司家营铁矿、河南舞阳铁矿等，均采用了上述工艺技术。

B 太钢袁家村磁赤混合铁矿选别工艺技术

太钢袁家村磁赤混合铁矿石储量为12亿吨，其铁矿物颗粒粒度比鞍山地区的细，需要磨细到P_{80}为

0.030mm 才能单体解离，部分矿体中的脉石矿物不是单一的石英，还有磁选时容易在精矿中富集浮选难度大的含铁硅酸盐矿物绿泥石、角闪石等。

长沙矿冶研究院根据矿石特点，在工艺流程和浮选药剂试验研究的基础上制定了“阶段磨矿—弱磁—强磁—阴离子反浮选工艺”，完成了实验室试验和扩大连续试验，在原矿含铁 31.72%、磨矿细度 P_{80} 为 -0.030mm 的条件下，取得了铁精矿含铁 66.95%、铁回收率 72.62% 的扩大连选试验指标。太钢钢铁集团公司按照此工艺在袁家村已建成年处理原矿石 2200 万吨/年的国内最大规模的选矿厂，从破碎磨矿到浮选过滤等各作业都采用了世界一流的大型选矿装备，生产的铁精矿品位 65% 左右，回收率 65% 左右[20,21]。

C　祁东铁矿选别工艺技术

祁东铁矿是湖南省主要的铁矿山，储量 3.6 亿吨，其铁矿物嵌布粒度相对更细，需要细磨到 P_{80} 为 -0.020mm铁矿物才能基本单体解离。由于铁矿物及脉石粒度更细，铁矿选矿最有效的强磁选机在这个粒度下选矿效率很低，加之矿泥的存在严重干扰阳离子或阴离子反浮选，细磨后直接浮选得不到高品位铁精矿，必须先把微细粒的矿泥脱除干净才能进行正常浮选，针对上述特点，长沙矿冶研究院研发了“阶段磨矿—絮凝脱泥—阴（阳）离子反浮选工艺”，2008 年湖南三安公司按此工艺建成 30 万吨/年选矿实验厂，在原矿含铁 30.70%、最终磨矿细度 P_{80} 为 -20μm 的条件下，取得了铁精矿含铁 63.02%、铁回收率 65.83% 的工业指标。按此工艺建成的年处理铁矿石 300 万吨/年选矿厂已投入生产。“絮凝脱泥”工艺技术成功地在国内工业应用，为我国微细粒铁矿资源开发利用奠定了基础[22]。

15.2.2.3　*褐铁矿、菱铁矿*

我国的褐铁矿、菱铁矿资源储量丰富，但这类型矿石磁性弱、成分多、结构复杂，采用磁选、重选、浮选等方法难以实现其与脉石矿物的分离。大量试验研究和工业生产（如江西新余浒坑铁矿和广东韶关大宝山铁矿）表明，采用湿式强磁选加浮选的方法，铁精矿品位 50% ~55%，回收率不到 50%，因此，受技术水平限制，这类型矿石国内外都没有得到有效的工业利用。近年来为进一步提高国产铁精矿的保障程度，国家和行业加大了褐铁矿、菱铁矿这一类型铁矿资源的选矿技术的研发力度。国内外多年研究表明，通过还原磁化焙烧将褐铁矿、菱铁矿转化成磁铁矿再加以利用是最有效的方法，工业焙烧装备是实现这一技术的关键[23,24]。

竖炉只适宜于焙烧块矿（20 ~75mm）、原料利用率低，其物料呈堆积态、传热效率低、中心易欠烧、表面易过烧，因此焙烧效率低，此外投资大、劳动强度高、处理量小，造成焙烧成本高；回转窑可实现全粒级（小于 20mm）焙烧，但设备投资大，热量利用率低、容易结窑结圈，导致工业生产难以进行。因此，如何在合理成本条件下实现磁化焙烧，一直是业内致力解决的难题。2005 年以来，在国家科技计划支持下，长沙矿冶研究院针对褐铁矿、菱铁矿选矿，提出了“全粒级回转窑磁化焙烧—磁选—(浮选)”和“多级循环旋流磁化焙烧—磁选—(浮选)”两个技术方案，配套研发了高效节能焙烧工业装置[25~27]。

全粒级回转窑磁化焙烧方案研发的新型回转窑解决的关键技术创新如下：

（1）采用两段磁化技术，适合还原焙烧系统合适温度场分布的燃烧系统和窑身配风系统设计。

（2）中低温、弱还原气氛调节及控制技术。

（3）耐冲刷、耐磨、耐急冷急热耐火材料。

（4）无线发射应用于窑内温度测量仪表。

这些关键技术创新，解决了回转窑结窑这一世界性难题，处理新疆切列克其褐铁矿，取得了铁精矿 62.39%、回收率 85.02% 的工业生产技术指标，回转窑作业率达到了 87.24%。该成套技术已在新疆、云南等地推广应用，总计原矿石处理量达到 1000 万吨/年以上。

闪速磁化焙烧方案的关键技术创新如下：

（1）由传统的堆积态气固换热转变为悬浮态气固换热，细粒物料在悬浮态下传热时比表面积比在回转窑中气固接触面积大 3000 ~4000 倍，气流与物料逆向的相对运动速度比回转窑内大 4 ~6 倍，在每一级预热器中的换热效率高达 70% ~80%，物料预热和反应的总时间由几个小时缩短到数十秒以内，大大提高了弱磁铁矿物磁化反应的效率。采用细粉入炉焙烧，原料分散在气流中，每个颗粒均匀受热，焙烧矿质量均匀，可大幅提高铁精矿品位。

（2）焙烧时间短，物料在系统中的停留时间仅为数秒钟，焙烧装置容积利用率高，反应炉容积利用率为 4 ~ 5t/(m^3 · d)。

(3) 焙烧温度、气氛、固气比具有较宽的操作范围，操作方便，系统运行稳定可控。

(4) 燃烧和磁化反应分别在独立的设备中进行，可避免回转窑焙烧过程中容易出现的因局部温度过高引起的结圈问题，提高了工艺设备的作业率。

工艺主体装置传动部件少，维修方便，动力消耗少。占地面积小，基建工作量小，投资和运行成本低，装置的单位产能大，易于实现设备大型化。

该方案在河南灵宝进行的 5 万吨/年规模工业试验表明，物料预热和反应的总时间可由传统回转窑的 1h 以上缩短到 2min 内完成，能耗下降效果显著。

东北大学提出了复杂难选铁矿悬浮焙烧技术，并设计出实验室型间歇式悬浮焙烧炉。利用设计的悬浮焙烧炉对鞍钢东鞍山烧结厂正浮选尾矿和鲕状赤铁矿进行了给矿粒度、气流速度、还原气体浓度、焙烧温度、焙烧时间条件试验，在最佳的试验条件下，获得了精矿铁品位 56% ~61%、回收率 78% ~84% 的理想指标[28,29]。采用电子探针、穆斯堡尔谱、Fluent 软件等检测技术对细粒难选铁矿石悬浮焙烧过程中矿物的物相转化、矿石微观结构变化、颗粒的运动状态、悬浮炉内热量的传输等开展研究工作，形成了悬浮焙烧铁矿物物相转化控制、颗粒悬浮态控制、余热回收等核心技术。根据基础研究成果，东北大学与中国地质科学院矿产综合利用研究所和沈阳鑫博工业设计有限公司合作，在峨眉山市设计建成了 150kg/h 的复杂难选铁矿悬浮焙烧中试系统。2014 年 9 月，以东鞍山烧结厂正浮选尾矿和眼前山磁滑轮尾矿经强磁选的精矿为原料，进行了扩大连续试验，该系统生产出的磁化焙烧产品经磁选后达到了精矿铁品位 63% ~65%、回收率 78% ~83% 的工业指标[30]。

15.2.3 选矿装备进展

15.2.3.1 高效破碎设备

为了降低破碎产品粒度，实现多碎少磨，显著降低生产成本，我国铁矿山引进了国外大型破碎设备。如鞍钢调军台选矿厂中细碎采用美国 Nordberg 公司的 HP700 型圆锥破碎机，最终破碎粒度由 20mm 降低到 12mm。武钢程潮铁矿选矿厂中、细碎采用进口的 HP500 型圆锥破碎机替代原有的 ϕ2100mm 圆锥破碎机，不仅使破碎粒度由 16mm 降至 10mm，而且提高了破碎生产能力，降低了破碎生产能耗，同时提高球磨机台时处理量 20% 以上。鞍钢、太钢、包钢、武钢、马钢等企业都引进使用了该设备[31]。

近年来另一有突出优势的高效破碎设备是高压辊磨机[32,33]，作为最后一段破碎设备，可使球磨给矿由原来的 12 ~0mm 下降为 -5mm 粒级占 80% 的粉饼，大幅度提高生产中球磨机的台时能力，节能效果显著[34]。

高压辊磨机以其合理的粉碎原理、高效节能的粉碎性能及良好的粉碎效果，以及在结构、材料及性能上的不断改进，使用范围不断地扩展。尤其是针对嵌布粒度细、品位低的铁矿石，其效果更加突显。在进行高压辊磨作业时，由于铁矿石受到碾压和搓揉，使得矿石碾压成细粒及粉末状，从而使有用矿物与脉石的结合界面发生疲劳断裂或发生微裂纹和内应力，部分的结合界面也会完全分离。这样很大一部分有用矿物便获得了完全的单体解离，另一部分没有完全单体解离的颗粒内部的结合界面处，也会产生微裂纹或内应力。当获得了完全单体解离或部分单体解离的颗粒，进入预选作业粗粒抛尾时，便可获得品位较高的粗精矿和品位较低的尾矿。这种脉石矿物较少的粗精矿进入球磨机时，没有完全单体解离的颗粒内部的结合界面，由于含有大量的微裂纹和内应力，因此在球磨机中，这部分颗粒中的有用矿物和脉石便很容易获得更好的单体解离。这样粗精矿磨矿后有利于磁选精选作业提高最终精矿的品位[35,36]。

高压辊磨工艺已经是国外大型铁矿选矿厂建设的优先选择方案。国内关于高压辊磨的引进、消化、再创新工作一直得到行业的高度重视，预计高压辊磨机将逐步在铁矿山普及[37]。

国内高压辊磨机工艺在铁矿山的试验研究最早见于 2004 年马钢集团南山矿业有限责任公司。在马钢凹山选矿厂进行高压辊磨机闭路破碎—粗粒湿式磁选抛尾工艺流程技术改造，该流程采用德国魁伯恩公司的高压辊磨机，给矿小于 20mm，产品粒度小于 3mm，处理能力新给矿 821t/h，辊径 1700mm，辊宽 1400mm。技术改造工程于 2006 年完成，对提高凹山选矿厂的生产能力、稳定和提高精矿品位、保证精矿产量等发挥了重要作用，成为国内高压辊磨工艺处理低品位磁铁矿的成功范例。随后该工艺被应用到了和尚桥铁矿 500 万吨/年选矿厂和马钢集团霍邱张庄铁矿 500 万吨/年的设计中。司家营铁矿 2009 年开始建设的二期工程设计处理能力为 1500 万吨/年，采用“粗碎—闭路中碎—中间粒级高压辊磨边料返回—磁铁矿和氧化矿分选”流程，高压辊磨机给矿粒度 50～6mm，中间料粒度 P_{80}为 5.6～0mm，选用了两台洪堡公司（KHD）规格为 1700×1800 的高压辊磨机。湖北谷城一贫磁钛铁矿，采用“高压辊磨开路破碎—湿式弱磁选粗粒抛尾（5～2mm）”工艺流程，当原矿铁品位为 14.94%～15.12%时，可以抛弃产率为 56.62%～60.78%、铁品位为 6.98%～7.14%的尾矿。山西平白石铁矿、安徽大昌矿业等磁铁矿选矿厂也陆续采用了高压辊磨技术。高压辊磨技术大幅度降低矿石入球磨机的粒度，为铁矿石入球磨机之前进行粗粒抛尾，实现“该丢早丢”，创造了良好的条件，这对提高贫铁矿磨矿系统的生产能力、节能降耗、提高经济效益，具有极其重要的意义[38～40]。

2005 年，国产首台球团行业用高压辊磨机在长治钢铁集团球团制备流程中成功应用，铁精粉经挤压处理后增加了其比表面积，提高了铁精粉的成球性能，国产高压辊磨机在天津荣程钢铁集团、冷水江钢厂、冷水江博大钢铁有限公司、攀枝花钢企米易白马集团等球团制备流程中得到应用。国产高压辊磨机主要研制企业有中信重工、中钢天源、成都利君、上海卓亚、西安三沅重工、合肥水泥院等，中信重工机械股份有限公司已成功在抚顺罕王集团和承德建龙矿业有限公司应用了 GM140-60 高压辊磨，并在澳大利亚铁矿推出了 ϕ2m×2m 和 ϕ1.8m×1.6m 高压辊磨[41]。山西原平白石联营铁矿由于原矿品位低，只有 14%左右，难以达到球磨机的入选品位要求。为了提高处理能力和降低选矿厂的能耗，粗碎采用一台国产的 PXZ1216 型旋回破碎机，中碎为 3 台圆锥破碎机，细碎采用成都利君生产的一台 CLM200/100 型高压辊磨机，以及合肥水泥院生产的一台 HFCG160/140 型高压辊磨机（一用一备）。利用高压辊磨机的超细碎技术将圆锥破碎机的产品破碎至小于 10mm，然后进入强磁选预选抛尾，抛尾后的矿石含铁品位达到 33%以上，大大提高了进入球磨机的入选品位，很好地解决了原系统铁矿石入选品位低、生产成本高的问题[42]。除此之外，河北承德建龙铁矿高压辊磨机（中信重工）、马钢姑山铁矿高压辊磨机（中信重工）、攀钢白马铁矿高压辊磨机（成都利君）、攀枝花安宁铁钛有限公司高压辊磨机（成都利君）、合肥大昌矿业高压辊磨机（合肥水泥院）等多个矿山都使用了国产的产品，这些高压辊磨机无论从挤压效果还是辊面寿命上，都得到了用户的认可，为国产矿用高压辊磨机的使用与推广提供了借鉴，也为国内选矿业起到了积极的推动作用[43]。

15.2.3.2　高效磨矿设备

A　大型自磨机和半自磨机

大型自磨机在铁矿选矿中的应用是近年来磨矿技术的重要进展之一。自磨(AG)/半自磨（SAG）是一种具有粉碎和磨矿双重功能、一机两用的设备。太钢袁家村铁矿处理量 2200 万吨/年，最终磨矿产品粒度 P_{80}为 28μm。设计采用 SAB 流程，磨矿采用美卓矿机公司制造的 3 台 ϕ10.36m×5.49m 半自磨机（2×5500kW）和中信重机生产的 3 台 ϕ7.32m×12.5m 球磨机（2×6750kW）、3 台 ϕ7.32m×11.28m 球磨机（2×6750kW），2012 年选矿厂投产，这是我国第一个特大型自磨工艺铁矿选矿厂。

中信重机为中信泰富澳大利亚 SINO IRON 年处理量 8400 万吨规模的铁矿选矿厂制造的 6 台 ϕ12.19m×10.97m 自磨机（28000kW）和 ϕ7.92m×13.60m 球磨机（2×7800kW）已交付使用，第一条自磨生产线已于 2012 年 11 月试车成功。中信重机在自磨设备的研究和生产上实现了中国制造-中国创造-中国标准的跨越式发展，制造出世界上最大的自磨机，成为世界上继美卓、福勒史密斯之后的第三大世界级的集设计、制造、成套于一体的大型矿用磨机国际化基地[44,45]。

B　立式螺旋搅拌磨机和 ISA 磨机

随着人类对资源的消耗日益增长，矿石嵌布粒度越来越细，如祁东铁矿磨矿细度 -22μm 含量达 80%以上，山西太钢袁家村铁矿 -30μm 含量达 80%。但常规普通卧式球磨机由于采用冲击粉磨方式进行磨矿，在应用于矿物的细磨或超细磨时，能量利用率低、能耗高，有用矿物容易被泥化，因此，无论从矿物解离角度和节能降耗来说，普通卧式球磨机都不是微细粒矿物细磨作业的理想设备，近年高效低能耗的细磨、超细磨设备市场需求日益增大[46]。

国外细磨/超细磨装备取得了较大发展，在金属矿业应用取得了一系列突破性进展，美卓和爱立许生产的立磨机、澳大利亚的 ISA 磨机的研制和推广应用使一些微细粒嵌布矿产资源得到高效利用[47,48]。

立磨机（立式螺旋搅拌磨矿机）是一种垂直安装、带有搅拌装置的细磨设备，通常与分级机组成闭路磨矿，在圆筒形磨机的中心轴垂直方向上，装有螺旋桨，磨机中的介质由于螺旋桨的搅拌作用，作上下循环运动，对加入的矿物进行磨碎，物料从磨机的下部给入，经介质研磨后，合格的产品在重力和外力的作用下分离，从磨机的顶部溢出，较粗的颗粒则留在磨机内继续被研磨，其产品粒度为 74 ~ 2μm。目前，国外立磨机安装功率 0.4 ~ 1120kW，处理能力最大超过 100t/h。与球磨机相比，立磨机的优越性在于：高效细磨，可防止过磨；节省能耗，磨矿产品粒度越细，节能效果越显著；安装简单、周期短；改善工作环境，噪声低、振动小；占地面积小；设备基础简单，基建费用省。立磨机比球磨机节能的原因：筒体及衬板不运转；内部物料分层可减少过分研磨；球磨机介质撞击物料，立磨机介质摩擦物料[49,50]。

长沙矿冶研究院研制的 JM 型立磨机已经在钼矿细磨中得到成功应用，较球磨机节能 30% ~50%，其与旋流器组成的闭路磨矿，不仅能够实现钼矿的有效解离，而且防止了过磨现象。在中小型铁矿也有应用，如：湖南柿竹园有色金属矿伴生铁矿物的铁精矿再磨，原采用普通卧式球磨机，磨矿细度一直徘徊在 -43μm 占 60% 左右，铁品位在 53% ~55%。2005 年，改为立式磨矿机，磨矿粒度从 -43μm 占 60% 提高到 -38μm 占 95.10%，精矿品位也从 53.00% 提高到 65.20%，磨矿能耗降低 30% ~40%。立式磨机在大型铁矿山大量推广应用要解决的主要问题是其大型化的问题，长沙矿冶研究院研制的 1000kW 立磨机，预计细磨处理能力可达 100t/h[51~53]。

ISA 磨机利用水平高速搅动研磨剥蚀的原理，使矿物得到单体解离。磨矿筒体水平安装，最大容积 $10m^3$，磨机内设有搅拌轴和叶轮，轴与电机、减速机相联结，给矿矿浆通过泵从进料口给入磨机，磨机内的叶轮搅动介质与矿物，磨矿产品通过离心力器分离出来，介质留在磨机内。ISA 磨机使用的磨矿介质为陶瓷、河沙、炉渣等。作为新一代细磨、超细磨设备，ISA 磨机产品粒度可以达到 6μm，甚至更细。自 1992 年开发的 100L 容积 ISA 磨机首次在 Mount Isa 进行安装试验，1993 年开发 1500L、装机容量 900kW，1994 年开发 3000L、装机容量 1.1MW，随后迅速发展，到 2003 年已成功在 Anglo 铂金矿开发出 10000L、装机容量 2.6MW，2009 年达到 8MW 的机型，目前已有 80 多台 ISA 磨机在全世界各地运行。中冶集团西澳兰伯特角铁矿年处理量原矿 5700 万吨，铁精矿 1500 万吨规模，采用了半自磨机和球磨机 + 塔磨机 + ISA 磨机四段磨矿流程，最终磨矿产品粒度为 P_{80} 为 10μm[44]。

15.2.3.3　高效磁选设备

A　高效预选设备

随着破碎工艺和设备的发展，矿石在入磨前有更多的合格尾矿解离出来，预选抛尾是铁矿选矿厂广泛采用的节能降耗增效方法。

对强磁性铁矿石用块矿干式磁选机进行预选，在国内的磁选厂几乎得到了全面推广应用[54,55]。根据矿石中脉石的单体解离特性，预选可能设置在中碎前、细碎前或磨矿前，一般可将混入矿石中的废石抛出 80% 以上，从而增加磨矿处理能力、提高入磨品位，降低选矿厂能耗并使级外矿石得以利用。

本钢歪头山铁矿在自磨前采用 CTGDl516N 型永磁大块矿石磁选机预选，原矿品位为 27.58%，抛废产率为 12% ~13%，预选精矿品位 31.20%，磁性铁回收率 99%，全铁回收率 95.84%，磨矿石品位提高 3.62%，年经济效益达 1792 万元。山东顺达铁矿采用 BKY-1009 和 BKY-1012 粗颗粒湿式预选机各 1 台，用于入磨前的预选作业。抛除的合格尾矿产率为 15% ~20%，品位与选矿厂综合尾矿品位相当，铁的回收率高达 97% 以上。在保证最终精矿品位不变的情况下，预选工艺使磨矿能耗下降 15% ~20%，最终精矿产量提高 15% ~20%。

对于弱磁性铁矿石预选，近年来最大的技术进展是马鞍山矿山研究院等单位研制成功的粗粒大筒径永磁设备和永磁辊式强磁选机，大筒径永磁强磁选机的平均磁场强度达到 1T 以上，抛尾粒度上限达到 45mm。处理能力达到 120 ~ 150t/h。永磁辊式强磁选机的单机处理量由过去的 10t/h 提高到 20 ~ 30t/h，给矿上限由 6mm 提高到 14mm，辊面磁场强度提高到了 1.7 ~ 1.9T。这些适用于大颗粒干式磁选抛尾的强磁选设备在工业生产中的成功应用，使预选指标得到了明显改善。如梅山铁矿选矿厂对 20 ~ 2mm 粒级物料用 YCG-ϕ350mm × 1000mm 永磁辊式强磁选机代替粗粒跳汰机，使尾矿品位由 25% 降低到 10% ~12%，粗精矿作业产率在 70% 以上，年经济效益在 1000 万元以上。目前永磁强磁选机作为弱磁性矿石预选设备基本取代了重选设备[56]。

悬浮式干选机是一种新型、高效的贫磁铁矿石干式预选设备[57,58]，具有磁场强度高、磁系调整灵活、结构合理、入料顺畅、分选效率高、产量高、拆装移动方便等实用特点。承德天宝矿业集团有限公司将该设备引入破碎生产线，用于对超贫钒钛磁铁矿石的干选抛废，生产统计结果表明：与原来使用的磁滑轮（表面磁感应强度 500mT）相比，该设备使抛废率由 5.1% 提高到了 17.1%，原矿全铁品位提高了 0.77%，抛出废石的全铁品位降到了 1.0% 以下，精矿产量提高了 11%。经济效益分析表明，全部采用该设备后，每年可多产铁精粉 44 万吨，按 2015 年市场价格相应产值增加约 1.4 亿元[59]。河北钢铁集团矿业有限公司承德柏泉铁矿采用该设备超贫磁铁矿石进行了干选抛尾工业试验，结果表明：与柏泉铁矿原来使用的 CTG800×1400 磁滑轮相比，该设备使抛尾率由 5.20% 提高到了 20.24%，入磨矿石品位由提高 0.50% 上升到了提高 1.12%，抛出尾矿的磁性铁含量由 1.16% 降到了 0.75%。经济效益分析显示，采用该设备后，柏泉铁矿每年可多产铁精矿 1.65 万吨，按目前价格，相应产值增加 1650 万元/年[60]。

首钢水厂东排围岩回收用的大型永磁干选机 CT1627 是国内外工业应用中规格最大的，处理量达到了 4500t/h[61]。

CXY 稀土永磁摇摆磁系筒式磁选机，采用高性能钕铁硼永磁材料通过挤压等技术制作成磁系，开放式磁炉设计，磁系摇摆，滚筒表面磁感应强度 0.3～0.8T，具有良好的分选性，尤其适合铁含量比较高的非金属矿物除铁[62]。

B　弱磁选设备

a　磁选柱

辽宁科技大学研制的磁选柱是一种新型高效磁力和重力结合的磁重脉动低磁场的磁重选矿机，是弱磁选铁精矿的精选设备，采用特殊的电源供电方式，在磁选区间内产生特殊的变换磁场机制，对矿浆进行反复多次的磁聚合-分散-磁聚合作用，能分离出磁性矿物中夹杂的中、贫连生体及单体脉石，提高磁选精矿品位，适用于弱磁选铁精矿的再精选。该设备已在鞍钢、包钢、本钢等十多家大型铁矿选矿厂得到工业应用，可以获得铁品位 67% 以上的铁精矿。但是，耗水量较大、处理能力偏小等问题阻碍了其大规模的工业应用[63～65]。

b　磁场筛选机

郑州矿产资源综合利用研究所研制的磁场筛选机是近些年发展的磁铁矿精选设备，其分选原理与传统磁选机最大的区别在于不是靠磁场直接吸引，而是在低于磁选机数十倍的弱均匀磁场中，利用单体铁矿物与连生体矿物的磁性差异，使磁铁矿单体矿物实现有效团聚后，增大了与连生体的尺寸差、密度差，再利用安装在磁场中的专用筛子，其筛孔比最大给矿颗粒尺寸大许多倍，这样磁铁矿在筛上形成链状磁聚体，沿筛面滚下进入精矿箱；而脉石和连生体矿粒由于磁性弱，以分散状态存在，极易透过筛孔进入中矿排出。因此，磁场筛选机比磁选机更能有效地分离开脉石和连生体，使精矿品位进一步提高。同时它对给矿粒度适应范围宽，只要是已经解离的磁铁矿单体，它就能从精矿中回收，只需对影响精矿品质的连生体再磨再选，而不像传统细筛工艺只有过筛才能成为精矿。因此磁场筛选机既能提高精矿品位，又能减少过磨，放粗磨矿细度，提高生产能力[66,67]。

武钢大冶铁矿原矿经两段连续磨矿磨至 $-74\mu m$（-200 目）占 75%，先进行铜硫混合浮选，浮选尾矿经三次磁选得最终铁精矿，最终铁精矿品位为 64%～65%，与国内同类大型磁铁矿选矿厂相比，指标偏低。采用磁筛代替其三段磁选设备后，铁精矿品位达到 66.43%，作业回收率 92.22%，与同期选矿厂三磁精矿品位对比提高了 1.7%。其在唐钢庙沟铁矿、河南卢氏铁矿等的应用也表明能提高精矿品位 2% 左右[68]。

c　磁场淘洗机

淘洗磁选机是一种新型电磁重选设备，主要用于磁铁矿精选，以有效解决磁性夹杂。矿浆从上部给矿槽给入后，在中心筒中上部进入磁场区域，磁性矿物在固定磁场、循环磁场和补偿磁场三种磁场的作用下，以磁链形式悬浮下行，而脉石矿物由于不受磁场影响，会保持原有的重力，此时，给予与矿物沉降方向相反的上升水，脉石矿物受到的沉降力小于上升水作用力，从上部排出，铁精矿受垂直向下的磁力及重力作用沉降从底部排放出来，实现了矿物的分离。淘洗磁选机的主要特点是：通过自动控制的可变磁场的磁系设计，在选别筒内形成水平方向均匀、垂直方向自下而上连续、场强逐渐增大的背景磁场。这个背景磁场除了固定磁场和循环磁场外，还有一个补偿磁场，其综合作用就是使矿浆从给矿区进入选别区后，磁性矿物形成磁链，均匀悬浮在选别空间内，不会发生磁团聚，受向下磁场力、重力及上升水合力作用下行形成精矿。没有磁性的脉石没有机会被夹杂其中，被水冲出来，成为溢流。磁性矿物在淘洗磁选机内是以竖向排列的磁链形式悬浮下沉的，而在其他磁重选中是以团聚体的形式下沉。特殊设计的磁系实现了设备的大型化[69]。目前应用的 CH-CXJ32000 型淘洗磁选机，最大精矿产量可达 60t/h。庙沟铁矿 2010 年 2 月份用两台 CH-CXJ24000 淘洗磁选机取代原 3 台精选磁场筛选机。25 天的工业试验数据表明：淘洗磁选机平均给矿品位 61.53%，平均精矿品位 66.53%，尾矿品位 11.88%，回收率 90.85%，平均提高精矿品位 5%。太钢峨口铁矿 2010 年 2 月份用 4 台 CH-CXJ24000 淘洗磁选机取代原 12 台磁选柱、3 台 CH-CXJ24000 淘洗磁选机取代原 3 台磁团聚机，使用淘洗磁选机后精矿品位较磁选柱和磁团聚机分别增加了 1.2% 和 2.9%，选别效率分别提高 14.05% 和 27.24%[70]。

C　强磁选设备

强磁选机有两个关键技术问题需解决：（1）可工业应用的设备的磁场强度达不到微细粒弱磁性铁矿的回收要求；（2）强磁性矿物的存在造成磁性堵塞和其他机械夹杂堵塞导致设备不顺行。近年来强磁选设备的技术进步主要体现在解决这两方面的问题上。

a　ZH 组合式强磁选机

ZH 组合式强磁选机是在 SHP 强磁设备的基础上发展起来的。长沙矿冶研究院研制的新一代 ZH 组合式强磁选机将隔渣—低磁场预选—强磁选—强磁扫选作业系统地组合在一台设备上进行梳理式分段磁选，组合磁选技术解决了“粗堵”和“磁堵”两个严重影响生产顺行的问题，并且由于具有高达 1.8T 的磁感应强度及 10^5 梯度，可有效提高 −38μm（−400 目）细粒级回收能力，确保尾矿流失大为减少，精矿回收率获得更多的提高[71,72]。

两盘式组合强磁选机已经在酒钢得到生产应用。7 台 ZH3200-2 两盘式组合强磁选机分选 −38μm（−400 目）细粒级，尾矿铁品位 17%（比设计指标低 5%），精矿品位 51%（比设计指标高 4%）。与相同规模的老选矿厂相比，每吨精矿生产成本降低了 80 元，为企业节约了上亿元的成本。该设备的进一步完善将有助于我国铁矿选矿行业新一轮降低尾矿品位、提高资源利用率的技术改造。

b　立环脉动高梯度磁选机

赣州冶金研究所研制的立环脉动高梯度强磁选机对“堵塞”和“夹杂”两个难题进行了针对性的设计，采用转环立式旋转方式，对于每一组磁介质而言，冲洗精矿的方向与给矿方向相反，粗颗粒不必穿过磁介质堆便可冲洗出来，从而有效地防止了磁介质堵塞。在脉动流体力的作用下，矿浆中的矿粒始终处于松散状态，可提高磁性精矿的质量。该设备的研发成功与大面积推广应用，为我国难选弱磁铁矿石选矿技术发展起到了重要而关键的作用，该设备已有 SLon2000 ~ 4000mm 系列产品，超大型 SLon4000mm 强磁选机最高处理量能达到 550t/h，该系列磁选机至今在国内 50 多家选矿厂和印度、秘鲁、巴西、澳大利亚、韩国、泰国等国家的选矿厂应用了 3000 多台[73,74]。

c　超导磁选机

超导磁选机较一般磁选机具有的优势有：（1）磁场强度高，可达 40000 ~ 120000Gs；（2）能量消耗低，一台背景磁场强度 50000Gs 的高梯度超导磁选机，耗电量小于 11kW/h；（3）节约用水，高梯度超导磁选机的磁系为稀有金属材料，利用零挥发液氦进行冷却，无需冷却水；（4）超导磁体质量轻、体积小，由于超导体的电流密度比普通铜线的电流密度高数倍，因此，磁场强度虽高，但十分轻便[75]。

超导磁选机一般分为开梯度超导磁选机和高梯度超导磁选机。开梯度超导磁选机这种机型没有聚磁介质，而是利用磁体线圈适当的形状和排列产生磁场梯度，磁力范围较大，能分选较粗的颗粒，可避免堵塞，结构较简单，能连续作业，代表机型有三种：MK4 型机、CryosGLF 直线型机、DEsCOS 筒式超导磁选机。高梯度超导磁选机利用超导磁体的高场强和聚磁介质产生的高梯度磁场来分选物料，工业应用的机型有三种：埃利兹型超导磁选机、往复串罐式超导磁选机、cryofilter 高梯度超导磁选机[76,77]。

据《中国建材》（20150101）报道，国产 JF-4-600 超导磁选机在非金属矿选矿提纯中的应用已通过成果鉴定。JF-4-600 超导磁选机是目前我国工业应用最大的超导磁选机，主要用于非金属矿除杂提纯，如高岭土、伊利石、长石、膨润土、蒙脱土等非金属矿去除铁系、钛系、黑云母等细粒弱磁杂质，对于微细粒弱磁性矿物的分离有明显优势。该超导磁选机提纯技术先进，生产过程自动化；运行成本低，经济效益显著；其主要设备性能及应用效果属国内领先，达到国际先进水平。

15.2.3.4　铁矿浮选设备

浮选设备在铁矿选矿作业中应用广泛，浮选设备以各种类型的浮选机为主，20 世纪 80 年代后成功解决了发泡器后，铁矿石反浮选矿厂纷纷用浮选柱代替浮选机，另外，还有磁浮选机，该设备主要为了抑制微细磁铁矿，在浮选机的泡沫堰下安装磁格栅。国内浮选机使用较多的为 XT 系列浮选机、BF 系列浮选机、JJF 系列浮选机、CF 系列浮选机。浮选柱主要有旋流-静态浮选柱、自吸式充气浮选柱。

A　BF 系列浮选机

BF 型浮选机是北京矿冶研究总院研制的一种高效分选设备，具有平面配置、自吸空气、自吸矿浆、中矿泡沫可自返等特点，不需要配备任何辅助设备。与 A 型浮选机相比，具有单容功耗节省 15% ~25%、吸气量可调、矿浆液面稳定、选别效率高、易损件使用周期长、操作维修管理方便等优点，是一种节能高效的分选设备。该设备在鞍山式假象赤铁矿、鞍山式赤铁矿、鞍山式氧化铁矿、鞍山式磁铁矿的成功开发过程中得到了广泛应用，取得了巨大的经济效益。鞍钢集团弓长岭矿业公司二选矿厂采用 BF-20 型浮选机 39 台。铁精矿品位由改造前的 65.55% 提高到 68.89%，铁精矿品位提高了 3.34%，SiO_2 含量由过去的 8.31% 降低到 3.90%，降低了 4.41%[78,79]。

B　旋流-静态浮选柱

目前，巴西、加拿大、美国等铁矿选矿厂已安装使用了 50 余台浮选柱。国内，长沙矿冶研究院与中国矿业大学合作率先将旋流-静态浮选柱引入铁矿反浮选，在鞍钢弓长岭铁矿完成了 3t/h 规模的工业试验，对磁铁矿获得了品位 69% 以上的铁精矿，对赤铁矿获得了 67.5% 的高质量铁精矿。在鞍钢带动下，太钢（尖山）、本钢（南芬、歪头山）、武钢（金山店、武阳）、攀钢、酒钢选矿厂都积极贯彻长沙矿冶研究院余永富院士提出的“提铁降杂”战略，通过实施磁铁矿/赤铁矿磁选精矿反浮选工艺改造，使铁精矿品质产生了质的飞跃，为我国钢铁工业持续发展和国家经济安全作出了重要贡献[80~82]。

15.2.3.5　浓缩脱水设备

浓缩脱水设备从传统浓缩机向深锥浓缩机再向新型高效浓缩机转变，现代浓缩机已经开始以传统浓缩机为基础，以新型浓缩机为方向，不断优化结构、性能，类型趋于合理，系列规格逐渐完善，向着高性能、高处理量和高度自动化方向发展。

A　传统浓缩机

传统浓缩机（即道尔浓缩机）作为现代浓缩技术发展的起点，始于 1905 年。它使得稀矿浆连续脱水成为可能，由一套合适的机构驱动刮板或耙子在槽底上方缓慢旋转，使得物料在没有很大搅动和干扰的条件下沉降。主要代表为耙式浓缩机。耙式浓缩机又分为中心传动和周边传动式两种。构造大致相同，都是由池体、耙架、传动装置、给料装置、排料装置、安全信号及耙架提升装置组成。

B　倾斜板浓缩机

通常，自然沉淀设备的面积比较大。考虑到分级设备是利用浅池原理进行工作，物料在池中的沉降分级与池深无关。研究者们在连续作业的自然沉降浓缩机中装设了倾斜板[83]。这样不但提高了浓缩设备的处理能力，增加浓缩效率，而且缩小设备的体积，减少设备的基建投资。国外许多中心传动式浓缩机均加设倾斜板来提高其浓缩效率。像日本北海道的移志内选煤厂在耙式浓缩机中加了倾斜板后，结果使得溢流浓度降低，处理能力提高。

C　深锥浓缩机

在浓缩过程中为了提高浓缩效果，研制了深锥浓缩机[76]。深锥浓缩机在工作时，一般需要添加絮凝剂，而用于浮选尾煤时也可以不加絮凝剂。在利用浓缩机处理煤泥水时，煤泥水和絮凝剂的混合是深锥浓缩机工作的关键。

D　新型高效浓缩机

新型高效浓缩机的结构与耙式浓缩机相似，主要区别在于以下几点[76]：（1）在待浓缩物中添加絮凝剂，以便使矿浆中的固体颗粒形成絮团，加快固体颗粒的沉降速度，提高浓缩效率。（2）给料筒向下延伸，将絮凝料送至沉积及澄清区界面下。(3) 设有自动控制系统，控制药量及底流浓度。艾姆公司研制了一种传动功率为100kW、驱动转矩为 11×10^6N · m 的高浓度重型浓缩机。此种浓缩机汇总了几种浓缩机的优点，发展速度很快。国外研制此种类型浓缩机有代表性的除了艾姆公司以外[84,85]，还有恩维络-克利尔公司和韦斯特公司等。国内外浓缩机发展进程大体相似，只是在设备规格上有所区别。在我国，大型中心传动式浓缩机规格在16～53m，周边传动式浓缩机规格在15～53m，并且已经生产出100m浓缩机。而且针对不同的具体情况，我国又研制了重力盘式浓缩机和圆网式新型高效浓缩机，用于对料浆的浓缩，并在生产中已经投入使用。

E　HRC 型高压浓缩机

长沙矿冶研究院科研人员在生产实践过程中发现，浓缩进入到压缩阶段，浓缩过程由固体颗粒的沉降变为水从浓相层中挤压出来的过程。在普通浓缩机中，浓相层是一个均匀体系，仅依靠压力将水从浓相层挤压出来是一个极为困难和漫长的过程，采用絮凝浓缩，尽管固体颗粒的沉降速度大幅度提高，但由于受到压缩过程的制约，浓缩机的处理能力也难以提高。在研究中还发现，通过改进浓缩机的池体结构，改变两相流运动状态，提高沉降效率；通过在浓相层中设置一特殊的搅拌装置，破坏浓相层中平衡状态，造成浓相层中低压区，这些低压区成为浓相层中水的通道，由于这一水的通道的存在，使浓缩机中压缩过程大大加快。根据这一分析方法研发出来新型的HRC型高效浓缩机——高压浓缩机，其充分发挥浓相层的过滤、压缩及提高处理能力作用，这种浓缩机结构特点类似于国外ALCAN型膏体浓缩机，具有高效浓缩机的大处理量以及深锥浓缩机具有的高的底流浓度的综合优点。研发的系列产品HRC-6、HRC-9、HRC-12、HRC-15、HRC-18、HRC-22、HRC-25、HRC-28、HRC-30型高压浓缩机已成功工业应用。酒钢肃北龙德矿业公司尾矿干排工程，采用1台HRC-Z-25型重载高压浓缩机，实现处理量120t/h，底流排放浓度50%～55%。杨家坝铁矿矿石为磁铁矿，选矿厂扩能改造后原矿年处理量增至135万吨，尾矿量达到96万吨/年，浓缩系统扩能改造采用1台HRC-28型高压浓密机替代2台 ϕ53m普通浓密机，2010年10月投产，实现处理能力100～120t/h，底流排放浓度35%～45%。高压浓密机与普通浓密机比较处理能力提高6～8倍、输送浓度提高135%，该工程的成功实施为冶金矿山扩能、节能减排起到工程示范效应[86,87]。

15.2.4　选矿药剂进展

铁矿选矿药剂一直是我国选矿药剂研究的重点和热点，这主要是由我国铁资源的贫、细、杂等特点决定的，几十年来我国铁矿选矿药剂的研究与工业应用得到了长足发展。

15.2.4.1　阴离子捕收剂

阴离子捕收剂的主要成分是脂肪酸，我国从20世纪50年代就开始了这方面的研究，先后以各种植物油、动物油为原料，通过皂化获得脂肪酸作为铁矿捕收剂。

A　RA-315 阴离子捕收剂

RA-315阴离子捕收剂是国家“七五”科技攻关成果，该药剂针对石英为主要脉石矿物的鞍山式赤铁矿，在鞍钢调军台选矿厂“弱磁—强磁—反浮选”工艺流程中成功应用，开启了我国铁矿选矿药剂研发与应用的新时代。RA系列药剂现在已发展到了RA-915，新一代RA系列药剂的分选效果得到进一步优化，针对太钢袁家村铁矿脉石中有一定的含铁硅酸盐的矿石类型，表现出了较好的选择性，已被确定为新建的2200万吨/年选矿厂的工业生产用捕收剂。

B　CY 系列药剂

近年国内铁矿选矿药剂的最大进步是针对脉石中含有绿泥石、角闪石、钠辉石、钠闪石等含铁硅酸盐矿物的铁矿石反浮选捕收剂的研发，以及低温捕收剂的研发。

长沙矿冶研究院经过多年的技术积累，近两年在阴离子捕收剂CY系列药剂的研发与应用方面发展较快[88～91]。CY系列捕收剂是以不同的脂肪酸（天然和合成）为原料，通过化学改性、混合增效等技术开发的新型铁矿浮选药剂，主要产品有以下四种：(1) 低温型捕收剂CY-412；(2) 硅酸盐杂质捕收剂CY-78；(3) 自活化型捕收剂CY-58；(4) 耐泥、微细粒铁矿捕收剂CY-1。铁矿低温型捕收剂CY-412经实验室试验和工业试验，可在15℃条件下取得不低于RA系列药剂的分选指标。CY-78处理以含水量铁硅酸盐为主要脉石矿物的湖南洞口铁矿，在反浮选闭路试验中取得了铁精矿品位 60.47% 的指标，比采用 RA 系列药剂提高了 3.66%；河北司家营铁矿是典型复杂难选磁赤混合型铁矿，该矿脉石除了石英外还含有大量的绿泥石和云母等，投产以来一直存在指标不稳定、浮选温度高（45℃以上）等问题。2011 年 7 月在司家营进行捕收剂 CY-78 试验，结果表明：浮选温度降低近 20℃，精矿品位持平，尾矿品位下降近 2%，同时氢氧化钠的用量减少近 50%。

微细粒铁矿捕收剂 CY-1 处理太钢袁家村铁矿石，经第三方进行的与 RA-715A 工业扩大连选对比试验，结果表明：CY-1 精矿品位 65.35%，回收率 80.3%，RA-715A 精矿品位 65.55%，回收率为 76.2%，CY-1A 在精矿低 0.2% 的情况下，回收率高 4.1%。

C　MG 捕收剂

武汉理工大学研究的 MG 捕收剂，其主要特点是常温使用效果良好，该药剂在山西腾飞矿业公司和奔腾矿业公司应用 2 年以上，其正常使用温度为 20～25℃，最低使用温度可达到 15℃，但此时药剂用量加大。

以腾飞矿业公司铁矿 MG 捕收剂反浮选为例。可得到精矿品位含铁 65.18%，回收率 92.71%，与原捕收剂相比，回收率提高了 7.62%，尾矿品位降低 9.96%，浮选温度由原来的 35℃降到 20～25℃。使用表明 MG 是良好的常温反浮选捕收剂[92]。

15.2.4.2　阳离子捕收剂

对磁铁矿，大多是采用多次磁选获得精矿，在实施“提铁降杂”战略以前，很少有采用浮选技术进一步提高精矿质量的，进入 2000 年以来，为实施“提铁降杂”学术思想，鞍钢弓长岭矿业公司率先对弱磁选精矿采用了反浮选技术，以胺类阳离子药剂为捕收剂。此后多家磁铁矿选矿厂推广应用了该项技术，使我国磁铁矿选矿精矿品位普遍提高到了 68% 以上。陕西大西沟铁矿经磁化焙烧后的人工磁铁矿也采用了胺类阳离子反浮选技术。与赤铁矿体系不同，磁铁矿体系经弱磁选后，泥含量较少，胺类捕收剂适应性较好。

目前国内用于铁矿浮选的阳离子捕收剂主要是十二胺等伯胺类药剂和 GE 系列阳离子捕收剂。十二胺早在 20 世纪 70 年代就用于提高磁选铁精选的品位。弓长岭矿业公司采用十二胺反磁浮选精矿，实现提铁降杂的目标[93]。但十二胺在使用过程中对矿泥过于敏感，如磁选脱泥效果不好，则导致泡沫跑槽现象严重，有时甚至无法实现分选。

我国传统上使用的伯胺类捕收剂在浮选时产生的泡沫多，黏度高，消泡困难，影响了阳离子反浮选脱硅工业在我国的推广应用。武汉理工大学针对伯胺类的缺点，开发研制了 GE 系列阳离子捕收剂，在一定程度上满足了不同矿石性质的浮选要求[94,95]。目前形成产品主要有 GE-601、GE-609、GE-619、GE-651C。其中 GE-601 优点是：泡沫量少，选择性好，易消泡，泡沫产品易处理，且浮选指标优良，与十二胺比较，其尾矿品位低，精矿品位高，但用量比十二胺略多。

15.2.4.3　抑制剂、活化剂

国内用于铁矿反浮选的抑制剂主要有淀粉及其衍生物，比如糊精、羧甲基淀粉等。如鞍山地区的选矿、酒钢选矿厂、司家营矿山公司、尖山铁矿、铁山庙选矿厂等都是用 NaOH 碱化好的玉米淀粉作抑制剂。

反浮选脱硅一般采用石灰作为活化剂。其他一些高硫铁矿脱硫用 $CuSO_4$ 作活化剂，有利于硫铁矿的浮选。

长沙矿冶研究院对郝东铁矿运用腐殖酸钠作为赤铁矿絮凝剂，脱去大量矿泥，再进行阳离子捕收剂 GE-609 反浮选脱硅取得了成功，为阳离子反浮选铁矿树立了典范[96]。

15.2.5　尾矿干排干堆技术进展

据统计，目前选矿厂的尾矿排放量占工业固体废弃物的 40%，尾矿除小部分被利用外，绝大部分存放在地表尾矿库中，我国已经形成规模的尾矿库有 1500 座，我国尾矿总堆积量已达到 150 亿吨左右，且以每年 10 亿吨的幅度增长，其中有色和冶金行业占 80%[97]。

目前绝大部分尾矿以低浓度尾矿浆形式排放到尾矿库，这种传统尾矿储存方式带来很多危害，在土地资源有效利用、库区安全环保及闭库处置等整个生命周期，均存在风险隐患和高成本。尾矿安全清洁处置系统工程技术与装备是绿色矿山建设的核心问题，当前处于市场需求的高成长期，也是技术的快速发展期，它包含了尾矿处理的核心装备、尾矿处理的成套工程技术、尾矿废水的处理技术与装备等。尾矿干排干堆是当前尾矿清洁安全处置方法的主要发展方向之一。

尾矿地表干式堆存最早由加拿大多伦多大学 Robinsky 在 20 世纪 70 年代提出[98]，基于 Robinsky 的研究，1973 年在加拿大安大略省的 Kidd Creek 铜锌矿建成世界上第一个浓缩尾矿的地表堆存设施，一直运行至今。

90 年代后，随着膏体浓缩技术与装备逐渐成熟，世界上开始出现许多的尾矿膏体-输送-堆存的项目，如澳大利亚的 Peak 金矿、Union Reefs 金矿、Ernest Henry 铜矿、Osborne 铜金矿，加拿大的 Myra Falls 铜锌矿，坦桑尼亚的 Bulyanhulu 金矿，秘鲁的 Cobriza 铜矿，伊朗的 Miduk 铜矿等。在我国，尾矿干堆技术仅在黄金矿山得到应用，如辽宁排山楼金矿、内蒙古撰山子与柴胡栏子金矿等。

2012 年，年原矿处理能力为1200 万吨的包头白云鄂博西矿选矿厂尾矿干堆投入运行[99]，这是首次在大型铁矿山工业实现尾矿干堆。该工程将来自选矿厂约 9.5% 质量浓度的尾矿浆通过管道泵送至尾矿车间的高效浓缩机（一次浓缩），通过添加絮凝剂，浓缩机底流浓度达到45% ~50%。将该底流用离心泵通过管道泵送 3.5km，到达尾矿堆放场处的二次浓缩机，二次浓缩采用深锥浓缩机，通过添加絮凝剂，使浓缩机的底流浓度大于 73%，高浓度尾矿经过底流剪切泵的剪切变稀，然后用管道泵送至尾矿堆放场排放。浓缩机溢流进入回水系统。浓缩后的尾矿通过排矿管向堆坝内放矿，放矿时，浓缩矿浆像火山岩薄层一样，以一连串波浪的形式沿斜坡慢慢流动，然后逐渐静止。仅有的自由水为少量析出水，很快蒸发。泥状矿物在自重压实作用下触变强度迅速增加，接着通过蒸发干燥产生硬的龟裂的表面。堆场底部位的充填料设计为透水堤坝，任何通过坝底的雨水流向贮水池，然后进入回水系统。

15.3 未来铁矿资源利用重点发展方向

15.3.1 鲕状赤（褐）铁矿

鲕状赤（褐）铁矿矿石约占我国铁矿资源总量的 10%，例如北方的宣龙式铁矿、南方的宁乡式铁矿。从铁矿物种类来分类，鲕状赤（褐）铁矿属于赤铁矿（假象或半假象赤铁矿石）、褐铁矿混合矿石，由于其结构、构造特殊，呈鲕状，成分杂，在目前技术条件下尚难以工业利用。

其分选存在三大难题：

（1）铁矿物嵌布粒度微细，以石英或绿泥石为鲕核的铁矿物及脉石矿物具有相互层层包裹的环带状结构，欲使其单体解离，须细磨至 10μm 以下，细磨和分选均是极大的挑战。

（2）伴生有大量黏土，在磨矿过程中极易形成含铁较高的矿泥，严重影响分选。

（3）伴生的磷、铝、硫等有害杂质主要以胶状物与铁矿鲕粒致密连生，难以分离。

鲕状赤（褐）铁矿的利用技术研发是近年铁矿领域的热点，我国几乎所有金属资源开发利用类研究机构都针对此进行了研究工作，相关文献报道 150 余篇，概括起来，主要研究方案有：强磁—反浮选、磁化焙烧—弱磁选、磁化焙烧—弱磁选—反浮选、重选提铁—化学选矿脱磷、直接还原—磁选、深度还原—磁选等。

就强磁—反浮选工艺而言，虽然强磁选对于后续反浮选有利，但是强磁—反浮选工艺很难获得铁品位大于 60% 的合格精矿，同时铁回收率较低，一般低于 60%，磷含量较高，一般高于 0.4%。

磁化焙烧—弱磁选—反浮选工艺是目前处理该类矿石技术指标最好的方案。一般试验指标可达到铁精矿品位 60% 左右，回收率 70% 左右，含磷低于 0.3%。但是在采用磁化焙烧技术后，这个技术指标经济上的合理性没有普适性，还有部分研究结果显示，铁精矿中 Al_2O_3 含量时有超标（5% ~6%），影响炼铁过程中高炉的运行。

直接反浮选工艺方案的初衷是通过反浮选降磷，但由于鲕状赤铁矿中的磷往往以胶态形式存在，反浮选难以达到目的。

有试验表明，重选提铁—化学选矿脱磷工艺对原矿铁品位为 45.43%、含磷 1.13% 的样品，采用该方案，可获得铁品位为 55.10%、回收率为 67.15%、磷含量为 0.092% 的铁精矿。降磷效果显著，但铁的指标难以经济地工业实现。

以上方案还有一个共同问题，即这些工艺不能对磷的走向进行有效控制，无法实现磷的综合利用。

2011 年 5 月，湖北长阳县火烧坪建设了一个高磷鲕状赤铁矿选矿工业规模厂，采用“强磁选抛尾—双反浮选脱磷脱硅”的联合选矿工艺新技术，可将原矿铁品位 40% ~47% 提高到 57% 左右，磷含量由原矿的 1% 左右下降到 0.2% 以下，回收率为 65%。但项目验收组组长孙传尧院士同时表示，由于矿石构成十分复杂，此项技术并不是对所有高磷铁矿都适用，能否推广还有待进一步试验考证。

直接还原—磁选、深度还原—磁选方案目前还在探索阶段。

可以说，高磷鲕状赤（褐）铁矿的工业利用还有待时日，选矿行业任重道远。

15.3.2　脉石为含铁硅酸盐的赤铁矿

与鞍山式赤铁矿的脉石矿物主要为石英不同，这类型矿石的脉石矿物主要为含铁硅酸盐，如橄榄石类、石榴子石类、辉石类、闪石类、黑云母、铁绿泥石、阳起石、绿帘石等。该类型矿石的代表性矿区有包头白云鄂博、酒钢镜铁山，约占资源总量的 20%。因含铁硅酸盐矿石性质与赤铁矿近似，其磁性、矿石表面化学性质差异等都不足以使其有效分离。目前，这类型矿石虽然可以工业利用，但是分选指标远落后于鞍山式赤铁矿，当前这种利用本质上是对资源的一种浪费。

15.3.3　极微细粒嵌布磁铁矿、赤铁矿和磁（赤）混合矿

极微细粒嵌布磁铁矿、赤铁矿和磁（赤）混合矿代表性矿区有湖南江口式铁矿，青海大、小沙龙铁矿，这类矿石往往需细磨到 5μm 以下才能基本单体解离，在磨矿、分选以及浓缩过滤等环节，目前均无可经济地工业应用的技术。

参考文献

[1] 美国地质调查局(USGS). http：//minerals. usgs. gov/.

[2] 工业和信息化部原材料工业司. 2014 上半年我国铁矿石进口量创历史新高[OL]. 2014. 08. 18. http：//ycls. miit. gov. cn/n11293472/n11295125/n11299515/16108354. html.

[3] 年鉴编委会. 中国海关统计年鉴 2012[R]. 北京：中华人民共和国海关总署，2013.

[4] 2013 年中国钢铁工业统计年报提要[R]. 北京：中国钢铁工业协会信息统计部，2014.

[5] 张泾生. 我国黑色冶金矿山的选矿技术进步[J]. 金属矿山，2000(4):8-15.

[6] 焦玉书，周伟. 世界铁矿资源开发利用和我国进口铁矿石的发展态势[J]. 中国冶金，2004，12：15-18，28.

[7] 郭华，张天柱. 中国钢铁与铁矿石资源需求预测[J]. 金属矿山，2012(1):5-9.

[8] 王海军，张国华. 我国铁矿资源勘查现状及供需潜力分析[J]. 中国国土资源经济，2013(11):35-39.

[9] 王岩，邢树文，张增杰，等. 我国查明低品位铁矿资源储量分析[J]. 矿产综合利用，2014(5):15-17.

[10] 马建明. 积极开发国内铁矿资源，保障我国钢铁工业健康发展[J]. 地质与勘探，2013(11):16-19.

[11] 王俊理. 我国金属矿山选矿技术进展及发展方向[J]. 科技创新与应用，2014(12):295.

[12] 陈雯，张立刚. 复杂难选铁矿石选矿技术现状及发展趋势[J]. 有色金属(选矿部分)，2013(增刊):19-23.

[13] 余永富. 国内外铁矿选矿技术进展及对炼铁的影响[J]. 矿冶工程，2004(1):26-29.

[14] 余永富. 我国铁矿山发展动向、选矿技术发展现状及存在的问题[J]. 矿冶工程，2006(1):21-25.

[15] 余永富. 我国铁矿资源有效利用及选矿发展的方向[J]. 矿冶工程，2001(2):9-11.

[16] 余永富，段其福. 降硅提铁对我国钢铁工业发展的重要意义[J]. 矿冶工程，2002(3):1-6.

[17] 韦锦华. “提铁降杂”选矿工艺技术研究与生产实践[J]. 现代矿业，2009(1):8-12.

[18] 余永富. 打破铁矿石资源依赖症[J]. 中国经济和信息化，2013，15：20-21.

[19] 张泾生. 鞍钢齐大山贫红铁矿选矿工程技术研究[J]. 矿冶工程，2003(2):18-21.

[20] 张立刚，余永富，陈雯. 太钢袁家村铁矿石英型氧化矿选矿工艺研究[J]. 矿冶工程，2007(6):19-21.

[21] 王秋林，张立刚，陈雯，等. 太钢袁家村铁矿选矿技术研究及工业应用 [J] . 矿冶工程，2015(4):35-39.

[22] 徐建本. 祁东铁矿选矿工艺研究[J]. 矿冶工程，1989(2):25-28.

[23] 王秋林，陈雯，余永富，等. 难选铁矿石磁化焙烧机理及闪速磁化焙烧技术[J]. 金属矿山，2009(12):73-76.

[24] 王秋林，陈雯，余永富，等. 复杂难选褐铁矿的闪速磁化焙烧试验研究[J]. 矿产保护与利用，2010(3):27-30.

[25] 任亚峰，余永富. 难选红铁矿磁化焙烧技术现状及发展方向[J]. 金属矿山，2005(11):20-23.

[26] Yu Yongfu, Qi Chaoying. Magnetizing roasting mechanism and effective ore dressing process for oolitic hematite ore[J]. Journal of Wuhan University of Technology: Mater Sci Ed, 2011, 26(2):76-181.
[27] 王秋林，陈雯，余永富，等. 复杂难选褐铁矿的闪速磁化焙烧试验研究[J]. 矿产保护与利用，2010(3):27-30.
[28] 陈超，李艳军，张裕书，等. 鲕状赤铁矿悬浮焙烧试验研究[J]. 矿产保护与利用，2013(6):30-34.
[29] 余进，袁帅，李艳军，等. 浮选中矿细粒铁物料悬浮焙烧试验研究[J]. 矿产保护与利用，2014(4):27-31.
[30] 韩跃新，孙永升，李艳军，等. 我国铁矿选矿技术最新进展[J]. 金属矿山，2015，44(2):1-11.
[31] 刘义云. 近年来我国金属矿山主要碎磨技术发展回顾[J]. 现代矿业，2013(8):150-152.
[32] 刘建远，黄瑛彩. 高压辊磨机在矿物加工领域的应用[J]. 金属矿山，2010(6):1-8.
[33] 魏盛远，张慧，陈玉平. 高压辊磨机在国内外金属矿山的应用[J]. 现代矿业，2013，29(6):5-8.
[34] Namik A Aydoğan, Levent Ergün, Hakan Benzer. High pressure grinding rolls (HPGR) applications in the cement industry [J]. Minerals Engineering, 2006, 19(2):130-139.
[35] 及亚娜，刘威，仵晓丹，等. 高压辊磨机在金属矿山的应用[J]. 有色金属工程，2013，3(1):58-62.
[36] 王琳. 高压辊磨机在铁矿石加工中的应用[J]. 化工矿物与加工，2012(10):36-38.
[37] 王薛芬. 高压辊磨机在铁矿石破碎方面的应用[J]. 现代矿业，2009，25(9):108-110.
[38] 赵昱东. 高压辊磨机在国内外金属矿山的应用现状和发展前景[J]. 矿山机械，2011，39(9):65-68.
[39] 李仕亮，杜玉艳. 高压辊磨机及其在选矿碎磨工艺中应用的进展[J]. 有色金属（选矿部分），2011(增刊):96-99.
[40] 马斌杰，游维，崔长志. 高压辊磨机在铁矿石超细碎中的应用前景[J]. 矿山机械，2007(7):39-40.
[41] 张光宇. 矿山行业用高压辊磨机的技术及其发展[J]. 有色金属（选矿部分），2011(增刊):82-86.
[42] 宋艾江，田鹤，李聪杰，等. 国产高压辊磨机在矿山行业的应用[J]. 矿山机械，2014，42(4):74-77.
[43] 倪日亮，郑广智，张翼飞. 金属矿用高压辊磨机及其工艺系统发展概况[J]. 矿山机械，2011，39(5):75-79.
[44] 卢幸子. 我国目前最大半自磨机和球磨机试车成功[N]. 中国有色金属报，2010-04-13(13).
[45] 杨采文，毛莹博，邓久帅，等. 矿山磨矿设备的应用及研究进展[J]. 现代矿业，2015(7):190-193.
[46] 高明炜，等. 细磨和超细磨工艺的最新进展[J]. 国外金属矿选矿，2006(12):19-23.
[47] Weller K R, Morrell S, Gottlieb P. Use of grinding and liberation models to simulate tower mill circuit performance in a lead/zinc concentrator to increase flotation recovery[J]. Int J Miner Process, 1996(44-45):683-702.
[48] M·高，等. Isa 卧式搅拌磨机介质的性能及其对粉磨过程的影响[J]. 国外金属矿选矿，2001(10):18-21.
[49] 卢世杰，韩登峰，周宏喜，等. 立式螺旋磨矿技术在选矿中的发展与应用[J]. 有色金属（选矿部分），2011: 90-95.
[50] 李艳军，李运恒，王亚琴，等. 超细搅拌磨在选矿中的应用[J]. 现代矿业，2014(7):162-165.
[51] 张国旺，李自强，李晓东. 立式螺旋搅拌磨矿机在铁精矿再磨中的应用[J]. 金属矿山，2008(5):93-95.
[52] 张国旺，肖骁，肖守孝，等. 搅拌磨在难处理金属矿细磨中的应用[J]. 金属矿山，2010(12):86-89.
[53] Xiao Xiao, Zhang Guowang, Feng Qiming, et al. The liberation effect of magnetite fine ground by vertical stirred mill and ball mill[J]. Minerals Engineering, 2012, 34: 63-69.
[54] 冉红想，史佩伟，刘永振. 干式磁选设备的现状与应用进展[J]. 有色设备，2010(6):11-13.
[55] 张博，屈进州，吕波. 干式磁选设备发展现状与分析[J]. 有色金属（选矿部分），2011: 155-158.
[56] 张祖刚. 永磁辊式强磁选机在梅山选厂的使用[J]. 现代矿业，2004(9):37-38.
[57] 刘秉裕，徐银全，薛风琦，等. 悬磁干选机及其应用[J]. 金属矿山，2015(9):135-138.
[58] 刘洋，曹文红. 磁铁矿干式预选技术及设备选用[J]. 现代矿业，2011，27(6):112-113.
[59] 王金良，刘立伟，杨秀花. 悬浮式干选机在承德天宝矿业集团的应用 [J]. 河北联合大学学报（自然科学版），2015，37(4):17-20.
[60] 纪莹华，王德志，王艳玲，等. 悬浮式干选机在柏泉铁矿的工业试验[J]. 金属矿山，2015(12):54-56.
[61] 尚红亮，史佩伟. 大型永磁干选机在铁矿山围岩中回收磁铁矿的研究与实践[J]. 有色金属（选矿部分），2013(增刊):224-226.
[62] 徐建民. CXY 稀土永磁摇摆磁系筒式磁选机的研制[J]. 金刚石与磨料磨具工程，2003(2):36-38.
[63] 刘秉裕. 磁选柱的研制和应用[J]. 金属矿山，1995(7):33-37.
[64] 刘秉裕. 磁选柱在磁铁矿选矿各领域的应用[J]. 金属矿山，2000(增刊):215-216.
[65] 陈广振，刘秉裕，周伟，等. 磁选柱及其工业应用[J]. 金属矿山，2002(315):30-32.
[66] 李迎国. 磁场筛选机在选矿厂工业应用效果[J]. 中国矿业，2005，14(7):63-66.
[67] 李迎国. 磁铁矿高效选矿新技术——磁场筛选法[J]. 金属矿山，2005(7):27-30.
[68] 李迎国，杨欣剑，王建业，等. 大冶铁矿采用磁场筛选机精选提质工业试验[J]. 金属矿山，2006(335):73-76.
[69] 赵福刚. 淘洗磁选机在我国铁矿选别中的应用[J]. 现代矿业，2013(12):155-157.

[70] 张润身. 高效淘洗磁选机在某选矿厂的工业试验及应用[J]. 矿山机械，2011(1):133-135.
[71] 张国旺，周岳远，辛业薇，等. 微细粒铁矿选矿关键装备技术和展望[J]. 矿山机械，2012(11):1-7.
[72] 王权升，辛业薇. 组合式强磁选机在广西某赤泥选铁中的试验研究[C]//全国矿产资源和产业“三废”的综合利用学术研讨会，2013.
[73] 赫荣安，陈平，熊大和. SLon 强磁机选别鞍山式贫赤铁矿的试验及应用[J]. 金属矿山，2003，327(9):19-23.
[74] 熊大和. SLon 立环脉动高梯度磁选机分选红矿的研究与应用[J]. 金属矿山，2005(8):24-30.
[75] 李作敏，冯安生，张颖新，等. 我国节能高效磁选机的发展现状[J]. 煤矿机械，2016，37(1):3-5.
[76] 柳衡琪. 国外几种新型超导强磁选机[J]. 矿冶工程，1984(3):54-58.
[77] 潘树明. 超导磁分选与超导磁选机[J]. 矿山机械，1982(12).
[78] 沈政昌，杨丽君，陈东，等. 大型冶炼炉渣专用浮选机的研制及应用[J]. 有色设备，2007(3):14-16.
[79] 沈政昌. 浮选机发展历史及发展趋势[J]. 有色金属（选矿部分），2011(B10):34-46.
[80] 刘炯天. 旋流-静态微泡柱分选方法及应用（之一）柱分选技术与旋流-静态微泡分选方法[J]. 选煤技术，2000(1):1-4.
[81] 张海军，刘炯天，王永田. 矿用旋流-静态微泡浮选柱的分选原理及参数控制[J]. 选煤技术，2011(1):66-69.
[82] 程敢，曹亦俊，徐宏祥，等. 浮选柱技术及设备的发展[J]. 选煤技术，2011(1):66-71.
[83] 谢广元. 选矿学[M]. 徐州：中国矿业大学出版社，2001.
[84] 吕一波，司亚梅. 浓缩机技术理论及设备发展[J]. 选煤技术，2006(5):62-67.
[85] 朱希英. 国外浓缩机的发展特点和趋势[J]. 矿山机械，1996(5):1-4.
[86] 仝克闻，陈毅琳，战训友，等. HRC 型高压浓缩机的开发及应用实践[J]. 有色金属（选矿部分），2011(B10):273-276.
[87] 李明碧，程永维，郑颖. HRC25 高压浓密机在歪头山铁矿的应用[J]. 现代矿业，2015(6):194-195.
[88] 罗良飞，陈雯，李文风. 铁矿阴离子低温反浮选试验研究[J]. 矿冶工程，2011，31(4):34-36.
[89] 方敬坤，周瑜林，李文风，等. 低温高效铁矿反浮选捕收剂 Fly-101 的研究[J]. 矿冶工程，2012，32(6):37-39.
[90] 李文风，刘旭. 铁矿低温捕收剂 CY-411 的研制与应用试验研究[J]. 金属材料与冶金工程，2014，42(4):42-44.
[91] 唐雪峰，陈雯，李文风. 阴离子捕收剂 CY-12#反浮选弱磁精矿试验[J]. 金属矿山，2013(11):53-56.
[92] 葛英勇，袁武谱，等. 阴离子捕收剂 MG 常温反浮选铁矿的应用研究[J]. 有色金属（选矿部分），2008(5):41-43.
[93] 张勇，贺慧军. 弓长岭矿山公司铁精矿提铁降硅工艺的研究[J]. 矿冶工程，2003，23(1):34-37.
[94] 葛英勇，陈达. 耐低温阳离子捕收剂 GE-601 反浮选磁铁矿的研究[J]. 金属矿山，2004(4):32-34.
[95] 葛英勇，陈达，等. 脱硅耐低温捕收剂 GE-609 的浮选性能研究[J]. 武汉理工大学学报，2005，27(8):17-19.
[96] 葛英勇，余俊，朱鹏程. 铁矿浮选药剂评述[J]. 现代矿业，2009(11):6-11.
[97] 延吉生. 矿山生态环境整治是矿业面临的重要任务[J]. 金属矿山，2002(12):5-7.
[98] Robinsky E I. Tailings disposal by the thickener discharge method for improved economy and environmental control[C]//Proceedings of 2nd International Tailings Symposium, Vol. 2. Colorado: Dnver, 1978.
[99] 杨永军. 尾矿浓缩干堆技术在包钢白云鄂博西矿的应用前景[J]. 中国矿业，2009，8：372-373.

第16章　煤矿选矿

煤炭是我国最主要的一次能源。在未来相当长时期内，以煤为主的能源消费形式不会改变。本章内容主要从以下几方面来进行阐述：首先，通过分析我国煤炭资源的分布、生产和消费情况，说明我国煤炭资源的现状及其在我国能源消费结构中的重要性；其次，详细介绍了近年来国内外取得的有关煤矿选矿的基础理论创新和进展；然后，通过查阅国内外文献资料，详细分析了破碎筛分与磨矿分级、选煤工艺技术流程、选煤设备、选煤药剂、选煤厂过程控制和煤泥水处理等环节的工艺技术进展；最后，针对煤炭分选过程中存在的问题及发展趋势进行评析，可为煤矿选矿理论和技术的进一步发展提供借鉴和指导。

16.1　煤炭资源简况

16.1.1　煤炭资源分布

根据国土资源部统计数据显示2011年、2012年、2013年我国煤炭勘查新增查明资源储量分别为749亿吨、616亿吨和673亿吨。截至2013年年底，我国查明煤炭资源储量1.48万亿吨[1]。人均可采储量约为114.4亿吨，仅为美国、俄罗斯、德国等的1/6～1/4。世界原煤资源依然很丰富，2013年原煤可采储量达8915.31亿吨，储采比可达113年[2]。虽然我国是煤生产量和消费量最多的国家，但原煤可采储量为1145.0亿吨，居世界第三位，储采比仅为31年，远低于美国和俄罗斯。表16-1是2013年世界原煤可采储量前十位的国家及可采储量。

表16-1　2013年世界前十位原煤可采储量最多的国家

排　序	国　家	可采储量/亿吨	占世界总量/%	年储采比
1	美　国	2372.95	26.5	266
2	俄罗斯	1570.1	17.6	452
3	中　国	1145	12.8	31
4	澳大利亚	764	8.6	160
5	印　度	606	6.8	100
6	德　国	405.48	4.5	213
7	哈萨克斯坦	336	3.8	293
8	乌克兰	338.73	3.8	384
9	南　非	301.56	3.4	117
10	印度尼西亚	280.17	3.1	67
世界原煤总可采储量		8915.31	100	113

我国含煤盆地有明显的区域分布不均衡性[3]，表现为以秦岭-大别造山带为界，“北多南少”、不均一性的分布格局。煤炭资源丰富且分布相对集中的大规模含煤盆地主要包括东北赋煤区的海拉尔-二连盆地、松辽盆地，西北赋煤区天山南北的塔里木盆地、准噶尔盆地，华北赋煤区的鄂尔多斯盆地、渤海湾盆地、南华北盆地以及华南赋煤区的四川盆地等。从地理分布来看，我国含煤盆地和煤炭资源总体受东西向展布的天山-阴山构造带、昆仑-秦岭-大别山构造带和南北向展布的大兴安岭-太行山-雪峰山构造带、贺兰山-六盘山-龙门山构造带控制，具有“两横”和“两纵”相区隔的“井”字形分布特征，如图16-1所示。

基于全国30个省区（不包括香港、澳门、台湾，上海未发现煤炭资源）最新煤炭地质评价报告给出的数据，按照煤炭资源“井”字形区划格局，我国煤炭资源分布情况见表16-2和表16-3。

东部、中部和西部的煤炭资源量分别占我国煤炭资源总量的7.9%、55.6%和36.5%，最大的煤炭资源富集区域为晋陕蒙（西）宁区（占全国资源总量的41.4%）和北疆区（30.8%），主要的资源富集省区依次为新疆、内蒙古、山西、陕西、贵州等。

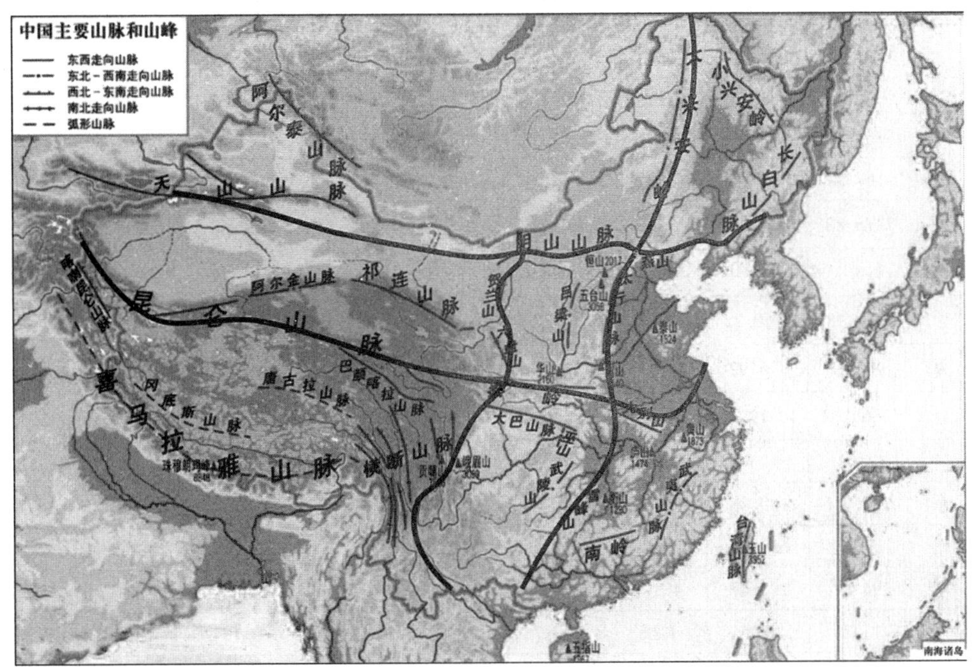

图 16-1　“两横两纵”构造带分布示意图

表 16-2　“井”字形区划格局下我国煤炭资源分布情况　（亿吨）

“井”字形区划	地区	累计探获资源量	保有资源量	已利用资源量	尚未利用资源量					2000m 以浅预测资源量	总计
					合计	精查	详查	普查	预查		
东北区	辽　宁	104.89	84.56	48.55	36.00	6.60	18.88	10.16	0.36	53.28	137.84
	吉　林	29.12	22.21	17.18	5.03	1.19	1.11	1.29	1.44	69.50	91.71
	黑龙江	235.57	218.31	87.94	130.37	27.46	20.11	62.04	20.76	201.75	420.06
	小　计	369.58	325.08	153.68	171.40	35.25	40.10	73.49	22.56	324.53	649.61
黄淮海区	皖　北	371.48	352.23	189.17	163.06	57.46	16.06	59.44	30.10	430.12	782.35
	苏　北	43.28	33.30	22.91	10.39	0.00	6.23	4.17	0.00	38.59	71.89
	北　京	27.25	24.00	13.73	10.27	3.16	0.01	4.15	2.95	81.75	105.75
	天　津	3.83	3.83	0.00	3.83	2.97	0.85	0.00	0.00	170.76	174.59
	河　北	374.22	345.65	116.61	229.04	8.51	9.38	133.62	77.53	467.72	813.37
	山　东	333.67	227.96	57.10	170.86	38.83	6.89	125.14	0.00	145.84	373.8
	河　南	666.81	617.78	114.36	503.42	55.00	74.37	118.28	255.77	710.74	1328.52
	小　计	1820.54	1604.76	513.88	1090.88	165.93	113.79	444.80	366.35	2045.52	3650.28
东南区	皖　南	2.59	1.54	1.43	0.11	0.00	0.00	0.00	0.11	16.07	17.61
	苏　南	3.15	2.72	0.96	1.76	0.26	0.74	0.77	0.00	14.93	17.65
	浙　江	0.49	0.29	0.00	0.29	0.00	0.06	0.23	0.00	0.12	0.41
	福　建	14.51	11.05	9.01	2.04	0.20	0.01	0.66	1.17	25.73	36.78
	江　西	24.73	19.70	1.87	17.84	14.58	1.32	1.63	0.31	46.83	66.53
	湖　北	11.96	8.22	3.35	4.88	1.86	1.12	1.21	0.69	15.87	24.09
	湖　南	40.84	31.98	10.79	21.19	7.93	6.05	6.73	0.48	62.04	94.02
	广　东	8.27	4.85	4.00	0.85	0.50	0.04	0.26	0.05	11.14	15.99
	广　西	24.26	21.27	9.43	11.83	7.55	2.81	1.14	0.34	20.99	42.26
	海　南	1.67	1.66	0.00	1.66	1.66	0.00	0.00	0.00	1.07	2.73
	小　计	132.46	103.29	40.84	62.45	34.54	12.15	12.62	3.16	214.77	318.06

续表 16-2

"井"字形区划	地区	累计探获资源量	保有资源量	已利用资源量	尚未利用资源量					2000m 以浅预测资源量	总计
					合计	精查	详查	普查	预查		
蒙东区	蒙　东	3167. 51	3146. 47	220. 83	2925. 64	537. 88	1210. 11	870. 93	306. 72	1272. 11	4418. 58
	小　计	3167. 51	3146. 47	220. 83	2925. 64	537. 88	1210. 11	870. 93	306. 72	1272. 11	4418. 58
晋陕蒙（西）宁区	山　西	2875. 82	2688. 16	1401. 92	1286. 24	136. 70	409. 65	560. 54	179. 36	3733. 19	6421. 35
	陕　北	1814. 43	1794. 15	353. 52	1460. 92	252. 20	236. 55	393. 13	579. 04	2259. 27	4053. 42
	蒙　西	5795. 18	5760. 72	320. 01	5440. 71	642. 33	428. 14	1368. 34	3001. 91	6064. 68	11825. 4
	宁　夏	383. 89	376. 92	143. 89	233. 03	96. 50	70. 41	42. 62	23. 50	1471. 01	1847. 93
	小　计	10869. 33	10619. 95	2219. 34	8420. 90	1127. 72	1144. 75	2364. 63	3783. 81	13528. 15	24148. 1
西南区	重　庆	43. 91	40. 04	23. 69	16. 36	1. 16	2. 89	7. 71	4. 60	137. 53	177. 57
	川　东	125. 74	109. 38	28. 66	80. 72	16. 76	24. 78	11. 67	27. 52	243. 15	352. 53
	贵　州	707. 61	683. 43	74. 17	609. 26	219. 04	91. 47	90. 58	208. 17	1880. 94	2564. 37
	滇　东	294. 88	282. 67	47. 33	235. 34	87. 43	92. 66	52. 13	3. 13	435. 70	718. 37
	陕　南	1. 22	0. 96	1. 05	0. 17	0. 00	0. 00	0. 17	0. 00	0. 00	0. 96
	小　计	1173. 36	1116. 48	174. 89	941. 85	324. 39	211. 80	162. 25	243. 42	2697. 32	3813. 8
北疆区	北　疆	2111. 17	2097. 85	642. 81	1455. 04	279. 38	174. 41	1001. 25	0. 00	15857. 84	17955. 69
	小　计	2111. 17	2097. 85	642. 81	1455. 04	279. 38	174. 41	1001. 25	0. 00	15857. 84	17955. 69
南疆、甘青区	南　疆	200. 57	197. 47	40. 45	157. 01	52. 01	4. 40	100. 61	0. 00	824. 01	1021. 48
	甘　肃	167. 45	158. 66	31. 84	126. 82	15. 22	30. 78	74. 73	6. 08	1656. 81	1815. 47
	青　海	70. 42	63. 40	16. 78	46. 62	18. 54	24. 43	1. 39	2. 25	344. 47	407. 87
	小　计	438. 44	419. 53	89. 07	330. 45	85. 77	59. 61	176. 73	8. 33	2825. 9	3244. 82
西藏区	滇　西	6. 65	6. 08	0. 87	5. 22	2. 57	0. 97	1. 59	0. 09	14. 04	20. 12
	川　西	17. 05	13. 33	4. 16	9. 16	0. 15	4. 24	3. 35	1. 43	16. 06	29. 39
	西　藏	2. 65	2. 53	0. 00	2. 53	0. 00	0. 00	0. 00	2. 53	9. 24	11. 77
	小　计	26. 35	21. 94	5. 03	16. 91	2. 72	5. 21	4. 94	4. 05	39. 34	61. 28
全　国	总　计	20108. 72	19455. 34	4060. 37	15415. 52	2593. 58	2971. 93	5111. 64	4738. 39	38804. 86	58260. 2

注：按照"井"字形的区划格局，我国多个行政省份跨越了不同区划，如江苏、安徽、内蒙古、四川、云南、新疆等。本书根据区域煤田地质特征和资源分布特点将跨区煤炭资源量归类到不同"井"字形区划中去，如要换算成各省资源量，可在此基础上直接归并计算。

表 16-3　我国东部、中部和西部的煤炭资源情况

资源量	东　部		中　部		西　部	
	资源量/亿吨	占全国的比重/%	资源量/亿吨	占全国的比重/%	资源量/亿吨	占全国的比重/%
累计探获	2322. 58	11. 6	15210. 20	75. 6	2575. 95	12. 8
保　有	2033. 13	10. 5	14882. 90	76. 5	2539. 32	13. 1
已利用	708. 40	17. 4	2615. 06	64. 4	736. 91	18. 1
尚未利用	1324. 73	8. 6	12288. 38	79. 7	1802. 41	11. 7
精　查	235. 72	9. 1	1990. 00	76. 7	367. 87	14. 2
详　查	166. 04	5. 6	2566. 66	86. 4	239. 23	8. 0
普　查	530. 91	10. 4	3397. 81	66. 5	1182. 92	23. 1
预　查	392. 07	8. 3	4333. 94	91. 5	12. 39	0. 3
资源总量	4617. 95	7. 9	32380. 48	55. 6	21261. 79	36. 5

16.1.2　煤炭资源的生产和消费

16.1.2.1　煤炭产量

2006～2011 年是我国煤炭行业的黄金时代，每年平均达到 6.1% 的增速。到 2012 年出现产能过剩，产出消化不力的问题开始凸显，2012～2014 年的平均增速不足 1%，而同期 GDP 增速由 10.6% 放缓到 7.8%。2014 年在我国 GDP 增速仍达 7.4% 的情况下，煤炭消费量出现负增长，预示着我国经济增长与煤炭消费增长的脱钩（见图 16-2）。

2014 年国民经济和社会发展统计公报[4] 提到，2014 年全国原煤产量和消费量同比分别降 2.5%、2.9%。据统计公报，2014 年全国原煤产量 38.7 亿吨，同比下降 2.5%。而 2013 年的统计公报显示，2013 年全国原煤产量 36.8 亿吨。对此，国家统计局的解释是，根据第三次全国经济普查结果对相关数据进行了修订。根据此次统计公报的数据推算，修订后的 2013 年全国原煤产量应为 39.69 亿吨。

16.1.2.2　煤炭消费量

根据国土资源部统计数据，2006～2013 年，我国煤炭的产量和消费量逐年递增，2013～2014 年煤炭产量和消费量出现下降的趋势。据初步核算，2014 年全国能源消费总量 42.6 亿吨标准煤，同比增长 2.2%。其中，煤炭消费量同比下降 2.9%（见图 16-2）。

16.1.2.3　煤炭进出口情况

近年来煤炭进口量不断增加，我国已成为世界上最大的煤炭进口国。2009 年，我国煤炭自足的状况被打破，当年净进口煤炭 1.04 亿吨。2010 年净进口煤炭 1.47 亿吨。2011 年煤炭净进口量上升至 1.68 亿吨，净进口规模同比增长 14.1%，超过日本成为全球最大煤炭进口国。

16.1.2.4　煤炭产品价格及趋势

中国煤炭工业协会 2014 年年底公布的煤炭经济运行形势报告显示，2014 年前 11 个月，煤炭企业利润同比下降 44.4%，亏损企业亏损额同比增长 61.6%，企业亏损面达到 70%。煤炭行业进入微利时代，总体看煤炭市场供大于求的形势短期内难以改变，煤炭市场价格或维持低迷态势。

从图 16-3 可以看出，2012 年下半年以来，煤炭市场深度调整，卖方市场变成买方市场，煤价大幅下跌。

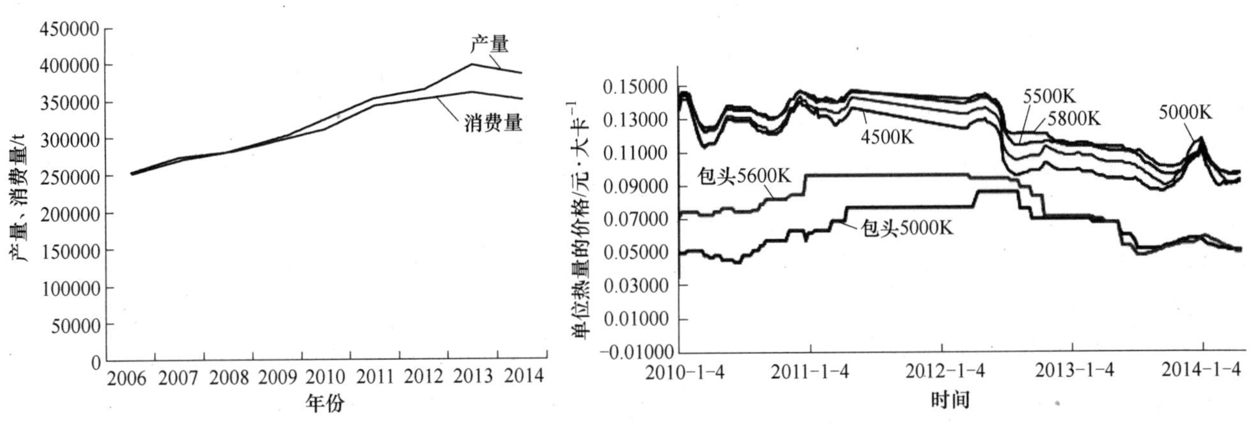

图 16-2　2006～2014 年我国煤炭产量和消费量走势

图 16-3　2010 年以来秦皇岛港及包头动力煤每卡价格走势

16.2　煤矿选矿理论及基础研究进展

16.2.1　筛分理论及基础研究进展

筛分作业作为选煤过程的重要环节，主要分为准备筛分、检查筛分、最终筛分、脱水脱泥脱介筛分等。目前较为成熟的筛分原理有概率筛分原理、等厚筛分原理、概率等厚筛分原理、弛张筛分原理、弹性筛分原理、强化筛分原理等。随着采煤机械化水平的提高，原煤中细粒的含量越来越多，潮湿细粒煤的筛分理论成为研究热点。

焦红光等人[5]认为潮湿细粒煤中的外在水分是导致其筛分效果恶化的主要因素。含有表面水分的颗粒在相互接触时液面会自发地合并而形成液体桥而促使颗粒团聚和在筛面上黏附。刘初升和赵跃民[6]建立了弛张筛筛面的非线性动力学方程，利用 Holms 弹跳球模型来模拟单颗粒在筛面上的运动并找出数值结果，发现单颗粒物料在筛面上运动时，当筛面振动强度大于 1.67 时，颗粒产生混沌运动。刘初升和陆金新[7]得出了筛面上颗粒运动是经周期分叉和概周期分叉通向混沌的演化过程，在筛分机正常的工作参数范围内，筛面上颗粒运动不存在周期运动、概周期运动，只存在混沌运动。赵啦啦[8]研究了球形及非球形颗粒的分层机理，在分层过程中，大颗粒间的平均力矩及平均动能均大于小颗粒，大颗粒较小颗粒活跃；非球形颗粒具有较高的动能而较球形颗粒活跃，在一定程度上弥补了颗粒形状对分层过程的影响。

16.2.2　干法选煤理论及基础研究进展

目前，在选煤领域普遍采用基于水的湿法分选方法，但湿法技术对干旱缺水地区、高寒地区煤炭及易泥化煤炭进行有效分选较为困难。我国 2/3 以上的煤炭资源分布在西部干旱缺水地区，迫切需要高效的干法选煤技术。

赵跃民等人[9]采用新一代干法重介质流化床分选机，以磁铁矿粉和煤粉为二元宽粒级加重质，以空气为流化气体，形成具有一定密度的流化床层，进入到分选机中的煤炭按密度进行分层，实现高效干法选煤，新一代分选机解决了布风板易堵塞的难题，具有流化床密度均匀稳定、加重质循环量小、整机可靠性高的特点。贺靖峰[10]采用“欧拉-欧拉”多相流模型对流化床内气固多相的复杂动力学行为进行数值计算，在充分考虑流化床三维空间分布、加重质密相分布规律与颗粒实际运动情况的基础上，对球形颗粒在流化床中运动时的受力进行了深入分析，建立了入料颗粒在空气重介质流化床中运动时的受力平衡方程和基本动力学公式。隋占峰[11]将振动能量引入到干法螺旋分选机中，并根据振动螺旋干法分选机结构组成和工作原理，建立了振动螺旋干法分选机的理论动力学模型。

16.2.3　浮游选煤理论及基础研究进展

浮选是煤泥分选的主要方法。在浮选过程中，疏水性矿粒黏附于气泡并随之到达泡沫层成为精煤，而亲水性颗粒则停留在矿浆中成为尾煤。但是，实际浮选过程中，会有大量亲水性、高灰物料被夹带至泡沫层中，形成对精煤的污染。程宏志等人[12]通过引入振荡能量，在浮选分离区域引入振动波使矿浆的压力作交替变化，在压力所及区域的液体中产生撕裂力。当矿化气泡聚合体通过振荡区域时将被分散为单泡上浮，被夹带的亲水性矿粒失去依托，在振动惯性力作用下落入矿浆，从而减轻亲水性矿粒和细泥的夹带污染。

煤泥浮选消耗大量的油性捕收剂，节约浮选药剂成为煤炭浮选研究热点之一。徐政和及其研究团队[13,14]提出了一种油泡浮选理论，将捕收剂覆盖在浮选气泡表面，形成油泡。在常规浮选中，烃类油捕收剂以液滴形式分散在矿浆中，作用在矿物颗粒上改变其疏水性，再与气泡黏附，完成气泡矿化。在这个过程中，只有少数矿物颗粒可以直接与气泡黏附，大部分情况是油类液滴排开水化膜在矿物表面铺展，疏水性改变后的矿物颗粒再排开水化膜与气泡黏附。在油泡浮选中，气泡表面包裹一层薄的油膜，在油膜与矿物颗粒吸附的同时，气泡也与矿物黏附在一起，减少了黏附功，大大缩短了诱导时间，促进矿物的浮选。陶有俊等人[15]采用文丘里管产生纳米泡，并研究纳米泡提高细粒煤浮选效果的机理，纳米泡增加了气泡与煤粒的碰撞和附着的概率，减少了脱落概率，同时减少了捕收剂用量。

16.2.4　细粒煤脱水理论及基础研究进展

近年来，随着采煤机械化程度的提高，选煤过程中细粒煤小于 0.5mm 粒级含量占到 20% 以上。动力煤水分过高会影响发热量，炼焦煤水分过高会消耗热量，降低炉温，延长炼焦时间，降低生产效率。

武乐鹏[16]通过向矿浆中添加电解质来促进细粒煤的脱水。电解质在矿浆中电离出正离子，与煤粒表面的负电中和，压缩双电层，降低煤粒表面的电动电位，使得其表面水化膜变薄。电解质使得细粒煤表面的疏水性增强，亲水性减弱，从而有利于细粒煤的脱水。万永周[17]采用热压脱水工艺对低品质褐煤进行提质。热压过程中煤水分离的基本过程包括：热力效应脱水、压实固结脱水和闪蒸脱水。褐煤在热力作用下，表面有机含氧官能团和有机结构发生分解，褐煤物理化学结构及组成发生改变，煤与水的作用力减弱，有利于实现煤与水的高效分离。周明远和关杰[18]研究了采用热压过滤干燥脱水工艺对浮选精煤进行脱水的机理，热压过滤形成的饱和滤饼将继续受到热压干燥过程的作用，伴随饱和蒸汽脱水面和过热蒸汽脱水面的形成与扩散，对滤饼进行深度脱水。

巩冠群等人[19]建立了精煤压滤非均相分离压密过程模型，证实三维压滤压密过程可用过程参数压密比表征。周国莉[20]研究了不同能量作用形式下的褐煤脱水机理。热风干燥过程中的水分传递的推动力为湿度梯度和温度梯度，真空干燥过程中水分传递的推动力由湿度梯度、温度梯度和压力梯度共同组成，真空干燥褐煤和热风干燥过程中传热、传质方向相反，而微波干燥过程中方向一致。

16.2.5 煤泥水澄清及沉降理论及基础研究进展

煤泥水闭路循环是选煤厂实现清洁生产的重点。煤泥水难以沉降造成选煤厂不能够正常生产，同时造成对周围环境的污染，实现煤泥水中煤泥的高效沉降和合理利用尤为重要。煤泥中含有大量的煤粒、黏土矿物、金属离子等，这些物质对煤泥水的澄清作用具有重要的作用。

刘炯天等人[21]采用扩展的 DLVO 理论和试验证实：含高岭石的煤泥水中的煤颗粒之间最易凝聚形成沉淀，高岭石与煤颗粒之间也较易凝聚而沉淀，高岭石之间最难形成凝聚和沉淀，含高岭石的煤泥水中的颗粒沉降属于离散沉降；但含蒙脱石的煤泥水中，煤颗粒被夹杂或包裹在蒙脱石片层形成的网架结构中，其属于整体压缩沉降。

吕玉庭等人[22]针对磁感应强度和磁化时间对煤泥水絮凝沉降速度、沉积物厚度和上清液浊度的影响进行研究，表明煤泥水絮凝沉降速度随磁感应强度的增大、磁化时间的延长而增加，底层沉积物厚度和浊度随磁感应强度的增大、磁化时间的延长而减小。董宪姝等人[23]采用电化学预处理促进煤泥水中颗粒的沉降，通过添加电解质消除了煤粒表面电荷、压缩双电层，减小或消除颗粒间的斥力而促进凝聚，同时将煤表面强极性官能团转化为弱极性官能团，提高煤表面疏水性，使得煤泥易于沉降。

张志军等人[24]提出了基于矿物颗粒实现自发凝聚的最低水质硬度这一临界硬度的概念，并建立了基于 DLVO 理论的临界硬度的数学模型，实现煤泥水的绿色高效澄清沉降。基于各种矿物颗粒聚沉的临界硬度，控制合理的水质硬度调整剂用量，合理调控水质硬度，实现煤泥水的澄清循环利用。刘炯天等人提出“难沉降煤泥水的矿物——硬度法绿色澄清技术及高效循环利用”技术，并获得国家技术发明二等奖。该技术是基于水化学、溶液化学和胶体化学的基本原理，实现难沉降煤泥水的高效绿色澄清[25]。张明青等人[26]通过研究发现，煤变质程度越高，颗粒之间静电排斥能越小，疏水吸引能越大，越易澄清。

16.3 煤炭选矿工艺技术进展

16.3.1 破碎筛分与磨矿分级

破碎筛分与分级是选煤生产过程中的准备作业环节，目的是为后续的分选过程提供适宜粒度的入料。而磨矿作业在选煤厂应用很少。研究人员在理论及工程应用层面深入研究了破碎筛分和分级作业及其对选别作业的影响，以实现节能降耗，提高选煤的技术经济指标。

左蔚然等人[27]介绍了电脉冲破碎技术应用于超纯煤制备的可行性。电脉冲破碎技术是将固体绝缘材料浸于液态电介质（通常是水），并外加高压电脉冲，使固体材料爆炸破裂的一种新型破碎技术。由于机械粉碎无法使煤中的黏土矿物充分解离，限制了超纯煤制备效率的提高，而由于介电常数的明显差异，在电脉冲破碎中有机质和黏土矿物界面上所产生的电场感应作用可使煤沿有机质和黏土矿物的界面拉裂解离，从而提高破碎效果。研究表明：电脉冲破碎相对机械粉碎具有有机质和矿物质解离程度高、低密度破碎产物灰分和黏土矿物含量低等有利于超纯煤制备的优势。

刘瑜等人[28]基于分形统计强度理论对煤颗粒的冲击破碎概率进行研究，以 Hertz 接触假设为基础得到煤颗粒冲击破碎概率与最大接触压应力之间的函数关系，并结合碰撞动力学理论建立了冲击破碎概率的分形模型：

$$F(v_0) = \ln\ln\left[\frac{1}{1 - \Pr(v_0)}\right] = D\ln k + \frac{4}{5}D\ln v_0$$

煤颗粒的冲击破碎概率与裂纹尺度分维 D、破碎常数 k 和冲击速度 v_0 有关，当 D 和 k 确定后，冲击破碎概率在对数坐标中与冲击速度呈线性关系，其斜率为 $4D/5$。对不同的煤颗粒进行冲击破碎试验，统计分析表明：分形模型可以对煤颗粒的冲击破碎概率进行很好的描述。通过试验确定分形模型的分形维数和破碎常数，可以得到不同冲击速度下煤颗粒的冲击破碎概率以及煤颗粒全部破碎需要的冲击速度，为冲击破碎效果评价以及冲击速度的确定提供了理论指导。

刘瑜等人[29]为揭示煤和矸石颗粒冲击破碎概率差异的内在机理，以冲击破碎概率分形模型为基础，对3个矿区的矸石颗粒进行冲击破碎试验，并与相同矿区内煤颗粒的冲击破碎试验结果进行比较。研究结果表明：粒度在50～100mm内的矸石颗粒冲击破碎概率与冲击速度在对数坐标中呈线性关系，符合其分形模型；对同一矿区，由于煤和矸石颗粒的来源和物理机械性质不同，矸石颗粒的分形维数和破碎常数均小于煤颗粒的分形维数和破碎常数；在相同冲击速度下，矸石颗粒的冲击破碎概率小于煤颗粒的冲击破碎概率，并且存在最优冲击速度使两者的冲击破碎概率差值最大。

分级破碎是20世纪80年代世界范围内出现的一种新型的破碎技术，其核心特点是既保证了产品的粒度要求又避免了过粉碎。对于不同粒度组成的入料进行选择性破碎，符合粒度要求的物料直接通过，只对大于要求粒度的物料进行破碎，所得产品全部满足粒度要求，具有极低的过粉碎率，处理能力高。分级破碎机具有整机高度低、内力平衡、振动微弱等优点，可有效降低对厂房高度和厂房承载强度的要求，有利于工厂的更新改造和减少新建厂房的基建投资。分级破碎技术发展趋势是高可靠性、设备大型化、国际化。

潘永泰等人[30]利用断裂动力学 Griffith 裂纹扩展理论分析了 SSC 系列大型分级破碎机的破碎辊转速（即加载速率）对破碎功耗和产品块度的影响，并对破碎辊转速的确定、破碎后块度的预测等进行了深入的理论分析，认为采用较低的加载速率，既有利于减小破碎过程中的能耗，又有利于降低破碎过程中的过粉碎，反映到破碎机参数设计上就是采用低线速度和大扭矩；SSC 系列大型分级破碎机在工艺布置上采用开路破碎流程，可直接生产出粒度合格的产品。与闭路流程相比，极大地简化了工艺流程，节省了设备及基建投资。与老式齿辊破碎机相比，分级破碎机破碎效率提高了4.3%，细粒增量减少了25.15%。整机结构简单，设计强度高，过载保护系统完善，实际使用过程中表现出极高的可靠性。破碎原煤一次性使用寿命可达12～18个月。SSC 系列大型分级破碎机综合工艺性能与国外同类产品相当，完全可取代进口产品，从而结束我国选煤厂大型分级破碎设备完全依赖进口的状况，使我国的分级破碎技术达到国际水平。

张灏等人[31]应用 SSC800 分级破碎机对国阳二矿选煤厂大块煤和矸石进行处理，很好地解决了原有破碎系统因粒度超限而影响生产的问题。与老式颚式破碎机相比，控制粒度严格，成块率和处理能力明显提高。

刘守印等人[32]介绍了 SSC800 新齿型分级破碎机在兴隆庄煤矿选煤厂生产使用情况。半年多的连续生产实践表明，该破碎机整机性能先进，块煤生产率高，块煤过粉碎低，齿辊磨损低，破碎耗能低，运行振动小，处理能力大，噪声低，粉尘小，自动化程度高。

张军等人[33]介绍了 SSC700 加长型分级破碎机的工作原理和技术参数，并结合伊泰集团大地煤矿煤炭破碎前和破碎后粒度组成的试验数据，阐述了该分级破碎机在大地煤矿原煤破碎中的应用效果。原煤中100mm 的物料全部被破碎，因而避免了大块物料在胶带上下滑的危险，不仅消除了安全隐患，也减轻了胶带的磨损，提高了胶带的使用寿命；同时，该机还解决了700mm 左右大块煤炭给装卸车带来的不便，大大提高了装卸车的效率。

宋亮等人[34]阐述了 SSC1000 分级破碎机的结构、工作原理及技术特点，介绍了其在王家塔选煤厂的应用情况。生产实践表明：SSC1000 分级破碎机在处理150～500mm 大块原煤及矸石过程中具有处理能力大、成块率高、过粉碎率低等优点。

丁勇[35]阐述了双欣矿业选煤厂主要存在大块矸石易滚落、尖角大块矸石易损坏输送设备、大量大块原煤导致设备超负荷运行等问题。采用1台 SSC1000 分级破碎机用于控制原煤粒度，对 SSC1000 分级破碎机的应用效果进行分析，结果表明：原煤中 +300mm 块煤及矸石完全消除，原煤砸穿输送带和滚落现象得以控制，每年可增加产值200万元以上。

赵世永等人[36]以神府低变质 3-1 烟煤为原料，根据镜煤和丝炭破碎特性的不同，通过破碎、筛分实验进行初步富集，并用等密度梯度离心法测定产品各密度级别产物的产率和解离程度。CM41 型冲击粉碎分级系统与 MQL06 型气流粉碎分级系统相比，具有以下优点：（1）冲击破碎产生的细粒级含量更高，煤岩组分解离更为充分；（2）粗粒级灰分更低，脱灰效果更好；（3）破碎后 0.074 ~ 0.5mm 粒级产物中镜质组占优势，而小于 0.045mm 粒级产物中惰质组占优势；（4）粒度减小，镜质组与惰质组、惰质组与矿物质组解离越充分。

郑克洪等人[37]通过对煤和矸石力学参数尺寸效应的研究，利用指数函数对各力学参数进行拟合，获得了各种岩石在不同粒径条件下的力学参数；借助玛洛金公式，对煤与矸石的冲击破碎速度进行计算，获得了煤和各种岩类矸石的冲击破碎速度范围，指出原煤之中不含类煤类岩石或类煤类岩石含量较少时可以进行煤和矸石的选择性破碎分选，并且煤和矸石的物理力学性质差别越大，选择性破碎分选的效果会越好。

中煤破碎可以将高灰的矿物质与精煤煤粒解离开。中煤再选是提高煤炭利用率、强化分选过程的有效途径之一。谢卫宁等人[38]针对中煤在不同破碎方式作用下由于表面性质的变化，进而影响破碎产物浮选行为的现状，在物相组成分析基础上，分别采用颚式破碎和湿法球磨方法将中煤破碎至 -0.5mm，试验结果表明：湿法球磨破碎产品的解离效果较颚式破碎产品好。X 射线光电子能谱分析显示：伴生黄铁矿解离致使在颚式破碎产物表面检测到 FeS_2、FeS；湿法球磨的氧化氛围导致煤粒表面的 FeS_2、FeS 变为 FeOOH。红外光谱分析表明：湿法球磨可增加煤粒表面疏水甲基基团含量，而亲水羟基基团的含量则降低；不同破碎产品解离程度及表面性质的差异导致其浮选效果不同，当浮选精煤产率为 10% 时，湿法球磨精煤灰分较颚式破碎产物灰分降低 2.14%。分级浮选结果表明：除粒级 0.25 ~ 0.125mm 外，湿法球磨产物中 0.5 ~ 0.25mm、0.125 ~ 0.074mm 以及 -0.074mm 的浮选效果均高于相应粒级的颚式破碎产物。

訾涛等人[39]通过以梁北选煤厂稀缺炼焦煤种洗选加工过程中产生的中煤副产品长期不合理利用为课题，进行中煤破碎再选可行性研究并实施相应工艺改造。增加了中煤破碎环节使精煤产率提高了 3.28%，此举不仅完善了其生产系统，节约了改造成本，而且有效地提高了中煤的利用率，优化了产品结构，为企业赢得了巨大的效益。

杨毛生等人[40]以山西新峪重介分选出的中煤为研究对象，将煤破碎至 3mm 以下，用孔径为 0.5mm 的筛子分级。取 3 ~ 0.5mm 粒级，通过浮沉试验研究煤质特性，并对 3 ~ 0.5mm 粒级进行了重介质分选结果预测，试验结果表明：中煤破碎后再选可充分回收精煤，为企业带来较好的经济效益和社会效益。

赵闻达等人[41]针对炼焦中煤的不合理利用，引出了中煤破碎再选的思路，分析了中煤再选的现状，并结合现场的中煤情况，提出了中煤破碎—TBS 再选的工艺，发现其经济效益显著，为中煤的回收利用提供借鉴和参考。

付银香[42]为解决重庆松藻煤电有限责任公司白岩选煤厂入选原煤细粒煤含量大、硫分高的问题，采用两台 KRL/DD3000 × 10 曲张筛对原煤进行 3mm 干法筛分。该设备处理能力达到 600t/h，筛分效率在 90% 以上。筛分后小于 3mm 的产物直接作为产品，大大减少了重介系统入选量，减少了主选设备台数，降低了介耗、能耗，缩小了厂房体积，节省了投资，取得了很好的经济效益。该设备具有处理能力大、拆装方便、不易堵塞筛孔、拆装筛板简单、更换筛板快、使用寿命长的优点，为大型动力煤选煤厂干法筛分提供了一条新思路。

王永平等人[43]为解决晋煤集团寺河矿选煤厂湿法筛分出现的综合性能差的问题，对洗煤工艺进行分析研究，采取干法筛分来解决。实践表明：改造后使用 JFDI-3048 弛张筛进行干法筛分，限上率小于 5%，主洗车间末煤产品质量明显提高，筛分效率可达到 70% 左右，洗末煤回收率提高了 10%，综合回收率提高了 0.5%，洗末煤煤泥量降低了 7%，减少了药剂使用量和煤泥处理的后续工作量，使系统更加灵活。

王志坚等人[44]为了降低宁东选煤厂红柳分厂洗煤过程中产生的煤泥量，降低商品煤水分，提高发热量，采用弛张筛进行深度筛分，对小于 6mm 粒级的筛分效率接近 80%，可以筛除占原煤全样 24% 的粉煤，极大地降低了煤泥量煤泥处理成本。此外，弛张筛的维护费用和能耗也比以前降低了 50% 左右。使用弛张筛解决了大量煤泥堆放的问题，在节约资源的同时保护了环境，具有明显的社会效益。

王春华等人[45]通过对阜新艾友矿 BHS40110 型博后筛的建模与力学分析，利用 ANSYS 软件进行谐响应分析，得出简谐激振力分别在 x、y 轴方向分解时所对应的位移和频率分布图表，可以方便直观地看出该博后筛在各种频率下所产生的振动幅值。根据分析出的稳态振幅与该博后筛实际振幅的数值近似情况，验证了该模型的建立和分析方法的正确性。并发现该博后筛在启动和停车时，在频率 2Hz 和 4Hz 左右时将发生共振。这些结论为该博后筛的优化设计提供了一定的分析依据。

张云生等人[46]针对河南煤化集团永煤公司城郊选煤厂细粒煤炭分级过程中出现的溢流跑粗和底流夹细现象，采用高效二次流分级筛在选煤厂进行了工业性试验，试验主要通过调节二次流场下的扰流速度 v_1、v_2、v_3 来考察底流夹细和溢流跑粗情况。试验结果表明：在一定的筛缝尺寸条件下，可以很容易且有效地调整分级粒度，使分级效果达到最佳；当以 0.5mm 的粒度分级时，溢流无跑粗，且底流夹细量可以控制在 10% 以内；与旋流器分级效果相比，1000m^3 入料每小时至少可以节约能耗 72.84kW · h，并且通过降低底流夹细和溢流跑粗，每年还可产生数千万元的经济效益。

莫凤依等人[47]为解决火铺矿选煤厂高灰、黏团的矿井原煤筛分问题，与设备厂家合作研发了 XGS14-10(30mm × 100mm) 型滚轴筛煤机。该机单机处理能力大，筛分效率高，筛分粒级满足选煤厂粒度上限特殊要求，滚轴筛片自清防堵功能好，对高灰黏煤的适应性强，实现无振动干法高效筛分。XGS14-10 型滚轴筛的成功应用，解决了原振动筛处理高灰黏煤存在的缺陷和不足，为矿井原煤的干法筛分提供了方法及思路，丰富和发展了煤炭的洗选筛分技术。

赵振龙等人[48]介绍了 Dx-FMVSK1014 系列复振高频细筛的工作原理和特征，通过对入浮煤浆进行粒度控制的中间试验，分析了复振筛的工作效果，结果表明：复振筛可以有效控制入浮煤泥粒度。

张良炳等人[49]为了精确分级细颗粒，考察了电磁高频细筛的分级性能，研究了不同煤浆浓度、振动时间、筛孔大小和喷水量对电磁高频细筛分级效果的影响。试验结果表明：(1) 在电磁高频细筛筛分试验中，得出筛分处理的工艺条件：煤浆浓度为 350g/L，振动时间为 210s。(2) 随着筛孔尺寸的变小，分级效率逐渐变大，原因是筛上物料水分的快速损失，使湿法筛分有向干法筛分转变的趋势。(3) 单一增加喷水量对分级效率的影响不显著，需要持续的喷水。(4) 值得注意的是，电磁高频细筛用作煤泥脱水和物料分级时，两者筛分机理大不相同，前者侧重于脱水回收，要求筛机具有最高的回收率；而后者则侧重于脱泥降灰，要求筛机具有最高分级效率。本试验仅作了煤泥分级试验研究，对于物料脱水（粗煤泥脱水、脱介和脱泥）的试验研究还有待今后继续开展，以探索该筛的全部筛分工艺指标。

赵斌等人[50]基于气固流态化原理，搭建了 TG-100 型悬浮式涡流筛分中试装置，进行煤颗粒的粒度分级试验研究。以 500μm 为目标粒径，考察不同流化风速对煤颗粒分级效果，监测分级前后煤颗粒的水分变化，结果表明：随着流化风速的提高，参与流化的颗粒直径不断增大，煤颗粒的干燥效果不断提高，当入口风速为 55m/s（流化风速为 1.84m/s）时，分级效果最佳，细煤颗粒中 500μm 以下粒级含量高达 99.7%，粗煤颗粒中 500μm 以下粒级含量仅为 28.7%。煤颗粒在分选过程中干燥效果显著，水分降低了 44.58%。流化风速愈高，干燥效果越好。TG-100 型悬浮式涡流筛分中试装置可显著提高分级效果及煤炭品质。

叶宏伟[51]通过对煤进行超微粉碎后分级的主要影响因素进行分析，设计并重点讨论了能够用于煤超微粉碎的双圆盘气流粉碎机的分级系统，研究了分级工作原理，从理论推导出该分级系统能够得到分级机的超微煤粉颗粒分级范围为 3 ~ 100μm，也能得到该气流粉碎机的处理能力为 30 ~ 800kg/h，能够较好地满足煤超微粉碎的工业需要。

为及时排放高灰细泥，减少浮选柱的中矿循环量，杨宏丽等人[52]研制了一种针对浮选尾煤的新型分级装置并进行分级试验研究。结果表明：该装置能实现对浮选尾煤的有效分级，在底流分流比为 0.2 ~ 0.4 和入料流量低于 40m^3/(m^2 · h) 时，可以排出 1/2 ~ 2/3 的高灰细泥；建立了由分级函数和夹带函数构成的基于粒度的分级曲线数学模型，能很好地拟合试验得到的鱼钩型分级曲线；将流量、入料浓度、底流分流比等操作参数引入数学模型，建立了多变量综合模型，实现了操作参数和颗粒粒度性质对新型分级装置分级分配率的定量描述。综合模型说明，入料流量和入料浓度决定着分级过程的好坏，而底流分流比主要影响夹带。

16.3.2 选煤工艺技术流程

我国地域辽阔，煤种齐全，煤质差别大，因而跳汰、重介、浮选、风选等各种选煤方法均有应用。

截至2010年年底，按生产能力统计的选煤方法中，跳汰占30.5%，重介占54%，浮选占9.5%，其他方法占6%[53]。重介质选煤技术以其对煤质适应能力强、入选粒度范围宽、分选效率高、易于实现自动控制、单机处理能力大等优点，近年来得到了大力推广应用，在我国各种选煤方法构成中，已超过跳汰所占比例，成为主导选煤方法。目前，新建的大型选煤厂多采用重介质选煤工艺。例如：根据煤质差别和产品要求，采用块煤重介浅槽、末煤三产品重介旋流器或二产品重介旋流器主再选、粗煤泥干扰床或螺旋分选机、细煤泥浮选的联合分选工艺；采用我国独创的原煤不脱泥无压三产品重介旋流器配煤泥重介简化工艺；采用我国独创的脱泥分级重介旋流器分选工艺，即原煤预先分级（ϕ2mm）、脱泥（ϕ0.3mm），大于2mm粗物料由大直径三产品重介质旋流器分选，2～0.3mm细粒级由较小直径重介质旋流器分选，小于0.3mm煤泥浮选。我国选煤工艺技术达到了国际先进水平[54]。

16.3.2.1　原煤主选工艺

在湿法选煤工艺中，对粒度大于0.5mm（或0.2mm）的原煤一般采用跳汰、重介等以物料密度差别为依据的重力分选方法，其对应的分选工艺称作主选工艺，主选工艺有效分选的物料量通常占入选原煤的80%以上；对粒度小于0.5mm（或0.2mm）的细粒物料则采用以表面性质差别为依据的浮选方法分选。我国常见的原煤主选工艺又可以分为分级入选和混合入选两种方式。

分级入选是根据原煤的块、末煤可选性差异或不同粒级产品用途及质量要求，以某一粒度（通常为25mm或13mm）预先分级，然后分别由块煤和末煤两套系统分选的工艺，多用于动力煤分选。

混合入选是原煤不经分级而直接分选的主选工艺，其入选粒度上限一般为50～80mm，取决于主选设备类型和产品要求，多用于炼焦煤洗选。

20世纪90年代以前，跳汰选煤一直是我国选煤的主导工艺，跳汰工艺和跳汰机的机构性能都较为成熟，典型的跳汰选煤原则工艺有：跳汰＋浮选、跳汰主再选＋浮选以及跳汰粗选＋粗精煤重介再选＋浮选。

在2000年以后，随着重介质选煤技术装备水平的提高，用户对产品质量要求的严格以及原煤质量的恶化，促使我国重介质选煤工艺得到快速发展和广泛应用。目前，我国应用较多且效果较为显著的重介质选煤工艺主要包括以下4种[55～63]：

（1）块煤重介质分选机—末煤重介质旋流器分级入选工艺。该工艺主要应用于大型、特大型选煤厂，重介质浅槽（或立轮、斜轮）块煤分选机具有处理能力大、分选精度高、建设投资和运行成本低等优势，但其有效分选下限高，一般为8～6mm，尤其受预先筛分设备有效分级粒度下限的制约，其实际入选下限通常为25～13mm；而重介质旋流器的有效分选下限低，可达0.5～0.2mm，但运行成本高于块煤重介分选机。因此，块、末煤分级入选可显著提高大型、特大型选煤厂的投资价值和经济效益，而且对于动力煤洗选的产品结构更加灵活。

（2）块煤跳汰—末煤重介质旋流器分选工艺。该工艺既综合了跳汰机入选上限高、运行成本低和重介质旋流器分选精度高的双重优势，又避免了末煤跳汰分选精度差的缺陷，进而可在降低选煤成本的同时保证产品质量。主要应用于块煤可选性好、末煤可选性差及块、末煤产品质量要求不同的选煤厂。

（3）两产品重介质旋流器主再选工艺。该工艺采用一套低密度分选重介质旋流器作主选，另一套高密度分选重介质旋流器作再选，分选出精煤、中煤和矸石三种产品。当原煤的矸石含量高、易泥化时，也有先采用高密度主选排矸—低密度再选出精、中煤的应用。该工艺与三产品重介质旋流器分选工艺相比，其精煤、中煤的分选密度均可实现自动调控，各产品质量均易稳定，分选效率更高，但需要两套重介质悬浮液系统，流程相对复杂，投资稍大。

（4）三产品重介质旋流器分选工艺。三产品旋流器集一段主选圆筒旋流器和二段再选圆锥旋流器串联为一体，也有少数选煤厂采用两个圆筒旋流器串联而成。首先由一段主选旋流器分选出精煤产品，然后利用主选旋流器底流余压将重产物直接送入二段旋流器再选出中煤和矸石。由于一段、二段旋流器对重介质悬浮液均产生浓缩作用，故二段旋流器可形成高密度分选条件。该工艺流程利用一套悬浮液即可分选出精煤、中煤和矸石三种产品，工艺系统简单，基建投资省，但二段分选密度调整难度大，尚不能实现自动控制。目前，三产品重介质旋流器分选工艺在我国应用较为广泛。

按原煤的给入方式，重介质旋流器分为有压给料和无压给料两种类型。有压给料是原煤与重介质悬浮液共同由泵给入旋流器，可以有效降低厂房高度，但会增加物料的粉碎程度，设备管道磨损比较严重；无压给料是原煤依靠自重由上部进入旋流器，悬浮液由泵沿切线由下部给入旋流器，物料的粉碎程度和设备的磨损都大幅度降低，但是会增加厂房高度。

按照被选物料选前脱泥与否，重介质选煤工艺分为脱泥入洗和不脱泥入洗两种方式。当煤泥含量高、厂型规模大时，常用脱泥入洗工艺，其介耗低、生产效率高，但工艺相对复杂；当煤泥含量少、厂型规模小时，常用不脱泥、脱泥入洗工艺，系统简单，投资省，对粗煤泥分选效率高，但介耗稍高。

16.3.2.2　煤泥浮选工艺

随着我国煤炭事业的发展，采煤机械化水平不断提高，煤炭中的粉煤含量也逐渐增加，浮选作为煤泥分选的主要方法，其重要性日益突出。随着近年来科研工作者的不断努力，我国的浮选工艺也有了较大的发展和突破。典型的浮选工艺有以下 5 种[64~70]：

（1）一级浮选工艺。一级浮选是分级旋流器分级产生的细粒级煤泥经过调浆直接进入浮选设备，常见的有机械搅拌式浮选机、喷射式浮选机或浮选柱。浮选精煤利用加压过滤机或者快开压滤机脱水，浮选尾煤则通过浓缩机沉降后进入压滤机成为尾煤泥。这种工艺是最传统的浮选工艺，也最常见，我国大多数选煤厂均采用此工艺，适于处理较易浮且细泥含量较少的煤泥，当细泥含量较大时，容易产生精煤灰分超标导致重选精煤背灰的现象。

（2）分级浮选工艺。该工艺是针对细粒级煤泥含量较高且可浮性较差的煤泥。入浮煤泥先经过分级旋流器分级，较粗颗粒的煤泥经过调浆进入浮选机分选，较细颗粒的煤泥进入对细粒物料分选更有优势的浮选柱分选。浮选机精煤经过加压过滤机脱水后成为精煤，滤液和细粒煤泥一起经过调浆进入浮选柱，浮选柱精煤进入快开压滤机脱水后成为精煤，滤液作为循环水，浮选机和浮选柱尾煤均进入浓缩机沉降后经过压滤机回收成为尾煤泥。该工艺结合了浮选机和浮选柱的优势，可以避免高灰细泥对浮选精煤的夹带污染，但对细粒煤泥的分级提出了更高的要求。

（3）二级浮选工艺。该工艺也是针对细泥含量较高的煤泥。入浮煤泥经过调浆后先进入浮选机一次浮选，一浮精煤进入沉降过滤离心机脱水，离心产物作为精煤产品，而离心液再经过调浆进入二次浮选，二次浮选设备根据需要可采用浮选机或者浮选柱，二浮精煤经过压滤机脱水后成为精煤产品，滤液作为循环水，两次浮选的尾矿进入浓缩机沉降后经过压滤机产生尾煤泥。该工艺有效地将一次浮选中夹带的细泥与细粒精煤从产品中脱除，进入二次浮选，减轻了细泥夹带的影响。

（4）精煤再选浮选工艺。该工艺主要针对高灰难浮煤泥，分为部分再选和全部再选两种类型。入浮煤泥经过调浆后进入浮选机粗选，浮选机的三四室精煤或者全部精煤再次经过调浆进入精选作业，精矿脱水后成为最终精煤，精选尾矿与粗选尾矿共同进入浓缩机沉降后由压滤机脱水后成为尾煤泥。该工艺很好地解决了一次浮选难以得到合格精煤产品的问题。

（5）脱泥浮选工艺。该工艺主要针对入浮煤泥中含有大量高灰细泥，并且高灰细泥的灰分较高，可以采用分级旋流器或其他水力分级设施预先脱除入浮煤泥中的高灰细泥，剩余较粗颗粒煤泥再进入浮选，生产合格的精煤产品，浮选尾煤与脱除的高灰细泥合并进入浓缩机沉降后经压滤机回收作为尾煤泥。

16.3.2.3　粗煤泥回收工艺

随着洗选设备大型化的发展，大直径重介质旋流器得到了大规模的推广和应用，目前最大直径达到 1500mm，随之而来导致重介质旋流器的有效分选下限也有所提高，出现了传统的重选—浮选两段分选工艺对粗煤泥的分选效率下降，粗煤泥单独分选的三段式分选工艺近年来已经逐渐发展成为国内大部分炼焦煤选煤厂认同的全粒级高精度分选工艺。粗煤泥的回收工艺经过了多年发展，主要有以下 3 种[71~78]：

（1）粗精煤泥直接回收工艺。重介质分选后的精煤磁选尾矿经过分级旋流器分级后，溢流的细颗粒煤泥进入浮选，底流的粗煤泥经过弧形筛-高频筛-煤泥离心机脱水脱泥后直接形成粗精煤泥掺入精煤产品，筛下水和离心液则进入浮选，由于高频筛和离心机容易出现筛网破损而导致筛下水和离心液有粗颗粒导致浮选跑粗现象，这两部分也可以直接回到精煤磁选尾矿桶，再进入分级旋流器循环而避免跑粗。该工艺是最传统的重选—浮选两段分选工艺中粗煤泥的回收方式，但由于重选有效分选下限的提高以及分级设备分级效率低的问题，使得直接回收的粗精煤泥灰分较高，掺入精煤势必会导致重选精煤降低灰分才能保证总精煤灰分达标，因此会降低总精煤回收率。虽然现在国内众多选煤厂仍采用该工艺回收粗精煤泥，但随着选煤工艺精细化发展和利润最大化的目标要求，该工艺将不断改进以满足企业获得最大效益的需求。

（2）粗煤泥部分分选工艺。该工艺主要用于不脱泥无压给料的三产品重介质旋流器分选工艺中，采用小直径煤泥重介质旋流器处理合格介质分流的部分，溢流进入精煤磁选机脱介后成为精煤磁选尾矿，底流则进入中矸磁选机脱介后成为中矸磁选尾矿。该工艺虽然采用煤泥重介质旋流器分选精煤合格介质分流的部分，但仅对系统中的少量粗煤泥进行分选，而且分选产生的精煤与未经过分选的稀介质中的粗煤泥混合后成为精煤磁选尾矿，并未起到粗煤泥全部分选的作用。该工艺实际上更多的是弥补大直径重介质旋流器有效分选下限的不足，可进一步降低主选旋流器溢流精煤中的粗煤泥灰分，不能对进入中煤、矸石产品中的粗煤泥起到进一步分选作用，因而具有一定的局限性。

（3）粗煤泥全部分选工艺。该工艺是指精煤磁选尾矿或预先脱泥系统预先脱除的煤泥经过分级旋流器分级，溢流细煤泥进入浮选，底流粗煤泥则全部进入粗煤泥分选设备，分选后的轻、重产物分别经过脱水脱泥脱介后成为粗精煤、粗尾煤（中煤）产品，细尾煤则进入浓缩机沉降后最终成为尾煤泥。目前国内常用的粗煤泥分选设备主要有螺旋分选机、TBS 干扰床分选机以及煤泥重介质旋流器。螺旋分选机结构简单，便于维护，但分选密度较高，难以得到低灰精煤，因而常用于动力煤选煤厂而几乎没有用于炼焦煤选煤厂；TBS 干扰床分选机是我国目前最常用的粗煤泥分选设备，以上升水流为主要的分选动力，操作简单，便于维护，处理量大，对易选或中等可选的粗煤泥分选效果较好，但当分选难选的粗煤泥时，难以兼具保证精煤灰分和精煤产率的能力，因而具有一定的局限性；煤泥重介质旋流器是对粗煤泥分选精度最高、对可选性适应能力最强的设备，但由于选后产物需要全部通过磁选机回收加重质（磁铁矿粉），导致介耗高，因而主要适于难选煤。

随着煤质的不断变差以及选煤技术的不断突破，我国的选煤工艺在近年来不断发展，入选原煤全粒级高效分选已经成为我国选煤工艺发展的趋势。精细化选煤的要求，对煤炭分选、细粒煤高效分级、煤泥脱水等设备的要求也越来越高。同时，西部大量的低阶煤、氧化煤的分选和利用也成为近年来亟须解决的问题。

16.3.3　选煤设备

我国选煤设备发展方向：（1）研究开发大型、高效、节能设备，满足现代化选煤厂需要；（2）提高选煤设备的可靠性；（3）研究选煤产品质量检测仪器、仪表；（4）加快选煤过程自动化测控技术的研究。

16.3.3.1　跳汰机

跳汰机的发展情况如下：

（1）跳汰机向着大型化、控制系统集成化以及模块化方向发展。

近年来，随着重介质选煤工艺的大力推广，跳汰选煤工艺所占比例虽在下降，但跳汰机的发展创新随着设备大型化发展上了一个台阶[79]。目前我国在跳汰机的机械结构、数控风阀、自动排料控制系统以及分选指标等方面的技术与国外跳汰机相比各具千秋；在设备制造水平和使用可靠性方面差距明显；在检测技术手段、检测数据精度和可靠性以及系统控制完善性方面也存在较大差距[80]，但经过多年的研究，这些差距正在缩小，跳汰机有些方面的技术甚至超过了国外。目前我国跳汰机研究追求的目标是朝着设备大型化、提高单机处理能力、控制系统集成化以及跳汰选煤设计模块化方面发展。

（2）唐山煤科院 SKT 系列跳汰机不断技术升级，广泛应用于各地选煤厂。

SKT 跳汰机主要从风阀体排料和系统控制等方面做出了新的调整。采用的排料方式是无溢流堰深仓式准静排料，它的好处在于取消了溢流堰，避免已经分层的物料因撞击和翻越溢流堰而造成的二次混杂。它的排料轮具有强制性和主动性，运转的时候可以进行无级调整，与排料量的对应。这种方式能让 SKT 跳汰机非常准确又稳定地控制住排料量，实现自动化。床层的厚度、松散度的检测和控制是技术上的重点发展，SKT 采用的是智能控制，可以非常方便地调节各项参数，还能与选煤厂的集控系统进行通信[81]。

SKT-35 大型跳汰机在原有技术基础上，改变了入料方式，在给煤机上加装变频器；改进了跳汰机排料道结构，沿跳汰机宽度方向上并排安装两套浮标装置，采用新型智能控制系统等，该机是目前国内具有完全自主知识产权的选煤设备，具有处理量大、入选粒度上限高、分选精度高、操作简单、故障点少等优点。SKT-35 跳汰机用于寺家庄矿选煤厂，生产实践表明：SKT-35 跳汰机分选寺家庄矿选煤厂中等可选性煤，跳汰一段不完善度 $I_1 = 0.09$，二段不完善度 $I_2 = 0.12$，选煤数量效率达 95.15%，分选效果良好[82]。

（3）高效机械式动筛跳汰机成为动筛跳汰机的发展主流。

高效机械式动筛跳汰机采用的是双源动力，其最大的特点是：采用了更有利于提高分选效果的新型双曲柄连杆动力急回机构，取代了原普通连杆动力机构；采用了具有自动在线调节功能的自动液压闸板，取代了原传统手动转轮闸板。与普通跳汰机相比，由于高效机械式动筛跳汰机在动力机构、急回特性、液压排矸等方面有了创新与提高，因而其单位处理量可比普通动筛跳汰机提高 10%，分选效率可提高 3%。此外，高效机械式动筛跳汰机采用了智能专家控制系统，因而该机基本实现了自动控制[83]。

JLT1.6/3.2G 型高效机械式动筛跳汰机在陕西金万通选煤厂的工业应用表明：入料粒度 50～200mm，分选密度为 $1.955\mathrm{g/cm^3}$ 时，不完善度 $I = 0.080$，数量效率为 96.96%，分选效果显著优于常规机械式动筛跳汰机[84]。

（4）跳汰机向井下排矸发展，进行了结构简化和改进。

井下排矸工艺因其显著的经济和社会效益得到重视和发展，其中机械驱动式动筛跳汰机就是一种较为理想的井下分选排矸装置。但是由于井下巷道的空间狭小，常规的地面动筛跳汰机难以安装布置。2008 年辽宁天安矿山机械科技有限公司设计了井下卧式动筛跳汰机。井下卧式动筛跳汰机保留了地面机械驱动式动筛跳汰机的核心技术，即动筛体、机械驱动机构和自动排矸装置，而其余结构根据井下峒室的需要，改进为一个长条形的机体和刮板式提升脱水机构[85]。

我国第一套煤矿井下动筛排矸系统于 2008 年在山东新汶矿业集团协庄煤矿 -300m 水平井下成功投入运行，2009 年又在井下 -600m 水平布置了第二套排矸系统[85]。从投产最初 4 个月运行情况看，矸石分选率在 96% 以上，矸石带煤率 3% 左右[86]。

（5）柔性空气室跳汰机成为了跳汰机大型化发展的一个新方向。

柔性空气室跳汰机的研发是针对跳汰机大型化发展方面遇到的几个制约因素，打破常规，通过对空气室、风阀和排料机构等多方面的革命性创新，研制成新型的煤炭分选设备。柔性空气室跳汰机具备能够充分保证跳汰室宽度方向上空气均匀性、高效节能、零污染气体排放和检修方便等跳汰机大型化发展所需的特征[87]。

冀中能源邢东矿毛煤井下跳汰排矸系统采用 1 台 YTQG-2S 柔性空气室跳汰机取代原有的 YT 跳汰机，该跳汰机面积 $2\mathrm{m^2}$，体积小；处理量 60～120t/h。适宜在井下低矮环境中安装使用。

16.3.3.2　粗煤泥分选设备

粗煤泥分选设备的发展情况如下：

（1）TBS 干扰床分选机逐渐取代螺旋分选机、煤泥重介质旋流器成为粗煤泥分选的首选设备。

目前，我国常用的粗煤泥分选设备主要是螺旋分选机、煤泥重介质旋流器和粗煤泥干扰床分选机。其中，螺旋分选机因分选密度高、处理能力低而不适用于炼焦煤分选；煤泥重介质旋流器因系统复杂、洗选成本高而未达到广泛应用。但 TBS 具有有效分选密度范围宽、自动化程度高和设备结构简单等优点，逐渐受到国内选煤厂的青睐，尤其在炼焦煤选煤厂得到广泛应用[88]。

（2）国内 TBS 分选机正向着设备大型化，分选精细化方向发展。

干扰床分选技术在国内起步较晚，目前国内专家在传统干扰床分选机的基础上做出了相应的改进，以提高其处理能力、分选精度及稳定性。

余吾选煤厂采用 TBS 干扰床分选机代替螺旋分选机处理粗煤泥，使得粗精煤泥灰分降低了接近 10 个百分点，粗尾煤泥灰分提高了近 9 个百分点[89]。

梁北选煤厂由于煤泥量大，在原有系统中得不到有效分选，引进了 TBS/2100 对 0.5～0.2mm 粗煤泥进行分选，精煤产率提高 4%～5%，年精煤产量提高 3.6 万吨，获得了显著的经济效益和社会效益[90]。

王家岭选煤厂使用的 XGR-3000 型干扰床分选机处理量最大达到 130t/h，入料粒度范围 0.150～3.000mm，E_p 值为 0.183，I 值为 0.246[91]。

（3）螺旋分选机在大型动力煤选煤厂得到快速发展。

螺旋分选机虽然具有结构简单、无动力和运行成本低等特点，但由于其对细粒级降灰效果差，分选密度高，只适合分选易选煤和中等可选煤，已难以适应国内原生煤泥量大，难选煤为主的煤炭形势。在炼焦煤选煤厂已基本被 TBS 所取代，但仍在许多动力煤选煤厂用作末煤分选。为了适应我国选煤的发展趋势，对新型螺旋分选机的要求是：既要具有较大的处理能力，又具有良好的分选效果。

ZK-LX1100 螺旋分选机是中国矿业大学研制的新型大直径螺旋分选机。在河南神火煤电股份有限公司选煤厂进行了工业性试验，结果表明：ZK-LX1100 螺旋分选较难选无烟煤泥，可得到灰分为 10.80% 的精煤，经脱泥后，灰分可降至 9.26%；中煤段可能偏差 $E_{p2}=0.07$kg/L，不完善度 $I_2=0.121$，分选密度为 1.58kg/L。该设备于 2008 年 12 月通过了中国煤炭工业协会组织的技术鉴定，并获 2009 年度中国煤炭工业协会科学技术二等奖[92]。

16.3.3.3　重介质分选设备

重介质分选设备的情况如下：

（1）重介质旋流器在重介质技术的高速发展中不断升级更新。

我国的重介质选煤技术已接近国际先进水平，相应的重介质旋流器设备也一直在不断的研发改进。

（2）重介质旋流器的发展朝着大型化、智能化控制方向发展。

3GHMC1500/1100 型重介质旋流器是当今国内外单机处理量最大的无压给料三产品重介质旋流器，该旋流器由第一段内径为 1500mm 的圆筒形旋流器和第二段内径为 1100mm 的圆筒圆锥形旋流器组合而成，单机处理能力可达 550～650t/h。自 2007 年首次投入工业使用以来，至今已在国内 34 座选煤厂推广应用了 41 台，年处理能力达 1.23 亿吨。

3SNWX1500/1100-Ⅳ型四给介无压三产品重介质旋流器处理能力达到了 550～650t/h，在工作压力仅为 0.2MPa 条件下，有效分选下限达到 0.5mm，一段 $E_p=0.02\sim0.05$kg/L，二段 $E_p=0.05\sim0.07$kg/L[93]。

（3）浅槽分选机得到了快速的推广应用，逐渐取代了斜轮、立轮。

浅槽适应了我国煤炭产量大、动力洗选比例高的现状，在选煤厂的应用越来越多。国外浅槽设备占据了国内大部分市场，国内浅槽分选机在大型化、智能化和可靠性方面相对落后。

目前国内最大的浅槽分选机的处理能力已经超过了 900t/h，而国外已超过了 1000t/h。

浅槽相较于之前重介分选主要的设备斜轮、立轮，具有处理量大、结构简单、稳定性高等特点，近年来逐渐取代了斜轮、立轮，成为选煤厂尤其是大型动力煤选煤厂块煤分选的主要设备。

王庄煤矿选煤厂于 2011 年年底投产，选用了两台 FQZ42 重介浅槽分选机。FQZ42 重介浅槽分选机每米槽宽处理量达到 90t/h，同时该机还可以实现刮板链链速与矸石处理量自伺服[94]。

西曲矿选煤厂在 2012 年新增了重介质浅槽排矸工艺，选用了 XZQ1636 型浅槽分选机，经单机检查试验，该机分选灰分 47.77% 的原煤时，分选效率达 99.79%[95]。

（4）在结构改进后，新型的浅槽被应用于井下排矸。

随着煤矿井下洗选逐渐成为选煤行业的一个重要趋势，研制新型的适用于井下选煤排矸的浅槽分选机。目前新汶矿业集团济阳煤矿、翟镇煤矿已建立并运用井下重介质浅槽排矸系统。

16.3.3.4　其他选煤设备

其他选煤设备情况如下：

（1）煤用磁选机不断向大型化发展。

近年来，年入选能力 120 万吨以上的选煤厂已十分常见，要求磁选机的处理能力大大提高，同时还需要其具有足够的可靠性和高效性。

煤科总院唐山研究院研制了 TDC1030 型高效磁选机，属于多磁极整体充磁式磁选机，解决了在磁组的整体充磁技术方面的难题，大幅提高了磁选机的性能和运行可靠性[96]。

TDC1030 型高效磁选机在介休保平选煤厂的工业实践表明：该机对不脱泥重介质旋流器分选工艺具有良好的适应能力，配合应用相应的技术和管理措施，可有效降低介质消耗[97]。

（2）干法分选正式进入了工业生产阶段。

我国 2/3 以上的煤炭资源分布在西部干旱缺水地区，迫切需要高效的干法选煤技术。中国矿业大学从事空气重介质流化床干法选煤技术的研究达 30 年，先后完成了基础理论研究、实验室研究、中试试验研究和工业性试验等。2000年起产学联合，开展了新一代干法重介质流化床分选机和模块式干法选煤系统的研究。2007年中国矿业大学与唐山市神州机械有限公司合作开发，自主创新，建立了模块式空气重介质流化床干法选煤技术的工业示范系统，实现50~6mm煤炭的高效干法分选。2013年在神华新疆能源有限责任公司建立了世界上首座模块式干法重介质流化床选煤厂，该系统将原煤准备系统、煤炭分选系统、介质净化回收系统和供风除尘系统集成装配在同一平台，设备布局紧凑，工艺流程简单，生产灰分小于3.5%的超低灰精煤，实现了空气重介质流化床干法选煤技术的工业应用[98]。

16.3.4 选煤药剂

选煤厂使用的药剂主要包括捕收剂、起泡剂、絮凝剂和凝聚剂等。随着细粒煤占原煤入选比例的不断增加，加之煤炭洗选加工过程中的环保要求，浮选和煤泥水处理逐渐成为选煤研究的热点，而选煤药剂主要应用于浮选和煤泥水处理作业。因此，近年来有关选煤药剂新发展、新应用的报道较为广泛。

16.3.4.1 浮选药剂

余萍等人[97]通过将煤焦油简单处理后馏分得到混合油，后经超声波乳化得到乳化油，将此乳化油用于难选煤泥浮选。煤焦油乳化液具有捕收剂与起泡剂的双重功效，对难选和易选煤都有很好的浮选效果，并节约药剂用量约40%。康文泽等人[98,99]研制出AO浮选捕收剂和KJ复合药剂用于稀缺难浮煤浮选回收，显著提高了难浮煤泥的精煤产率。王洁、崔广文等人[100,101]从地沟油中提取、制备了新型自乳化煤泥浮选捕收剂，并应用于大屯选煤厂煤泥的浮选实践中，节省了药剂用量。姚乐[102]研制出的YF系列浮选药剂显著提高了煤泥的浮选效果，同时节省了药剂用量。陆丽园和张东杰[103]采用双子表面活性剂改善煤泥的浮选效果，双子表面活性剂不但降低了浮选药剂用量，还提高了精煤产率。

孙春梅[104]采用新型煤炭脱硫降灰浮选药剂邻苯二甲酸二乙酯，对贵州晴隆中高硫煤进行浮选脱硫降灰，取得显著效果。李甜甜[105]采用油气冷凝技术，将柴油经高温气化、冷凝后得到的冷凝液作为低阶煤的浮选药剂，与常规柴油相比，冷凝液作为浮选药剂可大幅降低药剂消耗，同时提高精煤产率，降低精煤灰分。柴油经高温生成冷凝液后，冷凝液中新增了大量的含氧化合物，这些含氧官能团增强了低阶煤表面的疏水性和可浮性。

李彦君[106]以松香和油酸等为主要原料，制备出促进剂CG，将其加入0号柴油中得到促进剂含量6%、稳定性1.5个月的新型捕收剂，提高了精煤产率，同时节省了药剂用量。黄波等人[107]以棉籽油为主要原料，制备得到煤泥浮选的促进剂，在煤油或柴油中添加一定比例的该促进剂可显著提高精煤产率，同时大幅度降低捕收剂用量。棉籽油促进剂中含有大量的含氧官能团，促进了油性捕收剂在煤浆中的分散效果，同时含有疏水性较强的长链烷烃和芳香结构官能团，有利于增强药剂在煤粒表面的吸附，从而增加煤粒可浮性。徐初阳等人[108]采用烷基糖苷类浮选药剂作为起泡剂对淮北刘二矿、海孜矿和百善矿煤样进行浮选试验研究并取得良好的浮选效果，烷基糖苷类浮选药剂具有良好的表面活性，能够有效促进气泡的分散和捕收剂在煤泥表面的吸附，增加了气泡与煤粒的碰撞和黏附概率。

16.3.4.2 煤泥水处理药剂

陈俊涛[109]将经盐酸改性后的硅藻土作为混凝剂加入到煤泥水中，提升煤泥水的沉降效果，并与聚丙烯酰胺配合使用，进一步促进聚丙烯酰胺的絮凝作用。吕一波等人[110]将丙烯酰胺单体AM和可溶性淀粉SS通过接枝共聚技术合成新型絮凝剂CPSA，将此新型絮凝剂与聚合硫酸铁配合使用强化煤泥水絮凝沉降。朱书全等人[111]采用接枝共聚反应的方法在淀粉骨架上引入二甲基二烯丙基氯化铵（DMDAAC）和丙烯酰胺（AM）单体合成了阳离子改性淀粉高分子絮凝剂（St-DMDAAC-AM），此絮凝剂同时发挥了电中和凝聚及架桥絮凝的双重作用，有效改善了微细粒沉降与压滤效果。赵江涛等人[112]用徐州泰伦特化工科技有限公司的阳离子溶液型聚合物凝聚剂和低离子度阴离子聚丙烯酰胺絮凝剂对河南神火集团公司薛湖选煤的煤泥水进行沉降实践，工业应用效果表明：徐州泰伦特化工科技有限公司的药剂不但增加了该厂的煤泥水澄清效果，同时节约了生产成本，提高了该厂的经济效益。

陈晨[113]研究了疏水改性药剂对压滤脱水的助滤效果，发现改性药剂的效果显著优于十二烷基硫酸钠、阴离子1000万的高分子聚丙烯酰胺和聚合氯化铝。陈军等人[114,115]研究了季铵盐对煤泥水沉降的影响，结果表明：季铵盐能够增强颗粒表面疏水性，降低表面电负性，有利于提高煤泥的疏水聚团；季铵盐烷基链长度越长，药剂使用量越大，对颗粒的聚团效果也就越强。刘春福等人[116]还发现，采用季铵盐与混凝剂复配时，可在减少药剂用量的同时获得较好的煤泥水沉降效果。

刘国强等人[117]使用 KD 型絮凝剂对马头洗煤厂煤泥水进行絮凝沉降并取得了良好的沉降效果。杨艳超[118]采用高分子多糖复合生物絮凝剂替代聚丙烯酰胺用于伊泰集团西召选煤厂高灰细泥含量高的煤泥水的沉降处理，取得了较好的经济效益和社会效益。郑继洪等人[119]采用阳离子型聚丙烯酰胺（CPAM）对张集和新庄孜选煤厂的煤泥水进行絮凝试验，相比工业阴离子型聚丙烯酰胺，CPAM 对处理粒度细和灰分高的难处理煤泥水效果更为显著。张鸿波等人[120]采用凝聚剂型助滤剂 $Fe(NO_3)_3$ 和絮凝剂型助滤剂 PAM 作为联合助滤剂促进鸡西荣华矿选煤厂煤泥的过滤脱水效果。任建民等人[121]采用泰伦特化工科技有限公司的 TLT5140 型助滤剂对赵固二矿选煤厂浮选精煤进行助滤脱水，降低了精煤水分，增加了加压过滤机的处理量，提升了企业的经济效益。

16.3.5　选煤厂过程控制

随着工业的发展，现代化的自动化管理、检测、控制技术在选煤厂中得到广泛的应用，这些都为选煤厂的自动化发展起到很大的促进作用。其中，集中自动化控制系统广泛应用于我国选煤工业，其推广在一定程度上提高了选煤厂的经济效益。

16.3.5.1　选煤厂自动化技术

选煤厂自动化技术的研究内容一般包括以下三个方面：

（1）对不同生产环节中各个设备自动监控并且能够智能报警。比如，在系统重启前，通过预先设定的铃声或者定制的语音向现场的工作人员传达启动信号。

（2）对生产过程中各项工艺参数自动检测，并根据检测结果能起到一定的调节控制作用。生产过程中，对灰分、悬浮液密度、矿浆浓度等相关工艺参数快速自动检测，之后根据调节器上的数据显示，执行控制命令。

（3）完成对生产设备的集中或者就地有效的控制。自动化技术可以将选煤厂大部分机械设备集中于控制系统中，这样当设备出现故障可以根据闭锁关系依次关闭相应设备，管理方便，便于维修。

16.3.5.2　自动化技术在选煤厂的主要应用

A　集中控制系统

根据预定程序对选煤厂参与集控的所有设备进行开车、停车、集中(就地)转换等操作的控制。

选煤厂控制系统主要由设备控制站和中央控制室监控系统连接的以太网络控制，实现统一调度和监控室上位监控系统可作为上一级管理网络的一个工作站，共享信息资源。

集中控制系统主要包括数据采集和顺序控制功能，屏幕上应该能显示过程和测量参数，操作和显示控制对象的运行状态，也应该能够显示设备参数。选煤厂集中控制系统的功能有：实时对选煤厂的所有设备进行集中控制，监视其瞬时煤流量的大小生产情况及设备参数，集控室人员对生产设备进行程序自动启停系统转换实时闭锁和信息采集等集中操作，对洗煤设备的技术指标如介质密度旋流器压力进行记录及趋势跟踪，可以实时观察参数的变化，及时做好调整，保证生产的连续性[124~135]。

B　自动配煤控制系统

计算机根据在线检测出的灰分值，使用设定好的控制方法自动调节变频器的频率，调整各煤种的配煤量，确保配煤的累计灰分控制在指标之内。

利用皮带上的在线测灰仪自动检测末煤产品灰分，根据灰分测量值与灰分给定值的差值调节末研配料插板的开度，达到调节末煤产品灰分的目的。如果灰分仪灰分在事先设置的参数范围内，则计算机不做出反应；如果超出该参数范围，偏大则给插板执行机构一个关插板的信号，偏小就发出打开插板的信号，具体关闭或开启的程度可以根据灰分仪数值与参数差值来设定；插板的执行机构就根据接收到的信号来决定插板运行状态。

自动化配煤技术的应用，提高了劳动效率，减少了煤炭副产品沸腾煤的外排量，提高了选煤厂综合生产回收率；在保证商品煤质量均质化的同时，减轻了对周边环境的污染，实现了选煤厂社会、经济效益的最大化[136~141]。

C　跳汰机的自动排料

跳汰机在现代化的大型选煤厂的生产中占有重要的地位。它的工作过程可以简单描述为：被选物料给入跳汰机内落到筛板上，形成一个密集的物料层，这个物料层就称作床层。在给料的同时，从跳汰机下部周期的给入交变水流，垂直变速水流透过筛孔进入床层，物料就是在这种水流中经受跳汰的分选分层过程。在每个跳汰周期结束时排料口附近的床层就应该是分好层的床层，在此进行产品分离。产品分离就是指排料，是把分选过程中已按密度分好层的高密度、高灰分物料连续排出，从而实现煤炭分选。

为了减少煤炭损失，稳定产品质量，跳汰机的排料要求高密度物料有一个厚度适当的料层。因此对高密度料层厚度的控制精度，直接影响到跳汰分选的精度、产品质量和经济效益。所以跳汰机排料的自动控制受到了人们的重视。跳汰机自动排料的控制目的是希望通过控制排料量，维持跳汰室内床层厚度的稳定。排料系统的基本控制原理是：浮标检测跳汰室内床层厚度，然后将床层信号送入控制器，控制器根据给定的床层厚度以及实际反馈的床层厚度，经过控制算法运算后输出控制信号去控制排料闸板或排料轮，从而控制排料量，进而稳定床层厚度。

通过连续、适度地自动排料来改善跳汰分选过程，可以保持跳汰机床层及产品质量的稳定，提高精煤的回收率，增大单位面积的处理能力，充分发挥跳汰机的效能。通过各种传感器自动检测跳汰过程中的各个参数的变化，寻求适合跳汰生产的数学模型，最终实现自适应最佳运行[142～146]。

D　重介质选煤自动控制系统

重介质选煤是一种高效先进的选煤技术。在重介质选煤过程中，重介质悬浮液参数（包括密度、流量、磁性物含量和煤泥含量）的变化对重介质选煤的分选效果有显著的影响。如密度的波动直接影响产品的灰分，煤泥含量的增减会导致介质黏度的变化，影响分选效果。因此，对重介悬浮液参数实施快速准确的检测和稳定控制就显得极为重要。

重介工艺参数测控系统主要功能是对重介质选煤过程中的相关工艺参数进行控制。该系统将重介质选煤过程工艺参数的在线检测、自动控制及生产管理等功能集于一体。系统以 PLC 为监控主机，采用高可靠性测量传感器和执行机构，保证了测量精度和控制精度。

主要对重介质选煤过程中的重介悬浮液密度进行实时测量与控制，保证重介质悬浮液密度的稳定；重介质悬浮液的煤泥含量通过磁性物含量计检测结果间接计算得出，进一步控制合格介质分流量，保证悬浮液中煤泥含量的稳定，既确保悬浮液的稳定性又保证悬浮液黏度不会太高；采用压力传感器测量旋流器入口的压力，并通过 PLC 和变频器控制介质泵的转速控制旋流器入口压力在最适宜分选的压力范围内，保证分选效果；采用超声波液位计或压力液位计对合格介质桶、稀介桶、磁选尾矿桶等液位进行检测以及限位报警，再通过集控系统调节，保证各介质桶液位在合适范围内，满足正常选煤生产。重介质选煤自动控制技术的不断完善极大地提高了选煤企业的生产效率和科学管理水平，增强了企业的竞争力[147～156]。

E　浮选自动控制系统

选煤厂浮选系统的自动控制一直是选煤研究的热点，研究主要受浮选过程参数精确测试技术的限制，目前国内浮选系统自动控制主要以流量调节和自动加药系统为主。

浮选系统流量调节主要根据入浮煤泥的实际浓度、浮选设备的额定浓度和流量，通过给料泵和补水泵的控制，在保证浮选浓度的前提下尽量达到浮选设备的额定处理量；自动加药系统多用于一次加药的情况，改变以往手动控制阀门的粗放方法，通过高精度的电控阀门和流量计的配合，精确加药，并根据产品灰分高低进行反馈，进一步调整加药量。

此外，浮选过程中最重要的参数是精煤和尾煤产品的灰分，高速精确的在线测灰技术也在不断研究中，尾矿水灰度、泡沫性质等因素均作为判断产品灰分的重要特征，但具有一定的局限性，未能实现工业化[157～166]。

F　产品自动装车控制系统

装车自动化系统是装车环节自动控制和电子轨道衡计量系统的有机结合。其控制理念由三部分构成：(1) 粗装以量定容，以定容控制实现定量的基本要求；(2) 衡上称量；(3) 精确计量与精装添加。这三部分紧密相连，首先根据车皮型号及载重量，依据商品煤的密度，确定装煤高度，控制其平车器升降量，进行定容装车；车皮上衡后，根据其实际称量数值确定添加量，对添加仓闸门进行精确控制，从而实现按规定时间、车皮标称数量装车及平煤器平车，减少因人为因素造成的亏、涨吨现象。系统的控制原则是：前面的粗装仓保量，应加大闸门开度，以尽量短的时间完成粗装，最后一个粗装仓保平（根据前一个粗装仓的煤层高度曲线，自动控制仓下闸门开度，为平煤做好准备），添加仓保精度[167]。

16.3.6 煤泥水处理

浮选作为矿物分选的一种重要方法，浮选设备也是研究的主要对象。近年来浮选设备的发展向浮选设备的大型化、节能降耗、多样化、自动化、多用途化发展[168]。

随着选矿厂日处理量的增大，单槽容积大于 100m^3 的浮选设备已经大量进入工业应用，目前世界上最大规格的浮选机容积达 300m^3，最大规格的浮选柱容积达 220m^3，国内最大规格的浮选机容积达 200m^3。同时为了使生产的效益最大化，并达到节能降耗的目的，研究的焦点在优化叶轮的结构、改变浮选机的外加充气方式上。

浮选设备作为一种有效的分选方式，浮选设备呈现多样化已使用于各个领域。其中，粗粒、细粒浮选设备得到快速的发展，大大增强了浮选机对不同可浮性矿物浮选的适应性。

16.3.6.1 浮选机

浮选机的关键部件即充气搅拌机构，决定了浮选机的类型、特性和效能。浮选机的种类繁多，差别主要表现在充气方式和充气搅拌装置结构。

A 机械搅拌式浮选机

利用叶轮-定子系统作为机械搅拌器实现充气和搅拌的浮选机统称为机械搅拌式浮选机。机械搅拌式浮选机是目前生产上广泛使用的一种浮选机，根据其充气作用的不同，又可分为叶轮吸气式、压气搅拌式和混合式三种。前者搅拌器在利用高速转动的叶轮进行搅拌的同时完成吸入空气，将空气分割成细小气泡，使空气与矿浆混合；压气搅拌式的叶轮仅用于搅拌和分割空气，没有吸气作用，空气是依靠外部鼓风机强制压送入；混合式除了叶轮的吸气作用外，还利用鼓风机吹入空气。上述三种浮选机，除了充气机构不同外，其他结构基本相近。

XJM-S 型机械搅拌式浮选机依据国内 XJM 和 XJX 浮选机研发而成，型号有 XJM-S4、XJM-S5、XJM-S7、XJM-S8 等，该类浮选机的特点是槽体容积增加，占地面积增加不多。采用矩形槽体改善了经济性能，实际功耗要比其他相近处理量的浮选机的功耗要低[169]。XJM-S16 浮选机的工艺特点是采用先进的入料方式——“假底底吸，周边溢流”，集直流式入料和自吸式入料的优点于一体，克服了直流式入料矿浆易发生短路的现象，解决了自吸式入料矿浆通过量小的缺点。槽内矿浆为“W”形立式循环，气泡在槽内分布均匀，流态合理。XJM-S 的单槽容积为 28m^3，单位处理能力可达 0.6～1.2t/(h · m^3)，充气速率为 0～1.2m^3/min。

XJM-S28 是目前国内最大的机械搅拌式浮选机，该设备在我国选煤工业上取得了较好的应用，四室处理能力达到了 800～1000m^3/h，干煤泥处理能力达到了 80～100t/h，为我国的大型化改造提供了一种选择[170]。钱家营矿业分公司选煤厂采用了 XJM-S28（3+2）型浮选机代替了原浮选机，浮选精矿用于卧式沉降离心机以及与快开压滤机联合进行脱水作业[171]。在入料灰分以及精煤灰分相同的情况下，新换浮选机以后，尾煤灰分提高 5.18%，精煤产率提高了 5.23%。该厂入浮煤泥量占入洗原煤的 25%，全厂精煤产率提高 2.02%。

B 机械搅拌充气式浮选机

机械搅拌充气式浮选机采用了循环套筒，利用外部的低压供风系统作为浮选机的充气设施，搅拌机构仅起搅拌作用并采用大直径低转速的叶轮降低了浮选机的能耗[172]。

16.3.6.2 浮选柱

近几年随着微细粒级含量越来越高，浮选柱在选煤方面快速应用。FCMC 系列旋流微泡浮选柱是中国矿业大学多年潜心开发研制的专利产品，属于承担国家重点科技攻关项目的研究成果，已获多项实用新型专利，并通过了部级鉴定，处于国际同类设备的领先水平。曾获 1998 年煤炭工业部科技进步二等奖、1999 年国家科技进步二等奖及江苏省科技进步二等奖等。现已形成 ϕ1000、ϕ1500、ϕ2000、ϕ2500、

ϕ3000、ϕ3500、ϕ4000、ϕ4500、ϕ5000、ϕ5500 十种系列产品和规模生产。目前已在全国 300 多家国内企业使用。该类型浮选柱的主要特点：浮选原理和重选原理（旋流力场）相配合，提高了分选效率；单位容积处理能力大，工艺指标先进。由于浮选柱集浮选和重选于一体，在一个柱体内能完成粗选、精选和扫选作业，所以高灰细泥对精煤的污染小，精煤的灰分低，回收率高，完全适用于小于 0.5mm 的煤泥浮选，尤其适合于灰分高、粒度特细（-0.045mm）的难选煤泥浮选；体外配置的射流自吸式节能微泡发生器，充气量大，气泡质量好，不堵塞，易调节，工作稳定，易维护和更换；柱体结构吸收充填式浮选柱精选的优点，克服了其在生产中存在的易堵塞的缺点，同时采用两段式设计，提高对物料分选精度的同时，降低了柱体高度；采用合理的柱内结构，可随时开、停机，而无须空，物料不发生沉积堵塞；能使用普通浮选药剂，用量也基本相同。

FCMC 系列旋流微泡式浮选柱在我国已得到现场应用。四川重庆中梁山选煤厂脱硫示范工程中使用 1m 直径浮选柱，效果很好。大屯选煤厂使用 3.0m 直径浮选柱，其浮选效果明显优于浮选机，浮选入料灰分为 24.53%，精煤灰分为 7.85%；尾煤灰分为 52.29%，精煤实际产率为 62.46%，尾煤产率为 37.54%。根据分步释放试验，可知精煤灰分为 7.85% 时的理论产率为 64.01%；浮选数量效率达到 97.59%。云南南桐选煤厂使用的 FCMC-3000 浮选柱分选效果均较好[173]。

通过旋流段结构优化的旋流微泡浮选柱日益向大型化方向发展，并成功应用。如浮选柱 4.5m 旋流微泡浮选在大武口选煤厂成功应用，在电耗降低的前提下，精煤灰分更低，尾煤灰分达到 55%，较该厂先前采用的浮选柱尾煤灰分可提高 10%[174]。直径 5m 浮选柱在贵州盘江老屋基选煤厂浮选技术改造中，结果表明：正常生产过程中，浮选精煤灰分要求 11.00%，原用浮选机的浮精灰分为 13.58%，而采用浮选柱精煤灰分可达到 10% 左右，浮选柱降灰效果明显优于浮选机。在霍尔辛赫选煤厂，5.5m 直径、处理量为 700m^3/h，外加充气的浮选柱处，对 50g/L 入料浓度，-75μm(-200 目）含 90%、灰分 14% ~15% 的入料分选后，尾煤灰分可达到 50% 以上，精煤灰分在 8% 以下。在太西选煤厂超纯煤的试验中，浮选柱分选试验取得了较理想的结果，最终精煤灰分可以控制在 1% 以下（取样的平均灰分为 0.98%），产率则在 36.72% 左右，降灰率为 92.06%，用微泡浮选柱制备超净煤在技术上都是可行的。

由中国矿业大学研究开发的浮选床的规格有 FCSMC-3000×6000、FCSMC-6000×6000 等，以及其他不定规格浮选床。目前已有神火煤电集团、山西焦煤集团等多家国内企业使用，并出口越南和印度尼西亚，成为国际上应用最多的浮选柱[175]。

神火集团煤电公司选煤厂应用浮选床后，浮选出的精煤灰分可控制在 10%，入料粒度 0.5mm 以下，单台机处理量可达 50 ~75t/h。0.125 ~0.075mm 与 0.075 ~0.045mm 范围内精煤回收率极高，灰分也特低，两者加权灰分为 6.70%，0.250 ~0.045mm 的浮选精煤灰分明显降低（15.24% -9.64% =5.60%）。

同时，FCSMC3000 × 6000 中矿分离的工业型两段式柱分选设备在开滦中煤分选得到应用，FCSMC1000×2000 两段式柱分选试验装置的矿浆处理量在 55 ~60m^3/h，大于 FCSMC1000×1000 单段浮选柱处理能力的两倍（40 ~50m^3/h），在精煤灰分相当的情况下，两段柱式浮选过程可获得 66.59% 的精煤可燃体回收率，高于单段浮选柱 5.25%。工业应用实践表明：FCSMC3000×6000 工业型两段式柱分选设备指标先进，加强了粗颗粒的回收，在单段式浮选柱的基础上提高了设备的处理能力，矿浆处理能力达到 500m^3/h，干煤泥量达 40 ~45t/h。

16.3.6.3　脱水设备的现状和发展方向

脱水设备的现状和发展方向为：

（1）大型化是现今洗煤厂的发展趋势，因为大型、大处理量的设备不仅在生产能力上能满足洗煤厂的要求，并且能够减少设备数量，节约空间，降低维护成本。同时，节能、环保一直是社会发展的需要，开发并研制低能耗的离心脱水设备是今后需要努力的方向。

（2）设备的使用是影响企业生产、管理和经营的重要因素，长期以来离心机筛篮寿命短一直是困扰离心机发展的一大障碍，为了提高筛篮使用寿命，研发或寻找新型耐磨材料和新的筛篮制造工艺，则设备昂贵、运营成本高。所以，设计并制造可靠性高、筛篮寿命长和维护成本低的脱水设备，对提高洗煤厂的生产效率和经济效益有很大帮助。

（3）现有各类离心机都有其入料粒度的严格要求，开发物料粒度适应性广，产品水分低的离心脱水设备也是今后的主攻方向。

A　立式螺旋刮刀卸料离心脱水机

为了满足现今选煤厂大型化的生产要求，节约厂房空间，降低维护成本，目前国内规格和处理能力最大的是 LLL1200 ×650B 型粗煤泥离心脱水机。LLL1200 ×650B 型立式粗煤泥离心脱水机属过滤式螺旋卸料类型，其筛篮大端直径为 1200mm，筛篮高度为 650mm，设备处理量为 35 ~ 50t/h，脱水产物水分低，可靠性强，生产工艺指标先进于国外进口的同类设备。独立的整体差速器安装结构，大幅度减少了斜齿轮、轴承的检修作业时间。我国传统的立式螺旋刮刀卸料离心机，如 LL3-9 型，其差速装置各零部件是安装在离心机机座内的，一旦其中任何一个零件出现故障，都要在设备现场将差速装置解体检查。由于生产车间狭窄、环境差，从而加大了维修工作量及检修难度。而 LLL1200 ×650B 型离心机的差速装置制作成独立部件，一旦出现故障，可以整体更换，拆卸下来的差速器整体送往机械检修车间维修，既简单方便又可以保证检修质量。洗煤厂停机时间大大缩短，现场维修时间可减少 80% ~90% [176]。

同时，立式螺旋刮刀卸料离心脱水机，可靠性明显提高，使用寿命长。但是，立式刮刀卸料离心机相对其他离心机机型，耐磨易损件多，主要有筛篮、刮刀、钟形罩、出口保护环、布料锥及入料口等，这就增加了立式离心机的维护成本，因此，提高易损件的寿命是要解决的主要问题。提高易损件的寿命可从材质上入手，如在出口保护环和布料锥材料中，添加了铬、钼金属元素，钟形罩材质由 ZG35 改为 ZG40Mn2，刮刀叶片采用超级耐磨钢板等措施，大大提高了使用寿命。LLL1030 型煤泥离心机物料分配盘的改进设计：分配盘上加有布料导向板，可加速入料预旋转，其分配盘的顶角角度为 163°，给料较平缓，有利于降低入料轴向速度，从而延长了物料在脱水区的停留时间，降低了产品水分。筛篮倾角为 20°，提高了整机的处理能力。

设置独立的润滑用电动机，开机时，首先启动油泵电机，在保证差速器内有充足的润滑油流时，主机才能启动，从而保证被润滑件的润滑可靠[175]。而老式的 LL3-9 型离心机油泵是靠主轴通过 V 形带轮带动润滑油泵离心机启动，油泵随之启动，所以，开始时油压较低，供油不及时，从而造成差速装置内的斜齿轮、轴承干摩擦。另外，传动胶带的松紧也会造成油泵油压的较大变化，而且由于油泵摩擦轮与胶带的摩擦，大大降低了胶带的使用寿命。

B　卧式振动卸料离心脱水机

卧式振动卸料离心脱水机入料上限高、处理量大、适应性广。目前，卧式振动离心机筛篮最大直径可达 1500mm，筛篮锥角在 20° ~36°，分离因数为 60 ~180，筛篮振幅 15 ~10mm，单机处理能力最大可达 400t/h。

WZL1200 卧式离心机入料粒度范围大，可达 0. 5 ~50mm，甚至更高。通过调整振动电机两端的配重来调节振幅，一般调整范围为 2 ~6mm，因而可根据煤的性质（如煤种、粒度等），灵活地调节离心机的振幅，使煤流在筛篮上滞留的时间达到最佳值，提高脱水效率。WZL1400 大型卧式振动离心脱水机筛篮直径为 1400mm，高度为 810mm，分离因数为 90g [176]。因此，其特点是筛篮直径大、高度高，分离因数强，脱水效率高。

C　沉降式和沉降过滤式离心脱水机

对于沉降式离心脱水机的技术改造在可靠性、关键部位的耐磨性、减振、隔振、无渗漏油、报警等方面采取了有效措施。如通化矿业（集团）道清选煤厂是由唐山国华科技有限公司设计的炼焦煤选煤厂，LWZ900 ×1800 型沉降过滤式离心，该设备定位于脱水回收以大于 0. 045mm 粒度为主的物料，采用了较低转速的工作参数和短转鼓体的结构参数，这样就减少了电力消耗和设备体积，延长了部件的使用寿命，增加了设备的可靠性，降低了设备价格。增设沉降过滤式离心机生产系统后，精煤产率由过去的 36% 提高到 38. 5% ，增幅达 2. 5% [177]。

沉降过滤式离心分离过程的不同阶段的优化组合在一个有限的空间内完成，即优化不同阶段的脱水过程以提高离心机的脱水效果，BSB1420 的卧式沉降过滤式离心脱水机（以下简称 BSB1420 离心机），用于处理中煤、矸石磁选尾矿一段浓缩底流。该设备的使用缓解了煤泥水回收系统的压力，为煤泥回收和洗水闭路循环创造了良好条件。其主要工作流程如下：（1）传动过程。包括：主电动机-变频器、三角皮带、转鼓、行星齿轮差速器、螺旋。（2）具体的运转阶段。包括：混合与加速阶段-澄清阶段、压缩阶段、过滤阶段、排料阶段。BSB1420 离心机在脱水的同时起到了回收大于 0.045mm 粒级、脱除细泥的功能，且回收效果良好。BSB1420 离心机产品水分平均在 21.31%，而青海木里煤泥灰分小于 11.50%，因而可直接掺入精煤，从而提高了煤泥的经济价值，为企业增加了经济效益。

同时，改变离心机内部结构来提高可靠性和分选效果。LWZ1200 × 1800 型沉降过滤式离心脱水机采用较小的离心强度和长径比结构参数。将 LWZ1218 离心机的离心强度确定为 200 ~ 300，长径比确定为 1.5，优化了大扭矩行星齿轮差速器。因此提高了设备的分选效果，同时也降低了设备的故障发生率[178]。

16.3.6.4 煤泥水技术与发展方向

现有的煤泥水处理方法有混凝法、气浮法和矿物-硬度法等几种。

A 混凝法

水的混凝原理一直是水处理与化学工作者们关心的课题，迄今还没有一个统一的认识。在化学和工程的词汇中，对凝聚、絮凝和混凝这三个词意常有不同解释，有时又含混相同。一般认为，凝聚是指胶体被压缩双电层而脱稳的过程；絮凝则指胶体脱稳后（或由于高分子物质的吸附架桥作用）聚结成大颗粒絮体的过程；混凝则包括凝聚与絮凝两种过程。凝聚是瞬时的，只需将化学药剂扩散到全部水中的时间即可。絮凝则与凝聚作用不同，它需要一定的时间去完成，但一般情况下两者很难区分。

絮凝原理与絮凝剂的结构有关。絮凝剂通常为有机高分子化合物，由高分子骨架和活性基团构成。絮凝作用由它们共同完成。活性基团与颗粒表面通过不同的键合作用形成解稳颗粒。高分子骨架的架桥作用把解稳颗粒联结在一起形成絮团，于是完成了絮凝过程。此外，过量高分子又将包裹颗粒而形成稳定颗粒，不利于与其他颗粒作用，削弱絮凝作用。

键合作用包括：（1）静电键合。静电键合主要由双电层的静电作用引起。离子型絮凝剂一般密度较高，带有大量荷电基团，即使用量很小，也能中和颗粒表面电荷，降低其电动电位，甚至变号。（2）氢键键合。当絮凝剂分子中有—NH_2 和—OH 基团时，可与颗粒表面电负性较强的氧进行作用，形成氢键。虽然氢键键能较弱，但由于絮凝剂聚合度很大，氢键键合的总数也大，所以该项能量不可忽视。（3）共价键合。高分子絮凝剂的活性基团在矿物表面的活性区吸附，并与表面粒子产生共价键合作用。此种键合，常可在颗粒表面生成难溶的表面化合物或稳定的配合物、螯合物，并能导致絮凝剂的选择性吸附。三种键合可以同时起作用，也可仅一种或两种起作用，具体视颗粒-聚合物体系的特性和水溶液的性质而定。

由于凝聚剂是靠改变颗粒表面的电性质来实现凝聚作用，当用它处理粒度大、荷电量大的颗粒时，耗量较大，导致生产成本增加。但凝聚剂对荷电量小的微细颗粒作用较好，而且得到的澄清水和沉淀物的质量都很高。絮凝剂用于处理煤泥水时，由于它不改变颗粒表面的电性质，颗粒间的斥力仍然存在，产生的絮团蓬松，其间含有大量的水，澄清水中还含有细小的粒子，但絮凝剂的用量却较低。由此可见，凝聚剂和絮凝剂在处理煤泥水时都各有优缺点。实践表明：把两者配合起来使用将获得较理想的效果。作用原理是：凝聚剂先把细小颗粒凝聚成较大一点的颗粒，这些颗粒的电性较小，容易参与絮凝剂的架桥作用，且颗粒与颗粒间的斥力变小，产生的絮团比较压实。由于细小的颗粒都被凝聚成团，产生的澄清水质量也较高。

我国一些选煤厂的生产实践也表明：对于单独使用高分子絮凝剂效果不佳的煤泥水，如果首先加入一定量的无机电解质凝聚剂进行凝聚，以压缩颗粒表面双电层，然后加入高分子絮凝剂进行絮凝，这些颗粒才能很好地絮凝沉降。所以目前越来越多的选煤厂采用先加无机电解质凝聚剂、后加高分子絮凝剂的联合加药方式。由于细泥颗粒表面通常呈负电荷，所以通常选择的无机电解质凝聚剂有明矾、三氯化铁、石灰、电石粉等。

B 气浮法

气浮法净水是设法在水中通入或产生大量微小气泡，利用这些高度分散的微小气泡作为载体去黏附水中的污染物，使气泡黏附于杂质絮粒上，造成整体密度低于水的密度，靠浮力上浮至水面，并加以除去，从而造成固液分离。气浮法分离的对象是疏水性微细固体悬浮物以及乳化油。

气浮法作为净水的一种手段已在许多行业应用，实践证明气浮法是沉降法难以取代的一种新颖独特的水处理技术，它对分离密度近似于水的微细悬浮颗粒、油类、纤维等非常有效。因为当水中欲分离的悬浮物密度接近于水时，上浮和下沉都很难。如果用沉降法处理，分离时间会很长，而其还有相当数量微细粒残留水中。采用气浮法时，高度分散的微小气泡黏附于欲分离的悬浮物上，形成气絮团，大大降低了悬浮物的视密度，造成整体密度小于水（空气密度仅为水密度的 1/775），使悬浮物的上浮速度远远超过原来的沉降速度，大大缩短了分离时间，达到净化水的目的。

C　*矿物-硬度法*

矿物-硬度法的基本原理是通过准确调节控制煤泥水水质硬度至某一水平，在这一硬度水平条件下煤泥水中主要的难沉降物质——黏土颗粒和煤颗粒可发生凝聚沉降，同时煤泥浮选能够达到选煤厂的要求。这种方法的基本理论为传统的胶体脱稳理论。

通过加入外来水质硬度调整剂，提高水质硬度并达到临界硬度是煤泥水实现澄清的重要途径，也是形成两种硬度两种生产煤泥水运行体系的关键所在。但以下问题导致在煤泥水系统中提高水体硬度成为难题：

（1）水体硬度的提升幅度大。特别是初始的水体硬度调整，必须能够大幅度提升水质硬度至临界硬度，提升幅度得到 30 ~ 50 德国度，这是解决难沉降煤泥水澄清问题的关键。

（2）大容量水体硬度提升的现实性。选煤厂煤泥水水量大，一般都在数百甚至数千方水循环，无论是初始的水体硬度调整，还是正常生产的维持，都需要大量的水质调整剂量（初始调整一次可达到几十吨）。

（3）快速提升水质硬度的可能性。浮选与煤泥水浓缩是两个直接相连的作业，浮选尾矿进入煤泥水澄清的浓缩机的路径与时间都会非常短，而这个过程是添加水质调整剂的最佳时期，因此，水质调整剂溶解速度，特别是选择矿物质作为水质调整剂就变得非常关键。

（4）调整水体的经济性。鉴于煤炭生产成本的限制，水质调整剂价格必须低廉。

针对上述问题，经过不断探索和尝试，形成了适用于煤泥水硬度调控的系列水质硬度调整剂，主要包括矿物型凝聚剂、高硬度工业废水、工业盐类废渣等。当然，不论何种调整剂，总体必须满足以下要求：

（1）矿物型凝聚剂或工业盐类废渣等含钙或镁的盐类矿物，必须有一定的溶解能力。

（2）工业废水水质硬度必须足够高。

（3）不引起二次污染，随水质硬度调整剂进入系统的杂质不会对洗选过程增加负担。

（4）来源广泛，价格低廉。

16.3.7　综合回收

煤矸石是采煤和洗煤过程中排放的固体废物，是在成煤过程中与煤层伴生的一种含碳量较低、比煤坚硬的黑灰色岩石。煤矸石的岩石种类主要包括黏土岩、砂岩、碳酸岩和铝质岩等。由于各地煤矸石所含矿物的不同，其化学组成较为复杂，大约含有十几种元素，一般以硅、铝为主要成分；其化学组成除含碳外，一般以氧化物为主，如 SiO_2、Al_2O_3、Fe_2O_3、CaO、MgO 等，此外还有少量稀有元素如钒、硼、镍、铍等。目前，煤矿的排矸量约占煤炭开采量的 8% ~20%，已成为我国累计堆积量和占用场地最多的工业废弃物，全国煤矸石的总积存量约 45 亿吨，而且仍在逐年增长，矸石山几乎成为我国煤矿的标志。而且煤矸石中通常含有残煤、碳质泥岩、硫铁矿等可燃物质，在长期露天堆积后常会产生自燃，排放大量 CO、CO_2、SO_2、H_2S 等有害气体，同时，矸石淋溶水将污染周围土壤和地下水，给周边环境和人体健康带来一系列的危害。因此，解决煤矸石污染环境的问题已成为人们关注的焦点。

煤矸石中氧化铝的含量占到 25% 左右，是一种可以利用的资源。程芳琴等人[179]以山西潞安煤矿的煤矸石为原料，采用正交试验的方法，研究了盐酸作为酸浸介质浸取煤矸石中氧化铝。主要影响因素为煅烧温度、酸量、固液比及酸浸时间，最佳工艺条件为：煅烧温度为 650℃，酸量为 225mL（按照煤矸石中氧化铝和盐酸反应的物质的量比为 1∶6 计）、固液比为 1∶3、酸浸时间为 3h，单因素重复试验结果和正交实验的结果相符，在最佳条件下，氧化铝的浸出试验验证结果表明，三氧化二铝浸出率为 71.49%。本研究对实现煤矸石的资源化综合利用具有重要的意义。

为了解决汾西集团新阳煤矿存在的大量“三下”压煤问题，提高资源采出率，新阳煤矿决定采用矸石、粉煤灰作为充填材料进行充填开采工业性试验工作。郭振兴等人[180]系统介绍了新阳煤矿矸石、粉煤灰试验充填工作面管路布置、充填工艺、充填流程等关键技术。针对充填工作面存在的顶板支护以及采煤与充填工艺相矛盾等问题，特别研制了 ZCY7200/16/26 型两柱掩护式充填液压支架，对采煤与充填工作面空间顶板进行有效支护。采空区矸石、粉煤灰充填开采技术在新阳煤矿的应用与实践，将为我国大量的“三下”压煤进行充填开采提供经验与技术依据，并在地表开采沉陷控制、矿区环境保护等方面探索出一套成功的示范模式。

包洪光[181]以低品质煤（包括烟煤和煤矸石）的综合利用为出发点，在充分了解低品质煤（矸石）的原料特性的基础上，系统研究了烟煤深度脱灰及煤矸石金属杂质与硅的分离工艺，进而探索了以超低灰烟煤和超低金属杂质含量的煤矸石为原料合成 SiC 的可行性，获得了如下研究成果：（1）采用低温酸碱联合法研究了烟煤深度脱灰工艺。结果表明：当碱煤比为 0.35∶1、碱浸温度为 180℃、碱浸时间为 8h、烟煤粒度为 $-75\mu m$（-200 目），以及酸煤比 1∶1、酸浸温度为 55℃、酸浸时间为 1h、液固比为 12∶1 的条件下，烟煤的灰分可以从 28.37% 降低到 0.17%。（2）研究了以超低灰烟煤为碳源，以石英砂为硅源，采用碳热还原法研究了 SiC 粉体的合成工艺。结果表明：在球磨时间为 2h、焙烧温度为 1550℃、保温时间为 4h 的条件下可以制备出粒度分布在 $5\sim20\mu m$（平均粒径约 $9.70\mu m$）、平均比表面积约为 $2969cm^2/g$ 的超细 SiC 粉，一次合成产率可达 90% 以上。（3）采用低温酸浸法研究了煤矸石中金属杂质与硅的分离工艺。结果表明：以超细球磨煤矸石粉为原料，在酸煤比为 3∶1、酸浸温度为 180℃、时间为 4h 的条件下，煤矸石中的金属杂质可以从 47.48% 降低到 0.6% 以下。（4）研究了以除杂后的煤矸石作为硅源制备 SiC 微粉的工艺。结果表明：在碳过量系数为 10%、球磨时间为 2h、合成温度为 1550℃、保温时间为 4h 的条件下，SiC 的合成产率达 78.27%，且粒度分布在 $1\sim15\mu m$，比表面积为 $6750cm^2/g$。

张燕青[182]研究了将煤矸石用作路基材料时污染物的析出特性。由于煤矸石中含有大量重金属和酸根离子等有毒有害物质，经过长时间的雨水冲刷和浸泡，污染物质容易析出并入渗至路基沿线的土壤和地下水中，对环境可能产生二次污染。因此，有必要对煤矸石中污染物的析出特性进行研究，并进一步采取有效措施以降低污染物对土壤和地下水的影响。

首先，通过模拟自然降雨淋溶试验对煤矸石中的几种重金属及酸根离子的淋溶特性进行分析研究。通过改变浸泡时间、固液比和浸泡液 pH 值进行浸泡试验；通过改变空隙率（煤矸石、黏土和砂砾的质量比）进行动态淋溶试验。浸泡试验表明：金属及酸根离子污染物的浸泡平衡时间为 48h；当固液比和 pH 值降低时，煤矸石中的污染物越容易析出。动态淋溶试验结果表明：煤矸石的空隙率越低时，金属及酸根离子等有毒有害物质的浸出率越高，越容易对环境造成二次污染。在此基础上，结合电动力学（EK）原位修复技术和渗透性反应墙（PRB）原位修复技术，能去除土壤中 90% 以上的金属及酸根离子等污染物，主要是通过改变 PRB 中的反应介质提高动电技术对金属及酸根离子的修复效率，比较所提出的静电纺丝聚丙烯腈（PAN）、壳聚糖（CTS）及甲醛-环氧氯丙烷改性壳聚糖（MCTS）PRB 与电动力学技术联用修复的可行性和高效修复效果。EK/PAN 纳米纤维膜 PRB 系统通过改变初始条件的电压、污染初始浓度、土壤 pH 值等进行修复试验。当电压为 25V，初始离子（Zn^{2+}、Fe^{3+}、Ca^{2+}、SO_4^{2-} 和 NO_3^-）浓度为 10mg/L、25mg/L、250 mg/L、400mg/L、500mg/L，土壤初始 pH 值为 1.2 时，金属离子的修复率均达到 94% 以上，酸根离子的修复率接近 80%。以壳聚糖及甲醛-环氧氯丙烷改性壳聚糖为反应介质的 EK/PRB 修复系统在改变反应介质质量的情况下，其酸根离子的修复效果好于 EK/PAN 纳米纤维膜 PRB 系统。改性后的壳聚糖力学性能增加，对离子的吸附性能有所提高，EK/MCTS PRB 系统的酸根离子修复率均接近 90%。

李莹英[183]研究了煤矸石、煤泥和添加剂相配合生产洁净型煤的技术。利用煤泥的热值，添加一些功能性的添加剂，将煤泥、煤矸石等通过配煤制备成洁净型煤，使其在燃烧过程中减少烟尘、SO_2以及有害物质的排放。研究内容包括以下两方面：（1）开发高效型煤添加剂，将煤泥、煤矸石等制备成型煤供民用锅炉使用；（2）研究高效的固硫添加剂，以解决煤炭在燃烧过程中产生大量 SO_2，对环境造成污染的问题。研究结果表明：（1）通过对煤泥、煤矸石的工业分析，在充分利用热值的条件下，型煤中添加氧化淀粉、膨润土、有机硅防水剂等，制备成多功能的洁净型煤。试验研究表明：当氧化淀粉添加量为 0.4%、膨润土的添加量为 2%、有机硅防水剂的添加量为 2% 时，型煤的抗压强度可达到 2MPa 以上，跌落强度可达到 95% 以上，湿强度也可达到 95% 以上，且型煤灰分、挥发分、热值等各项指标均满足型煤产品标准。(2) 通过分别对钙基、镁基固硫剂的固硫效果比较以及各种添加剂固硫促进作用的比较，研究表明钙基固硫剂的固硫活性优于镁基固硫剂，但高温（>1000℃）固硫产物发生分解释放大量 SO_2；在以钙基固硫剂为主固硫剂的基础上，添加剂 Fe_2O_3、SiO_2、CuO、ZnO 等物质都表现出了一定的固硫促进作用，以上试验结果为使用煤矸石和粉煤灰作为型煤固硫添加剂提供了理论依据。(3) 单纯以 MgO 作为型煤固硫剂，固硫率较低，CaO 和 MgO 作复合固硫剂后，可显著提高型煤固硫率；通过对煤矸石和粉煤灰成分的分析，试验将煤矸石和粉煤灰作为型煤固硫添加剂。研究结果表明：在此基础上添加少量煤矸石，煤矸石中的 SO_2 和 Al_2O_3 等物质在高于 900℃时可与 $CaSO_4$ 作用生成热稳定性高和结构致密的新物相 $Ca_5(SiO_4)_2(SO_4)$，从而抑制了含硫物相的分解，提高了型煤的固硫率；而粉煤灰则可能以惰性玻璃体形式存在，SiO_2、Al_2O_3 等物质难与固硫剂在高温下形成新的物相。(4) 为进一步提高粉煤灰的活性，本研究利用氢氧化钙对粉煤灰进行活化，作为型煤固硫添加剂。结果表明：氢氧化钙能够破坏粉煤灰玻璃微珠的结构，将惰性的硅、铝、铁物质等激活，在高温下这些物质与固硫产物 $CaSO_4$ 发生了反应，生成了一种热稳定性较高的 $Ca_5(SiO_4)_2SO_4$ 的物质，提高了硫酸盐的分解温度，减少了 SO_2 的释放；添加活化粉煤灰后型煤的固硫率提升了 6.28%。(5) 在以上试验结论的基础上，研究进一步考察了固硫影响因素对型煤固硫效果的影响。结果表明：当 Mg/Ca 质量比为 1∶1，且(Mg + Ca)/S 物质的量比为 2∶1 时，型煤固硫效果最佳；活化粉煤灰添加量为 3% 和煤矸石添加量为 2% 时，型煤的固硫率可分别提高 5.85% 和 3.72%，但随着添加量的继续增加，煤矸石自身含硫较高，型煤的固硫率开始下降；煤矸石和活化粉煤灰随燃烧温度的升高，其固硫促进作用下降；还原气氛下，煤矸石和活化粉煤灰高温抑制分解的作用不能得到表现；煤矸石和活化粉煤灰对型煤固硫抑制作用也不会受时间的影响。

16.4　煤炭分选存在的问题及发展趋势

煤炭分选存在的问题及发展趋势如下：

(1) 选煤理论的发展逐渐由宏观向微观转换，如旋流器内流体动力学特性的研究，并不仅仅依靠模拟或简单的产物分析来进行研究，而需要不断深入的、加入微观领域的研究策略，如颗粒、流体在选矿设备中的运动轨迹及其运动特性研究。在细粒煤炭分选及后续处理理论的研究方面，研究工作越来越需要高尖端的仪器设备对其进行机理的分析，借助科技的进步，准确描述和建立煤炭选矿领域的基本原理。

(2) 煤的破碎过程非常复杂，破碎机理仍然处于假说阶段；分级破碎机是目前国内煤炭破碎的主要设备，可准确控制产品粒度、过粉碎低，具有破碎、分级的双重功效，设备的大型化是其研究发展方向；潮湿细颗粒煤炭的干法精确筛分依然是世界性的难题，特别是 3mm 以下煤的干法筛分目前还没有应用；中煤深度破碎再选工艺目前尚处于初始阶段，有待深入研究。

(3) 入选原煤全粒级高效分选是选煤工艺发展的趋势，而选煤厂降低介耗药耗、细粒煤精确分级、高灰细泥污染浮选精煤、浮选精煤脱水、难选粗煤泥高效分选、难沉降煤泥水的凝聚絮凝等问题在一定程度上制约煤炭分选的精度和产品质量，因此关键设备性能的提升和选煤工艺进一步完善是未来几年选煤工作者需要关注的重点。

(4) 选煤药剂的研究主要集中在实验室阶段，即使所研制出的药剂具有更优良的使用效果，但由于制造困难，成本过高，难以适应选煤厂现场的生产和使用。未来的发展趋势就是开发具有广泛推广价值的选煤药剂，真正地促进选煤工业的发展。

(5) 进一步提高选煤厂自动化控制程度是解放劳动力、提高生产效率和企业效益的重要环节，自动化控制水平受准确、在线、及时高精度参数测试技术的制约，块煤在线测灰技术、悬浮液性质测定水平、浮选精煤尾煤灰分识别技术都是亟须攻克的技术难题。

(6) 我国利用煤矸石已有几十年的历史，近年来由于对环保工作的重视和科学技术的进步，煤矸石资源化综合利用越来越广阔，利用率在不断提高。煤矸石主要用于发电、生产建筑材料、生产肥料或改良土壤、铺路材料或回填矿井采空区等。但现阶段我国矸石的总体利用率还很低，矸石的资源化、减量化、无害化技术的研究和发展还有待进一步提高。

(7) 另外，低阶煤的高效洗选加工提质和综合利用、空气重介质干法选煤技术的工业化应用、煤炭洗选设备的大型化和系列化等也是近年来我国选煤行业的重要发展趋势。

参考文献

[1] 国家统计局. 中国统计年鉴2014[M]. 北京：中国统计出版社，2014.

[2] BP世界能源统计年鉴2014[M]. 2014.

[3] 中国工程院. 中国煤炭清洁高效可持续开发利用战略研究[M]. 北京：科学出版社，2014.

[4] 国家统计局. 国民经济和社会发展统计公报2014[M]. 北京：中国统计出版社，2014.

[5] 焦红光，黄定国，马娇，等. 潮湿细粒煤在筛面上的粘附机理[J]. 辽宁工程技术大学学报，2006(S1):24-26.

[6] 刘初升，赵跃民. 弛张筛筛面动态特性及其筛分理论研究[J]. 煤炭学报，1998(4):92-96.

[7] 刘初升，陆金新. 筛分过程中颗粒运动的非线性特性研究[J]. 煤炭学报，2009(4):556-559.

[8] 赵啦啦. 振动筛分过程的三维离散元法模拟研究[M]. 徐州：中国矿业大学出版社，2010.

[9] 赵跃民，李功民，骆振福，等. 模块式干法重介质流化床选煤理论与工业应用[J]. 煤炭学报，2014(8):1566-1571.

[10] 贺靖峰. 基于欧拉—欧拉模型的空气重介质流化床多相流体动力学的数值模拟[D]. 徐州：中国矿业大学，2012.

[11] 隋占峰. 振动螺旋干法分选的DEM仿真研究[D]. 徐州：中国矿业大学，2014.

[12] 程宏志，路迈西，石焕，等. 振荡法提高浮选选择性的作用机理[J]. 煤炭学报，2007(5):531-534.

[13] Zhou F, Wang L, Xu Z, et al. Reactive oily bubble technology for flotation of apatite, dolomite and quartz[J]. International Journal of Mineral Processing, 2015, 134: 74-81.

[14] Su L, Xu Z H, Masliyah J. Role of oily bubbles in enhancing bitumen flotation[J]. Minerals Engineering, 2006, 19(6-8): 641-650.

[15] 陶有俊，刘谦，Daniel Tao，等. 纳米泡提高细粒煤浮选效果的研究[J]. 中国矿业大学学报，2009(6):820-823.

[16] 武乐鹏. 不同电解质对细粒煤电化学脱水效果的影响研究[D]. 太原：太原理工大学，2010.

[17] 万永周. 褐煤热压脱水工艺及机理研究[D]. 徐州：中国矿业大学，2012.

[18] 周明远，关杰. 浮选精煤热压过滤干燥脱水机理与脱水动力学研究[J]. 煤炭学报，2010(3):472-475.

[19] 巩冠群，张英杰，谢广元. 细精煤压滤脱水压密过程模型研究[J]. 中国矿业大学学报，2013(6):961-964.

[20] 周国莉. 基于不同能量作用形式的胜利褐煤脱水机理及过程动力学研究[D]. 徐州：中国矿业大学，2014.

[21] 刘炯天，张明青，曾艳. 不同类型黏土对煤泥水中颗粒分散行为的影响[J]. 中国矿业大学学报，2010(1):59-63.

[22] 吕玉庭，赵丽颖，时起磊. 磁场对煤泥水絮凝沉降效果的影响[J]. 黑龙江科技学院学报，2013(5):424-426.

[23] 董宪姝，姚素玲，刘爱荣，等. 电化学处理煤泥水沉降特性的研究[J]. 中国矿业大学学报，2010(5):753-757.

[24] 张志军，刘炯天，冯莉，等. 基于DLVO理论的煤泥水体系的临界硬度计算[J]. 中国矿业大学学报，2014(1): 120-125.

[25] 张志军，刘炯天. 基于原生硬度的煤泥水沉降性能分析[J]. 煤炭学报，2014(4):757-763.

[26] 张明青，刘炯天，王永田. 煤变质程度对煤泥水沉降性能的影响[J]. 煤炭科学技术，2008(11):102-104.

[27] 左蔚然，赵跃民，何亚群，等. 电脉冲破碎技术在超纯煤制备中的应用前景[J]. 煤炭科学技术，2012(1):122-125.

[28] 刘瑜，周甲伟，杜长龙. 基于分形统计强度理论的煤颗粒冲击破碎概率研究[J]. 固体力学学报，2012(6):631-636.

[29] 刘瑜，周甲伟，杜长龙. 煤和矸石颗粒冲击破碎概率差异的分形行为[J]. 中南大学学报（自然科学版），2014(9): 2935-2940.

[30] 潘永泰，路迈西. 大处理能力分级破碎机的断裂动力学分析与工业应用[J]. 选煤技术，2006(S1):27-30.

[31] 张灏，潘永泰，亓愈. SSC800分级破碎机在国阳二矿大块煤（矸石）破碎中的应用[J]. 选煤技术，2007(4):66-68.

[32] 刘守印，潘永泰，陈衍庆，等. SSC800新齿型分级破碎机在兴隆庄煤矿选煤厂的应用[J]. 选煤技术，2008(4): 50-52.

[33] 张军，李发科. SSC700加长型分级破碎机在伊泰集团大地煤矿的应用[J]. 选煤技术，2011(6):26-28.

[34] 宋亮，潘永泰，滕海燕. SSC1000分级破碎机在王家塔选煤厂的应用[J]. 选煤技术，2012(3):43-45.

[35] 丁勇. SSC分级破碎机在双欣矿业选煤厂的应用[J]. 洁净煤技术，2013(4):1-3.

[36] 赵世永，巨建涛，周安宁. 神府煤煤岩组分冲击破碎解离特性研究[C]//纪念中国煤炭学会成立50周年暨2012全国选煤学术交流会. 南宁：2012，4.

[37] 郑克洪，杜长龙，刘飞. 煤和矸石选择性破碎分选理论研究[J]. 选煤技术，2012(1):23-25.

[38] 谢卫宁，何亚群，朱向楠，等. 破碎方式对中煤表面性质及后续浮选的影响[J]. 煤炭科学技术，2014(9):134-138.

[39] 訾涛，黄文锋，李炳才，等. 梁北选煤厂中煤破碎再选研究与工艺改造[J]. 煤炭工程，2012(12):61-63.

[40] 杨毛生，郭德. 中煤破碎再选的研究[J]. 煤炭工程，2010(12):95-97.

[41] 赵闻达，李延锋，谢彦君，等. 中煤破碎再选的应用研究[J]. 煤炭工程，2012(7):97-99.

[42] 付银香. KRL/DD3000×10曲张筛在白岩选煤厂的应用[J]. 选煤技术，2012(5):63-64.

[43] 王永平，张旭亮. JFDI-3048 弛张筛干法筛分在选煤厂的应用[J]. 价值工程，2014(29):60-61.
[44] 王志坚，连永强，任晓玲. 弛张筛深度筛分使煤泥减量化的研究[J]. 煤炭加工与综合利用，2014(7):56-57.
[45] 王春华，崔金龙，潘宇鹏，等. 基于 ANSYS 的 BHS40110 型博后筛振动仿真分析[J]. 矿山机械，2009(21):91-93.
[46] 张云生，陈常州，湛含辉. 高效二次流分级筛在城郊选煤厂的工业性试验[J]. 选煤技术，2009(6):13-15.
[47] 莫凤依，龙书云，张建. XGS14-10 型滚轴筛煤机在火铺矿选煤厂的应用[J]. 煤矿机械，2010(8):200-201.
[48] 赵振龙，赵丽娜，梅国生，等. D_x-FMVSK1014 型复振高频细筛处理煤浆的中间试验[J]. 煤炭加工与综合利用，2011(4):36-40.
[49] 张良炳，董宪姝. 官地磁选尾矿的电磁高频细筛分级试验研究[J]. 选煤技术，2013(2):5-8.
[50] 赵斌，王庆功，么强，等. 流化床煤颗粒分级试验研究[J]. 中国矿业大学学报，2014(4):678-683.
[51] 叶宏伟. 煤超微粉碎双圆盘气流粉碎机的分级系统设计[J]. 煤矿机械，2009(10):28-30.
[52] 杨宏丽，樊民强. 一种新型煤泥分级装置的分级曲线数学模型[J]. 煤炭学报，2012(S1):187-191.
[53] 马剑. 我国煤炭洗选加工现状及"十二五"发展构想[J]. 煤炭加工与综合利用，2011(4):1-5.
[54] 程宏志. 我国选煤技术现状与发展趋势[J]. 选煤技术，2012(2):79-83.
[55] 张鹏，陈建中，沈丽娟，等. 选煤厂选煤工艺设计探讨[J]. 煤炭工程，2006(12):25-27.
[56] 张新源. 赵固一矿选煤厂选煤工艺的确定[J]. 洁净煤技术，2012(5):16-19.
[57] 冯千武. 松河选煤厂工艺评析[J]. 现代商贸工业，2012(6):86.
[58] 李银河. 火石咀煤矿选煤厂选煤工艺设计[J]. 煤炭技术，2015(8):283-285.
[59] 杨林顺. 选煤厂选煤工艺设计分析[J]. 技术与市场，2015(8):140-142.
[60] 姚海生. 重介选煤工艺在太原选煤厂的工程实践与探索[J]. 山西焦煤科技，2007(7):1-4.
[61] 杨永峰. 大武口洗煤厂重介工艺系统技术改造实践[C]//重介质选煤技术研讨会及设备展览会. 海口：2008，5.
[62] 张震，曹桂宝. 重介选煤工艺在唐口煤业选煤厂的应用[J]. 洁净煤技术，2011(2):15-17.
[63] 马士忠，陈建平，刘新国，等. 济三选煤厂降低介耗生产实践[J]. 洁净煤技术，2012(4):16-19.
[64] 石常省，王泽南，谢广元. 煤泥分级浮选工艺的研究与实践[J]. 煤炭工程，2005(3):58-60.
[65] 谢广元，吴玲，欧泽深，等. 煤泥分级浮选工艺的研究[J]. 中国矿业大学学报，2005(6):78-82.
[66] 李振涛，张悦秋，谢广元，等. 煤泥分级浮选工艺关键技术的分析[J]. 选煤技术，2007(5):49-51.
[67] 谢广元，倪超，张明，等. 改善高浓度煤泥水浮选效果的组合柱浮选工艺[J]. 煤炭学报，2014(5):947-953.
[68] 瞿望，谢广元，彭耀丽，等. 脱泥浮选与精煤精选工艺试验研究[J]. 煤炭工程，2014(3):97-99.
[69] 张广平. 淮北选煤厂采用高频筛回收尾矿粗煤泥的探讨[J]. 煤炭加工与综合利用，1995(3):17-20.
[70] 庞缔军. 分级旋流器回收粗煤泥工艺在介休洗煤厂的应用[J]. 煤矿现代化，2004(1):31-32.
[71] 张汉峰，余振华，石绍辉，等. TBS 干扰床分选机在选煤厂的应用[J]. 山东煤炭科技，2009(2):16-17.
[72] 黄玉祥，张学坤. 小直径煤泥重介质旋流器分选粗煤泥工艺探讨[J]. 煤炭加工与综合利用，2010(2):12-14.
[73] 要志军. 官地矿选煤厂粗煤泥工艺改造的研究[J]. 山西焦煤科技，2012(12):29-32.
[74] 赵炜，刘朋，吴金保，等. 大武口选煤厂金能分厂粗煤泥深度洗选工艺探讨[J]. 煤炭加工与综合利用，2013(3):7-10.
[75] 郎秀勇，赵刚，孙晓霞，等. TBS 干扰床分选机在协庄选煤厂的应用与实践[J]. 煤质技术，2013(3):59-61.
[76] 李媛媛，栗培国. 田庄选煤厂粗煤泥回收工艺的优化研究与应用[J]. 煤炭加工与综合利用，2014(7):46-48.
[77] 郭秀军，刘晓军. 最近五年国内外选煤设备现状及发展趋势[J]. 选煤技术，2011(4):68-74.
[78] 李百亮，陈志林，郝曙华，等. 跳汰选煤技术研究现状及其发展趋势[J]. 煤炭加工与综合利用，2007(4):15-19.
[79] 弓志明. 关于 SKT 跳汰选煤技术发展现状与未来发展趋势探究[J]. 企业导报，2014(13):127-129.
[80] 娄德安. SKT-35 跳汰机在寺家庄矿选煤厂的应用[J]. 选煤技术，2010(2):31-33.
[81] 刘晓军. 新型双源动力动筛跳汰机的研究[J]. 选煤技术，2012(4):23-26.
[82] 齐正义，肖宁伟. 高效机械式动筛跳汰机的研究及应用[J]. 煤炭工程，2014(11):137-139.
[83] 刘云霄，解京选. 煤炭井下分选技术与装备[J]. 煤炭加工与综合利用，2011(6):39-42.
[84] 庞连贵. 煤矿井下动筛排矸探讨[J]. 煤矿现代化，2013(6):79-80.
[85] 姚劲，姚昆亮. 柔性空气室跳汰机的开发与应用[J]. 煤炭加工与综合利用，2014(11):1-6.
[86] 吴静，付晓恒，王彦文. 干扰床分选机应用现状及其发展趋势[J]. 煤质技术，2012(2):41-45.
[87] 刘强. TBS 分选机在余吾选煤厂的应用[J]. 洁净煤技术，2013(6):17-20.
[88] 邵燕祥. TBS/2100 干扰床分选机在梁北选煤厂的应用[J]. 煤炭加工与综合利用，2008(2):22-24.
[89] 张永清，王婕，付晓恒. TBS 分选机在王家岭选煤厂的应用[J]. 洁净煤技术，2014(3):28-32.
[90] 沈丽娟，陈建中，祝学斌，等. ZK-LX1100 螺旋分选机精选粗煤泥的研究[J]. 选煤技术，2009(6):16-20.

[91] 程宏志．我国选煤技术现状与发展趋势[J]．选煤技术，2012(2):79-83.
[92] 周立波，陈琦，杨希美，等．FQZ42 重介浅槽分选机在王庄煤矿选煤厂的应用[J]．科技创新导报，2014(5):102.
[93] 彭宝萍，樊晓敏．XZQ1636 重介质浅槽分选机在西曲矿选煤厂的应用[J]．煤炭加工与综合利用，2013(5):34-36.
[94] 刘燕华，徐春江，丁勇，等．煤用磁选机的应用及评述[J]．选煤技术，2007(4):143-145.
[95] 李思，梁金钢，臧占全，等．TDC1030 磁选机在介休宝平选煤厂的应用[J]．选煤技术，2009(2):24-26.
[96] 赵跃民，李功民，骆振福，等．模块式干法重介质流化床选煤理论与工业应用[J]．煤炭学报，2014(8):1566-1571.
[97] 余萍，毕梅芳，牛勇，等．乳化煤焦油浮选药剂的制备及性能研究[J]．现代矿业，2009(11):53-55.
[98] 康文泽，刘松阳，张亚革．AO 捕收剂浮选稀缺难浮煤实验[J]．黑龙江科技学院学报，2011(2):85-88.
[99] 孔小红，康文泽．煤用复合药剂浮选效果研究[J]．广州化工，2011(6):50-52.
[100] 崔广文，王京发，王乐明，等．地沟油制备自乳化煤泥浮选药剂的试验研究[C]//2013 年全国选煤技术交流会．太原：2013，3.
[101] 崔广文，王洁，王京发，等．地沟油制备煤泥捕收剂及其应用效果研究[J]．选煤技术，2012(6):1-3.
[102] 姚乐．新型 YF 系列浮选药剂实验研究[J]．煤炭技术，2015(6):262-264.
[103] 陆丽园，张东杰．双子表面活性剂对煤泥浮选的影响[J]．选煤技术，2013(5):11-14.
[104] 孙春梅．新型煤炭脱硫降灰浮选药剂 BET 的应用研究[J]．煤炭技术，2014(12):335-336.
[105] 李甜甜．伊泰低阶煤煤泥浮选试验研究[D]．徐州：中国矿业大学，2014.
[106] 崔广文，李彦君，刘惠杰．新型煤泥浮选促进剂 CG 的制备与作用机理[J]．黑龙江科技学院学报，2012(4):368-371.
[107] 黄波，门东坡，刘飞飞，等．新型煤泥浮选促进剂的制备及作用机理[J]．洁净煤技术，2011(2):3-7.
[108] 徐初阳，闫芳，聂容春．烷基糖苷类浮选药剂的合成及其浮选效果的研究[J]．选煤技术，2010(4):13-16.
[109] 陈俊涛，杨露，张乾龙．一种新型煤泥水处理药剂的试验研究[J]．非金属矿，2014(3):18-19.
[110] 吕一波，刘亚星，张乃旭．絮凝药剂 CPSA 对高泥化煤泥水沉降特性的影响[J]．黑龙江科技大学学报，2014(2):157-161.
[111] 朱书全，降林华，邹立壮．微细粒煤泥水用絮凝剂的合成与应用[J]．中国矿业大学学报，2009(4):534-539.
[112] 赵江涛，祝学斌，刘磊．高泥化煤泥水沉降药剂选择初探[C]//2010 年全国选煤学术交流会．成都：2010，3.
[113] 陈晨．疏水改性对选煤厂煤泥压滤特性的影响研究[D]．淮南：安徽理工大学，2015.
[114] 陈军，闵凡飞，刘令云，等．高泥化煤泥水的疏水聚团沉降试验研究[J]．煤炭学报，2014(12):2507-2512.
[115] 陈军，闵凡飞，彭陈亮，等．煤泥水中微细粒在季铵盐作用下的疏水聚团特性[J]．中国矿业大学学报，2015(2):332-340.
[116] 刘春福，闵凡飞，陈军，等．季铵盐与混凝剂复配处理高泥化煤泥水的试验研究[J]．中国煤炭，2014(12):81-86.
[117] 刘国强，滑志霞，赵鲁光．KD 型絮凝剂在马头洗煤厂煤泥水处理中的应用[J]．中国煤炭，2012(5):90-92.
[118] 杨艳超．高分子多糖复合生物絮凝剂在选煤厂煤泥水处理中的应用[J]．煤炭加工与综合利用，2015(3):14-15.
[119] 郑继洪，徐初阳，聂容春，等．阳离子型聚丙烯酰胺的絮凝性能研究[J]．中国煤炭，2013(4):78-81.
[120] 张鸿波，苏长虎，朱莹莹，等．化学助滤剂强化煤泥过滤脱水效果的试验研究[J]．选煤技术，2014(6):30-33.
[121] 任建民，刘磊，樊合高．赵固二矿选煤厂煤泥水处理系统的优化改造[J]．洁净煤技术，2012(3):10-12.
[122] 解满锋．王庄煤矿喷粉煤选煤厂集中控制系统分析[J]．选煤技术，2005(5):38-39.
[123] 孔伟．百善矿选煤厂集中控制系统的应用[J]．煤，2007(6):29-31.
[124] 郗永秋．选煤厂集中控制系统的研究与设计[D]．重庆：重庆大学，2007.
[125] 崔莉莉，陈相辉，李辛．基于 PLC 的集中控制系统在城郊选煤厂的应用[J]．煤，2008(2):75-88.
[126] 魏幼平，周正，张广超，等．选煤厂计算机集中控制系统的发展与现状[J]．选煤技术，2008(3):61-63.
[127] 李彦乐．选煤厂集中控制系统的研究与设计[D]．淮南：安徽理工大学，2009.
[128] 郭月红．可编程序控制器对选煤厂集中控制系统的研究[J]．中小企业管理与科技（下旬刊），2011(4):258.
[129] 张铁毅，冯阳．集中控制系统在选煤厂的应用[J]．露天采矿技术，2011(2):54-55.
[130] 陆景云．芦岭煤矿选煤厂集中控制系统整合改造[J]．煤矿现代化，2012(6):9-11.
[131] 付永胜，马立功，栗培国，等．田庄选煤厂生产集中控制系统的改造[J]．选煤技术，2013(6):97-101.
[132] 庄坤．三河尖选煤厂集中控制 PLC 应用[J]．科技创新导报，2013(32):59.
[133] 王刚，刘海增，吕文豹．选煤厂集中控制系统的改造[J]．自动化应用，2013(3):69-70.
[134] 耿延兵，柳二军．自动配煤在方山选煤厂的应用[J]．煤炭加工与综合利用，2010(1):11-13.
[135] 凌丽伟．自动化配煤技术在陈四楼选煤厂的应用[J]．中州煤炭，2011(5):79-80.
[136] 韩友伟，孟红芳．介休选煤厂配煤中心技术改造[J]．煤炭加工与综合利用，2012(6):30-31.

[137] 孙建卫. 临涣选煤厂自动配煤控制系统的研究[D]. 淮南：安徽理工大学，2012.
[138] 于立军，王东才，王冬. 南屯煤矿选煤厂自动配煤系统的设计与应用[J]. 选煤技术，2015(1):74-77.
[139] 程雅丽. 动力煤选煤厂商品煤质量动态控制系统设计的研究[D]. 淮南：安徽理工大学，2015.
[140] 武雪艳. 基于模糊 PID 控制方法的跳汰机排料系统研究[D]. 太原：太原理工大学，2003.
[141] 靳宝全，熊诗波，杨洁明. 基于模糊 PID 的跳汰机排料伺服控制系统[J]. 煤矿机械，2006(10):135-137.
[142] 朱玉琴，姚鑫. 模糊神经网络在跳汰机排料控制系统中的应用[J]. 选煤技术，2006(6):42-44.
[143] 吴正欣. 跳汰机排料装置的改进及 DSP 智能化控制[J]. 淮南职业技术学院学报，2007(2):70-73.
[144] 高玉琪. 基于模糊 PID 的跳汰机排料控制的仿真实验研究[J]. 煤矿机械，2014(6):74-76.
[145] 殷海宁. 重介质选煤自动控制技术的发展[J]. 选煤技术，2006(S1):46-49.
[146] 胡娟，王振翀，王福忠. 基于模糊控制理论的重介质选煤过程控制[J]. 煤炭科学技术，2011(3):116-119.
[147] 马艳，孙长江，卜丽. 重介质选煤自动控制系统[J]. 制造业自动化，2011(16):148-149.
[148] 潘海军. PLC 在神华乌海能源公司选煤厂控制系统的应用与研究[D]. 呼和浩特：内蒙古大学，2012.
[149] 张明泉. 淮北选煤厂（北区）悬浮液密度控制系统研究与应用[D]. 淮南：安徽理工大学，2013.
[150] 高阳. 重介质洗选煤控制系统的应用研究[D]. 昆明：昆明理工大学，2013.
[151] 刘相军. 重介质选煤工艺的模糊控制方式研究[J]. 科技创新导报，2013(5):133-134.
[152] 李伟伟. 浅谈重介选煤工艺密度自控系统[J]. 内蒙古煤炭经济，2014(8):193-194.
[153] 郭楠，陈震，罗旭辉. 重介质选煤自动控制技术研究[J]. 工矿自动化，2014(6):34-36.
[154] 姜华. 基于 PLC 控制系统重介质洗选煤方法的研究与实现[D]. 呼和浩特：内蒙古科技大学，2015.
[155] 杨小平，许德平，吴翠平，等. 煤泥浮选测控系统的研究[J]. 中国矿业大学学报，2001(1):41-44.
[156] 林小竹，谷莹莹，赵国庆. 煤泥浮选泡沫图像分割与特征提取[J]. 煤炭学报，2007(3):304-308.
[157] 林小竹，谷莹莹，赵国庆. 煤泥浮选气泡比表面积的计算方法[J]. 煤炭学报，2007(8):874-878.
[158] 张嘉. 煤泥浮选装置加药专家系统及浮选参数测量研究[D]. 太原：太原理工大学，2010.
[159] 张敏，张建强，刘炯天，等. 浮选柱泡沫层检测控制系统的研究[J]. 矿山机械，2010(19):107-110.
[160] 孙振海，罗成名，宋风华. 浮选自动跟踪加药控制系统[J]. 煤炭技术，2011(4):119-120.
[161] 王光辉. 煤泥浮选过程模型仿真及控制研究[D]. 徐州：中国矿业大学，2012.
[162] 赵新华，王光辉，匡亚莉，等. 基于 SVMR 的煤泥浮选智能优化控制系统研究[J]. 矿山机械，2012(8):78-81.
[163] 包玉奇. 浮选尾矿灰分检测系统与方法研究[D]. 太原：太原理工大学，2015.
[164] 张会娜. 煤泥浮选智能控制系统的设计及应用[J]. 煤矿机械，2015(6):231-233.
[165] 高爽. 福源选煤厂精煤自动装车系统的研究[D]. 阜新：辽宁工程技术大学，2012.
[166] 田华伟，沈政昌，刘惠林. 浮选设备的发展与展望[J]. 选煤技术，2008(1):65-70.
[167] 李彪，谢广元，张秀峰，等. 浮选柱浮选精煤产品数质量的数学模型研究[J]. 煤炭工程，2011(8):87-89.
[168] 谢广元，刘博，倪超，等. 浮选柱工艺优化处理高灰细粒煤泥[J]. 有色金属（选矿部分），2013(S1):183-187.
[169] 程宏志，张孝钧，石焕，等. XJM-(K)S 系列浮选机研究现状与展望[J]. 选煤技术，2008(4):122-125.
[170] 程宏志，李红旗. XJM-S28 型浮选机开发与应用[J]. 煤炭科学技术，2013(9):185-187.
[171] 胡智慧. XJM-S28 型浮选机在选煤厂的应用分析[J]. 科技创新导报，2014(22):82-83.
[172] 朱长玉，田祥龙，孙中虎. 新型机械搅拌式浮选机在良庄洗煤厂的应用[J]. 山东煤炭科技，2013(3):53-55.
[173] 谢向阳，汤秋林. 浮选柱的研究现状应用与前景[J]. 科技信息（科学教研），2007(36):646-672.
[174] 周立，钟宏. 从发明专利看浮选柱的研究与发展[J]. 矿业工程，2008(5):33-35.
[175] 刘炯天. 旋流-静态微泡浮选柱制备超纯煤工艺研究[C]//2006 中国科协年会. 北京：2006，8.
[176] 阚晓平，许丹，周冬莉，等. 立式螺旋卸料煤泥离心脱水机设计思路的改进[J]. 选煤技术，2005(4):12-14.
[177] 陈海员，阚晓平，石剑峰. 新型立式离心脱水机的研究与开发[J]. 煤矿机械，2006(1):121-122.
[178] 隋广武. LWZ 沉降过滤式离心脱水机自动控制系统的改造[J]. 煤炭加工与综合利用，2012(2):32-34.
[179] 程芳琴，崔莉，张红，等. 煤矸石中氧化铝溶出的实验研究[J]. 环境工程学报，2007(11):99-103.
[180] 郭振兴，李刚，赵帅，等. 新阳煤矿矸石粉煤灰充填开采技术[J]. 煤炭科学技术，2013(S2):43-45.
[181] 包洪光. 低品质煤（矸石）脱灰及综合应用探索研究[D]. 长沙：中南大学，2014.
[182] 张燕青. 煤矸石的淋溶特性及动电协同 PRB 原位修复研究[D]. 上海：东华大学，2014.
[183] 李莹英. 煤系固废制备型煤及型煤固硫机理研究[D]. 太原：山西大学，2010.

第 17 章　稀土矿石选矿

稀土元素包含：镧（La）、铈（Ce）、镨（Pr）、钕（Nd）、钷（Pm）、钐（Sm）、铕（Eu）、钆（Gd）、铽（Tb）、镝（Dy）、钬（Ho）、铒（Er）、铥（Tm）、镱（Yn）、镥（Lu）、钇（Y）、钪（Sc）等 17 种元素。它们的电子结构和化学性质相近，因而具有相同的共性，且容易共生；然而，随着 4f 层电子数的不同，每个稀土元素又具有特殊性，同一结构或体系的稀土材料可具有两种或两种以上的物理和化学特性。随着技术及检测手段的深入，稀土元素特殊性质不断地被认识和发现，稀土新用途如光学、磁学性质已广泛地应用在当今新材料、新技术领域，目前含有稀土的功能材料已达 60 多类，包括光学材料、磁性材料、电子材料、核物理材料、化学材料等。本章介绍了近十年来稀土资源分布及储量变化、稀土资源的生产和消费状况、稀土选矿理论及基础研究进展、稀土浮选药剂研究状况、稀土选矿工艺技术进展、稀土选矿设备研究进展等六方面的内容，还介绍了近十年来稀土选矿在过程控制、尾矿及三废处理、环保与循环利用、综合回收等方面的研究进展。

17.1　稀土资源简况

稀土，顾名思义，就是比较稀少的“土”，1894 年由芬兰化学家约翰·加得林在瑞典比较稀少的矿物中发现，按当时的习惯把这种不溶于水的物质称为“稀土”。稀土元素是化学元素周期表中原子序数为 57～71 的 15 种镧系元素，再加上钪、钇两种元素，共 17 种元素，统称“稀土元素”，简称为“稀土”。根据稀土元素的原子电子层结构、物理化学性质、在矿物中共生情况以及不同离子半径产生的不同性质等特征，通常将这 17 种稀土元素分为轻、中、重稀土等三类元素。不同稀土元素由于电子结构和化学性质相近而共生，又因 4f 电子层电子数的不同，各具有独特的性质；同一结构或体系的稀土材料，可具有两种或两种以上的物理和化学特性，因而稀土又被人们誉为“新世纪高科技及功能材料的宝库”。稀土元素还被称为是发展高新技术的“战略性元素”。

稀土元素在地壳中主要以矿物形式存在，其赋存状态主要有三种：（1）作为矿物的基本组成元素，以离子化合物形式赋存于矿物晶格中，构成矿物必不可少的成分。这类矿物通常称为稀土矿物，如独居石、氟碳铈矿等。（2）作为矿物的杂质元素，以类质同象置换的形式分散于造岩矿物和稀有金属矿物中，这类矿物可称为含有稀土元素的矿物，如磷灰石、萤石等。（3）呈离子状态被吸附于某些矿物的表面或颗粒间。这类矿物主要是各种黏土矿物、云母类矿物，这种状态的稀土元素很容易被提取。

现已经发现的稀土矿物约有 250 种，其中具有工业价值的稀土矿物有 50～60 种，而目前具有开采价值的却只有 10 种左右。稀土矿物主要是氟碳铈矿、独居石、磷钇矿、黑稀金矿、磷钇矿、铌钙钛矿等；现在用于工业提取稀土元素的矿物主要有：氟碳铈矿、独居石矿、磷钇矿和风化壳淋积型矿，占稀土总产量的 95% 以上。在独居石和氟碳铈矿中，轻稀土含量较高；磷钇矿中，重稀土和钇含量较高，但矿源比独居石少。总体来说，稀土元素在地壳中丰度并不稀少，只是比较分散而已[1,2]。

17.1.1　稀土资源分布及储量

地壳中稀土资源的储量丰富，部分元素甚至高于铜、锌等常见金属。但是由于富集程度低，目前发现可供开采使用的稀土矿并不多，并且分布极不均衡。对于世界各国稀土资源分布情况，美国联邦地质调查局和我国工业和信息化部在不同时间分别提供了三组不同的数据，见表 17-1～表 17-3，其中稀土资源储量以稀土氧化物（简称 REO）计。

表 17-1 为 2012 年世界各国稀土资源分布情况。数据显示，世界稀土总储量约为 1.14 亿吨，中国为 5500 万吨、独联体国家 4100 万吨、美国 1300 万吨、印度 310 万吨、澳大利亚 160 万吨、巴西 36 万吨、马来西亚 30 万吨。其中，我国的稀土资源储量非常丰富，占世界总储量约 50%。

表 17-1　2012 年世界各国稀土资源分布情况（以 REO 计）

国　别	储量/万吨	占世界总储量百分比/%
中　国	5500	48.25
独联体	4100	35.96
美　国	1300	11.40
印　度	310	2.81
澳大利亚	160	2.72
巴　西	36	0.32
马来西亚	30	0.27
总　计	约 11400	100

数据来源：美国联邦地质调查局网站 http：//minerals. usgs. gov. /minerals/pubs/commodity/rare_earths/。

表 17-2 为 2014 年美国联邦地质调查局公布的资料。数据显示，世界稀土储量分布较 2012 年略有变化，世界稀土总储量上升为 1.36 亿吨，中国 5500 万吨、独联体国家 4100 万吨、巴西 2200 万吨、美国 1300 万吨、澳大利亚 210 万吨、印度 310 万吨、马来西亚 3 万吨。

表 17-2　2014 年世界各国稀土资源分布情况（以 REO 计）

国　别	储量/万吨	占世界总储量百分比/%
中　国	5500	40.44
独联体	4100	30.15
巴　西	2200	16.18
美　国	1300	9.56
印　度	310	2.81
澳大利亚	210	2.08
马来西亚	3	0.02
总　计	约 13600	100

数据来源：美国联邦地质调查局网站 http：//minerals. usgs. gov. /minerals/pubs/commodity/rare_earths/。

然而，据 2012 年 6 月我国工业和信息化部发布的《中国的稀土状况与政策》白皮书中数据显示，我国的稀土资源仅占到世界稀土资源总储量的 23%，见表 17-3。

表 17-3　2012 年世界各国稀土矿储量占全球比率（以 REO 计）

国　别	占世界总储量百分比/%	国　别	占世界总储量百分比/%
中　国	23	印　度	3
俄罗斯	19	其　他	37
美　国	13	总　计	100
澳大利亚	5		

数据来源：中国工业和信息化部。

由表 17-1 ~ 表 17-3 可以看出，虽然我国公布的数据与美国联邦地质调查局公布的数据不同，但世界稀土资源主要分布排名前五的国家是一致的，分别是中国、俄罗斯、美国、澳大利亚和印度。我国工业和信息化部发布的《中国的稀土状况与政策》白皮书显示，排名前五国的稀土储量占到世界总储量的 72.6%。稀土资源的分布呈现出非常集中的特点。这个比例只限于已经勘探并探明的矿区，而对世界上尚未勘探的大部分地区，稀土储量仍然是个未知数。近年来，由于对稀土的关注度较高，世界各国分别加大对稀土矿的勘探力度[3]。其中，俄罗斯、巴西、澳大利亚、加拿大、挪威、朝鲜、蒙古、哈萨克斯坦、越南、土耳其、印度、埃及、莫桑比克、南非等国不断传来探明新的稀土矿的消息。探明的超大型稀土矿床有澳大利亚的维尔德山、俄罗斯的托姆托尔、加拿大的圣霍诺雷、越南的茂塞等。

美国的稀土资源分布广泛，目前有 17 个矿床分布在加利福尼亚、怀俄明、爱达荷和阿拉斯加等 12 个州。而加利福尼亚的 Mountain Pass 是未来几年内除中国之外最重要的稀土矿山。该矿山在 20 世纪 60 年代中期至 80 年代是全球重要的稀土供应地，后因各种原因而关闭。截至目前，该矿山已查明的稀土储量为 207 万吨，以轻稀土为主，镧、铈、镨、钕四种元素占稀土总量 98.8% 以上。

独联体国家的稀土资源主要分布在俄罗斯的科拉半岛和吉尔吉斯斯坦、哈萨克斯坦等，但其开发利用情况很少为外界所知。

澳大利亚稀土矿床种类较多，且特色突出，如西澳洲的 Mount Weld 矿床以品位高著称，平均品位高达 9.7%；南澳洲的 Olympic Dam 矿床资源量（矿石量）高达 4500 万吨，但品位过低，约为 0.5%，目前尚未开发利用。

印度的稀土资源主要赋存于海滩冲积砂矿的独居石中，据印度原子能部发布的数据，印度独居石资源量（包括标定资源、推断资源和预测资源）为 1021 万吨，主要分布在安德拉邦、泰米尔纳德邦、里萨邦和克拉拉邦。印度独居石以轻稀土为主，其中镧、铈、镨、钕四种元素约占稀土总量的 92.5%。

我国拥有非常丰富的稀土资源，稀土资源类型较多，稀土矿物种类丰富。主要包括独居石矿、氟碳铈矿、离子型矿、褐钇铌矿、磷钇矿等，稀土元素较为齐全。其中离子型矿床中重稀土矿在世界上占有非常重要的地位[4]。我国的稀土资源主要分布在内蒙古包头、四川冕宁以及江西南部、两广地区和福建等地。白云鄂博含铁-稀土矿床是我国乃至世界上已查明资源量最大的矿床，资源储量大约占全国总量的 96%，以轻稀土为主，镧、铈、镨、钕四种元素占 98% 以上。我国华南地区广泛分布的离子吸附型矿床虽然查明资源总量不大，但因更为稀缺的重稀土含量相对较高（个别矿区重稀土含量超过 60%），而成为全球稀土资源的重要组成部分。我国拥有较为丰富的稀土资源，而且成矿条件十分有利、矿床类型齐全、分布面广且相对集中。目前，地质科学工作者已在全国 2/3 以上的省（区）发现上千处矿床和矿化产地。但主要还是集中分布在内蒙古的白云鄂博、江西南部、广东北部、四川凉山和山东微山等地，形成东、南、西、北分布的格局，见表 17-4。

表 17-4　我国稀土在各个地区的储量（以 REO 计）

地　区	探明储量/万吨	工业储量/万吨	远景储量/万吨
内蒙古白云鄂博	10600	4350	>13500
南方七省	840	150	5000
四川凉山	240	150	>500
山东微山	1270	400	>1300
其　他	220	150	>400
总　计	12770	5200	>21000

我国的稀土矿主要有白云鄂博矿、四川冕宁矿、山东微山矿、江西等七省的离子吸附型稀土矿，广东、广西、江西的钇矿，湖南、广东、广西、海南、台湾的独居石矿，贵州含稀土的磷矿，长江重庆段游砂中的钪矿，以及漫长海岸线上的海滨砂矿等。

我国的稀土资源主要有以下特点：资源赋存分布"北轻南重"。轻稀土矿主要分布在内蒙古包头等北方地区，离子型矿床中重稀土矿主要分布在江西赣州、福建龙岩等南方地区。资源类型较多，稀土矿物种类丰富，包括氟碳铈矿、独居石矿、离子型矿、磷钇矿、褐钇铌矿等，稀土元素较全。

17.1.2　稀土资源的生产和消费状况

17.1.2.1　我国稀土产业状况

我国稀土产业有三大生产基地：(1) 以包头混合型轻稀土为原材料的北方稀土生产基地，其年分离能力为 8 万吨[18]；(2) 以江西、广东、福建、湖南等七省的离子型稀土为原材料的中重稀土生产基地，年分离能力为 6 万吨；(3) 以四川冕宁氟碳铈矿为原材料的氟碳铈矿生产基地，年分离能力为 3 万吨。

我国的稀土生产主要有两大工艺体系：(1) 北方轻稀土工艺体系，产品为稀土精矿、混合稀土化合物、富集物、稀土合金以及单一稀土化合物；(2) 南方中重稀土工艺体系，产品为单一稀土化合物、稀土金属、混合稀土金属及稀土合金。

内蒙古地区的稀土冶炼分离企业约有 60 家，其中骨干企业 20 家，年处理精矿能力 1 万吨的企业 1 家，5000t 以上的 5 家，2000 ~ 3000t 的企业 12 家，其余企业年处理能力均在 2000t 以下。江西省约有稀土冶炼分离企业 20 家，2004 年以前约有 88 家稀土精矿生产企业。四川省冶炼分离企业 28 家，规模企业 2 ~ 3 家，其他企业规模均较小。我国主要稀土矿山企业见表 17-5，内蒙古、山东等省区的轻稀土产能规模较大，占所有稀土矿山企业产能的 74%，南方离子稀土矿山产能占 10% 左右。

表 17-5　中国主要稀土矿山企业（以 REO 计）

地　区	企 业 名 称	产能/t · a^{-1}	占比情况/%
内蒙古	内蒙古包钢稀土高科技股份有限公司	125000	62.4
	包头达茂稀土有限责任公司	20000	10.0
山　东	山东微山湖稀土有限公司	3500	1.7
四　川	四川冕宁矿业有限公司	12000	6.0
	西昌志能实业有限责任公司	4000	2.0
	四川汉鑫矿业发展有限公司	6000	3.0
	四川省冕宁县方兴稀土有限公司	10000	5.0
江　西	赣州稀土矿业有限公司	15000	7.5
福　建	福建省三明稀土材料厂	1000	0.5
	福建省长汀金龙稀土有限公司	2500	1.2
	长汀虔东稀土有限公司	200	0.1
广　东	平远县华企稀土实业有限公司	1000	0.5
	河源市华达集团东源古云矿产开采有限公司	200	0.1
合　计		200400	100.0

17.1.2.2　世界及我国稀土精矿产量

表 17-6 为 2014 年美国地质调查局发布的 2012 年和 2013 年稀土矿产量数据。从表 17-6 可以看出，2012 年和 2013 年世界稀土矿产量均为 11 万吨。我国 2012 年和 2013 年稀土矿产量均为 10 万吨，居世界第一位；美国 2012 年稀土矿产量为 800t，2013 年上升为 4000t 居第二位；印度 2012 年和 2013 年稀土矿产量均为 2900t，居世界第三位；俄罗斯 2012 年和 2013 年稀土矿产量均为 2400t，居世界第四位；澳大利亚 2012 年稀土矿产量为 3200t，2013 年下降为 2000t，居世界第五位；越南、巴西、马来西亚分别居第六 ~ 第八位。表 17-7 为美国地质调查局公布的 2011 ~ 2016 年世界稀土产能及预测数据。

表 17-6　世界稀土矿产量（以 REO 计）

国　家	稀土矿产量/t		国　家	稀土矿产量/t	
	2012 年	2013 年		2012 年	2013 年
美　国	800	4000	马来西亚	100	100
澳大利亚	3200	2000	俄罗斯	2400	2400
巴　西	140	140	越　南	220	220
中　国	100000	100000	其他国家	—	—
印　度	2900	2900	全球（约）	110000	110000

资料来源：2014 年美国地质调查局发布的 2012 年和 2013 年稀土矿产量数据。

表 17-7　2011 ~ 2016 年世界稀土产能及预测（以 REO 计）　(t)

国家及地区	主要矿区名称	2011 年	2012 年	2013 年	2014 年	2015 ~ 2016 年
澳大利亚	Dubbo	0	0	3800	3800	3800
	威尔德矿	11000	22000	22000	22000	22000
	Nolans Bore	0	20000	20000	20000	20000
加拿大	Nechalacho	0	0	0	0	8000
	奇异湖矿	0	0	0	0	10000
格陵兰岛	Kvanefild	0	0	0	0	37000
印　度	Heavy mineal sands	2700	2700	2700	2700	2700
马来西亚	Lpoh plant	450	450	450	450	450
俄罗斯	Lovozero	3000	3000	3000	3000	3000
北　非	Steenkampskraal	0	0	5000	5000	5000

续表 17-7

国家及地区	主要矿区名称	2011 年	2012 年	2013 年	2014 年	2015 ~ 2016 年
美　国	贝诺杰矿	0	0	0	0	10000
	帕斯矿	3000	19050	40000	40000	40000
总　计		20150	67200	96950	96950	161950
中国产能		115000	95000	95000	95000	95000
世界最高产能		135150	162200	191950	191950	256950
世界最低产能		124000	140200	183000	183000	183000

数据来源：美国联邦地质调查局网站 http：//minerals. usgs. gov. /minerals/pubs/commodity/rare_earths/。

由表 17-7 可以看出，世界稀土生产新格局按投产时间分为以下几部分，持续生产的矿区包括：我国的白云鄂博稀土矿、四川冕宁稀土矿、南方七省离子吸附型稀土矿、山东微山稀土矿等，印度的 Heavy Mineal Sands 矿区，马来西亚的 Ipoh Plant 及俄罗斯的 Lovozero 矿区；已经复产的矿区包括：澳大利亚的威尔德矿区、美国的帕斯矿区；2012 年及 2013 年投产的矿区包括：澳大利亚的 Nolans Bore（2012）及 Dubbo（2013）矿区、北非的 Steenkampskraal（2013）矿区；2015 年以后投产的矿区包括美国的贝诺杰矿区、加拿大的 Nechalacho 及奇异湖矿区及格陵兰岛的 Kvanefeld 矿区。图 17-1 为 2011 ~2016 年世界稀土产能变化趋势。

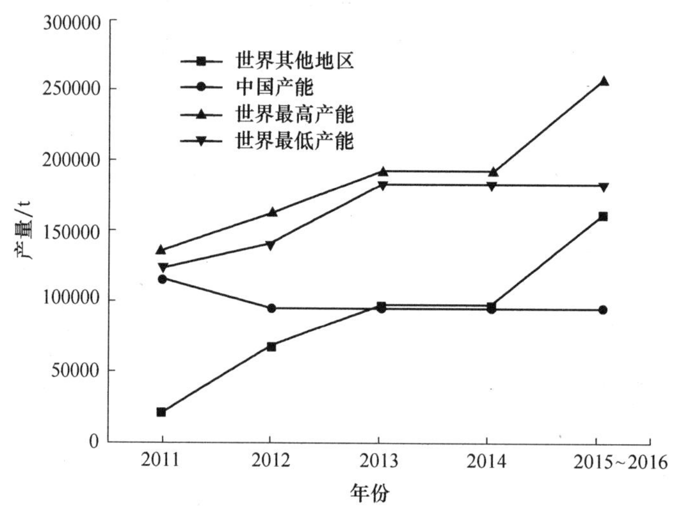

图 17-1　2011 ~2016 年世界稀土产能变化趋势

根据图 17-1 的趋势分析可以发现，未来稀土国际产能的新格局为：世界稀土的产能将逐渐上升，其他地区的稀土产能逐渐成为世界稀土产能扩大的较大推动力，我国的产能份额会有一定程度的下降，但从绝对值来看，下降幅度并不大，预估平均下降幅度为 17.3%，我国仍然是世界稀土供给的稳定来源之一。

我国国土资源部自 2006 年起连续下达关于稀土矿开采总量控制的通知。2006 ~2011 年我国稀土矿开采总量控制指标见表 17-8，年稀土总量控制在 8 万 ~9 万吨。

表 17-8　2006 ~2011 年我国稀土矿开采总量控制指标

年　份	REO/t		
	轻稀土	中重稀土	总　计
2006	78200	8300	86500
2007	78200	8800	87000
2008	78500	9100	87600
2009	72300	10020	82320
2010	77000	12200	89200
2011	80400	13400	93800

数据来源：稀土信息网 http：//www. cre. net/。

而实际产量见表 17-9，其为中国 2006 ~ 2011 年稀土产品产量。

表 17-9　2006 ~ 2011 年我国稀土产品产量（以 REO 计）　（t）

产品名称	2006 年	2007 年	2008 年	2009 年	2010 年	2011 年
矿产品产量	132506	120800	124500	129405	89259	84943
冶炼产品产量	156969	125973	134644	127320	118898	969934

数据来源：稀土信息网 http：//www. cre. net/。

由表 17-9 可以看出，2011 年各类稀土矿产品产量为 8. 49 万吨，同比下降 4. 84%。其中混合型稀土矿产量 5. 00 万吨，同比上升 0. 12%；氟碳铈矿产量为 2. 48 万吨，同比上升 0. 54%；离子型稀土矿产量 1. 02 万吨，同比下降 30. 62%。各类稀土冶炼加工产品产量达 9. 69 万吨，同比下降 18. 47%。

17. 1. 2. 3　世界及我国稀土消费量

A　世界稀土消费量

表 17-10 为美国地质调查局公布的 2011 ~ 2016 年世界稀土供需量及预测数据。由表 17-10 可以看出，世界稀土产出多格局局面逐渐形成，使得 2011 ~ 2016 年世界稀土供给量呈现逐渐上升的趋势，预测的世界稀土最小供给量将不能够满足世界的稀土需求，而世界稀土最大供给量将超过世界稀土的总体需求，因此，只有打开稀土国际多格局供给的局面才能够满足未来稀土的国际需求。而从我国需求来看，我国到 2015 年以后将逐渐成为稀土消费大国，进口量将超过出口量；世界其他地区的供给量和需求量呈现逐年上升的趋势。

表 17-10　2011 ~ 2016 年世界稀土供需量及预测数据（以 REO 计）　（t）

年　份	2011	2012	2013	2014	2015 ~ 2016
中国供给量	115000	95000	95000	95000	95000
其他地区最大供给量	20150	67200	96950	96950	161950
其他地区最小供给量	9000	47000	68000	68000	68000
世界最大供给量	135000	162000	192000	192000	257000
世界最小供给量	124000	142000	163000	163000	163000
中国需求量	77000	82000	90000	99000	109000
其他地区需求量	61000	65000	71000	78000	82000
世界最大需求量	140000	150000	170000	190000	210000
世界最小需求量	130000	140000	150000	170000	190000

资料来源：根据美国地质调查局《稀土元素的未来》报告数据整理。

B　我国稀土消费量

2000 ~ 2010 年，我国稀土矿产品消费量逐年增多，由 2000 年的 1. 9 万吨增至 2010 年的 7. 7 万吨，提高了 305. 3%。

我国稀土主要应用于磁体、冶金、化学和石油、陶瓷和玻璃、农业纺织业以及氢储存等领域。2011 年，我国用于生产磁体的稀土消费量最多，占消费总量的 30%，如图 17-2 所示。其次是冶金领域的应用占总量的 15%，在化学和石油、陶瓷和玻璃以及农业纺织业领域消费比较平均，均为总量的 10%；此外在氢存储领域的稀土消费量也占到 9%。

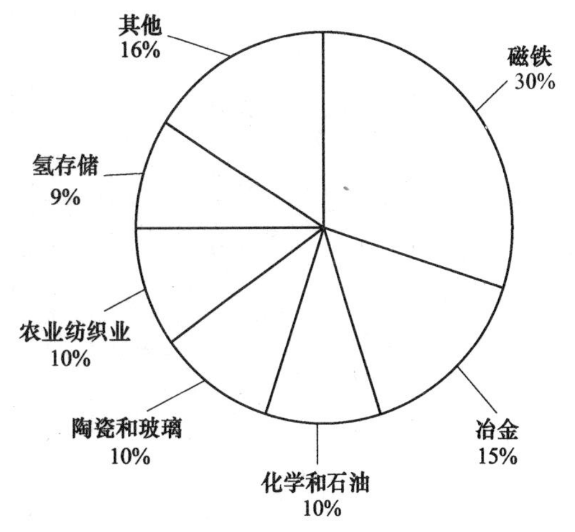

图 17-2　2011 中国稀土消费领域分布

在稀土消费方面，受 2012 年基数低、稀土价格持续下调等因素的影响，2013 年稀土消费量呈现恢复性增长，但仍显低迷，下游深加工企业开工率低。稀土永磁材料行业全年开工率仅 60%；储氢材料与抛光粉材料行业开工率均为 40% 左右；在稀土发光材料行业，虽然 LED 领域消费增长明显，对三基色荧光粉市场造成严重冲击，但是与三基色荧光粉相比，稀土在 LED 中应用的单耗数量非常小。总体来说，稀土在发光材料领域的应用情况并未好转。2013 全年消费量近 7.8 万吨，比 2012 年同期增长 20.62%，见表 17-11。

表 17-11　2009～2013 年我国稀土消费情况

年　份	2009	2010	2011	2012	2013
REO 消费量/t	73000	87025	83110	64797	78160
增长率/%	—	19.21	-4.50	-22.03	20.62

数据来源：安泰科。

稀土产品属于工业中间产品，并不能直接进入终端消费使用，因此稀土的商业需求属于派生需求。根据矿产资源需求经济学理论，稀土的派生需求量取决于每单位产出稀土的投入量，即边际稀土投入量。稀土的派生需求决定其作为中间产品所投入的终端消费品的需求量，而终端消费品的需求量的主要决定变量为价格及国民收入。对于终端消费产品需求的增加会促进稀土资源需求的增加。当稀土产品价格上升时，稀土产品需求量的下降程度取决于终端产品将原料上涨的影响传导至终端消费者的能力，即取决于消费者对于终端产品的需求弹性大小，终端产品消费者需求弹性越大，能够被替代的产品选择越多，对于终端产品的需求越少，进而对于派生产品稀土的需求就越少；相反，消费者需求弹性越小，终端产品的替代性小，中间产品价格上涨的因素就能够更多地被传导至消费者，进而使得派生产品稀土的需求保持相对稳定。从稀土的应用需求方面来看，稀土产品的应用被分为传统领域和高新领域，传统领域的应用需求比较稳定，且随着社会的不断进步，总体的需求应该会稳态上升，而在高新技术领域，稀土作为越来越重要的中间工业投入品，稀土产品的需求将会有相对较快的上升[3,4]。

17.1.2.4　我国稀土精矿和金属进出口情况及趋势

我国稀土产品出口以永磁材料、发光材料、储氢材料和抛光粉等中低端产品为主，而高纯度单一的稀土氧化物、高级稀土金属合金等深度加工产品出口量仅为 25% 左右。1990～2008 年，我国稀土产品出口量逐年增高；2008～2013 年我国稀土出口量呈现先增高后降低的抛物线分布，如图 17-3 所示。受 2008 年全球经济危机的影响，我国稀土出口量自 2001 年首次降到 3 万吨以下，较 2007 年降低了 33.2%。2009 年以来，我国加强了稀土行业管理，从保护环境和资源的角度，以符合世贸组织规则为原则，稀土价格对国内外企业一视同仁，稀土出口总量维持在 3.5 万吨左右，2011 年降至 1.86 万吨，为历史最低。2013 年稀土出口情况受稀土价格持续下调影响，出口量同比增长明显，出口金额同比下降[6]。全年出口冶炼分离产品实物量达 2.24 万吨，同比增长 40%，出口金额达 5.7 亿美元，同比下降 37%。

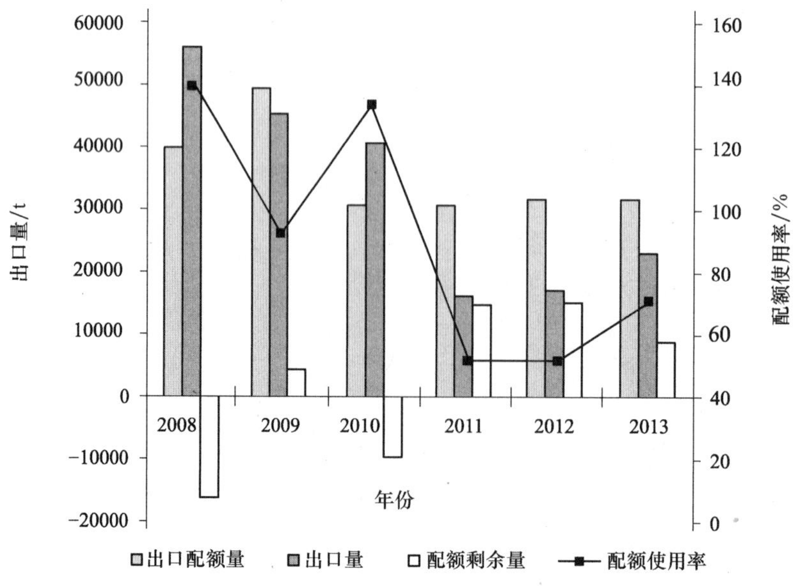

图 17-3　2008～2013 年我国稀土产品出口量变化趋势

2011 年，我国稀土出口量排在前 9 位的国家和地区为日本、美国、法国、中国香港、德国、荷兰、韩国、意大利和越南，如图 17-4 所示。我国稀土出口日本占总量的 56%，约为 10416t，出口美国占总量的 14%，约为 2604t，出口法国约占总量的 10%。我国稀土出口分布极不平衡，出口到日本、美国、法国 3 个国家的量占到总量的 80%，约为 1.48 万吨，而仅出口到日本的量就占了一半以上。

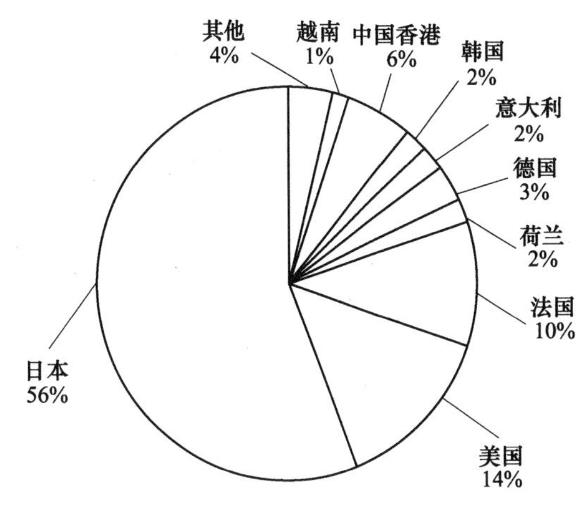

图 17-4　2011 年中国稀土出口量分布

日本进口我国的冶炼分离产品比较多，2000 年以来一直是进口我国冶炼分离产品最多的国家，而韩国 2010 年开始逐渐成为我国稀土另外一个消费大国，我国在亚洲地区的稀土出口量增长较为显著。我国对欧洲地区的出口量及出口额长期以来比较稳定，相比美国及亚洲国家来说，增幅较小但是需求比较稳定。因此，通过以上的分析可以明确，我国稀土主要的贸易国家为美国、欧洲以及亚洲的一些国家，对欧洲的出口比较稳定，对美国及亚洲国家的出口增幅较为明显，并且在 2011 ~ 2015 年，我国对以上地区的稀土出口继续保持较大的增长幅度。

我国是世界最大的稀土出口国，稀土产品出口到 50 多个国家和地区，2011 年我国稀土产品（不计磁材、铁合金）出口总量为 1.57 万吨，同比下降 54.68%，出口额为 26.67 亿美元，同比增长 183.83%。我国稀土主要矿产品出口情况见表 17-12。

表 17-12　我国稀土主要矿产品出口情况

品　种	数量/t		金额/万美元	
	2010 年	2011 年	2010 年	2011 年
REO	20900	10092	58433	179709
稀土盐类	6137	1679	17671	26689
金属及合金	7515	3889	17867	60316
合　计	34552	15660	93971	266714

资料来源：中华人民共和国海关统计年鉴（2011 ~ 2012）。

17.1.2.5　*稀土精矿和金属价格及趋势*

作为世界稀土资源大国，从 1970 年开始我国就加大了稀土的开发和出口。然而，长期以来随着我国稀土出口数量的增加，稀土价格却始终不高。1979 ~ 1986 年，稀土价格维持在 8 美元/千克，1987 ~ 1992 年，稀土平均价格先升高后降低，1990 年为峰值，约 14 美元/千克。这是因为稀土产品出口量由不足转向过剩，竞争逐渐激烈的缘故。

1990 ~ 2005 年间，我国稀土出口量增长 9 倍以上，平均价格却不足 1990 年的一半，2005 年降至 5.5 美元/千克左右，为历史新低。从 2007 年起，我国政府开始对稀土生产实行指令性规划，并开始减少稀土出口，稀土价格一度飙升至 17 美元/千克。受全球金融危机的影响，2008 年我国稀土平均价格降至 14 美元/千克，2009 年降至自金融危机以来最低价 8.59 美元/千克，与 2006 年的价格相当，较 2007 年降低了近 50%，这与欧美经济萧条，欧洲债务缠身导致需求下降密切相关。2011 年价格上涨至约 26 美元/千克。我国稀土出口年平均价格如图 17-5 所示。

2012 年我国国内稀土价格均价全线下滑，无论是经济价值较高的氧化镝、氧化铽、氧化铕，还是供应较为充足的氧化镨钕、氧化镧、氧化铈，2012 年全年均价同比普遍下跌了 50% 左右（见表 17-13 和表 17-14）。

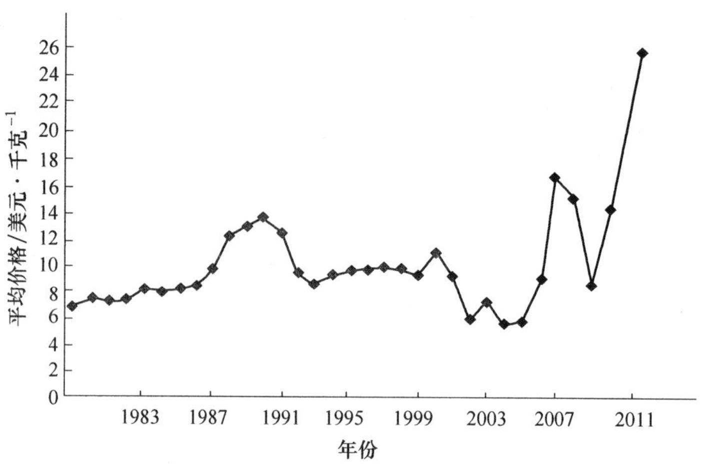

图 17-5　我国稀土出口年平均价格

表 17-13　中国稀土均价情况一览表　(元/千克)

稀土品种	氧化镧 (99.0% ~ 99.9%)	氧化铈 (99.0% ~ 99.5%)	氧化镨 (99.0% ~ 99.5%)	氧化钕 (99.0% ~ 99.9%)	氧化钐 (99.5% ~ 99.9%)	氧化铕 (99.95% ~ 99.99%)	氧化铽 (99.95% ~ 99.99%)
2009 年平均	25	16	81	84	17	2529	1868
2010 年平均	32	25	189	202	18	2851	2799
2011 年平均	110	129	660	871	78	13507	11112
2012 年平均	77	79	467	495	84	7819	6251
2013 年平均	32	33	453	328	34	4811	3701
稀土品种	氧化镝 (99.5% ~ 99.9%)	氧化铒 (99.5% ~ 99.9%)	氧化钇 (99.995% ~ 99.999%)	氧化钆 (99.5% ~ 99.9%)	氧化镨钕 (>75%)	金属镧 (>99.0%)	金属铈 (>99.0%)
2009 年平均	582	—	43	—	77	44	42
2010 年平均	1159	—	48	—	181	55	47
2011 年平均	6641	—	263	—	716	159	213
2012 年平均	4207	513	160	165	393	115	177
2013 年平均	1906	321	81	153	312	65	82
稀土品种	金属镨 (96.0% ~ 99.0%)	金属钕 (99.0% ~ 99.9%)	金属钇 (99.9% ~ 99.95%)	金属铽 (>99.9%)	金属镝 (>99%)		
2009 年平均	111	115	250	2380	773		
2010 年平均	230	249	291	3318	1391		
2011 年平均	924	1109	447	14448	9090		
2012 年平均	625	655	484	9148	6298		
2013 年平均	509	409	323	6001	3384		

资料来源：稀土信息网 http：//www.cre.net/。

表 17-14　稀土产品现货及出口平均价格　(元/吨)

年　份	国内现货价格			出口含税价格		
	碳酸稀土	氧化钕	金属钕	碳酸稀土	氧化钕	金属钕
2008	14347	144422	201408	32789	188576	231736
2009	8307	81488	111160	20437	119218	121938
2010	17342	197835	249153	32791	326702	314318
2011	68869	884301	1129236	662373	1613124	1769818
2012	57314	487521	641727	68274	808937	970878
2013	28815	318776	402692	—	—	—

资料来源：稀土信息网 http：//www.cre.net/。

17.2　稀土选矿理论及基础研究进展

17.2.1　稀土氧化物的结构与性能

17.2.1.1　稀土元素的电子层结构

稀土元素位于元素周期表中第三副族（ⅢB 族），而且镧及其后的 14 种元素（57～71 号）位于周期表的同一格内，这几种元素性质相似，同属ⅢB 族的钇其原子半径接近于镧，而且钇位于镧系元素离子半径递减顺序的中间，因而钇和镧系元素的化学性质非常相似。稀土元素所处的这种特殊周期表位置使它们的许多性质（如电子能级、离子半径等）只呈现微小而近乎连续的变化，赋予稀土元素许多优异性能。

在 17 种稀土元素中，镧系原子的电子层结构为［Xe］$4f^x sd^{0\text{-}1}6S^2$，其中［Xe］为 54 号元素氙原子的电子层结构，$x=0$(La)至 $x=14$(Lu)。钇与钪原子的外层电子结构相似。镧系元素原子电子层结构的特点是：原子的最外层电子结构相同（都是 2 个电子）；此外电子层结构相似，倒数第三层 4f 轨道上的电子数从 0～14，即随着原子序数的增加，新增加的电子不填充到最外层或次外层，而是填充到 4f 内层。又由于 4f 电子云的弥散，使它并非全部分布在 5s、5P 壳层内部。故当原子序数增加 1 时，核电荷数增加 1，4f 电子虽然也增加 1，但是由于 4f 电子只能屏蔽所增加核电荷中的一部分（约 85%），而在原子中由于 4f 电子云的弥散没有在离子中大，故屏蔽系数略大。所以当原子序数增加时，外层电子受到有效核电荷的引力实际上是增加了，故使得镧系元素的半径减小，其性质随原子序数的增大而有规律的递变。

17.2.1.2　稀土氧化物的结构与性质

稀土氧化物的结构相当复杂，类型也很多，但主要取决于氧化物中稀土元素的价态、离子半径及生成温度。在 2000℃以下，稀土的三氧化物（RE_2O_3）具有图 17-6 所示的 A、B、C 三种结构。在 A 型 RE_2O_3 结构中，稀土离子是 7 配位，6 个氧原子围绕稀土离子呈八面体排布，另外还有一个氧原子处在八

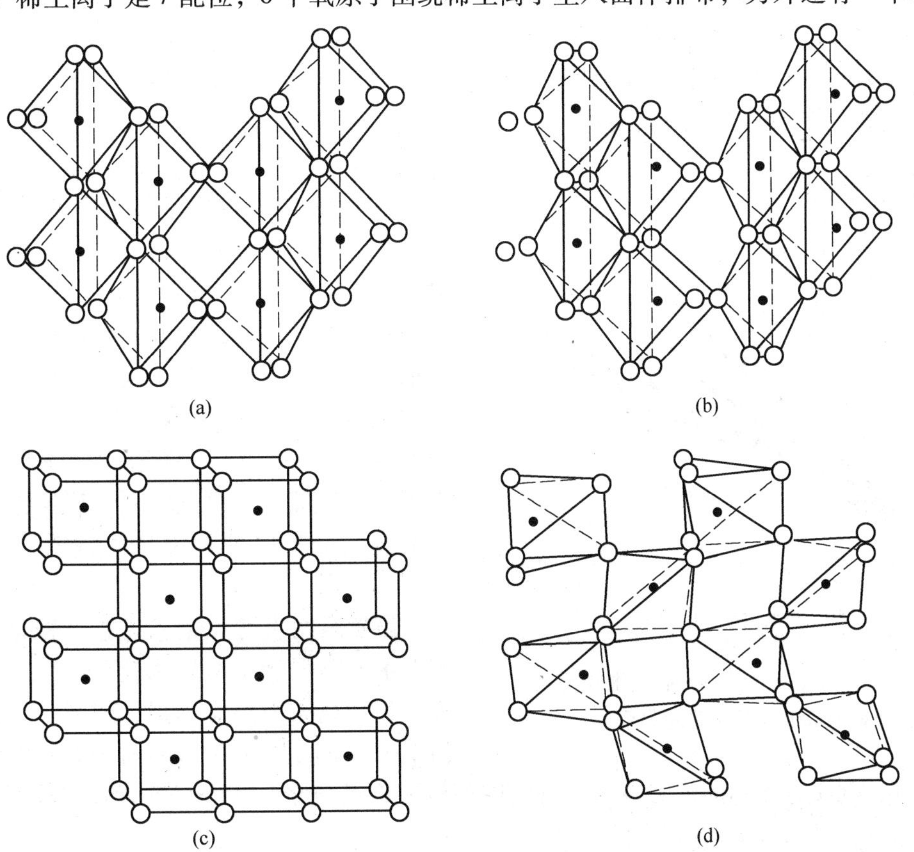

图 17-6　稀土氧化物的结构

(a) A 型 RE_2O_3；(b) B 型 RE_2O_3；(c) CaF_2 型 RE_2O_3；(d) C 型 RE_2O_3

• —稀土金属原子；○ —氧原子

面体的一个面上。在 B 型 RE_2O_3 中，稀土也是 7 配位的，其中 6 个氧原子也是八面体排布，余下的 1 个氧原子与金属原子的键要比其他的键长；在氟化钙型结构中，每个金属原子被 8 个氧原子包围，它们分布在一个立方体的 8 个顶角上，每个氧原子又被 4 个金属离子包围，这 4 个金属离子分布在一个四面体顶角上。C 型结构则是在氟化钙型结构中移去 1/4 的阴离子，金属离子是 6 配位的。C 型 RE_2O_3 的结构和氟化钙型结构类似，这可能说明为什么 C 型的 RE_2O_3 容易与高价铈、镨的氧化物（它们都是氟化钙结构的）生成混合晶体[15,22,29,39]。

晶粒的尺寸大小是决定材料性能的主要指标之一。当晶粒尺寸较大时，如稀土草酸盐颗粒，颗粒尺寸与晶粒度相同。随着晶粒尺寸的减小，晶粒表面能迅速增加，在干燥、焙烧等过程中晶粒间常会发生强度不同的团聚，此后所测得的颗粒尺寸将大于晶粒度，晶粒越小，二者的差距越大。晶粒度的测定通常由 XRD 进行，而颗粒尺寸的测定是由各种原理的粒度仪完成。

不同晶体结构的稀土氧化物表现出不同的性能，因而应用于不同的材料中，例如 CeO_2、Y_2O_3 的晶体结构与 ZrO_2 相似而可互溶，因而 Ce-Y、Ce-Zr、Y-Zr、Y-Ce-Zr 等复合氧化物在氧传感器、燃料电池电解质、汽车尾气净化催化剂等方面得到广泛应用。

17.2.2 风化壳淋积型稀土矿浸取稀土的理论基础

根据风化壳淋积型稀土矿以离子相稀土为主的特点，我国科技工作者提出了采用电解质进行离子交换浸取稀土的方法，并从第一代池浸工艺，发展到如今的第三代原地浸出工艺。

17.2.2.1 风化壳淋积型稀土矿的提取动力学

风化壳淋积型稀土矿中稀土主要赋存在黏土矿物中，而黏土矿物粒径细、孔隙小、渗透性差，对浸取稀土影响较大。多年的生产实践表明，其浸取效果不仅受矿石性质、浸取剂种类及浸取剂浓度等因素的影响，而且与浸取过程中的浸取水动力学、浸取动力学和浸取传质效果有关。

风化壳淋积型稀土矿床是一种非固结颗粒床，该矿在渗浸过程中所承受的浸取剂溶液给定的静压较小，不会引起矿石固有的骨架结构变化。该矿在渗浸过程中的渗透率与孔隙率及矿石粒径间关系遵循多孔介质的层流规律，可通过宏观流体动力学理论和实验方法来讨论这些物理量之间的关系。典型风化壳淋积型稀土矿采用不同类型浸矿剂时流速与压差关系如图 17-7 所示。

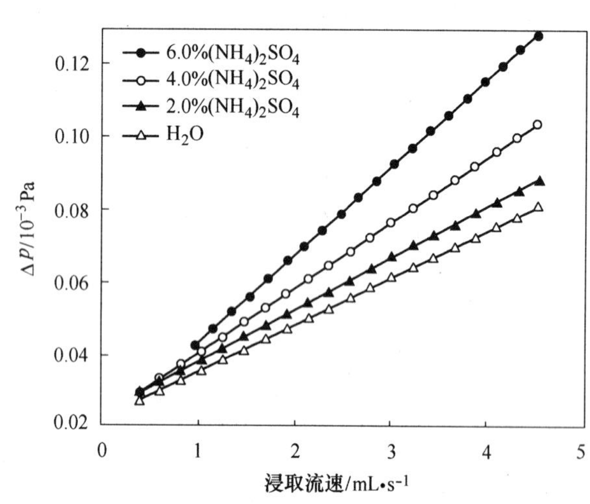

图 17-7 不同浸取剂浓度时风化壳淋积型稀土矿浸取流速与压差的关系

图 17-7 结果表明，两种风化壳淋积型稀土矿渗浸的流量与压差均呈线性关系，符合达西定律（Darcy's law），表明风化壳淋积型稀土矿具有一般多孔非固结性介质特性。由于浸取剂浓度的改变引起其黏度的变化，从而影响浸取的渗透性，浸取剂浓度越高，其黏度越大因而浸透率就越小。浸取剂种类对矿石浸取有明显影响。其渗透率大小顺序为：硝酸铵 > 氯化铵 > 硫酸铵，这主要是由于各种浸取剂的黏度不同而引起的。这说明可以通过改变浸取剂种类来达到改善矿石浸取渗透作用的目的。

虽然风化壳淋积型稀土矿在浸取时，浸出液在矿石中的流动和扩散因素比较复杂，有重力势、毛细势和宏观压力势等作用，但通过对风化壳淋积型稀土矿浸取过程中渗透率与矿石孔隙率和矿石粒度关系的研究发现，起决定作用的是宏观压力势，因而浸取渗透流量与压力较好地符合达西定律，这是建立在浸取工艺数学模型的基础上的。

风化壳淋积型稀土矿电解质溶液池浸工艺的实质为“漫浸”，没有考虑其浸出过程动力学与传质因素，因而稀土浸出率低、浸取剂耗量大、浸出液固比大、稀土浓度低且杂质含量高。

用尝试法探索稀土浸取动力学方程和动力学控制步骤，以便采取措施强化浸取过程和提高浸取效果，从而达到提高浸出液稀土浓度、降低浸取剂消耗和提高浸取率的目的。结果表明，在稀土浸取动力学区，稀土浸取过程较好地符合“收缩未反应芯模型”，属固膜内扩散步骤控制模型。

风化壳淋积型稀土矿浸取是一个典型的液-固非均相反应，可以把稀土矿浸取视为一个化工过程，浸出过程符合收缩未反应芯模型，属内扩散动力学控制。稀土浸取的表观活化能为 9. 24kJ/mol，一般介于 4～12kJ/mol，也证实风化壳淋积型稀土矿浸取过程受内扩散动力学控制。上述浸取动力学结果，对高效、低耗、优质地浸取风化壳淋积型稀土矿有一定理论指导意义。

17. 2. 2. 2　风化壳淋积型稀土矿的提取传质过程

采用色层柱研究风化壳淋积型稀土矿浸取传质过程，基本原理是将风化壳淋积型稀土矿浸取过程看作色层淋洗过程，研究浸取流速对理论塔板高度的影响。

浸取稀土的传质可用理论塔板高度表达，理论塔板高度越大，横向扩散作用越强，传质效果越差。对于同一矿石和同一浸取剂而言，流速将对理论塔板高度起决定作用。作理论塔板高度 H-浸取流速 U 关系曲线，如图 17-8 所示。

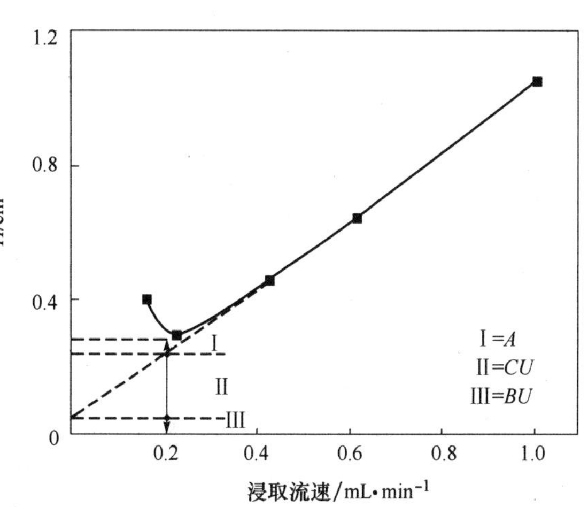

图 17-8　风化壳淋积型稀土矿在不同流速下淋浸理论塔板高度曲线

从图 17-8 可知，随着流速的增大，开始时 H 减小，但超过某一速度后，H 增大，因而浸取有一个最佳流速，这可用 Van Deemter 方程描述：

$$H \longrightarrow A + BU + CU \qquad (17\text{-}1)$$

式中，A、B、C 为影响柱效率的三项因素。A 为多径扩散项或涡流扩散项，显示装矿不均匀而引起的峰扩散（H 增大），反映浸取过程中“沟流”现象的大小；B 为纵向扩散系数，浸取剂流速越小，BU 值越大，即扩散越强；C 为传质阻抗系数，浸取时稀土在固液两相间平衡分配，由于浸取剂流动，使这种平衡被破坏，产生传质阻抗，影响柱效，因而浸取流速越大，传质推动力越大[20,21]。

17. 3　稀土浮选药剂研究状况

浮选是选矿工艺中常用的方法，稀土矿的选矿更需要借助于浮选法，浮选药剂是浮选法能否成功的关键。稀土矿物浮选药剂的研究和应用对稀土矿选矿乃至整个稀土工业的发展起着极其重要的作用。自稀土矿于 1954 年在美国开采分选以来，已先后使用和研究过的捕收剂近 30 种，获得工业应用的稀土捕收剂有脂肪酸类捕收剂、羟肟酸类捕收剂[5]。自从油酸成功地用于 Mountain Pass 稀土矿浮选以来，在处理复杂难选的稀土矿，特别是含稀土矿物种类多、矿石中各种矿物物理化学性质相近时（如我国白云鄂博矿），更需要高效且具有较好选择性的浮选药剂。自 20 世纪 60 年代以来，国内外矿物工程研究者针对稀土浮选药剂的选择性、捕收性做了大量的研究工作，开发或筛选出多种不同类型的浮选药剂，如含氮浮选剂、含磷浮选剂和酸类浮选剂等，其中有些药剂已在稀土浮选中应用[16,23,34,47]。

17. 3. 1　捕收剂研究状况

17. 3. 1. 1　浮选捕收剂研究基础进展

国内外许多学者对氟碳铈矿或独居石的浮选机理做了很多的研究工作。用电化学方法研究氟碳铈矿与油酸钠的吸附性时，在零电点以上，油酸钠大量吸附在氟碳铈矿表面，表明在矿物表面发生了化学吸附；Viswanathan 通过红外光谱研究独居石与油酸钠的作用机理时认为，在独居石矿物的表面生成了化学吸附层；Zakharov 等人认为，油酸钠浮选独居石时，取决于稀土元素与捕收剂的反应，形成对应的油酸盐。

羟肟酸与稀土矿物的吸附，主要在于金属阳离子的吸附能力。D. W. Fuerstenau 等人假设了一种羟肟酸分子参加反应的“吸附-表面反应联合机理”。在捕收剂的 pKa 附近，存在着中性羟肟酸分子和化学吸附的羟肟酸阴离子的共吸附，从而形成稳定的金属螯合物；并推断浮选回收率和羟肟酸最大值，完全是由于这些离子或分子的吸附，而增大了羟肟酸的活性。D. W. Fuerstenau 等人进一步假设了羟肟酸盐在矿物表面吸附有化学吸附和表面反应吸附；基于溶液平衡原理，他们还设计了微溶矿物和化学键之间相互作用的模型。

梁国兴等人进行了氟碳铈矿的浮选捕收剂的性能比较研究，应用“软硬-酸碱”原理、基团电负性理论、共轭体系作用和螯合效应等四种原理，得出浮选氟碳铈矿捕收剂主要是羧酸类和羟肟酸类，且羟肟酸类能形成稳定五元环螯合物，因此是较佳的捕收剂。羟肟酸类捕收剂与稀土矿物作用是化学吸附。若捕收剂分子中引入能提高活性基电子密度的基团，则形成的新捕收剂能提高对稀土的捕收能力。

“软硬酸碱”理论解释为，稀土矿物晶格表面的铈、镧等稀土元素以正三价形式存在，属于典型的硬酸，它与电子结构具有孤电子对的硬碱氧和氮作用稳定。因此，氧和氮是良好的活性基原子，含有以氧和氮配位的有机化合物可能成为氟碳铈矿良好的捕收剂。

17.3.1.2 稀土捕收剂研究进展

稀土矿物的捕收剂有含氮捕收剂、含磷捕收剂和羧酸类捕收剂等。

A 稀土浮选含氮药剂

根据非极性基的类型可将稀土含氮捕收剂大致分为烷基类、环烷基类和芳香基类三种。各类药剂又可根据极性基团分为不同种类的浮选剂。这些不同类型的稀土含氮药剂在不同稀土矿物浮选中都曾进行过不同规模的试验研究或工业应用，均能获得高品位的稀土精矿，但是由于它们的结构种类不同，其对稀土矿物浮选效果有较大差异。目前，在工业中广为应用的有 $C_{5\sim9}$烷基异羟肟酸、H205 和 H316 等。

羟肟酸类捕收剂是 20 世纪 80 年代发展起来的一种优良捕收剂，也是一种典型的螯合捕收剂。我国先后研制成功并获工业应用的 $C_{5\sim9}$羟肟酸、环烷基羟肟酸、水杨羟肟酸、邻羟基苯甲羟肟酸（H205）等羟肟酸捕收剂对稀土矿有很好的浮选效果。工业生产选别稀土矿物的捕收剂主要以 H205 为代表。H205 对稀土矿物具有良好的选择性，这是由于它的疏水基呈多环结构，疏水性能加大，导致捕收能力有所提高，从而有利于提高回收率和精矿品位，但该药剂存在着价格昂贵的缺点。四川冕宁县牦牛坪稀土矿区的重选粗精矿采用 H205 作捕收剂，获得含 REO 60% ~65% 的稀土精矿，稀土回收率 65% ~70%。但由于 H205 在使用时需要加入大量氨水，配制复杂，并且 H205 固体颗粒溶解不完全，致使药耗大，生产成本偏高。近 3 ~5 年，在 H205 药剂基础上先后研制出了 H316 及 LFP8 系列药剂代替 H205，药剂用量明显减少。

在羟肟酸的作用机理研究方面，M. C. Fuerstenau 及其同事们提出了羟基配合物的假说，Jammes 等人提出矿物表面溶度积假说，这两种假说都承认形成螯合物是捕收稀土矿物的关键；任俊等人用多种现代手段研究了 H205 对氟碳铈矿的捕收机理，认为 H205 主要是经脂肪酸上羧基的两个氧原子与氟碳铈矿表面的 RE(Ⅲ)形成了—C ═N—Re(Ⅲ)—O 五元环的螯合物，产生化学吸附，同时兼有多层不均匀的物理吸附。红外光谱证明氟碳铈矿表面有 C—O—RE 及 NORE 键生成。总体来说，稀土选矿药剂在不断发展，主要仍然是发展螯合型的捕收剂，提高选矿效果，降低用量，降低成本，此方面仍有发展空间。另外，也有实验室试验研究结果表明，用 C10 ~C12 醇制备的烷基硫酸单乙醇胺作为稀土的捕收剂，可使精矿品位和回收率大幅度提高[47]。

B 稀土浮选含磷药剂

有机磷酸类药剂是近来获得应用的引人注目的新型浮选药剂。在国外，它先是在锡浮选，继而又在钛浮选中获得应用。在国内，除锡石、钛铁矿外，用其浮选钨、钽铌等矿物也都收到成效。许多学者就该类药剂对稀土矿物的浮选性能也做了深入研究。周高云、罗家珂等人采用柠檬酸作调整剂，单烷基磷酸酯作捕收剂，MIBC 为起泡剂，在 pH 值为 5 的条件下浮选时，可成功地实现氟碳铈矿与独居石（2∶1）的浮选分离，可获得纯度为 95.20%、回收率为 91.25% 的氟碳铈矿精矿和纯度为 83.25%、回收率为 90.13% 的独居石精矿。同时，系统地研究了烷基磷酸酯与矿物表面的作用机制，并提出它在矿物表面的吸附模型。张泾生等人将有机磷酸类药剂用于山东微山稀土矿的浮选，系统研究了有机磷酸类药剂对稀土浮选的影响，并对辅助药剂煤油的用量、添加顺序以及水质对浮选的影响进行了讨论，采用苯乙烯磷酸和相应的分选工艺，从原矿含 REO 品位 6.1% 的矿石中获得品位为 60.14%、回收率为 48.40% 的高品位稀土精矿和品位为 20.03%、回收率为 36.31% 的稀土次精矿。

C　稀土浮选羧酸类药剂

羧酸类药剂是较早被用于浮选稀土矿物的捕收剂。20 世纪 60 年代初，北京有色金属研究总院对油酸、氧化石蜡皂浮选稀土矿物进行了系统研究，经过多方案的探索研究证明，在矿浆 pH 值为 8 ~9，栲胶和水玻璃为抑制剂，氟硅酸钠为调整剂，用油酸或氧化石蜡皂浮选稀土，可从含 REO 7% ~9% 的原矿中获得含 REO 40%、回收率为 55% ~75% 的稀土精矿。

邻苯二甲酸是具有一个苯环的二元羧酸，是稀土羧酸类浮选剂的典型代表。它与含磷浮选剂和含氮浮选剂相比，对氟碳酸盐稀土矿物具有选择性好、药剂性能和浮选性能稳定、价廉等优点。邻苯二甲酸对氟碳铈矿的捕收能力强，而对独居石的捕收作用较弱，可有效地分离氟碳铈矿与独居石。并且用它从包钢选矿厂重选稀土粗精矿和山东微山稀土矿中成功地分离出了高纯度的氟碳铈矿精矿。

17.3.1.3　离子吸附型稀土矿浮选药剂研究

离子吸附型稀土矿的化学选矿大体可以分为浸矿和提取两步，先把稀土从矿中浸出，然后再从浸出液中提取稀土。浸矿的机理是：在离子吸附型稀土矿中，被吸附在黏土表面的稀土阳离子遇到化学性质更活泼的阳离子（Na^+，NH_4^+ 等）时，会被更活泼的阳离子解吸下来进入溶液，达到浸出目的。其阳离子交换反应原理见式（17-2）。

$$(\text{高岭土})m \cdot n\text{RE} + 3n\text{Me}^+ \longrightarrow (\text{高岭土})m \cdot 3n\text{Me} + n\text{RE}^{3+} \qquad (17\text{-}2)$$

式中，Me^+ 为 Na^+ 或 NH_4^+；RE^{3+} 为稀土阳离子。

按照这个浸矿机理，选择合适的浸矿方法，就能把稀土从矿物中浸出来。从溶液中提取稀土元素的方法很多，主要有沉淀法、液膜法和萃取法。沉淀法根据所用沉淀剂的不同，又可分为草酸沉淀法和碳酸氢铵沉淀法。

A　草酸沉淀法

向稀土浸出液中加入草酸溶液，沉淀出稀土草酸盐，其化学反应方程式见式（17-3）。

$$2RE^{3+} + 3H_2C_2O_4 \longrightarrow RE_2(C_2O_4)_3 + 6H^+ \qquad (17\text{-}3)$$

草酸沉淀法的优点是：大部分非稀土杂质能与草酸形成配合物，全部留在母液中，所以得到的是产品纯度高的稀土。草酸沉淀法的缺点是：草酸相对较贵，且消耗大，成本较高。由于稀土，特别是重稀土在草酸盐的母液中的溶解度较大，稀土的回收率较低。

B　碳酸氢铵沉淀法

用碳酸氢铵作沉淀剂，与稀土离子的化学反应方程式见式（17-4）。

$$2RE^{3+} + 3NH_4HCO_3 \longrightarrow RE_2(CO_3)_3 + 3NH_4^+ + 3H^+ \qquad (17\text{-}4)$$

所得沉淀物经过滤、烘干和灼烧，便可得到混合稀土氧化物产品。碳酸氢铵沉淀法的特点是沉淀率高、成本低、生产周期短和污染小，是一种较好的方法。

液膜技术具有高效、快速、选择性好、节能等优点。萃取法最大的优点是可以获取纯度很高的金属集液；此外，其回收率很高，稀土萃取率大于 99.5%，总回收率大于 90%，而且产品品种较多。但是，萃取剂一般都较昂贵。离子吸附型稀土矿的品位比较低，一般只有 0.05% ~0.5%，多是重稀土，常称为“南方稀土”。

17.3.2　抑制剂研究状况

在进行氟碳铈矿与其他矿物浮选分离时，多采用抑制伴生矿物萤石、重晶石和方解石以及脉石矿物长石、石英等，浮选氟碳铈矿的工艺。此时，采用的抑制剂主要有水玻璃、明矾、羧甲基纤维素等。当氟碳铈矿和独居石浮选分离时，采用柠檬酸作为氟碳铈矿的抑制剂，实现两者的分离。现就常见的抑制剂作用机理进行归纳和总结。

17.3.2.1　水玻璃抑制剂

水玻璃是一种无机胶体，是氧化矿浮选的常用抑制剂。国内稀土矿的浮选研究及工业生产，几乎都使用水玻璃作为脉石矿物的抑制剂或调整剂。

硅酸钠溶液是复杂的聚合胶体-分子-离子体系，溶液体系中含有 OH^-、Na^+、SiO_2^{2-}、$HS_2O_3^{2-}$ ·

H_2SiO_3 以及胶核和包围胶核的分子、离子组成的胶团。Na_2SiO_3 水解生成 $Si(OH)_4$、$SiO(OH)^{3-}$、$SiO_2(OH)_2^{2-}$ 大部分形成胶体粒子，它们聚合后形成更加复杂的胶粒。

Na_2SiO_3 为强碱弱酸盐，在水中发生水解。在 pH 值为 5 时有大部分 $SiO(OH)^{3-}$ 产生；在 pH 值为 9 时 Na_2SiO_3 则大部分解离成 $SiO(OH)^{3-}$ 和 $SiO_2(OH)_2^{2-}$ 两种阴离子。萤石、重晶石、方解石在水中会产生微量溶解。萤石和方解石表面有 Ca^{2+} 产生，重晶石表面则有 Ba^{2+} 产生。而 Ca^{2+} 和 Ba^{2+} 在 pH 值小于 9 的溶液中以自由离子形式存在，并不形成羟基配合物。当溶液中有 Na_2SiO_3 存在时，Ca^{2+} 和 Ba^{2+} 则形成硅酸钙和硅酸钡沉淀，其化学反应式见式（17-5）和式（17-6）。

$$Ca^{2+}(Ba^{2+}) + SiO(OH)_3^- \longrightarrow Ca^{2+}(Ba^{2+}) \cdot 2SiO(OH)_4 \qquad (17\text{-}5)$$

$$Ca^{2+}(Ba^{2+}) + SiO_2(OH)_2^{2-} \longrightarrow Ca^{2+}(Ba^{2+}) \cdot SiO_2(OH)_2 \qquad (17\text{-}6)$$

$SiO(OH)_3^-$ 和 $SiO_2(OH)_2^{2-}$ 水化性很强，与 Ca^{2+} 和 Ba^{2+} 反应生成沉淀，并吸附在矿物表面，使矿物呈现强亲水性，从而抑制了萤石、重晶石、方解石的上浮，而对氟碳铈矿的抑制作用较弱。

17.3.2.2　铝盐抑制剂

在氧化矿的浮选中，多选用氯化铝、硫酸铝和硫酸铝钾等铝盐作为脉石矿物抑制剂，但最为常用的是硫酸铝钾（明矾），氟碳铈矿稀土矿的浮选亦是如此，可有效地抑制与氟碳铈矿伴生的重晶石、萤石等碱土类盐矿物。

在添加硫酸铝钾的矿浆中，硫酸铝钾 $[KAl(SO_4)_2 \cdot 12H_2O]$ 电离，生成 Al^{3+}、AlO_2^-、K^+、SO_4^{2-} 等离子，这些离子进一步水解，分别生成 $Al(OH)^{2+}$、$Al(OH)_2^+$、$Al(OH)_3$。另外，Al^{3+} 可与六个水分子结合形成 $[Al(H_2O)_6]^{3+}$。当矿浆 pH 值为 4.5 ~6 时，则以 Al^{3+} 为主。在与重晶石、萤石和方解石等矿物分离时，明矾在矿浆中电离出的 Al^{3+} 优先与重晶石表面的 SO_4^{2-} 结合，使重晶石被抑制。萤石与方解石等含钙矿物表面的 Ca^{2+} 将首先与明矾水解后的 AlO_2^-、SO_4^{2-} 结合，从而抑制了萤石与方解石。但是明矾用量过多，氟碳铈矿也会受到部分抑制。

从混合稀土精矿中，抑制独居石，优先浮选氟碳铈矿的浮选过程中，当加入明矾后，独居石表面的 PO_4^{3-} 将优先吸附 Al^{3+}，形成亲水性薄膜而被抑制。当明矾用量过大，Al^{3+} 将与 CO_3^{2-} 及 F^- 发生反应，氟碳铈矿也被抑制。

17.3.2.3　羧甲基纤维素（CMC）抑制剂

经红外光谱研究证实，羧甲基纤维素的羧基阴离子与矿物晶格表面的阳离子发生静电吸引，羧甲基纤维素分子中的羧基与水通过氢键而形成水化膜，这种因异性电而发生的静电引力可以转而形成化学键，故在一定程度上发生化学吸附。

也有人认为，羧甲基纤维素在水介质中不完全电离成为羧甲基纤维素阴离子，而是呈分子胶束絮团状态。这种胶束是带负电的，容易与带正电的矿物发生静电吸引，因而矿物被吸附到胶束内而受到抑制。

17.3.2.4　柠檬酸抑制剂

柠檬酸是一个三元弱酸，其化学分子式为 $C_6H_8O_6$。三级酸电离常数分别为 $Ka_1 = 7.4 \times 10^{-4}$、$Ka_2 = 1.7 \times 10^{-5}$、$Ka_3 = 4.0 \times 10^{-7}$，柠檬酸是比醋酸稍强的有机弱酸，可和许多金属阳离子形成配合物。

柠檬酸的抑制机理被认为是柠檬酸与矿物晶格中的阳离子具有较强的配合能力，以化学吸附形式吸附于被抑制的矿物表面，形成亲水性的螯合物，阻碍了捕收剂的吸附而使矿物受到抑制。

17.3.3　起泡剂的研究进展

在稀土浮选中，起泡剂的应用比较晚，因为使用油酸类、烷基异羟肟酸类捕收剂作稀土矿物捕收剂时，这些药剂本身就具有较强的起泡性，因此不需添加起泡剂。随着新型稀土捕收剂 H205 和 H894 的应用，在稀土浮选中出现了几种新型的起泡剂，如 210 号起泡剂、J102 起泡剂和 H103 起泡剂，这些起泡剂都是非离子型的表面活性剂，在气-固界面吸附能力大，能使矿浆的表面张力大幅度降低，增大空气在矿浆中的弥散，形成稀土所需要的泡沫。同时，由于新型稀土捕收剂 H205 和 H894 的需要，在这些起泡剂中还含有少量的酸性物质，在浮选白云鄂博稀土矿时，起到调节矿浆 pH 值的作用和增强捕收剂在矿浆中的分散作用。

17.4　稀土选矿工艺技术进展

17.4.1　稀土的生产技术现状

国内稀土精矿原料主要有包头混合型稀土精矿、四川氟碳铈矿精矿、南方风化壳淋积型稀土矿及独居石精矿[39,52]四大类。

17.4.1.1　包头白云鄂博矿的稀土生产技术现状

包头白云鄂博矿系沉积变质-热液交代的铁、稀土、铌多金属共生的大型矿床，其中含有稀土矿物 15 种之多，主要为氟碳铈矿和独居石轻稀土混合矿，比例为 7∶3 或 6∶4。稀土矿物粒度一般为 0.074 ~ 0.01mm，嵌布粒度较细，与其他有用矿物共生关系密切。故此将原矿石磨至 -0.074mm 占 90% ~92%，采用“弱磁—强磁—浮选”工艺流程，从此流程中三处（即强磁中矿、强磁尾矿和反浮泡沫尾矿）回收稀土矿物。采用 H205（邻羟基萘羟肟酸）、水玻璃、J102（起泡剂）组合药剂，在弱碱性（pH 值为 9）矿浆中浮选稀土矿物，经一次粗选、一次扫选、两次精选（或三次精选）得到 50% REO 混合稀土精矿及 30% REO 稀土次精矿，浮选作业回收率为 70% ~75%[42,43]。

17.4.1.2　四川凉山型稀土矿的稀土生产技术现状

凉山地区稀土资源主要分布在冕宁县牦牛坪稀土矿区，其次在德昌稀土矿区。矿床系碱性伟晶岩。方解石碳酸盐稀土矿床，稀土矿物以氟碳铈矿为主，少量硅钛铈矿及氟碳钙铈矿，伴生矿物主要为重晶石、萤石、铁、锰矿物等，少量方铅矿。稀土平均品位 3.70%。矿石从粒度上分为块矿和粉状矿，块矿的矿物嵌布粒度粗，一般大于 1.0mm，其中氟碳铈矿一般在 1 ~5mm，粒度粗，易磨，单体解离度好。粉状矿石是原岩风化的产物，风化比较彻底，局部风化深度达 300m，形成矿石 20% 左右的黑色风化矿泥。采用单一重选工艺、磁选重选联合工艺及重选浮选工艺等多种工艺。

17.4.1.3　风化壳淋积型矿的稀土生产技术现状

风化壳淋积型稀土矿即离子吸附型稀土矿，是一种国外未见报道过的我国独特的新型稀土矿床，系含稀土花岗岩或火山岩经多年风化而形成，矿体覆盖浅，矿石较松散，颗粒很细。在矿石中的稀土元素 80% ~90% 呈离子状态吸附在高岭土、埃洛石和水云母等黏土矿物上。稀土阳离子不溶于水或乙醇，可在强电解质溶液中发生离子交换并进入溶液。现有氯化钠池浸法、硫酸铵池浸法、堆浸法、原地浸出法可获得品位大于 90% 的 REO。其中原地浸出法能保护地貌、地表、植被不被破坏，且其成本较池浸低，故使用比较广泛。

17.4.2　选别工艺技术流程进展

17.4.2.1　包钢混合型稀土矿物选矿工艺流程

包钢混合型稀土矿石特点是类型复杂、稀土种类繁多，约有稀土矿物 15 种以上。该矿石含有的主要矿物为独居石和氟碳铈矿（比例约为 4∶6），其（按矿石计）占全国稀土总储量的 79%。该矿采出的有用矿物主要为赤铁矿、磁铁矿、稀土矿及铌铁矿等，这些矿物间具有密切的共生关系，细小的嵌布粒度。包钢选矿厂选矿工艺流程是按照“以选铁为主浮选稀土为辅”的指导思想而设计的，目前回收白云鄂博矿中的有用矿物主要采用先磁选回收铁，然后再对磁选尾矿进行浮选回收稀土，同时还要使独居石和氟碳铈矿有效分离以便对稀土充分回收利用[18]。

A　磁选—浮选工艺流程

把白云鄂博矿石经碎磨后先进行弱磁粗选—精选回收磁性较强的矿物，然后进行强磁粗选—精选回收磁性较弱的矿物，弱磁和强磁二者精选分别得到的铁精矿进行合并而脱除残存脉石矿物，如重晶石、萤石、方解石等。而对强磁精选中矿经一次粗选、两次精选的浮选工艺流程进行选别，得到稀土精矿的品位约为 55.62%，稀土次精矿的品位约为 35%，二者的总回收率为 18.57%，对强磁中矿进行浮选获得回收率为 72.75%。根据市场需要或要求而确定实际工业生产获得的稀土精矿和次精矿的品位。

B　氟碳铈矿和独居石的分离工艺流程

白云鄂博稀土矿主要由氟碳铈矿和独居石组合而成，由于这两种矿物性质差别很大，使得对其进行选别时需要较复杂的选别工艺流程，较高的成本。根据当前国内外市场的要求，包钢选矿厂选别所得的稀土精矿品位不得小于50%，以明矾作抑制剂、H894 为捕收剂、H103 为起泡剂，在矿浆 pH 值为 5.0 左右的情况下进行试验研究，结果获得氟碳铈矿的品位为70.20%、回收率为42.35%、纯度为96.36%，而获得独居石的品位为60.16%、回收率为6.28%、纯度为95.42%。

17.4.2.2　四川凉山型稀土矿选矿工艺

四川省约共有 29 个地区含有稀土矿物，而凉山地区占绝大部分，其中冕宁县的牦牛坪稀土矿床规模最大，该稀土矿是伴生有萤石、重晶石的氟碳铈矿[41]。目前该地区几种比较典型的选别工艺如下。

A　单独的重选工艺

在选别的初期，采用重选方法对氟碳铈矿进行选别，此方法最终获得精矿的回收率和品位均比较低，造成资源流失严重。

B　磁选—重选联合选别工艺

针对四川某稀土矿，采用磁选—重选联合选别流程对稀土进行选别，在原矿品位为 5.72% 的情况下，获得精矿品位为53.11%、回收率为55.36%的选别指标。从试验结果可以看出，对原矿采用磁选预先抛弃尾矿来提高重选给矿的品位，这样可以大大提高分选效果。

C　单独浮选工艺

经过对四川某地氟碳铈矿研究可知，此矿石性脆对其进行破碎时容易过粉碎，虽然采用重选—磁选联合方案进行选别得到的选别效果较好，但由于对微细粒级矿物的选别利用问题不能很好地解决，致使一些专家更加关注单独浮选回收的方法。

熊文良等人对四川冕宁氟碳铈矿进行研究，采用预先脱泥然后对其进行浮选的选别方法，最后获得稀土精矿品位为62.21%，回收率为86.76%。

D　重选—浮选联合选别工艺

李芳积等人采用粗、细粒分级—重选、浮联合选别方案，对攀西地区稀土矿进行试验研究，结果稀土精矿不论是品位还是回收率都较理想，此研究方案在冕宁方兴选矿厂得到应用。

肖越信等人采用单独浮选及重选、浮选联合选别方案，对牦牛坪地区稀土矿进行试验选别研究，并建议根据此方案投建选矿厂。原矿品位为 3.56%，经过选别最终稀土精矿品位为 66.82%，回收率为72.20%。

熊述清等人针对四川某地的氟碳铈矿研究发现，此矿石具有较粗的结晶粒度，并且性脆，经过磨矿，很容易出现过磨现象，为此制定了“矿石磨矿后分级脱泥，然后将较粗的粒级进行重选，中矿再磨后与微细粒级合并进浮选”的联合选别方案，结果获得稀土精矿品位为61.21%，回收率为75.65%，选别指标较为理想。

E　重选—磁选—浮选联合选别工艺

李芳积等人针对牦牛坪稀土矿，首先对其粒度组成及物化性质进行研究，采用矿石粒度分级、重选—磁选—浮选联合选别的方案，把氟碳铈矿分为粗、中、细三个粒级，对这三个粒级分别采用重选、磁选、浮选三个不同的选别方案，结果获得稀土精矿品位为66%，回收率为83%，选别指标较为理想。

17.5　稀土选矿设备研究进展

考虑到稀土矿物原料的“贫、细、杂”特点，开发研制具有重磁、重浮、磁浮特性的多功能组合选矿设备极为重要。冕宁昌兰稀土公司针对重选尾矿的矿物性质，采用预先分级螺旋溜槽，回收重选尾矿中的氟碳铈矿，取得了良好的经济效益。贺政权用 SLon 立环脉动高梯度磁选—重选流程，使氟碳铈矿与重晶石等脉石矿物有效分离，获得了较高的精矿品位和回收率指标。针对某稀土选矿尾矿，采用浮选柱进行浮选，可获得 REO41.81% 的稀土精矿，且与机械搅拌式浮选机相比，易操作，便于管理[24,28,37,38,40,46]。

李梅等人用包钢稀土选矿厂生产的 REO 含量为 50% 的混合稀土矿，通过采用 XFLB 型微型连续闭路浮选机进行一次粗选、三次扫选、三次精选的连续闭路试验方法，讨论了浮选时间、药剂加入量、浮选充气量、浮选机叶轮转速等因素对选矿指标和分选效率的影响规律，并根据原料矿物特殊性质对浮选时间修正系数进行了调整。试验结果表明，在流程稳定后，最终获得品位大于 65%、回收率大于 92% 的稀土精矿[13]。

机械搅拌式浮选机作为实现矿物浮选的关键性设备，在国内外的浮选生产中大量使用，现应用于包钢稀土选矿厂一车间稀土浮选的 JJF-4 型浮选机，属于机械搅拌式浮选机，单槽容积 $4m^3$，是目前选别氟碳铈矿-独居石混合稀土精矿的最大设备，主产品位 50% ~60% 的稀土精矿，由于该机具有优越的性能，为我国稀土工业和浮选设备赶超世界水平作出了贡献。JJF-4 型浮选机主要由槽体、叶轮、定子、分散罩、假底、导流管和竖筒组成。叶轮旋转在竖筒和导流管内产生涡流，形成负压，将空气从竖筒吸入，在叶轮和定子区内与经导流管吸进的矿浆混合。该矿浆与空气混合流由叶轮形成切向方向运动，再经定子的作用转换成径向运动，并均匀地分布浮选槽中，形成的矿化泡沫，升到泡沫区，由刮板刮出成为泡沫产品[40,42]。

17.6 稀土选矿厂过程控制的进展

17.6.1 稀土选矿浮选过程控制系统设计

稀土选矿浮选过程研究范围主要包括稀土浮选、砂泵站等生产过程，研究内容主要包括过程参数检测及分析、工艺流程优化控制、网络通信、设备集成等内容。

自动化控制系统实施的总体目标是采用先进的检测仪表、电气控制设备和现场总线控制系统，融合先进控制技术、信息技术、网络通信技术，全面提高稀土选矿的自动化装备水平，构建选矿过程自动控制系统和优化控制平台，实现生产过程自动化、控制智能化[50]。

17.6.2 稀土选矿浮选过程温度控制

温度是整个浮选工艺最关键的要素之一，矿浆加温可以促进分子的热运动，促进化学药剂的溶解和分解，为化学反应提供活化能，促进其化学反应，促进难溶捕收剂溶解和吸附过牢的抑制剂的解吸。但温度必须控制在一定的范围，温度过低浮选药剂很难发挥作用，温度过高矿浆沸腾影响泡沫层厚度，同时分解部分药剂，所以对搅拌槽及浮选槽进行温度检测与控制，采用插入式 PT100 温度传感器实时检测槽内矿浆温度，当温度高于或低于要求的温度时自动调节加热蒸汽流量，从而使矿浆温度稳定于设定范围内。例如，某温度控制系统，温度设定范围为 65 ~85℃，检测周期为 30s。该温度检测与控制如图 17-9 所示。

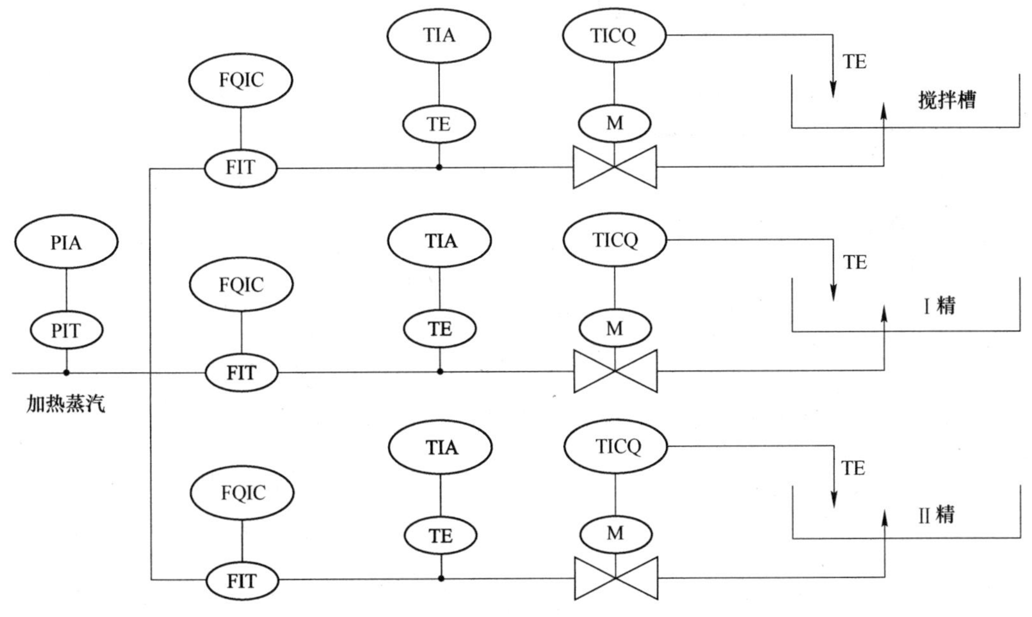

图 17-9 浮选搅拌槽及精选加热过程检测与控制流程图

在需加热的浮选槽蒸汽分管道上安装电动调节阀和蒸汽流量计，并在每段浮选槽的加热蒸汽总管道上安装温度传感器，用于检测供热蒸汽的温度、浮选温度。其控制系统原理图如图 17-10 所示。

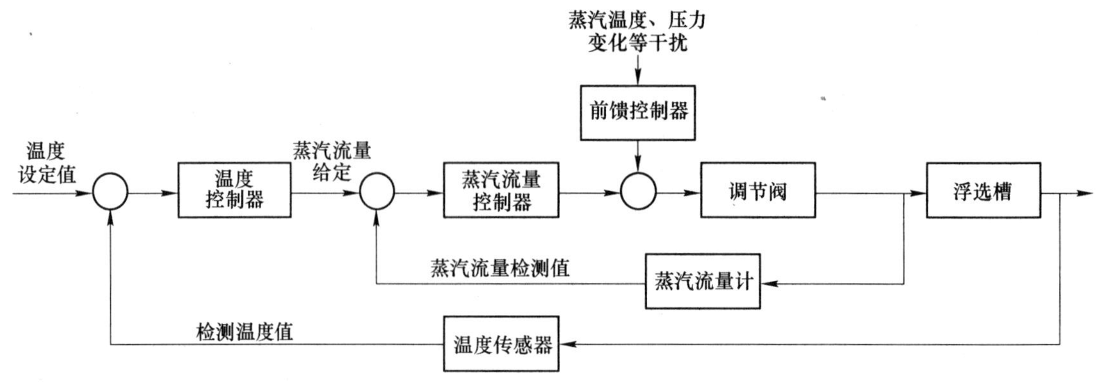

图 17-10 浮选温度控制系统原理图

稀土浮选采用的是高温药剂，因此浓缩后的矿浆进入浮选作业前必须加热到 65℃以上才能加药进行浮选作业，因此在搅拌槽处进行温度控制。同时随着浮选作业的逐步进行，矿浆的温度逐渐降低，因此在Ⅰ精Ⅱ精还应该进行温度控制。

17.6.3 稀土选矿浮选过程浮选给矿浓度控制

在砂泵站浓密机底流各管道上分别安装浓度计，实时检测底流浓度的变化，通过调节浓密机底流渣浆泵变频器来稳定浓密机底流浓度。根据检测出的实时浓度值与工艺要求的浓度设定值进行比较：若底流浓度低于设定范围，则减小底流泵频率，减量供矿；若底流浓度高于设定范围，则增大底流泵频率，加速底流排出。如某给矿浓度控制系统，浓度设定范围为 55% ~65%，检测周期为 480s（见图 17-11）。

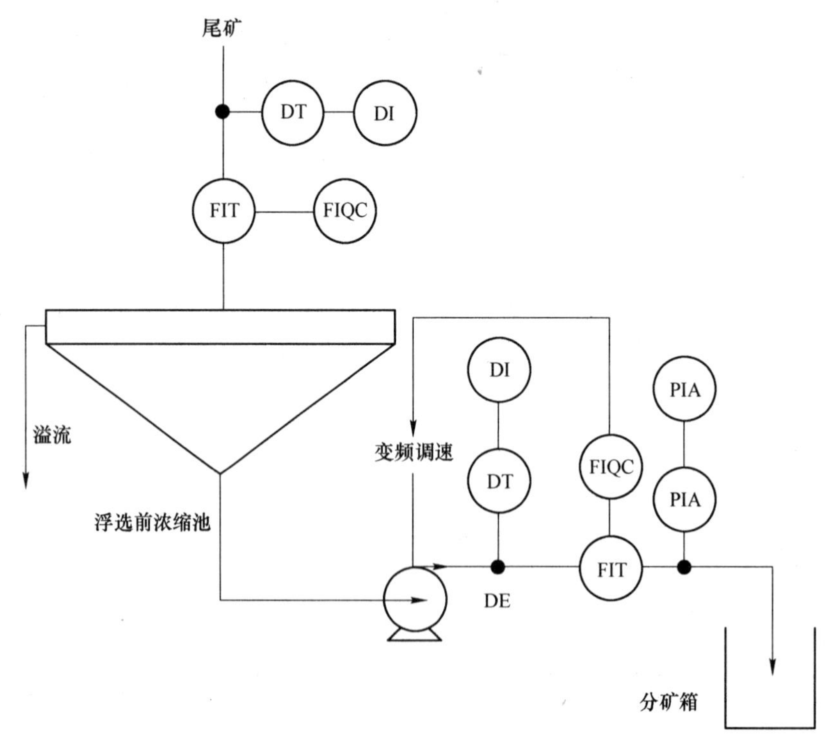

图 17-11 浮选前矿浆流量过程检测与控制流程图

对于砂泵站浮选前浓密机，由于控制系统在进行底流浓度调节的过程中，受矿浆搅拌槽液位的影响，采用“浓度/液位切换”的控制模式，即当搅拌槽液位低于上限值时，以底流浓度为主进行调节，当搅拌槽液位高于上限值时，以液位为主进行调节。

通过对稀土浮选工艺的分析和对控制系统的研究，针对稀土浮选工艺控制的关键参数，分别实现对温度、浓度、液位等工艺参数的自动控制。该课题通过自主创新，在实际生产中发现问题、解决问题，在传统的稀土生产工艺情况下引入自动控制系统，自动控制系统的实施能够提高回收率、提高精矿质量、节约能源、降低岗位工人劳动强度，同时可以使工艺稳定、安全、高效运行。

17.7　尾矿、三废处理、环保、循环利用

17.7.1　稀土尾矿处理

江西石湾环球陶瓷有限公司利用稀土尾砂作原料生产高档超白抛光砖和仿古砖。该企业建成一条年产 200 万平方米仿古砖的生产线，每年可利用废弃稀土尾砂 1 万多立方米，既实现了变废为宝，又大大减少了废弃稀土尾砂的流失，取得了良好的经济效益、社会效益和生态效益[25]。

17.7.2　稀土选冶废水处理

目前，稀土的环保难题分别体现在冶炼分离和选矿上。冶炼分离的主要污染物为废水中的氨氮排放和废气、废渣中的氟化物与钍，其中，钍具有放射性。而选矿过程的主要污染即广为业界所知的尾矿库。

冶炼分离环节方面，包钢稀土计划进行集中焙烧、集中冶炼分离、集中废水治理的“三大集中”，即将目前部分冶炼企业集中在一个区域，通过调整工艺和新建生产线，一方面用最新的冶炼分离技术，另一方面在生产线建设期就与环保设备厂商对接，使得废水废气废渣的排放水平达标，甚至达到零排放。据称，22 亿元的投入将主要运用于此。而对于同样存在严重污染隐患的选矿环节，包钢将在白云鄂博重建一个能够容纳矿渣及相应污染物的尾矿库。在选矿厂搬迁完成后，选矿程序将在白云鄂博完成，然后根据生产需要将基础精矿运回包头进行加工。在技术成熟的情况下，废水和矿渣都可以实现回收利用。除了铁和稀土元素外，公司计划对尾矿中的铌也进行开采利用。铌是我国稀缺的少金属品种，主要用于生产合金钢，还用于制造高温金属陶瓷[19]。

目前，对稀土冶炼废水的处理还没有很好的方法，大部分企业采用蒸馏、浓缩、回收氯化铵或蒸发、水吸收、回收氨的方法，只能对水质进行初步治理，这样不仅浪费资源，对环境造成二次污染，废水中低浓度氨氮含量超标排放，并且销路不好，制约了稀土工业的发展。相对而言，化学沉淀法能够很好地去除水中的氨氮，沉淀法先生成磷酸铵镁沉淀，然后采用氨吹脱塔去除剩余的部分氨氮，再利用生物法去除氨氮。另外，经沉淀法产生的沉淀 $MgNH_4PO_4 \cdot 6H_2O$ 可回收利用，应用在化肥、涂料等领域。

稀土湿法冶炼流程主要包括稀土精矿的分解与分离两个阶段，由于稀土精矿天然伴生一定量的氟及放射性元素且其分解、分离过程中使用大量酸、碱、氨水、萃取剂等化工原料并产生了酸性废水、碱性废水、氨氮废水等各种生产废水。在分解工艺段主要产生酸性废水和碱性废水，污染特性表现为极强的酸性或碱性及较高的氟化物与盐类含量，部分废水放射性核素与氨氮含量较高。在分离工艺段主要产生皂化废水和沉淀废水，皂化废水主要污染物为氨氮，其含量可高达 50g/L 以上，同时还含有一定量的有机污染物和重金属污染物；沉淀废水根据沉淀剂的不同分为草酸沉淀废水和碳铵沉淀废水，草酸沉淀废水中的主要污染物为草酸与盐酸及少量的氨氮，而碳铵沉淀废水中的氨氮含量可达 1 ~ 15g/L。稀土湿法冶炼生产废水污染物浓度高、成分复杂，废水产生量大，每吨矿在各工序废水产生量均超过 10t，此外，部分废水中污染物含量极高，已具备资源回收的价值[36,48,49]。

17.8　综合回收

根据我国稀土尾矿的矿石类型及工艺特性，其综合回收利用的发展方向主要在于两个方面：一是采用更先进的选矿技术将尾矿进行再选，最大限度地提高有用矿物的回收率；二是将稀土尾矿原料化，研制各种矿物材料及高新材料，最大程度地提高稀土尾矿的利用率。我国稀土资源开采过程中，进入尾矿坝中的稀土氧化物及铁、铌、钍等有用矿物达到数百万吨，且品位相对较高，价值相当可观。将稀土尾矿中的有用成分进行综合回收对提高我国稀土资源利用率、维持稀土矿产的可持续发展具有重要意义[32,35,43,48,51]。

17.8.1　白云鄂博尾矿铌资源提取的新思路

17.8.1.1　铌的选冶联合提取

从现有的提铌技术中发现，从白云鄂博矿中直接提铌是不可行的，只有在综合回收稀土、萤石、铁的基础上回收铌、钪才有价值，又由于白云鄂博铌矿物种类较多，性质差异较大，如果要高效回收铌资源，必须采取多种方法联合提铌。传统的选冶结合提铌工艺是把白云鄂博稀选尾矿经过选稀土、萤石、铁等后的尾矿，采用浮选富集，浮选的精矿经磁选、火法冶炼脱铁，最终制成铌铁产品，浮选后的尾矿作为提钪的原料。此方法在一定程度上综合回收了铌，但是整个流程工艺复杂，成本较高，回收率较低，随着各大院校和科研单位对白云鄂博矿研究的不断加深，提出"浓硫酸浸出法"，可综合回收富铌渣中的钪、稀土、铌等有价元素，从整体上看，提钪产生的价值要大于提铌的价值，可以采取先提钪、后提铌的方法。

白云鄂博尾矿提钪、铌工艺步骤：首先把尾矿与氢氧化钠按一定的质量比均匀混合，在一定温度下焙烧该混合物，水洗得到的焙烧矿，然后用盐酸酸浸水洗渣，得到含钪的酸浸液和含铌的酸浸渣。其中，含钪酸浸液采用萃取等方式回收钪；含铌酸浸渣则通过10%～15%的氢氟酸再次酸浸，得到的含铌酸浸液采用萃取等方式回收铌。在前期工艺中，大部分铌矿物被氢氧化钠分解，经水洗、酸浸除杂后，大大降低了氢氟酸的反应浓度和用量，缩短了反应时间，使铌的浸出率达到了95%以上[17]。

17.8.1.2　制取复合铌材料

白云鄂博尾矿中含有大量的有价元素，但由于其提取技术限制，很多元素都不能得到很好的利用，铌就是其中之一，既然铌矿物的分选效果差，那么找一种不需要分离就能回收铌的方法很重要。复合材料的发现与制取工艺提供了一条道路。白云鄂博尾矿在综合回收稀土、萤石、铁的基础上，得到新的尾矿，通过适当的添加或改变某些物质的配比，经高温处理可得到基础玻璃，随后将基础玻璃晶化处理成微晶玻璃，从而综合回收铌资源。

17.8.2　伴生稀土资源综合利用前景

稀土除了以独立的稀土矿资源存在外，还广泛伴生在其他金属、非金属矿中，最主要的稀土伴生资源有磷矿和铝土矿，其中部分铝土矿中稀土含量可达0.1%左右，在铝土矿生产氧化铝过程中，稀土几乎全部进入赤泥，富集比很低，目前经济回收十分困难。相对而言，磷矿中稀土含量更高，伴生稀土元素综合回收更有意义，磷矿将成为仅次于独立稀土矿的伴生稀土矿，有可能成为未来重要的稀土来源[27]。

磷矿中的稀土以类质同象方式赋存于磷矿岩中，部分磷矿中稀土含量高，具备工业开发价值，含稀土磷矿主要集中在俄罗斯、美国、越南、埃及、中国等国家，其中俄罗斯磷矿中稀土品位最高，如希宾磷灰石中稀土品位为0.5%～5%，科拉半岛上各磷矿床的稀土平均品位为0.5%～0.67%，此外，美国的田纳西州、佛罗里达州和爱达荷州也分布大量含稀土的磷矿，其稀土平均品位达0.05%左右。

含稀土磷矿在我国也广泛分布，主要分布在滇、黔、川、湘等地，如云南安宁磷矿、尖山磷矿、贵州织金新华磷矿，河北也有大量含稀土磷矿分布。其中贵州织金新华磷矿进行了地质勘探并获得了详细的稀土资料数据，探明磷矿石储量13亿吨，该磷矿中的磷以胶磷矿形式及磷灰石形式存在，并以胶磷矿为主，占96.5%，稀土以类质同象状态置换钙赋存于胶磷矿中，稀土品位达到0.1%，稀土氧化物储量144.6万吨，达到大型稀土矿床规模，其中钇占稀土配分35%左右，镨、钕约占20%，铽、镝占2%～5%，其配分接近价值最高的中钇富铕离子型矿。

由于磷矿中稀土品位较低，单独提取稀土并无经济优势，需与磷酸生产结合，即在磷酸生产过程综合回收稀土。根据湿法生产磷酸用酸，稀土的提取可分为盐酸法、硝酸法和硫酸法。

17.8.2.1　硝酸法

俄罗斯Kola半岛磷灰石大部分用硝酸法处理，稀土均富集在磷石膏中。为了回收稀土，每年约有150万吨磷灰石用硝酸法处理，用50%的HNO_3溶液浸出磷灰石，然后通过冷冻结晶析出硝酸钙，所得浸出液中回收RE_2O_3。硝酸法的优点是效率高，浸出反应10～15min完成，稀土浸出率可达95%以上，稀土总回收率可达70%。但硝酸试剂价格昂贵，磷矿分解液中分离除去钙的难度大、成本高。

17.8.2.2　盐酸法

盐酸法是将磷矿与盐酸反应生成磷酸和水溶性氯化钙，再用如脂肪醇、丙酮、三烷基磷酸酯、胺或酰胺等有机溶剂萃取分离出磷酸。磷矿分解过程中，稀土也同样大部分进入磷矿分解液中，稀土浸出率可达 90% 以上。但盐酸法的缺点是大量氯化钙废水需要处理，酸解液浓度低，设备腐蚀严重。

17.8.2.3　硫酸法

硫酸法是目前世界上湿法生产磷酸的主要方法，根据副产石膏的水合度不同，分为二水物法、半水物法和无水物法等 3 种流程，其中二水物法流程应用较多。磷矿中的稀土元素进入磷酸溶液和生成沉淀进入磷石膏中的比例受浸出条件的影响。如果采用二水合物法，则大约 70% 的稀土进入磷石膏，其余进入磷酸；如果采用半水合物法，稀土几乎全部进入磷石膏。波兰开发一种磷石膏中回收稀土方法，工艺大致包括：稀硫酸浸出，蒸发浓缩获得含稀土 10% ~18% 的富集物；或采用壬基苯基膦酸（NPPA）-煤油溶液萃取，或采用氢氟酸沉淀获得含 REO 大于 40% 的富集物。不仅可获得稀土富集物，供进一步分离提纯稀土，而且使原来因杂质较高不能直接利用的磷石膏得到净化，经脱水后成为硬石膏产品。从磷石膏中提取稀土，尽管在技术上可行，但经济上难以实现。

17.8.3　尾矿综合利用

尾矿综合利用主要包括以下两方面：（1）再回收有用矿物、精矿供冶金应用，其中包括物理选矿（重选及磁选等）和化学选矿（浮选、浸取、氯化焙烧等）两种主要的方法；（2）尾矿的直接应用（回填采空区、作建筑材料和制催化剂等）。目前，国内主要采用尾矿再选法对包钢选矿厂尾矿中的有价元素进行富集回收，如采用碳热氯化法[8]、串级闭路工艺、重选—浮选联合、单一浮选工艺等回收尾矿中的稀土，但对尾矿中含量较高的铁，钙等元素与 RE 共提取分离的研究较少。目前，铁的回收主要采用磁选法。包钢用磁选法回收稀土尾矿中的铁，回收率最高达 75%[8,19,31,35]。

17.8.3.1　稀土尾矿在陶瓷材料研制中的应用

稀土尾矿是一种优于传统原料的新型制瓷原料，稀土尾矿中含有多种微量组分，是成瓷需要的矿物化学成分，可利用其独特的物理化学性质，改善陶瓷材料的釉料性能，提高产品质量。以稀土尾矿为坯釉料研制出了高稀土尾矿青瓷，不仅外形美观，而且内在质量较高，主要技术指标均达到了国内先进水平，为瓷业发展开发出了一种质量稳定、储量丰富、用途广泛的制瓷材料，具有良好的经济效益和社会效益。采用南方某稀土尾矿为主要原料，在添加部分瓷土的条件下，可以制备出色彩均匀的紫砂红地砖，其性能超过了国家标准 GB 11947—1989 等所规定的性能指标。

17.8.3.2　稀土尾矿在玻璃材料研制中的应用

稀土尾矿中的某些成分可对微晶玻璃的熔制、析晶等工艺性能产生影响，改善其材料性能。以稀土尾矿为主要原料，采用烧结法研制出了外表美观、性能优越的稀土尾矿微晶玻璃板材，外照辐射指数介于 1.3 ~1.9，可用于建筑物的饰面。包头华美稀土高科技有限公司于 2009 年在包头市九原工业园投资 2.3 亿元，开发建设稀土废渣-粉煤灰制造纳米级微晶玻璃复合管材及纳米级多孔微晶玻璃产业化开发项目，以稀土尾矿、粉煤灰为主要原料，制备微晶玻璃复合管材和多孔微晶玻璃，项目完成后可年产 3 万吨纳米级微晶玻璃复合管材及 2 万吨纳米级多孔微晶玻璃，年工业产值达 7.5 亿元，创税约 1 亿元[14]。

17.9　稀土选矿存在的问题及发展趋势

17.9.1　稀土产业存在的问题

我国稀土产业虽然发展了 40 多年，但是稀土工业问题较多。具体体现在以下四个方面：

（1）走私严重，资源消耗过快。“北轻南重”的格局很难统一定价，导致大量稀土廉价出口，走私贱卖现象猖獗。2011 年稀土走私量达到 2.232 万吨，远远超过当年正常渠道出口量。

（2）矿山开采技术装备水平较低，矿石利用率低下。目前国内国有稀土矿山的资源利用率一般为 60%，民营矿山普遍不足 40%，我国最大的包头混合型稀土矿回收利用率为 10% 左右，其余 90% 进入尾矿。我国特有的南方地区离子型稀土矿平均利用率只有 20% ~50%。

（3）稀土矿产品相对单一，产业链有待完善。2011 年，我国稀土消费在磁铁和冶金方面占消费总量的 45%，而在石油、陶瓷玻璃等领域仅占 20%，稀土消费分布极不平衡，稀土矿产品主要集中在初级矿石的出口，深加工产品较少，高端产品生产能力有限。

（4）环境问题凸显，工业垃圾超标严重，处理能力有限。包头白云鄂博大量的稀土经过选矿流进尾矿坝，尾矿坝因不断加高容量扩大，又处在干燥、少雨、多强风的高原地区，加剧了尾矿扩散成为沙尘源[26,31,35]。

17.9.2 稀土矿选矿目前存在问题

在浮选药剂方面，目前存在的问题主要有对细粒分布的稀土矿物不能有效回收，从而造成大量稀土资源的浪费。如我国稀土储量最大的白云鄂博矿区稀土矿物的回收率不足 20%，而其他地区如山东微山稀土矿、四川冕宁稀土矿等地虽然稀土矿物粒度较粗，但其回收率也仅在 50% 左右。此外，目前使用较为广泛的 H205 捕收剂生产成本较高，有一定的毒性，使用量也较大，容易造成环境污染。而稀土选矿的抑制剂对于微细粒稀土矿物中的脉石抑制选择性较差，从而难以得到高品位的稀土精矿，如湖北竹山稀土矿，矿石成分复杂，由于没有合适的工艺至今仍没有开发利用[51]。

在选矿工艺方面，目前的磁选和重选工艺对于细粒矿物的回收效果较差。此外，在稀土矿的选矿中，重选和磁选只能作为粗选抛尾，而要得到高品位的稀土精矿要靠浮选加以富集。因此，磁选—重选—浮选联合工艺是稀土矿选矿的重点研究方向。

在选矿设备方面，目前所使用的磁选和重选设备难以使细粒稀土矿物得到有效回收，因此，研究新型高效的磁选和重选设备也显得尤为重要。

17.9.3 稀土浮选药剂研究的发展方向

稀土浮选药剂研究的发展方向主要表现在以下三方面：

（1）研制新型高效浮选剂。在新型药剂研究方面，正在朝着提高稀土浮选选择性和捕收性的研究方向发展。高效廉价浮选剂的研究，一般研究的周期长、难度大，但一经研制成功，获得应用，不易被新的药剂所取代，是稀土浮选剂研究的主攻方向。

（2）对现有的药剂进行混合使用的研究。药剂混合使用的研究，一般周期短，在生产上见效快。实践经验证明，混合用药是降低选矿成本的有效途径，无疑也是稀土浮选药剂研究的重要方向。通过两种或两种以上药剂的混合使用，往往能起到互相补充的作用，也相当于一种新型药剂的功能；有些新型浮选剂，常因价格贵，来源少而不能推广应用，这时也可通过混合用药，使之用于生产；其次，混合用药的协同作用还能为单一高效药剂的研制提供启示，同样是寻找新型药剂的途径之一。

（3）对稀土浮选体系中药剂的交互作用进行研究。药剂在浮选体系中普遍存在着强度不同的交互作用，但是人们对其研究甚少，对它们之间的相互影响还认识得很不够。研究结果证明，掌握和利用药剂间的交互作用规律对合理调整药剂用量，稳定操作、降低药剂成本尤为重要。可以预计研究药剂的交互作用将是企业降低成本提高效益的有效途径。因此，研究药剂的组合使用和药剂间的交互作用以及它们之间相互结合也将是稀土浮选药剂研究和发展的方向[10,26,52]。

参 考 文 献

[1] 池汝安，田君．风化壳淋积型稀土矿评述[J]．中国稀土学报，2007，25(6)：642-650.

[2] 李中明，赵建敏，冯辉，等．河南省郁山古风化壳型稀土矿层的首次发现及意义[J]．矿产与地质，2007，21(2)：177-181.

[3] 赵增祺．世界主要稀土矿床开采状况及其对稀土产业的影响[J]．四川稀土，2007(3)：6-10.

[4] 余永富，车丽萍．中国稀土矿选矿现状及发展方向[C]//中国稀土资源综合利用与环境保护研讨会论文集．中国矿业快报，2006，444(6)：16-18.

[5] 陈欢．国内外稀土市场及企业发展分析[J]．透视，2014(6)：24-28.

[6] 柴阁庆．中国稀土资源出口问题分析[D]．长春：吉林大学经济学院，2013.

[7] 李永绣．南方离子型稀土开采技术现状与应用调查[C]//中国稀土资源综合利用与环境保护研讨会论文集．北

京，2007.
[8] 曾繁武，于秀兰，刘嘉，等．碳热氯化法回收重选尾矿中的稀土[J]．中国有色金属学报，2007，17(7)：1196-1202.
[9] 毛益林．稀土掺杂随角异色云母颜料的制备研究[D]．武汉：武汉理工大学，2007.
[10] 何春光．胶原纤维固化单宁对轻稀土元素的绿色富集与分离研究[D]．成都：四川师范大学，2007.
[11] 边雪．从包头混合型稀土精矿中回收稀土、磷、氟的研究[D]．沈阳：东北大学，2008.
[12] 吴志颖．含氟稀土精矿焙烧过程中氟的化学行为研究[D]．沈阳：东北大学，2008.
[13] 李梅．铈基稀土化合物的物性控制及应用研究[D]．北京：北京化工大学，2008.
[14] 林河成．稀土生产中废渣的处置[J]．上海有色金属，2008(4)：190-194.
[15] 金会心．织金新华磷矿稀土赋存状态及其在浮选酸解过程中的行为研究[D]．昆明：昆明理工大学，2008.
[16] 吴国振．选矿药剂污染及其防治措施[J]．甘肃冶金，2009(1)：82-85.
[17] 张波，刘承军，姜茂发．白云鄂博稀土铌铁复合矿提铌工艺的研究[C]//第七届（2009）中国钢铁年会论文集(补集)．北京，2009.
[18] 杨锡惠．包头混合型氧化矿中稀土矿物的最佳磨矿细度[J]．有色金属（选矿部分），2009(1)：10-17.
[19] 张永，马鹏起．包钢尾矿回收稀土的试验研究[J]．稀土，2010(2)：93-97.
[20] 田君．风化壳淋积型稀土矿浸取动力学与传质研究[D]．长沙：中南大学，2010，.
[21] 伍红强，尹艳芬，方夕辉．风化壳淋积型稀土矿开采及分离技术的现状与发展[J]．有色金属科学与工程，2010(2)：73-77.
[22] 张杰，倪元，王建蕊．贵州织金含稀土磷块岩中胶磷矿工艺矿物学特征[J]．矿物学报（增刊）：2010，S1：75-77.
[23] 张新海，张覃，邱跃琴，等．贵州织金含稀土中低品位磷矿石捕收剂富磷试验研究[J]．稀土，2010(3)：71-74.
[24] 吕子虎，卫敏．钽铌矿选矿技术研究现状[J]．矿产保护与利用，2010(5)：44-48.
[25] 程建忠，车丽萍．中国稀土资源开采现状及发展趋势[J]．稀土，2010(2)：65-71.
[26] 蒋训雄，冯林永．磷矿中伴生稀土资源综合利用[J]．中国人口·资源与环境，2011，21：195-199.
[27] 万小金，杜建明．选矿物料分级技术与设备的研究进展[J]．云南冶金，2011(6)：13-19.
[28] 米娜．内蒙古稀土产业发展对策的探讨[D]．北京：首都经济贸易大学，2011.
[29] 肖坤明．稀土选矿方法研究[J]．技术与装备，2011(5)：48-49.
[30] 母福生．破碎及磨矿技术在国内外的技术发展和行业展望[J]．矿山机械，2011(12)：63-68.
[31] 张丽清，赵玲燕，周华锋，等．包钢选矿厂尾矿中稀土与铁共提取[J]．过程工程学报，2012(2)：218-221.
[32] 杨清宇，王琳丽，蔡锡元，等．南方稀土湿法冶炼废水综合回收与治理研究[J]．有色金属节能，2012(2)：6-10.
[33] 刘剑飞，贾佳，钱淑慧．浅谈稀土的生产加工技术[C]//2012 年中国稀土资源综合利用与环境保护研讨会论文集，北京，2012.
[34] 黄万抚，文金磊，陈园园．我国稀土矿选矿药剂和工艺的研究现状及展望[J]．有色金属科学与工程，2012(6)：75-89.
[35] 张光伟，崔学奇．我国稀土尾矿资源的综合回收利用现状及展望[J]．矿业研究与开发，2012(6)：116-119.
[36] 李岩，许哲峰．稀土工业废水的综合治理研究[J]．内蒙古石油化工，2012(22)：13-15.
[37] 王全强．分级破碎机研究及应用现状[J]．煤，2013(3)：22-36.
[38] 鄢富坤，肖庆飞，罗春梅．现阶段我国磨矿设备的研究进展及发展方向[J]．矿产综合利用，2013(2)：12-16.
[39] 王成行．碱性岩型稀土矿的浮选理论与应用研究[D]．昆明：昆明理工大学，2013.
[40] 郝全明，杨永军．选厂破碎流程方案及破碎设备选择探讨[C]//中国矿业科技文汇．北京：冶金工业出版社，2014.
[41] 王国祥，周建英，涂明泉．四川省冕宁县牦牛坪稀土尾矿综合利用探讨[J]．资源环境与工程，2007(5)：624-629.
[42] 郭利忠．JJF-4 浮选机在稀土选矿生产中的应用[J]．包钢科技，2013(5)：4-11.
[43] 郭财胜，李梅，柳召刚，等．白云鄂博稀土、铌资源综合利用现状及新思路[J]．稀土，2014(1)：96-100.
[44] 凡红立．白云鄂博矿稀土和铁综合回收利用试验研究[D]．包头：内蒙古科技大学，2014.
[45] 余保强．微细粒稀土矿浮选研究[D]．北京：北京有色金属研究总院，2014.
[46] 张勇，蓝圣华，王尚祯．国内轻稀土矿选矿生产工艺现状[J]．中国矿山工程，2014(3)：60-64.
[47] 李勇．羟肟酸类捕收剂在稀土选矿中的应用与研究进展[J]．有色矿冶，2007(3)：31-34.
[48] 周新木，张丽，李青强，等．稀土分离高铵氮废水综合回收与利用研究[J]．稀土，2014(5)：7-11.
[49] 陈涛，李宁，晏波，等．稀土湿法冶炼废水污染治理技术与对策[J]．化工进展，2014(5)：1306-1355.
[50] 张树鹏，李忠虎．稀土选矿浮选过程控制系统设计[J]．包钢科技，2014(5)：72-75.
[51] 邹君宇，王建平，柳振江，等．中国稀土资源现状和问题及对策的思考[J]．矿业研究与开发，2014(2)：119-123.
[52] 谢友华．稀土资源综合回收利用开采方案探讨[J]．能源与环境，2014(2)：93-97.

第18章　非金属矿石选矿

本章分别详细论述了2006~2014年以来，几种大宗非金属矿（萤石、石墨、石英、云母、硅藻土、黏土矿物、红柱石族矿物、长石）的资源概况、国内外选矿理论、选矿工艺技术、选矿设备、选矿药剂、选矿过程控制、选矿厂节能与环保、矿业经济以及选矿厂经营管理等领域出现的新成果和新动态。

18.1　萤石

18.1.1　萤石矿资源简况

18.1.1.1　萤石矿资源分布及储量（基础储量）

A　世界萤石矿资源储量及分布

来自美国地质调查局统计的数据，世界上许多国家都有萤石资源。截至2009年，世界萤石基础储量为4.7亿吨，可开采的储量为2.3亿吨，其中南非、墨西哥、中国和蒙古的萤石可开采储量位居世界前4位[1]，占到了全球的45%左右，见表18-1。

表18-1　主要萤石分布国的萤石储量（截至2009年）

国　家	可开采储量/万吨	占比/%	基础储量/万吨	占比/%
南　非	4100	17.83	8000	17.02
墨西哥	3200	13.91	4000	8.51
中　国	2100	9.13	11000	23.40
蒙　古	1200	5.22	1600	3.40
西班牙	600	2.61	800	1.70
纳米比亚	300	1.30	500	1.06
肯尼亚	200	0.87	300	0.64
俄罗斯	NA	—	1800	3.83
美　国	NA	—	600	1.28
摩洛哥	NA	—	400	0.86
其他国家	11000	47.80	18000	38.30
世界总计	23000	100	47000	100

注：NA为资料暂无。

B　我国萤石矿资源储量及分布

我国已探明的萤石矿区达500多处，已经勘查过的271处萤石矿，分布在27个不同的地区，基础储量可达11000万吨，占了全球基础储量的23.4%，位居全球第一位；但是可开采储量只有2100万吨，占了全球不到10%的比例[1]。

我国的萤石矿产资源有以下几个特点[2]：(1) 储量居世界第一位，已探明的储量达1.3亿吨，居世界第一位，资源潜力很大，但是地质工作程度不高，也就是保有储量较少。(2) 萤石的分布相对比较集中。根据已探明的萤石资源分布情况，浙江、福建、江西、内蒙古、湖南、广东、广西、云南等省区的萤石矿床较多，占全国萤石总储量的90%。(3) 单一型萤石矿床较多，但是储量不足；伴（共）生型矿床数少但储量充足，不过，由于利用技术水平还很低，多数矿山尚未有效回收利用。(4) 贫矿多，富矿少。单一的萤石矿品位一般能达到35%~40%，高于65%的萤石富矿储量仅占总储量的20%左右。

18.1.1.2　萤石矿资源的生产和消费

A　世界和中国萤石矿精矿产量

由表 18-2 可以看出，2013 年全球萤石产量为 670 万吨，较 2012 年下降 5.2%。我国是全球最大的萤石生产国，2013 年萤石产量为 430 万吨，占全球萤石生产总量的 64.2%；墨西哥是全球第二大萤石生产国，2013 年产量为 124 万吨，占全球总产量的 18.5%。

表 18-2　世界萤石产量统计　(kt)

国　家	2012 年	2013 年	产量占比
巴　西	25	26	0.4%
中　国	4400	4300	64.2%
哈萨克斯坦	65	50	0.7%
肯尼亚	110	48	0.7%
墨西哥	1200	1240	18.5%
蒙　古	471	350	5.2%
摩洛哥	78	75	1.1%
纳米比亚	80	85	1.3%
俄罗斯	100	80	1.2%
南　非	225	180	2.7%
西班牙	117	110	1.6%
其他国家	200	180	2.7%
世界总量	7070	6700	100.0%

B　世界和中国消费量（精矿）

由于世界范围内萤石资源稀缺，可采储量有限，再加上各国为保护萤石资源，进行限量开采，导致萤石产量年均增幅较小，年均增幅一直在 5% 左右。

据前瞻产业研究院发布的《2014—2018 年中国氟化工行业市场需求预测与投资战略规划分析报告》数据显示，美国、西欧和日本是萤石消费的主要地区，他们共消费萤石占世界萤石消费总量的一半。

萤石的主要消费领域是钢铁工业、炼铝工业、化学工业、水泥和玻璃工业等。目前我国萤石消费结构大致如图 18-1 所示。

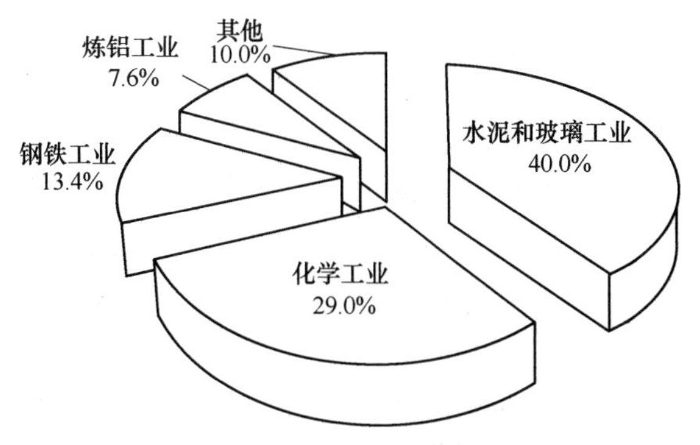

图 18-1　2009 年我国萤石消费结构

萤石消费主要用在钢铁冶炼、氟化学工业及建材生产上。其氟化钙含量决定着它的用途，按品位可分为酸级萤石（CaF_2 >97%）、冶金级萤石（$CaF_2$65% ~ 85%）、陶瓷级萤石（CaF_2 85% ~95%）。

冶金工业中，萤石主要用来炼铁、炼钢、化铁、铸造。其中钢铁冶炼用量占这一领域冶金级萤石用量的 90% 左右。萤石单耗因冶炼技术、装备水平及方法不同而会有较大差别，相比较而言，英国、美国、日本单耗较低，我国和东欧各国单耗较高。

氟化学工业中萤石主要用于生产氢氟酸、无机和有机氟化学工业，在无机氟化学工业中无水氢氟酸直接使用或制备成氟化盐供电解铝工业使用。近年来，伴随世界氟化工技术的不断进步，氟化工对氢氟酸的需求持续增加，即对酸级萤石需求增加。目前，我国在这一领域消费酸级萤石精矿 8 万 ~9 万吨。而全世界到 2015 年用于电解铝工业的酸级萤石精矿可能会达到 108.6 万吨。在有机氟化学工业中主要使用萤石生产的氢氟酸生产氟高分子材料、氟碳化合物和有机精细氟化工产品。这一领域中，对萤石需求量的减少，主要是受“蒙特利尔协定”影响，世界环境保护组织要求世界各国减少和限制氟碳化合物的生产。另一方面，有机氟化学工业是一门新兴的化学工业，其产品达数千种，用途广，性能特殊，目前可替代性很差，不能不继续使用萤石。

在建材行业，相当大的萤石主要消耗在水泥、玻璃、铸石和陶瓷工业中，我国年消费量不低于20万～30万吨。

仅通过三个主要行业分析即可知，到2015年世界萤石的需求量将稳定在550万吨左右，产销基本持平或产略大于销。

C 萤石矿精矿进出口情况及趋势

我国的萤石在国际上具有重要地位，产量和出口量均列世界首位。因而我国萤石业的状况对世界萤石市场影响很大，同时我国萤石业在很大程度上也严重受国际市场限制。改革开放以来，给我国萤石业的发展提供了新的机遇，我国萤石的产量和出口量都有大幅度的增长，见表18-3。

表18-3 近年我国萤石消费量的统计 （万吨）

时 间	总 产 量			供国内销量		供出口量	
	粉块合计	块矿	粉矿	块矿	粉矿	块矿	粉矿
1985年	132.52	—	—	59.03		73.49	
1990年	165.37	—	—	55.97		109.40	
1995年	674.2	—	—	551.3		122.9	
1996年	480.5	—	—	368		112.5	
2004年	272.3	77.3	195.0	68.0	121.0	9.3	74.0
2005年	343.0	82.0	256.0	75.0	195.0	7.0	66.0
2006年	391.9	120.9	271.0	115.0	213.0	5.9	58.0
2007年	405.3	127.3	278.0	122.0	230.0	5.3	48.0
2008年	421.3	143.3	277.0	135.0	221.0	8.3	57.0
2009年	280	—	—	—	—	—	—

但是由于受国内、国际市场的限制，萤石产量和出口量波动的幅度也很大。如表18-3所示，20世纪90年代初，我国萤石年产量大致在200万吨左右，1995年左右由于乡镇企业的发展，萤石矿产量猛增至500万～600万吨。之后由于金融危机的影响，萤石行业进入了低谷。随着中国经济的回暖，萤石业逐渐走出低谷。

D 萤石矿精矿价格及趋势

以萤石为原料的氟化学工业产品多达几千种，目前尚无可替代品。我国拥有丰富的萤石资源，近年来氟化工行业年增长率超过15%。政府限制的政策使得今后相当长的时间内萤石产量将不会大幅度增长，供应与需求之间存在的巨大缺口将拉动萤石价格的增长。2012年我国萤石产量420万吨，同比2011年呈下降趋势。氟化工以及其他下游行业的发展需要大量萤石资源，近年来国内萤石需求量年均增幅大约12%。根据相关统计数据，2001年国内萤石粉价格约320元/吨，而2011年价格最高时已经达到3000元/吨；2011年下半年萤石粉价格逐步回落；2012年下半年起，国内萤石粉价格触底反弹，目前已经由1450元上涨到1750元/吨。近年萤石价格的大幅波动，即与短期下游需求爆发、炒作等因素有关，又与大的政策环境、国家逐步收紧萤石矿的开发相关。总体上看，未来萤石资源的价格将处于长期上涨通道。

18.1.2 萤石矿选矿理论及基础研究进展

随着我国单一型萤石矿资源及易选萤石矿物的枯竭，开发利用难选的高钙萤石矿已成为氟化学工业发展的重要课题。萤石与方解石物理化学性质相近，浮选分离非常困难。针对这一问题，任海洋通过采用单矿物浮选试验、矿物表面润湿性测试、动电位测试、红外光谱分析及溶液化学计算等方法，系统研究了萤石与方解石的浮选行为及有机抑制剂单宁对方解石的选择性抑制作用机理。单矿物浮选试验表明：以 DW-1 为捕收剂时，单宁的选择性及适用的 pH 值区间优于水玻璃、六偏磷酸钠、三聚磷酸钠、CMC 及腐殖酸钠。在中性及弱碱性条件下，单宁能显著增强方解石表面的亲水性，对方解石有选择性抑制作用。机理研究结果表明：单宁对萤石及方解石均存在化学吸附及物理吸附，作用方式为单宁分子端的酚羟基与方解石表面质点间存在直接的 Ca—O 化学键、活化作用的 Ca—O 化学键、氢键及静电引力；在理想条件下，萤石与方解石间存在相互转化，其转化临界 pH 值为 8.5，pH 值大于 8.5，萤石表面生成方解石；pH 值小于 8.5，方解石表面生成萤石。矿物的表面转化与溶解离子浓度关系密切，$[F^-]^2/[CO_3^{2-}] < 10^{-2.06}$，萤石表面将生成方解石，$[F^-]^2/[CO_3^{2-}] > 10^{-2.06}$，方解石表面将生成萤石[4]。

Keqing Fa[5] 等人利用原子力显微镜和分子动力学模拟对萤石与方解石进行研究发现：油酸钙胶体探针与萤石（111）表面间存在吸引力，而与方解石表面存在斥力，表明油酸钙易吸附在萤石表面，使其具有较好的可浮性；分子动力学模拟显示萤石（111）表面具有较低界面水分子密度和适度的润湿性，而方解石界面水分子密度和润湿性较强。

J. M. Brugue 研究了萤石在各种正构烷基氯化铁溶液中的动电行为及浮选行为[31]，用流动电位测出在搅拌时间 10min 及 48h 条件下萤石的零电点分别为 2.8V 和 8.4V；也研究了捕收剂烃链长度以及捕收剂离子与 H^+ 对浮选的影响，认为矿物表面电荷决定着捕收剂的吸附程度；阐明了捕收剂离子与吸附矿物溶液界面 δ 电位之间的关系，得出当 pH 值增大时，萤石浮选较好，pH 值在 10.6 附近为萤石最佳浮选酸度。

Dobias 等人研究了有机硫酸盐、磺酸盐、胺类在方解石、萤石等表面上的吸附行为[32]，认为阴离子表面活性剂与晶格阴离子作用，吸附在 Stern 层上，而阳离子以静电吸附方式吸附在矿物表面的负电区。

S. Song[11] 等人通过粒度分析和电子显微镜研究发现，在 pH 值为 9 时，溶液中的萤石颗粒与石英颗粒及方解石颗粒与石英颗粒间存在吸引力，会发生强烈的异质凝结，且萤石颗粒与方解石颗粒间只存在微弱的静电斥力，不利于萤石的浮选。当加入分散剂 CMC 或者水玻璃后，可以消除异质凝结的影响，提高萤石的浮选指标，萤石精矿的回收率提高了 6.5%，且精矿品位仍保持在 98%。

胡斌采用常压酸催化水解后皂化的方法合成了橡籽油、椰子油和棕榈油的脂肪酸皂捕收剂。在萤石单矿物和实际矿中进行了浮选性能研究，并采用吸附量、Zeta-电位和红外光谱分析探讨了脂肪酸皂捕收剂与萤石的作用机理。采用总有机碳测试仪测定了脂肪酸皂捕收剂在萤石表面的吸附量，结果表明，脂肪酸皂捕收剂能较好地吸附在萤石表面，且吸附量随着捕收剂浓度的增大而增大，萤石表面吸附量的大小顺序为：橡籽油脂肪酸皂 > 椰子油脂肪酸皂 > 棕榈油脂肪酸皂。Zeta 电位测定结果表明，萤石在水中的零点电约为 9.0，橡籽油脂肪酸皂捕收剂与萤石矿物作用后矿物表面的 Zeta 电位负移，表明萤石表面吸附了橡籽油脂肪酸根阴离子。采用红外光谱分析法检测脂肪酸皂、萤石和脂肪酸皂捕收剂与萤石作用的红外光谱，结果表明脂肪酸皂捕收剂在碱性时与萤石主要发生化学吸附[8]。

18.1.3　萤石矿选矿工艺技术进展

18.1.3.1　选别工艺技术流程

萤石矿的选矿和加工过程主要是按照萤石矿石的不同类型、矿石中萤石的品位、脉石类型及含量高低等差异，挑选出一种经济上合理、技术上可行的方法和流程进行选矿的过程。重选法和磁选法对单一型萤石矿有很好的选别作用，可以得到冶金级的萤石精矿，用浮选法可得到酸级的萤石精矿。目前，我国萤石矿的选矿方法主要是手选、重选和浮选。

A　手选和重选

萤石的选矿方法中手选是最简单的，但是它只适用于块矿、萤石与脉石界限清晰、废石容易剔除、萤石的品级易于肉眼鉴别的萤石矿，是一种最简便、最经济的选矿方法。重选法（跳汰、摇床及重介质选矿等）选矿主要用于选别矿石品位较高、粒径较粗的粒子矿。重选法的优势十分明显，结构简单而且便于操作，因此在萤石含量较高且粒子矿比例大的矿山应用相当广泛。但是，重选法处理萤石的纯度只能得到粗粒冶金级萤石块矿，因此在萤石的分选中，重选法受到一定的限制[6]。

B　浮选

由于萤石往往与其他的一些矿物共生，如方解石、石英、碳酸盐、硅酸盐等，这类脉石矿物同萤石之间的密度差很小，而且随着萤石原矿的贫化和萤石与脉石相互嵌布而结晶，只有通过细磨才能达到单体解离，而对于细磨后的细粒矿石最有效的方法就是浮选法。目前，国内外应用的浮选工艺主要分为正浮选和反浮选，其中正浮选工艺应用得较多。

目前，国内外分选萤石主要应用正浮选工艺。粗选时抛弃大部分脉石，精选时抑制脉石，浮选萤石。由于萤石硬度较低，当脉石矿物为石英时，萤石在磨矿时可以先解离，如果磨矿细度较高时，容易产生过磨现象，故以石英为主要脉石的萤石矿有一个共同规律，采用阶段磨矿阶段选别的流程，即粗选作业要求适当粗磨；精选作业降硅则要求细磨。中南大学李柏淡等人对以浙江东风萤石矿和湖北红安萤石矿的浮选研究表明[31]，阶段磨矿流程是获得优质精矿的关键，即粗选作业要求适当的粗磨，而精选降硅则要求细磨。如磨矿细度 -0.074mm 含量由 42% 增加到 75%，粗精矿品位、回收率分别由 91.8%、90.1% 降至 83.7%、62.8%。最终精矿含 SiO_2 随磨矿细度增加而降低，-0.074mm 粒级中的 SiO_2 含量都在 0.5% 以下，而在 +0.074mm 粒级中则分别为 1.6% 和 1.88%，即精矿中的 SiO_2 含量各为 0.77% 和 0.53%，大大优于一段磨矿流程。

目前，国内外对于反浮选的研究较少。反浮选即抑制萤石，优先浮选脉石矿物。反浮选主要分为两种情况：第一种是在粗选时就优先浮选脉石矿物，抑制萤石。德国有人采用优先浮选方解石流程处理萤石矿，用柠檬酸抑制萤石，烷基磺酸盐浮方解石；萤石浮选用丹宁配合水玻璃抑制脉石，脂肪酸浮选萤石。第二种是粗选采用正浮选，精选采用反浮选。为了降低精矿含杂，有人先用脂肪酸浮选，泡沫精矿进行反浮选，用以处理伴生方解石和石英的萤石矿，获得了含 CaF_2 95.70%、回收率 92.85% 的萤石精矿。反浮选条件是：加温矿浆至 70℃，用硫酸和低分子酸使 pH 值达到 3~4，然后用异醇 C12~16，150g/t 浮出萤石粗精矿中的杂质[31]。

抑制剂的添加先后顺序对萤石的选别指标也有很大影响，添加顺序和间隔时间不同，结果也不完全一致。以桃林铅锌矿刘家坪矿区的萤石-重晶石矿石为例，当先加硫酸铝后加水玻璃时，对重晶石的抑制效果最好，重晶石回收率仅为 8.69%，此时萤石精矿品位最高，达到了 95.74%，但萤石也受到了抑制，回收率只有 50.30%。当先加水玻璃后加硫酸铝时，泡沫稳定，萤石回收率都能达到 96% 以上，但对重晶石的抑制效果较差，重晶石的回收率都在 13% 以上，而且是随着两种药剂添加时间间隔的延长，对重晶石的抑制效果也越差。所以抑制剂的添加顺序以二者同时添加或者先加水玻璃，30s 内再加硫酸铝为宜。

胡小京等人[30]针对金石资源集团公司某萤石矿石中矿物嵌布极不均匀，存有粗晶结构萤石和细晶、微晶结构的萤石，致使矿石单体解离粒度差异较大的特点。采用粗晶结构萤石与细、微晶结构萤石分步分选（异步浮选），中矿选择性再磨新工艺，合理地解决了矿石中、粗晶结构萤石与细、微晶结构萤石的分离、分选，同时解决了黏土对浮选作业的影响。在低磨矿强度下，优先将已单体解离的粗晶矿物快速浮出，获得了品位为 97.50%、回收率 82.71% 的萤石精矿。

日本有人比较了干式磨矿和湿式磨矿对萤石浮选的影响，发现干式磨矿具有特殊效能，精矿品位和回收率都比湿式磨矿高，原因是萤石干磨后，晶体由半导体 N 型转变成 P 型，而更易被油酸捕收。许多选矿厂采用阶段磨浮流程，取得良好指标，阶段磨浮及早丢弃尾矿，减少了萤石过粉碎[33]。

18.1.3.2　选矿药剂

A　萤石浮选捕收剂

目前在氧化矿浮选中常用的阴离子捕收剂主要是脂肪酸及其钠皂、烷基磺酸盐、烷基硫酸盐、有机膦酸、有机砷酸等，在萤石浮选中使用最多的是脂肪酸及脂肪酸的各种衍生物。

李仕亮等人[9,10]研究了十二胺、十二烷基三甲基氯化铵和十二烷基二甲基苄基氯化铵三种阳离子捕收剂对含钙矿物的浮选行为，发现十二胺的捕收能力最强，而且在 pH 值为 8~9 时，十二胺对三种含钙矿物的捕收能力强弱顺序如下：萤石 > 方解石 > 白钨矿。

Song 等人[11]采用捕收剂 PQM-1710 和 PQM-1740 浮选墨西哥某萤石矿时，发现当加入分散剂羧甲基纤维素（CMC）后，可在保证萤石品位不降低的情况下，提高萤石回收率 6.5%。

叶志平等人[12]针对油酸在浮选柿竹园萤石矿中存在选择性不高、低温下捕收能力差、弥散性不好等缺点，研究开发出了一种新型萤石捕收剂 H06。在同等条件下与改性油酸、皂化油酸和油酸 3 种药剂浮选对比试验，发现这 4 种药剂对萤石的选择性高低顺序为：H06 > 改性油酸 > 皂化油酸 > 油酸；除此以外，H06 还易溶于水，性质稳定，分选效率比油酸高出 24%。

杨丽珍[13]研制出新型萤石捕收剂 YF-01，并应用于内蒙古某萤石矿的工业生产，磨矿细度 0.074mm（ -200 目）含量为 75.8%，在 20℃试验流程为一次粗选、五次精选，中矿顺序返回的条件下，精矿产率可达 47.70%，CaF_2 回收率 83.42%。与油酸作为捕收剂（ >35℃）相比，实现了常温操作，大大降低了生产成本。而且这种捕收剂优势突出，如抗硬水性好、无毒害、无污染等。

张凌燕等人[14]浮选内蒙古某石英型萤石矿时，采用了改性油酸 YSB-2 作为捕收剂，研究了矿浆温度从 1℃升高至 27℃，粗选温度对选矿效率、精矿品位和精矿回收率没有明显影响。结果发现，采用改性油酸 YSB-2 浮选作捕收剂时，可获得良好的浮选指标，而且节约了能耗，提高了生产效益。

凌石生等人[15]研究了某石英方解石型萤石矿的浮选工艺，采用新型药剂 BK410 作为捕收剂，水玻璃作脉石抑制剂，经过一次粗选、二次扫选，精矿再磨后七次精选，可得到 CaF_2 品位为 97.88%、回收率为 83.45% 的萤石精矿，其中 SiO_2 含量为 0.725%，$CaCO_3$ 含量为 0.71%。

宋英等人[7]在遂昌碳酸盐型萤石矿的浮选中采用了中南大学化工冶金所新研发的一种改性脂肪酸类捕收剂 KY-110 作为捕收剂，水玻璃 + 腐殖酸钠作为组合抑制剂，经过一次粗选、一次扫选，再七次精选，可得到 97.11% 萤石精矿，CaO 含量为 0.96%，CaF_2 回收率为 69.90%。

Flotol-7、Flotol-9 是常见的磷酸类捕收剂，是碳链长度为 7 ~ 9 的烷基 1-羟基-1，1 双膦。将 Flotol-7、Flotol-9 作为捕收剂，依次对下列钙盐类矿物进行浮选试验，发现其捕收能大小为：萤石 > 磷酸盐 > 磷灰石 > 白钨矿 > 方解石。此类捕收剂能适应的范围较宽，对萤石浮选的选择性高且捕收能力也较强，但价格昂贵，在实际生产中受到较大限制[16]。

H. Baldauf[34]等人研究了 N-酰胺基羧酸等新捕收剂处理德国某萤石矿，效果很好。当萤石原矿含 CaF_2 32.6%、$CaCO_3$ 30.5%，药剂制度为硅酸钠 900g/t、六偏磷酸钠 20g/t、捕收剂 600g/t，小型试验获得了含 CaF_2 98.7%、$CaCO_3$ 0.73%，CaF_2 回收率为 85% 的萤石精矿。对含 CaF_2 19% ~ 50%、$CaCO_3$ 15% ~30% 的原矿进行工业试验，获得了含 CaF_2 94% ~98%，其回收率为 80% 以上的精矿。

国外沿用的高效无毒浮选剂美狄兰（medialan）是著名的有色金属、非金属矿粉的浮选捕收剂，其凝固点相当低。在 0℃时还是黄色透明液体，在矿浆中溶解度大，且选择性好，德国 llmenau 选矿厂用美狄兰浮选含方解石大于 6% 的萤石矿，浮选效果良好，该矿若用油酸，则浮选指标明显下降[35]。

Berger 等人研究了几种 N-酰氮基羧酸钠，对它们浮选萤石时的临界胶束、疏水性指数进行了考查。用烷基硫酸钠或烷基氯化铵等作捕收剂浮选萤石的研究，也有了报道[36]。

B　萤石浮选抑制剂

易选萤石资源不断枯竭，现有萤石矿的赋存状态多样化使萤石抑制剂的研究变得较活跃。在实际生产与试验研究中常用的抑制剂有水玻璃、六偏磷酸钠、淀粉、单宁、栲胶等。为了应对萤石资源浮选难度增加，新型抑制剂及复合抑制剂的研究得到了一定的发展。

水玻璃是萤石浮选最常用的抑制剂，价格低廉，易吸附在石英及硅酸盐表面，有很好的抑制作用。水玻璃对萤石的抑制机理存在两种解释[17]：（1）水玻璃溶液中存在大量的胶体 SiO_2，该胶体具有较强的亲水性，吸附在矿物表面从而形成亲水层；（2）溶解的硅酸钠在溶液中发生水解反应，生成的 $HSiO_3^-$、$HSiO_3^-$ 或 SiO_3^{2-} 与溶液中的 Ca^{2+} 反应生成亲水的 $CaSiO_3$ 沉淀。

牛福生等人[18]以水玻璃、碳酸钠为调整剂，油酸为捕收剂，对含 $CaF_2$49.62% 的内蒙古某萤石矿进行浮选，获得 CaF_2 含量为 94.60%，回收率为 76.82%。刘淑贤等人[19]以水玻璃、碳酸钠为调整剂，油酸为捕收剂，经“两段磨矿—粗选—六次精选”的工艺流程，对 CaF_2 含量为 30.95% 的低贫萤石原矿进行选别，获得 CaF_2 含量为 98.50%、回收率为 54.10% 的萤石精矿。

张光平等人[20]以水玻璃为抑制剂，NMG 为捕收剂，2 号油为起泡剂，对 CaF_2 含量为 43.36% 的原矿进行选别，经“一次粗选、一次扫选、两次精选”的工艺流程，获得了精矿品位为 97.36%、回收率为 98.13% 的优良指标。

酸化水玻璃对石英型萤石矿中石英具有很强的选择性抑制作用，且对矿石中碳酸盐及其他钙盐抑制作用也较强。研究表明[21]，酸化水玻璃中主要起抑制作用的为 $SiO_2(OH)_2^{2-}$ 和胶态硅酸，溶解组分对脉石矿物抑制能力为：$SiO_2(OH)_2^{2-} > Si(OH)_4 > HSiO_2^-$，对 $SiO_2(OH)_2^{2-}$ 和胶态硅酸吸附能力较强的矿物容易被抑制。周涛等人[22]以酸化水玻璃与 T-29 组合作为金塔县某高钙萤石矿的抑制剂，油酸为捕收剂，获得了 CaF_2 精矿品位为 98.02%，其中含有碳酸钙为 0.70%，石英为 1.10%，萤石精矿的回收率为 69.90%，实现了萤石与石英、方解石的有效分离。

水玻璃经常与有机抑制剂、无机盐组合使用，具有较强的抑制能力和选择性。牛云飞等人[23]采用盐化水玻璃和六偏磷酸钠组合使用，对晴隆碳酸盐型萤石矿进行选矿，获得萤石精矿含 CaF_2 98.1%、$CaCO_3$ 0.83%，CaF_2 回收率为 83.68%。宋英等人[7]采用水玻璃和腐殖酸钠组合使用，成功实现萤石与方解石的分离，经过实验室闭路试验，得到了含 CaF_2 97.11%、CaO 0.96% 的萤石精矿，而且萤石的回收率有 69.90%。

张旺等人[24]对某碳酸盐型萤石矿进行浮选工艺试验，研究表明，在中性条件下，水玻璃和稀硫酸组合使用能够有效地抑制方解石，实现了萤石和方解石高效分离，经过一次粗选、九次精选、中矿顺序返回的闭路浮选试验，获得含 CaF_2 94.44%、$CaCO_3$ 0.79% 的萤石精矿，萤石的回收率为 89.35%。

国外某萤石矿 CaF_2 含量 32.6%，$CaCO_3$ 含量 30.5%，磨矿后用水玻璃（900g/t）、烤胶（100g/t）和六偏磷酸钠（20g/t）作混合抑制剂，美狄兰（600g/t）作捕收剂，浮选得到 CaF_2 含量 98.7%、$CaCO_3$ 含量 0.73%、CaF_2 回收率 85.1% 的萤石精矿[37]。

在萤石和方解石的分离方面，V. A. Mokrusov 提出，在同时添加水玻璃和可溶性铅盐时，选择性显著提高，可在高回收率的情况下选出 CaF_2 95% 以上的精矿。此时，铅盐比任何硝酸盐、硫酸盐或氟化物等都较优，并且推想当 Al^{3+} 和硅酸钠同时存在时，则只是抑制方解石[38]。

18.1.3.3　*尾矿、三废处理、环保、循环利用*

张国范等人[25]采用新型活化剂 ANF-1，通过一次粗选、七次精选的浮选流程，从含 CaF_2 24.93% 的浮钨尾矿回收萤石，可获得 CaF_2 95.03% 的萤石精矿，CaF_2 回收率达 62.13%。ANF-1 能有效提高被水玻璃强烈抑制的萤石的可浮性，对于柿竹园多金属矿钨浮选尾矿，萤石的回收率提高 30% 以上。曹占芳等人[26]针对龙泉萤石尾矿采用高效萤石捕收剂 KY-2 以及粗精矿再磨、六次精选、中矿返回再磨工艺流程能取得较好的选矿指标，即 CaF_2 含量为 98.40%，SiO_2 含量为 0.75%，CaF_2 回收率为 93.24%。

周文波等人[27,28]采用酸化水玻璃作为抑制剂替代墨西哥某高钙萤石矿所使用的木质素磺酸钠和碳酸钠能获得更好的浮选效果，它不仅能提高萤石 4 个百分点的回收率和浮选速度，而且还能加速尾矿颗粒的沉降，获得澄清的回水返回使用，同时还能有效地降低药剂的消耗。

杨锡祥等人[29]研究了河北某 500t/d 萤石选矿厂尾矿絮凝沉降特性。用聚合氯化铝（PAC）和聚丙烯酰胺（PAM）复配成复合絮凝剂（PAC + PAM）应用于此尾矿水的处理，完成了聚合氯化铝（PAC）和 4 种聚丙烯酰胺 H101、H102、H103 和 H104 组合药剂的尾矿沉降脱水试验。结果表明，同时添加聚合氯化铝（PAC）与聚丙烯酰胺 H102 组成的组合药剂较为有效，H102 的最佳用量为 50g/t，聚合氯化铝的最佳用量是 200g/t，尾矿中 SS 含量对沉降效果存在影响，SS 含量越低，沉降越快，且药剂用量较少，效果较好。

18.1.4　萤石矿选矿存在的问题及发展趋势

萤石是一种重要的战略资源，其应用领域不断扩展，加强对萤石产业的管理，实现资源的高效利用以及可持续发展势在必行。一方面从工艺技术入手，加快萤石矿选矿工艺技术更新步伐。萤石浮选分离技术是氟化学工业技术的基础，针对不同种类和品质的萤石资源，需要加强矿石性质和浮选机理研究，特别是高效的浮选药剂的开发，为低贫或伴生萤石资源的开发提供技术指导。另一方面，对于萤石的应用，需要加强高新技术产品的开发力度，以提高萤石产品的附加值，提高国际竞争力。

（1）强化预先选别工艺研究，恢复地质品位，提高选别效果。针对目前萤石矿贫、杂、细的特点，应该借鉴铁矿行业预先选别的先进经验，强化萤石矿抛尾工艺的研究工作，按照“早收多收，早抛多抛”的原则，尽量提高萤石矿入选品位。

（2）多碎少磨，减少电耗和物耗，降低生产成本。

（3）增加机械脱泥工序，提高入选品位，降低药剂消耗。

（4）合理配矿，调整工艺，不断提高难选萤石矿的精矿质量和回收率。为充分利用有限的萤石矿矿石资源，尽量将单一、易选萤石矿和难选的低品位、细粒萤石矿或者碳酸盐类矿石搭配，并优化选矿工艺流程和药剂制度，精心操作，合理调节，不断提高精矿质量和回收率。

（5）采用优先选别，中矿再磨单独选别的新工艺，提高难选萤石矿的选矿技术经济指标。

（6）大力引进和应用选矿新工艺、新技术和新设备，提高萤石选矿工艺技术水平。

18.2　石墨

18.2.1　石墨资源简况

石墨作为结晶的碳质矿物，是一种用途广泛的非金属矿物。工业上通常应用其以下特性：（1）润滑性；（2）抗热震性；（3）导热及导电性；（4）可塑性；（5）突出的化学稳定性等[39]。它被广泛应用于机械、冶金、石油化工、轻工、电子、电器、国防、军工、航天等领域[40]，是国民经济建设、战略新兴产业和国防科技工业发展的重要基础原材料，在其应用的诸多行业中具有产业关联度高和不可替代等特征。

根据矿石中石墨的结晶形态可将石墨分成两类：晶质石墨和隐晶质石墨[41]。晶质石墨又分为鳞片石墨和块石墨，隐晶质石墨晶体粒径小于 1μm，只有在电子显微镜下才能观察到其晶形，通常形成颗粒状及纤维状集合体，呈现灰黑色及黑色，油腻状或土状（暗淡）光泽。

18.2.1.1　*石墨资源分布及储量（基础储量）*

据美国地质调查局 2015 年报告[42]，世界石墨储量为 1.1 亿吨，主要分布在中国、巴西、印度、墨西哥、乌克兰、斯里兰卡、马达加斯加等国家。我国石墨储量为 5500 万吨，占世界的 50%；巴西最近两年发现了巨型石墨矿床，其石墨储量已由 36 万吨增加到 4000 万吨，跃居世界第二位。马达加斯加盛产大鳞片石墨，斯里兰卡盛产高品位的致密块状石墨，隐晶质石墨矿主要分布于印度、韩国、墨西哥和奥地利等国家。

截至 2011 年，我国的晶质石墨主要属于区域变质型矿床，矿床规模以大、中型矿居多，分布在黑龙江、山东、内蒙古、河北、河南、湖北和四川等 16 个省区，占总储量的 68%[43]。而隐晶质石墨属于接触变质型矿床，规模主要以中、小型为主，占总储量的 32%。我国隐晶质石墨矿石保有储量 1190 万吨，基础储量 2280 万吨，资源量 3590 万吨，平均品位 55% ~80%，隐晶质石墨资源分布在湖南（储量 933 万吨）和吉林（储量 111 万吨）等 9 省。

18.2.1.2　*石墨资源的生产和消费*

A　*石墨的生产和消费*

源于全球经济状况的改善，世界石墨资源的需求在 2012 ~2014 年有稳步的增长。2014 年，我国的石墨产量及消费量分别占全球的 67% 和 35%，相比 2013 年，加拿大、中国、马达加斯加、墨西哥、土耳其、津巴布韦等国家的石墨产量增加；而巴西的产量有所下降。世界各国的石墨产量见表 18-4。

表 18-4　2013 年和 2014 年世界石墨产量统计　（$\times 10^3$ 万吨）

国家或地区	2013 年	2014 年	国家或地区	2013 年	2014 年
巴　西	95	80	俄罗斯	14	14
加拿大	20	30	斯里兰卡	4	4
中　国	750	780	土耳其	5	30
印　度	170	170	伊　朗	6	6
朝鲜半岛	30	30	津巴布韦	4	6
马达加斯加	4	5	其　他	1	1
墨西哥	7	8	总　计	1110	1170
挪　威	2	2			

由表 18-4 可知，2014 年，世界天然石墨产量达到 117 万吨，比 2013 年又增加 8 万吨[42]。其中，我国的石墨产量为 78 万吨，占到世界生产总量的 66.7%，为世界第一生产大国。2011 年，美国石墨消费结构比例约为：耐火材料及坩埚为 33%，铸造工业及炼钢为 26%，制动材料为 7%，电池及润滑剂为 5%，其他用途为 29%。我国是世界上最大的石墨消费国[5]。据统计，2010 年我国的石墨消费量约 130 万吨。主要消费领域包括钢铁和铸造业、耐火材料、导电材料、铅笔、化工及汽车制造、密封材料等。大体消费结果见表 18-5[40]。

表 18-5　2010 年我国石墨消费结构

用　途	冶金铸造	耐火材料	铅笔工业	导电材料	密封材料	其　他
比例/%	33	14	16	12	13	12

B　石墨的进出口及价格趋势

源于世界石墨价格的稳定增长，近年来，石墨的价格有了稳步的提高。表 18-6 为美国市场进口石墨的价格，由表 18-6 可见，三种石墨的价格都呈现上涨的趋势[42]。鳞片石墨价格涨幅最大，其价格从 2010 年时的 720 美元/吨大幅提高到 2014 年的 1540 美元/吨，涨幅达 114%。隐晶质石墨因我国湖南郴州地区近年来的矿山整合，控制了产量及出口量，隐晶质石墨价格提高了约 42%。随着世界经济的进一步企稳；伴随着全球经济发展与环境恶化的矛盾进一步尖锐，全球变暖、环境污染等问题备受关注，石墨材料已经成为环保节能的明星材料，日益受到青睐。这一未来材料在风能、汽车[44]、消费品和国防工业的发展空间不可限量，碳纤维已经应用于新一代飞机以及风力发电风车，此外的其他应用可能更赋予人们无穷的想象。石墨的价格还有进一步提高的空间。

表 18-6　美国进口石墨价格统计　（美元/吨）

石墨种类	2010 年	2011 年	2012 年	2013 年	2014 年
鳞片石墨	720	1180	1370	1330	1540
块石墨	1700	1820	1960	1720	1890
隐晶质石墨	257	301	339	375	364

表 18-7 为 2009 ~ 2011 年我国天然石墨进出口情况统计[40]，可见，我国进口天然石墨原料的量维持在 10 万吨左右，进口价格也随世界的趋势逐年增长；相比而言，出口天然石墨原料的量则很大，在 50 万吨左右。但是，值得注意的是，我国在大量出口石墨原料的同时，还大量进口高价格的石墨产品，图 18-2 为 2011 年我国石墨进出口价格统计，即我国低价出口石墨原料，高价进口精细加工石墨产品的局面依然未得到改善，亟需发展精细加工技术。

表 18-7　2009 ~ 2011 年我国天然石墨进出口情况统计

项　目		2009 年	2010 年	2011 年
进　口	数量/万吨	10.95	7.66	13.11
	金额/ $\times 10^4$ 美元	1479.6	1624.0	3352.3
出　口	数量/万吨	45.89	58.55	44.48
	金额/ $\times 10^4$ 美元	13410.2	20720.6	36508.8

18.2.2　石墨选矿理论及基础研究进展

虽然我国石墨储量位居世界第一位，但大片石墨储量已经少于 500 万吨，因此如何在选矿过程中保护石墨大片，提高大片产率，是一个重要研究课题[45,46]。岳成林提出了利用浮选速度差异提高鳞片石墨大片产率的研究新思路并据此提出了鳞片石墨浮选新工艺。通过新工艺和常规工艺的试验对比，发现新工艺能够使石墨精矿 +270μm(+50 目)产率提高 12.33%， +150μm(+100 目)产率提高 6.63%；同时，石墨精矿的回收率和品位也得到提高。该研究试验数据可为提高鳞片石墨大片产率的生产实践提供一定的参考依据[47]。

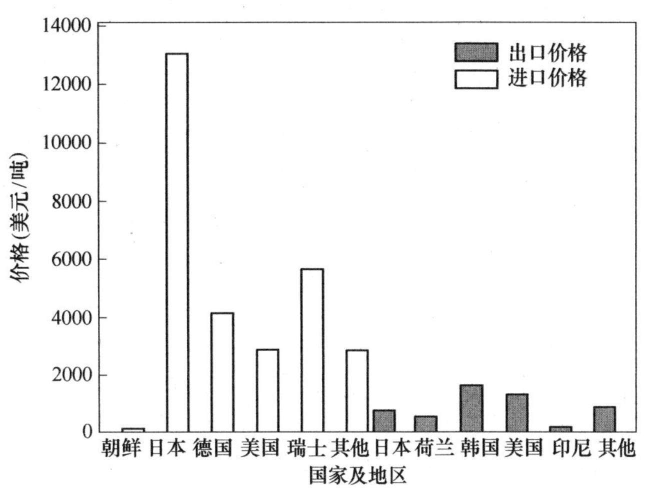

图 18-2　2011 年我国石墨进出口价格统计

相比鳞片石墨，隐晶质石墨因嵌布粒度微细，共生关系复杂[48,49]，很难获得固定碳含量大于 90% 的精矿。近年来，有人对隐晶质石墨进行了深入细致的研究，发现隐晶质石墨矿石浮选过程中，为取得脉石的充分解离，磨矿细度需达到 -74μm 含量 90% 以上，在此情况下，微细粒黏土矿物极易通过夹带的方式进入隐晶质石墨精矿[50]，脉石的夹带行为受石墨的粒度的极大影响[51]，通过阶段磨矿、疏水絮凝等技术可大幅降低脉石的泡沫夹带，提高浮选选择性[52]。对湖南郴州固定碳含量为 70% 的原矿，通过以上的三段磨矿—浮选流程处理，可获得固定碳含量为 82.40%、回收率为 53.21% 的满足牌号 WT80 的中碳产品；以及固定碳含量为 90.10%、回收率为 35.53% 的满足牌号 WT90 的高碳产品，精矿总回收率 88.74%。针对内蒙古固定碳含量为 50% 左右的低品位隐晶质石墨原矿，三段磨矿—浮选流程处理可获得产率 22.14% 的固定碳含量为 88.69% 的产品，该部分产品完全符合牌号 WT88 的技术要求，回收率为 36.64%；还可获得产率 23.17% 的固定碳含量为 80.62% 的产品，该部分产品满足牌号 W80 的技术要求，回收率为 34.86%；还可获得产率 7.4% 的固定碳含量为 70.34% 的 W70 产品，回收率为 9.65%；总回收率为 81.16%。

18.2.3　石墨选矿工艺技术进展

18.2.3.1　*破碎筛分与磨矿分级*

大鳞片石墨（一般指 +0.3mm、+0.18mm）经济价值比细粒级高，而制造坩埚及膨胀石墨等用途必须使用大鳞片石墨，现代的工业技术也无法生产大鳞片石墨，一旦被破坏就无法恢复[53]。同时，我国大鳞片石墨储量低，在分选过程中由于复杂的再磨流程致使石墨鳞片破坏严重，产量较低，导致市场供不应求。研究了不同再磨设备、再磨介质以及介质不同配比对保护石墨晶体的影响，结果表明，振动磨及柱介质对石墨晶体保护效果最佳[54]。在最佳的再磨工艺条件下，进行粗精矿再磨细度、开路试验、中矿返回方式试验以及闭路试验，最终获得石墨精矿固定碳 96.34%，回收率 94.11%，+0.15mm 级别产率 16.17%（固定碳含量 95.43%），尾矿固定碳 0.69% 的优良选别指标。

18.2.3.2　*选别工艺技术流程*

石墨浮选流程一般为多段磨矿、多次选别[55,56]，流程中会产生很多中矿[57]。中矿一般含有大量的石墨，若不进行返回或者其他处理，必将导致精矿的回收率下降，造成资源浪费。因此，对石墨中矿进行处理是石墨选矿过程中必不可少的环节。国内外许多学者、专家和选矿技术人员对石墨选矿的中矿处理问题进行研究，取得了一定的进展。

石墨浮选中矿的处理方式很多，由最初的循序返回发展到集中返回、中矿单独处理再到目前应用较多的多种处理方式联合工艺[58,59]。石墨中矿的处理方式主要有以下几种：集中返回、循序返回、单独处理、多种处理方式联合工艺[60]。

18.2.3.3　*选矿药剂*

浮选捕收剂方面，柴油、煤油、液体石蜡、重油及其他烃类油是石墨浮选应用较多的捕收剂[61]。目前大多数选矿厂主要是用煤油和柴油作为石墨捕收剂。近年来，对石墨捕收剂的研究也较多，研制出了多种新型石墨捕收剂，如MF、MB25、GB、MB158、DF等浮选。金蝉等人[62]合成了一种含有羟基和磺酸基的新型高效药剂，这种药剂的主要原料是石油生产的副产物混合烃，有效利用了废弃资源的同时为石墨选矿提供了技术支持。新药剂与传统药剂相比，兼具捕收性和起泡性，应用于石墨浮选试验中得到的石墨精矿固定碳含量和回收率都较高，浮选性能良好。

石墨浮选常用的起泡剂目前主要有2号油、4号油、甲酚酸、樟脑油等[63]。目前选矿厂应用最多的起泡剂是2号油。近年来对石墨浮选起泡剂也有一定的研究。研制出了很多新型起泡剂，如MIBC、TEB、145混合醇、仲辛醇、杂醇等。

石墨浮选常用的调整剂根据其作用可分为矿浆pH值调整剂、矿浆分散剂、抑制剂、表面活性剂等。矿浆pH值调整剂主要有石灰、碳酸钠、氢氧化钠等；矿浆分散剂有水玻璃、六偏磷酸钠、羧甲基纤维素、聚丙烯酸钠等[64]；抑制剂有水玻璃、酸性水玻璃；表面活性剂主要有PF100、十二烷基硫酸钠和石油磺酸钠。目前常用的pH值调整剂主要是石灰和碳酸钠，当石墨含有黄铁矿时，一般采用石灰作为pH值调整剂，不仅可以调节pH值，还可以抑制黄铁矿。

18.2.3.4 新的选矿方法及技术

石墨对微波场具有透明性，在微波场加热过程中，石墨与其显微包裹体、连生体、层间杂质或与碳类质同相交代的其他杂质元素存在明显升温差别性，石墨在短时间内进行微波加热，使其与不同组分因热应力（膨胀系数）不同在晶格间产生应力，导致晶粒间边界出现裂纹或断裂。促进石墨与显微杂质的有效裂解，可为射频电选和永磁强磁选进一步提纯石墨（大于99.9%以上高纯石墨）提供可行性[65]。

微波辅助加热：高温微波加热煅烧可有效再次提纯石墨，在采用固氯还原除杂条件下有望实现99.99%以上的高纯石墨，微波用于矿物材料的优点是加热速度快、效率高、反应温度低。降低烧结或熔炼温度达300～500℃以上，升温速度高，可达50～100℃/min，缩短反应时间可达50%以上，降低生产成本，绿色环保，降低能耗，可达40%～50%以上。

依据矿物磁性差异，采用干式永磁强磁分选技术，可有效去除弱磁性杂质矿物。按矿物电性差别可有效地将电导性的石墨与绝缘的脉石矿物长石、石英、方解石、高岭土等分离。采用射频介电选矿技术能有效地去除非金属杂质矿物，获固定碳99.7%的高碳石墨产品[65]。

18.2.3.5 尾矿、三废处理、环保、循环利用

云母常与石墨共生，部分石墨矿床中云母的含量较高，达到可经济利用的水平。黑龙江石墨尾矿中含有约6%的绢云母，根据该尾矿性质，首先采用沉砂口和溢流口直径均为2mm的GSDF型ϕ50mm水力旋流器，在0.2MPa给矿压力和8%给矿浓度下脱除产率达53.41%的-19μm矿泥，使91.39%的绢云母富集到沉砂中，然后采用十二胺对绢云母含量提高到11.75%的沉砂进行一次粗选、四次精选开路浮选，并在精选时用硫酸控制矿浆pH值为3和添加适量水玻璃，最终获得了绢云母含量为85.11%、绢云母回收率为77.53%的绢云母精矿，该绢云母精矿满足橡胶填料要求[66]。聂铁苗等人对绢云母含量为30%的石墨尾矿[67]，确定采用一次粗选、三次精选的浮选流程，可获得绢云母含量为78.95%、回收率为65.79%的精矿。

石墨尾矿制备建材也是可行的。以黑龙江石墨尾矿为主要原料，辅以适量的石英和高岭土，采用压制成型法，制备烧结陶瓷砖。研究了烧成温度对陶瓷砖性能的影响。结果表明，当原料含水率为6%～8%、成型压力为25MPa，烧成温度1060～1080℃时，制得的陶瓷砖为暗红色，颜色一致性好，强度较高，符合国家标准GB/T 4100—2006[68]。

18.2.3.6 综合回收

石墨型钒矿是我国发现的除钒钛磁铁矿、石煤钒矿以外的一种新型钒矿资源，一般V_2O_5品位较低，直接采用湿法提钒成本高[69]。针对江西某低品位石墨型钒矿的特点，采用优先浮石墨—石墨尾矿再选钒的工艺，在钒浮选作业中，用GZS作抑制剂，用混合胺作捕收剂回收石墨和钒，在原矿碳品位6.71%、V_2O_5品位0.41%时，获得碳品位92.06%、回收率95.85%的石墨精矿和V_2O_5品位2.26%、回收率77.86%的钒精矿，实现了石墨和钒的综合回收[70]。

18.2.4 石墨选矿存在的问题及发展趋势

石墨选矿存在的问题及发展趋势如下：

（1）亟需加强石墨选矿的基础研究。石墨作为一种天然可浮性好的矿物，看似简单，多年来对其仅仅开展了大量实际矿石可选性研究。关于石墨的工艺矿物学特性、晶体结构与可浮性、磨矿方式与解离特性、聚集行为及脉石夹杂行为、矿浆溶液化学与其浮选行为、浮选过程中的泡沫特征与浮选性能等均缺乏研究。

（2）石墨专用选别设备的开发。石墨的润滑性及天然疏水性导致其需要特定的磨矿方式，加上保护大鳞片的需求，开发石墨高效磨矿设备势在必行；其次石墨分级设备、浮选设备也需要适应石墨的特性，不能套用常规的设备。

（3）研究高效环保的化学提纯新设备及新工艺有利于打破我国低价出口石墨原料，高价进口精细产品的局面。

（4）研究尾矿资源综合利用技术。包括粗粒尾矿作为混凝土细集料、尾矿制备免烧砖、尾矿制备建筑陶瓷等技术，无害化、减量化、资源化、再利用，其难点是减量。

（5）严格市场准入，让资本技术雄厚的企业进行集约型开发，加强技术管理，提高生产指标，尽可能采用自动控制技术和装备。

18.3　石英

18.3.1　石英资源简况

硅质原料是一种常见的、自然界分布广泛的矿产资源，矿物成分以石英为主，化学成分主要为 SiO_2，是一大类矿物原料的统称。块状硅质原料在工业上常统称为硅石（石英石），其代表性岩石有石英岩、石英砂岩、燧石岩、石英片岩、脉石英和石英砂等；根据物理化学特性，可分为岩浆岩型、变质型、热液型、沉积型[71]。硅石中多含有复杂的杂质矿物包裹体、气液包裹体，这给硅质资源开发利用特别是高纯超高纯石英制造带来困难。

岩浆型花岗岩中的石英晶粒、变质岩型元古界相应地层中的石英、热液型早期形成的伟晶岩型石英等纯度高，含气液包裹体少。这些石英经提纯加工后有可能代替高纯水晶[72]。

截至 2003 年年底[73]，我国石英岩（砂）矿产资源产地共 228 处，大型矿床 61 个，查明资源储量 407960 万吨，占全国查明资源储量的 86.8%；中型矿床 89 个，查明资源储量 54990 万吨，占全国查明资源储量的 11.7%；小型矿床 78 个，查明资源储量 7050 万吨，占全国查明资源储量的 1.5%。

从矿床的分布来看，已探明矿床主要集中于中东部地区和东南沿海地区。从不同地区已探明矿区数、储量总数和占全国比例来看，华东地区探明的矿区数最多，西北地区探明的储量最大。

从我国不同地区不同类型矿床探明的储量来看，探明的石英岩储量最大，达 23.1 亿吨；石英砂次之，15.5 亿吨；脉石英最少，不到 0.5 亿吨。我国石英岩（砂）资源质量特点鲜明，与国外石英资源有很大的不同。

从矿石类型上看，石英岩、海砂、脉石英资源质量较好；石英砂岩质量不稳定，波动较大；河相砂、湖相砂资源质量差。

从含矿层位上看，元古界的石英岩、脉石英，泥盆系的石英砂岩和近代的海相砂质量好。

从地域分布上看，北方石英岩、南方的石英砂岩和沿海的海相砂质量较好。

从二氧化硅含量上看，我国石英岩（砂）资源二氧化硅含量低，杂质含量高，矿床成因复杂。且原矿质量差异较大，均一性差，选矿除杂较难。我国硅质原料石英岩（砂）矿区数量和储量分布[74]见表 18-8。

表 18-8　石英岩（砂）分区情况

地　区	矿产地	储量/万吨	比例/%	地　区	矿产地	储量/万吨	比例/%
华北地区	27	19786	4.2	西北地区	31	191691	40.8
东北地区	23	36559	7.8	西南地区	32	17074	3.6
华东地区	64	98336	20.9	全　国	228	470066	100
中南地区	51	106620	22.7				

18.3.2　矿物、硅酸盐熔体、流体包裹体杂质

石英中普遍存有流体包裹体，按其成因可分原生包裹体、假次生包裹体和次生包裹体三类。

天然石英矿物通常都含有微细粒（>1μm）矿物、硅酸盐熔体及流体包裹体。包裹体的种类与丰度取决于石英矿物的成岩环境和结晶学的变化。包裹体被封存于石英矿物中很难通过选矿分离的方法去除，大量包裹体的存在，严重影响石英原矿的质量[75~77]。

石英中的矿物包裹体有很多种，理论上讲，在母岩矿物中出现的各种矿物相，同样能够在石英包裹体中出现。在火成岩石英矿物中的矿物种类主要有长石、云母、金红石、锆石、磷灰石、铁氧化物等[77]。变质岩石英矿物中，矿物包裹体的光谱学特征主要由变质石英的变质条件所决定，低级变质岩包裹体有绿泥石、云母、角闪石，较高级的变质岩包裹体是蓝晶石、十字石、石榴子石。沉积岩石英中矿物包裹体常有硬石膏、石膏、杂卤石、方解石、几种矿物盐、有机质等[78,79]。

石英中矿物包裹体的形成机制是多样的，有从熔体和流体结晶生长过程中封闭形成的包裹体；有变质岩石英在变质作用过程中，晶界移动和随后晶格恢复封闭形成的矿物包裹体；也有如含高钛杂质的石英矿物在冷却或减压过程中针状金红石包裹体的出溶作用[77]。

含铝杂质主要来自长石、云母和黏土矿物，还有 Al^{3+} 替代 Si^{4+} 存在于石英晶格中。这种异价类质同象的替换，常造成碱金属阳离子进入结构空隙，以保持电价的平衡，形成结构杂质。

铁在石英中常以以下几种形式存在：以微细粒状态赋存在黏土或者高岭土化的长石中；以氧化铁薄膜形式附着在石英颗粒的表面；含在重矿物和铁矿物等颗粒中。含铁物质在石英颗粒内部呈浸染或透镜状态存在[80]。

石英中硅酸盐熔体包裹体，是被包裹在火成岩和伟晶岩石英矿物中硅酸盐熔体形成的微泡，他们呈玻璃态或微晶态，相对较罕见[77]。硅酸盐熔体包裹体常结晶形成晶体，并与流体包裹体叠加或被隐藏其中，使得硅酸盐熔体包裹体常难以与侵入岩如花岗岩、结晶花岗岩等区别开来。硅酸盐熔体包裹体的化学成分与硅酸盐熔体相似，主要元素有硅、铝、铁、钙、钠和钾，硅酸盐熔体还可以带入相当数量的氟、氯、硼、磷、锂、铯及铷，可达几个百分含量，故硅酸盐熔体包裹体是伟晶岩石英生产高纯石英砂时重要的杂质来源[81]。

流体包裹体是石英晶体生长过程中最常见的包裹体，是最初的流体包裹体；也包括矿化流体渗透到已成型石英晶体间裂缝中，再密封的过程中形成的流体包裹体，为次生流体包裹体[77,82]。

石英中流体包裹体类型多样，组成复杂。流体包裹体按内含物质状态可分为：纯气体、纯液体和气液混合包裹体三种。按内含物分类，可以分为 $NaCl\text{-}H_2O$、H_2O、$CO_2\text{-}H_2O$、烃、CH_4、H_2S 等[78]。

水是最常见的流体，也常常包含二氧化碳、甲烷、高沸点碳氢化合物、氮气等。如果流体包裹体中溶解性物质较多的话，在其至地表的冷却过程中会析出晶体，晶体常呈立方体状，加热易溶解。岩盐是最常见的析出晶体，通常认为它是卤盐，其他盐类或硅酸盐矿物也会以同样的方式析出形成包裹体[82]。流体包裹体中含有大量的钠、钾、氯和钙等杂质，是石英中碱金属杂质的主要来源[83]。

包裹体所捕获的流体属过饱和溶液，当温度降低时会从溶液中结晶出晶体，形成子矿物。子矿物被封存在包裹体中并与气泡和液体等共存，它被称作包裹体中的固体相[76]。

18.3.3　高纯石英砂

18.3.3.1　*石英砂分类及其定义*

天然石英原矿制备石英砂精矿，石英原矿中的杂质含量及赋存状态是限制石英砂品质的重要因素。国外按照其杂质含量可分为超纯、超高纯、高纯、中高等纯度、中等纯度、低等级石英砂[80,83,84]。

超纯石英砂，是指1g石英砂杂质（氧化物，下同）含量为0.1~1μg的石英砂，超纯石英砂储量极其稀少。

超高纯石英砂，1g石英砂杂质含量为1~8μg，SiO_2 质量分数大于99.999%的石英砂。现已探明能作为制备超高纯石英砂原料储量约为80000t，可通过分离提纯制备得到超高纯石英砂。目前，国际市场上仅有唯一一家公司美国 Unimin 公司生产的 IOTA-8 产品为超高纯石英砂。

高纯石英砂，1g 石英砂杂质含量为 8 ~ 50μg，SiO_2 质量分数为 99.995% ~99.999% 的石英砂，其中又可分为 1g 石英砂含杂质 8 ~ 10μg、10 ~ 20μg、20 ~ 50μg 等级别的高纯石英砂。由于高纯石英砂没有详细的分类标准，现在主要以各企业产品杂质含量等级为准。高纯石英砂原矿储量丰富，但随着一二级水晶资源枯竭，部分国家高品质石英原矿限制出口，高纯石英砂依然是仅有几个发达国家可以生产。目前高纯石英砂市场主要被美国 Unimin 公司所垄断。我国仅有太平洋石英公司、凯达石英公司等为数不多的企业可生产 1g 石英砂杂质元素含量为 20 ~ 50μg 的高纯石英砂[84]。

中高等纯度石英砂，主要是指 1g 石英砂杂质含量为 50 ~ 300μg，SiO_2 质量分数为 99.97% ~99.995% 的石英砂。

中等纯度石英砂，是指 1g 石英砂杂质含量为 300 ~ 5000μg，SiO_2 质量分数为 99.5% ~99.97% 的石英砂。

低等纯度石英砂，是指 1g 石英砂杂质含量为 5000 ~ 10000μg，SiO_2 质量分数为 99% ~99.5% 的石英砂。

目前，我国高纯石英产品还没有统一的国家标准，综合国内学者的研究成果以及国内高纯石英企业产品标准，将 SiO_2 质量分数为 99.9% ~99.999%，1g 石英砂含 Fe_2O_3 小于 10×10^{-6}μg 的石英砂称为高纯石英，SiO_2 质量分数为 99.9991% 以上的石英产品称为超高纯石英。

国内高纯石英市场中，根据产品粒度有多个产品品种，一般有 380 ~ 212μm、212 ~ 109μm、小于 109μm 产品等，其中 380 ~ 212μm、212 ~ 109μm 产品用途最广泛，是目前国内高纯石英市场上的主流产品[84]。

18.3.3.2　高纯石英砂的用途

随着国民经济和科学技术的飞速发展，石英砂的应用已不再是局限于玻璃制品、建筑材料等一些对原料质量要求不高的传统领域，更多地开始涉入高新技术产业领域，现代科学技术的重要新型功能材料[83,84]。

高纯石英在高科技领域的应用是多方面的。近年来，高纯石英砂已成为新能源太阳能、光导纤维、信息技术、激光、航空航天、国防军工、核动力能源储存玻璃（防辐射）、高温玻璃、集成电路、石英坩埚、硅锭、硅棒、硅片、单晶硅、多晶硅、仪器仪表、化工等高技术领域不可替代的关键原材料，其在各领域的应用简述如下[84~86]：

（1）在半导体工业中的应用。半导体行业所用石英砂对纯度要求最严格。从提拉法单晶硅生长到切克劳斯基坩埚，以及超净工作室的晶片加工过程，都用到高纯石英砂。熔融石英是半导体工业制品所需基础材料。

（2）在高温灯管中的应用。高纯石英是生产耐高温石英灯管的基本原材料，高温灯管利用了石英对光线的超强透过性、优异的耐热冲击性能以及热稳定性。高纯石英砂常用来生产高性能、耐高温灯具，如紫外灯、高温汞灯、氙灯、卤素灯、高强度气体放电灯。

（3）在通信工业的应用。高纯石英砂制备得到的高性能石英玻璃制品，是通信工业用光导纤维及附属光电元件生产的基本原料，用来生产光纤预制棒、石英套管。石英玻璃材料做成的器件应用尤为广泛，如石英扩散管、大型扩散钟罩、石英清洗槽、石英炉门等多种产品，是个产业链中不可缺少的一环。

（4）在光学工业中应用。高精度显微光学仪器生产，高清晰度、高透光率的光学透镜，准分子激光光学装置，投影仪等其他的光学专业高级应用。

（5）微电子工业中应用。在微电子工业中，高纯石英砂半导体行业的主要塑封材料高纯石英砂制备的球形石英砂，能和环氧树脂、固化剂、各种添加剂等复合使用，可以节约封装成本，还可用作电子基板材料等。

（6）金属硅的基础原料。金属硅是用于生产太阳能电池的光伏行业中最常见的材料，是高纯度单晶硅与多晶硅的生产原材料。金属硅还可用于钢铁工业冶炼硅铁合金，作为多种金属冶炼的还原剂，作为铝合金中的有用组元，用于电子工业作为超纯硅的原料，可用作生产高温电热原件硅钼棒，以及生产三氯氢硅、硅树脂、碳化硅等化工产品。

18.3.3.3　高纯石英砂的产品标准

国外从 20 世纪 70 年代开始高纯石英砂生产加工技术研究工作，开展了大量的石英原矿提纯、加工、检测等技术、工艺的研究工作。几个发达国家均将高纯石英砂生产加工技术研究列为高新技术领域，美国、日本、俄罗斯、法国、德国可以采用普通石英砂规模生产高纯石英砂材料，美国 Unimin 公司处于全世界领先地位，其生产的高纯石英砂系列产品占据全世界大部分市场，其石英产品纯度被称为“高纯石英砂世界标准纯度”[83,84]，见表 18-9。

表 18-9 美国 Unimin 公司超高纯石英产品标准（单位石英砂含杂质量） (μg/g)

含量 元素	IOTA-标准		IOTA-4		IOTA-6	
	平均值	最大值	平均值	最大值	平均值	最大值
Al	15.2	22	7.9	10	7.9	9.5
Ca	0.4	1.5	0.6	1	0.5	0.7
Fe	0.3	1.5	0.6	1	0.2	0.3
Li	0.7	1.5	0.2	1	0.2	0.3
Na	0.3	1.5	1	1.3	0.1	0.2
K	0.7	1.5	0.4	1	0.1	0.2
B	0.08	0.1	0.04	0.05	0.03	0.04

我国高纯石英 20 世纪 90 年代起步，做了大量的研究工作，也取得了一定的研究成果，但高纯石英砂纯度仍不能与美国 Unimin 公司产品相比，国内部分公司生产的顶级高纯石英砂纯度为 99.995% ~ 99.997%，产品质量不稳定。目前，我国尚无高纯石英砂国家及行业标准，几个主要生产高纯石英砂的企业制定了企业标准可参照执行。

18.3.4 高纯石英国内外研究现状

18.3.4.1 国外研究现状

国外，早在 20 世纪 70 年代就开始了利用石英砂制备高纯石英砂技术的研究工作。目前，美国、日本、俄罗斯、法国、德国已处于世界领先地位，美国在高纯石英砂市场占绝对优势，并长期处于垄断地位，其他几个国家也可以自给自足[80~82]。

20 世纪 80 年代，美国 PPCC 公司采用英国 Foxdale 地区花岗岩，制备提纯石英砂，其高纯石英砂产品 SiO_2 含量达 99.99%，1g 石英砂铁杂质含量小于 1μg。

20 世纪 90 年代到目前，世界上最大的高纯石英砂供应商为美国 Unimin 公司。Unimin 公司在北卡罗来纳州 Spruce Pine 地区、挪威等地拥有优质石英矿源，并且其提纯技术成熟，可以规模化生产获得 SiO_2 的含量达 99.99% ~99.9992%，1g 石英砂总杂质元素含量最纯可达 8μg 的系列产品，目前正在向 SiO_2 的纯度 99.9994% 方向发展。

日本的东芝陶瓷公司和星火产业株式会社，采用浮选、磁选、光电选、高温氯化处理、化学浸出提纯等综合工艺，可以获得 SiO_2 的纯度 99.995% 以上的高纯石英砂产品，满足其国内光学、光纤套管、电子工业用高档石英玻璃生产的需求。

目前，国际上可以生产高纯石英砂的国家及公司有：

（1）美国 Unimin 公司的制造技术处于国际领先地位。全球 90% 以上超高纯石英市场被其垄断。每年都有定量的战略储备和国际营销策略，只出口高端石英产品，不出口关键生产技术和装备。美国 Unimin 的 IOTA-4 和 IOTA-6，1g 石英砂杂质金属元素总量在 20μg 以下，SiO_2 含量 99.999% 以上。

（2）德国以贺利氏石英公司的技术为代表。德国已将超高纯石英原料列为战略物资而限制出口。

（3）俄罗斯、日本基本上可以实现自给。俄罗斯圣彼得堡石英公司和日本信越石英公司都是世界先进水平的公司。圣彼得堡石英公司从苏联时期就开始研究超低金属超高纯石英材料制备技术和关键装备，拥有 70 多个专利技术。2006 年设计了一套每小时产量 60kg 的方石英化设备，2008 年作了全面改进，2010 年年底按新设计制造并投入超低金属超高纯石英生产。该技术装备可生产 SiO_2 不小于 99.999% 的超低金属高纯功能石英材料。

18.3.4.2 我国高纯石英研究现状

国内从 20 世纪 90 年代开始起步，开展了大量的研究工作。在以武汉理工大学、南京大学、北京矿冶研究总院、中国建材集团研究院等为代表的研究团队的努力下，获得一定的研究成果。

目前，我国高纯石英砂可以达到 SiO_2 含量达 99.995% 以上，1g 石英砂铝杂质含量小于 14μg、总杂质含量小于 25μg 的高纯石英砂产品的最高水平。目前国内能生产高纯石英砂的企业主要有[83,84]：

江苏凯达石英公司与武汉理工大学联合攻关，对安徽、湖北、四川等地脉石英进行选矿提纯，可生产 SiO_2 含量 99.997% 以上的高纯石英砂产品。

连云港太平洋石英公司利用东海脉石英矿，综合采用浮选、磁选、化学浸出、高温氯化等选矿提纯工艺，可生产 SiO_2 含量达 99.995% 高纯石英砂产品。

另外，由南京大学和太平洋石英公司联合研究的高纯度低羟基石英玻璃管原料项目正在实施，福东石英公司和南京地矿研究所联合攻克了用普通石英砾石生产石英玻璃管的技术难题，东海县金孚石英制品厂和苏州大学、南京工业大学联合攻克了高纯石英原料生产的关键技术，石英玻璃原料纯度快速提高，1g 石英砂中 13 种有害杂质（铝、硼、钙、钴、铜、铁、钾、锂、镁、锰、钠、镍、钛）达到 25 ~ 15μg[87]。

随着太阳能光伏电池、半导体工业以及国防军工的发展，高纯石英的需求量越来越大，国内高纯石英砂需求量增加与国内高纯石英砂产量不足的矛盾更加凸显[88]。

目前，国内高纯石英砂研究工作仍有很多亟待解决的问题。国内高纯石英砂研究现状及市场需求如下：

（1）市场亟需的超低金属超高纯石英材料（SiO_2 质量分数不小于 99.999%）规模化生产，迄今还是空白，而国内国际市场需求强劲。

（2）关键技术与装备研发严重滞后，导致行业整体技术落后，产品质量缺乏国际竞争力。

（3）长期被美国 Unimin 公司垄断，90% 以上的需求量要靠高价进口。

（4）迄今没有高纯石英国家技术标准。

我国石英储量巨大，具有资源数量优势，但质量上存在难以克服的天然缺陷，如广泛性存在流体包裹体、矿物包裹体。这些天然缺陷，成为制约我国超高纯石英生产的瓶颈。加之国家和企业的在该领域的研发投入不足，直接导致行业技术水平低下，不能满足国家高技术产业以及国防军工企业对高纯石英的市场需求。

18.3.5　高纯石英制备方法

18.3.5.1　*破碎与磨矿*

磨矿效率取决于矿物入料的尺寸、密度、磨矿介质及被磨物料的硬度，密度较大的磨矿介质比密度小的介质的磨矿效率更高。

污染是磨矿过程中很重要的一个问题，在被磨物料磨碎的过程中，磨机内壁和磨矿介质也在磨损，采用陶瓷介质或 SiO_2 介质磨 Al_2O_3 物料时，每小时可以带入 0.1% 的污染。采用陶瓷球磨机及陶瓷介质研磨 Si_3N_4 粉，72h 内能增加 6% 的污染物，这些杂质能降低 Si_3N_4 材料的高温下强度以及蠕变阻力下降近一个数量级。

S. Palaniandy[85] 采用气流粉碎磨破碎硅粉，对硅粉破碎过程中的工艺参数进行了研究。气流粉碎是一种高耗能的破碎方式，破碎的石英颗粒的机械化学效应很大程度上受气流粉碎磨工艺参数的影响。

Joel P. Moskowitz[86] 在 2004 年发明一种用于制备高纯石英的磨矿设备，此装置以连续的氮化硅砌块拼接成一个整体衬里，并以氮化硅球为磨矿介质。该筒状可全封闭磨机、氮化硅内衬及磨矿介质，能够有效减少石英矿物在磨矿过程中磨矿机内衬及磨矿介质的污染。

Kemal Yildirim 等人[87] 为了获得高纯硅微粉，减少磨矿工序的污染，专门研究了不同的磨矿介质的影响，结果表明，石英原矿破碎后粒度分布三种介质基本一致。在以燧石为内衬的球磨机中，破碎比从高到低依次为陶瓷球、陶瓷柱、燧石鹅卵石。试验结果符合修正一阶破碎动力学模型，模型模拟指出，在以光滑的陶瓷为内衬的球磨机中，由于内壁光滑，磨矿介质出现一定的滑动，破碎效率、破碎过程中能量转化效率都低于燧石内衬球磨机。更高的磨矿负荷减小了比磨削能，陶瓷球每吨磨矿产品的磨矿能耗、磨耗率和成本最低。

高纯石英是太阳能电池单晶硅、多晶硅的重要原料，其纯度直接影响到单、多晶硅的纯度。Dal Martello E 等人[88]采用高压脉冲电气破碎方法所获得破碎后颗粒，具有球状几何形体，且有大量选择性指向矿物包裹体及气、液包裹体的深裂缝。石英原矿中云母包裹体沿其解离面及晶界破碎，正长石沿其晶体的晶界面破裂，使包裹体得以暴露、单体解离，降低了嵌入型包裹体颗粒继续包裹在破碎后的石英碎片中的可能性。

B. M. Kovalchuk 等人[89]进行了岩石的高压脉冲动态破碎的研究，设计出一种便携式高压脉冲发生器用来进行岩石破碎。典型破碎操作是一个以 10Hz 频率的 1000 次爆发脉冲，对岩石进行脉冲破碎。此破碎装置经多次测试，破碎效率高，能适应严酷的矿山生产环境。

H. El-Shall 等人[90]研究了添加表面活性剂对矿物湿磨的影响，结果表明在一定的表面活性剂浓度和 pH 值的基础上，能显著改善矿物磨矿的性能，但不合适的胺类浓度也会导致磨矿性能降低。这是因为胺类表面活性剂在 pH 值为 10.5 的碱性环境中，形成大分子的表面活性配合物，并在磨矿的过程中形成泡沫。单独使用硅酸钠湿磨后矿物分散不足，加入表面活性剂添加剂湿磨后的磨矿产物，充分分散。

表面粗糙度和矿物颗粒的形状在分选过程如浮选中有重要的影响，M. Rahimi 等人[91]对石英颗粒粗糙度和形状对浮选动力学的影响进行了研究。研究了不同磨矿方法对石英颗粒表面粗糙度和形状的影响，以及这些参数对颗粒浮选的影响。研究结果表明，石英颗粒采用棒磨的方法表面粗糙度、长形颗粒比例较球磨高，但矿样球形颗粒比例较球磨低。

18.3.5.2　重选、磁选及浮选

张福忠[92]采用 DG 型磁选机与 SXG 型擦洗机对粉石英进行磁选、擦洗提纯试验研究。研究表明擦洗作业能有效增加粉石英白度。强磁选与擦洗作业联合，能提高粉石英纯度与白度，达到熔融石英原料工业标准。

银锐明等人[93]对镁离子活化石英、浮选分离石英与长石的浮选机理进行了研究。研究表明，在酸性、中性介质中，镁离子主要以 Mg^{2+} 存在，不能与捕收剂十二烷基磺酸钠作用，使其在石英表面吸附，只能少量浮选石英。pH 值为 11.6 时，溶液中 Mg^{2+} 逐渐生成 $Mg(OH)_2$ 沉淀，十二烷基磺酸钠与 $Mg(OH)_2$ 沉淀反应生成 $Mg(OH)RSO_3$，使石英表面吸附捕收剂疏水上浮，石英回收率显著增加。

石云良等人[94]探索了活化剂氯化钙和捕收剂油酸钠体系下石英的浮选行为，认为石英矿浆中的吸附与矿浆 pH 值、Ca^{2+} 浓度、油酸钠浓度关系密切。石英表面双电层在任何 pH 值时都能与 Ca^{2+} 吸附，pH 值小于 10 时，发生 Stern 层内吸附，无法活化石英的浮选；pH 值大于 10 能够在 Stern 层内生成 $Ca(OH)_2$ 沉淀，活化石英的浮选。

张杰等人[95]对某地锂辉石浮选尾矿中长石与石英进行选矿分离，采用硫酸为抑制剂的无氟浮选方法，经“一次粗选、二次扫选、一次精选”闭路流程，获得回收率为 98.03%、98.42% 的长石精矿、石英精矿，达到了玻璃工业标准。

于福顺[96]对石英与长石分离的方法与机理进行了综合评述，认为长石与石英中性、碱性介质下的浮选分离，应用前景优于应用广泛的酸性浮选长石法。碱性浮选是在碱性介质中，pH 值为 11～12 时，活化剂碱土金属阳离子与捕收剂烷基磺酸盐生成中性配合物，这些中性配合与烷基磺酸盐离子结合，能吸附在石英表面，起到半胶束促进剂作用，利于石英与长石浮选分离。

罗清平[97]认为油酸钠能较好地浮选分离石英与红柱石。矿浆溶液中的阳离子 Ca^{2+}、Mg^{2+}、Fe^{3+}、Al^{3+} 具有活化石英的作用，使石英与红柱石分选困难，但磷酸氢二钠能选择性抑制 Al^{3+} 活化的石英，在 pH 值为 6～8 时，磷酸氢二钠为抑制剂，油酸钠为捕收剂，可分别得到红柱石 95.8%、石英 95.9% 的作业回收率，石英、红柱石混合矿物得到有效浮选分离。

闫勇等人[98]反浮选分离石英与钠长石，采用阴阳离子混合捕收剂十八胺与十二胺磺酸盐。研究表明，十二胺磺酸盐能增加十八胺在长石矿物表面的吸附，抑制石英表面的吸附，使钠长石浮选回收率显著增加。

张予钊等人[99]对石英矿进行碱液搅拌擦洗脱泥，认为碱液能选择性溶解矿物表面的石英与长石，加大二者表面性质的差异；另一方面，石英与碱液反应生成聚合硅酸，能选择性吸附于碱处理后石英表面，阻止混合阳离子捕收剂的吸附，抑制石英，增加长石的上浮。

陈雯等人[100]采用擦洗-阴阳离子混合捕收剂浮选工艺分离长石、石英，取代以氢氟酸为抑制剂、单一胺类为捕收剂的常规浮选工艺，反浮选长石，一次粗选、一次扫选作业即可将石英中 SiO_2、Al_2O_3、Fe_2O_3 分别为86.58%、6.37%、0.60%的石英砂原矿，提高至97%、0.57%、0.065%。且碱溶液预处理，能有效降低药剂用量，提高浮选分选效率。

丁亚卓等人[101]采用脱泥—反浮选—再磨—反浮选工艺，对辽宁朝阳地区 SiO_2 93.01%、Al_2O_3 5.28%低品位石英原矿进行了选矿分离提纯研究，以油酸钠为活化剂活化长石，六偏磷酸钠为抑制剂抑制石英，捕收剂为十二胺盐酸盐，在pH值为5.0左右的弱酸性矿浆中浮选长石，最终获得 SiO_2 含量为99.95%的石英精矿。

G. Gurpinar 等人[102]研究了超声波对方解石、重晶石和石英的单一和混合矿物浮选的影响。红外光谱研究表明，捕收剂在方解石、重晶石矿物表面吸附是化学吸附，超声波能清洁矿物表面和产生能量中心，改善气泡与颗粒的碰撞效率，促进捕收剂在矿物表面吸附。而捕收剂在石英表面的吸附是物理吸附，超声波的作用会加快捕收剂在石英表面脱附。

Mustafa Birinci 等人[103]研究了外部磁场对从磁铁矿中浮选分离石英的影响。试验采用外加磁场微泡浮选柱，浮选柱外侧夹套放置三个线圈，形成一个漏斗状磁场。结果表明，未加磁场石英与磁铁矿没有可分选性，分离效率为0，增加外加磁场两者分离效率增加至88%，分离效果明显。

A. H. Englert 等人[104]对细粒石英进行了溶气浮选（Dissolved air flotation）研究。研究表明，气泡和石英粒度分布符合正态分布。采用微泡浮选的方法，当捕收剂用量从0增加至2mg/g时，石英回收率从6%增加至53%，通过试验得到捕收剂最佳用量为1mg/g。浮选回收率与石英颗粒粒径密切相关，且浮选最小粒径为3~5μm。

由于捕收剂与粗粒石英颗粒吸附困难，以及改性玉米淀粉对微细粒赤铁矿颗粒的抑制作用有限，导致石英与细粒赤铁矿分离困难。A. M. Vieira 等人[105]对石英与赤铁矿颗粒分选过程中胺类捕收剂种类、pH值、颗粒粒度分布的影响进行了研究，发现对中、粗粒石英颗粒浮选，醚二胺更有效。虽然醚单胺对细粒级石英颗粒浮选效果明显，但也增强了浮选体系中微粒颗粒夹带，使与细粒赤铁矿的分离效率降低。

振动电网浮选槽是一个研究能量输入强度对浮选行为影响基础研究的很好的实验设备。W. T. Massey 等人[106]研究了能量输入在振荡的电网浮选机浮选石英的影响。结果表明，能量强度对浮选动力学的影响依赖于石英颗粒粒径与气泡尺寸。当使用小直径气泡浮选时，能量输入功率最小，浮选效率最高；当采用大气泡浮选时，随着能量输入功率增加，浮选效率增加至最佳并取决于颗粒粒级与气泡尺寸。

18.3.5.3 化学浸出

田金星[107]采用工艺磁选—浮选—两次酸浸工艺，对 SiO_2 98.97%、铁636.0μg/g石英原矿进行选矿提纯研究，磁场强度为1.0T，浮选采用石油磺酸钠作为捕收剂在酸性介质中浮选云母及赤铁矿，可将云母去除70%，Fe_2O_3 含量降至0.013%。酸浸工艺采用HCl、HNO_3、H_2SO_4、HF的混合酸浸出，经酸浸提纯后，830~380μm及380~180μm粒级石英砂 SiO_2 99.98%，小于180μm粒级石英砂 SiO_2 99.99%，铁含量不大于2.35μg/g。

林康英等人[108]采用湿法酸浸与配合相结合的方法，通过试验得到最佳酸混合酸用量为HF 2.0%、$H_2C_2O_4$ 3.0%、HNO_3 30%。试验可得到铁、铝、钙、磷杂质元素去除率分别为99.99%、14.02%、73.27%、60.00%的石英砂精矿。

M. Khalifa 等人[110]采用HF、HCl混合酸溶液化学浸出除去石英中的杂质，以制备光伏行业用超高纯石英砂原材料，研究了混合酸对石英砂除杂过程的影响，最佳混合酸HF∶HCl∶H_2O体积比为1∶7∶24，化学浸出对去除钾、铝效果明显，对磷、硼、铁有一定的去除效果。

K. Y. Lee 等人[111]对 SiO_2 含量99%的原矿进行混合酸组合化学浸出除杂，试验研究了五种不同混合酸组合：0.2mol/L草酸（pH值分别为1.5和2.5）、王水、2.5% HCl与HF、1% HNO_3 与HF，石英砂原矿中主要杂质元素铝、钾、铁、钠、钛、钙、镁和磷，在2.5% HCl与HF混合酸溶液中去除率最高。

由于高纯石英中杂质元素含量极低，杂质元素测试分析的精确度直接影响到高纯石英纯度的确定。在K. Y. Lee 等人[111]的石英砂原矿中杂质元素去除研究中，首次采用了种子活化分析方法（NAA），并以X射线荧光光谱分析（XRF）、电感耦合等离子质谱分析（ICP-MS）为辅助进行高纯石英砂中杂质元素含量分析。

K. Y. Lee 等人[111]将石英砂中杂质进行分类，认为铝、钾、铁、钠、钛、钙、镁和磷为主要杂质，在99%石英砂、99.999%石英砂中，占总杂质元素含量的质量分数分别为99.92%、90.09%。

超声波在矿物加工过程中有重要的应用，主要表现在能够辅助去除表面覆盖的黏土矿物及矿物表面的铁氧化物，这主要是由于超声波空化作用能产生较大的、局部的空化作用力，使表面包覆矿物破碎、剥离、脱落去除。A. D. Farmer[112,113]等人研究了超声波辅助草酸浸出去除石英矿物中的铁杂质，石英砂中 Fe_2O_3 含量从0.025%降低至0.012%，制备得到高档石英玻璃产品用合格工业原料。

石英中铁杂质草酸配合去除过程中，为获得最低成本下最高铁去除率，M. Taxiarchou 等人[114]对反应温度、溶液 pH 值、草酸浓度等工艺参数进行了优化试验研究。研究表明，在90～100℃时，铁去除率约为40%，温度低于80℃时为30%，且在这些温度范围内，加入 Fe^{2+} 对铁去除率没有影响。铁去除率与pH 值有关，但几乎不受草酸浓度、矿浆浓度的影响。当不加入 Fe^{2+} 时，铁去除率在强酸性溶液中达到最佳，当加入 Fe^{2+} 时，pH 值为3时最佳。D. Panias 及 V. R. Ambikadevi 等人[115,116]进行类似的草酸化学浸出除石英砂中铁的研究，均能获得较高的铁的去除率。

18.3.5.4　高温气氛焙烧

石英提纯方法多为物理方法及简单的化学方法，物理方法仅能去除与石英伴生、并能单体解离或部分单体解离的脉石矿物；简单的化学方法能除去石英表面及裂隙处杂质矿物包裹体，这些方法都不能去除石英内部化学键合的杂质。

为了去除这些化学键合的杂质，学者们采用高温气氛焙烧方法，在石英晶型转换的过程中，碱金属等填隙原子类杂质，因晶体结构的转换与原晶体结构的平衡被破坏，碱金属离子因热运动加剧而扩散至石英晶格表面。高温焙烧过程中的气氛，如 HCl，与石英晶格内部的杂质发生化学反应，使杂质得以去除。同时，高温焙烧过程中，气液包裹体受热急剧膨胀，并在石英晶型转化或石英软化点温度附近，膨胀破裂，使包裹体中的杂质得以暴露，并气化扩散出石英晶格。

Keueth B. Loritsch 等人[117]发明了一种采用经过物理方法及简单化学方法预处理，去除表面杂质的石英砂为原材料，使用 HCl 气为反应气氛，在800～1600℃的温度下，焙烧去除石英晶格内部碱金属杂质的方法。高温焙烧条件下，HCl 电离出质子，并扩散进入石英晶格，将石英晶格内的碱金属离子置换，并扩散至晶格外部，质子进入晶格内部，保持晶格内部电荷平衡。

目前，国外关于气氛焙烧进行石英提纯的研究并不多，国内还未曾发现类似文献资料。仅发现中科院物理研究所杜小龙等人[118]，发明一种可用于高真空原位精炼炉，可用于高活性、高纯材料的制备。

18.3.5.5　其他方法

H. Aulich 等人[119]在其专利中采用石英颗粒、碳同时热酸处理，并按一定的比例混合，在600℃左右碳热还原制备太阳能电池用硅材料，能有效降低石英原料中杂质金属元素进入硅材料中。

M. D. Lavender 等人[120]采用在分级、擦洗、浮选预处理石英原矿的基础上，将石英砂置于一个反应器皿中，加入质量分数为20%的 HCl 或高浓度的强酸溶液，再加入 $Zn(HSO_3)_2$ 水合物，反应温度为110～120℃，并借助机械搅拌摩擦擦洗作用，去除石英表面的杂质矿物。通过上述工艺，可得到 Fe_2O_3 质量分数为0.03%的石英产物。

综上所述，国内外高纯、超高纯石英制备技术方法，仍以物理化学方法为主。物理方法包括传统破碎、磨矿、擦洗、重选、磁选、浮选等方法，这些方法处理石英中杂质能力有限，仅能作为制备高纯、超高石英材料的预处理方法；化学方法包括：常温湿法浸出、超声波强化常温常压化学浸出等，其能去除石英表面及已暴露在表面的矿物包裹体；随着科技的进步，近年来出现的一些用于制备高纯、超高纯石英的新方法，如高压脉冲破碎方法，高温高压湿法浸出、高温气氛焙烧等方法，但相关研究报道极少。

18.4　云母

18.4.1　云母资源简况

云母属于铝硅酸盐矿物，具有连续层状硅氧四面体构造。分为三个亚类：白云母、黑云母和锂云母。白云母包括白云母及其亚种（绢云母）和较少见的钠云母；黑云母包括金云母、黑云母、铁黑云母和锰黑云母；锂云母是富含氧化锂的各种云母的细小鳞片。工业上尤其是电气工业中常用的是白云母和金云母。

白云母和金云母具有良好的电绝缘性和不导热、抗酸、抗碱和耐压性能，因而被广泛用来制作电子、电气工业上的绝缘材料。云母碎片和粉末用作填料等。锂云母还是提取锂的主要矿物原料。

18.4.1.1　*世界云母资源分布*

美国国家地质调查局（USGS）的调查报告显示[121]，云母常产出于沉积岩、花岗岩、伟晶岩和片岩中，其世界储量足以满足预期需求量。由于片状云母分布广泛，并未对其储量进行正式评估。目前已知巴西、印度和马达加斯加的岩石中云母储量颇丰。

世界上共计有 26 个国家拥有白云母矿产资源[122,123]。

印度：是世界白云母最重要的资源国，据印度报道，世界 62% 的云母产于印度，主要有三条矿带：最大的矿带位于印度恰尔肯德邦，盛产高级红白云母，印度云母总产量的 80% 来自恰尔肯德邦（比哈尔邦）；安德拉邦矿带，以绿色白云母著名；拉贾斯坦邦矿带位居第三位，所产云母为红白云母的变种，质量逊于恰尔肯德邦的白云母。印度是世界片云母主要资源储藏国家[122]。

俄罗斯：在许多地区均有云母矿藏，主要有白云母和金云母。白云母矿床主要分布在在西伯利亚地区，该地区结晶片岩中分布有云母伟晶岩矿脉。另外，在卡累利阿-科拉半岛地区有一个云母成矿带，其中在卡累利阿半岛有红白云母及绿白云母，在贝加尔湖西南端有金云母[122]。

美国：云母资源主要分布在阿拉巴马州、乔治亚州、北卡罗来纳、南达科塔。碎云母主要从云母、绢云母片岩中回收或作为长石、高岭土、工业砂选矿的副产品出售。其生产的云母主要为经干法或湿法加工的细粒云母粉，用于裂缝黏合剂、复合材料的填料、石油钻井填料、涂料和橡胶制品[121]。

巴西：是世界片云母主要生产国家之一。白云母矿带主要分布在里约热内卢以北与大西洋沿岸平行的地区，有一条长 480km、宽 192km 的云母矿带，目前云母生产主要位于米纳斯吉拉斯州（Minas Gerais）[122]。

加拿大：拥有世界上最大的金云母矿体，主要是鳞片金云母和粉金云母，产于蒙特利尔以北魁北克的拉维奥列特县舒佐镇[122]。

马达加斯加：云母资源丰富。金云母矿床主要位于多凡堡西北的众多伟晶岩矿脉，偶尔赋存在不规则分布的正常或斜切辉岩岩层的矿囊里，辉岩矿层厚度可达 50m，个别厚度甚至达到 150m；云母矿脉特别不规则，通常厚度为 1～5m[122]。

中国：云母矿产分布不均匀，全国 20 个省、市、自治区虽都有分布，但绝大部分集中在新疆、四川和内蒙古。国内三大白云母矿区为内蒙古土贵乌拉天皮山、新疆阿勒泰和四川丹巴。内蒙古土贵乌拉白云母矿探明工业原料云母储量 3.7 万吨，其规模为中国第一，世界之最；新疆阿勒泰成矿带累计探明工业原料云母储量 6 万吨，为世界上著名矿带之一，但以上矿区云母资源有限并基本枯竭。河北的云母矿位于太行山中部石家庄灵寿县龙星矿业境内，灵寿县境内地层为太古双质岩层，岩层中蕴藏着丰富的云母矿物，经地质部门勘探，碎云母储量达 170 万吨，矿石品位高，质量好，是全国最大的碎云母产地。因为开发较早，同时受地理、交通条件限制和人文因素影响，成为全国最大的云母加工基地和最大的云母出口地，该地矿企有几百家之多。但这类云母由于自然成型的原因不能作为优质工业原料，绝大部分用于建筑材料、填料[122]。

18.4.1.2　*世界云母资源的生产和消费*

表 18-10 为美国地质调查局（USGS）于 2009～2014 年 1 月出具的美国地质调查-矿物产品摘要（U. S. Geological Survey，Mineral Commodity Summaries，January 2015）的统计数据。由表 18-10 知，世界范围内，中国、俄罗斯、芬兰、美国等都是主要的云母生产国。

从世界碎云母产量来看，2008 年和 2009 年的云母产量在同一数量级。2010 年以来，经济危机效应逐渐减弱，建筑行业空前兴旺，作为建筑原料的碎云母产量陡增后维持缓慢增长趋势。其中以我国增长速度最为明显，年产量保持 75 万吨以上，占全世界比重的 70%。俄罗斯年均产量维持在 10 万吨，美国年均云母产量在 5 万吨附近小幅摆动。而较有工业附加价值的片云母全球总产量由 2010 年的 5200t 降至 2014 年的 2960t，降幅达 43%。其中，片云母的主要生产国印度的产量从 2010 年的 3500t 降至 2014 年的

1260t，印度片云母产量的降低同时带动了世界片云母产量的下降，可见世界片云母消耗对印度片云母行业的依赖性极强。可见，印度国内云母资源的大幅减少和近几年来受到代用品的影响，传统片云母市场受到了冲击，造成了片云母消费减少。

表 18-10　世界各国 2009 ~ 2014 年碎云母和片云母产量[124]　（万吨）

产　品	国　家	2008 年	2009 年	2010 年	2011 年	2012 年	2013 年	2014 年
碎云母	美　国	8.40	5.00	5.30	5.00	4.75	4.81	4.95
	巴　西	0.40	0.40	—	—	0.62	—	—
	阿根廷	—	—	0.90	0.90	1.00	1.00	1.00
	加拿大	1.70	1.50	1.50	1.40	1.60	2.20	1.60
	中　国	—	—	75.00	76.00	77.00	78.00	80.00
	芬　兰	6.90	6.80	7.00	7.00	3.96	5.34	5.34
	法　国	2.00	2.00	2.00	2.00	2.00	2.00	2.00
	印　度	0.40	0.40	0.70	0.70	1.37	1.43	1.47
	朝　鲜	4.20	5.00	2.70	3.50	3.20	3.00	3.00
	挪　威	0.30	0.30	—	—	—	—	—
	俄罗斯	10.00	10.00	10.00	10.00	10.00	10.00	10.00
	土耳其	—	—	—	—	3.03	—	—
	其　他	3.20	2.60	2.50	2.50	1.50	4.25	3.68
	总　量	37.40	34.00	107.00	109.00	110.00	112.00	113.00
片云母	印　度	—	0.35	0.35	0.35	0.40	0.20	0.126
	俄罗斯	—	0.15	0.15	0.15	0.15	0.15	0.150
	其　他	—	0.02	0.02	0.02	0.02	0.02	0.020
	总　量	—	0.52	0.52	0.52	0.57	0.37	0.296

目前，由于科技的进步，人工合成云母大晶体的成功，云母的消费结构正发生变化，世界云母市场对天然片云母的需求量将逐渐减少。在云母的总消费中，片云母所占比例已经从 70% 减少到目前的 10% 左右，仅维持其传统市场。而与片云母用途不同的碎云母消量在增加，已经占到云母总消费的 90% 左右[123]。

18.4.1.3　美国云母的生产和消费

分析美国碎云母和片云母的生产、消费和贸易情况，探究云母消费结构及其背后的经济影响。表 18-11列举了 2008 ~2014 年美国云母生产及消费状况。由表 18-11 可知，2009 年，美国露天开采云母矿量降至 7.7 万吨，较 2008 年降幅达 21%。此后几年，美国露天云母开采量一直保持此水平；而地下开采量也一直降低，说明目前美国地表的云母资源已开始减少。

表 18-11　2008 ~ 2014 年美国云母生产及消费一览表[121]

产品	项　目		2008 年	2009 年	2010 年	2011 年	2012 年	2013 年	2014 年
碎云母	开采量/万吨	地下开采	8.50	5.11	5.61	5.20	4.75	4.81	4.95
		露天开采	9.80	7.70	7.56	8.04	7.85	7.92	8.00
	贸易情况/万吨	进口量	2.50	2.00	2.64	2.75	2.72	3.09	2.98
		出口量	0.90	0.803	0.648	0.587	0.589	0.626	0.795
		消耗量	10.3	6.3	7.60	7.36	6.88	7.27	7.14
	价格/美元·千克$^{-1}$	碎云母	120	128	147	133	128	124	120
		湿法	651	651	651	651	651	360	360
		干法	251	284	284	285	281	279	279
	净进口比例/%		16	19	26	29	31	34	31

续表 18-11

产品	项　目		2008 年	2009 年	2010 年	2011 年	2012 年	2013 年	2014 年
片云母	云母成品进口量/万吨		0.190	0.150	0.198	0.219	0.238	0.191	0.229
	云母成品出口量/万吨		0.206	0.111	0.093	0.104	0.166	0.127	0.157
	储能过剩量		0	0	0	0	0	0	0
	价格/美元·千克$^{-1}$	云母板	122	121	130	152	176	175	175
		剥片云母	1.53	1.66	1.53	1.63	1.72	1.72	1.72
	净进口比例/%		100	100	100	100	100	100	100

2010～2014 年，美国国内生产的碎云母除小部分来自弗吉尼亚州 Amelia 地区的宝石矿的尾矿和北卡罗来纳州 Spruce Pine 地区长石矿的副产品外，其余均来自 8 个碎云母生产公司，分别为：位于 Georgia 州的 BASF 公司，Georgia 非金属矿有限公司；位于 New Caledonia 州的 Feldspar 公司，Kings Mountain 矿业有限责任公司；位于 South Dakota 州的 Pacer 公司，Linton 有限公司；位于 Spruce Pine 的 K-T Feldspar 公司，Unimin 公司。

云母粉的加工厂家分布于三个州，共有六个选矿厂。其中，干法加工的选厂为 Georgia 非金属矿有限公司，Kings Mountain 矿业有限责任公司，Pacer 公司 Piedmont 矿业公司，美国 Gypsum 公司。湿法加工的选矿厂为 BASF 公司、Georgia 非金属矿有限公司、Kings Mountain 矿业有限责任公司。加工方式的不同影响云母产品的价格。由表 18-11 可知，碎云母经干法加工后价格增长约 1 倍，经湿法加工后价格增长约 5 倍，可见湿法加工的云母附加值要比干法加工的云母高，这与云母的应用领域有关。

表 18-12 统计了 2009～2013 年干法加工的云母消费结构。由表 18-12 可知，干法加工云母主要应用于缝隙黏结剂和钻井泥浆等建材中，需求量大，对质量要求低。而湿磨云母由于很好地保留了解理面的光泽度，主要应用于珠光云母和化妆品等高附加值产品中，因此价格较高[121]。

表 18-12　美国 2009～2013 年干法加工云母消费结构表[121]

项　目	2009 年	2010 年	2011 年	2012 年	2013 年
缝隙黏结剂/%	62	75	69	69	69
涂料/%	22	3	2.5	2.4	2
钻进泥浆/%	6	11	17	14	17
塑料/%	3	3	3	3	3
橡胶等/%	7	8	8.5	11.6	9

作为碎云母的主要生产国，美国本国生产的碎云母依然不能满足本国需求，有近 20%～30% 的碎云母依靠进口。2006～2010 年美国碎云母的供应国及其供应比例见表 18-13。美国碎云母的供应国主要为加拿大、中国、印度等云母生产大国。

表 18-13　2006～2010 年美国碎云母和片云母进口国及其进口比例[121]

产　品	进口源	2006 年	2007 年	2008 年	2009 年	2010 年
碎云母	加拿大	34	34	34	34	42
	中　国	34	34	34	29	27
	印　度	22	22	22	22	8
	芬　兰	7	7	7	7	7
	其　他	3	3	3	8	16
片云母	中　国	25	25	25	25	5
	巴　西	21	21	21	21	—
	比利时	18	18	18	18	—
	印　度	17	17	17	17	94
	其　他	19	19	19	19	1

附加值较高的片云母主要应用于电子和电气领域。由于其独特的电热和力学性能，使其容易被加工和切割。云母板主要用于制作电子设备中电绝缘体的支撑元件。由于云母板的灵活性、透明性、耐热性和耐化学腐蚀性，被用于高压蒸汽锅炉中的玻璃液位计，此外还用于横膜吸氧设备、导航罗盘的刻度盘、光学过滤器、高温计等领域。高质量的云母片可用于电容器中的绝缘体、电容器标准校准器[121]。由于云母板用于精密仪器行业，质量把关严格，因此，平均价格也较剥片云母的高出百倍。总之，天然片云母的消费部门很广泛，特别在现代高科技领域，许多部门必须使用优质天然片云母，美国至今仍然把云母列入战略储备矿物之列[122]。

近年来，随着我国和印度优质天然云母资源大幅减少，片云母价格也逐年上升，如云母板价格由2011年的152美元/千克上升至2012年的176美元/千克，增幅达16%左右；片云母由2010年的1.53美元/千克上升至2011年的1.63美元/千克，增幅达6.5%。随着生产技术的发展（电子元件微型化）及世界经济向高科技多领域、多层次发展，片云母逐渐被一些较廉价的但又能满足最低要求的云母材料所替代。但是，替代品的出现并未影响片云母的价格，归因于目前还没有一种材料具有云母的全部优良性质。

片云母的价格还与质量的高低有关，高质量片云母可达2000美元/千克，而低质量的片云母不到1美元/千克，两者价格相差悬殊。然而包括美国在内的大多数国家，片云母主要依靠进口。如表18-13所示，美国所耗片云母的供应国有巴西、中国、比利时、澳大利亚和法国。2010年，美国向印度进口的片云母比例高达94%，这说明很多国家优质的云母资源已经匮乏，这就要求各国云母加工业度量资源情况，进行深加工或寻求云母替代品。

使用碎云母加工的云母粉，主要消费市场是接缝黏合剂和钻井泥浆，已经比较成熟和稳定，前景看好，并将随着房地产行业的复苏和利率的增加而增长。另外，美国汽车行业的生产，也对云母粉的消费有明显影响，因为汽车内外部零件均需干磨云母粉或云母复合材料，而且外部装饰用的汽车漆也使用了湿磨云母珠光颜料和含云母的涂覆料。在一些较小的专业市场：如改性云母、化妆品、尼龙和聚酯树脂、聚丙烯复合物等工业部门，对云母的需求量增加，从而带动云母产量的增长。在未来10年里，碎云母消费前景将看好，预计年增长率可望达到1%～3%[121]。由于电子工业市场需求的增长，该行业所需的高品质云母板需求量也会以每年1%的速度增长，高品质云母板将因优质资源的不断减少而供不应求。

总之，云母与其他非金属矿物相比，生产和交货量较少，而且在其下游使用部门地位重要，加上云母商品本身的特点对云母市场的价格影响较其他矿物产品小。预计，受世界经济回暖的影响，云母的需求将普遍增长，加上高质量云母制品供应短缺，世界高科技领域对一些品级云母需求殷切等因素，世界云母市场和价格，大部分品级将会在目前的水平上继续保持坚挺，个别品种会有小幅上调[123]。

18.4.1.4 我国云母的生产和消费

我国调查显示[123]，2011年国内白云母产量为76万吨，主要是变质片麻岩碎片云母，约占产量的95%，主要生产厂家为河北灵寿、行唐地区，而我国伟晶岩型优质白云母已基本枯竭或部分枯竭，使得我国对于优质天然云母的需求均依赖进口，主要从印度进口，而且印度也出现资源大幅减少状况，因而冲击下游如珠光颜料、化妆品、高端绝缘与耐火材料等产业的生存发展。

表18-14列举了2010年我国大陆云母粉的进出口统计数据。由表18-14可知，2010年我国大陆进口云母粉主要来自加拿大、芬兰、荷兰、日本、马来西亚等国。主要出口国家或地区有日本、中国台湾、荷兰、美国等。总计进口5576.6t，出口120691t。平均进口价格为1141.7美元/吨，出口价格为189.5美元/吨，前者为后者的6倍。说明2010年我国主要出口云母原矿或简单加工的低等云母原料，而高附加值的云母产品依然需要依靠进口。说明我国云母加工业加工技术落后，产品质量并未得到国际认可。随着优质云母资源的缺乏，我国云母行业正面临严峻的考验。

表18-14 2010年中国云母粉进出口统计[122]

国家或地区	出口			进口		
	数量/t	金额/万美元	均价/美元·吨$^{-1}$	数量/t	金额/万美元	均价/美元·吨$^{-1}$
香港	100.1	8	799.2	—	—	—
印度	44.6	3.4	762.3	50.1	2.7	538.9
印度尼西亚	1054	24.9	236.2	—	—	—

续表 18-14

国家或地区	出　口			进　口		
	数量/t	金额/万美元	均价/美元·吨$^{-1}$	数量/t	金额/万美元	均价/美元·吨$^{-1}$
伊　朗	431	4.1	95.1	—	—	—
日　本	74438.1	1234.2	165.8	632.6	168.6	2665.2
马来西亚	22.9	10.9	4759.8	598.8	21.9	365.7
菲律宾	129.4	4.1	316.8	—	—	—
沙特阿拉伯	480	10.2	212.5	—	—	—
新加坡	171.9	5.7	331.6	9.7	1.2	1237.1
韩　国	4745.6	166.7	351.3	427.2	64	1498.1
泰　国	1202.9	34.9	290.1	20	4.8	2400
阿联酋	792	25.6	323.2	—	—	—
越　南	320.1	5.5	171.8	—	—	—
中　国	—	—	—	105.5	20.7	1962.1
中国台湾省	11007.7	187	169.9	506.4	70.6	1394.2
南　非	252	2.4	95.2	—	—	—
比利时	699.5	16.1	230.2	—	—	—
英　国	1216	24.7	203.1	10.7	2.2	2056.1
德　国	2837.9	163.7	576.8	133.7	21.3	1593.1
法　国	120.5	2.7	224.1	12.4	4.5	3629
意大利	321	7.8	243	65.6	9	1372
荷　兰	8482.5	121.8	143.6	984	0.7	7.1
西班牙	15	5.9	3933.3	0.4	0.3	7500
奥地利	—	—	—	63.4	6.3	993.7
芬　兰	—	—	—	1116.5	25.6	229.3
挪　威	336.1	6.3	187.4	—	—	—
加拿大	—	—	—	1610.4	152.4	946.3
美　国	8724.3	143	163.9	180.8	54.1	2992.3
澳大利亚	1980.1	42.4	214.1	20	2.8	1400
新西兰	279	5.9	211.5	—	—	—
其　他	486.8	19.5	—	11.1	3	—
总　计	120691	2287.4	189.5	5576.6	636.7	1141.7

从表 18-14 ~ 表 18-17 可知，2010 年我国进口价格比 2009 年上涨，而出口价格则比 2009 年下降，进出口价格相差越来越大。西方工业发达国家及我国周边国家（地区）从我国进口原料或成品，经简单加工或改变包装再出口到我国，价格就会成倍地增长。如：2010 年中国大陆从中国台湾进口云母粉价格为 1394 美元/吨，大陆对中国台湾出口同类产品的均价是 169.9 美元/吨，相差 8 倍；从美国进口云母粉的价格是 2992.3 美元/吨，对美国出口平均价格是 163.9 美元/吨，相差 18 倍；从日本进口云母粉的平均价格是 2665.2 美元/吨，对日本出口的均价是 165.8 美元/吨，相差 16 倍；对韩国的贸易也是如此，我国从韩国进口平均价格是 1498.1 美元/吨，而我国对韩国出口均价仅为 351.3 美元/吨，相差 4.3 倍。

表 18-15　2010 年中国碎云母及片云母进出口统计[122]

国家或地区	出　口			进　口		
	数量/t	金额/万美元	均价/美元·吨$^{-1}$	数量/t	金额/万美元	均价/美元·吨$^{-1}$
印　度	—	—	—	85487.4	3077.7	360
印度尼西亚	1200.8	10.1	84.1	126	4.9	388.9
日　本	212.3	8.5	400.4	2.5	10.6	42400
马来西亚	125	3	240	—	—	—
巴基斯坦	—	—	—	348.6	12.8	367.2

续表 18-15

国家或地区	出口			进口		
	数量/t	金额/万美元	均价/美元·吨$^{-1}$	数量/t	金额/万美元	均价/美元·吨$^{-1}$
韩国	413.3	9.6	232.3	—	—	—
斯里兰卡	—	—	—	1330.7	55.2	414.8
泰国	24.1	1.1	456.4	—	—	—
越南	—	—	—	3024.4	28.5	94.2
乌兹别克	53.2	2.2	413.5	—	—	—
马达加斯加	—	—	—	321.5	9.1	283
尼日利亚	—	—	—	75.9	1.6	210.8
南非	311	4.3	138.3	—	—	—
比利时	70	1.3	185.7	—	—	—
英国	2111	38.1	180.5	—	—	—
荷兰	900	17.8	197.8	—	—	—
俄罗斯	—	—	—	881.1	55.4	628.8
巴西	—	—	—	2467.3	64.6	261.8
美国	1.06	0.1	943.4	40.6	4.5	1108.4
总计	5430.3	97.8	180.1	94162.3	3331.9	353.8

表 18-16 我国 2005～2010 年碎云母及片云母进出口统计[122]

年份	出口			进口		
	数量/t	金额/万美元	单价/美元·吨$^{-1}$	数量/t	金额/万美元	单价/美元·吨$^{-1}$
2010	543.3	97.8	180.1	94162.3	3331.9	353.8
2009	2607.9	50.35	193.1	58031	1925.32	331.8
2008	6259.3	148.4	237.1	73366.9	2265.1	308.7
2007	3978.6	67.3	169.2	43484.8	1127.3	259.2
2006	6408.1	124.69	194.6	31295	849.2	271.4
2005	10149	161.5	159.1	25726	654.6	254.5

表 18-17 我国近年云母粉进出口统计[122]

年份	出口			进口		
	数量/t	金额/万美元	单价/美元·吨$^{-1}$	数量/t	金额/万美元	单价/美元·吨$^{-1}$
2010	120691	2287.4	189.5	5576.6	636.7	1141.7
2009	87958.8	2124.15	241.5	3951.2	449.37	1137.3
2008	132241.9	3321.3	251.2	4800.0	459.5	957.3
2007	88859.8	1300.2	146.3	4948.3	425.9	860.7
2006	87945.7	1234.96	140.4	2939.3	320.77	1091.3
2005	79155.2	1098.5	138.8	4702.5	393.5	836.8

多年来国际云母市场价格一直保持平稳，变化不大，只有印度湿磨云母粉的价格曾有较大幅度上涨。之后，受到世界性金融危机的影响，价格有小幅下降。我国云母因为许多原因，卖价比国际市场价格水平低很多，而且越来越低，而进口则大大高于国际市场价格水平，而且越来越高。这里除了部分技术和质量因素之外，更多的是我国国内的原因。

18.4.2 云母选矿理论及基础研究进展

近年来，云母选矿的基础理论研究主要集中于云母的浮选这一方向。内容包括浮选药剂与云母的作用和外来难免离子对云母浮选的影响。浮选药剂的选择和使用是获得良好浮选效果的关键，而难免离子的浓度、种类会对浮选过程产生活化或抑制作用。研究两者与矿物的作用机理不仅可以从理论角度解释浮选现象，而且还能够指导浮选的生产实践，对浮选过程的优化大有帮助。

18.4.2.1　难免离子对云母选矿的影响

很多试验结果表明，水质对浮选效果影响明显。究其原因，主要为选矿过程中外来难免离子的作用。近年来，难免离子对矿物浮选效果研究逐渐增多。

何小民等人[125]研究了 Al^{3+}、Fe^{3+}、Ca^{2+}、Mg^{2+} 对绢云母浮选的抑制机理，结果表明：Al^{3+}、Fe^{3+}、Ca^{2+}、Mg^{2+} 组合金属离子在整个试验 pH 值范围内（pH 值为 1 ~ 12）对绢云母都有抑制作用；组合金属离子使绢云母表面的动电位显著正移，矿物与十二胺之间的静电吸附作用减弱，胡聪等人[126,127]的试验结果也证明了这一结论。试验还表明 pH 值为 3 ~ 6 时，Al^{3+} 和 Fe^{3+} 在矿物表面上生成 $Al(OH)_3$ 和 $Fe(OH)_3$ 沉淀，pH 值大于 10 时，Ca^{2+} 和 Mg^{2+} 在矿物表面上生成 $Ca(OH)_2$ 和 $Mg(OH)_2$ 沉淀。冯其明等人[128]提出当系统中 pH 值接近金属氢氧化物产生沉淀时，矿物浮选受到强烈抑制，并在产生最大沉淀的 pH 值上浮选回收率最低。该理论很好验证了当矿浆 pH 值为 3 ~ 6 和 pH 值大于 10 两个区间时，绢云母浮选回收率大幅下降的试验结果。

纪国平等人[129]对铁介质磨矿对云母浮选的影响做了研究。浮选试验结果表明：在同样的浮选条件下，用瓷磨机磨矿，云母精矿品位和回收率均远远高于用钢棒磨机磨矿的浮选结果。导致这种结果的原因，不仅是铁离子对云母的抑制作用和对非目的矿物的活化作用，而且还存在非目的矿物的矿泥对云母的吸附作用，磁选试验结果和沉降试验结果均验证了这种吸附作用的存在。在 pH 值为中性的矿浆中浮选云母，铁介质磨机磨矿引入的铁离子，不但对硅酸盐矿物产生活化或抑制作用，还会通过降低硅酸盐矿物表面负电位绝对值，使非目的矿物吸附在云母表面，影响云母浮选指标。

刘方和孙传尧[130]研究了调整剂金属阳离子与油酸钠、十二胺的添加顺序对硅酸盐矿物浮选的影响。研究发现：在油酸钠浮选体系中，先添加 Fe^{3+} 能显著活化云母的浮选，后添加 Fe^{3+} 对云母浮选的活化作用弱于先添加；先添加或后添加 Al^{3+} 均对云母浮选有很好的活化作用；先添加 Pb^{2+} 对云母浮选有较强的活化作用，后添加 Pb^{2+} 对云母浮选的活化作用弱于先添加；先后添加 Cu^{2+} 对云母的浮选都有程度不等的活化作用，但先添加对云母浮选的活化作用略强。而在十二胺浮选体系中，Fe^{3+}、Al^{3+}、Pb^{2+}、Cu^{2+} 与十二胺的添加顺序对云母浮选基本没有影响。

18.4.2.2　浮选药剂与云母作用的机理研究

国内外关于浮选药剂与云母作用机理的研究并不多，研究主要侧重于阳离子捕收剂与云母的作用机理上和阴阳离子混合捕收剂对浮选效果的影响上。研究的方法主要有光电子能谱分析、单矿物浮选试验、吸附量测定、动电位测试以及荧光测试分析等。随着新的检测技术和计算机技术的蓬勃发展，原子力显微镜（AFM）和分子动力学模拟方法（MD）也被应用于这一领域，而且取得了一定的成果。

刘臻等人[131]通过表面接触角测定、原子力显微镜（AFM）观测、密度泛函理论（DFT）和分子动力学模拟（MD）研究了吸附在云母表面的烷基伯胺的链长对其疏水性的影响。研究结果表明，在单分子层吸附状态下，吸附十八胺的云母的疏水性比吸附十二胺的云母的疏水性要强，且由于十八胺的临界半胶束浓度（HMC）要远低于十二胺，十八胺更易在云母表面形成多层吸附，证明烷基伯胺的碳链越长，其对云母表面疏水性改善的能力越强。分子动力学模拟计算的结果也印证了这一结论。Yao Xu 等人[132]采用 PCFF 层状硅酸盐力场对不同链长的伯胺和季胺在云母（001）面上的吸附进行了分子动力学模拟，计算了水分子（胺离子）与云母（001）面的相互作用能。计算结果显示胺离子具有能充分阻止水化层产生的热动力学优势，并能保证有效浮选过程的发生。王丽[133]使用 MS（Materials Studio）5.0 分子模拟软件进行对十二胺和十二胺阳离子对云母（001）面上的吸附做了分子动力学模拟和计算。首先，对十二胺和十二胺阳离子结构中组成原子的电荷及键长进行模拟，模拟结果表明：十二胺分子中氮原子的电荷为 -0.731，十二胺与氮相连的氢荷电分别为 0.312、0.308，平均荷电为 0.310。十二胺阳离子中氮原子的电荷为 -0.723，十二胺阳离子与氮相连的氢荷电分别为：0.460、0.437、0.437，平均荷电为 0.440，表明分子中的 N—H 键是极性较强的键。其次，模拟了云母和药剂的吸附能，结果表明碱性条件下（pH 值大于 10），十二胺分子在云母（001）面吸附的吸附能（1.13kJ/mol）接近零，所以十二胺分子在这两种矿物表面吸附很弱，这与实际试验结果吻合，即：强碱性条件下，十二胺主要是以十二胺分子的状态存在于溶液中，由于十二胺分子在云母表面吸附力很小，所以浮选回收率都较低。

除了阳离子捕收剂十二胺醋酸盐（DDA）以外，Xu Longhua 等人[134]还研究了阴离子捕收剂（NaOL）以及阴、阳离子混合捕收剂（NaOL + DDA）在白云母表面的吸附机理。他们通过单矿物浮选试验、动电位测试以及荧光测试研究了上述三种药剂在白云母表面的吸附。浮选试验结果显示，单独使用 NaOL 对白云母没有捕收作用；单独使用 DDA 白云母的回收率可从 80%（pH 值为 2）降到 50%（pH 值为 11）；而 NaOL + DDA 可使白云母的回收率从 80%（pH 值为 2）增至 90%（pH 值为 11）。动电位测试和荧光测试结果表明，白云母表面在 pH 值为 2 ~ 12 范围内荷负电，单一的阳离子捕收剂可以强烈吸附于云母表面，而单一的阴离子捕收剂则没有明显的吸附现象。在阴阳离子捕收剂混合体系中，共吸附效应可以增强十二胺的吸附效果，原因是油酸钠的存在降低了矿物表面与胺离子之间的静电斥力并增强了尾部的疏水键。分子动力学模拟的结果与试验结果相吻合。Wang[135]同样对阴、阳离子混合捕收剂（NaOL + DDA）在白云母-石英浮选体系中的作用机理进行了研究。他们通过单矿物浮选试验和混合矿物试验、红外光谱、动电位测试和 XPS 对混合捕收剂的作用机理进行了研究。结果表明：pH 值为 10 时，阴阳离子捕收剂能对云母和石英很好地选择性分离。浮选效果与阴阳离子捕收剂的物质的量比有关，当物质的量比为 NaOL∶DDA = 3∶1 或 2∶1 时，云母的回收率可达 80%，石英回收率 10%。混合捕收剂通过静电引力、氢键和化学吸附等作用使云母疏水上浮。随后，Wang 等人[136]又对混合捕收剂（DDA + 辛醇）对云母的浮选效果做了详细研究。结果表明：当 DDA 与辛醇的物质的量比为 2∶1 时，云母在较大的 pH 值范围内回收率均高于 77%。接触角测试结果表明，混合捕收剂的捕收能力较单一的 DDA 强，而且混合捕收剂能有效减小气泡-水界面的表面张力，展现出较好的表面活性。分子动力学模拟结果表明：混合捕收剂与云母的主要作用力为静电引力和氢键，其中 DDA 和云母表面的作用占主导地位。而辛醇主要通过氢键作用吸附于云母表面，因此混合捕收剂在云母表面铺成致密的单分子层，使得云母的疏水性增强。

Christopher Marion 等人[137]研究了胺类捕收剂 Custamine 8113 和抑制剂 Norlig-H 在云母与石英、长石等脉石矿物浮选过程中的协同作用。他们综合运用动电位测试和单矿物浮选试验对 Custamine 8113 和 Norlig-H 的作用机理进行了详细的研究，并用扫面电子显微镜（QEMSCAN）对云母精矿的纯度进行了研究。结果表明：云母与脉石矿物能得到选择性分离，Custamine 8113 和 Norlig-H 均可吸附于长石石英表面，但是 Norlig-H 对长石石英的亲和力更高。云母表面仅吸附 Custamine 8113。但是分离效果与药剂投加量和微细粒脉石矿物的含量有关，-38μm 的脉石矿物由于泡沫夹带会影响云母精矿质量，可通过增加补加水用量或脱泥的方法解决。

18.4.3　云母选矿工艺技术进展

18.4.3.1　*破碎筛分与磨矿分级*

目前，云母粉生产主要分为干法与湿法两种方式。干法生产云母粉一般采用粗碎、细碎、超细碎三级破碎工艺。干法制得的云母粉一般纯度较低，特别是干法生产使用雷蒙磨之类的强力研磨机械，在研磨过程中连石英砂之类的物质都磨成了微米级的粉末，云母晶形由此受到严重破坏，颗粒径厚比较低，晶片多有撕裂，穿孔和表面磨毛等缺陷。此类劣质产品在国外主要用于制作钻井泥浆、集成电路等较低端行业。

湿法云母粉主要是利用天然碎云母或生产云母纸、剥片云母的边角余料经选矿提纯、磨粉、分级、干燥等一系列工序加工而成的具有大径厚比的片状微细粉体，湿法云母粉在磨矿过程中加入了水介质，其表面性能不受破坏，表面光滑，光泽好，耐磨性、擦洗性及胶结力强于干法云母粉，同时也因为它具有平直的棱边，分散性好，附着力强，径厚比大，逐渐取代干法云母粉，广泛用于各个生产领域。湿磨技术是今后微细云母粉生产的主要发展趋势。

我国云母粉湿磨工艺通常采用的是轮碾机组，轮碾机由钢筒、碾轮等组成，为了保护经细磨后云母粉的光泽，有时内衬有硬质木块。碾轮低速旋转，喂入磨机的是碎片状云母精料，然后加水形成稠糊。经研磨、剥片后，把云母浆料加水稀释并转入沉淀池。除去大量水分的云母细料可用振动筛进行筛分并通过压滤、干燥、分级等工序，便获得不同粒度的湿法云母粉系列产品[138]。此外，郑奎等人[139]根据石英与绢云母硬度相差较大的特点，选用硬度小于石英大于绢云母的聚丙烯球做磨质，选择性粉磨绢云母，经筛析过 38μm 筛子获得了优质绢云母精矿。

近年来，随着大功率超声波技术的发展，超声波对固体的粉碎剥片作用日益引起了人们的重视，相应的研究也不断深入，利用超声波的空化作用、微射流作用，把云母剥离细化成薄片型微粉，成为一种新的粉碎工艺。董孔祥等人[140]利用超声波的空化作用进行了剥离细化试验。结果表明云母的比表面积从 $3.59m^2/g$ 增至 $7.69m^2/g$，d_{50}从 16.73μm 降至 11.28μm；随后，其又用超声波对人工合成的云母粉进行了剥离细化研究[141]，将粒径为 180 ~ 1700μm 的粗云母剥离细化，得到 d_{50}为 40.39μm 的粒度分布窄、表面光滑的片形微细云母粉。加拿大多伦多大学的化学工程和应用化学系的材料研究中心研制成功一种可生产径厚比为 100 以上的超声波劈剥云母法[138]。

18.4.3.2　选别工艺技术流程

选矿是提高云母品位和质量、实现高档次应用从而提升利用价值的必须前提。云母的选矿方法和具体工艺，一般根据矿石的矿物物质组成、赋存状态和嵌布特征来拟定，弄清云母与矿石中其他矿物的物理化学性质差别，再找到一个简便经济实用的选矿方法除砂提纯。

A　单一重选法

重选方法选别绢云母，以绢云母与脉石矿物在赋存粒度和可加工性等方面的差别为依据。

在云母矿石中，主要脉石矿物为石英、长石等硅酸盐矿物。虽然云母的密度（$2.7 \sim 3.1g/cm^3$）与石英（$2.65g/cm^3$）、长石（$2.6 \sim 2.7g/cm^3$）等脉石矿物的密度相近，但是由于云母与石英、长石形状差异很大，使扁平的云母矿物容易用重选的方法使其与粒状的石英、长石分开。重选方法选别云母，以云母与脉石矿物在赋存粒度和可加工性等方面的差别为依据。用重选的方法分选云母，操作简单，成本低，但是只适用于粒度大于 0.5mm 的云母矿物，局限性大。

许霞等人[142]对湖北绢云母石英片岩进行了提纯试验研究。选矿过程中，根据石英与云母赋存粒度差异明显（绢云母小于 0.05mm，石英粒径 0.15 ~ 0.50mm），而且因绢云母和石英、长石之间硬度差异较大，采用了单一重选的方法。试验表明，采用以绢云母捣浆—分散—水力旋流器分级工艺分离绢云母和石英，提纯后的绢云母精矿 K_2O 含量达 9.28% 以上，回收率高达 61.23%，绢云母纯度达到 85% 以上，绢云母尾矿 SiO_2 含量 86.16%，K_2O 含量 2.55%，实现了提纯绢云母的目的并避免了浮选带来的流程复杂和环境污染等问题。

王程等人[143]对湖北随州小林的低品位风化云母进行了提纯试验研究。试验采用螺旋选矿机粗选、摇床分选、再磨、摇床再选和化学提纯等技术处理，获得了品位大于 30%、白度大于 80%、Fe_2O_3 含量较低的优质白云母精矿粉，提纯后的云母精矿可作为珠光颜料用云母原料。该研究为低品位风化型云母的有效开发利用提供了技术途径。

目前某云母选矿厂的生产流程为一段破碎—一段磨矿—分级—脱泥—干燥—包装。该流程可获得矿泥品位为 7.7%（K_2O）、回收率为 6.25%，精矿品位为 6.56%；回收率为 82.78%，以及尾矿品位为 3.83%、回收率为 10.97%。精矿回收率虽然较高，但该流程生产的精矿品位低、质量差、用途窄，难以适应市场需要，导致产品滞销、企业效益差。马旭明等人[144]针对目前存在的问题，采用球磨—分级—重选的试验流程，获得了品位为 9.6%（K_2O）、产率为 18.87%、回收率为 29.88% 和品位为 6.8%（K_2O）、产率为 46.92%、回收率为 51.33% 的两种精矿产品，且尾矿可用作建筑用砂。改造实践表明，该流程改造简单易行，投资小，经济效益显著。

B　浮选法

浮选法作为应用最广泛的一种选矿方法在云母的选矿中同样占有非常重要的地位，它主要是利用矿物表面物理化学性质的差异，在固-液-气三相界面有选择性地富集一种或几种目的物料，从而实现与废弃物料相分离。

国外碎云母的选矿多采用浮选法进行。美国已研究出两种浮选法：一种是在酸性介质中用阳离子捕收剂浮选云母，浮选法有酸性阳离子和碱性阴离子—阳离子浮选法，酸性阳离子浮选法用硫酸作酸性调整剂，长碳链醋酸铵阳离子试剂作捕收剂，最佳效果的 pH 值为 4；一种是在碱性介质中用阴离子捕收剂回收细粒云母碱性阴离子-阳离子浮选法，用碳酸钠与木质磺酸钙作调节剂，浮选时阴离子和阳离子捕收剂联合使用。选矿可以使云母提纯率增加，高纯度的碎云母必为云母粉的精细加工带来便利。

浮选法分离云母和石英，与其他矿物的浮选分离一样，也同样是以两矿物晶体结构与物质组成的差别为依据，并借助药剂条件的调节来实现。

刘淑贤等人对某石墨尾矿中绢云母进行了回收利用。该尾矿绢云母含量为24%，采用硫酸为pH值调整剂、淀粉为抑制剂、十二胺和柴油为捕收剂，在pH值为2.5、淀粉为200g/t、捕收剂十二胺为1000g/t以及柴油为100g/t的药剂制度下经一次粗选、一次扫选、四次精选的浮选工艺流程后，最终获得产率为10.21%、绢云母含量为70.41%、回收率为28.95%的绢云母精矿。

徐龙华[145]以四川某地选择性破碎—分级—风选后的白云母尾矿为研究对象，对其进行进一步提纯试验研究。该尾矿中主要组成矿物为白云母（31%）、石英（41%）、长石（19%），还有少量黑云母、绿泥石等。由于该尾矿风化严重，H_2SO_4 消耗量大，H_2SO_4 对矿泥易产生团聚作用而污染白云母表面，影响产品洁白度，致使白云母精矿品位不高，回收率也较低。因此试验采用碱性条件下阴阳离子混合捕收剂浮选的原则流程，在磨矿细度 -0.074mm 占49.78%、混合捕收剂（油酸钠与十二胺质量配比为3∶1）总用量为240g/t、pH值调整剂 Na_2CO_3 用量为1000g/t（pH值为9.0）、抑制剂水玻璃用量为300g/t的条件下，采用一次粗选、二次精选、一次扫选、中矿顺序返回的闭路浮选流程，获得了白云母含量为98.71%、白云母回收率为84.40%的白云母精矿。

C　湿法选择性磨矿—筛析流程

湿法选择性磨矿是基于磨介聚丙烯颗粒硬度小于石英大于绢云母的特点，在磨矿过程中优先磨绢云母，达到选择性磨矿的目的，使得绢云母与石英颗粒粒度产生较大差别，然后通过筛析的方法将其分离的机理。

郑奎[139]采用湿法选择性磨矿、筛析提纯黏土化绢云母精矿的方法对四川冕宁绢云母原矿进行了提纯试验研究。该试验采用精细研磨机，并以直径约3.0mm聚丙烯颗粒为磨介，对破粉碎后的粒度为 -1mm 的绢云母原矿采用湿法粉磨。当磨矿浓度为25%、转速为600r/min、磨矿时间为240min时，发现绢云母在 -38μm 粒级富集。试验结果表明，采用硬度小于石英大于绢云母的聚丙烯颗粒作为介质，可优先细磨绢云母原矿中的绢云母，达到选择性磨矿的目的。

D　联合流程

不同性质的云母的选矿流程不同，主要与云母共生的脉石矿物种类有关。针对原矿性质复杂的云母矿石，有时需要采用浮选和其他选矿工艺相结合的方法来达到有用矿物综合利用的目的。

a　磁选—浮选联合流程

陆康等人[146]对河南某地白云母矿石进行了选矿试验研究。结果表明，采用磨矿—高梯度强磁选—浮选的工艺流程，可获得品位为91%、回收率为70.75%、Fe_2O_3 含量为5.10%的白云母精矿，精矿质量满足橡胶填料的工业要求。

b　重选—风选—浮选联合流程

王凡非等人[147]对川西某云母花岗伟晶岩中的白云母进行风选—筛分试验。云母花岗伟晶岩经多次不同规格筛分及风选后，云母精矿品位最高达到88.5%，合计回收率达到90.4%。但由于薄片状脉石矿物与云母在密度和形状上极为相似，风选过程中容易被一起风选选出，影响云母精矿品位。鉴于脉石矿物脆性大，易研磨粉碎，可采用棒磨的方式使脉石矿物细化，再筛分使其与云母精矿分离。试验结果表明，在棒磨时间为2min时，云母精矿品位达到98.3%，回收率达到79.12%。尾矿中少量的碎云母，可采用浮选法将其从尾矿中选出，该试验流程获得满意的技术指标：白云母精矿品位最高达88.5%，合计回收率达到90.4%。

18.4.3.3　选矿设备

近年来，选矿设备的发展比较缓慢，根据提纯方式的不同，分别介绍干法提纯设备和浮选设备。

滁州市万桥绢云母厂董吉胜发明了一种绢云母粉专用气流提纯生产线[148]。该生产线包括研磨系统、提纯系统、分级系统、除尘系统以及除铁系统和电控系统。其中，研磨系统包括：颚式破碎机、斗室提升机、储料罐、给料机、摆式磨粉机、第一鼓风机和集粉箱。提纯系统包括：第二鼓风机和第一集粉桶、提纯机以及第一除铁器。分级系统包括：第三鼓风机、分级机、第二集粉桶以及第二除铁器。除尘系统包括：吸尘器、脉冲除尘机以及气泵。该生产线充分考虑了绢云母粉生产中的破碎、磨矿、除杂、分级和包装等重要环节，设备的稳定性和产品的质量均得到较好的保证。

国内在浮选云母工艺上除了利用传统的方法，还利用充填式静态浮选柱回收云母，从而使流失在尾矿中的大量云母再次得到回收利用，不但缓解了云母在市场上的紧缺现状，而且达到了合理利用资源、保护环境的目的，可为工业生产借鉴。充填式浮选柱浮选回收碎云母尾矿中的云母，可以以一段浮选代替多段浮选机的浮选操作，得到满足工业生产需要的浮选指标。与常规浮选机相比，有较强的分离作用，更有利于提高目的产物的品位和回收率。在操作中，调整好充气速率、顶部淋洗水量、矿浆液面高度及给矿量，是获得理想操作指标的关键因素。但利用充填式静态浮选柱回收云母的实验室试验虽取得了成功，但其应用于工业生产，尚需进一步做半工业试验和工业试验。

18.4.3.4 选矿药剂

A 捕收剂

目前云母浮选和铝硅酸盐矿物浮选多使用十二胺作为捕收剂，其浮选泡沫具有一定的稳定性，较长时间难以破裂，且泡沫多易发黏，对浮选作业过程产生不利影响。表现为：（1）泡沫产品不易流动，用砂浆泵输送泡沫矿浆时易产生“气室”现象而失去抽吸作用；（2）为了增加泡沫产品的流动性，往往使用大量的冲洗水，不仅增加了水耗和选矿成本，而且稀释了矿浆浓度，影响后续作业；（3）在使用浓缩池浓缩时，泡沫常浮于池面随溢流水流走，带走了大量浮选精矿；（4）由于浮选过程中泡沫量大，且泡沫易吸附药剂，导致药剂用量加大[150]。因此，在云母类矿物浮选中，研究开发应用浮选泡沫性能较优的捕收剂，具有一定的研究意义。

邓海波等人[150]研究了阳离子捕收剂季铵盐，包括十二烷基三甲基氯化铵（1231）、十四烷基三甲基氯化铵（1431）、十六烷基三甲基氯化铵（1631）对白云母、金云母和锂云母浮选行为的影响。利用亲水-疏水平衡值（HLB）分析比较了不同捕收剂的性能。采用二相泡沫试验方法比较了不同捕收剂的浮选泡沫稳定性。研究表明，十四烷基三甲基氯化铵（1431）可以作为浮选锂云母和金云母的有效捕收剂，并可降低浮选泡沫黏度。

在处理某些云母矿石时，使用单一的捕收剂往往不能得到很好的浮选指标，因此研究人员针对捕收剂的组合做了一些研究。何桂春等人[151]以宜春钽铌矿重选尾矿中的锂云母为研究对象，开展组合捕收剂浮选锂云母的试验研究，结果发现自配药剂 LZ-00 与椰油胺以质量比 2∶1 组合浮选锂云母时指标最好。黄万抚等人[152]用新药剂 HT 选锂剂和有机胺代替原来的 HCl 和有机胺来回收某钽铌矿中的锂云母，精矿品位和回收率均有所提高。刘淑贤和魏少波[153]针对某石墨尾矿中的绢云母，以十二胺和柴油为捕收剂，经一次粗选、一次扫选、四次精选后，可得到绢云母精矿。

B 抑制剂

目前针对脉石矿物抑制剂的研究较多。淀粉对所有的硅酸盐矿物都有不同程度的抑制作用，在酸性条件下淀粉对架状结构的石英抑制作用最强，对架状结构中的长石类矿物的抑制作用次之，对层状结构及双链结构矿物的抑制作用很差[154]，故淀粉也可作为浮选绢云母时脉石矿物的抑制剂[155]。在碱性阴、阳离子捕收剂浮选工艺中，常用碳酸钠和木质磺酸钙抑制脉石。水玻璃作为使用最广泛的一种硅质脉石抑制剂，在云母浮选中也有应用。

18.4.3.5 综合回收

从尾矿中回收云母为我国“三废”利用课题，符合我国产业政策。回收尾矿中云母可解决尾矿对水资源、矿山周边生物和空气环境的污染。同时，随着尾矿坝不断加高，危及矿山及周围地区安全，使管理和运输成本大幅提高，严重影响矿山的可持续发展。考虑环境保护、矿山安全和生产成本等因素，提高矿山资源综合利用率是矿山可持续发展的主要课题。大量试验证明，尾矿中回收有用矿物技术上可行，大幅提高资源利用率，使社会效益和经济效益显著提高，给矿山带来了新的生机。

A 尾矿中回收云母

目前，大量试验研究了黄金、铜铅锌铁金属尾矿以及石墨尾矿中云母的回收利用。该类尾矿中云母品位一般在 13% ~25%，云母经单一重选法或单一浮选法提纯后，可应用于油漆、橡胶、塑料及陶瓷等工业领域。

于蕾等人[155]对山东某金矿尾矿中的绢云母进行了提纯研究。经测试，该尾矿中绢云母含量为 18%，其余为石英 31%，长石 48%，还有少量绿泥石 3%。该尾矿经二次浮选—化学漂白后，可得到白度 71.4%，精矿品位 91%，回收率 5% 的绢云母精矿。回收的绢云母产品可用于橡胶、塑料及陶瓷。试验证明，从尾矿中回收绢云母技术上可行、成本低，可使尾矿得到有效利用，减轻尾矿对环境的危害，是矿山可持续发展的一条重要途径。刘洪兴等人[156]对乳山市大业金矿选金尾矿中绢云母进行了回收试验研究。该金矿尾矿中绢云母含量高达 23.3%。采用尾矿粗砂再磨—预选脱硫—贵金属矿物二次回收—脱硫尾矿再分级回收绢云母的选矿工艺，分别得到一级品、二级品、三级品 3 个等级的绢云母新材料，平均粒径达到 3.59μm。提纯后的绢云母可用于橡胶、工程塑料与玻璃纤维联合材料中，具有性能好、价格优的特点，经济效益、环境效益显著。

王巧玲等人[157]利用尾矿中回收的绢云母粉部分取代防锈涂料中的滑石粉，考察了绢云母精矿粉在防腐蚀涂料中的用量对涂料性能的影响。试验结果表明，环氧铁红防腐底漆中添加量为 8%，氯化橡胶防腐底漆中为 6% 时，所得涂膜的物理力学性能、耐化学介质性能和防腐性能均有一定程度的提高。采用质优价廉的绢云母精矿粉作为防腐蚀涂料的颜填料部分替代滑石粉，可提高涂料耐蚀性能并节约传统颜填料矿产资源。同时，选矿尾矿中回收绢云母在涂料中的应用拓展了尾矿回收利用的应用范围，有助于解决尾矿的污染和综合利用问题，有助于实现选矿产业的循环经济。

王玉峰等人[158]对某选铁尾矿中的云母进行了云母回收试验研究。该尾矿云母含量为 20.34%，具有工业回收价值。经试验研究采用脱泥—碱性浮选选矿工艺，获得了回收率在 10% 左右，K_2O 含量为 7.93%，云母矿物含量在 96% 以上的高纯度云母，此工艺的推广有效地降低了其尾矿排放量，经济效益和社会效益显著。

刘淑贤等人[153]对某石墨尾矿中绢云母进行了回收利用。该尾矿绢云母含量为 24%，采用硫酸为 pH 值调整剂、淀粉为抑制剂、十二胺和柴油为捕收剂，在 pH 值为 2.5、淀粉为 200g/t、捕收剂十二胺为 1000g/t 以及柴油为 100g/t 的药剂制度下经一次粗选、一次扫选、四次精选的浮选工艺流程后，最终获得产率为 10.21%、绢云母含量为 70.41%、回收率为 28.95% 的绢云母精矿。同样，李凤[159]也对某石墨矿尾矿中的绢云母进行了回收，经水力旋流器重选和一粗四精浮选流程，得到品位 85.11%，作业回收率为 85.70%，富集比为 14.21 的绢云母精矿。

B　云母尾矿中回收其他有用矿物

唐平宇等人[160]对河北省灵寿县某碎云母矿石的风选尾矿进行了综合回收其中铁矿物、独居石和锆石的选矿试验研究。试样矿物组成比较简单，其中石英占 70%，钾长石占 20%，斜长石占 2%，白云母占 3%，磁赤铁矿占 4%，磁铁矿、独居石和锆石合计占 1%。独居石、锆石、磁铁矿和磁赤铁矿是本研究的目的矿物。将该尾矿先通过摇床重选分离出重砂，对重砂采用弱磁选—湿式强磁选—干式强磁选—摇床重选联合工艺流程进行选别，可得到铁品位为 60.86% 的铁精矿、REO 品位为 61.13% 的独居石精矿和 $(Zr,Hf)O_2$ 品位为 60.38% 的锆石精矿，3 种精矿的金属回收率分别为 74.27%、70.36% 和 65.64%。从碎云母尾矿中综合回收铁矿物和宝贵的稀土稀有金属，不但可实现矿产资源的充分利用，而且有利于保护环境和促进矿山企业可持续性发展，具有重要的意义。

王凡非等人[147]对云母选别后的脉石矿物采用磁选—浮选流程工艺选别长石、石英矿物。该流程获得满意的技术指标：长石精矿 K_2O 与 Na_2O 总含量为 12.0%，可满足一等品要求，并获得 SiO_2 含量 98% 的石英尾矿。其中，长石可用于制作玻璃、陶瓷、化肥，石英可用于玻璃、耐火材料、冶金、电子、塑料及航空航天等行业。

王程等人[143]将选别白云母后的尾矿副产品粉石英，经脱泥处理用作玻璃原料，生产微晶玻璃或水泥、建材原料。另将黏土（黄泥），用作建材黏土砖或耕地回填。

18.4.4　云母选矿存在的问题及发展趋势

随着优质云母资源的枯竭，我国云母产业面临相当严峻的形势。

传统云母材料由于综合利用率低，应用领域相对狭窄，在现代工业中所占份额逐渐降低。云母材料主要集中在合成云母、微晶云母等新的领域。同时云母综合利用的产品，云母纸和云母粉以及深加工产品如云母绝缘制品、云母纸电器等也逐渐开始畅销，目前我国开发研制也正在加快进行中。

我国云母纸出口价格同比国内价格要高出 20% 左右，所以我国应加大对云母纸的生产规模，提高高档云母纸的生产水平。要提高云母纸的质量和产量，今后的主要研究内容就是生产设备的改造，使纸浆浓度和纸的厚度能被在线测试，实现自动测试纸厚及调节纸浆浓度，使生产工艺连续化、自动化。

随着大、中型高压电机向大容量、高参数的不断发展，对其云母绝缘水平的要求也越来越高。大、中型高压电机绝缘总的发展趋势是提高主绝缘的云母含量、热态机械强度和耐电热老化寿命，并不断改进绝缘工艺性。采用单面薄膜或双面薄膜复合制造的粉云母带，具有较高的电气强度、机械强度和良好的应用工艺性能，是高压电机端部绝缘和匝间绝缘较为理想的云母材料。除了高压电机绝缘用云母带外，我国还开发了用于直流电机换向器的 H 级有机硅换向器金粉云母板以及用于耐火电缆用的耐火电缆粉云母带。当选用不同品种（如收缩薄膜）、不同耐热等级的薄膜材料与云母纸、补强材料复合，可以得到不同功能、不同耐热等级的薄膜复合粉云母带。在应用中不但可使绝缘工艺简化，而且还使电机绝缘的质量得到大大提高。从发展角度看，薄膜复合粉云母带具有广阔的发展前景。

此外，近年来我国合成云母产业的快速成长为解决云母资源提供了方案。由江阴市友佳珠光云母有限公司、三宝光晶云母科技有限公司、川宏精细化工有限公司等企业突破合成云母量产与质量优化等难题，使得合成云母在我国珠光颜料与绝缘耐火材料等应用市场快速渗透。其中，因全球优质天然云母亦逐渐匮乏，故进口天然云母重金属含量、杂质含量问题日益严重，珠光颜料因需另外改善质量使生产成本上升。合成云母借由长晶环境的控制而彻底解决此问题，使得合成云母于珠光颜料产业的渗透较为快速，因而造成珠光颜料生产制造商与合成云母生产制造商均积极扩大产能。其中，发展较为快速的合成云母生产厂商为江阴市友佳珠光云母有限公司。根据 2011 年的调研，该公司合成云母片产量占全球超过六成，且于 2013 年 9 月完成建造年产能 30000t 的合成云母片新厂，使得目前下游应用产业合成云母供不应求的市场问题获得改善。

最后，黑云母材料应用的黑云母作为选矿的副产物，也应考虑它的综合回收利用，充分利用矿产资源。但国内黑云母材料的利用还需要进一步的开展，主要因其含铁，绝缘性能不好，使它的用途受到了很大的限制，通常其细片只能用作低廉的建筑材料充填物，近年来，也被广泛应用在真石漆等装饰涂料中。黑云母是一种含钾矿物，由于三八面体的黑云母具有极易水化、抗酸蚀能力差等特点，科研人员提出在缺钾土壤中直接施入黑云母或者以黑云母为原料制取钙镁钾肥，在使用上可将其磨成粉直接施用，或加工成混合肥料施用，为植物生长提供不可少的钾元素。由于生产成本低，应用前景广阔，从而为黑云母的应用开辟了一条新途径，扩大了黑云母的应用范围。在地质探测领域，由于石榴石-黑云母矿物对是岩浆岩，尤其是变质岩中最为常见的矿物对，它们之间的铁、镁交换与变质程度密切相关，因此在对石榴石-黑云母之间的铁、镁交换与平衡温度关系的研究后，人们从经验和试验的角度标定了石榴石-黑云母温度计，并进行了多次修正。目前该温度计已成为一种成熟、精确的地球化学热力学方法中的测温仪器，被广泛应用于变质作用的温度检测。

18.5 硅藻土

18.5.1 硅藻土资源简况

18.5.1.1 硅藻土资源储量及分布

A 世界硅藻土资源储量及分布

世界硅藻土资源非常丰富，除南极洲外其余各洲都有，其中亚洲储量最大。硅藻土储量较大且开发较为成熟的国家有美国、中国及日本等。据美国地质调查局估计，全球 122 个国家和地区都有硅藻土资源，储量约为 9.2 亿吨，世界硅藻土储量及储量基础见表 18-18[162]。

表 18-18 世界硅藻土储量和储量基础 （$\times 10^4$t）

国家或地区	开采量		储 量	储量基础
	2005 年	2006 年②		
美 国	65.3	65.5	2500	50000
智 利	3	2.7	NA①	NA

续表 18-18

国家或地区	开采量		储 量	储量基础
	2005 年	2006 年②		
中 国	41	42	11000	41000
独联体	8	8	NA	1300
捷 克	3.5	3.5	450	4800
丹麦（加工）	23.4	23.4	NA	NA
法 国	7.5	7.5	NA	200
德 国	5.5	5.5	NA	NA
日 本	13	13	NA	NA
墨西哥	6	6	NA	200
秘 鲁	3.5	3.5	200	500
罗马尼亚	3	0.2	NA	NA
西班牙	3.5	3.5	NA	NA
其他国家	15.6	18.1	55000	NA
世界总计	201.8	202.4	92000②	巨大

① NA 为资料暂无；

② 为估计数据。

资料来源：USGS《Mineral Commodity Summaries，January 2007》。

据报道，这些硅藻土资源中，可不经选矿直接加工生产硅藻土助滤剂的，全球仅有美国加利福尼亚州的罗姆波克矿床，我国吉林省长自县的马鞍山矿床和西大坡矿床。这三处矿床的一级品原土的非晶质 SiO_2 都在 80% 以上，为世界罕见的优质硅藻土矿床[162]。

B 我国硅藻土资源储量及分布

我国硅藻土资源储量仅次于美国，居亚洲之首[163]，在全国 10 个省（区）都探明有硅藻土矿产，保有储量达 4 亿多吨，远景储量超过 20 亿吨。其中在吉林长白山地区（临江市和长白县）、内蒙古、广东徐闻、云南腾冲 4 处发现了优质硅藻土。我国吉林省矿床数在全国是最多的，达到 18 个，储量也最大，约 2.1 亿吨，远景储量超过 10 亿吨，约占全国的一半。吉林长白山地区探明储量 6000 多万吨，远景储量超过 6 亿吨，是目前发现的我国最大的优质硅藻土资源蕴藏地，也是目前世界上储量达上千万吨的优质硅藻土产地之一。云南省探明储量 0.82 亿吨，约占全国探明储量的 20%，远景储量超过 6 亿吨。浙江省探明储量 0.43 亿吨，约占全国探明储量的 10%，远景储量 2 亿吨以上。吉林、云南、浙江三省的探明储量约占我国探明储量的 80%；其余省、自治区占 20% 左右[163,164]。

C 我国硅藻土资源特点

我国硅藻土资源具有以下特点：（1）产地和储量高度集中。已探明的硅藻土储量高度集中于云南、吉林两省；19 个大中型矿床拥有全国储量的 99%。（2）硅藻生物群：吉林、山东、浙江、四川以中心硅藻纲为主；云南腾冲以羽纹纲的硅藻为主。主要藻类为直链藻（圆筒藻）、圆筛藻、圆盘藻、小环藻和冠盘藻等。（3）矿石以含黏土硅藻土和黏土质硅藻土为主，硅藻含量大多在 75% 以下，硅藻含量 85% 以上的优质资源少（主要集中于吉林省临江市的六道沟和长白朝鲜族自治县境内的八道沟地区）。（4）主要伴生矿物杂质为黏土矿物（高岭石、蒙脱石、水云母、绿泥石等）、碎屑矿物（石英、长石、云母、火山灰、玄武岩碎屑等）和自生矿物（黄铁矿、方解石、白云石、菱铁矿、锰矿等）[163]。

18.5.1.2 硅藻土资源的生产和消费

A 精矿产量

目前，世界上有 30 多个国家生产硅藻土，2006 年总产量估计为 216 万吨，与 2005 年相比增长 7%，各生产国的产量基本维持 2005 年水平。2006 年我国硅藻土产量增长了 2%，达到 42 万吨，而日本的产量与 2005 年基本持平。据估计，2006 年墨西哥硅藻土产量为 5.9 万吨，与 2005 年相比下降了 5%。美国是硅藻土的主要生产国、消费国和出口国，约占世界总产量的 37%，我国占 19%，丹麦占 11%，日本占

6%，独联体、法国和墨西哥各占 3%，其余少量硅藻土产自其他 24 个国家[162]。

美国作为世界最大硅藻土生产国，全国 4 个州共有 11 处矿山和 9 处加工厂生产硅藻土，据估计 2006 年产量为 79.9 万吨。主要生产基地在加利福尼亚州、内华达州、俄勒冈州和华盛顿州。主要的生产厂商包括：赛力特（CELITE）公司（美国 Imerys 集团的子公司）、EP Minerals 有限公司（EaglePicher 公司的子公司）。美国赛力特公司（Celite）是世界上最大的硅藻土产品生产商，其在全世界经营着 8 座硅藻土矿床和加工厂，Celite 牌硅藻土产品系列涵盖所有作业领域，产销量均居世界之首。2006 年，加利福尼亚州、内华达州的硅藻土产量占美国总产量的 76%。美国硅藻土工业的生产成本主要由以下几部分构成：开采占 10%，加工占 60% ~70%，包装和运输占 20% ~30%，能源费用占直接费用的 25% ~30%，其中煅烧产品的比例直接影响能源的消费量[162]。

我国硅藻土工业经过多年的发展，目前可生产过滤材料、保温材料、功能填料、建筑材料、催化剂载体和水泥混合材料等制品。在产品结构上，吉林以生产助滤剂为主导产品，浙江以生产保温材料为主导产品，云南以生产助滤剂、保温材料、填料和轻型墙体材料为主导产品。2006 年全国硅藻土产量约 42 万吨，占世界总量的 19%[162]。2012 年产量约 51 万吨，其中助滤剂约 18 万吨，保温和生态建材约 17 万吨，吸附剂及载体材料约 5 万吨，水处理剂等环境治理材料约 4 万吨，各类填料约 5 万吨，其他约 2.0 万吨。目前已有保温材料、助滤剂、功能填料、催化剂载体、吸附剂、水处理及净化剂、硅藻壁材、室内空气净化材料沥青改性剂、农药载体等十多个品种、近百种不同规格的硅藻土制品；这些产品广泛应用于啤酒、饮料、食品、药品、化工、环保、建筑、建材、路面材料、牙膏、涂料、橡胶等领域[163]。

丹麦是欧洲生产硅藻土的主要国家之一，因生产莫勒土（Moler 型硅藻土）而闻名，2006 年产量为 23.5 万吨，居世界第三位。主要产地分布在丹麦日德兰半岛西北部的莫斯（Mors）岛和富尔（Fur）岛[162]。

日本绝大部分地区都能低成本开发硅藻土资源，特别是北陆地区的石川县，是日本主要的硅藻土生产基地。2006 年产量 13 万吨，居世界第四位，主要产品包括助滤剂、建材、保温绝热材料。近年来，许多以硅藻土为原料的新型室内装修材料，在日本越来越受到消费者的青睐，由此拉动日本硅藻土建材生产一直保持稳定增长[162]。

B　消费量

目前，世界硅藻土消费量超过 200 万吨。主要用途是生产过滤材料、保温材料、功能填料、催化剂载体、水泥混合材料等。由于各国资源条件和经济发展水平不同，其硅藻土消费结构也不一样。例如美国有质量优良、规模巨大的罗姆波克硅藻土矿床，2006 年其消费结构有所改变：助滤剂占 59%，水泥占 22%，吸附剂占 5%，填料占 9%，绝缘材料占 2%，其他方面的消费占 3%[162]。

美国是世界上最大的硅藻土消费国，2006 年表观消费量约为 64.9 万吨，与 2005 年相比上涨了 26%。2006 年国内和出口的过滤级硅藻土总量约为 47.4 万吨，与 2005 年相比下降了 3%，占消费总量的 59%；用作填充料 7.5 万吨，与 2005 年相比轻微上涨；用作吸附剂 3.6 万吨，与 2005 年相比下降了 22%；用作绝缘材料 1.65 万吨，与 2005 年相比上涨 30%。除美国外，以法国、德国、丹麦、日本和俄罗斯等为主的工业发达国家，传统应用占主导地位[162]。

C　进出口情况及趋势

世界硅藻土出口流向主要是资源产地流向工业发达国家或地区。美国是世界最大的硅藻土出口国，2006 年出口量为 15 万吨，出口到世界 88 个国家和地区，主要为以下国家：德国 1.88 万吨、比利时 1.67 万吨、日本 1.03 万吨、澳大利亚 0.895 万吨、中国 0.778 万吨、泰国 0.741 万吨、俄国 0.73 万吨、韩国 0.631 万吨、荷兰 0.622 万吨、英国 0.587 万吨，这 10 个国家占美国出口总量的 65%。2006 年美国硅藻土进口量为 4480t，来自 11 个国家，墨西哥供应了 2670t（60%）、德国为 925t（21%）、西班牙为 356t（8%）、意大利为 154t（4%）、澳大利亚为 140t（3%），其他的来自巴西、中国、法国、日本、新西兰和英国[162]。

D　精矿价格及趋势

根据美国各厂商硅藻土产品销售量和销售金额计算，2006 年美国硅藻土年平均出厂价格为 220 美元/吨，与 2005 年相比下降了 20%（见表 18-19）。从整体价格变化来看，吸附剂的价格下降较快，主要由于用硅藻土作吸附剂带来了严重污染，且已出现了替代产品；功能填料与绝缘材料的价格稳步上升。特殊用途或其他用途的硅藻土平均价格增长了43%，达到932美元/吨，这也说明硅藻土在某些用途方面仍不易被替代[162]。

表 18-19　美国市场硅藻土产品出厂价格[162]　（美元/吨）

用　途	2001 年	2002 年	2003 年	2004 年	2005 年	2006 年
吸附剂	173.36	118.94	125.35	72.94	30.68	37
功能填料	336.11	328.51	342.09	360.65	382.67	395
水　泥	NA	NA	NA	NA	NA	3
助滤剂	250.23	245.56	246.43	269.25	261.79	264
绝缘材料	35.71	35.71	35.71	43.41	44.09	44
其　他	1150	1072	970	1020	652	932
均　价	270.74	254.58	257.80	285.72	274.02	220

注：NA 为资料暂无。

资料来源：Minerals Yearbook，2001 ~ 2006。

18.5.2　硅藻土的开发应用

硅藻土因具有质轻、空隙度大、大比表面积、吸附性强、热稳定性好、熔点高以及耐腐蚀等优良性能，被广泛地用作助滤剂、功能填料、催化剂载体、农药和肥料载体、保温隔热材料、吸附剂以及漂白材料等。独特的硅藻壳体结构决定了它被广泛应用于许多工业领域，在国民经济发展中起着重要的作用[165,166]。

18.5.2.1　*硅藻土在食品医药工业中的应用*

硅藻土由于其表面的孔结构具备很强的吸附能力，是同体积木炭的5000 ~ 6000倍，而在食品工业中用作助滤剂起到除菌、除杂质、除异味的作用。助滤剂是硅藻土的主要产品之一。我国最具代表性的是硅藻土助滤剂工业的发展，现已形成约15万吨/年的生产能力，其中规模大的有吉林长白县年产1.5万吨生产线和临江年产3万吨生产线，可以满足国内市场的需求并可出口外销，随着应用的扩大，产品亟需标准化[167]。美国每年有60%以上的硅藻土都用来生产助滤剂[168]。

18.5.2.2　*硅藻土在污水处理中的应用*

在硅藻精土表面负载纳米 TiO_2 制备的复合材料，具有吸附与光催化两种功能[169,170]。经过提纯、复合或负载催化剂后的硅藻土环境治理材料可以广泛用于工业污水、生活废水以及室内空气的净化。此外，硅藻土在膜分离技术处理废水中也有良好的应用效果，在氧化铝滤膜表面涂覆硅藻土，经煅烧后制得可反复冲洗的复合薄膜，冲洗后硅藻土脱落，而氧化铝膜可继续使用，在保证使用效果的同时节省了成本[171]。

18.5.2.3　*硅藻土在道路沥青中的应用*

硅藻土的体轻、质软、多孔、耐酸、化学性质稳定的特点可大大改善沥青混合料的性能[172]。研究结果发现复合型硅藻土改性剂对沥青混合料的高温稳定性、疲劳耐久性与水稳定性均有不同程度的改善。硅藻土改性沥青用于沥青混凝土路面，不仅成本低、施工简便、原材料供应有保证，而且可提高路面的耐久性、耐磨性、热稳定性、抗压强度和抗滑性，减少路面的泛油、挤浆、车辙等病害，有利于提高路面的使用寿命，节省公路的维修与养护费用[173,174]。

18.5.2.4　*硅藻土在建筑工业中的应用*

硅藻土既是制备轻质保温板、硅酸钙保温材料、硅藻土质隔热砖、硅藻土质不定形隔热材料、保温管的优良原料，也是防水防渗的原料之一[165]。

硅藻土除了具有不燃、隔音、防水、质量轻以及隔热等特点外，还有除湿、除臭、净化室内空气等环保作用。硅藻土本身孔隙率在90%以上，可吸收自身质量1.5 ~ 4倍的水，在空气湿度大的条件下吸收水分，在湿度降低的时候放出湿气，调节环境湿度。硅藻土还可以去除空气中游离甲醛、苯系物、氨等有害气体，净化空气，改善居室环境。另外硅藻土壁材对水分的吸收和释放能够产生瀑布效果，将水分子分解成正负离子。正负离子群在空气中四处浮游，有杀菌能力，同时人吸入其分解出的负氧离子可使精神焕发[175]。

在硅藻土良好吸附性能的基础上，负载纳米 TiO_2 等光催化组分，使其不仅具有吸附甲醛、甲苯、苯酚等有机污染物的功能，而且具有光催化降解这些有机污染物的功能。

我国在纳米 TiO_2（硅藻土）复合材料的制备和应用技术近几年取得了显著进展：2006 年完成实验室研究；2009 年完成年产 120t 中试纳米 TiO_2（硅藻土）复合材料中试生产线建设生产；2013 年 10 月投产的年产 1000t 纳米 TiO_2（硅藻土）复合材料产业化示范线建设得到国家“十二五”国家科技支撑重点项目课题“低品位硅藻土资源高效利用与深加工关键技术研究”和 2012 年国家发改委“产业振兴和技术改造项目”中央预算内投资计划的立项支持[163]。

18.5.2.5　硅藻土在农业中的应用

硅藻土本身具有很强的吸水和吸油能力，可使害虫的蜡层和护蜡层遭到损坏甚至能使其表皮层丧失，从而使其失去保护体内水分的功能，当体重减少 28% ~35%，即死亡[176]。硅藻土还可应用于园林园艺、树移植、高尔夫草坪、屋顶绿化等，除常规绿化外，在干旱缺水、盐碱严重地区的土壤绿化，西部地区的退耕还林、重建等方面有广阔的前景。近几年来，硅藻土在国外园艺和农业上已被广泛使用。

18.5.2.6　硅藻土在填料涂料中的应用

国外硅藻土作为填料的消费量约占硅藻土制品总量的 21% ~23%，德国用硅藻土为原料生产油漆、塑料填料和炸药吸收剂，年产量数万吨，约占总产量的 50%。硅藻土用于外墙涂料的应用也在发展，其前景广阔。硅藻土在未来的树脂、橡胶、造纸、混凝土、水泥填料和各种装饰保温隔热涂料领域将会有无限广阔的发展空间[165]。

18.5.2.7　硅藻土在材料工业中的应用

硅藻土的形体尺寸一般为几个微米到几十微米，最小只有 1μm，而其线纹小孔和壳缝均在纳米范畴，是天然的纳米材料。利用其天然的微孔及纳米缝隙的特性，硅藻土被更多地用于制造微孔材料、各种载体等功能材料。以硅藻土为原料，用层叠层和气固相转晶技术、沸石化硅藻土等技术制备多级孔道结构纳米沸石。将天然硅藻土矿物经焙烧、酸浸、活化、完全去除矿物成分中的金属氧化物，可直接得到具有一定活性和高纯度的白炭黑，能满足各行业对白炭黑材料的需求。国内以硅藻土为原料制造高级吸附剂，供高级精密仪器设备定量分析检测微量成分含量使用，满足国外的要求[165]。硅藻土还可用于 SiO_2 气凝胶的制备[177]。

18.5.3　硅藻土矿选矿工艺技术进展

18.5.3.1　解离工艺

低品位硅藻土矿利用的难点在于硅藻颗粒与黏土矿粒的分离和分选。黏土矿嵌布粒度微细分布于硅藻颗粒之间而且存在于硅藻颗粒孔道中，难以解离和分选[163]。

A　磨矿工艺

文斐等人[178]在对吉林某硅藻土矿的选矿试验中，分级去除部分杂质后，采用二级湿法球磨的方法对处理过的硅藻土料浆进行剥片，磨矿介质为氧化锆小球，再进行酸浸，最终得到了硅含量大于 90% 的硅藻土精矿。硅藻土选矿技术的另一个特点是要尽可能减少硅藻结构的破坏，因为完整的硅藻结构对于其应用性能非常重要因此，一般在选矿过程中尽量不采用磨矿方式以避免对硅藻结构的破坏[163]。

B　擦洗工艺

适当的擦洗可将原料颗粒打细、分散，而不破坏硅藻壳，固结在硅藻壳上的黏土等矿物杂质在擦洗作用下脱离，分级后将黏土等矿物杂质去除，从而 SiO_2 含量得到提高。大量研究表明擦洗次数越多，精选效果越好，得到硅藻土的 SiO_2 含量越高[171,179]。王泽民[180]在专利中提出利用擦洗沉降的方法对二级硅藻土提纯，可得到满足一级土指标的硅藻精土。

硅藻土与黏土矿物彼此黏附，后者还往往充填于壳体的孔隙中，两者难以在悬浊液中得到充分分散，故导致分离效率低，目前解决办法通常用强力搅拌擦洗方法，尽管如此仍难使黏附于硅藻壳体上的细粒黏土矿物彻底脱落，同时由于强力搅拌会破坏硅藻体的结构，使产品用途受到限制[165]。

18.5.3.2　单一选别工艺技术

A　沉降

硅藻土杂质中各种密度较大、颗粒较大的矿物杂质（如含铁矿物、石英泥砂颗粒等）具有较快的沉降速度，因此可以优先分离，而黏土颗粒较小，在浆液中呈悬浮态，不易分离。另外，蒙脱石是一种黏土杂质，由于其颗粒之间带有相同负电荷，同性相斥，经搅拌会分散成细小颗粒，进而增加了其悬浮性和分散性。为了去除这种杂质，需在料浆中加入氢氧化钠分散剂使其悬浮性质得到加强，难于沉淀，而硅藻颗粒相对较大，表面不带相同电性电荷，因此沉降速度远远大于黏土颗粒，可从泥浆中沉降出来，进而将悬浮液分出得到硅藻精土[181]。Sun 等人对临江硅藻土进行了大量离心沉降提纯试验研究[182]。

B　酸浸

酸浸一般使用氢氟酸和硫酸的混合酸，强酸使硅藻土中的 Al_2O_3、Fe_2O_3、CaO、MgO 等杂质溶解生成盐类。酸浸过程中反应时间、液固比、用酸量等条件，会随着矿石特点和精土用途的不同而不同，需要通过试验确定[171]。

有学者研究在微波作用下硅藻土酸浸除铁过程的影响因素和工艺条件。结果表明，硫酸浓度、微波功率和浸出时间对硅藻土除铁均有影响，浸出时间是影响浸出的最主要因素，微波功率和硫酸浓度次之。随浸出时间延长，微波功率增加，硫酸浓度加大，硅藻土中的 Fe_2O_3 含量减少，Fe_2O_3 浸出率增加。在试验条件下，较佳的工艺条件为硫酸浓度 40%，浸出时间 45min，微波功率 260W。在此条件下获得的硅藻土产品指标为 SiO_2 83.50%、Al_2O_3 7.18%、Fe_2O_3 0.87%，达到了硅藻土助滤剂质量标准 $SiO_2 > 80\%$、$Al_2O_3 < 10\%$、$Fe_2O_3 < 2\%$[183]。

高俊英等人用盐酸对硅藻土进行改性，通过单因素试验，考察了硅藻土改性的液固比、改性剂浓度、改性时间及改性温度对硅藻土改性效果的影响。试验结果表明，最佳工艺条件：液固比为 4∶1、改性剂浓度为 4mol/L、改性最佳时间为 40min、改性最佳温度为 35℃[184]。

此工艺采用浓酸处理，成本高，生产过程中设备遭受的腐蚀严重，酸溶黏土矿物所产生的无定形二氧化硅并不具备壳体的多孔结构，对硅藻土的许多功能性应用而言非常不利；酸废液污染环境，排放前必须经过严格的处理程序。这些缺点在很大程度上影响了该法的应用前景[165]。

C　碱浸

曲柳等人采用氢氧化钠溶液对硅藻土进行浸渍提纯处理，通过电镜扫描、EDX 能谱和 Brunauer-Emmett-Teller 法测定比表面积等测试手段对提纯前后硅藻土进行了表征，并研究了提纯前后硅藻土对水中亚甲基蓝的吸附性能。结果表明，硅藻土碱浸后比表面积增加，孔径增大，随着处理用碱浓度的增加比表面积增加，10% 的用碱浓度 100℃ 条件下处理 2h 达到最大值，此后随着用碱浓度的增加而下降；碱浸处理后的硅藻土对染料废水中的亚甲基蓝吸附性能明显提高[185]。

为了增加硅藻土的反应活性，何龙等人采用氢氧化钠对硅藻土进行提纯处理，通过正交试验和工艺条件优化试验确定最优的硅藻土碱浸提纯条件，提纯后研究了碱浸硅藻土对亚甲基蓝的吸附性能。结果表明：硅藻土最优的碱浸提纯条件为，5% NaOH 在 100℃ 条件下处理 2h，提纯后硅藻土比表面积增大，对亚甲基蓝的吸附性能明显提高，可高达 96.32%。热力学研究表明，碱浸硅藻土对亚甲基蓝的吸附符合 Langmuir 和 Freundlich 吸附等温式，比较等温式的相关系数发现，碱浸硅藻土对亚甲基蓝的吸附更符合 Langmuir 等温吸附式，碱浸硅藻土对亚甲基蓝的吸附过程是自发进行的[186]。

D　焙烧

焙烧法主要是针对高烧失量型硅藻土的选矿提纯。焙烧温度为 600～800℃，焙烧后由于有机质等的挥发，SiO_2 含量可显著提高，同时孔径增大，表面酸强度增加。研究表明 450℃ 焙烧时比表面积达到最大，焙烧温度高于 650℃ 时，微孔结构熔融破坏，达到 900℃ 以上时硅藻壳体会被破坏[171]。

吴仙花等人对吉林临江硅藻土原矿、吉林敦化硅藻土原矿及云南寻甸硅藻土原矿进行研究，发现硅藻土中混入 H_2SO_4 或固体酸 NH_4HSO_4 后焙烧，Al_2O_3、Fe_2O_3 与酸反应生成可溶性物，用 2%～3% 的稀硫酸浸洗即可去除杂质，加入固体酸 NH_4HSO_4 比 H_2SO_4 反应速度更快，游离酸更少，反应温度更高，而较高温度有利于有机质的去除。加入 NH_4HSO_4 后进行焙烧，焙烧条件为：温度 400℃，处理时间 1～1.5h，

加入 NH_4HSO_4 量是清除硅藻土中杂质 Al_2O_3、Fe_2O_3 所需理论物质的量的 2 倍[187]。

将内蒙古高烧失硅藻土于 600℃进行 2h 的缺氧煅烧处理后，硅藻土中的有机质已经转化为无定形碳紧密吸附于硅藻土壳表面和内部的微孔中，如果将此硅藻土填充于橡胶中，无定形碳的存在提高了硅藻土和天然橡胶的相容性，有利于天然橡胶力学性能的补强[188]。

E 浮选

高莹等人考察了十二胺对硅藻土、钠长石、石英的捕收能力。通过 ζ 电位、红外光谱检测对十二胺与硅藻土、钠长石、石英的作用机理进行了分析。浮选试验结果表明，pH 值为 5.5 ~ 10.5，十二胺浓度为 2.38×10^{-4} mol/L 时，钠长石和石英单矿物浮选回收率分别在 92% 和 97% 以上，而硅藻土的回收率在 5% 以下。ζ 电位分析结果表明，pH 值为 5.5 ~ 10.5 时，十二胺在钠长石和石英表面的吸附明显强于在硅藻土表面的吸附，这与浮选结果一致。红外光谱分析结果表明，pH 值为 5.5 时，十二胺在硅藻土、钠长石、石英表面均存在物理吸附、氢键作用，且在硅藻土表面的吸附强度相对弱，导致其可浮性差[189]。对临江低品位硅藻土，在温度为 40℃、氢氧化钠调 pH 值为 8 的矿浆环境中，以焦磷酸钠为分散剂、十二胺为捕收剂，只需经过一次粗选、二次精选，即可获得 SiO_2 品位为 79.39%，Al_2O_3 含量为 4.92%，SiO_2 回收率为 45.00%，质量达到二级硅藻土标准的硅藻土精矿[190]。

F 磁选

马圣尧等人对含铁较高的临江硅藻土，对比采用 CRIMM 电磁高梯度磁选机（背景场强 1.4T）、CRIMM 永磁高梯度磁选机（背景场强为 0.8T）、电磁平环强磁选机（分选场强为 1.8T）进行不同流程试验。结果表明，进行两次电磁高梯度磁选，磁选浓度为 10% 时除铁效果最好，Fe_2O_3 含量由原矿的 2.02% 降低至 0.86%，除铁率达到 67%[191]。

18.5.3.3 组合选别工艺技术

A 水洗—焙烧

赵以辛等人针对内蒙古高烧失低品位硅藻土采用水洗—焙烧工艺进行提纯，探索了水选次数、焙烧条件等对提纯效果的影响。水洗去除石英、长石及黏土类杂质，600℃焙烧去除有机质，进行了水洗次数、水洗温度、分散剂用量及焙烧温度等条件试验，最终硅藻土中 SiO_2 含量由 64.22% 提高到了 82.98%，比表面积可达 44.5m^2/g，每 10g 堆积体积达 21mL。在隔绝空气条件下焙烧水选提纯土，获得的碳化硅藻土与橡胶相容性好，可替代半补强炭黑[192]。

罗国清等人对 SiO_2 含量为 70.64% 的低品位含黏土型硅藻土，通过条件试验确定了擦洗和酸浸的最佳试验条件，采用擦洗—沉降分级—酸浸流程获得了含 SiO_2 82.45%、Fe_2O_3 0.72% 的硅藻土精矿[193]。

B 焙烧—酸浸

郑水林和王利剑等人对吉林某公司的硅藻土进行焙烧—酸浸提纯试验研究，得到了 SiO_2 含量达 90% 以上的硅藻精土，研究发现 450℃以下，硅藻土比表面积随焙烧温度提高而增加，超过 450℃后，比表面积随焙烧温度提高反而降低；硫酸的适宜浓度为 72%，酸洗时间 4h，液固比 3∶1，酸洗温度 100℃，酸处理后的硅藻土中 SiO_2 含量显著提高，Fe_2O_3 含量下降；扫描电镜分析显示试验制备的硅藻精土内部微孔孔道得到了较好的疏通，通过其他测试分析知原硅藻土经提纯后，大部分杂质被除去，孔性变好，比表面积增大，对罗丹明 B 的吸附性能提高。焙烧温度和酸浓度对硅藻壳体的结构有影响，900℃以上焙烧和浓度 80% 以上的浓硫酸对硅藻壳体结构有破坏作用[194~196]。

张世芝等人采用酸浸和焙烧法对硅藻土进行提纯处理，并用 SEM 和 EDS 等测试手段对其进行了表征；通过电势滴定、质量滴定和惰性电解质滴定 3 种方法测定了精硅藻土的零电荷点（PZC）。探讨了负载硝酸银溶液的精硅藻土对乙烯气体吸附性能的影响。结果表明：提纯后的硅藻土比表面积显著增大；存在与支持电解质浓度无关的零电荷点；对乙烯气体的吸收明显提高，持液量为 0.4 时达到最大[197]。

学者对云南寻甸硅藻土采用煅烧—酸处理工艺进行处理，使精制硅藻土具有合适的化学组成、孔结构、比表面积和良好的热稳定性，以用于硫酸生产钒催化剂载体。在实验室试验中，对煅烧温度、时间、酸浓度等条件进行试验，然后在工业装置中进行放大试验。原矿平均 SiO_2 含量为 52.19%，富含有机质，平均烧失重高达 24.73%，发热量为 3327 ~ 5685J/g，属低硅、高烧失重型硅藻土矿。提纯后达到如下性能：SiO_2 含量大于 85%，Al_2O_3 含量小于 4%，Fe_2O_3 含量小于 1%，堆密度小于 0.38g/mL，烧失重小于

5%，孔容积大于 $1.5m^3/g$，比表面积大于 $35m^2/g$[198]。

C　焙烧—碱浸

盛嘉伟[199]在专利中提出采用先焙烧后碱浸的方式对硅藻土微粉进行提纯，先在700～1200℃下煅烧一定时间，再与一定浓度的强碱（NaOH、KOH、LiOH）溶液混合反应，过滤洗涤。硅藻土微粉的 SiO_2 含量显著提高，此方法与酸浸相比，不引入其他杂质、环保、对设备腐蚀小，而且工艺简单，成本较低。

D　热浮选—磁选—酸煮

魏存弟对吉林省桦甸市二、三级硅藻土通过此工艺流程进行提纯，三种方法的综合应用去除了硅藻土中的矿物杂质及化学杂质，提高硅藻土纯度的同时改善了硅藻孔结构。在强力擦洗1h、硫酸煮解3h、硫酸浓度15%～20%的工艺条件下得到了符合一级土标准的硅藻土[200]。

郑水林等人提出对中等品位硅藻土利用气旋流式分选机分选，精土煅烧后可达一级品要求，分选尾矿及低品位硅藻土擦洗分散后除砂、除杂，然后用离心沉降方式连续分离硅藻土和黏土，也可得到一级品硅藻土[201]。李世伟等人提出采用擦洗机和多级水力旋流器组合装置提纯低品质硅藻土，分离除杂效果好，回收率高，还可根据产品需要调整粒度分布，此工艺简单易行，无环境污染[202]。

18.5.3.4　国外选矿工艺

A　酸浸

Kunwadee 等人发现酸浸不仅可提高硅藻土的纯度，而且硅藻土密度变小，孔容、比表面积等增大，孔结构也会得到明显改善，酸浸得到的硅藻土是深加工产品的优质原料，并且酸液可以回收利用[203]。

San 等人采用盐酸处理硅藻土，原土经球磨机研磨1h后，将泥浆悬浮液烘干、筛选，在75℃条件下用5mol/L的盐酸进行酸浸，考察酸浸时间对颗粒尺寸和分布的影响，原土经酸浸1h后，比表面积由 $189m^2/g$ 提高到 $222m^2/g$，但是要获得品位为95%以上的硅藻土则需要酸浸12h以上。经酸浸处理后，硅藻土品位提高的同时，孔容量、比表面积都有明显增大，通过前后扫描电镜图可以清楚地观测到硅藻壳体微孔孔道都得到了很好的疏通[204]。

B　焙烧

Goren 利用焙烧法对硅藻土进行提纯，同样发现，焙烧后由于有机质等的挥发，SiO_2 含量可显著提高，同时孔径增大，表面酸强度增加。450℃焙烧时比表面积达到最大，焙烧温度高于650℃时，微孔结构熔融破坏，达到900℃以上时硅藻壳体会被破坏[205]。

由于原土中存在的有机质对铁、铝等杂质的浸出起到阻碍作用，将原土经煅烧后，有机质以及吸附在硅藻土中的自然态水挥发，可有效地改善酸浸条件，因此，此法多用于和酸浸法或碱浸法联合使用[206]。

C　沉降—酸浸

Bessho 等研究者利用多个海相及湖相硅藻土样品采用多次重复溶解—沉降—酸浸工艺制备太阳能级硅，对硅藻土中的杂质分布规律及酸浸、沉降条件进行了详细的研究，酸浸可有效降低硅藻土中的铝及铁杂质[207]。

综上所述，硅藻土提纯处理方法大致可分为三类：一是物理法，如水洗、擦洗、浮选等；另一类为化学法，如用 H_2SO_4 浸煮，加 H_2SO_4 焙烧硫酸盐化。也有将物理法和化学法结合起来处理硅藻土的，像先水洗或者擦洗去掉一些泥土等，再用 H_2SO_4 浸煮。物理法能去掉水溶的无机物和有机物，以及一部分泥砂，但不能将无机杂质硅铝酸盐与 SiO_2 分离，也不能取出这些杂质中的 SiO_2 加以利用。化学提纯方法对设备腐蚀严重，对环境污染较大，成本也较高，工业应用具有一定局限性。微波、超声波物理提纯方法工业应用也较难，一般的重力沉降物理提纯法，占地面积大、用水量大，而且生产效率低，所以研究高效、环保的物理提纯技术是中低品位硅藻土提纯的关键[179]。

18.5.3.5　选矿设备

张开永等人进行了离心选矿机在硅藻土提纯中的试验研究，通过采用离心选矿机对长白硅藻土的中试试验研究，找出了离心选矿机在分选硅藻土时存在主要问题并加以改进，对离心时间、离心转速等因素进行了试验研究。最佳的分选条件为入料浓度22%左右，离心转速1000r/min，给料量为12L/min，给料时间为75s时，SiO_2 含量基本达到86%以上，Al_2O_3 含量在4%以下，Fe_2O_3 含量在1.90%以下，硅藻精土产率达到 73% 以上。离心选矿机不仅有效地进行了硅藻土的提纯，而且解决了常规重力提纯耗时长、冬天影响生产等问题，创新了离心选矿机在非金属矿分选领域的应用，同时对今后大规模工业生产奠定了良好的基础[208]。

杨小平等人也进行了离心选矿机应用与硅藻土提纯的中试研究，探讨了离心选矿机的圆筒锥角、圆筒转速、给料浓度、给料量和给料时间对硅藻土分选的影响，并通过响应面试验研究了这些因素之间的相关性，进一步优化了离心分选机的工况。结果表明：精矿中 SiO_2 含量随着圆筒转速的增加而增加；随给料浓度增加而增加，但给料浓度超过 24% 时却呈下降趋势；随给料量的增加而增加，但给料量过了 12L/min 后却呈下降趋势；随给料时间的增加而增加，但超过 60s 后增幅非常小。对精矿 SiO_2 含量影响的因素主次顺序为：给料量 > 给料浓度 > 圆筒转速 > 给料时间，其中给料量影响显著；对尾矿浓度影响的因素主次顺序为：给料浓度 > 给料量 > 给料时间 > 圆筒转速，其中给料浓度和给料量影响特别显著；给料量对精矿 SiO_2 含量和尾矿浓度的影响均较大[209]。

当离心选矿机的圆筒锥角为 0.5°、转速为 856r/min、给料浓度为 24.66%、给料量为 14L/min、给料时间为 90s 时，精矿 SiO_2 含量为 87.5%，尾矿浓度为 6.98%。对最优组合进行了连续分选试验，得到精矿中含 SiO_2 为 87.61%，尾矿浓度为 6.14%。硅藻精土通过 SEM 分析发现，硅藻壳体的孔隙堵塞得到明显改善；经图像分析仪检测，硅藻土矿经过中试线选矿后，硅藻破损率变化小于 5%[209]。

18.5.3.6　选矿厂过程控制

杨小平等人[210]针对硅藻土分选厂因位置偏僻和技术力量有限等因素导致分选效果差、产品质量不稳定等问题，提出根据硅藻土分选工艺的特点、企业环境和生产需求研究开发基于过程控制、计算机网络、软件编程和现代管理等技术的硅藻土生产管控一体化系统。

如图 18-3 所示，整个系统采用了现场控制级、监控级和管理级的三级结构，各级之间的数据传递和信息共享通过现场总线技术来实现，如 FF 总线、Profibus 总线、LonWorks 总线、CAN 总线和工业以太网等。CAN-bus 的数据通信采用多种方式工作，非破坏性总线仲裁技术，具有很好的灵活性；通信距离远，而且传输速率高达 1Mb/s，保证了数据的实时性；CAN-bus 的每帧信息都有硬件 CRC 校验及其他检错措施，使得 CAN-bus 是所有总线中最为可靠的。因此在现场设备与现场控制器间采用了 CAN-bus 技术；而工业以太网是标准的开放式网络，克服了现场总线不能与计算机网络技术同步发展的弊端，同时具有传输速率快、数据吞吐量大、可靠性好等优点，因此现场控制级与监控级、监控级与管理级间的网络由工业以太网连接。此外移动终端如：便携电脑、PDA 等，可通过无线网络和 Internet 网络接入系统，实现远程监测。

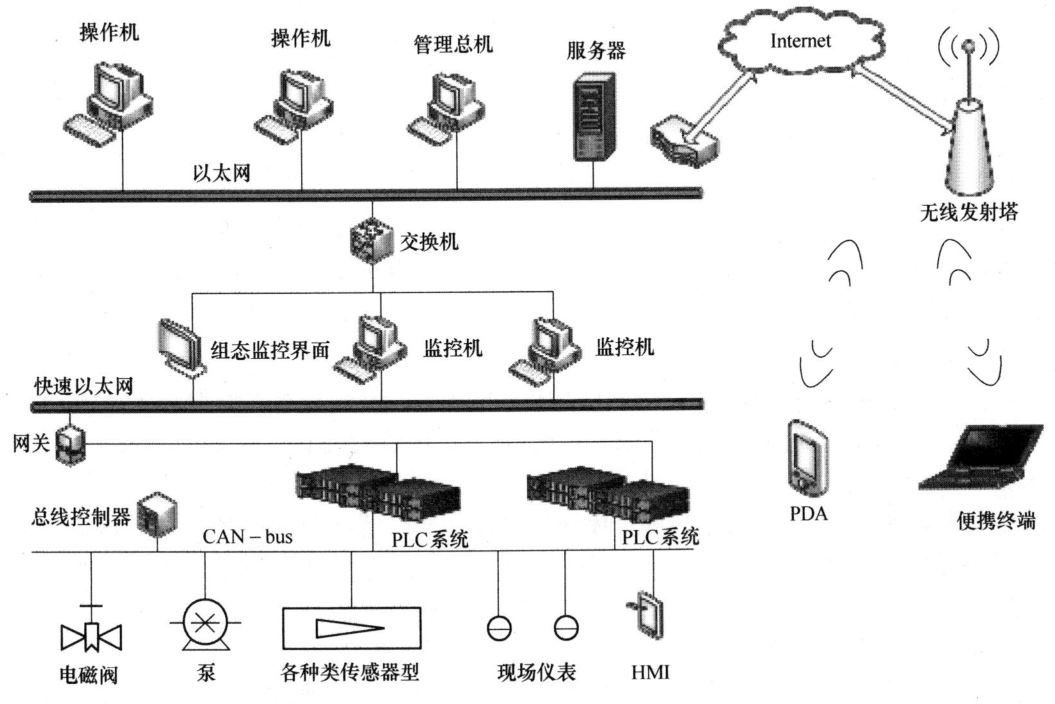

图 18-3　系统构架

控制系统通过大型 PLC 系统将现场生产设备传感器、触摸屏等设备整合在一起，通过 CAN-bus 控制层网络将现场数据实时采集到现场控制站，并对数据进行及时处理，然后将上层请求数据通过快速以太网传送到监控计算机，进而管理层通过读取数据库实现对现场数据的监控和掌握，实现从上到下的信息共享和一体化管理。

在软件方面采用了国产的 Kingview 6.53，它能充分利用 Windows 的图形编辑功能，方便地构成监控画面，并以动画方式显示控制设备的状态，具有报警窗口、实时趋势曲线等，可便利地生成各种报表，它还具有丰富的设备驱动程序、灵活的组态方式和数据链接功能，并支持 OPC 接口，可以方便地整合不同厂家的设备接口，从而现场控制系统可以直接从控制装置中采集数据，通过实时历史数据库来存取过程数据，这样就为企业的管控一体化奠定了基础。

在通信与接口设计方面，控制系统各个 PLC 分站和分布式 I/O 通过 CAN-bus 网络连接组成具有冗余通信的硅藻土分选工艺参数采集和控制的智能化网络，对实时的工艺数据进行高速通信和传递，并进行远程诊断、控制、传感器和仪表管理、传感器标定和远程配置等。动态参数图形化监控系统通过计算机网口或串口与 PLC 主站连接，PLC 主站实时采集各分站数据，自动进行实时更新，及时与图形化监控系统通信，实现硅藻土分选厂所有参数的动态显示、设备状态监视、生产调度和设备故障报警等。

硅藻土生产管控一体化系统已经通过实验室和硅藻土分选中试线的应用调试，该系统的初步使用表明，管控一体化系统将大大减少非计划停车时间，缩减员工数量，降低生产对于工人专业水平的依赖性，提高硅藻土分选的产量和稳定质量；生产管理的自动化改善了员工的工作环境，降低长期在车间工作而吸入硅藻土粉尘的危害性；通过集成的信息平台，极大地提高了硅藻土分选厂的整体竞争力。

陈彦如、杨小平等人[211]还根据采用卧式层流离心选矿机分选低品位硅藻土的中试生产线工艺要求，研究了系统的控制方案，采用台达 PLC 和触摸屏技术，设计了相应的控制程序和监控程序，并通过在线调试优化了系统软件。实际应用表明，控制系统稳定可靠，自动化程度高，工艺参数调节方便，为在中试生产线上进行硅藻土分选试验奠定了基础。

硅藻土离心选矿机控制系统已于 2011 年 6 月安装并运行于临江嘉合康宁硅业有限公司的硅藻土湿法选矿中试生产线中，现场使用结果表明，控制系统设计合理、操作简便、自动化程度高、抗干扰能力强，方便了中试生产线上进行硅藻土分选的各种工艺试验。

18.5.4　硅藻土选矿发展趋势

硅藻土是一种储量有限和不可再生、对人类社会可持续发展不可或缺的重要矿产资源，世界硅藻土市场在未来几年里将保持稳中有涨，人类迄今还不能合成硅藻结构材料，尽管有许多矿物能够替代硅藻土，但其独特的性质确保了会继续应用在许多方面，因此，在加工利用中必须珍惜这种宝贵资源。所谓珍惜，一是要充分利用其天然禀赋，将其用到最能发挥其天然禀赋的领域；二是要通过采用现代高新技术提升或优化其天然禀赋，使其为人类社会发挥更大的作用；三是采用先进选矿技术充分利用低品位硅藻土资源，这一点对于我国这样一个低品位硅藻土资源占绝对多数的人口大国来说尤其重要。鉴于此，硅藻土加工利用的发展趋势是综合利用高、中、低品位硅藻土资源；充分利用硅藻土的独特物理化学和孔结构特性，开发健康、环保、节能功能的硅藻土制品或硅藻矿物材料，如饮料、食品及生物制品过滤净化材料、废水处理与室内空气净化材料、室内调湿和调温功能材料[163]。

（1）中、低品位硅藻土资源的高效综合利用是我国硅藻土产业可持续发展的必由之路。我国硅藻土储量虽然居世界第二位，但储量和质量与美国差距很大。美国内华达地区 70% 以上硅藻土为优质硅藻土，我国硅藻土资源质量最好的吉林长白山地区，优质硅藻土的比例也仅 30% 左右，而且 30 多年来，由于只采优质一级硅藻土资源，大量的二级或三级硅藻土资源被浪费；另一方面，我国云南（除腾冲县的少量资源外）、浙江、内蒙古等地的硅藻土资基本上属于低品位资源，含有大量黏土、砂质和碎屑等杂质，不能直接用来生产助滤剂、吸附剂、功能填料等高性能和高附加值硅藻制品或材料。因此，中、低品位硅藻土资源的高效综合利用是我国硅藻土产业可持续发展的必由之路[163]。

（2）充分利用硅藻土的特性，发展最能发挥其天然禀赋的材料或制品。硅藻土最突出的特性是其颗粒中有规律分布和贯通纳米孔道的硅质多孔结构。目前还没有发现具有这一结构特点的其他天然矿物。因此，硅藻土资源加工利用的一个重要发展趋势是充分利用其特性，发展能最大限度发挥或挖掘其天然禀赋的材料或制品，如饮料、饮水、啤酒、生物医药制剂的吸附过滤材料、工业废水和生活污水处理材料、健康环保（调湿和净化室内空气）内墙装饰材料、保温隔热与隔音材料、催化剂载体等[163]。

（3）采用现代高新技术提升或优化硅藻矿物材料的天然禀赋或功能。生物遗骸在长期地质作用下形成硅质硅藻颗粒的过程中共生了大量的黏土矿物，部分胶体范围的黏土颗粒赋存于硅藻颗粒的孔道内淤塞硅藻颗粒的孔道，从而影响硅藻土天然禀赋的发挥。目前，采用的物理选矿方法很难分离除去这些孔道内淤塞的黏土，只有化学方法（酸处理）方可浸出，但是酸处理带来环境污染问题。因此，研发高效分离硅藻孔道中淤塞的黏土杂质，疏通硅藻中孔道的方法将是未来硅藻土加工利用技术的发展趋势之一[163]。

18.6 黏土矿物

18.6.1 高岭土

18.6.1.1 高岭土矿资源简况

A 高岭土矿资源分布

世界高岭土矿资源极为丰富，五大洲 60 多个国家和地区均有分布，但主要集中在欧洲、北美洲、亚洲和大洋洲。目前全世界高岭土的探明储量约 242.3 亿吨（见表 18-20）。

表 18-20 各国高岭土探明储量 （亿吨）

国家或地区	查明资源	国家或地区	查明资源
美国	81.75	中国	19.14
英国	18.15	独联体	14.00
巴西	13.00	西班牙	1.50
印度	10.00	加拿大	1.50
澳大利亚	4.55	坦桑尼亚	1.00
南非	2.55	其他	69.00
保加利亚	7.00	总计	242.30

储量较大的地区有美国佐治亚州，巴西的亚马逊盆地，英国的康沃尔和德文郡，我国的广东、福建、广西、江西和江苏等；此外，还有独联体国家、捷克、德国和韩国等，上述国家总储量约占世界总储量的 68%。

我国高岭土矿资源储量居世界第二位[212]。我国煤系高岭土储量占世界首位，据统计，探明储量为 19.66 亿吨，远景储量及推算储量 180.5 亿吨，主要分布在东北、西北的石炭二叠系煤系中[213,214]。我国非煤系高岭土资源储量居世界前列，已探明储量 15 亿吨。该类型高岭土矿床以中小型的为主，主要集中分布在广东、福建、江西、陕西、云南、湖南和江苏七省[215]。

B 高岭土矿资源的生产和消费

a 生产

目前，世界上有 60 多个国家和地区生产高岭土。美国和欧洲国家以及巴西曾是世界高岭土主要生产国家，其中，美洲是高岭土主要产区，高岭土产量占世界总产量的 35% 左右；欧洲高岭土产量长期居世界第二位，占世界总产量的 30% 左右；巴西高岭土生产增加速度很快。目前，根据美国地质调查局（United States Geological Survey，USGS）的统计，美国、英国、巴西、独联体和中国等是世界上最主要的高岭土生产国。表 18-21 是根据 USGS 以及中国国土资源部信息中心的统计，估算出世界各国 2006 ~ 2013 年的产量。

表 18-21　2006 ~ 2013 年世界高岭土产量　（万吨）

国　家	2006 年	2007 年	2008 年	2009 年	2010 年	2011 年	2012 年	2013 年
美　国	747	711	675	529	542	577	590	—
中　国	752	738	740	745	600	613	625	632
独联体	624	617	622	620	—	—	—	—
巴　西	240	250	249	268	—	—	—	—
英　国	180	180	175	180	—	—	—	—
德　国	381.5	380	385	320	—	—	—	—
乌兹别克斯坦	550	550	550	550	—	—	—	—
捷　克	400	380	380	289	—	—	—	—
韩　国	239.9	263	260	260	—	—	—	—
其　他	1330	1330	1320	1350	—	—	—	—
总　计	5203	5369	5356	5111	—	—	—	—

b　消费

世界造纸填料和涂布用高岭土的市场份额由于其他填料，特别是碳酸钙的竞争而继续呈下降的趋势。但这一下降趋势被世界造纸工业的产量增加和印刷书写纸张矿物含量的提高而抵消。所以尽管高岭土的市场份额预期将继续减少，但造纸填料和涂料颜料的消费量预计会快速增加，因此高岭土市场的需求量的绝对值将继续上升，不过速度比 GCC 和 PCC 要低一些。

长期以来，世界一些工业发达国家高岭土的消费在稳定增长，尤其是造纸填料级高岭土在世界范围内短缺。由于各国资源条件及工业发达程度的差异，其高岭土的应用结构区别较大，如英国、美国、日本等国家 50% 以上高岭土都用于造纸工业。其中，美国消费顺序是造纸涂布和填料、耐火材料、油漆、玻璃纤维、催化剂和橡胶工业。

国内高岭土的消费领域十分广阔，涉及陶瓷、造纸、橡胶、塑料、搪瓷、石油化工、涂料等行业，近 60 ~ 70 个品种[216]。国内的煤系高岭土（硬质高岭土）比较适合开发为煅烧高岭土，主要应用于各种用途的填料方面。在我国，非煤系高岭土与煤系高岭土绝大多数为管状高岭土，黏度大，不能用于造纸涂布，只有广东、广西、河北沙河的高岭土资源可以开发用于造纸涂料，资源十分宝贵。煅烧高岭土由于白度较高，在造纸方面也有应用，且多为生产高档铜版纸，价格比较昂贵。但由于煅烧土主要是增加白度，一般不单独使用，在造纸中用量较水洗土少。非含煤高岭土（软质高岭土和沙质高岭土），主要应用于造纸涂布和陶瓷行业方面。我国软质高岭土的消费结构为：陶瓷和电瓷 55%，造纸 22%，其他为 23%。煤系高岭土的消费结构：油漆涂料 65% ~ 85%，造纸 5% ~ 15%，橡塑及电缆 5% ~ 10%，陶瓷 3% ~ 8%，精细化工 3% ~ 5%。煅烧土在涂料工业的消费量增长较快。我国高岭土的总消费量超过 600 万吨，但我国优质高岭土供不应求，特别是造纸用涂布级高岭土尚有缺口，每年仍需从国外进口。

c　高岭土进出口情况及趋势

世界高岭土主要出口国是美国、中国、巴西、英国等；进口国和地区主要有中国香港、中国台湾、日本、意大利、韩国、泰国和荷兰等。美国是造纸级高岭土的主要出口国，近来巴西所占市场份额在不断增加，其他造纸涂料用高岭土出口国还有英国、澳大利亚等。2009 年美国出口高岭土 229 万吨（见表 18-22），其中 78% 是造纸涂料，少量是填料级和陶瓷级，主要销往欧洲（挪威、意大利、比利时、芬兰、瑞典）、亚洲（日本、中国台湾、韩国、印度尼西亚）、加拿大和墨西哥。2009 年英国出口高岭土约 93 万吨，主要销往欧洲市场，受美国和巴西的冲击，目前出口量和产量逐年减少。2009 年巴西出口高岭土约 260 万吨，大部分是精制土，主要销往欧洲国家、日本、中国台湾、韩国，有少量进入美国市场。2009 年我国高岭土出口量约 110 万吨，主要销往英国、美国、日本以及欧洲国家。

表 18-22　2006 ~ 2012 年主要高岭土出口国家出口量　（万吨）

国　家	2006 年	2007 年	2008 年	2009 年	2010 年	2011 年	2012 年
美　国	354	330	296	229	247	249	257
英　国	157	149	119	93	—	—	—
中　国	128	132	128	110	100	115	121
巴　西	240	236	275	260	—	—	—

国际上高岭土的消费市场分布很分散，大体上是经济越发达国家，高岭土的消费量越大。据测算，日本的高岭土年需求量约为 130 万吨；加拿大年需求量 70 万吨（全部由美国供应）；亚洲的东南亚各国（含中国台湾地区）年需求量约 85 万吨。2006 ~ 2012 年世界主要高岭土进口国进口数量见表 18-23。中国、美国、俄罗斯都是高岭土进口大国，不同的是我国是从国外进口高端产品，价格高昂，而美国主要廉价进口大量高岭土原料，加工成高端产品后高价出口。巴西绝大部分高岭土用于出口。2008 年以来，受金融危机影响，世界主要高岭土进出口国的进出口量均有不同程度的下降[217]。

表 18-23　2006 ~ 2012 年主要高岭土进口国家进口数量　（万吨）

国　家	2006 年	2007 年	2008 年	2009 年	2010 年	2011 年	2012 年
美　国	30.3	19.4	33.0	28.1	23.9	55.0	54.0
英　国	8.0	5.5	6.7	6.0	—	—	—
中　国	41.6	34.5	36.3	33.8	38.5	43.7	40.0
巴　西	0.9	1.4	1.6	1.4	—	—	—
俄罗斯	26.4	29.9	35.5	31.4	—	—	—

2006 年以来，我国高岭土出口增加较快，达 113 万吨，金额 6476.72 万美元，出口均价为 57.2 美元/吨，进口高岭土达 41.4 万吨，金额 8390.56 万美元，进口均价为 202.9 美元/吨。我国高岭土贸易基本是高进低出，价格相差 4 ~ 5 倍，非常悬殊，这是我们应注意的一个焦点。据我国海关统计：我国高岭土产品出口的主要流向是：中国香港、中国台湾、日本、韩国、菲律宾、泰国、印度、意大利、越南、荷兰、阿联酋和印度尼西亚等国家和地区。而进口主要来自美国、巴西、英国、中国台湾、马来西亚、日本、朝鲜和印度尼西亚等。中国台湾和日本主要使用大陆生产的高岭土，经过再加工之后，以高价返销中国大陆。

18.6.1.2　选矿工艺技术进展

A　选矿工艺

高岭土原矿以高岭石族矿物为主要成分，并不同程度地存在石英、长石、云母和铁矿物、钛的氧化物、有机物等杂质。作为矿物原料或填料应用必须对其进行选矿提纯。

高岭土的选矿工艺依矿石类型而定。对于软质高岭土和砂质高岭土、硬质高岭土（高岭岩）采用不同的选矿提纯工艺[218 ~ 221]。

a　软质高岭土和砂质高岭土选矿工艺

对于软质高岭土和砂质高岭土一般采用湿法选矿工艺。捣浆工艺是在较高的矿浆浓度下强力搅拌和擦洗，使黏土（主要为高岭土）与石英砂分离，捣浆之后可以通过螺旋分级机脱去粗砂，用水力旋流器分选脱除细粒石英、长石等细砂杂质，利用卧式螺旋离心机进行分级。如需得到优质或高品质的高岭土，绝大多数情况下还需要进行高梯度磁选、化学漂白，甚至浮选和选择性絮凝等。目前工业上大多采用高梯度磁选和化学漂白。此外，性能更好的超导磁选机也已用于高岭土的磁选除铁，这种磁选机不仅磁场强度进一步提高，可得到质量更高的优质高岭土，而且能耗减少。磁选后的高岭土如果白度指标仍达不到优质高岭土的要求，一般采用化学漂白。常用的化学漂白有还原法、氧化法、氧化-还原联合漂白法、酸浸处理法等。

针对砂质高岭土，目前国内典型的生产工艺如图 18-4 所示。

在国外，一种新型的浸出提纯方法也得到了研究，其浸出流程如图 18-5 所示。

浸出液为柠檬酸、草酸、丙二酸、草酸 + EDTA，浸出后的精矿可以作为陶瓷原料或造纸填料等[222]。

b　硬质高岭土选矿工艺

对于纯度较高、白度较好的硬质高岭土或高岭岩，一般可直接将原矿破碎和根据应用领域对产品细度的要求进行磨矿和分级即可；对含有少量砂质的矿石可在粉碎至适当细度后进行干法和湿法分级；对于铁质含量较高的矿石可进行磁选；如含铁矿物的嵌布粒度较粗，可在粗粉碎（$<74\mu m$）后进行干式强磁选；但如果铁的嵌布粒度较细，则要在细磨后进行湿式强磁选或高梯度磁选。如果磁选后仍不能满足优质高岭土产品的要求，还可利用细粒浮选和选择性絮凝以及化学漂白。

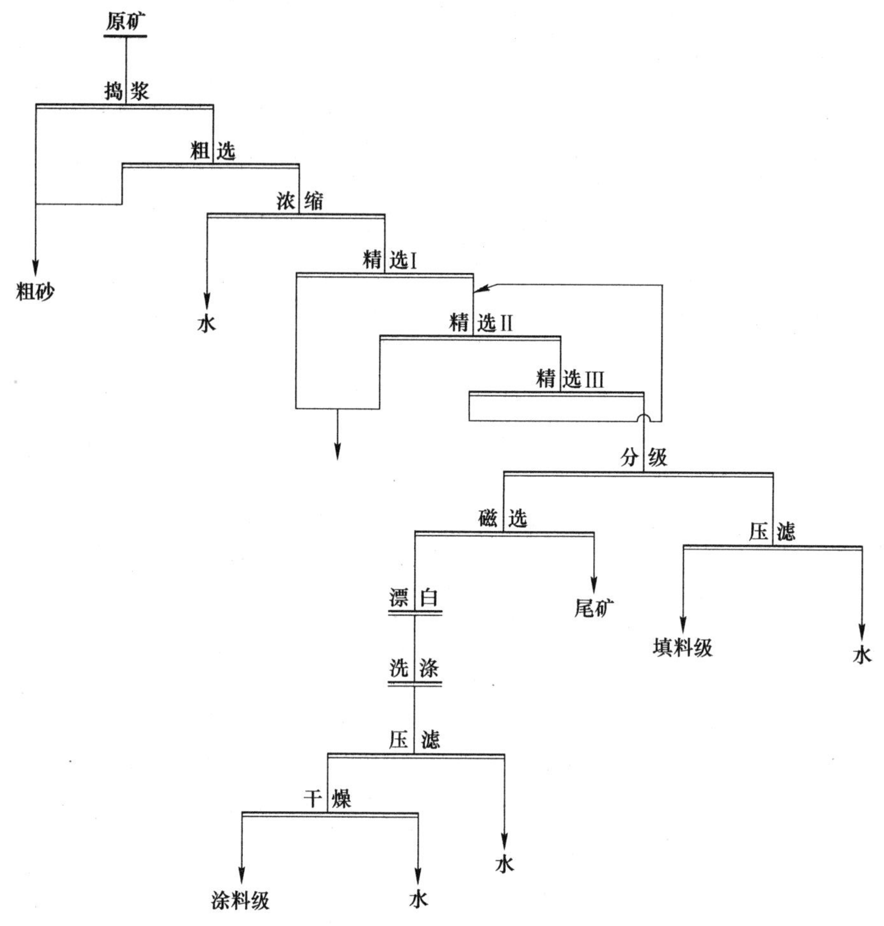

图 18-4　国内典型高岭土选矿提纯工艺流程

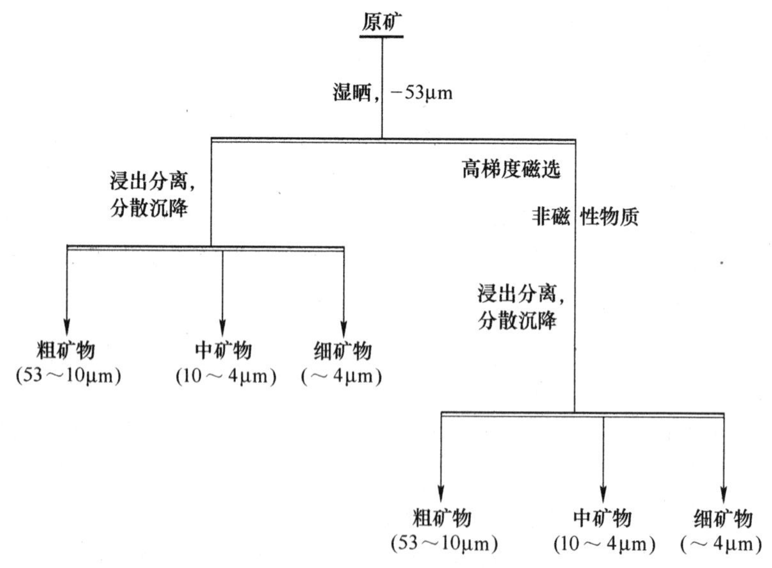

图 18-5　国内典型高岭土选矿提纯工艺流程

B　除铁增白

目前，国内外高岭土除铁研究主要集中在浮选、磁选、化学处理和微生物处理等几个方面。针对论文研究的砂质高岭土，主要介绍高梯度磁选、还原漂白和煅烧除铁增白工艺的研究现状。

a　磁选

砂质高岭土中的磁性矿物一般包括：(1) 嵌布粒度较细的铁、钛矿物，如磁铁矿、针铁矿、磁铁矿；

(2) 微弱磁性部分硅酸盐，因为铁以类质同相存在于晶格结构中而带弱磁性，如云母。磁性矿物粒度较细，一般强磁往往脱除率不高。

罗正杰[223]采用高梯度磁选分选高岭土和云母，能去除29.0%的铁含量和30.9%的云母含量，高梯度效果较明显。高惠民等人[224]对茂名高岭土增白研究表明，经磁选后再漂白，不仅白度可大幅度提高（原矿不经磁选直接漂白白度仅提高2.9%~8.6%，高梯度磁选精矿再漂白，白度可提高5.6%~15.0%），而且保险粉用量可以大大降低。高梯度磁选可以减少漂白时化学药剂的用量，大大节约成本。

b　漂白

一般来说，填料级黏土白度要求达到79%~83.5%。但是大部分天然砂质的高岭土白度较低，即使磁选白度提高也有限，化学漂白是提高白度的关键作业。

对砂质的化学漂白大多采用连二亚硫酸钠还原漂白。其作用原理是：存在于高岭土中的氧化铁一般是三价铁的氧化物，不溶于水，也不溶于稀酸。若在矿浆中加入保险粉，则保险粉就能与高岭土中的氧化铁作用，把三价铁还原成二价的铁离子，后者可溶于水，经过滤洗涤即可除去，从而达到提高白度的目的[225~227]。

董文辉等人[228]采用连二亚硫酸钠对福建某高岭土进行漂白试验，研究不同液固比对试验结果的影响，发现液固比为5时效果最好，白度可以由78.53%提高到86.39%。但连二亚硫酸盐在酸性介质中会分解为SO_2、H_2S等，而且价格昂贵。为了克服这一缺点，可以采用在漂白过程中反应产生连二亚硫酸盐的方式。采用亚硫酸氢钠和锌粉可以产生新生态的连二亚硫酸盐，与保险粉漂白工艺相比，在漂白效果相同的情况下，节约药剂成本25%以上[229]。

陈楷翰等人[230]研究二氧化硫脲与氯化铝联合漂白高岭土新工艺，考查了二氧化硫脲用量、pH值、时间和温度对处理效果的影响。结果表明，在二氧化硫脲与铁的物质的量比为4∶1，pH值为中性，时间为5min且温度为100℃时，可以将高岭漂白。

c　煅烧

高岭土煅烧的主要目的是：(1) 脱去有机碳和其他杂质矿物以提高白度；(2) 脱去高岭土所含水分、羟基以提高煅烧产品的空隙体积和化学反应活性，改善物理化学性能，满足各种各样的应用需求，并为进一步开发新的应用领域奠定基础[231~234]。

氯化煅烧工艺是目前高岭土除铁增白的一个新的研究方向。氯化煅烧，即高岭土在高温含氯空气中将铁钛氧化物转化为低熔点高挥发性的$FeCl_3$（沸点315℃）及$TiCl_4$（沸点136℃），有机质在高温下被氧化为H_2O和CO_2排出，从而除去高岭土中的铁和有机质。煤系高岭土在煅烧过程中碳参与还原反应，促进三价铁的还原，从而有利于氯化法除铁。目前氯化煅烧已经在阿根廷陶瓷工业中应用。研究发现，排除O_2和H_2O的干扰，在850℃左右，进行氯化焙烧，可以将高岭土中的铁钛充分转化为氯化物挥发，同时不会损失铝[235]。采用动态氯化焙烧优于静态焙烧，能够获得高白度优质高岭土。相比其他方法，氯化焙烧处理高岭土工艺相对简单，成本也较低。通过热重分析，利用有限体积法，Teklay等人[236]得到了一个高岭土煅烧模型，并且得到了最佳的高岭土煅烧工艺，煅烧后高岭土形成了微细的小球。Elimbi等人[237]为了得到聚合物水泥原料，研究了在450~800℃的高岭土的焙烧。研究发现，在500~700℃时，这种聚合物水泥的放置时间会随焙烧温度的增大而减少，在700℃以后，随着焙烧温度的升高，水泥的线性收缩会增大。Claberie等人[238]研究了高岭土煅烧过程中的形态学变化，研究发现，煅烧后的高岭石并没有完全发生脱羟基作用，并且有球状的高岭石产生，这些球状高岭石是由亚微米级的高岭石在焙烧火焰附近产生的。

18.6.1.3　高岭土行业存在的问题及发展趋势

我国既是高岭土生产大国，低价卖出资源，又是高岭土生产弱国，每年高价进口大量高岭土，这是值得人们研究的一个课题。我国应该把丰富的资源同引进技术相结合，立足于深加工，开发新产品，改变我国高岭土产品的进出口结构，争取尽早与国际市场接轨。目前，我国高岭土面临着几大挑战：(1) 巴西高岭土异军突起；(2) 世界几大生产高岭土的公司正逐步抢占我国的资源和市场。因此，找准方向和切入点，对加快发展我国高岭土行业的整体实力具有重要意义。今后我国高岭土的发展要注意以下几点[239]：

(1) 合理利用资源。资源是行业生存发展的基础，掌握资源便掌握生存与发展的主动权。

（2）整合高岭土生产企业，提高企业竞争力。应以国家产业政策为导向，加强行业的合作，有计划地对高岭土生产企业进行整合，防止盲目投资、重复建设、恶性竞争；借用资本运行，组建科研开发、生产销售的综合性大企业，以取得规模优势；建立现代企业制度，提高企业的竞争力。

（3）加强科研工作。重视新产品的应用研究，加快研制深加工设备，并向系列化、自动化发展。提高资源的价值和产品的附加值，争取用我国高岭土替代进口高岭土，并增加出口，抢占高精尖产品市场。

（4）加强对外合作。通过与国外同类大企业合作，引进技术工艺、设备及管理，提高行业自身的综合能力，进行跨国资源开发，开拓国际市场[240]。

18.6.2 膨润土

18.6.2.1 膨润土资源简况

A 膨润土资源分布

膨润土是一种重要的非金属矿物，世界膨润土资源丰富，但分布不均衡。从现有膨润土产地的分布来看，国外膨润土矿产于中、新生代火山岩地区，主要分布在环太平洋带、印度洋带和地中海沿岸地区[241,242]。

世界上膨润土矿产资源丰富，根据2010年中国五矿化工进出口商会信息报道，世界探明的膨润土储量在100亿吨以上。主要资源国有中国、美国、俄罗斯、希腊、土耳其、德国、意大利、墨西哥和日本等，前三国探明储量之和占世界储量的75%，其次是意大利、希腊和德国等。世界上膨润土储量大部分为钙基膨润土，钠基膨润土储量较少，不足5亿吨，主要分布在美国怀俄明州等地，储量为6800万～12000万吨，其次还有俄罗斯、意大利、希腊和中国等[243]。

我国的膨润土储量仅次于美国，居世界第二位，截至2007年年底，我国膨润土储量为3.82亿吨，基础储量约为7.98亿吨，查明资源储量近27.75亿吨[244]。我国膨润土主要集中在东北及东部沿海各省区，如辽宁、吉林、浙江、山东、江苏、新疆、四川、河南、广西、内蒙古等地区（见表18-24）。

表18-24 2008年全国膨润土资源储量 （万吨）

地 区	已利用矿区			可规划利用矿区			合 计		
	矿区数	基础储量	查明资源储量	矿区数	基础储量	查明资源储量	矿区数	基础储量	查明资源储量
全 国	84	75180.90	238883.90	42	3849.40	36875.00	126	79030.30	275758.90
华 北	10	8735.50	43335.20	1	—	—	11	8735.50	43338.30
东 北	19	9207.80	17277.50	7	—	11880.80	26	9207.80	29158.30
华 东	33	30289.90	59324.10	16	479.40	3447.00	49	30769.30	62771.30
中 南	6	2318.30	4957.60	4	3175.40	17068.20	10	5493.70	22025.80
华 南	4	11263.40	69628.40	3	128.70	1355.60	7	11392.10	70984.00
西 南	2	—	40.10	7	65.90	1813.50	9	69.90	1853.60
西 北	10	13300.00	44300.70	4	—	1300.80	14	13362.00	45601.50

资料来源：全国矿场储量数据库。

B 膨润土资源的生产和消费

a 膨润土资源的生产

美国是世界上主要的膨润土资源大国，也是世界最大的膨润土生产国，其他主要的生产国有中国、希腊、土耳其、俄罗斯、意大利、墨西哥等。目前我国膨润土年产量约为320万吨。表18-25是2006～2014年世界主要膨润土生产国（不包括中国）的产量。

b 膨润土资源的消费

美国是世界上膨润土生产、消费和出口最多的国家。据USGS统计，2009年美国膨润土消费约为410万吨，主要用于吸附剂，占美国总消费的26%，约为106万吨；钻井泥浆占23%，约为94万吨；铸造型砂黏结剂（主要是膨润土）占17%，约为70万吨；用于铁精矿球团（全部是膨润土），占14%，约为57万吨；其他消费领域占20%，约为80万吨[245]。

表 18-25　2006～2014 年世界主要膨润土生产国的产量　(kt)

国家	2006 年	2007 年	2008 年	2009 年	2010 年	2011 年	2012 年	2013 年	2014 年
美国	4940	4820	4900	4100	4630	4810	4980	4350	4660
巴西	221	240	320	280	265	532	567	513	500
捷克	220	220	174	150	183	160	221	226	230
德国	350	365	414	370	350	350	375	375	350
希腊	950	950	950	850	850	850	800	1000	1000
意大利	470	600	599	540	111	110	110	110	100
墨西哥	450	430	375	340	591	540	540	618	620
西班牙	110	105	150	130	155	155	115	115	100
土耳其	950	100	900	810	1200	1000	400	1100	1100
乌克兰	—	—	300	240	200	185	210	210	180
乌兹别克斯坦	—	—	—	—	—	—	15	25	25
其他国家	2290	2490	2900	2400	2100	2100	2100	3360	3300
世界总计	11700	11800	11700	10000	10600	10300	9950	12000	12200

资料来源：美国 Clays-USGS Mineral Resources Program（2006～2015）。

2009 年，我国膨润土矿物年产量约为 300 万吨。除了约 30 万吨出口以外，我国国内消费约为 260 万吨。

我国膨润土的消费结构为：铸造工业的消费量约占 44%，为 100 万～120 万吨；钻井泥浆材料的消费量约占 28%，约为 70 多万吨；铁矿球团用的消费量约占 18%，约为 47 万吨；油脂脱色占 8%，约为 20 万吨；其他 12% 主要用于石油化工、轻工、纺织、农业和建材业等部门，约有 30 万吨[246]。

c　膨润土进出口情况及趋势

我国膨润土近年来生产增加较快，出口也在增加，但由于各种原因，目前仍然以高价进口数量较大的膨润土。我国膨润土出口：2005～2009 年我国膨润土出口统计见表 18-26，2011～2015 年我国膨润土出口统计见表 18-27，主要出口日本、荷兰、韩国、中国台湾、马来西亚、美国、澳大利亚和泰国等。2005～2009 年我国膨润土进口统计见表 18-28，2011～2015 年我国膨润土进口统计见表 18-29，主要从美国、德国、韩国、印度、泰国、埃及、阿联酋、中国台湾和新西兰等进口。

表 18-26　2005～2009 年我国膨润土出口统计

年份	2005	2006	2007	2008	2009
出口量/万吨	25.8	28.6	31.9	36.8	25.5
金额/万美元	2039.8	2607.5	3319.2	4142.4	2903.2
均价/美元·吨$^{-1}$	79.2	91.3	103.9	112.6	113.7

资料来源：中国海关统计。

表 18-27　2011～2015 年 7 月我国膨润土出口统计

年份	2011	2012	2013	2014	2015.1～7
出口量/万吨	19.34	19.42	21.44	21.89	13.03
金额/万美元	2951	3069	3650	3681	2569
均价/美元·吨$^{-1}$	152.6	158	170.2	168.1	196.1

资料来源：中国海关统计。

表 18-28　2005 ~ 2009 年我国膨润土进口统计

年　份	2005	2006	2007	2008	2009
进口量/万吨	4.2	3.8	4.9	5.1	4.1
金额/万美元	947.6	922.1	1083.6	1352.2	1223.6
均价/美元 · 吨$^{-1}$	226.9	240.6	222.6	265.1	295.9

资料来源：中国海关统计。

表 18-29　2011 ~ 2015 年 7 月我国膨润土进口统计

年　份	2011	2012	2013	2014	2015.1 ~ 7
进口量/万吨	8.23	5.98	6.36	6.93	2.96
金额/万美元	2206	2111	2041	2522	1250
均价/美元 · 吨$^{-1}$	268	353	321	364	422

资料来源：中国海关统计。

18.6.2.2　膨润土选矿工艺技术进展

膨润土的加工是指利用各种方法、措施提高天然膨润土的质量，改变天然膨润土的矿物结构、化学组成等，以提高或改变膨润土的物理、化学性能，扩大膨润土的应用领域的工艺过程。其中包括膨润土的提纯、改性、改型等。

A　膨润土的提纯

对于原矿中蒙脱石含量只在 30% ~80% 的低品位膨润土，或对于所含长石、石英的粒度不是很大的膨润土，要获得更高纯度的膨润土或蒙脱石，往往采用湿法提纯[247]。

湿法提纯的过程一般为：首先将膨润土原土破碎至粒径小于 5mm 的颗粒，以约 3∶1 的比例加入水并搅拌，制成浆体，然后静置，使石英、长石、碳酸盐等砂质矿物自然沉降；剩余的悬浮液可继续采用自然沉降法使砂质矿物进一步沉降，也可加入聚丙烯酰胺絮凝剂，以促进蒙脱石进一步沉降，即絮凝法。该方法可得质量较好的产品，缺点是沉淀时间长、占地面积大、生产效率较低[248,249]。整个工艺流程如图 18-6 所示。

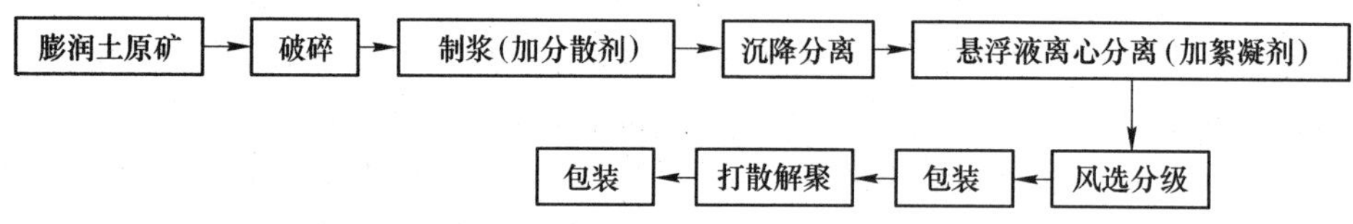

图 18-6　湿法提纯工艺流程

李培尊[250]采用分散协同超声法对广西宁明膨润土矿进行了提纯，通过正交试验法考查了浆液的固液比、沉降时间、分散剂用量、超声处理时间等因素对提纯效果的影响。得到其最佳工艺条件是浆液的固液比为 1∶15、聚丙烯酸钠用量是膨润土用量的 0.50%、超声震荡时间为 30min、静置沉降时间为 30min。在优化条件下，可将膨润土原土中蒙脱石含量从 60% 左右提高到 91% 以上。所采用的工艺如图 18-7 所示。

魏霞[251]对法库膨润土进行了提纯与深加工的详细研究，试验研究表明，直接对原矿进行提纯很难分离出其中粒度细小的方石英。因此，作者采用了先钠化再提纯的工艺，考察了各种钠化剂对钙基膨润土的钠化改型效果，同时兼顾经济因素最终选择 Na_2CO_3 作为钠化剂。

杨翠娜[252]采用类似方法对邯郸地区的膨润土进行了钠化提纯研究，使该区的膨润土中蒙脱石的含量从 40% ~70% 提高到了 90% 以上。同时，钠基蒙脱石的层间距从原来的 1.522nm 降低到 1.273nm。

J. M. R. Figueirêdo 等人[253]通过筛分和水力旋流器等技术，对巴西地区的膨润土进行探究，并开发纯化的黏土。从结果可以看出，该地区的黏土属于典型的膨润土黏土，并且水力旋流器的提纯效果最佳。

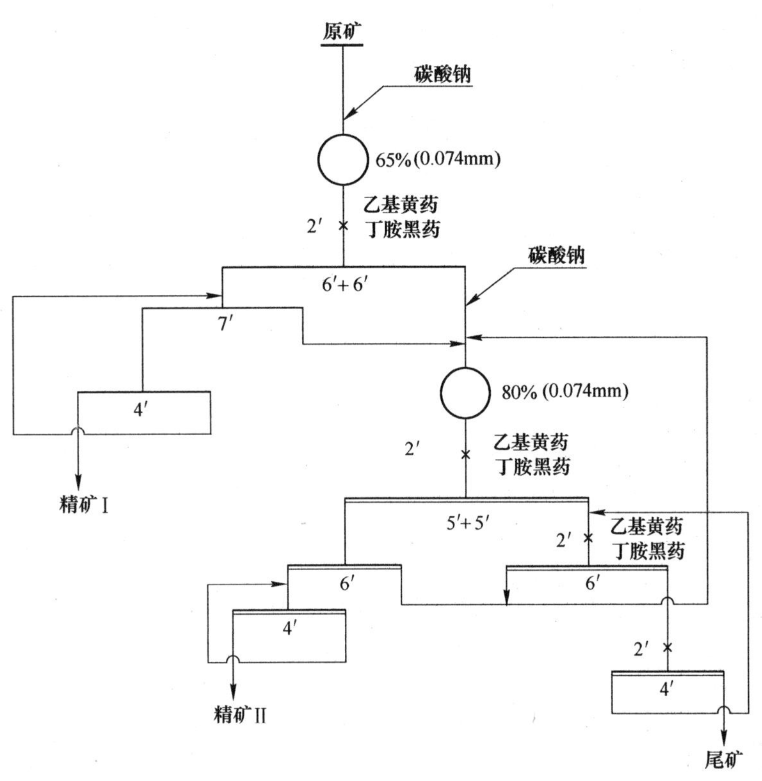

图 18-7　浮选闭路工艺

B　膨润土的改性

a　酸活化

膨润土酸活化方法是利用各种酸（如硫酸、盐酸、草酸、硝酸等）以不同浓度在一定条件下对膨润土进行活化处理。酸溶液活化膨润土的目的是为了提高膨润土产品的吸附性能，以适应轻工业中的漂白、脱色、净化等用途。将膨润土进行酸化处理，不仅能够提高膨润土的活性（如比表面积、脱色率等），而且可以提高膨润土的白度。因此，在工业上常将酸活化膨润土称为活性白土或漂白土。

当前酸溶液活化膨润土的方法有两种，即干法和湿法。干法活化是将一定细度的膨润土（120～75μm，120～200 目）浸渍于硫酸、盐酸或磷酸溶液中充分混合，经过挤压后干燥，然后粉碎即为活性白土产品。而湿法活化则是将膨润土与酸溶液混合后在一定的水浴温度下加热搅拌一定时间，抽取滤液，用水将滤后的膨润土洗至中性，于 150℃ 下干燥后，研磨至原粒度即可。两种工艺流程图如图 18-8 所示。

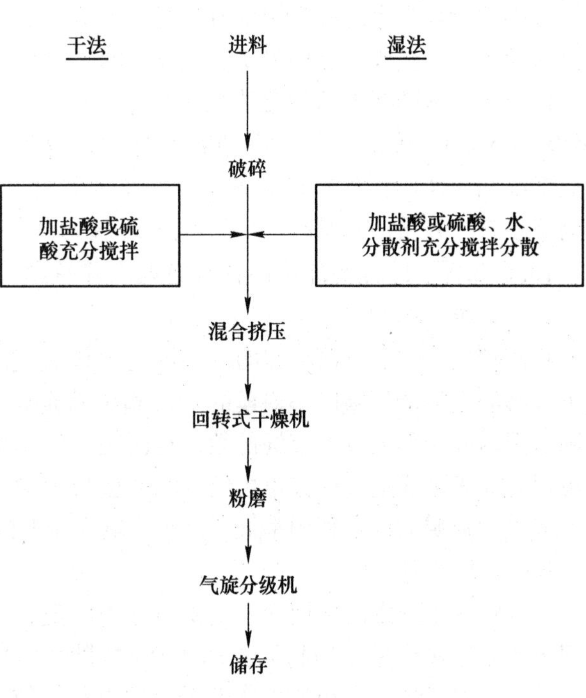

图 18-8　活性白土加工流程

b　有机活化

近几年，随着人们对有机膨润土应用的认识，国内在有机膨润土这一领域的研究开始活跃。用于膨润土有机改性的试剂种类繁多，有偶联剂、表面活性剂、有机胺、有机酸等。不同的改性剂特点各异，并且都有各自不同的适用范围。表 18-30 列出了几种常用有机改性剂的特点及适用范围。偶联剂改性要求矿物具有反应活性的基团即可获得相应的活化效用，但成本高；羧酸盐类适合溶液中带负电荷的悬浮粒子；硅油、硬脂酸等本身不溶于水，硬脂酸适用于表面为弱碱性的矿物填料；不饱和有机酸自身易于聚合。根据膨润土中的主要矿物蒙脱石的层状结构以及常需要湿法改性的特点，所以常采用有机阳离子型表面活性剂，通过阳离子交换实现对矿物的改性，或选用有机胺作为活性剂[254~256]。

表 18-30 膨润土有机活化常用改性剂

改性剂种类	代表试剂	典型结构	适用范围	改性方法	主要特点
偶联剂	硅烷偶联剂	$R\text{-}SiX_3$（X 为水解基团，R 为疏水基团）	树脂、玻璃纤维、硅酸盐矿物等	湿法或干法，水与有机溶剂的复合体系，pH 值不大于 7	本身呈碱性，水解过程需要一定量的水和 pH 值条件，价格较高
阴离子表面活性剂	羧酸盐	R-COOM（M 为金属离子，R 为烷基）	溶液中带正电荷的悬浮粒子并有粒子交换性能的矿物	湿法，水溶液中进行，作用效果受 pH 值影响	改性针对性强，只对带正电荷的粒子
阳离子表面活性剂	季铵盐	$R_4\text{-}N^+X^-$（R 为烷基，X 为阴离子）	溶液中带负电荷的悬浮粒子并有粒子交换性能的材料	湿法，水溶液中进行，作用效果受 pH 值影响	针对性强，可与交换性阳离子发生交换反应
饱和脂肪酸	硬脂酸	$CH_3\text{-}(CH_2)_{16}\text{-}COOH$	表面为弱碱性的材料，改性剂不溶于水	干法，改性后粒子呈弱碱性	稳定，熔点低，用于多种填料改性
不饱和脂肪酸	甲基丙烯酸	$CH=CH\text{-}(CH_3)\text{-}COOH$	表面为弱碱性的材料，要求表面不含引发剂	干法，改性后粒子呈弱碱性	自身易于聚合，也易还原成异丁酸
硅　油	甲基硅油	$H(CH_3)_2Si[O\text{-}S]_n$	高级润滑油、防震剂、消泡剂等材料	干法	表面张力小，润滑性好，易浸润
有机胺	三乙醇胺	$N(CH_2CH_2\text{-}OH)_3$	极性填料	溶于极性溶液	黏稠液体，呈碱性

Anirban Dutta 等人[257]通过使用阳离子季铵盐等有机物对蒙脱石进行有机活化，并探究了有机膨润土对阿特拉津的吸附，指出有机膨润土对阿特拉津有较强的吸附性。合成的有机膨润土可用于土壤和水净化，并作为阿特拉津的载体。

C 膨润土的改型

膨润土改型是通过离子交换改变蒙脱石层间可交换阳离子的种类，达到改善蒙脱石或提高膨润土物化性能，尤其是钙基膨润土物化性能的目的。钠基膨润土的物化性能优于钙基膨润土，所以钠基膨润土比钙基膨润土具有更高的应用价值和经济价值。然而，在自然界或膨润土矿床中钙基膨润土占主导地位，所以膨润土的钠化改型已成为膨润土改型的主要技术之一[258,259]。

目前，钙基膨润土的钠化改型主要以 Na_2CO_3 为改型剂，也可利用 NaF、氟硅酸钠、水玻璃、NaCl、NaOH 和 Na_2SO_4 等作为改型剂，$MgCl_2$ 作为改型助剂。还可采用复合改性剂，如氟硅酸钠-钙基膨润土-水玻璃系统和 $MgCl_2$-钙基膨润土-水玻璃系统等[260,261]。Sanjay P. Kamble 等人[262]用镧、镁和锰制备了特殊改型的蒙脱石，并指出其对废水中的氟离子有较好的吸附性。

18.6.2.3 膨润土行业存在的问题及发展趋势

A 存在的问题

我国膨润土产业目前存在的主要问题具体表现在产业结构、产品结构不合理，资源利用率低，浪费严重。膨润土生产厂家以小规模的乡镇和民营企业为主，产品品种单一，档次低，市场竞争能力差。在全国范围内尚未形成较大市场份额，对国民经济和出口创汇有着主要影响的产品或制品的生产企业或企业集团，尚未形成适应现代市场经济和社会发展要求的规模化、集约化生产方式，属于资源开发型企业较为普遍。资源的综合利用率低，严重影响了企业的效益，造成资源浪费，破坏生态现象极其严重。

B 发展趋势

当今膨润土开发的新用途来主要可分为两类，一类是由于一些新兴产业发展和新产品的开发带动了膨润土的新用途应用，如膨润土用于高放射性废料储存、环保领域、沙漠改良、地下工程防水领域等；另一类是随着科技进步和加工技术手段的提高，使膨润土提纯、改型技术达到一个新的水平，随之开发出高附加值的产品。如纳米材料、柱撑土、有机凝胶、相变储能材料和精细化工产品等。因此，今后膨润土的发展将以矿产资源综合利用、矿物提纯和深加工技术作为研究重点，加强对膨润土应用新领域的开发利用研究[263]。

18.6.3　其他黏土矿物

18.6.3.1　其他黏土矿物资源简况

A　其他黏土矿物资源分布

a　蛭石

蛭石在我国的新疆、俄罗斯的科拉半岛、津巴布韦、澳大利亚、南非和美国均有出产。世界拥有蛭石储量约 6 亿吨，其中我国和俄罗斯储量约占 2/3，其他主要分布在美国和南非。我国蛭石分布较广，但多分布在我国北部，主要有新疆、河北、内蒙古、辽宁、山西、陕西等省区；在四川、河南、湖北、甘肃等省也有分布，主要产于变质岩区[264]。

b　海泡石

世界海泡石族黏土产于很多国家和地区，主要产出国除中国外，还有西班牙、土耳其、美国、俄罗斯、塞内加尔、索马里、肯尼亚、希腊、法国、印度等。海泡石是我国新兴矿种之一，经过多年的地质工作证实，已探明储量在 1000 万吨以上，目前储量正在不断扩大。我国黏土型海泡石矿床主要分布在湖南浏阳、湘潭、宁乡、望城、湘乡、石门，江西乐平，河北唐山等地区，其中湖南浏阳永和、湘潭石潭、宁乡道林为大型矿床。热液型纤维状海泡石主要分布在河南卢民、西峡至内乡、河北张家口、安徽全椒、湖北广济和贵州等地[265]。

c　凹凸棒石

凹凸棒石矿物几乎遍及世界各地，但具有工业意义的矿床所占比例不大，仅限于美国、中国、西班牙、法国、土耳其、塞内加尔、南非、澳大利亚、巴西等国，据不完全统计，世界探明储量约 14 亿吨[266]。

d　伊利石

我国伊利石的蕴藏量巨大，分布广，主要在浙江、四川、江西、河北、河南、陕西、甘肃、新疆、内蒙古、吉林、辽宁等地[267]。

e　绿泥石

国外绿泥石主要产出国有美国、法国、新西兰、加拿大、日本、俄罗斯。我国富镁绿泥石矿资源主要分布于辽东半岛、胶东半岛、广西滑石矿产区，此外，湖南城步兰荣也有分布[268]。

B　其他黏土矿物资源的生产和消费

图 18-9 为 2006 ~ 2010 年蛭石、珍珠岩及绿泥石的世界贸易总额。图 18-9 显示，蛭石、珍珠岩及绿泥石贸易总额不断波动。预计今后随着国际经济转暖的态势下，蛭石、珍珠岩、绿泥石等矿物的贸易总额会有所提升。

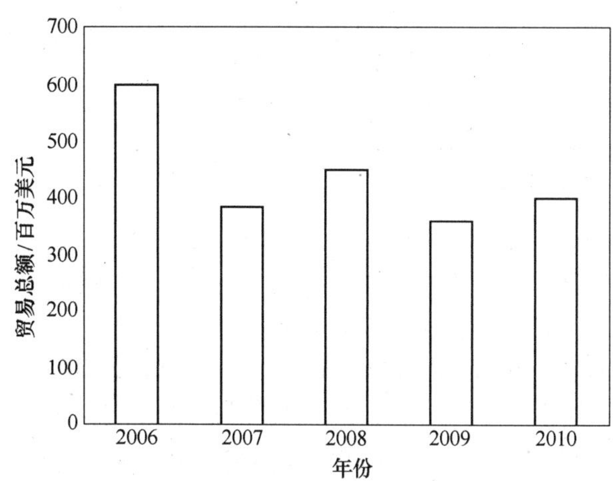

图 18-9　未膨胀蛭石、珍珠岩石及绿泥石的世界贸易总额

18.6.3.2　其他黏土矿物选矿工艺技术进展

A　蛭石的选矿工艺

一般蛭石厂的选矿方法主要有风力选矿、电选和浮选三种选矿方法[269]。

新型的干法选矿工艺流程由破碎、分级、磁选、剥片、风选、筛分和包装等组成。为提高后段流程磁选、剥片和风选的效果，蛭石原矿首先经过振动筛分级，其大片状、厚片状或颗粒状集合体蛭石原矿再进入锤式破碎机破碎。锤式破碎机既可将大片状、厚片状的蛭石原矿进行初步剥片，又可将颗粒状集合体中的蛭石和脉石分离开来，然后再进行分级、磁选、剥片、风选、筛分和包装，生产出不同规格、厚薄均匀的鳞片状蛭石精矿。风选法具有流程简单、投资少、易于操作的优点。

电选法采用静电选矿机分选，如南非帕拉波拉蛭石矿在多段破碎筛分流程中采用电选机分选，提高了分选效率。

蛭石浮选主要处理低品位细粒矿石，可采用油酸及长链胺类捕收剂，燃料油为辅助捕收剂，松油和甲酚酸为起泡剂，硫酸为调整剂。国外的湿法工艺实际上就是浮选法，主要用来精选低品位小片径蛭石。其优点是蛭石精矿的纯度高，回收利用率高，生产过程中粉尘污染小，但是投资大，流程复杂，难于操作；同时耗水量大，并有大量的污染废水。

B　凹凸棒石、海泡石的选矿工艺

凹凸棒石和海泡石的提纯方法和技术与膨润土相似，主要采用湿法制浆、分散、沉降或离心分级的方法来提纯，也有采用选择性絮凝、载体浮选来提纯的方法[270~272]。凹凸棒石和海泡石由于其结晶体以极细的纤维状或针状出现，遇水分散后形成网状结构，矿浆具有很高的稳定性，因此脱水很困难，需要找到合适的试剂和设备对提纯后的矿物进行浓缩和脱水。常用的药剂有钙和其他金属的木质素磺酸钠、氢氧化钠、焦磷酸钠和六偏磷酸钠等[273]。

屈小梭等人[274]采用擦洗-离心分离法对海泡石进行精选提纯，具体工艺路线如图 18-10 所示。原料调浆后搅拌擦洗一定时间，加碱调节矿浆 pH 值，再加一定量分散剂，擦洗完毕后，矿浆过 74μm 标准检验筛，同时加冲水调节筛下矿浆质量分数，过筛后的矿浆在离心分离因数（离心加速度与重力加速度比值）200 和离心时间 15min 的条件下进行离心分选。

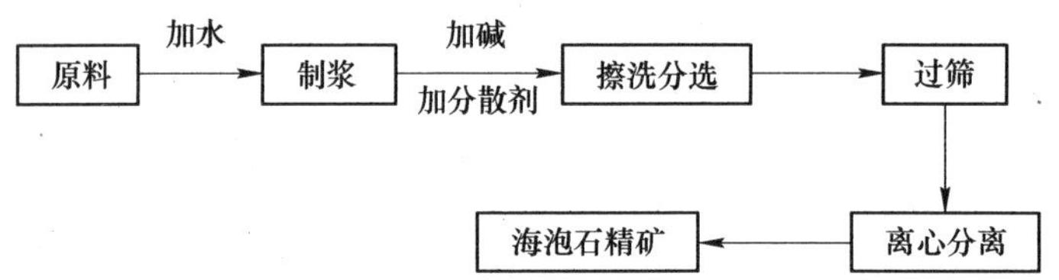

图 18-10　海泡石精选提纯工艺路线

C　伊利石的选矿工艺

伊利石的选矿方法主要有人工拣选、浮选等。伊利石含量较高的原矿一般根据矿石油脂光泽的强弱、颜色和白度的差异进行人工拣选。对于含黄铁矿的伊利石可以用浮选方法分离，在原矿破碎之后进行捣浆，加入适量分散剂使伊利石分散，然后用黄药类捕收剂回收黄铁矿。如果伊利石中含有褐铁矿等染色杂质矿物，可用漂白法增加其白度，具体方法是用草酸做 pH 值调整剂，以硫代硫酸钠做还原剂。伊利石提纯的关键是与大量的石英分离。虽然伊利石与石英的密度相近，但它们的粒径和粒形相差较大。伊利石为片状，石英为粒状；伊利石颗粒均在 0.2mm 以下，而石英颗粒主要分布在 0.2 ~ 2mm。因此，可以利用沉降速度的不同达到伊利石和石英分离的目的。伊利石精矿矿浆在弱碱性条件下呈悬浮状态，在弱酸性条件下才自然沉降[275]。

18.6.3.3　其他黏土矿物选矿存在的问题及发展趋势

A　蛭石

我国蛭石开发利用与国外相比存在以下问题：（1）应用范围窄。我国蛭石的应用绝大部分局限在建材，另在农业、机电化工和环保上有少量应用。（2）产品品种少。针对某一应用领域，我国蛭石专利产品的品种明显较国外少。（3）加工处理方法简单。我国蛭石利用一般为直接利用原矿和经煅烧膨胀后利用，加工方法简单。（4）细粒蛭石的利用率低。我国中粗粒蛭石的应用已有了良好基础，但细粒（-0.3mm）蛭石利用率低，造成资源浪费。

解决以上问题的关键在科研，今后的发展趋势是小片级和中片级的用量百分比上升，新用途和尖端科学的用量会增加。未来可能的技术突破：（1）煅烧技术；（2）用蛭石取代石棉在工业中的应用；（3）蛭石助滤剂和净化剂。

B　海泡石

海泡石是当今世界一种新兴的工业矿物原料，也是应用很广的非金属矿之一。海泡石在国际市场上一直供不应求，多数海泡石出产国为适应工业部门的各种需要，正由过去供应原矿，改变为主要对原矿进行深加工，以深加工产品投放市场。海泡石产品应向加工专业化和产品系列化、标准化、规范化的方向发展[276]。

C　伊利石

伊利石在应用中仍然存在很多问题，有待于解决，具体如下：（1）伊利石成分多变，提纯是其应用的关键。目前，伊利石的提纯工艺还比较落后，只是简单的借鉴其他黏土矿物的提纯方法。因此，有待于深入研究伊利石的提纯工艺，获得更好的技术指标，充分利用这一资源。（2）虽然伊利石在工业中应用广泛，但对其性能的认识不是很深入，使得伊利石的开发还处于初级阶段。因此，需要进一步研究伊利石的物理化学性质，为充分利用这一资源提供依据。（3）对伊利石进行深加工，向超纯、超细、功能化材料发展，增加产品的附加值；开发新产品，并考虑资源的综合利用[277]。

18.7　红柱石族矿物

18.7.1　红柱石族矿物资源简况

18.7.1.1　红柱石族矿物资源分布

红柱石族矿物包括：蓝晶石、红柱石和硅线石。它们的化学分子式相同，为 Al_2SiO_5，化学成分：Al_2O_3 62.92%，SiO_2 37.08%。但三者结晶构造不同，为同质多象变体。

世界红柱石族矿物资源主要分布在南非、俄罗斯、法国、中国、美国、印度、乌克兰以及澳大利亚等国家。最近秘鲁、西班牙、葡萄牙、加纳和韩国等发现有一定储量的红柱石族矿床。世界已探明的红柱石族矿物储量（未包括中国）共 3.8 亿吨，其中蓝晶石 1.08 亿吨，硅线石 1.14 亿吨，红柱石 1.75 亿吨，但实际储量要大得多[278]。资源分布见表 18-31 和表 18-32。

表 18-31　世界蓝晶石资源分布（主要国家）　（kt）

国　家	蓝晶石储量	国　家	蓝晶石储量
加拿大	45000	美　国	>30000
南　非	12000	奥地利	4000
印　度	>3800	俄罗斯	3500
澳大利亚	3000	利比里亚	1230
肯尼亚	1000	巴　西	800

表 18-32　世界红柱石、硅线石资源分布（主要国家）　（kt）

国　家	红柱石储量	国　家	硅线石储量
南　非	91500	俄罗斯	很大
俄罗斯	72000	南　非	600
法　国	>10000	印　度	400
加　纳	600	美　国	90
美　国	590	斯里兰卡	30

美国红柱石族矿物资源储量较大，但主要是蓝晶石，硅线石和红柱石的储量较少，资源大部分集中分布在东南部阿巴拉契山系和爱达荷州。矿物主要是产自云母状片岩和片麻岩，其中以石英岩矿床的蓝晶石含量最高。最大的矿床在法维尔地区，蓝晶石可供露天开采。其他资源在南加利福尼亚，赋存于铝土片麻岩内，目前由于开发的经济条件不成熟，尚未开采。

南非拥有的红柱石资源占世界红柱石总储量的52%左右，其红柱石资源据估计有 1 亿吨，同时它是世界最主要的红柱石生产国和出口国。南非的红柱石矿床集中在德兰士瓦省的格洛特玛丽库、撒巴齐亚和丽丹伯吉三个地区。法国的红柱石产量仅次于南非，为世界第二大红柱石生产国，矿床集中在布里特尼矿山。

巴西的蓝晶石主要产自米纳斯吉纳斯州，矿床位于波苏斯迪卡尔达斯，为残积矿床。印度是优质块状蓝晶石的主要资源国，矿床产于比哈尔邦和马哈拉施特拉邦。西班牙产蓝晶石，其矿床在拉科鲁尼亚省，为河流冲积矿床，品位 20% 左右。

秘鲁北部 Tablazo Mancora 冲积平原，布满松散砂砾，在页岩和片岩中有红柱石存在，储量在评估中。2006 年 Refractarios Peruanos SA 成立了 Andalusite SA 公司，以便开发秘鲁西北 Paita 港南 20km 的 Al_2O_3 含量 58% ~60% 的红柱石冲积矿床，储量约 1000 万吨。

俄罗斯科拉半岛中部含矿岩石为太古代蓝晶石片岩、石英蓝晶石片岩和十字石蓝晶石片岩。矿带中已知 20 多个矿床，存在片麻岩中。此外在东西伯利亚的布里亚特共和国，靠近俄蒙边界还有几个硅线石矿床，硅线石产于片岩中[279]。

我国红柱石族矿物主要分布在东北、河南、河北及新疆地区[278,280]，见表 18-33。

表 18-33 我国红柱石族矿物资源分布

省、市（区）	硅线石	红柱石	蓝晶石
黑龙江	鸡西，林口，双鸭山		
吉 林		珲春，二道甸子	磐石，柳树沟
辽 宁	青原红透山	岫岩，凤城	大荒沟
北 京		门头沟，西山，房山，周口店	
内蒙古	土贵乌拉	磴 口	丰 镇
山 西			繁 峙
山 东		五 莲	
河 北	灵寿，平山		邢 台
河 南	镇平，内乡，西峡，叶县	西 峡	南阳，桐柏
陕 西	丹 凤	眉县，太白	详 县
甘 肃	玉 门	漳县，金塔县	玉门，肃北，天水
青 海		互 助	
新 疆	阿勒泰，申它什	拜城，库尔勒，阿克苏	富蕴，契布拉盖
江 苏			沭阳，房山
浙 江		瑞安，诸暨，温州	
福 建	莆田，泉州		
安 徽	回龙山		霍山，宿松，岳西
江 西		铅 山	
广 东	郁南，罗定，陆丰		
广 西		灵 山	玉 林
海 南		儋 县	
湖 南		安 东	
云 南			热水塘
四 川		川西道孚	汶川，丹巴
西 藏	有硅线石		

我国的硅线石矿物资源分布以东北黑龙江为主，其次为河南及河北西部；红柱石矿物资源分布以新疆、甘肃、内蒙古、辽宁、川西及河南为主，蓝晶石矿物资源主要分布在河南、江苏和新疆。

经过 30 多年来的勘查工作，我国已经探明蓝晶石、红柱石、硅线石矿床 33 处，其中红柱石矿床 15 处、蓝晶石矿床 7 处、硅线石矿床 11 处。据我国矿产资源储量的通报数据，截至 2009 年年底，我国累积查明蓝晶石、红柱石、硅线石矿资源储量共计 6332.9 万吨，其中红柱石 3335.3 万吨，蓝晶石 1199.7 万吨，硅线石 1797.9 万吨。其中大型矿床有 9 处、中型矿床 3 处、小型矿床 21 处。

18.7.1.2 红柱石族矿物资源的生产和消费

A 红柱石族矿物精矿产量

世界红柱石矿物生产国家主要是南非，年产红柱石约 23.5 万吨；生产厂家之一的 Andalusite Resources（Pty）Ltd，是 IMERYS 的供货商，矿区 Maroeloesfontein 位于约翰内斯堡西北约 220km 的林波波省的萨巴津比。2009 年 9 月，该公司宣布增加红柱石的产量，从 2009 年的 5 万吨增加到 2012 年年底的 10 万吨。目前，该公司的主要市场有欧洲国家、南非、中国和印度，其次还有俄罗斯、日本、朝鲜、中国台湾以及中东等地区。该公司以每年开采 5 万吨计，其服务年限可达 70 年。

南非另一家公司是 Samrec 有限公司（属于 IMERYS），生产红柱石约 19.5 万吨，目前有四个矿山和加工厂，即林波波省三家，安斯利（Annesley）、法国英格瓷集团（Havercroft）（两矿共生产 6 万吨）以及萨巴津比的 Rhino；另一个是位于穆普马兰格省北部的 Krugerpost 矿。目前，有一个新矿山在建，即 Segorong 矿，每年将生产 8.5 万吨红柱石。

法国达姆瑞克集团的露天矿位于布里坦尼的格罗梅尔，年处理红柱石原矿 60 万吨。年产红柱石精矿 6.5 万吨，加工出不同品级（Al_2O_3 含量不同）的产品供给耐火材料行业。法国的达姆瑞克公司已经接管了安尼斯雷红柱石耐火材料及库里南矿物三家公司。安尼斯雷经营地点位于伯格斯费特，年生产能力为 6 万吨。产品有两个等级：1～4mm 和 3～8mm，产品 Al_2O_3 含量高的达到 59%，全部用于耐火材料。前库里南经营地点是雷登伯格，年生产能力为 5 万吨，产品牌号为 K55 和 K57P，Al_2O_3 含量分别为 55% 和 57%。

法国巴黎的 Imerys 公司，是世界矿产开发的先驱，2008 年 10 月，该公司实施了投资 3000 万欧元的项目：包括获取硅铝矿物，供应耐火材料市场；在佐治亚州的 C-E Minerals 工厂，新建生产 7 万吨莫来石的回转窑设施；在南非萨巴津比红柱石矿，增加 3 万吨的产量；在我国新疆于 2010 年在 1.5 万吨的基础上，增加益隆矿业 2.5 万吨的生产能力。

美国弗吉尼亚州的 Kyanite Mining Corp.（KMC），是一家蓝晶石的综合开采加工公司，从 1945 年开始生产蓝晶石，同时生产天然莫来石；KMC 的生产集中在迪尔温（Dillwyn），从硬岩露天矿开采蓝晶石，产品含 Al_2O_3 55%～60%。按目前对蓝晶石的消费水平，威利斯山和东山的储量可开采 50～75 年，这不包括该公司在加拿大的储量。

我国目前已有近 20 家企业正在开采和加工利用红柱石、蓝晶石和硅线石资源，其中，红柱石采选企业 7 个、蓝晶石采选企业 5 个、硅线石采选企业 5 个。2011 年我国共开采红柱石、蓝晶石和硅线石矿石量超过 120 万吨，共生产红柱石、蓝晶石和硅线石精矿约 32.5 万吨。其中，生产红柱石 21 万吨，蓝晶石 7 万吨，硅线石 4.5 万吨。精矿产品除主要供应国内使用外，部分产品还出口到国外。

据英国《工业矿物》报道，中国海南昌盛矿业有限公司，投资 1.46 亿开发红柱石矿，矿床位于澹州，储量 638 万吨，开始建 2 万吨的加工厂，以后逐步达到 20 万吨的产量。

巴西耐火材料生产厂家 Togni SA Materiais Retratarios 已有上百年的历史，它开采蓝晶石，并使用巴西的三水铝土（含 Al_2O_3 72%）生产人造莫来石，工厂在萨克拉门托（Sacramento）、米纳斯吉拉斯州（Minas Gerais）。Togni 还生产 1.5 万吨耐火黏土，含 Al_2O_3 45%～60%。在波苏斯迪卡尔达斯（Pocos de Caldas），米纳斯吉拉斯州（Minas Gerais）的第一工厂，精矿产量已扩大到 12 万吨每年。另外，该公司还扩大其在波苏斯迪卡尔达斯（Pocos de Caldas），米纳斯吉拉斯州（Minas Gerais）的第二工厂，其精矿生产能力为 4 万吨每年，设有研磨厂和蓝晶石选矿厂。该公司的供应市场比例为：钢铁工业，占 45%；有色金属工业，占 15%；水泥、石灰和非金属矿物占 15%；玻璃，占 10%；石化、陶瓷及其他，占 15%。

2006 年，秘鲁的 Andalucita SA 公司（母公司是 Refractarios Peruanos SA）成立了，是 Imerys 的第二家独立供货人。专门开发秘鲁西北派塔港南 20km 的冲积红柱石矿，该矿资源储量为 1000 万吨，Al_2O_3 含量为 58%～60%。经过多次对秘鲁西北矿区的评估，2009 年 9 月开始生产，开始每年生产 3 万吨，最后年产达 6 万吨，供应出口。2010 年 1 月，计划改变，到年中生产达到 4 万吨。出口市场主要是欧洲、亚洲和北美。

乌克兰主要生产厂家是 Ukraine Minerals Ltd（Umin），2008 年成立，总部位于第聂伯罗彼得洛夫斯克；在乌克兰有几家加工厂，每年加工 2.5 万吨包括蓝晶石在内的铝硅酸盐矿物，并向世界各地出口。原料来自乌克兰露天生产矿砂的 VMMP 公司-CJSC Crimea Tian 公司的子公司（二氧化钛的生产厂家），该公司储有铝硅酸盐 200 万吨。该公司的产品主要有蓝晶石以及其他多种矿物，用来生产高铝耐火材料和铸造业不粘涂覆料；主要市场除乌克兰外，还有俄罗斯、白俄罗斯、土耳其、意大利、德国、印度和伊朗等。

总部设在莫斯科的矿业公司 Kianit LLC（JSC Granit 的子公司）每年从俄罗斯西北卡累利阿共和国的

Khysovaarskoe 矿床开采蓝晶石矿石 10 万吨。该公司除了建立蓝晶石露天矿外，还要建研磨厂，每年生产 2 万吨蓝晶石精矿。

澳大利亚生产硅线石和少量蓝晶石，年产量约 1 万吨。瑞士是欧洲唯一的蓝晶石生产国。巴西生产蓝晶石，年产量 1.5 ~2.0 万吨。

B 红柱石族矿物的消费量

红柱石族矿物的主要市场在欧洲。欧洲所需的红柱石族矿物产品绝大部分由南非、美国、法国三个主要生产国提供。印度的产量虽较大，但绝大部分产品都供国内消费。南非不仅是最大的红柱石出口国，而且本身也是红柱石的主要消费国[278,281]。

美国是世界上第二大红柱石族矿物生产国，主要产品是蓝晶石。美国消费红柱石很少，一年约为 1.5 万吨；而欧洲则消费红柱石约 15 万吨。据美国矿业局统计，美国目前对红柱石族矿物的需求量每年以 10% 左右的速度增长，世界需求量每年以 5% ~7% 的速度增长。

西班牙以蓝晶石为主。德国、英国及日本等工业发达国家，主要靠进口，国内红柱石族矿物资源匮乏。日本每年进口 2 ~3 万吨，红柱石主要从南非进口，而蓝晶石从美国进口。

我国对红柱石族矿物的消费需求经历了三个阶段：第一阶段（20 世纪 80 年代）属于开发利用的摸索试验阶段，市场需求很小；第二阶段（20 世纪 90 年代）属于导入期，市场需求缓慢增长，这一时期我国对红柱石族矿精矿的年需求量一般不超过 10 万吨；第三阶段（2000 年至今）属于稳定增长期，我国红柱石族矿物市场需求从不足 10 万吨上升到 2012 年的 33 万吨左右。我国未来对红柱石族矿物的市场需求将随着国内外高温重工业和窑炉工业的发展以及红柱石族矿物新产品的不断推广、应用领域逐渐拓宽而提高。我国对红柱石族矿精矿的需求量将会以每年 3% ~8% 的速度增加。预计到 2020 年我国对红柱石族矿精矿的需求量将达到 70 万吨以上。

耐火材料行业特别是钢铁工业用的耐火材料，消费了绝大部分的红柱石族矿物。2009 年美国耐火材料工业消费了 90%，另外 10% 用于其他工业部门；而使用蓝晶石生产的耐火材料，有 60% ~65% 用于钢铁工业，其余用于化工、玻璃、有色金属及其他材料生产工业部门。

C 红柱石族矿精矿进出口情况及趋势

红柱石族矿物作为高级耐火材料，其最大用户为钢铁工业。据世界钢铁工业协会报道：2014 年全球成品钢材表观消费量仍然连续五年保持增长，达到 15.373 亿吨，略高于上年的 15.284 亿吨。但是，钢铁协会也表示，由于发达国家经济的普遍复苏，一些钢铁企业将获得更高利润。该协会认为，未来两年全球钢铁需求将更多依赖于欧美等发达经济体，而非新兴经济体。我国对钢铁消费的快速增长期已经结束，2014 年我国钢材表观消费量为 104622 万吨，相比 2013 年增长了 2.6%。同时，由于结构性问题的影响，其他新兴经济体的钢铁需求也普遍放缓，预计今年需求增速将下滑。该协会预计今年发达经济体的钢铁需求量将从上年的负增长 0.3% 转为增长 2.5%，美国和欧盟分别为 4% 和 3.1%，后者将迎来两年来首次正增长，这必然会导致红柱石族矿物的消费。

我国生产的红柱石族矿物主要是红柱石和蓝晶石，初级产品比例较大，到目前为止，不能满足国内需要。宝钢初建时，曾不得不以高价从日本进口经过加工的红柱石粉。目前国内合格产品增加较快，但仍需大量进口。据我国海关数据显示，2013 年 1 ~9 月份我国红柱石、蓝晶石及硅线石进口总量约为 2.70 万吨，同比增长 18.8%；进口总金额约为 886.4 万美元，同比增长 4.2%。9 月份我国红柱石、蓝晶石及硅线石进口量约为 0.36 万吨，同比增长 2.8%，环比增长 16.1%；进口金额约为 129.05 万美元，同比减少 2.4%，环比增长 21.5%。2014 年 1 ~2 月份我国红柱石族矿物（红柱石、蓝晶石及硅线石）进口总量约为 0.37 万吨，同比减少 23.2%；进口总金额约为 113.7 万美元，同比减少 29.9%。2 月份我国红柱石、蓝晶石及硅线石进口量约为 0.14 万吨，同比减少 5.0%，环比减少 39.1%；进口金额约为 45.6 万美元，环比减少 1.4%，同比增加 3.57%。2014 年 2 月份，我国红柱石族矿物主要从美国进口，进口量为 0.06 万吨，同比增加 129.9%。从以上数据可以看出，不论是同比还是环比都呈现增长的态势，这在一定程度上说明我国对于进口红柱石族矿物（红柱石、蓝晶石、硅线石）的需求依然在增加。

D 红柱石族矿精矿价格及趋势

由于红柱石族矿物的特殊物理化学性质，以及世界资源储量和生产数量的限制，国际市场对红柱石族矿物需求殷切，经过精选的红柱石族矿产品价格坚挺，即使在世界金融危机最严重的日子，价格也保持较高水平，甚至有小幅上浮。在世界金融危机对世界主要经济体的负面影响的阴影下，我国 2009 年仍然进口了 9012t 红柱石族矿物产品，而且价格很高，高出经济高涨的 2008 年约 17%；大部分进口价格远远高出国际市场的价格水平[281]。

根据中国耐火材料网公布的数据显示，2014 年 4 月上旬，红柱石市场暂时稳定，国产 Al_2O_3 含量 55% ~57% 红柱石骨料的市场主流报价在 3400 ~3500 元/吨。蓝晶石市场维持稳定，且当前市场供应量充足。Al_2O_3 含量为 50%、粒度为 0.18 ~0.25mm 的轻质耐火砖用蓝晶石主流市场价格为 1150 ~1300 元/吨；Al_2O_3 含量大于 54% 的澳产进口蓝晶石市场报价在 2000 ~2200 元/吨。蓝晶石市场销售仍受到下游需求的制约，形势较为严峻。目前国内蓝晶石生产基本符合国家环保的要求，设备已进行达标改造。

硅线石市场显稳定，东北地区普通硅线石细粉 Al_2O_3 含量为 54% ~55% 的市场含税报价在 2700 ~2800 元/吨，酸洗后 Al_2O_3 含量 54% ~55% 的硅线石细粉市场报价在 3250 ~3350 元/吨。Al_2O_3 含量 55% ~57% 的进口硅线石市场主流价格为 2600 ~3000 元/吨。

18.7.2　红柱石族矿选矿理论及基础研究进展

周灵初和张一敏[282]运用量子化学中 RHF（Hartree-Fock-Roothaan）方法，利用 STO-3G 基组，研究红柱石晶体中各离子电荷分布及 4 种捕收剂与红柱石作用的键级与能量变化。对红柱石与捕收剂成键机理分析表明，十二烷基磺酸钠为化学吸附，十二胺为物理吸附，油酸钠和羟肟酸为物理吸附与化学吸附共存。4 种捕收剂按捕收能力从强到弱的排序为：十二烷基磺酸钠 > 十二胺 > 羟肟酸 > 油酸钠。该排序结果与浮选结果一致。

周灵初和张一敏[283]通过吸附模型的量子化学计算，结合对实际吸附复合物的红外光谱分析，研究了十二烷基磺酸钠与红柱石的相互作用机理。计算结果表明：十二烷基磺酸根离子与红柱石作用时，会发生化学吸附，且十二烷基磺酸根将优先吸附在红柱石（001）面左侧的六配位的铝原子上；吸附反应过程中电子从红柱石表面的铝原子流向十二烷基磺酸根离子上的氧原子。红外光谱分析在复合物上发现了十二烷基磺酸铝的生成，证实了量子化学计算结果。

王芳[284]对江苏沭阳蓝晶石矿进行了选矿试验，并对药剂与蓝晶石、石英的作用机理进行了研究。结果表明，在碱性（pH 值为 9 ~9.5）条件下，适宜的捕收剂为油酸钠和癸脂；酸性（pH 值为 3.0 ~3.5）条件下，适宜的捕收剂为石油磺酸钠。然而，采用油酸钠和癸脂作捕收剂的碱法工艺难以取得合格的蓝晶石精矿，用石油磺酸钠作捕收剂的酸法工艺精矿品位和回收率较高。捕收剂石油磺酸钠在蓝晶石表面物理吸附和化学吸附并存；强酸性条件下，水玻璃和金属离子共同作用对石英有轻微的活化作用，对含钛矿物有抑制作用。

随着我国蓝晶石富矿资源的锐减，开发利用中低品位资源已迫在眉睫。蓝晶石与石英的浮选分离是提高中低品位蓝晶石矿产资源回收利用率及产品质量的难点之一。赵成明[285]对蓝晶石与石英的浮选行为进行了深入研究，结果表明，蓝晶石在酸性条件下回收率总体大于碱性条件下的回收率，而石英在酸性条件下回收率很低，碱性条件下可浮性增强。吸附阴离子捕收剂石油磺酸钠后蓝晶石表面 ζ-电位强烈地向负值移动，零电点由原来的 6.6 降为 1.8，捕收剂在蓝晶石表面吸附既有物理吸附又有化学吸附。在强酸条件下，钙和镁金属阳离子均以 Ca^{2+} 和 Mg^{2+} 为优势组分存在，对矿物都起抑制作用。而铁和铝对矿物起活化作用的主要组分是水解形成的羟基配合物而且以一羟基配合物为主。粒度对蓝晶石可浮性的影响大于对石英的影响，粗粒级蓝晶石最大可浮性远小于细粒级，且要达到相近可浮性粗粒级所需捕收剂浓度远大于细粒级。

周灵初和张一敏[286]通过纯矿物浮选试验和实际矿石验证试验，详细研究了 Ca^{2+}、Mg^{2+}、Fe^{3+}、Al^{3+} 等金属离子对红柱石-十二烷基磺酸钠体系浮选行为的影响。结果表明：淀粉是红柱石浮选中实现红柱石和黑云母及石英分离的有效调整剂。通过测定动电位考察了淀粉在红柱石及其主要伴生矿物黑云母和石英浮选分离中的作用效果和机理。结果发现，添加淀粉后，红柱石、黑云母和石英矿物表面 Zeta 电位都发生了改变。淀粉对红柱石的伴生矿物黑云母及石英有明显的去活作用，其去活的原因可能是取代和与金属离子生成化合物。

何小民[287]通过红柱石与绢云母、高岭石单矿物试验研究了多种捕收剂、多种抑制剂以及难免金属离子对红柱石与绢云母、高岭石浮选行为的影响，并通过动电位测试、红外光谱测试、热力学计算等方法和手段讨论了矿物表面与捕收剂、金属离子的作用机理。结果表明，十二胺浮选体系中组合金属离子对绢云母和红柱石有抑制作用，在弱酸性条件下红柱石的抑制更加明显，而对高岭石有活化作用，组合离子的存在可能有助于红柱石与绢云母、高岭石反浮选分离。绢云母在试验 pH 值范围均荷负电，而红柱石的等电点 pH 值为 3.7；十二胺和组合离子均可使红柱石、绢云母表面动电位发生正移。组合离子使矿物表面动电位正移，十二胺与矿物表面静电作用减弱，吸附量减少，从而红柱石和绢云母的浮选得到抑制。

朱海玲[288]通过进行红柱石和石英单矿物浮选试验，考察了捕收剂 CSB 和抑制剂 CSY 对它们可浮性的影响，采用动电位和红外光谱等检测手段分析了药剂与矿物表面的作用机理。解吸试验结果表明，CSB 在红柱石表面的吸附既有物理吸附又有化学吸附，在石英表面上的吸附为物理吸附。红外光谱结果表明，在矿浆 pH 值为 3.0～3.1 的酸性条件下，红柱石、铁离子活化的红柱石以及经铁离子、CSY 作用的红柱石经捕收剂 CSB 处理后，在其表面均能产生新的吸收峰，即-SO_3 的振动吸收峰，说明红柱石与 CSB 的吸附以化学吸附为主；而经铁离子活化的石英与捕收剂 CSB 作用后，其红外光谱测试结果没有明显的变化，说明吸附方式为物理吸附；抑制剂 CSY 对铁离子活化的石英的抑制机理主要为与铁离子及其水解产物作用，消除其对石英的活化作用，从而达到抑制的目的。

纪振明[289]研究了十二烷基磺酸钠和石油磺酸钠体系下红柱石和脉石矿物的浮游特性。结果表明，在十二烷基磺酸钠体系中，红柱石和黑云母、石英、钾长石、斜长石的纯矿物可浮性差异明显，其中红柱石在 pH 值为 3.0 时可浮性最好，回收率可以达到 80% 以上。在十二烷基磺酸钠体系中 Fe^{3+} 和 Al^{3+} 的加入对矿物可浮性影响明显；Al^{3+} 对几种脉石矿物也有活化作用，但是其加入可以降低红柱石的可浮性。在该体系中，进行人工混合矿试验，石英的加入不会影响红柱石的可浮性，而黑云母的存在会对红柱石的可浮性产生明显的影响。在石油磺酸钠体系中，红柱石和黑云母、石英、钾长石、斜长石的纯矿物可浮性差异明显，其中红柱石在 pH 值为 3.0 时可浮性最好，回收率可以达到 90% 以上，并且混合矿试验结果表明，在该体系下石英和黑云母的加入均不会对红柱石的可浮性产生影响。

邓海波[290]等通过单矿物试验考察了红柱石和石英在捕收剂 CSB 作用下的浮选行为、Fe^{3+} 对红柱石和石英可浮性的影响以及集中抑制剂对红柱石和石英的抑制效果。结果表明：用 CSB 作捕收剂时，红柱石和石英在 pH 值为 3.0～3.1 的强酸性条件下可有效分离；当矿浆中存在 Fe^{3+} 时，石英被明显活化，红柱石和石英的浮选行为趋于一致，达不到浮选分离的目的；CSY、氟硅酸钠和腐殖酸钠对经过 Fe^{3+} 活化的石英有选择性抑制作用，能有效抑制石英而不影响红柱石的可浮性，从而实现其浮选分离。

在含有绢云母脉石型的红柱石选矿领域，对金属离子影响浮选的研究相对较少，研究金属离子组分对红柱石与绢云母浮选行为的影响及其作用机理，可以更好地控制浮选过程。何小民等人[291]研究了 Al^{3+}、Fe^{3+}、Ca^{2+}、Mg^{2+} 及其组合离子对红柱石和绢云母可浮性的影响，并通过动电位测试及热力学计算探讨了其作用机理。研究结果表明：组合离子在整个试验 pH 值范围内对红柱石和绢云母有抑制作用；组合金属离子使红柱石和绢云母表面动电位显著正移，矿物与十二胺之间的静电吸附作用减弱，Al^{3+}、Fe^{3+}、Ca^{2+}、Mg^{2+} 因生成对应的氢氧化物沉淀，使红柱石和绢云母的浮选受到强烈抑制。

郑翠红等人[292]以油酸钠作为捕收剂，研究了磷酸氢二钠、柠檬酸和硅酸钠等抑制剂对粉石英与红柱石浮选分离效果的影响。结果表明，磷酸氢二钠是红柱石与粉石英浮选分离的一种优良的抑制剂；在其最佳浓度 0.47×10^{-2}mol/L、浮选矿浆 pH 值为 8.5 时，粉石英与红柱石浮选回收率差高达 47.86%。红外光谱及 Zeta 电位分析结果表明，油酸钠对红柱石兼有物理和化学吸附作用，对粉石英仅有物理吸附作用，因而对红柱石有更强的捕收能力；磷酸氢二钠对粉石英表面起解吸作用，能有效抑制粉石英上浮，从而实现粉石英与红柱石的分离。

张晋霞等人[293]通过单矿物浮选试验、动电位、吸附量及红外光谱测试分析，考察了蓝晶石、石英、黑云母的浮选行为以及矿物与药剂的作用机理。浮选试验结果表明，在中性条件下，单独用十二胺盐酸盐做捕收剂，三者可浮性差异不大，不能有效分离，必须添加抑制剂。三种抑制剂在相同的质量浓度下，对蓝晶石矿物的抑制强弱顺序为：淀粉 > 水玻璃 > 氟化钠。金属阳离子的添加对三种矿物的浮选影响也不同，对蓝晶石及石英的抑制强弱顺序为：$Al^{3+} > Fe^{3+} > Mg^{2+} > Ca^{2+}$，对黑云母的抑制顺序为：$Ca^{2+} >$

$Mg^{2+} > Al^{3+} > Fe^{3+}$，黑云母总体趋势变化不明显。动电位、吸附量及红外光谱分析表明，淀粉在蓝晶石表面的吸附为物理吸附，并且主要通过氢键来实现，这样淀粉对蓝晶石具有更强的抑制能力，能有效地实现蓝晶石矿物的反浮选分离。

张晋霞等人[294]通过蓝晶石、石英及黑云母的浮选试验，研究了金属离子对矿物浮选行为的影响。试验结果表明：Ca^{2+}和Mg^{2+}显著活化蓝晶石浮选，Al^{3+}和Fe^{3+}对蓝晶石及石英表现很强的抑制作用。浮选溶液化学分析表明，Al^{3+}和Fe^{3+}可以在矿物表面生成$Fe(OH)_3$和$Al(OH)_3$，使矿物浮选受到强烈的抑制；Ca^{2+}和Mg^{2+}由于羟基配合物存在使蓝晶石的零电点向低 pH 值方向发生漂移，使十二胺的静电吸附力增强，起到活化作用。根据玻尔兹曼矢量场中的粒子分布理论，通过计算Fe^{3+}对矿物作用前后在不同 pH 值条件下液相内部胺离子（RNH_3^+）浓度、界面层胺离子的浓度以及比例关系来分析金属离子的活化或抑制作用机理。

张晋霞等人[295]以十二胺为捕收剂，淀粉为抑制剂，采用单矿物分批浮选的方法，研究了蓝晶石、石英及黑云母在自然 pH 值条件下的可浮性随浮选时间的变化关系，并对三种矿物的浮选动力学特性进行了分析。结果表明，浮选速度常数在浮选过程中不是恒定不变的，抑制剂淀粉的加入可显著扩大矿物之间浮游速度的差异，采用经典一级动力学模型对浮选过程进行了模拟，拟合后的石英、黑云母及蓝晶石模型回收率拟合值与试验值相关性 R^2 分别为 0.97、0.98 和 0.96，表明模型拟合精度较高可模拟矿物的浮选过程。

18.7.3　红柱石族矿选矿工艺技术进展

18.7.3.1　选别工艺技术流程

聂洪彪[296]对内蒙古某红柱石进行可选性试验研究，探索最佳的技术指标，提供合理的选别工艺流程，选别出符合国家标准的红柱石精矿产品。结果确定了两种选别方案：（1）粗粒级选别，采用重选—重液—磁选工艺流程获得了红柱石含量 95.38%、回收率为 30.96% 的精矿；（2）细粒级选别，采用脱泥—浮选—磁选工艺获得了红柱石含量 96.36%、回收率 61.24% 的精矿。

西峡红柱石晶体粗大，但品位较低，包裹体较多，嵌布粒度也极不均匀。红柱石内均有黑十字包裹体，而且红柱石变斑晶与基质镶嵌紧密，使之单体解离困难，增大了选矿的难度。宋翔宇[297]对西峡红柱石矿的原生矿进行了选矿试验研究，探寻出“摩擦—筛分—重介质—磁选—浮选—磁选”联合工艺流程，流程结构科学合理，简单易行，选矿产品指标优异。红柱石精矿的总产率为 6.59%，总回收率为 66.90%，Al_2O_3 平均含量为 59.19%，并且可优先获得能生产耐火制品骨料的粗颗粒红柱石精矿产品，提高了粗颗粒精矿的回收率。

王林祥等人[298]通过对内蒙古某地红柱石富矿石的可选性试验，取得了理想的效果。该选矿工艺流程可行、简单，具有一定实用性。特别是粗粒级（-1mm）选别效果较好。通过摇床—重液—磁选联合选别，精矿中红柱石含量 97.40%，氧化铝含量 58.90%，回收率 66.07%。然后对混合尾矿细磨至 -0.074mm占90%，通过浮选再次选别回收红柱石，精矿中红柱石含量 97.50%，氧化铝含量 58.17%，回收率 19.38%。粗粒和细粒总回收率为 85.45%。精矿中各主要元素含量均达到国家行业标准（YB 4032—1991）中一级品质量要求。

内乡硅线石矿属区域变质矿床，矿体储量大、埋藏浅，开发利用条件好，是我国重要的硅线石资源之一。赵平等人[299]通过选择性磨矿—磁选—浮选流程获得了氧化铝品位 57.8%、回收率 40.4% 的硅线石精矿。

郭珍旭等人[300]针对河南省的优势蓝晶石资源，进行了具有针对性的试验研究。对云母型蓝晶石矿石，采用一次粗选、三次精选、单一浮选工艺可获得良好的选别指标，开路试验蓝晶石精矿产率 29.46%，氧化铝品位 55.98%，蓝晶石矿物含量为 89.82%，蓝晶石矿物回收率为 75.60%，闭路试验矿物回收率 85.00%。对石英型蓝晶石矿石，采用重选抛尾—中矿浮选的选别工艺可获得较好的选别指标，闭路试验蓝晶石精矿的产率为 30.86%，精矿中氧化铝品位为 51.67%，蓝晶石矿物含量为 79.6%，蓝晶石矿物回收率为 82.88%。

吴艳妮[301]针对内蒙古某蓝晶石矿进行可选性试验研究，该矿采用酸性介质浮选比碱性介质的可浮性好，富集比大，浮选作业回收率高，因此以酸性介质浮选的分选效率和选择性最佳。原矿氧化铝品位为14.01%，磨矿细度 -0.071mm 含量占39.5%，经脱泥—磁选—酸性介质浮选工艺流程选别后，可获得氧化铝品位为56.16%、回收率为69.30%的蓝晶石精矿。

袁来敏等人[302]对辽宁某红柱石矿进行了选矿试验研究，该矿石中红柱石嵌布粒度较细，部分红柱石绢云母化，含铁矿物的浸染粒度很细且与红柱石密切共生；通过采用脱泥—浮选—磁选—酸浸联合工艺流程，获得了红柱石品位91.02%、回收率45.06%的红柱石精矿。

王芳[284]对江苏沭阳蓝晶石矿的矿石性质进行了详细考察，在充分了解矿石性质的基础上，针对该蓝晶石矿脉石种类繁多、共生关系密切、嵌布关系复杂的特点，制定了适合该矿石的分支浮选工艺流程，-0.045mm 粒级最终得到基本符合 LJ-55 标准的精矿，氧化铝品位 54.75%，回收率 69.48%；-0.045mm粒级精矿氧化铝品位48.17%，回收率14.87%。

Zhou Lingchu、Zhang Yimin[303]研究了不同捕收剂对红柱石浮选行为的影响。采用西峡红柱石纯矿物进行微型浮选试验，利用红柱石矿进行小型浮选试验，测定纯红柱石表面的电荷。结果表明，红柱石的等电点 pH 值为5.2。在 pH 值高于等电点时，矿物表面带负电荷，可用胺类捕收剂浮选红柱石。相反，红柱石表面带正电荷，用烷基磺酸盐捕收剂时可以获得含55.3%氧化铝，红柱石回收率为75.6%的红柱石精矿。在用烷基磺酸盐捕收剂时，淀粉是脉石矿物的有效抑制剂。此外，试验发现矿泥对红柱石浮选有不利影响。因此，浮选前必须脱碳和脱泥。

刘国举[304]对南阳某低品位蓝晶石的矿石性质进行了较为详细的研究，根据矿物工艺学研究结果，并通过选择性磨矿、脱泥、反浮云母和正浮蓝晶石等系统试验研究，制定适合该矿石的选别工艺流程。结果表明，棒磨对蓝晶石的选择性单体解离效果要好于球磨，当介质充填率30%、磨矿浓度60%、磨机转速 30r/min、磨矿细度 -0.074mm 占 68.52%时，蓝晶石单体解离度高且能与云母等脉石矿物有效分离。重选—浮选联合工艺流程较复杂，最终精矿合并后精矿指标未能达到行业内 LJ-55 国家标准，回收率也较低，但对除云母等杂质的效果较好；分级浮选流程最终精矿未能达到行业内 LJ-55 国家标准；单一浮选流程结构简单，开路浮选精矿品位和回收率均较高，但精矿中氧化钾和氧化钠含量超标，需用重选工艺对精矿精选才能达到国家标准。采用浮选—重选工艺闭路流程获得产率21.56%，氧化铝品位55.62%、蓝晶石品位86.50%、回收率84.77%、$w(K_2O+Na_2O)$小于0.5%的蓝晶石精矿，达到了国家行业标准 YB 4032—1991 中 LJ-55 标准。

魏礼明等人[305]对内蒙古阁尔庙蓝晶石进行了选矿试验研究，通过采用重选—脱泥—酸性浮选—强磁选工艺流程分选，对氧化铝含量10.03%的原矿，获得了产率8.53%、Al_2O_3 回收率47.68%的蓝晶石精矿，蓝晶石纯度达到89.37%。浮选尾矿经强磁选—筛分流程分选后，可获得产率24.29%、二氧化硅含量98.07%、氧化铝含量为1.15%、氧化铁含量为0.125%的平板玻璃原料。

何小民[287]对新疆某红柱石矿实际矿石进行了试验研究，在条件试验的基础上进行了闭路试验，将试样磨至 -0.074mm 占 87.42%通过强磁选除去磁性杂质、摇床脱去30.16%的矿泥和1.95%的重产品，矿浆中再分别加入硫酸和十二胺，充分调浆后开始反浮选，经粗选、两次扫选、一次精选得到云母粗精矿。反浮选的底流矿浆在分别加入硫酸、CSY 和 CSB，充分调浆后开始浮选，粗选、两次扫选、一次粗精矿经两次精选得到氧化铝品位53.46%、回收率39.94%的红柱石精矿。

邹蔚蔚[306]对含碳红柱石矿石进行了选矿试验研究，确定了试验工艺流程为：磨矿—脱泥—强磁选—浮选。通过一次粗选、一次扫选、四次精选的闭路试验流程，获得了产率7.62%、红柱石含量89.69%、回收率61.07%、氧化铝品位55.34%的红柱石精矿。流程结构较为简单，精矿指标较好。

任子杰等人[307]对江苏某低品位蓝晶石矿进行了选矿试验研究。结果表明，该低品位难选蓝晶石矿适合球磨磨矿，适宜的磨矿细度为 -0.105mm 占 76.99%；脱泥粒度为 -20μm；SLon-100 脉动高梯度强磁选的磁感应强度为1.0T、矿浆流速3.5cm/s、脉动频率1000r/min；粗浮选碳酸钠用量为2800g/t、水玻璃为160g/t、油酸钠为1500g/t。通过磨矿—脱泥—强磁选——次粗选四次精选闭路流程处理，可以获得氧化铝品位55.13%、回收率为61.67%的最终精矿。蓝晶石精矿氧化铝品位达到 YB 4032—1991 中 LJ-55 级产品的要求。

史文涛等人[308]通过单矿物浮选试验，研究了 pH 值、捕收剂石油磺酸钠、金属离子、抑制剂等对蓝晶石与石英可浮性的影响。结果表明，随 pH 值上升，蓝晶石回收率、石英回收率均先上升后下降，理论蓝晶石含量先下降后基本保持不变，在 pH 值为 3.5 时，蓝晶石与石英可浮性差异较明显。无论浓度高低，Al^{3+} 对蓝晶石与石英均起活化作用；在低浓度时 Fe^{3+} 对蓝晶石起抑制作用，在高浓度时 Fe^{3+} 开始活化蓝晶石，而无论浓度高低，Fe^{3+} 对石英均起活化作用。未添加金属离子时，随水玻璃浓度增加，水玻璃对蓝晶石的抑制作用先增强后减弱，对石英的抑制作用不断增强；添加 Al^{3+} 时，蓝晶石与石英均受到明显活化，无法形成可浮性差异，而添加 Fe^{3+} 时，蓝晶石活化程度远远大于石英，可浮性差异明显。Fe^{3+} 与水玻璃浓度比为 10∶8.3、Fe^{3+} 和水玻璃浓度分别为 2.5×10^{-4}mol/L 和 2.08×10^{-4}mol/L 时蓝晶石浮选效果最佳，浮选精矿产率 50.98%，蓝晶石含量 94.26%，蓝晶石回收率 96.11%，浮选指标较好。

金俊勋等人[309]对南阳某低品位蓝晶石矿采用脱泥—浮选—重选工艺进行选矿试验研究，探索了磨矿、脱泥、浮选的适宜工艺条件。结果表明，棒磨效果优于球磨，适宜的磨矿细度为 -0.074mm 占 68.52%，脱泥粒度为 -30μm，反浮选云母适宜条件为矿浆 pH 值为 4.0，捕收剂十二胺用量为 160g/t。蓝晶石粗选的适宜条件为矿浆 pH 值为 3.5，抑制剂水玻璃用量 150g/t，捕收剂石油磺酸钠用量 2000g/t。通过磨矿、脱泥、浮选和重选闭路流程得到氧化铝品位 55.62%，氧化铝回收率 49.58%，蓝晶石含量 86.50%，蓝晶石回收率 84.77% 的蓝晶石精矿，达到了国家行业标准 YB 4032—91 中 LJ-55 对蓝晶石精矿的要求。

纪振明[310]对辽宁凤城红柱石矿进行了选矿试验研究。在红柱石反浮选试验中试验了抑制剂如六偏磷酸钠、焦磷酸钠、羧甲基纤维素、木质素磺酸钙和水杨酸等对红柱石分选效果的影响，活化剂如 $FeCl_3$、CaO 等对红柱石分选效果的影响，并最终确定捕收剂用量为 130g/t，水杨酸 300g/t，一次粗选三次精选的工艺流程，闭路试验获得产率 5.76%、氧化铝品位为 50.34%、氧化铝回收率 13.63% 的红柱石精矿。在红柱石正浮选试验中进行了捕收剂石油磺酸钠的用量试验和 pH 值试验，确定了一次粗选、四次精选的工艺流程，粗选捕收剂用量 2200g/t，第一次精选捕收剂用量 630g/t，其余精选不加捕收剂，最终获得产率 12.52%、氧化铝品位为 48.52%、氧化铝回收率为 26.37% 的红柱石精矿。

吕晶[311]对达茂旗翁公山红柱石矿石的矿物组成与嵌布特性进行了详细的分析，并进行了选矿工艺试验研究。结果表明，原矿红柱石品位为 7.4%，部分红柱石呈柱状，可见正方形横断面，内有少量炭质，粒径 0.12 ~0.48mm，大部分已绢云母化，仅有部分颗粒中央部分有残留，残留部分约占 10%；另有部分红柱石呈他形残余状，颗粒中有较多石英、铁泥质尘点使其分散成细小颗粒且模糊不清，轮廓粒径 0.12 ~0.48mm，其中红柱石占 30%，实际粒径 0.015 ~0.06mm。红柱石颗粒较小且已部分绢云母化，选矿过程中红柱石的选别富集比较困难。经过前期大量的探索性试验，根据红柱石的自身特点以及对原矿性质的深入研究，最终决定采用磁选—浮选工艺富集红柱石。确定试验工艺流程为：磨矿—脱泥—强磁选—浮选。经过条件试验和流程试验，矿石经过破碎、磨矿、脱泥、湿式强磁选、粗选、扫选及六次精选的开路流程试验，可以获得产率为 1.31%、红柱石品位为 69.60% 的精矿。

河北邢台魏鲁地区蓝晶石矿成分复杂，伴有石榴子石、磁铁矿、云母、石英等矿物可综合利用。张晋霞等人[312]通过弱磁选—强磁选除去大部分的磁铁矿、石榴子石及云母等矿物，磁选尾矿采用重选抛尾、中矿及精矿浮选的选别工艺进行研究。试验结果表明，通过一次粗选、四次精选的单一浮选工艺，可获得产率为 11.61%、氧化铝品位为 60.06%、回收率为 37.71% 的高纯蓝晶石精矿，达到了 LJ-58 国家标准。

苑光国等人[313]在对甘肃某红柱石矿的矿石性质和试验报告进行研究的基础上，确定了三段一闭路破碎流程 + 两段一闭路磨矿—分级—脱泥—浮选一次粗选四次精选—弱磁选—强磁选、中矿再磨返回粗选的工艺流程。在该流程的指导下，进行了选矿厂设计和设备选型，建成日处理 1000t 的红柱石选矿厂。经过一段时间的运转，工艺流程合理，实现了矿石的选别指标。在原矿红柱石品位 21.06%、氧化铝品位 22.56% 的前提下，生产出红柱石品位 92.51%、氧化铝品位 55.00%，红柱石回收率大于 51%，氧化铝的回收率大于 27% 的红柱石精矿。尾矿浓缩立式沙仓较为稳定，可排除高浓度尾矿，实现了尾矿膏体存放；同时回水质量合格，达到了回水利用的要求。

聂铁苗等人[314]对河北某地石榴石蓝晶石片麻岩进行了选矿试验研究。试验结果表明，在磨矿细度 -0.074mm 占 65.0% 的条件下，原矿经强磁选和一次粗选两次精选的工艺流程获得了氧化铝品位

61.88%、产率为4.76%的蓝晶石精矿。蓝晶石精矿的耐火度大于1790℃，达到GB/T 7322—2007指标，化学成分满足GB/T 6900—2006要求。

路洋等人[315]针对沭阳低品位蓝晶石矿石进行了选矿试验，在条件试验的基础上，比较了磨矿—脱泥—高梯度强磁选—酸性浮选和磨矿—脱泥—酸性浮选—高梯度强磁选两种试验流程的选别效果，最终确定采用磨矿—脱泥—高梯度强磁选—酸性浮选流程，获得了氧化铝品位为55.46%、回收率为81.24%的蓝晶石精矿，为该蓝晶石资源的开发提供了技术依据。

王磊[316]对邢台魏鲁地区低品位蓝晶石矿进行了选矿试验研究。试验结果表明，邢台魏鲁地区低品位蓝晶石矿主要化学成分为SiO_2 52.87%、Al_2O_3 21.08%。在磨矿细度为-0.074mm占65.30%时，脱泥对蓝晶石浮选影响大，效果最好的是酸法工艺，适宜的脱泥粒度下限为20μm。大部分的含铁矿物可通过磁选被除去，除铁率可达到87.78%，适宜的磁选条件为磁场强度1.2T。在各最佳因素分选条件下，采用磁选—浮选流程，最终可以获得氧化铝品位58.37%、回收率为56.02%的最佳分选指标。

张成强等人[317]针对甘肃某红柱石矿进行了工艺矿物学及浮选工艺研究。结果表明，该红柱石矿主要矿物为红柱石、黑云母、石英、长石、绢云母、绿泥石、黏土矿物和炭质等，金属矿物主要是钛铁矿、磁铁矿和少量褐铁矿，原矿红柱石品位为21.57%。采用“原矿—破碎—磨矿—脱泥—酸性浮选—中矿集中再磨后返回脱泥—强磁选”工艺流程，获得了较好的选别指标。精矿产率12.22%，红柱石品位92.11%，氧化铝品位55.33%，氧化铁含量0.73%，氧化铝回收率27.86%，红柱石矿物回收率52.20%，精矿耐火度大于1800℃。

张成强[318]针对某含碳难选红柱石矿进行了工艺矿物学及浮选工艺研究。研究结果表明，采用浮选脱碳—脱泥—酸性浮选—强磁选常规选别工艺流程，在磨矿细度-0.074mm占70%的条件下，最终获得红柱石精矿产率7.07%、红柱石矿物含量91.07%、氧化铝品位55.72%、氧化铁含量1.50%的选别技术指标，为该矿的开发利用提供了可行性技术方案。

内蒙古某低品位红柱石矿储量大，与长石、云母、铁质共生关系密切，且云母和红柱石浮选性能相似，因此，该矿属于难选红柱石矿。许光等人[319]针对内蒙古某低品位红柱石矿，对传统的重选—正浮选—强磁选工艺进行了优化，即在正浮选前增设了一次以除云母为主要对象的反浮选作业，减少了一次精选作业，对改进工艺的工艺技术条件进行了研究。在试验确定的工艺技术条件下获得了氧化铝品位60.13%、红柱石回收率为61.32%的红柱石精矿，精矿品质达到了红柱石最高等级标准。

在新疆，蓝晶石的选别仅限于实验室探索试验，随着资源需求量的增大和西部开发的影响，为提高企业的经济效益，新疆蓝晶石工业化生产指日可待。潘迪来[320]对新疆某地蓝晶石矿采用先浮后磁工艺进行选矿探索试验，从中寻找适宜的磨矿—浮选—磁选的工艺条件。为工业试验提供具有实际意义的理论数据，并为制定合理工艺改造奠定基础。蓝晶石原矿含量为28.33%，通过浮选—磁选工艺流程，最终获得氧化铝含量超过58%、氧化铁含量不大于1.41%的蓝晶石合格精矿产品。

冯晓菲等人[321]针对甘肃某低品位红柱石矿进行了工艺矿物学和选矿工艺研究。结果表明，甘肃某红柱石矿红柱石含量低，表面强烈绢云母化，且柱体内部包裹有细粒石英或细条状云母，对矿物单体解离造成一定难度。通过磨矿、脱泥、浮选等单因素试验，确定了脱泥—磁选—浮选的工艺条件及工艺流程。浮选在弱碱性条件（矿浆pH值为7.5）、温度为25℃下进行，通过“一次粗选、一次扫选、八次精选、中矿集中返回粗选”的闭路流程，可获得氧化铝品位55.21%、红柱石回收率59.69%的红柱石精矿。

甘肃某红柱石矿床属于大型矿床，具有储量丰富、矿体厚、容易开采等特点。但矿石品位低，风化严重，脉石矿物种类较多，嵌布关系非常复杂，选别难度大，难以生产高品质红柱石产品。金俊勋等人[322]针对该类型红柱石矿难选的特点，采用选择性磨矿—脱泥—磁选—浮选的工艺流程，确定了选择性磨矿、脱泥、磁选和浮选的适宜工艺条件。采用红柱石含量为10%的原矿，通过磁选—浮选工艺流程，最终获得红柱石含量87.78%、回收率50.61%的红柱石精矿。

张红新等人[323]针对细粒红柱石矿在实验室小型试验的基础上进行了中间试验研究。通过调试优化，中间试验最终获得了与实验室小试一致的分选指标。经过3天9班72小时连续运转，指标稳定。连续运转平均指标：红柱石精矿产率10.31%，氧化铝品位55.39%，回收率22.97%。精矿中红柱石矿物含量93.17%，红柱石矿物回收率46.76%，Fe_2O_3含量0.88%。中间试验验证了实验室小型试验工艺流程的合理性及所达到的技术指标，达到了中间试验的目的。

18.7.3.2　选矿设备

Prabhakar 等人[324]采用浮选柱对某硅线石矿进行了中试试验研究。在奥里萨邦砂现场采用直径为 0.5m 的浮选柱进行试验，并对油酸用量、硅酸钠用量、表面空气流速、冲洗水、矿浆流速和泡沫层厚度等工艺参数进行优化，通过在最佳条件下的连续运转，最终获得了硅线石品位大于 96%、回收率大于 90% 的硅线石精矿。

岳铁兵等人[325]采用非金属矿专用 FZF 型浮选机对蓝晶石进行了浮选试验，并对影响选别指标的关键参数进行了优化。试验结果表明，叶轮形状对浮选蓝晶石精矿品位影响不大，但对浮选回收率影响较大，搅拌力强的浮选回收率明显降低。浮选机主轴对精矿品位影响不大，但对浮选回收率影响较大。主轴转速高搅拌力强，导致浮选气氛恶化，蓝晶石的回收率下降较多。从 1.5L 和 10L 浮选机的试验结果可以看出，转速增加，回收率显著降低，验证了强搅拌力对非金属矿选别是不适应的。转速降低，矿浆平稳，但气体与矿浆的混合程度降低，导致选别指标严重降低。因此，选择合适的非金属矿浮选机的参数是十分重要的，合适的主轴转速必须与搅拌叶轮相适应。

我国绝大多数蓝晶石矿石因氧化铝含量较低，必须经过选矿才能利用。蓝晶石精矿中，常因含有石榴石、赤铁矿、磁铁矿、金红石、钛铁矿等磁选矿物含量超过允许标准，导致其工业价值降低，因此高效磁选技术的发展，特别是高效节能磁选设备的研制对蓝晶石精矿质量的提升具有重要意义。张大勇等人[326]采用 LGS 立式感应湿式强磁选机对河北某蓝晶石矿进行了试验研究。LGS 系列立式感应湿式强磁选机在现场连续运转 30 个工班，产品指标比较稳定。对非磁性产品进行分析，氧化铝品位为 22.38%，氧化铁含量 1.56%，其中氧化铝回收率为 42.66%，为后续浮选作业提供了有利的保障。

18.7.3.3　选矿药剂

何小民[287]使用自制的新型捕收剂 XM-1 和十二胺为捕收剂，考察了难免离子存在下红柱石与绢云母、高岭石的浮选性能，并通过新疆哈密红柱石矿实际矿石浮选试验进行验证。红柱石和绢云母、高岭石在 pH 值为 5.0 ~ 6.0 的弱酸性条件下，用 XM-1 做捕收剂从红柱石中反浮选绢云母、高岭石比十二胺更具有选择性。在捕收剂十二胺和 XM-1 体系中，难免离子的存在可能有助于红柱石与绢云母、高岭石反浮选分离。在实际矿石浮选过程中，使用自制的新型捕收剂 XM-1 从红柱石矿中反浮选绢云母和高岭石效果显著，在原浆浮选的环境下得到的红柱石精矿达到了使用标准。

朱海玲[288]针对复杂难选红柱石矿进行了纯矿物和实际矿石浮选试验。纯矿物试验结果表明，在矿浆 pH 值为 3.0 ~ 3.1 时，CSB 作捕收剂可以实现红柱石和石英的正浮选分离；当矿浆中存在铁离子时，石英被明显活化，红柱石和石英的可浮性基本一致，此时需添加抑制剂才能实现它们的正浮选分离；CSY 表现出较好的选择性抑制作用，对铁离子活化的石英有较好的抑制效果而基本不抑制红柱石。实际矿石浮选试验结果表明，采用"强磁选除铁—摇床脱泥脱钛—反浮选云母—正浮选分离红柱石与石英"的工艺流程，以硫酸为矿浆 pH 值调整剂，CSY 为抑制剂，CSB 为捕收剂，获得含氧化铝 53.46% 的合格红柱石精矿以及含二氧化硅 92.74% 的普通石英砂精矿。

硅线石属可浮性相对较好的硅酸盐矿物，但由于与脉石矿物可浮性差异较小，采用的选矿药剂必须具有较好的选择性，捕收剂的选择是非常重要的。赵平等人[299]采用自制的磺化油酸钠（RNT）进行试验，并与油酸、癸脂肪酸进行对比。结果表明，采用油酸时，硅线石矿物回收率较高，但精矿品位和杂质物含量均不符合产品质量要求，该药剂捕收能力强，但选择性差；采用癸脂肪酸时，精矿中氧化铝品位达到质量要求，但杂质氧化铁含量超标，且硅线石矿物回收率偏低；而采用 RNT 获得的精矿质量和矿物回收率均较高，该药剂具有较好的捕收性和选择性。

18.7.3.4　尾矿、三废处理、环保、循环利用

林口县某硅线石矿粉生产企业生产排放废水中细颗粒 SS 量大、粒径大，在 0.074 ~ 0.18mm，细颗粒表面附着浮选剂呈碱性、带有电荷、短时间内不易沉淀。林绍华等人[327]通过研究试验发现，在浮选废水中先加入盐酸能加速 SS 的沉淀，缩短沉淀时间；从企业经济效益考虑，决定改进生产工艺，新增设酸洗车间，有效利用酸洗废水。改进废水处理设施工艺流程，提出先强酸混凝快速沉淀后二次沉淀、经过砂滤、再调节曝气处理硅线石选矿废水。该工程建成运行后，废水处理效果明显，各项指标达到《国家污

水综合排放标准》GB 8978—1996 中二级标准。

张帆等人[328]通过硫酸铝、三氯化铁和聚合硫酸铁三种混凝剂对某蓝晶石矿选矿废水进行处理试验研究。试验结果表明，硫酸铝为最佳混凝剂，最佳用量为 40mg/L；最佳混凝 pH 值为 8.4，即原水的 pH 值；40mg/L 的硫酸铝投入原水后，按照正交试验确定的混凝水力条件和沉降时间，可使水浊度从 91.2NTU 降至 1.32NTU；而在 40mg/L 的硫酸铝投入原水后，按照正交试验确定的非离子型聚丙烯酰胺用量 0.25mg/L、混凝水力条件和沉降时间，则可使出水浊度降至 0.23NTU。出水水质分析表明，硫酸铝和非离子型聚丙烯酰胺联合使用的出水水质要比单一使用硫酸铝的出水水质要好，达到了工业回用要求，且按废水排放量 12000t，回用率 100% 计算，该工艺可使该矿每年产生经济效益约 8114.4 元。

18.7.3.5　综合回收

董波等人[329]对硅线石石榴黑云二长石片麻岩和硅线石榴片岩类型的某硅线石矿进行了选矿试验研究。结果表明，该硅线石含量较低，且嵌布关系较为复杂，但综合回收矿物分选工艺较为简单，而且其他可回收矿物的流向集中，最大限度地回收石榴石的同时，使浮选尾矿综合利用成为可能。采用不脱泥磁选—浮选联合工艺流程，以工业油酸作为捕收剂，在严格控制工艺条件的前提下，可以获得氧化铝品位 55.45%，回收率 26.58% 的硅线石精矿以及纯度达 95% 的石榴子石产品外，浮选尾矿 Fe_2O_3 可以降至 0.8% 以下，该产品可作为陶瓷填料进行利用。

针对邢台魏鲁地区蓝晶石尾矿中的低品位石英砂，牛福生等人[330]通过采用强磁选—反浮选提纯方法进行了试验研究，使二氧化硅品位为 82.81% 的石英经过选别后精矿的二氧化硅品位达到了 98.73%。该工艺流程可以在工业上大规模生产应用，对提高我国蓝晶石矿的利用效率，弥补资源的不足，满足高科技用高纯石英需求，具有重要意义。

刘淑贤等人[331]针对邢台魏鲁地区蓝晶石尾矿中含有长石、石英、云母等矿物，采用合理有效的选别方法进行长石的选矿试验，进而提高蓝晶石矿的利用效率。通过对蓝晶石尾矿进行强磁选—浮选试验，确定经过磁场强度为 1.43×10^6A/m 的两次强磁选，非磁性产物在矿浆 pH 值为 2、捕收剂 LJ-2 加入量为 200mL/t 进行浮选时，长石精矿最终 Fe_2O_3 含量降为 0.09%。

18.7.4　红柱石族矿选矿存在的问题及发展趋势

红柱石族矿选矿存在的问题及发展趋势如下：

（1）加强选别前的预富集作业。

我国红柱石族矿多为贫矿，具有品位低、杂质含量高、伴生含铝脉石矿物种类多等特点，且绝大多数矿体埋藏较浅，矿体出露规模大，长时间的自然风化，使矿石中富含大量的黏土类矿物及其他易粉碎脉石矿物，若将其直接入选，不仅分选效率低，而且生产成本高，能耗亦大。因此，利用预富集作业提高入选品位，抛弃部分粗粒尾矿，是十分有利的。众多红柱石族矿的预富集研究工作表明，采用预先擦洗脱泥及重介质分选对原矿在入磨前进行预富集，将可抛弃产率为 20% ~40% 的合格尾矿，使原矿入选品位提高 1 ~2 倍，其经济效益十分明显。随着今后国内选矿工艺、设备的不断更新及提高，重介质选矿可望能在我国红柱石族矿的预富集选矿方面发挥极其重要的作用。

（2）脱泥及粗颗粒浮选设备的研究应予以重视。

脱泥作业是红柱石族矿物浮选工艺中至关重要的环节，脱泥效率的高低对浮选效率的高低、精矿质量的好坏及精矿中红柱石族矿物回收率的高低均起着决定性的作用。因此，对红柱石族矿物浮选生产中脱泥设备的研制应予以充分的重视。目前生产中常用的脱泥设备，如水力旋流器、脱泥斗等，脱泥效率不尽人意，这其中有作业条件控制不严，也有设备本身条件所限的原因，作业脱泥效率通常仅能达到 60% 左右，难以满足工艺要求。因此，加快开发新型脱泥设备，提高脱泥效率，改善分选环境，将对蓝晶石矿物分选工艺的顺利实施起保证作用。

由于在红柱石族矿物浮选中，精矿品位的高低与产品粒度是相关的，在保证单体解离度的情况下，粒度越粗，分选效率越高，精矿品位亦越高。同时，磨矿粒度越粗，红柱石族矿物过粉碎越轻，脱泥中蓝晶石的损失亦越少。在美国等一些蓝晶石矿选别技术先进的国家，由于采用浅槽型的浮选机，并加大充气量，可使浮选精矿中的最大粒度达到 0.8mm，甚至更粗。这样，一方面可保证精矿的品位及回收率；另一方面，能最大限度地保留蓝晶石所具有的高温膨胀性能。但在国内，常规浮选机选别红柱石族矿物所能达到的最大粒度仅为 0.3mm 左右，磨矿细度需控制在 -0.074mm 为 50% 以上。这一现状的改观尚有赖于粗粒浮选设备的研制以及工艺上的相应改进。

（3）脱泥—酸性浮选—强磁选别流程值得推广。

除红柱石因需获得大于 0.5mm 精矿作耐火制品“骨料”，而在可能的情况下多采用重介质进行分选外，脱泥—浮选—强磁选别流程已成为当今世界各国广泛采用的红柱石族矿分选流程。其中脱泥—酸性浮选—强磁选别流程由于具有选择性好、精矿品位高、过程稳定、易于操作等明显优点，而应用最为普遍。脱泥—酸性浮选—强磁选别工艺已为大多数国外选矿厂所采用，但现在国内采用该流程的生产厂家仅限于河北魏鲁、江苏沐阳和河南桐柏等数家蓝晶石选矿厂。究其原因，主要是对设备的耐腐蚀问题较为担心。从国内目前的生产实践中所采取的防酸措施及国外的生产实践看来，采用酸性浮选时，需要加以防酸处理的设备仅限于加酸搅拌槽、浮选各作业及相应的管道，由此而增加的费用视具体情况，占这些设备费用的 10% ~50%，但实际上，相对于碱性浮选，酸性浮选的生产费用低 20% 左右，且精矿质量明显高于前者。因此，酸性浮选的投资增加费用，完全可通过生产费用的降低及产品质量的提高而得以弥补。因而，脱泥—酸性浮选—强磁选别流程不失为一种可在红柱石族矿物选别中加以推广利用的选矿工艺。

18.8　长石

18.8.1　长石资源简况

长石是由硅氧四面体组成的架状构造的钾、钠、钙铝硅酸盐矿物，其化学成分为 SiO_2、Al_2O_3、Fe_2O_3、K_2O 和 Na_2O 等。长石的基本结构单位是四面体，它由 4 个氧原子围绕一个硅原子或铝原子而构成。每一个这样的四面体都和另一个四面体共用一个氧原子，形成一种三维的骨架。大半径的碱或碱土金属阳离子位于骨架内大的空隙中，配位数为 8（在单斜晶系长石中）或 9（在三斜晶系长石中）。长石晶体多数主要呈板状或沿某一结晶轴延伸的板柱状。双晶现象十分普遍，双晶律多达 20 多种。常见的有钠长石律、曼尼巴律、巴温诺律、卡斯巴律、肖钠长石律双晶。它们分别存在于三斜晶体或单斜与三斜晶体中[332]。

作为重要的非金属矿产资源，长石储量巨大，地域分布广泛。根据美国调查机构公布的结果，全球约有 10 亿吨长石资源储量，主要分布在北美、欧洲、东亚等地区[333]。意大利、土耳其、美国、加拿大等为其主要产出国。世界主要的长石矿山情况见表 18-34。

我国是玻璃、陶瓷生产大国，长石资源也很丰富，以钾长石为主，钾长石资源储量也是极其丰富的，集中分布在安徽、山西、新疆、四川、内蒙古等省区，主要分布见表 18-35[334]。

长石资源虽然很丰富，但是能够满足工业要求的优质长石矿较少，绝大部分都含有石英、白云母、黑云母、金红石、磁铁矿、赤铁矿、褐铁矿，有些长石原矿中还含有磷灰石、黄铁矿、榍石、角闪石、电气石等，含铁量比较高，长石白度或烧成白度达不到要求。为了提高长石的工业价值，满足工业对优质长石矿的需求，必须从劣质长石矿中去除杂质矿物，尤其是对铁、钛氧化物的去除。长石中的钛主要以金红石的形式存在，而铁的存在形式要复杂一些，主要有以下两种情况：（1）以赤铁矿、褐铁矿为主，呈微细粒星点状零星分布在脉石中或云母矿物中，粒度一般较粗，这种集合体易于选别；（2）以铁染形成的氧化铁淋漓渗透污染钾长石的表面，或沿着裂隙、矿物间及钾长石的解理缝贯入分布，这种铁染形成的氧化铁大大地增加了除铁的难度[335]。它大致分为三大系列：（1）由钾、钠两组长石相互混熔而形成的碱性长石系列，它包括正长石、微斜长石、透长石、冰长石及歪长石五种；（2）由钠、钙长石两种组分相互混熔而形成的斜长石系列；（3）钡长石系列，包括钡长石、副钡长石、钡钠长石、锶长石。但是，高品质的长石矿资源有限，大部分长石矿都为低品质的长石矿，需通过选矿去除脉石矿物和有害的杂质元素。目前，陶瓷行业高等级的产品对长石质量要求越来越高，尤其是铁钛含量和脉石含量，这就对长石矿的加工提出了更高的要求。

表 18-34　世界主要的长石矿山情况

国　家	公　司	生产能力/万吨	产　品
意大利	Mattei	150	钠长石、钾长石
	Gruppo Minerarlia	90	钾长石、钠长石
	Silana Minerali Spa	12	钠长石
土耳其	Kalemadem	42	钠长石、钾长石
	Esan	36	钠长石
	Kaltun	25	钠长石
	TopraR	30	钠长石
	Matel AS	30	钠长石、钾长石
	Polat Maden	7.5	钠长石
美　国	The Feldspar Corp	33	钠长石、钾长石
	U. S Silica Co.	21	细晶石
	Pacer Corp	6	钾长石
西班牙	Indnstrias del Cuarzoa SA	11	钾长石
	Cia Minerade Rio Piron	8	钾长石
	Lianso SA	10	钾长石
德　国	Amberger Kaolinwerke	18	钾长石、钠长石
	Saarfeldspatwerke	6	钾长石
澳大利亚	CML	20	钾长石、斜长石

表 18-35　我国长石矿主要分布

主要产地	储量/亿吨	品位/%				
		K_2O	Na_2O	SiO_2	Al_2O_3	Fe_2O_3
安徽寿县	—	7.70 ~ 11.16	—	—	—	—
安徽宁国	—	9.20	0.17	69.35	18.06	2.87
安徽马鞍山	—	—	—	—	>18	2.04
安徽霍山	—	10.10	3.82	—	18.09	3.36
安徽舒城	0.32	6.03	3.75		15.13	3.38
安徽六安	—	9.50	4.04	—	19.00	1.70
安徽金寨	>0.157	10.00	3.42	—	19.15	0.36
安徽来安	—	7.87	5.11	—	20.18	0.30
山西古交	较大	13.52	2.32	64.90	18.71	0.09
山西静乐	0.014	12.86	2.53	65.13	18.63	0.12
山西闻喜县	—	12.51	2.50	62.65	18.20	—
山西祁县	—	13.37	2.64	65.66	18.38	0.17
山西临县	30	11.00	—	—	—	—
新疆塔里木	—	14.92	—	64.41	12.94	1.33
新疆阿尔泰	11.69	12.95	2.83	64.98	18.68	0.01
新疆尾亚	—	9.91	4.25	64.61	18.59	0.39
四川宝兴	4.5	9.00 ~ 15.20	0.7	60.22	16.03	—
四川汉源	20	3.00 ~ 7.00	—	38.50	8.65	—
四川旺苍	—	11.00	3.33	65.60	18.69	—
内蒙古包头	—	10.41	1.12	66.86	20.12	0.18
内蒙古白云鄂博	0.28	8.06 ~ 12.31	1.38 ~ 2.74	55.68 ~ 61.68	14.84 ~ 17.66	1.23 ~ 3.93

18.8.2　长石的传统选矿方法

18.8.2.1　*磁选*

长石中一般都含有铁矿物，而长石中铁元素含量的多少，是评价长石矿质量优劣的主要因素，除了铁矿物，长石中还有可能含有黑云母、角闪石和电气石等，它们都具有一定的弱磁性，因此采用强磁选设备可以获得较好的分选效果。

彭会清等人[336]采用一种新型永磁干式强磁选机对山东省某长石矿山的长石矿样进行了除铁试验，该新型干式永磁强磁选机试验样机，突破了传统的磁选机结构模式，采用高性能钕铁硼材料，运用聚磁技术进行磁路设计，变环为带，用输送带作为精矿输送机构；磁场作用深度大，为常规磁选机的 2 倍，保证回收率的提高；带型可变，磁系可变，以适应不同选矿物料性质变化的要求。试验结果表明，长石粒级为 -0.2mm +0.074mm，磁极距为 10mm，磁选机精矿输送带电动机调频器的频率为 45Hz 时，所取得的试验结果最佳。在最佳试验条件下，-0.2mm +0.074mm 原矿矿样经过一次粗选、一次精选除铁试验后，长石中 Fe_2O_3 的含量从 0.54% 降低到 0.18%，除铁率达到 72.52%，精矿产率达到 82.45%，取得了较好的分选指标。

18.8.2.2　*浮选*

石英、长石在物理性质、化学组成、结构构造等方面很相似，常以共生体状态出现于自然界中。但由于在长石的结构构造中，硅氧四面体被铝氧四面体所取代，从而导致二者在很多方面有着细微的差异，长石通常情况下的零电点比石英的低。同时又因 Si—O 键比 Al—O 键的键能要高，晶体破碎时，Al—O 键更容易断裂，使长石表面暴露出含大量 Al^{3+} 的化学活性区。这些差异都为石英与长石的浮选分离提供了理论依据[337]。

氢氟酸法是石英-长石浮选分离的传统方法，是指用氢氟酸或氟化物做长石的活化剂，在强酸性介质中，用胺类等阳离子捕收剂优先浮选出长石的分离方法。无氟有酸法[338]是指在强酸性（一般为 H_2SO_4），即 pH 值为 2～3 的介质中，采用胺和石油磺酸盐作为阴阳离子混合捕收剂优先浮出长石。但由于矿浆要在剧毒物质氢氟酸或者强酸性条件下进行反应，对实际操作均带来了很大的不便（如对试验设备腐蚀等影响），那么排除氢氟酸或强酸性介质影响而分离长石-石英成为一个新的研究热点。

无氟无酸法在中性介质条件下的浮选机理[339]为：在中性介质中，石英、长石均带负电，阳离子捕收剂可在长石表面铝微区形成特性吸附，由合适的阴阳离子捕收剂结合形成疏水性分子胶团，使得长石表面的吸附能力远高于石英，即可优先浮选长石，与石英分离。而其碱性介质条件下的浮选机理在碱性介质条件下，长石的可浮性很弱，而石英的可浮性基本保持不变，可优先浮选石英，从而与长石分离。该法代表着石英-长石浮选分离工艺的未来发展方向。只是由于石英-长石浮选的无氟无酸法还只是局限于理论和试验中，真正做到投产和实际运用还需要更进一步的研究和完善，且其中的阴阳离子捕收剂的选取将是矿物专家们感兴趣的话题。随着探索的不断深入，相信无氟无酸法必将在以后得到广泛的应用。

18.8.2.3　*磁—浮等联合流程*

某些高铁极难选长石矿，不仅含铁很高，而且其中部分铁矿物是以铁染形式渗透于长石解理间，对于这些矿物，如果采用单一选别工艺都不能满足精矿要求，可以采用联合流程。徐龙华等人[340]对四川某低品位长石采用“磁选—浮选”联合工艺，获得合格的钾钠长石精矿，且可综合回收石英。庞玉荣等人[341]采用“反浮选—强磁选”联合工艺流程，获得 $K_2O + Na_2O$ 含量为 13.92%、Fe_2O_3 含量为 0.2% 的钾长石精矿。李晓燕等人[342]采用“磁选—脱泥—浮选”联合工艺流程将长石中的铁降到 0.051%，二氧化钛降到 0.018%，氧化钙降到 0.05%，氧化钾达到 13.39%，长石产率达到 87%。

18.8.2.4　*其他选矿方法*

A　*反浮选*

反浮方法适用于伟晶花岗岩、半风化花岗岩、风化花岗岩及硅砂等，使长石生产不再单纯依赖于粗晶质伟晶岩，低品位长石矿床也能得到开发利用。如对于在粉碎解离过程中产生的粒度小于 20μm 的极细颗粒，常规方法分选效果不佳，如果将此细泥部分丢去则会导致大量有用矿物的流失。Dogu 和 Arol[343]用淀粉对矿浆中的含铁矿物进行选择性絮凝，淀粉对含铁矿物有很好的亲和力，却不会吸附于长石上，含铁矿物絮凝沉淀后再利用浮选等方法即可有效除去。

B 手选与洗矿

对于某些矿石质量较好的伟晶岩型长石矿，矿物晶体粗大、纯净，共生矿物主要是大块状的石英和白云母，开采时用手选就可以获得高品级的商品长石矿石。而洗矿适用于产自风化花岗岩或长石质砂矿的长石，主要是去除黏土、细泥和云母等杂质，一方面降低长石矿中 Fe_2O_3 含量，另一方面可以提高长石矿中钾、钠含量[344]。

C 表面擦洗

国外有人对采自透镜状花岗闪长岩矿床中的钠长石矿进行了湿式表面擦洗研究。该矿石不含外来包裹体，钠长石含量高，并伴有绿泥石、石英和少量正长石、斜长石和次生副矿物，如榍石、绿帘石和氧化镁。在固体浓度72%时，用Denver擦洗机进行不同时间的表面擦洗试验[345]。长石精选除杂主要是针对含铁杂质矿物，如磁铁矿、赤铁矿、褐铁矿、黑云母等，如果精矿对钛有严格限制时需特别去除含钛杂质矿物，以金红石和榍石最为常见。

18.8.3 长石矿开发发展趋势

18.8.3.1 深加工利用

在所有的长石矿物中，钾长石是含量最多的一种，它化学结构极其稳定，所含钾是难溶性的，因而给从钾长石中制取钾肥带来了困难，钾长石熔融温度为1100～1200℃，熔融间隔较长，具有较强的助溶性，在高温下融化形成玻璃态物质具有透明的特点，所以，被广泛用于玻璃、陶瓷工业领域。

众所周知，钾是农作物生长的重要的元素，世界上蕴藏着很多含钾资源，但绝大部分是水难溶性的或不溶性的。我国钾资源丰富，可溶性钾资源十分贫乏。国外可溶性钾资源足以满足农业的需求，因此利用水难溶性的钾资源制取钾肥的研究较少。我国从20世纪60年代初起就开始利用钾长石制取钾肥的研究，先后进行了数十种工艺研究，综合起来可分为烧结法、高温熔融法、水热法、高炉冶炼法和低温分解法，从而实现资源的循环利用。

使用钾长石制造硅酸钙板，其原理是将原料制好浆，按比例（$m_{钾长石}:m_{石灰膏}:m_{纤维}=229:91:80$）混合均匀，制备好的料浆，采用流浆制板工艺制成板坯，板坯堆垛后送入蒸压釜中，高温高压蒸汽养护，使材料中硅铝与石灰中的氧化钙在高温水热反应作用下生成水化硅酸钙，水化硅酸钙结晶矿物，与纤维胶结起来形成一个整体。反应方程如下[346]：

$$SiO_2 + CaO + nH_2O = CaO \cdot SiO_2 \cdot nH_2O$$

$$Al_2O_3 + 3CaO + nH_2O = 3CaO \cdot Al_2O_3 \cdot nH_2O$$

用钾长石粉制造硅酸钙板，是利用当地资源，降低生产成本的好途径。

利用钾长石制取钾肥的同时制取白碳黑，它的原理是基于提钾后钾长石结构已经遭到破坏，然后，在一定温度下与NaOH反应制取水玻璃，用水稀释的同时加入适量电解质，用酸中和并定温老化，再经过滤、洗涤制得白碳黑。

18.8.3.2 新技术进展

A 酸浸

酸浸也是去除长石杂质的有效方法，它往往是处理长石中含有极细微嵌晶结构的杂质。郑骥等人研究得知采用较大的硫酸浓度、较高的酸浸温度和较长的酸浸时间，除铁效果较好，均明显优于摇床重选和湿法磁选的物理除铁方法。通过对3种不同地区长石矿的酸浸对比得出：影响钾长石粉酸浸除铁效果的主要因素是原矿中铁的赋存状态，主要呈赤铁矿、磁铁矿、黄铁矿、铁绿泥石等物相存在的铁质，在硫酸酸浸过程中易于去除，而去除黑云母、钠铁闪石等矿物中的铁质较为困难，原矿呈极细微的显微嵌晶结构是造成长石粉酸浸除铁效果较差的一个主要原因。如采取合理的技术路线，可得到一些含铁副产品，并使剩余的硫酸废液得以循环利用，从而实现除铁废液的完全资源化，降低工艺成本[347]。

B 生物浸出

铁可以作为某些微生物的电子载体和能量源，与微生物作用时发生氧化、还原反应，变成可以溶解的离子态，此过程产生的有机酸也会使杂质矿物溶解，再通过水洗即可将杂质矿物除去。对于极细长石微粒中的含铁矿物，用传统的方法很难去除，生物浸取却可以达到比较好的效果。微生物不仅有利于长石矿的分解，还可以有效去除长石表面层间铁矿物。Iveta Styriaková 对此方法进行了深入的研究，通过微生物浸取将 Fe_2O_3 从0.175%降到了0.114%，TiO_2 从0.02%降到了0.018%；其研究也表明被溶解和去除的铁与最初长石原矿中铁的量不直接成比例，还要取决于长石的地质变化、矿物组成以及铁矿物的分布情况[348]。所以要获得高质量的长石精矿，还需其他方法与微生物处理相结合。

Iveta Styriaková 等人先用异养菌 Bacillus spp. 预先处理分化花岗岩型长石矿石，然后利用草酸酸浸去除其中的含铁化合物，取得了很好的效果，Bacillus spp. 产生的有机酸作用于矿物颗粒间及缝隙中的浸染铁化合物，将铁离子溶解释放出来，这一预先处理不仅有利于草酸的进一步作用，还可以大大降低草酸的使用浓度和回收成本，同时污染排放量也得到了减少[349]。研究了异养菌与强磁选结合的除铁方法，除铁率可达70%左右。

C　其他新技术

强磁场磁选—浮选联合流程虽然能获得合格的长石精矿产品，但流程较为复杂，因此设备投资及选矿成本较高。如果长石矿具有质软易粉碎的特点，可以对碎散脱泥后矿砂采取在磨机中加入少量钢球进行擦磨，剥离出云母族矿物中所夹杂的铁矿物，而长石矿物又不至于过粉碎，结果表明采用剥离—强磁场磁选方案能获得较好的选别指标。与磁—浮流程比较，该流程长石精矿产率较高，具有工艺简单、选矿成本较低的特点[350]。对于含铁极高的长石原矿，进行酸浸、剥离等预处理是经济有效的。

也有报道称，烷基二胺对长石的捕收能力比石英弱，且碳链越短，捕收差异越明显。若在二胺浮选体系中加入非离子表面活性剂，差异可进一步得到扩大。如在pH值为3的强酸性条件下，石英仍有很好的可浮性，而长石却受到强烈抑制，可浮性非常差。十二烷基磺酸钠的加入，也可不同程度地影响二者在烷基二胺浮选体系中的可浮性，在碱性条件下，石英可浮性基本不变，但长石可浮性却急剧下降，这也为二者的浮选分离提供了可能[351]。

18.8.4　长石选矿存在的问题及发展趋势

目前长石矿特别是钾长石矿的选别主要集中在原矿直接除铁以及石英-长石的分离两个方面，随着陶瓷、玻璃和化工等行业产品质量的提升，对长石原料要求的提高，促使人们进一步开发长石的除杂技术。虽然长石的除杂方法较多，目前应用最广泛的方法仍只是单一的选矿提纯工艺如磁选和浮选，这已不能满足市场的需求，应采用多种选别作业，如脱泥、磁选、浮选等组成联合工艺流程将会成为长石矿加工的主要途径，今后钾长石矿的合理开发利用，重点应放在以下几个方面：（1）磁选除铁方面应加强高场强、处理量大、永磁磁选设备的研究；（2）加强无氟弱酸工艺的工业化应用研究；（3）加强浮选除铁工艺的研究工作；（4）进行长石-石英分离新型高效组合捕收剂、特效抑制剂及其作用机理的研究，以实现在弱酸或中性条件下，石英-长石高效分离；（5）钾长石矿差异化利用方案的研究。另外其他方法在工业上的应用还比较少，需要进一步加强其应用研究[352]。

参考文献

[1] 孔志岗，朱杰勇，杨杰．中国萤石矿开发利用与产业发展趋势分析[J]．化工矿物与加工，2011，40(4)：1-4.

[2] 吕惠进．我国萤石矿产资源可持续开发利用研究[J]．矿业研究与开发，2005，25(1)：6-9.

[3] 水清木华研究中心．2010年中国萤石行业研究报告[R/OL]．2011. http//www. pday. com. cn/Uploads/ReportAttach/201101 14014540. Pdf.

[4] 任海洋．抑制剂对萤石与方解石浮选分离的影响及机理研究[D]．长沙：中南大学，2013.

[5] Fa K，Nguyen A V，Miller J D. Interaction of calcium dioleate collector colloids with calcite and fluorite surfaces as revealed by AFM force measurements and molecular dynamics simulation[J]. International Journal of Mineral Processing，2006，81(3)：166-177.

[6] 冷阳．内蒙古某细粒嵌布萤石矿选矿试验研究[D]．武汉：武汉理工大学，2008.

[7] 宋英，金火荣，胡向明，等．遂昌碳酸盐型萤石矿选矿试验[J]．金属矿山，2011(8)：89-93.

[8] 胡斌．脂肪酸皂捕收剂的合成及其对萤石矿的浮选性能[D]．长沙：中南大学，2012.

[9] 李仕亮，王毓华．胺类捕收剂对含钙矿物浮选行为的研究[J]．矿冶工程，2010，30(5)：55-58，61.
[10] Zhang Y，Wang Y H，Li S L. Flotation separation of calcareous minerals using didodecyldimethylammonium chloride as a collector[J]. International Journal of Mining Science and Technology，2012，22(2)：285-288.
[11] Song S，Lopez-Valdivieso A，Martinez-Martinez C，et al. Improving fluorite flotation from ores by dispersion processing[J]. Minerals Engineering，2006，19(9)：912-917.
[12] 叶志平，何国伟．柿竹园萤石浮选捕收剂的研究[J]．有色金属(选矿部分)，2007(1)：47-49.
[13] 杨丽珍．YF-01 捕收剂在内蒙古×××萤石矿的应用[J]．化工矿产地质，2007，29(4)：245-248.
[14] 张凌燕，洪礼，王芳，等．某难选萤石矿低温浮选试验研究[J]．中国矿业，2009，18(7)：70-72，75.
[15] 凌石生，肖婉琴，肖巧斌，等．新型捕收剂 BK410 在某萤石矿中的应用[J]．有色金属(选矿部分)，2010(6)：48，50，34.
[16] 张晓晖，王中海．萤石的开发利用及分选[J]．矿业快报，2007(7)：50-52.
[17] 魏克帅．浮钨尾矿中萤石的活化及其与方解石的浮选分离研究[D]．长沙：中南大学，2011.
[18] 牛福生，梁银英，苏成德．内蒙某地低贫萤石矿浮选提纯工艺研究[J]．中国矿业，2007，16(4)：92-93，97.
[19] 刘淑贤，申丽丽，牛福生．河北某低贫难选萤石矿浮选工艺研究[J]．非金属矿，2010，33(4)：28-29.
[20] 张光平，陆海涛，任大鹏，等．内蒙古某地萤石矿浮选试验方法[J]．内蒙古科技与经济，2009(21)：84-85.
[21] 印万忠，吕振福，韩跃新，等．改性水玻璃在萤石矿浮选中的应用及抑制机理[J]．东北大学学报(自然科学版)，2009，30(2)：287-290.
[22] 周涛，师伟红．金塔县某高钙萤石矿选矿试验研究[J]．金属矿山，2011(3)：102-104.
[23] 牛云飞，黄敏．晴隆碳酸盐型萤石矿选矿生产实践[J]．矿产保护与利用，2010(3)：16-19.
[24] 张旺，张国范，陈文胜，等．某碳酸盐型萤石矿浮选工艺研究[J]．有色金属，2014(4)：48-51.
[25] 张国范，魏克帅，朱阳戈，等．浮钨尾矿萤石的活化与浮选分离[J]．化工矿物与加工，2011(9)：6-8.
[26] 曹占芳，金火荣，周金城，等．从龙泉浮选尾矿中回收萤石[J]．非金属，2013，34(6)：23-25.
[27] 周文波，程杰，宋少先，等．酸化水玻璃在墨西哥某高钙型萤石矿选矿试验中的作用[J]．非金属，2013，36(3)：31-36.
[28] Wenbo Zhou，Josue Moreno，Shaoxian Song，et al. Flotation of fluorite from ores by using acidized water glass as depressant[J]. Minerals Engineering，2013(45)：142-145.
[29] 杨锡祥，窦源东．某萤石选矿多泥尾矿水絮凝沉降试验研究[J]．采矿技术，2010，10(6)：58-60.
[30] 胡小京，杨晋，陈旭翔，等．异步浮选—中矿选择性再磨新工艺在萤石选矿中的应用[J]．非金属，2014，37(3)：60-62.
[31] 张和平．萤石选矿的国内外动态[J]．湖南有色金属，1995，84(9)：17-21.
[32] 黄国智．萤石选矿研究及现状[J]．矿冶，1995，3：37-49.
[33] 裘忠富，等．萤石选矿技术的进展[J]．浙江冶金，2003，56(1)：18-21.
[34] Helbig C，Baldauf H，et al. Investigation of Langmuir monofilms and flotation experiments with anionic/cationic collector mixtures[J]. International Journal of Mineral Processing，1998，53(3)：135-144.
[35] Sehubert H，et al. Further development of fluorite flotation from ores containing higher calcite contents with medialan as collector[J]. Int. J. Miner process. 2000，49(30)：185.
[36] Afonso A，Dantas Neto，Tereza N，et al. Study of microemulsified systems applied to mineral flotation[J]. Ind. Eng. Chem. Res. 2003，42(4)：1994-1997.
[37] 郑桂兵．萤石与方解石浮选分离抑制剂研究[J]．非金属矿，2002，34(9)：41-42.
[38] Mokrousov V A. Concentration of calcite-fluorite ore by flotation with the use of aluminiumsalts[J]. Gorny Journal，1995，19(9)：67-68.
[39] 李湘洲．石墨材料的开发应用与发展趋势[J]．新型碳材料，1993，31(1)：5-21.
[40] 崔源声，李辉，徐德龙．世界天然石墨生产、消费与国际贸易[J]．中国非金属矿工业导刊，2012，98(4)：48-51.
[41] 李圣华．炭和石墨制品［M］．北京：冶金工业出版社，1984.
[42] Sally J，Suzette M K. Mineral commodity summaries 2015[R]. US Geological Survey，Reston，V A，2015：68.
[43] 尹丽文．世界石墨资源开发利用现状[J]．国土资源情报，2011(6)：29-32.
[44] 王宁，申克，郑永平，等．微晶石墨制备各向同性石墨的研究[J]．中国非金属矿工业导刊，2011，(2)：3-11.
[45] 孙敬锋，王林祥，姬云波．预先选别法保护鳞片石墨选矿工艺研究[J]．矿产保护与利用，2010，(6)：37-39.
[46] 孙政元，曾钦，李根兴，等．低品位石墨矿晶体保护选矿工艺研究[J]．矿产保护与利用，2013，(5)：39-41.
[47] 岳成林．提高鳞片石墨大片产率的浮选试验研究[J]．中国矿业，2015，24(3)：128-130.

[48] 宋昱晗．微细鳞片石墨和隐晶质石墨选矿工艺特性差异研究[D]．武汉：武汉理工大学，2014.
[49] 孙政元，贾凤梅，秦丽．内蒙某低品位石墨矿选矿工艺研究[J]．化工矿物与加工，2012(9):12-14.
[50] Li H Q, Ou L M, Feng Q M, et al. The recovery mechanisms of sericite in microcrystalline graphite flotation[J]. Physicochem. Probl. Miner. Process. 2015, 51(2): 386-399.
[51] Li H Q, Feng Q M, Yang S Y, et al. The entrainment behaviour of sericite in microcrystalline graphite flotation[J]. International Journal of Mineral Processing, 2014, 127: 1-9.
[52] 李洪强．隐晶质石墨浮选泡沫特性及调控研究[D]．长沙：中南大学，2014.
[53] 张凌燕，邱杨率，黄雯，等．鞍山地区某石墨矿选矿试验研究[J]．非金属矿，2011，34(5)：21-23.
[54] 杨香风．石墨选矿及晶体保护试验研究[D]．武汉：武汉理工大学，2010.
[55] 葛鹏，王化军，解琳，等．石墨提纯方法进展[J]．金属矿山，2010(10):38-43.
[56] 张凌燕，李向益，邱杨率，等．四川某难选石墨矿选矿试验研究[J]．金属矿山，2012，7(9):5-8.
[57] 张凌燕，杨香风，洪礼，等．广元地区含隐晶质难选石墨选矿试验研究[J]．非金属矿，2010，33(5)：30-33.
[58] 卢小涛，彭春艳．江西某石墨矿选矿工艺设计[J]．中国非金属矿工业导刊，2013(6):40-42.
[59] 张凌燕，张丹萍，邱杨率，等．朝鲜某地细粒级石墨矿选矿试验研究[J]．矿产综合利用，2012(2)：28-32.
[60] 柳溪．萝北某鳞片石墨矿选别高碳石墨新工艺研究[D]．武汉：武汉理工大学，2014.
[61] 胡红喜，张忠汉，董天颂，等．某低品位石墨矿选矿试验[J]．现代矿业，2014，30(7)：72-74.
[62] 金蝉，薛玉，秦英海，等．复合型石墨浮选剂选矿试验研究[J]．哈尔滨工业大学学报，1995，27(6)：109-111.
[63] 张凌燕，彭伟军，李向益，等．四川某细粒含隐晶质石墨矿选矿试验研究[J]．矿产综合利用，2014(1)：40-44.
[64] 张凌燕，李向益，邱杨率，等．磐石地区隐晶质石墨矿选矿试验研究[J]．非金属矿，2012，35(3)：35-37.
[65] 王裕先．鳞片石墨的磁电选矿提纯和综合利用技术[EB/OL]. http：//cnpowdertech. com/2015/jsjzt_1006/14920. html, 2015-10-06.
[66] 李凤，宋永胜，李文娟，等．从某石墨尾矿中回收绢云母的选矿试验[J]．金属矿山，2014，458(8)：170-174.
[67] 聂轶苗，刘淑贤，牛福生，等．某石墨尾矿中绢云母物相分析与选矿试验研究[J]．非金属矿，2014，37(4)：45-46.
[68] 陈宝海，杜高翔，廖立兵，等．利用石墨尾矿制备建筑陶瓷[J]．非金属矿，2012，34(6)：45-47.
[69] 屈启龙．高碳钒矿综合回收石墨提钒新工艺研究[D]．西安：西安建筑科技大学，2007.
[70] 陈志强．某低品位石墨型钒矿的浮选研究[J]．材料研究与应用，2011，5(2)：146-149.
[71] 王嘉荫．石英[M]．北京：地质出版社，1956：26-53.
[72] 白玉章．石英玻璃生产[M]．北京：中国建筑工业出版社，1985：1-9.
[73] 王泽杭．用硅石生产高纯石英粉新技术[J]．中国建材，2001(11)：75-77.
[74] 汪灵，李彩侠，王艳，等．我国高纯石英加工技术现状与发展建议[J]．矿物岩石，2011，31(4)：110-114.
[75] Klemd R. Mineralogie[M]. Springer Berlin Heidelberg, 2005: 131-134.
[76] Götze J. Quartz: deposits, mineralogy and analytics[M]. Springer Berlin Heidelberg, 2012: 287-306.
[77] Sterner S M, Bodnar R J. Synthetic fluid inclusions: Ⅶ. reequilibration of fluid inclusions in quartz during laboratory simulated metamorphic burial and uplift[J]. Journal of Metamorphic Geology, 1989, 7(2): 243-260.
[78] Perny B, Eberhardt P, Ramseyer K, et al. Microdistribution of Al, Li, and Na in α-quartz: possible causes and correlation with short-lived cathodoluminescence[J]. American Mineralogist, 1992, 77(6): 534-544.
[79] Van den Kerkhof A M, Hein U F. Fluid inclusion petrography[J]. Lithos, 2001, 55(1): 27-47.
[80] Haus R. High demands on high purity[J]. Industrial Minerals, 2005, 10: 62-67.
[81] Müller A, Kronz A, Breiter K. Trace elements and growth patterns in quartz: a fingerprint of the evolution of the subvolcanic Podlesi Granite System(Krušne Hory, Czech Republic)[J]. Bulletin of the Czech Geological Survey, 2002, 77(2): 135-145.
[82] Haus R, Prinz S, Priess C. Quartz: deposits, mineralogy and analytics [M]. Springer Berlin Heidelberg, 2012: 29-67.
[83] 韩宪景．超高纯石英砂深加工生产[J]．国外金属矿选矿，1987(7)：31-32.
[84] 洪璐，金小宁．高纯石英玻璃原料[C]//第四届高新技术用硅质材料及石英制品技术与市场研讨会论文集，2006：96-100.
[85] Palaniandy S, Azizi Mohd, Azizli K, et al. Mechanochemistry of silica on jet milling[J]. Journal of materials processing technology, 2008, 205(1): 119-127.
[86] Moskowitz J P. Method and apparatus for making high purity silica powder by ball milling: U. S. A, U. S. 10/351035[P]. 2003-1-24.
[87] Yildirim K, Cho H, Austin L G. The modeling of dry grinding of quartz in tumbling media mills[J]. Powder Technology, 1999, 105(1): 210-221.

[88] Dal Martello E, Bernardis S, Larsen R B, et al. Electrical fragmentation as a novel route for the refinement of quartz raw materials for trace mineral impurities[J]. Powder Technology, 2012, 224: 209-216.

[89] Kovalchuk B M, Kharlov A V, Vizir V A, et al. High-voltage pulsed generator for dynamic fragmentation of rocks[J]. Review of Scientific Instruments, 2010, 81(10): 103506-103506-7.

[90] El-Shall H, Vidanage S, Somasundaran P. Grinding of quartz in amine solutions[J]. International Journal of Mineral Processing, 1979, 6(2): 105-117.

[91] Rahimi M, Dehghani F, Rezai B, et al. Influence of the roughness and shape of quartz particles on their flotation kinetics[J]. International Journal of Minerals, Metallurgy, and Materials, 2012, 19(4): 284-289.

[92] 张福忠. 石英提纯应用的DG型磁选机与SXG型擦洗机[J]. 化工矿山技术, 1995, 24(5): 26-27.

[93] 银锐明, 陈琳璋, 侯清麟, 等. 金属镁离子活化石英浮选的机理研究[J]. 功能材料, 2013, 44(15): 2193-2196.

[94] 石云良, 邱冠周, 胡岳华, 等. 石英浮选中的表面化学反应[J]. 矿冶工程, 2001, 21(3): 43-48.

[95] 张杰, 王维清, 董发勤, 等. 锂辉石浮选尾矿中长石和石英浮选分离[J]. 非金属矿, 2013, 36(3): 26-28.

[96] 于福顺. 石英长石无氟浮选分离工艺研究现状[J]. 矿产保护与利用, 2005, 3: 52-54.

[97] 罗清平. 红柱石与石英浮选分离的研究[J]. 有色金属(选矿部分), 1990(6): 19-21.

[98] 闫勇, 赵长峰, 黎德玲, 等. 石英与钠长石浮选分离的研究[J]. 矿物学报, 2009, 29(2): 196-200.

[99] 张予钊, 梁燕文. 无氟浮选工艺影响因素及机理[J]. 非金属矿, 1989, 6: 6-7.

[100] 陈雯, 曹佳宏, 罗立群. 无氟少酸浮选分离石英与长石的试验研究[J]. 矿冶工程, 2003, 23(3): 35-37.

[101] 丁亚卓, 卢冀伟, 印万忠, 等. 低品位石英矿浮选提纯的试验研究[J]. 金属矿山, 2009, 5: 84-87.

[102] Gurpinar G, Sonmez E, Bozkurt V. Effect of ultrasonic treatment on flotation of calcite, barite and quartz[J]. Mineral Processing and Extractive Metallurgy, 2004, 113(2): 91-95.

[103] Birinci M, Miller J D, Sankaya M, et al. The effect of an external magnetic field on cationic flotation of quartz from magnetite [J]. Minerals Engineering, 2010, 23(10): 813-818.

[104] Englert A H, Rodrigues R T, Rubio J. Dissolved air flotation(DAF) of fine quartz particles using an amine as collector[J]. International Journal of Mineral Processing, 2009, 90(1): 27-34.

[105] Vieira A M, Peres A E C. The effect of amine type, pH, and size range in the flotation of quartz[J]. Minerals Engineering, 2007, 20(10): 1008-1013.

[106] Massey W T, Harris M C, Deglon D A. The effect of energy input on the flotation of quartz in an oscillating grid flotation cell [J]. Minerals Engineering, 2012, 36: 145-151.

[107] 田金星. 高纯石英砂的提纯工艺研究[J]. 中国矿业, 1999(3): 26-31.

[108] 林康英, 洪金庆, 汤培平, 等. 太阳能硅制备过程湿法提纯 SiO_2 的工艺优化[J]. 精细化工, 2011, 12(28): 1194-1198.

[109] 林康英, 汤培平, 游淳毅, 等. 湿法提纯石英过程的动力学研究[J]. 厦门大学学报(自然科学版), 2012, 3: 14-15.

[110] Khalifa M, Hajji M, Ezzaouia H. Impurity removal process for high-purity silica production by acid leaching[C]//EPJ Web of Conferences, EDP Sciences, 2012, 29: 10-14.

[111] Lee K Y, Yoon Y Y, Jeong S B, et al. Acid leaching purification and neutron activation analysis of high purity silicas[J]. Journal of Radioanalytical and Nuclear Chemistry, 2009, 282(2): 629-633.

[112] Farmer A D, Collings A F, Jameson G J. Effect of ultrasound on surface cleaning of silica particles[J]. International Journal of Mineral Processing, 2000, 60(2): 101-113.

[113] Farmer A D, Collings A F, Jameson G J. The application of power ultrasound to the surface cleaning of silica and heavy mineral sands[J]. Ultrasonics Sonochemistry, 2000, 7(4): 243-247.

[114] Taxiarchou M, Panias D, Douni I, et al. Removal of iron from silica sand by leaching with oxalic acid[J]. Hydrometallurgy, 1997, 46(1): 215-227.

[115] Panias D, Taxiarchou M, Paspaliaris I, et al. Mechanisms of dissolution of iron oxides in aqueous oxalic acid solutions[J]. Hydrometallurgy, 1996, 42(2): 257-265.

[116] Lalithambika M. Effect of organic acids on ferric iron removal from iron-stained kaolinite[J]. Applied Clay Science, 2000, 16 (3): 133-145.

[117] Loritsch K B, James R D. Purified quartz and process for purifying quartz: U. S. Patent 5, 037, 625[P]. 1991, 8, 6.

[118] Du X L, Zeng Z, Yuan H, et al. High vacuum in-situ refining method for high-purity materials and an apparatus thereof: U. S. Patent 7753987[P]. 2010, 7, 13.

[119] Aulich H, Eisenrith K H, Schulze F W, et al. Method for producing high purity Si for solar cells. U. S. A, U. S. Patent 4460556[P]. 1984, 7, 17.

[120] Michael David Lavender, Bernard Vernon Frederick Hull. Treatment of sand: UK Patent GB 2111035A[P]. 1983-7-29.

[121] U. S. Department of the Interior. U. S. Geological Survey: Minerals Yearbook-Mica [R], U. S. : USGS, 2006 ~ 2014.

[122] 许乐. 云母生产消费与国际贸易[J]. 中国非金属矿工业导刊, 2012, 1: 56 ~ 60.

[123] 张丹萍. 河南某地云母矿选矿试验研究[D]. 武汉: 武汉理工大学, 2013.

[124] U. S. Department of the Interior. U. S. Geological Survey: Mineral Commodity Summaries[R]. U. S. : USGS, 2010 ~ 2015.

[125] 何小民, 邓海波, 朱海玲, 等. 金属离子对红柱石与绢云母可浮性的影响[J]. 矿冶工程, 2012, 32(2):55 ~ 57, 61.

[126] 胡聪. 萤石与金云母浮选分离研究[D]. 长沙: 中南大学, 2012.

[127] 伍喜庆, 胡聪, 李国平, 等. 萤石与金云母浮选分离研究[J]. 非金属矿, 2012, 35(3): 21 ~ 24, 28.

[128] 冯其明, 刘谷山, 喻正军, 等. 铁离子和亚铁离子对滑石浮选的影响及作用机理[J]. 中南大学学报(自然科学版), 2006, 3: 476 ~ 480.

[129] 纪国平, 张迎棋. 浅析铁介质磨矿对云母浮选的影响[J]. 新疆有色金属, 2009, 1: 46 ~ 47.

[130] 刘方, 孙传尧. 调整剂和油酸钠添加顺序对硅酸盐矿物浮选的影响[J]. 金属矿山, 2011, 3: 90 ~ 94.

[131] 刘臻, 刘够生, 于建国. 云母表面吸附烷基伯胺对其疏水性的影响[J]. 物理化学学报, 2012, 28(1): 201-207.

[132] Xu Y, Liu Y L, He D D, et al. Adsorption of cationic collectors and water on muscovite(001)surface: a molecular dynamics simulation study[J]. Minerals Engineering, 2013(53): 101-107.

[133] 王丽. 云母类矿物和石英的浮选分离及吸附机理研究[D]. 长沙: 中南大学, 2012.

[134] Xu Longhua, Wu Houqin, Dong Faqin, et al. Flotation and adsorption of mixed cationic/anionic collectors on muscovite mica [J]. Minerals Engineering, 2013(41): 41-45.

[135] Wang Li, Hu Yuehua, Liu Jiapeng, et al. Flotation and adsorption of muscovite using mixed cationic-nonionic surfactants as collector[J]. Powder Technology, 2015(276): 26-33.

[136] Wang Li, Sun Wei, Hu Yuehua, et al. Adsorption mechanism of mixed anionic/cationic collectors in Muscovite-Quartz flotation system[J]. Minerals Engineering, 2014(64): 44-50.

[137] Christopher Marion, Adam Jordens, Sheelah McCarthy, et al. An investigation into the flotation of muscovite with an amine collector and calcium lignin sulfonate depressant[J]. Separation and Purification Technology, 2015(64): 44-50.

[138] 钱玉鹏. 水射流磨粉碎云母技术研究[D]. 武汉: 武汉理工大学, 2009.

[139] 郑奎. 四川冕宁绢云母矿石特征及选矿提纯研究[J]. 科技创新与应用, 2012, 29: 13.

[140] 董孔祥, 卢迪芬. 超声波对氟金云母剥离细化作用的研究[J]. 中国粉体技术, 2008, 2: 29-31, 49.

[141] 董孔祥, 卢迪芬, 江涛. 人工合成云母粉剥离细化的新方法[J]. 中国粉体技术, 2012, 2: 72-75.

[142] 许霞, 丁浩, 孙体昌, 等. 单一重选法选别湖北绢云母的技术研究[J]. 中国矿业, 2008, 5: 52-55.

[143] 王程, 雷绍民, 袁领群, 等. 风化低品位白云母选矿试验研究[J]. 非金属矿, 2008, 31(2): 44-45.

[144] 马旭明, 何廷树, 王宇斌, 等. 某云母选矿厂流程改造实践[J]. 非金属矿, 2012, 35(4): 32-34.

[145] 徐龙华, 董发勤, 刘宏, 等. 某风化低品位白云母尾矿的浮选试验研究[J]. 非金属矿, 2014, 37(6): 39-41.

[146] 陆康, 张凌燕, 张丹萍, 等. 河南某白云母矿石选矿试验[J]. 金属矿山, 2013, 6: 67-70, 74.

[147] 王凡非, 冯启明, 王维清, 等. 川西某云母花岗伟晶岩综合利用[J]. 非金属矿, 2013, 36(4): 26-28.

[148] 董吉胜. 绢云母粉专用气流提纯生产线: 中国, 201310025614. 0[P]. 1993-04-14.

[149] 方霖, 郭珍旭, 刘长淼, 等. 云母矿物浮选研究进展[J]. 中国矿业, 2015, 24(3): 131-136.

[150] 邓海波, 张刚, 任海洋, 等. 季铵盐和十二胺对云母类矿物浮选行为和泡沫稳定性的影响[J]. 非金属矿, 2012, 6: 23-25.

[151] 何桂春, 冯金妮, 毛美心, 等. 组合捕收剂在锂云母浮选中的应用研究[J]. 非金属矿, 2013, 4: 29-31.

[152] 黄万抚, 肖芫华, 李新冬, 等. HT 选锂剂提高锂云母精矿品位及回收率研究[J]. 有色金属(选矿部分), 2012, 4: 76-78.

[153] 刘淑贤, 魏少波. 从石墨尾矿中回收绢云母的试验研究[J]. 中国矿业, 2013, 7: 97-100.

[154] 张兆元. 赤铁矿阴离子反浮选体系药剂作用机理与抑制剂研究[D]. 沈阳: 东北大学, 2010.

[155] 于蕾, 易发成. 绢云母回收的试验研究[J]. 中国非金属矿工业导刊, 2010, 6: 29-30, 36.

[156] 刘洪兴, 王仁生, 潘咏梅, 等. 从选金尾矿中提取绢云母微粉新材料[J]. 黄金, 2011, 1: 61-63.

[157] 王巧玲. 尾矿中回收绢云母的改性及其在橡胶中的应用[J]. 有色金属, 2008, 2: 135-138.

[158] 王玉峰. 选铁尾矿回收云母选矿试验[J]. 现代矿业, 2013, 6: 31-34.

[159] 李凤. 石墨尾矿中回收石墨和绢云母的选矿工艺研究[D]. 北京：北京有色金属研究总院，2014.
[160] 唐平宇，王素，周建国，等. 从碎云母尾矿中回收铁及独居石锆石的选矿试验[J]. 金属矿山，2012，10：153-156，168.
[161] 余力，戴惠新. 云母的加工与应用[J]. 矿冶，2011，20(4)：73-76，81.
[162] 陈立松，彭春艳. 世界硅藻土的生产、消费及市场概况[J]. 中国非金属矿工业导刊，2008(3)：58-59.
[163] 郑水林，孙志明，胡志波，等. 中国硅藻土资源及加工利用现状与发展趋势[J]. 地学前缘，2014，21(5)：274-280.
[164] 赵洪石，何文，罗守全，等. 硅藻土应用及研究进展[J]. 山东轻工业学院学报，2007，21(1)：80-82.
[165] 姜玉芝，贾嵩阳. 硅藻土的国内外开发应用现状及进展[J]. 有色矿冶，2011，27(5)：31-37.
[166] 胡涛，马永梅，王驰. 硅藻土的应用研究进展[J]. 中国非金属矿工业导刊，2009(1)：16-18.
[167] 王泽民. 长白硅藻土综合开发利用现状及前景[J]. 中国非金属矿工业导刊，2011(6)：7-10.
[168] Ivanov S É，Belyakov A V. Diatomite and its applications[J]. Glass and Ceramics，2008，65(1-2)：48-51.
[169] 王利剑，郑水林，舒锋. 硅藻土负载 TiO_2 复合材料的制备与光降解性能研究[J]. 硅酸盐学报，2006，34(7)：823-826.
[170] 雷波，徐悦华，郭来秋，等. Ce- TiO_2/硅藻土的制备、表征及其光催化活性[J]. 中国有色金属学报，2007，17(5)：796-799.
[171] 肖力光，赵壮，于万增. 硅藻土国内外发展现状及展望[J]. 吉林建筑工程学院学报，2010，27(2)：26-29.
[172] 李国芬，边疆，王立国. 硅藻土改性沥青混合料水稳定性的试验研究[J]. 石油沥青，2007，21(1)：10-13.
[173] 吕德亮，马永辉，张国辉. 硅藻土改性沥青混凝土在国道203 线一级公路的应用研究[J]. 吉林交通科技，2006(2)：17-19.
[174] 张兴友，胡光艳，谭忆秋. 硅藻土改性沥青混合料低温抗裂性能研究[J]. 公路交通科技，2006，23(4)：11-13.
[175] 田福祯，孙晓强. 调湿材料的研究及应用[J]. 新材料产业，2010(1):54-57.
[176] 于泷. 硅藻土作环保型杀虫剂的研究[J]. 中国非金属矿工业导刊，2006(6)：12-15.
[177] 王宝民，宋凯，韩瑜. 硅藻土资源的综合利用研究[J]. 材料导报，2011，25(18)：468-469.
[178] 文斐，刘松，袁金刚，等. 硅藻土选矿及精选工艺探讨[J]. 非金属矿，2014，37(1)：57-59.
[179] 任子杰，高惠民，柳溪，等. 硅藻土提纯及制备助滤剂研究进展[J]. 矿产综合利用，2013(5)：5-9.
[180] 王泽民. 二级硅藻土提纯方法：中国，201010546553. 9[P]. 2011-05-25.
[181] 张瑛洁，孙袆临，张弘伟. 硅藻土纯化处理工艺研究进展[J]. 东北电力大学学报，2014，34(6)：67-71.
[182] Sun Z M，Yang X P，Zhang G X，et al. A novel method for purification of low grade diatomite powders in centrifugal fields [J]. International Journal of Mineral Processing，2013，125：18-26.
[183] 谷晋川，吕莉，张允湘，等. 微波作用下硅藻土酸浸除铁过程研究[J]. 有色金属，2006，58(4)：39-43.
[184] 高俊英，曹泽允，贾太轩. 盐酸改性硅藻土的研究[J]. 广东化工，2014，41(8)：59-60.
[185] 曲柳，张健，平清伟，等. 碱浸对硅藻土性能的影响[J]. 水处理技术，2013，39(6)：34-36.
[186] 何龙，张健，平清伟，等. 碱浸硅藻土提纯工艺探讨及其对亚甲基蓝吸附的热力学研究[J]. 硅酸盐通报，2012，31(6)：1593-1598.
[187] 吴仙花，邱德瑜. 天然硅藻土中的杂质快速清除[J]. 长春工程学院学报（自然科学版），2011，12(2)：132-135.
[188] 薛兵，蒋引珊，杨殿范，等. 炭化处理高烧失量硅藻土及对天然橡胶的性能补强[J]. 高等学校化学学报，2011，32(7)：1617-1621.
[189] 高莹，韩跃新，陈晓龙，等. 硅藻土、钠长石及石英的可浮性研究[J]. 东北大学学报（自然科学版），2014，35(2)：286-289.
[190] 高莹，韩跃新，陈晓龙，等. 吉林临江低品位硅藻土反浮选提纯研究[J]. 金属矿山，2014,(10)：65-68.
[191] 马圣尧，周岳远，李小静. 吉林硅藻土磁选除铁工艺研究[J]. 中国非金属矿工业导刊，2012(3)：13-15.
[192] 赵以辛，杨殿范，李芳菲，等. 内蒙产高烧失低品位硅藻土的提纯及碳化性能[J]. 吉林大学学报（地球科学版），2011，41(5)：1573-1579.
[193] 罗国清，高惠民，任子杰，等. 吉林某低品位硅藻土提纯试验研究[J]. 非金属矿，2014，37(1)：63-65.
[194] 王利剑，郑水林，陈骏涛，等. 硅藻土提纯及其吸附性能研究[J]. 非金属矿，2006(2)：3-5.
[195] 郑水林，王利剑，舒锋，等. 酸浸和焙烧对硅藻土性能的影响[J]. 硅酸盐学报，2006，34(11)：1382-1386.
[196] 王利剑，刘缙. 硅藻土的提纯实验研究[J]. 化工矿物与加工，2008(8)：6-8.
[197] 张世芝，吴丽娃，程振民. 硅藻土零电荷点及吸附行为分析[J]. 重庆理工大学学报（自然科学），2012，26(2)：35-39.

[198] 张秋菊，孙远龙，田先国．云南寻甸硅藻土精制工艺研究[J]. 硫酸工业，2007(4)：49-52.

[199] 盛嘉伟．一种硅藻土微粉的提纯方法：中国，CN200910155304.4[P].2010-06-16.

[200] 张盛江，段云涛，贾昆湖，等．昌宁县卡斯凹硅藻土矿床地质特征及开放应用前景[J]. 中国非金属矿工业导刊，2011(2)：56-57.

[201] 郑水林，李杨，黄强，等．一种硅藻土矿的干、湿法集成选矿工艺：中国，200810111515.3[P].2009-12-09.

[202] 李世伟，王泽民．低品位硅藻土的提纯方法：中国，201110266630.X[P].2012-05-02.

[203] Kunwadee R，Aphiruk C. Thermal and acid treatment on natural raw Diatomite influencing in synthesis of sodium zeolite[J]. Porous Mater，2007(2)：98-106.

[204] San O，Goren R，Ozgur C. Purification of diatomite powder by leaching for use in fabrication of porous ceramics[J]. Mineral Processing，2009,93：6-10.

[205] Goren R，Baykara T，Marsoglu M. Effects of purification and heat treatment on pore structure and composition of diatomite [J]. British Ceramic Transactions，2002，101(4)：177-180.

[206] Alqodah Z，Lafi W K，Alanber Z，et al. Adsorption of methylene blue by acid and heat treated diatomaceous silica[J]. Desalination，2007，217：212- 224.

[207] Bessho M，Fukunaka Y，Kusuda H，et al. High-grade silica refined from diatomaceous earth for solar-grade silicon production [J]. Energy & Fuels，2009，23(8)：4160-4165.

[208] 张开永，郑水林，张雁鸣．离心选矿机在硅藻土提纯中的试验研究[J]. 华北科技学院学报，2014，11(4)：41-44.

[209] 杨小平，孙志明，毛俊，等．离心选矿机提纯硅藻土的中试研究[J]. 中国矿业，2013，22(10)：91-95.

[210] 杨小平，王晓强，赵婷婷，等．硅藻土分选管控一体化系统的研究[J]. 制造业自动化，2013，35(3)：39-42.

[211] 陈彦如，杨小平，孙志明，等．基于 PLC 和触摸屏的硅藻土离心选矿机控制系统的研究[J]. 非金属矿，2012，35(6)：37-38.

[212] 郑水林．中国非金属矿加工业发展现状[J]. 中国非金属矿工业导刊，2006(3)：3-8.

[213] 唐靖炎，张韬．中国煤系高岭土加工利用现状与发展[J]. 新材料产业，2009(3)：60-64.

[214] 李家毓，周兴龙，雷力．我国煤系高岭土的开发利用现状及发展趋势[J]. 云南冶金，2009(2)：23-26.

[215] 王涛，朱燕娟，张伟，等．我国高岭土资源开发现状及展望[J]. 科技资讯，2008，18：96.

[216] 程宏飞，刘钦甫，王陆军，等．我国高岭土的研究进展[J]. 化工矿产地质，2008(6)：125-130.

[217] 王怀宇，张仲利．世界高岭土市场研究[J]. 中国非金属矿工业导刊，2008(6)：58-62.

[218] 王振宇，刘滢．高岭土选矿除铁工艺研究现状[J]. 甘肃冶金，2012(2)：52-55.

[219] 于吉顺，管俊芳，吴红丹，等．湖北通城高岭土矿提纯和增白试验研究[J]. 非金属矿，2010(7)：37-41.

[220] 王浩．砂质高岭土的工艺矿物学及选矿试验研究[D]. 武汉：武汉理工大学，2013.

[221] 方金宇，林金辉．造纸涂布级高岭土选矿加工研究进展[J]. 中国非金属矿工业导刊，2011(5)：31-35.

[222] Saikia N J，Bharali D J，Sengupta P，et al. Characterization，beneficiation and utilization of a kaolinite clay from Assam，India[J]. Applied Clay Science，2003(24)：93-103.

[223] 罗正杰．北海高岭土与云母分选技术研究[J]. 中国非金属矿工业导刊，2007(3)：41-43.

[224] 高惠民，曹小康，袁继祖，等．茂名高岭土的物质组成及增白研究[J]. 国外金属矿选矿，2006(8)：33-35.

[225] 高玉娟，闫平科，王万起，等．阜新高岭土化学除铁增白研究[J]. 中国非金属矿工业导刊，2010(3)：31-33.

[226] 蔡丽娜，胡德文，李凯琦，等．高岭土除铁技术进展[J]. 矿冶，2008(12)：51-56.

[227] 戴瑾．铁染高岭土的漂白及煅烧增白工艺研究[D]. 厦门：厦门大学，2009.

[228] 董文辉，苏昭冰，刘媛媛，等．高岭土漂白试验研究[J]. 中国非金属矿工业导刊，2008,66：22-26.

[229] 林培喜，揭永文，邱宝渭．亚硫酸氢钠-锌粉漂白高岭土工艺研究[J]. 茂名学院学报，2009，19(1)：1-3.

[230] 陈楷翰，黄妙龄，郑巧贞，等．二氧化硫脲-氯化铝联合高岭土漂白新工艺研究[J]. 中国陶瓷，2008，44(7)：54-56.

[231] 戴兆广．北海煅烧高岭土特性研究[J]. 非金属矿，2009(7)：26-35.

[232] 夏光华，陈翌斌，何婵，等．磁化焙烧法强化高岭土磁选除铁增白工艺研究[J]. 功能材料，2015(3)：3114-3147.

[233] 杨泽清，王伟，张凌燕，等．煅烧温度对高岭土性质的影响[J]. 武汉工程大学学报，2013(7)：66-72.

[234] 田钊．煤系高岭土煅烧与脱碳试验研究[D]. 武汉：武汉理工大学，2014.

[235] Gonzalez J A，Ruiz M C. Bleaching of kaolins and clays by chlorination of iron and titanium[J]. Applied Clay Science，2006，33：219-229.

[236] Abraham Teklay，Chungen Yin，Lasse Rosendahl，et al. Calcination of kaolinite clay particles for cement production：a modeling study[J]. Cement and Concrete Research，2014，61-62：11-19.

[237] A Elimbi, H K Tchakoute, D Njopwouo. Effects of calcination temperature of kaolinite clays on the properties of gepolymer cements[J]. Construction and Building Materials, 2011: 2805-2812.
[238] M Claberie, F Martin, J P Tardy, et al. Structural and chemical changes in kaolinite caused by flash calcination: Formation of spherical particles[J]. Applied Clay Science, 2015: 247-255.
[239] 陈文瑞. 我国高岭土行业科技创新与展望[J]. 中国非金属矿工业导刊, 2008(3): 2-5.
[240] 王涛, 朱燕娟, 张伟, 等. 我国高岭土资源开发现状及展望[J]. 科技资讯, 2008, 18: 96.
[241] 彭阳伟, 孙燕. 国内外膨润土的资源特点及市场现状[J]. 金属矿山, 2012(4): 95-99.
[242] 熊慕慕. 我国膨润土矿资源及发展方向[J]. 洛阳师范学院学报, 2008(3): 183-184.
[243] 季桂娟, 张培萍, 姜桂兰. 膨润土加工与应用 [M]. 北京: 化学工业出版社, 2013.
[244] 王新江. 我国膨润土资源开发利用现状及发展前景展望[J]. 中国粉体技术, 2013, 19: 1-4.
[245] 李彩霞. 膨润土基冶金球团粘结剂研制及构效关系研究[D]. 阜新: 辽宁工程技术大学, 2011.
[246] 柴茂. 膨润土的深加工及其应用研究[D]. 长春: 吉林大学, 2013.
[247] 任倩倩, 俞卫华, 王凡, 等. 膨润土提纯技术研究进展[J]. 中国非金属矿业导刊, 2012(95): 60-66.
[248] 秦研. 水力旋流器对膨润土的湿法提纯及机理研究[D]. 南宁: 广西大学, 2013.
[249] 刘剑锋. 新疆某膨润土的提纯及有机改性研究[D]. 武汉: 武汉理工大学, 2010.
[250] 李培尊. 超声波提纯膨润土工艺研究[J]. 广东化工, 2012, 39(5): 59-62.
[251] 魏霞. 法库膨润土的提纯与深加工[D]. 沈阳: 东北大学, 2008.
[252] 杨翠娜, 杨彦会, 丁述理, 等. 膨润土在污水处理中的应用研究进展[J]. 河北化工, 2008, 31(12): 20-22.
[253] Figueirêdo J M R., Cartaxo J M, Silva I A, et al. Purification of bentonite clays from cubati, PB, Brazil, for diversified applications[J]. Materials Science Forum, 2012, 805(5): 486-491.
[254] 冯辉霞, 王毅, 张国宏, 等. 甘肃平凉钙基膨润土的有机改性与表征[J]. 矿物岩石, 2008, 28(1): 8-12.
[255] 陈威, 李友明, 李楠, 等. 有机改性膨润土的制备及其性能研究[J]. 中国印刷与包装研究, 2012, 4(5): 50-54.
[256] 陈飞, 唐宏科, 王腾飞. 有机膨润土的制备与表征[J]. 无机盐工业, 2010, 42(12): 35-36.
[257] Anirban Dutta, Neera Singh. Surfactant-modified bentonite clays: preparation, characterization, and atrazine removal[J]. Environmental Science and Pollution Research, 2015, 22(5): 3876-3885.
[258] 李彩霞, 满东, 任瑞晨. 阜新某膨润土钠化试验研究[J]. 硅酸盐通报, 2013, 32(7): 1449-1452.
[259] 李彩霞, 任瑞晨, 董庆国, 等. 某膨润土钠化改性性能试验研究[J]. 辽宁工程技术大学学报(自然科学版), 2009, 28(4): 649-651.
[260] 方曦, 刘雪梅. 钠基膨润土的制备及其影响因素研究[J]. 钻井工艺, 2009, 32(5): 81-84.
[261] 王弘, 黄丽, 郭金溢, 等. 膨润土的湿法钠化改性方法研究[J]. 黄金科学技术, 2012, 20(1): 89-93.
[262] Kamble S P, Dixit P, et al. Defluoridation of drinking water using chemically modified bentonite clay[J]. Desalination, 2009, 249(2): 687-693.
[263] 韩红青, 朱岳. 膨润土改型及其应用研究[J]. 无机盐工业, 2011, 43(10): 5-8.
[264] 王春风. 蛭石及其复合隔热材料的组成, 结构与性能[D]. 武汉: 武汉科技大学, 2012.
[265] 张江风, 段星. 海泡石的性能及其应用[J]. 中国非金属矿工业导刊, 2009(4): 19-22.
[266] 吕牧远. 凹凸棒石粘土开发利用现状及发展方向[J]. 甘肃科技, 2008, 24(21): 78-79.
[267] 曹刚. 广西某伊利石粘土矿特征与开发利用研究[D]. 武汉: 武汉理工大学, 2013.
[268] 宋春振, 李树敏, 冯惠敏, 等. 我国绿泥石资源特征及其工业利用[J]. 中国非金属矿工业导刊, 2009(5): 57-59.
[269] 龚晓武, 毛雁升, 周娜. 蛭石提纯工艺研究[J]. 兵团教育学院学报, 2009, 19(4): 32-34.
[270] 熊余, 刘月, 郑水林, 等. 凹凸棒石黏土的酸洗提纯工艺研究[J]. 非金属矿, 2009, 32(2): 43-45.
[271] 郑志杰, 程继贵, 夏永红, 等. 凹凸棒石黏土提纯的研究[J]. 硅酸盐通报, 2013, 32(12): 2471-2475.
[272] 高理福. 方解石型低品位海泡石矿工业提纯工艺的试验研究[J]. 非金属矿, 2010, 33(5): 27-29.
[273] 刘蓉, 胡盛, 杨眉. 六偏磷酸钠提纯凹凸棒石的试验研究[J]. 非金属矿, 2010, 33(3): 39-41.
[274] 屈小梭, 宋贝, 郑水林, 等. 海泡石的选矿提纯与精矿物化特性研究[J]. 非金属矿, 2013, 36(4): 35-36.
[275] 马小鹏, 杨中英, 杨红霞, 等. 淳化伊利石粘土的特性及其应用研究[J]. 中国非金属矿工业导刊, 2010(4): 8-10.
[276] 汤庆国, 王维, 郭浩, 等. 海泡石族矿物材料开发与应用中的问题及发展趋势 [C] //中国硅酸盐学会非金属矿分会非金属矿产资源高效利用学术研讨会论文专辑, 2009.
[277] 李娜, 王凡, 赵恒, 等. 伊利石矿物的主要应用领域述评[J]. 中国非金属矿工业导刊, 2012(2): 32-36.
[278] 林彬荫, 潘宝明, 张建武, 等. 蓝晶石红柱石硅线石 [M]. 北京: 冶金工业出版社, 2011.
[279] Lepezin G G, Kargopolov S A, Zhirakovskii V Yu. Sillimanite group minerals: a new promising raw material for the Russian

aluminum industry[J]. Russian Geology and Geophysics，2010，51(12)：1247-1256.

[280] 纪振明，印万忠，冀秀荣，等. 我国红柱石矿选矿现状及展望[J]. 中国非金属矿工业导刊，2010(3)：46-49.

[281] 吴培水，王永光，张晓龙，等. 高铝三石在我国基础新材料产业中的应用于展望[J]. 中国非金属矿工业导刊，2010(4)：1-4.

[282] 周灵初，张一敏. 几种常用捕收剂与红柱石作用机理的量子化学研究[J]. 武汉科技大学学报，2010，33(6)：632-636.

[283] 周灵初，张一敏. 十二烷基磺酸钠捕收红柱石作用机理研究[J]. 金属矿山，2010(6)：85-89.

[284] 王芳. 江苏低品位难选蓝晶石矿选矿试验研究[D]. 武汉：武汉理工大学，2010.

[285] 赵成明. 蓝晶石与石英浮选行为研究[D]. 武汉：武汉理工大学，2010.

[286] 周灵初，张一敏. 淀粉对红柱石矿浮选分离过程的影响研究[J]. 矿业工程，2011，31(2)：35-38.

[287] 何小民. 硅酸盐脉石型红柱石矿的反浮选预分离理论与工艺研究[D]. 长沙：中南大学，2011.

[288] 朱海玲. 红柱石与石英正浮选分离机理及工艺研究[D]. 长沙：中南大学，2011.

[289] 纪振明. 辽宁凤城红柱石矿分选技术研究[D]. 长沙：中南大学，2011.

[290] 邓海波，何小民，朱海玲，等. 红柱石与绢云母、高岭石反浮选分离的研究[J]. 化工矿物与加工，2011(2)：15-18.

[291] 何小民，邓海波，朱海玲，等. 金属离子对红柱石与绢云母可浮性的影响[J]. 矿冶工程，2012，32(2)：55-57.

[292] 郑翠红，朱波青，周海玲，等. 粉石英与红柱石的浮选分离机理研究[J]. 岩石矿物学杂志，2013，32(2)：207-212.

[293] 张晋霞，牛福生，冯雅丽. 中性条件下蓝晶石矿物的浮选行为研究[J]. 化工矿物与加工，2014(4)：12-16.

[294] 张晋霞，冯雅丽，牛福生. 矿浆中金属离子对蓝晶石矿物浮选行为的影响[J]. 东北大学学报（自然科学版），2014，35(12)：1787-1791.

[295] 张晋霞，谭晴晴，张晓亮，等. 蓝晶石、石英及云母的浮选动力学研究[J]. 中国矿业，2014，23(11)：115-119.

[296] 聂洪彪. 内蒙古某红柱石矿选矿试验研究[J]. 科技与经济，2006(9)：94-95.

[297] 宋翔宇. 河南省西峡红柱石矿选矿工艺研究[D]. 北京：中国地质大学，2007.

[298] 王林祥，孙敬锋，陆海涛，等. 内蒙古某红柱石矿选矿试验研究[J]. 矿产保护与利用，2007(3)：25-28.

[299] 赵平，刘新海，张艳娇，等. 高铁硅线石矿选矿试验研究[J]. 非金属矿，2008，31(3)：22-24.

[300] 郭珍旭，吕良，岳铁兵，等. 蓝晶石提纯工艺技术研究[J]. 矿产保护与利用，2008(6)：34-36.

[301] 吴艳妮，丁晓姜，杨丽珍. 内蒙×××蓝晶石矿可选性试验研究[J]. 化工矿产地质，2008，30(2)：103-107，112.

[302] 袁来敏，胡志刚. 辽宁某红柱石矿选矿试验研究[J]. 矿产综合利用，2009(5)：24-26.

[303] Zhou Lingchu，Zhang Yimin. Flotation separation of Xixia andalusite ore[J]. Transaction of Nonferrous Metals Society of China，2011，21(6)：1388-1392.

[304] 刘国举. 南阳某低品位蓝晶石选矿工艺研究[D]. 武汉：武汉理工大学，2010.

[305] 魏礼明，黎燕华. 内蒙文阁尔庙蓝晶石矿选矿提纯试验研究[J]. 金属矿山，2010(增刊)：414-418.

[306] 邹蔚蔚. 含碳红柱石矿石选矿实验研究[J]. 中国矿业，2011，20(1)：75-77.

[307] 任子杰，高惠民，王芳，等. 江苏某低品位蓝晶石矿分选试验[J]. 金属矿山，2011(7)：93-97.

[308] 史文涛，高惠民，赵成明，等. 蓝晶石与石英浮选分离试验研究[J]. 非金属矿，2011，34(6)：26-28.

[309] 金俊勋，高惠民，王树春，等. 南阳某低品位蓝晶石矿选矿试验研究[J]. 非金属矿，2011，34(6)：32-35.

[310] 纪振明. 辽宁凤城红柱石矿分选技术研究[D]. 长沙：中南大学，2011.

[311] 吕晶. 达茂旗翁公山红柱石矿选矿工艺研究[D]. 包头：内蒙古科技大学，2012.

[312] 张晋霞，牛福生，张大勇，等. 低贫复杂难选蓝晶石矿的超纯化制备工艺研究[J]. 非金属矿，2012，35(5)：34-36.

[313] 苑光国，陈学云，李荣芳，等. 甘肃某红柱石矿选矿实践［C］//鲁冀晋琼粤川辽七省金属（冶金）学会第十九届矿山学术交流会，2012：453-455.

[314] 聂轶苗，戴奇卉，牛福生，等. 河北某地石榴石蓝晶石片（麻）岩的选矿试验研究[J]. 化工矿物与加工，2012(12)：17-19.

[315] 路洋，高惠民，王芳，等. 沭阳低品位蓝晶石矿石选矿试验[J]. 金属矿山，2012(4)：86-90.

[316] 王磊. 邢台魏鲁地区低品位蓝晶石矿选矿试验研究[J]. 科技资讯，2012(13)：111.

[317] 张成强，李洪潮，张红新，等. 甘肃某红柱石矿选矿试验研究[J]. 非金属矿，2013，36(5)：53-54.

[318] 张成强，李洪潮，张红新，等. 某含碳难选红柱石矿选矿试验研究[J]. 矿产保护与利用，2013(1)：14-18.

[319] 许光，杨大兵. 内蒙古某红柱石矿选矿试验[J]. 金属矿山，2013(1)：83-85.

[320] 潘迪来．新疆某地蓝晶石选矿的方法[J]．新疆有色金属，2013(增刊)：107-108.
[321] 冯晓菲，高惠民，李勇，等．甘肃某低品位红柱石矿减法工艺研究[J]．非金属矿，2014，37(4)：56-58.
[322] 金俊勋，高惠民，冯晓菲，等．甘肃某难选红柱石矿选矿试验研究[J]．非金属矿，2014，37(5)：40-42.
[323] 张红新，李洪潮，张成强，等．细粒红柱石矿选矿中间试验研究[J]．非金属矿，2014，37(4)：41-44.
[324] Prabhakar S，Bhaskar Raju G，Subba Rao S. Beneficiation of sillimanite by column flotation—a pilot scale study[J]. International Journal of Mineral Processing，2006，81(3)：159-165.
[325] 岳铁兵，冯安生，曹飞，等．FZF型浮选机关键参数对蓝晶石选别指标的影响[J]．矿产保护与利用，2012(5)：20-22.
[326] 张大勇，牛福生．立式感应湿式磁选机在蓝晶石选矿中的应用研究[J]．中国矿业，2012，21(7)：80-82.
[327] 林绍华，沈现春．硅线石选矿废水处理[J]．黑龙江环境通报，2007，31(3)：92-93.
[328] 张帆，李晔，张一敏，等．混凝沉淀法处理蓝晶石矿选矿废水的实验研究[J]．环境科学与技术，2011，34(1)：159-162.
[329] 董波，吴猛，胡玉静．某硅线石矿选矿、尾矿除铁及石榴石综合回收试验研究[J]．矿业快报，2007(6)：25-27.
[330] 牛福生，张晋霞，周闪闪，等．从蓝晶石尾矿中制备精制石英砂的选矿研究[J]．中国矿业，2011，20(11)：91-93.
[331] 刘淑贤，魏少波，张晋霞，等．从蓝晶石尾矿中精选长石的试验研究[J]．非金属矿，2013，36(1)：36-37.
[332] 任子杰，罗立群，张凌燕．长石除杂的研究现状与利用前景[J]．中国非金属矿工业导刊，2009(1)：19-22.
[333] 高惠民，袁继祖，张凌燕，等．长石除铁实验研究[J]．中国陶瓷，2006，42(4)：46-48.
[334] 胡波，韩效钊，等．我国钾长石矿产资源分布、开发利用、问题与对策[J]．化工矿产地质，2005(1)：26-27.
[335] 郭保万，张艳娇，赵平，等．某高铁钾长石除铁工艺流程研究[J]．矿产保护与利用，2000(2)：22-26.
[336] 彭会清，胡森，刘艳杰，等．新型永磁干式强磁选机在长石除铁中的试验研究[J]．矿山机械，2011，36(6)：1-4.
[337] 万鹏，王中海．长石-石英浮选分离工艺研究[J]．矿业工程，2008，6(2)：32-35.
[338] 牛福生，倪文．高纯石英砂选矿提纯试验研究[J]．中国矿业，2004，13(6)：57-59.
[339] 李保林，刘光天．硅砂“无氟浮选法”的原理及影响浮选主要因素的分析[J]．中国玻璃，1999，24(6)：20-24.
[340] 徐龙华，巫侯琴，王维清，等．四川某低品位长石矿选矿提纯实验研究[J]．非金属矿，2012，35(4)：29-31.
[341] 庞玉荣，孟建卫，庞雪敏，等．某高铁钾长石矿的选矿实验研究[J]．现代矿业，2009，488(12)：24-26.
[342] 李晓燕，康凯，孙建，等．某地钾长石选矿试验研究[J]．科技致富向导，2012(3)：275-276.
[343] Dogu I，Arol A I. Separation of dark-colored minerals from feldspar by selective flocculation using starch[J]. Powder Technology，2004，139：258-263.
[344] 黄强，邸素梅．长石与市场[J]．中国非金属矿工业导刊，2000(2)：42-44.
[345] M. 阿格斯，等．用于陶瓷工业的低品位长石矿石的选矿[J]．国外金属矿选矿，2001(12)：34-37，47.
[346] 朱芝兰．长石粉防火硅酸钙板研制[J]．非金属矿，1999(6)：26-27.
[347] 郑骥，马鸿文，陈煌，等．钾长石粉酸浸除铁的实验研究[J]．地球科学，2001，26(6)：657-660.
[348] Iveta Styriakova，Igor Styriak，Pavol Malachovsky(Eds.). Biological，chemical and lectro magnetic treatment of three types of feldspar raw materials[J]. Minerals Engineering，2006(19)：348-354.
[349] I styriaková，I styriak，I Galko(Eds.). The release of iron-bearing minerals and dissolution of feldspars by heterotrophic bacteria of bacillus species[J]. Ceramics-Silikaty，2003，47(1)：20-26.
[350] 张予钊．长石精选[J]．建材地质，1997(6)：29-33.
[351] M S 埃尔萨尔麦伟，等．石英与长石浮选分离的新药剂制度[J]．国外金属矿选矿，1997(9)：23-28.
[352] 张成强．钾长石选矿技术研究进展 [J]，中国非金属矿工业导刊，2012，99(5)：4.

第 19 章　贵金属矿石选矿

本章详细介绍和评述了2006年以来世界和中国黄金、白银和铂族金属等贵金属的储量、生产、价格和消费情况，以及贵金属选矿技术、工艺与装备的进展，贵金属提取技术、工艺和装备的进展，贵金属矿山的尾矿处理与综合利用进展，并对贵金属矿石选矿领域今后的发展方向进行了展望。

19.1　世界贵金属储量、生产和消费概况

19.1.1　黄金

19.1.1.1　储量

A　世界黄金储量

截至目前，世界已开采出的黄金大约有15万吨（金属量计），每年大约以2%的速度增加。美国USGS的数据显示2014年世界查明的黄金储量为5.5万吨，各个国家黄金储量见表19-1。

表 19-1　2014 年世界黄金储量和基础储量　　(t)

国家和地区	储　量	所占比例/%	排　序
澳大利亚	9800	17.82	1
南　非	6000	10.91	2
俄罗斯	5000	9.09	3
智　利	3900	7.09	4
美　国	3000	5.45	5
印度尼西亚	3000	5.45	5
巴　西	2400	4.36	7
加　纳	2000	3.64	8
中　国	1900	3.45	9
秘　鲁	2100	3.82	9
乌兹别克斯坦	1700	3.09	11
墨西哥	1400	2.55	12
巴布亚新几内亚	1200	2.18	13
加拿大	2000	3.64	14
其　他	10000	18.18	—
世界总计	55000	100.00	—

注：资料来自《Mineral Commodity Summaries》。

2014年已经查明的世界黄金资源总储量中澳大利亚占世界总储量的17.82%，南非占10.91%，美国占5.45%，中国占3.45%。

B　中国黄金储量

《2013中国国土资源公报》显示，截至2012年年底，我国金矿的查明资源储量为8196.2万吨（矿石量计），2013年矿产勘查新增查明金资源储量761.4万吨。我国金矿资源比较丰富，已发现金矿床（点）11000多处，矿藏遍及全国800多个县（市），已探明的金矿储量按其赋存状态可分为脉金、砂金和伴生金三种类型，分别占储量的59%、13%和28%。我国金矿分布广泛，除上海市、香港特别行政区外，在全国各个省（区、市）都有金矿产出。已探明储量的矿区有1265处。就省（区）论，山东省的独立金矿

床最多，金矿储量占总储量14.37%；江西伴生金矿最多，占总储量12.6%；黑龙江、河南、湖北、陕西、四川等省金矿资源也较丰富。

我国金矿中-小型矿床多，大型-超大型矿床少，金矿品位偏低，微细浸染型金矿比例较大，伴生多，金银密切共生。金矿床（点）主要分布在华北地台、扬子地台和特提斯三大构造成矿域中。我国难处理金矿资源比较丰富，现已探明的黄金地质储量中，这类资源分布广泛，约有1000t（金属量计）属于难处理金矿资源，约占探明储量的1/4，在各个产金省份均有分布。

我国黄金资源在地区分布上是不平衡的，东部地区金矿分布广、类型多；砂金较为集中的地区是东北地区的北东部边缘地带；我国大陆三个巨型深断裂体系控制着岩金矿的总体分布格局，长江中下游有色金属集中区是伴（共）生金的主要产地。中国金矿分布见表19-2。

表19-2 中国金矿分布

编　号	矿山名称	保有储量/t①	金品位/$g \cdot t^{-1}$	类　型	开采利用情况
1	北京市京都黄金冶炼厂崎峰茶金矿	2.51	6.15	岩　金	开采矿区
2	河北省金厂峪金矿	13.78	6.51	岩　金	开采矿区
3	河北省峪耳崖金矿	12.35	11.17	岩　金	开采矿区
4	河北省张家口金矿	22.78	8.0	岩　金	开采矿区
5	河北省东坪金矿	16.06	7.33	岩　金	开采矿区
6	河北省后沟金矿	5.14	3.78	岩　金	开采矿区
7	河北省石湖金矿	21.94	11.28	岩　金	开采矿区
8	山西省义兴寨金矿	7.32	9.36	岩　金	开采矿区
9	山西省大同黄金矿业公司	8.59	5.44	岩　金	开采矿区
10	内蒙古金厂沟梁金矿	17.67	13.09	岩　金	开采矿区
11	内蒙古红花沟金矿	2.67	15.22	岩　金	开采矿区
12	内蒙古哈德门金矿	20.86	5.21	岩　金	开采矿区
13	辽宁省五龙金矿	9.02	6.70	岩　金	开采矿区
14	辽宁省二道沟金矿	5.20	16.15	岩　金	开采矿区
15	辽宁省柏杖子金矿	13.39	11.36	岩　金	开采矿区
16	辽宁省排山楼金矿	25.88	4.00	岩　金	开采矿区
17	辽宁省水泉金矿	1.31	4.02	岩　金	开采矿区
18	吉林省夹皮沟金矿	17.92	12.43	岩　金	开采矿区
19	吉林省海沟金矿	17.20	6.15	岩　金	开采矿区
20	吉林省珲春金铜矿	26.87	1.84	共生金	开采矿区
21	黑龙江省乌拉嘎金矿	52.33	3.87	岩　金	开采矿区
22	黑龙江省大安河金矿	4.02	11.84	岩　金	开采矿区
23	黑龙江省老柞山金矿	18.40	6.85	岩　金	开采矿区
24	黑龙江省黑河金矿	3.96	0.27	岩　金	开采矿区
25	浙江省遂昌金矿	4.08	9.55	共生金	开采矿区
26	安徽省黄狮涝金矿	12.15	5.76	共生金	开采矿区
27	江西省金山金矿	55.88	6.17	共生金	开采矿区
28	福建省紫金山金矿	17.28	0.13	共生金	开采矿区
29	福建省双旗山金矿	5.53	7.98	岩　金	开采矿区
30	山东省玲珑矿业公司	11.64	8.89	岩　金	开采矿区
31	山东省焦家金矿	37.83	5.28	岩　金	开采矿区

续表 19-2

编　号	矿 山 名 称	保有储量/t①	金品位/g·t^{-1}	类　型	开采利用情况
32	山东省新城金矿	38.36	6.61	岩　金	开采矿区
33	山东省三山岛金矿	60.42	3.89	岩　金	开采矿区
34	山东省招远股份公司	128.60	5.52	岩　金	开采矿区
35	山东省仓上金矿	27.45	3.47	岩　金	开采矿区
36	山东省黑岚沟金矿	10.51	9.95	岩　金	开采矿区
37	山东省金城金矿	16.81	5.85	岩　金	开采矿区
38	山东省河西金矿	24.26	5.13	岩　金	开采矿区
39	山东省河东金矿	12.33	4.94	岩　金	开采矿区
40	山东省大柳行金矿	11.76	7.48	岩　金	开采矿区
41	山东省尹格庄金矿	71.22	2.90	岩　金	开采矿区
42	山东省蚕庄金矿	6.34	5.73	岩　金	开采矿区
43	山东省望儿山金矿	32.66	8.16	岩　金	开采矿区
44	山东省金星矿业集团	5.53	14.03	岩　金	开采矿区
45	山东省界河金矿	8.75	4.77	岩　金	开采矿区
46	山东省牟平区金矿	12.2	7.74	岩　金	开采矿区
47	山东省金岭金矿	2.89	7.07	岩　金	开采矿区
48	山东省乳山金矿	15.37	16.96	岩　金	开采矿区
49	山东省归来庄金矿	18.69	6.99	岩　金	开采矿区
50	山东省五莲县金矿	6.33	1.77	共生金	开采矿区
51	河南省文峪金矿	12.38	6.87	岩　金	开采矿区
52	河南省桐沟金矿	1.97	8.12	岩　金	开采矿区
53	河南省金渠金矿	2.26	6.90	岩　金	开采矿区
54	河南省秦岭金矿	4.89	8.47	岩　金	开采矿区
55	河南省抢马金矿	3.87	5.88	岩　金	开采矿区
56	河南省安底金矿	3.12	6.22	岩　金	开采矿区
57	河南省大湖金矿	26.13	6.05	岩　金	开采矿区
58	河南省藏珠金矿	9.09	11.27	岩　金	开采矿区
59	河南省樊岔金矿	1.08	11.84	岩　金	开采矿区
60	河南省灵湖金矿	5.79	5.00	岩　金	开采矿区
61	河南省老鸦岔金矿	1.32	8.51	岩　金	开采矿区
62	河南省潭头金矿	19.32	9.40	岩　金	开采矿区
63	河南省上宫金矿	20.69	6.18	岩　金	开采矿区
64	湖南省店房金矿	3.96	5.67	岩　金	开采矿区
65	河南省前河金矿	14.75	12.03	岩　金	开采矿区
66	河南省祁雨沟金矿	8.78	6.24	岩　金	开采矿区
67	河南省银洞坡金矿	43.40	7.33	岩　金	开采矿区
68	湖南省湘西金矿	16.27	8.77	岩　金	开采矿区
69	广东省河台金矿	38.06	8.45	岩　金	开采矿区
70	海南省二甲金矿	2.92	6.77	岩　金	开采矿区
71	广西高龙黄金矿业公司	8.02	3.78	岩　金	开采矿区
72	广西金牙金矿	18.05	5.03	岩　金	未大规模开采

续表 19-2

编　号	矿 山 名 称	保有储量/t[①]	金品位/g · t^{-1}	类　型	开采利用情况
73	湖北省黄石金铜矿业公司	26. 59	3. 94	共生金	未大规模开采
74	湖北省鸡笼山金矿	32. 93	3. 82	共生金	开采矿区
75	四川省东北寨金矿	52. 82	5. 54	岩　金	未大规模开采
76	四川省广元金矿	7. 21	0. 27	岩　金	开采矿区
77	四川省白水金矿	11. 51	0. 27	岩　金	开采矿区
78	西藏崩纳藏布金矿	10. 20		岩　金	开采矿区
79	贵州省紫木凼金矿	29. 32	5. 95	岩　金	开采矿区
80	贵州省烂泥沟金矿	59. 72	6. 96	岩　金	未大规模开采
81	贵州省戈塘金矿	22. 48	6. 15	岩　金	开采矿区
82	云南省墨江金矿	23. 67	2. 69	岩　金	开采矿区
83	云南省镇沅金矿	61. 98	5. 14	岩　金	未大规模开采
84	陕西省太白金矿	21. 45	3. 10	岩　金	开采矿区
85	陕西省李家金矿	0. 76	8. 98	岩　金	开采矿区
86	陕西省镇安金矿	2. 95	3. 54	岩　金	开采矿区
87	陕西省安康金矿	1. 33	0. 14	岩　金	开采矿区
88	陕西省东桐峪金矿	4. 85	11. 82	岩　金	开采矿区
89	陕西省陈耳金矿	2. 56	5. 68	岩　金	开采矿区
90	陕西省小口金矿	1. 65	7. 35	岩　金	开采矿区
91	陕西省寺耳金矿	1. 39	3. 60	岩　金	开采矿区
92	甘肃省白龙江金矿	5. 77	0. 34	岩　金	开采矿区
93	甘肃省花牛山金矿	2. 12	12. 88	岩　金	开采矿区
94	甘肃省格尔柯金矿	42. 00	10. 00	岩　金	开采矿区
95	青海省班玛金矿	3. 76	0. 50	岩　金	开采矿区
96	新疆阿希金矿	41. 19	5. 80	岩　金	开采矿区
97	新疆哈密市金矿	10. 04	8. 10	岩　金	开采矿区
98	新疆哈图金矿	0. 93	7. 93	岩　金	开采矿区
99	新疆鄯善金矿	1. 46	7. 98	岩　金	开采矿区
100	新疆哈巴河金矿	0. 81	2. 12	岩　金	开采矿区

① 保有储量以矿山现实际保有数为准，与全国储量平衡表稍有不一致。

2006 年，我国在滇黔桂、陕甘川等地区探明黄金储量超过 650t。2007 年至今，我国境内陆续发现多座大型、特大型金矿，分别是：储量大于 120t 的冈底斯雄村铜金矿；储量大于 115t 的东昆仑青海大场金矿；储量大于 308t 的秦岭甘肃省甘南地区阳山金矿；储量大于 51. 83t 的山东省莱州市寺庄金矿；储量大于 103t 的山东胶东焦家金矿；储量大于 158. 26t 的海南抱伦金矿；储量大于 67. 22t 的内蒙古包头市哈达门沟金矿；储量 128t 的新疆乌恰县金矿；储量大于 53t 的新疆卡特巴阿苏金矿；储量 53t 的新疆伊犁河谷金矿；储量大于 158. 26t 的海南琼西南地区戈枕、抱伦和王下金矿。

近年来我国黄金地质储量与资源服务年限见表 19-3。

表 19-3　我国黄金地质储量与资源服务年限

年　度	探明储量/t	资源服务年限/a	年　度	探明储量/t	资源服务年限/a
2001	4467. 9	14. 5	2007	5541. 3	12. 1
2002	4539. 0	14. 1	2008	5951. 8	12. 4
2003	4412. 0	12. 9	2009	6701. 0	12. 6
2004	4613. 0	12. 8	2010	6864. 8	11. 9
2005	4752. 0	12. 4	2011	7608. 4	12. 4
2006	4979. 0	12. 2			

19.1.1.2　生产

A　世界黄金生产

21 世纪以来，随着全球经济的不景气，黄金价格非常低迷，这就导致全球黄金产量略有下降。从 2001 年 2645t 下降到 2008 年 2415.6t，下降绝对值达到了 239.4t，平均年降幅 1.29%。然而，从 2009 年开始，全球黄金产量略有上升，2010 年达到 2652t，同比增长 2.63%[1]。2011 ~ 2014 年全球主要黄金生产国家产量见表 19-4。2011 年十大产金国共生产黄金逾 2660t。2012 年，黄金企业生产的黄金总量为 2690t（据美国地质调查局），排名前 10 位的黄金生产国与 2011 年是相同的，但顺序稍有变化。

表 19-4　2011 ~ 2014 年世界十大黄金生产国产量

国　家	黄金产量/t			
	2011 年	2012 年	2013 年	2014 年
中　国	355	403	420	450
澳大利亚	270	250	255	270
美　国	237	230	227	211
俄罗斯	200	205	220	245
南　非	190	170	145	150
秘　鲁	150	165	150	150
加拿大	110	102	120	160
加　纳	100	95	85	90
印度尼西亚	100	90	60	65
乌兹别克斯坦	90	89	93	102
全世界	2660	2690	2770	2860

B　中国黄金生产

据介绍，1949 年我国黄金产量仅为 4.07t，到 1975 年也仅为 13.8t，国内黄金总存量很少。从 20 世纪 70 年代开始，为解决外汇极度紧缺的问题，国家对黄金生产采取了一系列扶持政策，通过加大黄金企业的投入和改善技术装备，黄金工业逐步进入了发展的快车道。1995 年，我国黄金产量首次突破 100t；2003 年突破 200t；2007 年我国黄金产量 270.491t，首次超过连续 109 年世界产金之冠的南非，成为世界第一产金大国；2009 年突破 300t；2012 年突破 400t 大关，达到 403.047t，比上年增加 42.090t，增幅 11.66%，再创历史新高，连续六年位居世界第一[2]。据中国黄金协会最新统计数据显示，2013 年我国黄金产量达到 428.163t，同比增长 6.23%，2014 年我国黄金产量达到 451.799t，同比增长 5.52%，再创历史新高，连续八年位居世界第一。十大重点产金省（区）为山东、河南、江西、内蒙古、云南、湖南、甘肃、福建、湖北、新疆，这十个省（区）黄金产量占全国黄金总产量的 82.94%。十大重点黄金企业为中国黄金集团公司、山东黄金集团有限公司、紫金矿业集团股份有限公司、山东招金集团有限公司、湖南黄金集团有限公司、埃尔拉多黄金公司（中国）、云南黄金矿业集团股份有限公司、山东中矿集团有限公司、灵宝黄金股份有限公司、灵宝金源矿业股份有限公司，这十家企业矿产金产量占全国矿产金总产量的 45.65%。2013 年，上海黄金交易所各类黄金产品共成交 11614.452t，成交额共 32133.844 亿元；上海期货交易所共成交黄金期货合约 4017.565 万手，成交额共 107090.620 亿元。我国黄金产量一直呈上升趋势，近年来我国黄金产量见表 19-5。

表 19-5　中国黄金产量

年　度	黄金产量/t	比上一年增长/%	年　度	黄金产量/t	比上一年增长/%
2001	181.87	2.8	2008	282.00	4.3
2002	189.80	4.4	2009	313.98	11.3
2003	200.60	5.7	2010	340.88	8.57
2004	212.33	5.9	2011	360.96	5.89
2005	224.79	5.9	2012	403.05	11.66
2006	240.49	7.7	2013	428.16	6.23
2007	270.49	12.7	2014	451.80	5.52

19.1.1.3　价格

2005 年以来，受美元贬值、石油价格高涨带来通货膨胀等因素推动，黄金价格一路狂飙。自从 2005 年 11 月 29 日国际黄金价格达到 500 美元/盎司后，国际黄金价格就一路上扬，12 月 12 日国际现货黄金价格在纽约市场涨至 541 美元/盎司，刷新 1981 年 4 月以来的历史新高。2006 年，在基金逢低买入以及原油价格高涨的带动下，金价持续上扬，并在 2 月初成功超越了 2005 年 12 月中旬的 24 年高点，达到了 575 美元/盎司。2 月下旬至 3 月下旬，金价经过了窄幅的波动，走出了一个双底形态。4 月初，价格突破双底，形成上涨之势。在基金大力推进下，金价疯狂上涨，从 4 月初的 580 美元/盎司直线上涨至 5 月中的 720 美元/盎司，涨幅达到了 24.13%。9 月初，受国际原油价格下跌的影响，金价也持续下跌，并在 10 月初再次跌至 560 美元/盎司的低点。2007 年 1 ~8 月，黄金价格在 600 ~700 美元/盎司之间振荡，从 9 月份开始，黄金价格连破 700 美元/盎司和 800 美元/盎司大关，最高达到 841.10 美元/盎司，创 28 年新高。到 2008 年 1 月突破 1980 年创下的 850 美元/盎司的历史高位，到 1 月底已经突破 900 美元/盎司，3 月中旬更创出 1000 美元/盎司的历史最高位，4 ~7 月在 900 美元/盎司左右的高位运行。7 月之后，美国次贷危机逐渐引起了全球性的金融危机，国际油价持续走低，加之美元升值等因素，使得国际金价震荡下行，但依旧在 700 美元/盎司以上的较高点位。2009 年 11 月 2 日，国际金价轻松刷新了 10 月中旬创出的历史纪录，新的纪录被定格在 1095.55 美元/盎司，12 月 3 日，黄金价格最高曾涨至 1226.52 美元/盎司。2010 年国庆前黄金价格突破 1300 美元/盎司，在国际金价市场上引起一片惊呼，10 月 2 日更高至 1314 美元/盎司。进入 2011 年，金价走势可谓波澜壮阔，飞速上涨，9 月份金价一度创下 1920.94 美元/盎司纪录最高水平。2012 年黄金平均价格（以伦敦黄金定盘价为基准）为 1667.91 美元/盎司。2013 年对于黄金而言注定是不平凡的一年，在过去十余年黄金牛市中，黄金价格从未像 2013 年这样大幅下跌。第一阶段是 1 ~3 月份，金价从 1673.20 美元/盎司降至 1596.95 美元/盎司。黄金市场开始出现缓慢下跌的现象，但是整体跌幅并不是很大，大约近 5%；第二阶段是 4 ~6 月份，金价从 1597.68 美元/盎司跌至 1234.07 美元/盎司。市场出现断崖式下挫，空头力量来势凶猛，金价“飞流直下三千尺”，跌幅达 26%，整个二季度成为全年跌幅最大的阶段；第三阶段是 7 月份到 8 月份，金价从 1233.46 美元/盎司上升至 1394.73 美元/盎司，市场出现了本年度唯一一波像样的反弹，上涨 13%；截至 12 月 30 日，国际金价的下跌幅度已达 12%。价格在 1197 美元/盎司附近。2014 年金价波动较大，但总体跌势仅 1.6%，和之前 14 年平均每年价格变动的 12% 相比，显得相当平静。1200 美元/盎司的水平将成为 2015 年后金价的新常态。近十年黄金价格变化如图 19-1 所示。

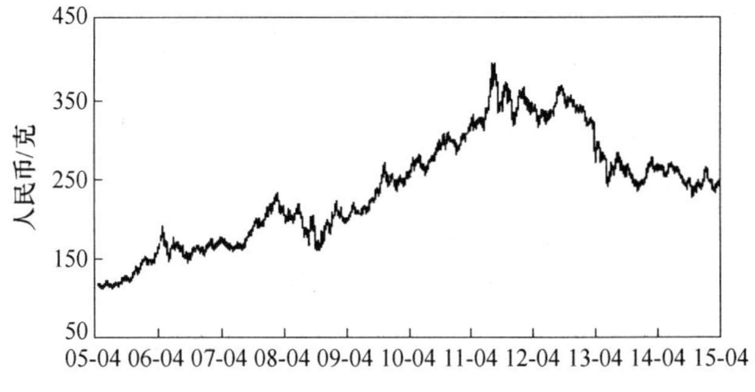

图 19-1　近十年黄金价格变化图

19.1.1.4　消费

据报道，全世界生产的黄金，几乎有 90% 是用于制造首饰，其余的是用于电子工业、牙科镶牙行业和硬币制造。印度是最大的黄金消费国，2004 年消费黄金 617.7t。美国是第二大黄金消费国。而我国在 2005 年的时候黄金消费量已经超过土耳其，跃居世界第三位。从近十年来我国黄金产业的供应与需求看，一直呈现供不应求的局面。生产量一直少于消费量，尤其是在 20 世纪 90 年代，供需缺口表现得更为明显。2000 年之后这一情况有所缓解，近几年黄金生产量稳步增长。世界黄金协会（World Gold Council）发布数据显示，印度、中国、美国、德国、土耳其、瑞士、泰国、越南、俄罗斯、沙特是全球黄金总消费最大的 10 个国家；2012 年十大消费国黄金总消费量达到 2734t，占当年全球实物黄金总消费量的 62.06%。印度、中国黄金消费分别位居世界第一和第二，2012 年印度黄金总消费 986.3t，同比下降 1.43%；中国黄金消费 776.1t，同比下降 0.47%。世界黄金协会最新的《黄金需求趋势报告》表明，以中国与印度为首的全球消费者需求在 2013 年创下新高，中国成为全球最大的黄金市场。同时，西方市场消费需求仍旧保持旺盛，其中美国市场对金饰、金条及金币的需求尤为强劲。2013 年全球消费者需求同比增长 21%，然而由于 ETF（Exchange Traded Fund）共计 881t 的减持，全年黄金总体需求较 2012 年下降 15% 至 3756t。2013 年全球金条和金币的投资达 1654t，与 2012 年的 1289t 相比增长了 28%，创下世界黄金协会自 1992 年统计数据以来的最高纪录。作为消费者需求的另一组成部分，2013 年全球金饰总需求为 2209t，达到 2008 年金融危机以来的最高水平。其中，我国市场金饰需求从 2012 年的 519t 增至 669t，增幅达 29%；印度市场从 2012 年的 552t 增至 613t，增幅为 11%。2013 年是消费者主导的一年，全球黄金需求在各领域、各地区都有强劲表现，虽然西金东移仍在延续，但对于金饰、金条及金币需求的增长是全球性现象。

据中国黄金协会最新统计数据显示，2011 年，全国黄金消费量 761.05t，比上年增加 189.54t，同比增长 33.2%。其中：黄金首饰 456.66t，同比增长 27.9%；金条 213.85t，同比增长 50.7%；金币 20.80t，同比增长 25.2%；工业用金 53.22t，同比增长 12.3%；其他用金 16.52t，同比增长 93.9%；2012 年，全国黄金消费量 832.18t，比上年增加 71.13t，同比增长 9.35%。其中：黄金首饰 502.75t，同比增长 10.09%；金条 239.98t，同比增长 12.22%；金币 25.30t，同比增长 21.63%；工业用金 48.85t，同比下降 8.21%；其他用金 15.3t，同比下降 7.38%；2013 年我国黄金消费量首次突破 1000t，达到 1176.40t，同比增长 41.36%。其中：首饰用金 716.50t，同比增长 42.52%；金条用金 375.73t，同比增长 56.57%；金币用金 25.03t，同比下降 1.07%；工业用金 48.74t，同比下降 0.23%；其他用金 10.40t，同比下降 32.03%；2014 年上半年我国黄金消费量达到 569.45t，与去年同期相比，消费量减少 136.91t，同比下降 19.38%。其中：黄金首饰用金 426.17t，同比增长 11.02%；金条用金 105.58t，同比下降 62.13%；工业用金 26.75t，同比增长 11.32%；金币及其他用金 10.95t，同比下降 44.3%。随着人们生活水平的提高和消费结构的变化，我国黄金加工、零售产业也进入了一个全新的发展阶段，已经形成了深圳市罗湖区内销加工企业集群和广州市番禺区外销加工企业集群两大黄金产品加工基地。

19.1.2　白银

19.1.2.1　储量

A　世界白银储量

2014 年世界银储量约为 53 万吨，主要分布在澳大利亚、秘鲁、波兰、智利、中国、墨西哥、美国、玻利维亚、加拿大、俄罗斯等国，它们的总储量约占世界总储量和储量基础的 90% 以上（见表 19-6）。而且秘鲁的储量列居世界首位，为 98900t，占世界银储量 18.66%。其实，未被列入统计表中的俄罗斯、哈萨克斯坦、乌兹别克斯坦和塔吉克斯坦等国也有不少的银资源。2011 年全球白银资源储量分布如图 19-2 所示。

表 19-6　2014 年世界白银储量

国家或地区	储量/t	占世界比率/%	国家或地区	储量/t	占世界比率/%
澳大利亚	85000	16.04	美　国	25000	4.72
秘　鲁	98900	18.66	玻利维亚	22000	4.15
波　兰	85000	16.04	加拿大	7000	1.32
智　利	77000	14.53	其他国家	50000	9.43
中　国	43000	8.11	全　球	530000	
墨西哥	37000	6.98			

注：资料来自 USGS。

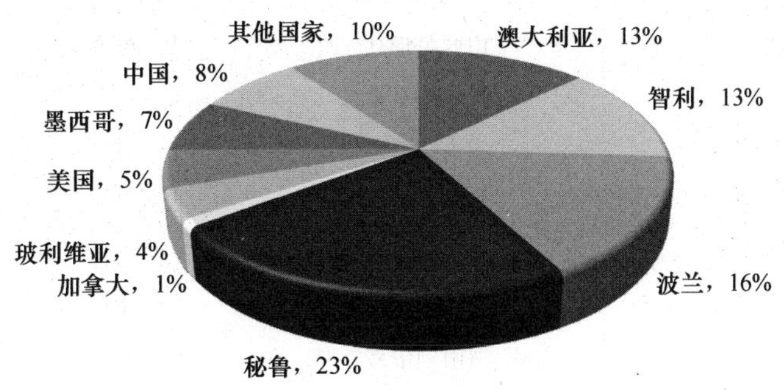

图 19-2　2011 年全球白银资源储量分布图[2]

B　中国白银储量

我国探明的银矿按其银品位及开发的经济技术条件分为独立银矿、共生银矿及伴生银矿三种。各类型银矿所占储量比例见表 19-7。

表 19-7　我国银矿保有储量的构成

项　目	独立银矿	共生银矿	伴生银
银品位/g·t⁻¹	>150	100～150	<100
利用方式	独立开采	综合开采	综合回收
占储量比例/%	25.5	16.5	58.0

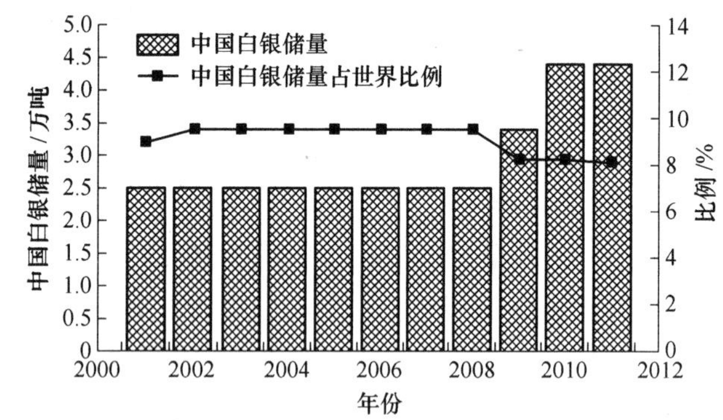

图 19-3　中国白银储量及占世界总储量的比例[2]

我国银矿储量按照大区，以中南区最多，占总保有储量的 29.5%，其次是华东区，占 26.7%；西南区，占 15.6%；华北区，占 13.3%；西北区，占 10.2%；最少的是东北区，只占 4.7%。我国白银储量及占世界总储量的比例如图 19-3 所示，2013 年美国 USGS 公布中国目前拥有 43000t 白银储量，排名在澳大利亚、秘鲁、波兰、智利之后，位居全球第五位。

我国国内目前拥有 569 座银矿，从省（区）来看，保有储量最多的是江西，为 18016t，占全国总保有储量的 15.5%；其次是云南，为 13190t，占 11.3%；广东为 10978t，占 9.4%。内蒙古为 8864t，占 7.6%；广西为 7708t，占 6.6%；湖北为 6867t，占 5.9%；甘肃为 5126t，占 4.4%。以上 7 个省（区）储量合计占全国总保有储量的 60.7%。表 19-8 列示了我国主要的银矿床及其开发利用情况。

表 19-8　中国主要银矿产地一览表

编　号	矿产地名称	位　置	规　模	品位/g·t⁻¹	利用情况
1	多宝山铜钼矿	黑龙江嫩江市	大　型	2.06	未　采
2	山门银矿龙王矿段	吉林四平市	中　型	293.5	未　采
3	山门银矿卧龙矿段	吉林四平市	大　型	190	已　采
4	青城子铅锌矿大地银矿	辽宁凤城县	中　型	291	已　采
5	高家卜子银矿	辽宁凤城县	大　型	299	已　采
6	八家子铅锌矿	辽宁建昌县	大　型	214.1	未　采
7	查干布拉根银铅锌矿	内蒙古新巴尔虎右旗	中　型	249	未　采
8	甲乌拉银铅锌矿	内蒙古新巴尔虎右旗	大　型	130～173	未　采
9	孟恩套力盖银铅锌矿	内蒙古科尔沁右翼中旗	大　型	83.9	未　采
10	牛圈银金矿	河北丰宁县	中　型	281	已　采
11	支家地银矿	山西灵丘县	大　型	277	未　采
12	刁泉铜银矿	山西灵丘县	中　型	154	未　采
13	银硐子银铅多金属矿	陕西柞水县	大　型	168	已　采
14	小铁山多金属矿	甘肃白银市	大　型	126	已　采
15	白家嘴子铜镍矿	甘肃金昌市	大　型	3.7	已　采
16	花牛山铅锌矿	甘肃安西县	中　型	174	已　采
17	锡铁山铅锌矿	青海柴达木	大　型	40.8	已　采
18	破山银矿	河南桐柏县	大　型	278	已　采
19	铁炉坪银矿区	河南洛宁县	中　型	206	已　采

续表 19-8

编号	矿产地名称	位置	规模	品位/g·t^{-1}	利用情况
20	银洞沟银金矿	湖北竹山县	大型	224	已采
21	白果园银钒矿	湖北兴山县	大型	69~89	未采
22	银山铅锌矿	江西德兴县	大型	33.3	已采
23	武山铜硫铁矿区	江西瑞昌县	大型	9.74	已采
24	城门山铜硫铁矿区	江西瑞昌县	大型	9.9	已采
25	鲍家银铅锌矿	江西贵溪县	大型	305	已采
26	冷水坑银露岭银矿	江西贵溪县	中型	203	已采
27	大岭口银铅锌矿	浙江天台县	中型	166	已采
28	栖霞山铅锌矿	江苏南京市	大型	81.4	已采
29	呷村银矿	四川白玉县	大型	310	未采
30	金顶铅锌矿	云南兰坪县	大型	10.4	已采
31	白牛厂银多金属矿白羊矿段	云南蒙自县	大型	100	未采
32	老厂银铅锌矿	云南澜沧县	大型	167~193	已采
33	水口山铅锌矿	湖南常宁县	大型	83.8	已采
34	凡口铅锌银矿	广东仁化县	大型	102	已采
35	大宝山多金属矿	广东曲江县	大型	9.3	已采
36	厚婆坳锡铅锌矿区	广东潮州市	大型	189	已采
37	西洞银金矿	广东廉江县	中型	409.7	已采
38	大厂高峰锡铅锌矿	广西南舟县	中型	121	已采
39	凤凰山银矿	广西隆安县	大型	517	已采
40	金山金银矿	广西博白县	中型	207	已采

19.1.2.2 生产

A 世界白银生产

根据美国地质勘探局（USGS）的资料，近十年全球白银产量如图 19-4 所示。2007 年白银产量为 20800t（66800 万盎司)。2008 年世界的白银产量为 20900t(67100 万盎司)，这是白银产量的一个新纪录。全球白银产量在 2009 年再次攀升将近 4%，达到了 21800t(70960 万盎司)，实现七个年度连续上涨。2010 年全球白银产量增长 2.5%，至 735.9 百万盎司。根据全球白银协会公布的数据，2011 年世界白银产量达到 21590t(761.6 百万盎司)。

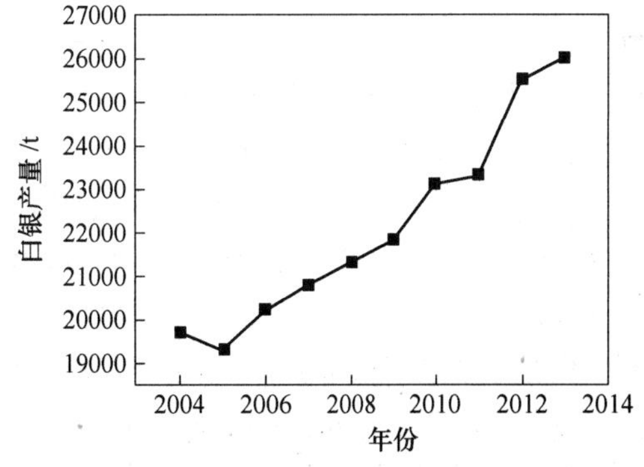

图 19-4 近十年全球白银产量

2013 年全球白银总产量为 26000t，相比于 2012 年的 25500t，增幅为 2%。墨西哥在 2013 年稳住了自己世界第一大白银生产国的地位，而秘鲁则超过中国成为世界第二大白银生产国，2013 年全球前二十白银生产国排名见表 19-9。

表 19-9 2013 年全球前二十白银生产国排名

2013 年全球排名	国家	2012 年产出/百万盎司	2013 年产出/百万盎司	2012~2013 年同比变化率/%
1	墨西哥	172.3	169.7	-1.5
2	秘鲁	111.9	118.1	+5.5
3	中国	113.1	118.0	+4.3
4	澳大利亚	55.5	59.2	+6.7
5	俄罗斯	45.0	45.4	+0.9
6	玻利维亚	39.7	41.2	+3.8

续表 19-9

2013 年全球排名	国　家	2012 年产出/百万盎司	2013 年产出/百万盎司	2012～2013 年同比变化率/%
7	智　利	37.0	39.2	+5.9
8	波　兰	41.3	37.6	-9.0
9	美　国	34.1	35.0	+2.6
10	阿根廷	24.3	24.7	+1.6
11	加拿大	21.3	20.8	-2.3
12	哈萨克斯坦	17.5	19.8	+13.1
13	印　度	11.9	12.1	+1.7
14	瑞　典	9.8	10.8	+10.2
15	危地马拉	6.6	10.4	+57.6
16	摩洛哥	7.5	8.2	+9.3
17	土耳其	7.3	6.0	-17.8
18	印度尼西亚	4.5	6.0	+33.3
19	亚美尼亚	2.6	3.2	+23.1
20	巴布亚新几内亚	2.6	2.9	+11.5

B　中国白银生产

我国白银生产的产业结构相对单一，白银生产分为：独立银矿产银、副产白银和回收白银。根据美国 USGS 数据，我国白银的矿山产量及占世界总矿山产量的比例如图 19-5 所示。根据国家统计局统计数据，2005 年 12 月份，我国生产白银 712.3t，全年累计产银 7196.1t，与上年同比递增 18.51%。湖南、河南、江西和云南 4 个铅、锌、铜生产大省是我国白银生产最集中的省份。2005 年湖南、河南、江西和云南 4 省分别累计生产白银 2494t、1015t、692t 和 646t，分别比 2004 年递增 14.32%、19.03%、6.73% 和 21.95%，4 个省份白银产量分别占同期全国产量的 34.7%、14.1%、9.6% 和 9.0%。表 19-10 为 2005 年我国白银产量居前十位的生产企业[3]。2006 年，我国白银产量依旧达到 7000 多吨（含再生银），成为世界第三大白银生产国。中国有色金属工业协会信息统计部统计快报数据显示：2007 年我国总计生产白银 9091.58t，同比增长 10.18%；与前 5 年年均 30% 左右的增幅相比，2007 年国内白银产量增幅大幅回落。如果按照白银总产量统计（非海外机构的矿产银产量统计口径），2007 年我国白银总产量已经位居世界第一位。2008 年我国白银产量 9587t，同比增长 5.45%，继续位居世界第一。2009 年我国白银产量为 11495t，同比增长 19.90%。2010 年我国白银产量 11617t，居世界第一。2011 年我国白银产量为 12446t，同比增长 7.14%。2013 年全球白银总供应下滑至 32420t，同比减少 0.6%。其中矿产银供应依然持续十年以来的增长至 24600t，但增幅放缓，仅增长 0.5%，较 2012 年下滑 3.5%。再生银供应达到 7620t，同比下滑 3.5%。

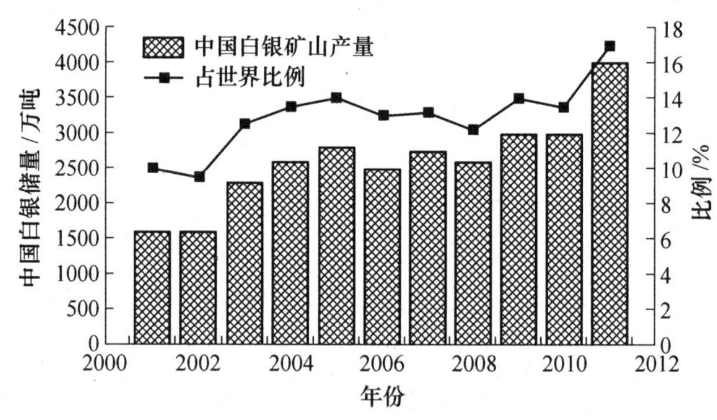

图 19-5　中国白银矿山产量及占世界总矿山产量比例[2]

表 19-10　2005 年我国生产白银居前十位的生产企业

企 业 名 称	产量/kg	与上年同比/%
云南铜业股份有限公司	402706	19.20
河南豫光金铅集团有限责任公司	395060	7.71
河南省安阳市豫北金铅公司	367047	12.74
江西铜业集团公司	322577	7.53

续表 19-10

企业名称	产量/kg	与上年同比/%
宁夏天马冶化实业有限公司	305002	111.48
湖南省郴州金贵有色金属公司	299454	-0.41
湖南株冶有色金属责任公司	286356	9.75
湖南省兴光冶炼有限公司	267672	23.34
湖南永兴县西河铅业有限公司	252950	5.62
湖南永兴县富兴贵有限责任公司	227799	149.25

19.1.2.3　价格

2005～2015 年白银价格走势图如图 19-6 所示。白银市场的几次历史性突破都发生在下半年。2005 年也是如此，在维持了长达半年多的高位震荡整理后，终于从 9 月份开始一路走高，并在年底突破 9.2 美元/盎司大关，创 1987 年以来 18 年新高。纵观 2005 年国际白银价格走势，不仅与黄金价格密切相关，而且也受到基本金属价格，特别是铜价的带动。另外，国际原油价格一路上涨、美元一度疲软、国际社会政局动荡等也都是造成白银价格稳步走高的重要原因。2005 年国际市场（LBMA）白银年平均成交价格达到 7.3115 美元/盎司，比 2004 年的平均价格 6.6578 美元/盎司上涨了 9.82%；2005 年，LBMA 白银最高价格为 9.2250 美元/盎司，最低为 6.3900 美元/盎司。2006 年全年月平均银价都维持在 9.0 美元/盎司以上，最高价为 14.94 美元/盎司（5 月 12 日），最低价为 8.83 美元/盎司（1 月 6 日），年平均价格为 11.549 美元/盎司，比 2005 年的 7.312 美元/盎司上涨了 57.87%。2011 年国际白银最低价 26.68 美元/盎司，最高 48.7 美元/盎司，平均价是 35.31 美元/盎司，同比 2010 年的 20.16 美元/盎司，增长了 75%，这个增幅也是比较大的。2013 年，纽约期货交易所期银年内最高价为 1 月 23 日的 32.5 美元/盎司，最低价为 6 月 28 日的 18.2 美元/盎司，年内振幅达 44%。全年平均价 23.86 美元/盎司，同比 2012 年下滑 23.4%，远高于 2012 年的跌幅 9.4%。

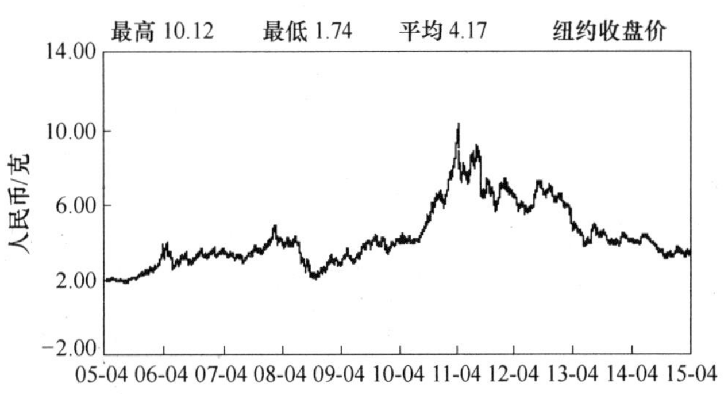

图 19-6　2005～2015 年白银价格走势图

19.1.2.4　消费

世界主要进口国也是全球主要的白银消费国，有日本、意大利、德国、瑞士、英国、印度等。美国是目前世界上最大的白银消费国，用银量约占全世界总消费量的 40%。世界白银消费构成是：工业应用消费 56%，感光材料消费 13%，珠宝首饰银器消费 18%，铸币印章 5%，总需求约 27340t。白银在工业中的需求最大，主要来自电器、电子生产领域对白银需求的增长，德国、美国、日本、印度及中国在该领域的需求增长较快，日本工业用白银连续多年增长，美国消费量最大，占工业用银全球总消费量的 22%。近年来世界白银的供应与需求见表 19-11。

20 世纪 80 年代以来，我国白银的消费逐年上升，1985 年白银约为 900t，1987 年达到 1000t，2001 年 1525t 左右，2003 年 2050t 左右，2005 年达到 2600t。据安泰科公司统计，2006 年全国白银消费量达到 3000t，2007 年达到 3600t，2008 年国内白银消费达到 4500t。我国白银主要消费领域及消费结构大致为：电子电气 35%、感光材料 20%、化学试剂和化工材料 20%、工艺品及首饰 10%、其他方面 15%。世界白银消费主要集中在工业用银、摄影业、首饰、银币和银章等领域。据巴克莱数据统计，2013 年全球白银制造业总需求达到 27182t，同比增长 3.2%，扭转 2012 年下滑的趋势。其中全球经济的进一步回暖，使工业用银需求恢复至 14708t，同比增长 1.5%。工业用银中占比最大的是电子行业，主要用作电接触材料、钎焊料、浆料、靶材等。2013 年由于数码技术的替代，摄影业需求继续下滑，至 1650t，降幅 8%；首饰和银器需求达到 7200t，同比增长 0.4%；但银币和银章总需求受到实物投资需求的推动显著增长，达到 3624t，同比增长 15%。在 2013 年，虽然银价暴跌，但全球范围内实物白银投资需求，尤其是银币需求依然坚挺，包括欧美国家以及亚洲国家，美国造币厂银币需求同比增长 26.5%。2013 年国内白银工业消费达到6775t，同比增长6.5%，高于2012年增幅。电子工业用银量达到4060t，同比增长5.4%；其中太阳能行业在2013年上半年表现疲软，但下半年随着订单增加，开工率回升，需求逐步稳定。其他类如平板电脑、手机、射频元器件等消费品均出现明显增长，增速较2012年有所提高。摄影业由于结构性消费因素，用银量趋势将继续保持下降，但由于经济疲软，设备结构性替换放缓，减速放缓。银币等投资品需求依然保持增长趋势，2013年我国银首饰及银币等消费品用银量达到2285t，同比增长8.8%。2014年全球白银市场仍然过剩，随着供应放缓以及制造业需求的回暖，过剩量逐步减小，今后的国内市场将继续维持供需双双增长的态势。

表19-11 2002～2011年世界白银的供应与需求 （万吨）

年 份		2002	2003	2004	2005	2006	2007	2008	2009	2010	2011
供应量	矿产量	1.69	1.69	1.74	1.80	1.82	1.89	1.94	2.03	2.13	2.16
	政府净出售量	0.16	0.25	0.18	0.19	0.22	0.12	0.09	0.04	0.13	0.03
	旧银废料	0.56	0.56	0.56	0.57	0.58	0.58	0.57	0.57	0.65	0.73
	生产者套头交易量	—	—	0.03	0.08	—	—	—	—	0.14	0.03
	默认的净负投资量	0.05	—	—	—	—	—	—	—	—	—
	总供应量	2.46	2.50	2.51	2.64	2.62	2.58	2.59	2.64	3.05	2.95
需求量	工业应用	1.01	1.04	1.10	1.22	1.29	1.39	1.40	1.15	1.41	1.38
	摄 影	0.58	0.55	0.51	0.45	0.40	0.33	0.29	0.22	0.20	0.19
	首 饰	0.48	0.51	0.50	0.49	0.47	0.46	0.45	0.45	0.47	0.45
	银制品	0.24	0.24	0.19	0.19	0.17	0.17	0.16	0.17	0.15	0.13
	硬币和证章	0.09	0.10	0.12	0.11	0.11	0.11	0.19	0.22	0.28	0.34
	制造业总需求量	2.39	2.44	2.41	2.48	2.45	2.47	2.48	2.22	2.52	2.49

19.1.3 铂族金属

铂亦称铂金，俗称“白金”。铂与钯、铑、锇、铱、钌六种金属，称为铂族金属。铂族金属具有优良的特性，被广泛用于石油、化工、汽车、信息产业、航空、航海、军事及宇航等高科技领域之中，是现代科学、尖端技术和工业上不可缺少的贵金属材料。随着经济发展，铂族金属消费量不断增长，地位越来越重要。因此，许多国家（尤其是美国）都将铂族金属作为战略物资，它们是在国防和现代科技等多方面起着重要作用的战略资源。

19.1.3.1 储量

A 世界铂族金属储量

截至2014年年底[4]，世界铂族金属储量和产量见表19-12。主要分布于南非，其次为俄罗斯、美国和加拿大，4国储量约占全球铂族金属资源总储量的99%以上。

表19-12 2014年世界铂族金属产量和储量 （t）

国家和地区	铂产量	钯产量	铂族金属储量
南 非	110000	60000	63000000
俄罗斯	25000	81000	1100000
美 国	3650	12200	900000
加拿大	7200	17000	310000
津巴布韦	11000	10000	（包括于其他国家）
其 他	3800	10000	800000
世界总计	161000	190000	66000000

B　中国铂族金属储量

我国铂族金属资源比较贫乏，探明储量324t左右，矿床类型复杂，以铜镍硫化物矿床伴生的铂族金属矿床为主，约95%以上铂族金属作为铜、镍副产品回收利用。2008年，我国查明铂族金属矿产地36处，分布于全国10个省（区），甘肃为我国铂族金属矿产资源储量最大的省份（144.03t，占全国总储量的44.4%），其次为云南（106.45t，占全国总储量的32.8%）、四川、黑龙江、河北、新疆等省（区）[5]。

目前，世界上铂族金属资源主要源于3个方面：（1）原生铂矿产资源利用；（2）从铜镍硫化矿副产品中回收利用；（3）从铂族金属二次资源回收利用。世界上约97%的铂族金属来自铜镍硫化矿床。世界上的铂族金属主要产于南非的布什维尔德杂岩体和俄罗斯诺里尔斯克超基性岩体的矿床中。

19.1.3.2　生产

A　世界铂族金属生产

人类从发现并命名铂族金属元素至今的200多年中，只生产了8500多吨（其中约5500t为近30年所产）。世界铂族金属元素的主要生产国是南非、俄罗斯，主要来自世界的5个矿区：南非布什维尔德、俄罗斯诺里尔斯克、美国斯蒂尔瓦特、加拿大萨德伯里和津巴布韦大岩墙。南非、俄罗斯这两个国家铂族金属元素产量占世界总产量的90%，南非是世界最大的铂族金属元素生产国，其铂产量约占世界产量的2/3以上。俄罗斯是世界第二大铂族金属元素生产国，钯产量居世界首位。因此，世界铂族金属元素市场受南非、俄罗斯两国铂族金属元素生产国供应量左右。在铂族金属元素产量中，铂和钯产量约占90%，其他几种铂族金属元素总计约占10%。

在世界铂族金属元素总供应量中，铂：南非占70%～85%，俄罗斯占10%～20%，而北美仅占5%～6%；钯：俄罗斯占50%～60%，南非占25%～35%，北美仅占10%；铑：南非占50%～75%，俄罗斯占20%～40%，而北美仅占百分之几。

从表19-13可以看出，2009年全球铂族金属供应量最大的国家南非，铂供应量为140.90t，占世界总供应量的76.5%；钯供应量为73.72t，占世界总供应量的33.4%。铂族金属生产第二大国俄罗斯，铂供应量为24.42t，占世界总供应量的13.4%，钯供应量为113.06t，占世界总供应量的51.2%。这两个国家铂和钯供应量分别占世界总供应量的89.8%和84.6%。2009年全球从矿产资源中获得的铂供应量为184.13t，钯供应量为220.83t，铑供应量为23.95t。随着全球经济的复苏，2010年全球铂、钯、铑供应量有所增加，铂供应量为188.49t，钯供应量为226.74t，铑供应量为23.56t。根据有关资料，2005～2010年全球从二次资源中回收的铂、钯、铑总量发生了巨大变化（见表19-14）。2009年全球从二次资源中回收的铂、钯、铑分别为45.10t、50.23t、5.82t，其中从失效催化剂中回收的铂、钯、铑分别为25.82t、30.01t、5.82t，从废旧电子产品中回收的铂、钯分别为0.31t、12.29t，从珠宝首饰中回收的铂、钯分别为17.57t、2.18t。与2008年相比，2009年全球从失效汽车催化剂中回收的铂、钯、铑分别降低了26.5%、15.4%、17.6%，从废旧电子产品中回收的铂、钯分别增加了48.4%、14.5%，从珠宝首饰中回收的铂、钯分别降低了18.7%、46.2%。随着废旧汽车催化剂与电子产品数量的增加，2010年全球从二次资源中回收的铂、钯、铑分别为57.23t、57.39t、7.34t，比2009年明显增加。

表19-13　全球铂、钯、铑供应量　（t）

年　份	金　属	南　非	俄罗斯	北美国家	津巴布韦	其　他	合　计
2005	Pt	159.09	27.68	11.35	4.82	3.58	206.52
	Pd	81.02	143.70	28.30	3.89	4.51	261.42
	Rh	19.50	2.80	0.62	0.40	0.12	23.44
2006	Pt	164.69	28.62	10.73	5.13	3.27	212.44
	Pd	86.31	121.93	30.64	4.20	4.20	247.28
	Rh	20.71	3.11	0.53	0.44	0.16	24.95
2007	Pt	157.69	28.46	10.11	5.29	3.73	205.28
	Pd	86.00	141.21	30.79	4.20	4.67	266.87
	Rh	21.65	2.80	0.62	0.44	0.12	25.63

续表 19-13

年　份	金　属	南　非	俄罗斯	北美国家	津巴布韦	其　他	合　计
2008	Pt	140.43	25.04	10.11	5.60	3.58	184.76
	Pd	75.58	113.84	28.30	4.35	5.29	227.36
	Rh	17.85	2.64	0.56	0.47	0.09	21.61
2009	Pt	140.90	24.42	8.09	7.15	3.58	184.14
	Pd	73.72	113.06	24.11	5.60	4.98	221.47
	Rh	20.62	2.18	0.47	0.59	0.09	23.95
2010	Pt	144.16	25.66	6.53	8.71	3.42	188.49
	Pd	80.09	115.71	18.35	6.84	5.75	226.74
	Rh	19.97	2.18	0.37	0.75	0.09	23.56

表 19-14　全球从二次资源中回收的铂、钯、铑量　(t)

项　目	Pt			Pd			Rh		
	2008	2009	2010	2008	2009	2010	2008	2009	2010
汽车催化剂	35.15	25.82	33.75	35.46	30.01	41.21	7.06	5.82	7.34
电子产品	0.16	0.31	0.31	10.73	12.29	13.69	0.00	0.00	0.00
珠宝首饰	21.62	17.57	23.17	4.04	2.18	2.49	0.00	0.00	0.00
合　计	56.93	43.70	57.23	50.23	44.48	57.39	7.06	5.82	7.34

B　中国铂族金属生产

我国的铂金年产量不足 1t，90% 依赖进口，1998 年我国铂族金属元素产量 0.661t，这是我国铂族金属元素产量历史最高年份。金川铜镍矿目前是我国唯一的铂族金属元素生产基地，铂钯产量占全国铂钯产量的 89.3%。

19.1.3.3　价格

铂族金属的铂、钯、铑价格如图 19-7 ~ 图 19-9 所示，2008 年 9 月以来，由于全球金融和经济危机，致使原材料需求萎缩，商品价格大跌。铂族金属也和其他商品一样，在此轮暴跌中，价格大幅跳水。2009 年 2 月铂族金属价格与 2008 年 3 月的 2300 美元/盎司相比下跌 67%，相当于下跌 750 美元/盎司；钯金属价格与 2008 年同期的 600 美元/盎司相比，下跌 73%，跌至 160 美元/盎司；铑金属价格在不到 6 个月的时间里下跌 90%，2008 年 6 月份铑金属价格还在 10000 美元/盎司以上。数据显示，2013 年，铂价格连续第 2 年走低，同比下跌 4.4%，达到年均 1486.59 美元/盎司，仍处于历史价格的较高水平。自 1986 年以来，绝大多数年份铂均价都高于黄金均价。2013

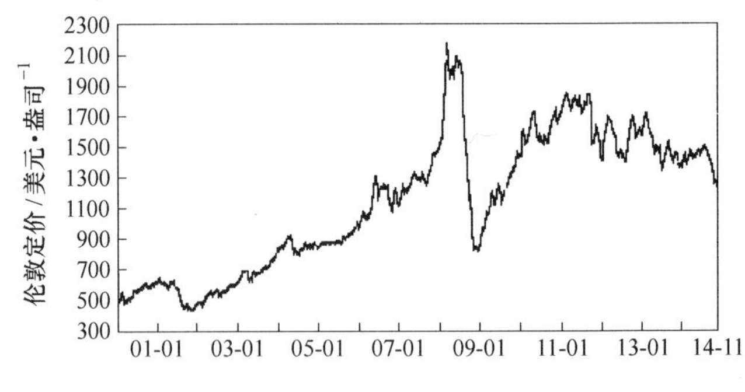

图 19-7　2000 ~ 2014 年铂金价格走势图

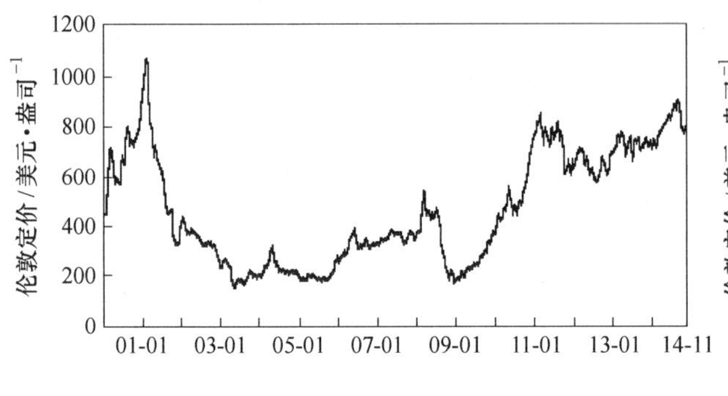

图 19-8　2000 ~ 2014 年钯金价格走势图

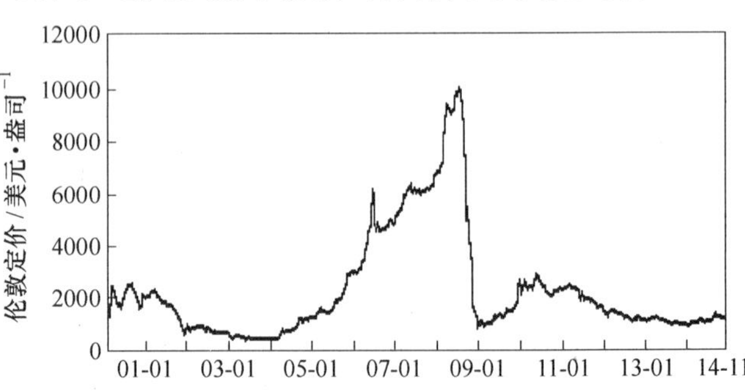

图 19-9　2000 ~ 2014 年铑金价格走势图

年，铂均价较黄金均价低 68 美元/盎司，而钯价格同比上涨 12.7%，年均价为 726.5 美元/盎司。近三年来，铂钯之间的价格比逐步缩小。

19.1.3.4 消费

铂族金属元素具有绚丽的色彩和良好的物理化学特性：高熔点、高强度、耐腐蚀、独特的生物活性和催化活性、持久稳定的使用寿命和长期的储存价值，在现代工业和人类生活各个领域备受人们青睐而获得广泛应用。铂族元素的各类化合物、浆料、金属或其合金制成的各种型材加工成成千上万个品种和规格的各种功能材料，广泛应用于人们的日常生活、农业、传统工业、高新技术、军工、宇航、医药卫生以及环境保护等各个领域。其主要应用如下：

（1）首饰和金融方面的应用，用以制作国际标准量器。

（2）在现代工业中的应用也越来越广泛。主要表现在：汽车工业中用作尾气催化净化剂、工业有害废气催化净化等环境保护材料；化学化工即主要石油化工中用作催化剂，化学工业及有色金属冶炼工业用于阳极涂层、镀层；用于高级光学玻璃及玻璃纤维工业；用于电接触材料、钎料、包覆材料、磁性材料、耐磨轴尖材料、精密电阻材料、弹性材料、形状记忆材料等高精度、高可靠、长寿命特种功能高技术材料；用于生产氢气的电极材料、光敏材料、催化材料、燃料电池的催化电极、核能工业中的电极材料等新能源材料；用于医疗器械和医药。

（3）在高新技术方面的应用。铂族金属元素在生物工程、航空航天技术、信息技术、激光技术、自动化技术等高新技术方面应用日益广泛。

2005～2010 年，全球铂族金属的需求量及消费结构发生了变化。金融危机期间，全球汽车产量严重下降，导致全球如欧洲、日本、北美等国家对铂的需求量下降，尤其由于柴油汽车发动机市场占有率的急剧衰退，欧洲国家铂的总需求量下降了一半。2005～2010 年全球铂、钯、铑在各个领域的需求量及消费结构见表 19-15。从表 19-15 可以看出，2005～2008 年，铂、钯、铑三者每年的总需求量都在 520t 以上，2009 年铂、钯、铑三者每年的总需求量下降到 482.91t，其中铂、钯、铑需求量分别为 218.98t、241.68t、22.26t。全球经济强劲复苏后，汽车、化工、电子等工业对铂、钯、铑的需求量急剧增加，2010 年铂、钯、铑总需求量达到 569.75t，其中铂、钯、铑需求量分别为 243.23t、299.37t、27.15t。同时，铂、钯、铑的消费结构也发生了巨大变化。由于全球经济疲软，2009 年全球用于汽车催化剂领域的铂需求量比 2008 年降低了 39%，为 69.36t；珠宝首饰领域的铂需求量大幅度增加，涨幅比例达到了 46.1%；金融投资领域的铂需求量增加了 18.9%。全球经济复苏后，2010 年用于汽车催化剂领域的铂总需求量达到了 97.20t，玻璃工业铂需求量急剧增加，达到 10.73t（2009 年仅为 0.31t），化学工业的铂需求量也有所增加，其他行业的铂需求量变化不大。相比 2008 年，2009 年全球钯总需求量降低了 6.3%，其中用于汽车催化剂领域的钯需求量降低了 9.3%，珠宝首饰领域的钯需求量降低了 17.3%，金融投资领域的钯需求量增加了 48.8%。2010 年钯总需求量比 2009 年增加了近 60t，其中用于汽车催化剂及珠宝首饰领域的钯需求量大幅度增加，而电子工业领域的钯需求量下降明显[6]。

表 19-15 全球铂、钯、铑消费结构 (t)

年份	金属	汽车催化剂	化学工业	电子工业	玻璃工业	金融投资	珠宝首饰	医药生物	石油	其他	合计
2005	Pt	118.04	10.11	11.20	11.20	0.47	76.67	7.78	5.29	7.00	247.76
	Pd	120.22	12.91	39.66	—	6.84	46.34	25.35	—	8.24	259.56
	Rh	25.78	1.49	0.31	1.77	—	—	—	—	0.62	29.97
2006	Pt	121.46	12.29	11.20	12.60	1.24	68.27	7.78	5.60	7.46	247.9
	Pd	127.68	13.69	46.50	—	1.56	35.46	19.28	0.00	2.64	246.81
	Rh	26.84	1.52	0.28	2.02	0.00	0.00	—	—	0.72	31.38
2007	Pt	128.92	13.06	7.93	14.62	5.29	65.63	7.15	6.38	8.24	257.22
	Pd	141.37	11.66	48.21	—	8.09	29.55	19.60	—	2.64	261.12
	Rh	27.59	1.96	0.09	1.84	—	—	—	—	0.75	32.23

续表 19-15

年　份	金　属	汽车催化剂	化学工业	电子工业	玻璃工业	金融投资	珠宝首饰	医药生物	石油	其他	合　计
2008	Pt	113.68	13.69	7.15	9.80	17.26	64.07	7.62	7.46	9.02	249.75
	Pd	138.88	10.89	42.61	—	13.06	30.64	19.44	—	2.33	257.85
	Rh	23.89	2.12	0.09	1.06	—	—	—	—	0.75	27.91
2009	Pt	69.36	9.18	5.91	0.31	20.53	93.62	7.78	6.38	5.91	218.98
	Pd	125.97	10.11	39.50	—	19.44	25.35	19.13	—	2.18	241.68
	Rh	19.25	1.68	0.09	0.59	—	—	—	—	0.65	22.26
2010	Pt	97.20	13.84	6.84	10.73	20.22	75.11	7.00	5.29	7.00	243.23
	Pd	169.51	12.29	18.04	—	43.86	33.74	19.28	—	2.64	299.37
	Rh	22.52	2.12	0.12	1.77	—	—	—	—	0.62	27.15

19.2　贵金属选矿技术、工艺和装备的进展

19.2.1　贵金属选矿技术与理论

国内外学者对贵金属选矿技术与理论的研究非常活跃，主要集中在对贵金属载体矿物的浮选方法的研究、贵金属载体矿物的特效捕收剂、组合浮选药剂的应用以及药剂作用机理的研究上。

辽宁某金矿石因载金硫化矿物浸染粒度细并与脉石矿物共生密切，以及矿石中易泥化矿物含量高而较为难选。代淑娟等人[7]对该矿石进行浮选试验，结果表明，在 -0.074mm 占 95.3% 的磨矿细度下，以碳酸钠为调整剂、丁基黄药 + 丁铵黑药为捕收剂、2 号油为起泡剂，获得的浮选精矿金品位为 77.1g/t，金回收率 79.58%。进一步对浮选尾矿进行氰化浸出，可获得 82.20% 的作业金浸出率，从而使金的总回收率达到 96.37%。对原矿直接氰化浸金进行探索，结果表明，金的浸出率仅为 80.41%。

二硫代碳酸盐（黄药）是在硫化矿的浮选中使用最为广泛的捕收剂。A. T. 马康扎等人[8]研究了三硫代碳酸盐（TTC）捕收剂的应用。本研究主要集中在十二烷基三硫代碳酸盐（C12-TTC）与异丁基黄原酸钠（SIBX）的混合物对从氰化尾矿中浮选含金黄铁矿、伴生金和铀浮选的影响。试验结果表明，使用混合捕收剂比单一捕收剂 SIBX 浮选捕收金和铀的效果要好，而硫的回收率差别不大。浮选精矿的矿物学分析结果表明，金和铀与油母岩关系密切。因此，金和铀回收率的提高很可能是由于油母岩回收率的提高，而不是由于黄铁矿浮选引起的。通常在金的浮选回路中铀的回收率较低，而这种浮选机理提供了铀最大浮选回收的可能性。

北京矿冶研究总院周东琴[9]对某金属矿物以黄铁矿为主的氰化尾渣进行了浮选回收试验研究，该矿有极少量闪锌矿、方铅矿和黄铜矿，脉石矿物以石英为主。该尾渣中主要可回收元素为金，金主要赋存于黄铁矿等硫化物中，因其与硫化物关系密切，采用浮选法对其进行富集。经浮选条件试验及开、闭路试验研究，获得了不磨浮选金精矿品位 25.01g/t，金回收率 46.35%；再磨浮选金精矿品位 47.50g/t，金回收率 57.65% 的较好指标。

高云涛等人[10]研究了氯化钠存在下溴化钠-十六烷基三甲基氯化铵体系浮选分离铂、钯、金的方法及条件，在 0.24mol/L 盐酸介质中，铂、钯、金浮选回收率分别为 93.2% ~98.0%、94.3% ~97.6%、93.4% ~99.0%，该法可用于从大量贱金属中分离铂、钯、金，对实际样品的分离分析结果与其他方法相符。提出了浮选是基于铂、钯、金溴配阴离子与阳离子表面活性物十六烷基三甲基氯化铵形成离子缔合物的机制。

马万山等人[11]研究了氯化钠-四丁基溴化铵体系分离 Au(Ⅲ)的行为及与其他贵金属离子分离的条件。实验结果表明，在水溶液中，Au(Ⅲ)与氯化钠、四丁基溴化铵形成不溶于水的三元缔合物（$AuCl^{4-}$ · $TBAB^{+}$），此缔合物沉淀于盐水相上层形成界面清晰的液-固两相。当溶液中氯化钠、四丁基溴化铵的浓度分别为 2.5×10^{-3}mol/L 和 4.0×10^{-4}mol/L、pH 值为 3.0 时，Au(Ⅲ)的浮选率达到 99.6% 以上，而 Pd(Ⅱ)、Rh(Ⅲ)、Ru(Ⅲ)、Pt(Ⅳ)和 Ir(Ⅳ)离子在该体系中不被浮选，实现了 Au(Ⅲ)与这些贵金属离子

的定量分离。

据文献报道[12]，化学通式为 $RCSNR_1R_2$ 的硫代酰胺是浮选铜矿或者是被铜离子活化的硫化锌矿物的有效捕收剂。对于整个一组化合物而言，硫代酰胺经常被使用，它含有直接与碳原子结合的二价硫和三价氮。R 基团可以是脂肪类、芳香类或环烃类，R_1 和 R_2 通常为不同的碳链。硫代酰胺的主要工艺特性是对黄铁矿的浮选性能较弱，很适于作为黄铜矿和含金矿物分选的捕收剂，并可在低石灰用量下、不抑制金的情况下实现分选。

程永彪等人[13]对某浸出渣进行了银浮选工艺试验研究。该浸出渣含银 140g/t 左右，铜 0.61%，锌 24.23%，铅 2.14%，硫 7.43%；银在浸出渣中的形态比较复杂，通过粒度分析知 90% 以上的银集中在 -0.074mm的细粒级浸出渣之中。通过分析银化学性质和浸出渣银及各物质的性质，考虑用氯化钠、硫化钠等预处理改善浮选指标；加入乙硫氮组合药剂作用来提高银浮选指标。组合用药的试验研究表明，选择组合用药制度有助于银回收率的提高。同时进行了闭路流程比较，获得了较理想工艺流程指标。锌浸出渣通过一次粗选、两次精选、三次扫选流程，得到了品位 1860 ~ 2060g/t、回收率达到 75.2% ~ 79% 的银精矿，铜有一定的富集，但是品位和回收率都不高，品位只有 7%，回收率在 43% 左右。本试验研究取得了一定的成果，对今后类似的锌浸出渣中提高银的回收有一定借鉴和指导。

葛英勇等人[14]为使内蒙古某湿法炼锌厂锌浸出渣中的银得到回收，对该锌浸出渣进行了浮选试验。试验结果表明，由于银矿物主要以微细粒分布在锌浸出渣中，导致常规浮选回收率低，而采用载体浮选工艺可显著改善浮银效果：以粒度为 -0.037mm 的有机物 AC-0 为载体、石灰为 pH 值调整剂、硫化钠为活化剂、丁铵黑药和乙硫氨酯为捕收剂，通过一次粗选、一次精选、一次扫选闭路载体浮选流程，可获得银品位为 8670g/t、银回收率为 61.67% 的银精矿。

王艳荣等人[15]对某含高砷、银铜矿石采用混合浮选工艺处理，所得银铜精矿由于含砷较高，银精矿出售时，其中的铜不计价，矿石中伴生的铜资源被浪费。通过采用复合抑制剂 HD-01，对砷矿物进行选择性抑制，利用矿石中铜、银矿物自然可浮性较好的特点，进行浮选新工艺试验研究，在不影响银回收率的情况下，使银铜精矿中砷质量分数降到 2.32%，达到银精矿出售含砷质量要求标准，使 53% 的铜得到综合回收，大大地提高了企业的经济效益。

C. E. 沃斯等人[16]在浮选铂族金属矿石的二硫代碳酸盐（DTC）/二硫代磷酸盐（DTP）药剂制度中添加少量的十二个碳原子的三硫代碳酸盐（TTC）后，可以大幅度地提高精矿中脉石矿物的脱除率，同时可以提高铂族金属矿物的浮选速度和精矿中铂族金属品位。在扩大试验中，添加 TTC 使浮选气泡由黏而稳定的状态变为小而干净的气泡。此时，抑制剂的用量可降低 2/3。在用 UG2 矿石所进行的选矿厂探索性试验中，粗选前两个槽子的精矿铂族金属品位提高，这部分是由于其中铬铁矿脱除率增大所致。由 TTC 浮选出的精矿粒度比较细，包括第二段再磨矿和浮选的总回路的选矿精矿铂族金属品位提高 44%，而尾矿品位基本不变。

罗传胜等人[17]针对矿石特性，采用自行研制的 P-500 捕收剂对含银 156.2g/t 的原矿进行了浮选试验研究，取得了银精矿含银 4541.6g/t、银回收率 85.60% 的工业生产指标，为企业增加了一定的经济效益，解决了银精矿的销售难题。

高淑玲等人[18]为了探讨简化铅锌硫化矿石浮选药剂制度的可能性，在选铅时以 25 号黑药为捕收剂而不使用锌抑制剂的情况下，对蒙古乌兰某铅锌硫化矿石进行了铅锌依次优先浮选试验，结果获得了品位为 71.15%、回收率为 96.87% 的铅精矿和品位为 46.41%、回收率为 87.89% 的锌精矿，银在铅精矿中的品位和回收率可达 1400g/t 和 83.90%，铅精矿和锌精矿中的砷含量均在其相应等级品的要求范围内。该结果与浮铅时以 25 号黑药为捕收剂且使用锌抑制剂相比，铅精矿中锌含量高 1.07%，但铅品位高 8.06%，其余指标相当，而且药剂制度和工艺流程大大简化，药剂用量显著减少。

汪泰等人[19]为实现西南某铜金硫多金属矿在低碱环境下的浮选分离，对硫化铜矿捕收剂 PZO 的性能进行了研究。结果表明，PZO 的起泡性能不仅优于 2 号油和 MIBC，而且对硫化铜矿和自然金的选择性捕收效果优于丁铵黑药和丁基黄药。在原矿铜品位 1.23%、金品位 1.98g/t、银品位 26.15g/t、硫品位 12.68% 时，采用组合药剂丁基黄药 + PZO 作捕收剂，铜硫分离时将石灰用量从丁基黄药 + 2 号油组合时的 6000g/t（pH 值为 11.2）降至 3000g/t（pH 值为 9.8），最终可获得铜品位 23.02%、回收率 92.65%，金品位 20.32g/t、回收率 50.88%，银品位 267.35g/t、回收率 56.50% 的铜精矿，以及品位 41.52% 硫精矿的良好指标。

V. A. 钱图利亚等人[20]介绍了进入到改性黄药溶液中并能与铂族金属形成配合的环状亚烃基三硫代碳酸盐的吸附和浮选性能研究结果。对比了它们和典型黄药的浮选结果，新的药剂制度可使 Cu-Ni-Pt 矿物的回收率增加 5% ~7%。分析了在镍黄铁矿与磁黄铁矿分离回路中二甲基二硫代氨基甲酸盐（DMDC）的作用机理和影响分离效果的因素。确定了使用 DMDC 浮选时的最佳条件。

19.2.2　贵金属选矿工艺

在贵金属选矿工艺方面，近年来由于矿石性质变化和设备工艺的落后，很多矿山选矿厂进行了工艺改良，如焦家金矿、小秦岭金矿、新疆阿希金矿、吉林四平昊融银业有限公司、湖南兴民科技公司、苗龙金矿等，主要集中在磨矿工艺和粒度控制、流程改进、药剂制度调整等方面，以提高贵金属的指标，获得经济效益。

青海某金矿石属少硫化物石英斑岩型微细浸染状含锑金矿，金粒度小于 0.005mm，主要包裹在硅酸盐、碳酸盐及硫化物中，有害元素砷含量较高。采用直接氰化、焙烧-氰化试验浸出率均较低。针对该矿石性质，孙晓华等人[21]采用细磨-锑金优先浮选-金精矿抑砷浮选处理工艺。锑、金分别经过两次粗选、两次扫选、两次精选，可获得锑品位 57%、回收率 62.7% 的锑精矿，金品位 32.35g/t、回收率 73.28% 的金精矿。对于含碳的微细浸染型金矿石，通过添加石灰抑制剂和煤油等捕收剂浮选脱碳，可减少碳质物对金选别的影响[22]。而对于细粒包裹金，需采用超细磨或预处理工艺使金暴露于表面[23]。

牛桂强等人[24]对焦家金矿选冶工艺进行了调查研究，针对性地提出了该工艺存在的问题，并逐步对工艺进行了以下革新：（1）对破碎系统进行了综合改造，引进了美卓矿机公司的诺德玻格 GP-100 圆锥破碎机和山特维克矿机公司的 H-4800 超细碎破碎机。通过改造，不仅使破碎产品粒度降低，使磨机单位处理能力提高 1.5%，而且提高了破碎工艺单位时间的处理能力，选矿综合成本比改造前降低 2 元/吨，年可节约生产成本 200 多万元。（2）在粗选、扫选作业各增加一个 $10m^3$ 浮选机，另外适当增加浮选浓度以增加浮选时间。通过增加浮选时间，使浮选回收率提高了 0.2%，年创经济效益 200 多万元。（3）在扫选精矿段增加了一台高扬程泡沫泵。将扫选精矿泡沫用泵输送到旋流器分级代替输送到粗选作业，控制旋流器底流的品位在 8g/t 以上，底流直接作为最终精矿与精选精矿合并到一起。而旋流器溢流在作为中矿返回到粗选作业。通过实施扫选精矿分级改造，使浮选回收率提高了 0.1%，年创经济效益 100 多万元。（4）针对氰化钠消耗量大的情况，通过强化碱浸预处理，使低价的杂质离子生成高价或生成沉淀不再参与后续的氰化浸出过程的反应，由此降低了氰化钠的消耗，同时也减少了进入贫液中的离子，提高了氰化浸出率，达到了要求的处理效果，每年仅节约氰化钠就可以创造效益 20 余万元。对贫液中杂质离子含量高的问题，在经过试验成功后实施了膜处理工艺，具体为氰化贫液先经过粗、细介质过滤器过滤，然后经过膜过滤，铜等离子被截流膜外，成为浓缩液。经过处理后的贫液含铜从 4000mg/L 降到 500mg/L。经过改造后，处理能力及选冶回收率大大提高，取得了明显的经济效益。

焦瑞琦[25]研究了小秦岭金矿在用传统堆浸工艺处理低品位氧化金矿石时存在的问题，根据自己多年经验，利用此类矿石独特的含金细粒级富集特性，对选矿回收工艺进行了技术改进。存在的主要问题为：（1）矿石中粗粒金不能充分有效地富集回收；（2）在同等条件下，堆浸生产周期长，金回收率低；（3）氰化钠消耗大，一般在 500g/t 左右，为加快浸出速度，必须提高氰化钠浓度，更加大了药剂消耗。根据该矿的特点，按照“破碎后筛分，分级产物分别处理”的思路，设计选别矿石的准备流程：矿石可碎至 3mm 以下，提高堆浸指标；细粒级含金品位较高，适合全泥氰化浸出；粗粒级堆浸后用洗砂机洗涤后可作为砂石原料。在堆浸参数优化方面主要采用如下措施：（1）提高浸矿液的药剂浓度，氰根含量从原来的 0.08% ~0.10% 提高到 0.15% ~0.20%（视阶段而不同），主要是基于提高浸出速度的目的。（2）如有条件可用半酸化处理循环贫液，以减少氰化钠的消耗，虽然矿石中含铜量较小，但其中的铜因氧化而几乎全部溶于氰化溶液中。（3）增加堆坝的高度，处理量可同比提高 10%。对原流程进行改造后，回收率较原来提高了 10% 以上，直接经济效益在 300 万元以上；砂石销售收入抵消了流程改造后增加的成本费用和全泥氰化相对堆浸的成本差额；堆浸生产周期由原来的 60 天缩短为 45 天，相对增加处理量

30%；氰化钠用量减少 15%。

新疆阿希金矿是国内第一家采用树脂提金工艺的大型矿山[26]。由于浮选工艺设计上的不足和地下矿石的难选性，2005 年 9 月至 2008 年 10 月，年累计浮选回收率一直不足 83%，制约了整个选矿回收率的提高。选矿车间工艺改造后（浮选甩尾），并未对浮选流程做相应地改动，致使原有的浮选流程很难达到一个较高的回收率，造成了资源的浪费。因此，提高浮选回收率对整个企业来说至关重要。矿部选矿技术人员进行了大量的现场调研工作，找到了自身工艺存在的不足，根据入选矿量，计算得出现有设备的粗选时间和精矿体积不足，造成尾矿跑高，浮选回收率较低。经计算后，利用现有厂房的空间位置，增加 4 台 XJF-10 充气式浮选机用于粗选，将原有的精选一的两台 BF2. 8 浮选机，改为两台 XJF-6 型浮选机，延长了精选时间，从原来的一次粗选、二次精选、二次扫选改为现在的二次粗选、二次精选、二次扫选，实际浮选体积从 99. 2m^3 增加到 145. 6m^3，实际浮选时间从 56. 06min 增加到 79. 35min，浮选回收率自 2008 年 10 月浮选工艺改造完毕后有了较为明显的改善，改造后当月累计浮选回收率达到 87. 42%。阿希金矿选矿技术人员通过增加了粗选和精选作业，进行合理的工艺改造，在产率变化不大的基础上，提高了精矿品位和浮选回收率，降低了尾矿品位，避免了资源浪费，为企业增加了效益。

吉林四平昊融银业有限公司（原四平银矿）选矿厂规模 520t/d，工艺和设备运行良好，但存在精矿品位和回收率不理想等问题[27]。四平昊融银业选矿厂矿石属低硫化物石英脉型金银矿石。主要金属矿物有黄铁矿、闪锌矿、方铅矿、黄铜矿、硫砷铜矿、硫镉矿，少量磁黄铁矿、褐铁矿、菱锌铁矿、白铅矿等。主要脉石矿物有石英、方解石（包括少量白云石）、绢云母、高岭石等。主要银矿物有银黝铜矿、硫锑铜银矿、辉铜银矿、辉银矿、砷硫铜银矿和自然银等，金的主要矿物有银金矿、金银矿。刘长仕分析了该选矿厂原流程存在的主要问题为：（1）流程长，粗选和扫选一作业丁基黄药用量太少，2 号油用量大，由于捕收能力弱，致使金属矿物进入扫选二作业。（2）再磨后由于药剂量大，致使精选三、精选四、精选五和精扫选作业有跑槽现象，刮板很难操作，经常用水消泡，起不到浮选作用。（3）精扫选底流返回扫选一，精扫选底流银品位比扫选一给矿银品位高 45g/t。由于扫选作业的诸多弊病，产生恶性循环，致使尾矿品位跑高。并针对问题进行了顺序返回流程、浮选—中矿再磨流程试验研究。根据试验结果进行了工艺流程改造，由原分步混合浮选流程改为顺序返回流程，并对药剂制度进行了调整，使银、金回收率和精矿品位都得到了一定幅度的提高，银、金回收率分别提高 1. 1%、0. 9%；取消了 2 台浮选机(11kW)，降低了能耗。浮选药剂用量减少，取消了 9538 药剂的添加，丁基黄药减少了 15g/t，2 号油减少了 20g/t，降低了选矿成本。

蔡创开、赖伟强[28]对西北某金矿的浮选工艺进行调整，采用“一粗四扫”流程替换原来的“一粗、三精、两扫”流程，降低了金精矿的硫品位，金的浮选回收率得到一定程度的提高，再对低硫精矿进行热压预氧化—氰化试验，可以使石灰用量降低到正常范围内，获得的金氰化浸出率超过 98%，该工艺为高硫金精矿的热压预氧化处理提供了良好的解决思路。原浮选工艺为“一粗、三精、两扫”流程，闭路试验指标为金精矿产率 7. 38%，金回收率 83%。根据研究结果，将西北某浮选金精矿的硫品位配至 12%时，可以使热压预氧化—氰化工艺得以顺利进行，且金回收率高，获得预期的试验结果。为使产生的金精矿硫品位控制在 12%左右，进行延长浮选时间试验。通过“一粗四扫”浮选工艺，最终精矿产品硫品位降至 12. 77%，金品位为 8.50×10^{-6}，金回收率 86. 43%，有效降低了精矿产品中的硫品位，且将浮选金回收率提高了约 3%。通过调整浮选工艺，将金精矿硫品位控制在合适的范围之内，一方面可以避免配矿的麻烦，另一方面可以解决氧化渣的氰化问题，金的综合回收率还有一定程度提高，不失为一种较合理的浮选—热压联合工艺，可作为处理难选冶金精矿的有效方法。

高玉玺等人[29]对某黄金选矿厂进行工艺改造，由原混汞 + 浮选工艺改为单一浮选工艺。对改造后的浮选工艺进行生产调试，采取有效技术措施解决了存在的问题，使金精矿品位和回收率显著提高。改造后金精矿品位提高了 11. 38g/t，金回收率提高了 4. 58%，尾矿金品位降低了 0. 03g/t。同时减少了金属流失，降低了生产成本，使企业年增加经济效益 200 多万元。

陈代雄等人[30]依据山东省某含金高铅锌硫化矿床的矿石性质和金的赋存特征，在自然 pH 值条件下，应用 NHL-1 诱导活化金，采用 25 号黑药和乙基黄药浮选铅和金，得到含金高的铅精矿。闭路试验获得铅精矿含铅 45. 2%、含金 108. 4g/t，铅的回收率为 82. 57%、金的回收率达到 91. 7%。试验表明 NHL-1 具有良好的活化效果，添加 NHL-1 240g/t 时金的回收率比没有添加活化剂提高 22.0%。最终工业试验获得铅精矿含金 106g/t、金回收率 90.4%的生产指标。

河南某金矿石中金以包裹金为主，矿石含泥质矿物较多。采用原设计浮选药剂制度生产，金回收率低。李福寿[31]针对矿石性质，对原设计的浮选药剂制度进行了改进，由于矿石中高岭土和绢云母等泥质矿物含量较高，金矿物主要呈包裹金形式存在，并且脉石包裹金占比例较大，适当加大浮选捕收剂用量，可提高金回收率；通过改变加药方式及地点，可充分发挥药剂的最大效能，为浮选创造良好的条件；通过对浮选药剂制度的改进，最后使金浮选回收率由原来的 70.35% 提高至 80.64%，取得了较好的经济效益。

湖南兴民科技公司对平江氰金尾矿应用闪速浮选技术进行试验，获得金回收率 80%、金精矿 102g/t、加工成本 40 元/吨的技术经济指标。于是，投资 1500 万元，在平江投建了世界首条 200t/d 氰金尾矿闪速浮选生产线。该生产线于 2010 年 4 月 17 日进入试产，处理含金 2.7g/t 氰金尾矿。试产结果表明，金回收率 80%，金精矿 139g/t，加工成本 40 元/吨。

苗龙金矿[32]采用原设计选矿工艺流程生产，金浮选回收率低，并且不稳定。根据试验研究结果，采取在磨矿阶段加药（碳酸钠、硫酸铜）闪速活化主要载金矿物的措施，对选矿工艺流程进行技术改造，有效地提高了金浮选回收率，选矿生产指标也较为稳定。

梁泽来等人[33]针对云南某含砷、锑及有机碳难处理金矿石浮选生产中存在的问题，对浮选工艺进行了改造，将原旋流器抛尾改为阶段磨浮，浮选抛尾，使流程畅通，易于操作。改进浮选槽结构，以改善分选环境，提高浮选矿化效果。在旋流器溢流端安装回流管，避免砂泵抽空，以保证旋流器的分级效率及其工作条件的稳定性。Ⅱ段磨矿产品实施控制分级，提高Ⅱ段磨矿细度。在贮浆槽底流安装 KP600 软管泵一台，以稳定和提高浮选矿浆浓度。建立科学的球磨机钢球配比和补加制度，以提高磨矿细度和球磨机的细粒级生成能力。针对该矿石砷、锑矿物表面较易氧化和有机碳含量较高的特点，添加 SP 活化剂，采用丁基黄药与 DNJ 组合，增加药剂的协同效应。增加一次扫选作业，延长浮选时间。精选Ⅱ增加一台 1.1m^3 浮选机，避免精选Ⅱ冒槽现象。使金回收率提高了 8.82%。

黄忠宝等人[34]研究了某贫硫化矿物微细粒浸染型难选金矿石，发现金以不可见的硫化矿包裹金形式存在，载体硫化矿粒度也较细，试验采用预处理技术，改善贫硫化物细粒浸染型难选金矿石中含金矿物表面性质，优化含金矿物浮选环境，提高含金矿物浮选活性，使金浮选回收率提高 10% 左右。经过研究含金矿物的嵌布特性、共生关系，并通过试验含金矿物所需单体解离度证明，采用细磨是浮选回收金的前提条件。选择了价格低、来源广、添加方便的常用药剂作为预处理剂，该药剂不但能提高含金矿物浮选活性，优化浮选环境，对后续的浮选尾矿氰化作业没有影响，也是提高金浮选回收率的有效措施。

阮华东等人[35]对某铜选矿厂浮选工艺流程进行改造，在铜精矿品位不低于现场指标的前提下，采用新流程进行选矿试验。对比新旧工艺选矿结果，铜、金、银回收率分别提高了 2.24%、4.576% 和 0.69%。对新旧工艺的中矿解离度、磨矿细度、药剂吸附量等进行研究，表明新工艺的中矿再磨工艺对中矿连生体解离效果明显；新工艺采用分段磨矿，分别解离粗、细嵌布粒度的矿物，有利于提高分选效果；新工艺精矿产品药剂吸附量较旧流程大，有用矿物的上浮概率增大，有利于回收率的提高。

梁友伟[36]对内蒙某铂钯矿选矿试验研究，该矿石属浸染状低硫铂钯矿石，构造以稀疏浸染状为主，金属矿物仅占矿石矿物总量的 1.7%，铂钯矿物大部分赋存在硫化物中，呈复合矿物集合体不均匀浸染于脉石中。试验采用一次粗选、二次扫选、二次精选浮选工艺流程，选用丁基黄药、2 号油、碳酸钠和 EML1 药剂，最终获得了混合精矿含铂 74.04g/t、铂回收率 89.79%，含钯 78.60g/t、钯回收率 88.68%，含铜 18.04%、铜回收率 70.87% 的较好选矿指标。

19.2.3 贵金属选矿装备

在贵金属选矿装备方面，一些学者和选矿厂尝试了最新研制的新型设备，如改进型 3PC 浮选柱、圆形离心浮选机、新型便携式选金机、旋流静态—微泡浮选柱的研究等，取得了一定成果和效益，但总的进展不大。

孟凡久等人[37]详细介绍了旋流静态—微泡浮选柱的分选原理及分选优势，并采用旋流静态—微泡浮选柱代替常规浮选机对三山岛金矿进行选别试验。旋流静态—微泡浮选柱的主体为柱式结构，包括柱浮选、旋流分离和管流矿化 3 个部分。旋流静态—微泡浮选柱分离方法的主要创新点有：（1）三相旋流分选与柱浮选结合；（2）柱浮选的静态化与混合充填；（3）射流成泡及管流矿化实施；（4）梯级优化分选的形成。对三山岛金矿浮选的实验室试验结果表明：浮选柱适应三山岛金矿较粗磨矿粒度下的选别，并在试验过程中运行稳定，使用浮选柱进行一次粗选，金回收率可达 90% 以上，粗选尾矿品位可降到 0.20g/t 以下；同时粗精矿品位可达到 15g/t，浮选柱在精选作业也表现出了较好的富集效果。半工业试验结果表明：使用浮选柱进行一次粗选，粗选尾矿可控制在 0.15g/t 以下，与现场指标接近，而精矿指标明显优于现场（高出 12.69g/t）。旋流静态—微泡浮选柱在处理三山岛金矿矿石方面表现出良好的性能。

目前，我国黄金选矿厂普遍使用 20m 以下的浮选设备，由于设备形式陈旧、规格小、效率低及能耗高，致使资源利用率低。圆形浮选机因具有结构简单、操作简便、占地面积小、维护量小和高效节能等优点，近年来已逐步取代了常规充气搅拌浮选机[38]。圆形离心浮选机是在浮选旋流器的基础上开发的一种新型旋流离心浮选机，采用深槽设计，槽体为圆柱形，平底。叶轮采用槽缝式椭圆形和上直下弧形两种叶片。低阻尼直悬式定子由支脚固定在槽底。泡沫槽采用双推沫槽体结构，周边溢流。2008 年 7 ~ 9 月，某金矿选矿厂对 SDF30 圆形浮选机进行了工业试验，采用一台 SDF30 圆形浮选机与一台 KYF16 浮选机并联作对比。试验结果表明：SDF30 圆形浮选机与 KYF16 浮选机相比，处理量近似提高 1 倍，单位容积处理能力要提高 3.4%，精矿品位从 62.88g/t 提高至 74.11g/t，尾矿品位从 0.64g/t 降至 0.59g/t，精矿产率从 3.6% 降至 3.1%，回收率从 78.34% 提高至 79.93%。在单位容积处理能力和浮选时间相近的情况下，SDF30 圆形浮选机虽然精矿产率有所下降，但由于精矿品位的提高，回收率提高了近 1.6%。SDF30 圆型浮选机要比 KYF16 浮选机功耗降低约 9.5%。工业试验后，该矿建了新选矿厂。新选矿厂在采用原选矿厂工艺流程的基础上，用 SDF30 圆形浮选机代替了 BSK-16 浮选机。新选矿厂正式投产 5 个月来，圆形浮选机运行良好，通过新旧选矿厂生产指标比较可知，新选矿厂精矿产率下降 0.14%，精矿品位提高 3.58g/t，回收率提高了 0.6%，半年可多回收黄金约 12243g，创造了巨大的经济效益。与常规浮选机相比，圆形浮选机具有十分明显的优势，其单机处理能力大，工艺结构紧凑，占地面积小，相应的维修量和操作人员数量也减少。随着圆形浮选机的进一步完善，逐渐会在黄金行业得到广泛应用。

L. 瓦尔德拉马等人[39]研究了富集比高的改进型 3PC 浮选柱（或三产品浮选柱）在高强度调浆（HIC）条件下处理含金尾矿。3PC 浮选柱可以选择性地分选泡沫，分离出品位低的矿粒（从泡沫上脱落的产品或第三个产品），因此在各种情况下，3PC 浮选柱都可以获得高品位精矿。3PC 浮选柱有两个冲洗水系统。浮选已解离的金尾矿时，金的回收率为 15%，品位大于 160g/t，富集比高达 120。3PC 浮选柱浮选回收低品位（金品位 0.15 ~ 0.4g/t）、解离度差的尾矿中的金时，可以生产出金回收率为 12%、金品位为 13g/t 的粗精矿。在操作条件相同的条件下，常规浮选柱不能获得这样好的结果。HIC 作为给矿的预处理，可以进一步提高浮选柱浮选过程中的选择性和回收率，改善浮选过程的动力学特性。对浮选柱和 HIC 可以用浮选柱的质量传递和界面现象（金-金颗粒、金-载体颗粒的相互作用）来解释获得的结果。讨论了 3PC 浮选柱处理贵金属浮选尾矿潜在的商业应用前景。

何琦等人[40]将旋流静态—微泡浮选柱应用于河南金渠金矿原矿和尾矿的浮选试验研究。结果表明，与常规浮选在试验条件基本相同的情况下进行对比，应用该设备可以获得较好的选矿指标，采用“一粗一精一扫”流程即可达到浮选目标，简化了流程，效益提高显著。

许永平等人[41]对海沟金矿选矿厂双叶轮浸出搅拌槽压套进行了改造，取得了很好的应用效果。压套改造后的双叶轮浸出搅拌槽运行平稳，搅拌能力增强，并且保持中空轴能够持续给风，对氰化工艺指标的稳定和提高发挥了良好的作用，改造后的轴承压套，不仅降低了减速机的维修成本，减轻了工人的劳动强度，同时也节约了电能。

另外在重选设备方面，李世厚等人[42]针对我国砂金矿“小而分散、贫而细”的实际特点，提出了一种新型便携式选金机。实验室试验中经一次粗选作业，金的富集比可达 25 倍，作业回收率达 90% 左右，经一次粗选、一次精选作业，金的富集比可达 750 倍，金的回收率达 85%，金的回收粒级下限为 19 μm。用便携式选金机进行工业试验，可将品位为 1.89g/t 的黄金矿砂提高至 2050g/t，金的回收率达 90.75%，富集比为 1084.66。经试验表明，该设备运行可靠、操作简单、能耗低、投资少、选别效率高，适合选取各种粒级的金粒，特别适合小规模砂金开采使用。

19.3 贵金属提取技术、工艺和装备的进展

19.3.1 贵金属提取技术与理论

19.3.1.1 黄金助浸技术

在助浸技术方面，国内外学者研究了低浓度的碱性氨基酸-过氧化氢法、ZQD 助浸剂预处理、边磨边浸氰化工艺、氰化体系与溴化体系结合、磁脉冲预处理等方法。

J. J. Eksteen 等人[43]研究了用低浓度的碱性氨基酸-过氧化氢法浸出金。应用碱性氨基酸-过氧化氢浸出体系可望成为一种环境友好黄金浸出工艺，尤其是对于低品位金矿石的现场堆浸。在一种或多种氧化剂存在的条件下，氨基酸可以在中低温的碱性环境中溶解金。在碱性氨基酸-过氧化氢溶液中，将温度提高到 40～60℃可以大大促进金的溶解。并且随着氨基酸浓度、过氧化氢浓度和 pH 值的升高，金的溶解也会增加。氨基酸对金的溶解具有协同作用。甘氨酸作为一种单一氨基酸对金的溶解高于组氨酸和丙氨酸，但是组氨酸在与甘氨酸相同物质的量的时候能够加强金的溶解。在甘氨酸-过氧化氢溶液中，Cu^{2+} 的存在能够加强金的溶解。这项研究提出了一种能够替代氰化物的环境友好的堆浸方法。在黄铁矿存在的情况下，金的浸出率会降低是因为在硫化物氧化过程中消耗过氧化氢。

董岁明等人[44]对新疆某高硫高砷金精矿，加入 ZQD 助浸剂预处理后氰化浸出，金氰化浸出率由未经 ZQD 预处理的 47.5%增加到 89.1%；加入固化剂 CaO-Na_2CO_3 二段焙烧（一段 450℃，焙烧 1h，二段 650℃，焙烧 2h）后，再进行助浸预处理氰化，金氰化浸出率可达 95.1%，硫固化率达到 80.5%。ZQD 助浸剂由实验室配制，主要是由 H_2O_2、$KMnO_4$ 等几种氧化性试剂按一定比例混合配成的溶液。利用其在碱性体系中分解出的游离态氧，补充氰化过程中消耗的氧气，从而促使载金矿物及金矿物的溶解。

山东某黄金矿山所产精矿采用常规氰化法进行浸出，金的氰化浸出率较低。薛光等人[45]采用边磨边浸氰化工艺对该金精矿样进行处理，取得了较好的氰化浸出效果。在 pH 值为 11 左右（NaOH 用量 10kg/t)，边磨边浸氰化浸出 4h，矿样细度达 -45μm(-325 目）占 90%，金的氰化浸出率达到 97.8%，与常规氰化法相比，金的氰化浸出率提高 4.8%。该工艺不但提高了金的氰化浸出率，而且缩短了氰化浸出时间，降低了生产成本，具有较好的经济效益。加碱边磨边浸提高金的氰化浸出率的机理是：在常温、常压条件下，黄铁矿和砷黄铁矿不与氢氧化钠反应，但经过细磨后的黄铁矿、砷黄铁矿，由于反应活性的提高，能与一定浓度的氢氧化钠发生反应而溶解；采用加碱边磨边浸工艺可使大部分黄铁矿、砷黄铁矿得到分解，使之形成可溶性的砷酸盐，防止在氰化时，在金的表面形成一种砷化合物的钝化膜，使金矿物充分暴露，与氰化液充分接触，促进了金、银的氰化浸出。

蓝碧波[46]对边磨边浸过程氰化物耗量大的原因进行了探索研究。研究结果表明：边磨边浸过程中产生的铁粉会消耗大量的氰化物；此外，在边磨边浸过程中部分氰化物可能水解挥发或被氧化分解。近年来，边磨边浸氰化提金工艺得到了广泛的应用。边磨边浸提金工艺的最大优点是可以强化浸出过程，大大缩短金的浸出时间，其原因可能是：（1）粗颗粒矿料在被磨碎过程中不断暴露出新鲜的金微粒表面，具有较高的反应活性，有利于氰化配合反应的进行。（2）磨矿介质与矿料、矿料与矿料之间强烈的碾磨搅拌作用，破坏或减薄了被浸金粒表面的界面层，强化了 CN^-、O_2 和 $Au(CN)^{2-}$ 配合离子的扩散，从而加快了金的氰化配合反应。(3）磨矿介质和矿料之间强烈碾磨产生热量，提高矿浆温度有利于金的浸出。有研究结果表明，矿浆温度一般比槽浸矿浆的温度要提高 3～5℃。

氰化浸出法存在着许多共知的缺点：（1）浸出速度慢；（2）氰化物属剧毒化学品，容易造成环境问题和人畜安全事故；（3）由于矿石性质不断变化，氰化法对于一些难处理金矿石物料的浸出效果不尽如人意。溴化法作为一种可能能够替代氰化法的较有前途的方法之一，具有浸出速度快、浸出率高、环保无毒等优点，但由于溴的蒸气压高，使用不方便，药剂消耗量大，特别是在处理超低品位矿石时成本过高等原因，使得溴化法提金迟迟未能工业化应用。文政安等人[47]将氰化体系与溴化体系进行有机结合，应用于低品位金矿石堆浸，提高了金的浸出速度和回收率，浸金成本得到了较好的控制，使环境污染问题的处理也变得容易了，为溴化法的工业应用提出了另外一种思路。

Г. С. 克雷诺娃等人[48]研究了采用磁脉冲预处理强化从矿石和精矿中回收金的过程。在高能磁脉冲作用下，由于矿物组分中晶格之间的键强度减弱，在矿石中形成很多微裂隙，有利于氰化物溶液渗透到被

硫化矿物、石英和其他矿物包裹的细粒浸染金粒中。由于这种难处理形式金的暴露和溶解，浸出过程中金的浸出率提高。在氰化前应用磁脉冲预处理可以改善金矿石的氰化过程。对于所研究的各种矿物原料，随着矿石的物质组成和金的赋存状态不同，金的浸出提高0.6%～9.0%。磁脉冲预处理不仅效率高，而且能耗低（0.5kW·h/t）。因此，在金矿床技术评价、新的选矿企业设计、老的提金厂选矿工艺完善可以推广应用磁脉冲预处理技术，以提高贵金属的回收率和增加矿床开发的经济效益。

王洪忠[49]对致使含硫、砷浮选金精矿氰化浸出率低，尾渣金、银品位高的原因进行了分析；介绍了目前在提高氰化尾渣金、银浸出率方面所采用的措施，指出通过加入混合添加剂、采用两段焙烧、氰化前加入助浸剂共磨，可使尾渣中金、银的氰化浸出率提高到82.92%和61.54%，品位降至0.55g/t和30g/t。

J. A. Heath 等人[50]研究了无氧条件下的硫代硫酸盐黄金助浸技术。乙二胺四乙酸铁铵和草酸铁配合物都是在有氧和无氧条件下硫代硫酸盐溶解金的有效氧化剂，可以用于黄金的堆浸。通过带有高氯酸盐洗脱液和阴离子交换管的高效液相色谱法测定了硫代硫酸盐和连多硫酸盐的量，发现了乙二胺四乙酸铁铵和草酸铁配合物与硫代硫酸盐有较低的反应活性，当作为助浸剂添加时与硫代硫酸盐不发生反应。无氧浸出试验表明，这两个体系在7天的浸出之后仍然保持活跃，并且当有1mol/L的硫脲的时候，金的溶解量非常大。但是，当没有硫脲时，金的浸出非常缓慢，因此硫脲是含铁（Ⅲ）浸出时的催化剂。在进行无氧浸出时，由于黄铁矿被硫代硫酸盐催化氧化，三价铁配合物迅速变为二价铁。并且发现磁黄铁矿也有不良影响，由于它能直接降低三价铁配合物。因此，在这些硫化矿存在时金的浸出量非常低。这些问题在用这个体系进行硫化矿存在的堆浸都应该注意。

D. Feng 等人[51]研究了在 EDTA 存在时用硫代硫酸盐浸出黄金的机理。在硫代硫酸铵浸出黄金的体系中低用量的 EDTA 能够降低铜离子的催化氧化还原平衡能，因此降低硫代硫酸盐的用量。在浸出金时，少量的 EDTA 能够强化金的溶解，但是过量的 EDTA 能够降低金的溶解。通过拉曼光谱分析浸出的金发现，EDTA 稳定了硫代硫酸盐，降低了金表面钝化膜以及元素硫和硫化铜的形成。在添加2.0mmol/L的 EDTA 时，24h的浸出使硫代硫酸铵的消耗量从9.63kg/t减低到3.85kg/t。EDTA 对提取金银的强化效果归因于溶液中载金银硫化物的增多，在浸出液中铜和硫代硫酸盐的稳定，防止了浸出钝化和减少了界面的重金属离子。在硫代硫酸铵浸出体系中，EDTA 的使用能够在低药剂用量的情况下达到令人满意的浸出效果。

19.3.1.2　难浸金的预处理技术

在难浸矿的预处理方面，近年来国内研究非常活跃，主要针对高砷硫金矿石、微细粒浸染性金矿石、碳质金矿石的预处理进行了相关研究，特别对高砷硫金矿石的研究进展突出。金精矿难浸原因是因为含有碳等能吸附金的有机物，造成金属流失，或者金呈极微细粒嵌布于载体矿物（主要是砷、锑等硫化物）的晶间及裂隙中，即使采用超细磨也难以使金粒有效解离，以及有害元素砷的影响，致使金的回收率不高。为提高金的综合回收率，这类金精矿需进行预先处理包裹金的砷硫化矿物使之氧化分解，被包裹的金暴露出来，然后再用氰化法回收金。预处理工艺主要有氧化焙烧法、细菌氧化法、热压氧化法、常压氧化法、硝酸催化氧化法、微波焙烧法以及其他预处理方法。矿物进行预处理后进行氰化浸出，以便使金等有价元素得到最大限度的回收。

A　氧化焙烧法

氧化焙烧法是在高温充气的条件下，使包裹金的硫化矿物分解为多孔的氧化物而使浸染包裹其中的金暴露出来。焙烧法作为难浸金矿石的预处理方法已有几十年的历史。该法对矿石具有较广泛的适应性，操作、维护简单，技术可靠，但由于传统的焙烧放出 SO_2、As_2O_3 等有毒气体，环境污染严重，因此其应用受到限制。但随着两段焙烧、循环沸腾焙烧、富氧焙烧、固化焙烧、闪速焙烧、微波焙烧等焙烧新工艺的出现，较好地减少了环境污染，提高了金的回收率，并且投资和生产成本相应降低，从而使焙烧氧化法又成为难浸金矿石预处理优先考虑的工艺之一。

薛光等人[52]采用 RMD 混合浸液对二段焙烧产生的酸浸渣进行预处理可除去大部分砷和部分铅。经处理后的酸浸渣按常规方法进行氰化浸出，可使金、银的氰化浸出率大大提高。与常规氰化工艺方法相比，金、银的浸出率分别提高了4.51%和51.30%。该方法较好地解决了含砷金精矿二段焙烧酸浸渣氰化工艺金、银浸出率偏低的难题，具有较大的经济效益和社会效益。

在金精矿焙烧-氰化工艺中，砷是影响金、银氰化浸出率的主要因素。为此，在焙烧-氰化浸取金、银工艺中对砷的含量要求比较严格，通常控制金精矿中砷的含量在0.1%以下，随着砷含量的增加，金、银的氰化浸出率逐渐降低。薛光等人[53]研究了在焙烧金精矿中加入硫酸钠，借以提高含砷金精矿焙烧-氰化浸出工艺中金、银浸出率。试验结果表明：对砷质量分数为0.45%的金精矿，在焙烧时加入矿样量4%～5%的硫酸钠，可使金、银的氰化浸出率比原工艺方法分别提高5.0%和40%以上。

寇文胜等人[54]结合生产实践，通过对两段焙烧工艺处理高砷高硫金精矿的研究，提出通过采取降低一段炉溢流口高度、确保足够的投矿量、减小一段鼓风量等控制措施，缩短一段炉内的炉料停留时间，使进入二段炉时的焙砂硫质量分数控制在8%以上，以确保二段炉内形成有效的硫酸化焙烧气氛，在焙砂中形成尽可能多的可溶性硫酸盐，尽量减少氧化铁包裹金，是提高金浸出率、降低氰化尾渣金品位的有效途径。同时，重视后燃烧室的供风控制和在焙砂酸浸工序后增加碱浸工序，可进一步降低氰化尾渣的金品位4～5g/t。

魏莉等人[55]采用微波焙烧法对难浸金矿进行了预处理，并对金的赋存状态、物相及焙砂的微观组织进行了分析。结果表明：金以微粒金和次显微金存在，赋存状态以硫化物包裹金和石英包裹金为主，需进行预处理打开硫化物包裹金，才能有效提高金浸出率。微波焙烧预处理，焙烧时间为15min、温度为480℃时，氰化浸出率为92.03%；常规焙烧预处理，焙烧时间为35min、温度770℃时，氰化浸出率为86.63%。经微波焙烧预处理后的焙砂，矿物界面变得疏松，颗粒表面产生了大量的孔隙，有利于矿物内的金与浸出剂接触，提高金的氰化浸出率；采用常规焙烧预处理后的焙砂，颗粒表面形貌没有明显的变化。

王瑞祥等人[56]采用焙烧-酸浸-氰化法从某含多金属复杂金精矿中提取金、银、铜，考察了焙烧预处理气氛、温度、时间、氢氧化钠加入量4个因素对金、银、铜提取率的影响。结果显示，焙烧气氛是影响金、银、铜提取率的关键因素，在富氧气氛下焙烧预处理，金、银、铜的提取率有显著提高，并确定较优试验条件为：富氧气氛，焙烧温度903K，焙烧时间3h，氢氧化钠加入量4%，硫酸浸出，液固比4∶1，硫酸浓度1mol/L，反应温度363K，反应时间3h，氰化浸出液固比4∶1，pH值为10.5，氰化钠浓度4‰，反应72h，在此条件下，金、银、铜的提取率分别为94.55%、83.25%和94.75%。银化学物相分析知，添加氢氧化钠焙烧预处理，能够有效降低硅酸盐包裹银的含量。由热力学计算知，在$T=903K$，加入氢氧化钠焙烧预处理，可以减小$ZnO \cdot Fe_2O_3$、$CuO \cdot Fe_2O_3$、$2ZnO \cdot SiO_2$、$2PbO \cdot SiO_2$和$PbO \cdot SiO_2$的生成几率，削弱上述物质对金、银的包裹作用，对比不同氧压下的$\lg pSO_2-\lg pO_2$图，可知氧分压越高，硫酸化焙烧稳定区域面积越大，越有利于硫酸化焙烧进行，从而可以获得更高的金、银、铜的提取率。

B 热压氧化

热压氧化法是在高温高压下，矿石中的砷黄铁矿与氧发生化学反应，使包裹金暴露出来的方法，热压氧化法分为酸性热压氧化法和碱性热压氧化法。热压氧化法适应性较广，原矿和精矿都可以，也可处理含砷稍高的矿物。

新疆萨尔布拉克金矿含砷量高达1.33%，金属矿物以黄铁矿和砷黄铁矿为主，含金矿物主要为自然金和银金矿，嵌布粒度均在10μm以下，与黄铁矿、砷黄铁矿关系密切，且90%以上为包裹金。矿样直接氰化处理，金浸出率低。代淑娟等人[57]针对金矿的难浸问题进行了研究，采用碱性常温常压强化预氧化工艺专利技术，利用超细磨塔式磨浸机的机械活化作用以及搅拌的强化作用，在常温常压下引发砷、硫矿物在高温高压下发生的氧化反应，使金精矿由难浸转变成易浸，达到预氧化目的，然后采用直接氰化和炭吸附作业高效提金。预氧化后，金氰化浸出回收率由直接氰化法处理的7.89%提高到93.42%，炭吸附率为99.67%。

张文波[58]对加压氧化浸出工艺的机理进行了研究。加压浸出法具有流程短、砷浸出率高、浸出时间短及无SO_2等有毒物质产生的优点，是预处理含硫、砷金矿石或金精矿的有效手段。在酸性介质中，硫化物、铁化合物与砷化物发生高温氧化的主要反应包括3种形式：硫化物全部被氧化成硫或硫酸盐，反应过程中产生的Fe^{2+}被氧化成Fe^{3+}，砷被氧化成砷酸盐。随着易处理矿石资源日益减少，加压浸出法在工业上的应用越来越广泛，但对其浸出机理的研究相对较少。并对热压氧化处理中的3个主要元素砷、硫和铁在加压浸出过程中的化学反应进行了综述。

李奇伟等人[59]对云南某难处理硫化金精矿进行加压氧化-氰化浸金试验研究，考察了加压氧化各因素对氰化浸金的影响。加压氧化最优条件为：固液比1∶4，木质素磺酸钠5g/t，硫酸初始质量浓度10g/L，温度190℃，压力2.0MPa，反应时间4h，搅拌转速450r/min。金精矿经加压氧化-氰化浸出获得了97.55%的较高的金浸出率。

李大江[60]对某含砷金银精矿进行了酸性热压氧化单因素试验，在210℃、停留时间1.5h、氧分压700kPa、矿浆浓度20%、搅拌速度800r/min的优化条件下，得到金的回收率95.6%。针对银回收率低下的情况，在80～95℃用石灰对热压氧化矿浆进行银强化试验，结果显示银回收率有了大幅度提高，最高达86.3%。

黄怀国[61]采用酸性热压氧化工艺对某难处理金精矿进行预处理，其金回收率可由常规浸出的35.6%提高到94.3%。针对温度、滞留时间、矿浆浓度、氧分压、物料粒度等因素对金氰化浸出率的影响进行了研究，并讨论了黄钾铁矾的生成对银回收率的影响。

林志坚[62]对贵州某细浸染型难选冶金矿石进行了碱性热压预氧化试验研究。该金矿中金主要以包裹形式存在，矿石中载金矿物主要是黄铁矿和毒砂，少量是硅酸盐矿物和碳酸盐矿物。载金矿物很细，大多在1～5μm，呈超显微状态存在，属含硫砷微细浸染型难选冶金矿。回收该金矿石中金需在碱性介质中进行氧化预处理，使硫化矿物中的硫、砷、锑、铁分别被氧化成硫酸盐、砷酸盐、锑酸盐及赤铁矿，最终导致硫化物晶体的破坏，使其被包裹的金暴露出来，得以用氰化法回收。通过对影响浸出的几个因素：矿石粒度、碱用量、浸出温度、矿浆浓度、氧分压、浸出时间、SAA用量等进行了试验研究，选取优化条件，金的浸出率可达到90.1%。

C　细菌氧化

细菌氧化也称生物氧化，氧化含硫矿物具有直接氧化、间接氧化以及电池作用的过程。生物氧化法适应于矿物中铜含量低的矿石，否则将影响细菌生长，金精矿含硫不应大于30%，否则将增加氧化成本及中和成本，不适合含有劫金炭的金精矿，可处理含砷大于5%以上的矿物。直接氧化是细胞膜直接通过酶作用于矿物表面的过程。细菌和硫化矿物在矿浆中直接紧密接触，在有氧存在的条件下，通过细菌细胞内特有的铁氧化酶和硫氧化酶直接氧化金属硫化物。细菌在氧化过程中产生酸，同时又能够嗜酸，因此环境酸度的高低对细菌生长的影响较大，矿浆的酸度高低会直接影响细菌的活性及繁殖速度，从而影响矿物浸出效果。细菌氧化对低砷高砷都可行，但须无铜精矿，对含铜金精矿不适用细菌氧化工艺。细菌氧化工艺操作简单、安全环保，砷生成砷酸铁固化，精矿中的硫生成硫酸钙固化，可在防渗条件下干式堆放，自动化程度高。

细菌氧化法的优点为：(1) 对周围环境产生的危害性很小，无烟气污染；(2) 没有副产品受制于市场的销售问题。缺点：(1) 细菌适应性差，特别是在高原地区，温差较大，含氧量低，不利于细菌的生长；(2) 产生大量的酸性液体，需要进行中和后才能复用；(3) 中和渣、氰化尾渣量都比较大，基本是每吨金精矿产出废渣1.6～1.8t，且均为危险废物；(4) 建造费用高，所有设备都要使用耐酸设备；(5) 运行成本高；(6) 矿物中的元素除了金银外，都不能综合回收；(7) 预处理周期太长[63]。

某难浸含砷金精矿中金矿物嵌布粒度极细，有92.00%呈次显微金（不可见）的形式存在，且金矿物嵌存状态以包裹金为主，占94.58%。郑艳平等人[64]对该金精矿进行常规氰化浸出，金的浸出率仅为3.41%。通过采用两段生物氧化预处理—氰化提金工艺，金的浸出率提高到95.02%，比常规氰化提高了91.61%。

李国斌等人[65]通过对难浸金精矿掺入一定比例骨架材料，解决了矿堆渗透性差的难题，选用适宜菌种对金精矿进行堆浸细菌氧化—氰化浸出，金的浸出率由常规氰化的62.88%提高到93.32%。

江西三和金业有限公司[66]对金山金矿的浮选金精矿采用生物氧化—氰化炭浸提金工艺处理，取得了较好的技术指标。氧化渣采用三次洗涤、二次压滤洗涤工艺，提高了氧化渣的洗涤率，降低了氰化浸出作业的药剂消耗。氧化液中和采用电石渣替代石灰，降低了生产成本。

肖振凯等人[67]对三和金业生物氧化—氰化炭浸提金工艺进行了优化改造。通过优化生物氧化作业参数，使其处理能力提高了42.49t/d；增设氧化洗涤液二段沉淀回收高品位含金微细氧化渣、采用二段沉淀—压滤工艺回收粉炭、增设摇床重选工艺回收氰渣中的金等，金的总回收率提高了0.46%。企业年增产黄金 884.4kg，取得了显著的经济效益。

吕重安等人[68]研究了生物氧化法对含砷难处理金矿的预处理。在矿浆浓度为 18%、氧化时间为 168h（7d）的优化条件下，选用优良菌种对目的矿物进行预处理，使金的氰化浸出率由常规氰化法的 14.06% 提高至 94.01%。该方法经济可行，成功实现了难冶金矿浸出率的突破。所采用的细菌属于矿物化能营养的格兰氏染色阴性短棒细胞的硫杆菌。

夏青等人[69]对江西某含铜难浸金矿进行了细菌预处理研究，该金精矿常规金浸出率仅 48.71%，采用富氧细菌氧化预处理后金浸出率可达 91.67%。鉴于富氧、低温控制工艺的高要求不宜实际推广，研究中开展了低氧细菌预处理试验，并引入磁场强化预处理，达到金浸出率 91.72% 的较理想指标。同时，对磁场强化细菌预处理过程的机理进行了分析探讨。

D　酸浸预处理

四川省松潘东北寨金矿床是我国已发现规模最大的微细粒浸染型金矿床之一，由于矿石含高硫、高砷，属极难选冶金矿石类型，用常规的提金工艺提金，难获得理想的经济效益。该矿石不论是原矿石还是浮选精矿，金的直接氰化浸出率都几乎为零。贺日应[70]对采用硝酸氧化工艺预处理东北寨难浸金精矿进行了试验研究。试验结果表明：金精矿经硝酸氧化浸出后，精矿中的硫、砷、铁以及其他有色金属元素进入浸出液，通过加入石灰沉淀被有效除去；氧化浸出渣中金经氰化浸出，金的浸出率可达到 95.56%。

郭凯琴等人[71]在酸性条件下采用过氧化氢对高硫高砷难选金精矿进行预处理。试验表明，该方法可有效浸出包裹在难处理金精矿中金表面的含铁硫化矿物，在矿浆浓度为 20g/L 时，铁的浸出率和失重率可分别达到 99.58% 和 53.94%。该预处理方法氧化条件温和，对环境友好，氧化时间短，为同类高硫高砷难选金精矿的开发利用提供了一种简单有效的预处理方法。

洪正秀等人[72]研究了某嵌布粒度微细且多被硫化矿物包裹的氰化浸出困难的金精矿。以过氧化氢为氧化剂，对该金精矿进行了氧化预处理试验研究，并确定了合适的氧化预处理条件为磨矿细度 -48μm 占 90%，矿浆浓度 40g/L，搅拌速度 200r/min，反应温度 50℃，硫酸用量 0.7mol/L，过氧化氢用量 0.3mol/L，反应时间 8h。金精矿经氧化预处理后，氰化浸出的金浸出率从 51.6% 提高到了 78.3%，效果显著。

E　碱浸预处理

碱浸预处理法是在氰化前预先向碱性矿浆中充气，氧化预处理有害氰化的矿物如硫化铁、毒砂等的方法。常用的碱浸预处理药剂有 NaOH、KOH、$Ca(OH)_2$、氨水、碳酸钠、硫化钠等。早在 20 世纪 80 年代，苏联就将碱浸预处理与超细磨联合，大幅提高了金的浸出率[73]。

内蒙古某黄金矿山金精矿中，金主要包裹在黄铁矿及砷黄铁矿中，同时还有锑金属硫化物的存在。氰化浸出生产工艺中金的回收率比较低，只有 76.63%。李勇等人[74]通过常规氰化工艺条件优化试验，金的回收率最高可达到 80.15%。对该低品位含砷、锑难处理金精矿进行碱浸预处理，经过 NaOH（3%）和 Na_2S（5%）预先浸出处理，优先除去砷、锑等杂质，再进行氰化浸出，以提高金氰化浸出率。确定了生产操作的最佳工艺条件，金的氰化回收率由原来的 76.63% 提高到 92.01%，获得了较好技术指标和经济效益。

某金矿石氰化尾渣浮选精矿难浸，在小于 37μm 占 99.5% 的磨矿细度下氰化浸出 24h，金的浸出率仅有 3.95%。孟宇群等人[75]采用常温常压碱性强化预氧化工艺处理后，金的浸出回收率提高到 85.85%，炭吸附率 99.62%。

湖北鑫荣矿业有限公司[76]自 2011 年 7 月开始，银、金浸出率间断出现波动。经对浸出过程进行跟踪取样、化验分析表明：在浸出达到一定程度后，已经浸出的银和金，部分出现“返沉淀”现象，重新从溶液中回到固体状态，浸渣中银、金品位升高。对浮选精矿进行多元素分析发现，随着采矿向深部延伸，原矿中硫含量增加，造成浮选银金精矿中硫含量相应增加，从而影响了氰化浸出作业指标，使银、金浸出率分别降到 91.98% 和 97.19%。通过添加醋酸铅（用量从 100 ~ 1000g/t）的方法，未能抑制银、金的“返沉淀”。用高锰酸钾对精矿进行碱浸预处理，然后再进行氰化浸出，银、金浸出率分别达到 96.63% 和 98.62%。这主要是因为：（1）包裹金银矿物的硫化矿被氧化，使金、银进一步暴露；（2）使绝大部分硫离子在预处理阶段氧化成硫代硫酸根离子或硫酸根离子，避免在氰化浸出阶段生成硫化银，消除了硫对氰化浸出作业的有害影响。

陈松梅等人[77]根据试验研究结果，对某氰化浸出车间原生产氰化工艺增加碱浸预处理作业后，金浸出率提高了 0.73%，氰化钠耗量最高可节省 3.92kg/t，使生产成本大幅度下降。

Oktay Celep 等人[78]研究了含锑难选银金矿的硫化物碱性预处理方法，原矿金含量 20g/t，银含量 220g/t，并含有大量的石英和重晶石，以及少量的黄铁矿、辉锑矿、闪锌矿、辉锑铅矿和硫锑银矿等硫化物。氰化浸出只能得到49%的金回收率和18%的银回收率，而适当条件下的碱性硫化物预处理可以浸出85%的锑，从而大大提高了银的浸出率（从低于18%到90%），金的提取率也提高了20% ~30%。结果表明：对于含锑的难选矿石，碱性 Na_2S 浸出是一种优于传统氰化法的预处理技术。

F　其他预处理

超细磨预处理工艺无需破坏黄铁矿、毒砂等物质的化学组成，不会造成环境污染，而且还具有设备投资小、规模可大可小等优点。超细磨预处理工艺不仅可以用于处理金精矿，也可以用于难处理金精矿焙砂和金品位较高的氰化渣预处理，具有广阔的应用前景。但是，超细磨技术也有一定的局限性，目前超细磨产品能达到的最小粒度约 1μm，如果自然金的粒度小于 0.1μm 或更细，那么即使经过超细磨预处理，微细粒的金仍然未被单体解离或裸露，仍然无法实现较高的金浸出率。此外，超细磨预处理的生产成本较高。

蓝碧波[79]对 3 种难处理金精矿进行了超细磨-氰化浸金的试验研究。并对其中一种适宜的难处理金精矿进行了超细磨-氰化浸金优化研究，该矿的主要矿物是黄铁矿和黄铜矿；金主要以自然金形式存在，主要赋存在黄铜矿中，也有部分单体解离的自然金，金的粒度为 0.1 ~1μm。最优工艺条件为：磨矿介质粒径 1.6mm、磨矿时间 45min、氰化浸出矿浆浓度 33.33%、氰化钠质量分数 0.5%、搅拌浸出 48h。在此试验条件下，金浸出率可达 93.70%。

康金星等人[80]为了揭示微波低温预处理对硫化物包裹的微细粒分散金的助浸效果，以福建双旗山浮选金精矿为原料，以微波低温预处理为核心手段，研究了不同助浸条件对金浸出的影响。结果表明，在微波功率为 3kW、预处理时间为 6min（对应的预处理温度为 300℃左右），焙渣磨矿细度为 -0.038mm 占 80%、氰化钠用量为 3kg/t、浸出时间为 8h 情况下，金浸出率达到 96.49%，高于相应条件下马弗炉低温预处理时金浸出率 4.17%；与强氧化剂助浸相比，因为微波低温预处理改变的是矿石的微观结构，而强氧化剂改善的只是浸出过程中溶解氧的浓度，因而微波低温预处理的浸出率要高约 2%；微波低温预处理助浸与其他助浸方式比较，可以提高金浸出率，缩短浸出时间。

19.3.2　贵金属提取工艺

贵金属选矿厂的浸出工艺改造研究非常活跃，河南省灵宝灵湖金矿、四方金矿、河南省灵宝市桐沟金矿、黑龙江老柞山金矿、广东高要河台金矿、甘肃鹿耳坝金矿等对其提金工艺都进行了改造，主要通过改造工艺流程和浸出槽、浓密机、风机等设备，以及增加预处理和助浸药剂等，提高金的氰化浸出率和经济效益；在堆浸技术方面，国内研究和实践都很多，如低浓度铜氨硫代硫酸盐法、低浓度催化氧化剂法、氨性溶剂覆膜滴淋堆浸法、酸浸铜—氰化浸金的堆浸工艺、氨氰法浸金，还研究了“金蝉”、“绿金牌”新型环保浸金剂、“敏杰”提金剂、ZLT 氯化法浸出金等。

郑若锋等人[81]用低浓度铜氨硫代硫酸盐、低浓度催化氧化剂、氨性溶剂覆膜滴淋堆浸法处理四川某高寒地区氧化型金矿石获得了较好的技术经济指标。采用覆膜—铜氨硫代硫酸盐滴淋堆浸提金工艺，原矿自然粒度入堆，金回收率达 60.8%；复合固相萃取剂简便、有效地从溶液中回收金，溶液中金回收率大于 99%，萃取剂载金量达 14g/kg。硫代硫酸盐循环使用，从堆浸到熔铸成金锭的总药剂单位矿耗成本为 24.3 元/吨。覆膜滴淋堆浸具有保温、防雨和减少氨气挥发等功能，有利于浸出系统运行正常；贵泥回收金工艺简便、流畅、金回收率高。现场测控表明，该工艺具有明显生态环保作用，是一种绿色环保提金工艺。

雷力[82]对某含铜金矿石进行常规氰化、氨浸—氰化、酸浸—氰化、浮选—氰化等工艺处理，金回收率均较低，且氰化钠耗量高；而采用硫代硫酸盐法对该金矿石进行浸出，金浸出率高达 92.64%。

紫金矿业集团股份有限公司[83]采用堆浸生物氧化技术处理云南某卡林型金矿石半工业试验取得成功。有资料表明，该类型的难处理金矿资源约有1000t黄金，广泛分布于我国滇黔桂金三角区。堆浸生物氧化技术为开发这部分难处理金矿资源提供了有力的技术支撑。该矿石含砷及吸附氰化已溶金碳质物和黏土矿物，金以超显微赋存于其他矿物中，属卡林型金矿石，直接氰化金的浸出率为3.17%～4.7%。采用堆浸生物氧化，经过6个月的预处理后，矿石中金的堆浸氰化浸出率可达65.5%。

陇南铜金矿石为低品位微细粒浸染矽卡岩型氧化铜金矿石。20世纪90年代后，陆续有黄金生产单位采用堆浸工艺回收其中的金，但因受铜元素的影响，氰化物耗量过大，未能取得理想的金回收效果。2007年，西安巨石生物堆浸工程技术有限公司采用酸浸铜、氰化浸金的堆浸工艺方案，对该矿石进行浸出回收铜、金试验研究。经过实验室试验，铜的浸出率达86.82%，金的浸出率达82.10%，酸耗38kg/t，氰化物耗量0.32kg/t，各项技术指标均达到设计要求，经济指标已合理。利用该工艺可较好地开发利用该低品位矽卡岩型氧化铜金矿石，在回收金同时可回收铜。目前，该工艺已投入半工业生产。

吴永胜[84]研究了丁家山金矿的选矿工艺，发现存在的主要问题是尾矿品位偏高、金的浸出率偏低及堆浸工艺方面的问题。九江县丁家山金矿是一个小型金矿，1990年正式投产，其主要选冶生产工艺为池浸及堆浸、活性炭吸附、解吸电解的氰化提金工艺。此工艺优化以前日处理量只有58t，年产金不到30kg，金回收率只有70%。1998年6月至2003年期间进行选矿工艺优化，通过降低破碎粒度、控制最佳氰化钠用量、增加渗滤层及使用氰化助浸剂、改进吸附系统、控制堆高、完善加药及喷淋制度等工艺优化措施，黄金选矿的回收率提高15%，每年为企业创造了100多万元效益，尾渣含金品位全年平均降至0.2g/t，金浸出率由65%提高至79%～81%，增加14%左右，并逐步提高处理量，最终达200t/d，降低了成本，明显提高了企业效益。

吕超飞等人[85]针对某难处理金精矿进行了“金蝉”浸金试验研究。考察了“金蝉”用量、浸出时间、矿样粒度及类型等因素对金、银浸出效果的影响，以及“金蝉”浸金和常规氰化浸金的对比。其结果表明：在一定条件下，“金蝉”对金的浸出率优于常规氰化浸出，可达96%以上；但其试剂的消耗量略大，可采用置换后溶液调浆浸金降低“金蝉”消耗量，提高其同氰化法竞争的优势。

宋翔宇等人[86]对“绿金牌”新型环保浸金剂进行了全泥炭浆提金工艺条件研究及工业应用试验。其结果表明，该“绿金牌”新型浸金药剂与氰化钠的浸出效果基本一致，工业试验中金的浸出率可以达到92%以上。对尾渣的有害性分析结果表明，该药剂的干排尾渣中氰化物含量远远低于氰化浸出工艺的干排尾渣，符合环保标准。该药剂主要成分是含有NH_4^+、Na^+、—C—S、—C—N等键的有机混合物。

高龙黄金矿业公司鸡公山金矿[87]采用“敏杰”提金剂替代NaCN的堆浸生产工业实践表明：在药剂消耗、成本费用及提高金浸出率等方面较采用NaCN有较大幅度改善；按其200万吨/年矿石处理规模，年可增收节支561.6万元，大大降低了企业生产成本，取得了良好的经济效益和社会效益。这在国内黄金类似矿山有广泛的适用性，极具推广意义。“敏杰”提金剂为含硫代硫酸盐和聚合氰胺钠等3种化合物的混合物，灰黄色固体颗粒，呈碱性，易溶于水。

含铜氧化金矿石一般采用酸预浸铜，浸铜渣氰化回收金。酸预浸铜—氰化联合工艺相对成熟，但存在工艺流程长、药剂成本高，尤其是含碱性脉石较高的矿石酸消耗量大，酸浸中产生的大量硫酸钙还可能带来过滤难等一系列问题；而常规氰化法金浸出率低，氰化钠消耗量大，容易产生高铜炭，大大增加了后续冶炼成本。氨氰法浸金是通过氰化钠与铜氰氨配合物协同浸金，浸出洗涤贵液通过选择性除铜，除铜贵液再进行活性炭吸附。该工艺具有药剂成本低、工艺流程简单等优点。邹来昌[88]针对某含铜金矿石进行了氨氰法浸金及浸出贵液脱铜试验研究。其结果表明：在一定条件下，可获得较好的技术指标，浸渣金品位0.38g/t，浸出贵液金、铜平均质量浓度分别为2.27mg/L、61.94mg/L，渣计金浸出率为89.44%；采用双氧水除铜，铜沉淀率为85.85%，氧化沉淀渣铜品位超过50%，可以铜精矿出售。

程东会等人[89]以山西某地含铜金精矿为研究对象，进行实验室试验和扩大试验，讨论分析了氨氰法、硫脲、硫代硫酸盐和分步浸取法的浸出条件和浸出效果。试验结果表明，对于金以非包裹形式存在的含铜金矿石，与硫脲法、硫代硫酸盐法、分步浸取法等选择性浸金方法相比，氨氰法具有浸出率高、试剂廉价、工艺简单等明显的优点。该方法与直接氰化相比，在金的浸出率达到92%的同时，大幅度地降低了氰化物耗量。根据实验室试验结果进行的扩大试验和半工业生产试验结果表明，氨氰法的工艺指标合理、稳定，是该含铜金矿石回收金的有效方法。

石嵩高等人[90]介绍了无毒、无污染 ZLT 氯化法浸出金、银体系及其用于处理多种含金原料的试验工艺条件及技术指标。ZLT 是氯化异氰脲酸类有机氯化物，统称为载氯体。研究结果表明：ZLT 氯化法提取金、银新工艺具有无毒，不污染环境，浸金速度快，生产成本低，投资省，应用范围广等特点，具有推广应用价值。

云南某矿氰化尾矿中含有金铜铅铁等有价元素。为了充分利用矿产资源，宋翔宇[91]对该氰化尾矿进行了选矿综合回收试验研究。试验结果表明：通过提高磨矿细度和延长浸出时间，氰化尾矿金品位由 0.83g/t 可以降至 0.35g/t；采用异戊基黄药和环烷酸皂混合捕收剂选铅，可得到品位和回收率分别为 46.83% 和 35.15% 的铅精矿；采用 CL-5 消除矿浆中游离氰以及铅浮选残留药剂对铜浮选的影响，活化剂 AS-2 和 Na_2S 活化铜，混合黄药 T820、F-1 黑药和 C5-9 羟肟酸作混合捕收剂选铜，可得到品位和回收率分别为 17.72% 和 53.33% 的铜精矿；磁选回收铁矿物，先弱磁后强磁，可以得到品位为 64% 和 51% 两种铁精矿。

赖子球等人[92]采用焙烧—硫酸浸出—氰化浸出工艺，从某复杂工业废渣中提取银。通过试验考察了焙烧气氛、添加剂种类和加入量、焙烧温度、焙烧时间等预处理因素对银浸出率的影响。试验结果表明：优化焙烧预处理条件为富氧气氛、温度 903K、焙烧时间 3h、添加剂硫酸钠加入量 3%；焙砂经酸浸—氰化浸出后，银的提取率为 78.41%；废渣中银质量分数由原来的 0.049% 降低至 0.0145%。

科廷大学的科学家[93]研发出了一种使用氨基酸-过氧化氢进行浸出金和铜的工艺。该工艺不但环保，而且成本低廉，它的出现可以在现有传统工艺外为人们提供另一种选择。Jacques Eksteen 教授指出，这项工艺的诞生可以使一些在西澳大利亚原本没有工业开采价值的低品位铜金矿藏有了开发潜力。相比传统的氰化浸金和硫酸处理方法，氨基乙酸提金有着许多的优势。它会和金形成可溶的稳定配合物，且可以溶于水。另外，它并不是一种非常昂贵的化学品，价格相对低廉，且对环境没有危害。

王瑞祥等人[94]采用焙烧—酸浸—氰化工艺从高硫多金属金精矿中提取金、银、铜。其试验结果表明：在最佳条件下，金、银、铜的平均浸出率分别可达到 96.56%、79.12%、91.33%。通过对比金精矿、焙砂、氰化渣中金、银的化学物相可知，硅酸盐包裹金、银不易被氰化浸出，而加入复合添加剂焙烧，硅酸盐包裹的金、银品位大幅度下降，由直接焙烧的 2.05g/t、163.35g/t 分别降到 0.81g/t、25.24g/t。

19.3.3　贵金属提取装备

近年来，在贵金属选矿的提取装备方面，白云山选矿厂和山东黄金矿业有限公司精炼厂进行了生产过程自动化控制系统应用实践，还有学者研究了气升式生物反应器、生物-化学两级循环反应器等新设备，但总的进展不大。

白云金矿选矿厂[95]进行了生产过程自动化控制系统应用，包括破碎、浮选、精矿脱药、精矿再磨、精矿氰化、解吸电积、冶炼、压滤自动化控制部分和自动化控制柜、仪器仪表、传感器、PLC 可编程序控制器等自动化设备。对于岩金矿山而言，选矿厂是一个自动化控制技术应用相对较高的场所，自动化控制技术的应用极大地提升了岩金矿山选矿厂整体科技装备水平。

山东黄金矿业（莱州）有限公司精炼厂[96]1200t/d 氰化厂采用浮选—氰化浮选工艺，实现了多金属资源综合回收利用，氰化物和水资源的循环利用；采用立磨机（塔磨机）、气力搅拌浸出槽、立式压滤机和在线监测分析仪等新型选矿设备，全工艺流程实现自动化、信息化控制，为黄金冶炼产业绿色、无害生产和自动控制前沿技术提供了生产实践经验。磨矿设备选用德国爱立许公司生产的 KW-1250 型立磨机（塔磨机），进入浮选的产品细度（-400 目）可以达到 95% 以上，-25μm 含量大幅提高，由于磨矿细度的提高，黄金氰化回收率提高 0.5%，磨矿能耗为 13.2kW·h/t，比常规磨机节能 40%，噪声降低 50%，占地面积仅为卧式磨机的 1/10。浸出设备采用山东黄金集团研制的具有自主知识产权的 5.5m×18m 气力搅拌浸出槽，利用金溶解反应所需要的空气，发挥充入空气的动力，让矿浆搅拌起来，达到节能的目的，并最大限度地提高设备的搅拌能力和溶氧量。采用立式反洗压滤机代替常规的浓缩洗涤工艺，洗涤率达到 99.9%。山东黄金矿业（莱州）有限公司精炼厂 1200t/d 金精矿综合回收利用工程采用 ϕ5.5m×18m 气力搅拌浸出槽[97]，该设备又称帕丘卡（Paqiuca）式浸出槽或空气搅拌浸出槽，是利用空气的气动作用来搅拌矿浆，浸出槽本身没有机械运转系统，但需要配备空气压缩机，以提供压缩空气。实践证明，气力搅拌浸出槽结构简单，易于操作，运行稳定，节能效果明显，浸出率高，能充分发挥充气氰化浸出的优势，取得了良好的经济效益。与机械式搅拌浸出槽相比，具有占地面积小、矿浆溶氧量高、生产耗能低等特点，其大的高度直径比有效地提高了槽体的容积，提高了处理量，在近几年得到大的发展。

柳建设等人[98]依据三相内循环流化床结构模型，设计了实验室规模的气升式生物反应器，用于高砷难处理金精矿的细菌氧化预处理。从酸性矿坑水中筛选到一种中度嗜热混合菌，驯化后可在45℃、pH值为1.2、As(As^{3+}和As^{5+}）浓度15g/L条件下良好生长，并且对难浸金精矿具有较好的氧化浸出能力。在气升式反应器中采用驯化后的混合菌氧化浸出高砷难浸金精矿，设计正交实验研究矿物粒度、矿浆浓度、反应器充气量和初始pH值对浸出的影响，结果得出矿物粒度 -37μm、矿浆浓度5%、充气量4L/min、初始pH值1.2为该反应器最佳浸出参数组合，在此条件下高砷金精矿砷脱除率可达到95%。

范艳利等人[99]针对目前生物氧化技术应用中存在的问题，提出了一种新型反应器——生物-化学两级循环反应器。它既利用高温浸出的化学作用，又利用中温微生物 acidithiobacillus ferro-oxidans 进行生物浸出，有效克服了单级反应器的不足，大大提高了矿石的浸出效率。还研究了矿石粒度、温度、Fe^{3+}浓度等因素对生物-化学两级循环反应器预处理甘肃坪定难处理金矿石效果的影响。试验研究结果表明：在70℃、Fe^{3+}质量浓度为6g/L、矿石粒度 -74μm 的条件下，该矿石经生物-化学两级循环反应器氧化预处理72h后，砷的浸出率可达到17.7%以上；预处理5天后的氧化矿样金的氰化浸出率高达91.76%。而用传统生物氧化法预处理10天，金的氰化浸出率为80.31%。试验结果还显示，温度的升高、Fe^{3+}浓度的增加，可促进化学反应器中Fe^{3+}对矿物的氧化，且矿石的粒度细预处理效果好。

随着易处理金矿的不断开采，可直接氰化提取的易处理金矿床资源日趋枯竭，难处理（难浸）金矿已成为金矿的重要新资源，因此如何有效处理该类金矿石成为目前研究的重要课题。超细磨技术通过其强大的细磨能力，使包裹在矿物中的微细粒金暴露，便于后续氰化浸出，是一条基于物理方法的新技术路线，对环境污染小，在难处理金矿石提金中具有广阔的发展前景[100]。

19.4　贵金属矿山的尾矿处理与综合利用

黄金尾矿作为金矿石提取生产过程中不可避免产生的固体废弃物，其中含有大量的金属、非金属等有用矿产资源，而尾矿是一种不可再生的二次资源。国内已将资源的合理利用及环境保护列为21世纪议程的主要内容之一。这些未被充分利用的黄金尾矿常含有铜、铅、锌、铁、银、锑、钨等金属和石英、长石、云母、石灰石、白云石、高岭土、膨润土、萤石、石榴子石、重晶石等非金属矿物以及多种稀土、稀有金属矿物和各类金属的氧化物、硫化物矿物。几乎所有的岩金矿床都伴生有银和硫，国内50%的银储量均在金矿床中[101]。由于尾矿资源二次利用的生产成本低，不再需要采矿、破碎和磨矿作业，同时随着黄金资源的贫乏和选冶技术水平的提高，使得这些老尾矿资源有了较高的回收价值。

辽宁五龙金矿矿石类型以次生硫化矿物为主，金的嵌布粒度较细，当时采用的选矿流程为浮选工艺。由于工艺流程和选矿条件限制，尾矿品位偏高，金品位0.9g/t左右。生产近50年来，尾矿堆存量大约120万吨。该矿建立了一座处理规模为800t/d的炭浆厂，对尾矿进行直接氰化提金，金的浸出率在70%以上，年获经济效益200多万元。李福寿等人[102]采用塔式磨浸机的细磨和边磨边浸氰化浸出工艺，对吉林大线沟含金尾矿的浸出回收金实验结果表明，在 -0.074mm 占90%的磨矿细度下，氰化浸出12h，金的浸出率93.3%；在同样磨矿细度下，金的边磨边浸浸出率95%。处理1t含金尾矿生产成本为40元。

王艳荣[103]对乌拉嘎金矿老尾矿分别进行了氰化、浮选及氰化与浮选联合工艺流程回收金试验研究。通过确定合理的工艺流程结构及工艺条件，获得了金总回收率达65%以上试验指标，按现行黄金市场价格测算，处理每吨尾矿产值可在150元以上，总产值可达15亿元，经济效益可观。湖南湘西金矿已成功地将老尾矿中的有价元素进行回收，在尾矿品位金2.18g/t、锑0.71%的条件下，分别获得了选冶回收率金67.22%和锑14%的指标，年获利税为252.8万元[104]。陕西洛南金矿原矿金品位2.19g/t，银品位6.20g/t，钼品位0.18%，铅品位0.62%。经过金钼混合浮选，得到金、银、铅、钼等混合精矿，钼品位由0.18%提高到4.21%，钼回收率为79%，金品位由2.19g/t提高到48.86g/t，金回收率达到85.58%[105]。陈金中等人[106]针对某铜矿尾矿库堆存的老尾矿铜氧化率高及部分硫化铜表面存在不同程度的氧化等特点，采用表面处理与活化及高效捕收剂浮选技术强化表面（半）氧化硫化铜浮选。闭路试验获得了铜品位 12.02%、含金 9.02g/t、含银 82.72g/t、铜回收率 51.22%、金回收率 54.72%、银回收率 23.87% 的铜精矿。

许多国家采用植物富集方法回收黄金尾矿中的贵金属，实际应用成果非常可观，其中，澳大利亚利用室内空间，在填有尾矿与土壤的花盆中种植蓝色小桉树、黑荆树、高粱、白色三叶草、红草、袋鼠草、哭泣草等回收斯多威尔金矿尾矿中的贵金属。经 3~5 个月的生长发现，白色三叶草（干草）中黄金的平均浓度为 27mg/kg。这充分说明种植本土植物富集低品位黄金尾矿可以进行推广[107]。巴西某地区黄金含量较低，不适合采用传统采矿方法开发“土壤”中含有的贵金属，故在其“土壤”中种植本土植物——油菜和玉米，植物生长一段时间后可累计黄金 30mg/kg[108]。墨西哥锡那罗亚州种植向日葵和仙人掌（本地植物）提取麦斯吉维姆矿山尾矿中的黄金[109]。虽然气候和生长环境的不同，会使世界各地生长的植物差异较大，但植物富集技术同样会在世界各地找到适合富集贵金属的本土植物。目前的研究成果表明，这项技术低成本、高效率，不仅可以治理金属矿山开采过程中造成的有色金属污染问题，还解决了尾矿堆存过程中贵金属回收问题。植物富集技术逐渐被认为是一种经济、可行和环境可持续发展的技术[110]。

关于黄金尾矿中铁的回收利用，山东科技大学近几年在这方面的研究成果具有领先水平。例如：首先采用磁选，目的在于筛选出含铁量较高的矿石；然后，结合焙烧淋滤法，将磁性物质和非磁性物质分离，分别加以回收利用。分离出的非磁性物质一部分用于黄金的提取，另一部分用于合成建筑材料。经此工艺可筛选出含铁 65.11% 的磁铁矿，铁回收率达到 75.12%。如果对此工艺进行扩大化生产，在减少尾矿量的同时，也可以创造一定的经济价值[111]。东北大学以辽宁五龙金矿尾砂为主要原料，以金红石为晶核剂，从最低共熔点、晶相组成和晶格匹配确定玻璃主成分，在 1450℃下制备出性能良好的主晶相为堇青石和尖晶石与顽火辉石固溶体的微晶玻璃[112]。

19.5　结论与展望

通过对国内外贵金属资源、生产、消费、选矿、提取等方面的综合评述，得出如下结论：

（1）世界黄金资源储量约 42000t，资源总量约 90000t。我国黄金工业储量约 4200t，目前居世界第七位；世界黄金产量从 2009 年开始逐渐上升，我国黄金产量增幅较大，超过南非，从 2007~2012 年连续四年居世界第一位；近年来黄金价格波动巨大，从 2009 年开始上升，至 2012 年一度创下 1920.94 美元/盎司纪录最高水平，之后又于 2013 年大幅下挫至 1200 美元/盎司左右。2014 年金价波动较大，但总体跌势仅 1.6%。1200 美元/盎司的水平将成为 2015 年金价的新常态。黄金消费需求继续上升，其主要消费领域是制造首饰。

（2）世界白银资源储量为 52 万吨，中国为 4.3 万吨，目前居世界第五位；2013 年全球白银总产量为 819.6 百万盎司，相比于 2012 年的 792.3 百万盎司，增幅为 3.4%。墨西哥在 2013 年稳住了自己世界第一大白银生产国的地位，而秘鲁则超过中国成为世界第二大白银生产国，我国的白银产量为 118 万吨，居世界第三位；世界白银的价格一直攀升，2013 年，纽约期货交易所期银年内最高价为 1 月 23 日的 32.5 美元/盎司，最低价为 6 月 28 日的 18.2 美元/盎司，年内振幅达 44%，我国银价已与世界接轨；白银目前在世界市场上非常短缺，需求也逐渐增加，我国对白银的需求也呈逐渐上升趋势，主要消费领域是电子电气。

（3）世界铂族金属的储量为 71000t，我国铂族金属探明资源严重缺乏，探明储量仅 324t；世界铂族金属产量最大的国家是南非，其次为俄罗斯；2008 年经济危机以来，导致铂族金属价格有较大幅度下跌；我国铂族金属主要依赖进口，主要消费领域是首饰和汽车。

（4）在贵金属选矿技术、工艺和装备方面，国内外学者对贵金属选矿技术与理论的研究非常活跃，主要集中在对贵金属载体矿物的浮选方法的研究、贵金属载体矿物的特效捕收剂、组合浮选药剂的应用以及药剂作用机理的研究上；在贵金属选矿工艺方面，近年来由于矿石性质变化和设备工艺的落后，很多矿山选矿厂进行了工艺改良，如丁家山金矿、焦家金矿、小秦岭金矿、新疆阿希金矿、吉林四平昊融银业有限公司、湖南兴民科技公司、苗龙金矿等，主要集中在磨矿工艺和粒度控制、流程改进、药剂制度调整等方面，以提高贵金属的指标，获得经济效益；在贵金属选矿装备方面，一些学者和选矿厂尝试了最新研制的新型设备，如改进型3PC浮选柱、圆形离心浮选机、新型便携式选金机、旋流静态-微泡浮选柱等，取得了一定成果和效益，但总的进展不大。

（5）在贵金属提取技术、工艺和装备方面，在助浸技术方面，国内外学者研究了低浓度的碱性氨基酸-过氧化氢法、ZQD助浸剂预处理、边磨边浸氰化工艺、氰化体系与溴化体系结合、磁脉冲预处理等方法；在难浸矿的预处理方面，近年来国内研究非常活跃，主要针对高砷硫金矿石、微细粒浸染性金矿石、碳质金矿石的预处理进行了相关研究，特别对高砷硫金矿石的研究进展突出。如在氧化焙烧法方面，研究了RMD混合浸液对二段焙烧产生的酸浸渣进行预处理再按常规方法进行氰化浸出的工艺、在焙烧金精矿中加入硫酸钠的工艺以及微波焙烧法、焙烧-酸浸-氰化法等；在加压氧化方面，研究了碱性常温常压强化预氧化、酸性热压氧化工艺、碱性热压预氧化等；在细菌氧化方面，研究了加入骨架材料的细菌堆浸氧化预处理技术、高砷金矿石的堆浸细菌氧化-氰化浸出，以及生物氧化-氰化炭浸技术；在酸浸方法方面，研究了硝酸氧化预处理工艺、过氧化氢对高硫高砷难选金精矿预处理技术、以过氧化氢为氧化剂的预处理试验研究等；在碱浸预处理方法方面，研究了碱浸预处理优先除去砷和锑等杂质、常温常压碱性强化预氧化工艺，以及用高锰酸钾对精矿进行碱浸预处理的技术；另外还研究了超细磨预处理工艺、微波低温预处理技术等；贵金属选矿厂的浸出工艺改造研究非常活跃，河南省灵宝灵湖金矿、四方金矿、河南省灵宝市桐沟金矿、黑龙江老柞山金矿、广东高要河台金矿、甘肃鹿耳坝金矿等对其提金工艺都进行了改造，主要通过改造工艺流程和浸出槽、浓密机、风机等设备，以及增加预处理和助浸药剂等，提高金的氰化浸出率和经济效益；在堆浸技术方面，国内研究和实践都很多，如低浓度铜氨硫代硫酸盐法、低浓度催化氧化剂法、氨性溶剂覆膜滴淋堆浸法、酸浸铜-氰化浸金的堆浸工艺、氨氰法浸金，还研究了“金蝉”、“绿金牌”新型环保浸金剂、“敏杰”提金剂、ZLT氯化法浸出金等；在提取装备方面，白云山选矿厂和山东黄金矿业有限公司精炼厂进行了生产过程自动化控制系统应用实践，还有学者研究了气升式生物反应器、生物-化学两级循环反应器等新设备，但总的进展不大。

（6）在贵金属矿山的尾矿处理与综合利用方面，由于其发展前景广阔，国内外的研究也比较活跃，如辽宁五龙金矿对尾矿进行直接氰化提金，东北大学以辽宁五龙金矿尾砂为主要原料制备出性能良好的主晶相为堇青石和尖晶石与顽火辉石固溶体的微晶玻璃，吉林大线沟含金尾矿的浸出回收，乌拉嘎金矿老尾矿分别进行了氰化、浮选及氰化与浮选联合工艺流程回收金，许多国家采用植物富集方法回收黄金尾矿中的贵金属，实际应用成果也非常可观。

2006年以来，贵金属选矿技术和工艺取得了一定的进展，但要保障我国贵金属矿产的可持续供应，实现贵金属工业的可持续发展，要在国家政策的扶持下，进一步扩大贵金属资源储量，鼓励技术创新，提倡工艺改造，实现矿业的资本运营，提高企业的市场竞争力和抗击风险的能力；进一步开放贵金属市场，拓宽融资渠道，与国际接轨，保护好矿业环境，合理利用好贵金属资源，做到人与环境、资源的协调发展，从而保证我国贵金属工业的健康、可持续发展。

参考文献

[1] 周博敏，安丰玲．世界黄金生产现状及中国黄金工业发展的思考[J]．黄金，2012，33(3)：1-6.

[2] 吴景荣，王建平，徐昱，等．中国白银资源开发利用现状、问题及对策[J]．资源与产业，2013，15(3)：45-49.

[3] 石和清．2005年白银市场回顾及2006年市场展望[J]．稀有金属快报，2006，25(7)：11-17.

[4] U S Geological Survey. Mineral commodity summaries 2014[R]. Reston：U. S. Geological Survey，2015.

[5] 张莓．世界铂族金属矿产资源及开发[J]．矿产勘查，2010，1(2)：114-121.

[6] 董海刚，汪云华，范兴祥，等．今年全球铂族金属资源及铂、钯、铑供需状况浅析[J]．资源与产业，2012，14(2)：138-142.

[7] 代淑娟，胡志刚，孟宇群，等．某金矿石中金的浮选及氰化浸出试验[J]．金属矿山，2010(8)：75-78.

[8] 马康扎 A T，孙吉鹏，童雄，等．用混合捕收剂浮选含金黄铁矿矿石[J]．国外金属矿选矿，2008(11)：8-13.

[9] 周东琴．某氰化尾渣中金的浮选回收试验研究[J]．有色矿冶，2009，25(1)：15-17.

[10] 高云涛，华一新，李艳，等．氯化钠存在下溴化钠-十六烷基三甲基氯化铵体系浮选分离铂、钯、金的研究[J]．稀有金属，2007，31(1)：129-132.

[11] 马万山，刘鹏．金（Ⅲ）与钯（Ⅱ）、铑（Ⅲ）、钌（Ⅲ）、铂（Ⅳ）和铱（Ⅳ）的浮选分离研究[J]．冶金分析，

2008，28(12)：70-72.

[12] 波特瓦 A，陈薇，童雄，等．在含金硫化矿浮选中用硫代酰胺作为辅助捕收剂[J]．国外金属矿选矿，2007(7)：11-13.

[13] 程永彪，文书明，吴文丽．浸出渣银浮选工艺试验研究[J]．云南冶金，2010，39(5)：12-21.

[14] 葛英勇，石美佳，曾李明．载体浮选回收某锌浸出渣中的银[J]．金属矿山，2012，430(4)：156-159.

[15] 王艳荣，张国刚，郑晔，等．含高砷、银铜矿石微捕收浮选新工艺试验研究 [J]，黄金，2008，29(2)：31-35.

[16] 沃斯 C E，林森，崔洪山．用三硫代碳酸盐浮选铂族金属矿物[J]．国外金属矿选矿，2007(6)：29-33.

[17] 罗传胜，周晓彤，邓丽红．P-500 捕收剂在银矿浮选中的应用研究[J]．矿产综合利用，2010(1)：25-26.

[18] 高淑玲，魏德洲，张瑞洋，等．铅锌硫化矿石无锌抑制剂浮选分离研究[J]．金属矿山，2011(10)：87-90.

[19] 汪泰，胡真，李汉文，等．用高效捕收剂 PZO 实现铜金硫多金属矿浮选分离的研究[J]．材料研究与应用，2014，8(6)：57-61.

[20] 钱图利亚 V A，谭欣，雨田．浮选俄罗斯 Cu-Ni-Pt 矿石的新药剂及药剂制度[J]．国外金属矿选矿，2007(8)：32-35.

[21] 孙晓华，吴天娇，王勇海，等．青海某难选金锑矿石综合回收选矿试验研究[J]．矿产综合利用，2011(5)：19-23.

[22] 薛忱，梁泽来．贫硫化物含砷碳微细浸染型金矿石浮选试验研究[J]．黄金，2011，32(12)：42-46.

[23] 罗增鑫．某微细粒浸染难选金矿石新工艺试验研究[J]．有色金属科学与工程，2011，2(6)：86-88.

[24] 牛桂强，杨永和，桑玉华．焦家金矿选冶工艺技术改造与生产实践[J]．金属矿山，2009(11)：169-172.

[25] 焦瑞琦．低品位氧化金矿石选矿工艺的优化与改进[J]．中国矿山工程，2014，43(1)：32-35.

[26] 李新春，张新红，肉孜汗，等．阿希金矿浮选工艺改造的生产实践[J]．新疆有色金属，2009(4)：34-35.

[27] 刘长仕．四平昊融银业选矿厂工艺流程改造与生产实践[J]．黄金，2014，35(7)：62-64.

[28] 蔡创开，赖伟强．西北某难处理金矿浮选—热压联合处理工艺的改进研究[J]．黄金科学技术，2013，21(5)：132-135.

[29] 高玉玺，胡树伟，王静，等．某金矿选矿厂工艺改造及生产调试[J]．黄金，2013，34(2)：61-64.

[30] 陈代雄，谢超，徐艳，等．高金铅锌矿浮选新工艺试验研究[J]．有色金属，2007(5)：1-8.

[31] 李福寿．改进浮选药剂制度提高金回收率实践[J]．黄金，2009，30(3)：51-53.

[32] 张高民．提高苗龙金矿石浮选回收率的试验研究及生产实践[J]．黄金，2009，30(2)：40-42.

[33] 梁泽来，阎铁石，孔杰．某含砷、锑及有机碳难处理金矿石浮选工艺改造生产实践[J]．黄金，2009，30(5)：40-42.

[34] 黄忠宝，王祥．预处理提高浮选金回收率试验研究[J]．矿产保护与利用，2008(2)：33-35.

[35] 阮华东，胡海祥．提高某铜选厂回收率的新工艺浮选机理研究[J]．矿业研究与开发，2011(6)：48-50.

[36] 梁友伟．内蒙某铂钯矿选矿试验研究[J]．矿产综合利用，2010(4)：3-7.

[37] 孟凡久，张金龙，孙永峰，等．旋流静态—微泡浮选柱在三山岛金矿浮选工艺中的试验[J]．金属矿山，2011(6)：265-270.

[38] 任向军，牛桂强，衣成玉，等．圆形浮选机在金矿选厂的应用[J]．矿山机械，2010，38(20)：72-74.

[39] 瓦尔德拉马 L，刘万峰，李长根．用非常规浮选柱浮选低品位尾矿中的细粒金[J]．国外金属矿选矿，2008(10)：11-15.

[40] 何琦，陆永军，张淑强，等．旋流-静态微泡浮选柱洗选金矿石的试验室研究[J]．云南冶金，2011，40(3)：24-27.

[41] 许永平，王立志，郭建峰．氰化浸出搅拌槽压套改造及应用实践[J]．黄金，2014，35(10)：53-55.

[42] 李世厚，赵静．新型便携式选金机组的研究[J]．黄金，2007，28(4)：35-38.

[43] Eksteen J J，Oraby E A. The leaching and adsorption of gold using low concentration amino acids and hydrogen peroxide：Effect of catalytic ions，sulphide minerals and amino acid type[J]. Minerals Engineering，2015，70：36-42.

[44] 董岁明，周春娟．新疆某高硫高砷金精矿的预处理氰化浸金试验研究[J]．黄金，2011，32(5)：42-44.

[45] 薛光，于永江．边磨边浸氰化提高金、银浸出率的试验研究[J]．黄金，2010，31(4)：42-43.

[46] 蓝碧波．边磨边浸过程中氰化物耗量大的机理探索[J]．黄金，2010，31(8)：41-46.

[47] 文政安，文乾．低氰溴化法在低品位金矿石堆浸工业生产中的应用[J]．黄金，2010，31(2)：41-44.

[48] Γ C 克雷诺娃，崔洪山，林森．采用磁脉冲预处理强化从矿石和精矿中回收金的过程[J]．国外金属矿选矿，2007(12)：24-25.

[49] 王洪忠．浮选精矿氰化尾渣金、银回收研究[J]．黄金，2009，30(12)：48-50.

[50] Heath J A，Jeffrey M I，H G Zhang，et al. Anaerobic thiosulfate leaching：Development of in situ gold leaching systems[J]. Minerals Engineering，2008，21(6)：424-433.

[51] Feng D，van Deventer J S J. Thiosulphate leaching of gold in the presence of ethylenediaminetetraacetic acid（EDTA）[J]. Minerals Engineering，2010，23(2)：143-150.

[52] 薛光，于永江．从含砷金精矿二段焙烧酸浸渣中氰化浸出金银的试验研究[J]. 黄金，2008(1):40-41.
[53] 薛光，唐宝勤，于永江．含砷金精矿焙烧—氰化浸取金、银的试验研究[J]. 黄金，2007(7):38-39.
[54] 寇文胜，陈国民．提高难浸金精矿两段焙烧工艺金氰化浸出率的研究与实践[J]. 黄金，2012(5):47-49.
[55] 魏莉，屈战龙，朴慧京．微波焙烧预处理难浸金矿物[J]. 过程工程学报，2010，26(1):28-30.
[56] 王瑞祥，曾斌，余攀，等．含多金属复杂金精矿焙烧预处理-提取金、银、铜研究[J]. 稀有金属[J],2014，38(1):86-92.
[57] 代淑娟．某难浸浮选金精矿碱式预处理-氰化提金工艺[J]. 有色金属，2006，58(4):44-47.
[58] 张文波．加压氧化浸出工艺的机理研究[J]. 黄金科学技术，2011(5):40-43.
[59] 李奇伟，陈奕然，陈明军，等．某难处理硫化金精矿加压氧化—氰化浸金试验研究[J]. 黄金，2013(2):55-57.
[60] 李大江．含砷金精矿的酸性热压氧化预处理试验[J]. 有色金属（冶炼部分），2011(8):28-31.
[61] 黄怀国．某难处理金精矿的酸性热压氧化预处理研究[J]. 黄金，2007，28(6):35-38.
[62] 林志坚．微细浸染型难选冶金矿石碱性热压预氧化试验研究[J]. 矿产综合利用，2012(6):34-37.
[63] 黄凌．难处理金精矿3种预处理工艺分析[J]. 现代矿业，2013(6):82-84.
[64] 郑艳平，祁玉海，赵禧民．难浸含砷金精矿两段生物氧化—氰化提金工艺试验研究[J]. 黄金，2013，34(3):50-52.
[65] 李国斌，程东会，王立群．某难浸金精矿堆浸细菌氧化—氰化浸出试验研究[J]. 黄金，2007(8):38-41.
[66] 崔丙贵，许立中，王海东．生物氧化—氰化炭浸提金工艺研究及工程化实践[J]. 黄金，2009(5):33-36.
[67] 肖振凯，崔炳贵，康国爱，等．生物氧化—氰化炭浸提金工艺的优化改造[J]. 黄金，2013，34(7):58-60.
[68] 吕重安，安娟．生物氧化预处理提金新工艺研究[J]. 湖南有色金属，2010，26(1):28-30.
[69] 夏青，王健．提高含铜难浸金矿金浸出率的细菌预处理研究[J]. 金属矿山，407(5):77-80.
[70] 贺日应．硝酸氧化工艺预处理东北寨金精矿试验研究[J]. 黄金，2007，28(5):36-38.
[71] 郭凯琴，李登新，马承愚，等．过氧化氢氧化预处理高硫高砷难选金精矿的试验研究[J]. 2008，28(6):37-40.
[72] 洪正秀，印万忠，马英强，等．某难氰化金精矿氧化预处理试验研究[J]. 金属矿山，2012(4):79-82.
[73] 徐名特，孟德铭，代淑娟．难选金预处理工艺研究现状[J]. 有色矿冶，2014，30(2):18-21.
[74] 李勇，徐忠敏，吕翠翠，等．碱浸预处理提高某含砷锑难处理金精矿回收率的试验研究[J]. 黄金，2013(3):61-63.
[75] 孟宇群，代淑娟，刘德军，等．某金矿石浸渣浮选精矿预氧化及氰化提金研究[J]. 有色金属（冶炼部分），2007(1):17-19.
[76] 李小平，张云芳．高硫银金精矿碱浸预处理试验研究与生产实践[J]. 黄金，2013，34(12):52-56.
[77] 陈松梅，鲍秀萍，王福祥．金精矿碱浸预处理研究与生产实践[J]. 黄金，2010，31(8):37-40.
[78] Oktay Celep，Ibrahim Alp，Haci Deveci. Improved gold and silver extraction from a refractory antimony ore by pretreatment with alkaline sulphide leach[J]. Hydrometallurgy，2011，105(3-4):234-239.
[79] 蓝碧波．超细磨—氰化浸金试验研究[J]. 黄金，2013，34(6):48-51.
[80] 康金星，孙春宝，龚道振，等．某浮选金精矿微波低温预处理助浸试验[J]. 金属矿山，2014，455(5):95-99.
[81] 郑若锋，张才学，商容生，等．覆膜-铜氨硫代硫酸盐高寒野外堆浸提金试验[J]. 黄金，2007，28(2):34-38.
[82] 雷力．硫代硫酸盐法从某含铜难处理金矿石中浸金试验研究[J]. 黄金，2012(10):40-43.
[83] 戴红光，陈景河．云南某卡林型金矿石堆浸生物氧化半工业试验[J]. 黄金，2012，33(1):45-47.
[84] 吴永胜．丁家山金矿选矿工艺优化实践[J]. 江西有色金属，2007，21(2):15-18.
[85] 吕超飞，党晓娥，员亚新，等．环保型“金蝉”浸出剂处理金精矿的试验研究[J]. 黄金，2014，35(5):60-63.
[86] 宋翔宇，李翠芬，李莹，等．一种新型浸金剂的应用试验研究[J]. 黄金，2014，35(4):62-66.
[87] 李杰，邓劲松，容树辉，等．采用“敏杰”提金剂代替氰化钠的堆浸工业试验研究[J]. 黄金，2014，35(1):60-63.
[88] 邹来昌．某含铜氧化金矿石氨氰法浸金工艺试验研究[J]. 黄金，2014，35(4):58-61.
[89] 程东会，李国斌，张晓燕，等．含铜金精矿选择性浸金研究[J]. 黄金，2009(3):43-46.
[90] 石嵩高，李世祯．ZLT氯化法浸出金、银新工艺[J]. 黄金，2010，31(2):37-40.
[91] 宋翔宇．某氰化尾矿中金铜铅铁的综合回收试验研究[J]. 黄金，2011，32(2):53-55.
[92] 赖子球，曾斌，余攀，等．工业废渣焙烧预处理提取银工艺研究[J]. 黄金，2014，35(6):73-75.
[93] 戴台鹏．氨基酸浸金[J]. 黄金，2014，35(11):91.
[94] 王瑞祥，谢博毅，刘建华，等．从高硫多金属金精矿中提取金银铜试验研究[J]. 黄金，2014，35(6):51-53.
[95] 慕守宝，邵京明，高飞翔，等．岩金矿山选矿厂自动化控制技术的应用——以白云金矿为例[J]. 黄金，2014，35(5):45-50.
[96] 王德煜，姚福善，刘瑞强．新技术、新设备在山东黄金精炼厂的研究与应用[J]. 黄金科学技术，2013，21(5):110-112.

[97] 高伟伟，刘金强，李蕊蕊，等. 气力搅拌浸出槽在黄金选厂的应用[J]. 黄金科学技术，2014，22(6):86-89.

[98] 柳建设，王锋泰，闫颖，等. 气升式反应器中细菌氧化预处理难浸金精矿的浸出参数优化[J]. 矿冶工程，2008，28(5):35-39.

[99] 范艳利，张晓雪，李红玉. 生物-化学两级循环反应器预处理坪定难处理金矿石[J]. 黄金，2009，30(7):41-45.

[100] 王志江，李丽，刘亚川. 超细磨技术在难处理金矿中的应用[J]. 黄金，2014，35(6):54-57.

[101] 陈平. 中国黄金尾矿综合开发利用的现状和发展趋势[J]. 黄金，2012，33(10):47-51.

[102] 李福寿，孟宇群，宿少玲. 吉林大线沟含金尾矿中金的浸出回收[J]. 黄金，2008，29(3):43-45.

[103] 王艳荣. 乌拉嘎金矿尾矿中金回收工艺试验研究[J]. 黄金，2011，32(6):39-43.

[104] 袁玲，孟扬，左玉明. 黄金矿山尾矿资源回收和综合利用[J]. 黄金，2010，31(2):52-56.

[105] 史玲，谢建宏. 陕西洛南金矿金钼分离新工艺[J]. 有色金属，2009，61(1):64-67.

[106] 陈金中，王立刚，等. 铜矿山老尾矿综合回收铜金银浮选技术研究[J]. 有色金属（选矿部分）：2011(3):1-4.

[107] Piccinin R C R，Ebbs S D，Reichman S M，et al. A screen of some native Australian flora and exotic agricultural species for their potential application in cyanide-induced phytoextraction of gold[J]. Minerals Engineering，2007，20(4):1327-1330.

[108] Anderson C. Biogeochemistry of gold：accepted theories and new opportunities[M]. Southampton：WIT Press，2005：287-321.

[109] Victor Wilson-Corral，Christopher Anderson，Mayra Rodriguez-Lopez，et al. Phytoextraction of gold and copper from mine tailings with Helianthus annuus L. And Kalanchoe serrata L[J]. Minerals Engineering，2011，24：1488-1494.

[110] Wilson-Corral V，Rodriguez-Lopez M，Lopez-Perez J，et al. Gold phytomining in arid and semiarid soils [M]. Brisbane：International Union of Soil Sciences，2010：26-29.

[111] Zhang Y L，Li H M，Yu X J. Recovery of iron from cyanide tailings with reduction roasting-water leaching followed by magnetic separation[J]. Journal of Hazardous Materials，2012，213/214：167-174.

[112] 查峰，薛向欣，李勇. 工业固体废弃物作为合成微晶玻璃原料的开发和利用[J]. 硅酸盐通报，2007，26(1)：146-149.

第20章 稀有金属矿石选矿

稀有金属被誉为21世纪高科技发展中的关键战略资源，广泛应用于新能源、导弹火箭、核武器、航空等诸多高科技领域。随着现代工业的迅猛发展，世界对锂、铍、铌、钽等稀有金属的需求逐年增长，稀有金属资源综合开发利用进入了一个崭新的阶段。

20.1 稀有金属矿产资源、生产、市场与消费状况

20.1.1 锂

20.1.1.1 国内外锂资源现状

根据美国地质调查局（United States Geological Survey，USGS）2015年发布的数据，全球已探明的锂资源储量约为3978万吨，其中玻利维亚的锂资源最多，为900万吨，其次为智利（大于750万吨）、阿根廷（650万吨）、美国（550万吨）和中国（540万吨）。其他锂资源较丰富的国家包括澳大利亚、加拿大、刚果（金）、俄罗斯、塞尔维亚以及巴西。2014年世界主要国家锂资源储量情况统计见表20-1。

表20-1 2014年世界主要国家锂资源储量情况统计 （万吨）

国 家	玻利维亚	美 国	阿根廷	澳大利亚	巴 西	智 利
探明储量	900	550	650	170	18	>750
国 家	中 国	加拿大	刚果（金）	俄罗斯	塞尔维亚	世界合计
探明储量	540	100	100	100	100	3978

全球锂矿床主要有五种类型，即伟晶岩矿床、卤水矿床、海水矿床、温泉矿床和堆积矿床，目前开采利用的锂资源主要为伟晶岩矿床和卤水矿床，其中盐湖卤水提锂是目前锂盐生产的主攻方向[1,2]。盐湖卤水锂资源主要分布在玻利维亚、智利、阿根廷、中国及美国，其中玻利维亚、智利、阿根廷等地卤水资源尤为集中，被称为世界“锂三角”，该区域约集中了全世界60%的锂资源。玻利维亚乌尤尼盐湖、智利阿塔卡玛盐湖、阿根廷的翁布雷穆尔托盐湖、美国的银峰、中国西藏扎布耶和青海盐湖等为目前全球已探明的锂资源含量丰富的盐湖，阿塔卡玛盐湖和翁布雷穆尔托盐湖已经有多年的开采历史，而玻利维亚乌尤尼盐湖属于待开发盐湖[3,4]。花岗伟晶盐锂矿床主要分布在澳大利亚、加拿大、芬兰、中国、津巴布韦、南非、刚果，虽然印度和法国也发现了伟晶盐锂矿床，但不具备商业开发价值。具体来说，全球锂辉石矿主要分布于澳大利亚、加拿大、津巴布韦、刚果、巴西和中国；锂云母矿主要分布于津巴布韦、加拿大、美国、墨西哥和中国。

我国也是锂资源较为丰富的国家之一，约占全球总探明储量的14%，位居世界第五位。由表20-2可知，我国的盐湖资源约占全国总储量的85%，矿石资源约占15%，其中卤水资源主要集中在青海和西藏，我国的锂盐湖资源主要分布在青海和西藏两地（两地盐湖锂资源储量占全国锂资源总储量的80%左右），云母资源多在江西地区，锂辉石资源富集在四川地区[5~7]。青海的锂资源主要赋存于硫酸盐型盐湖中，集中分布在柴达木盆地的察尔汗盐湖，目前正在开发的是东台吉乃尔湖和西台吉乃尔湖，储量约为9万吨和48万吨。西藏锂资源主要赋存于碳酸盐型盐湖中，集中分布在藏北仲巴县扎布耶盐湖，该盐湖为世界罕见的硼锂钾铯等综合性盐湖矿床，其中的锂、硼均达到超大型规模，是全球第三大百万吨级盐湖，锂的资源含量达153万吨，含锂量仅次于Salar de Atacama和Salar de Uyuni，同时也是全球镁锂比最低的优质含锂盐湖。我国虽然拥有很好的盐湖资源，但开采量有限，提锂成本不具备竞争力。

表 20-2　2010 年我国各省锂资源分布情况

地　区	主要矿物	基础资源量/万吨	占有率/%
青　海	盐　湖	753.4	49.6
西　藏	盐　湖	430.5	28.4
四　川	锂辉石	118.0	7.7
湖　北	盐　湖	108.8	7.2
江　西	锂云母	63.7	4.2
湖　南	锂云母	35.9	2.4
新　疆	锂辉石	6.2	0.4
河　南	锂云母	1.2	0.1
福　建	锂辉石	0.4	0.0
山　西	锂辉石	0.04	0.0
合　计		1518.1	100.0

数据来源：51 报告在线。

20.1.1.2　锂的产销

根据美国地质调查局发布的数据，2014 年全球锂产量约为 3.6 万吨，智利（1.29 万吨）和澳大利亚（1.3 万吨）为两大主产国，两国锂产量约占全球产量的 72%。其他锂主产国有中国（0.5 万吨）、阿根廷（0.29 万吨）、津巴布韦（0.1 万吨）、葡萄牙（0.057 万吨）和巴西（0.04 万吨）。2010～2014 年世界锂主产国产量见表 20-3[4]。

表 20-3　2010～2014 年世界锂主产国产量

国　家	产量/万吨					排　名
	2010 年	2011 年	2012 年	2013 年	2014 年	
阿根廷	0.295	0.295	0.270	0.270	0.290	4
澳大利亚	0.926	1.250	1.280	1.300	1.300	2
巴　西	0.016	0.032	0.015	0.040	0.040	7
智　利	1.051	1.290	1.320	1.350	1.290	1
中　国	0.395	0.414	0.450	0.400	0.500	3
葡萄牙	0.080	0.082	0.056	0.057	0.057	6
津巴布韦	0.047	0.047	0.100	0.100	0.100	5
总计（大约）	2.810	3.410	3.491	3.517	3.577	

世界锂三巨头的产量占到全球总量的 86%，我国约占 14%。我国锂盐生产中，原料来源相当复杂，其中绝大部分仍然依赖于进口锂辉石加工，占比 60%；少部分我国企业从国外进口高浓卤水进行加工，占比 15%。采用国内卤水和矿石资源进行锂盐生产占比不到 30%，其中又以卤水提锂最少，我国进行锂盐生产的加工原料长期以来依赖进口。我国锂盐生产原料来源及世界主要企业锂产量占比如图 20-1 所示[8]。

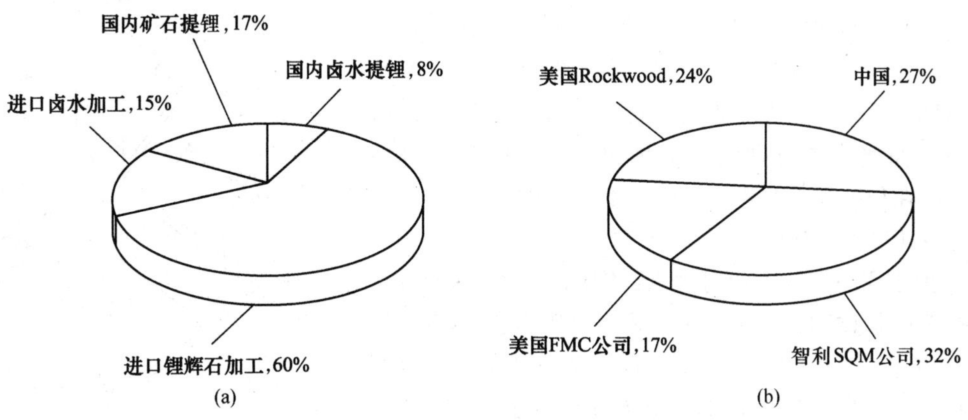

图 20-1　我国锂盐生产原料来源及世界主要企业锂产量占比
（a）我国碳酸锂原料来源；（b）世界主要企业锂产量占比

全球锂资源不仅表现出区域分布集中的特点，还表现出控制权高度集中的特点。2011 年，澳大利亚的 Talison Lithium 公司和银河资源（Galaxy Resources Ltd.）两家公司控制了全球约 70% 的矿石锂供给，见表 20-4。而 SQM、Rockwood 以及 FMC 三家公司则控制了全球约 92% 的盐湖锂供应，见表 20-5。2011 年，SQM、Chemetall（属于 Rockwood 公司）以及 FMC 三家公司碳酸锂及其衍生物的销售量分别约为 4.05 万吨、3 万吨和 2.2 万吨。2012 年世界锂消费情况如图 20-2 所示。

表 20-4　世界主要锂矿山控制情况

矿 山 名 称	所 属 公 司	Li_2O 资源量/万吨	品位/%	精矿产能/万吨
Greenbushes	Talison	86.36	3.10	43.7
呷基卡 123 号	路翔股份	41.22	1.42	20
狮子岭	江特电机	34.09	0.40	6.6
马尔康党坝	众和股份	29.56	1.34	10
James Bay	Galaxy Resource	28.44	1.28	21.3
呷基卡措拉	天齐锂业	25.57	1.24	5
李家沟		17.02	1.31	
Mt Cattlin	Galaxy Resource	15.02	1.09	13.7
Bikita	Bikita Minerals	5.67	1.40	12.0
河　源	西部资源	2.97	1.03	1

数据来源：51 报告在线。

表 20-5　世界主要锂盐湖资源控制情况

盐　湖	国家或地区	所属公司	储量/万吨	锂储量/%	镁锂比
Salars de Atacama	智　利	SQM	210	0.15	6.4
Salars de Atacama	智　利	Chemetall	72	0.16	6.4
Salars del Hombre Muerto	阿根廷	FMC	36	0.069	1.4
Siliver Peak	美　国	Chemetall	12	0.016	1.4
Salars Rincon	阿根廷	Admiralty	40	0.04	8.6
Uyuni	玻利维亚	New World	550	0.035	18.6
西台吉乃尔	中国青海	中信国安	48	0.025	61.5
东台吉乃尔	中国青海	青海锂业	9	0.05	37.4
扎布耶	中国西藏	西藏矿业	152	0.13	0.23
当　雄	中国西藏	中　川	16.7	0.035	0.22

数据来源：51 报告在线。

目前，我国主要从锂矿石中提锂，但是我国的开采规模和采选技术与国外仍有一定差距，锂辉石矿没有得到高效综合开发利用，锂精矿也存在品位低、质量不稳定、采选成本高等问题。因为国内锂矿石品位较低且生产规模较小，不能满足需要，所以近年来我国锂生产企业所需的矿石主要依靠进口，而澳大利亚则成为了我国锂矿石的主要进口国。虽然我国也在积极开采盐湖锂资源，但由于资源、技术等因素限制，开发速度相对缓慢。

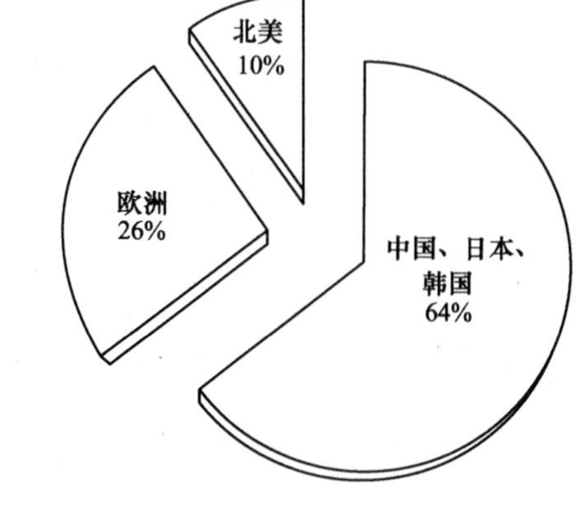

图 20-2　2012 年世界锂消费情况
（数据来源：USGS，2012 Minerals Yearbook-Lithium）

2011 年，由于我国一些企业对卤水提锂的生产线进行技术改造，卤水提锂产量比 2010 年大幅下降，而矿石提锂的产量则增长了 20% 以上，其中锂辉石精矿产量约 7 万吨，锂云母精矿产量约 5 万吨，而从国外进口的锂辉石精矿则达到 28.8 万吨，同比增加 40% 以上。2011 年，我国金属锂的产量约为 0.17 万吨，出口量约为 0.0582 万吨；碳酸锂产量约为 3 万吨，而进口量则因为国内锂电池材料生产需求旺盛超过了 0.8 万吨。2011 年国内其他锂产品的生产也取得了一定进展，其中高纯碳酸锂产量超过 0.15 万吨，氟化锂产量超过 0.15 万吨，丁基锂的产量约为 0.1 万吨。2007 ~2011 年我国氢氧化锂进出口量见表 20-6。

表 20-6 2007 ~2011 年我国氢氧化锂进出口量

时 间	进口/万吨	出口/万吨	净出口/万吨
2011 年	0.0019	0.4374	0.4355
2010 年	0.0037	0.2454	0.2417
2009 年	0.0022	0.1945	0.1923
2008 年	0.0079	0.2874	0.2795
2007 年	0.0194	0.3979	0.3785

数据来源：《2011 年我国锂工业发展报告》，中国有色金属工业协会锂业分会。

20.1.1.3 锂产品的价格

短期来看，以小电池、笔记本和手机为代表的消费性电子产品对锂电池的需求旺盛，仍然是拉动需求增长的主要动力，而在全球寡头垄断格局加剧、原料供应集中、新能源汽车产业不断突破和新资源开发进程十分缓慢等背景下，价格有望继续上行。未来 3 ~5 年全球锂资源开发仍然是产业热点。长期来看，众多企业介入资源开发，如果国内卤水提锂技术取得突破式进展，未来市场有可能出现供大于求的局面，碳酸锂价格存在下行风险[4]。

全球经济低迷对锂的需求有显著的影响，2008 ~2009 年间对碳酸锂的需求下降了 20% ~30%。结果是锂价格大幅下跌，2010 年初碳酸锂交易价格约每吨 5000 美元。更重要的是，这种情况仍未改善，虽然需求已经开始再次上升，主要供应商之间的产能过剩意味着价格进一步下跌。德鲁集团（TRU）锂顾问委员会主席 Edward Anderson 于 2011 年 1 月在多伦多召开的第三届工业矿物锂供应和市场会议上表示：碳酸锂的价格在 2010 年猛跌至 4500 美元/吨并将持续低迷，长远来看没有市场驱动的价格上涨压力，所以价格将保持稳定，并可能低于 5000 美元/吨。Anderson 认为全球经济衰退推动锂业 2009 ~2013 年出现供应过剩，2013 ~2015 年管道项目将加剧供过于求的局面，之后到 2020 年新开发的项目投入生产将使供需差距进一步增加。供过于求峰值将发生在 2017 ~2018 年中。德鲁集团（TRU）预计锂价格在未来将保持现有水平，长期稳定在较低水平也很有可能。没有迹象表明价格会上升，事实上，大多数的迹象表明价格会下降[9]。

20.1.2 铍

20.1.2.1 国内外铍资源现状

铍是密度最小的碱土金属元素，在地壳的丰度约为 6×10^{-6}。含铍矿石有 30 多种，具有经济价值的主要有绿柱石、硅铍石、金绿宝石等几种，世界上开采铍矿石的国家主要有巴西、苏联、美国、中国、印度、阿根廷、南非等。由于对铍性质的深入研究及其用途的不断发现，铍作为战略材料得以迅速发展，并且在当今科学和研究领域中备受关注。工业用铍大部分以氧化铍形态用于铍铜合金的生产[10]。

全球已探明的铍金属储量 40 万 ~50 万吨，主要分布为：巴西 14 万吨、印度 6.4 万吨、哈萨克斯坦 5 万吨、中国 5 万吨、阿根廷 2.5 万吨、美国 2.1 万吨。全球铍远景储量约 70 万吨，合计 110 ~ 120 万吨[11,12]。

我国铍矿探明储量的矿区有 66 处，现保有储量（BeO，下同）达数十万吨，其中工业储量占 9.3%。铍矿集中分布在新疆、内蒙古、四川、云南 4 个省区，分别占总储量的 29.4%、27.8%、16.9% 和 15.8%[10]。

20.1.2.2 铍的产销及价格

根据美国地质调查局 2013 年 1 月发布的全球矿产统计数据：2012 年全球铍产量为 230t，较 2011 年下降 11.54%，主要由于美国境内铍产量下降了 35t。但是美国依旧是全球最大的铍生产国，2012 年产量为 200t，占全球总产量的 87.0%。我国每年采掘约 500t 的铍矿石，2012 年我国铍产量为 25t，较 2011 年上升了 13.64%。2011～2012 年全球主要国家铍产量见表 20-7。

表 20-7　2011～2012 年全球主要国家铍产量统计

国　家	2011 年产量/t	2012 年产量/t
美　国	235	200
中　国	22	25
莫桑比克	2	2
其他国家	1	1
全球总计	260	230

通过对全球铍的产量和消费数据的计算，得出全球铍的供需情况。2006～2010 年，全球铍市场整体供不应求，2006 年短缺 86t，2007 年全球铍产量大于消费量 56t，价格缓慢增长；受经济下滑影响，2008 年、2009 年产量短缺较少，价格稳定；2009 年年中至 2010 年年底，全球铍消费大幅度增加，供应严重不足，价格出现明显涨幅。美国 2000 年铍销量就达到了 360t。随着 9.11 后军备消费的增加，2001～2005 年的消费需求较大，随后军备消费开始减弱。2006～2010 年，新应用领域需求量有所上涨，一定程度的弥补了军备需求的减少。截至 2010 年年末，美国铍消费量约为 320t，五年内年均铍消费量增长 9.08%。

价格方面，2010 年铍价达到 230 美元/磅（约合人民币 3211991 元/吨）。2006～2010 年，铍价年均增长 15.78%。2011 年，铍的消费量仍在上涨，而短期内全球市场仍将供应不足[11]。

20.1.3　钽

20.1.3.1　国内外钽资源的现状[8]

钽作为稀有金属，在地球上的资源量与其他金属相比，相对较少，全球已探明钽资源主要分布在澳大利亚和巴西，两国的资源储量足够满足预期需求。仅澳大利亚一国就占全球钽储量近 62% 之多，其次是巴西，占总量 36%。根据美国地质调查局（USGS）2014 年公布的最新调查数据显示，全球钽资源储量逾 10 万吨，其中澳大利亚 6.2 万吨，巴西约 3.6 万吨。美国、布隆迪、加拿大、刚果（金）、埃塞俄比亚、莫桑比克、尼日利亚、卢旺达均有钽资源分布，但是具体数量并不确定。其中，美国已探明钽矿床的资源量约 15000t，但是根据 2013 年钽的市场价格来看，这些资源量不具有经济开采价值。全球钽资源分布如图 20-3 所示。

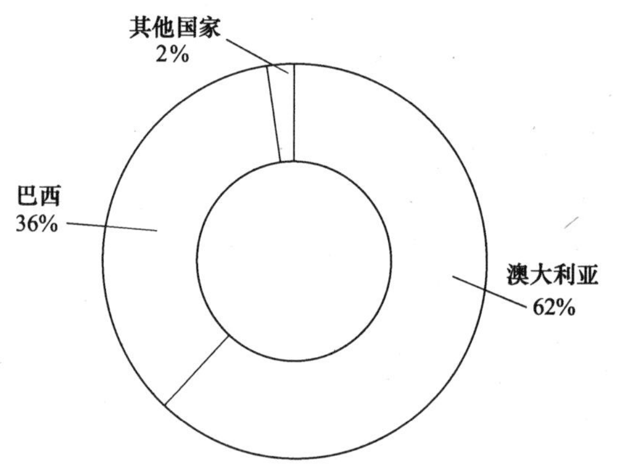

图 20-3　全球钽资源分布
（数据来源：美国地质调查局（USGS，2014））

我国钽矿查明资源量共计 11.68 万吨，分布在 13 个省区，依次为：江西占 25.8%，内蒙古占 24.2%，广东占 22.6%，三省合计占 72.6%；其次湖南占 8.6%，广西占 5.9%，四川占 5.3%，福建占 5.1%，湖北占 1.2%，五省合计占 26.1%；以及新疆、河南、辽宁、黑龙江、山东等 5 省区合计占 1.3%。江西宜春钽铌矿（我国最大的钽铌选矿厂）、新疆可可托海、阿勒泰等是我国钽矿物原料的主要供应地。宁夏东方钽业是我国最大的生产钽产品的公司。我国主要钽矿区见表 20-8。我国钽矿资源分布如图 20-4 所示。

表 20-8　我国主要钽矿区

矿　区	矿床类型	品位(Ta_2O_5)/%	储量(Ta_2O_5)/t
江西宜春钽铌矿	花岗岩	0.011	18216
福建南平钽矿	花岗伟晶岩	0.012	1647
广西栗木矿	花岗岩	0.016	2615
湖南茶陵钽矿	花岗岩	0.012	2587
新疆可可托海矿	花岗伟晶岩	0.049	1047

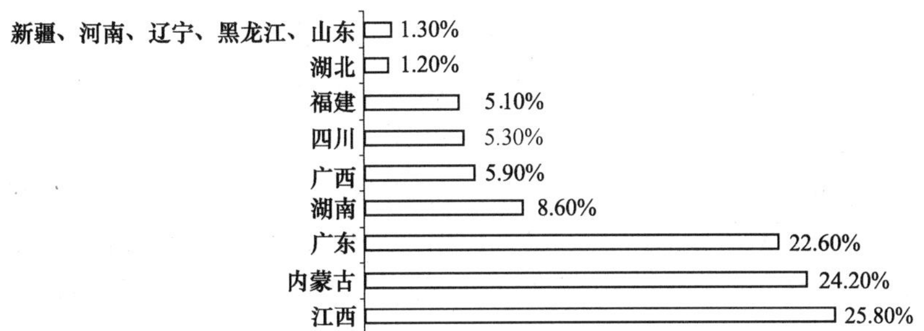

图20-4　我国钽矿资源分布图（按省份分）

20.1.3.2　钽的产销

根据美国地质调查局（USGS）2014年公布的最新数据，2013年全球钽矿产量共计590t，比2012年下降了80t。世界上主要生产钽的国家有卢旺达、巴西、刚果（金）。其中，巴西和刚果（金）两国的产量占总产量的一半。2012年和2013年全球钽矿产量见表20-9[8]。

表20-9　2012年和2013年全球钽矿产量　(t)

年　份	巴　西	布隆迪	加拿大	刚果（金）	埃塞俄比亚	莫桑比克	尼日利亚	卢旺达	合　计
2012年	140	33	50	100	95	39	63	150	670
2013年	140	30	50	110	10	40	60	150	590

2000~2010年，钽工业经历了下降—上升—下降—上升的周期性波动。2000年是始于20世纪末上升周期的顶峰，消费量达到2016t；之后由于电子工业的萎缩，消费量下滑至2002年的1257t，降幅达37.64%；2003~2008年是世界钽消费量的活跃时期，消费量逐年上升，2008年已经达到2444t的历史高位；而金融危机极大地冲击了电子工业的发展，2009年全球钽消费量仅1078t，环比下降53.37%；危机过后，钽消费量有了强劲反弹，2010年消费量回升至1818t。

我国钽消费量呈现长期上涨趋势。2000年消费量仅为292t，2008年已经上升至994t的历史高点，增长2.4倍，显示了极强的市场增长潜力。我国钽消费量分为电容器级钽粉、钽化合物、钽合金、钽材、碳化钽五个部分。其中，电容器级钽粉的应用量不断扩大，是钽消费量最重要的推动要素。2000年消费占比为39.2%；2006年上升至53.50%的历史高点。钽化合物是仅次于电容器级钽粉的重要消费领域，约为总消费量的25%。钽合金的数量增长明显，2000年不到10t，2010年已经达到110t。2000~2006年，我国经历了7年的供给过剩的状态。2007~2010年，我国又处于持续去库存化的周期。我国钽资源严重短缺，是我国钽工业发展的最大障碍。逆市场周期进行储备是现实可行的道路[13]。

20.1.3.3　钽的价格

钽精矿价格从1999年的34美元/磅暴涨到2000年的120美元/磅，随着钽产业的不断扩张，需求开始降低，导致价格下滑，随后的几年价格慢慢归于理性。近些年全世界钽精矿供应主要是刚果（金）、澳大利亚等国家，刚果（金）等非洲国家钽资源量大、劳动力低廉以及环保要求较低等特点使他们在钽市场占有绝对主导地位。而2010年年底“血矿”事件的爆发封锁了刚果（金）等非洲国家对全球钽精矿市场的供应，使得钽精矿供给再一次趋紧，价格被再次抬升，从2010年的61美元/磅到2012年的122美元/磅，突破历史高点。但随着全球经济的快速发展，钽精矿需求还在不断加大，目前美国钽公司有意重启非洲对其精矿的供应，“血矿”事件略有缓和。因此预计此次价格上涨周期会在未来几年延续此消彼长的态势，最终又回归到正常水平。由于钽市场供应都较为集中垄断，目前钽精矿价格主要受供需面影响较大，预计未来5年价格会受供应方影响较大，价格震荡上涨[13]。

20.1.4　铌

20.1.4.1　国内外铌资源的现状

铌在地球极小的范围内分布，相对有色金属，表现出储量小、分布不均和品位低等特征。国外已探明的铌资源储量约 1150 万吨，另外已知的矿床中还有 1980 万吨铌。巴西的铌储量占世界铌储量的 91.1%。巴西、加拿大铌精矿占世界总量的 97%。巴西 CBMM、Catalao 公司和加拿大奈奥贝克公司是世界主要的铌矿石（烧绿石）和铌产品供应商。烧绿石和铌铁矿是生产铌的主要原料。国外主要的铌矿床基本情况见表 20-10。我国三处最好的铌资源是内蒙古包头白云鄂博、扎鲁特旗（801 矿）和湖北竹山庙娅铌矿，其原矿中 Nb_2O_5 平均含量在 0.1% ~0.3%。我国一些铌矿基本情况见表 20-11。与国外当前开采的大型钽铌矿相比，我国同类型矿床的钽铌品位远比国外的要低得多。我国没有独立的铌矿山，铌往往与稀土、钽伴生，原矿品位低，矿物嵌布粒度细而分散，赋存状态差，选矿处理量大，可选性差，造成难分、难选，回收率低，投资回收周期长[14,15]。

表 20-10　国外主要铌矿床基本情况

国　家	矿　山	矿床类型	品位(Nb_2O_5)/%	储量(Nb_2O_5)/万吨	主要铌矿物	现　状
巴　西	Araxa 矿	碳酸岩	3.1	1493	烧绿石	露天开采
巴　西	Catalao 矿	碳酸岩	1.34	24	铌铁矿	露天开采
加拿大	Niobec 矿	碳酸岩	0.58 ~0.66	31.44	烧绿石	地下开采
马拉维	Kanyika 矿	伟晶花岗岩	0.3	16.6	烧绿石	勘探、可研

表 20-11　我国铌矿基本情况

矿区名称	矿床类型	品位(Nb_2O_5)/%	储量(Nb_2O_5)/t	备　注
内蒙古扎鲁特旗 801 矿	蚀变碱性花岗岩型	0.048 ~0.258	309331	特大
江西横峰钽铌矿	花岗伟晶岩	0.045	22701	中型
四川安康呷基卡	花岗伟晶岩	0.0139 ~0.0273	8687	小型
内蒙古白云鄂博都拉哈拉	含铌稀土白云岩	0.097 ~0.202	669951	特大已采
湖北竹山县庙娅铌稀土矿	碳酸岩	0.118	929535	特大
内蒙古白云鄂博铁矿	高温热液型	0.108 ~0.141	909014	特大已采

20.1.4.2　铌的产销

铌因为熔点高而密度是钽的一半，在宇宙航行和航空工业中用途更广泛。全世界每年生产的铌产品超过 22600t 以上。90% 以上的铌产品主要以铌铁的形式应用于钢铁工业，而高纯 Nb_2O_5（超过 99.9%）则主要应用于高科技领域。铌的消费领域如图 20-5 所示。20 世纪 70 年代末，世界铌消费量达到 1000 ~1200t，到 80 年代末，铌的消费量增至 1600 ~1800t[15]。根据美国地质调查局 2014 年发布的数据，2013 年，全球铌产量约为 5.1 万吨，并且生产相对集中，仅巴西、加拿大两国铌产量就占了世界铌总产量的 98% 左右。北美、欧洲为铌的主要消费地区，我国也是铌消费大国，2010 年我国铌消费量占全球总消费量的 1/4。当前世界的铌工业，无论是选矿、冶炼、加工工艺，还是生产规模、产量、应用领域和消费量，都发展到很高水平。各种铌产品也被广泛应用到钢铁、超导材料、电子、医疗等行业，其中铌在钢铁领域的消费量最大，约占全球铌总消费量的 90%[8]。

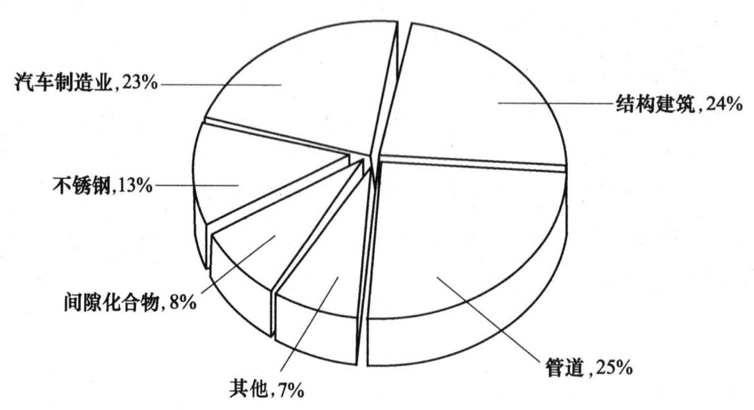

图 20-5　铌的消费领域分配图

20.1.4.3　铌的价格

目前，在各种铌制品中约95%的需求量为普通铌铁，铌铁市场已基本处于饱和，由于巴西处于世界铌生产的主导地位，在高需求的情况下，能够控制缩小现有的生产能力与需求距离，保证铌铁市场行情的平稳。

普通铌铁（含65% Nb）价格长期以来几乎没有变动，约为10美元/千克。而金属铌的价格因供求关系变动幅度大，大约在数百美元到数千美元之间。

20.1.5　锆（铪）

20.1.5.1　国内外锆（铪）资源现状

由于锆和铪的化学性质非常相似，所以自然界中锆和铪常常以类质同象的方式共生。目前，已发现的40多种锆铪矿床中，具有工业开采价值的只有10种左右，用于工业生产的仅有锆英石和斜锆石两种。据美国地质调查局（USGS）统计，全球锆储量6700万吨，已探明锆石资源量超6000万吨（以 ZrO_2 计），其中澳大利亚和南非拥有全球锆储量份额最大，储量占比分别为59.7%和20.9%。其他锆储量相对丰富国家还有印度、莫桑比克和印度尼西亚。我国锆资源储量相对比较缺乏，储量仅占世界的0.75%。世界主要产锆国家锆资源储量见表20-12[8]。

表 20-12　世界各国锆资源储量

国　家	锆的储量（ZrO_2）/万吨	储量占比/%
美　国	50	0.75
澳大利亚	4000	59.70
中　国	50	0.75
印　度	340	5.07
印度尼西亚	30	0.45
莫桑比克	110	1.64
南　非	1400	20.90
其他国家	720	10.74
全　球	6700	100.00

截至2011年年底，我国有锆英石砂矿142处，保有查明资源储量为474.83万吨锆英石矿物含量，其中基础储量111.89万吨，占23.6%；主要分布在海南，矿床67处，保有资源储量为340.9万吨，占比71.8%；其次为广东，有矿床28处，保有资源储量55.22万吨，占比11.6%；山东位居第三，有矿床7处，保有资源储量31.41万吨，占比6.6%；云南第四，有矿5处，保有资源储量27.25万吨，占比5.7%；广西第五，有矿7处，保有资源储量10.03万吨，占比2.1%[16]。

20.1.5.2　锆（铪）的产销

据美国地质调查局最新公布的数据显示，2013年全球锆矿产量144万吨，同比下降20万吨。澳大利亚以60万吨产量居全球首位，占全球总产量的41.7%，其次为南非，产量36万吨，占比25%。两国产量占全球总产量66.7%之多。我国以14万吨的产量居第三位，占全球总量9.7%。锆矿主要产地集中于澳大利亚的南澳大利亚、西澳大利亚和新南威尔士区，其中尤克拉盆地、杰拉尔顿、墨累盆地、珀斯盆地和提维群岛是现今澳大利亚比较活跃的锆矿区。南非、美国佛罗里达以及非洲的莫桑比克和亚洲的印度尼西亚、越南、印度等地均生产一定量的锆。重要的锆石生产商有澳大利亚的艾露卡公司、南非的理查德湾矿业公司以及南非爱索矿业有限公司。而我国是主要的锆消费国[8]。

我国锆产地主要分布在海南的文昌和万宁、广东的湛江。国内只有海南文昌的锆英砂精矿的品质最好，万宁和湛江主要生产普通锆英砂。根据国土资源部开发司的资料，2010年共有24家矿山企业在开采锆石，其中大型矿山21个，中型矿山2个，小型矿山1个。2010年工业总产值10849万元，利润总额330.48万元，利润率仅3%。2011年我国锆砂消费量为21.86万吨，2003年达到32.7万吨，2009年锆砂消费量达到55万吨，2012年的消费量已经超过60万吨。估计未来几年，我国对锆石原料的需求将以5%

的速度增长，2020 年消费需求量将达到 100 万吨。2001 年，我国锆砂进口量为 16.56 万吨，用汇 6913 万美元；2002 年进口 21.96 万吨，用汇 7889 万美元；2003 年进口 25.7 万吨，用汇 9079 万美元；2005 年进口量 34.08 万吨，用汇 21109 万美元；2009 年进口量达到 50 万吨，用汇 36539 万美元；2010 年进口 73.2 万吨，用汇 55325 万美元；2011 年进口量则高达 88.8 万吨，用汇高达 117449 万美元[16]。

20.1.5.3 锆（铪）的价格

锆砂进口价格上涨很快。2001 年锆砂的平均进口到岸价为 417.4 美元/吨，2002 年为 359.2 美元/吨，2003 年降为 353.2 美元/吨，2005 年回升到 619.5 美元/吨。2007 年以来，国际市场锆石价格节节上扬，澳大利亚产特级散装锆石离岸价 2007 年为 775 ~ 800 美元/吨，2008 年为 830 ~ 860 美元/吨，2009 年为 900 ~ 950 美元/吨，导致我国锆石进口价也连年上涨，2009 年年平均到岸价为 731 美元/吨，2010 年达到 756 美元/吨。2011 年更创出 1322.6 美元/吨的最高纪录。目前，国内 66% 的进口澳洲锆英石精矿市场价格在 18500 ~ 19000 元/吨（含税），而国内海南高级锆英砂价格在 15000 ~ 15100 元/吨（无税）[16]。

20.1.6 钛

20.1.6.1 国内外钛资源的现状

目前，自然界已发现的 TiO_2 含量（质量分数）大于 1% 的钛矿物有 140 多种，在现有技术水平与经济条件下，有利用价值的钛矿物主要是钛铁矿和金红石。

美国地质调查局 2013 年公布的资料表明，2012 年世界钛矿储量约为 6.92 亿吨（以 TiO_2 计），其中钛铁矿储量 6.5 亿吨（以 TiO_2 计），约占钛资源总量的 94%，主要分布在中国、澳大利亚、印度、南非、巴西、马达加斯加、挪威等国。金红石储量 4200 万吨，约占钛资源的 6%，主要集中在澳大利亚、南非、印度、斯里兰卡等国[17,18]。2003 ~ 2012 年世界钛铁矿储量及我国钛铁矿储量占世界比例如图 20-6 所示。

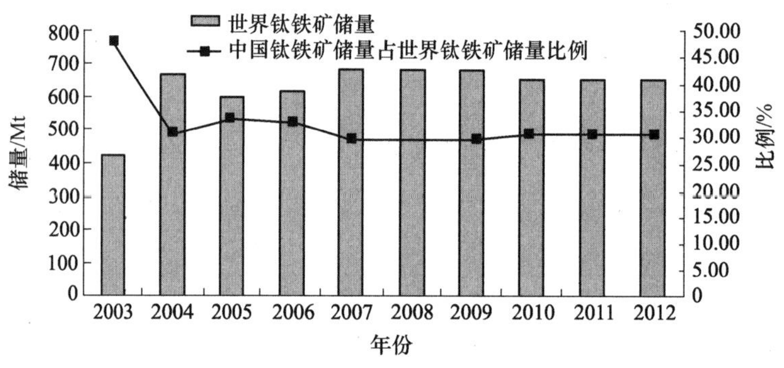

图 20-6 2003 ~ 2012 年世界钛铁矿储量及我国钛铁矿储量占世界比例

我国是钛资源大国，钛储量位居世界第一位。原生钒钛（磁）铁矿为我国钛矿床的主要工业类型，保有储量 35704.09 万吨（以 TiO_2 计）。其次，钛铁矿（砂矿）矿物储量 3803.19 万吨，金红石 TiO_2 储量 750.86 万吨。已探明的钛资源分布在 21 个省共 108 个矿区，主要产区为四川，其次有河北、河南、广东、湖北、广西、云南、陕西、山西等省（区）[19,20]。

20.1.6.2 钛的产销

钛资源近年来越来越受世界各国所重视，一个国家钛资源的产销量反映了该国高端领域的发展程度。钛产业链由钛矿开采、海绵钛生产、熔铸钛锭、钛材成型、钛材应用和废钛回收等环节构成一个循环体系[21]。

随着全球经济整体的增长，全球钛铁矿产量整体呈上升趋势，从 2003 年的 430 万吨至 2011 年的 600 万吨，平均年增长率为 3.88%，其中，2009 年因受全球金融危机的影响，世界钛铁矿产量略有下降。

中国钛铁矿产量一直保持增长态势，钛铁矿产量从 2003 年的 40 万吨增长至 2011 年的 50 万吨；海绵钛的年产量从 2003 年的 4112t 增长到 2011 年的 85800t；钛加工材年产量从 2003 年的 7080t 增长到 2011 年的 50962t。2011 年，我国主要钛加工企业在不同领域总用钛量达到 49392t，具体用钛比例如图 20-7 所示。

20.1.6.3 钛的价格

2011 年，国内钛市场有所降温。钛矿市场价格上涨趋缓；高钛渣、四氯化钛、海绵钛价格基本保持平稳；钛材市场竞争激烈，但下游采购依然不温不火。市场进入一个相对稳定的时期。2011 年，国内钛精矿 A 矿价格为 2850 元/吨，进口钛精矿 A 矿市场报价为 2950 元/吨；由于各高钛渣厂家为了能获得更大利润，采取了少量出货、边卖边囤的销售策略，高钛渣价格相对稳定，维持在 9800 元/吨左右；四氯化钛价格涨幅较大，从年初的 7000 元/吨左右涨到年末的 13000 元/吨；海绵钛价格不温不火，0 号海绵钛价格维持在 12 万元/吨左右。钛材市场价格较为混乱，部分厂家想以自身原料成本低作为竞争手段，低价销售产品以赢得市场，另一部分厂家则想趁着行情上涨提高自己的利润，这就导致了同一种产品报价相差很大，3mm TA2 标准板均价为 162 元/千克，TA1 钛锭均价为 12.6 万元/吨[22]。

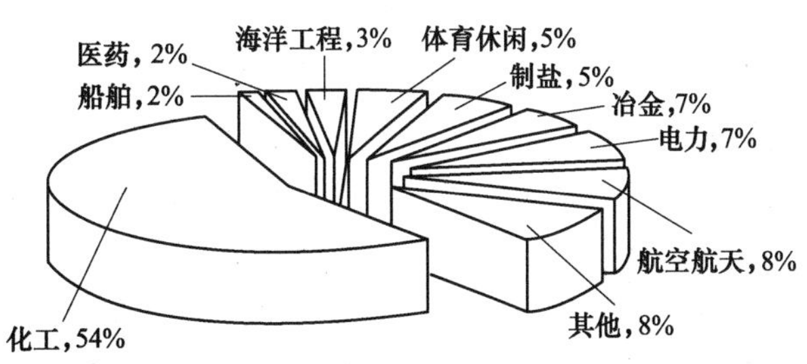

图 20-7 2011 年我国的用钛比例

20.2 稀有金属矿选矿技术进展

20.2.1 锂铍矿选矿技术进展

目前，锂的提取技术主要分为盐湖卤水提锂、海水提锂与锂矿石提锂。

世界较早开发并逐步达到现代化生产的盐湖是美国的希尔斯干盐湖。最近美国矿务局研究用溶解开采法生产碳酸锂的可能性，提出用有机溶剂直接从该盐湖卤水中提锂的工艺流程[23]。

青海盐湖研究所对青海省东台吉乃尔盐湖进行研究，成功地研究出盐湖锂盐提取的新技术，使我国从典型的高镁锂比盐湖卤水中提取锂技术难题得到重大突破，在青海东台吉乃尔盐湖修建了面积近 12 万平方米的盐田，达到年产 100t 碳酸锂的生产能力，同时综合回收硫酸钾、硼酸及轻质碳酸镁[24]等副产品。青海盐湖研究所还对大柴旦盐湖日晒浓缩的 $MgCl_2$ 饱和卤水进行了用磷酸三丁酯溶剂萃取法直接提取 LiCl 的中试试验，分离效果好，萃取率达 80% 以上，产品纯度达到一级品要求[25~27]。目前，该所正在筹备进行从青海钾盐肥厂二期浓缩老卤水中提锂的工业性试验，这对于解决盐湖资源中金属锂的回收和综合利用以及我国锂工业发展具有重要意义[28]。中国地质科学院盐湖中心[23,29]对西藏扎布耶盐湖进行研究，采用水浸—碳化—热解和水浸—碳酸浸出—沉淀工艺流程，可有效地除去各种杂质，获得符合国标的 Li_2CO_3 产品。成都理工大学[30]研究以 TiO_2 为原料，合成出偏钛酸型锂离子记忆交换体，对 Li^+ 选择性高，交换容量近 30mg(Li)/g(TiO_2)，该交换体适合于低浓度卤水提锂。大多数吸附性能较好的离子交换剂都是粉体，由于粉体的流动性和渗透性很差，工业应用困难，需要制成粒状以便于操作，但是离子筛的造粒工作比较困难，而且研究发现造粒后交换剂性能会下降，目前所有造粒工作还处于试验阶段。

海水提锂研究中主要应用溶剂萃取法和吸附法[31]。日本行政人财团海洋资源与环境研究所[32]合成锂锰氧化物对锂最高吸附量为 7.8mg/g，$Li_{1.33}Mn_{1.67}O_4$ 对锂最高吸附量为 25.5mg/g，$Li_{1.6}Mn_{1.6}O_4$ 对锂的最高吸附量为 40mg/g[33]。武汉大学合成的锰系离子筛对锂平衡吸附量为 4.99mmol/L（1L，0.1mol/L LiCl）[34,35]。海水提锂设备的研究也取得了一些进展。日本专利提出船舶海水提锂装置[36]，即在船舶的压水舱内填装粒状吸附剂，海水从舱底装有止回阀的开口处进入吸附床水箱，透过吸附剂床层到达它的上部，用设计在船舷右侧的排水泵将海水排出船体外。

叶强[37]提出从锂辉石矿中综合回收钽铌及锡石，通过在锂辉石浮选前增加重选联选工艺，不仅可以回收钽铌和锡石，还可除去大部分磁铁矿，有利于锂辉石的选别。廖明和[38]提出重液分选锂辉石，该法能了解目的矿物在不同破碎粒度下单体解离及从脉石中分离的粒度，从而快速做出可选性初步评价。A. B. 索萨[39]对葡萄牙锂辉石矿石进行了研究，试验结果表明，用重介质选矿（HMS）和浮选选别，对 Li_2O 含量为 2.5% 并经分级的给矿样品（4.75~2.0mm）进行 HMS 试验，在沉淀物产品中获得含 5% Li_2O 的玻璃级锂辉石。对 300~75μm 的脱泥给矿进行浮选试验，然而，只有给矿 Li_2O 含量超过 1.5% 才能获得商业品级的精矿。从含 2% Li_2O 的给矿获得了 Li_2O 品位 7.75% 的精矿。广州有色金属研究院[40]对四川呷基卡锂辉石矿进行综合利用研究，采用“原矿浮选富集锂辉石和钽铌—浮选精矿经磁选—重选联合工艺获得锂辉石精矿和钽铌精矿—浮选尾矿回收长石”的选矿工艺流程，较好地解决了锂辉石、钽铌矿的回收以及长石的综合利用问题。当原矿含 Li_2O 1.48%、Ta_2O_5 0.006%、Nb_2O_5 0.013%时，锂精矿含 Li_2O 5.96%，回收率 87.74%；高品位钽铌精矿含 Ta_2O_5、Nb_2O_5 分别为 14.13%、19.66%，回收率分别为 27.42%、17.69%；低品位钽铌精矿含 Ta_2O_5、Nb_2O_5 分别为 1.53%、2.28%，回收率分别为 9.70%、6.73%；钽铌精矿合计含 Ta_2O_5、Nb_2O_5 分别为4.42%、6.27%，回收率分别为 37.13%、24.42%。对锂浮选尾矿直接采用强磁选除铁，可获得对原矿产率为 63.64% 的长石精矿。马斌霞[41]对锂辉石—硫酸法生产碳酸锂工艺过程中酸熟料浸出中和机理进行了探讨，通过实验证明：锂辉石—硫酸法生产碳酸锂工艺浸出中和过程存在可逆反应。同样，在碱性或中性条件下，浸出中和过程亦存在可逆反应。

新疆可可托海 3 号脉[42]铍矿石，本着综合回收原矿中有价矿物采用锂铍混合浮选再分离的工艺流程，预计年回收铍精矿 1200t，锂精矿 5000t。刘柳辉等人[44]对高氟高镁绿柱石浮选粉矿进行了研究，试验表明，在原工艺流程基础上增加浮选粉矿预处理工序，经预处理脱氟后，用硫酸法生产工业氧化铍，产品质量能够达到国家标准。李卫等人[45]对水口山六厂的脱氟工艺进行了新的研究，探讨了不用硫酸预处理高氟矿石，矿石中的氟全部进入浸取液的情况下，通过后续湿法工序分离氟的可行性。研究表明：当矿石 F/BeO = 20% ~40% 时，采用沉淀分离法可以控制氧化铍的 F/BeO = 10% ~12%，氢氧化铍经二次除铝、碱洗，可使产品中杂质 Al_2O_3 达到低于 0.7%的要求。

20.2.2　钽铌矿选矿技术进展

钽铌矿矿物组成复杂，分选困难，常常需要采用磁选、重选、浮游重选、浮选、电选、化学处理等方法中的一种至两种或多种方法组合获得精矿。实际选别钽铌以重选法居多，阶段磨矿、阶段选别是钽铌矿重选的主体流程。但重选法处理钽铌矿细泥指标不理想，不能综合回收矿石中的全部有用矿物，相当一部分有用矿物损失在细泥中，浮选法是回收钽铌细泥的有效途径。钽铌矿的浮选研究主要着重于高效浮选药剂，需要解决的是捕收剂的捕收能力和选择性的问题。螯合类捕收剂如羟肟酸作为高选择性、捕收力强的优良捕收剂而受到人们重视，显示出良好的应用前景[46,47]。近几年，钽铌矿选矿技术在工艺、设备及药剂方面都取得了一定进展。

用重选法回收细粒钽铌矿物往往选矿效率很低，对于细粒钽铌矿选矿，董天颂、高玉德等人[47~49]提出：“磁选—浮选”回收细粒钽铌矿新工艺，该工艺对细粒嵌布的钽铌矿来说是一种有效的工艺。该工艺采用湿式高梯度磁选机预先丢弃 70% 以上的低品位尾矿，再用苯甲羟肟酸与辅助捕收剂 WT_2 组合浮选细粒钽铌矿，当浮选给矿品位 Ta_2O_5 为 0.02%，可获得品位 Ta_2O_5 为 0.08%、回收率为 88.45% 的浮选精矿，基本解决了细粒钽铌矿回收技术难题。将浮选精矿用弱磁—浮选—重选方法进一步分离可获得品位 Ta_2O_5 为 13.5% 的钽铌精矿。根据矿石性质，对南平钽铌矿 14 号、31 号矿脉矿石提出先用弱磁选除去粗精矿中的铁杂质，再用强磁选选择出钽铌精矿，非磁性产品经重选，浮选回收处理，产出长石精矿及云母混合精矿[50]。试验结果表明，选矿指标基本达到设计要求。涂春根[51]对非洲 Ray 钽铌矿进行可选性试验，针对该矿矿石性质提出两段磨矿、阶段选别的工艺流程，获得精矿回收率为 65% ~80% 的较好指标，为了进一步提高钽铌精矿品位，可考虑用强磁等精选工艺对精矿实行综合回收。丘德镳、陈明星[52~54]针对宜春钽铌矿生产工艺中的不足，提出用两段分级技术改造磨矿流程、钽铌原生矿泥选矿及钽铌混合中矿选别等改进措施，提高了选别效果。欧阳晖林[55]提出，采用 C902 工业型复合力场选矿机选别宜春钽铌矿次生细泥。试验表明：当处理量以 500 ~700 千克/(台・时) 时，回收率平均高达 59.91%，富集比平均为 3.27，选别指标远高于螺旋溜槽选别指标。针对宜春钽铌精矿最终回收率不足 50%[56]，有用矿物性脆，易过粉碎，损失在 −0.038mm 微细粒级占 25% 以上，一般重力法难于回收的问题，提出利用 SLon 立环高梯度磁选机处理尾矿回收钽铌，当背景场强调至 1.108T，钽铌回收率可达 27% 以上，但使用该设备进行单一作业无法获得最终合格精矿。丘德镳、封国富[57,58]应用螺旋溜槽进行钽铌粗选回收试验，由钽铌品位 0.019% 的原矿，获得品位 2.24% 的粗精矿，回收率为 47.51%。丁勇[59]研究了微细矿粒和床面的表面电性的作用，并利用它们间对分选有益的作用，采用自制的一种新型材质的波形床面进行钽铌选别的工业试验，−0.038mm 粒级钽铌精矿回收率为 61.75%。

近年来，高玉德等人[60,61]对碱性花岗岩型钽铌锆矿床进行深入选矿试验研究并取得了较大进展。朝鲜某大型碱性花岗岩型钽铌锆矿床，主要有用矿物钍-铌易解石、钽铌铁矿、锆石、独居石等嵌布粒度细，矿物之间嵌布关系复杂，钽铌铁矿、钍-铌易解石、独居石、锆石等有用矿物与微斜长石、石英和云母之间呈互含或紧密连生关系，彼此之间解离性较差。矿石中有用矿物化学成分复杂，嵌布粒度细，物理性质变化大，绝大多数重矿物都具磁性，尤其是锆石因含有数量不等的铁，致使其磁性变化极大，有用矿物可浮性相近，给矿物的富集和分离带来极大的困难。原矿采用重选、磁选、浮选方法很难获得合格的钽铌、锆产品，回收率较低，而采用钽铌锆混合浮选，能较大幅度提高综合回收率，混合粗精矿可采用冶金方法进一步分离。采用细磨—脱泥—钽铌锆混合浮选流程处理该矿石，在原矿 Nb_2O_5、ZrO_2、Ta_2O_5 品位分别为 1.17%、3.12%、0.046% 情况下，最终可获得 Nb_2O_5、ZrO_2、Ta_2O_5 品位分别为 9.43%、24.95%、0.36%，回收率分别为77.37%、76.77%、75.13%的钽铌锆混合精矿。新疆某大型碱性花岗岩型钽铌锆矿床，矿石中钽铌矿物主要为铌铁矿、烧绿石和少量褐钇铌矿；稀土矿物种类较多，分别属稀土磷酸盐、氟碳酸盐、氟化物、硅酸盐等，主要为独居石、氟碳铈矿，其次为磷钇矿、氟铈矿、氟钙钠钇石、硅钙钇石；锆矿物主要为锆石；金属硫化矿物含量极少，有黄铁矿、黄铜矿、闪锌矿、毒砂；铁钛矿物有磁铁矿、钛铁矿、锐钛矿、褐铁矿；脉石矿物主要为钠长石、钾长石，其次为石英、黑云母、锂云母、霓石、钠铁闪石等。有用矿物嵌布粒度细。针对该类型细粒低品位钽铌稀土矿，研究开发了“磁选—重选”联合工艺。当给矿含 $(Ta+Nb)_2O_5$ 0.032%、REO 0.092% 时，全流程试验可获得含 $(Ta+Nb)_2O_5$ 3.444%、REO 12.851%的钽铌稀土精矿，回收率 $(Ta+Nb)_2O_5$ 为44.13%、REO 为57.27%。

钽铌矿的广泛应用、资源的贫乏和细粒嵌布，促进了钽铌浮选理论和实践的研究。高玉德等人[62,63]采用苯甲羟肟酸、$C_{7\sim9}$羟肟酸和油酸作捕收剂分别对钽铌矿、石英及长石进行了可浮性研究。结果表明：苯甲羟肟酸、$C_{7\sim9}$羟肟酸和油酸三种药剂对钽铌矿的捕收能力都随着矿浆 pH 值的变化而发生显著的改变。苯甲羟肟酸浮选钽铌矿的最佳 pH 值范围为 6.0 ~ 10.0，$C_{7\sim9}$羟肟酸浮选钽铌矿的最佳 pH 值范围为 7.0 ~ 10.0，油酸浮选钽铌的最佳 pH 值范围为 6.0 ~ 9.0。苯甲羟肟酸对钽铌矿有较强的选择捕收能力，$C_{7\sim9}$羟肟酸的捕收性及选择性不及苯甲羟肟酸，油酸的捕收能力较强但选择性差。任嗥等人[64,65]研究了苄基胂酸、苯乙烯膦酸、双膦酸、环烷基异羟肟酸、$C_{7\sim9}$烷基异羟肟酸在不同 pH 值和不同用量条件下对白云鄂博微细粒钽铌矿物的捕收效果。几种捕收剂选择性排序为：双膦酸 > 苄基胂酸 > 苯乙烯膦酸 > $C_{7\sim9}$烷基异羟肟酸 > 环烷基异羟肟酸。它们对铌钙矿的捕收能力排序为：环烷基异羟肟酸 > $C_{7\sim9}$烷基异羟肟 > 双膦酸 > 苯乙烯膦酸 > 苄基胂酸。试验结果表明：双膦酸是铌钙矿的良好捕收剂，而且铌钙矿的回收率在双膦酸用量为200mg/L 且矿浆 pH 值为 2.5 ~ 5.0 时，达到了 83.27% 以上。巴西 Araxa[66]选矿厂用胺类捕收剂浮选烧绿石获得良好效果。徐晓萍等人[67]研究了几种不同组合捕收剂对微细钽铌矿的选择性，试验结果表明：广州有色金属研究院研制的新种螯合物捕收剂 HFA 和一种辅助捕收剂 HFB 组合，在弱碱性介质条件下，对钽铌矿物的捕收效果最佳。任嗥[68]等人对白云鄂博的微细粒铌钙矿及其主要脉石矿物进行浮选研究，结果表明：淀粉对铌钙矿的抑制强于褐铁矿，可用于从粗选精矿中反浮选除去褐铁矿。六偏磷酸钠、草酸和羧甲基纤维素都可选择性地抑制白云石，选择性抑制效果顺序为：六偏磷酸钠 > 羧甲基纤维素 > 草酸。六偏磷酸钠用量为 1.0mg/L 时，白云石上浮率降至 3.0% 以下。羧甲基纤维素对铌钙矿没有抑制作用，草酸选择性相对较差。广州有色金属研究院选矿工程研究所[69,70]对江西横峰葛源钽铌矿浅部矿段矿石进行了研究，针对该矿钽铌矿物嵌布粒度细的特点，制定了粗粒重选细粒浮选的重—浮流程和全浮流程两个粗选试验方案。试验结果表明，重—浮流程由于采用重选尾矿脱泥后，泥入浮选、粗粒尾矿丢失的措施，入浮选的量减少了 47.6%，从而大大地降低了选矿成本，重—浮流程的回收率比全浮流程高 4.22%。获得精矿产率 0.00278%、$(TaNb)_2O_5$ 品位 53.61%、$(TaNb)_2O_5$ 回收率 44.4891%。该所还对该矿的深部钠长石化花岗岩矿石进行了研究，提出采用两段重选粗选、细泥浮选流程，重选粗精矿采用浮—重—磁—电精选流程，得到综合指标：钽铌精矿的产率 0.00354%，$(TaNb)_2O_5$ 品位为 61.38%（其中 Ta_2O_5 品位为 18.66%），回收率为 65.9215%。考虑到有用矿物的综合回收，钽铌尾矿经磁选分离，可得到 Li_2O 品位为 1.34%、Rb_2O 品位为 0.40% 的铁锂云母产品和 K_2O+Na_2O 含量为 8.98% 的石英-长石产品。著名的大吉山钨矿 69 号矿体的钽铌资源丰富，近几年广州有色金属研究院选矿工程研究所和赣州有色金属研究所对其钽铌钨矿体进行了详细的选矿工艺研究，在优化小试及扩大试验结果基础上，2004

年由广州有色金属研究院技术负责，以及赣州有色金属研究所和大吉山钨矿三家共同完成了国家“十五”科技攻关项目“大吉山钽铌钨矿高效选矿新工艺、新药剂研究”的工业试验。针对矿石原矿品位低、嵌布粒度不均整体偏细、矿物种类繁多、性质复杂等工艺矿物特点制定了阶段磨矿阶段选别、粗粒重选、细泥浮选的浮重结合选冶结合的选别新工艺。试验结果显示钽铌和钨的回收率分别达到51%左右和83%左右，超过预期攻关指标3%和7%。广州有色金属研究院选矿工程研究所对肇庆某钽铌矿进行了研究，制定了一段棒磨与细筛构成闭路，采用重—磁—重联合流程回收钽铌。粗粒用重选、中矿经再磨矿后，采用广州有色金属研究院选矿工程研究所研制的SSS-Ⅰ型强磁机从尾矿中回收钽铌矿物，并用摇床精选，获得了较好的工业指标。

钽铌尾矿是二次资源，应开发利用，综合回收尾矿中的有价金属。何书燊[71]对钽铌尾矿的综合回收，提出 +74μm 粒级的矿物采用旋转螺旋溜槽丢失80% ~90%的尾矿，产出的粗精矿采用湿式磁选机分离钽铌矿物，产出钽铌精矿和锡精矿；-74μm 粒级的矿物采用高梯度磁选机分离钽铌矿物，粗精矿经浮选获得钽铌精矿，磁选尾矿再经浮选可获得锡精矿。白云鄂博铌资源经专家论证[72]，确定选择弱磁—强磁—浮选流程中强磁中矿浮选稀土尾矿作为综合回收中贫氧化矿铌资源的原料，采用浮选为主的“浮选—磁选”流程，不仅选矿回收铌，而且能回收铁，使白云鄂博中贫氧化矿铁选矿回收率提高2% ~3%。另外，稀尾中残余稀土浮选进入易浮泡沫产品，品位REO达到15%左右，经一次摇床富集到REO大于30%，进一步浮选可得到REO大于50%的稀土精矿。江西宜春钽铌矿从选钽铌的原矿中综合回收锂云母每年达4万吨以上，20万吨以上长石产品。南平钽铌矿通过广州有色金属研究院选矿工程研究所研制的SSS-Ⅰ强磁机脱除含铁矿物以及脱除细泥后，每年可产1.5万吨长石产品。

20.2.3　锆（铪）矿选矿技术进展

锆矿床以砂矿床最有工业价值，98%锆英石为钛砂矿床的伴生品。钛锆砂矿选矿分为粗选和精选两个阶段。钛锆矿粗选国内外都采用重选方法，一般选用处理量大、回收率高又便于移动的选矿设备。

海滨砂矿精选常见流程为传统的重选、干式磁选及电选联合流程。近几年也开始采用湿式精选工艺流程。刘丽华[73]等人研究了传统精选与湿式精选工艺流程的各自特点，指出湿式精选流程首先用湿式磁选对原料分组，使各组分矿物组成简化及进一步分离，然后再利用重选、磁选作业进一步使矿物富集，最后用磁选和浮选将钛铁矿、锆英石和独居石的合格精矿选取出来。基本解决了传统海滨砂矿精选干湿多次交替的问题，减少了分选过程中的金属流失，提高了原料中有用矿物的综合回收程度。

A. 古尔[74]等人研究了细晶石和锆英石的浮选行为。考察了矿浆pH值、捕收剂种类和抑制剂种类等参数的影响。试验结果表明，锆石的可浮性比细晶石要好得多。两性捕收剂Porocoll FS-R要好些。在pH值为4时，锆石与细晶石得到很好的分离。

广州有色金属研究院[75]对朝鲜某典型海滨砂矿进行综合利用研究，取得了较好结果。原矿含有磁铁矿、钛铁矿、锆英石及少量独居石等有用矿物，经预先筛分，丢弃少量低品位筛上产物，筛下产品采用新型TGL-0610塔式螺旋溜槽进行选别，螺旋粗精矿经湿式弱磁选出强磁性铁矿物，湿式中磁选出钛铁矿后，非磁产品采用摇床进一步选别，获得含ZrO_2 54.10%的摇床精矿，中磁选出的钛铁矿及摇床精矿烘干，再进一步精选，可获得品位ZrO_2 64.47%，对原矿回收率84.20%的综合锆英石精矿及品位TiO_2 49.24%，对原矿回收率57.94%的综合钛铁矿精矿。

20.2.4　钛选矿技术进展

钒钛磁铁矿是一种重要矿产资源，由于钒钛磁铁矿具有强磁性，各国均主要采用磁选方法，并且得到世界各国的普遍认可[76]。现阶段细粒钛铁矿的选别越来越引起厂家的重视，强磁浮选是回收细粒级钛铁矿的有效方法[77]。粗粒级钛铁矿的选别，普遍采用重选抛尾再选的方法。近几年，在提高重选效率、研制及使用新设备方面有了新进展[78]。

周建国等人[79]长期对攀枝花微细粒级钛铁矿回收和综合利用进行研究，根据试验研究获得的成果，提出粗粒级采用重选—强磁选联合流程，利用钛铁矿与脉石矿物在重力、磁性上的差异，强化原流程，Ti_2O回收率提高10%以上，精矿品位30%左右。细粒级采用强磁—浮选流程，获得精矿产率29.21%、精矿品位为 47.31%、回收率为 59.74% 的选别指标。许新邦[80]为回收攀钢微细粒钛铁矿（-0.045mm），采用高梯度磁选机，进行了回收微细粒级钛铁矿的磁—浮流程试验，结果表明，当给矿含 TiO_2 为 11.033% 时，可获得品位 44.46%、回收率为 45.76% 的良好指标。广州有色金属研究院研制的带式强磁机表面场强可达 1T，用于攀钢选钛厂原矿抛尾作业，作业回收率达 80%，抛尾率达 35% 以上。金文杰等人[81]采用磁选柱分选攀枝花矿厂的含钛磁铁矿。结果表明，对钛铁矿预磁后用磁选柱分选比不预磁的精矿品位、产率、回收率皆有显著提高。攀钢选钛厂采用广州有色金属研究院研制的 GL-2 螺旋选矿机代替原有的 FLX-600mm 铸铁螺旋选矿机取得了较好的结果，在精矿品位相近的情况下，粗粒级钛铁矿回收率提高 13%[82]。摇床在钛铁矿选矿中得到广泛的应用，特别是一些小型矿山使用摇床便得到合格精矿[83]。李志章等人[84]对昆明地区矿样采用摇床工艺，经除铁后钛铁矿精矿品位达到 48.82%，回收率 76% 以上。电选作为生产钛精矿的最后把关作业，得到了广泛的应用，攀钢选钛厂采用长沙院研制的 YD-3 型高压电选机选别重选粗精矿，当原矿含 TiO_2 为 28.86% 时，最终获得精矿品位 47.74%、尾矿品位 10.63%、作业回收率达 84.18% 的选别指标[85]。

对钛铁矿浮选药剂的研究比较多，钛铁矿常用的捕收剂为脂肪酸类，国外多用油酸及其盐类。近年来有人研究使用异羟肟酸、苯乙烯膦酸和水杨羟肟酸等作为钛铁矿浮选捕收剂。两种或多种药剂组合起来，利用药剂的协同效应，其选别效果往往优于其中任何一种药剂。近几年采用混合药剂浮选钛铁矿成为研究的主要方向[83]。袁国红等人[86]针对攀钢钛业公司选钛入选原料中 -0.045mm 微细粒级进行试验研究，研制开发了适合该类复杂矿石的 R-2 捕收剂。工业试验结果表明，在给矿品位 21% 的情况下，最终钛精矿品位达 47.5% 以上，浮选回收率近 70%。何虎等人[87]对攀钢粗粒级钛铁矿进行浮选试验，该试验采用 ZY 捕收剂对 -0.074mm 含量为 22.19% 和 6.18% 的物料进行试验研究，结果表明：ZY 捕收剂具有很强的捕收性能和较强的选择性，且能回收通常认为浮选不能回收的 +0.154mm 粒级钛铁矿，工业应用效果良好。谢建国等人[88,89]采用新型钛铁矿浮选捕收剂 RST 处理攀钢微细粒级钛铁矿。试验结果表明，对 TiO_2 质量分数为 19.75% 的原矿，脱硫后以 RST 为捕收剂、草酸作抑制剂、硫酸调 pH 值，经一次粗选、四次精选闭路流程选别，钛精矿品位达 48.28%，TiO_2 回收率为 79.9%；同时其还提出采用新型捕收剂 ROB 用于攀枝花微细粒级钛铁矿浮选，工业试验获得精矿品位 48%、回收率 75% 的良好指标。谢泽君[90]提出采用新型 XT 浮选捕收剂，试验结果表明，XT 新型捕收剂捕收性能强、选择性好。在给矿品位 TiO_2 为 17.80%，可获得精矿品位 $TiO_2$47.42%、作业回收率 73.28% 的较好指标。朱建光[91]报道了用苯乙烯膦酸与松醇油 4∶1 比例混合，用来浮选攀枝花细粒钛铁矿，效果较好，获得精矿品位 47.22%、回收率 74.58% 的指标。傅文章等人[92]采用 F968 组合药剂浮选攀枝花钛铁矿，可实现全粒级入选（-0.15mm）。F968 处理磁选尾矿，经一次粗选、一次扫选、四次精选选别，试验指标为：原矿 TiO_2 品位 11.03%，精矿 TiO_2 品位 48.45%，浮选作业回收率 80%。

余德文等人[93]对原生细粒钛铁矿抑制浮选使得捕收剂消耗较大，对于降低选矿成本不利的问题，进行了深入研究。研究表明：H_2SO_4、Pb^{2+} 对钛铁矿有较好的活化作用。以 H_2SO_4 为 pH 值调整剂，Pb^{2+} 为钛铁矿活化剂，复配脂肪酸皂为捕收剂，在不添加任何抑制剂的情况下，实现了钛铁矿与脉石矿物的良好分离。在攀枝花选钛厂微细粒浮选结果为：给矿品位 21.96%，精矿品位 47.82%，回收率 63.25%。

余新阳等人[94]针对某选矿厂尾矿中金红石嵌连关系复杂，采用常规选矿工艺难以有效回收其中钛资源的问题，探索采用高效捕收剂 ZP-01 及分级浮选精矿再磁选—重选联合的新工艺。试验研究表明：采用高效捕收剂 ZP-01 及分级浮选精矿再磁选—重选的新工艺，可获得金红石精矿品位为 81.06% 的较好指标，使尾矿中钛资源综合回收难题得到较好解决。

朱俊士等人[95]研究了苯乙烯膦酸与钛铁矿的表面键合机理后认为，捕收剂与钛铁矿的作用，先通过其膦酸基团中的氧与钛铁矿表面具有未补偿键或弱补偿键的晶格阳离子生成四元环螯合物或难溶化合物。范先峰等人[96]利用微波能预处理钛铁矿，其机理研究表明，微波能加速钛铁矿表面亚铁离子氧化成三价铁离子，加强了油酸根离子在其表面上的吸附，从而大幅度提高了钛铁矿的浮选回收率。许向阳[89,97,98]采用 ROB 捕收剂浮选攀枝花钛铁矿，其作用机理表明，ROB 可以通过电性吸附和化学吸附作用于钛铁矿表面，尤其在酸性介质中，电性吸附作用很明显；药剂吸附前后矿物表面电性的变化表明，ROB 的吸附是影响矿物可浮性的重要因素。ROB 在钛铁矿表面与铁、钛和氧的电子结合能发生明显变化，ROB 可能是以氧为键合原子与矿物表面的铁、钛质点发生化学键合。

S. 布拉托维奇[99]等人对复合的钙钛矿、钛铁矿和金红石的可浮性进行了研究，在浮选这三种矿物的过程中 pH 值、浮选前矿浆预处理和捕收剂种类对它们的浮选影响很大。同时还研究了改性的酯类捕收剂作用，指出脂肪醇硫酸盐改性的磷酸酯可很好地浮选钙钛矿；石油磺酸盐改性的磷酸酯可很好地浮选钛铁矿；磷酸酯和琥珀酰胺酸盐的混合物浮选金红石最有效。有人指出[100]利用电动矿物处理机（EMP）模拟层可提高从重矿物沉淀物中提取金红石和锆石，EMP 工艺是在目前应用静电技术分离金红石和锆石的方法不总是有效的情况下开发的，采用 EMP 工艺进行试验，已证明这种工艺更为有效，并且减少了分选步骤。

高玉德等人[101]对黑山选铁尾矿进行综合利用研究，取得了较好结果。黑山选铁尾矿矿石性质复杂，绿泥石含量较高，分选困难。采用强磁选—粗精矿再磨—浮选工艺及广州有色金属研究院自主研制的钛浮选系列药剂，最终取得钛精矿品位 TiO_2 46.5%，相对强磁粗选给矿回收率大于 50% 的工业试验结果。陈树民[102]通过对攀枝花微细粒级（$-19\mu m$）物料性质研究，提出了回收钛铁矿的方法，试验结果表明，采用强磁—浮选工艺流程能够回收攀枝花微细粒级钛铁矿。唐明权[103]对攀钢在采矿、选矿及炼铁过程中产生的二次资源的综合利用进行了探讨。提出对采矿中产生的铁品位低于 26% 的贮矿采用粗粒抛尾方式以降低磨矿成本，用磁选工艺从炼钢渣中回收铁，从磁尾中回收微细粒级钛，从铁水中回收钒。

20.3　结语

近几年来，选矿工艺、设备、药剂研究取得较大进展，稀有金属矿产资源综合开发利用进入一个崭新的阶段，选矿技术经济指标不断提高，资源得到较为充分的利用。随着稀有金属资源应用技术水平的提高，稀有金属工业和稀有金属资源深层次开发应用必将得到进一步发展，前景广阔。

参考文献

[1] 王学评，柴新夏，崔文娟．全球锂资源开发利用的现状与思考[J]．中国矿业，2014，23(6):10-13.

[2] 李丽，刘芳，吴锋，等．提锂用锰氧化物离子筛的研究进展[J]．无机材料学报，2012，27(10):1009-1016.

[3] 纪志永，焦朋朋，袁俊生，等．锂资源的开发利用现状与发展分析[J]．轻金属，2013(5):1-5.

[4] 李冰心．2013 全球锂资源开发现状[J]．新材料产业，2013(7):32-36.

[5] 赵武壮．我国锂资源的开发与应用[J]．世界有色金属，2008(4):38-40.

[6] 陈婷，康自华．我国锂资源及其开发技术进展[J]．广东微量元素科学，2007，14(3):6-9.

[7] 罗清平，郭朋成，李存增，等．我国锂资源分布及提取工艺研究现状［J］．湿法冶金，2012，31(2):67-70.

[8] 亚洲金属网．锂的产量和消费情况[EB/OL]．http://baike.asianmetal.cn/metal/li/resources&production.shtml.

[9] 王海华．锂资源开发利用现状及前景[J]．国土资源情报，2012(4):30-32.

[10] 符剑刚，蒋进光，李爱民，等．从含铍矿石中提取铍的研究现状[J]．稀有金属与硬质合金，2009，37(1):40-44.

[11] 刘若曦．战略金属铍揭秘[J]．中国金属通报，2012(15):40-41.

[12] 李爱民，蒋进光，王晖，等．含铍矿物浮选研究现状与展望[J]．稀有金属与硬质合金，2008，36(3):58-61.

[13] 郭宁．钽工业发展分析[J]．中国金属通报，2012(12):38-40.

[14] 王海花．铌矿资源及其选矿工艺[J]．有色矿冶，2011，27(6):21-23.

[15] 李淑文．钽铌资源与生产现状[J]．中国有色冶金，2008(1):38-41.

[16] 吴荣庆．合理开发锆资源，满足国内需求[J]．中国金属通报，2012(41):16-19.

[17] U.S. Geological Survey. Mineral Commodity Summaries 2013[M]. Reston：U.S. Geological Survey，2013.

[18] 张冬清，李运刚，张颖异．国内外钒钛资源及其利用研究现状[J]．四川有色金属，2011(2):1-6.

[19] 吴景荣，王建平，徐昱，等．中国钛资源开发利用现状和存在的问题及对策[J]．矿业研究与开发，2014，34(1):108-112.

[20] 吴贤，张健．中国的钛资源分布及特点[J]．钛工业进展，2006，23(6):8-12.

[21] 刘向阳．从钛矿到钛材产业链“演绎”态势[J]．金属世界，2008(6):11-16.

[22] 赵巍．钛产品价格走势渐稳[J]．中国金属通报，2011(22):34-35.

[23] 李明慧，郑绵平．锂资源分布及其开发利用[J]．科技导报，2003(12)：38-41.

[24] 徐日瑶．青海湖水氯镁石脱水、电解制镁及高纯镁砂生产联合工艺[C]//2001 年全国镁行业年会论文集，2001.

[25] 张宝全．柴达木盆地盐湖卤水提锂研究概况[J]．化工矿物与加工，2000(10):13-15.

[26] 戴白希，李树枝．不可抗拒的趋势——从盐湖中提取锂资源[J]．中国地质，2002，260：45-47.

[27] 王宝才．我国卤水锂资源及开发技术进展[J]．化工矿物与加工，2000(10):13-15.

[28] 钟辉，周燕芳，殷辉安．卤水锂资源开发技术进展[J]．矿产综合利用，2003(1):23-28.

[29] 游清治．我国锂工业近年来的新进展[J]．世界有色金属，2002(7):4-8.

[30] 钟辉．偏钛酸型锂离子交换剂的交换性质及从气田卤水中提锂[J]．应用化学，2000，17(3):307-309.

[31] 朱慎林，朴秀兰，缑泽明．中性磷类萃取剂从卤水中萃取锂的研究[J]．清华大学学报（自然科学版)，2000，40(10):47-50.

[32] 大井健太．海水からのリチゥム采取技术の开发[J]．日本海水学会志，平成 9 年，37(12):1227-1236.

[33] Ramesh C, Hirofumi K, Yoshitaka M, et al. Recovery of lithium from seawater using manganese oxide adsorbent ($H_{1.6}Mn_{1.6}O_4$) derived from $L_{1.6}Mn_{1.6}O_4$[J]. Ind. Eng. Chem. Res., 2001, 40(9):2054-2058.

[34] 雷家珩，弓巧侠，尚健华，等．锂离子筛前驱体正尖晶石结构 $LiMn_2O_4$ 的合成及其特性的研究[J]．武汉大学学报(理学版)，2001，47(6):707-711.

[35] 雷家珩，尚建华，陈永熙，等．锰系锂离子筛材料的合成及性能研究[J]．化工新型材料，2001，29(6):28-30.

[36] Kobayashi H, Matsuura M, Oe K, et al. Apparatus for extrating lithium in sea water. Japan, 088420[P]. 2002.

[37] 叶强．从锂辉石矿中综合回收钽铌铁矿及锡石的试验研究[J]．新疆有色金属，2004(1):16-17.

[38] 廖明和，许温复，王学平．锂辉石重液分选试验[J]．非金属矿，2003，26(6):40-41.

[39] 索萨 A B. 葡萄牙锂辉石矿石的选矿研究[J]．国外金属矿选矿，2001(10):29-31.

[40] 广州有色金属研究院．四川呷基卡锂多金属矿选矿试验研究报告[R]. 2013.

[41] 马斌霞．锂辉石-硫酸法生产碳酸锂工艺过程中酸熟料浸出中和机理探讨[J]．新疆有色金属，2000(4):31-34.

[42] 何建璋．可可托海三号脉铍矿石的综合利用[J]．新疆有色金属，2003(4):22-24.

[43] 刘柳辉．绿柱石浮选粉矿生产工业氧化铍的实践[J]．稀有金属与硬质合金，2002，30(4):25-26.

[44] 全俊．我国铍冶金工艺发展概况[J]．稀有金属与硬质合金，2002，30(3):48.

[45] 李卫，叶红齐，刘振国．含氟铍矿石冶炼过程中氟的分离工艺研究[J]．有色金属（冶炼部分)，2004(2):23-25.

[46] 周少珍，孙传尧．钽铌矿选矿的研究进展[J]．矿冶，2002(增刊):175-178.

[47] 董天颂，邹霓，高玉德．细粒钽铌矿选矿新工艺的研究[J]．矿冶，2002，11(增刊):179-180.

[48] 高玉德，邹霓，董天颂．细粒钽铌矿选矿工艺流程及药剂研究[J]．有色金属（选矿部分)，2004(1):30-33.

[49] 高玉德．细粒钽铌矿浮选研究[D]．长沙：中南工业大学，2003：21-29.

[50] 卢道刚．南平钽铌选矿工艺流程设计研究[J]．有色金属，2004(1):14-17.

[51] 涂春根．Ray 钽铌矿可选性试验研究[J]．宁夏工程技术，2002(2):159-164.

[52] 丘德镳．用两段分级技术改造磨矿流程的探讨[J]．矿冶，2001，10(1):36-40.

[53] 陈明星．钽铌原生矿泥选矿评析[J]．钽铌工业进展，2003(4):16-18.

[54] 陈明星．钽铌混合中矿的选别实践[J]．江西有色金属，2003，17(2):22-23.

[55] 欧阳晖林．复合力场选矿机选别微细粒钽铌半工业试验[J]．江西有色金属，2003，17(1):27-28.

[56] 陈明星．SLon 立环高梯度磁选机从尾矿中回收钽铌的试验分析[J]．江西有色金属，2003(3):9-11.

[57] 封国富．旋转螺旋溜槽选矿试验与实践[J]．有色矿山，2002，31(4):27-30.

[58] 丘德镳．旋转螺旋溜槽选分钽铌矿的最佳工艺条件[J]．矿冶，2002(2):37-41.

[59] 丁勇．一种新型摇床面选别钽铌矿石的工业试验研究[J]．江西有色金属，2000，14(2):26-28.

[60] 高玉德，韩兆元，王国生．朝鲜某复杂难选钽铌锆矿选矿试验研究[J]．金属矿山，2012，433(7):91-94.

[61] 高玉德，邱显扬，韩兆元，等．细粒级低品位钽铌稀土矿选矿工艺研究[J]．中国钨业，2013，28(4):26-28.

[62] 高玉德，邱显扬，冯其明．钽铌矿捕收剂的研究[J]．广东有色金属学报，2003，13(2):79-82.

[63] 高玉德．黑钨细泥浮选中高效浮选剂的联合使用[J]．有色金属（选矿部分)，2000(6):41-43.

[64] 任嗥，纪绯绯．铌钙矿的有效捕收剂及 LAS 和 XPS 光谱分析[J]．中国矿业大学学报，2003，32(5):543-547.

[65] Ren H, Ji F F, Zhang S X, et al. Effects of diphosphonic acid on ilmenorutile collecting property and research of action mechanism[J]. J Univ Sci Technol. Beijing(M. M. M.), 2002, 9(1):249-252.

[66] Oliveira J F, Saraiva S M, Pimenta J S, et al. Technical note kinetics of pyrochlore flotation from araxi mineral deposits[J]. Mineral Engineering, 2001, 14(1):99-105.

[67] 徐晓萍，梁冬云，喻连香，等．钽铌矿的浮选研究[J]．矿冶，2002(增刊):135-138.

[68] 任嗥，纪绯绯．铌钙矿及其主要脉石矿物浮选的抑制与分离[J]．有色金属，2003，55(1):96-98.

[69] 广州有色金属研究院．江西省横峰葛源钽铌矿浅部矿段矿石选矿试验报告[R]. 2004.

[70] 广州有色金属研究院．江西省横峰葛源钽铌矿钠长石化花岗岩矿石选矿试验报告[R]. 2004.

[71] 何书燊．钽铌选厂尾矿综合利用探讨及建议[J]．矿产保护与利用，2000(3):50-54.
[72] 王文梅．白云鄂博铌资源综合利用选矿新工艺[J]．有色金属，2004(1):472-474.
[73] 刘丽华，张玉珍．浅析海滨砂矿精选工艺流程[J]．有色金属设计，2003，30(1):30-33.
[74] 古尔 A. 细晶石和锆石的浮选行为[J]．国外金属矿选矿，2004(8):33-34.
[75] 广州有色金属研究院．朝鲜海滨砂矿选矿工艺流程研究报告[R]. 2005.
[76] 肖六均．攀枝花钒钛磁铁矿资源及矿物磁性特征[J]．金属矿山，2001，295(1):28-30.
[77] 戴新宇．原生钛铁矿选矿技术进展[J]．中国矿业，2002(2):40-42.
[78] 李忠荣，蒲劲松．原生钛铁矿选矿技术进展[J]．国外金属矿选矿，2001(3):20-22.
[79] 周建国，刘铁平，周光华．攀枝花选钛厂工艺流程及装备优化[J]．矿冶工程，2000，20(4):45-48.
[80] 许新邦．磁-浮选流程回收攀钢微细粒钛铁矿的试验研究[J]．矿冶工程，2001，21(2):37-40.
[81] 金文杰，曾丽，朱高淑．预磁化对攀钢钛磁铁矿分选效果的影响[J]．金属矿山，2001，296(2):41-43.
[82] 吴城材，王永堂，胡应斌．GL-2 型 ϕ600mm 螺旋选矿机在攀枝花选钛厂的应用[J]．矿产保护与利用，1998(6):32-35.
[83] 李忠荣，蒲劲松．原生钛铁矿选矿技术进展[J]．国外金属矿选矿，2001(3):20-22.
[84] 李志章．昆明地区钛铁矿粗精矿精选试验研究[J]．国外金属矿选矿，1998(7):22-23.
[85] 赵南方，周岳远，林德福．YD31200-23 型高压电选机的研制及应用[J]．中南工业大学学报，1998(4):385-387.
[86] 袁国红，余德文．R-2 捕收剂选别攀枝花微细粒级钛铁矿试验研究[J]．金属矿山，2001，303(9):37-39.
[87] 何虎，余德文．ZY 捕收剂分选粗粒级钛铁矿的试验研究[J]．金属矿山，2002，321(6):23-25.
[88] 谢建国，陈让怀，曾维龙．新型捕收剂 RST 浮选微细粒级钛铁矿[J]．有色金属，2002，54(1):72-74.
[89] 谢建国，张泾生，陈怀让，等．新型捕收剂 ROB 浮选微细粒级钛铁矿的试验研究[J]．矿冶工程，2002，22(2):47-50.
[90] 谢泽君．XT 新型浮选捕收剂的工业试验[J]．矿冶综合利用，2004(4):22-26.
[91] 朱建光，陈树民，姚晓海，等．用新型捕收剂 MOH 浮选微细粒钛铁矿[J]．有色金属（选矿部分），2007(6):42-45.
[92] 傅文章，张渊，洪秉信，等．攀枝花细粒级钛铁矿回收利用工艺技术研究[J]．金属矿山，2000(2):37-40.
[93] 余德文，钟志勇．原生细粒钛铁矿无抑制剂浮选[J]．国外金属矿选矿，2000(3):24-26.
[94] 余新阳，陈禄政，周源．尾矿中钛资源综合回收的研究[J]．中国资源综合利用，2003(12):5-7.
[95] 朱俊士．中国钒钛磁铁矿选矿[M]．北京：冶金工业出版社，1996.
[96] 范先锋，罗森 N A. 微波能在钛铁矿选矿中的应用[J]．国外金属矿选矿，1999(2):2-7.
[97] 许向阳，张泾生，王安五，等．微细粒级钛铁矿浮选捕收剂 ROB 的作用机理[J]．矿冶工程，2003，23(6):23-26.
[98] 许向阳．攀枝花细粒钛铁矿浮选组合捕收剂的研究[D]．长沙：长沙矿冶研究院，2000.
[99] S. 布拉托维奇．处理复合的钙钛矿、钛铁矿和金红石矿石的方法[J]．国外金属矿选矿，2000(3):27-31.
[100] 钱鞠梅．EMP 可提高重矿物回收率[J]．矿业快报，2000(17):21.
[101] 高玉德，邹霓，王国生，等．黑山选铁尾矿选钛工程化技术研究[J]．矿产综合利用，2010(2):19-21.
[102] 陈树民．攀枝花微细粒（$-19\mu m$）钛铁矿回收探索试验[J]．矿产综合利用，2004(5):7-10.
[103] 唐明权．攀枝花钒钛铁资源的二次综合利用[J]．矿冶工程，2003，31(2):32-34.

第 21 章　铝镁矿石选矿

铝和镁均属地壳中分布较广的元素，其赋存矿物种类繁多，目前开发利用的对象分别以铝土矿和菱镁矿为主。由于入选原矿中有价组分的含量较高，铝土矿选矿与菱镁矿选矿的主要任务为脱除影响后续冶炼处理的杂质矿物，即通过杂质矿物的脱除达到“提纯”的目的，这与其他矿种的选矿以“富集”为主要目的不同。其中，铝土矿选矿的研究重点为脱硅、脱硫，菱镁矿选矿的研究重点为脱硅、降钙。

长期以来，由于普遍采用矿石原料直接进行冶金处理的利用方式，与其他矿种相比，铝镁选矿技术的相关研究与应用案例相对较少。近年来，随着矿石品质的下降，铝土矿选矿和菱镁矿选矿技术的研究已经引起人们的重视。20 世纪末至 21 世纪初，在国家科技计划的推动下，我国曾兴起铝土矿选矿的热潮，中南大学、北京矿冶研究总院等科研单位进行了大量工作，在世界上首次建成铝土矿选矿脱硅生产线。近年来，铝土矿选矿技术研究方兴未艾，在铝土矿选矿脱硅基础理论和药剂开发方面取得了更深入的认识，并实现了铝土矿脱硫技术的产业化；我国菱镁矿资源主要分布于辽宁，辽宁科技大学、北京科技大学等高校曾进行过一些研究，为菱镁矿选矿技术打下了基础，近年来北京矿冶研究总院进行了低品位菱镁矿脱硅降钙产业化技术的开发与应用工作，并取得了较好的效果。本章重点针对铝土矿选矿和菱镁矿选矿近些年的研究与应用进展进行介绍和评述，以期为未来技术的进步提供借鉴。

21.1　铝选矿

21.1.1　铝资源概述

铝是世界上仅次于钢铁的第二重要金属。由于铝具有密度小、导电导热性好、易于机械加工及其他许多优良性能，因而广泛应用于国民经济各领域。目前，全世界用铝量最大的是建筑、交通运输和包装行业，占铝总消费量的 60% 以上。同时，铝是电器工业、飞机制造工业、机械工业和民用器具不可缺少的原材料。

铝的生产环节中，首先需从铝资源中提取氧化铝，然后将氧化铝电解制取铝，最后再加工成各种型材。铝土矿是生产氧化铝的主要原料，此外，铝硅酸盐及粉煤灰等含铝固体废弃物同样可作为铝工业原料的有益补充，但涉及选矿的原料主要为铝土矿。因此，如无特别说明，本文主要针对铝土矿资源进行评述。

铝土矿是指工业上能利用的，以三水铝石、一水软铝石或一水硬铝石为主要矿物所组成的矿石的统称。全世界 92% 左右的铝土矿产量用于冶炼金属铝，其余 8% 左右用于耐火材料、研磨材料、陶瓷及化工等工业原料。

21.1.1.1　铝资源分布

A　世界铝土矿资源分布

在世界范围内铝土矿储量丰富，据美国地质调查局估计，世界铝土矿资源总量（指储量加上次经济资源及未经发现的矿床）为 550 亿～750 亿吨。2013 年全球探明铝土矿储量约 280 亿吨，遍及五大洲的 40 多个国家。

世界铝土矿资源相对集中，分布极不均衡。铝土矿储量排在世界前五位的是几内亚、澳大利亚、巴西、越南、牙买加五国，铝土矿储量高达世界的 71.79%；其中仅几内亚和澳大利亚两国储量就几乎达到世界总储量的一半；我国铝土矿储量排名为世界第 8 位，约 8.3 亿吨，占世界储量的 2.96%[1]。表 21-1 为 2013 年世界各国铝土矿资源储量情况。

表 21-1　世界各国铝土矿储量[1]

国　家	储量/亿吨	国　家	储量/亿吨
几内亚	74	苏里南	5.8
澳大利亚	60	印　度	5.4
巴　西	26	委内瑞拉	3.2
越　南	21	俄罗斯	2
牙买加	20	哈萨克斯坦	1.6
印度尼西亚	10	美　国	0.2
圭亚那	8.5	其他国家	28
中　国	8.3	世界总量	280
希　腊	6		

B　中国铝土矿资源分布及特点

我国铝土矿资源较为丰富，2013 年数据显示，基础储量约 8.3 亿吨[1]，居世界第 8 位。我国铝土矿资源分布集中，山西、广西、贵州和河南四省区的资源储量占全国资源储量的 90% 以上。其中，山西的资源储量约占 37%，居全国第一位[2]，矿床以大、中型矿床居多，占全国总储量的 86%。在已经探明的储量中，主要矿床类型为沉积型矿床，其保有资源储量占全国保有资源储量总量的 80% 以上。其中适合露采的铝土矿矿床不多，只占全国总储量的 34%。

从矿石性质上，我国铝土矿主要有以下特点：

(1) 我国铝土矿以难处理的一水硬铝石型为主。在世界铝土矿资源中，三水铝石型和三水铝石-一水铝石混合型铝土矿占总储量的 90% 以上，相比国外三水铝石型和三水铝石-一水铝石混合型铝土矿为主，我国铝土矿主要为一水硬铝石型，占全国总储量的 90% 以上。与三水铝石、一水软铝石相比，一水硬铝石作为拜耳法生产氧化铝的原料的溶出需要较高的温度、压力和苛性比条件。

(2) 我国铝土矿资源普遍具有高铝、高硅、低铁、低铝硅比的特点。与国外三水铝石型和三水铝石-一水铝石混合型铝土矿相比，我国铝土矿具有高铝、高硅、低铁的特点，初步统计，我国铝土矿平均品位 Al_2O_3 以 40% ~60% 为主，平均铝硅比为 4 ~6，铝硅比大于 7 的铝土矿资源储量占全国资源储量比例不足 30%，铝硅比处于 4 ~7 的铝土矿资源储量占比超过 60%[2]。较低的铝硅比导致我国铝土矿资源难以采用经济的拜耳法生产，普遍采用烧结法和混联法。

(3) 我国铝土矿资源矿石性质复杂。我国铝土矿资源中矿物种类多、组成复杂，矿物嵌布粒度较细。除主要含一水硬铝石外，还含有其他一些杂质矿物，如含硅矿物石英、高岭石、叶蜡石、伊利石、绿泥石等，含铁矿物赤铁矿、褐铁矿、水赤铁矿等，含钛矿物锐钛矿、金红石等。此外，我国铝土矿组成的复杂性还表现在一水硬铝石与主要含硅矿物之间的嵌布关系复杂，一水硬铝石常与高岭石、叶蜡石和伊利石等含硅矿物彼此紧密镶嵌，解离较难。我国的一水硬铝石型铝土矿中，大多数一水硬铝石呈均匀分布，只有少数呈微粒集合体产出；有的一水硬铝石则构成鲕粒或同高岭石等铝硅酸盐矿物一起构成多层鲕粒；还有一部分呈胶质或隐晶质出现。一水硬铝石的嵌布粒度一般在 5 ~10μm。

难溶、低铝硅比、嵌布复杂等铝土矿资源特点，以及多数矿床不适宜露采等问题，导致我国具有经济意义可开采利用的铝土矿储量不足查明资源储量的 1/4，资源保障程度有限。随着我国的经济建设的迅猛发展，铝资源的消耗也越来越多，高品质的铝土矿储量迅速降低，为了保证我国氧化铝工业的健康和稳定，低品质铝土矿的高效利用是目前氧化铝工业的重要课题。

21.1.1.2　铝资源的生产和消费

A　铝土矿及铝产品产量

从地区分布看，铝土矿的生产主要集中在澳大利亚、中国、巴西、几内亚、印度和牙买加等国。2014 年，这些国家的铝土矿产量分别占世界总量的 34.58%、20.04%、13.86%、8.23%、8.10% 和 4.18%，此六国产量合计约占世界总量的 89.19%[1]。2014 年我国铝土矿产量为 4700 万吨，居世界第二位。2013 年与 2014 年世界各国铝土矿生产情况见表 21-2。

表 21-2　世界各国铝土矿产量[1]

国　家	产量/万吨		国　家	产量/万吨	
	2013 年	2014 年		2013 年	2014 年
澳大利亚	8110	8110	苏里南	270	270
印度尼西亚	5570	50	委内瑞拉	216	220
中　国	4600	4700	希　腊	210	210
巴　西	3250	3250	圭亚那	171	180
几内亚	1880	1930	越　南	25	100
印　度	1540	1900	美　国	—	—
牙买加	944	980	其　他	457	476
哈萨克斯坦	540	550	世界合计	28315	23456
俄罗斯	532	530			

近年来，在世界和我国范围内，铝土矿和精炼铝的产量均进入持续增长时期。2009 ~ 2014 年，我国与世界铝土矿和精炼铝产量见表 21-3[3]。世界铝土矿产量从 2009 年的 19707 万吨迅速攀升至 2013 年的 28315 万吨，2009 年受印度尼西亚施行铝土矿出口禁令的影响有所回落（23456 万吨）[4]；我国铝土矿产量增速较快，从 2009 年的 2921 万吨迅速攀升至 2014 年的 4700 万吨，增幅高达 60.89%。世界精炼铝产量从 2009 年的 3717 万吨持续增长到 2013 年的 4861 万吨；我国精炼铝产量从 2009 年的 1289 万吨一路飙升到 2013 年的 2316 万吨，增幅高达 79.63%。可见，我国不仅是铝土矿生产大国，而且铝土矿及精炼铝产量增速远高于世界平均水平；然而按照同期我国铝土矿资源储量，我国铝土矿静态可采年限仅为 18 年，远低于全球 120 年的平均水平，加强资源的合理开发利用是我国铝土矿产业乃至整个铝业所面临的重要问题。

表 21-3　铝土矿和精炼铝产量[4]　（万吨）

年　份	铝土矿产量		精炼铝产量	
	中　国	世　界	中　国	世　界
2009	2921	19707	1289	3717
2010	3684	21330	1624	4081
2011	3717	24809	1813	4479
2012	4405	25554	2025	4633
2013	4405	28335	2316	4862
2014	4700	23456		

B　铝消费

铝是重要的轻金属，被广泛用于建筑、包装、汽车乃至航空器制造领域。我国是世界铝工业大国，原铝及氧化铝消费量为世界第一。据统计，2014 年我国原铝消费量约 2805 万吨，占当年世界铝消费量 5485 万吨的 51.14%；2015 年我国原铝消费量为 3060 万吨，同比增长 9%。氧化铝方面，2014 年我国氧化铝消费量约为 5623 万吨，占当年世界氧化铝消费量 11128 万吨的 50.53%。

从消费领域来看，2014 年我国原铝消费量约 2805 万吨，建筑房地产、电子电力、交通运输三大领域占比分别达到 35.5%、14.0%、12.1%，铝材出口、耐用消费品、机械装备和包装容器等领域位列其后，占比分别为 11.6%、11.3%、6.2% 和 5.3%，其他领域占 4.0%。2000 年以来，传统消费领域的原铝消费经历了指数级别增长到现在的增速下降，而新消费领域不断出现，如商用车轻量化、建筑模板、铝合金过街天桥、铝合金维护板等领域增速强劲。

C　铝土矿进出口情况

世界上主要的铝土矿出口国有澳大利亚、牙买加、巴西、希腊、印度、马来西亚等国；2014 年实施铝土矿出口禁令以前，印度尼西亚为铝土矿第一出口大国。铝土矿进口国主要为中国、美国，此外还包括爱尔兰、乌克兰等国；2013 年我国铝土矿进口量占世界进口总量的 69.13%，美国占比为 11.48%。世界铝土矿主要进口国及进口量详情见表 21-4。

表 21-4 铝土矿主要进口国及进口量 （万吨）

国家	年份							
	2006	2007	2008	2009	2010	2011	2012	2013
中国	926	2328	2593	1980	3036	4524	4007	7161
美国	1160	1179	1247	792	732	947	1191	1189
爱尔兰	337	413	301	279	411	422	392	444
乌克兰	312	362	392	390	446	492	402	439
加拿大	329	334	356	230	337	320	368	359
西班牙	301	355	362	351	333	308	369	351
德国	214	314	301	212	201	244	278	241
法国	167	200	179	103	99	144	144	120
日本	169	199	207	118	116	99	74	54
意大利	262	238	242	4	6	5	6	3
阿塞拜疆	123	75	89	—	—	6	32	—
合计	4299	5996	6269	4458	5715	7510	7263	10360

近几年我国都是世界第一大铝土矿进口国，国内铝土矿资源禀赋不佳，高质量铝土矿存量极少，为了解决资源供给问题，我国每年都要从国外大量进口铝土矿，对外依存度常年超过 50%。表 21-5 为 2007 ~2014 年我国铝土矿进出口情况，我国铝土矿资源的进口量在 2013 年以前持续升高，随着我国对铝土矿需求的不断增长，铝土矿进口均价自 2009 年以来也呈持续走高之势。2014 年受到印度尼西亚实施禁止铝土矿原矿出口政策的影响，铝土矿进口量从 2013 年的 7022 万吨直落至 2014 年的 3628 万吨，铝土矿资源来源单一的现状为我国矿产资源的安全敲响了警钟。2014 年，我国铝土矿进口格局也明显改变，澳大利亚成为我国最大的铝土矿进口国，进口量高达 1565 万吨，同比增加 9.52%，其次是印度 513 万吨和马来西亚 326 万吨[5]，此外巴西、加纳和多米尼加等国也成为我国铝土矿的进口国。

表 21-5 我国铝土矿进出口情况

年份	进口		出口
	数量/万吨	均价/美元·吨$^{-1}$	数量/万吨
2007	2321	44.41	—
2008	2574	63.67	—
2009	1969	35.8	—
2010	2995	43.73	—
2011	4468	45.95	—
2012	3957	47.68	—
2013	7022	53.66	0.03
2014	3628	56.98	0.57

21.1.2 铝土矿选矿理论及基础研究进展

近十年来，铝土矿浮选技术的产业化日趋成熟稳定，为进一步提高铝土矿选矿技术水平，研究者针对矿物的晶体结构与表面性质、浮选药剂与矿物的作用机制、一水硬铝石与铝硅酸盐矿物颗粒的聚集分散行为、铝土矿生物选矿等方面进行了一定的基础研究。

晶体结构与表面性质方面，刘晓文[6]利用原子力显微镜研究了一水硬铝石的表面黏附能，观察到一水硬铝石矿物｛010｝解理存在大量高度为12nm左右的解理台阶，在｛010｝解理面上可观察到大量晶体生长小丘，因此增大了一水硬铝石颗粒的表面活化点数目和比表面积。同时通过对一水硬铝石矿物进行力-位移曲线测定分析，定量地计算出一水硬铝石分别经蒸馏水、十二胺、油酸钠溶液浸泡之后其｛010｝面的平均黏附力和单位面积上平均黏附能的大小顺序为：$F_{蒸馏水} > F_{十二胺} > F_{油酸钠}$，$W_{蒸馏水} > W_{十二胺} > W_{油酸钠}$。可见，经捕收剂作用之后，一水硬铝石由高能表面变为低能表面。

铝土矿正浮选体系中浮选剂的作用机制方面，刘三军[7,8]研究表明：吐温-20等表面活性剂与油酸钠之间通过混合形成混合胶束，起到乳化加溶作用，进而促进阴离子表面活性剂在矿物表面的吸附。混合胶束的形成可以从油酸钠体系中表面张力的变化看出，吸附方式的趋势从物理吸附向化学吸附转变；徐龙华[9]推断油酸钠与高岭石可能发生化学吸附。

铝土矿反浮选体系中，季铵盐与铝硅矿物表面的作用机制亦有一定的研究报道。周苏阳、胡岳华等人[10,11]的研究表明：季铵盐在高岭石和一水硬铝石表面的吸附属于物理吸附，可能还伴有氢键吸附；1231单分子更容易与一水硬铝石｛010｝面作用，TR单分子更容易与高岭石｛001｝作用；改性淀粉ST片段在晶体表面的吸附能远小于季铵盐。岳彤、孙伟[12]采用分子动力学研究表明：季铵盐TBAC具有大头基短烃链的结构特点，使其在高岭石表面的接触面为DTAC的3.4倍；在高岭石表面产生更多的氢键，吸附能更低。

中南大学对铝土矿组成矿物的聚集分散行为进行了较系统的研究。在颗粒分散方面，碳酸钠对一水硬铝石、高岭石、伊利石和叶蜡石等细粒铝硅酸盐矿物具有良好的分散作用，其原因在于添加碳酸钠后，4种单矿物的表面ζ电位的负值均显著增大，导致矿物颗粒之间的静电排斥作用增大，从而增强了4种矿物颗粒间的分散性[13]。金属离子价态是影响一水硬铝石和高岭石分散性的重要因素，金属离子价态越高对一水硬铝石和高岭石分散性影响越大，金属离子的羟基配合物在矿物表面的吸附是金属离子与一水硬铝石和高岭石的主要作用形式，分散剂通过调节矿浆pH值或在矿物表面产生化学吸附而改变矿物表面电性，从而改变矿物颗粒间的相互作用能，进而对矿物产生分散作用[14]。钙离子通过羟基钙配合物和氢氧化钙沉淀在矿物表面的吸附造成了矿物颗粒间的凝聚，影响一水硬铝石、高岭石和叶蜡石的分散；碳酸钠主要与钙离子反应生成碳酸钙沉淀，而三聚磷酸钠则与钙离子形成稳定的环状内配物（螯合物），从而消除了钙离子的聚沉作用[15,16]。此外，开发的新型絮凝剂对一水硬铝石的作用主要为物理吸附（静电吸附）和氢键吸附；对高岭石没有明显的吸附作用，硬水中钙镁离子可以改变絮凝剂分子在溶液中的形式，使之由直链结构变为卷曲，分子链无法充分伸展影响了絮凝剂作用的发挥；在溶液中软水剂离子可以一对一地束缚钙离子，一直形成化学键，从而消除影响[17]。

在铝土矿的生物浸出研究方面，钟婵娟等人[18]基于矿物晶体结构对含铝矿物细菌浸矿机制进行了研究，结果表明：多种矿物同时存在的情况下，细菌对不同晶体结构的硅酸盐矿物的分解有一定的选择性，对较易分解的矿物破坏作用较快，细菌会优先选择分解含铁、钙等生命元素的赤铁矿与方解石等矿物。Nymphodora Papassiopi等人[19]进行的铝土矿的微生物降铁研究发现，在微生物作用下，六种不同的一水硬铝石型铝土矿中的铁有7%～29%被浸出。去除率最高的为鲕绿泥石中的铁，而结晶针铁矿和赤铁矿的溶解分别不超过9%和1.2%。

21.1.3　铝土矿选矿工艺技术进展

21.1.3.1　*破碎筛分与磨矿分级*

铝土矿的碎磨研究相对较少，主要集中在磨矿介质对选择性磨矿的影响和助磨剂的使用方面。

关于磨矿介质对铝土矿选择性磨矿的影响，欧乐明[20]采用球磨机进行的研究表明：对于不同的磨矿介质，不同形状介质的选择性磨矿效果的顺序依次为球+柱介质>球介质>棒介质；而韩跃新[21]对振动磨机的选择性磨矿试验研究则表明：其顺序为柱形介质>柱球介质>球形介质，可见磨机类型对磨矿介质的作用效果存在一定的影响。

助磨剂在铝土矿磨矿的应用方面，孙伟、罗春华、万丽[22～24]的研究关注了助磨剂对铝土矿选择性磨矿效果的影响，表明碳酸钠、JDP、六偏磷酸钠和RC均能增大铝土矿微细颗粒的含量，提高磨矿产品中粗粒级的铝硅比，对选择性磨矿有一定的强化作用；而王泽红、邓善芝等人[25～27]则考察了助磨剂对铝土矿磨矿效率的影响，他们的研究表明：助磨剂的使用可以较为显著地降低矿浆黏度，改变颗粒表面电位，影响颗粒表面形貌，从而提高磨矿效率，降低磨矿能耗。

21.1.3.2　选别工艺技术流程

铝土矿选矿的主要任务是脱硅、脱硫、降铁，根据不同矿区铝土矿资源特点和矿石性质的不同，所适用的工艺流程也各有差异。总体来讲，目前研究与应用较多的铝土矿选别技术包括铝土矿浮选脱硅技术、铝土矿浮选脱硫技术、铝土矿降铁技术、铝土矿选择性絮凝脱硅技术等，此外，洗矿是堆积型与红土型铝土矿提高铝硅比常用的工艺，近年提出了一些技术改造措施。

A　低铝硅比铝土矿浮选脱硅技术

针对我国一水硬铝石型铝土矿，十多年来铝土矿选矿脱硅工艺获得突破性进展，特别是在十五攻关期间，提出了以一水硬铝石富集合体为解离目标，以一水硬铝石及其富连生体为捕集和回收对象的新思路，突破了因一水硬铝石嵌布粒度细、选矿脱硅应该细磨的技术思路，并充分利用了脉石矿物易泥化的性质，采用选择性碎磨工艺，结合浮选工艺与药剂降低了矿泥对选矿脱硅的影响面。在此理论基础上，放粗磨矿细度，北京矿冶研究总院、中南大学等研究机构先后提出了“阶段磨矿——次浮选”、“浮选—分级”、“分级—浮选”、“选择性磨矿—粗细分选”等工艺，并在2003年先后将“选择性磨矿—粗细分选”与“分级—浮选”工艺应用在中国铝业公司两条工业生产线（山东分公司与中州分公司），生产指标运行良好[28]。此外，在国家科技部相关项目支持下，中低品位一水硬铝石型铝土矿的反浮选脱硅亦获得了突破，采用“选择性碎磨—絮凝脱泥—反浮选”亦获得了半工业试验的成功。近年来以此为基础的铝土矿浮选脱硅技术有大量研究。

任爱军等人[29,30]针对山西某低品位铝矾土矿，采用“阶段磨矿—浮选分离”技术，以分散剂BJ213和捕收剂BJ422的药剂组合，在原矿Al_2O_3含量68.80%、SiO_2含量10.74%的条件下，获得了Al_2O_3含量为75.66%的精矿1（用于生产高铝耐火材料）和铝硅比为8.10的精矿2（可用于生产氧化铝），两产品的Al_2O_3回收率为84.25%。曾克文等人[31]依据某铝土矿的矿石特性和嵌布特性，采用粗细分选流程，获得了铝土矿总精矿的铝硅比为7.38、Al_2O_3回收率为71.23%的指标。谢海云等人[32]针对云南典型高铝高硅铝土矿（铝硅比为2.92），采用“阶段磨矿—阶段浮选脱硅”工艺，在粗磨细度为-0.074mm含量占70%时进行一段浮选脱硅，粗精矿再磨至-0.037mm含量占90%后进行二段浮选脱硅，最终闭路试验获得铝硅比为6.71的铝土矿精矿。梁友伟[33]对高泥化微细嵌布铝土矿进行选矿试验研究，试验采取适度预先脱泥、阶段磨矿与检查分级相结合，采用选择性捕收剂EMLB-2等有效措施，获得了铝精矿铝硅比9.49、Al_2O_3回收率80.22%的良好试验指标。陈湘清等人[34]以山西孝义低品位铝土矿为研究对象，筛选出HZ高效捕收剂强化捕收微细粒有用矿物，并通过二段磨矿工艺改善了磨矿产物的粒度组成，采用一次粗选、二次精选、二次扫选工艺和提高浮选机转速强化微细粒疏水聚团的形式，改善浮选指标。对于铝硅比为4.43的低品位原矿，获得精矿铝硅比为9.76、Al_2O_3回收率80.88%的良好工艺指标。Huang Gen等人[35,36]对一水硬铝石型铝土矿浮选脱硅的影响因素进行了研究，考察了矿浆温度、浓度、pH值、充气量和药剂用量的影响，并通过优化得到了理想的结果；此外，针对搅拌转速对低品位铝土矿浮选的影响研究发现，调浆转速的提高有利于提高低品位铝土矿各个粒级的回收率，尤其是-0.038mm的细粒级，但会造成细泥夹带，同时+0.074mm粗粒级的浮选回收率略有降低。

我国每年从国外进口大量铝土矿，因此近年来许多研究针对国外铝土矿进行。余新阳等人[37]采用“选择性磨矿—分级浮选”，针对国外某低品位红土型铝土矿进行脱硅提纯选矿试验，在给矿三水铝石品位52.10%、铝硅比3.14的条件下，获得精矿的三水铝石品位为68.64%、有效铝回收率为92.40%、有效铝硅比11.07；陈志友等人[38]以斐济的三水铝石型铝土矿洗矿精矿为原料，以ZYY作为捕收剂进行正浮选研究，得到铝硅比9.06的精矿，Al_2O_3回收率为76.79%；杨小生等人[39]以印度尼西亚的三水铝石型铝土矿为原料，采用正浮选技术，得到铝硅比为11.18的精矿，Al_2O_3回收率为63.49%。

B　高硫铝土矿浮选脱硫技术

在铝土矿脱硫选矿方面，国内第一条铝土矿选矿脱硫工业生产线于2008年在中国铝业重庆分公司投入使用，采用北京矿冶研究总院开发的高效活化剂BK313与少量黄药（80~120g/t），在中碱性矿浆条件下，工业生产获得硫精矿硫品位35.55%，硫回收率73.91%；铝精矿产率91.03%，Al_2O_3品位59.56%，

Al_2O_3 回收率95.10%，硫含量0.30%，回水利用率100%。

目前铝土矿脱硫的技术开发研究报道多针对重庆、贵州的高硫铝土矿进行[40~47]，针对不同矿石性质开发了相应的流程结构和药剂制度，一般均可获得满足氧化铝生产硫含量要求的铝精矿，铝回收率达90%以上，亦可实现硫的综合利用。值得注意的是，超声波对铝土矿浮选脱硫过程的强化研究在铝土矿浮选脱硫中进行了探索。欧阳嘉骏等人[48]的研究表明：用20kHz超声波前置处理5min，铝精矿硫含量降低为0.28%，而未经过超声波处理得到的铝精矿硫含量为0.35%；同步超声波（20kHz）处理铝土矿矿浆4min，铝精矿硫含量为0.42%，而未经过超声波处理得到的铝精矿硫含量为0.55%，说明超声波在一定程度上可以优化浮选分离效果。

C 高铁铝土矿利用技术

针对国内外部分高铁铝土矿，研究者近几年采用了磁浮联合、磁化焙烧—磁选、直接还原—磁选等技术进行了研究，取得了一定的进展。

在磁浮联合流程方面，陈丽荣[49]以贵州务正道地区某沉积型铝土矿为研究对象，采用“选择性磨矿富集粗粒级—复合捕收剂DK-1浮选微细粒有用矿物—混合精矿高梯度磁选机除铁”的工艺，针对 Al_2O_3 品位57.24%、TFe品位13.66%、铝硅比为5.76的原矿，获得铝精矿 Al_2O_3 品位67.50%、Al_2O_3 回收率70.15%、铁精矿TFe品位49.60%、铁回收率49.45%的试验指标。卢毅屏等人[50]对山西某铝土矿进行了提铝降铁试验研究，采用“浮选—高梯度强磁选”流程处理该矿石，可以将 Al_2O_3 品位从64.80%提高到72.57%，Al_2O_3 回收率达86.86%；Fe_2O_3 含量从3.28%降至1.81%，去除率达57.20%，同时研究发现，六偏磷酸钠在强磁选降铁作业中具有显著的强化分散作用。董红军等人[51]对中铝平果铝土矿进行了先铁后铝技术方案的试验研究，在给矿铁品位14.64%的条件下，通过一次粗选、一次精选强磁选工艺流程，可获得产率9.09%、铁品位52.71%、回收率32.74%的强磁铁精矿。魏党生[52]采用“强磁选—阴离子反浮选”的技术路线进行高铁型铝土矿资源综合回收研究，扩大试验得到了 Al_2O_3 品位大于68%、Al_2O_3 回收率大于70%的铝精矿，以及铁品位大于56%、铁回收率大于54%的铁精矿。

在磁化焙烧—磁选流程方面，印勇等人[53]针对云南鹤庆高铁铝土矿，通过“焙烧—磁选”的方法，在选用焙烧时间为70min、焙烧温度为800℃、还原剂用量为8%和强磁强度为0.4T的条件下得到了理想指标；任文杰等人[54]经过该工艺能得到铝回收率为72.70%的优质铝精矿和高品位铁精矿，能够在低能耗条件下综合利用高铁铝土矿中的铝和铁；陈怀杰等人[55]针对我国贵港等地高铁铝土矿的特点，提出了“同时提铁铝”综合利用工艺，即在中高温还原铁的同时，使铝形成铝酸钠，将还原焙烧料湿磨浸出氧化铝后，再进行磁选选铁，采用该工艺，铝的浸出率达到80.2%，铁精矿铁品位55.2%，铁的回收率92.4%，铁、铝资源得到充分利用，具有一定的应用前景。

在直接还原—磁选方面，朱忠平[56]以广西某高铁三水铝石型铝土矿为对象，开展了铁、铝、硅、钒、镓等综合利用新工艺的基础研究，并提出了“还原焙烧—磁选—浸出法”综合利用高铁三水铝石型铝土矿的新工艺流程，该流程具有工艺简单、投资成本低、废弃物排放少、综合回收利用率高的优点，为高铁三水铝石型铝土矿的综合利用提供了新的途径。储满生等人[57]通过控制条件，从而使得铁颗粒粒径为48~150μm，进行适度还原，将还原料经快速冷却后通过磁选和浮选，得到还原铁中的铁品位在80%以上，金属化率大于90%，富氧化铝料中氧化铝的含量大于50%，同时保证铁、铝的回收率均在85%以上；袁致涛等人[58]亦进行了相关研究。

D 铝土矿选择性絮凝脱硅技术

铝土矿选择性絮凝技术日益引起重视。中南大学采用新型絮凝剂和自行设计研发的水力分选设备；刘文莉[17]采用AlFlcoPro作为絮凝剂对铝土矿进行选择性絮凝，可获得铝硅比为9.02的精矿；卢东方[59]自制了一种用于铝土矿脱硅的新型水力分选设备，对河南多种矿样进行了试验室和扩大试验，都获得了较好指标，在扩大试验中，原矿铝硅比为4.18，-0.074mm含量为70%~75%，经一次脱硅可得到铝硅比为5.90、Al_2O_3 回收率为87.18%的精矿，尾矿铝硅比为1.50；王毓华等人[60,61]针对一水硬铝石型铝土矿选择性絮凝分选工艺进行了研究，研究结果表明：以HSPA为絮凝剂，碳酸钠为矿浆分散剂，对铝硅质量分数比为5.68的矿石，经3次絮凝分离，取得了精矿铝硅比为8.9、Al_2O_3 回收率86.98%的良好指标；同时他还研究发现[62]，在处理 Ca^{2+} 存在的铝土矿时，三聚磷酸钠分散效果比碳酸钠好，对于铝硅比为

5.62，且有 Ca^{2+} 影响的原矿，以三聚磷酸钠为分散剂、聚丙烯酸钠为絮凝剂，可以获得铝硅比为 7.14、Al_2O_3 回收率为 89.97% 的精矿。张云海[63]将磷化淀粉作选择性絮凝剂，脱除了产率大于 7%、铝硅比小于 1.7 的矿泥；李荣改等人[64]针对山西某铝土矿的矿石特性，采用选择性絮凝的方法，以多聚磷酸钠和阴离子型聚丙烯酰胺 63016 为分散剂和絮凝剂，可以获得铝硅比为 6.12、Al_2O_3 回收率为 90.15% 的铝土矿精矿。

E　铝土矿的洗矿

洗矿是堆积型铝土矿和红土型铝土矿提高铝硅比的有效工艺，该工艺简单、稳定、运行成本低，近年来针对国内外相关矿石提出了一些流程和设备改造措施。平果铝土矿为了控制并降低洗矿产品的含泥率，同时保持较高的洗矿生产效率，通过圆筒洗矿机、槽式洗矿机和直线振动筛等设备工艺的改造，同时配置两段洗矿与三段洗矿两种模式的切换，有效降低了洗矿含泥率，保证了供矿质量，为氧化铝厂提产降本创造了有利条件[65]；云南文山堆积型铝土矿采用圆筒洗矿机加槽式洗矿机为主洗设备的两段洗矿流程对含泥率较高的难洗矿石进行洗矿，同时采用在筛子分级时高压水冲洗及分级机作业时浸泡、冲洗，形成了多次洗矿流程，从而保证净矿质量[66,67]；针对桂西铝土矿洗矿工艺流程，采用增加水压和耗水量、调整圆筒擦洗机筛条间距和改进皮带输送机等措施，降低了洗矿含泥率，增大了洗矿产量[68]；杨彪[69]分析了广西西北部岩溶堆积型铝土矿和印度尼西亚加里曼丹岛红土型铝土矿不同的成矿条件形成的迥异的原矿性质，探讨了洗矿工艺的不同，分析表明：红土型铝土矿较桂西北岩溶堆积型铝土矿的洗矿工艺简单，前者只需采用两道圆筒洗矿机即可分离矿泥，而后者则需圆筒洗矿机与槽式洗矿机相结合的方式才能达到预期的洗矿效果。

21.1.3.3　选矿设备

近年来针对铝土矿选矿设备的研究，主要涉及新型碎磨设备、浮选柱、专用浮选机、重选设备以及浓密脱水设备的应用研究。

碎磨设备方面的研究主要涉及高压辊磨机和立式球磨机在铝土矿选矿中的适用性。高涵[70]对高压辊磨机用于铝土矿进行试验研究表明：在最佳工作压力为 12.5MPa、矿石含水率不高于 7% 的条件下，矿石经过高压辊磨工艺后所得物料细粒级含量更多，可磨性优于常规破碎工艺所得物料；阎赞[71]测定了某铝土矿高压辊磨产品和颚式破碎产品的邦德球磨功指数、比表面积和孔体积，结果表明：相对于传统的颚式破碎机，高压辊磨机可有效达到节能降耗的目的，提高铝土矿产品的利用率；曾桂忠[72]的研究表明：立式球磨机比卧式球磨机在矿石处理量、选择性磨矿产品的富集方面均有较大的提高，并且能耗有所降低。

随着铝土矿选矿研究的精细化，近年来出现了针对铝土矿专用浮选机的研发。北京矿冶研究总院[73]针对铝土矿浮选要求浮选机吸气量小、叶轮搅拌强度适中的特点，研发了 BF-L 型铝土矿专用浮选机，工业生产试验结果表明：BF-L 型浮选机完全满足铝土矿浮选工艺要求，针对铝硅比为 5.83 的一水硬铝石型铝土矿，可以获得铝硅比为 11.39、Al_2O_3 回收率 86.45% 的精矿；喻明军[74]研究发现浮选槽深度的增加有利于铝土矿的反浮选过程，并设计了一种较适合于铝土矿微细粒反浮选的充气式深槽浮选机，槽深由 131mm 增加到 177mm 时，在精矿铝硅比相近的前提下，精矿 Al_2O_3 回收率由 73.41% 增加到 77.99%；无传动浮选槽是一种处理量大、结构简单、占用空间小、能耗低的高效浮选设备，周杰强[75]采用无传动浮选槽进行了低品位铝土矿正浮选脱硅工业生产，从铝硅比为 4.35 的原矿，可获得铝硅比为 8.10、Al_2O_3 回收率为 84.21% 的精矿；孙伟[76]研制了旋流浮选器，针对河南某铝土矿，不预先脱泥直接进行铝土矿反浮选，精矿中平均铝硅比为 8.38，回收率为 85.16%。

近年来浮选柱用于铝土矿浮选亦有大量相关研究报道，中国矿业大学旋流-静态微泡浮选柱已在钨等有色金属的选矿中得到应用，周游[77]研究了“快速浮选—一次粗选—一次精选”工艺下泡沫层厚度对低品位铝土矿柱式分选的影响，发现泡沫层厚度对精选段的影响明显高于对粗选段的影响；周长春[78]利用静态微泡浮选柱进行铝土矿柱式浮选的研究表明，“一粗一精”两段工艺可以代替浮选机“一粗一扫两精一精扫”五段工艺；欧乐明[79]利用新型微泡浮选柱对河南某中低铝硅比铝土矿进行了分选研究，得到精矿铝硅比为 10.26，Al_2O_3 回收率 87.24% 的实验指标；张文才[80]研究各种因素对浮选柱泡沫层稳定性的影响规律，结果表明铝土矿浮选泡沫层稳定性随表观气速、颗粒浓度、油酸用量、碳酸钠用量、起泡剂用量的增加而增加，泡沫层稳定性影响分选效果。

在重选设备方面，卢东方等人[59,81,82]针对目前铝土矿沉降脱硅设备处理能力低和分选效率差等问题，自制了一种用于铝土矿脱硅的新型水力分选设备，并采用 FLUENT 软件模拟了设备内部流场和颗粒的运动，结果表明：设备锥体内流体的旋转运动使矿浆在径向分散和分离，向上运动的流体能促使固相尤其是粒度较小和密度较低的含硅相向上运动，实现铝相和硅相在轴向上的分离；斜板能显著提高铝相在上升过程中的沉降效率，原矿铝硅比为 4. 7 时实际矿石脱硅试验结果表明，经设备一次脱硅处理，可得到 Al_2O_3 回收率为 90. 64%、铝硅比为 6. 34 的精矿；高淑玲等人[83~85]提出引入旋流离心力场以强化基于密度差异的分选作用，并对铝硅比为 4. 39 的铝土矿进行了旋流分选试验，试验结果表明：增大水力旋流器的入料动压可同时获得铝硅比分别为 7. 64 和 2. 18 的底流和溢流产物，增大水力旋流器的沉砂口直径，可以获得铝硅比为 2. 08 和 6. 5 ~ 7. 0 的溢流和底流产物；张宁宁等人[86]以河南某铝硅比约为 3 的低品位铝土矿为研究对象，确定了干扰床分选机对其分选具有一定的效果，该设备较佳的入料粒度上限为 0. 90mm。

高效浓密脱水一直是铝土矿工业生产面临的难题。尹海军等人[87]针对铝土矿浮选尾矿浓密机存在底流浓度低、溢流浮游物偏高的问题，自行开发研制了深锥高效沉降槽，以代替普通浓密机，工业应用表明：深锥沉降槽较好地满足了工艺要求，保证了尾矿坝的安全堆存，提高了回水利用率，减少了操作和维护工作量。中国铝业河南分公司选矿车间[88]对陶瓷过滤机、立盘过滤机及板框压滤机等设备进行了应用研究，通过比较，板框压滤机维护方便、操作简单、精矿水分低、能耗低，能够连续稳定运行，适合铝土矿浮选精矿过滤。靳古功[89]进行了立盘过滤机过滤铝土矿正浮选精矿的试验，与生产中使用的新型陶瓷圆盘真空过滤机相比，其滤饼含水量和滤液浮游物含量两项过滤指标相当，产能提高，采用无纺布过滤精度较高，在相同过滤面积条件下，设备价格低于陶瓷圆盘真空过滤机 20% 以上；王纪瑞[90]针对盘式过滤机应用于浮选精矿的可行性进行研究，通过试验数据和运行参数的比较，阐述了盘式过滤机大型化、国产化的可行性。

21. 1. 3. 4　*选矿药剂*

铝土矿选矿药剂主要包括 pH 值调整剂、分散剂/抑制剂、捕收剂。研究主要集中在捕收剂的合成与应用，正浮选捕收剂为阴离子捕收剂，目前工业应用的有中南大学的 KL、北京矿冶研究总院的 BJ422 等，反浮选捕收剂以季铵盐为代表。随着技术的进步，近年来研究者通过合成、复配等方式，开发了大量新型浮选药剂，正浮选捕收剂、反浮选捕收剂和调整剂近年的研究主要有以下特点：

（1）关于铝土矿正浮选捕收剂的研究以通过复配增强其作用效果与低温性能为主，多以脂肪酸为主要组分，辅以螯合捕收剂、醇类或表面活性剂等组分，此外，部分研究开发了新型螯合捕收剂。

通过组合复配增强捕收剂的作用效果是铝土矿正浮选捕收剂开发的主要研究方向之一。陈远道[91]考察了不同添加剂对脂肪酸的增效作用及机理，通过大量研究开发了铝土矿浮选脱硅捕收剂 KL，并成功地应用于铝土矿选矿脱硅工业生产线，尾矿铝硅比为 1. 4 ~ 1. 9，Al_2O_3 回收率为 80% ~ 88%，达到了设计指标并应用至今。曹学锋[92,93]配制了一种油酸的复合增效剂 DT，其中油酸与复合增效剂最佳配比为 10 : 1，复合增效剂对一水硬铝石的回收率影响显著，可以使一水硬铝石回收率提高 10%；经一次粗选、二次精选，原矿铝硅比由 3. 14 提高到 8. 08，Al_2O_3 回收率达到 76. 44%，而 DT + 油酸的全流程总用量仅 800g/t；刘长淼等人[94]研究了新型捕收剂 ZMC 在铝土矿正浮选中的应用，针对铝硅比为 4. 5 的铝土矿，获得了铝硅比为 7. 04、Al_2O_3 回收率 92. 16% 的精矿；针对铝硅比为 3 的铝土矿，获得了铝硅比为 7. 72、Al_2O_3 回收率 70. 56% 的精矿；樊丽丽等人[95]采用自行研制的新型 ZF 组合捕收剂，对某山西铝土矿进行正浮选脱硅试验，原矿 Al_2O_3 品位为 63. 16%，铝硅比为 5. 32，通过一次粗选、一次精选、二次扫选的流程，获得了精矿 Al_2O_3 品位为 68. 92%，Al_2O_3 回收率为 81. 05%，铝硅比为 9. 16 的较好指标。

采用合理的药剂组合，可以增强药剂的低温性能。陈湘清等人[96]发明一种铝土矿正浮选脱硅捕收剂，其化学成分为工业品的脂肪酸、环烷酸、羟肟酸三者的复配物，其复配物的质量百分比为（25 ~ 98）:（0 ~ 75）:（0 ~ 25），该药剂中环烷酸主要为环戊基甲酸，其熔点仅为 −7℃，因而可以在低温条件下使用；李晓阳等人[97]将单羧基脂肪酸、烷基羟肟酸和烷基醇复配作为铝土矿正浮选捕收剂，引入羟肟酸来增强捕收剂的选择性捕收能力，引入烷基醇来提高复合物中各组分的互溶性，各组分之间的协同增效作用使复合捕收剂在矿浆中容易分散均匀，同时提高捕收效果并具有良好的耐低温性能，可在不脱除细泥的情况下直接有效地浮选出铝土矿；王秀峰[98]研究了一种低温浮选复合捕收剂用于铝土矿正浮选，其组分为油酸钠、脂肪醇聚氧乙烯醚羧酸钠、C16-18 烷基醇和六偏磷酸钠，各组合物相互增溶并均化，各组分之间的协同增效作用使复合捕收剂在矿浆中容易分散均匀，增强了捕收剂的捕收能力，同时浮选温度为 10 ~ 20℃，具有良好的耐低温性能。

螯合捕收剂对脂肪酸捕收剂的捕收能力和选择性有良好的促进作用，近年研究者针对其开发和应用进行了一些工作。李伟[99]合成了含有单羧基和双羟肟基的新型螯合捕收剂 HAD，该捕收剂在中性条件下能有效分离一水硬铝石与铝硅酸盐矿物，作用机理可能是 HAD 中—COOH 和—CONHOH 的氧原子之间协作与一水硬铝石表面铝点形成螯合物而发生化学吸附，在铝硅酸盐矿物表面主要发生的是物理吸附；阎波[100]研究了羟肟酸类捕收剂在中低品位铝土矿浮选中的应用与适用条件，得出了三种羟肟酸的浮选性能差异：1-羟基-2-萘甲羟肟酸 > 对甲苯甲羟肟酸 > 苯甲羟肟酸；易运来等人[101]制备了新型螯合捕收剂 ADTB，能有效分离一水硬铝石与铝硅矿物，捕收剂在一水硬铝石表面可能是通过—COOH、—NHOH 与 Al—O 形成双环螯合物的化学吸附，而在高岭石、伊利石表面主要是物理吸附。

（2）铝土矿反浮选捕收剂以阳离子捕收剂为主，近年研究者合成了双季铵盐型 Gemini、胍类或双胍类等新型阳离子捕收剂，同时对多种阳离子捕收剂的复配和作用效果进行了大量工作。

钟宏、夏柳荫等人设计合成了双季铵盐型 Gemini 阳离子捕收剂、胍类或双胍类阳离子表面活性剂用于铝土矿反浮选脱硅。其研究表明：双子型阳离子表面活性剂[102,103]捕收能力强于单体，在所有 pH 值下，高岭石矿物的可浮性要好于伊利石和叶蜡石，使用玉米淀粉为抑制剂、二甲基十二烷基溴化胺（BDDA）为捕收剂、pH 值在 9 ~ 10 左右时，双子型阳离子表面活性剂对伊利石、一水硬铝石、高岭石、叶蜡石表现出了显著的选择性，实际矿石小型试验可获得铝硅比 9. 72、铝回收率 81. 25% 的精矿；胍类或双胍类阳离子表面活性剂[104,105]，其结构特点为 R1 为含 6 ~ 20 个碳原子的直链或支链烷基、环烷基、烯基或芳香基，R2 为氢原子或含 1 ~ 8 个碳原子的直链或支链烷基、环烷基、烯基或芳香基，H_nX 为无机酸或有机酸，$n = 1 \sim 3$，该捕收剂对高岭石、叶蜡石、伊利石等铝硅酸盐矿物和石英等硅酸盐矿物的浮选具有高选择性和强捕收能力，适应的矿浆 pH 值范围为 3 ~ 13，其用量在 50 ~ 500g/t，采用含有胍基的长碳链季铵盐（十二烷基胍）作捕收剂实现铝硅矿物反浮选分离，实际铝土矿（原矿铝硅比为 5. 70）经过反浮选脱硅，精矿铝硅比达 11. 08，Al_2O_3 回收率为 75%；与传统的阳离子捕收剂十二胺相比，胍类阳离子捕收剂对硅酸盐矿物浮选能力强、受 pH 值的影响小。

此外，新型多胺捕收剂、新型季铵盐、酰胺等药剂被用于铝土矿浮选的研究。谭凯旋等人[106]从亲矿物基和非极性基两方面设计合成多胺类捕收剂 DN12，该捕收剂对铝硅酸盐矿物有更好的捕收效果，有效浮选 pH 值区间为 4 ~ 10；胡岳华[107]将新型季铵盐作为捕收剂应用于低铝硅比铝土矿的反浮选脱硅，比目前常用的伯胺、叔胺和季铵类反浮选捕收剂具有更好的选择能力和捕收性能，处理原矿铝硅比为 5 ~ 5. 5 的铝土矿，所得精矿铝硅比大于 8，Al_2O_3 回收率大于 88%；于伟等人[108]以十二碳酰胺为捕收剂对铝土矿进行分选，在不加抑制剂和分散剂的情况下，pH 值为 5 时，捕收剂用量为 160g/t，Al_2O_3 回收率可达到 80. 85%，具有良好的浮选性能。

其他一些药剂的研究还有：李松清[109]考察了以 BK430 作为捕收剂对河南某铝硅比为 4. 43 的铝土矿进行了反浮选脱硅试验，经过脱泥-反浮选可以获得铝硅比为 9. 21、Al_2O_3 回收率为 62. 49% 的精矿；周苏阳[110]利用铝土矿反浮选新型捕收剂 TR 对原矿铝硅比为 2. 7 的一水硬铝石型铝土矿进行反浮选脱硅试验，获得精矿铝硅比为 10. 13、Al_2O_3 回收率为 77. 14%，明显优于使用 1231 作捕收剂时获得的铝硅比为 8. 05 的精矿指标，使用捕收剂 TR 的精矿泡沫量很小，消泡容易；章晓林[111]将 BS-3 捕收剂应用在极难选高硅型铝土矿反浮选中，得到精矿中 Al_2O_3 和 SiO_2 的品位分别为 64. 55% 和 6. 28%，精矿铝硅比为 10. 28，Al_2O_3 的回收率高达 83. 41%；刘水红、郑桂兵等人[112]研究采用胺类捕收剂时铝土矿中一水硬铝石和含铝硅酸盐矿物单矿物的浮选行为，结果表明：不同药剂捕收能力强弱顺序依次为 1228 > 1227 > 十二胺，以 1228 作为捕收剂，三种含铝硅酸盐矿物中，叶蜡石可浮性最好。

（3）铝土矿浮选的调整剂，主要研究针对正浮选脱硅过程铝硅酸盐矿物的抑制与反浮选脱硅或脱硫过程中一水硬铝石的抑制，此外，为强化铝土矿的沉降，铝土矿絮凝剂的研究也有大量报道。

在铝土矿正浮选抑制剂方面，刘长淼等人[113]以六偏磷酸钠为参照，进行了新型抑制剂 ZMD 的对比试验获得了更好的结果。以 ZMD 为抑制剂，针对原矿铝硅比为 5 左右的铝土矿，获得了铝硅比为 7.08、Al_2O_3 回收率为 90.22% 的精矿；针对原矿铝硅比为 3 左右的铝土矿，获得了铝硅比为 7.72、Al_2O_3 回收率为 70.56% 的精矿。

在铝土矿反浮选抑制剂方面，章晓林等人[114]讨论了改性调整剂 TZ-1 对几种纯矿物上浮率的影响，结果表明：在“四次粗选、一次扫选”的反浮选工艺流程和新型改性调整剂 TZ-1 的联合作用下，铝土矿精矿的铝硅比为 10.79，Al_2O_3 回收率为 83.13%；刘水红等人[115]考察了以 1228 作为捕收剂，一水硬铝石和含铝硅酸盐矿物在甲基纤维素、Na_2SiF_6、SA_3、1230 和 1231 等五种调整剂作用下的浮选行为，通过对几种调整剂作用进行分析比较发现，酸性介质中 SA_3 有可能实现一水硬铝石与含铝硅酸盐矿物的选择性分离；代淑娟、刘炯天等人[116]以某工业废菌为一水硬铝石抑制剂，考察其在山西某铝土矿反浮选中的抑制效果，经过一次粗选、二次精选、一次扫选，铝硅比由 4.37 提高到 8.21，精矿 Al_2O_3 回收率达到 84.04%；李长凯[117]研究了变性淀粉在铝土矿反浮选脱硫中对一水硬铝石的抑制作用，获得了硫含量为 0.28%、Al_2O_3 回收率为 95.47% 的精矿指标，可见变性淀粉可有效减少 Al_2O_3 的损失。

铝土矿的浓密脱水是铝土矿选矿生产的技术瓶颈之一，近年进行了铝土矿絮凝剂的研究。彭喜曦[118]研究絮凝剂种类及用量、助凝剂种类对铝土矿正浮选尾矿矿浆沉降行为的影响，研究表明 PAC、PAFC、PFS 作为絮凝剂单独使用时，沉降速度过慢；而 PAM 作为絮凝剂使用时，沉降速度快，絮团紧实，具有很好的实际应用性；PAC、PAFC、PFS 作为助凝剂与 PAM 配合使用时，具有较好的絮凝效果，能互相弥补彼此缺点。徐会华、冯其明等人[119]以河南某铝土矿浮选尾矿为研究对象进行静态沉降试验，结果表明调节 pH 值可强化尾矿的沉降；相对分子质量为 800 万的阴离子型 PAM 能显著提高尾矿沉降速率。姜燕清、王毓华等人[120]研究表明：pH 值为 7 左右时，阴离子型 PAM 能显著提高铝土矿浮选尾矿浆的沉降速度，PAM 与 $FeSO_4 \cdot 7H_2O$ 的组合既可得到良好沉降效果，又可降低 PAM 和 $FeSO_4 \cdot 7H_2O$ 的用量。邓春华[121]研究了不同离子类型、相对分子质量及用量的聚丙烯酰胺对铝土矿浮选尾矿沉降性能的影响，结果表明：阴离子型聚丙烯酰胺的效果好于阳离子和非离子型；相对分子质量为 1400 万的阴离子型聚丙烯酰胺能取得最佳的沉降效果。刘焦萍[122]采用助沉剂与絮凝剂联合使用的沉降新工艺，同时利用浓密机 + 深锥高效沉降槽设备，使尾矿浆浓度提高到 45% 以上、尾矿溢流浮游物降低到 1g/L 以下、尾矿水可全部综合利用；丛日鹏[123]研究发现：无机凝聚剂聚合氯化铝和高分子有机絮凝剂（相对分子质量 1800 万的含羧基官能团有机絮凝剂）复配使用，铝土矿尾矿颗粒的聚集沉降行为较为显著。蔡发万[124]的研究结果表明：草酸钠：二水合柠檬酸钠：肥皂粉：腐殖酸钠以 4：2：1：4 的比例作为组合促沉剂，当复合投加量为 27g/t 时，尾矿浆的泌水比是自然沉降的 2.6 倍，沉降层浓度较自然沉降提高了 37%，提高了水的回用率。

21.1.3.5　选矿厂过程控制

铝土矿选矿过程控制主要围绕自动化控制系统、建模方法、在线监测软硬件的开发与应用。

肖卫红[125]介绍了铝土矿 PLC 控制系统和自动化通信网络，叙述了系统的组成、原理、特点与功能，总结了 PLC 控制的效果。

马骞[126]研究了 PSI-200 粒度仪在铝土矿选矿工艺流程中，对分级机溢流粒度进行在线检测的应用问题，该仪器采用直接测量的方法，用 PLC 处理数据，对提高生产指标有着重大的指导作用。

曹斌芳等人[127]提出了一种基于多源数据的铝土矿浮选过程生产指标集成建模方法，为基于生产指标的浮选过程操作参数控制和全流程优化奠定基础；首先结合浮选机理和现场工人经验，分析影响和反映生产指标的多源数据（生产数据和泡沫图像特征数据）；然后分别建立各生产指标预测子模型和同步误差补偿子模型；最后采用信息熵和智能协调策略分别构建精矿品位和尾矿品位的集成预测模型。

刘金平等人[128]为实现铝土矿浮选生产工况的自动监测和智能评价，提出一种基于机器视觉的精选泡沫最佳生产状态量化分析与选择方法。首先，通过改进 LBP 算子实现精选泡沫图像表面纹理粗细度特征的提取；然后，进一步分析了精矿品位与精选泡沫纹理特征间的关系，以获得最佳生产工况下的精选泡沫表面纹理粗细度特征区间。该方法可以实时监测精选泡沫表面纹理的变化，并自动鉴别精选泡沫是否处于最佳生产状态，为实现铝土矿浮选过程优化控制奠定了基础。

王冬新[129]针对铝土矿浮选过程中的自动加药系统，依据西门子 S7-200 进行了详细的剖析，给出了详尽的系统组成、控制原理、计算方式、编程步骤，并对关键参数的标定提出了指导意见。

21.1.3.6　尾矿与废水的处理与利用

A　尾矿处理与综合利用

随着铝土矿选矿工业化的运行及大规模生产，产生了大量的铝土矿尾矿，主要矿物包括高岭石、伊利石等铝硅酸盐矿物及部分未回收的铝土矿。从铝土矿选矿尾矿的矿物组成来看，铝土矿选矿尾矿在建筑材料、耐火材料、化工产品等方面均存在资源化利用的可能，近年来的大量研究也给出了许多利用的途径。

铝土矿尾矿做建筑材料是其利用的主要研究方向之一。黄晓明[130]介绍了铝土矿选矿尾矿制造烧结空心砌块的研制情况及原料配方的选择、工艺流程和相关的成型、干燥、焙烧等控制参数；冉霞[131]以铝土矿浮选尾矿为研究对象，探讨了铝土矿浮选尾矿用作水泥基材料的热力活化、物理活化、化学活化技术，并确定了铝土矿浮选尾矿活化的最佳工艺条件；叶家元等人[132]以铝土矿选尾矿为原料制备得到了力学性能优良的土聚水泥；付凌雁[133]以铝土矿浮选尾矿为研究对象，经过煅烧，配以适量早强剂和粉煤灰类活性废渣，能获得一种性能优良的高性能水泥基材料，能替代矿渣、粉煤灰、偏高岭土作为水泥混合材料或混凝土掺合料；韩敏等人[134,135]通过对铝土矿浮选尾矿改性处理，利用其替代一部分氢氧化铝做填充料制备人造石，产品符合人造石板材性能指标要求，且有着天然的巧克力色彩，色泽稳定；左林举[136]系统研究了铝土矿尾矿活化过程，利用尾矿的活性和自身物料的性质，生产仿石材和低温陶瓷木材，并对其生产工艺进行了研究和试生产，为产业化实施打下了坚实基础；杨会智[137]分析了铝土矿尾矿的化学组成，并以铝土矿尾矿为主要原料，经 1000℃烧结制备出了主晶相为硅灰石、晶粒呈针状物、性能良好的微晶玻璃；陆占清、张召述等人[138,139]研究了用铝土矿浮选尾矿制备低温陶瓷泡沫材料的工艺条件，制备出了以尾矿为胶凝材料主原料、煤渣为骨料、铝粉为发泡剂的新型高强轻质泡沫复合材料，其抗压强度为 10.78MPa、密度 0.94g/cm^3、平均孔径 2～5mm；于延芬等人[140]以铝土矿选矿尾矿为原料制备新型土聚材料，抗折、抗压强度分别达到 6.15MPa、30.31MPa；叶家元[141]以煅烧铝土矿选尾矿、水玻璃为主要原料制备碱激发胶凝材料，并研究了其在不同养护条件下的强度发展规律及耐热性能。

耐火材料也是铝土矿尾矿利用的途径之一。谢武明等人[142]分析了铝土矿浮选尾矿的成分特点，优化制备烧结砖的原料配比：铝土矿选尾矿 84%、粉煤灰 10%、污泥 6%，在此配比下，制得烧结砖的性能均符合《烧结普通砖》(GB 5101—2003) 中 MU20 级的要求；张天章等人[143]将铝土矿脱硅的低铝尾矿进行脱铁脱钛处理后，用来制造人工莫来石，降低了莫来石原料的成本。

采用铝土矿尾矿制备化工产品的研究较多，包括填料、化学制剂、环保材料等。胡小冬、霍成立等人[144,145]对铝土矿选矿尾矿进行了超细加工、表面改性，并开发其作为填料在 PVC 制品中的应用技术；肖奇[146]利用铝土矿选矿尾矿制备“双 90”高档白色填料，可应用在高档涂料油漆、塑料、橡胶等领域；张梅等人[147,148]利用铝土矿尾矿制备适用于洗涤剂助剂的 4A 分子筛，是洗衣粉主要成分三聚磷酸钠的理想的代用品；邓海波、吴承桧等人[149,150]以广西岩溶堆积型铝土矿尾矿为原料，系统地研究了合理的酸浸铝、铁并制备聚合硫酸铝铁（PAFS）的工艺技术条件；黄自力[151]针对铝土矿浮选尾矿制备聚合硫酸铝铁（PAFS）进行了研究，该产品对于浊度的降低和固体悬浮物的去除具有较好效果；卢清华等人[152]将铝土矿选矿尾矿与磷酸以磷与铝物质的量比等于 3 的比例混合，制备了三聚磷酸铝，并用氧化锌对所制备的三聚磷酸铝进行改性处理，得到三聚磷酸铝防腐颜料；童秋桃[153]以铝土矿浮选尾矿为原料，制备聚硅酸铝铁絮凝剂对模拟废水中的甲基橙、乙基黄原酸钾、次甲基蓝等的去除效果明显；张汉平[154]利用高铁低品位铝土矿制备高强度石油压裂支撑剂；兰叶、王毓华等人[155,156]提出了利用铝土矿浮选尾矿制备处理废水材料的思路，并针对河南中州铝厂正浮选脱硅尾矿进行了改性和处理含铬废水的探索；卢清华、胡岳华以铝土矿浮选尾矿为原料，对其进行改性处理，采用水解法制备具有阻燃性能的氯氧化锑包覆尾矿[157]，比同等条件下制备的氯氧化锑具有更好的阻燃性能，还具有消烟性能；并采用水解沉淀法将纳米氧化钛负载在铝土矿浮选尾矿上制备了具有光催化活性的功能化尾矿[158]；邓春华[159]系统研究了铝土矿正浮选尾矿处理含 Pb(Ⅱ)废水，结果表明：对含 Pb(Ⅱ)40mg/L 的废水，尾矿用量为 5g/L，处理时间为 1h，在 pH 值大于 6.2 的条件下，Pb(Ⅱ)去除率接近 100%。

B　废水循环利用

选矿废水的循环利用引起了人们越来越多的关注。在铝土矿选矿废水方面，目前的一些研究重点关注絮凝剂的残留对浮选指标及废水回用的影响。河南某铝土矿选矿厂使用的絮凝剂以聚丙烯酰胺为主，回水返回至浮选作业会导致精矿 Al_2O_3 回收率和铝硅比显著降低，冯其明、常自勇等人[160,161]通过试验证明浮选指标变差与回水中絮凝剂的累积有关，并提出了增强对目的矿物的捕收、破坏聚丙烯酰胺对铝硅矿物的絮凝、降低回水中聚丙烯酰胺的浓度等改善铝土矿浮选指标的措施；何平波、刘晗[162,163]研究了河南有色汇源铝土矿浮选脱硅尾矿回水利用问题，通过使用改性絮凝剂 HMX03117 的方式，实现了尾矿回水的有效利用，但返回比例要加以控制，回水中絮凝剂残留量不能超过 0.005g/L，回水 pH 值应保持在 9～9.5，同时要尽量降低回水中 Fe^{3+}、Al^{3+}、Ca^{2+} 等金属离子含量，尾矿库回水若控制在 40%～60% 时，对浮选指标影响很小。

21.1.4　铝选矿存在的问题及发展趋势

回顾十多年铝土矿选矿工业实践及技术攻关历程，我国铝土矿选矿技术取得了显著进展。针对我国一水硬铝石型铝土矿的特点，提出了以一水硬铝石富集合体作为解离目标，以一水硬铝石富连生体作为捕集和回收对象，突破了一水硬铝石型铝土矿嵌布粒度细、选矿脱硅应该细磨的技术禁锢，创立了放粗入选细度和精矿粒度的工艺路线，形成了铝土矿选矿-拜耳法生产氧化铝新工艺，并于 2003 年在中国铝业建成世界首条铝土矿选矿脱硅生产线，于 2008 年在中国铝业重庆分公司建成世界首条铝土矿选矿脱硫生产线。因此，可以说在铝土矿选矿领域，无论在理论研究、技术研发，还是工程应用方面，我国均取得了举世瞩目的成就。

近年来，我国对铝土矿资源需求依旧旺盛，矿石品质持续恶化、环境约束日益趋紧的压力对铝土矿选矿的技术创新提出了新的要求，加之在工业生产中暴露出的一系列技术瓶颈有待进一步突破，仍需在已有成果的基础上持续提升，为我国铝工业的生存与发展提供更有力的技术支撑。具体表现在以下几个方面：

（1）国内铝资源品质的持续恶化将倒逼铝土矿选矿技术的推广应用与技术提升。近年，随着中高铝硅比资源的消耗，我国铝土矿铝硅比持续降低，直接处理经济性差，需要选矿处理以提高技术经济指标，对铝土矿选矿技术的工业推广提出了更迫切的要求；目前处理的铝土矿矿石中含硅矿物比例和有用矿物的分散程度提高，导致矿石解离与分离更加困难，需要从选矿工艺流程、药剂制度与专用设备进行整体提升，以提高技术产业化的技术经济指标。

（2）环境约束趋紧使对技术清洁性与资源综合利用的重视进一步加强。虽然目前有大量关于铝土矿选矿药剂开发、尾矿综合利用方案的报道，选矿废水处理近年也得到重视，但现有技术尚未能对资源开发与环境保护的矛盾产生实质性解决方案，仍需在选矿药剂的绿色化、选矿废水的循环利用、尾矿处理与综合利用等方面持续提升。

（3）部分难处理铝土矿资源开发利用技术需要技术创新与突破。贵州、重庆等地丰富的高硫低铝硅比铝土矿资源目前并未得到高效开发，目前针对脱硫脱硅已有一定的研究，但无论“反浮选脱硫—正浮选脱硅”还是“反浮选脱硫—反浮选脱硅”，两种技术方案均存在一定的技术经济问题，有待实现进一步的突破与创新，以实现该类型资源的经济、高效开发。

（4）工业生产暴露出的一些技术瓶颈有待进一步突破。铝土矿选矿技术实现工业化仅十几年时间，在工业生产日趋成熟的同时，也暴露出一些问题尚未得到很好解决，如选矿产品的固液分离、选矿药剂成本较高、药剂添加对废水循环利用的影响、常规浮选机不适应铝土矿矿石性质等，已经引起业内重视，有待进一步攻克。尤其是尾矿的固液分离问题尚未很好解决，由于大量使用浓硫酸及聚丙烯酰胺类絮凝剂配合高效浓密机沉降脱水，造成选矿回水的恶化，从而影响选矿药剂的选择性，增加药剂成本，甚至完全恶化选矿指标，如何从根本上解决铝土矿选矿产品的固液分离问题是今后研究的重点方向之一。

（5）非传统铝资源提铝技术的开发与应用。苏联曾利用磷霞岩和霞石正长岩中的霞石精矿在一个时期弥补了其氧化铝原料的短缺。美国矿业局从 1973 年起开始执行从非铝土矿资源中提取铝的研究计划。世界非铝土矿中的铝资源相当巨大，包括自然界大量产出的富铝矿物，如拉长石、红柱石、白榴石、钠明矾石、片钠铝石、钙长石、霞石、高岭土等，它们也是铝的重要潜在来源，为世界铝土矿资源不足的主要消费国的铝工业提供了广泛的后备资源。国内近年部分企业及研究机构投入大量资金进行高铝粉煤灰提取氧化铝研究，已形成了技术方案并建设了示范工程，随着技术的逐步成熟和经济性的提高，其产业化有望进一步推广。

21.2 镁选矿

21.2.1 镁资源概述

可用于回收镁及其化合物的资源在全球范围内广泛分布，包括菱镁矿、白云石、镁橄榄石和含镁盐水等。

目前开发利用最多的镁资源是菱镁矿及白云石，前者主要作为制备耐火材料及提炼镁金属的原料，后者主要作为镁金属原料、钢铁冶炼及建材的原辅料等。其中涉及选矿的矿石主要为菱镁矿，本文主要针对菱镁矿资源进行评述。

21.2.1.1 菱镁矿资源分布

A 世界菱镁矿资源分布

根据美国地质调查局统计[1]，世界菱镁矿储量约24亿吨，主要分布在俄罗斯、中国、朝鲜、澳大利亚、土耳其、斯洛伐克、巴西、希腊等国家或地区，其中，中国储量居世界第二位。世界菱镁矿储量分布见表21-6。

表21-6 世界菱镁矿储量分布[1]

国家名称	储量/亿吨	国家名称	储量/亿吨
俄罗斯	6.50	斯洛伐克	0.35
中国	5.00	印度	0.20
朝鲜	4.50	奥地利	0.15
澳大利亚	0.95	西班牙	0.10
巴西	0.86	美国	0.10
希腊	0.80	其他	3.90
土耳其	0.49	总量	23.90

B 中国菱镁矿资源分布及特点

我国菱镁矿资源非常丰富，已探明资源总量位居世界前列，主要分布在辽宁、山东、河北、安徽、四川、西藏、甘肃、青海、新疆等9个省区，其中以辽宁储量最大，占全国总储量的85.62%，其次是山东，占全国总储量的9.54%。我国菱镁矿资源的主要特点是：资源集中、矿体巨大，而且矿体厚、埋藏浅，易于露天开采；品位高、杂质较少，工业利用价值高。

我国菱镁矿矿石质量多数优良，但只有少数矿床有可煅烧高纯镁砂的特级品矿石。矿石主要矿物为菱镁矿，次要矿物为白云石、滑石、蛋白石、石英、斜绿泥石、透闪石和方柱石等，微量矿物有磁铁矿、赤铁矿和黄铁矿等。菱镁矿粒度一般为1~10mm。按矿石矿物含量不同可分为：纯镁型（几乎全为菱镁矿）、高硅型（含滑石、透闪石、石英、斜绿泥石等）、高钙型（含白云石）、高硅高钙型（含白云石、滑石、透闪石等）。矿石主要化学组分平均含量：MgO 34.90%~47.27%，CaO 0.47%~14.37%，SiO_2 0.28%~4.70%，Al_2O_3 0.06%~0.73%，Fe_2O_3 0.15%~0.76%，个别矿体含 SiO_2 较高。

以菱镁矿为原料主要生产轻烧氧化镁、重烧氧化镁、高纯镁砂及硫镁肥等，根据用途不同，以重质氧化镁为原料还可生产部分磁性氧化镁、高温电工级氧化镁。

21.2.1.2 菱镁矿资源的生产和消费

A 菱镁矿产量

在全球菱镁矿生产中，我国一直占据着主导地位，产量逐年上升，2014年达到4900kt，占全球产量的70.30%。除了我国以外，俄罗斯、土耳其、西班牙、斯洛伐克也是菱镁矿的主要生产国。2011~2014年，世界菱镁矿主要生产国产量见表21-7。

表 21-7　世界菱镁矿主要生产国产量[1]　(kt)

国家	年份			
	2011	2012	2013	2014
俄罗斯	346	350	370	400
中　国	4180	4600	4900	4900
朝　鲜	43	45	70	80
澳大利亚	86	86	130	130
巴　西	140	140	140	150
希　腊	86	86	100	115
土耳其	288	300	300	300
斯洛伐克	172	170	200	200
印　度	101	100	60	60
奥地利	219	250	220	200
西班牙	133	120	280	280
美　国	—	—	—	—
其　他	5930	6350	140	155
世界合计	5930	6350	6910	6970

我国的菱镁矿资源高度集中在辽宁地区，因此辽宁省是我国菱镁矿生产和供应中心。我国将菱镁矿作为重要的储备资源，而菱镁矿的开发利用却往往是粗放型的，经常是采富弃贫，或者一矿多开。为避免菱镁矿资源的浪费以及推行资源的合理、有序开发，根据辽宁省矿产资源总体规划，2020 年辽宁省菱镁矿原矿开采总量将控制在 1200 万吨左右，随之菱镁矿精矿产量也会受到控制，但在未来，辽宁省依旧会是我国菱镁矿的生产基地。

B　菱镁矿及镁制品进出口情况

与铝土矿以进口为主不同的是，我国是世界最大的菱镁矿和镁制品出口国。2010 ~ 2014 年，我国菱镁矿及镁制品出口量见表 21-8。

表 21-8　我国菱镁矿及镁制品出口量

年份	出口量/t				
	菱镁矿	金属镁	轻烧镁砂	重烧镁砂	电熔镁砂
2014		434986	346543	663129	369173
2013	326	407194	309835	475686	302107
2012	83.04	391949	337238	661216	327242
2011	253.92		263835	580995	322533
2010			209486	730434	470303

我国制备的金属镁及镁砂产品（电熔镁砂、轻烧镁砂、重烧镁砂）出口全球 79 个国家和地区。其中，2014 年镁制品出口量较前一年有不同幅度增长。

我国轻重烧镁砂市场主要是国内及美欧日发达经济体和部分新兴经济体，出口前五位的国家和地区是：美国、欧盟、日本、韩国和俄罗斯。目前，主要市场国家和地区经济增速普遍放缓，对作为耐火材料的轻重烧镁砂需求不足。同时，近几年全球轻重烧镁砂的供应格局发生了一些变化：全球最大的耐火材料生产企业奥地利奥镁集团在挪威投资建立了 8 万吨的电熔镁工厂，巴西镁业制定了增加 12 万吨产能的计划并已经完成了 6 万吨，土耳其、俄罗斯开始投资生产电熔镁，朝鲜轻烧镁砂经我国转口的数量也在不断增加。这些新增的产能和供给挤占了我国产品在国际市场上的份额，2012 年我国轻重烧镁砂在欧盟市场的份额是 48.4%，而 2014 年 10 月这一比例降低为 33.8%；相应的，挪威产品（主要是奥镁公司产品）的市场份额从 2012 年的 0.3% 上升至 2014 年的 5.1%；土耳其和巴西产品市场份额也分别增加了

1. 8%和1. 2%。

在市场需求普遍不足及新增产能挤占市场份额的情况下，我国轻重烧镁砂成交价格普遍下降，呈“量增价跌”局面。在国内市场方面，2014 年 90 号轻烧镁砂均价 660 元/吨，同比下降 5. 7%；90 号重烧镁砂均价 750 元/吨，同比下降 11. 8%；97 号电熔镁砂均价 2500 元/吨，同比下降 3. 8%；镁砖（DMZ-97）均价 4750 元/吨，同比下降 5%。在国际市场方面，2014 年我国出口轻烧镁砂 230 美元/吨，同比增长 0. 7%；重烧镁砂 290 美元/吨，同比下降 3%；电熔镁 580 美元/吨，同比下降 7. 1%；菱镁矿 280 美元/吨，同比下降 13. 2%。可见，菱镁矿的市场价格与市场需求紧密相关，短期内下行压力较大。

21. 2. 2　菱镁矿选矿理论及基础研究进展

菱镁矿矿床的主要脉石矿物为石英、绿泥石、滑石等硅酸盐矿物和白云石、方解石等碳酸盐脉石，目前菱镁矿石的选矿以浮选为主。许多选矿工作者在矿物的表面性质、矿物的溶解动力学、金属离子对矿物可浮性的影响等方面进行了一些基础研究。

在矿物的表面性质方面，土耳其 Gence[164,165] 对菱镁矿和白云石表面的润湿行为和动电位进行了研究。对两种矿物润湿性的研究表明：菱镁矿和白云石在蒸馏水中没有任何表面活性剂的情况下他们的接触角很小（菱镁矿 10. 4°和白云石 6. 6°），在有石油磺酸盐存在的情况下，菱镁矿和白云石表面的接触角保持在 9. 7° ~ 10. 9°，而油酸钠大幅提高菱镁矿和白云石表面的疏水性，接触角分别提高到 79°和 39°。此外，他们还研究了白云石和菱镁矿的动电行为的 pH 值关系，在没有任何电解液存在的条件下确定了白云石和菱镁矿的等电点分别为 6. 3 和 6. 8，H^+ 和 OH^- 是菱镁矿和白云石的定位离子，同时还考察了 Mg^{2+}、Ca^{2+}、Na^+ 和 CO_3^{2-} 对白云石和菱镁矿表面特性的影响。

在矿物的溶解动力学方面，Lacin、Bayrak、Bakan 等人[166~168] 研究了在醋酸、葡萄糖酸、乳酸等作用下菱镁矿的溶解动力学，对各种参数如反应温度、颗粒粒度和酸浓度的影响进行了研究。溶解速率随着颗粒粒度的减小、温度的增加而增大；溶解速率随着酸浓度的增加而增加，一定的浓度后，随着酸浓度的增加而降低。

在金属离子对矿物可浮性的影响研究方面，李强等人[169,170] 的研究表明：金属阳离子使菱镁矿等电点向碱性方向移动，三价离子大幅度提高 ξ 电位，在油酸钠或十二胺体系中，金属离子的添加在一定程度上均降低菱镁矿的回收率；宋振国[171] 研究发现 Fe^{2+}、Fe^{3+}、Cu^{2+}、Ca^{2+} 和 Mg^{2+} 五种金属离子都在方解石和菱镁矿表面发生了吸附，其中 Fe^{2+}、Fe^{3+} 对方解石和菱镁矿具有明显抑制作用，Cu^{2+}、Ca^{2+} 和 Mg^{2+} 对菱镁矿有一定的活化作用，Mg^{2+} 抑制了方解石浮选，而 Cu^{2+} 和 Ca^{2+} 对方解石浮选影响较小。

此外，王金良[172] 研究了粒度和调整剂对石英与菱镁矿浮选分离的影响，研究表明：随着菱镁矿粒度的逐渐减小，上浮率增加，证明细粒菱镁矿的上浮主要是由于泡沫的机械夹带作用，调整剂 KD-1 可以有效地降低泡沫的黏度从而增加其流动性，因此有利于石英与菱镁矿的浮选分离，苛化玉米淀粉可很好地抑制细颗粒菱镁矿。姚金[173] 研究了油酸钠浮选体系中蛇纹石对菱镁矿浮选的影响，结果表明：不同粒级蛇纹石对不同粒级菱镁矿的影响不同，蛇纹石对菱镁矿的浮选起到很强的抑制作用，这主要是由于蛇纹石溶解性较强，溶解的离子具有较强的亲水性，并且易与菱镁矿表面暴露的 Mg^{2+}、O^{2-} 结合，从而使菱镁矿表面亲水性增强，同时减少了菱镁矿表面离子与油酸钠的结合。吴桂叶、朱阳戈等人[174] 利用第一性原理对菱镁矿与石英的表面性质进行研究表明，两种矿物表面电负性和态密度的差异直接影响其与药剂的相互作用，通过模拟矿物与药剂的相互作用，得出菱镁矿与石英的分离系数，可以为浮选药剂的设计研发提供指导。

21. 2. 3　菱镁矿选矿工艺技术进展

21. 2. 3. 1　选别工艺技术流程

菱镁矿工业选矿方法主要是浮选法，主要利用菱镁矿和脉石与捕收剂的作用能力差异进行分选，其中菱镁矿和硅酸盐矿物的浮选分离一般是交替使用反浮选和正浮选，即先用胺类捕收剂反浮选硅质矿物，然后用脂肪酸类捕收剂和六偏磷酸钠等抑制剂浮选菱镁矿。

目前国内正常运转的菱镁矿选矿厂还是 20 世纪建成的海城镁矿耐火材料总厂与山东镁矿（山东恒欣

镁业有限责任公司）以及个别合资企业，主要选矿工艺采用单一反浮选脱硅，大部分企业已建的选矿厂由于技术经济指标欠佳处于暂停状态。其中，王玉斌[175]就山东镁矿菱镁矿浮选厂进行工艺技术改造试验，将“二反一正”脱硅浮选流程改为“全反”浮选流程，使浮选技术更先进，工艺更合理，精矿产率提高15%，精矿品位提高0.38%，选矿废水全部回收利用，实现废水零排放。其他相关研究大多处于实验室试验阶段。

为提高我国菱镁矿选矿整体技术水平，近年来在国家863项目支持下，北京矿冶研究总院朱阳戈、郑桂兵等提出“反浮选脱除细粒硅钙—正浮选脱除粗粒钙硅—选择性浸出钙连生体”的梯级提纯技术方案，MgO回收率从工业试验前的30%提高到70%以上，开发的耐低温高效脱硅捕收剂BK433与脱钙捕收剂BK434，使浮选捕收剂用量降低1/3。该技术在辽宁和甘肃菱镁矿得到了工业应用，其中针对辽宁MgO含量42.94%、SiO_2含量4.14%、CaO含量2.91%的低品位菱镁矿原矿，工业试验获得MgO含量47.14%、SiO_2含量0.28%、CaO含量0.53%的精矿，MgO回收率为76.02%；针对甘肃MgO含量43.96%、SiO_2含量0.28%、CaO含量3.91%的高钙低品位菱镁矿，获得MgO含量46.04%、SiO_2含量0.05%、CaO含量1.60%的浮选精矿，MgO回收率为70.09%，浮选精矿经过酸浸，杂质CaO含量从1.60%降低到0.30%。

除上述低品位菱镁矿浮选除杂工业应用研究外，研究者针对低品位菱镁矿的反浮选脱硅、正浮选脱钙和其他选矿技术开展了一些研究。

在单一反浮选脱硅技术研究方面，张庆铭[176]以大石桥某低品位菱镁矿为浮选研究对象，确定了菱镁矿选矿的工艺流程为“选择性磨矿—预先分级—溢流浮选滑石-绿泥石，底流反浮选硅酸盐矿物”，得到了MgO回收率77.13%、MgO含量为46.28%菱镁矿精矿；纪振明[177]进行了某低品位菱镁矿浮选提纯试验研究，经浮选可获得MgO品位47%以上、SiO_2含量0.2%以下的特级菱镁矿产品，精矿MgO回收率为76.25%；李彩霞[178]对低品位菱镁矿进行选择性磨矿、预先分级、优先浮选、混合浮选等工艺研究，可获得MgO含量为46.28%、MgO回收率为67.97%的菱镁矿精矿；代淑娟[179]对吉美地区菱镁矿进行了浮选提纯实验研究，采用一次粗选、三次精选、单一反浮选流程，以盐酸、六偏磷酸钠为调整剂，LKD为捕收剂，可获得$Mg(OH)_2$品位为97.24%、SiO_2含量为0.28%的菱镁矿产品；孙体昌[180]针对辽宁某菱镁矿石，以SE为捕收剂，在碱性条件下采用一次粗选、一次精选的反浮选工艺流程，可以得到产率为73.31%、MgO品位为47.39%、SiO_2含量为0.28%的菱镁矿精矿；朱一民[181]针对辽宁某低品位菱镁矿，在矿浆pH值为8.5、羧甲基淀粉用量100g/t、十二胺用量为200g/t的条件下，最终可以得到精矿MgO品位46.70%、MgO回收率85%的良好指标。

另有大量研究采用反正浮选实现低品位菱镁矿的脱硅降钙。谭欣、郑桂兵等人[182]就辽宁某低品位菱镁矿采用“等可浮反浮选—正浮选强化脱杂”工艺进行了除杂可选性研究，针对MgO品位为45.85%、SiO_2含量2.40%和CaO含量0.87%的低品位菱镁矿矿石，获得了MgO品位46.81%、回收率为80.78%的菱镁矿精矿，精矿中SiO_2和CaO含量分别降至0.54%和0.69%；朱阳戈[183]就辽宁某低品位菱镁矿，采用反—正浮选工艺，从MgO品位为43.52%、SiO_2含量3.74%和CaO含量2.69%的原矿，获得MgO品位为47.02%的精矿，菱镁矿精矿中SiO_2和CaO含量分别降低到0.29%和0.93%，MgO回收率为71.64%；姚金等人[184]采取先在自然pH值条件下通过十二胺反浮选除去石英、滑石和部分白云石，再在pH值为11的条件下，以六偏磷酸钠为抑制剂、油酸钠为捕收剂正浮选将菱镁矿与蛇纹石和剩余白云石分离，有效降低菱镁矿矿石中杂质伴生矿物的含量；王星亮[185]以大石桥海城地区两种低品级菱镁矿为原料，使用十二胺作为捕收剂，经过一次反浮选脱硅后，在强碱条件下采用水玻璃配合六偏磷酸钠抑制剩余硅酸盐矿物和含钙矿物，用油酸钠浮选菱镁矿的工艺流程，两种实际矿石都可获得MgO品位47%以上、SiO_2含量0.2%以下的特级菱镁矿产品，精矿MgO回收率分别为76.25%和64.5%；付亚峰[186]针对辽宁海城某高硅高钙高铁低品级菱镁矿，采用“反浮选脱硅—正浮选提镁脱钙—强磁选除铁”的工艺流程，获得了MgO含量为47.13%、CaO含量为0.21%、SiO_2含量为0.18%、Fe_2O_3含量为0.30%、MgO回收率为60.21%的菱镁矿精矿，达到了脱硅、脱钙和除铁的目的；易小祥[187]进行了巴盟隐晶质菱镁矿选矿试验研究，采用反浮和正浮流程，YAK-1为捕收剂，获得品位为46.82%的菱镁矿精矿。

双反浮选技术的研究在国外被涉及。N·卡里奇[188]的研究采用脱泥—两段反浮选工艺，第一段反浮选应用阳离子捕收剂分离含 SiO_2 矿物、含 Al_2O_3 和 Fe_2O_3 矿物，第二段反浮选通过选择性絮凝的工艺，在酸性介质中采用阴离子捕收剂分离白云石等含 CaO 矿物，经两段反浮选产出了产率为38.55%的可市场销售的菱镁矿精矿，其中 MgO 含量45.57%、CaO 含量1.70%、SiO_2 含量0.70%。

在化学除钙研究方面，董波等人[189]发明一种菱镁矿除钙工艺，处理过程包括菱镁矿煅烧、消化、用镁盐置换除钙、过滤、洗涤和干燥等，最终将 CaO 含量降至1.5%以下；孙挺等人[190]提出采用醋酸溶液对菱镁矿进行淋洗或浸洗的方法，该方法在有效地解决菱镁矿钙杂质含量高的问题的同时，对生产环境和生态影响较小，实现了资源的有效和高效利用。

此外，相关研究还包括菱镁矿浮选精矿除铁和菱镁矿热选法的研究。王倩倩[191]对菱镁矿浮选精矿磁选除铁的试验研究结果表明，产品粒级越细，除铁效果越好，以钢网和钢棒为聚磁介质，在矿浆质量分数为23%，背景场强为800kA/m的条件下，精矿 Fe_2O_3 含量均可接近降铁极限0.29%（给矿 Fe_2O_3 含量为0.41%），产率为62%左右；周旭良[192]进行了菱镁矿热选试验研究，发现原矿粒度、焙烧温度和保温时间是热选的三个重要参数，3～5mm粒度的原矿在800℃保温150min时，热选效果最好，有效地去除杂质二氧化硅，去除部分氧化钙和氧化铝。

21.2.3.2 选矿药剂

菱镁矿浮选的主要过程包括反浮选脱硅和正浮选脱钙，由于菱镁矿工业生产目前以脱硅为主，近年的选矿药剂研究亦主要针对反浮选过程的胺类阳离子捕收剂展开，此外，菱镁矿浮选过程的调整剂也有一定报道。

在反浮选胺类阳离子捕收剂方面，王倩倩[193]进行了两种捕收剂反浮选菱镁矿的效果对比，自行研制的阳离子捕收剂 Wely 所获 MgO 回收率比十二胺高2.15%～4.06%，证明捕收剂 Wely 对硅酸盐矿物有更好的选择性捕收性能；李晓安等人[194]提出了一种菱镁矿反浮选脱硅捕收剂及其制备方法，在菱镁矿矿石反浮选脱硅的同时实现除铁，捕收剂化学组分为：十二胺、冰醋酸、辛醇、硫氨酯，可将原矿中含铁由0.65%降到0.38%，满足目前市场上精矿含铁小于0.4%的质量要求；北京矿冶研究总院谭欣、郑桂兵等人[195]开发了等可浮反浮选脱杂捕收剂 BK428，具有低耗、低毒、选择性好、捕收力强等优点；刘文刚[196]通过浮选试验研究表明，N-十二烷基-1，3-丙二胺对石英具有比十二胺更强的捕收性能，在很宽的 pH 值范围内，对石英的回收率均在90%以上，当 pH 值为10.02时，石英回收率高达98.38%，而对菱镁矿基本无捕收能力。此外，A. E. C. 波特罗[197]对 Rhodococcus opacus 菌作为方解石和菱镁矿生物捕收剂进行了研究，结果表明，细菌对菱镁矿的亲和力比对方解石的亲和力要强，菱镁矿的可浮性明显优于方解石，可见 Rhodococcus opacus 菌作为生物捕收剂具有一定潜力。

在抑制剂研究方面，程龙[198]利用 Materials Studio 软件，从分子力学角度，研究了不同抑制剂在菱镁矿表面作用能力的强弱，对模拟结果进行了分析，并通过单矿物浮选试验进一步验证了不同抑制剂对菱镁矿的抑制效果；O · 康加尔[199]针对白云石和菱镁矿浮选分离的研究发现，$Na_2SiO_3 \cdot 5H_2O$ 对这两种碳酸盐矿物可浮性影响不大，而 CMC 对菱镁矿的抑制作用不明显，可作为白云石的抑制剂。

21.2.3.3 综合利用

菱镁矿的综合利用涉及烟气脱硫、镁肥、建材等方面的研究。

连娜等人[200,201]研究了菱镁矿浮选尾矿浆液的烟气脱硫性能，实验结果表明：在脱硫剂浆液质量分数10%、脱硫剂浆液温度60℃、脱硫时间10min时，脱硫剂浆液的脱硫率为85%；向脱硫剂浆液中添加柠檬酸和乙二酸时均有助于提高脱硫率，当有机酸的浓度为3.5mmol/L时，添加柠檬酸的脱硫剂浆液的脱硫率为96%，添加乙二酸的脱硫剂浆液的脱硫率为90%。

刘永杰[202]研究了利用菱镁矿尾矿制备镁硅酸盐水泥，通过在尾矿中添加熟石灰使配料点的钙硅比在2～3、原料的镁硅比在2.1～2.56，使烧结入料组成落在 $MgO-C_2S-C_3S$ 区内，1450℃下进行烧结，其产物主晶相是方镁石（MgO），次晶相是硅酸三钙（C_3S）、硅酸二钙（C_2S）和非晶相。

王玉斌[203]进行了菱镁矿浮选尾矿及废水的再利用研究，以尾矿为主要原料加入调整剂和结合剂制作建筑、保温材料，将废水回收处理，返回生产系统再利用，无废渣、废水排放，达到保护环境、节能减排、降本增效的目的。

杨刚[204]提出了一种低品位菱镁矿综合利用的方法，通过菱镁矿制备高纯氢氧化镁、高纯氧化镁，利用盐酸浸出矿物，其浸出率较之硫酸更高，工艺过程的氨与盐酸均进行现场制备，生成的氯化铵就地分解成氨与盐酸循环使用，既发挥了传统卤水-氨法制备高纯氢氧化镁的最大优势，又能够克服盐酸与氨的运输环节，无固体废弃物产生和排放，是一个环境友好的清洁工艺。

21.2.4　镁选矿存在的问题及发展趋势

我国菱镁矿开发利用过程中"采富弃贫"现象十分突出，目前利用的资源多为不经富集可直接利用的高品位矿，菱镁矿选矿技术开发与提升并未受到应有的重视。需要选矿富集与除杂的中低品位资源占我国菱镁矿总储量 60% 以上，一般在开采过程中直接剥离堆积，不但造成资源大量浪费，同时带来严重的环境问题。

近年来，随着高品质资源的日益减少和市场产品对原料品质要求的提升，对菱镁矿选矿技术的进步提出了迫切要求。由于菱镁矿选矿技术相对其他矿种研究较少，存在较大的提升空间，有许多理论与技术问题需要得到解决。具体表现在以下几个方面：

（1）菱镁矿选矿基础理论的提升。以往针对菱镁矿的专门研究相对较少，使菱镁矿选矿技术相对落后于我国选矿技术整体水平。菱镁矿选矿的主要任务是实现菱镁矿与白云石等含钙脉石、石英等含硅脉石、褐铁矿等含铁矿物的分离，其中对于含钙脉石白云石，与菱镁矿含完全相同的阴离子和部分相同的阳离子，有用矿物与脉石矿物表面性质十分接近；对于铁杂质，部分以类质同相形式嵌布于晶格中，需要开展细致深入的基础研究，提出创新性思路，并在此基础上形成技术路线，取得更好效果。

（2）高效耐低温捕收剂的开发与应用。我国菱镁矿多分布在北方，其中 85% 以上分布于辽宁省。该地区低温时间长、昼夜温差大，需要菱镁矿选矿捕收剂对温度适应性强，而现有药剂体系在低温下作用效果不佳，需要在此方面进一步深入研究。

（3）高效菱镁矿选矿技术的工业推广与提升。尽管菱镁矿选矿工业实践已有 30 多年，但基本局限于高品质（低钙低铁）原矿的脱硅，尤其是选矿流程涉及脱钙时，由于产率过低、药剂用量大，难以取得理想的技术经济指标。目前辽宁省低品位菱镁矿选矿厂多数处于停产或半停产状态，最重要的原因就是低品位菱镁矿分选后精矿产率低、经济效益差，尤其是当矿石含钙较高时，精矿产率一般在 50% 以下，尽快推广并在实践中优化低品位菱镁矿选矿脱硅降钙工业生产技术迫在眉睫。

（4）菱镁矿废水回用与尾矿综合利用方案与技术。在目前环境约束趋紧的背景下，任何矿石的选矿都无法回避废水循环利用与尾矿资源综合利用的问题。现有的菱镁矿选矿技术采用阳离子捕收剂反浮选脱硅，阴离子捕收剂正浮选脱钙，反、正浮选属完全不同的两套药剂体系，难以直接循环利用，选矿回水循环利用是未来必须解决的难题之一，废水分质回用技术或双反浮选技术的开发有助于该问题的解决；菱镁矿选矿尾矿中 MgO 含量仍可达 40% 左右，充分利用尾矿中有价成分，有望实现菱镁矿尾矿的零排放，减少生态破坏及环境污染，根据其组成，可利用选尾矿制备酸性废水处理剂及烟道气脱硫剂、镁水泥、硫酸镁肥料、土壤改良剂及建材制品等，既实现尾矿的消纳又产生一定经济效益。

（5）菱镁矿选矿技术与上游资源禀赋和下游产品要求紧密衔接以实现资源高效高值利用。制约低品位菱镁矿开发利用的主要问题在于缺乏全产业链布局的针对性技术研究，现有技术无法实现高效除杂和高值利用。总体来讲，目前对于低品位菱镁矿的选矿分离、深度提纯及高值产品开发，我国已进行了一些探索和尝试，并实现了局部技术的产业化，但一直未解决"有效"到"高效"的突破，更远未实现"高效"到"高值"的跨越。菱镁矿可供生产多种镁产品，不同产品对原料有不同要求，需要做好矿石性质研究和目标产品设计，进而采用可控的选矿除杂技术，实现资源利用最优化和经济效益最大化。

参 考 文 献

[1] Reston. Mineral Commodity Summaries 2014[M]. U. S. Geological Survey, Virginia: 2014.

[2] 高兰，王登红，熊晓云，等. 中国铝土矿资源特征及潜力分析[J]. 中国地质，2015，42(4):853-863.

[3] 中国有色金属工业协会，中国有色金属工业年鉴编辑委员会. 中国有色金属工业年鉴 2013[M]. 北京：中国印刷总公司，2014.

[4] 莫欣达. 全球铝土矿资源分布及贸易状况[J]. 世界有色金属，2013(10):68-69.

[5] 何广武. 世界铝土矿资源概述[J]. 科技展望，2015(9):228.

[6] 刘晓文，钟钢，等．一水硬铝石的表面粘附能研究[J]．矿冶工程，2009，29(1):37-39.
[7] 刘三军．一水硬铝石浮选体系中表面活性剂的作用[D]．长沙：中南大学，2005.
[8] 刘三军，覃文庆，等．铝土矿浮选中 Tween-20 对油酸的增效机理[J]．中国有色金属学报，2013，22(8):2284-2289.
[9] 徐龙华，董发勤，等．油酸钠浮选高岭石的溶液化学机理研究[J]．武汉理工大学学报，2012，34(12):119-123.
[10] 周苏阳．季铵盐与铝硅矿物的界面作用基础[D]．长沙：中南大学，2011.
[11] 胡岳华，周苏阳，等．铝土矿反浮选新型捕收剂 TR 浮选性能及机理[J]．中南大学学报（自然科学版），2012，43(4):1205-1210.
[12] 岳彤，孙伟．季铵盐类捕收剂对铝土矿反浮选的作用机理[J]．中国有色金属学报，2014，24(11):2872-2878.
[13] 王毓华，陈兴华，等．碳酸钠对细粒铝硅酸盐矿物分散行为的影响[J]．中国矿业大学学报，2007，36(3):292-297.
[14] 周瑜林．金属离子对铝硅矿物选择性分散影响的理论研究与实践[D]．长沙：中南大学，2011.
[15] 孙大翔，王毓华，等．钙离子对铝土矿选择性絮凝的影响及消除的试验研究[J]．矿冶工程，2010，30(5):34-39.
[16] Wang Yuhua，Sun Daxiang，Wang Liguang，et al. Effects of sodium tripolyphosphate and sodium carbonate on the selective flocculation of diasporic-bauxite in the presence of calcium and magnesium ions [J]. Minerals Engineering，2011(24):1031-1037.
[17] 刘文莉．铝土矿选择性絮凝脱硅技术的研究[D]．长沙：中南大学，2009.
[18] 钟婵娟，孙德四．基于矿物晶体结构的铝土矿细菌浸矿机制研究[J]．中国矿业大学学报，2013，42(4):638-645.
[19] Nymphodora Papassiopi，Katerina Vaxevanidou，Ioannis Paspaliaris. Effectiveness of iron reducing bacteria for the removal of iron from bauxite ores [J]. Minerals Engineering，2010(23):25-31.
[20] Leming Ou，Qiming Feng，Yun Chen. Disintegration mode of bauxite and selective separation of Al and Si [J]. Minerals Engineering，2007(20):200-203.
[21] 韩跃新，朱一民，等．介质特性对铝土矿在振动磨机中选择性磨矿的影响[J]．现代矿业，2009(4):36-39，122.
[22] 孙伟，罗春华，等．不同助磨剂对铝土矿磨矿中 $-16\mu m$ 粒级含量的影响[J]．矿冶工程，2007，27(5):22-26.
[23] 罗春华．助磨剂对河南低品位铝土矿助磨效果的研究[D]．长沙：中南大学，2008.
[24] 万丽，高玉德．不同助磨剂对铝土矿选择性磨矿性能研究[J]．现代矿业，2014(5):65-66，100.
[25] 邓善芝，王泽红，等．助磨剂对铝土矿的作用机理研究[J]．现代矿业，2013(9):101-103.
[26] 王泽红，邓善芝．DA 分散剂对铝土矿粉磨效率的影响及其作用机理[J]．中国矿业，2012，21(2):96-98，107.
[27] 王泽红，邓善芝．聚丙烯酸钠对铝土矿粉磨效率的影响及其作用机理[J]．金属矿山，2011(11):103-106.
[28] 卢毅屏．铝土矿选择性磨矿—聚团浮选脱硅研究[D]．长沙：中南大学，2012.
[29] 任爱军．铝矾土矿浮选提纯工艺研究[J]．有色金属（选矿部分），2013(6):27-30.
[30] 任爱军，张天章，郑桂兵．一种一水硬铝石型铝土矿选矿方法：中国，CN101632962[P].2010-01-27.
[31] 曾克文，刘俊星，周凯，等．低铝硅比铝土矿选矿试验研究[J]．有色金属（选矿部分），2008(5):1-4，7.
[32] 谢海云，姜亚雄，叶群杰，等．高铝高硅铝土矿分段浮选脱硅研究[J]．轻金属，2014(4):1-5.
[33] 梁友伟．高泥化微细嵌布铝土矿选矿试验研究[J]．有色金属（选矿部分），2014(5):46-49.
[34] 陈湘清，陈兴华，马俊伟，等．低品位铝土矿选矿脱硅试验研究[J]．轻金属，2006(10):13-16.
[35] Huang Gen，Zhou Changchun，Liu Jiongtian. Effects of different factors during the de-silication of diaspore by direct flotation [J]. International Journal of Mining Science and Technology，2012(22):341-344.
[36] 黄根，周长春．搅拌转速对低品位铝土矿浮选的影响[J]．矿山机械，2013，41(1):87-90.
[37] 余新阳，魏新安，曾安．某低品位红土型铝土矿脱硅提纯选矿试验研究[J]．非金属矿，2015，38(1):48-51.
[38] 陈志友，李旺兴，陈湘清，等．三水铝石型铝土矿的浮选脱硅试验研究[J]．轻金属，2008(7):7-10.
[39] 杨小生，李艳军，韩跃新，等．浮选方法提高三水铝石铝硅比的研究[J]．金属矿山，2006(5):14-17，31.
[40] 曾克文．某铝土矿选矿脱硫试验研究[J]．有色金属（选矿部分），2009(5):1-3.
[41] 钟朝东．高硫铝土矿浮选脱硫技术研究[J]．世界有色金属，2014(11):33-34.
[42] 马俊伟，陈湘清，吴国亮，等．遵义高硫铝土矿工艺矿物学特征及浮选脱硫试验研究[J]．轻金属，2014(3):5-9，39.
[43] 李花霞，岳怀忠，李立鹏．煤下高硫铝土矿浮选脱硫研究[J]．轻金属，2013(12):4-8.
[44] 陈达，闫武，熊述清，等．重庆某高硫铝土矿石选矿试验[J]．金属矿山，2013(5):102-104.
[45] 宋翔宇．从某高硫铝土矿中浮选分离硫铝试验研究[J]．湿法冶金，2012(8):243-247.
[46] 王宝奎，郑桂兵，曾克文．高硫铝土矿脱硫方法研究[J]．轻金属，2011(7):12-14.
[47] 陈文汨，谢巧玲，胡小莲，等．高硫铝土矿反浮选除硫加工成合格产品实验研究[J]．轻金属，2008(9):8-12.
[48] 欧阳嘉骏，陈艺锋，王宇菲，等．超声波强化铝土矿浮选脱硫研究[J]．中国矿山工程，2015，44(2):15-18.

[49] 陈丽荣，张周位，陈文祥，等．务正道地区某沉积型铝土矿脱硅除铁试验研究[J]．矿产保护与利用，2014(3)：27-31.
[50] 卢毅屏，丁明辉，冯其明，等．山西某铝土矿提铝降铁试验研究[J]．金属矿山，2012(1)：100-103.
[51] 董红军，麦笑宇．平果铝土矿原矿浆选铁技术研究[J]．矿冶工程，2015，35(3)：63-65，69.
[52] 魏党生．高铁铝土矿综合利用工艺研究[J]．有色金属（选矿部分），2008(6)：14-18.
[53] 印勇，谢刚，李荣兴，等．高铁铝土矿降铁试验研究[J]．热加工工艺，2014，43(4)：43-45，50.
[54] 任文杰，金会心，赵玉兰，等．高铁铝土矿低温磁化焙烧-磁选工艺试验研究[J]．广州化工，2015，43(1)：54-55，72.
[55] 陈怀杰，刘志强，朱薇．贵港式铝土矿综合利用工艺研究[J]．材料研究与应用，2012，6(1)：65-68.
[56] 朱忠平．高铁三水铝石型铝土矿综合利用新工艺的基础研究[D]．长沙：中南大学，2011.
[57] 储满生，柳政根，唐珏．一种高铁铝土矿适度还原选分铁铝分离的方法：中国，CN102658235A[P]. 2012-09-12.
[58] 袁致涛，方萍，张松，等．氧化钙对高铁铝土矿烧结-分选效果的影响[J]．东北大学学报（自然科学版），2015，36(4)：585-589.
[59] 卢东方．铝土矿脱硅水力分选设备的研究[D]．长沙：中南大学，2009.
[60] 王毓华，黄传兵，兰叶．一水硬铝石型铝土矿选择性絮凝分选工艺研究[J]．中国矿业大学学报，2006，35(6)：742-746.
[61] 黄传兵，王毓华，兰叶．有机絮凝剂HSPA分选一水硬铝石型铝土矿的机理[J]．中国有色金属学报，2006，16(7)：1250-1256.
[62] Wang Yuhua，Sun Daxiang，Wang Liguang，et al. Effects of sodium tripolyphosphate and sodium carbonate on the selective flocculation of diasporic-bauxite in the presence of calcium and magnesium ions [J]. Minerals Engineering，2011(24)：1031-1037.
[63] 张云海，吴熙群，郑桂兵，等．一种用于铝土矿反浮选的选择性絮凝剂及其使用方法：中国，CN1947851[P]. 2007-04-18.
[64] 李荣改，宋翔宇，徐靖，等．山西某地铝土矿选择性絮凝试验研究 [P]．有色金属（选矿部分），2013(4)：27-29，51.
[65] 罗桂民，黄振艺．平果铝土矿降低洗矿含泥率的生产实践[J]．轻金属，2006(7)：6-8.
[66] 高云川．关于文山铝土矿洗矿设计中有关问题的探讨[J]．有色金属设计，2010，37(3)：7-11.
[67] 孙海波．提高云南文山粘土胶结型铝土矿洗矿效率的实践[J]．世界有色金属，2013：109-110.
[68] 杨军忠，杨秋群．桂西铝土矿选矿工艺流程优化实践[J]．大众科技，2012，14(9)：74-76.
[69] 杨彪．两种不同类型铝土矿原矿性质及洗矿工艺的对比分析[J]．采矿技术，2016，16(1)：32-35.
[70] 高涵，廖新勤，等．高压辊磨机用于铝土矿的试验研究及应用[J]．轻金属，2014(3)：10-13，23.
[71] 阎赞，周春生，张国春．某铝土矿高压辊磨产品特性研究[J]．商洛学院学报，2015，29(2)：36-41
[72] 曾桂忠，段希祥．立式球磨机在铝土矿选择性磨矿的试验研究[J]．矿山机械，2009，37(17)：58-60.
[73] 董干国，刘桂芝．BF-L型浮选机的研究[J]．稀有金属，2006，30：115-118.
[74] 喻明军．充气深槽浮选机性能参数试验及模拟分析[D]．长沙：中南大学，2010.
[75] 周杰强，马俊伟，陈湘清，等．无传动浮选槽在铝土矿浮选脱硅中的应用研究[J]．轻金属，2014(1)：4-8，16.
[76] 孙伟，耿志强，易峦，等．旋流浮选器在铝土矿反浮选中的应用[J]．中国有色金属学报，2010，20(3)：557-564.
[77] 周游，周长春，张宁宁，等．泡沫层厚度对低品位铝土矿柱式分选影响的半工业试验研究[J]．有色金属（选矿部分），2015(2)：64-67.
[78] 周长春，刘炯天，黄根，等．铝土矿浮选柱选矿脱硅试验研究[J]．中南大学学报（自然科学版），2010，41(3)：845-851.
[79] 欧乐明，王立军，冯其明，等．利用微泡浮选柱分选中低品位铝土矿的试验研究[J]．矿冶工程，2011，31(3)：40-43.
[80] 张文才．铝土矿柱浮选泡沫稳定性与分选效果关系的研究[D]．长沙：中南大学，2013.
[81] 卢东方．自制铝土矿脱硅水力分选设备的流场模拟及实验研究[J]．中国有色金属学报，2011(7)：1713-1718.
[82] 黄鹏，余胜利，卢东方．重选设备搅拌器优化设计中Fluent的应用[J]．金属矿山，2011(1)：120-123，164.
[83] 高淑玲，李晓安，魏德洲，等．低品位铝土矿在旋流离心力场中的分选试验研究[J]．金属矿山，2007(11)：54-57.
[84] 高淑玲，魏德洲，刘文刚，等．铝硅矿物旋流分选特性与机理分析[J]．中国矿业，2011，20(8)：83-86.
[85] 高淑玲，魏德洲，方萍，等．充气量对低品位铝土矿旋流-反浮选分离的影响[J]．东北大学学报（自然科学版），2009，30(1).

[86] 张宁宁，周长春，刘小凯，等．干扰床分选机分选低品位铝土矿的可行性研究[J]．矿山机械，2015，43(4):82-85.
[87] 尹海军．深锥高效沉降槽在铝土矿浮选尾矿脱水工艺中的研究及应用[J]．有色设备，2007(5):11-13.
[88] 芦东，严育红．铝土矿选精矿过滤设备应用研究[J]．轻金属，2011(6):5-7.
[89] 靳古功．立盘过滤机过滤铝土矿正浮选精矿的试验研究[J]．有色设备，2009(4):1-4，12.
[90] 王纪瑞，焦阳．盘式过滤机应用于浮选精矿可行性的研究[J]．矿山机械，2007，35(11):95-98.
[91] 陈远道．高效铝土矿浮选捕收剂的研究与应用[D]．长沙：中南大学，2007.
[92] 曹学锋，高建德，刘润清，等．低铝硅比铝土矿正浮选脱硅试验研究[J]．矿冶，2015，24(2):1-4，10.
[93] 曹学锋，高建德，刘润清，等．一种新型增效剂协同下铝土矿的油酸浮选[J]．金属矿山，2014(8):65-68.
[94] 刘长淼，吴东印，冯安生，等．ZMC 捕收剂在铝土矿正浮选中的应用[J]．中国矿业，2014，23(9):118-120，151.
[95] 樊丽丽，陈芳芳，张亦飞，等．某铝土矿新型组合捕收剂试验研究[J]．金属矿山，2011(1):60-63.
[96] 陈湘清．李旺兴．一种铝土矿浮选用的捕收剂：中国，CN1911527[P].2007-02-14.
[97] 李晓阳，白荣林，朱从杰．一种铝土矿浮选复合捕收剂：中国，CN101983777A[P].2011-03-09.
[98] 王秀峰，张延喜，李军伟．一种低品位铝土矿低温浮选复合捕收剂：中国，CN102744158A[P].2012-10-24.
[99] 李伟，冯瑞，马贯军．一种新型螯合剂在铝土矿浮选分离中的应用[J]．广州化工，2011，39(14):56-59.
[100] 阎波，周长春，赵锡荣，等．羟肟酸类捕收剂在中低品位铝土矿浮选中的性能研究[J]．轻金属，2011(4):7-10.
[101] 易运来，殷志刚，颜玲玲，等．捕收剂 ADTB 对一水硬铝石和铝硅矿物的捕收性能[J]．广州化学，2010，35(3):33-37.
[102] Liuyin Xia，Hong Zhong，Guangyi Liu，et al. Flotation separation of the aluminosilicates from diaspore by a Gemini cationic collector [J]. Int. J. Miner. Process，2009(92):74-83.
[103] 夏柳荫．双季铵盐型 Gemini 捕收剂对铝硅酸盐矿物的浮选特性与机理研究[D]．天津：天津大学，2009.
[104] 夏柳荫，刘广义，钟宏，等．十二烷基胍对铝硅矿物的浮选分离[J]．中国有色金属学报，2009，19(3):561-569.
[105] 钟宏，刘广义，赵声贵．胍类化合物在铝土矿反浮选中的应用及制备方法：中国，CN101176861[P].2008-05-14.
[106] 谭凯旋，曹杨，等．铝硅酸盐矿物浮选中捕收剂的设计合成及浮选机理的研究[J]．南华大学学报（自然科学版），2013，27(3):10-15.
[107] 胡岳华，孙伟，陈攀．一种铝土矿反浮选捕收剂的应用：中国，CN101844112A[P].2010-09-29.
[108] 于伟，赵锡荣．十二碳酰胺的合成及其浮选性能研究[J]．中国矿业，2015，24(3):123-127.
[109] 李松清，程新朝．BK430 在铝土矿反浮选脱硅中的应用[J]．现代矿业，2014(6):10-14.
[110] 周苏阳，孙伟，陈攀，等．铝土矿反浮选新型捕收剂 TR 性能研究[J]．金属矿山，2011(3):87-89.
[111] 章晓林，徐瑾．新型阳离子捕收剂在极难选高硅型铝土矿反浮选中的应用[J]．轻金属，2010(2):6-8.
[112] 刘水红，郑桂兵，任爱军．一水硬铝石和含铝硅酸盐在胺类捕收剂作用下的浮选行为[J]．有色金属，2007，59(4):127-130.
[113] 刘长淼，方霖，吕子虎．新型抑制剂 ZMD 在铝土矿正浮选中的应用[J]．矿产保护与利用，2013(5):27-30.
[114] 章晓林，刘殿文，徐瑾．改性调整剂在高硅铝土矿反浮选中的应用[J]．轻金属，2012(9):12-14.
[115] 刘水红，郑桂兵，任爱军．一水硬铝石和含铝硅酸盐矿物在不同调整剂作用下的浮选行为研究[J]．有色金属（选矿部分），2008(1):41-44.
[116] 代淑娟，刘炯天，杨树勇．某废菌在铝土矿反浮选中的抑制效果[J]．金属矿山，2012(5):96-99，125.
[117] 李长凯，孙伟，张刚．调整剂对高硫铝土矿浮选脱硫行为的影响[J]．有色金属（选矿部分），2011(1):56-59，26.
[118] 彭喜曦．铝土矿尾矿絮凝剂筛选试验研究[J]．能源环境保护，2014，28(3):18-23.
[119] 徐会华，冯其明，欧乐明．铝土矿浮选尾矿强化沉降试验研究[J]．有色金属（选矿部分），2014(4):57-63.
[120] 姜燕清，王毓华，杨键．铝土矿正浮选尾矿沉降试验研究[J]．轻金属，2010(12):7-10，16.
[121] 邓春华．聚丙烯酰胺对铝土矿浮选尾矿沉降性能的影响[J]．湖南有色金属，2014，30(2):20-22，64.
[122] 刘焦萍，黄春成．铝土矿正浮选尾矿浆沉降新工艺研究[J]．轻金属，2006(5):8-13.
[123] 丛日鹏，仝克闻，曾建红．微细粒级浮选铝土矿尾矿颗粒聚集沉降行为研究[J]．矿冶工程，2015，35(2):68-71.
[124] 蔡发万，周新涛，夏举佩．铝土矿选尾矿沉降特性研究[J]．硅酸盐通报，2014，33(6):1544-1549.
[125] 肖卫红，赵玉涛．自动化控制技术在铝土矿生产的应用[J]．可编程控制器与工厂自动化，2005(11):61～64.
[126] 马骞．PSI-200 粒度仪应用中的问题处理[J]．可编程控制器与工厂自动化，2010(9):71～72.
[127] 曹斌芳，谢永芳，阳春华．基于多源数据的铝土矿浮选生产指标集成建模方法[J]．控制理论与应用，2014，31(9):1251～1259.
[128] 刘金平，桂卫华，唐朝晖．基于纹理粗细度测量的铝土矿浮选过程最佳精选泡沫状态分析[J]．控制与决策，2013，28(7):1012-1017.

[129] 王冬新. 详解铝土矿浮选自动加药系统程序[J]. 自动化技术与应用，2009，28(12):62-65.
[130] 黄晓明. 利用铝土矿选矿尾矿制造烧结空心砌块的试验研究[J]. 有色冶金节能，2010(3):225-229.
[131] 冉霞，李太昌. 铝土矿浮选尾矿活化技术研究[J]. 矿产保护与利用，2011(2):50-54.
[132] 叶家元，王渊，张文生. 铝土矿选尾矿制备土聚水泥的反应机理[J]. 武汉理工大学学报，2009，31(4):136-137.
[133] 付凌雁，张召述，娄东民. 铝土矿尾矿活化制备水泥基材料的研究[J]. 化学工程，2007，35(6):41-44.
[134] 韩敏，张文豪，武福运. 一种铝土矿浮选尾矿制备人造石的方法：中国，CN102372462A[P]. 2012-03-14.
[135] 韩敏. 铝土矿浮选尾矿制备人造石[J]. 世界有色金属，2014(2):35-36.
[136] 左林举. 铝土矿选矿尾矿再利用的研究[J]. 轻金属，2010(6):14-17.
[137] 杨会智，陈昌平，孙洪巍. 铝土矿尾矿微晶玻璃研制[J]. 矿业研究与开发，2007(6):48-49.
[138] 陆占清，夏举佩，张召述. 铝土矿选尾矿制备低温陶瓷泡沫材料工艺研究[J]. 硅酸盐通报，2010，29(5):1133-1138.
[139] 张召述. 铝土矿选尾矿活化制备低温陶瓷胶凝材料的研究[D]. 昆明：昆明理工大学，2007.
[140] 于延芬，刘万超，陈湘清. 铝土矿选别尾矿制备新型土聚材料的研究[J]. 矿产保护与利用，2012(6):45-49.
[141] 叶家元，钟卫华，张文生. 铝土矿选尾矿制备碱激发胶凝材料的性能[J]. 水泥，2010(6):5-7.
[142] 谢武明，楼匡宇，张文治. 铝土矿选尾矿制备烧结砖的试验研究[J]. 新型建筑材料，2013(7):43-45.
[143] 张天章，李建红，张思远. 一种铝土矿制备人工莫来石原料的方法：中国，CN102060303A[P]. 2011-05-18.
[144] 胡小冬. 铝土矿选矿尾矿制备聚合物填料的研究[D]. 长沙：中南大学，2008.
[145] 霍成立，刘明珠，赵武. 铝土矿选矿尾矿深加工及在 PVC 塑料中的应用[J]. 金属矿山，2010(9):177-181.
[146] 肖奇，朱高远，童秋桃. 一种利用铝土矿选矿尾矿制备双 90 白色填料的方法：中国，CN102675930A[P]. 2012-09-19.
[147] 张梅，郭敏，王振东. 一种用铝土矿尾矿制备 4A 分子筛的方法：中国，CN102976353A[P]. 2013-03-20.
[148] 张梅，郭敏，雷鹏程. 一种用高铁铝土矿尾矿水热合成4A 分子筛的方法：中国，CN104108723A[P]. 2014-10-22.
[149] 邓海波，吴承桧，杨文. 利用铝土矿洗矿尾矿制备聚合硫酸铝铁[J]. 金属矿山，2011(7):157-160.
[150] 吴承桧. 铝土矿洗矿尾矿中铝、铁矿物综合利用研究[D]. 长沙：中南大学，2011.
[151] 黄自力，陈治华. 铝土矿浮选尾矿制备聚合硫酸铝铁的研究[J]. 金属矿山，2010(10):176-180.
[152] 卢清华，胡岳华. 运用铝土矿选矿尾矿制备三聚磷酸铝防腐颜料（英文）[J]. Transactions of Nonferrous Metals Society of China，2012(2):483-488.
[153] 童秋桃. 利用铝土矿浮选尾矿制备氧化铝和絮凝剂的研究[D]. 长沙：中南大学，2013.
[154] 张汉平，张谌虎，刘玫华. 使用高铁低品位铝土矿制备高强度石油压裂支撑剂的方法：中国，CN102925134A[P]. 2013-02-13.
[155] 兰叶，王毓华，胡业民. 铝土矿浮选尾矿基本特性与再利用研究[J]. 轻金属，2006(10):9-12.
[156] 兰叶，王毓华，胡业民. 铝土矿浮选尾矿的 $FeCl_3$ 改性及对铬（Ⅵ）吸附的机理研究[J]. 湖南科技大学学报（自然科学版），2007，22(1):102-106.
[157] 卢清华，胡岳华. 铝土矿浮选尾矿阻燃功能化研究[J]. 金属矿山，2009(2):174-177.
[158] 卢清华，胡岳华. 铝土矿浮选尾矿负载纳米氧化钛白度研究[J]. 功能材料，2009，5(40):858-860.
[159] 邓春华. 铝土矿正浮选尾矿处理含 Pb(Ⅱ)废水的试验研究[J]. 湖南有色金属，2013，29(5):55-58.
[160] 常自勇. 选矿回水中絮凝剂对铝土矿浮选影响的研究[D]. 长沙：中南大学，2014.
[161] 常自勇，冯其明，欧乐明. 回水中絮凝剂对铝土矿浮选影响的研究[J]. 有色金属（选矿部分），2014(6):88-91.
[162] 何平波，刘晗，陈兴华. 铝土矿脱硅浮选尾矿回水对浮选行为的影响[J]. 有色金属（选矿部分），2011(3):25-28.
[163] 刘晗. 铝土矿尾矿回水利用研究[D]. 长沙：中南大学，2011.
[164] Gence N. Wetting behavior of magnesite and dolomite surfaces. Applied Surface Science，2006(252):3744-3750.
[165] Gence N，Ozbay N. pH dependence of electrokinetic behavior of dolomite and magnesite in aqueous electrolyte solutions[J]. Applied Surface Science，2006(252):8057-8061.
[166] Lacin O，Donmez B，Demir F. Dissolution kinetics of natural magnesite in acetic acid solutions[J]. International Journal of Mineral Processing，2005(75):91-99.
[167] Bayrak B，Lacin O，Bakan F，et al. Investigation of dissolution kinetics of natural magnesite in gluconic acid solutions[J]. Chemical Engineering Journal，2006(117):109-115.
[168] Bakan F，Lacin O，Bayrak B，et al. Dissolution kinetics of natural magnesite in lactic acid solutions[J]. International Journal of Mineral Processing，2006(80):27-34.
[169] 李强，孙明俊，印万忠. 菱镁矿浮选特性研究[J]. 金属矿山，2010(11):91-94.

[170] 李强．基于晶体化学的含镁矿物浮选研究[D]．沈阳：东北大学，2011.
[171] 宋振国．几种金属阳离子对方解石与菱镁矿浮选的影响[J]．矿产保护与利用，2014(6):15-18.
[172] 王金良，孙体昌．粒度和调整剂对石英与菱镁矿浮选分离的影响[J]．中国有色金属学报，2008，18(11):2082-2086.
[173] 姚金，侯英，印万忠．油酸钠浮选体系中蛇纹石对菱镁矿浮选的影响[J]．东北大学学报（自然科学版），2013，34(6):889-893.
[174] 吴桂叶，朱阳戈，郑桂兵．菱镁矿与石英浮选分离的第一性原理研究[J]．矿冶，2015，24(2):11-14.
[175] 王玉斌，李宗英．菱镁矿浮选工艺改造试验及降低后序加工能耗探讨[J]．山东冶金，2008，30(2):25-27.
[176] 张庆铭．大石桥某低品位菱镁矿选矿工艺技术研究[D]．阜新：辽宁工程技术大学，2013.
[177] 纪振明，田鹏杰，陈洲．某低品位菱镁矿浮选提纯试验研究[J]．矿冶，2009，18(2):30-33.
[178] 李彩霞，庞鹤，满东．低品位菱镁矿选矿工艺研究[J]．硅酸盐通报，2014，33(5):1189-1192.
[179] 代淑娟，于连涛，张孟．辽宁吉美地区某低品位菱镁矿浮选提纯实验研究[J]．矿冶工程，2014，34(4):52-54.
[180] 孙体昌，王金良，邹安华．辽宁某菱镁矿可选性研究金属矿山[J]．金属矿山，2007(10):68-71.
[181] 朱一民，闫啸，潘克俭．辽宁某低品位菱镁矿的浮选提纯试验研究[J]．中国矿业，2015，24(5):118-120.
[182] 谭欣，郑桂兵，尹琨．辽宁某低品位菱镁矿除杂可选性研究[J]．有色金属（选矿部分），2015(2):54-57.
[183] 朱阳戈，谭欣，郑桂兵．低品位菱镁矿浮选试验研究[J]．轻金属，2014(2):1-4.
[184] 姚金，印万忠，王余莲．油酸钠或十二胺体系中菱镁矿及其伴生矿物的浮选特性[J]．金属矿山，2013(6):71-74.
[185] 王星亮．低品级菱镁矿浮选提纯研究[D]．沈阳：东北大学，2008.
[186] 付亚峰，印万忠，肖烈江．辽宁海城某低品级菱镁矿脱硅脱钙除铁试验[J]．现代矿业，2013(7):21-25.
[187] 易小祥，杨大兵，李亚伟．巴盟隐晶质菱镁矿选矿试验研究[J]．矿业快报，2007(12):26-28.
[188] N·卡里奇．从微晶菱镁矿矿石中选择性浮选菱镁矿[J]．国外金属矿选矿，2007(5):23-25.
[189] 董波．一种菱镁矿除钙工艺：中国，CN102126734A[P]. 2011-7-20.
[190] 孙挺，王林山．一种菱镁矿化学法除钙方法：中国，CN104193197A[P]. 2014-12-10.
[191] 王倩倩，李晓安，魏德洲．对菱镁矿浮选精矿磁选除铁的试验研究[J]．非金属矿，2012，35(6):29-31.
[192] 周旭良．菱镁矿热选机理研究[D]．鞍山：辽宁科技大学，2007.
[193] 王倩倩，李晓安，魏德洲．两种捕收剂反浮选菱镁矿的效果对比[J]．金属矿山，2012(2):82-86.
[194] 李晓安，代淑娟，杨树勇，等．菱镁矿矿石反浮选脱硅中实现除铁的捕收剂及其制备方法：中国，CN102773169A[P]. 2012-11-14.
[195] 谭欣，郑桂兵，等．用于从低品位菱镁矿中获得高品位菱镁石精矿的浮选捕收剂及方法：中国，CN103272702A[P]. 2013-9-4.
[196] 刘文刚，魏德洲，王晓慧．N-十二烷基-1，3-丙二胺捕收性能研究[J]．金属矿山，2009(2):79-81.
[197] A. E. C. 波特罗，等．Rhodococcus opacus 菌作为方解石和菱镁矿生物捕收剂的基础研究[J]．国外金属矿选矿，2008(1):17-21.
[198] 程龙，魏明安．油酸钠浮选体系中菱镁矿有效抑制剂的研究[J]．有色金属（选矿部分），2012(6):75-78.
[199] O·康加尔．不常见的碳酸盐矿物（碳酸钙镁石和水菱镁矿）的可浮性[J]．国外金属矿选矿，2006(3):31-32.
[200] 连娜，陈树江．菱镁矿浮选尾矿浆液的烟气脱硫性能[J]．化工环保，2014，34(1):81-83.
[201] 连娜．利用菱镁矿原矿制备烟气脱硫剂的研究[D]．鞍山：辽宁科技大学，2014.
[202] 刘永杰，孙杰璟，孟庆凤．利用菱镁矿尾矿制备镁硅酸盐水泥的研究[J]．硅酸盐通报，2013，32(6):1126-1130.
[203] 王玉斌．菱镁矿浮选尾矿及废水的再利用[J]．山东冶金，2011，33(5):165-166.
[204] 杨刚．低品位菱镁矿综合利用的方法：中国，CN102285674A[P]. 2011-12-21.

第 22 章　磷矿石选矿

磷用途非常广泛，在农肥、农药、医药、食品、玻璃、陶瓷、染料、冶金等领域都有重要的应用，尤其是在农业方面，我国 70% ~80% 的磷矿用于磷肥的生产[1]。我国磷矿资源储量丰富，居世界第四位[2]，但人均占有量不多。磷矿资源是一种不可再生的资源，随着磷矿资源的不断开采，高品位磷矿石日益减少，现在约 80% 的磷矿为难选矿石[3]。我国磷矿资源“丰而不富”，P_2O_5 平均含量仅为 17%[4]。我国磷矿资源中 85% 左右为胶磷矿[5]，胶磷矿属于海相沉积型磷矿，其中磷矿物与脉石矿物嵌布紧密，磨矿不易解离。由于胶磷矿的嵌布粒度细、脉石矿物种类繁多、脉石矿物与磷矿物的可浮性相似[4]，比重也相近，这种“贫、细、杂”的资源特点，导致了我国磷矿资源难选和难利用。

22.1　磷矿资源简况

22.1.1　磷矿资源分布及储量

世界磷矿资源分布较为广泛，但不均。据美国地质调查局截至 2009 年 1 月的数据，全球磷矿储量较为丰富的国家和地区主要有摩洛哥和西撒哈拉、中国、美国、南非、约旦以及巴西等。2009 年世界磷矿储量分布见表 22-1[6]。

表 22-1　2009 年世界磷矿储量分布

国家和地区	储量/亿吨	基础储量/亿吨	国家和地区	储量/亿吨	基础储量/亿吨
摩洛哥和西撒哈拉	57	210	以色列	1.8	8
中　国	41	100	埃　及	1	7.6
美　国	12	34	叙利亚	1	8
南　非	15	25	突尼斯	1	6
约　旦	9	17	加拿大	0.25	2
澳大利亚	0.82	12	多　哥	0.3	0.6
巴　西	2.6	3.7	其他国家	8.9	22
俄罗斯	2	10	世界总计	150	470

数据来源：美国地质调查局 U. S. Geological Survey，Mineral Commodity Summaries，January 2009。

据统计，截至 2013 年年底，我国磷矿查明资源储量已达 205.7 亿吨。同时，我国磷矿资源分布不均衡，主要分布于西南地区的云南、贵州、四川以及中部地区的湖北和湖南等 5 个省，占全国保有资源储量的 75%[7]。我国大部分磷矿石中 P_2O_5 含量低于 25%，主要分布在云南、贵州和湖北等省份，且大部分原矿都需要分选才能得以工业利用[8]。

22.1.2　磷矿资源的生产和消费

22.1.2.1　世界及中国磷矿产量

我国的磷矿石产量直到 2006 年才达到 3070 万吨，超过美国的 3010 万吨。世界磷矿石产量是 1.42 亿吨，美国、中国和摩洛哥的磷矿石产量约占世界总产量的 62%[9]。美国地质调查局 2012 年年报统计，2012 年世界磷矿石的产量预计达到 2.15 亿吨，比 2011 年增加 7% 左右。其中，我国 9530 万吨，美国产量 3010 万吨，摩洛哥 2710 万吨，我国一举成为世界最大的磷矿石生产国。中国、美国和摩洛哥等三个国家磷矿石总产量占世界磷矿石总产量的 71%[9]。

据来自中商情报网的中商产业研究院数据库（AskCIData）数据，2010 年以来，我国的磷矿石（折合

P_2O_5 含量30%）产量保持增长，2014 年的磷矿石产量比2010 年增长了一倍左右，由2010 年6807. 9 万吨的产量增长至12043. 88 万吨，但增长率呈逐年递减的趋势[10]。

22. 1. 2. 2　世界消费量

世界磷矿石消费量：2010 年为 1. 83759 亿吨，2011 年为 1. 93664 亿吨，2012 年为 1. 96675 亿吨，2013 年为1. 93292 亿吨；美国2012 年磷矿石消费量为3040 万吨，比2011 年减少5%。2006 ~2013 年世界磷矿石表观消费情况如图22-1 所示[11]。2015 年世界磷矿石供应将会增加到2. 30 亿吨[12]。预计到2017 年，世界磷矿石的潜在供应量将会达到2. 6 亿吨，增加的部分主要来自非洲和中国[13]。

22. 1. 2. 3　磷矿进出口情况及趋势

据美国地质调查局2007 年年报发布的数据，美国是磷矿石的主要进口国。2012 年，美国磷矿石进口量为308 万吨。摩洛哥是磷矿石的主要出口国，占世界出口量的50%，并对价格的上涨有最重要的影响[14]。2006 ~2013 年世界磷矿石出口情况如图22-2 所示[11]。2004 年，我国开始限制磷矿石出口，2008 年实行出口配额管理，随后磷矿石的出口量逐年下降[15]。根据国际肥料工业协会（IFA）统计，2010 年、2011 年、2012 年和2013 年，世界磷矿出口量分别为2998. 4 万吨、3114. 8 万吨、3016. 9 万吨和2599. 5 万吨。我国磷矿市场2012 年上半年之前，总体呈上升趋势，但随后在下半年市场行情开始出现下滑，主要原因是产能过剩和国外磷肥产品的冲击，经过多年的产业调整，现在磷矿产业将会趋于合理[16]，而且磷矿产业的发展会越来越科学。

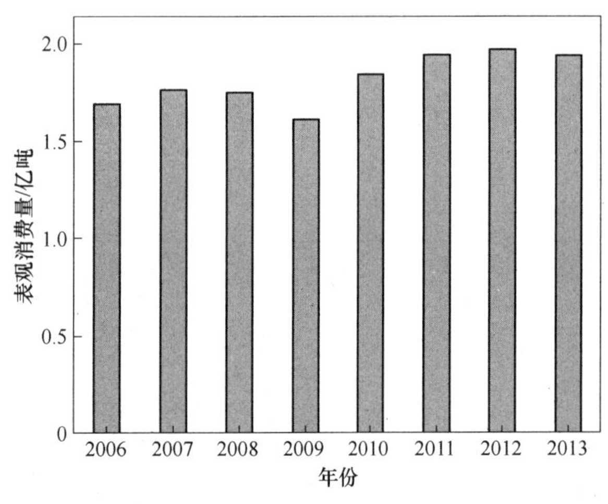

图22-1　2006 ~2013 年世界磷矿石表观消费情况
（数据来源：国际肥料工业协会产量与国际贸易
http：//www. fertilizer. org）

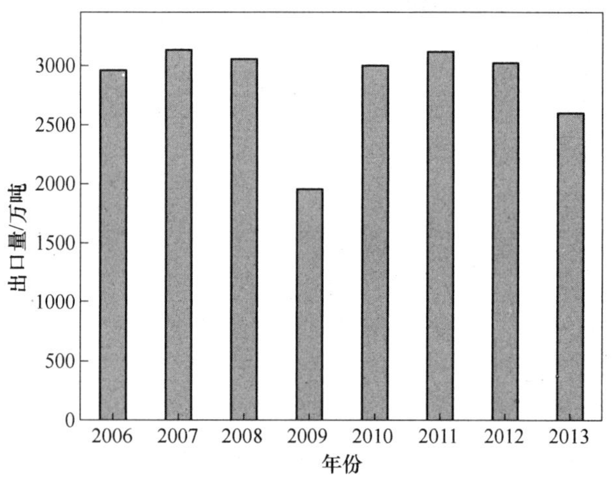

图22-2　2006 ~2013 年世界磷矿石出口情况
（数据来源：国际肥料工业协会产量与国际贸易
http：//www. fertilizer. org）

22. 1. 2. 4　磷矿价格及趋势

2012 年磷矿石价格呈现先上涨后走低的趋势，磷矿石（P_2O_5 含量30%）年初市场均价为562. 5 元/吨，7 月上旬市场均价达到642 元/吨，涨幅为14. 13%，年底市场均价为601. 43 元/吨，比年初涨了6. 92%，比7 月中旬下降了6. 32%。2013 年上半年，各省的磷矿价格有不同程度的下降，湖北地区磷矿石（P_2O_5 含量30%）宜昌船板价由年初650 元/吨降至500 元/吨，降幅达23. 08%。贵州地区开阳车板价由630 元/吨降至450 ~480 元/吨，降幅达26. 20%[17]。未来国内磷矿石价格仍会上涨[15]。

22. 2　磷矿石选矿理论及基础研究进展

22. 2. 1　表面电性

刘安[18]采用改性淀粉对胶磷矿、白云石和石英进行了纯矿物浮选试验，结果表明改性淀粉对三种矿石均有抑制作用。采用Zeta 电位分析了改性淀粉的抑制机理，发现改性淀粉使石英、白云石表面电性正移且存在静电力和氢键力，而胶磷矿的零电点负移。因此可使用阴离子捕收剂，通过反浮选工艺实现脉石矿物白云石和石英与胶磷矿的分离。

黄小芬、张覃[19]考察了 Ca^{2+} 和 Mg^{2+} 对胶磷矿表面电性的影响，发现胶磷矿优先吸附溶液中的 Ca^{2+}、Mg^{2+} 而使表面负电性降低。Mg^{2+} 在胶磷矿表面的吸附使其表面形成类似白云石的覆盖层，从而会降低分选的选择性。在中性及碱性条件下，金属离子的加入会明显地抑制胶磷矿的上浮，其原因可能是金属离子与脂肪酸类捕收剂发生沉淀反应，从而消耗捕收剂，并且形成氢氧化物沉淀，罩盖于矿物表面，阻止了捕收剂与胶磷矿的作用。

何婷、张覃[20]对胶磷矿中的白云石进行了晶体化学研究，结果表明：白云石结构中 Ca—O 及 Mg—O 易在水中部分解离，因此在水溶液中零电点相对较高，负电性相对较弱，表面存在大量的金属阳离子，使其在阴离子捕收剂浮选体系中可浮性较好。当溶液酸性减弱、碱性增强时，白云石表面带负电，则使其在阳离子捕收剂浮选体系中可浮性较好。

侯清麟等人[21]通过 Zeta 电位分析和 Mg^{2+} 浮选溶液化学计算，发现当 pH 值为 11，且 Mg^{2+} 浓度和捕收剂浓度相等时，Mg^{2+} 活化石英浮选的性能最佳，Mg^{2+} 主要是以 $Mg(OH)^{+}$ 形式对阴离子捕收剂浮选石英产生活化效果，而当 Mg^{2+} 水解组分中的 $Mg(OH)_2$ 沉淀达到一定浓度时，开始抑制浮选石英。

张国范等人[22]对硅-钙质磷矿中主要硅质脉石（以石英为代表）进行研究。石英在碱性条件下，极易被 Ca^{2+} 活化，因此胶磷矿在矿浆体系中溶解出来的 Ca^{2+} 对胶磷矿和石英的分离产生不利影响。通过 Zeta 电位测试探索了胶磷矿表面的活性物质在碱性条件下活化石英的机理。加入水玻璃后，石英的 Zeta 电位负移，且随着 pH 值升高不断下降，说明水玻璃对石英在阴离子捕收剂体系中有抑制作用；而当体系中同时存在水玻璃和 Ca^{2+} 时，石英的 Zeta 电位明显升高，但还是处于石英和被 Ca^{2+} 活化过的石英动电位之间，说明水玻璃对被 Ca^{2+} 活化过的石英也具有抑制作用。

F. Guo 等人[23]对于硅钙质磷块岩进行纯矿物浮选试验，试图从磷块岩中选择性地将石英与胶磷矿分离。试验采用植物类药剂对石英进行反浮选，取得了良好的指标。并使用 Zeta 电位对药剂机理进行研究，发现植物类药剂可以显著改善石英表面的电性，当添加药剂后，石英表面电位发生明显正移，说明植物类药剂在其表面发生了特定吸附。

刘长淼等人[24]使用 4 种十二叔胺类系列捕收剂（DRN、DEN、DPN 和 DEN），通过纯矿物浮选试验研究石英浮选行为，结果显示 4 种叔胺中 DRN、DEN 和 DPN 对石英的浮选性能都较好，浮选回收率均能达到 90% 以上，DEN 的回收率较低。表面动电位研究结果表明：石英表面主要带负电，矿物表面的部分羟基电离是其表面荷电变化的主要原因。4 种叔胺与石英表面的作用机理主要是静电作用，石英与叔胺作用后，动电位值显著增加。

寇珏等人[25]对 Georgia-Pacific 公司的新型阳离子胺类捕收剂 605G83 在佛罗里达 CF Industries 公司的磷酸盐反浮选石英中的应用效果进行了研究。在阳离子捕收剂 605G83 的作用下，石英的 Zeta 电位明显升高，说明在带负电的石英表面发生了胺阳离子的静电吸附，提高了矿物表面的疏水性和可浮性。

此外，韦书立对石英的零电点的测试结果为 1.8，刘亚川为 2.0，翁达为 1.8，还有文献报道了石英的零电点为 1.9、2.2、2.3、1.7，可知石英的零电点为 2.0 左右，不同产地和不同石英矿物种类有些差异，但总的电负性都较高。当石英晶体结构中掺杂金属离子，如 Al^{3+}、K^{+}、Ca^{2+} 等，这些半径较大的离子与石英晶体结构中的 O^{2-} 之间存在的化学键较弱，易解理，则在石英表面留下 SiOH 和 SiO^{-} 区域，增强了石英表面的电负性，进而使石英零电点降低。而针对属于磷酸盐类矿物的胶磷矿，由于离子键在水介质中更容易解离，此外胶磷矿中存在大量 Ca^{2+} 和 Mg^{2+} 等金属离子，结构也更加复杂，因此胶磷矿的 Zeta 电位测定结果差距较大，这是由于矿物化学组成及晶体结构的差别影响了矿物解离性质，进而影响其可浮性。

22.2.2　表面吸附特性

随着各种表面分析仪器的研究开发，可以通过各种光谱，测量浮选体系中矿物和药剂间的相互作用，其中红外光谱应用最为成功。红外光谱可以分析捕收剂与矿粒表面的吸附作用机理，除此之外，X 射线光电子能谱（XPS）、俄歇电子能谱、二次俄歇电子能谱、二次离子质谱及原子力显微镜也可以对药剂与矿物表面的吸附特性进行测定，还可以通过紫外分光光度法、燃烧、石英晶体微天平对药剂在矿物表面的吸附量进行测试。

李冬莲等人[26]通过添加钙镁离子，进行浮选试验，重点是矿物的接触角、吸附量的测定以及傅里叶红外光谱测试。结果表明：一定浓度的 Ca^{2+} 、Mg^{2+} 会显著降低胶磷矿纯矿物的回收率，原因是在碱性矿浆中，钙镁离子浓度太高时，易生成氢氧钙（镁）的溶胶或沉淀，吸附于矿物表面，致使矿物表面有效成分油酸配合物减少，捕收剂吸附量降低，疏水性减弱，胶磷矿浮选效果变差。

汤佩徽[27]为考察 Ca^{2+} 在碱性条件下对胶磷矿和石英表面发生的作用机理，先通过 Zeta 电位测试，再采用 X 射线光电子能谱，对 Ca^{2+} 添加前后矿物表面性质的 XPS 进行分析，考察钙离子的作用。测试结果表明，Ca^{2+} 在碱性条件下，石英表面的变化较为明显，石英表面钙的相对含量增加了 0.69%，说明 Ca^{2+} 在石英表面产生了吸附。可以推测 Ca^{2+} 吸附在石英表面，增加了表面活性质点，促进了油酸捕收剂在矿物表面的吸附，使石英获得较好的上浮率。

Y. Roiter 等人[28]利用原子力显微镜（AFM）研究了离子浓度对油酸钾在磷灰石表面吸附的影响。结果表明：当溶液中 Ca^{2+} 浓度达到 1×10^{-4}mol/L 时，会导致碳酸钙/氢氧化钙沉淀形成。当 Ca^{2+} 浓度较高时，油酸通过生成油酸钙的形式吸附在矿物表面。这些沉淀使磷灰石表面变得更均匀和平滑，是影响磷灰石可浮性的关键因素。

以上分析测试手段，主要考察药剂在胶磷矿、白云石和石英表面是如何吸附的，但还无法实现定量研究。对药剂在矿物表面吸附量的测试，常使用紫外-可见分光光度法、燃烧法、石英晶体微天平等方法。

寇珏[25]对 Georgia-Pacific 公司的新型阳离子胺类捕收剂 605G83 在佛罗里达 CF Industries 公司的磷酸盐反浮选石英中的应用效果进行了研究，研究了在不同浓度下用石英晶体微天平（QCM-D）捕收剂在石英表面的吸附机理，并在相同条件下与 CF Industries 所用的乙酸酰胺 PA70 进行比较。浮选试验考察了捕收剂用量、pH 值以及浮选时间等参数对捕收剂浮选效果的影响。QCM-D 测定结果显示，605G83 在石英表面可以形成规则且牢固的吸附层，使石英表面的疏水性更强，从而得到较高的浮选效果，增大浓度后，吸附膜结构和吸附密度变化大。PA70 在高浓度下会生成能量耗散较高且吸附不稳定的多层结构吸附膜。

J. Kou 等人[29]对胶磷矿和白云石及石英进行了纯矿物浮选试验，考察捕收剂在胶磷矿、白云石和石英表面的吸附行为，采用红外光谱分析和石英微晶体天平对吸附特性和吸附量进行测试。测试结果表明：捕收剂在胶磷矿和白云石以及石英表面的吸附属于静电物理吸附，且发现捕收剂在胶磷矿和白云石表面的吸附随着 pH 值的升高而减小。

22.2.3　表面化学组成

矿物表面的化学组成对于实现有用矿物与脉石矿物的分离有着重要影响。郭芳等人[30]对一种硅钙质中低品位磷矿石的物化性质进行分析，研究适合该类矿石的选矿分离方法。结果表明：矿石主要含氟磷灰石、石英和方解石，有部分碳酸根离子进入磷灰石晶体结构，替代磷酸根离子。矿石表面元素与体相元素的含量差异显著，尤其是硅和碳元素。随着矿石粒度的减小，体相中磷含量的变化趋势与酸不溶物含量和高温烧失率的变化规律相反，表明磷酸盐与脉石矿物富集在不同粒度的颗粒中。

22.2.4　表面溶解特性

石英与胶磷矿在水中的溶解性质主要与两者的晶体结构有关。石英为较简单的架状结构，化学组成相对单一，但当石英中的 Ca^{2+}、Mg^{2+} 和 Al^{3+} 等金属以类质同象形式替代石英晶体结构中的硅时，其解离性质将发生改变，矿物表面将会暴露这些金属离子，进而影响其表面溶解度、表面电性以及表面吸附特性。

卯松等人[31]以白云石与胶磷矿体系为研究对象，在 F^- 存在的条件下，发现 Ca^{2+} 对两种矿物的可浮性影响并不大；而 CO_3^{2-} 存在的条件下，在强碱性环境中，Ca^{2+} 的加入使两种矿物的可浮性趋于一致。同时，在 Ca^{2+} 体系中，当 pH 值为 7 时，SO_4^{2-} 对胶磷矿的抑制效果较好；当 pH 值为 5 ~ 7 时，pH 值对两种矿物有明显的选择性抑制作用。在 F^- 和 CO_3^{2-} 混合体系中，Ca^{2+} 对两种矿物的浮选均有一定的活化作用，但 Ca^{2+} 对胶磷矿的活化作用更强。

22.3　磷矿石的选矿工艺技术进展

22.3.1　破碎筛分与磨矿分级

磷矿石由多种矿物嵌布而成，通过磨矿使它们彼此分离。这些矿物的硬度不同，磨细难易程度也有差别，它们硬度顺序关系为[32]：方解石 < 白云石 < 磷灰石 < 石英。在磨矿过程中，硬度大的磷酸盐矿物在粗粒级别中相对富集，硬度小的碳酸盐矿物则在细粒级别中相对富集[33]。

杨稳权[34]对滇池周边矿区 3 种工业类型的胶磷矿磨矿细度进行试验研究，结果表明：在精矿中杂质含量(如 $w(MgO) \leqslant 0.8\%$)指标要求较高的销售指标下，如果磨矿条件适宜，适当增加磨矿细度，有利于减少精矿中的杂质，提高磷精矿中 P_2O_5 的回收率。但细磨又会增加磨矿成本和药剂的消耗，故胶磷矿的浮选需要有适宜的磨矿细度。

张覃等人[35]针对贵州织金中低品位磷矿石，在物质组成研究的基础上，进行浮选富集磷的试验，试样中部分呈致密状嵌布的胶磷矿，其整体嵌布粒度粗，且包含大量细粒的白云石、方解石和石英、黏土矿物；其次，胶磷矿呈生物碎屑状、粒状、肾状、不规则状等嵌布于白云石中，这部分胶磷矿的嵌布粒度相对于其他胶结物白云石来说很细。这两种嵌布特征都给选矿磨矿过程中磨矿细度的选择带来了难题。浮选结果表明：只要磨矿细度合适，就可以得到合格的磷精矿，但是磷精矿中仍然会有部分镁等随其载体矿物进入，镁是以白云石的形式进入磷精矿中。

李冬莲等人[36]通过改变磨矿条件（包括磨矿时间、钢球配比、磨矿质量分数）对磨矿产品进行筛分和浮选试验，然后根据浮选结果对磨矿条件进行回归分析，建立数学模型，确定最佳磨矿条件以及在该条件下的最佳粒度分布特性。结果表明：胶磷矿磨矿条件不同，磨矿产品粒度分布不同；不同的粒度分布特性影响浮选结果。对于云南海口磷矿，当磨矿细度在 -0.075mm 占 85% ~90% 时，不仅有较好的选矿效果，而且模型结论与试验结果一致。

金弢等人[37]对钢球和钢锻两种不同的磨矿介质进行了磨矿对比试验。结果表明：大直径的钢球和钢锻适合粗磨，不易导致过磨；小直径的钢球和钢锻适合细磨，磨矿效率高。在合适的级配下，钢锻的磨矿效率、合格粒级产率均高于钢球。由于钢锻磨矿结合了棒磨不易过磨，而球磨适合细磨及磨矿效率高，因此钢锻和钢球作为混合磨矿介质是未来磨矿选择的发展方向。

刘长森等人[38]对甘肃罗家峡磷矿进行磨矿对比试验，该矿石属低品位磷矿，矿石中磷灰石的矿物质量分数仅为 7.02%，磨矿试验结果表明：两段磨矿的浮选指标优于一段磨矿。当粗精矿 P_2O_5 品位控制在 15% 左右时，两段磨矿的回收率明显高于一段磨矿。

杨贵华等人[39]对晋宁中低品位胶磷矿进行浮选试验时发现：对于一次磨矿分级后的粗粒级别(+0.038mm)矿石，即使在较高的浮选捕收剂用量下，磷矿物可浮性仍然较差，精矿产率较低，尾矿产率和品位高，不利于有用矿物的回收利用。在进行粗粒级二次磨矿后，精矿产率、回收率呈先增后减趋势变化，这是由于二次磨矿的过磨，导致磨矿过程中产生“矿泥”而影响了浮选时矿物的分选效果，最终选择磨矿细度 -0.038mm 占 75.71% 的条件下进行浮选试验。

甘肃瓮福选矿分厂近几年所使用矿石产地有所变化，由于各产地磷矿石硬度不同，导致球磨机投矿量只能达 90% 左右，且磨矿细度达不到要求，浮选指标难以控制，球磨机吐料量大，磷精矿产量低，电耗上升。破碎工艺改造前采用一段粗碎、一段中碎开路破碎工艺，改造后增设细碎闭路循环环节，将原来的两段开路破碎改为粗碎、中碎、细碎 3 段闭路循环破碎工艺。改造后，进入球磨机的磷矿颗粒粒径控制在 20mm 以下，球磨机投矿量稳定，平均台时产量提高，球磨机吐料量大大减少，磨矿细度得到改善。有效提高球磨机产量，改善磨矿细度，起到了降低能耗的作用[40]。

曾桂忠等人[41]针对云南澄江东泰磷矿碎磨系统存在的“少碎多磨”、能耗大、生产能力小、环境污染较大、设备老化快等缺点，结合生产系统改造需要，采用洗矿脱泥、湿磨代替干磨、水力分级控制粒度等技术，对原有磨矿工艺流程进行改造，提高磨机生产能力并降低能耗，加大了碎矿和磨矿的效率。肖庆飞等人[42]也针对该问题，提出采用两段碎矿、一段磨矿流程取代过去的一段碎矿、两段磨矿流程，洗矿脱泥替代风力除尘，干式磨矿改湿式磨矿，更换磨矿设备并配备两台螺旋分级机的方案。该方案实施后，在磨矿细度达标的情况下，生产能力提高了 3.5 倍，电耗下降 80%。

云天化国际化工富瑞分公司[43]因其磨矿产品中过粗粒级达到17%以上，对下一段磷酸萃取工序带来较大影响，造成生产成本增高、磷资源损失和设备损耗大，该公司对A、B两个系列的磨矿系统进行改造，将一段开路磨矿流程改为一开一闭路流程，新增高效低耗的单元集成式斜窄流分级机控制粒度，避免过磨。改造后的磨矿系统提高了生产能力，为企业增加了约800万元/年的经济效益。

柏中能等人[44]通过研究胶磷矿力学性质和磨矿分级相关参数，找到提高磨矿分级能效的参数优化值。获得磨矿分级台时能力提高12.8%、磨浮单位原矿电耗下降9.74%、磨矿介质消耗下降17.02%、旋流器分级效率提高23.37%以及沉砂夹细下降17.46%的优化效果。试验结果表明：磨矿介质形状、尺寸大小、充填率、级配、补加制度及磨矿浓度等参数是影响磨矿能力和效率的重要因素，旋流器结构参数内压力比、给矿压力、给矿浓度等参数对旋流器分级效率有较大影响。

万小金[45]采用斜窄流分级技术进行磷矿开路磨矿产品料浆分级中试，在取得良好技术指标的基础上，在新建磷矿闭路磨矿分级回路作业中首次设计采用了100m^{2}斜窄流分级箱。结果表明：分级装置对矿浆性质具有较好的适应性，运行过程平稳，分级效率高达61.79%。设备优良的分级性能，提高了磨矿系统处理能力，改善了磨矿产品粒度特性，产品粒度较好地满足了后续工序的技术要求，系统取得了较满意的技术经济指标。

22.3.2　选矿工艺技术流程

22.3.2.1　重选工艺

宜昌花果树[46]矿石特征为含碳的泥硅质条带状磷块岩、白云质条带状磷块岩、白云质砂屑磷块岩。各矿层中的磷块岩条带和脉石条带宽度较大，特别是中富矿的磷块岩条带全部集中在2~18mm，从条带宽度来看，该矿石完全具备磷矿石重介质选矿的工艺特性。1989年兴建了规模为20万吨/年的重介质选矿试验厂，并于2005年进行技术改造，引进煤炭选矿中广泛应用的重介质三产品旋流器，以全粒级不分级入选，在较高分选密度（2.88~2.90g/cm^3）下，实现了该磷矿石中有用矿物和脉石矿物的分离。经对旋流器进行改造，内置高耐磨材料，完善了介质控制、回收与净化系统，有效地减少了介质污染，降低了密度变化和矿介分离的不稳定性，减少了运行成本，确保工业化正常生产，并形成了120万吨/年的洁净生产规模，对同类磷矿的选别起到了良好的示范作用。

李冬莲等人[47]对宜昌丁东磷矿进行重介质选矿试验，当分离密度为2.96g/cm^{3}时，沉降物含P_2O_5 30.86%、MgO 0.95%，P_2O_5回收率55.61%，获得合格精矿；当分离密度为2.70g/cm^{3}时，浮物可抛去17.35%左右的尾矿，可作中低品位胶磷矿预选作业，若再用浮选，即可获得优质精矿。

大部分磷矿石都不单独采用重选工艺来进行选别，即使利用到重选，也是将重选与其他分选工艺联合使用。

22.3.2.2　浮选工艺

浮选因其具有适用范围广和选择性高的特点，发展成为有效的磷矿石选矿方法。磷矿石浮选主要包括直接浮选（正浮选）、反浮选、正-反浮选、反-正浮选以及双反浮选工艺等，对于嵌布粒度极细的胶磷矿可以采用阶段磨矿阶段选别的浮选工艺流程，也可根据原矿性质选择采用单一选矿或是联合流程。

根据磷块岩矿石所含脉石矿物的种类和数量不同，将其划分为硅质型磷块岩矿石、钙质型磷块岩矿石和硅（钙）-钙（硅）质型磷块岩矿石。硅质型磷块岩矿石主要脉石矿物为硅质物，如石英、玉髓及其他硅酸盐矿物，这类矿石主要采用正浮选、反浮选、正-反浮选等。钙质型磷块岩矿石主要脉石矿物为碳酸盐矿物如白云石、方解石等，这些脉石矿物中均含钙离子，与磷灰石的活性离子相同，浮选特性相近，浮选相对困难一些，对该类矿石主要应注意阴、阳离子捕收剂与碳酸盐矿物、磷酸盐矿物在采用抑制剂时的浮选特性研究和组成矿物的表面特性研究，以确定合适的浮选工艺。硅（钙）-钙（硅）质型磷块岩矿石占我国整个磷块岩矿石储量的70%，是我国主要的磷矿石类型，所含脉石矿物既有硅质矿物，又有碳酸盐矿物，矿石组成比前两种更复杂，因此也更难选，浮选流程也相对复杂，一般会与其他选别流程结合进行联合浮选[48]。

A　直接浮选（正浮选）

杨昌炎等人[49]采用粗选和精选结合的闭路浮选流程，对湖北宜化集团公司某硅-钙（镁）胶质磷矿进行探索浮选时，改性脂肪酸 XF-1 捕收剂可将试样中 P_2O_5 含量从21%提高到30%，磷精矿中 P_2O_5 回收率达90%，精矿中 MgO 含量为1.4%。

骆斌斌、孙传尧等人[50]采用油酸钠、十二烷基磺酸钠、DES 对朝阳某磷矿的磷矿石进行了“一次粗选、三次精选、一次扫选”的正浮选工艺流程，将原矿中 P_2O_5 含量由2.05%提升到36.46%，磷精矿中 P_2O_5 回收率为53.33%，该试样主要有用矿物为磷灰石，脉石矿物为石英、钠长石、黑云母等。

云南磷化集团杜令攀等人[51]对云南滇池地区某风化低镁高硅胶磷矿进行了预先脱泥后单一正浮选的流程试验，最终获得了 P_2O_5 含量为29.5%、P_2O_5 回收率为95.88%的磷精矿。王祖旭[52]对滇池附近某高硅低镁磷矿石采用硅酸钠作抑制剂、NaOH 作 pH 值调整剂、油酸改性产品 CL-07 + CJ 作捕收剂进行了“一次粗选、一次精选、一次扫选”和“中矿顺序返回”的浮选试验，获得了 P_2O_5 含量为34.60%以及 P_2O_5 回收率为94.10%的磷精矿。

云南禄劝胶磷矿是典型的高硅胶磷矿，多为非晶质，嵌布粒度细且与微细的泥质物、碳酸盐及硅质物紧密共生。谭伟[53]通过工艺矿物学和浮选试验研究，提出了细磨-正浮选工艺流程，对于 P_2O_5 含量为19.01%的原矿经开路浮选试验后所获得的磷精矿中 P_2O_5 含量为26.07%，P_2O_5 回收率达66.02%。

张旭[54]对云南某主要脉石矿物为石英、玉髓、少量碳酸盐和褐铁矿的高硅质胶磷矿进行了浮选工艺和浮选药剂研究，使用组合捕收剂，采用一次粗选、一次扫选的正浮选流程，获得了 P_2O_5 含量为30.62%、P_2O_5 回收率为83.87%的磷精矿。

云南海口某海相沉积岩磷块岩属于较难选的中低品位胶磷矿，原矿中还含有大量的石英、斜长石、岩屑、黏土及少量碳酸盐、褐铁矿等脉石矿物。李露露[55]以实验室新复配的 HP-2 为正浮选捕收剂，对原矿石进行正浮选，除去二氧化硅和碳酸盐等杂质的试验研究。采用“一次粗选、一次精选、一次扫选”浮选流程，获得精矿含 P_2O_5 28.90%、SiO_2 28.45%以及 P_2O_5 回收率为79.79%的良好浮选指标，实现了胶磷矿和石英等硅质矿物的有效分离。

B　单一反浮选

李成秀等人[56]对贵州某 SiO_2 含量较低，而 MgO 质量分数较高的低品位高镁磷矿石采用复配脂肪酸类捕收剂 EM-LS-01，对原矿进行“一次粗选、一次精选、一次扫选”反浮选试验，最终获得了 P_2O_5 30.25%、MgO 0.99%，P_2O_5 回收率为90.63%的优质磷精矿。

云南昆阳300万吨/年柱槽联合浮选工艺流程处理的是钙质胶磷矿[57]，采用的是单一反浮选工艺，设计为“一次粗选、一次精选”的开路流程。精选作业采用的是浮选泡沫自溢式的130m^{3}浮选机，原生产中精矿品位和精尾品位难以同时达到要求，精矿品位和精尾品位波动较大。通过将开路流程改为半闭路流程，精选作业变得易于控制，在入选原矿品位、精矿品位相近的情况下，精矿产率和回收率均有所提高，改造后磷精矿中 P_2O_5 平均含量为28.38%、P_2O_5 回收率为78.62%。

黄齐茂等人[58]以工业棉籽油酸为原料，经高温高压使脂肪酸的双键水解而引入羟基活性基团，进一步与助剂按比例复配得到一种高效反浮选捕收剂 HY，并将其用于宜昌某高镁磷矿的浮选试验，经“一反一扫”简单浮选，获得了精矿 P_2O_5 品位为34.59%、P_2O_5 回收率为96.46%、MgO 品位为0.28%的良好浮选指标，MgO 脱除率高达95%。

程仁举[59]对贵州某中低品位磷矿石进行研究，该试样中 P_2O_5 含量为23.56%，SiO_2 含量为11.92%，MgO 含量为4.55%，$m(CaO)/m(P_2O_5)$ 为1.66，酸不溶物为12.56%，属于高镁低品位混合型磷矿石，采用新药剂 EM-LS-01 作为脱镁捕收剂和采用单一反浮选工艺，获得了 P_2O_5 含量为30.25%、MgO 含量为0.99%、P_2O_5 回收率为90.63%的磷精矿，实现了含磷矿物与脉石矿物的有效分离。

贵州瓮福某磷矿尾矿中主要矿物组成为白云石和胶磷矿，尾矿中 P_2O_5 和 MgO 含量分别为7.15%和16.97%。李艳峰、方明山[60]采用反浮选工艺获得了 P_2O_5 含量为26.20%、P_2O_5 回收率为67.11%的磷精矿，对低品位和极低品位磷矿石的回收利用具有重要意义。

云南磷化集团有限公司安宁矿业分公司[61]对含碳酸盐较多的原矿进行单一反浮选工艺流程生产，处理规模为200万吨/年，精矿产量120万吨/年。获得了 P_2O_5 平均含量为29.21%、P_2O_5 回收率为82.47%的磷精矿。

周军[62]对会泽高镁中低品位磷矿石采用全硫酸作为 pH 值调整剂和抑制剂，改性棉籽油脂肪酸皂为捕收剂，“一次粗选、一次扫选”的单一反浮选获得的磷精矿中 P_2O_5 含量为 30.09%、MgO 含量为 0.87%，磷精矿中 P_2O_5 回收率为 86.53%、MgO 脱除率达到 88.13%。

云南海口某低品位高镁胶磷矿试样中 P_2O_5 含量为 23.11%、MgO 含量为 5.13%，罗伍容[63]以该试样为研究对象，采用改性反浮选脱镁捕收剂 HY-1，经“一反一扫”简单闭路浮选工艺，获得 P_2O_5 含量为 29.79% 和 MgO 含量为 0.72% 的磷精矿，磷精矿中 P_2O_5 回收率为 92.51%，MgO 脱除率达 90%。

王安理[64]采用反浮选工艺对四川某中低品位含镁磷矿石进行了脱镁试验，采用“一次粗选、一次精选、二次扫选”闭路反浮选工艺，可获得 P_2O_5 含量为 32.21%、MgO 含量为 1.40% 的磷精矿，该磷精矿中 P_2O_5 回收率为 94.13%、MgO 脱除率为 75.37%，所得磷精矿质量达到酸法加工用磷矿石的标准，提高了资源利用水平。

张凌燕[65]对宜昌细粒易泥化、低品位含镁较高的难选胶磷矿，采用稀浆浮选的单一反浮选工艺，以硫磷混酸调整 pH 值，抑制胶磷矿，采用改性脂肪酸类捕收剂 HS 捕收碳酸盐，获得 P_2O_5 含量为 29.45%、MgO 含量为 1.28% 的磷精矿，磷精矿中 P_2O_5 回收率为 75.38%，实现了白云石、方解石与胶磷矿的常温浮选分离。

C　正-反浮选、反-正浮选及双反浮选

a　正-反浮选

正-反浮选工艺适合分选钙-硅质磷块岩，该类型磷块岩中，硅质类脉石含量高，而碳酸盐类含量相对较低。可先采用 Na_2CO_3、Na_2SiO_3 抑制石英等矿物，用阴离子捕收剂正浮选出磷酸盐和碳酸盐矿物，再用 H_2SO_4 或 H_3PO_4 抑制磷酸盐，用阴离子捕收剂反浮选碳酸盐矿物。

放马山三层矿原矿中 P_2O_5 含量为 14.1% ~15.4%，MgO 含量为 5.1% ~6.4%，通过“一正一反一扫”闭路浮选工艺，获得了 P_2O_5 含量为 28.88% 和 MgO 含量为 1.32% 的磷精矿，磷精矿产率为 33.72%，P_2O_5 回收率 64.68%，实现了常温浮选，降低了浮选药剂成本，对工业化生产具有指导意义[66]。

李成秀[67]以贵州某中低品位硅钙质磷矿石为研究对象，采用新药剂 EM-LP-01 作为脱硅捕收剂以及 EM-LS-01 作为脱镁捕收剂，应用正-反浮选工艺，获得了 P_2O_5 含量为 30.86%、P_2O_5 回收率为 89.5%、MgO 含量为 0.77% 的磷精矿，实现了含磷矿物与脉石矿物的有效分离。

内蒙古东升庙磷矿石产于沉积变质的磷灰岩矿床，矿石中主要有用矿物为磷灰石，含硫矿物主要为黄铜矿，主要脉石矿物为白云石、石英、黏土矿物。李艳[68]针对该试样的矿石性质和赋存状态，采用正-反浮选工艺流程，将原矿 P_2O_5 品位由 7.30% 提升到 32.37%，MgO 品位由 5.42% 降到 1.10%，P_2O_5 回收率为 84.73%。

云南某中低品位胶磷矿属于典型的硅钙质磷块岩，周新军等人[69]采用正-反浮选工艺，在 -0.075mm 占 87.72% 的棒磨细度下，经“一次粗选、一次精选、一次扫选”正浮选和“一次粗选、一次扫选”反浮选，获得了 P_2O_5 含量为 30.22%、MgO 含量为 0.71%、P_2O_5 回收率为 83.72% 的磷精矿，产品质量达到酸法加工用磷矿石一等品标准。

陈云峰[70]对湖北某中低品位硅钙质磷矿石进行反正浮选工艺研究，以 PF-QWS 为正浮选捕收剂，HY-2B 为反浮选捕收剂，碳酸钠为调整剂，水玻璃、六偏磷酸钠、磷酸、硫酸为抑制剂进行了正-反浮选试验研究，获得了 P_2O_5 品位为 28.31%、MgO 含量为 1.91%、P_2O_5 回收率为 82.86% 的精矿。

四川省德阳清平磷矿产于震旦系上统陡山沱组，为大型浅海相生物化学矿床，矿石储量较大，但品位较低。根据矿石化学组分分析，属硅-钙质磷块岩类型难选磷矿。武汉工程大学[71]进行了实验室小型试验和扩大连续浮选试验。小型试验经过“一次粗选、一次精选”正浮选、“一次粗选、一次精选”反浮选组成的常温正-反浮选流程，获得的磷精矿含 P_2O_5 29.59%、MgO 1.09%，P_2O_5 回收率为 83.31%，磷精矿产率为 65.97%。扩大连续试验采用硫酸和正-反浮选流程，获得了 P_2O_5 含量为 30.37%、MgO 含量为 0.53%、P_2O_5 回收率为 82.09% 的磷精矿。

b　反-正浮选

湖北某中低品位硅钙质胶磷矿含 P_2O_5 为 17.09%、MgO 为 5.29%，黄齐茂[72]采用常温反-正浮选工艺，获得了 P_2O_5 含量为 29.03%、P_2O_5 回收率为 78.22%、MgO 含量为 0.71% 的磷精矿，为该地区硅钙质胶磷矿的浮选提供了一定的参考意义。

c　双反浮选

云南某磷矿的磷矿石含 P_2O_5 23.39%、MgO 2.31%、SiO_2 26.18%，赵凤婷[73]采用双反浮选工艺流程，在酸性条件下先用阴离子捕收剂反浮选脱镁，再用阳离子捕收剂反浮选脱硅，可获得含 P_2O_5 31.57%、MgO 0.29%、SiO_2 19.27%的磷精矿。

刘星强与钱押林[74]用双反浮选进行了研究，结果表明：在原矿含 P_2O_5 23.14%、MgO 3.72%的条件下，先脱镁、再脱硅的双反浮选工艺，可以获得含 P_2O_5 30.60%、MgO 0.68%的磷精矿，磷精矿中 P_2O_5 回收率为81.05%。

王灿霞[75]对云南某中低品位胶磷矿混合型磷矿石，在磨矿细度 -0.075mm 占 88.36%的条件下，采用双反浮选工艺进行试验，最终获得了 P_2O_5 28.66%、MgO 0.81%、SiO_2 19.56%的磷精矿，P_2O_5 回收率为79.65%，较好地实现了磷矿物与脉石矿物的有效分离。

程仁举[76]对贵州某中低品位胶磷矿，在磨矿细度 -0.075mm 占 80%的条件下，以 EM-LS-01 作为反浮脱镁捕收剂，改性胺类捕收剂 EM-FM-01 作为反浮脱硅捕收剂，对含 P_2O_5 25.47%、MgO 1.85%、SiO_2 18.94%的原矿，采用双反浮选工艺，获得磷精矿含 P_2O_5 31.26%、MgO 0.86%、SiO_2 12.06%，磷精矿中 P_2O_5 回收率为81.15%。

刘养春[77]对湖北某中低品位沉积型硅钙质难选磷块岩，采用双反浮选闭路工艺流程，将原矿中 P_2O_5 含量由22.38%提高到30.93%，磷精矿中 P_2O_5 回收率为83.65%。

张万峰[78]以某中低品位钙硅质胶磷矿为研究对象，采用双反浮选工艺，配合脱镁药剂 MP 及脱硅药剂 SP，对含 P_2O_5 22.12%、MgO 5.13%、SiO_2 15.02%的原矿，获得磷精矿含 P_2O_5 31.70%、MgO 0.45%、SiO_2 13.25%，磷精矿中 P_2O_5 回收率达到90.88%。

孙伟[79]以湖北某中低品位硅钙质胶磷矿为研究对象，采用双反浮选工艺流程，首先在酸性条件下用阴离子捕收剂 B-1 反浮选脱镁，脱镁精矿再在碱性条件下用阳离子捕收剂 B-2 脱除硅，获得的磷精矿含 P_2O_5 32.69%、MgO 1.53%、SiO_2 17.76，磷精矿中 P_2O_5 回收率为81.76%。

贵州瓮福磷矿 a 层矿 2 号矿体磷矿石为典型的沉积型硅钙质磷块岩，矿石自然类型单一，其含磷矿层由薄板状沙泥质磷块岩组成，矿石主要结构为假鲕状结构，其次为均质隐晶质结构。矿石主要矿物为胶磷矿，其次为白云石，还有少量石英、黏土类矿物、方解石及铁的氧化物和硫化物等[80]，原矿中 P_2O_5 含量为25.05%。谢春妹、刘志红[81]采用双反浮选工艺，在磨矿细度 -0.075mm 占 80.80%的条件下，经“一次粗选、一次扫选、二次精选”浮选流程，可获得 P_2O_5 含量为31.82%、MgO 含量为0.92%、SiO_2 含量为12.63%的综合磷精矿，其 P_2O_5 总回收率为80.24%。

22.3.2.3　微生物处理磷矿石工艺

微生物处理磷矿石法[82]主要是利用溶磷微生物的溶磷作用实现含磷矿物和其他脉石矿物的分离。但微生物种类很多，且溶磷机理各不相同。从近年来的研究实践来看，溶磷微生物主要分成异养菌和自养菌[83]。利用微生物分解中低品位磷矿石受到广大研究者的重视，并开展了大量的研究，均在实验室取得了较好的效果，但由于微生物的解磷作用不一，解磷机理复杂，且微生物本身的遗传稳定性差，对复杂环境适应性不强，这些都直接影响了其在生产实践中的应用。但是微生物浸矿技术具有污染小、能耗少、操作费用低等优点，且微生物法在其他矿石已有许多成功应用的案例，是低品位磷矿石开发利用的一条有前景的新途径。

22.3.2.4　联合选矿工艺

我国磷矿资源丰富，可利用的伴生资源多，沉积磷块岩主要伴生一定品位的碘；部分变质型磷灰岩含有硫铁矿如黄麦岭磷矿；华北的矾山磷矿属岩浆岩型磷灰岩矿，含有铁矿；贵州织金磷矿中含有伴生稀土；其他伴生资源还有氟、镁、钒、镍、钼等。单一的选矿方法都各有其优缺点和针对性，为有效回收磷矿石及其伴生的其他有用矿物，联合选矿作为一种更有效的方法得到了广泛关注。

A　擦洗脱泥—浮选联合工艺

湖南省某浅海相化学沉积型磷块岩，矿石结构主要为泥晶胶状结构，矿石构造为条带状构造及块状构造。磷块岩在构造应力作用下发生碎裂，受地表风化淋滤作用，岩石中产生的微裂隙以及风化孔洞，被次生磷灰石、粒状石英和针柱状银星石充填，形成弱风化磷块岩。磷块岩矿石中磷酸盐矿物为胶磷矿，脉石矿物主要为石英、玉髓和黏土矿物，含少量碳质物、铁质氧化物和金属矿物等，胶磷矿嵌布类型以细-中粒级为主。吴艳妮[84]对该磷块岩矿石先进行了擦洗脱泥，原矿 P_2O_5 含量由15.78%提高到22.82%，对有害杂质 Fe_2O_3、Al_2O_3、MgO 的脱除率也很高，分别达到66.19%、69.09%和64.97%，效果显著，使进入浮选工艺的入选矿量仅占原矿量的61.71%，有效降低了矿泥对浮选的干扰，提高了磨矿机效率。进行“一次粗选、一次扫选、一次精选”的正浮选流程，使磷精矿中 P_2O_5 含量达到30.77%，P_2O_5 总回收率达到82.40%。

B　浮选—磁选联合工艺

浮选—磁选联合工艺主要用于从含铁、钛等磁性矿物的磷矿石中回收铁磁性矿物，含铁磁性的矿物在外加磁场的作用下与非磁性的脉石矿物分离，含磷矿物主要通过浮选法回收，有效回收磷矿石的同时也综合回收了铁矿石。

丁晓姜等人[85]根据北方某低品位铁磷矿中铁、磷、钛的赋存状态，采用先浮选后磁选流程获得了较好的选矿指标，磷精矿中 P_2O_5 含量达到38.65%，P_2O_5 回收率达到96.23%，铁精矿中TFe含量为66.12%、TFe回收率为23.20%（磁性铁回收率93.98%），钛铁精矿中 TiO_2 含量44.62%、TiO_2 回收率44.62%。

C　重选—浮选联合工艺

重选工艺作为预选主要是脱除部分矿泥，适用于部分粗粒的磷矿石或具有条带状构造的磷矿石。当磷矿与云母等矿物密度差别较大时，选择重选和重选—浮选的联合流程，可综合回收云母等矿物。

青海某磷矿的磷矿石主要由磷灰石、磁铁矿及蛭石化黑云母、透辉石、角闪石、榍石、黄铁矿、长石、绿帘石、方解石等矿物组成。透辉石和黑云母的矿物结晶粒度较粗，但是矿物中相互包裹现象比较普遍，主要表现在黑云母和透辉石中存在细粒磁铁矿和磷灰石包裹体，会影响黑云母和透辉石精矿的品位，也会影响磁铁矿和磷灰石的回收率。卫敏等人[86]采用粗粒摇床重选工艺流程有效分离云母和透辉石，得到高品位云母精矿。细粒级再磨矿后浮选，最终获得的磷精矿中 P_2O_5 含量大于32%，磷精矿中 P_2O_5 回收率大于92%。

D　浮选联合工艺

国内磷矿石中脉石矿物主要为碳酸盐和石英，少部分地区的磷矿石中还包含有碳质和硫化矿物，反反正以及与其相似的浮选工艺流程可以处理这类矿石，其实质就是增加一段浮选流程脱除矿石中的碳质或者硫化矿物[87]。

湖北宜昌某低品位胶磷矿石，磷灰石与脉石矿物相互嵌布或呈细粒包裹体存在，碳质和碳酸盐含量均较高。宋昱晗等人[88]采用了反反正的浮选工艺流程，先以煤油反浮选脱除碳质，然后以硫酸和磷酸的混酸作为调整剂和抑制剂，改性脂肪酸HQ为捕收剂反浮选脱除碳酸盐，最后以水玻璃抑制硅酸盐，羧甲基纤维素类抑制剂S-2抑制碳酸盐，脂肪酸皂S-1为捕收剂，正浮选得到磷精矿，最终获得的磷精矿含 P_2O_5 31.36%、MgO 0.95%，磷精矿中 P_2O_5 回收率为53.07%。

磷矿石中富矿和易选矿石日益减少，且磷矿石选别泡沫量大，常规浮选机已不能满足工艺所需要求，应对现有浮选机进行改进，使其浮选流程设备配置多样化。目前比较有发展前景的是浮选机-浮选柱联合使用，浮选柱对高镁、低磷的磷矿石选矿效果较好，且粗选采用浮选柱能增加泡沫层的稳定性，降低尾矿的损失。

浮选柱兴起于1961年，由加拿大人Boutin首次研制了逆流浮选柱。浮选柱在我国首次应用于1975年，主要用于辽宁罗屯磷矿选别硅质胶磷矿。目前在国内云南昆阳和贵州小坝均有应用实例，其中昆阳磷矿是采用“机柱联合”工艺流程对原矿进行选别。昆阳磷矿区中品位硅-钙质高镁沉积磷块岩矿石浮选柱扩大连续浮选试验获得成功，是国内运用浮选柱选别该类胶磷矿的突破，证实了胶磷矿应用浮选柱选矿脱镁的可能[89]。一个柱式分离作业可代替浮选机的3~5次作业，具有浮选机无法比拟的精选区，富集比高，适于进行浮选泡沫量大的浮选作业。云南磷化集团对昆阳某磷矿石 P_2O_5 含量为20.9%、MgO含量为5.5%的钙质胶磷矿，设计处理能力为300万吨/年，工艺流程为“一次粗选、一次精选”半闭路反浮选流程。粗选采用4台 ϕ4.5m×10m浮选柱并联，精选作业采用4台容积为 $130m^3$ 的充气式浮选机串联。最终获得 P_2O_5 含量不小于29.5%、MgO含量低于0.8%的磷精矿[90]。

22.3.3　选矿药剂

浮选一直被认为是磷矿石选别最有效、最灵活的方法之一，特别是针对复杂难选磷矿石，其适应性较强，研究浮选药剂是提高浮选指标的关键[91,92]。

22.3.3.1　捕收剂

磷矿石浮选中，国内外普遍采用氧化石蜡皂、塔尔油等脂肪酸类捕收剂，由于其选择性差、对硬水和低温浮选的适用性差等特点，20 世纪 80 年代以来，国内外先后研制了一些有效的磷矿捕收剂，如阳离子捕收剂、两性捕收剂、酰胺羧酸类捕收剂、醚胺类捕收剂等[93]。

A　脂肪酸类捕收剂

近年来，在脂肪酸类捕收剂的研发中，为提高捕收剂的性能和效率，捕收剂逐渐向多官能团化、官能团中心原子多样化、聚氧乙烯基化、两性化、弱解离或非离子化、混合复配、协同化趋势发展，并由这些动向引出一些规律：

（1）分子中引入两个以上极性基能显著提高浮选活性。

（2）在碳链中引入氧乙烯基能合成不同性能和用途的浮选药剂。

（3）极性基引入弱解离或不解离基团能提高选择性。

（4）调整非极性基正异构碳链能改变捕收剂捕收能力和选择性[87]。

a　脂肪酸类改性捕收剂

周贤等人[94,95]利用油酸为原料，经脂化、磺化及中和处理制得了一种新型的阴离子表面活性剂——脂肪酸甲酯磺酸钠（MES），应用于湖北省宜昌丁家河矿区硅-钙（镁）质胶磷矿，研究结果表明：采用该捕收剂在 pH 值为 9 左右的条件下，浮选性能与油酸钠基本相当，但其选择性更好，抗硬水能力更强，浮选时受矿浆中溶解的 Ca^{2+} 和 Mg^{2+} 影响较小，抑制剂水玻璃和调整剂碳酸钠的用量也较小。

黄齐茂等人[96]以大豆油酸化油为原料，经磺化、皂化等单元反应合成了 α-磺酸基油酸皂浮选捕收剂（HY-2B），用于四川某中低品位碳酸盐型磷块岩浮选试验，捕收剂 HY-2B 用量为 1.00kg/t 时，获得了较满意的浮选指标：磷精矿产率 60.31%，精矿中 P_2O_5 含量 33.88%、P_2O_5 回收率 85.37%、MgO 含量 1.50%，MgO 脱除率达 86.34%。试验结果表明：长链脂肪酸上磺酸基的引入改善了捕收剂的浮选性能，捕收剂用量较小，对白云石的选择性较好。捕收剂 α-磺酸基油酸皂的合成原料为常规脂肪酸，来源广泛，生产工艺简单，应用前景广阔。

含磺酸基的高分子是一类重要而有前途的表面活性剂，作为选矿药剂使用的实践也表明其前景良好，是脂肪酸改性的一大主要方向。

b　脂肪酸类混合型捕收剂

在脂肪酸捕收剂的使用过程中，单一脂肪酸捕收剂往往较难达到预期的浮选效果。为了提高浮选效率，常将两种或多种脂肪酸衍生物混合使用，或者在脂肪酸衍生物中加入其他活性成分以提高脂肪酸捕收剂浮选性能和低温下的溶解分散性能。与以上几类脂肪酸类捕收剂的特点相比，混合捕收剂是两种或多种脂肪酸与其衍生物或其他药剂按一定比例组合而成[97]。

李艳[98]对陕西省天台山磷矿、湖南石门磷矿和湖北莲花山 PH3 矿层磷矿进行系统的浮选试验研究。结果表明：当 A 捕收剂与 MES 等脂肪酸类捕收剂组成混合类捕收剂时，混合捕收剂捕收能力强，分选性好，捕收效率高，可以提高难选磷矿石的浮选工艺指标。对原矿含 P_2O_5 为 20.44% 的天台山磷矿，当 A 捕收剂：MES 为 8：2、磨矿细度 -0.075mm 占 91.10% 时，采用“两段粗选、一次扫选、三次精选”的工艺流程，获得含 P_2O_5 30.55% 的磷精矿，尾矿中 P_2O_5 含量为 7.14%。

骆斌斌[50]采用油酸钠、十二烷基磺酸钠、DES 在对朝阳某磷矿捕收性能试验的基础上组合出一种新型 DMF-1 药剂，进行了浮选工艺技术条件试验及开路试验，DMF-1 用量为 200g/t，获得磷精矿含 P_2O_5 36.46%、P_2O_5 回收率 53.33%，尾矿 P_2O_5 含量为 0.21%。这一结果表明：捕收剂 DMF-1 药剂制度简单、用量少、无需矿浆加热、捕收效果好。试验研究了 DMF-1 中三种成分之间的协同效应和作用机理，其中十二烷基磺酸钠主要是起泡作用，油酸钠则以化学吸附在矿物表面起到疏水及捕收作用，DES 与磷矿作用不仅是化学吸附，还存在氢键吸附的协同作用，强化了药剂 DMF-1 的捕收性能。

孙体昌等人[99]对 Georgia-Pacific 公司新开发的精炼塔尔油捕收剂 GP193G75 在佛罗里达 CFIndustries 公司的磷矿浮选中的应用效果进行了研究，采用石英晶体微天平（QCM-D）研究了 GP193G75 在羟基磷灰石（HAP）表面的吸附过程，并与油酸钠和 CFIndustries 公司目前所用的药剂粗塔尔油脂肪酸 PR1 进行了比较，QCM-D 测定结果显示，GP193G75 与油酸钠有相似的吸附过程，但 GP193G75 比油酸钠更易于和更快在羟基磷灰石表面吸附。在相同条件下，与 PR1 相比，GP193G75 形成的吸附层密度更大，而且吸附更牢固，因此可以使羟基磷灰石表面的疏水性更强，从而得到较好的浮选效果。

关于油酸与其他表面活性剂混合用药机理的研究，有人认为：药剂混合后的捕收剂的临界胶束浓度急剧下降，使吸附层上的捕收剂浓度增加，防止了捕收剂分子凝聚成为大的胶团，从而改善了捕收剂分配的均匀性和选择性[100]。也有人认为：表面活性剂不仅提高了脂肪酸类捕收剂的分散度，而且使矿物表面的捕收剂吸附层发生变化，并改变了药剂分子在矿物表面的分散性质[101]。还有人认为：可能是两种药剂的协合作用，使混合药剂的表面张力发生变化，降低表面能，提高了吸附稳定性[32]。长期以来，尽管人们对脂肪酸类捕收剂与其他阴离子型表面活性剂混合的浮选机理作过一些研究和探讨，但还没有统一认识。至于脂肪酸类捕收剂与阳离子型、非离子型表面活性剂混用，对其浮选机理的研究就更加空泛。因此，对此类混合捕收剂机理研究有待进一步深入开展，期待获得很好的结果。

c 脂肪酸类复配型捕收剂

脂肪酸类复配型捕收剂是磷矿石捕收剂中重要的一类。研究表明，使用两种或两种以上表面活性剂以一定比例所形成的复配体系的表面活性效果更加优于各单个组分的性能[102]。缺点是产品泡沫太多，消泡处理较困难。目前，油酸等脂肪酸复配使用的增效剂主要有十二烷基磺酸钠、烷基酚聚氧乙烯酸、十二烷基苯磺酸钠、燃料油、吐温 80、两性表面活性剂、琥珀酸盐、PEO/PPO 聚合物以及烷基酚乙氧基化物等。复配型药剂在改善现有药剂的性能、提高生产指标、降低成本、解决生产中实际问题等方面多具有重大意义。

B 阳离子胺类捕收剂

目前使用最广的阳离子胺类捕收剂为十二胺，其次有环烷胺、塔尔油胺（包括脂肪酸胺和树脂酸胺)、聚氧乙烯基胺、烷氧基二胺、烷酰胺基二羟乙基乙胺、烷酰胺基聚胺、烷基苯醚胺等。

从 20 世纪 80 年代起，陆续有利用阳离子胺类捕收剂反浮选磷矿的研究。尤其是针对硅质、钙质以及硅钙质含量较高的磷矿，反浮选性能较好。葛英勇等人[103]采用阴离子捕收剂反浮镁、阳离子捕收剂反浮硅的双反浮选工艺，对湖北某地镁硅含量较高的难选胶磷矿进行试验，获得了磷精矿含 P_2O_5 32.51%、MgO 0.87%，磷精矿中 P_2O_5 回收率为 91.23%，实现了胶磷矿与白云石、长石等杂质矿物的有效分离。

寇珏等人[104]研究了三种新型阳离子胺类捕收剂 605G83、605G91 和 605G94 在磷酸盐矿石反浮选去除石英的浮选性能，用石英晶体微天平（QCM-D）结合 Zeta 电位研究了三种捕收剂在石英表面的吸附机理。结果表明，与三种胺作用后石英的表面电位升高，且零电点向 pH 值高于 2 的方向移动。605G83、605G91 比 605G94 更易在石英表面形成规则、稳定和吸附密度高的吸附层，使石英表面的疏水性更强，浮选效果更好。

王巍等人以十二胺为原料，进行化学改性。通过增加吸附活性点和增强亲固基团的电子效应，合成了一种新型反浮选脱硅阳离子捕收剂 W-2，用于湖北某中低品位胶磷矿的浮选研究，获得的磷精矿中 P_2O_5 含量由 17.45% 提高到 28.5%，磷精矿中 P_2O_5 回收率达到 80.2%。

钟晋等人[105]根据云南风化胶磷矿的矿石性质，使用阳离子系列捕收剂 ZP-1 用量 20g/t、ZP-2 用量 300g/t，采用单反扫选试验流程，取得了磷精矿中 P_2O_5 含量大于 31% 的良好效果，并且实现了有用矿物和脉石矿物的有效分离，得到了合格磷精矿，表明 ZP 系列阳离子捕收剂的用量较少，能大大降低一般磷矿浮选的药剂成本。

C 醚胺类捕收剂

醚胺是一类阳离子型捕收剂，与一般的脂肪族胺类捕收剂不同的是醚胺存在醚键氧，分子性质发生了较大的变化。醚胺类捕收剂对硅质物的捕获能力非常强，通常用于反浮选工艺来捕收硅质物，用醚胺反浮选石英以提高磷精矿的品位，其效果比脂肪胺类捕收剂好[106]。

刘鑫等人[107]合成了一种醚胺类阳离子捕收剂 Y10 作为磷矿石脱硅反浮选捕收剂，通过研究该捕收剂对石英和胶磷矿可浮性的影响，表明捕收剂 Y10 对石英的捕收能力强，可用于分选石英和胶磷矿，分离石英-胶磷矿混合矿石可获得 P_2O_5 含量为 32.67%、SiO_2 含量为 11.34% 的磷精矿，磷精矿中 P_2O_5 回收率达到 97.37%。借助表面张力、粉末接触角、动电位、红外光谱测试分析，探讨了捕收剂与石英的作用机理，证明捕收剂 Y10 是一种选择性高、捕收能力强的药剂，适宜作为胶磷矿反浮选石英的捕收剂。

在美国西部磷矿反浮选工艺中，先用脂肪酸浮选含磷矿物，然后用不同的胺类捕收剂浮选硅质物，醚胺的浮选指标优于脂肪族胺。有人用胺 $R\text{-}NH_2$、醚胺 $ROCH_2CH_2CH_2NH_2$ 和缩胺 $ROCNHCH_2CH_2NHCH_2CH_2NHCOR$ 等共 14 种胺类分批浮选铁英岩试验，结果表明，醚胺是最有效的石英捕收剂[108]。

D　酰胺羧酸类捕收剂

酰胺羧酸类捕收剂主要有三烷基乙酰胺、烷基酰胺羧酸、烷基乙醇酰胺、N-甲基烷基酰胺羧酸、烷基琥珀酸-N-烷基单酰胺、磺化琥珀酸-N-烷基酰胺以及 N-烷基，N-琥珀酸酯基磺化酰胺羧酸等，浮选效果都较好。

黄齐茂等人[109]利用工业大豆油或其下脚料经皂化、提纯和酸化得到大豆油酸，以该油酸为原料合成得到油酸酰胺、α-氯代油酸酰胺浮选捕收剂，将这两种新型捕收剂用于云南某中低品位胶磷矿的浮选试验。采用常温粗选及简单闭路浮选，发现该油酸酰胺型捕收剂具有较好的溶解性及分散性，对中低品位难选胶磷矿具有良好的常温浮选性能。

E　两性捕收剂

近年来，两性捕收剂用于磷酸盐矿物浮选取得了较大进展。主要有氨基羟酸、氨基磺酸、氨基硫酸酯和氨基磷酸酯等类型，其中氨基酸等在分子中同时引入异号基团的捕收剂，以其独特的浮选性能引起了国内外研究者的广泛关注。

张文军等人[110]合成 N-十二烷基-β-氨基丙酸甲酯、N-辛烷基-β-氨基丙酸甲酯、N-十二烷基-β-氨基甲基丙酸甲酯和 N-辛烷基-β-氨基甲基丙酸甲酯 4 种氨基酯基型两性捕收剂。研究了 4 种捕收剂对钾长石和石英的浮选性能和作用机理。试验表明：在 pH 值为 5 ~ 6 的弱酸性范围内，N-十二烷基-β-氨基甲基丙酸甲酯用量为 180mg/L 的条件下，石英的浮选回收率可达到 100%，用量为 35.7mg/L 时，石英比钾长石的回收率高出近 50% 以上。氨基酯基型两性捕收剂使钾长石、石英的 Zeta 电位正移。随着捕收剂的碳链增长和支链基团的引入，药剂对石英矿物捕收性能增强。

黄齐茂等人[111]使用菜籽油的下脚料为原料，合成了两性捕收剂 α-氨基酸，用于磷矿石的选矿，试验结果表明：引入氨基后，合成的 α-氨基酸型捕收剂浮选磷矿石，磷精矿中 P_2O_5 回收率可以提高 5%，磷精矿中 P_2O_5 含量也有所增加。同时在 10 ~ 12℃ 和 31 ~ 33℃ 分别进行了闭路对比试验。低温下使用 α-氨基酸型捕收剂，磷精矿中 P_2O_5 含量基本不变，仅 P_2O_5 回收率有所降低，表明 α-氨基型捕收剂的耐低温性较强。

22.3.3.2　抑制剂

磷矿石选矿的主要问题是磷灰石与方解石和白云石的分离，由于它们属于同一盐类矿物，无论在阴离子捕收剂体系中，还是在阳离子捕收剂体系中，胶磷矿和白云石的可浮性都很相近。在浮选分离过程中，抑制剂的使用是决定浮选效果的重要因素之一。

A　碳酸盐类与石英的抑制剂

梁永忠等人[112]以植物提取物为原料，合成了一种多羟基、多醇基大分子化合物，对 Ca^{2+}，特别是 Mg^{2+} 有明显配合作用。对云南某中低品位磷块岩进行相关浮选实验，结果表明，在磷矿石浮选中添加 YY1 后，正浮尾矿中 MgO 含量从 2.31% 上升到 18.23%，尾矿中 MgO 回收率从 8.86% 提高到 46.88%，而精矿中 MgO 回收率从 91.12% 降至 53.11%。对 YY1 的作用机理进行探讨发现：因碳酸盐矿物的溶解性大于胶磷矿，在水中碳酸盐矿物表面溶解而暴露出 Ca^{2+}、Mg^{2+} 活性中心，使 YY1 大量吸附在碳酸盐矿物上，因 YY1 上的羟基、醇基为亲水极性基，可增加矿物的润湿性，而使矿物亲水受抑制；相反，胶磷矿因溶解性小，表面吸附的 YY1 较碳酸盐矿物少，可浮性能受抑制亦少，仍能表现出一定的可浮性，故而 YY1 是一种选择性抑制碳酸盐矿物的抑制剂。试验效果及机理分析均证明：YY1 是一种效果良好的碳酸盐矿物抑制剂，该药剂在浮选厂的应用中也表现出了良好的抑制效果。

赵靖等人[113]以 CD 作为碳酸盐抑制剂，对某硅钙质胶磷矿，采用正—反浮选工艺流程实验。结果表明：在正浮选作业中，添加抑制剂 CD 后，能较好地脱除一部分碳酸盐杂质，使得磷精矿脱镁率由 6.49% 提高至 21.98%，反浮选药剂用量减少，泡沫性质得到改善，有利于工业化生产。

采用碳酸钠与水玻璃组合使用来浮选含硅较高的磷矿石，能显著地改善水玻璃抑制作用的选择性，提高分离效果，这是因为碳酸钠在矿浆中解离出的 HCO_3^- 和 CO_3^{2-} 可优先吸附在磷灰石表面，从而防止硅酸胶粒和 $HSiO_3^-$ 的吸附而产生的抑制作用，而硅酸胶粒和 $HSiO_3^-$ 则可以优先在石英及其他硅酸盐表面吸附，使它们显现强烈亲水作用，而起到抑制作用，于是便可成功使用脂肪酸类捕收剂浮出磷灰石。

L2-Z 是一种新型和高效的硅酸盐矿物抑制剂。罗鸣坤等人[114]以 L2-Z 为硅酸盐矿物的抑制剂，对云南某磁选含磷尾矿进行正浮选试验，为了利用该磁选含磷尾矿中的磷资源，以水玻璃和 L2-Z 作为含硅矿物的复合抑制剂，采用“一次粗选、一次精选”的正浮选流程进行了浮选试验，结果表明：在磷矿石浮选中添加 L2-Z 后，获得的磷精矿中 MgO 含量降至 1.0% 以下，磷精矿的 P_2O_5 含量提高至 36% 以上。

丁宁等人[115]利用新型抑制复合剂，采用正浮选工艺对贵州某高硅磷矿进行浮选试验，考察了抑制剂用量、捕收剂复配比例和增效剂用量对浮选指标的影响。结果表明：当原矿含 P_2O_5 为 24.64%，磨矿细度 -0.075mm 占 86%，捕收剂用量 0.92kg/t，捕收剂 WO1 与 WO2 复配比为 2∶1，抑制剂 Na_2CO_3 用量 11.54kg/t、Na_2SiO_3 用量 3.0kg/t，增效剂用量 0.75kg/t 的条件下，获得磷精矿中 P_2O_5 含量为 30.16%、P_2O_5 回收率为 90.25%。

刘安等人[116]以水玻璃为硅酸盐矿物抑制剂和矿浆分散剂，碳酸钠为 pH 值调节剂，棉油皂复配改性产品（TMG-2）为正浮选捕收剂，经“一次粗选、一次精选、一次扫选”的正浮选工艺，在矿浆温度为 10℃的条件下，获得的磷精矿含 P_2O_5 30.38%，磷精矿产率 51.90%，其 P_2O_5 回收率达到 95.25%。

B　含磷矿物的抑制剂

李广涛等人[117]以 P_2O_5、MgO、CaO 和 SiO_2 含量分别为 24.20%、4.21%、28.67% 和 11.66% 的云南某磷矿的磷矿石为研究对象，以硫酸和磷酸的混酸作为反浮选除碳酸盐的调整剂和抑制剂，采用 YP-01 作为捕收剂，松醇油作为起泡剂，反浮选脱除碳酸盐，经“一次粗选、一次扫选”试验后，磷精矿含 P_2O_5 30.72%，磷精矿中 P_2O_5 回收率为 86.02%。

蒋祥飞等人[118]对云南某硅质磷矿石的物化性质进行了全面分析，结果表明：该试样主要为含氟磷灰石和石英，石英晶体和磷灰石晶体交互存在，矿石表面与体相的成分及其质量分数差异显著，主要成分的质量分数随着粒度的不同而有差异。对其进行了较为系统的反浮选分离研究，发现对低品位、高硅质量分数的细粒级别（<75μm）磷矿石，选择磷酸作为抑制剂，DDA 作为捕收剂，NaOH 作为 pH 值调整剂，调节 pH 值为 9，用超声波预处理矿浆后，采取反浮选分离法可有效脱除其硅质脉石，使磷矿中 P_2O_5 含量从 22.3% 提高到 28.5% 以上，磷精矿中 P_2O_5 回收率在 75% 以上。

周军等人[62]以云南会泽高镁中低品位磷矿石为研究对象，采用全硫酸和“一次粗选、一次扫选”的单一反浮选工艺进行了试验。在原矿含 P_2O_5 23.71%、最佳磨矿细度为 -0.075mm 占 88.2% 的条件下，完全以硫酸作为 pH 值调整剂和抑制剂，以改性的棉籽油脂肪酸皂为捕收剂，结果表明：在粗选硫酸用量为 10kg/t，扫选硫酸用量为 6kg/t、捕收剂 TSM-2 用量分段加药（第一段粗选添加 1.2kg/t，第二段为 0.3kg/t）的药剂用量条件下，获得磷精矿含 P_2O_5 30.09%，MgO 含量由原矿的 4.55% 降至精矿的 0.78%，脱镁率为 88.13%，磷精矿中 P_2O_5 回收率达到 86.53%，说明单独以硫酸为抑制剂处理高镁磷矿是可行的，但存在硫酸用量过大，还需进一步改进，尽管如此，此工艺仍然为云南会泽磷矿资源的利用开辟了新途径。

叶林等人[119]以贵州某磷矿的磷矿石为研究对象，该试样含 P_2O_5 26.43%、MgO 3.82%，采用常温单一反浮选的方法进行提磷脱镁试验。结果表明在 -0.075mm 含量占 70.2% 条件下，当采用以硫酸作为抑制剂时，可获得 P_2O_5 含量为 31.69%、MgO 含量为 0.89%、P_2O_5 回收率为 96.95% 的磷精矿；当采用磷酸作为抑制剂时，可获得 P_2O_5 含量为 31.63%、MgO 含量为 0.98%、P_2O_5 回收率为 97.01% 的磷精矿，说明硫酸与磷酸都可作为磷酸盐类矿物抑制剂，但相比较而言，使用硫酸作为抑制剂的成本相对较低。

王永龙等人[120]通过单矿物浮选试验，考察了油酸钠体系中微细粒胶磷矿的可浮性，并比较了六偏磷酸钠、硅酸钠、焦磷酸钠、淀粉、腐殖酸钠这 5 种抑制剂对微细粒胶磷矿的抑制作用。结果表明：油酸钠浮选微细粒胶磷矿的适宜条件应为矿浆温度 45℃，用 NaOH 调节矿浆 pH 值为 10，捕收剂油酸钠用量

6×10^{-4}mol/L的条件下，5种抑制剂对微细粒胶磷矿抑制能力的排序为：腐殖酸钠>六偏磷酸钠>淀粉>焦磷酸钠>硅酸钠。

罗惠华等人[121]对某高镁胶磷矿采用反浮选工艺流程。试验对比了两种不同的反浮选抑制剂PT-4与磷酸的抑制性能，结果表明PT-4的分选效果较好，用其作反浮选抑制剂浮选含P_2O_5 27.52%、MgO 6.03%的原矿时，获得的磷精矿含P_2O_5 34.52%、P_2O_5回收率为97.71%，说明抑制剂PT-4较磷酸的抑制性能要好。

大峪口露采胶磷矿，浮选时存在精矿泡沫黏度大、泡沫不易破碎和精矿难以沉降及精矿中MgO含量高等问题，使得精矿浆不能满足生产优级品磷酸二铵（DAP）的要求。因此，在实验室试验基础上，傅克文等人[122]选用新型SP药剂为含磷矿物抑制剂，并采用“优先脱硅—粗精矿脱镁”的正-反浮选新工艺对原有直接浮选法工艺流程进行了改造和工业化试验。结果表明：当原矿含P_2O_5 17.90%、MgO 4.28%时，可获得P_2O_5含量为31.62%和MgO含量为0.74%的磷精矿，磷精矿中P_2O_5回收率为81.35%。

为使贵州某中低品位钙镁质磷矿石得到有效利用，黄维骏等人[123]对其进行了反浮选试验研究。结果表明：采用组合抑制剂YHZ-1和YHZ-2、新型脂肪酸类捕收剂GJBW，通过一次粗选的工艺流程，获得了磷精矿P_2O_5含量为35.18%，磷精矿中P_2O_5回收率为81.91%。

综上所述，从磷酸盐类无机抑制剂及有机抑制剂的选矿实践可以看出，无机抑制剂一般为较易获得的无机酸（如磷酸、硫酸、硅氟酸、磷酸盐），成本低，但选别指标比有机抑制剂差，一般在酸性条件下效果较好，因而开发低成本和来源广的有机类抑制剂是今后研究的重点。

22.3.3.3 起泡剂

由于磷矿浮选过程中使用的捕收剂主要是脂肪酸类捕收剂，而大部分脂肪酸类捕收剂都在某种程度上具有起泡性能，因而磷矿浮选过程中较少使用起泡剂，目前磷矿浮选中使用较多的起泡剂主要是松醇油类。

李广涛等人[117]以P_2O_5、MgO、CaO和SiO_2含量分别为24.20%、4.21%、28.67%和11.66%的云南某磷矿的磷矿石为研究对象，以硫酸和磷酸的混酸作为反浮选除碳酸盐的调整剂和抑制剂，采用YP-01作为捕收剂，松醇油作为起泡剂，反浮选脱除碳酸盐（捕收剂为油酸时，不需要添加起泡）。捕收剂为YP-01时，起泡剂2号油用量为40g/t，经“一次粗选、一次扫选”试验后，磷精矿含P_2O_5 30.72%，磷精矿P_2O_5回收率86.02%。对于该类矿石，由于捕收剂YP-01起泡性能较差，起泡剂的使用还是很有必要的。

张国松[124]研究了一种脂肪酸类混合捕收剂MG-7，将其用于胶磷矿的反浮选脱镁实验，该混合捕收剂为两种脂肪酸类捕收剂，分别为深度氧化脂肪酸与长碳链脂肪酸按一定比例组合，在添加适量起泡剂混合而成复合药剂，经过捕收剂不同组分的用量试验，不同起泡剂种类之间的对比试验以及起泡剂用量试验确定该混合捕收剂最终配方为：两种脂肪酸类捕收剂的比例为4∶6，起泡剂选用实验室合成的EA-2，其用量为脂肪酸总量的10%。对新组合而成的捕收剂与传统药剂油酸钠的比较试验，证明该新型捕收剂具有较好的耐低温性能，且在用量方面较传统捕收剂有明显减少的优势。该组合药剂在弱酸性条件下反浮选宜昌地区胶磷矿，对于含P_2O_5 20.65%和MgO 7.95%的原矿，在常温条件下，以H_3PO_4作为抑制剂，经“一次粗选、一次扫选”的浮选流程，获得了P_2O_5含量为32.11%、MgO为0.92%的磷精矿，磷精矿中P_2O_5回收率达到92.58%，说明添加起泡剂后新型组合药剂对胶磷矿和白云石具有良好的分选效果。

22.3.3.4 消泡剂

浮选产生的泡沫是一种固-液-气三相泡沫，具有一定的稳定性。有的较长时间都难以破裂，特别是阳离子浮选工艺，泡沫量大、发黏、难消散，导致泡沫溢槽[125]，如果浮选给矿中夹带矿泥，更易出现大量黏性泡沫堆积，严重影响浮选效果及后续处理工艺。因此，开发泡沫性脆、易消散的阳离子捕收剂及消泡效果好的消泡剂，对阳离子浮选工艺的推广应用具有重要意义。

曾李明[126]对宜昌杉树垭中低品位胶磷矿，采用双反浮工艺，通过对该工艺的优化以及表面活性剂的应用，成功解决了阳离子泡沫过稳定的难题，并获得了良好的试验指标。对于原矿含P_2O_5 20.65%、MgO 7.95%、SiO_2 29.64%的试样，可获得磷精矿产率58.10%、磷精矿中P_2O_5含量为31.91%，MgO含量为0.97%，磷精矿中P_2O_5回收率为88.71%。

曾小波等人[127]为了解决阳离子捕收剂反浮选胶磷矿泡沫多且不易消散的难题，通过在浮选矿浆中添加无机泡沫调整剂 CA，对浮选三相界面行为进行调控研究，初步探索了 CA 的消泡机理，发现矿泥絮凝剂 PA 和有机泡沫调整剂脂肪醇有一定消泡作用。加入无机泡沫调整剂 CA 后，浮选剩余泡沫量明显减少，静置 5min 后泡沫自消一半，当 CA 用量增加到 943g/t 时，剩余泡沫量由未加 CA 时的 5200mL 降到了 1500mL，磷精矿产率为 58.57%，而未加调整剂时的磷精矿产率为 58.71%，确定了较佳的泡沫调整剂用量为 943g/t。机理研究表明：加入消泡剂 CA 后，固-液界面结合力减小，将固-液接触自交界处拉开所需要做的最小功也变小，因而泡沫膜上捕收剂的浓度降低，泡沫稳定性下降，石英表面吸附 CA 后，动电位升高，压缩了双电层。

22.3.4 磷矿石中有价元素的综合回收

22.3.4.1 *磷矿石中伴生氟资源*

磷矿石中氟占 3% ~4%，主要以氟磷灰石[$Ca_{10}F_2(PO_4)_6$]的形态存在，也有少量以氟硅酸钙形式存在。目前 80% 磷矿用于制造磷肥，在湿法磷酸和普钙生产过程中氟转化为氟化氢和四氟化硅等。通过吸收形成氟加工产品，从而得以回收利用。磷酸生产过程中，当用硫酸分解磷精矿时，在湿法磷酸萃取过程中，进入磷酸中的氟占 65% ~70%，二水石膏中的氟占 25% ~30%，而逸出的氟量一般占总量的 5% ~10%。在磷酸浓缩过程中以气相形式（SiF_4 和 HF）存在的氟占总氟的 38% ~45%，这些气体逸出后用水吸收即可得到副产品氟硅酸，继而生产氟化盐或氟硅酸盐，主要产品有氟化钠、氟化铵、氟化钾、氟硅酸钠、氟硅酸钾、氟硅酸镁、氟化氢铵、冰晶石等。一般每生产 1t 湿法磷酸（100% P_2O_5）或普钙（25% P_2O_5），大约要产出副产品氟硅酸 0.06t(100% H_2SiF_6)[128]。

针对磷矿石湿法生产磷酸过程中副产的氟化物，贵州大学开发了一种以氟化物制备高纯度四氟化硅的方法，其目的就是将磷酸生产过程中逸出的 SiF_4 和 HF 气体经过回收、反应、净化、分离，得到高纯度四氟化硅产品[129]，目前还在工业试验中。

22.3.4.2 *磷矿石中伴生稀土资源*

自然界的稀土元素除赋存在各种稀土矿石中外，还有相当大的一部分以磷酸盐矿物的形态赋存，与磷灰石和磷块岩矿共生。稀土元素多以类质同象方式赋存在磷矿岩中[130]，稀土元素含量随着磷矿中品位的增加而增加，两者之间呈现出正相关关系[131]。世界磷矿中稀土平均含量为 0.5‰，伴生稀土总量约为 5000 万吨。我国滇、黔、川、湘等地磷矿资源相对丰富，其中贵州织金磷矿是一个特大型中低品位沉积矿床，磷矿储量约 16 亿吨以上，伴生的稀土储量 70 多万吨（稀土含量 0.5‰ ~1‰），钇占稀土配分 35% 左右，镨钕约占 20%，铽镝占 2% ~5%[132]。磷矿石中稀土元素赋存状态并不是以离子吸附和矿物形式存在，不能用简单的选矿方法进行富集或淋洗的方法处理，只能在磷矿加工的时候作为副产品加以综合回收。

陈吉艳等人[130]研究了贵州织金含磷岩系剖面稀土含量变化。结果表明：剖面上稀土含量与磷灰石含量变化呈正相关关系，说明稀土主要赋存于磷灰石矿物中；对生物碎屑、白云石和胶磷矿进行单矿物微量元素分析研究表明，胶磷矿中稀土含量最高，生物碎屑和白云石稀土含量较低，说明织金含稀土磷矿床稀土元素赋存状态是以类质同象的形式存在于胶磷矿中；稀土元素化学物相分析研究表明，只有少量的稀土元素被磷块岩中黏土矿物所吸附，大量的稀土元素以类质同象形式赋存于胶磷矿中。

目前常见的稀土富集方法主要有浮选法和酸溶沉淀法。浮选富集法常用反浮选法，以无机酸作矿浆 pH 值调整剂，在弱酸性介质中浮选出脉石矿物，将有价矿物富集在精矿中。通过浮选，稀土可富集 1 倍以上。贵州大学在含稀土磷矿选别工艺的研究中，采用“一次粗选、一次精选”的反浮选开路工艺，可使原矿中稀土（REO）品位由 0.07% 提高到 0.135%，回收率可达到 83.87%，有利实现稀土的预富集与综合利用。

磷矿加工可分为火法和湿法。火法磷酸生产中，稀土主要进入硅酸盐熔渣中，采用大量的酸浸出并过滤除去硅，再采用 TBP 等对稀土进行萃取回收，稀土回收率可达 60%[133]。但火法回收稀土，能耗高，熔渣分解酸耗大，成本较高，且会产生污染环境的粉尘和有毒气体，因此火法现在用得很少。湿法磷酸生产回收稀土主要分为硫酸、盐酸和硝酸法。沉淀富集法为采用酸处理磷矿时，部分稀土进入溶液中，可采用沉淀法富集[134]，然而对绝大多数含稀土的磷矿，其稀土仍然没有工业回收。

22.3.4.3　*磷矿石中伴生碘资源*

我国每千克磷矿石约含伴生碘 60mg。在沉积岩型磷矿石中，碘含量一般相对较高，具有良好的回收利用价值，然而磷矿中伴生碘含量还是较低，不能采用选矿方法进行提取。研究表明：磷矿石生产磷酸时，大部分碘会在浓缩环节的磷酸、废水和废气中分布，可间接回收该类混合物中碘，实现磷矿石中伴生碘资源的合理利用。2010 年，瓮福集团与贵州大学历经多年技术攻关，成功地完成了从稀磷酸中回收碘的扩大试验、中试和转产工作，以 2 ×50t/a 的生产规模实现了从磷矿中提取粗碘，也是全球首套磷矿伴生碘资源回收生产装置。

目前，工业上从磷矿中提碘主要有热法工艺和湿法工艺[135]。热法工艺提碘通常是指焙烧法选矿及在黄磷和磷肥生产过程中从高温炉气中回收碘的工艺。基本技术有焙烧消化法选矿-离子交换法提碘、化学选矿-氧化冷凝法提碘和电炉制黄磷、钙镁磷肥生产中回收碘。在湿法磷酸生产中，有 80% ~90% 的碘通过磷精矿进入产品磷酸中，回收这部分碘具有良好的经济效益。湿法工艺主要是指酸萃取磷矿过程中的尾气、磷酸及相关的废水中、回收氟得到的氟硅酸中进行碘回收的工艺。由于磷矿石中碘含量很低，限制了很多碘回收方法在回收磷矿石中碘的应用。目前工业生产中，主要采用离子交换法和空气吹出法。空气吹出法适用于高浓度含碘液，离子交换法适用于低浓度碘液[136]。因磷矿石的加工方式不同，碘会以不同物质存在，其在各相态中的分配比不同。在湿法磷酸生产过程中，碘以离子形态进入磷酸，气相碘通过水吸收进入氟硅酸溶液。含碘高的磷精矿生产的湿法磷酸中碘可达 50 ~100mg/L。湿法磷酸中回收碘主要是从稀磷酸及氟硅酸中进行回收。

22.3.4.4　*磷矿石中伴生铀资源*

铀不仅是重要的能源和战略物资，而且是一种具有放射性污染的物质。农业环境天然放射性污染的来源之一就是施用含铀磷矿生产的磷肥。铀通过食物链最终被人畜吸收，威胁到人畜的健康。因此，不论是从资源综合利用，还是从环境保护的角度，都应对磷矿伴生铀资源进行分离回收。

我国约有 25% 以上的磷矿石为含铀磷矿，是铀的宝贵资源。贵州、云南、广西、湖南四省的含铀磷灰岩最多。含铀磷矿石的铀含量一般在 0.005% ~0.03%，有的达 0.05% 以上，由此可推算出我国磷矿中即有 $2.04 \times 10^2 \sim 1.22 \times 10^3$kt 的铀，储量十分丰富。

在磷矿石加工的过程中，伴生铀资源的回收基本上都是通过湿法磷酸获得的。国内外回收的方法主要是采用有机溶剂萃取。在用酸浸取磷矿石时，约有 90% 以上的铀转移到液相磷酸溶液中。从磷酸中回收铀的方法主要为有机溶剂萃取法等。

22.3.4.5　*磷矿石中伴生钛资源*

唐平宇[137]对承德某低品位铁钛磷矿石进行了综合回收试验研究，采用弱磁选铁、浮选选磷、强磁-浮选回收钛铁矿的联合工艺流程。在选铁的同时，综合回收磷、钛伴生元素。矿石中磁铁矿和磷灰石粒度较粗，一段磨矿细度为 -0.075mm 占 44%，可同时满足选铁和选磷的要求，采用先磁选后浮选流程，获得 P_2O_5 含量为 36.41%、P_2O_5 回收率 94.7% 的磷精矿，获得 TFe 含量为 66.61%、TFe 回收率 75.22% 的合格铁精矿。浮磷尾矿采用强磁选富集-再磨后强磁精选浮选工艺流程，可获得 TiO_2 含量 46.24%、TiO_2 回收率 60.27% 的钛精矿。

22.3.4.6　*磷矿石中伴生钾资源*

王树林等人[138]对宜昌胶磷矿伴生含钾页岩富集矿石进行研究，测定出了矿石的化学成分、各组分的赋存状态、含钾矿物的嵌布特征及其单体解离度，结果表明：K_2O 主要以水云母矿存在，云母类矿物大部分呈片状杂乱嵌布在石英质和其他脉石矿物中，少量呈微细的包裹体嵌布在铁质矿物集合体中，一般介于 0.01 ~0.04mm。

李博群等人[139]根据宜昌磷钾矿的矿物特性，以 TSM-46、十二胺为捕收剂，碳酸钠、硫酸作为 pH 值调整剂，水玻璃作为抑制剂与分散剂，对宜昌磷钾矿进行了“一次粗选、一次扫选”的小型试验，并对富钾尾矿进行了浮选，获得了合理的粗选工艺参数，获得 P_2O_5 含量为 15.17%、P_2O_5 回收率为 74.47% 的磷精矿，获得 K_2O 含量为 11.05%、K_2O 回收率为 45.09% 的钾精矿。

刘艺玮[140]采用 TSM-46 为捕收剂，正浮选磷钾伴生矿，对 P_2O_5 含量为 4.7% 的磷钾伴生矿，在 60℃下，以硅酸钠作为抑制剂，经过一次粗选，磷精矿中 P_2O_5 含量达到 16.2%。在矿浆 pH 值为 2、矿浆浓度

50%、十二胺 400g/t、十二烷基苯磺酸钠 50g/t 的条件下，采用该工艺，精矿中 K_2O 的含量由原矿 8.95% 提高到 11.35%，精矿 K_2O 回收率可达到 52%。

22.3.4.7　*磷矿石中伴生镁资源*

磷矿石中的镁元素是最主要的杂质之一，它对磷酸生产过程，无论是磷矿酸解还是硫酸钙结晶都产生不利影响。磷矿中的镁来自白云石，主要是以碳酸盐的形式赋存。磷矿酸分解时，镁溶解要消耗酸，降低氢离子活性，从而降低磷矿分解率。镁的溶解导致物料的黏度增大，影响产品过滤和生产率，产品的吸湿性影响产品的物理性质。因此，必须通过选矿将大部分的镁除去[141]。为了满足湿法磷酸生产，一般磷矿石中镁的控制比例为 $m(MgO)/m(P_2O_5) \leqslant 5\%$，若 $w(P_2O_5)$ 为 30%，则 $w(MgO)$ 应低于 1.8%。

我国大多数中低品位磷矿石中含镁普遍偏高，有的甚至高达 10% 以上[142]。这类高镁磷矿在加工前需进行选矿，目前国内大都采用反浮选脱除白云石，获得的低镁精矿再进行湿法加工，尾矿也是一种高镁低磷矿物，$w(P_2O_5)$ 为 3% ~8%，$w(MgO)$ 为 8% ~17%。对于这类磷矿石，若采用选矿方法来实现镁的分离，不仅能耗高，而且磷损失大。因此，对于这类难选磷矿石正在研究采用化学选矿方法，采用硫酸盐或弱酸溶掉大部分碳酸盐矿物如白云石，化学脱镁过程中要消耗大量硫酸，成本较高。若能综合回收镁，不仅能脱掉镁，而且回收的镁可以产生价值，也许抵消硫酸费用后还有利润。

刘代俊等人[142]采用化学方法，对高镁磷矿进行脱镁和回收镁。在脱镁的同时制取阻燃剂氢氧化镁，获得的产品中磷损失约 2%，获得的阻燃剂氢氧化镁产品 $w(Mg(OH)_2)$ 可达 95% 以上。张志业、陈欣提出了利用稀酸脱除磷矿石中氧化镁的工艺路线以及回收氧化镁的方法，该工艺得到的氧化镁纯度达到 GB 9004—1988 一等品标准。

22.3.4.8　*磷矿中伴生硅资源*

硅材料是太阳能发电和微电子工业的基础材料。如果能够利用磷矿石中伴生硅资源生产硅产品，将大大提升磷矿石伴生硅资源的利用价值。利用磷矿石中伴生硅资源的最佳方法就是将其中所含硅元素转化为经济价值较高的含硅产品，从而将现有磷矿石中伴生硅资源的利用提高到一个新水平，开辟一个新产业[143]。

硅资源在磷矿石中大多以 SiO_2 等酸不溶物的形式存在[144]。在磷肥生产和湿法磷酸生产中，活性 SiO_2 可参与反应，但是不消耗硫酸。在此过程中生成了 SiF_4、H_2SiF_6、Na_2SiF_6、K_2SiF_6、$(NH_4)_2SiF_6$、无定形 SiO_2 等副产物。

22.3.4.9　*磷石膏的综合利用*

磷石膏含丰富的钙、硫资源，对其综合利用的研究与应用主要集中在以下几个方面：

（1）以磷石膏为原料生产硫酸联产水泥，经过多年实践，技术日趋成熟，装置能力不断扩大。因该技术工艺流程长、能耗高、投资大，未能在更大范围推广。

（2）将磷石膏代替天然石膏作水泥缓凝剂，是磷石膏综合利用的一条重要途径。磷石膏与天然石膏的主要区别在于磷石膏中含有水溶性的磷和氟等杂质，这些杂质量虽少，但对水泥质量却有严重影响。因此，要将磷石膏用作水泥缓凝剂，应除去磷和氟等杂质。

（3）磷石膏制硫酸钾副产氯化铵或制硫铵，将磷石膏洗涤除去杂质后与碳酸氢铵反应生成硫酸铵和硫酸钙的料浆，加水洗涤、分离出碳酸钙，滤液再与氯化钾进行反应，再加水洗涤，分离出硫酸钾，经干燥后得产品硫酸钾；滤液（氯化铵）经蒸发、分离得副产品氯化铵。该技术由于工艺路线长，固体碳酸钙难以使用加之大量的洗涤水需处理等问题，未能得到推广应用。磷石膏水洗制硫酸基本上取自上述工艺，同样由于上述原因，加之对磷石膏原料要求严格，也未能推广应用。

（4）磷石膏制建筑石膏制品，以净化处理后的磷石膏可代替天然石膏生产石膏建材，如粉刷石膏、石膏砂浆、熟石膏粉、纸面石膏板和石膏砌块等已进入推广应用。

（5）磷石膏用于改良土壤，磷石膏含有多种元素并呈酸性，不仅可以改良碱土、盐土，且能补充农作物生长需要的硫、钙、磷等养分，适宜于缺硫土壤，在江苏等沿海地区有一定应用。

22.3.5　尾矿及废水利用

22.3.5.1　*尾矿综合利用*

由于技术等方面的原因，我国磷矿石选矿尾矿 P_2O_5 含量一般为 8% ~15%。磷尾矿主要来自选矿提取精矿后剩下的尾矿渣，属于矿业固体废弃物。目前我国大量磷尾矿作为废弃物丢弃或长期存放于尾矿库，不仅对矿区周围环境和土地造成污染，而且磷矿资源不能很好地充分利用。磷矿为不可再生资源，在资源日益减少的今天，尾矿作为二次资源备受关注。因此，合理开发利用磷矿尾矿，不仅可以为磷化工行业提供更多资源，同时避免了尾矿堆积对环境的污染[145]。目前磷矿尾矿的回收利用工艺主要有采用尾矿再浮选、重结晶再浮选、再磨分级浮选法、制备水泥、建筑用砖和微晶玻璃等[146]。

22.3.5.2　浮选废水处理

尽管磷矿石在开采过程中会产生大量的废水，但是浮选过程是排放废水的主要环节。据统计，每处理 1t 原矿需要 4 ~ 6m^3 清水[147,148]，如晋宁磷矿 450 万吨/年的浮选装置，每年需要消耗 1800 万 ~ 2700 万立方米的清水。因此，磷矿石在浮选过程中需要消耗大量的清水，也产生大量工业废水。

磷矿浮选废水直接排放不仅会影响环境，还会造成水资源浪费，浮选废水实现工业系统内循环利用是节约用水和减轻环境污染的根本途径。但磷矿浮选废水不经处理直接返回浮选，随着循环次数的增加，回水中存在 Ca^{2+}、Mg^{2+}、SO_4^{2-}、PO_4^{3-}、SiO_3^{2-} 和 F^- 等离子会不断积累，达到一定浓度后会对浮选指标产生较大影响，严重时可以使生产无法进行[149]。因此，研究磷矿浮选废水中复杂离子对磷矿浮选的影响迫在眉睫。

磷矿浮选废水的处理方法较多，主要包括化学处理法、电化学法、离子交换法以及生物法等。电化学法对磷矿废水中各污染指标的去除率可达 80% ~ 90% 以上，其缺点是设备制造困难，电解过程耗费大量的金属材料，能耗高，投资成本较大，难于实现工业化。

生物法几乎已经用于处理各种废水，但在磷矿浮选废水处理方面的报道不多，由于磷矿浮选废水含有较多的 SS，并且废水中物质复杂，直接用生物法处理效果一般，如果先将废水进行预处理，然后再进行生物处理，则可以取得不错的效果。目前主要有生物浸溶法和生物膜法[150]。

离子交换法是以圆球形离子交换树脂过滤原水，水中的离子会与固定在树脂上的离子交换。离子交换树脂利用 H^+ 交换阳离子，而以 OH^- 交换阴离子。以包含磺酸根的苯乙烯和二乙烯苯制成的阳离子交换树脂以 H^+ 交换去除废水中的 Ca^{2+}、Mg^{2+} 等阳离子，以包含季铵盐的苯乙烯制成的阴离子交换树脂以 OH^- 交换去除废水中的 PO_4^{3-} 和 SO_4^{2-} 等阴离子。由于磷矿浮选废水成分复杂，离子交换树脂容易毒化，成本很高，离子交换法的应用仅停留在实验室阶段，工业化应用难以实现。

22.3.6　选矿设备

22.3.6.1　破碎机

国内一般使用的高锰钢辊子在对辊破碎机连续运行的情况下只能用到 2 ~ 3 个月就被磨出沟槽，在沟槽深到影响使用时必须进行堆焊维修才能使用，如多次堆焊，会造成辊体焦化、变形，甚至报废。杨秉华[151]认为高铬合金铸铁辊子对辊机性能优良，使用成本低，破碎粒度均匀、稳定。经过对辊破碎机碾压过的磷矿石，其内部结构产生了大量的晶格裂纹及微观缺陷，物料的易磨性得到改善，同时，提高球磨机的生产能力，降低电耗。

22.3.6.2　水力旋流器

云天化国际红磷分公司的老湿磨装置为开路磨矿工艺，湿磨超负荷运转，矿浆粒度太大。为解决这一问题，阿子华[152]在每台磨机各选配了一台水力旋流器，并将旋流器由中部圆桶型改为中下部倒圆锥桶型；将磨机矿浆泵电机超频至 1800r/min，以增加输送能力；将 2 号湿磨旋流器的进料口和沉沙口进行缩小处理以增加流速。改进后，湿磨装置运行逐渐稳定，处理能力有所提高，磨矿产品粒度达到要求。

22.3.6.3　浮选设备

自浮选机问世以来，已有逾百年历史。在 20 世纪 30 年代前后，相继出现了法格葛伦、法连瓦尔德、米哈诺布尔、阿基泰尔等多种形式的浮选机，并且在 40 ~ 50 年代得到发展、完善；60 年代以来，浮选机开始向大型化发展，形式也更多样化，还出现了充气式浮选机（浮选柱），并逐步实现了自动控制[3]。

A　机械搅拌式浮选机及其在磷矿石浮选中的应用

北京矿冶研究总院在 20 世纪 80 年代研制的 KYF 型浮选机，是在美国 Dorr-oliver 浮选机和芬兰 OK 型浮选机的基础上研发出来的一种新型的浮选机。在世界银行主持的瓮福磷矿国际招标中，KYF-16 型浮选机联合机组以指标高、能耗低、工程投资低等诸多技术方面的优势一举在与美国、法国、瑞典、德国、芬兰等国际著名公司的竞争中脱颖而出[153]。近年来，北京矿冶研究总院在原有的基础上，又进一步开发KYF型和XCF型浮选机，规格增加，容积扩大，最大已达160m^3，使我国磷矿浮选机技术达到国际领先水平。其特点是：能量消耗少；空气分散好；叶轮起离心泵作用，使固体在槽内保持悬浮状态；磨损轻，维护保养费用低；带负荷启动；药剂消耗少；结构简单，维修容易；U形槽体，减少短路循环；先进的矿浆液面控制系统，操作管理方便[154~156]。

B　充（压）气式浮选机（浮选柱）

充（压）气式浮选机（也称浮选柱）矿浆的充气靠外部压入空气，其特点是没有机械搅拌器，也没有传动部件，由专门设置的压风机提供充气用的空气，压入的空气通过特制的、浸没在矿浆中的充气器（亦称气泡发生器）形成细小气泡。因浮选柱属单纯的压气式浮选机，对矿浆没有机械搅拌或搅拌较弱，为使矿粒能与气泡得到充分碰撞接触，通常矿浆从浮选柱上部给入，产生的气泡从下部上升，利用这种逆流原理实现气泡矿化。浮选柱技术通过矿化方式的革新，提高了微细颗粒的矿化效果，为微细粒矿物的高效分选创造了条件[157]。

随着浮选柱技术的发展，其分选细粒优势突出。全世界不断研究适用于胶磷矿分选特征的浮选柱。国外将浮选柱应用于磷矿浮选做了许多研究，浮选柱工业应用较广。

摩洛哥磷矿石浮选普遍采用浮选柱技术，应用范围涉及岩浆岩、沉积磷块岩等各类型磷矿石。应用实践表明：浮选柱技术适用于宽粒级物料的作业，尤其是选别细粒和微细粒效果更佳。巴西六家大型磷矿石生产企业中已有四家将机械浮选机改换为浮选柱，以生产高品位的磷精矿。Arafertil公司采用浮选柱技术在两年的时间内用6台浮选柱取代了原有的64台机械浮选机。

美国在实验室内用146mm×1830mm的浮选柱对佛罗里达磷矿进行了试验，结果表明，在入选磷矿石P_2O_5含17.1%、酸不溶物含78.5%、料浆浓度为66%的条件下，采用一次正浮选后，获得的磷精矿含P_2O_5 28.0%，磷精矿中P_2O_5回收率为84.1%[158]。

为了充分利用印度中央邦丰富的低品位硅质磷酸盐资源，采用4段精选的常规浮选试验，磷精矿中P_2O_5含量从12.76%提高到30.23%，磷精矿P_2O_5回收率为83%，而磷精矿中SiO_2含量难以降至10%以下。在此基础上，用美国戴斯特（Deister）机械公司提供的浮选柱ϕ76mm进行了对比试验，收集带高仅1.5m，泡沫带高1.3m，用油酸钠作捕收剂、硅酸钠作抑制剂，用碳酸钠和盐酸调节pH值，试验中药剂用量与常规浮选法相同，得到了以下结论：（1）磷精矿要获得大于90%的P_2O_5回收率，短捕收带就足够了；（2）空气流速极大地影响到精矿品位；（3）较深的泡沫有利于排出夹杂的颗粒，从而提高精矿品位；（4）冲洗水流速对精矿品位影响不大，冲洗水流速应保持在较小值，提高矿浆在浮柱中的停留时间；（5）变量对磷精矿中P_2O_5含量的影响顺序为：空气流速>泡沫高度>冲洗水流速；（6）浮选柱可省去4段精选，可得到含SiO_2仅为10%的精矿。

巴西南里奥格兰德联邦大学Jorge Rubio对传统三产品浮选柱进行改进，在泡沫区与捕集区的过渡区上添加了二次冲洗水装置，并研究了两个冲洗水界面流量对浮选精矿指标影响，工业试验结果表明：改进后的三产品旋流器分选胶磷矿，虽然P_2O_5回收率下降了0.5%～3%，但可得到杂质含量较低的优质磷精矿[159]。

浮选柱在国内磷矿浮选中的研究与开发相对较晚，工业应用不多。刘炯天等人[160,161]采用改进的气旋浮选柱对某硅质磷矿石进行浮选研究，考察了循环压力和循环方式对浮选的影响。试验结果表明：气旋循环压力的增加可以有效提高磷精矿中P_2O_5含量和P_2O_5回收率，最优循环压力为0.24MPa时P_2O_5回收率达86.03%；气旋环流能有效增加细粒回收，离心力场的添加可以强化微粒的矿化，降低高效浮选的粒度下限。采用旋流-静态微泡浮选柱对某胶磷矿进行了半工业试验研究，对于P_2O_5含量为23.73%的原矿，通过正-反浮选流程获得了P_2O_5含量为29.78%、MgO含量为0.29%的磷精矿，磷精矿P_2O_5回收率为82.69%，缩短了流程结构，为浮选柱技术在磷矿分选的工业应用进行了有益的探索[162]。

北京矿冶研究总院（BGRIMM）在近40年技术积累的基础上，从简化浮选柱结构，增强其自动控制功能，提高浮选柱对矿物的适用性出发，研制开发了KYZ系列浮选柱，生产实践证明，该系列浮选柱适合我国矿山，在矿物选别中起到了越来越重要的作用。北京矿冶研究总院与云南某磷矿合作进行了KYZ

浮选柱磷选矿的工业试验，采用“一次粗选、一次扫选”的选矿工艺。试验结果表明：该浮选柱的各项指标基本能够达到生产要求，在入选原矿 P_2O_5 品位 20.9%，MgO 品位 5.5%，经过一次粗选、两次精选作业，磷精矿中 P_2O_5 含量提高到 29.5%，MgO 含量不大于 0.8%，磷精矿中 P_2O_5 回收率不小于 72%。该技术成功应用于钙质胶磷矿产业化生产中，为合理开发利用云南中低品位胶磷矿打下坚实基础[163]。

昆明理工大学通过 CPT 浮选柱和 FCSMC 浮选柱工艺参数考察了云南省中低品位胶磷矿分选指标的影响，归纳整理了柱浮选的气泡矿化理论，对浮选柱中矿浆的气泡大小、气泡浮升速度、气泡表面积通量进行定量分析。结果表明：在胶磷矿 CPT 柱浮选过程中，合理的充气量、减小气泡尺寸、增大气泡表面积通量，可使矿粒粒度适应性得以提高，从而进一步提高回收率，为中低品位胶磷矿柱浮选的磷精矿中 P_2O_5 回收率指标的提高提供了理论依据；定量分析了柱浮选的影响因素，并优化了操作参数[164,165]。

刘萍等人[166]介绍了一种浮选机组和浮选柱联合浮选在磷矿石选矿中的应用：该组合设备主要由第一段浮选机组与第二、第三段浮选柱组成。磨矿后的矿浆进入第一段浮选机组，加浮选药剂进行反浮选，粗选和精选后，精矿进入精矿中间槽，泡沫产品进入一级浮选柱。一级浮选柱的尾矿进入二级浮选柱进一步分选，二级浮选柱的尾矿用泵输送至大坝进行堆放，一级、二级浮选柱的粗精矿输送至浮选机的入口循环再选。该组合设备实现了粗选、精选、再选及循环再选，克服了单一使用浮选机或浮选柱的不足，且该组合设备对于磷矿矿浆的波动有很好的适应性，强化了难分离物料的回收，提高了系统的处理能力，能兼顾提高磷精矿的品位及回收率。浮选效率高，结构紧凑，节约能耗和浮选药剂用量少，生产成本低。

云南磷化集团昆阳磷矿 450 万吨/年项目，设计了两个选矿车间，其中二车间采用“柱机联合”浮选工艺，年处理量 300 万吨/年，共两个系列，采用 8 台 $\phi4.5\text{m} \times 10\text{m}$ 浮选柱和 8 台容积 130m^3 充气式浮选机。二车间柱机联合工艺主要处理钙质胶磷矿，采用单一反浮选脱除碳酸盐杂质。在入选原矿品位、磷精矿品位相近情况下，磷精矿产率提高 6.74%，磷精矿中 P_2O_5 回收率提高了 9.14%[57]。

贵州小坝磷矿石属典型高镁低磷胶磷矿，2012 年建成处理量为 1200t/d 的磷矿石选矿流程，以浮选柱为选别设备。粗选采用单台浮选柱进行反浮选，浮选泡沫作为尾矿直接排出，浮选底流进入精选柱，精选柱底流为最终精矿进入浓密脱水，泡沫进入扫选柱；扫选柱泡沫和粗选柱泡沫并流排出，底流返回粗选柱。磨矿细度为 -0.075mm 占 78%，原矿 P_2O_5 含量为 20.80% 时，浮选精矿中 P_2O_5 含量为 32.56%，P_2O_5 回收率 78.87%，尾矿中 P_2O_5 含量为 9.0%[167]。

22.3.6.4　*重力选矿设备*

重选在磷矿石中的应用为重—浮联合流程和重介质分选工艺。目前实现工业应用的只有重介质分选工艺，使用设备主要为重介质旋流器。重—浮联合流程多为小试研究，所使用设备主要为摇床、螺旋溜槽和旋流器等。

我国在 20 世纪 80 年代就进行过磷矿石选矿的重介质工艺研究，由于当时的材料技术的原因，没有被推广应用[168]。2005 年年初，湖北宜化矿业公司根据企业和市场需求，通过与科研院所联合攻关，选定重介质三产品旋流器替代原有的两产品旋流器，恢复了花果树重介质选矿工艺，对其重介质三产品旋流器进行了技术参数和耐磨性能改造，使之能适用于微差比重的分选和提高高密度、高硬度下的耐磨性，完善了选别工艺和清洁生产，确保了生产的稳定[169]。原矿经三段一闭路破碎后，全粒级进入三产品重介质旋流器选别，底流经脱介筛脱介后获得粗粒精矿，筛下产物经磁选-浓缩后，获得细粒精矿。一段溢流和二段溢流合并，经脱介筛脱介后获得粗粒尾矿，筛下产物经磁选—浓缩—过滤后得到细粒尾矿；选矿主要设备有：重介质无压给料三产品旋流器 3PNWX850/600，脱介筛 PZK2448，$F = 11.52\text{m}^2$，$\phi = 0.75\text{mm}$，磁选机 $\phi914 \times 2972$ 型 750Gs 等[46]。

22.3.6.5　*磁浮联合选矿设备*

在磷矿石选矿中，磁选通常用于综合回收伴生的有用矿物和重介质[170]。赵瑞敏等人[171]在研究矿石性质和工艺流程的基础上，采用大包角磁系、大容积槽体等技术方案，设计出矾山磷尾矿中磁性铁回收专用磁选机，应用结果表明，该专用磁选机技术方案合理，可显著提高磁性铁的综合回收率。

重介质选磷是一种较新的磷矿石分选工艺，其实现分选目标的重要技术基础是介质系统的控制，而磁选机作为回收介质的主要设备，其工作状态直接影响系统密度控制效果[172]。煤炭科学研究院采用计算电磁学和 VOF 流体设计法为宜昌花果树重介选磷矿开发了专用磁选机；牟利伟、刘燕华等人对该磁选机在回收重介质调试过程中存在的问题以及引起磁选机工作异常的原因进行了分析，并提出了一系列解决方案，有效改善了重介质回收系统密度控制的稳定性，保证了调试工作的顺利完成[172]。

目前 TDC1030P 型磷矿专用磁选机已在国内多家选矿厂投入生产，取得了良好的效果，基于 VOF 方法的专利技术，不仅解决了高密度矿浆在磁选机槽体内堵塞的难题，同时大大提高了磁选机的处理能力[170]。

22.3.7　选矿厂过程控制

磷矿石选矿厂过程控制的发展正在跟上先进控制系统的步伐，对于固体物料质量的测量，近几年来电子皮带秤的使用愈来愈广泛。根据压头的不同，电子皮带秤分压电式、压磁式、位移式及应变电阻式等。磷矿石选矿测量固体物料质量较多地用应变电阻式电子皮带秤。

流量的测量方法有容积式法、流体动压能法和静压能法、流体动压法、流体体积改变法、流体离心力法、电磁感应法及超声法等，在磷矿石选矿中这些方法都有应用。

对矿浆流量的检测，大都采用电磁流量计，在某些场合也使用堰式流量计；对液体流量的测量常用差压式流量计、靶式流量计、超声流量计、冲击式流量计等；对气体流量的测量，可用浮子流量计、压差式流量计等。

粒度的测量方面，目前国际上用于在线检测的粒度分析装置有超声粒度分析仪、激光粒度分析仪、γ射线粒度分析仪等。其中，美国制造的 PSM 型超声粒度仪得到较广泛的应用。北京矿冶研究总院的四通道矿浆浓度粒度检测仪成功应用于瓮福磷矿选矿厂。

选矿过程矿浆成分的在线分析很重要，目前世界上用得较多的是 X 射线荧光波长色散法和能量色散法。

pH 值测量是在浮选过程中的关键性参数。在磷矿石的正-反浮选工艺中，pH 值为 1 ~ 10 的范围内，可用玻璃电极作指示电极。只有特殊玻璃电极才能准确地测定 11 ~ 12 的 pH 值。在 pH 值大于 10 时，可采用锑电极作指示电极，但锑电极往往受一些干扰离子的影响，需预先找出干扰规律，采取克服措施。目前磷矿石选矿中一般用反浮选工艺，pH 值在 3 ~ 5，因此大多都用玻璃电极测试方法。

在磷矿石浮选矿浆中，有关剩余离子浓度的测量和控制也是目前浮选过程控制研究中的一个课题，常用电位法、光电比色法和分光光度法进行测量。

对原矿及滤饼水分的测量，可采用中子测水仪和红外线测湿仪两种方法来测量。

国内外对磷矿石选矿自动控制系统进行了深入的研究，主要包括磨矿自动控制系统、分级溢流浓度控制系统、浮选加药系统和浓度粒度一体检测系统等。

22.3.7.1　*磨矿分级自动控制系统*

近年来，国内外选矿厂的规模、生产工艺、生产技术都向着规模化、大型化、智能化的方向发展。实现碎磨过程的自动化不仅可以改善碎磨作业，还可以提高产品质量，提高设备的生产率，对降低选矿成本、提高选矿厂的生产率具有重要的价值[173]。

选矿厂的磨矿分级系统有 4 个主要技术指标：棒磨机的台时处理量、磨矿粒度、磨矿矿浆质量分数和溢流质量分数。磨矿分级的自动控制，就是要稳定分级溢流粒度，为选别作业提供合格的矿浆。某磷矿石选矿厂的磨矿分级回路自动控制系统由定值给矿控制、磨矿矿浆质量分数控制、溢流粒度控制、砂泵池液位控制等部分组成，系统自运行以来，稳定可靠，棒磨机的处理能力达到设计值，溢流粒度控制在正常范围[174]。

肖友华、熊贤林等人[174]以目前磷矿石选矿控制程度较高的西亚某磷矿为例，对“选矿厂棒磨分级回路自动控制系统”进行研究，其自动控制系统框图如图 22-3 所示。磨矿分级自动控制系统，自引入商业生产以来运行稳定可靠，棒磨机的处理能力达到设计值，溢流粒度控制在正常范围。实践证明该系统设计是符合现代工厂控制系统要求的，检测仪表与操作系统的选择是合理的，而且是可靠的。

丁亮[175]研究了模糊神经网络控制在磨矿分级控制中的应用，采用工业级的西门子 S7300 PLC 做控制器，实时实现大规模的模糊神经网络等先进复杂控制算法，采用工控机上的 Matlab 作为实现模糊神经网络算法的设备，再通过 OPC 和组态软件将处理的数据回传到控制层（PLC），由其实现上位机回传的变量

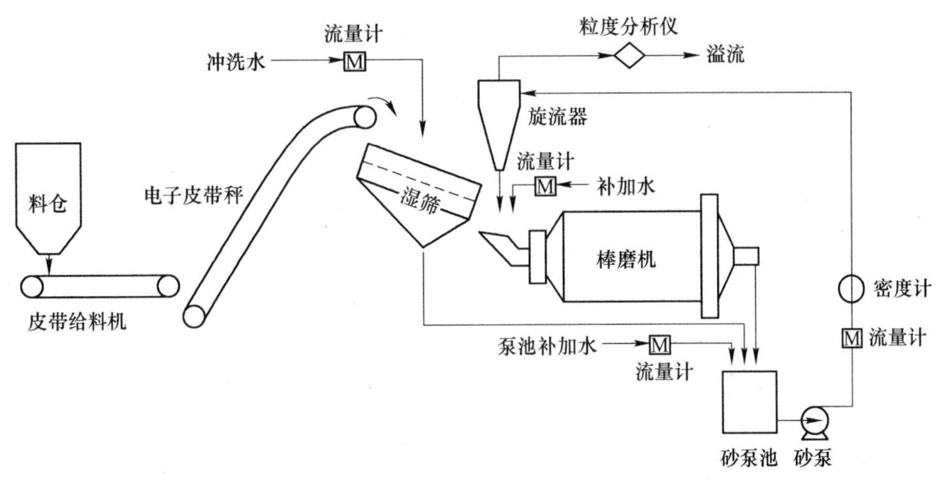

图 22-3　棒磨分级回路自动控制系统

进行现场控制。并对磨机给矿量部分进行先进控制算法的改进与研究，采用六输入三输出形式，以溢流粒度、旋流器入口压力、给矿量、砂泵池浓度、磨机功率、磨机电耳作为输入；以新给矿量、磨矿后加水量和旋流器入口压力的给定值作为输出并滚动优化控制效果。对给矿量、磨机后加水量、旋流器入口压力设定值进行修改并采用 PLC 中的 PID 控制算法进行控制。系统的调试运行结果显示：控制算法能够提高系统的稳定性，减少人工的干预，提高球磨机的给矿量，从而稳定了磨矿分级系统，提高了生产效率和磨矿产品的质量，达到了工艺要求（见图 22-4）。

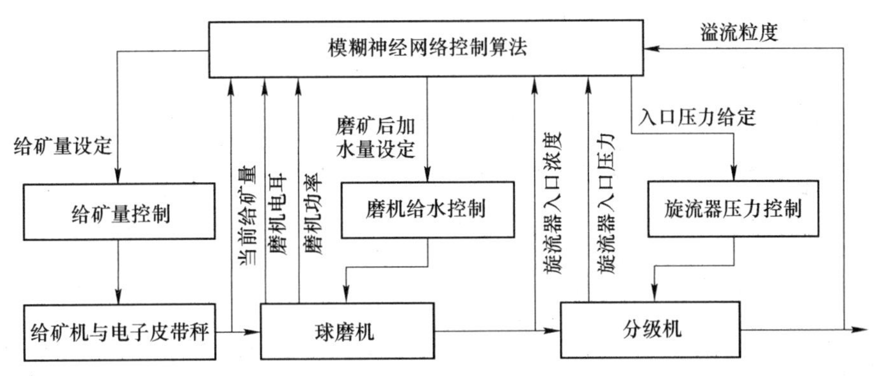

图 22-4　模糊神经网络磨矿分级自动控制系统示意图

沙特 Al Jalamid 1211 万吨/年选矿厂是全球最大的单套磷矿石选矿装置[176]。选矿厂采用 DCS 系统实现模拟量的控制，采用 PLC 完成逻辑控制。破碎系统、磨矿浮选系统按流程要求实现工艺系统主、辅设备的顺序启动或停机；利用 1 套 OPUS 在线粒度检测系统，实现对 4 台磨矿分级溢流的粒度和质量分数的检测，在线的数据用于验证和监测磨矿回路状态和磨矿分级产品的质量；智能系统自动连锁调节棒磨机的给矿量、棒磨机和砂浆池的给水量，检测水力旋流器的给料矿浆密度和流量，以保证磨矿分级溢流产品合格。

22.3.7.2　*粒度检测系统*

矿浆浓度检测仪器主要有：超声波浓度计、激光浓度计、核子浓度计和差压浓度计。测量粒度的有超声波粒度分析仪、激光粒度分析仪和沉降式粒度分析仪。目前，具有代表性的仪器是美国丹佛（DENVER）自动化公司的 PSM-400 超声波粒度分析仪、芬兰奥托昆普公司 PSI 系列粒度分析仪、俄罗斯有色金属自动化联合公司的-074(PIK-074P)筒式在线粒度分析仪、北京矿冶研究总院研制的 BPSM 系列在线粒度分析仪、马鞍山矿山研究院研制的 CLY-2000 型在线粒度分析仪等，其中 PSM-400 与 CLY-2000 是基于超声波原理的产品；而 PSI-200、PSI-300、PIK-074P 与 BPSM 系列都是基于线性传感器原理直接测量粒度分布的仪器；芬兰奥托昆普公司近年推出的 PSI-500 型在线粒度仪是一种基于激光衍射测量机理的粒度分析仪[177]。

2009 年，邢真武等人[178]对芬兰奥托昆普公司于 20 世纪 90 年代推出的型号为 PSI-200 和 PSI-500 的激光粒度分析仪的检测原理、仪器组成及相关性能指标进行了研究，这种仪器最大的优点就是所检测的矿浆粒度范围广，测量结果精确度高，误差小，不受矿浆性质的影响。

2010 年，苏明旭等人[179]通过对高浓度矿浆建立严格的声学模型，并通过实验的反演求解来实现。利用变声程脉冲超声检测，测量了体积分数为 45% 的锰矿矿浆的超声波衰减谱，基于模型预测，利用正则化方法由声衰减谱求解了锰矿矿浆粒度分布结果与基于显微镜图像法和基于光散射的激光粒度仪比较后较为吻合。同年，薛明华等人[180]对超声法测量高浓度矿浆两相流粒径分布和浓度进行了研究，基于以往工作的成果，给出了描述两相流声学波动，研究了测量高浓度矿浆两相流粒径分布和浓度关系利用求解矿浆类物质的声抗来获得颗粒两相流总的密度，继而求解得到矿浆浓度。

2013 年，李龙江、张覃等人设计了磷矿石选矿四通道矿浆浓度粒度一体化检测装置，利用电脑显示各个通道的两个指标，能够对选矿各个环节进行监测。该装置的设计分为硬件部分和自动控制部分。在硬件设计中，分为取样和自动加水模块、升降模块、振动筛分模块、称重模块和筛上产品自动卸料模块，这些模块通过 Pro/E 软件进行建模，最后组装在一起形成整个硬件系统；自动控制部分的设计主要是通过 PLC 进行编程控制，编程语言用梯形图语言。检测装置通过渣浆泵与选矿工艺形成管道闭路循环，在循环管道中安装三通电动阀把矿浆引入浓度壶，再进行测量。经过检测的样品进入矿浆收集池，池底部与磨矿后的泵池形成循环，区别于其他在线检测装置的取样过程，从真正意义上实现了对矿浆浓度和粒度的在线检测。其检测工艺流程如图 22-5 所示。

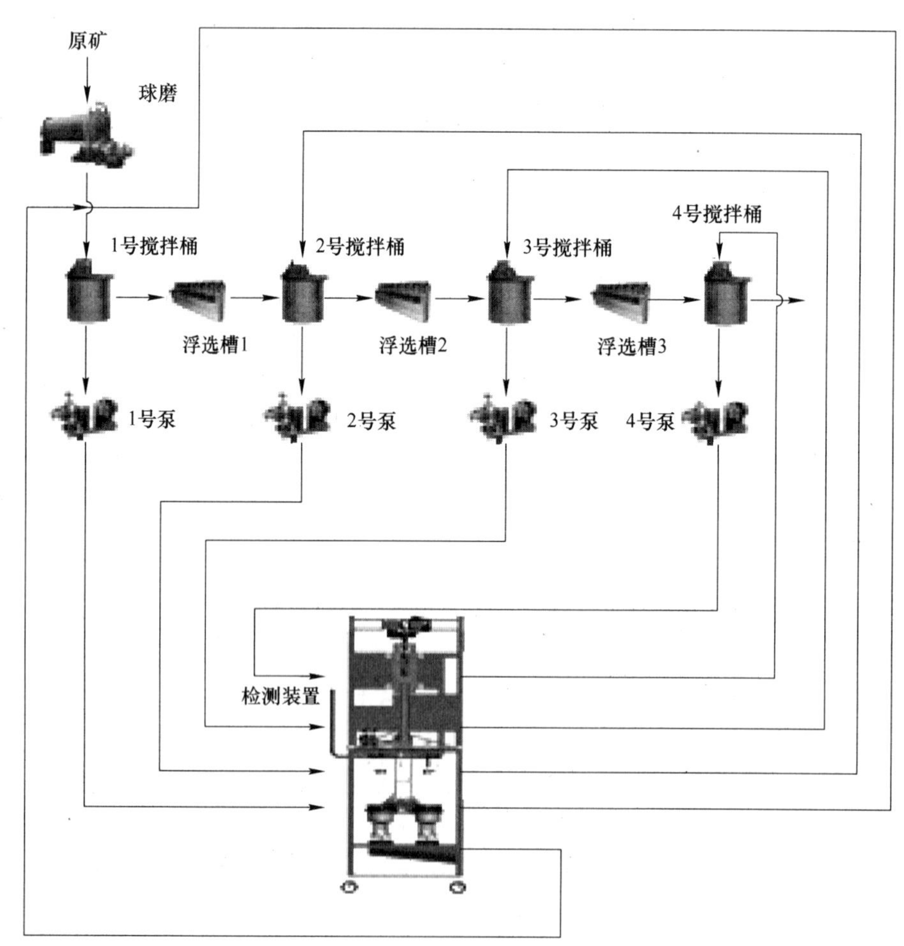

图 22-5　浓度粒度工艺流程

22.3.7.3　浮选加药系统

浮选作业应用较多的是程控加药机，根据执行器不同分为电磁阀式和计量泵式两大类，北京矿冶研究总院生产的 BRFS 型、湖南有色金属研究所的 G1-L 型、西北矿冶研究院的 DS 型和 WG-10 型、北京矿冶研究总院的 BBS 型和长沙工业高等专科学校的 WYJ-1 型等都是电磁阀式加药机，电磁阀式加药机因精度高、结构简单故应用比较普遍，而计量泵式加药机因加工精度和价格等原因只在部分大型选矿厂应用。

李龙江等人[181]根据现场磷矿选别作用的药剂制度要求，设计了以单片机控制为核心芯片的连续式高效节能梯级恒温浮选加药装置，以 PLC 控制的复杂难选矿石多路模糊自动恒温控制系统，解决了多路恒温恒流量的问题。装置采用神经模糊自适应控制系统，使混合和加药一体化，实现梯级快速加温，恒压定常出流。控制系统响应较快，鲁棒性较好，防屏蔽，防雷击，抗干扰。加药装置体积小，路线简单，能实现温度控制和其他浮选作业加药的联合控制，从而提高浮选指标，节约能源，并能推广应用到其他温控场合。如在生物工程上运用本设计可以实现温度对酶活性的同时控制，提高生物工程的效率，其模糊控制自适应控制框图如图 22-6 所示。

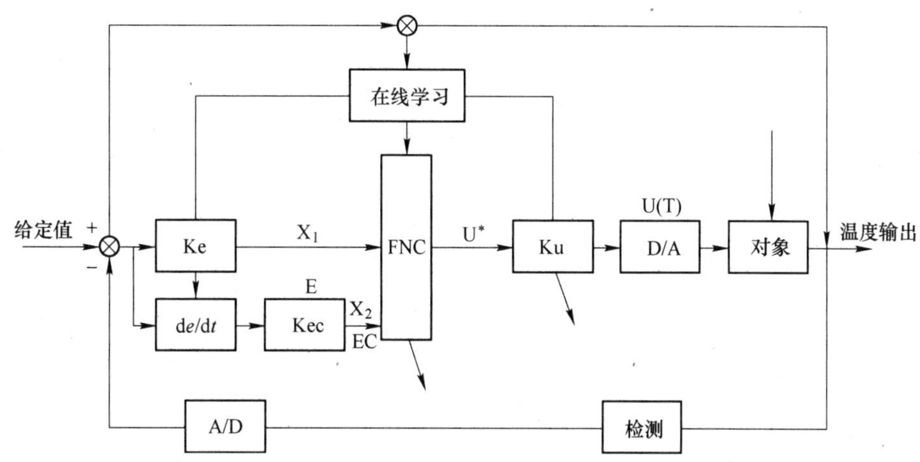

图 22-6　模糊控制自适应恒温恒流量框图

22.4　磷矿石选矿的发展趋势

22.4.1　磷矿石浮选基础研究

在中低品位磷矿石选矿过程中，为充分回收磷资源，降低生产成本，在研究中低品位磷矿工艺矿物学的基础上，开展不同类型磷矿石与浮选性能的关系、磷矿石的表面物理化学性质、浮选溶液化学、微细粒难选磷矿石浮选机理等基础研究，可为开发高效浮选药剂、深度提磷除杂以及优化微细粒磷矿石选矿工艺奠定理论基础。

（1）不同类型磷矿石与浮选性能。要加强不同类型磷矿石的基础研究，重点研究不同产地、不同地质年代形成的矿石、不同类型矿石、不同矿物组成和不同化学组成的分类方法，收集磷矿石的基础数据，建立相应的分类标准。

根据不同磷矿石的矿物组成和化学组成，研究其浮选性能及合理的分选工艺，提出不同类型磷矿石的原则工艺流程，建立磷矿石分选标准。

（2）磷矿石的表面物理化学性质。可借助 XPS 能谱、傅里叶红外光谱、原子力显微镜、俄歇电子能谱、二次俄歇电子能谱、二次离子质谱等现代波谱技术，加强矿物表面的电性、表面晶体缺陷、晶体结构中取代作用等性质研究，重点考察不同浮选体系中，矿物表面的电性变化和对捕收剂的吸附作用，在分子和原子及晶体化学水平上，了解磷矿石的浮选机理及药剂与磷矿的作用机理。

（3）磷矿石浮选溶液化学。针对胶磷矿、白云石和石英表面溶解特性，重点开展矿浆体系中出现的难免离子以及由于胶磷矿、白云石和石英在矿浆中解离或水解或药剂的添加而进入矿浆体系中的各种金属离子及无机阴离子研究，考察这些离子的相互作用及不同 pH 值下的水解和溶解性能。可借助现代仪器分析手段揭示各种离子在浮选体系中对胶磷矿、白云石和石英溶解和解离的影响，从而对指导磷矿石浮选及工业应用都具有重要指导意义。

（4）微细粒难选磷矿石分选。随着磷矿富矿和易选矿资源的逐渐减少，为使有用矿物单体解离，一

般磨至 -0.075mm 占 70% ~90% 才能单体解离，产生大量次生矿泥。由于磨矿粒度细，增加了矿物表面能，易团聚，药剂易产生非选择性吸附，使不同矿物之间可浮性差别减少，给浮选分离带来困难，所以需要研究和发展微细粒磷矿石分选技术及其分选机理，提高磷矿资源综合利用水平。

22.4.2 浮选药剂研发

浮选药剂研发主要包括以下几个方面：

（1）捕收剂。脂肪酸类药剂是磷矿浮选的主流药剂，但脂肪酸类捕收剂选择性差，对硬水和低温浮选的适用性差，基于其固有弱点，主要进行了药剂改性和混合用药的研究。

浮选药剂的研制主要有：多官能团化、官能团中心多样化、聚氧乙烯基化、异极化即两性化、弱电离或非离子化以及混合协同化。

混合用药往往可以产生协同作用，效果明显优于单一用药。因此，混合用药是今后浮选药剂重要的发展方向。

磷矿浮选流程目前大都仍需要加温或稍微加温，这不仅增加能耗，而且降低浮选作业效率。因此，开发新型低温捕收剂迫在眉睫。

为减少药剂对环境造成的污染，研究低毒高效的磷矿捕收剂也是发展趋势。

（2）抑制剂。磷矿石选矿的主要难点是磷灰石与方解石、白云石的分离，由于它们属于同一盐类矿物，不管是在阴离子捕收剂体系中，还是在阳离子捕收剂体系中，胶磷矿和白云石的可浮性都很相近。现阶段的抑制剂对于胶磷矿和白云石分选体系的选别效果不好，因而开发脱镁脱硅高效抑制剂是提高浮选效果和降低选矿成本的关键。

（3）消泡剂。在磷矿石反浮选脱硅过程中，由于阳离子胺类捕收剂的使用，中间产品往往带有较多的气泡且这些气泡消除较慢，严重影响后续的脱水及干燥过程。磷矿石浮选工艺中的消泡剂主要局限于部分表面活性剂及无机消泡剂。应该大力开展对消泡剂的机理研究，指导消泡剂的开发，并应用于磷矿石选矿上。

（4）絮凝剂。絮凝剂主要用在磷矿的絮凝浮选及磷矿尾矿废水的处理上。要加强絮凝浮选的机理研究。磷矿废水主要采用混凝沉淀的方法，但成本较高且对环境造成一定程度的污染。所以，开发高效环保的絮凝剂将是今后絮凝剂发展的主要方向。

（5）浸出药剂。目前浸出工艺主要用来处理含稀土磷矿石及实现磷矿浮选尾矿的综合利用。使用较多的药剂主要为酸浸药剂（盐酸、硫酸、硝酸等），但这些酸浸药剂相对于传统药剂而言成本较高且对环境造成污染，目前还没有推广，这也是浸出工艺在磷矿石选矿方面没有实质进展的一个原因。浮选尾矿的处理，主要是通过煅烧加铵盐浸出的方式综合回收氢氧化镁、氧化镁以及轻质碳酸钙，试验指标较好，但同样存在成本过高的问题，今后应着重对工艺开展相关改进，提高效能。

22.4.3 磷矿资源的综合利用

磷矿资源的综合利用需精细地分析磷矿石的组成，弄清不同产地磷矿石的有价组分，特别是磷矿石中氟、碘、稀土、镁和硅等资源丰富。磷矿石中氟含量为 3% ~4%，总量占氟资源总量的 90% 左右，是解决我国萤石资源短缺的有效途径；磷矿石中每千克磷矿石含碘 60 ~ 70mg，是解决我国碘缺乏的有效途径之一；贵州织金含稀土磷矿中稀土含量为 0.5‰ ~ 1‰；磷矿石中 SiO_2 主要以石英存在，MgO 主要以白云石形式存在，开展磷矿石共伴生资源如氟、碘、稀土、镁和硅等分离与利用的关键技术研究，可以拓宽这些元素的获取途径，提高磷矿石的附加值和提高磷矿资源的综合利用率。

22.4.4 选矿设备

结合当前磷矿资源开发利用现状及其选矿工艺特点，未来磷矿石选矿设备（尤其是浮选设备）发展趋势如下：

（1）设备大型化。虽然近年来浮选设备的大型化取得了长足进展，目前最大浮选机单槽容积已达 $350m^3$，单槽容积大于 $100m^3$ 浮选设备已大量投入工业应用。但随着经济发展对矿产资源的需求日益增加和矿业经济不断下滑，选矿厂规模扩大的同时选矿的难度进一步加大。因此要在机械搅拌型浮选机和浮选柱成果大型化的基础上，继续推进粗颗粒浮选机、微细粒浮选机等其他类型浮选设备的大型化、系列化，使其能够满足不同矿种不同处理量的需要。

1）浮选机单体设备继续大型化发展。

2）浮选机由单一型号向多种型号联合优化配置发展。

3）重选、磁选等手段与浮选相结合，发展多流程分选工艺。

4）机柱联合配置促进浮选工艺流程变革，由精选作业向粗扫选作业扩展。

（2）设备针对化。为了提高资源利用率，针对不同类型矿石的可浮性质和分选特性，研究针对性的解决方案，如粗粒浮选、高效节能浮选及复合力场细粒和微细粒浮选设备等仍是今后浮选机的研究方向。

1）扩大入选粒级范围，浮选机由微细粒向粗粒选别延伸。

2）浮选柱由浮选流程向磨矿分级回路中的闪速浮选或半自磨排矿分选流程推进。

3）发展复合力场浮选机（柱）。将重力场、磁场、超声波、电场等与浮选机（柱）相结合，进一步提高浮选设备对微细物料的分选选择性。

4）开发高效柱式短流程分选工艺，降低选矿成本，提高资源利用率。

（3）设备自动化。随着微电子技术的发展，浮选设备自动控制技术取得了长足的进步。目前对浮选设备的矿浆液面、充气量、矿浆浓度、药剂添加以及泡沫成像分析等工艺过程控制已逐步实现了自动化，但对设备本身的自动化水平还有待提高，如轴承温度、电机温度、远程监控系统、故障诊断系统、故障报警及预案等。

（4）研究手段多元化。将计算机技术运用到浮选设备的开发研制过程，以降低研制费用和周期；加强对浮选柱数学模拟、设计及放大模式的研究。

22.4.5　选矿自动控制

目前，我国在选矿生产过程中采用计算机控制的水平还较低，还不普及，主要参数自动检测的传感器和检测仪器、设备及工业控制计算机大都要依赖进口，成本高，维修难。随着国产计算机和仪表的发展，尤其是其质量的不断提高，为我国选矿自动化技术的普遍推广提供了越来越好的物质基础。根据现代控制理论的新进展，研究最优控制等新的控制策略，研制新的传感器，把更多的注意力从磨矿转向浮选。磷矿石选矿自动控制，目前正朝现场总线控制、最优策略控制、模糊控制、模糊神经网络控制以及各种控制方法有机结合的方向发展。

参考文献

[1] 鄢正华．我国磷矿资源开发利用综述[J]．矿冶，2011(3):21-25.

[2] 谭明，魏明安．磷矿选矿技术进展[J]．矿冶，2010(4):1-6.

[3] 余永富，葛英勇，潘昌林．磷矿选矿进展及存在的问题[J]．矿冶工程，2008，28(1):29-33.

[4] 李成秀，文书明．我国磷矿选矿现状及其进展[J]．矿产综合利用，2010(2):22-25.

[5] 孙洪丽，岳辉，刘全军．磷矿脱镁降硅进展及趋势[J]．矿冶，2006(4):24-26.

[6] 矿业界．中国 32 省矿业排行榜［EB/OL］. http://mp. weixin. qq. com/s? __biz = MzAwMzYwNDMzNw == &mid = 401530409&idx = 1&sn = 18b56d0fc931e983d09477cf38744e20&scene = 23&srcid = 0205u8YFycOgK76rW9fWSInF#rd.

[7] 胡慧蓉，郭安，王海龙．我国磷资源利用现状与可持续利用的建议[J]．磷肥与复肥，2007(2):1-5.

[8] 刘艳飞，张艳，于汶加，等．资源与环境约束下的中国磷矿资源需求形势[J]．中国矿业，2014(9):1-4.

[9] USGS. U. S. Geological Survey Minerals. Yearbook-2012［EB/OL］. http://minerals. er. usgs. gov

[10] Ling Zhongru. 2014 年中国磷矿石产量增长情况对比分析［EB/OL］. http://www. askci. com/chanye/2015/02/05/173748fde6. shtml.

[11] Production And International Trade［EB/OL］. http://www. fertilizer. org//En/Statistics/PIT_ Excel_ Files. aspx

[12] Heffer P，Homme M P. Short-Term Fertilizer Outlook2014-2015［EB/OL］. http://www. fertilizer. org/MarketOutlooks

[13] Heffer P，Homme M P. Fertilizer Outlook 2013-2017［EB/OL］. http:// www. fertilizer. org/MarketOutlooks

[14] USGS. U. S. Geological Survey Minerals Yearbook-2007［EB/OL］. http://minerals. er. usgs. gov

[15] 胡爱民．我国磷产品进出口形势分析[J]．化工矿物与加工，2013(5):42-44.

[16] 徐少康，张慧敏，焦学涛，等. 磷矿市场走势分析[J]. 化工矿产地质，2014(4):241-249.

[17] 中国磷矿石市场发展现状 [EB/OL] . 中国产业洞察网，[2015-01-13]. http://www.51report.com/free/3058378.html.

[18] 刘安. 胶磷矿浮选中改性淀粉抑制机理研究[D]. 武汉：武汉工程大学，2012.

[19] 黄小芬，张覃. 钙镁离子对胶磷矿表面电性及可浮性的影响[J]. 矿物学报，2013，33(2):185-187.

[20] 何婷，张覃. 磷矿石中白云石晶体化学特性研究[J]. 矿冶工程，2012(5):41-43.

[21] 银锐明，陈琳璋，侯清麟，等. 金属镁离子活化石英浮选的机理研究[J]. 功能材料，2013(15):2193-2196.

[22] 张国范，汤佩徽，朱阳戈，等. 在 Ca^{2+}-Na_2CO_3 体系中磷灰石与石英浮选分离的溶液化学研究[J]. 化工矿物与加工，2011(6):1-4.

[23] Guo F, Li J. Separation strategies for Jordanian phosphate rock with siliceous and calcareous gangues[J]. Int J Miner Process, 2010(97):74-78.

[24] 刘长淼，曹学锋，陈臣，等. 十二叔胺系列捕收剂对石英的浮选性能研究[J]. 矿冶工程，2009(3):37-39.

[25] 寇珏，陶东平，孙体昌，等. 新型阳离子捕收剂在磷酸盐矿反浮选中的应用及机理研究[J]. 有色金属（选矿部分），2010(6):51-56.

[26] 李冬莲，黄星，张亚东. 钙镁离子对胶磷矿浮选影响机理探讨[J]. 中国矿业，2013，22(12):106-108.

[27] 汤佩徽. 磷灰石和硅质脉石浮选分离的研究[D]. 长沙：中南大学，2011.

[28] Roiter Y, Minko S. AFM single molecule experiments at the solid-liquid interface: in situ conformation of adsorbed flexible polyelectrolyte chains[J]. Chemistry Science, 2005, 127: 15688-15689.

[29] Kou J Tao D, Xu G. Fatty acid collectors for phosphate flotation and their adsorption behavior using QCM-D[J]. Mineral Engining, 2011, 1(8):104-109.

[30] 郭芳，李军，李维，等. 硅钙质中低品位磷矿的物化性质及选矿分离研究[J]. 四川大学学报（工程科学版），2010(4):170-175.

[31] 卯松，何晓太，张覃. 钙离子对胶磷矿和白云石可浮性的影响研究[J]. 矿冶工程，2013(4):56-58.

[32] 刘少文，蒙君荣，陈文，等. 颗粒尺寸与药剂性质对胶磷矿浮选过程的影响[J]. 武汉工程大学学报，2014(2):25-30.

[33] 杨勇，钱押林. 某磷矿分级浮选试验研究[J]. 矿产保护与利用，2010(3):23-26.

[34] 杨稳权. 磨矿细度对胶磷矿浮选精矿产率和 P_2O_5 回收率的影响[J]. 磷肥与复肥，2012(4):17-19.

[35] 张覃，何发钰，卯松，等. 胶磷矿和白云石的嵌布特征及磨矿细度试验[J]. 化工矿物与加工，2010(12):8-11.

[36] 李冬莲，汪桥，曹先敏，等. 胶磷矿磨矿特性对浮选效果影响研究[J]. 非金属矿，2014(6):49-51.

[37] 金弢，李若兰，郭永杰. 钢锻在磷矿磨矿中的应用研究[J]. 化工矿物与加工，2014(10):18-22.

[38] 刘长淼，吕子虎，马驰，等. 甘肃某低品位磷矿选矿试验研究[J]. 化工矿物与加工，2014(3):1-4.

[39] 杨贵华，张树洪. 晋宁磷矿脱泥-浮选工艺研究[J]. 武汉工程大学学报，2011(2):81-82.

[40] 刘维. 选矿破碎工艺细碎闭路循环改造[J]. 磷肥与复肥，2013(4):45.

[41] 曾桂忠，段希祥，李明. 磷矿碎磨系统分析研究与改造实践[J]. 矿山机械，2008(9):65-68.

[42] 肖庆飞，罗春梅，石贵明，等. 澄江磷矿碎磨系统工艺流程改造实践[J]. 化工矿物与加工，2009(9):34-36.

[43] 屠建春，瞿仁静. 闭路磨矿工艺在富瑞化工的成功应用[J]. 云南冶金，2009(3):21-23.

[44] 柏中能，郭永杰，方福跃，等. 提高胶磷矿磨矿分级能效研究与实践[J]. 矿业工程，2015(2):21-24.

[45] 万小金. 斜窄流分级技术在磷矿磨矿回路中的应用研究[J]. 化工矿物与加工，2012(3):9-14.

[46] 魏祥松，黄启生，李宇新. 宜昌花果树磷矿重介质选别工业生产实践[J]. 武汉工程大学学报，2011(3):48-52.

[47] 李冬莲，张央，牛芳银. 中低品位磷矿重介质选矿试验[J]. 武汉工程大学学报，2007(4):29-32.

[48] 任前一. 中低品位胶磷矿脉石矿物构成及浮选工艺分析[C]//第六届世界磷矿加工大会. 昆明：2011：19-21.

[49] 杨昌炎，夏刚，潘玉，等. 改性脂肪酸对磷矿的浮选[J]. 武汉工程大学学报，2014(4):22-26.

[50] 骆斌斌，朱一民，彭梦甦，等. 组合药剂 DMF-1 对朝阳某磷矿浮选试验研究[J]. 中国矿业，2014(3):101-105.

[51] 杜令攀，钟晋，郭永杰. 云南风化低镁胶磷矿选矿试验研究[J]. 化工矿物与加工，2014(2):5-7.

[52] 王祖旭，李楠. 新型捕收剂 CL-07 + CJ 常温浮选某中低品位磷矿石[J]. 金属矿山，2014(3):93-96.

[53] 谭伟，周平，陈军，等. 细磨工艺处理高硅胶磷矿试验研究[J]. 化工矿物与加工，2013(4):1-2.

[54] 张旭，王雅静，戴惠新，等. 云南某胶磷矿浮选试验研究[J]. 化工矿物与加工，2011(4):5-8.

[55] 李露露，潘志权，周红，等. 云南海口某高硅磷矿浮选试验研究[J]. 化工矿物与加工，2013(12):1-3.

[56] 李成秀，程仁举，罗惠华. 贵州某磷矿反浮选捕收剂研究[J]. 化工矿物与加工，2014(2):14-16.

[57] 李友志，刘丽芬. 昆阳 300 万 t/a 柱槽选磷流程改造研究[J]. 化工矿物与加工，2014(5):40-43.

[58] 黄齐茂，潘行，张明，等. 高效反浮选捕收剂的合成与应用[J]. 武汉工程大学学报，2013(4):43-47.

[59] 程仁举，李成秀，罗惠华，等．贵州某中低品位胶磷矿反浮选试验研究[J]．化工矿物与加工，2013(8):1-3.
[60] 李艳峰，方明山．贵州瓮福磷尾矿工艺矿物学研究[J]．有色金属（选矿部分），2013(4):1-4.
[61] 王冲，王朝霞，李少华．胶磷矿单一反浮选工艺流程优化[J]．磷肥与复肥，2013，28(6):79-80.
[62] 周军，杨婕，罗惠华，等．云南会泽高镁中低品位胶磷矿单一反浮选[J]．武汉工程大学学报，2013(11):23-26.
[63] 罗伍容，张晖，潘行，等．胶磷矿反浮选脱镁捕收剂合成及应用研究[J]．化工矿物与加工，2013(2):5-8.
[64] 王安理，李建政，雒彩军，等．四川某中低品位磷矿反浮选脱镁提质试验研究[J]．矿冶工程，2012(3):54-57.
[65] 张凌燕，洪微，邱杨率，等．细粒低品位难选胶磷矿浮选研究[J]．非金属矿，2012(2):21-23.
[66] 张明，张露，张鑫，等．放马山低品位磷矿常温正反浮选吨级试验研究[J]．化工矿物与加工，2015(2):1-2.
[67] 李成秀，程仁举，罗惠华，等．贵州某中低品位胶磷矿正反浮选试验研究[J]．化工矿物与加工，2015(3):1-3.
[68] 李艳，宋彦青．内蒙古东升庙低品位磷矿浮选工艺研究[J]．化工矿产地质，2014(1):61-64.
[69] 周新军，秦磊，胡森，等．云南某中等品位胶磷矿矿石正反浮选工艺研究[J]．金属矿山，2013(6):58-60.
[70] 陈云峰，冯程，黄齐茂，等．湖北某胶磷矿浮选工艺研究[J]．化工矿物与加工，2012(5):1-3.
[71] 邓伟，余媛元，沈静，等．常温正反浮选新工艺在难选清平磷矿中的应用[J]．化工矿物与加工，2009(1):6-8.
[72] 黄齐茂，李锋，蔡坤，等．湖北某硅钙质胶磷矿反正浮选工艺研究[J]．化工矿物与加工，2010(12):1-3.
[73] 赵凤婷．双反浮选工艺在胶磷矿选别中的应用[J]．磷肥与复肥，2010(2):70-72.
[74] 刘星强，钱押林．某中低品位磷矿选矿工艺研究[J]．化工矿物与加工，2011(7):5-7.
[75] 王灿霞，杨稳权，庞建涛．云南某中低品位胶磷矿双反浮选试验研究[J]．化工矿物与加工，2015(1):5-8.
[76] 程仁举，李成秀，罗惠华，等．贵州某中低品位胶磷矿双反浮选试验研究[J]．非金属矿，2014(5):31-33.
[77] 刘养春，宋文义，徐会会，等．某胶磷矿双反浮选试验研究[J]．化工矿物与加工，2014(9):1-3.
[78] 张万峰，王德强．某中低品位钙硅质胶磷矿双反浮选工艺研究[J]．化工矿物与加工，2014(5):5-6.
[79] 孙伟，陈臣，刘令．某硅钙质胶磷矿双反浮选试验研究[J]．化工矿物与加工，2011(9):1-2.
[80] 张仁忠，令狐昌锦．瓮福磷矿 a 层矿和 b 层矿的混合选矿实践[J]．化工矿物与加工，2007(8):8-10.
[81] 谢春妹，刘志红．瓮福 A 层磷矿石的双反浮选试验研究[J]．矿业研究与开发，2010(5):38-40.
[82] Merma A G，Torem M L，Morán J J V，et al. On the fundamental aspects of apatite and quartz flotation using a Gram positive strain as a bioreagent[J]. Minerals Engineering，2013，48：61-67.
[83] 肖春桥，池汝安．微生物分解中低品位磷矿的研究实践[J]．化工矿物与加工，2015(1):47-51.
[84] 吴艳妮．湖南省××磷矿选矿工艺研究[J]．化工矿产地质，2014(2):117-120.
[85] 丁晓姜，吴艳妮．北方某低品位铁磷矿综合回收选矿试验[J]．武汉工程大学学报，2011(3):65-68.
[86] 卫敏，常晓荣，吴东印，等．青海某低品位磷矿选矿试验研究[J]．矿产保护与利用，2013(5):44-46.
[87] 瞿军，葛英勇．胶磷矿选矿工艺和药剂研究进展[J]．化工矿物与加工，2014(10):1-6.
[88] 宋昱晗，张凌燕，邱杨率，等．湖北宜昌低品位胶磷矿选矿工艺研究[J]．中国矿业，2013(1):103-107.
[89] 夏敬源．云南昆阳磷矿中低品位磷矿选矿应用研究[J]．化工矿物与加工，2008(11):1-4.
[90] 沈政昌．柱浮选技术[M]．北京：冶金工业出版社，2015：232-233.
[91] 张旭，戴惠新．磷矿物浮选药剂的应用现状[J]．矿业快报，2008(4):10-12.
[92] 周杰强，陈建华，穆枭，等．磷矿浮选药剂的进展（上）[J]．矿产保护与利用，2008(2):47-51.
[93] 徐伟．脂肪酸类捕收剂在磷矿浮选中的应用进展[J]．广州化工，2012(1):9-11.
[94] 周贤．新型磷矿捕收剂的制备及浮选性能研究[D]．武汉：武汉工程大学，2010.
[95] 周贤，张泽强，池汝安．脂肪酸甲酯磺酸钠的合成及其磷矿浮选性能评价[J]．化工矿物与加工，2010(1):1-3.
[96] 黄齐茂，蔡坤，王巍，等．α-磺酸基油酸皂捕收剂的应用[J]．武汉工程大学学报，2012(2):1-5.
[97] 罗衡．混合捕收剂浮选巴西某低品位磷矿的研究[D]．武汉：武汉理工大学，2014.
[98] 李艳．A 捕收剂在磷矿石浮选中优缺点性能研究和改进措施探索[J]．化工矿产地质，2014(2):121-125.
[99] 孙体昌，寇珏，Daniel Tao，等．精炼塔尔油在磷酸盐浮选中的应用及 QCM-D 吸附研究[J]．北京科技大学学报，2010(11):1393-1399.
[100] 查辉．表面活性剂与改性脂肪酸协同浮选高铁磷矿的研究[D]．武汉：武汉理工大学，2014.
[101] 李成秀．难选胶磷矿浮选新药剂试验及作用机理研究[D]．昆明：昆明理工大学，2014.
[102] 张炎斌．表面活性剂的界面性质研究[D]．武汉：武汉工业学院，2010.
[103] 葛英勇，甘顺鹏，曾小波．胶磷矿双反浮选工艺研究[J]．化工矿物与加工，2006(8):8-10.
[104] 寇珏，孙体昌，Tao D，等．胺类捕收剂在磷矿脉石石英反浮选中的应用及机理[J]．化工矿物与加工，2010(5):12-16.
[105] 钟晋，郭永杰，杜令攀，等．云南风化胶磷矿浮选脱硅试验研究[J]．化工矿物与加工，2014(5):7-8.

[106] 刘晓烨．胺类阳离子捕收剂的生物降解性能研究[D]．武汉：武汉理工大学，2010.
[107] 刘鑫．一种阳离子捕收剂在胶磷矿反浮选中的应用研究[D]．武汉：武汉工程大学，2008.
[108] 朱鹏程．胺系列捕收剂的合成及组合使用研究[D]．武汉：武汉理工大学，2009.
[109] 黄齐茂，瞿定峰，陈德明，等．油酸酰胺型捕收剂的合成及浮选性能研究[C]//第六届世界磷矿加工大会．昆明，2011：22-24，37.
[110] 张文军，王鞍山，马志军，等．氨基酯类阳离子捕收剂对钾长石、石英浮选效果研究[J]．硅酸盐通报，2014(1)：181-185.
[111] 黄齐茂，邓成斌，潘志权，等．新型α-取代脂肪酸衍生物类磷矿浮选捕收剂（Ⅰ）[J]．武汉工程大学学报，2008(2)：15-17.
[112] 梁永忠，罗廉明，夏敬源，等．磷矿浮选碳酸盐抑制剂应用研究[J]．化工矿物与加工，2009(2)：1-2.
[113] 赵靖，刘丽芬，袁红霞．CD在某硅钙质胶磷矿选矿中的应用[J]．磷肥与复肥，2010，25(4)：27-28.
[114] 罗鸣坤，朱鹏程，王国栋．磁选含磷尾矿正浮选硅酸盐矿物抑制剂的选择[J]．云南化工，2015(2)：18-20.
[115] 丁宁，张仁忠，解田，等．新型捕收剂对某高硅磷矿浮选性能的研究[J]．化工矿物与加工，2013(3)：8-10.
[116] 刘安，刘丽芬，罗惠华，等．安徽宿松磷矿低温浮选研究[J]．武汉工程大学学报，2011(3)：26-28.
[117] 李广涛，谢贤，王志英．云南某磷矿浮选试验研究[J]．化工矿物与加工，2014(1)：4-6.
[118] 蒋祥飞，李军，金央，等．硅质磷矿的物化性质和浮选脱硅分离研究[J]．化工矿物与加工，2014(4)：1-5.
[119] 叶林，姜振胜，余俊，等．提高磷矿品位的单一反浮选试验[J]．武汉工程大学学报，2012，34(9)：22-25.
[120] 王永龙，张芹，周亮，等．油酸钠体系中微细粒胶磷矿的浮选行为[J]．金属矿山，2013(10)：72-75.
[121] 罗惠华，李成秀，陈慧，等．胶磷矿反浮选抑制剂PT-4与磷酸抑制性能对比研究[J]．化工矿物与加工，2013(3)：1-3.
[122] 傅克文，孙立田，时承东．大峪口胶磷矿正反浮选新工艺的试验研究及工业化应用[J]．化工矿物与加工，2013(12)：25-27.
[123] 黄维骏，张覃，叶军建，等．组合抑制剂对某中低品位钙镁质磷矿石反浮选的影响[J]．化工矿物与加工，2014(11)：1-4.
[124] 张国松．新型胶磷矿反浮选脱镁捕收剂研究[D]．武汉：武汉理工大学，2013.
[125] 杨远敏，姜小明，曾理，等．沙特某钙质磷矿浮选过程中消泡问题的研究[J]．化工矿物与加工，2011(11)：4-16.
[126] 曾李明．胶磷矿双反浮选工艺优化试验研究[D]．武汉：武汉理工大学，2013.
[127] 曾小波，葛英勇．胶磷矿阳离子反浮选泡沫行为调控研究[J]．化工矿物与加工，2008(1)：1-3.
[128] 白海丹．磷肥工业废气中氟资源的回收利用[J]．中国石油和化工经济分析，2012(7)：58-60.
[129] 唐安江，关星宇，韦德举．湿法处理磷矿石过程中生产高纯四氟化硅的方法：CN102001666A[P]．2011.
[130] 陈吉艳，杨瑞东，张杰．贵州织金含稀土磷矿床稀土元素赋存状态研究[J]．矿物学报，2010(1)：123-129.
[131] 陈吉艳，杨瑞东．贵州织金磷矿区表生作用下稀土地球化学特征[J]．贵州大学学报（自然科学版），2010(4)：29-32.
[132] 邹兰，姚芝茂，江梅．磷肥生产过程中伴生元素的回收与污染控制[C]//2014中国环境科学学会学术年会．成都，2014：7.
[133] 龙志奇，王良士，黄小卫，等．磷矿中微量稀土提取技术研究进展[J]．稀有金属，2009，33(3)：434-441.
[134] 杨松，金会心，王眉龙．从伴生稀土磷矿中回收稀土的研究进展[J]．湿法冶金，2015(2)：92-95.
[135] 雷学联．磷矿中碘的赋存状态及回收方法初探[J]．磷肥与复肥，2013(3)：58-60.
[136] 张承屏，李天祥，朱静，等．碘的回收方法及其在磷化工中的应用[J]．磷肥与复肥，2012(6)：7-10.
[137] 唐平宇，王素，田江涛．承德某低品位铁钛磷矿综合回收试验研究[J]．中国矿业，2012(10)：91-94.
[138] 王树林，黄志良，郭伟斌，等．宜昌胶磷矿伴生含钾页岩富集矿工艺矿物学研究[J]．中国矿业，2014(9)：125-128.
[139] 李博群，王存文，刘艺玮，等．宜昌磷钾矿的浮选工艺[J]．武汉工程大学学报，2015(4)：6-11.
[140] 刘艺玮．宜昌地区磷钾伴生矿及磷尾矿的矿物学研究及浮选工艺[D]．武汉：武汉工程大学，2014.
[141] 孔繁振．磷矿浮选尾矿煅烧铵盐法综合回收镁、磷试验研究[D]．贵阳：贵州大学，2008.
[142] 刘代俊，陈伟，徐程浩，等．磷资源加工研究进展：2．从高镁低品位磷矿中回收镁化学品[J]．磷肥与复肥，2008(6)：18-20.
[143] 王巧燕，唐安江，陈云亮，等．磷矿伴生氟、硅资源的综合利用[J]．磷肥与复肥，2014(2)：41-43.
[144] 杨涛．改良西门子法生产多晶硅工艺设计探讨[J]．贵州化工，2009(3)：7-11.
[145] 曾波，吴礼定．中低品位磷矿浮选尾矿制备磷镁肥的实验研究[J]．磷肥与复肥，2010(3)：12-14.
[146] 吴礼定，曾波，王生军．中低品位磷矿尾矿的综合利用研究进展[J]．云南化工，2008(6)：55-58.

[147] 何向文，刘丽芬，张朝旺．云南胶磷矿浮选生产废水处理及再利用研究[J]．非金属矿，2014，37(4):66-68.

[148] 李冬莲，秦芳，周新军．云南磷矿选矿回水研究（Ⅱ）——无机离子对安宁磷矿正浮选的影响[J]．化工矿物与加工，2013(2):9-12.

[149] 李晔，李柏林，蹇云，等．某磷矿浮选废水的处理与回用[J]．有色金属，2010，62(1):99-101.

[150] 杨丽芳．美国佛州磷矿重选废水絮凝脱水及底泥输送流变特性研究[D]．昆明：昆明理工大学，2008.

[151] 杨秉华．高铬辊子对辊破碎机在磷矿石加工中的应用[J]．硫磷设计与粉体工程，2014(3):35-37.

[152] 阿子华．水力旋流器在湿法磨矿中的运用[J]．云南化工，2012(3):79-81.

[153] 刘之能，曹亮，张跃军，等．KYF磷矿用浮选机研制[J]．有色金属（选矿部分），2011(增刊):220-222.

[154] 段于雷．新型浮选机叶轮参数的选择与研究[D]．淮南：安徽理工大学，2013.

[155] 周克良，邢真武，胡子健，等．KYF-50型矿浆浮选机液位控制系统的研究及应用[J]．矿山机械，2010(15):110-114.

[156] 沈政昌，刘惠林，刘承帅．国内外大型浮选机的应用与进展[C]//2010中国矿业科技大会．苏州：2010，8.

[157] 李国胜，刘炯天，邓丽君，等．管流矿化在新型浮选柱设计中的应用[J]．金属矿山，2009(9):128-131.

[158] 周慧．美国Florida细粒磷矿尾矿磷的回收试验研究[D]．沈阳：东北大学，2008.

[159] Rubio J，Matiolo E，de Paiva M. Recovery of phosphate ores in the modified three-product column（3PC）flotation cell[J]. Minerals Engineering，2015，72：121-128.

[160] Li G，Cao Y，Liu J T，et al. Cyclonic flotation column of siliceous phosphate ore[J]. International Journal of Mineral Processing，2012(110-111):6-11.

[161] Wang D，Liu J T，Cao Y，et al. Experimental study on separating middle-low grade phosphate rock by flotation column[J]. Zhongnan Daxue Xuebao（Ziran Kexue Ban）/Journal of Central South University（Science and Technology），2011，42(12):3650-3656.

[162] 王大鹏，刘炯天，刘江林，等．旋流-静态微泡浮选柱在胶磷矿浮选工艺中的应用[J]．武汉工程大学学报，2011(3):5-8.

[163] 张朝旺．柱槽联选在云南钙质胶磷矿选别中的工业应用[J]．化工矿物与加工，2013(7):34-35.

[164] 卿黎，梅毅，张宗华．FCSMC浮选柱对中低品位胶磷矿的半工业试验研究[J]．金属矿山，2009(1):172-173.

[165] 卿黎．胶磷矿柱浮选试验及理论研究[D]．昆明：昆明理工大学，2010.

[166] 刘萍，周佩，谭伟，等．机柱联合浮选设备在磷矿选矿中的应用[C]//中国化学会第28届学术年会．成都：2012，1.

[167] 张昌化．浮选柱在低磷高镁胶磷矿选别中的工业应用[J]．化工矿物与加工，2013(10):48-49.

[168] 马宏云，崔亮．重介质分选简化工艺在分选磷矿中的应用及研究[J]．煤炭技术，2008(9):133-135.

[169] 魏祥松，黄启生，李宇新．花果树磷矿重介质选矿研究与应用综述[J]．化工矿产地质，2010(3):186-188.

[170] 刘燕华．磷矿重介选领域磁选机的应用初探[J]．选煤技术，2007(6):48-50.

[171] 赵瑞敏，闫库．尾矿回收专用磁选机回收矾山磷矿尾矿中的磁性铁[J]．有色金属（选矿部分），2011(增刊):159-162.

[172] 牟利伟，刘燕华，李梅，等．磁选机在磷矿重介质选矿中的调试应用[J]．化工矿物与加工，2008(10):32-34.

[173] 秦虎，刘志红，黄宋魏．碎矿磨矿及浮选自动化发展趋势[J]．云南冶金，2010(3):13-16.

[174] 肖友华，熊贤林．磷矿棒磨分级控制系统设计及生产实践[J]．化工矿物与加工，2012(9):26-28.

[175] 丁亮．磨矿分级过程模糊神经网络控制的研究与应用[D]．昆明：昆明理工大学，2013.

[176] 熊贤林．沙特Al Jalamid磷矿选矿厂设备配置及工艺技术[J]．化工矿物与加工，2012(2):33-35.

[177] 曾云南．现代选矿过程粒度在线分析仪的研究进展[J]．有色设备，2008(2):5-9.

[178] 邢真武，杨均彬，王静美．用于矿物加工生产中的粒度检测技术之发展现状[J]．有色设备，2009(5):1-7.

[179] 苏明旭，薛明华，蔡小舒．锰矿矿浆颗粒粒度的超声测量方法研究[J]．中国粉体技术，2010(4):1-4.

[180] 薛明华，苏明旭，蔡小舒．超声法测量高浓度矿浆两相流粒径分布和浓度[J]．工程热物理学报，2010(9):1520-1523.

[181] 李龙江，张覃．难选矿石多路模糊自动恒温控制系统的开发与实现[J]．化工矿物与加工，2011(1):20-24.

第 23 章　铬矿石选矿

世界铬铁矿资源很丰富，而我国却十分匮乏，未来全球铬铁矿的生产与消费之间将维持供求平衡。近 10 年的相关研究文献表明，目前铬铁矿选矿研究及生产实践中所采用的工艺仍以分级-重选为主，其次是重选-磁选联合工艺；并对低品位铬铁矿石的利用及尾矿、铬渣的综合利用开展了大量的试验研究工作。细粒或超细粒铬铁矿回收技术及设备的研发与应用，低品位铬铁矿石磁、重、浮联合工艺流程的开发与应用，尾矿及冶金渣有价成分的回收利用等，将是铬矿选矿的主要发展趋势。

23.1　铬矿资源简况

23.1.1　世界和中国铬矿资源分布

铬（Cr）是构成地壳岩石的元素之一，自然界中没有游离的铬。铬在地壳中的含量为 0.035%，超过了铜、镍、钴、锌等金属。铬具有亲氧性和亲铁性，并且亲氧性较强，只有在还原环境和硫的逸度较高的情况下才显示亲硫性。六次酸位的 Cr^{3+} 与 Al^{3+}、Fe^{3+} 的离子半径相近，故它们之间可以呈广泛的类质同象。此外，可与铬发生类质同象替代的元素还有锰、镁、镍、钴、锌等。

在已发现的近 30 种含铬矿物中，具有工业开采价值的为铬尖晶石类矿物，其化学通式为 $(Fe,Mg)O(Cr,Al,Fe)_2O_3$，包括 Cr_2O_3、Al_2O_3、Fe_2O_3、FeO、MgO 等 5 种基本成分，常见的有镁铬铁矿（$(Mg,Fe)Cr_2O_4$）、铝铬铁矿（$(Mg,Fe)(Cr,Al)_2O_4$）、富铬尖晶石（$Fe(Cr,Al)_2O_4$），铬铁矿（$FeCr_2O_4$）等，其中铬铁矿是铬最主要的矿物原料。铬铁矿的化学式为 $FeCr_2O_4$，等轴晶系，晶体呈细小的八面体，通常以颗粒和致密块状集合体存在，颜色发黑，条痕褐色，半金属光泽，硬度为 5.5，密度为 4.2 ~ 4.8g/cm^3，具有弱磁性。

全球已探明的铬资源总体上较为丰富。世界铬矿分布于五大洲 40 多个国家，资源总量超过 120 亿吨，足以满足世界可预见的未来需求。据美国地质调查局估算[1]，2014 年世界铬铁矿探明储量（商品级矿石）为 4.8 亿吨以上。世界上铬铁矿资源丰富的国家主要有南非、哈萨克斯坦、印度、土耳其、巴西、津巴布韦等（见表 23-1）。南非、哈萨克斯坦和印度是世界上三个铬铁矿资源最丰富的国家，其铬铁矿资源量约占世界铬铁矿探明资源的 98%。

表 23-1　2014 年世界铬铁矿储量（商品级矿石）

国家或地区	储量/万吨	国家或地区	储量/万吨
哈萨克斯坦	23000.0	阿尔巴尼亚	—
南　非	20000.0	土耳其	—
印　度	5400.0	津巴布韦	—
美　国	62.0	其他国家	—
巴　西	—	世界总计	>48000

据国际铬发展协会（International Chromium Development Association）资料，南非是世界上铬铁矿资源最丰富的国家，资源量达 55 亿吨。津巴布韦也是一个铬铁矿资源丰富的国家，资源量为 10 亿吨，铬铁矿矿床既呈层状产出，也呈透镜状产出。哈萨克斯坦铬铁矿资源量为 3.2 亿吨，主要为产在乌拉尔山区的透镜状铬铁矿矿床。印度铬铁矿资源量为 6700 万吨，主要产在奥里萨邦东海岸的透镜状铬铁矿矿床。芬兰铬铁矿资源量为 1.2 亿吨，主要产自芬兰北部的 Kemi 附近的透镜状铬铁矿矿床。巴西铬铁矿资源量为 1700 万吨，主要产自巴伊亚州和米纳斯吉拉斯州。俄罗斯铬铁矿资源主要分布在乌拉尔山地区。其他国家包括阿曼、伊朗、土耳其、阿尔巴尼亚等也有一些铬铁矿资源，资源量约为 5 亿吨[2]。美国的铬铁矿

资源主要分布在蒙大拿州斯蒂尔沃特杂岩体中[1]。

我国的铬铁矿资源不但十分匮乏，而且矿石质量较差，属于贫铬资源国家。据中国国土资源部统计的资料，2005～2014 年我国铬铁矿查明资源储量情况见表 23-2。近十年来我国铬铁矿查明资源储量总体的趋势是增加的，但储量和基础储量却逐渐减少，近 4 年来储量和基础储量基本趋于稳定。国外铬铁矿矿床主要以岩浆早期（分凝）矿床为主，易形成延伸稳定、规模巨大的矿体，而我国则几乎全部为岩浆晚期矿床，形成的矿体形态复杂、分散、规模小，主要集中在西藏、新疆、甘肃、内蒙古 4 个省（区）内，这 4 个省（区）的保有储量占到了全国总保有储量的 80% 以上。我国铬铁矿资源富矿与贫矿的比例大约为 3∶7，除极少数矿床 Cr_2O_3 含量达到 40%、铬铁比大于 2.5 之外，多数矿床 Cr_2O_3 含量及铬铁比均很低，矿石产量和质量远远满足不了国内的需要[3]。

表 23-2　中国铬铁矿查明资源储量统计　（万吨）

年　份	矿区数/个	储　量	基础储量	资源量	查明资源储量
2005	57	211.0	521.0	458.0	979.0
2006	59	217.95	521.44	489.38	1010.82
2007	64	205.95	582.22	500.61	1082.83
2008	66	198.02	527.08	601.30	1178.38
2009	67	122.4	522.5	628.5	1151.0
2010	62	110.33	442.09	672.30	1114.4
2011	64	108.9	413.3	747.8	1161.1
2012	64	107.56	405.01	744.86	1149.87
2013	63	107.56	401.47	740.48	1141.95
2014	63	105.19	419.75	742.24	1161.99

23.1.2　铬矿资源的生产和消费

23.1.2.1　*世界及中国的铬铁矿产量*

据世界金属统计局（World Bureau of Metal Statistics）的资料，近 5 年世界主要国家铬铁矿产量见表 23-3。全球铬铁矿产量在 2013 年达到顶峰之后，有所下降，2014 年世界铬铁矿矿石产量为 2867.9 万吨，比 2013 年下降 3.7%。世界共有近 20 个国家生产铬铁矿，主要铬铁矿生产国包括：南非、哈萨克斯坦、印度、土耳其、芬兰、阿尔巴尼亚、俄罗斯、伊朗、阿曼、巴西、津巴布韦、巴基斯坦、马达加斯加和澳大利亚等。其中，南非、哈萨克斯坦、印度、土耳其和芬兰五国的铬铁矿产量合计为 2494.4 万吨，占世界铬铁矿总产量的 87.0%，世界铬铁矿的生产非常集中。在 2014 年世界铬铁矿产量中，南非占世界铬铁矿产量的 48.9%，哈萨克斯坦占 18.9%，印度占 9.1%，土耳其占 6.6%，芬兰占 3.5%，其他包括阿尔巴尼亚、俄罗斯、伊朗、阿曼、巴西、津巴布韦、巴基斯坦、马达加斯加和澳大利亚 9 国合计 362.7 万吨，占 12.6%，其他国家仅占 0.4%。在全球铬铁矿生产格局变化上，土耳其已经成为全球重要的铬铁矿生产国，而津巴布韦铬铁矿生产在全球的地位大大下降了，南非、哈萨克斯坦、印度和芬兰四个国家一直是全球最重要的铬铁矿生产国。

表 23-3　世界主要国家铬铁矿产量　（万吨）

国家或地区	2010 年	2011 年	2012 年	2013 年	2014 年
南　非	1082.0	1076.2	1131.0	1364.5	1403.1
哈萨克斯坦	509.2	505.9	393.4	525.5	541.0
印　度	397.8	378.3	329.7	260.3	260.3
土耳其	260.0	228.2	329.5	330.0	190.0
芬　兰	59.8	69.3	45.2	95.0	100.0
阿尔巴尼亚	42.8	42.5	42.7	53.0	68.4
俄罗斯	40.0	40.0	40.0	55.0	55.0
伊　朗	35.0	33.0	44.8	42.8	49.4
阿曼	86.5	63.4	40.0	68.7	48.9

续表 23-3

国家或地区	2010 年	2011 年	2012 年	2013 年	2014 年
巴　西	50.2	54.3	47.3	44.5	45.6
津巴布韦	51.7	60.0	41.0	35.5	45.6
巴基斯坦	51.1	44.0	47.2	48.2	33.9
马达加斯加	13.5	6.7	11.2	11.8	11.4
澳大利亚	18.1	32.4	45.2	35.5	4.5
世界总计	2715.0	2651.5	2594.4	2978.7	2867.9

据中国国土资源部统计的资料，2005～2014 年我国铬铁矿产量见表 23-4。近 10 年来，我国铬铁矿绝对产量基本上没有大的变化，2010 年以来一直维持在 20 万吨/年左右的水平上。我国的铬铁矿资源长期处于供不应求的状况，供需矛盾只有依靠进口解决。

表 23-4　近 10 年来我国铬铁矿产量

年　份	2005	2006	2007	2008	2009	2010	2011	2012	2013	2014
产量/万吨	14	14.8	15.3	16.7	17.5	20	22	20	20	20

23.1.2.2　世界及我国的铬铁矿消费情况

铬广泛用于冶金、化学、耐火材料和铸造工业。铬铁矿最大的消费领域是生产铬铁合金，而铬铁合金主要用于生产不锈钢，不锈钢平均含铬 10.5%。因此，铬铁矿消费量很大程度上取决于不锈钢产量。目前，世界铬消费的 90% 以上用于不锈钢的生产，世界各国不锈钢的产量基本上反映其铬的消费量。

从目前世界铬业的发展趋势看，独立矿山企业铬铁矿的生产在不断下降，而联合矿山企业铬铁矿的生产在不断增长。换句话说，铬铁矿矿山趋向于由铬铁矿耐火材料、铬化学品和铬铁合金生产企业拥有所有权或经营权。这种趋势与铬铁合金的生产能力由不锈钢生产国转移到铬铁矿生产国有关。有很多历史上生产铬铁合金的国家其铬铁合金生产厂已经关闭，它们通常一直是不锈钢生产国，新的铬铁合金生产能力主要建在生产铬铁矿的国家和地区。自 20 世纪 60 年代以来，随着钢铁工业炼钢工艺的改进，铬铁合金的生产从低碳铬铁合金向高碳铬铁合金转移。随着多年来的铬铁合金生产，铬铁合金炉渣堆存大幅增长。最新开发的工艺可以从这些炉渣中回收铬铁合金，该工艺已经或正在安装到现有的铬铁合金生产厂中。在南非这个世界上最重要的铬铁矿和铬铁合金生产国，正在发生三种趋势：在布什维尔德杂岩体的西带建设铬铁合金生产厂；铬铁合金生产厂正在与铬铁矿矿山一起建设；已经开发的铬铁合金生产工艺已经适应从铂族金属矿山回收的铬铁矿副产品。

据世界金属统计局（World Bureau of Metal Statistics）的资料，近 5 年世界主要国家不锈钢产量见表 23-5。世界不锈钢产量已经连续五年增长，2014 年世界不锈钢产量为 4089.3 万吨，首次突破 4000 万吨大关，比 2013 年增长 7.1%。从世界主要国家不锈钢的生产情况看，我国仍然是世界上最大的不锈钢生产国，2014 年我国不锈钢产量约为 2169.2 万吨，首次突破 2000 万吨大关，占当年世界不锈钢产量的 53.0%，超过了全球不锈钢产量的一半；其次是日本，2014 年不锈钢产量 332.9 万吨，占当年世界不锈钢产量的 8.1%；韩国居世界第三位，2014 年不锈钢产量 238.4 万吨，占 5.8%；美国居第四位，不锈钢产量 193.2 万吨，占 4.7%；印度居第五，不锈钢产量 160.9 万吨，占 3.9%。世界其他主要不锈钢生产国家和地区还有中国台湾、意大利、比利时、芬兰、西班牙、德国、瑞典、巴西、南非、法国、英国和俄罗斯等。

表 23-5　世界主要国家或地区不锈钢产量　（万吨）

国家或地区	2010 年	2011 年	2012 年	2013 年	2014 年
中　国	1125.6	1409.1	1608.7	1898.4	2169.2
日　本	351.1	325.7	313.2	317.5	332.9
韩　国	227.9	225.6	242.8	241.7	238.4
美　国	220.1	207.4	197.7	193.2	193.2
印　度	217.2	205.3	193	169.7	160.9
中国台湾	150	120.3	150	150	150
意大利	158.7	160.2	169.6	155.6	144.8

续表 23-5

国家或地区	2010 年	2011 年	2012 年	2013 年	2014 年
比利时	130.6	124.1	124.1	133.2	138.8
芬　兰	99.8	100.3	107.8	108.8	121.6
西班牙	84.4	80.7	84.4	85.5	94.5
德　国	150.9	150.2	131.3	109.1	86.3
瑞　典	54.6	58.7	51	50.1	54.1
巴　西	41	41.3	39.1	52.1	45.6
南　非	47.8	44.4	50.4	44.4	42.6
法　国	27.6	30	28.5	30	32.3
英　国	27.9	33	29.4	25.7	29.5
俄罗斯	7.8	12.5	12.6	12.6	12.6
世界总计	3155.6	3367.2	3572.7	3817.4	4089.3

23.1.2.3　铬精矿和金属进出口情况及趋势

由于开采铬铁矿的国家倾向于生产铬铁合金，目前世界铬铁矿矿石的国际贸易只占世界铬铁矿产量的一小部分。世界铬铁矿主要出口国为南非、哈萨克斯坦、印度、土耳其、巴基斯坦、芬兰、澳大利亚、伊朗、阿尔巴尼亚、津巴布韦、阿曼和巴西等；主要进口国为中国、日本、韩国、美国、西欧国家等。世界铬铁合金主要出口国为南非、哈萨克斯坦；世界主要铬铁合金进口国家或地区为西欧、日本、美国、中国等。

据美国地质调查局数据，2014 年美国进口铬铁矿 16.9 万吨，铬铁合金 65.6 万吨，铬金属 1.74 万吨；出口不锈钢 80.3 万吨，进口不锈钢 72.9 万吨。南非、哈萨克斯坦、俄罗斯、印度、津巴布韦、瑞典、土耳其、阿尔巴尼亚等国是美国铬铁矿、铬铁合金的主要进口来源。美国进口铬铁矿的数量变化不大，但进口铬铁合金的数量有所增加。

从我国铬铁矿资源的前景看，未来我国铬铁矿地质勘查取得重大突破比较困难，铬铁矿产量也难以大幅增长，因此今后我国铬铁矿消费绝大部分依赖进口的局面将长期存在，对外依存度已达 95% 以上。据中华人民共和国海关统计资料，我国近 5 年铬铁矿砂进口量见表 23-6。

表 23-6　我国近 5 年铬铁矿砂进口量

年　　份	2010	2011	2012	2013	2014
进口量/万吨	866.6	944.3	929.4	1209.2	938.7

2014 年我国铬铁矿进口量 938.7 万吨，比 2013 年的 1209.2 万吨下降 22.4%，我国铬铁矿进口量在 2013 年突破千万吨大关后，又大幅下降。我国铬铁矿进口来源主要是南非（575.7 万吨）、土耳其（127.6 万吨）、阿尔巴尼亚（55.4 万吨）、伊朗（49.4 万吨）、阿曼（48.9 万吨）、巴基斯坦（33.9 万吨）、马达加斯加（11.3 万吨）、哈萨克斯坦（7.7 万吨）、菲律宾（6.7 万吨）和印度（6.3 万吨）等，10 个国家合计 922.8 万吨，占我国铬铁矿进口总量的 98.3%。我国是世界上最大的铬铁矿进口国，2014 年我国还进口了 206.0 万吨铬铁合金和硅铬铁合金。

23.1.2.4　铬精矿和金属价格及趋势

据中华人民共和国海关统计资料，2014 年我国进口铬铁矿平均到岸价为 195.2 美元/吨，比 2013 年的 197.7 美元/吨略有下降，2012 年 218.9 美元/吨，2011 年 282.1 美元/吨，2010 年 277 美元/吨，2009 年 194.0 美元/吨，2008 年 396.7 美元/吨，2008 年是我国进口铬铁矿价格最高的年份。国际市场铬铁矿的价格变化非常大，2008 年最高年份的进口铬铁矿价格与 2009 年最低年份的进口铬铁矿价格相比差了 202.7 美元/吨，几乎相差一倍。目前国际市场铬铁矿的价格大致稳定在 200 美元/吨的水平上。

据美国地质调查局数据，2014 年美国高碳铬铁合金价格为 1075.6 美元/吨，中碳铬铁合金价格为 1006.6 美元/吨，低碳铬铁合金价格为 2579.3 美元/吨。与 2013 年相比，高碳铬铁合金价格提高了 7.3%，而中碳铬铁合金价格增长了 56.5%，低碳铬铁合金价格提高了 7.5%。

23.2　铬矿选矿理论及基础研究进展

近十年来，关于铬矿选矿基础理论方面的研究成果不多。

针对微细粒铬铁矿采用常规选矿方法分选效率低的难题，段旭光等人对铬铁矿的优先絮凝分离进行了研究[4]。结果表明：淀粉对铬铁矿具有特殊的亲和力，而对蛇纹石亲和力很弱；当 pH 值为 11 时，铬铁矿能够被淀粉絮凝，而蛇纹石则处于分散状态；铬铁矿能够与蛇纹石形成异质凝结，尤其是高比例的蛇纹石存在时，两者将无法分开；铬铁矿从人工混合矿中优先絮凝的前提是蛇纹石含量较低，且分散剂（硅酸钠）和超声波技术对优先絮凝具有促进作用。

印度 S. K. Tripathy 等人采用反应曲面法（RSM）等数学方法建立了螺旋选矿机对超细粒铬铁矿分选过程的数学模型[5]。重点考察了给矿速度、给矿浓度和挡板距离三个因素对精矿指标的影响，研究发现挡板距离对螺旋选矿机分选指标影响最大。同时，建立了这三个影响因素与精矿品位或精矿回收率之间的数学关系，由此可求出最高精矿品位或精矿回收率以及相应条件下各影响因素的数值。

印度 Panda L 等人对超细粒铬铁矿选择性絮凝分选工艺参数进行了建模与优化研究[6]，以人工合成的高品位铬铁矿与高岭土混合物作为试验样品，以降解小麦淀粉作为絮凝剂，应用正交试验设计方法，研究了絮凝剂用量、分散剂用量及 pH 值对选择性絮凝分选效果的影响，认为 pH 值与絮凝剂用量对选择性絮凝分选具有较大影响。在此基础上，通过优化工艺参数获得了 Cr_2O_3 品位 41.86%、回收率 69.73% 的精矿，同时建立了这两个影响因素与精矿品位之间的数学模型（三维响应面图）。

23.3 铬矿选矿技术进展

23.3.1 选别工艺技术

近十年来，对铬矿选矿工艺的研究主要集中在单一重选、单一磁选以及重磁联合流程，而浮选工艺的研究成果鲜有报道。

23.3.1.1 重选工艺

胡义明等人[7]在重液分离和强磁选探索试验的基础上，采用重选方案对某 Cr_2O_3 含量 14% 左右的低品位铬矿石进行了多个流程的选矿试验。结果表明：将原矿磨至 −0.076mm 占 50% 后分成 +0.076mm 和 −0.076mm 两个粒级进行摇床重选，可获得精矿 Cr_2O_3 品位为 45.64%、Cr_2O_3 回收率为 67.99% 的较好指标。

张成强等人[8]以苏丹某铬铁矿为研究对象，在工艺矿物学研究的基础上，进行了单一强磁选、螺旋溜槽抛尾—摇床精选以及强磁选抛尾—摇床精选流程的对比试验。结果表明：三种工艺流程最终精矿品位和回收率指标有一定的差异。强磁选抛尾—摇床精选流程精矿品位明显高于其他流程，但回收率相对较低；螺旋溜槽抛尾—摇床精选和单一强磁选流程可获得指标接近的较高品位和较高回收率的铬精矿。从流程来看，螺旋溜槽和强磁选抛尾流程可预先抛除部分尾矿，为下一步的摇床分选作业创造有利条件，同时可大幅减少摇床台数，抛尾设备运行可靠，处理量大，可考虑使用。单一强磁选是最简单的工艺流程，其所用设备处理量大，仅需很少的台数就可完成大量摇床的工作量，而且操作简单，运行可靠，指标稳定，管理方便，但缺点是设备价格昂贵，单台设备能耗大，精矿品位稍低。综合考虑，由于当地经济欠发达，电力缺乏，采用螺旋溜槽抛尾—摇床精选工艺较为适宜，当原矿 Cr_2O_3 品位为 30.21% 时，可获得 Cr_2O_3 品位为 48.73%、回收率为 86.90% 的铬精矿。

印度尼西亚某海滨砂矿中主要有用矿物为铬铁矿，其次为磁铁矿。铬铁矿和磁铁矿存在大量孔洞和裂隙，其中充填大量脉石矿物。几乎全部的铬铁矿或磁铁矿颗粒均包裹脉石矿物，铬铁矿颗粒平均含铬铁矿为 75% ~85%，含脉石矿物为 15% ~25%；磁铁矿颗粒平均含磁铁矿为 85% ~90%，含脉石矿物为 10% ~15%。扫描电镜能谱分析结果显示：铬铁矿中的铁和铬的平均含量分别为 16.58% 和 27.64%，与理论值的 24.96% 和 46.46% 差距较大。陈新林对该矿分别进行了原矿直接摇床或螺旋溜槽重选、重选精矿弱磁—强磁选、重选精矿再磨后采用摇床或弱磁再选的对比试验[9]。结果表明：对重选粗精矿无论是进行重选或磁选精选还是进行再磨再选，均不能明显提高 Cr_2O_3 品位，这与该矿矿物嵌布特征的特殊性导致有用矿物难以单体解离的性质相吻合，故推荐原矿不经磨矿直接采用螺旋溜槽重选的方案。当原矿 Cr_2O_3 品位为 37.45% 时，可获 Cr_2O_3 品位 41.47%、回收率 90.80% 的精矿。

李文军等人[10]对菲律宾某铬矿进行研究后发现：该矿石中铬矿物均以铬尖晶石的形式存在，因此比磁化系数较低，磁选效果较差；摇床的抛尾效果优于螺旋溜槽，摇床中矿再选可有效改善选别指标。采用一段磨矿、摇床粗选、粗选中矿摇床再选、粗选精矿和再选精矿合并为最终精矿的流程进行扩大连选试验，试验指标为：原矿 Cr_2O_3 品位为23.47%，精矿产率为57.19%，精矿 Cr_2O_3 品位为37.46%、回收率为88.78%。

土耳其 T. Cicek 等人开发了一种低品位铬铁矿高效选矿工艺，即磨矿—粗细分别重选—中矿再磨再选工艺[11]。针对 Cr_2O_3 品位9.3%低品位铬铁矿矿石，原矿破碎磨矿至 -1mm 后进行分级入选。将 Cr_2O_3 品位为7.97%的 +0.1mm 粒级采用摇床选别，可以获得品位45.03% ~40.30%的合格精矿，但是作业回收率仅有17.70% ~33.00%。将摇床中矿磨至 -0.1mm，与原矿中 -0.1mm 粒级合并（品位为18.80%）后采用多重力场选矿机（MGS）选别，可获得精矿 Cr_2O_3 品位50.40%、作业回收率84.70%、尾矿品位4.20%的良好指标。可见，多重力场选矿机是分选细粒级铬铁矿的理想设备。采用该工艺获得的综合选矿指标：精矿 Cr_2O_3 品位46.22%，回收率66.1%。

印度 Singh R K 等人对 Cr_2O_3 品位小于30%低品位铬铁矿石开展了旨在提高其利用潜力的研究[12]。试样中含橄榄石、蛇纹石及温石棉等脉石矿物，在铬铁矿的晶格中含有氧化铝、氧化镁及 FeO，关键矿物评价结果预示精矿 Cr_2O_3 品位可以达到39% ~43%。重选试验结果表明：粗粒级（0.9 ~0.3mm）经螺旋选矿机分选，可获得 Cr_2O_3 品位40.5%的精矿；细粒级（-0.3mm）经摇床分选，可获得 Cr_2O_3 品位41.6%的精矿；两种精矿的综合精矿的 Cr_2O_3 品位为41.2%，铬铁比为2.27。由于中矿的铬铁矿含量仍较高，推荐并入精矿加以利用。从粗粒尾矿中进一步回收铬铁矿还有潜力。

23.3.1.2　*磁选工艺*

邓传宏等人[13]对某高铁铬铁矿进行了先采用弱磁选回收磁铁矿，再用强磁选回收铬铁矿的研究。结果表明：磁场强度是影响选别指标的主要因素。原矿 Cr_2O_3 品位为31.23%，TFe 品位为28.81%，经弱磁选（磁感应强度为0.12T）选别，可获 TFe 品位55.89%、回收率58.71%的铁精矿；再对弱磁选尾矿进行强磁选（磁感应强度为0.9T），可获 Cr_2O_3 品位41.43%、回收率79.31%的铬精矿，实现了铬铁矿与磁铁矿的综合利用。

阿尔巴尼亚库克斯铬铁矿为超基性岩型铬铁矿，原矿中 Cr_2O_3 占35.38%，FeO 占8.55%，铬铁比为4.14。主要金属矿物为铬铁矿及微量黄铁矿，主要脉石矿物为橄榄石、蛇纹石、绿泥石以及微量辉石等。矿石结构构造简单、颗粒较粗，铬铁矿的粒度全部在0.1mm 以上，矿物的可解离性比较好、较易选。高发祥通过摇床重选、摇床—强磁选、强磁选流程的对比试验发现，湿式强磁选比摇床重选指标更优。最终采用湿式强磁选一次粗选、一次扫选矿工艺，可获精矿 Cr_2O_3 品位47.61%、Cr_2O_3 回收率96.26%的良好指标，且湿式强磁选工艺占地面积小、设备处理量大、运行平稳可靠[14]。

23.3.1.3　*重选—磁选联合工艺*

雷力等人[15]以四川大槽低品位含铬矿石（Cr_2O_3 平均含量为8.57%）为研究对象，进行了单一螺旋溜槽、单一摇床、强磁—摇床—中矿再磨—摇床、强磁—摇床—中矿再磨—强磁—摇床四种选矿工艺流程的对比试验研究。结果表明：采用强磁—摇床—中矿再磨—强磁—摇床选矿工艺流程处理该矿较为合理，可获得 Cr_2O_3 品位40.75%、回收率78.53%的铬精矿，且占地面积小、生产成本低。

李亮[16]对菲律宾某低品位难选高铁坡积铬铁矿砂矿进行了选矿工艺研究。该矿石品位较低，Cr_2O_3 含量仅有4.93%，且泥化严重，其中 -0.019mm 含量高达69.73%。在进行了槽式洗矿、脱泥分级、强磁选、重选等大量试验研究之后，认为采用洗矿脱泥、粗细分选—螺旋溜槽—摇床—弱磁选除铁的工艺流程处理该矿石较为合理。该流程可获得产率3.76%、Cr_2O_3 品位44.15%、Cr_2O_3 回收率34.23%、铬铁比1.69的铬精矿。该流程具有如下优点：(1) 洗矿溢流产品采用旋流器脱除细粒矿泥，不仅降低了后续重选处理量，还减小了矿泥对重选作业的影响；(2) 对洗矿沉砂采用孔径为1mm 的振动筛隔除影响重选作业的粗颗粒废石后，筛下即可无需磨矿而直接入选，从而大幅降低选矿成本。

董事[17]对国外某低品位铬矿石进行了单一重选、磁重联合的选矿工艺研究。原矿中 Cr_2O_3 品位为14.02%，Cr_2O_3 主要赋存在（铝）铬铁矿中，分布率为94.39%；主要金属矿物为（铝）铬铁矿，其次为磁铁矿及微量赤铁矿；主要脉石矿物为橄榄石、蛇纹石，其他脉石矿物较少。试验表明，采用摇床或螺旋溜槽的单一重选工艺，回收率都不太理想。考虑到原矿中含有部分强磁性的磁铁矿，故又研究了弱磁—强磁—弱磁精矿再磨—摇床重选—强磁精矿分级—摇床重选工艺。结果表明：采用该工艺流程可获得精矿 Cr_2O_3 品位45.12%、回收率65.08%的良好指标。

23.3.2　尾矿及冶金渣有价成分的回收利用

23.3.2.1　*尾矿有价成分的回收利用*

土耳其 N. Aslan 等人在对铬铁矿选矿厂的尾矿分选试验中，采用了多重力场分选机（MGS）与干式强磁感应辊式磁选机（HIRMS）的联合分选技术[18]。针对 Cr_2O_3 品位20.7%的选矿厂强磁选尾矿，第一阶段分选采用 MGS 获得 Cr_2O_3 品位32.6%、回收率89.6%的粗精矿；第二阶段采用 HIRMS 对粗精矿进一步精选，最终获得 Cr_2O_3 品位42.9%的商品级铬铁矿精矿，综合回收率为73.5%。

印度 S. K. Tripathy 等人研究了采用威尔弗莱型摇床从尾矿中回收铬铁矿的选别过程[19]。试验矿样 Cr_2O_3 品位为24.26%，其中 -0.025mm 粒级的 Cr_2O_3 分布率达30%以上，但矿样含铁较高，铬铁比只有0.7左右。根据试验数据建立了精矿指标（品位、回收率）与工艺参数（床面倾角、横向水流量、给矿浓度）之间的经验模型，并对该模型进行了最优化分析。分析表明：影响精矿品位与回收率的主要因素是床面倾角的大小。由模型可以预测，要想获得满意的选别指标（Cr_2O_3 品位大于45%，Cr_2O_3 回收率大于40%），应当加大横向水量，并减小床面倾角及给矿浓度。该结论通过试验证实是正确的。

印度 S. K. Tripathy 等人研究了多重力场选矿机（MGS）分选超细粒铬铁矿时工艺参数对分选指标的影响[20]。试验矿样为铬铁矿选矿厂的尾矿，Cr_2O_3 品位为21.06%，铁含量较高为23.02%，-25μm 粒级产率高达57%，该粒级 Cr_2O_3 及铁的分布率分别高达45%和70%以上。研究表明：正弦振动的振幅及冲洗水量主要影响精矿品位，而转鼓倾角和转鼓转速主要影响精矿回收率。采用 MGS 可以从 Cr_2O_3 品位21.06%的选矿厂尾矿中获得 Cr_2O_3 品位45.69%、Cr_2O_3 回收率56.41%的精矿。

土耳其 S. Ozgen[21] 针对某铬铁矿尾矿中的 Cr_2O_3 品位在粗细粒级分布不匀且细粒级品位明显高于粗粒级的情况，将多重力场选矿机（MGS）和水力旋流器进行组合以回收其中的铬铁矿。试验矿样的粒度为 -0.5mm，Cr_2O_3 品位为14.79%，其中 -0.038mm 粒级的 Cr_2O_3 分布率高达75%以上。原料首先经水力旋流器分级，沉砂产品由于 Cr_2O_3 品位较低可直接作为尾矿，溢流产品采用多重力场选矿机分选，可以获得 Cr_2O_3 品位30.52%～43.75%的铬精矿，回收率为80.25%～72.12%。该工艺流程简单、实用，值得在同类矿山推广应用。

23.3.2.2　*铬渣有价成分的回收利用*

铬渣是在铬铁矿生产金属铬和重铬酸钠的过程中加入纯碱、石灰石、白云石进行高温氧化焙烧后用水浸出铬酸钠后排放的残渣，呈强碱性（pH 值为10～13）。我国铬渣年排放量约60万吨，积存量已超过600万吨。铬渣中主要含有未反应的铬铁矿、高温焙烧生成的游离氧化镁、硅酸二钙和铁铝酸钙，其次含有铝酸钙、铁酸二钙与铁铝酸钙形成的固溶体，以及少量的无定形物（玻璃）和碳酸钙等。铬渣所含的Cr(Ⅵ)有强氧化性，是国际公认的3种致癌金属之一，对人体健康危害很大。目前，国内外处理处置铬渣的基本思路都是先用湿法或干法解毒，将铬渣中的Cr(Ⅵ)还原成Cr(Ⅲ)，并使Cr(Ⅲ)与铬渣固定，解毒后的铬渣可以集中堆放或作水泥矿化剂、玻璃着色剂和建筑材料等。铬渣彻底解毒，最理想的方法就是将铬渣中能浸出进入环境的Cr(Ⅵ)完全分离出来，以含铬产品的形式进行综合回收，从而达到铬渣彻底解毒和综合回收的目的[22,23]。

A　*湿法分离回收法*

湿法分离回收法（浸取回收法）是将铬渣中的铬转换到液相中再进行回收。该法包含铬渣中Cr(Ⅵ)的浸取和浸取液中Cr(Ⅵ)的回收两个阶段。

铬渣中Cr(Ⅵ)的浸出，是湿法回收铬渣中铬的关键所在，渣中水溶态和酸溶态Cr(Ⅵ)的浸出程度是铬渣解毒效果的重要评判依据。主要的浸出方法有氧化浸取法、酸浸法、盐浸法等。

J. M. Tinjum 等人的研究表明[24]：铬渣中铬的浸出受 pH 值的变化影响显著，中和铬渣的强碱性至中性将耗费大量的酸液。通过对比硫酸和硝酸两种浸出剂，发现硫酸表现出更好的浸出效果，其达到浸出平衡时所用的酸量更少，时间更短，尤其是使用硫酸浸出得到Cr(Ⅵ)的量几乎是使用硝酸时的两倍，同时，浸出的Cr(Ⅵ)浓度在 pH 值为7.6～8.1的窄范围内达到最大。

陈振林[25]和戴昊波[26]等人将 CO_2 鼓入水中对铬渣进行酸浸的研究表明，将 pH 值调节到中性范围，Cr(Ⅵ)的浸出率和浸出效率要明显大于水浸法，而与盐酸浸取相比，Cr(Ⅵ)的浸出浓度略有下降，但能生成碳酸钙沉淀，有效地降低了浸出液中钙离子浓度。虽然该法对酸溶态的 Cr(Ⅵ)浸出效果并不理想，但解毒后残渣中酸溶态的 Cr(Ⅵ)含量仍可降至0.7%以下，而且工业生产上存在大量 CO_2 废气，因此能够达到降低酸成本、以废治废的目的，具有一定的应用前景。此外，SO_2 废气的水溶液也呈酸性，且具有还原性，将其鼓入水中对铬渣进行浸取解毒的研究同样值得探索。

基于离子交换原理，利用盐溶液浸出铬渣中的 Cr(Ⅵ)称为盐浸法。王兴润等人[27]将不同的无机钠盐溶液对渣中 Cr(Ⅵ)的浸出率作了对比研究。结果表明：用 NaCl、NaOH、Na_3PO_4 以及 $NaNO_3$ 盐溶液浸取，效果与水浸法没有明显差别，而用 Na_2SO_4 溶液，尤其是用 Na_2CO_3 溶液对 Cr(Ⅵ)的浸出有显著促进作用；但 Cr(Ⅵ)的浸出率依然不高，浸出后的残渣解毒效果并不理想。林晓等人[28]在此基础上对盐浸法进行了改进，对比研究了 NaAc/HAc 和 NaOH/HAc 盐溶体系以及 NaAc/HAc 和 $KH_2PO_4/Na_2B_4O_7$ 盐溶体系中 Cr(Ⅵ)的浸出效果，研究表明：混合盐溶体系的浸出效果良好且明显优于同等条件下的水浸法，其中 NaAc/HAc 盐溶体系浸出效果更好。

回收铬渣浸取液中铬的方法有微生物法、电化学还原法、还原沉淀法和氧化沉淀法等，其中，电化学还原法和还原沉淀法由于成本高、制备的含铬产品纯度低而不具备工业应用价值。

微生物法是指在适当条件下通过驯化、筛选、诱变、基因重组等技术得到可还原 Cr(Ⅵ)的微生物，利用微生物自身的生长代谢活动将 Cr(Ⅵ)还原成 Cr(Ⅲ)。柴立元等人[29]从铬渣堆场附近的淤泥中分离驯化得到一株能还原碱性介质（pH 值为7～11）中高浓度 Cr(Ⅵ)(2000mg/L）的无色杆菌，命名为 CH-1 菌。用 CH-1 菌处理铬渣浸取液，铬渣中90%以上的 Cr(Ⅵ)还原后以 $Cr(OH)_3$ 淤泥的形式得以回收利用，实现了铬渣彻底解毒，而且该技术运行成本低廉。微生物法回收铬成本低、回收率高，有广阔的应用前景，但如何分离、培养、驯化获得适应极端处理环境的专性优势菌种仍是研究的重点，同时可通过结合其他处理技术（如表面改性技术、纳米技术等）来改进微生物法。

B 干法回收法

干法解毒铬渣的研究和应用较多，但在固相环境中将铬渣中的铬以产品形式进行回收的方法并不多，其中比较有成效的是氯化焙烧回收法，即通过氯化剂在一定温度和环境气氛下使矿物中的某些组分转化为气相或凝聚相的氯化物，达到分离目的。郑敏等人[30]以 $CaCl_2$ 为氯化剂，碳粉为还原剂，将细磨后的铬渣、碳粉和 $CaCl_2$ 以质量比10∶2∶4混合均匀，在1200℃下焙烧50min后，将烧渣转移至浸取槽中先后用水和10%的盐酸浸取，铬渣中的铬以 $CrCl_3$ 的形式被回收，铬渣中铬的回收率达91.2%，每吨铬渣可回收约0.033t的 $CrCl_3$，该方法具有一定的经济可行性。

23.3.3 伴生有价成分的综合回收

印度 D. R. Prasad 等人发明了一种从低品位铬铁矿石中提取镍的工艺[31]。该工艺主要由破碎、干燥、磨矿—还原焙烧—增压氧化氨浸—逆流倾析—碱式碳酸镍沉淀及氨的去除和回收—浸渣磁选回收铁矿物等过程组成。该工艺具有以下特点：在浸出过程中使用增压氧气（空气），提高了浸出速度，浸出时间可由6h左右缩短至2～4.5h；在浸出过程中因使用氧气而消除了复杂的氨回收系统，从而最大限度地减少了氨的损失；浸渣中的铁因转化为磁铁矿进而可通过简单的磁选加以回收利用。采用该工艺对镍、钴、铁、Cr_2O_3 及 Al_2O_3 品位分别为0.6%～0.9%、0.034%～0.044%、43%～53%、2.42%～2.72%及6.9%～8.8%的铬铁矿石进行了半工业试验，结果表明：镍的回收率可达到78%以上，获得的碳酸镍产品中镍含量可达49%以上，获得的磁铁矿产品中铁品位可达56%以上，且其中的磷含量极低。

印度 Biswas S 等人开展了以温特（wentii）曲霉菌微生物湿法冶金提取红土铬铁矿覆盖层中的钴和镍的研究[32]。工艺矿物学研究揭示：镍包裹在针铁矿基质中，而钴与锰相伴生，镍、钴、铁、铬及锰的含量分别为0.87%、0.03%、48.88%、1.88%及0.37%。在不同的条件下，采用以柠檬酸产生的真菌菌株-温特曲霉菌 NCIM 667，进行了一步和两步直接浸出及用细菌培养滤液的间接浸出试验。研究了矿浆浓度和细菌培养基（蔗糖和糖浆）对浸出的影响，并对浸出条件进行了优化试验。研究结果发现，对于经过焙烧（600℃）的红土铬铁矿覆盖层，采用细菌培养滤液间接浸出方法，在浸出温度80℃、矿浆浓度

2%条件下，镍和钴可获得最大的回收率，分别为49.29%和35.18%。

23.4 铬矿选矿存在的问题及发展趋势

铬铁矿绝大部分用于生产铬铁合金，而铬铁合金则用于冶金工业生产不锈钢，未来世界铬的消费前景，仍然取决于世界不锈钢工业的发展，世界不锈钢产量的增长远远大于世界钢产量的增长速度，未来世界不锈钢的产量还将会增长，因此对铬铁矿的需求也将相应有所增长。虽然世界铬铁矿资源分布不均，但是世界铬铁矿资源很丰富，近年来世界铬铁矿的产量稳步增长，国际市场铬铁矿和铬铁合金的价格也相对稳定，未来全球铬铁矿的生产与消费之间将维持供求平衡。

近十年的相关研究文献表明，由于铬铁矿密度大且多呈块状、条状和斑状粗粒浸染，因此目前铬铁矿选矿研究及生产实践中所采用的工艺仍以分级—重选为主，一般粗粒富矿采用跳汰或重介质分选设备，而细粒采用摇床、螺旋选矿机或螺旋溜槽等，其中摇床因其分选精度高而更是应用普遍。其次是重选—磁选联合工艺，一般用弱（中）磁选脱除重选精矿中的强磁性矿物以提高铬铁比，湿式强磁选用于预选抛尾，干式强磁选用于获得精矿。虽有一些单一磁选工艺研究的报道，但因受强磁选分选精度较低的制约，尤其是矿石中富含弱磁性铁矿物时，其应用受到了限制。而电选、浮选及各种化学选矿方法鲜有报道。

纵观国内外铬铁矿选矿研究及生产现状，目前存在的主要问题如下：

（1）采用重选工艺分选时，由于铬铁矿粒度差异很大，导致需采用多种不同的重选设备（如跳汰机、摇床、螺旋选矿机等）构成很复杂的工艺流程才能取得较好的选别效果。

（2）由于铬铁矿性脆易碎，因而在破碎过程中会产生大量的细粒级铬铁矿，这些细粒级铬铁矿难以用常规重选方法回收。

（3）因过去开采富矿而堆存的中、低品位矿石及堆存的尾矿亟需再选回收。

（4）随着我国高品位铬铁矿资源逐渐枯竭，低品位铬铁矿资源需要清洁高效利用。

（5）我国伴生铬铁矿资源尚未综合回收利用，如攀西地区碱性岩浆型含铬矿床、甘肃金川超基性铜镍矿床中的伴生铬铁矿资源等。

（6）铬渣彻底解毒和综合回收利用。

铬矿选矿发展趋势：

（1）加强复杂难选铬铁矿石的工艺矿物学研究，为提出清洁环保、节能高效的选矿工艺流程及合理的分选指标奠定基础。

（2）优化现有选矿厂的工艺流程以保证产品质量的一致性，同时开发尾矿回收利用的新工艺流程。

（3）细粒、超细粒铬铁矿回收技术及设备的研发与应用，如离心多重力场重选设备、选择性絮凝分选技术、浮选技术及浮选柱等。

（4）低品位铬铁矿石磁、重、浮联合工艺流程的开发与应用。由于高梯度磁选机的发展，为细粒铬铁矿的预富集提供了可能，预示磁选与重选、浮选联合使用更可能获得最佳选矿效果和最佳分选指标。

（5）旨在减少次生微细粒的高效磨矿、分级技术的研发与应用，如阶段磨矿工艺、精细分级技术与装备等。

（6）铬渣是重要的含铬二次资源，铬渣中分离、回收铬的技术符合我国循环经济发展的理念，在低成本条件下，从铬渣中更有效地分离铬以及回收更纯的含铬产品将是今后的研究重点和难点。

参 考 文 献

[1] Papp J F. Chromium-Mineral Commodity Summaries 2015[R]. U. S. Geological Survey, Reston, Virginia: 2015.

[2] 李艳军，张剑廷．我国铬铁矿资源现状及可持续供应建议[J]．金属矿山，2011(10)：27-29.

[3] 孙传尧．选矿工程师手册[M]．北京：冶金工业出版社，2015：261-297.

[4] 段旭光，曾雷，周崇文，等．淀粉对铬铁矿和蛇纹石的优先絮凝研究[J]．采矿技术，2009，9(4)：125-128.

[5] Tripathy S K, Murthy Y R. Modeling and optimization of spiral concentrator for separation of ultrafine chromite[J]. Powder Technology, 2012, 221: 387-394.

[6] Panda L, Banerjee P K, Biswal S K, et al. Modelling and optimization of process parameters for beneficiation of ultrafine chro-

mite particles by selective flocculation[J]. Separation and Purification Technology, 2014, 132(8): 666-673.

[7] 胡义明，韩跃新. 某低品位铬矿石选矿试验[J]. 金属矿山，2012，6：57-60.

[8] 张成强，李洪潮. 苏丹某铬铁矿选矿工艺试验[J]. 现代矿业，2013，6：27-30.

[9] 陈新林. 印尼某海滨铬铁矿选矿试验研究[J]. 有色矿冶，2013，29(3)：23-25.

[10] 李文军，曹飞，岳铁兵，等. 菲律宾某铬矿选矿试验研究[J]. 矿产保护与利用，2013，2：24-27.

[11] Cicek T, Cengizler H, Cocen I. An efficient process for the beneficiation of a low grade chromite ore[J]. Mineral Processing and Extractive Metallurgy, 2010, 119(3): 142-146.

[12] Singh R K, Dey S, Mohanta M K, et al. Enhancing the utilization potential of a low grade chromite ore through extensive physical separation[J]. Separation Science and Technology, 2014, 49(12): 1937-1945.

[13] 邓传宏，朱阳戈，冯其明，等. 弱磁—强磁工艺选别高铁铬铁矿的试验研究[J]. 矿冶工程，2010，30(2)：44-46.

[14] 高发祥. 阿尔巴尼亚库克斯铬铁矿选矿试验研究[J]. 云南冶金，2014，43(5)：19-22.

[15] 雷力，王恒峰，邱允武. 从低品位铬矿石中回收铬铁矿的选矿工艺研究[J]. 矿产综合利用，2010，12：7-10.

[16] 李亮. 菲律宾某低品位难选铬铁矿选矿工艺研究[J]. 现代矿业，2011，9：5-10.

[17] 董事. 国外某低品位铬铁矿选矿试验研究[J]. 中国矿业，2013，22(10)：109-112.

[18] Aslan N, Kaya H. Beneficiation of chromite concentration waste by multi-gravity separator and high-intensity induced-roll magnetic separator[J]. The Arabian Journal for Science and Engineering, 2009, 34(2B): 285-297.

[19] Tripathy S K, Ramamurthy Y, Singh V. Recovery of chromite values from plant tailings by gravity concentration[J]. Journal of Minerals & Materials Characterization & Engineering, 2011, 10(1): 13-25.

[20] Tripathy S K, Murthy Y R, Tathavadkar V, et al. Efficacy of multi gravity separator for concentrating ferruginous chromite fines[J]. Journal of Mining and Metallurgy, 2012, 48A(1): 39-49.

[21] Ozgen S. Modelling and optimization of clean chromite production from fine chromite tailings by a combination of multigravity separator and hydrocyclone[J]. The Journal of The Southern African Institute of Mining and Metallurgy, 2012, 112(5): 387-394.

[22] 李陈君，雷国元. 从铬渣中分离、回收铬的研究进展[J]. 矿产综合利用，2012，5：3-6.

[23] 丁凝，谢兆倩，孙峰. 铬渣处理技术及资源化利用研究进展[J]. 能源环境保护，2014，28(5)：5-8.

[24] Tinjum J M, Benson C H, Edil T B. Mobilization of Cr(Ⅵ) from chromite ore processing residue through acid treatment[J]. Science of the Total Environment, 2008, 391: 13-25.

[25] 陈振林，黄志强. 二氧化碳常温浸提法回收铬渣中铬的研究[J]. 无机盐工业，2006，38(8)：42-44.

[26] 戴昊波，曹宏斌，李玉平，等. 酸浸—生物法处理铬渣[J]. 过程工程学报，2006，6(1)：55-58.

[27] 王兴润，李丽，刘雪，等. 铬渣治理技术的应用进展及特点分析[J]. 中国给水排水，2009，25(4)：10-14.

[28] 林晓，曹宏斌，李玉平，等. 铬渣中 Cr（Ⅵ）的浸出及强化研究[J]. 环境化学，2007，26(6)：805-809.

[29] 柴立元，王云燕，王庆伟. 用 CH-1 菌从铬渣中选择性回收铬[J]. 中国有色金属学报，2008，18（专辑 1）：367-371.

[30] 郑敏，李先荣，孟艳艳，等. 氯化焙烧法回收铬渣中的铬[J]. 化工环保，2010，30(3)：242-245.

[31] Prasad D R, Kanta T A, Sashi A, et al. A process for extraction of nickel from low grade chromite ore: EUR 1697549 B1 [P]. 2011-08-24.

[32] Biswas S, Banerjee P C, Mukherjee S, et al. Microbial extraction of cobalt and nickel from lateritic chromite overburden using Aspergillus wenti [J]. Research Journal of Pharmaceutical, Biological and Chemical Sciences, 2013, 4(2): 739-750.

第24章　化工原料矿石选矿

化工矿业是为化工、化肥和其他相关工业提供矿物原料的基础产业，目前，我国化工矿山开发利用的矿种包括磷、硫、钾盐、硼、砷、芒硝、明矾石、天然碱、重晶石、萤石、硅藻土、膨润土、蛇纹石、钾长石等20多种。在种类繁多的化工矿产资源中，除了少数富矿可供化工生产直接使用外，绝大部分都需要进行选矿处理，因此选矿在化工矿产的开发利用中具有重要的作用。

近年来，我国化工矿选矿工作者在选矿理论和基础研究、选矿工艺技术、药剂、设备、选矿厂过程控制、环保、回水利用、综合回收等方面进行了大量的试验研究工作，取得了新的突破和进展，成果喜人。在选矿理论及基础研究方面，建立了磷矿石破裂过程数值模型、浮选动力学模型、浮选柱浮选模型，探索了浮选药剂分子设计及作用机理、粗细粒级浮选行为及浮选机理；在选矿工艺技术研究方面，针对不同性质的磷矿石，开发出了多种适宜的浮选工艺流程，如正浮选流程、单一反浮选流程、正反（反正）浮选流程、双反浮选流程，尤其是新开发出的分级浮选流程、分支浮选流程、等可浮浮选流程、正反反浮选流程以及反反正浮选流程，对复杂难选的矿石适用性较强。重浮联合流程也有一定程度的研究，如重选（跳汰、摇床）—浮选联合工艺、擦洗脱泥—浮选联合工艺、重介质选矿—浮选联合工艺等，能很好地处理某些特定性质的黄铁矿矿石和磷矿石。冷分解—正浮选、反浮选—冷结晶、热溶、兑卤等钾盐矿选矿工艺的研究也十分活跃。在浮选药剂的研究方面，研究工作主要集中在新型捕收剂和抑制剂的研制及其浮选性能的考察、复合或混合药剂的应用和药剂作用机理分析等方面，出现了一大批高效的磷矿物的浮选药剂、硫矿物的浮选药剂以及钾盐矿物的浮选药剂，另外浮选药剂的研究方法和研究手段也日趋完善。

选矿过程的自动化控制技术近几年在化工矿选矿厂得到了较好的推广，尤其是在碎矿筛分过程控制、磨矿分级过程控制、浮选过程控制、自动加药等方面取得了较大的进展。PLC技术在破碎筛分系统的自动化控制中的应用、基于BP神经网络的分数阶PID控制的系统模型在磨矿分级系统的自动化控制中的应用等有利于提高选矿厂自动化控制技术水平和劳动生产率，减轻操作工人的劳动负担。在选矿设备研究方面，近几年的研发工作主要体现在选矿设备的应用研究上，重点是针对成熟设备的结构和工艺参数的优化及改进，浮选柱、重介质旋流器和陶瓷过滤机等选矿设备的应用研究成果较多，尤其是浮选柱在磷矿和硫铁矿选矿方面的应用研究成果显著。

随着化工矿产资源的日益贫、细、杂化以及人们对环境质量要求的不断提高，对共、伴生资源的综合回收、尾矿的资源化利用和选矿废水循环利用已成为化工矿物加工领域重要的研究课题。近年来，化工矿选矿工作者在资源的综合回收、尾矿资源化利用和选矿废水回用等方面开展了大量的研究工作，取得了较为丰硕的研究结果。

本章仅介绍磷矿、硫铁矿、钾盐矿三种主要化工矿产的选矿技术进展。

24.1　磷矿选矿年评

24.1.1　世界磷资源概况

磷矿是不可再生的自然矿产资源之一，在全球粮食生产和磷化学工业中占有极其重要的地位。据美国地质调查局的数据，2014年世界磷酸盐岩储量为670亿吨，以年产量2亿吨计算，储采比超过330年，储采比相对充裕。全球95%以上磷矿资源集中分布在摩洛哥和西撒哈拉、伊拉克、中国、南非、美国等地区，且主要被少数几家企业控制。其中，摩洛哥及西撒哈拉地区以500亿吨储量居世界第一位，占比80%，中国以37亿吨基础储量居第二位。

目前全球产磷国家有40多个，2014年产量约2.20亿吨，主要生产国有中国、美国、摩洛哥、俄罗斯和突尼斯。磷矿产量排名前 15 位的国家（和地区）的磷矿产量约占全球总产量的 95% 以上。我国作为产磷大国，2014 年磷矿产量达到 1.2 亿吨，占全球产量的 45%；摩洛哥位居第二位，磷矿产量约 3000 万吨；美国位居第三位，磷矿产量为 2800 万吨（见表 24-1）。

表 24-1　2014 年世界磷矿产量和储量　　（万吨）

国家或地区	产　量		储　量
	2013 年	2014 年	2014 年
中　国	10800	12000	370000
澳大利亚	260	260	103000
摩洛哥和西撒哈拉	2640	2640	5000000
南　非	230	220	150000
美　国	3120	2710	110000
约　旦	540	600	130000
巴　西	600	600	26000
俄罗斯	1000	1000	130000
以色列	350	360	13000
突尼斯	350	500	10000
叙利亚	50	100	180000
其　他	258	260	30000
世界总计	22500	22000	6700000

24.1.1.1　我国磷矿资源概况

从已探明的磷资源总量来看，我国的磷矿资源储量比较丰富，已经超过美国，仅次于世界磷资源大国摩洛哥，位居世界第二位。截至 2014 年年底，我国磷矿查明资源储量为 196.8 亿吨，储量约 37 亿吨，共 540 个磷矿区，除北京、天津、上海、重庆、西藏外，各省区均有分布。其中，湖北、云南、贵州、四川、湖南 5 省查明资源储量约为 163.2 亿吨，占全国查明资源储量的 81.37%，分布较为集中。其中，云南 23%、贵州 16%、湖北 15%、湖南 12%、四川 8%、河北 4%、陕西 4%、山东 4%、青海 3%、山西 3%；北方和东部地区可供利用的资源储量很少，富磷矿资源大多分布在经济相对落后的西部地区（主要在云南、贵州和湖北 3 省）。

我国磷矿资源特点是中低品位矿多、富矿少，全国磷矿平均品位在 17% 左右，矿石品位大于 30% 的富矿仅占总储量的 8.1%，约 11 亿吨，且 86% 的富矿分布在云南、贵州、四川 3 省；P_2O_5 品位在 20% ~ 30% 的为 98.04 亿吨；小于 12% 的为 22.85 亿吨。

24.1.1.2　我国磷矿企业资源开采和利用的现状

近年来随着我国磷肥工业的跨越式发展，磷矿开采也经历了迅猛的发展，且主要集中在开采优质富矿。1991 年我国磷矿总产量为 2140 万吨，到 2008 年磷矿产量达 5000 万吨，2014 年达到 1.2 亿吨。我国已成为全球最大磷矿石生产国，近几年我国磷矿生产消费情况见表 24-2 和图 24-1。

表 24-2　2009 ~ 2014 年世界及中国磷矿产量和消费量

年　份	2009	2010	2011	2012	2013	2014
中国磷矿产量/万吨	6000	6500	8122	9539	11251	12000
中国磷矿消费量/万吨	6867	8200		9539	10860	
世界磷矿产量/万吨	16600	17600	19100	21700	22500	22000
中国磷矿产量占世界磷矿产量占比/%	36.26	38.64	41.02	43.91	48.44	45

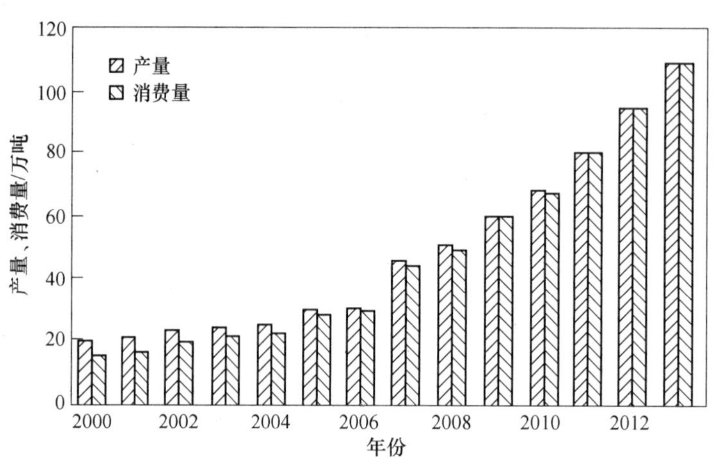

图 24-1 2000 ~ 2013 年中国磷矿石产量与表观消费量

近 10 年来我国磷矿石产量基本上保持每年 10% 的递增趋势，但从统计数据与实际的磷矿需求量来看，磷矿资源的实际开发利用增长速度要快得多。以我国磷肥产量及其他工业对磷矿石的消耗量计算，近几年每年表观消费量对应的磷矿产量都应在 5000 万吨以上，接近磷矿产量。随着我国工农业的高速持续发展，我国磷矿生产总的趋势是分阶段持续快速增长。然而如此的高速发展对磷的消耗使磷的需求量大大增加，磷资源问题日显突出和尖锐。我国一些地区已经逐渐意识到有限的磷资源不可能保障长期大量利用，已开始逐渐缩减磷矿石的生产，并增加进口。假设今后的磷矿石消耗量等于近几年的年平均生产量，再结合 U. S. Geological Survey(USGS)近几年的数据，不难预测，我国的磷资源储量还可以使用 46 年，不过这一估计尚未考虑到人口增长的因素。

24. 1. 1. 3 我国磷肥工业概况

我国磷肥工业经过 20 多年的阶段性扩张升级，已经实现了由磷肥进口大国向磷肥制造大国的转变。我国磷肥产量和消费量已位居世界第一位，磷肥消费基本摆脱依赖进口的局面；产品结构有了较大改善，磷肥产业集中度不断提高；大中型磷肥装置的技术装备达到世界先进水平；行业经济效益好转。云南、贵州、四川、湖北、河南、山东等地磷肥产业发达，是我国磷肥的主要产区。截至 2012 年年底，我国已建成磷肥装置的生产能力为 2130 万吨/年。2014 年我国磷肥产量 1670 万吨（折 P_2O_5），同比增长 2. 6%。目前，我国磷肥处于产能过剩状态，有相当一部分磷肥产品靠出口消化。

24. 1. 1. 4 进出口情况

我国磷矿石供需基本能自给自足，还有少量出口。近几年我国磷矿石消费量接近产量，但在世界磷资源日趋紧张的形势下，为了保护国内磷资源，2008 年起我国提高了磷矿及其产品的出口关税并出台了限制磷矿出口的政策。各主要产磷的省市地区政府也制订了相应的保护磷资源的管理办法。如云南省出台了磷矿资源整合措施，关闭或者整合了一批规模较小的磷矿，这些措施对于保护我国磷矿资源具有一定的作用。全球磷矿石出口主要依靠非洲和中东地区。近 10 年我国磷矿出口情况见表 24-3。

表 24-3 近 10 年我国磷矿石出口情况

年 份	2005	2006	2007	2008	2009	2010	2011	2012	2013	2014
出口量/万吨	211. 3	95. 05	97. 31	199. 8	41. 2	93. 4	65. 9	48	30. 3	30. 1

24. 1. 1. 5 价格现状与预测

A 我国市场价格现状

国内磷矿价格自 2010 年下半年起持续上涨，2012 年年初，云南磷化集团率先上调 60 元/吨，28% 品位发省内车板价由 290 元/吨上调至 350 元/吨，发省外车板价由 370 元/吨上调至 430 元/吨，其他磷矿企业相继跟随上调报价。但随后的两年价格比较平稳，仅有小幅上扬。2014 年 8 月份国内市场行情见表 24-4(根据中国化工信息网资料整理)。

表 24-4　2014 年 8 月国内磷矿石市场价

名　称	规　格	价格/元·吨$^{-1}$	备　注
磷矿石（P_2O_5）	30%	370～400	贵州车板价
磷矿石（P_2O_5）	32%	550～580	湖北车板价
磷矿石（P_2O_5）	30%	400～430	云南车板价

B　国际市场价格现状

2014 年 8 月国际磷矿石价格持稳。

离岸价：约旦（31.12%～32.04%）100～105 美元/吨，北非（31.58%）95～130 美元/吨。

到岸价：印度（31.12%～32.04%）128～130 美元/吨，印度（32.04%～32.95%）130 美元/吨。

24.1.1.6　*展望*

2015 年非洲、东亚和西亚的磷矿石供应量加大，预计全球磷矿石供应将增长 2.6%，达到 2.30 亿吨。产能增长主要来自中国、约旦和摩洛哥，2014 年这 3 个国家合计增长 600 万吨，占增量的 85%。

就磷酸来说，近几年摩洛哥、中国和约旦磷酸产能持续增长，2014 年全球磷酸产能为 5560 万吨 P_2O_5，2015 年达到 5760 万吨 P_2O_5。

2014 年和 2015 年全球加工磷酸盐产能分别达到 4310 万吨 P_2O_5 和 4460 万吨 P_2O_5，新增产能主要来自摩洛哥和中国。摩洛哥出口型产能明显扩大，2014～2015 年约有 8 座磷酸盐新装置投产，而世界新增磷酸盐产能的一半则来自中国。

24.1.2　磷矿选矿理论及基础研究进展

我国磷矿主要以沉积型磷块岩（俗称胶磷矿）为主，这类矿石有害杂质质量分数一般较高，矿物颗粒细，矿石嵌布紧密，选别比较困难，但是在广大磷矿选矿工作者的努力之下，在选矿工艺、选矿药剂、选矿设备、选矿自动化、综合回收、尾矿处理及环境保护等诸多方面进行了系统的研究工作，取得了一大批研究成果。近几年，在磷矿选矿理论及基础研究方面也开展了许多研究工作，主要集中在静载荷作用下磷矿石破裂过程数值模型的建立、浮选动力学模型的建立、浮选柱浮选理论的研究及浮选模型的建立、新药剂评价方法的探索、浮选药剂分子设计及作用机理的研究、粗细粒级浮选行为及浮选机理的研究等几方面。

王树林等人[1]为探究宜昌磷矿中主要组分的赋存状态和矿物条带的工艺性能以确定其重介质选矿工艺的可行性，对宜昌磷矿进行了工艺矿物学研究。首先使用化学成分分析和荧光成分分析对矿石中各条带的矿物成分和化学成分进行测定，再对矿石中各条带解离性进行测定，并用重液浮沉法对各条带的密度分布进行测试。结果表明，宜昌磷矿石中 98.98% 的 P_2O_5 分布在磷块岩条带中，同时磷块岩条带含有 2.29% 倍半氧化物，磷块岩条带质量分数为 81.32%；磷块岩条带和脉石条带宽度大且各条带之间存在硬度差别，磷块岩条带易于单体解离；分选密度为 2.7～2.9g/cm^3，磷块岩条带与黏土质条带可通过重介质选矿选别。因此宜昌磷矿采用重介质选矿，可先选别出矿石中的磷块岩条带，然后再处理倍半氧化物，可获得合乎要求的优质磷精矿。

为了研究静载荷作用下磷矿石多颗粒的破碎规律，邱跃琴等人[2]用岩石破裂过程分析系统 RFPA^{2D} 建立了在静载荷作用下多颗粒磷矿石在破碎腔内破坏的数值模型，分析探讨了静载荷和破碎腔的约束作用对磷矿石多颗粒试样的破碎效果和能量消耗的影响。数值模拟结果表明，静载荷破碎多颗粒磷矿石时，在破碎腔中间的磷矿石颗粒的破坏单元数相对较多；破碎腔内磷矿石在一定的压缩变形范围内破碎单元消耗的能量相对较少。因此，为了获得较好的破碎效率和节能效果，在设计破碎机时应考虑颗粒的破碎行为。

何婷[3]应用岩石破裂过程分析系统 RFPA^{2D} 建立贵州织金新华含稀土磷矿石颗粒的数值模型，分析探讨了静载荷作用下不同约束条件对含稀土磷矿石颗粒试样的破碎效果和能量消耗的影响。数值模拟结果表明：水平方向有约束时含稀土磷矿石颗粒试样累计破坏单元数比无水平约束时少，且释放的能量比无水平约束时多。因此，为了获得较好的破碎效率和节能效果，在选择破碎机时要考虑破碎腔内含稀土磷矿石颗粒的约束状态。

柏中能[4]研究发现中低品位胶磷矿浮选精矿品位的富集，与镁、硅及其他杂质脱除量存在着必然联系和特定的数量关系。提出：中低品位胶磷矿浮选精矿品位与镁、硅及其他杂质脱除存在如下数量关系：

$$\beta = \alpha + 1.3k_1 + 0.42k_2 + 1.5\%$$

式中　β——精矿品位预测值，%；

α——原矿品位分析值，%；

k_1——MgO 脱除绝对值，%；

k_2——SiO_2 脱除绝对值，%。

该关系式的应用对硅钙质胶磷矿浮选工艺流程的选择和精矿质量的初步判断具有较强的指导作用。

姚卫东等人[5]采用超声波对某磷矿进行预处理选矿，研究了超声波作用时间与作用功率对颗粒表面电位的影响；超声作用对矿物颗粒粒径的影响；擦洗脱泥和浮选两种选矿方式对超声波强化效果的对比。结果表明：（1）超声波对磷矿颗粒表面电位影响明显，实验 pH 值下超声波均能提高颗粒的表面电位，而超声波对细粒径矿物颗粒的破碎作用不明显。（2）超声波处理后矿物活性增加，对于擦洗脱泥，能显著提高回收率；对于浮选，在相同药剂制度条件下，能提高精矿品位。

魏以和等人[6]以实例说明了正反浮选流程的演变过程及由此而带来的各矿物的浮选特性的变化，进而分析了云南磷矿正反浮选可能存在的问题，并指出了改进的方向。分析指出，由于磷矿石中各种矿物成分的硬度差异较大，细磨导致磨矿产品粒度极不均匀，使大量细粒、易碎矿物如白云石等在细粒级中选择性富集。由于白云石与磷矿物在碱性正浮选条件下可浮性相近，故在磷矿正浮选中大量细粒级的白云石不可避免地要与磷矿物竞争吸附浮选药剂，结果往往造成正浮选磷矿物的粗粒级较难上浮，而细粒级则严重夹杂，浮选药剂特别是捕收剂耗量也往往较大。粒度的这种影响还将持续至反浮选阶段并导致反浮选效率下降。解决浮选中粗、细粒之间的相互影响可采用如下方法：（1）粗粒级部分由于较难浮，可进行高浓度调浆，以降低浮选药剂的用量；（2）细粒级较易浮，但一般夹杂较为严重，精选较困难，所以此部分的浮选需要强化分散过程，浮选中可加入一些强的分散剂；（3）细粒浮选设备可采用更有利于精选且节能的浮选柱浮选。总之，粗、细分别强化处理可避免混合浮选时粗、细粒间的相互干扰，提高分选效率和浮选精矿质量，降低浮选药剂消耗，提高整个正、反浮选的技术经济指标。

刘少文[7]通过磷矿颗粒的分级浮选、药剂对比及组合浮选，对湖北保康钙质磷矿和大峪口硅钙质磷矿进行了系统研究。结果表明：分级后粒径为 $-65\mu m$ 的小颗粒磷矿更有利于反浮选，且保康磷矿反浮选效果优于大峪口磷矿；复合药剂和酸性抑制剂均能改善保康钙质磷矿浮选效果，最终磷精矿品位达到 36.14%，磷回收率为 96.10%；药剂表面张力降低能增强药剂对磷矿颗粒的湿润。最后，通过测量电动电位和亲水亲油平衡值，对浮选过程效率进行了分析，并对浮选机理进行了讨论。

魏以和等人[8]通过对浮选产品的粒度分析，指出了某磷矿正反浮选连续性实验（回水流程）存在的问题，并提出了改进建议。粒度分析表明：处理后回水的使用对正反浮选无不良影响，回水的使用强化了正浮选中细粒硅质矿物的抑制，同时也提升了磷和镁矿物的浮选；使用回水的正反浮选流程各粒级的浮选行为与清水流程相似，存在的问题也相同。如何提高正浮选中细粒级硅质矿物的抑制效果和细粒磷矿物的浮选回收率，是提高该磷矿正、反浮选磷精矿质量和回收率并降低药剂消耗的关键。

余侃萍等人[9]从常用浮选捕收剂的捕收性能与其结构关系入手，分析捕收剂分子中极性基、非极性基结构对铁矿和胶磷矿捕收能力的影响，提出铁矿反浮选降磷捕收剂分子的设计构想，认为新型捕收剂分子中极性基部分应含有磺酸基，非极性基中应有不饱和键。通过高斯软件计算得到设计分子的净电荷分布、偶极距及前线轨道能量和组成，并与常用捕收剂进行比较，证明设计得到的捕收剂分子对胶磷矿的捕收能力。从机理分析得出：在特定的 pH 值条件下，该反浮选捕收剂分子与胶磷矿表面的 Ca^{2+} 发生螯合作用，形成稳定六元环，从而实现与铁矿的分离。

李锋等人[10]以大豆油酸为原料，设计合成了一种碳酸盐类捕收剂 α-羟基油酸，对其进行胶磷矿和白云石纯矿物浮选试验，结果表明：α-羟基油酸是一种浮选性能优良的碳酸盐捕收剂。通过扫描电镜和溶液化学试验，李锋等人进一步对 α-羟基油酸的作用机理进行了研究，扫描电镜试验结果表明，在相同酸性条件下，α-羟基油酸对白云石和胶磷矿的浮选差异性比大豆油酸要好。表面张力试验结果表明：α-羟基油酸和大豆油酸的临界胶束浓度分别为 5.37×10^{-3} mol/L 和 1.06×10^{-3} mol/L，此时其最小表面张力分别为

26.99mN/m 与 28.65mN/m。结果表明：对大豆油酸的化学修饰改性，使其水溶性与分散性得到了改善，从而提高了利用效率，改善了降低表面张力的能力，这样增强了起泡能力，提高了浮选性。润湿接触角试验结果表明：α-羟基油酸对胶磷矿和白云石两种纯矿物的润湿作用能力要小于大豆油酸，但从接触角差值来看，α-羟基油酸优于大豆油酸，两种捕收剂接触角差值最大值分别为 21.45°和 17.86°。由此说明，α-羟基油酸和大豆油酸相比，增加一个亲矿基，有利于增强其在白云石（脉石成分）上的静电吸附力，改善浮选白云石的选择性。

刘鑫[11]采用工业杂醇 Zc 与醚胺类捕收剂 Y10 组合药剂作为浮硅捕收剂对某胶磷矿进行双反浮选工艺试验，在原矿品位为 P_2O_5 26.22%、MgO 1.60%、SiO_2 22.33%时，可以得到 P_2O_5 30.14%、MgO 0.61%、回收率 92.99%的精矿指标。表面张力及相对接触角测试发现，工业杂醇 Zc 的加入能提高 Y10 的选择性。

YY1 是一种碳酸盐矿物抑制剂，在磷矿浮选中添加 YY1 后，正浮尾矿 MgO 质量分数从 2.31%上升到 18.23%，尾矿中 MgO 回收率从 8.86%提高到 46.88%，而精矿中 MgO 回收率从 91.12%降至 53.11%，说明 YY1 对白云石等碳酸盐有明显抑制效果。梁永忠等人[12]对 YY1 的作用机理进行了探讨，因碳酸盐矿物的溶解性大于胶磷矿，在水中碳酸盐矿物表面溶解而暴露出 Ca^{2+}、Mg^{2+}活性中心，使 YY1 大量吸附在碳酸盐矿物上，因 YY1 上的羟基、醇基为亲水极性基，可增加矿物的润湿性，而使矿物亲水受抑制。而胶磷矿因溶解性小，表面吸附的 YY1 较碳酸盐矿物少，原可浮性能受抑制亦少，仍能表现出一定的可浮性，故而 YY1 是一种选择性抑制碳酸盐矿物的抑制剂。

王永龙等人[13]通过单矿物浮选试验考察了油酸钠体系中微细粒胶磷矿的可浮性，并比较了六偏磷酸钠、硅酸钠、焦磷酸钠、淀粉、腐殖酸钠这 5 种抑制剂对微细粒胶磷矿的抑制效果。试验结果表明：油酸钠浮选微细粒胶磷矿的适宜条件应为矿浆温度 45℃、用 NaOH 调节矿浆 pH 值为 10、油酸钠用量 6×10^{-4} mol/L；5 种抑制剂对微细粒胶磷矿抑制能力的强弱排序为腐殖酸钠 > 六偏磷酸钠 > 淀粉 > 焦磷酸钠 > 硅酸钠。

邓荣东等人[14]对云南低品位硅质胶磷矿进行了浮选试验研究，采用常温正反浮选工艺流程，并对正浮选粗选和反浮选作业利用 Design-expert 8.0 软件中的 Box-BenhnkenDesign 设计试验方案进行优化，得到正浮选粗选最佳方案为：pH 值为 10、731 用量 1.1kg/t、水玻璃用量 5.3kg/t。优化后的反浮选条件为硫酸与磷酸体积比 2 ∶ 1、矿浆 pH 值为 4.1、HC 用量 0.01kg/t、抑制时间 1.5min。最终试验指标为磷精矿品位 29.35%、回收率 83.14%、MgO 质量分数 0.83%，指标较好。

肖曲[15]针对湖南某胶磷矿浮选试验研究表明，采用单一反浮选工艺无法使 P_2O_5 品位达到 28%以上，无法满足可用磷灰石的最低指标；通过正、反浮选工艺，当磨矿细度为 -0.074mm 质量分数占 97.38%时，采用“一粗两精”、正浮粗选、反浮精选的闭路工艺流程可获得产率为 36.46%、品位 30.27%、回收率 66.02%、MgO 质量分数为 1.05%的最终精矿，满足酸法磷酸的二级工业指标。浮选药剂与矿物作用机理研究表明：弱酸性条件下，磷灰石与白云石的表面电性差异较大，有利于浮选分离，且 YSB-2 在白云石表面的吸附作用也强于磷灰石；水玻璃在碱性介质中，主要以 $HSiO_3^-$ 形式存在，$HSiO_3^-$ 与硅酸盐矿物具有相同的酸根，容易吸附在这些矿物表面，且吸附比较牢固，对石英、硅酸盐等脉石矿物起到良好的抑制作用。

陈慧[16]在试验过程中，利用胶磷矿的粗选试验选择了 AMS + MS-1 作为与棉油皂脚复配的表面活性剂，并将这两种表面活性剂与棉油皂脚以低复配比复配成常温捕收剂用于大峪口低品位胶磷矿浮选工艺条件的探索。试验结果表明：这种捕收剂可以在常温条件下进行胶磷矿的浮选，并能得到较好的浮选指标。通过复配捕收剂与矿物的作用机理研究，即浮选药剂的表面张力和起泡性能以及药剂与矿物作用前后的相对接触角、矿物表面电性和红外光谱试验研究表明：在 pH 值为 10 ~ 11 时，此复配捕收剂在一定用量下与矿物作用后在矿物表面吸附了脂肪酸类捕收剂，加大了磷矿与其共生的脉石矿物如硅酸盐矿物、碳酸盐矿物等的浮选性能的差异，有利于胶磷矿的浮选。

由于当矿浆中含泥多时，阳离子反浮选会出现泡沫多、泡沫发黏、浮选效果变差的情况，导致阳离子捕收剂的工业应用受制约。曾小波[17]通过在浮选矿浆中添加消泡剂，对浮选三相界面行为进行调控研究，以解决现用阳离子捕收剂使用中存在的问题。试验选用了 3 种消泡剂：有机消泡剂脂肪醇、矿泥絮凝剂 PA 和无机泡沫调整剂 CA，试验结果表明：无机泡沫调整剂 CA 的消泡效果最好，而且使用方便、来源广、价格便宜。机理研究表明：加入消泡剂 CA 后，γ_{LG}减小，W_{SL}减小，即固液界面结合力减小，将固液接触自交界处拉开所需要做的最小功也变小，从而降低了泡沫膜上捕收剂的浓度，使泡沫变薄，变脆，消泡更易；Zeta 电位测试表明：加入消泡剂 CA 后石英表面 ξ 电位的负值降低，零电点发生轻微漂移，石英动电位的升高压缩了双电层；红外光谱测定表明：加入消泡剂后并没有影响捕收剂的性能，不会对浮选指标造成影响。

魏以和等人[18]采用一种简易方法考察了常用磷矿浮选药剂对浮选尾矿澄清性能的影响。结果表明：该试验方法误差较小，可以用于评价浮选药剂对浮选尾矿澄清性能的影响。在海口磷矿浮选药剂中，调整剂水玻璃对浮选尾矿澄清性能影响最大，其次为 MW。捕收剂用量对浮选尾矿澄清性能影响较小，但捕收剂的种类对浮选尾矿的澄清性能影响较大。使用工业捕收剂 H969 浮选的尾矿澄清性能要远低于使用工业油酸时尾矿的澄清性能。增效剂的使用可提高浮选尾矿的澄清性能。

浮选捕收剂的评价有助于掌握捕收剂的浮选性能，了解其在浮选过程中的作用。浮选法是浮选捕收剂的传统评价方法，程序复杂，耗时耗力。李防等人[19]提出了一种新的浮选研究方法——燃烧-吸附量评价法，通过燃烧无机的矿石样品来测定其表面吸附的有机捕收剂量，评价磷矿反浮选捕收剂的性能。对油酸、硬脂酸和软脂酸这些结构明确且浮选工作者熟悉的脂肪酸的浮选性能和在白云石上的吸附量，建立了一个评价模型，验证燃烧-吸附量评价法的可行性。

金会心等人[20]对贵州织金新华含稀土磷矿浮选动力学进行了研究，在典型的一级浮选动力学理论模型$\varepsilon = \varepsilon_{\infty}(1 - e^{-kt})$的基础上，推出磷矿反浮选速率模型$\varepsilon = \varepsilon_{\infty} + (100 - \varepsilon_{\infty})e^{-k(t+\theta)}$，并根据动力学正交实验，采用三维表面图和等高线图对织金新华磷矿浮选动力学参数进行了表征。结果表明：反浮选速率模型能很好地描述含稀土磷矿物（以 ΣREO 表示）和脉石矿物（以 MgO 计）回收率随时间变化的规律，并以修正的浮选速率常数 k_{mod}和选择性指数 SI，来衡量含稀土磷矿物和脉石矿物分选效果的好坏。浮选正交动力学实验研究结果表明，捕收剂 WF-01 用量是影响 ΣREO 修正速率常数 k_{mod}最主要的因素，而抑制剂 H_3PO_4 用量是影响选择性指数 SI 最主要的因素。采用三维表面图和等高线线图对两种药剂组合方式下 ΣREO 的浮选动力学参数变化进行表征时表明：磷矿反浮选时，如捕收剂 WF-01 用量为 0.8kg/t，为获得较好的含稀土磷矿物与白云石矿物的分选效果，可适当增加抑制剂 H_3PO_4 用量。

张敏等人[21]以筛板充填为基础，对旋流-静态微泡浮选柱浮选段进行了充填方式的优化研究，提出了筛板充填和蜂窝管充填的高效混合充填模式；基于气泡-矿粒碰撞概率理论，分析了蜂窝管充填的优越性，并推导出气泡与矿粒碰撞概率的动力学模型；应用轴向扩散模型分析了混合充填在保证回收率中的作用，导出了捕集区轴向无量纲扩散模型；混合充填使浮选柱下部保持矿浆处于高度湍流状态的同时，上部浮选段形成“静态化”环境。

卿黎[22]分别介绍了 CPT 浮选柱和 FCSMC 浮选柱的主体结构及工作原理，结合柱浮选试验分选系统的特点，综合分析了柱浮选工艺参数对分选指标的影响。根据 FCSMC 浮选柱半工业试验数据，利用回归分析方法，建立了胶磷矿柱浮选的数学模型，总结了柱浮选的回收率指标取决于 3 个因素：柱浮选速率常数 K 值、被浮矿物在浮选柱中的平均滞留时间τ_P、浮选柱中矿浆的混合状态。因此，为云南省中低品位胶磷矿柱浮选试验设计奠定了理论基础。

王大鹏[23]以品位分布为研究手段，分析了胶磷矿柱式浮选过程各分选区域作业特征，在研究前人柱式浮选动力学理论模型的基础上，借鉴串槽模型推导出了胶磷矿柱式轴向品位分布模型。在研究浮选过程可浮性特征的指导下，进一步研究了胶磷矿浮选过程粒级浮选特征。通过研究各粒级浮选速度变化规律，揭示了胶磷矿粒级浮选前“细”后“粗”的过程特征。基于此，在分析粗、细粒级矿化过程特点的基础上提出了胶磷矿的粒级“分步”浮选过程：根据浮选过程粒级浮选的时间分布特征，以强化和调整为手段，通过改变紊流强度、气泡特性、泡沫层高度等针对性作业参数，实现胶磷矿粒级的分步强化和浮选，在高效柱式分选过程的框架下，建立粗、细粒级有针对性强化的高效子过程，实现了胶磷矿全粒级的高效浮选。至此形成了胶磷矿高效浮选设备系统、工艺模式雏形，即基于可浮性过程特征的整体柱式高效过程和基于粒级浮选特征的分过程。

吴元欣、张文学等人[24]针对云南中低品位胶磷矿的特点，提出了采用系统工程学原理开发胶磷矿资源的工艺技术路线。在数字矿山技术研究的基础上确定最优入选矿石品位，通过详细解析磷矿石的工艺矿物学特征制定最佳选矿工艺和高效浮选药剂制度，同时采用简单的废水处理工艺实现选矿废水的零排放，既开发了云南滇池周边中低品位的磷矿，又避免了环境污染，有力地保护了滇池水体。

24.1.3　磷矿选矿工艺技术进展

24.1.3.1　破碎筛分与磨矿分级

破碎筛分与磨矿分级是选矿厂必不可少的环节，其能耗约占选矿厂总能耗的 50% ~70%。因此，选矿工作者都非常重视矿石在碎、磨过程中的能量消耗、矿石粉碎和介质磨损规律等方面的研究，借以优化矿石碎矿、磨矿过程的作业参数，减少能耗和钢耗，降低生产成本。

史江琳[25]就目前通用的颚式破碎机结构设计和使用中存在的问题进行探讨，并对部分缺陷进行改进，取得了有益的效果。

杨秉华[26]介绍了磷矿破碎生产中各种破碎机的作用和特点，重点阐述了磷矿细碎设备对辊破碎机的选型核算和结构特点，经过安装使用和生产实践，认为高铬铸铁辊子对辊破碎机使用成本低，破碎的磷矿石粒度均匀，比高锰钢的寿命长，是磷复肥生产过程中磷矿进入球磨机之前的最佳细碎设备。

大型磷复肥装置的高水分磷矿石筛分设备普遍存在低共振破坏、堵塞、效率低等难题，纪波[27]通过生产实践、改造和探索，使筛分设备实现了“长、安、稳、满、优”的运行状态，并指出未来筛分技术将向大型化、重型超重型、反共振等方向发展。

东泰磷矿原有碎磨工艺流程不合理，磨矿设备老化，生产处理能力不足，安装功率及能耗过大，环境污染严重。肖庆飞等人[28]针对原碎磨工艺缺陷，在工艺流程、除尘脱泥、干磨改湿磨及更换磨矿设备等方面进行了系统性改造。采用两段碎矿一段磨矿流程取代一段碎矿两段磨矿流程，使碎矿及磨矿的负荷分配合理，有效实现了多碎少磨；采用洗矿脱泥工艺减少进入破碎机和磨矿机的泥沙，提高碎矿与磨矿效率；使湿式磨矿配合分级机使用。改造方案实施后，在细度达标的情况下，使其碎磨生产能力提高了 3.5 倍，电耗降低了 80%，并降低了粉尘对环境及设备的影响。

吴彩斌等人[29]认为矿石在破碎过程中，不仅破碎强度具有统计现象，而且破碎后的产品粒度也具有统计现象。并仿照统计力学研究的方法，研究了单一球径球组破碎的统计力学和混合球径球组破碎的统计力学，从而推导了单一球径球组和混合球径球组破碎的统计力学公式，为破碎过程中介质最佳球径或最佳配比的选择提供了理论依据。

屠建春、瞿仁静[30]在对云天化国际化工集团富瑞分公司的磨矿流程进行改造的过程中，采用“一段一闭路”的湿式闭路磨矿流程，克服了干式磨矿和湿式开路磨矿的缺陷，提高了磨矿效率并极大地改善了作业环境。磨矿系统改造后处理干矿量不小于 200t/h，产品矿浆细度 -150μm(-100 目）质量分数不小于 80%，矿浆质量分数不小于 65%。摸索出了一条改进磷酸生产、提高磷酸产量和质量的途径。在对云天化国际化工三环分公司磷矿磨矿系统的改造中，屠建春等人[31]根据磨矿分级原理，采用两段一闭路流程（粗磨—分级—细磨—浓密），选用湿式棒磨机、湿式球磨机、斜窄流分级机和高效深锥浓密机配合使用，达到了良好的磨矿分级效果。

包钢文圪气铁矿矿石属于低贫磷铁矿矿石，铁矿物嵌布粒度细，严重影响了磨机台时能力的提升，刘春光等人[32]介绍了公益明选矿厂将原二段磨改为三段磨，并对其他工艺及设备进行了优化和适应性改造，大幅度提高了处理能力和精矿品位。

磨矿效率和成本的高低直接影响选矿成本的高低，彭操、刘江林[33]综合分析了影响磨矿过程的各因素，提出从降低矿石可磨性、降低磨机给矿粒度、改变磨机结构参数、提高分级效率、适当提高分级返砂量、精确化装补球、选择性磨矿和微阶段化磨矿等途径来提高磨矿效率，从而达到节能降耗的目的。

曾桂忠等人[34]分析了磨机的径长比、衬板类型、磨机转速三方面因素对选择性磨矿的影响，提出可以通过调整磨机各参数，使得选择性磨矿更好地实现。认为影响矿石选择性磨矿作用的因素是比较多的，在磨机的调整上，采用短筒型磨机可以获得较好的选择性；采用分级衬板可以在一定程度上改变磨机中钢球的不合理分布状态，从而获得较为精确的破碎力，磨矿作用的选择性也会得到提高；较低的磨机转速也可以获得较好的选择性。

武俊杰、戴惠新[35]全面概括了磨矿过程中物料性质、给矿粒度、磨矿流程的选择、磨矿介质的材料及配比、衬板等因素对磨矿过程的影响，为提高磨矿效率、改善磨矿效果提供了参考。

杜茂华、石贵明、周平[36]总结了精确化装球方法的理论基础，并在对钢球直径确定的典型方法比较的基础上，给出了精确化装球在应用中的研究方法。实验室扩大对比磨碎试验研究显示，该方法可提高磨机生产率、改善磨矿产品粒度组成、提高解离度、提高选别指标，从而为生产实际中科学合理地进行装球并为全面改善磨矿效果提供指导。

肖庆飞、石贵明、段希祥[37]介绍了细磨介质的种类及影响因素，提出了一种有效的新型细磨介质的材质，并从钢球及铸铁段磨碎能力的对比工业试验研究中得出，铸铁段是一种实用性很高的新型细磨介质。

常富强等人[38]研究了影响球磨机磨矿效率的因素，即磨矿给料性质、给料粒度、磨机参数、磨矿浓度、补加球制度、分级效率和返砂比，并提出了生产中如何提高球磨机磨矿效率的方法，可为生产中提高经济效益、降低能耗提供参考。

罗春梅等人[39]研究了球磨机功能转变的原理，研究发现磨矿是一个内能增加的过程，球磨过程能耗高的主要原因有钢球随机破碎且易磨损、钢球尺寸与矿石粒度不相配等，并提出了球磨过程中采取精确钢球尺寸及补加球量、选择适宜的介质尺寸等措施来节能，没有改变工艺流程，却提高了选矿厂效率，降低了生产成本。

万小金[40]在采用斜窄流分级技术进行磷矿开路磨矿产品料浆分级中试，且取得良好技术指标的基础上，在新建磷矿闭路磨矿分级回路作业中首次设计采用了100m^2 斜窄流分级箱。生产考察结果表明：分级设备运行稳定，分级效率高达61.79%。设备优良的分级性能，提高了磨矿系统处理能力，改善了磨矿产品粒度特性，产品粒度较好地满足了后续工序技术要求，系统取得了满意的技术经济指标。

魏正坤[41]分析提出磷矿石颗粒的垂直沉降速度与磷矿浆的垂直上升速度之间的关系是影响斜板分级机分级选择性的关键，据此找到控制斜板分级机分级选择性的方法，同时进行了相应生产试验。试验结果表明，使磷矿浆的垂直上升速度尽量接近欲分级磷矿石颗粒的垂直沉降速度，是控制斜板分级机分级选择性的有效方法。

罗春梅等人[42]分析了安宁中低品位混合磷矿的矿石性质和矿石抗破碎力学性能，研究了棒径对磷矿磨矿细度的影响，解决了磷矿石粗磨过程中的过磨问题。研究表明，最佳的粗磨棒径为 ϕ85mm。过大或过小的粗磨棒径，磨矿效果皆不好，只有在最佳棒径下的磨矿，粗粒质量分数低、过磨粒级少，细粒级质量分数和生产率高，磨矿效果最好。

万小金、杜建明[43]综述了选矿分级技术与设备的研究现状与进展，从结构和作用原理重点介绍了以螺旋分级机、圆锥水力分级设备、机械搅拌式水力分级机、云锡式水力分级箱、斜窄流分级箱为主的重力水力分级设备；以 Krebs Gmax 旋流器、水封旋流器为主的离心力水力分级设备；以 Dreeck 高频细筛、GPS 高频振动细筛为主的高频振动筛。重力水力分级设备的结构和操作较简单；水力旋流器可用于微细粒物料分级，但稳定性差；高频细筛筛分效率高，但处理量小；在生产中可根据工艺、分级设备的特点来选择分级设备。

汪勇等人[44]探讨了给矿浓度和入口压力对旋流器分级效率的影响，并绘制出了不同给矿浓度和入口压力下的颗粒分级效率曲线，对选矿厂的实际生产有一定的指导作用，能根据分离粒度及分级效率调节给矿压力。

24.1.3.2 选别工艺技术流程

磷矿选矿方法及工艺流程一直是磷矿选矿工作者研究的主要内容。传统的磷矿选矿方法有：擦洗脱泥工艺、重选、浮选、重磁浮联合工艺及焙烧消化工艺等。近几年，随着研究工作的深入，磷矿选矿的方法和选矿工艺在不断丰富，其中浮选一直是磷矿选矿的主要方法，对于不同的矿石类型，至今已开发出多种工艺流程，如正浮选流程、单一反浮选流程、正反（反正）浮选流程、双反浮选流程，尤其是新开发出的分级浮选流程、分支浮选流程、等可浮浮选流程、正反反浮选流程以及反反正浮选流程，对复杂难选的矿石适用性较强。磷矿选矿的其他选矿方法有：粗磨分级—粗粒重选—细粒浮选工艺、擦洗脱泥—浮选联合工艺、重介质选矿—浮选联合工艺、有机酸浸出工艺、煅烧消化工艺、微生物处理技术等，这些方法也都能很好地处理某些特定性质的磷矿石。尤其是针对复杂矿石的微生物处理技术，已成为磷矿选矿领域新的研究方向。对影响磷矿选矿指标的技术参数如磨矿细度、浮选浓度、矿浆溶液的 pH 值、加药方式、浮选机充气量、浮选温度、浮选水质等也做了大量的研究工作，获得了较为丰富的研究成果。

A　浮选工艺技术流程

a　直接浮选工艺

刘长淼等人[45]对甘肃罗家峡低品位磷灰石型磷矿进行浮选试验研究，结果表明，以氧化石蜡皂为捕收剂，碳酸钠和水玻璃为调整剂，可以有效富集原矿中的磷灰石。当原矿氟磷灰石的矿物质量分数为7.02%时，采用一次粗选、二次扫选、四次精选、中矿顺序返回的直接浮选流程，可以得到产率为7.78%、含 P_2O_5 29.04%、含 MgO 1.89%、回收率76.56%的磷灰石精矿。采用腐殖酸钠降镁后，可获得合格磷灰石精矿。

云南某胶磷矿原矿含 P_2O_5 25.41%，张旭，王雅静等人[46]对含 P_2O_5 25.41%的云南某胶磷矿原矿进行了浮选试验研究。使用一次粗选、一次扫选、一次精选的正浮选流程，得到磷精矿 P_2O_5 品位为30.62%、回收率83.87%的浮选指标。该研究中的高硅质胶磷矿与脉石矿物共生或被脉石矿物包裹，浮选难度大。

李若兰等人[47]以澳大利亚某地区硅质胶磷矿为研究对象，针对硅质胶磷矿的特点，在对其进行矿石性质分析后，采用正浮选一次粗选两次精选工艺流程进行了试验研究。结果表明：在磨矿细度为-0.038mm质量分数占95.18%、碳酸钠用量2.0kg/t、水玻璃用量2.5kg/t、矿浆分散剂L3用量1.6kg/t，捕收剂用量3.0kg/t的条件下，采用碳酸钠和水玻璃两种调整剂同时加入球磨机中的添加方式，经过闭路试验流程可获得 P_2O_5 品位为30.06%、SiO_2 质量分数16.47%、回收率85.08%的磷精矿。

b　单一反浮选工艺

姜振胜等人[48]对贵州某磷矿开展了“反浮选—中矿再磨”联合流程试验，原矿 P_2O_5 品位为23.52%，MgO 质量分数为7.14%，分别采用一次粗选、一次扫选反浮选工艺和一次粗选、一次扫选中矿再磨反浮选工艺进行闭路对比试验。结果表明：中矿再磨流程，在精矿 P_2O_5 品位和 MgO 质量分数接近的情况下，精矿产率由59.32%增加到61.22%，精矿回收率由90.19%提升至93.61%，尾矿 P_2O_5 品位由5.27%降至3.65%。由此可见，在保证精矿产品质量的前提下，中矿再磨流程能有效提高精矿回收率，具有较好的经济效益。

钟晋等人[49]根据云南风化胶磷矿的矿石性质，采用单反扫选试验流程，并且采用自行研制的ZP系列药剂（阳离子捕收剂），该药剂的用量较少，能大大降低一般磷矿浮选的药剂成本并且取得了精矿 P_2O_5 品位大于31%的良好效果，实现了有用矿物和脉石的有效分离，得到了合格的磷精矿产品。

李若兰等人[50]对云南待云寺片区某低品位（P_2O_5 品位15.44%）碳酸盐型胶磷矿进行了浮选工艺研究，试验结果表明：选择合适的磨矿细度、正确的药剂添加方式，并使用新型药剂WP，采用一次粗选、一次精选反浮选工艺流程，可以得到平均 P_2O_5 品位30.73%、回收率68.65%的磷精矿。

张凌燕等人[51]针对宜昌细粒易泥化、低品位难选胶磷矿，采用稀浆浮选的单一反浮选工艺，以硫磷混酸调整 pH 值、抑制胶磷矿，采用改性脂肪酸类捕收剂HS捕收碳酸盐，获得了最终磷精矿 P_2O_5 品位为29.45%、MgO 质量分数为1.28%、回收率为75.38%的优良指标，实现了白云石、方解石与胶磷矿的常温浮选分离。

李军旗等人[52]对织金低品位磷矿加入自制捕收剂（WF-02）进行了反浮选研究，采用分段加入捕收剂的方式，考察了捕收剂用量、抑制剂用量、磨矿细度、矿浆浓度、浮选时间对 P_2O_5 品位和回收率的影响。试验结果表明：在WF-02用量为吨矿1.0kg、磷酸用量为吨矿10kg、矿浆质量分数为35%、磨矿细度-0.074mm质量分数占89%、浮选时间9min的条件下，磷精矿的 P_2O_5 品位可从原矿的21.90%提高到33.19%，回收率达到89.89%，获得了较好的浮选效果。

周军等人[53]为了降低云南会泽高镁中低品位磷矿的氧化镁的质量分数，提高 P_2O_5 的品位，采用全硫酸一次粗选、一次扫选的单一反浮选工艺对云南会泽高镁中低品位磷矿进行了试验。在原矿 P_2O_5 品位为23.71%，最佳磨矿细度为-0.074mm质量分数占88.2%的条件下，以硫酸作为 pH 值调整剂和抑制剂（不需要添加磷酸等其他抑制剂），以改性的棉籽油脂肪酸皂为捕收剂，进行浮选试验。结果表明：在粗选硫酸用量为10kg/t，扫选硫酸用量为6kg/t，捕收剂TSM-2采用分段加药，第一段粗选添加1.2kg/t，第二段为 0.3kg/t 时，获得精矿 P_2O_5 品位为 30.09%，回收率达到 86.53%，氧化镁由原矿的 4.55% 降至精矿的 0.78%，脱镁率为 88.13% 的较好指标，为云南会泽磷矿的利用开辟了新途径。

c　正反（反正）浮选工艺

针对湖北某低品位难选硅钙质胶磷矿，余俊等人[54]采用正反浮选工艺进行了试验研究，正浮选优惠药剂制度为：Na_2CO_3 用量 4.2kg/t，Na_2SiO_3 用量 1.0kg/t，DK-1 用量 1.0kg/t，DC-1 用量 0.3kg/t；反浮选优惠药剂制度为：硫酸用量 25.0kg/t，DC-2 用量 0.5kg/t，当原矿 P_2O_5 品位为 11.11%，MgO 质量分数为 7.11%，可以获得磷精矿 P_2O_5 品位为 29.10%、MgO 质量分数 1.15%、精矿 P_2O_5 回收率 83.08% 的较好指标，实现了低品位胶磷矿综合利用的目标。

高惠民等人[55]确定了远安低品位胶磷矿的正反浮选流程，通过正反浮选，当原矿 P_2O_5 品位 17.96%、MgO 质量分数为 2.31% 时，可获得精矿 P_2O_5 品位 31.21%、MgO 质量分数为 0.84% 的良好指标，实现了胶磷矿与石英、白云石等杂质矿物的有效分离。采用十二烷基磺酸钠（SDS）作增效剂可以较大程度提高捕收剂的捕收性能和选择性，提高 P_2O_5 品位和回收率。

柏中能[56]采用正反浮选流程和高效浮选药剂，对海口中低品位硅钙质胶磷矿进行了小型试验、扩大试验和工业试验，取得了满意的经济、技术和环保指标。该产业化开发的成功为海口磷矿区中低品位磷矿浮选厂建设提供了依据和技术参数。

云南某磷矿含 P_2O_5 23.97%、SiO_2 23.64%、CaO 31.78%，毛素荣等人[57]通过正反浮选试验，得到磷精矿品位 31.74%，回收率 81.47%，精矿含 SiO_2 11.32% 的指标。

为合理开发利用内蒙古东升庙低品位磷矿资源，针对其矿石性质和赋存状态，李艳等人[58]对该难选磷矿进行了系统的选矿试验研究。通过正反浮选工艺流程，最终获得的闭路试验指标为：磨矿细度 -0.074mm质量分数占 89.50%，原矿品位 P_2O_5 7.30%、MgO 5.42%，精矿品位 P_2O_5 32.37%、MgO 1.10%，回收率 84.73%。

S_{711}是胶磷矿正浮选常用抑制剂之一。李防等人[59]介绍了不用 S_{711}时放马山磷矿的正反浮选工艺试验结果，其结果表明：在不使用抑制剂 S_{711}时，正反浮选可以达到与使用 S_{711}同样的精矿质量和精矿回收率，并且经济指标优于使用 S_{711}时的浮选结果。

傅克文等人[60]采用直接浮选法选别大峪口露采胶磷矿，针对存在精矿泡沫黏度大、泡沫不易破碎、精矿难以沉降、精矿中 MgO 质量分数高等问题，且精矿浆不能满足生产优级品磷酸二铵（DAP）的要求，在实验室试验基础上，选用新型 SP 药剂为磷矿物抑制剂，并采用“优先脱硅—粗精矿脱镁”的正反浮选新工艺，对原有直接浮选法工艺、流程进行了改造和工业化试验。结果表明：当原矿 P_2O_5 品位为 17.90%、MgO 质量分数为 4.28% 时，可获得精矿 P_2O_5 品位 31.62%、MgO 质量分数 0.74%、回收率 81.35% 的指标。

邓伟等人[61]针对清平磷矿矿石特性，因地制宜地提出“矿浆无需加温”、“正浮选无需添加碳酸盐抑制剂”、“反浮选无需添加磷酸”、“反浮选无需添加碳酸盐捕收剂”的“四无”正反浮选工艺。在原矿 P_2O_5 品位 22.22%、MgO 质量分数 2.91%、磨矿细度 -74μm(-200 目)占 93% 的条件下，进行连续运转 72h 的 1t/d 扩大连续性试验，可获得 P_2O_5 品位 30.37%、MgO 质量分数 0.53%、精矿产率 60.71%、回收率 82.99% 的工艺指标。

黄齐茂等人[62]针对湖北某中低品位硅钙质胶磷矿的矿石性质，采用常温反正浮选工艺，通过优化浮选流程的药剂制度，获得了较好的选别指标：原矿 P_2O_5 品位 17.09%、MgO 质量分数 5.29%，磷精矿 P_2O_5 品位 29.03%、回收率 78.22%、MgO 质量分数 0.71%，为该中低品位硅钙质胶磷矿的开发利用研究提供了参考。

d　双反浮选工艺

刘星强等人[63]对某中低品位硅钙质胶磷矿采用双反浮选工艺流程进行了试验研究。对磷矿物而言，碳酸盐与硅酸盐都是杂质矿物，对于是先选碳酸盐（选镁）还是先选硅酸盐（选硅）进行了两种流程的对比试验。结果表明：先选硅后选镁流程的分选效果不如先选镁后选硅流程，并且选硅部分泡沫较黏，选镁部分上浮量明显减少，即使增加捕收剂 PA-64 的用量，上浮量还是不足，甚至后面不上矿，因此最终确定选用先选镁后选硅的双反流程。最优闭路试验结果表明：在原矿 P_2O_5 品位为 23.14%、MgO 质量分数为 3.72%、磨矿细度为 -74μm(-200 目)占 76.55% 的条件下，经过先选碳酸盐后选硅酸盐的双反浮选流程，可以获得 P_2O_5 品位为 30.60%、MgO 质量分数为 0.68% 的优质磷精矿，且精矿 P_2O_5 的回收率达 81.05%。

程仁举等人[64]针对贵州某中低品位胶磷矿的矿石性质，在磨矿细度 -74μm 质量分数占 80% 的条件下，以 EM-LS-01 作为反浮脱镁捕收剂，改性胺类捕收剂 EM-FM-01 作为反浮脱硅捕收剂，采用双反浮选工艺，最终获得了 P_2O_5 品位 31.26%、回收率为 81.15%、含 MgO 0.86% 的磷精矿，实现了磷矿物与脉石矿物的有效分离。

谢春妹等人[65]以贵州瓮福磷矿 a 层矿 2 矿体磷矿石为研究对象，采用双反浮选工艺，分别对影响分选指标的主要因素进行了条件试验。结果表明：在磨矿细度 -0.074mm 质量分数占 80.80% 条件下，原矿 P_2O_5 品位为 25.05% 的硅钙质胶磷矿经"一次粗选、一次扫选、两次精选"浮选流程选别后，可获得 P_2O_5 品位 31.82%、MgO 质量分数 0.92%、SiO_2 质量分数 12.63% 的综合精矿，其总回收率为 80.24%。

e　浮选工艺对比研究

沈静等人[66]针对湖北某中低品位钙硅质胶磷矿，分别进行单一反浮选、双反浮选和常温正反浮选工艺研究及药剂费用对比试验。结果表明：采用单一反浮选，可得到磷精矿 P_2O_5 30.37%、MgO 0.36%、回收率 88.38% 的较好指标，且最为经济，每吨原矿药剂费用仅为 15.28 元；若希望精矿质量更好些，回收率更高些，建议采用双反浮选，可得到磷精矿 P_2O_5 31.60%、MgO 0.43%、回收率 90.63% 的好指标，每吨原矿药剂费用为 23.40 元；正反浮选相对来说精矿质量一般、回收率较低、药剂费用较高、磨矿细度较细，指标分别为磷精矿 P_2O_5 品位 30.54%、MgO 质量分数 0.70%，回收率 84.62%，每吨原矿药剂费用为 26.98 元。

方世祥等人[67]根据矿石性质，分别采用单一反浮选、双反浮选和正反浮选 3 种流程选别云南会泽磷矿。结果表明 3 种工艺均能取得较好的选矿指标，为云南会泽磷矿的开发开辟了新的途径。

罗惠华、柏中能等人[68]认为单一的反浮选工艺能获得较好的选矿指标，但局限于处理含碳酸盐矿物较高的磷矿；双反浮选工艺要求磷矿中 SiO_2 的质量分数不能过高；单一重选工艺精矿回收率低，且杂质 MgO 质量分数高，精矿品位达不到酸法磷矿的要求。在分析海口磷矿的赋存状态和嵌布特征的基础上，提出采用正反浮选工艺处理海口高硅高镁的磷块岩矿石，而采用单一或双反浮选工艺处理海口低硅高镁的磷块岩的选矿工艺方案。

f　其他浮选工艺研究

李根等人[69]研究了粒度及其分布对晋宁磷矿浮选的影响，提出并试验了解决粗细粒间相互影响的方法——分级浮选。试验表明：分级浮选可以降低浮选药剂消耗，提高浮选指标，并可降低磨矿细度。

刘丽芬[70]针对某地高硅低品位砂质磷矿细粒级矿中有用矿物质量分数低而倍半氧化物质量分数高，直接浮选矿浆发黏，有用矿物和杂质难于分离的实际情况，采用分级浮选工艺流程，避免了细粒级矿对浮选作业的干扰，得到了比较理想的技术指标。

钱押林等人[71]研发出了一种硅钙质胶磷矿的分支浮选工艺，将磨矿后硅钙质胶磷矿首先进行反浮选脱镁，反浮选粗精矿进行分级，粗粒级部分进行反浮选脱硅，细粒级部分进行正浮选脱硅，脱硅后的精矿合并为最终精矿。该工艺充分考虑到硅钙质胶磷矿的特性和粗细粒级的分选特性，具有分选效率高、工艺指标优、最终精矿综合成本较低等优点。

曹效权等人[72]介绍了一种硅钙质磷块岩磷矿的浮选工艺：先对磨矿后的原矿进行正浮选，排除可浮性差的硅质矿物、碳酸盐矿物、泥质及其他矿物，再对粗精矿进行碳酸盐矿物反浮选，浮出碳酸盐矿物，最后对槽内产品进行脱泥浮硅，进一步排除硅、铁、铝等杂质矿物。该浮选工艺可获得较高品位的磷精矿。

钱押林等人[73]研发出了一种硅钙质胶磷矿等可浮分选工艺：将磨矿后硅钙质胶磷矿首先进行等可浮浮选，泡沫产品进行反浮选除镁，槽内产品进行正浮选脱硅，除镁精矿和脱硅精矿合并为最终精矿。该工艺充分利用了各矿物天然可浮性的差异，具有浮选药剂用量小、分选效率高、最终精矿质量高、综合成本低等优点。

湖北宜昌某低品位胶磷矿，磷灰石赋存颗粒较细，碳质和碳酸盐质量分数均较高，且磷灰石与脉石矿物相互嵌布或呈包裹体存在。宋昱晗等人[74]针对该矿石性质采用了反反正的浮选工艺流程，先以煤油反浮选脱泥除碳质，然后以硫酸和磷酸的混酸作为反浮除碳酸盐的调整剂和抑制剂，改性脂肪酸 HQ 为捕收剂反浮除碳酸盐，最后以水玻璃抑制硅酸盐，羧甲基纤维素类抑制剂 S-2 抑制碳酸盐，脂肪酸皂 S-1 正浮捕收磷灰石，获得最终磷精矿含 P_2O_5 31.36%、MgO 0.95%。

g　其他浮选技术研究

云南磷矿资源丰富，根据原矿的性质，在正浮选时可采取有碱或无碱工艺。刘丽芬[75]研究了浮选时采用有碱和无碱工艺对不同类型胶磷矿的适应性，并总结了有碱和无碱工艺的优缺点。研究发现：硅钙质胶磷矿更适宜采用无碱工艺，钙硅质胶磷矿两种工艺都适合，但添加少量的碳酸钠作 pH 值调整剂，效果更理想。硅质胶磷矿适宜采用有碱工艺。根据矿石性质来确定有碱或无碱工艺，对取得较好的生产指标、节省药剂、简化工艺流程等具有重要意义。

药剂添加点对生产指标也有影响。云南海口矿区某硅钙质磷矿，原矿含 $P_2O_5$22.56%，反浮选时，在浓硫酸与捕收剂 YP-3 同时添加时生产指标不理想。杨稳权等人[76]研究了浓硫酸添加点对此磷矿石反浮选的影响，在浓硫酸与捕收剂不同时添加时，得到反浮选精矿 P_2O_5 品位 31.65%、回收率 93.86% 的浮选指标。与同时添加相比，品位高 0.98%，回收率高 11.43%；在不同的加药搅拌时间下反浮选该磷矿时，指标变化不大。该研究指出浓硫酸与捕收剂应分开加。

柏中能等人[77]针对某磷选矿厂药剂消耗大、捕收效果不好等问题，对该厂的捕收剂做了优化调整，将捕收剂现配制使用质量分数由 10% 调整为 5%，一次性一点给药调整为分段多点加药，药剂用量降低，实现了节约成本的目的。

杨稳权、罗廉明等人[78]针对云南海口和安宁两个 200 万吨/年浮选厂生产工艺流程经常出现“短路”现象的问题，分析了原仅用水玻璃作抑制剂和调整剂的工艺流程特点，发现出现“短路”的主要原因是水玻璃作抑制剂作用强而作调整剂作用弱，造成了工艺流程浮选时间不够。研究中发现碳酸钠作为一种无机调整剂，可以减少矿浆中的 Ca^{2+}、Mg^{2+} 等难免离子，活化胶磷矿，加快浮选速度，缩短浮选时间。此外还分析了水玻璃、水玻璃与碳酸钠配合使用的作用机理并进行了加与不加碳酸钠的对比试验。结果表明：相同刮泡时间内，加碳酸钠浮选流程的精矿产率和回收率要高 11.45% 和 16.69%，说明碳酸钠在胶磷矿正浮选中的活化作用非常明显。该试验结果已被用于海口浮选厂的生产实践，且取得了良好的经济效益。

李松清等人[79]在双反浮选工艺的基础上，对某沉积型硅钙质胶磷矿进行了脱镁降硅的磨矿细度条件试验，在酸性和磨矿细度为 -0.074mm 占 55% 的条件下，以 BK422 为反浮选脱镁捕收剂，BK430 为反浮选脱硅捕收剂，就可以获得 MgO 品位 1.08%、SiO_2 品位 12.79%、P_2O_5 品位 30.39%、P_2O_5 回收率 92.70% 的磷精矿，取得了较好的试验效果。

周颖等人[80]针对贵州织金中低品位磷矿石，采用钢球和钢棒为磨矿介质及“一次粗选、一次精选”的反浮选工艺流程进行了浮选富集磷的试验。结果表明：在磨矿细度 -0.074mm 为 75.00% 时，采用棒磨方式，获得的磷精矿含 P_2O_5 33.45%、MgO 1.28%，精矿 P_2O_5 回收率为 89.26%。采用棒磨方式获得的磷精矿 P_2O_5 品位比采用球磨方式获得的磷精矿 P_2O_5 品位高出 1.15%，MgO 品位低 0.76%。

穆枭[81]针对胶磷矿浮选精矿三相泡沫体系，研究了胶磷矿精矿三相泡沫稳定性的影响规律。研究表明：与氧化石蜡皂和塔尔油相比，油酸钠作为捕收剂时产生的三相泡沫最为稳定；-0.01mm 粒级胶磷矿固体颗粒显著提高了三相泡沫稳定性，而 0.01～0.038mm 粒级对三相泡沫稳定性影响不大，0.038～0.076mm 粒级则降低三相泡沫的稳定性。

杨稳权等人[82]通过测定胶磷矿在不同磨矿细度下的单体解离度，来计算磷矿的理论最大回收率，进而通过比较实际回收率与理论最大回收率来判定浮选指标的优劣。利用偏光显微镜观测，采用过尺线测法，在磨矿细度 -0.074mm 质量分数分别占 84.23%、88.71%、92.74% 和 95.16% 的条件下，测定了磷块岩中有用矿物（胶磷矿）和脉石矿物（白云石、石英）的单体解离度。据此计算获得了对应磨矿细度下胶磷矿的理论最大回收率，分别为 95.11%、95.71%、96.70% 和 96.72%。初步浮选试验显示磨矿细度在 -0.074mm 占 88.71% 时较为适宜，浮选脱镁率为 88.76%，磷精矿实际回收率为 87.54%。在此磨矿细度下，通过优化浮选工艺流程及药剂制度，浮选磷精矿实际回收率可达 91.24%，精矿中磷酸盐矿物的回收率可达 95.33%，说明通过测定胶磷矿的单体解离度来优化指标是可行的。

康拓新等人[83]通过对河北丰宁招兵沟铁磷矿浮选选磷工艺 7 年的生产实践总结，对原矿石性质，浮选粒度、浓度，浮选泡沫层动态，浮选机充气量，浮选温度，浮选水质等影响因素分别进行探讨和研究，找出影响浮选工艺的因素，为选矿厂生产提供了依据。

矿浆溶液的 pH 值是影响浮选指标的重要因素之一，王灿霞[84]研究了 3 种胺类捕收剂在用量一定时，pH 值对云南某中低品位硅质胶磷矿脱硅的影响。试验结果表明，胺类药剂反浮选脱硅较适宜的 pH 值范围为 7.0 ~8.5。

B　其他磷矿选矿工艺流程

新疆某铁磷矿矿石性质复杂，品位较低，铁矿物赋存形式多样，嵌布粒度较细。罗仙平等人[85]针对该矿石性质采用“优先浮磷—浮磷尾矿磁选收铁”的工艺流程进行试验。结果表明：在原矿含铁 15.15%、含 P_2O_5 2.28% 的情况下，可以获得含 P_2O_5 29.36%、P_2O_5 回收率 89.27%，含铁 1.73%、铁分布率 0.81% 的磷精矿和含 P_2O_5 0.17%、P_2O_5 分布率 0.85%，含铁 64.87%，铁回收率 50.04% 的铁精矿。该流程试验指标良好，选矿工艺简单，所得铁、磷精矿的质量较好，对低品位的铁磷矿石综合回收具有良好的推广应用价值。

青海低品位磷矿主要矿物是透辉石、黑云母、磷灰石和磁铁矿，还有少量的长石、榍石、绿帘石和方解石，原矿含磷 3.52%、钾 3.77%、全铁 8.88%。卫敏等人[86]根据矿石性质，采用粗磨分级—粗粒重选、细粒浮选工艺进行试验。试验结果表明：原矿经过一段粗磨分级，+0.35mm 产品采用摇床重选工艺，可有效分离云母和透辉石，获得高品位云母精矿；-0.35mm 级别采用磨浮选工艺，可获得较高的选矿技术指标，磷精矿品位大于 32%，回收率大于 92%。为该矿的开发利用提供了技术依据。

湖南省某磷矿为浅海相化学沉积型磷块岩矿床，矿石结构主要为泥晶胶状结构，矿石构造为条带状构造及块状构造。磷块岩矿石中磷酸盐矿物为胶磷矿，脉石矿物主要为石英、玉髓和黏土矿物，含少量碳质物、铁质氧化物和金属矿物等，胶磷矿嵌布类型以细中粒级为主。考虑到该矿为弱风化磷块岩矿石，吴艳妮[87]采用擦洗脱泥—浮选联合工艺对该矿进行了选别试验，擦洗脱泥工艺试验结果表明：擦洗脱泥能够将原矿 P_2O_5 品位从 15.78% 提高至 22.82%，脱除的 -0.5mm 矿泥 P_2O_5 品位仅为 4.43%，有害杂质 Fe_2O_3、Al_2O_3、MgO 的排除率高，分别达到 66.19%、69.09% 和 64.97%，擦洗脱泥效果显著。同时使进入浮选工艺的入选矿量只占 61.71%，有效降低了矿泥对浮选的干扰，提高了磨矿效率。浮选为常温浮选，浮选工艺流程采用一次粗选、一次扫选、一次精选的正浮选工艺流程。擦洗脱泥—浮选联合工艺试验结果表明：该工艺流程可使 P_2O_5 品位由原矿的 15.78% 富集至 30.77%，P_2O_5 回收率为 82.40%，磷精粉达到酸法加工用磷矿石一等品 Ⅰ 级标准。

宜昌丁东磷矿为中低品位硅钙质胶磷矿，原矿 P_2O_5 品位为 16.83%，MgO 质量分数为 1.54%，李冬莲等人[88]对该磷矿进行了重介质选矿及重介质选矿 + 浮选流程实验室小型试验，重介质选矿试验结果表明：(1) 通过重介质选矿可获得合格精矿。分离体积质量为 2.96 时，沉物 P_2O_5 品位达 30.86%，产率 33.30%，回收率 55.61%，MgO 质量分数为 0.95%，虽然达不到一类磷精矿要求，但仍能获得高品位的磷精矿。(2) 重介质选矿可适当抛尾。分离体积质量为 2.70 时，浮物可抛去 17.36% 左右的尾矿，尾矿 P_2O_5 品位 1.64%，有用成分丢弃率为 1.54%。重介质选矿 + 浮选流程试验结果表明：采用重介质选矿 + 浮选（包括一粗一精一扫正浮选与一粗一扫反浮选）联合流程，原矿入选品位 P_2O_5 17.03%，精矿品位 P_2O_5 31.62%，P_2O_5 回收率 83.00%，MgO 质量分数 0.39%，精矿质量达到酸法加工一类标准。

湖北某磷矿属海相沉积型磷块岩矿床，磷酸盐矿物主要为泥晶磷灰石（俗称胶磷矿），脉石矿物主要为白云石、石英和黏土矿物，属较难选别磷块岩。李艳等人[89]依据该胶磷矿的矿石性质，采用重液浮沉—反浮选联合工艺流程，原矿品位 P_2O_5 21.79%，有害成分 SiO_2 18.38%、MgO 4.35%，通过重选抛尾，重选粗精矿通过两次粗选、两次扫选就能得到磷精矿品位 P_2O_5 31% 以上，MgO 1% 左右，回收率 88% 以上的精矿产品。

丁海涛等人[90]以沉积型硅钙质磷矿石为研究对象，分别采用摇床和溜槽进行预先富集试验，经过系统的条件试验，确定摇床选别的适宜工艺条件为矿浆质量分数 20%，床面倾角 40°，冲洗水量 4L/min；

溜槽选别的适宜工艺条件为矿浆质量分数20%，冲洗水量3.0L/min。结果表明：溜槽选别效果较好，在原矿 P_2O_5 品位25.80%、SiO_2 品位15.82%时，获得的最终精矿 P_2O_5 品位28.24%，SiO_2 品位12.75%，回收率85.19%。

马宏云等人[91]以湖北省宜昌地区磷矿石的分选工艺为实例，通过新老重介质分选工艺的对比，阐述了专门对高密度的矿石进行有效分选的简化工艺，以及在我国磷矿石分选中的应用与研究。

凌仲惠[92]介绍了重介质旋流器分选宜昌低品位磷矿石，根据矿石性质和工艺特征、重介质旋流器选矿系统及工程设计，为充分利用磷矿资源，用重介质旋流器作为一种预选的手段，推荐重介质+反浮选的联合选矿工艺流程。

张贤敏等人[93]介绍了磷矿擦洗及正反浮选联合工艺，将磷矿擦洗工艺及正反浮选工艺联合进行，不仅能减少擦洗后尾矿的排放量，提高回水利用率，与单独的浮选工艺相比，能大幅度降低选矿成本，提高资源的利用率。

邓荣东等人[94]介绍了一种磷矿石脱镁的方法：将磷矿石磨至单体解离，加入1~20kg/t聚乙烯醇水溶液，搅匀再加酸调至pH值为3~5，进行重选，方解石和白云石从溢流排出成为尾矿，磷矿石从底流排出成为脱镁磷精矿。该选别工艺分选精度高，能有效降低磷精矿中氧化镁的质量分数。

何浩明等人[95]介绍了一种利用碳酸盐型中低品位磷矿生产磷精矿的方法：以碳酸盐型中低品位磷矿石为原料，经过破碎、煅烧、消化、碳化后经分离得到磷精矿。该工艺具有流程简单、磷回收率高、磷精矿中氧化镁质量分数低等特点，为碳酸盐型中低品位磷矿的利用提供了一条有效途径。

张雪杰等人[96]对四川马边磷矿进行硫酸脱镁，可使该磷矿中镁脱除率达到68.42%，而磷的损失率仅为2.61%。化学选矿是降低磷矿中MgO质量分数的有效技术，但加工费用较高，设备要求高，一般不采用。

杨均流[97]对湖北宜昌某低品位磷矿进行了生物浸出试验，采用嗜酸氧化亚铁硫杆菌、嗜酸氧化硫硫杆菌以及氧化亚铁钩端螺旋菌的混合菌种在实验室条件下对磷矿进行浸出，在浸出时间为20天时，磷矿浸出率可达96%。

晏露等人[98]研究了硫酸和氧化亚铁硫杆菌浸出低品位磷矿过程中初始pH值和底物成分对磷的浸出率的影响。实验结果表明：在初始pH值为1.50~3.50时，硫酸和氧化亚铁硫杆菌都能有效提高细菌培养液中磷的浸出率，且当pH值为2.00、培养底物为混合矿时，氧化亚铁硫杆菌浸出磷矿中磷的浸出率最大，达到9.50%。

胡纯等人[99]用黑曲霉对磁选后精矿进行微生物浸出脱磷研究。黑曲霉对精矿中的磷元素具有较强的脱除能力，微生物浸出作用8天后，在较低的矿浆浓度下矿石的脱磷率为79.68%，矿石中的含磷量由0.85%降低到0.17%。该研究为微生物用于铁矿石的脱磷提供了理论依据。

24.1.3.3　选矿设备

与大量的磷矿选矿工艺方面的研究相比，近几年在磷矿选矿设备方面的研发工作明显不足，尤其是在大型选矿设备的研发方面，开展的研究工作非常有限，主要体现在成熟设备的结构和工艺参数的优化及改进上。磷矿选矿设备研究的重点主要集中在选矿设备的应用研究上，浮选柱、重介质旋流器和陶瓷过滤机等选矿设备的应用研究成果较多，尤其是浮选柱在磷矿选矿方面的应用研究成果显著。

A　选矿设备的研制与改进

浮选机的大型化及优化，对浮选机的流场研究提出了挑战。沈政昌等人[100]利用CFD方法研究了大型浮选机内部流场特征，揭示了大型浮选机的浮选动力学特点。对600m^3浮选机分别进行了单相（水）、气液两相、气液固三相流体流动状态数值模拟。CFD仿真研究表明600m^3浮选机流场有明显的上下循环，气体分布合理，空气弥散良好，固相搅拌混合均匀，无沉积问题，满足浮选的工艺要求。

海口磷矿2008年建成的200万吨/年中低品位胶磷矿选矿装置采用常规KYF/XCF-50浮选机，3年多的调试生产发现，该浮选机在刮泡、充气和搅拌等方面存在一些缺陷。韦蕊[101]介绍了针对这几方面进行的改造，改造后的浮选机浮选的精矿产率和回收率明显升高，取得了良好的改造效果。

刘之能等人[102]针对磷矿选矿特点，研究了KYF磷矿用浮选机的特殊设计原则，重点阐述了KYF磷矿用浮选机的工作原理及主要部件的设计依据，并采用CFD技术对KYF磷矿用浮选机的流体动力学特性进行模拟。KYF 磷矿用浮选机在国内外率先成功解决了磷矿选别要求充气量小、泡沫量大、泡沫黏难破碎输送等难题，实现了在小充气量、低转速的同时保证矿浆悬浮等磷矿选别的要求。通过 CFD 流体力学模拟进一步证明 KYF 磷矿用浮选机设计合理，能满足设计要求。

孙华峰等人[103]介绍了分选磷矿用重介质旋流器的研究、应用和改进情况；分析了生产应用中存在的问题；提出了相应的解决思路；探讨了分选磷矿用重介质旋流器及相应分选工艺的发展方向。

邵涛等人[104]通过对旋流器的结构和工艺参数的研究及改进，研制出了分选磷矿用重介质旋流器。采用两段式结构，通过调整重介旋流器的锥比、安装角度，并将一段旋流器由圆筒型变为一定角度的锥型，实现了高密度磷矿石的有效分选。采用 Fluent 数值模拟软件对新型分选磷矿用重介质旋流器与传统重介质旋流器进行了对比研究，且介绍了新型磷矿旋流器的分选工艺和应用情况。

崔岩[105]对 KYC 浮选柱液位测量装置的应用做了研究，将 IFM 隔膜压力传感器、激光液位计、超声波液位计的测量结果进行比较后发现：压力传感器的各项性能指标最优，可以大大提高液位控制的稳定性，压力传感器在测量浮选柱液位时，稳定性好且实现了液位测量的自动控制。

陈翔等人[106]公开了一种磷矿多级筛分装置（见图 24-2），其进料斗的出口处设置有第一平面筛。第一平面筛的筛上出口通过导流轨道与第一皮带输送装置相连，第一平面筛的筛下出口处设置有第一闸板阀，第一平面筛的筛上出口于第一闸板阀的下方连接有第二平面筛。第二平面筛的筛上出口通过导流轨

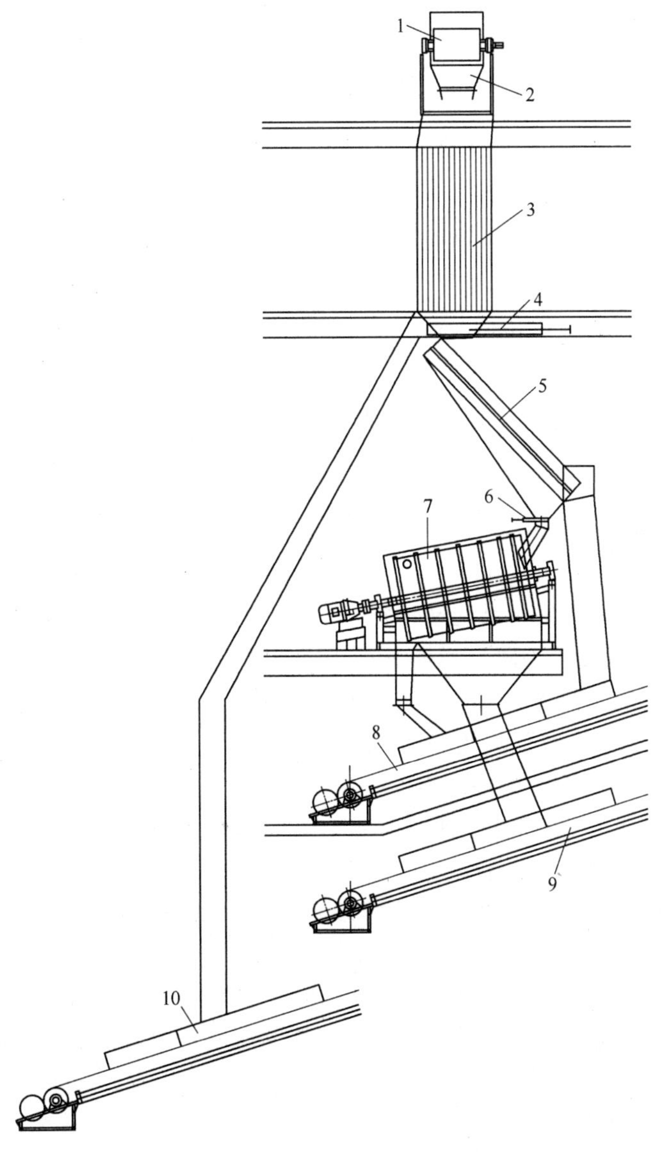

图 24-2　一种磷矿多级筛分装置

1—磷矿石输送机构；2—进料斗；3—第一平面筛；4—第一闸板阀；5—第二平面筛；6—第二闸板阀；7—滚筒筛；8—第二输送装置；9—第三输送装置；10—第一输送装置

道与第二皮带输送装置相连，第二平面筛的筛下出口处设置有第二闸板阀，第二平面筛的筛下出口处于第二闸板阀的下方连接有滚筒筛。滚筒筛的粗料出口通过导流轨道与第二皮带输送装置相连，滚筒筛的细料出口通过导流轨道与第三皮带输送装置相连。第一闸板阀和第二闸板阀，可以根据开采出来的矿石的实际情况选择分选的级数以及分选出来的物料的去处。

李绍武[107]介绍了 HTG 型陶瓷过滤机的工作原理、工艺流程，以及在磷矿浆脱水应用中存在的问题及改进措施。生产运行证明：陶瓷过滤机真空度高，滤饼含水率低、产量高，是一种适用于湿磨磷矿粉的高效、环保节能的固液分离设备。

CJZJ-56 自动压滤机单块滤板面积 2.56m^2，单机过滤面积 56m^2，已在四川拉拉铜矿、呷村银多金属矿、内蒙古东升庙锌精矿及塔吉克斯坦等中小型矿山得到了成功应用。应用实践证明：CJZJ-56 自动压滤机可以有效地处理黏性难过滤精矿，滤饼水分明显低于真空过滤机及板框压滤机。但在贵州某一磷矿采用此类型压滤机进行尾矿脱水时发现，此种自动压滤机存在压滤机密封不彻底、橡胶隔膜及滤布等易损件消耗大、处理能力小且水分有二次增加等现象，最终导致尾矿水分达不到工艺要求。为了解决以上高效压滤机在工业应用中出现的问题，刘正西等人[108]通过对高效脱水工艺、滤板密封结构、易损件等的研究，对 CJZJ 自动压滤机进行了较大的技术改造：应用变频技术调整矿浆泵的注浆压力曲线，加大进浆（风）口面积，改变汇水（风）汇聚方式，改变压榨介质，将高压水改为高压风。改造后的自动压滤机对磷尾矿类极细且黏的物料可以正常连续地压滤，水分能够控制在工艺指标范围内。

B　选矿设备的应用研究

浮选设备作为选矿厂的主体设备之一，其选型的好坏直接影响选矿技术经济指标。近年来，浮选机选型技术无法满足浮选机大型化技术发展要求，制约了大型浮选机工程化进度。传统选型方法未充分考虑试验用浮选机搅拌雷诺数、充气速率测试、转速等流体动力学特性对浮选机选型的影响。史帅星等人[109]结合大型浮选机特性阐述大型浮选机选型过程中的几个问题，指出应研制开发与工业应用浮选机机型相同的小型试验浮选机，并采用该型号的浮选机进行小型试验或者连选试验，在优化工艺药剂条件的同时，强化浮选机操作参数条件试验，才能为大型浮选机选型提供准确的数据支撑。

浮选柱是一种高效的浮选设备，相对槽式浮选机具有结构简单、占地面积小、制造周期短、能耗低等优点。邓丽君等人[110]采用实验室型旋流—静态微泡浮选柱对我国西南地区某难选硅钙质胶磷矿进行了柱式正反浮选工艺研究。以 XM-10 作为正浮捕收剂，水玻璃作为硅酸盐矿物抑制剂和矿浆分散剂，以硫磷混酸作为磷矿物抑制剂，PA-64 作为碳酸盐矿物捕收剂，考察了磨矿细度、药剂用量等因素对浮选指标的影响。结果表明：采用旋流-静态微泡浮选柱正反浮选工艺，可以得到精矿 P_2O_5 品位 29.92%、MgO 质量分数 0.73%、磷回收率 85.97% 的浮选指标，简化了胶磷矿浮选工艺流程。

曹亦俊等人[111]针对我国西南地区难选硅钙质胶磷矿，采用旋流-静态微泡浮选柱对其进行了柱式双反浮选工艺的研究。以硫酸和磷酸作为磷矿物抑制剂，脂肪酸类药剂 PA-64 作为碳酸盐矿物捕收剂，胺类药剂 GE-601 作为硅酸盐矿物捕收剂，考察了磨矿细度、药剂用量、循环泵工作压力等因素对浮选指标的影响。研究结果表明：采用旋流-静态微泡浮选柱双反浮选工艺，可以得到精矿 P_2O_5品位 30.49%、MgO 质量分数 0.73%、磷回收率 81.03% 的浮选指标，简化了胶磷矿浮选工艺流程。

王大鹏等人[112]通过对西南某中低品位胶磷矿矿石性质进行分析，提出利用高效的微细粒分选设备旋流-静态微泡浮选柱进行分选研究；利用现场生产用药剂，考察处理量、药剂制度、循环泵工作压力、充气量等因素对浮选指标的影响，并优化工艺和操作参数条件，在此基础上进行连选试验。研究结果表明：采用一次粗选、一次精选、单反浮选的工艺流程可以获得精矿 P_2O_5 品位为 30.01%，精矿回收率 89.10%。该技术的研究为我国中低品位胶磷矿的分选提供了新的途径。

夏敬源等人[113]进行了中低品位磷矿浮选柱选矿工艺的研究。通过对云南昆阳磷矿浮选柱扩大(1t/d) 连续浮选试验、云南东川禾祁磷矿浮选柱扩大（1t/d）连续浮选试验、云南（昆阳、晋宁）混矿中低品位磷矿浮选柱扩大连续浮选试验等一系列研究结果的对比，证实了柱浮选比槽浮选在磷矿选别中的优势，为浮选柱在磷矿选矿厂的应用提供了理论依据。

卿黎等人[114]通过 FCSMC 浮选柱对中低品位胶磷矿的半工业试验，探索了柱浮选的设备性能、主要运行操作参数对选别技术指标的影响，对 FCSMC 浮选柱的应用推广具有一定的指导意义。

王大鹏等人[115]采用浮选柱在云南某胶磷矿矿石选矿厂进行了现场分流半工业试验，在 1 段反浮选的工艺流程结构下，获得了精矿 P_2O_5 品位为 31.09%、回收率为 93.27% 的良好指标，与同期的浮选机生产指标相比，在给矿品位和精矿品位基本相同的情况下，P_2O_5 回收率提高了 7.43%。

李耀基等人[116]结合云南磷化集团昆阳磷矿中低品位磷矿石选矿的柱浮选工业化应用的研究结果，阐述了浮选柱应用于胶磷矿选矿的不足与技术改进实践，以及该设备在云南磷化集团 450 万吨/年浮选工艺中的应用。

龙华等人[117]介绍了重庆某大型磷化工公司新建的一套选矿装置，反浮选工艺扫选作业采用浮选柱。浮选柱是中国矿业大学开发的系列大型旋流-静态微泡浮选柱，包括 1 台 ϕ2.0m×6.0m 型号为 FCMC-2000 和 1 台 ϕ3.0m×6.0m 型号为 FCMC-3000 的浮选柱。粗选尾矿采用旋流分级器分级处理，颗粒大于 74μm 的尾矿进入磨机再次磨细，然后和颗粒小于 74μm 的部分一起进入搅拌槽，在搅拌槽中和浮选药剂、废酸水充分混合后进入浮选柱进行扫选。与原有全槽式浮选机组装置相比较，尾矿中的 P_2O_5 质量分数至少降低了 2%，提高了磷回收率，增加了经济效益。该套选矿装置具有结构简单、处理能力大、占地面积小、投资省、能耗低、运行费用低、浮选效率高、流程简单、易于实现自动化等优点。

裴正广等人[118]认为利用和集成先进技术，创新磷矿选矿设备与工艺，是降低选矿成本的有效方式。球磨机主轴承采用滚动轴承，中小型球磨机节电可达 15%～30%，大型球磨机节电可达 10%～15%，设备运行率可提高 5%～15%。球磨机采用智能控制系统，可以降低球磨机电耗 5% 以上。使用电子水处理器有效利用低位热能，利用热水取代蒸汽用于选矿作业，可以取得显著的节能效果。浮选柱替代浮选机，可取得节省投资、节能降耗、显著降低选矿成本的良好效果。集成运用国际、国内先进技术，改造和创新流程和装备，对低品位磷矿选矿技术的发展非常有意义。

韦蕊[119]对 KYF/XCF-50 浮选机在海口磷矿中应用的适应性做了研究，并对该浮选机的搅拌、充气、刮板等部件进行了改造。改造后的浮选机应用时效果更好，磷精矿的品位和回收率有了提高。该研究从设备的角度出发，探索提高指标的方法，为同类选矿厂提供了参考。

王金生[120]介绍了三产品旋流器的选磷工艺，以宝石山矿业有限公司重介质分选为例，在流程设计上吸收了以往经验成果，很好地解决了工艺实践中存在的问题，保证了系统稳定、高效能。在设备选型上充分考虑了磷矿分选特点，设备性能优良。同时还提出了一些尚未解决的问题，为下一步研究探索提供了方向。

魏祥松等人[121]通过对花果树矿的技术改造，引进重介质三产品旋流器，以全粒级不分级入选，在较高分选密度（2.88～2.90g/cm^3）下，成功实现了微差密度矿物的分离。旋流器内置高耐磨材料，极大减少了运行成本。完善了介质控制、回收与净化系统，有效减少介质污染、密度变化、矿介分离的不稳定性，保障了工业化正常生产。

为了降低磷矿的物流成本，采用陶瓷过滤机对磷精矿浆进行脱水处理。谭宣红等人[122]介绍了陶瓷过滤机的结构及工作原理，以及在磷精矿脱水工艺应用中存在的问题及整改措施。通过在工艺与设备方面对陶瓷过滤系统进行整改，使得脱水后的磷精矿中 $w(H_2O)$ 达到 12%，产能基本达到了设计要求。

赵小林等人[123]介绍了 TC 系列陶瓷过滤机的工作原理；描述了陶瓷过滤机的结构；研究了陶瓷过滤机在贵州川恒化工有限责任公司磷精矿脱水中的实际运行情况，并将陶瓷过滤机与带式过滤机的性能进行了比较。结果表明：陶瓷过滤机具有自动化程度高、真空度高、生产效率高、滤饼水分低、节能显著等优点；陶瓷过滤机用于磷精矿脱水，滤饼水分稳定在 10%～13%，比带式过滤机低 10%；陶瓷过滤机是磷精矿脱水设备中较为理想的一种设备。

24.1.3.4　*选矿药剂*

合理的药剂制度是提高浮选技术指标的关键，高效浮选新药剂可明显促进复杂难选矿石的开发利用。近年来，磷矿选矿工作者在新型捕收剂和新型抑制剂的研发应用方面开展了大量的工作。浮选药剂的研究主要包括新型捕收剂和抑制剂的研制及其浮选性能的考察、复合或混合药剂的应用和药剂作用机理分析等，出现了一大批高效的浮选磷矿物的捕收剂、浮选碳酸盐矿物的捕收剂、浮选硅质矿物的捕收剂。同样也研究出一批磷矿物的抑制剂、碳酸盐矿物的抑制剂、硅质矿物的抑制剂。在常温低温药剂研究方面成绩也较显著，并且研究方法及手段也日趋完善。同时，调整或优化浮选药剂方案对提高磷矿分选技术指标发挥着愈来愈重要的作用。其他种类的选矿药剂的研究则相对明显偏少，主要集中在增溶剂、助溶剂、增效剂、其他表面活性剂等添加助剂以及助磨剂方面。

A　捕收剂

黄齐茂等人[124~126]通过对各种不同官能团性质的研究以及官能团与金属离子螯合作用机理的研究，研制了不同种类的新型取代脂肪酸衍生物磷矿捕收剂，在磷矿的浮选过程中，表现出许多优势。通过在α位引入氯原子，合成了多种含羟基的α-氯代脂肪酸酯浮选捕收剂，以及α-氨基脂肪酸类捕收剂并用于云南某磷矿的浮选。结果表明：α-取代基团和多羟基的引入改善了浮选捕收剂的选择性和水溶性，获得了较好的浮选效果。黄齐茂等人[127]在研究不同种类α取代的脂肪酸磷矿捕收剂中发现，将α-氯代脂肪酸柠檬酸单酯与α-氯代脂肪酸钠配比得到复合捕收剂D-SO-A和D-SO-B系列，对于一些特定的磷矿浮选具有很强的优势。

郭磊等人[128]以大豆油酸为原料，经α-氯代、酯化、成盐、肟化、酸化等单元反应，合成了一种新型季铵盐羟肟酸磷矿浮选捕收剂，用于湖北某中低品位（P_2O_5 17.09%）硅钙质磷矿石的正反浮选工艺的研究。结果表明：相对于传统的脂肪酸类磷矿浮选捕收剂，该捕收剂的水溶性好，浮选性能得到明显改善，且原料易得，价格便宜。

DY-P为新研发的选磷捕收剂，水溶性强，能与水以任意比例混合，性质稳定。为了提高北方某磷矿的磷资源利用率，戴新宇等人[129]利用DY-P选磷捕收剂对该磷矿进行了选矿试验研究。结果表明：DY-P磷捕收剂对该磷矿具有广泛的适应性，受温度影响较小。闭路试验可获得P_2O_5品位达38.12%、回收率达89.45%、杂质铁质量分数为1.07%磷精矿产品。DY-P捕收剂用量仅为现场磷矿捕收剂的40%左右，且不用水玻璃等其他药剂，使用DY-P选磷捕收剂不但降低了磷精矿产品中铁的质量分数，而且使选矿药剂成本也大大降低。

OT-8是通过对棉油皂的复配而获得的磷矿捕收剂。在复配OT-8时，添加了少量的表面活性剂，这些表面活性剂可以促进脂肪酸类捕收剂在磷灰石表面的吸附，改善矿物表面钙、镁离子的化学环境，增加脂肪酸在低温下的分散。采用OT-8捕收剂可提高矿物的疏水性，降低矿浆的浮选温度，实现低温浮选。罗惠华等人[130]使用OT-8在低温3~8℃下浮选宿松磷矿和海州磷矿，都获得了较好的选矿指标。

葛英勇等人[131]公开了一种胶磷矿浮选捕收剂，组成如下：55%~75%的混合氧肟酸、24%~44% C18的不饱和脂肪酸、1%~3%的OP-10。该捕收剂可实现常温（25~35℃）下对低品位胶磷矿的正浮选。

黄俊等人[132]公开了一种油酸酰胺钠型磷矿浮选捕收剂，该药剂原料易得、价格低廉、合成路线简单、安全可靠，比现有常规浮选药剂浮选效果更好，综合效率明显提高。

崔永亮等人[133]介绍了氧化石蜡皂的产品特点、发展方向、与合成脂肪酸生产工艺的差异。通过生产实践，确定了氧化温度140~145℃，风速12~13m/min，终点酸价90，皂化温度100℃，热处理管式炉出口温度150~180℃，物料停留时间1h的工艺条件。依此工艺条件生产所得到的氧化石蜡皂产品，在磷矿浮选应用上与传统型产品对比具有明显优势。

王海军等人[134]介绍了改型氧化石蜡皂对矾山磷矿选磷工艺的适应性，该药剂的使用能稳定提高生产指标和产品质量，并能有效地降低选矿成本，大大改善脱水作业效果。

丁宁等人[135]利用新型复合捕收剂，采用正浮选的方法对贵州某高硅磷矿进行浮选试验，考察了抑制剂用量、捕收剂复配比例和增效剂用量对精矿产率、精矿P_2O_5品位和精矿P_2O_5回收率的影响。结果表明，当原矿P_2O_5品位为24.64%，磨矿细度-0.074mm占86%，捕收剂用量0.92kg/t，捕收剂W01与W02复配比为2∶1，抑制剂Na_2CO_3用量11.54kg/t，Na_2SiO_3用量3.0kg/t，增效剂用量0.75kg/t时，可获得P_2O_5品位30.16%、P_2O_5回收率90.25%的磷精矿。

周贤等人[136,137]利用油酸为原料，经酯化、磺化及中和处理制得了一种新型的阴离子表面活性剂——脂肪酸甲酯磺酸钠（MES）。研究表明，将其用作磷矿捕收剂，其浮选性能与油酸钠基本相当，不同的是其选择性更好，抗硬水能力更强。

李冬莲等人[138]报道将十二烷基硫酸钠（SDS）与皂脚按照不同比例混合得到一类混合型的脂肪酸类浮选捕收剂，在较低的温度下（13~15℃），得到精矿的品位达到30.40%，回收率达到81.36%。

改性脂肪酸XF-1是一种新型的磷矿捕收剂，为了考察其对磷矿的浮选效果，杨昌炎等人[139]选取

XF-1、磺化油酸钠及油酸钠为捕收剂对宜化磷矿进行浮选。动电位及单矿物吸附对比分析表明：在捕收剂用量为 1.5kg/t，浮选温度为 30℃时，XF-1、磺化油酸钠和油酸钠将 P_2O_5 品位为 21% 的原矿分别提升到 27%、23.6%、22.1%，磷回收率分别为 85%、75.4%、74.8%；在 15～25℃时，XF-1 浮选获得的磷矿品位和磷回收率明显高于磺化油酸钠和油酸钠的。采用粗选与精选相结合的闭路浮选工艺，捕收剂 XF-1 选别出品位为 30%、磷回收率为 90% 的磷精矿，且精矿氧化镁质量分数只有 1.4%。XF-1 所表现出的亲和力和吸附力优于磺化油酸钠和油酸钠，XF-1 具有良好的捕收性能。

郑桂兵等人[140]对捕收剂 BK420 进行了试验研究，与常规的捕收剂（油酸）作比较，捕收剂 BK420 在承德地区某铁矿浮选回收伴生磷矿的应用试验结果表明：矿浆常温碱性条件下，磨矿细度为 -74μm 质量分数占 48% 时，经过一次粗选、三次精选、两次扫选、中矿顺序返回闭路浮选流程，可以获得含 P_2O_5 为 33.12%，P_2O_5 回收率为 89.62% 的磷精矿。BK420 可以作为伴生磷矿良好的低温捕收剂。

为了有效利用北方低品位磷矿，降低选矿生产成本，吴艳妮等人[141]采用动植物油脂化工废弃副产品为主体原料，并配以适量的增效剂，研制出了一种价廉捕收剂 AW-25。试验结果表明，采用 AW-25 能够获得较好的选矿指标，该药剂具有较好的捕收性、选择性及耐低温性，适宜北方选矿厂浮选低品位磷矿使用。

李艳[142]通过对一些难选磷矿石系统的浮选试验研究发现：A 捕收剂作为一种不饱和脂肪酸，可以取代或者部分取代 AW、阜新皂等其他浮选捕收剂；另外，当 A 捕收剂与表面活性剂组成脂肪酸类混合型捕收剂时，可改善 A 捕收剂的浮选性能，并取得较好的试验结果。

骆斌斌等人[143]在油酸钠、十二烷基磺酸钠、DES 对朝阳某磷矿捕收性能试验的基础上组合出一种新型药剂 DMF-1，并以此为捕收剂进行了浮选工艺技术条件试验及开路试验。在磨矿细度 -0.074mm 占 46%，矿浆 pH 值为 7.00，DMF-1 用量 200g/t，温度 30℃，水玻璃用量 400g/t，采用一次粗选、三次精选、一次扫选的试验流程，获得磷精矿品位 36.46%、回收率 53.33%、尾矿品位 0.21% 的指标，表明捕收剂 DMF-1 具有药剂制度简单、用量少、无需矿浆加热、捕收效果好的特点。对试验结果分析，研究了 DMF-1 中 3 种成分之间的协同效应和作用机理，其中十二烷基磺酸钠主要是起泡作用；油酸钠则以化学吸附在矿物表面起到疏水及捕收作用；DES 以化学吸附和氢键吸附协同作用的方式，增强药剂 DMF-1 的捕收性能。

董颖博等人[144]公开了一种磷矿中低温捕收剂的制备方法：向装有冷凝装置的三口烧瓶中加入正己胺的盐酸溶液，在加热条件下滴加亚磷酸溶液，待反应物加热至 105℃后再滴加甲醛溶液，滴加完毕后保持回流温度反应 3～6h，得到的正己胺双次甲基膦酸溶液与一定量的十二烷基硫酸钠溶液混合搅拌，制得磷矿中低温捕收剂。针对磷矿的中低温浮选，可以获得不低于传统捕收剂在加温条件下的选别指标。

姜小明等人[145]利用新型捕收剂 BY-1，采用单一反浮选的方法对沙特某低品位胶磷矿进行浮选试验，考察了磨矿细度、浮选时间、抑制剂和捕收剂用量对精矿 P_2O_5 品位和 P_2O_5 回收率的影响。结果表明：当原矿 P_2O_5 品位为 19.60%，磨矿细度 -0.074mm 占 60%，浮选时间 1.5min，抑制剂用量 11.09kg/t，捕收剂用量 1.0kg/t 时，可以获得 P_2O_5 品位 32.23%、P_2O_5 回收率 86.86% 的磷精矿。接触角测量结果表明，新型捕收剂 BY-1 的浮选性能优于现有捕收剂 WF-1 的浮选性能。

甘顺鹏[146]合成的白云石捕收剂 MG 是一种改性脂肪酸盐，红外光谱测定反映其分子结构中含有羧酸基团（—COOH）和羟基基团（—OH），试验证明其在反浮选胶磷矿中的白云石时，与传统药剂相比具有捕收力强、选择性好的优点。

寇珏等人[147]利用 Georgia-Pacific 化学公司开发的系列阳离子胺类捕收剂 605G83、605G91 和 605G94 进行了磷矿脱硅反浮选试验，结果表明其在磷矿脱硅反浮选中有较强的优势。

GE-609 是武汉理工大学研制的一种新型高效阳离子脱硅捕收剂。该捕收剂具有选择性好、捕收能力强、耐低温、浮选泡沫脆等特点。葛英勇等人[148]研究发现，用阴离子捕收剂 MG 反浮镁、阳离子捕收剂 GE-609 反浮硅的双反浮选工艺处理低品位胶磷矿效果较好，可以较大幅度提高磷精矿 P_2O_5 品位。

杨松等人[149]公开了沉积型硅钙质胶磷矿脱硅捕收剂及其制备方法和使用方法，该脱硅捕收剂 LF 为双酸酰表面活性剂，碳链长度 C10～C22，制备工艺简单，成本低，生物降解性优。

BK430 主要浮选铝硅酸盐矿物，对石英也有捕收能力。李松清等人[150]对 BK430 在某高硅胶磷矿中反浮选脱硅的应用进行了试验研究。结果表明：在酸性条件下，磨矿细度为 -74μm 占55%，以 BK430 为脱硅捕收剂，对原矿反浮选脱镁的粗精矿经过一次粗选、五次精选全开路浮选流程，可以获得含 P_2O_5 30.39%、SiO_2 12.79% 的磷精矿，P_2O_5 回收率为 92.70%。

B　抑制剂

CD 是一种亲水性很强的羟基羧酸类物质，在某硅钙质胶磷矿正反浮选工艺流程中，赵靖等人[151]采用 CD 作为碳酸盐抑制剂，在正浮选作业中能较好地脱除一部分碳酸盐杂质，使得精矿脱镁率由 6.49% 提高至 21.98%，反浮选药剂用量减少，且反浮选作业的泡沫性质得到改善，有利于工业化生产。

蔡秉洋等人[152]分别进行了高模水玻璃（$m=3.2$）和低模水玻璃（$m=2.3\sim2.5$）应用于云南某磷矿浮选的研究，通过浮选试验结果的比较以及水玻璃在浮选过程中的溶液化学行为分析，探讨了液碱法生产的低模水玻璃在胶磷矿正反浮选生产中应用的可行性。试验结果表明：虽然高模、低模水玻璃在模数、硅酸钠质量分数及所形成金属硅酸盐的溶度积等方面有所差异，但根据浮选溶液化学理论计算结果，可实现二者在同样用量情况下，其调节溶液 pH 值、抑制脉石的能力基本一致。

罗惠华等人[153]根据某高镁胶磷矿的性质，采用反浮选工艺处理该胶磷矿。试验对比了两种不同的反浮选抑制剂 PT-4 与磷酸的抑制性能，结果表明，PT-4 的分选效果较好，用其作反浮选抑制剂浮选品位为 P_2O_5 27.52%、MgO 6.03% 的原矿时，得到的精矿指标为 P_2O_5品位 34.52%，P_2O_5 回收率 97.71%，实现了目的矿物与脉石矿物的有效分离。罗惠华等人[154]还对四川马边碳酸盐型磷块岩进行了不同抑制法试验研究，结果发现在硫酸抑制法、磷酸和硫酸混酸抑制法和高效反浮选抑制剂 W-98 联合硫酸抑制法中，高效反浮选抑制剂 W-98 联合硫酸抑制法的分选效果较好，而硫酸抑制法的选矿成本最低。

杨忠权等人[155]介绍了 WFS 调整剂在瓮福磷矿选矿厂的应用。结果表明：在磷矿石原矿品位变化不大的情况下，用 WFS 作调整剂比使用浓硫酸（98% H_2SO_4）作调整剂时，磷精矿产品中 P_2O_5 质量分数略高。WFS 是一种工业废料，用作磷矿反浮选调整剂，泡沫不发黏，矿浆流动性好，并且极大减轻了浮选设备结钙现象，使用 WFS 调整剂为选矿厂大大节约了生产成本，而且有效减少了磷化工企业的环境污染。

余俊等人[156]根据湖北某磷矿的特性，以湿法磷酸副产物氟硅酸作为磷矿物抑制剂进行浮选试验研究，结果表明：氟硅酸是具有良好选择抑制效果的磷矿物抑制剂。当原矿石 P_2O_5 品位为 17.36%，脉石 SiO_2 和 MgO 质量分数分别为 30.60%、4.43% 时，经过正反浮选闭路试验可获得精矿 P_2O_5 品位 32.50%、回收率 86.25%、MgO 质量分数仅为 0.64% 的良好指标。

梁永忠、罗廉明[157]课题组以植物提取物为原料，加工制成一种环境友好型碳酸盐抑制剂 YY1。该药剂不仅对白云石等碳酸盐有明显抑制效果，而且对捕收剂还有一定的增效作用，可提高捕收剂的捕收能力。云南某磷矿在正浮选中添加 YY1 后，获得了较好的选别指标。

徐忠发等人[158]对四川某磷矿进行反浮选试验，采用原有抑制剂 H_2SO_4，可获得磷精矿 P_2O_5 35.28%、MgO 0.87%、回收率 71.98% 的指标；而采用 H_2SO_4 和 TXZ 作为复配抑制剂，可获得磷精矿 P_2O_5 34.11%、MgO 0.92%、回收率 81.59% 的指标，回收率高出 9.61%。显然，采用 H_2SO_4 和 TXZ 复配抑制剂，效果明显好于单一使用 H_2SO_4 作为抑制剂。另外，延长扫选时间，可以提高精矿质量。

C　其他选矿药剂

为了降低胶磷矿正浮选 pH 值调整剂碳酸钠的用量，同时又能有效调整矿浆的性质，改善浮选性能，罗惠华等人[159]以某磷矿为试验样品进行了氢氧化钠或氧化钙联合碳酸钠调整矿浆性质的浮选试验。结果表明：氢氧化钠与氧化钙单独作为调整剂时的浮选效果较差，配合碳酸钠作为调整剂，可以改善浮选效果；当使用氢氧化钠与碳酸钠配比为 1∶3 的混合药剂（用量 4.0kg/t）作为 pH 值调整剂时，选矿指标为精矿品位 18.58%、回收率 91.64%、选矿效率 18.18%，优于单独使用碳酸钠（用量 6～7kg/t）时的选矿指标，前者的药剂用量低，因此选矿过程中的药剂成本会有所降低。在工业生产中，可以将碳酸钠和氢氧化钠混合用作矿浆 pH 值调整剂。

李智力等人[160]为考察几种捕收剂、增溶剂、助溶剂和抑制剂用于磷矿反浮选的选别效果，用贵州瓮安磷矿矿样进行了单一反浮选对比试验。结果表明：在所比较的几种捕收剂中，WF-01 捕收剂的反浮选分选效果最好。同时，添加适量的聚山梨酯和尿素之类的增溶剂或助溶剂，有利于改善捕收剂的溶解性能，提高反浮选分选效果。在用磷酸和硫酸作抑制剂的对比试验中，发现在同等用量条件下，磷酸对磷酸盐矿物的抑制效果比硫酸要好，但成本比硫酸要高。

湖北某胶磷矿为难选磷矿石，刘养春等人[161]以该胶磷矿为浮选试验对象，以油酸皂为主捕收剂，配合可产生协同作用的表面活性剂进行浮选试验。结果表明：阴离子表面活性剂与非离子表面活性剂组合后添加到脂肪酸类捕收剂中，可显著提高磷精矿的品位和回收率，对原矿品位为 21.76% 的胶磷矿进行一次粗选，磷精矿品位可达 27% 以上，回收率达 91.5% 以上。

邓桂菊等人[162]研究了 CF-ZP01 表面活性剂在磷矿浮选过程中的作用。结果表明：该表面活性剂具有较强的活化性能，能增强捕收剂 YP2 ~3 的捕收性能和选择性能；在磷矿浮选过程中通过吨原矿添加 0.05kg 的表面活性剂，吨原矿的捕收剂用量可降低 0.5kg，并且可以获得 P_2O_5 品位 28.18%、MgO 质量分数 0.86% 的合格磷精矿，精矿产率达 72.17%。

王仁宗等人[163]公开了一种磷矿助磨剂，三乙醇胺 60 ~80 份，聚丙烯酸盐 20 ~40 份，将上述原料在混合槽里混合均匀后而制成。该助磨剂按给矿质量的 0.05% ~0.2% 的比例加入磷矿后，可有效提高磷矿磨机处理能力 15% ~30%，改善细度，增加磨机处理量。

鄂西高磷鲕状赤铁矿在微细粒磨矿时黏度非常高，严重影响磨矿效率，导致磨矿能耗大幅上升。李茂林等人[164]用助磨剂六偏磷酸钠和三聚磷酸钠对鄂西高磷鲕状赤铁矿进行降黏度磨矿试验。结果表明：添加两种助磨剂均可降低矿浆的黏度，助磨剂添加量为 0.2% 时降黏和助磨效果最佳；助磨剂使球磨机的生产能力得到显著提高，其相对增量最高可达 144%，磨矿时间为 5min 时助磨效果最佳。添加助磨剂后磨矿产品中粒度小于 38μm 的颗粒质量分数明显增加，两种助磨剂都能有效降低磨矿的能耗，最大能耗降幅为 57.14%。

刘丽芬等人[165]针对某地高镁低品位磷矿，采用双反浮选工艺流程，在脱镁的基础上，添加少量脱硅增效剂，增强了硅酸盐杂质的疏水性，提高了硅酸盐杂质的可浮性，精矿 P_2O_5 品位可以从 25.0% 提高到 28.0% 以上，可以满足酸法用矿要求，为该矿开发利用提供了可靠依据。

24.1.3.5　*选矿厂过程控制*

实现选矿生产过程自动化主要包括：破碎、磨矿分级、选别、脱水过滤及浓缩、尾矿输送等生产过程的自动控制。通过计算机网络系统实现在线优化生产调度和管理，使整个选矿生产过程处于最佳状态，最大限度地提高产量、精矿品位和回收率等技术经济指标，达到高产优质、节能降耗的目的。选矿过程的自动化控制技术近几年在磷矿选矿厂得到了较好的推广，尤其是在碎矿筛分过程控制、磨矿分级过程控制、浮选过程控制、自动加药等方面取得了较大的进展。

李振兴、文书明等人[166]介绍了碎矿、磨矿、浮选等选矿过程中自动控制的研究现状，探讨了选矿自动化目前存在的主要问题和发展趋势。

李少华[167]在磷矿浮选现行生产工艺控制的基础上，结合工具软件的应用，将生产控制的过程变量数据化，最终实现磷矿浮选不同关键控制要点的模块化应用，使生产人员能通过模拟系统的运行，根据各生产工序的关键数据指标及时作出生产调整，以保证生产的精矿达到最优经济效益，使磷矿资源有最好的回收率。

袁红霞等人[168]基于 RBF 神经网络构造了云南某胶磷矿浮选多因素输入和浮选精矿品位、回收率之间的浮选模型，并在 Matlab 环境下进行了计算机仿真试验。结果表明：模型预测精度较高，验证了非参数建模的合理性，具有一定的实用价值，为浮选过程的控制奠定了基础。

叶孙德、戴惠新[169]简要介绍了 PLC 技术的特点及其在选矿过程碎矿、磨矿、浮选过程加药和浮选槽液位控制中的应用。

PLC 是以微型计算机结构为基础，由传统的继电器控制发展而形成的新型工业控制器。它以程序控制为主，回路调节为辅，能完成逻辑判断、定时、计数、记忆和算术运算等功能，既能控制开关量，也能控制模拟量，控制规模从几十点到上万点。它具有可靠性高，能适应工业现场的温度、冲击、振动等恶劣环境，用于实现机械设备、生产流水线和生产过程的自动控制。胡志刚[170]介绍了 PLC 技术在实现破碎筛分系统的自动化控制中的应用、具体实现过程及工作原理。应用 PLC 控制系统具有操作简单、运行可靠、低能耗和易维护等优点。PLC 技术的普及对于提高劳动生产率具有一定的现实意义。

孙景敏、李世厚[171,172]设计了一套适合选矿工艺的、以PLC为核心的分布式控制系统，采用无线数传电台作为数据接收、发送装置，以分布式控制方式实现对选矿现场设备的集中监控。该系统可以很好地解决选矿厂设备地理位置分散、不易布线的问题。他们还采用多传感器信息融合技术实现对磨机介质充填率、料球比以及磨矿浓度三因素的检测，通过神经网络建立球磨机外部响应与内部负荷参数之间的关系模型，对球磨机负荷进行预测。

王德燕等人[173]阐述了一种基于磨矿过程监控系统的组态软件，采用软件的动画、管理及实时数据处理功能动态地监测、监控生产过程，推动选矿厂的计算机控制水平，减轻工人的劳动负担。该系统能对生产过程进行及时的指导和纠偏。

邹金慧等人[174]针对目前磨机运行过程中随机干扰因素多、过程机理复杂、非线性、大滞后、各环节变量相互耦合作用大等特点，研究了一种以模糊控制和PID控制相结合的控制方案。结合工程实际介绍了模糊控制的基本原理，通过测量与载荷紧密相关的磨机电流，采用二维模糊控制器对给矿量设定值进行模糊控制，提出给矿量设定值的控制算法和控制规则。该方法有效地解决了磨机胀肚和欠载的问题，提高了磨机的工作效率和各项工作指标。

磷矿选矿厂磨机胀肚、断矿、浮选液面控制等几大问题严重制约磷精矿的产率，采用自动化可解决这些问题，并创造良好的经济效益，程忠平[175]介绍了这套系统的组成及控制情况。

磨矿分级过程机理复杂，存在惯性大、滞后时间长、参数时变、非线性等影响因素，难以建立精确实用的数学模型，随之带来的控制效果也不理想。胡海波等人[176]针对此提出基于BP神经网络的分数阶PID控制的系统模型。仿真结果表明：该控制模型具有收敛速度快、无超调量、鲁棒性强等特点，并能提高磨机的效率和选矿厂的经济效益。

赵宏伟等人[177]针对磨矿分级过程控制中具有的慢时变、非线性特征，提出了一种基于系统辨识的自适应模糊推理网络模型，并应用于磨矿控制领域。利用模糊聚类法对现有数据样本进行系统辨识，自动获取模糊规则库和相应的初始参数。依据得到的模糊系统构建基于Takage-Suge-no推理模型的自适应模糊神经网络推理系统，获得比传统的模糊神经网络具有更强的自适应性和更快的运算速度。仿真实验结果显示，设计的控制模型在磨矿控制过程中具有较好的应用效果。

陈夕松等人[178]提出了一种非线性多模型控制算法，在若干平衡点附近首先建立多个子模型及相应的控制器，再通过在线计算模型匹配度来适应模型参数的变化，被控对象的最终输入是各控制器输出的加权和。将其应用于磨矿分级非线性系统的控制研究，仿真结果表明，所提算法极大地改善了磨矿分级系统的动态响应，并增强了系统的鲁棒性。

刘小波等人[179]介绍了一种模糊控制和智能PID控制相结合的选矿作业自动控制技术方案，对模糊控制的基本原理、PID控制算法及其在磨矿分级作业中的应用等进行了重点论述。结合生产实际，优化了原有的复杂模型，达到了对磨矿作业的有效控制。该系统能有效地避免磨机胀肚和欠载现象的发生，稳定和提高磨机的各项工作指标，保证控制系统的合理性和经济性。本控制项目的实施，为实现磨矿分级过程控制开辟了一条新途径。

柴义晓等人[180]详细介绍了选矿自动化最重要组成部分即破碎自动化和磨矿分级自动化的优化设计原理，指出随着选矿厂对生产成本、产品质量要求的提高，选矿厂全流程自动控制系统的最优设计势在必行。

针对以往磨矿分级监控系统处理故障不方便的缺点，王鹤等人[181]介绍了一种基于S7-300PLC + Wincc + Wincc Flexible的磨矿分级监控系统。该系统将触摸屏放置在现场，可以方便快捷地处理故障。在实际应用中，它的可靠性和处理故障的便捷性比以往监控系统都有进一步提高。

李恒恒等人[182]针对磨矿分级过程人工操作劳动强度大、分级精度较低的特点，设计了基于西门子S7-300 PLC的磨矿分级过程监控系统，主要包括控制系统的硬件设计和软件设计，并利用西门子Wincc设计了上位机监控界面，实现了磨矿分级的自动控制和远程监控。该设计使得磨矿分级系统的调节更加快速准确，稳定可靠，提高了系统的自动化水平。

任金霞等人[183]提出一种改进型粒子群优化PID控制方案，改进型粒子群优化将粒子速度更新的前一次的改变量引入到粒子群速度更新公式，引入动量因子，减小粒子在速度更新过程中的振荡，收敛速度更快，收敛精度更高。将改进型粒子群优化 PID 方案应用到磨矿分级系统溢流浓度控制中，对比例、积分、微分系数进行优化。仿真结果表明，该算法计算量小，所得到的控制器参数能够使控制系统获得更好的动态响应特性和满意的控制效果。

24.1.3.6　*尾矿、三废处理、环保、循环利用*

随着矿产资源的日益贫、细、杂化以及人们对环境质量要求的不断提高，对分选尾矿进行资源化利用或进行合理处置已成为矿物加工领域的重要研究课题。另外，选矿废水回用于浮选过程已成为当今废水治理的普遍趋势。近年来，磷矿选矿工作者在尾矿资源化利用和选矿废水回用两方面开展了大量的研究工作，取得了较为丰富的研究成果。

A　*尾矿、三废处理*

吴礼定等人[184]对云南海口磷矿浮选尾矿的物相和化学组成、反应特性及发泡性能进行了研究。结果表明：海口浮选尾矿的主要物相为 $CaMg(CO_3)_2$、$Ca_5(PO_4)_3F$、SiO_2，镁的质量分数为 11.59%，P_2O_5 的质量分数为 9.87%；浮选尾矿的反应活性很好，抗阻缓性较差，发泡比较严重，属于发泡尾矿，生产磷镁肥过程中要加入消泡剂。

戴新宇[185]针对某磷矿石浮选尾矿的特点，采用弱磁选除铁—强磁预选—钛浮选的综合回收工艺流程进行了试验研究。结果表明：经过两次 SLon-750 型高梯度强磁机预选，获得的磁选粗精矿达到了钛浮选入选品位要求；采用 EM121 作为钛铁矿的捕收剂，经过一次粗选、一次扫选和四次精选，可以得到 TiO_2 品位 45.97%、回收率 51.50% 的钛精矿。

湖北某磷矿尾矿 P_2O_5 品位为 14.86%、MgO 质量分数为 4.01%，具有较高的回收利用价值。余俊等人[186]针对该矿样性质，采用正反浮选工艺对其进行富集回收，可获得 P_2O_5 品位 29.05%、回收率 81.04%、MgO 质量分数 0.96% 的磷精矿，实现了磷矿尾矿的再利用。

云南某磷矿擦洗矿泥 P_2O_5 质量分数达 20.08%，主要含磷矿物为氟磷灰石，矿物粒度粗细不均，磷在粗粒级有一定程度的富集。陈献梅等人[187]对试样进行了回收磷的浮选试验。结果表明：在磨矿细度为 $-74\mu m$（-200 目）占 70% 时，以自制的 LC3 为磷矿物捕收剂，采用二次粗选、二次扫选、三次精选、中矿顺序返回流程处理该擦洗矿泥，最终可获得 P_2O_5 品位为 28.38%、回收率为 98.67% 的磷精矿。

四川某磷矿矿石中主要矿物为胶磷矿，脉石矿物主要为白云石。孙媛媛[188]对该磷矿石粗选尾矿进行了再磨再选试验，综合精矿 P_2O_5 的回收率从 90.95% 提高到 95.97%，尾矿再选无矿石开采、破碎、筛分等作业，生产成本低。

周杰强等人[189]针对云南某地硅钙质擦洗尾矿，采用 SJ-01 为调整剂，粗选用水玻璃，一次精选用 FS 作抑制剂，油酸钠和煤油乳化后的复合药剂为捕收剂的浮选工艺流程，获得了精矿 P_2O_5 品位 31.05%、回收率 86.08% 的浮选指标。

赵武强等人[190]研究了一种回收磷矿石选矿尾矿中 P_2O_5 的方法，对碳酸盐型磷块岩磷矿石选矿过程中所产生的 P_2O_5 质量分数为 5% 以上的尾矿，用水力旋流器预处理，将尾矿分为小于 56μm 和大于 56μm 两部分，其中小于 56μm 部分带有大部分残余选矿药剂直接进入选矿，大于 56μm 部分经球磨机再一次研磨小于 56μm 后，一起进入选矿。本方法先将尾矿按粗、细粒级分开，粗粒级部分进行二次磨矿，解决矿物的单体解离问题，细粒级部分不参与磨矿，减少矿石过粉碎和矿石泥化；含有大量残余药剂的尾矿经过分级，药剂可随细粒部分与粗粒分离，可再生利用，尾矿再选少加或不加捕收剂。本方法提高了磷矿资源回收率、减少了尾矿排放量，符合循环经济的要求，适用于磷矿石选矿企业。

吴国兰等人[191]对磷矿石重介质选矿的尾矿进行筛分，筛下物再次经过重介质选矿，获得了品位 27.5% 左右的磷精矿，降低了尾矿品位和生产成本，提高了磷矿石的回收率和资源综合利用率，并为企业增加了可观的效益。

赵建国等人[192]根据磷矿浮选尾矿富含镁、硅的特点，将其作为原料，进行钙镁磷肥生产配料计算、产品制造成本测算与比较、初步投资效益分析，为利用磷矿浮选尾矿开发生产钙镁磷肥提供了依据。

李晔等人[193]以石灰为混凝剂、聚丙烯酰胺为助凝剂，对湖北荆门某磷矿选矿厂的高浓度含磷浮选废水进行处理，磷的去除率高达 99.85%，同时 CODcr 和 SS 的去除率分别达到 75.3% 和 81.2%，均达到国家《污水综合排放标准》中的一级标准。出水水质清澈透明，观感极好。

王光明等人[194]针对目前国内磷尾矿干排干堆的几种方式所面临的诸多问题，在磷尾矿干排干堆中采用全自动立式压滤机取得成功，解决了压滤机滤布易堵塞、易破损和设备故障率高两大难题，每条滤布使用时间达到90d，每月维修时间不超过12h。磷尾矿干排技术取得了重大突破。

杨力远等人[195]通过调整各主要组分掺量、水料比以及料浆温度等工艺参数，系统研究了其对加气混凝土制品性能的影响。研究表明：利用65%以上的磷尾矿、6%的水泥和0.14%的铝粉，在水料比为0.64、温度为45℃时可制成良好坯体，在蒸压条件下，制品的容重可达600kg/m^{3}左右，抗压强度可达3.7MPa以上。

B 环保、循环利用

黄进等人[196]以国内某磷矿选矿废水为处理对象，采用“隔油—超滤—反渗透”工艺对其进行处理。研究发现，隔油工艺可有效回收水中近90%的浮选药剂，超滤膜可有效去除水中绝大部分与水发生乳化作用的浮选药剂，反渗透可进一步去除选矿废水中的残余浮选药剂和离子。实验结果表明：选矿废水经“隔油—超滤—反渗透”工艺处理后，既得到了满足选矿要求的回水，同时又回收了废水中绝大部分浮选药剂，提高了企业经济效益，减小了对环境的污染。

李晔等人[197]采用胶体脱稳、混凝沉淀等处理方法解决某磷矿浮选厂废水处理及回用的问题。先将两种废水按照比例混合，然后加入无机碱性混凝剂A对废水中的胶体进行脱稳，最后再加入PAM进行混凝沉淀，取得较好的处理效果。根据试验结果进行中试生产，并将处理后的废水回用选矿，胶体脱稳-PAM混凝沉淀法可使出水达到回用要求。回水选矿可以节约清水用量，降低选矿成本。回水选矿对磷精矿的品位无不良影响。

针对湖北省黄麦岭磷化工有限责任公司磷矿选矿尾水排放锰质量分数超标的问题，梅明等人[198]提出将含锰尾水回用于合成氨造气循环水补水的处理方法。采用含锰尾水代替新鲜水补充至含有硫化物、碳酸根以及氢氧根离子的造气循环水系统中；中和沉淀去除锰离子后大部分废水循环利用，少量强制外排至综合废水处理系统处理后达标排放。工程实际运行结果表明：锰离子在合成氨造气循环水处理系统中大部分得以削减，质量浓度由36~41mg/L下降至3~6mg/L；强制外排废水再经过合成氨综合废水处理站处理，质量浓度由3~6mg/L下降至0.5~1.5mg/L，总去除率达到95%以上，出水水质能够满足达标排放的要求。该工程应用减少了废水中的重金属排放，并对废水进行了综合利用，达到了节约水资源和保护环境的目的，具有节能减排和可持续发展的重要意义。

为了研究高浓度无机离子对矿物可浮性的影响，李冬莲等人[199,200]以云南磷矿为研究对象，分别在晋宁、安宁磷矿浮选过程中加入大量的选矿废水离子及组分，通过回收率、品位的变化研究其对浮选效果的影响。晋宁磷矿试验结果表明：金属阳离子对晋宁磷矿正浮选效果影响较大，尤其是磷精矿产率及回收率随离子质量浓度的增加下降明显。Ca^{2+}、Mg^{2+}是磷矿选矿过程中的难免离子，当回水中Ca^{2+}、Mg^{2+}质量浓度超过100mg/L时，需去除Ca^{2+}、Mg^{2+}，选矿废水才能回用。SO_4^{2-}、PO_4^{3-}、F^-、Cl^-无机阴离子对晋宁磷矿正浮选效果影响不大。捕收剂残留不会影响晋宁磷矿正浮选，废水的回用可适当减少捕收剂用量，降低成本。固体悬浮物颗粒不影响晋宁磷矿选矿效果，但废水回用时需去除，否则影响磨矿过程。安宁磷矿试验结果表明：当加入的Ca^{2+}、Mg^{2+}、Al^{3+}、Fe^{3+}和F^-达到特定浓度后，对安宁磷矿的浮选有不同程度的影响。回水利用时，当Ca^{2+}、Mg^{2+}、Al^{3+}、Fe^{3+}质量浓度超过50mg/L时，若继续回用则会影响磷矿正浮选，致使回收率降低，药耗增加，成本增加。F^-质量浓度超过2mg/L时，就会影响磷矿正浮选，可能是F^-与矿浆中的Ca^{2+}相互作用形成氟化钙，促进矿物表面Ca^{2+}溶解，消耗了部分捕收剂，致使磷矿回收率下降，需处理去除。

云南安宁某磷矿原矿品位22.52%，该选矿厂选矿废水中主要含SO_4^{2-}、PO_4^{3-}、Ca^{2+}等，而使这些废水难处理。赵凤婷[201]研究了将这些废水作为选矿回水再利用，结果发现：尾矿回水中Ca^{2+}质量浓度小于150mg/L时，可以返回正浮选使用；将精矿、尾矿回水添加石灰、碳酸钠处理后，可作为磨矿水和补加水使用。选矿废水处理后回用提高了资源利用率。

在磷矿的正反浮选中，由于矿浆不同的pH值条件，磷矿石的多样性，矿浆中无机离子及药剂组分表现出不同的特性，正浮选尾矿水、反浮选精矿水及反浮选尾矿水差异性很大，将所有选矿废水集中收集，不经处理统一回用显然是行不通的。絮凝沉淀法是处理晋宁磷矿浮选废水的有效方法之一，石灰与碳酸钠或磷酸钠配合使用都可以用来处理浮选废水。当氧化钙用量为 4.0kg/m^3、碳酸钠用量为 0.6kg/m^3 时，闭路流程试验最终精矿 $w(P_2O_5)$ =29.66%，回收率达 77.38%；当氧化钙用量为 2.0kg/m^3、十二水磷酸钠用量为 0.2kg/m^3 时，最终精矿 P_2O_5 品位 30.22%，回收率为 76.74%。李冬莲等人[202]指出，用此方法处理后的废水回用对浮选过程影响不大，且简单易行，工业上容易实施。

罗惠华等人[203]根据磷矿浮选工艺要求和废水的性质，利用 CaO 和 Na_2CO_3 两碱处理选矿废水，废水循环回用，达到回水的 100% 利用，即"零排放"。该工艺既防止了浮选废水对环境的潜在污染，降低了浮选药剂消耗，又充分利用了水资源，工艺简单，易于工业化。罗惠华等人[204]在给矿量 1t/d 的扩大连续试验中，采用正反浮选流程选别宜昌磷矿，获得了满意的分选指标，即获得了回水试验精矿 P_2O_5 30.52%、MgO 0.49%、SiO_2 14.87%，精矿产率 54.63%，精矿回收率 85.85% 的选矿指标。采用 CaO 和 Na_2CO_3 两碱处理正反浮选选矿工艺废水的扩大性试验表明：废水能循环利用，废水的回用率达到 100%，完全做到了"零排放"，节约了水资源，避免了废水对环境的影响，且使用废水后选矿技术指标优于清水流程的选矿指标，精矿的药剂成本降低。

柏中能等人[205]针对磷矿浮选工业化生产中回水利用存在的问题，进行回水考查及处理工艺研究，发现回水中的 Ca^{2+}、Mg^{2+}、SO_4^{2-}、PO_4^{3-} 质量分数过高是影响磷矿正浮选的主要因素，采用改进的回水处理工艺，将回水中 Ca^{2+}、Mg^{2+}、SO_4^{2-}、PO_4^{3-} 浓度降到对磷矿正浮选无影响的程度，可使尾矿回水利用效果得到较大改善。

何向文等人[206]对云南滇池地区某大型胶磷矿选矿厂的尾矿库溢流水进行了化验，分析结果显示，虽然水质清澈，但废水中 Ca^{2+}、Mg^{2+} 等质量分数太高，直接利用这部分水会对正浮选指标造成影响，不能返回到生产中直接使用。根据废水水质，进行了水处理试验研究，最终将双碱法处理后的回水用于试验流程中与清水流程进行对比试验，结果表明：试验指标良好，达到预期效果，可以用此方法对浮选厂生产废水进行处理后返回正浮选流程再利用，以提高回水利用率，降低污水处理成本，节约水资源。

张晖等人[207]阐述了云南磷矿浮选与磷化工发展现状，介绍了用氟硅酸生产无水氟化氢副产水玻璃、硫酸低温位热能用于磷矿加热浮选，以及硫酸与磷酸生产中的废酸用于磷矿浮选介质调整剂等方面的矿化共生耦合技术，提出磷矿浮选与磷化工耦合技术在设备和工艺参数等方面存在的问题，旨在降低磷矿浮选与磷化工成本，实现可持续发展。

24.1.3.7　综合回收

我国磷矿资源多数伴生和共生有镁、铁、钛、稀土、碘、氟等多种高附加值有用元素，以及萤石、白云石、透辉石、黑云母等有用非金属矿物，有效回收利用磷矿石中共、伴生资源，对节约与保护我国矿产资源，特别是对钛、稀土、萤石等战略性资源保护具有重要意义。近年来，磷矿选矿工作者在综合回收磷矿共、伴生资源方面进行了较多的研究工作，取得了较为丰富的成果。

黄芳等人[208]针对某磷矿浮选尾矿的资源特点，将其作为高镁低品位磷矿进行处理，用萃取-反萃法分离酸浸液中的镁和磷。选择正丁醇作为萃取剂，在磷酸质量分数为 30%、萃取相比为 1∶1、温度为常温、萃取时间为 5min 的均衡搅拌条件下，P_2O_5 萃取率可达到 68% 以上；用水作为反萃剂，在其加入量为反萃前有机相体积的 30%，反萃时间为 3min，常温条件下进行反萃，反萃率可达 90% 以上。该研究为综合回收磷矿浮选尾矿提供了基础性资料。

马凯、刘树海[209]为了利用副产盐酸和回收利用浮选尾矿中的磷，用盐酸直接分解磷矿浮选尾矿进行了实验研究。利用正交设计，研究了盐酸质量分数、盐酸用量、反应温度和反应时间对尾矿中磷浸出率的影响；介绍所得磷酸酸解液用氨水中和制取 NP 肥的情况；最后为降低能耗、物耗讨论了盐酸分解尾矿应采取的适宜工艺条件。

罗惠华等人[210]公开了一种利用磷矿反浮选脱镁尾矿制备轻质氧化镁的方法：将磷矿反浮选脱镁尾矿在盐酸溶液中溶解，加入氧化剂，加热至 50～80℃ 并调节 pH 值至 5～7，过滤得到滤清液，加入氨水调节 pH 值至 10～11 生成沉淀，过滤得到滤渣，所得滤渣经洗涤、干燥、煅烧处理得到轻质氧化镁粉体。

金会心等人[211]采用反浮选工艺，研究了抑制剂种类及用量、捕收剂 WF-01 用量、浮选时间、矿浆质量分数和磨矿细度等因素对贵州织金新华含稀土磷矿浮选效果的影响，并对较佳浮选条件下获得的磷精矿和尾矿进行了稀土分析。结果表明：浮选剂选用 WF-01，工业硫酸不适宜单独作为此矿样浮选时磷矿物的抑制剂，而采用工业磷酸作为抑制剂和矿浆 pH 值调整剂，在磷酸用量 9kg/t、捕收剂 WF-01 用量 0.8kg/t、浮选时间 9min、磨矿细度 -74μm 质量分数占 82%、矿浆质量分数 35% 的浮选条件下，可获得较好的浮选和稀土富集效果，磷精矿的 P_2O_5 品位可从原矿的 21.71% 增加到 32% 以上，回收率达到 90%；在浮选过程中稀土主要富集在磷精矿中，富集比为 1.56，在精矿中的回收率为 87.09%。

孙晓华等人[212]为了能够综合利用青海省平安县上庄磷矿中磷灰石、透辉石、黑云母、铁矿石等矿物，提高矿山的经济效益，采用低成本的重选—磁选联合工艺流程，从 P_2O_5 品位为 3.44% 的原矿中选得 P_2O_5 为 31.0% 的磷精矿，同时回收了矿物量分别为 31.06% 和 51.14% 的黑云母和辉石产品，并且得到了含 TFe 为 68.20% 的铁精矿，为矿区的开发利用提供了合理的选矿方法和技术指标。

张志强等人[213]介绍了我国华北地区某大型低品位变质岩型磷矿床矿石的性质和综合利用试验研究结果。矿石中 P_2O_5、TiO_2 和磁性铁质量分数分别为 4.01%、5.00% 和 4.24%。采用浮选、弱磁选和重选—强磁选原则工艺流程，可以对矿石中的有用矿物包括磷灰石、磁铁矿和钛铁矿等进行有效回收，3 种精矿产品的品位分别为 36.08%、66.11%、45.00%；回收率分别为 95.58%、29.75%、41.08%。

黄芳等人[214]针对瓮福磷矿浮选尾矿的资源特点，将磷尾矿作为高磷白云石矿进行处理，舍弃了传统的白云石碳化法，提出了煅烧—铵盐选择浸出工艺，不仅可以开发出具有高附加值和工业应用前景的优质氢氧化镁、氧化镁以及轻质碳酸钙，并且可获得适于湿法磷酸生产的磷精矿，较好地实现资源的综合利用。研究表明：在煅烧温度为 900℃ 时，尾矿中白云石分解，而氟磷酸钙不分解；煅烧熟料用硝酸铵浸出，CaO 浸出率可达 80.43%；浸出渣用硫酸铵二次浸出，MgO 浸出率可达 91% 以上，二次浸出渣为含 P_2O_5 38% 以上的磷精矿，P_2O_5 回收率达 88.58%。该研究为综合利用磷矿浮选尾矿提供了基础性资料。

曾波等人[215]研究开发了一种以中低品位磷矿浮选尾矿为原料，采用硫磷混酸直接分解浮选尾矿制备磷镁肥的方法。阐述了浮选尾矿的矿物特性，硫磷混酸分解浮选尾矿制备磷镁肥的基本原理、工艺条件、产品质量，论证了中低品位磷矿浮选尾矿制备磷镁肥的可行性。

黄芳等人[216]以贵州瓮福磷尾矿为研究对象，采用酸法循环浸出，富集酸解液中的 P_2O_5，并对富集液进行净化研究，以期为综合回收尾矿中的磷和镁提供必要的依据。研究表明：循环浸出 5～6 次，酸解液中 P_2O_5 质量浓度可达 80g/L 左右，MgO 质量浓度可达 190g/L 以上，有利于进一步回收处理；在反应温度 60℃、反应时间 2h、碳酸钠加入量为理论计算量、磷尾矿加入量为理论加入量的 120%、五硫化二磷加入量为理论加入量的条件下，脱氟率为 85.7%、脱硫率为 80.1%，净化后溶液中的 Pb^{3+} 的质量分数为 $4.8\times10^{-4}\%$、As^{3+} 的质量分数为 $11.3\times10^{-4}\%$，与分别对富集液进行脱氟、脱硫、脱重金属的效果相差不大，能满足净化要求。

雷学联等人[217]提出了一种以含碘磷矿石为原料提取碘过程中的碘结晶方法：(1) 采用特制的析碘槽进行析碘结晶；(2) 生产操作中，控制析碘槽内吸收液液位、温度以及浓度；(3) 在析碘槽内添加氧化剂，搅拌下进行预氧化；(4) 之后用恒流泵继续添加氧化剂，搅拌下进行二次氧化，最终使单质碘结晶。本发明与现有技术相比，由于采用特制的析碘设备，根据碘结晶过程的特点，采用氧化剂分段变频添加技术进行二次氧化，可以控制碘结晶的晶形，生成不同规格的晶体；再通过改变搅拌器的频率，可提高结晶速度，有效提高产品质量。适用于从磷矿石提取碘的生产企业。

为了促进磷矿伴生氟资源的开发利用，王瑾[218]分析归纳了化学加工磷矿石所产生含氟废气的净化和氟回收方法，对利用磷化工副产氟硅酸，进而生产系列无机氟产品的方法和用途作了系统阐述。重点介绍了氟硅酸直接制取无水氟化氢联产氟化铵、白炭黑新工艺，简述了生产方法和工艺流程。由此表明：开发利用磷矿伴生氟资源，既能控制氟污染，又能副产无机氟产品，从而提高磷矿的综合利用效益。

24.1.4　磷矿选矿存在的问题及发展趋势

磷矿物是重要的化工原料，随着磷化工产业的迅速发展，高品位富矿及易选磷矿的储量日渐枯竭，大量的矿物性质相近、嵌布粒度很细、物质成分复杂的中低品位硅钙质难选磷矿石进入选矿加工，对这些贫而难选的磷矿有效而经济地富集，已引起世界磷矿界的普遍重视，同时也促进了磷矿选矿技术的深入发展。我国中低品位磷矿选矿，经过多年的持续攻关和开发研究，尤其是近几年在众多磷矿选矿工作者的努力之下，在选矿理论和基础研究、选矿工艺技术、药剂、设备、选矿厂过程控制、环保、回水利用、综合回收等方面都取得了新的突破和进展，成果喜人。在选矿理论及基础研究方面，建立了磷矿石破裂过程数值模型、浮选动力学模型、浮选柱浮选模型，探索了浮选药剂分子设计及作用机理、粗细粒级浮选行为及浮选机理；在选矿工艺技术研究方面，浮选依然是研究的重点，对于不同性质的矿石，开发出了不同的适宜的浮选工艺流程，如正浮选流程、单一反浮选流程、正反（反正）浮选流程、双反浮选流程，尤其是新开发出的分级浮选流程、分支浮选流程、等可浮浮选流程、正反反浮选流程以及反反正浮选流程，对复杂难选的矿石适用性较强。联合流程如粗磨分级—粗粒重选细粒浮选工艺、擦洗脱泥—浮选联合工艺、重介质选矿—浮选联合工艺等都能很好地处理某些特定性质的磷矿石；在浮选药剂的研究方面，研究工作主要集中在新型捕收剂和抑制剂的研制及其浮选性能的考察、复合或混合药剂的应用和药剂作用机理分析等方面，出现了一大批高效的浮选磷矿物的捕收剂、浮选碳酸盐矿物的捕收剂、浮选硅质矿物的捕收剂，同样也研究出一批磷矿物的抑制剂、碳酸盐矿物的抑制剂、硅质矿物的抑制剂。在常温低温药剂研究方面成绩也较显著。另外浮选药剂的研究方法及手段也日趋完善。

虽然近年来磷矿选矿，尤其是难选的中低品位磷矿选矿的研究取得了丰硕成果，但也要看到许多研究工作仍处在实验室阶段，或半工业性试验阶段，目前的选矿工艺、选矿药剂和选矿设备仍无法高效满足工业生产的要求。我国磷矿选矿技术按照科学、经济、高效、低耗、环境友好、可持续发展的要求还存在以下的问题和不足：

（1）在选矿理论及基础研究方面，由于投入的人力、物力相对较少，研究成果偏少，仍无法满足指导和开发磷矿选矿工艺、药剂和设备的要求。

（2）在选矿工艺技术研究方面，虽然针对不同性质的磷矿，开发出了多种适应性强的工艺，但许多选矿工艺仍停留在实验室研究阶段，目前选矿厂生产应用的成熟工艺主要有擦洗脱泥工艺、直接正浮选工艺、单一反浮选工艺、正反浮选工艺、重介质选矿工艺等几种，许多新开发的工艺有待进一步工业化。另外，生产现场矿石性质变化较大，选矿工艺对不同性质矿石适应性有待加强。

（3）在选矿药剂的研究方面，近几年新型浮选药剂的研发大都是基于对现有浮选药剂分子的改性、复合或者混配，选择性高、专属性强的高效浮选药剂不多。在捕收剂方面，浮选白云石矿物的捕收剂品种较多且相对较成熟，而浮选方解石矿物的捕收剂品种较少且选择性差；浮选磷矿物的捕收剂种类较多，但缺乏耐低温、选择性好、效果显著的浮磷捕收剂；浮选硅质矿物的阳离子捕收剂种类不多，特别是受矿泥影响小的高效阳离子捕收剂非常缺乏。在抑制剂方面，缺乏高效的碳酸盐矿物和硅质矿物的抑制剂，也缺乏价格低廉的高效磷矿物抑制剂。浮选药剂是磷矿浮选的关键，因此，探索研制高效磷矿浮选新药剂势必成为目前乃至今后磷矿选矿的研究重点。

（4）在选矿设备的研究方面，一直以来磷矿选矿设备基本沿用有色等行业的选矿设备，这些设备存在选矿富集比小、药剂用量大、高耗能的问题。目前，磷矿选矿工作者研究的重点仍是集中在这些选矿设备的应用和改进上，对高效、低耗适合中低品位胶磷矿浮选技术的专门装备的研究工作非常有限。尽快研制出适合于胶磷矿浮选要求的低转速、小充气量的浮选设备是一个重要的研究课题，对提高浮选作业效率、降低药剂耗量、推进胶磷矿浮选发展有着重要的意义。

（5）在选矿厂过程控制方面，尽管选矿过程的自动化控制技术近几年在磷矿选矿厂得到了较好的推广，尤其是在碎矿筛分过程控制、磨矿分级过程控制、浮选过程控制、自动加药等方面取得了较大的进展。但仍存在选矿自动控制设计不合理、不完善，传感器设计缺乏创新性，安装复杂、可靠性差、测量精度低等问题，直接影响到选矿自动化的推广应用和发展。

（6）在尾矿、三废处理、环保、循环利用方面，近年来，虽然磷矿选矿工作者在尾矿资源化利用和选矿废水回用两方面开展了大量的研究工作，取得了较为丰富的研究结果，但是磷矿尾矿能被资源化利用的目前仍非常少，尾矿库存量也越来越大，存在一定的安全问题、环境问题和土地占用问题。在人们日益重视环境、环保问题的今天，磷矿选矿工作者在三废处理、循环利用、零排放等方面将面临新的挑战。

（7）在资源综合回收方面，虽然近年来磷矿选矿工作者在综合回收磷矿共、伴生资源方面进行了较多的研究工作，取得了较为丰富的成果，但开发利用水平仍有待进一步提高，许多研发工作仍停留在实验室研究阶段。大部分磷矿伴生和共生的砷、铁、钛、稀土、铟、锗等高附加值元素，由于技术研究开发不够，还没有得到综合利用。

在广大磷矿选矿工作者的不懈努力下，近年来，我国在磷矿选矿工艺、药剂和设备等研究方面取得了许多成绩，成功解决了部分中低品位难选胶磷矿的选矿问题，但要从根本上解决这一难题，相关技术的开发还需要进一步突破。我国磷矿选矿的未来趋势是：开发高效环保药剂、多种流程结构形式和多种工艺流程，新型大型高效能设备和自动控制技术的应用，资源综合高效回收利用、磷矿选矿与环境更加和谐，企业自主创新能力不断增强。具体如下：

（1）多种流程结构形式的优化组合应用是磷矿选矿发展的一种趋势。随着磷矿石不断向“贫、细、杂”发展，需要研究开发适应性强、经济性好、技术指标先进的工艺和流程，并使之产业化。浮选工艺应继续开发采用多段浮选、分支串流浮选、多种流程结构形式的浮选工艺，不断提高磷矿选矿技术经济指标和资源回收率；联合工艺可以采用多种选矿方法和工艺流程，比如重选—浮选、光电选—浮选、磁选—浮选或几种选矿方法的联合运用。

（2）研究开发选择性高、专属性强、环境友好的高效浮选药剂。如磷矿正浮选中石英、硅酸盐高效抑制剂的开发，低温下溶解分散性强、选择性高、经济环保的阴离子捕收剂的开发，反浮石英、硅酸盐高效环保阳离子捕收剂的开发，及新型多官能团螯合剂的开发等。

（3）进行磷矿浮选新型大型设备和成套设备及集成技术的研究应用。磷矿选矿设备向大型化、自动化、高分选性、低能耗方向发展是一种趋势。如新型大型浮选机、浮选柱在磷矿选矿上的应用，大型高效破碎机、自磨和半自磨机的应用等。

（4）选矿过程控制自动化智能化技术的研究应用。随着计算机技术、网络技术和自动化技术的发展，我国选矿工业必须积极采用信息技术、自动化技术和自动控制装备全面建设、改造企业，提高企业创新能力和生产过程自动化水平，这对我国选矿自动化技术的提高，增强选矿企业的综合实力，实现矿业的可持续发展，必将产生积极的作用。特别是目前即将进入工业 4.0 的时期，选矿企业全面提高智能化水平，建立具有适应性、资源效率及人因工程学的智慧工厂是发展的必然趋势。

（5）共、伴生资源综合回收利用技术的研究应用。我国磷矿资源多数伴生和共生有多种高价值有用元素，根据统计资料，其伴生的多种高价值元素储量可观。因此，有效且充分地回收利用磷矿石中共、伴生资源，也是磷矿选矿的一种趋势和磷矿选矿工作者研究的重要方向。

24.2　硫铁矿选矿年评

24.2.1　硫铁矿资源简况

硫资源包括硫铁矿、金属冶炼烟气中回收的硫、石油天然气精炼过程中回收的硫黄以及天然硫黄矿。与世界硫资源相比，我国自然硫矿床品位低、矿层薄、透水性差、含泥量和有机质高，因而难以利用；我国石油天然气多数含硫量较世界平均水平低，油气中硫资源量在我国硫资源总量中比重不大；金属冶炼行业中相关金属矿产大量依靠进口，国产矿石量保障不足，因此该领域回收硫大部分来自国外；而我国的硫铁矿资源在世界上的丰富程度居首位，遥遥领先于其他国家，故硫铁矿是我国硫资源最主要的来源。

就全球范围来说，蒸发岩、火成岩成因的元素硫加上天然气、石油、含油砂岩及硫化金属矿中赋存的硫资源总量约 50 亿吨。而石膏和硬石膏中所含的硫几乎是无限的，煤、油页岩和富含有机物的页岩中硫资源赋存量达到 6000 亿吨，但是这些硫资源的回收成本高。

由于原油、天然气和硫化矿石中硫的储量非常大，而全球大部分硫黄产量来自于这些化石燃料加工的回收硫，因此在可以预见的将来，硫的供应是充足的。由于石油和硫化矿石可以在远距其产地进行加工，而加工所得的硫黄产量并未计入其储量赋存国，例如沙特阿拉伯的石油是在美国提炼加工出硫黄，因此对各国硫的地质储量未作统计。

在可预见的未来，世界硫黄产量会有稳定的小幅增长，而增长部分主要来自于中东地区天然气液化回收硫和加拿大扩产油砂部分，除非因世界经济不景气而限制上述领域的发展。

2013 年和 2014 年世界硫产量见表 24-5。

表 24-5　2013 年和 2014 年世界硫产量　(kt)

国　家	2013 年	2014 年	国　家	2013 年	2014 年
美　国	9210	9770	科威特	820	820
澳大利亚	860	900	墨西哥	1810	1810
巴　西	545	550	荷　兰	515	515
加拿大	6370	6000	波　兰	1080	1100
智　利	1700	1700	卡塔尔	850	850
中　国	10500	12000	俄罗斯	7250	7300
芬　兰	740	740	沙特阿拉伯	3900	4000
法　国	650	650	南　非	270	290
德　国	3900	3880	西班牙	270	270
印　度	2430	2430	阿联酋	2000	2000
伊　朗	1890	1900	乌兹别克斯坦	560	560
意大利	740	740	委内瑞拉	800	800
日　本	3300	3300	其他国家	3360	3360
哈萨克斯坦	2850	2850	世界总产量	70400	72400
朝　鲜	1300	1300			

24.2.1.1　我国硫资源储量分布及特点

近 10 多年来，我国硫铁矿储量波动幅度不大。我国硫铁矿矿床分布广泛，相对集中，主要分布在内蒙古、云南、四川、安徽、贵州和广东，占全国硫铁矿总量的 68%。我国伴生硫铁矿主要集中于江西、云南、陕西、吉林、甘肃、安徽等省，其中江西伴生硫铁矿硫储量居全国之首，占总储量的 24%。

硫铁矿全国共有矿产地 508 处，其中大型 73 处，中型 176 处，分布在全国 28 个省、市、自治区，保有查明矿石资源储量 53.49 亿吨，其中储量 11.58 亿吨，基础储量 21.07 亿吨，资源量 32.42 亿吨。全部折纯硫 9.58 亿吨。伴生硫全国共有矿产地 262 处，其中大型 5 处，中型 31 处，分布在全国 26 个省、市、自治区，保有查明硫资源储量 3.49 亿吨，其中储量 6012.6 万吨，基础储量 1.24 亿吨，资源量 2.25 亿吨。自然硫全国共有矿产地 10 处，其中大型 2 处，小型 8 处，主要分布在山东、新疆、青海、西藏四省区，保有查明硫资源储量 3.21 亿吨。其中基础储量 24.6 万吨，资源量 32085 万吨。

24.2.1.2　近年来我国硫资源开发利用情况

近年来，随着我国经济发展对硫资源需求量的快速增长及国家对金属冶炼和油气精炼中硫资源回收力度的加大，我国硫产量迅速增长，已成为世界硫产量最大的国家。

2013 年我国硫资源产量为 2200 万吨，其中金属冶炼烟气回收硫占 44.59%，硫铁矿制硫占 30.64%，油气精炼回收硫黄占 23.91%，磷石膏制硫占 0.84%。硫铁矿制硫占比总体下降，由 2003 年占 47.81% 下降到 2012 年的 28.58%；金属冶炼烟气制硫占比稳中有增，由 2003 年的 38.44% 增加到 2013 年的 44.29%；油气精炼回收硫占比增加最快，由 2003 年的 10.94% 增加到 2012 年的 27.88%。经过 10 年的发展，我国制硫产业逐渐由硫铁矿制硫一支独大变为现在以硫铁矿制硫、金属冶炼烟气回收硫和油气精炼回收硫三足鼎立的格局。

就硫铁矿来说，据统计，2014 年全国 90 家硫铁矿生产企业生产硫铁矿 1738.7 万吨（折硫 35%），与上年基本持平，其中包括辽宁 186.2 万吨（11 家生产企业）、安徽 278.2 万吨（8 家生产企业）、江西 273.3 万吨（4 家生产企业）、广东 306.8 万吨（6 家生产企业）、四川 115.2 万吨（14 家生产企业）。

近年来，硫铁矿生产遇到了前所未有的困难，即需求量和产量大幅度下降，除资源条件较好或伴有多金属的硫铁矿企业能维持生产经营外，部分中小硫铁矿企业已被迫停产或破产。

虽然我国的硫铁矿工业近年来面临诸多困难而呈萎缩之势，但随着我国磷复肥的发展，硫铁矿工业也面临许多发展的机遇。根据农业部提出的 2010 ~ 2020 年的化肥需求，依照硫铁矿制酸（35%）、硫黄制酸（35%）和烟气回收制酸（30%）以 1∶1∶0.86 的比例预测，我国 2010 年和 2020 年硫酸生产需要硫铁矿分别为1600万吨和1950万吨。根据硫铁矿、伴生硫和已开发利用的硫生产能力，考虑到未来我国有色金属工业的发展，各种硫资源规划产量和需求量相比均有一定缺口，而且可供规划建设的硫资源缺乏。

我国的硫酸企业利用世界硫资源发展我国硫酸工业，并不断改变着我国产业结构的布局。由于硫黄制酸有诸多优点，并且满足国家节能减排的要求，因此我国硫黄制酸发展势头仍然强劲。根据全球硫黄供需分析及预测，在此后的数年里硫黄供应不存在问题，因此硫黄制酸比例很可能超过50%。未来几年我国硫酸工业的发展进程中，硫黄制酸有可能进一步主宰行业发展并影响硫酸市场价格，而硫铁矿制酸比例有可能继续下降。

近10年来，伴随着有色金属冶炼和磷复肥工业的迅猛发展，我国硫酸工业处于一个高速发展期。截至2014年年底，我国硫酸产能达到1.23亿吨/年。根据国家统计局数据，2014年全国硫酸产量为8846万吨。2004~2014年硫酸产能年均增长率为10.74%；硫酸产量年均增长率为8.27%。

预计至2018年，我国硫酸产能将达到1.40亿吨/年，冶炼酸还将增加1000万吨/年，硫黄制酸、硫铁矿制酸、其他制酸增加约1000万吨/年。冶炼酸为保有色金属生产，特别是新建大型冶炼装置，总开工率将在85%左右；硫铁矿制酸将随国内钢铁市场行情而变化，开工率可维持在80%；硫黄制酸将因磷复肥市场变化、硫酸市场有更多的冶炼酸供应等因素而使开工率有可能降到75%以下。

24.2.1.3　价格

硫黄是生产硫酸的主要原料之一。2014年以来由于国际磷肥需求量增加，促使磷肥市场价格回暖，支撑了国际硫黄价格上浮。2014年初国际硫黄价格延续2013年第4季度的涨势，很快升至100美元/吨以上，一度缓慢上涨。2014年6月国际硫黄中国到岸价达150美元/吨以上，印度到岸价达170美元/吨以上，7月进口硫黄中国到岸价达190美元/吨。

2014年年初，美国佛罗里达坦帕港硫黄合同价格为75美元/吨，到7月底上涨到136美元/吨，这一价格保持到10月底，此后下降到129美元/吨。由于硫黄的需求大起大落，导致硫黄出口价格高于美国国内售价，出口价格的上升也被看成是反映了中国硫黄的需求。

24.2.2　硫铁矿选矿理论及基础研究进展

由于润湿理论、吸附理论、双电层理论组成的传统的浮选3大基本理论已经比较成熟，近几年选矿工作者对硫铁矿浮选理论及基础研究的重点主要集中于浮选药剂在黄铁矿表面的作用机理研究方面，并取得了丰硕成果。

贾春云等人[219]通过吸附量和电动电位测定、红外光谱和X射线光电子能谱分析，探讨了Mycobacterium phlei在黄铁矿和方铅矿表面的选择性吸附作用机理。结果表明：在其他试验条件固定的情况下，当溶液的初始pH值大于5时，Mycobacterium phlei在黄铁矿表面的吸附量远远大于在方铅矿表面的吸附量。出现这一现象的原因主要是，促使Mycobacterium phlei在黄铁矿和方铅矿表面发生吸附的主要作用并非静电作用，而是Mycobacterium phlei细胞表面的碳、氮和氧通过矿物表面的铁、铅和硫在矿物表面发生化学吸附，因这一化学吸附过程与黄铁矿表面元素的作用程度明显大于与方铅矿的，所以吸附呈现出选择性。

G. A. 霍普、罗伟等人[220]用表面增强拉曼散射光谱（SERS）研究了浮选捕收剂2-巯基苯并噻唑、异丙基钾黄药和丁基乙氧基羰基硫脲与黄铜矿、黄铁矿和方铅矿之间的作用，指出捕收剂吸附在金属和矿物表面上，并通过电荷转移形成金属-硫键，在低于可逆化合物生成的电位下，形成了可逆新相。

顾帼华等人[221]通过浮选试验、吸附量和红外光谱测定，考察了DLZ捕收剂对黄铜矿和黄铁矿浮选性能的影响及作用机理。结果表明：DLZ在pH值为2.7~12.05时对黄铜矿的捕收能力强，而对黄铁矿的捕收能力弱；用CaO作pH值调整剂时，在pH值为7~11时黄铜矿的回收率与采用NaOH为pH值调整剂相差不大，但黄铁矿则受到强烈抑制，其分选浮选回收率低于5%；在强碱条件下，DLZ在黄铜矿上的吸附量比在黄铁矿上的明显大；红外光谱测定结果表明，黄铜矿与DLZ作用后出现了DLZ的相关特征吸收峰，而黄铁矿与DLZ以及Cu^{2+}作用前后的红外光谱基本没有变化，因此DLZ在黄铜矿表面的吸附属于化学吸附，而其在黄铁矿表面的吸附属于物理吸附。

孙小俊等人[222]考察了捕收剂CSU31对黄铜矿和黄铁矿的浮选效果及其作用机理。研究结果表明：当

pH 值为 2.7～12.0 时，CSU31 对黄铜矿的捕收能力较强，浮选最大回收率达到 93%；而对黄铁矿的捕收能力较弱。CSU31 在黄铜矿和黄铁矿表面的吸附量均随其用量的增加而增大，而且在黄铜矿表面的吸附量明显大于在黄铁矿表面的吸附量。

陈建华、李玉琼等人[223～227]采用第一性原理平面波赝势方法，从原子级别研究了黄铁矿的晶体电子结构性质和浮选行为以及晶格缺陷对晶体电子结构性质和浮选行为的影响，在国内外发表了一系列文章。研究结果表明：晶体中硫铁比偏离 2 以及晶体含杂质缺陷，都会对黄铁矿的晶体电子结构性质和浮选行为产生显著的影响。

罗骏等人[228]提出采用热活化脱硅技术处理某煤系硫铁矿浮选尾矿制备铝精矿，对制备氧化铝精矿的工艺制度及脱硅机理进行了研究。结果表明：该尾矿适宜的热化学活化脱硅制度为活化焙烧温度 1150℃、焙烧时间 15～20min、碱浸溶硅温度 125～140℃、浸出时间 30min、NaOH 质量浓度 140g/L。在此条件下，对 Al_2O_3 和 SiO_2 质量分数分别为 46.22% 和 28.33% 的硫铁矿浮选尾矿，焙砂 SiO_2 浸出率达到 71.91%，所得铝精矿中 Al_2O_3 质量分数达 69.29%，铝硅比为 5.59。XRD 结果表明：硫铁矿尾矿中伊利-蒙脱石、高岭石和叶蜡石等铝硅酸矿物在焙烧过程中活化分解生成无定形 SiO_2 和少量莫来石。与此同时，一水硬铝石转变成 α-Al_2O_3。在焙砂的碱浸过程中，无定形 SiO_2 溶解于 NaOH 溶液被脱除，而 α-Al_2O_3 和莫来石不能溶解，同时生成的水合铝硅酸钠（$Na_8Al_6Si_6O_{24}(OH)_2(H_2O)_2$）将导致 SiO_2 浸出率降低。焙烧过程中尾矿中的黄铁矿转化为赤铁矿，锐钛矿部分转化成金红石，在碱浸过程中它们均不会溶解而进入铝精矿中。

梁海军等人[229]对氧化亚铁硫杆菌抑制黄铁矿可浮性的作用机理进行了研究。研究表明：氧化亚铁硫杆菌减少了捕收剂在黄铁矿表面的吸附以实现对黄铁矿的抑制，对黄铁矿可浮性起抑制作用的关键是空间位阻效应和静电作用。

24.2.3　硫铁矿选矿工艺技术进展

24.2.3.1　*破碎筛分与磨矿分级*

近几年，硫铁矿选矿工作者在破碎筛分与磨矿分级方面所做的研究工作相对不多，主要是针对生产中出现的流程不合理、生产效率低等问题而进行的流程改造和设备选型方面的工作。

吴焕勋等人[230]介绍了云浮硫铁矿富矿线碎磨改造实践，1996 年云浮硫铁矿对 -3mm 硫铁矿生产工艺进行改造，富矿线达到了 80 万吨/年的 -3mm 硫铁矿生产规模；2007 年年底中细碎设备改造更新后，富矿破碎能力已超过原设计的 150 万吨/年，达到 240 万吨/年，设备台时能力显著提高；2009 年利用富矿线破碎能力有富余，再增加磨矿系统，矿浆输送到贫矿线浮选，第一次实施 -3mm 硫铁矿转产经济附加值更高的硫精矿。

孟凡毅[231]对云台山硫铁矿原矿含泥量、含水量增加造成振动筛堵塞、破碎效率低下的问题进行了分析和研究，并利用自行设计的双回路输送皮带解决了振动筛易堵塞的问题。改造前后的技术和经济比较结果表明，改造后的破碎和磨矿工段的效益较改造前每年可提高 89.2 万元。

安徽新中远化工科技有限公司针对某低品位硫铁矿综合利用率低、污染严重及经济效益差等情况，刘斌等人[232]对其粉碎加工过程及设备选择进行了研究，通过二段一闭路破碎——段磨矿——粗二精一扫浮选—浮选尾矿磁选的工艺流程，最终获得了硫品位为 46% 的硫精矿和铁品位为 60% 的铁精矿，实现了该低品位硫铁矿资源的综合高效利用。

24.2.3.2　*选别工艺技术流程*

硫铁矿的选矿方法主要是浮选法和重选法，以浮选法为主，对于粗粒嵌布的硫铁矿可以采用重选法或重浮联合流程，重选法存在精矿品位低和回收率低的问题，重浮联合流程较合理，对于伴生硫铁矿的回收，一般都采用浮选法。为了提高硫铁矿精矿品质，近几年选矿工作者对硫铁矿和伴生硫铁矿的浮选工艺及其影响因素进行了深入研究，取得了一批研究成果，同时对重选工艺和重浮联合工艺也进行了一定程度的研究。

A　*硫铁矿选别工艺技术*

张德兴等人[233]在硫铁矿工艺矿物学研究基础上，对冬瓜山铜矿石进行了选矿新工艺研究。自主研发了环保型新型活化剂，可以完全取代硫酸，大大提高了硫铁矿的回收率。采用先磁选后浮选的工艺流程，可大大提高磁精矿的品位。并自主研发了磁选分散剂，使矿浆充分分散，便于分离磁性矿物。在试验室试验的基础上进行了闭路试验和工业试验。工业试验结果表明，硫精矿的品位由原来的 31.5% 提高到 35.8%，硫总回收率由原来的 25% 提高到 55%，创造了良好的经济效益和环境效益。

以硫铁矿生产高品质硫精矿可扩大其应用领域，提高产品的附加值。欧乐明等人[234]以某硫铁矿为试验研究对象，根据矿石中脉石矿物石英质量分数高等工艺矿物学特点，确定了高品质、高品位硫精矿两产品工艺技术方案，使资源总利用率达到 87.69%。试验中采用预先浮选除杂—酸化水玻璃高效抑制—粗精矿再磨再选的技术路线，得到了附加价值高的高品质硫精矿，并讨论了影响高品质硫精矿质量的主要因素。

张群等人[235]采用浮选工艺分选贵州某硫铁矿，试验结果表明：在磨矿细度为 -0.074mm 占 79.44%，捕收剂 GY 用量为 380g/t，2 号油用量为 150g/t 的条件下，采用一次粗选、一次精选、一次扫选闭路浮选工艺流程，可获得硫质量分数为 45.36%、回收率为 80.55% 的硫精矿，尾矿中硫质量分数仅为 2.96%、损失率为 19.45%。

王营茹等人[236]对黄铁矿精矿进行再磨再选，在磨矿细度 -74μm 约占 95% 的情况下，采用开路浮选并使用调整剂 WHL-Y1、WHL-Y2 能有效地排除 MgO 等杂质矿物，得到含硫 45.37% 的优质硫精矿。

李青春等人[237]介绍了“废水活化浮选、提高硫精矿品位、高品位硫精矿沸腾焙烧”工艺技术路线、工艺参数及影响其正常运行的各种因素。工艺的实施较好地实现了硫酸渣综合利用的目标，投产以来，系统稳定运行，硫精矿品位为 49.66%，选硫作业回收率为 95.42%，硫酸烧渣铁品位为 65.22%，吨酸矿耗 0.678t，吨酸产渣 0.45t。

为提高硫铁矿烧渣的铁品位，实现硫铁矿资源的充分利用，文书明等人[238]对 $w(S)$ 约为 17% 和 21% 的低品位硫铁矿分别进行了实验室和工业精选试验。工业试验结果表明：精选后的硫精矿平均 $w(S)$ 为 51.09%，硫回收率达 90.85%；该精矿经沸腾焙烧后，获得平均 $w(Fe)$ 为 65.11%、$w(S)$ 为 0.21% 的铁精矿，符合炼铁原料标准。

胡天喜等人[239]分析了云南某高碳硫铁矿的原矿性质，进行了浮选脱碳试验和浮选选硫试验等一系列试验。并在此基础上研究制定了浮选闭路试验方案，通过试验获得了硫的品位为 47.52%、综合回收率为 62.43%、铁品位为 40.54%、碳品位仅为 0.65% 的优质硫铁矿精矿。

廖舟等人[240]对云南某地煤系硫铁矿进行综合利用新工艺研究，通过重浮联合流程选别含硫大于 47% 的低碳高硫精矿，该硫精矿沸腾焙烧制酸后得到残硫小于 0.3%、含铁大于 65% 的硫酸渣，可直接用作炼铁原料。

针对煤系硫铁矿精矿含碳较高不利于焙烧制酸的问题，廖舟、许彬等人[241]以云南某高碳煤系硫铁矿石为试验矿样进行了降碳提硫研究。试验结果表明：采用 K-1 药剂为新的选碳捕收剂，利用反浮选脱碳和选择性絮凝手段，可以有效降低硫精矿碳质量分数，同时提高硫精矿品位。试验采用反浮选—正浮选—选择性絮凝流程，得到了硫品位为 37.19%、含碳量为 3.64% 的煤系硫铁矿精矿，硫回收率为 87.37%。

北山铅锌矿选矿厂选硫生产曾采用过螺旋流槽和摇床重选以及“碳铵法”浮选等工艺，由于这些选别方法的技术指标和经济效益均较差，韦伯韬等人[242]经试验研究采用“硫酸法”浮硫工艺后，技术指标和经济效益显著提高。

胡开文等人[243]对贵州某碳泥质硫铁矿进行了工艺矿物学研究，并对其选矿工艺进行了探索。研究结果表明：该矿石中黄铁矿粒度分布极不均匀，且存在磁黄铁矿、部分黄铁矿氧化现象严重。该矿的选别难点在于细粒黄铁矿的回收和富集。由分析确定先重选（摇床）后浮选的工艺，并优化开路试验流程。其中重选得到的精矿产品硫品位为 28.96%，回收率为 72.19%。重选精矿优化浮选后的精矿产品中硫品位为 42.76%，综合回收率为 43.50%。重选尾矿优化浮选后的精矿产品硫品位为 19.59%，综合回收率 10.04%。结果表明，先重选后浮选的工艺适合该矿的分离，能够取得良好的效果。

徐晓萍[244]对云浮低品位硫铁矿矿石进行重选试验研究。当原矿约含硫 28%、粒度小于 4mm 时，采用分级后粗粒跳汰—细粒螺旋选别的重选流程，可以得到最终硫精矿品位 37.11%、硫回收率 84.06% 的选别指标，为低品位硫铁矿矿山的开发指出了一条新路子。

针对云浮硫铁矿采区低品位矿石，寻找经济合理、低耗高效与环保的选矿工艺回收硫，使获得的硫精矿产品符合销售要求，且尾矿含硫达到硫铁矿尾矿的国家排放标准。李汉文等人[245]采用分级—粗粒跳汰—细粒螺旋工艺，所获得的硫精矿含硫 35.50%，硫的回收率为 86.70%，尾矿含硫 6.70%。

B　伴生硫铁矿选别工艺技术

内蒙古某铜硫矿石以黄铜矿、磁黄铁矿和黄铁矿为主要有用矿物，一直以来选矿厂仅选铜，硫因品位低未进行回收。方夕辉等人[246]采用“低碱优先浮铜—铜尾清洁活化选硫”试验方案，选用铜高效捕收剂 QP-03、硫清洁高效活化剂 QH-01 来提高铜回收率和实现硫的综合利用。实验表明：采用该方案可获得含铜 20.60%、铜回收率 93.44% 的铜精矿，含硫 32.20%、硫作业回收率 86.04% 的硫精矿，与原工艺相比，硫得到了综合回收，铜品位与铜回收率分别提高了 0.5% 和 2.47%。

陈宇等人[247]对云南羊拉含铜硫铁矿进行精选试验，采用一次粗选、二次扫选、二次精选的浮选工艺得到硫品位 33.21%、回收率 95.98% 的硫精矿，其中含铁 48.16%、含铜 1.61%、含金 0.6g/t。将其用于硫酸生产，可以获得含铁品位 60% 以上的含铜烧渣，为铜、铁、金资源回收利用创造了条件。

饶强坚[248]介绍了福建某低铜低硫磁铁矿采用优先浮选铜、铜尾浮选硫、硫尾选铁的流程，取得了较好的选别指标，采用高效强选择性捕收剂 ZP-101、价格低及污染小的 NH_4HCO_3 对提高选铜指标、铁精矿提前除硫有显著效果。

为有效回收福建某铅锌尾矿中的硫铁矿，在工艺矿物学研究的基础上，陈享享等人[249]确定采用简便易于工业化的全硫浮选工艺流程。针对被石灰抑制的该低品位难选硫铁矿，采取了高效、清洁的分散组合活化的方法对其进行强化活化，使硫品位由 8.41% 提高到了 33.15%，硫回收率达到 81.11%，使硫铁矿得到了较好的回收，环境效益和经济效益显著。

覃伟暖等人[250]通过对高锡多金属硫铁矿的矿石性质特点与生产工艺设备的分析、考察研究，对原生产工艺设备和工艺条件进行技术改造，锡金属回收率由改造前的 50.19% 提高到了 70.41%，锡金属回收率提高了 20.22%，硫的回收率也从 39.20% 提高到 84.36%，年增产约 20 万吨硫精矿，取得了较好的经济效益。

24.2.3.3　选矿设备

浮选柱是一种高效的浮选设备，相对槽式浮选机具有结构简单、占地面积小、制造周期短、能耗低等优点。近几年浮选柱在硫铁矿选矿方面的应用研究有所增加。

杨琳琳等人[251]利用新型选矿设备环形浮选柱对某硫铁矿进行了试验研究，获得了精矿品位 49.44%、回收率 99.15% 的良好指标，证实了环形浮选柱比 XFD 浮选机对选别此类硫铁矿所具有的优势。

吴焕勋等人[252]介绍了云浮硫铁矿细粒级矿浆的选矿实践，一是采用单独浮选处理，二是分配到贫矿线 3 个系列浮选处理，通过完善浮选前段细泥去除工序，稳定溢流入选量，对降低溢流选矿尾矿品位取得一定成效。为进一步降低溢流选矿尾矿品位，提高回收率，与中国矿业大学合作进行了硫铁矿旋流-静态微泡浮选柱分选半工业试验研究，探索 -3mm 硫铁矿的分级溢流选矿处理新工艺。

黄根等人[253]为使广东某硫铁矿生产 -3mm 产品过程中产生的矿泥得到高效利用，采用 2 台 ϕ400mm ×4000mm 旋流-静态微泡浮选柱在现场对该矿泥进行了一次粗选、一次精选柱式浮选半工业试验。首先通过条件试验确定了合适的处理量、药剂制度以及浮选柱中矿循环泵压力，然后进行 72h 连续运转，获得了硫精矿硫品位为 48.46%、硫回收率为 93.71% 的良好指标。与现场采用浮选机的选别指标相比，硫回收率提高了约 13 个百分点。

霍涛等人[254]采用不同的浮选设备对某硫铁矿浮选尾矿进行了再选试验研究。结果表明：当采用浮选机一次粗选、二次精选、二次扫选闭路流程时，可以得到品位为 33.48%、回收率为 65.28% 的硫精矿。而采用浮选柱一次粗选、一次精选、一次扫选流程进行闭路试验，可以得到品位为 32.84%、回收率为 70.16% 的硫精矿，虽然精矿品位略有降低，但回收率提高了近 5%。

何青松等人[255]分析了重庆南桐矿业公司干坝子选煤厂和南桐选煤厂的选硫工艺流程及存在的问题，提出采用新型 HQS 重介质旋流器—小直径重介质旋流器—浮选柱联合工艺，实现对煤系硫铁矿的高效深度分选，并探讨了该工艺的经济、技术可行性。

24.2.3.4　*选矿药剂*

虽然黄药作为硫铁矿主要捕收剂在大量使用，但其存在有一定毒性、难闻的臭味，易氧化分解，对环境有一定的污染，伤害浮选操作人员及选择性较弱等众多缺点。为了降低选矿成本、提高经济效益、减少对环境的危害，开发低价、高效、清洁的捕收剂势在必行。近年来选矿工作者在寻找与开发对硫铁矿兼具捕收能力和选择性的新型药剂，以及对现有的各种捕收剂进行合理搭配、组合使用的方面做了很多研究，取得了卓越的成绩；在伴生硫铁矿的浮选中，近年来，寻找与开发能在低碱条件下抑制硫的抑制剂越来越受到选矿工作者的重视，开发出了一批有效的组合抑制剂和新型抑制剂。

焦芬等人[256]采用丁黄药、680 和 Mac-10 作为捕收剂，在不同条件下对黄铜矿、黄铁矿的浮选行为和实际矿石的分选效果进行了对比试验研究。结果表明：Mac-10 在铜硫浮选分离中具有良好的应用潜力，捕收能力较丁黄药、680 好，并且选择性好，能在较少的药剂用量时，在中性或者弱碱性条件下，实现黄铜矿与黄铁矿的有效分离。

杨柳毅等人[257]为了提升云南某低品位碳质硫铁矿硫指标，采用反浮选—正浮选新工艺的同时选用浮选性能良好、价格较低的混合捕收剂 402 替代之前使用的捕收剂丁基黄药，使硫铁矿精矿品位提升到了 42.25%，还将碳质量分数降为 1.58%，同时获得硫铁矿回收率为 92.96%。

长沙矿冶研究院刘旭等人[258]研制了一种硫铁矿的新型捕收剂 CYS，代替现场使用的黄药对广东某硫铁矿进行试验研究，不仅获得的硫精矿品位更高，还减少了药剂用量。

苏建芳[259]根据安徽某伴生硫铁矿原矿特点，采用原有选硫流程，配合使用新型硫浮选捕收剂 AT608 及起泡剂 BK204，在获得硫精矿品位为 41.99% 的同时还获得了 88.12% 的回收率，不仅提高了硫精矿指标还使药剂用量大幅度下降（现在 AT608 用量为 115g/t，之前乙基黄药用量为 230g/t）。

穆枭等人[260]针对云南蒙自地区高砷含黄铁矿尾矿，利用石灰、高锰酸钾、腐殖酸钠和 SN 等不同抑制剂进行了降砷试验。结果表明：在高碱条件下，有机抑制剂 SN 对毒砂具有很好的抑制效果，可以使硫精矿中的砷质量分数从 1.74% 降至 0.21%，且几乎不影响黄铁矿的浮选回收，硫的回收率保持在 85% 以上。

在 pH 值为 8 的条件下，周源、曾娟等人[261,262]研究了 $Na_2S_2O_3$ + 焦性没食子酸、NaClO + 焦性没食子酸、$CaCl_2$ + 单宁酸、$KMnO_4$ + 单宁酸、NaClO + 腐殖酸钠 5 种组合抑制剂对黄铜矿和黄铁矿可浮性的影响。结果表明：它们都可以在铜、硫浮选分离时作为黄铁矿的抑制剂，只是在选择性强弱和用量上存在一定的差异，NaClO + 腐殖酸钠是黄铁矿的高效抑制剂，能成功地实现铜、硫分离，并获得较好的技术指标。

周为民[263]对浮铅抑硫流程中抑制剂的种类和用量进行了试验研究。通过对抑制剂单一使用和混合使用的对比试验，最终选择在碱性条件下，碳酸钠与硫酸锌的最佳配比为 200：800，取得了很好的选矿指标。

根据江西某铜矿矿石特点，先对铜硫混合浮选，将混合精矿再磨后，周源等人[264]选择江西理工大学研发的新型抑制剂 DT-4 号对精矿进行铜硫浮选分离，在低碱介质中有效实现了铜硫之间的分离，获得铜品位为 23.45%、回收率为 90.38% 的铜精矿，硫品位和回收率分别为 44.67%、91.63% 的硫精矿。

王勇等人[265]对江西某铜银多金属矿在低碱度条件下进行了铜硫分离浮选试验，试验中采用 DT 系列中的 DT-2 号在铜硫浮选分离时对黄铁矿进行抑制，获得了良好的指标。在 pH 值为 8 的低碱度矿浆中获得了品位为 22.49%、回收率为 88.76% 的铜精矿和品位为 33.07%、回收率为 62.25% 的硫精矿，指标质量达标；同时铜精矿中银品位为 1391.6g/t、回收率为 71.59%。

在低碱度条件下，对某铜硫矿石进行了浮选分离试验，周源等人[266]选择焦倍酸 + 丹宁对黄铁矿进行高效抑制，该工艺相对于传统的高碱工艺，在提升浮选指标的同时还降低了选矿成本以及实现了清洁生产。

24.2.3.5　*尾矿、三废处理、环保、循环利用*

硫铁矿选矿中产生大量的尾矿和废水，若不进行处理利用，不仅浪费资源，还会占用大量土地，对土壤、水体及大气造成不同程度的污染。近年来，选矿工作者在硫铁矿尾矿资源化利用和选矿废水处理两方面开展了大量的研究工作，取得了丰富的研究成果。

张渊等人[267]通过详细研究川南硫铁矿尾矿的物质组成、化学成分、各类矿物赋存状态及其嵌布特征，查明了川南硫铁矿尾矿利用的难点，指出了符合该尾矿性质的开发利用方向。

严荥等人[268]针对部分硫资源未得到充分利用，进入尾矿库酸化的可能性加大，尾矿综合处理成本增加，从云浮硫铁矿尾矿中回收硫精矿，取得了品位 32.94%、回收率 61.50% 的技术指标。

在对试验用硫铁矿尾砂进行物理化学性质研究的基础上，王淑红等人[269]对其进行浮选试验。以乙黄药为捕收剂，2 号油为起泡剂，经过一次粗选、一次扫选、一次精选闭路试验，一次精选尾矿和扫选精矿合并返回粗选可以得到精矿品位 41.07%、回收率 92.73%、产率 10.95%、尾矿品位 0.4% 的最终指标。

穆枭等人[270]针对云南某选矿厂的浮选尾矿，进行了砷硫浮选分离的新工艺和新药剂试验研究。结果表明：在高碱性条件下，采用腐殖酸钠强化抑制毒砂和黄铁矿，通过新型 NC 活化剂的选择活化作用实现砷、硫的有效浮选分离，将硫精矿中的砷品位从 1.78% 降到 0.22%，硫品位达到 45.75%，硫的回收率达到 85.60%。

韦国良等人[271]介绍了中远公司对贫硫铁矿综合利用的研究成果。对硫的质量分数为 15% 的贫硫铁矿进行浮选可获得硫的质量分数为 46% 的硫精矿，硫精矿用沸腾炉高温焙烧后可获得铁质量分数大于 62%、硫质量分数小于 4% 的铁矿渣，可满足钢厂所需铁精粉要求，年创经济效益 1.5 亿元；硫酸生产的余热蒸汽梯级利用，可新增效益 1925 万元/年，节约煤炭折标煤 75kt/a，减排 CO_2 47.7kt/a。

四川某硫铁矿尾砂中硫质量分数偏高，不但造成资源浪费，而且长期堆存产生大量的酸性水，对周围环境造成严重污染。王淑红等人[272]对该硫铁矿尾砂进行了再选试验研究。结果表明：将尾砂磨至 -0.074mm 占 64.76%，以石灰为调整剂、乙黄药为捕收剂、2 号油为起泡剂，采用一次粗选、一次扫选、二次精选的浮选工艺流程，可以获得产率为 8.90%，有效硫品位为 45.31%，有效硫回收率为 83.11% 的硫精矿，而且该硫精矿的烧渣铁品位达 60% 左右，可直接作为铁精矿出售。

马钢硫铁矿尾砂全硫品位为 9.87%、铁品位为 12.96%，主要金属矿物为黄铁矿、赤铁矿、磁铁矿，王雄等人[273]对其进行重选—浮选原则流程试验，获得了硫品位为 47.22%、回收率为 60.79% 的重选硫精矿，硫品位为 45.26%、回收率为 11.33% 的浮选硫精矿，为硫铁矿尾砂选别高品位硫精矿提供了依据。

杨强等人[274]采用摇床重选工艺和浮选工艺对某硫铁矿尾矿进行了再选试验研究。结果表明：摇床重选可以获得硫品位为 46.41% 的硫精矿，但硫回收率较低，为 47.62%；而以 BS 为捕收剂、2 号油为起泡剂进行浮选，则可以获得硫品位为 45.45%，硫回收率达到 83.17% 的硫精矿。

李智等人[275]以硫铁矿尾矿制备微晶玻璃，并用 DTA、XRD、SEM 等手段分析了微晶玻璃的相变、相组成及微观结构。结果表明：利用硫铁矿尾矿为主要原料，添加适量的其他原料，可获得主晶相为透辉石相的微晶玻璃。

谢红波[276]利用硫铁矿选矿尾砂 100% 替代石英砂，掺入适量的聚羧酸减水剂、可再分散乳胶粉等外加剂后，制出的水泥基自流平砂浆的流动度、力学性能等均满足标准《地面用水泥基自流平砂浆》(JC/T 985—2005) 的要求，并初步探讨了不同外加剂的作用机理。

王国文等人[277]对目前我国治理含黄药、脂肪酸类选矿废水的进展进行了综述。

硫铁矿废水系硫铁矿开采过程中或开采后产生的含铁量高、酸性强的废水。处理过程中会产生大量含铁污泥，可作为工业制备聚合硫酸铁的原料。桂政等人[278]开展了以硫铁矿废水处理污泥为原料制备聚合硫酸铁的研究，确定了酸溶—离心分离去钙—氧化聚合的工艺流程，并通过实验研究了氧化聚合工艺条件的影响。实验结果表明：在反应溶液初始 pH 值为 0.8，反应温度为 40℃，反应时间为 2h，氧化剂投加量为理论投加量 200% 的条件下，可制备出品质较高的聚合硫酸铁。

刘峰彪[279]采用高密度泥浆法对新桥硫铁矿废水进行了处理试验，研究了 pH 值、曝气、反应时间、沉淀时间、絮凝剂、底泥回流等对处理效果的影响。结果表明：采用 HDS 法，引入曝气工艺可使处理水质稳定达到排放标准，并得到了 HDS 法处理新桥硫铁矿废水的工艺参数，为工程设计提供了依据。

张林友等人[280]介绍了由于会泽选矿厂生产的废水量大于回水处理站的处理能力，超出能力的部分废水排入硫精矿库，给硫精矿库带来了严重的安全隐患，同时废水中含有少量的矿泥，直接排外或处理后外排都会造成铅锌精矿的损失。为了解决这一系列的问题，现场开展了相关的研究与生产实践，结果表明：在选矿回水未进入回水处理站之前进行再利用，可消解回水处理站的压力，提高环境保护质量，降低用水成本，减少金属流失，增加企业的经济效益。

金尚勇等人[281]采用高浓度泥浆法（HDS）处理广东某硫铁矿矿山高含铁酸性废水。结果表明：当反应pH值为8.5～9.0、反应时间40min、曝气气水比6∶1、底泥回流比4∶1时，出水总铁、锰和锌能够满足广东省地方标准（DB 44/26—2001）一级标准要求，底泥质量分数达到25%以上。

李雁等人[282]采用湿法氧化沉淀法，通过调节反应溶液初始pH值（7～12）、反应温度（70～95℃）、反应时间（1～4.5h）和搅拌速度（50～250r/min），探索了硫铁矿废水制备铁黑颜料的工艺条件。结果表明：在pH值为9.5、反应温度为85℃、反应时间为2.5h、搅拌速度为150r/min的条件下，能制备得到较优的铁黑颜料。经XRD、SEM及铁黑颜料技术指标检测分析，表明该铁黑颜料粒径在60nm左右，Fe_3O_4质量分数在95%以上，各项指标均能达到氧化铁黑颜料行业标准中一级品的要求。

尹卫宁等人[283]通过载银活性炭—H_2O_2/O_3化学催化氧化硫铁矿浮选废水，提供其BOD与COD的比值，再通过生化处理，使COD值降低到37mg/L，最后通过浸没式超滤处理，去除水中的大部分悬浮物、胶体，出水浊度达到0.1NTU以下，可以重新返回到浮选工段使用。

陈克雷[284]介绍了硫铁矿山酸性废水的产生机理及处理方法，分析与比较了HDS（高密度污泥处理工艺）处理方法与其他方法的区别及优势，给出了HDS处理工艺的流程。废水经处理后可达到《污水综合排放标准》(GB 8978—1996）中一级排放标准的要求。

24.2.3.6 综合回收

硫铁矿资源多数都伴生和共生有铜、铅、锌、金、银等有色金属和贵金属元素，以及煤、明矾石、地开石等有用非金属矿物，在矿产资源日趋短缺的今天，有效回收利用硫铁矿矿石中的共、伴生资源，促进矿产资源的可持续发展，将会给社会带来巨大的经济效益、社会效益和环境效益。近年来，选矿工作者在综合回收硫铁矿共、伴生资源方面进行了较多的研究工作，取得了较为丰富的成果。

某复杂低品位硫铁矿矿石性质复杂，结构构造多样，硫、铁矿物主要赋存在黄铁矿、磁铁矿和磁黄铁矿中，分选难度较大。为合理开发该矿产资源，周贺鹏等人[285]对其进行了选矿工艺研究。结果表明：采用“优先浮硫—尾矿磁选收铁”工艺，在原矿含硫13.62%、含铁21.52%的基础上，闭路试验可获得含硫41.35%、硫回收率83.37%的硫精矿，含铁64.86%、铁回收率76.35%的铁精矿，试验指标良好，硫、铁矿物均得到了较好的综合回收。

刘俊等人[286]以自行研制的LC1为捕收剂，水玻璃为脉石矿物的抑制剂，采用铜硫混浮—铜硫混合精矿再磨—铜硫分离的原则流程，对某铁矿石的磁选尾矿进行了分选试验研究，获得了铜品位22.13%、铜回收率81.88%的铜精矿和硫品位31.69%、硫回收率76.34%的硫精矿。

内蒙古某硫铁矿属以硫为主、伴生低品位铜锌的复杂硫化矿石，刘占华等人[287]经浮选流程产生了铁品位为17.75%、硫质量分数为5.87%的高硫铁尾矿。针对此高硫铁尾矿进行了磁选、摇床、磁选—反浮选和直接还原焙烧—磁选等一系列提铁降硫的探索试验研究。结果表明：采用常规选矿方法很难达到理想的分选效果；而采用直接还原焙烧—磁选方法可获得铁品位为93.57%、硫质量分数为0.39%、对弱磁精矿的回收率为82.01%的直接还原铁产品，为有效提高资源综合利用率提供了新的途径。

某铅锌尾矿含铅0.28%、锌0.42%、硫15.87%，针对该矿矿石特征，倪青林[288]采用螺旋溜槽，进行泥砂分级后分别浮选，在不同的实验条件下可获得产率45.59%的混合硫精矿，其含硫31.22%，硫的回收率为90.60%，具有较好的经济效益，为同类型的铅锌尾矿中硫的回收提供了指导意义。

为了有效利用云南某地煤系硫铁矿，张晶等人[289]采取选煤与选硫铁矿的综合回收方案。在矿石化学多元素分析以及硫形态分析的基础上，进行了螺旋溜槽—摇床重选试验、浮选试验。试验最终采用浮选闭路试验流程，先浮选煤，单独浮选出中矿（该产品并入尾矿），再浮选硫铁矿，最后得到了产率5.38%、碳品位40.32%、含硫7.05%、碳回收率33.76%的煤精矿；产率24.00%、硫品位47.59%、含碳9.64%、硫回收率72.74%的硫精矿；实现了煤和硫铁矿综合回收的目的。

徐明等人[290]对川南某地煤系硫铁矿进行综合利用新工艺研究。通过全浮选流程选别，可得到含硫大于49%的高硫精矿。硫精矿沸腾焙烧制酸后，得到残硫小于0.2%、含铁大于64%的硫酸渣，可以用作炼铁原料，浮选尾矿可以作为建筑材料回收利用。

洪德贵等人[291]研究了从含硫磁铁矿尾矿中回收铁精粉的工艺流程和工艺条件，通过磁选回收磁硫铁矿和磁铁矿，磁选精矿焙烧，焙砂全部达到铁精粉质量要求，该工艺提高了矿产资源利用程度，可为企业获得较好的经济效益。

何兵兵等人[292]首先对尾矿中的黄铁矿进行了浮选回收实验，实验中讨论了矿浆质量分数、pH 值、HD 浮选药剂用量 3 个因素对浮选工艺的影响，得到最佳的浮选条件为：矿浆质量分数为 20%、pH 值为 8.5、HD 浮选药剂用量为 200g/t，硫精矿中 $w(S)=29.48\%$，尾矿中 $w(S)$ 降低到 1.13%。脱硫后对槽底尾矿采用高温煅烧法除去其中的碳和有机质，确定了最佳的煅烧温度为 750℃，煅烧时间为 2h，煅烧后再采用化学法除去尾矿中的铁，确定了最佳的强还原剂用量，得到了白度为 64.8% 的初级高岭土。

鲁军[293]对某铜尾矿的回收利用进行了试验研究，采用全浮选工艺使有用组分得到高效回收，获得指标为：超纯硫精矿硫品位为 51.12%，含铜 0.13%、铁 45.7%，硫回收率为 49.18%；明矾石精矿 SO_3 品位为 23.99%（纯明矾石质量分数 62.15%），SO_3 回收率为 72.65%；地开石粗精矿 Al_2O_3 品位为 22.08%（纯地开石质量分数 80.53%），Al_2O_3 回收率为 65.25%；最终尾矿 SiO_2 质量分数为 91.99%，可作为冶炼熔剂、铸造石英砂或建材使用。

24.2.4　硫铁矿选矿存在的问题及发展趋势

硫铁矿是我国的主要硫资源来源，长期以来，我国生产硫酸的原料一直以硫铁矿为主，这是由我国硫资源的特点所决定的。但由于硫黄制酸有诸多优点，并且满足国家节能减排的要求，因此我国硫黄制酸发展势头强劲，制酸比例不断提高。从 20 世纪 90 年代到 21 世纪初期，我国硫酸产业结构基本形成了硫铁矿制酸、硫黄制酸和冶炼烟气制酸三分天下的格局。未来几年我国硫酸工业的发展进程中，硫黄制酸有可能进一步主宰行业发展并影响硫酸市场价格。当前，硫铁矿生产遇到了前所未有的困难，需求量和产量大幅度下降，除资源条件较好或伴有多金属的硫铁矿企业能维持生产经营外，部分中小硫铁矿企业已被迫停产或破产。

尽管硫铁矿制酸产量占硫酸总产量的比重仍在继续下降，但硫铁矿仍然是化肥工业和农业生产的重要原材料，硫铁矿的综合开发利用前景看好。硫铁矿既是硫资源又是铁资源，要依靠科技进步，合理地综合利用，提高硫铁矿资源的利用水平。

生产硫酸后的硫铁矿烧渣可以作为金属铁的来源加以利用，但这对烧渣中铁质量分数的要求较高，这就需要提高硫铁矿原料的品位。因此，提高硫铁矿精矿品位将是硫铁矿选矿研究的重要方向之一。另外，有效且充分地回收利用伴生硫铁矿资源，也是硫铁矿选矿的一种趋势和重要方向。

近年来虽然我国硫铁矿选矿技术得到了较快的发展，但随着富矿资源的日益减少，原矿面临的贫、细、杂的特点越来越明显，为了高效经济地回收各种有用矿物，未来硫铁矿选矿的发展要充分注意以下几个方面的研究工作：

（1）加强工艺矿物学的研究。对于那些矿物种类繁杂、镶嵌关系复杂的硫铁矿石，实现有效浮选分离的前提是全面的工艺矿物学研究。

（2）强化硫铁矿高效捕收剂、活化剂及抑制剂的研究。浮选是回收硫铁矿的有效手段，其中的影响因素很多，调整剂和捕收剂的使用是浮选成功的关键。因此，设计开发高效、低毒、易降解浮选药剂仍将是硫铁矿浮选的一个重要研究方向。

（3）重视伴生硫铁矿浮选工艺的研究。低碱工艺无疑为提高资源综合回收率、减少浮选药剂用量、实现清洁生产提供了一种方法，因此值得进一步深入研究。

（4）进行硫铁矿高效大型选矿设备的研究应用。硫铁矿选矿设备向大型化、自动化、高分选性、低能耗发展是一种趋势。如新型大型浮选机、浮选柱在硫铁矿选矿上的应用，大型高效破碎机、自磨和半自磨机的应用等。

（5）加强浮选药剂在黄铁矿表面的作用机理研究。由于不同产出地的硫铁矿的表面结构的不均匀性及晶格缺陷，导致硫铁矿的可浮性变化很大，更加深入细致地研究硫铁矿表面的性质以及浮选药剂在硫铁矿表面的作用机理，为精准分选硫铁矿提供科学指导。

（6）进一步加强硫铁矿尾矿的资源化利用和选矿废水处理技术研究。随着生态文明建设要求的提高，国家对企业的“三废”排放标准更加严格，因此，实现硫铁矿选矿厂尾矿的资源化利用和废水的零排放或水的循环利用就更加紧迫。

（7）硫铁矿的新的选矿技术研究。如硫铁矿的电化学浮选研究，硫铁矿浮选电化学研究的重点是自诱导和硫化钠诱导的无捕收剂浮选，这能在一定程度上减少选矿药剂对环境的影响，解决一直困扰矿企的环境治理问题，同时也能达到降低选矿成本的效果。

24.3　钾盐矿选矿年评

24.3.1　钾盐资源概况

钾盐是含钾矿物的总称，按其可溶性可分为可溶性钾盐矿物和不可溶性含钾的铝硅酸盐矿物。前者是自然界可溶性的含钾盐类矿物堆积构成的可被利用的矿产资源，它包括含钾水体经过蒸发浓缩、沉积形成的可溶性固体钾盐矿床（如钾石盐、光卤石、杂卤石等）和含钾卤水。铝硅酸盐类岩石是不可溶性的含钾岩石或富钾岩石（如明矾石、霞石、钾长石及富钾页岩、砂岩、富钾泥灰岩等）。目前，世界范围内开发利用的主要对象是可溶性钾盐资源和沉积形成的可溶钾盐矿，主要用于制造钾肥，主要产品有氯化钾和硫酸钾，是农业不可缺少的三大肥料之一，只有少量产品作为化工原料应用在工业方面。

24.3.1.1　世界钾资源概况

世界钾盐资源相当丰富，资源总量达2144.7亿吨 K_2O，其中已探明储量约35亿吨 K_2O。但世界钾资源分布不平衡，主要在北半球，其中加拿大和俄罗斯分别占世界钾盐总资源量的40%和37%。其余储量分布在美国、欧洲、中东、泰国、刚果等地。世界钾资源产量及储量见表24-6。

表24-6　世界主要钾盐生产国产量及储量　（万吨）

国　家	产　量		储　量	
	2013年	2014年	可采矿量	K_2O
美　国	96	85	170000	20000
白俄罗斯	424	430	330000	75000
巴　西	43	35	30000	5000
加拿大	1010	980	470000	110000
智　利	105	110		15000
中　国	430	440		21000
德　国	320	300		15000
以色列	210	250		4000
约　旦	108	110		4000
俄罗斯	610	620	280000	60000
西班牙	42	42		2000
英　国	47	47		7000
其他国家		15	25000	9000
世界总量	3450（约）	3500		350000

24.3.1.2　我国钾资源概况

以世界各国拥有的可溶性钾资源的数量计，我国排在第15名以后。我国是一个钾盐资源缺乏的国家，钾盐储量占全球的2.36%，但钾肥需求占全球的20%，因此消费量的约50%来自进口。我国不溶性钾资源的储量是可观的，包括明矾石、钾长石及含钾砂、页岩等，保有D级以上储量10亿吨（K_2O），含 K_2O 一般在9%～12%，最高达35.74%（福建明矾石矿）。我国不溶性钾资源的储量虽然很丰富，但由于其难溶于水，制造钾肥的技术工艺又复杂，成本高，难以开发利用，目前只是刚刚起步，期望不久的将来有一个新的局面。

我国可溶性钾资源贫乏，且分布不均。2012年全国已探明的28个矿区的钾盐保有资源量为10.69亿吨KCl，至2014年保有储量为2.1亿吨 K_2O，我国已查明的可溶性钾盐资源储量不大，尚难满足农业对钾肥的需求。因此，钾盐矿被国家列入紧缺矿种之一。探明储量以氯化钾为主，96.6%的储量分布在青海柴达木盆地的几个现代盐湖中，少数在云南江城一带，另外，山东、甘肃、新疆和四川等地有零星分布。

2013 年我国可溶性钾资源的查明资源量是 10.05 亿吨，其中氯化钾储量为 0.7516 亿吨，相比 2012 年下降了 0.1 亿吨。而境外不完全统计，拥有的钾石盐和光卤石资源量约超过 1000 亿吨，目前探明的氯化钾储量约有 104.95 亿吨。难溶性钾储量在 3000 亿吨，目前难溶性钾盐加工工艺已经有所突破，这部分资源将成为我国贫乏的可溶性钾的重要补充和长期支撑。

24.3.1.3　资源特点

我国已探明的可溶性钾盐资源有以下特点：

（1）储量少。至 2014 年年底，全国保有储量仅 35 亿吨 K_2O。

（2）以液体资源为主。国外钾资源储量的主要部分是古代固体层状矿床，占总储量的绝大部分，而我国的钾盐资源储量主要是液体卤水矿床。

（3）矿石品位低。已探明的现代盐湖层状固体矿层普遍为贫矿，96% 是表外矿，KCl 质量分数仅 2% ~6%。古钾盐层状矿床 KCl 质量分数平均为 8.81%。国外固体钾盐层状矿床矿石品位一般为 15% ~35% K_2O。

（4）质量差。我国古代钾盐矿石中，固体难溶物和不溶物比较多，选矿和加工难度大。

（5）共生组分多。盐湖卤水和地下卤水中与钾共生有大量的镁、钠、硼、锂、溴、碘、铷、铯等元素，有很高的综合利用价值。

（6）埋藏浅。盐湖资源出露地表，固体层状钾盐矿一般埋深为 25 ~700m，易开采。

（7）可选性差。云南勐野井钾盐矿含泥砂水不溶物比较多，品位低，难以选别，且选别成本高；盐湖卤水需经日晒光卤石后才能浮选，增加了盐田投资。

24.3.1.4　我国钾肥工业具有较大发展潜力

我国钾肥工业生产经历了 50 年的发展，从无到有，取得了长足的进步。特别是近 10 多年，钾盐自给率逐年提高，从 2004 年不足消费量的 30% 增加到 2013 年的 54.2%。2013 年仍然进口钾肥折氯化钾 637 万吨，表观消费量折氯化钾达到 1462 万吨。截至 2013 年年底，我国已经形成的资源性钾肥产能约折合氯化钾 990 万吨，加工型钾肥产能近 334 万吨实物。全行业共有规模资源型钾肥企业 43 家，加工型企业约 130 家。“十二五”末，随着青海盐湖集团、国投新疆罗布泊钾盐公司、青海滨地、中农兴元钾肥公司等新建扩建装置的投产，我国钾肥产量预计可以达到折氯化钾实物近 850 万 ~900 万吨。

2014 年，我国氯化钾年产能达到 782 万吨，同比增加 5%，产能增加主要来自青海盐湖的新建项目投产。实际产量 877 万吨，同比增长 14.35%，达到历史新高；生产企业总计 32 家，减少 4 家，氯化钾产能进一步向大企业集中。2014 年钾肥进口量为 803 万吨，钾肥总消费量为 1745 万吨，自给率为 50.3%，钾肥对外进口依存度约为 50%。

尽管我国钾肥行业呈现快速发展态势，但由于我国钾肥资源缺乏、产能低，阻碍了钾肥行业的发展，钾肥产能还不能满足工农业生产对钾肥的需求。且钾肥将随着我国粮食需求的增加而持续增长，这些因素都将促进钾肥工业的持续发展，未来钾肥工业的发展潜力巨大。

我国钾肥需求量维持现状的话，需要年 1000 万 ~1100 万吨的产能，今后几年随着国内和海外市场钾肥项目的投产，钾肥产能有望达到 1000 万吨，实际产量应在 750 万 ~850 万吨，因此钾肥的对外依存度可以降为 30%，对国际市场的定价权将会逐渐起主导作用，但是在产能未完全达产之前我国钾肥的依附度仍为 50%。

近年我国钾肥产量见表 24-7。

表 24-7　近年我国钾肥产量（K_2O）　　（万吨）

年　份	2006	2007	2008	2009	2010	2011	2012	2013	2014
产　量	233.4	259.9	263.9	320.7	334.1	380.3	529.9	537.6	610.5

目前，我国利用钾矿资源生产的资源性钾盐产品主要是氯化钾、硫酸钾和硫酸钾镁，其中氯化钾有工业级和农业级两类，硫酸钾和硫酸钾镁肥主要为农业级。主要原料是青海、新疆的盐湖卤水，云南的固体钾矿和山东、天津、江苏等地沿海的海盐苦卤。

2011 年以来我国钾盐生产取得了新突破，用难溶性钾资源生产含钾多元素矿物肥产业化和新工艺开发迈出了坚实的一步，3 条 10 万吨/年规模的水热化学法生产线装置已经有 2 条投产，1 条正在建设中；利用霞石正长岩生产含氧化钾 29.3% 的新工艺 1 万吨/年生产线中试装置顺利投产。

就硫酸钾来说，目前我国资源型硫酸钾生产企业主要有 7 家。其中，利用硫酸盐型盐湖卤水生产硫酸钾最大的企业是国投新疆罗布泊钾盐有限责任公司，2011 年产量达到 132 万吨；其次是青海联宇钾肥有限公司和青海滨地钾肥有限公司。利用海水生产硫酸钾的厂家是山东海化股份有限公司硫酸钾厂，产能为 2 万吨/年；山东埋口盐化有限责任公司 2013 年 2 月新投产海水直接提钾生产装置，产能是 4 万吨/年。

我国可溶性钾资源相对短缺，在“十三五”期间，要同时走国产、进口、境外开发三条路，打造稳固的钾肥供应“铁三角”格局。

近年来我国境外钾肥基地建设已初见成效。截至 2014 年 5 月底，我国境外钾肥项目已有 26 个，分布在 9 个国家，装置总产能 197 万吨/年，计划产能 1010 万吨/年，已建成投产的有 77 万吨/年。目前投产的 4 个项目都在老挝，其中开元集团老挝项目产能最大，为 50 万吨/年氯化钾产能装置，未来有望成为国内市场的有效补充。

国产钾肥生产方面，难溶钾的多种工艺生产已经产业化。其中煅烧法是产业化最早的一种生产工艺，近几年市场销售和反映良好。产能已由 2 万吨/年扩大到 10 万吨/年。另外，中科院的水热化学法于 2012 年 11 月经过农业部的认可后开始产业化运作，目前有 3 条生产线，分别在北京、河北、河南。

另外，还有转晶活化工艺，此工艺生产的钾硅肥已经由农业部技术推广中心做了两年半的全国肥效试验，目前还在继续进行，20 万吨/年的生产装置正在山西建设。中温焙烧法生产钾钙硅肥也是目前钾肥的生产方式之一，目前在内蒙古、广东已开始分别兴建 20 万吨/年和 3 万吨/年的生产装置。此外还有水热碱法，目前此工艺正在陕西建设 3 万吨/年装置。另外，微晶化工艺技术的中试装置已建成并出产品，正在产业化运作中。

24.3.1.5 进口钾肥与市场供需

钾肥进口方面，我国钾肥目前供需不平衡，大约有 50% 的缺口，引来全球钾肥生产商对缺口份额的争夺。国产与进口的角力将正式展开，未来钾肥将进入成本价格比拼时代，所以近几年价格过快上涨的可能性小。境外钾肥基地老挝已经开始反哺国内市场。2016 年后，估计还会陆续有新的国外产能反哺国内市场。

另一个影响钾肥发展趋势与行情预测的要素是市场供需情况。从供应来看，进口方面，2014 年上半年大合同签订后，合同总量是 283 万吨，2013 年上半年国内钾肥产量为 420 万吨，从全球钾肥供应量看，2013 年上半年钾肥供应量为 1034 万吨，全年的供应量达到了 1800 万 ~ 1900 万吨。

近年我国钾肥进口情况见表 24-8。

表 24-8 近年我国钾肥进口统计（实物量） （万吨）

年 份	2006	2007	2008	2009	2010	2011	2012	2013	2014
进口量	705.3	941.4	525.0	198.3	524.1	640.2	599	603.9	803.9

24.3.1.6 海外钾肥项目

为了缓解对钾肥需求的进口压力，我国确定了钾肥发展战略：1/3 国内生产，1/3 进口，1/3 靠“走出去”。

目前国内钾肥行业“走出去”已经开花结果，截至 2014 年年底，我国在海外 10 个国家已经有 28 个钾肥项目在运作，并且开元集团老挝钾肥项目首次实现反哺国内市场，2014 年运回国内 11 万吨氯化钾，这是国内钾肥行业走出去 16 年来第一次反哺国内市场，战略意义重大。

目前我国境外投资的钾肥项目主要分布在加拿大、老挝、哈萨克斯坦、刚果（布）、泰国、伊朗、埃塞俄比亚、乌拉尔、阿根廷、美国等。其中，加拿大有 7 个项目，投资方分别为中川矿业、兖州煤业、中海油等；在老挝有 9 个项目，其中，有 4 个项目已经投产；刚果（布）有 3 家，投资方分别为春和集团、鲁源矿业公司和鼎亿投资；哈萨克斯坦有 1 个项目，为中哈富通钾肥公司投资。

在“走出去”项目中，发展比较快的另外 5 个项目是：（1）春和集团刚果（布）MAG 蒙哥钾肥项目；（2）中哈富通钾肥公司投资的哈萨克斯坦钾肥资源项目；（3）中川国际矿业控股有限公司的加拿大项目，已经完成 300 万吨/年可行性研究报告，并于 2010 年获得国家 4 亿元的国外矿产资源风险勘查专项资金；（4）兖州煤业加拿大钾肥项目，280 万吨/年规模的项目在积极推进中，计划于 2018 年建成投产；（5）山东鲁源矿业公司的 120 万吨/年氯化钾项目，在刚果（布）持有探矿权面积 509km^2，详勘工作已经结束，2015 年 6 月完成可行性研究报告，项目正积极推进中。

在上述进展比较快的 5 个项目中，春和集团刚果（布）MAG 蒙哥钾肥项目与中哈富通钾肥公司投资的哈萨克斯坦钾肥资源项目是具有国家战略意义的"走出去"项目，因而获得了国家层面的支持。

哈萨克斯坦钾肥资源项目由中哈富通钾肥技术有限公司具体运作，中哈富通钾肥公司通过收购持有哈萨克斯坦境内钾盐矿勘探权和开采权，并持有 Chelkarskaya 和 Zhilyanskoye 两大钾肥厂 95% 的股权。

24.3.1.7　价格

我国一直是世界进口钾肥的"价格洼地"，这与我国 50% 的自给率的支持息息相关。2015 年我国进口氯化钾的价格在 305 美元/吨，而同期东南亚国家进口钾肥价格为 334 ~ 340 美元/吨，巴西由于没有钾肥资源，全部依赖进口，价格在 350 美元/吨。

2014 年年初，我国与加拿大、俄罗斯签订的 30 万吨/年氯化钾供货协议的到岸价为 305 美元/吨。

2015 年中方与供应商 BPC（白俄罗斯钾肥公司）签订的钾肥进口合同，价格为 315 美元/吨（CFR），较 2014 年合同价格上涨 10 美元/吨。该进口价格为当时世界最低钾盐进口价格，继续保持了世界钾肥"价格洼地"的优势地位，稳定了国内钾肥市场，为农业和肥料生产企业提供了优质低价的货源供应。

24.3.1.8　钾盐市场展望

就全球范围来说，2014 ~ 2015 年产能明显增加。2014 年全球钾盐产能增长 5%，达到 5150 万吨 K_2O，或 8710 万吨产品。2015 年，全球钾盐产能有望增加 8%，达到 5560 万吨 K_2O（9400 万吨产品）。2014 ~ 2015 年产能扩大主要来自加拿大、俄罗斯、白俄罗斯和中国。按产品计，2015 年全球钾盐产能达 9400 万吨产品，其中 8900 万吨是 MOP。2014 年全球钾盐供应为 4250 万吨 K_2O，到 2015 年年底增加到 4460 万吨 K_2O。按 MOP 相当量计，2014 年全球钾盐供应为 7100 万吨 MOP，2015 年年底达到 7400 万吨。北美、东欧和中亚地区的供应量将增加。

2015 年全球钾盐需求温和增长，在 2014 年基础上增长 1.1%，达到 3480 万吨 K_2O（折 5800 万吨 MOP）。

24.3.2　钾盐矿选矿理论及基础研究进展

钾盐是农业不可缺少的三大肥料之一，我国已探明的钾盐资源储量不大，尚难满足农业对钾肥的需求。在此背景下开展钾盐矿的有效开发和利用有着极其重要的意义。近年来，钾盐科技工作者在钾盐矿选矿理论及基础研究方面做了大量工作，取得了一批成果，为我国钾盐矿的开发利用提供了坚实的理论基础和技术上的支持。

程芳琴等人[294]从钾矿性质和浮选技术两个方面对盐湖含泥钾矿进行了资源化利用研究。首先运用 X 射线荧光光谱、X 射线衍射和扫描电镜，对含泥钾矿的矿泥化学组成及其结构特征进行了分析。其次选用盐酸十八胺和煤油为浮选药剂，对浮选法脱除钾矿中的泥进行了研究。结果表明：盐湖矿泥中 70% 以上为以长石、黏土和粉砂等为主的硅铝酸盐；矿泥多充填包裹于盐类矿物晶间，或单独以微薄片层结构分布；盐酸十八胺对矿泥浮选效果差，低于 1%，但矿泥却消耗大量的十八胺药剂；煤油在饱和卤水中对含泥量为 20% ~50% 的钾矿除泥率大于 50%。本研究可为低品位钾资源的高效利用提供有力的技术支撑。

察尔汗盐湖是我国最大的可溶性钾镁盐矿床，反浮选-冷结晶法制取氯化钾是世界上较为先进的一种新工艺。保英莲[295,296]以相图理论为依据，介绍了反浮选-冷结晶法从含钠光卤石制取氯化钾的相图分析，对反浮选-冷结晶法生产氯化钾的过程从两个方面进行了较为详细的分析，并通过计算得出不同质量分数的氯化钠与氯化钾回收率变化关系。其结果是随着光卤石矿中氯化钠质量分数的增高，氯化钾回收率呈线性减少的关系；盐田滩晒的光卤石矿，用反浮选-冷结晶法制取氯化钾的回收率一般在 50% 左右。因此，控制盐田滩晒光卤石矿中氯化钠质量分数，可提高氯化钾回收率，还可节约大量用水，以便在生产过程中对提高氯化钾的产量及质量起指导作用。

赵静等人[297]针对 KCl 浮选过程夹带大量 NaCl 的问题，开展了黏度测定、有控微浮选实验等研究。结果表明：浮选液相中 NaCl 能增大浮选体系的黏度；浮选固相中 NaCl 质量分数由 0 增至 75% 时，产品 KCl 质量分数由 99. 16% 降低到 89. 29%，回收率由 99. 16% 降低到 80. 05%；当 NaCl 的粒径小于 95μm 时，KCl 浮选产品中 NaCl 夹带可达 10% ~15%。NaCl 被 KCl 夹带浮出的主要原因之一是浮选固相中 NaCl 质量分数高，粒径小。

马金元等人[298]对不同 Mg^{2+} 浓度溶液的黏度和浮选进行了研究。结果表明：$MgCl_2$ 对氯化钾浮选体系黏度具有重要影响，其中 Mg^{2+} 浓度对溶液的黏度起决定性的作用。$MgCl_2$ 的存在不利于氯化钾回收率的提高；当 $w(MgCl_2) < 20\%$ 时，氯化镁质量分数每提高 1%，氯化钾浮选回收率约降低 1%；当 $w(MgCl_2) > 20\%$ 时，氯化钾浮选回收率急剧降低，直到 $w(MgCl_2) = 26.38\%$（三相共饱点）时，氯化钾基本上不上浮。

在正浮选法制备氯化钾过程中，由于氯化钠与氯化钾一同浮出而影响了氯化钾产品的质量，因此有必要针对氯化钠随氯化钾浮出的行为进行研究。在 25℃条件下，赵静等人[299]考察了氯化钠浓度对氯化钾-氯化钠和氯化镁-氯化钾-氯化钠两种浮选液黏度的影响，以及在这两种溶液中氯化钠的粒径对氯化钠的沉降速率、氯化钠的回收率、氯化钾产品质量的影响。结果表明：正浮选中氯化钠随氯化钾浮出的主要原因是浮选液的黏度较大，粒径较小的氯化钠颗粒易黏附于气泡表面，或进入氯化钾矿化泡沫层而被夹带浮出。当氯化钠粒径大于 125μm 时，可有效减小氯化钠对氯化钾浮选的干扰，提高氯化钾产品的质量。

谢炳俊等人[300]考察了氯化钾在不同粒度的光卤石矿样中的分布情况和矿样细度对浮选工艺的影响。结果表明：氯化钾在不同粒度的矿样中无明显的富集现象；随着矿样粒度变小，浮选精矿产率和氯化钾回收率均会随着增加；浮选精矿产率在粒度小于 0. 15mm 区间内分布较为集中，而氯化钠杂质同样集中分布于该粒度区间。

宋兴福等人[301]采用密度泛函理论（DFT）的 PW91 方法，研究了十二烷基吗啉（DMP）分子在带缺陷的 NaCl(100)和 KCl(100)上的吸附情况。缺陷引入后晶体表面离子电荷发生较大变化，使得 NaCl(100)表现出正电性，而 KCl(100）则表现出负电性。DMP 在 NaCl(100)的 Na 顶位发生吸附，吸附能约为 -157. 00kJ/mol；DMP 在 KCl(100)的 K 顶位发生吸附，吸附能约为 -59. 14kJ/mol。因此，氯化钠和氯化钾都对 DMP 有吸附作用，而氯化钠对 DMP 的吸附强于氯化钾。含有烷基吗啉的溢流细晶的浮选结果表明：烷基吗啉对氯化钠有很高的浮选回收率，而对氯化钾的浮选回收率则较低。浮选结果很好地印证了模拟计算所得出的烷基吗啉在氯化钠和氯化钾表面的不同吸附特征。

24. 3. 3　钾盐矿选矿工艺技术进展

24. 3. 3. 1　选别工艺技术流程

我国目前工业开采的钾盐矿主要是可溶性钾盐矿，可溶性钾盐根据原矿成分的差异主要分为：氯化物型、硫酸盐型、混合盐型。不同类型或成分的资源加工工艺迥异，有的采用正反浮选工艺，有的采用与冷结晶、蒸发结晶以及其他化学加工方法相结合的联合加工工艺，目的是通过制定合理的工艺流程获得最佳的选别指标，以及对环境产生尽可能小的影响。钾盐矿的选矿方法及工艺流程研究一直是钾盐科技工作者研究的主要内容，近几年，随着研究工作的深入，钾盐矿选矿的方法和选矿工艺在不断地丰富，成果显著。

王晓晶[302]利用钾混盐原矿进行一次粗选浮选粗 KCl，通过多组试验数据分析，得到选出的粗 KCl 质量及钾回收率数据，为高质量要求的粗 KCl 生产提供理论依据。

张志宏等人[303]利用光卤石、氯化钠在特殊捕收剂上的吸附能力不同，使光卤石与氯化钠通过浮选分离。所得的低钠光卤石加水分解，得到固相氯化钾和分解母液。该工艺的特点是产品纯度高，回收率较高，物理性能良好，对原矿的适应性强，制取的氯化钾产品品位高。

谢炳俊等人[304]以冷分解-正浮选工艺对大浪滩某矿区的盐田光卤石进行了提钾研究，考察了分解水量、浮选时间、捕收剂用量、母液回用和精矿洗涤等对钾盐回收率及精矿品质的影响。结果表明：分解水质量以光卤石中氯化镁完全溶解理论所需的 110% 为宜。捕收剂用量可选用(70 +20)g/t，中矿和母液的再利用可使氯化钾回收率达到 95. 42%。经过精矿洗涤处理，所得产品中 KCl 的质量分数达到了

93.56%，符合 GB 6549—2011 农业用氯化钾优等品指标要求。优化后的正浮选工艺对大浪滩钾矿富集具有更好的针对性。

谢玉龙等人[305]讨论了 100 万吨/年钾肥生产线光卤石分解、氯化钾结晶的晶体粒度影响因素，给出了最佳工艺控制条件，使 70% 氯化钾的产品粒度大于 0.2mm，基本达到了设计要求，降低了湿产品的含水量，减少了干燥成本。

郭素红等人[306]采用浮选方法从某钾盐矿中回收氯化钾产品，研究在不同磨矿粒度条件下的浮选效果，试验结果表明：该钾盐矿中 KCl 的解离粒度约为 1.0mm，并在磨矿细度为 $D_{95}=1.0$mm 条件下取得了较好的浮选指标，试验流程为粗选开路试验，以及一次粗选、两次精选开路试验，最终获得品位 95.5%、回收率 88.12% 的精选精矿。产品质量可达国家优质钾肥产品标准。为该钾盐矿的大规模开发利用提供了可靠的技术保障。

谭欣等人[307]采用预处理—反浮选（一次粗选、一次精选）新工艺提高青海盐湖工业集团有限公司氯化钾产品的纯度。结果表明：新工艺可有效脱除氯化钾产品中的石膏类杂质，显著提高氯化钾产品的品级。获得的优质氯化钾产品含 KCl 98.25%、回收率 96.70%、含 $CaSO_4$ 0.40%，硫酸钙脱除率为 83.24%。

牛桂然等人[308]研究了青海察尔汗盐湖水采光卤石矿生产氯化钾工艺中浮选除钙的方法。实验结果表明：分级浮选法除钙率平均达 88.16%，接近原矿的理论可除钙离子量 91.58%。

为了脱除钾混盐中的黏土矿泥，陈晓庆等人[309]对反浮选脱泥工艺进行了初步探索，考察了浮选药剂和擦洗对脱泥效果的影响。研究结果表明：原矿经过两次擦洗，采用 10g/t 的高分子聚合物 X_2 和 2.5g/t 的含乙氧基的脂肪胺 C_2，矿泥的脱除率可达到 68.56%。

浮选入选矿浆质量分数对浮选指标有一定的影响，程怀德等人[310]通过单因素的条件实验，研究了不同矿浆质量分数在分离钠盐和钾盐时对浮选分离效果的影响。结果表明：矿浆质量分数的变化使精矿和尾矿品位发生变化，从而影响钾回收率和钠排除率；粗选阶段的最佳浮选矿浆质量分数为 23% ~25%，精选阶段的最佳浮选矿浆质量分数为 15% 左右。

传统方法回收钾盐主要通过离子交换法以及结晶—磨矿—浮选工艺回收，但是该法在提取钾盐过程中，产生大量细粒精矿，产品不易干燥，生产成本高，限制了盐湖钾盐的利用。黄丽亚等人[311]采用粗粒浮选法回收盐湖钾盐，经过结晶的钾盐直接进入浮选，无须磨矿过程，避免产生细粒钾盐产品。在研究过程中，采用新的钾盐浮选抑制剂 HY 进行试验。最优的试验条件为：浮选矿浆质量分数为 50%，十六胺用量 90g/t，淀粉用量 300g/t，HY 用量 15g/t，得到品位为 32.97%、回收率高达 84.23% 的氯化钾精矿。

为了解决偏钾石盐型钾盐矿在平原地区采用旱采法生产氯化钾存在的尾盐、废水无法处理的问题。赵根庆[312]提出了一种采用循环蒸发-热溶结晶法生产氯化钾的新工艺。通过理论分析和实际试验，对采用该法生产氯化钾的工艺路线、控制指标、主要设备选型进行了研究，取得了工程化阶段可以生产出高质量氯化钾的工艺设备条件。经现场试验，已生产出高品质的产品。该法现已成为国内外生产高品质氯化钾的最新工艺。

郭廷锋等人[313]通过对青海省冷湖镇北部新盐带钾矿的选矿及加工工艺的研究后发现，低品位含砂光卤石矿钾矿床盐田晒卤工艺分为原卤在钠盐池中蒸发—调节池中再蒸发—光卤石池中再蒸发几个步骤。这种低品位含砂光卤石制取氯化钾工艺主要有冷分解—浮选法和 4 号工艺法。采用 4 号工艺和浮选工艺相结合的方法，可以有效减少盐田矿的析出量，起到降低成本的作用。

在硫酸钾或钾镁肥生产过程中，软钾镁矾是其中很关键的中间原料。程怀德等人[314]利用新疆某硫酸盐型盐湖卤水，通过室内多温动态蒸发试验，以卤水夏季矿——钾硫混盐矿为原料，加水分解转化得到粗软钾镁矾混矿，最后用反浮选脱钠技术精制该混盐矿，得到含 NaCl 为 1.78% 的高品位软钾镁矾矿混精矿，整个转化和浮选两阶段钾的总回收率达 64.75%。

谈霞等人[315]利用西台吉乃尔盐湖盐田老卤池中低钾高硫光卤石混盐矿为原料，及硫酸钾镁肥生产车间排出的母液及盐田水氯镁石，采用兑卤工艺—正浮选提取氯化钾—反浮选提取低钠光卤石混盐的工艺流程，对光卤石混盐矿粒度、母液量、分解时间、正反浮选药剂相互影响关系等主要因素进行条件实验，验证工艺流程的可行性并获得最佳实验条件；同时通过反浮选提取硫酸钾镁肥—正浮选提取氯化钾的工艺流程，验证其可行性。

毛汉云等人[316]介绍了几种国内硝酸钾的生产方法。通过工艺技术方案的比选，得出在新疆地区宜采用多效蒸发—真空结晶工艺过程生产硝酸钾，并介绍了该工艺过程。

西藏盐湖中碳酸盐型盐湖分布广泛，在蒸发过程中形成的含钾矿物以钾芒硝与氯化钾为主。胡兆军等人[317]以碱性碳酸盐型盐湖为研究对象，开发新捕收剂。利用浮选工艺从不同的含钾原矿中浮选加工出品位较高的钾芒硝和氯化钾。在研究解离度、捕收剂添加量、固液比、浮选时间、转速、充气量、精选实验等条件实验的基础上，确立了最佳闭路循环流程工艺条件。通过闭路循环实验计算循环物料量，获得产品品位、钾离子回收率等参数。实验表明：采用浮选工艺加工钾芒硝为主的矿物体系，可得到钾芒硝质量分数为91%以上的产品，钾元素回收率可高达98%。

老挝钾盐矿属地下埋藏型可溶性固体钾盐矿矿床，主要成分为光卤石和石盐。王国栋等人[318]采用钾盐矿分解—正浮选工艺制备氯化钾，分别考察了药剂用量、浮选矿浆质量分数、浮选温度对钾回收率、氯化钾品位的影响。试验得到的最优工艺条件为：浮选矿浆质量分数为30%、药剂用量80g/t、浮选温度为常温。在40℃下进行闭路试验，钾盐矿正浮选工艺的钾回收率为88.39%，再浆洗涤后氯化钾质量分数大于96%，氯化钾品位达到国家标准。

蔡鸣等人[319]介绍了一种适用于老挝可溶性固体钾盐矿的分解分级技术。国内外常用的钾盐矿“搅拌—分解”工艺并不适用于老挝钾盐矿，通过试验开发了“旋转分解分级”工艺，解决了粗颗粒钾盐矿分解沉槽问题，并成功应用于生产。

朱鹏程等人[320]研究了老挝钾盐矿分解矿物的粒度分布，提出了钾盐矿“旋转分解—选择性分级—柱浮选”工艺流程。通过中试试验及72h连续考核，证明了钾盐矿旋转分解分级—浮选工艺的稳定性和可行性。

24.3.3.2 选矿设备

近年来，钾盐科技工作者主要致力于适合钾盐矿选矿特点和要求的设备，如浮选设备、结晶器、固液分离设备等的应用研究，以及液位自动控制方面的研究。

我国钾盐矿匮乏，具有品位较低、共伴生组分多、浮选中泡沫量大、所需充气量较小等特点。袁琳阳等人[321]结合钾盐矿生产实例，介绍了BGRIMM浮选设备在国投罗布泊钾盐公司、老挝东泰钾盐矿、四川开元（老挝）钾盐矿、青海藏格钾肥公司等的应用情况，表明BGRIMM浮选设备对钾盐矿具有广泛的实用性，浮选效率高，效果好，对今后钾盐矿用浮选设备选型有一定指导意义。

针对某钾盐矿，余悦等人[322]进行了KYF型充气式浮选机的工业试验研究。采用2台KYF-50型充气式浮选机替代原流程中8台SF-8小型浮选机，同时进行了充气量、吸浆能力、运行功耗、矿浆悬浮能力的测定及液面的自动控制检测，最终获得精矿品位为26.69%、回收率为93.27%的技术指标，达到了工业试验要求。试验结果表明：充气式浮选机可满足该钾盐浮选的工艺要求，为该钾盐矿的设备大型化提供了基础。设备大型化可减少浮选机数量，具有高效节能、液位系统配置合理的优点。

浮选柱作为新型选矿技术装备应用于矿物工业化浮选过程的技术已趋于成熟，采用浮选柱反浮选制取氯化钾工艺具有流程短、分选率高、能耗低的比较优势。刘文彪等人[323]对老挝钾盐矿采用浮选柱反浮选制取氯化钾，氯化钾总回收率达84.12%，产品达到国家二类优等品标准。

王国栋等人[324]采用先进的高效柱式工艺正浮选老挝钾盐矿生产氯化钾。研究了钾盐矿分解、柱浮选的工艺条件，在控制投矿量3t/h、药剂用量80g/t、柱浮选循环压力0.15MPa的试验条件下，通过72h考核试验，其钾盐矿粗钾回收率为74.98%，氯化钾产品质量达到国家GB 6549—2011中Ⅱ类优等品要求。

反浮选冷结晶氯化钾生产的关键在于DTB结晶器中的控速分解和控速结晶，而控速的关键在于搅拌器的调速。田震等人[325]通过对搅拌工作原理、类型及机理的分析，在保证不影响分解和结晶速率的情况下选用合适的搅拌形式，生产实践证明：推进式轴流型搅拌较之折叶式径流型搅拌在提高氯化钾产品的粒度方面有极大的优越性。

为了有效分离粗光卤石矿中的硫酸钙颗粒，刘够生等人[326]在实验室筛分分级法的基础上，利用水力旋流法对青海盐湖钾肥公司提供的试样进行了实验室分离试验及工业试验研究。实验室试验结果表明：

通过水力旋流器旋流分离粗光卤石矿中的 $CaSO_4$，在一定的进料质量分数范围内，旋流器均有较好的分离性能，运用二级旋流分离，可以使二级旋流分离下出口物料的 $CaSO_4$ 质量分数降低至 0.3%。粒度分布表明，一次旋流分离大颗粒在上出口物料及小颗粒在下出口物料中夹带量不大，且经过二级分离可以提高分离精度。

彭操等人[327]采用水力旋流器对钾盐矿分解料浆进行旋流分选试验研究，结果表明：通过控制分解料浆质量分数，调整水力旋流器操作压力，可不经过浮选直接获得氯化钾质量分数大于 80% 的粗钾产品。

固液分离是钾肥生产过程中的关键操作步骤，固液分离设备的分离效率直接决定了钾肥生产效率。周志强[328]对钾盐矿加工固液分离设备特性进行了探讨，找到了适合钾肥生产的固液分离过程的工艺参数，从而优化了目前的钾肥工艺流程，降低了分离设备的投资，提高了分离效果，最终达到了降低生产成本、减轻操作人员劳动强度、提高经济效益的目的。

苏军等人[329]介绍了浮选机矿浆液位控制系统及其工业试验过程。该系统由液位计、控制器、气动执行机构等部分组成。在钾盐浮选的工业试验中，有效地保障了浮选机的稳定运转和选别指标的完成。

苏勇等人[330]介绍了采用 Rockwel 的 PLC 和触摸屏实现液位控制系统的方案，应用 RSTune 调节软件对 PID 指令控制参数进行调整，实现了钾盐浮选液位系统的自动控制，在现场工业生产中达到了预期效果。

24.3.3.3 *选矿药剂*

在钾盐浮选工艺中，浮选药剂是关键，直接决定着浮选指标的好坏。钾盐浮选广泛应用的捕收剂有阳离子胺类捕收剂、阴离子烷基磺酸盐类捕收剂、阴离子脂肪酸类捕收剂，以及起泡剂 2 号油。近年来，出现了一些新型浮选药剂和组合药剂，但数量和种类不多。

为使钾盐浮选科技工作者更好地认识钾盐浮选药剂的研发现状和发展趋势，甘顺鹏等人[331]介绍了国内外钾盐浮选常用的各类捕收剂、调整剂和起泡剂。重点介绍了十八烷基伯胺、十二烷基磺酸钠等捕收剂在钾盐浮选中的研究和应用现状。对国外粗粒钾盐浮选药剂研究作了重点介绍，如松香酸甲酯与 C_8 ~ C_{18}脂肪酸混合物、氢化松香醇-煤油溶液与脂肪胺混合物、脂肪胺和氧丙烯醇的组合用药等都可用于粗粒钾盐的浮选。指出捕收剂分子烷基碳链结构多样化、多官能团化、若干种药剂组合用药等是今后钾盐浮选药剂研究和发展的方向，强调粗粒钾盐浮选药剂的研究对未来钾盐浮选工业发展具有重要意义。

汤建良等人[332]用自主研发的由多种胺类捕收剂组合而成的新型钾盐捕收剂 CB-805，对现场尾矿进行提钾试验，最终获得了钾品位为 12.81%、钾回收率为 85.05% 的浮选精矿，该精矿经转化精制与脱水干燥获得了优质钾镁肥产品。

甘顺鹏等人[333]利用 CB-601（一种烷基磺酸盐）从 K^+、Mg^{2+}、Na^+、SO_4^{2-}、Cl^- 质量分数分别为 8.03%、0.018%、29.51%、14.13%、33.87% 的钾混盐原矿中浮选钾芒硝，获得了钾芒硝质量分数为 85.01%、K^+ 回收率为 80.13% 的浮选精矿。

季荣等人[334]以十八胺为主要捕收剂与 C16 不饱和脂肪烃为辅助捕收剂，在高质量分数矿浆中加药调浆，采用二次粗选、二次精选流程浮选粒度为 2.35 ~ 0mm、KCl 品位为 38.85% 的某粗粒钾石盐，获得了 KCl 品位为 96.10%、KCl 回收率为 90.98% 的 KCl 精矿。

二已醇和乙二醇酯起泡剂对盐溶液中的阳离子捕收剂具有很强的分散作用，可以大幅度提高钾矿石和光卤石矿石处理时烷基胺和烷基吗啉在矿物上的吸附量和浮选活性，降低捕收剂的用量，提高粗粒矿粒的可浮性。由尿素和甲醛合成的 KC-MΦ 抑制剂是钾矿石浮选中抑制矿泥的高效、便宜的抑制剂。联合应用新型高效辅助药剂（抑制剂和起泡剂）可为完善钾浮选厂工艺流程结构创造条件，同时还可降低钾盐损失和改善现场生态环境[335]。

很多非金属矿物的浮选都是在使用烃基长度为 C14 ~ C18 的表面活性物质（例如脂肪酸和脂肪胺类捕收剂）、起泡剂和有机抑制剂的条件下进行的。但是，关于起泡剂和有机抑制剂的性质对矿石浮选指标的交互影响，目前实际上还没有可供参考的资料。S. 基特科夫等人[336]以某些钾盐矿石的浮选工艺为例，研究了起泡剂对阳离子捕收剂脂肪胺在钾盐和黏土质碳酸盐脉石矿物上的吸附作用的影响以及对有机抑制剂的作用效果的影响。已经查明，就降低黏土质碳酸盐脉石矿物对矿物可浮性的不利影响来说，在加入起泡剂以后捕收剂的胶体性质的变化对于有机抑制剂的作用效果有着很大的影响。研究结果表明：在选择起泡剂和抑制剂时，将其配合使用能获得最佳的浮选指标。实验室试验研究结果已得到半工业试验验证，并已制定了浮选处理钾盐矿石的半工业试验工艺流程和药剂制度。

E. И. 阿列克谢娃等人[337]研究了捕收剂胺的羟乙基化程度对钾矿石浮选脱泥效率和选择性的影响。实验室试验和工业试验结果表明：采用羟乙基化胺可以提高矿泥产品中不溶杂质的回收率，提高矿泥浮选的选择性和浮选速度。采用羟乙基化胺作为捕收剂，可以为 ВКПРУ-2 浮选厂制定新的从钾矿石中高效脱除矿泥的工艺流程。该流程在脱泥回路中消除了浮选泡沫产品返回，降低了钾盐浮选给矿中的不溶杂质的质量分数，提高了钾盐浮选指标。

24. 3. 3. 4　*尾矿、三废处理、环保、循环利用*

可溶性钾盐矿中除了混有的少量硫酸钙和黏土类杂质无利用价值外，其他与钾共生的镁、钠、硼、锂、溴、碘、铷、铯等元素有很高的综合利用价值。因此，钾盐选矿尾矿也是一种资源，有效回收利用钾盐矿中的共、伴生资源，将促进矿产资源的可持续发展，产生巨大的经济效益、社会效益和环境效益。

谭忠德等人[338]使用澄清尾液和饱和卤水分别与带机滤液混合，对浮选过程进行调浆实验。结果表明：在钾石盐浮选过程中，氯化镁在溶液中的积累量随浮选介质即饱和高镁溶液的循环次数的增加而上升，当氯化镁质量分数超过一定值时，由于溶液黏度过高会使浮选过程恶化。饱和卤水用于浮选调浆会产生兑卤析盐现象，引起浮选指标下降，对生产不利。因此，在满足工艺控制条件的同时，应尽量控制调浆母液的镁离子浓度接近或低于分解液的镁离子浓度，尽可能使用澄清尾液来置换带机滤液进行浮选调浆，改善调浆母液镁离子浓度，使浮选指标得到优化，可使浮选过程中氯化钾回收率升高 23% 以上。

有效分离钾肥生产浮选尾盐中的各种杂质如氯化钾、氯化镁、硫酸钙等是制备高品质氯化钠的关键，研究浮选尾盐中各种杂质的赋存状态是建立有效的氯化钠一次精制工艺路线的理论基础。刘够生等人[339]通过化学分析方法，分析各种杂质成分在浮选尾盐中的分布，通过 X 射线衍射、扫描电镜表征各杂质成分在浮选尾盐中的赋存状态，并利用复杂盐水体系的三元相图，对氯化钠的精制过程进行相图分析，这些研究结果将对钾肥生产浮选尾盐氯化钠一次精制工艺提供有益的理论指导。

利用青海盐湖工业（集团）公司氯化钾生产过程产生的浮选尾盐进行氯化钠一次精制试验，在对原盐进行充分的成分分析和粒度分析的基础上，刘够生等人[340]通过二段洗涤工艺过程，一次精制后氯化钠干基质量分数达到 98% 以上，氯化钾质量分数从原盐的 3. 6% 下降到 0. 12%，钙镁离子质量分数从原盐的 1. 62% 下降到 0. 29%，硫酸根离子质量分数从原盐的 1. 36% 下降到 0. 48%。分别对二段洗涤工艺过程中氯化钠、氯化钾、钙离子、镁离子、硫酸根离子等成分进行全流程物料衡算，为工程放大提供数据依据。通过二段洗涤工艺过程，达到了原盐的一次精制质量要求，为后续的二次精制节约了药剂消耗，为青海盐湖集团氯化钾二期工程 10 万吨离子膜烧碱提供合格的精制氯化钠原料作好了技术和原料准备。

某硫酸钾镁肥厂在生产钾镁肥过程中产生大量浮选尾盐，其主要成分是硫酸镁和氯化钠，而且钠质量分数高、镁质量分数低。谭秀民等人[341]针对钾镁肥浮选尾盐高钠低镁的情况，以某硫酸钾厂浮选尾盐为原料，采用分步溶解的方法分离钠而富集镁。经分步溶解，钠的回收率（存在于固相中）为 47. 2%，而镁有 98. 3% 进入液相，经冷却结晶得到镁产品，镁的回收率为 56%，钠镁得到较好的分离。

谈霞等人[342]利用西台吉乃尔盐湖钾肥生产中副产尾盐矿为原料，根据尾盐固相矿物组成，通过转化、浮选法研究生产硫酸钾镁肥的工艺流程，并对尾盐矿粒度、调浆液量、不同浮选流程阶段、尾盐固相放置时间等主要因素进行条件实验，获得最佳实验条件。尾盐固相回收硫酸钾镁肥钾回收率在 55% 以上，整个生产系统总回收率提高 24. 8% 以上，为硫酸盐型盐湖提高系统钾及镁元素的总回收率、加大资源综合回收利用力度提供了一种新的方法。

反浮选—冷结晶工艺生产氯化钾时排放的溢流矿的主要成分为氯化钾和氯化钠晶体，其中氯化钾占到 70% 左右。为了回收溢流矿中的氯化钾，顾启东等人[343]采用浮选法分离氯化钠和氯化钾。浮选设备为一个夹套的浮选管，可以在确定的温度下进行浮选。气体通过浮选管中的砂芯分散成微小气泡。浮选过程中，不外加任何药剂，仅利用溢流矿中残留的烷基吗啉作捕收剂，将氯化钠浮起富集于泡沫中除去，而氯化钾则剩在底物中。考察了温度和固体质量分数对浮选结果的影响：固体质量分数恒定在 25%，而温度在 0 ~ 20℃变动时，获得的粗钾中氯化钾质量分数大于 92%，氯化钾回收率在 70% ~ 86%。温度恒定为 20℃而固体质量分数在 21% ~ 38% 变动时，获得的粗钾中氯化钾质量分数大于 92%，氯化钾回收率大于 85%。粗钾经过洗涤，可得到氯化钾质量分数 97% 以上的精钾。

24.3.4 钾盐矿选矿存在的问题及发展趋势

目前，我国已探明的钾盐资源量约 10 亿吨（以 KCl 计，下同），全部为陆相盐湖钾盐，主要分布在青海柴达木盆地和新疆罗布泊等现代盐湖中。其中，柴达木盆地钾盐主要分布于以察尔汗盐湖为主的 11 个现代盐湖中，总地质储量为 7.06 亿吨。新疆罗布泊罗北凹地盐湖，初步圈定 KCl 地质储量为 2.5 亿吨。并查明西藏现代盐湖 KCl 总地质储量和资源量为 0.47 亿吨。另外，在云南勐野井、湖北潜江和内蒙古盐湖还有少量钾盐资源。

由于受资源条件限制等原因，我国钾肥供需形势不容乐观。一方面因为短期内钾肥生产不可能有较大改观，另一方面钾肥的需求逐年上升，供需矛盾日趋尖锐，缺口愈来愈大，依赖进口钾肥弥补国内不足的局面长期内不易改变。因此，我国不仅要加强钾盐矿的研究和勘查投入，而且要加强钾盐矿的选矿工艺及加工技术的研究，以提高钾盐矿的有效开发和利用程度。

我国钾盐矿资源质量差，贫矿多富矿资源少，随着开采强度的提高，富矿资源急剧减少，钾盐矿资源开发正逐步从富矿开发转向中低品位矿。因此，我国要积极推广钾盐矿山资源节约与综合利用技术，努力提高重点企业的开采回采率、选矿回收率、共伴生资源利用率，提高资源效益。未来钾盐矿的选矿方法、选矿工艺及加工技术的研究将更应该深入细致化，具体表现在以下几个方面：

（1）继续加强钾盐矿选矿理论及基础研究方面的工作，为我国钾盐矿的开发利用提供坚实的理论基础和技术上的支持。

（2）继续进行钾盐选矿工艺技术的研究。随着富矿资源的减少，贫、细、杂等复杂矿的选别导致选矿工艺技术复杂化，需要开发出多种适应性强的工艺流程，充分提高钾盐矿资源的回收率和综合利用率。

（3）继续加强钾盐矿浮选药剂的研究。捕收剂分子的烷基碳链结构多样化、多官能团化等都将可能成为未来研究的方向，组合用药也将是钾盐浮选药剂发展的方向。

（4）应加强粗粒钾盐浮选工艺和药剂的研究。由于粗粒钾肥具有在施肥过程中不易被风吹走、不易结块、溶解速度慢、肥效期长等特点而深受市场欢迎。随着光卤石冷分解结晶技术的发展，用光卤石矿生产制取较大颗粒 KCl 已成为现实。而且随着我国企业走出国门到老挝、刚果、加拿大及中亚等拥有优质钾盐资源的国家或地区开发钾盐资源脚步的加快，必然需要有与之适应的粗粒钾盐浮选生产技术，而我国对于粗粒钾盐浮选技术的开发和应用尚处于起步阶段，因此，强化粗粒钾盐浮选工艺和药剂的研究迫在眉睫。

（5）加强适合钾盐矿选矿特点和要求的设备的开发和应用研究。选矿设备向大型化、自动化、高分选性、低能耗发展是一种趋势。

（6）加强钾盐矿共生资源综合回收利用技术的研究。与钾共生的镁、钠、硼、锂、溴、碘、铷、铯等元素，有很高的综合利用价值，有效回收利用钾盐矿中的共生资源，将促进矿产资源的可持续发展，产生巨大的经济效益、社会效益和环境效益。

参考文献

[1] 王树林，黄志良，刘苗，等．宜昌磷矿重介质选矿工艺矿物学[J]．武汉工程大学学报，2013，35(11):26-31.

[2] 邱跃琴，刘冰，张覃，等．静载荷作用下磷矿石多颗粒的破裂过程数值试验[J]．矿业研究与开发，2011，31(4):44-46.

[3] 何婷，张覃，左宇军，等．静载荷下含稀土磷矿石颗粒的破裂过程数值模拟[J]．化工矿物与加工，2011(2):16-20.

[4] 柏中能．对云南中低品位磷矿选矿的认识和建议[J]．云南化工，2007，34(5):23-25.

[5] 姚卫东，李军，金央，等．超声波用于磷矿选矿的研究[J]．非金属矿，2013，36(5):50-52.

[6] 魏以和，王姝娟，李晓东．正—反浮选产品粒度分布与存在问题分析（Ⅲ）——流程的发展与云南磷矿的浮选[J]．化工矿物与加工，2007(7):1-4.

[7] 刘少文，蒙君荣，陈文，等．颗粒尺寸与药剂性质对胶磷矿浮选过程的影响[J]．武汉工程大学学报，2014，36(2):25-30.

[8] 魏以和，李小东，熊刚，等．磷矿正—反浮选产品粒度分布与存在问题分析（Ⅱ）——回水流程实验[J]．化工矿物

与加工，2007(8):5-7.
[9] 余侃萍，余永富，杨国超．铁矿反浮选脱磷捕收剂分子设计及其作用机理[J]．中国有色金属学报，2013，23(2)：585-591.
[10] 李锋，凌济锁，何茂方，等．一种新型磷矿反浮选捕收剂的合成与机理研究[J]．化工矿物与加工，2014(6):3-5.
[11] 刘鑫，罗廉明，刘旋．一种表面活性物质在胶磷矿脱硅反浮选中的应用研究[J]．化工矿物与加工，2009(12):7-9.
[12] 梁永忠，罗廉明，夏敬源，等．磷矿浮选碳酸盐抑制剂应用研究[J]．化工矿物与加工，2009(2):1-2.
[13] 王永龙，张芹，周亮，等．油酸钠体系中微细粒胶磷矿的浮选行为[J]．金属矿山，2013(10):72-75.
[14] 邓荣东，刘全军，胡婷，等．云南某低品位硅质胶磷矿浮选试验研究[J]．非金属矿，2013，36(3):37-40.
[15] 肖曲．高镁胶磷矿浮选工艺及其机理研究[D]．武汉：武汉理工大学，2009.
[16] 陈慧．复配捕收剂在难选胶磷矿浮选中的性能研究[D]．武汉：武汉工程大学，2010.
[17] 曾小波．胶磷矿双反浮选工艺及泡沫行为调控研究[D]．武汉：武汉理工大学，2006.
[18] 魏以和，陈保锋，李冬莲．磷矿浮选药剂对尾矿澄清性能的影响[J]．化工矿物与加工，2006(6):8-10.
[19] 李防，韩双双，魏以和．磷矿反浮选捕收剂的评价方法[J]．武汉工程大学学报，2012，34(10):24-27.
[20] 金会心，李军旗，吴复忠．织金新华含稀土磷矿浮选动力学及三维图形表征[J]．中国稀土学报，2011，29(2)：239-247.
[21] 张敏，刘炯天，王永田，等．柱浮选优化充填的动力学分析[J]．中国矿业大学学报，2008(3):343-346.
[22] 卿黎．胶磷矿柱浮选试验及理论研究[D]．昆明：昆明理工大学，2010.
[23] 王大鹏．中低品位胶磷矿柱式浮选过程强化与短流程工艺研究[D]．徐州：中国矿业大学，2011.
[24] 吴元欣，张文学，李耀基，等．云南中低品位胶磷矿加工利用技术方案研究[J]．武汉工业大学学报，2008(2):1-4.
[25] 史江琳．复摆式颚式破碎机结构的改进[J]．磷肥与复肥，2009，24(3):64-65.
[26] 杨秉华．高铬辊子对辊破碎机在磷矿石加工中的应用[J]．硫磷设计与粉体，2014(3):35-37.
[27] 纪波．磷矿石筛分设备改造及探索[J]．设备管理与维护，2014(9):59-61.
[28] 肖庆飞，罗春梅，石贵明，等．澄江磷矿碎磨系统工艺流程改造实践[J]．化工矿物与加工，2009(9):34-36.
[29] 吴彩斌，向速林，段希祥．磨矿过程中的破碎统计力学分析[J]．有色金属，2008(8):102-104.
[30] 屠建春，瞿仁静．闭路磨矿工艺在富瑞化工的成功应用[J]．云南冶金，2009(3):21-23.
[31] 屠建春，瞿仁静，陆永军，等．湿法磷酸装置中原料的闭路湿磨工艺[J]．云南冶金，2009(1):30-32.
[32] 刘春光，郭江宏．低贫细粒级嵌布磷铁矿石磨选工艺技术改造[J]．现代矿业，2009(7):97-98.
[33] 彭操，刘江林．降低磨矿能耗技术在选矿厂中的应用剖析[J]．云南化工，2008(4):65-69.
[34] 曾桂忠，鲁顺利，段希祥．磨机因素对选择性磨矿的影响分析[J]．矿山机械，2008(1):55-57.
[35] 武俊杰，戴惠新．浅析磨矿过程的影响因素[J]．云南冶金，2009(12):13-16.
[36] 杜茂华，石贵明，周平，等．精确化装球的实验室扩大试验研究[J]．有色金属（选矿部分），2006(1):18-21.
[37] 肖庆飞，石贵明，等．新型细磨介质的材料选择及应用研究[J]．矿冶，2006(1):15-17.
[38] 常富强，段德华，等．生产中提高球磨机磨矿效率的方法[J]．现代矿业，2011(3):81-84.
[39] 罗春梅，肖庆飞，等．球磨机功能转变与节能途径分析[J]．矿山机械，2011(1):8,14.
[40] 万小金．斜窄流分级技术在磷矿磨矿回路中的应用研究[J]．化工矿物与加工，2012(3):9-14.
[41] 魏正坤．湿法闭路磨矿斜板分级机分级选择性的生产控制方法[J]．磷肥与复肥，2006，21(2):28-30.
[42] 罗春梅，肖庆飞，段希祥．粗磨棒径对中低品位磷矿磨矿细度的影响研究[J]．化工矿物与加工，2013(3):11-14.
[43] 万小金，杜建明．选矿物料分级技术与设备的研究进展[J]．云南冶金，2011(6):13-19.
[44] 汪勇，庄故章，周韶，等．给矿浓度和入口压力对水力旋流器分级效率的影响[J]．矿冶，2012(1):83-86.
[45] 刘长淼，吕子虎，马驰，等．甘肃某低品位磷矿选矿试验研究[J]．化工矿物与加工，2014(3):1-4.
[46] 张旭，王雅静，等．云南某胶磷矿浮选试验研究[J]．化工矿物与加工，2011(4):5-8.
[47] 李若兰，金搜，何海涛，等．澳大利亚某硅质胶磷矿浮选试验研究[J]．化工矿物与加工，2013(10):7-11.
[48] 姜振胜，余俊，安平．中矿再磨提高低品位胶磷矿选矿回收率试验研究[J]．化工矿物与加工，2013(10):4-6.
[49] 钟晋，郭永杰，杜令攀，等．云南风化胶磷矿浮选脱硅试验研究[J]．化工矿物与加工，2014(5):7-8.
[50] 李若兰，谢国先．云南待云寺片区低品位胶磷矿浮选试验研究[J]．化工矿物与加工，2012(11):5-7.
[51] 张凌燕，洪微，邱杨率，等．细粒低品位难选胶磷矿浮选研究[J]．非金属矿，2012，35(2):21-23.
[52] 李军旗，李轶辐，曾从江，等．贵州织金中低品位磷矿浮选试验研究[J]．矿业研究与开发，2010，30(5):44-45.
[53] 周军，杨婕，罗惠华，等．云南会泽高镁中低品位胶磷矿单一反浮选[J]．武汉工程大学学报，2013，35(11):23-26.
[54] 余俊，姜振胜，叶林，等．低品位硅钙质胶磷矿选矿试验研究[J]．化工矿物与加工，2012(5):7-9.
[55] 高惠民，毛益林，王向荣，等．远安低品位胶磷矿浮选试验研究[J]．武汉理工大学学报，2007，29(6):27-30.

[56] 柏中能．云南海口中品位胶磷矿浮选产业化开发[C]．中国优势和特色矿产资源及二次资源综合利用技术研讨会论文集，2007(7)：349-353.

[57] 毛素荣，何剑，王君，等．云南某难选硅质磷矿选矿试验研究[J]．有色金属（选矿部分），2012(4)：50-52.

[58] 李艳，宋彦青．内蒙古东升庙低品位磷矿浮选工艺研究[J]．化工矿产地质，2014，36(1)：61-64.

[59] 李防，王习中，魏以和．放马山磷矿正反浮选研究（Ⅰ）——无 S_{711} 的浮选[J]．化工矿物与加工，2011(12)：1-3.

[60] 傅克文，孙立田，时承东．大峪口胶磷矿正反浮选新工艺的试验研究及工业化应用[J]．化工矿物与加工，2013(12)：25-27.

[61] 邓伟，余媛元，沈静，等．常温正反浮选新工艺在难选清平磷矿中的应用[J]．化工矿物与加工，2009(1)：6-8.

[62] 黄齐茂，李锋，蔡坤，等．湖北某硅钙质胶磷矿反正浮选工艺研究[J]．化工矿物与加工，2010(12)：1-3.

[63] 刘星强，钱押林．某中低品位磷矿选矿工艺研究[J]．化工矿物与加工，2011(7)：5-7.

[64] 程仁举，李成秀，罗惠华，等．贵州某中低品位胶磷矿双反浮选试验研究[J]．非金属矿，2014，37(5)：31-33.

[65] 谢春妹，刘志红．瓮福 a 层磷矿石的双反浮选试验研究[J]．矿业研究与开发，2010，30(5)：38-40.

[66] 沈静，邓伟，余媛元，等．钙硅质胶磷矿浮选工艺研究[J]．武汉工程大学学报，2007，29(4)：38-41.

[67] 方世祥，罗惠华，等．云南会泽中低品位胶磷矿选矿工艺对比研究[J]．化工矿物与加工，2012(2)：9-11.

[68] 罗惠华，柏中能，钟康年，等．云南海口中低品位胶磷矿选矿工艺研究[J]．武汉工业大学学报，2008(2)：12-14.

[69] 李根，李冬莲，李文洁．正—反浮选产品粒度分布与存在问题分析(Ⅴ)——晋宁磷矿的分级浮选[J]．化工矿物与加工，2009(12)：1-6.

[70] 刘丽芬，罗廉明，赵风婷，等．高硅低品位磷矿选矿试验研究[J]．化工矿物与加工，2009(10)：1-3.

[71] 钱押林，等．一种硅钙质胶磷矿的分支浮选工艺：中国，201210231583. X[P]. 2012-10-24.

[72] 曹效权，等．一种硅钙质磷块岩磷矿的浮选工艺：中国，201210247460. 5[P]. 2012-10-24.

[73] 钱押林，等．一种硅钙质胶磷矿等可浮分选工艺：中国，201210255656. 9[P]. 2012-10-24.

[74] 宋昱晗，张凌燕，邱杨率．湖北宜昌低品位胶磷矿选矿工艺研究[J]．中国矿业，2013，22(1)：103-107.

[75] 刘丽芬．有碱无碱工艺在云南胶磷矿选矿中的适应性[J]．有色金属（选矿部分），2011(3)：37，41.

[76] 杨稳权，罗廉明，彭杰．浓硫酸添加点对磷矿石反浮选作业的影响[J]．武汉工程大学学报，2011(3)：79-80，86.

[77] 柏中能，王朝霞，康鹏鹏．磷矿浮选捕收剂的优化应用[J]．云南化工，2011(4)：48-49.

[78] 杨稳权，罗廉明，张路莉，等．碳酸钠在云南胶磷矿正浮选中的作用效果探索[J]．化工矿物与加工，2008(8)：1-3.

[79] 李松清，魏明安，任爱军．磨矿细度对某硅钙质胶磷矿浮选的影响[J]．化工矿物与加工，2010(3)：4-5.

[80] 周颖，张覃，陈跃，等．磨矿介质对中低品位磷矿石浮选的影响[J]．化工矿物与加工，2011(12)：12-13.

[81] 穆枭．胶磷矿浮选三相泡沫稳定性研究[J]．矿产保护与利用，2012(4)：26-28.

[82] 杨稳权，方世祥，庞建涛，等．胶磷矿不同磨矿细度单体解离度测定及其浮选应用[J]．武汉工程大学学报，2014，36(4)：31-34.

[83] 康拓新，张俊岭，王群，等．河北丰宁招兵沟铁磷矿浮选选磷影响因素分析[J]．化工矿产地质，2012，34(2)：123-125.

[84] 王灿霞．pH 值对胺类捕收剂反浮选脱硅的影响[J]．武汉工程大学学报，2011，33(2)：53-54.

[85] 罗仙平，雷梅芬，周贺鹏，等．新疆某低品位铁磷矿选矿工艺研究[J]．化工矿物与加工，2011(12)：4-7.

[86] 卫敏，常晓荣，吴东印，等．青海某低品位磷矿选矿试验研究[J]．矿产保护与利用，2013(5)：44-46.

[87] 吴艳妮．湖南省某磷矿选矿工艺研究[J]．化工矿产地质，2014，36(2)：117-120.

[88] 李冬莲，张央，牛芳银．宜昌丁东磷矿选矿试验研究[J]．化工矿物与加工，2008(10)：5-6.

[89] 李艳，黄友良，乔晓峰，等．湖北省某磷矿选矿试验研究[J]．武汉工程大学学报，2011(3)：45-47，52.

[90] 丁海涛，刘志红．沉积型硅钙质磷矿石重选预先富集试验研究[J]．贵州化工，2013，38(3)：3-5.

[91] 马宏云，崔亮．重介质分选筒化工艺在分选磷矿中的应用及研究[J]．煤炭技术，2008，27(9)：133-135.

[92] 凌仲惠．宜昌低品位磷矿重介质旋流器选矿的应用前景[J]．武汉工程大学学报，2011，33(3)：61-64.

[93] 张贤敏，等．磷矿擦洗及正反浮选联合工艺：中国，201110410956. 5[P]. 2012-06-13.

[94] 邓荣东，等．一种磷矿石脱镁的方法：中国，201310035139. 5[P]. 2013-05-01.

[95] 何浩明，等．一种利用碳酸盐型中低品位磷矿生产磷精矿的方法：中国，201210233800. 9[P]. 2012-10-24.

[96] 张雪杰，张志业，王辛龙．高镁磷矿化学脱镁过程的工艺研究[J]．化工矿物与加工，2010(2)：1-3，13.

[97] 杨均流，温建康，陈勃伟，等．混合菌浸出低品位磷矿工艺研究[J]．化工矿物与加工，2010(4)：5-9.

[98] 晏露，伍开亮，高姣姣，等．硫酸和氧化亚铁硫杆菌浸出低品位磷矿[J]．武汉化工学院学报，2006，28(4)：4-6，21.

[99] 胡纯，龚文琪，李育彪，等．高磷鲕状赤铁矿还原焙烧及微生物脱磷试验[J]．重庆大学学报，2013，36(1)：

133-139.

[100] 沈政昌，樊学赛，杨丽君，等．单槽容积600m³充气机械搅拌式浮选机流场研究[J]．有色金属（选矿部分），2013(增刊):195-198.

[101] 韦蕊．KYF/XCF-50型浮选机在海口磷矿浮选厂的适应性[J]．化工矿物与加工，2012(8):16-17.

[102] 刘之能，曹亮，张跃军，等．KYF磷矿用浮选机研制[J]．有色金属（选矿部分），2011(增刊1):220-222.

[103] 孙华峰，丁利华．重介质旋流器分选磷矿的工艺研究与实践[J]．中国煤炭，2009，35(3):76-77.

[104] 邵涛，乐宏刚．分选磷矿用重介质旋流器的研究与实践[J]．化工矿物与加工，2009(10):13-16.

[105] 崔岩．KYZ浮选柱液位测量装置的应用研究[J]．有色金属（选矿部分），2012(1):56-58.

[106] 陈翔，等．一种磷矿多级筛分装置：中国，201320086192.3[P].2013-07-10.

[107] 李绍武．HTG型陶瓷真空过滤机在磷矿浆脱水中的应用[J]．硫磷设计与粉体工程，2011(6):32-33.

[108] 刘正西，张覃，骆祖林，等．自动压滤机在磷矿选矿厂的应用[J]．化工矿物与加工，2010(2):32-35.

[109] 史帅星，张跃军，韩登峰，等．浅析我国大型浮选机工业选型中几个问题[J]．有色金属（选矿部分），2013(增刊):199-201.

[110] 邓丽君，李国胜，刘炯天，等．西南某磷矿柱式正反浮选工艺研究[J]．化工矿物与加工，2009(9):1-4.

[111] 曹亦俊，李国胜，刘炯天，等．胶磷矿柱式双反浮选工艺研究[J]．中国矿业大学学报，2009，38（6）：824-828.

[112] 王大鹏，刘炯天，曹亦俊，等．中低品位胶磷矿柱式反浮选试验研究[J]．中南大学学报（自然科学版），2011，42(12):3650-3656.

[113] 夏敬源，杨稳权，柏中能．浮选柱在云南胶磷矿选矿中的应用研究[J]．矿冶，2009(1):10-14.

[114] 卿黎，梅毅，张宗华．FCSMC浮选柱对中低品位胶磷矿的半T业试验研究[J]．金属矿山，2009(1):172-173.

[115] 王大鹏，刘炯天，李国胜，等．浮选柱在胶磷矿反浮选中的应用[J]．化工矿物与加工，2010(6):1-3.

[116] 李耀基，夏敬源．云南胶磷矿浮选柱工业应用实践[J]．现代矿业，2012(3):74-75.

[117] 龙华，赵东，詹光健，等．浮选柱在磷矿扫选中的工业化应用[J]．硫磷设计与粉体工程，2013(4):42-45.

[118] 裴正广，叶国庆，龚天华．磷矿选矿技术集成创新探讨[J]．磷肥与复肥，2009，24(3):85-89.

[119] 韦蕊．KYF/XCF-50型浮选机在海口磷矿浮选厂的适应性[J]．化工矿物与加工，2012(8):16-17.

[120] 王金生．重介质旋流器在宝石山选矿厂的应用[J]．科技情报开发与经济，2009，19(5):195-196.

[121] 魏祥松，黄启生，李宇新．花果树磷矿重介质选矿研究与应用综述[J]．化工矿产地质，2010，32(3):186-188.

[122] 谭宣红，徐春．陶瓷过滤机在磷精矿脱水工艺中的应用[J]．磷肥与复肥，2014，29(2):67-69.

[123] 赵小林，丁健，陈守超．陶瓷过滤机在磷精矿生产中的应用[J]．无机盐工业，2011，43(4):61-62.

[124] 黄齐茂，马雄伟，肖碧鹏，等．α-氨基酸型磷矿低温浮选捕收剂的合成与应用[J]．化工矿物与加工，2009(7):1-4.

[125] 黄齐茂，邓成斌，潘志权，等．新型α-取代脂肪酸衍生物类磷矿浮选捕收剂（I）[J]．武汉工业大学学报，2008，30(2):15-17.

[126] 黄齐茂，向平，罗惠华，等．新型复合捕收剂常温浮选某胶磷矿试验研究[J]．化工矿物与加工，2010，39(4):1-4.

[127] 黄齐茂，邓成斌，向平，等．α-氯代脂肪酸柠檬酸单酯捕收剂合成及应用研究[J]．矿冶工程，2010，30(2):31-34.

[128] 郭磊，陈云峰，冯程，等．羟肟酸磷矿浮选捕收剂的设计合成及应用研究[J]．化学与生物工程，2012，29(12):31-33.

[129] 戴新宇，于克旭．DY-P磷捕收剂在北方某磷矿选矿试验研究中的应用[J]．矿产综合利用，2009(5):14-16.

[130] 罗惠华，王俊．海州式磷矿低温浮选的研究[J]．中国矿业，2006，15(10):92-94.

[131] 葛英勇，等．一种胶磷矿浮选捕收剂及其应用：中国，201010599614.8[P].2011-04-27.

[132] 黄俊，等．一种油酸酰胺钠型磷矿浮选剂及其制备方法：中国，201110092149.3[P].2011-11-16.

[133] 崔永亮，孟晓桥．氧化石蜡皂产品特点与生产工艺的研究[J]．辽宁化工，2010，39(1):67-70.

[134] 王海军，崔永亮．改型氧化石蜡皂的物化性能及在磷矿浮选中的应用[J]．化工矿物与加工，2006(2):38-39.

[135] 丁宁，张仁忠，解田，等．新型捕收剂对某高硅磷矿浮选性能的研究[J]．化工矿物与加工，2013(3):8-10.

[136] 周贤，张泽强，池汝安．脂肪酸甲酯磺酸钠的合成及其磷矿浮选性能评价[J]．化工矿物与加工，2010(1):1-3.

[137] 周贤，王华，彭光菊，等．MES的合成及其磷矿浮选性能评价[J]．武汉工程大学学报，2009，31(12):48-50.

[138] 李冬莲，张央．宜昌中低品位磷矿工艺流程试验研究[J]．武汉工程大学学报，2010，32(11):54-57.

[139] 杨昌炎，夏刚，潘玉，等．改性脂肪酸对磷矿的浮选[J]．武汉工程大学学报，2014，36(4):22-26.

[140] 郑桂兵，李松清，肖婉琴，等．捕收剂BK420在某铁矿中浮选回收伴生磷资源的应用[J]．有色金属（选矿部分），2013(增刊):256-258.

[141] 吴艳妮，魏祥松，陈南华，等．北方低品位磷矿浮选捕收剂的研制与应用[J]．武汉工程大学学报，2011，33(3):59-60.

[142] 李艳．A 捕收剂在磷矿石浮选中优缺点性能研究和改进措施探索[J]．化工矿产地质．2014，36(2)：121-125.
[143] 骆斌斌，朱一民，彭梦甦，等．组合药剂 DMF-1 对朝阳某磷矿浮选试验研究[J]．中国矿业，2014，23(3)：101-105.
[144] 董颖博，等．一种磷矿中低温捕收剂的制备方法：中国，201410575180.6[P].2015-03-04.
[145] 姜小明，丁宁，解田，等．新型捕收剂在沙特某低品位胶磷矿浮选中的应用[J]．化工矿物与加工，2012(5)：4-6.
[146] 甘顺鹏．难选胶磷矿新型高效复配脱镁捕收剂的研究[D]．武汉：武汉理工大学，2007.
[147] 寇珏，孙体昌，Tao D. 胺类捕收剂在磷矿脉石石英反浮选中的应用及机理[J]．化工矿物与加工，2010(2)：12-16.
[148] 葛英勇，季荣，袁武谱．远安低品位胶磷矿双反浮选试验研究[J]．矿产综合利用，2008(6)：7-10.
[149] 杨松，等．沉积型硅钙质胶磷矿脱硅捕收剂及其制备方法和使用方法：中国，201110128672.7[P].2011-10-05.
[150] 李松清，魏明安，任爱军．某高硅胶磷矿反浮选脱硅研究[J]．矿冶，2014，23(2)：1-4.
[151] 赵靖，刘丽芬，袁红霞．CD 在某硅钙质胶磷矿选矿中的应用[J]．磷肥与复肥，2010，25(4)：27-28.
[152] 蔡秉洋，王华，王渝红．不同模数水玻璃在胶磷矿正反浮选的应用[J]．云南化工，2010(1)：37-41.
[153] 罗惠华，李成秀，陈慧，等．胶磷矿反浮选抑制剂 PT-4 与磷酸抑制性能对比研究[J]．化工矿物与加工，2013(3)：1-3.
[154] 罗惠华，程静．四川马边磷矿反浮选不同抑制法试验研究[J]．化工矿物与加工，2007(11)：11-13.
[155] 杨忠权，杨安淬，陈仕勋．WFS 调整剂在瓮福磷矿选矿厂的应用[J]．矿产综合利用，2010(4)：47-48.
[156] 余俊，姜振胜，叶林，等．氟硅酸在磷矿选矿中的应用[J]．中国非金属矿工业导刊，2012(5)：32-35.
[157] 梁永忠，罗廉明，夏敬源，等．磷矿浮选碳酸盐抑制剂应用研究[J]．化工矿物与加工，2009(2)：1-2.
[158] 徐忠发，张覃，陈艳．复配抑制剂在磷矿反浮选中的应用[J]．化工矿物与加工，2010(11)：5-6.
[159] 罗惠华，饶欢欢，杨婕，等．胶磷矿浮选中碱性联合调整剂[J]．武汉工程大学学报，2014，36(5)：20-24.
[160] 李智力，张泽强，池汝安．几种磷矿反浮选药剂的浮选性能对比[J]．有色金属（选矿部分），2013(2)：68-70.
[161] 刘养春，宋文义，徐会会，等．湖北某胶磷矿浮选工艺研究[J]．化工矿物与加工，2014(8)：1-4.
[162] 邓桂菊，刘朝竹，王朝霞．CF-ZP01 表面活性剂在磷矿浮选中的应用[J]．磷肥与复肥，2014，29(1)：30-31.
[163] 王仁宗，等．一种磷矿助磨剂：中国，201210098075.9[P].2012-08-22.
[164] 李茂林，汪彬，朱晔，等．助磨剂对鄂西高磷鲕状赤铁矿磨矿的影响[J]．武汉工程大学学报，2011，34(2)：93-95.
[165] 刘丽芬，赵凤婷，张路丽．浅谈反浮选脱硅增效剂在磷矿选别中的作用[J]．化工矿物与加工，2009(9)：9-11.
[166] 李振兴，文书明，罗良烽．选矿过程自动检测与自动化综述[J]．云南冶金，2008(3)：20-24.
[167] 李少华，王冲．生产模拟系统在磷矿浮选行业上的应用[J]．磷肥与复肥，2014，29(1)：55-56.
[168] 袁红霞，杨英杰．基于 RBF 网络的胶磷矿浮选精矿指标预测模型[J]．化工矿物与加工，2011(2)：1-4.
[169] 叶孙德，戴惠新．PLC 技术在选矿自动化中的应用[J].2007(7)：406-409.
[170] 胡志刚．PLC 技术在破碎筛分车间中的应用[J]．有色矿冶，2014，30(4)：54-56.
[171] 孙景敏，李世厚．基于数据电台的选矿自动控制系统[J]．矿冶，2008(1)：76-79.
[172] 孙景敏，李世厚．基于信息融合技术的球磨机三因素负荷检测研究[J]．云南冶金，2008(1)：16-19.
[173] 王德燕，黄宋魏，童雄．磨矿组态软件的设计与应用[J]．制造业自动化，2012(10)：138-141.
[174] 邹金慧，孙瑞杰，黄宋魏．模糊控制在磨矿分级自动控制中的应用研究[J]．化工自动化及仪表，2009(1)：89.
[175] 程忠平．基于 PLC 的磷选矿厂磨矿分级自动化解决方案[J]．商品储运与养护，2008，30(7)：147-148.
[176] 胡海波，黄友锐．基于神经网络的分数阶 PID 控制器在磨矿分级系统中的应用研究[J]．煤矿机械，2009，30(11)：198-201.
[177] 赵宏伟，齐一名，臧雪柏，等．基于系统辨识与 T-S 模糊神经网络的磨矿分级控制[J]．吉林大学学报（工学版），2011，41(1)：171-175.
[178] 陈夕松，翟军勇，李奇，等．磨矿分级过程多模型智能控制研究[J]．系统仿真学报，2009，21(11)：3342-3345.
[179] 刘小波，黄宋魏．磨矿分级作业模糊智能控制系统的研发[J]．金属矿山，2011(3)：129-131.
[180] 柴义晓，许维丹．选矿自动化技术探讨[J]．工矿自动化，2011（10）：73-76.
[181] 王鹤，李世国，王左，等．Wincc Flexible 组态软件在磨矿分级监控系统巾帕应用[J]．矿山机械，2010，38(1)：86-88.
[182] 李恒恒，苑旭阳，张栋，等．基于 PLC 的磨矿分级自动控制系统设计研究[J]．矿山机械，2013，41(4)：72-75.
[183] 任金霞，王挺．基于改进型粒子群优化的磨矿分级系统溢流浓度控制的研究[J]．矿山机械，2012，40(9)：92-95.
[184] 吴礼定，曾波．云南海口磷矿浮选尾矿的工艺特性研究[J]．化工矿物与加工，2008(4)：5-8.
[185] 戴新宇．某浮磷尾矿综合回收钛铁矿试验研究[J]．矿产综合利用，2008(5)：3842.
[186] 余俊，姜振胜，叶林，等．磷矿尾矿选矿试验研究[J]．矿产保护与利用，2012(3)：42-45.
[187] 陈献梅，张汉平，汪力．云南某磷矿擦洗矿泥中磷的浮选回收试验[J]．金属矿山，2012(11)：156-158.

[188] 孙媛媛．四川某磷矿浮选尾矿的再选试验[J]．现代矿业，2014(3):144-145.

[189] 周杰强，陈建华，穆枭，等．磷矿擦洗尾矿浮选试验研究[J]．矿产保护与利用，2006(5):19-21.

[190] 瓮福（集团）有限责任公司．一种回收磷矿石选矿尾矿中 P_2O_5 的方法：中国，200910102859[P]．2010-06-30.

[191] 吴国兰，杨仁英．磷矿石重介质选矿尾矿再选试验[J]．矿业研究与开发，2011，31(6):73-74.

[192] 赵建国，张宗凡，张峻，等．利用磷矿浮选尾矿制钙镁磷肥的可行性分析[J]．磷肥与复肥，2011，26(6):17-20.

[193] 李晔，刘跃，左慧，等．混凝沉淀法处理磷矿浮选废水试验研究[J]．工业安全与环保，2009，35(4):6-8.

[194] 王光明，周从胜．采用全自动立式压滤机压滤磷尾矿的干排干堆技术[J]．磷肥与复肥，2012，27(2):54-55.

[195] 杨力远，万惠文，李杰．利用磷尾矿制备加气混凝土工艺参数的探索研究[J]．武汉理工大学学报，2011，33(9):41-44.

[196] 黄进，崔振宇，李建新，等．磷矿选矿废水中浮选药剂的回收与水深度处理的研究[J]．化工矿物与加工，2012(6):8-9.

[197] 李晔，李柏林，蹇云，等．某磷矿浮选废水的处理与回用[J]．有色金属，2010，62(1):99-102.

[198] 梅明，孙侃，陈涛，等．磷矿选矿含锰废水在造气循环水系统中的应用[J]．武汉工程大学学报，2013，35(11):14-17.

[199] 李冬莲，秦芳，张亚东．云南磷矿选矿回水研究(Ⅰ)——对晋宁磷矿正浮选的影响[J]．化工矿物与加工，2012(11):1-4.

[200] 李冬莲，秦芳，周新军．云南磷矿选矿回水研究(Ⅱ)——无机离子对安宁磷矿正浮选的影响[J]．化工矿物与加工，2013(2):9-12.

[201] 赵凤婷．安宁磷矿浮选厂选矿回水试验研究[J]．武汉工程大学学报，2011(2):96-99.

[202] 李冬莲，秦芳，张亚东．云南晋宁磷矿浮选废水处理研究[J]．云南化工，2012，39(5):1-7.

[203] 罗惠华，李冬莲，王玉林，等．双碱法处理磷矿选矿工艺废水及循环利用研究[J]．中国非金属矿工业导刊，2008(3):48-50.

[204] 罗惠华，左义权，李冬莲．宜昌胶磷矿浮选扩大连续试验和选矿废水利用[J]．磷肥与复肥，2009，24(2):87-89.

[205] 柏中能，王朝霞．磷矿浮选回水利用研究与建议[J]．云南化工，2009，36(2):18-21.

[206] 何向文，刘丽芬，张朝旺．云南胶磷矿浮选生产废水处理及再利用研究[J]．非金属矿，2014，37(4):66-68.

[207] 张晖，何宾宾，傅英，等．云南磷化工与磷矿浮选矿化耦合技术[J]．磷肥与复肥，2014，29(1):60-62.

[208] 黄芳，王华，李军旗，等．萃取—反萃法综合回收磷矿浮选尾矿中磷和镁[J]．环境科学与技术，2010(4):104-107，140.

[209] 马凯，刘树海．盐酸直接分解磷矿浮选尾矿的实验研究[J]．磷肥与复肥，2012，27(5):21-22.

[210] 罗惠华，等．一种利用磷矿反浮选脱镁尾矿制备轻质氧化镁的方法：中国，201410157715.8[P]．2014-07-09.

[211] 金会心，王华，李军旗，等．新华含稀土磷矿浮选实验研究[J]．过程工程学报，2008，8(3):453-459.

[212] 孙晓华，施文艺，赵玉卿．青海省平安县上庄低品位磷矿的综合利用途径研究[J]．青海大学学报（自然科学版），2011，29(1):44-47.

[213] 张志强，钟易水，郭秀平．某低品位变质岩型磷矿的综合利用试验研究[J]．国外金属矿选矿，2007(9):39-41.

[214] 黄芳，王华，李军旗，等．磷矿浮选尾矿煅烧铵盐法实验研究[J]．化工矿物与加工，2010(1):10-12.

[215] 曾波，吴礼定．中低品位磷矿浮选尾矿制备磷镁肥的实验研究[J]．磷肥与复肥，2010，25(3):12-14.

[216] 黄芳，王华，李军旗，等．高镁磷尾矿综合利用的基础研究[J]．化工矿物与加工，2009(12):10-12.

[217] 瓮福（集团）有限责任公司．从含碘磷矿石为原料提取碘过程的碘结晶的方法：中国，200910263799[P]．2010-06-09.

[218] 王瑾．磷矿伴生氟资源的回收及利用[J]．化工矿物与加工，2010(7):34-37.

[219] 贾春云，魏德洲，沈岩柏，等．Mycobactefium Phlei 在黄铁矿和方铅矿表面的选择性吸附作用机理[J]．中国有色金属学报，2008(1):151-158.

[220] 霍普 G A，罗伟，林森．2-巯基苯并噻唑、异丙基黄药和丁基乙氧基羰基硫脲在矿物表面上吸附的金的强化电化学光谱研究[J]．国外金属矿选矿，2008(1):40-43.

[221] 顾帼华，李建华，孙小俊，等．脂类捕收剂 DLZ 对黄铜矿和黄铁矿浮选的选择性作用[J]．中国矿业大学学报，2009(3):396-399.

[222] 孙小俊，顾帼华，李建华，等．捕收剂 CSU31 对黄铜矿和黄铁矿浮选的选择性作用[J]．中南大学学报(自然科学版)，2010，41(2):406-410.

[223] 李玉琼，陈建华，陈晔．空位缺陷黄铁矿的电子结构及其浮选行为[J]．物理化学学报，2010(25):1435-1441.

[224] Li Y Q，Chen J H，Chen Y，et al. Density functional theory study of the influence of impurity on electronic properties and re-

activity of pyrite[J]. Transactions of NonfeITOHS Metals Society of China, 2011(21):1887-1895.

[225] Li Y Q, Chen J H, Chen Y, et al. DFT study of influences of As, Co and Ni impurities on pyrite (100) surface oxidation by O_2 molecule[J]. Chemical Physics Letters, 2011, 511(4-6):389-392.

[226] 李玉琼，陈建华，郭进．天然杂质对黄铁矿的电子结构及催化活性的影响[J]．物理学报，2011，60(9):650-657.

[227] 李玉琼，陈建华，陈晔，等．黄铁矿（100）表面性质的密度泛函理论计算及其对浮选的影响[J]．中国有色金属学报，2011，21(4):919-926.

[228] 罗骏，李光辉，饶明军，等．煤系硫铁矿浮选尾矿热化学活化脱硅制备铝精矿[J]．中国有色金属学报，2013，23(12):3470-3477.

[229] 梁海军，魏德洲．氧化亚铁硫杆菌抑制黄铁矿可浮性作用机理[J]．东北大学学报(自然科学版)，2009，30(10):1493-1496.

[230] 吴焕勋，高中才，张海平，等．云浮硫铁矿富矿线碎磨改造实践[J]．金属矿山，2010(增刊):374-376.

[231] 孟凡毅．云台山硫铁矿提高破碎效率的研究和实践[J]．化工矿物与加工，2013(5):27-28.

[232] 刘斌，伍红强．某低品位硫铁矿高效选矿工艺及装备研究[J]．现代矿业，2014(9):71-73.

[233] 张德兴，黄红军，孙伟．冬瓜山铜矿硫铁矿选矿新工艺研究[J]．矿冶工程，2009，29(3):43-47.

[234] 欧乐明，黄思捷，冯其明，等．高品质硫精矿生产工艺技术研究[J]．化工矿物与加工，2009(11):1-4.

[235] 张群，唐云．贵州某硫铁矿浮选工艺研究[J]．化工矿物与加工，2012(10):1-3.

[236] 王营茹，刘鑫，罗廉明．梅山硫铁矿浮选中降镁除杂工艺[J]．武汉化工学院学报，2006，28(2):31-34.

[237] 李青春，刘水发．德兴铜矿硫铁矿资源综合利用研究和应用[J]．铜业工程，2010(1):58-61.

[238] 文书明，胡天喜，周兴龙．低品位硫铁矿精选试验研究[J]．硫酸工业，2009(1):50-52.

[239] 胡天喜，李振飞，成海芳，等．云南某高碳硫铁矿选矿工艺试验研究[J]．金属矿山，2007(5):44-46.

[240] 廖舟，杨小中，许彬，等．煤系硫铁矿综合利用新工艺研究[J]．矿冶工程，2006，26(3):35-37.

[241] 廖舟，许彬，等．煤系硫铁矿降碳提硫研究[J]．金属矿山，2006(8):34-36.

[242] 韦伯韬，冯忠伟，温磊，等．北山铅锌矿选硫生产实践[J]．四川有色金属，2007(6):16-19.

[243] 胡开文，孙伟，曹学峰．某碳泥质硫铁矿矿石性质研究与选矿工艺探索[J]．矿冶工程，2013，33(4):74-77.

[244] 徐晓萍．云浮低品位硫铁矿矿石的重选试验研究[J]．材料研究与应用，2008，2(1):59-62.

[245] 李汉文，胡真，张慧，等．云浮硫铁矿低品位矿石合理选矿工艺流程的研究[J]．矿冶工程，2008，28(6):51-53.

[246] 方夕辉，朱冬梅，赵冠飞，等．清洁回收铜硫矿石原浆中硫铁矿的浮选试验研究[J]．矿业研究与开发，2013，33(2):60-62.

[247] 陈宇，文书明，刘丹，等．云南羊拉含铜硫铁矿精选试验研究[J]．矿冶，2010，19(3):12-14.

[248] 饶强坚．福建某铜硫铁矿选矿试验研究[J]．企业技术开发，2011，30(12):25-26.

[249] 陈享享，刘述忠，郭万富．某低品位难选硫铁矿强化活化回收硫试验[J]．现代矿业，2014(11):81-84.

[250] 覃伟暖，黄伟忠，磨学诗，等．高锡多金属硫铁矿回收工艺改造及生产实践[J]．有色金属（选矿部分），2014(4):40-43.

[251] 杨琳琳，程坤，文书明．环形浮选柱选别某硫铁矿的试验研究[J]．矿山机械，2008(3):102-105.

[252] 吴焕勋，高中才．超细粒级硫铁矿选矿实践及柱浮选探讨[J]．金属矿山，2010(增刊):357-359.

[253] 黄根，岳双凌，文涵睿．某硫铁矿矿泥柱浮选半工业试验[J]．金属矿山，2012(8):70-72.

[254] 霍涛，曹亦俊，黄根，等．某硫铁矿浮选尾矿再选试验研究[J]．矿山机械，2012，40(11):79-83.

[255] 何青松，杨江清，唐联松．煤系硫铁矿的分选[J]．煤炭加工与综合利用，2008(5):42-46.

[256] 焦芬，覃文庆，何名飞，等．捕收剂 Mac-10 浮选铜硫矿石的试验研究[J]．矿冶工程，2009(3):48，50.

[257] 杨柳毅，章晓林，宋凯伟，等．新型捕收剂在某低品位硫铁矿浮选中的应用[J]．矿产保护与利用，2012(1):38-41.

[258] 刘旭，李文风，等．新型高效捕收剂 CYS 的研制及应用试验研究[J]．矿冶工程，2013，33(1):75-77.

[259] 苏建芳，王中明，刘书杰，等．新型选硫药剂 AT608 及 BK204 在安徽某铁矿硫浮选中的应用[J]．有色金属（选矿部分），2013(10):253-256.

[260] 穆枭，陈建华．何奥平，等．新型有机抑制剂 SN 在黄铁矿浮选中分离毒砂[J]．矿产保护与利用，2008(2):27-29.

[261] 周源，刘亮，曾娟．低碱度下组合抑制剂对黄铜矿和黄铁矿可浮性的影响[J]．金属矿山，2009(6):69-72.

[262] 曾娟，刘亮，金吉梅．组合抑制剂在铜硫分离中的研究[J]．矿业工程，2009(4):36-37.

[263] 周为民．铅硫分离时抑制剂的选择[J]．有色金属(选矿部分)，2014(2):16-20.

[264] 周源，吴燕玲，刘诚，等．某铜矿石低碱度铜硫分离浮选工艺研究[J]．金属矿山，2012(6):64-67.

[265] 王勇，叶雪均，艾光华，等．某铜银多金属矿石低碱度铜硫浮选分离试验[J]．金属矿山，2010(6):105-108.

[266] 刘斌，周源．采用有机抑制剂进行无石灰铜硫分离及机理研究[J]．江西理工大学学报，2008，29(3):24-26.

[267] 张渊，洪秉信．川南硫铁矿尾矿的工艺性质与综合利用[J]．矿产综合利用，2006(5):21-24.

[268] 严萊，张海平，黄根，等．从云浮硫铁矿尾矿中回收硫精矿的研究[J]．湖南有色金属，2012，28(2):13-14.

[269] 王淑红，董风芝，孙永峰．某矿山硫铁矿尾砂浮选试验研究[J]．化工矿物与加工，2009(8):1-3.

[270] 穆枭，陈建华，何奥平．某含砷黄铁矿尾矿浮选新工艺试验研究[J]．金属矿山，2008(3):141-143.

[271] 韦国良，刘斌．贫硫铁矿资源开发及循环利用[J]．磷肥与复肥，2012，27(1):38-40.

[272] 王淑红，董风芝，孙永峰．四川某硫铁矿尾矿再选试验研究[J]．金属矿山，2009(8):163-166.

[273] 王雄，杨大兵，张攀，等．马钢硫铁矿尾砂重浮联合选硫试验[J]．现代矿业，2014(7):78-80.

[274] 杨强，唐云，刘安荣．某硫铁矿尾矿再选试验研究[J]．金属矿山，2010(2):163-166.

[275] 李智，张其春，叶巧明．利用硫铁矿尾矿制备微晶玻璃[J]．矿产综合利用，2007(1):42-45.

[276] 谢红波．硫铁矿选矿尾矿自流平砂浆的研制与性能分析[J]．广东建材，2013(8):7-9.

[277] 王国文，周平，张宏伟，等．含黄药、脂肪酸选矿废水治理进展[J]．云南冶金，2008(6):20-23.

[278] 桂政，项小清．硫铁矿废水处理污泥资源化利用的研究[J]．能源环境保护，2012，26(6):27-31.

[279] 刘峰彪．高密度泥浆法处理硫铁矿废水试验研究[J]．有色金属（选矿部分），2008(6):28-32.

[280] 张林友，金晓云，彭顺英．云南某矿山选矿回水利用研究及生产实践[J]．现代矿业，2010(4):104-105.

[281] 金尚勇，刘峰彪，许永，等．广东某硫铁矿矿山高含铁酸性废水处理[J]．有色金属工程，2013，3(5):42-44.

[282] 李雁，徐明仙，林春绵．硫铁矿废水制备铁黑颜料的工艺[J]．化工进展，2010，29(1):168-172.

[283] 尹卫宁，王乐译，杨洪忠，等．硫铁矿浮选废水回收试验[J]．现代矿业，2014(5):136-139.

[284] 陈克雷．硫铁矿山酸性废水治理工艺设计[J]．化工矿物与加工，2009(5):28-31.

[285] 周贺鹏，陈如凤，罗礼英，等．某复杂低品位硫铁矿选矿工艺研究[J]．化工矿物与加工，2012(12):9-11.

[286] 刘俊，等．从铁尾矿中综合回收铜硫精矿的试验研究[J]．矿冶工程，2008(2):40-42.

[287] 刘占华，孙体昌，孙昊，等．从内蒙古某高硫铁尾矿中回收铁的研究[J]．矿冶工程，2011，32(1):46-49.

[288] 倪青林．某铅锌尾矿综合回收利用工艺研究[J]．云南冶金，2012(6):18-23.

[289] 张晶，杨玉珠，李明晓．云南某煤系硫铁矿煤硫综合回收工艺研究[J]．化工矿物与加工，2012(7):9-14.

[290] 徐明，张渊，杨永涛，等．川南煤系硫铁矿综合利用新工艺研究[J]．中国矿业，2012，21(2):71-73.

[291] 洪德贵，夏水炉．含磁硫铁矿尾矿回收铁精粉的研究与实践[J]．矿业安全与环保，2007，34(3):26-27.

[292] 何兵兵，刘代俊，王章露，等．硫铁矿尾矿的综合利用工艺研究[J]．硫磷设计与粉体工程，2012(6):19-22.

[293] 鲁军．铜尾矿选矿综合回收试验研究[J]．矿产综合利用，2012(3):23-25.

[294] 程芳琴，赵仲鹤，马金元，等．含泥钾矿浮选分离技术研究[J]．环境工程学报，2011，5(3):703-708.

[275] 保英莲．反浮选—冷结晶法生产氯化钾相图分析[J]．盐湖研究，2006，14(3):39-42.

[296] 保英莲．反浮选法生产过程中氯化钠对钾收率的影响[J]．无机盐工业，2010，42(10):44-46.

[297] 赵静，程芳琴．杂盐氯化钠对氯化钾正浮选过程的影响[J]．青海大学学报（自然科学版），2010，28(6):34-37.

[298] 马金元，张洪满，李灿先，等．正浮选工艺氯化镁对氯化钾浮选的影响研究[J]．无机盐工业，2011，43(2):44-46.

[299] 赵静，程文婷，曹沁波，等．正浮选过程中氯化钠随氯化钾浮出行为的研究[J]．无机盐工业，2011，43(6):33-36.

[300] 谢炳俊，纪律，陈高琪，等．正浮选工艺矿物粒度对氯化钾分布的影响[J]．无机盐工业，2014，46(12):38-40.

[301] 宋兴福，顾启东，汪瑾，等．烷基吗啉在氯化钠和氯化钾表面的吸附[J]．化工学报，2011，62(2):439-443.

[302] 王晓晶．利用钾混盐原矿浮选粗氯化钾试验[J]．化学工程师，2011(12):57-59.

[303] 张志宏，马海洲，陈怀德，等．反浮选法从光卤石矿中提取氯化钾的工艺研究[J]．云南化工，2013，40(6):51-53.

[304] 谢炳俊，纪律，陈高琪，等．大浪滩光卤石矿冷分解—正浮选工艺研究[J]．化工生产与技术，2014，21(2):39-41.

[305] 谢玉龙，赵亮．光卤石分解制取氯化钾晶体粒度控制技术[J]．盐湖研究，2010，18(2):62-64.

[306] 郭素红，刘威．某钾盐矿磨矿粒度对浮选效果影响的试验研究[J]．有色金属（选矿部分），2009(4):28-31.

[307] 谭欣，王福良，曾克文，等．青海盐湖集团公司氯化钾产品预处理—反浮选纯化新工艺[J]．有色金属，2007，59(2):50-54.

[308] 牛桂然，唐宏学．反浮选—冷结晶法生产氯化钾浮选法除钙研究[J]．盐湖研究，2006，14(1):14-16.

[309] 陈晓庆，安莲英，李陇岗，等．钾矿反浮选脱泥技术初探[J]．有色金属（选矿部分），2013(3):42-44.

[310] 程怀德，马海州．钾盐选矿中浮选浓度对浮选影响评价研究[J]．盐业与化工，2010，39(6):1-3.

[311] 黄丽亚，陈波．粗粒浮选法回收盐湖钾盐的研究[J]．有色金属（选矿部分），2013(5):36-38.

[312] 赵根庆．循环蒸发—热溶结晶生产氯化钾新工艺的研究[J]．无机盐工业，2014，46(10):53-54.

[313] 郭廷锋，李洪普，王云生，等．青海冷湖钾盐矿提钾工艺优化研究[J]．盐业与化工，2012，41(9):28-31.

[314] 程怀德，马海州．利用硫酸盐型盐湖资源制取软钾镁矾的研究[J]．盐业与化工，2008，37(3):24-26.

[315] 谈霞，杨生鸿．硫酸镁亚型盐湖低钾混盐矿提钾工艺的研究[J]．广州化工，2014，42(18):103-104.

[316] 毛汉云，吕远．新疆地区硝酸钾制备工艺技术的选择[J]．山西化工，2014(3):44-45.

[317] 胡兆军，张志宏，董生发，等．碳酸盐型盐湖提取钾芒硝浮选工艺研究[J]．无机盐工业，2014，46(10):39-41.

[318] 王国栋，郭会仙，刘文彪．老挝钾盐矿分解—正浮选制备氯化钾的工艺研究[J]．云南化工，2013，40(6):44-50.

[319] 蔡鸣，曾波，刘代俊．老挝钾盐矿分解分级新技术[J]．云南化工，2013，40(6):54-58.

[320] 朱鹏程，曾波．老挝钾盐矿“旋转分解—选择性分级—柱浮选”技术研究[J]．云南化工，2013，40(6):36-40.

[321] 袁琳阳，孟玮．BGRIMM 浮选设备在钾盐矿浮选中的应用[J]．有色金属（选矿部分），2013(3):60-63.

[322] 余悦，卢世杰．充气式浮选机在某钾盐矿的工业试验研究[J]．矿冶，2013，22(4):99-103.

[323] 刘文彪，王国栋，郭会仙．老挝钾盐矿柱式反浮选制取氯化钾的试验研究[J]．云南化工，2013，40(6):59-61.

[324] 王国栋，郭会仙，刘文彪．老挝钾盐矿柱式正浮选生产氯化钾中试研究[J]．云南化工，2013，40(6):33-35.

[325] 田震，王建青，马国华．氯化钾结晶器搅拌选型探研[J]．化工矿物与加工，2008(8):9-10.

[326] 刘够生，宋积品，张信龙，等．反浮选—冷结晶氯化钾生产过程中硫酸钙旋流分离试验研究[J]．盐业与化工，2009，38(5):9-12.

[327] 彭操，童雄，曾波，等．老挝钾盐矿旋流分选制备粗钾的探索研究[J]．云南化工，2013，40(6):62-65.

[328] 周志强．老挝钾肥生产中固液分离设备的选择[J]．云南化工，2013，40(6):69-72.

[329] 苏军，杨朝虹．浮选机液位控制系统在钾盐浮选中的应用[J]．矿冶，2008，17(1):59-61.

[330] 苏勇，王卫疆，陈修亮，等．钾盐浮选液位控制系统应用研究[J]．矿冶，2009，18(4):65-67.

[331] 甘顺鹏，季荣，汤建良．钾盐浮选药剂研究进展[J]．金属矿山，2014(1):80-83.

[332] 汤建良，甘顺鹏．硫酸钾厂浮选尾矿回收硫酸钾镁肥现场实验室试验研究报告［R］．长沙：原化工部长沙设计研究院，2008.

[333] 甘顺鹏，陈斌，等．西藏结则茶卡盐湖卤水综合利用工艺开发中间试验研究报告［R］．长沙：原化工部长沙设计研究院，2012.

[334] 季荣，甘顺鹏，黄银广，等．一种从原生钾石盐矿中提取氯化钾的工艺：中国，CN201010519195.2[P].2011-04-13.

[335] C.H. 基特科夫，等．用新药剂活化钾矿石和钾—镁矿石的阳离子捕收剂浮选[J]．国外金属矿选矿，2006(4):26-29.

[336] S. 基特科夫，等．抑制剂和起泡剂对捕收剂与矿物作用的交互影响[J]．国外金属矿选矿，2007(7):14-16.

[337] E.И. 阿列克谢娃，等．高黏土钾矿石浮选脱泥工艺的完善[J]．国外金属矿选矿，2007(10):17-20.

[338] 谭忠德，王全军，张生富，等．浮选过程回用尾液调浆技术的实验探讨[J]．无机盐工业，2011，43(8):45-47.

[339] 刘够生，罗妍，宋兴福，等．钾肥生产浮选尾盐氯化钠赋存状态及相图分析[J]．盐业与化工，2008，37(6):5-8.

[340] 刘够生，汪瑾，罗妍，等．钾肥生产浮选尾盐氯化钠一次精制过程分析[J]．盐业与化工，2008，37(2):23-26.

[341] 谭秀民，赵恒勤，张利珍，等．钾肥生产浮选尾盐钠镁分离试验研究[J]．无机盐工业，2010，42(12):55-56.

[342] 谈霞，杨蓉飞．硫酸镁亚型盐湖钾肥生产中尾矿回收钾镁肥的研究[J]．无机盐工业，2014，46(10):50-52.

[343] 顾启东，宋兴福，汪瑾，等．溢流矿中氯化钾的浮选回收工艺研究[J]．高校化学工程学报，2010，24(4):709-713.

第25章　铀矿石选矿

铀矿石选矿是从铀矿石或含铀矿石中分离、富集、提取铀，得到不同形式铀产品的过程。铀矿物约有百余种，有工业意义的铀矿物主要是沥青铀矿、晶质铀矿，次为钙铀云母、钾钒铀矿、硅钙铀矿、水硅铀矿和钛铀矿等。铀矿石的工业类型有：花岗岩型、火山岩型、砂岩型、碳硅泥岩型、沉积岩型以及石英砾岩型、元古代不整合相关型等。世界铀矿主要产地有加拿大、美国、俄罗斯、澳大利亚、南非、纳米比亚、尼日尔和法国等。我国铀矿资源比较丰富，以热液脉型和砂岩型矿床为主，矿床以中、小型规模居多，铀品位多为中、低品级。矿体埋藏较深，多为地下开采。我国铀矿主要产地在广东、江西、内蒙古、新疆、湖南等省区。

铀矿石的分选方法包括化学选矿和物理选矿两种。大多数铀矿石通常不经过物理选矿，而直接采用化学选矿法水冶加工提取铀。

某些铀矿石在水冶加工前，先进行物理选矿，其作用有三个方面：

（1）提高水冶给矿的铀品位，废弃部分尾矿。在铀矿石物理选矿技术中，放射性拣选获得了成功应用。为了提高水冶供矿品位，个别厂也采用了其他物理选矿方法：采用重介质选矿，可以废弃部分尾矿；细粒贫矿或放射性拣选的贫中矿，经破碎后可用浮选法富集；对于具有磁性的铀矿物，可用磁选进行富集。

（2）对原矿分组，分别进行水冶加工。某些铀矿石含有碳酸盐、硫化物等多种组分，如直接进行酸浸或碱浸，试剂消耗高，且铀的浸出率低。先用浮选将原矿分组，然后分别进行水冶加工，可以大幅度降低试剂消耗，提高铀浸出率。

（3）综合回收有用组分。综合回收金铀共生的石英卵石砾岩矿石中的铀、金和黄铁矿，回收顺序为：先金后铀，或先铀后金，最后浮选黄铁矿；也可以先浮选黄铁矿，然后从浮选后的精矿、尾矿中分别提铀提金。

铀矿石的常规加工工艺一般是直接从矿石中浸出铀。铀矿石的浸出有酸浸和碱浸两种。酸浸适合于耗酸矿物较少的硅酸盐矿；碱浸宜用于含碳酸盐矿物较多的铀矿石。为了强化浸出过程，在碱浸工艺中常采用热压浸出法；当铀矿石或选矿产品中硫化矿含量较高时，常用加压水浸法提取铀；浓酸熟化浸出也是强化浸出方法之一。堆浸适于处理渗透性能良好的低品位铀矿石或废矿堆和距水冶厂相当远的小矿体。地浸采铀是在天然埋藏条件下，通过浸出液（根据矿石性质，可以是酸法或碱法）与矿物的化学反应，选择性地溶解矿石中的铀。松散的砂岩型铀矿床才有可能采用地浸法开采。

25.1　铀矿资源简况

铀是自然界存在的天然放射性元素，1789 年被克拉普洛特（M. H. Klaproth）发现，当时恰好发现了天王星（Uranus），因此就以“天王星”命名为 Uranium。我国按英文名的第一个字母“U”的音，称它为“铀”。

经过大量调查研究，人们发现铀在自然界的分布相当广泛，地壳和海水中有大量的铀，甚至宇宙空间也有少量铀存在。

地球由地壳、地幔和地核三部分构成。地壳的厚度极不均匀，最薄的海洋地壳厚度仅 5km，最厚的大陆地壳（我国的青藏高原）厚度超过 65km，地壳主要由硅和铝组成。地幔在地壳以下直到 2900km 的深度，成分以硅、镁、铁为主。地核位于地幔下面，其半径约为 3500km，主要成分是铁和镍。

自然界的铀集中分布于地壳中，往下显著减少。据计算，地壳中平均 1g 岩石的铀含量为 $3\times10^{-6}\sim4\times10^{-6}$g，在地壳的第一层(距地表 20km)内含铀近 1.3×10^{14}t。但是，铀在地壳内的分布极为分散，富矿很少。

海水中铀的含量约为 3.3mg/t，因此海水中含铀总量可达 4.5×10^9t。此外，大部分温泉、湖水、河水和某些有机体中也都有少量铀存在。

据分析，宇宙空间落到地球上的陨石中含有少量铀，这表明宇宙空间也有铀存在。

铀自 1789 年发现以来，它只是作为一个化学元素被人们研究，很少应用。1896 年贝克勒尔（H. Bacquerel）发现放射性和 1898 年居里夫妇从铀矿中发现镭以后，作为获得镭的原料，铀矿开采才有一些发展。1938 年，发现并确定了铀核裂变现象，使人们认识到可以通过人为的方法，促使铀核发生裂变，释放出巨大的能量。理论上，1kg 的 ^{235}U 全部裂变反应后所释放出的能量相当于 2500t 无烟煤完全燃烧所释放出的能量。从此，人们可以开发和利用一种新的能源——原子核能，人类社会进入了原子能时代。

25.1.1 铀矿资源分布

25.1.1.1 世界铀资源[1]

在全球二氧化碳减排及能源安全压力下，各国都在努力发展化石能源的低排放替代品，主要包括可再生能源和核能。可再生能源发展前景良好，可望大规模替代化石能源，不过目前技术不完全成熟且成本较高，预计这种大规模替代至少要在 2030 年之后。相比之下，核电经过半个多世纪的发展，技术已经成熟，其发电成本也已降至火电水平。由于核能的能源密度高，核电机组一般在百万千瓦以上，因此核电是未来 20 年内大规模替代火电的重要选择。近几年，随着技术先进的第 3 代核电站的建造，核电呈现出蓬勃发展之势，对铀矿的需求也随之大增，各国围绕铀矿资源的竞争日趋激烈。根据国际原子能机构的统计，全球铀矿资源总量约为 1.238×10^7t（以可回采矿石中铀的回收量计算），其中已查明资源量约 5.47×10^6t，待查明资源量约 7.91×10^6t。此外，开采难度大、经济价值较低或不具经济价值的非常规铀矿资源量可能高达近 3×10^7t。澳大利亚、哈萨克斯坦、俄罗斯、美国、加拿大等是铀矿资源丰富的国家，也是主要的铀矿生产国和供应国。

25.1.1.2 已查明铀矿资源

按照成本范围划分，全球已查明的铀矿资源量分别为：铀加工成本小于 40 美元/千克为 2.97×10^6t，铀加工成本小于 80 美元/千克为 4.46×10^6t，铀加工成本小于 130 美元/千克为 5.47×10^6t。从大的区域来看，亚洲和大洋洲的铀矿资源最为丰富，其次为北美洲和非洲。澳大利亚的已查明铀矿资源量为世界之最，铀加工成本小于 130 美元/千克的铀矿资源量高达 1.24×10^6t，占世界的 23%。其余铀矿资源丰富的国家还有哈萨克斯坦、俄罗斯、南非、加拿大、美国、巴西、纳米比亚、尼日尔、乌克兰等。上述 10 国之和占全球比重接近 90%。我国铀加工成本低于 130 美元/千克的铀矿资源量只有 6.8×10^4t，占全球比重只有 1.2%，属于铀矿资源贫乏国家。全球铀矿资源分布极为不均，主要是由地壳演化和结构的不均匀性，以及勘查程度差异所造成的，全球已查明铀矿资源最多的 15 个国家见表 25-1[2,3]。

25.1.1.3 待查明铀矿资源

待查明铀矿资源代表未来找矿潜力，包括预测资源和推测资源。据国际原子能机构统计，两者合计共约 7.91×10^6t（按 75% 回收率进行计算）。美国、蒙古、南非、俄罗斯、加拿大、巴西、哈萨克斯坦等 7 个国家合计达 6.5×10^6t，占全球的 82%。美国待查明铀矿资源为 1.96×10^6t，蒙古排第二，为 1.04×10^6t，找矿潜力仅次于美国。国际原子能机构统计数据主要代表了世界铀矿资源的宏观现状和概貌，可以肯定的是，全球还有很大找矿潜力。

表 25-1　全球已查明铀矿资源最多的 15 个国家 （t）

国家	铀成本范围		
	<40 美元/千克	<80 美元/千克	<130 美元/千克
全球总计	2970000	4456400	5468800
澳大利亚	1196000	1216000	1243000
哈萨克斯坦	517300	751600	817300
俄罗斯	83600	495400	545600
南非	234700	343200	435100

续表 25-1

国　家	铀成本范围		
	<40 美元/千克	<80 美元/千克	<130 美元/千克
加拿大	352400	423200	423200
美　国	NA①	99000	339000
巴　西	139600	231000	278400
纳米比亚	116400	230300	275000
尼日尔	34200	75200	274000
乌克兰	34100	184100	199500
约　旦	111800	111800	111800
乌兹别克斯坦	86200	86200	111000
印　度	NA①	NA①	72900
中　国	39300	61900	67900
蒙　古	16300	62000	62000

① NA 表示没有准确的数据。

25.1.2　核电发展现状

据世界核协会统计，2009 年全球在役核反应堆共有 436 座，分布于 31 个国家和地区，装机容量 3.73×10^5MW，2009 年度的发电量为 2.6×10^9MW·h，约占全球总发电量的 15%。在建核反应堆 49 座，总装机容量为 4.436×10^4MW，规划核反应堆 136 座，总装机容量为 1.5×10^5MW，拟建核反应堆 277 座，总装机容量为 2.9×10^5MW。美国、法国、日本是世界三大核电强国，合计发电量、在役核反应堆数及装机容量在全球的比重都超过 50%。我国至今已有 11 台机组投入商业运行，装机容量 9.068×10^3MW，发电量比重仅为 2%，不过，全国在建、规划和拟建的核电容量达 1.24×10^5MW，相当于全球的 1/4，高居世界第一位[4]。

25.1.3　铀矿生产[5]

全球铀市场的一次供应源是铀矿生产。目前，全球的铀矿生产主要集中在 12 个国家，2013 年世界天然铀总产量为 59637t，比 2012 年（58394t）增长 2%。三大产铀国，即哈萨克斯坦、加拿大和澳大利亚的产量之和占世界总产量的 64%。2009 年，哈萨克斯坦超越加拿大，成为全球最大的天然铀生产国。该国 2013 年铀产量为 22574t，比 2012 年增长 5.9%，约占全球总产量的 38%，超过了第二、三、四大产铀国（加拿大、澳大利亚、尼日尔）的产量之和。加拿大 2013 年铀产量为 9332t，居世界第二位，约占全球总产量的 16%，比 2012 年增长 3.7%。澳大利亚 2013 年铀产量为 6350t，居世界第三位，约占全球总产量的 11%，比 2012 年减少约 9.2%。世界各国天然铀产量见表 25-2。

表 25-2　世界各国天然铀产量　(t)

国　家	2006 年	2007 年	2008 年	2009 年	2010 年	2011 年	2012 年	2013 年
哈萨克斯坦	5279	6637	8521	14020	17803	19451	21317	22574
加拿大	9862	9476	9000	10173	9783	9145	8999	9332
澳大利亚	7593	8611	8430	7982	5900	5983	6991	6350
尼日尔（估计）	3434	3153	3032	3243	4198	4351	4667	4528
纳米比亚	3067	2879	4366	4626	4496	3258	4495	4315
俄罗斯	3262	3413	3521	3564	3562	2993	2872	3135
乌兹别克斯坦（估计）	2260	2320	2338	2429	2400	2500	2400	2400
美　国	1672	1654	1430	1453	1660	1537	1596	1835
中国（估计）	750	712	769	750	827	885	1500	1450

续表 25-2

国　家	2006 年	2007 年	2008 年	2009 年	2010 年	2011 年	2012 年	2013 年
马拉维				104	670	846	1101	1132
乌克兰	800	846	800	840	850	890	960	1075
南　非	534	539	655	563	583	582	465	540
印度（估计）	177	270	271	290	400	400	385	400
捷　克	359	306	263	258	254	229	228	225
巴　西	190	299	330	345	148	265	231	198
罗马尼亚（估计）	90	77	77	75	77	77	90	80
巴基斯坦（估计）	45	45	45	50	45	45	45	41
德　国	65	41	0	0	8	51	50	27
法　国	5	4	5	8	7	6	3	0
全球总计	39444	41282	43764	50772	53671	53493	58394	59637
占全球反应堆总需求量的比例	63%	64%	68%	78%	78%	85%	86%	92%

25.1.4　全球铀矿需求预测

世界各国核电发展是由政府主导，而非市场主导，因此，无法建立基于市场供求的数学模型。对全球 2030 年前核电装机容量的预测值是根据世界核协会公布的各国建设计划并结合我国核电建设规模占全球比重做出的趋势分析结果，以近线性增长为假设条件[6,7]。根据以上方法，2030 年，全球核电装机规模在低方案、中方案和高方案 3 种情景下，将分别达到 8.6×10^5MW、1.14×10^6MW 和 1.38×10^6MW（见表 25-3），占电力装机总容量的比重在 10% ~15%，可能达到或超过 1990 年 12% 的历史最高值。对铀矿的需求分析，是基于以上预测结果及下列技术条件[8]：新投入运营的核反应堆首次装料需要铀 0.339t/MW，以后每年换料需要铀 0.157t/MW；燃料组件提前 1 年生产，铀转化、分离提前两年进行，天然铀提前 3 年生产，即某年度的需求量依据当年在役容量以及 3 年后新增投运容量来计算。

根据上述计算方法，得出全球 2030 年铀累计量，高方案 3.25×10^6t（见表 25-3）。全球现有已查明铀矿资源量为 5.47×10^6t，足以满足 2030 年前的需求。如果以在役核电还可以服役 30 年，2030 年前新投入运营的核电服役 60 年计算，则全部核电（2030 年之后投入运营的不计算在内）全寿期对铀的累计需求量分别为：低方案 6.39×10^6t，中方案 9.09×10^6t，高方案 1.139×10^7t。全球常规铀矿资源总量为 1.238×10^7t，能够满足未来几十年的需求。另外，全球还有非常规铀矿资源近 3×10^7t，因未开展地质工作或地质工作程度低而未知的潜在铀矿资源量也很庞大，这些铀矿资源都为核电发展提供了燃料保障。

表 25-3　全球 2030 年前核电装机容量及铀矿需求预测

预测年份	低方案			中方案			高方案		
	当年投运机组/MW	当年铀需求/t	累计铀需求/t	当年投运机组/MW	累计铀需求/t	当年铀需求/t	当年投运机组/MW	当年铀需求/t	累计铀需求/t
2010	382533	68079	68079	72834	72834	382533	382533	76902	76902
2015	500843	86654	464199	525754	102418	570968	630968	115906	578422
2020	619153	105228	953191	1126597	132002	759403	879403	154910	1274965
2025	737463	123803	1535058	1875360	161586	947838	1127838	193914	2166528
2030	855781	142379	2209798	2772045	191171	1136273	1376273	232919	3253113

25.1.5　我国铀矿需求预测[9,10]

目前，我国在役核电机组为 9.068×10^3MW，在建机组为 1.644×10^4MW，规划机组加上 2030 年前拟建机组超过 1×10^5MW，全部合计超过 1.3×10^5MW。关于我国核电未来装机容量有多种预测，从近几年看，有不断提高的趋势。2015 年前的核电发展，可以根据已开工或近期将开工的建设情况加以较为准确的预测。2016 ~ 2030 年的核电发展，可根据国家正在拟议的核电规划、与内部人士交流，以及我国能源和电力发展态势加以推测。将 2030 年投入运营的核电机组预测结果，分为低、中、高 3 个方案，分别为 1.3×10^5MW、2×10^5MW、2.6×10^5MW，占全国电力装机容量的比重将达到 5% ~ 10% 的水平。虽然仍然低于当时的世界水平以及美国当前的水平，但明显高于我国目前 1% 的水平，届时，我国将有可能成为世界核电第一大国。按照 3 种方案，对我国 2010 ~ 2030 年期间铀矿累计需求量的预测结果如下：低方案 28.4×10^6t，中方案 40.7×10^6t，高方案 51.8×10^6t（见表 25-4）。根据国际原子能机构数据，我国已查明铀矿资源量为 6.8×10^6t，待查明铀矿资源量为 0.6×10^6t，合计 7.4×10^6t。2030 年前，我国铀矿累计需求量分别约相当于我国资源量的 3.9 倍、5.5 倍及 7 倍，缺口分别高达 21×10^6t、33.4×10^6t、44.4×10^6t。2030 年前投入运营的核电机组全寿期对铀矿累计需求量，分别高达 123×10^6t、190×10^6t、248×10^6t，相当于我国资源量的 16.7 倍、25.8 倍及 33.6 倍。有关人士指出，国际原子能机构公布的我国铀矿资源量数据明显偏低，我国铀矿资源潜力可能达 177×10^6t。不过，即使照此计算，也仅能满足低方案 2030 年前投运核电机组全寿期对铀矿资源的累计需求。

表 25-4 我国 2030 年前核电装机容量及铀矿需求预测

预测年份	低方案			中方案			高方案		
	当年投运机组/MW	当年铀需求/t	累计铀需求/t	当年投运机组/MW	累计铀需求/t	当年铀需求/t	当年投运机组/MW	当年铀需求/t	累计铀需求/t
2010	10148	4075	4075	4075	4075	10148	10148	4075	4075
2015	61948	10272	42104	48206	12306	61948	61948	14340	54308
2020	70003	13204	101721	130089	19090	100003	130003	24817	157440
2025	100003	17734	180974	249092	26940	150003	195003	35022	312143
2030	130003	22444	283776	407344	34790	200003	260003	45227	517870

根据国内外有关资料，铀矿山建设约需要 10 年周期，也就是说，即使几年之内我国国内铀矿勘查有新的重大发现，也难以在 2020 年前大规模供应市场，而 2016 ~ 2018 年期间铀矿累计需求量就将超过我国现有资源量。即使考虑到找矿潜力较大，面对急剧攀升的需求，我国仍将很快出现铀矿供应严重短缺的现象，铀矿对外依存度将迅速上升，导致我国能源供需格局的重大变化。从 20 世纪 90 年代开始，世界的铀产量始终低于需求量，但全球并没有出现铀的供需失衡，这是由于美国、俄罗斯、日本等国家在多年前就已经建立起充足铀矿资源储备，为稳定本国甚至其他国家的铀供给发挥了重要作用。由于我国的核电起步晚、规模小，目前也没有出现铀矿资源供不应求的局面，因此尚未建立起铀矿资源储备[11]。

25.1.6 铀市场价格动态

2002 年初，铀的价格开始回升，最终升到自 20 世纪 80 年代末以来从未达到的水平，之后在 2005 ~ 2006 年价格更快上涨，2007 ~ 2008 年现货价格达到顶峰，然后价格快速下跌，2011 年略有回弹，而 2012 年价格再次下跌。与此相比，欧盟和美国长期价格指数继续上升至 2011 年，直至 2012 年价格平稳。根据购买性质（长期合同和现货市场）得到的信息表明，2012 年购买的铀价格在 116 美元/千克和 133 美元/千克（U_3O_8 价格在 45 美元/磅和 52 美元/磅）。

现货市场价格在 2007 年 6 月 U_3O_8 达到 136 美元/磅（铀为 354 美元/千克）的最高点，之后在 2010 年 2 月 U_3O_8 跌至 40.5 美元/磅（铀为 105 美元/千克），在 2011 年 1 月底 U_3O_8 又回升到 72.25 美元/磅（铀为 188 美元/千克），福岛核事故后在 2013 年年底跌至 U_3O_8 34.50 美元/磅（铀为 90 美元/千克）。

25.2 铀的选矿技术进展

铀的矿物种类较多，约有 100 多种，但较常见的只有十余种，包括氧化物（晶质铀矿、沥青铀矿、深黄铀矿、钛铀矿、铀钛磁铁矿）、硅酸盐（水硅铀矿、硅钙铀矿、铀钍矿）、磷酸盐（钙铀云母、铜铀云母)、钒酸盐（钾钒铀矿、钒钙铀矿）等。

铀矿石的选矿可分为物理选矿和化学选矿两个方面，通过物理选矿提高铀矿石的品位，可以较大幅度地降低铀矿石的加工成本，因此世界各国的选矿工作者对铀矿物理选矿开展了大量的研究，主要集中在浮选、重选、磁选、放射性选矿等方面。但是由于铀矿物常呈细粒浸染状态存在，有的铀矿以类质同象或吸附状态赋存，这些铀矿床的矿石不宜用常规的物理方法富集，因此往往直接浸出铀。常用的方法包括搅拌浸出、堆浸、生物浸出、地浸等。

25. 2. 1　铀矿石物理选矿

我国自 20 世纪 60 年代以来对铀矿石的选矿进行了较多的研究，主要集中在重选、浮选、磁选、放选等方面。由于受当时国家政策及技术制约，普通选矿在铀矿实际生产中应用较少。近年来随着品位低、伴生金属多的边际经济、次边际经济以及内蕴经济型的铀资源逐渐成为开发利用的主体，对铀矿石的普通选矿受到重视。

物理选矿在铀矿石选矿中主要可以达到以下目的：

（1）提高需要加工的铀矿石的品位，减少需要加工的铀矿石量，降低铀矿石加工成本。20 世纪 80 年代，美国曾做过研究，原矿 U_3O_8 品位从 0. 1% 提高到 0. 2%，每磅 U_3O_8 的直接加工费可以节约近 50%。因此通过物理选矿首先将铀矿石中的铀富集，减少后续水冶处理量，可以降低生产成本。

（2）减少消耗浸出剂（酸或碱）的脉石矿物，降低浸出剂的消耗。对于碳酸盐含量高的铀矿石，采用酸法浸出酸耗高，碱法浸出浸出率低，采用选矿手段将原矿分成高碳酸盐铀矿石和低碳酸盐铀矿石两组，分别用碱法和酸法浸出，可以降低生产成本。此外通过选矿手段去除浸出和萃取过程中的有害杂质也具有积极意义。

（3）回收铀矿石中的伴生金属，或者回收其他金属矿中的铀金属，提高铀矿床的综合价值，拓展铀资源储量。据初步统计，在已发现的铀资源中，约 39% 的铀矿床伴生、共生其他元素，可综合利用的元素包括钒、镍、砷、铜、铅、锌、钼、铼、铌、锆、锑、汞、金、银、硒、钪和钍等。而其他一些金属矿如稀有金属、有色金属和黑色金属矿也含有相当数量的铀。目前，随着核能工业的发展，对铀的需求日益增加，综合利用含铀资源一方面可降低铀矿加工成本，另一方面通过回收副产品铀，拓展铀的资源量。

25. 2. 1. 1　*普通物理选矿*

赵满常等人对陕西陈家庄铀矿床进行了重选试验研究，陈家庄铀矿石中主要铀矿物是晶质铀矿，次生铀矿物不发育，局部可见少量硅钙铀矿。晶质铀矿与黄铁矿、锆石、独居石等紧密共生。晶质铀矿结晶粒度相对较粗，密度大，与其他脉石矿物存在较大的密度差。原矿铀品位 0. 066%，采用分级重选的方法可获得产率 5%、品位 1% 左右的铀精矿，铀的回收率在 75% 以上，并且可以抛弃 95% 的尾矿[12]。

张涛、李艳军等人对凤城含铀硼铁矿进行了分选研究，矿石中主要的有价元素为硼和铁，品位分别为 6. 75% 和 31. 74%。该硼铁矿中铀品位较低，仅为 0. 0057%。铀为细颗粒的晶质铀矿，而且储量较大，不回收既浪费资源，也污染环境。矿石中磁铁矿含量高，具有强磁选，可通过磁选回收。采用磁选—重选—分级的联合工艺流程，先用弱磁选回收磁铁矿，可获得品位为 61%、回收率为 82% 的铁精矿；再从弱磁选尾矿中利用重选回收晶质铀矿，可获得含铀品位为 0. 2% 左右的铀精矿；最后用分级的方法从重选尾矿中回收硼铁矿，可获得品位为 13%、回收率为 60% 的硼精矿[13,14]。

赛马矿床含有铀、钍、稀土、铌、锆等多种有用元素，铀，钍、铌和稀土元素的含量均达到了工业品位。该矿铀品位低，含铀 0. 05% 左右，但储量较大。矿石中主要铀钍矿物是绿层硅铈钛矿，将赛马矿石进行选择性湿式强磁选可废弃 27% 的含铀 0. 0074% 的尾矿，精矿铀品位可由 0. 046% 富集到 0. 068%，回收率为 96. 1%[15]。

胡长柏等人对某铀-磷灰石-绿泥石型铀矿进行了浮选分组研究，矿石中铀矿物主要以沥青铀矿形式在矿石中存在，多呈浸染状（0. 005 ~ 0. 01mm）均匀分布在矿石中，少量为微网脉状及显微细脉状。原矿直接酸浸，酸耗高达 25%。如采用加压碱浸，铀的浸出率偏低，只有 75. 12%。采用浮选方法将磷酸盐浮选出来后采用酸法浸出，浮选尾矿采用加压浸出。浸出时总的铀浸出率为 90. 5%，且试剂消耗也大幅度降低，效果较好[16]。

某矿床位于太古代变质岩及斑状花岗岩中，其特点是品位低、成分复杂。主要有用矿物为铌钛铀矿，可综合利用的为磁铁矿和方铅矿等。铀铌元素主要赋存在铌钛铀矿中，含铀铌矿物还有褐帘石、蒙脱石、榍石、褐铁矿等。矿体中铌钛铀矿含量变化较大，且分布不均匀。铀铌共生，比值基本上为1∶1.3。该矿中的铅矿体主要由石英、方解石、重晶石等含矿岩脉组成。原矿中铀的品位为0.016%，铅的品位为0.73%。黄美媛采用以跳汰为主的重选工艺抛尾，含铀、铌、铅、硫粗精矿采用磁选—浮选的工艺分离，综合回收了铅、铁、硫精矿。其中铅精矿产率为0.92%，品位为63.14%，回收率为73.35%。铀铌精矿产率为7.28%，铀品位为0.184%，回收率为83.11%[17]。

某碳硅泥岩型多金属铀矿，矿石中除铀外，伴生的钼、镍、锌也具有综合回收价值，且主要以硫化物形态存在。矿石中的主要脉石矿物为碳酸盐矿物，另外还有黄铁矿、硅酸盐矿及炭质有机物等。由于矿石中碳酸盐矿物较多，在酸法浸出时酸耗高达60%以上。而碱法浸出时，由于矿石中硫化物和有机物的影响，导致碱耗也高，且给浸出液的后处理工艺带来不利影响。刘志超、李广等人在浸出前对该矿石先进行浮选，选出有机物和硫化物采用常规酸浸和加压氧化两段浸出。浮选精矿酸用量为22%，铀、钼、镍、锌的浸出率可分别达到98%、88%、98%、98%。含碳酸盐尾矿用碱法浸出，$NaCO_3$用量为尾矿质量的6%，铀、钼的浸出率可分别达到85%、80%以上。以上结果可以看出，经选矿后尾矿碱法浸出时浸出剂及氧化剂消耗减少，精矿酸浸时酸耗大幅减少，且综合回收了伴生钼、镍、锌金属[18]。

南非Palabora含铀矿石中含有铜、锆、铀等金属，U_3O_8品位为0.0037%，单独作为铀矿开采不经济。经过研究，选择从含U_3O_8质量分数为0.004%的选铜尾矿中回收铀。矿石经浮选、磁选、重选后，精矿中U_3O_8品位达到3%[19]。

印度Jaduguada铀矿石中伴生铜、镍、钼等金属，伴生金属大多以硫化物的形式存在，通过浮选综合回收。将矿石细磨，使用戊黄药或戊黄药和194号起泡剂的混合物捕收硫化物，可回收95%的铜、75%的镍和74%的钼。印度铀业公司的Jaduguada副产品回收厂（BRP）通过差动浮选从铜镍钼浮选混合精矿中回收了辉钼矿。含钼质量分数7%的浮选混合精矿在现场经浮选柱一次选别，可以得到含钼44%、回收率95%以上的钼精矿[20,21]。

25.2.1.2　*放射性选矿*

放射性分选是粗粒级铀矿石选矿的一种方法。一般矿石的粒度上限为250～300mm，下限为20～30mm。随着技术的发展，仪器灵敏度的提高，分选质量不断提高，处理矿石的粒度下限可以降至10mm，甚至更小。在矿石可选性确定的前提下，入选的粗粒产率愈大，能拣选出来的废石愈多，经济效益就愈明显。不过，矿石粒度下限并不是愈小愈好，因为矿块粒度小，则需要探测器的灵敏度高，且矿块小，分选机的处理量也低，使成本提高。放射性分选一般用于中、低品位的铀矿石[22]。

放射性分选的优点可以归纳为以下几点：

（1）丢弃了部分废石，矿石品位得以提高，使下一工序的处理费用降低。

（2）降低了采出矿石的品位，使部分表外矿石可以入选，等于扩大了矿石资源，延长了矿山寿命。

（3）使采矿边界品位下降，不必采用成本较高的开采方法，从而提高了采矿效率。

（4）对新建的铀水冶厂，由于破碎、磨矿量的减少，可以降低建厂的基建投资；对已建的水冶厂，采用分选作业后，可扩大现有厂房的生产能力[23]。

铀矿石是否需要放射性分选及分选指标的好坏，主要取决于铀在矿石中的分布均匀程度。而分布的均匀程度与铀矿床的类型有关。热液型脉状铀矿床的矿石一般铀矿化不均匀，易进行放射性分选，而海相沉积型铀矿床的铀矿化较均匀，属难选或者不能进行放射性分选。例如，美国大多数铀矿为砂岩型，矿化比较均匀，而且矿石易碎，不易放射性分选，因此美国对放射性选矿研究不多；加拿大、澳大利亚和俄罗斯热液型铀矿床占较大比例，矿化不均匀，因此比较重视放射性分选。

我国从20世纪60年代起，先后研制出5～6种型号的放射性分选机。其中1993年研制出的5421-Ⅱ型放射性分选机，是吸收了我国已研制出的选机及国外M17型选机的特点的新型选机。该选机系列有二槽道及四槽道分选机，其分选特性见表25-5。

表 25-5　5421-Ⅱ型放射性分选机的特征

矿石粒度/mm	槽道数量/个	探测器	处理量/t·h^{-1}	每克铀静态探测率/脉冲·秒$^{-1}$	选矿效率/%
150～65	2	每槽 2 个 ϕ75×75NaI（Tl）	30	4600～7700	>90
60～25	4	每槽 8 个 ϕ75×75NaI（Tl）	14	4600～7700	>83

该选机有如下特点：(1) 采用多级给料及给料自动控制技术，在较大的处理量时，也有较好的给矿均匀性；(2) 采用多探头接力式 C 射线探测，提高了选机的灵敏度和处理量；(3) 采用固体摄像机，提高了测量精度和部件使用寿命；(4) 采用数理统计回归方程等计算技术，测量铀品位的精度较高；(5) 采用灵敏度高、寿命长、低能耗和低噪声的电磁阀组；(6) 微机有多种自动检测、显示、报警及报表功能[24]。5421-Ⅱ型放选机成功应用于抚州铀矿石的分选，具体选矿工艺指标见表 25-6。

表 25-6　5421-Ⅱ型放选机选矿工艺指标

入选矿石粒级/mm	入选矿石铀品位/%	精　矿			尾　矿			处理量/t·h^{-1}	分选效率/%
		产率/%	铀品位/%	回收率/%	产率/%	铀品位/%	产率/%		
150～60	0.075	34.74	0.195	91.07	65.26	0.010	8.93	29.7	88.51
60～25	0.105	21.66	0.459	94.72	78.34	0.007	5.08	13.8	89.84

俄罗斯铀的储量很大，其中艾里康铀矿山的铀储量占首位，该矿山位于雅库茨克及东西伯利亚和远东地区，在苏联时期就已知有 15 个铀矿带，铀储量约 35 万吨，平均品位为 0.147%。现估计铀储量有 65 万吨，占世界总储量的 7%，占俄罗斯铀储量的 93%，可称世界大铀矿之一。矿山有几个大矿区，年产矿石共约 450 万吨，设计铀水冶厂规模为年产 5000t 铀。该矿山地质构造复杂，属脉状铀矿床，很多矿区铀矿品位都较低，且埋藏很深，在勘探开采过程，就对几个矿区的矿石做了放射分选试验，如 Приморский 矿床（储量 7600t）的矿石，属易选矿石。原矿品位为 0.265%，表外矿品位为 0.043%，经放射分选后，可废弃入选矿石的 70%，其中铀品位为 0.004%～0.016%（而水冶渣的品位为 0.012%～0.021%）。为了确定此矿区矿石放射分选的可行性，从 1999 年起，前后共 5 年时间，在全俄化工科学研究院用放射分选机组 PCM-10（其放射分选机为 УАС-50 型），对矿区不同矿点、不同可选性的矿石做了放射分选试验[25～27]。

根据所得结果，在 2007～2008 年，在矿山又做了 3 次半工业试验及几次实验室验证试验后，于 2008 年建立了铀矿选矿厂。

选矿厂采用俄罗斯在 20 世纪末研制成功的 УАС-50 型放射分选机，该型号放射性分选机的分选效率较高。以往其他型号的放射分选机的分选效率仅为 60%～70%，而 УАС-50 型分选机的分选效率可达 80%～90%，即它可以废弃较多品位低、产率高的尾矿，得到品位较高、回收率也较高的精矿。该选机的造价较低，所用的辅助配套设备也较少，故总的建厂投资费用较低，从而使铀水冶厂的成本降低。

采出的原矿（含金和银的铀矿石）首先经放射性检查站分选，所得废石就地废弃或做充填料。合格品位的矿石经破碎筛分后，-250+25mm 的矿石，铀品位为 0.124%，送放射性分选厂。所得精矿与筛下产品（-25mm）合并，得到品位为 0.184% 的成品矿，经破碎、磨矿后进入浮选作业。放射性分选尾矿产率为 36.6%，其中铀质量分数为 0.02%。铀的损失率为 4.7%。艾利康放射性选矿工艺指标见表 25-7[28]。

表 25-7　艾利康放射性选矿工艺指标

产品名称	产率/%	铀品位/%	回收率/%
分选精矿及 -25mm 矿石	63.4	0.184	94.10
尾　矿	36.6	0.020	5.90
原　矿	100.0	0.124	100.0

25.2.2　铀矿石化学选矿

随着科学技术的发展，各种矿物的化学选矿方法的应用范围日益扩大。对于铀矿来说，化学选矿（浸出）应用得很普遍，它是铀的主要提取方法。铀矿石大致可分为硅酸盐型、碳酸盐型和可燃有机物（含铀煤）型。硅酸盐型及碳酸盐含量少的铀矿石用酸法进行铀的浸出。碳酸盐型矿石用碱法浸出。可燃有机物型则预先焙烧后，再用酸浸或碱浸法回收灰渣中的铀。浸出的方法很多，常规的浸出方法有：矿石破磨—搅拌浸出—固液分离—浓酸纯化的工艺进行铀的提取加工。20 世纪中期，我国及其他国家都主要用这种常规的浸出方法，但是这种方法工艺流程比较复杂，回收率较低，成本较高。从 20 世纪 60 ~ 70 年代后，各国都开始用成本低的堆浸和地浸法提取铀。堆浸提铀在我国及一些国家已经用于生产，并取得较明显的经济效果。堆浸包括井下爆破堆浸、拌酸熟化堆浸、细菌氧化堆浸等。这对于我国较大量的低品位硬岩（花岗岩、火山岩等）比较适合。近年来，地浸技术得到了很大发展。地浸采铀是在天然埋藏条件下，通过浸出液（根据矿石性质，可以是酸法或碱法）与矿物的化学反应，选择性地溶解矿石中的铀。地浸法不需要把矿石采出，不需要运输、选矿、破碎，使采冶一体化。对于砂岩型矿床，就地浸出是最经济的提取铀的方法。

25.2.2.1　*铀矿石常规搅拌浸出工艺*

铀在矿石中的细分散特征，使得需要把铀矿石适当磨细，达到矿石中的铀矿物能暴露或者单体解离的粒度。对于细粒度的矿石，为了防止矿粒下沉，保证矿石（固体）和浸出剂（溶液）之间充分、均匀地接触，减少液膜扩散层厚度，加快浸出速率，需要采用搅拌浸出方法。这种方法因为设备简单和操作方便而经常采用，所以又称为常规浸出。

搅拌浸出一般在常压下进行，在常压条件下，空气中氧的分压仅为 20kPa，因此采用搅拌浸出时需要外加氧化剂，以满足浸出铀的需要。对于大多数铀矿，采用搅拌浸出的方法可以得到 85% 以上的浸出率。

为了提高铀矿酸法浸出的浸出率，胡凯光等人根据实际工作经验选取了包括酸耗、时间、温度等 4 个指标作为影响浸出率建模变量。运用回归分析理论和方法，建立了浸出率与主要影响因素间相互关系的经验公式——线性回归方程，探讨了酸法浸出浸出率与主要影响因素酸耗、时间、温度间的相互关系。并对其在酸法浸出过程中影响浸出率相关因素进行了分析，结果表明：多元线性回归分析方法简单、误差较小、简便可靠，能如实地反映酸法浸出情况，进而为处理铀矿石选择适宜的酸度和浸出时间提供了依据[29]。

李建华等人分析江西某矿床铀矿石的组成和铀矿物形式，并通过试验研究确定处理该铀矿石的工艺流程和工艺参数。该铀矿石伴生脉石矿物方解石和白云石，在酸浸条件下这些脉石矿物基本上等当量参与化学反应，耗酸量达 37%，产生 CO_2，且在酸法搅拌浸出时产生大量泡沫，说明该铀矿石不适宜采用酸法浸出工艺。而部分铀矿物被脉石矿物包裹，必须通过破磨等机械手段使矿石中的铀矿物充分暴露，进而与浸出剂接触，参与化学反应，才能达到浸出的目的。常压碱法搅拌浸出，影响搅拌浸出结果的各因素最优水平为：矿石粒度小于 0.15mm（100 目），碳酸钠和碳酸氢钠加入量为矿石质量的 8%，碳酸钠和碳酸氢钠质量比 7∶3，空气氧化，液固体积质量比 1.0L/kg，浸出温度 80℃，搅拌时间 18h[30]。

程威等人对比了二氧化锰、二氧化锰加硫酸亚铁以及硫酸铁 3 种氧化剂处理某铀精矿的酸法搅拌浸出结果。结果表明，采用硫酸铁作氧化剂后酸耗明显减少、浸出所需温度低、浸出速率快、浸出液中磷和锰含量少。试验用铀精矿品位较高，粒度满足浸出需要。其中铀主要以四价铀形式存在，二价铁占总铁量近 80%，因此浸出时需要外加氧化剂。选择硫酸铁作氧化剂，能够有效降低浸出酸用量，降低浸出所需温度，提高浸出速率，缩短浸出时间，并能抑制矿石中大部分磷的浸出，无需考虑锰对后续工序的影响[31]。

常喜信等人对某难处理铀矿石采用常规酸法搅拌浸出时，酸耗高，浸出液后处理难度大。采用加压酸浸工艺处理该矿石可以得到满意的浸出效果：与常规搅拌浸出相比，酸耗降低，酸耗可降低 30% 左右；浸出液余酸质量浓度仅为 2 ~ 4g/L，无需二次处理即可采用离子交换法回收其中的铀，可有效简化铀的水冶工艺[32]。

李建华等人对某含磷铀矿石难浸原因进行了探讨，某铀矿床为中低温热液铀矿床，主要矿物有石英、长石、绿泥石、方解石、磷灰石等。铀矿物以沥青铀矿为主。由于绿泥石、方解石、磷灰石等高耗酸组分的存在，酸法浸出时，硫酸消耗与矿石质量比高达30%，而且需要2.5%的氧化剂 MnO_2，生产成本高。加压碱浸，温度135℃，0.8MPa，铀浸出率仅74.2%。由于矿石中总铀质量的41.8%存在于磷灰石中，其中至少39%的铀与磷灰石紧密共生，或者以类质同象存在于磷灰石晶格中，而碳酸盐又不能与磷灰石发生作用，所以碱浸时铀浸出率低[33]。

25.2.2.2　铀矿石常规堆浸工艺

在我国目前已探明的铀资源储量中，低品位硬岩铀矿资源占有相当大的比例，这些铀矿资源适合于采用投资和消耗相对较低的堆浸技术进行处理。因此，在过去的几十年中，堆浸提铀技术一直是我国铀矿冶研究的重点。铀矿堆浸工艺由于省去矿石细磨、固液分离等工序和相应设备，从而使得工艺过程简化，尾矿处理方法简单，投资费用及操作费用（试剂消耗、能源消耗等）大幅降低，同时在建设周期、生产成本、工作条件、环境保护等方面均显出优势，因而具有良好的经济效益和环境效益。堆浸法已发展成为世界许多国家铀生产的支撑性技术，采用堆浸工艺生产的铀产量越来越大。经过几代铀矿冶科技工作者的不断努力探索，已经在许多技术领域取得了突破，一大批科研成果已经成功地应用于堆浸提铀工业生产，并且取得了显著的经济效益。目前，堆浸提铀工艺仍然是我国铀矿冶生产的主要工艺。

大布铀矿石堆浸初步设计中，堆浸初期采用较高酸度（50g/L左右）的浸出剂喷淋浸出，然后根据浸出液余酸逐步降低浸出剂酸度。由于堆浸后期采用低酸度淋浸，浸出时间主要消耗在浸出率达到80%以后，致使浸出周期长，渣品位偏高，后处理能耗高。董春明等人采用高酸熟化强化堆浸技术可以明显缩短浸出周期，提高矿石浸出率，加快堆浸池的周转速度，从而提高矿山堆浸处理能力[34]。

康绍辉等人在分析国外某低品位铀矿石的矿石特性的基础上，采用拌酸熟化堆浸工艺回收铀。其工艺参数如下：矿石粒度为－6mm，熟化硫酸用量为1%，复合氧化剂用量为0.5%，熟化时间为40h，浸出时间为6天，硫酸总耗量为1.4%～1.5%。采用拌酸熟化柱浸工艺，通过高浓度硫酸的强化作用，铀的浸出效果得到明显强化。与未熟化处理相比，浸出周期由15天缩短至8天，浸渣铀品位为0.004%，渣计浸出率为80.95%，渣计浸出率提高近10%。拌酸熟化柱浸工艺减少了浸出剂与耗酸脉石接触时间，可较大程度地降低浸出酸耗，与常规柱浸相比，硫酸消耗下降15%。由于柱浸矿石颗粒较大，大幅减弱了浸出剂与脉石矿物的化学反应，与细粒度酸耗试验相比，硫酸消耗下降30%以上[35]。

武翠莲等人根据甘肃某铀矿床矿石特性，在小型试验基础上，对该矿石进行堆浸扩大试验，确定了该铀矿石堆浸适宜的工艺条件。试验结果表明，矿石中铀主要存在于晶质铀矿、沥青铀矿、铀黑中，其中晶质铀矿含量较高，浸出过程中需加入氧化剂。矿石中耗酸矿物有绿泥石、黑云母、黄铁矿，浸出前期酸度为30g/L。酸法堆浸处理该铀矿石，矿石破碎粒度为－10mm、软锰矿用量为3%、酸用量约为4.5%时，渣计浸出率可达90%以上，渣品位在0.01%以下，浸出过程中未发生堵塞现象，矿石渗透性良好。在酸和氧化剂条件下，采取前3天连续喷淋，之后每天喷淋10h，浸出周期可望缩短至25天[36]。

冯春林等人采用搅拌浸出和柱浸两种方式对江西某矿低品位铀矿石进行浸出性能的试验研究。搅拌和柱浸试验结果证明，江西某矿低品位铀矿石以六价铀为主，堆浸过程可不用加氧化剂，其浸出性能良好。该低品位铀矿石氧化性和透水性都较好，适合用堆浸法处理。矿石可以破碎到－5mm粒级，直接筑堆喷淋浸出。该粒度矿石对提高铀浸出率、缩短浸出周期、降低浸出液固体积质量比、提高浸出液铀质量浓度、溶液后处理纯化等都有好处。该低品位铀矿石居中等硬度（$f=8.0$），只要选择合理的破碎工艺和设备就可得到－5mm粒度，但必须防止过细。实际应用中，应根据浸出特性曲线，当矿堆的浸出进入平缓段后，可适当改变浸出方法、条件和参数，如采取串联浸出、淋停交替作业、降低级喷淋量和强度、改变使用酸度、翻堆（必要时）等措施[37,38]。

常喜信等人研究了一种用来处理高碳酸盐含量铀矿石的新强化碱法堆浸提铀技术。筑堆前用少量高浓度的碱溶液与矿石拌和，并于一定温度下进行熟化，然后筑堆，用低浓度碱溶液喷淋。由于改变传统的先筑堆后浸出的做法，从而大大地缩短了浸出周期，使原来不宜堆浸或浸出率低的矿石，变成适宜用堆浸来处理或使浸出率有所提高。用该方法处理某高碳酸盐含量铀矿石，浸出率由约50%提高到90%以上，浸出时间由64天缩短到12天[39]。

丁德馨等人采用氧化钙、氢氧化钠和氨水作为中和剂，对铀矿堆浸酸性尾渣进行中和试验，试验过程中检测了中和体系的 pH 值随时间的变化，并根据检测结果建立了尾渣中和的动力学模型。结果表明，铀矿堆浸酸性尾渣的中和过程，包括尾渣颗粒表面余酸与中和剂的快速反应，及尾渣颗粒内部余酸与中和剂的缓慢扩散-反应两个阶段；中和过程中，中和剂扩散-反应的非线性耦合和反馈作用模型，可很好地反映尾渣中和反应的过程和方式，中和体系的 pH 值呈现出明显的非线性振荡现象；尾渣中和的动力学模型，能很好地拟和中和体系的 pH 值随时间的变化[40]。

吴沅陶等人针对某些铀矿堆浸工艺中，由于矿石的泥化、膨胀和细颗粒迁移等原因，经常出现通道堵塞、渗透率低的问题，提出了添加助渗剂的方案。助渗剂以表面活性剂为主体，目的是提高溶浸剂的渗透性和浸出工艺的效率。经对多种硬岩矿和泥矿的试验，证明其效果明显。由于助渗剂表面活性剂分子在矿石表面的特征吸附，使矿石表（界）面性质发生了改变，因此产生了润滑、渗透等诸多作用。助渗剂的优势和特点是：助渗剂可使渗透速度和浸出效率大幅提高，甚至成倍提高。越是难渗矿石，如细粒较多、黏土含量高的矿石，助渗剂的效用越是明显；对于硬岩矿或砂岩矿，只要求在浸出初期以助渗剂布液，此后即按通常的浸出工艺进行；对于泥矿，在改变助渗剂的添加方式后，同样可筑堆浸出；对于所研究的各类矿石和各类溶浸剂，基本上都可找到相适应的助渗剂。这包括 100% 的泥矿和以 100% 萃余水组成的溶浸剂；助渗剂的用量一般相当于矿石质量 0.02% ~0.2%。对于硬岩矿或砂岩矿而言，用量可控制在 0.1% 之内，即每吨矿石约需助渗剂 10 元。对纯泥矿，现有数据显示，约需 0.2% 的助渗剂，每吨矿石耗费约 20 元，这可能偏高。对此，可考虑通过调整工艺（如降低矿层高度、减少泥矿含水量等），或通过助渗剂的进一步选择加以解决[41]。

布液是堆浸浸出工艺中的重要环节之一。我国目前采用堰塘灌溉式、喷淋器、滴淋式等 3 种布液方式，但都存在一定缺陷。为此，唐泉等人研究开发了全新的雾化布液技术及相应的雾化器，并用铀矿石模拟矿堆，对雾化布液与布液效果相对较好的滴淋布液进行了实验比较。实验结果表明，在相同的实验条件下，雾化布液均匀性好，浸出液平均铀浓度比滴淋布液高 4.1%，65 天时浸出率比滴淋布液高 3.4%。雾化布液因其可提高浸出液金属浓度、缩短浸出时间、降低生产成本而具有推广价值[42]。

曾莹莹等人采用雾化布液新工艺，进行了某铀矿石的小型室内柱浸试验，并对雾化、喷淋、滴淋 3 种布液方式作了对比。结果表明，雾化布液的均匀性好，矿堆无板结现象，矿石浸出性能较好，浸出周期缩短，液固比小，适宜于某铀矿石的处理。雾化布液具有下列优势：瞬时样 $\rho(U)$ 最大，且降低幅度缓慢；平均浸出液 $\rho(U)$ 比滴淋布液高 4.9%、比喷淋布液高 8.3%，有利于后处理，保护环境；酸耗比滴淋布液低 0.22%、比喷淋布液低 0.46%，有利于降低浸出成本，改善作业环境；布液均匀度比滴淋布液高 6.5%、比喷淋布液高 7.77%；浸出率比滴淋布液高 3.80%、比喷淋布液高 5.15%。在相同的浸出时间内，能有效降低矿渣品位，减少环境污染，提高经济效益。由此可见，雾化布液方法能够增加布液均匀度、提高浸出率，从而获得较好的经济效益，并能改善矿山作业环境[43,44]。

铀矿碱法堆浸工业试验在我国尚属首次。李海辉介绍了蓝田铀矿某铀矿床一年多碱法堆浸工业试验的结果。在用高锰酸钾为氧化剂的条件下，经过 150 天，铀浸出率可达到 72%；还详细阐述了吸附尾液闭路循环、减轻树脂中毒等成功经验。由于碱性浸出剂基本不破坏矿石的结构，不会使矿堆泥化，加之采用低浓度浸出剂浸出，不形成 $CaCO_3$ 堵堆，不结垢。小于 5mm 粒度的矿堆浸出前后，喷淋强度始终维持在 $50L/(m^2 \cdot h)$ 左右，几乎没有变化，渗透性良好。该铀矿石为硬岩铀矿，可浸性好；而从矿石的结构构造、共生组合形式及铀矿物嵌布状态看，堆浸处理又较为复杂。总之，在给定适宜的粒度、合理的浸出剂配制，并有氧化剂的条件下，能够实现预想的浸出效果，近 16 个月的运行，共处理矿石 2.8 万吨，浸出率可达 73% 以上。堆浸采用较低浓度的 $NaHCO_3$ 和 Na_2CO_3 作浸出剂，通过吸附尾液返回作浸出剂，除氧化剂需添加外，其他试剂完全可以通过离子交换工艺获取；淋洗所需 Na_2CO_3，可从沉淀母液部分返回中解决。这些措施不仅有利工艺正常运转，而且节约了材料消耗。通过对浸出剂 Na_2CO_3、$NaHCO_3$ 浓度的控制，可以控制好浸出液中有害杂质的含量，从而可以有效地减轻和缓解树脂中毒现象，维持树脂吸附容量和工作状态的基本稳定，使生产可以持续进行。由于目前还不能解决这样一对矛盾：当浸出液中氧化剂 $KMnO_4$ 过量时，破坏离子交换树脂；当浸出液中氧化剂 $KMnO_4$ 不过量时，浸出过程进行的氧化反应不充分，产生连多硫酸盐和高分子有机物逐渐积累，最终导致树脂中毒，所以还不能从根本上避免树脂中毒现象。因此，对于高含硫和有机物含量高的矿石进行碱法堆浸的工艺是复杂的，选择碱法堆浸工艺应慎重[45]。

张洪利等人针对某难处理铀矿石开展了搅拌浸出试验和强化柱浸试验，开发了浸出中前期酸法大流量喷淋—后期高浓度硫酸熟化的强化堆浸工艺。经工业堆浸试验验证，强化堆浸工艺可使硫酸消耗（与矿石质量比）由搅拌浸的25%降至18%～19%，浸渣铀品位降0.012%。这种强化堆浸工艺为某难处理铀矿石的工业生产提供了技术依据[46]。

谭建华等人介绍南方某铀矿低品位铀矿石堆浸工业试验，根据该矿石特性，进行不同酸度浸出剂浸出试验，得出该铀矿石堆浸的经济酸度。试验结果表明，根据铀矿石堆浸特性，浸出剂酸度应为10～30g/L，浸出过程可分为酸化期（初期）、浸出期和浸出后期3个阶段。这3个阶段使用的浸出剂酸度应不同。浸出喷淋初期（14天左右），一般用10g/L左右的酸溶液进行喷淋较好，既可以控制杂质元素的带出量，又能减轻矿堆内部结垢，防止硫酸钙结垢现象的发生，保障铀的顺利浸出，还能缩短矿堆的酸化期，加快矿石的前期浸出速度，缩短浸出周期。浸出期应用20～25g/L的酸溶液，浸出液的酸度控制pH值在1.5～2.0。此阶段，高酸对铀浸出率提高较快，但对杂质浸出影响不大。浸出后期用5～10g/L的酸溶液，这对单堆浸出是较合适的。如果串堆浸出，浸出后期，可适当提高酸度。采用浸出剂酸度控制模式，可缩短浸出周期40天左右，提高浸出率5%，降低酸耗0.5%以上[47]。谭建华等人针对南方某铀矿山在推广运用地表堆浸提铀工艺实践过程中所遇到的生产技术问题，诸如矿堆板结、吸附树脂结块、淋浸液固比高、浸出液铀浓度低、浸出酸耗高等问题，在生产实践中，总结出低酸浸出、选择合适堆浸矿石粒度以及采用串堆淋浸、翻堆、淋停交替作业等技术手段，解决了地表堆浸生产中的实际困难，提高了水冶经济效益[48]。

陈正球等人研究发现铀矿石堆浸初期，浸出速度主要由外扩散速度控制，提高外扩速度，即提高喷淋强度，能加快浸出速度，当浸出率达到80%左右时，喷淋高浓度浸出剂，熟化数天后再洗堆，能缩短浸出周期，降低渣品位[49]。

刘建等人分析了堆浸渣铀品位偏高的影响因素，主要有矿石粒度、堆层高度、铀矿铀品位、浸矿条件等。提出了降低渣品位的主要途径与技术措施，主要包括控制筑堆矿石粒级，保持矿堆良好的渗透性，控制合适的浸出剂浓度和喷淋强度，选择合适的布液方式，浓酸熟化-高铁淋滤堆浸技术，细菌堆浸技术，细菌渗滤技术，造粒堆浸技术，串堆浸出技术，活化助浸技术，调整工艺参数，优化堆浸工艺等措施[50]。

25.2.2.3　*铀矿石细菌堆浸工艺*

微生物浸出技术是建立在化学反应与物理化学作用的基础上，利用某些能溶解矿石中有用成分的浸矿药剂，并借助某些微生物、催化剂、矿石表面活性剂的作用，有选择性地溶解、浸出矿石或矿体中的有用金属成分，使其从固态转化为液态再进行回收，从而达到开采矿石的目的。目前，微生物浸出技术主要分为废石堆浸、矿石堆浸和原地浸出，在铜、金、镍、铀和稀土矿的开采中应用比较广泛。由于几乎所有铀矿藏都属于硫化矿即含有硫化物，铀矿浸出中使用的微生物主要是化能自养型微生物。这类微生物可从无机物的氧化过程中获得能量，并以CO_2为主要碳源、以无机含氮化合物为氮源合成细胞物质，根据铀矿藏的基本特性以及细菌浸铀的实践经验，氧化亚铁硫杆菌、氧化硫硫杆菌和氧化亚铁微螺菌目前被选作主要的浸铀微生物。

铀矿石细菌堆浸工艺是将细菌浸出技术与铀矿石堆浸工艺相融合的一项工艺技术，它除了具有堆浸工艺的特点外，还具有细菌浸出的优越性。依靠细菌的作用，实现对矿石中黄铁矿等硫化矿物及贫铀浸出剂中Fe^{2+}的氧化，利用细菌氧化代谢产物H_2SO_4和Fe^{2+}为铀的浸出提供溶浸剂，通过改善铀浸出动力学、强化浸出过程来弥补酸法堆浸的不足之处，提高铀的浸出率，缩短生产周期，节省硫酸及氧化剂，降低生产成本，减少对环境所造成的不利影响。因而细菌堆浸浸铀技术具有良好的经济效益和环境效益，现已发展成为世界许多国家铀生产的支撑性技术[51～53]。

早在20世纪60年代，核工业北京化工冶金研究院就开展了铀矿石细菌浸出研究。数十年来，针对我国不同类型铀矿，该院进行了不同规模的细菌浸矿试验。迄今，核工业北京化工冶金研究院在菌种的筛选驯化及保存、工艺流程的组合和生物膜氧化装置方面都取得突破性的进展，为我国铀矿石微生物浸出作出了重大的贡献[54]。

袁保华等人以某铀矿石为研究对象，对比了粒度为5.0～0.1mm、10～0.1mm、15～0.1mm的铀矿石在相同条件下的微生物浸铀效果。通过对比总浸出率、总酸耗、泥化与结垢等，确定了理想的微生物浸铀粒度。结果表明，3 种试样均能取得 90% 以上的浸出率，10 ~ 0.1mm 试样经济技术指标最优[55]。

翟东亮在其他条件一致，酸化酸度分别为 10L、20L、30L 的条件下，采用柱浸方式对某铀矿石进行酸预浸-微生物浸铀对比试验，探索低酸耗、少板结、高浸出率的微生物浸铀工艺参数，为工业化堆浸应用提供参考。试验结果表明，3 种酸化条件下，铀的最终浸出率接近，分别为 96.14%、94.88% 和 98.25%，而耗酸率分别为 8.23%、9.24%、9.67%，采用酸度为 10L 的酸液酸化时耗酸率最低[56]。

王有团等人从江西某铀矿酸性矿坑水中筛选出了一株 JX 嗜酸异养菌和一株氧化亚铁硫杆菌，将它们按不同的接种比例和接种时间接种于加了铀矿粉的 9K 培养基中，进行了联合浸铀试验。结果表明：加入异养菌后，浸出体系中铁氧化速率、pH 值下降速度及 Eh 的上升速度都有所减慢；不同接种比例试验的铀的最终浸出率均在 97% 左右；不同接种时间试验的铀最终浸出率均在 98% 左右；JX 异养菌的加入，对氧化亚铁硫杆菌浸铀没有起到明显的促进作用[57]。

陈功新等人利用从现场酸性矿坑水中分离并经诱变、驯化和扩大培养的嗜酸中温混合菌，对某难浸铀矿石进行了充气搅拌方式和机械搅拌方式的浸出试验。试验结果显示，机械搅拌方式下铀的渣计浸出率可达 89.2%，而充气搅拌方式下铀的渣计浸出率仅为 67.6%，说明机械搅拌方式更有利于该铀矿石的细菌浸出[58]。

刘金辉等人采用细菌渗滤浸出方式，对比不同粒径铀矿石（2 ~ 5mm、5 ~ 10mm）对铀浸出和细菌适应性的影响。结果表明，细粒径铀矿石总浸出率与粗粒径浸出基本相同；粗粒径总耗酸量小于细粒径；细菌在粗粒径铀矿样中的适应时间较在细粒径铀矿样中更快，且生长更稳定。实验结果可为工业性细菌浸铀生产增加铀矿石粒径、节约生产成本提供依据[59]。

王清良等人对新疆某采区铀矿石进行了细菌浸出试验研究。利用自行设计加工的生物反应器，采用经过驯化培养后的氧化亚铁硫杆菌（Tf）进行试验。室内外两年多的试验证明：生物反应器细菌固定效果好、氧化效率高、结构简单、操作方便、成本低；细菌经过驯化后，能适应新疆低温条件和地浸采铀溶液环境条件，在正常连续细菌氧化工艺中，地浸采铀溶液成分可作为细菌的营养物质，不需另外补充；用细菌作氧化剂不但能达到氧化 Fe^{2+} 的目的，还能提高浸出液中金属铀浓度和金属铀的浸出率，且对环境无副作用，具有较好的应用前景[60]。

樊保团等人采用微生物冶金技术，以抚州铀矿石为研究对象，矿石处理量为 18t，3 ~ 4 柱串联浸出的细菌渗滤浸出扩大试验结果表明，在不添加氯酸钠等其他氧化剂的条件下，渣品位为 0.0149% ~ 0.0208%，渣计浸出率 91.54% ~ 94.48%，浸出时间为 50 ~ 60 天，酸用量 6.17% ~ 7.75%。试验采用的浸矿细菌，对 F^- 等有害杂质有较强的抗性，能在 $\rho(F^-) < 1.5g/L$ 的吸附尾液中很好地生长繁殖，并依靠高效的细菌培养、吸附尾液氧化再生设备和相应的技术措施，可顺利实现吸附尾液的氧化再生，为细菌渗滤浸出工业化提供了保障。细菌渗滤浸出“预酸浸”阶段采用上进液和下进液交替进行方式，“细菌浸出”阶段采用上进液为主的进液方式，可提高矿石酸化的均匀度，防止“结垢”现象的产生，并能提高铀的浸出速率，缩短浸出时间[61]。

丁德馨等人采用氧化亚铁硫杆菌作为实验菌，针对有菌有 Fe^{2+}、有菌无铁、无菌有 Fe^{3+}、不控制 pH 值的无菌无铁和 pH 值控制在 2.0 的无菌无铁 6 种沥青铀矿石浸出体系，考察了浸出过程中细菌的浓度、溶液 pH 值、电位、亚铁离子浓度、全铁离子、铀浓度等参数的变化，得到铀矿石的浸出率分别为 98.00%、80.33%、97.66%、93.00%、20.33%、72.00%。结果表明，在沥青铀矿石的细菌浸出中，细菌的作用以间接作用为主，即细菌把还原态的硫或单质硫及 Fe^{3+} 氧化成 $Fe_2(SO_4)_3$。由于 $Fe_2(SO_4)_3$ 是一种强氧化剂，将不溶的 U(Ⅳ)氧化为可溶解的 U(Ⅵ)，从而使沥青铀矿石中的铀得以浸出[62]。

孔逊等人通过柱浸方式，用加入黄铁矿和不加入黄铁矿的铀矿石进行微生物浸铀对比试验，从浸出周期、耗酸率、铀浸出率等方面研究黄铁矿对微生物浸铀的影响。试验结果显示，在同样为 60 天的浸出时间内，加入黄铁矿的矿石比不加入黄铁矿的矿石耗酸率降低 1.2%，浸出率提高约 10%，说明黄铁矿在微生物浸铀过程中可以起到缩短浸铀周期、降低酸耗、提高浸出率的作用[63]。

刘玉龙等人以某铀矿山的沥青铀矿石作为研究对象，开展了溶浸液 pH 值为 2.0 的稀硫酸浸出，酸化后，溶浸液分别为改良 9K 培养基中铁完全被细菌氧化后的含菌溶液，以及按 10% 接种量接种细菌后的改良 9K 培养基溶液的酸法-细菌分段浸出试验，三种条件下铀的浸出率分别为 73.72%、78.97% 和 75.79%。试验结果表明，酸法-细菌分段浸出的浸出率比酸法浸出的浸出率提高了 2.07% ~5.25%；铀矿石的酸法-细菌分段浸出过程主要分为化学反应控制与扩散控制两个阶段，细菌加入的时间为两阶段过渡时期，此时，矿石中仍有 30% 左右的铀尚未浸出，矿石条件对细菌生长较为有利，细菌可以充分利用矿石中 Fe^{2+} 及硫化物产酸造 Fe^{3+} 强化浸出。细菌浸出阶段，布液时，细菌浓度越大越有利于细菌在矿石中适应—吸附—生长—氧化，加速矿物的溶解速率，缩短浸出周期，提高浸出率。细菌在酸法-细菌工艺浸出过程的主要作用：（1）氧化溶浸液中的 Fe^{2+} 及硫化物，在溶浸液的循环使用工艺中，该作用更加显著；（2）利用自身的生长特性氧化矿石内的 Fe^{2+} 及硫化物。两者共同作用为铀矿石的氧化溶解提供较强的氧化及酸性环境，加强浸出动力学，提高浸出效果[64,65]。

丁德馨等人为了研究沥青铀矿石的细菌浸出机理，设计了有菌有铁、有菌无铁及无菌无铁 3 种矿粉浸出试验及有菌无铁、无菌无铁两种试块浸出试验，检测了矿粉浸出体系中细菌的浓度、pH 值、Eh、亚铁离子浓度、总铁离子浓度及铀浓度的变化，分析了浸出尾渣中氧、镁、钾、磷、硫、铁、铀等元素的含量，观测了浸出前后试块表面形貌的变化。结果表明，在沥青铀矿石浸出过程中，嗜酸氧化亚铁硫杆菌可以高效氧化浸出体系中的亚铁、还原态硫及元素硫，使得浸出体系中的 Eh 升高和 pH 值降低；有菌有铁浸出体系中，高浓度的细菌、高浓度的铁、低 pH 值和高 Eh 可加速铀矿石的浸出和提高铀矿石的浸出率；有菌无铁浸出体系中，即使总铁离子浓度很低，但由于有细菌的存在，同样可以加速铀矿石的浸出和提高铀矿石的浸出率。有菌无铁的试块浸出中，试块表面出现了许多溶蚀坑，这表明细菌对铀矿石具有直接氧化作用[66]。

周仲魁对某铀矿石在不同酸度下细菌溶浸浸铀进行了对比试验，分析了浸出过程中铀浸出率、酸耗和细菌生长等变化规律。结果表明，该铀矿石不同酸度下细菌溶浸效果较好，液计平均浸出率为 87.7%，渣计平均浸出率为 94.1%；另外，在酸化阶段，硫酸浓度对浸出总耗酸影响不大，但浓酸可以大幅度缩短酸化时间；在细菌浸出阶段，pH 值越高耗酸越低，细菌生长情况越好，但铀浸出率并未随之增高，主要是因为较高 pH 值的浸出液中容易产生铁的氢氧化物和铁矾沉淀，阻止了铀的进一步浸出[67]。

刘迎九对几种含不同成分的 A、B、C 三个铀矿石的细菌柱浸出实验和细菌耐铀、氟驯化培养实验，柱浸实验结果表明在含有黄铁矿的铀矿石细菌浸出时，细菌可氧化黄铁矿产生硫酸，A、B 矿山降低酸耗 5% ~10%，C 矿山降低酸耗 10% ~20%，从而可降低生产过程中耗酸成本。细菌对外界环境有较强的适应力，细菌耐性驯化前，在 F^- 质量浓度为 0.28g/L 时细菌氧化亚铁速度很慢，0.58g/L 时细菌已失去活性，但经过驯化培养后，产生新耐 F^- 菌株，在 F^- 质量浓度达到 0.83g/L 时细菌还具备氧化亚铁能力。耐铀可达 2.0g/L。对于矿石氧化程度不高，即四价铀和二价铀所占比例较大，且 F^- 含量较低的铀矿石，在选择铀矿石堆浸工艺时，可采用细菌浸出[68]。

刘亚洁等人针对某铀矿矿石氟含量高的特点，研究了铀矿石生物浸出过程中矿石浸泡液中 pH 值与氟离子浓度变化规律、不同起始氟离子浓度对铁-硫氧化细菌生长发育的影响以及所选用铁-硫氧化细菌对氟离子的适应能力。结果显示，铀矿石中氟离子浓度随着生物浸出体系中 pH 值由高到低的变化而呈现出由低到高的线性变化特征；试验用铁-硫氧化细菌对氟离子非常敏感。20mg/L 氟离子便会抑制其生长；但经过较高浓度含氟离子培养基长时间培养选择后，筛选所得到的菌株却对较高浓度氟离子生长基质有较强的耐受性，如菌株 Z-1 可在含氟 1.48g/L 的溶浸液中一昼夜即可将 5g/L Fe^{2+} 完全氧化。研究结果表明，通过驯化可以获得耐氟铁-硫氧化细菌，将其应用于生物浸出工艺中，既不会降低铀浸出率，也不需额外的经济投资[69]。

张瑞以从某铀矿矿石中分离出的一株铁氧化细菌为材料，研究了温度、初始 pH 值、接种量和初始总铁量对其生长的影响及其在铀矿浸出中的应用效果。研究表明：该菌株最适生长温度为 40 ~45℃，最适接种 pH 值为 1.5 ~1.7，初始接种量为 10% ~20%，初始接种总铁量以不超过 5g/L 为宜。该菌用于低品位铀矿石浸出可取得较好的效果[70]。

25.2.2.4　*铀矿石原地浸出工艺*

原地浸出开采是一种在天然埋藏条件下，通过溶浸剂与矿物的化学反应选择性地溶解矿石中的有用组分，而不使矿石产生位移的集采、冶于一体的新型开采方法。它一改过去常规矿山的生产模式，没有昂贵而繁重的井巷或剥离工程，也没有矿石运输、选矿、破碎和尾矿坝建设等工序；被采的是矿石，但采出的是含有有用组分的溶液，因此，被认为是世界采矿史上的一次重大技术革命，代表着人类所期待的未来采矿。原地浸出开采将采、冶有机地结合在一起，具有工艺简单、基建投资少、生产成本低、环境保护和安防条件好、资源利用率高等优点，这一采矿新领域已受到世界采矿业的普遍关注。目前原地浸出法已运用于铀、金、铜、稀土等金属矿床的开采，应用最广泛的是铀矿床的开采，称为原地浸出采铀[71,72]。

我国地浸采铀技术研究始于1970年，经过长期的探索性试验，于1991年建成了第一座小型规模的地浸采铀试验矿山，1998年建成投产了我国第一座地浸采铀生产矿山。在这几十年的探索研究过程中，我国铀矿冶的地浸科技工作者通过消化吸收国外地浸采铀的先进经验，并结合我国可地浸砂岩铀矿矿床小、品位低、渗透性差且矿性及成矿环境复杂的特点，对于许多地浸采铀关键技术进行了试验探索，对一些常规的地浸技术进行了大胆的改革创新，在工业应用中取得了很好的效果。如采用外骨架环型过滤器替代以往所使用的包网式过滤器，不仅延长了过滤器的使用寿命，而且有效地提高了单位钻孔的抽注能力，并且通过对过滤器的安装方式进行革新，解决了过滤器孔隙的堵塞问题；采用泡沫洗井方法，解决了地下水埋深大时钻孔的洗井问题，同时，在钻孔封孔技术的研究方面也取得了较大的进展；虽然 H_2O_2 目前仍然是我国地浸采铀生产中所使用的主要氧化剂，但经过多年的探索，在利用细菌及树脂吸附尾液中的硝酸盐进行氧化浸出采铀的研究方面也取得了较大的突破。在部分地浸采铀生产井场试运行的结果表明，利用树脂吸附尾液中的硝酸盐或细菌部分替代 H_2O_2 进行氧化浸出采铀，溶浸液的氧化还原电位同样可达到500mV以上，氧化剂的消耗则可大大降低；对于地浸井场生产自动监测与控制的研究也取得了很大的进展，通过采用先进的德国西门子自动监控软件（WinCC）和可编程控制器，在对注液管、风管、抽液管的流量、压力、溶液pH值、Eh以及高位槽、集液池、配液池的液位进行自动监测的基础上，对潜水泵的启停实施自动控制，有效地提高了地浸采铀的生产管理水平，为矿山生产自动化奠定了基础；此外，为配合地浸技术的开发，具有一定特色的溶浸范围模拟系统、铀矿床地浸评价专家系统、地浸工艺信息系统等实用型计算机软件也已经研制成功，并在地浸采铀工业生产中发挥了很好的作用。总体上讲，我国的地浸采铀技术是立足于自身的资源特点自主发展起来的，经过几十年来的不断探索研究，并通过学习吸收其他国家的一些先进地浸采铀经验，已经逐步形成了一个完整的、具有中国特色的地浸采铀技术体系。

砂岩型铀矿床地浸采铀工艺的合理选择对矿床的开采效率和经济效益具有重要意义。目前应用最为广泛、经济效益最高的酸法浸出工艺，对碳酸盐含量较高或者矿体埋深较大的矿床并不适用，碱法浸出具有地下水环境治理困难的弊端，中性浸出以及微生物浸出越来越多地应用于实际开采中，地浸采铀工艺研究趋于多样性、合理性的发展[73]。

许根福根据地浸液pH值、$\rho(HCO_3^-)$及 UO_2^{2+} 与 CO_3^{2-} 的3级配合常数和 HCO_3^- 二级电离常数，计算了地浸液中3级碳酸铀酰配合形态的生成摩尔分数与地浸液组成关系；明确了pH值、$\rho(HCO_3^-)$两者对 UO_2CO_3 沉淀量和 $UO_2(CO_3)_3^{4-}/UO_2(CO_3)_2^{2-}$ 物质的量的比的影响规律，指出了地浸液在pH值为7.0左右、$\rho(HCO_3^-)$约为1g/L高、不易导致产生化学沉淀堵塞地浸液流通时，为了强化铀浸出，地浸液的上述两个主要组分浓度可适当高些。此外，讨论了地浸过程中可能的化学沉淀、堵塞及其影响因素；指出 CO_2+O_2 地浸采铀仅适宜于碳酸盐含量较高的砂岩铀矿床，否则需增加 HCO_3^-，以强化铀的浸出[74]。

高柏在淡化地下水的条件下，研究了某砂岩铀矿床近中性条件下碱法地浸时，溶解氧和 HCO_3^- 质量浓度及影响因素对铀的浸出关系。研究结果表明：铀的浸出浓度、浸出速率与 HCO_3^- 质量浓度关系密切，HCO_3^- 质量浓度高，铀的浸出浓度亦高，浸出速度快；但存在最佳 HCO_3^- 质量浓度和 HCO_3^- 质量浓度阈值的限制条件，超出最佳 HCO_3^- 质量浓度，浸出方法不是最经济，超过阈值条件，存在堵塞隐患；HCO_3^- 质量浓度还受碳酸钙沉淀因素制约，与溶浸剂的pH值关系密切；溶解氧能影响浸出浓度和铀浸出率，溶浸剂中溶解氧含量增大，铀浸出率提高[75]。

慰小龙等人对某砂岩型铀矿按5点型布置施工试验钻孔，对某砂岩型铀矿床开展地浸采铀地质、水文地质条件研究和试验。依据矿样室内浸出试验结果，进行现场酸法地浸采铀试验。浸出时间为93天，浸出液峰值铀质量浓度为62.16mg/L，浸出率为45.56%。地质工艺试验结果初步表明，该铀矿床采用酸法地浸工艺是可行的[76]。

史文革分析了某砂岩铀矿石的矿物组成和化学成分，通过搅拌试验确定了该矿石的浸出工艺。通过柱浸试验 5 个试验柱，测试出试验前渗透系数最大的达 12.68cm/d，最小的为 4.60cm/d；分别采用 5 组不同的浸出剂测试浸出率，结果表明该矿石适于酸浸。柱浸结束后经过约 12 个孔隙体积的水洗后，可使矿石中水质主要指标达到或接近含矿含水层本底值。搅拌浸出和柱浸试验结果表明该砂岩铀矿适于地浸方法开采[77]。

杜志明等人研究了内蒙古某铀矿床矿体地质和水文地质条件，在室内 CO_2+O_2 加压浸出试验及现场条件试验基础上进行的工业性试验。结果表明，CO_2+O_2 地浸采铀工艺有效控制了酸法地浸过程中的化学堵塞的发生，抽液量可达 $10.5m^3/h$，为含矿含水层地下水矿化度高、$\rho(HCO_3^-)$ 高的铀矿床提供了一种安全环保的开采工艺。在国内首次采用了七点型网格式井型，所有孔距确定为 35m。经工业性试验验证，浸出液平均 $\rho(U)$ 可达到 32mg/L，经过 2 年的试验运行，该试验块段的浸出率达到了 53.1%[78]。

王海峰就我国地浸采铀存在的问题进行了研究，主要探讨了地下浸出溶浸剂流动分布特征，地下水流动对溶浸剂流动的影响、沉砂的产生原因与过程、设置沉砂管的利弊、抽出井沉砂管设置的必要性、注入井沉砂管设置的必要性、沉砂管长度的确定、CO_2+O_2 试验两孔法的适用性等问题。并分析了地浸采铀技术在钻孔施工、钻孔逆向注浆、钻孔套管切割与水力穿孔、套管壁厚与连接、逆向填砾与过滤器的更换、液态氧和液态二氧化碳使用、配液池和集液池的使用、地浸基础理论研究、矿山生产规模与管理、地下水污染治理等方面存在的问题[79,80]。

苏学斌等人在论述天然成因试剂地浸基本原理和适用条件的基础上，通过分析新疆某铀矿床的地质与水文地质条件，提出了该矿床采用天然成因试剂地浸采铀的可能性。同时室内浸出试验结果表明：在空气预氧化和氧气作氧化剂的条件下，用天然含矿含水层的地下水可以成功浸出矿石中的铀。新疆某铀矿床的矿石渗透性差，矿层有钙质胶结夹层或透晶体，矿石中碳酸盐含量高，含矿含水层地下水为高矿化度水，采用常规酸法和碱法地浸采铀工艺难以在大规模工业生产中应用。但采用天然成因试剂地浸采铀新工艺，可以将该矿床的不利因素转化为有利因素，同时，矿层的埋藏深度、隔水顶底的连续性、含矿含水层原始水位埋深等矿床地质水文地质条件基本满足天然成因试剂地浸采铀工艺的要求。该矿床铀矿石经过自然氧化后，用天然试剂——含矿含水层的地下水进行室内浸出获得了约 40% 的浸出率，为进一步进行现场试验奠定了基础。天然成因试剂浸出工艺是一种需要不断强化的地浸工艺。用压缩空气氧化矿石，或压入 CO_2+O_2 是一种常用的强化浸出方式，在室内试验取得了近 60% 的浸出率[81]。

王海峰等人结合新疆某铀矿床碱法地浸采铀现场试验，讨论了矿床地质、水文地质条件，介绍了最佳井型的应用，并分析了氧气、CO_2 和 NH_4HCO_3 使用时地下浸出过程及浸出效果，提出适宜矿床的开采工艺。经过 2005 ~ 2006 年的现场碱法试验，逐步摸索出适合该矿床的碱法浸出方法和基本工艺参数。在不使用化学试剂而仅靠氧气的条件下无法有效地浸出铀。采用 CO_2+O_2 的浸出方法，浸出强度低，效果不理想。采用 NH_4HCO_3 接补加 HCO_3^- 可以有效地浸出铀。并且随着溶浸剂中 $\rho(HCO_3^-)$ 增高，浸出效果越加明显。NH_4HCO_3 浸出时，为了快速有效地提高浸出液中的 $\rho(CO_3^-)$，而又不大量产生 $CaCO_3$ 的化学堵塞，$\rho(CO_3^-)$ 不宜过高；当浸出液中的 $\rho(CO_3^-)$ 上升到约 800mg/L 时，再增加溶浸剂 $\rho(CO_3^-)$，不会带来明显的浸出效果。注入溶浸剂的 $\rho(CO_3^-)$ 与抽出浸出液中 $\rho(CO_3^-)$ 相差 1 倍，NH_4HCO_3 的消耗较大。为减少浸出过程中的化学堵塞，NH_4HCO_3 浸出时，可以适当地加入 CO_2 调节 pH 值，保持浸出液 pH 值在 6.6 左右。注入 NH_4HCO_3 引起的 $CaCO_3$ 沉淀现象，可通过沉淀池（配液池）解决，采取注液沉淀的办法，经运行证明，此方法非常有效，沉淀完全消失。矿床Ⅶ旋回铀矿体采用 NH_4HCO_3 浸出，出液平均 $\rho(U)$ 为 15 ~ 20mg/L。$\rho(U)$ 偏低的主要原因是 8 个注液孔中 3 个未见矿，而且矿石品位低、含矿含水层厚度与矿层厚度比值大。试验证明，$CO_2+O_2+NH_4CO_3$ 浸出路线为研究矿床的最佳地浸采铀工艺[82]。

刘金辉、陈振等人根据十红滩矿床含矿层的高矿化度地下水特征，应用水文地球化学原理，在分别对酸法地浸造成硫酸钙沉淀和碱法地浸导致碳酸钙沉淀的原因进行系统分析的基础上，通过模拟计算与实验室试验得出了适合该矿床酸法与碱法地浸采铀的水文地球化学条件，对指导高矿化度条件下的砂岩铀矿床地浸开采具有重要现实意义[83,84]。

李晓剑等人通过全面分析影响地浸钻孔涌水量的地质、水文地质及水岩作用过程等因素，从理论上剖析提高地浸钻孔涌水量的方法；通过改善钻孔施工工艺等措施保持和提高矿层的天然渗透性；结合 NZ 砂岩铀矿床地浸采铀中采取提高钻孔涌水量技术措施的实践，分析各种提高钻孔涌水量技术的适用条件和实际效果，并提出提高地浸钻孔涌水量的改进建议。负压钻井技术的实施过程中，降低了钻进液对近过滤器渗滤带的污染，对提高钻孔的抽液量具有较好的效果。今后，应继续探索保护、甚至提高矿层天然渗透性的钻孔施工工艺。局部扩径技术和射孔技术的应用，使得钻孔近过滤器渗滤带的渗滤性能明显改善，提高了钻孔抽液量。进一步研究的方向是大孔径局部扩孔技术和高效射孔技术，如高孔密射孔技术。完井后及时洗孔，可在一定程度上减轻钻进液在孔壁结垢或渗入矿层。增大抽液孔中水位降深或增大注液孔的注液压力，加速地下水单元内的地下水运动，提高钻孔的涌水量。尤其应加强地表水质预处理等高效注液技术的研发。探索电流作用、磁化作用等提高溶浸液流动性的技术。加强地球物理综合测井技术应用，以准确了解含矿层渗透性、成井结果和钻孔工作状态，结合地浸井场工艺综合配伍性研究，总结出不同类型砂岩型铀矿床的地浸井场工艺最佳组合模式，提高地浸钻孔涌水量[85]。

浸出技术是地浸采铀的关键技术之一，在微酸浸出工艺的选择、溶浸液配方与使用方法等方面，尚存在一些问题。雷林等人通过与常规开采比较，论述了微酸地浸采铀新技术的特点，并从施工技术管理角度验证和完善浸出理论，以期保证和提高浸出效果。微酸法采铀的优点有：形成产品液的时间短，生产成本低，约为酸法的1/3，产品液中的铀浓度稳定，工艺钻孔工作稳定，无需广泛采用抗腐蚀材料和设备，极大地减少了人工化学试剂的消耗，地下水成分稳定，对环境污染甚微，产品液矿化度低，只有 3 ~ 4g/L，接近天然水平，可开采碳酸盐含量高的矿层。其缺点是：浸出强度低，生产周期相对长些，硫化物、有机质含量高时耗氧有不利因素[86]。

王海峰讨论了影响地浸采铀浸出液铀浓度和钻孔抽液量的因素，结合现场试验在我国首次探索大流量、低浓度浸出工艺。从所得参数分析地浸采铀大流量、低浓度浸出，虽然浸出液铀浓度不高，但是，单孔月产金属产量并不低。矿床单孔平均抽液量 $10m^3/h$ 左右，浸出液铀浓度 16mg/L，单孔月产金属量高（129.6 千克/月），试验结果远好于单孔抽液量 $2m^3/h$、浸出液铀浓度 40mg/L 的情况。试验采用苏联推荐的最佳试验井型，即 9 点型。这种井型可以很好地获得浸出性能的定量评价参数，中央抽液井和周围的注液井构成一个浸出液未被地下水稀释的中央单元，来自单元的数据被用来计算工业开采的浸出参数。矿床属高承压水的水文地质条件，地下水涌出地表 15m。对于这种条件，地浸最大的难题是如何注入浸出剂，控制抽注平衡。在试验中，经研究、论证，决定浸出剂采用注液泵注入。经半年多的运行，高承压条件下的地浸开采抽注平衡问题得到彻底解决。试验中，注入碳酸氢铵 2 个月之后，发现碳酸钙沉淀迹象，最严重时注液泵一星期内因碳酸钙结垢就不得不拆洗几次，否则，无法启动。针对这一情况，现场施工 $60m^3$ 沉淀池一个，采取注液沉淀的办法。一个多月的运行证明，此方法非常有效，沉淀完全消失，碱法浸出碳酸钙沉淀问题得以解决。经过一年的试验得出，大流量、低浓度的 $CO_2 + O_2 + NH_4HCO_3$，浸出工艺是适宜矿床的最佳地浸开采方案[87]。

低渗透砂岩铀矿床的地浸开采是目前的一个技术难题。齐海珍等人以新疆某铀矿为对象，利用搅拌浸出和柱浸实验研究了表面活性剂在低渗透铀矿地浸开采中的应用。实验中采用 10g/L H_2SO_4 溶液作溶浸剂，并加入不同量的表面活性剂。搅拌浸出实验结果表明，溶浸液中加入不同浓度的表面活性剂均可提高铀的浸出率，在表面活性剂的浓度为 10mg/L 时其铀浸出率最高，达到 92.6%。柱浸实验表明，加入 10mg/L 表面活性剂时矿石渗透系数可提高 28.8%，铀的浸出率可提高 32% 而达到 85.79%。表面活性剂降低溶浸液的表面张力，促进了铀的溶解和提高铀浸出率。低渗透砂岩铀矿床可以在溶浸液中加入适当的表面活性剂进行地浸开采[88]。

通常认为砂岩型铀矿含矿层的渗透性是地浸开采技术是否可行的重要条件。因此，研究地浸采铀的可行性和提高砂岩型铀矿含矿层渗透性成为重点。吉宏斌等人系统探讨了影响砂岩型铀矿含矿层渗透性的主要因素，即碳酸盐、黏土矿物、夹层、隔层、地下水矿化度等。碳酸盐在地浸工艺中主要以碳酸钙的形式造成含矿层的堵塞，矿石及围岩中的黏土含量以及黏土胶结物成分，在很大程度上影响着砂岩含矿层的渗透性；隔、夹层是影响流体流动的主要因素之一，导致含矿含水层垂直和水平渗透性的不均匀性；地下水矿化度影响含矿层的渗透性，对于地下水矿化度高的地区，不宜采用常规的方法进行地浸[89]。

田新军等人通过分析地下水系统的 Eh 值及 pH 值对难溶物质溶解度和饱和指数的影响，得出溶浸剂

pH 值的变化是造成伊宁铀矿某矿床碱法地浸条件试验中出现化学沉淀堵塞的主要原因，提出了用 CO_2 调节溶浸剂 pH 值来减少或避免化学沉淀堵塞的技术措施。试验结果表明，该措施可在一定程度上缓解化学沉淀堵塞，从而提高了浸出液中的铀浓度，并使钻孔的抽注能力有所恢复[90]。

许根福对某铀矿 CO_2+O_2 地浸溶液树脂吸附铀机制进行了探讨。用 CO_2+O_2 做溶浸剂进行的地浸，其地浸液 pH 值为 7.9 ~ 8.4，$\rho(HCO_3^-)$ 高达 2550mg/L，$\rho(U^-)$ 平均为 32mg/L。根据 UO_2^{2+}-CO_3^{2-} 配合常数以及弱电解质 HCO_3^- 的电离常数，得出溶液中的铀主要以 $UO_2(CO_3)_3^{4-}$ 形态存在的结论。当该地浸液加适量 CO_2，使其 pH 值下降到 7.1 ~ 7.6，而 $\rho(HCO_3^-)$ 无明显变化时，对总铀而言，该溶液中约有摩尔分数为 10% 的铀以 $UO_2(CO_3)_2^{2-}$ 形态存在。树脂分别从原始地浸液及加 CO_2 后的地浸液中吸附铀时，其容量均很高，分别为 90mg/mL 和 120mg/mL。研究表明，这主要是由于溶液中较多的存在 $UO_2(CO_3)_3^{4-}$ 的质子化离子 $[H_nUO_2(CO_3)_3]^{n-4}$ $(n=1, 2, 3)$，且大量被树脂吸附的结果[91]。

25.3　总结与展望

经过几十年的开采，可供开发利用条件较好的铀矿床大部分已经开发完毕，相对较易提取的铀矿资源越来越少，尚未开发、采冶技术难度大的矿石的开发利用也提到日程上来了。必须依靠新工艺、新技术、新设备、新材料的研发，在不断降低天然铀生产成本、提高生产效率的基础上，才能逐步扩大铀矿资源的利用程度；同时加大对低品位多金属铀矿资源综合利用技术的研究，使资源得到经济有序地开发，拓宽我国天然铀资源。

我国从 20 世纪 60 年代开始，在不同铀矿山采用自己研制的不同型号的放射性分选机，建立了几个放射性分选厂，各运转了 10 ~ 20 年，取得了一定的社会效益和经济效益，也积累了一定的经验。但是 90 年代以来，随着我国核工业的萧条，放射性分选的研究工作随之停止。但是，今后在我国发展放射性分选是必要的、可能的。在借鉴俄罗斯放射性分选先进技术的基础上，通过我国科技人员的努力，铀矿石的放射性分选是大有发展前景的。

铀矿石品位低是我国铀资源的现状，改变这种局面的途径之一是铀矿床矿产资源的综合利用。通过开发新型的选冶联合技术，综合利用可以使有的单独采铀无效益的低品位铀矿床有可能上升为近期规划的对象。在回收伴生组分的前提下，可以运用伴生组分回收创造的价值来抵消由于单独采铀、冶铀而造成的亏损，从而可以降低铀矿开采的边界品位，积极推进低品位铀多金属矿资源的开发利用。选矿、冶金联合工艺将是处理复杂多金属铀矿的一个重要发展方向。

立足于地浸、堆浸和常规水冶，地浸突破复杂矿床条件，如含矿层地下水高矿化度、低承压水头、低渗透性条件下的地浸开采关键技术；针对品位低、难浸出、提取成本高的待开发矿床特点，深入研究精细化堆浸工艺技术，开展多金属铀矿综合回收技术研究，同时积极开展常规水冶新型技术研究，加强碱法水冶工艺的研究和应用推广，满足碱性矿石的处理要求，更大范围地扩大可利用资源范围。

微生物浸铀技术是一种很有前景的新技术，相比传统的酸法或碱法铀的浸出，微生物浸铀技术具有独特的优势。实践证明，近年来发展迅速的微生物浸出技术由于其反应温和、能耗低、流程简单、环境友好等优势，有望在未来扮演越来越重要的角色。但在浸出速度、工艺优化、开发新菌种、研发反应设备等方面仍需要深入研究。

参 考 文 献

[1] IAEA. Uranium 2007：resources，production and demand[R]. Vienna：International Atomic Energy Agency，2008.

[2] 王文有．国际铀资源分类方法综述［J］．铀矿冶，2007，26(3)：125-133.

[3] 张建国，孟晋．世界铀资源、生产、供应与需求的新动态［J］．铀矿冶，2006，25(1)：22-27.

[4] WNA. World nuclear power reactors 2008-09 and uranium requirements［EB/OL］. London：World Nuclear Association. 2010. http：//www. world-nuclear. org/info/reactors. html.

[5] 谈成龙，柯丹．2010 年世界铀矿山产量及铀矿业的发展与变化[J]．世界核地质科学，2008，28(3)：163-167.

[6] WNA. Plans for new reactors worldwide[EB/OL]. London：World Nuclear Association. 2010. http：//www. world-nuclear. org/info/inf17. html.

[7] WNA. Nuclear Power in China [EB/OL]. London: World Nuclear Association. 2010. http://www.world-nuclear.org/info/inf63. html.

[8] 汪永平，赵守峰，袁玉俊，等. 2020 年中国核能发展战略研究[J]. 中国核科技报告，2005(1)：150-159.

[9] 闫强，王安建，王高尚，等. 铀矿资源概况与 2030 年需求预测[J]. 中国矿业，2011，20(2)：4-5.

[10] 邹树梁，孙美兰. 基于核电发展的铀资源供需趋势及对策分析[J]. 商业研究，2007(9)：98-102.

[11] 侯建朝，施泉生，谭忠富. 我国核电发展的铀资源供应风险及对策[J]. 中国电力，2010，43(12)：1-4.

[12] 赵满常，王凯. 陈家庄铀矿石重力选矿试验研究. 核工业北京化工冶金研究院内部资料，2008，10：1-9.

[13] 张涛，梁海军，薛向欣. 辽宁凤城含铀硼铁复合矿分选研究[J]. 材料与冶金学报，2009，8(4)：242-245.

[14] 李艳军，韩跃新. 辽宁凤城硼铁矿资源的开发与利用[J]. 金属矿山，2006(7)：8-11.

[15] 唐玉丽，黄礼政，等. 赛马矿石选矿试验研究[J]. 铀矿冶，1982，1(1)：18-22.

[16] 胡长柏，陆锡寿，王舸. 某铀矿石的浮选分组及其浸出研究[J]. 铀矿冶，1983，2(1)：15-19.

[17] 黄美媛. 某低品位铀铌铅矿综合利用试验[J]. 矿产保护与利用，2006(4)：34-36.

[18] 刘志超，李广，强录德，等. 普通选矿在我国铀矿冶中的应用[J]. 铀矿冶，2015，34(2)：128-130.

[19] 汪淑慧. 铀矿选矿技术研究进展与展望[J]. 铀矿冶，2009，28 (2)：70-72.

[20] Rao G V, Besra L D. Enhancement of Cu, Ni & Mo recoveries in the bulk concentrate of Jaduguda Uranium bearing ore[J]. Metals Materials and Processes, 1998(2): 127-134.

[21] Rao G V, Sastri S R S. Molybdenite recovery by column flotation in the byproduct recovery plant of UCIL, Jaduguda[J]. Metals Materials and Processes, 1998, 10(2): 119-126.

[22] 汪淑慧. 铀矿选矿技术研究进展与展望[J]. 铀矿冶，2009，28(2)：70-76.

[23] 汪淑慧. 铀矿的需求与选矿[J]. 国外金属矿选矿，2007，1：18-20.

[24] 汪淑慧. 铀矿石放射性分选的技术与经济[J]. 铀矿冶，2009，28(3)：126-129.

[25] Татарников А П, Звонарев В Н, Николаве В А, идр. Развитие методов автоматической покусковой сепарации полезиых ископаемых[J]. Цветные Металлы, 1995, (8): 70-73.

[26] Щаталов В В, Никонов В И, Татарников А П, идр. Совещенствование технологии радио-метрического обогащения урановых руд[J]. Ат-омная энергия. 2001, 90(3): 176-179.

[27] Татарников А П, Асопова Н И, Ъалакииа И Г. Технологические возможноти сепаратора нового поколения для радиометрического обоащеиия урановых руд [C]//5 Конгресе обогатителей стран СНГ Сборник материалов: Т2. Москва: Альтекс, 2005, 29-30.

[28] 汪淑慧. 国外铀矿石放射性分选的现状[J]. 铀矿冶，2013，32(1)：31-33.

[29] 胡凯光，李锦鹏，谭凯旋，等. 铀矿石酸法浸出率的影响因素分析[J]. 矿业工程研究，2009，24(4)：51-54.

[30] 李建华，邓锦勋，程威，等. 某矿床铀矿石浸出工艺参数的选择[J]. 铀矿冶，2009，28(1)：11-13.

[31] 程威，段忠武，李建华，等. 某铀精矿酸法搅拌浸出氧化剂的选择[J]. 铀矿冶，2009，28(3)：122-125.

[32] 常喜信，钟平汝，李铁球，等. 某难处理铀矿石加压酸浸试验研究[J]. 湿法冶金，2015，34(3)：204-206.

[33] 李建华，程威. 某含磷铀矿石难浸原因探讨[J]. 铀矿冶，2006，25(2)：75-78.

[34] 董春明，谢望南，邓淑珍，等. 强化堆浸技术在大布铀矿床矿石堆浸中的应用[J]. 铀矿冶，2014，33(1)：13-16.

[35] 康绍辉，曾毅君，王洪明，等. 国外某低品位铀矿石强化堆浸工艺研究[J]. 铀矿冶，2014，33(2)：71-74.

[36] 武翠莲，卢一民，薛永社，等. 某铀矿石酸法堆浸试验研究[J]. 铀矿冶，2012，31(1)：127-130.

[37] 冯春林，张晓文，黄 伟，等. 某低品位铀矿石的浸出性能研究[J]. 铀矿冶，2012，31(1)：31-33.

[38] 冯春林，黄伟，张晓文，等. 某花岗岩型铀矿石浸出性能研究[J]. 铀矿冶，2010，29(1)：10-14.

[39] 常喜信，钟平汝，李铁球，等. 一种强化碱法堆浸提铀工艺的研究[J]. 铀矿冶，2011，30(1)：22-25.

[40] 丁德馨，刘玉龙，李广悦，等. 铀矿堆浸酸性尾渣中和的动力学特征及模型[J]. 原子能科学技术，2010，44(5)：539-541.

[41] 吴沅陶，孟晋，陈梅安，等. 铀矿堆浸工艺中助渗剂应用的研究[J]. 铀矿冶，2007，26(2)：72-77.

[42] 唐泉，雷泽勇，符辰湛. 堆浸雾化布液与滴淋布液的比较[J]. 金属矿山，2006(4)：23-25.

[43] 曾莹莹，雷泽勇，陈海辉. 雾化布液堆浸某铀矿石的柱浸试验[J]. 铀矿冶，2007，26(3)：153-156.

[44] 曾莹莹，雷泽勇. 低品位铀矿石堆浸布液新工艺的试验研究[J]. 南华大学学报（自然科学版），2007，21(1)：30-33.

[45] 李海辉，赵伍成，段忠武，等．蓝田铀矿某矿床碱法堆浸工业性试验[J]．铀矿冶，2006，25(1)：9-14.
[46] 张洪利，康绍辉，程威，等．某难处理铀矿石强化堆浸工艺研究[J]．铀矿冶，2012，31(4)：178-181.
[47] 谭建华，于素芹，张绍锡，等．铀矿石地表堆浸工艺几项技术改进[J]．中国核科学技术进展报告（第一卷）铀矿冶分卷，2009，11：100-104.
[48] 谭建华，韩伟，黄云柏，等．南方某铀矿石堆浸酸度试验[J]．铀矿冶，2008，27(4)：221-224.
[49] 陈正球，曾瑞虎，王星慧，等．铀矿石强化堆浸方法[J]．中国核科学技术进展报告（第一卷）铀矿冶分卷，2009，11：79-82.
[50] 刘建，樊保团，孟运生，等．降低堆浸渣品位的途径与措施[J]．铀矿冶，2009，28(4)：176-180.
[51] 苑俊廷，孙占学．细菌堆浸浸铀技术的发展及展望[J]．中国矿业，2008，17(6)：45-48.
[52] 李雄，柴立元，王云燕．生物浸矿技术研究进展[J]．工业安全与环保，2006，6(3)：12-18.
[53] 陈向，廖德华．铀矿石生物浸出机理及国内外工艺应用研究现状[J]．中国资源综合利用，2012，30(1)：34-36.
[54] 刘建，樊保团，孟运生，等．我国铀矿石微生物浸出的实践与展望[J]．铀矿冶，2008，27(3)：118-122.
[55] 袁保华，孙占学，李学礼，等．某铀矿石微生物浸铀粒度试验[J]．现代矿业，2011(1)：33-35.
[56] 翟东亮，孙占学，李学礼，等．某铀矿石微生物浸铀酸度试验[J]．金属矿山，2010(2)：66-68.
[57] 王有团，李广悦，刘玉龙，等．JX 嗜酸异养菌与氧化亚铁硫杆菌联合浸铀的研究[J]．有色金属（冶炼部分），2010，(2)：42-45.
[58] 陈功新，王广才，史维浚，等．不同搅拌方式下某铀矿石的细菌浸出效果[J]．金属矿石，2010(8)：79-81.
[59] 刘金辉，李林，刘亚洁．不同粒径铀矿石细菌渗滤浸出实验研究[J]．东华理工学院学报，2006，29(3)：201-203.
[60] 王清良，胡鄂明，李锦鹏，等．地浸采铀细菌浸出试验研究[J]．矿冶工程，2010，30(4)：5-8.
[61] 樊保团，蔡春晖，刘建，等．抚州铀矿石细菌渗滤浸出扩大试验[J]．铀矿冶，2006，25(3)：127-131.
[62] 丁德馨，李广悦，刘玉龙，等．沥青铀矿石细菌浸出机理的实验研究[J]．过程工程学报，2008，8(5)：859-864.
[63] 孔逊，刘金辉．黄铁矿对微生物浸铀的影响[J]．金属矿山，2010(4)：78-80.
[64] 刘玉龙，丁德馨，李广悦，等．沥青铀矿石酸法-细菌分段浸出试验研究[J]．昆明理工大学学报（自然科学版），2011，36(3)：9-14.
[65] 刘玉龙，丁德馨，李广悦，等．沥青铀矿石硫酸和细菌浸出过程的比较研究[J]．有色金属（冶炼部分），2012，(9)：48-50.
[66] 丁德馨，刘玉龙，李广悦，等．嗜酸氧化亚铁硫杆菌在沥青铀矿石浸出中的作用[J]．化工学报，2009，60(11)：2904-2909.
[67] 周仲魁，孙占学，高峰，等．铀矿石不同酸度下细菌的溶浸试验[J]．有色金属（冶炼部分），2012，(11)：52-55.
[68] 刘迎九，周泉，张胜利．铀矿石成分对铀的细菌浸出影响研究[J]．南华大学学报（自然科学版），2006，20(4)：100-103.
[69] 刘亚洁，李江，牛建国，等．铀矿石生物浸出中氟对铁-硫氧化细菌的影响[J]．有色矿冶，2006，22(2)：18-20.
[70] 张瑞，刘亚洁，高峰，等．一株铁氧化细菌的生长特性及其在铀矿浸出中的应用[J]．铀矿冶，2008，27(4)：94-196.
[71] 程宗芳，阳奕汉，赖永春．地浸工艺在铀矿冶中的应用及其效益分析[J]．铀矿冶，2007，26(4)：180-184.
[72] 阙为民．原地浸出采铀几个基本问题的探讨[J]．铀矿冶，2006，25(2)：57-60.
[73] 朱鹏，陈建昌，尉小龙，等．砂岩型铀矿床地浸采铀工艺方法概述[J]．采矿技术，2011，11(4)：4-6.
[74] 许根福．CO_2+O_2 地浸采铀主要工艺参数及化学沉淀堵塞问题分析[J]．铀矿冶，2014，33(4)：197-202.
[75] 高柏，史维浚，邢拥国，等．新疆某铀矿床淡化地下水碱法地浸试验研究[J]．铀矿冶，2011，30(3)：130-134.
[76] 尉小龙，尚高峰，陈建昌，等．某砂岩型铀矿床现场地浸采铀地质工艺试验[J]．铀矿冶，2012，31(3)：119-123.
[77] 史文革，蔡萍莉，李会娟，等．某砂岩铀矿石地浸试验研究[J]．现代矿业，2012(1)：86-87.
[78] 杜志明，牛学军，苏学斌，等．内蒙古某铀矿床 CO_2+O_2 地浸采铀工业性试验[J]．铀矿冶，2012，31(3)：1-4.
[79] 王海峰．地浸采铀技术中的几个问题[J]．铀矿冶，2007，26(2)：57-60.
[80] 王海峰．地浸采铀技术在我国应用中存在的问题[J]．铀矿冶，2008，27(3)：113-117.
[81] 苏学斌，刘乃忠，马新林，等．新疆某铀矿床天然成因试剂地浸条件评价[J]．铀矿冶，2007，26(4)：174-178.
[82] 王海峰，武伟，汤庆四，等．新疆某矿床碱法地浸采铀试验[J]．铀矿冶，2007，26(4)：169-173.
[83] 刘金辉，孙占学，殷蓬勃，等．适合十红滩铀矿床地浸采铀的水文地球化学条件[J]．金属矿山，2010(3)：77-79.

[84] 陈振，刘金辉，殷蓬勃．十红滩砂岩型铀矿床地浸采铀水文地质条件分析及评价[J]．世界核地质科学，2008，25(3)：157-160.

[85] 李晓剑，姜岩，姚益轩，等．提高地浸采铀钻孔涌水量的技术措施及其应用[J]．铀矿冶，2010，29(2)：57-60.

[86] 雷林，雷泽勇．微酸地浸采铀技术应用研究[J]．矿业工程，2007，5(2)：20-22.

[87] 王海峰．大流量低浓度地浸采铀浸出工艺试验[J]．有色金属（矿山部分），2007，59(5)：9-13.

[88] 齐海珍，谭凯旋，曾晟，等．应用表面活性剂进行低渗透砂岩铀矿床地浸采铀的实验研究[J]．南华大学学报（自然科学版），2010，24(4)：20-23.

[89] 吉宏斌，刘金辉，殷蓬勃．影响地浸采铀的矿层渗透因素[J]．世界核地质科学，2008，25(3)：181-182.

[90] 田新军，沈红伟，陈雪莲，等．用二氧化碳减缓碱法地浸采铀中的化学沉淀堵塞[J]．铀矿冶，2006，25(1)：15-19.

[91] 许根福．某铀矿 CO_2+O_2 地浸液树脂吸附铀机制的探讨[J]．铀矿冶，2015，34(1)：8-11.